U0311061

神经科学——探索脑
（第4版）

Neuroscience: Exploring the Brain
Fourth Edition

〔美〕 Mark F. Bear　 Barry W. Connors　 Michael A. Paradiso　 著

主译　朱景宁（南京大学生命科学学院）
　　　王建军（南京大学生命科学学院）

译者　（以姓氏拼音为序）
　　　高　静（江苏大学药学院）
　　　景　键（南京大学生命科学学院）
　　　梁培基（上海交通大学生物医学工程学院）
　　　林龙年（华东师范大学脑功能基因组学教育部重点实验室）
　　　刘　通（南通大学特种医学研究院）
　　　罗　兰（南京大学生命科学学院）
　　　梅岩艾（复旦大学生命科学学院）
　　　彭聿平（南通大学医学院）
　　　舒友生（复旦大学脑科学转化研究院）
　　　王建军（南京大学生命科学学院）
　　　王中峰（复旦大学脑科学研究院）
　　　翁旭初（华南师范大学脑科学与康复医学研究院）
　　　张嘉漪（复旦大学脑科学研究院）
　　　张月萍（空军军医大学第一附属医院）
　　　朱景宁（南京大学生命科学学院）

校阅　王建军（南京大学生命科学学院）
　　　朱景宁（南京大学生命科学学院）

电子工业出版社·
Publishing House of Electronics Industry
北京·BEIJING

内容简介

全书分为基础、感觉和运动系统、脑和行为、变化的脑4篇，共25章。第Ⅰ篇介绍了现代神经科学研究领域及其历史渊源，并描述了单个神经元的结构和功能，以及它们之间是如何进行化学通信并构成神经系统的。第Ⅱ篇讨论了感觉和运动两大神经系统的结构和功能。第Ⅲ篇探讨了行为的神经生物学机制，包括动机、性、情绪、睡眠、语言、注意和精神疾病。第Ⅳ篇关注了发育和成年学习记忆过程中脑的可塑性变化。除上述的特点之外，本书引人注目的全彩色插图可帮助读者掌握复杂的概念；"发现之路""趣味话题"和"脑的食粮"三类各具特色的图文框可让读者对神经科学研究的重要性和社会意义有全新的认识；正文突出显示的关键术语、书末提供的术语表和关键词释义，以及每章附有的复习题和拓展阅读文献有助于读者激发思考和融会贯通；丰富的译者注有助于读者对某些内容或专业术语的理解。

本书适合高等院校和研究所神经生物学、生理学、生物科学、生物技术、医学、人工智能、信息科学及相关新兴交叉学科等专业的本科生、研究生和教师参考使用，也适合对神经科学感兴趣的大众读者阅读。

Neuroscience: Exploring the Brain, Fourth Edition

Mark F. Bear, Barry W. Connors, Michael A. Paradiso

ISBN: 9780781778176

Copyright © 2016 Wolters Kluwer. All rights reserved.

This translation of Neuroscience: Exploring the Brain, Fourth Edition is published by Publishing House of Electronics Industry by arrangement with Wolters Kluwer Health Inc., USA.

Wolters Kluwer Health did not participate in the translation of this title and therefore it does not take any responsibility for the inaccuracy or errors of this translation.

本书提供了药物的准确适应证、不良反应和剂量方案，但鉴于这些信息可能会发生变化，请读者查看本书所提及的药物制造商的包装信息数据。作者、编辑、出版商或发行商不对本书信息中的错误或遗漏造成的任何后果负责，也不对出版物的内容做出任何明示或暗示的保证。作者、编辑、出版商和发行商对本出版物造成的任何人身或财产伤害和/或损害不承担任何责任。

版权贸易合同登记号　图字：01-2018-7259

图书在版编目（CIP）数据

神经科学：探索脑：第4版/（美）马克·F.贝尔（Mark F. Bear）等著；朱景宁，王建军主译. —北京：电子工业出版社，2023.10

书名原文：Neuroscience: Exploring the Brain，Fourth Edition

ISBN 978-7-121-46510-9

Ⅰ.①神… Ⅱ.①马… ②朱… ③王… Ⅲ.①神经科学 Ⅳ.①Q189

中国国家版本馆CIP数据核字（2023）第189777号

责任编辑：张小乐

印　　刷：河北迅捷佳彩印刷有限公司

装　　订：河北迅捷佳彩印刷有限公司

出版发行：电子工业出版社

　　　　　北京市海淀区万寿路173信箱　邮编：100036

开　　本：889×1194　1/16　印张：62　字数：2083千字

版　　次：2023年10月第1版（原著第4版）

印　　次：2024年12月第4次印刷

定　　价：498.00元

凡所购买电子工业出版社图书有缺损问题，请向购买书店调换。若书店售缺，请与本社发行部联系，联系及邮购电话：（010）88254888，88258888。

质量投诉请发邮件至zlts@phei.com.cn，盗版侵权举报请发邮件至dbqq@phei.com.cn。

本书咨询联系方式：（010）88254462，zhxl@phei.com.cn。

献给

Anne, David 和 **Daniel**
Ashley, Justin 和 **Kendall**

Brian 和 **Jeffrey**

Wendy, Bear 和 **Boo**

译者序

　　本书是美国Mark F. Bear、Barry W. Connors 和 Michael A. Paradiso 撰写的 *Neuroscience: Exploring the Brain*（4th Edition, Wolters Kluwer, 2016）的中文版。如同我们在本书第2版中文版译者序[*]中所说的，神经科学（neuroscience；又称neurobiology，神经生物学）是生命科学的一个分支——研究神经系统结构和功能的科学，即"探索脑"的科学。

　　20世纪50年代前后，诺贝尔生理学或医学奖获得者，英国生理学家Alan Hodgkin 和 Andrew Huxley 用电压钳技术和以枪乌贼大轴突为标本，揭示了单个神经细胞（神经元）功能活动的本质是动作电位，他们推测动作电位的产生是神经元膜上离子通道活动的结果，并以数学方式模拟了动作电位的产生及其一些基本特性。自此之后，随着一些现代研究方法的相继出现和应用，神经科学在过去的半个多世纪里得到了飞速的发展。以1961年国际脑研究组织（International Brain Research Organization，IBRO）的成立为标志，神经科学开始成为一门独立的学科。目前，神经科学已经成为生命科学领域内最为重要和最为活跃的前沿学科之一。1989年，美国参众两院通过了一项联合议案，将20世纪的最后十年（1990—1999）命名为"脑的十年"（Decade of the Brain），并于2013年启动了新一轮"脑计划"（BRAIN Initiative）[**]。2021年9月，中国科技部发布了"科技创新2030——'脑科学与类脑研究'重大项目2021年度项目申报指南"，表明神经科学在我国已上升为国家战略，随着中国"脑计划"的启动，中国的神经科学开始了一个崭新的历史发展阶段。

　　Neuroscience: Exploring the Brain 是一本关于神经科学的导论性教科书。该书第1版于1996年出版之后，便被美国的许多大学采用而成为一本流行的神经科学专业课或通识课的教科书。实际上，该书对于神经科学研究者和研究生来说，也是一本具有专业意义的学术参考书。2001年，该书的第2版被我国教育部列入"推荐国外生命科学类优秀教学用书（引进版）计划"，我们有幸承担了该书第2版的翻译工作。《神经科学——探索脑》（第2版）中文版（王建军主译，高等教育出版社）作为"国外优秀生命科学教材译丛"之一于2004年出版。其上市之后即成为热销书，在短短的几个月内即告售罄。购书者既有学界的专业人士，也有大众读者，可见学界对此书的重视，以及公众对神经科学的关

---

[*]　第2版中文版译者序附后。

[**]　BRAIN 为 Brain Research through Advancing Innovative Neurotechnologies 的缩写。

注和喜爱。2016年，Wolters Kluwer出版社出版了该书第4版。2018年底，电子工业出版社高等教育分社委托我们再次承担这本书的翻译工作。

亦如我们在第2版中文版译者序中所指出的，该书之所以取得了极大的成功，主要是由于其兼具专业性和通识性。它的专业性使其成为一本非常适本科生和研究生学习神经科学的教科书或参考书，而它的通识性则吸引了许多非专业性读者的注意并被他们所喜爱。第4版的显著特点是，与时俱进地介绍了许多较新的神经科学研究进展，如利用人类基因组知识，以及基因工程、干细胞、新的脑成像和光遗传学等现代先进技术方法所揭示的神经细胞和神经环路的活动规律和机制、神经和精神疾病的发病机制和遗传学原因等，这些特点原书作者在第4版前言中有较为详尽的介绍。除此之外，第4版进一步发扬了前几版一脉相承的突出特色：首先，神经科学作为一门在许多国家受到政府和民众广泛关注的前沿科学，必然有其科学性、专业性、社会性和通识性的原因。因此，作者在介绍神经科学的基本原理和脑活动规律的基础上，还通过列举大量的与神经科学相关的生活实例和疾病来介绍神经、精神疾病的发病机制，使该书很好地处理了神经科学的科学性和专业性与社会性和通识性之间的关系。其次，各具特色的图文框使这本书的吸引力倍增。在本书的三类图文框中，"发现之路"和"趣味话题"尤具特色。"发现之路"图文框的撰稿人均为著名的神经科学家或诺贝尔奖获得者。他们以朴实无华的文字娓娓道出他们的重大发现和导致这些发现的研究历程，使读者在了解神经科学发展史的同时，也深深地感受到他们严谨求实的科学态度、孜孜不倦的事业追求、谦逊和蔼的人格魅力和与同事友善共事的合作精神。"趣味话题"图文框如同其名，紧密结合一些神经和精神疾病（如抑郁症）、生活问题（如肥胖）和社会问题（如毒品滥用）等，以小品文的形式和通俗的言语介绍了相关的神经科学知识，使读者在趣味和悬念之中获得了专业知识。颇具特色的是，为了增加这类图文框的趣味性，作者还引用了一些名人的名句和英语谚语等，从而浅入深出地引出神经科学的基本原理和对一些疾病现象的解释。因此，这类图文框不仅起到了普及神经科学知识的作用，也有助于读者理解神经科学基础理论研究的重要性和社会意义，引起公众对神经科学的关注和支持。

参加第4版翻译工作的有15位学者。前言、读者指南、致谢、第1章、第14章和术语表由南京大学生命科学学院朱景宁教授和/或王建军教授翻译；第2章和第23章由江苏大学药学院高静教授（第2章、第23章）和南京大学生命科学学院景键教授（第23章）翻译；第3章和第4章由复旦大学脑科学转化研究院舒友生教授翻译；第5章和第6章由南通大学特种医学研究院刘通教授翻译；第7章和该章的附录由复旦大学生命科学学院梅岩艾教授翻译；第8章和第11章由复旦大学脑科学研究院王中峰教授翻译；第9章和第10章由上海交通大学生物医学工程学院梁培基教授翻译；第12章和第15章由南通大学医学院彭聿平教授翻译；第13章由南京大学生命科学学院景键教授翻译；第16章由空军军医大学第一附属医院张月萍教授翻译；第17章和第18章由南京大学生命科学学院罗兰教授翻译；第19章和第21章由华东师范大学脑功能基因组学教育部重点实验室林龙年教授翻译；第20章和第22章由华南师范大学脑科学与康复医学研究院翁旭初教授翻译；第24章和第25章由南京大学生命科学学院朱景宁教授（第24章）和复旦大学脑科学研究院张嘉漪教授（第24章、第25章）翻译。各译者提交的初译稿分别由王建军教授和朱景宁教授校阅，所有校阅稿最后由王建军教授统稿。在此，我们向各位译者、校阅者和统稿者表示衷心的感谢！在翻译过程中，我们得到了南京大学外国语学院王艳教授和英国爱丁堡大学童慎效博士的热情帮助；电子工业出版社张小乐编辑出色的工作不仅保证了本书的高质量出版，而且使中文版的版式和风格与英文原著几乎完全一致。在此，我们亦向他们三位表示衷心的感谢！

关于本书翻译的一些技术性问题和我们的处理方法，需要说明的有：① 专业名词和术语采用中国生理学会第二届生理学名词审定委员会审定和全国科技名词审定委员会公布的《生理学名词》第二版（科学出版社，2020）的中译名（如tetrodotoxin译"河鲀毒素"，不译错误的"河豚毒素"；transient receptor potential译"瞬时受体电位"，不译曾称"瞬时感受器电位"；nociceptor译"伤害性感受器"，不译"痛觉感受器"；receptor antagonist取公布的正名"受体对抗剂"，不取又称"受体拮抗剂"），或采用全国科技名词审定委员会公布的其他学科名词审定委员会审定的中译名（参见全国科技名词审定委员会官方网站"术语在线"）；部分没有被该委员会收录在"术语在线"中的名词或术语，由译者或校阅者译出（如channelrhodopsin译"通道型视紫红质"；intrinsically photosensitive retinal ganglion cell译"内在光敏感视神经节细胞"）。② 西人名依据新华社译名室《世界人名翻译大辞典》（中国对外翻译出版公司）或《新英汉词典》（第4版修订本，上海译文出版社）的译名给出（如Hebb译"赫布"；相应地，Hebb synapse译"赫布突触"，Hebbian modification译"赫布修饰作用"）；日本人名直接使用其汉字名（如日本人的姓Wada译"和田"；相应地，Wada procedure译"和田程序"）。③ 为了帮助读者理解某些知识点（如神经科学和其他专业的名词和术语、西语中的谚语和俚语，以及有关西方社会、文化、历史、文学艺术作品和神话的典故等），我们尽我们所知在译文中相应的地方给出了译者注；另外，我们也对书中提及的诺贝尔奖获得者的基本情况给出了译者注。④ 原书作者将感觉神经元（假单极神经元和双极神经元）的周围突（树突，dendrite）和轴突（axon）均称为axon；对此，我们遵循忠实于原文的原则，将axon均译为"轴突"。

《神经科学——探索脑》（第2版）中文版出版之后，即被许多高校选为神经生物学专业课程的教材，也被一些高校指定为研究生入学考试的参考书，我们甚感欣喜。在该书售罄之后，我们经常被各地的同事或学生问及是否有翻译出版本书新版的计划，可见大家对这本书的渴求。在此第4版中文版译稿付梓之时，我们如释重负，感到没有辜负大家的期望。

　　我们希望本书不仅能够为我国神经生物学课程的教学提供一本有用的教科书，也能够为我国神经科学的发展做出贡献。由于受到英语和汉语水平及专业知识的限制，书中难免存在一些翻译不当之处乃至错误，敬请读者予以指正。

朱景宁　王建军

2023 年 1 月 28 日于南京大学

第2版中文版译者序

　　神经科学是研究人和动物神经系统结构和功能的科学，是探索脑的科学。神经科学作为生命科学的一个分支，在20世纪的后20年里得到了飞速的发展，目前已经成为生命科学领域内最重要和最为活跃的学科之一。许多欧美国家的高等院校，不仅将神经科学（或神经生物学）作为生物类专业和医学专业学生的一门必修课，还将其列为理科和文科学生的公共选修课。我国的高等教育正在逐步地与国际接轨，教育部"高等教育面向21世纪的教学内容和课程体系改革计划"已将神经生物学列为综合性大学生物类本科生的必修课或选修课。为配合这一计划，高等教育出版社近年来出版了数本神经科学和神经生物学的"面向21世纪课程教材"，这些举措对于我国高等院校的神经科学课程建设和普及神经科学知识起到了极大的推动作用。

　　为了进一步促进我国生命科学的发展和借鉴国外生命科学教材建设的先进经验，教育部2001年制订了"推荐国外生命科学类优秀教学用书（引进版）"计划。由美国布朗大学（Brown University）神经科学教授Mark F. Bear、Barry W. Connors和Michael A. Paradiso撰写的 *Neuroscience: Exploring the Brain*（《神经科学——探索脑》）是首批被推荐的教材之一。在国外众多的神经科学教科书中，这本书受到广大读者的喜爱。虽然，原书作者在前言中比较详尽地介绍了该书的一些特点，但在阅读和翻译过程中，我们感到除了作者指出的那些特点和国外教科书所共有的图文并茂等一些特点之外，它还表现出另外一些突出的特色：首先，它对不同教学对象具有广泛适用性。由于本书被定位于既可以作为一本生物学和医学专业学生学习神经科学专业课程的教科书，又可以作为一本其他理科专业，乃至文科专业学生学习神经科学公共选修课程的教科书，因而作者既在章节的安排上做到了便于教师针对不同的教学对象进行取舍，又在内容上深入浅出地介绍神经科学的基本原理，便于非生物学和医学专业的学生阅读和理解。其二，神经科学作为一门在欧美国家受到政府和民众广泛关注的新兴科学，必然有其科学性、专业性、前沿性和社会性，作者通过列举大量的与神经科学有关的生活实例和适当地介绍一些神经、精神疾病的发病机制，从而在全书范围内很好地处理了神经科学的科学性与社会性、专业性与通俗性，以及神经科学知识本身的基础性与前沿性之间的矛盾。其三，"发现之路"是本书倍具特色的一类图文框，为这些图文框撰稿的或是著名的神经科学家，或是诺贝尔奖获得者。这些撰稿人都用极为亲切的语言，很平常地道出他们的重大发现和导致这些发现的艰辛研究历程，而我们可以从这些朴实无华的言语中，深刻地感受到他们对事业孜孜不倦的追求、严谨的科学态度、谦虚谨慎的人格魅力和在研究中善于与同仁共事的协作精神。其四，由于本书可以作为一本公共选修课的教材，作者在第 1 章里向读者比较系统地介绍了神经科学的发展历史，神经科学研究的目的、内容和社会意义。另外，作者在介绍神经科学研究者需要遵循的职业准则和道德规范的同时，也从专业的角度讨论了神经科学研究所涉及的一些伦理学和社会学问题，例如，在神经科学研究中使用实验动物的必要性和防止滥用动物的严肃性，在民众中倡导动物安乐（animal welfare）的观念，反对所谓动物权利（animal rights）的主张，这些也是值得我们思考和借鉴的问题。

2002 年，高等教育出版社向美国 Lippincott Williams & Wilkins 公司买下了这本书第 2 版的中文翻译版版权和英文影印版版权，可以在国内出版该书的中文翻译版和英文影印版（已于 2002 年 11 月先行出版）。我受高等教育出版社之委托，与 9 位同仁一道有幸承担了该书中文版的翻译工作。原版书的前言、致谢、第 1、13、14 章和术语表由南京大学生命科学学院王建军教授翻译；第 3～6 章由中国科学院上海生理研究所吉永华教授翻译；第 7 章由复旦大学生命科学学院梅岩艾教授翻译；第 8～11 章由上海交通大学生命科学与技术学院梁培基教授翻译；第 12、15 章由南通医学院彭聿平教授翻译；第 16 章由南京大学生命科学学院张月萍副教授翻译；第 17、18 章由南京大学生命科学学院罗兰副教授翻译；第 19～21 章由中国科学院心理研究所翁旭初教授翻译；第 2、22～24 章由南京大学医学院高静副教授翻译。我们期望，本书能够成为适合我国综合性大学和医科院校神经科学或神经生物学课程的教科书，成为我国神经科学工作者和对神经科学感兴趣人士所喜欢的参考书。同时，我们也希望青年学生读了这本书后能加深对脑的了解和兴趣，从而投身于神经科学——探索脑的事业中来。

由于我们翻译的时间较为短促，加之我们英语和专业水平的限制，本书难免会存在一些错误和不当之处，恳请读者予以指正。

王建军

2003 年 12 月 20 日于南京大学

前言

《神经科学——探索脑》的缘起

30多年来，我们一直在讲授一门名为"神经科学1：神经系统导论"的课程。"神经科学1"相当成功。在这门课程的发源地布朗大学（Brown University），大约1/4的本科生选修了该课程。对一些学生而言，这是他们神经科学职业生涯的开始；而对另一些学生来说，则是他们在大学里选修的唯一一门自然科学类课程。

这门导论性的神经科学课程的成功，反映出每一个人对于我们如何感觉、运动、感受和思考的着迷与好奇。然而，这门课程的成功也源于它的教学方式和所强调的内容。首先，该课程没有先修课要求，因此随着课程的进展，理解神经科学所需的生物学、化学和物理学要素都被涵盖。这一方法确保了没有学生掉队。其次，大量常识隐喻、现实实例、幽默轶事的运用，告诉学生科学是非常有趣、容易理解、使人兴奋和令人开心的。再次，我们的课程并未涵盖神经生物学的方方面面，而是聚集于哺乳动物的脑，并且只要有可能，就关注人类的脑。从这个意义上说，该课程与面向大多数医学专业新生所讲授的课程相差无几。目前，许多学院和大学的心理学系、生物学系和神经科学系都开设了类似的课程。

本书的第1版旨在为"神经科学1"课程编写一本合适的教科书，融合了使该课程成功的主题和理念。根据我们的学生和其他大学同事的反馈，我们扩展了第2版以囊括更多的行为神经科学话题，并引入了一些有助于学生了解脑的结构的新特性。在第3版中，我们尽可能地缩减章节，更多地强调原理而非细节，并通过改进插图的布局和清晰度使本书对读者更加友好。我们肯定是做对了，因为这本书目前已成为全世界范围内最受欢迎的神经科学入门书籍之一。看到我们的书被用作创建神经科学导论新课程的"催化剂"，我们尤感欣慰。

第4版中的新内容

自第3版出版以来，神经科学的进步令人叹为观止。人类基因组的阐明已经实现其"改变一切"的承诺，包括我们所知道的关于脑的一切。我们现在已经了解神经元在分子水平上的差异，并利用这些知识开发革命性的技术来追踪神经元间的连接并探究它们的功能。许多神经和精神疾病的遗传基础已被揭示出来。基因工程方法使创建动物模型成为可能，从而可以研究基因和由基因决定的神经环路是如何影响脑功能的。从患者身上提取的皮肤细胞可被转化为干细胞，而这些干细胞可被进一步转化为神经元，以揭示细胞功能在疾病中是如何出错的，以及脑是如何被修复的。新的成像和计算方法可以实现为全脑建立"接线图"（wiring diagram）的梦想。第4版的一个目标，就是要让第一次接触神经科学的学生了解这些及其他令人兴奋的新进展。

本书的所有作者都是活跃的神经科学家，我们希望我们的读者能够理解脑科学研究的魅力。本书的一大特色是"发现之路"图文框，一些著名的神经科学家在这些图文框里为我们讲述他们自己的研究故事。这些小品文有几个目的：给人一种发现的快感；展现努力工作、耐心、机缘巧合和直觉的重要性；揭示科学的人性一面；以及娱乐和消遣。我们在第4版中延续了这一传统，26位受人尊敬的科学家参与了撰写。这一杰出群体包括诺贝尔奖获得者Mario Capecchi（马里奥·卡佩奇）、Eric Kandel（埃里克·坎德尔）、Leon Cooper（利昂·库珀）、May-Britt Moser（梅-布莱特·莫泽）和Edvard Moser（爱德华·莫泽）。

全书概况

本书纵览人类神经系统的组构和功能。我们力图以一种理科生和非理科生都易于接受的方式来呈现神经科学的前沿知识。因此，本书的知识深度与大学普通生物学的入门课本相当。

全书分为4篇：第 I 篇，基础；第 II 篇，感觉和运动系统；第 III 篇，脑和行为；第 IV 篇，变化的脑。我们在第 I 篇中首先介绍了现代神经科学研究领域，并追溯其历史渊源。紧接着，我们详细描述了单个神经元的结构和功能，它们之间是如何进行化学通信的，以及神经元这类基本单位是怎样构成神经系统的。在第 II 篇中，我们走进脑，探讨服务于感觉和指挥随意运动这两大系统的结构和功能。在第 III 篇中，我们探索了人类行为的神经生物学，包括动机、性、情绪、睡眠、语言、注意和精神疾病。最后，在第 IV 篇中，我们关注了发育过程中和成年学习记忆过程中环境对脑的改变。

本书在多个不同尺度上探讨了人类的神经系统，从决定神经元功能特性的分子到脑中构成认知和行为基础的大系统。书中还介绍了许多人类神经系统疾病，通常放在对某一特定神经系统讨论的上下文之中。的确，对神经系统正常功能的许多深入认识都来自对引起这些系统特定功能障碍的疾病的研究。此外，我们还讨论了药物和毒素对脑的作用，应用这些信息以阐明不同的脑系统如何影响行为，以及药物如何改变脑的功能。

第 I 篇：基础（第1~7章）

第 I 篇的目标是打下一个坚实的神经生物学常识基础。虽然跳过第1章和第6章亦不失阅读的连贯性，但最好是循序渐进地学习各个章节。

在第1章，我们从历史的角度回顾了神经系统功能的一些基本原理，然后转向今天如何进行神经科学研究这一话题。我们直面神经科学研究中的伦理学问题，特别是那些涉及实验动物的伦理学问题。

在第2章，我们主要关注神经元的细胞生物学。对于没有学过生物学的学生而言，这是非常重要的知识。我们发现，即使是那些具有较强生物学背景的学生，也认为这个回顾很有益。巡览完细胞及其细胞器之后，我们进一步讨论了神经元及其支持细胞的结构特征，这些特征是它们具有独特性的原因；在这里，我们特别强调了结构与功能之间的相关性。我们还介绍了一些基因工程技术，神经科学家现在常常使用这些技术来研究不同类型神经细胞的功能。

第3章和第4章专门讨论神经元膜的生理学。我们介绍了使神经元能够传导电信号的基本化学、物理和分子特性，并讨论了光遗传学这一革命性新技术的原理。在这一部分，我们运用常识并结合隐喻和现实生活中的类比来唤起学生的直觉。

第5章和第6章论述神经元之间的通信，特别是化学突触传递。第5章介绍了化学突触传递的一般原理，第6章则更加详细地讨论了神经递质和它们的作用方式。我们还描述了许多研究化学突触传递的现代方法。然而，由于后续章节不要求对突触传递的理解达到第6章的深度，该章可由教师酌情取舍。在介绍了脑的一般组构及其感觉和运动系统之后，精神药理学的大部分内容会出现在第15章中。根据我们的经验，学生们除了想知道药物是如何作用于神经系统和行为的，还希望了解药物在何处发挥作用。

第7章介绍神经系统的大体解剖。在这里，我们通过追踪脑的胚胎发育过程来关注哺乳动物神经系统的共同组构原则（脑发育的细胞方面在第23章中讨论）。这一章表明，人脑的特殊之处只是在所有哺乳动物共有基本组构之上的简单变异。我们还介绍了大脑皮层和连接组学（connectomics）这一新兴领域。

第7章附录是"人体神经解剖学图解指南"，涵盖了脑、脊髓、自主神经系统、脑神经和血液供应的表面和横断面解剖。自测题将有助于学生学习解剖术语。我们建议学生在开始学习第Ⅱ篇之前，先熟悉该图解指南中的解剖学内容。本书的解剖内容是选择性的，强调了后续章节中将要讨论的结构之间的关系。我们发现学生们喜欢学习解剖学。

第Ⅱ篇：感觉和运动系统（第8~14章）

第Ⅱ篇纵览脑内控制感觉和运动的系统。一般而言，除了关于视觉的第9章和第10章，以及关于运动控制的第13章和第14章，其他章节不需要按顺序学习。

我们选择讨论化学性感觉——嗅觉和味觉（第8章）来作为第Ⅱ篇的开篇。这是两个说明感觉信息编码一般原理和问题的极好的系统，它们的信号转导机制与其他感觉系统也有很强的相似性。

第9章和第10章涵盖视觉系统，这个系统是所有神经科学入门课程中的一个重要主题。我们详细介绍了视觉系统的组构，不仅阐明了现有的知识深度，而且阐释了适用于整个感觉系统的共性原理。

第11章探讨听觉系统，第12章介绍躯体感觉系统。听觉和躯体感觉在日常生活中是如此之重要，以至于我们很难想象在讲授神经科学导论课程时不涉及它们。前庭平衡觉在第11章中一个单独的部分进行讨论。这一安排可使教师自己决定是否跳过前庭系统。

第13章和第14章讨论脑的运动系统。只要想一想脑对运动控制投入了多少，就会觉得我们用较大篇幅来讨论这一问题显然是很合理的。然而我们很清楚，运动系统的复杂性往往使学生和教师都望而却步。因此，我们尽力让我们的讨论突出重点，并运用大量实例，以便与个人的亲身经历联系起来。

第Ⅲ篇：脑和行为（第15～22章）

第Ⅲ篇讨论不同的神经系统是怎样控制不同行为的，并聚焦于那些能够把脑与行为最密切地联系起来的系统。我们讨论了控制内脏功能和内稳态、简单动机行为（如进食和饮水）、性、情绪、情感、睡眠、意识、语言和注意的系统。最后，我们讨论了在精神疾病中，当这些系统失效时会发生什么。

第15～19章探讨了一些协调脑和机体广泛反应的神经系统。在第15章，我们重点讨论了3个系统，它们均以广泛的影响和有趣的神经递质化学为特征。这3个系统分别是分泌性下丘脑（secretory hypothalamus）、自主神经系统和脑的弥散性调制系统（diffuse modulatory systems）。我们还讨论了一些毒品的行为学效应是怎样由这些系统的紊乱而引起的。

在第16章，我们讨论激发特定行为的生理因素，主要关注了有关饮食习惯控制的新研究。我们还讨论了多巴胺在动机和成瘾中的作用，并介绍了"神经经济学"（neuroeconomics）这一新兴领域。第17章探讨了性别对脑的影响，以及脑对性行为的影响。第18章探讨了被认为是情绪体验与表达基础的神经系统，重点讨论了恐惧和焦虑、愤怒和攻击性。

在第19章，我们探讨了产生脑节律的系统，包括睡眠和觉醒时的快速脑电节律，以及控制激素、体温、警觉和代谢的缓慢昼夜节律。随后，我们讨论了人脑中高度发达的一些认知加工方面的问题。第20章研究语言的神经基础，第21章讨论与静息态、注意和意识相关的脑活动变化。第Ⅲ篇以第22章对精神疾病的讨论结束。我们介绍了分子医学在研发一些严重的精神疾病新疗法方面的前景。

第Ⅳ篇：变化的脑（第23～25章）

第Ⅳ篇探讨脑的发育和学习记忆的细胞和分子机制，这些话题代表了现代神经科学两个激动人心的前沿领域。

第23章讨论了脑发育过程中确保神经元之间建立起正确连接的机制。发育的细胞生物学方面不在第Ⅰ篇而在此篇中讨论有以下几个原因：首先，这么做可以使学生充分认识到正常的脑功能有赖于其精确的接线（wiring）。由于我们用视觉系统作为一个具体的例子来说明这一问题，本章必须安排在第Ⅱ篇对视觉通路的讨论之后。其次，我们介绍了经验依赖性的视觉系统发育，而这一发育过程是受行为状态调控的，因此本章被放在第Ⅲ篇的前几章之后。最后，第23章探讨了感觉环境在脑发育中的作用，而其后的两章则进一步讨论了脑的经验依赖性修饰如何形成学习和记忆的基础。我们看到这里的许多机制是相似的，表明了生物学的统一性。

第24章和第25章涵盖了学习和记忆。第24章侧重于记忆的解剖学，探讨脑的不同部位是如何对不同类型信息的存储做出贡献的。第25章深入分析了学习和记忆的分子和细胞机制，重点是突触连接的变化。

帮助学生学习

本书并不是一本详尽无遗的专著。它旨在成为一本可读性强的教科书，向学生清晰、有效地传授神经科学的重要原理。为了帮助学生学习神经科学，我们设计了一些特色内容以加强学生对所学知识的理解。

- **章节概要、引言和结语**。这些要素预览每一章的结构，做好铺垫，并将所学内容置于更广阔的视角。
- **"趣味话题"图文框**。设计这些图文框旨在阐明所学内容与日常生活的相关性。
- **"脑的食粮"图文框**。把一些高阶内容放在这里，以飨想要深入学习的学生，而这些内容在许多入门课程中可能是选学的。
- **"发现之路"图文框**。这些由一流研究人员撰写的短文展示了一系列广泛的发现，以及为这些发现而付出的努力和机缘巧合。这些图文框既使科学探索带上了个人色彩，又加深了读者对相关章节的内容及其含义的理解。
- **关键术语和术语表**。神经科学有其自己的语言，要理解它，就必须学习专业词汇。在各章正文中，重要的术语均已用黑体字突出显示。为了便于复习，这些术语按照它们在文中出现的顺序排列列于各章的末尾，并注明它们出现的页码。这些术语在本书的末尾被汇编成术语表，并给出定义。
- **复习题**。在各章末尾，一组简短的复习题是为了激发学生的思考和帮助学生将所学内容融会贯通而专门设计的。
- **拓展阅读**。我们在各章的末尾列出了几篇最近的综述文章，以指导超出本书范围的学习。
- **神经解剖学术语的课内复习**。在第7章讨论神经系统解剖学时，叙述中会不时插入一些简短的词汇复习自测题以帮助学生加强理解。在第7章附录中，我们还以带有标注练习的作业簿形式提供了范围更广泛的自测题。
- **参考文献和资源**。在本书的最后，我们提供了精选的阅读书目和在线资源，以引导学生进入与各章相关的研究文献。我们没有在各章正文中囊括这些引用，因为这样势必有损本书的可读性，因此我们按照章节组织这些参考文献和资源，并将它们集中列于本书的末尾。

- **全彩色插图**。我们相信插图的力量——因为一幅图不仅胜似"千言万语",而且每一幅图都给出了一个单一的概念。本书第1版曾经为神经科学课本的插图建立了一个新标准。第4版不仅反映了前几版中许多插图在教学设计上的改进,还增加了许多出色的新插图。

（朱景宁　王建军　译）

读者指南

通过使用本书在你的课程中获得成功，并发现神经科学这一充满活力和瞬息万变的领域中的精彩之处。本读者指南将帮助你发现如何更好地使用本书的功能。

章节概要

这张内容"路线图"概括了你将在每一章中学到的内容，并可作为有用的复习工具。

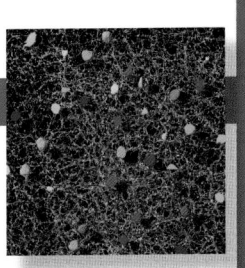

第 1 章

神经科学：
过去、现在和未来

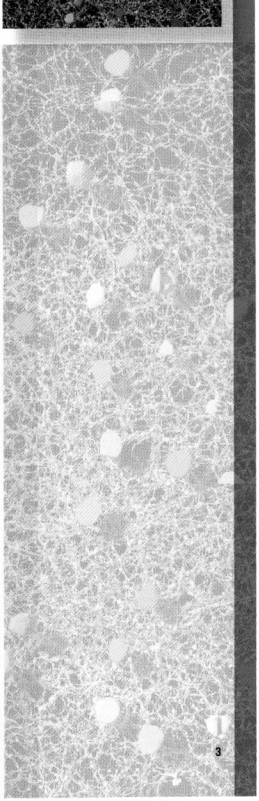

3

图文框 2.2 脑的食粮

在后基因组时代表达人的意识

2003年完成的人类基因组测序是一项真正的里程碑式的成就。人类基因组计划（Human Genome Project）鉴定了人类DNA中全部的约25,000个基因。现在，我们正生活在所谓的"后基因组时代"（post-genomic era），这是一个可以用基因在我们的组织中所表达的信息来诊断疾病的时代。神经科学家正使用这些信息来解决长期悬而未决的神经和精神疾病的生物学基础问题，并更深入地探究个体差异的根源。逻辑如下：脑就是脑自身基因表达的产物，因此，一个正常的脑与一个患病的脑或能力异常的脑中基因表达的差异，可被用于鉴定观察到的症状或特征的分子基础。

基因表达的水平通常用不同细胞和组织合成的mRNA转录本的数量来定义，这些mRNA转录本是用以指导特定蛋白质合成的。因此，对基因表达的分析需要比较两组人或动物的脑中各种mRNA的相对丰度。进行此类比较的一种方法是用DNA微阵列（microarray），其由机器人装置将数千个合成DNA小点排列在显微镜载玻片上制作而成。每一个点都含有一个独特的DNA序列，可识别并黏附不同的特异性mRNA序列。要比较两个脑中的基因表达，首先要从每一个脑中收集mRNA样本。其中一个脑的mRNA用带绿色荧光的化学标签标记，而另一个脑的mRNA用带红色荧光的化学标签标记。然后将这些样本应用于微阵列。高表达的基因将产生明亮的荧光斑点，而荧光颜色的差异则揭示了两个脑之间相对基因表达的不同（图A）。

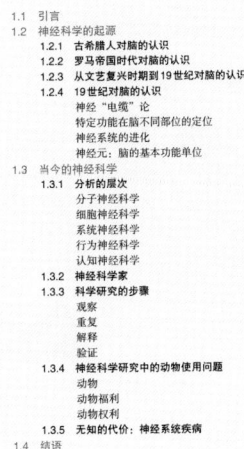

图 A
分析基因表达差异

"脑的食粮"图文框

想要拓展你的理解吗？这些图文框提供了选读的高阶内容以拓展你所学到的知识。

xvii

图文框 16.2 趣味话题

大麻和饥饿感

众所周知，大麻（marijuana）的毒副作用之一是刺激食欲，被吸食者称为"开胃点心"（the munchies）。大麻的活性成分是D⁹-四氢大麻酚（D⁹-tetrahydrocannabinol，THC）；它可以通过刺激大麻素受体1（cannabinoid receptor 1，CB1）改变神经元功能。脑内有丰富的CB1受体。如果认为这些受体仅仅用于调节食欲，那就过于简单了。不管怎样，"医用大麻"（medical marijuana）常常被以处方开给慢性病患者（这是合法的），如癌症和艾滋病患者，用来刺激他们的食欲。一种抑制CB1受体的化合物，利莫那班（rimonabant），也被作为食欲抑制剂研发出来了。然而，由于精神方面的副作用不得不中断了该药的临床试验。尽管这一发现突显了一个事实：这些受体的作用比介导饥饿感要多得多，但了解脑内哪些部位的CB1受体刺激食欲仍然是有趣的。一点也不奇怪，CB1受体与控制摄食的多个脑区（如下丘脑）的神经元相关，而THC的某些促食欲作用也与这些神经元活动的变化相关。然而，2014年神经科学家吃惊地发现大部分食欲刺激来自嗅觉的增强，至少小鼠是这样的。由法国和西班牙神经科学

家共同主持的研究（顺便提一下，这两个国家也因为喜好美食美味而闻名于世）揭示，CB1受体在嗅觉的激活增加了气味检测能力，这是大麻素刺激饥饿小鼠增加摄食量所必需的。

在第8章，我们讨论了气味如何激活嗅球神经元，嗅球神经元然后将信息传递到嗅觉皮层。嗅觉皮层同时发出反馈性神经纤维投射到嗅球，与被称为颗粒细胞（granule cells）的抑制性中间神经元形成突触。通过激活抑制性颗粒细胞，这种来自皮层的反馈可抑制嗅球的上行活动。这些高皮层的突触（corticofugal synapse）使用谷氨酸作为神经递质。脑内的内源性大麻素（endocannabinoids）——花生四烯酸乙醇胺（anandamide）和2-花生四烯酰甘油（2-arachidonoylglycerol）都是在饥饿状态下合成的。它们通过作用于高皮层轴突末梢上的CB1受体抑制谷氨酸释放。通过抑制谷氨酸释放而减少嗅球颗粒细胞激活的净效应是嗅觉增强（图A）。大麻吸食者的饥饿感是否因增强的嗅觉而产生，仍有待证明。但是，一个简单的实验，比如在你进餐时捏住鼻子，即可证实食物带来的愉悦感大部分来自嗅觉。

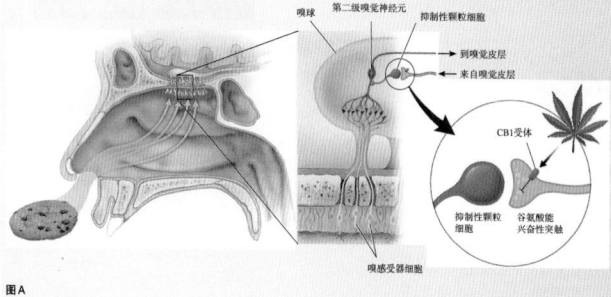

图A
THC是大麻的精神活性成分。由THC引起的CB1受体激活，可通过抑制输入到嗅球抑制性颗粒细胞的高皮层纤维谷氨酸而增强嗅觉（改绘自：Soria-Gomez等，2014）

"趣味话题"图文框

想知道关键概念是如何在现实世界中显现的吗？这些图文框通过展示这些概念更实际的应用来作为正文的补充。主题涉及脑疾病、人类病例研究、药物、新技术等。

图文框 2.3 发现之路

小鼠基因打靶
Mario Capecchi 撰文

一开始我是如何想到在小鼠上进行基因打靶的呢？这其实源于一个简单的观察。现今就职于冷泉港实验室（Cold Spring Harbor Laboratory）的Mike Wigter和就职于哥伦比亚大学（Columbia University）的Richard Axel在1979年发表了一篇论文，表明将哺乳动物细胞暴露于DNA和磷酸钙的混合物中，会导致一些细胞摄取功能性DNA并表达编码的基因。这很令人兴奋，因为他们已经清楚地证明了外源性的功能性DNA可以被引入哺乳动物细胞。但是，我不明白为什么它们的效率如此之低，是传递的问题，是外源性DNA插入染色体的问题，还是基因插入宿主染色体后的表达问题？如果将纯化的DNA直接注射入培养的哺乳动物细胞的细胞核中那又会发生什么呢？

为了找到答案，我将一位同事的电生理学工作站改造成一个微型皮下注射针，从而可以利用机械微操纵器在光学显微镜下将DNA直接注射入活细胞的细胞核中（图A）。这一实验方法具有惊人的工作效率（Capecchi，1980）。使用这种方法，成功整合率从之前的百万分之一提高到三分之一。这么高的效率直接引领了转基因小鼠的发展，因为通过将外源性DNA注

射和随机整合到小鼠受精卵或合子染色体上，即可制作转基因小鼠。为了实现外源性DNA在受体细胞中的高效表达，我不得不附加一些病毒DNA的小片段，现在我们知道这些小片段含有对真核基因表达至关重要的增强子。

但最让我感兴趣的是我们的观察结果：当一个基因的许多拷贝被注射入一个细胞核中时，所有这些分子最终都以一种头尾相接的有序方式排列，称为多联体（concatemer）（图B）。这是惊人的，且不可能是一个偶然事件。接着，我们明确地证明了同源重组是外源性DNA结合的原因（Folger等，1982）；在细胞分裂过程中，染色体正是通过同源重组来共享遗传信息的。这些实验阐明了所有哺乳动物体细胞都具有一种非常有效的机制，可以交换具有相似核苷酸序列的DNA片段。将一段基因序列的1,000份拷贝注射入一个细胞核中，可导致染色体插入一个含有1,000份该序列拷贝的多联体，且所有的拷贝均沿同一方向排列。这一简单的观察结果直接让我想到，通过基因打靶可否在活体小鼠以任意选定的方式，突变任意选定的基因。

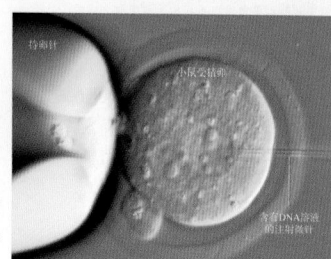

图A
小鼠受精卵接受外源性DNA注射（图片蒙麻省理工学院比较医学系Peimin Qi博士惠允使用）

"发现之路"图文框

通过这些图文框来了解该领域的一些巨星吧！一流学者们描述他们的发现和成就，并讲述关于他们如何获得这些发现和成就的故事。

细胞核。其名源于拉丁语中的 "nut"（坚果）。**细胞核**（nucleus）呈球状、位于细胞中央、直径约 5 ~ 10 μm。它由称为**核被膜**（nuclear envelope）的双层膜所包被。核膜上布有直径约 0.1 μm 的核孔。

细胞核内是**染色体**（chromosome），其含有遗传物质**脱氧核糖核酸**（deoxyribonucleic acid, DNA）。你的 DNA 由你的父母遗传给你，它包含了你整个身体的 "蓝图"。你每个神经元内的 DNA 都是相同的，并且与肝、肾及其他器官的细胞中的 DNA 也相同。神经元与肝细胞的区别在于，用于装配细胞的 DNA 特异片段不同。这些 DNA 片段称为**基因**（gene）。

每条染色体都含有连续不断的 DNA 双螺旋结构，宽 2 nm。假如将 46 条人类染色体的 DNA 首尾相连地排成一条直线，其长度将超过 2 m。如果我们把 DNA 的总长度类比成组成这本书的字符串的总长度，那么这些基因就类似于一个个单词。基因的长度从 0.1 微米至几微米不等。

DNA 的 "读取" 即所谓的**基因表达**（gene expression）。基因表达的最终产物是合成一种被称为**蛋白质**（protein）的分子。蛋白质的形状和大小不一、执行许多不同的功能并赋予神经元几乎所有独有的特质。**蛋白质合成**（protein synthesis），即蛋白质分子的组装，发生在细胞质中。因为 DNA 从不离开细胞核，所以必须由一种中介把遗传信息携带到细胞质中蛋白质合成的位点。该功能由另一种称为**信使核糖核酸**（messenger ribonucleic acid, mRNA）的长链分子来完成。mRNA 由 4 种不同的核酸以不同的序列串成一条长链而构成。链中核酸的详细序列代表了基因中的信息，正如字母序列赋予了书面词汇意义一样。

将含有基因信息的 mRNA 片段组装起来的过程称为**转录**（transcription），由之产生的 mRNA 称为**转录本**（transcript）（图 2.9a）。蛋白质编码基因之间穿插着很长一段 DNA，对其功能我们仍知之甚少。然而，其中一些区域对调节转录非常重要。基因的一端是**启动子**（promoter），它是 RNA 合成

们发现了将组织浸入甲醛中使之变硬或 "固定" 的方法，他们还发明了一种称为切片机（microtome）的特殊仪器可用来切非常薄的脑片。

这些技术进步催生了**组织学**（histology），即用显微镜来研究制备的脑组织的学科。但研究脑结构的科学家们又面临着另一个障碍——新鲜制备的脑组织在显微镜下呈现出均匀的奶油色、没有色素沉着差异，使组织学家无法分辨单个的细胞。神经组织学的最后一个突破是染色剂的引入，即可以选择性地对脑组织中的部分而非全部细胞进行染色。

一种一直沿用至今的染色剂由德国神经学家 Franz Nissl（弗朗茨·尼斯尔，1860—1919）......染术语在19世纪末引入。Nissl 使用了一类碱性染......神经元周的物质团块（图 2.1）。......二：首先，它可以区分神经元和神......究不同脑区神经元的排列或**细胞构**......的 cell（细胞）]。对细胞构筑的研......。我们现在知道每个区域执行不同

关键词

　　关键词在正文中以黑体显示，在每章末尾列出，并在术语表中给出定义。这些可以帮助你学习，并确保你在学习过程中掌握专业术语。

复习题

1. 神经递质的量子释放是什么意思？
2. 如果你施加 ACh 到肌肉细胞并激活了其上面的烟碱型 ACh 受体。那么当膜电位（V_m）分别为 –60 mV、0 mV 和 60 mV 时，通过受体通道的电流的流动方向会是怎样的？为什么？
3. 在本章，我们讨论了 GABA 门控离子通道，它对 Cl⁻ 有通透性。GABA 也可以激活一种叫作 $GABA_B$ 受体的 G 蛋白耦联受体，导致钾离子选择性通道开放。那么，$GABA_B$ 受体的激活会对膜电位造成什么样的影响？
4. 如果你认为你发现了一种新的神经递质，并且正在研究它对神经元的效应，而这个新化学物质引起的反应的逆转电位为 –60 mV。那么这个物质是兴奋性的还是抑制性的？为什么？
5. 有一种叫作士的宁的药物是从原产于印度的一种树的种子中分离到的，并通常被用于灭鼠。已知士的宁的效应是阻遏甘氨酸的作用。那么它是甘氨酸受体的兴奋剂还是抑制剂？
6. 神经毒气如何导致呼吸麻痹？
7. 为什么位于胞体上的兴奋性突触比位于树突顶端上的兴奋性突触更容易诱发起突触后神经元的动作电位？
8. 当 NE 从突触前释放后，需要通过哪些步骤来增加神经元的兴奋性？

复习题

　　用这些复习题来测试你对各章主要概念的理解。

拓展阅读

Connors BW, Long MA. 2004. Electrical synapses in the mammalian brain. *Annual Review of Neuroscience* 27:393-418.

Cowan WM, Südhof TC, Stevens CF. 2001. *Synapses*. Baltimore: Johns Hopkins University Press.

Kandel ER, Schwartz JH, Jessell TM, Siegelbaum SA, Hudspeth AJ. 2012. *Principles of Neural Science*, 5th ed. New York: McGraw-Hill Professional.

Koch C. 2004. *Biophysics of Computation: Information Processing in Single Neurons*. New York: Oxford University Press.

Nicholls JG, Martin AR, Fuchs PA, Brown DA, Diamond ME, Weisblat D. 2007. *From Neuron to Brain*, 5th ed. Sunderland, MA: Sinauer.

Sheng M, Sabatini BL, Südhof TC. 2012. *The Synapse*. New York: Cold Spring Harbor Laboratory Press.

Stuart G, Spruston N, Hausser M. 2007. *Dendrites*, 2nd ed. New York: Oxford University Press.

Südhof TC. 2013. Neurotransmitter release: the last millisecond in the life of a synaptic vesicle. *Neuron* 80: 675-690.

拓展阅读

　　有兴趣学习更多的知识吗？你可以在每一章的末尾找到较新的综述文章，以便更加深入地钻研。

（b）主要的脑回、脑沟和脑裂。大脑因其凹凸曲折的表面而引人注目。隆起的部分称为**脑回**（gyri），而凹陷的部分称为**沟**（sulci），如果沟特别深则称为**裂**（fissures）。沟回的精细模式因人而异，但有许多特征对所有的人脑来说都是共同的。这里标出了一些重要的

脑区分界标志。注意，中央后回位于紧靠中央沟的正后方，而中央前回位于紧靠中央沟的正前方。中央后回的神经元参与躯体感觉（触觉；第 12 章），而中央前回的神经元控制随意运动（第 14 章）。颞上回的神经元参与听觉（听觉；第 11 章）。

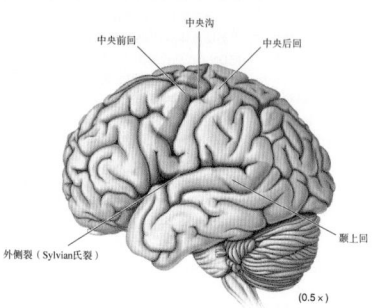

（c）大脑叶和岛叶。按照惯例，大脑被分为 4 个叶，以覆盖它们其上的颅骨命名。中央沟将额叶和顶叶分开。颞叶紧邻着深深的外侧裂（Sylvian 氏裂）的腹侧。枕叶位于大脑后部，与顶叶和颞叶接壤。如果

将外侧裂的边缘轻轻拉开就会显露出一块被称为**岛叶**（insula）的大脑皮层（见插图）。岛叶毗邻并分隔颞叶和额叶。

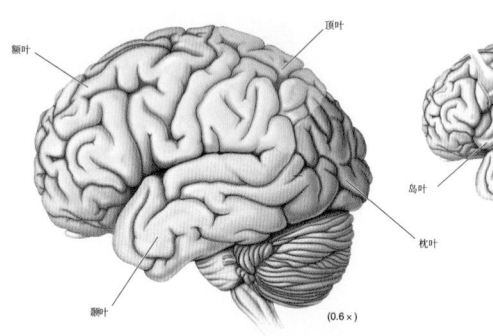

人体神经解剖学图解指南
　　第 7 章附录包含一个范围广泛的带有标注练习的自测题，使你能够评估你的神经解剖学知识。

S7.8　自测题

　　本复习图册旨在帮助你掌握本书所介绍的神经解剖学知识。在这里，我们复制了本指南中所有的图，但是以数字编号的引导线（按顺时针方向排列）替代了原有的文字标注，指向那些需要掌握的结构。请在空格处填写被指出结构的确切名称，以检查你的学习情况。用你的手遮住那些结构的名称，再考考你自己，以复习那些你已经学过的内容。经验表明，这种方法将极大地促进你对解剖学术语的学习和记忆。掌握神经解剖学词汇，将有助于你对本书其他部分关于脑的功能组构的学习。

脑的外侧面

（a）大体特征

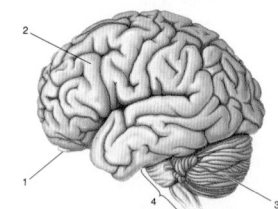

1. ＿＿＿＿＿＿＿
2. ＿＿＿＿＿＿＿
3. ＿＿＿＿＿＿＿
4. ＿＿＿＿＿＿＿

（b）主要的脑回、脑沟和脑裂

5. ＿＿＿＿＿＿＿
6. ＿＿＿＿＿＿＿
7. ＿＿＿＿＿＿＿
8. ＿＿＿＿＿＿＿
9. ＿＿＿＿＿＿＿

自测题
　　在第 7 章中，这些简短的词汇复习可以帮助你加深对神经系统解剖学知识的理解。

自测题

现在请花点时间，确定你已经理解了这些术语的含义：

前侧	背侧	外侧	矢状面
头侧	腹侧	同侧	水平面
后侧	中线	对侧	冠状面
尾侧	内侧	正中矢状面	

（朱景宁　译）

致谢

早在1993年，当我们郑重地开始编写这本教科书的第1版时，我们就有幸与一群非常敬业且才华横溢的人密切合作——他们是Betsy Dilernia、Caitlin Duckwall、Rob Duckwall和Suzanne Meagher，正是他们的帮助，我们才得以将本书付梓出版。Betsy连续担任了我们前3版的策划编辑。我们的成功在很大程度上归功于她为提高本书写作及版面的清晰度和一致性所做出的非凡努力。Betsy的退休使我们作者团队措手不及，但幸运的是Tom Lochhaas被招募为第4版的编辑。Tom本人就是一位颇有成就的作家，他和Betsy一样注重细节，并激励我们不要满足现状而故步自封。我们为第4版感到自豪，并非常感谢Tom鞭策我们达到卓越的水准。尽管时间紧迫且作者们偶尔也会心烦意乱，但我们不能忘记感谢Tom的鼓励和耐心。

重要的是，尽管时间已经过去了——21年！我们在这一版中依然与Caitlin、Rob和Suzanne继续合作。Caitlin和Rob的蜻蜓传媒集团（Dragonfly Media Group）在Jennifer Clements的帮助和协作下绘制了插图，这些插图的效果不言自明。这些艺术家们把我们有时模糊的概念变成了美妙的现实。插图的质量一直是作者们首要关注的事情，我们很高兴他们再次交出了如此出色的作品，确保了我们继续享有撰写出插图极其丰富的神经科学教科书的殊荣。最后，我们永远感谢Suzanne，因为我们每向前一步都离不开她的帮助。没有她对这个项目无比的帮助、忠贞和奉献，这本书就永远不会完成。这是一句大实话，1993年时是这样，今天依然如此。Suzanne，你还是最棒的！

我们很高兴地就目前的新版本向团队新成员Linda Francis表示感谢。Linda是Lippincott Williams & Wilkins出版社的编辑项目经理，她从头到尾与我们密切合作，帮助我们赶上严格的时间表。她的效率、灵活性和好脾气都备受称赞。Linda，很高兴和你一起工作。

在出版业，编辑们似乎总是以惊人的频率来来去去。然而，Lippincott Williams & Wilkins的资深编辑Emily Lupash坚持了下来，并一直坚定地支持我们的项目。我们感谢Emily和她领导的全体员工，感谢他们的耐心和决心使第4版得以面世。

我们再次感谢布朗大学（Brown University）本科神经科学课程的建设者和现任的授课者们。我们感谢Mitchell Glickstein、Ford Ebner、James McIlwain、Leon Cooper、James Anderson、Leslie Smith、John Donoghue、Bob Patrick和John Stein，感谢他们所做的一切，使得布朗大学的本科神经科学课程如此地出类拔萃。同样，我们感谢Sebastian Seung和Monica Linden对麻省理工学院（Massachusetts Institute of Technology）

神经科学导论课程的创新性贡献。布朗大学神经科学系的教师Monica也对本书第4版提出了许多改进建议，我们对她特别感激。

我们衷心感谢多年来为我们提供研究支持的美国国立卫生研究院（National Institutes of Health）、Whitehall基金会、Alfred P. Sloan基金会、Klingenstein基金会、Charles A. Dana基金会、国家科学基金会（National Science Foundation）、Keck基金会、人类前沿科学计划（Human Frontiers Science Program）、海军研究署（Office of Naval Research）、国防部高等研究计划局（DARPA；Defense Advanced Research Projects Agency——译者注）、Simons基金会、JPB基金会、皮考尔学习与记忆研究所（Picower Institute for Learning and Memory）、布朗大学脑科学研究所和霍华德·休斯医学研究所（Howard Hughes Medical Institute）。

我们感谢布朗大学神经科学系和麻省理工学院脑与认知科学系的同事们对本项目的持续支持和有益建议。我们还要感谢其他单位那些素昧平生，却给予很大帮助的同道们，他们也对本书的前几版提出了许多宝贵意见。我们非常感谢那些向我们提供了展示他们研究成果插图的科学家们，特别是麻省理工学院的Satrajit Ghosh和John Gabrieli为第4版封面提供了极富视觉冲击力的图片。此外，许多学生和同事及时告知我们最新的研究动态，指出了前几版中的一些错误，并提出了更好的方式来描述或阐明概念，从而帮助我们改进了新的版本。特别感谢爱丁堡大学（University of Edinburgh）的Peter Kind和麻省理工学院的Weifeng Xu。

我们非常感谢我们的许多同事为"发现之路"撰写故事。你们激励着我们。

我们感谢所有我们挚爱的朋友们，是你们与我们一同为本书的出版牺牲了无数个周末和夜晚，是你们给予我们鼓励和有益的建议使本书得以不断地改进。

最后，我们要感谢过去35年来我们有幸向你们讲授神经科学的数以千计的学生们。

（朱景宁　王建军　译）

封面图片：

通过磁共振断层扫描获得的活体人脑图像，揭示了水分子的扩散。水在脑中优先沿着轴突束扩散。轴突是神经系统的"电缆"，传导脑细胞产生的电脉冲。因此，这幅图像揭示了一些联系脑的不同部分之间的长程通信的路径。这幅图像是在麻省理工学院的Athinoula A. Martinos生物医学影像中心拍摄的，经过了计算机算法的处理，显示出并行在一起的轴突束就像上了伪彩色的面条一样。颜色的变化取决于水扩散的方向（图片蒙麻省理工学院麦戈文脑研究所和脑与认知科学系的Satrajit Ghosh和John Gabrieli惠允使用）

简要目录

目录

第 1 篇

基础

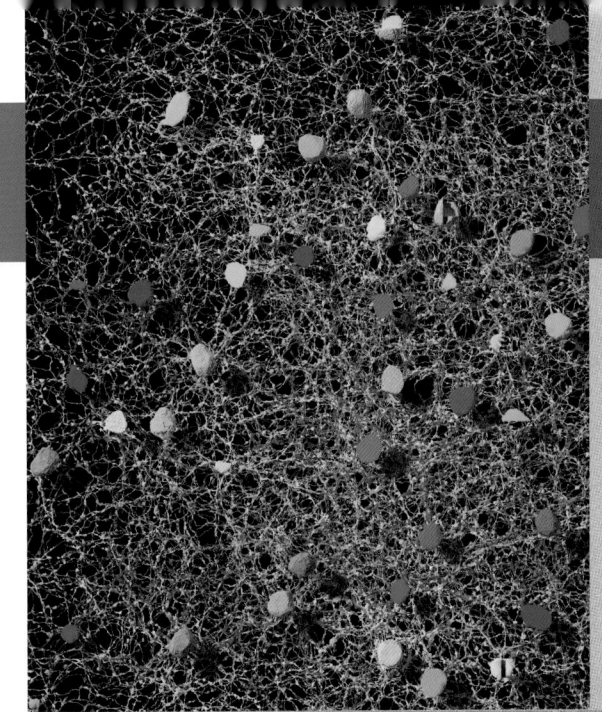

神经元及其神经突起。对一小片视网膜一边切片，一边用电子显微镜进行连续成像。然后，运用一种计算机算法，并在全世界成千上万名玩一款名为EyeWire的在线游戏玩家的帮助下，重建了每一个神经元及其突触连接——这块组织的"连接组"（connectome）。在这幅图像中，神经元被计算机着了伪色，它们的神经突起，即每个细胞的轴突和树突，都被完整地显示出来（图片蒙普林斯顿大学的Sebastian Seung和Pop科技（Pop Tech）的Kris Krug惠允使用）

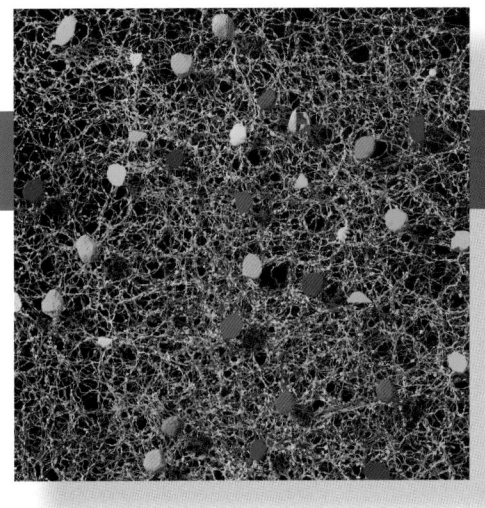

第 1 章

神经科学：
过去、现在和未来

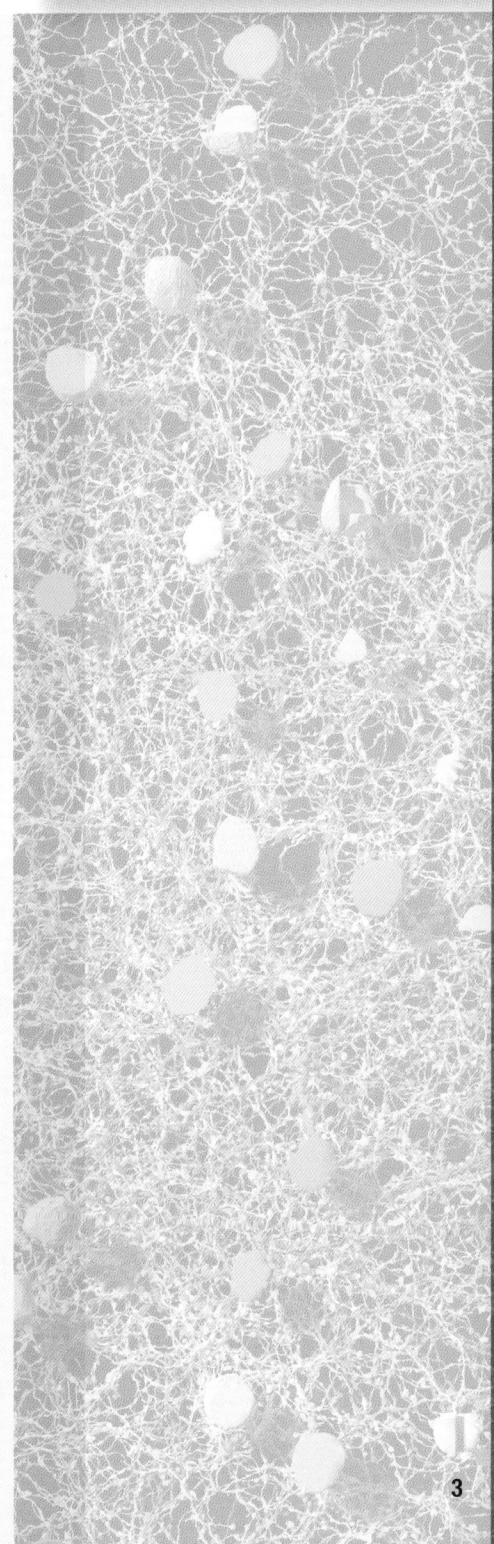

1.1　引言

　　人类应当知道，因为有了脑，我们才有了怡悦、欣喜、欢笑和乐趣，才有了烦恼、忧伤、沮丧和悲恸。因为有了脑，我们才以一种独特的方式拥有了智慧、获得了知识；我们才看得见、听得到；我们才懂得了什么是善与恶、什么是美与丑、什么是甜美与无味……同样，因为有了脑，我们才会如痴如狂和神智失常，才会被恐惧和惊骇所侵扰……我们之所以会经受这些折磨，是因为脑患了病恙……由于这些原因，我认为，脑在一个人的机体中行使了至高无上的权力。

　　　　　　　　　　——Hippocrates（希波克拉底，古希腊医师——译者注），
　　　　　　　　　　《论神圣的疾病》（*On the Sacred Disease*，公元前4世纪）

　　人类天生会渴望了解我们是如何看见和听见的；为何有些事情让我们觉得愉悦，而另一些则让我们感到痛苦；我们是如何运动的；我们是怎样推理、学习、记忆和遗忘的；愤怒和疯狂的本质究竟又是什么？神经科学研究正在解开这些谜团，而这些研究的结论正是本书的主题。

　　"神经科学"（neuroscience）一词并不古老。由职业神经科学家组成的"神经科学学会"（The Society for Neuroscience；美国神经科学学会的官方名称——译者注）直到时间相对较晚的1970年才成立。然而，对脑的研究却与自然科学本身一样久远。历史上，曾经献身于神经系统研究的科学家们来自医学、生物学、心理学、物理学、化学和数学等不同的科学领域。当科学家们意识到了解脑工作原理的最大希望将来自跨学科研究方法，即结合传统方法以产生新的综合、新的视角之时，便爆发了一场神经科学革命。今天，大多数从事神经系统相关科学研究的人都将自己视为神经科学家。的确，你现在所上的课程或许是由你所在大学或学院的心理学系或生物学系开设的，而课程的名称或许叫作生物心理学（biopsychology）或神经生物学（neurobiology），但你可以确信你的老师是一位神经科学家。

　　神经科学学会是规模最大且发展最快的职业科学家协会之一。这一领域远非过度的专业化，而是与几乎所有的自然科学一样宽泛，神经系统则是该领域所关注的共同焦点。要想弄清脑的工作机制，就需要了解许多知识——从基本的水分子结构，到脑的电学和化学性质，再到Pavlov（巴甫洛夫，即Ivan Petrovich Pavlov，伊万·彼德罗维奇·巴甫洛夫，1849.9—1936.2，苏联生理学家，高级神经活动学说和条件反射理论的创始人，因在消化系统生理学方面取得的开拓性成就，于1904年获得诺贝尔生理学或医学奖——译者注）的狗为什么会一听见铃声响起就垂涎三尺。本书正是以这种广阔的视角来探索脑的奥秘。

　　现在，让我们从对神经科学的简要巡览开始我们的探索之旅吧！——千百年来，科学家们是怎样看待脑的？现今有哪些神经科学家，他们又是如何研究脑的呢？

1.2　神经科学的起源

　　你或许已经知道，神经系统——脑、脊髓和躯体神经——对于生命活动

极其重要，并赋予你感觉、运动和思考的能力。那么，这种观点是如何产生的？

有证据表明，我们的史前祖先就已经意识到了脑对生命至关重要。考古记录中有许多原始人类的头骨可以追溯到100万年甚至更久以前，这些头骨上有致命的颅损伤迹象，很可能是被其他原始人击打所致。早在7,000年前，人们就会在彼此的头骨上钻孔——这一过程被称为"环钻术"（trepanation），其目的显然是为了治病而非杀人（图1.1）。这些头骨在手术后显示出愈合的迹象，表明手术是在活体上进行的，而非死后进行的宗教仪式。一些人显然在历经多次颅骨手术后幸存下来。尽管有人猜测这种手术可能被用于治疗头痛或精神疾病，也许是为了给邪恶的灵魂提供一条离开脑子的通路，但那些早期外科医生的真实意图是什么尚不得而知。

然而，从复原的可追溯至约5,000年前的古埃及医生的文字记载来看，他们很清楚脑损伤的许多症状。然而，同样非常清楚的是，他们将心脏，而非脑，视为灵魂的居所和记忆的仓库。事实上，尽管死者尸身的其余部分都被小心翼翼地保存起来以为来世，但脑却被从鼻腔中挖出并丢弃了！这种将心脏视为意识和思想居所的观点直至Hippocrates（希波克拉底）时代才受到强有力的挑战。

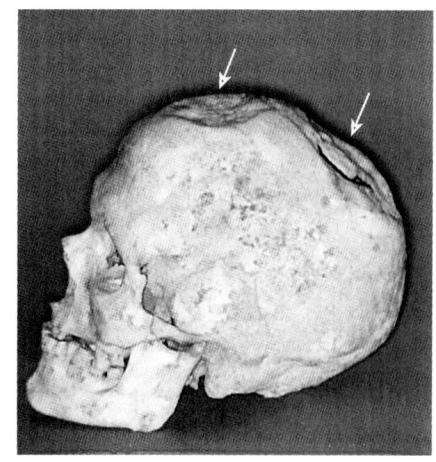

▲ 图1.1
史前脑外科手术的证据。这颗距今7,000多年的男性颅骨，显示出其颅骨在他还活着时被手术打开过。箭头指示两处环钻术的位点（引自：Alt等，1997，图1a）

1.2.1　古希腊人对脑的认识

考虑这样一种观点：身体的不同部位看起来不同，是因为它们有着不同的功能。例如，脚和手的结构差异巨大，因为它们各自行使完全不同的功能：我们用脚行走而用手来操控物体。因此，**结构与功能之间存在非常明显的相关性**。外观的不同预示了功能的差异。

那么，凭借头部的结构，我们又能获得怎样的功能呢？稍做观察或做几个简单的实验（如闭上双眼），你就会发现头部是专门用来——用眼睛、耳朵、鼻子和舌头——感受周围环境的。即使是粗略的解剖也能够追溯出，支配这些器官的神经最终都穿过颅骨进入脑中。从这些观察中，你对脑的功能会得出什么结论？

如果你的回答是"脑是感觉的器官"，那么你已经得到了与公元前4世纪几位古希腊学者们相同的结论。这些学者中最具影响力的一位是被称为"西方医学之父"的Hippocrates（希波克拉底，公元前460—公元前379），他认为脑不仅与感觉有关，而且是智力的中心。

但这一观点并未得到普遍认可。著名的古希腊哲学家Aristotle（亚里士多德，公元前384—公元前322）就坚信"心脏是智慧之源"。那么，脑在Aristotle眼中又被赋予了何种功能呢？他认为，脑是一个"散热器"，用于冷却被"火热的心"沸腾了的血液。因此，人类的理性气质（rational temperament）可由脑的强大冷却功能来解释。

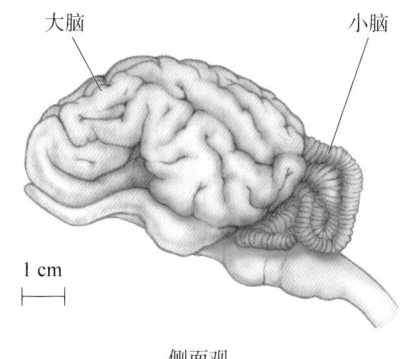

大脑　　小脑

1 cm

侧面观

顶面观

1.2.2　罗马帝国时代对脑的认识

罗马医学史上最重要的一位人物是希腊医生兼作家Galen（盖伦，公元130—公元200），他信奉Hippocrates关于脑功能的观点。作为角斗士的医生，他一定亲眼看见过脊柱和脑创伤的不幸后果。然而，Galen关于脑的看法可能更多地受到他本人对动物大量和细致的解剖的影响。图1.2是一张羊脑的

▲ 图1.2
羊的脑。注意大脑和小脑的位置及外观

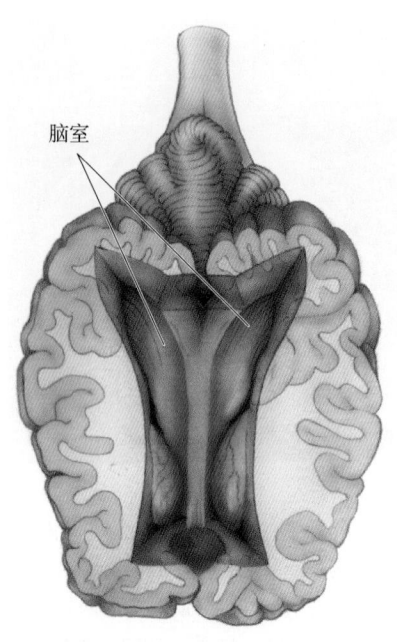

▲ 图 1.3
羊的脑室解剖图

视图，羊是 Galen 在实验中最喜欢使用的动物之一。图中清楚地显示出两个主要部分：位于前端的**大脑**（cerebrum）和位于后端的**小脑**（cerebellum）（脑的结构将在第 7 章中描述）。正如我们可以从手和脚的结构来推断它们的功能一样，Galen 试图从大脑和小脑的结构来推断二者的功能。如果用指尖轻戳新鲜剥离的脑，你会感觉到小脑较为坚硬而大脑较为松软。根据这一观察，Galen 认为大脑一定是接受感觉的，而小脑一定是指挥肌肉的。那么，为什么 Galen 会这样区别大脑与小脑的功能差异呢？他认为，要形成记忆，必须把感觉"印刻"（imprint）在脑中。这当然只能发生在似面团般松软的大脑中。

尽管 Galen 的推理似乎是荒谬不堪的，但他的推论本身却距离真理不远了。事实上，大脑主要与感觉和认知有关，而小脑主要是一个运动控制中枢。此外，大脑也是记忆的仓库。纵观神经科学的历史，我们可以发现，像这样从错误的依据中得出正确的一般性结论的例子并不鲜见。

那么，脑又是如何接受感觉并移动四肢的呢？ Galen 将脑切开，发现它是中空的（图 1.3）。在这些被称为**脑室**（ventricles，类似于心脏的心室）的空腔中有液体。在 Galen 看来，这一发现完全符合当时流行的理论，即机体的功能取决于 4 种重要液体或体液的平衡。感觉的表达（register）与运动的起始都是由体液通过神经流进或流出脑室而实现的，而神经在当时被认为是中空的管道，就像血管一样。

1.2.3 从文艺复兴时期到 19 世纪对脑的认识

Galen 有关脑的观点盛行了近 1,500 年。随后，在文艺复兴时期，伟大的解剖学家 Andreas Vesalius［安德烈亚斯·维萨留斯，1514.12—1564.10，比利时解剖学家，被认为是近代人体解剖学的创始人，他编写的《人体的构造》（*De humani corporis fabrica*，1543）一书是人体解剖学的权威著作之一——译者注］进一步丰富了脑结构方面的许多细节知识（图 1.4）。但是，脑功能的脑室理论（ventricular theory）却基本上仍未受到挑战。甚至，整个概念在 17 世纪早期还得到了加强，当时法国发明家建造了液压控制的机械装置。这些装置支持了这样一种观点，即脑可以以类似机械运行的方式行使其功能：液体通过神经从脑室中被压出，直接"把你充满"，从而引起肢体的运动。是啊，毕竟肌肉收缩的时候就鼓胀起来了！

▶ 图 1.4
文艺复兴时期描绘的人类脑室。该图出自 Vesalius 所著的《**人体的构造**》（*De humani corporis fabrica*，1543）。所绘的对象可能是一名被砍头的罪犯。在描绘脑室时，绘者十分注意解剖学上的正确性（引自：Finger，1994，图 2.8）

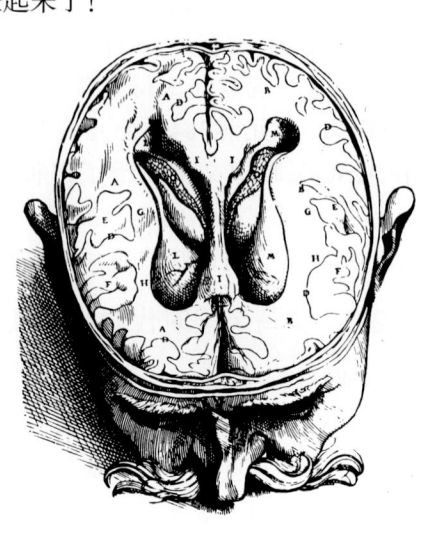

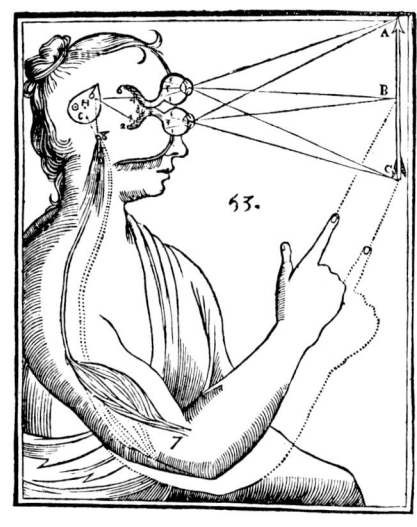

◀ 图 1.5
Descartes 描绘的脑。这幅画出现在 Descartes 于 1662 年发表的著作中。他认为，眼睛发出的中空神经投射到脑室。精神通过控制松果体（H）来影响运动反应。松果体就像一个阀门，通过引起肌肉膨胀的神经来控制动物的精神活动（引自：Finger，1994，图 2.16）

这种脑功能"液压-机械论"观点的主要倡导者是法国数学家和哲学家 René Descartes（勒内·笛卡儿，1596.3—1650.2；法国著名的哲学家、数学家、物理学家，他是西方近代哲学奠基人之一——译者注）。尽管 Descartes 认为这一理论可以解释其他动物的脑和行为，但他确信这一理论不可能解释人类所有的行为。他认为，人与其他动物不同，拥有智慧和上帝赐予的灵魂。因此，Descartes 提出，由脑控制的人类行为至多也就是类似于动物的那些行为而已，而人类所特有的心智能力则存在于脑之外的"心灵"（mind）之中。Descartes 认为，心灵是一种精神实体，通过松果体（脑内的一个结构——译者注）与脑机器进行交流，从而接受感觉并指挥运动（图 1.5）。时至今日，一些人仍然相信存在着"心-脑问题"（mind-brain problem），即人类的精神在某种程度上与脑是彼此分离的。然而，正如我们将在本书第 Ⅲ 篇中看到的那样，现代神经科学研究支持一个截然不同的观点：精神有其物质基础，那就是脑。

幸运的是，17、18 世纪的另外一些科学家们摆脱了脑室中心论这一传统观念的束缚，对脑的本质展开了更为细致的研究。例如，他们观察到两种类型的脑组织：灰质（gray matter）和白质（white matter）（图 1.6）。那么，这些学者又提出了怎样的结构-功能关系呢？由于白质与躯体神经连在一起，因此他们正确地认为白质中含有纤维，而这些纤维可以将信息传入灰质和从灰质中传出。

至 18 世纪末，神经系统已被完整解剖，其大体解剖结构也因此被详细描述。科学家们认识到神经系统具有中枢和外周两部分，中枢部分包括脑和脊髓，外周部分则由遍布全身的外周神经网络组成（图 1.7）。神经解剖学史上的一个重大突破是在每个个体的脑表面上都可以观察到大致相同模式的隆起（称为脑回，gyri）和凹槽（称为沟和裂，sulci 和 fissures）（图 1.8）。这种模式使得大脑可以以叶（lobes）的形式划分并组合起来，从而导致人们推测不同的脑功能可能定位于不同的脑回。从此，脑功能定位的新时代到来了。

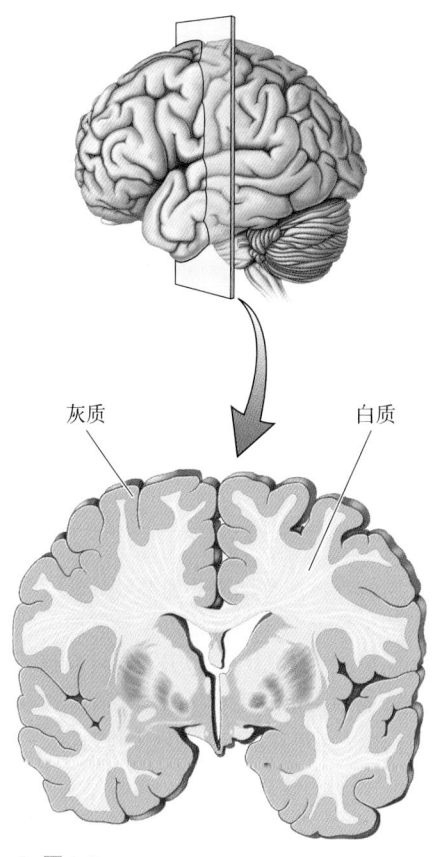

灰质　　白质

▲ 图 1.6

脑的白质和灰质。被切开的人脑，以显示白质和灰质这两类脑组织

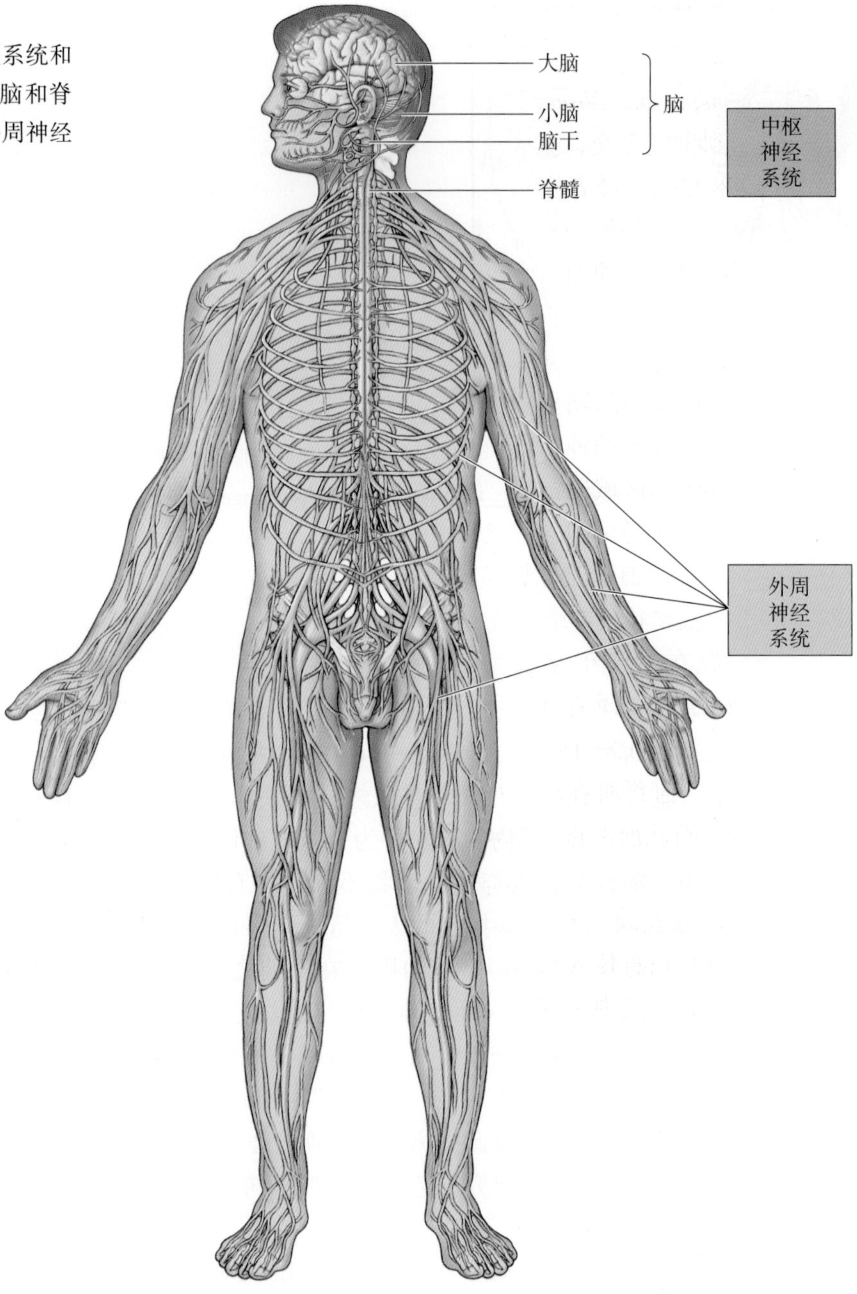

▶图 1.7

神经系统的基本解剖分区。神经系统由中枢神经系统和
外周神经系统两部分构成。中枢神经系统包括脑和脊
髓。脑的三大主要部分是大脑、小脑和脑干。外周神经
系统由位于脑和脊髓之外的神经和神经细胞组成

大脑

小脑
脑干

脊髓

脑

中枢神经系统

外周神经系统

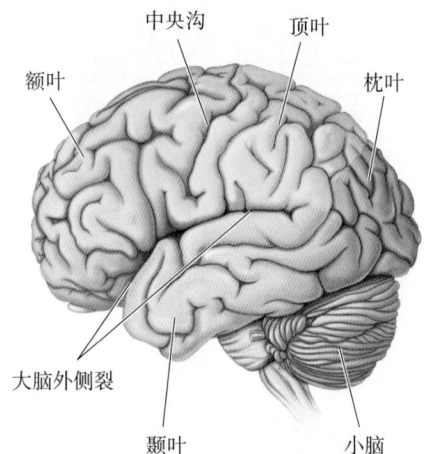

▲ 图 1.8

大脑的叶。注意把额叶和颞叶分开的深
深的 Sylvian 裂（西耳维厄斯裂，即大脑
外侧裂——译者注），以及将额叶和顶叶
分开的中央沟。枕叶位于脑后部。这些
解剖标志可以在所有人的脑中找到

1.2.4 19世纪对脑的认识

让我们先来回顾一下18世纪末人们对神经系统是如何理解的：

- 脑的损伤会破坏感觉、运动和思维，并可能导致死亡。
- 脑通过神经与躯体相联系。
- 脑具有一些可识别的不同部分，它们很可能执行不同的功能。
- 脑像机器一样运作，并遵循自然规律。

在接下来的100年里，人们对脑功能的了解超过了此前有记载历史的总和。这一工作为现代神经科学的发展奠定了坚实的基础。现在，让我们看看19世纪所获得的4项重要认识。

神经"电缆"论。1751 年，Benjamin Franklin（本杰明·富兰克林，1706.1—1790.4，美国博学家——译者注）出版了一本名为《电的实验与观察》（*Experiments and Observations on Electricity*）的小册子，宣告了对电现象的新认识。到世纪之交，意大利科学家 Luigi Galvani（路易吉·加尔瓦尼，1737.9—1798.12——译者注）和德国生物学家 Emil du Bois-Reymond（埃米尔·杜博伊斯-雷蒙德，1818.11—1896.12——译者注）证明，当神经受到电刺激时会引起肌肉的抽动，而脑本身可以产生电。这些发现最终取代了"神经通过液体的流动与脑相联系"的观点。取而代之的新观点是：神经是"电缆"（wires），负责传导电信号进出脑。

当时尚未解决的问题是：引起肌肉运动的传出信号与表达皮肤感觉的传入信号是否使用相同的神经电缆。当时的观察发现，当机体的某一根神经被切断时，受影响的区域通常会同时丧失感觉和运动功能，这表明沿着同一根电缆进行双向通信是可能的。然而，那时的人们也知道，在人体的每一根神经中都包含着许多细丝或**神经纤维**（nerve fiber），而每一根细丝或神经纤维都可以作为一根单独的电缆，传导不同方向的信息。

这个问题在 1810 年左右被苏格兰医生 Charles Bell（查尔斯·贝尔，1774.11—1842.4——译者注）和法国生理学家 François Magendie（弗朗索瓦·马让迪，1783.10—1855.10——译者注）解答了。在解剖学上，一个奇怪的事实是，神经纤维在进入脊髓之前会分成两个分支或根。背根进入脊髓后部，而腹根则从前部进入脊髓（图 1.9）。Bell 通过分别切断实验动物的背根和腹根并观察切断神经后的结果，检查了这两根脊神经根传导不同方向信息的可能性。他发现只有切断腹根才会引起肌肉麻痹。随后，Magendie 证实，背根将感觉信息传入脊髓。Bell 和 Magendie 由此推论，每根神经都是许多电缆的混合体，其中一些电缆将信息传入脑和脊髓，而另外一些则将信息

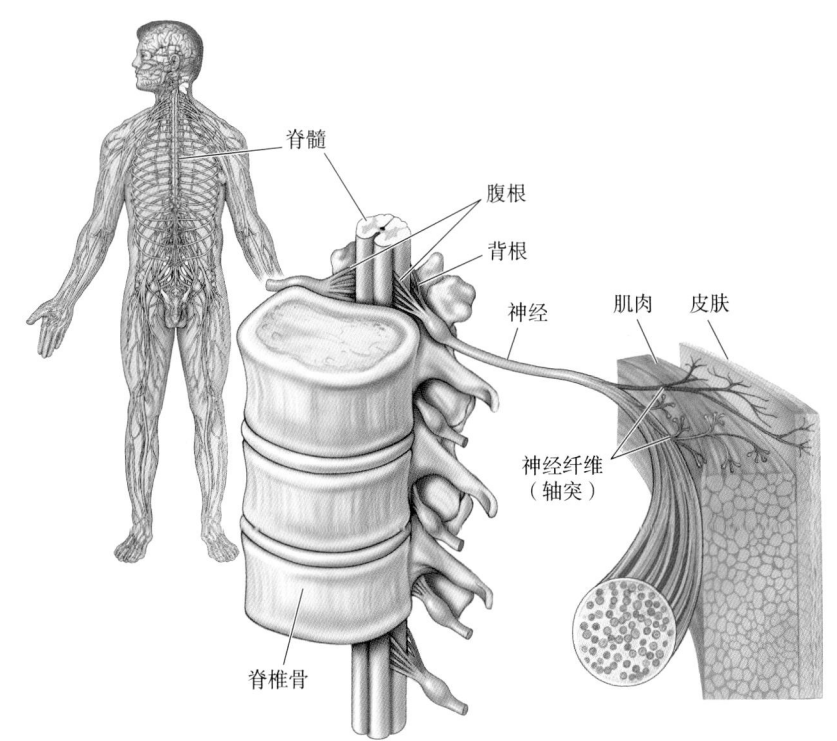

◀ 图 1.9
脊神经和脊神经根。脊髓发出 31 对神经支配皮肤和肌肉。切断某一根脊神经可引起受该神经支配的躯体部位丧失感觉和运动功能。传入性感觉纤维（**红色**）和传出性运动纤维（**蓝色**）在进入脊髓之前分开，形成不同的脊神经根。Bell 和 Magendie 发现腹根仅含有运动纤维，而背根仅含有感觉纤维

脊髓　腹根　背根　神经　肌肉　皮肤　神经纤维（轴突）　脊椎骨

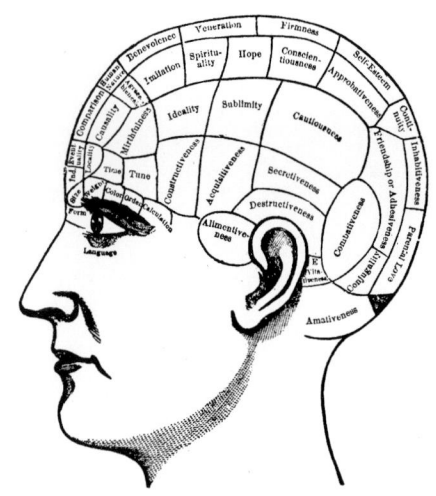

▲ 图1.10

颅相学图谱。Gall 和他的追随者认为，不同的行为特性可能与颅骨不同部位的大小有关（引自：Clarke and O'Malley，1968，图118）

▲ 图1.11

Paul Broca（1824—1880）。通过仔细研究一位在脑损伤后失去言语能力的男性的脑，Broca 确信不同的功能可以定位于大脑的不同区域（引自：Clark and O'Malley，1968，图121）

从脑和脊髓传出到肌肉。但对于每一根感觉和运动神经纤维而言，信息的传递都是严格单向的。这两类神经纤维在它们全长的大部分都是被捆绑在一起的，只是当它们要进入或离开脊髓时才在解剖学上分离开来。

特定功能在脑不同部位的定位。如果不同的功能定位于不同的脊神经根，那么不同的功能也很有可能定位于脑的不同部位。1811年，Bell 提出，运动纤维的起源是小脑，而感觉纤维的终点是大脑。

那么，你会如何验证这种假设呢？一种办法就是沿用 Bell 和 Magendie 鉴别脊神经根功能的方式：即损毁脑的特定部位，并检查由此所引起的感觉和运动缺陷。这种系统性地损毁脑的某一部位以确定其功能的方法称为**实验切除法**（experimental ablation method）。1823年，受人尊重的法国生理学家 Marie-Jean-Pierre Flourens（马利亚-让-皮埃尔·弗卢龙，1794.4—1867.12——译者注）在多种动物（尤其是鸟类）上采用该实验方法，证实小脑确实在运动协调中发挥作用。他还得出结论，大脑与感觉和知觉有关，正如 Bell 和 Galen 在他之前所推测的那样。但是，与他的前辈们不同，Flourens 为他的结论提供了坚实的实验支持。

那么，脑表面的那些隆起又意味着什么？它们也具有不同的功能吗？这些想法让年轻的奥地利医学生 Franz Joseph Gall（弗朗茨·约瑟夫·加尔，1758.3—1828.8——译者注）难以抵御、无法自拔。他坚信颅骨上的隆起反映了脑表面的隆起，因而他在1809年提出，一个人的性格倾向，如慷慨大方、韦莫如深和消极且具破坏性都与头部的大小相关联（图1.10）。为了支持他的论断，Gall 和他的追随者们搜集并仔细测量了数百个代表不同性格类型的人的颅骨，这些人中既有天赋异禀的天才，也有犯罪的精神病患者。这种将一个人的性格特征与头部结构相联系的新"科学"被称为**颅相学**（phrenology）。尽管颅相学家的主张从来没有被主流科学界所认可，但是这些人确实抓住了那个时代公众的想象力。事实上，1827年出版的一本颅相学教材竟售出了10万多册。

对颅相学最激烈的批评者之一是 Flourens——就是那位用实验方法证明了小脑和大脑行使不同功能的科学家。他进行批判的理由是充分的。首先，颅骨的形状与脑的形状并不一致。其次，Flourens 的切除实验表明，某些特定的气质并非局限在颅相学所认定的大脑区域。但是，Flourens 却坚持认为：大脑的各个区域都均等地参与了所有的大脑功能。这一结论后来被证明是错误的。

通常认为，法国神经病学家 Paul Broca（保罗·布罗卡，1824.6—1880.7——译者注）是将科学的天平牢固地扭向大脑功能定位一侧的第一人（图1.11）。Broca 曾经遇到过一位能够理解语言但无法说话的患者。1861年，当这名男子去世后，Broca 仔细检查了他的脑，结果在其左额叶发现了损伤（图1.12）。根据这一病例及其他几个类似的病例，Broca 得出结论，人类大脑的这一区域专门负责言语的产生。

脑功能定位学说很快就得到了动物实验的坚实支持。德国生理学家 Gustav Fritsch（古斯塔夫·弗里奇，1838.4—1927.6——译者注）和 Eduard Hitzig（爱德华·希齐格，1838.2—1907.8——译者注）在1870年通过实验表明，用小电流刺激狗暴露的脑表面一个局限的区域，可以引起狗一系列不连续的运动。苏格兰神经病学家 David Ferrier（戴维·费里尔，1843.1—1928.3——译者注）用猴子重复了这一实验。他在 1881 年的实验表明，切除大脑这一区域会导致肌肉瘫痪。类似地，德国生理学家 Hermann Munk（赫尔曼·蒙克，1839.2—1912.10——译者注）采用实验切除法，证明了大脑枕叶是视觉功能所必需的。

正如将在本书第 II 篇中看到的那样，我们现在知道，大脑中存在非常明确的分工，不同的部分执行截然不同的功能。今天的大脑功能定位图谱，堪与颅相学家们绘制的最精细的颅相学图谱相媲美。但是，与颅相学家们最大的不同在于，当代科学家们在将特定功能归属于某一脑区之前，都需要确凿的实验证据的支持。尽管如此，Gall 的观点似乎在一定程度上是正确的。这自然会让人思考一个问题：为什么脑功能定位的先驱 Flourens 会误入歧途，相信大脑作为一个整体而不可细分呢？固然，这里有许多不同的因素使得这位天才的实验主义者与大脑功能定位的发现失之交臂，但有一点似乎是明确的，那就是他对 Gall 本人和颅相学发自内心的鄙视。他无法迫使自己同意 Gall 的观点，甚至从根本上去排斥。对于 Gall，他直斥其为疯子。这提醒我们：不论好坏，科学在过去和现在都会受到人性优点和弱点的影响。

神经系统的进化。 1859 年，英国生物学家 Charles Darwin（查尔斯·达尔文，图 1.13）出版了《物种起源》（*On the Origin of Species*）一书。在这本具有里程碑意义的著作中，他明确地阐述了进化论：所有生命物种均起源于共同的祖先。根据这一理论，物种之间的差异是由于 Darwin 称之为**自然选择**（natural selection）的过程所导致的。作为繁殖机制的一个结果，子代的个体性状多少会有异于其亲代。如果这些性状有利于物种生存，那么这些子代本身将更有可能存活下来以进行繁殖，从而增加了将这些优势性状遗传给下一代的可能性。在历经世代的繁衍之后，这样一种过程推动了不同物种特异性状的演化，从而区分了今天的不同物种，如斑海豹（harbor seal）的鳍状肢、狗的爪、浣熊（raccoon）的掌等。这一独具慧眼的认识彻底变革了生物学。今天，从人类学到分子遗传学的许多领域的科学证据都压倒性地支持自然选择这一进化理论。

Darwin 认为，行为也是可进化的遗传性状之一。例如，他观察到多种哺乳动物在受到惊吓时均表现出同样的反应：瞳孔放大、心跳加速、毛发竖起。这些反应，无论对于人还是对于狗来说都是一样的。在 Darwin 看来，反应模式的相似性表明了这些不同的物种是从具有相同行为性状的共同祖先进化而来的，这想必是有利的，因为这种行为性状有助于逃避捕食者。由于行为反映了神经系统的活动，因此我们可以推断，这种恐惧反应背后的脑机制在不同物种中即便不是完全相同的，也应该是相似的。

不同物种的神经系统是由共同的祖先进化而来的，并且可能具有共同的作用机制，这一观点是将动物实验结果与人类联系起来的理论基础。例如，神经电冲动传导的许多知识最先是从枪乌贼（squid）上得来的，但现在知道这些知识同样适用于人类。现在，大多数神经科学家在希望了解人类某一生理过程时都采用**动物模型**（animal models）。例如，当反复给大鼠自我摄取可

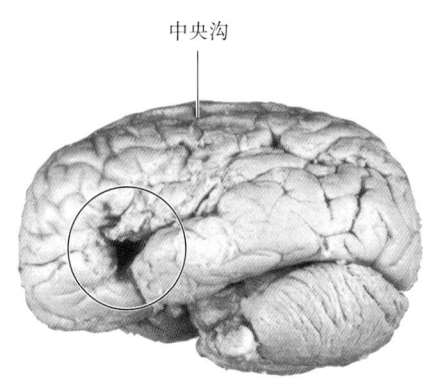

▲ 图 1.12

使 Broca 确信大脑功能定位的脑。这就是保存下来的那位患者的脑，他在 1861 年去世之前已经丧失了说话的能力。图中圆圈标注的区域为造成其语言功能缺陷的损伤部位（引自：Corsi，1991，图 III，4）

中央沟

▲ 图 1.13

Charles Darwin（1809—1882）。Darwin 提出了他的进化论，解释了物种是如何通过自然选择过程而进化的（引自：The Bettman Archive）

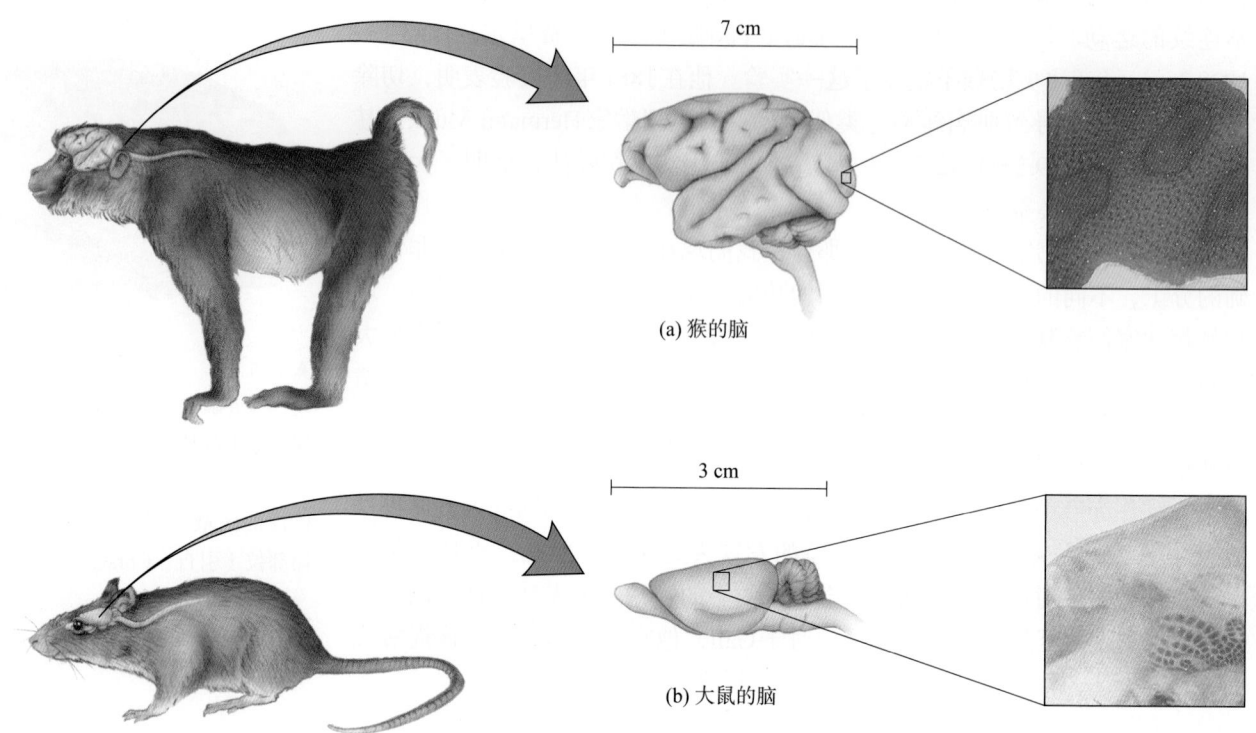

▲ 图 1.14

猴和大鼠脑的不同功能特化。(a) 猕猴的脑具有高度进化的视觉感知功能。方框内的脑区接受来自眼睛的信息。将该脑区切成薄片并染色以显示代谢活跃的组织时，一些镶嵌状的"斑块"(blob) 就显现出来。这些斑块内的神经元专门分析视觉世界中的色彩。(b) 大鼠的脑具有高度进化的面部触觉感知。方框内的脑区接受来自触须的感觉信息。同样，将该脑区切片并染色以显示神经元的位置时，一些镶嵌状的"桶"(barrel) 就显现出来。每一个桶都专门接受来自大鼠面部一根触须的传入（图片蒙 S.H.C. Hendry 博士惠允使用）

卡因 (cocaine) 的机会时，它们就会表现出明确的成瘾迹象。因此，大鼠为研究精神活性药物如何对神经系统发挥作用提供了一个极有价值的动物模型。

另一方面，某一物种的许多行为性状因该物种所处的环境（或生态位，niche）而被高度特化了。例如，在枝头灵活攀爬的猴子具有敏锐的视觉，而习惯在地洞中穿梭潜行的老鼠则视力不佳，但它们口鼻部的触须却具有高度进化的触觉。这些适应反映在每个物种的脑结构和功能上。通过比较不同物种脑的特化结构，神经科学家已经能够知道不同的脑区所具有的特定行为功能。图 1.14 给出了猴和大鼠的例子。

　　神经元：脑的基本功能单位。19 世纪初叶，显微镜技术的进步使得科学家们第一次有机会在高放大倍率下观察动物组织。1839 年，德国动物学家 Theodor Schwann（特奥多尔·施万，1810.12—1882.1——译者注）提出了后来被称为**细胞学说**（cell theory）的观点：一切组织均由称为**细胞**（cell）的微观单位所构成。

　　尽管脑中的细胞早已被鉴定和描述，但当时关于单个"神经细胞"是否就是脑功能的基本单位仍存在争议。神经细胞通常有许多纤细的投射或突起从中央的细胞体上伸出（图 1.15）。最初，科学家们无法肯定来自不同神经细胞的突起是否会像循环系统中的血管那样融合到一起。如果是这样的话，那么连接神经细胞的"神经网络"（nerve net）才有可能是脑功能的基本单位。

　　第 2 章对这一问题解决的历史做了简要回顾。可以说，直到 1900 年，现在被称为**神经元**（neuron）的单个神经细胞才被确认为神经系统的基本功能单位。

1.3　当今的神经科学

　　现代神经科学的历史仍在继续书写之中，而神经科学发展至今的研究成果构成了本书的基础。我们将会在接下来的章节中讨论新的研究进展。在此之前，让我们先来看一看今天的脑科学研究是如何开展的，以及为什么脑研究对社会是如此之重要。

1.3.1　分析的层次

　　历史已经清楚地表明，了解脑的工作原理是一项巨大的挑战。为了降低问题的复杂性，神经科学家们采用了化整为零的方法，以进行系统的实验分析。这就是所谓的**还原论方法**（reductionist approach）。研究对象的尺度决定了通常所说的**分析层次**（level of analysis）。按照复杂性由低到高排序，这些层次依次为：分子、细胞、系统、行为和认知。

　　分子神经科学。脑被视为宇宙间最复杂的物质。脑的物质组成中包含着各种各样的奇妙分子，其中许多分子是神经系统所特有的。这些不同的分子对于脑功能的行使扮演着许多不同却又至关重要的角色：允许神经元彼此之间相互通信的"信使"，控制不同物质进出神经元的"哨兵"，协调神经元生长的"向导"，保管过去经历的"档案管理员"。在这些最基本的层次上对脑的研究称为**分子神经科学**（molecular neuroscience）。

　　细胞神经科学。接下来的分析层次是**细胞神经科学**（cellular neuroscience），其研究重点是这些分子是如何协同工作，从而赋予神经元特殊性质的。这个层次需要解决的问题包括：有多少种不同类型的神经元，它们在功能上有何差异？神经元是如何影响其他神经元的？在胚胎发育过程中，神经元是如何"连接在一起"的？神经元又是怎样执行计算的？

　　系统神经科学。一群神经元形成复杂的环路执行某一种共同的功能，如视觉功能和随意运动功能。这样，就有了我们所说的"视觉系统"和"运动系统"，而这两个系统在脑中分别都有各自独特的环路。在这一被称为**系统神经科学**（systems neuroscience）的研究层次上，神经科学家们研究神经环路如何分析感觉信息，形成对外部世界的感知，并做出决定和执行运动。

　　行为神经科学。神经系统是怎样协作从而产生完整行为的？例如，不同形式的记忆是否由不同的系统来负责？脑中哪些部位是"致幻"药的作用位

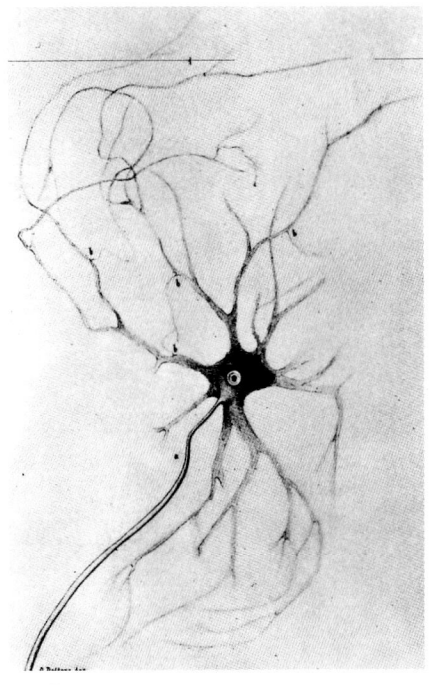

▲ 图 1.15
早期对单个神经细胞的描绘。这幅德国解剖学家 Otto Deiters（奥托·戴特斯，1834.11—1863.12——译者注）发表于 1865 年的画作描绘了一个神经细胞或神经元，以及其表面的许多投射，这些投射被称为**神经突起**（neurites）。在相当长的一段时间里，不同神经元的神经突起被认为可能像循环系统中的血管那样彼此融合在一起。现在，我们知道神经元是相互独立的实体，它们之间利用化学信号和电信号进行通信（引自：Clark and O'Malley，1968，图 16）

点? 而这些致幻药作用的系统在正常情况下又对情绪和行为的调节起什么样的作用? 哪些神经系统负责性别特异性行为? 梦是在哪里产生的, 它们又揭示了什么? 这些问题都是**行为神经科学**(behavioral neuroscience)研究的对象。

认知神经科学。或许神经科学的最大挑战就是弄清楚负责人类高级精神活动的神经机制, 如自我意识、想象力和语言。这一层次的研究被称为**认知神经科学**(cognitive neuroscience), 研究脑的活动是如何创造精神的。

1.3.2 神经科学家

"神经科学家"(neuroscientist)这一名称听起来令人印象深刻, 有点像"火箭科学家"那样。但我们就像你一样, 曾经都是学生。无论出于何种原因——也许是因为我们想知道我们的视力缘何很差, 抑或一位家庭成员为何在脑卒中后失语——我们一起来分享我们对于了解脑是如何工作的渴望。也许你将来也会这样做!

成为一名神经科学家是值得的, 但这并不容易。需要接受多年的长期训练。你可以在大学期间或是毕业之后进入某一个研究实验室见习, 然后进入研究生院去获得哲学博士(Ph.D.)或医学博士(M.D.)学位(或者两个一起获得)。随后, 通常会有几年的博士后训练, 在一名卓有建树的神经科学家的指导下, 学习新的技术或思维方法。最后, 你——一名"年轻"的神经科学家, 才可以在大学、科研院所或医院里开门立户。

广义而言, 神经科学研究(和神经科学家)可以分为三大类: **临床类**(clinical)、**实验类**(experimental)和**理论类**(theoretical)。临床研究主要由医生(医学博士)来进行。与人类神经系统相关的主要医学专业有神经病学、精神病学、神经外科学和神经病理学(表1.1)。许多从事临床研究的人员继承了Broca的传统, 试图从脑损伤引起的行为缺陷来推测脑各个部分的功能。其他人则对新型疗法的利弊开展评估研究。

尽管临床研究的价值显而易见, 但所有神经系统疾病医学治疗的基础依然是由拥有医学博士或哲学博士学位的实验神经科学家所奠定的。可以用来研究脑的实验方法是如此之广泛, 以致几乎涵盖了所有能想到的方法。尽管神经科学是高度跨学科的, 但我们仍然可以通过神经科学家在某一特定方法学上的专长来区分他们。于是, 就有了**神经解剖学家**(neuroanatomists)——他们运用精密的显微镜来追踪脑内的连接; **神经生理学家**(neurophysiologists)——他们使用电极来测量脑的电活动; **神经药理**

表1.1 与神经系统相关的医学专家

医学专家	描 述
神经病学家	接受过神经系统疾病诊断和治疗训练的医学博士
精神病学家	接受过情绪和行为障碍诊断和治疗训练的医学博士
神经外科医生	接受过脑和脊髓外科手术训练的医学博士
神经病理学家	接受过疾病引起的神经组织变化识别训练的医学博士或哲学博士

表1.2　实验神经科学家的分类

类　型	描　述
发育神经生物学家	分析脑的发育和成熟
分子神经生物学家	利用神经元的遗传物质来了解脑分子的结构和功能
神经解剖学家	研究神经系统的结构
神经化学家	研究神经系统的化学性质
神经行为学家	研究自然环境中物种特异性动物行为的神经基础
神经药理学家	检测药物作用于神经系统的效应
神经生理学家	测量神经系统的电活动
生理心理学家（生物心理学家，精神生物学家）	研究行为的生物学基础
心理物理学家	定量测量感知能力

学家（neuropharmacologists）——他们应用药物来研究脑功能的化学性质；**分子神经生物学家**（molecular neurobiologists）——他们探索神经元的遗传物质，以寻找脑分子的结构线索；等等。表1.2列出了一些实验神经科学家的类型。

理论神经科学是一门相对年轻的学科，研究人员使用数学和计算工具在各个分析层次上来理解脑。沿袭了物理学的传统，理论神经科学家试图弄清楚由实验者们所获得的大量数据的意义，其目的是为了帮助把实验集中到最为重要的问题上，并建立神经系统组构的数学原理。

1.3.3　科学研究的步骤

各个领域的神经科学家们都在努力寻求有关神经系统的真理。无论他们选择何种研究层次，所有工作都需要按照科学研究的流程来进行，这一流程包括以下4个基本步骤：观察、重复、解释和验证。

观察。观察主要发生在实验阶段，旨在验证某一特定的假设。例如，Bell推测脊髓腹根含有控制肌肉的神经纤维。为了验证这一想法，他进行了一项实验，在实验中，他切断这些纤维，然后观察是否导致肌肉麻痹。其他类型的观察则源于对周围世界的仔细观察、内省，或者源于人类临床病例。例如，通过仔细观察，Broca将左额叶的损伤与说话能力的丧失联系起来。

重复。任何观察，无论是实验性的还是临床性的，都必须被重复。重复，简单来说就是指对不同的实验对象重复相同的实验，或者在不同的患者身上进行相似的观察，并尽可能多地重复，以排除所观察到的结果是一种偶发现象的可能性。

解释。一旦科学家确信观察结果是正确的之后，他或她就需要对观察到的结果进行解释。解释取决于当时的知识水平（或认识不足），以及科学家的先入之见（或“思维定势”）的约束。正因为如此，解释并非总是经得起时间的考验。例如，Flourens 在进行实验观察时，就没有意识到鸟类的大脑与哺乳动物的大脑之间存在本质的差别。因此，他从鸟类大脑切除实验的结果，错误地得出了哺乳动物大脑不存在功能定位的结论。而且，如前所述，他对 Gall 的深深厌恶也使他的这一错误结论蒙上了另一层色彩。关键在于，一个正确的解释，往往是在原始观察之后很长一段时间才做出的。事实上，当对旧有的观察结果以全新的角度进行重新诠释时，有时会出现重大突破。

验证。科学研究的最后一步是验证。这一步骤与原始的实验者自己所进行的重复不同。验证意味着原始实验者所观察到的结果足够可靠，任何称职的科学家只要严格地遵循原始实验者的实验程序，就能够重复出同样的实验结果。成功的验证通常意味着观察结果被接受为事实。然而，并非所有的观察结果都能够被验证，有时是因为原始研究报告的不准确，有时则是因为重复不充分。但是，验证的失败通常源于这样一个事实，即一些未知的变量影响了原始的实验结果，如温度或一天中的时间。因此，如果验证这一步肯定了原始的实验结果，就建立了新的科学事实；反之，如果验证否定了原始的实验结果，则提示需要对原始的观察结果做出新的解释。

偶尔，人们会在大众媒体上看到有关科学造假的报道。研究人员面临着能否获得有限研究经费的激烈竞争，并承受着"要么发表论文，要么被淘汰出局"（publish or perish）的巨大压力。作为权宜之计，一些人确实发表了一些他们事实上从未做过的"实验观察"。但幸运的是，多亏上述科学研究步骤的存在，这样的造假事件才变得少见。事实上不用多久，其他科学家就能发现他们无法验证那些伪造的实验结果，并质疑那些实验结果最初是如何获得的。我们能够用如此之多的神经系统相关知识来充实本书，这一事实本身就是科学研究步骤价值的证明。

1.3.4 神经科学研究中的动物使用问题

我们对神经系统的了解，绝大部分来自对动物的实验。在大多数情况下，动物都需要被处死，以便对它们的脑进行神经解剖学、神经生理学和/或神经化学等方面的研究。牺牲动物的生命以获取人类知识的事实，引发了关于动物研究的伦理学问题。

动物。首先让我们从正确地看待这个问题开始。纵观历史，动物和动物产品一直被人类视为可再生的自然资源，可被用作食品、服装、交通、娱乐、运动及伴侣；而用于研究、教育和实验的动物只占所有被人类使用动物的一小部分。例如，在美国，用于各种生物医学研究的动物数量，相较那些被当作食物而宰杀的动物数量而言是非常少的，而专门用于神经科学研究的动物数量则更少。

神经科学实验使用从蜗牛到猴子许多不同种类的动物。选择何种动物来做实验，通常取决于拟研究的问题、分析的层次，以及所获得的知识与人类的相关程度。一般来说，研究的问题越基础，与人类的进化关系就越遥远。因此，旨在了解神经冲动传导的分子基础的实验，就可以用一种与人类亲缘关系较远的物种来进行，如乌贼。另一方面，要了解人类运动和感知障碍的神经机制，就需要用与人类亲缘关系更近的物种进行实验，如猕猴。今天，用于神经科学研究的动物，有一半以上是专门为此目的而繁育的啮齿动物——小鼠和大鼠。

动物福利。在当今发达国家，大多数受过教育的成年人都关注**动物福利**（animal welfare）。神经科学家们也关注这一问题，并且努力确保善待动物。但是，科学界并非总是如此重视动物福利的，正如过去的一些科学实践所反映出来的问题。例如，19世纪早期，Magendie 曾使用未经麻醉的小狗做实验（后来，他因此受到他的科学竞争对手 Bell 的批评）。幸运的是，对动物福利意识的提高近来已经促使生物医学研究中的动物使用情况有了显著的改善。

今天，神经科学家对他们的动物实验对象承担如下一些道德责任：

1. 仅将动物用于那些有望提高我们对神经系统认识的有价值的实验。
2. 采取一切必要措施以最大限度地减小实验动物的痛苦和不幸（如使用麻醉剂、镇痛剂等）。
3. 考虑所有可能避免使用动物的替代方法。

伦理规范的遵守情况受到多方面的监管。首先，研究计划必须通过美国联邦法律授权的实验动物管理和使用委员会（Institutional Animal Care and Use Committee，IACUC）的审查。该委员会的成员包括兽医、其他学科领域的科学家及非科学界的代表。在通过 IACUC 的审查后，研究计划需进一步接受神经科学专家小组的科学价值评估。这一步骤的目的，是为了确保只有那些最有意义的实验课题才能得以执行。然后，当神经科学家想在专业杂志上发表他们的实验结果时，其他神经科学家会仔细审查这些论文的科学价值和动物福利问题。对这两个问题中的任何一个有保留意见，都可能导致文章被退稿，进而可能导致研究基金被追回。除了上述监管措施，联邦法律还对实验动物的饲养和管理制定了严格的标准。

动物权利。只要实验是人道的并适当地尊重动物福利，大多数人接受动物实验对于提高人类知识水平是必要的。但是，一个言辞激烈且愈加暴力的少数派群体，却寻求彻底放弃为人类目的的动物使用，包括实验。这些人赞同一种通常被称为**动物权利**（animal rights）的哲学立场。按照这种思维方式，动物具有与人类同样的法律和道德权利。

如果你是一位喜爱动物的人，你也许会赞同这一立场。但是，请考虑如下一些问题：你愿意失去你自己和你的家人接受的利用动物而研发出来的医学治疗吗？小鼠的死亡等同于人类的死亡吗？豢养宠物在道德上等同于蓄奴吗？食肉在道德上相当于谋杀吗？牺牲一头猪来拯救一个孩子的生命不道德吗？控制下水道中啮齿动物的数量和你家中蟑螂的数量在道德上就意味着大屠杀吗？如果你对这些问题的回答是"不"，那你就不赞成动物权利的哲学。**动物福利**这一所有有责任心的人共同关注的问题，绝不可与**动物权利**混为一谈。

动物权利激进主义分子狂热地推行他们反对动物研究的议程，有时取得了令人担忧的成功。他们操纵公众舆论，反复地指控动物实验中存在残忍行为，这些指控严重地扭曲事实或公然造假。他们打砸实验室，损毁了多年来积累下来的来之不易的实验数据和价值数十万美元的仪器设备（这些都是由纳税人支付的款项购买的）。他们还采用暴力威胁的手段，迫使一些研究人员不得不放弃了科学。

幸运的是，这股风潮正在扭转。由于许多人——既有科学家，也有非科学家——的努力，这些极端分子的虚假宣称得以被揭露，而动物研究对人类的贡献得到了颂扬（图 1.16）。考虑到由神经系统疾病引起的人类痛苦所带来的惊人代价，神经科学家采取的立场应该是：我们有责任明智地利用大自然所提供的，包括动物在内的所有资源，以了解脑在健康和疾病状态下是如何运作的。

▲ 图 1.16

我们对动物研究的"人情债"。这张海报通过提高公众对动物研究益处的认识来反击动物权利激进主义分子的主张（引自：美国国家生物医学研究基金会）（图上方英文文句的意思是：正是那些幕后的动物帮助她恢复了健康。图下方英文文句的意思是：最近，一项在动物上完善的手术技术被用于从这个小姑娘的脑中摘除一个恶性肿瘤。我们失去了一些实验动物，但看看我们拯救了什么！——译者注）

表1.3　一些主要的神经系统疾病

神经系统疾病	描　述
阿尔茨海默病（Alzheimer's disease）	一种进行性发展的脑退行性疾病，以痴呆为特征且常致命
孤独症（autism）	一种儿童早期出现的疾病，其特征表现为沟通和社交障碍，以及刻板和重复行为
脑性瘫痪（cerebral palsy）	一种出生前、出生时或出生后不久由大脑损伤引起的运动疾病
抑郁症（depression）	一种严重的心境障碍，以失眠、厌食和情绪低落为特征
癫痫（epilepsy）	一种以脑电活动周期性紊乱为特征的疾病，可导致癫痫发作、意识丧失和感觉障碍
多发性硬化（multiple sclerosis）	一种影响神经传导的进行性疾病，其特征表现为肢体无力、运动失调和言语障碍
帕金森病（Parkinson's disease）	一种脑的进行性疾病，导致随意运动的发起困难
精神分裂症（schizophrenia）	一种以妄想、幻觉和怪异行为为特征的严重精神病
脊髓麻痹（spinal paralysis）	脊髓创伤性损伤引起的感觉和运动丧失
脑卒中（stroke）	因血流供应中断引起的脑功能损伤，通常导致永久性的感觉、运动或认知障碍

1.3.5　无知的代价：神经系统疾病

现代神经科学研究的花费虽然昂贵，但对脑的无知则代价更大。表1.3列出了一些影响神经系统的疾病。你的家人可能已经感受到其中一种或多种疾病带来的影响。那么，让我们来看看一些脑疾病，并审视一下它们对社会的影响。

阿尔茨海默病和帕金森病的特征均表现为脑中特定神经元的进行性退变。帕金森病导致随意运动严重受损，目前累及超过50万美国人[1]。阿尔茨海默病导致痴呆，这是一种以丧失学习新信息和回忆以前获得知识的能力为特征的脑功能混乱的状态。据估计，在85岁以上的人当中，约18%患有痴呆症[2]。美国痴呆症患者总计超过400万人。的确，现在痴呆不再像过去那样被认为是衰老的必然结果，而是一种脑疾病的征兆。阿尔茨海默病的进展是无情的，首先夺走的是受害者的心智，然后是他们对身体基本机能的控制能力，最后是他们的生命；这种疾病总是致命的。在美国，痴呆症患者每年的医疗费用超过1,000亿美元，并且仍在以惊人的速度上升。

抑郁症和精神分裂症都是情绪和思维疾病。抑郁症的特征表现为极度的沮丧、无价值感和负罪感。超过3,000万美国人在他们一生中的某个阶段会

---

[1] 数据源于美国国立神经病学与脑卒中研究所（National Institute of Neurological Disorders and Stroke）的《帕金森病简报》（*Parkinson Disease Backgrounder*）；2004年10月18日。

[2] 数据源于美国卫生与公众服务部卫生保健研究与质量局（U.S. Department of Health and Human Services，Agency for Healthcare Research and Quality），"约5%的老年人报告患有一种或多种认知障碍"；2011年3月。

经历严重的抑郁症。抑郁症是导致自杀的主要原因，美国每年有超过3万人死于自杀[3]。

精神分裂症是一种严重的精神疾病，以妄想、幻觉和怪异行为为特征。这一疾病通常发生在年富力强的时期（青春期或成年早期），并缠绵终身。超过200万美国人正饱受精神分裂症的折磨。美国国立精神卫生研究所估计，抑郁症和精神分裂症等精神疾病每年给美国造成的损失超过1,500亿美元。

脑卒中是美国第四大致死性疾病。每年存活下来的脑卒中患者约有50多万人，但他们很可能落下终身残疾。全美每年用于脑卒中的花费为540亿美元[4]。

酒精和药物成瘾几乎影响到美国的每一个家庭。每年在治疗、工资损失和其他后果等方面的费用超过6,000亿美元[5]。

这仅仅是几个触及皮毛的例子。**在美国，因神经和精神疾病住院治疗的人数远远超过因心脏病和癌症等其他任何重大疾病住院治疗的人数。**

脑功能障碍带来的经济损失是巨大的，但与受害人及其家庭所遭受的令人震惊的精神伤害相比，这些损失不值一提。脑疾病的预防和治疗需要建立在了解正常脑功能的基础之上，而这正是神经科学研究的目标。神经科学研究已经为帕金森病、抑郁症和精神分裂症提供了越来越有效的疗法。新的治疗策略也正在加紧试验，以拯救阿尔茨海默病患者和脑卒中患者濒临死亡的神经元。我们对酒精和药物如何影响脑，以及它们怎样导致成瘾行为的认识也已经取得了重大进展。本书列举的资料表明，我们对脑的功能已经有了不少的了解。但是，将我们已知的与未知的相比，前者却又是那么微不足道。

1.4 结语

神经科学的历史根基是由许多人历经许多代才建立起来的。今天，我们使用各式各样的技术，在不同的分析层次上开展研究工作，以便更多地了解脑的功能。正是这些丰硕的劳动成果奠定了本书的基础。

神经科学的研究目标在于了解神经系统的功能。但是，关于脑功能的许多重要认识却可以更为有利地从脑以外的研究中获得。由于行为反映了脑的活动，因此细致的行为学研究可以告诉我们脑功能的能力和局限性。模拟脑的计算特性的计算机模型可以帮助我们了解这些特性是如何产生的。我们可以在头皮上测量脑电波，它告诉我们不同脑区在不同行为状态下的电活动。新的计算机辅助成像技术使研究人员能够检查头颅中活体脑的结构。使用更加尖端的成像技术，我们现在可以看到人脑中的哪些不同部位在不同条件下会变得活跃起来。但是，这些非侵入性脑成像技术，无论是老的还是新的，都不能完全替代活体脑组织实验。而且，在没有弄清楚这些遥测信号是如何

3　数据源于美国国立精神卫生研究所（National Institute of Mental Health，NIMH）的"美国的自杀：统计与预防"（"Suicide in the U.S.: Statistics and Prevention"）；2010年9月27日。

4　数据源于美国心脏协会/美国卒中协会（American Heart Association/American Stroke Association），"脑卒中的影响（脑卒中统计）"["Impact of Stroke（Stroke Statistics）"]；2012年5月1日

5　数据源于美国国立卫生研究院国立药物滥用研究所（National Institutes of Health, National Institute of Drug Abuse），"药物的真相：了解药物滥用和成瘾"（"DrugFacts: Understanding Drug Abuse and Addiction"）；2011年3月。

产生以及有何意义之前，我们就无法理解它们。所以，为了了解脑是如何工作的，我们必须开颅，并从神经解剖学、神经生理学和神经化学的角度来研究脑的性质。

当今，神经科学研究的步伐真是令人吃惊，这燃起了我们心中的希望：在不久的将来，我们就会有新的疗法来治疗各种神经系统疾病，而这些疾病每年都会使数百万人身心衰弱和罹患残疾。然而，尽管在近几十年和之前若干世纪里，我们已经取得了许多重大进步，但在彻底弄清脑是如何执行它那些惊人的功能之前，我们还有很长的路要走。但这正是作为一名神经科学家的乐趣之所在：正因为我们对脑的功能所知甚少，许多惊人的新发现实际上正隐藏在几乎每一个角落里呢！

复习题

1. 什么是脑室，历代以来它被认为有哪些功能？
2. Bell 做了什么样的实验来证明躯体神经是含有感觉纤维和运动纤维的混合体？
3. Flourens 的实验揭示大脑和小脑的功能分别是什么？
4. 动物模型这一术语的含义是什么？
5. 大脑的一个区域现在被称为 Broca 区。你认为该脑区执行什么功能？为什么？
6. 神经科学研究中有哪些不同的分析层次？研究者在每个层次上会提出什么问题？
7. 科学研究的步骤是什么？请逐一叙述。

拓展阅读

Allman JM. 1999. *Evolving Brains*. New York: Scientific American Library.

Clarke E, O'Malley C. 1968. *The Human Brain and Spinal Cord*, 2nd ed. Los Angeles: University of California Press.

Corsi P, ed. 1991. *The Enchanted Loom*. New York: Oxford University Press.

Crick F. 1994. *The Astonishing Hypothesis: The Scientific Search for the Soul*. New York: Macmillan.

Finger S. 1994. *Origins of Neuroscience*. New York: Oxford University Press.

Glickstein M. 2014. *Neuroscience: A Historical Introduction*. Cambridge, MA: MIT Press.

（朱景宁　王建军　译）

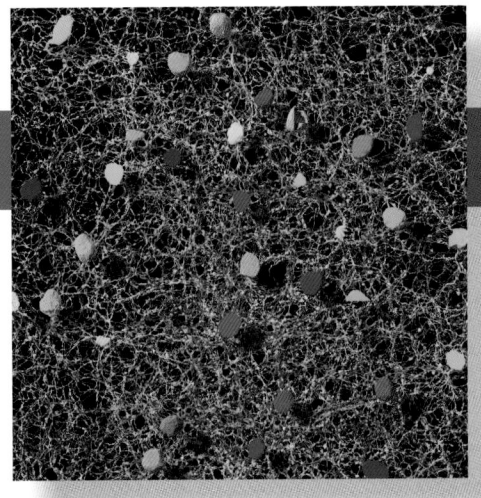

第 2 章

神经元和神经胶质细胞

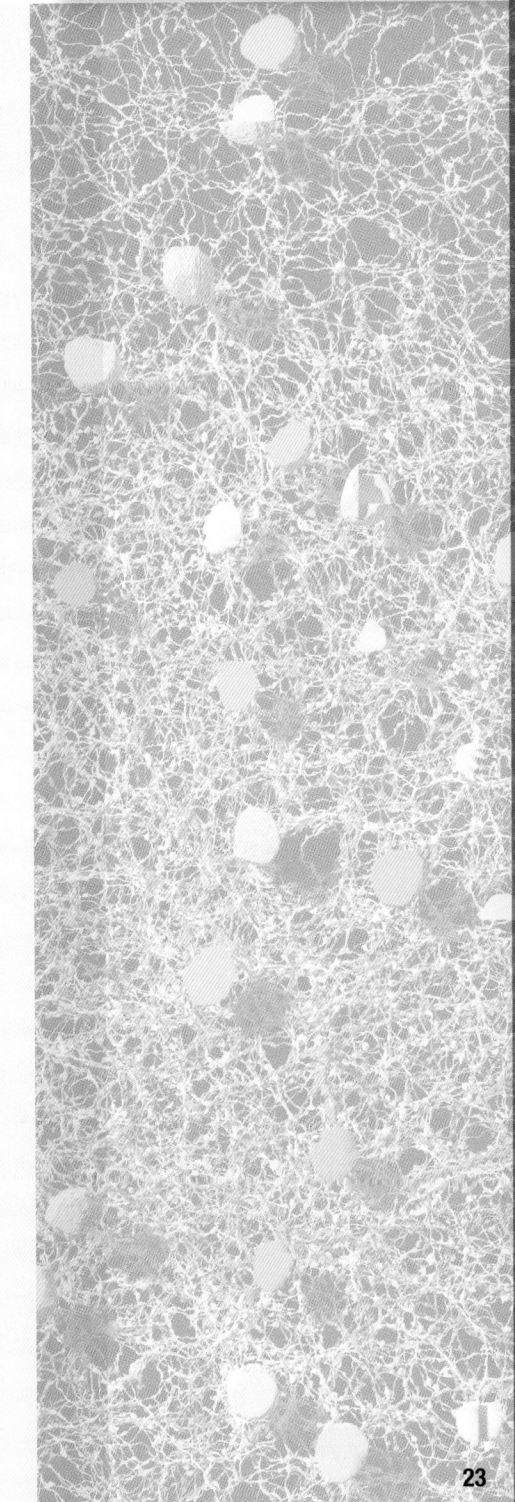

2.1 引言

体内的所有组织与器官都由细胞组成。细胞的特定功能及其相互作用决定了器官的功能。脑无疑是大自然设计的最精密、最复杂的器官，但解开其功能之谜的基本策略无异于研究胰或肺的方法。我们必须先研究脑细胞如何单独工作，然后再看看它们是如何组合在一起工作的。在神经科学中，没有必要将**心智**（mind）与**脑**（brain）分开，一旦我们彻底了解了脑细胞的单独活动与协同运作，我们就会理解我们的心智能力。这本书的组构就反映了这种"神经哲学"（neurophilosophy）。我们从神经系统中的细胞开始，讨论它们的结构、功能及通信方式。在后续章节中，我们将探讨这些细胞是如何组成环路来介导感觉、知觉、运动、语言和情感的。

本章着重介绍神经系统中两类不同细胞——**神经元和神经胶质细胞**的结构。这是两个大的类别，其中包含许多类型的细胞，而这些细胞在结构、化学特性和功能上都不同。尽管如此，神经元与神经胶质细胞之间的区分还是重要的。虽然成年人脑中神经元和神经胶质细胞的数量大致相等（大约各850亿个），但神经元负责脑的大部分独特功能。正是**神经元**（neuron）感知环境的变化，再将这些变化传递给其他神经元，并控制机体对这些感觉做出反应。**神经胶质细胞**（glia或glial cell）主要通过隔离、支持和滋养邻近的神经元来促进脑功能。如果将脑看成一块巧克力曲奇饼而神经元是巧克力块，那么神经胶质细胞就是曲奇面团，它填充了其余所有的空间，并使巧克力块悬浮于适当的位置。事实上，glia（神经胶质细胞）这一术语源于希腊语中的"胶水"（glue），给人的印象是这些细胞的主要功能好像是防止脑从我们的耳朵里流出来似的！虽然这个简单的观点掩盖了神经胶质细胞功能的重要性，但正如我们将在本章稍后所看到的那样，我们相信神经元在脑中执行绝大多数的信息处理，因此神经元得到我们更多的关注。

像其他领域一样，神经科学也拥有自己的语言。要使用这种语言，你必须学习词汇。阅读完本章后，花几分钟时间复习一下关键术语表，并确保你理解了每一个术语的意思。当你以这种方式阅读本书时，你的神经科学词汇量将突飞猛涨。

2.2 神经元学说

为了研究脑细胞的结构，科学家们不得不克服几个障碍。首先是脑细胞太小了，大部分细胞的直径在0.01～0.05 mm之间。钝铅笔尖的直径约为2 mm，还比神经元大40～200倍（对米制系统的回顾可参见表2.1）。由于肉眼无法看见神经元，因此在17世纪后半叶复合显微镜被发明之前，细胞神经科学不可能得到发展。但即使在那之后，仍然存在许多障碍。为了用显微镜观察脑组织，需要制作非常薄的脑片，理想情况不能比细胞直径厚太多。然而，脑组织黏稠得就像一碗果冻，不够坚硬，无法被切成薄片。因此，对脑细胞的解剖学研究必须等待新技术的突破，一种是能够硬化组织而不破坏其结构的方法；另一种则是能够制备非常薄脑片的设备。在19世纪初，科学家

表2.1　米制系统的长度单位

单　　　位	缩　　写	米制等量	现实生活中的等量
千米（kilometer）	km	10^3 m	约2/3英里
米（meter）	m	1 m	约3英尺
厘米（centimeter）	cm	10^{-2} m	小指的厚度
毫米（millimeter）	mm	10^{-3} m	趾甲的厚度
微米（micrometer）	μm	10^{-6} m	接近光学显微镜的分辨率极限
纳米（nanometer）	nm	10^{-9} m	接近电子显微镜的分辨率极限

们发现了将组织浸入甲醛中使之变硬或"固定"的方法，他们还发明了一种称为**切片机**（microtome）的特殊仪器可用来切非常薄的脑片。

这些技术进步催生了**组织学**（histology），即用显微镜来研究组织结构的学科。但研究脑结构的科学家们又面临着另一个障碍——新鲜制备的脑组织在显微镜下呈现出均均的奶油色，没有色素沉着差异，使组织学家无法分辨单个细胞。神经组织学的最后一个突破是染色剂的引入，即可以选择性地对脑组织中的部分而非全部细胞进行染色。

一种一直沿用至今的**染色剂**由德国神经学家Franz Nissl（弗朗茨·尼斯尔，1860.9—1919.8——译者注）在19世纪末引入。Nissl使用了一类碱性染料，这些染料可以染所有细胞的细胞核及神经元核周的物质团块（图2.1）。这些团块被称为**尼氏小体**（Nissl body），而这种染色方法被称为**尼氏染色**（Nissl stain）。尼氏染色非常有用，原因有二：首先，它可以区分神经元和神经胶质细胞；其次，它使组织学家能够研究不同脑区神经元的排列或**细胞构筑**［cytoarchitecture，前缀cyto-来自希腊语的cell（细胞）］。对细胞构筑的研究使我们认识到脑由许多特异性区域组成。我们现在知道每个区域执行不同的功能。

2.2.1　高尔基染色

但是，尼氏染色不能解决所有问题。尼氏染色的神经元看起来只不过是一块含有细胞核的原生质；而神经元远不止于此，直到意大利组织学家

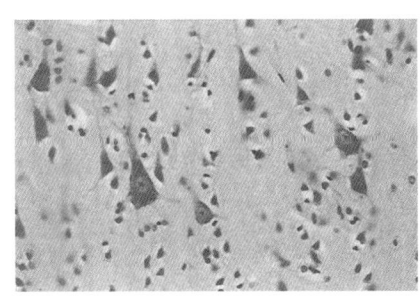

◀ 图2.1
尼氏染色的神经元。被一种尼氏染料甲酚紫染色后的脑组织薄片。细胞核周围染色较深的物质团块即为尼氏小体（引自：Hammersen，1980，图493）

▲ 图2.2
Camillo Golgi（1843—1926）（引自：Finger，1994，图3.22）

Camillo Golgi（卡米洛·高尔基，1843.7—1926.1，1906年诺贝尔生理学或医学奖获得者之一——译者注）（图2.2）发明了一种新的方法，才使人们对神经元有了更多的认识。1873年，Golgi发现将脑组织浸泡在铬酸银（silver chromate）溶液里，会使一小部分神经元被完整地染成黑色，这一方法现在被称为**高尔基染色**（Golgi stain）（图2.3）。这揭示了神经元的胞体（即尼氏染色显示的神经元细胞核周围的区域）实际上只是整个神经元结构的一小部分。注意图2.1和图2.3就会发现，同样的组织用不同的组织学染色方法会产生截然不同的图像。今天，神经组织学仍然是神经科学里一个活跃的领域，其信条是："脑研究的主要成就来自染色。"

高尔基染色表明，神经元至少有两个明显不同的组成部分：一个包含细胞核的中心区和许多从中心区向外辐射的细管。含有细胞核的膨胀区有几个可以互换使用的名称：**细胞体**（cell body）、**胞体**（soma，复数为somata）和**核周体**（perikaryon，复数为perikarya）。从胞体辐射出的细管称为**神经突起**（neurite），它分为两种类型：**轴突**（axon）和**树突**（dendrite）（图2.4）。

胞体通常产生一根轴突。轴突的直径在全长上都是均匀的，其任何分支一般都成直角延伸出来。由于轴突可以在体内延伸很长距离（长达1 m或更长），当时的组织学家立刻意识到轴突必须像"电缆"一样传送神经元的输出信号。另一方面，树突很少超过2 mm长。许多树突从胞体向外延伸，并逐渐变细成为一个小细点。早期的组织学家认识到，由于树突与很多轴突相接触，它们必须充当神经元的天线，接受传入信号或输入。

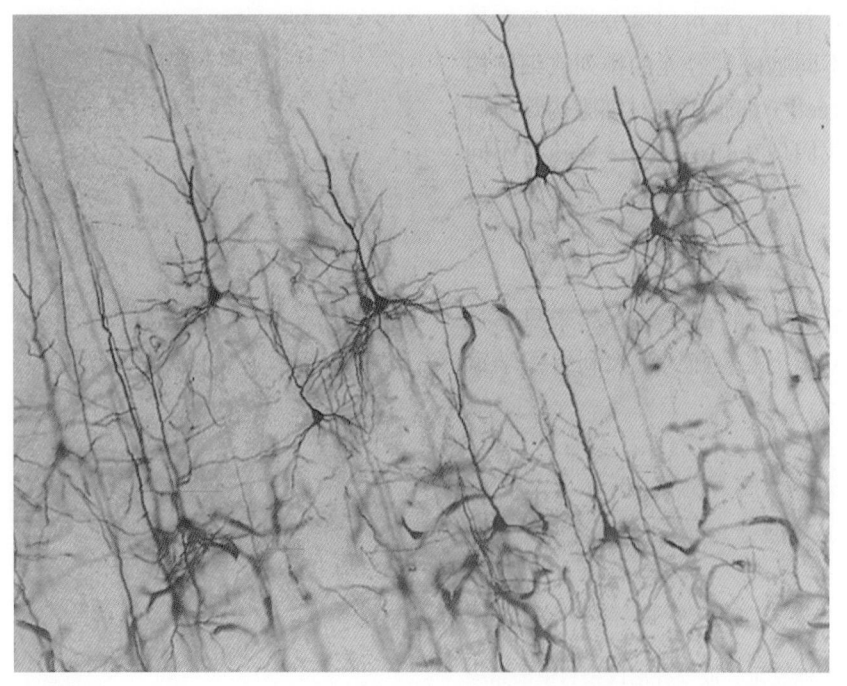

▲ 图2.3
高尔基染色的神经元（引自：Hubel，1998，126页）

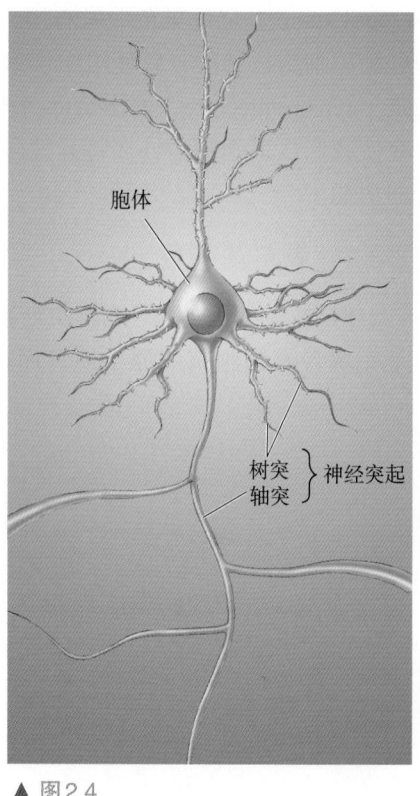

▲ 图2.4
神经元的基本组成部分

2.2.2　Cajal 的贡献

虽然 Golgi 发明了染色法，但是一位同时代的西班牙人将其运用到了极致。Santiago Ramón y Cajal（圣地亚哥·拉蒙-卡哈尔，1852.5—1934.10，1906 年诺贝尔生理学或医学奖获得者之一——译者注）（图 2.5）是一位技艺精湛的组织学家和艺术家，他于 1888 年学习了 Golgi 染色法。在随后的 25 年里，Cajal 发表了一系列非凡的论文，他用 Golgi 染色法研究了许多脑区的环路（图 2.6）。令人好奇的是，Cajal 与 Golgi 对神经元得出了完全相反的结论。Golgi 支持的观点是：不同神经元的神经突起融合在一起形成连续的网状结构或网络，类似于循环系统的动脉与静脉。根据这种网络理论，脑就成了细胞理论的一个例外，因为细胞理论认为单个细胞是所有动物组织的基本功能单位。而 Cajal 坚持认为：不同神经元的神经突起之间不是彼此连续的，而是**通过接触来交流信息，并无连续性**。这种认为细胞理论也适用于神经元的观点，后来被称为**神经元学说**（neuron doctrine）。虽然 Golgi 和 Cajal 分享了 1906 年的诺贝尔奖，但他们始终坚持不同观点。

虽然随后 50 年的科学证据都有力地支持神经元学说，但直到 20 世纪 50 年代电子显微镜发明之后，这一学说才得到最终证实（图文框 2.1）。随着电子显微镜分辨力的提高，最终可以看到不同神经元的神经突起之间不是相互连通的（图 2.7）。因此，我们"探索脑"的起点必须是单个神经元。

▲ 图 2.5
Santiago Ramón y Cajal（1852—1934）
（引自：Finger，1994，图 3.26）

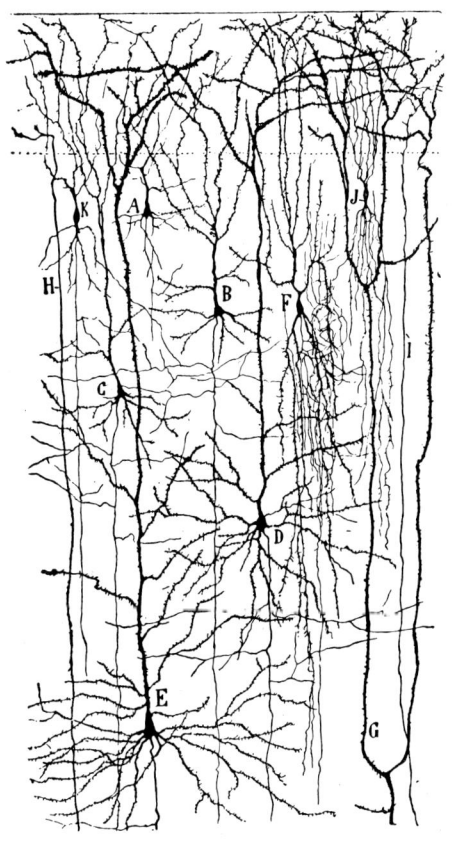

◀ 图 2.6
Cajal 绘制的许多脑环路图之一。字母标示了 Cajal 在人类控制随意运动的大脑皮层鉴定出的不同神经元。将在第 14 章更多地了解这一脑区（引自：DeFelipe and Jones，1988，图 90）

显微镜的发展

　　人眼只能分辨两个相距超过0.1 mm（100 μm）的点。因此，我们可以说100 μm接近于肉眼分辨率的极限。神经元的直径约为20 μm，而神经突起的直径甚至可以小到不足1 μm。因而，光学显微镜的发展是研究神经元结构的必要前提。但是，这类显微镜因受到显微镜透镜及可见光的特性的限制，其分辨率存在一个理论上限。标准光学显微镜的分辨率极限约为0.1 μm。由于神经元之间的距离只有0.02 μm（20 nm），两位科学巨匠Golgi和Cajal在神经突起从一个细胞到另一个细胞之间是否连续这个问题上意见不一也就不足为奇了。这一问题直到约70年前电子显微镜被发明并用于观察生物标本时才得以解决。

　　电子显微镜使用电子束代替光束来成像，极大地提高了分辨力。电子显微镜的分辨率极限约为0.1 nm——比肉眼高出100万倍，比光学显微镜高出1,000倍。我们对于神经元内部细微结构（即超微结构）的了解，全部来自对脑的电子显微镜观察。

　　如今，最先进的显微镜用激光束来照射组织，并通过计算机生成数字图像（图A）。神经科学家现在经常将激光照射下可发出荧光的分子引入神经元中。荧光由灵敏的探测器记录，计算机获取这些数据并重构神经元的图像。与传统的光学和电子显微镜方法需要固定组织不同，这些新技术使得神经科学家能够观察活体脑组织。此外，这些新技术还使"超分辨率"成像成为可能，即突破了传统光学显微镜的限制，可以显示小至20 nm的结构。

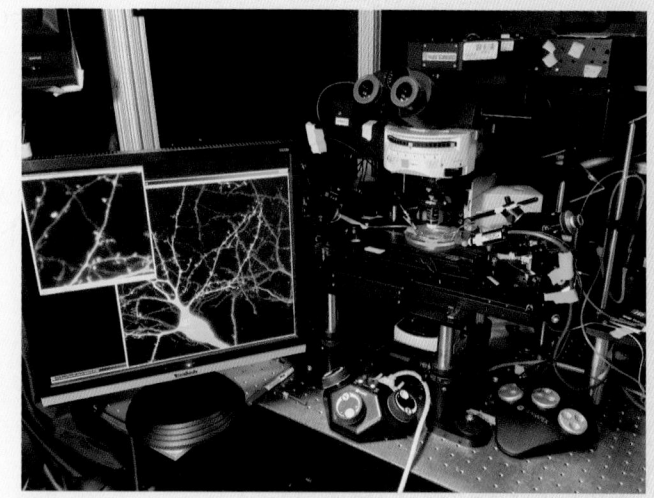

图A
激光显微镜和计算机显示荧光标记的神经元和树突（引自：麻省理工学院的Miquel Bosch博士）

▶ 图2.7
神经突起是相互接触的，而非连续性的。这些神经突起是用电子显微镜拍摄的一系列图像重构的。轴突（黄色）和树突（蓝色）相接触（图片蒙普林斯顿大学的Sebastian Seung博士和Pop科技（Pop Tech）的Kris Krug惠允使用）

2.3　典型的神经元

正如我们所见，神经元（也称为**神经细胞**，nerve cell）由胞体、树突和轴突组成。神经元内、外由**神经元膜**（neuronal membrane）隔开，而神经元膜就像一顶马戏团的帐篷，搭在胞内错综复杂的支架上，赋予细胞每个部分特有的三维外观。现在，就让我们来探究神经元的内部，并了解不同部分的功能（图2.8）。

2.3.1　胞体

我们从胞体开始我们的旅程，它是神经元近球形的中心部分。典型神经元的胞体直径约为20 µm。细胞内的水样液体称为**细胞质溶胶**（cytosol），是一种富含钾的盐溶液，通过神经元膜与外界分隔。在胞体内有许多膜包被的结构，统称为**细胞器**（organelle）。

神经元胞体所含的细胞器与所有动物细胞中发现的细胞器相同。其中最重要的是细胞核、粗面内质网、滑面内质网、高尔基体和线粒体。包含在细胞膜范围内的所有物质（包括细胞器，但不包括细胞核）统称为**细胞质**（cytoplasm）。

细胞核。其名源于拉丁语中的"nut"（坚果）。**细胞核**（nucleus）呈球状、位于细胞中央、直径约5～10 µm。它由称为**核被膜**（nuclear envelope）的双层膜所包被。核膜上布有直径约0.1 µm的核孔。

细胞核内是**染色体**（chromosome），其含有遗传物质**脱氧核糖核酸**（deoxyribonucleic acid，DNA）。你的DNA由你的父母遗传给你，它包含了你整个身体的"蓝图"。你每个神经元内的DNA都是相同的，并且与肝、肾及其他器官的细胞中的DNA也相同。神经元与肝细胞的区别在于，用于装配细胞的DNA特异片段不同。这些DNA片段称为**基因**（gene）。

每条染色体都含有连续不断的DNA双螺旋结构，宽2 nm。假如将46条人类染色体的DNA首尾相连地排成一条直线，其长度将超过2 m。如果我们把DNA的总长度类比成组成这本书的字符串的总长度，那么这些基因就类似于一个个单词。基因的长度从0.1微米至几微米不等。

DNA的"读取"即所谓的**基因表达**（gene expression）。基因表达的最终产物是合成一种被称为**蛋白质**（protein）的分子。蛋白质的形状和大小不一、执行许多不同的功能并赋予神经元几乎所有独有的特质。**蛋白质合成**（protein synthesis），即蛋白质分子的组装，发生在细胞质中。因为DNA从不离开细胞核，所以必须由一种中介把遗传信息携带到细胞质中蛋白质合成的位点。该功能由另一种称为**信使核糖核酸**（messenger ribonucleic acid，mRNA）的长链分子来完成。mRNA由4种不同的核酸以不同的序列串成一条长链而构成。链中核酸的详细序列代表了基因中的信息，正如字母序列赋予了书面词汇意义一样。

将含有基因信息的mRNA片段组装起来的过程称为**转录**（transcription），由之产生的mRNA称为**转录本**（transcript）（图2.9a）。蛋白质编码基因之间穿插着很长一段DNA，对其功能我们仍知之甚少。然而，其中一些区域对调节转录非常重要。基因的一端是**启动子**（promoter），它是RNA合成

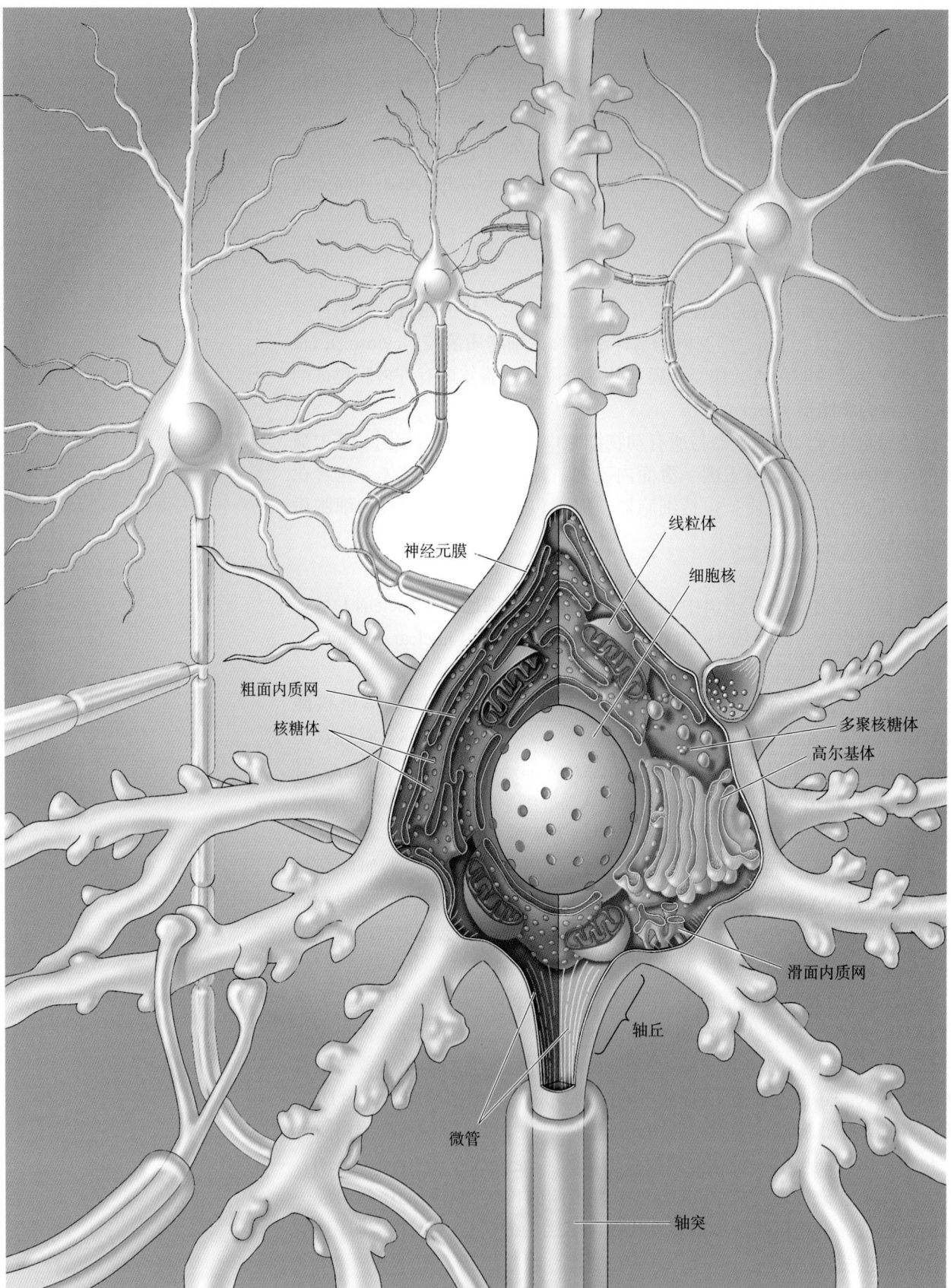

神经元膜
线粒体
细胞核
粗面内质网
核糖体
多聚核糖体
高尔基体
滑面内质网
轴丘
微管
轴突

▲ 图2.8
一个典型神经元的内部结构

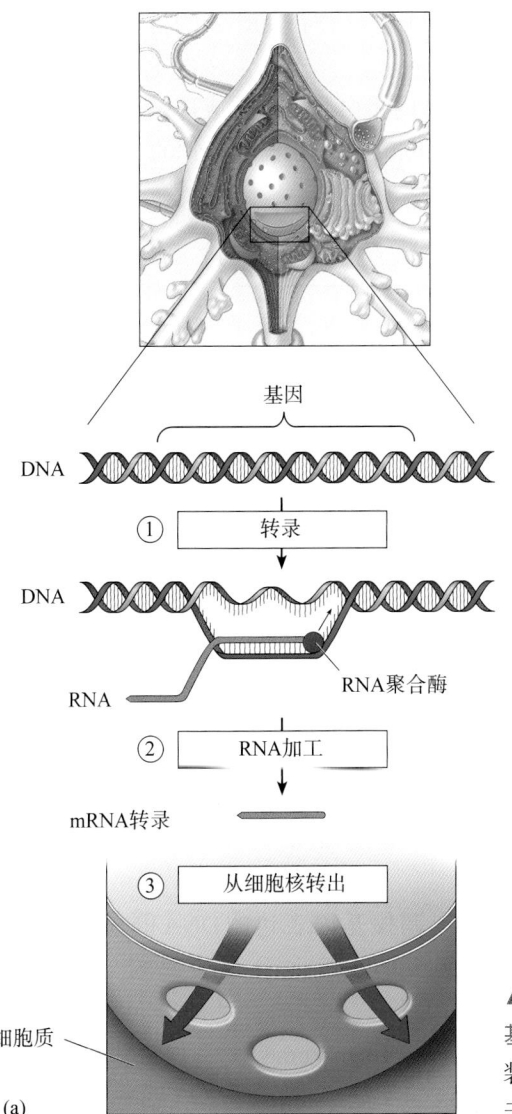

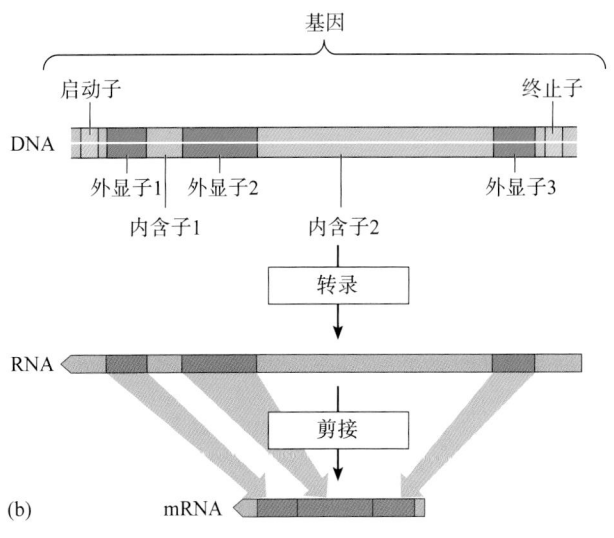

▲ 图2.9

基因转录。（a）RNA 分子由 RNA 聚合酶合成，然后被加工成mRNA，将蛋白质组装的遗传指令从细胞核携带到细胞质中。（b）转录起始于基因的启动子区域，结束于终止子区域。初始RNA 必须被剪接，以去除不编码蛋白质的内含子

酶——**RNA 聚合酶**（RNA polymerase）结合并启动转录的区域。聚合酶与启动子的结合受到称为**转录因子**（transcription factor）的其他蛋白质的严格调控。位于基因另一端的是一段称为**终止子**（terminator）或**终止序列**（stop sequence）的DNA序列，RNA 聚合酶将其识别为转录终点。

　　除了基因两侧的DNA非编码区，基因本身通常还含有无法用于编码蛋白质的其他DNA片段。这些散布的非编码区域称为**内含子**（intron），而编码序列则称为**外显子**（exon）。最初的转录本既含有内含子又含有外显子，但随后，通过一个称为**RNA剪接**（RNA splicing）的过程，内含子被去除，剩下的外显了融合在一起（图2.9b）。在某些情况下，特定的外显子也会随着内含子一起被去除，留下一个"可变剪接"后的mRNA，实际上编码了一种不同的蛋白质。因此，单个基因的转录最终可产生几种不同的mRNA和蛋白质产物。

　　mRNA转录本经核被膜上的核孔从细胞核中出来，并到达神经元其他部位的蛋白质合成位点。在这些位点，蛋白质分子的组装方式与mRNA分子的非常相似：即通过把许多小分子连成一条长链来完成。就蛋白质而言，其构

建模块是 20 种不同的**氨基酸**（amino acid）。这种在 mRNA 的指导下，由氨基酸合成蛋白质的过程就叫**翻译**（translation）。

对始于细胞核内 DNA，到止于细胞内蛋白质分子合成这一过程的科学研究就是所谓的**分子生物学**（molecular biology）。分子生物学的"中心法则"可概括如下：

$$DNA \xrightarrow{\text{转录}} mRNA \xrightarrow{\text{翻译}} 蛋白质$$

神经元基因、遗传变异和基因工程。神经元之所以不同于体内的其他细胞，是因为它们所表达的基因及其蛋白质产物是特异性的。现在，我们对这些基因可能有新的认识，因为人类**基因组**（genome，包含染色体中遗传信息的 DNA 全长）的测序业已完成。我们现在知道组成人类基因组的 25,000 个"单词"，我们也知道这些基因可以在每条染色体上的什么位置被找到。此外，我们正在研究哪些基因在神经元中是特定表达的（图文框 2.2）。这些知识为我们理解许多神经系统疾病的遗传基础铺平了道路。在某些疾病中，包含多个基因的长链 DNA 缺失了；而在另一些疾病中，基因又发生了重复，导致特定蛋白质的过表达。这类不幸被称为**基因拷贝数变异**（gene copy number variation），通常发生在受孕期间，也就是父本和母本 DNA 混合以创建子代基因组的时候。近来的研究表明，一些严重的精神疾病，包括孤独症和精神分裂症，是由患儿的基因拷贝数变异引起的。（精神疾病将在第 22 章中讨论。）

其他神经系统疾病则是由基因或调控基因表达的 DNA 侧翼序列的突变（mutation），即"排印错误"（typographical error）所引起的。在某些情况下，一种蛋白质可能严重异常或完全缺失，从而扰乱神经元的功能。一个例子是脆性 X 染色体综合征（fragile X syndrome），一种表现为智力障碍和孤独症的，由单基因破坏所导致的疾病（将在第 23 章进一步讨论）。我们的很多基因都带有小的突变，称为**单核苷酸多态性**（single nucleotide polymorphism），类似于单个字母改变引起的小拼写错误。它们通常是良性的，就像"color"和"colour"之间的差别一样——拼写不同，但含义相同。然而，有时这些突变会影响到蛋白质的功能（考虑"bear"和"bare"之间的差异——字母相同，但含义不同）。这种单核苷酸多态性，单独或与其他突变并发，都会影响神经元的功能。

基因造就了脑，了解它们在健康和病变的机体中如何影响神经元的功能是神经科学的一个主要目标。一项重要的突破是**基因工程**（genetic engineering）工具的开发，这是一种通过设计基因突变或基因插入来改变机体的方法。这项技术已被广泛应用于小鼠，因为它们是可以迅速繁殖的哺乳动物，且具有与人类相似的中枢神经系统。如今，在神经科学领域，**（基因）敲除小鼠**（knockout mice）已经十分常见，这种小鼠中的一个基因被删除（或"敲除"）了。这样的小鼠可被用于以治疗为目的的疾病进程的研究，如脆性 X 染色体综合征。另一种方法是构建**转基因小鼠**（transgenic mice），在这种小鼠中，基因被引入并过表达；这些新基因被称为**转基因**（transgene）。**（基因）敲入小鼠**（knock-in mice）亦已被创建，其固有的基因被一种修改后的转基因所取代。

图文框2.2　脑的食粮

在后基因组时代表达人的意识

2003年完成的人类基因组测序是一项真正的里程碑式的成就。人类基因组计划（Human Genome Project）鉴定了人类DNA中全部的约25,000个基因。现在，我们正生活在所谓的"后基因组时代"（post-genomic era），这是一个可以用基因在我们的组织中所表达的信息来诊断疾病的时代。神经科学家正使用这些信息来解决长期悬而未决的神经和精神疾病的生物学基础问题，并更深入地探究个体差异的根源。逻辑如下：脑就是脑本身基因表达的产物，因此，一个正常的脑与一个患病的脑或能力异常的脑中基因表达的差异，可被用于鉴定观察到的症状或特征的分子基础。

基因表达的水平通常用不同细胞和组织合成的mRNA转录本的数量来定义，这些mRNA转录本是用以指导特定蛋白质合成的。因此，对基因表达的分析需要比较两组人或动物的脑中各种mRNA的相对丰度。进行此类比较的一种方法是用DNA微阵列（microarray），其由机器人装置将数千个合成DNA小点排列在显微镜载玻片上制作而成。每一个点都含有一个独特的DNA序列，可识别并黏附不同的特异性mRNA序列。要比较两个脑中的基因表达，首先要从每一个脑中收集mRNA样本。其中一个脑的mRNA用带绿色荧光的化学标签标记，而另一个脑的mRNA用带红色荧光的化学标签标记。然后将这些样本应用于微阵列。高表达的基因将产生明亮的荧光斑点，而荧光颜色的差异则揭示了两个脑之间相对基因表达的不同（图A）。

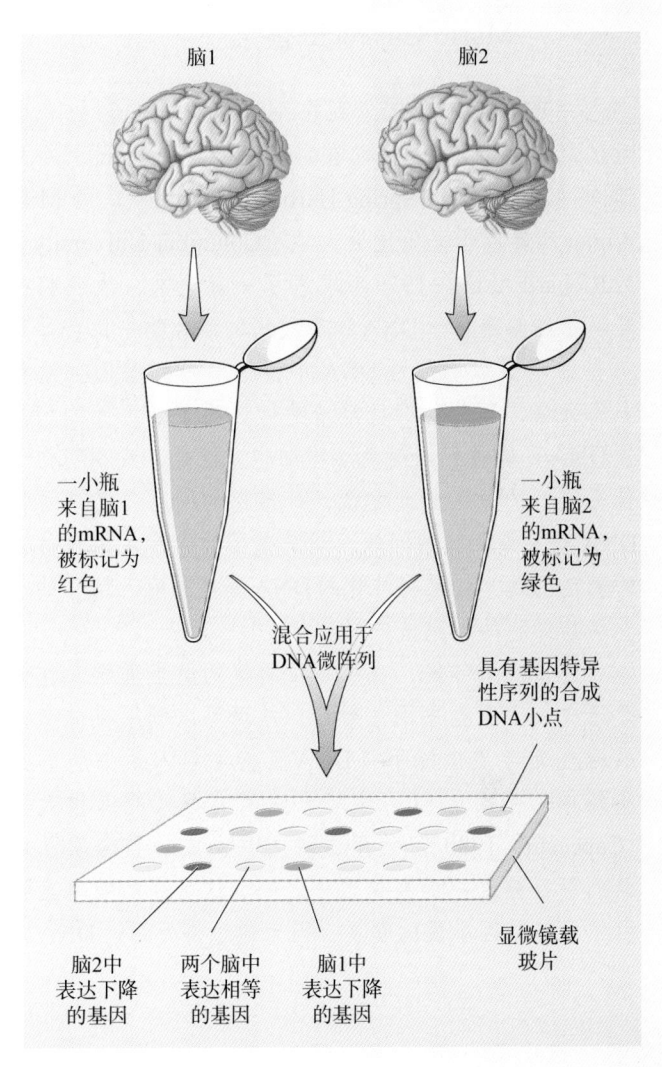

图A
分析基因表达差异

我们将在本书中看到许多有关基因工程动物如何被应用在神经科学中的例子。允许对小鼠进行基因改造的发现已彻底革新了生物学。开创此项工作的研究者卡迪夫大学（Cardiff University）的Martin Evans（马丁·埃文斯，1941.1—，英国生物学家——译者注）、北卡罗来纳大学教堂山分校（University of North Carolina at Chapel Hill）的Oliver Smithies（奥利弗·史密斯，1925.6—2017.1，英裔美国遗传学家和物理生化学家——译者注）和犹他大学（University of Utah）的Mario Capecchi（马里奥·卡佩奇，1937.10—，意大利裔美国分子遗传学家——译者注）获得了2007年诺贝尔生理学或医学奖（图文框2.3）。

小鼠基因打靶

Mario Capecchi 撰文

一开始我是如何想到在小鼠上进行基因打靶的呢？这其实源于一个简单的观察。现今就职于冷泉港实验室（Cold Spring Harbor Laboratory）的 Mike Wigter 和就职于哥伦比亚大学（Columbia University）的 Richard Axel 在 1979 年发表了一篇论文，表明将哺乳动物细胞暴露于 DNA 和磷酸钙的混合物中，会导致一些细胞摄取功能性 DNA 并表达编码的基因。这很令人兴奋，因为他们已经清楚地证明了外源性的功能性 DNA 可以被引入哺乳动物细胞。但是，我不明白为什么它们的效率如此之低，是传递的问题，是外源性 DNA 插入染色体的问题，还是基因插入宿主染色体后的表达问题？如果将纯化的 DNA 直接注射入培养的哺乳动物细胞的细胞核中那会发生什么呢？

为了找到答案，我将一位同事的电生理学工作站改造成一个微型皮下注射针，从而可以利用机械微操纵器在光学显微镜下将 DNA 直接注射入活细胞的细胞核中（图 A）。这一实验方法具有惊人的工作效率（Capecchi，1980）。使用这种方法，成功整合率从之前的百万分之一提高到三分之一。这么高的效率直接引领了转基因小鼠的发展，因为通过将外源性 DNA 注射和随机整合到小鼠受精卵或合子染色体上，即可制作转基因小鼠。为了实现外源性 DNA 在受体细胞中的高效表达，我不得不附加一些病毒 DNA 的小片段，现在我们知道这些小片段含有对真核基因表达至关重要的增强子。

但最让我感兴趣的是我们的观察结果：当一个基因的许多拷贝被注射入一个细胞核中时，所有这些分子最终都以一种头尾相接的有序方式排列，称为**多联体**（concatemer）（图 B）。这是惊人的，且不可能是一个偶然事件。接着，我们明确地证明了同源重组是外源性 DNA 结合的原因（Folger 等，1982）；在细胞分裂过程中，染色体正是通过同源重组来共享遗传信息的。这些实验阐明了所有哺乳动物体细胞都具有一种非常有效的机制，可以交换具有相似核苷酸序列的 DNA 片段。将一段基因序列的 1,000 份拷贝注射入一个细胞核中，可导致染色体插入一个含有 1,000 份该序列拷贝的多联体，且所有的拷贝均沿同一方向排列。这一简单的观察结果直接让我想到，通过基因打靶可否在活体小鼠以任意选定的方式，突变任意选定的基因。

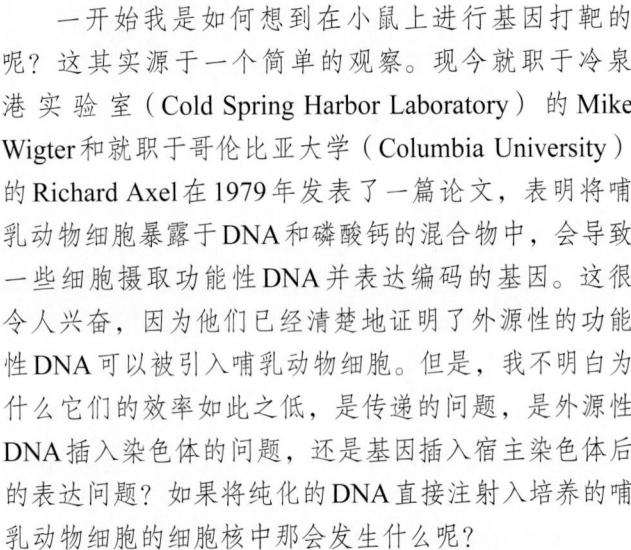

图 A

小鼠受精卵接受外源性 DNA 注射（图片蒙麻省理工学院比较医学系 Peimin Qi 博士惠允使用）

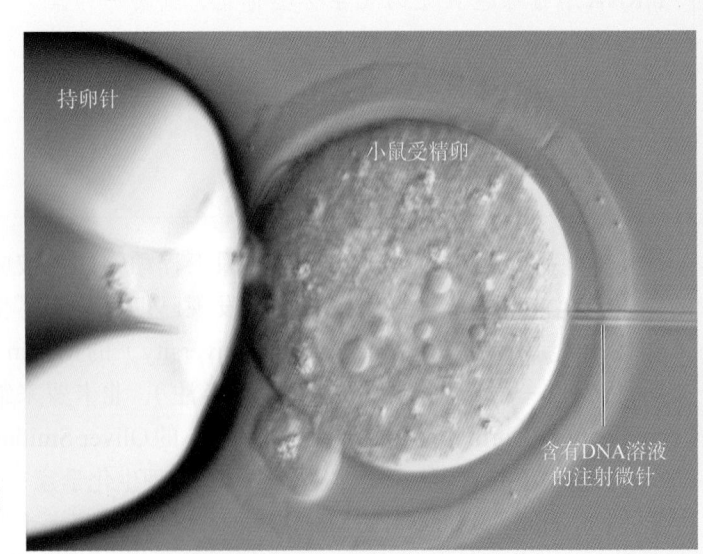

持卵针

小鼠受精卵

含有 DNA 溶液的注射微针

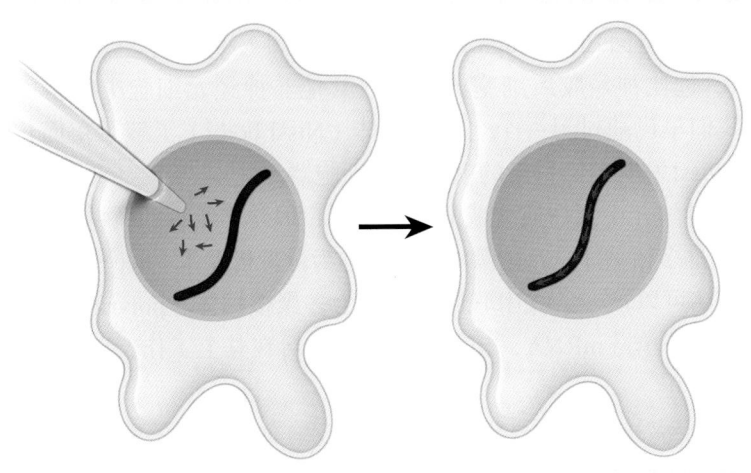

图B

受到这种可能性的鼓舞，1980年我向美国国立卫生研究院（National Institutes of Health，NIH）提交了一份基金申请，提议通过同源重组直接改变哺乳动物培养细胞的基因DNA序列。他们拒绝了该提案，而他们的理由不无道理。他们认为，外源添加的DNA序列在活的哺乳动物细胞（包含3×10^9个核苷酸碱基对）中找到足够相似的DNA序列以进行同源重组的可能性微乎其微。幸运的是，在我的基金申请中还包括了另外两项NIH评审人喜欢的提案，他们资助了这些项目。我用这些经费来支撑基因打靶项目。四年后，我们获得的结果支持了我们在培养的哺乳动物细胞中进行基因打靶的能力。于是，我向同一评审小组提交了一份新的NIH基金申请，提议将基因打靶技术拓展，以用来产生突变小鼠。他们评审表的回复是这样开头的："我们很高兴您没有听从我们的建议。"

开发小鼠基因打靶技术花了10年时间（Thomas & Capecchi，1987）。在获得成功之前，我们必须先了解真核细胞的同源重组机制。此外，由于基因靶向率较低，如果我们想要成功地将我们的技术转移到小鼠上，我们需要一些小鼠胚胎干细胞，而这种干细胞能够在成熟动物中促进生殖细胞系（精子和卵子）的形成。使用源自胚胎癌（embryonal carcinoma，EC）的细胞的失败一度让我很沮丧。后来，我听说英格兰剑桥的 Martin Evans 正在分离更有希望的细胞，他称之

为 **EK 细胞**（EK cell）。这种细胞与 EC 细胞类似，但源于正常的小鼠胚胎而非肿瘤。我打电话给他，询问传言是否属实，他说是的。于是我接着问，我是否可以去他的实验室学习如何处理这些细胞，他的回答依然是肯定的。1985年的圣诞节期间，剑桥很美。我和我的妻子（她与我在一起工作）一起度过了美妙的几周，学习如何培养这些奇妙的细胞并用它们来产生具有种系传递能力的小鼠。

研究人员往往对小鼠生物学中他们感兴趣的基因的特定功能有先入之见，而常常对基因敲除的结果非常惊讶。基因打靶技术已经将我们带向许多新的方向，包括最近对小胶质细胞作用研究热点的关注。这些细胞和免疫细胞及血细胞一起在骨髓中生成，随后迁移入脑。突变小鼠中的这些细胞会导致与人类拔毛发癖（trichotillomania）非常相似的病理症状。该病是一种强迫症，其特征表现为强烈的拔自己毛发的冲动。令人惊讶的是，将正常骨髓移植到突变小鼠体内可永久治愈这种病理行为（Chen等，2010）。现在，我们正沉浸在试图了解小胶质细胞如何控制神经环路输出的机制上；更重要的是，探索免疫系统（在这里指小胶质细胞）与神经精神疾病，诸如抑郁症、孤独症、精神分裂症和阿尔茨海默病等之间的密切关系。

参考文献

Capecchi MR. 1980. High efficiency transformation by direct microinjection of DNA into cultured mammalian cells. *Cell* 22:479-488.

Chen SC, Tvrdik P, Peden E, Cho S, Wu S, Spangrude G, Capecchi MR. 2010. Hematopoietic origin of pathological grooming in Hoxb8 mutant mice. *Cell* 141(5):775-785.

Folger KR, Wong EA, Wahl G, Capecchi MR. 1982. Patterns of integration of DNA microinjected into cultured mammalian cells: evidence for homologous recombination between injected plasmid DNA molecules. *Molecular and Cellular Biology* 2:1372-1387.

Thomas KR, Capecchi MR. 1987. Site-directed mutagenesis by gene targeting in mouse embryo-derived stem cells. *Cell* 51:503-512.

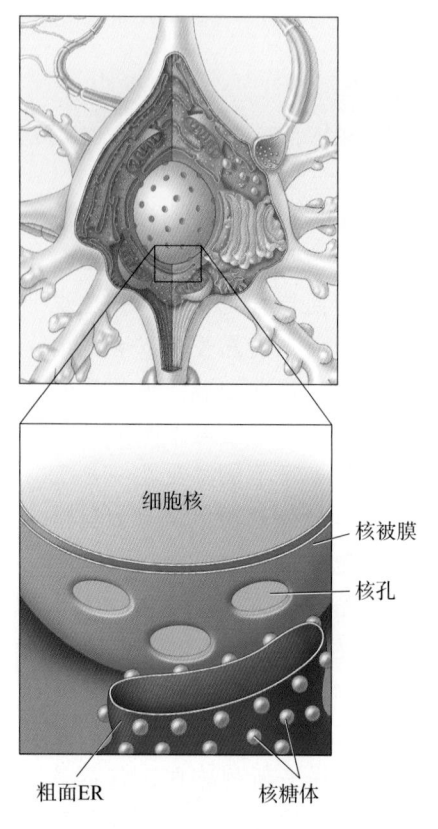

细胞核

核被膜

核孔

粗面ER　　　　核糖体

▲ 图 2.10
粗面内质网（粗面 ER）

粗面内质网。神经元以合成蛋白质的方式来利用基因中的信息。蛋白质的合成发生在细胞质中密集的微球状结构，称为**核糖体**（ribosome）。mRNA转录本与核糖体结合，核糖体翻译 mRNA 中包含的指令以组装蛋白质分子。换句话说，核糖体利用 mRNA 提供的"蓝图"，以氨基酸为原料生产蛋白质。

在神经元中，许多核糖体附着在成堆的称为**粗面内质网**（rough endoplasmic reticulum）或简称粗面 ER（rough ER）的膜上（图 2.10）。神经元中存在大量的粗面 ER，远比神经胶质细胞或大多数其他非神经元细胞中的粗面 ER 多。其实，我们早已通过另一个名称尼氏体（Nissl body）了解了粗面 ER。100 多年前，Nissl 发明的染料染的就是这种细胞器。

粗面 ER 是神经元中蛋白质合成的主要场所，但并非所有的核糖体都附着在粗面 ER 上。许多核糖体是自由漂浮着的，称为**游离核糖体**（free ribosome）。数个游离核糖体可以被一条线串联起来，称为**多聚核糖体**（polyribosome）。这条线其实是一条单链 mRNA，相关的核糖体均可在其上工作，以合成同一蛋白质的多个拷贝。

粗面 ER 与游离核糖体上合成的蛋白质究竟有何不同？答案似乎取决于蛋白质分子预定的命运。如果蛋白质注定要驻留在神经元胞质内，则该蛋白质的 mRNA 转录本就会避开粗面 ER 上的核糖体而向游离核糖体靠拢（图 2.11a）。相反，如果该蛋白质注定要嵌入细胞膜或细胞器膜上，那么它就会在粗面 ER 上合成。这种蛋白质在进行装配时，可在其被捕获的粗面 ER 膜上来回穿梭（图 2.11b）。神经元内有如此发达的粗面 ER 一点也不奇怪，因为我们将在后面的章节中看到，正是一些特殊的膜蛋白赋予了这些细胞奇妙的信息处理能力。

滑面内质网和高尔基体。胞体胞浆的其余部分挤满了成堆的膜质细胞器，看起来很像没有附着核糖体的粗面 ER。它们是如此之多，以至于我们将这一类膜质细胞器称为**滑面内质网**（smooth endoplasmic reticulum），或简称**滑面 ER**（smooth ER）。滑面 ER 是异质性的，且在细胞内不同的位置执行不同的功能。一些滑面 ER 与粗面 ER 相连，被认为是膜上突出的蛋白质被仔细折叠并赋予其三维结构的场所。其他类型的滑面 ER 在蛋白质分子的加工中不发挥直接作用，而是调节诸如钙等物质的细胞内浓度。[这种细胞器在肌细胞中尤为显著，被称为肌质网（sarcoplasmic reticulum），将在第 13 章看到。]

高尔基体（Golgi apparatus）是胞体中离核最远的一堆由膜包被的圆盘，最初由 Camillo Golgi 在 1898 年首次描述（图 2.12）。这里是蛋白质"翻译后"进行大量化学修饰加工的场所。高尔基体的一项重要功能被认为是对某些蛋白质进行分类，这些蛋白质将被转运到神经元的不同部位，如轴突和树突。

线粒体。胞体中另一种非常丰富的细胞器是**线粒体**（mitochondrion；复数：mitochondria）。在神经元中，这些香肠形的结构长约 1 μm。闭合的外膜内是多重折叠的内膜，称为**嵴**（cristae；单数：crista）。嵴之间是称为**基质**（matrix）的内部空间（图 2.13a）。

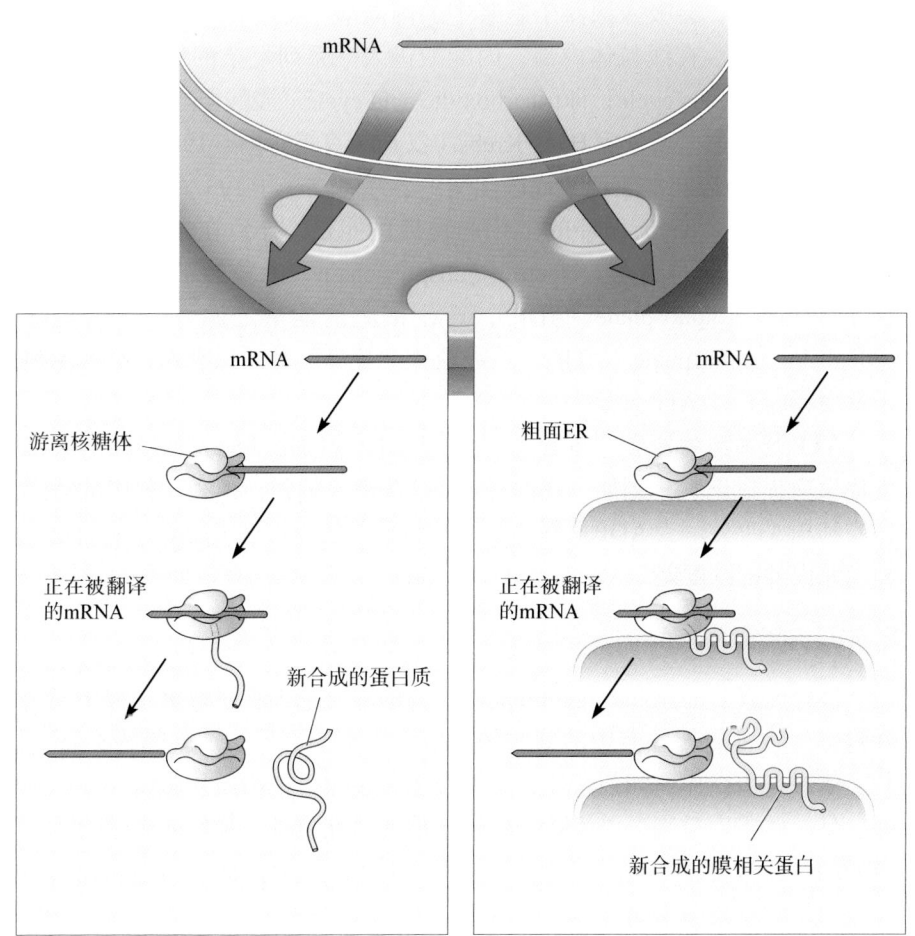

(a) 游离核糖体上的蛋白质合成　　(b) 粗面ER上的蛋白质合成

◀ 图 2.11
游离核糖体和粗面 ER 上的蛋白质合成。mRNA 结合核糖体，启动蛋白质合成。（a）游离核糖体上合成的蛋白质是专门用于胞质的。（b）粗面 ER 上合成的蛋白质注定要被膜包裹或嵌入膜中。膜相关蛋白在组装时被嵌入膜中

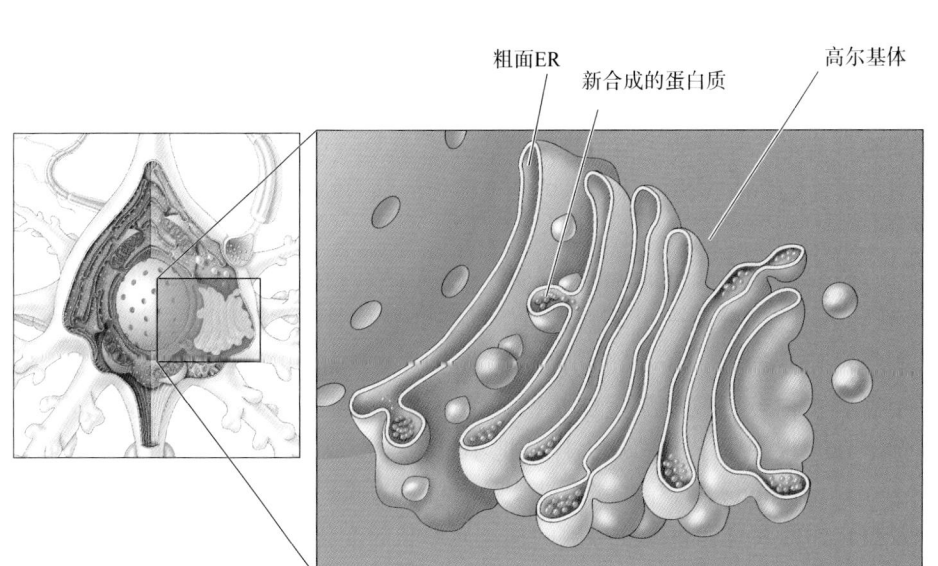

◀ 图 2.12
高尔基体。这种复杂的细胞器对新合成的蛋白质进行分类，以转运到神经元中的恰当位置

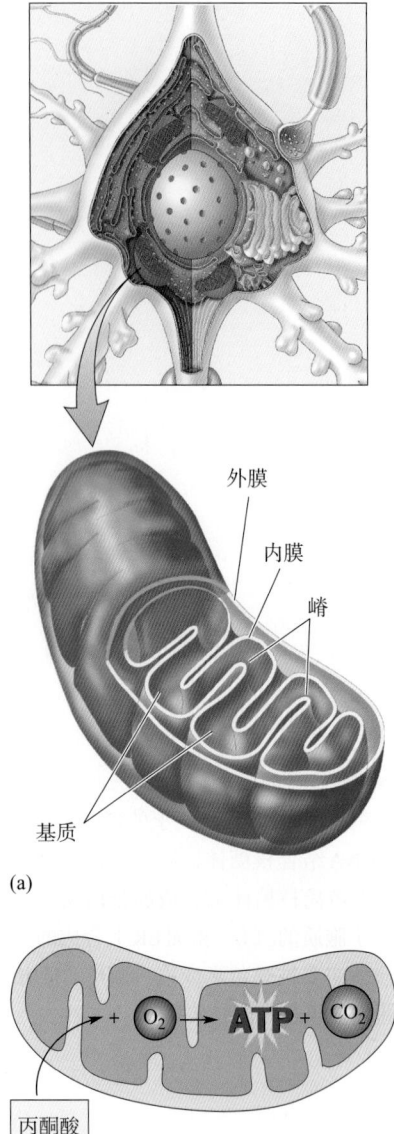

外膜

内膜

嵴

基质

(a)

丙酮酸

蛋白质
糖
脂肪

膳食和储存
的能源

(b)

▲ 图2.13
线粒体的作用。（a）线粒体组分。（b）细
胞呼吸。ATP是为神经元内生化反应提供
燃料的能量通货

线粒体是**细胞呼吸**（cellular respiration）的场所（图2.13b）。当线粒体"吸气"时，会吸入漂浮于胞浆中的丙酮酸（源于糖与消化的蛋白质和脂肪）和氧气。在线粒体内部，丙酮酸进入一系列复杂的生化反应，称为**Krebs循环**（Krebs cycle；即tricarboxylic acid cycle三羧酸循环——译者注）。该循环由英籍德裔科学家Hans Krebs（汉斯·克雷布斯，1900.8—1981.11，曾获得1953年诺贝尔生理学或医学奖——译者注）于1937年首次提出，并以其名字命名。Krebs循环的生化产物提供能量，导致在嵴内的另一系列反应（称为**电子传递链**，electron-transport chain）中磷酸被加入二磷酸腺苷（adenosine diphosphate，ADP），产生细胞的能量之源——**三磷酸腺苷**（adenosine triphosphate，ATP）。当线粒体"呼气"时，每吸入一个丙酮酸分子就会释放17个ATP分子。

ATP是细胞的能量"通货"。存储在ATP中的化学能为神经元的大多数生化反应提供燃料。例如，我们将在第3章中了解到，神经元膜中的特定蛋白质利用ATP分解为ADP所释放的能量将某些物质泵过细胞膜，从而建立起神经元内外的浓度差。

2.3.2　神经元膜

神经元膜（neuronal membrane）作为屏障，把细胞质包裹于神经元内，并将漂浮在神经元外液中的某些物质拒之于细胞之外。细胞膜约5 nm厚，其上镶嵌有蛋白质。如前所述，一些膜相关蛋白可把物质从胞内"泵"到胞外。另一些蛋白质则形成膜孔，以筛选能够从孔道进入神经元内的物质。神经元的一个重要特征是：细胞膜上的蛋白质组成随着胞体、树突和轴突等神经元部位的不同而不同。

如果不了解细胞膜及其相关蛋白质的结构和功能，就无法了解神经元的功能。事实上，这个话题很重要，我们将在接下来的4章中用大量篇幅来研究细胞膜究竟如何赋予神经元奇妙的本领，从而将电信号传遍大脑和全身。

2.3.3　细胞骨架

前面我们曾把神经元膜比作搭在胞内支架上的一顶马戏团"帐篷"。这个支架便称为**细胞骨架**（cytoskeleton），它维持了神经元特有的形状。细胞骨架的"骨骼"是微管、微丝和神经丝（图2.14）。然而，与帐篷支架不同，细胞骨架不是静态的。细胞骨架的成分是动态调节的，且不断地运动。甚至当你读这句话时，你的神经元可能正在你的脑内蠕动着。

微管。微管（microtubule）相对较大，直径约20 nm，沿神经突起纵向行走。微管看似一根笔直、厚壁的空心管。管壁由围绕空芯被拧成绳样的小链构成。每一条小链均由称为**微管蛋白**（tubulin）的蛋白质组成。单个微管蛋白分子较小且呈球状，每条链由微管蛋白相互粘在一起组成，就像串在一根绳子上的珍珠一样。把小蛋白连接成一条长链的过程称为**聚合**（ploymerization），产生的链称为**聚合物**（polymer）。微管的聚合和解聚，以及由它们的聚合和解聚而导致的神经元形状的变化均可被神经元内的各种信号调节。

参与微管组装和功能调控的一类蛋白质称为**微管相关蛋白**（microtubule-associated proteins，**MAP**）。在 MAP 的其他功能中（其中许多还未知），它们还可把微管锚定在另一根微管及神经元的其他部分。一种称为 **tau 蛋白**的轴突 MAP 的病理学变化与阿尔茨海默病引起的痴呆有关（图文框 2.4）。

　　微丝。微丝（microfilament）直径仅 5 nm，和细胞膜厚度相当。微丝遍布于神经元，在神经突起中尤其多。微丝由两股**肌动蛋白**（actin）聚合物细链盘绕而成。肌动蛋白是所有类型细胞（包括神经元）中含量最丰富的蛋白质之一，被认为在细胞形状的改变中发挥重要作用。事实上，我们将在第 13 章中看到，肌动蛋白丝在肌肉收缩的机制中起了关键作用。

　　与微管一样，肌动蛋白微丝也在不断地进行装配和解聚，这一过程受神经元内信号的调节。除了像微管一样沿着神经突起的核心纵向延伸，微丝还跟细胞膜紧密相连。它们通过纤维蛋白网锚定在膜上，后者像蜘蛛网一样衬在细胞膜内。

　　神经丝。神经丝（neurofilament）直径为 10 nm，介于微管和微丝之间。它们以**中间丝**（intermediate filament，又称"中间纤维"——译者注）的形式存在于机体的所有细胞中，仅在神经元中被称为**神经丝**。这种名称上的差异反映了它们在不同组织中结构上的差别。例如，一种不同的中间丝——角质化蛋白（keratin，简称角蛋白——译者注）互相盘绕，构成了头发。

　　在我们已经讨论过的纤维结构类型中，神经丝与骨和骨骼的韧带最为相似。一根神经丝由多个亚单位（构件）组成，这些亚单位一起缠绕成绳状结构。每一根绳子都由一些单个长蛋白质分子组成，使得神经丝具有很高的机械强度。

2.3.4　轴突

　　到目前为止，我们已经探讨了胞体、细胞器、细胞膜和细胞骨架。但是，这些结构都不是神经元特有的，因为它们也存在于我们身体的其他每个细胞中。现在我们来看看轴突，这是一个仅存在于神经元中的结构，并且专门负责神经系统内信息远距离传递。

　　轴突始于一个称为**轴丘**（axon hillock）的区域，轴丘自胞体发出逐渐变细形成轴突的始段（initial segment，图 2.15）。轴突区别于胞体的两个显著特征是：

　　1. 粗面 ER 不延伸至轴突中，且成熟的轴突中几乎没有游离的核糖体。
　　2. 轴突膜的蛋白质组成与胞体膜完全不同。

　　这些结构上的差异转化为功能上的不同。由于轴突中没有核糖体，因此也就没有蛋白质合成。这就意味着轴突内的所有蛋白质都必须源于胞体。正是轴突膜上的不同蛋白质使得轴突能够作为"电缆"，将信息传导很长的距离。

　　轴突的长度从不足 1 mm 到超过 1 m 不等。轴突通常有分支，称为**轴突侧支**（axon collateral），可以长距离地与神经系统的不同部分进行通信。有时，轴突侧支会返回，与产生轴突的同一细胞或邻近细胞的树突通信。这些轴突侧支称为**回返性侧支**（recurrent collateral）。

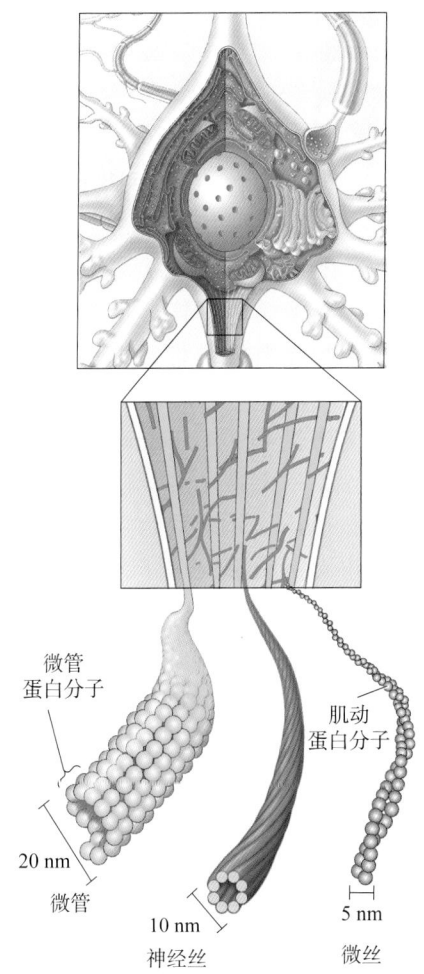

▲ 图 2.14
细胞骨架的组分。微管、神经丝和微丝的排列使神经元具有其特有的形状

阿尔茨海默病与神经元细胞骨架

神经突起是神经元最显著的结构特征。它们精密的分支模式对信息处理至关重要，也反映了细胞内细胞骨架的组构。因此，当神经元的细胞骨架被破坏时，脑功能的毁灭性丧失也就不足为奇了。**阿尔茨海默病**（Alzheimer's disease）就是一个例子，其特征为大脑皮层神经元的细胞骨架被破坏，而大脑皮层是认知功能的关键脑区。1907年，德国内科医生 A. Alzheimer（阿洛伊斯·阿尔茨海默，Alois Alzheimer，1864.6—1915.12——译者注）在一篇题为"一种独特的大脑皮层疾病"（"A Characteristic Disease of the Cerebral Cortex"）的论文中首次描述了这种疾病及其脑的病理学变化。以下是该文的译文节选。

"一位51岁女性病例的首发症状之一是对她丈夫的强烈妒忌。不久她就表现出日益严重的记忆损伤，她找不到回家的路，来来回回地拖东西，把自己藏起来，有时又认为有人要出来杀她，于是开始大声尖叫。

在住院期间，她的举止表现出彻底的无助。她搞不清时间和地点。时而，她会说她什么都不懂，她感到困惑并完全迷失。有时，她把医生的到来看作正式拜访，并为自己没有料理完家务而道歉，但其他时候她又会因为害怕医生给她动手术而开始大喊大叫；有几次她极度悲愤地想把医生赶走，说出些她怕医生要损害她女人名誉的话来。她时而完全神志不清，把她的毯子和床单拖来拖去，呼唤她的丈夫和女儿，并且似有幻听。她常常以可怕的声音连续尖叫数小时。

精神退变相当稳定地进展着。病了四年半之后，她去世了。她到最后变得彻底麻木，只能像胎儿一样蜷缩在床上。"（Bick 等，1987，第1~2页）

女患者死后，Alzheimer 在显微镜下检查了她的脑。他特别注意到了"神经原纤维"的变化，而这些纤维正是可被银溶液染色的细胞骨架成分。

"比尔朔夫斯基银染色制备（Bielschowsky silver preparation）显示出神经原纤维非常特有的变化。然而，在一个看起来正常的细胞内，只能观察到一根或几根单纤维，这些纤维由于惊人的厚度和特异的不可浸透性而变得明显。到了稍晚期，许多平行排列的原纤维都表现出同样的变化。然后它们聚集成密集的纤维束并逐渐向细胞表面移动。最终，细胞核和细胞质消失了，仅留一团缠结的纤维束表明神经元曾经所在的位置。

由于这些原纤维经染料染色后不同于正常的神经原纤维，因此原纤维物质一定发生了化学转化。这可能也是这些原纤维在细胞破坏后仍能留存下来的原因。原纤维的转化似乎与一种尚未完全查明的神经元代谢病理产物的积聚密切相关。大约1/4~1/3的大脑皮层神经元都有这样的变化。许多神经元，特别是上层的细胞，已经完全消失了。"（Bick 等，1987，第2~3页）

阿尔茨海默病痴呆的严重程度与现在所熟知的**神经原纤维缠结**（neurofibrillary tangles）的数量和分布密切相关，这些缠结是已死和垂死神经元的"墓碑"（图A）。实际上，正如 Alzheimer 所推测的，大脑皮层内缠结的形成很可能是引起该病症状的原因。电子显微镜显示缠结的主要成分是**成对的螺旋状细丝**，这些长的纤维蛋白像绳索一样编织在一起（图B）。现在我们知道这些细丝由**微管相关蛋白**（microtubule-associated protein）**tau**组成。

tau蛋白的正常功能是在轴突中的微管之间起桥梁作用，以确保它们笔直且平行地延伸。在阿尔茨海默病患者脑中，tau蛋白与微管解离，并在胞体中聚集。这种细胞骨架的破坏导致轴突萎缩，从而阻碍了受损神经元的正常信息流动。

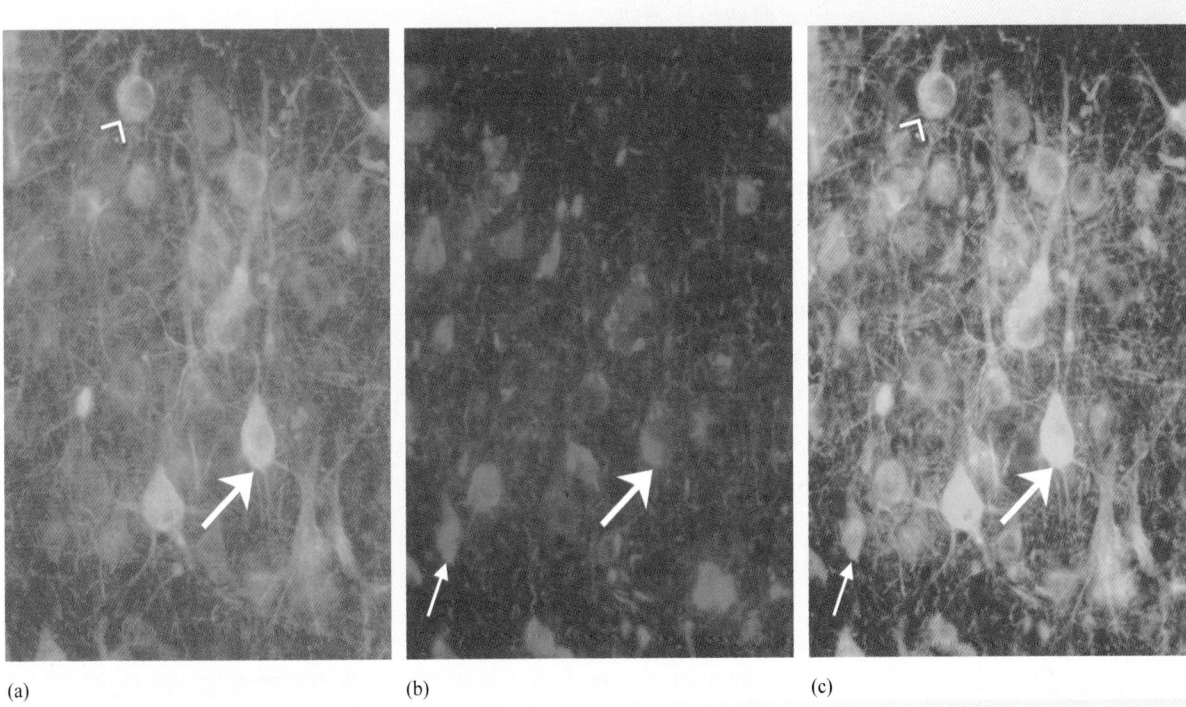

(a)　　　　　　　　　(b)　　　　　　　　　(c)

图 A
阿尔茨海默病患者脑内的神经元。 正常神经元含有神经丝，但没有神经原纤维缠结。（a）用使神经元内神经丝发出绿色荧光的方法染色的脑组织，显示活的神经元。（b）同一脑区染色以显示神经原纤维缠结中存在的 tau 蛋白，以红色荧光标示。（c）（a）、（b）两图叠加的图像。三角符号所指的神经元含有神经丝但没有缠结，因此是健康的。大箭头所指的神经元不仅有神经丝而且已开始显示 tau 蛋白的聚集，因此是患病的。（b）和（c）两图中小箭头所指的神经元已死亡，因为其不含有神经丝。残存的缠结是因阿尔茨海默病而死亡的神经元的墓碑（蒙 John Morrison 博士惠允使用此图片，并改绘自 Vickers 等，1994）

那么究竟是什么导致了 tau 蛋白的这种变化？阿尔茨海默病患者脑内聚集的另一种被称为**淀粉样物质**（amyloid）的蛋白质成为关注的焦点。阿尔茨海默病的研究进展很快，但目前的共识是，神经元异常地分泌淀粉样蛋白是导致神经原纤维缠结形成和痴呆的第一步。当前，干预治疗的希望集中在降低脑内淀粉样蛋白沉积的策略上。对有效疗法的需求十分迫切：仅在美国，就有超过 500 万人备受这种悲剧性疾病的折磨。

100 nm

图 B
缠结内成对的螺旋状纤维（引自：Goedert，1996，图 2b）

轴突的直径也大小不一，人的轴突从不足 1 μm 到约 25 μm，而枪乌贼的可达 1 mm。轴突粗细的这种可变性非常重要。正如第 4 章所述，掠过轴突的电信号，即**神经冲动**（nerve impulse）的速度取决于轴突的直径。轴突越粗，冲动传导越快。

轴突终末。 所有轴突都有始段（轴丘）、中段（轴突主干）和末梢。这个末梢称为**轴突终末**（axon terminal）或**终末扣**（terminal bouton；bouton 为法语单词，意为"纽扣"），从字面上可知它就像一个膨胀的圆盘（图 2.16）。终末是轴突和其他神经元（或其他细胞）接触并向其传递信息的部位。这个接触点称为**突触**（synapse），synapse 一词源于希腊语，意为"连接在一起"。有时轴突末梢有许多短分支，每一个分支都能与同一区域的树突或胞体形成突触。这些分支统称为**终末树**（terminal arbor）。有时轴突在其膨胀区沿长轴形成突触，然后继续延伸并终止于别处（图 2.17）。这种膨胀称为**顺路扣**（bouton en passant；即 buttons in passing，路过的纽扣）。不论是上述两种情况中的哪一种，当一个神经元和另一个细胞建立突触联系时，我们就说该神经元支配了那个细胞，或者说它向这个细胞提供了**神经支配**（innervation）。

轴突终末的细胞质和轴突的细胞质有以下几点不同：

1. 微管不延伸入终末。
2. 终末包含为数众多的膜质小泡，称为**突触囊泡**（synaptic vesicle），直径约 50 nm。

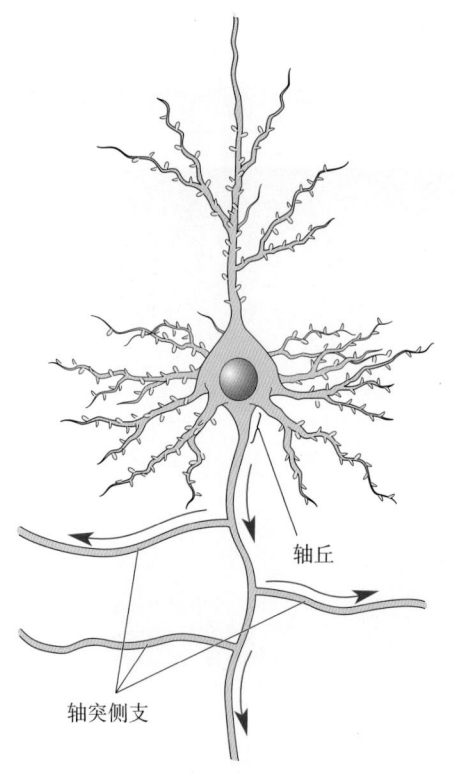

▲ 图 2.15
轴突和轴突侧支。轴突的功能就像一根电缆，把电脉冲传导到神经系统的远端。箭头指明了信息流动的方向

轴丘

轴突侧支

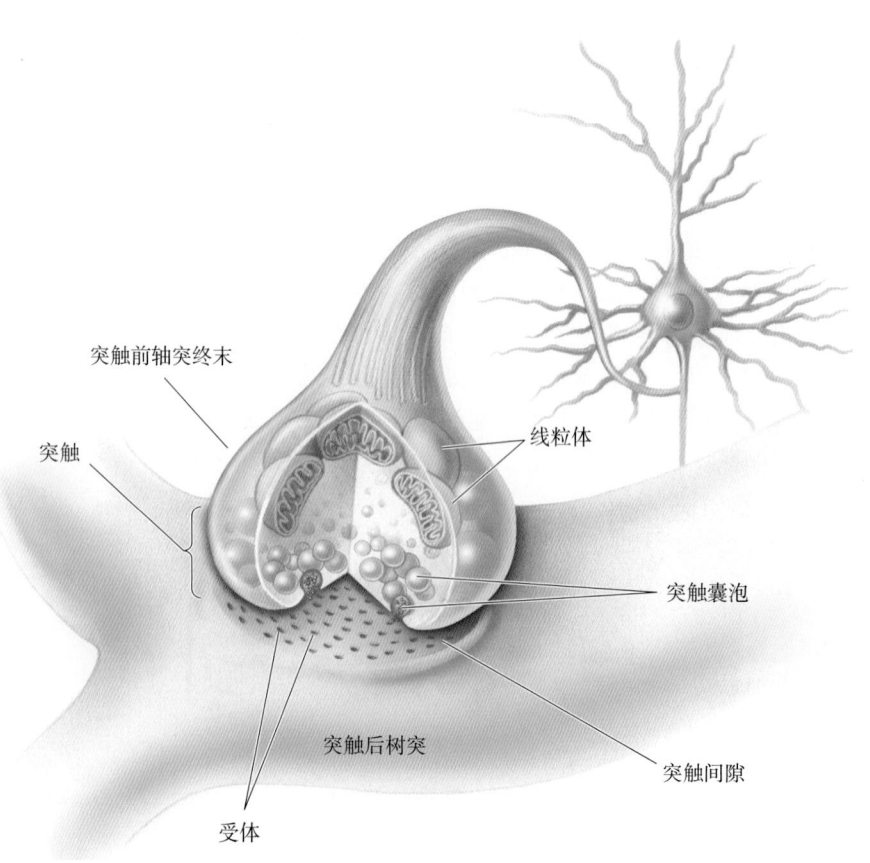

突触前轴突终末

突触

线粒体

突触囊泡

突触后树突

受体

突触间隙

► 图 2.16
轴突终末和突触。轴突终末与其他神经元的树突或胞体形成突触。当神经冲动到达突触前轴突终末时，神经递质分子就从突触囊泡释放到突触间隙中。然后，神经递质与特定的受体蛋白结合，使突触后细胞产生电信号或化学信号

3. 面向突触的膜的内表面附着有特别密集的蛋白质。

4. 轴突终末的细胞质含有大量线粒体，说明其能量需求很高。

突触。虽然整个第5章和第6章将专门讨论信息是如何经突触从一个神经元传递到另一个神经元的，但我们先在这里预览一下这个过程。突触有**突触前**（presynaptic）和**突触后**（postsynaptic）两个部分（图2.16）。这两个名称指明信息流的通常方向是从"前"到"后"。突触前通常由轴突终末组成，而突触后可以是另一个神经元的树突或胞体。突触前膜和突触后膜之间的间隙称为**突触间隙**（synaptic cleft）。在突触上，信息从一个神经元向另一个神经元的传递过程称为**突触传递**（synaptic transmission）。

在大多数突触中，以电脉冲方式沿轴突传导的信息会在终末被转换为可跨突触间隙的化学信号。在突触后膜上，该化学信号又被转换成电信号。这个化学信号被称为**神经递质**（neurotransmitter），其由终末中的突触囊泡存储并释放。我们将会了解到，不同类型的神经元使用不同的神经递质。

这种电–化学–电形式的信号转换使脑的许多计算能力成为可能。这一过程的改变涉及记忆和学习，而突触传递功能异常将导致某些精神疾患。突触同时也是许多毒素和大多数精神药物的作用位点。

轴浆运输。前面已经提到，包括终末在内，轴突细胞质的一个特点是不含核糖体。因为核糖体是细胞的蛋白质工厂，核糖体的缺失意味着轴突的蛋白质必须在胞体中合成再转运到轴突。事实上，在19世纪中叶，英国生理学家Augustus Waller（奥古斯都·沃勒，1816.12—1870.9——译者注）就指出，轴突脱离细胞母体无法存活。轴突被切断后所产生的退变现在称为**沃勒变性**（Wallerian degeneration）。由于沃勒变性能通过特定的染色方法检测到，因此它是用来追踪脑内轴突连接的一种方法。

沃勒变性的发生是由于物质从胞体到轴突终末的正常流动被打断了。物质沿轴突的这种运动称为**轴浆运输**（axoplasmic transport）。美国神经生物学家Paul Weiss和他的同事在20世纪40年代首先通过实验直接证明了这一点。他们发现，如果环绕着轴突扎上一根线，物质就会在结扎端靠近胞体的一侧蓄积。解开结扎后，蓄积的物质将以每天1～10 mm的速度继续沿轴突运动。

这是一个了不起的发现，但还不是故事的全部。如果所有的物质都仅靠这种运输机制沿轴突下行，那么至少要半年的时间物质才能到达最长轴突的终末，如此漫长的等待远远无法满足饥饿的突触。在20世纪60年代末，研究人员开发出了一些追踪蛋白质分子沿轴突下行到末梢的方法。这些方法需要在神经元胞体注射放射性氨基酸。回想一下，氨基酸是合成蛋白质的原料。这些"热"氨基酸被组装进蛋白质，通过测定放射性蛋白质到达轴突终末的时间即可计算出运输速度。这种**快速轴浆运输**（fast axoplasmic transport）的速度高达每天1000 mm。之所以这样命名，是为了区别于Weiss发现的**慢速轴浆运输**（slow axoplasmic transport）。

关于轴浆运输的速度我们目前已经有了很多了解。物质被包裹于囊泡内，随后囊泡将沿着轴突的微管"下行"；而"腿"是一种称为**驱动蛋白**（kinesin）的蛋白质，整个过程由ATP供能（图2.18）。驱动蛋白仅仅把物质

▲ 图2.17

顺路扣。一根轴突（黄色）与一根树突（蓝色）在相交时形成突触。该突触是用电子显微镜拍摄的一系列图像重构的（蒙普林斯顿大学的Sebastian Seung博士和Pop科技的Kris Krug惠允使用）

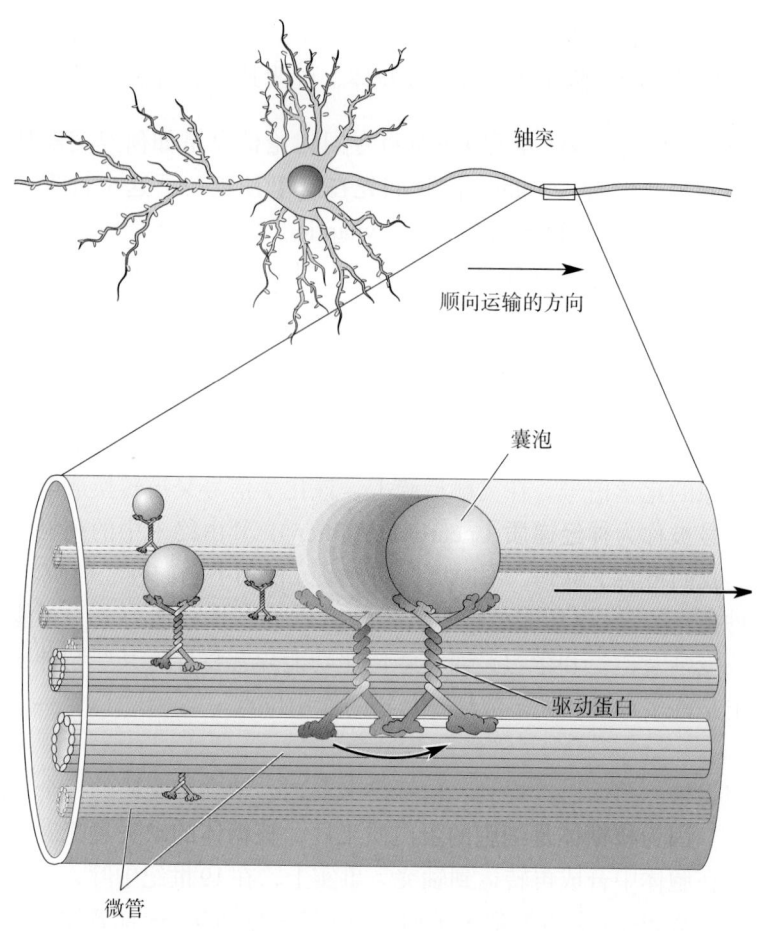

轴突

顺向运输的方向

囊泡

驱动蛋白

微管

▲ 图2.18

物质在轴突微管上运动的机制。物质被包裹在膜包被的囊泡内，通过驱动蛋白的作用从胞体运输到轴突终末，驱动蛋白则以消耗ATP为代价沿微管"行走"

从胞体运输到末梢。所有沿该方向的物质运动称为**顺向运输**（anterograde transport）。

除顺向运输外，还有一种物质沿轴突从末梢向胞体上行的运输机制。该过程被认为向胞体提供了关于轴突终末代谢需求变化的信号。从终末到胞体方向的物质运输称为**逆向运输**（retrograde transport）。逆向运输分子机制类似于顺向运输，但其"腿"是另一种不同的蛋白质——**动力蛋白**（dynein）。顺向运输和逆向运输机制均已被神经科学家用于追踪脑内的神经连接（图文框2.5）。

2.3.5　树突

树突（dendrite）一词源于希腊语，意为tree（树），反映了这些神经突起从胞体延伸出来时如同一棵树上长出的树枝。一个神经元的所有树突统称为**树突树**（dendritic tree），树上的每个分支称为**树突分支**（dendritic branch）。树突树的形状和大小千差万别，可用于对不同的神经元群进行分类。

因为树突发挥了神经元"天线"的作用，所以它们上面遍布着成千上万的突触（图2.19）。突触下的树突膜（**突触后膜**）上有许多称为**受体**（receptor）的特殊蛋白质分子，可探知突触间隙中的神经递质。

搭逆向运输的顺风车

　　轴突中蛋白质的快速顺向运输是通过向胞体中注射放射性氨基酸而揭示的。这种方法的成功立刻提示了一种追踪脑内神经连接的方法。例如，要研究眼睛中的神经元向脑内何处发出轴突，只需在眼睛中注射一种称为放射性脯氨酸的氨基酸。这样，脯氨酸就被掺入胞体的蛋白质中，随后被转运至轴突终末。通过一种称为**放射自显影**（autoradiography）的技术，放射性轴突终末的位置可被检测到，从而揭示出眼睛与脑之间的连接区域。

　　研究人员随后发现，逆向运输也可用于研究脑内的连接。说来也怪，辣根过氧化物酶（horseradish peroxidase，HRP）能被轴突末梢选择性地摄取并逆向运输到胞体。在实验动物被实施安乐死后，一种化学反应可使 HRP 在脑组织切片上的位置显现出来。该方法常用于追踪脑内的连接（图 A）。

　　一些病毒也利用逆向运输感染神经元。例如，口腔疱疹病毒进入口唇处的轴突终末，然后被运输回细胞母体。在这里，病毒通常保持休眠状态，直至身体或情绪出现应激反应（就像第一次约会时）。这时，病毒就开始复制并返回到神经末梢，引发令人疼痛不堪的唇疱疹（cold sore）。同样，狂犬病毒通过皮肤上的轴突经逆向运输进入神经系统。然而，一旦进入胞体，这种病毒就争分夺秒地疯狂复制，杀死其神经元宿主。然后这种病毒被神经系统中的其他神经元摄取，不断地恶性循环，直至感染者死亡。

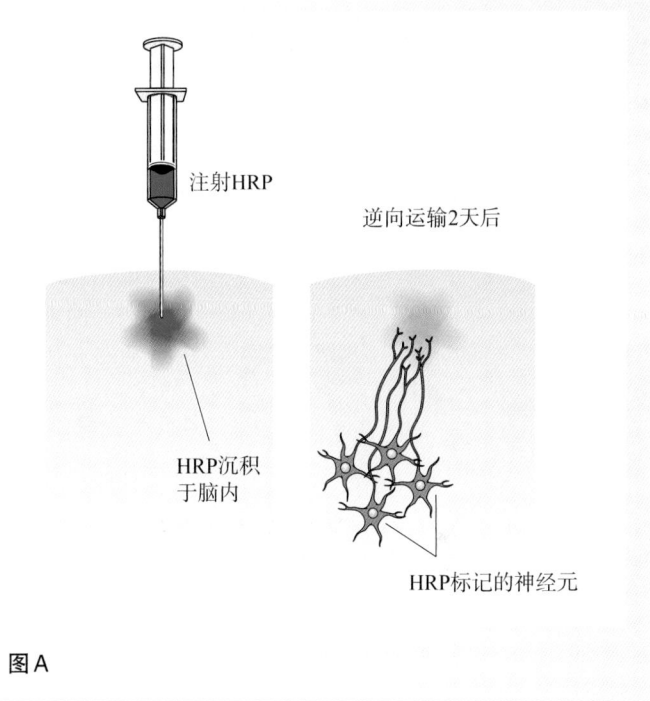

注射 HRP

逆向运输 2 天后

HRP 沉积于脑内

HRP 标记的神经元

图 A

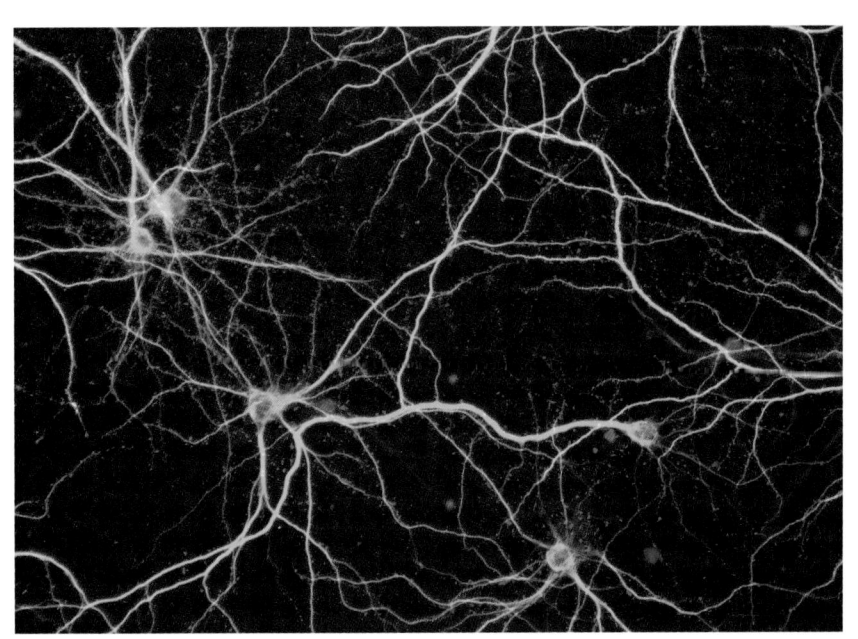

◀ 图 2.19
树突接受来自轴突终末的突触输入。利用一种揭示微管相关蛋白分布的方法，使神经元发出绿色荧光。应用显示突触囊泡分布的方法，使轴突终末发出橙红色荧光。细胞核被染成蓝色荧光（引自：麻省理工学院的 Asha Bhakar 博士）

▲ 图 2.20

树突棘。这是一段树突的计算机重构图，显示了棘的不同形状和大小。每个棘都是一个或两个轴突终末的突触后（引自：Harris and Stevens, 1989, 封面图）

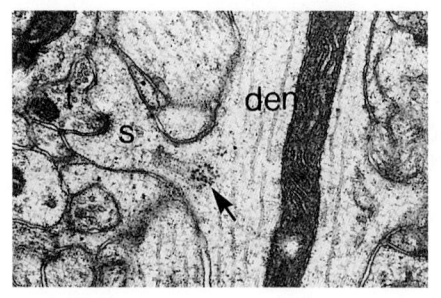

▲ 图 2.21

突触后多聚核糖体。该电镜照片显示了一根树突（den），在接受来自轴突终末（t）的突触输入的树突棘（s）的基底部有一簇多聚核糖体（箭头）（图片蒙加州大学尔湾分校的 Oswald Steward 博士惠允使用）

一些神经元的树突上覆盖着一种特殊的结构，称为**树突棘**（dendritic spine），它们接受某些类型的突触输入。这些棘看起来像是悬挂在树突上的小吊袋（图 2.20）。自 Cajal 发现棘以来，棘那不同寻常的形态就使神经科学家深深为之着迷。它们被认为可以将某些类型的突触激活所触发的各种化学反应分离开来。棘的结构对突触活动的类型和数量十分敏感。研究表明，认知障碍患者脑中发生棘的异常改变（图文框 2.6）。

树突的细胞质与轴突的细胞质在很大程度上是类似的，充满了细胞骨架成分和线粒体。一个有趣的差异是，树突中可以观察到多聚核糖体，通常就在棘的正下方（图 2.21）。研究表明，突触传递实际上能够指导某些神经元的局部蛋白质合成。在第 25 章，我们将看到蛋白质合成的突触调控在脑的信息存储中发挥了至关重要的作用。

2.4 神经元的分类

很可能我们永远也无法了解，神经系统中 850 亿个神经元中的每一个是如何对脑功能做出独特贡献的。但是，如果我们能够证明脑中所有的神经元都可以被分类，并且如果每一种类型中的所有神经元的功能又都是一样，情况会是怎样的呢？如果是这样，这个问题的复杂性就可能被简化成理解每一类细胞，而非每一个细胞的独特功能。带着这一希望，神经科学家已经制定出对神经元进行分类的方法。

2.4.1 基于神经元结构的分类

对神经元进行分类的努力早在高尔基染色发明之初就开始了。这些基于神经元树突和轴突的形态，以及神经元所支配结构的分类方法现在仍被广泛使用。

神经突起数目。可以根据胞体上延伸出来的神经突起（轴突和树突）的总数来对神经元分类（图 2.22）。具有单个神经突起的神经元称为**单极神经元**（unipolar neuron）。如果有两个神经突起，就是**双极神经元**（bipolar neuron）。如果有三个或更多的神经突起，就是**多极神经元**（multipolar neuron）。脑中大部分神经元都是多极的。

树突。不同种类神经元的树突树千差万别。一些神经元的名字创意华丽，比如"双花束细胞"（double bouquet cell；又称"双刷细胞"，新皮层中的一类 GABA 能中间神经元，因其双簇状树突形态而得名——译者注）或"枝形吊灯细胞"（chandelier cell；又称"吊灯样细胞"，皮层中的一类 GABA 能中间神经元，支配锥体细胞轴突始段——译者注）。其他神经元的名字则更加实用，比如"α 细胞"（alpha cell）。对特定脑区神经元的分类通常是唯一的。例如，在大脑皮层（紧贴大脑表面下的结构）有两大类神经元：**星形细胞**（stellate cell；星形）和**锥体细胞**（pyramidal cell；金字塔形）（图 2.23）。

神经元还可以根据其树突是否具有棘来分类。有棘的称为**多棘神经元**（spiny neuron）；没有棘的称为**无棘神经元**（aspinous neuron）。这些树突分类方法可能会互相重叠。例如，在大脑皮层，所有的锥体细胞都是多棘的。另

图文框2.6　趣味话题

智力障碍与树突棘

一个神经元树突树的精细构筑反映了它与其他神经元形成的突触连接的复杂性。脑的功能依赖于高度精确的突触连接，这些突触连接在胎儿期形成，并在婴儿期与幼儿期完善。毫不奇怪，这一复杂的发育过程极易受到扰乱。如果脑发育的扰乱引起认知功能低下，从而损害适应性行为，就会发生智力障碍。

根据标准化测试，一般人群的智力分布呈钟形（高斯）曲线。按照惯例，智商（intelligence quotient，IQ）的平均值被设为100。约2/3的人落在平均值正负15分的范围内（一个标准差），95%的人落在平均值正负30分的范围内（两个标准差）。智商得分低于70的人，且他们的认知障碍影响了他们调节行为以适应自身生活环境的能力，就被认为是智力障碍者。约有2%~3%的人属于这种情况。

导致智力障碍的原因有很多。最严重的类型与遗传疾病有关，如**苯丙酮尿症**（phenylketonuria，PKU）。该病的基本病变为肝脏中代谢膳食氨基酸苯丙氨酸的酶的缺陷。出生时患有PKU的婴儿，其血液和脑中的苯丙氨酸水平异常升高。若不及时治疗，就会阻碍脑的发育，并导致严重的智力障碍。另一个例子是**唐氏综合征**（Down syndrome），胎儿的21号染色体多了一条拷贝，干扰了脑发育过程中正常的基因表达。

导致智力障碍的另一个原因是妊娠期内的问题，包括母体感染，如德国麻疹（German measles；rubella，风疹）和营养不良。酗酒母亲所生的孩子经常患有**胎儿酒精综合征**（fetal alcohol syndrome），表现出一系列发育异常，包括智力障碍。引发智力障碍的其他原因还包括新生儿分娩时窒息和婴儿期环境贫瘠，如缺乏良好的营养、社交和感官刺激等。

尽管有些智力障碍有非常明确的身体相关因素（如生长迟滞，头部、手部和身体结构的异常），但大多只有行为表征。这些人的脑看起来很正常。那么，如何来解释这种严重的认知障碍呢？20世纪70年代，达特茅斯学院（Dartmouth College）的

Miguel Marin-Padilla和纽约市阿尔伯特·爱因斯坦医学院（Albert Einstein College of Medicine in New York City）的Dominick Purpura的研究发现了一条重要的线索。他们用高尔基染色法研究了智障儿童的脑，发现了树突结构的显著变化。低功能患儿树突棘的数量要少得多，而仅有的树突棘又异常细长（图A）。树突棘变化的程度与智力障碍的程度密切相关。

树突棘是突触输入的重要靶点。Purpura指出，智障儿童的树突棘与正常人类胎儿的树突棘非常相似。他认为智力障碍是由于正常环路没有在脑中形成而导致的。这项开创性的工作发表后的30年间，已经确定了正常的突触发育，包括树突棘的成熟，很大程度上取决于婴幼儿期的环境。在发育早期关键期的贫瘠环境会导致脑环路的深刻改变。然而，也有一些好消息。如果干预得足够早，许多由剥夺诱导的脑的变化是可以逆转的。在第23章，我们将进一步探讨经验在脑发育中的作用。

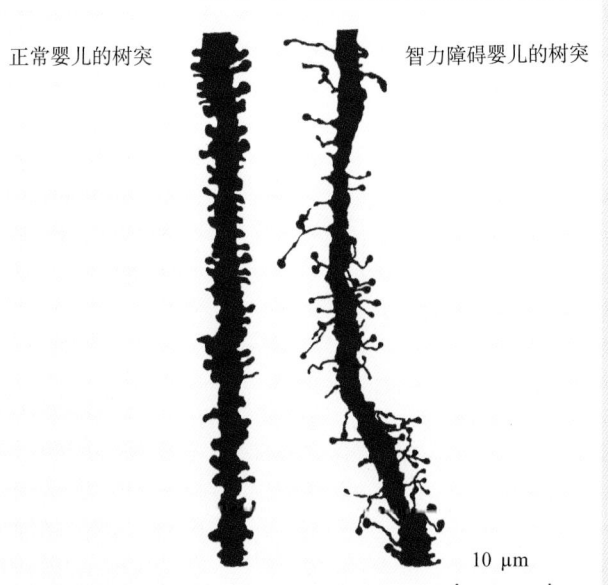

正常婴儿的树突　　智力障碍婴儿的树突

10 μm

图A

正常与异常的树突（引自：Purpura，1974，图2A）

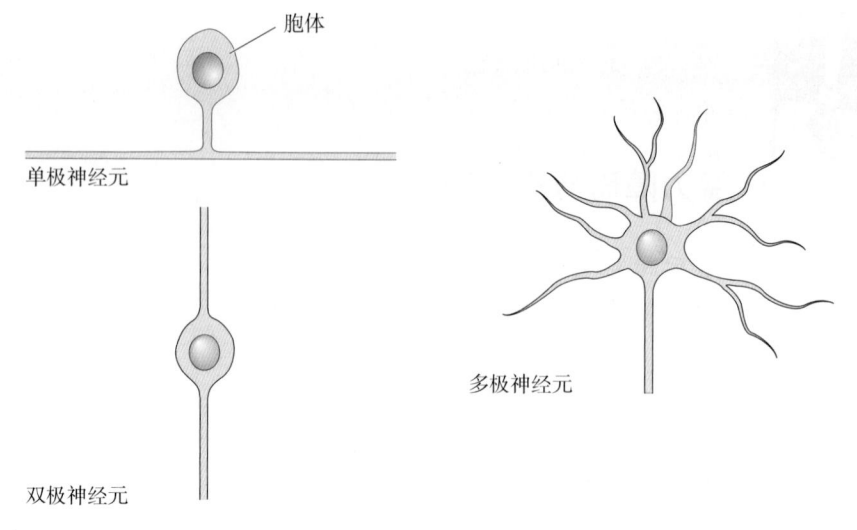

▲ 图 2.22
基于神经突起数目的神经元分类

一方面，星形细胞可能是多棘的，也可能是无棘的。

连接。信息是通过神经元传递到神经系统的，而这类神经元由神经突起支配躯体的感觉表皮（sensory surface）（如皮肤和眼睛的视网膜）。这类与躯体感觉表皮有连接的细胞称为**初级感觉神经元**（primary sensory neuron）。其他神经元发出轴突与肌肉形成突触并控制运动，这些神经元称为**运动神经元**（motor neuron）。但是，神经系统中的大多数神经元仅与其他神经元形成连接。在这个分类体系中，这些神经元称为**中间神经元**（interneuron）。

轴突长度。一些神经元的轴突很长，能够从一个脑区延伸至另一个脑区；这些神经元称为**高尔基 I 型神经元**（Golgi type I neuron）或**投射神经元**（projection neuron）。其他神经元的轴突较短，只延伸到胞体附近；这些神经元称为**高尔基 II 型神经元**（Golgi type II neuron）或**局部环路神经元**（local circuit neuron）。例如，在大脑皮层，锥体细胞通常有很长的轴突能延伸到其他脑区，因此是高尔基 I 型神经元。相反，星形细胞的轴突永远不会延伸到大脑皮层之外，因此是高尔基 II 型神经元。

2.4.2　基于基因表达的分类

我们现在知道，神经元之间的大多数差异最终都可以在基因水平上得到解释。例如，基因表达的差异导致锥体细胞和星形细胞发育成不同的形态。一旦知道基因的差异，这一信息就可以用于创建转基因小鼠，从而对该类神经元进行详细的研究。例如，可以引入编码荧光蛋白的外源基因，并将其置于细胞类型特异性基因启动子的控制之下。**绿色荧光蛋白**（green fluorescent protein，通常简称为 **GFP**）由一种在水母中发现的基因编码，常被用于神经科学研究。当用适当波长的光照射时，GFP 发出明亮的绿色荧光，从而使表达它的神经元直观地显现出来。基因工程方法现在已普遍用于衡量和操控不同类型神经元的功能（图文框 2.7）。

一段时间以来，我们已经知道神经元之间一个重要区别是它们所使用的神经递质，而神经递质之间的差异是由于参与递质合成、存储和使用的蛋白质的表达差异引起的。了解了这些基因差异，就可以基于神经递质对神经元进行分类。例如，控制随意运动的运动神经元都会在突触释放一种神经递质——乙酰胆碱（acetylcholine）。因此，这些运动细胞也被归类为**胆碱能神经元**，这意味着它们表达了能够使用这种特定神经递质的基因。使用相同神经递质的细胞群构成了脑的神经递质系统（见第6章和第15章）。

2.5　神经胶质细胞

尽管本章的大部分内容都是关于神经元的，就目前的知识水平而言，这是合理的。一些神经科学家认为神经胶质细胞是神经科学中"沉睡的巨人"（sleeping giant）。的确，我们不断地意识到，神经胶质细胞对脑信息处理的贡献要远比我们过去认识到的重要得多。然而，资料持续表明，神经胶质细胞主要通过支持神经元的功能来促进脑功能。尽管它们的作用是次要的，但没有神经胶质细胞，脑也不能正常运作。

2.5.1　星形胶质细胞

脑内数量最多的神经胶质细胞是**星形胶质细胞**（astrocyte，图2.24）。这些细胞占据了神经元之间的大部分空隙。脑内神经元和星形胶质细胞之间的空隙只有约20 nm宽。因此，星形胶质细胞可能影响神经突起的生长和缩回。

星形胶质细胞的一个重要作用是调节**细胞外空间**的化学成分。例如，星形胶质细胞包裹了脑内的突触连接（图2.25），从而限制了已被释放的神经递质分子的扩散。星形胶质细胞的细胞膜上也有特殊的蛋白质，能够主动地从突触间隙清除许多神经递质。最近一项出乎意料的发现是，星形胶质细胞的细胞膜上也有神经递质的受体，就像神经元上的受体一样，可以触发胶质细胞内的电活动和生化反应。除调节神经递质外，星形胶质细胞还能严格控制一些物质的细胞外浓度，这些物质可能干扰正常的神经元功能。例如，星形胶质细胞可以调节细胞外液中钾离子的浓度。

2.5.2　成髓鞘胶质细胞

与星形胶质细胞不同，**少突胶质细胞**（oligodendroglial cell）和**施万细胞**（Schwann cell）的主要功能十分明确。这些神经胶质细胞提供了一层层的膜使轴突绝缘。波士顿大学（Boston University）的解剖学家Alan Peters是用电子显微镜研究神经系统的先驱，他发现这种被称为**髓鞘**（myelin）的包被螺旋状地缠绕着脑中的轴突（图2.26）。因为轴突在螺旋形包被内就像剑鞘中的剑一样，所以用**髓鞘**（myelin sheath）这一名称来形容整个包被。这层鞘被周期性地中断，留下一小段轴突膜暴露在外。该区域被称为**朗飞结**（node of Ranvier）（图2.27）。

在第4章，我们将会看到髓鞘加速神经冲动沿轴突的传播。少突胶质细胞和施万细胞在它们分布的位置上和其他一些特性上有所不同。例如，少突胶质细胞只存在于中枢神经系统（脑和脊髓），而施万细胞只存在于外周神经系统（头骨和脊柱以外的部分）。另一个区别是，一个少突胶质细胞可使

星形细胞

锥体细胞

▲ 图2.23

基于树突树结构的神经元分类。星形细胞和锥体细胞是在大脑皮层中发现的两类神经元，它们的区别在于树突的排列

图文框2.7　脑的食粮

用不可思议的Cre了解神经元的结构和功能

机体中一种类型的细胞可以通过其独特的基因模式（以蛋白质形式表达）与另一种类型的细胞区别开来。同样，脑内不同类型的神经元也可以基于其表达哪些基因来鉴定。运用现代基因工程方法，了解到如果一个基因仅在一种类型的神经元中唯一表达，就可以帮助我们检查这类细胞对脑功能的贡献。

让我们以唯一表达编码胆碱乙酰基转移酶（choline acetyltransferase，ChAT）这种蛋白质的基因的神经元为例。ChAT是一种合成神经递质乙酰胆碱的酶。它仅在使用乙酰胆碱的"胆碱能神经元"中表达，因为只有这些神经元才具有作用于该基因启动子的转录因子。如果我们在小鼠基因组中插入一个经过转基因工程改造的由相同启动子控制的转基因，

这一外源性转基因就将仅在胆碱能神经元中表达。如果该转基因表达Cre重组酶——一种源自细菌病毒（bacterial virus，即噬菌体，bacteriophage——译者注）的酶，我们就可以以各种方式迫使这些胆碱能神经元放弃它们的秘密。让我们一起来看看吧。

Cre重组酶识别一种称为 **loxP位点**（loxP site）的短DNA序列，该序列可被插入另一基因的任意一侧。loxP位点之间的DNA则被称为 **floxed**（意为"两侧带有loxP位点的"；floxed一词构自"flanked by loxP"——译者注）。Cre重组酶的功能是裁剪或切除loxP位点之间的基因。通过将"Cre小鼠"与"floxed小鼠"杂交，就可以培育出只在某种特定类型神经元中删除某一基因的小鼠。

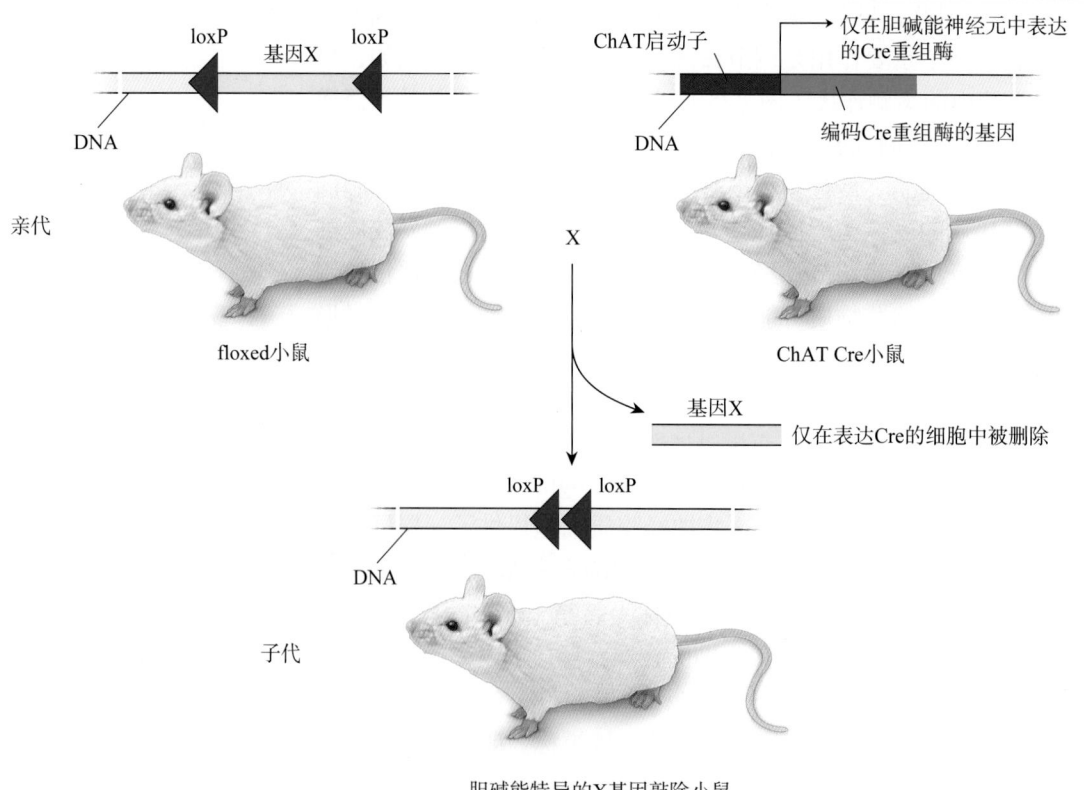

图A
通过将两侧携带有loxP位点的目的基因（转基因X）的floxed小鼠与受ChAT启动子调控Cre的小鼠杂交，创建仅在胆碱能神经元中敲除该基因的小鼠。在子代中，基因X仅在表达Cre的细胞（即在胆碱能神经元）中被删除

举一个简单的例子，我们可以问：删除某种胆碱能神经元原本正常表达的基因（称这个基因为 X），它们会做出怎样的反应呢？为了回答这个问题，我们将 X 基因被 floxed 的小鼠（即"floxed 小鼠"）与受 ChAT 启动子调控表达 Cre 的小鼠（即"ChAT-Cre 小鼠"）进行杂交。在子代中，被 floxed 的基因仅在那些表达 Cre 的神经元中，也就是说，仅在胆碱能神经元中才被删除了（图 A）。

我们还可以利用 Cre 诱导胆碱能神经元中新转基因的表达。通常，转基因的表达需要在蛋白质编码区的上游包含一个启动子序列。如果在启动子和蛋白质编码序列之间插入一个终止序列，则转基因不会转录。现在考虑一下，如果我们培育一种终止序列两侧带有 loxP 位点的转基因小鼠会发生什么。在将该小鼠

与我们的 ChAT-Cre 小鼠进行杂交产生的子代中，只有胆碱能神经元中的转基因才能被表达，因为只有这些神经元中的终止序列被删除了（图 B）。

如果设计该转基因来编码一个荧光蛋白，我们就可以用荧光来仔细研究这些胆碱能神经元的结构和连接。如果设计该转基因来表达一种只在神经元产生冲动时才发出荧光的蛋白质，那么我们就可以通过测量闪光来监测胆碱能神经元的活动。如果设计该转基因来表达一种杀死或沉默神经元的蛋白质，我们就可以看到在缺乏胆碱能神经元的情况下，脑的功能是如何改变的。通过基因工程这一项了不起的成就，对胆碱能神经元可能进行的任何操控就仅仅受限于科学家的想象力了。

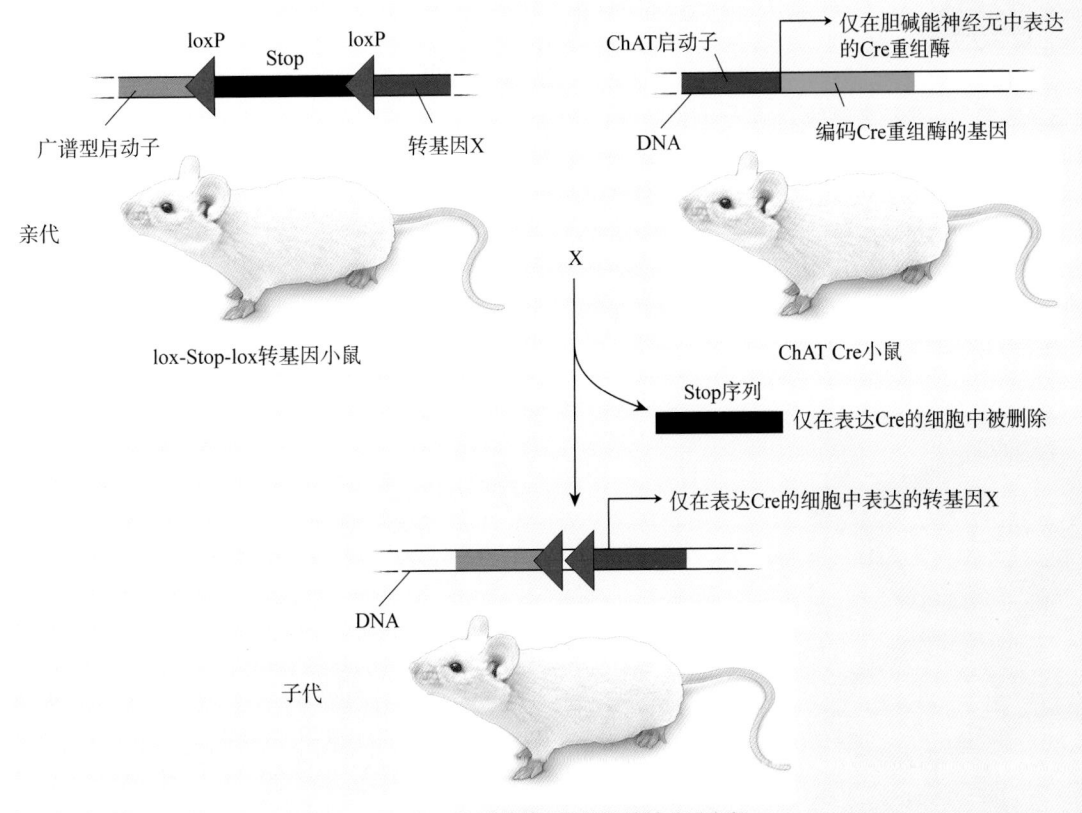

图 B
目的转基因（转基因 X）也可以仅在胆碱能神经元中表达。首先，通过在一个强广谱型启动子和该基因编码区之间插入一个被 floxed 的终止序列（Stop）来创建一只转基因表达被阻止的小鼠。在将该小鼠与 ChAT-Cre 小鼠杂交产生的子代中，只有胆碱能神经元中的终止序列是被删除的，因此只有这些神经元中转基因才能表达

几根轴突髓鞘化，而每个施万细胞仅能使一根轴突髓鞘化。

2.5.3　其他非神经元细胞

即使去除每一个神经元、每一个星形胶质细胞和每一个少突胶质细胞，脑中仍留有其他细胞。首先，一种称为**室管膜细胞**（ependymal cell）的特殊细胞，它们排列成行，构成了充满液体的脑室的内壁，并在脑发育过程中起着指导细胞迁移的作用。其次，一种称为**小胶质细胞**（microglial cell）的细胞具有吞噬细胞的功能，可以清除死亡或退化的神经元和神经胶质细胞留下的碎片。小胶质细胞最近备受关注，因为它们似乎可以通过吞噬突触来参与突触连接的重建。正如在图文框2.3中所看到的，小胶质细胞可以从血液中迁移至脑中，而破坏小胶质细胞进入脑内将会干扰脑功能和行为。最后，除了神经胶质细胞和室管膜细胞，脑还具有脉管系统：动脉、静脉和毛细血管，它们通过血液将必需的营养物质和氧气输送给神经元。

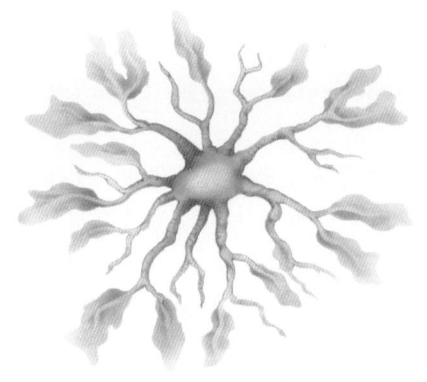

▲ 图2.24
一个星形胶质细胞。星形胶质细胞填充了脑内未被神经元和血管占据的大部分空间

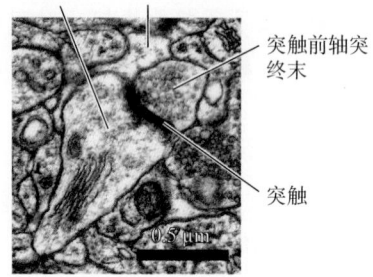

突触后树突棘　　星形胶质细胞突起

突触前轴突终末

突触

(0.5 μm)

▲ 图2.25
星形胶质细胞包裹突触。一张经突触的薄切片的电镜照片显示了突触前轴突终末和突触后树突棘（绿色），以及包裹着它们并限制了细胞外空间的星形胶质细胞突起（蓝色）（图片蒙杜克大学的Cagla Eroglu博士和Chris Risher博士惠允使用）

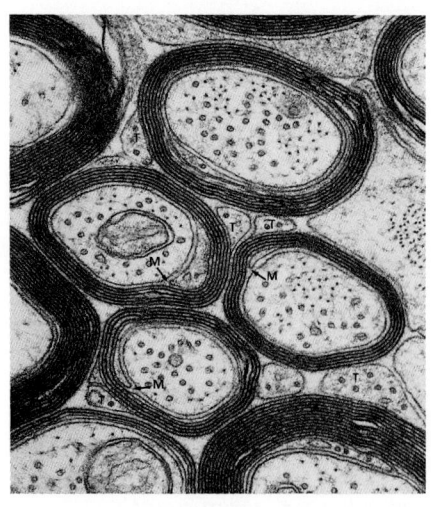

▲ 图2.26
有髓鞘的视神经纤维的横切图（蒙 Alan Peters博士惠允使用）

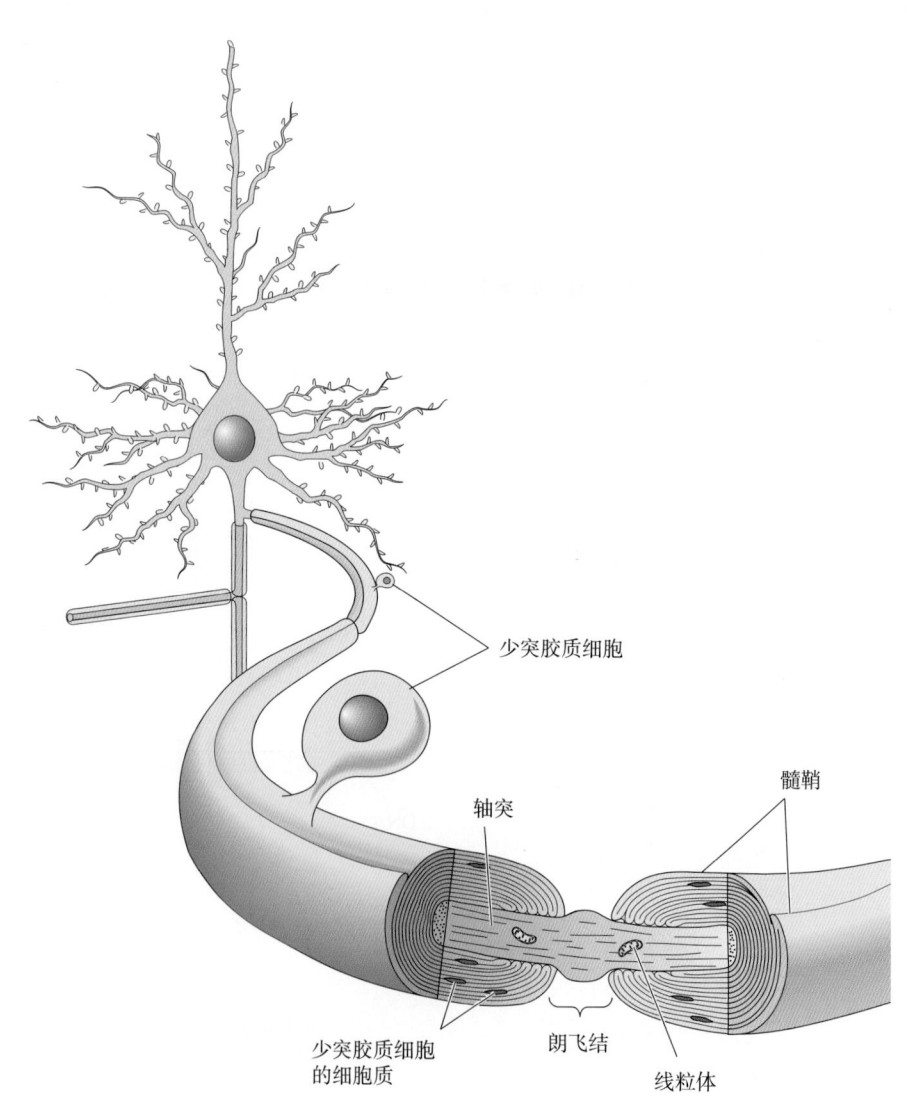

少突胶质细胞

髓鞘

轴突

少突胶质细胞的细胞质

朗飞结

线粒体

▲ 图2.27
一个少突胶质细胞。类似于躯体神经中发现的施万细胞，少突胶质细胞为脑和脊髓中的轴突提供包裹的髓鞘。轴突的髓鞘在朗飞结处被周期性地中断

2.6　结语

因为结构与功能相关，所以了解神经元的结构特征有助于我们了解神经元，以及了解它的不同部分是如何工作的。例如，轴突中核糖体的缺乏正确地预示了轴突终末的蛋白质是由胞体经轴浆运输提供的。轴突终末大量的线粒体正确地预示了高能量的需求。树突树的精细结构似乎非常适合于接受传入的信息，而事实上，树突的确是与其他神经元轴突形成大多数突触的地方。

从 Nissl 时代开始，粗面 ER 就被认为是神经元的重要特征。这告诉了我们关于神经元的什么呢？还记得吗，粗面 ER 是蛋白质的合成场所，而这些蛋白质是要被插入细胞膜上的。接下来，我们将会了解神经元膜上的各种蛋白质是如何产生神经元独特的传递、接受和存储信息的能力的。

关键词

微管 microtubule（p.38）

微丝 microfilament（p.39）

神经丝 neurofilament（p.39）

轴丘 axon hillock（p.39）

轴突侧支 axon collateral（p.39）

轴突终末 axon terminal（p.42）

终末扣 terminal bouton（p.42）

突触 synapse（p.42）

终末树 terminal arbor（p.42）

神经支配 innervation（p.42）

突触囊泡 synaptic vesicle（p.42）

突触间隙 synaptic cleft（p.43）

突触传递 synaptic transmission（p.43）

神经递质 neurotransmitter（p.43）

轴浆运输 axoplasmic transport（p.43）

顺向运输 anterograde transport（p.44）

逆向运输 retrograde transport（p.44）

树突树 dendritic tree（p.44）

受体 receptor（p.44）

树突棘 dendritic spine（p.46）

神经元的分类 Classifying Neurons

单极神经元 unipolar neuron（p.46）

双极神经元 bipolar neuron（p.46）

多极神经元 multipolar neuron（p.46）

星形细胞 stellate cell（p.46）

锥体细胞 pyramidal cell (p.46)

多棘神经元 spiny neuron（p.46）

无棘神经元 aspinous neuron（p.46）

初级感觉神经元 primary sensory neuron（p.48）

运动神经元 motor neuron（p.48）

中间神经元 interneuron（p.48）

绿色荧光蛋白 green fluorescent protein (GFP)（p.48）

神经胶质细胞 Glia

星形胶质细胞 astrocyte（p.49）

少突胶质细胞 oligodendroglial cell（p.49）

施万细胞 Schwann cell（p.49）

髓鞘 myelin（p.49）

朗飞结 node of Ranvier（p.49）

室管膜细胞 ependymal cell（p.52）

小胶质细胞 microglial cell（p.52）

复习题

1. 用一句话陈述神经元学说。是谁提出了这一见解？

2. 神经元的哪些部分可被高尔基染色显示，但不可被尼氏染色显示？

3. 区分轴突与树突的三个物理特征是什么？

4. 说明下列结构中的哪些是神经元所特有的，哪些不是：细胞核、线粒体、粗面ER、突触囊泡、高尔基体。

5. 细胞核中DNA所携带的信息指导膜相关蛋白质分子合成的步骤是什么？

6. 秋水仙素（colchicine）是一种引起微管破裂（解聚）的药物，这种药物对顺向运输有什么影响？轴突终末将产生什么变化？

7. 依据下列哪些条件对皮层锥体细胞进行分类：（1）神经突起数目；（2）树突棘的存在与否；（3）连接；（4）轴突长度。

8. 了解一个特定类型神经元中独特表达的基因，可以用于理解这些神经元是如何发挥它们的功能的。举一个例子，说明如何运用基因信息来研究一类神经元。

9. 什么是髓鞘？它有什么功能？它由中枢神经系统的哪些细胞产生？

拓展阅读

De Vos KJ, Grierson AJ, Ackerley S, Miller CCJ. 2008. Role of axoplasmic transport in neurodegenerative diseases. *Annual Review of Neuroscience* 31:151-173.

Eroglu C, Barres BA. 2010. Regulation of synaptic connectivity by glia. *Nature* 468:223-231.

Jones EG. 1999. Golgi, Cajal and the Neuron Doctrine. *Journal of the History of Neuroscience* 8:170-178.

Lent R, Azevedo FAC, Andrade-Moraes CH, Pinto AVO. 2012. How many neurons do you have? Some dogmas of quantitative neuroscience under revision. *European Journal of Neuroscience* 35:1-9.

Nelson SB, Hempel C, Sugino K. 2006. Probing the transcriptome of neuronal cell types. *Current Opinion in Neurobiology* 16:571-576.

Peters A, Palay SL, Webster H deF. 1991. *The Fine Structure of the Nervous System*, 3rd ed. New York: Oxford University Press.

Sadava D, Hills DM, Heller HC, Berenbaum MR. 2011. *Life: The Science of Biology*, 9th ed. Sunderland, MA: Sinauer.

Shepherd GM, Erulkar SD. 1997. Centenary of the synapse: from Sherrington to the molecular biology of the synapse and beyond. *Trends in Neurosciences* 20:385-392.

Wilt BA, Burns LD, Ho ETW, Ghosh KK, Mukamel EA, Schnitzer MJ. 2009. Advances in light microscopy for neuroscience. *Annual Review of Neuroscience* 32:435-506.

（高静 译 朱景宁 王建军 校）

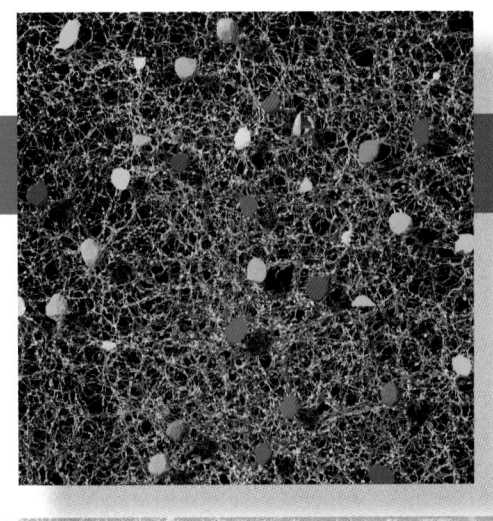

第 3 章

静息状态下的神经元膜

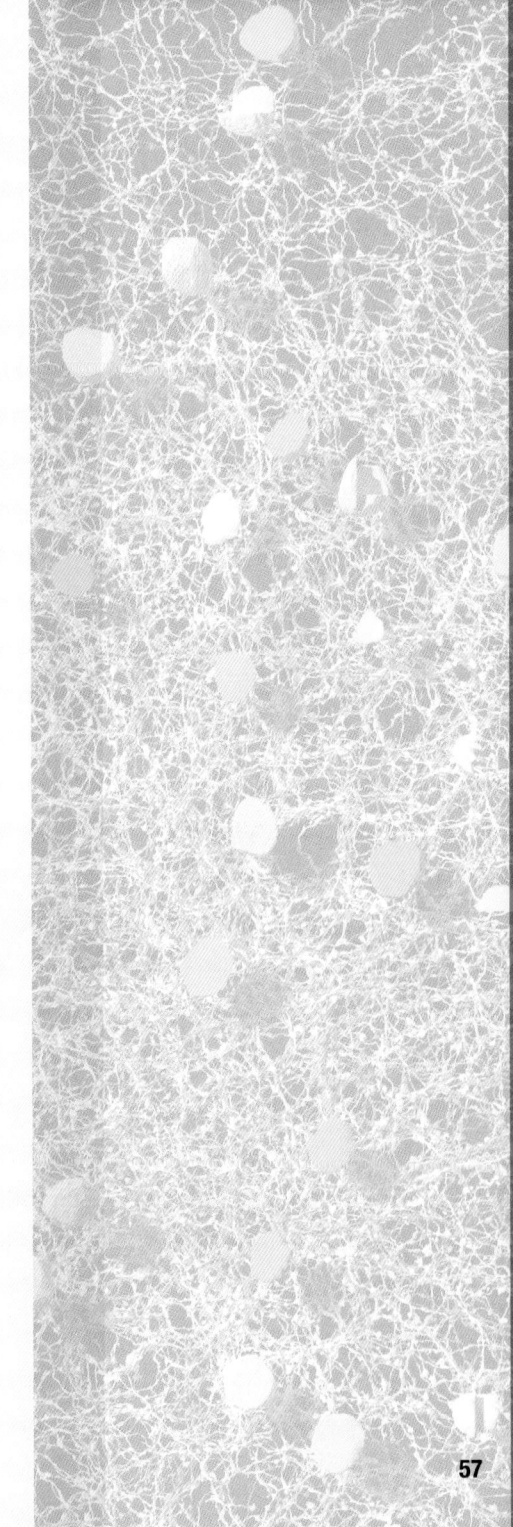

3.1 引言

　　考虑一下，当你踩到一个图钉时你的神经系统所面对的问题。你的反应是下意识的：你会迅速地抬起脚，同时因为疼痛而发出尖叫。要发生这样一个简单的反应，由图钉引起的皮肤破损刺激必须被转换成为神经信号，而该信号沿腿部感觉神经长纤维快速、可靠地向上传导。在脊髓，这些信号被传递给中间神经元。一些中间神经元与脑的某些区域有联系，这些区域会将相关信号解析为疼痛，另一些中间神经元与支配腿部肌肉的运动神经元连接，控制腿部肌肉收缩从而抬起脚。因此，如图3.1所示，即使是如此简单的反射，也需要神经系统收集、分发和整合信息。细胞神经生理学研究的目标之一就是揭示这些功能发生的生物学机制。

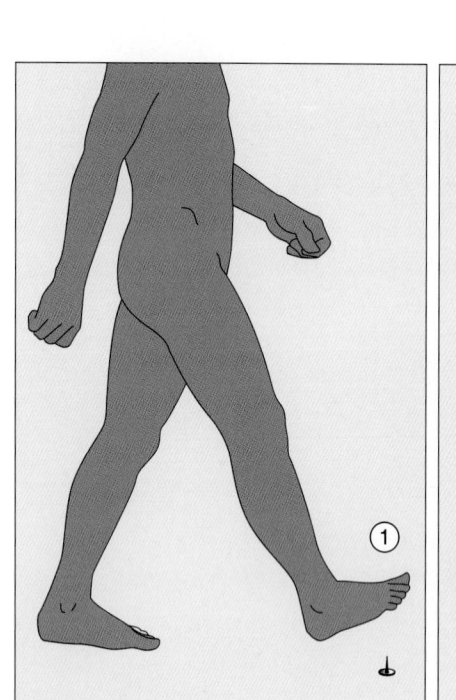
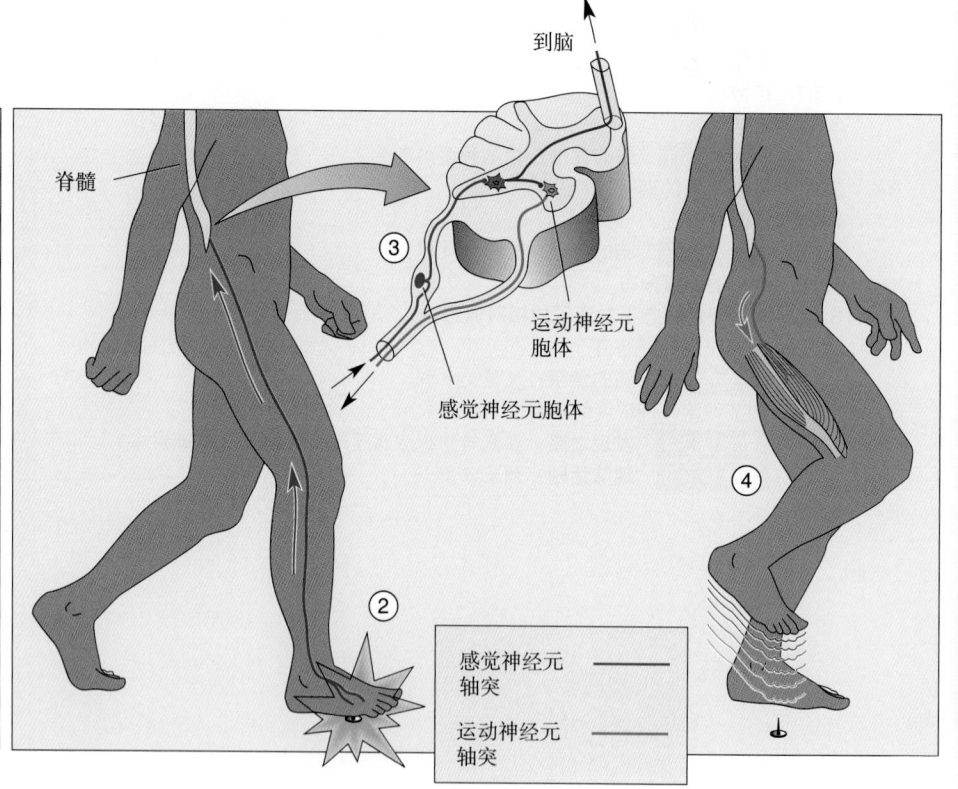

▲ 图3.1

一个简单的反射。① 一个人踩到了一个图钉。② 皮肤穿破的刺激被转换为沿感觉神经纤维向上传递的神经信号（信息的传输方向如箭头所示）。③ 信息在脊髓内被传递给中间神经元，这些神经元中的一部分由轴突到达脑，从而在脑产生疼痛感觉。另一部分中间神经元与运动神经元发生突触联系，运动神经元下传信号到肌肉。④ 运动指令导致肌肉收缩，从而抬起脚

神经元长距离地传递信息是通过沿轴突传播电信号而实现的。从这个意义上说，轴突在其中扮演了类似电话线的角色。然而，由于神经元所利用的信号类型受到了神经系统特殊环境限制的，这种角色比喻仅此而已。在铜质导线上，信息可以快速（约为1/2光速）、长距离地传输，因为电话线是电子的良导体，而且被很好地绝缘和架在空中（空气是电的不良导体）。因此，电子能在导线内移动且不会因发散而丢失。相反，在轴突的细胞质内，电荷是由带电的原子（离子）而不是由自由电子携带的，这使得细胞质在传导性上远低于铜质导线。此外，由于神经轴突被浸浴在可导电的含盐细胞外液中，因此神经轴突并没有很好的绝缘性。正如通过一根漏水的水管浇灌花园一样，电流在其流失之前不能沿着轴突传输很远。

所幸的是，神经轴突膜的特性使得它能传导一种特殊类型的信号——神经冲动或**动作电位**（action potential），从而克服了这些生物学的限制。我们后面将会讲到，"电位"一词指的是跨膜的电荷分离。与被动传导电信号相反，动作电位并不随传导距离而衰减，因而是固定大小和时程的信号。信息被编码为单个神经元上动作电位的频率，以及在某一特定神经上适时发放着动作电位的神经元分布和数量。此种编码方式有点像老式电报线传输的莫尔斯电码（Morse code），即信息被编码为电脉冲的方式。能够产生和传导动作电位的细胞，包括神经细胞和肌细胞，都被认为具有**可兴奋膜**（excitable membrane）。动作电位中的"动作"就发生在细胞膜上。

当一个拥有可兴奋膜的细胞不产生冲动时，我们称其为静息状态。对于静息状态下的神经元，相对于细胞膜的外表面而言，挨着细胞膜内表面的细胞质分布着负电荷。这种跨膜电荷分布的差异称为**静息膜电位**（resting membrane potential），或称为静息电位。动作电位仅仅是这种状态的短暂翻转（例如，它可以短到仅0.001 s）——与膜外相比膜内变为正电位。因此，要理解神经元如何产生信号，我们有必要先了解静息状态下的神经元膜如何分隔电荷，电荷在动作电位过程中如何能快速地跨膜再分布，以及神经冲动如何能沿着神经轴突可靠地传播。

本章将探讨神经信号的产生。首先讨论第一个问题：静息膜电位是怎样产生的？理解静息电位是非常重要的，因为它是理解神经生理学其他问题的基础。这些神经生理学知识是理解脑功能的能力及局限性的核心内容。

3.2　化学特性

我们通过介绍三个主要的角色：膜内外的盐溶液、膜本身和跨膜蛋白质来展开对静息膜电位的讨论。这些成分均具有参与静息电位形成的特殊性质。

3.2.1　细胞质和细胞外液

水是神经元细胞内液（细胞质）和浸浴细胞的细胞外液的主要成分。带电的原子（离子）溶解在水中，参与静息电位和动作电位的形成。

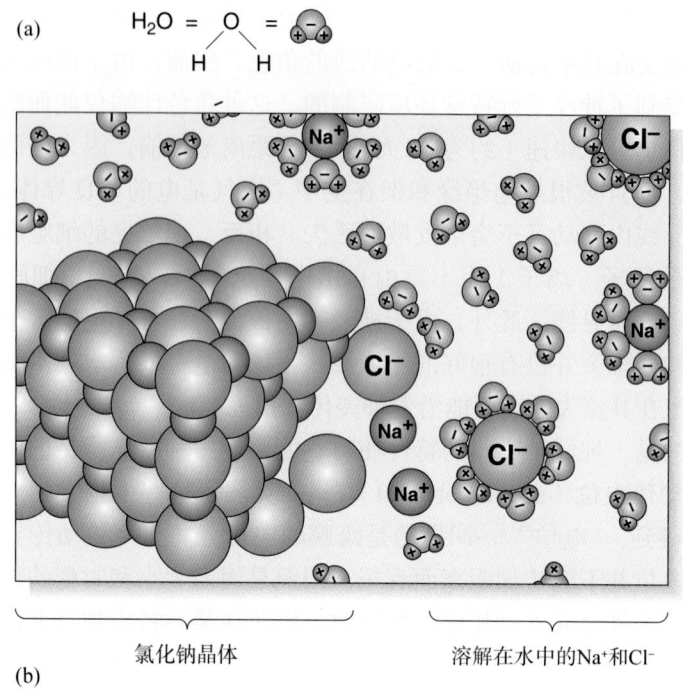

(b)

氯化钠晶体   溶解在水中的Na⁺和Cl⁻

▲ 图3.2

水是一种极性溶剂。（a）水分子原子结构式的两种表示。氧原子带一个净负电荷，氢原子带一个净正电荷，使得水成为一种极性分子。（b）由于具有极性的水分子对带电的Na⁺和Cl⁻的吸引力大于这两种离子相互之间的吸引力，氯化钠（NaCl）晶体溶解于水中

　　水。对本节所讨论的问题而言，水分子（H_2O）最重要的特性是它不均衡的电荷分布（图3.2a）。两个氢原子和一个氧原子由共价键结合在一起，意味着它们共享电子。然而，氧原子比氢原子对电子有更强的亲和力，结果与2个氢原子相比，共享电子更多的时间是靠近氧原子。于是，氧原子得到1个净负电荷（因为它多了1个电子），而氢原子得到1个净正电荷。因此，我们说H_2O是由**极性共价键**（polar covalent bond）维系的一个极性分子。这种特性使得水是一种良好的溶剂，也就是说，其他带电的或极性的分子易溶于水。

　　离子。带有净电荷的原子或分子称为**离子**（ion）。食盐是钠离子（Na⁺）和氯离子（Cl⁻）组成的晶体，它们由带相反电荷的原子之间的静电引力结合在一起。这种引力称为**离子键**（ionic bond）。食盐在水中迅速溶解，因为水分子的带电部分对这些离子的吸引力远大于这两种离子相互之间的吸引力（图3.2b）。一旦离子由晶体上解离出来，它就会被一个水分子球所包绕。每个带正电荷的离子（Na⁺）被水分子定向包裹，以氧原子（负极）面对离子；同时，每一个带负电荷的离子（Cl⁻）被水分子的氢原子（正极）包绕。围绕每一个离子的水团称为水合球（spheres of hydration），它们有效地分隔每个离子。

一个原子的电荷由其质子和电子数的差值决定。如果差值是1，离子就是**单价的**（monovalent）离子，如果差值是2，离子就是**二价的**（divalent）离子，以此类推。带正电荷的离子称为**阳离子**（cation），带负电荷的离子称为**阴离子**（anion）。需要强调的是，在生物系统，包括神经元，离子是电传导的主要电荷载体。对细胞神经生物学而言，特别重要的离子有单价的阳离子Na^+（钠离子）和K^+（钾离子）、二价的阳离子Ca^{2+}（钙离子），以及单价的阴离子Cl^-（氯离子）。

3.2.2　磷脂膜

我们已经知道，由于水分子的极性，拥有净电荷及电荷分布不均衡的物质可以溶于水中。这些物质，包括离子和极性分子，称为亲水性物质或**亲水性的**（hydrophilic）。然而，那些原子间由**非极性共价键**（nonpolar covalent bond）相连接的化合物不具有与水分子发生化学作用的基础。当分子内部的共享电子分布均衡，各部分都无净电荷时，非极性的共价键就形成了。这些化合物不溶于水，称为疏水性物质或**疏水性的**（hydrophobic）。我们熟悉的一种疏水性物质是橄榄油，众所周知，油和水不相溶。另一个例子是**脂质**（lipid），脂质是一类非水溶性的生物分子，它们是细胞膜结构的重要成分。神经元膜的脂质形成水溶性离子和水的屏障，从而参与静息电位和动作电位的形成。

细胞膜的主要化学构件是**磷脂**（phospholipid）。与其他脂质一样，磷脂也拥有非极性的碳和氢所构成的长链。然而，除此之外，磷脂还有一个极性的磷酸基团（由1个磷原子和3个氧原子结合而成）附在分子的一端。因此，我们说磷脂有一个亲水性的极性"头"（含磷酸盐）和一个疏水性的非极性"尾"（含碳氢链）。

神经元膜由两层磷脂构成，为2个分子的厚度。图3.3所示为膜的横切面，显示亲水性的头端朝向膜内或膜外的水相环境，疏水性的尾端则一对一地相对着排列。这种稳定的排列称为**磷脂双层**（phospholipid bilayer），它有效地把神经元细胞质和细胞外液分隔开来。

3.2.3　蛋白质

神经元膜蛋白质的种类和分布有别于其他细胞。催化神经元内化学反应的**酶**（enzyme）、使得神经元具特殊形状的**细胞骨架**（cytoskeleton）和对神经递质敏感的**受体**（receptor）等均由蛋白质分子构成。动作电位和静息电位的产生也依赖于横跨磷脂双层的蛋白质，这些蛋白质是离子跨膜转运的途径。

蛋白质的结构。为了完成它们在神经元中的多种功能，不同的蛋白质有不同的形状、大小和化学特性。要理解这种多样性，让我们先简要复习一下蛋白质的结构。

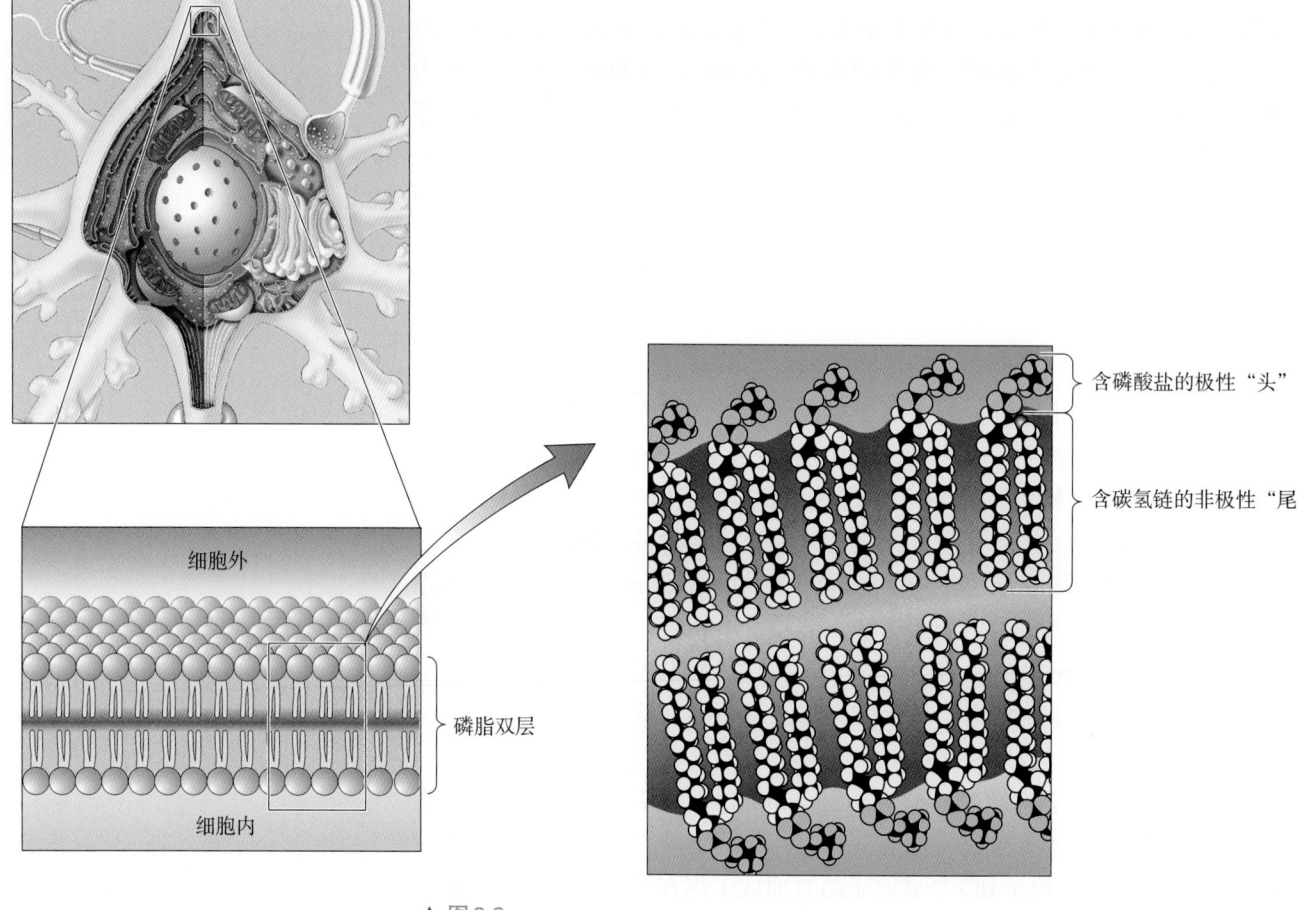

▲ 图 3.3

磷脂双层。磷脂双层是神经元膜的核心，也是水溶性离子的屏障

如第2章所述，蛋白质是由20种氨基酸以不同形式组合而成的分子。氨基酸的基本结构如图3.4a所示，所有氨基酸均有一个中心碳原子（α-碳），它与4个分子基团形成共价键：1个氢原子、1个氨基（NH_3^+）、1个羧基（COO^-）和1个被称为R基团（R为residue的缩写，意为"残基"）的可变基团。氨基酸之间的差异是由R基团的大小和性质决定的（图3.4b）。R基团的性质决定了每个氨基酸可能参与的化学相关性。

蛋白质由神经元胞体内的核糖体合成，在此过程中，氨基酸由**肽键**（peptide bond）连接形成一条链，肽键由一个氨基酸的氨基与另一个氨基酸的羧基形成（图3.5a）。由一条单链氨基酸形成的蛋白质也称为**多肽**（polypeptide）（图3.5b）。

图3.6所示为蛋白质的四级结构。蛋白质的**初级结构**（primary structure）就像一条链，其中的氨基酸由肽键结合在一起。在蛋白质分子合成过程中，多肽链可盘绕成螺旋状结构，称为**α螺旋**（alpha helix）。α螺旋是蛋白质分子**二级结构**（secondary structure）的一种。R基团之间的相互作用可进一步引起蛋白质分子改变其三维的空间结构，如蛋白质可弯曲、折叠和成为一个复杂的球形，此形状称为**三级结构**（tertiary structure）。最后，不同的多肽链

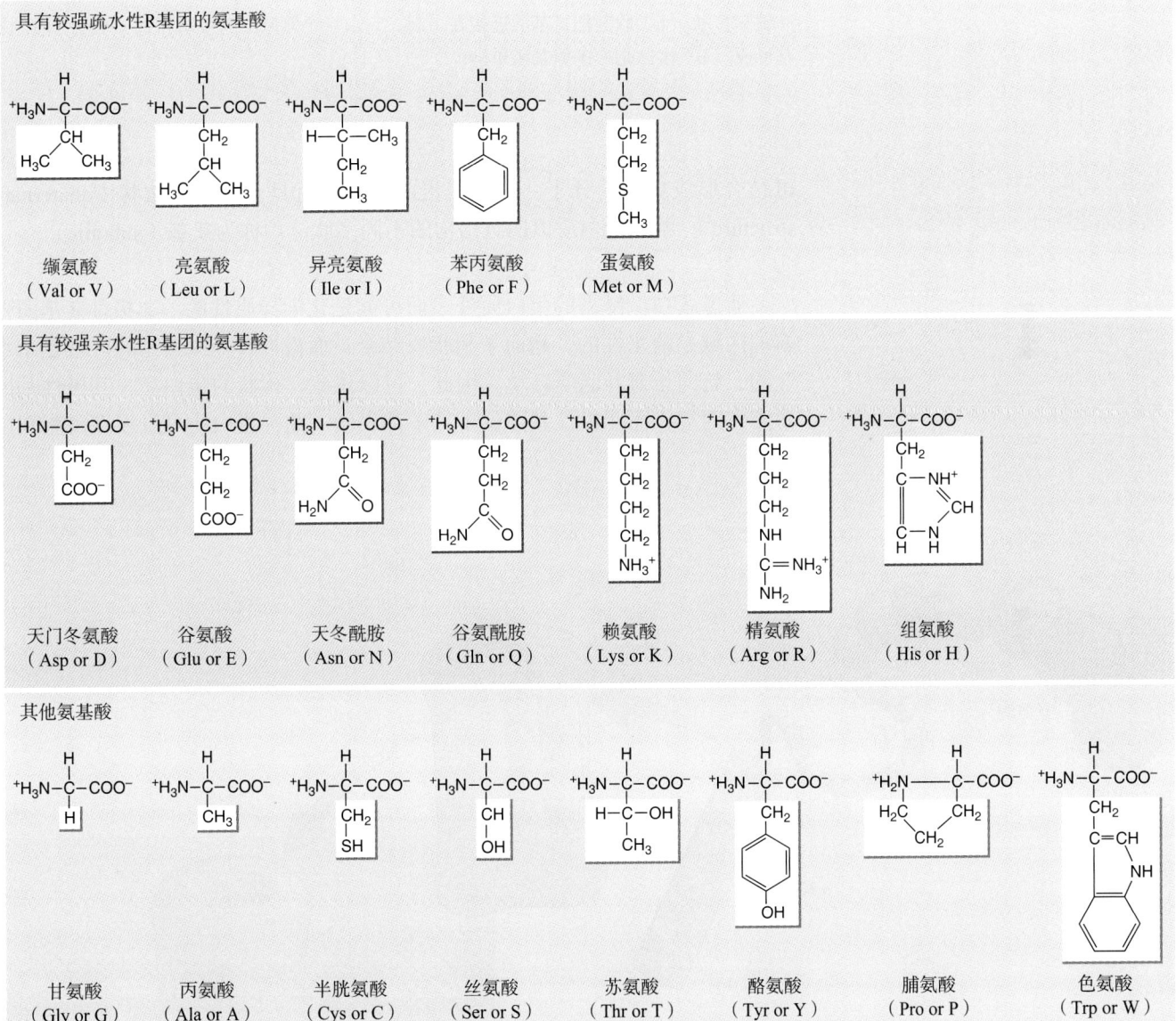

▲ 图 3.4

氨基酸——蛋白质的结构元件。(a) 每一个氨基酸均有 1 个中心 α- 碳原子、1 个氨基 (NH₃⁺) 和一个羧基 (COO⁻)。氨基酸之间的差异来自可变的 R 基团。(b) 神经元用于合成蛋白质的 20 种氨基酸。括号中是各种氨基酸的常用缩写

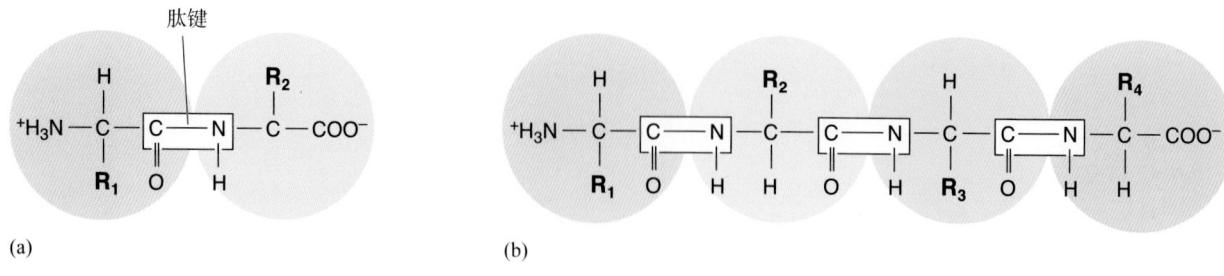

(a)

(b)

▲ 图 3.5

肽键和多肽。（a）肽键把氨基酸连接在一起，它由一个氨基酸的羧基和另一个氨基酸的氨基形成。（b）多肽是一条氨基酸单链

可结合形成更大的分子，这样的蛋白质分子就具有了**四级结构**（quaternary structure）。赋予蛋白质以四级结构的不同多肽链均称为**亚基**（subunit）。

　　通道蛋白。暴露的蛋白质外表面可能是化学异质性的。非极性 R 基团外露的区域是疏水性的，趋向于和脂质结合；而极性 R 基团外露的区域是亲水性的，趋向于避开脂质环境。因此，可以想象，棒状的蛋白质，其极性基团暴露在两端，而非极性基团位于其中部表面。此类蛋白质可悬浮在磷脂双层

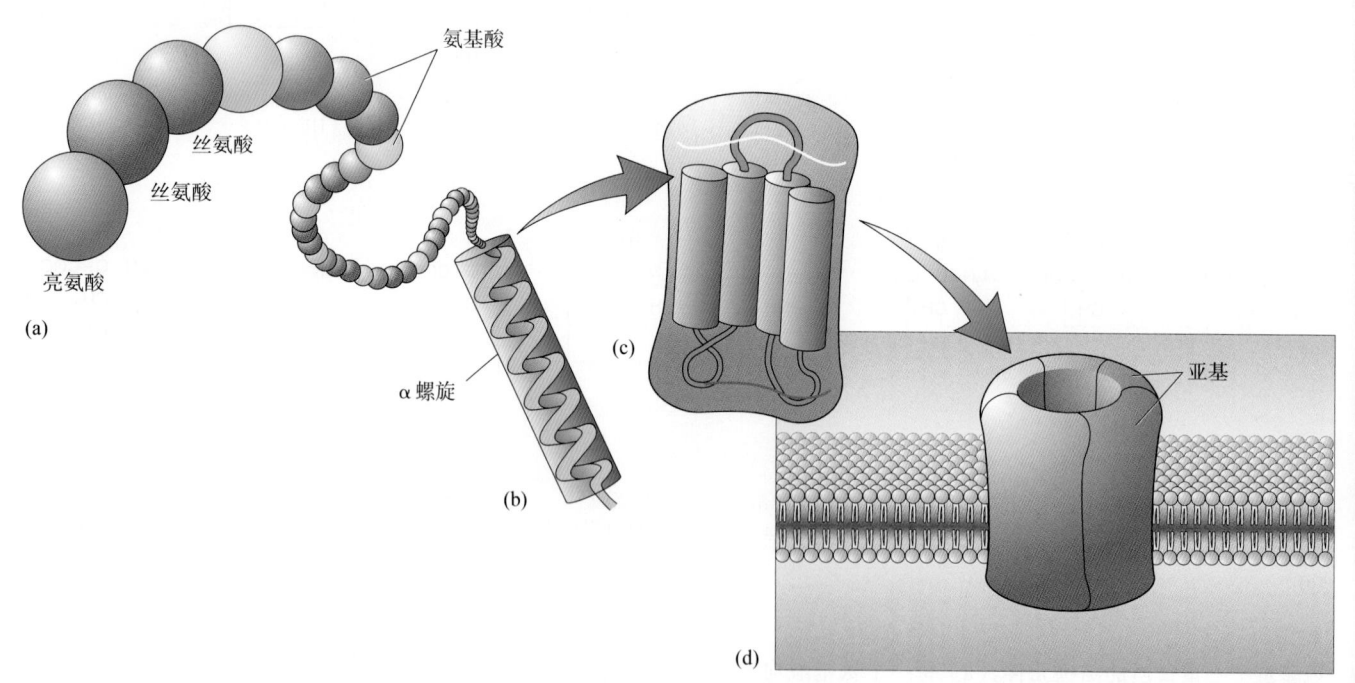

▲ 图 3.6

蛋白质的结构。（a）初级结构：多肽中氨基酸的序列。（b）二级结构：多肽盘绕而成的 α 螺旋。（c）三级结构：多肽的三维折叠。（d）四级结构：不同的多肽结合在一起形成一个结构更大的蛋白质

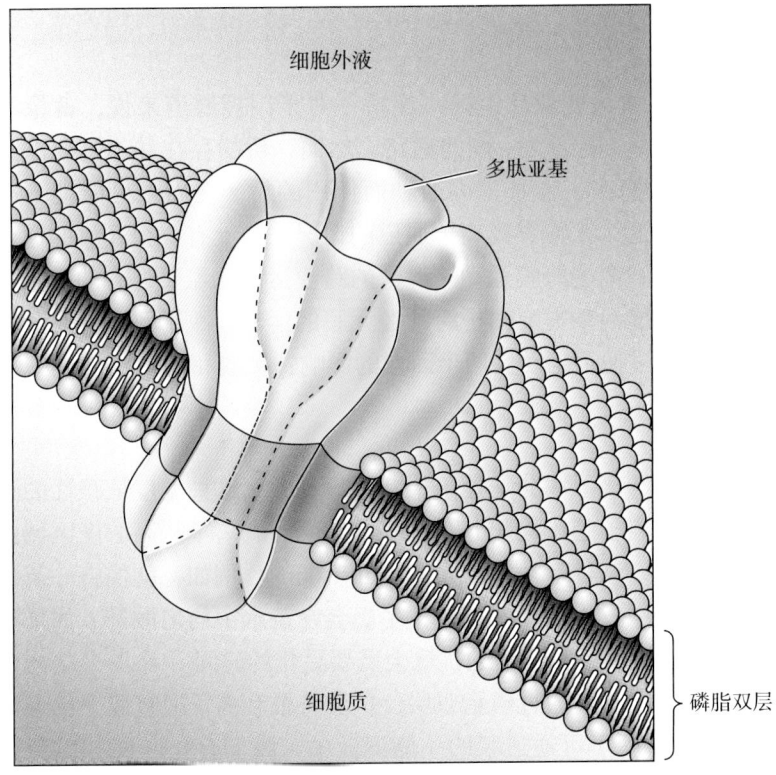

细胞外液

多肽亚基

细胞质

磷脂双层

▲ 图 3.7

膜离子通道。离子通道由聚合形成孔道的跨膜蛋白质组成,如图中的例子,此通道蛋白有 5 个多肽亚基,每个亚基有一个易于和磷脂双层结合的疏水表面区域(阴影部分)

中,其疏水性部分埋在膜中,而亲水性两端暴露于膜两侧的水环境中。

　　离子通道(ion channel)正是由这类跨膜蛋白质分子形成的。一个典型的功能性跨膜通道需要 4 ~ 6 个相似的蛋白质分子聚合,以在其中央形成一个孔道(图 3.7)。通道亚基的组成因通道种类而异,这也就使得通道有了不同的特性。大多数离子通道的一个重要特性就是**离子选择性**(ion selectivity),它是由孔道的直径和孔道内部 R 基团的性质决定的。钾通道选择性通透 K^+。同样,钠通道几乎只对 Na^+ 通透,钙通道通透 Ca^{2+},等等。许多通道的另一个重要性质是**门控**(gating),拥有此性质的通道可开放和关闭,此开关过程由膜局部微环境的改变控制。

　　当你读完全书后,你会了解更多关于通道的知识。了解神经元膜离子通道是学习细胞神经生理学的关键。

　　离子泵。除了那些形成离子通道的跨膜蛋白质,其余的一些蛋白质也能形成**离子泵**(ion pump)。回顾第 2 章,三磷酸腺苷(ATP)是细胞的通用能量分子。离子泵是一种酶,它可以利用 ATP 分解释放的能量跨膜转运某些离子。我们将了解到这些离子泵通过把 Na^+ 和 Ca^{2+} 从神经元膜内转运到膜外,而在神经元信号产生中起决定性作用。

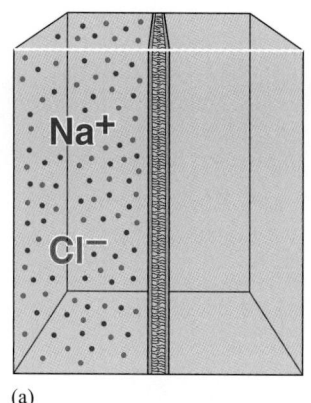

(a)

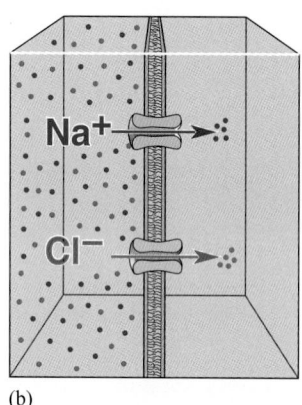

(b)

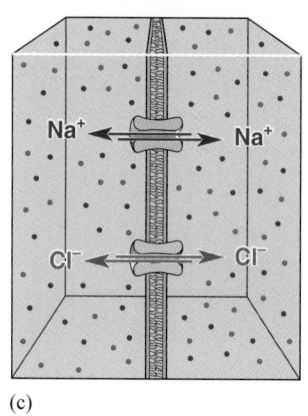

(c)

▲ 图 3.8

扩散。（a）NaCl 溶于一个不可通透膜的左侧，字母 Na⁺ 和 Cl⁻ 的大小表示这两种离子的相对浓度；（b）插入膜中的通道允许 Na⁺ 和 Cl⁻ 通过。由于具有较大的跨膜浓度梯度，Na⁺ 和 Cl⁻ 就有从高浓度到低浓度区域的净运动，图中为从左到右；（c）在没有其他因素存在的情况下，当 Na⁺ 和 Cl⁻ 在可通透膜两侧均匀分布后，它们的跨膜净运动停止

3.3 离子的运动

一个跨膜的通道就像河上的一座桥（对于门控通道来说，就像一座吊桥），它提供了从一侧到另一侧的通路。然而，桥的存在并不是要求我们一定要通过它。我们在工作日里因通勤而使用的桥，在周末可能就不需要使用。我们也可以这么来形容膜离子通道的情况。膜上有一个开放的通道并不意味着一定有净的离子跨膜运动。离子的跨膜运动还需要外力的驱动。由于神经系统产生功能活动需要离子跨神经元膜的运动，故了解这些驱动力就非常重要。离子通过通道运动受两个因素的影响：扩散和电学。

3.3.1 扩散

溶解在水中的离子和分子处于不断的运动中，这种温度依赖性的随机运动使得溶液中的离子趋于均匀分布。因此，就会有离子从高浓度区域向低浓度区域的净运动，这种运动称为**扩散**（diffusion）。例如，就像将一茶匙牛奶加入一杯热茶水中发生的情况一样，牛奶会在茶水中均匀散开。如果溶液的热能降低，如冰茶，牛奶分子的扩散会需要更长的时间。

尽管离子不能直接通过磷脂双层，扩散将推动离子通过膜上的通道。例如，如果 NaCl 溶解于可通透膜的一侧溶液中（膜上有允许 Na⁺ 和 Cl⁻ 通过的通道），Na⁺ 和 Cl⁻ 就会跨膜运动，直到它们在膜两侧的溶液中都均匀地分布为止（图 3.8）。与前文所述的牛奶在茶水中的扩散一样，Na⁺ 和 Cl⁻ 的净运动是从高浓度区到低浓度区的（关于浓度是如何表示的，见图文框 3.1）。这种浓度差称为**浓度梯度**（concentration gradient）。因此，我们可以说离子顺浓度梯度流动。扩散驱使离子跨膜运动需要两个条件：（1）膜上有对离子通透的通道；（2）存在跨膜的离子浓度梯度。

3.3.2 电学

除了顺浓度梯度扩散，另一个驱使溶液中的离子净运动的方法是施加电场，因为离子是带电荷的粒子。如图 3.9 所示的状态，连接电池两极的导线放入溶解有 NaCl 的溶液中。记住：异性电荷相吸引，同性电荷相排斥。结果，Na⁺ 有朝向负极（阴极）的净运动，而 Cl⁻ 朝向正极（阳极）运动。电荷的运动称为**电流**（electrical current），用符号 I 表示，测量单位为安培（amp，A）。根据 Benjamin Franklin 定律，电流的正方向是正电荷运动的方向。因此在这个例子中，正电流是沿 Na⁺ 运动的方向，从阳极到阴极。

有两个因素决定有多少电流流过：电位和电导。**电位**（electrical potential）又称**电压**（voltage），是施加在带电粒子上的力，它反映的是阳极和阴极之间的电荷差异。此差值越大，流过的电流越多。电压用符号 V 表示，单位为伏特（V）。例如，一个汽车电池的两极之间的电位差是 12 V，也就是说，一端的电位比另一端高 12 V。

电导（electrical conductance）是电荷从一点迁移到另一点的相对能力，用符号 g 表示，单位为西门子（S）。电导依赖于可利用的带电粒子（离子或电子）数目和这些粒子在空间移动的难易程度。另一个表示这一特性的术语是**电阻**（electrical resistance），指电荷迁移的相对阻力，用符号 R 表示，单位

摩尔和摩尔浓度

物质的浓度是指每升溶液中的分子数。分子数通常用摩尔（mole，mol）来表示。1 mol 是 $6.02×10^{23}$ 个分子。如果某溶液每升中有 1 mol 物质，则称为 1 摩尔浓度（M）。1 毫摩尔浓度（mmol/L）溶液是指每升中有 0.001 mol 物质。浓度的缩写是一对方括号，因此，[NaCl] = 1 mmol/L 读作"氯化钠溶液的浓度是 1 毫摩尔每升"。

为欧姆（Ω）。简单地说，电阻就是电导的倒数（$R = 1/g$）。

电压（V）、电导（g）和电流（I）之间有一简单的关系，即**欧姆定律**（Ohm's law），写作：$I = gV$。电流是电导和电压差的乘积。需要注意的是，如果电导为零，即使电压非常大，也没有电流流动。同样，如果电压为零，即使电导非常大，也没有电流流动。

如图 3.10a 所示的情况，NaCl 以等浓度溶解在磷脂双层的两侧。如果将连接电池两极的导线放在膜两侧的溶液中，就会在膜两侧产生一个大的跨膜电位差。然而，由于没有允许 Na^+ 和 Cl^- 跨膜运动的通道，因此没有电流流过，膜电导为零。因此，驱使离子跨膜运动需要两个条件：（1）膜拥有通透离子的通道（提供电导）；（2）有跨膜电位差存在（图 3.10b）。

综上所述，神经元膜两侧溶液中有带电的离子，离子仅能通过蛋白质通道的途径跨膜运动，蛋白质通道对特定的离子可能有高度选择性，任何离子通过通道的运动依赖于跨膜的浓度梯度和电位差。下面我们将利用这些知识来解释静息电位。

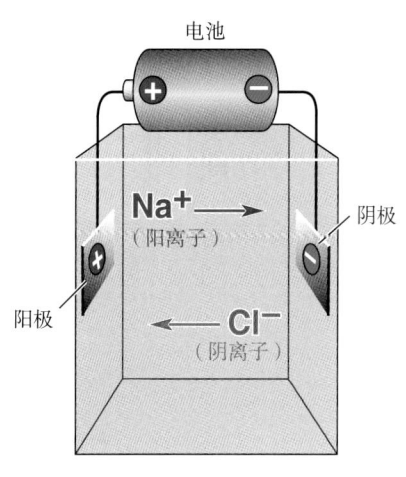

▲ 图3.9
离子的运动受电场的影响

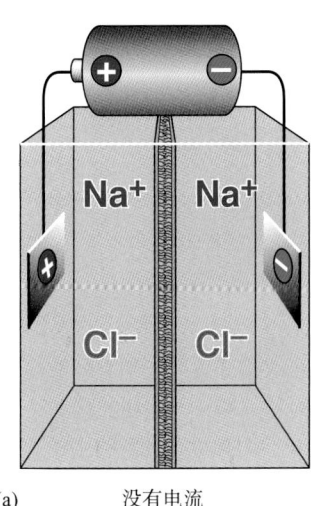

(a)　没有电流

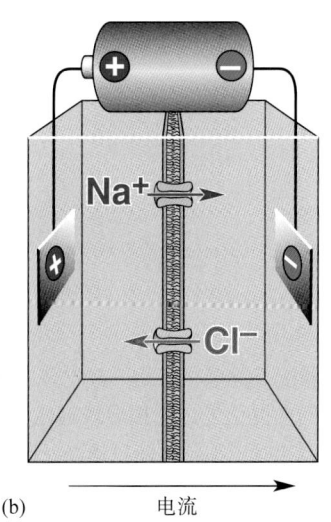

(b)　电流

◀ 图3.10
跨膜电流。（a）因为没有允许带电离子从一侧到另一侧通过的通道存在，施加于磷脂双层两侧的电压不引起电流，膜电导为零。（b）在膜中插入允许离子穿过膜的通道，电流以阳离子运动的方向流动（在本例中为从左到右）

3.4 静息膜电位产生的离子基础

膜电位（membrane potential）是指在任意状态下跨神经元膜的电压，用符号 V_m 表示。有时 V_m 是"静息"的，有时则不然（如在动作电位过程中）。V_m 可用一根插入细胞质的微电极测量。通常情况下，**微电极**（microelectrode）是细玻璃管，其尖端非常细（直径为 0.5 μm），这样在穿过神经元膜时对膜产生的损伤很小。微电极内充灌有可导电的盐溶液，并连接至一个**电压表**（voltmeter，又称伏特计——译者注）。电压表测量的是电极尖端和置放于细胞外的导线之间的电位差（图 3.11）。用此方法揭示了电荷在神经元膜两侧的不均匀分布，使得神经元膜内的电性比膜外负。这种稳定的电位差，即静息电位，在神经元不产生冲动（impulse，即动作电位——译者注）时一直维持。

典型的神经元的静息电位约为 -65 mV（1 mV = 0.001 V）。也可以说，神经元在静息状态下的 V_m = -65 mV。神经元膜内侧为负的静息电位对神经系统功能的产生是绝对重要的。要理解负的膜电位，就要了解神经元内外有哪些离子，它们是如何分布的。

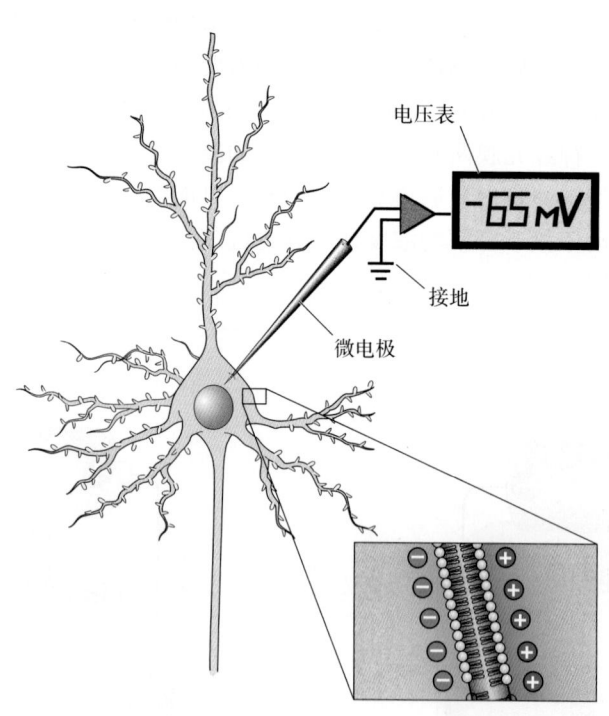

▲ 图 3.11

测量静息膜电位。用一个电压表测量插入细胞内的微电极尖端和置放于细胞外液的导线之间的电位差，这根导线通常被称为"地线"，因为它的另一端与大地相连接。一般来说，相对于细胞外面，神经元胞内电位约为 -65 mV。此电位是由电荷的跨膜不均衡分布引起的（见放大图）

3.4.1　平衡电位

假定一个细胞的内外由一层不含蛋白质的磷脂膜分隔开来，在细胞内溶解了一定浓度的钾盐，解离出 K^+ 和 A^-（A^- 代表任何带负电荷的阴离子和分子）。细胞外是同样的盐溶液，但用水稀释了 20 倍。尽管细胞内外存在很高的浓度梯度，但没有离子的净运动，因为没有通道蛋白的磷脂双层不通透带电的亲水性原子。在这种状态下，微电极在细胞内外测量不出任何电位差。也就是说，V_m 将为 0 mV，因为膜任意一侧的 K^+/A^- 等于 1，膜两侧的溶液都是电中性的（图 3.12a）。

现在我们来考虑如果将钾通道插入磷脂双层，这种状态会发生什么改变。因为这些通道对离子的选择通透性，K^+ 可自由地横穿磷脂双层膜，而 A^- 则不能。根据扩散规律：开始时，K^+ 顺其巨大的浓度梯度通过通道向细胞外流动，而 A^- 却被留在了细胞内，细胞内马上就开始得到净负电荷，跨膜电位差也就出现了（图 3.12b）。随着细胞内得到越来越多的负电荷，负的电场驱动力开始吸引带正电荷的 K^+ 通过通道返回到细胞内。当达到一定电位差后，吸引 K^+ 返回胞内的电场驱动力和推动它们向细胞外扩散的驱动力恰好相等，从而达到了一个平衡状态（equilibrium state）。此时，扩散力和电场驱动力相等，但方向相反，跨膜 K^+ 净运动停止（图 3.12c）。精确地平衡了某种离子浓度梯度的电位差称为**离子平衡电位**（ionic equilibrium potential），简称**平衡电位**（equilibrium potential），用符号 E_{ion} 表示。在上述的例子中，平衡电位约为 −80 mV。

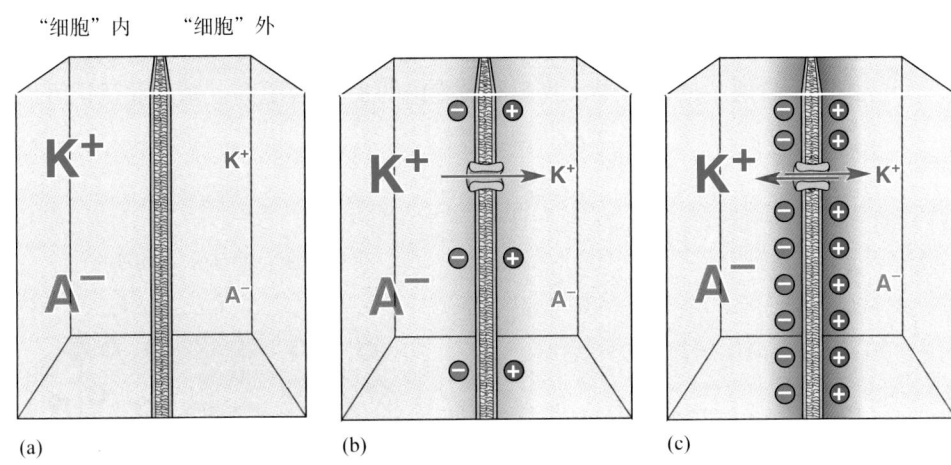

▲ 图 3.12
在选择性通透膜上建立平衡。（a）由无通透性的膜将两侧分隔成两个区域：一个是高浓度盐溶液的区域（内侧），另一个是低浓度盐溶液的区域（外侧）。钾离子（K^+）和不可渗透的阴离子（A^-）的相对浓度由字母的大小表示。（b）在膜上插入一个选择性通透 K^+ 的通道，从而导致 K^+ 顺其浓度梯度的净运动，方向从左到右。（c）外侧正电荷和内侧负电荷的净聚集阻碍了带正电荷的 K^+ 从内向外迁移。当没有离子的跨膜净运动时，平衡即建立，使膜两侧出现电荷的差异

图3.12所示的例子说明，在膜两侧产生一个稳定的跨膜电位差是一件相对简单的事情，所需要的条件是：离子的浓度梯度和选择性的离子通透性。然而，在我们转而讨论真正的神经元之前，可用这个例子说明4个重要问题：

1. **膜电位的巨大改变是由离子浓度的极小变化引起的。**如图3.12所示，通道插入膜内，K^+流出直到膜电位从0 mV达到-80 mV的平衡电位，这种离子的再分布需要膜任意一侧多少K^+浓度的变化？回答是不多。对一个直径为50 μm，内含100 mmol/L K^+的细胞，根据计算，使膜从0 mV到-80 mV需要的浓度变化约为0.00001 mmol/L。也就是说，当通道插入细胞膜，K^+外流达到平衡后，胞内K^+的浓度从100 mmol/L降低到99.99999 mmol/L——这是一个可以忽略不计的浓度降低。

2. **净的电荷差发生在膜的内侧和外侧表面。**由于磷脂双层很薄（< 5 nm），这使得膜一侧的离子可以与另一侧的离子发生静电相互作用。因此，神经元内的负电荷和神经元外的正电荷因相互吸引而分布在细胞膜两侧。这就像在炎热的夏晚，当室内开灯时，蚊子被吸引到窗玻璃的外面。同样，细胞内的净负电荷在细胞质内的分布也是不均匀的，主要分布在膜的内侧表面（图3.13）。因此，膜被认为能储备电荷，这种性质称为**电容**（capacitance）。

3. **离子被驱动而跨膜运动的速率与膜电位和平衡电位之差成正比。**从图3.12所示的例子可以看出，当通道插入膜内后，只要膜电位和平衡电位有差值就有K^+的净运动。对一个特定的离子而言，实际膜电位和平衡电位的差值（$V_m - E_{ion}$）称为**离子驱动力**（ionic driving force）。在第4章和第5章讨论动作电位和突触传递过程中跨膜离子运动时，我们将进一步探讨这个问题。

4. **如果已知某一离子的跨膜浓度差，可以计算出该离子的平衡电位。**在图3.12所示的例子中，我们假设胞内的K^+浓度更高。基于此认识可以

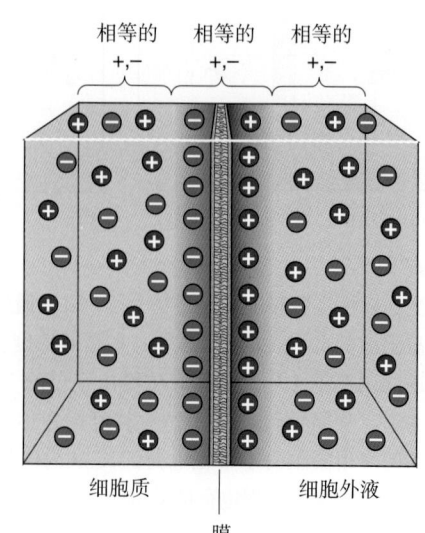

相等的 +,−　相等的 +,−　相等的 +,−

▶ 图3.13
跨膜的电荷分布。由于跨越一层非常薄的膜的静电吸引力，使得电荷沿神经元膜的内侧和外侧表面不均匀地排列。注意，整个细胞内液和细胞外液都是电中性的

细胞质　　　　　细胞外液

膜

"细胞"内　　"细胞"外

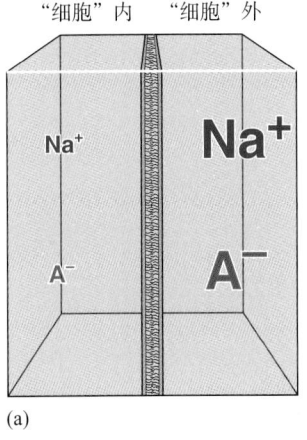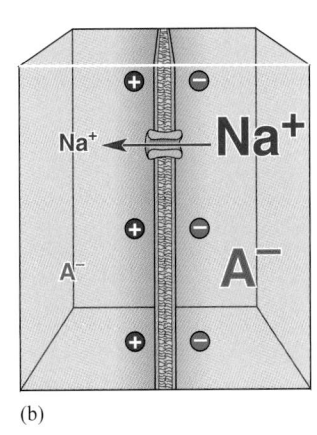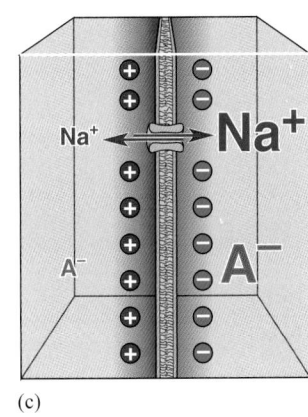

(a)　　　　　　　　(b)　　　　　　　　(c)

▲ 图3.14

在选择性通透膜上建立平衡的另一个例子。(a) 由无通透性的膜将两侧分隔成两个区域：一个是高浓度盐溶液的区域（外侧），另一个是低浓度盐溶液的区域（内侧）。(b) 将一个能够选择性通透Na^+的通道插入膜上，导致Na^+顺其浓度梯度的净运动，方向由右至左。(c) 内侧正电荷和外侧负电荷的净聚集阻碍了带正电的Na^+由外向内迁移。当没有跨膜离子净运动时，平衡即建立，使膜两侧形成电荷的差异。在此例中，细胞内侧相对于外侧来说带正电荷

推断，如果膜对K^+选择性通透，则平衡电位是负值。现在我们来考察另一种情况，即膜外有更高浓度的Na^+（图3.14）。如果膜上有钠通道，Na^+就会顺其浓度梯度进入细胞内。正电荷的进入将使细胞膜内侧表面获得净正电荷，此时细胞内的正电荷将排斥Na^+，趋向于将它们通过通道推回细胞外。在一定电位差时，驱动Na^+外出的电场驱动力与推动其进入的扩散力刚好相等。这样，在此例子中，平衡时的膜电位将是细胞内为正。

图3.12和图3.13的例子说明，如果已知跨膜的离子浓度差，就可以计算出任意离子的平衡电位。请你自己来验证，假定细胞外Ca^{2+}浓度更高，而膜对Ca^{2+}选择性通透，能否计算出在平衡时细胞内是正还是负。再试一下，假定膜对Cl^-选择性通透，而Cl^-在细胞外有更高的浓度（注意离子的电荷）。

上述例子表明，每一种离子都有其自己的平衡电位，即如果膜仅对某种离子有通透性，就可以得到稳态电位。因此，我们可以说钾平衡电位（E_K）、钠平衡电位（E_{Na}）、钙平衡电位（E_{Ca}）等。已知离子的电荷和跨膜浓度梯度，便很容易推算出在平衡时细胞内是正还是负。事实上，确切的平衡电位值（mV）可用**能斯特方程**（Nernst equation）来计算，该方程是根据物理化学的原理得到的。它综合了离子的电荷、温度、细胞内外离子浓度的比值等因素。利用能斯特方程，可以计算出任意离子的平衡电位值，例如，如果胞内钾离子浓度是胞外的20倍，那么能斯特方程计算得到的$E_K = -80$ mV（图文框3.2）。

图文框3.2　脑的食粮

能斯特方程

离子的平衡电位可用能斯特方程来计算：

$$E_{ion} = 2.303 = \frac{RT}{zF} \log \frac{[ion]_o}{[ion]_i}$$

式中：E_{ion} 为离子平衡电位，R 为气体常数，T 为绝对温度，z 为离子的电荷数，F 为法拉第常数，log 为以 10 为底的对数，$[ion]_o$ 为细胞外的离子浓度，$[ion]_i$ 为细胞内的离子浓度。

能斯特方程可由物理化学基本原理推导得到。让我们看看能由其得到什么。

记住平衡是两种因素的平衡：驱使离子顺其浓度梯度的扩散；电荷使离子受异性电荷吸引和同性电荷排斥。离子热能的增加增强了扩散，因此提高了达到平衡时的电位差。所以，E_{ion} 与 T 成正比。另一方面，增加每个粒子的电荷降低平衡扩散所需的电位差。因此，E_{ion} 与离子电荷（z）成反比。因为 R 和 F 为常数，我们无须考虑它们在能斯特方程中的影响。

在体温条件下（37℃），重要离子 K^+、Na^+、Cl^- 和 Ca^{2+} 的能斯特方程可简化为

$$E_K = 61.54 \text{ mV} \times \log \frac{[K^+]_o}{[K^+]_i}$$

$$E_{Na} = 61.54 \text{ mV} \times \log \frac{[Na^+]_o}{[Na^+]_i}$$

$$E_{Cl} = 61.54 \text{ mV} \times \log \frac{[Cl^-]_o}{[Cl^-]_i}$$

$$E_{Ca} = 30.77 \text{ mV} \times \log \frac{[Ca^{2+}]_o}{[Ca^{2+}]_i}$$

因此，计算体温状态下某种离子平衡电位，需要知道膜两侧离子的浓度。例如，在图3.12中采用的例子，假定内侧 K^+ 浓度为外侧的20倍：

若

$$\frac{[K^+]_o}{[K^+]_i} = \frac{1}{20}$$

且

$$\log \frac{1}{20} = -1.3$$

则

$$E_K = 61.54 \text{ mV} \times (-1.3) = -80 \text{ mV}$$

注意，能斯特方程中并没有考虑通透率或离子电导，因此计算 E_{ion} 的值并不需要膜对离子的选择性和通透性的知识。在细胞内液及细胞外液中的每种离子都有其平衡电位。E_{ion} 为平衡离子浓度梯度的膜电位，因此在平衡电位下，即使膜对该离子有通透性，也没有净离子电流流动。

3.4.2　离子的跨膜分布

现在我们知道，神经元膜电位是由膜两侧的离子浓度决定的。图3.15为这些浓度的估计值，很重要的一点是 K^+ 浓度为膜内高于膜外，Na^+ 和 Ca^{2+} 浓度则为膜外高于膜内。

这些浓度梯度是如何形成的呢？神经元膜上离子泵的作用导致了离子浓度梯度的形成。在细胞神经生理学中有两种离子泵尤为重要：钠-钾泵和钙泵。**钠-钾泵**（sodium-potassium pump）是一种在膜内钠离子存在的情况下

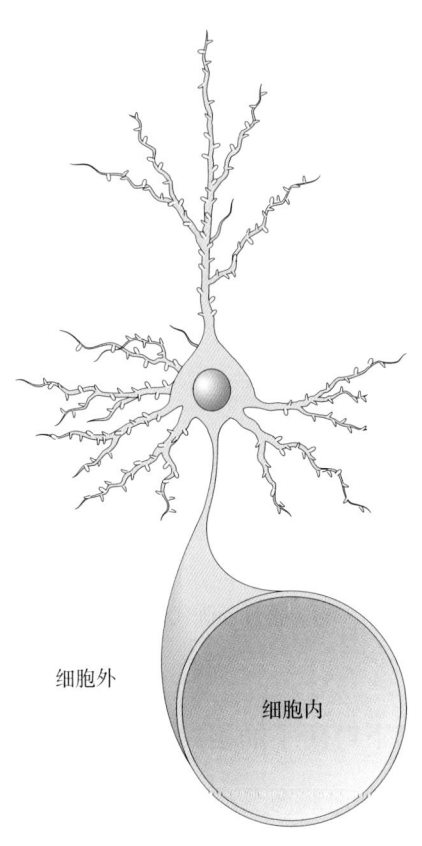

离子	细胞外浓度/（mmol/L）	细胞内浓度/（mmol/L）	浓度比（细胞外：细胞内）	E_{ion}（在37℃）
K^+	5	100	1：20	−80 mV
Na^+	150	15	10：1	62 mV
Ca^{2+}	2	0.0002	10,000：1	123 mV
Cl^-	150	13	11.5：1	−65 mV

▲ 图 3.15
神经元膜两侧大致的离子浓度。E_{ion} 为在体温条件下，膜仅对某一种离子通透时可能达到的膜电位

可降解 ATP 的酶，这一反应释放的化学能驱动该离子泵，使膜内 Na^+ 与膜外 K^+ 交换。泵的作用确保 K^+ 富集于神经元内，而 Na^+ 富集于神经元外。值得注意的是，离子泵推动这些离子逆浓度梯度跨膜运动（图 3.16）。这样的离子跨膜运动需要消耗代谢能量。实际上，据估计，钠–钾泵消耗的能量约占脑 ATP 消耗量的70%。

　　钙泵（calcium pump）同样为一种酶，将 Ca^{2+} 从细胞内跨膜主动运输至细胞外。此外，通过一些其他途径，包括细胞内钙结合蛋白和一些细胞器，如线粒体和某些可以收集钙离子的内质网等，细胞内 Ca^{2+} 浓度被降至非常低的水平（0.0002 mmol/L）。

　　离子泵是细胞神经生理学中的幕后英雄，它们在幕后的工作确保了离子浓度梯度的建立和维持。这些蛋白质可能缺乏门控离子通道的魅力，然而，如果没有这些离子泵，静息膜电位将不复存在，脑也将停止工作。

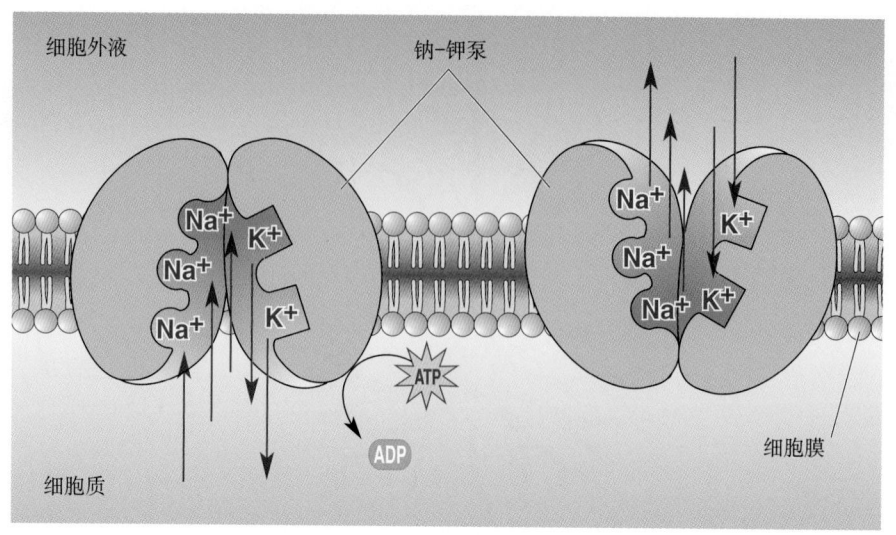

▲ 图 3.16

钠-钾泵。离子泵是一种膜相关蛋白,消耗新陈代谢能量以逆浓度梯度转运离子

3.4.3 膜在静息状态下对离子的相对通透性

离子泵建立了神经元的跨膜离子浓度梯度。依据离子浓度,我们可以利用能斯特方程计算不同离子的平衡电位(图3.15)。但是,要记住当膜只对一种离子具有**选择性通透**时,该离子的平衡电位即为膜电位。然而,实际上神经元并非只对一种离子具有通透性,那我们该怎样考虑这个问题呢?

让我们考虑几个涉及 K^+ 和 Na^+ 的场景。如果一个神经元的膜仅允许 K^+ 通过,膜电位等于 E_K,根据图3.15为 -80 mV。另一方面,如果神经元细胞膜仅允许 Na^+ 通过,膜电位等于 E_{Na},为62 mV。然而,如果膜对 K^+ 和 Na^+ 有相同的通透性,形成的膜电位将会是 E_{Na} 和 E_K 的平均值。那如果膜对 K^+ 的通透性是 Na^+ 的40倍呢?膜电位将位于 E_{Na} 和 E_K 之间,但是更接近于 E_K。这与神经元的真实情形近似,即实际静息膜电位为 -65 mV,接近于但未达到 K^+ 的平衡电位(-80 mV)。这种差异的产生是由于虽然细胞膜对 K^+ 有高通透性,但仍有持续的 Na^+ 漏入细胞。

静息膜电位可通过**戈德曼方程**(Goldman equation)计算,该数学方程考虑了膜对不同离子的相对通透性。如果仅考虑 K^+ 和 Na^+,利用图3.15中的离子浓度,并假设静息状态下 K^+ 的通透率为 Na^+ 的40倍,利用戈德曼方程计算出静息膜电位为 -65 mV,正如实际测量所得到的数值(图文框3.3)。

五彩缤纷的钾通道。正如我们已经看到的那样,钾通道的选择通透性是决定静息膜电位的重要因素,进而影响神经元的功能。那么,离子选择性的分子基础是什么?膜对 K^+ 选择性通透源于在通道孔道内氨基酸残基的排列。因此,一项重要的突破就是研究者于1987年在黑腹果蝇(*Drosophila melanogaster*)上成功地测定了一类钾通道家族的氨基酸序列。尽管这些昆虫在厨房中非常令人讨厌,但它们在实验室中却具有非常重要的价值,因为它们的基因可以被研究和操控,这对于哺乳动物是不可能实现的。

普通果蝇与人类类似,可以被乙醚麻醉而昏睡。当对麻醉的昆虫进行研

图文框3.3　脑的食粮

戈德曼方程

如果一个真实的神经元膜只允许K⁺通透，静息膜电位将等于E_K，约为−80 mV。但实际并不是这样，在典型的神经元上测量到的静息膜电位约为−65 mV。这种差异是可以解释的，因为神经元在静息状态下并不只对K⁺通透，对Na⁺也有部分通透性。从另一个角度讲，静息状态下神经元膜对K⁺的相对通透性较高，而对Na⁺的较低。如果相对通透率已知，就可利用戈德曼方程计算平衡时的膜电位。所以，对一个只对Na⁺和K⁺通透的膜，在37℃时：

$$V_m = 61.54 \text{ mV} \times \log \frac{P_K[\text{K}^+]_o + P_{Na}[\text{Na}^+]_o}{P_K[\text{K}^+]_i + P_{Na}[\text{Na}^+]_i}$$

式中：V_m为膜电位，P_K和P_{Na}分别为K⁺和Na⁺相对通透率，其他项与能斯特方程相同。

如果静息膜对K⁺的通透率为对Na⁺的40倍，用图3.15的浓度解戈德曼方程，有

$$V_m = 61.54 \text{ mV} \times \log \frac{40 \times 5 + 1 \times 150}{40 \times 100 + 1 \times 15}$$
$$= 61.54 \text{ mV} \times \log \frac{350}{4015}$$
$$= -65 \text{ mV}$$

究时，研究者发现一种突变体果蝇对乙醚的反应为晃动腿、翅膀和腹部，该果蝇突变体于是被称为Shaker（摇晃者——译者注）。详细的研究表明，这些异常行为的产生可以由一种钾通道受损来解释（图3.17a）。利用分子生物学技术，可以绘出Shaker体内突变了的基因。对现在被称为Shaker钾通道DNA序列的了解，可以使研究者根据基因序列的相似性找到其他的钾通道基因。这样的分析方法使研究者找到了大量不同的钾通道，包括那些维持神经元静息膜电位的钾通道。

大多数钾通道有4个亚基，如同木桶的桶板一样排列形成一个孔（图3.17b）。尽管钾通道种类繁多，不同钾通道的亚基均有其共同的结构特征，使它们对K⁺有选择性。尤为研究者感兴趣的是被称为**孔环**（pore loop）的区域，该区域作为**选择性滤器**（selectivity filter）使得通道对K⁺有最高的通透性（图3.18）。

除果蝇外，致命的蝎子也为发现孔环这种选择性滤器结构做出了重要贡献。1988年，布兰迪斯大学（Brandeis University）的生物学家Chris Miller和他的学生观察到，蝎子毒素通过紧密地结合通道内的一个位点来阻断钾通道（并且毒害整个细胞）。他们使用这种毒素来准确识别形成内壁和通道选择性滤器的氨基酸序列（图文框3.4）。MacKinnon接着解析出了一种钾通道的三维原子结构。这一成就最终揭示了通道离子选择性的物理基础，MacKinnon因此获得了2003年的诺贝尔化学奖（Roderick MacKinnon，罗德里克·麦金农，1956.2—，美国生物化学和生物物理学家——译者注）。现在人们已经认识到，该区域中的一个氨基酸的突变也会严重破坏神经元的功能。

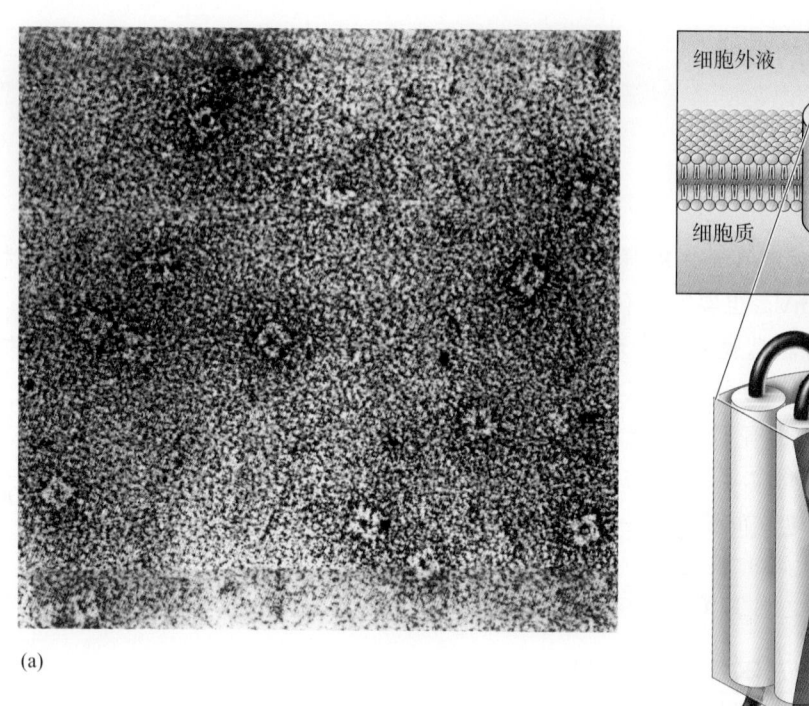

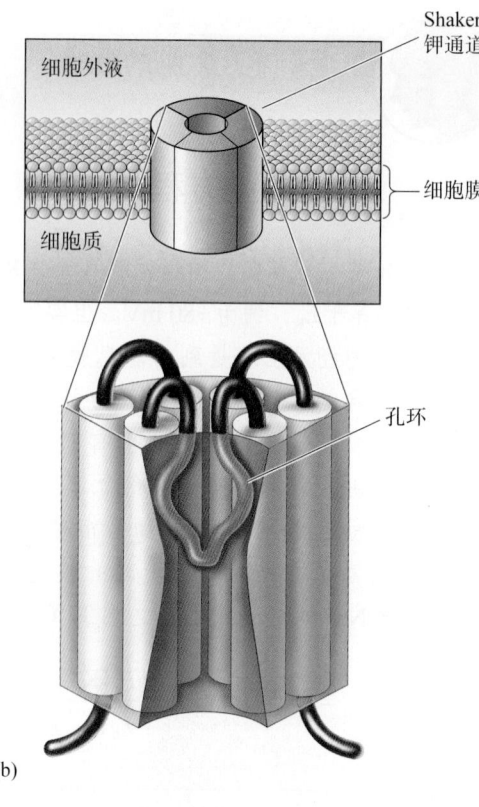

Shaker
钾通道

细胞外液

细胞膜

细胞质

孔环

(a)

(b)

▲ 图3.17

钾通道结构。（a）果蝇（*Drosophila*）细胞膜上的 Shaker 钾通道，电镜俯视图（引自：Li 等，1994，图2）。（b）Shaker 钾通道的4个亚基如同木桶的桶板一样排列形成一个孔道性结构。放大部分：蛋白质亚基的四级结构包括一个孔环，即由多肽链的一部分在膜平面内形成一个发夹样的回型结构。该孔环是使通道选择性通透 K^+ 的关键部分

　　这样的例子在一种被称为 Weaver（摇晃行进者——译者注）的小鼠上也可见到。这种小鼠难以保持正常的姿势和运动，损伤的原因可归因于小脑神经元中一种钾通道的孔道环上一个氨基酸的突变，而小脑是重要的维持运动协调性的脑区。此突变导致的结果是 Na^+ 和 K^+ 一样能通过这种钾通道。钠通透性的提高导致神经元膜电位负值减小，因此破坏了神经元的功能（事实上，这些细胞上正常的负膜电位的缺失被认为是最终导致其死亡的原因）。最近几年，日益清楚许多人类遗传性神经疾病，如某些类型的癫痫，均可能是由特定的钾通道突变所引起的。

　　调节细胞外钾浓度的重要性。因为神经元膜在静息状态下对 K^+ 有更高的通透性，使得膜电位接近于 E_K。K^+ 高通透性的另一个结果是：膜电位对细胞外钾浓度的变化特别敏感，两者的关系如图3.19所示。细胞外 K^+ 浓度10倍的变化，例如 $[K^+]_o$ 由 5 mmol/L 增加到 50 mmol/L，将使膜电位由 −65 mV 变至 −17 mV。膜电位由正常静息水平（−65 mV）变至较小负值时称为膜的**去极化**（depolarization）。因此，提高细胞外钾浓度可以使神经元去极化。

　　膜电位对 $[K^+]_o$ 的敏感性导致了精细调节脑内细胞外钾浓度机制的进化，其中之一为**血−脑屏障**（blood-brain barrier），一种由脑毛细血管形成的特殊

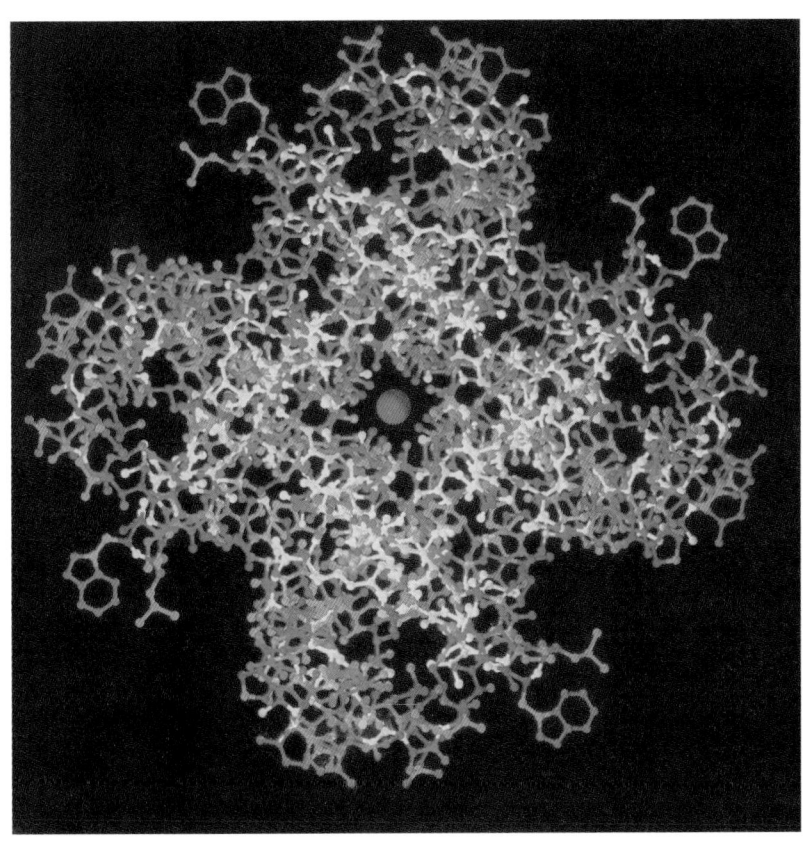

▲ 图 3.18
钾通道孔道俯视图。钾选择性离子通道的原子结构最近得到解析。此图为在原子结构三维模型中从通道外侧俯视孔道，中间的红球为 K^+（引自：Doyle 等，1998）

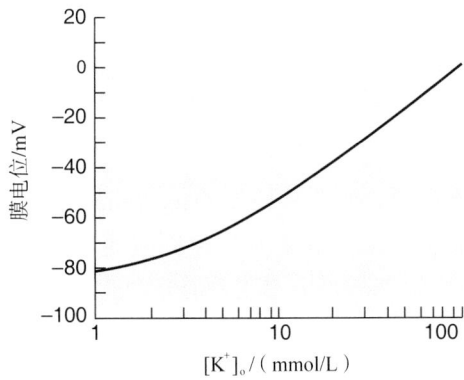

◀ 图 3.19
膜电位对膜外钾浓度的依赖。由于静息态状下神经元膜对钾有高通透性，$[K^+]_o$ 增加 10 倍，由 5 mmol/L 到 50 mmol/L 导致膜 48 mV 的去极化。该函数曲线由戈德曼方程计算而来（图文框 3.3）

屏障，可以限制钾（及其他血液中携带的物质）进入脑的细胞外液中。

　　神经胶质细胞，特别是星形胶质细胞，如同它们在神经元活动时所发挥的作用一样，在细胞外 K^+ 浓度升高时也可有效地吸收 K^+。星形胶质细胞填充了脑内神经元间的大部分空间。星形胶质细胞可利用它们质膜上的钾泵，使其细胞质中富集 K^+。同样，星形胶质细胞也有钾通道。因此，当 $[K^+]_o$ 增加时，K^+ 通过钾通道进入星形胶质细胞，导致这些细胞去极化。另外，K^+ 的进入增加了细胞内的钾浓度（$[K^+]_i$），但 K^+ 继而可由大量的星形胶质细胞突起

图文框3.4 发现之路

在黑暗中探索离子通道
Chris Miller 撰文

对我来说，科学探索的实践一直像是做游戏一般。钻研一个问题时自我投入的乐趣是我早期阶段参与每个研究项目的动力。后来我才知道，要试图攻破（甚至解决）大自然呈现的谜题，需要强烈的渴求、学识和汗水。在过去40年中，我一直玩的"沙箱"（sandbox，供儿童在其中做堆沙游戏的沙坑——译者注）里包含了对我来说最为迷人的玩具——离子通道。它是使神经元能够产生电信号的一种跨膜蛋白质，为神经系统注入了生命的气息。就此而言，用一个不准确但十分形象的类比来说，如果脑是计算机，离子通道就是晶体管。作为对生物指令的反应，这些微小的蛋白质孔道形成了离子（如Na^+、K^+、Ca^{2+}、H^+和Cl^-）扩散的通道，由于这些离子携带着电荷跨膜扩散，从而产生、传播并且调节细胞的电压信号。很久以前，当我在实验中偶然发现了一个意想不到的K^+通道时，我就爱上了这些蛋白质，而当时做那个实验的最初目的在于寻找一种完全不同种类的"怪兽"——Ca^{2+}激活的酶。多年来，随着我在一个容纳了多种离子通道蛋白的丰富的电生理"动物园"中不断地徘徊，这种热爱只会加深。

物理学的本科背景和随后作为高中数学教师的经历，使得我在20世纪70年代的研究生和博士后训练阶段，以及在布兰迪斯大学建立我自己的实验室的过程中，没有神经生物学或电生理学方面正式的学习准备（相关知识也很少）。我只能从阅读文献或从周围的环境中汲取点点滴滴的相关知识。我变得越来越着迷于离子通道（当时只知道它们是蛋白质）是如何产生生物电的。与此同时，伴随着在细胞膜上进行实验，而不可避免地出现的活细胞的复杂性和分子解释的模糊性，使得我越来越感到震惊。迷恋和震惊唤起了我对组分明确的简化"人工膜"的兴趣，这种人工膜是Paul Mueller在20世纪60年代开发出来的，可用于跟踪从其复杂的细胞家族中分离出来的离子通道的电活动。我找到了一种方法，能够将可兴奋细胞中的单个通道分子插入这些可化学控制的膜中，并同时记录单个K^+通道的活动；而在那时，神经生物学家刚刚开始用当时新的细胞膜片钳记录方法来观察生物可兴奋膜中的单个通道活动。我承认我早期的技术开发性实验只是一场比赛。无论通道为细胞执行的特定任务如何，能够在我眼前实时地观察，并且控制单个蛋白质分子的电活动在那时是（现在仍然是）一件令人激动的事情。

最终，这场游戏将我引向了迫切的研究问题，这些问题可能通过这种简化了的方法而方便地得到解决。到了20世纪80年代中期，我的实验室里集中了一些极具才华的博士后，他们当中的Gary Yellen、Rod MacKinnon和Jacques Neyton追求各种K^+通道引人注目的离子选择性，即当神经元爆发动作电位时它们是

构成的网络分散到一个很大的细胞外空间中去，这种星形胶质细胞调节$[K^+]$。的机制称为**钾离子的空间缓冲作用**（potassium spatial buffering）（图3.20）

然而，我们必须认识到，并不是所有可兴奋细胞在钾浓度升高时都可以得到保护。例如，肌肉细胞就没有血-脑屏障和胶质细胞缓冲机制。因此，虽然脑受到相对的保护，血液中K^+浓度的升高仍可导致机体生理上的一些严重后果（图文框3.5）。

怎样区分K^+和Na^+的。那么，当我们要思考、感受和行动的时候呢？我们漫无目标地在天然神经毒素中寻找，发现了一种蝎毒肽能够阻断K^+通道。我们利用单通道分析的方法证明了这种毒素是通过堵塞蛋白质的K^+选择性孔道来起作用的，就像瓶子的软木塞一样（图A）。1988年，Rod 把这个毒素肽带到了他参加的冷泉港实验室课程中，他选修这门课程是为了学习如何通过重组 DNA 的方法来表达离子通道。在那里，他有一个重要的发现：这种毒素还会阻断 Shaker——这是第一个基因可操控的K^+通道，而 Lily 和 Yuh-Nung Jan 的实验室在前一年克隆了这个通道。这个偶然的发现引导我们通过特定的突变，在该通道的氨基酸序列中找到了一段形成K^+选择性孔道外部入口的特定编码区，这一结果随即被应用于对整个电压依赖性K^+、Na^+和Ca^{2+}通道家族的研究。几年后，Rod 和 Gary 作为新独立的研究员相互合作，将研究集中在这些孔道的序列上，以发现离子选择性的热门位点，结果促使 Rod 在 7 年后获得了K^+通道的第一个 X 射线晶体结构，并由此开创了一个关于离子通道研究的全新的"结构时代"（structural era）。

回顾我与离子通道之间的角力，很明显，我从这一努力中获得的最大乐趣在于，我看到了物质世界中新的、未被预料到的那些美丽而和谐的要素，同时我也为这一切感到惊叹。这种感觉曾经被伟大的理论物理学家 Richard Feynman（理查德·费曼，1918.5—1988.2，美国物理学家，曾参与美国研制原子弹的秘密项目"曼哈顿计划"，获得 1965 年诺贝尔物理学奖——译者注）所描述，作为反驳 W. H. Auden（Wystan Hugh Auden，威斯坦·休·奥登，1907.2—1973.9，英国/美国诗人，20 世纪重要的诗坛名家，著作多以 W. H. Auden 署名出版——译者注）诗中认为的科学动机仅仅是一种功利主义的观点。Feynman 断言科学家如同诗人，主要是由美学的力量驱动的："我们需要知识，所以我们会更加热爱自然。"

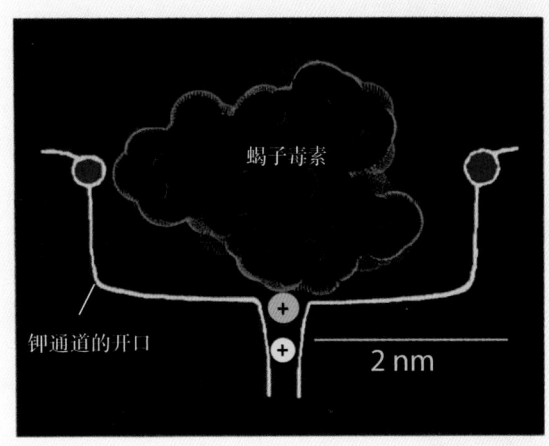

图 A
在通过用已知结构的毒素来研究通道的"前结构"时期（the "pre-structural" days），间接预见到的与蝎子毒素结合的K^+通道的细胞外开口。相互作用的位点：通道上与毒素接触的部位（深蓝色圆圈），毒素上伸入通道窄孔的赖氨酸残基（有"+"号的淡蓝色圆圈），K^+因与毒素结合而向下移入孔道（有"+"号的黄色圆圈）。黄色标尺代表 2 nm（改绘自：Goldstein 等，1994，Neuron 12:1377–1388）

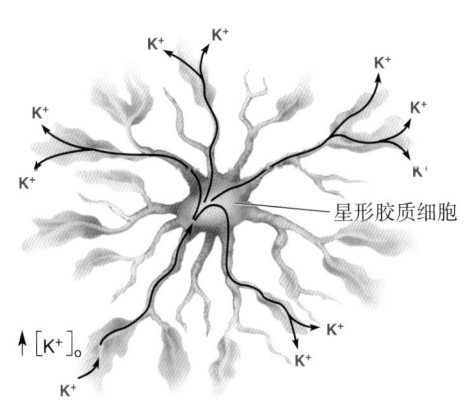

◀ 图 3.20
星形胶质细胞对钾离子的空间缓冲作用。当附近神经元活动导致脑内$[K^+]_o$增加时，K^+通过膜通道进入星形胶质细胞。由大量的星形胶质细胞突起构成的网络有助于K^+在大范围内被分散掉

图文框3.5 趣味话题

致死注射

1990年6月4日，Jack Kevorkian（杰克·凯沃尔基安，1928.5—2011.6，美国病理学家，美国推行安乐死合法化的第一人，《时代》杂志封面人物——译者注）医生由于帮助 Janet Adkins（珍妮特·阿德金斯）自杀而震惊了医学界。Adkins，54岁，是一位幸福的3个孩子的母亲，被诊断为阿尔兹海默病。这是一种逐步导致老年性痴呆并死亡的脑部疾病。Adkins 夫人是毒芹协会（Hemlock Society）的成员，该协会提倡以安乐死替代晚期疾病导致的死亡。Kevorkian 医生同意帮助 Adkins 夫人结束她自己的生命。在密歇根州奥克兰县（Oakland County，Michigan）的一个野营地，一辆1968年生产的大众牌厢型车的后排，她被插上了静脉滴注管，管中注入了一种无毒盐溶液。为了死去，Adkins 夫人自己打开了滴注开关，首先滴注的是一种含有麻醉剂的溶液，随后自动地转换为滴注氯化钾。麻醉剂可以抑制被称为网状结构（reticular formation）的脑区的神经元活动，使 Adkins 夫人逐渐丧失知觉。然而，心脏停止跳动及死亡是由于随后注入的氯化钾所导致的。静息膜电位的离子基础解释了为什么心脏停止了跳动。

回忆一下，可兴奋细胞（包括心肌）的正常功能活动需要细胞膜在不产生动作电位时维持在适当的静息膜电位水平。这个负的静息膜电位是由于膜对 K^+ 的离子选择性通透和代谢泵使细胞内 K^+ 富集引起的。然而，如图3.19所示，膜电位对细胞外 K^+ 浓度很敏感，细胞外的 K^+ 浓度升高10倍就可以明显地减小静息电位。虽然脑内的神经元可以得到一些保护，但体内的其他一些可兴奋细胞，如肌肉细胞，则不能免除 $[K^+]_o$ 大幅度升高的影响。没有负的静息膜电位，心肌细胞不再能够产生导致收缩的脉冲，心脏会立刻停止跳动。因此，静脉滴注氯化钾是一种致死注射。

3.5 结语

我们探讨了静息膜电位。钠-钾泵的活动形成并维持了较大的跨膜 K^+ 浓度梯度。在静息状态下，神经元膜由于钾通道的存在而对 K^+ 有高通透性。K^+ 顺其浓度梯度的跨膜运动使得神经元膜内负电荷增加。

跨膜的电位差可以看作电池，而电池的电荷由离子泵的作用所维持。在第4章，我们将看到这样的电池如何使我们的脑正常地运转。

关键词

引言 Introduction
动作电位 action potential（p.59）
可兴奋膜 excitable membrane（p.59）
静息膜电位 resting membrane potential（p.59）

化学特性 The Cast of Chemicals
离子 ion（p.60）
阳离子 cation（p.61）
阴离子 anion（p.61）

复习题

1. 神经元膜上的蛋白质在建立和维持静息膜电位过程中起哪两项作用？
2. Na^+ 在神经元膜的哪一侧富集？
3. 当膜处于钾离子平衡电位时，钾离子在哪个方向上（向内或向外）存在电荷的净运动？
4. 细胞内的 K^+ 浓度比细胞外的高，那为什么静息膜电位是负的？
5. 当脑严重缺氧时，神经元线粒体停止生产 ATP。这种情况对膜电位有什么影响？为什么？

拓展阅读

Hille B. 2001. *Ionic Channels of Excitable Membranes*, 3rd ed. Sunderland, MA: Sinauer.

MacKinnon R. 2003. Potassium channels. *Federation of European Biochemical Societies Letters* 555:62-65.

Nicholls J, Martin AR, Fuchs PA, Brown DA, Diamond ME, Weisblat D. 2011. *From Neuron to Brain*, 5th ed. Sunderland, MA: Sinauer.

Somjen GG. 2004. *Ions in the Brain: Normal Function, Seizures, and Stroke*. New York: Oxford University Press.

（舒友生　译　　王建军　校）

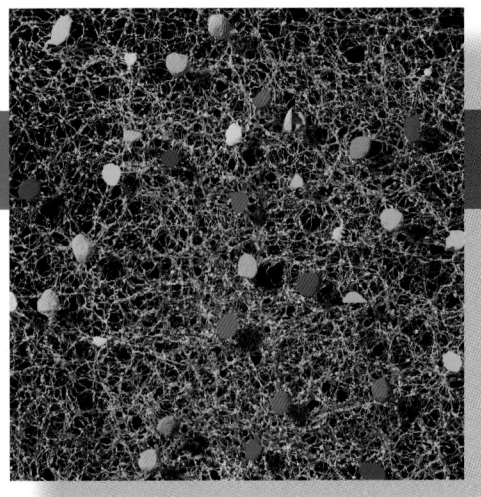

第 4 章

动作电位

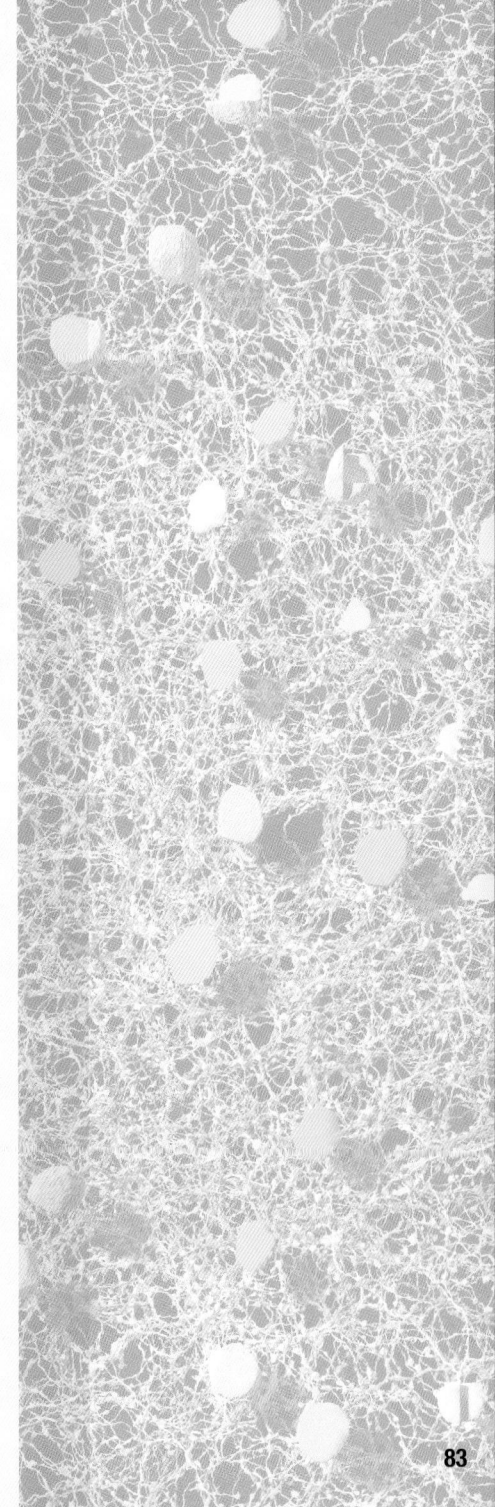

4.1　引言

现在让我们来探讨神经系统中远距离传输信息的信号——动作电位。正如在第3章中看到的，静息状态下的神经元膜内相对于膜外为负电位。动作电位是这一电位状态的快速翻转，即其在瞬间使细胞内电位相对于细胞外为正电位。动作电位通常也称为**锋电位**（spike potential）、**神经冲动**（nerve impulse）或**放电**（discharge）。

一小片神经元膜产生的动作电位在幅度上和时程上是相似的，并不随其在轴突上的传导而衰减。我们需要记住这样一件事：神经元通过动作电位的**发放频率**（frequency）和**模式**（pattern）来编码信息，并将这些信息从一个位置传到另一个位置。在本章中，我们将讨论动作电位的产生机制及其在轴突膜上的传导方式。

4.2　动作电位的特性

所有动物神经系统轴突上的动作电位都有一些普遍的特性，从枪乌贼到人类无一例外。那么，动作电位具有什么样的形状？动作电位是怎样产生的？神经元产生一个动作电位的速度有多快？下面我们将逐一探讨这些特性。

4.2.1　单个动作电位的上升相和下降相

正如第3章所述，通过插入细胞内的微电极可以测定细胞的膜电位（V_m），即用电压表测量细胞内的微电极尖端与另一根置于细胞外的参考电极之间的电位差。当神经元膜处于静息状态时，电压表的读数稳定在 -65 mV 左右。在动作电位的发生过程中，膜内电位短暂地变为正电位。这个过程非常之快，甚至比眨眼还要快100倍。因此，一种称为**示波器**（oscilloscope）的特殊电压表被用于动作电位的研究。示波器记录的是膜电位随时间的变化（图文框4.1）。

图4.1显示的是用示波器记录到的一个动作电位，它表示了膜电位随时间的变化。需要提醒的是，动作电位可分为几个部分。首先是**上升相**（rising phase），其特征是膜的快速去极化，直至膜电位达到约 +40 mV。在动作电位的上升相中，膜电位超过 0 mV 以上的部分称为**超射**（overshoot）。随后的动作电位**下降相**（falling phase）是一个快速的复极化过程，直到膜电位比静息电位更负。在下降相中，膜电位低于静息电位的部分称为**回射**（undershoot）或**后超极化**（after-hyperpolarization）。最后，膜电位逐步恢复到静息电位水平。整个动作电位的时程约为 2 ms。

4.2.2　单个动作电位的产生

在第3章中我们曾提及，如果皮肤被图钉扎破，足以导致感觉神经纤维产生动作电位。下面就用这个例子来讨论动作电位是如何产生的。

当一个图钉刺入脚底，刺痛感觉由皮肤中的一些神经纤维上产生的动作电位所引起（关于痛觉将在第12章讨论）。这些神经纤维膜上有一种门控钠通道，它们在神经末梢被牵拉时开放。因而，一系列事件就这样发生

图文框4.1　脑的食粮

记录动作电位的方法

　　研究神经冲动的方法大致可以分为两类：**细胞内记录**（intracellular recording，图A）和细胞外记录。细胞内记录需要将微电极插入胞体或轴突，但由于大多数神经元较小，插入微电极有一定的难度。由于无脊椎动物的神经元比哺乳动物的神经元大50～100倍，早期关于动作电位的研究主要是在无脊椎动物的神经元上进行的。近来随着技术的改进，即便是在最小的脊椎动物神经元上也可实施细胞内记录。研究表明，早先在无脊椎动物中得到的许多结论可以直接用于人类。

　　细胞内记录的目的很明确，就是测量细胞内电极尖端与置于神经元细胞外溶液中参考电极（接地，也称地线）之间的电位差。细胞内电极中充高浓度且具有强导电性的盐溶液（通常是KCl）。细胞内电极连接一放大器，用以比较该电极与地之间的电位差。这种电位差可用示波器来显示。早期示波器的工作原理是一束电子从左往右地扫射磷光体（phosphor，一种无机发光材料，能够吸收能量，并将所吸收的一部分能量以光的形式再发射出来——译者注）荧光屏，电子束在垂直方向上的偏转反映了电压的变化。现在的示波器采用数字信号记录电压随时间的变化，但原理相同。示波器可看作一个可记录快速电位变化（如动作电位）的精细电压表。

　　如我们在本章中看到的，动作电位以一系列不同的离子跨神经元膜流动为特征。把电极放在神经元膜附近而不是插入细胞内，也能检测到这

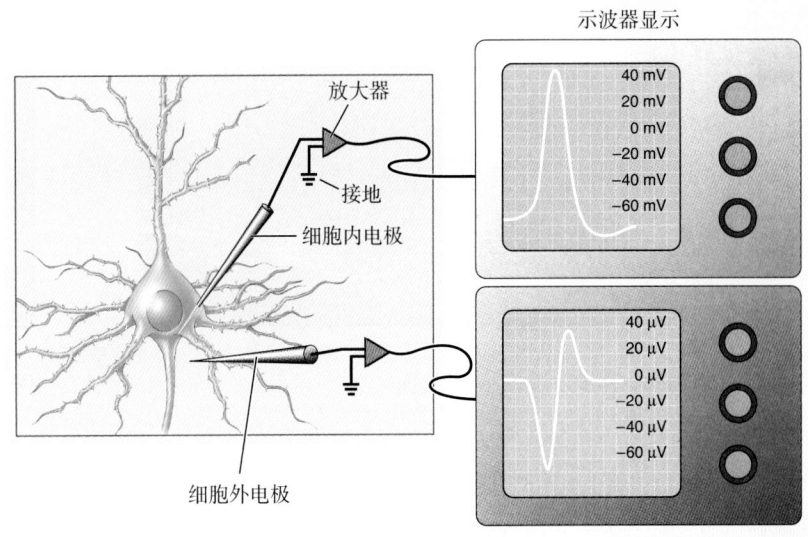

图A

些电流变化——这就是**细胞外记录**（extracellular recording）的原理。同样，我们检测到的也是记录电极尖端与地之间的电位差。所用的电极可以是充满盐溶液的玻璃毛细管电极，更简单的则是用很细的绝缘金属丝。正常情况下，在神经元不活动时，细胞外记录电极与地之间的电位差为零。当动作电位到达记录电极的位置时，正电荷从记录电极的位置流入神经元内；而后，当动作电位通过后，正电荷又从膜内流向记录电极。这样，细胞外记录到的动作电位是记录电极与地之间快速交替的电压变化（注意：细胞内记录和细胞外记录得到的动作电位在电压变化幅度上是有差异的）。这些电压的变化可用示波器显示，也可将放大器的输出连接到扬声器上监听，每个冲动都会引起一次"砰"的响声。事实上，在活动的感觉神经末梢上记录到的声响酷似爆玉米花发出的声音。

了：（1）图钉刺入皮肤；（2）皮肤中的神经纤维膜被牵张；（3）对钠有通透性的钠通道开放。由于膜两侧巨大的浓度梯度和细胞内的负电位，Na⁺通过这些通道进入细胞内。Na⁺的进入使得细胞膜去极化，即膜的细胞质侧表面（内表面）负电位减小。这一去极化电位也称为**发生器电位**（generator potential），当其达到临界水平时，神经元膜就会产生动作电位。去极化触发

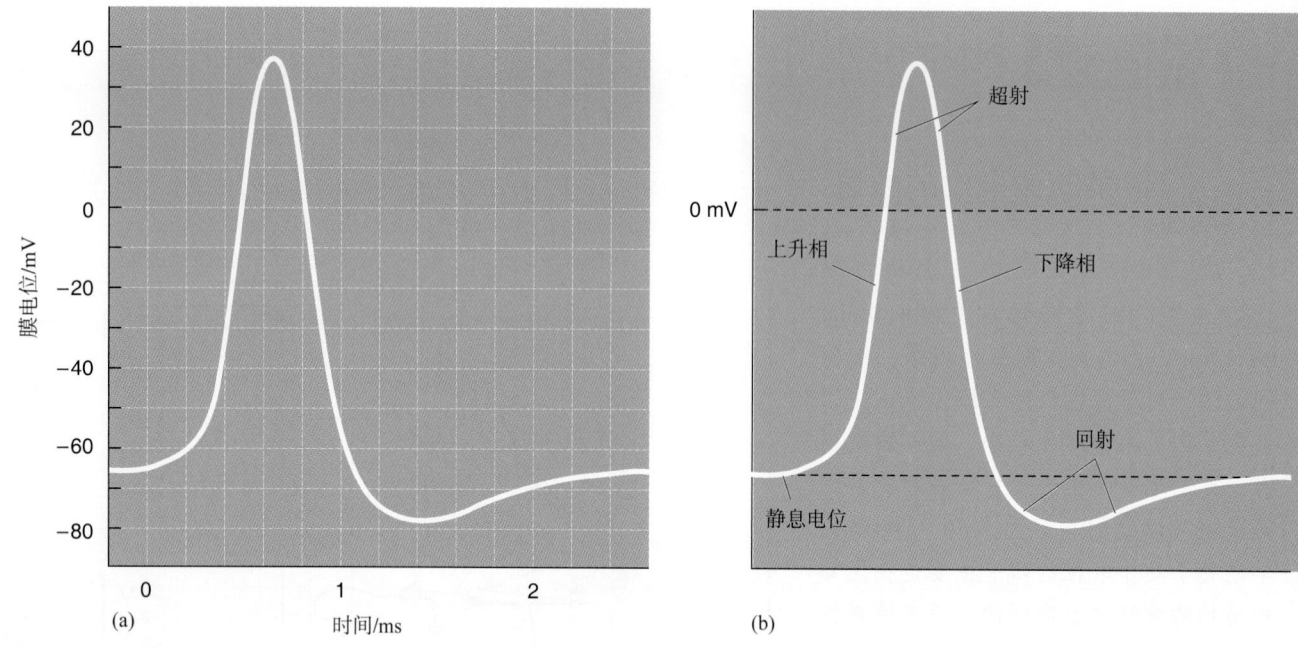

▲ 图 4.1
动作电位。(a) 示波器上显示的一个动作电位。(b) 动作电位的几个组成部分

动作电位产生所必须达到的临界膜电位水平称为**阈值**（threshold）。膜电位去极化超过阈值便会引起动作电位。

在不同的神经元上，导致动作电位发生的去极化以不同的途径产生。在上述例子中，去极化是由于 Na^+ 通过对膜牵张敏感的特异性离子通道进入神经元而引起。在中间神经元上，去极化通常是钠离子经由对其他神经元释放的递质敏感的通道进入神经元而引起的。除了这些天然的途径，也可以通过微电极向细胞内注入电流的方法使神经元去极化，这是神经科学家在研究不同细胞的动作电位时常用的方法。

去极化使神经元产生动作电位，有点类似于按下老式相机的快门。施加于相机快门上的压力在达到一个阈值之前并不能打开快门，只有压力增大到超出阈值之后，快门才"喀嚓"一声被打开，底片便被曝光。类似地，逐渐增大的去极化在达到阈值之前是不能引起动作电位的，只有达到了阈值才会"砰"地突然爆发动作电位。因此，动作电位被认为是"全或无"（all-or-none）的。

4.2.3 多个动作电位的产生

上述例子中，我们形象地把去极化引起动作电位比作按下相机的快门拍照片。但是，假如相机是时装和体育摄影师所用的特制型号，那么持续地按压快门便会使相机连续不停地拍摄照片。这样的事情也可在神经元上发生，如果通过微电极持续地向神经元内注入去极化电流，我们得到的将不只是一个动作电位，而是很多个连续发生的动作电位（图4.2）。

动作电位产生的频率与持续的去极化电流大小有关。如果通过微电极注入足量的电流，使细胞的去极化恰好达到阈值，而不远高于阈值，我们或许会发现细胞产生动作电位的频率较低，如每秒1个，即 1 Hz。如果稍微加大一点电流，动作电位的产生频率便会增加，如达到每秒50个（50 Hz）。显然，动作电位的**发放频率**（firing frequency）反映了去极化电流的大小，这就是神经系统编码刺激强度的一种方式（图4.3）。

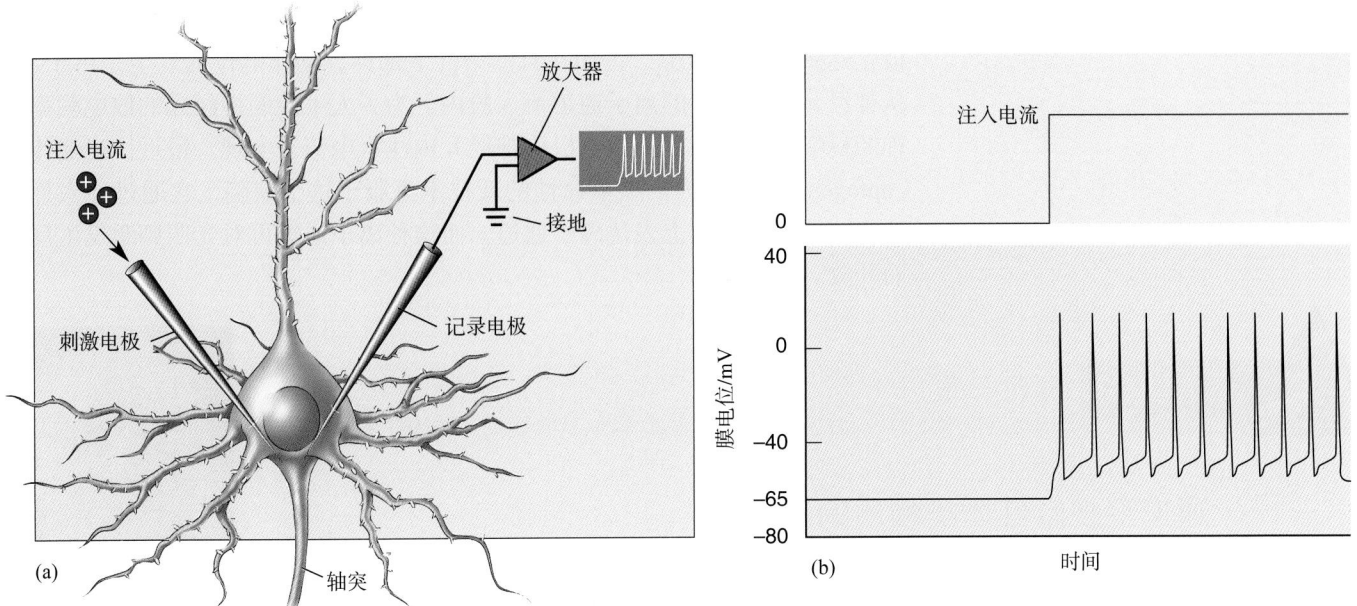

▲ 图 4.2

往神经元内注入正电流的效果。(a) 在轴丘处插入两根电极，一根用于记录相对于参考电极的膜电位，另一根用于以电流刺激神经元。(b) 当电流注入神经元时（上图），细胞膜被足够地去极化而产生多个动作电位（下图）

　　虽然神经元的发放频率会随着去极化电流的增大而增加，但神经元产生动作电位的频率是有上限的，最大的发放频率约为 1000 Hz。当一个动作电位产生时，1 ms 之内不可能再产生下一个动作电位。这段时间称为**绝对不应期**（absolute refractory period）。而且，在绝对不应期后的几毫秒内要产生下一个动作电位也相对较困难。在这段**相对不应期**（relative refractory period）内，若要使神经元去极化产生动作电位，则注入的电流须比阈值高一些。

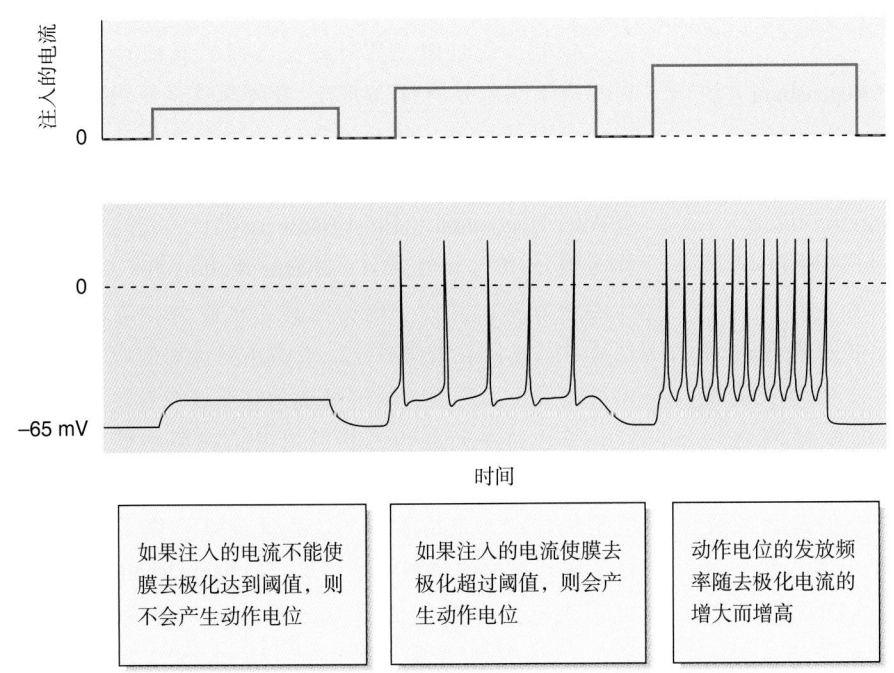

| 如果注入的电流不能使膜去极化达到阈值，则不会产生动作电位 | 如果注入的电流使膜去极化超过阈值，则会产生动作电位 | 动作电位的发放频率随去极化电流的增大而增高 |

◀ 图 4.3

动作电位的发放频率依赖于去极化水平

光遗传学：用光控制神经元的电活动。如前所述，动作电位因膜电位去极化达到阈值而产生，正如在自然条件下那样，动作电位的发生是由于 Na^+ 从神经元上开放了的离子通道流入膜内。为了人工控制神经元的放电频率，神经科学家以前只能用微电极向神经元内注入电流来实现。最近，**光遗传学**（optogenetics）作为一项革命性的新技术克服了这个缺陷，它通过导入外源性基因使神经元膜上表达离子通道，而这种离子通道可对光照刺激发生反应而开放。

图文框4.2   发现之路

通道型视紫红质类物质的发现
Georg Nagel 撰文

1992年，当我完成在耶鲁大学和洛克菲勒大学的博士后阶段的学习，回到位于德国法兰克福的马克斯·普朗克生物物理研究所（Max Planck Institute of Biophysics）时，我对形成细胞膜内外离子浓度差的机制尤其感兴趣。Ernst Bamberg 是我的系主任，他说服我用新方法研究微生物的视紫红质类物质（microbial rhodopsins），这是一类吸收光能后可跨膜转运离子的蛋白质类物质。我们在蛙的卵母细胞（oocyte）中表达了细菌视紫红质（bacteriorhodopsin）的基因，然后用微电极测量光激活的电流。1995年，我们证明了细菌视紫红质在光照下，可触发质子（H^+）在卵母细胞上逆浓度梯度跨膜运动。1996年，我们继续用这种新方法研究了嗜盐菌视紫红质（halorhodopsin），它是光激活的氯离子泵。

我们从雷根斯堡大学（University of Regensburg）的 Peter Hegemann 那里获得了衣原视蛋白-1（chlamyopsin-1）和衣原视蛋白-2（chlamyopsin-2）的DNA，它们被认为编码绿藻属莱茵衣藻（*Chlamydomonas reinhardtii*）的光感受器蛋白。然而，与其他得到这种DNA的实验室一样，我们没有观察到光诱导的电信号。不过，Peter 打电话告诉我，他们从衣藻中发现了一种"真正的光门控钙通道"，并打算将其命名为衣藻视紫红质-3（chlamyrhodopsin-3）。我答应他检测这一新近被推测是一种视紫红质的功能。尽管这个新蛋白尚未被纯化，在日本 Kazusa 研究中心创建的衣藻（*Chlamydomonas*）DNA序列数据库中已经可以检索到 chlamyopsin-3（衣原视蛋白-3），并且其DNA序列和细菌视紫红质很相似。这使得衣藻视紫红质-3成为一

个在衣藻中长期寻找视紫红质的有趣候选物。Peter 从日本获得了它的DNA，我在卵母细胞中使其表达。我们在最初的实验中预想它本质上是一种钙离子通道，但令人失望的是，在卵母细胞的浸浴液中移除或添加钙之后，光激活的电流没有显示任何差别。光电流十分微弱，并且似乎不受浴液中离子浓度变化的影响。

但是，我仍然认为衣藻视紫红质-3是一种直接由光门控的离子通道，即便同领域的其他研究者反对这一观点，我因而继续在不同的浸浴液中尝试。一天晚上，我在一种抑制钙电流的浸浴液中测得了非常大的光激活内向电流。然而，事实上我之前用的溶液缓冲性很差，里面过多的 H^+ 导致溶液的酸性很强。而这个突破可以很好地证明我能够获得光依赖的内向 H^+ 电导。接着，通过酸化卵母细胞（即提高卵母细胞细胞内相对于细胞外的 H^+ 浓度），我发现这也能稳定地产生外向光激活电流。随后，我们很快弄清楚了衣藻视紫红质-3是一种光门控的质子通道。因此，我向我的同事 Peter Hegemann 和 Ernst Bamberg 提议，把这种新蛋白称为通道型视紫红质-1（channelrhodopsin-1）。进一步的实验表明，其他一价的阳离子也能通过通道型视紫红质-1。我们后来明白了，最初在卵母细胞中观察到的光电流很小，是因为通道型视紫红质-1的表达量很少。

基于这一新发现，我们拟定了一篇手稿（于2002年发表）描述用光门控离子通道非侵入性地操控细胞甚至机体，并申请了专利。我又继续研究了与绿藻蛋白紧密相关的通道型视紫红质-2（channelrhodopsin-2），由于光电流非常大且很好分析，一切都变得容易起来。天然的通道型视紫红质-2（chop2）有737个氨

在第9章，我们将讨论视网膜上的蛋白质**感光色素**（photopigment）如何吸收光能并将其转化为神经性应答，最终使我们产生视觉。当然，自然界中的许多生物体都有光敏感特性。德国法兰克福（Frankfurt）的研究者在研究一种绿藻（green alga）的光反应中发现了一种感光色素，他们将其称为**通道型视紫红质-2**（channelrhodopsin-2，ChR2）。在哺乳动物细胞中导入*ChR2*基因后，该基因可以编码一种光敏感的阳离子通道，这种通道对Na^+和Ca^{2+}有通透性（图文框4.2）。这种通道在蓝光照射时迅速开放，对神经元来

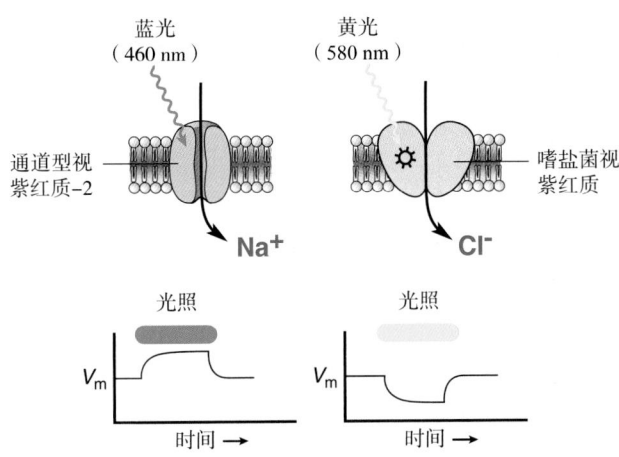

图A　质膜中通道型视紫红质-2和嗜盐菌视紫红质示意图。下图为蓝光和黄光照射对膜电位的效应，这两种效应分别由通道型视紫红质-2和嗜盐菌视紫红质所介导。

基酸，可缩减成310个氨基酸，其与黄色荧光蛋白（yellow fluorescent protein，YFP）连接之后就可以看到蛋白表达的情况。2003年我们公布了chop2优越的特性后，索要DNA的请求开始涌入，我们自己也在寻找可以合作的神经生物学家。附近法兰克福大学（University of Frankfurt）的Alexander Gottschalk是我们最初的"受骗者"之一，他研究的是小的透明秀丽隐杆线虫（*Caenorhabditis elegans*，*C. elegans*）。不幸的是，在我为这种蠕虫制备DNA时犯了个错误，尽管它被很好地标记了YFP，但对光仍没有反应。我意识到错误之后，把chop2-YFP导入秀丽隐杆线虫的肌细胞，我们惊喜地发现小蠕虫仅在蓝光照射下就能收缩。大约在同一时期（2004年4月），斯坦福大学（Stanford University）的Karl Deisseroth向我索要DNA并提出合作建议，我欣然接受了。Karl很快阐明了通道型视紫红质-2在研究哺乳动物神经元中的潜力。他、Ed Boyden和Feng Zhang（张锋——译者注）的令

人振奋的工作引起了强烈关注，在脑中表达这种DNA的需求量随之增加。许多欧洲同事那时才意识到通道型视紫红质类物质（channelrhodopsins）的特性首先发现于法兰克福。

通道型视紫红质-2的成功和易于应用使Karl和Alexander开始思考是否有其他视紫红质能够被用来实现光诱导的神经元活动抑制。我们告诉了他们，有光激活泵出质子的细菌视紫红质和光激活泵入氯离子的嗜盐菌视紫红质。两种离子泵都使细胞内的电位更负，即它们都是"光激活的超极化引致物"（light-activated hyperpolarizer）。我们建议用法老嗜盐碱单胞菌（*Natronomonas pharaonis*）的嗜盐菌视紫红质来作为光激活的超极化引致物。我们利用了自己在1996年发现的研究成果：嗜盐菌视紫红质对氯离子有很高的亲和性且能在动物细胞中稳定表达。

事实证明，嗜盐菌视紫红质这种氯离子泵在光激活之后足以抑制哺乳动物神经元的动作电位发放，以及抑制秀丽隐杆线虫的肌肉收缩。遗憾的是，嗜盐菌视紫红质的神经生物学实验本该在这多年之前完成（对细菌视紫红质来说亦是如此），但直到通道型视紫红质-2的发现和应用之后才促进了它们的使用，并开创了全新的领域，如今这一领域被称为光遗传学（optogenetics）。现在，许多神经生物学家都在使用这些工具，包括我们在内的一些实验室还在致力于进一步完善和扩展现有的光遗传学工具箱。

参考文献：

Nagel G, Szellas T, Huhn W, Kateriya S, Adeishvili N, Berthold P, Ollig D, Hegemann P, Bamberg E. 2003. Channelrhodopsin-2, a directly light-gated cation-selective membrane channel. *Proceedings of the National Academy of Sciences of United States of America* 100:13940-13945.

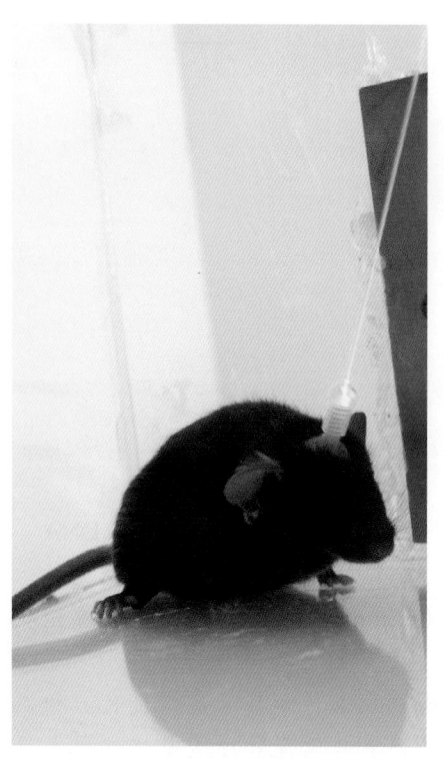

▲ 图 4.4

光遗传学控制小鼠脑内神经元的活动。通过注射病毒将编码通道型视紫红质 -2 的基因导入小鼠脑内神经元。光纤发出的蓝光可以控制这些神经元的发放（图片由麻省理工学院 Ed Boyden 惠赠）

说，内流的阳离子引起的去极化足以达到产生动作电位的阈值。随后，美国的研究者展示了光遗传学的巨大潜力，用蓝光照射大鼠或小鼠脑中导入了 *ChR2* 基因的神经元，就能显著地改变动物的行为（图 4.4）。嗜盐菌视紫红质（halorhodopsin）是最新的"光遗传工具"之一，这种来自单细胞细菌的蛋白质能够使得神经元的活动在黄光的照射下被抑制。

要理解行为的产生方式，就必须弄清楚动作电位是怎样产生的，以及动作电位是怎样在神经系统中传导的。下面，我们将探讨神经元上特异性通道蛋白的一些有趣特性，从而了解离子是如何跨膜流动而产生神经信号的。

4.3　理论上的动作电位

动作电位是一个跨膜电荷戏剧性地重新分配的过程。在动作电位的过程中，**细胞的去极化是由钠离子的跨膜内流所引起的，而复极化是由钾离子的外流所导致的**。下面利用第 3 章中的一些知识来理解离子是怎样被驱动并跨膜运动的，以及这些电荷运动是如何影响膜电位的。

4.3.1　膜电流和膜电导

图 4.5 所示为一个理想神经元，其细胞膜上有 3 种蛋白质分子：钠-钾泵，钾通道和钠通道。离子泵的作用是建立和维持跨膜离子浓度梯度。与之前所有例子相同，我们假定细胞内的 K^+ 浓度比细胞外的高 20 倍，而 Na^+ 浓度则是细胞外比胞内高 10 倍。根据能斯特方程，37℃时，$E_K = -80$ mV，而 $E_{Na} = 62$ mV。下面用此细胞模型来探讨控制离子跨膜运动的因素。

开始时，假定钾通道和钠通道都是关闭的，膜电位 V_m 为 0 mV（图 4.5a）。如第 3 章所述，当仅有钾通道被打开时（图 4.5b），K^+ 会流向细胞外，降低它的浓度梯度，直到细胞内的电位变得更负，$V_m = E_K$（图 4.5c）。现在，让我们把注意力集中在 K^+ 的运动上，K^+ 运动所导致的膜电位从 0 mV 变至 −80 mV。这一过程中有三个方面的因素需要被重视：

1. K^+ 跨膜的净运动是一种电流，用符号 I_K 表示。
2. 一定数目的钾通道开放可以形成一定的电导，用符号 g_K 表示。
3. 只有当 $V_m \neq E_K$ 时，膜上钾电流（I_K）才会流动。K^+ 的驱动力来自膜电位和离子平衡电位之间的差值，即 $V_m - E_K$。

离子驱动力、离子电导和离子电流之间有一简单关系。对于 K^+ 而言，

$$I_K = g_K(V_m - E_K)$$

更为普遍的形式是

$$I_{ion} = g_{ion}(V_m - E_{ion})$$

其实，此式就是欧姆定律（$I = gV$）的一种表现形式，欧姆定律在第 3 章中曾讨论过。

再回到刚才的例子。假定 $V_m = 0$ mV，且膜对离子没有通透性（图 4.5a）。此时，$V_m \neq E_K$（事实上 $V_m - E_K = 80$ mV），因此对 K^+ 而言有一强大的驱

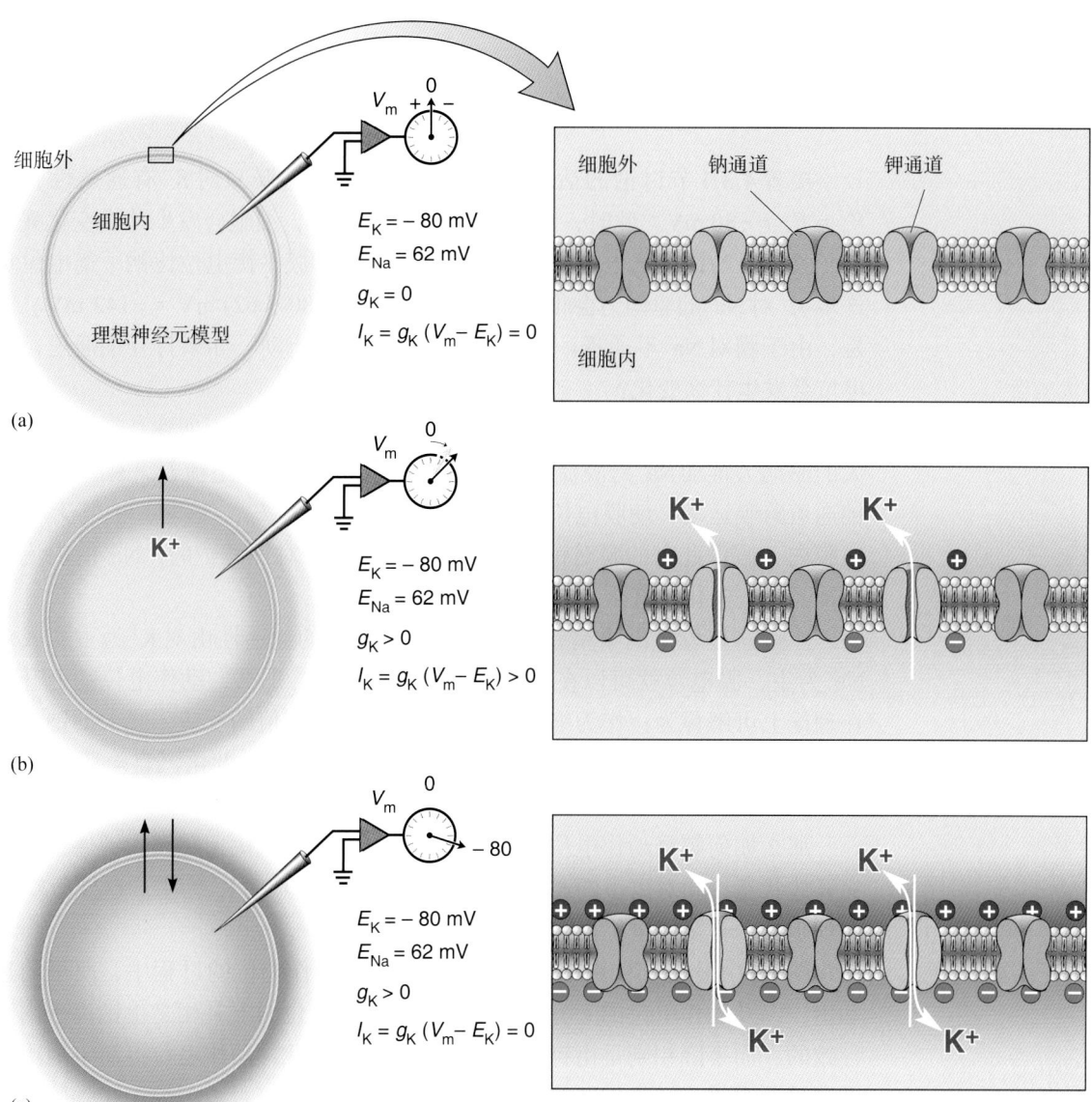

▲ 图4.5

膜电流和膜电导。一个有钠–钾泵（未显示）、钾离子通道和钠离子通道的理想神经元模型。离子泵建立了离子的跨膜浓度梯度，K^+聚集在膜内，而Na^+聚集在膜外。（a）假定所有通道都是关闭的，膜电位等于0 mV。（b）钾通道开放，K^+流出细胞。K^+的流动形成离子流（I_K），只要膜电位不等于钾离子的平衡电位，膜的钾电导$g_K > 0$，钾离子就会持续流动。（c）当膜电位和钾离子的平衡电位相等时，虽然g_K仍然大于0，但没有净的钾离子流。此时，流入和流出的K^+数目相等

动力。然而，膜对K^+不通透，此时钾电导$g_K = 0$，因而$I_K = 0$。只有当膜上的钾通道开放时，才有钾离子流，因而此时$g_K > 0$。只要膜电位不等于钾离子的平衡电位，K^+便会持续地流出细胞（图4.5b）。注意，电流的方向是使V_m接近E_K。当$V_m = E_K$时，膜处于平衡状态，此时没有净的膜电流。在这

种状态下，虽然钾电导 g_K 很大，但是对 K^+ 而言却没有净的离子驱动力（图 4.5c）。

4.3.2　动作电位过程中离子的进出

接着 4.3.1 节讨论的话题，理想神经元的细胞膜只对 K^+ 有通透性，且 $V_m = E_K = -80$ mV。此时，细胞外有高浓度的 Na^+，细胞会发生什么变化呢？由于膜电位与钠平衡电位之间有较大的差值（即膜平衡电位比钠平衡电位负许多），对 Na^+ 的驱动力会很大，即 $V_m - E_{Na} = (-80 - 62)$ mV $= -142$ mV。但是，由于膜对 Na^+ 不通透，因此没有净的钠离子流动。如果打开钠通道，膜电位会发生什么变化？

在改变膜对钠离子通透性的瞬间，g_{Na} 很高，正如前面所述，会有一个很大的驱动力推动 Na^+ 跨膜流动，因而产生巨大的跨膜钠电流 I_{Na}。钠离子通过钠通道跨膜运动，使膜电位 V_m 趋向于钠的平衡电位 E_{Na}。这时，钠电流 I_{Na} 流向膜内。假设此时的膜对钠离子的通透性远大于对钾离子的，Na^+ 的内流会使神经元去极化，直至 V_m 达到 E_{Na}（62 mV）。

注意这里发生的事情是：只要把膜对离子的通透性由对 K^+ 为主变成对 Na^+ 为主，膜电位就可以在极短时间内迅速逆转。那么，动作电位的上升相在理论上可解释为：作为细胞膜对膜去极化超过阈值的反应，膜上的钠通道会开放。这样，Na^+ 便进入神经元，导致膜进一步去极化，直至膜电位达到 E_{Na}。

那么如何解释动作电位的下降相呢？设想钠通道快速关闭，钾通道仍处在开放状态，膜对离子的通透性将由对 Na^+ 为主变成对 K^+ 为主。这样，K^+ 流向细胞外，直至膜电位再次等于 E_K。

图 4.6 中显示了在一个理想神经元模型上动作电位的过程中，离子的进和出，以及动作电位的上升相和下降相。动作电位的上升相是由钠离子内流导致的，而下降相则是由钾离子外流导致的。因此，动作电位可简单地用离子穿过通道的流动来加以解释，而这些通道的开关与否（门控）受到膜电位变化的控制。如果你理解了这个概念，也就对动作电位的离子基础有了一定的认识。接下来，需要了解的是动作电位在真实的神经元上是怎样产生的。

4.4　实际的动作电位

首先让我们粗略地重温一下有关动作电位的理论。当膜电位去极化达到阈值时，g_{Na} 瞬时增大，Na^+ 进入胞内，使神经元去极化。动作电位过程中 g_{Na} 的增加时间非常短暂，致使动作电位的时程相对较短。在动作电位的下降相，g_K 瞬时增加，K^+ 从去极化了的神经元内快速外流，膜电位复极化成负值。

上述理论的检测似乎简单，只需测量动作电位过程中膜对钠离子和钾离子的电导即可。但在真实的神经元上，这样的测量并非易事。直到美国生理学家 Kenneth C. Cole 发明了一种称为**电压钳**（voltage clamp）的仪器，研究才有了突破性的进展。英国剑桥大学的生理学家 Alan Hodgkin（艾伦·霍奇金，1914.2—1998.12，1963 年诺贝尔生理学或医学奖获得者之

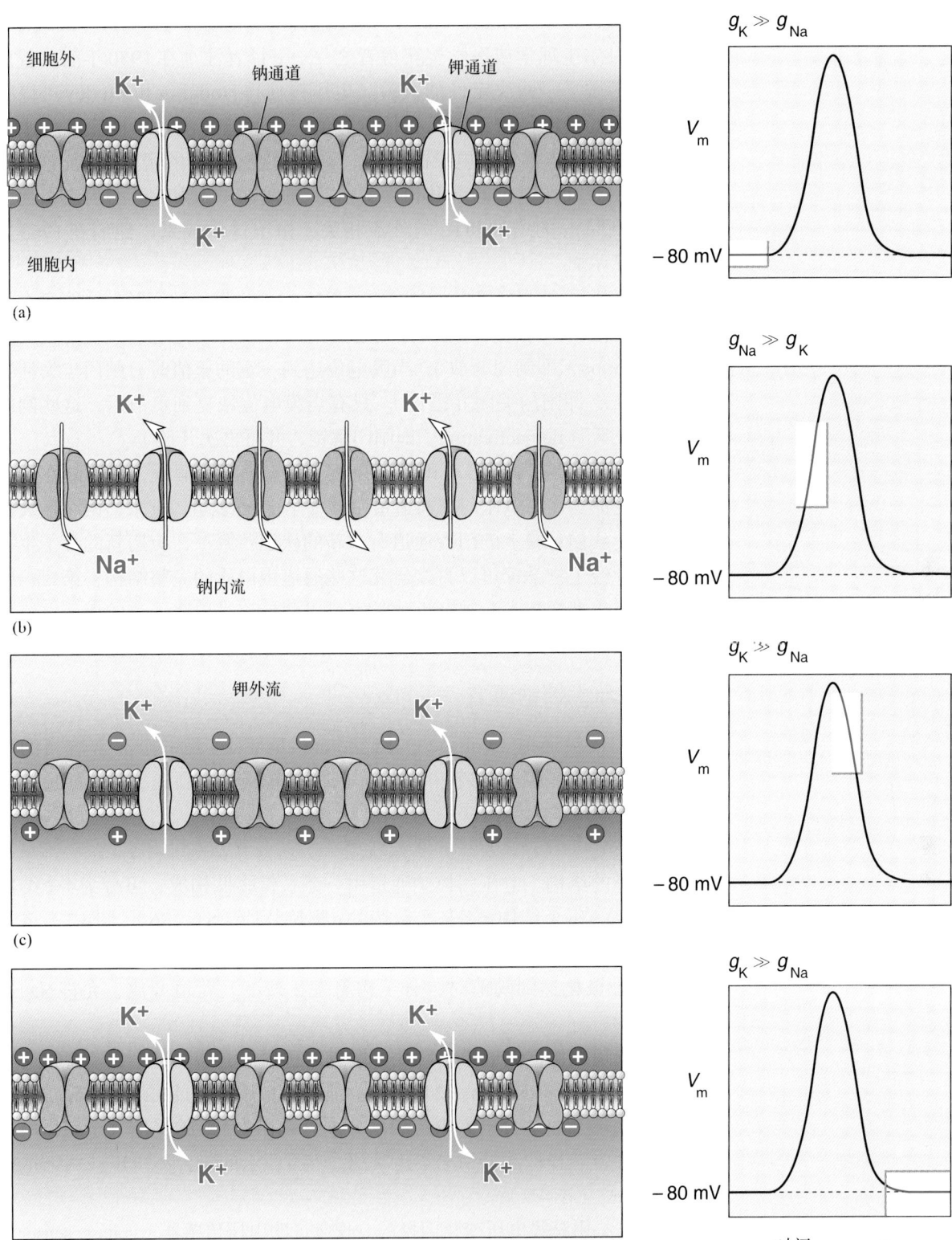

▲ 图 4.6

膜对离子的相对通透性变化所导致的膜电位翻转。(a) 图4.5所介绍的理想神经元的细胞膜。假设膜只对K^+有通透性，且$V_m = E_K$。(b) 假定膜上钠通道开放，因而$g_{Na} \gg g_K$。这样，对Na^+而言就有一个强大的离子驱动力，Na^+迅速流入细胞，使膜电位趋向于E_{Na}。(c) 钠通道关闭，$g_K \gg g_{Na}$。由于膜电位仍处于正值，对K^+而言有一个强大的驱动力。K^+的外流使V_m趋向于回到E_K。(d) 膜的静息态恢复，$V_m = E_K$

———译者注）和 Andrew Huxley（安德鲁·赫胥黎，1917.11—2012.5，1963 年诺贝尔生理学或医学奖获得者之一——译者注）在 1950 年前后曾用电压钳技术做了一些决定性的实验。电压钳使得 Hodgkin 和 Huxley 可以把神经元轴突的膜电位"钳制"在任意数值，然后通过测量不同膜电位水平时流过膜的电流来推测膜电导的变化。通过一系列精确的实验，Hodgkin 和 Huxley 证明了动作电位的上升相确实由 g_{Na} 的瞬时增大和 Na^+ 的内流引起，而下降相则与 g_K 的增加和 K^+ 的外流相关。由于这项成果，他们在 1963 年获得了诺贝尔奖。

为了解释 g_{Na} 的瞬时变化，Hodgkin 和 Huxley 认为，轴突膜上可能存在着钠离子的"闸门"（gate）。他们推测这些闸门在膜去极化超过阈值时被"激活"（activation，即闸门开放），当膜电位达到一定的正值时，闸门"失活"（inactivation，即闸门关闭并锁住）。只有当膜电位恢复到负值后，这些闸门才会"去失活"（deinactivation，即闸门解锁，并可再次开放）。

值得称颂的是，Hodgkin 和 Huxley 关于膜上闸门的假设，比最终在神经元膜中直接证实存在电压门控通道蛋白整整早了 20 多年。近来，两个重大的科学发现使我们对膜上的门控通道有了新的认识：第一，应用新的分子生物学手段，神经生物学家可以直接研究这些通道蛋白质的完整结构；第二，应用新的神经生理学技术，神经生物学家可以测量流过单个通道的离子电流。下面，让我们从膜离子通道的角度出发，来探讨动作电位的产生。

4.4.1　电压门控钠通道

电压门控钠通道（voltage-gated sodium channel）是一个非常恰当的名称。通道蛋白质在膜上形成一个对 Na^+ 有高度选择性的孔道，且此孔道的开放和关闭受膜电位的调控。

钠通道的结构。电压门控钠通道由一条长链多肽构成，可分为 4 个结构域（I～IV），每个结构域有 6 个跨膜的 α 螺旋片段（S1～S6）（图 4.7）。4 个结构域聚合在一起围成一个孔道。在负的静息膜电位状态下，孔道关闭。当膜电位去极化达到阈值时，分子构象发生改变，孔道开放，允许 Na^+ 通过（图 4.8）。

与钾通道类似，钠通道也有孔环形成的选择性滤器。这个滤器使钠通道对 Na^+ 的通透性比对 K^+ 的高 12 倍以上。显然，钠离子经过孔道时会脱去大部分（不是全部）的结合水。剩余的水分子可以作为 Na^+ 的伴侣分子起作用，这是离子通过选择性滤器所必需的。这个离子–水的复合体可以被用来选择 Na^+ 而排除 K^+（图 4.9）。

钠通道是由跨膜电压变化门控的。现已证明电压传感器（voltage sensor）在通道分子的 S4 片段上，带正电荷的氨基酸残基在该片段沿 α 螺旋规则排列。这样，整个片段可随膜电位的变化而移动。膜的去极化使 S4 片段发生扭动，分子的这种构象变化导致了通道的开放。

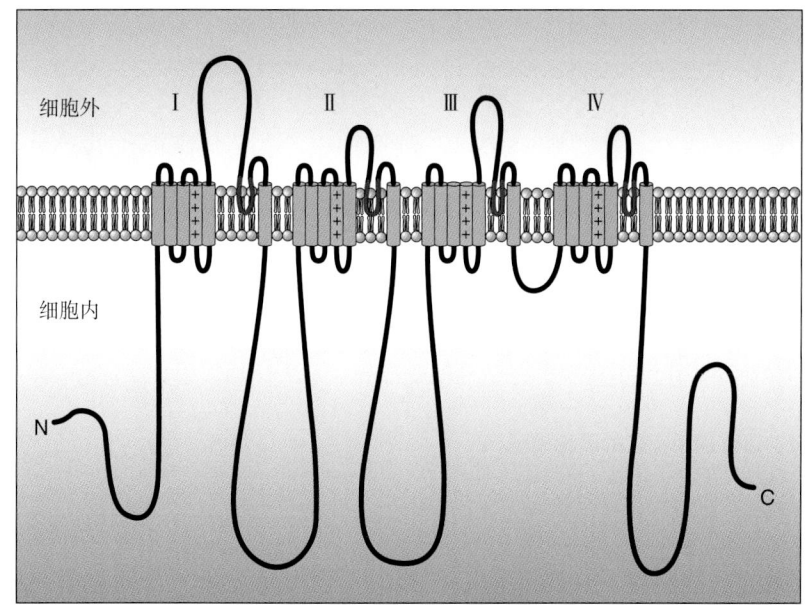

(a)

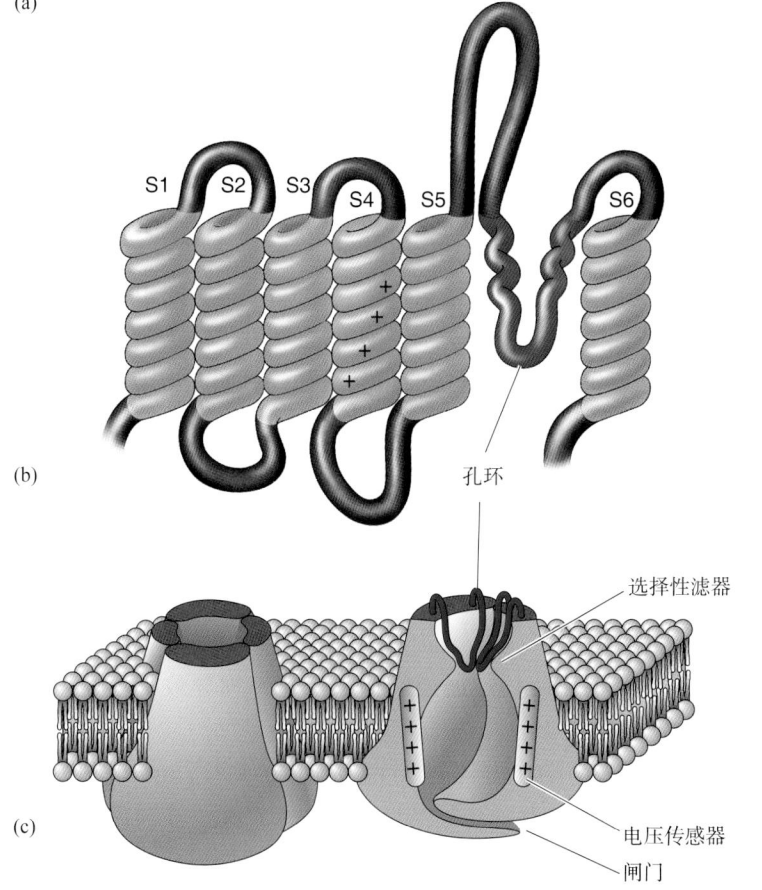

(b)

孔环

选择性滤器

(c)

电压传感器

闸门

▲ 图4.7

电压门控钠通道的结构。(a) 钠通道的多肽链如何交织在膜上的示意图。通道由4个结构域（I ~ IV）组成，每个结构域有6个α螺旋片段（以蓝色和紫色的圆柱体表示），它们来回地穿插在膜中。(b) 一个结构域的放大图，α螺旋的S4片段是电压传感器，红色部分是孔环，孔环构成了通道的选择性滤器。(c) 各结构域排布形成孔道的示意图（改绘自：Armstrong and Hille，1998，图1）

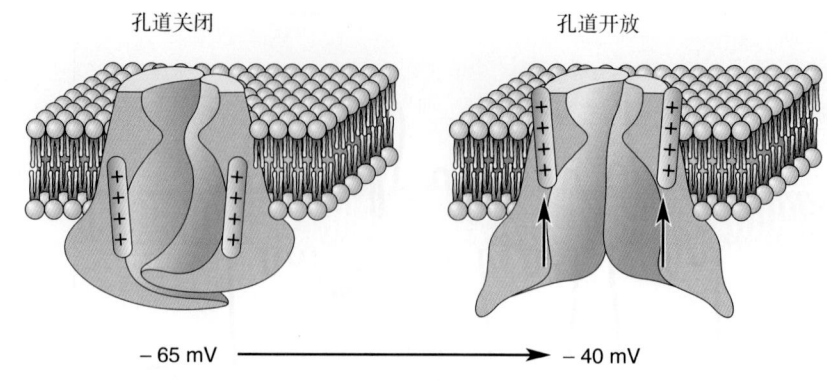

▲ 图 4.8
膜去极化时钠通道构象变化的理论模型

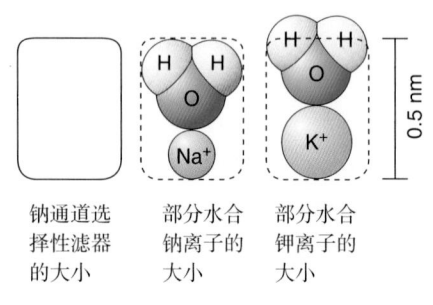

▲ 图 4.9
钠通道选择性滤器的大小。水伴随着离子通过孔道。水合钠离子的大小适合通过通道，水合钾离子不适合（改绘自：Hille，1992，图 5 和图 6）

钠通道的功能特性。 1980 年前后，德国哥廷根马克斯·普朗克研究所（Max Planck Institute in Goettingen）的工作揭示了电压门控钠通道的功能特性。一种称为**膜片钳**（patch clamp）的新方法被用来研究流过单个离子通道的离子电流（图文框 4.3）。膜片钳技术需要把微电极的尖端封接在非常小的一片神经元膜上。然后把这一小片膜从神经元上拉下来，当膜电位被钳制在由实验者所选定的任一数值时，就可以测量流过膜的离子电流。幸运的话，这一小片膜片上正好只有一个通道，通道的行为便可以被研究。因此，用膜片钳技术可以研究电压门控钠通道的功能特性。

当一小片轴突膜的钳制电压从 –80 mV 变至 –65 mV 时，对电压门控钠通道几乎没有影响。因为膜的去极化尚未达到阈值，通道仍然关闭。但是，当膜电位从 –65 mV 变至 –40 mV 时，这些通道突然开放。如图 4.10 所示，电压门控钠通道的开放有如下行为学特征：

1. 通道的开放有短暂的延迟。
2. 通道开放的持续时间约为 1 ms，然后关闭（失活）。
3. 只有当膜电位复极化至接近阈值的负电位水平时，通道才能因去极化而再次开放。

图 4.10c 显示了一个电压门控钠通道的构象变化怎样导致了上述该通道的一些特性的假说模型。

单个通道不能导致一个动作电位的产生。 每平方微米（μm²）轴突膜上可能有数千个钠通道，所有这些通道的共同作用对于产生一个可测量的动作电位是必需的。尽管如此，看一看有多少动作电位的特性可以由电压门控钠通道的特性来解释，也是一件非常有趣的事。例如，只有当膜去极化达到一个临界水平时，单通道才开放，这可以解释动作电位的阈值；去极化导致的通道迅速开放，可以解释动作电位的上升相为何会发生得如此之快；在失活之前，通道只能维持极短时间的开放状态（大约 1 ms），可以在一定程度上解释为什么动作电位的时程如此之短。此外，通道的失活还能解释绝对不应期的产生，即在通道再次激活之前不会产生另一个动作电位。

图文框4.3 ┃ 脑的食粮

膜片钳方法

在研究单通道蛋白质的方法建立以前，神经元膜上是否真的存在电压门控通道还仅仅是个猜想。膜片钳这个革命性的新方法，是由德国神经生物学家 Bert Sakmann（贝尔特·萨克曼，1942.6—，与 Erwin Neher 一道因发现了细胞单离子通道的功能和发明了膜片钳技术而获得诺贝尔生理学或医学奖——译者注）和 Erwin Neher（埃尔温·内尔，1944.3—，德国生物物理学家——译者注）于20世纪70年代中期建立的。为了表彰他们的突出贡献，Sakmann 和 Neher 被授予1991年度的诺贝尔奖。

应用膜片钳技术可以记录流过单个通道的离子电流（图A）。第一步是将尖端抛光过的直径为1～5 μm 的玻璃电极缓慢地贴附于神经元膜上（图A，a）；然后通过抽吸而对电极尖端施以负压（图A，b）。于是，在电极壁与其下方的细胞膜膜片之间形成紧密封接。因封接处的电阻值大于10^9 Ω，故称为"千兆欧姆"（gigaohm）封接。这使得电极内的离子只有一条路径可走，即贴附在电极尖端下膜片上的通道。如果提起电极，该膜片可从细胞膜上被扯下来（图A，c），若在膜片两侧施以稳定的电压，就可记录离子电流了（图A，d）。

幸运的话，可以记录到流过单个通道的电流。例如，如果膜片只含有一个电压门控钠通道，将膜电位从-65 mV 变为 -40 mV 就会导致通道开放，电流（I）流过通道（图A，e）。在膜电位恒定的情况下，被测量的电流幅度反映了通道的电导，电流的持续时间反映了通道的开放时间。

膜片钳记录表明，大部分通道在两种电导状态之间变换，分别对应通道的开放或关闭。通道保持开放状态的时间是不同的，但单通道的电导值是一样的，因此被称为单位电导。离子可以以惊人的速度——高于一百万个/秒通过单个通道。

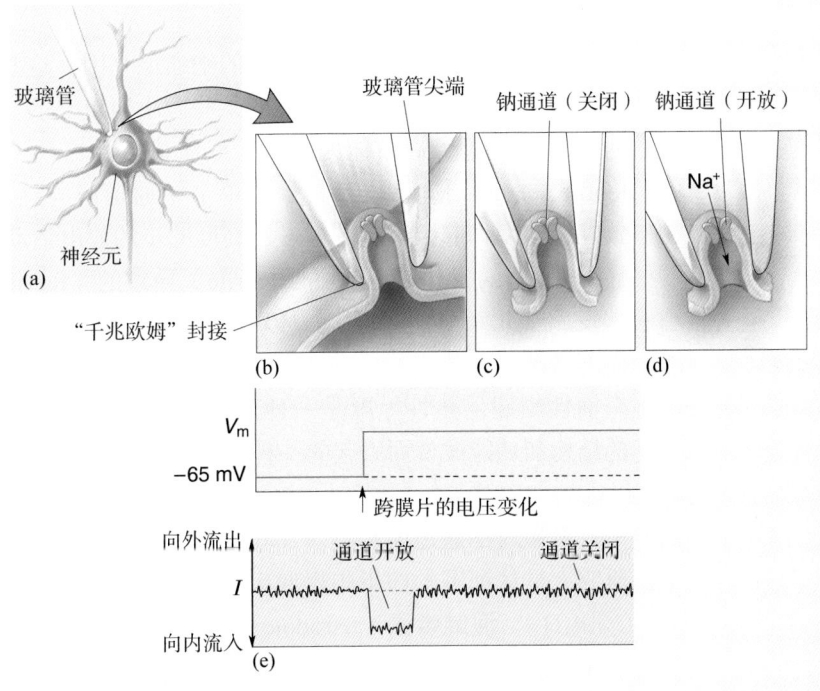

图A

▶ 图4.10

膜去极化时钠通道的开放和关闭。(a) 曲
线显示的是一小片膜片的跨膜电位。当
膜电位从 -65 mV 变为 -40 mV 时，钠通
道突然开放。(b) 图中的曲线显示了3个
不同的通道对电压脉冲的反应。每条曲
线都是流过一个通道的电流的记录。
① 在 -65 mV 时，通道关闭，故没有电
流；② 当膜去极化至 -40 mV 时，通道
短暂打开，电流内流，在曲线上表现为
一个向下的偏转。尽管通道不尽相同，
但它们都表现出在极为短暂的延迟后开
放的特性，开放持续时间小于 1 ms。需
要注意的是，通道开放一次之后，只要
膜还维持在去极化的 V_m 状态下，通道便
持续关闭；③ 持续去极化导致的钠通道
关闭称为失活；④ 要使通道去失活，膜
电位必须恢复到 -65 mV。(c) 钠通道如
何通过变构而发挥其功能作用的一种模
型。① 关闭的通道；② 通道因膜去极化
而打开；③ 当通道蛋白在细胞内侧的一
个球状部分转上来阻塞了孔道时，通道
失活；④ 当球状部分掉下来时，由于跨膜
结构域的运动，孔道关闭，通道去失活

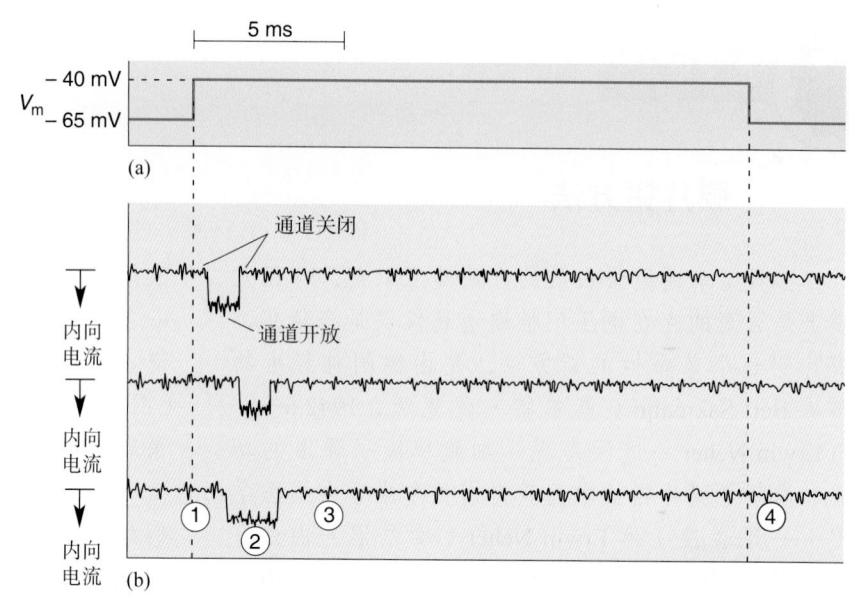

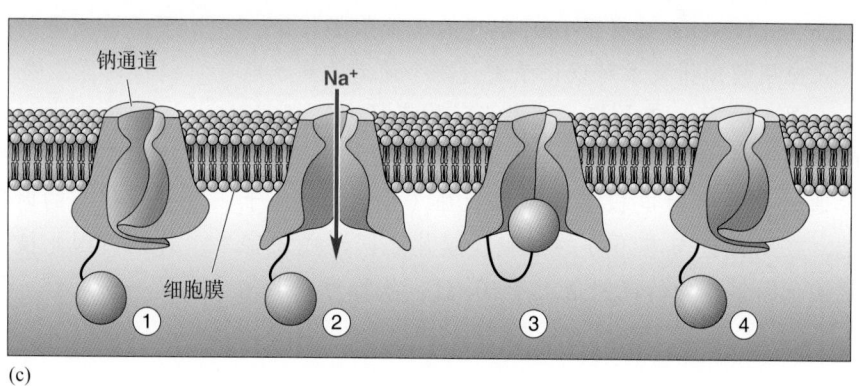

在人类基因组中有一些不同的钠通道基因。这些基因在神经元中的不同
表达，可能导致动作电位特性的某些微小但重要的变化。最近，人类婴儿中
的一种常见遗传病，称为**全面性癫痫伴热性惊厥**（generalized epilepsy with
febrile seizures），已被证实是由单个钠通道膜外区域的单个氨基酸突变所
致。癫痫发作起因于脑内爆发性高度同步的放电活动（第19章将详细讨论癫
痫）。癫痫的发作是由**发热**（febrile）导致的（febrile 源于拉丁语的 fever），
常发病于儿童早期，即3个月到5岁。尽管脑温度上升引发癫痫的确切原因
尚不清楚，但突变的后果之一是钠通道失活变慢，使动作电位的时程延长。
全面性癫痫伴热性惊厥是一种**离子通道病**（channelopathy），是由离子通道
的结构和功能改变而引起的一种人类遗传疾病。

　　毒素对钠通道的影响。20世纪60年代，杜克大学（Duke University）的
研究人员从河鲀的卵巢中提取出一种毒素，该毒素可以选择性地阻断钠通道
（图4.11）。**河鲀毒素**（tetrodotoxin，TTX）通过与钠通道外侧一个特定的位
点紧密结合，从而堵塞了通透 Na^+ 的孔道。TTX 能阻断所有钠依赖的动作电
位（sodium-dependent action potential），因而在摄入之后通常会致命。尽管如
此，在日本，河鲀依然被当成一种美味佳肴。经过多年培训并持有政府颁发

▲ 图 4.11
河鲀：TTX 的来源（图片来源：由杜克大学 Toshio Narahashi 博士惠赠）

的许可证的厨师，会用特殊的方法来烹制河鲀，使河鲀吃起来仅在嘴唇周围有麻木的感觉。这是一种非常冒险的吃法！

　　TTX 仅是许多干扰电压门控钠通道功能的天然毒性物质中的一种。另一个通道阻断剂是**石房蛤毒素**（saxitoxin），从沟藻（*Gonyaulax*）属的甲藻中提取。石房蛤毒素富集于以这些海藻为食的蛤蜊、蚌以及其他贝壳类水生动物体内。有时，甲藻暴长会导致"赤潮"（red tide）。此时食用这些甲壳类水生动物可能是致命的，因为它们通常含有高浓度的毒素。

　　除了这些毒素可以阻断钠通道，某些化合物还可通过导致通道的异常开放而影响神经系统的功能，如从哥伦比亚蛙（Colombian frog）的皮肤提取到的**蛙皮毒素**（batrachotoxin）。蛙皮毒素可使钠通道在更负的膜电位下开放，并使其比正常开放时间更长，从而扰乱动作电位对信息的编码。分别由百合和金凤花产生的毒素——藜芦碱（veratridine）和乌头碱（aconitine）也有类似的机制。蝎子和海葵产生的毒素也可扰乱钠通道的失活。

　　我们从这些毒素中能够得到些什么呢？首先，不同的毒素通过结合通道蛋白质的不同位点从而干扰通道的功能。有关毒素结合及其所导致的后果的信息，有助于研究人员推测钠通道的三维结构。其次，这些毒素能够作为研究工具，用于研究阻断动作电位的后果。在后面的章节中，我们将会看到，TTX 通常在需要阻断神经或肌肉冲动的实验中被用到。最后，同时也是从毒素研究得到的最重要的教训——要注意吃入口中的东西是什么！

4.4.2　电压门控钾通道

　　Hodgkin 和 Huxley 的实验表明，钠电导（g_{Na}）的失活仅能部分解释动作电位的下降相。他们还发现了钾电导（g_K）的瞬时增加。钾电导的功能是加速锋电位后负的膜电位的恢复。他们提出，与钠离子门一样，细胞膜上也存在钾离子门，并且钾离子门在膜去极化时也开放。然而，与钠离子门不同，钾离子门在去极化时不会立即开放，它们大约要过1 ms才开放。由于这一延迟开放以及钾电导发挥整流或重设膜电位的功能，钾电导被称为**延迟整流型**（delayed rectifier）钾电导。

现在，我们已经知道有多种类型的**电压门控钾通道**（voltage-gated potassium channel）存在。当膜去极化时，大部分的钾通道开放，K^+通过开放的通道流向细胞外，阻止进一步去极化。已知的电压门控钾通道都有相似的结构。钾通道蛋白由4个独立的多肽亚基组成，4个亚基聚合形成一个孔道。像钠通道一样，这些蛋白质对跨膜的电场变化敏感。当膜去极化时，亚基发生形变，从而允许K^+流过孔道。

4.4.3　小结

现在，我们可以用所学到的关于离子和通道的知识来解释动作电位的一些主要特征（图4.12）。

- **阈值**：阈值就是一个特定的膜电位。在这个膜电位下，足够多的电压门控钠通道开放，从而使得膜对钠离子的相对通透性比对钾离子的高。

- **上升相**：当膜内侧为负电位时，对Na^+来说有一个强大的驱动力。因此，Na^+通过开放的钠通道涌入细胞，导致膜的快速去极化。

- **超射**：由于膜对钠有很大的相对通透性，膜电位达到一个接近于E_{Na}的值，这个值要比0 mV大。

- **下降相**：两种类型通道的活动参与了下降相的形成。首先是电压门控钠通道的失活，其次是电压门控钾通道最终的开放（被1 ms之前的膜去极化所触发而开放）。当膜被强烈地去极化时，对K^+来说有一个强大的驱动力。此时，K^+通过开放的通道冲出细胞，导致膜电位重新变负。

- **回射**：此时，在静息膜对钾离子具有的通透性基础上，叠加了电压门控钾通道的开放。因为膜对钠离子的通透性很小，膜电位向E_K转变，导致相对于静息膜电位的超极化，直到电压门控钾通道再次关闭。

- **绝对不应期**：当膜被强烈地去极化时，钠通道失活，而且不能被再一次激活。在膜电位变得足够负而使钠通道去失活之前，这些通道不能够被再激活，因而不会产生另一个动作电位。

- **相对不应期**：膜电位一直处于超极化状态，直到电压门控钾通道关闭。因此，需要更大的去极化电流使膜电位达到阈值。

我们已经知道，通道及流经通道的离子运动可以用来解释动作电位的特性，但重要的是，要记住钠-钾泵在幕后默默地运转。想象一下，每一个动作电位期间进入细胞内的钠离子就像一股波浪，掠过在大海中行驶的航船的船首；而钠-钾泵就像船舱底的水泵持续运转一样，总是在不间断地工作，

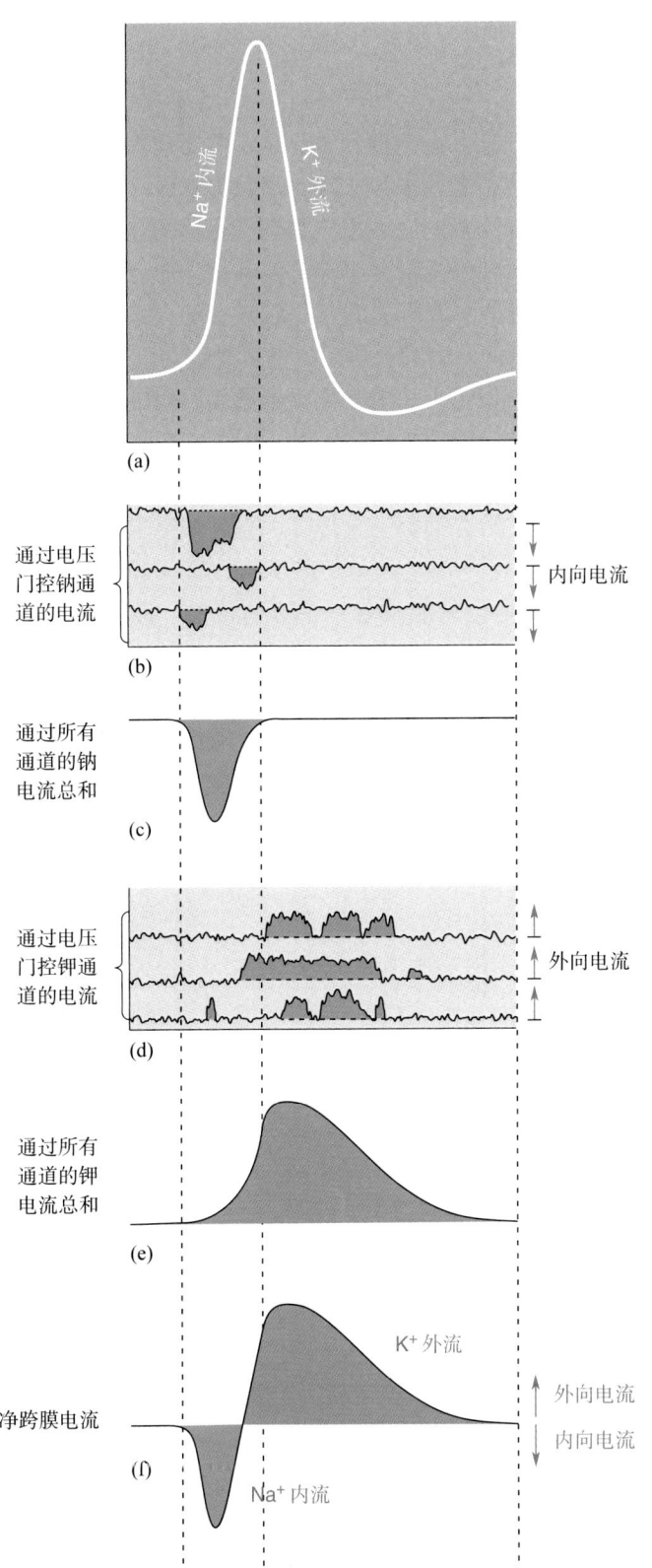

通过电压门控钠通道的电流
(b)

内向电流

通过所有通道的钠电流总和
(c)

通过电压门控钾通道的电流
(d)

外向电流

通过所有通道的钾电流总和
(e)

净跨膜电流
(f)

K⁺ 外流

Na⁺ 内流

外向电流
内向电流

◀ 图 4.12
动作电位的分子基础。(a) 动作电位期间膜电位随时间的变化。动作电位的上升相是由于Na⁺通过数百个电压门控钠通道内流所引起的,而下降相则是由钠通道的失活及K⁺通过电压门控钾通道外流所造成的。(b) 流过3个电压门控钠通道的内向电流。当膜去极化至阈值时,每个通道稍稍延迟后开放。通道开放的持续时间不超过1 ms,然后失活。(c) 通过所有钠通道的钠电流总和。(d) 分别流过3个代表性电压门控钾通道的外向电流。膜去极化至阈值后约1 ms,电压门控钾通道开放。并且,通道在膜去极化时一直保持开放。钾的高通透性使膜迅速超极化。当电压门控钾通道关闭后,膜电位又回到原来的静息水平,约为-65 mV。(e) 通过所有钾通道的钾电流总和。(f) 动作电位期间的净跨膜电流(c部分和e部分的总和)

将 Na^+ 运回膜外。钠-钾泵维持着离子梯度，从而驱动 Na^+ 和 K^+ 在动作电位期间流过各自的通道。

4.5 动作电位的传导

为了将信息从神经系统内的某一点传播到另一点，需要动作电位一经产生就能沿轴突传导。这个过程像引燃一根导火索。想象你拿着一串鞭炮，导火索底端有一根燃烧的火柴。导火索的底端由于得到了足够的热量（超出某个阈值）而被点燃，燃烧的底端使临近部分迅速升温和被点燃。火焰以这种方式稳定地沿着导火线燃烧。注意，在导火索某一端点燃的火焰只能沿着一个方向燃烧，火焰的方向不能折回，因为火焰后方的可燃烧物已经被燃尽。

动作电位沿着轴突的传播类似于火焰沿着导火索燃烧。当轴突去极化达到阈值时，电压门控的钠通道突然开放，产生动作电位。正电荷的内流使膜的相邻区域去极化，当去极化到达阈值时，膜上的钠通道也会突然开放（图4.13）。动作电位以这种方式沿着轴突一直传导，直到轴突末梢，进而触发突触传递（见第5章）。

产生于轴突某一端的动作电位只能沿着一个方向传播，而不能折返。这是因为它后面的膜由于钠通道的失活而处于不应期。通常，动作电位只能从神经元胞体向其末梢沿一个方向传导，这称为顺向传导（orthodromic conduction）。但是，就像导火索一样，在轴突的任意一端都可以通过去极化触发动作电位，因而动作电位也可以沿两个方向传播。在实验中可引发动作电位反方向传播，称为**逆向传导**（antidromic conduction）。注意，因为整个轴突的膜都是可兴奋的（能产生动作电位），冲动可以不衰减地传导。导火

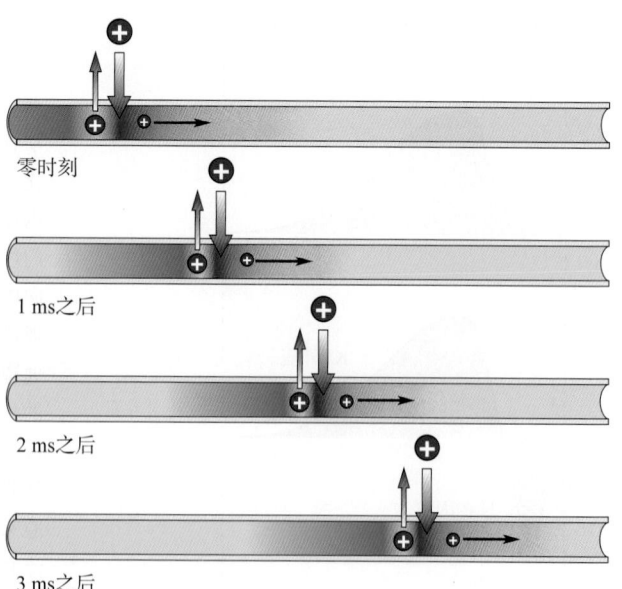

零时刻

1 ms之后

2 ms之后

3 ms之后

▲ 图4.13

动作电位的传导。动作电位期间正电荷的进入使前面的膜去极化至阈值

索以相同方式传播火焰，因为它在全长都是可燃的。与导火索不同的是，轴突具有再次产生动作电位的能力。

动作电位的传导速度是不相同的，10 m/s 是一个比较典型的速率。记住，动作电位从开始到终止大约持续 2 ms。由此，可以计算出任一瞬间动作电位覆盖的膜的长度：

$$10 \text{ m/s} \times 2 \times 10^{-3} \text{ s} = 2 \times 10^{-2} \text{ m}$$

即以 10 m/s 的速度传导的动作电位覆盖了 2 cm 长的轴突。

4.5.1　影响传导速度的因素

在动作电位期间，内向钠离子流仅使动作电位产生部位前面的一小块膜去极化。如果这一小块膜去极化达到阈值，使电压门控钠通道打开，将会爆发一个动作电位，并沿着膜一直"燃烧"下去。动作电位沿着轴突传导的速度，取决于去极化向动作电位前方扩散的距离有多远，而扩散的距离又取决于轴突的物理特性。

想象一下，在动作电位期间，流入轴突的正电荷就像打开水龙头往一个漏水的水管中充水。这样，水有两条路可走：一条是沿着水管的内部走，另一条是通过水管的漏洞往外流。有多少水分别从这两条路走，取决于这两条路各自的阻力。大部分的水会往阻力小的路走。如果水管较狭窄，而漏洞较多且大，大部分的水将通过漏洞流出；如果水管较粗大，而漏洞少且小，大部分的水将沿着水管内部流出。同样的原理适用于正电流沿轴突向动作电位前方的扩散。

正电荷有两条路可走：一条是在轴突内部向前流动，另一条是穿过轴突膜流向膜外。如果轴突直径小且有许多开放的膜孔道，大部分的电流将穿过膜流出；如果轴突直径大且膜上开放的孔道较少，大部分的电流将在轴突内部向前流动。电流在轴突内部流动的距离越远，动作电位前方更远距离处的膜就会被去极化，动作电位传导得就越快。因此，动作电位的传导速度随轴突直径的增加而增快。

正是由于存在轴突的直径和传导速度之间的关联，某些对个体生存特别重要的神经通路在进化过程中就形成了非同寻常的大轴突。枪乌贼的巨轴突就是一个例子，它是介导枪乌贼受到强烈的感觉刺激时产生逃逸反应的神经通路的一部分。枪乌贼的巨轴突直径可达 1 mm，以致最初认为该轴突是这种动物循环系统的一部分。神经科学要感谢英国动物学家 J. Z. Young，因为他在 1939 年唤起了人们的注意，将枪乌贼的巨轴突作为研究神经元膜生物物理学特性的实验材料。随后，Hodgkin 和 Huxley 用这种材料阐明了动作电位的离子基础。直到今天，枪乌贼的轴突仍在神经生物学研究中被广泛地使用。

有趣的是，轴突的直径大小和膜上电压门控通道的数量也影响轴突的兴奋性，越小的轴突越需要更大的去极化才能达到动作电位的阈值，其对局部麻醉剂的阻断作用也更敏感（图文框 4.4）。

图文框 4.4　趣味话题

局部麻醉

虽然你试图挺过去，但你还是无法忍受，最终屈服于牙痛而去看牙医。幸运的是，修补牙齿空洞过程中最不舒服的，仅仅是因注射针头引起的牙龈刺痛。注射之后，你的嘴巴就变得麻木了，当牙医在钻孔和修补牙齿时，你可能在打瞌睡。是什么被注射进去了呢？它怎样发挥作用的呢？

局部麻醉剂是一类能够暂时阻断轴突上动作电位的药物。因为它们被直接注射到需要局部感觉缺失的组织中，所以被称为"局部"麻醉剂。能够产生许多动作电位的小轴突对局部麻醉剂所导致的传导阻滞是最敏感的。

第一个药用的局部麻醉剂是由德国医生 Albert Niemann 在 1860 年从古柯树（coca plant）的树叶中提取出来的可卡因（cocaine）。按那个年代药理学家的习惯，Niemann 尝了尝新发现的化合物，发现它会引起舌头的麻木。很快，人们就发现可卡因还有毒性及成瘾性。可卡因的致幻作用是由同时代的另一位著名医生 Sigmund Freud（西格蒙德·弗洛伊德，1856.5—1939.9，奥地利神经病和精神病学家、心理学家、精神分析学派创始人——译者注）发现的。我们将在第 15 章中看到，可卡因通过与局部麻醉不同的机制来改变情绪。

在寻找可卡因的合成替代物过程中，导致了利多卡因（lidocaine）的发展。利多卡因现今已是应用最广泛的局部麻醉药。将利多卡因溶于凝胶中，然后涂于口腔黏膜上（或其他黏膜上）可麻醉神经末梢（表面麻醉）；也可将利多卡因注入组织内（浸润麻醉）或神经内（神经封闭）；甚至可将其注入脊髓段脑脊液中（脊髓麻醉），从而使身体的大部分被麻醉。

利多卡因和其他局部麻醉剂通过与电压门控钠通道结合而阻止动作电位的产生。利多卡因的结合位点现已确定，它位于通道蛋白质结构域 IV 中的 S6 α 螺旋区（图 A）。利多卡因不能从细胞外部接触到这个位点，它首先要穿过轴突膜，通过开放的通道门，然后在孔道中找到结合位点。这就解释了为什么处于激活状态中的神经被更快地阻断（钠通道门的开放更为频繁）——利多卡因的结合干扰了因去极

化钠通道而出现的钠离子流。

细小的轴突容易在粗大的轴突之前受到局部麻醉剂的影响，因为它们动作电位的安全系数较小。当动作电位沿着轴突传导时，小轴突需要更多的电压门控钠通道参与，以保证动作电位不会"熄灭"。较细的轴突对局部麻醉药更敏感的特点，在临床上非常有意义。我们在第 12 章中将会看到，正是这些细小的纤维传导诸如牙疼之类的痛觉信息。

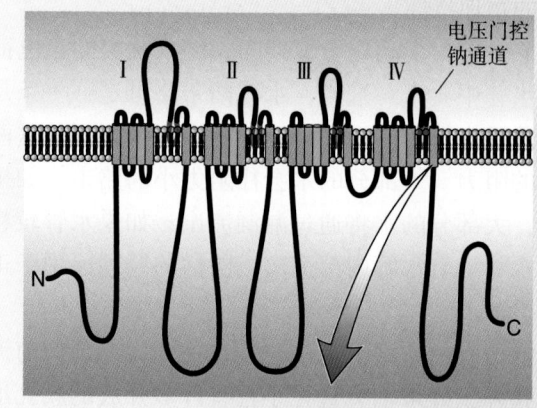

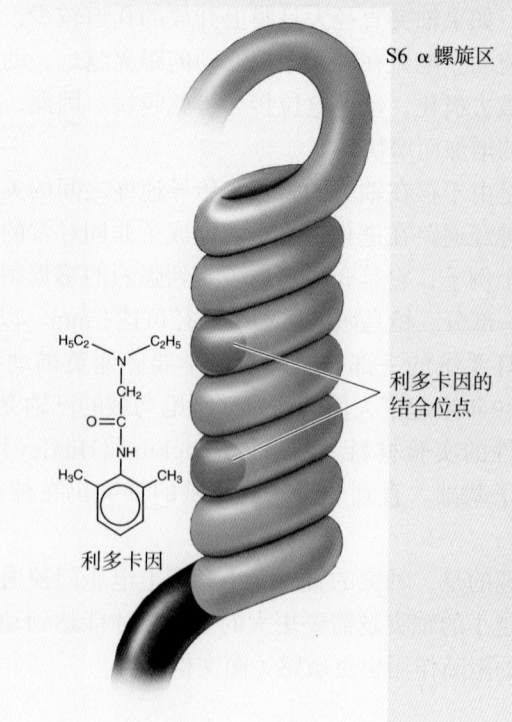

图 A

利多卡因的作用机制（改绘自：Hardman 等，1996，图 15-3）

4.5.2　髓鞘和跳跃式传导

大轴突的好处是它们能更快地传导动作电位，但它们占用了太多的空间。如果你脑中的轴突都具有枪乌贼大轴突那么大的直径，那么你的头将变得太大，以至于不能通过谷仓的门。幸运的是，脊椎动物进化出另一种增大动作电位传导速度的方法：给轴突包上绝缘的髓鞘（见第 2 章）。髓鞘由多层神经胶质性支持细胞构成的膜组成——在除脑和脊髓之外的外周神经系统中，这些细胞为施万细胞，而在中枢神经系统中为少突胶质细胞。如同包绕在漏水水管外的补漏胶带能使水在水管内流动一样，髓鞘也能使电流在轴突内流动，从而加快了动作电位的传导速度（图文框 4.5）。

髓鞘并不是沿着整个轴突持续不间断地延伸，而是有一些间断的。在这些间断处，离子跨膜运动而产生动作电位。回顾第 2 章的内容，这些髓鞘的间断就是郎飞结（node of Ranvier，图 4.14）。电压门控钠通道就集聚在郎飞结处的细胞膜上。结与结之间的距离因轴突的直径而异，但通常是 0.2 ～ 2.0 mm（较粗的轴突有更长的结间距离）。

想象一下，动作电位沿着轴突的膜传导就像你沿着人行道行走。动作电位在无髓鞘的轴突膜上传导像你沿着人行道小步行走，先脚跟着地再脚趾抬起，沿着人行道一步一步地向前移动。动作电位在有髓鞘的轴突膜上传导则相反，它就像你沿着人行道一路跳跃，从一个结跳到另一个结（图 4.15）。动作电位的这种传导方式称为**跳跃式传导**（saltatory conduction）。

图文框 4.5　趣味话题

多发性硬化——一种脱髓鞘疾病

在人的神经系统中，髓鞘对于正常信息传递的重要性，是因一种被称为**多发性硬化**（multiple sclerosis，MS）的神经疾病而揭晓的。患者经常抱怨无力、协调性差、视力及言语能力受损。这种疾病变化无常，通常会缓解与复发，且持续多年。虽然多发性硬化的确切病因目前还不清楚，但感觉和运动紊乱的起因现在已经很清楚了。多发性硬化损坏脑、脊髓及视神经轴突纤维束的髓鞘。Sclerosis 一词源于希腊语的 hardening（硬化），表现为轴突束周围的损伤。并且，硬化是多发性的，因为这种疾病会同时损坏神经系统的许多部位。

脑部的损伤现在可以通过无创伤的新方法，如磁共振成像（magnetic resonance imaging，MRI）来观察。然而，神经内科医生在多年前就能够诊断多发性硬化了。他们利用髓鞘能够加快轴突的传导速度这一事实，通过一个非常简单的测试就可进行诊断——用棋盘格图案（checkerboard pattern）给眼睛一个刺激，测定视神经在脑中投射区上方头皮出现电反应时所需的时间。多发性硬化患者的视神经传导速度会明显降低。

另一个脱髓鞘疾病是**格林–巴利综合征**（Guillain-Barré syndrome），它损坏外周神经中支配肌肉和皮肤的神经纤维的髓鞘。这种疾病可能在患者患过轻微的传染病或接种过疫苗之后发生，似乎是患者机体针对自身髓鞘的一种异常免疫反应的结果。疾病的症状直接起源于支配肌肉的轴突的动作电位传导变慢和/或无效。这种疾病可通过皮肤表面电刺激外周神经，测量引起一个反应（如一次肌肉的收缩）所需的时间来进行临床诊断。多发性硬化和格林–巴利综合征患者的反应时间（即反应时，reaction time——译者注）明显延长，可归因于跳跃式传导被破坏。

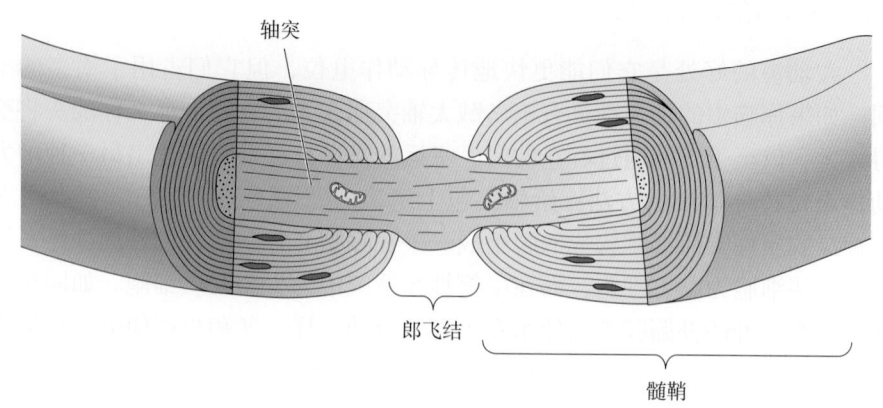

▲ 图 4.14

髓鞘和郎飞结。髓鞘构成的绝缘体加快了动作电位从郎飞结到郎飞结的传导速度，在郎飞结处的轴突膜上集聚着电压门控钠通道

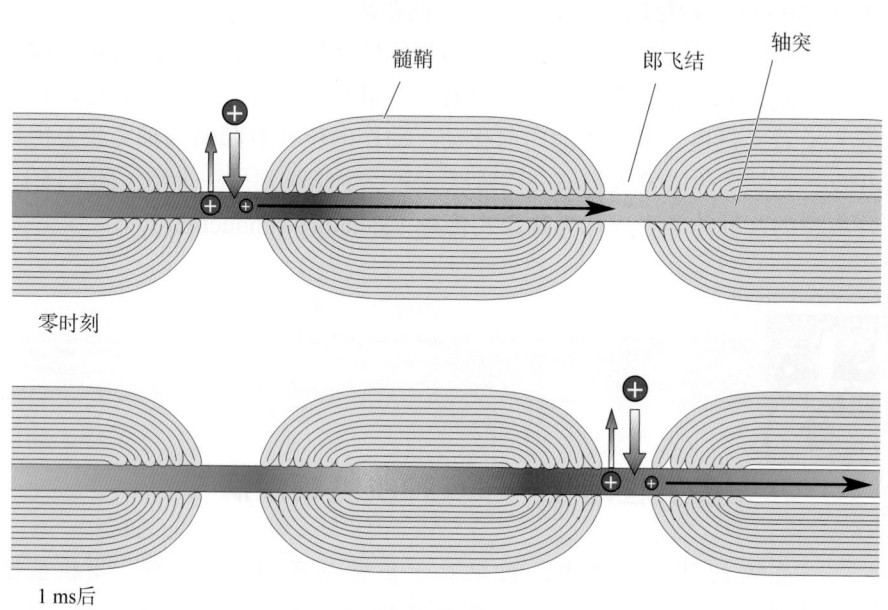

▲ 图 4.15

跳跃式传导。髓鞘使得电流可以在郎飞结与郎飞结之间扩散得更远更快，从而加快了动作电位的传导。比较此图与图4.12

4.6 动作电位、轴突和树突

　　本章中讨论的动作电位主要是其在轴突上的特性。一般来说，树突和神经元胞体的膜由于仅有少许电压门控钠通道，因而不产生钠依赖的动作电位。只有那些含有电压门控钠通道这种特殊蛋白质分子的膜才具有产生动作电位的能力，这种类型的可兴奋膜通常仅见于轴突。因此，神经元胞体发出轴突的那个部分——**轴丘**（axon hillock），通常被称为**锋电位起始区**［spike-initiation zone；现有一些研究表明，锋电位起始区位于与轴丘相连的约 10 ~ 60 μm 的轴突始段（axon initial segment）——译者注］。以一个典型

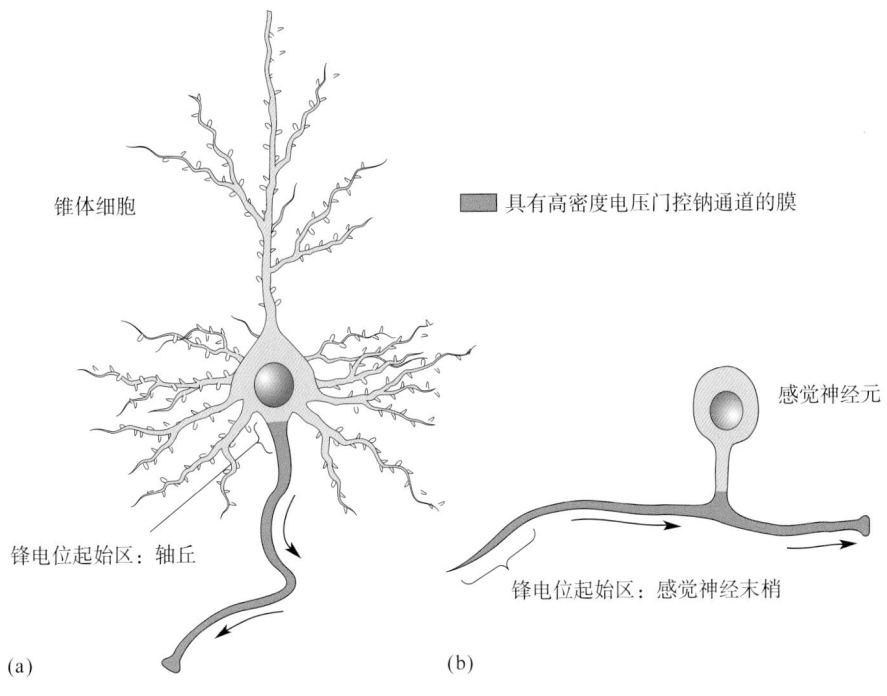

锥体细胞

具有高密度电压门控钠通道的膜

感觉神经元

锋电位起始区：轴丘

锋电位起始区：感觉神经末梢

(a)

(b)

▲ 图 4.16

锋电位的起始区。膜蛋白使神经元不同部位的功能异化。（a）和（b）分别为一个皮层锥体神经元和一个初级感觉神经元。尽管这两个神经元在结构上存在着差异，但在分子水平上它们的轴突膜是一样的，即都具有高密度的电压门控钠通道。分子的差异性使得轴突能产生和传导动作电位。正常情况下产生动作电位的膜区域称为锋电位起始区，箭头指出这两类神经元上动作电位的传导方向

的脑或脊髓的神经元为例，其他神经元的突触输入引起其树突和胞体的去极化，如果轴丘膜被去极化超过了阈值，神经元便产生动作电位（图 4.16a）。在大部分感觉神经元中，锋电位起始区靠近**感觉神经末梢**（sensory nerve endings）。在此处，由感觉刺激引起的去极化可导致动作电位的产生，动作电位沿着感觉神经传导（图 4.16b）。

在第 2 章，我们了解到轴突和树突在形态上是不同的。现在，我们又知道了它们在功能上的差异，而功能上的差异可归因于神经元膜上不同类型的蛋白质在分子水平上的差异。膜离子通道的密度和类型的差异，也是不同类型神经元的电特性不同的原因（图文框 4.6）。

4.7　结语

现在让我们简要回顾一下第 3 章中踩到图钉的那个例子。图钉刺破皮肤，牵拉脚上的感觉神经末梢，膜上对牵张敏感的特殊离子通道开放，带正电荷的钠离子进入皮肤上的神经末梢。内流的正电荷使膜去极化至阈值，导致动作电位的产生。在动作电位上升相内流的正电荷沿着轴突扩散，使动作电位前方区域的膜去极化至阈值。以这种方式，动作电位像波浪一样沿着感觉神经轴突不断地传播。接下来，我们就要关注这些信息传输到哪里，以及

图文框4.6 趣味话题

神经元多样的电活动

　　神经元并不完全相同，它们在形态、大小、基因表达，以及与其他神经元的连接等方面存在差异。此外，神经元在电特性上也不尽相同。图A展示出一些神经元不同电活动的例子。

　　以形态学特征来区分，大脑皮层主要有两类神经元，少突起的星形细胞和多突起的锥体细胞。向胞体注入稳定的去极化电流时，星形细胞总是以相对稳定的频率产生动作电位（图A，a），而大部分锥体细胞却不能保持稳定的动作电位发放频率。在刺激初始，锥体细胞产生高频动作电位，随后逐渐下降，即使刺激依然很强（图A，b）——这种发放频率随时间而变低的特性称为**适应**（adaptation），它是可兴奋细胞的共性。另一种发放模式是簇状放电，在一簇快速的动作电位后出现短暂的停顿。某些细胞，包括皮层中大锥体细胞的某一亚类，它们对于稳定输入刺激的反应是产生有节奏、重复的簇状放

电（图A，c）。放电模式的差异不仅局限于大脑皮层，对脑内许多区域的观察发现，神经元的电特性就像它们的形态一样具有多样性。

　　用什么能够说明不同种类神经元电活动之间的差异呢？从根本上来说，每个神经元的生理特性取决于其膜上离子通道的特性及其数目。实际上，离子通道的种类比本章介绍的多得多，它们都有各自不同的特性。例如，一些钾通道的激活非常缓慢（即慢钾通道——译者注）。因此，具有高密度的这种类型钾通道的神经元，对于一个长时程刺激会表现出适应现象，因为越来越多的慢钾通道开放和逐渐产生的外向离子流将会使膜超极化。当你意识到一个神经元上可能存在十多种离子通道时，神经元放电模式多样性的原因也就清楚了。正是多种离子通道之间复杂的相互作用，使得各类神经元可以产生多样的电活动。

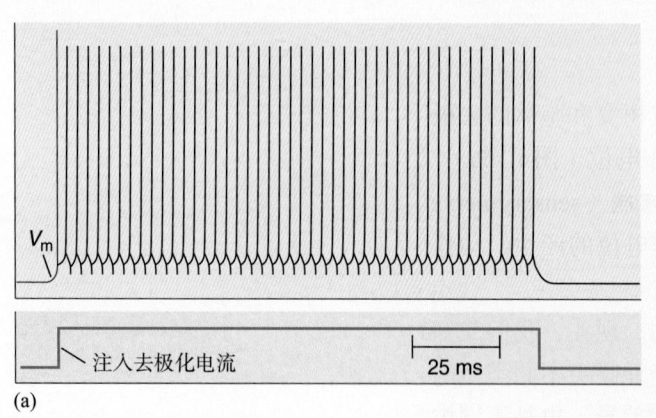

(a)

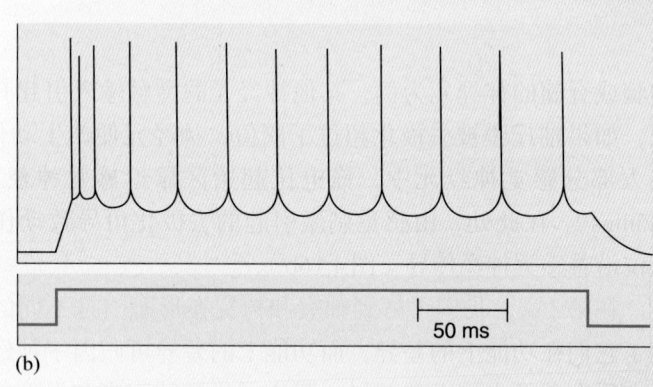

(b)

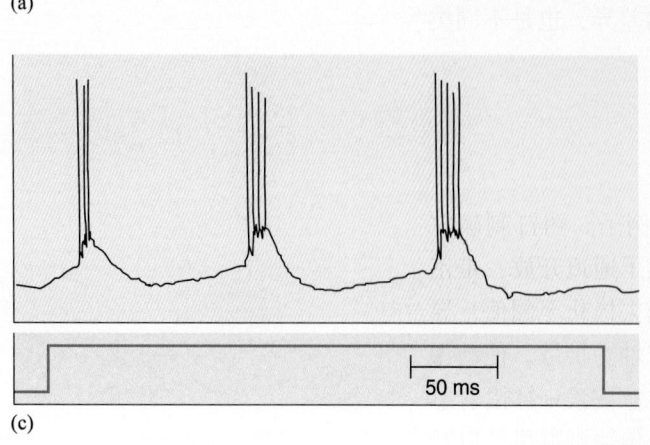

(c)

图A

神经元的不同电活动（改绘自：Agmon and Connors，1992）

如何被中枢神经系统中其他的神经元整合。这种信息从一个神经元到另一个神经元的转接称为**突触传递**（synaptic transmission），我们将在第5、第6两章中进行讨论。

毫无疑问，与动作电位一样，突触传递也依赖于神经元膜上的特殊蛋白质。因此，脑就像是由相互作用的神经元膜组成的一个复杂网络。想一想，一个神经元（包括其突起），它的膜表面积约为 250,000 μm^2，而人脑中约有 850亿个神经元，它们的表面积就约为21,250 m^2，这大约是3个足球场的面积。这一巨大的并含有各种特殊蛋白质分子的膜就是形成我们意识的基础。

关键词

动作电位的特性 Properties of the Action Potential

上升相 rising phase（p.84）

超射 overshoot（p.84）

下降相 falling phase（p.84）

回射 undershoot（p.84）

后超极化 after-hyperpolarization（p.84）

阈值 threshold（p.86）

绝对不应期 absolute refractory period（p.87）

相对不应期 relative refractory period（p.87）

光遗传学 optogenetics（p.88）

通道型视紫红质 -2 channelrhodopsin-2, ChR2（p.89）

实际的动作电位 The Action Potential, in Reality

电压钳 voltage clamp（p.92）

电压门控钠通道 voltage-gated sodium channel（p.94）

膜片钳 patch clamp（p.96）

离子通道病 channelopathy（p.98）

河鲀毒素 tetrodotoxin (TTX)（p.98）

电压门控钾通道 voltage-gated potassium channel（p.100）

动作电位的传导 Action Potential Conduction

跳跃式传导 saltatory conduction（p.105）

动作电位、轴突和树突 Action Potential, Axons, and Dendrites

锋电位起始区 spike-initiation zone（p.106）

复习题

1. 定义膜电位（V_m）和钠离子平衡电位（E_{Na}）。在动作电位过程中，两者发生了什么变化？

2. 在动作电位过程中，前期的内向电流和后期的外向电流分别是由什么离子所携带的？

3. 为什么说动作电位是"全或无"的？

4. 按照在动作电位中的开放时间，一些电压门控钾通道被称为延迟整流型钾通道（delayed rectifier，即正文中谈到的能够产生延迟整流型钾电导的钾通道——译者注）。如果它们在动作电位过程中的开放时间比正常的更晚会发生什么情况？

5. 假设我们标记了河鲀毒素，使之在显微镜下可见。如果我们把河鲀毒素加到神经元上，细胞的哪个部分会被标记，并会有什么后果？

6. 动作电位的传导速度是怎样随轴突直径而变化的？为什么？

拓展阅读

Boyden ES, Zhang F, Bamberg E, Nagel G, Deisseroth K. 2005. Millisecond-timescale, genetically targeted optical control of neural activity. *Nature Neuroscience* 8:1263-1268.

Hille B. 1992. *Ionic Channels of Excitable Membranes*, 2nd ed. Sunderland, MA: Sinauer.

Hodgkin A. 1976. Chance and design in electrophysiology: an informal account of certain experiments on nerves carried out between 1942 and 1952. *Journal of Physiology* (London) 263:1-21.

Kullmann DM, Waxman SG. 2010. Neurological channelopathies: new insights into disease mechanisms and ion channel function. *Journal of Physiology* (London) 588:1823-1827.

Neher E. 1992. Nobel lecture: ion channels or communication between and within cells. *Neuron* 8:605-612.

Neher E, Sakmann B. 1992. The patch clamp technique. *Scientific American* 266:28-35.

Nicholls J, Martin AR, Fuchs PA, Brown DA, Diamond ME, Weisblat D. 2011. *From Neuron to Brain*, 5th ed. Sunderland, MA: Sinauer.

（舒友生　译　　王建军　校）

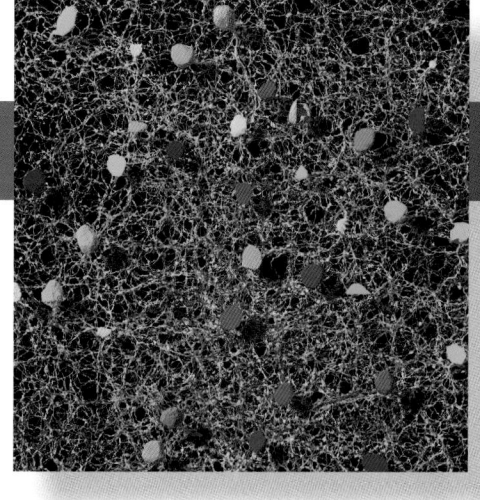

第 5 章

突触传递

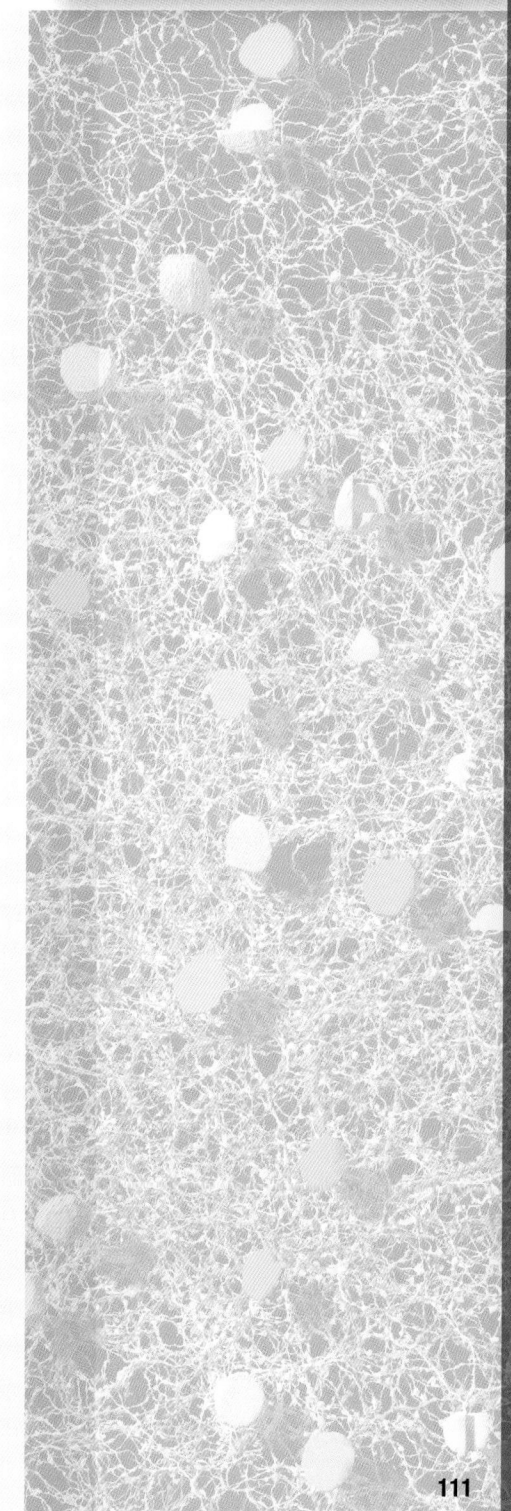

5.1　引言

　　在第 3 和第 4 章中，我们讨论了机械能（如脚被图钉刺入）可以转化为神经信号。在此过程中，首先是感觉神经末梢上特殊的离子通道开放，导致一些带正电荷的离子进入轴突内。如果这些正离子进入引起的去极化达到阈电位水平，就会产生动作电位。由于轴突膜是可兴奋膜，而且膜上有电压门控钠通道，因此动作电位可以不衰减地沿着感觉神经传导。然而，由于这些传入的信息需要神经系统的其他部分进行处理，因此这些神经信号必须传递给其他神经元，如控制肌肉收缩的运动神经元，以及脑和脊髓中那些承担协调反射反应的神经元。在 19 世纪末，人们就认识到，这种信息从一个神经元传递到另一个神经元的过程发生在某些特殊的接触位点。1897 年，英国生理学家 Charles Sherrington［查尔斯·谢灵顿，1857.11—1952.3，因关于神经功能方面的发现而与 Edgar Douglas Adrian（埃德加·道格拉斯·阿德里安，1889.11—1977.8）一起获得 1932 年诺贝尔生理学或医学奖——译者注］将这些位点命名为突触（synapse）。在突触处发生的信息传递过程称为**突触传递**（synaptic transmission）。

　　对突触传递的物质基础的争论持续了近一个世纪。一个完美地解释了突触传递的速度且颇具吸引力的假说认为，突触传递仅仅是电流从一个神经元流到另一个神经元。20 世纪 50 年代后期，在伦敦大学学院（University College London）研究淡水鳌虾（crayfish）神经系统的美国生理学家 Edwin Furshpan 和 David Potter，以及在东京医科齿科大学（Tokyo Medical and Dental University）研究龙鳌虾（lobster）神经元的 Akira Watanabe，最终证实了**电突触**（electrical synapse）的存在。当然，现在我们知道，在无脊椎动物和脊椎动物（包括哺乳动物）的脑中，电突触是很常见的。

　　追溯到 1800 年代，关于突触传递本质的另一个假说是，化学神经递质可以通过突触将信息从一个神经元传递到另一个神经元。1921 年，Otto Loewi［奥托·勒维，1873.6—1961.12，奥地利、德国、美国药理学家，因对神经冲动化学传递的发现，与 Henry Dale（亨利·戴尔，参见第 6 章对其的译者注）一起获得了 1936 年诺贝尔生理学或医学奖——译者注］提供了有力的证据来支持**化学突触**（chemical synapse）的概念，当时他是奥地利格拉茨大学（University of Graz）药理学系的系主任。Loewi 的研究表明，电刺激支配蛙心的神经轴突可以导致某种化学物质的释放，而这种化学物质可以模拟神经刺激对心跳的效应（图文框 5.1）。此后，伦敦大学学院的 Bernard Katz（伯纳德·卡茨，1911.3—2003.4，英国生物物理学家，因阐明了神经递质从神经末梢释放的机制而与 Ulf Svante von Euler 和 Julius Axelrod 一起获得了 1970 年诺贝尔生理学或医学奖——译者注）和他的同事确切地证实，运动神经元轴突与骨骼肌之间突触的快速传递是由化学物质介导的。到了 1951 年，澳大利亚国立大学（Australian National University）的 John Eccles（约翰·埃克尔斯，神经生理学家，因其在突触传递研究的贡献而获得 1963 年诺贝尔生理学或医学奖——译者注）便开始利用玻璃微电极新技术来研究哺乳动物中枢神经系统（central nervous system，CNS）突触传递的生理学。他的实验结果提示，许多中枢神经系统中的突触也利用化学递质进行信息传递。事实上，脑中大多数突触都是化学突触。在过去的 10 余年中，利用新的研究手段，针对

图文框5.1　趣味话题

Otto Loewi 的梦

神经科学史上最精彩的故事之一来自Otto Loewi。他于20世纪20年代在奥地利的工作表明，神经和心脏之间的突触传递肯定是由化学物质介导的。心脏由两种神经支配：一种加快心脏的搏动；另一种减慢心脏的搏动。后一种神经支配是由迷走神经提供的。Loewi分离了具有完整迷走神经支配的蛙心脏，通过电刺激神经，观察到了预期的结果——心脏的搏动减慢。关于这个效应是化学介导的最关键的证据是：收集浸泡过这个心脏的溶液，并将收集到的溶液施加到另一个分离出来的蛙心脏上，会导致第二个蛙心脏的搏动减慢。

实际上，有关这个实验的思路是Loewi从他自己做的一个梦中得到的。下面是他的自述：

"在1921年复活节后的第一个星期天晚上，我醒过来，打开了灯，在一小片纸条上草草地写下了一些笔记，然后我又睡着了。次日清晨6点钟起床时，我记得晚上曾经在纸条上写过一些重要的东西，但是等我看时，却发现因笔迹太潦草而无法辨认。那个星期天是我科研生涯中最绝望的一天。但是，在接下来的第二天晚上，凌晨3点钟我又醒了过来，并且想起来当时写下的是什么。这一次我再也不敢大意，马上起床，到实验室，开始做如上所述的蛙心实验。大约在5点钟的时候，神经冲动的化学传递最终被明确地验证了……如果是在白天，经过认真地思考之后，我肯定会否定我要做的实验，因为如果一个神经冲动释放一种传递物质，那么这种物质不太可能有足够的量去影响一个效应器官（在我的实验中是心脏）的活动。但事实上，确实有一些额外的这种物质跑到灌流心脏用的灌流液中去了，并且能够被检测到。在夜间冒出来的实验想法就是基于这种可能性的，实验的结果与预期相反，是阳性的。"（Loewi，1953，第33～34页）

被Loewi称为 *vagusstoff*（德语词，意思为"迷走神经物质"）的活性物质，后来被证明就是乙酰胆碱（acetylcholine）。如我们在本章将要看到的，乙酰胆碱也是神经和骨骼肌之间突触的一种递质。与心肌不同，乙酰胆碱作用于骨骼肌会引起其兴奋和收缩。

参与突触传递的分子研究表明，突触远比大多数神经科学家曾经预料的复杂得多。

突触传递是一个庞大且引人入胜的话题。如果没有突触传递的知识，我们就不可能理解精神活性药物的作用、精神疾病的病因、学习记忆的神经基础，甚至不能理解神经系统任何一种活动的机制。因此，我们将用几章来讨论这个话题，重点是化学突触。在本章，我们将从探讨突触传递的基本机制开始：不同类型的突触在形态上有何差异？神经递质是如何合成和存储的？动作电位是如何引起突触末梢释放神经递质的？神经递质是如何作用于突触后膜的？单个神经元是如何整合数千个突触输入信息的？

5.2　突触的类型

我们在第2章已经介绍过突触。突触就是一个神经元的一部分与另一个神经元或其他类型的细胞（如肌肉或腺体细胞）接触和通信的特化性连接结构。信息通常是沿一个方向流动的，从一个神经元到其靶细胞。因此，第一个神经元称为**突触前的**（presynaptic）神经元，靶细胞则称为**突触后的**（postsynaptic）细胞。下面，让我们更详尽地看一看不同类型的突触。

5.2.1　电突触

电突触在结构和功能上相对简单，它们允许离子流从一个细胞直接传递到另一个细胞。电突触产生的特定位点叫作**缝隙连接**（gap junction）。缝隙连接存在于身体几乎每个部分的细胞之间，互相连接许多非神经细胞，包括上皮细胞、平滑肌和心肌细胞、肝细胞、某些腺细胞和胶质细胞。

当缝隙连接作为神经元相互连接的形式时，它们可以起到电突触的作用。在一个缝隙连接处，两个细胞的膜之间的间隔仅约 3 nm，该狭窄的缝隙被称为**连接子蛋白**（connexin）的蛋白质簇所跨越。大约有 20 种不同的连接子蛋白亚型，其中大约一半存在于脑中。6 个连接子蛋白的亚基结合在一起形成一个通道，称为**连接子**（connexon）。2 个连接子（每个细胞一个）对接并结合，形成一个**缝隙连接通道**（gap junction channel，图 5.1）。该通道允许离子从一个细胞的胞质直接流向另一个细胞的胞质。大多数缝隙连接通道的孔道相对较大，直径约为 1~2 nm，足以让所有重要的细胞离子和许多有机小分子通过。

大多数缝隙连接允许离子在两个方向上流动。因此，与大多数化学突触不同，电突触是双向性的。由于电流（以离子流的形式）可以通过这些通道，故由缝隙连接的细胞称为**电耦联的**（electrically coupled）细胞。电突触传递是极快的，并且如果突触足够大，传递几乎是"万无一失的"（fail-safe）。因此，突触前神经元的一个动作电位能够几乎无延迟地引起突触后神经元一个动作电位。对于无脊椎动物（如淡水螯虾），有时在介导逃避反射神经通路的感觉和运动神经元之间可以发现电突触。这种机制使得动物在面临危险境况时，可以迅速地逃逸。

▼ 图 5.1

缝隙连接。(a) 两个细胞的突起由一个缝隙连接所连接。(b) 连接两个细胞胞质的缝隙连接通道的放大显示图。离子和小分子可以双向通过这些通道。(c) 每 6 个连接子蛋白亚基形成一个连接子，2 个连接子形成一个缝隙连接通道，大量缝隙连接通道形成一个缝隙连接

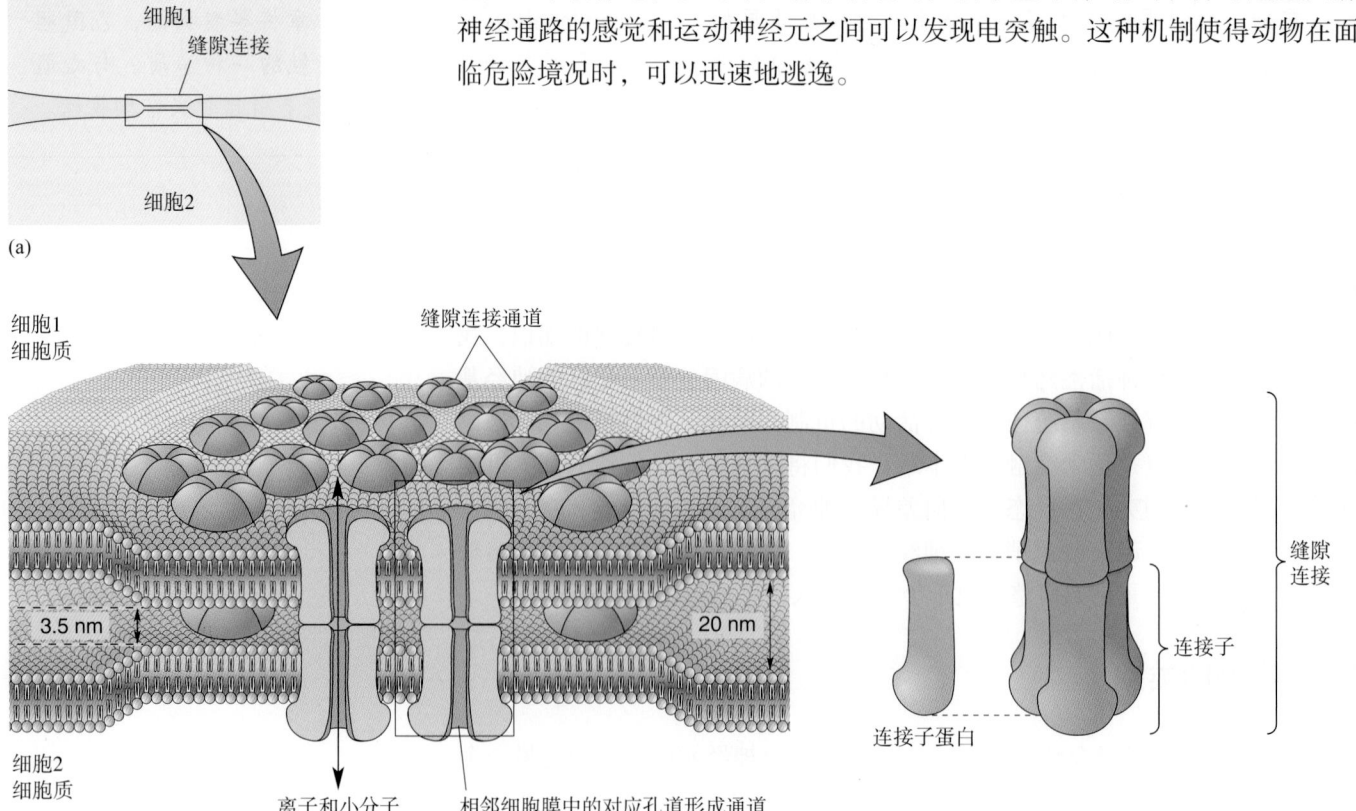

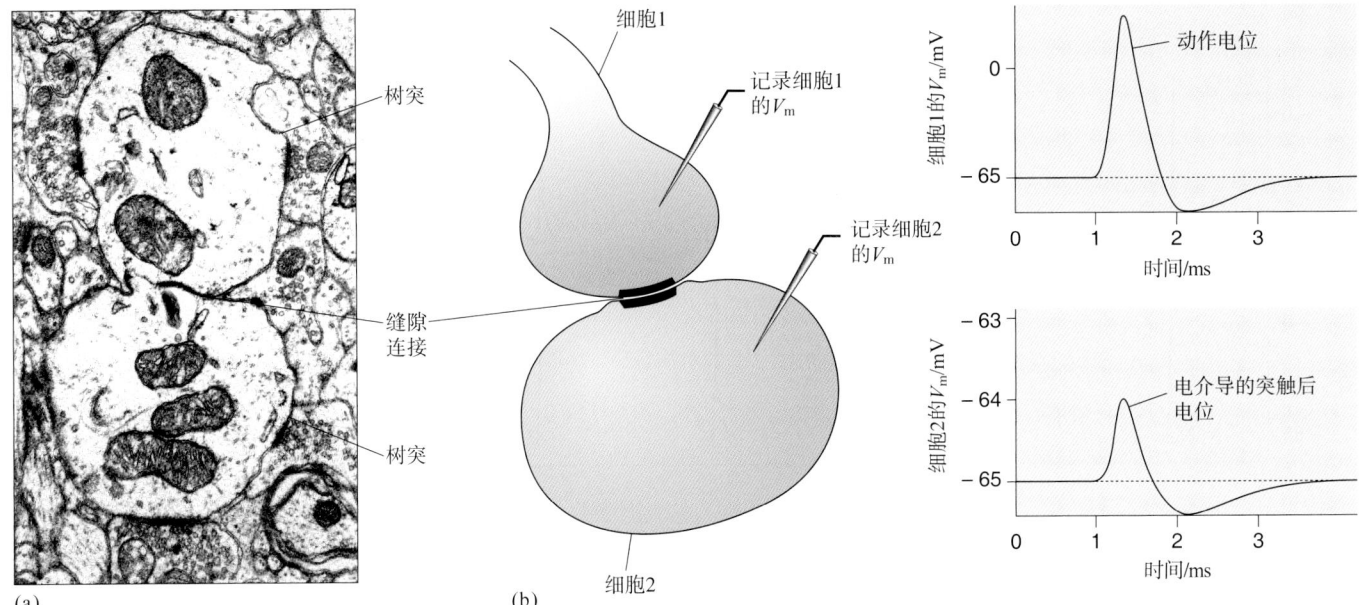

▲ 图 5.2

电突触。（a）相互连接了两个神经元树突的缝隙连接构成一个电突触。（b）在一个神经元上产生的动作电位导致少量的离子流经过缝隙连接通道进入第二个神经元，从而引起一个电介导的突触后电位（图a引自：Sloper 和 Powell，1978）

近年来的研究表明，电突触在哺乳动物中枢神经系统的每个部分都很常见（图5.2a）。在两个电耦联的神经元之间，突触前神经元的一个动作电位可引起少量的离子流经缝隙连接通道进入另一个神经元。该电流在第二个神经元上引起一个电介导的**突触后电位**（postsynaptic potential，PSP）（图5.2b）。注意，因为大多数电突触是双向的，当第二个神经元产生一个动作电位时，它将反过来在第一个神经元中引起一个PSP。在哺乳动物脑中，通常单个电突触产生的PSP很小，其峰值大约为1 mV或更小，其本身可能不足以触发突触后细胞的一个动作电位。然而，一个神经元通常与其他的许多神经元有电突触联系。因此，同时发生的数个PSP可能强烈地兴奋一个神经元。这是突触整合的一个例子，将在本章后面部分讨论。

电突触的确切作用因脑区不同而异。在正常功能上要求邻近神经元的活动高度同步化的脑区，经常会发现电突触的存在。例如，脑干核团中一个称为**下橄榄核**（inferior olive）的神经元可以产生小的膜电位振荡，以及间或地产生动作电位。这些下橄榄核神经元发出轴突投射到小脑，并且在运动控制中很重要。这些神经元彼此还能以缝隙连接相连接。在膜电位振荡和动作电位期间流过缝隙连接的电流用于协调和同步下橄榄核神经元的活动（图5.3a），这继而可能有助于实现运动控制的精确定时。在布朗大学（Brown University）工作的 Michael Long 和 Barry Connors 发现，表达一种被称为**连接子蛋白36**（connexin36，Cx36）的关键性缝隙连接蛋白的基因缺失，并不会改变神经元产生膜电位振荡和动作电位的能力，但由于功能性的缝隙连接表失，却会导致这两种事件的同步性消失（图5.3b）

在发育早期，神经元和其他细胞之间的缝隙连接尤为常见。有证据表明，在出生前和出生后的脑发育期间，缝隙连接允许邻近细胞共享电的和化学的信号，这可能有助于协调它们的生长和成熟。

5.2.2　化学突触

成人神经系统的大多数突触传递都是化学性的。因此，在本章和第6章，

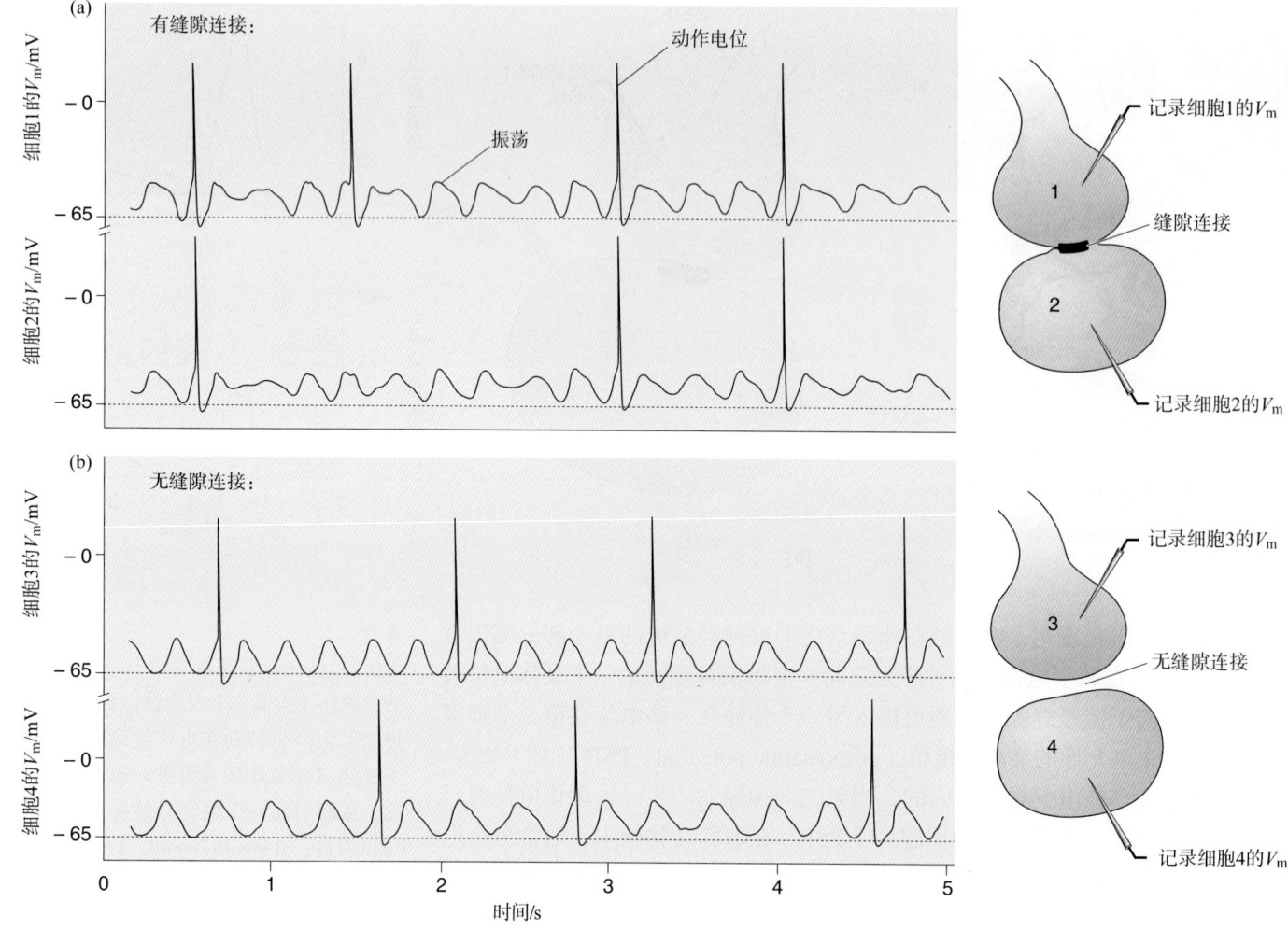

▲ 图 5.3

电突触有助于神经元同步化它们的活动。某些脑干神经元会产生小的、规则的膜电位（V_m）振荡和间或发生的动作电位。（a）当两个神经元（细胞1和细胞2）通过缝隙连接相连时，它们的膜电位振荡和动作电位可以很好地同步化。（b）无缝隙连接的神经元（细胞3和细胞4）产生的膜电位振荡和动作电位则完全是非同步化的（改绘自：Long 等，2002，第10903页）

我们将集中讨论化学突触。在我们讨论不同类型的化学突触前，让我们先了解它们的一些共同特征（图5.4）。

化学突触的突触前膜和后膜之间被一个宽20~50 nm的**突触间隙**（synaptic cleft）分隔开；这个间隙的宽度10倍于缝隙连接。此间隙内充满了纤维性的细胞外蛋白基质。这些基质的一个功能是作为"胶水"使突触前膜和后膜黏附在一起。突触的突触前侧，也称**突触前成分**（presynaptic element），通常是一个轴突的末梢。这个末梢通常包含有许多由膜包被的小囊泡，每个囊泡的直径为50 nm左右，称为**突触囊泡**（synaptic vesicle）（图5.5a）。这些囊泡存储神经递质，即与突触后神经元进行交流的化学物质。许多轴突末梢也包含较大的囊泡，每个囊泡直径约为100 nm，称为**分泌颗粒**（secretory granule）。包含可溶性蛋白的分泌颗粒在电镜下呈深色，故它们有时被称为大的**致密核心囊泡**（dense-core vesicle）（图5.5b）。

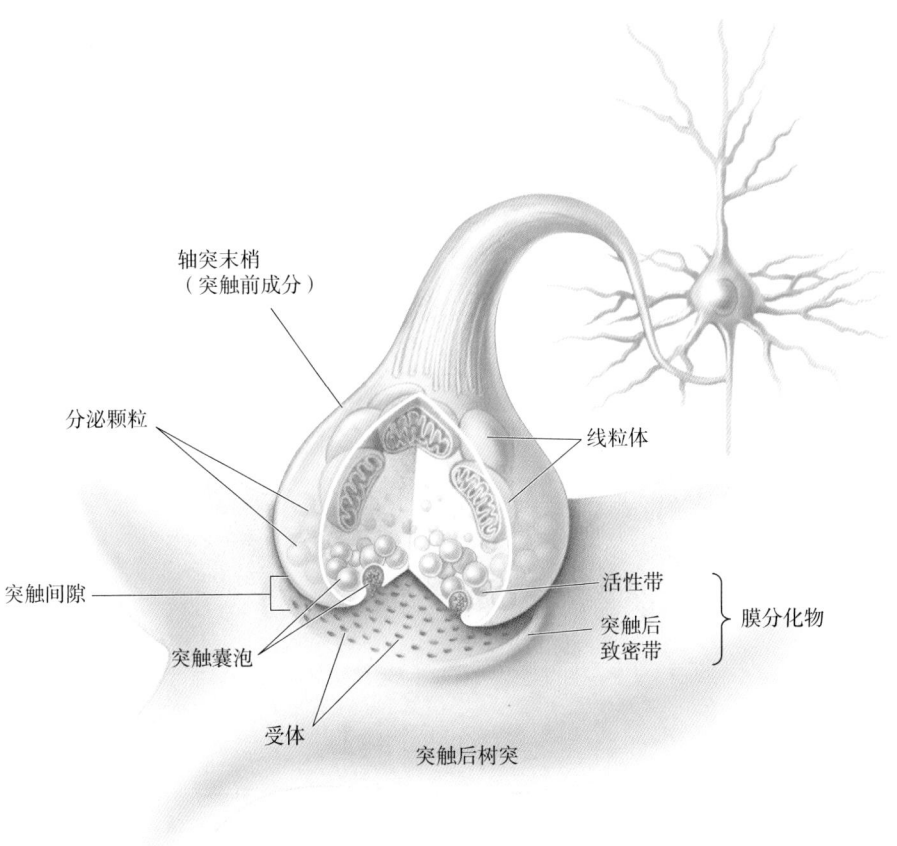

▲ 图 5.4

化学突触的结构组成

　　在突触间隙的任何一侧，邻近膜或在膜内紧密聚集的蛋白质总称为**膜分**
化物（membrane differentiation）。在**突触前**部位，沿着细胞膜的细胞内侧面
向轴突末梢轴浆突出的蛋白质有时看起来像个小的锥形体区域。这些锥形
体区域及与其结合的膜就是神经递质释放的实际位点，称为**活性带**（active
zone）。突触囊泡就聚集在与活性带相邻的细胞质内（图 5.4）。

　　浓密地聚集在**突触后**膜内下方的蛋白叫作**突触后致密带**（postsynaptic
density）。突触后致密带含有神经递质的受体，它们将**细胞间**的化学信号
（即神经递质）转换为突触后细胞的**细胞内信号**（如膜电位的变化或化学物
质的变化）。我们将会看到，这种突触后反应的性质会有很大的不同，这取
决于神经递质激活的受体蛋白的类型。

　　中枢神经系统的化学突触。在中枢神经系统中，可以根据轴突末梢与
突触后神经元的不同接触部位来区分不同类型的突触。如果突触后膜位于
树突上，此突触称为**轴-树突触**（axodendritic synapse）；如果突触后膜位
于胞体上，则称为**轴-体突触**（axosomatic synapse）。在某些情况下，突
触后膜位于另一个神经元的轴突上，此突触称为**轴-轴突触**（axoaxonic
synapse）（图 5.6）。当突触前轴突与突触后的树突棘接触时，称为**轴-棘突触**
（axospinous synapse）（图 5.7a）。在某些特化的神经元中，实际上树突与树突
之间也可以相互形成突触，称为**树-树突触**（dendrodendritic synapse）。中枢

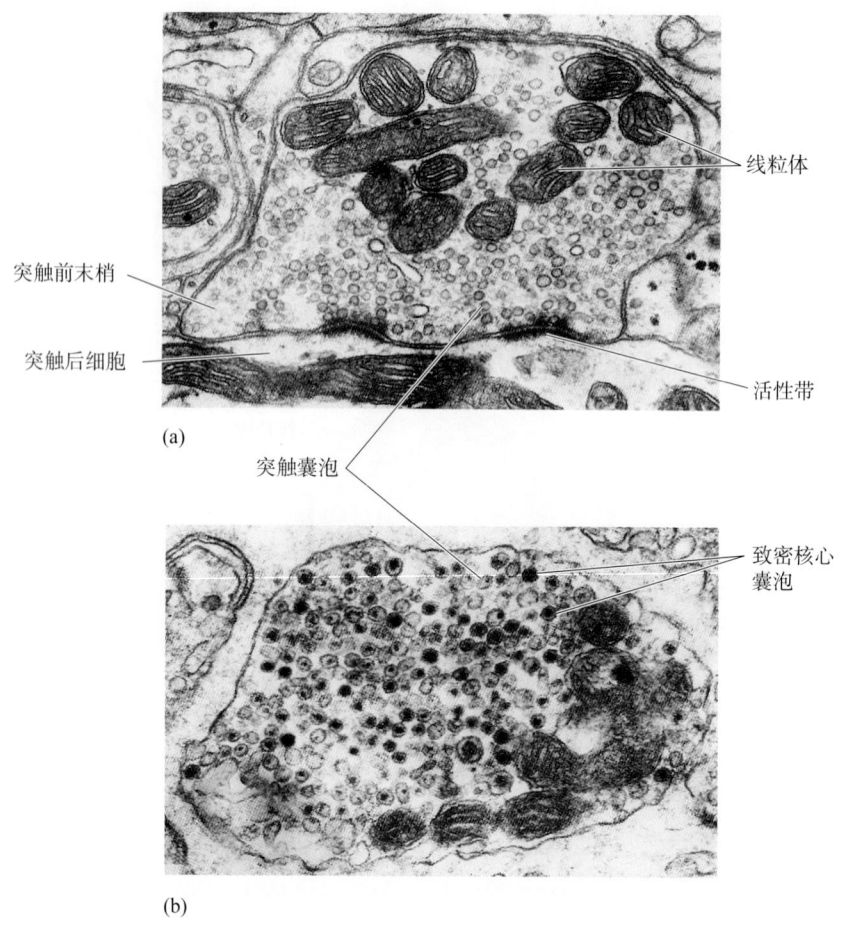

▲ 图 5.5

化学突触的电镜图。(a) 中枢神经系统中的快兴奋性突触。(b) 外周神经系统中的突触，有大量致密核心囊泡（图 a 改绘自：Heuser 和 Reese，1977，第 262 页；图 b 改绘自：Heuser 和 Reese，1977，第 278 页）

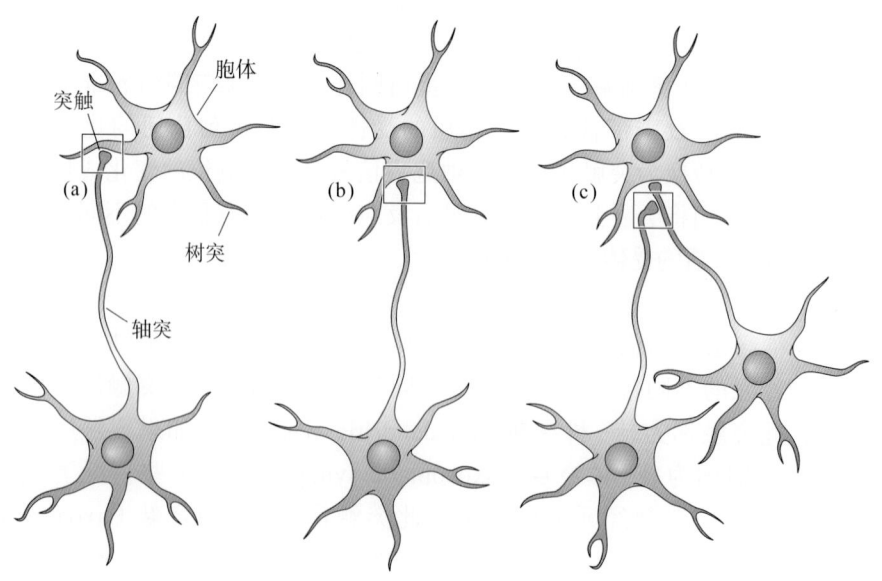

▲ 图 5.6

中枢神经系统的突触类型。(a) 轴–树突触。(b) 轴–体突触。(c) 轴–轴突触

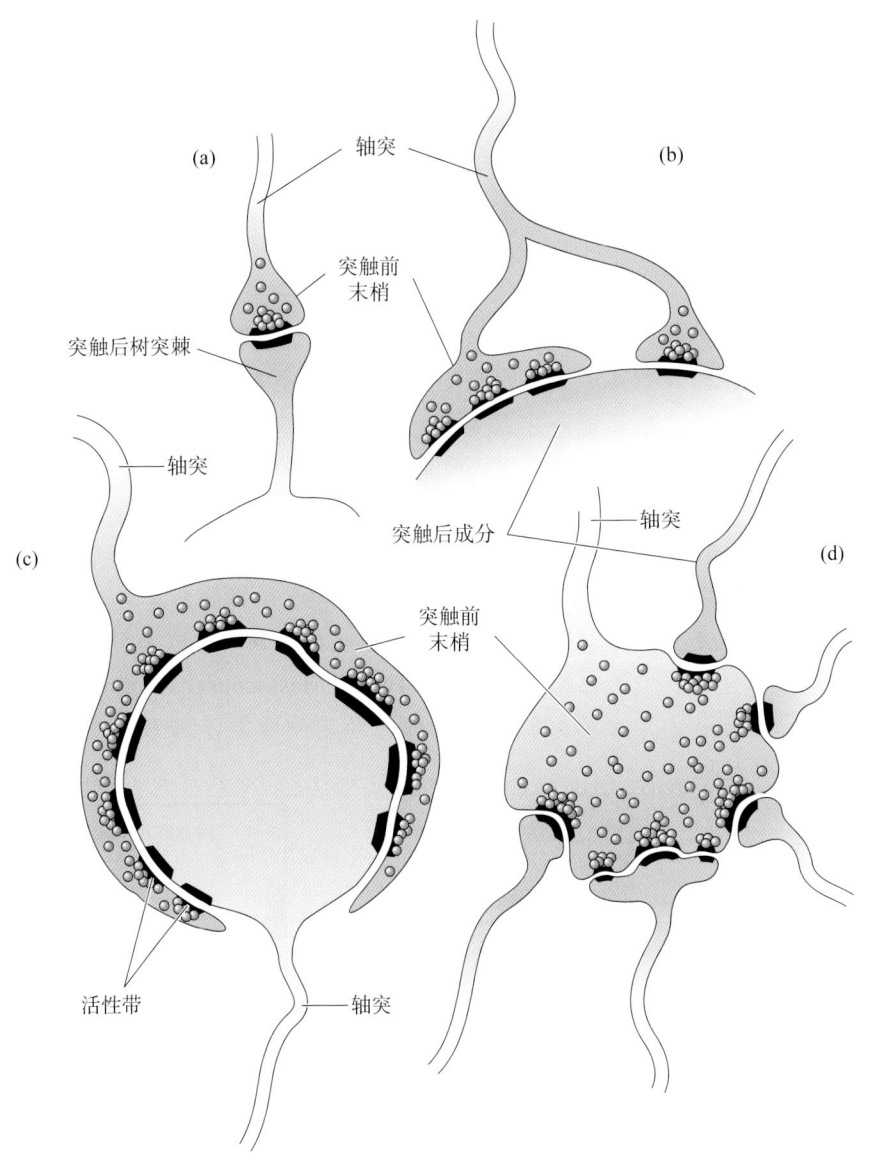

◀ 图5.7
中枢神经系统中各种突触的形状和大小。（a）轴-棘突触：一个细小的突触前末梢与突触后的树突棘接触。注意，突触前末梢可以通过它们含有许多囊泡来识别，而突触后成分具有突触后致密带。（b）一个轴突分支成为两个突触前末梢，其中一个末梢比另一个大，并且两者都与突触后细胞的胞体接触。（c）一个非常大的轴突末梢接触并包绕突触后细胞的胞体。（d）一个非常大的突触前末梢与5个突触后树突棘接触。注意，较大的突触具有较多活性带

神经系统的突触在大小及形状上也有非常大的差异（图5.7a～d）。只有在电子显微镜高倍放大的情况下，我们才能对突触结构的最精密的细节进行研究（图文框5.2）。

　　根据突触前膜和突触后膜分化物外形的不同，中枢神经系统的突触可进一步分为两种基本类型。突触后膜的膜分化物厚于突触前膜的膜分化物的突触，称为**不对称型突触**（asymmetrical synapse）或 **Gray Ⅰ 型突触**（Gray's type Ⅰ synapse）；具有相同厚度膜分化物的突触，称为**对称型突触**（symmetrical synapse）或 **Gray Ⅱ 型突触**（Gray's type Ⅱ synapses）（图5.8）。在本章稍后部分，我们将会看到突触的结构差异会造成它们功能的不同。通常，Gray Ⅰ 型突触是兴奋性的，Gray Ⅱ 型突触是抑制性的。

　　神经肌肉接头。突触连接也存在于中枢神经系统之外，例如，自主神经系统的轴突支配腺体、平滑肌和心肌。化学突触也存在于脊髓运动神经元和骨骼肌之间。这种突触称为**神经肌肉接头**（neuromuscular junction），它具有中枢神经系统化学突触的许多结构特征（图5.9）。

树突棘之爱

Kristen M. Harris 撰文

当第一次通过显微镜看到树突棘时，我就对树突棘一见钟情，并且这种情感一直持续至今。当时，我是伊利诺伊大学（University of Illinois）新的神经生物学和行为学专业的研究生。对神经科学来说，那时确实是一段令人激动的时期。1979年，美国神经科学学会（Society for Neuroscience）年会的参会者大约只有5,000人（现在的参会人数约为25,000人）。就读研究生院的第一年，我获得的会员编号是2500，而这个会员编号一直持续至今。

我曾寄希望于通过训练动物，然后使用高尔基染色方法来量化树突棘数量和形状的变化，从而发现"已学习过"的树突棘是什么样的。我急切地开始了一个高通量的项目，即一次性将许多大鼠的脑取材，并将整个脑切片，检查银染方法是否有效，然后将组织切片存储在丁醇中，同时参与项目的本科生帮助将它们贴在显微镜载玻片上。令人沮丧的是，我们几个月后发现所有的银都已从细胞中溶解出来，没有看到细胞被染色。因此，这个项目夭折了。

然而，我很幸运地在戈登研究讨论会（Gordon Research Conference）上与 Timothy Teyler 教授相遇。他当时正好从挪威将海马薄片制备技术带到了美国，并将他的实验室从哈佛大学搬到俄亥俄州的鲁特斯敦

（Rootstown，Ohio）的一所新的医学院。我对脑薄片可能提供的实验控制能力完全着迷了，于是我研发了一种高尔基染色–脑薄片的实验流程，并转到 Teyler 教授那里完成我的博士学位论文。这一次，我一次只制备一片脑薄片。从图 A 中可以看出，树突棘清晰可见。遗憾的是，对如此微小的树突棘进行精确计数和形状测量，恰好超出了光学显微镜的分辨率。

当我还是一名研究生的时候，我在马萨诸塞州的伍兹霍尔（Woods Hole，Massachusetts）海洋生物实验室参加了著名的神经生物学夏季课程。在那里，

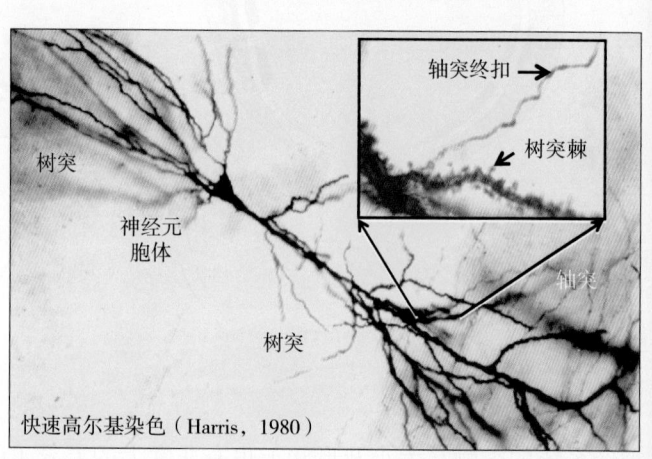

快速高尔基染色（Harris，1980）

图A

神经肌肉接头的突触传递快而可靠。通常，运动神经元轴突的一个动作电位可在其支配的肌肉细胞上引起一个动作电位。这种可靠性，部分是由神经肌肉接头的结构特殊性来保证的。最重要的特殊性是其大小：神经肌肉接头是机体中最大的突触之一。突触前末梢通常含有大量的活性带。此外，突触后膜也称为**运动终板**（motor end-plate），有一系列浅皱褶。突触前活性带与这些皱褶精确地相对应着排列，突触后膜皱褶上面密集地分布有神经递质的受体。这种结构保证了许多神经递质分子被集中释放到一个大的化学敏感性膜的表面。

与中枢神经系统的突触相比，研究人员更容易制备神经肌肉接头标本。因此，关于突触传递机制的大部分知识，都是首先在神经肌肉接头处得到的。神经肌肉接头也同样具有重要的临床意义，干扰这些化学突触功能的疾病、药物和毒物都对机体的重要功能有直接影响。

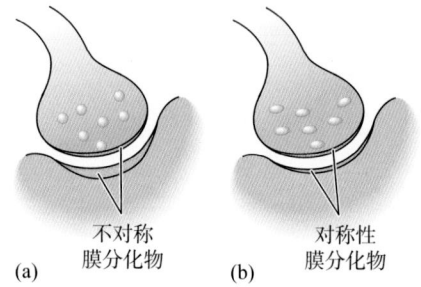

▲ 图5.8

中枢神经系统突触膜分化物的两种类型。（a）GrayⅠ型突触，不对称，通常为兴奋性的。（b）GrayⅡ型突触，对称，通常为抑制性的

我第一次学习了连续切片的三维电子显微镜成像技术（three-dimensional electron microscopy，3DEM）。我真的迷上了3DEM。通过使用3DEM，人们可以对树突、轴突和神经胶质细胞进行重建。3DEM不仅可以对树突棘进行测量和计数，还可以看到突触形成的位置、突触内部的成分，以及神经胶质细胞怎样与突触相关联（图B）。3DEM技术平台为科学发现提供了巨大的可能性。我将继续致力于揭示大脑在学习和记忆过程中突触形成和可塑性的机制。

在我职业生涯的早期，当时分子生物学的革命席卷了整个领域，只有极少数学生或科研人员和我一样热衷于3DEM。由于神经科学家开始意识到，理解树突和树突棘等狭小空间中的分子如何与细胞内细胞器协同作用的重要性时，这种偏见发生了巨大的变化。进一步说，所有神经环路的图谱都必须包括突触。这些目标吸引了几乎所有领域的科学家。之前需要手动完成的许多成像和重建过程都实现了自动化，这使得3DEM技术更加令人兴奋。图C显示了最近3DEM的成像结果，其中包含用颜色编码的细胞器和突触成分。能够为这种知识的更新做出一些贡献确实令人心情激动。关于脑功能正常变化期间，以及极大地影响人类的疾病所引起的突触结构可塑性的新发现已经比比皆是了。

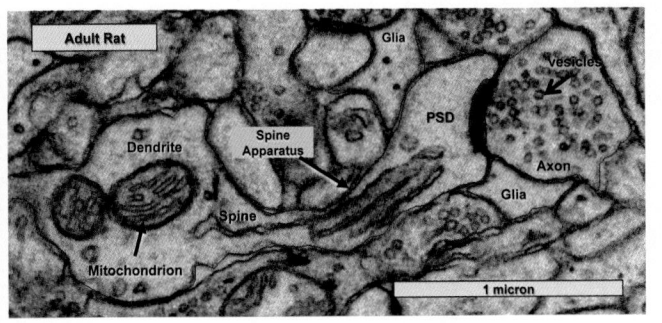

图 B

（Adult Rat：成年大鼠；Glia：神经胶质细胞；Dendrite：树突；Spine Apparatus：树突棘装置；Versicles：囊泡；PSD：突触后致密区；Axon：轴突；Spine：树突棘；Mitochondrion：线粒体；1 micron：1 μm）

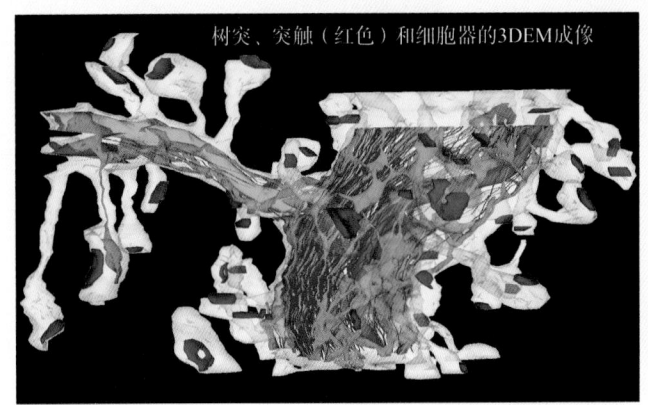

图 C

5.3　化学突触传递的原理

考虑到化学突触传递的必需基本要求，机体一定存在合成神经递质并将其包装进突触囊泡的机制、突触前动作电位促使囊泡释放其内容物到突触间隙的机制、神经递质在突触后神经元上产生的电或生物化学反应的机制，以及从突触间隙清除神经递质的机制。而且，为了对感觉和知觉及对运动控制有用，所有这些事情通常都必须在几毫秒内极快地发生。难怪生理学家们最初对脑中存在化学突触持怀疑态度！

幸运的是，由于这一领域数十年的研究积累，我们现在知道了突触传递的各环节是如何有效地进行的。这里，我们将给出这些基本原理的概况，在第6章我们将更为详细地讨论各种神经递质和它们在突触后的作用方式。

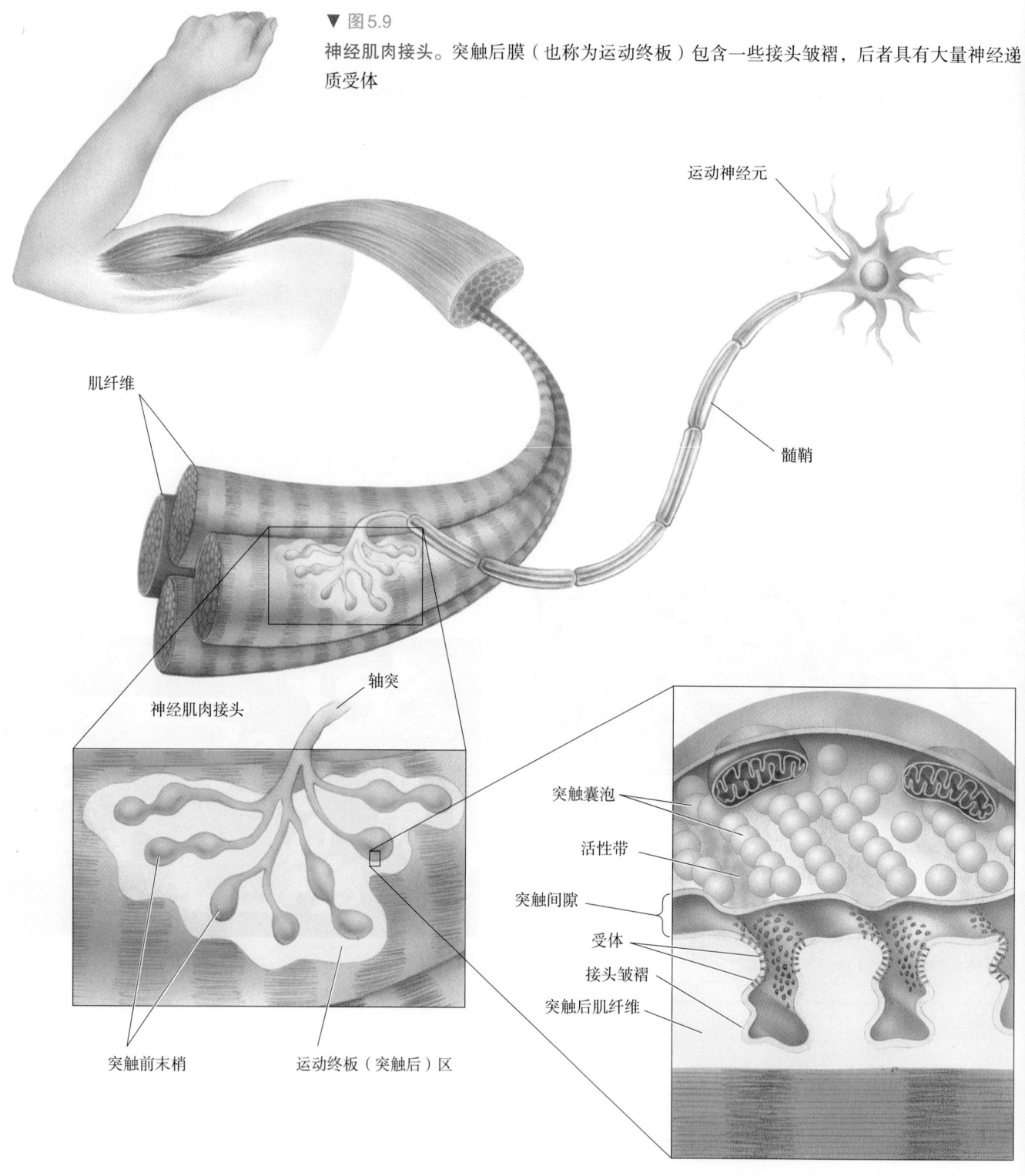

▼ 图5.9
神经肌肉接头。突触后膜（也称为运动终板）包含一些接头皱褶，后者具有大量神经递质受体

运动神经元

髓鞘

肌纤维

轴突

神经肌肉接头

突触囊泡

活性带

突触间隙

受体

接头皱褶

突触后肌纤维

突触前末梢

运动终板（突触后）区

5.3.1   神经递质

自从发现了化学突触传递后，科学家们就开始了鉴定脑内神经递质的工作。目前的理解是，主要的神经递质可分为3类：（1）**氨基酸类**（amino acid）、（2）**胺类**（amine）和（3）**肽类**（peptide）（表5.1）。这3类神经递质中的一些代表物见图5.10。氨基酸类和胺类神经递质都是至少包含一个氮原子的有机小分子，由突触囊泡存储和释放。肽类神经递质则都是由氨基酸

表5.1　主要的神经递质

氨基酸类	胺　类	肽　类
γ-氨基丁酸（gamma-aminobutyric acid, GABA）	乙酰胆碱（acetylcholine, ACh）	胆囊收缩素（cholecystokinin, CCK）
谷氨酸（glutamate, Glu）	多巴胺（dopamine, DA）	强啡肽（dynorphin）
甘氨酸（glycine, Gly）	肾上腺素（epinephrine）	脑啡肽类物质（enkephalins, Enk）
	组胺（histamine）	N-乙酰天冬氨酰谷氨酸（N-acetylaspartylglutamate, NAAG）
	去甲肾上腺素（norepinephrine, NE）	神经肽Y（neuropeptide Y）
	5-羟色胺（serotonin, 5-HT）	生长抑素（somatostatin）
		P物质（substance P）
		促甲状腺激素释放激素（thyrotropin-releasing hormone）
		血管活性肠肽（vasoactive intestinal polypeptide, VIP）

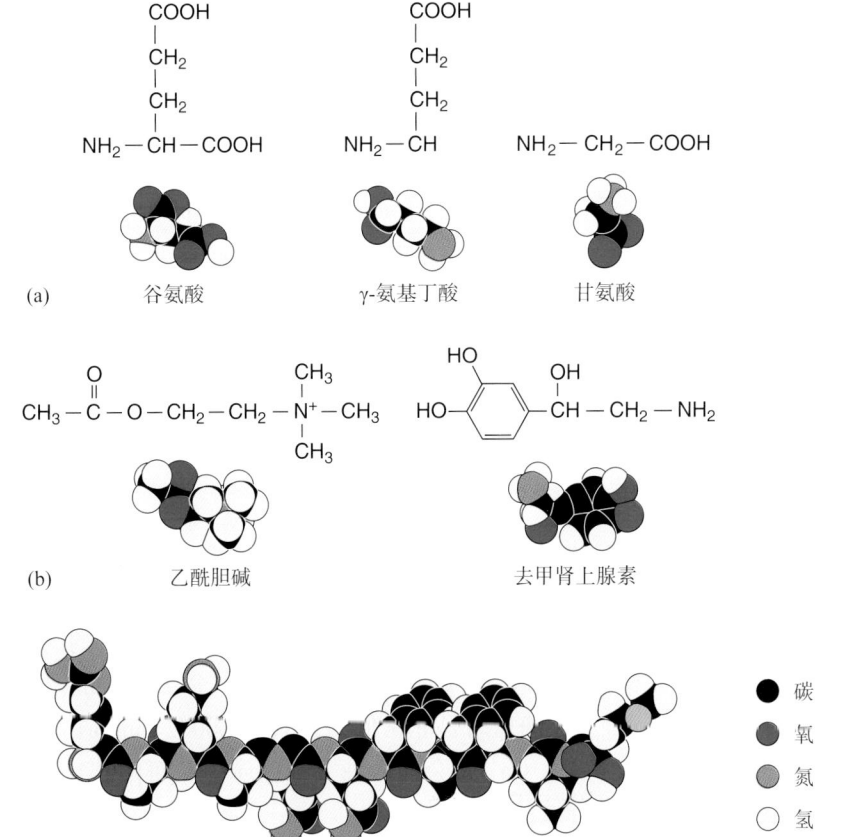

(a)　谷氨酸　γ-氨基丁酸　甘氨酸

(b)　乙酰胆碱　去甲肾上腺素

● 碳
● 氧
● 氮
○ 氢
● 硫

(c)　P物质
精氨酸　脯氨酸　赖氨酸　脯氨酸　谷氨酰胺　谷氨酰胺　苯丙氨酸　苯丙氨酸　甘氨酸　亮氨酸　甲硫氨酸

◀ 图 5.10
代表性的神经递质。（a）氨基酸类神经递质谷氨酸、γ-氨基丁酸和甘氨酸。（b）胺类神经递质乙酰胆碱和去甲肾上腺素。（c）肽类神经递质P物质（P物质中的氨基酸残基名称缩写和化学结构，见图3.4b）

链构成的大分子，由分泌颗粒（secretory granule）存储和释放。前面已经提到，分泌颗粒和突触囊泡经常在同一轴突末梢中被观察到。与此观察相一致的是，肽类神经递质也经常存在于含有胺类或氨基酸类神经递质的同一轴突末梢中。稍后将提到，这些不同的神经递质是在不同的条件下被释放的。

脑内不同的神经元可释放不同的神经递质。突触传递的速度差异很大，快突触传递持续约 10 ~ 100 ms。多数中枢神经系统的突触传递由氨基酸类神经递质介导，如**谷氨酸**（glutamate，Glu）、**γ- 氨基丁酸**（gamma-aminobutyric acid，GABA）或**甘氨酸**（glycine，Gly）。胺类的**乙酰胆碱**（acetylcholine，ACh）介导所有神经肌肉接头的快突触传递。慢突触传递可能持续数百毫秒至数分钟；这种突触传递既可发生在中枢神经系统，也可发生在外周神经系统中，而且 3 类神经递质均可介导慢突触传递。

5.3.2　神经递质的合成和存储

化学突触传递需要神经递质首先被合成，以备释放。不同的神经递质有不同的合成途径。例如，谷氨酸和甘氨酸属于合成蛋白质所需的 20 种氨基酸（图 3.4b），它们因此富集于机体所有的细胞（包括神经元）中。相反，GABA 和胺类递质主要由释放它们的神经元合成。因此，这些神经元含有特异性酶类，这些酶可以利用不同的代谢前体物合成相应的递质。合成氨基酸类和胺类递质所需的酶被运输到轴突末梢，进行局部且快速、直接的递质合成。

一旦氨基酸和胺类神经递质在轴突末梢的细胞质中被合成，它们必须被突触囊泡摄取。囊泡内神经递质的浓缩过程是由**转运体**（transporter）（在囊泡膜上镶嵌的特殊蛋白质）来完成的。

在分泌颗粒中合成和存储肽类递质的机制是迥然不同的。如在第 2 章和第 3 章中所述，肽类是在胞体中，由核糖体将氨基酸连在一起而合成的。对于肽类神经递质而言，这些都发生在粗面内质网上。通常，在粗面内质网上合成的长的肽链在高尔基体内被酶解后形成的较小片段的肽，才是有活性的神经递质。包裹有肽类神经递质的分泌颗粒在高尔基体上"发芽"，并脱落下来，并将它们以轴浆运输的方式转运到轴突末梢。图 5.11 比较了胺类和氨基酸类神经递质与肽类神经递质的合成和存储方式。

5.3.3　神经递质的释放

神经递质的释放是由动作电位到达轴突末梢所触发的。轴突末梢膜的去极化导致了活性带上的**电压门控钙通道**（voltage-gated calcium channel）开放。除了通透 Ca^{2+} 而非 Na^+，这些膜通道与我们在第 4 章中讨论过的钠通道非常相似。就 Ca^{2+} 而言，存在着一个极大的内向驱动力。需要提醒的是，细胞内钙离子浓度（$[Ca^{2+}]_i$）在静息时是非常低的，只有 0.0002 mmol/L。所以，只要钙通道处于开放状态，Ca^{2+} 就会涌入轴突细胞质中，而 $[Ca^{2+}]_i$ 升高是导致神经递质从突触囊泡释放的触发信号。

囊泡释放其内容物的过程称为**出胞作用**（exocytosis——又称胞吐作用——译者注）。突触囊泡膜与活性带处的突触前膜融合，将囊泡内容物释放入突触间隙（图 5.12）。对枪乌贼神经系统的巨突触的研究表明，出胞过

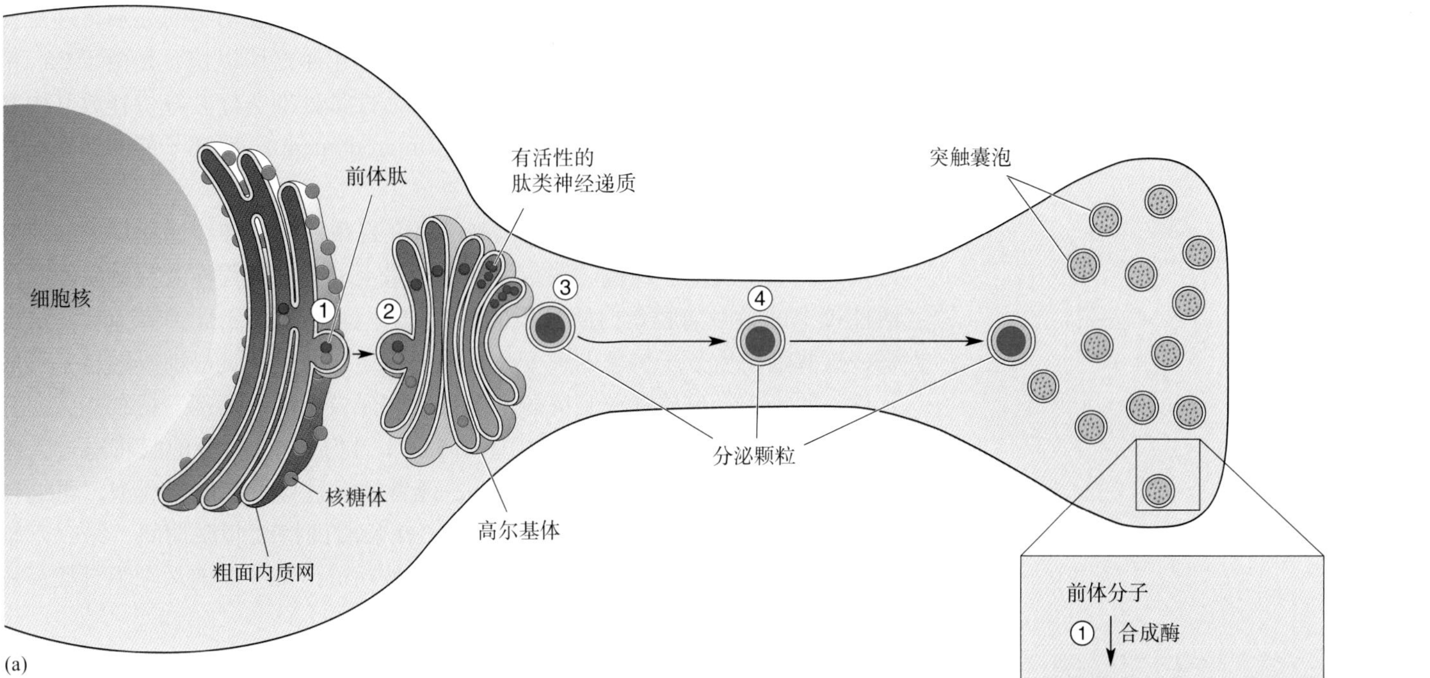

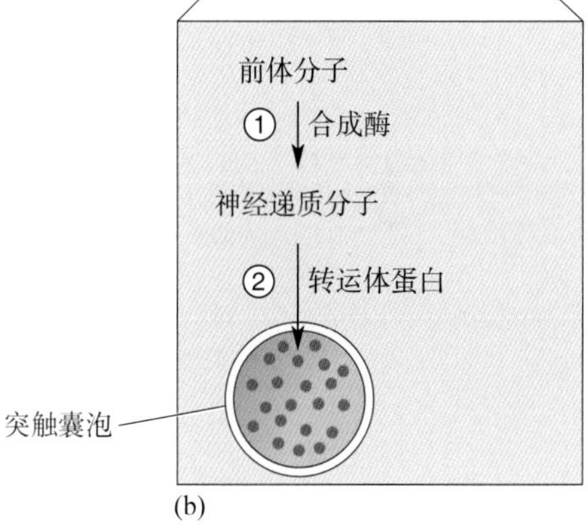

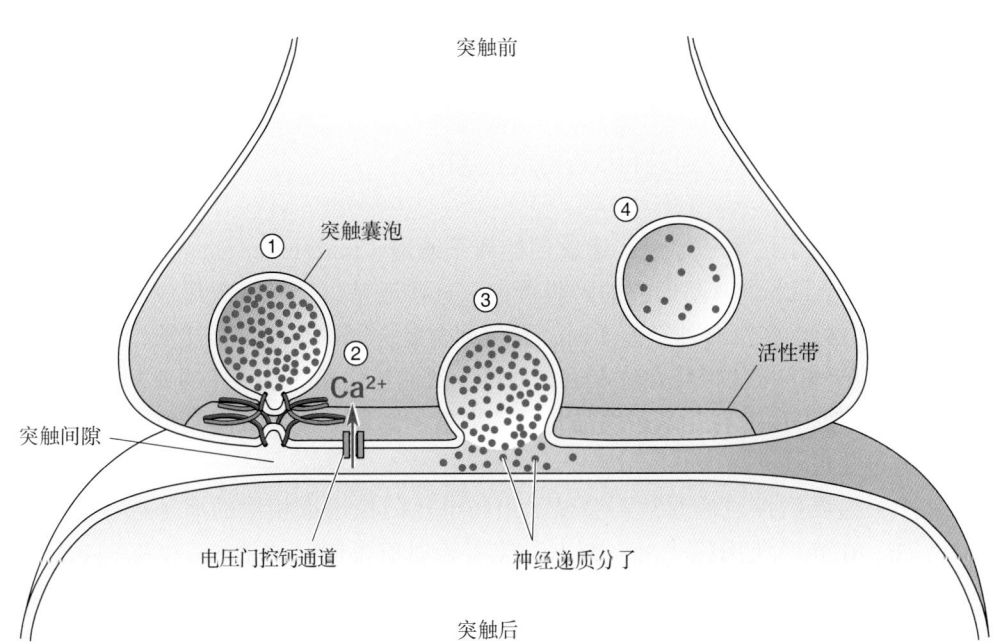

▲ 图5.11

不同类型神经递质的合成与存储。(a) 肽类：① 一个前体肽在粗面内质网内合成。② 前体肽在高尔基体上被裂解产生活性神经递质。③ 含有肽类的分泌囊泡在高尔基体上"发芽"，并脱落下来。④ 分泌囊泡沿轴突被转运至末梢，并被存储在那里。(b) 胺类和氨基酸类神经递质：① 细胞质中的酶将前体分子转变成神经递质。② 在末梢中，转运体蛋白将神经递质装入突触囊泡中进行存储

▲ 图5.12

神经递质通过出胞作用释放。① 内含神经递质的突触囊泡；② 通过电压门控钙通道进入的 Ca^{2+} 触发囊泡反应；③ 通过囊泡膜与突触前膜融合而将神经递质释放到突触间隙；④ 囊泡最终通过入胞过程被循环利用

程非常快，可在Ca^{2+}进入末梢后的0.2 ms内发生。哺乳动物的突触传递是在较高的体温下发生的，出胞甚至发生得更快。出胞之所以快，是由于Ca^{2+}精确地进入活性带区域，而突触囊泡早已在活性带处准备好并等待释放其内容物。在围绕着活性带周围的"微区域"（microdomain），钙离子能够达到相对较高的浓度（超过约0.01 mmol/L）。

关于$[Ca^{2+}]_i$怎样触发出胞的机制已研究得很深入。神经递质释放的速度之快，提示了囊泡已经被"锚定"在活性带上。锚定过程涉及突触囊泡膜与活性带中的突触前膜蛋白质分子的相互作用（图文框5.3）。在高$[Ca^{2+}]_i$情况下，这些蛋白质分子构象的改变使囊泡的脂质双层膜和突触前膜融合并形成孔道，允许神经递质释放到突触间隙。出胞融合孔的"嘴部"持续扩大，直到囊泡膜完全整合到突触前膜中（图5.13）。随后，这些囊泡膜将通过**入胞作用**（endocytosis；又称胞吞作用——译者注）过程重新形成囊泡，再循环的囊泡重新充填入神经递质（图5.12）。在长时间持续刺激期间，结合于轴突末梢细胞骨架上"储备池"中的囊泡会被动员出来。囊泡从细胞骨架释放和锚定到活性带，也是由$[Ca^{2+}]_i$的升高所触发的。

分泌颗粒释放肽类神经递质也是由钙依赖性的出胞过程介导的，但通常不发生在活性带处。由于分泌颗粒的出胞位点离Ca^{2+}进入的位点较远，肽类神经递质通常不会在每一个动作电位到达轴突末梢时都释放。实际上，肽类神经递质的释放一般需要一串高频的动作电位，这样才能使远离活性带的整个末梢内的$[Ca^{2+}]_i$达到触发释放的水平。与氨基酸类和胺类神经递质的快速释放不同，肽类释放是一个缓慢的过程，需要50 ms或更长时间。

5.3.4 神经递质的受体和效应器

释放到突触间隙的神经递质与镶嵌在突触后膜致密带上的特异性受体蛋白分子结合，可影响突触后神经元的活动。如同钥匙插入锁眼中，神经递质与受体的结合可引起受体蛋白的构象改变，从而使受体蛋白执行不同的功能。尽管已经发现了超过100种不同的神经递质受体，但它们大致可分为两类：递质门控离子通道和G蛋白耦联受体。

递质门控离子通道。递质门控离子通道（transmitter-gated ion channel）是由4个或5个亚基形成的跨膜蛋白，这些亚基组合在一起形成了一个孔道（图5.14）。在没有神经递质时，孔道通常是关闭的。当神经递质结合到通道的细胞外区域的特异性位点后，便可导致通道构象的改变（即亚基的轻微扭曲），使得通道在几毫秒内被打开。通道的功能效果则取决于哪一种离子能通过孔道。

递质门控通道通常不会显示出与电压门控通道相似的离子选择性。例如，在神经肌肉接头处，ACh门控离子通道可同时通透Na^+和K^+。当然，作为一个规则，如果开放的通道可以通透Na^+，它的净效应就会使突触后细胞的静息膜电位向去极化方向移动（图文框5.4）。由于去极化有助于使膜电位达到产生动作电位的阈值，故这一效应被认为是**兴奋性的**。由突触前神经递质释放导致的突触后膜瞬时去极化称为**兴奋性突触后电位**（excitatory postsynaptic potential，EPSP）（图5.15）。突触激活的ACh门控离子通道和谷

图文框 5.3 脑的食粮

怎样捕捉囊泡

酵母是一种单细胞生物，之所以备受青睐，是因为它们可用于发面和将葡萄汁酿成葡萄酒。值得一提的是，这些不起眼的酵母在某些方面与人脑中的化学突触具有相似之处。最近的研究表明：控制酵母细胞分泌的蛋白质与控制突触分泌的蛋白质之间只有很小的差异。显然，这些分子具有广泛的用途，因为它们经超过亿年的进化，却依然保守地存在于所有真核细胞中。

加快突触功能效应的诀窍在于，将充满神经递质的囊泡运达正确的位置上（即突触前膜处），然后使它们在恰当的时候（即恰好在一个动作电位使细胞内出现一个高浓度 Ca^{2+} 脉冲的时候）融合。出胞是普遍性细胞生物学过程的一个特殊例子，即**膜运输**（membrane trafficking）。细胞具有多种类型的膜，包括包被整个细胞的膜，以及包被细胞核、内质网、高尔基器和各种囊泡的膜。为了避免细胞内的混乱，每一种膜都必须被运输到胞内的特定位置。一旦被运达特定的位置，一种类型的膜必须与另一种类型的膜相融合。一个共同的分子装置已经在进化的过程中形成，该装置被用于这些膜的运输和融合。因此，这个分子装置中一些分子的微小变化将决定膜转运过程会如何发生和在何时发生。

膜与膜的特异性结合和融合似乎依赖于 SNARE 蛋白质家族，而这些蛋白质最早是在酵母中被发现的。SNARE 是一个过于复杂的首字母缩略词，在这里难以定义，但这个名词完美地定义了这些蛋白的功能：SNARE 蛋白质允许一个膜捕捉（snare）另一个膜（在英语中 snare 恰为"捕捉"的意思，本图文框的英文题目"How to SNARE a Vesicle"亦语义双关地使用了这个词——译者注）。每个 SNARE 肽有一个将其本身固定在膜内的亲脂末端和一个伸入细胞质的长尾。囊泡有"v-SNARE"［囊泡型 SNARE，v 为囊泡（vesicle）的意思——译者注］，突触前膜则有"t-SNARE"［靶膜型 SNARE，t 为靶膜（target membrane）的意思——译者注］。这两种互补性 SNARE 的细胞质末端能够互相紧密结合，使一个囊泡可以很接近地"停靠"在突触前膜而不是其他任何地方（图 A）。

尽管 v-SNARE 和 t-SNARE 复合物在囊泡和靶膜之间形成了主要的连接，但许多其他突触前蛋白质也能形成大而眼花缭乱的序列，并连接到该 SNARE 复合物上。我们还不知道这些蛋白质的功能，但其中一种囊泡蛋白——**突触结合蛋白**（synaptotagmin）在快速触发囊泡融合及随后的递质释放过程当中起到关键性的钙离子传感器（Ca^{2+} sensor）作用。在突触前膜上，钙通道可能形成"锚靠复合体"（docking complex）的一部分。由于钙通道接近锚靠的囊泡，内流的 Ca^{2+} 能够以惊人的速度触发神经递质释放（一个哺乳动物的突触在正常体温时大约在 60 μs 之内）。脑含有多种突触结合蛋白，其中一种专门用于超快的突触传递。

要理解与突触传递相关的所有分子，还有很长的路要走。在这一征途上，我们期望酵母能够为我们提供更多令人欣喜的思想食粮（和饮品）。

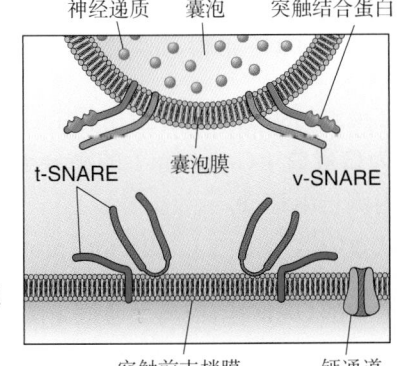
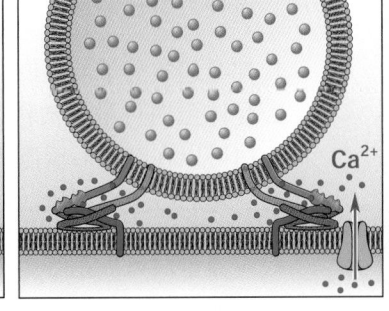
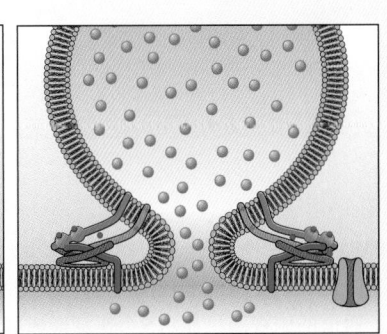

神经递质　囊泡　突触结合蛋白
t-SNARE　囊泡膜　v-SNARE
Ca^{2+}

图 A
SNARE 与囊泡的融合

突触前末梢膜　钙通道

► 图5.13

神经递质释放的"受体瞰"（a "receptor's eye" view，即从神经肌肉接头的接头后膜上的受体处看神经递质的释放——译者注）。（a）蛙神经肌肉接头活性带的细胞外侧表面。推测颗粒物为钙通道。（b）在该视图下，突触前末梢已经被刺激诱发而释放了神经递质。出胞融合孔所在处，突触囊泡已经和突触前膜融合并释放了其内容物（引自：Heuser and Reese，1973）

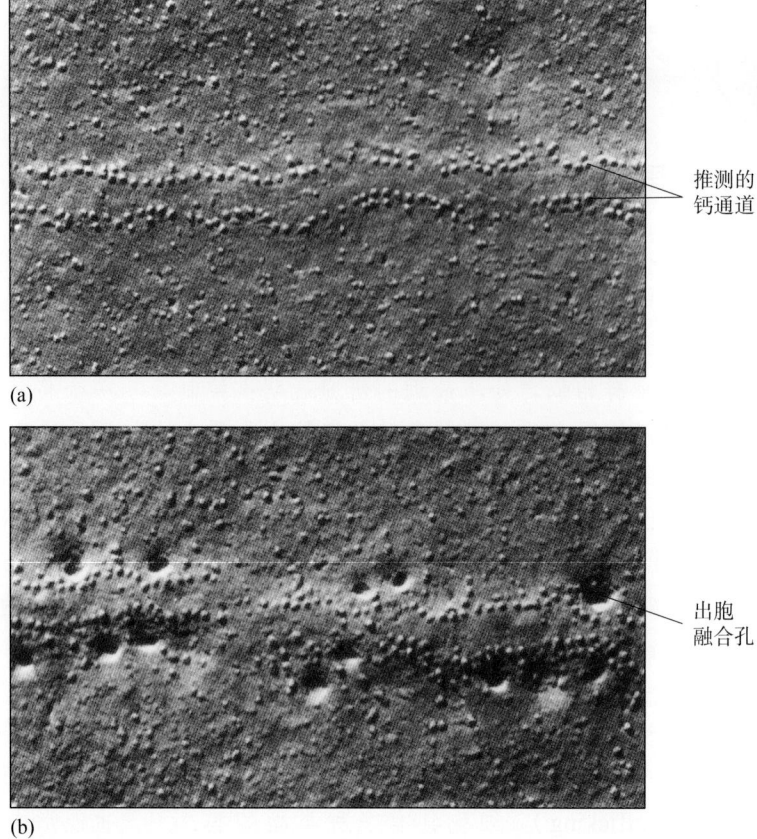

(a)

推测的
钙通道

(b)

出胞
融合孔

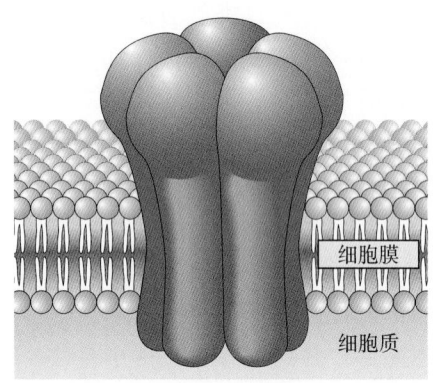

(a)

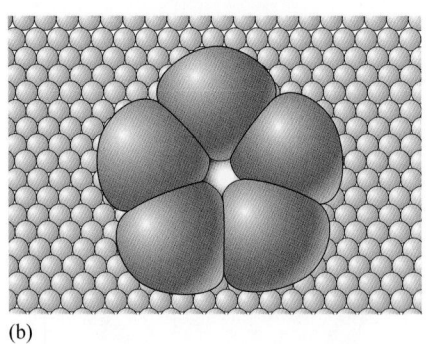

(b)

细胞膜
细胞质

▲ 图5.14

一种递质门控离子通道的结构图。（a）ACh门控离子通道的侧视图。（b）该门控离子通道的俯视图，显示5个亚基形成的中央孔道

氨酸门控离子通道都会导致EPSP。

如果递质门控通道是通透Cl⁻的，则通常的净效应将是使突触后细胞的静息膜电位向超极化方向移动（因为Cl⁻平衡电位通常是负的，见第3章），使膜电位远离产生动作电位的阈值，因而这种效应被认为是**抑制性**的。由突触前神经递质释放导致的突触后膜瞬时超极化称为**抑制性突触后电位**（inhibitory postsynaptic potential，IPSP）（图5.16）。甘氨酸门控离子通道或GABA门控离子通道的突触激活可引起IPSP。我们将在讨论突触整合时进一步讨论EPSP与IPSP。

G蛋白耦联受体。快速的化学突触传递是通过氨基酸类和胺类递质作用于递质门控通道来介导的。但是，所有3类神经递质作用于**G蛋白耦联受体**（G-protein-coupled receptor）也能导致缓慢、更持久和更为多样性的突触后作用。这种类型神经递质的作用包括3个步骤：

1. 神经递质分子与镶嵌在突触后膜上的受体蛋白相结合。
2. 受体蛋白可激活被称为**G蛋白**（G-protein）的小分子蛋白质，而G蛋白可以在突触后膜胞内侧自由移动。
3. 活化的G蛋白可激活"效应器"蛋白（"effector" protein）。

效应器蛋白可以是细胞膜中的G蛋白门控离子通道（图5.17a）或酶类。由这些酶所合成的分子称为**第二信使**（second messenger），可扩散到细胞质

图文框5.4　脑的食粮

逆转电位

我们在第4章中曾谈到，当电压门控钠通道在动作电位过程中开放时，Na⁺进入细胞并导致膜电位快速去极化，直到达到钠平衡电位 E_{Na}，约为 40 mV。与电压门控通道不同，许多递质门控离子通道并不只对一种离子有通透性。例如，在神经肌肉接头处，ACh门控离子通道可以同时通透Na⁺和K⁺。下面探讨激活这些通道所产生的功能后果。

在第3章中曾提及，膜电位 V_m 能够用戈德曼方程（Goldman equation）来计算。该方程考虑到了膜对不同离子的相对通透性（图文框3.3）。如果膜对Na⁺和K⁺的通透能力相同，如同乙酰胆碱门控或谷氨酸门控离子通道开放时的情况，V_m 就会介于 E_{Na} 和 E_K 之间，约为 0 mV。也就是说，通过通道的离子电流会使膜电位向 0 mV 方向移动。如果在ACh施加之前膜电位小于 0 mV，通常情况下，通过ACh门控离子通道的电流方向就是**内向的**，导致去极化。反之，如果在ACh施加前膜电位大于 0 mV，则通过ACh门控通道的净电流将是**外向的**，导致膜电位的正性变得小一些。

在不同的膜电位下离子电流的改变情况可以通过作图表示，如图A所示。这样的图称为**电流−电压曲线**（*I-V* plot；*I* 表示电流，*V* 表示电压——译者注）。在膜电流方向发生逆转处的膜电位数值称为**逆转电位**（reversal potential）。在这个例子中，逆转电位应为 0 mV。因此利用实验确定逆转电位可以帮助我们确定膜能够通透哪些离子。

如果一个神经递质通过改变膜对不同离子的相对通透性，使得 V_m 朝一个比动作电位阈值更正的值移动，那么这个神经递质的作用就是兴奋性的。通常，能够打开对Na⁺有通透性的通道的神经递质都是兴奋性递质。如果一个神经递质使 V_m 呈现出比动作电位阈值更负的值，则称其为抑制性神经递质。使通透Cl⁻的通道开放的神经递质，与仅使通透K⁺的通道开放的神经递质一样，应该是抑制性的。

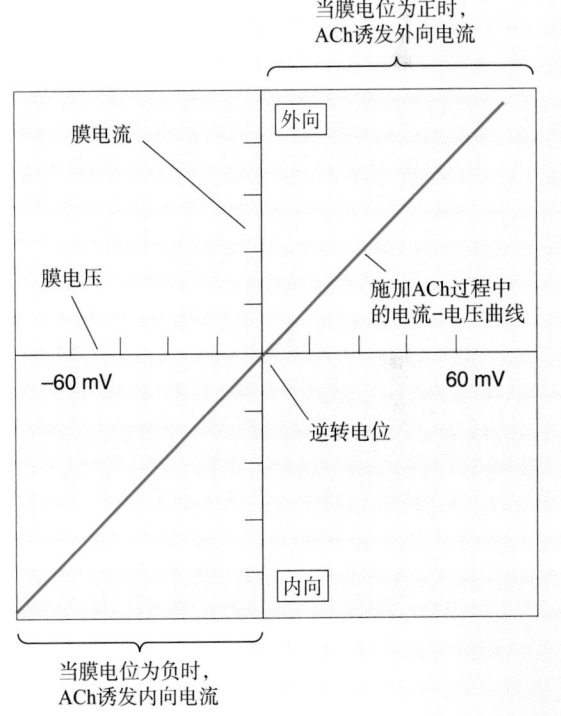

图A

中（图5.17b）。第二信使可以激活细胞质内其他的酶，从而调节离子通道的功能和改变细胞的代谢。由于G蛋白耦联受体能触发广泛的代谢效应，它们经常被称为**促代谢型受体**（metabotropic receptor）。

在第6章，我们将会进一步讨论不同的神经递质以及它们的受体和效应器。但需要提醒的是，即使是同一种神经递质，也有不同的突触后效应，这取决于神经递质结合的是什么受体。例如，ACh对心脏和骨骼肌效应的差别：

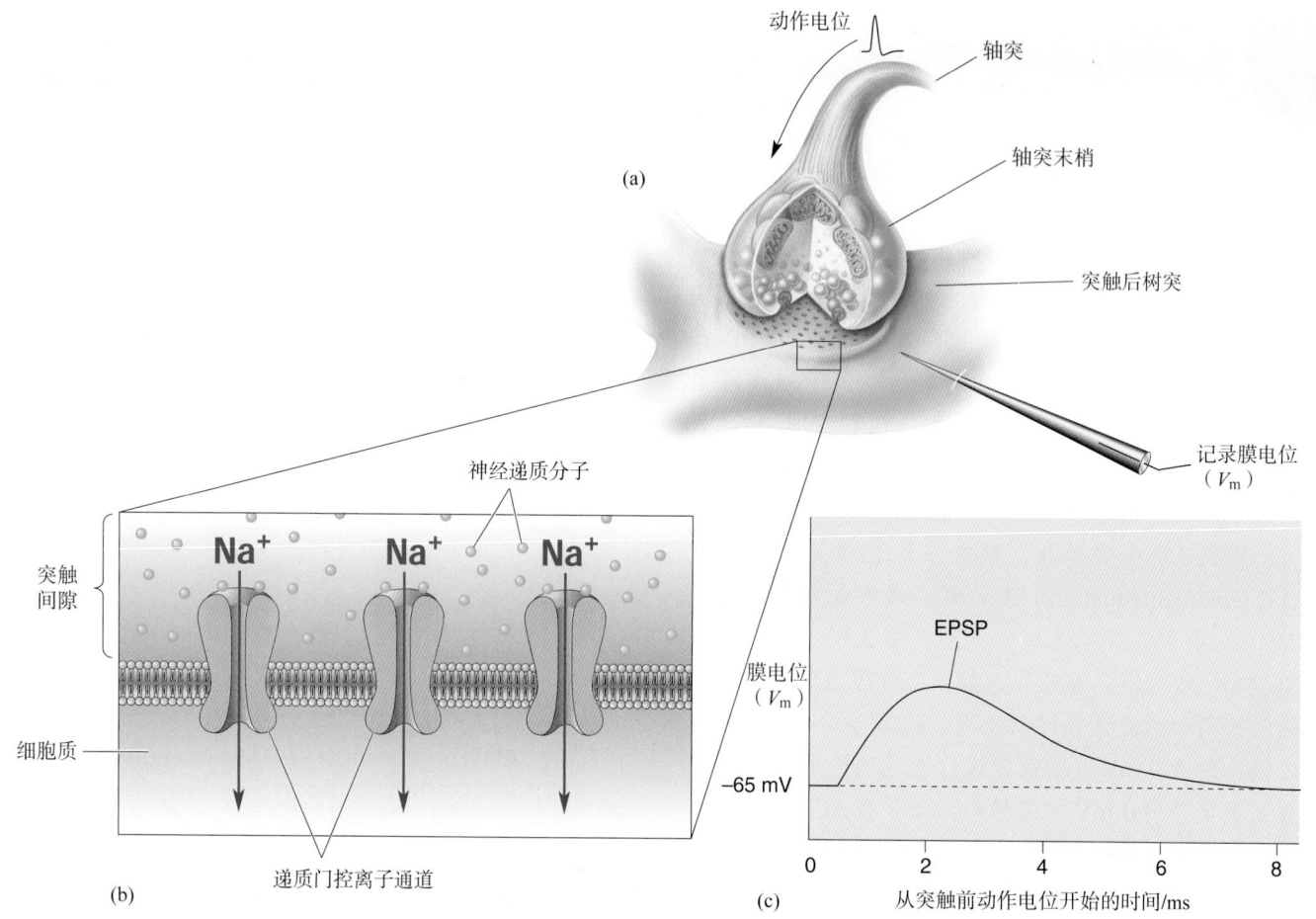

▲ 图 5.15

EPSP 的产生。(a) 动作电位到达突触前末梢,触发神经递质释放。(b) 递质分子结合到突触后膜上的递质门控离子通道。如果 Na⁺ 通过开放的通道进入突触后细胞,那么突触后膜就会去极化。(c) 利用微电极在细胞中记录到的膜电位(V_m)改变,即兴奋性突触后电位(EPSP)

ACh 通过引起心肌细胞的缓慢超极化,使心脏的节律性收缩变慢;相反,ACh 通过使骨骼肌纤维快速去极化而引起肌肉收缩。ACh 的这两种不同作用可以用不同的受体机制来解释。心肌上的促代谢型 ACh 受体是经 G 蛋白耦联到钾通道上的,从而使钾通道开放,导致心肌纤维超极化,并降低心肌纤维动作电位的发放频率。在骨骼肌上的 ACh 受体属于递质门控离子通道,这是一种对 Na⁺ 有通透性的特殊的 ACh 门控通道,该通道的开放可引起肌纤维的去极化,从而使得肌纤维更加兴奋。

　　自身受体。 除了作为突触后致密带的一部分,神经递质受体通常也存在于突触前的轴突末梢膜上。对由突触前末梢释放的神经递质敏感的突触前受体(presynaptic receptor)称为**自身受体**(autoreceptor)。通常,自身受体是刺激第二信使产生的 G 蛋白耦联受体。激活这些受体所产生的后续效应是不同的,但一个共同的效应是抑制神经递质的释放,有时也抑制神经递质的合

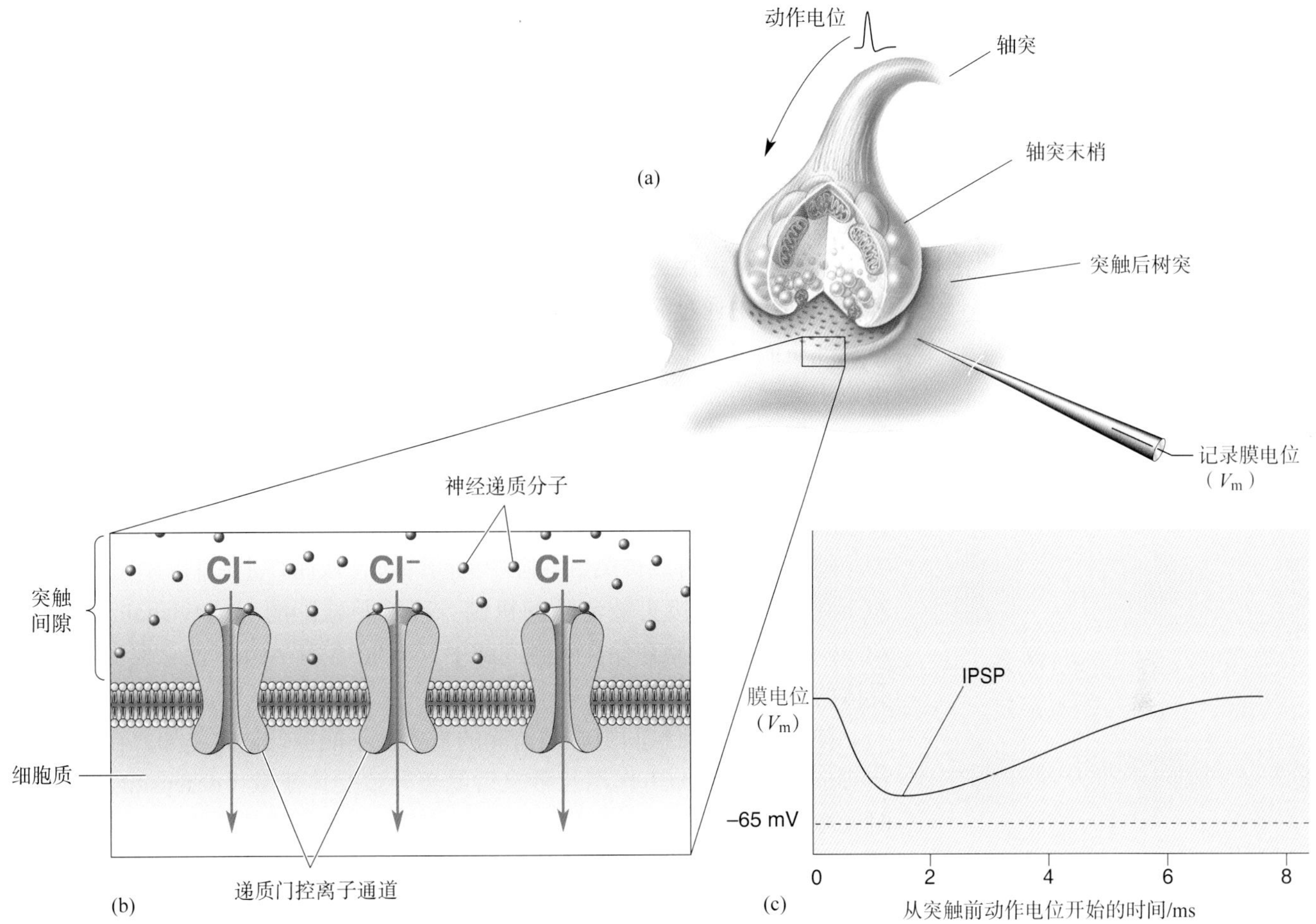

动作电位

轴突

轴突末梢

突触后树突

(a)

记录膜电位
（V_m）

神经递质分子

Cl⁻　Cl⁻　Cl⁻

突触
间隙

细胞质

递质门控离子通道

(b)

膜电位
（V_m）

IPSP

−65 mV

从突触前动作电位开始的时间/ms

(c)

▲ 图 5.16

IPSP 的产生。（a）动作电位到达突触前末梢，触发神经递质的释放。（b）释放的神经递质分子结合到突触后膜上的递质门控离子通道。如果 Cl⁻ 通过开放的通道进入突触后细胞，突触后膜就会被超极化。（c）利用微电极在细胞内记录到的膜电位（V_m）变化，即抑制性突触后电位（IPSP）

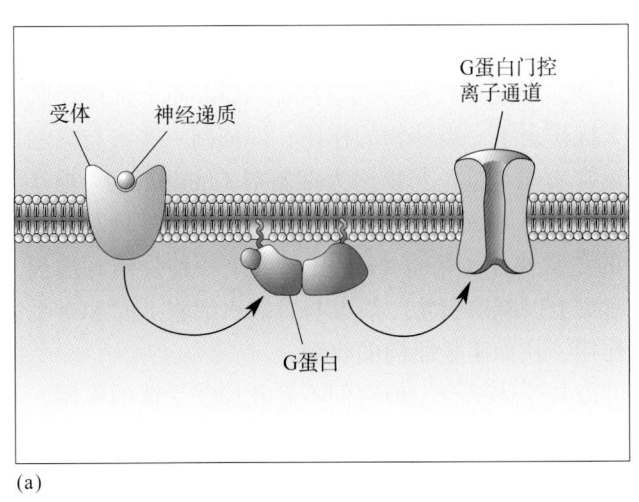

受体　神经递质

G蛋白门控
离子通道

G蛋白

(a)

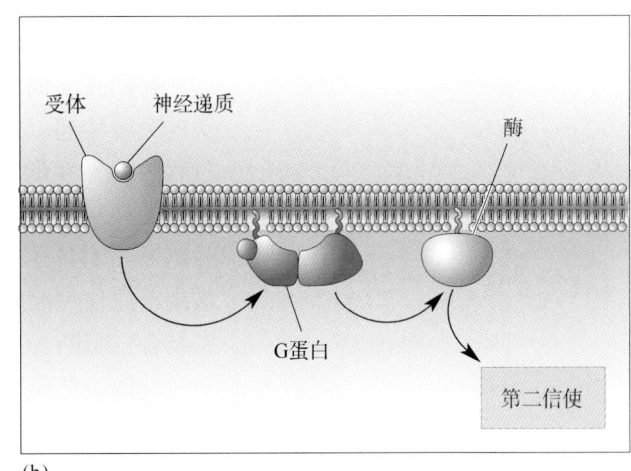

受体　神经递质

酶

G蛋白

第二信使

(b)

▲ 图 5.17

递质对 G 蛋白耦联受体的作用。神经递质与受体的结合导致 G 蛋白的激活。活化的 G 蛋白激活效应器蛋白，而效应器蛋白可能是（a）离子通道或（b）产生细胞内第二信使的酶

成。这种机制允许突触前末梢进行自我调节。自身受体在功能上似乎是一种安全阀，当突触前末梢附近的神经递质浓度过高时，它可以减少神经递质的释放。

5.3.5 神经递质的重摄取和降解

一旦释放的神经递质与突触后受体发生作用后，它们必须从突触间隙被清除，以让另一次突触传递可以进行。清除方法之一，就是递质分子在细胞外液体环境中通过简单扩散而远离突触。但是，对于大多数氨基酸类和肽类神经递质而言，扩散通常被辅之以突触前神经末梢对它们的重摄取。重摄取由位于突触前膜上一些特殊的神经递质转运体蛋白承担。一旦被重摄取进入神经末梢细胞质后，递质可能被重新载入突触囊泡中或被酶促降解，并且它们的分解产物也会被循环利用。神经递质的转运体蛋白也存在于突触周围的神经胶质细胞膜上，它们同样有助于从突触间隙清除神经递质。

神经递质也可以被突触间隙中的酶降解，从而终止它们的作用。例如，ACh 在神经肌肉接头被清除的机制。乙酰胆碱酯酶（acetylcholinesterase，AChE）被肌肉细胞存储在突触间隙中，AChE 酶解 ACh，使它失去激活 ACh 受体的能力。

神经递质从突触间隙中被清除的重要性不能被低估。例如，在神经肌肉接头，高浓度的 ACh 作用几秒之后就会导致受体**脱敏**（desensitization），此时，ACh 依然存在，但递质门控通道关闭。这种受体脱敏状态可持续数秒，甚至在神经递质被清除之后仍存在。正常情况下，AChE 快速降解 ACh，可以防止这种脱敏产生。但是，如果 AChE 被抑制，如被用作化学武器的各种神经毒气所抑制，ACh 受体就会脱敏，神经肌肉接头的突触传递就会失败。

5.3.6 神经药理学

前面讨论的有关突触传递每一个步骤——神经递质合成、载入突触囊泡、出胞、结合并激活受体、重摄取和降解——都是化学性的。因此，这些步骤能够被特异性药物和毒物所影响（图文框 5.5）。研究药物对神经系统作用机制的科学称为**神经药理学**（neuropharmacology）。

我们在前面曾经提到，神经毒气能够通过抑制 AChE 而干扰神经肌肉接头的突触传递。这种干扰代表了一类药物的作用，即抑制一些参与突触传递过程的特异性蛋白的正常功能。这类药物称为**抑制剂**（inhibitor）。神经递质受体的抑制剂称为**受体对抗剂**（receptor antagonist）。受体对抗剂与受体结合并阻断（对抗）递质的正常作用。箭毒（curare）就是一种受体对抗剂，曾被南美原住民涂抹在箭头上以麻痹猎物。箭毒与骨骼肌细胞上的 ACh 受体紧密结合，阻断 ACh 的作用，从而阻止肌肉的收缩。

其他一些药物也可以与受体结合，但它们不起到抑制受体的作用，而是模拟天然神经递质的作用，这些药物称为**受体激动剂**（receptor agonist）。例如，从烟草植物中提取的烟碱（nicotine）就是一种受体激动剂。烟碱可与骨骼肌的 ACh 受体结合，并激活受体。事实上，肌肉的 ACh 门控离子通道也称为**烟碱型 ACh 受体**（nicotinic ACh receptor），以区别于其他不能被烟碱激活的 ACh 受体，如心肌中的 ACh 受体。中枢神经系统中也有烟碱型 ACh 受体，

图文框5.5 趣味话题

细菌、蜘蛛、蛇和人类

梭状肉毒杆菌（*Clostridium botulinum*）、黑寡妇蜘蛛、眼镜蛇和人类有什么共同之处？这些物种都会制造可破坏神经肌肉接头化学突触传递的毒素（就人类而言，这里所说的毒素是指本图文框下文所说的有机磷化合物——译者注）。肉毒杆菌毒素中毒是由几种肉毒杆菌神经毒素所引起的，而这些神经毒素是肉毒杆菌在包装不当的罐头食品中生长而产生的 [肉毒杆菌毒素这个名称起源于拉丁语的 sausage（香肠），因为这种疾病在早期是与腌制不当的肉制品联系在一起的]。肉毒杆菌毒素是神经肌肉接头的强烈阻断剂，据估计只需10个毒素分子就足以抑制一个胆碱能突触。肉毒杆菌毒素是高度特异的酶，它们可以裂解突触前末梢的某些SNARE蛋白，而这些蛋白质在神经递质的释放中起关键性的作用（图文框5.3）。肉毒杆菌毒素的这种特异性作用使得它们在早期对SNARE的研究中成为重要的工具。

尽管黑寡妇蜘蛛毒液的作用机制不同，它也能通过影响递质的释放而产生致死效果（图A）。这种毒液包含拉特罗毒素（latrotoxin，黑寡妇蜘蛛毒素），其在神经肌肉接头处先易化，后抑制ACh的释放。利用电镜观察被黑寡妇蜘蛛毒液伤害的突触，可发现轴突末梢肿胀，突触囊泡消失。拉特罗毒素是一种蛋白质分子，其作用机制还不十分清楚。毒液与突触前膜外侧的蛋白质结合，在膜上形成孔道，从而导致末梢去极化和钙离子内流，并触发递质快速和完全耗竭。在某些情况下，毒液可诱发不依赖于钙离子的递质释放，可能是通过与神经递质释放蛋白质的直接相互作用而导致了递质的释放。

由眼镜蛇咬伤所导致的受害者神经肌肉传递阻断是以另一种机制实现的。蛇毒中的一种活性物质，即 α-银环蛇毒（α-bungarotoxin）是一种肽，可与突触后烟碱型ACh受体紧密地结合，需要几天才能被移除。但是，通常是没有时间来移除毒素的，因为眼镜蛇毒素阻碍了ACh对烟碱型受体的激活，从而麻痹了受害者的呼吸肌。

人类已合成了大量抑制神经肌肉接头传递的化学物质。源于寻找用于战争的化学杀伤剂，导致了一类新型化合物——**有机磷化合物**（organophosphate）的发展。这些化合物是AChE的不可逆抑制剂。有机磷化合物通过抑制ACh的降解而使ACh积累，随之可能使ACh受体脱敏而导致受害者死亡。有机磷化合物（如对硫磷，parathion）现被用作杀虫剂，它们只有在高剂量时才对人有毒害（我国已于2017年起禁止使用对硫磷——译者注）。

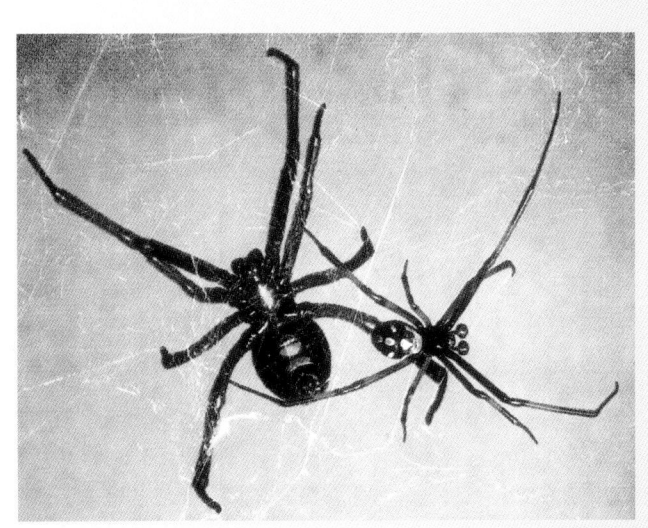

图A

黑寡妇蜘蛛（引自：Matthews，1995，第174页）

该受体与烟草使用的成瘾效应有关。

突触传递具有极大的化学复杂性，使其特别适合于用墨菲定律 [Murphy's law；由美国工程师爱德华·墨菲（Edward A. Murphy）于1949年提出的，其基本内容是，任何一个事件，只要其具有大于零的概率，就不能假设它不会发生——译者注］来做出医学上的推论，即如果一个生理过程可能出错，那么这个过程就会出错。因此，当化学突触传递出了问题，整个神经系统就会发生功能障碍。神经传递的缺陷被认为是许多神经和精神疾病最根本的致病原因。幸好由于突触传递的神经药理学知识在不断地增长，临床医生不断有新的和更有效的药物来治疗这些疾病。有关某些精神疾病的突触基础和它们的神经药理学治疗将在第22章加以讨论。

5.4 突触整合的原理

大多数中枢神经系统的神经元接受数以千计的突触输入，这些输入可同时激活不同组合的递质门控离子通道和G蛋白耦联受体。突触后神经元整合所有这些复杂的离子和化学信号，然后产生一种简单形式的输出——动作电位。将许多突触输入转换成一个神经输出构成了神经计算过程。在我们生命中的每一秒钟，脑都要进行数亿次的神经计算。作为理解神经计算是如何进行的第一个步骤，我们首先来了解突触整合的一些基本原理。**突触整合**（synaptic integration）是多个突触电位在一个突触后神经元上组合的过程。

5.4.1 EPSP 的整合

最基本的突触后反应是单个递质门控通道的开放（图 5.18）。流经这些通道的内向电流使突触后膜去极化，从而导致 EPSP 的产生。一个突触的突触后膜可能有几十到几千个递质门控通道，而在突触传递过程中，有多少通道被激活，则主要取决于神经递质的释放量。

EPSP 的量子分析。神经递质释放的最基本单位是一个突触囊泡的内容物。每个囊泡含有大约相同数目（几千）的递质分子。被释放的递质总量就是这个数目的整数倍。因此，突触后 EPSP 的幅度也就是突触后膜对一个囊泡内容物反应幅度的整数倍。换句话说，就一个特定的突触而言，突触后的 EPSP 是**量子化的**（quantized），即它们是一个不可分割的单位，是**量子**

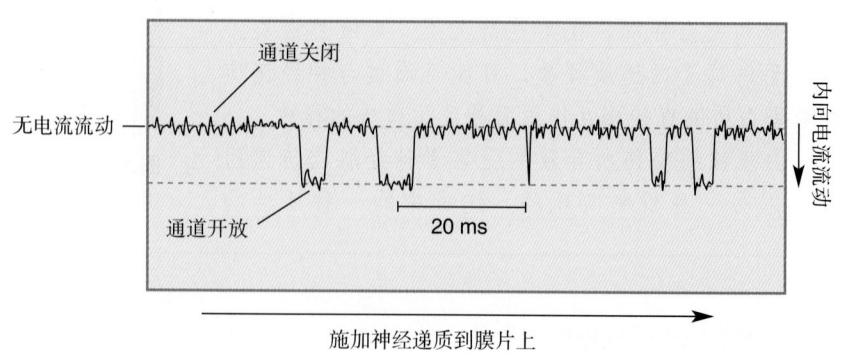

▲ 图 5.18

递质门控离子通道的膜片钳记录。当通道开放时，离子电流通过这些通道。在神经递质存在时，通道在开放和关闭态之间迅速转换（改绘自：Neher and Sakmann，1992）

（quantum）的整倍数。这反映了在一个突触囊泡内的递质分子总数和在一个特定的突触中可用的突触后受体的数量。

在没有突触前刺激的情况下，许多突触囊泡的出胞会以某种极低的概率出现。这种神经递质自发释放所引起的突触后反应的大小可用电生理学方法测量。这种微小的反应称为**小突触后电位**（miniature postsynaptic potential），通常简称为"mini"。每个mini是由一个囊泡的递质内容物所引起的。因此，由突触前动作电位诱发的突触后EPSP幅度是mini幅度的整数倍（即1倍、2倍或3倍等）。

一种比较小突触后电位和诱发的突触后电位幅度的方法称为**量子分析**（quantal analysis），这种方法能够推算出在正常的突触传递过程中有多少囊泡释放了神经递质。神经肌肉接头传递的量子分析揭示：一个突触前末梢的动作电位能够触发大约200个突触囊泡释放，引起一个40 mV或更大的EPSP。与之形成鲜明对比的是，在许多CNS的突触中，一个突触前动作电位仅引起**一个囊泡**的释放，由此引起的一个EPSP仅为零点几毫伏。

EPSP的总和。神经肌肉接头和中枢神经系统突触的兴奋性传递存在差异，这是不足为奇的。神经肌肉接头已经进化到故障保险（fail-safe）的程度。神经肌肉接头的传递需要做到万无一失，而做到这一点的最好的办法就是要保证产生一个幅度很大的EPSP。另一方面，如果每一个中枢神经系统的突触都具有在突触后细胞上触发一个动作电位的能力（即像神经肌肉接头那样，一个接头就可以触发一个动作电位），那么神经元只不过就是一个简单的中继站而已。事实上，大多数神经元执行更为复杂的计算，这需要许多EPSP叠加起来，产生一个有意义的突触后去极化。这就是EPSP总和的意义所在。

EPSP的总和（EPSP summation）代表了中枢神经系统突触整合的最简单形式。有两种形式的总和——空间的和时间的。**空间总和**（spatial summation）是将在树突上不同突触处同时产生的许多EPSP进行叠加。**时间总和**（temporal summation）是将同一个突触相继产生的，时间间隔为1～15 ms的一连串的EPSP叠加起来（图5.19）。

5.4.2　树突性质对突触整合的贡献

即使一个树突总合了几个EPSP，由此产生的去极化可能仍不足以引起一个动作电位。如果要产生一个动作电位，进入突触连接处的电流就必须沿树突扩散并流经胞体，使锋电位起始区的膜去极化超过阈值。因此，一个兴奋性突触触发动作电位的效率，取决于突触与锋电位起始区之间的距离和树突膜的性质。

树突的电缆性质。为了简化树突性质如何贡献于突触整合的分析，我们先假定树突在功能上像一根圆柱形的电缆，其在电学上是被动的（electrically passive；即被动电学特性，指的是由膜电阻、细胞质电阻、膜电容等决定的神经细胞膜的被动电学特性，而非由膜离子通道开放或关闭而表现出来的主动膜反应——译者注），也就是说，它缺乏电压门控离子通道（当然，轴突

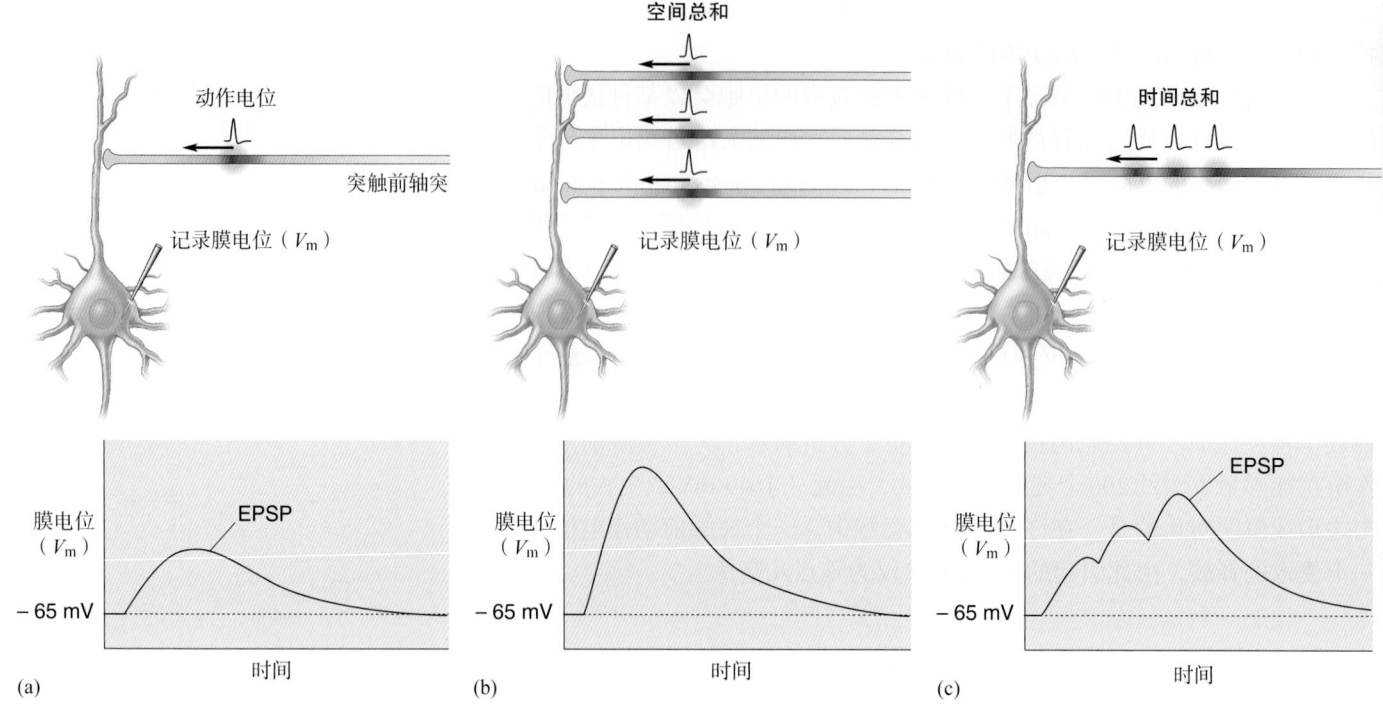

▲ 图 5.19

EPSP 的总和。（a）一个突触前动作电位在突触后神经元触发一个小的 EPSP。（b）EPSP 的空间总和：当同时有 2 个或更多的突触前输入时，这些输入所触发的 EPSP 相互叠加。（c）EPSP 的时间总和：当同一个突触前纤维连续、快速地发放几个动作电位时，这些动作电位触发的 EPSP 相互叠加

与之相反，具有电压门控离子通道）。用一个在第 4 章中介绍过的类比方法，假设突触处进入的正电荷就像从打开的水龙头中流出的水，水将流入一根有漏洞的软管（树突）。这些水有两条路可走：一条是沿软管内部流动；另一条是通过软管上的漏洞漏出。同理，突触电流也有两条路可走：一条是沿树突内部流动；另一条是穿过树突膜。随着电流沿着树突流动并远离突触，由于离子流通过膜通道而泄漏，EPSP 的幅度将减小。在离开电流流入点的某个位置处，EPSP 的幅度最终可能降为零。

去极化在树突这根"电缆"上的衰减是距离的函数，如图 5.20 所示。为了简化计算，在这个例子中，我们假定树突无限长，没有分支且直径均一。我们还将使用微电极注入长时间且稳定的电流脉冲，来引起膜的去极化。注意，去极化的数值随距离的增加呈指数衰减。在一个给定距离的点上，膜去极化的数值（V_x）可用一个方程来描述：$V_x = V_0/e^{x/\lambda}$，其中 V_0 是起始处（微电极的正下方）的去极化数值，e（$= 2.718\cdots$）是自然对数的底数，x 是给定点到突触的距离，λ 是依赖于树突性质的常数。注意：当 $x = \lambda$ 时，$V_x = V_0/e$。换言之，$V_\lambda = 0.37V_0$。λ 表示的距离，即此处的去极化膜电位是起始处的约 37%，称为树突的**长度常数**（length constant）。（记住，这个分析是过于简化的，实际的树突有确定的长度和分支，末梢逐渐变得尖细，并且 EPSP 是瞬时的——所有这些都会影响电流的扩散，并进而影响突触电位的效能。）

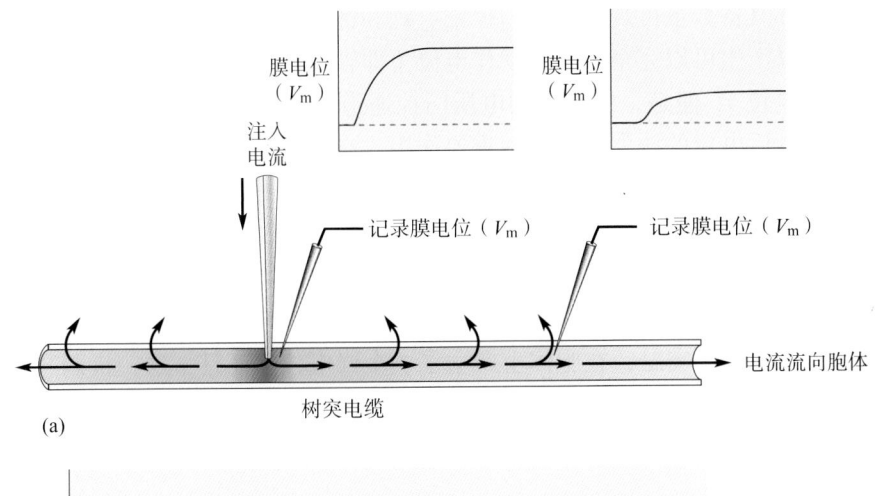

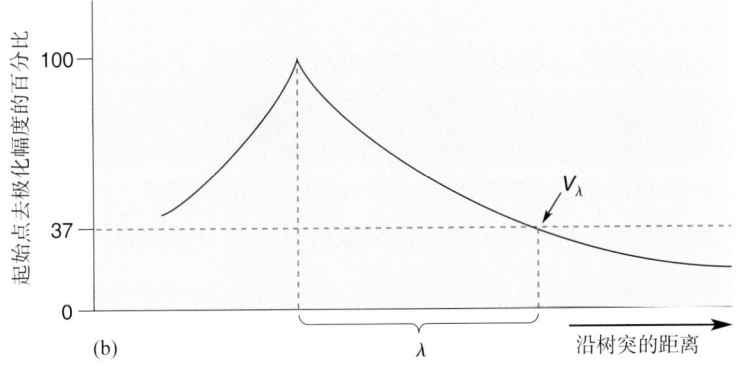

◀ 图 5.20

去极化的衰减是长树突"电缆"距离的函数。（a）将电流注入树突，并同时记录去极化电位。这个电流沿树突扩散时，大部分都跨膜泄漏。因此，离电流注入点某个距离处，记录到的去极化就会比在电流注入点下面记录到的小。（b）膜去极化电位作为沿树突距离的函数的曲线图。在长度常数 λ 处，去极化膜电位（V_λ）约为电流注入点处去极化膜电位的37%

　　长度常数是衡量去极化能够沿树突或轴突传递多远的指标。长度常数越大，在远处的突触产生的 EPSP 就越有可能使轴丘膜去极化。在我们理想化的、电学上被动的树突上，λ 值取决于两个因素：（1）对在树突内部沿树突长轴纵向流动的电流的电阻，称为**内电阻**（internal resistance，r_i）；（2）对跨膜流动的电流的电阻，称为**膜电阻**（membrane resistance，r_m）。大部分电流将沿着电阻最小的通路流动。由于膜电阻的增加，更多的去极化电流将在树突内部流动而不是"泄漏"出树突膜，因此 λ 值会增加；而由于内电阻的增加，更多的电流将跨膜流动，λ 值将减小。就像水在漏洞较少的粗水管中流得更远一样，突触电流也会在具有较少开放的膜通道（高 r_m）且较粗的树突（低 r_i）中流得更远。

　　内电阻的大小只取决于树突的直径和细胞质的电特性。因此，在一个成熟的神经元中，它是一个相对恒定的数值。相反，膜电阻则取决于离子通道开放的数目，这个数目会随不同的突触激活而随时改变。因此，树突的长度常数实际上并非是一个常数！下面，我们将会看到 λ 值的波动是突触整合中的一个重要因素。

　　可兴奋的树突。关于树突电缆性质分析的另一个重要假定是：树突膜在电学上是被动的，即缺乏电压门控通道。脑中某些树突的膜在电学上几乎完全是被动的，即非可兴奋的，因而这些树突确实遵循此简单的电缆方程。例如，脊髓运动神经元的树突就非常接近于一个被动电学特性的结构。然而，大多数其他神经元的树突已被确定是非被动电学特性的结构，即很多神经元的树突都具备数量可观的电压门控钠、钙和钾通道。树突极少含有足够的离子通道以产生可以完全扩布的动作电位（即轴突所产生的那种可以完全扩布的动作电位）。但是，树突上的电压门控通道可以作为在树突远端产生的较小的突触后电位的放大器而发挥重要作用。在长的具有被动电学特性的树突上，虽然趋于消失而无任何意义的EPSP不足以触发电压门控钠通道开放，但可以通过增加电流来促进突触信号向胞体方向扩散。

看似矛盾的是，某些细胞树突上的钠通道也可以将电信号传向另一个方向——将电信号从胞体传向树突。这可能是一种机制，通过这种机制可以告知位于树突上的突触，在胞体上产生了一个锋电位；而且，这一机制与我们将在第25章中讨论的学习的细胞机制假说有关。

5.4.3　抑制作用

到目前为止，我们已经了解到，一个EPSP对一个神经元动作电位的输出是否有贡献取决于几个因素，包括共激活的兴奋性突触的数目、突触到锋电位起始区的距离，以及树突膜的性质。当然，在脑中并非所有的突触都是兴奋性的。某些突触的作用是使膜电位远离产生动作电位的阈值，它们被称为**抑制性突触**（inhibitory synapse）。抑制性突触可以强有力地控制神经元的输出（图文框5.6）。

IPSP和分流抑制。与兴奋性突触非常相似，多数抑制性突触的突触后受体也是递质门控离子通道。主要区别是，抑制性突触结合的神经递质不同（GABA或甘氨酸），因而允许不同的离子通过这些通道。大多数抑制性突触的递质门控通道仅允许Cl^-通透。氯通道的开放允许Cl^-向使膜电位朝氯平衡电位E_{Cl}（大约-65 mV）的方向跨膜移动。当递质释放时，如果膜电位高于-65 mV，激活这些通道就会导致一个超极化的IPSP。

需要提醒的是，如果膜电位已经是-65 mV，氯通道激活后将看不到IPSP。这是因为膜电位的值已经处于E_{Cl}的水平上（即该突触的逆转电位，见图文框5.4）。如果观察不到IPSP，那么神经元是否真的被抑制呢？答案是肯定的。考虑在图5.21中的情况，在树突远端有一个兴奋性突触，靠近胞体的树突近端有一个抑制性突触。激活兴奋性突触能够导致正电荷流入树突，此电流在其流向胞体的过程中使膜去极化。但是，在激活的抑制性突触位点，膜电位近似等于E_{Cl}（-65 mV）。因此，正向电流在该位点流出膜外，把V_m拉回-65 mV。这个突触就起到一个电分流器的作用，可防止电流流过胞体而到达轴丘，这种抑制作用称为**分流抑制**（shunting inhibition）。分流抑制真正的物理学基础是**带负电荷的Cl^-内向流入**，相当于**正电荷电流的外向流出**。因此，分流抑制就像是在已经有漏洞的浇灌花园的软管上又剪开了一个大洞，使更多的水在到达软管的喷嘴之前就从该阻力最小的通路上流出软管，从而不能用来"激活"花园中的鲜花。

可见，抑制性突触的作用也对突触整合有贡献。IPSP降低EPSP的幅度，使突触后神经元不易于发放动作电位。另外，分流抑制的作用就是极大地减小r_m，导致λ也减小，从而使正向电流流出膜外，而不是在树突内流向锋电位的起始区。

惊吓反应突变体和毒物

当你独处时，一束闪电、一声霹雳或肩膀上突然被人拍打了一下，如果没有事先料到，任何一种这样的刺激都能惊吓到你，使你惊跳、脸变色、耸肩和呼吸加快。我们都知道惊吓反应（startle response）短时而强烈的效应。

幸运的是，当雷电第二次发生或朋友再次拍打我们的肩膀时，我们将很少会再次被惊吓到，而是很快地适应并放松了。但是，对于一小部分不幸的小鼠、奶牛、狗、马，甚至人来说，生命就变成了一个过度的惊吓反应延续过程——即便是一些正常的轻微刺激，如拍拍手或摸摸鼻子，都可能诱发身体产生不可控的僵硬，不自觉的大叫，手臂和腿的屈曲及跌倒。更糟的是，当刺激重复时，这些过度的反应并不产生适应。惊吓病（startle disease）的临床术语是**过度惊骇症**（hyperekplexia）。首次被记录的病例发生在1878年，患者是加拿大法语区一个社区的伐木工人。过度惊骇症是一种世界各地都有的遗传性疾病，该病的患者通常都有具有浓郁地方色彩的名字："惊跳的缅因州法裔"（魁北克）["Jumping Frenchman of Maine"（Quebec）；关于此名字的由来，可参阅 Bakker M. J. and Tijssen M. A. J.: Jumping Frenchman of Maine, *Encyclopedia of Movement Disorders*, 87-89, 2010——译者注]、"西伯利亚痉跳病者"（西伯利亚）["myriachit"（Siberia）]、"拉塔病者"（马来西亚）["latah"（Malaysia）]、"易怒的卡津人"（路易斯安那）["Ragin' Cajuns"（Louisiana）；关于此名字的由来，可参阅 McFarling D. A.: The "Ragin' Cajuns" of Louisiana, *Movement Disorders*, 16:531-532, 2001——译者注]。

目前，我们已经清楚了两种普通类型惊吓病的分子基础。值得注意的是，它们都涉及抑制性甘氨酸受体的缺陷。第一种类型是在人和一种叫作 *spasmodic*（意为"痉挛的"——译者注）的突变小鼠（由甘氨酸受体中一个基因的突变所引起）中被发现的。这个变化由一个最小的可能引起——这个不正常的甘氨酸受体仅有一个氨基酸编码错误（整个受体蛋白总共有400多个氨基酸）——但结果是，当受体暴露于神经递质甘氨酸时，氯通道开放的频率降低。第二种类型的惊吓病在突变小鼠 *spastic*（意为"痉挛的"——译者注）和一种种系的牛中被发现。在这些动物中，虽然甘氨酸受体表达正常，但受体的数量低于正常值。虽然这两种类型惊吓病的病因不同，但它们都导致了同样的遗憾的结果：神经递质甘氨酸在脊髓和脑干中不能有效地抑制神经元的活动。

大多数神经回路依赖于突触兴奋和突触抑制的精细平衡来维持其正常的功能。如果突触的兴奋性增加或抑制性降低，都会导致混乱的和超兴奋的状态。甘氨酸功能的削弱会导致过度的惊吓反应，GABA功能的降低会导致癫痫发作（将在第19章中讨论）。如何治疗这些疾病？清晰而简单的逻辑是，应用增强抑制作用的药物会有帮助。

甘氨酸系统的基因突变类似于士的宁（strychnine）中毒。士的宁是一种强毒素，存在于马钱子属（*Strychnos*）的某些乔木和灌木的种子和树皮中。在19世纪早期，士的宁首次被分离并经过化学鉴定。在历史上，士的宁曾被农民用来消灭令人讨厌的啮齿动物，也被谋杀犯用于投毒。士的宁的作用机制很简单，它是甘氨酸受体的对抗剂。轻度的士的宁中毒可增强惊吓反应和其他一些反射，像过度惊骇症。高剂量的士的宁几乎可以完全消除脊髓和脑干回路中由甘氨酸介导的抑制作用。这将导致无法控制的癫痫发作和不受控制的肌肉收缩、痉挛和呼吸肌麻痹，最终导致窒息性死亡。窒息性死亡是一种极其痛苦的死亡。由于甘氨酸并不是脑高级中枢的递质，士的宁本身不会损害认知或感觉功能。

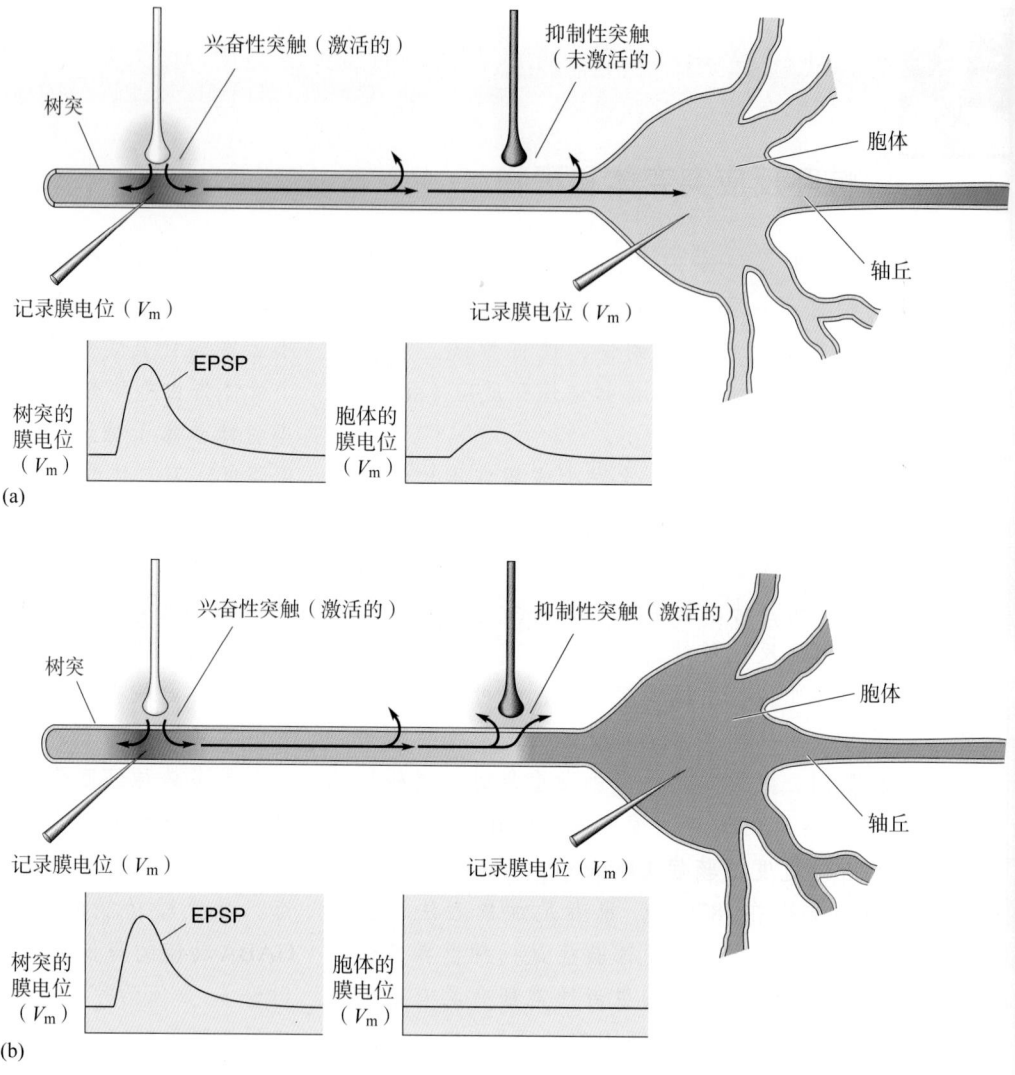

▲ 图5.21

分流抑制。一个神经元接受一个兴奋性和一个抑制性输入。(a) 刺激兴奋性输入引起内向的突触后电流,该电流扩布到胞体,并被记录为EPSP。(b) 当抑制性和兴奋性输入被同时刺激时,去极化电流在到达胞体前就漏出

兴奋性和抑制性突触的几何学。 脑中利用GABA和甘氨酸作为神经递质的抑制性突触通常具有Gray II 型突触的形态学特征(图5.8b)。与之相反,利用谷氨酸作为神经递质的兴奋性突触通常具Gray I 型突触的形态学特征。这种结构与功能的相关性,在研究单个神经元上兴奋性和抑制性突触的几何关系中是非常有用的。除分布在树突外,抑制性突触还聚集在许多神经元的胞体和轴丘附近,这使得它们可以在特别有力的位置上来影响突触后神经元的活动。

5.4.4　调制作用

至此,我们讨论的突触后机制中所涉及的递质受体,其本身都是离子通道。可以肯定,具有递质门控通道的突触携带了大量被神经系统处理的特定

信息。但是，许多突触的神经递质受体是G蛋白耦联受体，这些受体与离子通道并不直接关联。突触中这些受体的激活不会直接诱发EPSP和IPSP，而是调节其他具有递质门控通道的突触产生EPSP的效能。这种类型的突触传递称为调制（modulation）。我们将通过激活脑中一种G蛋白耦联受体——去甲肾上腺素β受体的效应，使大家对调制作用如何影响突触整合有一个认识。

胺类神经递质去甲肾上腺素（norepinephrine，NE）结合于β受体之后，会在细胞内触发一系列生化级联反应。简单地说，β受体激活G蛋白，进而激活一个效应器蛋白——胞内的腺苷酸环化酶。腺苷酸环化酶（adenylyl cyclase）催化一个化学反应，使线粒体氧化代谢产物三磷酸腺苷（adenosine triphosphate，ATP）转换成为环磷酸腺苷（cyclic adenosine monophosphate，cAMP），而cAMP可以在胞内自由扩散。这样，突触传递的第一个化学信使（NE释放到突触间隙）就被β受体转化为第二个信使（cAMP）。cAMP是第二信使（second messenger）的一个实例。

cAMP的效应是激活另一个被称为蛋白激酶（protein kinase）的酶，蛋白激酶催化一个被称为磷酸化（phosphorylation）的化学反应，就是将ATP上的磷酸基团转移到靶细胞蛋白质的特定位点上（图5.22）。磷酸化的效应是改变蛋白质的构象，进而改变蛋白质的活性。

在某些神经元中，因cAMP浓度升高而被磷酸化的蛋白质也是树突膜上特定类型的钾通道。磷酸化使得这些通道关闭，从而减小膜的钾电导。这个事件本身不会使神经元产生什么明显的效应。但是，如果考虑到其后果：降低钾电导会增加树突膜的电阻，从而增加长度常数λ。这就像在有漏洞的浇水软管上缠上管道胶带，更多的水将在软管内流动，从漏洞漏出的水将很少。作为λ增加的结果，远处的突触或弱小的兴奋性突触将在使锋电位起始区去极化和超过阈值的过程中发挥更大的效应，从而提高细胞的兴奋性。因此，NE与β受体的结合，虽然只小幅度地改变膜电位，却显著地增加由另一个兴奋性突触释放的神经递质所引起的反应。由于这种效应涉及多个生化介导物质，它持续的时间比调制性递质本身存在的时间要长得多。

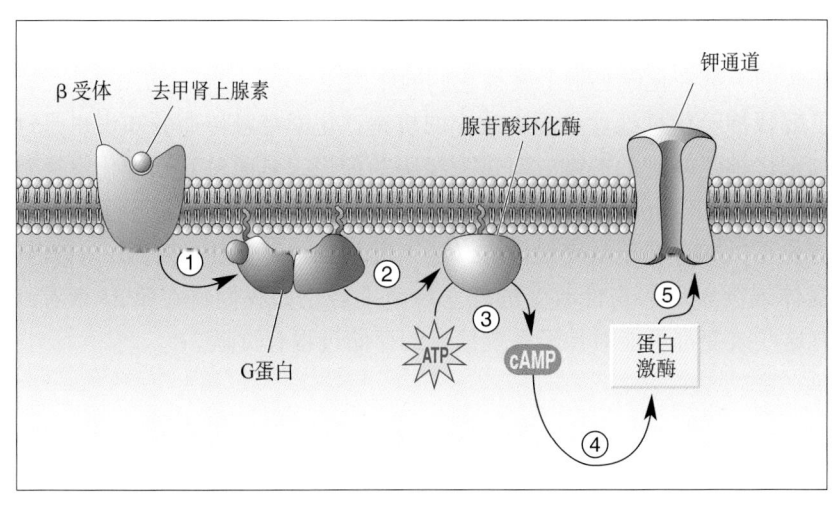

◀ 图5.22
去甲肾上腺素β受体的调制作用。① NE与β受体的结合激活膜上的G蛋白。② G蛋白激活腺苷酸环化酶。③ 腺苷酸环化酶将ATP转换成第二信使cAMP。④ cAMP激活蛋白激酶。⑤ 蛋白激酶通过给钾通道加上一个磷酸基团而导致其关闭

我们已经描述了一种特定类型的 G 蛋白耦联受体，以及该受体在一种特定类型的神经元上激活之后的效应。但重要的是，我们要认识到其他类型的受体可以导致另外一些类型的第二信使分子的形成。激活这些类型受体中的任何一种，都可以在突触后神经元上引起一个特定的生化级联反应，但这些反应不总是包括磷酸化和膜电导的降低。事实上，在具有不同酶类的不同类型细胞上，cAMP 可能导致细胞的兴奋性发生相反的功能改变。

在第 6 章，我们将阐述更多突触调制及其机制的例子。但是，你应该已经知道了，突触传递的调制模式提供了无数种途径，使得突触前脉冲活动所编码的信息能够被突触后神经元转换和利用。

5.5　结语

在本章，我们讨论了化学突触传递的基本原理。当你踩到图钉时，在感觉神经纤维上产生的动作电位（见第 3 章）沿神经轴突传导（见第 4 章），到达脊髓中的轴突末梢。轴突末梢的去极化触发电压门控钙通道开放，Ca^{2+} 进入突触前膜内，激发突触囊泡中的内容物出胞。释放的神经递质扩散过突触间隙，并与突触后膜上的特异性受体结合。递质（很可能是谷氨酸）引起递质门控离子通道开放，使正电荷进入突触后的树突。由于感觉神经发放高频率的动作电位，也由于许多突触同时被激活，EPSP 总合起来使突触后神经元锋电位起始区达到阈值，于是这个细胞产生动作电位。如果突触后细胞是一个运动神经元，这一过程会使神经肌肉接头释放 ACh，并使肌肉收缩，抬脚而离开图钉。如果突触后细胞是一个以 GABA 为神经递质的中间神经元，这个细胞的活动将会使其突触后靶细胞被抑制。如果这个细胞使用调制性递质（如 NE），它的活动会导致其突触后靶细胞的兴奋性或代谢发生长时程改变。正是这种化学突触相互作用的多样性，使得简单的刺激（如脚踩在图钉上）能够引起复杂的行为反应（如在快速收脚的同时因痛而发出尖叫）。

尽管我们在本章考察了化学突触传递，但尚未详细地讨论突触传递的化学过程。在第 6 章，我们将详细地讨论不同神经递质系统的"螺母和螺栓"（nuts and bolts），即具体的化学细节。当我们在第 II 篇介绍了感觉和运动系统之后，我们将在第 15 章探讨几种不同的神经递质在神经系统功能和行为中的作用。你将会发现突触传递的化学值得我们注意，因为神经传递的缺陷是许多神经和精神疾病的基础。而且，实际上所有的精神活性药物（包括治疗性的和非法的）都在化学突触上发挥它们的作用。

除了解释神经信息处理和药物效应的机制，化学突触传递的知识也是理解学习和记忆神经基础的关键。对过去经历的记忆，是通过对脑中化学突触效应的修饰（modification）而建立起来的。本章讨论的内容就提示了修饰作用的可能位点，如存在于从突触前 Ca^{2+} 进入细胞和神经递质的释放，一直到突触后受体或突触后兴奋性改变的任一环节上。正如我们将在第 25 章看到的，所有这些改变都可能对神经系统信息的存储过程有贡献。

关键词

复习题

1. 神经递质的量子释放是什么意思？

2. 如果你施加 ACh 到肌肉细胞并激活了其上面的烟碱型 ACh 受体。那么当膜电位（V_m）分别为 −60 mV、0 mV 和 60 mV 时，通过受体通道的电流的流动方向会是怎样的？为什么？

3. 在本章，我们讨论了 GABA 门控离子通道，它对 Cl^- 有通透性。GABA 也可以激活一种叫作 $GABA_B$ 受体的 G 蛋白耦联受体，导致钾离子选择性通道开放。那么，$GABA_B$ 受体的激活会对膜电位造成什么样的影响？

4. 如果你认为你发现了一种新的神经递质，并且正在研究它对神经元的效应，而这个新化学物质引起的反应的逆转电位为 −60 mV。那么这个物质是兴奋性的还是抑制性的？为什么？

5. 有一种叫作士的宁的药物是从原产于印度的一种树的种子中分离到的，并通常被用于灭鼠。已知士的宁的效应是阻遏甘氨酸的作用。那么它是甘氨酸受体的兴奋剂还是抑制剂？

6. 神经毒气如何导致呼吸麻痹？

7. 为什么位于胞体上的兴奋性突触比位于树突顶端上的兴奋性突触更容易诱发起突触后神经元的动作电位？

8. 当 NE 从突触前释放后，需要通过哪些步骤来增加神经元的兴奋性？

拓展阅读

Connors BW, Long MA. 2004. Electrical synapses in the mammalian brain. *Annual Review of Neuroscience* 27:393-418.

Cowan WM, Südhof TC, Stevens CF. 2001. *Synapses*. Baltimore: Johns Hopkins University Press.

Kandel ER, Schwartz JH, Jessell TM, Siegelbaum SA, Hudspeth AJ. 2012. *Principles of Neural Science*, 5th ed. New York: McGraw- Hill Professional.

Koch C. 2004. *Biophysics of Computation: Information Processing in Single Neurons*. New York: Oxford University Press.

Nicholls JG, Martin AR, Fuchs PA, Brown DA, Diamond ME, Weisblat D. 2007. *From Neuron to Brain*, 5th ed. Sunderland, MA: Sinauer.

Sheng M, Sabatini BL, Südhof TC. 2012. *The Synapse*. New York: Cold Spring Harbor Laboratory Press.

Stuart G, Spruston N, Hausser M. 2007. *Dendrites*, 2nd ed. New York: Oxford University Press.

Südhof TC. 2013. Neurotransmitter release: the last millisecond in the life of a synaptic vesicle. *Neuron* 80: 675-690.

（刘通 译　王建军 校）

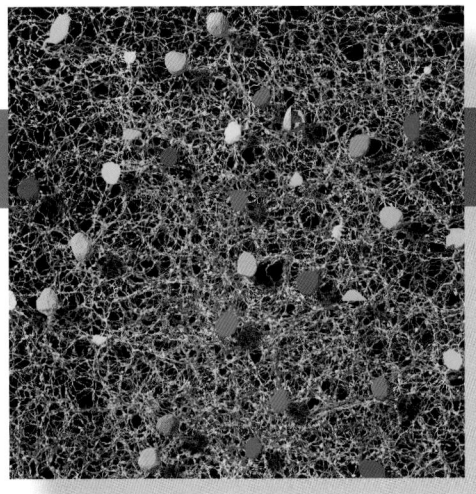

第 6 章

神经递质系统

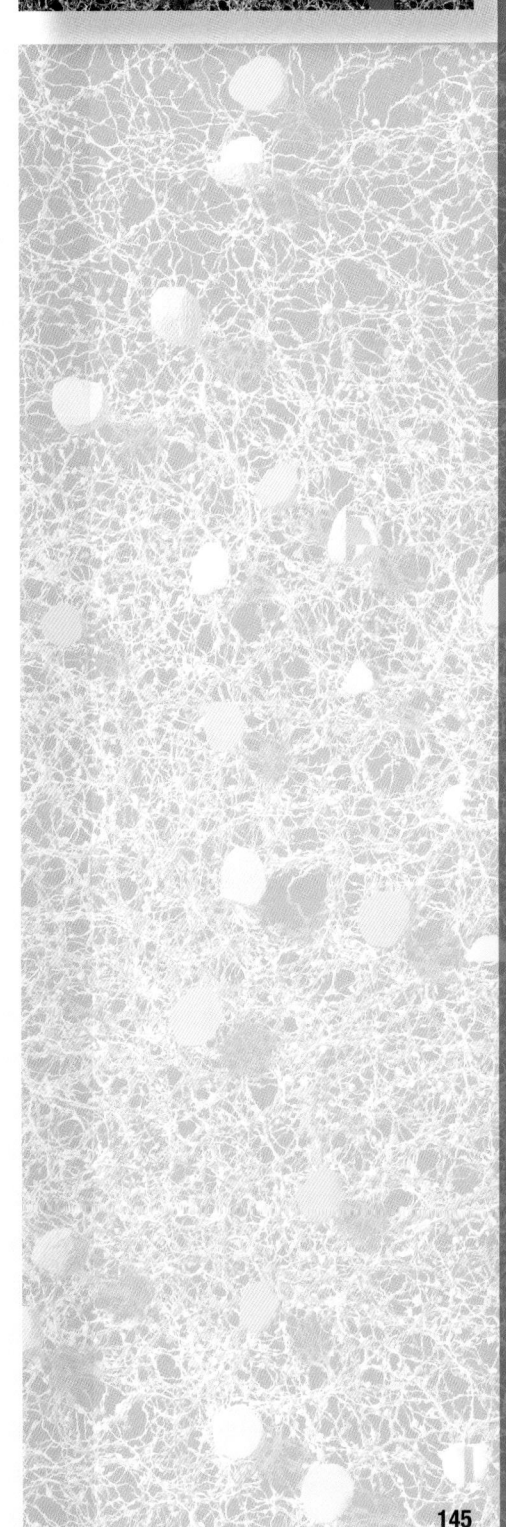

6.1　引言

人脑的正常功能需要一系列高度有序的化学反应。我们已经看到，脑中一些极其重要的化学反应都与突触传递相关。在第5章，我们以几种特定的神经递质为例，介绍了化学性突触传递的基本原理。本章将深入探讨主要的神经递质系统的多样性和精确性。

神经递质是神经递质系统的基本要素。在第5章，我们讨论了3种主要类型的神经递质：**氨基酸类**、**胺类**和**肽类**。即便是部分已知的神经递质（见表5.1），也有20多种不同的分子；而这些分子中的每一种均可定义为一种特定的神经递质系统。除了递质分子，神经递质系统还包括所有与递质的合成、囊泡包装、重摄取和降解，以及递质作用相关的分子机器（图6.1）。

20世纪20年代，Otto Loewi（奥托·勒维，参见第5章对其的译者注——译者注）发现了第一个真正被作为神经递质的分子——乙酰胆碱（acetylcholine，或简称ACh）（图文框5.1）。为了便于描述产生和释放乙酰胆碱的细胞，英国药理学家Henry Dale（亨利·戴尔，1875.6—1968.7——译者注）将此类细胞称为胆碱能的（cholinergic）。基于Dale对突触传递的神经药理学研究的贡献，他和Loewi分享了1936年的诺贝尔奖。同时，Dale将以胺类物质去甲肾上腺素（norepinephrine，NE；该递质在英国被称为noradrenaline）为神经递质的神经元称为**去甲肾上腺素能的**（noradrenergic）。随后，对其他

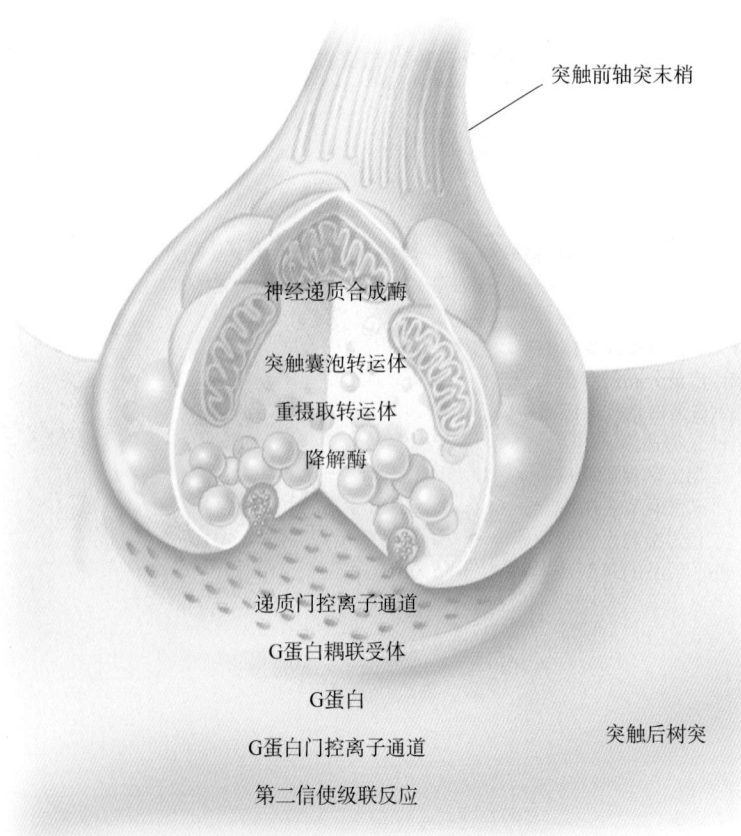

突触前轴突末梢
神经递质合成酶
突触囊泡转运体
重摄取转运体
降解酶
递质门控离子通道
G蛋白耦联受体
G蛋白
G蛋白门控离子通道　突触后树突
第二信使级联反应

▶ 图6.1
神经递质系统的组成

新鉴定出来的神经递质都将后缀 **-ergic** 作为一种惯例来使用（-ergic 意为"具有某种能力的"，就神经细胞而言，意为"具有合成和分泌某种神经递质能力的"——译者注）。这样，我们现在所讲的**谷氨酸能的**（glutamatergic）突触以谷氨酸为神经递质；**γ- 氨基丁酸能的**（GABAergic）突触以 γ- 氨基丁酸为神经递质；**肽能的**（peptidergic）突触以肽作为神经递质，以此类推。这些形容词同样适用于各种神经递质系统。例如，乙酰胆碱及所有与之相关的分子机器统称为**胆碱能系统**（cholinergic system）。

有了这些术语，我们就可以开始讨论神经递质系统了。我们将从目前研究神经递质系统的实验策略开始讨论。然后，我们将讨论某些特定神经递质的合成和代谢过程，探讨这些递质分子怎样发挥它们的突触后效应。在学习了更多神经系统结构和功能方面的知识之后，我们将在第 15 章讨论一些神经递质系统在脑功能和行为调节中的不同作用。

6.2　神经递质系统的研究

通常，研究神经递质系统的第一步是鉴定神经递质。这不是一件简单的事情，因为脑中的化学物质不计其数。那么怎样才能确定脑中为数极少的化学物质是神经递质？

多年来，神经科学家已建立了一些标准，只有符合这些标准的分子才能够被考虑作为神经递质：

1. 该分子必须在突触前神经元内被合成并存储于突触前神经元内。
2. 在突触前神经元受到刺激后，该分子必须由突触前轴突末梢释放。
3. 将该分子施加于实验系统中，必须能够引起突触后细胞的反应，即可以模拟由突触前神经元释放的神经递质所引起的反应。

下面，我们来探讨一些用于满足这些标准的策略和方法。

6.2.1　神经递质和递质合成酶的定位

科学家们一开始往往只是直觉地想到某个特定的分子可能是一种神经递质。这种想法可能是基于这样的观察，即该分子在脑组织中浓度较高，或者将该分子施加到某些神经元上能改变这些神经元动作电位的发放频率。但无论如何，要证明这一假设，首先要确定该分子位于某一给定神经元的什么部位，以及它能够被该神经元所合成。对于不同神经递质而言，已经有许多方法被用来满足这些条件。目前，最重要的两种技术是免疫细胞化学和原位杂交。

免疫细胞化学。免疫细胞化学（immunocytochemistry）方法被用于对一个特定的分子在一个特定的细胞中进行解剖学定位。当同样的技术应用于薄的组织切片（包括脑组织切片）上时，它通常被称为**免疫组织化学**（immunohistochemistry）。该方法的原理相当简单（图 6.2）。将已纯化的疑为神经递质的分子注入动物皮下或血液中以引起免疫反应（为了诱发或增强特定的免疫反应，通常将该分子与大分子耦联）。免疫反应的一个特征是产

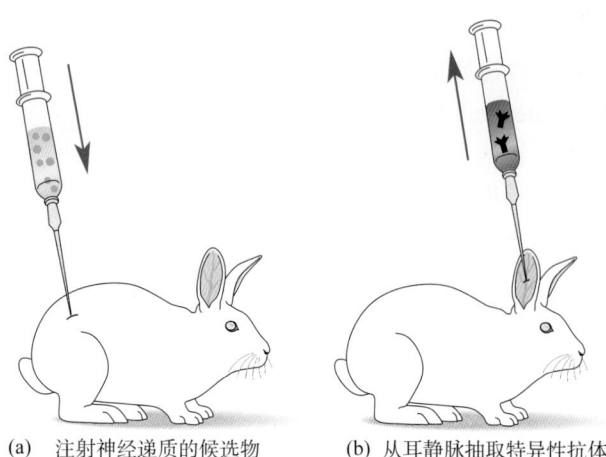

(a) 注射神经递质的候选物 (b) 从耳静脉抽取特异性抗体

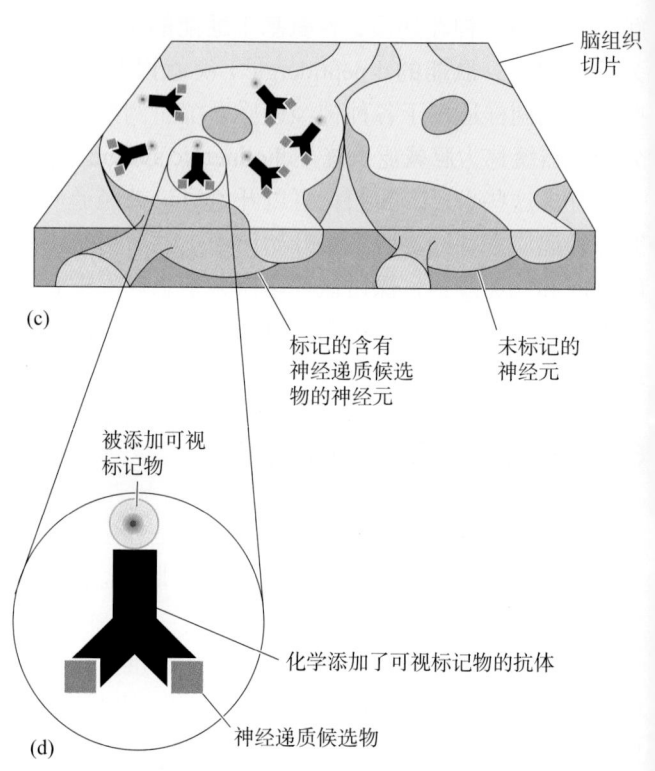

脑组织
切片

(c)

标记的含有   未标记的
神经递质候选   神经元
物的神经元

被添加可视
标记物

化学添加了可视标记物的抗体

神经递质候选物

(d)

▶ 图6.2

免疫组织化学。该方法是用标记的抗体来鉴定分子在细胞内的定位。(a)将一种感兴趣的分子(神经递质候选物)注射到动物体内,以引起动物的免疫反应和产生抗体。(b)抽取动物的血液,并从血清中分离抗体。(c)将加有可视颜色标记的抗体施加到脑组织切片上,该抗体仅标记那些含有神经递质候选物的细胞。(d)放大图显示神经递质候选物、抗体及其标记物共同组成的紧密复合体

生一些称为**抗体**(antibody)的大分子蛋白质,而抗体可与外来分子(即**抗原**,antigen)上的一些特定位点牢固地结合。在此例中,外来的分子即递质的候选物。对于免疫细胞化学来说,最佳的抗体应该是这样的,它们可与实验者感兴趣的递质结合得非常紧密,而与脑中的其他化学物质很少结合或根本不结合。这些特异性抗体可以从被免疫动物的血清中获得;并且,可以通过化学方法给抗体添加一个颜色标记,以便于在显微镜下观察。把这些有颜色标记的抗体施加到脑组织切片上,就仅有那些含有递质候选物的细胞着色(图6.3a)。通过使用几种不同的抗体(每种抗体都用不同的颜色标记),就使得在同一脑区区分几种类型的细胞成为可能(图6.3b)。

免疫细胞化学可用于定位任何一个能够产生一种特异性抗体的分子,这些分子包括递质候选物的合成酶。如果递质候选物和它的合成酶位于同一神经元,最好是在同一轴突末梢,则表明该分子满足了定位于并合成于某一特定神经元的标准。

原位杂交。原位杂交(*in situ* hybridization)常用于确定某一细胞是否合成一种特定的蛋白质或肽。回顾第2章,蛋白质是在特定的mRNA分子指导下由核糖体组装而成的。由一个神经元合成的每一种多肽都有一个特定的mRNA分子。mRNA转录本是一条由4种核苷酸以不同顺序连接而成的长链,而每种核苷酸都有一种独特的性质,即它能与其互补的核苷酸紧密地结合。因此,只要知道mRNA链的核苷酸序列,便可以在实验室里人工

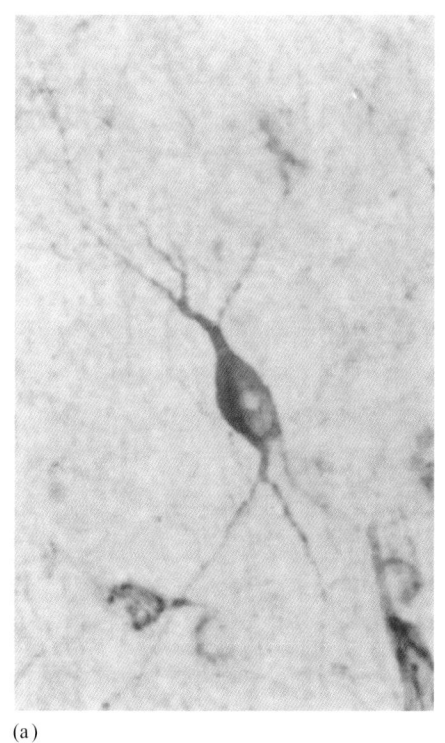
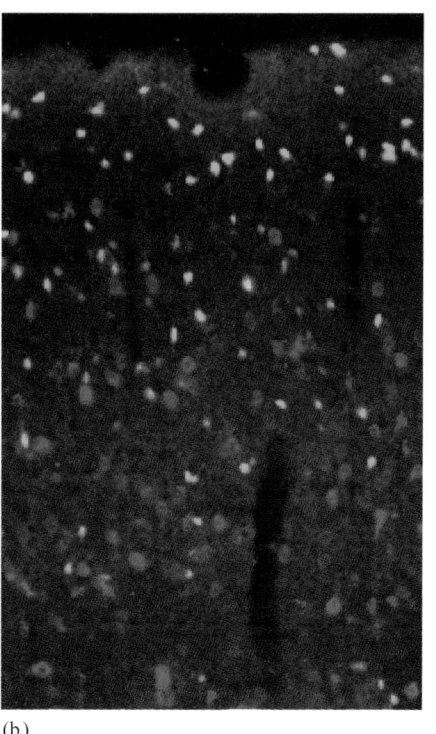

(a)　　　　　　　　　(b)

◀ 图6.3

神经元中蛋白质的免疫组织化学定位。（a）用与肽类神经递质结合的抗体标记的大脑皮层神经元（图片由 Y. Amitai 博士和 S. L. Patrick 博士惠允使用）。（b）大脑皮层中3种不同类型的神经元，每种神经元由不同颜色的荧光抗体标记（绿色、红色和蓝色）（图片由 S. J. Cruikshank 博士和 S. L. Patrick 博士惠允使用）。图a的放大倍数比图b的高

构建mRNA的互补链，这条互补链就像一条维克罗尼龙刺搭扣带（Velcro，国外一种尼龙刺搭扣带的商品名——译者注）那样，可以粘在 mRNA 分子上。将互补链称为**探针**（probe），而探针与mRNA分子的结合过程称为**杂交**（hybridization）（图6.4）。要检测某一神经元是否含有合成某一特定多肽的mRNA，我们可以用化学方法标记探针，把标记了的探针施加到脑组织切片上去，给出一段时间，以等候探针与组织中的某些互补链结合，然后洗去未结合的探针，便可以观察被标记的神经元。

　　为了在原位杂交之后看到被标记的细胞，探针可以用多种方法进行化学标记。常用的一种方法是采用放射性同位素标记。由于我们无法用肉眼观察到同位素的放射性，需要将脑组织切片铺在对放射性敏感的感光胶片上来检测杂交探针。曝光后，胶片经过类似冲洗照片的处理之后，被放射探针标记的细胞在负片上便显现为肉眼可见的一些簇状白色小点（图6.5）。还可以使用数字化的电子成像装置来检测放射活性。这种观察放射活性分布的技术称为**放射自显影**（autoradiography）。另一种方法是采用明亮的彩色荧光分子标记探针，采用合适的显微镜即可直接观察到这些彩色荧光分子。这种荧光原位杂交（fluorescence *in situ* hybridization）简称为FISH。

　　总之，免疫细胞化学可用于观察一些特定的分子（包括蛋白质）在脑组织切片上的定位，而原位杂交则用于定位蛋白质合成所需要的特定 mRNA。这些方法使我们可以观察到一个神经元是否存储有合成某种神经递质的候选物，以及观察与该神经递质相关的一些分子。

6.2.2　递质释放的研究

　　一旦确认了一个递质候选物由某个神经元合成并定位于突触前末梢之后，我们就需要进一步确定该候选物可因刺激而释放。在某些情况下，可以

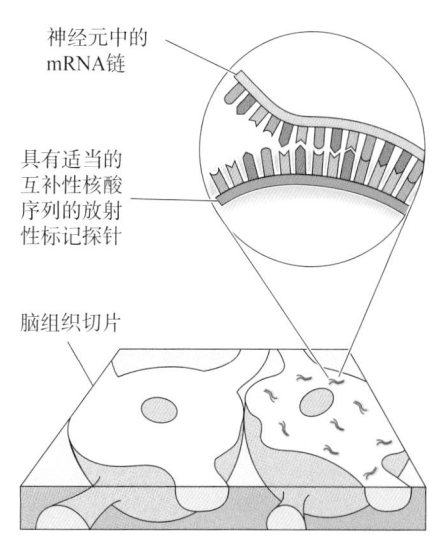

神经元中的mRNA链

具有适当的互补性核酸序列的放射性标记探针

脑组织切片

▲ 图6.4

原位杂交。mRNA链由一些核苷酸按照特定的序列排列而成。每一个核苷酸都与互补链上相对应的核苷酸配对结合。在原位杂交中，首先要人工合成含有mRNA互补序列核苷酸的探针，该探针可以与mRNA结合。如果探针被标记，则含有此mRNA的神经元位置就可以被揭示出来

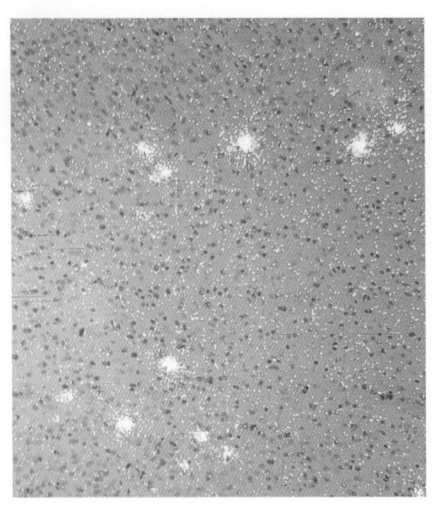

▲ 图 6.5

用放射自显影观察到的神经元中编码肽类神经递质的 mRNA 原位杂交结果。只有那些含有编码肽类神经递质的 mRNA 的神经元被标记，即图中的簇状白点（图片由 S. H. C. Hendry 博士惠允使用）

刺激一组特定的细胞或轴突末梢，同时在这些细胞或轴突的突触靶区收集浸浴液样品，通过检测样品能否模拟它在完整突触上的作用来判断其是否具有生物活性，然后对该液体样品进行化学分析来揭示其活性分子的结构。Loewi 和 Dale 正是利用这种基本思路确定了乙酰胆碱是许多外周突触的神经递质。

与 Loewi 和 Dale 研究的位于脑和脊髓之外的外周神经系统（peripheral nervous system，PNS）不同，中枢神经系统（central nervous system，CNS）的大多数区域混杂有各种各样的突触，这些突触使用不同的神经递质。到目前为止，这一情况依然使仅刺激含有一种神经递质的一个突触群体成为不可能。研究人员不得不刺激一个脑区的许多突触，收集和测定释放出来的所有化学物质。通常的做法是利用离体但依然存活的脑薄片。为了刺激递质释放，将脑片置于含有高浓度 K^+ 的溶液中孵育。这一处理会使细胞膜大幅度地去极化（图 3.19），从而使脑组织中的轴突末梢释放递质。由于递质的释放需要有 Ca^{2+} 进入轴突末梢，因此必须证明只有当孵育液中有 Ca^{2+} 存在时，去极化才能引起神经递质候选物从脑组织薄片中释放出来。现在，运用现代光遗传学等新方法（图文框 4.2）可以实现一次只激活一种特定类型的突触。采用遗传学方法可以诱导一个特定的神经元群体表达光敏感蛋白，然后用光短暂地刺激这些神经元，而光对这些神经元周围的细胞并没有影响。这样，释放的任何神经递质就很可能仅来自被光遗传学刺激方法所选择性激活的那些突触。

即使证明了去极化引起的递质候选物是以钙依赖的方式释放的，我们仍不能确定从孵育液中收集到的分子是由轴突末梢释放的，它们的释放也可能是突触激活的间接结果。这些技术上的困难，使得验证一个中枢神经系统的递质候选物是否符合第二条标准（刺激能够引起突触前轴突末梢释放递质的候选物）最为困难。

6.2.3 模拟突触的研究

尽管已证实一种分子定位于某一种神经元，并由该神经元合成和释放，但尚不足以确定此分子就是一种神经递质。该分子还必须符合第三个标准，即递质候选物引起的反应与突触前神经元天然释放该递质所引起的反应相同。

有时，可以使用称为微量离子电泳（microiontophoresis）的方法来评估递质候选物的突触后效应。大多数递质候选物可溶解在溶液中，这使得它们可以获得净电荷。使一根尖端仅为几微米的玻璃毛细管充满含有递质候选物的电离溶液，然后将其尖端小心地置于神经元的突触后膜附近。当有电流通过毛细管时，极少量的递质候选物会从毛细管尖端释出。采用高压力脉冲也可以将神经递质候选物从毛细管尖端挤压出来。置于突触后神经元内的微电极可用于检测递质候选物对膜电位的影响（图 6.6）。

如果因离子电泳或压力而从毛细管释出的分子引起的电生理学变化模拟了由突触释放的递质所引起的效应，并且该分子符合定位、合成和释放的标准，那么该分子和递质通常被认为是同一化学物质。

6.2.4 受体的研究

每一种神经递质都是通过与特异性受体结合而发挥其突触后效应的。一

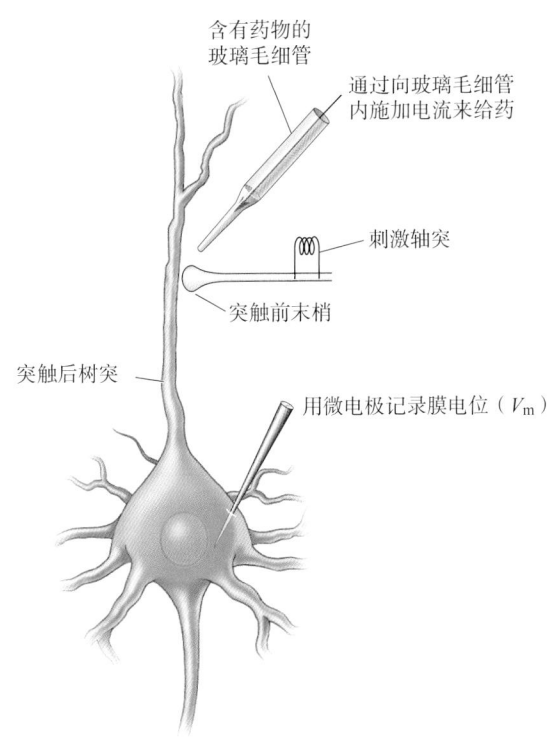

含有药物的
玻璃毛细管

通过向玻璃毛细管
内施加电流来给药

刺激轴突

突触前末梢

突触后树突

用微电极记录膜电位（V_m）

▲ 图6.6

微量离子电泳。该方法使研究人员可以将少量的药物或递质候选物施加于神经元表面。
由药物引起的反应可与由突触刺激引起的反应进行比较

一般来说，没有两种神经递质与同一个受体结合的情况，但一种神经递质却可以与不同的受体结合。能够与同一种神经递质结合的不同受体称为**受体亚型**（receptor subtype）。如第5章所述，ACh可作用于两种不同的胆碱受体**亚型**，一种存在于骨骼肌，另一种存在于心肌。另外，这两种亚型也广泛地存在于许多其他器官和中枢神经系统中。

科学家几乎尝试了所有的生物学和化学分析方法，以研究各种神经递质系统的不同受体亚型。目前已经发现3种方法最适合于神经递质受体亚型研究：突触传递的神经药理学分析、配体结合方法和受体蛋白的分子分析。

神经药理学分析。有关受体亚型的资料最早来源于神经药理学分析。例如，骨骼肌和心肌对不同的胆碱能药物反应不同，从烟草植物中分离的**烟碱**（nicotine）是骨骼肌胆碱受体的激动剂，但它对心肌无作用；与之相反，从毒蕈中提取的**毒蕈碱**（muscarine）是心肌胆碱受体的激动剂，对骨骼肌很少或几乎无作用（回忆一下，ACh能减慢心率，而毒蕈碱这种毒物可引起心率和血压的急剧下降）。因此，两种ACh受体亚型可被这两种不同药物的作用所甄别。事实上，受体是根据其激动剂来命名的，如骨骼肌的**烟碱型ACh受体**（nicotinic ACh receptor）和心肌的**毒蕈碱型ACh受体**（muscarinic ACh receptor）。烟碱受体和毒蕈碱受体在脑内也存在，并且某些神经元能同时表达这两种类型的受体。

区别受体亚型的另一种方法是使用选择性受体对抗剂。南美原住民涂抹

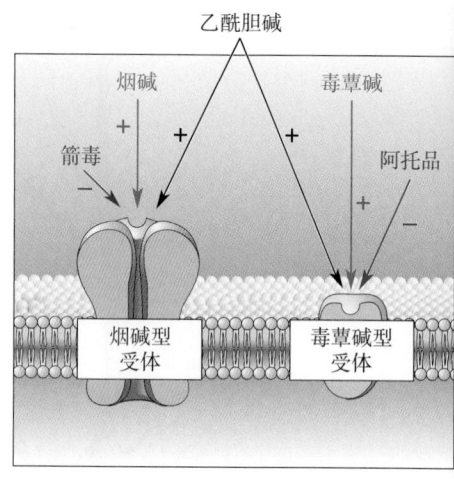

▶ 图 6.7
胆碱能突触传递的神经药理学。递质受体上的位点可结合递质本身
（ACh），亦可结合模拟递质作用的受体激动剂，以及可阻断递质和
激动剂作用的受体对抗剂

在箭头上的毒物**箭毒**（curare）能抑制 ACh 对烟碱型受体的作用（因而导致
骨骼肌麻痹），而源于颠茄科植物（belladonna plant，也称为致命的茄属植
物）的**阿托品**（atropine）则对抗 ACh 对毒蕈碱型受体的作用（图 6.7）（眼科
医生用来放大瞳孔的滴眼液就与阿托品有关）。

谷氨酸受体介导中枢神经系统的大部分突触兴奋效应。不同的药物
也被用于区分谷氨酸受体的亚型。谷氨酸受体有 3 种亚型：**AMPA 受体**
（AMPA receptor）、**NMDA 受体**（NMDA receptor）和**海人藻酸受体**（kainate
receptor），它们以各自的化学激动剂命名。其中，AMPA 为 α-amino-3-
hydroxy-5-methyl-4-isoxazole propionate（α- 氨基 -3- 羟基 -5- 甲基 -4- 异唑丙
酸——译者注）的缩写，NMDA 为 N-methyl-D-aspartate（N- 甲基 -D- 天冬氨
酸——译者注）的缩写。神经递质谷氨酸可以激活所有这 3 种受体亚型，
但 AMPA 仅作用于 AMPA 受体，NMDA 仅能激活 NMDA 受体，以此类推
（图 6.8）。

应用类似的药理学分析方法，可将 NE 受体分为 α 和 β 两种亚型，以及将
GABA 受体分为 $GABA_A$ 和 $GABA_B$ 两种亚型。实际上，几乎所有的神经递质
系统均可用这样的方法进行分析。因此，选择性药物在神经递质受体亚型分
类上极其有用（表 6.1）。此外，神经药理学分析对于评估神经递质系统对脑
功能的贡献也是极有价值的。

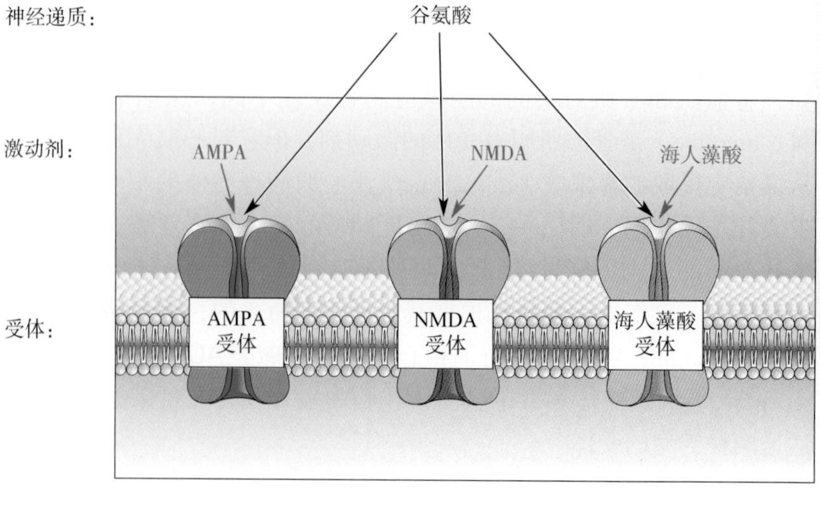

▶ 图 6.8
谷氨酸能突触传递的神经药理学。谷氨酸受体
有 3 种主要的亚型，每一种受体亚型都可与谷氨
酸结合，且可被不同的激动剂选择性地激活

表6.1　一些神经递质、受体及其药理学

神经递质	受体亚型	激动剂	对抗剂
乙酰胆碱 （ACh）	烟碱受体	烟碱	箭毒
	毒蕈碱受体	毒蕈碱	阿托品
去甲肾上腺素 （NE）	α受体	苯肾上腺素	酚苄明（phenoxybenzamine，苯氧苄胺）
	β受体	异丙肾上腺素	心得安
谷氨酸 （Glu）	AMPA受体	AMPA	CNQX
	NMDA受体	NMDA	AP5
γ-氨基丁酸 （GABA）	$GABA_A$受体	蝇蕈醇（muscimol）	荷包牡丹碱（bicuculline）
	$GABA_B$受体	氯苯氨丁酸（baclofen，巴氯芬）	法克罗芬（phaclofen）
ATP	P2X受体	ATP	苏拉明（suramin）
腺苷	A型受体	腺苷	咖啡因（caffeine）

配体结合法。如前所述，研究神经递质系统的第一步是鉴定神经递质。然而，在20世纪70年代，随着许多选择性作用于神经递质受体的药物的发现，科学家们认识到，即便递质还未被鉴定，也可以用这些药物来分析受体。应用这类方法的先驱者是约翰斯·霍普金斯大学（Johns Hopkins University）的 Solomon Snyder 和他的学生 Candace Pert。他们对一类称为**阿片制剂**（opiates）的化合物感兴趣（图文框6.1）。阿片制剂是一类从罂粟中提取出来的药物，具有重要的医用价值，但也被滥用。**阿片类物质**（opioids）则泛指阿片样化学物质，包括天然的和合成的。它们的效应包括缓解疼痛、引起欣快感、抑制呼吸和引起便秘。

起先，Snyder 和 Pert 打算研究海洛因、吗啡及其他阿片类物质是通过何种途径对脑发挥作用的。他们及其他人推测，阿片类物质是神经元膜上特异受体的激动剂。为了验证这一想法，他们将小剂量的带有放射性标记的阿片类化合物施加到从不同脑区分离出的神经元膜上。如果膜上有相应的受体，那么标记的阿片类物质应与受体紧密结合。他们的发现确实如此，即这些放射性标记的药物标记了一些脑区神经元膜上的特定位点，但不是脑中所有的神经元均被标记（图6.9）。在阿片受体被发现之后，研究的重点就是寻找作用于阿片受体的天然神经递质，即内源性阿片类物质，或称**内啡肽**（endorphin）。不久，就从脑中分离出了两种被称为**脑啡肽**（enkephalin）的肽类物质；并且，最终证实它们就是阿片类神经递质。

所有能结合于受体特异性位点的化合物统称为该受体的**配体**（ligand，源于拉丁语，意为"结合"）。用放射性或非放射性标记的配体研究受体的技术称为**配体结合法**（ligand-binding method）。注意，结合于受体的配体可以是激动剂、对抗剂或神经递质本身。特异性配体对于分离神经递质的受体和确定受体的化学结构是极有价值的。配体结合法对于绘制不同神经递质受体在脑中的解剖学分布图谱是极为重要的手段。

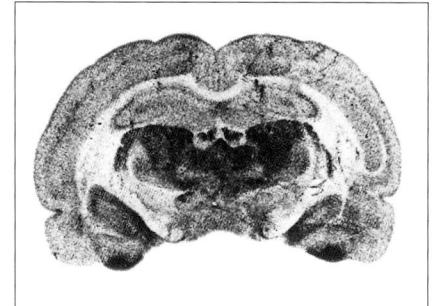

▲ 图6.9

结合在大鼠脑片上的阿片受体。将特殊的胶片置于结合有放射性阿片受体配体的脑薄片上曝光。图片中的暗区含有较多受体（引自：Snyder，1986，第44页）

图文框6.1　发现之路

发现阿片受体

Solomon H. Snyder 撰文

　　就像许多科学发现一样，阿片受体的发现并非是在追求纯知识过程中的一个智力成就。相反，这始于1971年尼克松总统和他的"反毒品战争"（war on drugs; 1971年，美国总统尼克松曾发起"反毒品战争"，将药物滥用列为美国的头号公敌，并倡议向其宣战——译者注），这一时期是数十万在越南的美国士兵广泛使用海洛因的高峰期。为了应对这一问题，尼克松任命 Jerome Jaffe 博士领衔进行针对药物滥用的研究。Jerome Jaffe 是一名精神病学家，曾开用美沙酮治疗海洛因成瘾者之先河。Jaffe 负责协调从美国国防部到国立卫生研究院数十亿美元联邦资金的使用。

　　Jerry 是我的好朋友，他极力鼓动我将我们的研究转向对那些在越南的"可怜的士兵"的研究。于是，我开始想知道阿片是怎样起作用的。自20世纪以来，药物作用于受体（即特定的识别位点）的观点已得到公认。理论上，人们可以简单地通过测量放射性药物与组织细胞膜的结合来鉴定这些受体。然而，之前无数的研究人员将这种策略应用于阿片类物质却没有获得成功。

　　就在这时，约翰斯·霍普金斯大学的一位新教师 Pedro Cuatrecasas 将他的实验室设在了我实验室的旁边，我们很快成了朋友。当时，Pedro 正好因为他不久前发现了胰岛素受体而声名大振。他的成功取决于看似简单、但非常重要的技术进步。在那之前鉴定激素受体的努力之所以失败，是因为激素可以结合到许多非特异性的位点上，包括蛋白质、碳水化合物和脂质。这些非特异性位点在数量上可能比特定的受体多数百万倍。为了在非特异性"噪声"的背景上鉴定胰岛素受体结合的"信号"，Pedro 发明了一种简单的过滤分析法。由于胰岛素与其受体的结合应该比它与非特异性位点的结合更加紧密，Pedro 将肝细胞膜与有放射性标记的胰岛素一起孵育，并将混合物倒在连接真空泵的滤膜上，快速吸走孵育液，使结合了胰岛素的肝细胞膜附着在滤膜上。然后，他用大量的生理盐水"清洗"滤膜。但是，这一操作要非常快，以保留与受体结合的胰岛素，同时洗去非特异性结合的胰岛素。

　　尽管与 Pedro 为邻，但我并没有立即意识到胰岛素的成功经验能够被用来解决阿片受体的问题。相反，我读过一篇关于神经生长因子的论文，显示其氨基酸序列与胰岛素的序列非常相似。我和 Pedro 很快就进行了合作，并成功地鉴定了神经生长因子受体。这样，我才有勇气将这种方法的应用从胰岛素和神经生长因子等蛋白质分子扩展到更小的分子，如阿片类物质上。我实验室的研究生 Candace Pert 当时渴望参加一项新的研究课题。我们获得了一种放射性标记的药物，并使用 Pedro 的神奇滤膜装置监测了该药物与脑细胞膜的结合。第一个实验只花了大约两个小时就成功了。

　　在几个月内，我们就阐明了阿片受体的许多特征。知道了阿片受体在脑中富集的确切位点，就可以解释阿片类物质的所有主要作用，如导致欣快感、缓解疼痛、抑制呼吸和收缩瞳孔。阿片受体的性质非常符合人们对神经递质的定义。因此，我们使用类似的方法来寻找脑内神经递质的受体，并且在几年内确定了大多数神经递质的受体。

　　这些发现提出了一个显而易见的问题：阿片受体为什么存在？——因为人体内并非生来就有吗啡。阿片受体可能是一种调节疼痛感知和情绪状态的新递质的受体吗？我们和其他课题组开始试图分离这种假设天然存在的吗啡样神经递质。苏格兰阿伯丁（Aberdeen, Scotland）的 John Hughes 和 Hans Kosterlitz 首先获得了成功。他们分离并获得了第一种"内啡肽"（endorphin）的化学结构，称为**脑啡肽**（enkephalin）。在苏格兰实验室的论文发表后不久，我实验室的 Rabi Simantov 和我也获得了脑啡肽的化学结构。

　　从第一次证明阿片受体的实验到脑啡肽的分离只有3年的时间——这是一段疯狂的、令人兴奋的工作，而这项工作却深刻地改变了我们对药物和脑的认识。

分子分析。近数十年来，借助一些研究蛋白质分子的新方法，神经递质受体的研究取得了突飞猛进的进展。根据现有的知识可以把神经递质受体分为两类：递质门控离子通道和G蛋白耦联（促代谢型）受体（见第5章）。

分子神经生物学家们通过对许多组成受体蛋白的多肽链结构的解析，得到了令人震惊的结果。根据不同药物发挥的不同作用，可以认为受体亚型具有多样性。但是，直到研究者们确定了可以作为功能性受体亚基的不同多肽链的数量之后，受体亚型多样性的巨大程度才得到认可。

以GABA$_A$受体为例，它是一种递质门控氯离子通道。该通道由5个亚基组成（类似于ACh门控离子通道，见图5.14），这5个主要的亚基蛋白分别被命名为α、β、γ、δ和ρ。α亚基至少由6个不同的，但可以互换的多肽（编号为α1~6）构成。β亚基由4个不同的，但可以互换的多肽（β1~4）构成，γ亚基也由4个多肽（γ1~4）构成。虽然这还不是全部亚基的总数，但还是让我们来做一个有趣的计算。如果一个GABA$_A$受体门控通道由5个亚基组成，而且如果有15个可能的亚基供选择，那么就有151887种可能的亚基组合和排列方式，这意味着GABA$_A$受体可能有151887种潜在的亚型！

认清如下事实很重要：绝大多数可能的亚基组合从未被神经元所合成，即便是神经元合成的这些亚基组合，这些亚基也不可能都产生正常的功能。尽管表6.1中列出的各种神经递质受体亚型分类仍然有用，但该表依然严重地低估了脑内受体亚型的多样性。

6.3 神经递质的化学

利用上述研究方法所得的研究结果表明，大多数神经递质是一些氨基酸类、胺类和肽类物质。进化上具有保守性和随机性，因而经常赋予一些较为普通和类似的物质以全新的作用。神经递质的进化过程似乎也遵循这样的规律。大多数情况下，所有物种（从细菌到长颈鹿）的细胞利用类似的或相同的物质进行新陈代谢，这些物质是生命的基本化学物质。例如，构建蛋白质的基本成分氨基酸，就是生命的基本物质。大多数已知的神经递质分子都与氨基酸有关，要么其本身就是氨基酸，要么是由氨基酸衍生出来的胺，抑或是由氨基酸组成的肽类物质。乙酰胆碱是个例外，但它由乙酰辅酶A（CoA）和胆碱合成。乙酰辅酶A是线粒体的细胞呼吸过程中普遍存在的产物，而胆碱在整个机体的脂肪代谢中发挥重要的作用。

氨基酸类和胺类神经递质通常由不同的神经元存储和释放。按照Dale建立的观点，可以根据神经元所释放的神经递质种类将神经元分成相互排斥的数种类型（如胆碱能的、谷氨酸能的、γ-氨基丁酸能的神经元等）。这种一个神经元内仅含有一种神经递质的观点通常被称为**戴尔原则**（Dale's principle）。许多含肽类物质的神经元违背了戴尔原则，因为它们经常释放不止一种神经递质，即释放一种氨基酸类（或一种胺类）神经递质和一种肽类神经递质。当从一个神经末梢释放两种或更多种神经递质时，这些递质称为**共存递质**（co-transmitters）。近年来已经发现了许多具有共存递质的神经元实例，包括一些释放两种小分子递质（如GABA和甘氨酸）的神经元。尽管如此，大多数神经元看来只能释放一种氨基酸类或一种胺类神经递质。因此，可以根据这一点将这些神经元划分成一些单独且不相互重叠的神经元类型。下面我们来讨论区分这些神经元的生物化学机制。

6.3.1 胆碱能神经元

乙酰胆碱（acetylcholine，ACh）是一种存在于神经肌肉接头处的神经递质，故主要由脊髓和脑干中所有的运动神经元合成。其他的胆碱能神经元在中枢和外周神经系统的特定神经环路中发挥作用，这将在第15章讨论。

乙酰胆碱的合成需要一种特殊的酶——**胆碱乙酰基转移酶**（choline acetyltransferase，ChAT）（图6.10）。与几乎所有的突触前蛋白质一样，ChAT在胞体中合成，然后转运至轴突末梢。只有胆碱能神经元中含有ChAT，因此该转移酶是将ACh作为神经递质的胆碱能神经元的绝佳标志。例如，用ChAT特异性抗体的免疫组织化学技术可鉴定胆碱能神经元。ChAT在轴突末梢的轴浆中合成ACh，然后ACh经囊泡膜ACh**转运体**（transporter）的作用而在突触囊泡中被浓缩（图文框6.2）。

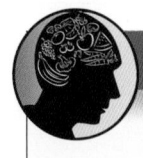

图文框6.2 脑的食粮

泵入离子和递质

神经递质有精彩的一生，但其中最为平淡的环节恐怕是它被从突触间隙回收而最终进入囊泡的过程。当论及突触时，与出胞过程相关的那些独特的蛋白质和大量的递质受体受到极大的关注。但是，两个方面的原因令神经递质的转运体也非常有趣：**它们承担着异常艰巨的任务，同时也是许多精神活性药物作用的分子靶点。**

神经递质转运体所承担的艰巨任务是，能够非常有效地跨膜泵入神经递质分子，从而使神经递质在一些非常小的空间里达到较高的浓度。一般来说，神经递质转运体有两种类型。一种类型是**神经元膜转运体**（neuronal membrane transporter），它能够将递质从细胞外（包括突触间隙处）转运至突触前末梢内，并使突触前末梢细胞质内的递质浓度比细胞外高1万多倍。另一种类型的神经递质转运体是**囊泡膜转运体**（vesicular transporter），该转运体能够将递质转运至突触囊泡内，使囊泡内的递质浓度比细胞质中高10万倍。例如，胆碱能囊泡内ACh的浓度竟然高达1,000 mmol/L或1 mol/L，即2倍于海水中盐的浓度！

转运体为何具备如此惊人的浓缩作用？浓缩一种化学物质就如同负重登山，如果没有能量供应，

这两件事都是绝对不可能完成的。回顾第3章的内容可知，质膜上的离子泵能以ATP为能源，逆浓度梯度地转运Na^+、K^+和Ca^{2+}。这些离子的浓度梯度对于静息电位的维持以及动作电位和突触电位的产生至关重要。类似地，突触囊泡的膜具有使用ATP供能的、推动H^+转运到囊泡内的泵。同时应该注意到，一旦跨膜离子梯度建立起来，它们本身也可作为能源而发挥作用。就像布谷鸟钟（cuckoo clock，一种以模拟布谷鸟的叫声来报时的钟——译者注）抬起指针所耗费的能量，可以再被用来转动钟的齿轮和指针一样（即类似于重物慢慢地坠落），转运体利用Na^+或H^+的跨膜浓度梯度作为能源，逆浓度差转运递质分子。转运体通过少量降低Na^+或H^+的跨膜浓度梯度来建立递质的高浓度梯度。

转运体是较大的跨膜蛋白质。一种神经递质可有几种转运体（例如，目前已知GABA至少有4种转运体）。图A显示了转运体是如何工作的。细胞膜转运体使用**共转运**（cotransport）机制，每转运一个递质分子的同时，要携带两个Na^+进入细胞内。相反，囊泡膜转运体则使用**逆向转运**（countertransport）机制，每转运一个递质分子进入囊泡内的同时，要从囊泡内转运出一个H^+到细胞质中。囊泡膜上有ATP

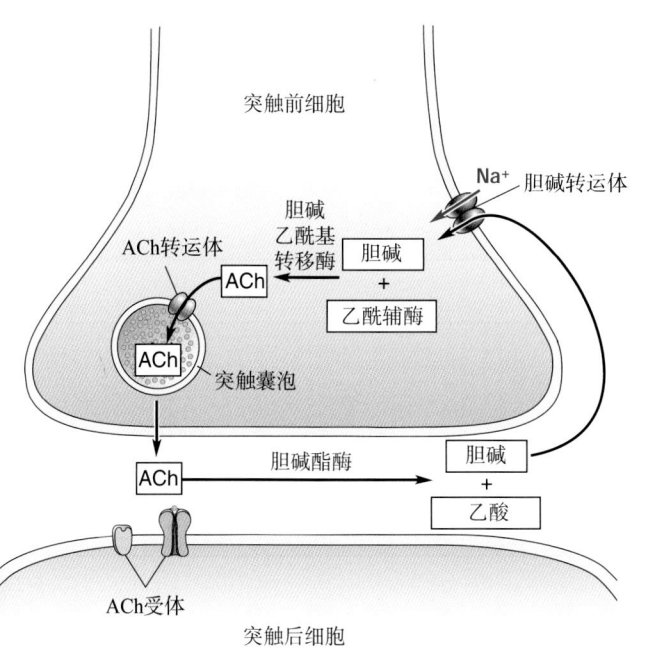

◀ 图 6.10
乙酰胆碱的循环周期

依赖性 H^+ 泵，它能维持囊泡内的高酸性环境，即维持囊泡内高浓度的质子（H^+）。

所有这些到底与药物和疾病有什么关系呢？许多精神活性药物，如安非他明（amphetamine）和可卡因（cocaine），对某些转运体具有强烈的阻断作用。这些药物通过改变各种递质正常的循环过程，从而使脑中的化学物质失衡，严重影响到情绪和行为。转运体的缺乏也可能导致精神或神经疾病。当然，阻断转运体的药物也可用于精神病的治疗。递质、药物、疾病和治疗之间错综复杂的关系是一个诱人且复杂的问题，这将在第 15 章和第 22 章深入地讨论。

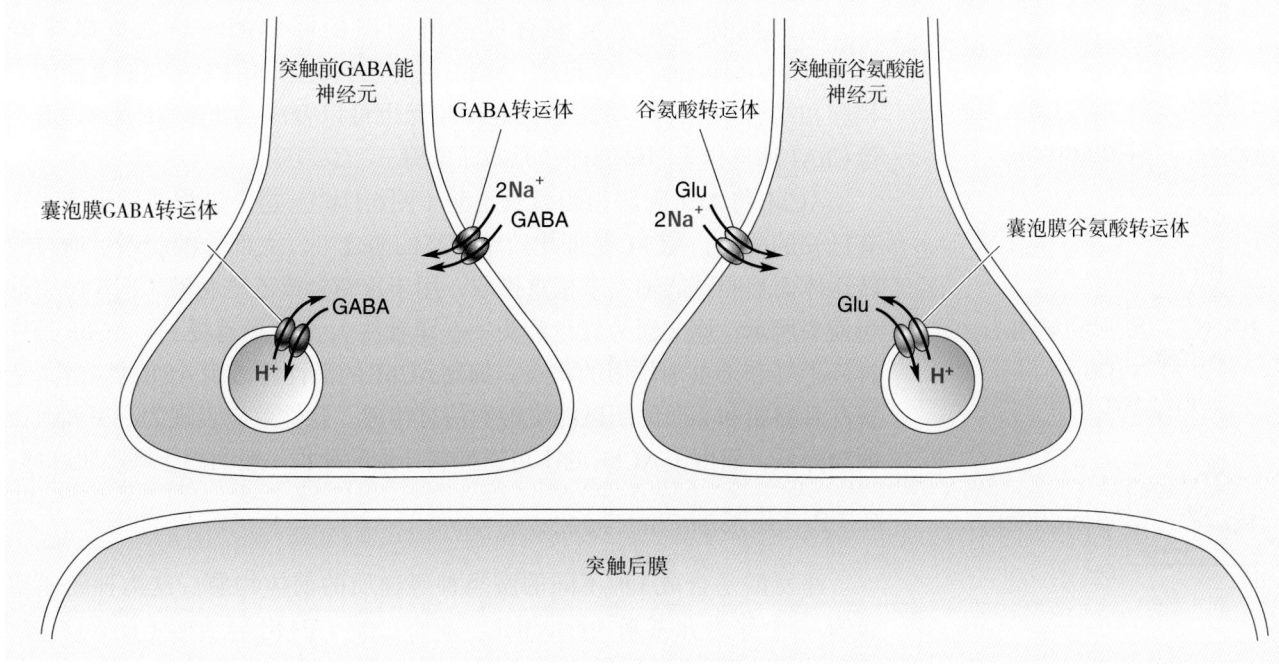

图 A
神经递质的转运体

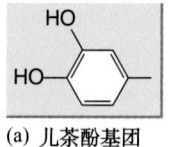

▲ 图6.11

乙酰胆碱。（a）乙酰胆碱的合成。（b）乙酰胆碱的降解

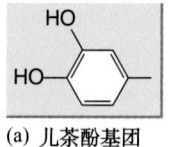

(a) 儿茶酚基团

多巴胺

去甲肾上腺素（NE）

(b) 肾上腺素

▲ 图6.12

儿茶酚胺类物质。（a）儿茶酚（邻苯二酚）基团。（b）儿茶酚胺类神经递质

ChAT 从乙酰 CoA 中转移一个乙酰基团给胆碱（图6.11a）。胆碱来自细胞外液，细胞外液中的胆碱浓度较低（微摩尔水平）。胆碱通过一种特殊的转运体转运到胆碱能神经元的轴突末梢内，该转运体需要共转运 Na^+ 而为胆碱的转运提供能量（图文框6.2）。由于轴浆内胆碱的量决定了 ACh 合成的量，因此胆碱向神经元轴浆内的转运被认为是乙酰胆碱合成的**限速步骤**（rate-limiting step）。对于一些因胆碱能突触传递缺陷而导致的疾病，有时需要从饮食中补充胆碱，以提高脑内 ACh 的水平。

胆碱能神经元也能够合成乙酰胆碱的降解酶——**乙酰胆碱酯酶**（acetylcholinesterase，AChE）。AChE 被分泌到突触间隙中，与胆碱能轴突末梢膜相结合。由于一些非胆碱能神经元也可以合成 AChE，因此 AChE 不能像 ChAT 那样作为胆碱能神经元的标志酶。

AChE 将 ACh 降解为胆碱及乙酸（图6.11b）。这个过程非常迅速，在所有已知的酶中，AChE 是催化效率最高的酶之一。大部分的胆碱可通过胆碱转运体而被胆碱能轴突末梢重摄取，用于重新合成乙酰胆碱（图6.10中的黑色箭头所示；原文误为红色箭头——译者注）。第5章曾提到，AChE 是许多神经毒气和杀虫剂作用的靶点。抑制 AChE 的活性将减少 ACh 的降解，从而扰乱骨骼肌和心肌的胆碱能突触的信息传递。急性效应表现为心率和血压的明显降低，而由于 AChE 的不可逆抑制导致的死亡一般归因于呼吸肌麻痹。

6.3.2　儿茶酚胺能神经元

酪氨酸是合成3种不同的胺类神经递质的前体物质。这类神经递质均含有一个称为儿茶酚（catechol，邻苯二酚）的化学结构（图6.12a），故通称为**儿茶酚胺类物质**（catecholamines）。儿茶酚胺类神经递质包括**多巴胺**（dopamine，DA）、**去甲肾上腺素**（norepinephrine，NE）和**肾上腺素**

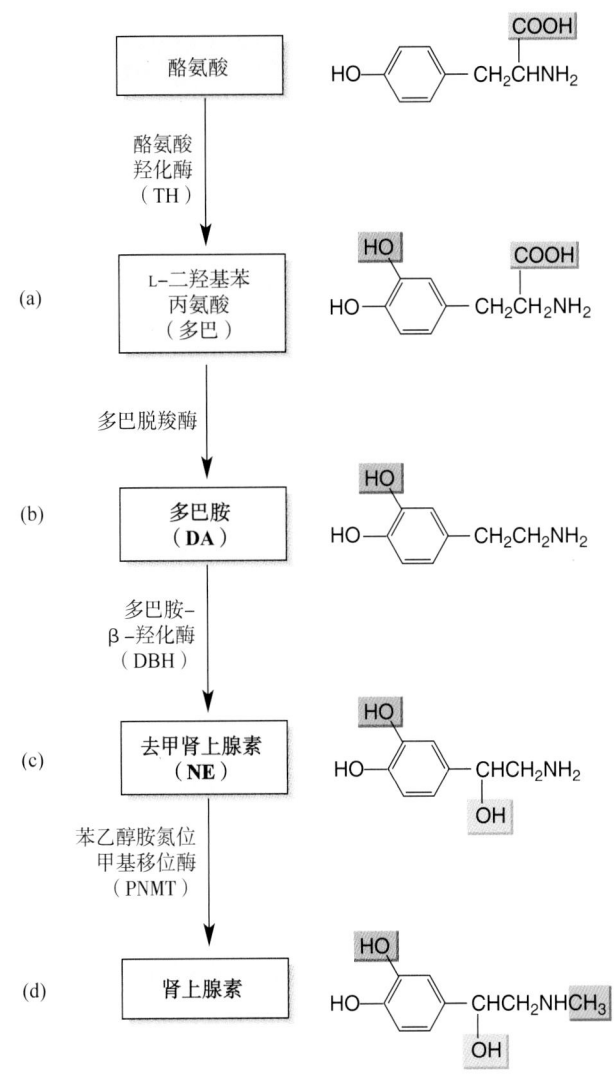

▲ 图 6.13

由酪氨酸合成儿茶酚胺。儿茶酚胺类递质用粗体字表示

（epinephrine，或 adrenaline）（图 6.12b）。儿茶酚胺能神经元分布于神经系统那些参与运动、情绪、注意力及内脏功能调节的脑区（见第 15 章）。

所有儿茶酚胺能神经元均含有**酪氨酸羟化酶**（tyrosine hydroxylase，TH），TH 是催化儿茶酚胺类物质合成第一步反应［即将酪氨酸转化成**多巴**（dopa；L-dihydroxyphenylalanine，L-二羟基苯丙氨酸）］所需要的酶（图 6.13a）。TH 的活性是儿茶酚胺类物质合成的限速步骤，而该酶的活性受到轴突末梢细胞质内各种信号的调节。例如，轴突末梢释放的儿茶酚胺的减少引起轴浆内儿茶酚胺类物质的增多，可抑制 TH 的活性。这种调节称为**终产物抑制**（end-product inhibition）。另一方面，儿茶酚胺类物质以较高的速率释放时，伴随神经递质释放而出现的 $[Ca^{2+}]_i$ 升高，触发 TH 活性的升高，以满足递质释放的需要。除此之外，长时间的刺激实际上也引起编码酪氨酸羟化酶的 mRNA 合成增加。

多巴经**多巴脱羧酶**（dopa decarboxylase）转化而形成神经递质 DA（图 6.13b）。多巴脱羧酶在儿茶酚胺能神经元中含量丰富，因此 DA 的合成量主要取决于可利用的多巴含量。对于运动障碍性疾病，如帕金森病，患者脑内的多巴胺能神经元缓慢地退变，直至死亡。一种治疗帕金森病的策略就是给予患者多巴，以增加存活的神经元内 DA 的合成，从而增加可用于释放的 DA 的量。（有关多巴胺与运动之间的关系将在第 14 章深入探讨）。

去甲肾上腺素能神经元除含有 TH 和多巴脱羧酶外，还含有**多巴胺-β-羟化酶**（dopa decarboxylase，DBH），该酶可以将 DA 转化成 NE（图 6.13c）。有趣的是，DBH 并非存在于细胞质中，而是存在于突触囊泡内。因此，在去甲肾上腺素能轴突末梢中，多巴胺需要从轴浆转运至突触囊泡内，然后在囊泡中被转化成 NE。

在儿茶酚胺类神经递质的合成顺序中，最后一个出现的是肾上腺素。肾上腺素能神经元中含有**苯乙醇胺氮位甲基转移酶**（phenylethanolamine N-methyltransferase，PNMT），该酶将 NE 转化成肾上腺素（图 6.13d）。令人惊讶的是，PNMT 存在于肾上腺素能轴突末梢的轴浆中。因此，NE 必须先在突触囊泡内合成，再被释放到轴浆中以转化成肾上腺素，最后肾上腺素必须被再转运回突触囊泡中以备释放。除了在脑内作为一种神经递质，肾上腺素可由肾上腺髓质释放进入血流，作为一种激素而发挥作用。正如我们将在第 15 章看到的，循环中的肾上腺素作用于遍布全身的受体，引起协调的内脏反应。

在儿茶酚胺能系统中，没有类似于 AChE 的细胞外快速降解酶。突触间隙中儿茶酚胺的作用是通过 Na^+ 依赖的转运体选择性地将儿茶酚胺类递质重新摄入神经末梢而终止的。许多不同的药物可影响此步骤。例如，安非他明和可卡因可以阻断儿茶酚胺的重摄取过程，因而可以延长神经递质在突触间隙中作用的时间。儿茶酚胺类物质在被重摄取至轴突末梢之后，要么被重新装载入突触囊泡而再利用，要么被位于线粒体外膜上的**单胺氧化酶**（monoamine oxidase，MAO）酶促降解。

6.3.3　5-羟色胺能神经元

血清素（serotonin；又称5-hydroxytryptamine，缩写为5-HT，即5-**羟色胺**）是一种胺类神经递质，以色氨酸为前体合成。5-**羟色胺能的**（serotonergic）神经元的数目相对较少，但正如我们将在第 III 篇看到的，它们在调节情绪、情感行为和睡眠的脑系统中有重要的作用。

如同 DA 的合成，5-羟色胺的合成也分为两步（图 6.14）。色氨酸首先在**色氨酸羟化酶**（tryptophan hydroxylase）的作用下被转化成中间产物 5-**羟色胺酸**（5-hydroxytryptophan，5-HTP），后者在 5-**羟色胺酸脱羧酶**（5-HTP decarboxylase）的作用下被转化成 5-羟色胺。5-羟色胺的合成受到浸浴神经元的细胞外液中色氨酸含量的限制。脑内的色氨酸来自血液，而血液中的色氨酸主要从饮食中获得（谷物、肉类、乳制品和巧克力都富含色氨酸）。

5-羟色胺由轴突末梢释放后，能够被一种特殊的转运体从突触间隙中移除。5-羟色胺重摄取的过程类似于儿茶酚胺类物质的重摄取，可以被一些药物所影响。例如，临床上应用的许多抗抑郁药和抗焦虑药，包括氟西汀（商品名 Prozac，百忧解），都是 5-羟色胺重摄取的选择性阻断剂。被重摄取入 5-羟色胺能神经末梢的 5-羟色胺，要么被重新装载入囊泡，要么被单胺氧化酶（MAO）降解。

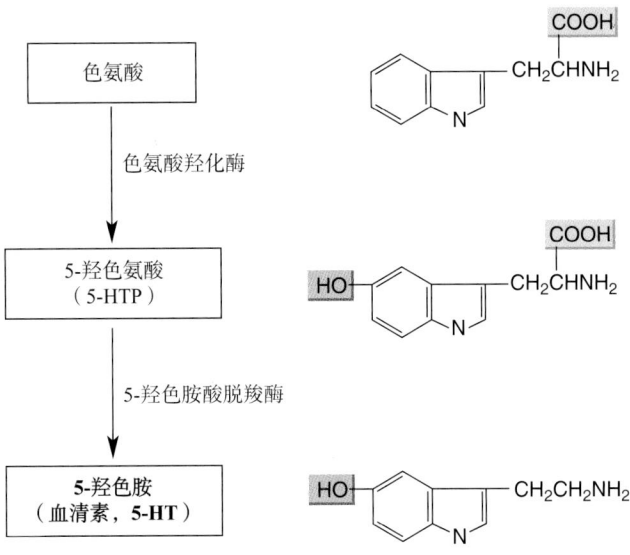

▲ 图 6.14
由色氨酸合成 5-羟色胺的过程

6.3.4　氨基酸能神经元

　　谷氨酸（glutamate，Glu）、**甘氨酸**（glycine，Gly）和**γ-氨基丁酸**（gamma-aminobutyric acid，GABA）是许多中枢神经系统突触所使用的神经递质（图 6.15）。除 GABA 仅作为一种神经递质起作用外，谷氨酸和甘氨酸还属于可用来合成蛋白质的 20 种氨基酸中的两种。

　　在存在于所有细胞中的一些酶的作用下，谷氨酸和甘氨酸可由葡萄糖和其他前体物质合成。因此，这些氨基酸在不同神经元中的合成量不同只是数量上的差异，而不是性质上的差异。例如，在谷氨酸能神经末梢的轴浆内谷氨酸浓度平均约为 20 mmol/L，为非谷氨酸能神经元的 2 ~ 3 倍。然而，谷氨酸能与非谷氨酸能神经元的更重要的区别在于，神经元是否存在转运谷氨酸进入囊泡的转运体。在谷氨酸能神经元的轴突末梢中，谷氨酸转运体将谷氨酸浓缩于囊泡中，直到囊泡中谷氨酸的浓度达到大约 50 mmol/L。

　　由于 GABA 不是构建蛋白质的 20 种氨基酸之一，GABA 仅由将其作为递质的 GABA 能神经元大量合成。谷氨酸是合成 GABA 的前体物质，催化谷氨酸合成 GABA 的关键酶是**谷氨酸脱羧酶**（glutamic acid decarboxylase，GAD）（图 6.16），故该酶是 GABA 能神经元的一个很好的标志酶。免疫细胞化学实验已经表明，GABA 能神经元广泛分布于脑中。GABA 能神经元是神经系统内突触抑制的主要来源。因此，令人惊讶的是，仅仅一个化学步骤就把脑内主要的兴奋性神经递质转化为主要的抑制性神经递质！

　　氨基酸类神经递质的突触传递作用也是通过将递质选择性地重摄取到突触前末梢内或胶质细胞内而终止的，发挥重摄取作用的还是特异性的 Na^+ 依赖性转运体。在突触前末梢或胶质细胞内，GABA 被 **GABA 转氨酶**（GABA transaminase）降解。

6.3.5　其他的神经递质候选物和细胞间的信使物质

　　除了胺类和氨基酸类物质，其他一些小分子物质也充当了神经元间

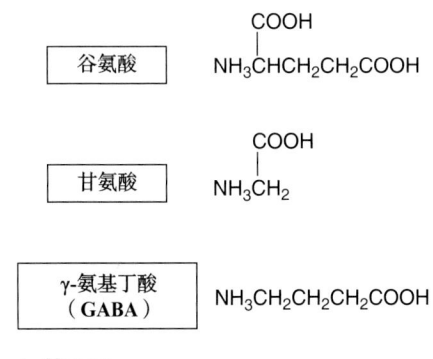

▲ 图 6.15
氨基酸类神经递质

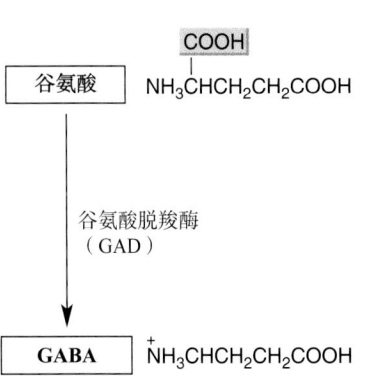

▲ 图 6.16
由谷氨酸合成 GABA 的过程

信息传递的化学信使。最常见的一个化学信使是**三磷酸腺苷**（adenosine triphosphate，ATP）。ATP既是细胞代谢中的一个关键分子（图2.13），也是一种神经递质。在中枢和外周神经系统中，ATP富集于所有突触的囊泡内。如同经典的神经递质一样，突触前动作电位诱发ATP以Ca^{2+}依赖的方式释放到突触间隙中。ATP通常与其他经典的神经递质一起被载入囊泡中。例如，在含有儿茶酚胺类物质的囊泡中，除含有400 mmol/L的儿茶酚胺类递质外，可能还含有高达100 mmol/L的ATP。在这种情况下，儿茶酚胺和ATP是共存递质。在各种特定类型的神经元中，ATP也与GABA、谷氨酸、ACh、DA和肽类递质共存。

ATP通过门控一些阳离子通道直接兴奋一些神经元。从这个意义上说，ATP的神经递质功能与谷氨酸和ACh的作用部分类似。ATP与**嘌呤受体**（purinergic receptor）结合，嘌呤受体中的一类是递质门控离子通道，而另一大类嘌呤受体是G蛋白耦联受体。ATP从突触释放后，被细胞外的酶降解而产生腺苷。因为腺苷并不会被载入囊泡，所以它并不符合神经递质的标准定义。但是，腺苷确实激活一些腺苷选择性受体（adenosine-selective receptor）。

在过去的几年里，关于神经递质的有趣的发现是，一些被称为**内源性大麻素**（endocannabinoid 或 endogenous cannabinoid，内源性大麻）的脂质小分

图文框6.3　趣味话题

这就是你"嗜好"内源性大麻素的脑*

大多数神经递质的发现都远远早于其受体的发现，但新技术的应用正改变着这样的传统。在本图文框所讲述的例子中，神经递质受体的发现就早于递质本身的发现。

*Cannabis sativa*是大麻（hemp）的植物学学名。这种长纤维植物自古以来被用于制作绳索和布料。现在，大麻作为一种毒品比其可以用于编织绳索来说更受欢迎。尽管大麻相关化合物的医疗用途正在逐渐得到认可，并且作为医疗或娱乐和消遣的用途在一些州（指美国的一些州——译者注）和世界上其他一些地区正在被合法化，但大麻却被制成大麻烟（marijuana）或哈希什（hashish，印度大麻）被广泛地售卖，这通常是非法的。早在4,000年以前，中国人就首先认识到大麻具有强烈的精神活性作用；但直至19世纪，拿破仑三世的军队携带埃及大麻返回法国后，西方社会才了解到它令人陶醉的作用。拿破仑科学和艺术委员会（Napoleon's Commission of Sciences

and Arts）的一个成员在1810年报告："对于埃及人来说，大麻是一种绝妙的植物，妙在它的独特效应，而非它在欧洲和许多其他国家的那些用途。埃及出产的大麻确实是具有令人陶醉和致幻作用的"（引自Piomelli，2003，第873页）

吸食低剂量的大麻可引起欣快、平静和放松的感觉，感觉改变、痛觉降低、易笑、多语、饥饿感、头昏，以及解决问题能力、短期记忆力和精神运动能力（如驾驶汽车的技巧）的下降。吸食高剂量的大麻可导致明显的个性改变，甚至致幻。近年来，大麻的一些制剂在美国被获准在医学上有限地应用，主要用于治疗癌症患者接受化疗后的恶心和呕吐，以及用于刺激一些艾滋病患者的食欲。

大麻中的活性成分为一种油性化合物Δ^9-**四氢大麻酚**（Δ^9-tetrahydrocannabinol，THC）。在20世纪80年代后期，科学家们发现THC可以与脑中（尤其是运动控制区、大脑皮层的和痛觉传导通路）的一些特异性

---

* 译者注：此图文框标题的英文原文为 This Is Your Brain on Endocannabinoids。为理解此图文框的标题，读者可参阅1987年由美国 Partnership for a Drug-Free America（PDFA）发起的一项大规模反毒品运动 "This Is Your Brain on Drugs" 的相关信息。

子可以从突触后神经元中释放出来，并作用于突触前末梢（图文框6.3）。这种从突触"后"到突触"前"的细胞通信称为**逆行性信号传递**（retrograde signaling；又称retrograde neurotransmission，逆行性神经传递——译者注）。因此，内源性大麻素是**逆行信使**（retrograde messenger）。逆行信使作为一种反馈系统，可以调节经典的突触传递（即从突触"前"到突触"后"的突触传递）。关于内源性大麻素信号传递的细节仍在研究中，但其信号传递的基本机制现在已经清楚（图6.17）。突触后神经元动作电位的剧烈发放导致电压门控钙通道开放，Ca^{2+}大量进入细胞，引起细胞内Ca^{2+}浓度升高。然后，细胞内浓度升高了的Ca^{2+}通过以某种方式激活内源性大麻素合成酶，来催化细胞膜上的脂质合成内源性大麻素分子。内源性大麻素有如下几种特殊的性质：

1. 它们不像其他大多数神经递质那样被载入囊泡内。相反，它们是按需求快速生成的。
2. 它们是可透过膜的小分子。一旦合成，它们可以快速地从合成它们的细胞内跨膜扩散出来，从而与邻近的细胞发生接触。
3. 它们选择性地与CB1型大麻素受体结合，这种受体主要位于某些突触前末梢。

G蛋白耦联的"大麻素"（cannabinoid）受体相结合。几乎在同时期内，美国国立精神卫生研究所（National Institute of Mental Health）的一个小组克隆出了一种身份不明的G蛋白耦联受体（或称"孤儿"受体，orphan receptor）基因。进一步的工作表明，这一神秘的受体即为大麻素受体（cannabinoid receptor, CB receptor）。现在已经知道，体内有两种大麻素受体：脑内的CB1受体和体内其他免疫组织中的CB2受体。

异乎寻常的是，CB1受体是脑内**最多**的一种G蛋白耦联受体。它们在脑内的作用是什么？我们可以肯定的是，它们不可能是为了与植物大麻中的THC结合而进化出来的。对于一种受体，它的天然配体绝非是合成药物、植物毒素或起初帮助我们鉴定受体的蛇毒。大麻素受体的存在更可能是为了结合脑内天然产生的一些信号分子，即称为**内源性大麻素**（endocannabinoid）

的THC样神经递质。研究人员已经确定了2种主要的内源性大麻素：花生四烯酸乙醇胺［anandamide，此词来自梵文ananda（阿难陀），意为"内心的欢喜"（internal bliss）］和花生四烯酸甘油（arachidonoylglycerol，2-AG）。这两种物质都是脂质小分子（图A），与任何已知的其他神经递质完全不同。

科学家们寻找新递质的研究仍在继续，也包括寻找能够与CB受体结合的选择性更强的化合物。大麻素在缓解恶心、镇痛、松弛肌肉、治疗癫痫发作、降低青光眼的眼内压等方面具有潜在的用途。近来，人们开始测试CB1受体对抗剂作为食欲抑制剂的可能性，但令人遗憾的是这些对抗剂都有副作用。如果能开发出既保留其疗效又不引起精神活性或其他副作用的大麻类新药，那么大麻素疗法或许更具有可行性。

Δ^9-四氢大麻酚（Δ^9-THC）

花生四烯酸乙醇胺

花生四烯酸甘油（2-AG）

图A
内源性大麻素

▶ 图 6.17
内源性大麻素的逆行信号传递

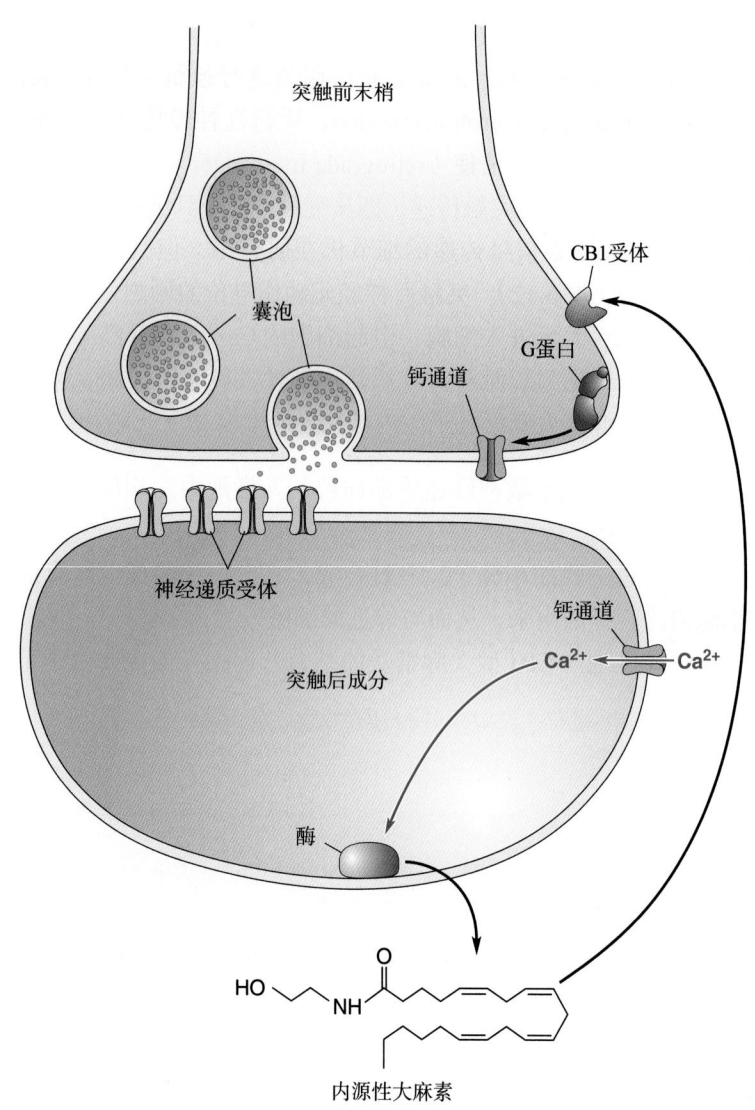

　　CB1受体属于G蛋白耦联受体，其主要作用通常是抑制突触前钙通道的开放。由于钙通道被抑制，突触前末梢释放神经递质（通常是GABA或谷氨酸）的能力遭到破坏。因此，当一个突触后神经元非常活跃时，该神经元通过释放内源性大麻素来压抑对它的抑制性或兴奋性的输入（取决于哪一种突触前末梢有CB1受体；即具有CB1受体的突触前末梢是抑制性的还是兴奋性的——译者注）。这种内源性大麻素作用的一般机制被整个中枢神经系统所使用，且被用于许多我们尚不完全了解的脑功能。

　　更不寻常的是，一个被认为是细胞间通信的化学信使实际上是气体分子**一氧化氮**（nitric oxide，NO）。气体分子一氧化碳（CO）和硫化氢（H₂S）也可能是脑内的信使分子，尽管支持它们执行"气体递质"（gasotransmitter）功能的证据尚不充分。NO、CO和H₂S三者都是大气的主要污染物。在体内许多细胞中，NO是由氨基酸精氨酸合成的。NO具有强大的生物学效应，特别是在调节血流方面。在神经系统中，NO可能是逆行信使的又一个例子。与内源性大麻素类似，NO是一种可透膜的小分子，与其他递质分子相比，它更能够自由地扩散，甚至可穿透一个细胞而影响其他细胞。因此，NO的作用不是局限于释放NO的细胞，而是波及局部组织的一小片区域。另一方面，NO容易消散，并可被迅速地分解。关于气体递质的功能，目前正在被广泛地研究和热议。

在结束神经递质化学这部分内容前，我们再次指出，许多被称为神经递质的化学物质也可能在身体的非神经组织中大量存在。一个化学物质可能有双重功能，在神经系统内传递信息，而在其他系统内可能发挥截然不同的作用。当然，氨基酸在机体内被用于合成机体蛋白质，而ATP是所有细胞的能量来源。内皮细胞释放的NO引起血管平滑肌舒张（结果之一是导致男性阴茎勃起）。ACh浓度最高的地方不在脑，而在眼睛的角膜，但角膜内不存在ACh受体。此外，5-羟色胺在血小板（它不是神经元）内含量最高。这些事实更加说明，在确认一种化学物质发挥了神经递质的作用之前，严格的分析是多么重要。

一个神经递质系统运转时，就像演出一出两幕的戏。第一幕发生在突触前，并且以突触间隙中一过性地聚集高浓度的神经递质而达到高潮。现在，我们可以进入第二幕，即在突触后神经元上产生电的和生物化学的信号，而这一幕戏的主角是递质门控离子通道和G蛋白耦联受体。

6.4 递质门控通道

如第5章所述，ACh和氨基酸类神经递质通过作用于递质门控离子通道介导快速的突触传递。这些通道是极为精巧的微型装置。单个的通道就是一个化学物质和电压变化的检测器，它可以极为精细地调控令人惊讶的大电流变化，可以对非常相似的离子进行筛选，同时也可以受到其他受体系统的调节。而且，每个通道仅仅长约11 nm，只能在极好的计算机增益电子显微镜方法（computer-enhanced electron microscopic method）的帮助下才能勉强看到。

6.4.1 递质门控通道的基本结构

骨骼肌神经肌肉接头处的烟碱型ACh受体，是目前研究得最为透彻的递质门控离子通道。该受体是一个五聚体，由5个蛋白亚基围成桶形，聚合形成一个跨膜孔道（图6.18a）。四种不同类型的多肽链被用以构成烟碱型受体的亚基，分别命名为α、β、γ和δ。一个功能性通道由2个α亚基，各1个β、γ和δ亚基组成，缩写成$\alpha_2\beta\gamma\delta$。每个α亚基都有一个ACh的结合位点，而ACh必须同时与两个α亚基位点结合才可能打开通道（图6.18b）。神经元上的烟碱型ACh受体也是五聚体，但与肌肉上的ACh受体不同，这些受体的大多数仅由α和β亚基组成（比例为$\alpha_3\beta_2$）。

尽管每种受体亚单位具有不同的一级结构，但在某些延伸段中不同的多肽链却有着相似的氨基酸序列。例如，每个亚基多肽都有4个独立的片段，它们可以卷曲成α螺旋（图6.18a）。由于这些片段的氨基酸残基都是疏水性的，因此这4个α螺旋被认为与钠和钾通道的孔道环类似，可反复地跨越细胞膜（见第3章和第4章）。

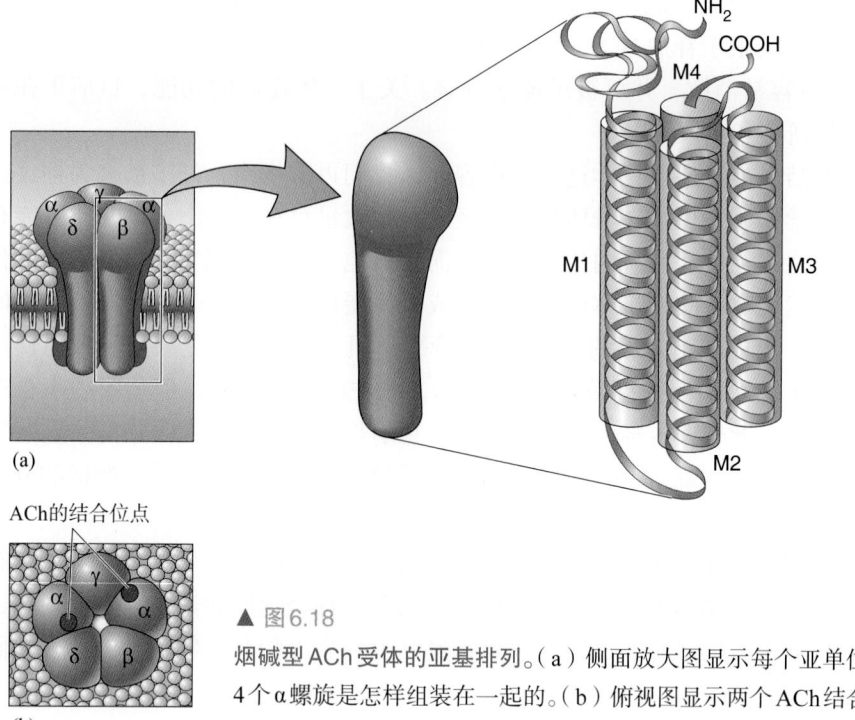

▲ 图6.18

烟碱型ACh受体的亚基排列。(a)侧面放大图显示每个亚单位的4个α螺旋是怎样组装在一起的。(b)俯视图显示两个ACh结合位点的位置

脑内其他递质门控通道亚基的一级结构也被阐明，它们具有明显的相似性（图6.19）。烟碱型ACh受体、$GABA_A$受体和甘氨酸受体亚基大多数都包括3种跨膜疏水片段，这3种受体都是五聚体复合物（图6.19b）。谷氨酸门控通道略有不同，它是四聚体复合物，即由4个亚基组成一个功能性通道。谷氨酸门控通道亚基的M2区域并不跨膜，而是在膜内侧穿进穿出而形成一个发夹样结构（图6.19c）。谷氨酸受体的结构类似于某些钾通道（图3.17），这引发了人们提出一个令人惊讶的假设，即谷氨酸门控通道和钾通道是从一个共同的离子通道祖先进化而来的。嘌呤（ATP）受体也具有特殊的结构，其每个亚基只有2个跨膜片段，由3个亚基组成一个完整的受体。

通道结构中最令人感兴趣的变异是导致了通道功能差异的那些部分。不同的递质结合位点可使一种通道对谷氨酸有反应，而另一种通道对GABA有反应。一些围绕着狭小离子孔道周围的氨基酸是造成某些通道只对Na^+和K^+通透、某些通道只对Ca^{2+}通透、而某些通道只对Cl^-通透的原因。

6.4.2 氨基酸门控通道

氨基酸门控通道（amino acid-gated channel）介导了中枢神经系统大多数的快突触传递。由于这些氨基酸门控通道广泛地与感觉系统、记忆和疾病密切相关，下面将详细讨论它们的功能。如下几个重要特性是区分这些通道和决定它们在脑内功能的依据。

- 结合位点的**药理学**研究描述了何种递质影响它们，以及药物如何与它们相互作用。
- 递质结合过程和通道门控的**动力学**决定通道效应的持续时间。

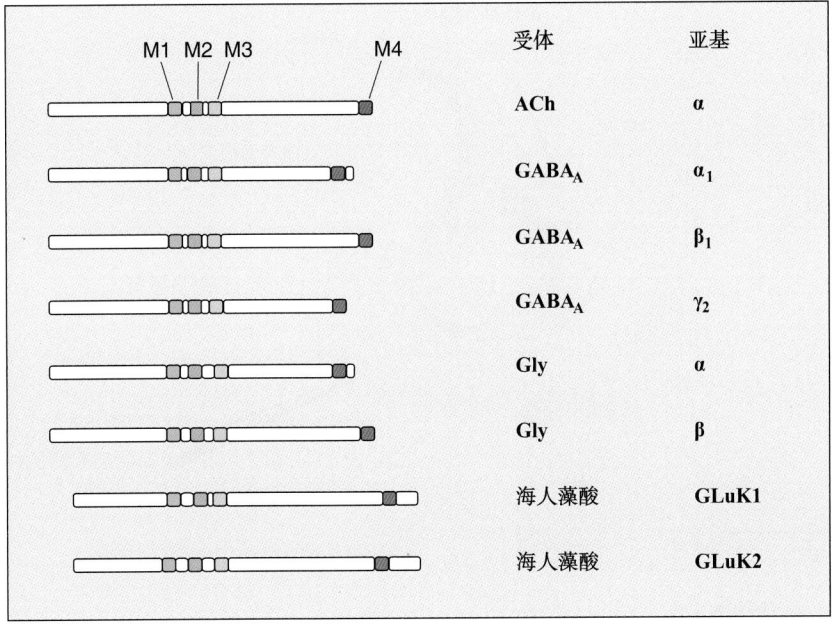

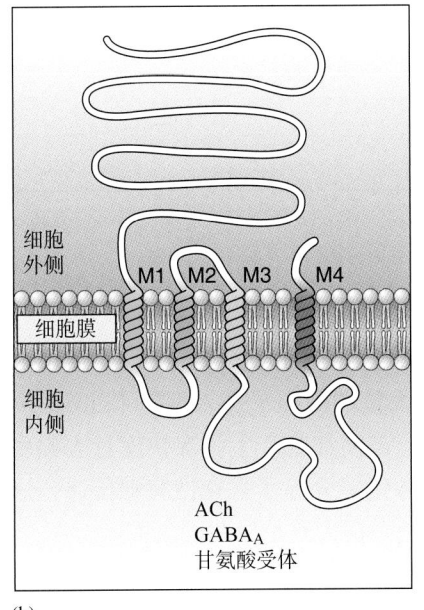
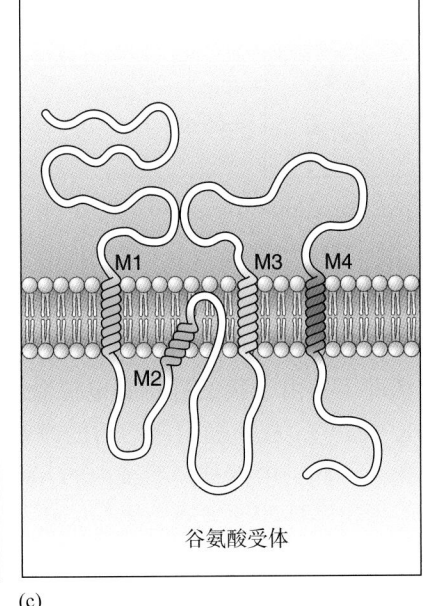

◀ 图6.19

不同递质门控离子通道亚基结构的相似性。(a) 如果将各种不同通道亚基的多肽链拉直，就可以对这些亚基进行比较。这些不同的离子通道的亚基都有4个从M1到M4的区域，它们卷曲成α螺旋而跨越细胞膜。海人藻酸受体是谷氨酸受体的一种亚型。(b) 乙酰胆碱α亚基的M1～M4区域也被卷曲而跨越细胞膜。(c) 谷氨酸受体亚基的M1～M4区域；M1、M3和M4跨越整个膜的厚度，而M2仅在一定程度上穿入细胞膜

- 离子通道的**选择性**决定了突触后膜产生兴奋还是产生抑制，以及 Ca^{2+} 是否能大量进入细胞内。
- 开放通道的**电导**决定了它们发挥作用的程度。

以上特性均与通道的分子结构直接相关。

谷氨酸门控通道。 如前所述，3个谷氨酸受体亚型分别以它们的选择性激动剂命名：AMPA、NMDA和海人藻酸（kainate）。每种亚型都是一种氨基酸门控离子通道。AMPA门控和NMDA门控通道介导了脑内大多数快速兴奋性突触传递过程。海人藻酸受体也广泛存在于脑内突触前膜和突触后膜上，但其功能尚不清楚。

▶ 图 6.20

NMDA 和 AMPA 受体在中枢神经系统突触后膜上的共存。(a) 动作电位到达突触前末梢，引起谷氨酸释放。(b) 谷氨酸与突触后膜上的 AMPA 受体和 NMDA 受体结合。(c) Na$^+$ 通过 AMPA 通道进入细胞内，Na$^+$ 和 Ca^{2+} 通过 NMDA 通道进入细胞内，从而引起兴奋性突触后电位（EPSP）

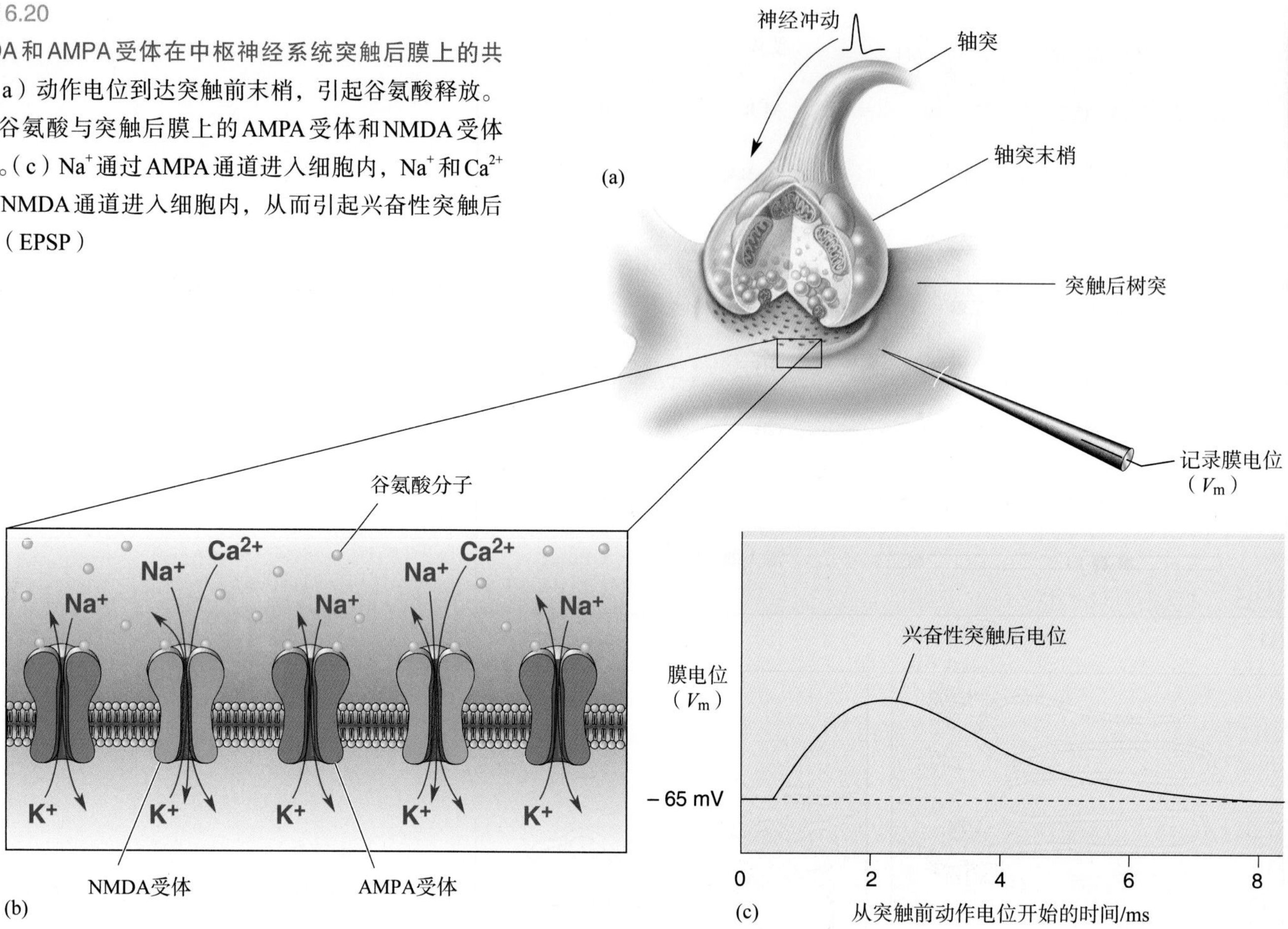

AMPA 门控通道允许 Na$^+$ 和 K$^+$ 通透，但它们中的大多数对 Ca^{2+} 不通透。在正常情况下，由于负的静息膜电位允许大量的阳离子进入细胞（如 Na$^+$ 流入多于 K$^+$ 流出），故该通道激活后的净效应是使细胞产生一次快速且大幅度的去极化。因此，中枢神经系统内的 AMPA 受体介导了兴奋性突触传递，这与神经肌肉接头处的烟碱型受体介导的突触兴奋大致是异曲同工的。

AMPA 受体和 NMDA 受体在脑内的许多突触上是共存的，因此，大多数谷氨酸介导的兴奋性突触后电位（excitatory postsynaptic potentials，EPSP）可归因于二者共同的贡献（图 6.20）。NMDA 门控通道同样可允许过量的 Na$^+$ 进入细胞内而引起细胞的兴奋，但它们与 AMPA 受体有两点重要的不同：（1）NMDA 门控通道可通透 Ca^{2+}，（2）通过 NMDA 门控通道的内向离子流具有电压依赖性。接下来，我们将逐一讨论这些特性。

细胞内 Ca^{2+} 对细胞功能的重要性怎么说都不为过。我们已经知道 Ca^{2+} 可以触发突触前神经递质的释放。突触后细胞内的 Ca^{2+} 可以激活许多酶、调节多种通道的开放，以及影响基因表达。细胞内过多的 Ca^{2+} 甚至可触发细胞的死亡（图文框 6.4）。因此，一般而言，NMDA 受体的激活可在突触后神经元上导致广泛且持久的变化。确实，通过 NMDA 门控通道进入细胞的 Ca^{2+} 所导致的一些变化与长时程记忆有关，这将在第 25 章讨论。

NMDA 门控通道开放时，Ca^{2+} 和 Na$^+$ 进入细胞内（而 K$^+$ 流出细胞）。但是，突触后膜电位却由于特殊的原因，以一种特殊的方式影响这一内向离子

图文框6.4 趣味话题

兴奋性毒物：好东西太多也坏事

哺乳动物脑内的神经元几乎不能再生，因此，我们用于思维的神经元死一个少一个。对于神经元的生与死来说，一件极具讽刺意义的事情是，谷氨酸这种脑内最基本的神经递质，通常也是神经元的杀手。脑内大量的突触都释放谷氨酸，而且谷氨酸的存储量相当大。即便是非谷氨酸能神经元，其细胞质中谷氨酸的浓度也很高，达 3 mmol/L 以上。一个不吉利的观察结果是，当你将同样浓度的谷氨酸施加到分离的神经元表面时，这些神经元会在几分钟内死亡。Mae West（梅·韦斯特，1893.8—1980.11，美国演员、剧作家、歌手——译者注）曾经说过："好东西越多越美妙"（Too much of a good thing can be wonderful）。显然，她谈论的并不是谷氨酸。

脑的高代谢率需要源源不断的氧和葡萄糖供应。当心跳骤停而血液停止流动时，神经活动会在几秒内停止，几分钟内即可造成神经的永久性损毁。心搏骤停、脑卒中、脑外伤、癫痫和缺氧都可触发过量谷氨酸释放的恶性循环。无论何时，只要神经元不能产生足够的ATP来维持它离子泵的有效工作，都将导致细胞膜去极化和Ca^{2+}漏入细胞内。Ca^{2+}进入细胞内将触发突触释放谷氨酸，而谷氨酸会使神经元进一步去极化，进而使细胞内Ca^{2+}浓度进一步升高和更多的谷氨酸被释放。此时，谷氨酸转运体竟可能**逆向**转运谷氨酸，进一步加重细胞内谷氨酸的外漏。

谷氨酸浓度很高时，它可使神经元过度兴奋而死亡，该过程称为**兴奋性毒性作用**（excitotoxicity）。谷氨酸仅仅激活其几个受体亚型就可使过量的Na^+、K^+和Ca^{2+}跨膜流动。谷氨酸门控通道的NMDA亚型在兴奋性毒性作用中起了关键性作用，因为它是Ca^{2+}进入细胞的主要途径。神经元的损伤或死亡是因为其吸收了过多的水而导致细胞肿胀，以及由于细胞内的Ca^{2+}激活了降解蛋白质、脂质和核酸的酶。毫不夸张地说，是神经元自己消化了自己。

已经认为有几种人类的进行性神经退化疾病与兴奋性毒性作用有关。例如，由脊髓运动神经元缓慢死亡导致的**肌萎缩性脊髓侧索硬化病** [amyotrophic lateral sclerosis，ALS；又称Lou Gehrig disease；在美国，ALS常被称为Lou Gehrig disease（卢·格里克病），参阅图文框13.1——译者注]，以及由脑神经元缓慢死亡导致的**阿尔茨海默病**（Alzheimer's disease）。各种环境毒素可引起一些与这些疾病类似的症状。过量食用某种鹰嘴豆（chickpea）可导致山黧豆中毒（lathyrism），这是一种运动神经元退变性疾病。这种豆子含有一种名为**β-草酰氨基丙氨酸**（β-oxalylaminoalanine）的兴奋性毒素，它可激活谷氨酸受体。在受污染的水生贝类动物中发现的一种称为**软骨藻酸**（domoic acid）的毒素，也是一种谷氨酸受体的激动剂。摄入少量的软骨藻酸就可引起癫痫和脑损伤。另一种植物毒素——**β-甲氨基丙氨酸**（β-methylaminoalanine），在关岛（island of Guam）曾使一些患者发生了包括ALS、阿尔茨海默病和帕金森病综合症状的可怕现象。

当研究者们厘清了兴奋性毒素、受体和酶与神经疾病之间错综复杂的关系时，新的治疗策略出现了。一些谷氨酸受体对抗剂，因可以阻断兴奋性毒性的级联反应和减少神经元的自杀，已经显示出临床应用的前景。基因疗法将可能最终改善易感人群的神经退行性病变。

流的幅度。谷氨酸与NMDA受体结合时，通道开放。但是，在正常负性的静息膜电位时，孔道会被Mg^{2+}堵住，这种"镁离子堵塞效应"（magnesium block）可以防止其他离子自由地通过NMDA门控通道。只有当细胞膜被去极化时，Mg^{2+}才会从孔道里被弹出来，而膜的去极化通常是由于同一个突触上或邻近突触上的AMPA通道被激活而发生的。因此，NMDA门控通道介导

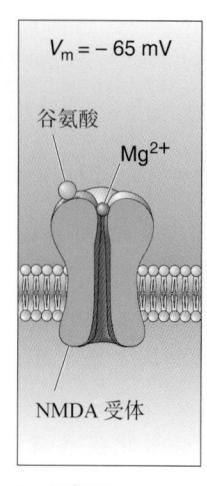
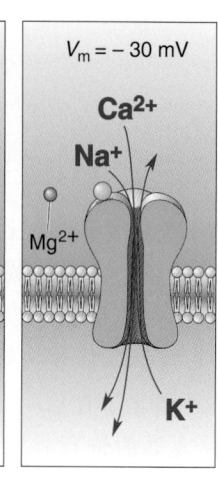

(a) 谷氨酸   (b) 谷氨酸和去极化

▲ 图 6.21

流经 NMDA 门控通道的内向离子流。（a）谷氨酸单独作用可以导致通道开放，但在静息膜电位时，孔道被 Mg^{2+} 堵塞。（b）膜去极化解除 Mg^{2+} 的堵塞效应并允许 Ca^{2+} 和 Na^+ 进入细胞内

的内向离子流既是递质门控的，又是**电压依赖性的**（voltage dependent）。也就是说，在通道通过电流之前，必须有谷氨酸和去极化的重合（即在有谷氨酸存在的情况下，同时发生膜的去极化——译者注）（图 6.21），这种特性对中枢神经系统许多部位的突触整合具有显著的影响。

GABA 门控和甘氨酸门控通道。 GABA 介导了中枢神经系统绝大多数的突触抑制，其余的突触抑制则由甘氨酸介导。$GABA_A$ 受体和甘氨酸受体均门控一种氯离子通道。出乎意料的是，尽管抑制性的 $GABA_A$ 和甘氨酸受体选择性地通透阴离子，而兴奋性的烟碱型 ACh 受体通透阳离子，但它们的结构却非常相似。每种受体都有与递质结合的 α 亚基及不与递质结合的 β 亚基。

脑内的突触抑制必须受到严格的调节。抑制过多导致意识丧失和昏迷；抑制不足可引起癫痫发作。因此，这种调节突触抑制的需求可能解释了为什么 $GABA_A$ 受体除了具有 GABA 的结合位点，还存在一些可以被其他化学物质戏剧性地调控其功能的结合位点。**苯二氮䓬**（benzodiazepine）类药物，如镇静剂安定（diazepam，商品名 Valium）和**巴比妥**（barbiturate）类药物（包括苯巴比妥，phenobarbital），以及其他镇静剂和抗惊厥药可分别结合到 $GABA_A$ 通道外表面的相应位点（图 6.22）。这些药物本身对通道的影响甚微，但当 GABA 存在时，苯二氮䓬类药物可提高通道开放的频率，而巴比妥类药物可延长通道开放的持续时间。这些药物作用的结果都是使抑制性的 Cl^- 电流增大，引起更强大的抑制性突触后电位（IPSP），以及由于抑制功能加强而产生的行为学后果。苯二氮䓬类和巴比妥类药物选择性地作用于 $GABA_A$ 受体，对甘氨酸受体无作用。这种选择性可以在分子层面上得到解释，除了 α 和 β 亚基，还具有 γ 亚基的 $GABA_A$ 受体才对苯二氮䓬类物质起反应。

乙醇，也就是饮料中的酒精，是另一种强烈增强 $GABA_A$ 受体功能的药物。乙醇的作用复杂，对 NMDA 受体、甘氨酸受体、烟碱型 ACh 受体及 5-羟色胺受体均有影响。乙醇对 $GABA_A$ 通道的作用取决于通道的特殊结构。已有证据表明，α、β 及 γ 亚基是构建乙醇敏感的 $GABA_A$ 受体所必需的，这与对苯二氮䓬类药物敏感的 $GABA_A$ 受体结构是相似的。这些结构特性解释了

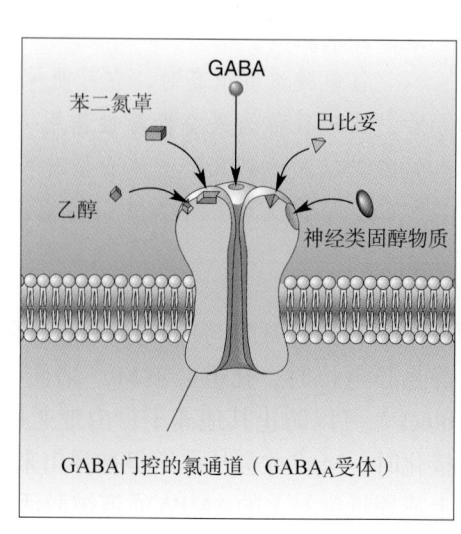

▶ 图 6.22

能够与 $GABA_A$ 受体结合的药物。这些药物本身无法使通道打开，但当它们与 GABA 同时作用于受体时，药物可改变 GABA 的效应

为什么乙醇只增强某些脑区的抑制效应。通过对乙醇分子的和其对脑区作用的特异性了解，我们可以开始理解像乙醇这样的药物是如何对行为产生如此强烈的和成瘾性的影响的。

药物作用的种种不同效应引起了一个有趣的悖论。当然，$GABA_A$ 受体的调节性结合位点并不是为了与我们的现代药物结合而演化出来的。这个悖论激发科学家去寻找内源性配体，即那些能够结合到苯二氮䓬和巴比妥位点上去，从而发挥抑制效应调节剂的天然化学物质。已有大量证据表明，体内存在天然的苯二氮䓬样配体（benzodiazepine-like ligand），但要鉴定这些配体和了解它们的功能还存在许多困难。**神经类固醇物质**（neurosteroid）可能是 $GABA_A$ 受体的另一类天然调制剂，它们是类固醇激素的天然代谢产物。类固醇激素不仅主要由性腺和肾上腺中的胆固醇合成，而且也由脑内胶质细胞中的胆固醇合成。一些神经类固醇物质增强而另一些减弱 $GABA_A$ 受体的抑制功能，但它们似乎是通过与 $GABA_A$ 受体上各自的位点结合来实现这两种功能的（图6.22），这与我们提到的其他药物不同。尽管天然神经类固醇物质的具体功能尚不清楚，但这些现象提示，脑和机体的生理功能可以被同一种化学物质以平行的方式进行调节。

6.5 G蛋白耦联受体和效应器

在已知的每一个神经递质系统中，均存在多种G蛋白耦联受体的亚型。在第5章，我们已经学习过与这些受体信息传递过程的3个步骤：（1）神经递质与受体蛋白的结合；（2）G蛋白的激活；（3）效应器系统的激活。下面，我们将对每个步骤进行详述。

6.5.1 G蛋白耦联受体的基本结构

大多数G蛋白耦联受体是共同结构形式上的简单变体，由一个含有7个跨膜α螺旋的单链多肽构成（图6.23）。多肽链的两个胞外环形成递质的结合位点。该区域的结构变异决定了何种神经递质、激动剂或对抗剂可以与受体结合。两个胞内环可结合和激活G蛋白，该区域结构的差异决定了递质和受体结合后可以激活何种G蛋白及何种效应器系统。

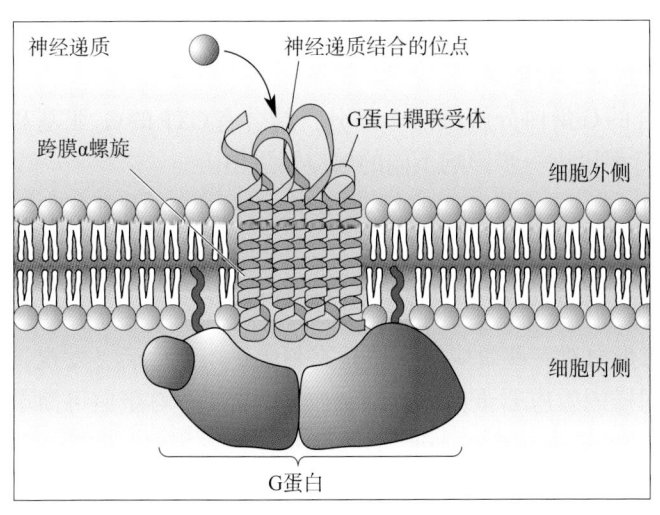

◀ 图 6.23
G蛋白耦联受体的基本结构。大部分促代谢型受体都具有7个跨膜α螺旋，递质结合位点位于膜外侧，G蛋白结合位点位于膜内侧

表6.2　部分G蛋白耦联的神经递质受体

神经递质	受体
乙酰胆碱（ACh）	毒蕈碱型受体（M_1、M_2、M_3、M_4、M_5）
谷氨酸（Glu）	促代谢型谷氨酸受体（mGluR1 ~ 8）
γ-氨基丁酸（GABA）	$GABA_{B1}$，$GABA_{B2}$
5-羟色胺（5-HT）	$5\text{-}HT_{1A}$、$5\text{-}HT_{1B}$、$5\text{-}HT_{1D}$、$5\text{-}HT_{1E}$、$5\text{-}HT_{2A}$、$5\text{-}HT_{2B}$、$5\text{-}HT_4$、$5\text{-}HT_{5A}$
多巴胺（DA）	D1、D2、D3、D4、D5
去甲肾上腺素（NE）	α_1、α_2、β_1、β_2、β_3
阿片	μ、δ、κ
大麻素	CB1、CB2
ATP	$P2Y_2$、$P2Y_{11}$、P2T、P2U
腺苷	A_1、A_{2A}、A_{2B}、A_3

　　表6.2简单地列举了部分G蛋白耦联受体。人类基因组中的基因可编码约800种不同的G蛋白耦联受体，它们分为5个具有相似结构的主要家族。在强大的分子生物学技术应用于发现这些受体之前，它们中的大多数都是未知的。需要提醒的是，G蛋白耦联受体对机体所有细胞类型（不仅仅是神经元）都是至关重要的。

6.5.2　广泛分布的G蛋白

　　大多数从神经递质受体到效应器蛋白之间的信号转导途径中，G蛋白是共同的桥梁。G蛋白是三磷酸鸟苷（guanosine triphosphate，GTP）结合蛋白的简称。G蛋白是一个很大的家族，约有20多种类型。由于递质的受体比G蛋白数量多，因此某些类型的G蛋白可被多种受体激活。

　　大多数G蛋白运转的基本模式如下（图6.24）：

1. 每个G蛋白都有3个亚基，分别称为α、β和γ亚基。在静息状态下，一个二磷酸鸟苷（guanosine diphosphate，GDP）分子结合在G蛋白的G_α亚基上，形成的整个复合体漂浮在细胞膜内侧表面的附近。
2. 如果这个结合了GDP的G蛋白碰上一种适当类型的受体，而且恰好在此时有一个递质分子与受体结合，G蛋白就会将GDP释放，并换之以一个从细胞质里获得的GTP。
3. 活化的GTP结合的G蛋白分解成两个部分：结合有GTP的G_α亚基和$G_{\beta\gamma}$复合体。二者都可进一步影响不同的效应器蛋白。
4. G_α本身就是一个酶，它可将GTP水解成GDP。因此，G_α因将GTP转化成GDP而最终失去其本身的活性。
5. G_α与$G_{\beta\gamma}$亚基重新聚合，使得新的循环可以再次发生。

　　第一个被发现的G蛋白对一些效应器蛋白具有刺激作用。此后又发现，其他的G蛋白对这些同样的效应器蛋白却有抑制作用。因此，G蛋白可简单地分为兴奋性G蛋白（stimulatory G protein，G_s）和抑制性G蛋白（inhibitory G protein，G_i）两种。

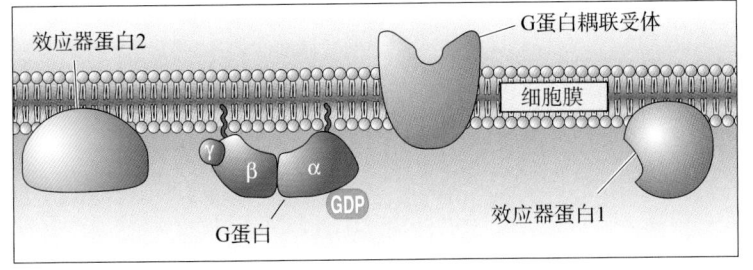

(a)

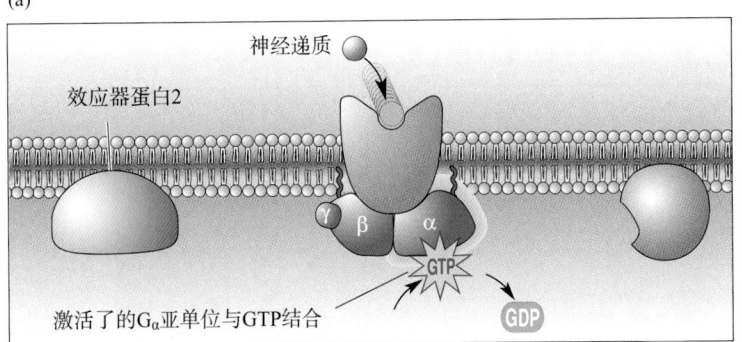

(b)

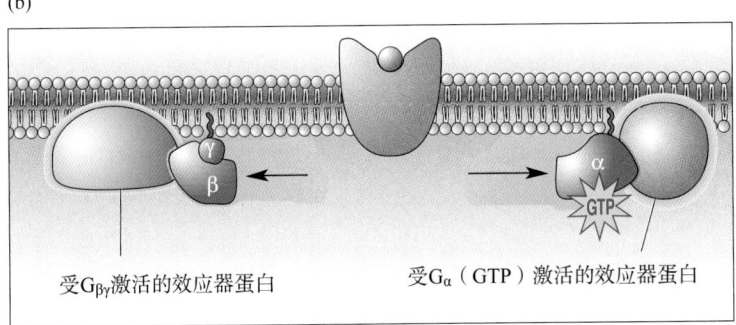

(c)

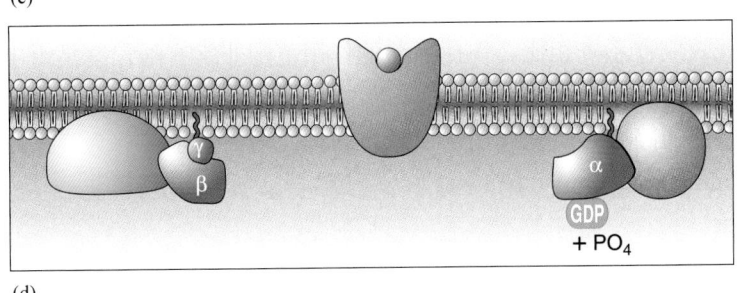

(d)

◀ 图 6.24

G蛋白作用的基本模式。(a) 在失活态时，G蛋白的α亚基与GDP相结合。(b) 当G蛋白被G蛋白耦联受体激活时，GDP被GTP取代。(c) 激活的G蛋白解离，此时 G_α （GTP）和 $G_{\beta\gamma}$ 亚基都可激活效应器蛋白。(d) G_α 亚基缓慢地将GTP上的磷酸基团（ PO_4 ）移除，从而将GTP转换成GDP，也终止了自己的活性

6.5.3 G蛋白耦联效应器系统

我们在第5章讨论过，活化的G蛋白通过与两类效应器蛋白结合而发挥作用：G蛋白门控离子通道和G蛋白激活的酶。由于第一条途径不涉及其他化学的中间介导物，因此被称为**快捷通路**（shortcut pathway）。

快捷通路。许多神经递质通过快捷通路发挥作用，即从受体到G蛋白再到离子通道，如心脏的毒蕈碱型受体。这种ACh受体通过G蛋白直接与特殊类型的钾通道耦联，从而减慢心率（图6.25）。在该通路中，β和γ亚单位沿着细胞膜的内侧移动，直到与合适类型的钾通道结合，并且使通道开放。另一个例子是神经元的 $GABA_B$ 受体，该受体也通过快捷通路与钾通道耦联。

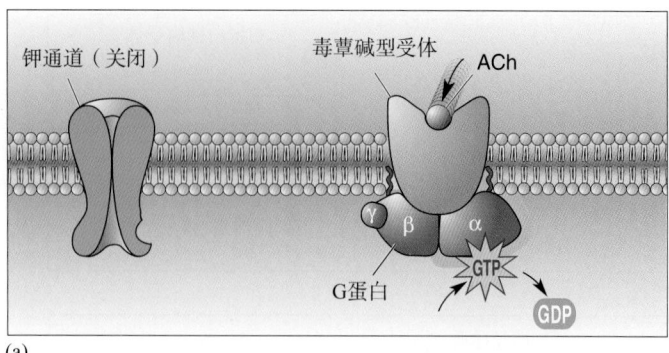

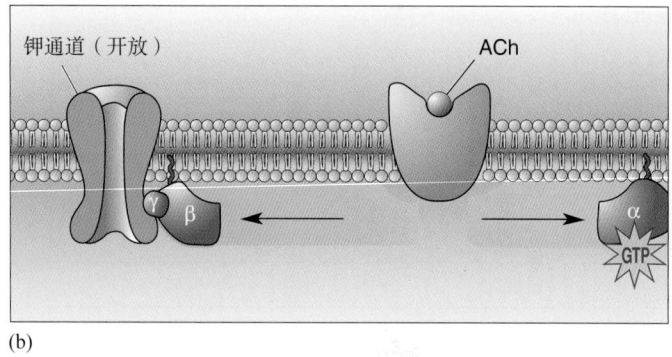

▲ 图 6.25

快捷通路。（a）ACh 通过与心肌的毒蕈碱型受体结合激活 G 蛋白。（b）活化的 $G_{\beta\gamma}$ 亚基直接导致钾通道开放

　　快捷通路是 G 蛋白耦联系统中反应速度最快的，在神经递质与受体结合后 30 ~ 100 ms 内即可发挥作用。虽然该通路的速度逊于受体与通道之间不需中间媒介物的递质门控通道作用方式，但仍快于下面将要讨论的第二信使级联反应。与其他效应器系统相比，快捷通路的作用范围非常有限，这是由于 G 蛋白仅在膜内扩散，不可能移动到很远的距离，因此它只能作用于其附近的通道。因为快捷通路中的所有作用都发生在膜内，所以它也被称为**膜限定的通路**（the membrane-delimited pathway）。

　　第二信使级联反应。G 蛋白也可通过直接激活一些酶类而发挥作用。这些酶的激活可触发一系列复杂而精细的生化反应。一个级联反应通常终止在"下游"酶的激活上，而这些酶可以改变神经元的功能。在级联反应中，连接第一个酶和最后一个酶的是几个**第二信使**（second messenger）。通过多个中间步骤将神经递质与下游酶的激活耦联起来的过程称为**第二信使级联反应**（second messenger cascade）（图 6.26）。

　　如第 5 章所述，去甲肾上腺素 β 受体的激活可引发第二信使 cAMP 的级联反应（图 6.27a）。该反应开始于 β 受体激活兴奋性 G 蛋白（G_s），G_s 可激活细胞膜上的腺苷酸环化酶，使 ATP 转变成 cAMP。细胞内 cAMP 升高进而激活特异性的下游酶，即**蛋白激酶 A**（protein kinase A，PKA）。

　　许多生化过程受到"推-挽"方式（push-pull method）的双重调节，即一种机制激活这些反应过程，而另一种机制抑制这些反应过程，cAMP 的产生也不例外。另一种类型的激活是去甲肾上腺素 α_2 **受体**的激活，该受体的激

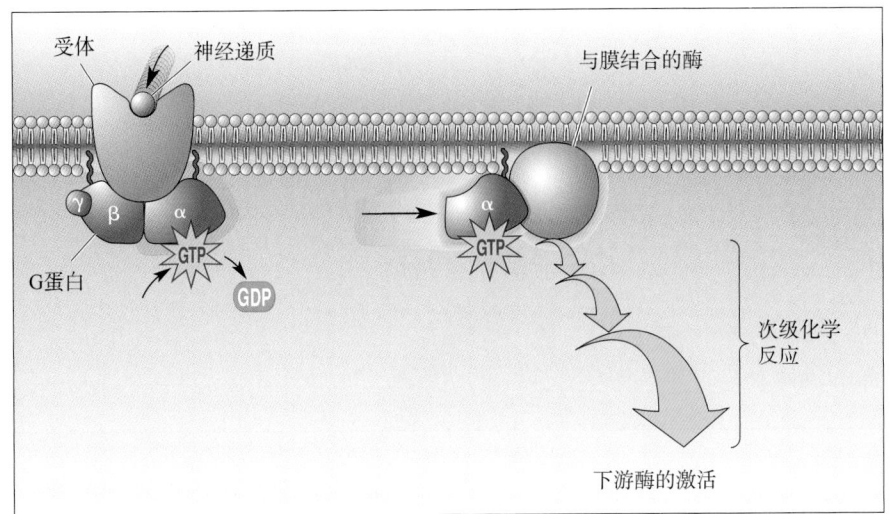

◀ 图 6.26
第二信使级联反应的组成

活可引起 G_i（抑制性 G 蛋白）的激活。G_i 可抑制腺苷酸环化酶的活性，而且该作用优先于兴奋性系统的作用（图 6.27b）。

　　某些信号级联反应会出现分岔现象。图 6.28 显示各种 G 蛋白的激活如何刺激**磷脂酶 C**（phospholipase，PLC）。PLC 类似于腺苷酸环化酶游离在膜内。该酶作用于膜上的一种磷脂（即磷脂酰肌醇 -4,5- 二磷酸，phosphatidylinositol-4,5-bisphosphate，PIP_2），使之分解为两个第二信使分子：**二酰甘油**（diacylglycerol，DAG）和**肌醇 -1,4,5- 三磷酸**（inositol-1,4,5-triphosphate，IP_3；又称三磷酸肌醇——译者注）。位于膜平面内的 DAG 是脂溶性的，它可激活同处于细胞膜平面内的一个下游酶，即**蛋白激酶 C**（protein kinase C，PKC）。与此同时，水溶性的 IP_3 在细胞质内扩散，并与滑面内质网（smooth ER）及细胞内其他有膜包裹的细胞器上的特异性受体结合。这些受体是 IP_3 门控钙通道，故

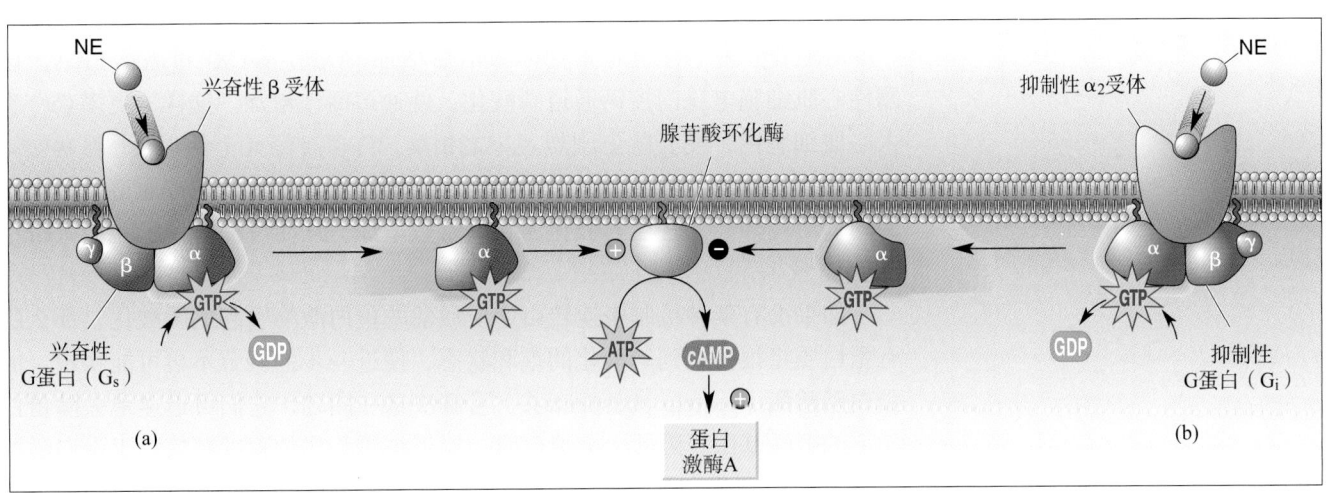

▲ 图 6.27
不同 G 蛋白对腺苷酸环化酶的激活和抑制。（a）去甲肾上腺素（NE）与 β 受体结合激活 G_s，G_s 进而激活腺苷酸环化酶。腺苷酸环化酶使 cAMP 的生成增多，cAMP 可激活下游的蛋白激酶 A。（b）去甲肾上腺素与 $α_2$ 受体结合激活 G_i，G_i 则可抑制腺苷酸环化酶

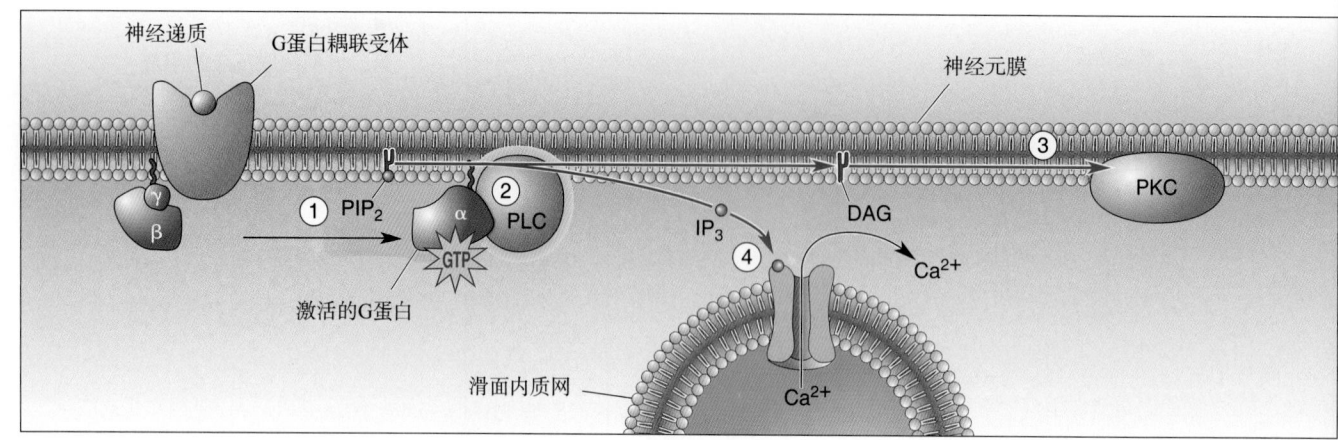

▲ 图 6.28

膜磷脂 PIP$_2$ 水解所产生的第二信使。① 激活的 G 蛋白刺激磷脂酶 C（PLC）。② PLC 使 PIP$_2$ 水解成 DAG 和 IP$_3$。③ DAG 刺激下游的蛋白激酶 C（PKC）。④ IP$_3$ 刺激细胞内钙库释放 Ca^{2+}，Ca^{2+} 进而刺激各种下游的酶

IP$_3$ 可导致细胞器释放它们存储的 Ca^{2+}。如前所述，细胞内的 Ca^{2+} 浓度升高可触发广泛而持久的效应，效应之一是**钙/钙调素依赖性蛋白激酶**（calcium-calmodulin-dependent protein kinase，CaMK）的激活。在第 25 章，我们将探讨 CaMK 参与记忆的分子机制。

　　磷酸化和去磷酸化。 前面的一些例子表明，在许多第二信使级联反应中，下游的关键酶都是一些**蛋白激酶**（PKA、PKC 和 CaMK）。如第 5 章所述，蛋白激酶可把细胞质内游离的 ATP 中的磷酸基团转移到蛋白质上，该反应称为**磷酸化**（phosphorylation）。蛋白质除因磷酸化而发生轻微的构象变化外，其生物学活性也随之发生改变。例如，离子通道的磷酸化可极大地影响它们开放或关闭的概率。

　　心肌 β 型去甲肾上腺素受体激活后增加 cAMP。cAMP 可激活 PKA，该酶使心肌细胞电压门控钙通道磷酸化，使通道活性**增加**。这样，更多 Ca^{2+} 流入心肌细胞内，使心跳更剧烈。与之相反，许多神经元上的 β 肾上腺素受体被激活后，似乎不影响钙通道的活性，但可**抑制**某些类型的钾通道。钾电导的降低可使神经元轻度去极化，长度常数增加，从而可提高神经元的兴奋性（见第 5 章）。

　　如果没有某种机制来逆转由递质激活的蛋白激酶引起的磷酸化，那么所有蛋白质将很快达到磷酸化的饱和状态，使进一步的调节不再可能实现。但**蛋白磷酸酶**（protein phosphatase）可解决这一问题，它们可迅速地去除蛋白质上的磷酸基团。因此，无论何时，通道被磷酸化的程度都依赖于蛋白激酶所导致的磷酸化和蛋白磷酸酶所引起的去磷酸化（dephosphorylation）之间的动态平衡（图 6.29）。

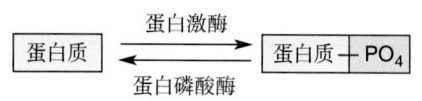

▲ 图 6.29

蛋白质的磷酸化和去磷酸化

　　信号级联反应的功能。 递质门控离子通道介导的突触传递是简单而快捷

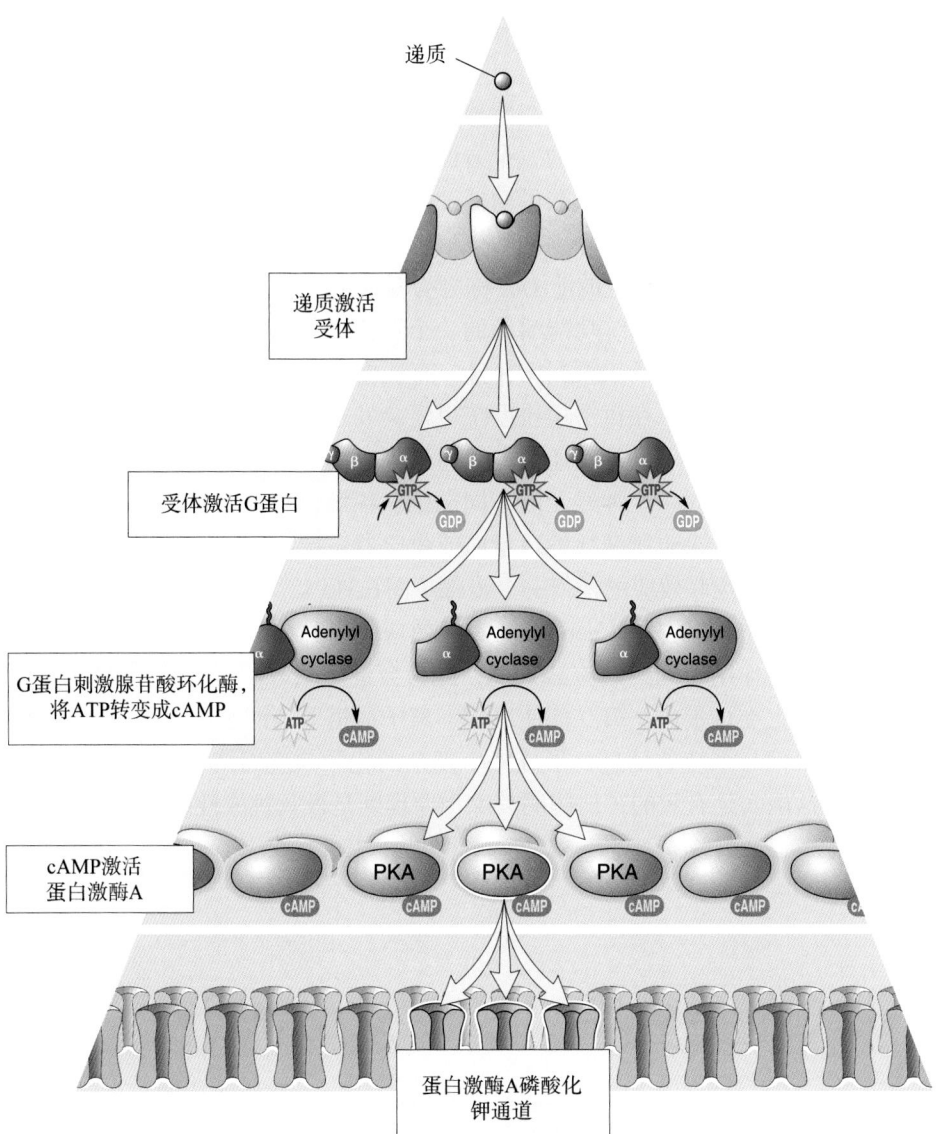

递质

递质激活
受体

受体激活G蛋白

G蛋白刺激腺苷酸环化酶，
将ATP转变成cAMP

cAMP激活
蛋白激酶A

蛋白激酶A磷酸化
钾通道

◀ 图6.30
G蛋白耦联的第二信使级联反应的信号放
大作用。当递质激活了G蛋白耦联受体
时，信号可在级联反应的几个环节上得
以放大，最终有许多离子通道受到影响

的，而G蛋白耦联受体介导的突触传递却是复杂而缓慢的。那么，拥有一长
串连锁反应的信号级联反应有什么优点呢？一个重要的优点是**信号放大作用**，
即G蛋白耦联受体的激活可导致多个而非单个离子通道的激活（图6.30）。

信号放大存在于级联反应的多个环节，1个神经递质分子与1个受体结合
可能激活10~20个G蛋白；1个G蛋白可激活1个腺苷酸环化酶，而1个腺苷
酸环化酶可导致许多cAMP分子的生成，后者则可进一步激活许多个激酶。
每个激酶又可磷酸化许多通道。如果级联反应的所有环节都缠绕在一起成为
团，信号的传递就会受到极大的限制。小的信号分子（如cAMP）扩散极
其迅速，因而也允许信号在一大片细胞膜上传递相当长的距离。信号级联反
应也为进一步的调控，以及为各信号级联反应之间的相互作用提供了许多位
点。最后，信号级联反应可引起细胞长时程的化学变化，这也许是形成终生
记忆的基础。

6.6　神经递质系统的辐散和会聚

谷氨酸是脑内最常见的兴奋性神经递质，而GABA则是广泛分布的抑制性神经递质。但这仅是问题的一个方面，因为任何一种神经递质都可能有许多不同的作用。例如，谷氨酸可与任一种谷氨酸受体亚型结合，而这些不同亚型的谷氨酸受体可以介导不同的效应。一种神经递质具有激活多种受体亚型和引起多种突触后效应的能力，称之为**辐散**（divergence）。

辐散是神经递质系统功能活动的一个规律。每一种已知的神经递质都能够激活多种受体亚型（表6.2）。并且，有证据表明，随着强有力的分子神经生物学方法的应用，在每个递质系统里还会发现更多的受体亚型。由于多种受体亚型的存在，一种神经递质可以通过不同的方式作用于不同的神经元，或者乃至作用于同一个神经元的不同部位。辐散也可发生于受体层面以外的部位，这主要取决于所激活的G蛋白或效应器系统。辐散也可能发生于神经递质所引起的级联效应的任何一个步骤（图6.31a）。

神经递质也有**会聚**（convergence）效应。多种神经递质分别激活各自的受体，共同作用于同一效应器系统，此为会聚（图6.31b）。单一细胞的会聚现象可发生在G蛋白、第二信使级联、离子通道等不同水平。神经元整合辐散和会聚信号系统的信息，形成一个复杂的化学效应网络（图6.31c）。奇妙的是，这确实是有效的，但阐明其工作原理则是极具挑战性的。

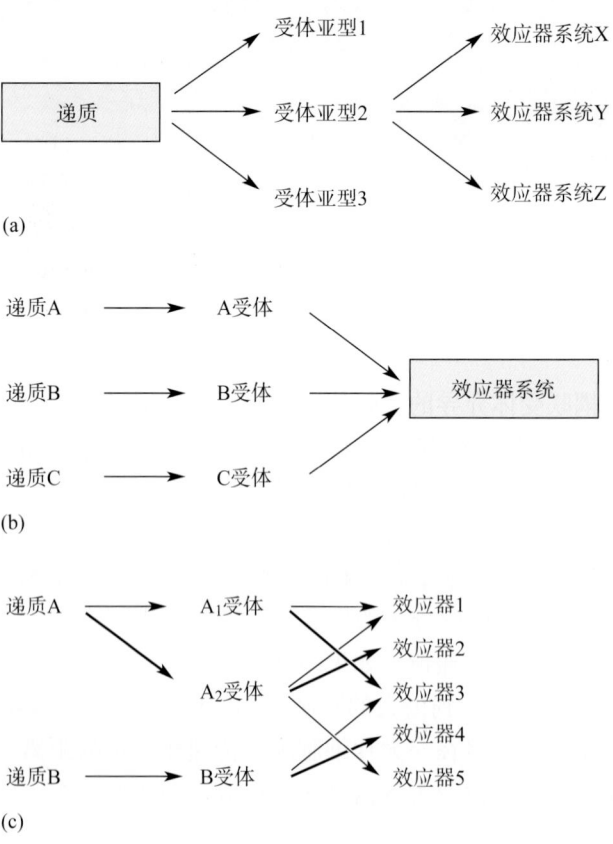

▲ 图 6.31
神经递质信号系统的辐散和会聚。（a）辐散。（b）会聚。（c）辐散与会聚的整合

6.7 结语

神经递质是神经元之间，以及神经元与效应器（如肌细胞和腺细胞）之间必不可少的联系环节。但是，有必要思考这样一个问题：神经递质作为一系列生理反应事件中的一个环节，诱发了快或慢的、辐散或会聚的化学变化。你可以把通往一个单个神经元上的和神经元自己内部的信号通路想象成一种信息网络。整个信息网络处于一种精细的平衡状态，它的作用可随着机体行为的变化对神经元的需求而发生动态的变化。

在某些方面，单个神经元内的信号网络与脑本身的神经网络相似。神经元在不同的时间和空间，接受递质以"轰击"的方式对它的各种信号输入。这些输入通过某些信号通路产生增强的驱动力，同时也可通过其他信号通路产生抑制的驱动力。并且，这些输入信息在经过重新组合之后形成一个特定的输出信号，但这个输出信号并不是输入信号的简单总和。信号与信号之间存在相互调控，化学变化可以留下其持久的历史痕迹，而药物可以改变信号通路之间力量的平衡——从这个角度来说，脑和它的化学物质在本质上是一体的。

关键词

引言 Introduction
胆碱能的 cholinergic（p.146）
去甲肾上腺素能的 noradrenergic（p.146）
谷氨酸能的 glutamatergic（p.147）
γ- 氨基丁酸能的 GABAergic（p.147）
肽能的 peptidergic（p.147）

神经递质系统的研究 Studying Neurotransmitter Systems
免疫细胞化学 immunocytochemistry（p.147）
原位杂交 in situ hybridization（p.148）
放射自显影 autoradiography（p.149）
微量离子电泳 microiontophoresis（p.150）
受体亚型 receptor subtype（p.151）
烟碱型 ACh 受体 nicotinic ACh receptors（p.151）
毒蕈碱型 ACh 受体 muscarinic ACh receptors（p.151）
AMPA 受体 AMPA receptors（p.152）
NMDA 受体 NMDA receptors（p.152）
海人藻酸受体 kainate receptors（p.152）
配体结合法 ligand-binding method（p.153）

神经递质的化学 Neurotransmitter Chemistry
戴尔原则 Dale's principle（p.155）
共存递质 co-transmitters（p.155）
乙酰胆碱 acetylcholine (ACh)（p.156）
转运体 transporter（p.156）
限速步骤 rate-limiting step（p.158）
儿茶酚胺类物质 catecholamines（p.158）
多巴胺 dopamine (DA)（p.158）
去甲肾上腺素 norepinephrine (NE)（p.158）
肾上腺素 epinephrine (adrenaline)（p.158）
多巴 dopa（p.159）
血清素（5- 羟色胺）serotonin (5-hydroxytryptamine, 5-HT)（p.160）
5- 羟色胺能的 serotonergic（p.160）
谷氨酸 glutamate (Glu)（p.161）
甘氨酸 glycine (Gly)（p.161）
γ- 氨基丁酸 gamma-aminobutyric acid (GABA)（p.161）
三磷酸腺苷 adenosine triphosphate (ATP)（p.162）
内源性大麻素 endocannabinoids（p.162）
逆行信使 retrograde messenger（p.163）

复习题

1. 列举确定一种化学物质为神经递质的标准。你会采用哪些实验手段来证明ACh是神经肌肉接头处的神经递质？
2. 用哪三种方法可以证明一种神经递质是在一个特定的神经元内合成，并位于该神经元内的？
3. 比较和对照AMPA和NMDA受体与GABA$_A$和GABA$_B$受体的特性。
4. 突触抑制是大脑皮层神经元环路的一个重要特征。如何确定大脑皮层里的GABA或Gly是抑制性神经递质？或者两者都是或都不是抑制性神经递质？
5. 谷氨酸能激活多种不同的促代谢型受体，一种受体亚型被激活引起cAMP合成的抑制，另一种亚型被激活引起蛋白激酶C的激活，分别阐述它们的不同作用机制。
6. 神经递质效应的辐散和会聚可以发生在同一神经元上吗？
7. Ca^{2+}被认为是第二信使，为什么？

拓展阅读

Cooper JR, Bloom FE, Roth RH. 2009. *Introduction to Neuropsychopharmacology*. New York: Oxford University Press.

Cowan WM, Südhof TC, Stevens CF. 2001. *Synapses*. Baltimore: Johns Hopkins University Press.

Katritch V, Cherezov V, Stevens RC. 2012. Diversity and modularity of G protein coupled receptor structures. *Trends in Pharmacological Sciences* 33:17-27.

Mustafa AK, Gadalla MM, Snyder SH. 2009. Signaling by gasotransmitters. *Science Signaling* 2(68):re2.

Nestler EJ, Hyman SE, Malenka RC. 2008. *Molecular Neuropharmacology: A Foundation for Clinical Neuroscience*, 2nd ed. New York: McGraw-Hill Professional.

Piomelli D. 2003. The molecular logic of endocannabinoid signalling. *Nature Reviews Neuroscience* 4:873-884.

Regehr WG, Carey MR, Best AR. 2009. Activity-dependent regulation of synapses by retrograde messengers. *Neuron* 63:154-170.

（刘通 译 王建军 校）

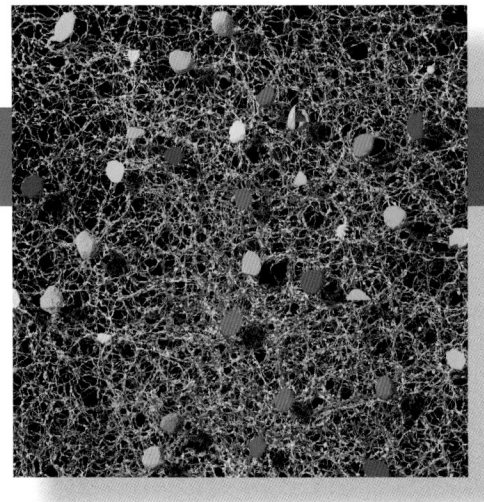

第 7 章

神经系统的结构

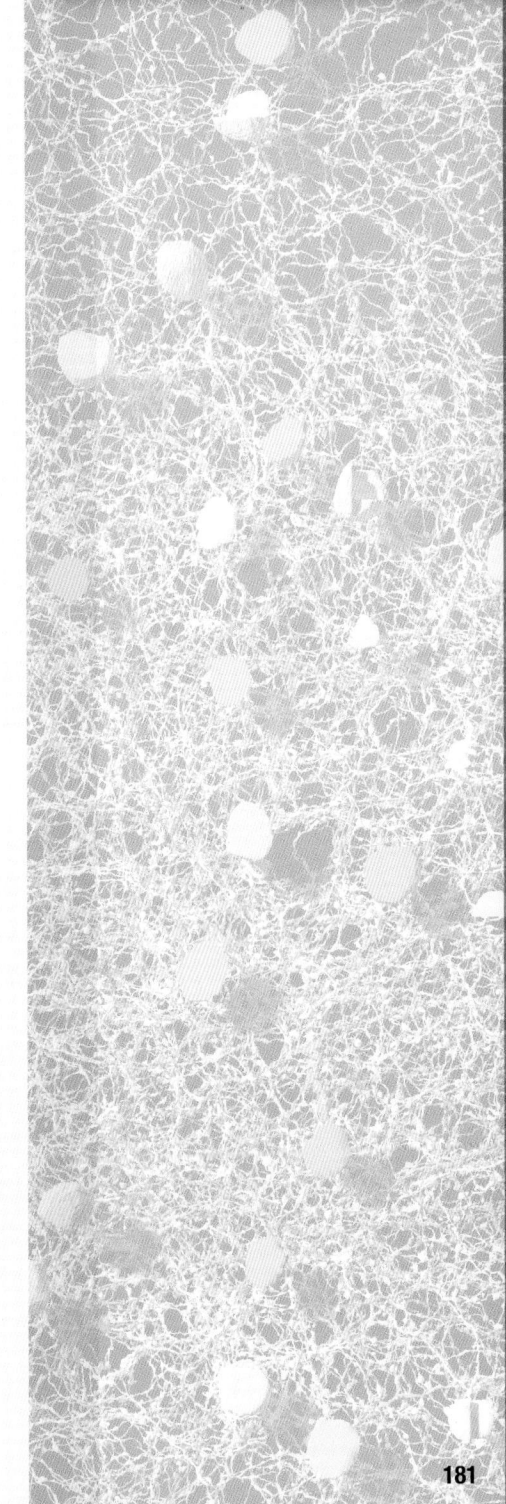

7.1 引言

在前面的章节中，我们已经了解了单个神经元是怎样发挥功能和相互传递信息的。现在，我们将把它们组装成一个集视、听、感觉、运动、记忆和梦想等功能为一体的神经系统。正如了解神经元的结构对于理解神经元的功能是必需的一样，我们必须先了解神经系统的结构才能理解脑的功能。

神经解剖学已经挑战了一代又一代的学生——这有充分的理由：人脑极其复杂。然而，人脑只不过是由所有哺乳动物脑的共有基本结构变异而来的（图 7.1）。人脑之所以看起来很复杂，是因为它在颅骨内受到限制，致使某些部位的选择性生长发生了扭曲。一旦熟悉了哺乳动物脑的基本结构，人脑的特化之处也就一目了然了。

本章首先介绍哺乳动物脑的基本组构和用于描述脑组构的术语，然后介绍胚胎和胎儿发育过程中脑的三维结构是如何形成的。跟踪发育过程，可以使我们更容易地理解成人脑的各部分是如何组合在一起的。最后介绍大脑新皮层，这是哺乳动物所特有的结构，也是人脑中占比最大的结构。人体神经解剖学图解指南附于本章之后。

本章介绍的神经解剖学为我们在第 8～14 章中描绘感觉和运动系统提供了画布。由于读者将在本章中遇到大量的新术语，本章的自我测试提供了一个复习的机会。

7.2 哺乳动物神经系统的大体组构

所有哺乳动物的神经系统都分为两部分：中枢神经系统（central nervous system，CNS）和外周神经系统（peripheral nervous system，PNS）。在本节，我们将认识中枢神经系统和外周神经系统的一些重要组分。我们还要讨论包被脑组织的脑膜和含有脑脊液的脑室。然后，我们将介绍一些研究脑结构的新方法。但在此之前，我们必须回顾一些解剖学术语。

7.2.1 解剖学参照面

了解你的脑的方式就像了解你的城市一样。为了描述你在城市中的位置，你会使用诸如东、南、西、北和上、下等参照点。描述脑亦是如此，只是使用的术语不同，而我们用**解剖学参照面**（anatomical references）来描述脑。

我们以大鼠的神经系统为例（图 7.2a）。之所以选择从大鼠脑开始，是因为它是一个简化版本，具有哺乳动物神经系统组构所有的一般特征。脑位于头部，而脊髓在脊椎骨内下行延伸至尾部。指向大鼠鼻的方向，或解剖学参照，称为**前侧的**（anterior）或**头侧的**［rostral，源于拉丁语的 beak（喙，鸟嘴）］。指向大鼠尾的方向称为**后侧的**（posterior）或**尾侧的**［caudal，源于拉丁语的 tail（尾，尾巴）］。向上的方向称为**背侧的**［dorsal，源于拉丁语的 back（背，背部）］；向下的方向称为**腹侧的**［ventral，源于拉丁语的 belly

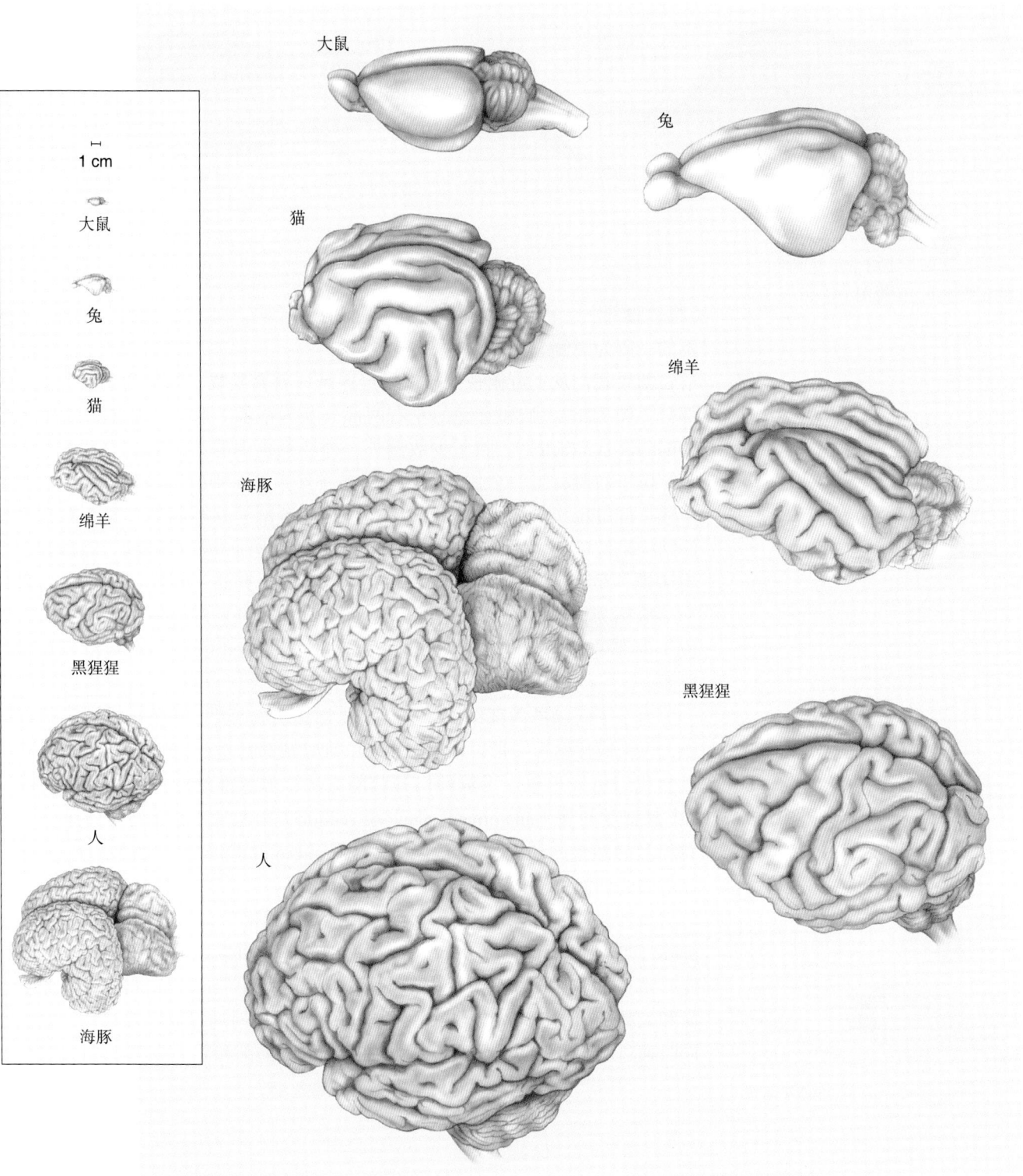

▲ 图 7.1

哺乳动物的脑。尽管复杂性各异，所有这些物种的脑都具有许多共同的特征。这些脑均
被绘制成大致相同的大小，而它们的相对大小则显示在左边的插图中

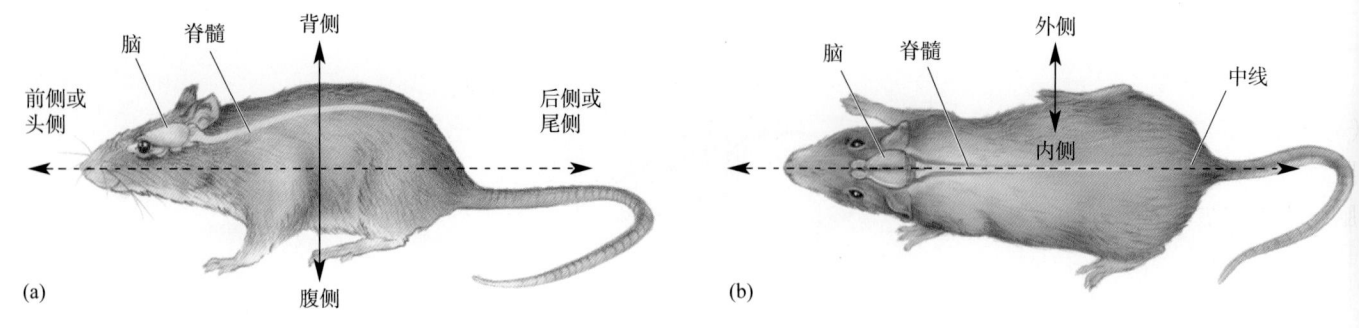

▲ 图 7.2

大鼠神经系统的基本解剖学参照面。

（a）侧视图。（b）俯视图

（腹，腹部）]。因此，大鼠的脊髓从前向后延伸，向上的一侧是背侧，而向下的一侧为腹侧。

　　如果我们从上方俯视大鼠的神经系统，就会发现它可被分成两个相等的部分（图 7.2b）。脑和脊髓的左右两部分互为镜像。这一特征称为**两侧对称**（bilateral symmetry）。除了少数例外，神经系统中的大多数结构是成对的，一个位于右侧，另一个位于左侧。沿着神经系统正中的那条无形的虚线称为**中线**（midline），这提供给我们另一种描述解剖学参照面的方式。靠近中线的结构是位于**内侧的**（medial），远离中线的结构是位于**外侧的**（lateral）。换句话说，鼻在眼的内侧，眼在耳的内侧，以此类推。另外，在同一侧的两个结构称为彼此**同侧的**（ipsilateral），例如右耳和右眼同侧。如果这些结构位于中线的两侧，则称为彼此**对侧的**（contralateral），例如右耳位于左耳的对侧。

　　为了了解脑的内部结构，通常需要将其切成薄片。用解剖学家的语言来说，一张薄片称为一张切片（section），而切成薄片也称为**切片**（to section）。虽然我们可以想象出无数种切开脑的方法，但标准的切片方法是使切口与**3 个解剖学切面**（anatomical plane of section）中的某一个平行。将脑分为左右相等的两半的切面称为**正中矢状面**（midsagittal plane）（图 7.3a）。平行于该平面的切面称为**矢状面**（sagittal plane）。

　　另外两个解剖学平面与矢状面垂直，并彼此相互垂直。**水平面**（horizontal plane）与地面平行（图 7.3b），该切面中的部分可以同时过双眼和双耳。因此，水平面将脑分成背部和腹部两部分。**冠状面**（coronal plane）垂直于地面和矢状面（图 7.3c）。冠状面的部分切面可以同时通过双眼或双耳，但不能同时通过眼睛和耳朵。因此，冠状面将脑分为前部和后部两部分。

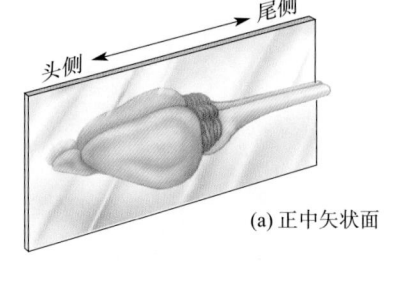

(a) 正中矢状面

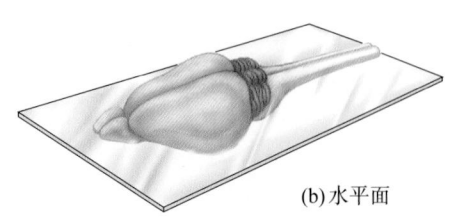

(b) 水平面

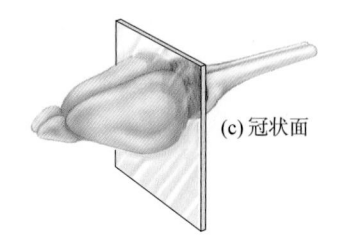

(c) 冠状面

▲ 图 7.3

解剖学切面

自测题			
现在请花点时间，确定你已经理解了这些术语的含义：			
前侧	背侧	外侧	矢状面
头侧	腹侧	同侧	水平面
后侧	中线	对侧	冠状面
尾侧	内侧	正中矢状面	

7.2.2　中枢神经系统

中枢神经系统（central nervous system，CNS）由**脑**（brain）和**脊髓**（spinal cord）组成。这两部分神经系统均被骨骼所包被。脑完全位于颅骨腔中。从侧面看大鼠的脑，可观察到所有哺乳动物脑所共有的 3 个部分：大脑、小脑和脑干（图 7.4a）。

大脑。脑最头端最大的部分是**大脑**（cerebrum）。图 7.4b 展示了大鼠大脑的俯视图。从图上可以看到它被一条很深的**矢状裂**（sagittal fissure）沿中间清晰地分成两个**大脑半球**（cerebral hemispheres）。一般来说，**右侧**大脑半球接受**左侧**躯体的感觉并控制该侧躯体的运动。类似地，**左侧**大脑半球则负责**右侧**躯体的感觉和运动。

小脑。位于大脑后方的是**小脑**（cerebellum，源于拉丁语中的 little brain 一词，即"较小的脑"的意思；指与大脑相比而言较小——译者注）。尽管小脑看上去比大脑要小得多，但它拥有的神经元数量却相当于两个大脑半球神经元数量的总和。小脑主要是一个运动控制中枢，与大脑和脊髓有着广泛的联系。与大脑半球不同，左侧小脑负责左侧躯体的运动，而右侧小脑负责右侧躯体的运动。

脑干。脑的其他部分为脑干，从脑的正中矢状切面来观察脑干最好（图 7.4c）。**脑干**（brain stem）犹如植物的茎，大脑和小脑就像从脑干这一茎上长出来似的。脑干是一个由神经纤维和神经元组成的复杂连接体（nexus），其部分功能是在大脑与脊髓和小脑之间进行双向的信息传递。然而，脑干还是调节一些重要生命活动，如呼吸、意识和体温控制的中枢。其实，虽然脑干被认为是哺乳动物脑中最原始的部分，但它也是对生命最重要的部分。大脑和小脑受损的人还有可能存活，但脑干的损伤通常是致命的。

脊髓。脊髓被骨性脊柱包被，与脑干相连。脊髓是脑与皮肤、关节、肌肉之间双向信息传递的主要通道。脊髓横断将导致断面以下躯体的皮肤麻木

旁（侧）视图：

(a)

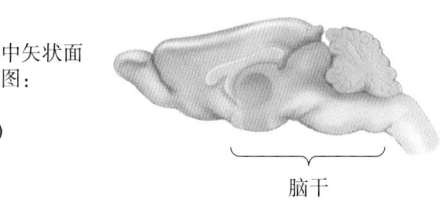

正中矢状面视图：

(c)

脑干

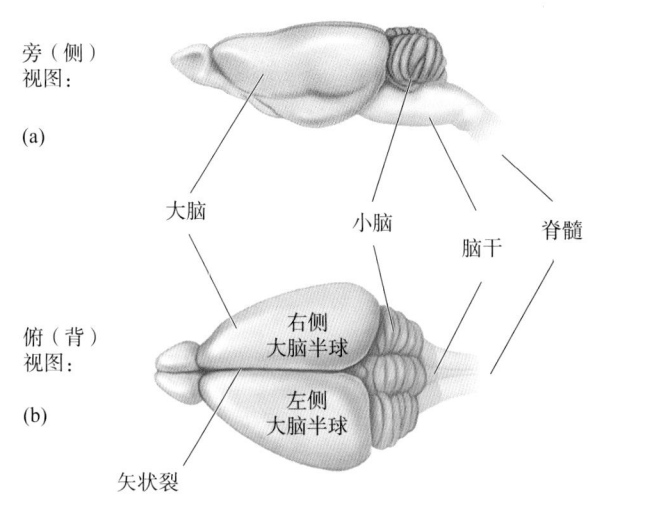

大脑　　小脑　　脑干　　脊髓

右侧大脑半球

俯（背）视图：

(b)

左侧大脑半球

矢状裂

◀ 图 7.4
大鼠的脑。（a）旁（侧）视图。（b）俯（背）视图。（c）正中矢状面视图

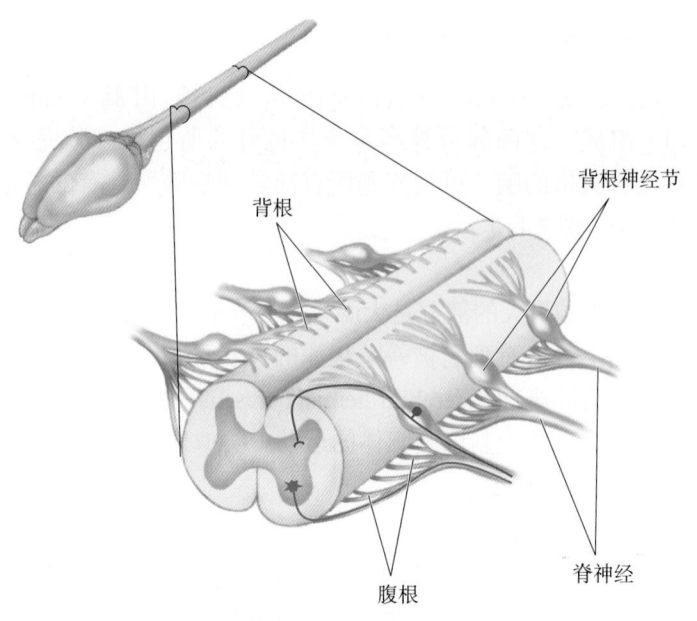

背根

背根神经节

腹根

脊神经

▲ 图7.5

脊髓。脊髓在脊柱中穿行。轴突分别经背根和腹根进出脊髓。这些腹根和背根聚集在一起构成了支配全身的脊神经

（anesthesia，感觉丧失）和肌肉麻痹（paralysis）。这种麻痹并非因为肌肉丧失了收缩功能，而是因为肌肉失去了脑对它的控制所致。

脊髓通过**脊神经**（spinal nerve）与机体各部分发生联系。脊神经是外周神经系统的一部分（下文讨论），它通过脊柱各椎骨间的孔隙离开脊髓。每根脊神经通过**背根**（dorsal root）和**腹根**（ventral root）两个分支与脊髓相连（图7.5）。回顾第1章，François Magendie（弗朗索瓦·马让迪；见第1章译者注——译者注）指出，背根中含有将外周信息传入脊髓的轴突，比如那些传递你的脚意外踩到图钉的信息的轴突（图3.1）。Charles Bell（查尔斯·贝尔；见第1章译者注——译者注）则提出，腹根中包含了将信息传出脊髓的轴突——例如，将信息传递给肌肉，使你的脚在被图钉刺痛时能够迅速抽回。

7.2.3 外周神经系统

神经系统中除脑和脊髓以外的所有其他部分构成**外周神经系统**（peripheral nervous system，PNS）。外周神经系统分为两部分：外周躯体神经系统和外周内脏神经系统。

外周躯体神经系统。支配皮肤、关节和随意肌的脊神经都属于**外周躯体神经系统**（somatic PNS）。控制肌肉收缩的躯体运动轴突，由脊髓腹角中的运动神经元发出。这些运动神经元的胞体位于中枢神经系统内，但其传出轴突的大部分在外周神经系统中。

支配并收集来自皮肤、肌肉和关节的信息的躯体感觉轴突，从背根进入脊髓。这些神经元的胞体成簇地位于脊髓外，形成**背根神经节**（dorsal root ganglion）。每根脊神经都有一个背根神经节（图7.5）。

外周内脏神经系统。外周内脏神经系统（visceral PNS）又称为非随意神经系统（involuntary nervous system）、植物性神经系统（vegetative nervous system）或**自主神经系统**（autonomic nervous system，ANS），由支配内脏器官、血管和腺体的神经元组成。内脏感觉轴突将与内脏功能相关的信息传入中枢神经系统，如动脉中的血压和血氧含量等。内脏运动纤维控制构成肠壁和血管壁的肌肉（称为**平滑肌**，smooth muscle）的收缩和舒张、心肌收缩的速率及各种腺体的分泌功能。例如，外周内脏神经系统可通过调节心率和血管直径来控制血压。

我们将在第 15 章详细地讨论自主神经系统的结构和功能。但是如果现在有人提起那些随意控制以外的情绪反应，如忐忑不安或羞愧难当，记住，这通常是由外周内脏神经系统（自主神经系统）所介导的。

传入和传出轴突。传入（afferent）和**传出**（efferent）轴突是两个用于描述神经系统中轴突的术语，在外周神经系统这一部分讨论最为合适。Afferent 和 efferent 均来自拉丁语，意思分别为"传送至"（carry to）和"传送自"（carry from），表示神经元轴突向某一特定的点传入信息或从某一特定的点传出信息。设想一下外周神经系统中的轴突和中枢神经系统中的一个参照点。携带信息进入中枢神经系统的躯体或内脏感觉轴突是传入轴突，而从中枢神经系统发出来支配肌肉和腺体的轴突为传出轴突。

7.2.4　脑神经

除了从脊髓发出的支配躯体的神经，还有从脑干发出的（主要）支配头面部的 12 对**脑神经**（cranial nerve）。每对脑神经都有各自的命名和序数（最初由 Galen 在大约 1,800 年前按神经所在部位从前到后的顺序进行编号）。有些脑神经属于中枢神经系统，有些属于外周躯体神经系统，还有一些属于外周内脏神经系统。许多脑神经都是复杂的轴突的混合体（即包含传入和传出轴突的神经干——译者注），而这些轴突则具有不同的功能。本章附录中总结了各对脑神经及其各不相同的功能。

7.2.5　脑脊膜

中枢神经系统，即包被在颅骨和脊椎中的那部分神经系统，并不直接与覆盖于其上的骨骼相接触。它受到 3 层膜的保护，统称为**脑脊膜**（meninges，单数为 meninx）；该词源于希腊语，意思为 covering（覆盖）。这 3 层膜分别为硬脑脊膜、蛛网膜和软脑脊膜（图 7.6）。

最外层是**硬脑脊膜**（dura mater），dura mater 一词来自拉丁语，意为 hard mother（坚硬的保护），这是对硬脑脊膜像皮革一样坚硬的准确描述。硬脑脊膜形成一层坚硬且无弹性的被膜，包被着脑和脊髓。在硬脑脊膜之下是**蛛网膜**「arachnoid membranc；来自希腊语 spider（蜘蛛）」。该层脑脊膜的外观和坚固性都类似于蜘蛛网。虽然硬脑脊膜和蛛网膜之间通常没有空隙，但如果在硬脑脊膜内行走的血管发生破裂，血液就会在两层膜之间积聚，形成**硬脑脊膜下血肿**（subdural hematoma）。硬脑脊膜下隙积液会压迫部分中枢神经系统，从而影响脑功能。该病的治疗方法是在颅骨上钻一个孔，将淤血引流出来。

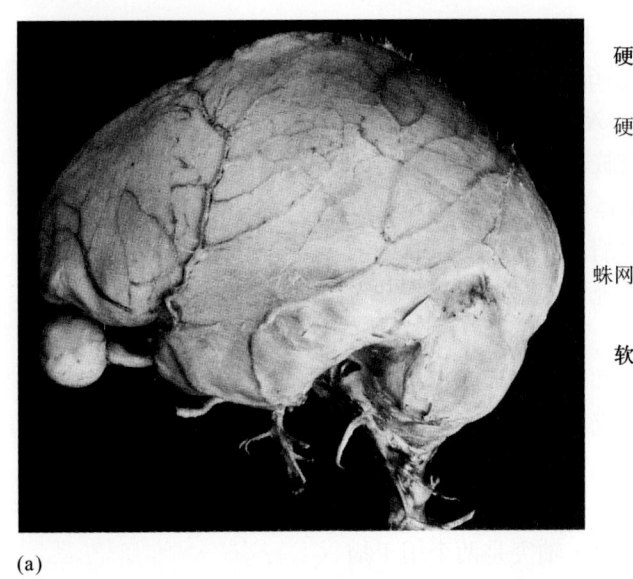

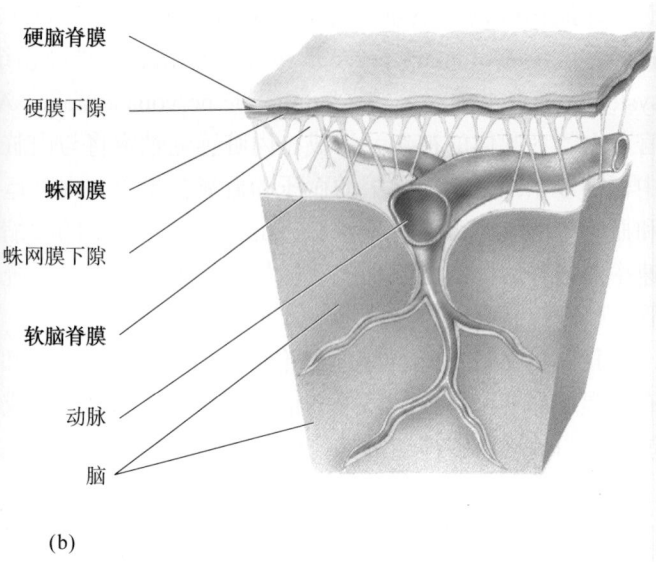

(a)   (b)

▲ 图7.6

脑脊膜。（a）去掉颅骨后露出的坚硬的外脑膜，即硬脑脊膜（引自：Gluhbegoric and Williams，1980）。（b）横切面图。保护脑和脊髓的3层脑脊膜分别是：硬脑脊膜、蛛网膜和软脑脊膜

软脑脊膜（pia mater）一词也源于拉丁语，意为gentle mother（轻柔的保护），这是一层紧贴脑表面的薄膜。沿软脑脊膜分布着很多血管，这些血管最终深入软脑膜下的脑组织中。软脑脊膜与蛛网膜之间有一个充满液体的间隙。这一**蛛网膜下隙**（subarachnoid space）中充满着含盐的透明液体，称为**脑脊液**（cerebrospinal fluid，CSF）。因此，从某种意义上说，脑悬浮在颅内这层薄薄的脑脊液中。

7.2.6　脑室系统

在第1章中已经提到，脑是中空的。脑内充满液体的腔室和管腔构成了**脑室系统**（ventricular system）。在这个系统中流动的液体是与蛛网膜下隙中一样的脑脊液。脑脊液由位于大脑半球脑室中的一类称为**脉络丛**（choroid plexus）的特殊组织生成，从大脑成对的脑室流向脑干中央一系列相连的中央腔（图7.7），随后从小脑与脑干连接处附近的细小孔隙离开脑室系统，进入蛛网膜下隙。脑脊液在蛛网膜下隙被称为**蛛网膜绒毛**（arachnoid villi）的特殊结构中的血管吸收。如果脑脊液的正常流动被阻断，可导致脑损伤（图文框7.1）。

稍后将补充一些关于脑室系统的细节。你会发现，掌握脑室系统的组构，对理解哺乳动物的脑是如何组构的十分关键。

7.2.7　新的脑成像方法

几个世纪以来，解剖学家们一直在研究脑的内部结构，方法是将脑从颅骨中取出，从不同的平面上进行切片，对切片进行染色，并观察染了色的切片。通过这一方法我们获得了很多知识，但也有一些局限性。其中一项挑战是观察脑的深部结构在三维空间中是如何组构在一起的。2013年，斯坦福大

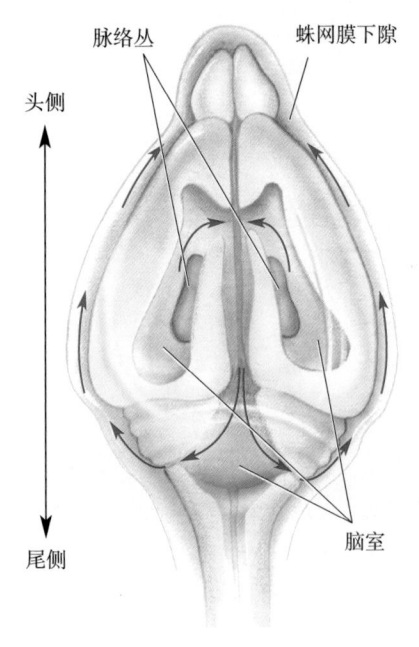

▲ 图7.7

大鼠脑中的脑室系统。脑脊液在两个大脑半球的脑室中生成并流经脑干中央的一系列中央脑室。脑脊液通过小脑基底部附近的细小孔隙进入蛛网膜下隙，并在此处被吸收入血

图文框7.1 趣味话题

脑积水

如果脑脊液从脉络丛经脑室系统向蛛网膜下隙的流动受到阻碍，脑脊液就会回流，从而导致脑室肿胀。这种情况称为**脑积水**（hydrocephalus），这一术语的原意是"水头"（water head）。

有时，婴儿一出生就患有脑积水。然而，由于此时颅骨的骨质较软且还没有完全成形，因此头部会随着颅内积液的增加而膨胀，以使脑免受损伤。这种情况常常直到患儿头部变得异常巨大时才被发现。

对于成人而言，脑积水是一种更为严重的情况。因为成人的颅骨无法扩张，颅内压将升高。若不及时治疗，柔软的脑组织受到压迫，功能将受损，最终导致死亡。典型的"梗阻性"脑积水常伴有严重的头痛，这是由于脑膜中的神经末梢扩张所引起的。治疗的办法是将一根导管插入肿胀的脑室中，以引流出过多的脑脊液（图A）。

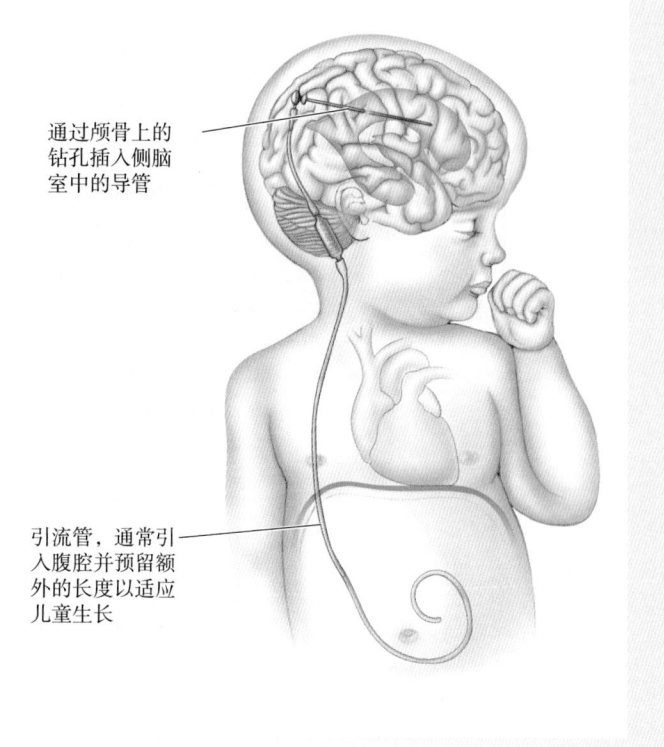

通过颅骨上的钻孔插入侧脑室中的导管

引流管，通常引入腹腔并预留额外的长度以适应儿童生长

图 A

学（Stanford University）的研究人员引入了一种名为CLARITY的新方法，并取得了突破性进展。这种方法允许在不对脑进行切片的情况下，可视化脑的深部结构。其诀窍是将脑浸泡在一种溶液中，用水溶性凝胶取代脑中吸收光的脂质，从而使脑变得透明。如果这样一个"透明的"脑中含有用诸如绿色荧光蛋白（green fluorescent protein，GFP；见第2章）的荧光分子标记的神经元，那么用适当的光照即可揭示这些细胞在脑深部的位置（图7.8）。

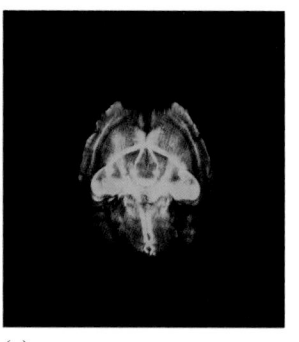

(a)　　　(b)　　　(c)

◀ 图7.8
一种让脑变得透明并使脑深部带荧光的神经元可视化的方法。(a)一个小鼠脑的俯视图。(b)用水溶性凝胶取代脂质后变得透明的同一个脑。(c)用光照激发透明脑中表达绿色荧光蛋白的神经元发出荧光（图b是透过透明的鼠脑看到的文字，其大意是：脑是一个由许多未被探索的大陆和大片未知疆域组成的世界。该段文字在图a中被不透明的鼠脑部分地遮挡——译者注）（图片蒙麻省理工学院的Kwanghun Chung博士惠允使用，并改绘自Chung和Deisseroth，2013，图2）

当然，透明脑仍非活的脑。至少可以说，这限制了这种解剖学方法在活体神经系统疾病诊断方面的应用。因此，可以毫不夸张地说，正是由于引入了一些能够生成活体脑图像的方法，使神经解剖学发生了革命性的变化。下面我们对这些新方法做简要介绍。

活体脑结构成像。一些电磁波，如X射线可以穿透人体，并被各种射线无法穿透的组织吸收。因此，使用X射线胶片可以获得体内器官的二维影像，其中的阴影部分就是射线无法穿透的器官。该技术对颅骨的成像效果很好，但对脑的成像效果却很差。由于脑是一个射线穿透性高且可变的复杂三维结构，因此从一张二维的X射线影像上很难得到什么信息。

Godfrey Hounsfield（戈弗雷·亨斯菲尔德，1919.8—2004.8，英国电气工程师——译者注）和Allan Cormack（艾伦·科马克，1924.2—1998.5，南非裔美国物理学家——译者注）发明了一种称为**计算机体层成像**（computed tomography，CT）的巧妙方法，二人因此分享了1979年的诺贝尔奖。CT的目的是拍摄脑切面的影像。**Tomography**（体层成像）一词源于希腊语cut，意为"切割"。为了做到这一点，X射线源在所需拍摄的横切面平面上围绕头部旋转。在头部另一侧，将对X射线辐照敏感的电子传感器置于X射线束的轨迹中。将不同视角下测得的相对射线不透性的信息输入计算机，并对数据进行数学算法分析。最后得到对脑切片平面上的不透射线物质的位置和数量的数字化重构影像。CT扫描首次实现了无创性的活体脑成像，揭示了活体脑中灰质和白质的大体组构及脑室的位置。

尽管CT在当下仍然被广泛使用，但它正逐渐被一种称为**磁共振成像**（magnetic resonance imaging，MRI）的新技术所取代。MRI的优势是能够得到比CT更精细的脑影像，它不需要X射线辐照，并且可以获得任意所需平面的脑切面影像。MRI利用了脑中氢原子如何对强磁场扰动响应的信息（图文框7.2）。这些由氢原子发出的电磁信号由环绕头部一圈的传感器所探测，并被输入一台功能强大的计算机中以构建脑影像。MRI扫描的信息可以用来建立极为详细的全脑影像。

MRI的另一种应用称为**弥散张量成像**（diffusion tensor imaging，DTI），它可以显示脑中的大轴突束。通过比较水分子中氢原子在离散时间间隔的位置，能够测得脑中水分子的弥散。水分子延轴突膜弥散要比跨膜弥散更容易，这一差异可用于检测连接不同脑区的轴突束（图7.9）。

功能性脑成像。CT和MRI对于检测活体脑的结构变化，如头部受伤后的脑肿胀和脑肿瘤等极其有用。尽管如此，脑中发生的许多事，无论是健康状态下的或是疾病状态下的，本质上都是化学的和电的，并不是通过简单的脑解剖学检查就能够观察到的。然而，令人惊讶的是，即使是这些秘密也开始显现在最新的成像技术之下。

目前广泛使用的两种脑功能成像技术是**正电子发射体层成像**（positron emission tomography，PET）和**功能磁共振成像**（functional magnetic resonance imaging，fMRI）。尽管技术细节不同，但这两种方法都能探测脑内局部血流

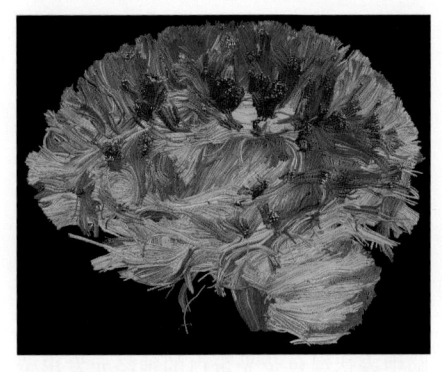

▲ 图7.9
人脑的弥散张量成像。本图为计算机重建的活体人脑轴突束侧面观。左边是前侧。根据水的弥散方向对轴突束着伪彩色（图片蒙麻省理工学院的Satrajit Ghosh博士惠允使用）

图文框7.2　脑的食粮

磁共振成像

磁共振成像（magnetic resonance imaging，MRI）是一种可以用于测定人体不同部位特定原子数量的通用技术。它已经成为神经科学中的一种重要工具，因为它可被用于无创性地获得神经系统，特别是脑的详细影像。

最常见的一种MRI是对氢原子定量，例如脑内水和脂肪中的氢原子。一个重要的物理学事实是：当一个氢原子被置于磁场中时，它的原子核（由一个质子组成）可以以两种状态中的一种存在：高能态或低能态。由于脑中有大量的氢原子，因此每种状态的质子数量都很多。

MRI的关键是使质子从一个能态跃迁到另一个能态。当头部被置于一个大磁场的两极之间时，穿过头部的电磁波（即无线电信号）会将能量传递给质子。当无线电信号被设定在适当的频率时，处于低能态的质子就会从信号中吸收能量并跃迁到高能态。质子吸收能量的频率称为**共振频率**（resonant frequency；"磁共振"因此而得名）。当无线电信号关闭时，部分质子会回落到低能态，从而以特定的频率发出它们自己的无线电信号。这一信号可以被无线电接收器探测到。信号越强，就说明磁场两极之间的氢原子数量越多。

如果使用上文讨论的这一方法，我们就可以简单地测得头部氢原子的总量。然而，利用质子发射能量的频率与磁场的大小成比例这一事实，在精细的空间尺度上测定氢原子的数量是可能的。在医院所使用的MRI仪中，从磁体一侧到另一侧的磁场强度是不同的，这就为质子发射的无线电波提供了一个空间编码：高频信号来自靠近强磁场一侧的氢原子，而低频信号来自靠近弱磁场一侧的氢原子。

MRI程序的最后一步是确定磁体相对于头部不同角度产生的磁场梯度，并测量氢原子的数量。进行一次典型的全脑扫描大致需要15 min来完成所有的测量。随后用一个复杂的计算机程序将测得的数据绘制成一张图像，从而得到头部氢原子的分布图。

图A是一张活体脑侧面观的MRI影像，而图B的MRI影像则显示了该脑的一个切面。可以从图B中很清楚地看到灰质和白质。这种差别使我们有可能看到脱髓鞘病对白质的影响。MRI还可以揭示脑中的病变，因为肿瘤和炎症通常会导致细胞外水容量增加。

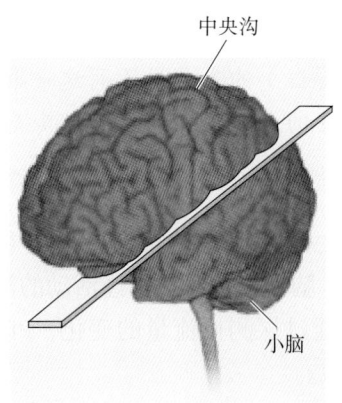

图A

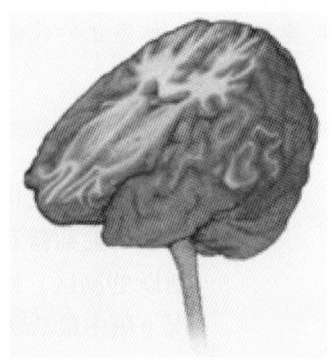

图B

图文框7.3　脑的食粮

PET和fMRI

长久以来，"读心术"（mind reading）一直超出科学研究的范畴。然而随着**正电子发射体层成像**（positron emission tomography，PET）和**功能磁共振成像**（functional magnetic resonance imaging，fMRI）技术的引入，使得现在观察和测定脑在规划和执行某项特定任务时的活动变化成为可能。

PET技术是由两个物理学家团队在20世纪70年代发明的，一个团队由华盛顿大学（Washington University）的 M. M. Ter-Pogossian 和 M. E. Phelps 领导，另一个团队由加州大学洛杉矶分校（UCLA）的 Z. H. Cho 领导。其基本程序非常简单。将一种含有可发射正电子（带正电的电子）的原子的放射性溶液注入血液。凡是血液流过的地方，正电子都会被发射出来与电子相互作用而生成电磁辐射光子。通过探测光子就可以发现发射正电子的原子的位置。

PET的一项强大应用是测定脑的代谢活动。美国国立精神卫生研究所（National Institute of Mental Health）的 Louis Sokoloff 及其同事发明了一项技术，将可以发射正电子的氟或氧的同位素结合到2-脱氧葡萄糖（2-deoxyglucose，2-DG）上。这种具放射性的2-DG被注射入血液，其随后便进入脑。代谢活跃的神经元通常使用葡萄糖，因此也会摄入2-DG。2-DG会被神经元内的酶磷酸化，这一修饰会阻止2-DG离开细胞。因此，放射性2-DG在神经元中积累的数量和正电子发射的数量可以反映神经元的代谢活动水平。

在PET的典型应用中，将人的头部置于一个周围环绕有探测器的仪器中（图A）。运用计算机算法，到达每个探测器的光子（由正电子发射产生）都被记录下来。根据这些信息，就能够计算出脑内不同部位神经元群的活动水平。汇总这些测量结果，就可以绘制出一张脑活动模式的影像。当受试者执行某一项任务，如动一动手指或大声朗读时，研究人员可以监测其脑的活动。不同的任务"点亮"不同的脑区。为了获得某一特定行为或思维任务所诱发的脑活动影像，需要使用一种减影技术，这是因为即使在没有任何感觉刺激的情况下，PET影像中也会包含大量的脑活动。为了创建一张特定任务引起的脑活动影像，如一位受试者在看一张图片，背景活动必须被减去（图B）。

虽然PET已被证明为一种有价值的技术，但它有显著的局限性。由于其空间分辨率仅为5～10 mm^3，这些影像显示了数千个细胞的活动。而且，一次PET扫描可能需要耗时一到数分钟。再加上对辐射暴露的担忧，限制了一个人在一段合理的时间内可被扫描的次数。因此，S. Ogawa在贝尔实验室（Bell Labs）的工作是一个重要的进步，它表明MRI技术可以用来测量脑活动所引起的局部血氧水平变化。

fMRI方法利用了氧合血红蛋白（血液中血红蛋白结合了氧形式）与去氧血红蛋白（脱去氧的血红蛋白）的磁共振不同这一事实。越是活跃的脑区接受的血液越多，血液向其提供的氧也越多。fMRI通

量和代谢的变化（图文框7.3）。探测的基本原理很简单。活跃的神经元需要更多的葡萄糖和氧气，脑血管为满足神经活动的需求，会输送更多的血液到活跃的脑区。因此，通过探测血流量的变化，PET和fMRI可以揭示不同情况下脑中最活跃的区域。

成像技术的出现为神经学家提供了不同寻常的机会去观察活的、思考中的脑。然而，可以想象，除非你知道你在看什么，否则就算是最精细的脑影像也无济于事。接下来，让我们来仔细看看脑是如何构组的。

过测定氧合血红蛋白与去氧血红蛋白的比例来检测神经元活动增高的区域。由于其扫描速度快（50 ms），且具有良好的空间分辨率（3 mm³），而且完全无创伤性，fMRI 已成为功能性脑成像的首选方法。

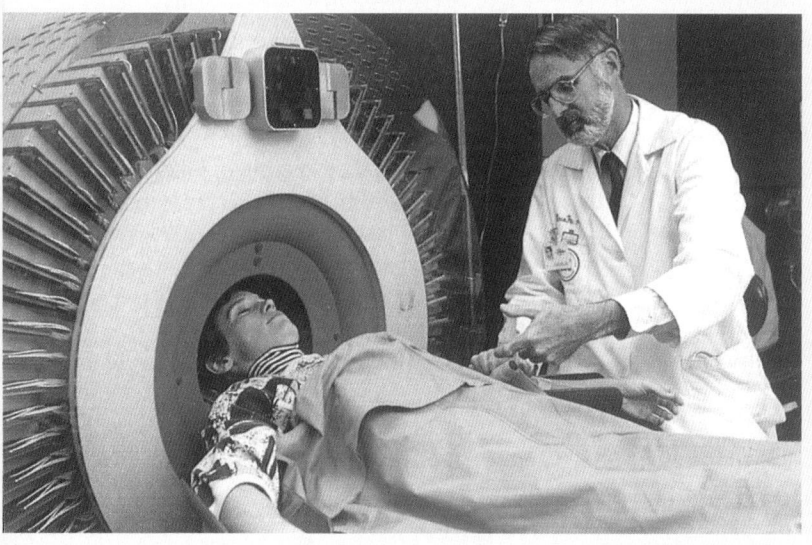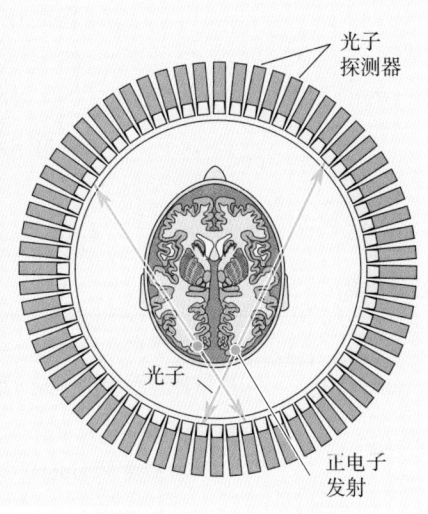

图A
PET 检测（引自：Posner and Raichle，1994，第61页）

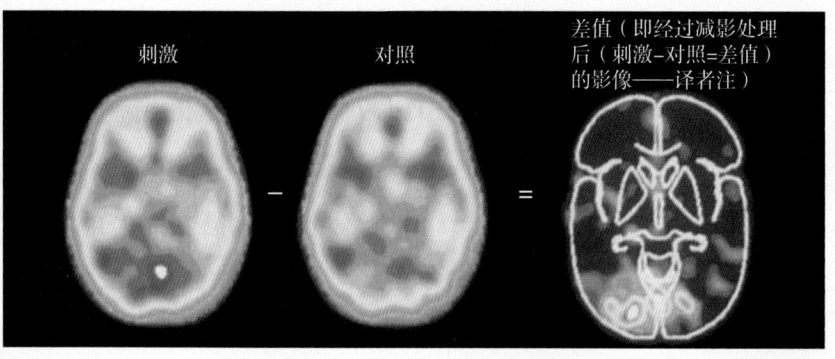

图B
PET 影像（引自：Posner and Raichle，1994，第65页）

自测题

现在请花点时间，确定你已经理解了这些术语的含义：

中枢神经系统（CNS）	脊神经	外周内脏神经系统	蛛网膜
脑	背根	自主神经系统（ANS）	软脑脊膜
脊髓	腹根	传入	脑脊液（CSF）
大脑	外周神经系统（PNS）	传出	脑室系统
大脑半球	外周躯体神经系统	脑神经	
小脑	背根神经节	脑脊膜	
脑干		硬脑脊膜	

7.3　通过发育了解中枢神经系统的结构

　　整个中枢神经系统都是由胚胎发育早期形成的充满液体的神经管的管壁发育而来的。神经管腔则发育为成人的脑室系统。因此，通过研究神经管在胎儿发育过程中的变化，我们可以了解脑是如何组构的，以及不同部分是如何组合在一起的。本节聚焦在发育上是为了从该角度来理解脑的组织结构。第23章还将再次讨论发育这一主题，描述神经元是怎样产生的，如何迁移到它们在中枢神经系统中的最终位置，以及神经元彼此之间是如何建立起恰当的突触连接的。

　　当你阅读本节和本书的其余部分时，你会遇到许多被解剖学家用来指代一些相关的神经元和轴突集合的名称。表7.1和表7.2列出了描述神经元和轴

表7.1　神经元集合

名　　称	释义及举例
灰质（gray matter）	中枢神经系统中神经元胞体集合的通称。当新鲜解剖的脑被切开时，神经元呈灰色。
皮层（cortex）	薄层状的神经元集合体，通常位于脑表面。皮层（cortex）在拉丁语中意为bark（树皮、茎皮）。例如，大脑皮层（cerebral cortex），它是大脑表面之下发现的神经元层。
核团，核（nucleus）	可明显辨别的成团的神经元，常位于脑的深处（不要与细胞核相混淆）。核（nucleus）来源于拉丁语的nut（果仁）一词。例如，外侧膝状体核（lateral geniculate nucleus），它是脑干中的一个细胞群，将信息从眼睛传递到大脑皮层。
质（substantia）	脑深部的一群相关神经元，但其边界通常没有核团明显。例如，黑质（substantia nigra；来源于拉丁语的black substance，意为"黑色的物质"），它是脑干中一个参与控制随意运动的细胞群。
斑（locus；复数：loci）	界限清晰的小细胞群。例如，蓝斑核（locus coeruleus；来源于拉丁语的blue spot，意为"蓝点"），它是脑干中一个参与控制觉醒和行为觉醒的细胞群。
神经节（ganglion；复数：ganglia）	外周神经系统中的神经元集合。Ganglion源于希腊语，意思是"节"。例如，背根神经节（dorsal root ganglia），它们含有经背根进入脊髓的感觉轴突的细胞体。中枢神经系统中仅有一个细胞群用此术语来命名，即基底神经节（basal ganglia），它是大脑深处一个控制运动的结构。

表7.2　轴突集合

名　　称	释义及举例
神经（nerve）	外周神经系统中的轴突束。中枢神经系统中唯一被称为神经的轴突束是视神经（optic nerve）。
白质（white matter）	中枢神经系统轴突集合的通称。当新鲜解剖的脑被切开时，轴突呈白色。
束（tract）	中枢神经系统中具有相同起点和相同终点的轴突的集合。例如，皮层脊髓束（corticospinal tract），它起源于大脑皮层并终止于脊髓。
束（bundle）	并行的轴突集合，这些轴突并不一定具有相同的起点和终止点。例如，内侧前脑束（medial forebrain bundle），它连接了分散在大脑和脑干中的细胞。
囊（capsule）	连接大脑与脑干的轴突集合。例如，内囊（internal capsule），它连接了脑干与大脑皮层。
连合（commissure）	任何连接脑两侧半球的轴突集合。
丘系（lemniscus）	像缎带一样在脑内蜿蜒穿梭的神经束。例如，内侧丘系（medial lemniscus），它携带来自脊髓的触觉信息穿过脑干。

突集合的一些常用名词。在继续学习之前，花点时间熟悉一下这些新术语。

解剖学本身非常枯燥。只有在了解了这些不同结构的功能之后，它才会真正生动起来。本书的其余部分着力于阐释神经系统的功能组构。然而，我们在本节提前介绍了一些关于结构–功能相互关系的内容，可以使你大致了解中枢神经系统的不同部分是如何单独和共同发挥功能的。

7.3.1　神经管的形成

胚胎一开始是一个扁平的盘，有三层截然不同的细胞层，分别称为内胚层、中胚层和外胚层。**内胚层**（endoderm）最终发育为内部器官（内脏）的内壁，**中胚层**（mesoderm）发育为骨骼和肌肉，神经系统和皮肤则全部来源于**外胚层**（ectoderm）。

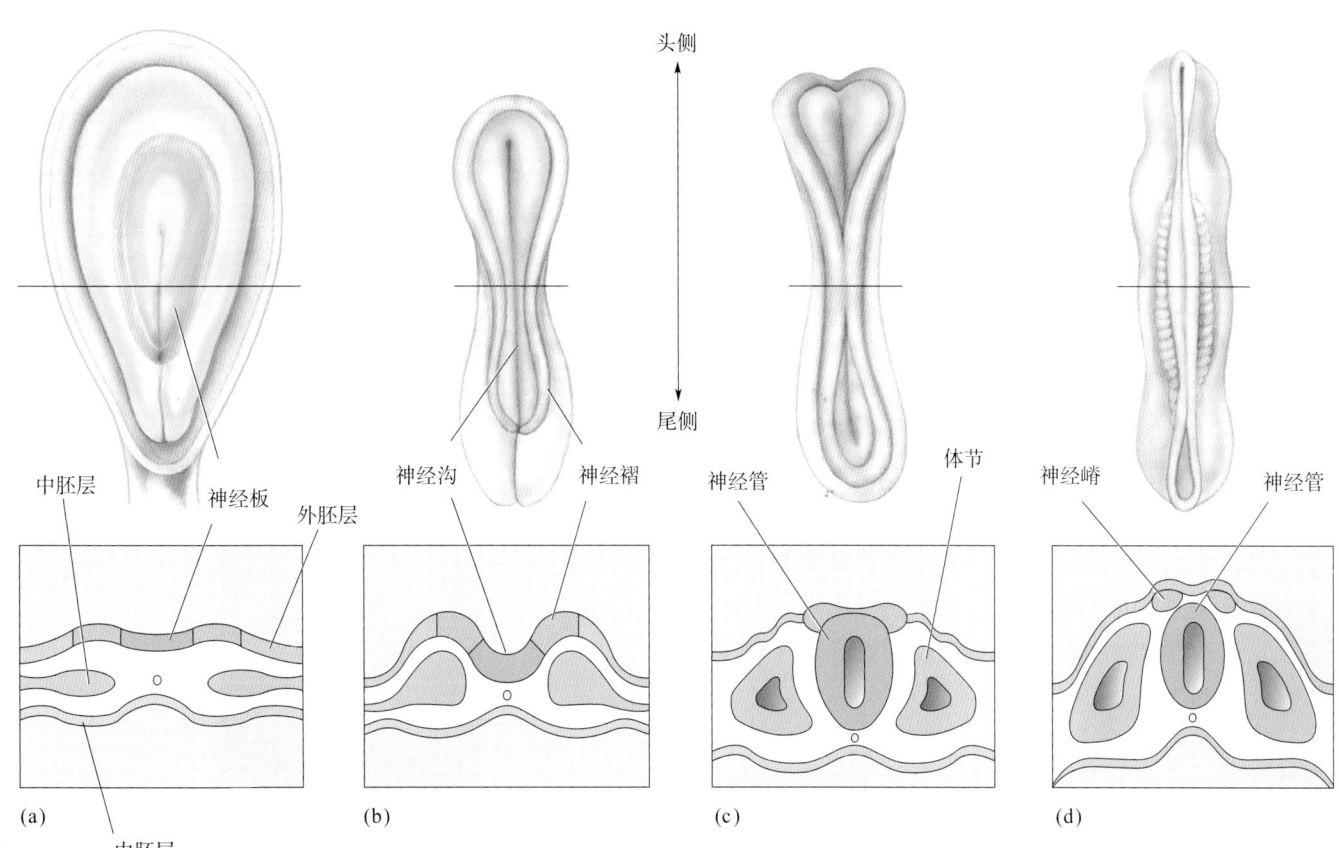

▲ 图 7.10

神经管和神经嵴的形成。本示意图说明了胚胎神经系统的早期发育。上图为胚胎的背面视图，下图是横切面视图。(a) 原始胚胎中枢神经系统的发育始于薄薄的一层外胚层。(b) 神经系统发育的第一个重要步骤是神经沟的形成。(c) 神经沟两侧的沟壁称为神经褶，其向中间合拢并融合，形成神经管。(d) 随着神经管的卷起，部分神经外胚层被挤断，形成神经嵴，最后发育成外周神经系统。中胚层形成体节，它将发育成大部分骨骼系统和肌肉

我们的讨论重点是外胚层中发育成神经系统的那个部分，即**神经板**（neural plate）的变化。在胚胎发育早期（人类约妊娠第17天），脑仅由薄薄的一层细胞组成（图7.10a）。下一个需要关注的事件是这层神经板上形成一条纵行贯穿头尾的沟，称为**神经沟**（neural groove）（图7.10b）。神经沟两侧的沟壁称为**神经褶**（neural fold），随后向中间合拢并在背侧融合，形成**神经管**（neural tube）（图7.10c）。**整个中枢神经系统都是由神经管壁发育而成的。在神经褶融合的同时，部分神经外胚层受挤压，被包埋进神经管的侧面。这一组织称为神经嵴**（neural crest）（图7.10d）。**所有外周神经系统中具有胞体的神经元都来源于神经嵴。**

神经嵴的发育与其下方的中胚层密切相关。在这一发育阶段中，中胚层在神经管两侧形成显著的突起，即**体节**（somite）。这些体节将发育为33节单独的脊椎骨和与其相连的骨骼肌。支配这些骨骼肌的神经因此被称为**躯体**

图文框7.4　趣味话题

营养与神经管

神经管的形成是神经系统发育的决定性环节。它发生早，仅在怀孕后3周就发生，通常此时母亲们还没有意识到自己已经怀孕了。神经管闭合不全是一种常见的出生缺陷，大约每500个活产婴儿中就会有1例出现。最近的一项重大公共健康发现表明，许多神经管缺陷都可追溯到怀孕后几周内母亲膳食中维生素**叶酸**（folic acid 或 folate）的缺乏。据估计，在此期间的膳食中补充叶酸可以使神经管缺陷的发生率降低90%。

神经管的形成是一个复杂的过程（图A）。它依赖于每一个细胞三维形态的精确时序变化，以及每一个细胞与其邻近细胞间黏附的变化。神经胚形成的时间也必须与非神经部分的外胚层和中胚层的同步变化相协调。在分子水平上，成功的神经胚形成过程依赖于基因表达的特定时序，而这些基因表达在一定程度上受到细胞位置和局部化学环境的控制。毫不奇怪，这一过程对母体循环中的化学物质或化学缺陷高度敏感。

神经嵴融合形成神经管的过程首先发生在中

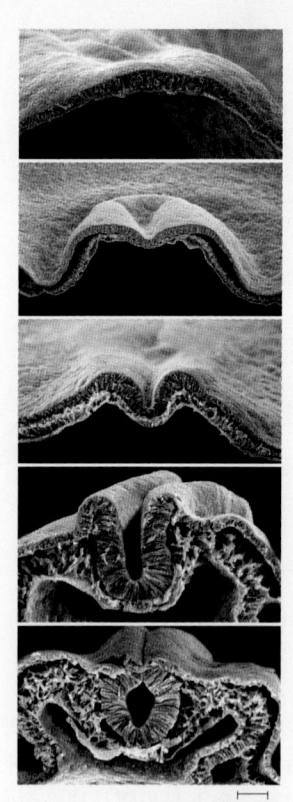

0.180 mm

图A

神经胚形成的扫描电子显微镜图像（引自：Smith and Schoenwolf，1997）

运动神经（somatic motor nerve）。

　　神经板发育成神经管的过程称为**神经胚形成**（neurulation）。神经胚形成发生在胚胎发育很早的阶段，对于人来说，大约是怀孕后的22天。一种常见的出生缺陷是神经管闭合不全。幸运的是，近来有研究表明，大多数神经管缺陷都可以通过确保该阶段适当的母体营养来避免（图文框7.4）。

7.3.2　3个初级脑泡

　　发育中结构变得更加复杂和功能特化的过程称为**分化**（differentiation）。脑分化的第一步是神经管头端3个称为初级脑泡的膨大的发育（图7.11）。**整个脑都是由神经管的这3个初级脑泡发育而来的。**

　　最顶端的脑泡称为**前脑**（prosencephalon）。**Pro**在希腊语中是before（在……前面）的意思，而**encephalon**也出自希腊语，意为brain（脑）。因

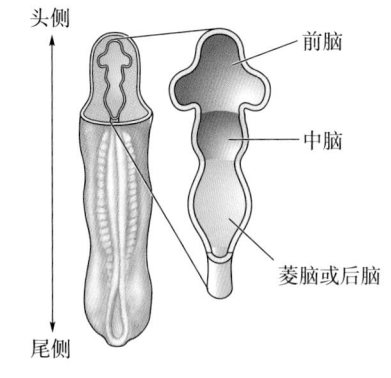

▲ 图7.11

3个初级脑泡。神经管头端分化形成3个初级脑泡，这3个脑泡再继续分化成全脑。此图为俯视图，脑泡被水平切开，因而可以看到神经管的内部

部，然后是前部和后部（图B）。神经管前部的闭合障碍将导致**无脑畸形**（anencephaly），这是一种以前脑和颅骨退变为特征的疾病，通常是致命的。神经管后部闭合障碍将导致**脊柱裂**（spina bifida；bifida来自拉丁语，意为"裂成两半的"）。最严重的脊柱裂表现为神经板无法发育出脊髓后部，而轻症的表现为包裹脊髓的脊膜和椎骨缺损。尽管脊柱裂通常不致命，但是的确需要大量和昂贵的医疗护理。

　　叶酸在许多代谢途径中起着至关重要的作用，包括发育过程中细胞分裂所必需的 DNA 的生物合成。虽然我们尚未完全了解为何叶酸缺乏会增加神经管缺陷的发生率，但容易想象出它是如何改变神经胚形成的复杂过程的。叶酸的名称来源于拉丁语 leaf（叶子），因为其最初是从菠菜叶中分离出来的。除了绿叶蔬菜，叶酸良好的饮食来源还有肝脏、酵母、鸡蛋、豆类和橙子。现在，许多早餐麦片中都添加了叶酸。然而，一般美国人的叶酸摄入量仅为预防出生缺陷的推荐摄入量（0.4 mg/d）的一半。美国疾病控制和预防中心（The U.S. Centers for Disease Control and Prevention）建议女性在计划怀孕之前就开始服用含有 0.4 mg 叶酸的复合维生素。

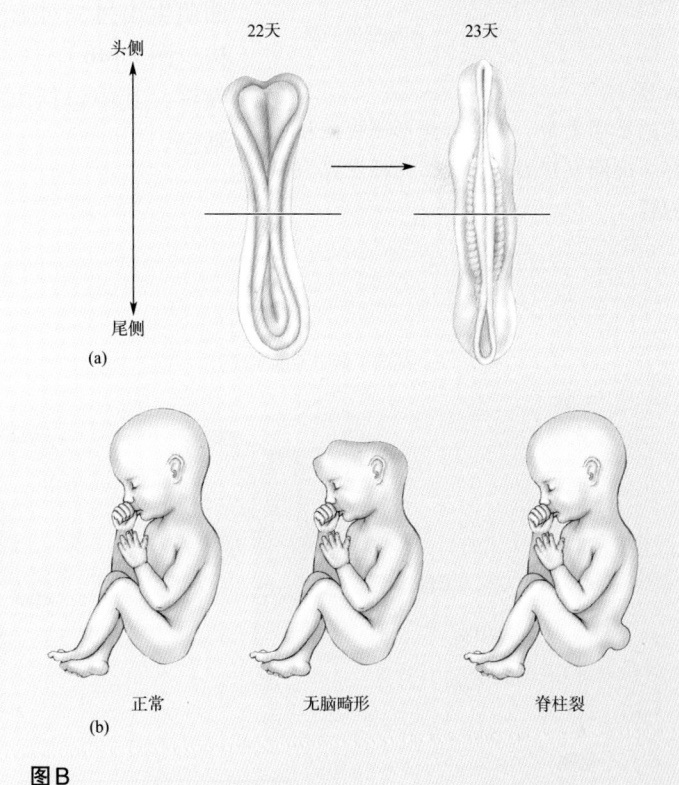

图B
（a）神经管闭合。（b）神经管缺陷

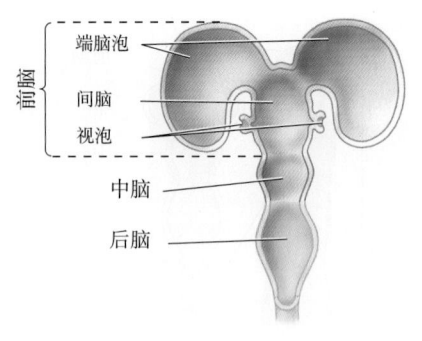

▲ 图 7.12

前脑的次级脑泡。前脑分化为成对的端脑和视泡，以及一个间脑。视泡发育为眼

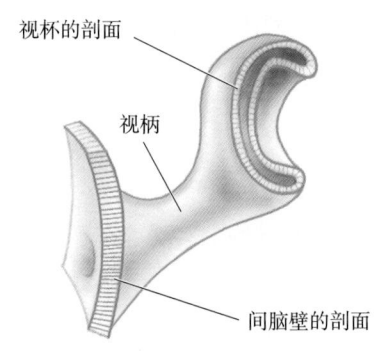

▲ 图 7.13

眼的早期发育。视泡分化形成视柄和视杯。视柄发育为视神经，视杯发育为视网膜

此，prosencephalon 又称为 forebrain（前脑）。**前脑**（forebrain）的后方是一个称为**中脑**（mesencephalon 或 midbrain）的脑泡。中脑的尾端是第三个脑泡，称为**菱脑**（rhombencephalon）或**后脑**（hindbrain）。后脑与产生脊髓的尾神经管相连。

7.3.3 前脑的分化

接下来的重要发育过程发生在前脑，其两侧各萌出 2 个次级脑泡（secondary vesicle），分别是**视泡**（optic vesicle）和**端脑泡**（telencephalic vesicle）。次级脑泡长出后，余下的中央结构称为**间脑**（diencephalon；或 between brain）（图 7.12）。因此，这一阶段的前脑由 2 个视泡、2 个端脑泡和间脑构成。

视泡生长并向内凹陷（折叠）形成**视柄**（optic stalk）和**视杯**（optic cup），二者分别最终发育为成人两侧的**视神经**（optic nerve）和两眼的**视网膜**（retina）（图 7.13）。重要的一点是，位于眼球后的视网膜，以及含有连接眼与间脑和中脑轴突的视神经，都是脑的一部分，而不属于外周神经系统。

端脑和间脑的分化。 两个端脑泡一起发育为由两个大脑半球构成的**端脑**（telencephalon 或 endbrain）。端脑继续沿着如下 4 条途径发育：（1）端脑泡向后方生长，因而它就位于间脑上方和侧面（图 7.14a）。（2）从大脑半球腹侧面萌生出另一对脑泡，形成**嗅球**（olfactory bulb）和参与嗅觉的其他相关结构（图 7.14b）。（3）端脑壁上的细胞分裂并分化成各种结构。（4）白质系统发育，其中包括由端脑神经元发出的传出轴突和传入至端脑神经元的传入轴突。

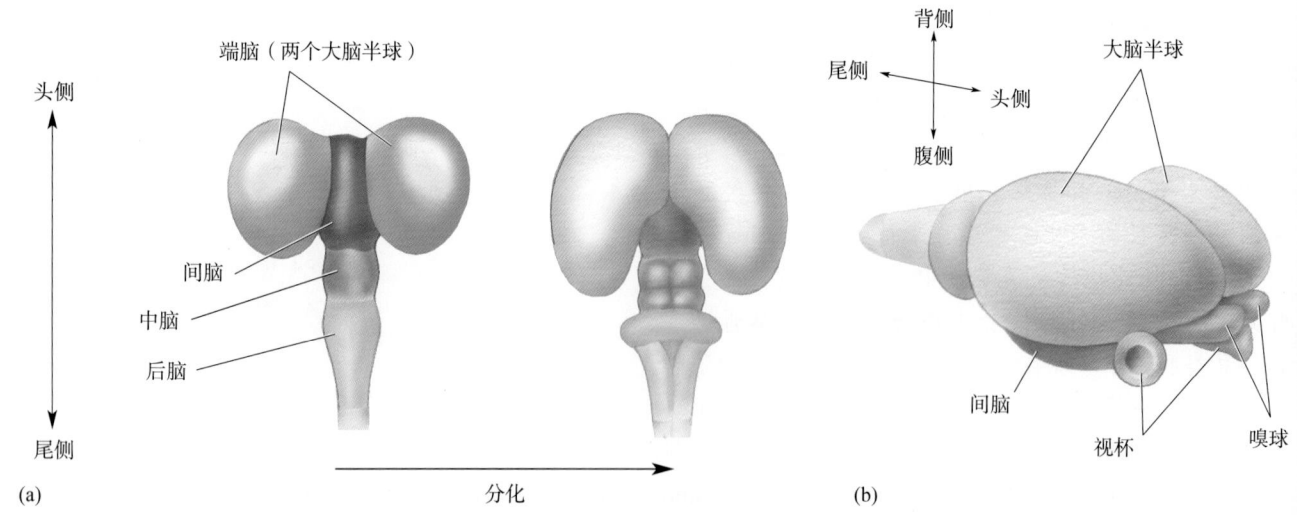

▲ 图 7.14

端脑的分化。（a）随着端脑的发育，大脑半球膨大并向后侧和向外侧生长从而包住了间脑。（b）嗅球从两个端脑泡的腹侧面萌出

　　图7.15显示了处于发育早期的哺乳动物前脑的冠状切面，以说明端脑和间脑的不同部分是如何分化与组合在一起的。注意，两个大脑半球位于间脑的上方和两侧，且大脑半球的腹内侧面与间脑的外侧面融合在一起（图7.15a）。

　　大脑半球中充满液体的腔室称为**侧脑室**（lateral ventricle），在间脑中央的腔室称为**第三脑室**（third ventricle；图7.15b）。成对的侧脑室是成人脑的一个重要标志：当你在一张脑切面图上看到充满液体的成对的侧脑室时，你就可以知道它们周围的组织均在端脑之中。横切面图上第三脑室那细长的裂缝样外观也是一个辨认间脑的有用特征。

　　从图7.15中可以注意到，端脑泡壁由于神经元的增殖而呈现膨胀。这些神经元构成端脑中两种不同类型的灰质：**大脑皮层**（cerebral cortex）和**基底端脑**（basal telencephalon）。同样，间脑分化成两个结构：**丘脑**（thalamus）和**下丘脑**（hypothalamus）（图7.15c）。丘脑位于前脑深处，得名于希腊语的inner chamber（内室）。

　　发育中的前脑的神经元伸出轴突，与神经系统的其他部分进行联络。这些轴突束共同形成3个主要的白质系统：皮层白质，胼胝体和内囊（图7.15d）。**皮层白质**（cortical white matter）包含了所有大脑皮层神经元发出的和接受的轴突。**胼胝体**（corpus callosum）与皮层白质相连，形成连接两个大脑半球皮层神经元的轴突"桥梁"。皮层白质也与**内囊**（internal capsule）相连，内囊将皮层和脑干，尤其是丘脑连接起来。

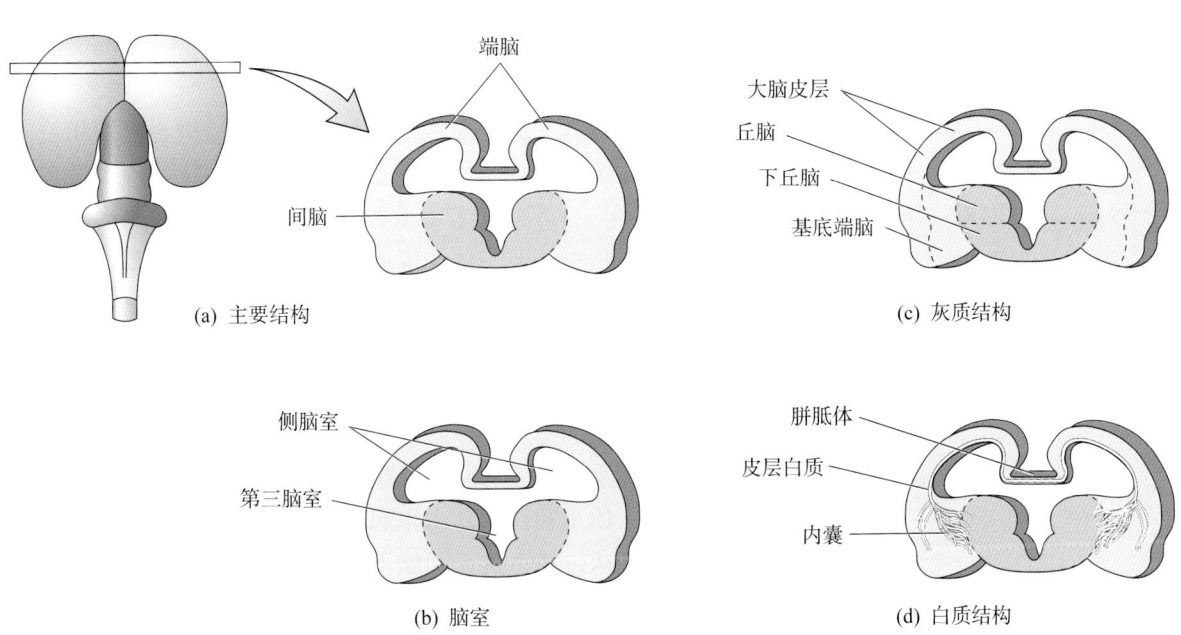

(a) 主要结构　　　　(c) 灰质结构

(b) 脑室　　　　(d) 白质结构

▲ 图7.15

前脑的结构特征。（a）发育早期前脑的冠状切片，显示两个主要结构：端脑和间脑。（b）前脑脑室。（c）前脑灰质。（d）前脑白质结构

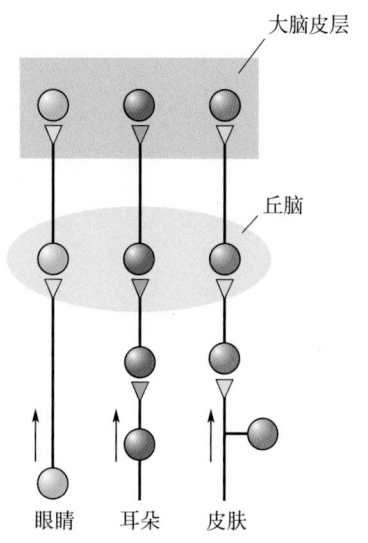

大脑皮层

丘脑

眼睛   耳朵   皮肤

▲ 图 7.16

丘脑：通向大脑皮层的门户。来自眼睛、耳朵和皮肤的感觉通路在终止于大脑皮层之前都需要在丘脑接转。箭头指示信息流的方向

前脑的结构−功能关系。前脑是感知、意识、认知和随意运动的中枢。所有这些都依赖于前脑与脑干和脊髓的感觉神经元及运动神经元之间广泛的相互联系。

前脑中最重要的结构可以说是大脑皮层。正如我们将在本章后文中所看到的，皮层是人类进化过程中扩展得最多的脑结构。皮层神经元接受感觉信息，形成对外部世界的感知，并支配随意运动。

嗅球中的神经元接受鼻中感受化学物质（气味）的细胞所传入的信号，再将这些信息向尾端传递到大脑皮层相关部位做进一步分析。来自眼睛、耳朵和皮肤的信息同样被送到大脑皮层做分析。然而，每一条传递视觉、声音（听觉）和躯体感觉的感觉通路在通向大脑皮层时都会在丘脑接转（即与丘脑神经元形成突触联系）。因此，丘脑通常被认为是通向大脑皮层的门户（图 7.16）。

丘脑神经元发出的轴突经内囊进入大脑皮层。一般来说，每个内囊中的轴突都将对侧躯体的信息传入大脑皮层。因此，如果一个图钉刺进**右脚**，这一感觉将由**左侧**丘脑经**左侧**内囊中的轴突传到**左侧**皮层。但是右脚怎么知道左脚在做什么呢？一条重要的途径就是借助于两个大脑半球之间的胼胝体中的轴突来通信联系。

皮层神经元发出的轴突也通过内囊回到脑干。一部分皮层轴突一直延伸到脊髓，构成皮层脊髓束。这是皮层控制随意运动的一条重要通路。另一条通路是通过与基底神经节中的神经元联系，基底神经节（basal ganglia）是基底端脑（basal telencephalon）中的细胞集合。因此，术语 basal ganglia 和 basal telencephalon 中的 basal（基底）一词就被用于描述大脑深部的结构，而基底神经节就位于大脑深部。基底神经节的功能尚不清楚，但已知这些结构的损伤将影响发起随意运动的能力。基底端脑中还有其他结构，负责脑的其他功能。例如，在第18章，我们将讨论一个称为**杏仁核**（amygdala）的结构，它与恐惧和情绪有关。

尽管下丘脑位于丘脑下方，但在功能上它与某些端脑结构更密切相关，如杏仁核。下丘脑执行许多原始功能，因此在哺乳动物的进化过程中没有发生太大变化。然而，"原始"并不意味着不重要或无趣。下丘脑控制内脏（自主）神经系统，这一系统负责调节机体功能以适应机体本身的需要。例如，当你面临威胁时，下丘脑协调机体的内脏性格斗−逃跑反应。下丘脑对自主神经系统的指令将导致（除其他因素外）心率上升，肌肉血流量增加以供逃跑，甚至会使你的毛发竖立起来。与此相反，当你在周日的午餐后休息时，下丘脑通过对自主神经系统的指令确保脑获得充分的营养，这将增加胃肠道的蠕动（推动食物通过胃肠道的运动），并将血液重新导向你的消化系统。下丘脑在激发动物觅食、饮水和性活动中也起着关键作用。除了其与自主神经系统的联系，下丘脑还通过联系位于间脑下的垂体来调控机体反应。垂体通过向血液中释放激素来调节机体许多部位的活动。

自测题

下面列出的是我们讨论过的从前脑衍生出的结构。请确保你了解每一条术语的含义。

初级脑泡	次级脑泡	一些成年衍生结构
前脑	视泡	视网膜
		视神经
	丘脑（间脑）	背侧丘脑
		下丘脑
		第三脑室
	端脑	嗅球
		大脑皮层
		基底端脑
		胼胝体
		皮层白质
		内囊

7.3.4　中脑的分化

与前脑不同，中脑的分化幅度在随后的脑发育中相对较小（图 7.17）。中脑泡的背侧面形成一个称为**顶盖**（tectum；来自拉丁语 roof，意为"屋

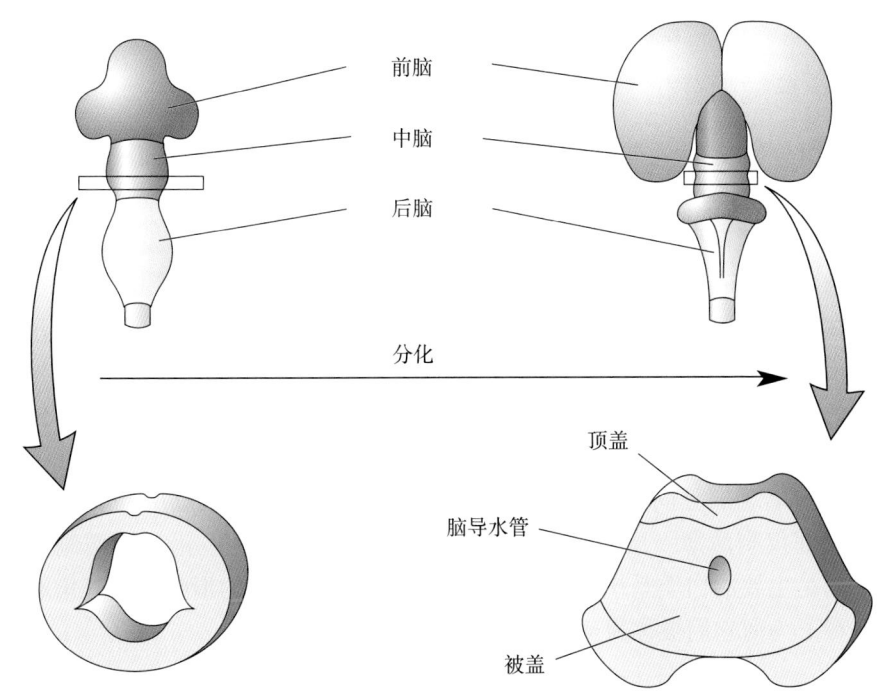

▲ 图 7.17
中脑的分化。中脑分化为顶盖和被盖。中脑中央充满脑脊液的腔室是脑导水管（本图未按比例绘制）

顶"）的结构。中脑的底面形成**被盖**（tegmentum）。两者中间充满脑脊液的腔室变窄，形成称为**脑导水管**（cerebral aqueduct；又称中脑导水管，mesencephalic aqueduct——译者注）的狭窄管腔。该导水管头端与间脑的**第三脑室**（third ventricle）相连。脑导水管的横切面小而圆，它是辨别中脑的良好标志。

中脑的结构−功能关系。中脑的结构看似简单，但其功能却是非常多样化的。除了作为脊髓与前脑间双向传递信息的通道，中脑还含有参与感觉系统、运动控制和其他一些功能的神经元。

中脑包含了从大脑皮层到脑干和脊髓的下行轴突。例如，皮层脊髓束穿过中脑到达脊髓。损毁一侧中脑中的这一神经传导束会导致对侧躯体运动丧失随意控制。

顶盖分化成两个结构：上丘和下丘。**上丘**（superior colliculus）接受来自眼睛的直接输入，因此也称为**视顶盖**（optic tectum）。视顶盖的一个功能是控制眼球的运动，这一控制作用是通过其与支配眼肌的运动神经元的突触连接来实现的。支配眼肌的一些轴突起源于中脑，它们聚集成束构成第3和第4对脑神经。

下丘（inferior colliculus）也接受感觉信号，但是这些感觉信号是来自耳朵的而不是来自眼睛的。下丘是听觉信息传递至丘脑的重要中继站。

被盖是脑中颜色最丰富的区域之一，因为它包含了黑质（黑色的物质；参见表7.1——译者注）和红核（red nucleus，在新鲜的脑切片上，红核显得微微发红——译者注）。这两个细胞群都参与了随意运动的控制。散布在中脑中的其他细胞群发出轴突，广泛投射至中枢神经系统的大部分区域，发挥调节意识、情绪、愉悦和疼痛的功能。

7.3.5　后脑的分化

后脑分化成3个重要结构：小脑、**脑桥**（pons）和**延髓**（medulla oblongata，或简称medulla）。小脑和脑桥由后脑的头端部分（也称**后脑** metencephalon）发育而来；延髓则由尾端部分（也称**末脑**，myelencephalon）发育而来。充满脑脊液的管道发育成**第四脑室**（fourth ventricle），与脑导水管相连。

在三脑泡期，后脑的头端部分在横切面上呈一简单管道。在随后的几周内，沿背外侧管壁称为**菱唇**（rhombic lip）的组织向背内侧生长，直至与另一侧的菱唇相融合。由此产生的脑组织瓣最终发育成小脑。管道的腹壁分化并膨大形成脑桥（图7.18）

后脑尾端部分向延髓的分化过程不涉及剧烈变化。该脑区的腹侧壁膨大，顶部仅剩薄薄一层非神经元的室管膜细胞（图7.19）。沿延髓两侧腹面行走的是主要的白质系统。从横切面上看，这些轴突束的形状似呈三角形，这解释了为何它们被称为**延髓锥体**（medullary pyramid）。

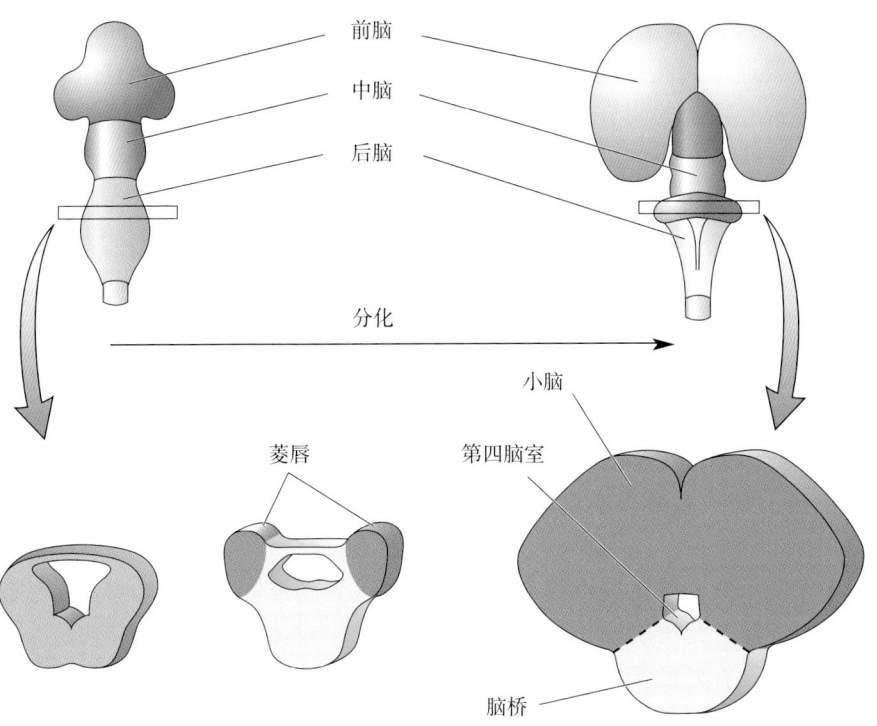

▲ 图 7.18

后脑头端的分化。后脑头端分化为小脑和脑桥。小脑由两侧菱唇生长和融合而形成。后脑中央充满脑脊液的腔室是第四脑室（本图未按比例绘制）

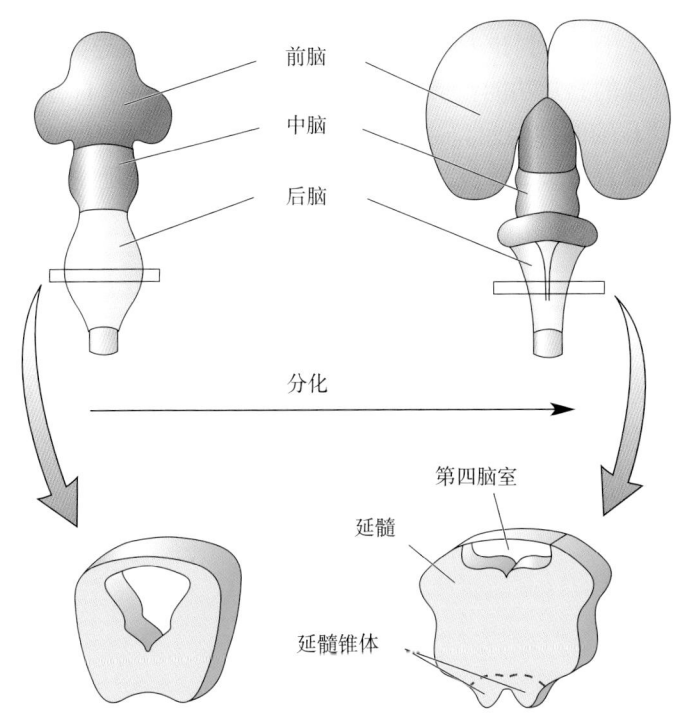

▲ 图 7.19

后脑尾端的分化。后脑尾端分化为延髓。延髓锥体是轴突束，尾端延伸至脊髓。延髓中央充满脑脊液的腔室是第四脑室（本图未按比例绘制）

后脑的结构-功能关系。与中脑一样，后脑是前脑与脊髓之间双向传递信息的重要通道。此外，后脑神经元还参与感觉信息的处理、随意运动的控制和自主神经系统的调节。

小脑这个"较小的脑"是一个重要的运动控制中枢。它接受来自脊髓和脑桥大量的轴突传入。脊髓传入提供有关躯体空间位置的信息，而脑桥传入则接转来自大脑皮层指定随意运动目标的信息。小脑比较这两类信息，并计算出实现运动目标所需的肌肉收缩顺序。小脑的损伤将导致不协调和不精确的运动。

在穿过中脑下行的轴突中，超过90%的轴突（在人体内大约有2,000万个）与脑桥中的神经元形成突触联系。脑桥细胞将所有这些信息接转到对侧小脑。因此，脑桥（pons；来自拉丁语bridge，意为"桥"）就像一台连接大脑皮层和小脑的大型交换机。脑桥从脑干的腹面凸出以容纳所有这些神经环路。

未在脑桥终止的轴突继续向尾部延伸进入延髓锥体。这些轴突大多数起源于大脑皮层，是皮层脊髓束的一部分。因此，"锥体束"常被用作皮层脊髓束的同义词。在延髓与脊髓相接处附近，锥体束从一侧穿过中线到另一侧。从一侧穿到另一侧的两侧轴突所形成的十字称为**交叉**（decussation），因此此处被称为**锥体交叉**（pyramidal decussation）。延髓中轴突的交叉解释了为什么脑一侧的皮层控制着对侧躯体的运动（图7.20）

除了穿行的白质系统，延髓还含有具有许多不同感觉和运动功能的神经元。例如，听觉神经元的轴突携带来自耳朵的听觉信息，与延髓耳蜗神经核中的细胞形成突触联系。耳蜗神经核发出轴突投射至许多不同的结构，包括中脑的顶盖（上文中讨论的下丘）。耳蜗神经核的损伤将导致耳聋。

延髓其他的感觉功能包括触觉和味觉。延髓含有将来自脊髓的躯体感觉信息接转到丘脑的神经元。这些细胞的损毁将导致麻木（感觉丧失）。还有的神经元将来自舌头的味觉（味道）信息接转到丘脑。延髓运动神经元中的

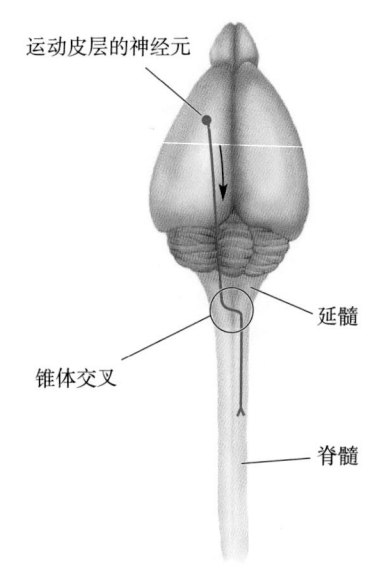

▲ 图7.20
锥体交叉。皮层脊髓束在延髓从一侧交叉到另一侧

运动皮层的神经元
延髓
锥体交叉
脊髓

自测题

下面列出的是我们讨论过的从中脑和后脑衍生出来的结构。请确保你了解每一条术语的含义。

初级脑泡	一些成年衍生结构
中脑	顶盖
	被盖
	脑导水管
后脑	小脑
	脑桥
	第四脑室
	延髓

一些细胞可通过第12对脑神经控制舌肌。（所以，下次你伸舌头的时候，想一想延髓吧！）

7.3.6　脊髓的分化

如图 7.21 所示，与脑的分化相比，神经管尾端向脊髓的转化是直接的。随着管壁组织的扩张，腔管收缩形成细小的充满脑脊液的**脊髓中央管**（spinal canal）。

从横切面上看，脊髓的灰质（神经元所在之处）呈蝴蝶状。蝴蝶翅膀的上部为**背角**（dorsal horn），下部为**腹角**（ventral horn）。背角与腹角之间的灰质部分为**中间带**（intermediate zone）。其他区域都是白质，由沿脊髓上行和下行的轴突柱构成。因此，沿脊髓背侧面行走的轴突束称为**背柱**（dorsal column），沿两侧脊髓灰质外侧行走的轴突束称为**侧柱**（lateral column），而脊髓腹侧面的轴突束称为**腹柱**（ventral column）。

脊髓的结构–功能关系。一般来说，背角细胞接受来自背根纤维的感觉输入，腹角细胞发出轴突进入支配肌肉的腹根，而中间带细胞是中间神经元，对感觉输入和来自脑的下行指令做出反应，形成运动输出。

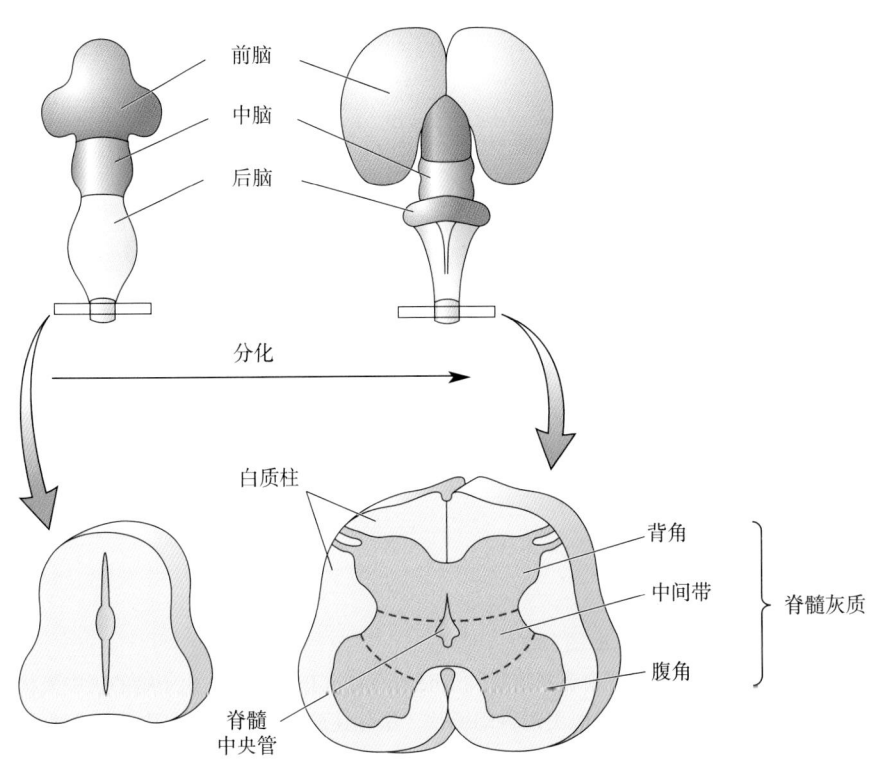

▲ 图7.21

脊髓的分化。脊髓蝴蝶状的中心部分是灰质，可分为背角、腹角和中间带。围绕灰质的是头尾向行走、贯穿整个脊髓的白质柱。充满脑脊液的狭长管道为脊髓中央管

巨大的脊髓背柱含有携带躯体感觉（如触觉）信息沿脊髓上行到脑的轴突。它就像一条高速公路，将同侧躯体信息快速上传到延髓中的一些核团。延髓中的突触后神经元发出轴突，交叉并上行至对侧丘脑。这一延髓中的轴突交叉解释了为什么触摸身体左侧却会被右侧脑所感知。

脊髓侧柱包含下行的皮层脊髓束的轴突，皮层脊髓束也在延髓内从一侧交叉到另一侧。这些轴突支配着中间带和腹角中的神经元，传递控制随意运动的信号。

每侧脊髓的白质柱内都行走着至少6个以上的轴突束。它们大部分是单向的，将信息传入或传出脑。因此，脊髓是信息从皮肤、关节和肌肉传入脑的主要通路，反之亦然。然而，脊髓的功能远不止于此。脊髓灰质的神经元首先分析感觉信息，在协调运动中起关键作用，这些神经元也组织简单的反射（比如你将脚猛地从扎到的图钉上抬离）。

7.3.7 小结

我们已讨论了中枢神经系统不同部分的发育，这些部分包括端脑、间脑、中脑、后脑和脊髓。现在让我们把各个部分贯穿起来，组成一个完整的中枢神经系统。

图7.22是一张高度简化的示意图，该图充分体现了包括人类在内的所有哺乳动物中枢神经系统的基本组构概况。位于端脑的一对大脑半球包绕着侧

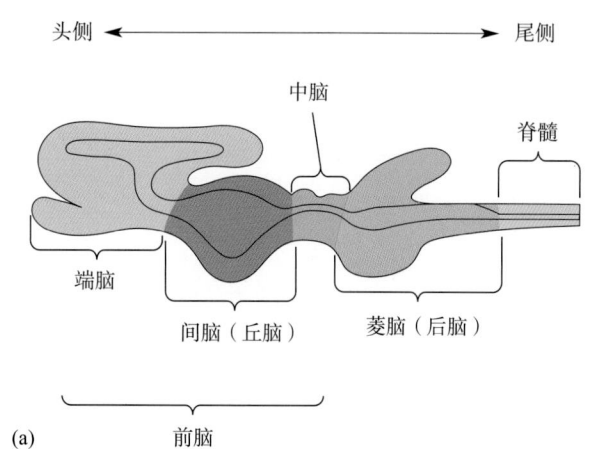
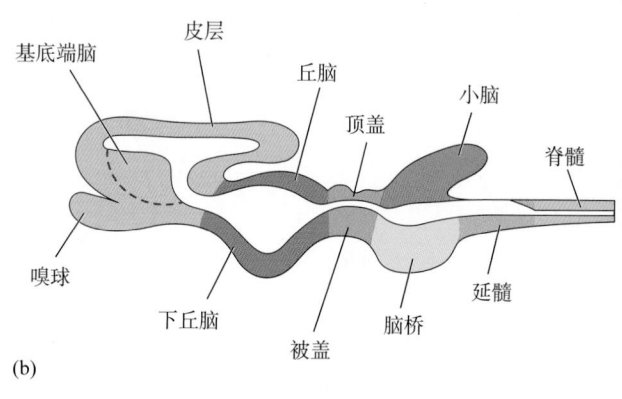
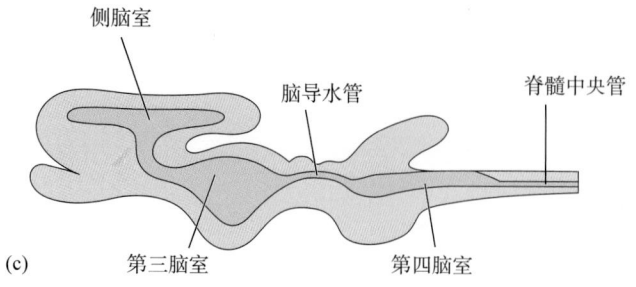

▲ 图7.22

"企业号脑舰"［The brainship Enterprise；由于脑的正中矢状面酷似美国科幻影片"星际迷航"（Star Trek）中的"企业号星舰"（The starship Enterprise），故作者在这里借用了该星舰的名称——译者注］。（a）哺乳动物脑的基本结构示意图，图中标注了主要部分。（b）脑各部分的主要结构。请注意端脑由两个大脑半球组成，尽管图中仅显示了一个。（c）脑室系统

表7.3　脑室系统

组成部分	相关脑结构
侧脑室	大脑皮层
	基底端脑
第三脑室	丘脑
	下丘脑
脑导水管	顶盖
	中脑被盖
第四脑室	小脑
	脑桥
	延髓

脑室。侧脑室的背侧面，亦即位于脑表面的是大脑皮层。侧脑室的腹侧和背侧是基底端脑。侧脑室与间脑的第三脑室相通。围绕侧脑室的是丘脑和下丘脑。第三脑室与脑导水管相连。导水管的背侧面是顶盖，腹侧面是被盖。导水管与位于后脑中央的第四脑室相连。第四脑室背侧面长出来的是小脑，而第四脑室的腹侧面是脑桥和延髓。

现在你应该发现，如果你能够辨认出某一脑结构邻近的脑室是脑室系统中的哪一个，那么你就在脑中轻车熟路了（表7.3）。即便在复杂的人脑中，脑室系统仍然是辨认脑结构的关键。

7.3.8　人类中枢神经系统的特征

到目前为止，我们已经了解了适用于所有哺乳动物的中枢神经系统的基本模型。图7.23比较了大鼠和人的脑。你可以立即发现两者确实有许多相似之处，但也有一些明显的区别。

让我们先回顾一下它们的相似之处。从俯视图上看，二者的端脑都由成对的大脑半球组成（图7.23a）。正中矢状面视图显示，端脑都从间脑向头端延伸（图7.23b）。间脑围绕着第三脑室，中脑围绕着脑导水管，而小脑、脑桥和延髓围绕着第四脑室。注意，脑桥在小脑下方并膨出，而小脑的结构是多么复杂。

现在让我们来考虑一下大鼠脑与人脑之间的一些结构差异。图7.23a揭示了一个显著的差异：人类大脑表面有许多皱褶。大脑表面的凹槽称为**脑沟**（sulcus，复数形式为sulci），而隆起的部分称为**脑回**（gyrus，复数形式为gyri）。记住，大脑表面下的薄薄的一层神经元就是大脑皮层。脑沟和脑回是由于人的胚胎发育过程中大脑皮层表面区域的巨大扩张造成的。成人大脑皮层的表面积达 $1,100 \ cm^2$，必须折叠和皱缩起来才能被头颅所容纳。这一皮层表面积的增加是人脑表现出来的"扭曲"之一。临床和实验证据表明，大脑皮层是人类独有的推理和认知中枢。没有大脑皮层，人就会失明、失聪、失声，且无法发起随意运动。稍后，我们会仔细观察大脑皮层的结构。

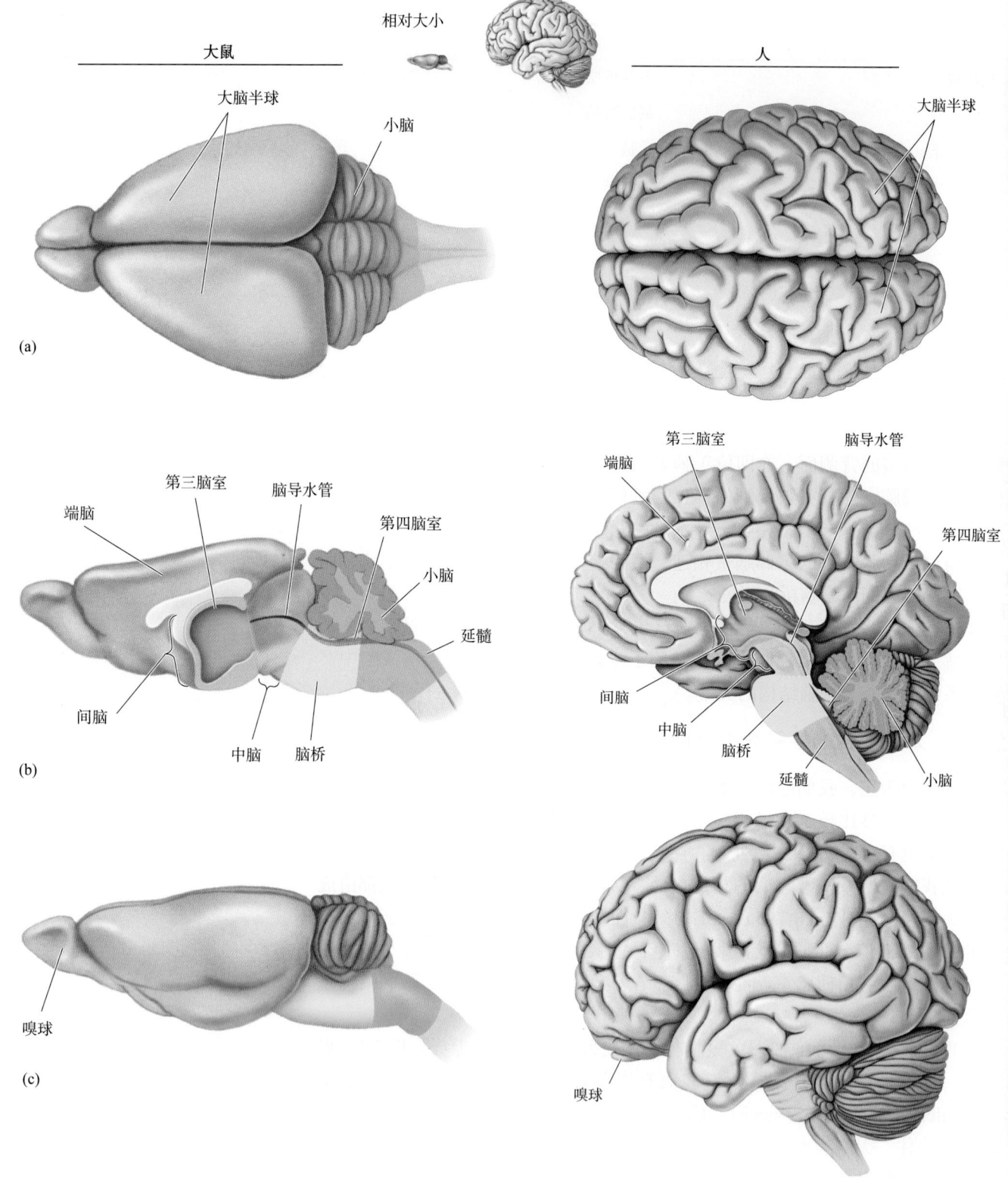

相对大小

大鼠

人

大脑半球

小脑

大脑半球

(a)

第三脑室

脑导水管

端脑

第三脑室

脑导水管

端脑

第四脑室

第四脑室

小脑

间脑

延髓

间脑

中脑   脑桥

中脑

脑桥

延髓

小脑

(b)

嗅球

(c)

嗅球

▲ 图7.23

大鼠脑与人脑的比较。（a）俯视图。（b）正中矢状面视图。（c）侧视图（两组脑未按相同比例绘制）

图7.23c中大鼠脑和人脑的侧视图进一步揭示了两者前脑的差异。一方面，人的嗅球相比大鼠的小。另一方面，再注意观察一下人的大脑半球的发育，看看人的大脑半球是如何像公羊角一样向后侧、向腹外侧、再向前侧弯曲的。该"角"的角尖正好位于颅骨中颞骨的正下方（太阳穴），所以这部分脑称为**颞叶**（temporal lobe）（图7.24）。另外3个脑叶（同样以颅骨命名）

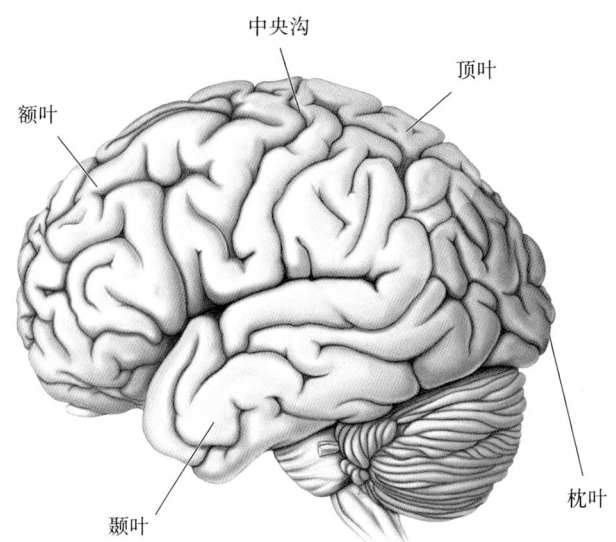

中央沟

顶叶

额叶

颞叶

枕叶

▲ 图 7.24
人大脑的脑叶

也用于描述人的大脑的不同部分。位于前额额骨之下的那部分大脑是**额叶**（frontal lobe）。深的**中央沟**（central sulcus）标志着额叶的后缘。额叶尾侧是**顶叶**（parietal lobe），位于顶骨之下。顶叶的尾侧，在大脑背部位于枕骨之下的是**枕叶**（occipital lobe）。

　　尽管大脑的发育不均衡，但在胚胎发育过程中，人脑仍然遵循哺乳动物脑发育的基本规律，认识到这一点很重要。脑室仍然是关键。虽然脑室系统发生了扭曲（这种扭曲特别是由于颞叶的发育所造成的），但脑与不同脑室之间的关系依然保持不变（图 7.25）。

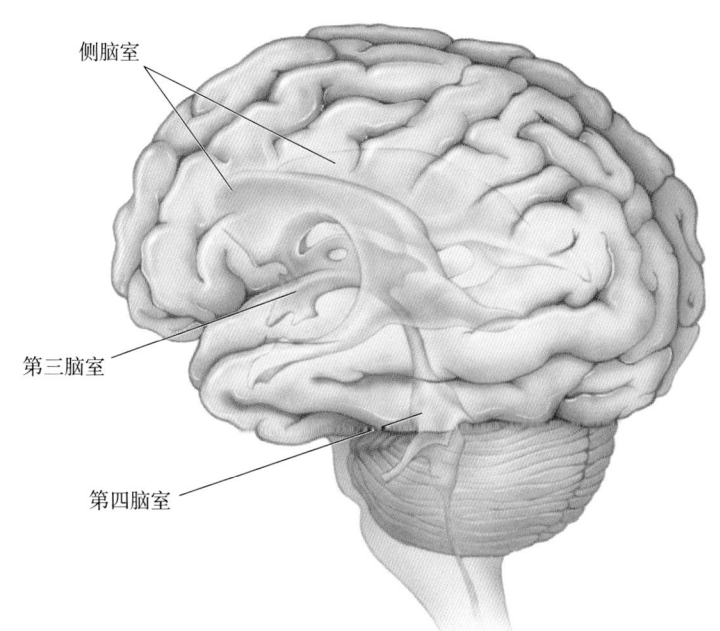

侧脑室

第三脑室

第四脑室

◀ 图 7.25
人的脑室系统。虽然脑室会随着脑的发育发生扭曲，但它们与相邻脑结构的基本关系依然与图 7.22c 中所示的相同

7.4   大脑皮层导览

考虑到大脑皮层在人脑中的突出地位，有必要对其进行深入的描述。正如我们将在后续章节中要反复提到的，脑中那些控制感觉、知觉、随意运动、学习、言语和认知的系统都集中在这一非凡的结构中。

7.4.1   大脑皮层的类型

脊椎动物脑的大脑皮层具有一些共同的特征，如图7.26所示。第一，皮层神经元的胞体总是呈层状或片状排列，通常与脑表面平行。第二，最靠近表面的神经元层（最表层的细胞层）被一层非神经元组织与软脑膜分隔开，该层称为分子层，或简称**第一层**（layer I）。第三，至少有一个细胞层含有

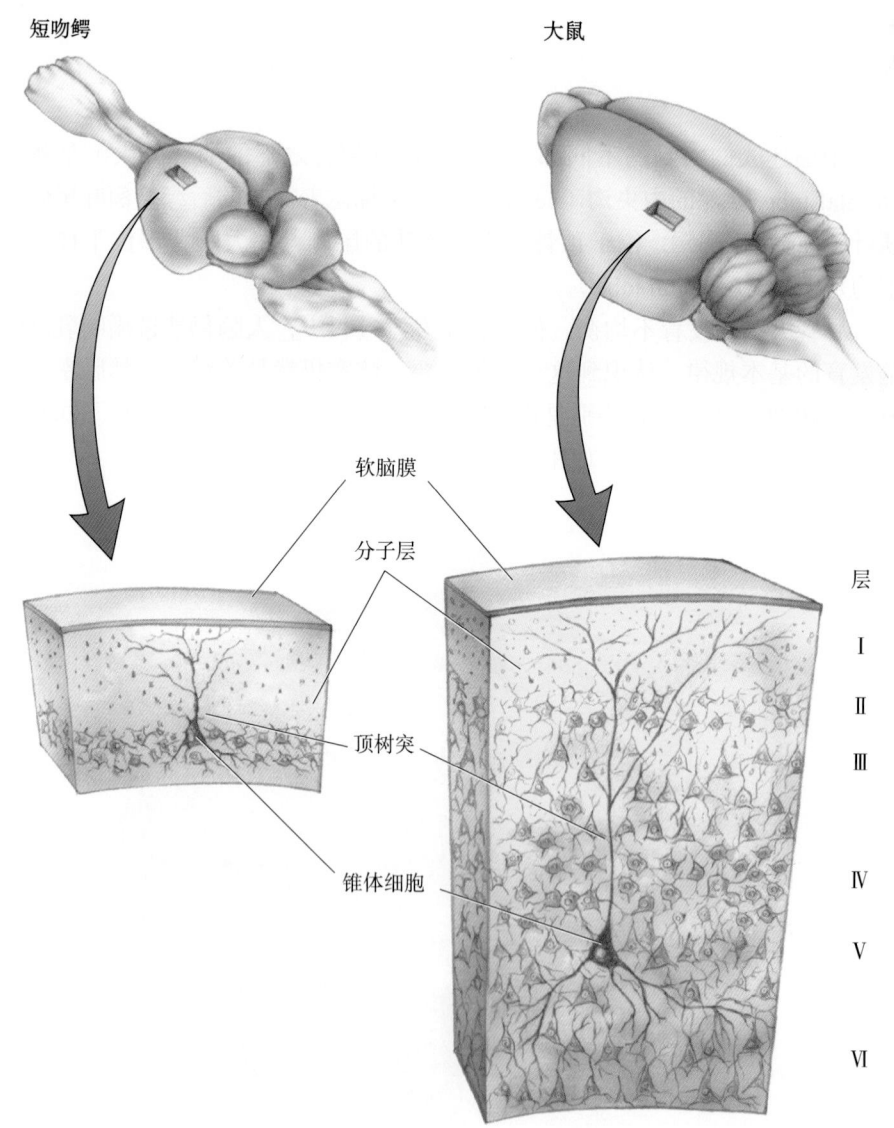

短吻鳄   大鼠

软脑膜

分子层

层

I

II

III

顶树突

IV

锥体细胞

V

VI

▲ 图7.26

大脑皮层的基本特征。左图是短吻鳄（alligator）的皮层结构。右图是大鼠的皮层结构。这两种动物的皮层都位于大脑半球的软脑膜下，包含分子层。锥体细胞分布在分子层内

锥体细胞，它们发出大量的树突，称为**顶树突**（apical dendrite），向上延伸入第一层，在那里形成众多的分叉。因此，我们可以说大脑皮层具有一种独特的细胞构筑，不同于基底端脑或丘脑中的核团。

图7.27显示的是用尼氏（Nissl）染色的大鼠端脑尾端的冠状切片。你不需要成为Cajal（卡哈尔；参见第2章译者注——译者注）就能发现，根据细胞构筑也可以辨别出不同类型的皮层。侧脑室内侧的皮层自我折叠成独特的形状。该结构称为**海马**（hippocampus；这一术语源于希腊语的seahorse，意思是"海马"），尽管它是折叠的，但只有一层细胞。与海马腹侧和外侧相连的是另一皮层，即仅有两层细胞的**嗅皮层**（olfactory cortex）；之所以称其为嗅皮层，是因为它与位于更前端的嗅球相连。一条称为**嗅裂**（rhinal fissure）的沟将嗅皮层与另一更加复杂的具有多层细胞的皮层分隔开，后一皮层称为**新皮层**（neocortex）。与海马和嗅皮层不同，**新皮层仅存在于哺乳动物中**。因此，我们之前说大脑皮层在人类进化的过程中不断扩张，实际上指的是新皮层的扩张。同样，我们说丘脑是通向大脑皮层的门户，也是说它是通向新皮层的门户。大多数神经科学家（包括我们）都是"新皮层沙文主义者"（neocortical chauvinist），即如果不加任何限定，**cortex**（皮层）这一术语通常指的是大脑新皮层。

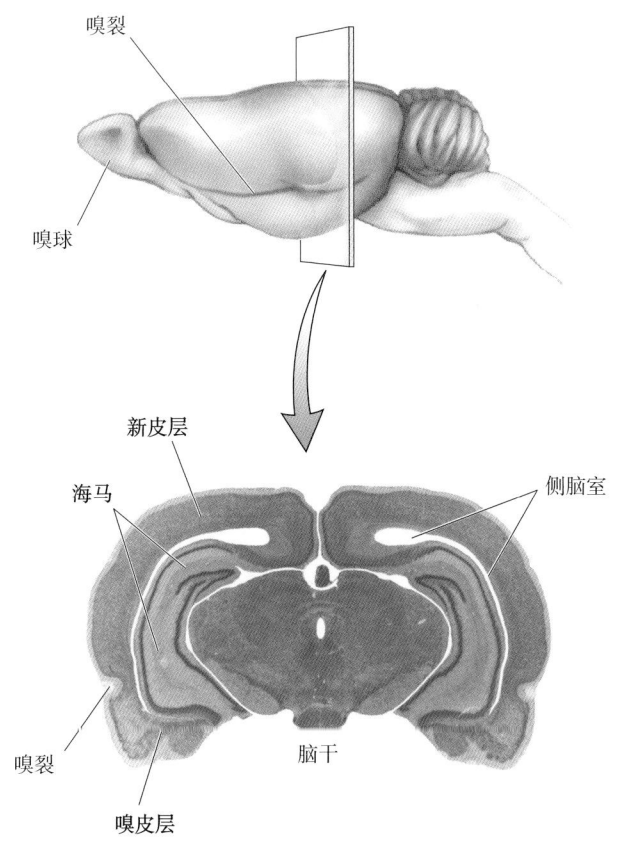

▲ 图7.27

哺乳动物的3类皮层。在大鼠的脑切片中，双侧的侧脑室均位于新皮层和海马之间。由于侧脑室在这一脑切面非常狭长，故其并不明显。端脑的下方为脑干。根据脑干核心处充满脑脊液的空间外观，你能够分辨出这是脑干的哪一个区域吗

在第8章涉及嗅觉时，我们将讨论嗅皮层；而关于海马的进一步讨论，将留待我们探讨其在边缘系统（第18章）及学习和记忆（第24和25章）中的作用时再进行。新皮层将是我们在第 II 篇中讨论视觉、听觉、躯体感觉和随意运动控制时的突出重点，所以我们需要详细研究它的结构。

7.4.2　新皮层的分区

正如可以用细胞构筑来区分大脑皮层与基底端脑、新皮层与嗅皮层一样，也可以据此将新皮层划分为不同的区域。这正是著名的德国神经解剖学家 Korbinian Brodmann（科比尼安·布罗德曼，1868.11—1918.8，因将大脑皮层分成52个不同的区域而闻名——译者注）在20世纪初所做的工作。他构建了新皮层的**细胞构筑图**（cytoarchitectural map）（图7.28）。在这幅图中，每个具有相同细胞构筑的皮层区域都被标记一个数字。因此，我们有了枕叶顶部的"17区"、额叶中央沟前回的"4区"等。

Brodmann 猜测但无法证明的是那些看似不同的皮层区域执行着不同的功能。我们现在有证据表明这是正确的。例如，我们可以说17区是视皮层，因为它接受来自与眼底视网膜相联系的丘脑核团的信息传入。事实上，没有17区，人会失明。类似地，我们可以说4区是运动皮层，因为这一区域中的神经元直接将轴突投射到控制肌肉收缩的脊髓腹角运动神经元。注意，这两个区域的功能差异是由其不同的连接所决定的。

新皮层的进化和结构–功能关系。 自 Brodmann 时代以来，一个始终令神经科学家们着迷的问题是，在哺乳动物的进化过程中，新皮层是如何变化的。脑是一种软组织，因而没有我们早期哺乳动物祖先的皮层化石记录。尽管如此，通过比较不同现存物种的皮层可以获得相当多的认识（图7.1）。大脑皮层表面积的种系差异很大，例如，将小鼠、猴子和人类的皮层进行比

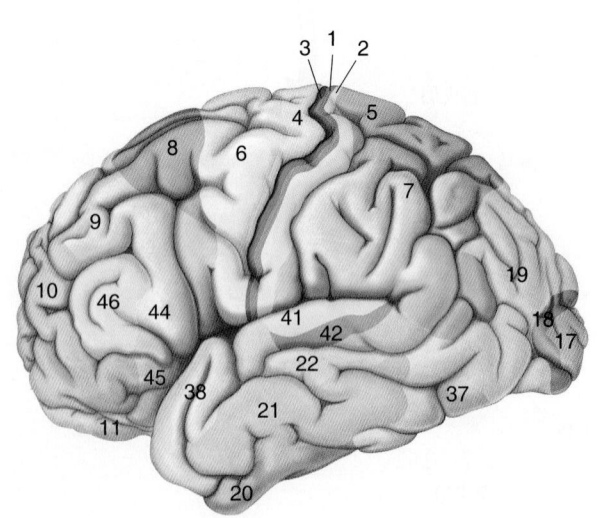

▲ 图7.28

Brodmann 的人类大脑皮层细胞构筑图

较，就会发现它们的大小约为1∶100∶1000。另一方面，不同哺乳动物新皮层厚度的差异却很小，变化不超过2倍。因此，我们可以得出这样的结论：在进化过程中，发生变化的是皮层的量（amount；即神经细胞的数量——译者注），而并非其基本结构。

在第2章中介绍过的著名西班牙神经解剖学家Santiago Ramon y Cajal（圣地亚哥·拉蒙－卡哈尔）曾在1899年写道："尽管某些皮层区域的组构方式有着显著的差异，但这些差异还不至于使将皮层结构简化成一个通用模型变得不可能"（*while there are very remarkable differences of organization of certain cortical areas, these points of difference do not go so far as to make impossible the reduction of the cortical structure to a general plan*）。从那时起，让许多科学家关注的一个挑战就是研究清楚这个通用模型究竟是什么。正如我们将在后面章节中所讨论的，现代观点认为，新皮层的最小功能单位是一个高度为2 mm（从大脑白质到皮层表面的距离）、直径为0.5 mm的神经元柱。这个圆柱体通常被称为新皮层柱（neocortical column），包含大约10,000个神经元和1亿个突触（每个神经元约有10,000个突触）。我们希望了解描绘这些神经元彼此间是如何相互联系的详细连接图谱，即新皮层的**连接组**（connectome）。这是一项艰巨的任务，因为只有用电子显微镜才能可靠地鉴定突触，而这又需要非常薄（约50 nm）的组织切片。为了说明这一挑战的困难度，我们来看看南非诺贝尔奖获得者Sidney Brenner（西德尼·布伦纳，1927.1—2019.4，南非生物学家，线虫生物学奠基人，因发现器官发育和程序性细胞死亡中的基因规则而获得2002年诺贝尔生理学或医学奖——译者注）和他的合作者在位于英国伦敦北部米尔山（Mill Hill）的国家医学研究所（National Institute for Medical Research）分子生物学实验室进行的项目。Brenner深信，理解行为的神经机制需要有一张环路图。为了解决这一问题，他选择了一种简单的生物，只有1 mm长的线形动物［nematomorph或horsehair worm；原文为flatworm（扁形动物）——译者注］——秀丽隐杆线虫（*Caenorhabditis elegans*，通常缩写为*C. elegans*）。当然，这与哺乳动物的新皮层相去甚远，但由于这种线虫只有302个神经元和大约7,000个突触，因而可能是一个容易解决的问题。尽管相对简单，但这个他们称之为"线虫之智"（mind of the worm）的项目花费了十几年时间才得以完成。自1986年此项工作发表以来，重构突触连接图谱的许多障碍已经开始让步于技术的进步，包括用于电子显微镜的脑组织自动切片和对非常薄的切片的计算机辅助组织重构（图文框7.5）。虽然我们尚未达到目标，但这些进步已经激发了人们对Cajal的梦想可能很快就会实现的乐观态度，而且不仅仅是对皮层，而是对整个大脑。

Brodmann提出，新皮层的扩张是通过新脑区的插入实现的。对那些具有不同进化史的现存物种的皮层结构和功能的详细比较表明，我们哺乳动物的共同祖先的原始新皮层主要由3种类型的皮层组成。第一类由一些*初级感觉区*（primary sensory areas）组成，它们首先接受来自上行感觉通路的信号。例如，17区被命名为初级视皮层（又称V1），因为它通过一条直接通路接受来自眼睛的输入：从视网膜到丘脑再到皮层。第二类新皮层由另外一些**次级感觉区**（secondary sensory areas）组成，之所以如此命名是因为它们与初级感

图文框7.5   发现之路

连接神经元的"连接组"
Sebastian Seung 撰文

　　我的职业道路充满了曲折。当我即将完成我的理论物理学博士阶段学习时，我的导师派我去新泽西的贝尔实验室（Bell Laboratories）做一份暑期工作。作为电信公司 AT & T 的著名研发部门，贝尔实验室做出了晶体管等获得诺贝尔奖的发现和开创性发明。在那里的那个夏天，我本应该对超导进行理论研究。然而，我遇到了刚从以色列来这里休假一年的 Haim Sompolinsky。Haim 之前已经开发了磁场中相互作用粒子的数学模型，那时正热情地转向相互作用的神经元。我被这个神经网络理论迷住了，因此跟着 Haim 去了耶路撒冷（Jerusalem）进行博士后训练。我们运用统计物理学的思想来理解人工神经网络——即松散地模拟神经元的计算单元网络——这种学习不是渐进的，而是突然的，就像"啊哈！"的顿悟一刻。在从事冗长的数学计算之余，我还学会了说希伯来语和怎样做鹰嘴豆泥（hummus，一种传统的阿拉伯食物——译者注）。

　　在耶路撒冷待了两年后，我回到了贝尔实验室。在公司的组织架构图中，所有部门都有一个5位数字的编号。我隶属于理论物理部，部门编号是11111。这意味着我们是精英中的精英，对吧？但贝尔实验室面临着是否有用的压力——不是为 AT & T 带来诺贝尔奖，而是有没有给公司带来更多的收入——有些人打趣道："你部门编号中的1越多，你就越无用。"

　　尽管如此，贝尔实验室就像思想的迪士尼乐园，挤满了研究各种令人眼花缭乱的有趣课题的研究人员。许多人把办公室的门敞开着，这样你可以随时进来提问题。生物计算部门的实验物理学家率先应用 fMRI 和先进的显微镜来观察神经活动。在大楼的另一端是从事机器学习领域的计算机科学家，在机器学习这一过程中，计算机可以通过经验而非显式编程（explicit programming）来"学习"。

　　很快我就发明了使人工神经网络能够学习的算法，并开发了一种称为**动眼积分器**（oculomotor integrator）的后脑神经环路的数学理论。我在搬到麻省理工学院（Massachusetts Institute of Technology）担任助理教授后继续这项工作。2004年，我获得终身教职并晋升为正教授。我本应该高兴，但相反，我却感到沮丧。从我的合作者 David Tank 在普林斯顿的实验测试来看，我的动眼积分器理论很有趣，甚至是可信的。但其他人仍在继续提出替代理论，该领域也没有达成共识的迹象。我的理论假设积分器神经元之间存在回返性连接。然而经过十年的研究，我甚至完全不确定积分器神经元之间是否有相互连接！

　　当我向 David 抱怨时，他建议我改变研究重点。在20世纪90年代，我们都曾在贝尔实验室与 Winfried Denk 一起工作过，Winfried 后来去了海德堡的马克斯·普朗克生物医学研究所（Max Planck Institute of Biomedical Research）。在那里，Winfried 制造了一台精巧的自动化设备，能够对脑组织块的表面进行成像，然后切去该脑组织块的一层薄片，露出新的表面。通过对脑组织块越来越深入地不断切片，该设备

　　觉区有大量的交互连接。第三类皮层则由一些**运动区**（motor areas）组成，它们与随意运动的控制密切相关。这些运动皮层区域接受来自丘脑核团间接转的基底端脑和小脑的信息输入，并将输出信息发送至脑干和脊髓中的运动控制神经元。例如，由于皮层4区直接向脊髓腹角运动神经元发送输出信息，因此它被命名为初级运动区，又称 M1。一般认为，哺乳动物的共同祖先大概有20个不同的皮层区域可以归为这3种类型。

可以获得脑组织的三维（3D）图像。由于 Winfried 的设备使用了电子显微镜，因此图像清晰到足以显示所有突触，以及组织中的所有神经元（回想一下，Cajal 用光学显微镜和高尔基染色法，只能观察到一小部分神经元，根本看不到突触）。原则上，通过追踪神经分支的路径、脑中的"接线"方式，以及定位突触，就可能从这样的图像中重建一块脑组织的"接线图"（wiring diagram）。

问题是需要分析大量的图像数据。Winfried 的设备有可能从 1 mm³ 的组织中生成 1 PB（petabyte，拍字节；即 250 字节——译者注）的数据，相当于数字相册中的 10 亿张照片。手工重构接线图将极其耗时。我决定通过计算机自动化来解决加速图像分析的问题。2006 年，我的实验室开始与 Winfried 的实验室合作，将机器学习的方法应用于他的图像。这种计算方法显著地提高了神经元三维重构的速度和精度。然而，该方法仍然存在误差，因此不能完全替代人类的智能。2008 年，我们开始开发能够让人与机器一同工作来重构神经环路的软件。这最终演变成了名为 EyeWire 的"公众科学"项目（EyeWire 是本图文框作者 Sebastian Seung 实验室开发的一个基于互联网的在线游戏，旨在汇集普通人的力量来绘制脑的神经元网络图谱。该游戏的特点是，参加的人越多，完成得就越快——译者注）。自 2012 年启动以来，已有来自 100 个国家的超过 15 万名玩家注册。EyeWire 的玩家们通过玩一个类似于 3D 涂色本的游戏来分析图像。通过着色，他们重构了神经元的分支，就像脑的"接线"（图 A）。

2014 年，Nature 杂志发表了首个由 EyeWire 辅助的发现：视网膜神经环路的新接线图。这一发现为视网膜如何检测移动的视觉刺激这一困扰了神经科学家 50 年之久的问题提供了一个新的解决方案。研究人员正在进行实验来验证我们的新理论，只有时间才能证明它是否正确。但事情已经很明显，我们用于重构连接的计算技术正在加速我们理解神经环路是如何运作的过程。我目前在普林斯顿神经科学研究所（Princeton Neuroscience Institute）工作，我将在这里继续努力，以实现我重构连接组，即一张全脑接线图的梦想。

图 A
一小片视网膜中的 7 个神经元的树突重构自电子显微镜图像。每个神经元的神经突起用不同颜色标示（图片蒙普林斯顿大学的 Sebastian Seung 博士和 Pop Tech 的 Kris Krug 惠允使用）

图 7.29 显示了大鼠、猫和人的脑，以及在这 3 种脑中所鉴定出来的初级感觉区和运动区。显而易见，当我们谈及哺乳动物进化过程中的皮层扩张时，扩张的是位于这些脑区之间的区域。这些"中间"皮层（"in-between" cortex）的扩张反映了用于分析感觉信息的次级感觉区数量的增加。举例来说，在严重依赖视觉的灵长类动物（如人类）中，次级视觉区的数量估计在 20~40 之间。然而，即使我们已经将初级感觉区、运动区和次级感觉区分配

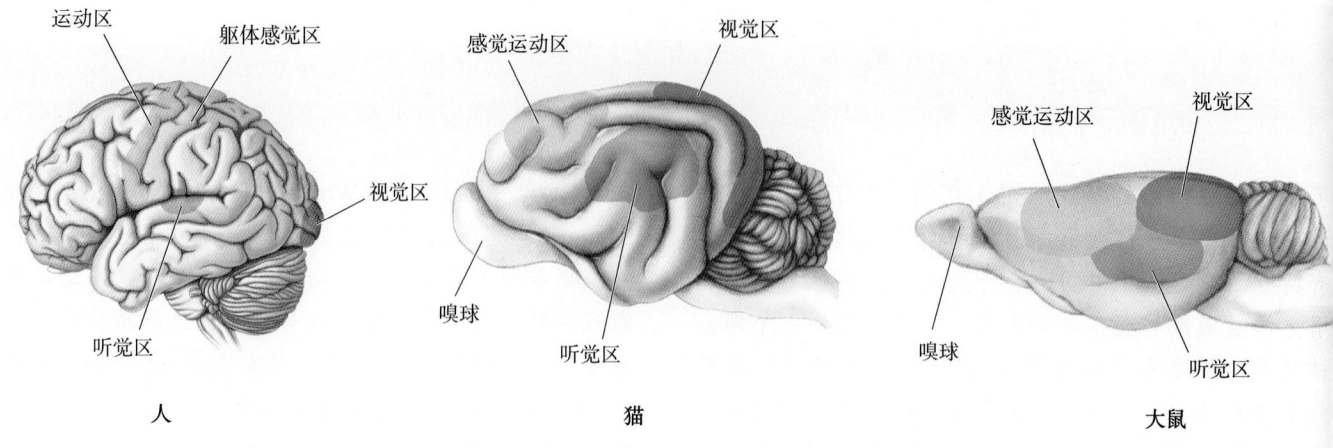

▲ 图7.29

3种动物大脑皮层的侧视图。注意人类皮层扩张的既非严格意义上的初级感觉区，也非严格意义上的运动区

给皮层的大部分区域，人脑中仍然余留有相当数量的脑区，而这些余留的脑区尤其是在额叶和颞叶。这些脑区是大脑皮层**联络区**（association areas）。联络皮层的进化发育更晚，是灵长类脑的一个值得注意的特征。"思维"（mind）这一我们独有的，根据难以察觉的精神状态（如愿望、意图和信念）来解释行为（我们自己的和他人的）的能力的出现，与额叶皮层的扩张最为相关。事实上，正如我们将在第18章看到的，额叶皮层的损伤能够深刻地改变一个人的个性。

7.5 结语

尽管我们在本章中涉及许多新领域，但这仅仅触及了神经解剖学的皮毛。显然，脑作为宇宙中最复杂的物质，其地位当之无愧。我们在这里所提及的不过是神经系统及其部分内容的外壳和支架而已。

掌握神经解剖学对于理解脑的工作方式很有必要。这句话不仅适用于一个刚刚涉足神经科学的本科生，也适用于神经内科医生或神经外科医生。事实上，随着活体脑成像技术的出现，神经解剖学已经呈现出新的前景（图7.30）。

我们将"人体神经解剖学图解指南"作为本章附录。你可使用该指南作为图谱来定位你感兴趣的各种结构。指南还提供了标注练习，以帮助你了解将在本书中遇到的神经系统各部分的名称。

在第 II 篇"感觉和运动系统"中，本章及其附录中介绍的解剖学知识将变得鲜活起来，因为我们将探索脑是如何执行嗅觉、视觉、听觉、触觉和运动任务的。

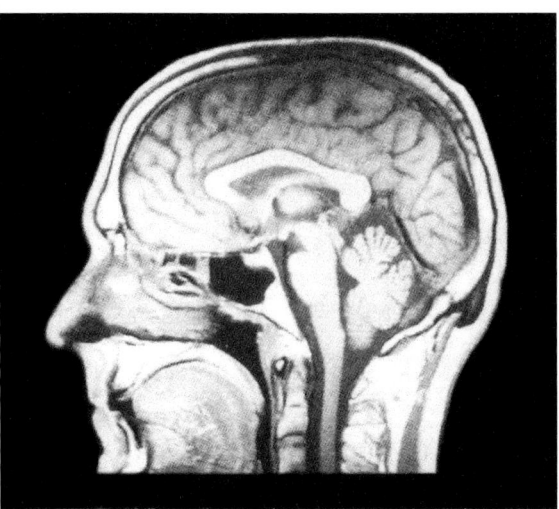

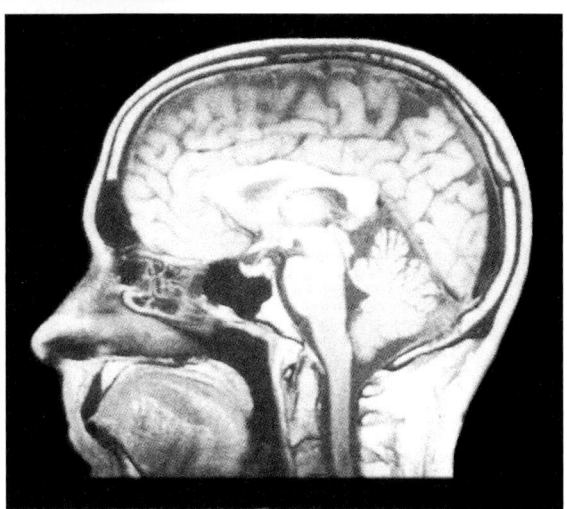

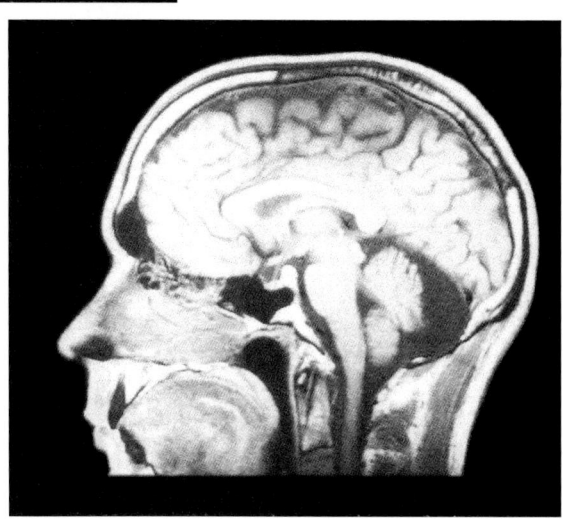

▲ 图 7.30

作者们的 MRI 扫描图。看看你能标记出多少结构

关键词

复习题

1. 背根神经节位于中枢神经系统还是外周神经系统？
2. 视神经轴突的髓鞘是由施万细胞提供的还是由少突胶质细胞提供的？为什么？
3. 想象你是一名神经外科医生，准备切除大脑深部的一个肿瘤。头骨的顶部已经被移除了。现在位于你和脑之间的是什么？在你接触到脑脊液之前必须要切开哪一层或哪些层？
4. 胚胎神经管组织的命运是什么？神经嵴组织的命运又是什么？
5. 说出后脑的3个主要部分。其中哪个部分也是脑干的一部分？
6. 脑脊液是在哪里产生的？在被血流吸收之前，它要经过什么途径？说出它从脑到血液的旅程中将经过的中枢神经系统的各个部分。
7. 大脑皮层结构的3个特征是什么？

拓展阅读

Creslin E. 1974. Development of the nervous system: a logical approach to neuroanatomy. *CIBA Clinical Symposium* 26:1-32.

Johnson KA, Becker JA. The whole brain atlas.

Krubitzer L. 1995. The organization of neocortex in mammals: are species really so different? *Trends in Neurosciences* 18:408-418.

Nauta W, Feirtag M. 1986. *Fundamental Neuroanatomy*. New York: W. H. Freeman.

Seung S. 2012. *Connectome: How the Brain's Wiring Makes Us Who We Are*. Boston: Houghton Mifflin Harcourt.

Watson C. 1995. *Basic Human Neuroanatomy: an Introductory Atlas*, 5th ed. New York: Little, Brown & Co.

（梅岩艾　译　　朱景宁　校）

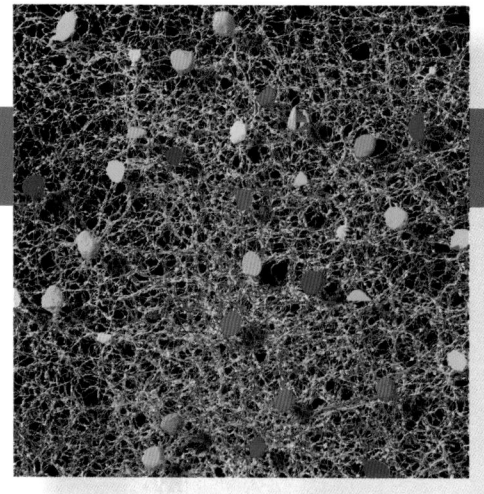

第 7 章附录

人体神经解剖学图解指南

S7.1 引言

正如我们将在本书其他章节中看到的，研究神经系统一个卓有成效的方法是将其划分为一个个功能系统。因此，**嗅觉系统**（olfactory system）由脑中那些负责嗅觉的部分组成，**视觉系统**（visual system）则包括那些负责视觉的部分，以此类推。尽管这种研究神经系统结构的功能性方法有许多优点，但却难以窥知"全貌"，即所有这些系统是如何在我们称之为脑的盒子中组合在一起的。本指南的目的是帮助你提前了解将在后续章节中讨论的一些解剖学内容。在这里，我们集中讨论这些结构的命名并了解它们在物理上是如何联系的，而它们的功能意义将在本书其余部分讨论。

本指南分为6个主要部分。第1部分介绍脑的表面解剖——可以通过观察全脑看到的结构，以及沿正中矢状面切开两个大脑半球后可以看到的部分。接下来，我们运用一系列含有重要结构的脑切面，来探索脑的横断层解剖。第3、4部分简要介绍脊髓和自主神经系统。第5部分阐述脑神经并总结它们的各种功能。最后一部分说明脑的血液供应。

神经系统零零碎碎的知识数量惊人。在本指南中，我们重点介绍的结构是那些将在本书后面讨论各种功能系统时要涉及的结构。尽管如此，这一简略的神经解剖学图谱还是生成了一张令人生畏的新词汇表。因此，为了帮助大家学习这些名词和术语，本指南最后以带有标注练习的练习簿形式提供了一份广泛的自测复习题。

S7.2 脑的表面解剖

想象你手中托着一个刚从颅骨中解剖出来的人脑。它湿漉漉的，呈海绵质，重约1.4 kg。向下俯视脑的背侧面可以看到大脑凹凸曲折的表面。将脑翻转过来就能看到平常位于颅底的复杂的腹侧面。将脑托起观察其外侧（侧面观），可以看到"羊角"状的大脑从脑干茎部延伸出来。如果我们将脑从中间剖开，观察其内侧面，可以更清楚地显示脑干。在随后的部分中，我们将命名通过对脑的这种观察所揭示的重要结构。注意这些图的放大倍率：1×表示实际大小。2×表示实际大小的2倍，0.6×表示实际大小的60%。以此类推。

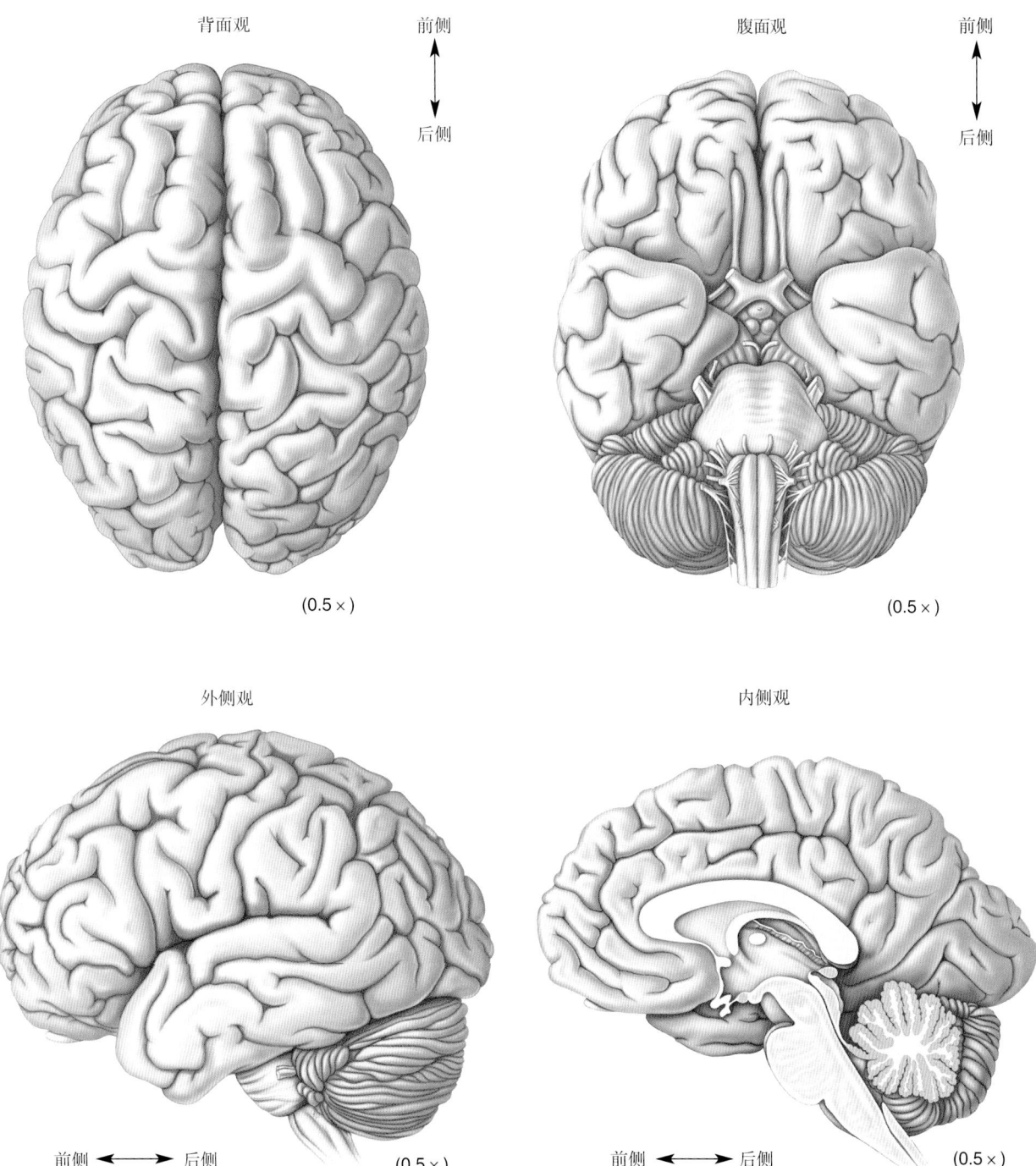

S7.2.1 脑的外侧面

（a）**大体特征**。这是一幅与实物大小一样的脑的绘图。大体观察可以发现3个主要部分：体积较大的大脑，构成其茎的脑干和波纹状的小脑。在这张侧视图中还可以看到大脑的小小的嗅球。

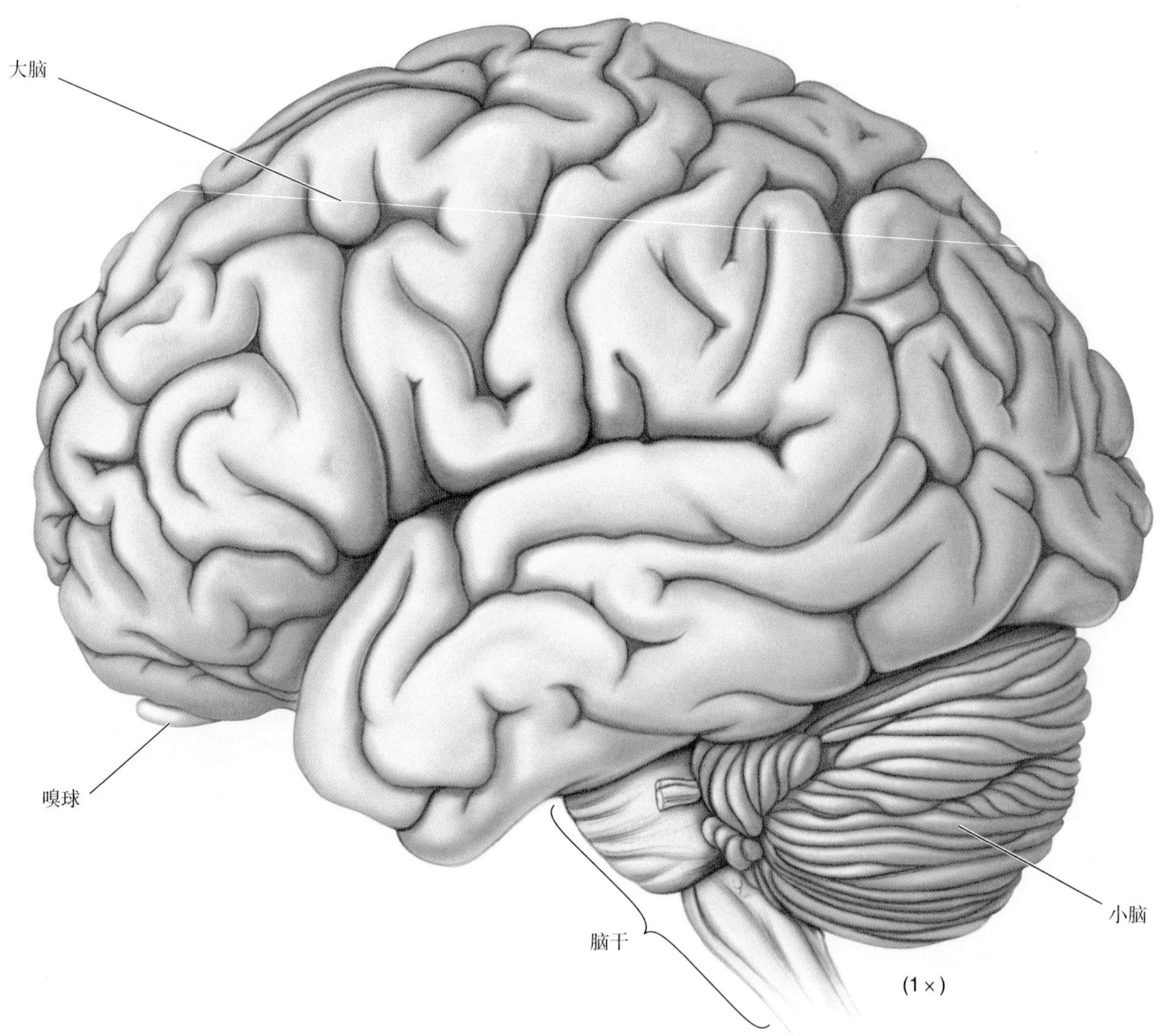

大脑

嗅球

脑干

小脑

(1×)

（b）主要的脑回、脑沟和脑裂。大脑因其凹凸曲折的表面而引人注目。隆起的部分称为**脑回**（gyri），而凹陷的部分称为**沟**（sulci），如果沟特别深则称为裂（fissures）。沟回的精细模式因人而异，但有许多特征对所有的人脑来说都是共同的。这里标出了一些重要的脑区分界标志。注意，中央后回位于紧靠中央沟的正后方，而中央前回位于紧靠中央沟的正前方。中央后回的神经元参与躯体感觉（触觉；第12章），而中央前回的神经元控制随意运动（第14章）。颞上回的神经元参与听觉（听觉；第11章）。

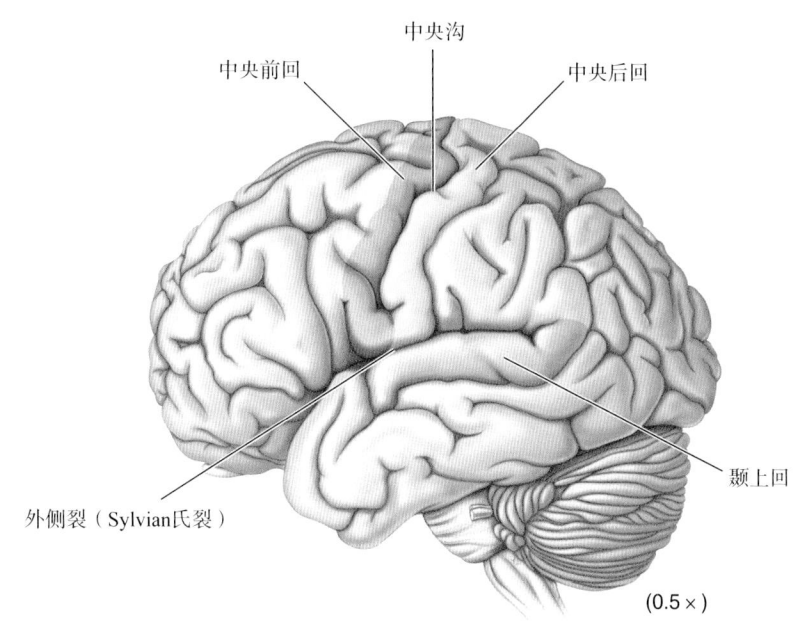

（c）大脑叶和岛叶。按照惯例，大脑被分为4个叶，以覆盖它们其上的颅骨命名。中央沟将额叶和顶叶分开。颞叶紧邻着深深的外侧裂（Sylvian氏裂）的腹侧。枕叶位于大脑后部，与顶叶和颞叶接壤。如果将外侧裂的边缘轻轻拉开就会显露出一块被称为**岛叶**（insula）的大脑皮层（见插图）。岛叶毗邻并分隔颞叶和额叶。

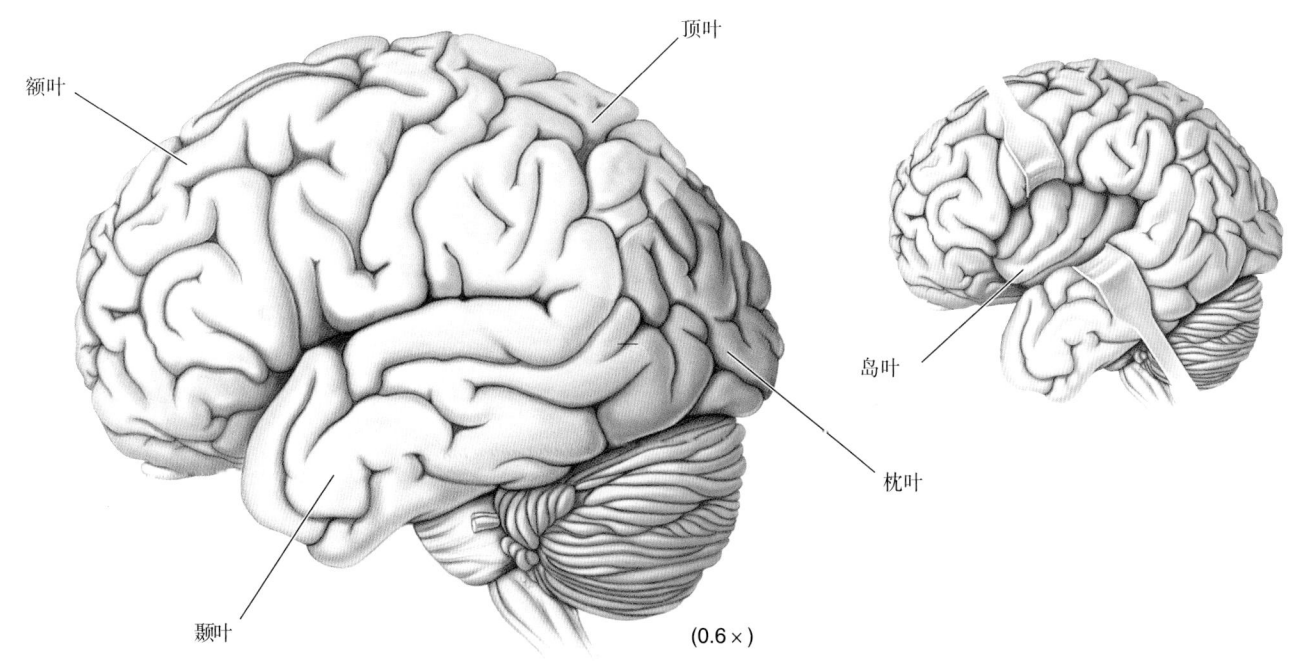

(d)皮层主要的感觉区、运动区和联络区。大脑皮层的组构就像一床“百衲被”(patchwork quilt；用许多不同颜色或花色的小布块缝缀而成的床单、被套或被罩——译者注)。最先由Brodmann鉴定的各个区域，在微观结构和功能上各不相同。注意，视觉区（第10章）位于枕叶，躯体感觉区（第12章）位于顶叶，听觉区（第11章）位于颞叶。位于顶叶下表面（岛盖，operculum）并埋藏于岛叶内的是味觉皮层（第8章），专门负责味觉。

除了对感觉信息的分析，大脑皮层还在随意运动（即受意志支配的运动）的控制中起着重要的作用。主要的运动控制区位于中央沟前方的额叶（第14章）。在人脑中，大片的皮层区域不能被简单地分配给感觉或运动功能。它们构成了皮层的联络区。一些更重要的区域有前额叶皮层（第21和24章）、后顶叶皮层（第12、21和24章）和下颞皮层（第24和25章）。

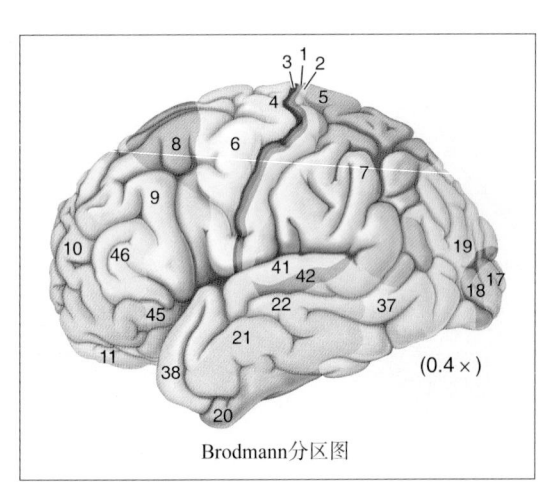

3
1
2
4
5
8
6
7
9
10
46
19
41
42
17
18
22
37
45
21
11
38
20
(0.4 ×)

Brodmann分区图

初级运动皮层（4区）
辅助运动区（6区）
躯体感觉皮层（3区、1区和2区）
前运动区（6区）
后顶叶皮层（5区和7区）
视皮层（17区、18区和19区）
(0.7 ×)
前额叶皮层
下颞皮层（20区、21区和37区）
听皮层（41区和42区）
味觉皮层（43区）
运动区
感觉区
联络区

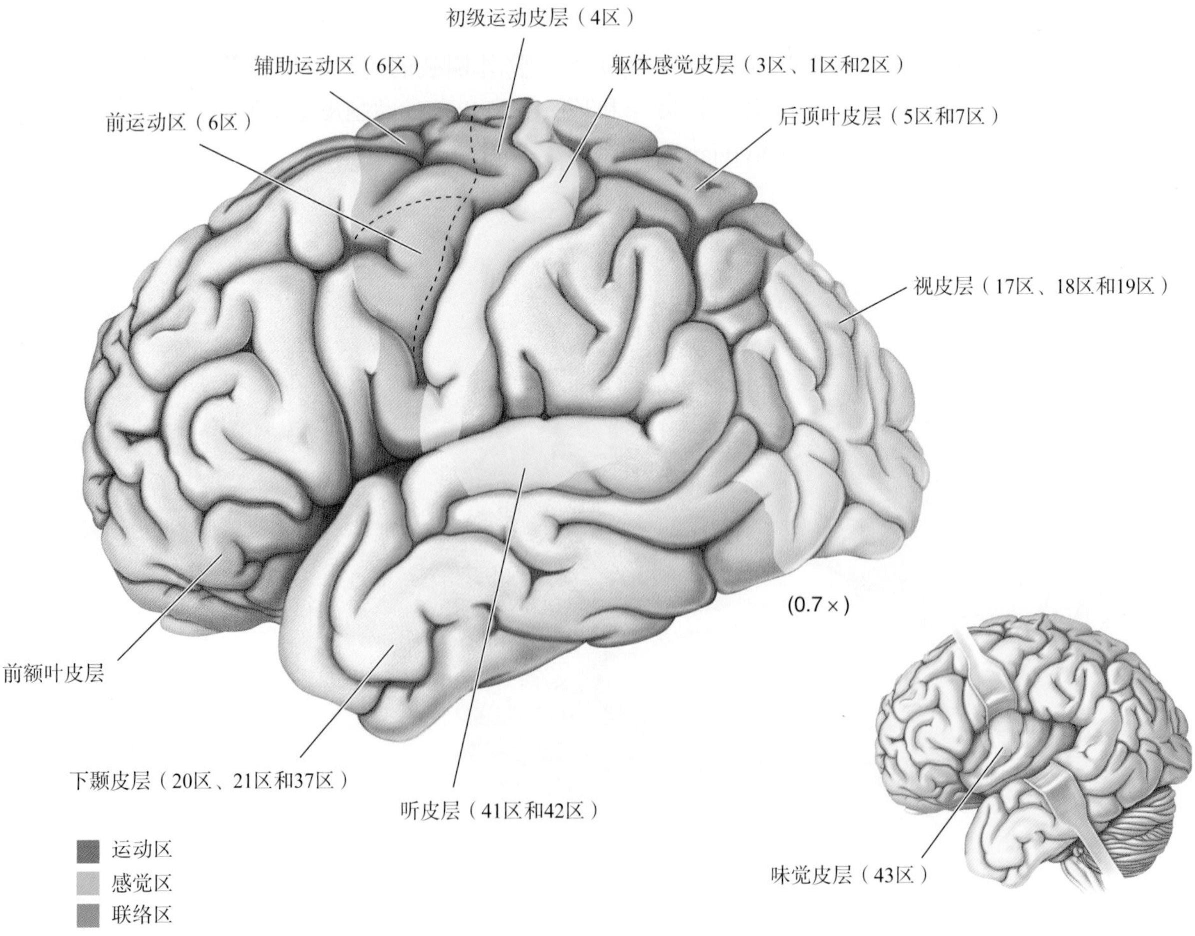

S7.2.2　脑的内侧面

（a）脑干结构。将脑沿中线分开，观察大脑的内侧面，如这张真实大小的图所示。该图还显示了脑干的正中矢状切面，包括间脑（丘脑和下丘脑）、中脑（顶盖和被盖）、脑桥和延髓。（注意，一些解剖学家认为脑干仅由中脑、脑桥和延髓组成。）

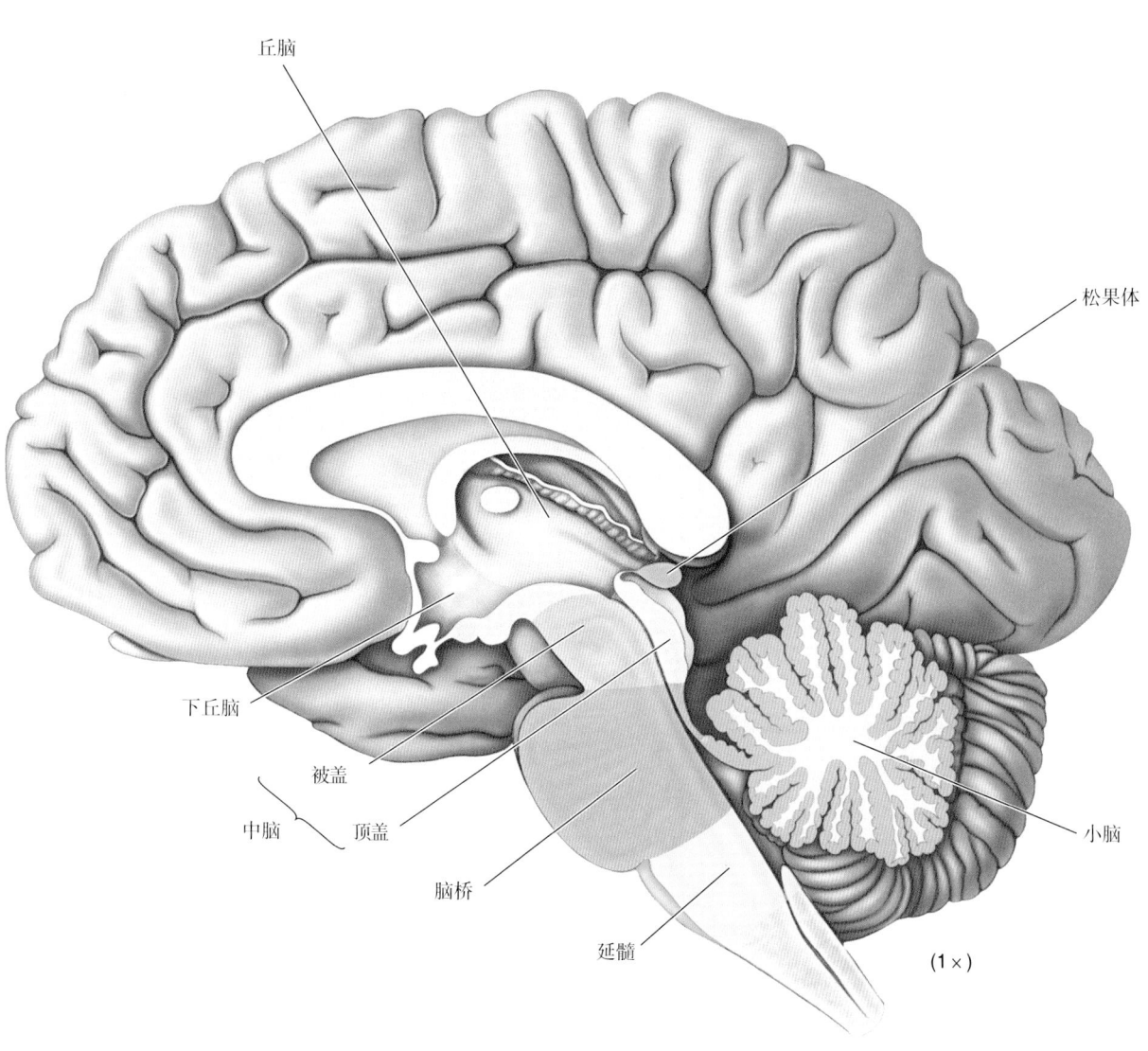

丘脑

松果体

下丘脑

被盖

中脑　顶盖

脑桥

延髓

小脑

(1×)

（b）前脑结构。这里标注了脑的内侧面上可观察到的重要前脑结构。注意胼胝体的切面，那是连接大脑两侧半球的巨大轴突束。两个大脑半球对人脑功能的独特贡献可以通过研究胼胝体被切断的患者来了解（第20章）。穹隆（fornix；拉丁语"拱门""拱顶"的意思）是另一个将两侧的海马和下丘脑连接起来的重要纤维束。穹隆中的一些轴突调节记忆存储（第24章）。

在下图中，脑被略微倾斜以示杏仁核和海马的位置。这是一张"透视图"，因为这些结构无法直接从表面观察到。杏仁核和海马均位于皮层深处。我们将在本指南后面的横切面视图中再次看到它们。杏仁核（amygdala；源于拉丁语的"杏仁"一词）是调节情绪状态的重要结构（第18章），而海马对记忆很重要（第24和25章）。

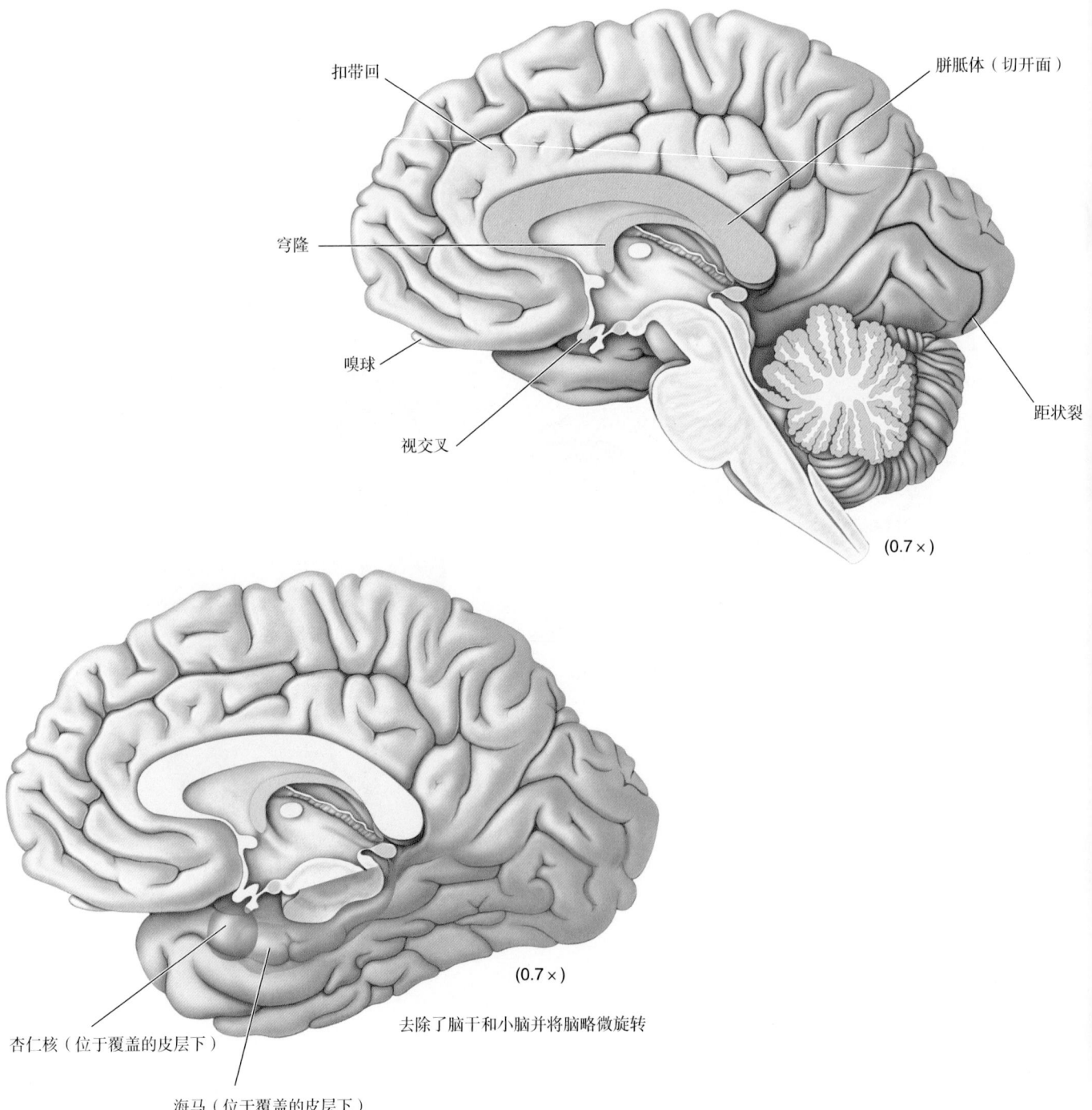

扣带回

胼胝体（切开面）

穹隆

嗅球

视交叉

距状裂

(0.7×)

(0.7×)

去除了脑干和小脑并将脑略微旋转

杏仁核（位于覆盖的皮层下）

海马（位于覆盖的皮层下）

（c）脑室。脑室系统中不成对部分（第三脑室、脑导水管、第四脑室和脊髓中央管）的外侧壁可在脑的内侧视图中观察到。它们都是非常有用的标志，因为丘脑和下丘脑位于第三脑室周边，中脑位于脑导水管周边，脑桥、小脑和延髓位于第四脑室周边，而脊髓则构成脊髓中央管的侧壁。

侧脑室是成对的结构，它像鹿角一样从第三脑室长出来。右下方的图显示了右侧侧脑室的透视图，可见侧脑室位于大脑皮层下方。两个大脑半球包绕着两个侧脑室。注意观察丘脑-中脑分界处的横切面是如何将两个大脑半球的侧脑室形成的"角"横断两次的。

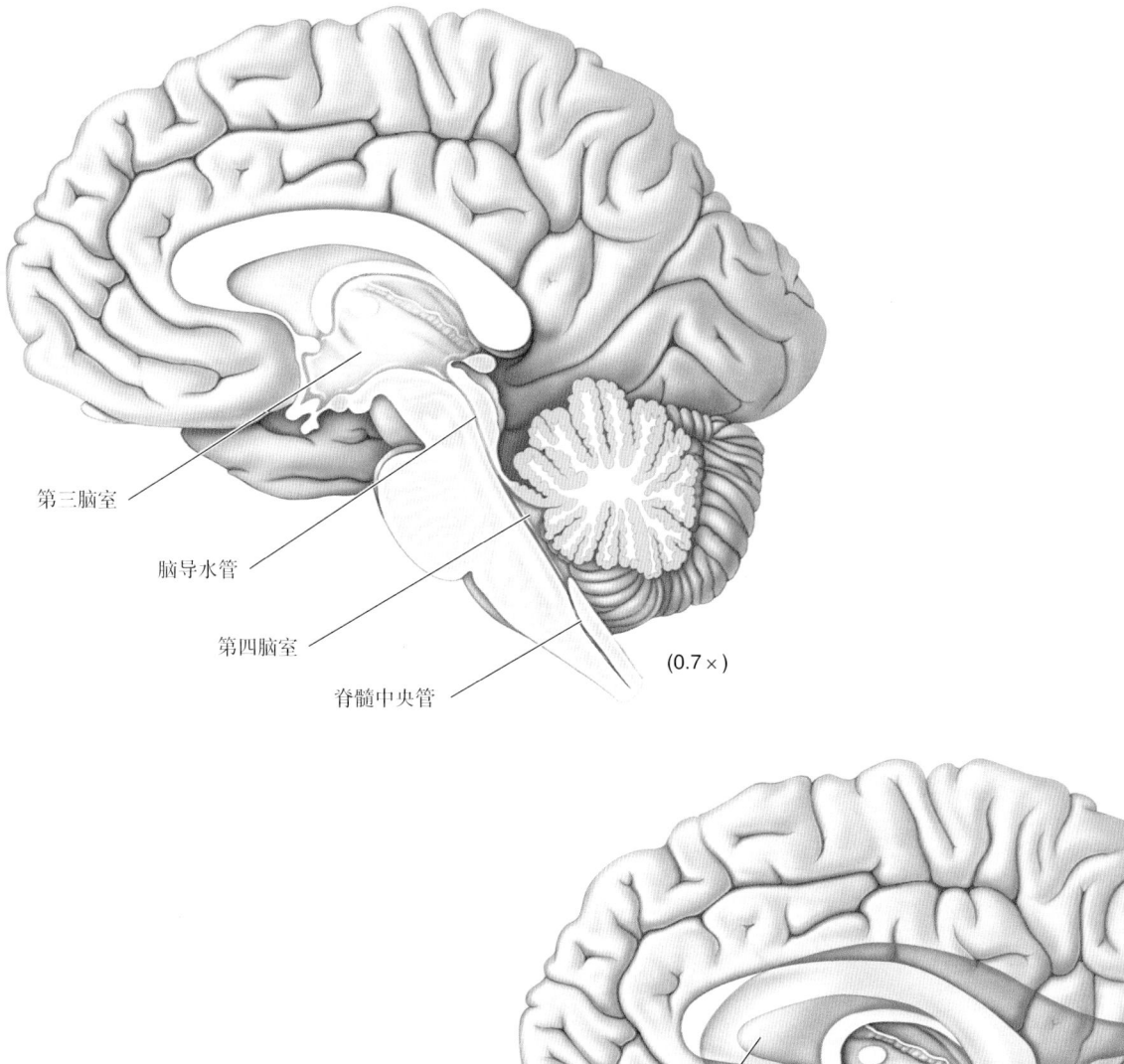

第三脑室

脑导水管

第四脑室

脊髓中央管

(0.7×)

侧脑室（位于覆盖的皮层下）

(0.7×)

去除脑干和小脑并将脑略微旋转

S7.2.3   脑的腹侧面

脑的底部有许多独特的解剖结构。注意那些从脑干处发出的神经，它们是脑神经，在本指南的后面（S7.6段）会更详细地描述。还要注意就在下丘脑前部的X形视交叉。视交叉是很多来自眼睛的轴突从一侧交叉（横穿）到另一侧的部位。交叉前的轴突束从眼睛后部发出，是视神经。交叉后的轴突束消失在丘脑中，称为视

束（optic tracts）（第10章）。成对的乳头体（mammillary body；源于拉丁语的"乳头"一词）是脑腹侧面的一个显著特征。这些下丘脑核团是记忆存储环路的一部分（第23章），也是穹隆轴突支配的主要靶区（见内侧视图）。同时注意嗅球（第8章）、中脑、脑桥和延髓。

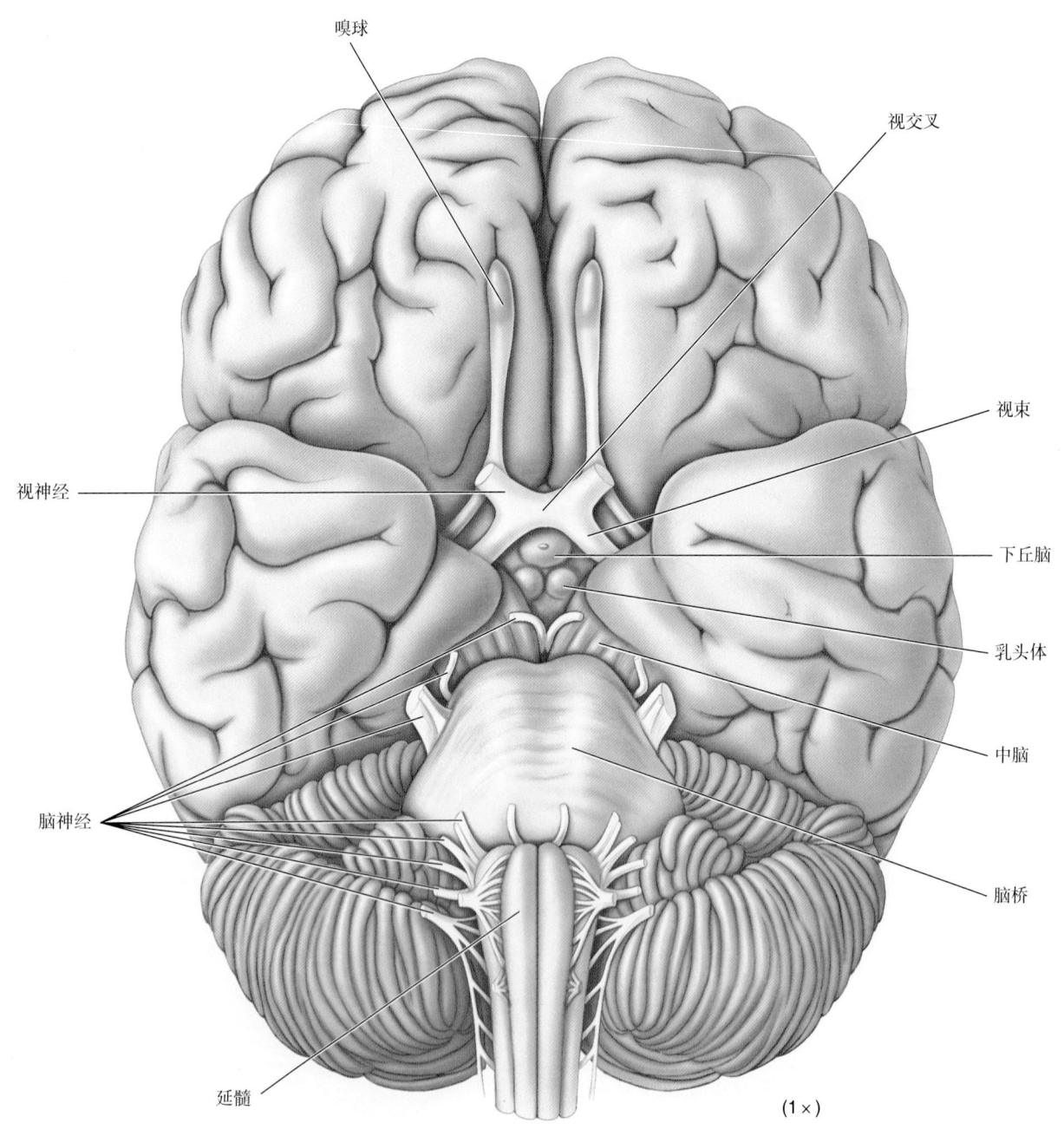

嗅球

视交叉

视束

视神经

下丘脑

乳头体

中脑

脑神经

脑桥

延髓

(1 ×)

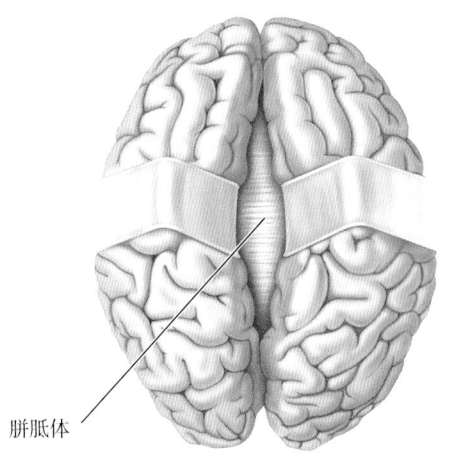

胼胝体

S7.2.4　脑的背侧面

（a）大脑。脑的背侧面完全被大脑占据。注意成对的大脑半球。它们由胼胝体中的轴突相互连接（第20章），如果轻轻分开两个半球后就可以看见胼胝体。前文所示的脑的内侧视图显示了胼胝体的横切面。

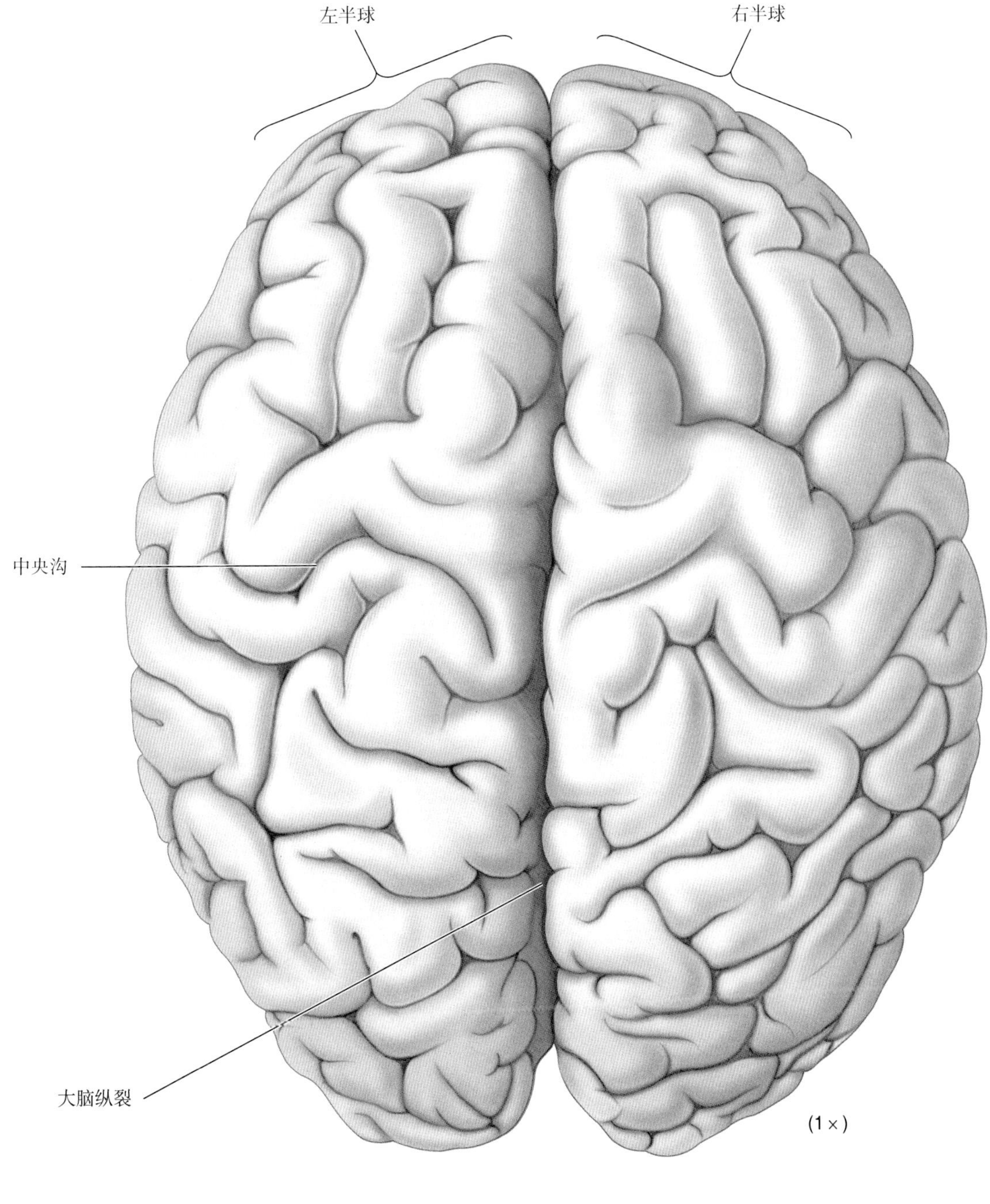

左半球　　　　　　　　　　　右半球

中央沟

大脑纵裂

(1×)

（b）去除大脑后的背侧面。如果将大脑去除并使脑略微向前倾斜，小脑将占据脑的背侧面。小脑是一个重要的运动控制结构（第14章），分为两个半球和一个称为蚓部（vermis；源于拉丁语的"蠕虫"一词）的中线区。

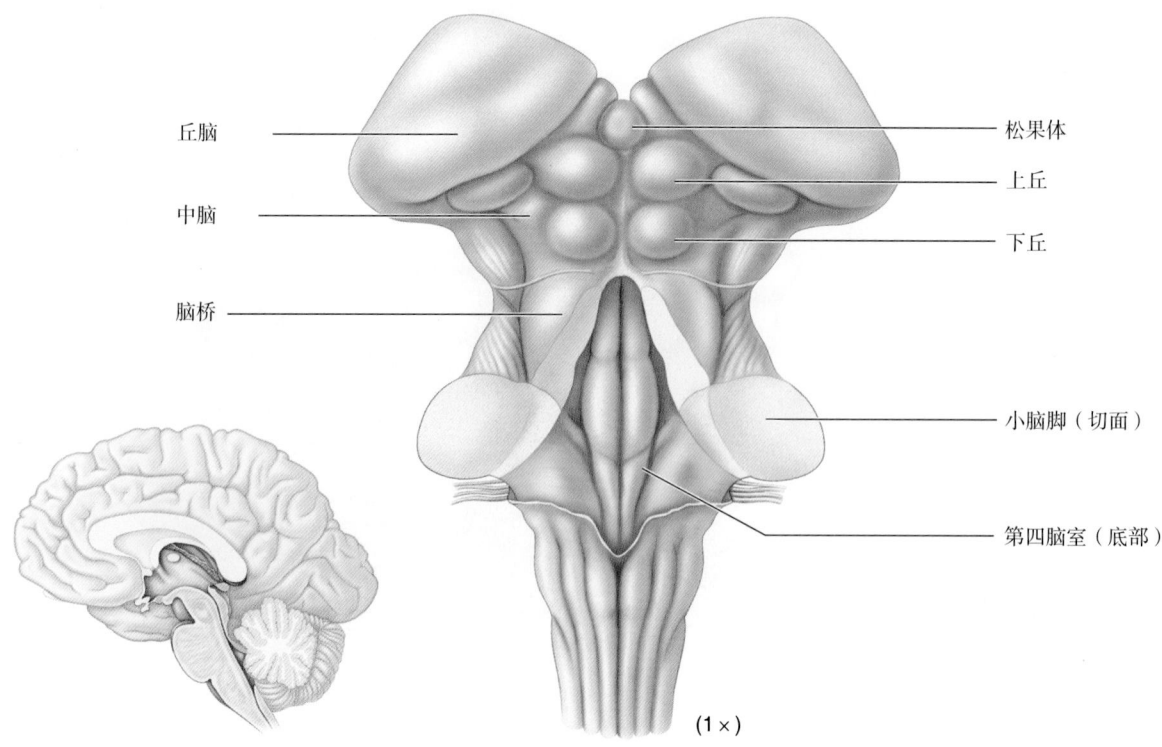

小脑蚓部

左侧小脑半球

右侧小脑半球

（0.95×）

脊髓

（c）去除大脑和小脑后的背侧面。当大脑和小脑都被去除后，脑干的上表面就会显露出来。下图的左侧标注了脑干的主要部分，右侧标注了一些特殊的结构。位于丘脑顶部的松果体分泌褪黑素，并参与睡眠和性行为的调节（第17章和第19章）。上丘（superior colliculus）接受来自眼睛的直接输入（第10章），并参与控制眼球的运动（第14章），而下丘（inferior colliculus）是听觉系统的重要组成部分（第11章）。colliculus（丘）源于拉丁语的"土丘"一词。小脑脚是连接小脑和脑干的巨大轴突束（第14章）。

丘脑

中脑

脑桥

松果体

上丘

下丘

小脑脚（切面）

第四脑室（底部）

（1×）

S7.3　脑的横切面解剖

了解脑还需要我们窥视其内部，这可以通过制备脑的横切面来实现。横切面可以用刀来实际地制备，或者使用磁共振成像或计算机断层成像扫描对活体脑进行数字化无创伤成像。为了了解脑的内部组构，制备横切面的最佳方法是垂直于由胚胎神经管定义的轴线，称为**神经轴**（neuraxis）。人的神经轴随着胎儿的成长逐渐弯曲，特别是在中脑与丘脑的交界处。因此，最佳的切面完全取决于我们沿神经轴横切的位置。

在此部分，我们将看到一组脑的横切片图，显示了前脑（横切面 1～3）、中脑（横切面 4 和 5）、脑桥和小脑（横切面 6）以及延髓（横切面 7～9）的内部结构。这些图是示意图，这意味着切片内的结构有时会被投射到切片的可视表面上。

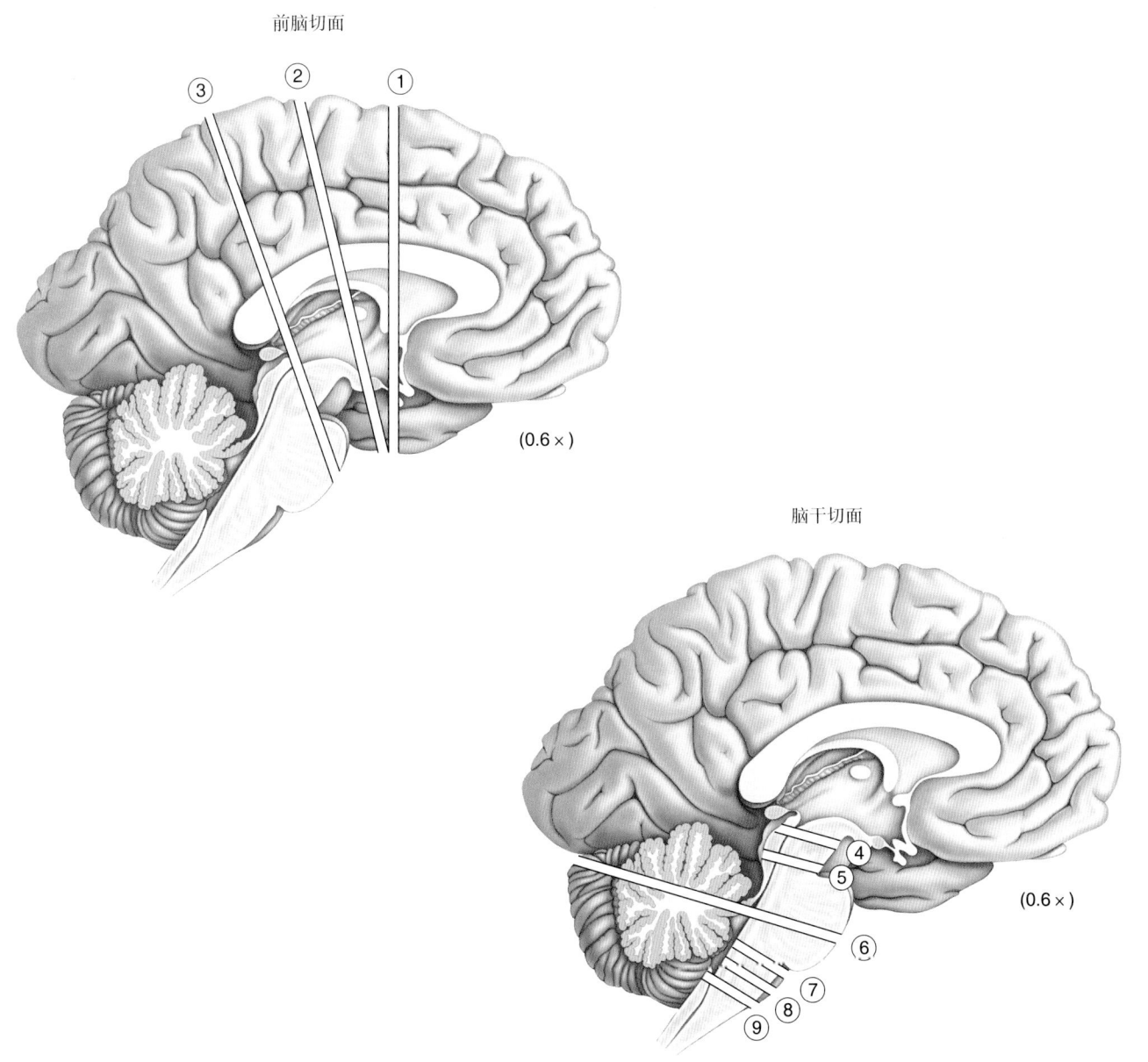

前脑切面

(0.6×)

脑干切面

(0.6×)

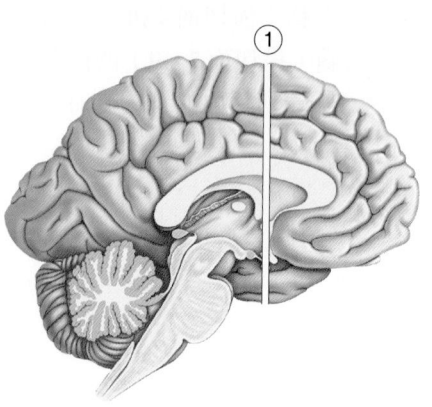

S7.3.1　横切面 1：丘脑－端脑分界处的前脑

（a）**大体特征**。端脑包围着侧脑室，而丘脑包围着第三脑室。注意，此切面中可以看到侧脑室从裂缝状的第三脑室中延伸出来。下丘脑构成第三脑室的底部，是许多机体基本生理功能的重要控制中心（第 15～17 章）。注意，岛叶（第 8 章）位于外侧裂（Sylvius 氏裂）的基底部，外侧裂在此将额叶和颞叶分开。位于端脑深部、岛叶内侧、丘脑外侧的异质区（heterogeneous），称为**基底前脑**（basal forebrain）。

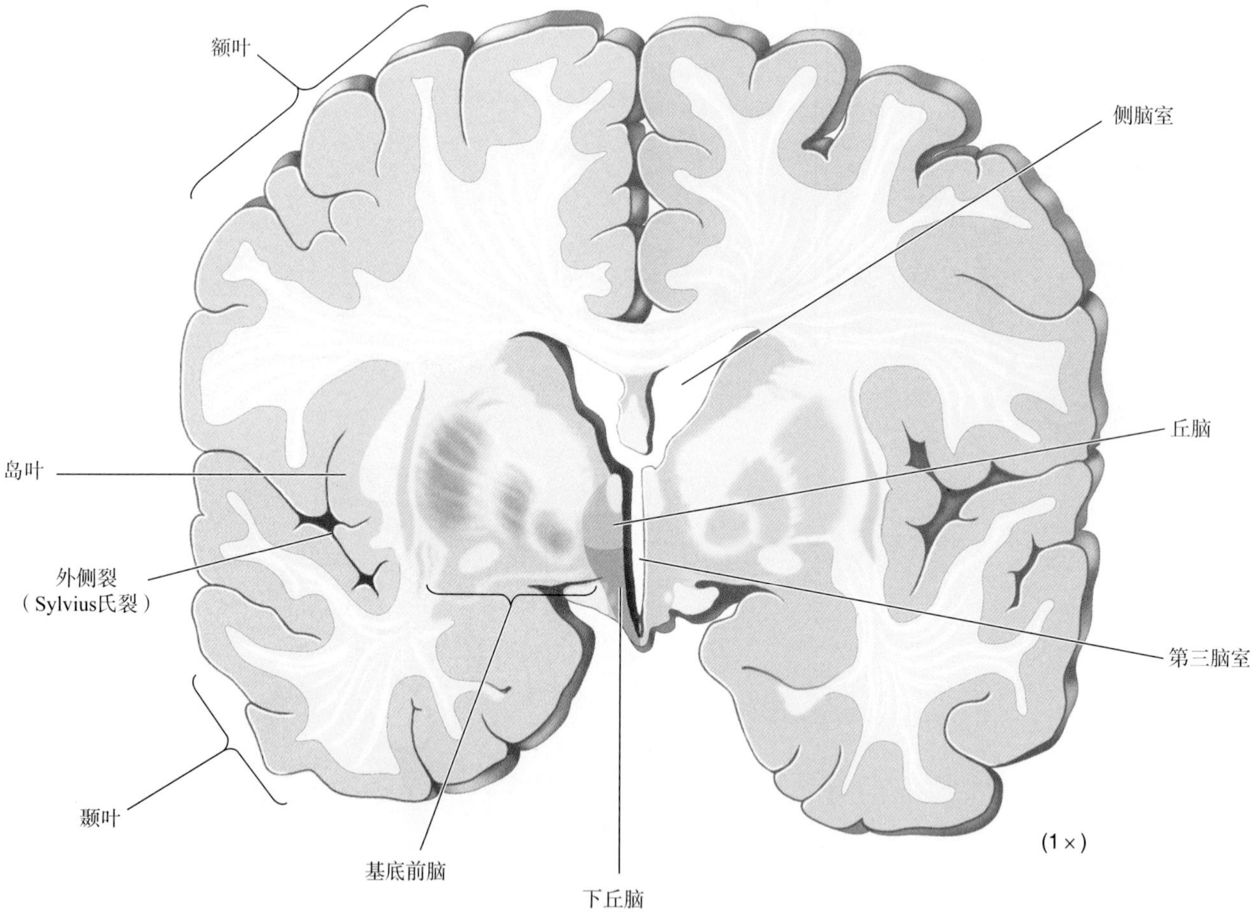

额叶

侧脑室

丘脑

岛叶

外侧裂
（Sylvius 氏裂）

第三脑室

颞叶

基底前脑

下丘脑

(1×)

（b）主要的细胞群和纤维束。从这里，我们可以更加详细地了解前脑的结构。注意，内囊是联系皮层白质与丘脑的巨大轴突集合，而胼胝体是联系两个半球大脑皮层的巨大轴突束。之前在脑的内侧面视图中显示过的穹隆在此横切面亦可见，它环绕着侧脑室的茎部。穹隆与隔区（septal area；源自拉丁语的 saeptum，意为"分隔"）密切联系，并且隔区神经元将轴突投射至穹隆，参与记忆存储（第 24 章）。此横切面还可见基底端脑中 3 个重要的神经元集合：尾核、壳核和苍白球。这些结构被合称为**基底神经节**（basal ganglia），是控制运动的脑系统中的一个重要组成部分（第 14 章）。

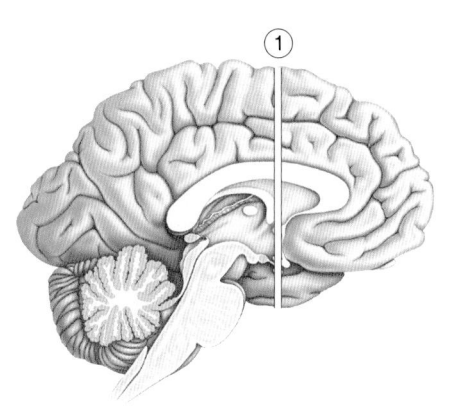

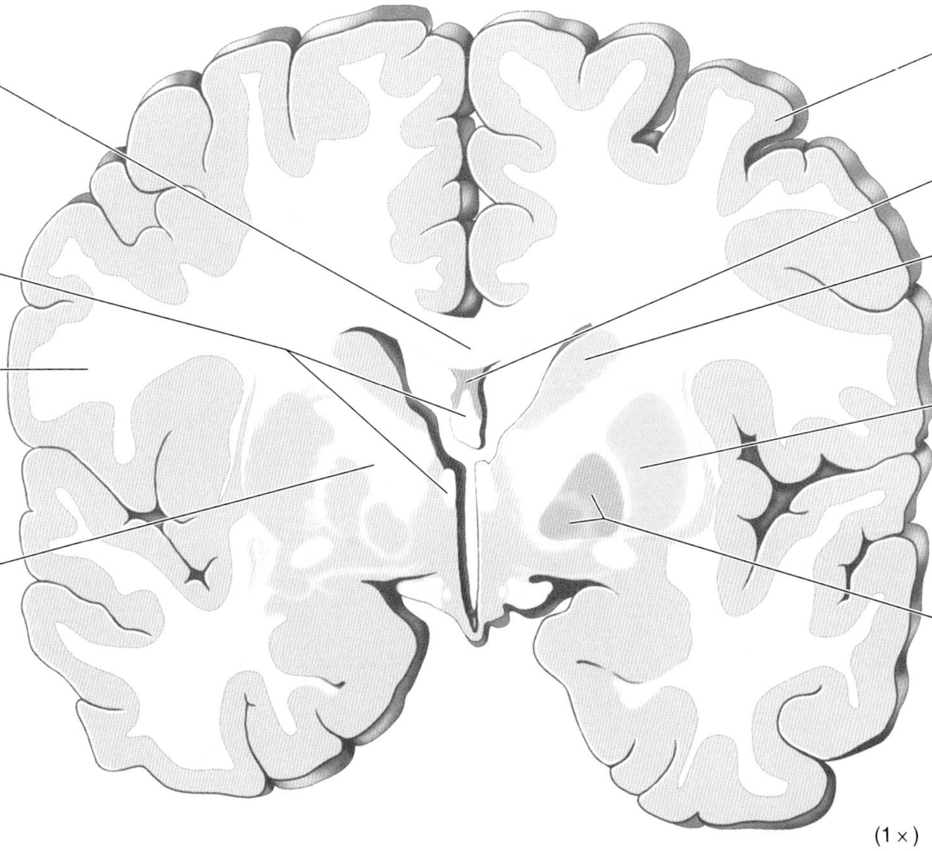

①

纤维束：

细胞群：

胼胝体

穹窿

皮层白质

内囊

大脑皮层

隔区

尾核

壳核

苍白球

(1×)

S7.3.2　横切面2：丘脑中部水平的前脑

（a）**大体特征**。当我们稍稍向神经轴尾部方向移动时，就会在脑的核心部看到围绕着第三脑室的心形的丘脑（thalamus；希腊语"内室"的意思）。丘脑的腹侧是下丘脑。端脑的组构与我们在横切面1中所见的组构极其相似。由于我们的切片位置稍向后一些，因此我们在此处看到外侧裂将顶叶与颞叶分隔开来了。

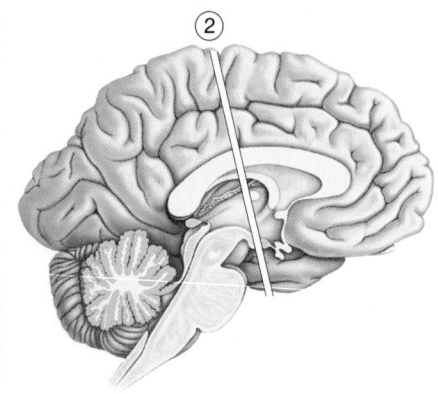

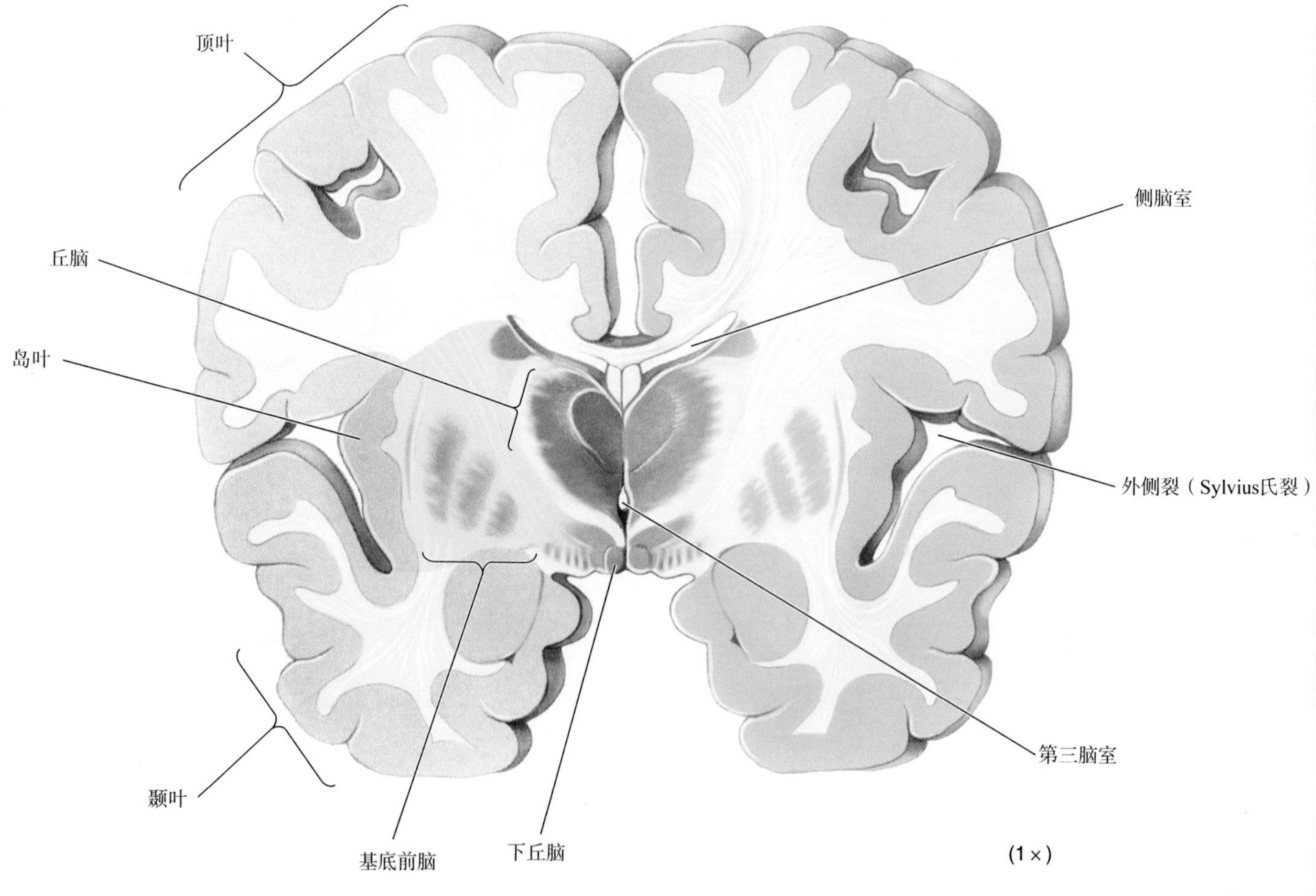

顶叶

丘脑

岛叶

颞叶

基底前脑　　下丘脑

侧脑室

外侧裂（Sylvius氏裂）

第三脑室

(1×)

（b）主要的细胞群和纤维束。许多重要的细胞群和纤维束出现在神经轴的这一水平。端脑中一个明显的新结构是杏仁核，它参与情绪（第18章）和记忆（第24章）的调节。我们还可以看到，丘脑被分成许多单独的核团，其中两个标示在图上：腹后核和腹外侧核。丘脑为大脑皮层提供了大量输入，不同的丘脑核团将轴突投射到皮层的不同区域。腹后核是躯体感觉系统的一部分（第12章），投射到中央后回的皮层。腹外侧核和与之密切相关的腹前核（未标示）是运动系统的一部分（第14章），投射到中央前回的运动皮层。在丘脑之下可见底丘脑和下丘脑的乳头体。底丘脑是运动系统的一部分（第14章），而乳头体接受来自穹隆的信息并参与记忆的调节（第24章）。由于该切片也经过中脑，因而在靠近脑干基底部附近可以看到一点点黑质（substantia nigra；意为"黑色物质"）。黑质也是运动系统的一部分（第14章）。帕金森病就是由于该结构退化所致的。

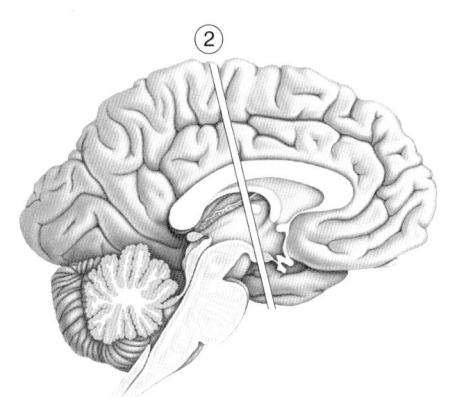

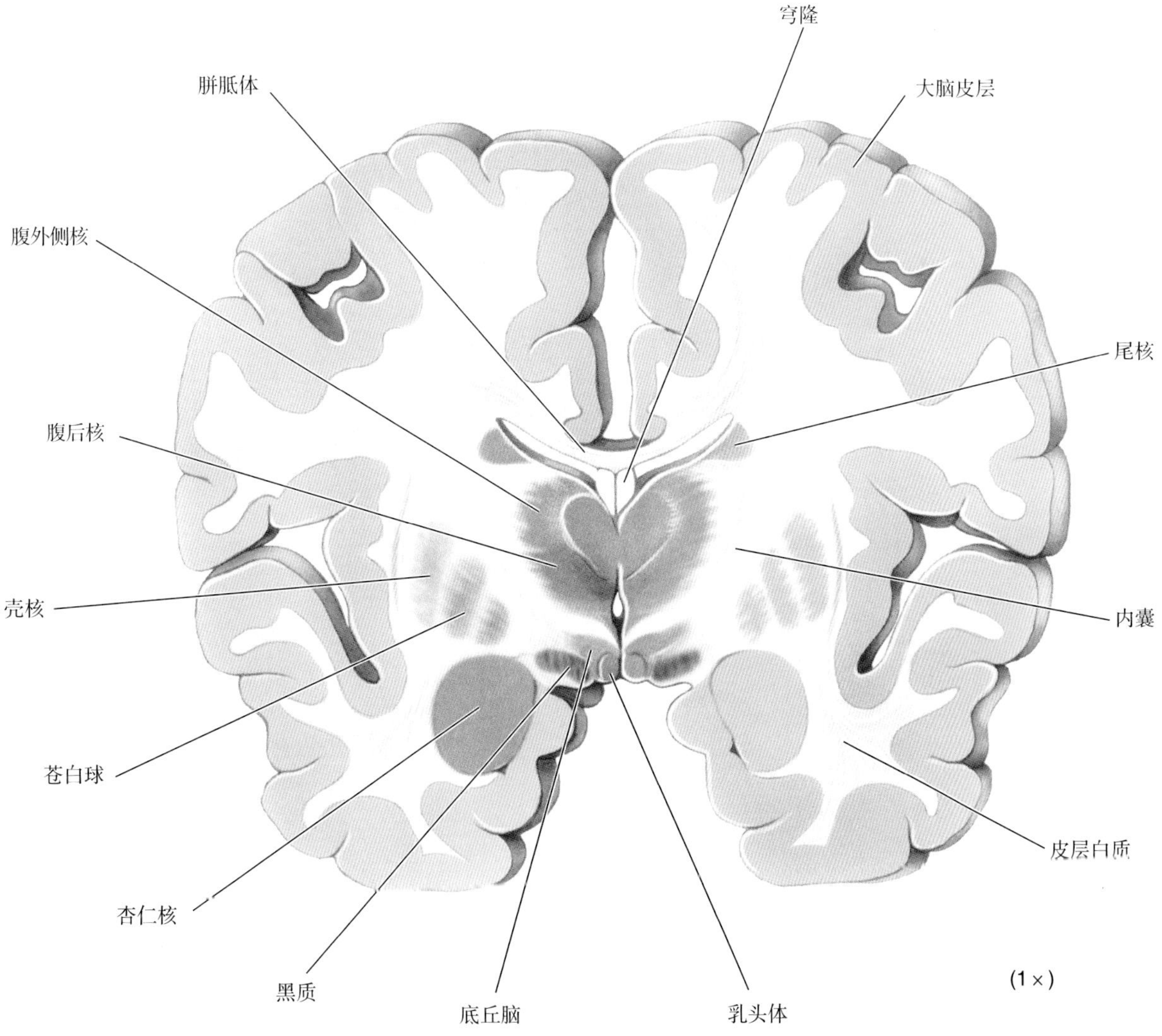

穹隆

大脑皮层

胼胝体

腹外侧核

尾核

腹后核

壳核

内囊

苍白球

杏仁核

皮层白质

黑质

底丘脑

乳头体

（1×）

S7.3.3 横切面3：丘脑-中脑分界处的前脑

（a）大体特征。神经轴在丘脑-中脑分界处急剧弯曲。该横切面取自泪滴状的第三脑室与脑导水管相连的水平。注意，围绕第三脑室的脑组织是丘脑，而围绕脑导水管的脑组织是中脑。每个半球的侧脑室在此切面上都在两处出现。可以通过回顾前文展示的脑室透视图来了解为什么会这样。

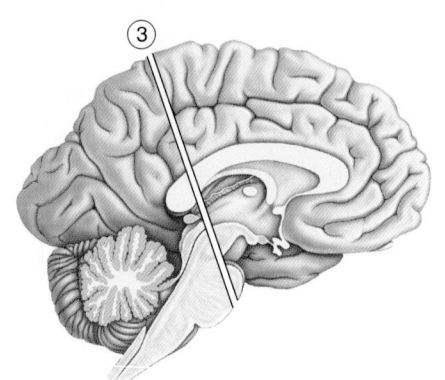

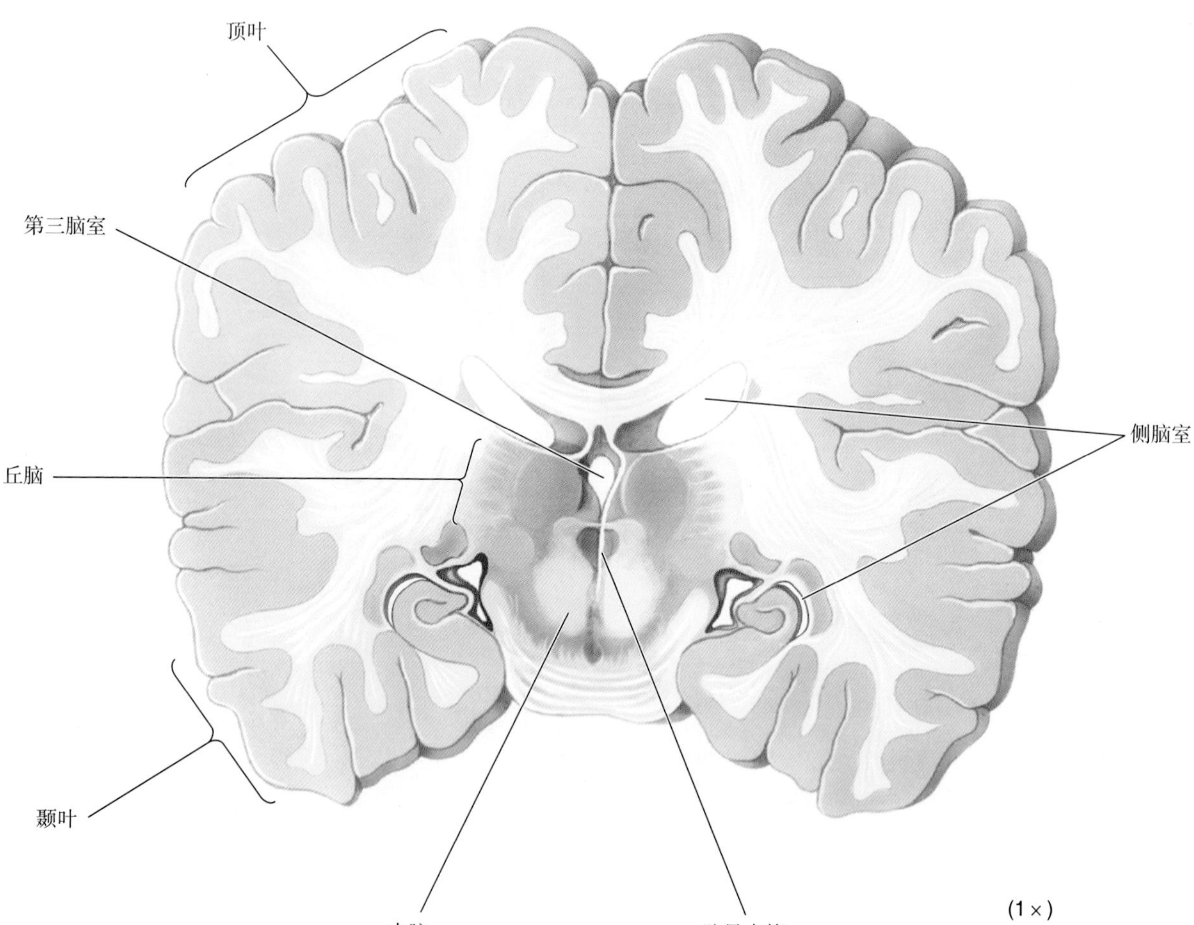

顶叶

第三脑室

丘脑

颞叶

侧脑室

中脑

脑导水管

(1×)

（b）主要的细胞群和纤维束。注意，该切片包含3个更为重要的丘脑核团：枕核，以及内侧膝状体核和外侧膝状体核（通常简称内侧膝状体和外侧膝状体——译者注）。枕核与大部分联络皮层相联系，并在引导注意力方面发挥作用（第21章）。外侧膝状体将信息传递给视皮层（第10章），而内侧膝状体则将信息传递给听皮层（第11章）。还请注意海马的位置，这一相对简单的大脑皮层结构与颞叶的侧脑室接壤。海马（hippocampus，希腊语"海马"的意思）在学习和记忆中发挥重要作用（第24章和第25章）。

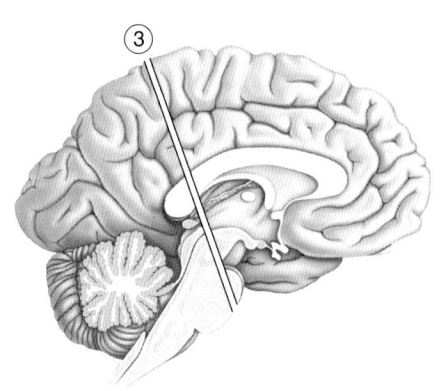

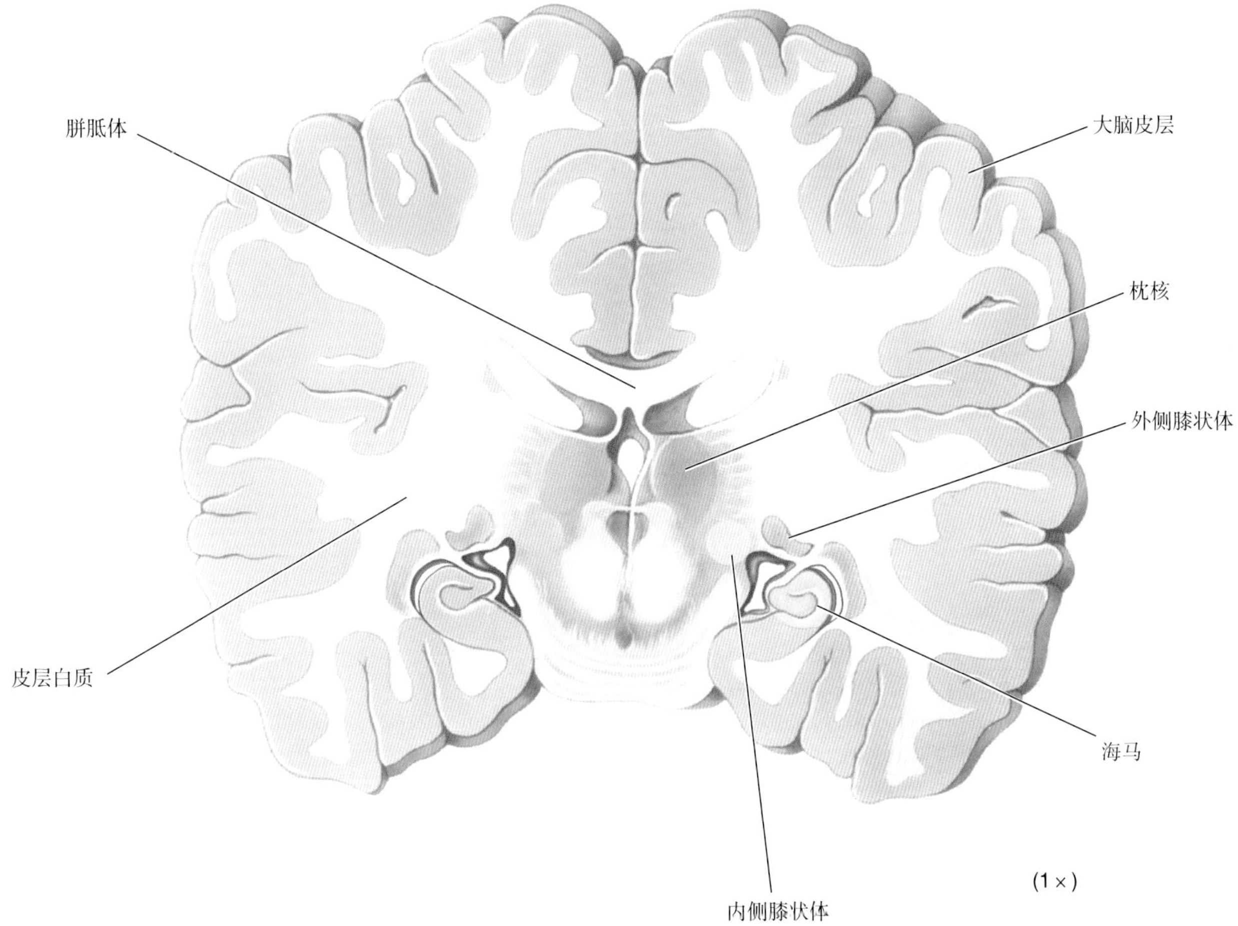

胼胝体

大脑皮层

枕核

外侧膝状体

皮层白质

海马

内侧膝状体

(1×)

S7.3.4 横切面4：中脑头端

现在我们来观察中脑，它是脑干的一部分。注意，此切面相对于前脑切面有一定的倾角，以使其保持与神经轴相垂直。中脑的中心处是小小的脑导水管。此处，中脑的顶部，又称**顶盖**（tectum；拉丁语"屋顶"

的意思），由成对的上丘组成。如前所述，上丘是视觉系统的一部分（第10章），而黑质是运动系统的一部分（第14章）。红核也是一个运动控制结构（第14章），而导水管周围灰质对躯体痛觉的控制起重要作用（第12章）。

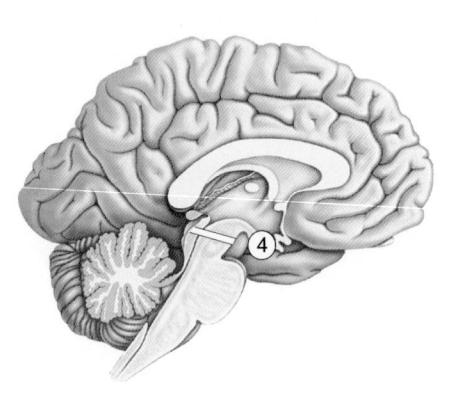

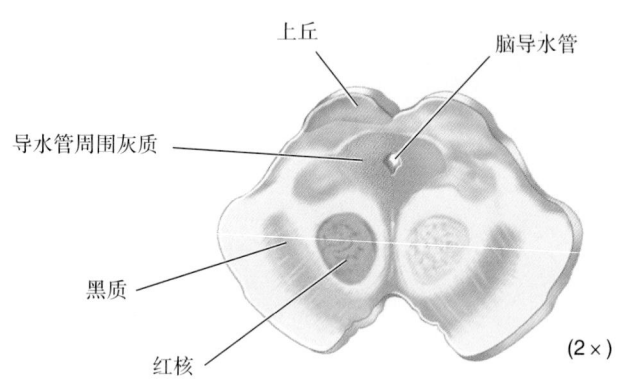

上丘　　脑导水管

导水管周围灰质

黑质

红核

(2×)

S7.3.5 横切面5：中脑尾端

中脑尾端与中脑头端看起来非常相似。然而，在这一水平，顶盖是由下丘（听觉系统的一部分；第11章）而非上丘构成的。可以回顾一下脑干的俯视图来了解上丘和下丘彼此是如何相对排列的。

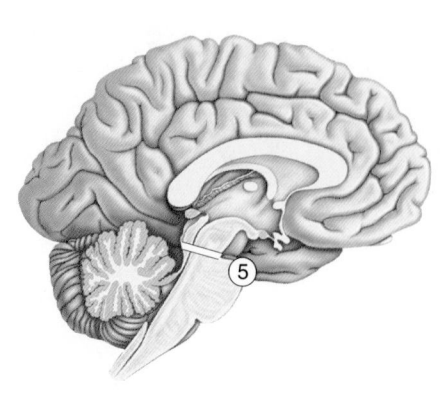

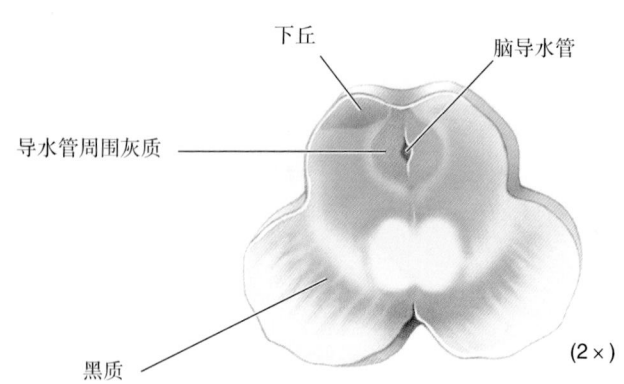

下丘　　脑导水管

导水管周围灰质

黑质

(2×)

S7.3.6　横切面 6：脑桥和小脑

这一切面显示了脑桥和小脑，即与第四脑室接壤的后脑头端。如前所述，小脑在运动控制中很重要。小脑皮层的大部分输入源于脑桥核，而小脑的输出来自小脑深部核团的神经元（第14章）。网状结构（reticular formation；reticulum 为拉丁语"网"的意思）从中脑一直延伸到延髓的核心，恰位于脑导水管和第四脑室的下方。网状结构的一个功能是调节睡眠和觉醒（第19章）。此外，脑桥网状结构还具有控制躯体姿势的功能（第14章）。

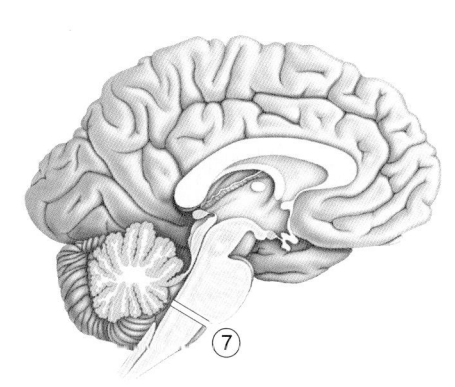
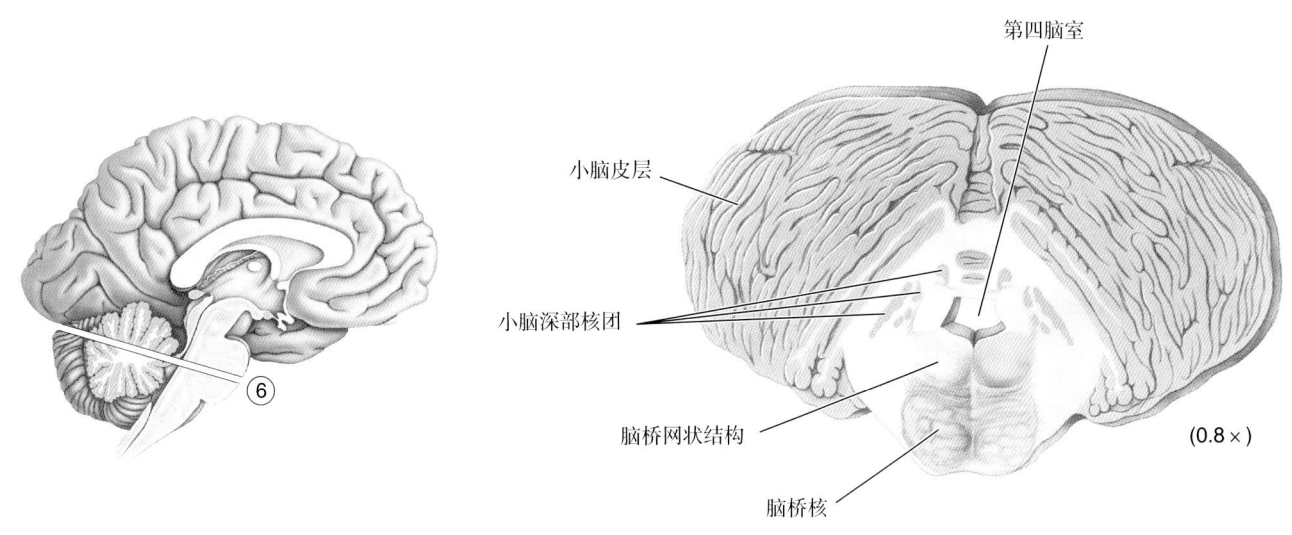

第四脑室　小脑皮层　小脑深部核团　脑桥网状结构　脑桥核　(0.8×)

S7.3.7　横切面 7：延髓头端

当我们沿着神经轴进一步向尾端移动时，围绕第四脑室的脑组织就变成了延髓。延髓是一个复杂的脑区。这里我们仅关注那些在本书后面将要讨论其功能的结构。在延髓的底部是延髓锥体，巨大的轴突束从前脑下行，经此处到达脊髓。锥体中包含皮层脊髓束，它们参与随意运动的控制（第14章）。在延髓的头端还可以发现一些对听觉很重要的核团：背侧耳蜗核、腹侧耳蜗核和上橄榄核（第11章）。同样可见到的，还有对运动控制很重要的下橄榄核（第14章），以及对痛觉、情绪和觉醒调节很重要的中缝核（第12、19和22章）。

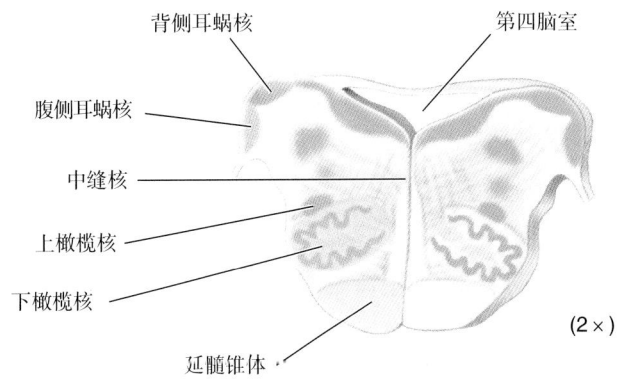

背侧耳蜗核　第四脑室　腹侧耳蜗核　中缝核　上橄榄核　下橄榄核　延髓锥体　(2×)

S7.3.8　横切面8：延髓中部

延髓中部包含一些与横切面7所示相同的结构。此外，应注意内侧丘系（medial lemniscus；lemniscus为拉丁语"绸带"的意思）。内侧丘系包含将有关躯体感

觉的信息传入丘脑的轴突（第12章）。味觉核是较大的孤束核的一部分，负责味觉（第8章）。前庭核负责平衡觉（第11章）。

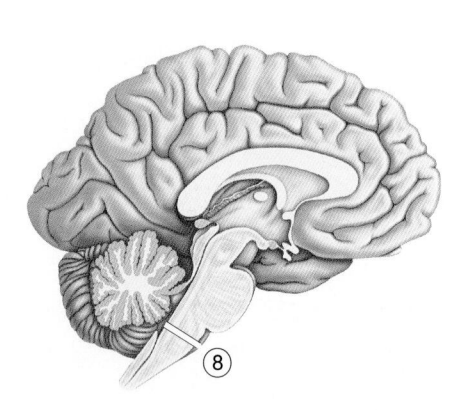

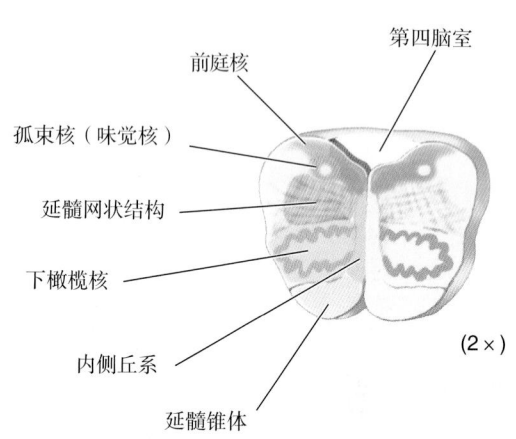

前庭核
第四脑室
孤束核（味觉核）
延髓网状结构
下橄榄核
内侧丘系
延髓锥体
（2×）

S7.3.9　横切面9：延髓-脊髓分界处

随着延髓消失，第四脑室也消失了，现在被脊髓中央管的起点所取代。注意背柱核，它接受来自脊髓的躯

体感觉信息（第12章）。从每一侧背柱核神经元发出的轴突都穿越至脑的另一侧（交叉），再经内侧丘系上行到丘脑。

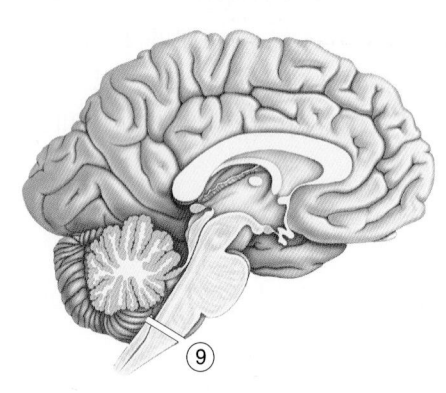

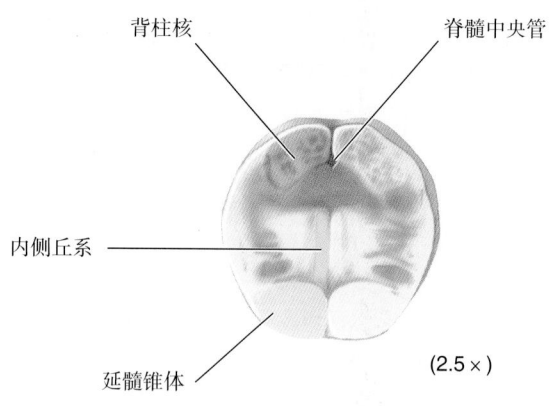

背柱核
脊髓中央管
内侧丘系
延髓锥体
（2.5×）

S7.4　脊髓

S7.4.1　脊髓的背侧面和脊神经

脊髓位于脊柱内。脊神经是外周躯体神经系统（somatic peripheral nervous system）的一部分，经由椎骨间的孔隙与脊髓相联系。椎骨是根据它们所在的位置来描述的。在颈部的称为颈椎（cervical vertebrae），编号为1~7。附着肋骨的椎骨称为胸椎（thoracic vertebrae），编号为1~12。腰背部的5块椎骨称为腰

椎（lumbar vertebrae），骨盆内的椎骨称为骶椎（sacral vertebrae）。

注意脊神经及其相关的脊髓节段是如何采用椎骨的名称来命名的（看看8对颈神经如何与7根颈椎相关联）。还应注意成人的脊髓约在第3腰椎处结束。之所以出现这一差异，是由于脊髓在出生后就不再生长了，而脊柱却在继续生长。在腰段和骶段脊柱中下行的脊神经束称为马尾（cauda equina；拉丁语"马尾"的意思）。

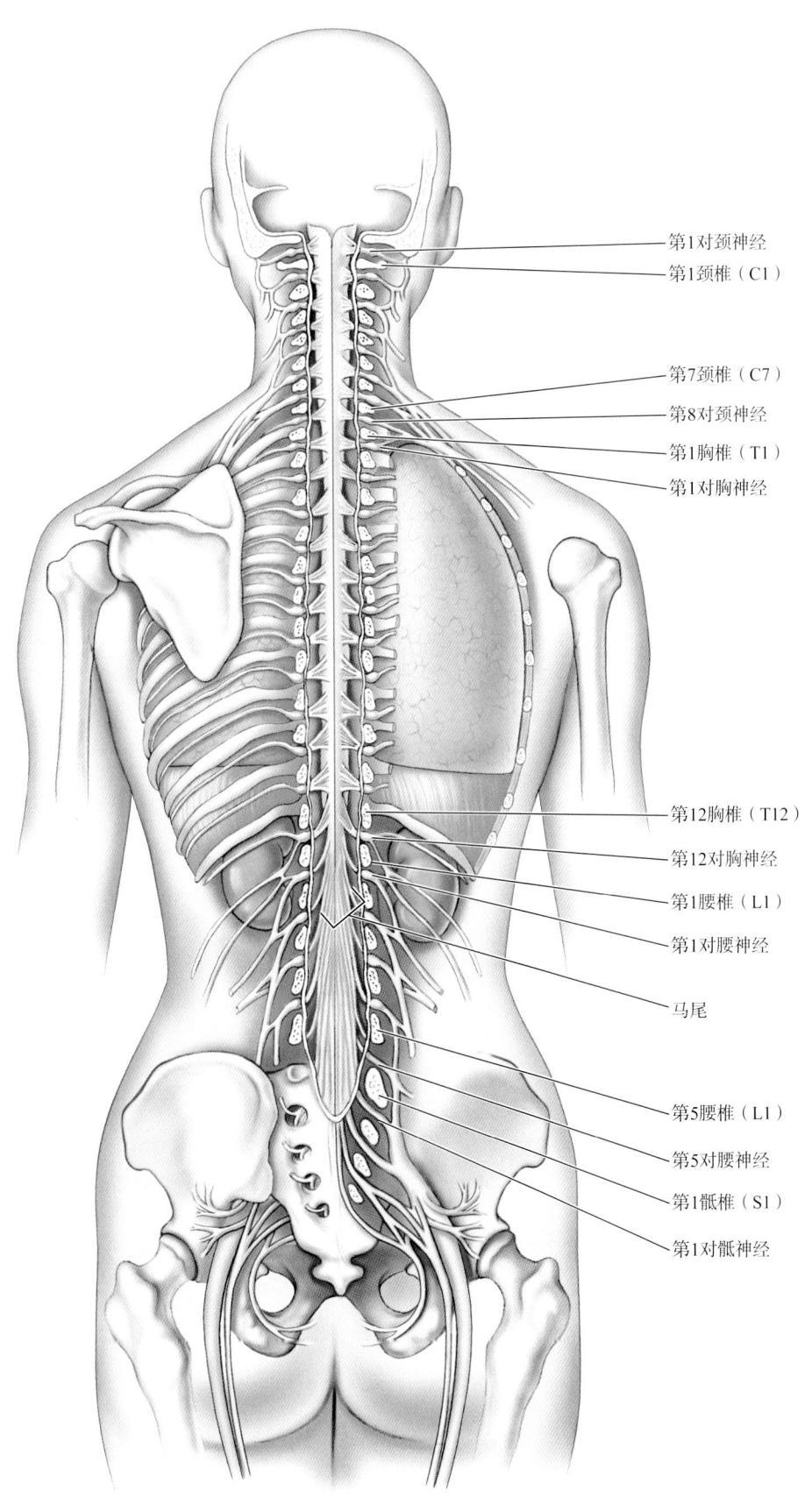

第1对颈神经

第1颈椎（C1）

第7颈椎（C7）

第8对颈神经

第1胸椎（T1）

第1对胸神经

第12胸椎（T12）

第12对胸神经

第1腰椎（L1）

第1对腰神经

马尾

第5腰椎（L1）

第5对腰神经

第1骶椎（S1）

第1对骶神经

S7.4.2 脊髓的腹外侧面

本图显示脊神经是如何连接到脊髓的，以及脊膜是如何组构的。脊神经在进入椎骨间隙时即分为两根。背根携带感觉轴突，其胞体位于背根神经节中。腹根则携带从腹侧脊髓灰质发出的运动轴突。脊髓的蝴蝶状核心是灰质，由神经元胞体组成。灰质分为背角、侧角和腹角。注意，脊髓中灰质和白质的组构与前脑的组构不同。在前脑，灰质包围白质，而在脊髓中恰好相反。厚厚的白质壳含有沿脊髓上行和下行的长轴突，可分为3个柱：背柱（dorsal column）、侧柱（lateral columns）和腹柱（ventral column）。

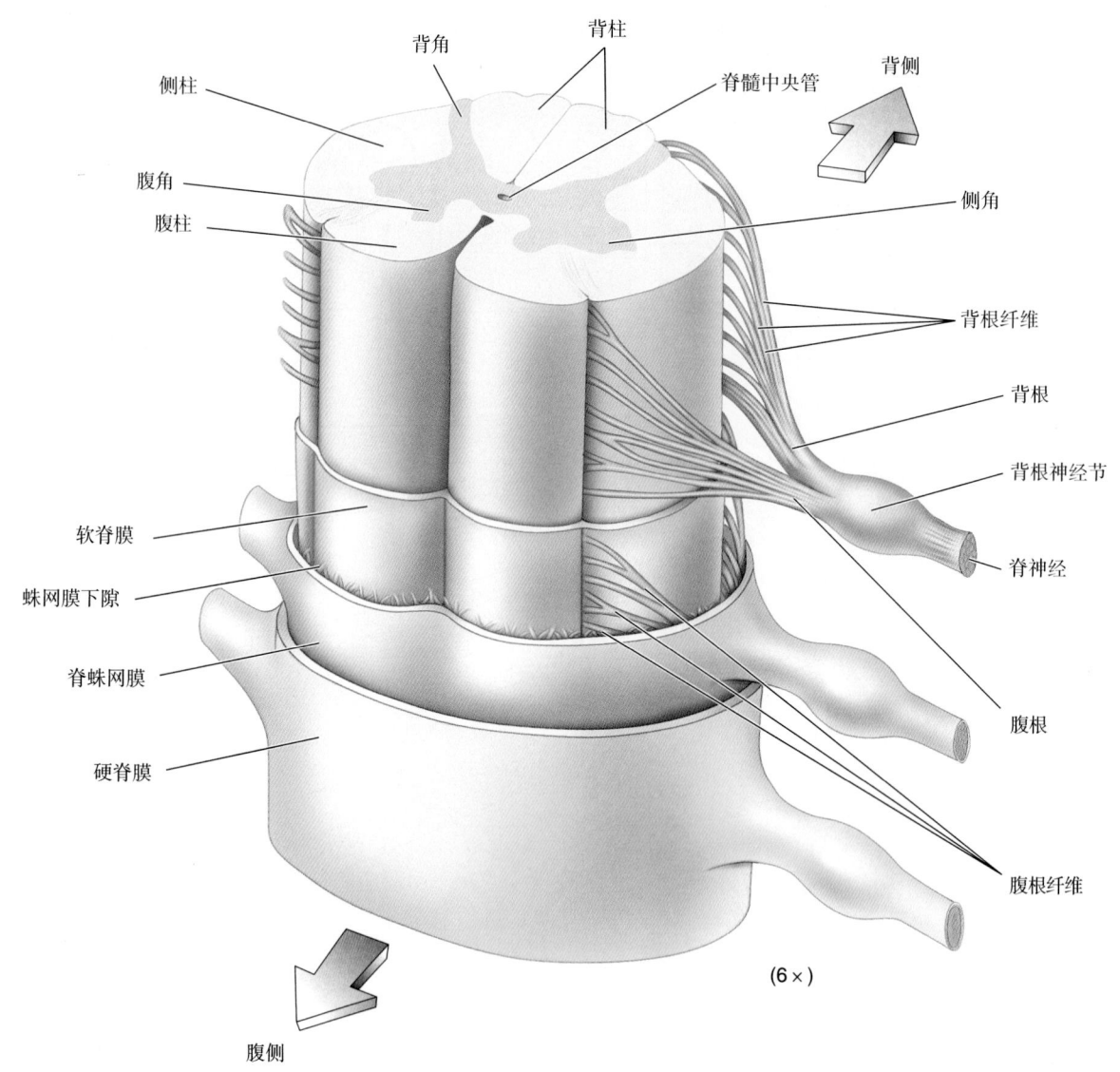

(6×)

S7.4.3 脊髓的横切面解剖

本图所示的是一些脊髓中重要的上行和下行的轴突束。左侧标注了主要的上行感觉通路。注意，整个背柱由上行至脑的感觉轴突构成。该通路对于有意识地感知触觉很重要。脊髓丘脑束传递关于痛觉刺激和温度的信息。躯体感觉系统将在第12章讨论。右侧是一些对运动控制很重要的下行传导束（第14章）。传导束的名称准确地描述了其起源和终止（例如，前庭脊髓束起源于延髓中的前庭核，并终止于脊髓）。注意，下行传导束分为两条通路：外侧通路和腹内侧通路。外侧通路传递随意运动指令，尤其是四肢运动的指令。腹内侧通路主要参与姿势的维持和特定的反射运动。

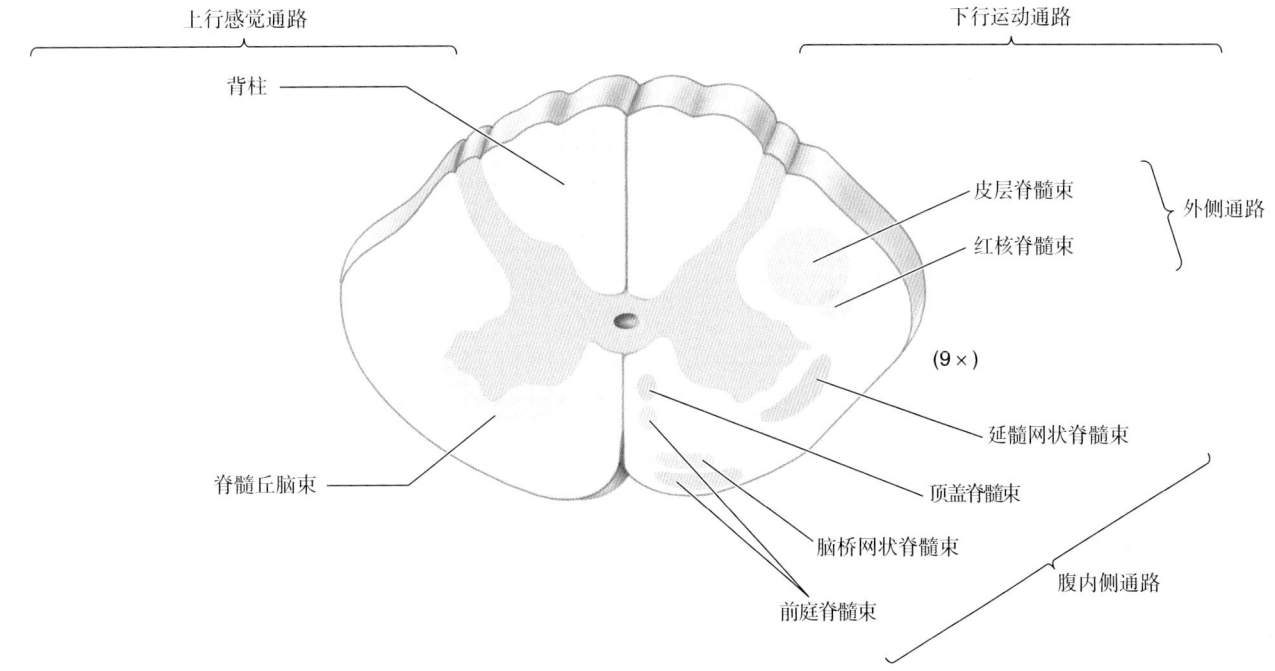

上行感觉通路

下行运动通路

背柱

皮层脊髓束

红核脊髓束

外侧通路

(9×)

脊髓丘脑束

延髓网状脊髓束

顶盖脊髓束

脑桥网状脊髓束

腹内侧通路

前庭脊髓束

S7.5 自主神经系统

除了主要负责控制随意运动和意识到皮肤感觉的外周躯体神经系统，还有专门负责调节内脏器官、腺体和脉管系统的外周内脏神经系统。由于这一调节是自动发生的，并不受意识的直接控制，因此这一系统称为**自主神经系统**（autonomic nervous system），简称**ANS**。自主神经系统最重要的两个部分称为**交感神经部**（sympathetic division）和**副交感神经部**（parasympathetic division）。

本图显示了经过眼睛的体腔矢状切面。注意被结缔组织厚壁所包裹的脊柱。可以观察到脊神经从脊柱中发出。注意，自主神经系统的交感神经部由一条沿着脊柱一侧行走的神经节链组成。这些神经节彼此相联系，并与脊神经和大量的内脏器官相联系。自主神经系统的副交感神经部的组构方式则完全不同。大多数支配内脏的副交感神经来自迷走神经，而迷走神经是从延髓发出的脑神经之一。副交感神经纤维的另一主要来源是骶神经（自主神经系统的功能组构将在第15章讨论）。

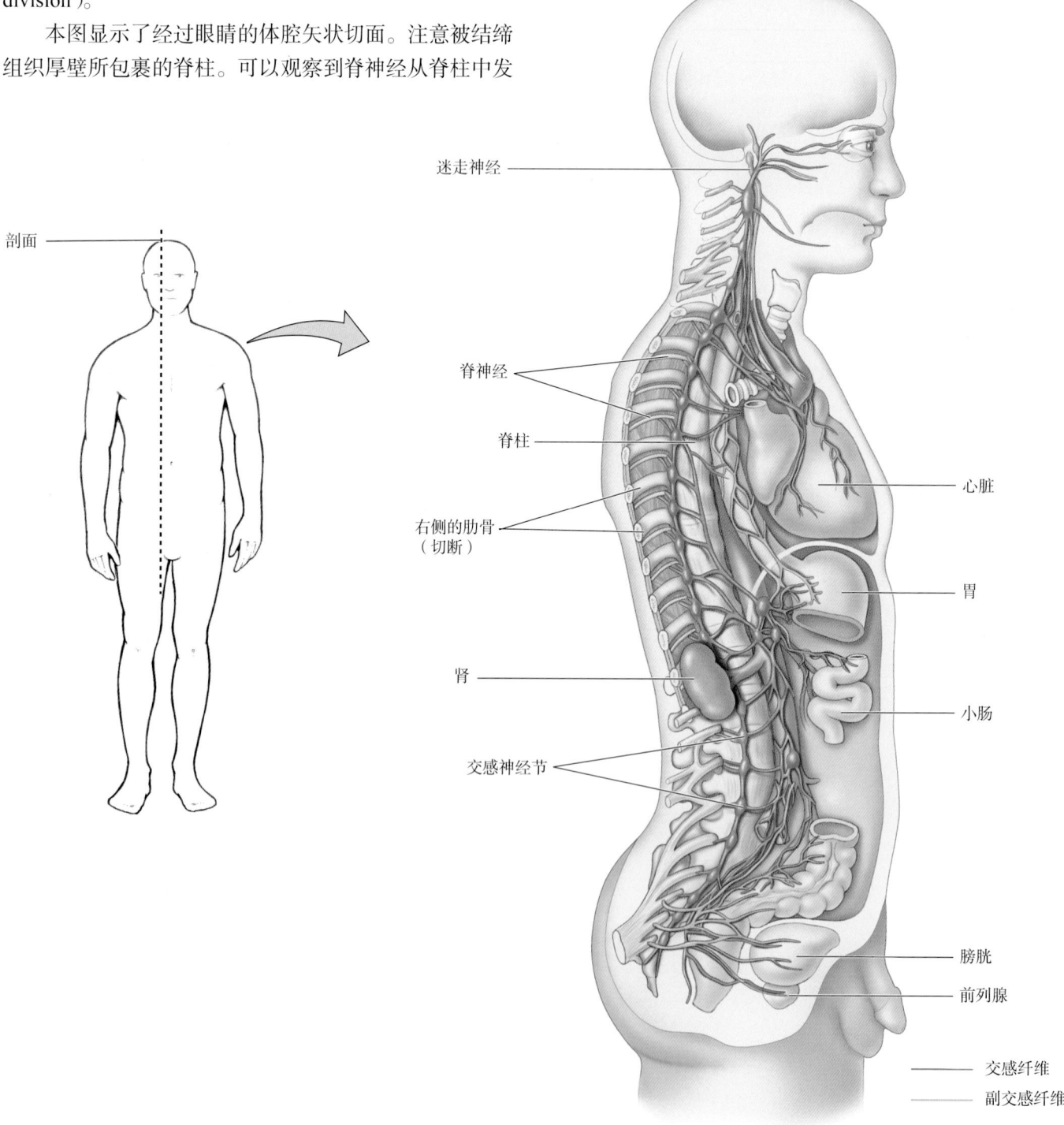

剖面

迷走神经

脊神经

脊柱

右侧的肋骨
（切断）

心脏

胃

肾

小肠

交感神经节

膀胱

前列腺

—— 交感纤维
—— 副交感纤维

S7.6　脑神经

　　12 对脑神经从脑的基底部发出。前两对"神经"实际上是中枢神经系统的一部分，分别负责嗅觉和视觉。其余的类似于脊神经，因为它们含有外周神经系统的轴突。然而，如下图所示，一根脑神经通常包含许多执行不同功能的纤维。了解这些神经及其功能对于诊断许多神经系统疾病很有帮助。重要的是要认识到脑神经与中脑、脑桥和延髓中的脑神经核相联系。以耳蜗神经核和前庭核为例，它们接受来自第 8 对脑神经的信息。大多数脑神经核没有在脑干的横切面图上显示或标记，因为本书不详细讨论它们的功能。

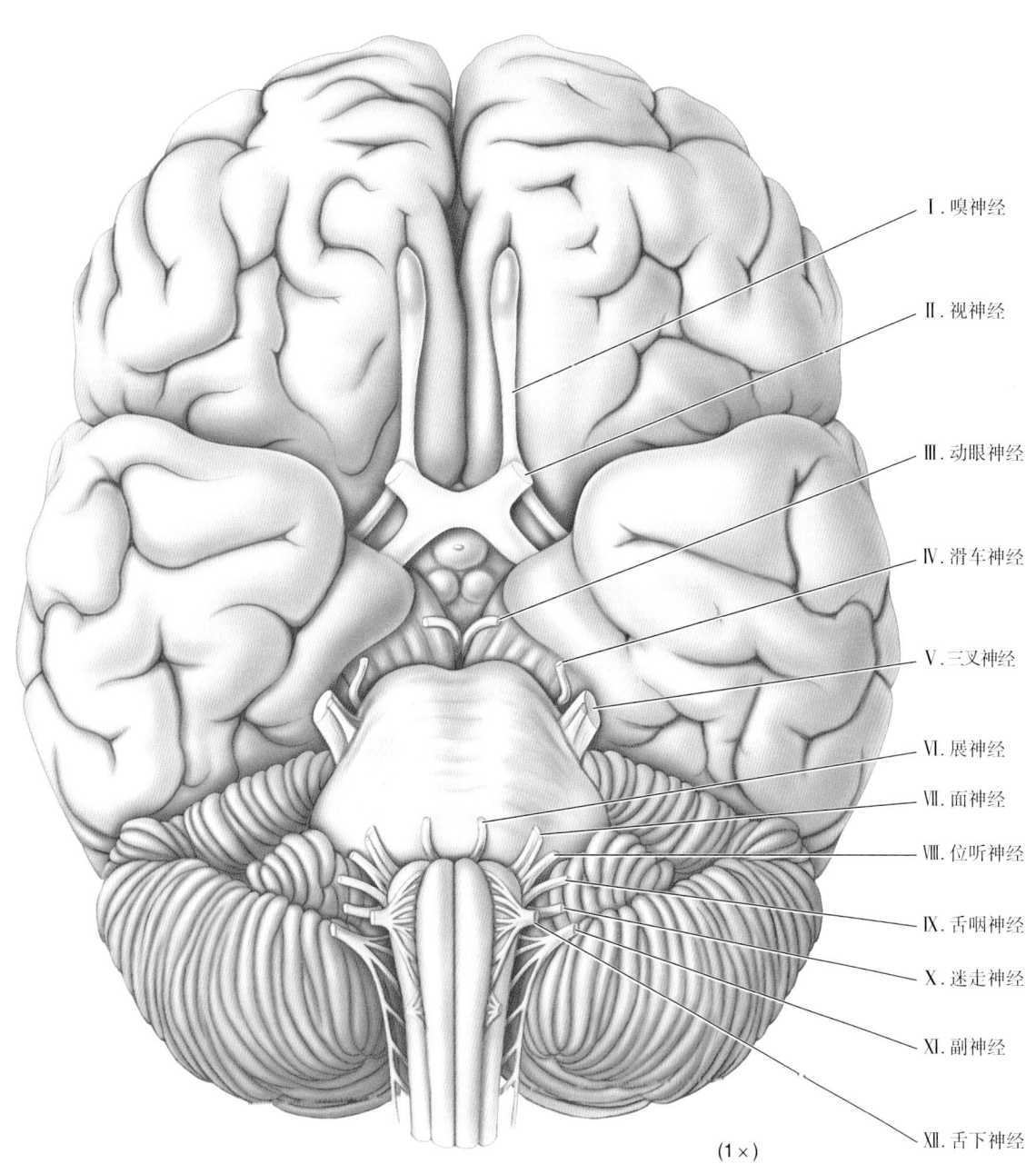

Ⅰ. 嗅神经

Ⅱ. 视神经

Ⅲ. 动眼神经

Ⅳ. 滑车神经

Ⅴ. 三叉神经

Ⅵ. 展神经

Ⅶ. 面神经

Ⅷ. 位听神经

Ⅸ. 舌咽神经

Ⅹ. 迷走神经

Ⅺ. 副神经

Ⅻ. 舌下神经

(1×)

脑神经的编号和名称	轴突类型	重要功能
Ⅰ. 嗅神经	特殊感觉	嗅觉
Ⅱ. 视神经	特殊感觉	视觉
Ⅲ. 动眼神经	躯体运动	眼和眼睑的运动
	内脏运动	瞳孔大小的副交感控制
Ⅳ. 滑车神经	躯体运动	眼的运动
Ⅴ. 三叉神经	躯体感觉	面部触觉
	躯体运动	咀嚼肌运动（咀嚼）
Ⅵ. 展神经	躯体运动	眼的运动
Ⅶ. 面神经	躯体感觉	面部表情肌的运动
	特殊感觉	舌前端2/3的味觉
Ⅷ. 位听神经	特殊感觉	听觉和平衡觉
Ⅸ. 舌咽神经	躯体运动	喉部（口咽部）肌肉的运动
	内脏运动	唾液腺的副交感控制
	特殊感觉	舌后端1/3的味觉
	内脏感觉	探测主动脉血压变化
Ⅹ. 迷走神经	内脏运动	心、肺及腹部器官的副交感控制
	内脏感觉	与内脏有关的痛觉
	躯体运动	喉部（口咽部）肌肉的运动
Ⅺ. 副神经	躯体运动	喉部和颈部肌肉的运动
Ⅻ. 舌下神经	躯体运动	舌的运动

S7.7　脑的供血系统

S7.7.1　腹侧视图

　　两对动脉为脑供血：椎动脉（vertebral artery）和颈内动脉（internal carotid artery）。椎动脉在脑桥基底部附近汇合成一根基底动脉（basilar artery）。在中脑水平，基底动脉分支成左右小脑上动脉（superior cerebellar artery）和左右大脑后动脉（posterior cerebral artery）。注意，大脑后动脉又发出分支，称为**后交通动**脉（posterior communicating artery），将它们与颈内动脉相连。颈内动脉分支形成大脑中动脉（middle cerebral artery）和大脑前动脉（anterior cerebral artery）。两侧的大脑前动脉由前交通动脉（anterior communicating artery）相连。因此，在脑的基底部有一圈相连的动脉环，由大脑后动脉和后交通动脉、颈内动脉，以及大脑前动脉和前交通动脉组成。这个环称为**威利斯环**（circle of Willis；即大脑动脉环——译者注）。

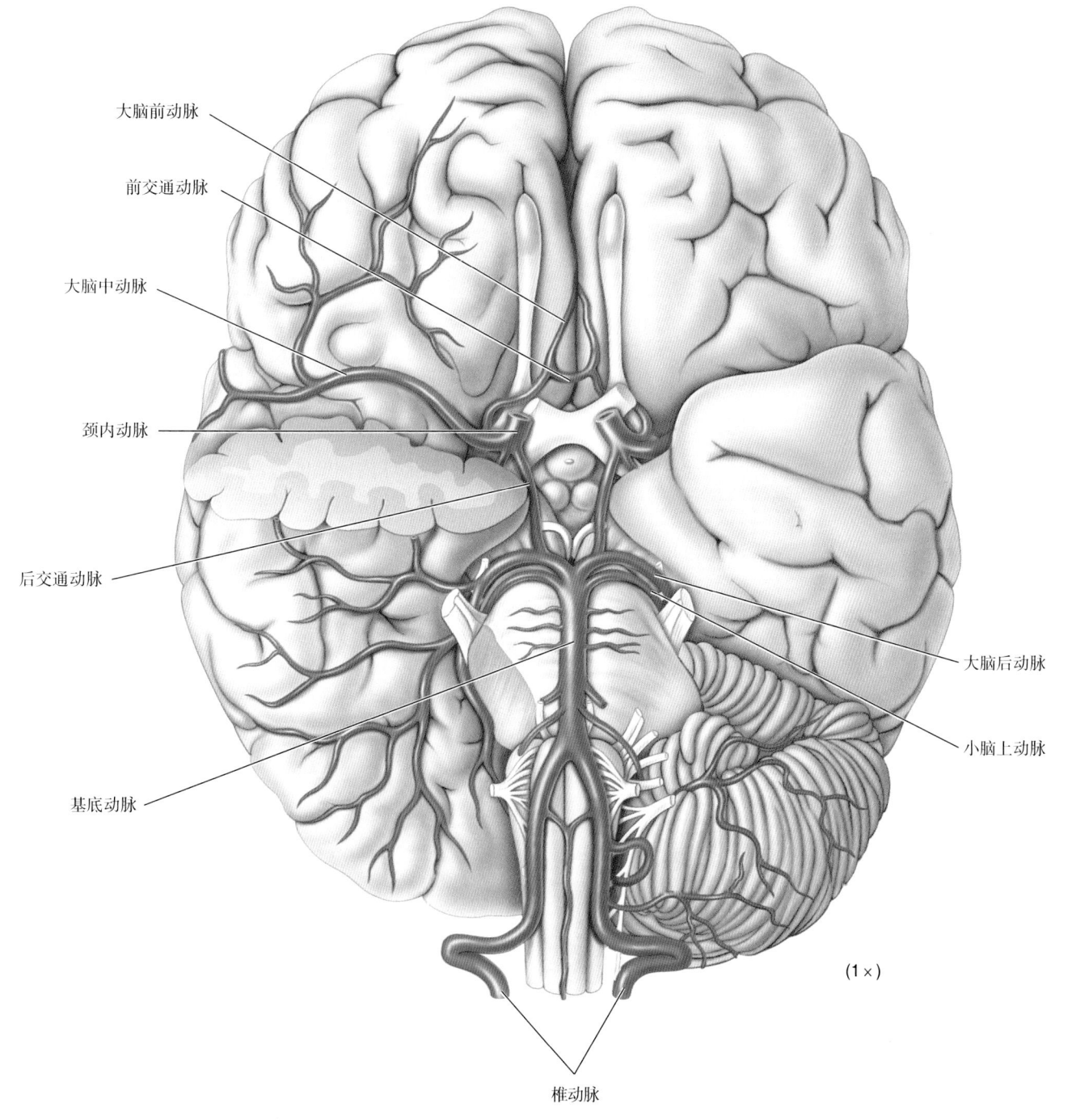

大脑前动脉

前交通动脉

大脑中动脉

颈内动脉

后交通动脉

基底动脉

大脑后动脉

小脑上动脉

椎动脉

(1×)

S7.7.2 外侧视图

注意，大脑外侧面的大部分都由大脑中动脉供血。该动脉还为基底前脑中的深层结构供血。

大脑前动脉
皮层终末支

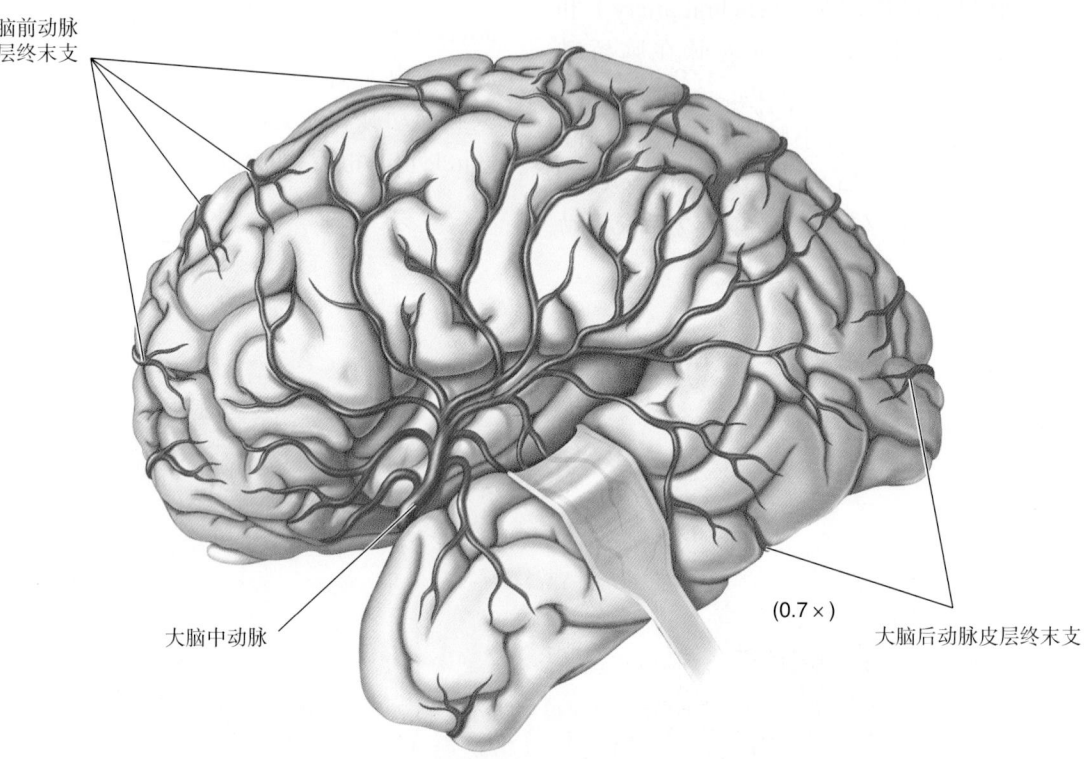

大脑中动脉

(0.7×)

大脑后动脉皮层终末支

S7.7.3 去除脑干后的内侧视图

大脑半球内侧壁的大部分由大脑前动脉供血。大脑后动脉为枕叶内侧壁和颞叶下部供血。

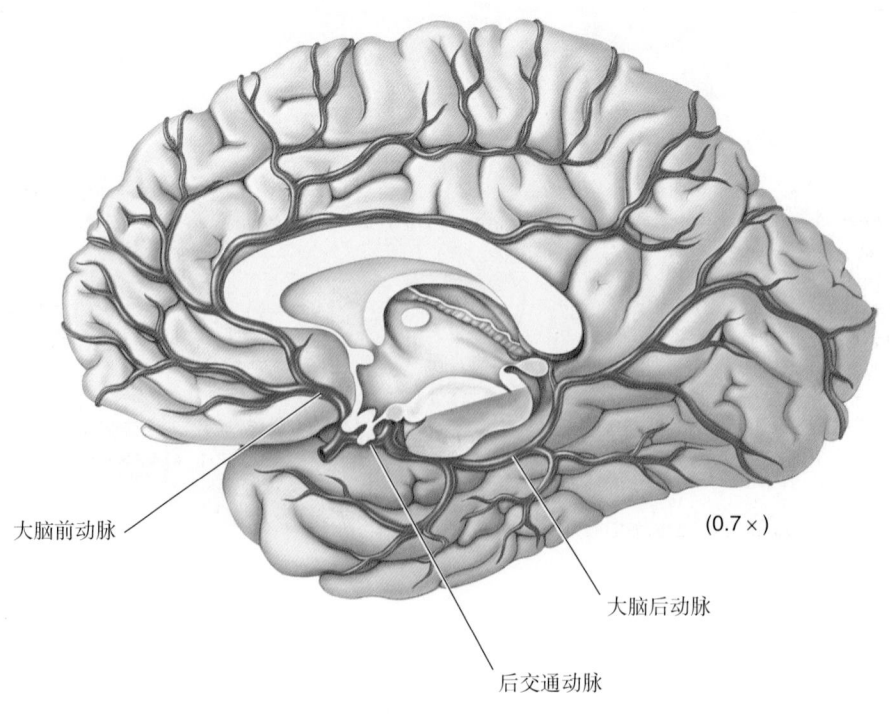

大脑前动脉

(0.7×)

大脑后动脉

后交通动脉

S7.8　自测题

　　本复习图册旨在帮助你掌握本书所介绍的神经解剖学知识。在这里，我们复制了本指南中所有的图，但是以数字编号的引导线（按顺时针方向排列）替代了原有的文字标注，指向那些需要掌握的结构。请在空格处填写被指出结构的确切名称，以检查你的学习情况。用你的手遮住那些结构的名称，再考考你自己，以复习那些你已经学过的内容。经验表明，这种方法将极大地促进你对解剖学术语的学习和记忆。掌握神经解剖学词汇，将有助于你对本书其他部分关于脑的功能组构的学习。

脑的外侧面

(a) 大体特征

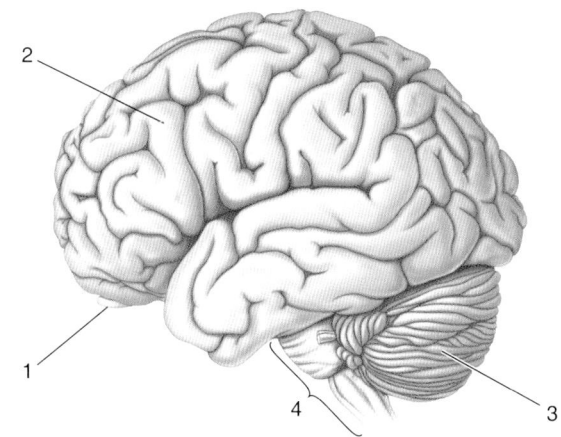

1. _____

2. _____

3. _____

4. _____

(b) 主要的脑回、脑沟和脑裂

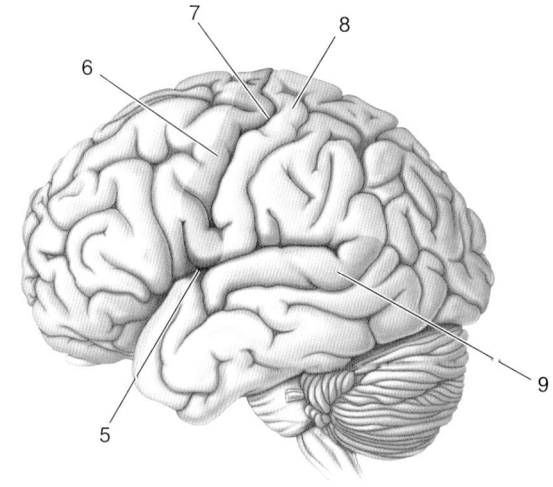

5. _____

6. _____

7. _____

8. _____

9. _____

脑的外侧面

(c) 大脑叶和岛叶

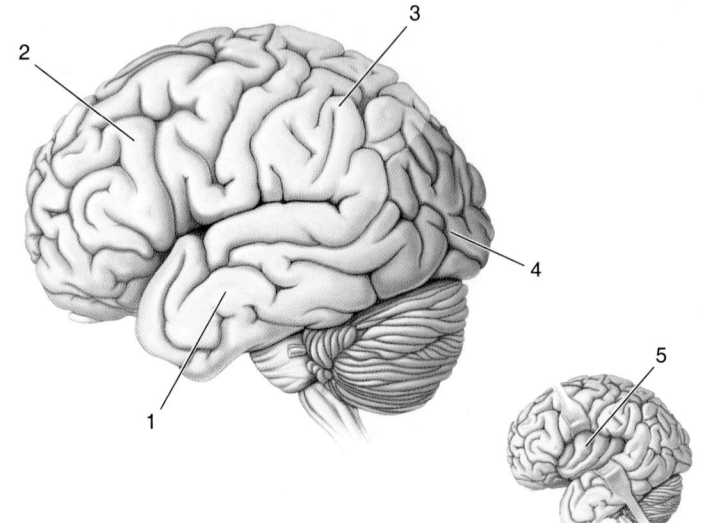

1. _____

2. _____

3. _____

4. _____

5. _____

(d) 皮层的主要感觉区、运动区和联络区

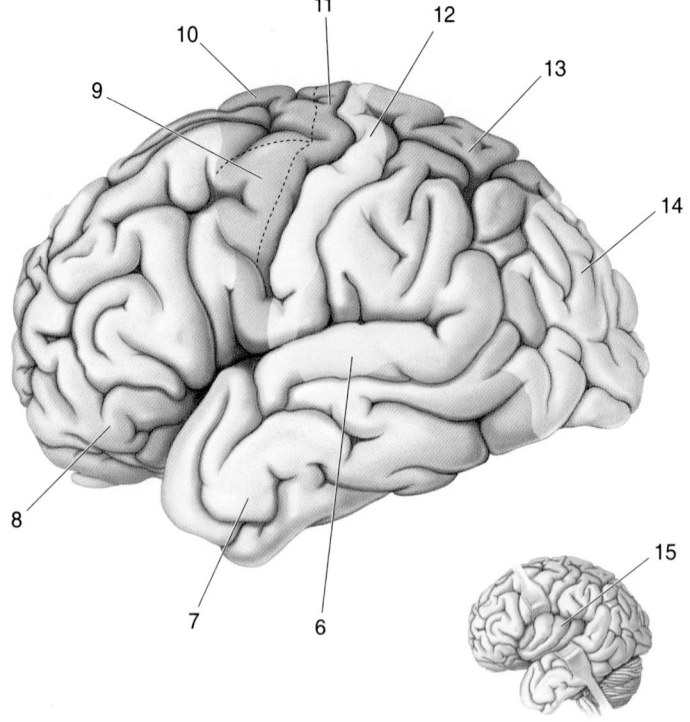

6. _____

7. _____

8. _____

9. _____

10. _____

11. _____

12. _____

13. _____

14. _____

15. _____

脑的内侧面

(a) 脑干结构

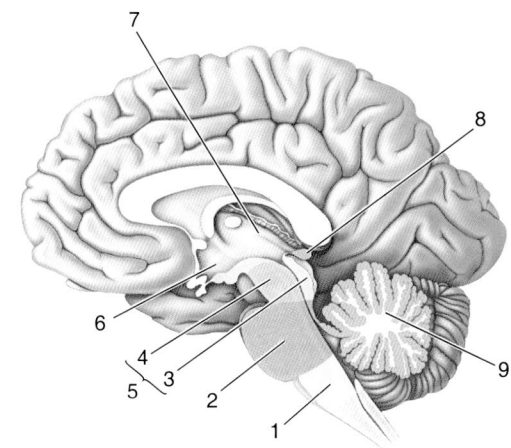

(b) 前脑结构

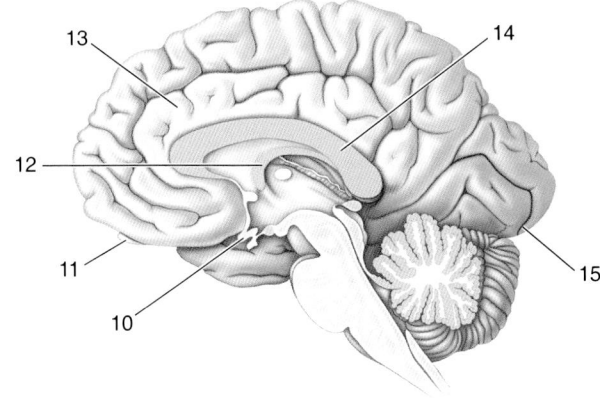

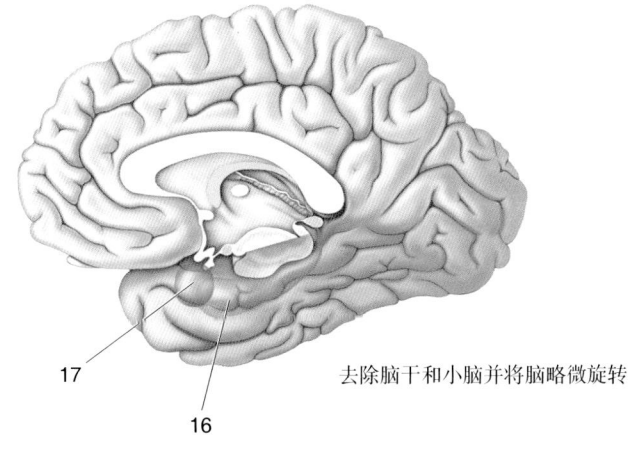

去除脑干和小脑并将脑略微旋转

1. _____

2. _____

3. _____

4. _____

5. _____

6. _____

7. _____

8. _____

9. _____

10. _____

11. _____

12. _____

13. _____

14. _____

15. _____

16. _____

17. _____

脑的内侧面

脑室

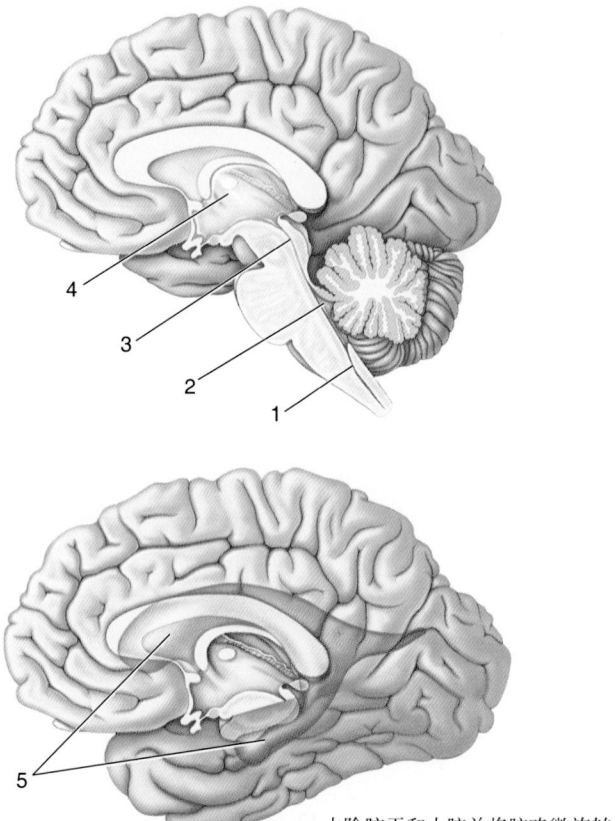

去除脑干和小脑并将脑略微旋转

脑的腹侧面

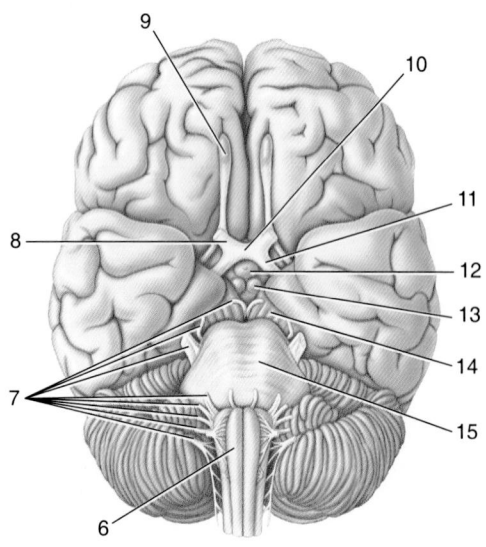

1. _____

2. _____

3. _____

4. _____

5. _____

6. _____

7. _____

8. _____

9. _____

10. _____

11. _____

12. _____

13. _____

14. _____

15. _____

脑的背侧面

(a) 大脑

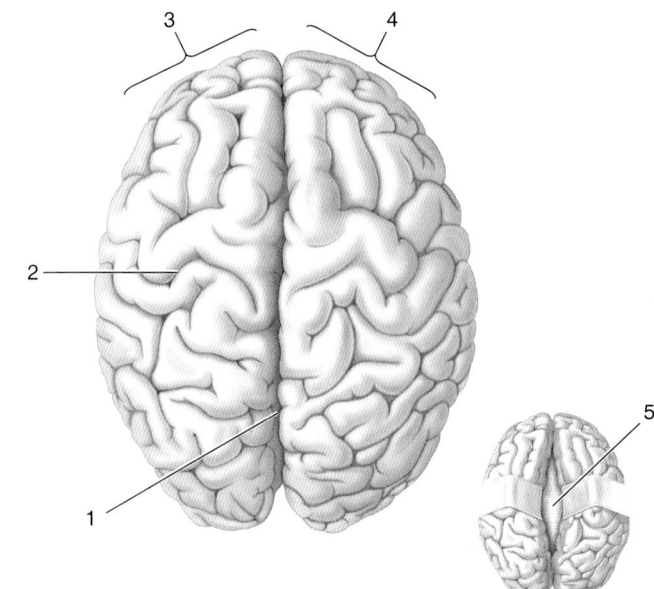

(b) 去除大脑后的背侧面

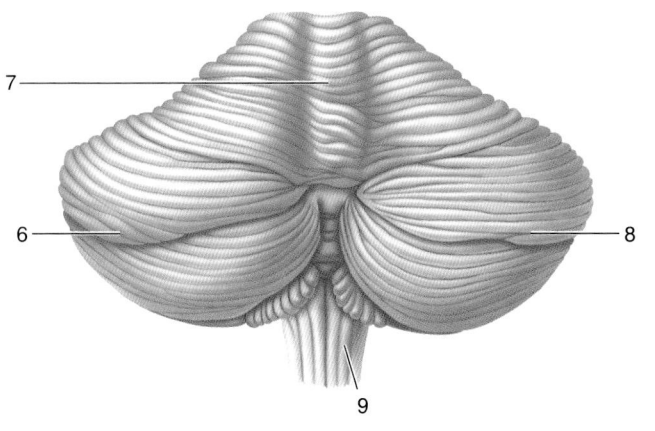

(c) 去除大脑和小脑后的背侧面

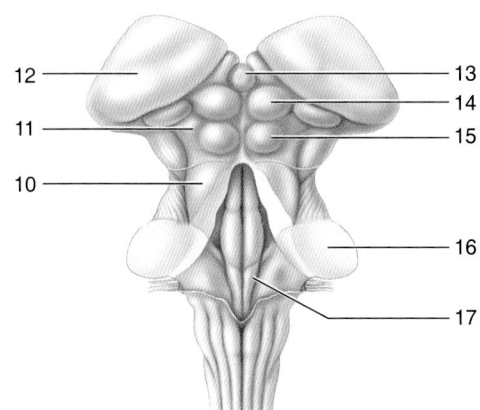

1. _____

2. _____

3. _____

4. _____

5. _____

6. _____

7. _____

8. _____

9. _____

10. _____

11. _____

12. _____

13. _____

14. _____

15. _____

16. _____

17. _____

丘脑－端脑分界处的前脑

(a) 大体特征

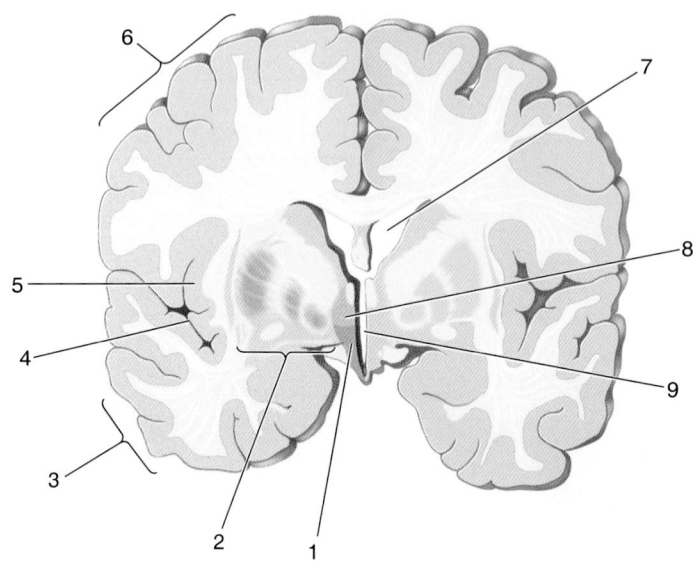

(b) 主要的细胞群和纤维束

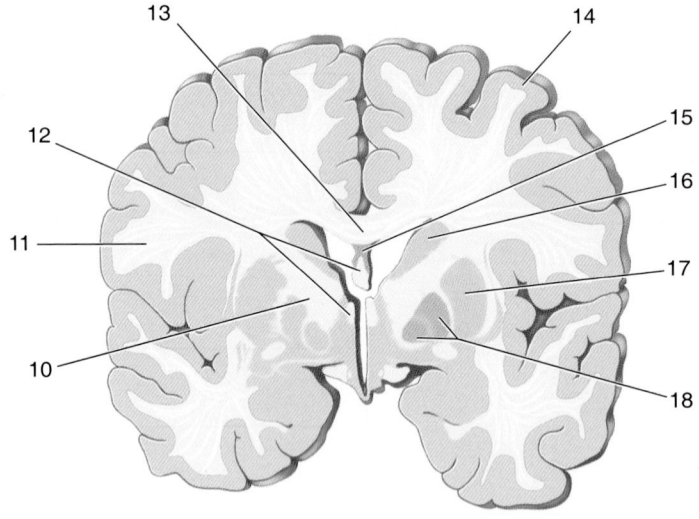

1. _____

2. _____

3. _____

4. _____

5. _____

6. _____

7. _____

8. _____

9. _____

10. _____

11. _____

12. _____

13. _____

14. _____

15. _____

16. _____

17. _____

18. _____

丘脑中部水平的前脑

(a) 大体特征

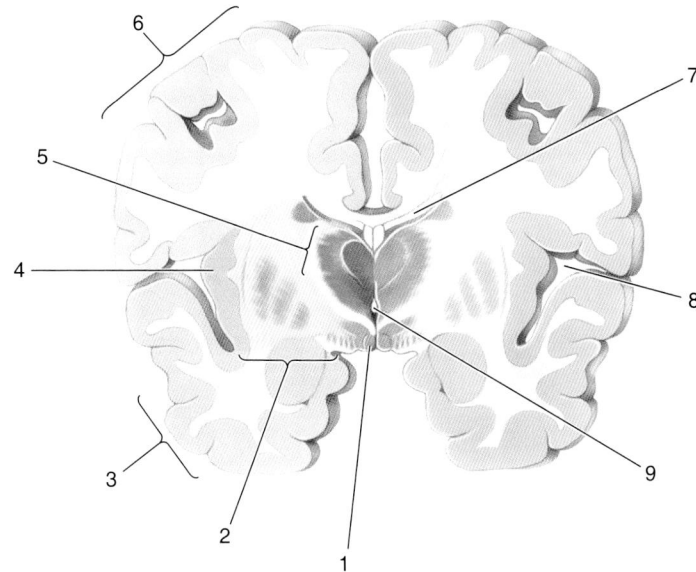

(b) 主要的细胞群和纤维束

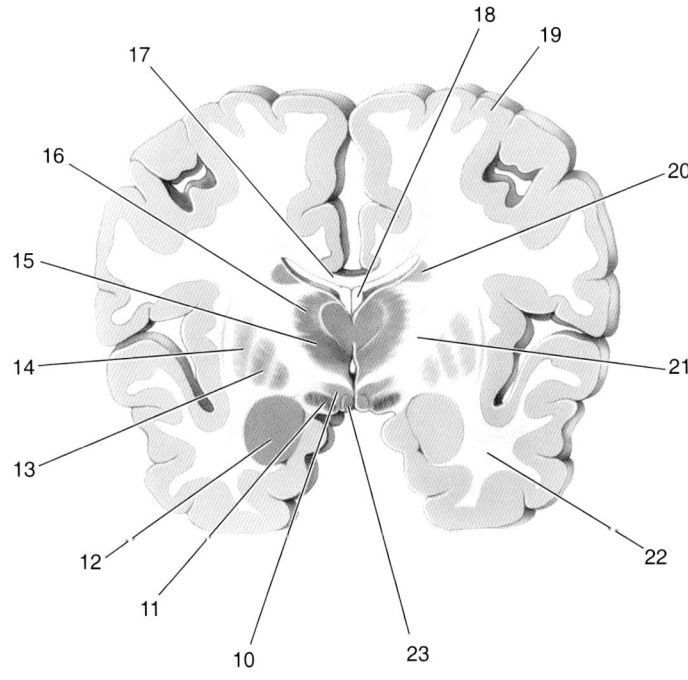

1. _____

2. _____

3. _____

4. _____

5. _____

6. _____

7. _____

8. _____

9. _____

10. _____

11. _____

12. _____

13. _____

14. _____

15. _____

16. _____

17. _____

18. _____

19. _____

20. _____

21. _____

22. _____

23. _____

丘脑 – 中脑分界处的前脑

(a) 大体特征

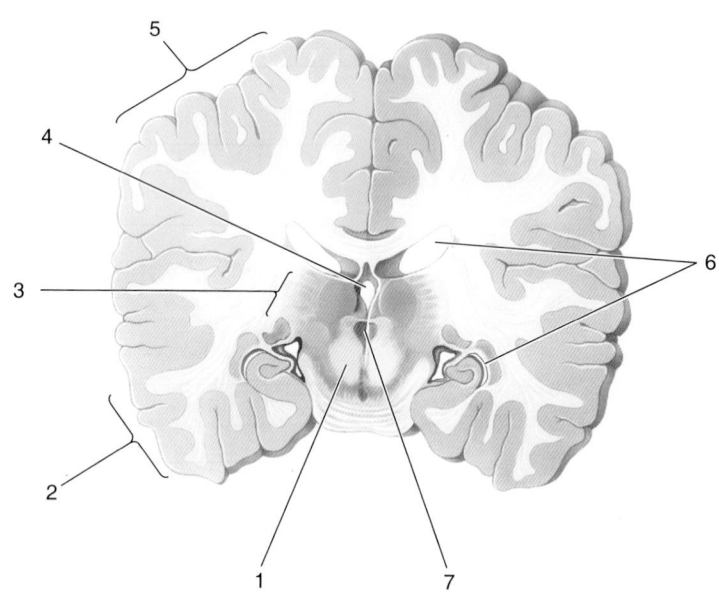

1. _____

2. _____

3. _____

4. _____

5. _____

6. _____

7. _____

(b) 主要的细胞群和纤维束

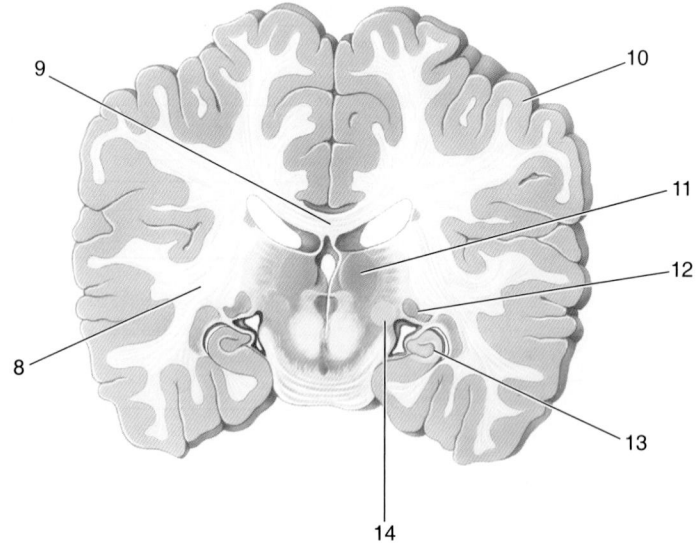

8. _____

9. _____

10. _____

11. _____

12. _____

13. _____

14. _____

中脑头端

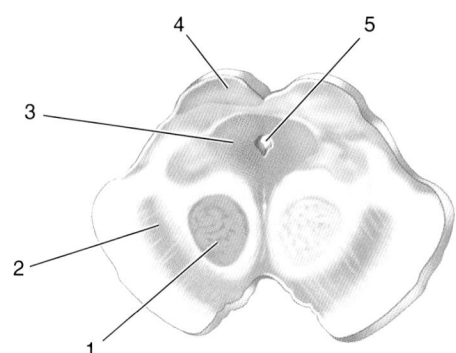

中脑尾端

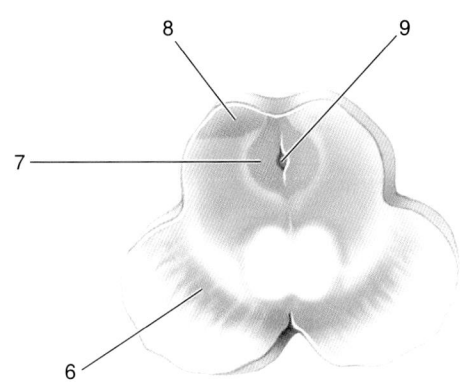

脑桥和小脑

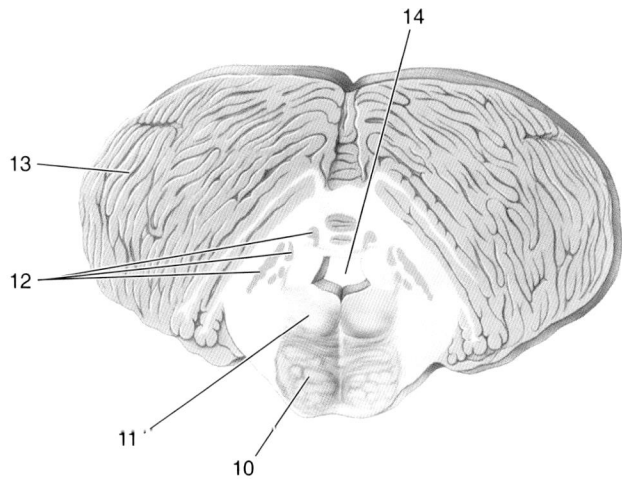

1. _____

2. _____

3. _____

4. _____

5. _____

6. _____

7. _____

8. _____

9. _____

10. _____

11. _____

12. _____

13. _____

14. _____

延髓头端

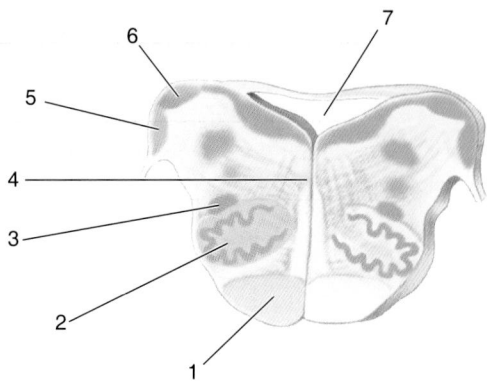

延髓中部

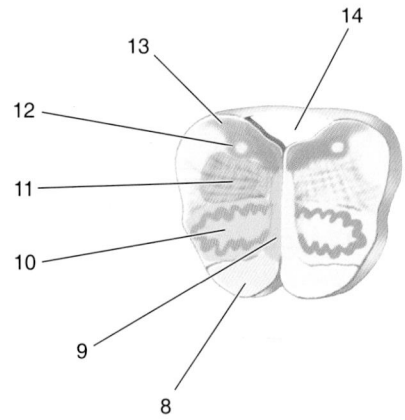

延髓-脊髓分界处

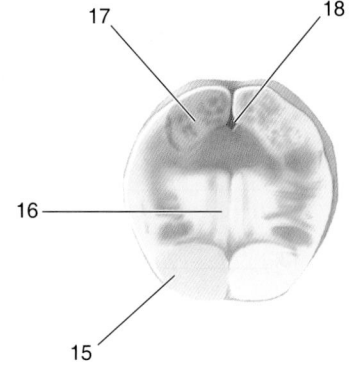

1. _____

2. _____

3. _____

4. _____

5. _____

6. _____

7. _____

8. _____

9. _____

10. _____

11. _____

12. _____

13. _____

14. _____

15. _____

16. _____

17. _____

18. _____

脊髓的腹外侧面

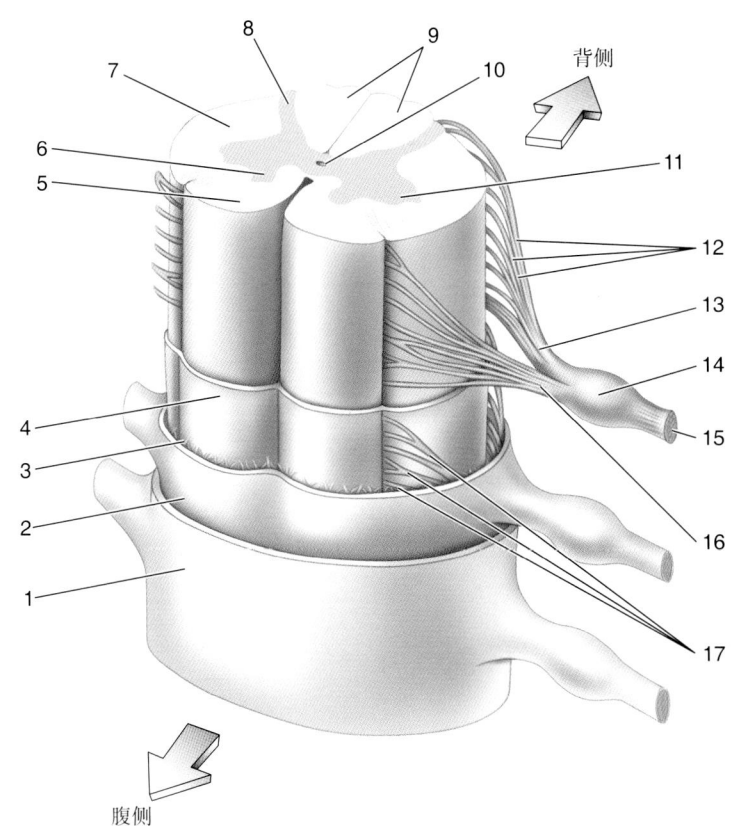

背侧

腹侧

脊髓的横切面解剖

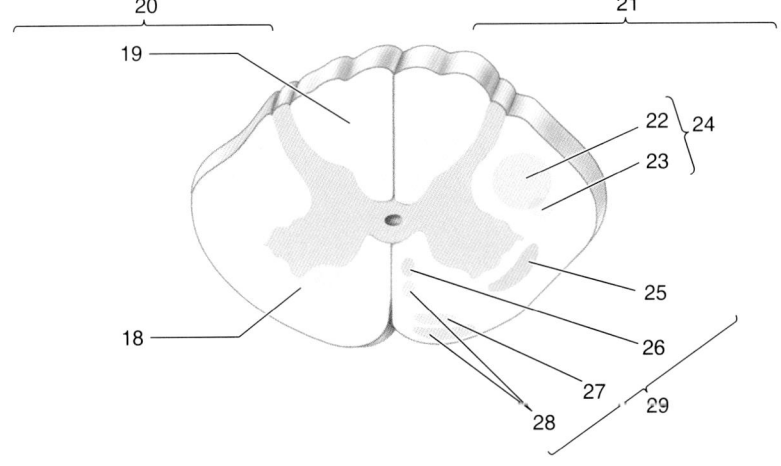

1. _____

2. _____

3. _____

4. _____

5. _____

6. _____

7. _____

8. _____

9. _____

10. _____

11. _____

12. _____

13. _____

14. _____

15. _____

16. _____

17. _____

18. _____

19. _____

20. _____

21. _____

22. _____

23. _____

24. _____

25. _____

26. _____

27. _____

28. _____

29. _____

脑神经

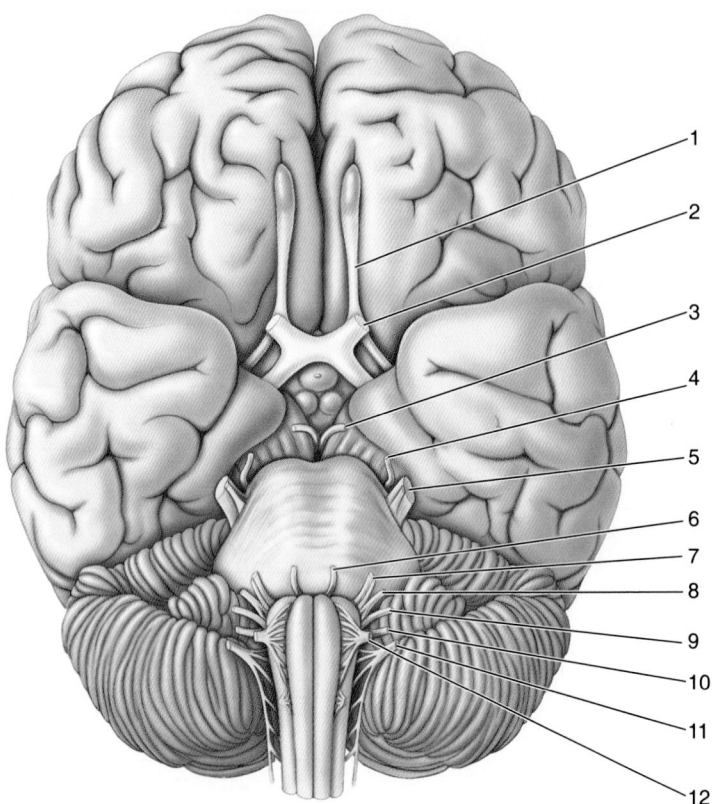

1. _____

2. _____

3. _____

4. _____

5. _____

6. _____

7. _____

8. _____

9. _____

10. _____

11. _____

12. _____

脑的供血系统

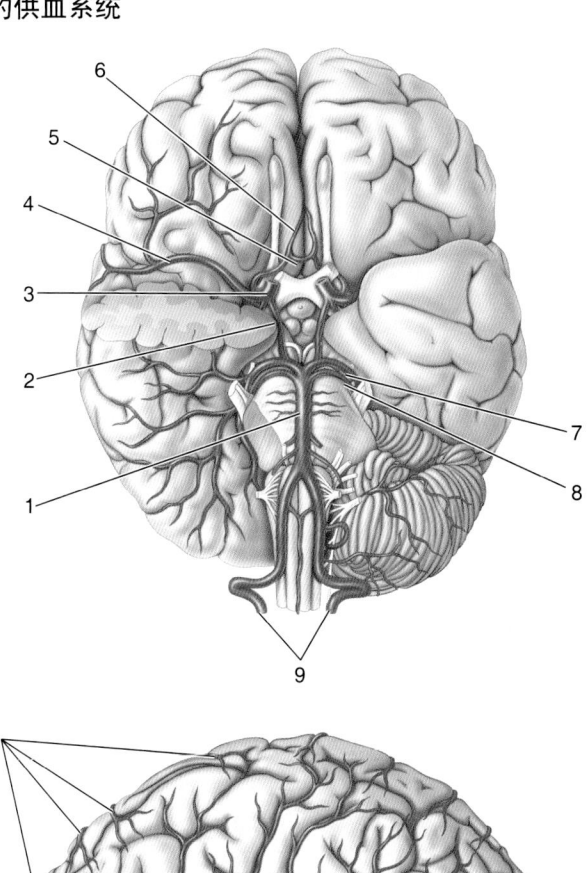

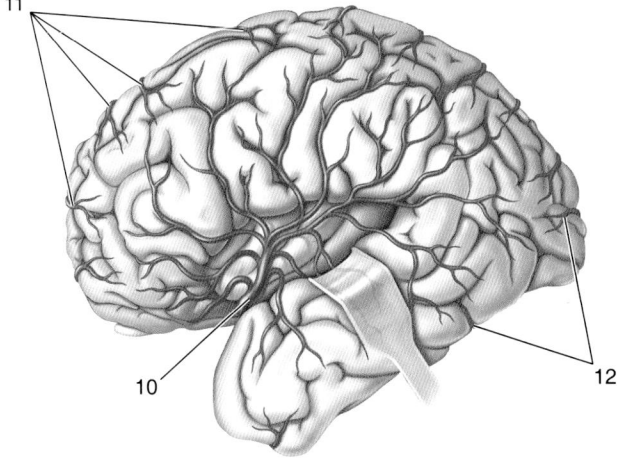

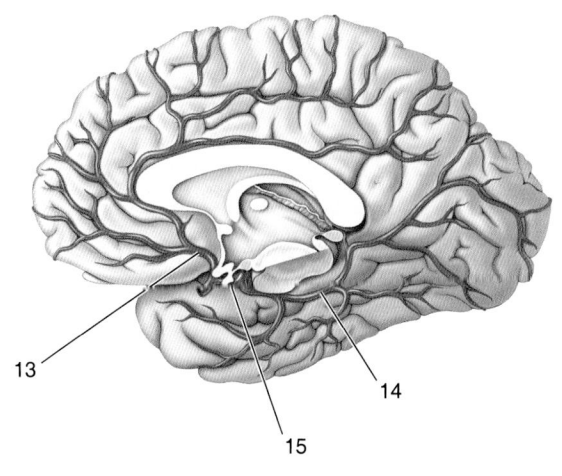

1. _____

2. _____

3. _____

4. _____

5. _____

6. _____

7. _____

8. _____

9. _____

10. _____

11. _____

12. _____

13. _____

14. _____

15. _____

（梅岩艾　译　朱景宁　校）

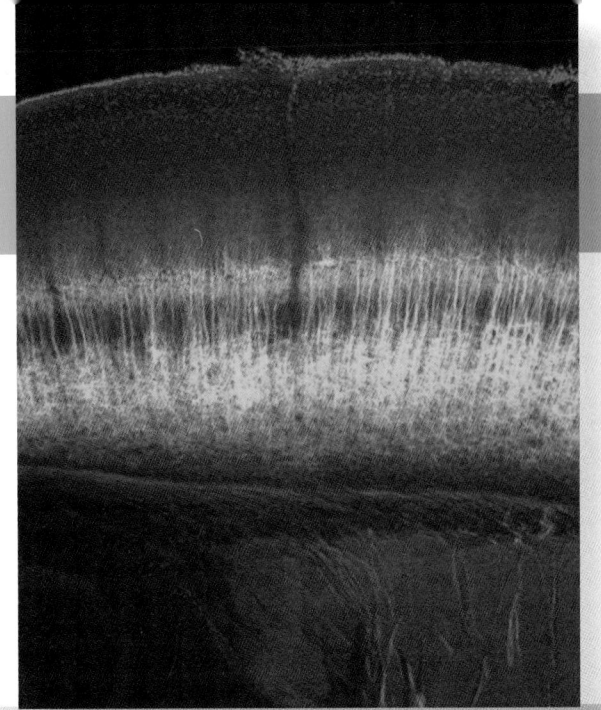

第 II 篇

感觉和运动系统

小鼠的大脑皮层。大脑皮层就位于颅骨的下方。它对于有意识的感知觉和运动的随意控制至关重要。到达皮层的主要皮层下输入来自丘脑，而丘脑是位于脑深部的一个结构。染成红色的是丘脑的轴突，它向皮层传递动物口鼻部胡须感受的信息。它们聚集成众多的"桶"（barrel），每一个"桶"代表了一根触须。将轴突投射回丘脑的神经元经过基因工程改造可以发出绿色荧光。蓝色表示用DNA标记物染色的其他细胞的细胞核（图片蒙布朗大学神经科学系的Shane Crandall、Saundra Patrick和Barry Connors惠允使用）

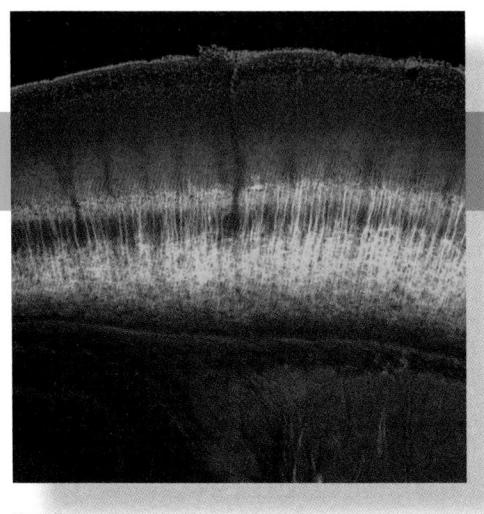

第 8 章

化学感觉

8.1　引言

生命体从化学物质的海洋中进化而来。最初，有机体在含有化学物质的水中飘浮或游动，并从这些化学物质中得到有关食物、毒物或性等各方面的信息。从这个意义上说，30亿年来的情况并没有很大变化。动物（包括人类）依靠化学感觉来辨别营养物质（蜂蜜的甜味、比萨饼的香味）、毒性物质（植物毒素的苦味）或潜在配偶的合适性。在所有的感觉系统中，化学感觉是所有物种最古老的和最普通的感觉系统。即便是没有脑的细菌，也能探知它所喜欢的食物源，并向其挺进。

多细胞有机体必须对其体内及体外环境中的化学物质进行检测。各种化学检测系统在进化过程中得到相当可观的发展。人类生活在一个充满挥发性化学物质的空气环境中。由于各种原因，我们把化学物质放进嘴里。在我们的体内，存在一个由血液和其他体液组成的复杂的海洋，细胞则沉浸于其中。对应于每一种环境，我们都有特化的系统对相应的化学物质进行检测。最初用于环境物质化学检测的机制，现在成为细胞和器官间通过激素和神经递质进行化学通信的基础。事实上每一个有机体的每一个细胞都对多种化学物质有所反应。

本章将考察我们最为熟悉的化学感觉：**味觉**（taste，gustation）和**嗅觉**（smell，olfaction）。虽然味觉和嗅觉是我们最常体验的，但它们两者都不是我们唯一的重要的化学感觉。在我们体内，有许多种化学敏感细胞，称为**化学感受器**（chemoreceptor），遍布全身。比如，在刺激性的化学物质存在的情况下，一些位于皮肤和黏膜上的神经末梢会向我们发出警告。各种化学感受器无意识和有意识地向我们报告身体的内部状况：消化器官中的神经末梢对许多种被摄入的物质进行检测；位于颈部动脉的感受器对血液中二氧化碳和氧气的水平进行测量；肌肉中的感受末梢对酸性敏感，当劳累或氧耗过度时会产生烧灼感。

味觉和嗅觉具有相似的任务，即探测环境中的化学物质。事实上，神经系统只有同时利用这两种感觉才能感受到味道。味觉和嗅觉往往与我们最基本的内在需求有直接且牢固的联系，这些需求包括干渴、饥饿、情感、性欲及某种形式的记忆。然而，味觉和嗅觉系统从它们各自的化学感受器的结构和机制，到它们中枢连接的大体组构，再到它们对行为的影响，这两个系统是相互分离且各不相同的。在这两个系统中，来自每个系统的神经信息以并行方式处理，只是在大脑皮层相当高的水平上才得到融合。

8.2　味觉

人类是杂食动物（omnivore，来自拉丁语的 *omnis* 和 *vorare*，意为"全部"和"吃"），根据环境条件摄入他们所能够觅得或捕杀的植物或动物。一个灵敏和功能齐全的味觉系统对于辨别新的食物源和潜在的有毒物质是必不可少的。我们对有些味道的偏好是与生俱来的。我们天生喜欢甜味，对母乳的味道感到满意。我们本能地拒绝味苦的东西，而事实上，很多有毒的物质都是苦的。然而，经验可以在很大程度上改变本能。比如，我们能够学会容忍诸如咖啡和奎宁之类的东西的苦味，甚至喜欢上它们。机体也能意识到某种关键性营养物质的缺乏，并建立起对它们的食欲。比如，在缺乏必需的盐分时，我们可能会渴望吃咸的食物。

8.2.1 基本味觉

尽管化学物质的种类是无限的，而且味道也是千变万化的，我们却似乎只能辨别出几种基本的味道，大多数神经科学家认为限于5种。4种明确的味觉为咸、酸、甜和苦。第5种基本味觉是"umami"，在日语中的意思是"鲜味"；这一味觉是用氨基酸谷氨酸（即烹饪术语中的谷氨酸单钠，monosodium glutamate，MSG）所引起的可口味道来定义的。这5种主要的味觉在人类的各种文化中似乎是基本一致的，但也可能有其他类型的味觉（图文框8.1）。

在有些情况下，化学物质与味觉之间有明显的关联。多数酸性物质呈酸味，而盐类物质则呈咸味。虽然物质的化学成分可以千变万化，但它们的基本味道却保持不变。很多化学物质呈甜味，从大家熟悉的糖（如水果和蜂蜜中所含有的果糖、食糖中的蔗糖），到某些蛋白质［如从非洲锡兰莓（African serendipity berry）中提取的应乐果甜蛋白（monellin；因该甜蛋白由美国费城的莫内尔化学感觉中心发现，故以该研究所名称命名——译者注］和人工甜味剂（糖精和阿斯巴甜（aspartame），后者由两种氨基酸合成）。令人惊奇的是，糖是这些物质中甜味最弱的；以1 g对1 g计，人工甜味剂和这两种蛋白质的甜度为蔗糖的10,000 ~ 100,000倍。苦味物质既可以是简单的离子，如K^+（KCl事实上同时诱发苦味和咸味）和Mg^{2+}；也可以是复杂的有机分子，如奎宁和咖啡因。许多苦味的有机化合物在很低的浓度（可以低到纳摩尔范围）下都可以被品味出来。显然，这是非常有利的，因为有毒的物质大多是苦味的。

那么，仅靠几种基本的味觉，我们如何对诸如巧克力、草莓和烧烤酱等无数种食物的味道进行辨识呢？第一，每种食物激活不同的基本味觉组合，这种组合有助于各种食物形成其各自独特的味道。第二，多数食物以同时产生的味道和气味构成它们各自独特的风味。例如，如果没有气味（和视觉图像），就很容易误将洋葱当成苹果来咬一口。第三，其他感觉模态（sensory modality）可能也有助于独一无二的食物品尝经验的建立。质地和温度是重要的，痛觉对含有辣椒素（capsaicin，辣椒的主要成分）食物的辛辣味的形成是必不可少的。因此，为了分辨一种食物独特的味道，我们的脑实际上综合了食物的味道、气味和触觉等感觉信息。

8.2.2 味觉器官

经验告诉我们，我们不仅通过舌头，同时也通过口腔内的其他区域，如上腭、咽及会厌等部位来感受味道（图8.1）。食物的气味也会通过咽部进入鼻腔，从而被嗅觉感受器所检测。舌尖和舌根分别对甜味和苦味最为敏感，而舌头的两侧对咸味和酸味最为敏感。然而，这并不是说我们仅用舌尖部位品尝甜味。舌头的大部分对所有的基本味觉都敏感。

一些小的称为**乳突**（papillae，来自拉丁语的bumps，意为"隆起"）的凸起，散在地分布于舌头表面。这些乳突的形状像山脊（**叶状乳突**，foliate papillae）、丘疹（**杯状乳突**，vallate papillae）或蘑菇（**菌状乳突**，fungiform

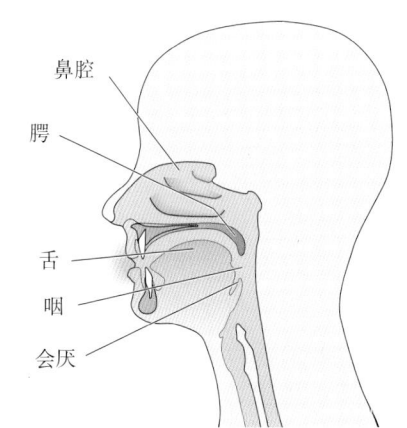

▲ 图8.1

口、喉和鼻腔的解剖图。味觉是舌头的主要功能，但咽、腭和会厌等区域对味道也有一定的敏感性。注意鼻腔的位置，这使得所摄取的食物的味道能进入鼻或咽部，从而通过嗅觉形成对味道的感知

图文框8.1　趣味话题

奇怪的味道：脂肪味、淀粉味、碳酸味、钙味、水味？

除了传统的咸、酸、苦、甜和鲜味感受器，还存在其他特殊的味觉感受器吗？答案是或许有。新型的味觉感受器的鉴定十分困难，但证据在慢慢地积累。

人们喜爱富含脂肪的食物有一个很好的理由，即脂肪是浓缩的卡路里（calorie，热量——译者注）来源和基本的营养成分。追溯到亚里士多德（Aristotle，古希腊著名的哲学家，科学家——译者注）时代，一些敏锐的观察者就提出对脂肪的味觉是基本的。然而，脂肪刺激其他的感觉系统，这使它成为基本味觉的问题复杂化。甘油三酯是主要的脂肪分子，在口腔中传递食物独特的质地：油滑、柔软、细腻。这些特征由躯体感觉系统所感知，而不是由味觉感受器来感受的。脂肪也含有许多挥发性化学物质，可被我们的嗅觉系统感知。这些气味可能很好闻，也可能很难闻。游离脂肪酸是甘油三酯的裂解产物，有时闻起来有腐臭的气味——只要想象一下变质的脂肪就会记起来。游离脂肪酸可能也是刺激物，同样可以由躯体感觉系统中的感受器所感受。那么，我们是否也**品出**脂肪的味道？是的，或许。当把水与某些脂肪酸混合后，小鼠更偏爱水。小鼠也有一种味觉细胞对脂肪酸敏感，而且表达一种推测是脂肪酸的受体蛋白。一种类似的受体也在人类的一些味觉细胞上被发现，可能是专门的脂肪探测器。

人类也喜爱淀粉类食物，如通心粉、面包和土豆。淀粉是一种复杂的碳水化合物，即葡萄糖的多聚体，而葡萄糖是我们身体中的必需糖分。也许，我们喜爱淀粉是因为我们品味其中的葡萄糖？但在啮齿动物上的实验提示，情况并不是这样。大鼠对糖和葡萄糖聚合体的偏爱似乎是非常不同的。在近来的一项研究中，用遗传学方法敲除甜味和鲜味受体的一个关键亚单位T1R3蛋白（图8.6），然后检测小鼠察觉糖和淀粉分子的能力。正如预期，基因敲除的小鼠似乎对糖漠不关心，却持续地寻求淀粉类

食物。或许，至少小鼠有特异的淀粉探测器。

许多人喜欢碳酸饮料，如不含酒精的软饮料、苏打水或啤酒。当大量的气体CO_2溶于水中时，水就变成碳酸饮料了。如同脂肪一样，当嘶嘶爆裂的气泡振动口腔和舌的皮肤时，我们通常可以感受到碳酸。小鼠和一小部分人也可能闻到CO_2的气味。我们甚至可能听到气泡的爆裂声。血液中的CO_2水平是呼吸的一个关键性衡量指标，在特殊的动脉探测器中的细胞可以感应它。但是，我们能**品尝**到碳酸的味道吗？答案或许是肯定的。小鼠有含有**碳酸酐酶**（carbonic anhydrase）的味觉细胞，该酶可催化CO_2和H_2O结合形成质子（H^+）和碳酸氢盐（HCO_3^-）。高浓度的质子（即低pH）呈酸味，这意味着酸味觉细胞可探测到碳酸。这至少是答案的一部分。然而，我们是如何辨别单纯的酸味和碳酸味的？目前仍不知答案，但对碳酸的感觉可能需要酸味觉和躯体感觉的麻刺感这两种感觉的适当组合。

人们可能不喜爱钙，但对骨骼、脑和所有其他器官的健康而言，我们肯定需要钙。当被剥夺钙后，许多动物似乎觉得钙是美味的，但当补充了钙后，它们又排斥钙。一种假说认为Ca^{2+}被感知为苦味和酸味的结合。最近的实验提示一种更为有趣的可能性。奇怪的是，小鼠厌恶Ca^{2+}的味道需要T1R3蛋白，而当某种物质和T1R3结合后，人对Ca^{2+}的味觉减弱。因此，尽管还远没有被证实，T1R3可能是特异的钙味觉受体的一部分。

最后，我们来谈谈水。水是生命必不可少的，其摄入量由渴觉来调节。像油腻和碳酸化作用（carbonation；将CO_2与水混合的过程——译者注）一样，湿润也能够被躯体感觉系统感知。但是，我们能够**品尝**到水的味道吗？让人品尝蒸馏水，可被描述为甜、咸或苦味，这取决于测试的条件。对应于水的特殊味觉受体似乎是一种有用的适应，有强烈的证据表明昆虫有此类受体，但到目前为止，在哺乳动物的味觉细胞上没有鉴定到水的受体。

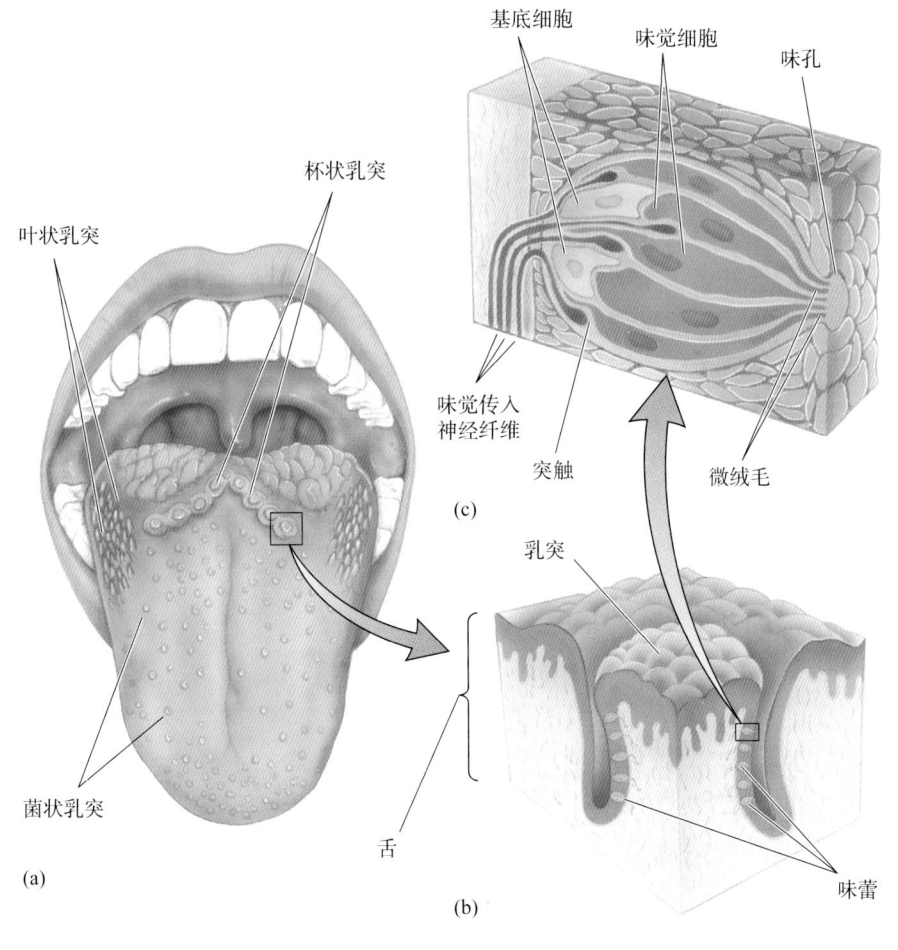

基底细胞　味觉细胞　味孔

叶状乳突
杯状乳突

味觉传入
神经纤维
突触　微绒毛
(c)

乳突

舌

味蕾

菌状乳突

(a)

(b)

◀ 图 8.2

舌、舌乳突和味蕾。(a) 舌乳突是味觉敏感结构。最大的且位于舌最后面的是杯状乳突。叶状乳突是长形的。靠近舌根部的菌状乳突相对较大，而舌尖和舌边缘的则小得多。(b) 杯状乳突的横切面，显示味蕾的位置。(c) 味蕾由味觉细胞（感受器细胞）、味觉传入神经纤维及其与味觉细胞形成的突触，以及支持细胞等组成。位于味觉细胞顶端的微绒毛延伸至味孔，溶于唾液中的化学物质在这里与味觉细胞直接发生作用

papillae）（图 8.2a）。取一面镜子，伸出舌头，并将一束光照于其上，你就能看见舌乳突——其中小的呈圆形的分布在舌尖和舌两侧，大的分布于舌根部。每个乳突包含上百个**味蕾**（taste bud），味蕾只能在显微镜下观察到（图 8.2b）。每个味蕾有 50~150 个**味觉感受器细胞**（taste receptor cell），或称味觉细胞（taste cell），它们在味蕾中呈橘瓣样分布。味觉细胞只占舌上皮细胞的 1%。味蕾中也有包围在味觉细胞周围的基底细胞，以及一组味觉传入神经纤维（图 8.2c）。一个人一般拥有 2,000~5,000 个味蕾，例外情况下有些人的味蕾也可以少至 500 或多达 20,000。

　　使用微小液滴可以将单个舌乳突暴露于低浓度的各种基本味觉刺激中（接近于纯酸味的，如醋；或接近于纯甜味的，如蔗糖溶液）。浓度过低便尝不出味道来，然而在某一个临界浓度，刺激会诱发味觉感知，这就是**阈值**（threshold）浓度（也称为阈浓度——译者注）。当浓度刚超过阈值时，大部分舌乳突仅对一种基本味觉敏感，如有酸味敏感和甜味敏感的舌乳头。然而，当味觉刺激浓度增高时，大部分舌乳突的选择性会有所降低。在所有刺激都较弱时，一个舌乳突可能仅对甜味有反应，然而在酸味和咸味刺激较强时，它也能产生反应。我们现在知道每一个舌乳突有多种类型的味觉感受器细胞，而每一种感受器细胞专门对应一种味觉。

8.2.3　味觉感受器细胞

　　一个味觉感受器细胞的化学敏感部分是其细胞膜上称为**顶端**（apical

end）的一个小块膜区域，其位置接近于舌头表面。顶端的纤细延伸称为**微绒毛**（microvillus），而这些微绒毛进入**味孔**（taste pore）。味孔是舌头表面的微小开口，味觉细胞在这些开口处暴露于口腔的食物环境中（图8.2c）。根据组织学标准，味觉感受器细胞并不是神经元。但是，它们确实与位于味蕾底部附近的味觉传入神经纤维的终端形成突触。味觉感受器细胞也与一些基底细胞形成电突触和化学突触；而一些基底细胞与感觉神经纤维形成突触，并可能在每个味蕾内形成简单的信息处理回路。味蕾细胞有固定的生长、死亡和再生周期；一个味觉细胞的生命周期大约为2周。这个过程取决于感觉神经的影响，因为感觉神经若被切断，味蕾将退化。

当一个味觉感受器细胞被一种适宜的化学物所激活时，其膜电位将有所变化，通常是去极化，这种电位的变化称为**感受器电位**（receptor potential）（图8.3a）。如果感受器电位为去极化的且足够大，一些感受器细胞将像神经元一样爆发动作电位。在任何情况下，感受器细胞膜电位的去极化将导致电压门控的钙离子通道的开启；Ca^{2+}进入胞浆，触发递质分子的释放。这是从味觉细胞到感觉神经纤维的基本突触传递。释放的递质依赖于味觉感受器细胞的种类。酸和咸的味觉细胞释放5-羟色胺到味觉神经轴突，而甜、苦和鲜味的味觉细胞以三磷酸腺苷（ATP）为主要的递质。在这两种情况下，味觉感受器的递质兴奋突触后感觉神经轴突，导致其爆发动作电位（图8.3b），从而传递味觉信号到脑干。味觉细胞也可能使用其他递质，如乙酰胆碱、GABA和谷氨酸，但这些递质的功能尚不清楚。

最近在小鼠上的研究结果提示，大多数的味觉感受器细胞主要或甚至仅对5种基本味觉中的一种产生反应。例如，图8.3a中的细胞1和细胞3分别对咸味（NaCl）和甜味（蔗糖）刺激产生强的去极化反应。然而，一些味觉细

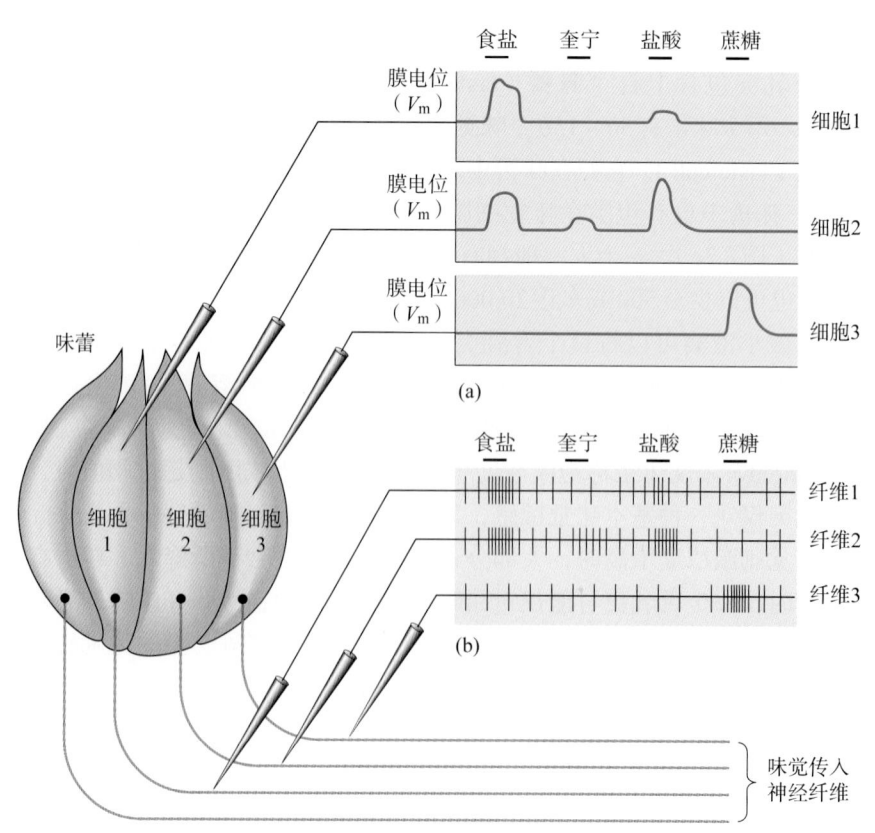

▶ 图8.3
味觉细胞和味觉神经纤维的味觉反应特性。（a）将3个不同的细胞依次暴露于咸味（NaCl）、苦味（奎宁）、酸味（盐酸）和甜味（蔗糖）刺激物中，在刺激的同时用电极记录它们的膜电位。注意这3个细胞对不同刺激的敏感性。（b）在该实验中，记录的是感觉神经纤维上的动作电位发放。这是细胞外记录动作电位的一个例子。记录中扫描线的每一个垂直偏转是一个单个动作电位

胞和许多味觉神经纤维表现出多种反应偏好。图8.3b中的每一根味觉神经纤维可受到几种基本味觉刺激的影响，但每一根都有其明显不同的偏好。

图8.4显示从一只大鼠的4根味觉神经纤维上用同样的记录方法得到的结果。其中1根神经纤维仅对咸味有强反应，1根只对甜味有反应，2根对除甜味之外的刺激都有反应。为什么只有一个细胞仅对一种化学物质反应，而其他细胞却对3种或4种化学物质都有反应呢？答案是反应与各个细胞所特有的转导机制有关。

8.2.4　味觉转导的机制

环境刺激在一个感受器细胞上引起电反应的过程称为**转导**（transduction，来自拉丁语的 *transducere*，意为"导致……跨越……"）。神经系统具有各种各样的转导机制，从而使得其对化学物质、压力、声音和光等刺激敏感。转导机制的性质决定了一个感觉系统的特殊的敏感性。我们有视觉是因为我们的眼睛拥有光感受器。如果舌头上有光感受器，我们就能用嘴来看东西。

有些感觉系统只具有一种单一类型的基本感受器细胞，而这种感受器细胞仅使用一种转导机制（如听觉系统）。然而，味觉转导包含几种不同的机制，而每一种基本味觉使用其中的一种或多种转导机制。味觉刺激或**味觉物质**（tastant）可能：（1）直接通过离子通道（咸和酸）；（2）与离子通道结合并阻断该离子通道（酸）；（3）与细胞膜上的G蛋白耦联受体结合，激活第二信使系统，继而开启离子通道（苦、甜和鲜）。这些都是为人熟知的过程，与发生在神经元和突触上基本的信号传递机制类似，而关于神经元和突触的信号转导已经在第4、第5和第6章中阐述过。

咸味。呈咸味的典型化学物质为食盐（NaCl），这是海洋、血液乃至鸡汤中除水之外的主要物质。盐很不寻常，在相对较低浓度时（10～150 mmol/L），味道尝起来很不错，但在较高浓度时，趋于令人感到不舒服和排斥之。对盐的味觉主要是由对阳离子Na^+的味觉所引起的，但味觉细胞探测低浓度和高浓度的盐时则利用完全不同的机制。在探测低浓度盐时，咸味敏感的味觉细胞利用一种特殊的Na^+选择性通道，这种通道在其他上皮细胞上常见，并可被氨氯吡咪（amiloride）阻断（图8.5a）。氨氯吡咪是一种利尿剂（加速尿生成的药物），通常用于治疗某些类型的高血压和心脏疾病。对氨氯吡咪敏感的钠通道与产生动作电位的电压门控钠通道完全不一样，即这种味觉通道对电压不敏感，而且总保持开启状态。当你喝鸡汤时，感受器细胞膜外的Na^+浓度升高，细胞膜两侧的Na^+浓度梯度也就随之加大。此时，Na^+就会依浓度梯度扩散，这意味着Na^+流入细胞，由此引起的内向电流会导致膜去极化。该去极化，即感受器电位，进而引起突触囊泡附近的电压门控钠通道和钙通道开放，触发神经递质分子释放到味觉传入纤维上。

动物会避开非常高浓度的NaCl和其他的盐，人类通常会抱怨高浓度NaCl的味道太差。看起来高盐水平会激活苦味和酸味细胞，从而触发回避行为。但是，高浓度的咸味物质是怎样刺激了苦味和酸味觉细胞的仍然是个谜。

盐的阴离子会影响阳离子所引起的味觉。比如，氯化钠尝起来比醋酸钠更咸，这显然是因为大的阴离子（像醋酸）可以**抑制**由阳离子所引起的咸

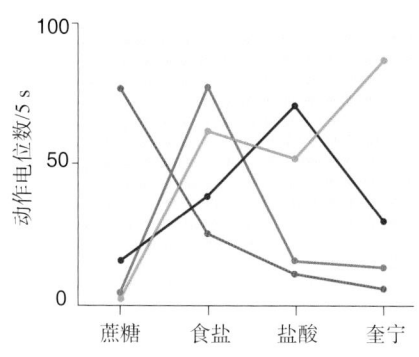

▲ 图8.4

一只大鼠的4根初级味觉传入神经纤维的动作电位发放频率。味觉刺激为甜味（蔗糖）、咸味（NaCl）、酸味（HCl）和苦味（奎宁）。每条不同颜色的线条表示对一根神经纤维的记录。注意这些神经纤维的反应选择性（改绘自：Sato，1980，第23页）

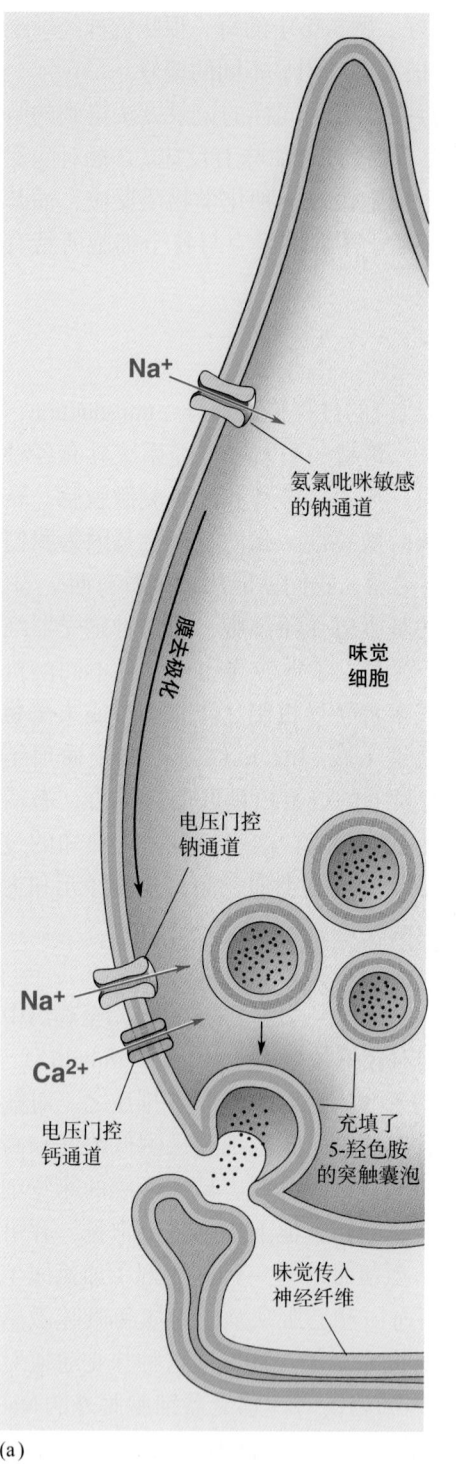

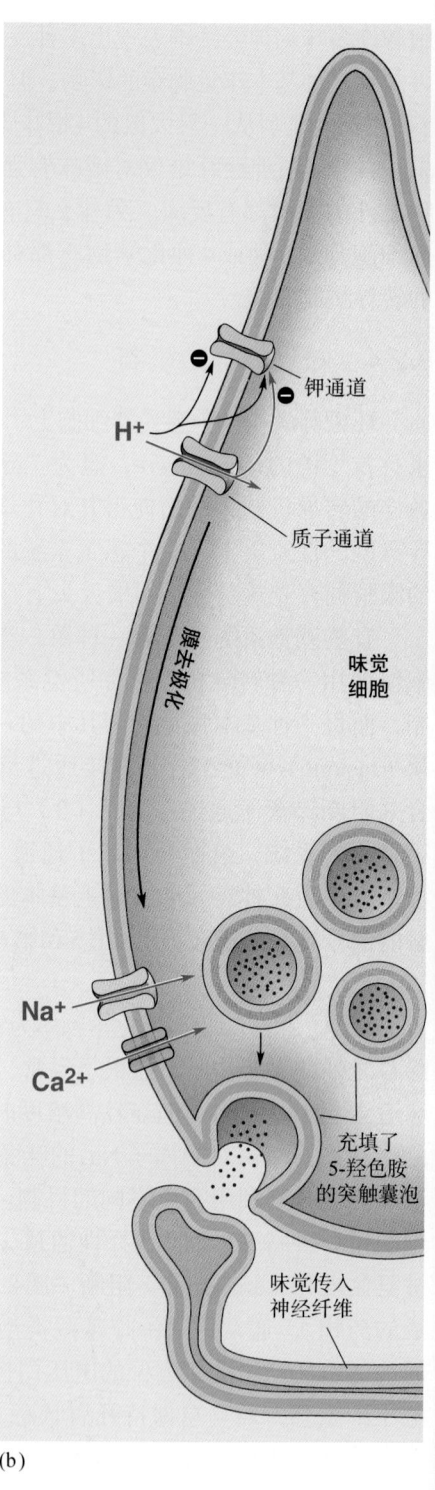

(a)　　　　　　　　　　　　　　　　(b)

▶ 图 8.5

咸味（a）和酸味（b）的转导机制。味觉物质能够直接作用于离子通道，即直接通过这些通道（Na⁺通道和H⁺通道）或阻断它们（H⁺阻断钾通道）。然后，膜电位影响基底膜上的钙通道，进而影响细胞内[Ca²⁺]和递质的释放

味。但是，我们对阴离子的这种抑制作用的机制还知之甚少。另一个复杂的情况是，如果阴离子足够大，它们自身会在味觉中起作用。糖精钠（sodium saccharin）呈甜味是因为Na⁺的浓度太低，以至我们不能尝到咸味，而糖精却强有力地激活了甜味觉感受器。

酸味。食物呈酸味是由于它们的高酸性（即低pH值）。酸，如HCl，溶解在水中并产生氢离子（质子或H⁺）。因此，质子是引起酸性和酸味的味觉物质。尽管具体的过程还不清楚，但质子可能通过味觉细胞膜内或膜外

几种途径来影响敏感的味觉感受器（图 8.5b）。看起来，H⁺ 很有可能能够结合和**阻断**特异性的 K⁺ 选择性通道。当膜对 K⁺ 的通透性降低时，膜去极化。H⁺ 也可能激活或通透过瞬时受体电位通道〔transient receptor potential (TRP) channel〕超家族中的一种特殊类型的离子通道，而瞬时受体电位通道在感觉系统的多种感受器细胞中很普遍。通透过 TRP 通道的阳离子流可去极化酸感受器细胞。事实上，pH 的变化会影响所有的细胞过程。当然，酸味觉的转导可能有其他机制。由一系列的效应而引起酸味觉也是可能的。

苦味。苦、甜和鲜味的转导机制依赖于两个相关的味觉受体蛋白家族，即 **T1R** 和 **T2R**。T1R 和 T2R 的多种亚型均是 G 蛋白耦联味觉受体（G-protein-coupled taste receptor），这些受体与检测神经递质的 G 蛋白耦联受体非常相似。有证据表明，苦、甜和鲜味觉的受体蛋白是**二聚体**（dimer）；二聚体是一种两个蛋白相互粘在一起的蛋白（图 8.6）。紧密相连的蛋白在细胞中是常见的（图 3.6）；例如，大多数离子通道（图 3.7）和递质门控通道（图 5.14）都是由几个不同的蛋白结合在一起而组成的蛋白。

人类由这 25 个如此不同的 T2R 受体检测苦味物质。苦味受体是毒物探测器；并且，由于我们有如此多的苦味受体，因此可以探测大量不同种类的有毒物质。然而，动物不能很好地区分不同的苦味物质，这可能是因为它们每个苦味觉细胞只表达 25 种苦味受体蛋白中的许多种，或大多数。由于每个味觉细胞只能向其传入神经发送一种类型的信号，一种能够与 25 种苦味受体中任何一种结合的化学物质引起的反应，在本质上将会与另一种结合苦味受体的化学物质所引起的反应一样。脑收到的来自味觉受体的重要信息很简单，那就是：苦味的化学物质是"有害的！不可信！"神经系统似乎不能分辨不同种类的苦味物质。

苦味受体通过第二信使途径将其信号传递到味觉传入纤维。事实上，苦、甜和鲜味受体都利用同样的第二信使途径将其信号传递到味觉传入纤维。大致的通路显示在图 8.7 中。当味觉物质与苦味（或甜、鲜味）受体结合后，将激活 G 蛋白，G 蛋白激活磷脂酶 C，从而增加细胞内第二信使三磷酸肌醇（IP₃）的生成。IP₃ 途径是机体全身的细胞普遍存在的信号系统（见第 6 章）。在味觉细胞上，IP₃ 激活一类味觉细胞特有的且特殊的离子通道，导致通道开放和允许 Na⁺ 进入细胞，因此味觉细胞去极化。IP₃ 也触发细胞内钙库释放 Ca²⁺，Ca²⁺ 进而以独特的方式触发神经递质的释放。苦、甜和鲜味的味觉细胞缺乏常规的递质充填的突触前囊泡，但细胞内 Ca²⁺ 增加可激活一种特殊的膜离子通道，该通道允许 ATP 流出细胞。而后，ATP 可作为突触前递质激活突触后味觉纤维上的嘌呤受体。

甜味。有很多呈甜味的物质，其中一些是天然的，另一些是人工合成的。令人惊奇的是，所有这些甜味物质都由相同的味觉受体蛋白探测。甜味受体和苦味受体类似，都是 G 蛋白耦联受体的二聚体。功能性的甜味受体需要 T1R 受体家族的两个非常特别的成员：T1R2 和 T1R3（图 8.6）。如果两者中的任意一个缺失或突变，动物将不能感知甜味。事实上，所有的猫和一些其他食肉动物缺少编码 T1R2 的基因，因此它们对我们认为是甜味的大多数甜味物质漠不关心。

苦味受体：T2R

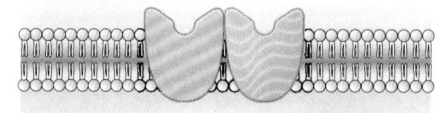

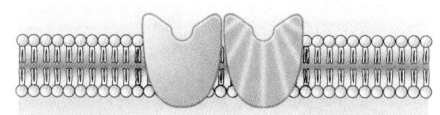

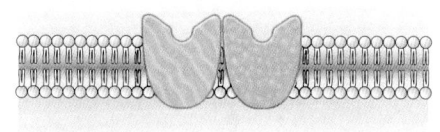

(a)

甜味受体：T1R2 + T1R3

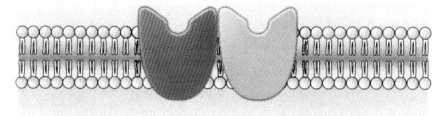

(b)

鲜味受体：T1R1 + T1R3

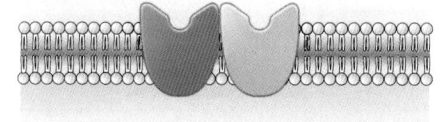

(c)

▲ 图 8.6

味觉受体蛋白。（a）有大约 25 种不同类型的苦味受体，它们构成了 T2R 蛋白家族。苦味受体可能是由两个不同的 T2R 蛋白组成的二聚体。（b）甜味受体仅有一种，由一个 T1R2 和一个 T1R3 蛋白结合而成。（c）鲜味受体仅有一种，由一个 T1R1 和一个 T1R3 蛋白结合而成

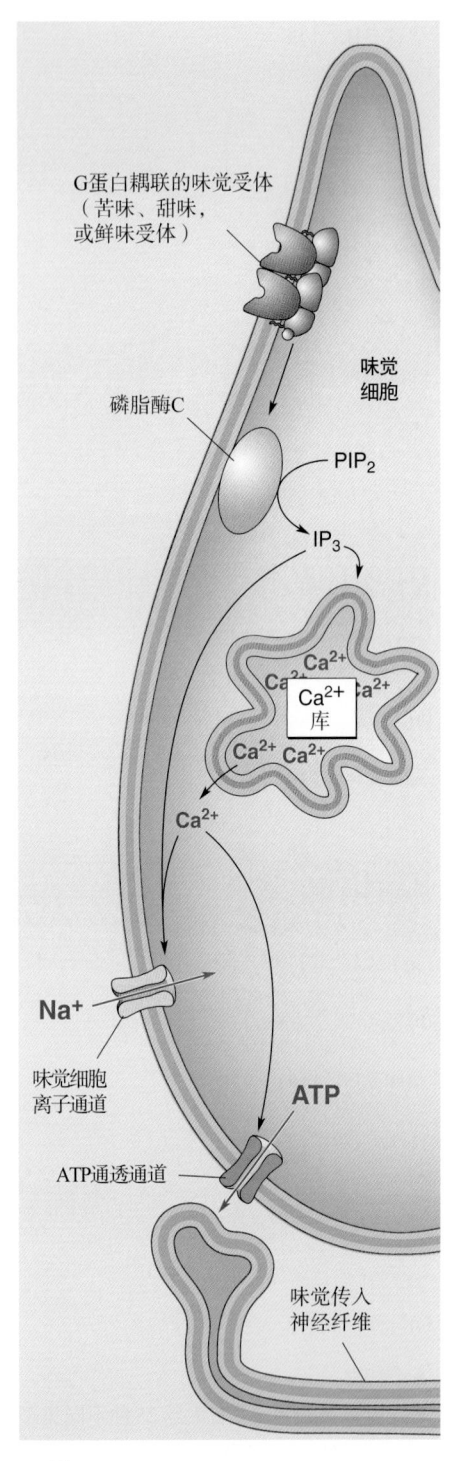

▲ 图8.7

苦、甜和鲜味的转导机制。味觉物质直接与G蛋白耦联的膜受体相结合，激活磷脂酶C，从而增加IP₃的合成。IP₃触发细胞内钙库释放Ca²⁺，Ca²⁺开启一种味觉特异的离子通道，导致去极化和递质释放。主要的递质是ATP，由味觉细胞经ATP通透通道（ATP-permeable channels）扩散而释放

化学物质与T1R2＋T1R3受体（即甜味受体）结合所激活的第二信使系统，与苦味受体激活的第二信使系统完全一样（图8.7）。既然如此，为什么我们不会把苦味物质和甜味物质混淆起来？原因在于苦味受体蛋白和甜味受体蛋白表达在不同的味觉细胞上。而且，苦味觉细胞和甜味觉细胞与不同的味觉传入纤维联系。不同的味觉传入纤维的活动反映了驱动它们的味觉细胞的化学敏感性。因此，与甜和苦相关的信息是沿不同的传递线路被传送到中枢神经系统的。

鲜味（氨基酸）。当问你喜爱些什么味道时，你可能不会马上想到"氨基酸"。但你一定记得蛋白质是由氨基酸组成的，同时氨基酸也是很好的能源物质。简而言之，氨基酸是你母亲希望你摄入的食物。许多氨基酸的味道不错，虽然有些是苦的。

鲜味的转导过程与甜味完全相同，但有一个例外。像甜味受体一样，鲜味受体由T1R蛋白家族的两个成员组成，但它由T1R1＋T1R3组成（图8.6）。甜味受体和鲜味受体共享T1R3蛋白，因此是另一个T1R决定了受体是对氨基酸还是对甜味物质敏感。因此，当把编码T1R1蛋白的基因移除，小鼠将不能品味谷氨酸或其他氨基酸，尽管它们仍然能感知甜味化学物质和其他味觉物质。

与其他味觉受体类似，不同哺乳动物的遗传学特点导致了有趣的味觉偏爱和缺失。例如，大多数的蝙蝠没有功能性的T1R1受体，推测它们不能品味鲜味。吸血蝙蝠缺乏鲜味觉和甜味觉的功能性基因。据推测，蝙蝠的祖先确实有鲜味和甜味受体，但还不清楚这些受体为什么消失了。

考虑到鲜味受体与甜味和苦味受体如此相似，你就不会奇怪这3种味觉利用同一种第二信使通路（图8.7）。那我们为什么不会把氨基酸的味道与甜味或苦味化学物质的味道相混淆呢？这又是因为味觉细胞仅选择性地表达一种味觉受体蛋白。与甜味觉特异的味觉细胞和苦味觉特异的味觉细胞一样，也有鲜味觉特异的味觉细胞。由味觉细胞刺激的味觉神经纤维则进一步将鲜味、甜味或苦味信息传递到脑。

8.2.5 中枢味觉通路

味觉信息流的主要传递方向为，从味蕾至初级味觉传入纤维，至脑干、丘脑，最后到达大脑皮层（图8.8）。味觉信息是由3对脑神经中的初级味觉传入纤维传送至脑的。舌头的前三分之二和腭部将传入纤维送至第Ⅶ对脑神经（即面神经，facial nerve）的一个分支。舌头的后三分之一由第Ⅸ对脑神经，即舌咽神经（glossopharyngeal nerve）的一个分支支配。在喉部周围，包括声门、会厌和咽部，将味觉轴突送至第Ⅹ对脑神经（即迷走神经，vagus nerve）的一个分支。这些神经均参与一系列其他感觉和运动功能，但是它们的味觉纤维均进入脑干，聚在一起，与细长的味觉核（gustatory nucleus）中的神经元形成突触联系，而味觉核是延髓孤束核（solitary nucleus）的一个部分。

从味觉核起，味觉通路开始分离。味觉感知可能由大脑皮层所介导。经由丘脑至新皮层的通路是感觉信息的共同通路。味觉核的神经元与丘脑腹后内侧核［ventral posterior medial (VPM) nucleus］中的一组小型神经元形成突

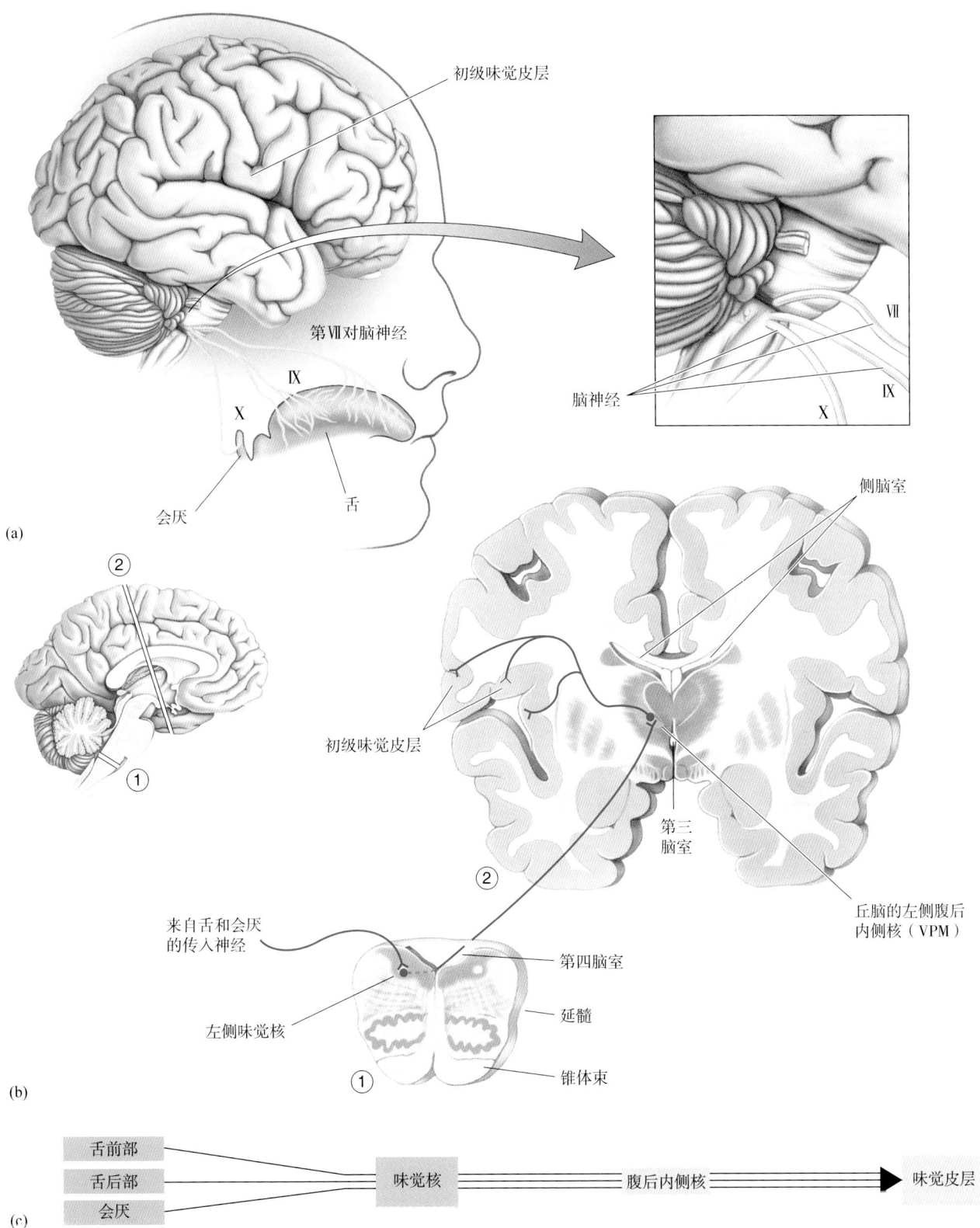

▲ 图8.8

中枢味觉通路。(a) 来自舌头和口腔的味觉信息由3对（第Ⅶ对、第Ⅸ对和第Ⅹ对）脑神经传递至延髓。(b) 味觉神经纤维进入延髓内的味觉核团。从味觉核团发出的神经纤维与丘脑的神经元形成突触，而丘脑神经元进而投射至位于中央后回和岛叶皮层的初级味觉皮层。放大部分显示的是该路线经过延髓①和前脑②平面的切面图。(c) 中枢味觉通路的概括

触连接，腹后内侧核是丘脑的一部分，负责处理来自头部的感觉信息。VPM 中的味觉神经元再将轴突送至**初级味觉皮层**（primary gustatory cortex），后者位于 Brodmann 36 区的和皮层的岛盖区（insula-operculum region）。通向丘脑和皮层的味觉通路与相应的脑神经主要是同侧的。丘脑 VPM 部或味觉皮层的损伤，如由脑卒中所导致的损伤，可以引起**失味症**（ageusia），即味觉感知的缺失。

味觉对一些基本行为（如摄食和消化的控制）具有重要的意义，而摄食和消化这两种行为都涉及额外的味觉通路。味觉核细胞向脑干许多部位投射，主要是延髓中与吞咽、唾液分泌、张口、呕吐有关的部位，以及与消化和呼吸等基本生理功能有关的部位。另外，味觉信息分布于下丘脑和端脑基底部的有关部分（边缘系统结构，见第 18 章）。这些结构似乎与食物的可口性及食欲有关（图文框 8.2）。下丘脑或杏仁核（端脑基底部的一个神经核团）的局部损伤会导致动物慢性过多摄食，或厌食，或改变其对食物种类的偏爱。

图文框8.2 趣味话题

对一次非常糟糕的饮食的记忆

我们中的一位作者在其 14 岁时去游乐场玩了一天，结束游玩之后，他吃了一顿他所喜欢的新英格兰式的快餐——油炸蛤蜊。不到一小时，他便恶心、呕吐；他搭乘公交车回家，这是他乘车经历中最不愉快的一次。推测是蛤肉变质了。糟糕的是，此后的几年中，他甚至不能想象再吃油炸蛤蜊，甚至闻一下它们的气味也会感到厌恶。由这一次油炸蛤蜊所引起的反感是相当特殊的。这并不影响他对其他食物的喜好，而且他对那天所玩的游乐场的游乐设施、公交车以及和他一起游玩的朋友们并无反感。

当当事人到了 30 多岁时，他又喜欢吃油炸蛤蜊了。他也参与了哈佛大学医学院（Harvard Medical School）的 John Garcia（约翰·加西亚，1917—1986，美国生理心理学家，美国国家科学院院士，以研究大鼠在内脏有害刺激的作用下，对食物的嗅觉或味觉刺激所引起的长时程厌恶条件反应而闻名——译者注）的研究工作，Garcia 开展这些工作的时间与他吃变质蛤肉的时间一致。Garcia 给大鼠喂食一种甜味液体，然后给其中的一部分大鼠喂食一种能引起短暂感觉不适的药物。哪怕仅此一次，进食过这种药

物的大鼠都永远不会吃甜味食物。大鼠的这一厌恶反应仅限于对食物刺激，它们并不对同时出现的声或光刺激进行躲避。

进一步的研究发现，**味道厌恶学习**（flavor aversion learning）会形成一种特别牢固的联想记忆（associative memory）。对该记忆的形成而言，食物刺激（包括味觉的和嗅觉的）特别有效，只需要很少的经验（一次就够了）；但是，这种记忆却能够持续很长时间——有些人可以长达 50 年以上！即使在食物（条件刺激）和恶心（非条件刺激）的发生之间相隔很长的延时，这种学习过程也能建立。这对野生动物而言显然是一种有用的学习形式。当一种新的食物是有毒的时，动物承担不起缓慢学习的代价。对现代人来说，这种记忆机制可能导致适得其反的结果，他们会因此不吃许多美味的油炸蛤蜊。食物厌恶（food aversion）反应对于进行化疗的癌症患者来说是一个更为严重的问题，由治疗所导致的恶心使患者对很多食物感到难以接受。另一方面，味觉厌恶学习（taste aversion learning）也被用来预防狼偷盗家羊，并帮助人们减少对酒精和烟草的依赖。

8.2.6　味觉的神经编码

如果你要设计一个编码味觉的系统，你可能会从许多感受基本味觉（如甜、酸、咸、苦、巧克力、香蕉、芒果、牛肉、瑞士奶酪等）的特异性味觉感受器做起。然后你可能会通过各组传入神经，将各种类型的感受器与脑内同样仅对一种特异性的味道敏感的神经元相连接。在所有通往皮层的通路上，你可能会希望找到对"甜味"和"巧克力味"敏感的神经元；巧克力口味的冰激凌将使这些神经元快速放电，而只影响很少一些"咸味""酸味"和"香蕉味"细胞。

这个概念就是**专用线路假说**（labeled line hypothesis），起初看起来既简单又合理。在味觉系统的起始端——味觉感受器细胞——就使用了这样的专用线路。正如我们已经看到的，单个味觉感受器细胞通常选择性地对特定类型的刺激（甜、苦或鲜味）敏感。然而，这些感受器中的一部分对刺激有更广谱（broadly tuned）的反应，也就是说，它们的反应不那么特异。例如，它们可能被咸和酸兴奋到某种程度（图8.3）。初级味觉神经纤维的反应特异性比感受器细胞更弱，而在味觉信息传入皮层的途径中，大多数中枢味觉神经元依然具有广谱反应。换句话说，单个味觉细胞对食物味道的反应往往是模棱两可的；味觉通路上的味道标签（label）是不具有明显特征的和不确定的。

味觉系统的细胞具有广谱性反应有几个原因。如果一个味觉感受器细胞有两种不同的转导机制，它就会对两种味觉物质都有反应（尽管它仍然可能对两种味觉物质中的一种反应更加强烈）。另外，感受器细胞的输入会聚于传入纤维。每个感受器细胞与初级味觉神经纤维形成突触，而初级味觉纤维同时还接受来自同一个舌乳突或邻近舌乳突的数个其他感受器细胞的输入——这意味着一根味觉传入纤维可能综合来自许多味觉细胞的味觉信息。如果这些细胞中的一个对酸味刺激最为敏感，而另一个对咸味刺激最为敏感，那么这根纤维将对咸味和酸味都有反应，这种模式将一直延续至脑。味觉核团的神经元接受许多具有不同味觉特异性纤维的突触输入，因而它们的选择性可能比初级味觉传入纤维更弱。

味觉信息的这种混合似乎意味着对编码系统的设计可能是低效的。那么为什么不使用许多高度特异化的味觉细胞？在一定程度上，答案也许是，如果这样的话，我们对感受器细胞类型的需求量将出奇的大，而且即便如此，我们也不能对新的味道做出反应。比如，当你品尝巧克力冰激凌时，脑是如何从关于味道的模糊信息中区别出巧克力与数千种其他食品的不同的？可能的答案是这样一种机制，即该机制结合使用了粗略的专用线路和**群体编码**（population coding）两方面的特性，其中群体编码是使用大量广谱反应的神经元，而非少量精确反应的神经元来编码一个特定刺激（如味道）的特征的。

群体编码机制似乎在脑感觉系统和运动系统中普遍存在，这些将会在后面的章节中看到。在味觉系统中，感受器细胞仅对少量的味觉类型敏感，通常只有一种类型；而味觉神经纤维和由它们激活的脑神经元趋向于更广谱的反应——比如，对苦反应强烈，对酸味和咸味有轻度反应，但对甜味没有反应（图8.4）。只有在一大群具有不同反应模式的味觉细胞存在的条件下，脑才能辨别不同的味道。一种食物激活一小群神经元，使这些神经元中的一些强烈地放电，一些中等程度地放电，而另一些不放电或甚至可能被压抑到自发放电（未受刺激时）水平以下。第二种食物既可以使被第一种食物所激活的那些神经元中的一些兴奋，也可以激活其他神经元；然而，神经元放电频率的总体模式却明显不同。相应的神经元群体中甚至可能包括被食物的气味、温度及质地所激活的神经元。当然，巧克力冰激凌的冰凉润滑的感觉使我们可以将它与巧克力蛋糕区分开来。

8.3 嗅觉

嗅觉所携带的信息既有令人愉快的，也有令人讨厌的。嗅觉与味觉一起帮助我们辨别食物，也增加我们对许多食物的享受。同时，嗅觉也能提高我们对潜在的有害物质（如变质的肉）或场所（如充满烟雾的房间）的警觉。就嗅觉而言，我们因闻到坏气味而获得警告可能比从好气味获得的益处更多。据估计，我们可以嗅出几十万种物质的气味，但其中只有20%的气味闻起来令人愉快。实践有助于提高嗅觉能力，职业的香水调配师和威士忌调酒师可以辨别数千种不同的气味。

气味也是通信的一种模式。机体释放的称为**外激素**（pheromone；该词来自希腊语的 *pherein* 和 *horman*，意思分别为"携带"和"激励或兴奋"）的化学物质对生殖行为来说是重要的信号。而且，外激素也可用于标记领地、辨认不同的个体，以及指示外来的入侵者或归顺者。虽然许多动物具有完备的外激素系统，但外激素系统对于人类的重要性尚不清楚（图文框8.3）。

8.3.1 嗅觉器官

我们并不是用鼻子来闻气味的，确切地说，我们是用鼻腔上部一小片薄薄的称为**嗅上皮**（olfactory epithelium）的细胞层来闻气味的（图8.9）。嗅上皮由3种主要细胞组成。**嗅觉感受器细胞**（olfactory receptor cell）负责信号转导。与味觉感受器细胞不同，嗅觉感受器细胞是真正的神经元，它们的轴突直接进入中枢神经系统。**支持细胞**（supporting cell）类似于胶质细胞；除了其他的功能，这些细胞的作用在于协助产生黏液。**基底细胞**（basal cells）负责产生新的感受器细胞。嗅觉感受器细胞（与味觉感受器细胞相似）以4~8周为一个周期，周而复始地生长、死亡和再生。事实上，嗅觉感受器

▼ 图8.9

嗅上皮的位置和结构。嗅上皮由一层嗅觉感受器细胞、支持细胞和基底细胞组成。气味分子溶解在黏液层，与嗅细胞的纤毛相接触。嗅细胞的轴突穿过骨性筛板到达中枢神经系统

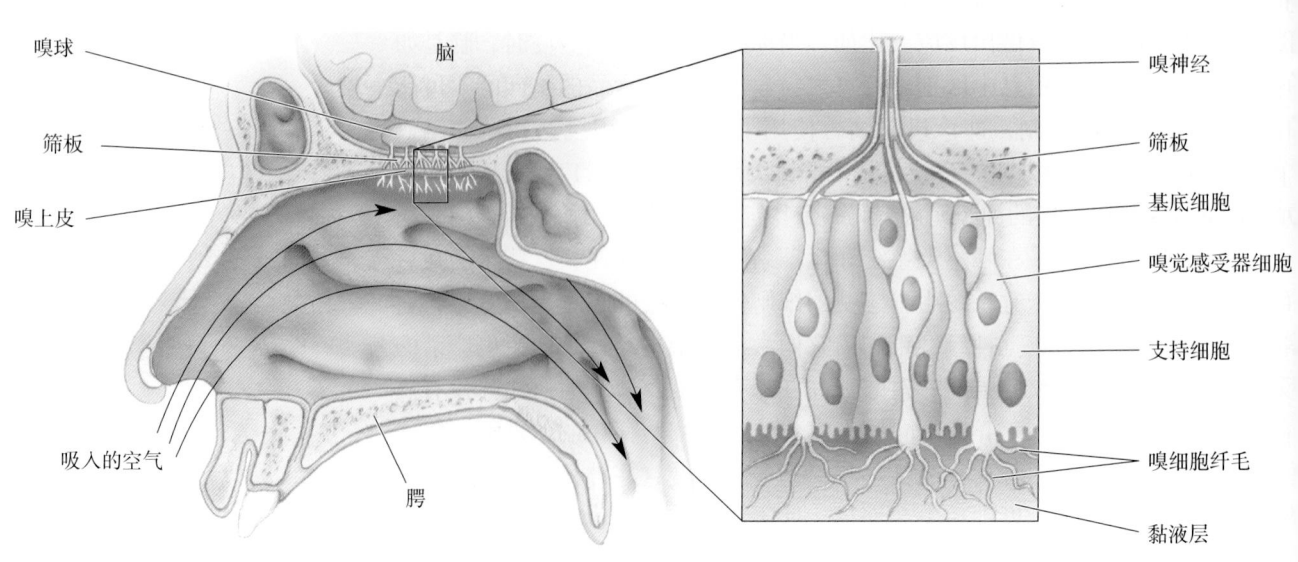

图文框8.3　趣味话题

人类的外激素？

气味比声音和情景更能触动你的心弦（*Smells are surer than sounds and sights to make your heart strings crack*）。

——Rudyard Kipling[*]

气味肯定可以影响情绪并唤起记忆，问题是它们对人类的行为到底有多重要？我们每个人都有一组与他人不同的气味，这就像指纹和基因一样。事实上，体味的变化可能是由基因决定的。警犬在区分同卵双胞胎的气味上有极大的困难，但在区分同胞兄弟姐妹的气味上没有问题。对某些动物，气味特征很重要：当羔羊出生时，母羊就对其特殊的气味建立起长期的记忆，并在很大程度上将嗅觉信息作为一种保持持久联系的纽带。对于新怀孕的母鼠来说，陌生雄鼠（而不是她记忆中最近的配偶）的气味会导致其妊娠期的流产。

人类也具有辨别其他人气味的能力。仅6天大的婴儿就明显地显示出对自己母亲而非其他哺乳期母亲乳房气味的偏好。反过来，母亲们通常也能够从几个婴儿的体味中辨别出自己孩子的体味。

大约30年以前，研究者 Martha McClintock 报道了一个现象，长期生活在一起的女性（如大学同寝室的同学）往往会发现她们的月经周期是同步的。这个效应可能是由外激素（pheromone）介导的。1998 年，McClintock 和 Kathleen Stern 在芝加哥大学（University of Chicago）的研究工作发现，来自一组女性（"供给者"）的没有气味的化合物可以影响另一组女性（"接受者"）的月经周期时间。将化妆棉片置于供给者腋下 8 h 以上，以收集她们身体的化学物质。然后将化妆棉片在一些接受者的鼻子下擦拭，而这些接受者都要同意在 6 h 内不洗脸。接受者并不被告知化妆棉片上化学物质的来源，而且除了作为气味载体的酒精，她们都不觉得棉片有任何其他气味。尽管如此，取决于供给者的月经周期时间，接受者的月经周期却有所缩短或延长。这些令人吃惊的结果到目前为止依然是人类可以通过外激素进行通信的最好证据。

许多动物通过**副嗅系统**（accessory olfactory system）对外激素进行检测和介导各种社会行为，包括哺乳、交配、领地划分和觅食等。副嗅系统和初级嗅觉系统（primary olfactory system，即主嗅系统——译者注）一起并行运作。副嗅系统由两个鼻腔中独立的化学敏感区域，即**犁鼻器**（vomeronasal organ）构成。犁鼻器向**副嗅球**（accessory olfactory bulb）投射，并通过副嗅球向下丘脑提供信息输入。长期以来，人们曾以为大多数成人的犁鼻器是缺失或退化了的，而且即便可以被辨认出来，似乎它也没有功能性的受体蛋白或与脑的直接连接。但是，这一情况本身并不意味着人类缺乏外激素信号，因为这些信号可能会通过主嗅器官传入脑。

Napoleon Bonaparte（拿破仑·波拿巴——译者注）曾经有一次给他心爱的 Josephine（约瑟芬——译者注）写信，要求她在他们见面之前的两个星期内不洗澡，以使他可以享受到她的自然芳香。也许是由于习得性联想，一个女人的气味对于具有性经历的男人而言，确实是一种激起之源。但是，目前尚无确凿的证据证明人体外激素可以通过内在的机制介导两性之间的性吸引。考虑到如此这样一种物质的商业价值，我们可以肯定人们会继续寻找下去。

---

[*]　拉迪亚德·吉卜林，1865.12—1936.1，英国作家、诗人，1907年诺贝尔文学奖获得者——译者注。

细胞是神经系统中很少的几种在整个生命过程中周期性地替换的神经元类型之一。

吸气使空气在弯曲的鼻道中穿行，但是只有一小部分空气经过嗅上皮。嗅上皮渗出一层薄薄的黏液，这些黏液不停地流动，大约每10 min 就被替换一次。空气中称为**气味物质**（odorant）的化学刺激溶解在黏液层中，然后到达感受器细胞。黏液由溶解了黏多糖（长链的糖）的水作为基质，还包含各种蛋白质（包括抗体、酶、气味物质结合蛋白）和盐。抗体是必需的，因为嗅觉细胞可以成为一些病毒（如狂犬病毒）和细菌进入脑的直接通路。同样重要的是气味物质结合蛋白（odorant binding protein），它们的分子小而且可溶，也可能有助于将气味物质集中于黏液中。

嗅上皮的大小是动物嗅锐度（olfactory acuity）的一个指标。人类的嗅功能相对较弱（尽管我们可以检测到万亿分之几的低浓度气味物质）。人类嗅上皮的表面积只有 10 cm²，而有些狗的嗅上皮表面积可达到 170 cm²，同时，狗每平方厘米嗅上皮中感受器的数量是人的 100 倍以上。通过嗅闻地面上有味道的空气，狗可以检测出数小时前某个人在那里走过时留下的几个分子，而人却只能在狗舔我们脸的时候才能闻出它的气味。

8.3.2　嗅觉感受器神经元

嗅觉感受器神经元只有一根纤细的树突，末端呈一个小的球形膨大，终止于嗅上皮的表层（图 8.9）。埋没于黏膜层中的嗅觉感受器神经元树突的突起上，有数根细长的纤毛伸出。溶解在黏液中的气味物质与纤毛表面结合，从而激活转导过程。嗅觉感受器细胞的另一端是一根非常纤细的无髓鞘轴突。嗅觉轴突集合在一起形成**嗅神经**（olfactory nerve；第 I 对脑神经）。嗅觉轴突并不像其他脑神经那样全部集合成一根神经束。相反，在离开上皮之后，形成数小簇轴突穿过一层薄薄的，称为**筛板**（cribriform plate）的骨质结构，然后进入**嗅球**（olfactory bulb）（图 8.9）。嗅觉纤维很脆弱，当发生外伤时，如头部受到撞击时，筛板和周围组织之间的力会导致嗅觉轴突断裂。经历过这种损伤后，嗅觉纤维不能再生，其结果是**失嗅**（anosmia），即不能闻到气味。

嗅觉的转导。尽管味觉感受器细胞通过许多分子信号系统进行信号转导，嗅觉感受器细胞却可能只有一种转导机制（图 8.10）。所有的转导分子均在纤毛内。嗅觉信号转导通路可归纳如下：

气味物质 →
　与膜上的气味物质受体蛋白（odorant receptor protein）结合 →
　　刺激 G 蛋白（G_{olf}）→
　　　激活腺苷酸环化酶 →
　　　　形成 cAMP →
　　　　　cAMP 与环核苷酸门控阳离子通道结合 →
　　　　　　开启阳离子通道，允许 Na⁺ 和 Ca²⁺ 的内流 →
　　　　　　　开启 Ca²⁺ 激活的氯离子通道 →
　　　　　　　　引发电流和膜的去极化（感受器电位）

一旦阳离子选择性 cAMP 门控通道开启，便产生内向电流，嗅觉神经元的膜电位去极化（图 8.10 和图 8.11）。除了 Na⁺，cAMP 门控通道还允许大量

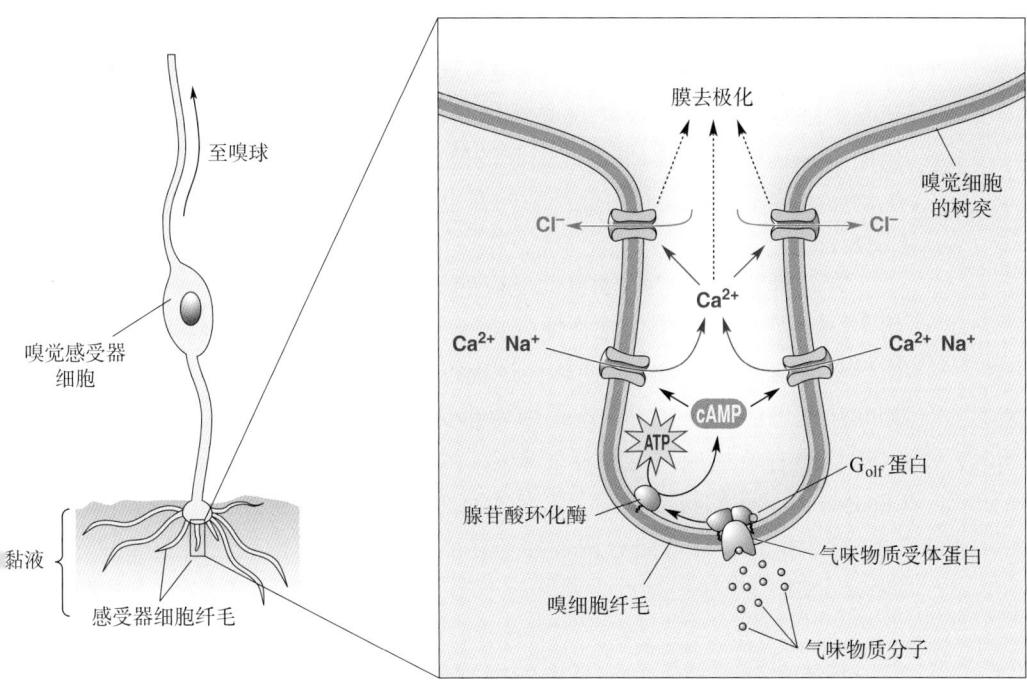

▲ 图 8.10

脊椎动物嗅觉感受器细胞的转导机制。右侧图显示的是一个嗅觉感受器细胞的一根纤毛及其包含的嗅觉转导信号分子。G_{olf} 是一种仅存在于嗅觉感受器细胞内的特殊 G 蛋白

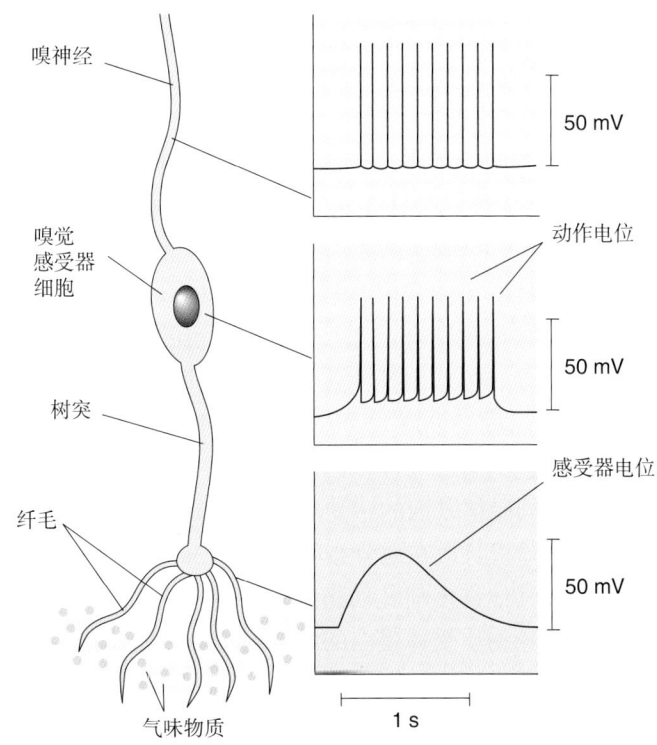

▲ 图 8.11

在嗅觉感受器细胞被刺激状态下的电压记录。气味物质在纤毛上引起一个缓慢的感受器电位，该感受器电位沿着树突传播，并在嗅觉感受器细胞的胞体上诱发一系列动作电位。最后，动作电位（而不是感受器电位）沿着嗅神经轴突不断地传导

的 Ca^{2+} 进入纤毛内。然后，细胞内的 Ca^{2+} 触发 Ca^{2+} 激活的 Cl^- 电流，这可能将嗅觉感受器电位放大（这与 Cl^- 电流通常抑制神经元活动的效应正好相反；在嗅觉细胞，细胞内 Cl^- 浓度必然是异常高的，所以 Cl^- 电流会使细胞膜去极化而不是超极化）。如果由此引起的感受器电位足够大，它将超过细胞体产生动作电位的阈值，而由此产生的锋电位则将沿着轴突传导到中枢神经系统（图8.11）。

有几种原因可以导致嗅觉反应的终止。气味物质散去，黏液层的清除酶（scavenger enzyme）常常使气味物质降解；同时，感受器细胞中的cAMP也会激活其他信号通路而使转导过程终止。即使气味物质一直存在，气味感觉的强度也会慢慢减弱，这是因为感受器细胞的反应会在大约 1 min 之内对气味物质有所适应。这种尽管刺激持续存在，而反应减弱的现象称为**适应**（adaption）。我们将会看到，这是所有感觉系统的感受器的共同特征。

这个信号转导通路有两个异乎寻常的特性：受体结合蛋白在通路的起始端；cAMP门控通道接近于通路的末端。

嗅觉受体蛋白。 受体蛋白的细胞外表面上具有气味物质的结合位点。因为你能够区分数千种不同的气味物质，你也许会猜到存在许多种气味物质受体蛋白。你的猜测可能是对的，受体蛋白的数量的确非常大。1991年在哥伦比亚大学（Columbia University）工作的 Linda Buck（琳达·巴克，1947.1—，美国生物学家——译者注）和 Richard Axel（理查德·阿克塞尔，1946.7—，美国生物化学家——译者注）发现啮齿动物有超过 1,000 种不同的气味物质受体基因，这是到目前为止所发现的最大的哺乳动物基因家族。Buck 和 Axel 凭此令人惊讶的重要发现而获得了 2004 年诺贝尔生理学或医学奖。

人类的嗅觉受体基因比啮齿动物少，约为 350 个（其实这个数量也很巨大），这些基因编码功能性的受体蛋白。气味物质受体基因大约占整个哺乳动物基因组的 3%~5%。嗅觉受体基因在基因组中散在地存在，几乎在每条染色体上都有几个。每个受体基因有其独特的结构，使这些基因编码的受体蛋白可以与不同的气味物质结合。另一个令人惊讶的事实是，每个嗅觉感受器细胞似乎仅表达众多受体基因型中非常少的几种，大多数情况下只表达一种。因此，小鼠具有超过 1,000 种不同的感受器细胞类型，每一种类型的细胞都可以通过它所表达的特殊受体基因鉴定。嗅上皮可被分为几大区域，每个区域由一组表达不同受体基因的感受器细胞组成（图8.12）。在每个区域，每个感受器类型都是随机且散在地分布的（图8.13a）。

小鼠、狗、猫和其他许多哺乳动物的犁鼻器内的感受器神经元表达它们自己的受体蛋白。气味物质受体蛋白的结构与犁鼻器受体蛋白（vomeronasal receptor protein）的结构惊人地不同。功能性的犁鼻器受体蛋白的数量（小鼠大约有 180 种，人类或许没有）要比气味物质受体蛋白少得多。犁鼻器受体探测的化学物质种类只有部分已知，其中一部分似乎就是外激素（图文框8.3）。

嗅觉受体蛋白属于 **G蛋白耦联受体**蛋白大家族，它们均拥有 7 个跨膜 α 螺旋。G蛋白耦联受体也包括第6章所描述的各种神经递质受体，以及本章

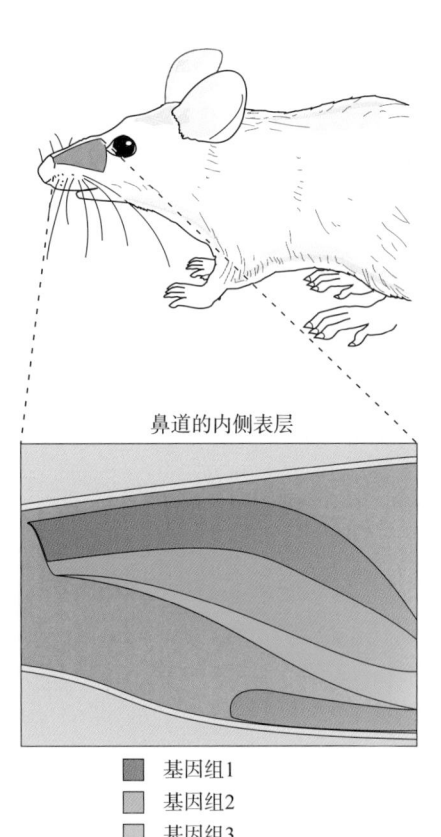

鼻道的内侧表层

■ 基因组1
□ 基因组2
□ 基因组3

▲ 图8.12

小鼠嗅上皮表达的不同嗅觉受体蛋白的分布图。该图给出了3组不同的基因，每组均有一个不同的、且不相互重叠的分布区（改绘自：Ressler等，1993，第602页）

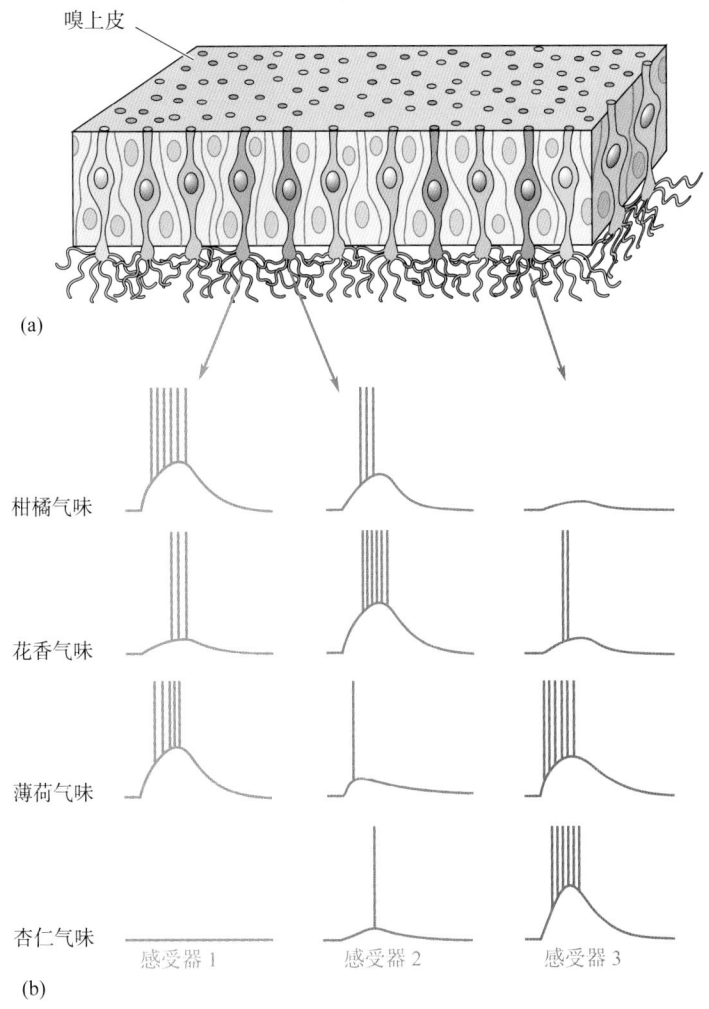

嗅上皮

(a)

柑橘气味

花香气味

薄荷气味

杏仁气味

感受器 1　　感受器 2　　感受器 3

(b)

◀ 图 8.13
单个嗅觉感受器细胞的广谱反应。(a) 每个感受器细胞表达一种嗅觉受体蛋白（这里用细胞颜色来表示），不同的细胞随机且散在地分布在嗅上皮的一个区域。(b) 3 个不同细胞的微电极记录显示每个细胞能对多种气味产生反应，但是选择性有所不同。通过对这 3 个细胞的反应特性进行分析，4 种气味中的任何一种都能清晰地被分辨出来

早先描述的苦、甜和鲜味受体。所有这些受体均与 G 蛋白耦联，G 蛋白转而将信号转导至细胞内其他第二信使系统（嗅觉感受器细胞使用一种特别的称为 G_{olf} 的 G 蛋白）。越来越多的证据表明：在脊椎动物中介导嗅觉信号转导的唯一的第二信使是 cAMP。一些最具说服力的研究使用基因工程来制造嗅觉 cAMP 通路的一些关键性蛋白（如 G_{olf}）被敲除的小鼠，这些小鼠对很多气味的嗅觉不可避免地缺失。

cAMP 门控通道。在神经元中，cAMP 是一个普通的第二信使，但它在嗅觉转导中的作用却与众不同。耶鲁大学（Yale University）的 Tadashi Nakamura 和 Geoffrey Gold 在 1987 年的研究结果显示，嗅觉细胞纤毛中有一部分通道直接对 cAMP 有反应；也就是说，这些通道是 cAMP 门控的。在第 9 章中，我们将看到环核苷酸门控的通道同样被用于视觉转导。这是生物保守性的另一个证明，即进化过程中对优点的反复利用：嗅觉和视觉运用一些非常相似的分子机制（图文框 8.4）。

那么小鼠的 1,000 种感受器细胞是怎样对几万种味道进行辨识的？与味觉相似，嗅觉也具有群体编码机制。每个受体蛋白与不同气味物质的结合程度不同，因此与受体蛋白相应的感受器细胞对这些气味物质的敏感程度也有

视觉和嗅觉的通道
Geoffrey Gold 撰文

在嗅觉感受器细胞上发现环核苷酸门控离子通道是一个正统的科学概念可以阻止科学进展的鲜明的例子。具有讽刺意味的是，这个故事开始于视觉的工作。视觉信号转导的最早研究开始于1971年，当时刚刚发现光可以导致光感受器的环鸟苷酸（cyclic guanosine monophosphate，cGMP）的分解。然而，一直到1985年，利用膜片钳技术才证明cGMP对光感受器的离子通道有直接的作用。如此长的时间延迟不是由于缺乏兴趣，因为至少有十多个实验室在从事视觉转导机制的研究。相反，我认为被广泛接受的蛋白质磷酸化是大多数细胞上环核苷酸作用机制的观点，有效地压抑了人们关于环核苷酸对离子通道还有其他（即直接的）作用的好奇心。光感受器cGMP门控离子通道是由苏联的一个研究小组发现的，这或许是由于这些科学家受西方国家起支配作用的教条影响较小的缘故。

由Tadashi Nakamura和我发现的嗅觉环核苷酸门控离子通道也说明了按照自己的思路进行研究的重要性。1985年，在发现光感受器cGMP门控离子通道仅仅几个月之后，气味物质激活的腺苷酸环化酶也被发现。我们（或许还有其他人）当时认为嗅觉纤毛上可能存在环核苷酸门控通道，这是因为视觉和嗅觉转导的生物化学相似性提示光感受器细胞和嗅觉感受器细胞之间有进化上的关联。因此，我们的假设是：如果感觉转导的生化反应在进化过程中是保守，那么离子通道可能也是保守的。然而，我们认识到转导过程发生在纤毛内，而纤毛内的一些结构也像纤毛一样，很小。再者，纤毛的直径仅约0.2 μm，之前从未被用膜片钳方法研究过。确实，和我讨论过的大多数人都认为切割纤毛的膜片是不可能的。尽管如此，我们推测如果把膜片钳记录电极的尖端开口做到小于纤毛直径，那么就有可能得到纤毛的膜片。事实证明这很容易实现，只需要把膜片钳记录玻璃微电极尖端的抛光（热熔）时间比常规的抛光时间稍微延长一点就可以了。一旦我们在纤毛上得到了高阻抗封接，膜片的切割和电流的记录就可以按常规方法进行了。

也许，这个故事最具讽刺意义的是光感受器通道是由 E. E. Fesenko 领导的小组（即本图文框第一段最后一句话提到的"苏联的一个研究小组"，关于该研究小组的这一工作可参阅 Evgeniy E Fesenko, et al., Induction by cyclic GMP of cationic conductance in plasma membrane of retinal rod outer segment. *Nature*, 313:310-313, 1985——译者注）发现的，他在这之前（以及之后的）研究工作却是嗅觉受体蛋白，而我们在发现嗅觉通道之前的研究工作是视觉转导。这也恰好说明了，对于人们来说，转入一个新的研究领域是多么有用。我想指出的是，我们的研究项目永远不会通过常规的基金项目评审过程而获得资助，因为项目看起来是不太可能获得成功的。

所不同（图8.13b）。有些细胞对引起它们反应的气味物质的化学结构比其他细胞更敏感，但一般说来，各个感受器的反应是相当广谱的。因此，一个推论是，每种气味物质可以激活1,000种感受器中的很多种。气味物质的浓度也很重要，气味物质越多，所引起的反应往往越强，直至反应强度饱和。这样，每个嗅觉细胞对气味物质的种类和强度产生模糊的信息。嗅觉中枢通路的作用则在于分析由嗅上皮传来的信息包中的所有信息——即群体编码的信息，并用群体编码的信息来对气味做进一步的分类。

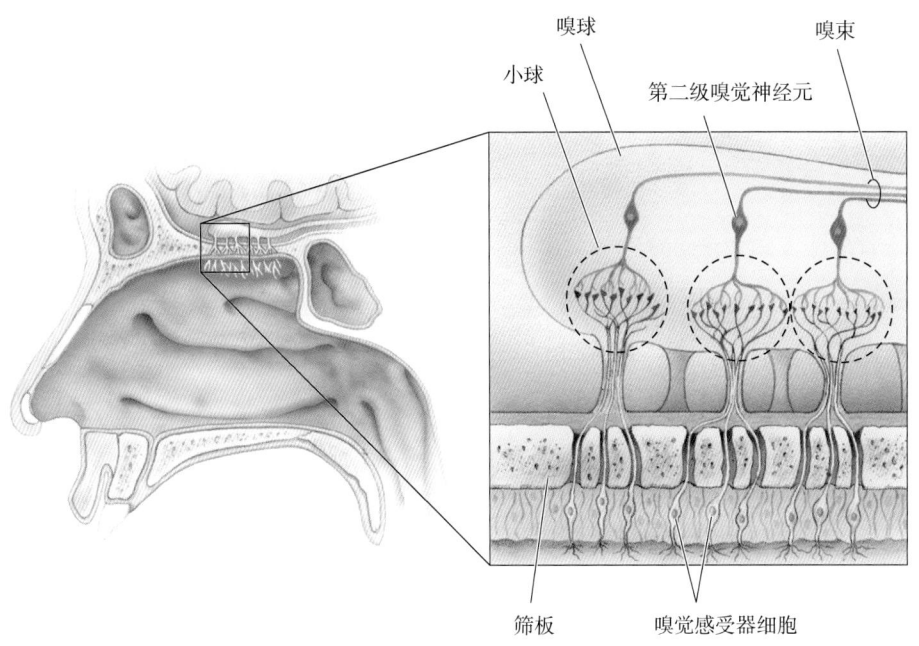

小球　　嗅球　　嗅束

第二级嗅觉神经元

筛板　　嗅觉感受器细胞

◀ 图 8.14

嗅球的位置和结构。嗅觉感受器细胞的轴突穿过筛板进入嗅球。经多次分支后，每根嗅觉神经纤维与第二级神经元在球形的小球内形成突触。第二级神经元的轴突通过嗅束进一步进入脑

8.3.3　中枢嗅觉通路

嗅觉感受器神经元将轴突投射至两个嗅球（图 8.14）。嗅球是神经科学家的一方乐土，这里充满了多种神经元构成的回路、迷人的树突排列、非同寻常的交互突触和许多不同的神经递质。小鼠的每个嗅球的输入层大约有 2,000 个称为**小球**（glomeruli，该词的单数形式为 glomerulus——译者注）的球形结构，每个小球的直径约为 50～200 μm。在每个小球内，大约有 25,000 个初级嗅觉纤维（来自感受器细胞的轴突）会聚和终止在大约 100 个第二级嗅觉神经元的树突上。

最近的研究发现，从感受器细胞到小球的投射是惊人地精确。每个小球接受来自嗅上皮广泛区域的感受器轴突。当我们用分子标记方法对小鼠表达某种特定受体基因（如 *P2* 基因）的感受器神经元做标记时，我们可以看到 P2 标记的轴突均会聚到两侧嗅球的两个小球中。图 8.15a 显示了一个实验的结果，可见没有一个轴突越出疆域。如此的定位精确性（即轴突在发育过程中是怎样发现自己的行走路径的）以我们现有的知识还不能解释（见第 23 章）。

这种精确的投射在两个嗅球中是一致的，每个嗅球只有两个接受 P2 投射的小球，呈对称分布（图 8.15b）。每个嗅球中 P2 小球的位置在不同的小鼠中也呈现很好的一致性。最后，似乎每个小球只接受一种特定感受器细胞的输入。这意味着嗅球内小球的排列是嗅上皮受体基因表达的一张非常有序的映射图（图 8.16），亦即意味着这是一张嗅觉信息的映射图。

嗅觉信息受到小球之内、小球与小球之间，以及两个嗅球之间的抑制性和兴奋性相互作用的调节。嗅球神经元也受到来自高级脑区的下行性轴突系统的调节。显然，嗅球精巧的回路具有重要功能，但这些功能具体是什么尚不明了。它们可能开始将气味物质信息粗略地分类，而这种分类与刺激强度以及与其他气味物质的影响无关。对一种气味物质的精确辨别可能需要在嗅觉系统的下一阶段做进一步的处理。

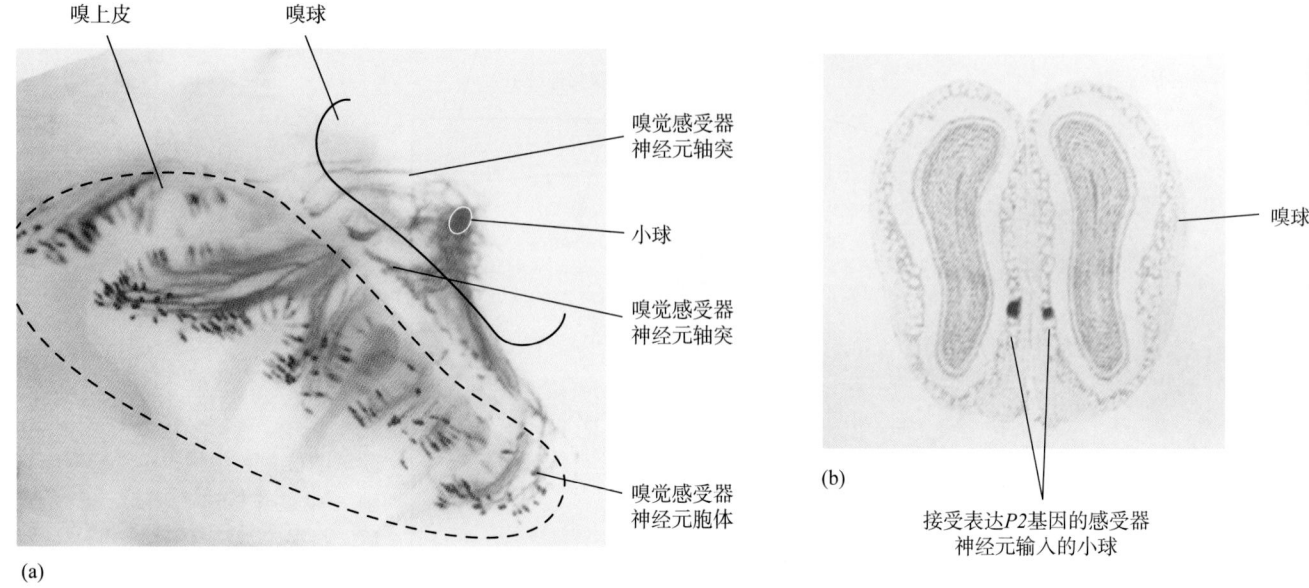

嗅上皮　　　　嗅球

嗅觉感受器
神经元轴突

小球

嗅觉感受器
神经元轴突

嗅觉感受器
神经元胞体

(a)

嗅球

(b)

接受表达P2基因的感受器
神经元输入的小球

▲ 图8.15

嗅觉神经元轴突会聚于嗅球上。表达某一特定受体基因的嗅觉感受器神经元均将轴突投射至同一个小球。(a) 在小鼠中，表达P2受体基因的感受器神经元标记为蓝色，每个神经元均将轴突投射至嗅球内同一个的小球。此图中仅可以看到一个小球，该小球接受P2轴突的投射。(b) 在两个嗅球的横切面上，可以看到含有P2基因的感受器细胞轴突投射至每个嗅球内对称位置的小球中（改绘自：Mombaerts等，1996，第680页）

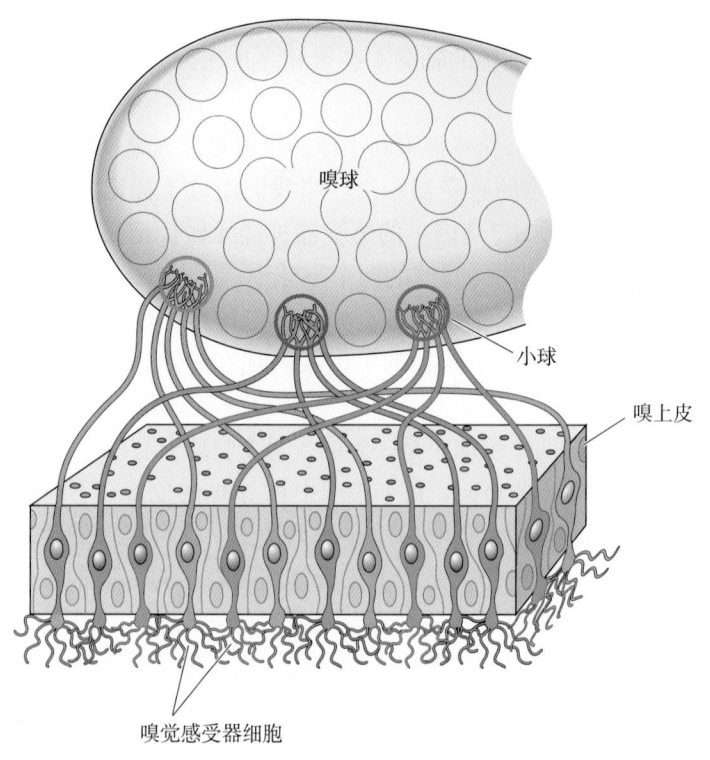

嗅球

小球

嗅上皮

嗅觉感受器细胞

▲ 图8.16

嗅觉感受器神经元至小球的特定投射。每个小球仅接受表达特定受体蛋白基因的感受器细胞的输入。表达特定基因的感受器细胞用不同的颜色标记

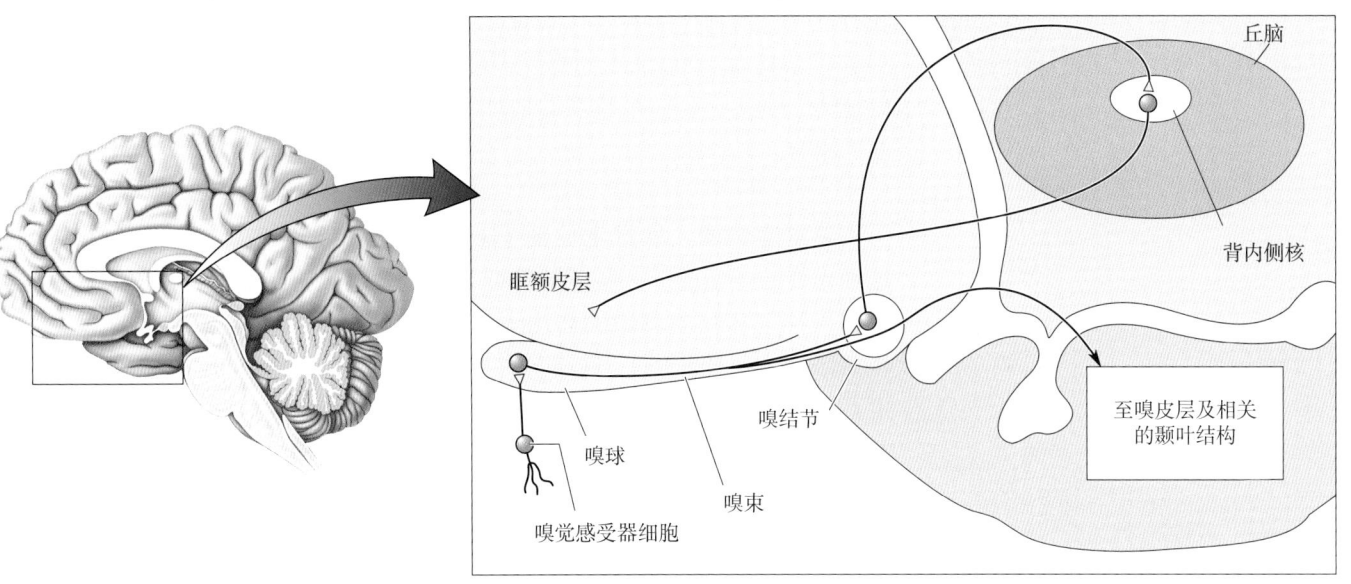

▲ 图8.17
中枢嗅觉通路。嗅觉通路的轴突分支后，进入包括嗅皮层的前脑多个区域。只有一条与
丘脑背内侧核形成突触的通路到达新皮层

许多脑区接受嗅觉输入。嗅球的传出轴突沿着嗅束直接投射到几个靶区，其中一部分显示在图8.17。最重要的靶区是大脑皮层颞叶内称为**嗅皮层**（olfactory cortex）的大脑皮层原始区域，以及颞叶中一些与嗅皮层相邻的结构。如此的解剖结构是嗅觉系统的与众不同之处。所有其他感觉系统在向大脑皮层投射之前均**首先**将信息传入丘脑。嗅觉系统的这种解剖学安排使其对前脑的一些脑区具有非同寻常的直接和广泛的影响，而这些前脑的脑区在气味物质的分辨、情感、行为激起和某些种类记忆功能等方面具有作用（见第16、18、24和25章）。气味的意识性感知可能是由一条自**嗅结节**（olfactory tubercle）到丘脑**背内侧核**（medial dorsal nucleus），再到**眶额皮层**（orbitofrontal cortex，就位于眼睛后面）的通路介导的。

8.3.4 嗅觉信息的时间和空间表征

在嗅觉系统中，我们也面临着一个与味觉系统一样的显而易见的困惑。各个感受器对刺激具有广谱的响应性，即每个细胞对很多化学物质都敏感。但是，当我们闻相同的化学物质时，我们能很容易地把它们区别开来。脑是怎样做到单个嗅觉细胞所不能做到的事情的？我们将讨论3个重要的概念：（1）每种气味是由大量神经元的群体活动来体现的；（2）对特定气味反应的神经元可能组成空间分布图；（3）动作电位的时序可能是对特定气味的基本编码方式。

嗅觉的群体编码。与味觉系统一样，嗅觉系统使用大量感受器的反应来对一个特定的刺激进行编码。一个简化的例子示于图8.13b。当给予柑橘气味刺激时，图示的3个感受器细胞都不能单独将其与别的气味完全区分开来。但是，如果考察这3个细胞反应的**综合**反应，脑就可以清晰地将柑橘气味与花香气味、薄荷气味和杏仁气味区分开来。通过这种群体编码方式，你可以想象一个具有1,000个不同感受器的嗅觉系统为什么具有辨别许多不同气味的能力。事实上，一个较新的估计是，人可以分辨至少一万亿种不同气味刺激的组合。

　　嗅觉定位图。感觉定位图（sensory map）是神经元的一种有序排列，这种排列与环境的一些特定的特征相关。微电极记录显示，许多感受器神经元在一种气味物质刺激的作用下有反应，这些细胞广泛地分布在嗅上皮的相关区域内（图8.13），这与各种受体基因的广泛分布一致。但是，我们也看到，各种类型感受器细胞的轴突与嗅球中特定的小球形成突触。如此的安排形成了一个感觉定位图。根据这个定位图，在嗅球的某个特定位置的神经元对某种特定的气味有反应。在这个定位图中，被一种化学刺激所激活的区域可以通过特定的记录方法获得。已有实验显示，当多个嗅球神经元被一种气味物质所激活时，这些神经元的位置构成复杂的但可重复的**空间模式**（spatial pattern）。图8.18所示的实验就是一个证据，薄荷味化学物质激活一种小球神经元活动的空间模式，而水果香味激活小球另一种截然不同的模式。因此，一种特定化学物质的气味被转化成一个特定的定位图，该图的范围由嗅球的"神经空间"（neural space）内被激活神经元的位置所界定，而定位图的形状则取决于气味物质的自然属性和浓度。

　　你将会在随后的章中看到，由于多种不同的原因，每个感觉系统都具有空间定位图（spatial map）。在多数情况下，这些定位图明显与感觉世界的特征有关。例如，在视觉系统中，有视觉空间定位图；在听觉系统中，有声音

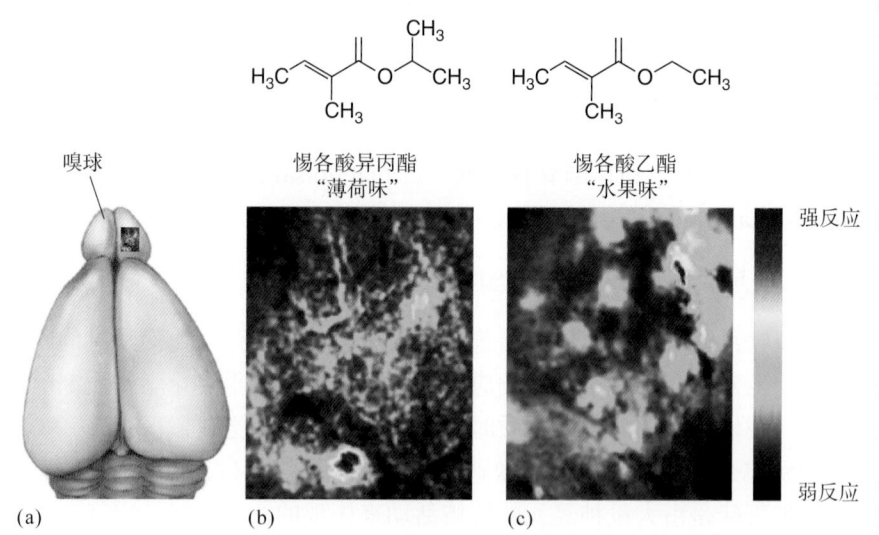

▲ 图8.18

嗅球内神经元活动的定位图。通过一种特殊的光学记录方法得到的小鼠嗅球的小球内神经元活动。细胞表达一种对细胞内Ca^{2+}水平敏感的荧光蛋白，而神经元的活动则可以通过蛋白散发的光量变化测得。定位图上的颜色代表神经元活动的不同水平，暖色（红色和橙色）代表较高的活动。活动的小球呈现彩色斑点。(a) 蓝色方框显示一侧嗅球中被定位的区域。不同的气味物质在嗅球内诱发了神经元活动的不同空间模式；(b) 和 (c) 人闻起来为薄荷味的惕各酸异丙酯（isopropyl tiglate）和闻起来为水果味的惕各酸乙酯（ethyl tiglate），激起小球两种完全不同的活动模式（改绘自：Blauvelt等，2013，图4）

频率定位图；在躯体感觉系统中，有体表感觉定位图。化学感觉的定位图与众不同，这是因为化学刺激本身并不具有空间性质上的意义。虽然你看见一个臭鼬在你跟前走动，这可以告诉你那是什么和臭鼬**在哪里**，而气味本身却只能告诉你那是什么（即你通过移动你的头只能粗略地定位气味的来源）。每一种气味物质最重要特征是它的化学结构，而不是它的空间位置。因为嗅觉系统无须对一种气味的空间模式进行定位（这与视觉系统必须对光的空间模式进行定位不同），嗅觉的神经定位图可能具有其他功能，比如在大量不同的化学物质之间区别不同的气味。最近对嗅皮层的研究发现，每一种特定的气味可以触发嗅皮层中不同神经元亚群的活动。如图8.19所示的实验，水果味的辛醛兴奋的神经元群与松树香味的α-蒎烯或青草味的己醛兴奋的神经元群明显不同（图8.19）。

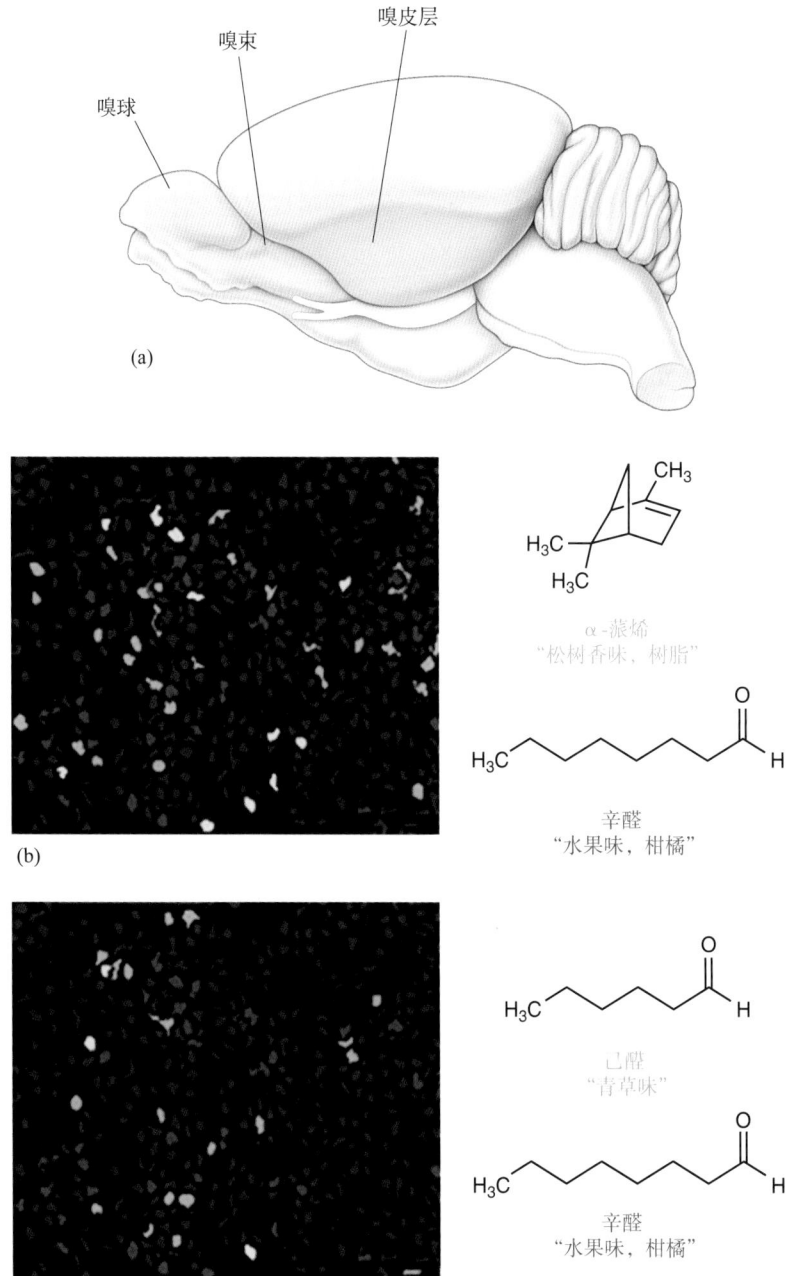

◀ 图8.19

嗅皮层神经元活动的定位图。通过一种特殊的光学方法记录到的小鼠嗅皮层内许多神经元的活动。给细胞施加了 Ca^{2+} 敏感荧光染料之后，神经元的活动就可以通过其散发的光量变化测得。（a）嗅觉区域用橙黄色阴影显示。（b）对松树香味的α-蒎烯（α-pinene）有反应的神经元被标记为绿色，对水果味的辛醛（octanal）有反应的神经元呈红色，而对两者均有反应的细胞呈黄色。（c）对青草味的己醛（hexanal）有反应的神经元被标记为绿色，对水果味的辛醛（octanal）有反应的神经元呈红色，而对两者均有反应的细胞呈黄色。三种气味物质中的每一种都激起嗅皮层神经元活动明显不同的模式（改绘自：Stettler and Axel, 2009, 第858页）

但是，脑是否真的用神经嗅觉定位图来区别化学物质？我们不知道答案。为了使用定位图，必须首先读取并理解它。通过实践和非常专业的工具，我们也许能用自己的眼睛阅读嗅球表面气味定位图上的"字符系统"（alphabet）。这也许是对嗅觉系统高级区域功能的粗略估计，但是迄今为止，并没有证据表明嗅皮层具有这种能力。另一个设想是，空间定位图根本不对气味进行编码，而只是神经系统在相关神经元群体之间（如在感受器细胞和小球细胞之间）形成合适联系的最有效的途径。有了这种有序的定位图，轴突和树突的长度可以实现最小化。具有相似功能的神经元，如果它们相互为邻，则可以更容易地相互连接。由此产生的空间定位图也许只是这些发育上需求的一个副产品，而不是感觉编码本身的基本机制。

嗅觉系统的时间编码。越来越多的证据证明，嗅觉神经元放电的**时间模式**（temporal pattern）是嗅觉编码的基本特征。与许多声、光信号相比，气味天生就是慢速刺激，所以动作电位的快速时序并不见得是用来编码气味的时间信息的。依赖于锋电位时序的**时间编码**（temporal coding）可能被用于编码气味的性质。很容易找到放电时序重要性的线索。几十年来，研究者们已经知道，当感受器接触到气味时，嗅球和嗅皮层会产生振荡活动，但目前依然不知道这种节律性活动的意义。但是，时间模式在空间气味定位图中也很明显，因为当一种单一的气味呈现时，这种定位图的形状有时会发生变化。

最近对昆虫和啮齿动物的研究为气味的时间编码提供了一些极有说服力的证据（图8.20）。从小鼠和昆虫的嗅觉系统的记录证明，气味信息不仅以详细的锋电位时序，也以锋电位的数量、时间模式、节律性、细胞与细胞之间的同步性等，在细胞群中和细胞群之间被编码。

然而，就像空间定位图一样，证明信息是由锋电位的时序所携带的只

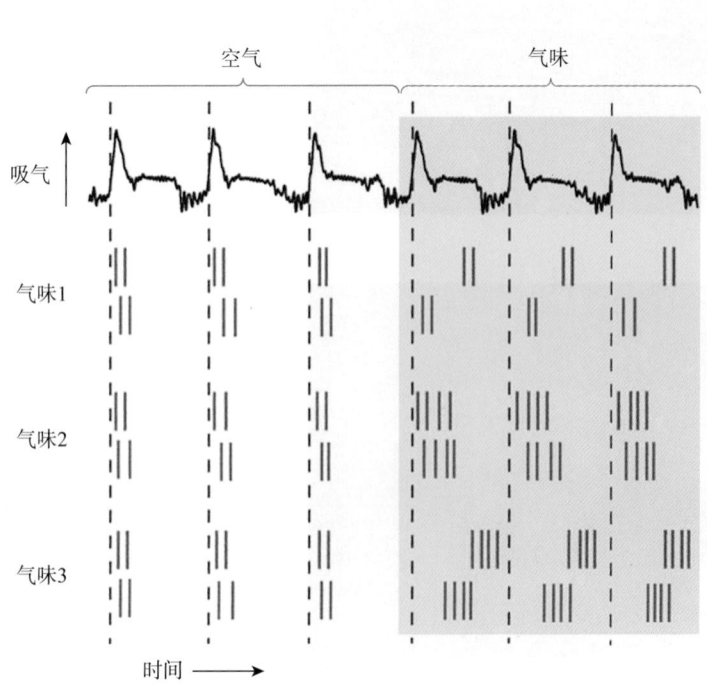

► 图 8.20

锋电位的发放模式可能包括了数量、频率和时序的变化信息。当小鼠先吸入空气（顶端黑色曲线），然后吸入带有气味物质的空气时，记录嗅球内两个神经元的活动。两个神经元的锋电位发放用红色和蓝色的竖线条表示。吸入空气时，这两个细胞均有两次发放。气味1不改变锋电位的数量，但使以红色竖线条表示的细胞发放开始的时间在呼吸周期中明显地延迟。气味2增加锋电位的数量，但不改变细胞发放开始的时间，气味3增加锋电位数量，也使锋电位发放开始的时间延迟（引自：Dhawale等，2010，第1411页）

是第一步；而要证明脑实际上利用了这些信息则要困难得多。在对蜜蜂进行的一项奇妙的实验中，加州理工学院（California Institute of Technology）的 Gilles Laurent 和他的同事们能够在不影响蜜蜂锋电位反应的情况下，干扰气味反应的节律同步化。这种锋电位同步化的丧失是与蜜蜂区分相似气味（而不是区分广泛类别的气味）的能力的丧失相关联的。这意味着，蜜蜂对气味的分析不仅需要追踪是**哪个**嗅觉神经元在发放，而且需要知道它们**在什么时候**发放。一个非常有趣的问题是，是否在哺乳动物嗅觉系统中也发生相似的信息处理过程。

8.4　结语

　　化学感受是学习感觉系统的一个很好的起始点，因为味觉和嗅觉是最基本的感觉。味觉和嗅觉使用各种转导机制来辨别我们在环境中所接触到的大量的化学物质。然而，嗅觉信号转导的分子机制与机体内每个细胞（就像神经传递与授精这两种差别巨大的功能）的信号转导系统所使用的分子机制是非常相似的。我们将会看到，其他感觉系统的转导机制虽然是高度特化的，但它们也是由共同的细胞过程演变而来的。显著的平行性（如嗅觉和视觉感受器细胞之间分子机制的相似性）已经被发现。

　　感觉的一般性原则也可扩展至神经系统水平。大多数感觉细胞对刺激具广谱反应，这意味着神经系统必须使用群体编码对感觉信息进行表征和分析，从而使我们产生超乎寻常的精确和细微的感觉。神经元群体通常排列在脑的感觉定位图中。而且，动作电位的放电时序可能以一些我们尚未了解的方式发挥表征感觉信息的功能。在随后的章节中，我们将会看到，处理光、声和压力的解剖学和生理学系统也有一些类似的特点。

关键词

引言 Induction

味觉 gustation（p.268）

嗅觉 olfaction（p.268）

化学感受器 chemoreceptor（p.268）

味觉 Taste

乳突 papillae（p.269）

味蕾 taste buds（p.271）

味觉感受器细胞 taste receptor cell（p.271）

感受器电位 receptor potential（p.272）

转导 transduction（p.273）

味觉核 gustatory nucleus（p.276）

腹后内侧核 ventral posterior medial (VPM) nucleus
　（p.276）

初级味觉皮层 primary gustatory cortex（p.278）

群体编码 population coding（p.279）

嗅觉 Smell

外激素 pheromone（p.280）

嗅上皮 olfactory epithelium（p.280）

嗅球 olfactory bulb（p.282）

小球 glomeruli（p.287）

嗅皮层 olfactory cortex（p.289）

感觉定位图 sensory map（p.290）

时间编码 temporal coding（p.292）

复习题

1. 大多数味觉由 5 种基本味觉组合而成。哪些感觉因素有助于对某种特定食物的感知？

2. 咸味的转导机制在一定程度上与 Na^+ 通透性通道有关。为什么糖通透性的膜通道不构成甜味的转导机制？

3. 具有甜、苦和鲜味的化学物质都精确地激活相同的细胞内信号分子。鉴于这一事实，你能解释神经系统怎样辨别糖、生物碱和氨基酸的味道吗？

4. 为什么动物嗅上皮的大小（及感受器细胞的多少）与其嗅锐度有关？

5. 味觉和嗅觉系统的感受器细胞都要经历周期性的生长、成熟和死亡。因此，它们与脑之间的连接也一定要周期性地更新。你能否提出一套使这种连接在整个生命过程中得到周而复始的更新的机制？

6. 如果嗅觉系统确实利用空间定位图对特定的气味进行编码，那么脑的其余部分是如何读取这幅定位图的？

拓展阅读

Kinnamon SC. 2013. Neurosensory transmission without a synapse: new perspectives on taste signaling. *BMC Biology* 11:42.

Liberles SD. 2014. Mammalian pheromones. *Annual Review of Physiology* 76:151-175.

Liman ER, Zhang YV, Montell C. 2014. Peripheral coding of taste. *Neuron* 81:984-1000.

Murthy VN. 2011. Olfactory maps in the brain. *Annual Review of Neuroscience* 34:233-258.

Stettler DD, Axel R. 2009. Representations of odor in the piriform cortex. *Neuron* 63:854-864.

Zhang X, Firestein S. 2002. The olfactory receptor gene superfamily of the mouse. *Nature Neuroscience* 5:124-133.

（王中峰 译   王建军 校）

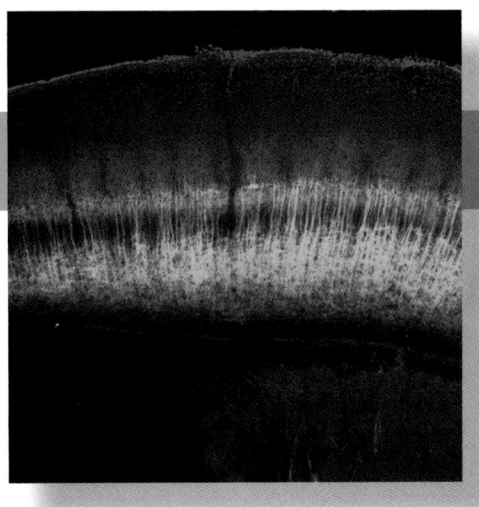

第9章

眼睛

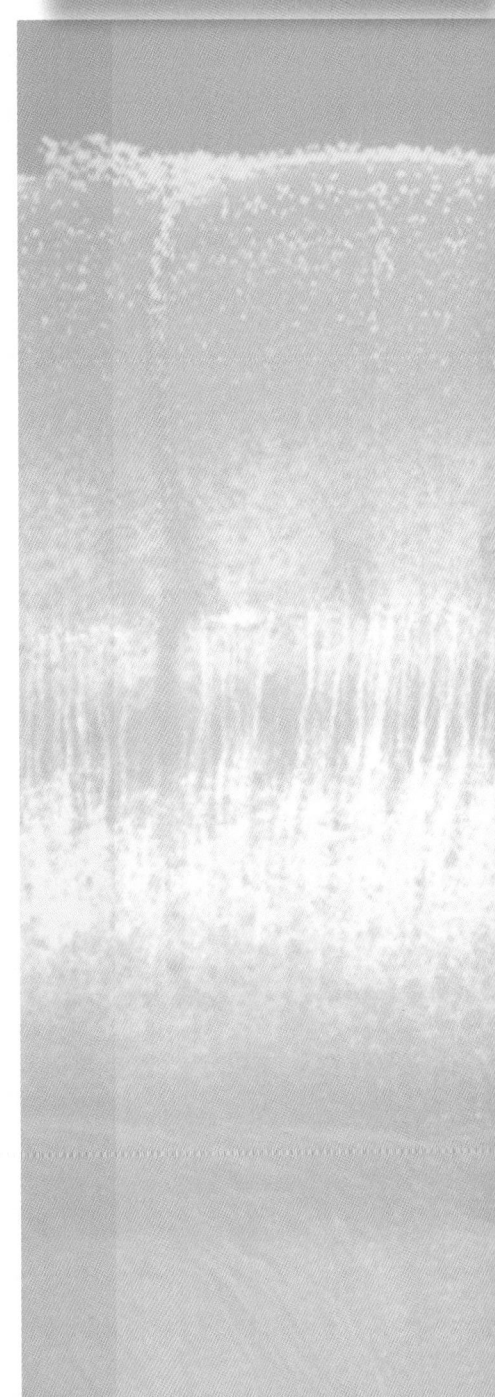

9.1 引言

视觉（vision）是非凡的，它使我们可以探测到像鼻尖上的蚊子一样微小而近距离的东西，或者像数十万光年之外的星系一样巨大而遥远的天体。对光的敏感性，使包括人类在内的动物可以对捕食对象、捕食者及同伴进行辨识。基于由周围物体反射而进入眼睛的光，我们得以对复杂的世界形成感知。这个过程虽然看似轻松，实际上却极度复杂。确实，事实已经证明，很难让计算机视觉系统（computer visual system）实现人类视觉系统的一小部分功能。

光是以波为形式发射的电磁能量。我们生活在一个由电磁辐射的涡流形成的海洋中。与其他海洋一样，这个电磁波的海洋既有大的波，也有小的波；既有短的波，也有长的波。这些波闯入物体，被吸收、散射、反射和折射。由于电磁波的自然属性及其与环境的相互作用，视觉系统可以从中获取关于周围世界的信息。这可不是一件简单的事，它涉及很多神经机制。然而，在脊椎动物进化过程中，视觉的优势已经得到了令人惊异的回报。它提供了新的交流途径，赋予脑产生对物体轨迹和时空事件进行预测的机制，允许心理想象和对事物进行抽象处理的新形式，并引导艺术世界的创新。视觉的重要性也许可以从这一事实得到最佳的证明，即人类的大脑皮层有超过三分之一的区域参与对视觉世界的分析。

哺乳动物的视觉系统始于眼睛。眼睛的背部是**视网膜**（retina），这里有特化的、将光能转化成神经活动的光感受器。眼睛的其余部分像照相机，可将外部世界在视网膜上形成清晰的图像。就像一部照相机，眼睛自动调节以适应亮度的差异，并自动聚焦于所感兴趣的物体。眼睛还可以通过眼动实现对移动目标的跟踪，以及通过眼泪和眨眼使其透明表面保持清洁。

虽然眼睛的大部分功能就像一部照相机，但视网膜却远不止被动地记录空间的光强。事实上，正如第 7 章所提及的，视网膜是脑的一部分（下次当你注视别人的眼睛时想想这个）。在某种意义上，每只眼睛都有两个相互重叠的视网膜：一个特化为在低亮度，即自黄昏至黎明时段工作；另一个特化为在高亮度时工作，从日出到日落，并可以对颜色进行检测。但是，不管一天中的什么时间，视网膜的输出并不见得忠实地反映投射在其上的光强度。相反，视网膜特化为检测投在其不同部位的光强的**差异**。在视觉信息到达脑的其他部分之前，视网膜已经对图像进行了很好的处理。

视网膜神经元的轴突会聚成视神经，它们将视觉信息（以动作电位的方式）传送至数个履行各种功能的脑结构。视神经的一些中枢靶结构参与一些与昼夜节律同步的生物节律的调节，另一些则参与对眼睛位置和光学性质的控制。然而，视觉感知通路中第一个突触中继站是位于丘脑背侧的一个细胞群，称为**外侧膝状体核**（lateral geniculate nucleus，LGN）。视觉信息自 LGN 传至大脑皮层，进而得到解读和记忆。

本章将对眼睛和视网膜进行考察。我们将知道光是怎样将信息携带至我们的视觉系统的；眼睛是怎样将图像形成于视网膜上的；视网膜是怎样将光能转化成神经信号以提取关于亮度和颜色差异的信息的等。在第 10 章，我们将考察始于眼球背部，经丘脑通往大脑皮层的视觉通路。

9.2　光的特性

视觉系统利用光来形成周围世界的图像。让我们对光的物理特性及它与环境的相互作用进行简单的回顾。

9.2.1　光

我们周围充满了电磁辐射。这些电磁辐射来源众多，包括收音机天线、手机、X 射线机，以及太阳。光是眼睛所能看见的电磁辐射。电磁辐射可以被描述成能量波。与其他波一样，电磁辐射具有**波长**（wavelength），即两个相邻的波峰或波谷之间的距离；**频率**（frequency），即每秒内波的个数；以及**振幅**（amplitude），即波峰和波谷之间的差距（图 9.1）。

▲ 图 9.1
电磁辐射的特性

电磁辐射所包含的能量与其频率成正比。高频辐射（短波）可容纳的能量最高，例如，由某些放射性物质所发射的伽马射线和用于医学成像的 X 射线，它们的波长都小于 10^{-9} m（< 1 nm）。相反，低频辐射（长波）具较低的能量，例如，雷达和无线电波的波长均大于 1 mm。只有小部分电磁波的频谱能为我们的视觉系统所检测；可见光的波长为 400 ~ 700 nm（图 9.2）。正如由 Isaac Newton（艾萨克·牛顿，1643.1—1727.3，英国物理学家和数学家，万有引力定律的发现者，被誉为"近代物理学之父"——译者注）早在 18 世纪首次发现的那样，太阳所发射的在此波长范围内的混合光，在人看来呈白色，而单波长的光看起来则像彩虹中的一种颜色。有趣的是，"暖"色光（如红色或橙色）由长波长的光组成，比"冷"色光（如蓝色或紫色）具有**更少**的能量。显然，颜色本身是由脑基于我们的主观经验而产生的。

9.2.2　光学

在真空中，电磁辐射沿直线行进，因而可以称为**光线**（ray）。我们环境中的光线也是沿直线传播的，直到它们与大气环境中的原子和分子，以及与地面上的物体发生相互作用为止。这些相互作用包括反射、吸收和折射

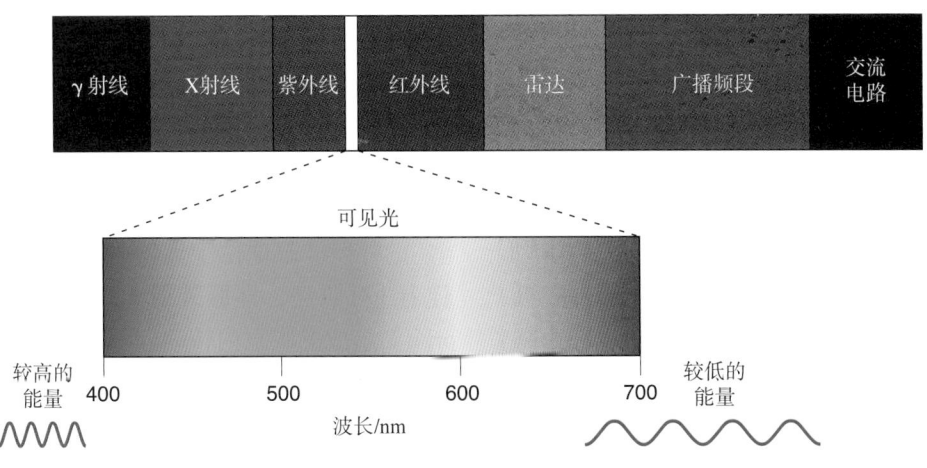

▲ 图 9.2
电磁波的频谱。人裸眼可以看见的电磁辐射波长范围仅为 400 ~ 700 nm。在可见光谱范围内，不同波长呈现不同颜色

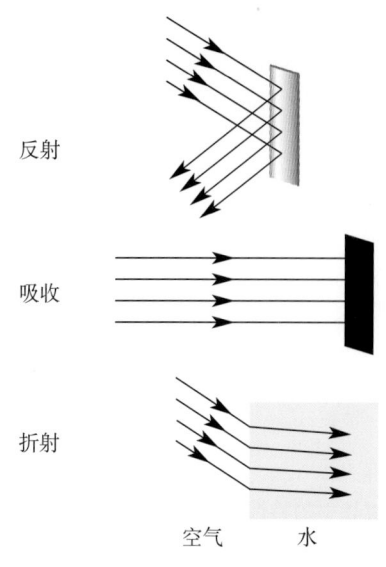

▲ 图9.3

光与环境的相互作用。当光射向环境中的一个物体时，它可能被反射、吸收，或两者皆而有之。视觉感知是基于自发光物体（如霓虹灯）直接射入眼睛或由物体反射而进入眼睛的光产生的。光经折射在眼内成像。在本图例子中，光线穿过空气进入水中，在空气–水面的界面上发生折曲，而后向垂直于界面的直线方向偏折

（图9.3）。对光线及它们与环境相互作用的研究称为**光学**（optics）。

反射（reflection）是光线在物体表面的反弹。一束光的反射方式取决于其射向表面的角度。一束垂直射向镜面的光线的反射角度是180°，而一束以45°角度射向镜面的光的反射角度是90°，以此类推。我们所看见的光，大多数为环境中物体所反射的光。

吸收（absorption）是光能转移到粒子或表面的过程。在阳光充足的日子，你可以感觉到你皮肤上的这种能量转换，因为可见光被吸收并使你感觉到温暖。黑色的表面吸收所有可见光的能量。某些物质仅仅吸收有限波长范围的光能，而将其余波长反射出来。这个特性是颜料中色素的基础。例如，一个蓝色色素吸收长波，而对以430 nm为中心的形成蓝色的短波进行反射。正如我们将要看到的，视网膜中对光敏感的光感受器细胞也含有色素，并利用从光中所吸收的能量来产生膜电位的变化。

眼睛中的图像是通过**折射**（refraction）而形成的，即由光在行进途中在不同透明介质表面产生的折曲所形成的。例如，当你把腿伸入游泳池中，所看到的腿在水面上发生折曲的奇怪的样子就是折射的结果。考虑一束光线从空气中进入一池水中的情形。如果光线垂直进入水面，它将会沿直线行进；但如果它以一个角度射入水中，它将会被折射并向水面的垂线方向靠近。光的这种折射是由于光在这两种介质中的速度不同所致：光在空气中传播的速度比在水中快，而两种介质中光速差异越大，折射角度也越大。眼睛中透明介质使光产生折射而在视网膜上成像。

9.3 眼睛的结构

眼睛是对光进行检测、定位和分析的特化的器官。这里，我们从眼睛的大体解剖、检眼镜下观和横切面解剖等方面对这个非凡器官的结构进行介绍。

9.3.1 眼睛的大体解剖

当你看着别人的眼睛时，你到底在看什么？眼睛的主要结构示于图9.4。**瞳孔**（pupil）是允许光线进入眼睛并到达视网膜的入口，由于视网膜色素对光的吸收，瞳孔看起来呈暗色。瞳孔被**虹膜**（iris）所环绕，其色素决定了我们所说的眼睛的颜色。虹膜含有两条肌肉，可以改变瞳孔的大小：其中一条肌肉的收缩使瞳孔变小；而另一条收缩则使其变大。瞳孔和虹膜被眼睛外层的透明表面，即**角膜**（cornea）所覆盖。与角膜相连接的是**巩膜**（sclera），即"眼白"，后者构成眼球坚实的外壁。眼球位于头骨中称为**眼眶**（eye's orbit）的骨性框架内。巩膜上连着3对肌肉，即**眼外肌**（extraocular muscle），它们使眼球可以在由眶骨（orbit）组成的眼眶内转动。因为它们位于**结膜**（conjunctiva）的后部，这些肌肉一般不可见。结膜始于眼睑的内表面，向后弯曲，止于巩膜。携带视网膜轴突的**视神经**（optic nerve），自眼睛的后部穿出，穿过眼眶，到达位于垂体（pituitary gland）附近的脑底部。

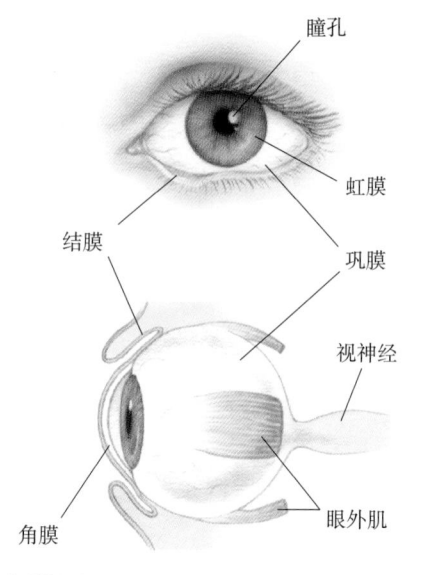

▲ 图9.4

眼睛的大体解剖

9.3.2　眼睛的检眼镜下观

　　眼睛的另一种图像可由检眼镜（ophthalmoscope）提供（图9.5），检眼镜是可以使人通过瞳孔来观察视网膜的一种眼科检查器械。通过检眼镜所看到的视网膜的最为明显的特征是其表面的血管。这些视网膜血管始于称为**视盘**（optic disk）的浅色圆形区域，视盘也是视神经离开视网膜的地方。

　　有趣的是，视盘处并没有光感，因为视盘处没有光感受器。在大血管存在的地方也不能产生光感，因为血管在视网膜上形成了阴影。但是，我们对视觉世界的感知却是没有缝隙的。我们并不意识到我们的视野中有任何空洞，因为脑为我们把这些地方的感知填满了。但是，我们可以通过一些方法来显示视网膜的这些"盲"区（图文框9.1）。

　　在视网膜的中间，有一个稍暗的偏黄色的区域，称为**黄斑**〔macula，来自拉丁语，意思为spot（斑点）〕。相对于周边视觉（peripheral vision），黄斑是视网膜的中央视觉（central vision）部分。除了颜色，黄斑也因大血管相对稀少而与其他区域有所区别。注意在图9.5中，血管始于视盘并向黄斑延伸；视神经则始于黄斑而向视盘延伸。视网膜该区域（黄斑）血管的稀少也是提高中央视觉质量的一种特化。可以通过检眼镜辨别的视网膜中心区域的另一个特化之处是**中央凹**（fovea），一个直径约为2 mm的暗斑〔fovea在拉丁语中是pit（凹陷）的意思〕。视网膜在中央凹处比其他地方要更薄一些。由于中央凹是视网膜中心的标志，它成为解剖上的一个较为方便的参考点。因此，视网膜比中央凹更靠近鼻子的部分称为**鼻侧**，比中央凹更靠近颞部的部分称为**颞侧**，中央凹上面的部分称为**上侧**，中央凹下面的部分称为**下侧**。

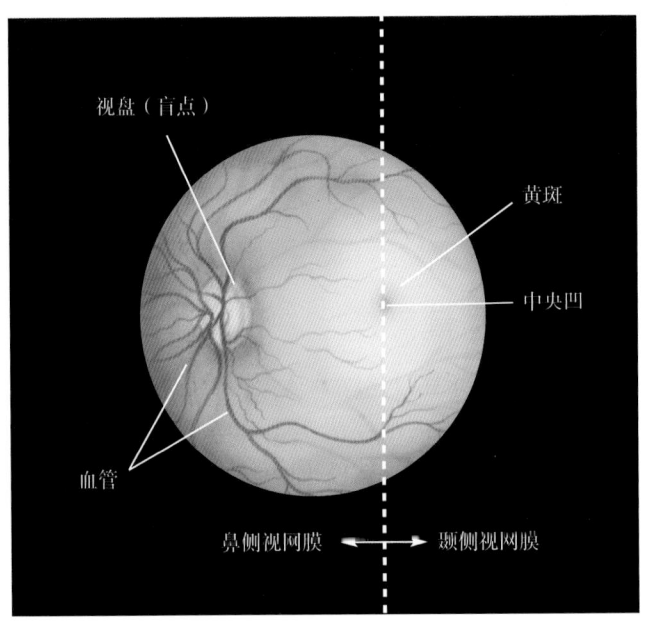

▲ 图9.5

通过检眼镜所观察到的视网膜。穿过中央凹的虚线将视网膜分为靠近鼻子的鼻侧和靠近耳朵的颞侧两个部分。图中的虚线穿过视网膜中心的黄斑（位置看上去有点偏向一侧，这是因为照片拍摄的角度要将偏向颞侧视网膜的视盘也包括进来）

图文框9.1　趣味话题

展示你眼睛的盲区

通过检眼镜的观察显示了视网膜上有一个尺寸可观的空洞。在视神经轴突穿出眼睛及视网膜血管进入眼睛的区域，即视盘处，完全没有光感受器。此外，视网膜中的血管是不透明的，阻止了光线照到它们后面的光感受器上。虽然我们在一般情况下不会注意到这些问题，但我们还是可以将这些盲区显示出来。如图 A 所示，将书持于 1.5 ft（英尺，1 ft ≈ 30.5 cm）以外，闭上你的右眼，用你的左眼注视图中的十字。将书（或你的头）稍稍移动，最后你将找到一个位置，使图中的黑色圆点消失。此时，这个黑点所成像的位置就是你左眼的视盘处。视野的这个区域称为左眼的**盲点**（blind spot）。

要显示血管，难度稍高一点，但你可以试一试。取一个家用手电筒。在昏暗的房间里，闭上你的左眼（可以用手指遮住眼睛，这样你可以将右眼

完全睁开）。用睁大的右眼向前看，并将手电筒以某种角度向右眼外侧照射。将手电筒沿上下前后方向轻轻地晃动。幸运的话，你可以看到你自己视网膜血管的影像。这是可能的，因为以这样的倾斜角度对眼睛照明，可使视网膜血管在其相邻区域投下长长的阴影。为了见到这些影子，必须使它们在视网膜上前后掠动，这就是为什么需要将光源来回地晃动。

如果我们的视网膜有这些对光不敏感的区域，那为什么视觉世界并不受影响，而显得天衣无缝？对这个问题的回答是，视觉中枢的某些机制"填满"了这些遗漏的区域。感觉上的填充效应可以由图 B 给出的刺激所显示。用你的左眼注视图中的十字，并将书本前后移动。你会发现在某个特定的距离上，你看到的是一条连续的直线。此时，线段的中断处成像于眼睛的盲点处，而你的脑对其进行了填充。

图 A

图 B

9.3.3　眼睛的横切面解剖

眼睛的横切面显示了光穿过角膜到达视网膜的路径（图 9.6）。角膜没有血管，它的营养来自其背后的液体**房水**（aqueous humor）。图 9.6 也显示了位于虹膜后面的另一个透明的**晶状体**（lens）。晶状体由一些称为**带状纤维**（zonule fiber）的韧带（ligament；即晶状体的悬韧带 suspensory ligament——译者注）悬拉着，而后者与眼内的环形**睫状肌**（ciliary muscle）相连。想象一下用牙签把草莓固定在百吉圈（bagel，即面包圈——译者注）中心的镂空处。在这个想象的模型中，草莓就是晶状体，牙签相当于带状纤维，而百吉圈则是与巩膜相连的睫状肌。正如我们将会看到的，晶状体形状的变化使我们的眼睛得以调节，从而使其对不同的视觉距离聚焦。

晶状体也将眼睛内部区分为含有不同液体的两个部分。前面已经介绍过

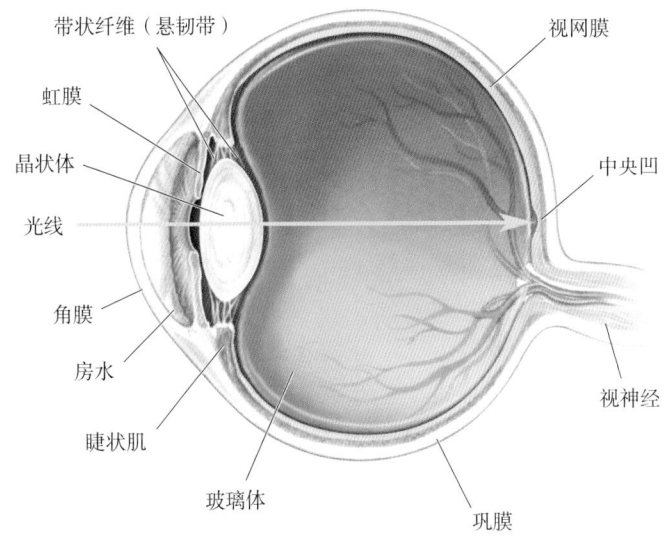

带状纤维（悬韧带）

虹膜

晶状体

光线

角膜

房水

睫状肌

玻璃体

视网膜

中央凹

视神经

巩膜

◀ 图 9.6

眼睛的横切面。眼睛前部的结构对光通量进行调节，并将光折射至视网膜，而视网膜铺在眼睛的内面

的房水是处于角膜和晶状体之间的水性液体；而稍黏稠一些的成凝胶状的**玻璃体**（vitreous humor）则位于晶状体和视网膜之间，它的作用是使眼睛保持球形。

虽然眼睛对传递精确的视觉信息至脑的其他部分起重要的作用，但是眼睛的各种疾患可以损害这种能力（图文框 9.2）。

9.4　眼睛中图像的形成

眼睛接收环境中由物体发射或反射的光线，并将它们聚焦于视网膜以成像。对物体进行聚焦涉及角膜和晶状体的综合屈光能力。你可能会惊讶地发现，眼睛折射能力最大的部分是角膜，而非晶状体。这是因为光线经空气到达眼睛，而角膜的主要成分是水。由于光线在水中的传播速度明显慢于在空气中的，因此会产生大幅度的折射。相比较而言，由于房水、晶状体和玻璃体都含有大量水分，因此由晶状体导致的折射相对较弱。

9.4.1　角膜的折射

考虑由远处光源所发射的光，比如黑夜里的一颗明亮的星星。由星星发出的光线射向四面八方，但由于距离遥远，当这些光线到达地球并射入我们的眼睛时，它们实际上是平行的。这些平行光线穿过角膜。这颗星星在我们看来是一个光点，而不是视野中的一个亮斑，因为眼睛通过折射将到达角膜的星光聚焦于视网膜上的一点。

记得当光线通过一个使其速度变慢的介质时，它将朝向与界面垂直的方向发生折曲（图 9.3）。这正是光线穿过角膜，由空气中进入房水时的情形。如图 9.7 所示，沿着与角膜表面垂直的方向进入眼睛的光线将直接到达视网膜，但是以非垂直的角度到达角膜表面的光线会发生折曲，并会聚在视网膜。自折射表面至平行光的会聚点的距离称为**焦距**（focal distance）。焦距与角膜的曲率有关：角膜的弯曲程度越高，焦距就越短。图 9.7 中的公式显示，用以米（m）为单位的焦距的倒数作为一个测量单位，称为**屈光度**

图文框 9.2　趣味话题

眼睛的疾患

一旦你了解了眼睛的基本结构，你就能理解眼睛不同部位的异变是如何导致视力部分或完全丧失的。比如，双眼的眼外肌的不平衡可导致双眼视线方向不一致。这样的双眼协调丧失称为**斜视**（strabismus）。斜视分为两种：一种是**内斜视**（esotropia），即两只眼睛注视时视线相互交叉，这种人因而被称为对视眼（cross-eyed）；另一种是**外斜视**（exotropia），即双眼注视时视线发散，这种人被称为外斜眼（wall-eyed）（图 A）。多数情况下，这两种情况的斜视都是先天的，是可以矫治的，但必须在幼年早期进行。治疗通常包括使用棱镜或眼外肌手术来重新调整眼睛。如果不进行治疗，互不协调的图像会从两只眼睛传送至脑，降低深度感知（depth perception）；更为重要的是，会导致患者压抑一只眼睛的输入。占主导地位的眼睛将保持正常功能，而受压抑的眼睛会变得**弱视**（amblyopia），也就是说，其视锐度会降低。如果医疗干预拖延至成年期之后实施，治疗就无效了。

老年人一种常见的眼睛疾患是**白内障**（cataract），即晶状体浑浊（图 B）。许多 65 岁以上的老年人有不同程度的白内障，如果该眼疾显著地损害了视觉，就需要进行手术治疗。在白内障手术中，晶状体被摘除，并用人工塑料晶状体代替之。虽然人工晶状体不能像天然晶状体那样调整焦距，但它也可以提供清晰的成像，而眼镜则可用来帮助视远和视近（图文框 9.3）。

青光眼（glaucoma），一种与眼内压增高有关的渐进性视觉丧失，也是致盲的一个主要因素。房水的压力在维持眼睛形状方面起着至关重要的作用。但是，当房水的压力增高，整个眼睛就受到压迫，最后导致眼中相对薄弱的部位，即视神经离开眼球的部位受到损伤。视神经轴突受到挤压，视觉则由周边部至中央部逐渐地丧失。不幸的是，当患者意识到较为中央部的视觉丧失时，损伤已经相当严重，眼睛相当大的一部分视觉已经永久地丧失了。由于这个原因，早期诊断以及通过药物和手术治疗来降低眼内压是必需的。

眼睛后部的对光敏感的视网膜是受到多种致病因素作用而发生失明的部位。你也许曾听说过某些职业拳手患有**视网膜剥离症**（detached retina）。顾名思义，这是由于头部受到击打或玻璃体收缩时，视网膜会从其下面的眼壁上脱落下来。一旦视网膜开始剥离，玻璃体内的液体会流到由创伤造成的视网膜小裂隙中，从而导致视网膜的进一步剥离。视网膜剥离的症状包括对光和对阴影的异常感知。治疗往往包括通过激光手术在视网膜撕裂口的边缘形成疤痕，从而使视网膜重新贴合到眼睛的后壁上。

视网膜色素变性（retinitis pigmentosa）以渐进的光感受器退行性病变为特征。其首发症状往往是周边视觉和夜视觉的丧失，随后则可能发生全盲。该疾病的病因尚不明了，但某些形式的视网膜色素变性具有很强的遗传原因，而现在已经知道有超过 100 个基因可能包含导致视网膜色素变性的突变位点。目前对此疾病尚无有效的治疗措施，但服用维生素 A 可以延缓其进程。

与视网膜色素变性患者所经历的管状视觉（tunnel vision）相反，**黄斑变性**（macular degeneration）则只是丧失中央视觉。这种眼病是相当常见的，在美国，65 岁以上人群中有超过 25% 的人受累于此病。虽然周边视觉可以保持正常，但由于视网膜中央部光感受器的逐渐退化，阅读、看电视和辨认人脸的能力却丧失了。激光手术虽然有时可以阻止进一步的视觉丧失，但是至今仍然没有治愈这种疾病的方法。

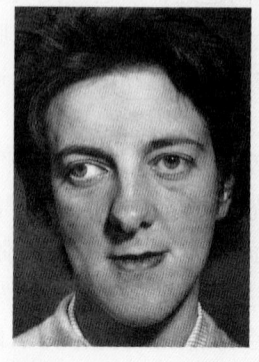

图 A

外斜视（引自：Newell，1965，第 330 页）

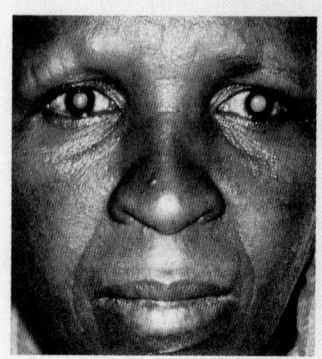

图 B

白内障（引自：Schwab，1987，第 22 页）

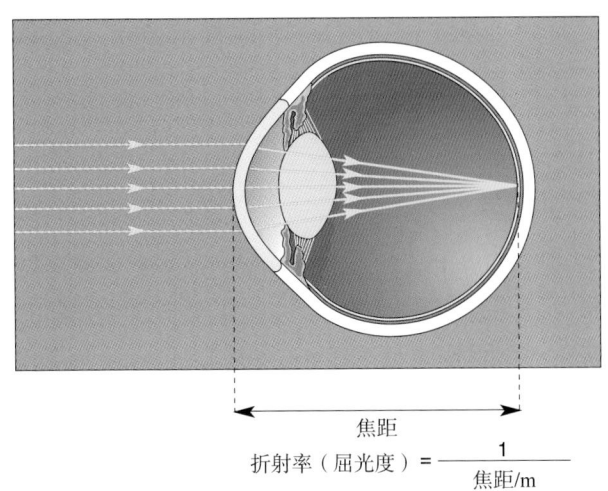

$$\text{折射率（屈光度）} = \frac{1}{\text{焦距/m}}$$

◀ 图9.7
角膜的折射作用。角膜必须具有足够的屈光力，以将光线聚焦在眼睛后部的视网膜上。屈光力可以屈光度来度量

（diopter）。角膜的折射率约为42屈光度，这意味着平行光束接触角膜后会会聚在其后0.024 m（2.4 cm）处，约为角膜和视网膜之间的距离。为了对角膜所产生的大幅度折射有一个认识，请注意许多眼镜的处方只有几个屈光度。

记得折射力取决于光线在空气-角膜交界处的减速。如果我们用一种传播速度和眼内结构相似的介质来取代空气，那么，角膜的折射率就可以被消除。这就是为什么当你在水下睁眼时，一切都显得模糊——因为水-角膜界面的聚焦力很低。戴上泳镜或呼吸器面罩可以恢复空气-角膜的界面，并恢复眼睛的屈光能力。

9.4.2　晶状体的适应性调节

虽然眼睛的折射大部分由角膜完成，晶状体也为远处物体的清晰成像贡献大约10屈光度。但是，更为重要的是，晶状体参与距眼睛9 m之内物体的清晰成像。自近处物体上一个点发出的光线不再平行。相反，这些光线从一个光源或物体上的一个点发散，这就需要更强的折射，以使它们聚焦到视网膜上。这个附加的聚焦力可以通过改变晶状体的形状来实现，而这个过程称为**眼调焦**（accommodation）（图9.8）。

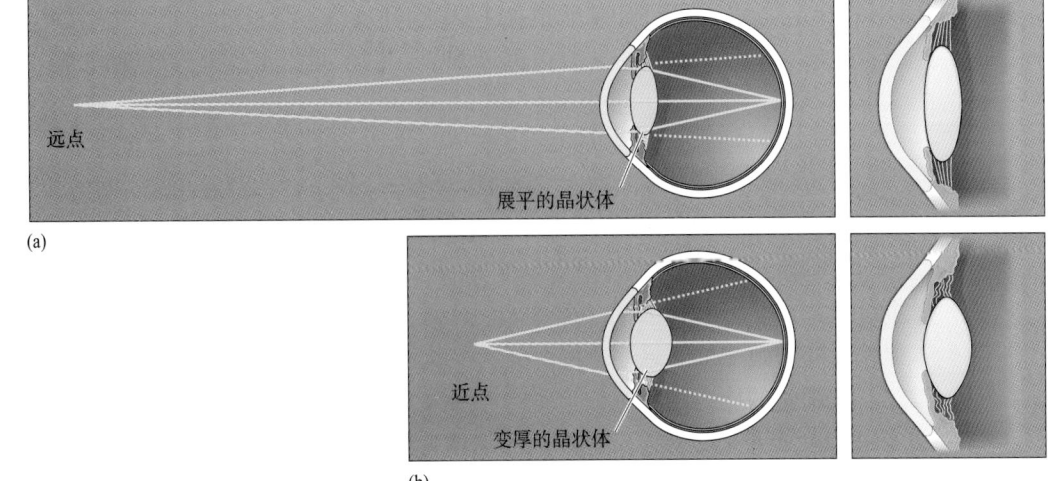

◀ 图9.8
晶状体的适应性调节。（a）将眼睛聚焦在远处一个点只需要相对小幅度的折射。此时睫状肌松弛，带状纤维（悬韧带）拉伸，晶状体展平。（b）近处物体需要更接近球形的晶状体所提供的更强的折射。这是通过睫状肌收缩而减少带状纤维的张力实现的

图文框9.3   趣味话题

视力矫正

当睫状肌松弛使晶状体变得扁平时，如果远处的平行光能清晰地聚焦于视网膜上，便称眼睛是**屈光正常的**（emmetropic，此词来自希腊语的 emmetros 和 ope，意思分别为"适当程度的"和"视觉"；屈光正常即为正视眼（emmetropia）——译者注）。换句话说，屈光正常的眼睛可以将平行光聚焦于视网膜而不需要做任何适应性调节（即眼调焦——译者注）（图A），而适应性调节足以使很大距离范围内的目标图像得到聚焦。

然后考虑眼球前后距离太短的情况。在没有眼睛调焦的情况下，平行光线会聚焦到眼睛的后方。这种情况称为**远视眼**（hyperopia 或 farsightedness，远视）。对于远视眼，虽然眼睛有足够的调节能力来对远处的物体进行聚焦，但对近处物体而言，即使实现了最大程度的调节，仍会被聚焦在视网膜后方的某一点上（图B）。远视可以通过在眼睛前面加上一片玻璃或塑料凸透镜得到矫正（图C）。像角膜一样，镜片弯曲的前表面将光线折射到视网膜的中心。此外，当光线穿过镜片从玻璃进入空气时，镜片的后表面也增大了折射（光线穿过玻璃进入空气时速度变快，因此光线受到折射而偏离法线方向）。

如果眼球不是太短而是太长，平行光会在视网膜的前方聚焦、交叉，这样，光线在视网膜上的成像是一个模糊的圆环。这种情况称为**近视眼**（myopia 或 nearsightedness，近视）。近视眼对近处物体的成像所需的折射能力绰绰有余，但即使用最低程度的调节，远处的物体仍会聚焦在视网膜的前面（图D）。因此，

为了使近视眼可以清晰地看到远处的点，必须用人工凹透镜使之成像于视网膜上（图E）。

有的眼睛有些不规则，诸如水平面和垂直面的曲率和反射率都不一样。这种情况称为**散光**（astigmatism），可以通过各轴向曲率不同的人工镜片来矫正。

纵然你很幸运，拥有形状完美的眼球和对称的折射系统，你也许不能避免**老视**（presbyopia，源自希腊语的"老化的眼睛"）的发生。这种情况，即随老龄化进程而产生的晶状体的硬化，可能是由于生命过程中晶状体细胞的只增生而不减少所致。硬化的晶状体弹性变弱，不能通过形状的改变来实现足够的调节，以达到对近处或远处物体的聚焦。老花眼可以通过 Benjamin Franklin（本杰明·富兰克林，1706.1—1790.4，美国政治家、科学家、发明家、作家，美国开国元勋之一；在光学方面，他发明了适宜老年人用的双焦距眼镜——译者注）最初发明的双焦距透镜（bifocal lens）进行矫正。这种透镜的上部呈凹形有助于看远，而底部呈凸形有助于看近。

对于远视眼和近视眼，角膜所提供的折射相对于眼球的长度而言，不是不足就是太过。但是，现代技术可以改变角膜所提供的折射量。在一种称为**辐射状角膜切开术**（radial keratotomy）的矫正近视眼的方法中，通过角膜外周部分的微小切口使角膜中央区域放松和展平，从而减小折射程度并使近视得到缓解。较新的技术是通过激光来改变角膜的形状。在**屈光性角膜切削术**（photorefractive keratectomy，PRK）中，一束激光通过薄层汽化作用改变角膜外表面的形状。

回想一下，睫状肌在晶状体周围形成一个环。在调节过程中，睫状肌收缩变粗，从而使环内的区域变小（也就是我们类比的百吉圈上的孔变得更小），并减小悬韧带的张力。因此，晶状体因其自然弹性而变得更圆了。这个过程增加了晶状体表面的曲率，因而增加了它们的折射能力。与此相反，睫状肌的松弛增加了悬韧带的张力，晶状体被拉伸成扁平的形状。

眼调焦的能力随年龄而变。一个婴儿能对其鼻尖边上的物体聚焦，而许多中年人则不能对手臂距离以内的物体聚焦。幸运的是，人工晶体可以对此和眼睛光学成像的其他不足之处进行弥补（图文框9.3）。

角膜原位激光磨镶术（laser *in situ* keratomileusis，LASIK）现在已经非常普遍，你也许在购物区或商场见过诊所提供的这种治疗。LASIK 方法是用微型角膜刀或激光在角膜外表面制作角膜瓣。将这片角膜瓣提起，再用激光从内侧面改变角膜的形状（图 F）。非手术方法也可用来改变角膜的形状。患者可通过佩戴特殊的固定式接触眼镜（retainer contact lenses）或塑料角膜环（plastic corneal ring）来改变角膜的形状从而纠正屈光不正。

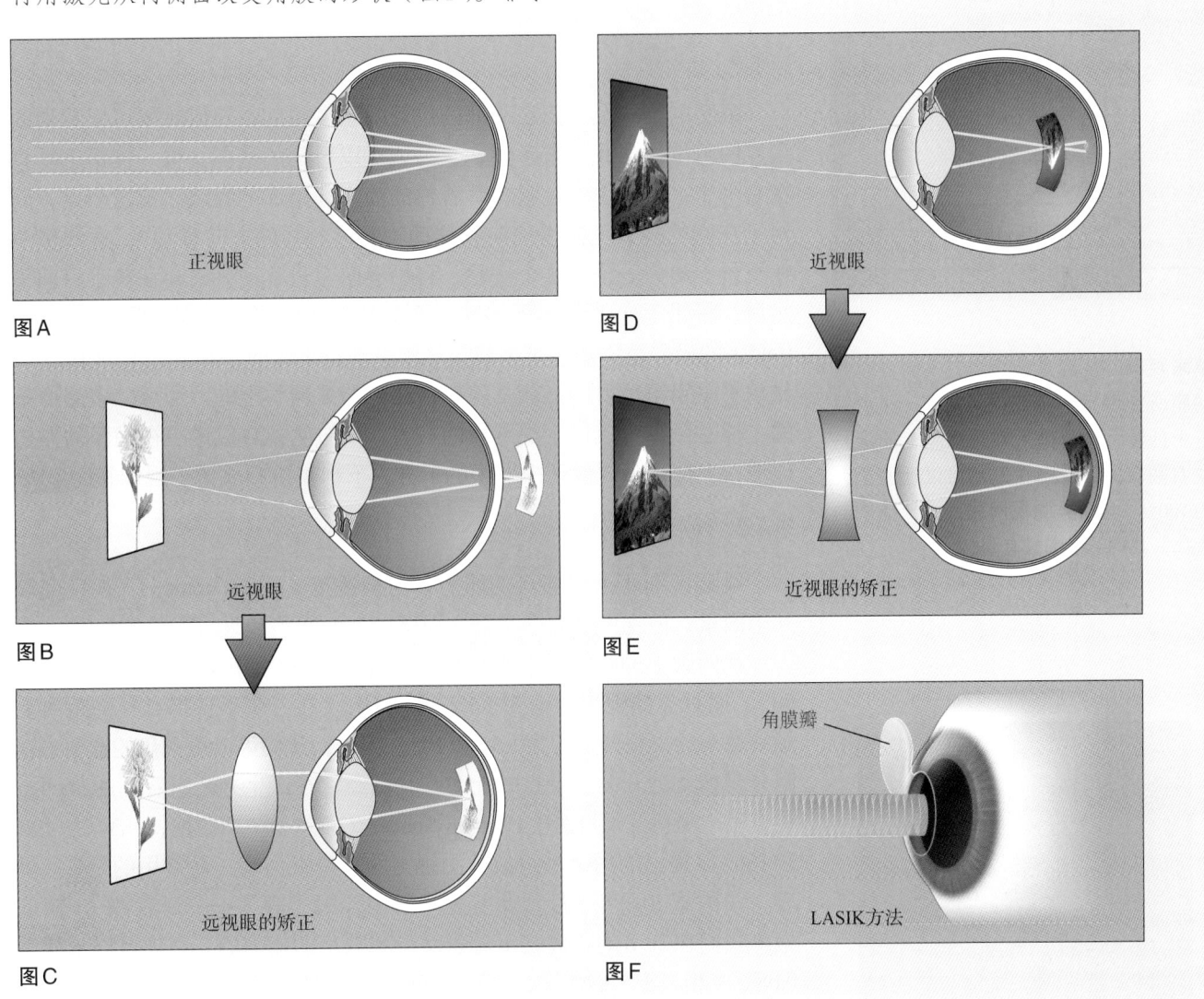

图 A　正视眼

图 B　远视眼

图 C　远视眼的矫正

图 D　近视眼

图 E　近视眼的矫正

图 F　LASIK 方法　角膜瓣

9.4.3　瞳孔对光反射

　　除了角膜和晶状体，瞳孔还通过对环境光强的持续调节而对眼睛的光学功能起作用。为了对此进行检验，你可以站在卫生间的镜子前面，将灯关掉。几秒钟后，重新开灯，观察此时瞳孔的缩小。**瞳孔对光反射**（pupillary light reflex）涉及视网膜与脑干神经元之间的连接，而脑干神经元控制瞳孔周围肌肉的收缩。该反射的一个有趣的特点在于它是**互感性的**（consensual），即用光照射一个眼睛会使双眼瞳孔同时收缩［称为"互感性对光反射"

（consensual light reflex）——译者注〕。这在两个瞳孔大小不一样的情况下确实不容易；缺乏互感性的瞳孔对光反射往往是脑干严重的神经疾患的一个标志。

随着光强的增加，瞳孔收缩的一个好处是聚焦深度（聚焦位置与眼睛之间的距离）的增加，就像在照相机镜头中减小光孔大小（增加光圈的数值）一样。为了理解为什么这样，让我们考虑一个空间中的两个点，一个近一些，另一个远一些。当眼睛调节至较近的点时，远处的点在视网膜上的成像不再是一个点，而是一个模糊的圆环。减小光孔，即收缩瞳孔会使这个模糊的圆环缩小，而使它的成像更接近于一个点。在这种情况下，远处物体的聚焦情况会有所改善。

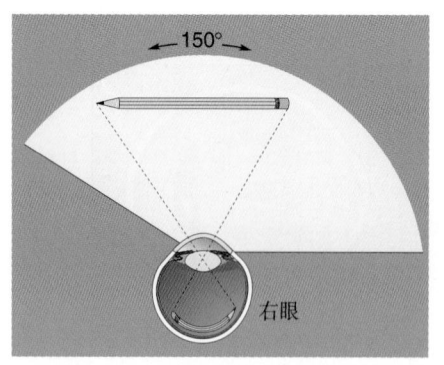

▲ 图9.9

单眼视野。视野是指眼睛直视前方时视网膜所能看到的全部空间范围。注意视野中的物体（铅笔）在视网膜上的像是左右翻转的。视野在颞侧可以延伸至大约100°，但在鼻侧视网膜，由于鼻子的遮挡，其视野范围只有约60°

9.4.4　视野

眼睛的结构及它们在头部的位置限制了我们在任何时候可以看到的外部世界的范围。让我们来考察一只眼睛可以看到的范围。将一支铅笔垂直地握在右手中，闭上你的左眼，看着你的前方。用你的眼睛注视这个点，同时将铅笔在你的视野里慢慢地向右移动（向你右耳的方向移动），直到整个铅笔在视野中消失。重复这个实验，将铅笔向左边移动，它会在鼻子后面消失；然后，将铅笔向上和向下移动。铅笔消失的位置就是你右眼的**视野**（visual field）的极限范围。接下来将铅笔水平地持于面前，看着铅笔的中心。图9.9显示了由铅笔反射的光线是怎样落在你的视网膜上的。注意，该图像是反转的，即左侧视野成像于视网膜的右边，而右侧视野成像于视网膜的左边。类似地，上部视野成像于视网膜的下方，下部视野则成像于视网膜的上方。

9.4.5　视锐度

眼睛辨别两个相邻点的能力称为**视锐度**（visual acuity）。视锐度取决于几个因素，但主要是光感受器在视网膜上的间距和眼睛折射的精度。

视网膜上的距离可以用**视角**（visual angle）的度数来描述。一个直角为90°，而月亮的视角大约为0.5°（图9.10）。在一个手臂那么长的距离上，拇指和拳头的视角分别约为1.5°和10°。因此，我们可以用视角的度数来描述眼睛分辨彼此分开的两个点的能力。我们经常在医生办公室看到的Snellen视力检查表〔由荷兰眼科医生Herman Snellen（赫尔曼·斯内伦，1834.2—1908.1）于1862年提出的用字母组成检测视力的字母视力表，最常用的是E字母视力表。我国从2012年5月开始实施"新国标视力表"——译者注〕，就是用来检测我们在20 ft的距离之下分辨字母和数字的能力的。当你可以辨认视角为0.083°（相当于5′的弧度，1′等于1/60°）的字母时，你的视力是20/20。

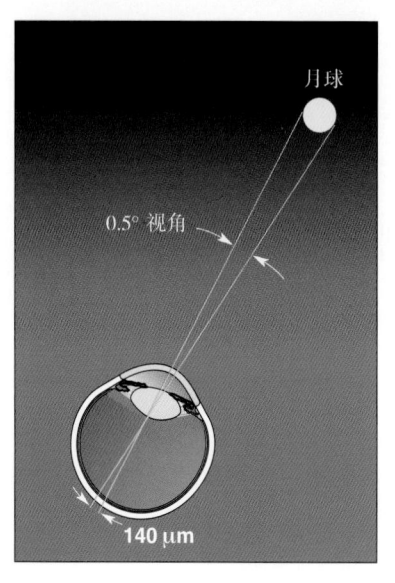

▲ 图9.10

视角。视网膜上的距离可由视角的度数来表示

9.5　视网膜的显微解剖

在了解了视网膜上的成像之后，我们可以进入视觉的神经科学：由光能至神经活动的转换。

我们首先介绍视网膜的细胞组构，以便对脑的这一个小小的部分的图像处理过程进行讨论。

视网膜信息处理的基本系统如图9.11所示。视觉信息流出眼睛的最为直接的通路是由**光感受器**（photoreceptor）通过**双极细胞**（bipolar cell）至

（视）神经节细胞［ganglion cell；即 retinal ganglion cell（视神经节细胞），本书在论及该细胞时将其称为 ganglion cell——译者注］的传递。光感受器对光有反应，并影响到与之连接的双极细胞的膜电位。神经节细胞对光的反应为动作电位的发放，这些脉冲通过视神经传向脑的其他部分。除了这个自光感受器至脑的直接通路，视网膜的信息处理过程也受到另外两种细胞的影响。**水平细胞**（horizontal cell）接受来自光感受器的输入，并通过侧向神经突起影响周围的双极细胞和光感受器。种类繁多的**无长突细胞**（amacrine cell）通常接受双极细胞的输入，并通过侧向投射影响周围的神经节细胞、双极细胞和其他无长突细胞。

这里有 3 个要点需要记住：

1. 除了一种例外的情况，视网膜光敏感细胞只有视杆和视锥光感受器。所有其他细胞仅仅通过与光感受器的直接或间接的突触联系受到光的影响（我们将看到，最近发现的一些类型的视神经节细胞也具有光敏感性，但这些并不常见的细胞在视觉感知中似乎不起主要作用）。

2. 视神经节细胞是视网膜唯一的输出途径。没有其他类型的视网膜细胞通过视神经投射其轴突。

3. 视神经节细胞是唯一发放动作电位的视网膜神经元，这对于向眼外传递信息而言是必需的。所有其他视网膜细胞会产生去极化或超极化，而神经递质释放率则与膜电位成正比，但这些细胞不发放动作电位。

接下来让我们看一看各种细胞在视网膜上的分布。

9.5.1 视网膜的分层组构

图 9.12 显示了视网膜具有一个分层组构：细胞为分层排列。注意，这里的细胞层似乎内外颠倒，光必须通过玻璃体，穿过视神经节细胞和双极细胞才能到达光感受器。由于光感受器上方的其他视网膜细胞相对透明，因此光透过它们的时候图像几乎不发生变形。细胞排列内外颠倒的一个好处是，位于光感受器下方的**色素上皮**（pigmented epithelium）在光感受器和感光色素的维持中起着至关重要的作用。色素上皮还吸收穿过视网膜的光，将眼内散射光减至最少，从而避免图像模糊。许多夜行动物，如猫和浣熊，在光感受器下面有一层反射层，称为**反光膜**（tapetum lucidum），可将穿过视网膜的光反射回光感受器。此类动物因此对昏暗的光更加敏感，但代价是降低了视锐度。当你用光照射或用闪光灯拍摄夜行动物时，可以看到反光膜的一个有趣的伴随现象，即产生引人注目的"眼耀"（eyeshine），就好像瞳孔会发光（图 9.13）。

视网膜的细胞层按其与眼球中央的相对位置命名。不要把眼球位置和头部位置相混淆：感光器是视网膜的最外层部分，尽管离眼睛的前部最远，它们在头部则位于深处。视网膜的最内层是**（视）神经节细胞层**［ganglion cell layer；参见上文对关键词"（视）神经节细胞"的译者注——译者注］，其中含有视神经节细胞的胞体。由视神经节细胞层向外侧，有另外两个包含神经元胞体的细胞层：含有双极细胞、水平细胞和无长突细胞胞体的**内核层**（inner nuclear layer）和含有光感受器细胞胞体的**外核层**（outer nuclear layer）。

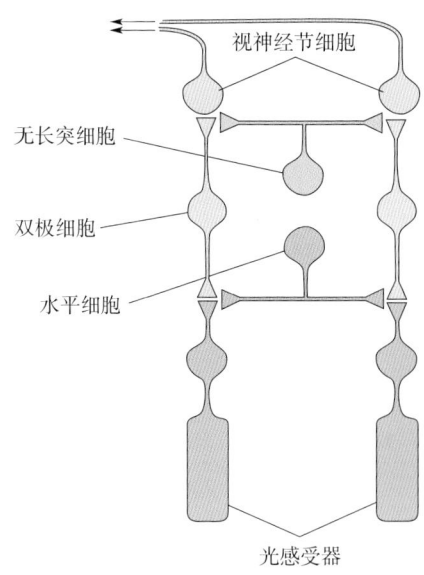

投射到前脑的
视神经节细胞轴突

视神经节细胞

无长突细胞

双极细胞

水平细胞

光感受器

▲ 图 9.11

基本的视网膜信息处理系统。光信息自光感受器经双极细胞传至视神经节细胞，视神经节细胞的轴突会聚成视神经离开眼球。水平细胞和无长突细胞通过侧向联系调节双极细胞和视神经节细胞的反应

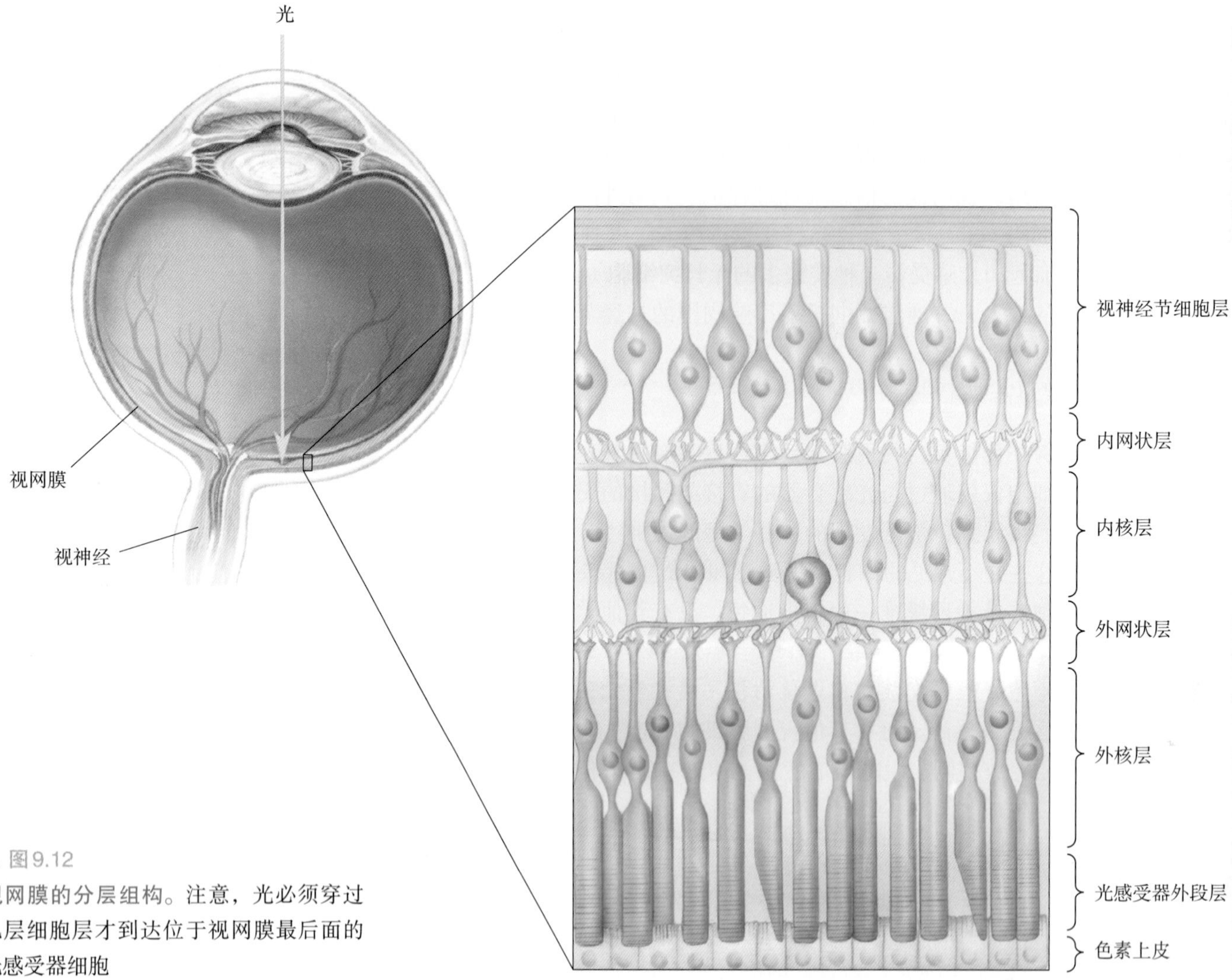

光

视网膜

视神经

视神经节细胞层

内网状层

内核层

外网状层

外核层

光感受器外段层

色素上皮

▲ 图 9.12

视网膜的分层组构。注意，光必须穿过几层细胞层才到达位于视网膜最后面的光感受器细胞

▲ 图 9.13

猫眼反光膜的眼耀效应

位于视神经节细胞层和内核层之间的是**内网状层**（inner plexiform layer；plexiform 的意思为"连接网络"），其中含有连接双极细胞、无长突细胞和神经节细胞的突触。位于外核层和内核层之间的是**外网状层**（outer plexiform layer），光感受器在这里与双极细胞及水平细胞形成突触联系。最后，**光感受器外段层**（layer of photoreceptor outer segment）含有视网膜的光敏感元件，而该外段层镶嵌在色素上皮中。

9.5.2   光感受器的结构

电磁辐射与神经信号之间的转换发生在位于视网膜后部的光感受器中。每个光感受器由 4 部分组成：外段、内段、细胞体和突触终末。外段含有大量层叠的膜盘（membranous disk）。膜盘上对光敏感的**感光色素**（photopigment；又称视色素——译者注）对光进行吸收，然后触发光感受器膜电位的变化（这将在后面讨论）。图 9.14 显示了视网膜中两种类型的光感受器，可以根据它们外段形状的不同而容易地进行区分。**视杆光感受器**（rod photoreceptor；即视杆细胞，简称"视杆"——译者注）具有长长的筒状外段，其中含有大量膜盘。**视锥光感受器**（cone photoreceptor；即视锥细胞，简称"视锥"——译者注）则拥有一个稍短的、锥形的外段，其中含有的膜盘数也相应地少一些。视杆中更多的膜盘和更为密集的感光色素使它们的光

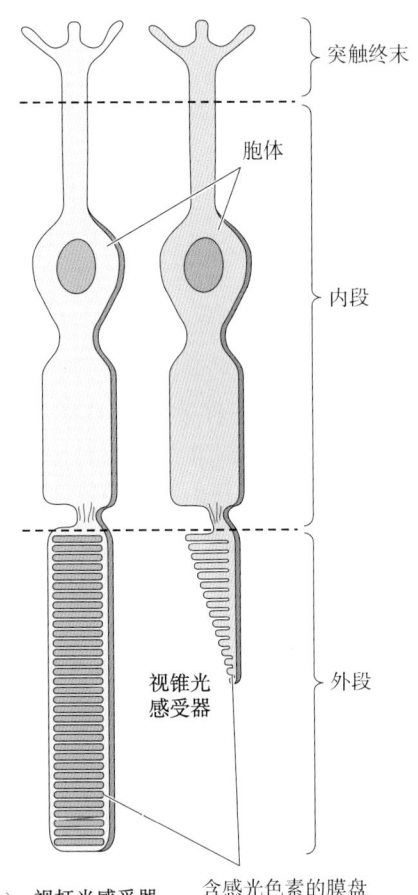

突触终末

胞体

内段

外段

视锥光
感受器

含感光色素的膜盘

(a)　视杆光感受器

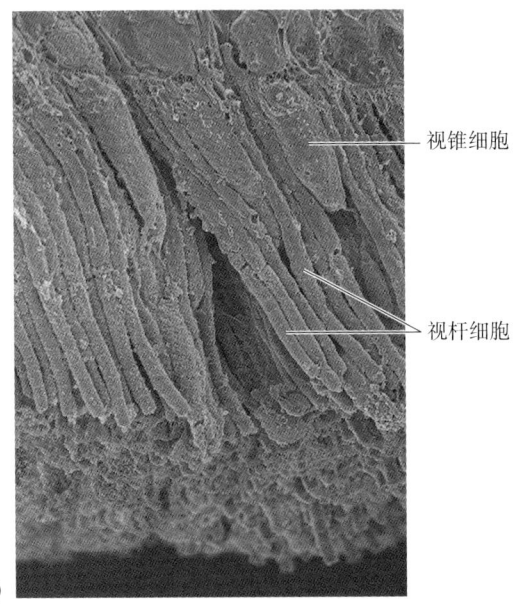

视锥细胞

视杆细胞

(b)

◀ 图9.14

视杆细胞和视锥细胞。(a) 视杆细胞含有更多的视盘，这使弱光下的视觉成为可能；视锥细胞则为我们提供日光下的视觉。(b) 视杆细胞和视锥细胞的扫描电镜照片（图片由J. Franks和W. Halfter惠赠）

敏感性比视锥高1,000倍以上。据估计，每个人的视网膜中大约有500万个视锥细胞和9,200万个视杆细胞。

　　视杆细胞和视锥细胞结构和灵敏度的巨大差异导致人们认为人眼具有一个双重视网膜（duplex retina）：即在本质上同一只眼睛中具有两个互补的系统。有些动物只有视杆细胞或只有视锥细胞，因而不构成双重视网膜。视杆细胞和视锥细胞的结构差异导致了它们在功能上的重要差异。例如，在夜间

通过相互镶嵌的光感受器看东西

David Williams 撰文

当我在1975年开始做研究生时，我对构成人眼三色色觉基础的3类视锥细胞的分布几乎一无所知。虽然Thomas Young早在175年前就推断色觉依赖于3个基本通道，但我们并不知道这3种视锥细胞的相对数量及它们在视网膜中的排列方式。在我的研究生导师，加州大学圣迭戈分校（University of California, San Diego）的Don MacLeod指导下，我用心理物理学方法来测量视网膜对紫光的敏感度的分布。我们发现，被紫光所激活的S视锥细胞稀疏地镶嵌于L视锥细胞和M视锥细胞之间。我们还发现，即便一个闪光只激活了视网膜500万个视锥细胞中的一个，人眼都能够可靠地将其检测出来。

后来，我继续研究三色镶嵌的拓扑分布。经过多年尝试和屡遭失败之后，最后的解决方法完全出乎意料。我对视锐度的极限有着长期的兴趣。在探索用各种技术来防止视网膜图像的正常光学模糊的过程中，我接触到了自适应光学（adaptive optics）。自适应光学这种技术是天文学家在地球上用望远镜对恒星进行成像时，用可变形反射镜来矫正由大气湍流所引起的图像模糊。

在视觉科学中使用自适应光学设备的一个主要障碍，是这种望远镜的反射镜价值大约100万美元。幸运的是，我们找到了一个工程师，他为我们制作了一个价格合理的可变形反射镜。另外，我们也很幸运，因为军方的自适应光学工作在那时刚被解密，我的博士后Junzhong Liang和我得以访问"星火光学试验站"（Starfire Optical Range, SOR），这是一个配备了自适应光学设备，价值1,600万美元的卫星跟踪望远镜（satellite-tracking telescope）。让我感到沮丧的是，运行这个设备需要众多的工程师和昂贵的光学系统，但随后发生了一件超乎寻常的事情。Bob Fugate，SOR的主任，试图通过在阿波罗计划中留在月球表面的一面反射镜反射大功率激光的光来测量大气像差。我听到Bob说："把光束移到右边，你错过了整个该死的月亮！"我突然间意识到就像我的实验室一样，他们也在摸索中学习。所以，我们还是有希望的。

Liang和我匆匆返回罗彻斯特大学，并与另一位博士后Don Miller一起建立了第一个自适应光学系统，该系统能够校正眼睛的所有单色像差。这样，就开始了视光学（optometry；配眼镜时的验光为视光学的应用——译者注）和眼科学的一次小变革，因为与之前相比，现在眼睛的许多种光学缺陷可以得到矫正了。佩戴自适应光学系统的人，其眼视力可以胜过佩戴最为精心配制的眼镜。这也导致了用激光屈光手术来矫正视力这一更好方法的应用，以及改进了隐形眼镜和人工晶状体的设计。

我们还制备了一个具有自适应光学系统的相机，它拍摄到有史以来最为清晰的人类视网膜图像，清晰到可以看到光感受器的镶嵌结构中的单个视锥细

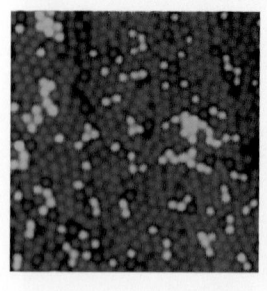

图A
人眼中3种视锥细胞的排列（引自：Roorda和Williams，1999）

照明或**暗视的**（scotopic）条件下，只有视杆细胞在视觉中起作用。相反，在日间照明或**明视的**（photopic）条件下，主要由视锥细胞起作用。在**中间视觉的**（mesopic，夜间室内的照明或室外的交通照明）条件下，视杆和视锥细胞都对视觉起作用。

视杆细胞和视锥细胞在其他方面也有所不同。所有视杆细胞都具有同样的感光色素，然而视锥细胞却有3种不同的类型，而这3种视锥细胞都具有

胞。那么，我们是否可以应用自适应光学来识别活体眼睛中每个视锥细胞所拥有的感光色素属于3种中的那一种，从而解决我始于研究生阶段的问题呢？应用自适应光学和另一种叫作视网膜密度测量（retinal densitometry）的技术，我实验室的两位博士后，Austin Roorda 和后来的 Heidi Hofer，最终明确地回答了这个问题。事实证明，这3类视锥细胞的排列是非常不规则的（图A），不像许多昆虫眼睛那种高度规则的镶嵌图案。而且，尽管人们的色觉具有相似性，但M和L视锥细胞的相对数目因人而异，变化很大（图B）。Joe Carroll，我的另一位前博士后，之后继续在发生色盲的眼睛和有各种基因突变的眼睛中考察了这种镶嵌结构。

自适应光学也被用于对视网膜中包括视神经节细胞的许多其他细胞进行成像，是诊断和治疗视网膜疾病的有效工具。当然，我从未能预见到天文学技术的进步会为视觉研究提供这些工具，或者说我在研究生阶段对视锥细胞镶嵌的三色色觉的兴趣会在20年后引发视觉矫正和单细胞成像的发展。

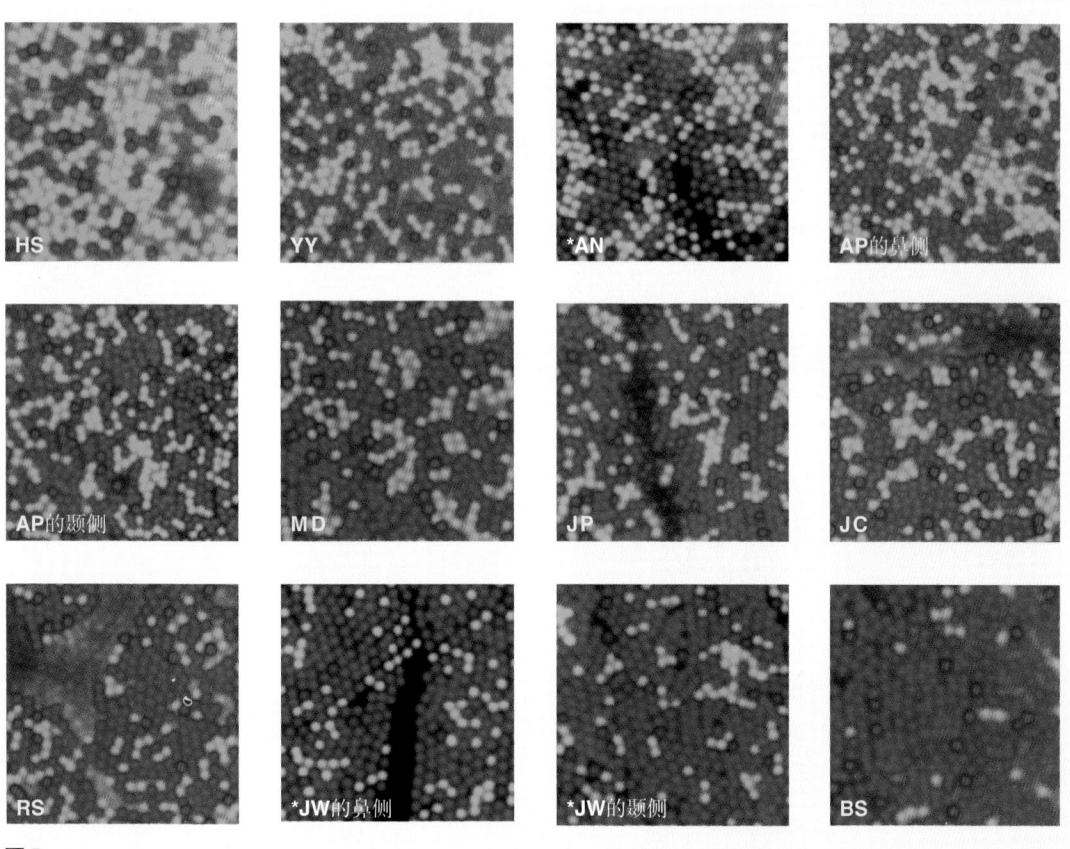

图B

正常色觉眼睛中视锥细胞相对数量的变化（引自：Hofer 等，2005；Roorda and Williams，1999）（各小图左下方的大写英文字母组合，即 HS、YY 等，为受试者姓名的缩写——译者注）

各自不同的感光色素。色素的差异导致各种视锥细胞对不同波长的光敏感。正如我们将要看到的，仅视锥细胞，而非视杆细胞，对色觉有贡献。罗彻斯特大学（University of Rochester）的 David Williams 用巧妙的成像技术显示了人体视锥细胞分布的精致细节。令人惊奇的是，人类视网膜在视锥光感受器在分布上呈现出惊人的多样性（图文框9.4），而不是像计算机显示器的像素那样呈有序的排列。

9.5.3   视网膜结构的区域差异及其对视觉的影响

视网膜的结构从其中央凹到周边部有所不同。在500万个视锥细胞中，大部分位于视网膜的中央凹，而在视网膜周边部其比例明显减少。在中央凹的中心区没有视杆细胞，但在视网膜周边部，视杆细胞远多于视锥细胞。视网膜中的视杆细胞和视锥细胞的分布在图9.15中进行了总结。

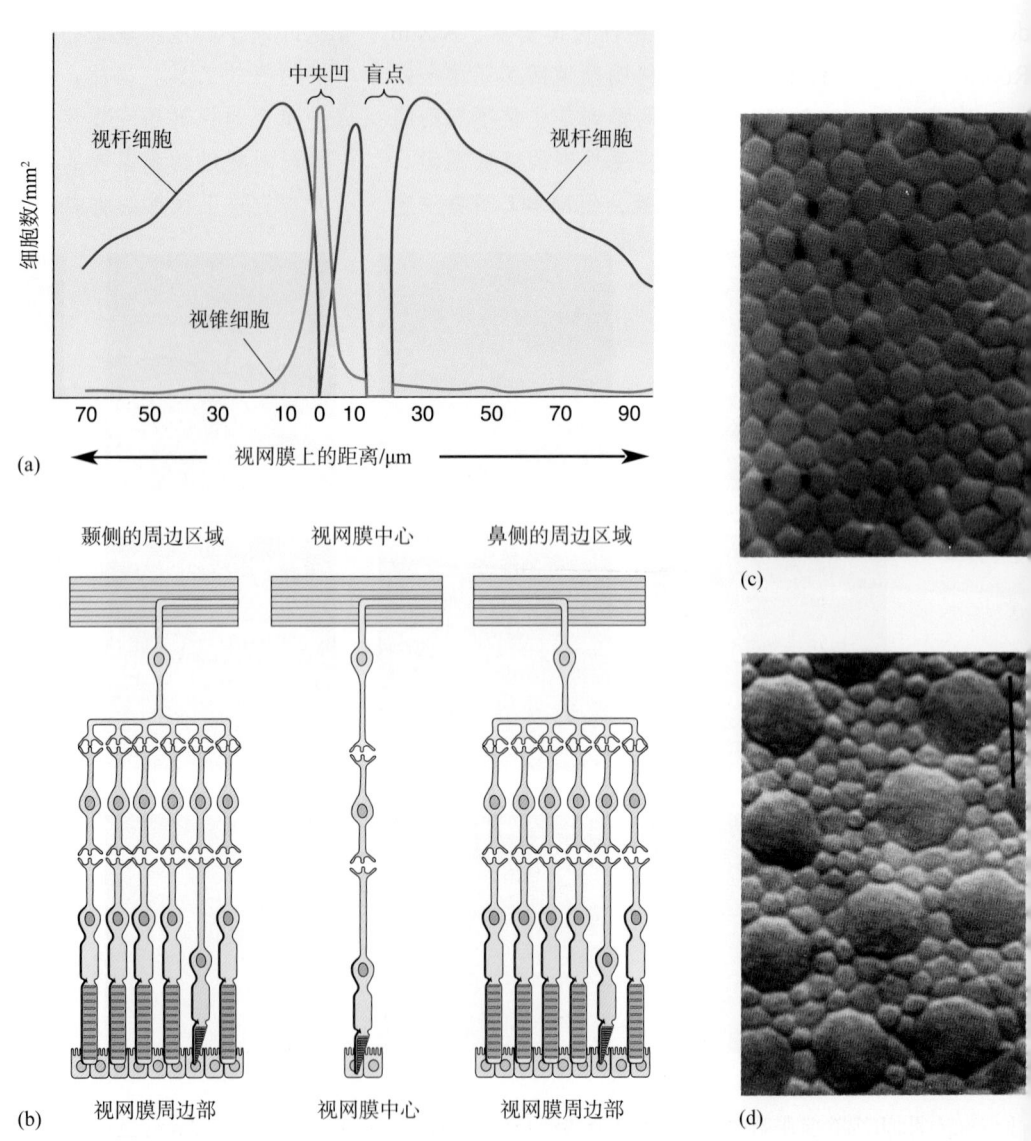

▲ 图9.15

视网膜结构的区域差异。（a）视锥细胞主要集中在视网膜的中心中央凹10°的范围内。中央凹中心区内没有视杆细胞，视杆细胞主要分布于视网膜周边部。（b）在视网膜中心区，相对而言，有较少的光感受器细胞直接向同一个神经节细胞提供信息；而在视网膜周边部，则有许多光感受器细胞向同一个神经节细胞提供输入。这样的结构安排使视网膜周边部能够更好地检测昏暗的光线，而中心视网膜则对提高视觉的精确度更为有利。（c）人视网膜横切面的放大图显示视网膜中央区密集的视锥细胞内段。（d）在视网膜较边缘的区域，较大的视锥细胞内段像大海中的小岛一样散落在较小的视杆细胞内段中。图d右边的标尺线表示图c和图d中的10 μm长度（图c和图d引自：Curcio等，1990，第500页）

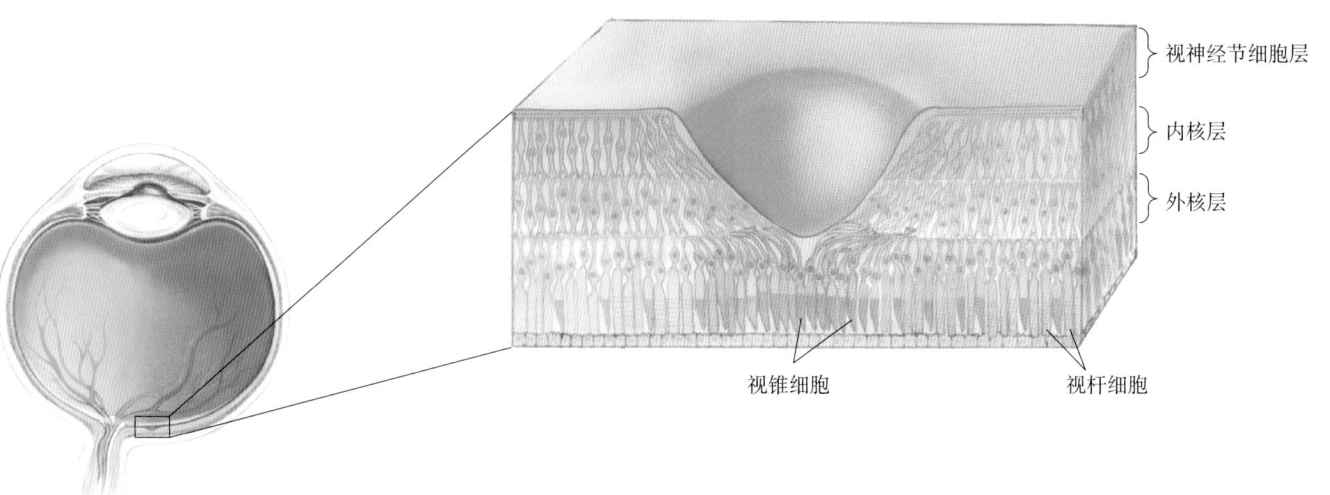

视神经节细胞层

内核层

外核层

视锥细胞   视杆细胞

▲ 图9.16

眼睛横切面上的中央凹。视神经节细胞层和内核层细胞向四边侧向位移，以便光直接照在中央凹的光感受器上

　　视杆细胞和视锥细胞的数量以及它们在视网膜上分布的差异具有重要的视觉效应。在明光水平（日光）下，最明显的效应是**我们的中央视网膜具有更大的空间敏感性**。当我们直接看测试图上的符号，并将符号的关键特征置于富含视锥细胞的中央凹时，就可以测定视锐度。回想一下，中央凹是位于黄斑区中心视网膜变薄的区域。在横切面上，中央凹看上去是视网膜上的一个凹陷。如此的外观是由于光感受器上方那些细胞的侧向位移导致的，以便光可以不用穿过其他视网膜细胞层而直接到达光感受器（图9.16）。如此的特化结构将把那些可能造成光的散射并使图形模糊的细胞推向边上，使视锐度在中央凹达到最大。如果你在做视力测试时将眼睛稍稍偏离测试图，或者你试图用周边视觉来阅读书架上的书名，那么你会需要更大的字母才能看清。与中央凹的高度空间视锐度相比，一个不那么明显的效应是**我们周边视网膜的颜色辨别能力较弱**，这是因为周边视网膜的视锥细胞数量相对较少。你可以通过直视前方并将一件小的带颜色的物体慢慢移至一边来显示这一点。

　　当我们只通过视杆进行视觉活动时，视杆细胞和视锥细胞分布差异的结果在暗光中非常不同。例如，**视网膜周边区域对低水平的光更敏感**。换句话说，**我们的中心视觉在暗光水平上是盲的**。这是因为视杆细胞对弱光的反应比视锥细胞更强烈，在视网膜周边区域有更多的视杆细胞（在中央凹中心区域则没有），并且在视网膜周边区域有较多的视杆细胞投射到单个双极细胞和视神经节细胞（从而有助于检测暗弱的光）。你可以在星光闪烁的晚上向自己展示视网膜周边区域更高的敏感性（这个很有趣，你可以找个朋友跟你一起试试）。先在暗中待上约20 min，然后注视一颗明亮的星星。注视着这颗星星，同时用余光寻找一颗暗淡的星星。然后将你的目光移向这颗暗淡的星星。你会发现当这颗暗淡的星星成像在中央视网膜上时（也就是当你直视它时），它便消失了；而当它成像于视网膜周边区域时（也就是当你稍微往它边上看时），它又会重新出现。

因为只有视锥细胞参与了色觉的感知，所以在晚上，当只有视杆细胞活跃而视锥细胞不活跃时，**我们不能感知颜色的差异**。一棵绿色的树、一辆蓝色的汽车和一幢红色的房子看上去都是差不多的颜色（或者没有颜色）。视杆细胞灵敏度的峰值大约位于500 nm波长处，因此在暗光水平下，物体往往看起来呈幽暗的蓝绿色。太阳下山时颜色的褪去可以形成巨大的感知效应，但由于我们对它太熟悉了，反而很少注意到它。

然而，现代人类的夜间视觉并不仅仅依靠视杆细胞。在人口稠密的地区，由于路灯和霓虹灯发出足够的光来激活视锥细胞，我们实际上可以在夜间感知一些颜色。这个事实为汽车仪表盘指示灯设计的不同观点提供了依据。一种观点认为，光应该是幽暗的蓝绿色以利用视杆细胞的光谱灵敏度。另一种观点认为，灯应该是明亮的红色，因为这种波长的光主要影响视锥细胞，而使视杆细胞不至于饱和，从而得到更好的夜间视力。

9.6 光转导

光感受器将光能转换或**转导**（transduce）成膜电位的变化。我们将从视杆细胞的光转导开始讨论，因为在人的视网膜中视杆细胞比视锥细胞多20倍以上。在视杆细胞上所揭示的光转导机制大多也适用于视锥细胞。

9.6.1 视杆细胞的光转导

正如我们在第Ⅱ篇所讨论的，神经系统信息表达的一种形式是神经元膜电位的改变。因此，我们希望有一种机制，通过这种机制光能的吸收可以被转导成光感受器细胞的膜电位变化。在很多方面，这个过程与突触传递中化学信号转化成电信号的过程相似。比如，在G蛋白耦联的神经递质受体，递质与受体的结合激活膜上的G蛋白，然后激活各种效应器酶（图9.17a）。这些酶改变胞浆内第二信使分子的浓度，直接或间接地改变膜上离子通道的电导，并以此改变膜电位。类似地，在光感受器中，光对感光色素的刺激激活G蛋白，然后激活一种效应器酶，改变胞浆内第二信使分子的浓度。这个变化导致膜上离子通道的关闭，膜电位因此而改变（图9.17b）。

第3章曾提到，典型神经元的静息膜电位大约是−65 mV，接近于K^+的平衡电位。与此相反的是，在完全暗的情况下，视杆细胞外段的膜电位约为−30 mV。这个去极化是由于外段膜上特殊通道上持续的Na^+内流所引起的（图9.18a）。这个在黑暗中发生的跨膜正电荷流动称为**暗电流**（dark current）。钠通道受到细胞内第二信使**环磷酸鸟苷**（cyclic guanosine monophosphate，cGMP）的门控而开启。cGMP在光感受器中由鸟苷酸环化酶持续产生，从而保持Na^+通道的开启。光使cGMP减少，导致Na^+通道关闭，膜电位**趋于更负**（图9.18b）。于是，**光感受器对光的反应是超极化**（图9.18c）。

对光的超极化反应始于视杆细胞外段层叠的膜盘上的感光色素对电磁辐射的吸收。在视杆细胞中，这种色素称为**视紫红质**（rhodopsin）。视紫红质可被认为是一种预先结合了化学激动剂的受体蛋白。其中，受体蛋白称为**视蛋白**（opsin），它具有体内普遍存在的G蛋白耦联受体的典型的7个跨膜α

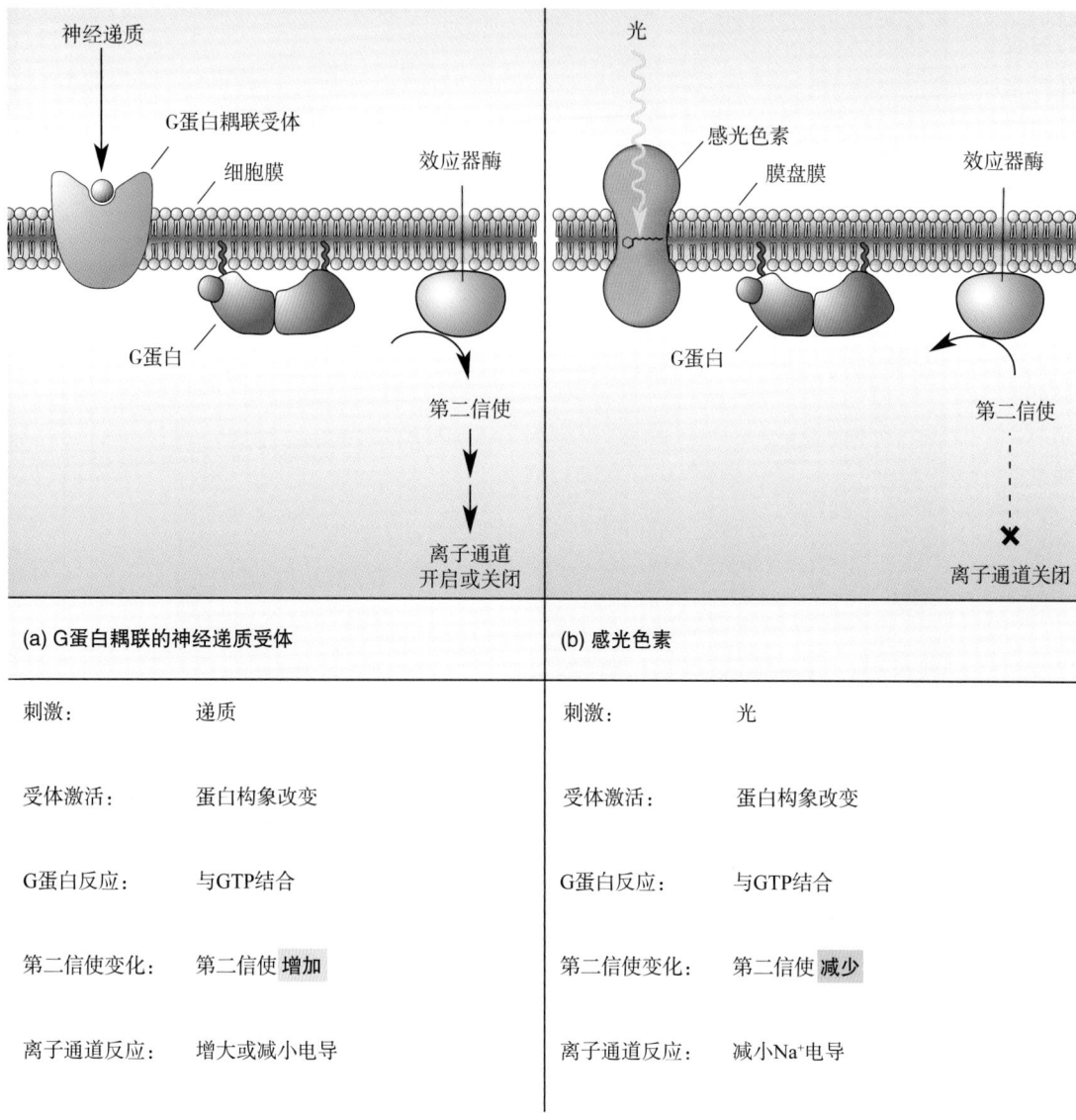

▲ 图 9.17

光转导和G蛋白。G蛋白耦联受体和光感受器具有相似的机制。（a）在G蛋白耦联受体，神经递质的结合激活G蛋白和效应器酶。（b）在光感受器，光利用一种G蛋白，即转导蛋白（transducin）启动一个相似的过程

螺旋；而预先结合的激动剂是**视黄醛**（retinal），为维生素A的一种衍生物。对光的吸收使视黄醛的构象发生变化，并激活视蛋白（图9.19）。这个过程称为漂白，因为其改变了视紫红质所吸收的波长（视色素的颜色逐渐由紫变黄）。视紫红质的漂白刺激了膜盘上一个称为**转导蛋白**（transducin）的G蛋白，继而激活了效应器蛋白**磷酸二酯酶**（phosphodiesterase，PDE）。PDE使cGMP分解，而后者通常在暗处时存在于视杆的胞浆内。cGMP的减少使Na^+通道关闭，膜超极化。

► 图 9.18
光感受器对光反应的超极化。黑暗中，钠离子内流形成暗电流，光感受器处于持续的去极化状态。（a）钠离子通过 cGMP 门控通道进入光感受器细胞。（b）光反应激活酶降解 cGMP，从而关闭 Na^+ 电流，使细胞超极化。（c）在黑暗的礼堂中，我们的光感光器的膜电位为 $-30 \ mV$（左）。中场休息时，我们移步至明亮的大厅，细胞超极化（中）；随后缓慢的去极化是适应。当我们返回黑暗的礼堂时，膜电位恢复到 $-30 \ mV$（右）

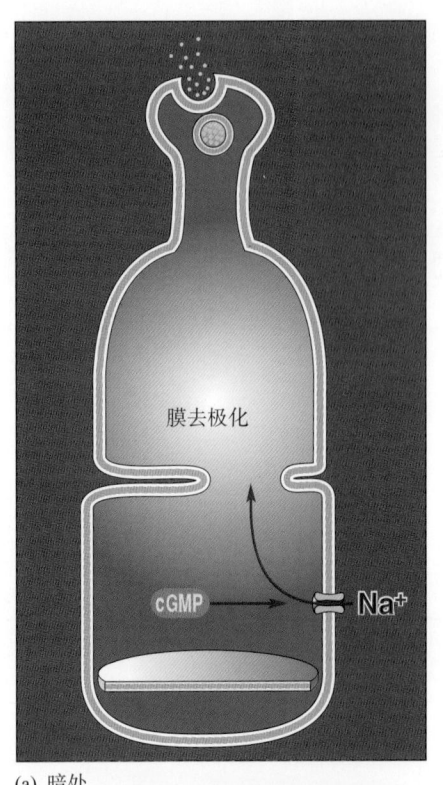

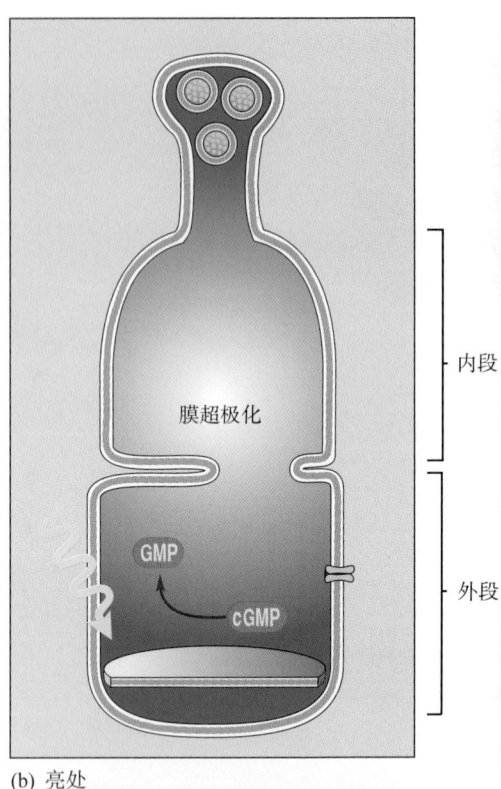

(a) 暗处　　　　　　　　(b) 亮处

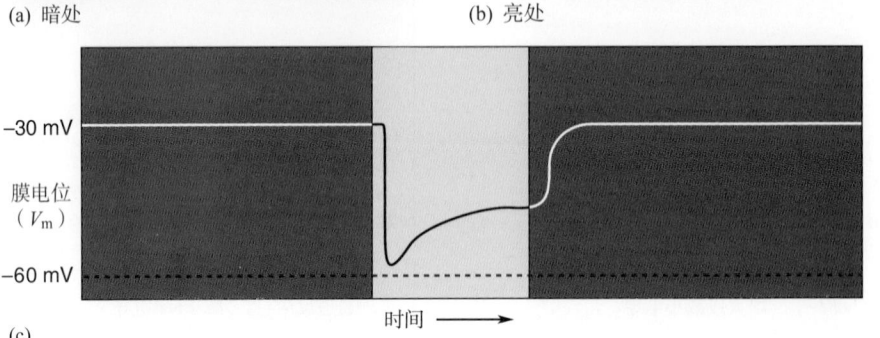

(c)

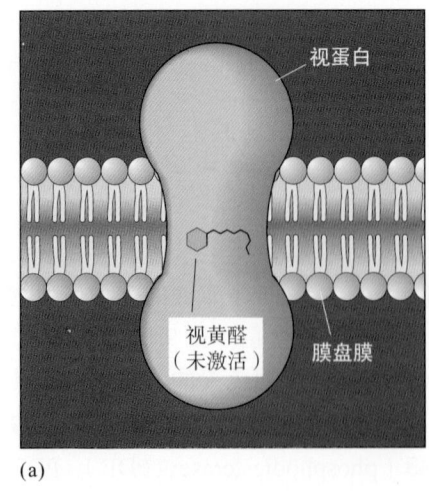

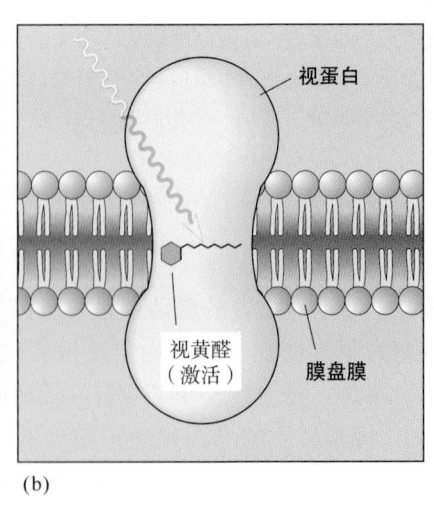

(a)　　　　　　　　　　(b)

▲ 图 9.19
光照激活视紫红质。视紫红质由一个视蛋白和一个视黄醛构成。视蛋白含有 7 个跨膜 α 螺旋，视黄醛是维生素 A 的小分子衍生物。（a）视黄醛在暗中处于未激活状态。（b）视黄醛吸收光时发生构象变化，从而激活（漂白）视蛋白

信号转导过程中使用生化级联反应的一个有趣的功能性结果是信号被**放大**。每个感光色素分子都可以激活许多G蛋白，而每个PDE酶则可使多个cGMP分子降解。这个放大功能使我们的视觉系统对少量的光具有难以置信的敏感性。视杆细胞比视锥细胞对光更加敏感，这是由于视杆细胞的外段中包含更多的膜盘膜，因而拥有更多感光色素；另外，视杆细胞对光反应的放大能力要优于视锥细胞。令人难以置信的是，这两方面优点结合起来使视杆细胞对单个光子（光能量的基本单位）的捕获即可形成可测量的反应。

这里对视杆细胞的对光转导步骤做一个小结：

1. 光激活（漂白）视紫红质。
2. 转导蛋白（G蛋白）受到刺激。
3. 磷酸二酯酶（PDE，效应器酶）被激活。
4. PDE的激活使cGMP水平降低。
5. Na^+通道关闭，细胞膜超极化。

视杆中光转导事件的完整过程如图9.20所示。

9.6.2　视锥细胞的光转导

在明亮的光线下，视杆细胞中的cGMP水平下降到低点，从而使对光反应达到**饱和**；进一步的光照不会引起其更大程度的超极化。因此，白天的视觉完全依赖于视锥细胞，它们的感光色素需要更多的能量才能被漂白。

视锥细胞的光转导过程基本上和视杆细胞的一样，唯一的差别在于视锥外段膜盘膜上的视蛋白的类型。视网膜上的视锥细胞拥有3种视蛋白中的一种，这就使得感光色素具有不同的光谱敏感性。因此，可以把它们称为短波长或"蓝"视锥（可被430 nm波长的光最大程度地激活）、中等波长或

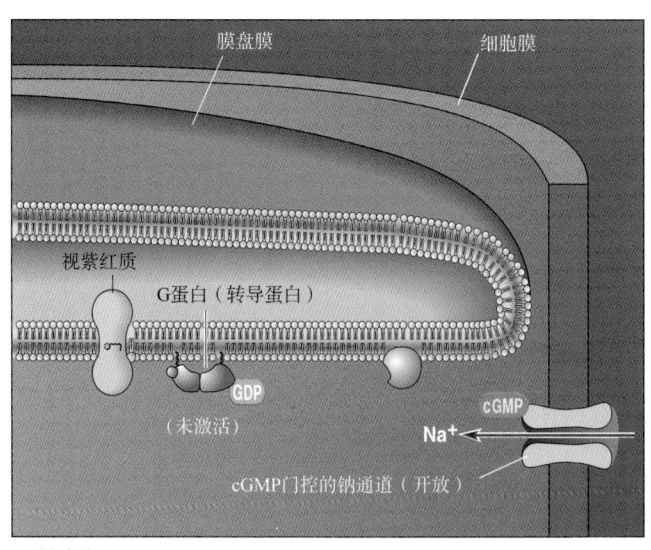

(a) 黑暗处

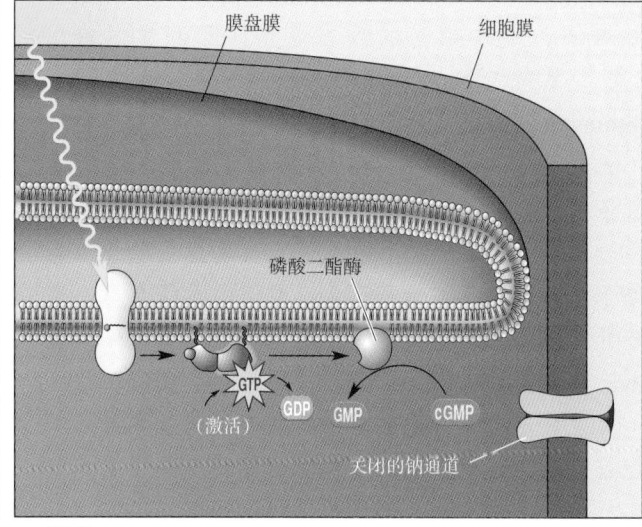

(b) 明亮处

▲ 图9.20

光感受器中由光所激活的生化级联反应。（a）黑暗中，cGMP门控钠通道引起内向 Na^+ 电流和细胞去极化。（b）光的能量激活视紫红质，导致G蛋白（转导蛋白）上的GTP与GDP的交换（见第6章），继而激活磷酸二酯酶（PDE），PDE使cGMP降解，从而关闭暗电流

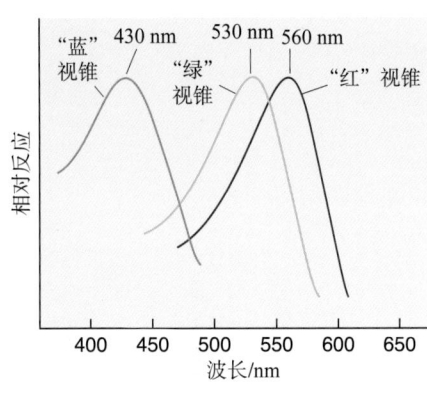

▲ 图 9.21

3种视锥细胞感光色素的光谱敏感性。每种感光色素都吸收色谱中宽泛的波长范围的光（图9.2）

"绿"视锥（可被530 nm波长的光最大程度地激活），以及长波长或"红"视锥（可被560 nm波长的光最大程度地激活）（图9.21）。需要注意的是，每种类型的视锥细胞都可被较大范围的不同波长的光所激活，并且影响3种类型视锥细胞的波长是相互重叠的。视锥细胞通常分为蓝、绿、红3种，但是这可能会混淆，因为在特定视锥细胞的敏感范围内呈现不同波长的光，会感知不同的颜色。用短、中、长（波长）的术语则比较安全。

　　颜色感知。 我们所感知的颜色很大程度上取决于短波长、中波长和长波长3种视锥细胞对视网膜信号的相对贡献。大约在200年前，英国物理学家Thomas Young就曾预言，我们的视觉系统以这种方式实现对颜色的感知。Young在1802年指出，彩虹中所有的颜色，包括白色，都可以通过红光、绿光和蓝光的不同比例的混合而得到（图9.22）。他不无道理地设想，视网膜包含3种类型的感受器，每种类型的感受器分别对不同波长的光谱最为敏感。Young的想法此后得到了19世纪颇具影响力的德国生理学家Hermann von Helmholtz的支持（后者的成就之一是在1851年发明了检眼镜）。该色觉

图文框9.5 趣味话题

色觉的遗传学

　　我们所感知的颜色在很大程度上取决于视锥细胞的红敏、绿敏和蓝敏视锥色素所吸收的光的相对量。这意味着可以通过红光、绿光和蓝光不同比例的混合来感知彩虹中的任何颜色。比如，对黄光的感知来自红光和绿光的适当混合。因为我们使用"三色"系统（"three-color" system；即专业术语的trichromatic system——译者注），人类被称为是**三色觉者**（trichromat）。但是，并不是所有正常的三色觉者对颜色的感知都是完全一致的。比如，如果让一群人选择光的波长，使光的颜色在最大程度上呈绿色，既不偏于淡黄色也不偏于浅蓝色，他们的选择会有一定的差异。但是，有些人会明显超出这个正常范围，显示出三色色觉的异常。

　　大多数色觉异常是由微小的基因错误所导致的某种视锥色素缺乏所引起的，或者由某种视锥色素光谱敏感性的偏移所引起。最为常见的色觉不正常是红-绿色觉的异常，而且男性比女性多见。这种类型色觉异常的原因，在于与红敏和绿敏视锥色素有关的基因位于X染色体，而编码蓝敏视锥色素的基因位于第7号染色体上。当从母亲那里得到的一条X染色体有缺

陷时，男性会具有不正常的红-绿色觉；而女性只有在双亲的X染色体均有缺陷时才发生红-绿色觉异常。

　　大约有6%的男性的红敏或绿敏视锥色素接受的光的波长与其他人有所差异。这些人通常被称为"色盲"（colorblind），但他们实际上可以看到一个相当多彩的世界。他们应该被称为**异常三色觉者**（anomalous trichromat），因为相对于其他人而言，他们需要某种程度红色、绿色和蓝色不同比例的混合才能看到中间色（和白色）。大多数异常三色觉者具有编码蓝敏视锥色素的正常基因，也具有编码红敏或绿敏视锥色素之一的正常基因。但是，他们也有一个杂合基因（hybrid gene），该基因所编码的蛋白质却具有位于正常的红敏和绿敏视锥色素之间的异常吸收光谱。例如，具有异常绿敏视锥色素的人与正常三色觉者相比，他们感知的由红光-绿光混合而成的黄光中所含的红色相对较少。异常三色觉者和正常三色觉者一样，可以感知全光谱范围内的光，但在极少数情况下，他们对物体确切颜色的感知存在分歧（如蓝色与绿蓝色）。

　　大约有2%的男性缺乏红敏或绿敏视锥色素，使

理论被称为**杨-亥姆霍兹三色理论**（Young-Helmholtz trichromacy theory）。基于这个理论，脑根据 3 种视锥细胞的相对输出来确定颜色。当所有视锥细胞都同等程度地被激活时，就像在广谱光照的情况下，我们感知到"白色"。其他颜色来自其他混合方式。例如，橙色是红色和黄色的混合，它看起来有点红，有点黄（红、橙、黄在色谱中相邻）。但是，请注意一些颜色的混合会导致不同的感知：没有颜色同时看起来像红色/绿色或蓝色/黄色（这些"对比"色在色谱中并不相邻）。正如稍后将看到的，这可能是对视神经节细胞进一步的"颜色对比"（color opponent）处理的反映。

色觉的命名也许是令人困惑的，所以要小心不要把光的颜色与视锥光感受器的"颜色名称"混淆起来。如果认为被感知成红色的光是由单一波长的光所构成的，或者这种波长仅由长波视锥细胞所吸收，则都是错误的。事实上，带颜色的光通常包含一个宽泛而复杂的光谱，可以部分激活所有 3 种类型的视锥细胞。颜色则由激活的比率决定。当一个或多个视锥光感受器类型缺失时，会导致各种形式的色盲（图文框 9.5）。正如前面所讨论的，如果我们没有视锥细胞，我们就根本无法察觉颜色差异。

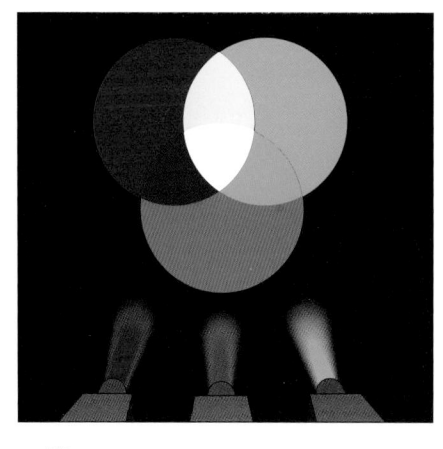

▲ 图 9.22

色光的混合。红光、绿光和蓝光的混合会引起 3 种视锥细胞同等程度的激活，从而导致"白色"的感知

他们成为红-绿色盲。由于这使他们只有"双色系统"（"two-color" system），故他们被称为**双色觉者**（dichromat）。缺乏绿敏视锥色素的人对绿色的敏感性较低，因而某些对正常三色觉者而言是不同的红色和绿色，他们却会将之混淆。对于"绿色双色觉者"（"green dichromat"），黄色或与红色一样，或与绿色相同，不需要任何混合。大约 8% 的男性或缺乏一种视锥色素，或有一种视锥色素异常，与此相反，只有 1% 的女性有这种色觉异常。

缺少一种视锥色素的人称为色盲，但实际上他们可以看见颜色。对完全色盲者人数的估计有差异，但据估计这种人的比例小于 0.001%。有一种类型，即红敏和绿敏视锥色素均缺失，这在很多情况下是由于红敏和绿敏基因的变异使它们功能丧失。这些人被称为蓝敏视锥**单色觉者**（monochromat），他们的世界只有亮度，就像三色觉者所看到的黑白电影一样。

虽然全色盲（achromatopsia，即色觉缺失）在人类中是罕见的，但是在密克罗尼西亚（Micronesian；密克罗西尼亚联邦，北太平洋岛国——译者注）的一个名为平格拉普（Pingelap）的小岛上，有超过 5%~10% 的人是色盲的，同时更多的人是未受影响的携带者。我们已经知道，这种功能失调的基础在于

基因突变所导致的视锥细胞发育不全，从而使这些视锥缺乏功能。但是，为什么色盲在平格拉普岛如此普遍？根据岛上居民的说法，在 18 世纪晚期，一场台风几乎夺去了所有居民的生命，只留下大约 20 个幸存者。岛上患有色盲的人似乎都是一个异常基因携带者的后代。在这个人的后代中，色盲的发病率在幸存的小群体岛民中，随着近亲繁殖而增加。

最近的研究发现，确切地说，也许并不存在所谓的正常色觉。在一组被分类为具有正常三色色觉的男性中发现，对红-绿混合色而言，其中的一些人在红-绿混合的情况下，需要稍微多一点的红色比例才能产生黄色的感觉。这与上面所提到的色觉缺陷相比是微不足道的差异，原因在于红敏视锥色素基因的一个变异。60% 的男性其红敏视锥色素基因的第 180 位点处为丝氨酸，故他们对长波段的光更为敏感，而另外 40% 的男性在此位点为丙氨酸。试想象一个女性在她的两个 X 染色体上的红敏基因有所不同，这会带来什么后果？两个不同的红敏基因都表达，就会导致两组视锥细胞的红敏视锥色素的不同。原则上说，这样的女性会拥有超常的颜色分辨能力，因为她们拥有四色色觉（tetrachromatic color vision），这在所有动物中均属罕见。

9.6.3　暗适应和明适应

从全视锥的明视到全视杆的暗视的转换不是在瞬间完成的。基于初始的光亮度水平，在黑暗中达到最大的光敏感性所需要的时间可能需要几分钟，也可能需要个把小时（这就是前文所提到的观看星星实验中所需的时间）。这个现象称为**暗适应**（dark adaptation），即对黑暗的习惯。在这段时间里对光的敏感性实际上增加了100万倍或者更多。

暗适应可以由一系列因素来解释。瞳孔放大也许最明显的，这可以让更多的光线进入眼睛。然而，人瞳孔的直径范围约为2~8 mm，其大小变化所带来的光敏感性的增加只有大约10倍。暗适应的更大原因包括未被漂白的视紫红质的再生，以及视网膜功能回路的调节，这可使每个视神经节细胞可以接受来自更多视杆细胞的信息。由于这种敏感性的大幅度增加，当暗适应的眼睛重新进入明亮处时，它会暂时饱和。这可以解释你在明亮的白天出门时发生的情况。在接下来的5~10 min内，眼睛进入**明适应**（light adaptation）状态，使眼睛在暗适应状态下所发生的变化逆转。这种在双重视网膜发生的明-暗适应，赋予我们的视觉系统能够在从没有月光的午夜到明亮的正午的亮度范围内工作的能力。

钙在明适应过程中的作用。除了前面所讨论的因素，眼睛对光强度变化适应的能力还依赖于视锥细胞内钙浓度的变化。当你从昏暗的剧院走出来进入明亮的环境中时，最初视锥细胞会发生最大程度的超极化（至 E_K，即 K^+ 的平衡电位）。如果视锥细胞一直处于这种状态，我们将无法看到光强度的进一步变化。如前所述，瞳孔的收缩略有助于减少进入眼睛的光线。然而，最重要的变化是膜电位的逐渐去极化并回到 -35 mV 左右（图9.18c）。

之所以会出现这种情况，是因为之前讨论过的cGMP门控钠通道也允许钙进入细胞（图9.23）。在黑暗中，Ca^{2+} 进入视锥细胞并对合成cGMP的酶（鸟苷酸环化酶）有抑制作用。当cGMP门控通道关闭时，Ca^{2+} 流入感受器的流量随 Na^+ 的流量一起减少；其结果是导致更多cGMP的合成（因为对合成酶的抑制减少），从而允许cGMP门控通道再次打开。简而言之，通道的关闭会启动一个过程来使它们重新逐渐开启，即便光强度并没有改变。钙似乎也影响感光色素和磷酸二酯酶，即减少它们的对光反应。这些基于钙的机制确保了光感受器总是能够记录到光强度的相对变化，尽管丢失了关于绝对光强度的信息。

对明暗和颜色的局部适应。瞳孔大小对明适应和暗适应的影响对所有光感受器都是一样的。然而，光感受器的漂白和其他适应机制，如钙对cGMP的影响，则在不同的视锥细胞上会有所不同。可以通过图9.24向自己展示这一点。首先，注视图a灰色正方形中心的黑色十字约1 min。对黑色小点进行成像的视锥细胞会变得暗适应，而对白色小点进行成像的视锥细胞则会相对明适应。现在，看图b亮正方形中心的十字。由于视锥细胞的局部适应，你现在应该在发生了暗适应的区域看到白色斑点，而在发生了明适应的区域看到黑色斑点。同样的概念也适用于颜色适应。首先注视图c或图d的黄色或绿色正方形，这将有选择地使你的视锥细胞得到适应。然后将你的注视点

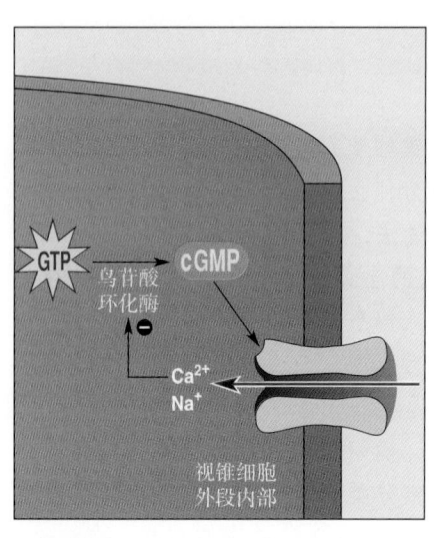

▲ 图 9.23

钙在明适应过程中的作用。Ca^{2+} 和 Na^+ 一样通过cGMP门控通道进入视锥细胞，然后抑制cGMP的合成

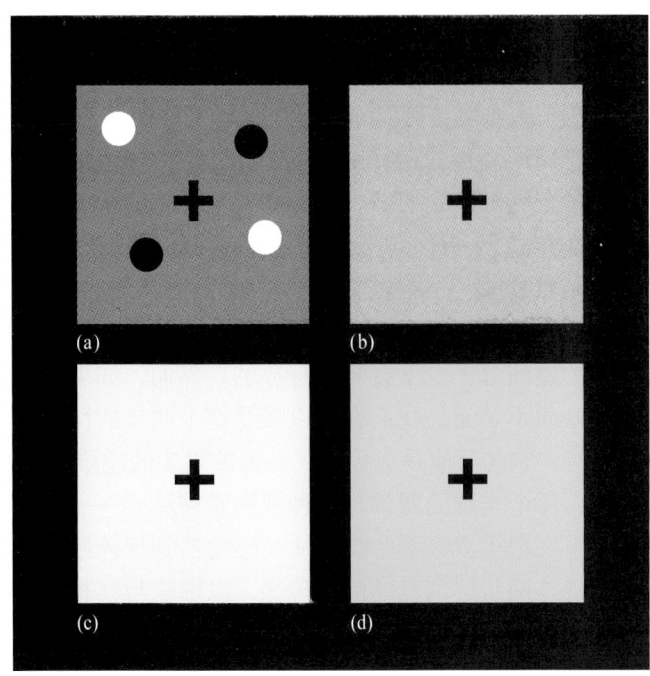

▲ 图 9.24

明适应和颜色适应。注视图 a 中的十字 1 min，然后看图 b，以显示视网膜对白色小点和黑色小点局部适应的效果。在完成对图 c 或图 d 的颜色适应之后，图 b 中的灰色正方形看起来会呈现图 c 或图 d 颜色的对立色

移到图 b 的亮正方形。如果你对黄色适应了，你应该看到蓝色；而如果你对绿色适应了，你应该看到红色（确切的颜色取决于印刷中使用的油墨）。这些演示使用了非正常的长时间注视来揭示关键的适应过程，而这些过程一直在工作，从而使光感受器始终能够提供有用信息。

9.7　视网膜的信息处理和输出

现在我们已经看到光是如何转换成神经活动的，接下来要考察光信息是如何从眼睛传递到脑其余部分的过程。由于视网膜唯一的输出是来自视神经节细胞产生的动作电位，我们的目标因而在于理解视神经节细胞所传递的信息。有趣的是，在光感受器的工作原理被揭示之前，研究者们已经能够对视网膜图像处理的一些方式进行解释了。大约始于 1950 年，神经科学家对视网膜神经节细胞在光刺激下的动作电位发放进行了研究。这项工作的先驱者是在美国工作的神经生理学家 Keffer Hartline 和 Stephen Kuffler，以及在英国工作的 Horace Barlow。他们的研究发现，视觉图像被由神经节细胞的输出所编码。早期对鲎（horseshoe crab；俗称马蹄蟹——译者注）和青蛙的研究为后来对猫和猴子的研究开辟了道路。研究人员发现在广泛的种系上，视网膜图像处理具有相似的原理。

关于视网膜突触的相互作用是如何导致神经节细胞特性产生的研究进展缓慢。这是因为只有神经节细胞才发放动作电位，而视网膜的其他细胞（除了一些无长突细胞）对刺激的反应只是膜电位的等级性变化。测定这些等级性变化需要使用在技术上具有挑战性的细胞内记录方法，而动作电位只需通

过简单的细胞外记录方法就可以测得（图文框4.1）。直到20世纪70年代早期，哈佛大学（Harvard University）的John Dowling和Frank Werblin才发现神经节细胞的反应是由水平细胞和双极细胞的相互作用产生的。

视网膜内信息流最直接的途径是由视锥光感受器通过双极细胞传递至视神经节细胞。在各个突触连接层面，反应受到水平细胞和无长突细胞侧向连接的调整。与其他神经元一样，光感受器在去极化时释放神经递质。光感受器所释放的递质是氨基酸——谷氨酸。正如我们已经看到的，光感受器在暗中去极化，光使其发生**超极化**。情况因此有了与直觉相反的情况，即光感受器在光照时释放的递质分子少于在暗中释放的。然而，如果我们认为光感受器的适宜刺激是**暗**而不是光，我们就可以接受这个明显的悖论。因此，当阴影掠过光感受器时，它的反应是去极化，并释放更多的递质。

在外网状层，每个光感受器都与两种视网膜神经元——双极细胞和水平细胞形成突触联系。记得双极细胞构成从光感受器到视神经节细胞的直接通路，水平细胞负责外网状层信息的侧向传递，以影响与其相邻的双极细胞和光感受器的活动（图9.11和图9.12）。接下来，我们通过分析双极细胞和视神经节细胞的感受野来展示它们的反应特征。

9.7.1 感受野

假设你有一个闪光灯可以投射一个很小的光点到视网膜上，使得你可以观察视神经元（比如视网膜的视神经节细胞的输出）的活动，你会发现当光只作用于视网膜的一个小区域时，就会改变神经元的放电频率（图9.25a）。视网膜的这个区域就称为该神经元的**感受野**（receptive field）。光在视网膜的其他任何地方，即在这个感受野之外，对放电频率都不会有影响。可以将同样的方法应用于眼内或其他部位与视觉有关的神经元，其感受野是由在视网膜上引起神经反应的光的模式所决定的。在视觉系统，眼的光学系统建立了视网膜上的位置与视野的对应关系。因此，习惯上也将视觉感受野描述为视觉空间在视网膜上相互对应的区域（图9.25b）。"感受野"实际上是一个用于描述感觉系统中神经元反应特异性的通用术语。比如，我们将在第12章看到，躯体感觉系统神经元的感受野是皮肤上的小块区域，对该区域的触碰会在神经元上引起反应（图9.25c）。

当我们进一步进入视觉通路时，我们发现感受野的形状会有变化，并且相应的刺激能够最大程度地激活神经元。在视网膜中，小光点能诱发出神经节细胞的最佳反应，但是在视觉皮层的不同区域，神经元对光条，甚至是复杂的具有生物学意义的形状（如手和脸）具有最佳反应。这些变化可能反映了在每个阶段所表征的信息种类的重要差异。（在第10章，我们将对此有更多的介绍。）感受野因对其功能性解释而受到极大的关注。Horace Barlow早期工作中有一个具有启发性的例子。他记录了蛙的视网膜，并发现蛙会因其眼前飘舞的一个小黑点而跳起并捕捉之，而同样的刺激会引起视网膜视神经节细胞的强烈反应。也许这是青蛙用来捕猎的"虫子探测器"？我们将会看到，也有针对猴子和人类的基于感受野特性的功能推理，虽然推理是推测性的，但同样令人兴奋。

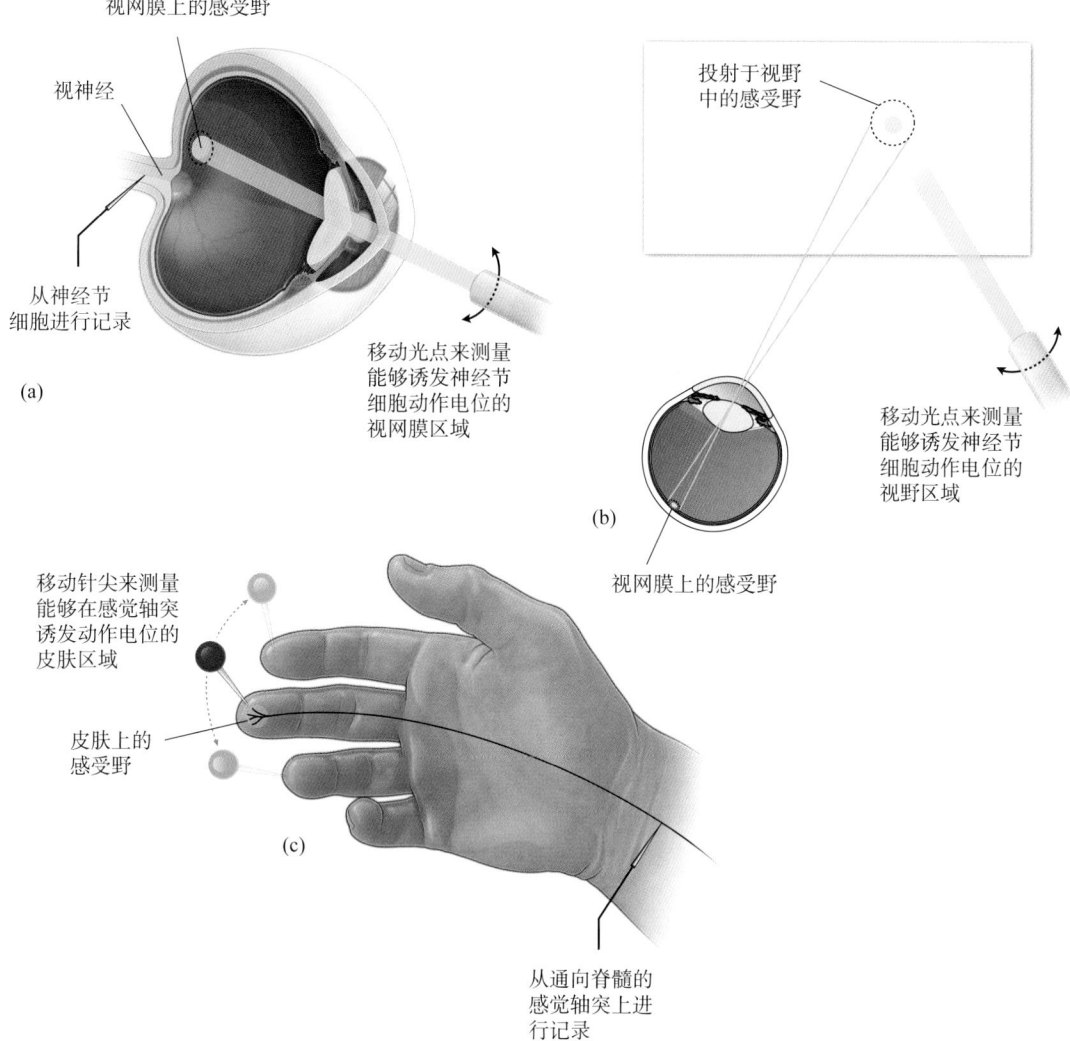

视网膜上的感受野

视神经

从神经节
细胞进行记录

(a)

移动光点来测量
能够诱发神经节
细胞动作电位的
视网膜区域

投射于视野
中的感受野

移动光点来测量
能够诱发神经节
细胞动作电位的
视野区域

(b)

视网膜上的感受野

移动针尖来测量
能够在感觉轴突
诱发动作电位的
皮肤区域

皮肤上的
感受野

(c)

从通向脊髓的
感觉轴突上进
行记录

▲ 图 9.25

感受野。(a) 通过对视神经中的视神经节细胞轴突进行记录，可以对视神经节细胞的感受野进行定位。将小光点投射到视网膜的不同部位，那些使视神经节细胞放电频率增加或减小的位置构成了细胞的感受野。通过改变记录电极位置，可以通过同样的方法对脑中其他部位的神经元及视网膜中其他神经元的感受野进行定位（对于不发放动作电位的神经元，则通过其膜电位的变化来进行测量）。(b) 视网膜上的感受野对应于来自视野中特定位置的光。(c) 对于其他感觉系统来说，感受野也是一个有用的概念，比如，一小块皮肤是触觉的感受野

9.7.2　双极细胞的感受野

　　基于双极细胞对光感受器所释放的谷氨酸的反应，该细胞及其感受野可分为给光和撤光两种类型。产生双极细胞感受野的回路包括来自光感受器的直接输入和由水平细胞中转的光感受器间接输入（图 9.26a）。让我们先来考虑图 9.26b 所示的直接通路中视锥细胞与双极细胞之间的相互作用（即没有水平细胞的介入）。照射在视锥上的光会使一些双极细胞**超极化**，这些细

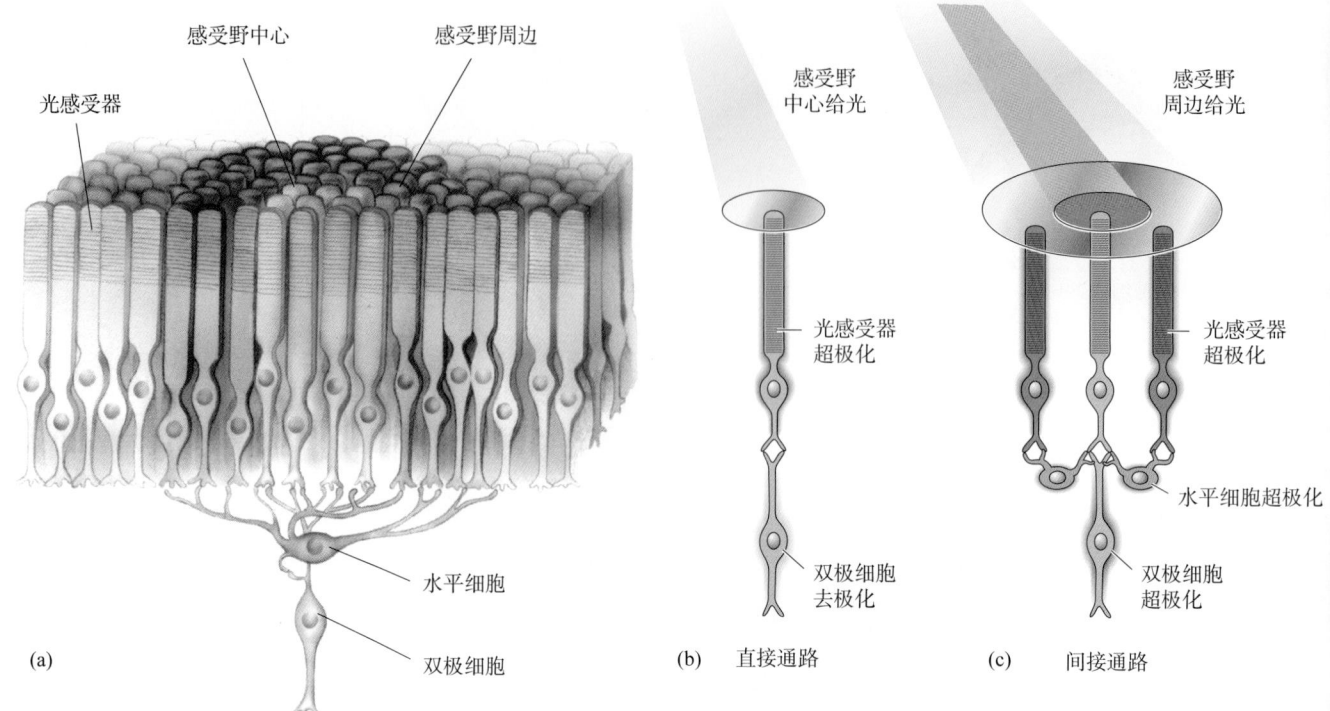

▲ 图 9.26

从光感受器细胞到双极细胞的直接和间接通路。(a) 双极细胞从一簇构成感受野中心的光感受器细胞接受直接输入，同时也通过水平细胞从感受野周边的光感受器细胞接受间接输入。(b) 在感受野中心的光通过直接通路使给光中心型的双极细胞去极化。(c) 在感受野周边的光通过间接通路使给光中心型的双极细胞超极化。由于水平细胞的介入，光对周边光感受器的作用总是与其对中心光感受器的作用相反

胞称为**撤光双极细胞**（OFF bipolar cells），因为光刺激能有效地把它们"压抑"（turned off）。与之相反，光照射到视锥细胞上会使另一些双极细胞**去极化**；这些被光照"激活"（turned on）的细胞称为**给光双极细胞**（ON bipolar cells）。显然，视锥–双极细胞间的突触反转了来自视锥细胞的信号，即视锥细胞对光刺激的反应为超极化，而给光双极细胞的反应则是去极化。

　　不同的双极细胞为什么会对视锥细胞的直接输入做出相反的反应？原因在于有两种不同的受体来接受光感受器释放的谷氨酸。撤光双极细胞拥有促离子型谷氨酸受体，这些谷氨酸门控通道通过 Na^+ 的内流介导了经典的去极化的兴奋性突触后电位。光感受器的超极化导致神经递质释放量的减少，使得双极细胞更为超极化。另一方面，给光双极细胞拥有 G 蛋白耦联的（促代谢型）受体，其对谷氨酸的反应为超极化。每个双极细胞接受一簇光感受器的直接突触输入，而每簇光感受器的数目可以从中央凹处的一个到视网膜处的几千个。

　　除了与光感受器直接连接，双极细胞还通过水平细胞与环绕在中心簇周围的光感受器相连（图 9.26a）。光感受器、水平细胞及双极细胞之间的突触相互作用是复杂的，相关研究还在进行中。对我们而言，这里有两个关键

点。首先，当光感受器对光产生超极化反应时，送至水平细胞的输出信号也是超极化的。其次，水平细胞超极化的作用在于抵消光对相邻光感受器的影响。在图9.26c中，光照射到两个光感受器上，而这两个光感受器都通过水平细胞与一个位于中心的光感受器和一个双极细胞相连接。这个间接通路输入的作用在于使中心光感受器去极化，抵消直接照射在其上的光所带来的超极化效应。

让我们来总结一下这个讨论：一个双极细胞的感受野由两部分组成：一个提供直接光感受器输入的圆形视网膜区域，称为**感受野中心**（receptive field center），以及一个通过水平细胞提供输入的视网膜周边区域，称为**感受野周边**（receptive field surround）。一个双极细胞膜电位的对光反应在其感受野的中心和周边是相反的。因此，我们说这些细胞具有对抗的**中心－周边感受野**（center-surround receptive fields）。感受野的大小可在视网膜上以毫米（mm）为单位测得，但更为常用的是以视角的角度来度量。视网膜上的1 mm对应于3.5°的视角。双极细胞感受野的直径在视网膜中心不到1°，而在视网膜周边则大于1°。

中心－周边感受野的组构方式从双极细胞通过内网状层的突触传向视神经节细胞。内网状层的无长突细胞的侧向连接也参与视神经节细胞感受野的形成，以及视杆细胞和视锥细胞输入在视神经节细胞上的整合。目前已鉴定了多种亚型的无长突细胞，它们对视神经节细胞的反应具有不同的贡献。

9.7.3　视神经节细胞的感受野

多数视神经节细胞基本上具有与上述双极细胞一样的同心圆式的中心－外周感受野组构。给光中心和撤光中心视神经节细胞接受对应类型的双极细胞的输入。视神经节细胞与双极细胞的一个重要区别在于视神经节细胞发放动作电位。无论是否暴露于光刺激，视神经节细胞都会发放动作电位；感受野中心或周边区域的光刺激则会增加或降低其放电频率。因此，当一个给光－中心视神经节细胞的感受野中心接受一个小光点刺激时，它会去极化，并产生一串动作电位。对撤光－中心视神经节细胞来说，当一个小光点投射到其感受野中心时，它会减少动作电位的发放；反之，如果是一个小暗点覆盖了感受野中心，它将发放更多的动作电位。这两种细胞中，对感受野中心刺激的反应均被对其周边刺激的反应所抵消（图9.27）。如此结果的令人惊异之处在于，多数视网膜视神经节细胞对同时覆盖其感受野中心和周边的光刺激的变化并无反应。相反，视神经节细胞主要对它们感受野内的**亮度差异**有反应。

为了说明这个问题，考察当一个明－暗边缘（light–dark edge）掠过其感受野时，一个撤光－中心细胞产生的反应（图9.28）。记住在这种细胞中，感受野中心的阴影使其去极化，而周边的阴影使其超极化。在均匀亮度的光照下，中心和周边相抵消而使细胞的反应维持在低水平（图9.28a）。当边缘进入感受野的周边区域而未到达其中心区域时，阴影对神经元的影响是使其超极化，导致细胞放电频率降低（图9.28b）。然而，当阴影开始覆盖中心时，周边的部分抑制效应得到缓解，细胞的反应有所增加（图9.28c）。为什么图9.28c中的反应会有所增加？因为当黑暗覆盖了整个感受野中心时，细胞会有

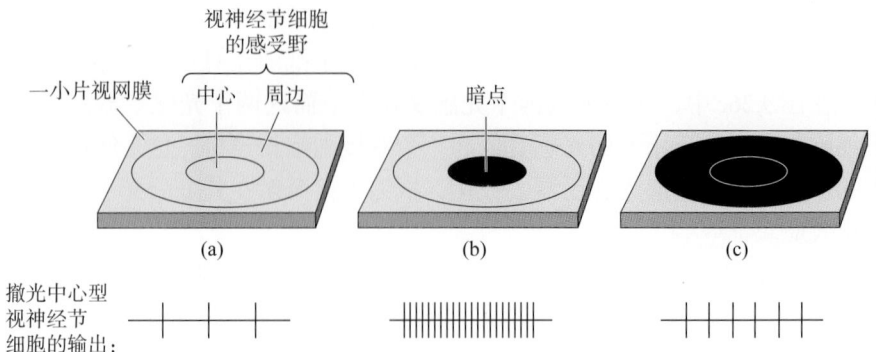

▲ 图 9.27

视神经节细胞的中心−周边感受野。（a, b）当一个暗点投射在撤光中心型视神经节细胞的感受野中心时，细胞发放一串动作电位。（c）如果暗点的范围扩大，覆盖了感受野周边，放电大幅度地减少

100% 的兴奋，而周边区域的黑暗只提供部分抑制。但是，当阴影最终覆盖了整个周边区域时，中心的反应受到抵消（图 9.28d）。注意，在这个例子中，细胞的反应在全域照明和全域暗时仅略有不同，它的反应主要被其感受野中出现的明−暗边缘所调制。

现在让我们来考察视网膜不同位置上的**所有**撤光中心视神经节细胞的输出，这些细胞被一个静止不动的明−暗边缘所刺激。细胞的反应如图 9.28 所示，分为 4 种类型。因此，表达这种明−暗边缘图像的细胞就是那些感受野中心和周边受到明暗区域不同影响的细胞。那些感受野中心"看"到明−暗边缘光照一侧的细胞将受到抑制（图 9.28b）；而感受野中心"看"到明−暗边缘阴影一侧的细胞将被兴奋（图 9.28c）。在这种情况下，明−暗边缘的光照差异并不完全由边界两侧的视神经节细胞的输出差异来表征。相反，这种**感受野的中心−周边组构形式却导致了一种神经反应，这种反应强调了明−暗边缘的反差**。

有许多涉及对光强水平感知的视觉错觉。神经节细胞感受野的组构可以为图 9.29 所示的错觉提供一个解释。虽然左右两张图中的两个中心方块的灰

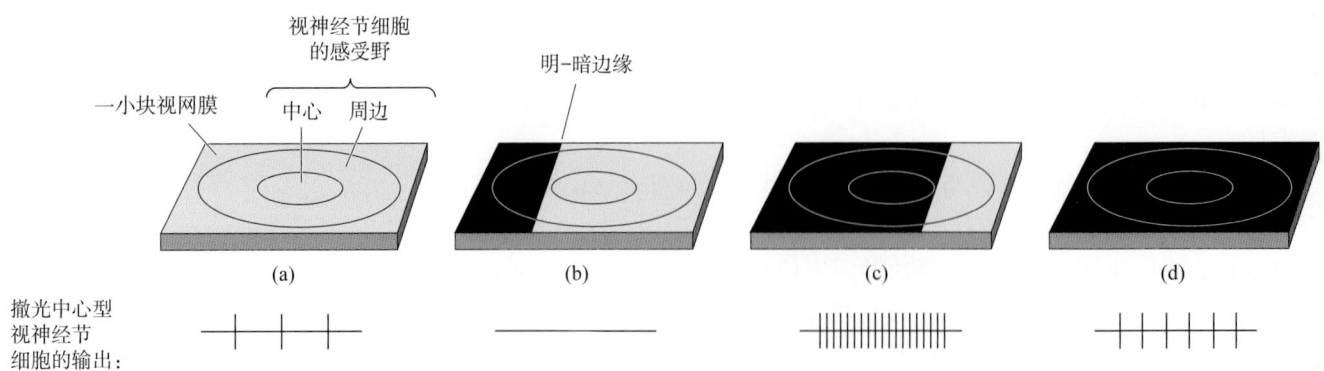

▲ 图 9.28

撤光中心视神经节细胞对明−暗边界掠过其感受野时的反应。神经元的反应是由明暗区域在中心和周边部分所占比例决定的（详见正文所述）

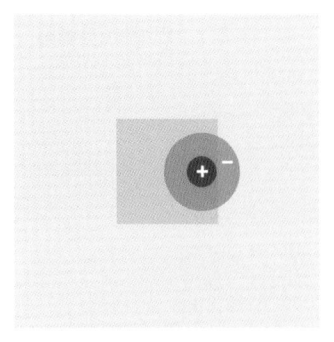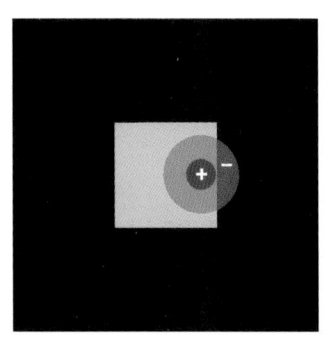

▲ 图9.29

对比度对明暗感知的影响。左右两张图中的中心方块的灰度是相同的，但因为左图的周边区域较亮，因此左图的中心方块看起来稍暗一些。在左图和右图中都给出了给光中心的感受野。哪个感受野的反应会更强烈一些

度是一样的，但在较浅背景下的那个正方形看起来却是更暗一些。考虑一下画在灰色方块上的两个给光中心型双极细胞的感受野。在这两种情况下，作用在感受野中心的灰色光是一样的。但是，与右图中的感受野相比较，左图中的感受野的周边区域有更强的光照。这将导致更强的抑制和较低的反应，并且这可能与左图中央灰色方块看上去更暗一些有关。

结构与功能之间的关系。在哺乳动物视网膜中，多数神经节细胞具有一个中心-周边感受野，其中心区域具有给光反应或撤光反应。它们可以进一步根据外形、突触连接和电生理特性进行分类。

在恒河猴视网膜和人视网膜中已发现两种主要的视神经节细胞：一种是大的**M型神经节细胞**（M-type ganglion cell，简称 M 细胞）；另一种是小的**P型神经节细胞**（P-type ganglion cell，简称 P 细胞）（M 代表 *magno*，在拉丁语中表示"大"的意思；P 代表 *parvo*，在拉丁语中表示"小"的意思）。图9.30所示为视网膜同一部位的 M 型和 P 型神经节细胞的相对大小。P 细胞占神经节细胞总数的90%，M 细胞占总数的5%，其余的5%为各种**非 M- 非 P 型神经节细胞**（nonM-nonP ganglion cell），人们对这些细胞的特性知之甚少。

M 细胞的视觉反应特性与 P 细胞的有所不同，这反映在几个方面。首先，它们具有较大的感受野，在视神经中传导动作电位的速度较快，对低对比度的刺激更为敏感。另外，M 细胞对作用于其感受野中心的刺激的反应为瞬间动作电位的发放，而 P 细胞的反应则为与刺激时间同样长的持续放电（图9.31）。我们将在第10章看到，不同类型的视神经节细胞在视觉感知中起着不同的作用。

颜色对立型视神经节细胞。视网膜神经节细胞之间的另一个重要差异在于 P 细胞和一些非 M- 非 P 细胞对光波长差异的敏感性。这些颜色敏感神经元的大部分被称为**颜色对立细胞**（color-opponent cell），这反映了一个事实，即这种细胞的感受野中心对一种颜色的反应，可以被出现在感受野周边区域的另一种颜色所抵消。两组对立色是红色和绿色，以及蓝色和黄色。对于 P 细胞，相互对立的颜色为蓝色和黄色。例如，考虑一个具红色给光中心和绿色

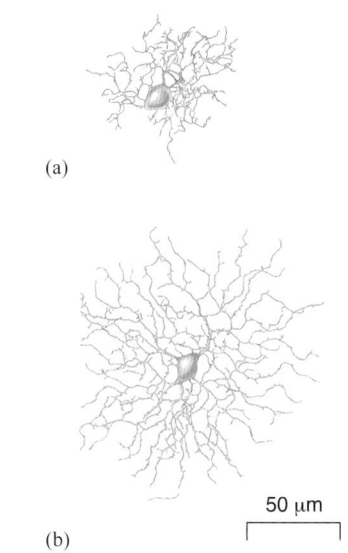

(a)

50 μm

(b)

▲ 图9.30

恒河猴视网膜的 M 型和 P 型视神经节细胞。(a) 周边视网膜的小型 P 细胞。(b) 视网膜同一区域的一个 M 细胞则明显大一些（引自：Watanabe and Rodieck，1989，第437和439页）

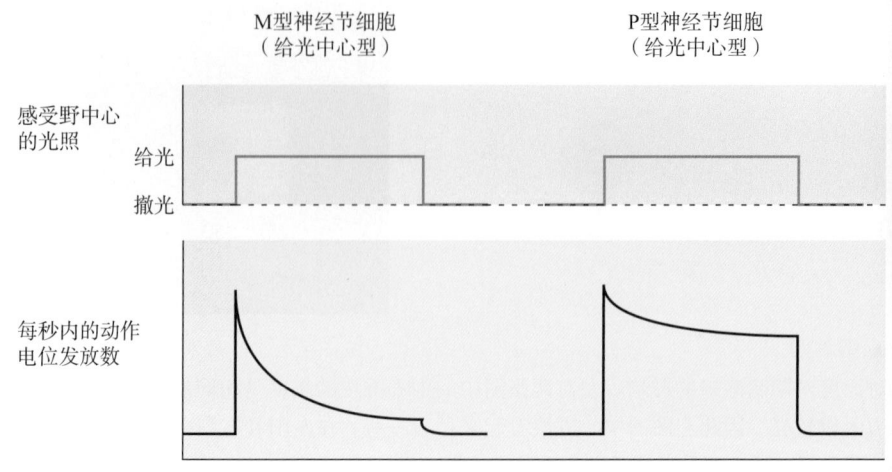

▶ 图 9.31

M型和P型神经节细胞不同的对光反应

撤光周边反应的细胞（图9.32）。其感受野中心主要由红敏视锥提供输入，而周边则由绿敏视锥通过一个抑制性回路（即经水平细胞的间接通路）提供输入。为了理解具有如此感受野的神经元如何对光做出反应，让我们回忆一下图9.21，该图显示红敏视锥和绿敏视锥的吸收色谱相互重叠但并不相同。

如果红光覆盖在感受野中心，则神经元反应呈现出强烈的动作电位发放（图9.32b）。如果范围扩大到将感受野的中心和周边区域都覆盖，则神经元依然会兴奋，但是弱了很多（图9.32c）。红光对在绿光撤光周边具有影响的原因在于，如图9.21所示，红色波长的光部分被绿敏视锥所吸收，而它们的激活抑制了神经元的反应。为了充分激活感受野的抑制性周边区域，则需要绿光。在这种情况下，红光给光中心的反应被绿光撤光周边的反应所抵消（图9.32d）。这种细胞的表示符号为R⁺G⁻，含义为感受野中心的红光可以最大程度地使这种细胞兴奋，而周边绿光则使其抑制。

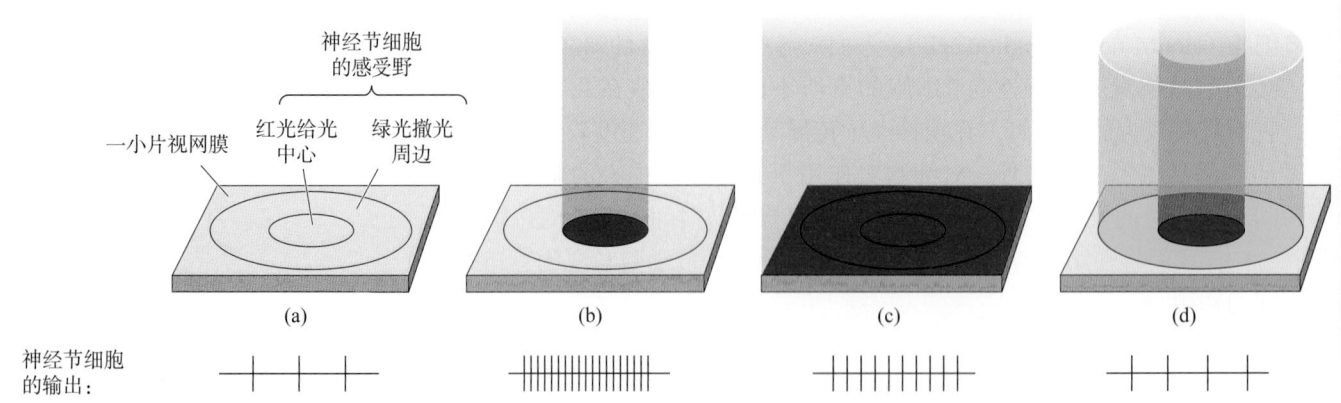

▲ 图 9.32

神经节细胞的颜色对立。（a）一个P型神经节细胞的颜色对立的中心-周边感受野。（b）感受野中心的红光诱发出强烈的反应，这个区域接受来自长波长敏感（红敏）视锥的输入。（c）将红光扩展到周边区域会抑制细胞反应，因为向周边区域提供输入的绿敏视锥对长波长的光也有些敏感。（d）作用在感受野周边区域的绿光会导致更强的抑制，它能最大程度地驱动绿敏视锥

如果在其全感受野施加白光会发生什么？因为白光包含可见光的所有成分（包括红光和绿光），中心和周边会在相同程度上被激活，并相互抵消，因此细胞也就没有对光反应了。

蓝-黄颜色对立以同样的方式工作。考虑一个具有蓝色给光中心和黄色撤光周边区域的细胞（B^+Y^-）。感受野中心接受来自蓝敏视锥的输入，而周边区域则通过一个抑制性回路接受红敏和绿敏**两种**视锥（因此，感觉是黄色）的输入。作用于感受野中心的蓝光会产生强烈的兴奋性反应，其被作用于周边的黄光抵消。覆盖了感受野中心和周边的弥散蓝光也是这种细胞的有效刺激。为什么在这种细胞弥散的蓝光是强刺激，而对 R^+G^- 细胞而言，弥散的红光则是弱得多的刺激？答案在于吸收曲线（图 9.21）。在 R^+G^- 细胞中，红光被"绿敏"光感受器吸收；而在 B^+Y^- 细胞中，蓝光几乎不被构成感受野周边的"红敏"和"绿敏"光感受器所吸收。弥散的白光也不是有效刺激，因为它包含红色、蓝色和绿色波长，并且中心和周边的反应将相互抵消。

最后，注意 M 细胞缺乏颜色对立特性。这并不意味着它们对色光没有反应，而只是说它们的反应缺乏颜色特异性。因此，感受野中心或周边的红光都和绿光一样具有相同的效应。M 细胞对颜色不敏感，是因为其中心和周边均接受来自一种以上视锥细胞的输入。M 细胞感受野因此被简单地表示为给光中心/撤光周边或撤光中心/给光周边。M 细胞和 P 细胞的颜色和光敏感性提示，整个神经节细胞群体向脑发送 3 种不同的空间比较信息：明与暗、红与绿、蓝与黄。

9.7.4　视神经节细胞光感受器

在我们描述的视网膜回路中，视杆和视锥投射到双极细胞，继而投射到神经节细胞，这意味着视杆和视锥负责所有的光转导，而神经节细胞则发挥不同的作用，即将视觉信息传递到脑的其余部分。但即使回溯到 20 世纪 80 年代和 90 年代，也有一些奇怪的发现与这个观点不相吻合。比如，缺乏视杆细胞和视锥细胞的突变小鼠的睡眠周期依然表现出与日出和日落同步的昼夜节律，即使它们其他方面的表现就像盲人一样。一部分全盲的人似乎也会不自觉地把他们的行为与阳光昼夜变化的节律同步。

这些谜题的解决源自 20 世纪 90 年代的发现，即一小部分视网膜神经节细胞实际上也有光转导现象。就是这数千个神经元，被称为**内在光敏感视神经节细胞**（intrinsically photosensitive retinal ganglion cell，ipRGC），使用的感光色素为视黑素（melanopsin），而视黑素是一种以前研究过的存在于青蛙皮肤上的视蛋白！ipRGC 执行正常视神经节细胞的功能，接受来自视杆细胞和视锥细胞的输入，并将轴突送至视神经；同时，它们也是光感受器。然而，ipRGC 的光敏感性与视杆和视锥的光敏感性有着重要的区别。与光在视杆和视锥中引起的超极化不同，ipRGC 对光反应呈去极化。ipRGC 也有非常大的树突野；由于这些树突都具有光敏感性，这意味着与视杆细胞和视锥细胞相比较，这些细胞对更大的视网膜区域的光输入进行汇总（图 9.33）。ipRGC 的数量很少，它们的硕大的感受野对于精细图案视觉是不理想的，而且 ipRGC 也并非用于精细图案视觉。正如将在第 19 章看到的，ipRGC 的一个重要功能是向皮层下视觉区域提供输入，使行为与光水平的日常变化（昼夜节律）同

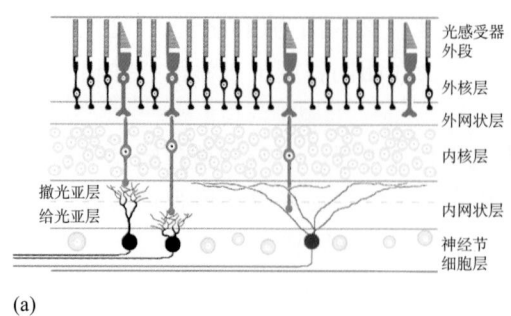 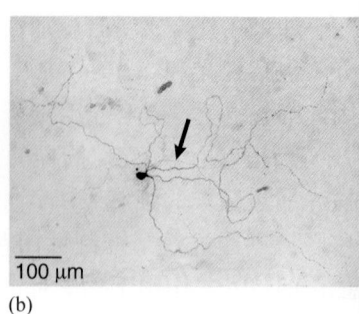

◀ 图 9.33
内在光敏感视神经节细胞。(a) 视杆细胞（蓝色）和视锥细胞（绿色）投射到双极细胞，继而投射至常规的视神经节细胞（黑色），后者将轴突送至丘脑。ipRGC（红色）除了接受视杆和视锥输入，本身也具有光转导功能。不同于视杆细胞和视锥细胞，这些光敏感的神经元（即 ipRGC）将轴突送出眼睛，而无需额外的神经元和突触连接。ipRGC 的树突比常规的视神经节细胞树突分布更广，使得这些神经元对更大面积的光敏感。(b) ipRGC 的显微照片显示纤长蜿蜒的树突和轴突（箭头）。注意其树突野和图 9.30 中常规的神经节细胞相比有多大（引自：Berson，2003，图 1）

步。自从它们最初被发现以来，已经发现了不同的 ipRGC 具有不同的形态、不同的生理功能，以及与其他视网膜神经元不同的连接方式。人们正在继续研究这些不同寻常的细胞在非意识性和意识性视觉中的多重作用。

9.7.5 并行处理

我们对视网膜的讨论中出现的一个重要概念就是视觉系统中的**并行处理**（parallel processing）。并行处理意味着不同的视觉属性通过不同的路径同时进行处理。比如，我们用两只眼睛而不是一只眼睛来看这个世界，这便产生了两个并行的信号流。在中枢视觉系统中，这些信息流通过比较给出关于**深度**的信息，也就是观察者与物体之间的距离。并行处理的第二个例子是，由两只眼睛视网膜的给光–中心和撤光–中心神经节细胞分别产生的相互独立的关于明暗的信息。最后，给光–中心和撤光–中心神经节细胞具不同的感受野和反应特性。M 细胞可以检测它们大的感受野中微弱的对比度，并在低分辨率的视觉中起作用。P 细胞具小的感受野，非常适合于细微差异的检测。P 细胞和非 M–非 P 细胞分别专门处理红–绿和蓝–黄信息。

9.8 结语

由本章的内容，我们知道由物体发射或反射的光是如何由眼睛成像于视网膜的。光能首先转换成光感受器的膜电位变化。有趣的是，光感受器的转导机制与嗅觉感受器非常相似，两者都与环核苷酸门控的离子通道有关。光感受器的膜电位被转换成化学信号（神经递质谷氨酸），然后被转换成突触后双极细胞和水平细胞的膜电位变化。这个电–化学–电信号的转换过程被一次次地重复，直到明暗或颜色信号最后被转换成视神经节细胞动作电位的放电频率变化。

来自 0.97 亿个光感受器的信息会聚于 100 万个视神经节细胞。在视网膜中心区域，尤其是在中央凹，每个神经节细胞接受相对较少的光感受器的输入，而在视网膜周边区域，每个神经节细胞则接受来自上千个光感受器所提供的输入。因此，视觉空间在视神经纤维阵列上的映射不是均一的。相反，视网膜中心区域几度视角范围内的视觉空间在"神经空间"（neural space）是过度表征的，因而对此空间来说，来自单个视锥细胞的信号更为重要。如此这般的特化保证了中心视觉的高视锐度，同时也需要眼睛的移动将所感兴趣的物体成像于中央凹。

正如我们将在第10章看到的，我们有理由相信，由不同类型视神经节细胞所产生的不同类型信息的处理是相互独立的，这起码在信息处理的前期阶段是如此的。并行的信息流——比如，来自右眼和左眼的信息流——在丘脑外侧膝状体核的第一个突触中继站依然是相互分离的。同样，来自M细胞和P细胞的信息流在外侧膝状体核的突触中继站也是相互分离的。在视皮层，不同属性的视觉信息由并行通路分别处理。比如，视网膜中处理色觉信息的和不处理色觉的神经元所表现出来的差异，在视皮层同样存在。一般而言，20多个视皮层区域的每一个都可能经特化而对各种类型的视网膜输出进行分析。

关键词

复习题

1. 光的哪种物理特性与颜色感知最为密切相关？
2. 说出光在到达光感受器之前所穿过的8种眼内结构。
3. 为什么水下呼吸器的面罩对于在水下保持清晰的视觉是必需的？
4. 何谓近视眼？如何矫正？
5. 试述成像于中央凹时视锐度为最佳的3个理由。
6. 当光点刺激光感受器、给光双极细胞和撤光中心型神经节细胞的中心感受野时，这些细胞的膜电位分别如何变化？为什么？
7. 当你"对黑暗产生适应"时，视网膜发生什么变化？你在黑夜里为什么看不见颜色？
8. 在什么情况下，视网膜输出并不忠实地再现落于其上的视觉形象？
9. 色素型视网膜炎（retinitis pigmentosa）的早期症状包括周边视觉及夜间视觉的丢失。何种细胞的缺失会导致这些症状的出现？

拓展阅读

Arshavsky VY, Lamb TD, Pugh EN. 2002. G proteins and phototransduction. *Annual Review of Physiology* 64:153-187.

Berson DM. 2003. Strange vision: ganglion cells as circadian photoreceptors. *Trends in Neurosciences* 26:314-320.

Field GD, Chichilinsky EJ. 2007. Information processing in the primate retina: circuitry and coding. *Annual Review of Neuroscience* 30:1-30.

Nassi JJ, Callaway EM. 2009. Parallel processing strategies of the primate visual system. *Nature Reviews Neuroscience* 10:360-372.

Solomon SG, Lennie P. 2007. The machinery of colour vision. *Nature Reviews Neuroscience* 8: 276-286.

Wade NJ. 2007. Image, eye, and retina. *Journal of the Optical Society of America* 24:1229-1249.

Wassle H. 2004. Parallel processing in the mammalian retina. *Nature Reviews Neuroscience* 5: 747-757.

（梁培基　译　　王建军　校）

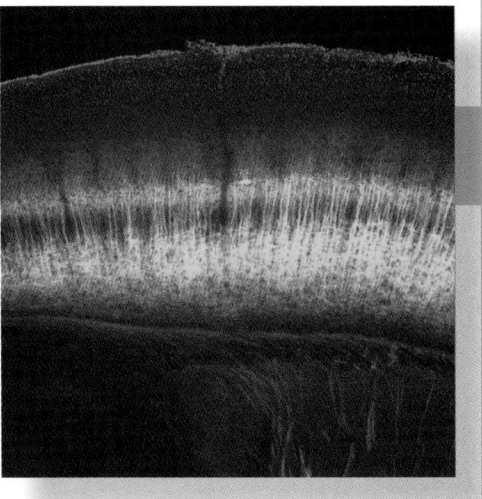

第 10 章

中枢视觉系统

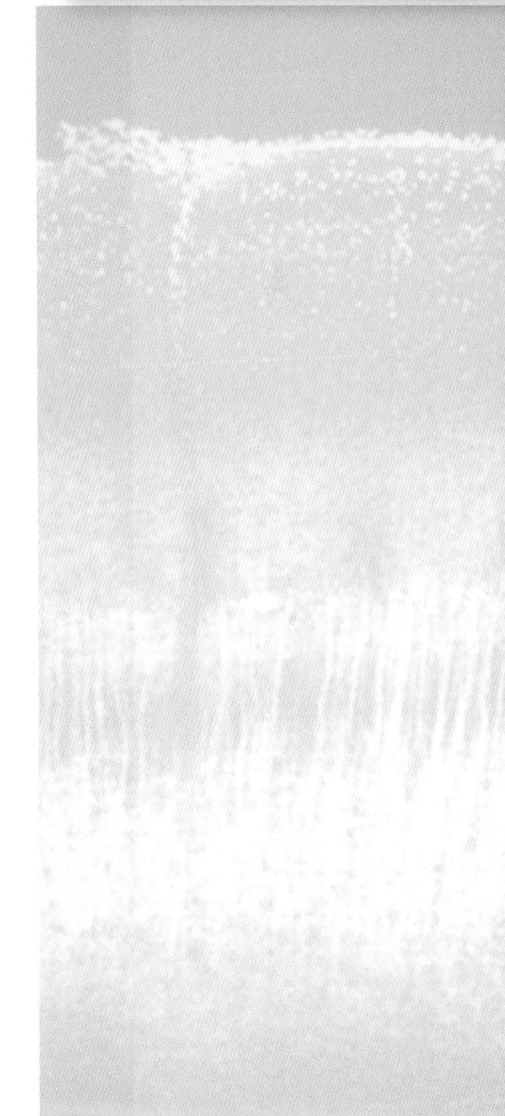

333

10.1   引言

纵然我们的视觉系统为我们提供了周围世界的一幅完整的图像，但这幅图像却具有多面性。我们看见的物体具有形状和颜色。它们也具有空间位置，而且有时处于运动状态。视觉系统的神经元必须对它们敏感，以便我们能够看见这些特性。进一步地，因为我们有两只眼睛，我们的头脑中实际上会产生两幅视觉图像，但是这两幅图像必须以某种方式合为一体。

在第9章中我们看到，在很多方面眼睛就像一个照相机。但是，从视网膜开始，视觉系统的其他部分则更为精巧、有趣，而且能力远在照相机之上。比如，我们看到视网膜并不仅仅传递关于投射于其上的光与影的图形信息。相反，视网膜**提取**关于亮度和颜色差异的信息。视网膜中有约1亿个光感受器，但只有100万根离开眼睛的轴突将信息传递到脑的其他部位。因此，我们对周围世界的感知取决于视网膜的输出细胞所提取的信息，以及中枢神经系统（central nervous system，CNS）其他部分对这些信息的分析和解释。颜色就是一个例子。在物质世界中没有所谓的颜色，有的只是周围物体所反射的可见波长的光谱。然而，基于3种视锥光感受器所提取的信息，我们的脑合成了彩虹般的颜色，并将颜色赋予周围的世界。

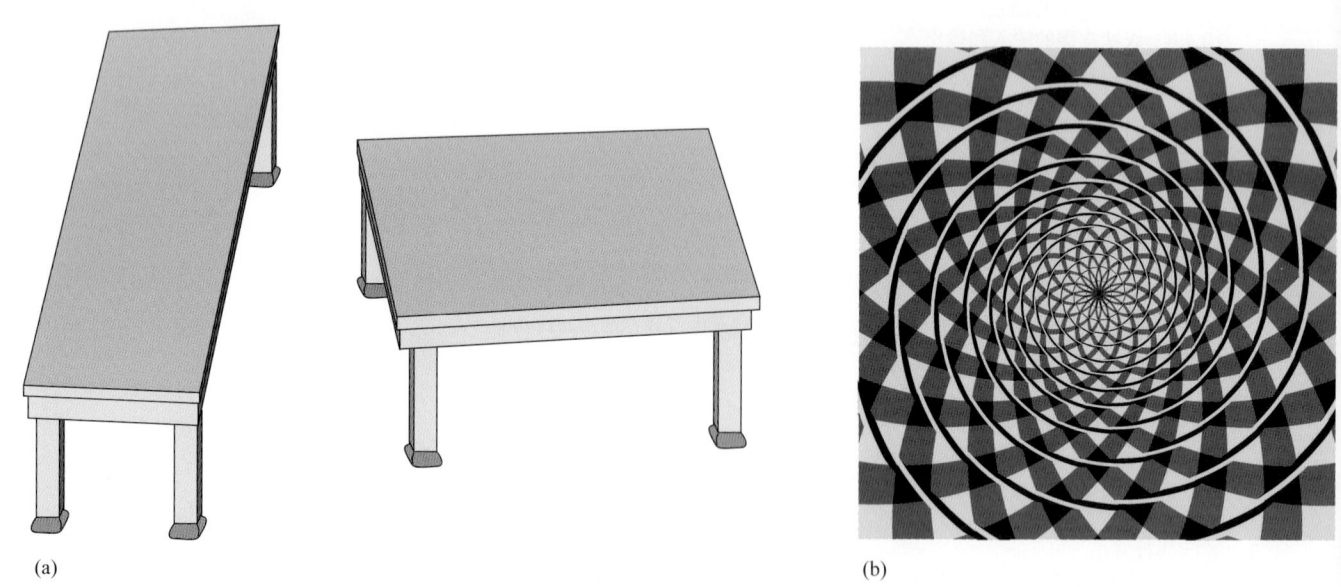

(a)   (b)

▲ 图 10.1

感知性错觉。（a）两个尺寸相同的桌面成像在与视网膜大小相似的区域上。为了向你自己证明这一点，请将左边桌面的垂直尺寸和与右边桌面的水平尺寸进行比较。由于脑对二维图像的三维解释，所感知到的尺寸差距甚大。（b）这是由于视错觉而产生的一个虚幻螺旋。试试用你的手指去跟踪它（图a引自：R. Shepard，1990，第48页；图b引自：J. Fraser，1908）

在本章，我们探讨视网膜提取的信息是如何被视觉中枢所分析的。意识性视知觉的通路包括丘脑**外侧膝状体核**（lateral geniculate nucleus，LGN）和初级视皮层，后者也称为**17 区，V1 区**或**纹状皮层**（striate cortex）。我们将会看到，由外侧膝状体核-皮层通路汇集的信息是怎样被神经元并行处理的，而这些神经元已经特化，从而可以对刺激的不同属性进行分析。纹状皮层随后将这些信息送到枕叶、颞叶和顶叶的 20 多个不同的纹区外皮层（extrastriate cortical area），其中许多皮层区域特化为对不同类型的信息进行分析。

我们知道的关于中枢视觉系统的大部分知识首先来自对家猫的研究，这些研究随后被扩展至恒河猴（*Macaca mulatta*）。就像人类一样，恒河猴在其居住地的生存在很大程度上依赖于视觉。事实上，对这种灵长类动物视觉系统的行为学测试显示，其在所有方面均可以和人类相媲美。因此，虽然本章的大部分所讨论的是恒河猴的视觉系统，但大多数神经科学家认为这与人类脑的情况非常相似。

视觉神经科学目前尚不能解释视觉感知的所有方面（图 10.1）。但是，对一个基本问题的研究却已经得到令人瞩目的进展，而这个问题是：神经元是如何表征视觉世界中的不同方面的？通过考察那些能够使视皮层不同神经元发生反应的刺激，以及考察这些反应的特性是怎样形成的等问题，我们开始知道脑是怎样描绘出我们周围的视觉世界的。

10.2　离视网膜投射

离开眼睛的神经通路始于视神经，通常称为**离视网膜投射**（retinofugal projection）。这里的后缀 *-fugal* 源自拉丁语，意为 to flee（逃离），而这个后缀通常用于神经解剖学，以描述从某个结构离去的神经通路。因此，离中投射（centrifugal projection）意为"离开中枢的通路"，离皮层投射（corticofugal projection）意为"离开皮层的通路"，离视网膜投射（retinofugal projection）意为"离开视网膜的通路"。

让我们通过这样的观察来开始我们的中枢视觉系统之旅，即观察每只眼睛的离视网膜投射是如何到每侧脑干的，以及分析视觉世界的任务最初是如何在脑干的某些结构之间分工的和在这些结构内部组织的。然后，我们将集中讨论介导意识性视知觉的离视网膜投射的主要方面。

10.2.1　视神经、视交叉和视束

"逃离"视网膜的视神经节细胞轴突在它们在脑干中形成突触之前经过 3 个结构。因此，离视网膜投射的组成部分依次为视神经、视交叉和视束（图 10.2）。**视神经**（optic nerve）自视盘处离开双眼，经眼球后部骨性眼眶内的脂肪组织，然后穿过颅底的孔。来自双眼的视神经交合而形成**视交叉**〔optic chiasm，根据希腊字母 X（chi）的形状而命名〕，其恰好位于脑底部垂体腺的前方。

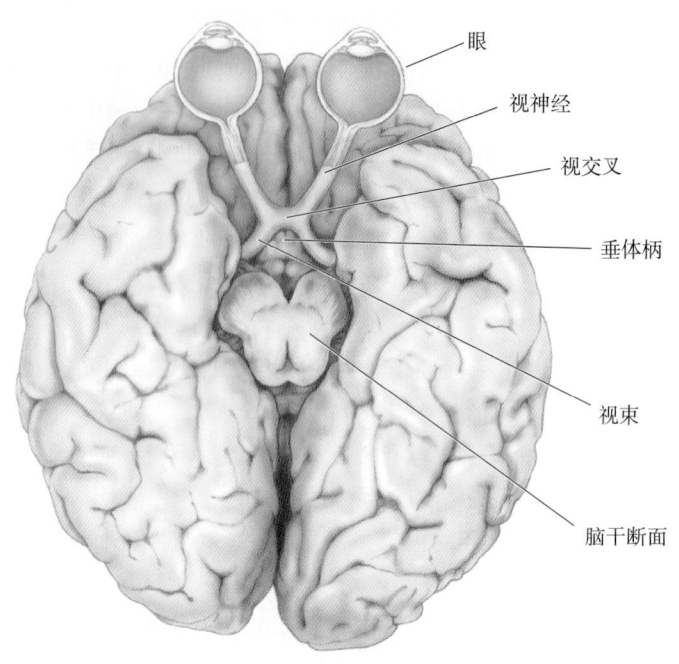

▲ 图 10.2

离视网膜投射。脑底面视图示视神经、视交叉和视束

对于视交叉，来自视网膜鼻侧的轴突相互交叉至对侧。这种神经纤维束自脑的一侧穿越至另一侧的结构称为交叉（decussation）。由于只有来自鼻侧视网膜的轴突在视交叉处发生交叉，因此我们说离视网膜投射在视交叉处产生部分交叉。在视交叉处交叉之后，离视网膜投射的轴突形成**视束**（optic tract），沿间脑的外侧表面在软膜下方行进。

10.2.2 左右半视野

为了理解离视网膜投射在视交叉处部分交叉的意义，先来回顾一下第9章中所介绍的视野概念。全视野（full visual field）是当我们双眼直视前方时所能看见的整个区域（由视角度数来表征）。注视正前方的一点。想象有一条垂直的线通过你的注视点，将视野分成左右两半。根据定义，出现在中线左边的物体落在左侧**半视野**（visual hemifield），出现在中线右边的物体落在右侧半视野（图 10.3）。

用双眼直视前方，然后轮流闭合两只眼睛，你会看到两个半视野的中心部分可以被**两只眼睛**的视网膜所看见。该区域称为**双眼视野**（binocular visual field）。注意左侧半视野双眼区域内的物体成像于左眼视网膜的鼻侧和右眼视网膜的颞侧。因为来自左视网膜鼻侧的纤维在视交叉处进入右侧，因而关于左侧半视野的所有信息均被导入脑的右侧。记住这条基本规律：由于视神经纤维在视交叉处交叉，因此**左半视野为右半球所"看见"，而右半视野为左半球所"看见"**。也许你还记得第7章中下行的锥体束也有一个交叉点，因此脑的一侧控制身体另一侧的运动。由于我们还不知道的原因，交叉现象常见于感觉和运动系统。

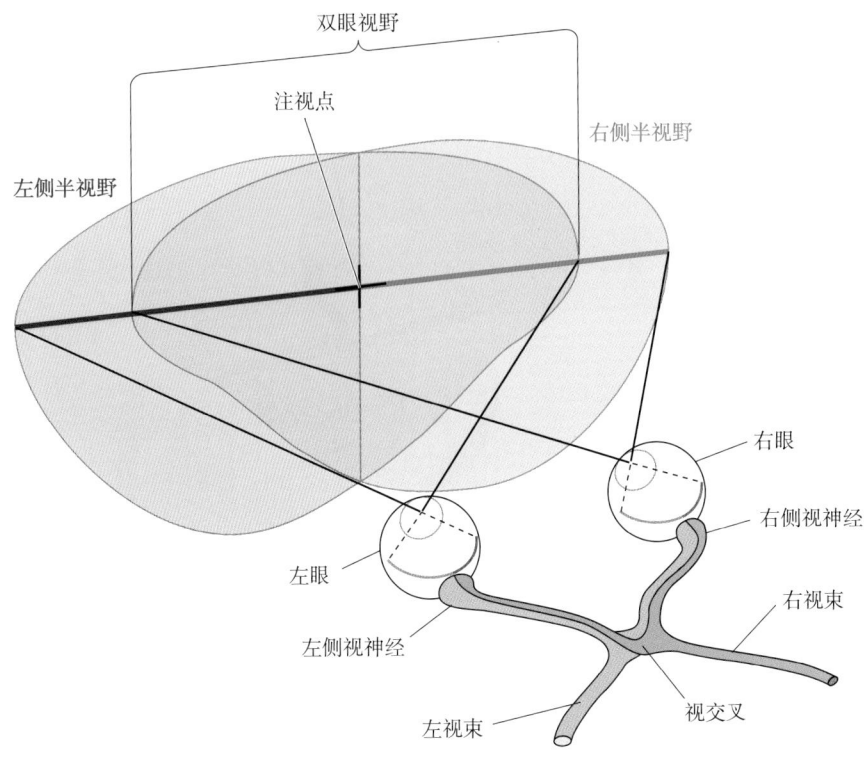

▲ 图 10.3

左右半视野。双眼感受右侧半视野的视觉刺激的视神经节细胞将其轴突投射至左视束，而感受左侧半视野的视觉刺激的视神经节细胞将其轴突投射至右视束

10.2.3 视束的靶区

视束中的一小部分轴突离开视束，与下丘脑的神经元形成突触连接，另有 10% 左右的轴突穿过丘脑终止于中脑。但是视束中的大多数轴突终止于丘脑背侧的**外侧膝状体核**（lateral geniculate nucleus，LGN），LGN 神经元的轴突则向初级视皮层（primary visual cortex）投射。这个自 LGN 向皮层的投射称为**视放射**（optic radiation）。对于人类，自眼睛至 LGN，再至视皮层的离视网膜投射中任何部位的损伤，都会引起部分或全部视野的失明。因此，我们知道这个通路介导意识性的视觉感知（图 10.4）。

从以上对视觉世界如何被离视网膜投射所表征的知识，我们可以预言由诸如头部外伤、肿瘤或血液供应中断等因素引起的脑不同部位受损所导致的感知缺损的类型。如图 10.5 所示，**左侧视神经**的离断仅使左眼失明，而**左侧视束**离断会导致双眼所能看到右半侧视野的视觉丧失。视交叉中线处的离断则仅仅使穿越中线的纤维受到影响。由于这些纤维来自双眼视网膜的鼻侧部分，致盲区域为视网膜鼻侧所视的区域，即两侧的边缘视野（图文框 10.1）。由于不同部位的损伤导致特定的视觉缺损，通过视野缺损的检测，神经眼科医生和神经科医生可以对损伤的部位进行判断。

丘脑外区域的视束靶区。正如前面已经提到的，一些视神经节细胞将轴突送至 LGN 以外的区域。到下丘脑部分区域的直接投射对一系列生物节律的同步具有重要作用，包括伴随昼夜周期的睡眠和觉醒（见第 19 章）；而到对

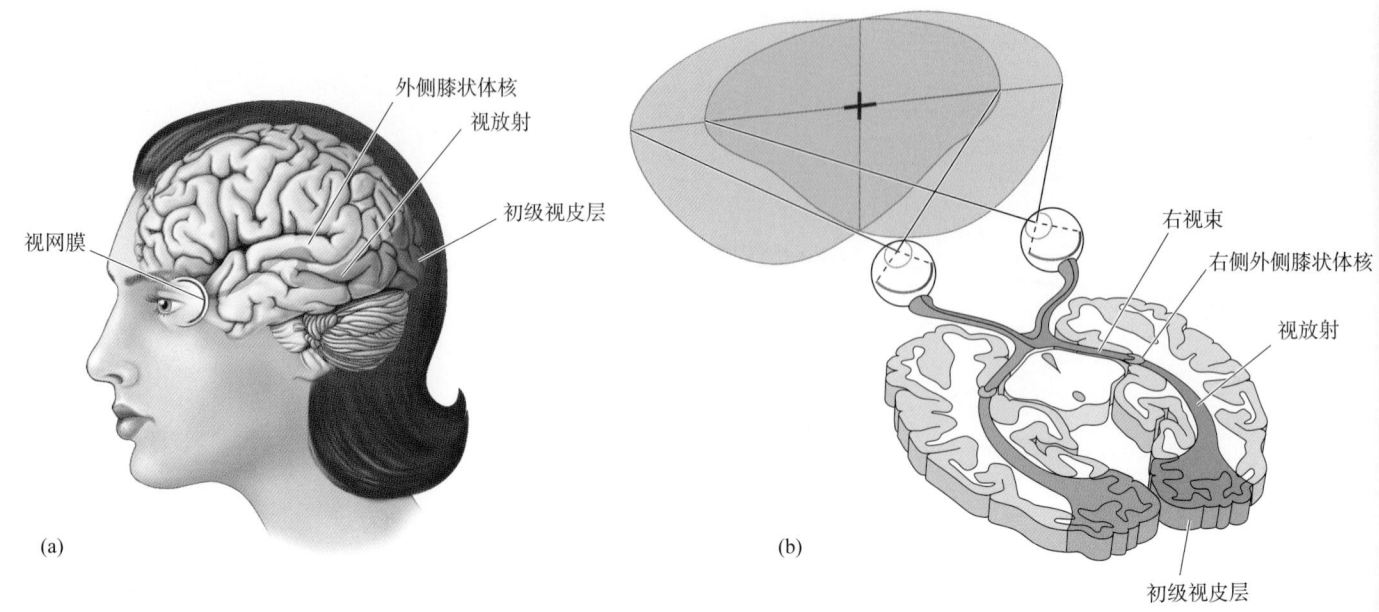

(a)

右视束
右侧外侧膝状体核
视放射
初级视皮层

(b)

外侧膝状体核
视放射
初级视皮层
视网膜

▲ 图10.4

介导意识性视觉感知的视觉通路。（a）人脑侧面图，蓝色所示为视网膜–外侧膝状体核–皮层通路。（b）脑水平切面图亦显示该通路

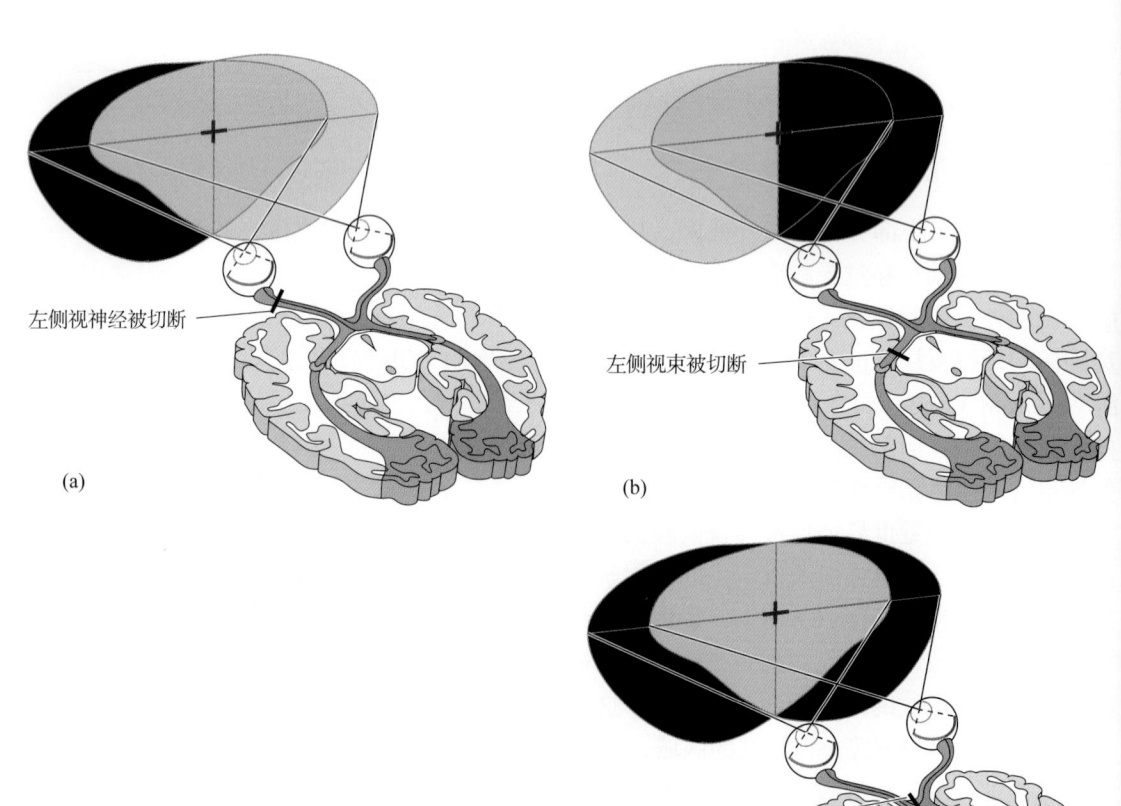

左侧视神经被切断

(a)

左侧视束被切断

(b)

视交叉被切断

(c)

▶ 图10.5

由离视网膜投射损伤引起的视野丧失。（a）如果左侧视神经被切断，左眼的视觉功能将全部丧失。注意，由于右眼仍能看见左侧视野的大部分，因此导致的失明只出现在左侧半视野的单眼部分。（b）如果左视束被切断，两只眼睛右侧视野的视觉将完全丧失。（c）如果视交叉中部被切断，而且只有交叉的视神经受损，那么两只眼睛的周边视觉将丧失

图文框10.1　趣味话题

大卫和歌利亚

很多人都熟悉《旧约》希伯来书中大卫（David）和歌利亚（Goliath）的著名故事。在菲力斯人（Philistine）和以色列人（Israelite）的一场战斗中，一个名叫歌利亚的菲力斯人站出来向以色列人挑战，要与以色列人派出的最优秀的人进行决斗。歌利亚看上去是个巨人，身高超过6库比特（cubit，圣经中使用的古代长度单位"腕尺"——译者注）。如果1库比特为从肘部到中指指尖的距离，即约20英寸（约0.5 m），那么这家伙身高超过10英尺（约为3 m）！歌利亚身着盔甲，身带利剑和长矛，武装到了牙齿。面对这个巨人，以色列人派出了大卫，一个身材矮小的牧羊少年，手中仅有1把投石器和5块圆滑的石头。新版《圣经》中是这样描述的（萨穆尔书第1章第17:48节）：

"当那个菲力斯人站起来并逼近大卫的时候，大卫迅速迎向前去应战。大卫将手伸进袋中取出一块石头，并将石头投出。石头击中了那菲力斯人的前额并陷入其额头，他俯身倒在了地上。"

现在你也许会问，我们为什么要在神经科学的教科书里讲述神学的课程？答案在于，我们对视觉通路的理解（而不是神学解释）为歌利亚在这次战斗中失利的原因提供了解释。个子的大小由垂体前叶分泌的生长激素所调节。在某些情况下，垂体前叶肥大（肿胀）并产生过多的激素，会导致个子异乎寻常地高大。这些人被称为垂体性巨人（pituitary giant），他们的身高可能超过8英尺（约2.4 m）。

垂体肥大的同时也使正常视力受损。记得来自鼻侧视网膜的视神经纤维在视交叉处交叉，而视交叉紧挨着垂体柄。垂体的增大会压迫这些交叉的纤维，从而使外周视野缺损，称为**双颞侧偏盲**（hemianopia）或**管状视觉**（tunnel vision）（根据视觉通路的知识，看看你能否解释其产生的原因）。我们可以推测，大卫能够跑近并打击歌利亚，是因为这个垂体性巨人完全看不见他。

中脑部分区域（**顶盖前区**，pretectum）的直接投射的作用，在于对瞳孔大小及某些方式的眼动进行控制。大约10%的视网膜神经节细胞投射到中脑顶盖的一个部分，即**上丘**［superior colliculus；来自拉丁语，意为 little hill（小山丘）］（图10.6）。

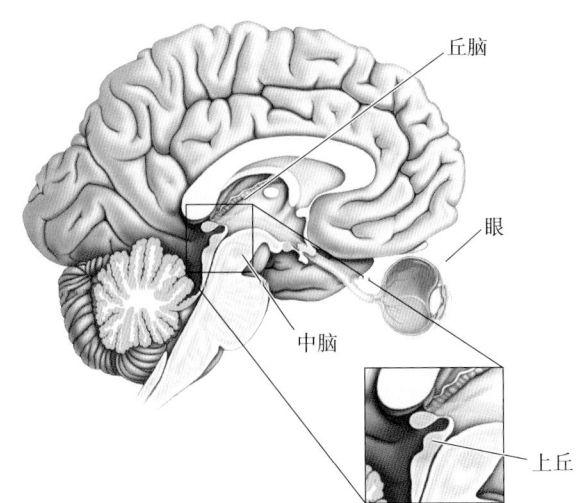

◀ 图10.6
上丘。位于中脑顶盖的上丘参与产生眼球扫视运动（saccadic eye movement），即在阅读时扫视页面的眼睛位置的快速跳跃

　　虽然10%可能在一个投射中并不算多，但不要忘记：对于灵长类，这相当于10万个神经元，和猫视网膜神经节细胞的**总数**相当！事实上，中脑顶盖是非哺乳类脊椎动物（鱼、两栖类、鸟和爬行类）离视网膜投射的主要目标。在这些脊椎动物中，上丘被称为**视顶盖**（optic tectum）。这就是为什么自视网膜至上丘的投射，即便在哺乳动物中，也常常被称为**视网膜－顶盖投射**（retinotectal projection）。

　　在上丘，由一个光点所激活的一组神经元，通过与脑干运动神经元之间的间接连接来指挥眼睛和头部运动，从而将空间中这个光点的图像带到中央凹。因此，这个离视网膜投射的分支与眼睛对视觉周边新刺激的定向反应有关。我们在第9章中看到，只有中央凹拥有密集的视锥细胞以形成高锐度的视力。因此，眼球运动将我们的中央凹移动到环境中具有威胁性的，或使我们感兴趣的物体上是至关重要的。我们将在第14章中讨论运动系统时，再次讨论有关上丘的话题。

10.3　外侧膝状体核

　　位于丘脑背部左右两侧的两个外侧膝状体核（LGN）是两条视束的主要投射目标。从横切面上看，每个LGN由6层细胞组成（图10.7）。传统上，这些细胞层被命名为第1至第6层，最靠近腹侧的为第1层。LGN分层的三

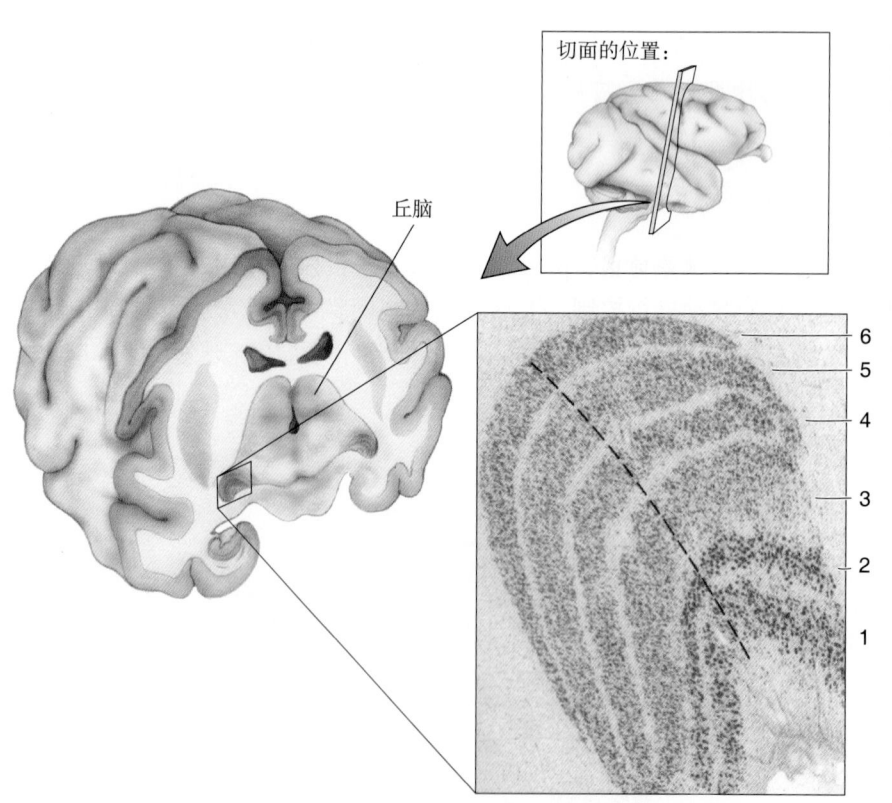

▲ 图10.7
恒河猴的外侧膝状体核。组织块已被染色以显示细胞体，图中的紫色小点为细胞体。特别注意LGN组织块的6个主要细胞层，以及腹侧两层（第1层和第2层）较大的细胞体（改绘自Hubel，1988，第65页）

堆结构就像由6张薄煎饼，一张在另一张上堆叠而成。但是，这些薄煎饼并不是平铺而就的，它们在视束周围形成膝状弯曲。由于如此形状，它被称为"膝状体"[geniculate，来自拉丁语的 *geniculatus*，意为 like a little knee（像一个小膝盖）]。

LGN是通往视皮层的门户，而且因此成为意识性视觉感知的门户。我们将在此探索这个丘脑核团的结构和功能。

10.3.1　眼睛和不同类型视神经节细胞输入的分离

LGN神经元从视网膜神经节细胞接受突触输入，大多数LGN神经元通过视放射向初级视皮层投射轴突。LGN神经元按层次分离表明，不同类型的视网膜信息在这个突触中继站是保持分离的。事实确是如此，来自两个视网膜的M型、P型，以及非M-非P型神经节细胞与LGN中不同层次的细胞形成突触。

记得我们的一条基本原则：**右侧LGN接受左侧视野**的信息。左侧视野为左视网膜的鼻侧和右视网膜的颞侧所看见。在LGN，来自两只眼睛的输入保持分离。在右侧LGN，右眼（同侧）轴突在第2、第3和第5层与LGN细胞形成突触。左眼（对侧）的轴突与第1、第4和第6层细胞形成突触（图10.8）。

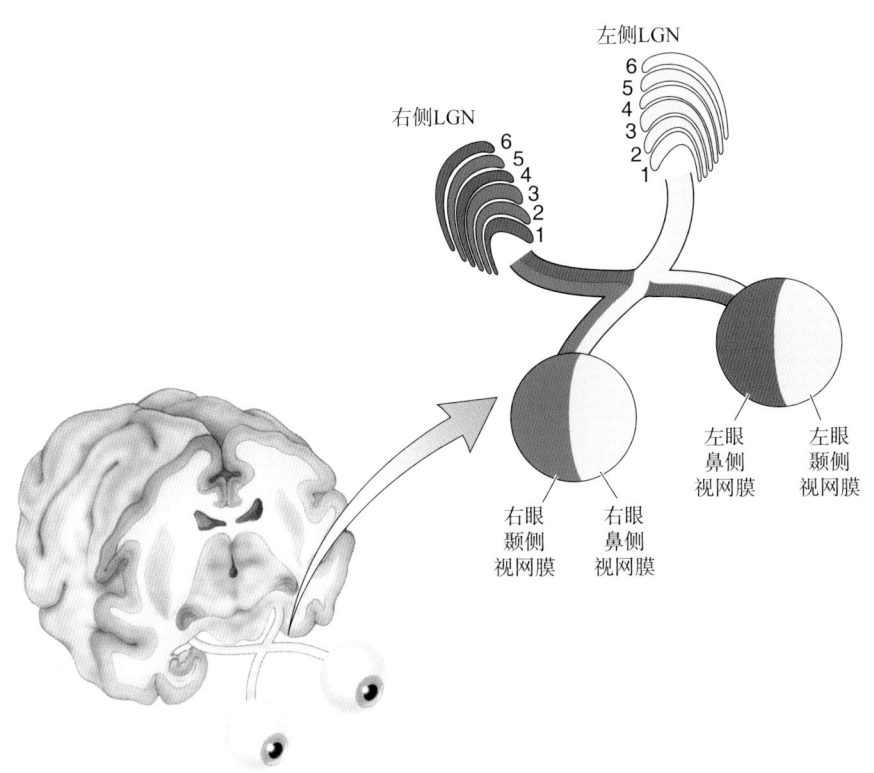

▲ 图 10.8
外侧膝状体核各层的视网膜输入。视网膜轴突投射使LGN被呈现于任何一只眼睛对侧视野的光所激活

图 10.7 的显微详图揭示，LGN 的两个腹侧层（第 1 和第 2 层）含有大神经元，而更为靠近背侧的第 3 至第 6 层则含有小细胞。腹侧细胞层因此称为**外侧膝状体核大细胞层**（magnocellular LGN layers），背侧细胞层则称为**外侧膝状体核小细胞层**（parvocellular LGN layers）。记得第 9 章曾谈到视网膜神经节细胞也可分为大细胞群和小细胞群。结果是，视网膜 P 型神经节细胞全部投射到 LGN 小细胞层，而视网膜 M 型神经节细胞则全部投射到 LGN 大细胞层。

除了 6 个主要 LGN 细胞层中的神经元，后来又发现在各层腹侧面下方还有大量微小的神经元。由位于**外侧膝状体核颗粒细胞层**［koniocellular LGN layers；*konio* 来自希腊语，意为 dust（尘埃）］中的这些微小细胞构成的层有时也称为 K1 ~ K6 层，这些细胞接受来自视网膜非 M-非 P 型神经节细胞的输入，也投射到视皮层。在大多数情况下，每个颗粒细胞层都和覆盖在其上的 M 层或 P 层细胞接受相同眼睛的输入。比如，K1 层和第 1 层神经元一样，接受对侧眼的输入。在第 9 章中我们看到，在视网膜中，M 型、P 型、非 M-非 P 型神经节细胞对光和颜色的反应各不相同。在 LGN，来自两只眼睛的这 3 种视网膜神经节细胞的不同信息在很大程度上仍然是相互分离的。

LGN 的解剖组构支持了信息的平行处理起源于视网膜的观点。图 10.9 给出了这种组构方式的简图。

10.3.2　感受野

在图 9.25 中，我们看到可以通过把光点照射到视网膜，同时对神经元进行记录来绘出视网膜神经节细胞的感受野。类似地，将微电极插入 LGN，我

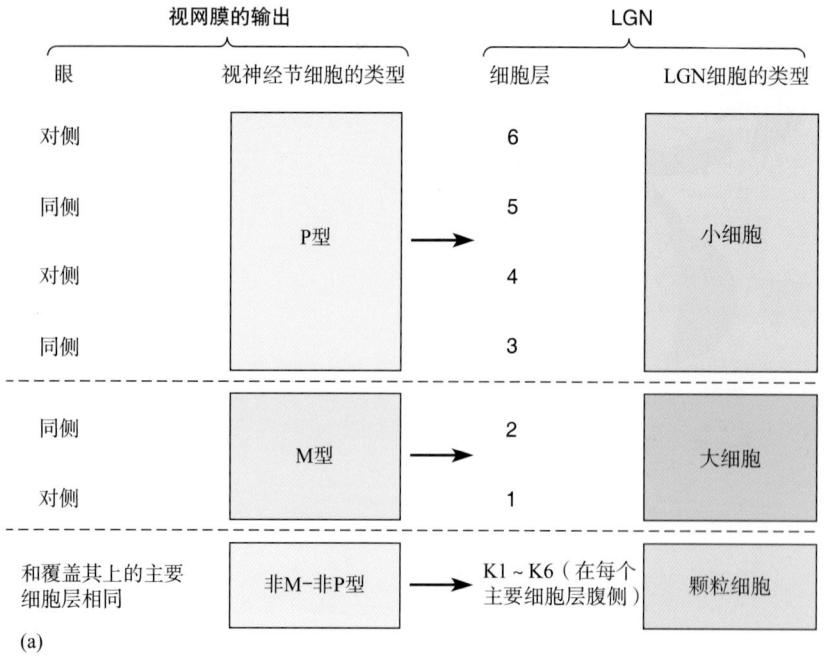
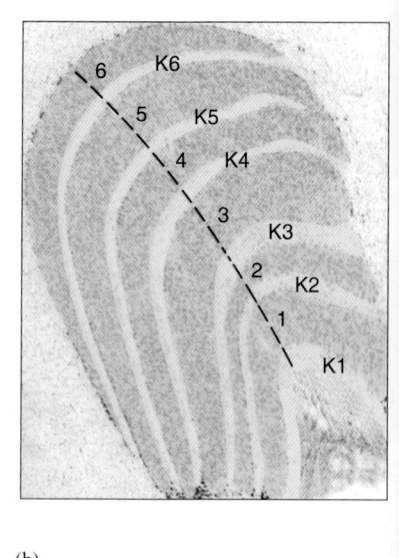

▲ 图 10.9

外侧膝状体核的组构。（a）到达不同 LGN 细胞层的神经节细胞输入。（b）6 个主要细胞层的腹侧都有一层薄薄的颗粒细胞层（由粉红色所示）

们可以研究LGN神经元对视觉刺激反应的动作电位发放，并绘制出其感受野。由这类研究所得出的令人惊讶的结论是，LGN神经元的视觉感受野和向它们提供输入的视神经节细胞的感受野几乎一致。比如，LGN大细胞具有相对大的中心-周边感受野，对作用于感受野中心的刺激产生瞬间的动作电位发放，而对波长的差异不敏感。总之，它们就像M型神经节细胞一样。类似地，LGN小细胞就像P型视网膜神经节细胞，具有相对小的中心-周边感受野，它们对感受野中心刺激的反应为动作电位放电频率的持续增高，而且许多此类细胞具有颜色对立特性。颗粒胞层的细胞具有中心-周边感受野，且具有明暗或颜色对立特性。在所有的LGN细胞层，神经元仅由一只眼睛激活（即它们是单眼的），而且给光中心和撤光中心细胞都是相互混杂的。

10.3.3　外侧膝状体核中的非视网膜输入

LGN细胞和视神经节细胞感受野的相似之所以令人惊异，是因为视网膜并不是LGN突触输入的主要来源。除了视网膜，LGN还从丘脑和脑干的其他部位接受输入。构成兴奋性突触80%的主要输入来自初级视皮层。因此，人们可能有理由预测，这个离皮层的反馈通路将会显著地改变在LGN上所记录到的视觉反应特性。然而，迄今为止，这个具有较大规模的输入的作用尚未明了。一种假设是，从视觉皮层到LGN的"自上而下"的调控，门控（gate）了随后从LGN至皮层的"自下而上"的输入。比如，如果我们想要选择性地关注视野中的一部分，我们可能能够抑制被关注区域之外的输入。在第21章中，我们将对此有更多的讨论。

LGN也接受来自脑干神经元的突触输入，后者与警觉和注意有关（见第15章和第19章）。你是否曾在一间黑暗的房间中"看见过"光的闪烁？这个被感知的光可能是LGN神经元被这个通路直接激活的结果。然而，这个输入往往并不直接诱导LGN神经元的动作电位，但它能有效地调节LGN对视觉刺激的反应幅度（记得第5和第6章中关于调制的描述）。因此，LGN远不止是从视网膜到中枢的一个简单的中继站，它是在视觉上行传入通路中的第一站，在这里我们所看见的东西受到感觉的影响。

10.4　纹状皮层的解剖

LGN只有一个主要的突触目标，即初级视皮层。第7章曾提到过，基于初级视皮层的连接和细胞构筑，它可以被分成众多不同的区域。**初级视皮层**（primary visual cortex）为Brodmann氏皮层分区的**17区**（area 17），位于灵长类动物脑的枕叶。17区的大部分位于大脑半球表面的内侧，在距状裂（calcarine fissure）的周围（图10.10）。用于表述初级视皮层的其他术语还有**V1区**（area V1）和**纹状皮层**［striate cortex；术语**有条纹的**（striate）是指在V1区，有一条由有髓鞘传入轴突形成的与脑表面平行的异常稠密的条纹，其在未经染色时呈白色］。

我们已经看到，不同的视神经节细胞的轴突与解剖上相互分离的LGN神经元形成突触连接。在下文中，我们将考察纹状皮层的解剖，以及不同的LGN细胞与皮层神经元之间的联系。然后，我们将探讨这些信息是如何被皮

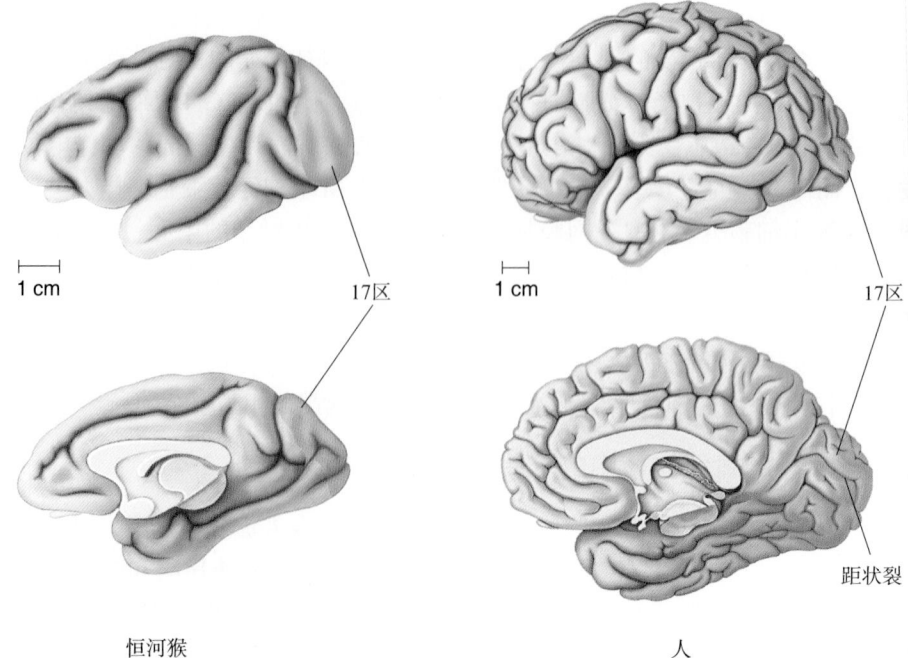

1 cm   17区   1 cm   17区

距状裂

▶ 图 10.10
初级视皮层。上图为侧面图，下图为内侧剖面图

恒河猴   人

层神经元所分析的。与 LGN 一样，在纹状皮层我们将看到结构和功能之间的密切联系。

10.4.1 视拓扑

从视网膜开始延续到 LGN 和 V1 的投射勾画出了中枢视觉系统的一般组构特征，称为视觉拓扑现象。**视拓扑**（retinotopy）是一种组构方式，即视网膜中彼此相邻的细胞将信息传送到它们靶结构中的彼此相邻的部位。在这里，靶结构指是 LGN 和纹状皮层。在这种情况下，视网膜的二维表面被**表征**到后续结构的二维表面上（图 10.11a）。

关于视拓扑有三个要点需要记住。首先，视野在视拓扑组构的结构上常常是变形的，因为视网膜中的细胞对视觉空间的采样不是均一的。第 9 章曾提到过，在中央凹及其周围，视神经节细胞的数量远大于周边区域。与此相对应的是，纹状皮层中视野的表征是扭曲的：在视拓扑图中，中心几个视角范围内的视野被过度表征，或者说**被放大了**（图 10.11b）。换句话说，纹状皮层中接受中心视网膜输入的神经元远多于接受周边视网膜输入的神经元。

其次，由于感受野的彼此覆盖，一个离散的光点可以激活许多视网膜细胞，以及目标结构中更多的细胞。一个光点在视网膜上的成像，事实上可以激活大量的皮层神经元；在其感受野中包含这个点的每一个神经元都有可能被激活。因此，当视网膜受到光点刺激时，纹状皮层的活动是广泛分布的，但在相应的视拓扑图位置上有一个峰值。

最后，不要被"图"字误导。在初级视皮层中，并没有一张图被我们脑中的小人去看。虽然神经连接的安排确实在视网膜与 V1 之间建立了一张图，但是感知是基于脑对分布式活动模式的解释，而不是外部世界的写实快照（literal snapshot）。我们将在本章后面的内容中讨论视觉感知。

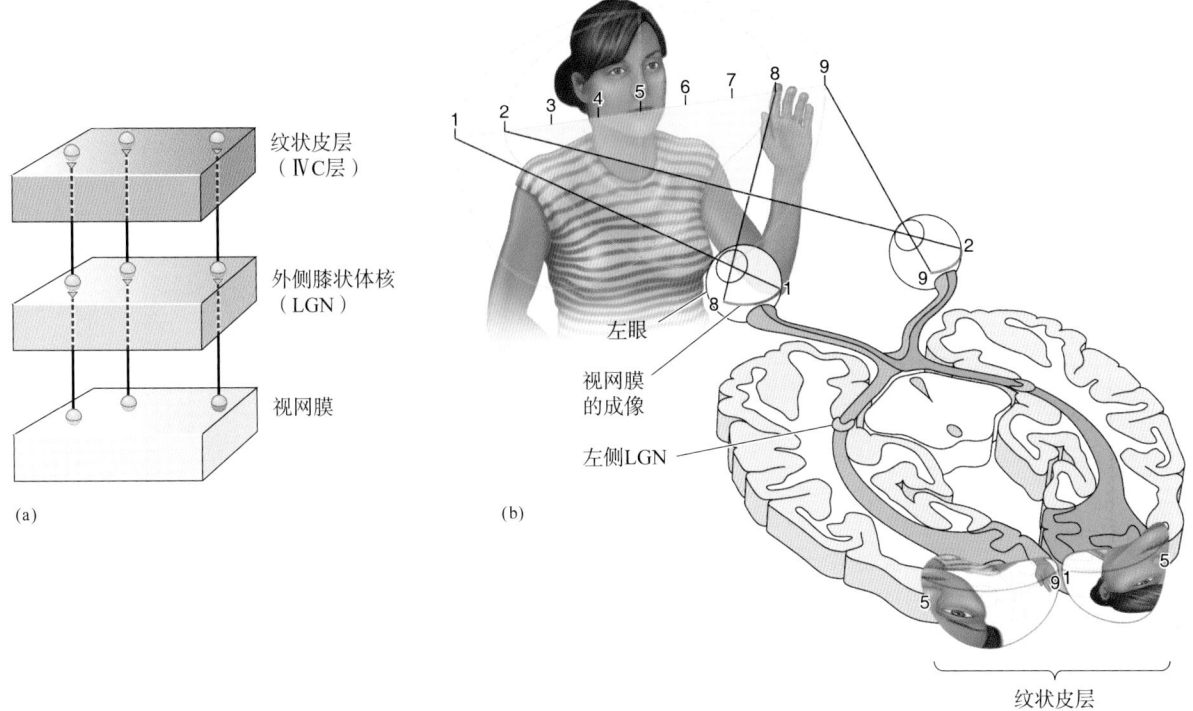

▲ 图 10.11

纹状皮层的视拓扑图。(a) 视网膜上彼此邻近的位置投射至 LGN 上彼此邻近的位置。这种视拓扑的表征被保留在 LGN 至 V1 的投射中。(b) V1 的下部表征了视觉空间的上半部分，而 V1 的上部表征了视觉空间的下半部分。注意，由于更多的组织参与了视野中心区域的分析，拓扑图是扭曲的。相似的视拓扑图见于上丘、LGN 及其他视皮层区域

10.4.2　纹状皮层的分层

在新皮层，特别是在纹状皮层，神经元细胞体的排列大致可分为 6 层。通过如第 2 章所述的对皮层的尼氏染色（Nissl stain），这些分层清晰可见，因为这种染色方法在每个神经元的胞体中留下一部分染料（通常呈蓝色或紫色）。由白质（其中包括皮层的输入和输出纤维）开始，细胞层被分别命名为以罗马数字表示的第 Ⅵ、Ⅴ、Ⅳ、Ⅲ 和 Ⅱ 层。第 Ⅰ 层，也就是紧挨着软脑膜（pia mater）的那一层，几乎全部由来自其他细胞层细胞的轴突和树突组成，并不含有神经元（图 10.12）。纹状皮层自白质至软膜的总厚度约为 2 mm，相当于小写字母 m 的高度。

正如图 10.12 所示，把纹状皮层描述成一个 6 层结构其实并不准确。事实上起码存在 9 个不同的神经元细胞层。但是为了遵循 Brodmann 氏关于新皮层具有 6 个细胞层的惯例，神经解剖学家将 3 个亚层合并在第 Ⅳ 层内，即 Ⅳ A、Ⅳ B 和 Ⅳ C 亚层。Ⅳ C 亚层进而又分成两层，Ⅳ Cα 和 Ⅳ Cβ。神经元在解剖上分属各个细胞层的事实提示，在皮层也存在神经元功能的分化，就像在 LGN 中一样。通过考察皮层各细胞层的结构及它们之间的联系，我们可以知道皮层是如何对视觉信息进行处理的。

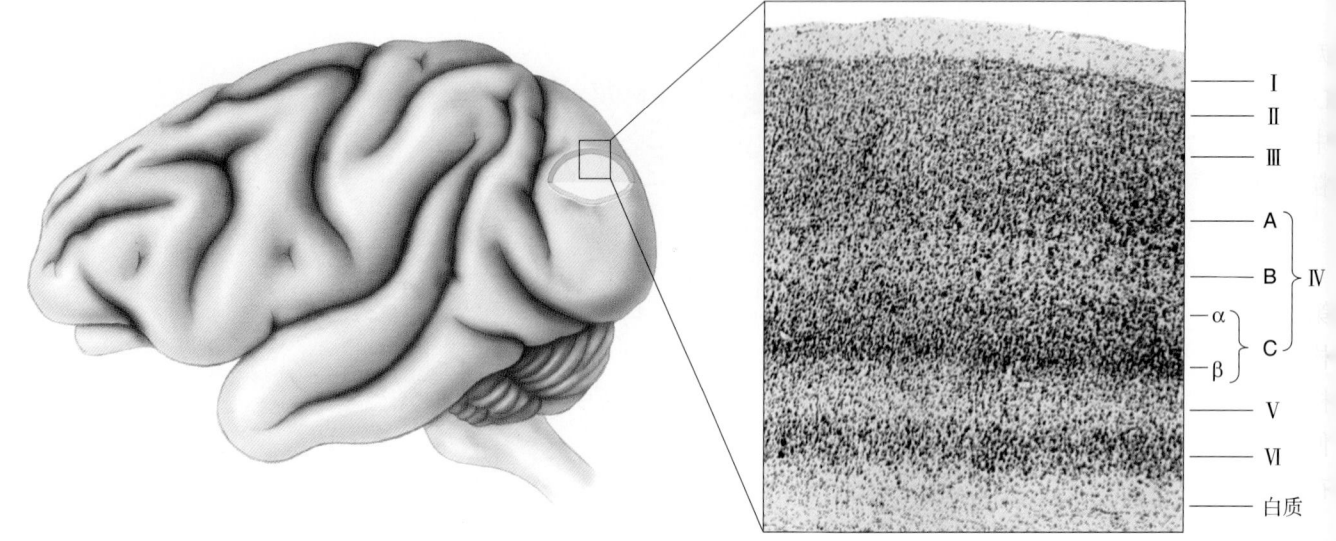

▲ 图 10.12

纹状皮层的细胞构筑。组织通过尼氏染色法来显示细胞体，在切片图中显示为紫色的小点（改绘自：Hubel，1988，第97页）

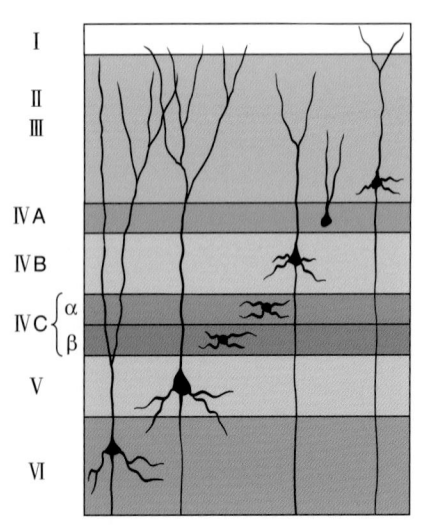

▲ 图 10.13

纹状皮层中一些细胞的树突形状。注意，锥体细胞分布在第 III、第 IV B、第 V 和第 VI 层，而多棘星形细胞分布在第 IV C 层

各亚层的细胞。 纹状皮层拥有多种形状不同的神经元，这里着重介绍两种主要类型的神经元，这些神经元是根据其树突的外形来定义的（图10.13）。**多棘星形细胞**（spiny stellate cell）是一种小型神经元，其树突布满棘突，自胞体形成放射状（第2章中所介绍的树突棘）。它们主要分布在 IV C 的两个亚层内。在 IV C 层之外有许多**锥体细胞**（pyramidal cell）。这些神经元也为棘突所覆盖，其特征在于具有一个粗壮的顶树突，并在伸向软脑膜时形成分叉。锥体细胞的另一个特征是其通过水平方向延伸的基底树突。在图10.13中，轴突是从每个锥体细胞的胞体向下伸出的单个突起。

注意，某一细胞层内锥体细胞的树突可以向其他细胞层延伸。在多数区域，只有锥体细胞将它们的轴突送出纹状皮层从而与脑的其他部分形成联系。星形细胞的轴突（在图10.13中无法与树突区分）通常只在皮层内构成局部的连接。规则的一个例外是，第 IV B 层中的多棘星形神经元投射到区域V5，下面即将讨论。

除了多棘神经元，没有棘突的抑制性神经元也散落在皮层的所有亚层中。这些神经元只形成局部连接。

10.4.3　纹状皮层的输入和输出

纹状皮层明显的层叠结构使我们联想到在 LGN 中所看到的分层结构。在 LGN 中，每一层都接受视网膜的输入并向视皮层输出。视皮层的情况则有所不同，只有部分亚层接受 LGN 的输入，或者向不同的皮层或皮层下区域输出。

来自 LGN 的轴突终止于数个不同的皮层细胞层，其中进入 IV C 层的为数最多。我们已经看到，LGN 的输出分成不同的信息通路，比如，连接左眼和右眼的大细胞层和小细胞层。这些信息通路在 IV C 层中的解剖位置也是相对分离的。

LGN 的大细胞神经元投射至 ⅣCα，小细胞神经元投射至 ⅣCβ。ⅣC 的两个亚层就像两张薄饼，其中一个亚层（α）位于另一个（β）之上。由于 LGN 向皮层的输入具拓扑特性，我们看到 ⅣC 层含有两个视网膜拓扑图，其中一个来自 LGN 大细胞（ⅣCα），另一个来自 LGN 小细胞（ⅣCβ）。LGN 颗粒细胞的轴突则有不同的走向，主要与第Ⅰ和第Ⅲ层神经元形成突触。

自第ⅣC层至其他皮层亚层的神经支配。大多数皮层内连接从白质至第Ⅰ层沿着垂直于皮层表面的径向放射线伸展。这种**径向连接**使视拓扑结构在第Ⅳ层依然保持。因此，第Ⅵ层的一个细胞与它上方的第Ⅳ层的细胞一样，接受同样的视网膜输入（图 10.14a）。但是，部分第Ⅲ层锥体细胞的轴突伸展出侧支，形成第Ⅲ层内的**水平连接**（图 10.14b）。径向的和水平的连接在视觉世界的分析中具有不同的作用，我们会在本章的后面看到这一点。

大细胞和小细胞在离开第Ⅳ层之后，它们的信息处理过程在解剖上依然是分离的。接受 LGN 大细胞输入的 ⅣCα 层，主要向 ⅣB 层细胞进行投射，而接受 LGN 小细胞输入的 ⅣCβ 层则主要向第Ⅲ层进行投射。在第Ⅲ层和 ⅣB 层中，一个神经元的轴突可能与位于所有细胞层的锥体细胞的树突形成突触。

眼优势柱。那么左眼和右眼的 LGN 输入在到达纹状皮层时是如何排列的？它们是随机混合的，还是保持相互分离的状态？由哈佛大学医学院（Harvard Medical School）的神经科学家 David Hubel（戴维·休伯尔，1926.2—2013.9，加拿大神经科学家，1981 年诺贝尔生理学或医学奖获得者，参见下文和第 23 章的译者注——译者注）和 Torsten Wiesel（托斯登·威塞尔，1924.6—，美国神经科学家，出生于瑞典，后改为美国国籍，美国科学院、美国工程院和美国艺术和科学院院士，瑞典皇家科学院外籍院士，中国科学院外籍院士，曾任洛克菲勒大学校长和国际脑研究组织主席，1981 年诺贝尔生理学或医学奖获得者，参见下文和第 23 章的译者注——译者注）在 20 世纪 70 年代初所进行的突破性的实验为此提供了答案。他们将一种放射性氨基酸注入猴的一只眼睛中（图 10.15）。这种氨基酸被视神经节细胞掺和到蛋白质中，而蛋白质则通过神经节细胞轴突被转运进入 LGN（第 2 章中提到过的顺行转运）。在此处，放射性蛋白由视神经节细胞轴突终末逸出，并由邻近的 LGN 神经元摄取。但是，并非所有的 LGN 神经元都摄取放射性物质，只有部分神经元摄取。这些摄取了放射性物质的神经元，恰是来自注射侧眼睛中结合了被标记蛋白的传入纤维的突触后靶细胞。这些细胞随后将具有放射活性的蛋白转运至它们位于纹状皮层 ⅣC 层的轴突终末。通过在纹状皮层的薄切片处放置一张胶片，然后用此胶片冲洗出照片（这一过程就是在第 6 章中介绍过的**放射自显影技术**）。胶片上的银颗粒标记出了具有放射活性的 LGN 输入的部位。

在垂直于皮层表面的切面上，Hubel 和 Wiesel 观察到连接接受注射的眼睛的轴突终末在 ⅣC 层的分布并非是连续的，而是被分成一系列空间大小相等的条带，每个宽约 0.5 mm（图 10.16a）。在此后的实验中，皮层截面取向为与第Ⅳ层平行的切面方向。该实验显示，左眼和右眼对第Ⅳ层的输入像

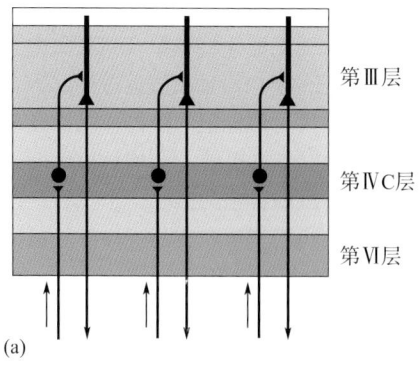

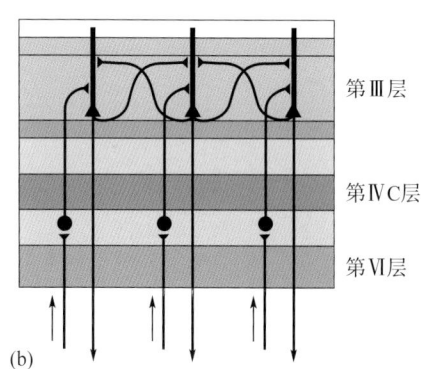

▲ 图 10.14

皮层内的连接模式。（a）径向连接。（b）水平连接

第Ⅲ层

第ⅣC层

第Ⅵ层

(a)

第Ⅲ层

第ⅣC层

第Ⅵ层

(b)

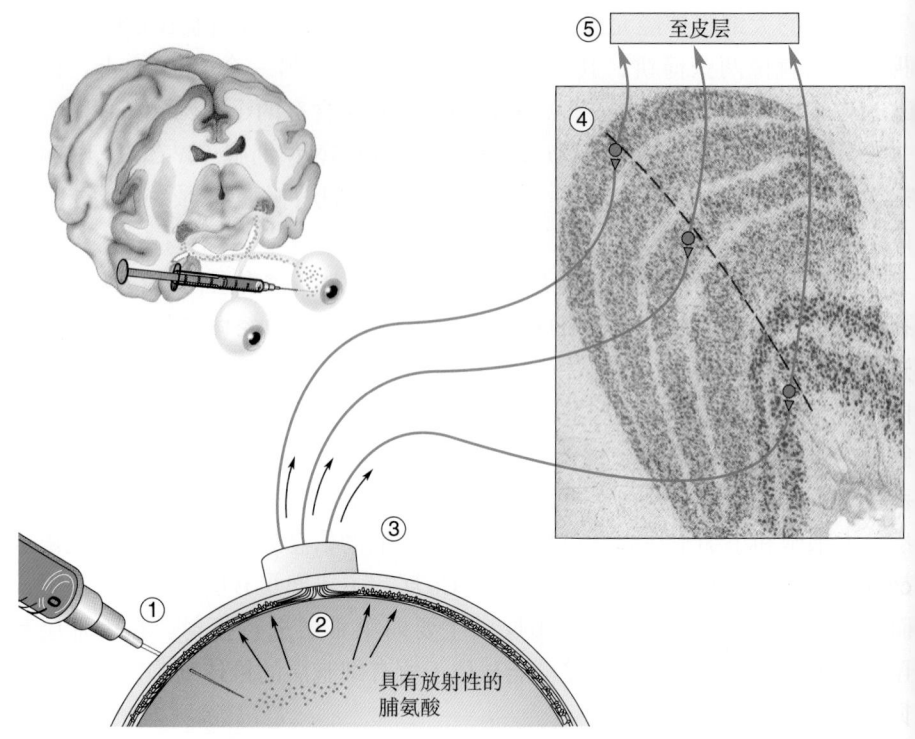

▶ 图 10.15

跨神经元转运的放射自显影。① 将放射性的脯氨酸从一侧眼球注入。② 神经节细胞摄取脯氨酸并将其结合到蛋白中。③ 被标记的蛋白沿轴突被运送至 LGN。一些带有放射性标记的蛋白从视神经节细胞的轴突终末逸出。④ 有放射性标记的蛋白被 LGN 神经元摄取，⑤ 然后，这些蛋白被运送至纹状皮层。放射性标记可用放射自显影定位

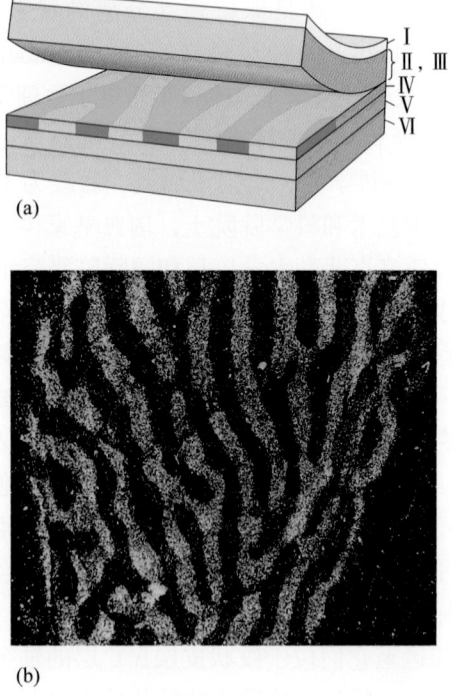

▲ 图 10.16

纹状皮层第Ⅳ层的眼优势柱。(a) 恒河猴纹状皮层第Ⅳ层的眼优势柱结构。连接一只眼睛的外侧膝状体核细胞的轴突用蓝色阴影标记。在横切面上（第Ⅳ层的侧面观），这些眼睛特异性的条带在第Ⅳ层呈条纹状，每条大约宽 0.5 mm。如果掀开第Ⅳ层上方的细胞层，这些条带看上去就像斑马的条纹。(b) 第Ⅳ层组织切片的放射自显影俯视图。在实验前两星期，猴子的一只眼睛被注入放射性的脯氨酸。在放射自显影图中，具放射活性的外侧膝状体核的轴突终末在暗背景上呈现亮色（引自：LeVay 等，1980）

斑马的条纹一样交替地出现（图10.16b）。皮层第Ⅳ层中连接左眼和右眼的神经元并不是随机地混杂在一起的，而是像在LGN中那样有区别且清晰可辨的。

　　ⅣC亚层的星形细胞主要将轴突径向往上投射至ⅣB层和第Ⅲ层，这里是来自左眼和右眼的信息最初开始混合的地方（图10.17）。虽然所有ⅣC层的神经元都只从一只眼睛接受输入，但第Ⅱ、Ⅲ、Ⅴ和Ⅵ层中的大多数神经元都从每只眼睛接受一定数量的输入。例如，ⅣC层左眼神经元斑块上方的神经元接受来自ⅣC层左眼和右眼神经元的输入，但更多的投射来自左眼。这个神经元的输入因此被称为是由左眼"主导"的。在图10.17中，第Ⅲ层的红色和蓝色斑块分别由右眼和左眼主导，紫色斑块的神经元则从两只眼睛接受大致相等的输入。由于左眼和右眼输入形成的斑块交替地到达第Ⅳ层和整体的放射状投射，第Ⅳ层外的神经元也形成左眼支配和右眼支配的交替带。在纹状皮层形成纵向穿越的细胞带称为**眼优势柱**（ocular dominance columns）。

　　纹状皮层的输出。如前所述，锥体细胞将轴突从纹状皮层送入白质。不同细胞层的锥体细胞支配不同的结构。位于第Ⅱ、Ⅲ和ⅣB层的锥体细胞向其他皮层区域发出轴突。第Ⅴ层的锥体细胞则将轴突下行送至上丘和脑桥。第Ⅵ层的锥体细胞有大量的轴突往回投射至LGN（图10.18）。所有细胞层中的锥体细胞轴突也在皮层中形成分支并形成局部连接。

10.4.4　细胞色素氧化酶斑块

　　正如我们已经看到的，第Ⅱ层和第Ⅲ层在视觉处理中起着关键作用，为自V1流向其他皮层区域的信息流提供主要的信息。解剖学研究提示，V1的输出来自浅表细胞层的两个不同的神经元群体。对纹状皮层的组织进行染色，显示出**细胞色素氧化酶**（cytochrome oxidate，一种用于细胞代谢的线粒体酶）的存在，但染色区域在第Ⅱ和第Ⅲ层不是均匀分布的。相反，细胞色素氧化酶染色在纹状皮层横切面的分布呈柱状，为一系列具有均匀间隔的柱状体，纵穿整个第Ⅱ、Ⅲ、Ⅳ和Ⅴ层（图10.19a）。当沿第Ⅲ层切线方向对皮层进行切片时，这些柱状体看上去就像豹子身上的斑点（图10.19b）。这些富含细胞色素氧化酶的神经元柱现在被称为**斑块**（blob）。这些斑块排列成行，每个斑块的中心位于第Ⅳ层的一个眼优势柱上。斑块之间为"斑块间区"（interblob region）。这些斑块接受来自LGN颗粒细胞层的直接输入，也接受来自纹状皮层ⅣC亚层小细胞和大细胞的输入。

10.5　纹状皮层的生理

　　早在20世纪60年代初，Hubel和Wiesel就成为用微电极对纹状皮层进行系统研究的先驱者。他们是Stephen Kuffler的学生，他们那时在约翰斯·霍普金斯大学（Johns Hopkins University），后来又一起迁至哈佛大学（Harvard University）。Hubel和Wiesel扩展了Kuffler创立的检测感受野在中枢视觉通路中拓扑分布的方法。他们首先揭示了LGN神经元的行为与视神经节细胞相

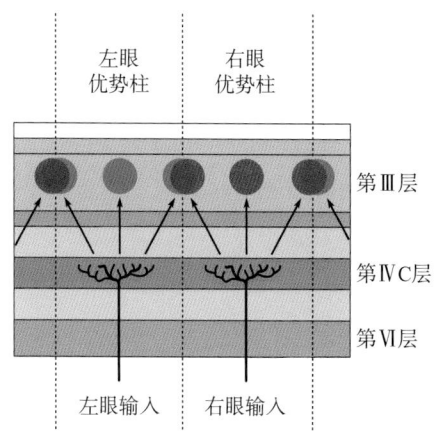

▲ 图10.17

双眼信息的混合。自ⅣC层到浅表细胞层的轴突投射。大多数第Ⅲ层神经元同时接受来自左眼和右眼的输入。第Ⅲ层神经元的反应有右眼输入主导的（红色）、左眼输入主导的（蓝色），或双眼输入大致相同的（紫色）。由于纹状皮层内的径向连接，第Ⅳ层上方或下方细胞层中的神经元均由同一眼睛主导。眼球优势柱（在垂直虚线之间）所包含的神经元，其输入为一只眼所主导，这些柱的左右眼优势交替出现

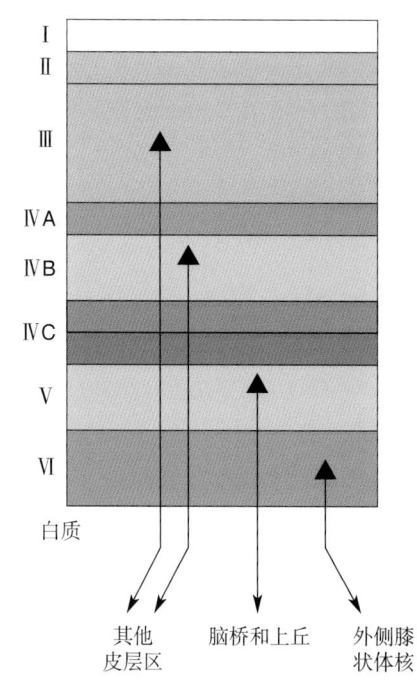

▲ 图10.18

纹状皮层的输出

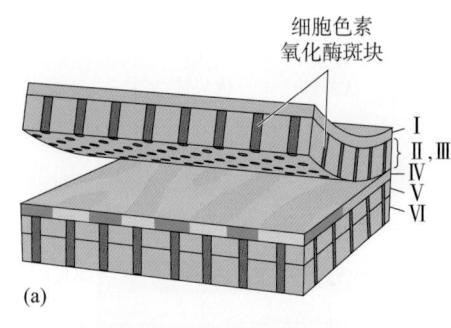

(a)

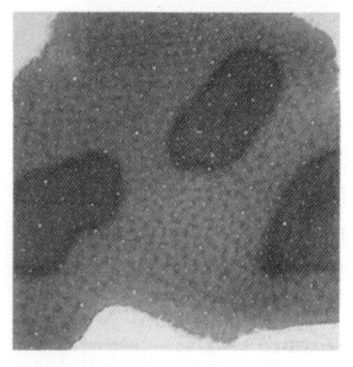

(b)

▲ 图 10.19

细胞色素氧化酶斑块。（a）恒河猴纹状皮层细胞色素氧化酶斑块的组构。第 II、III、V 和 VI 层中细胞色素氧化酶染色较深的组织呈径向柱状。在与表面成切面方向（第 III 层下面）的横截面上则呈现出离散的小块，"斑块"由此得名。（b）将细胞色素氧化酶染色后的第 III 层组织切片并俯视。图中暗斑为细胞色素氧化酶斑块（图片由 S. H. C. Hendry 博士惠赠）

似，然后将注意力集中于纹状皮层。实验先后在猫和猴子上进行（我们在此专注于猴子的皮层）。至今尚在继续的关于纹状皮层生理的研究，是在 Hubel 和 Wiesel 的先驱性研究所提供的坚实基础上进行的。他们对大脑皮层认识的贡献被 1981 年的诺贝尔奖所认可。

10.5.1   感受野

大体上，第 IV C 层神经元的感受野与向其提供输入的 LGN 大细胞及小细胞的感受野相似。这意味着它们通常是小的单眼的中心-外周感受野结构。位于 IV Cα 亚层的神经元对光的波长并不敏感，而位于 IV Cβ 亚层的神经元则呈现出中心-外周的颜色对立特性。IV C 层之外的神经元（IV C 层内也有一些）则表现出在视网膜或 LGN 中未观察到的新的感受野特征。我们将深入探讨这些，因为它们为 V1 在视觉处理和感知中扮演的角色提供了线索。

双眼视觉。 V1 连接的排列与神经元对两只眼睛受到光刺激时的反应有直接的对应关系。IV Cα 和 IV Cβ 亚层中的每个神经元都从代表左眼或右眼的一个 LGN 细胞层接受输入信号。生理学记录证实，这些神经元是单眼的，即只对一只眼睛的光刺激有反应。我们已经看到，离开 IV C 亚层的轴突会发散，进入更为浅表的皮层亚层，并将来自两只眼睛的输入进行混合（图 10.17）。微电极记录证实了这个解剖学事实；比 IV C 更为浅表的亚层中的大多数神经元是双眼的，它们对两只眼睛的光刺激都有反应。放射自显影显示的眼优势柱在 V1 神经元的反应中得到了反映。在 IV C 层的眼优势斑块中心的上方，第 II 层和第 III 层神经元受到 IV C 亚层所代表的眼睛更为强烈的驱动（也就是说，即使它们是双眼神经元，它们的反应也主要由一只眼睛所控制）。在 IV C 亚层得到左眼和右眼更为均匀投射的区域，相应的浅表亚层神经元对两只眼睛的光刺激的反应大致相同。

我们说这些神经元有**双眼感受野**（binocular receptive fields），意思是它们实际上具有两个感受野，一个对应于同侧眼，另一个对应于对侧眼。视拓扑图被保留下来的原因是一个双眼神经元的两个感受野在视网膜上具有精确定位，使之得以"看"得见"对侧"视野中的同一个点。双眼感受野的结构对于双眼动物（如人类）而言是必不可少的。如果没有双眼神经元，我们将不能利用两只眼睛所提供的输入来形成关于我们周围世界的单个图像，也不能执行需要立体视觉的精细运动任务，如穿针。

方位选择性。 视网膜、LGN 和 IV C 亚层中的大多数神经元的感受野是圆形的，并且对于大小与其感受野中心相匹配的光斑刺激有最强的反应。在 IV C 亚层之外，细胞不再遵循这种反应模式。虽然小斑点可以引起许多皮层神经元的反应，但其他刺激往往可以产生更大的反应。并非偶然的是，Hubel 和 Wiesel 发现，许多 V1 神经元对一个掠过其感受野的狭长光条做出最佳反应。但是，光条的方位是至关重要的。对某个特定方位的光条会有最大程度的反应，而对垂直于最佳方位的光条的反应则弱得多（图 10.20）。具有这种反应类型的神经元被认为具有**方位选择性**（orientation selectivity）。大部分 IV C 亚层外的 V1 神经元（也有一些 IV C 内的神经元）具有方位选择性。神

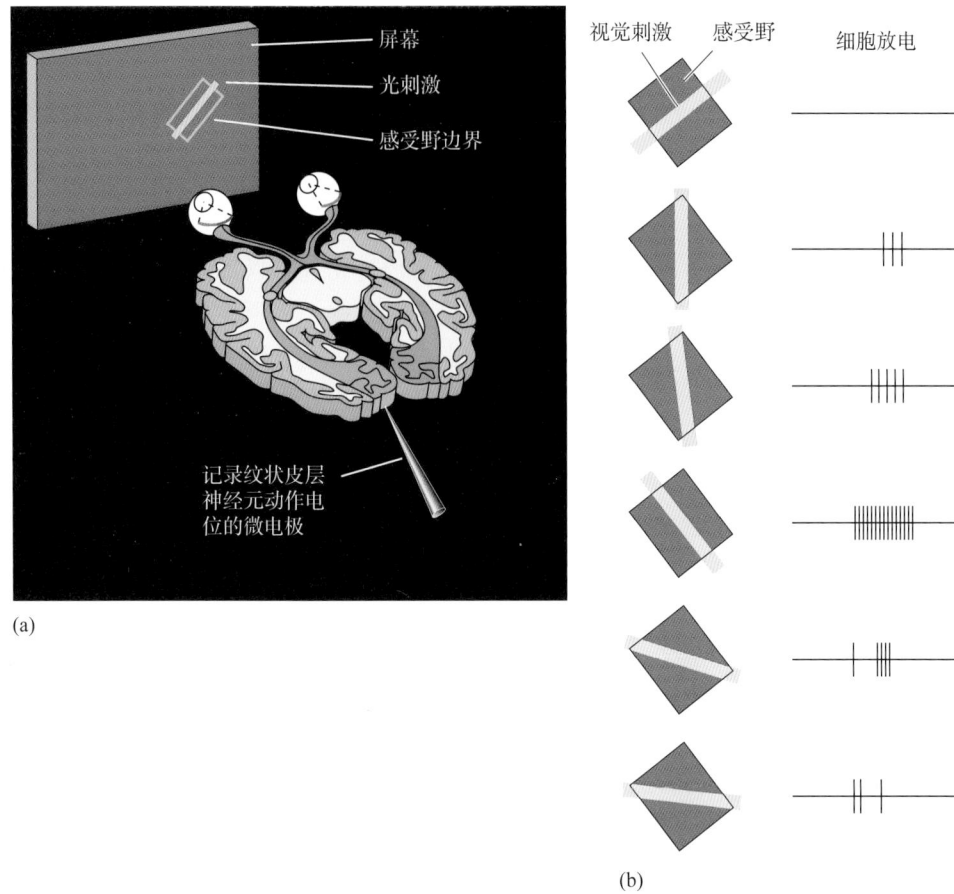

▲ 图 10.20
方位选择性。(a) 当视觉刺激 (一个光条) 呈现在一个方位选择性神经元的感受野中时,所记录到的该神经元的反应。(b) 不同方位的光条 (左) 引起非常不同的反应 (右)。这个神经元的最佳方位是从垂直方向逆时针旋转45°

经元的最佳方位可以是任意角度。

如果V1神经元的最佳方位可以是任意的,你可能想知道相邻的神经元的方位选择性是否相互关联。根据Hubel和Wiesel最初的工作,这个问题的答案是肯定的。当微电极沿径向 (垂直于脑表面) 逐层推进时,其从第 II 层向下直至第 VI 层所遇到的所有神经元的偏好方位保持相同。Hubel和Wiesel将这种径向的细胞柱称为**方位柱** (orientation column)。

当电极在沿切线方向 (平行于脑表面) 横穿皮层一个细胞层时,偏好方位会逐渐地偏移。通过**光学成像** (optical imaging) 技术,我们现在知道,在纹状体皮层里有呈马赛克样镶嵌拼图形的最佳方位组构 (图文框10.2)。当一个电极沿一定角度穿过这个镶嵌拼图时,偏好方位就像时钟的分针一样旋转,白整点方位转向10分钟、20分钟等方位 (图10.21)。如果电极沿另一些角度移动,则会发生更为突然的偏好方位的变化。Hubel和Wiesel发现,偏好方位一个完整的180°的变化,在第 III 层内大约平均占1 mm的横向位移。

刺激方位的分析似乎是纹状皮层最重要的功能之一。方位选择神经元因此被认为是特化为进行**物体形状分析**的。

图文框10.2　脑的食粮

由光学成像和钙成像所揭示的皮层组构

我们对于视觉系统及脑的其他系统神经元反应特性的了解，大多来自通过微电极所做的细胞内和细胞外记录。这些记录可以使我们得到一个或几个细胞活动非常精确的信息。但是，除非插入上千个电极，否则我们不可能观察到大量神经元的活动模式。

通过脑活动的光学成像，可以在比单个神经元大得多的尺度上对神经编码进行考察。在一种光学记录方法中，一种电压敏感染料被施于脑表面。染料分子与细胞膜结合，通过光电探测器阵列或摄像机记录与膜电位变化成比例的光学特性的变化。研究皮层活动的第二种光学方法是对内源性信号进行成像。当神经元处于活动状态时，血容量及氧合反应的变化程度与神经活动相关联。血流量和氧合反应会影响脑组织对

光的反射，反射率的变化就可以用来对神经活动进行间接评估。光被投射至脑，而摄像机则对反射光进行记录。因此，当内源性信号被用于研究脑的活动时，并不能对动作电位的膜电位进行直接测量。

图A是初级视皮层部分血管分布的照片。图B是在视觉刺激时血流量发生变化的光学成像区域内所获得的图像，显示了纹状皮层同一区域内的眼优势柱。该图实际上是两幅图像相减而成的，即将一幅右眼受到视觉刺激时所形成的图像减去另一幅左眼受到视觉刺激时形成的图像。其结果是，暗区代表左眼优势细胞，亮区代表右眼优势细胞。图C为代表同一纹状皮层区域内方位选择性的色彩编码图。在此实验中，实验者记录了当光条由4个不同方位扫过视野时产生的

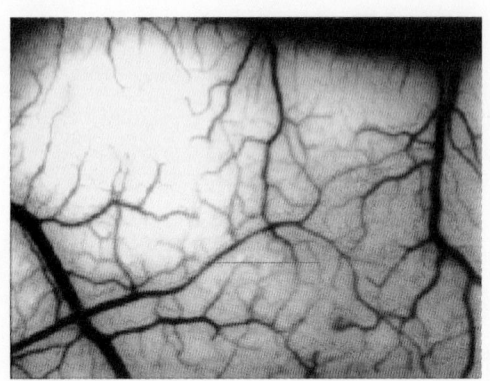

图A

初级视皮层表面的血管系统（引自：Ts'o等，1990，图1A）

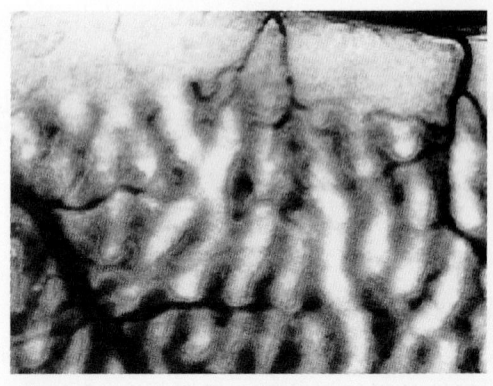

图B

眼优势柱的内源性信号成像图（引自：Ts'o等，1990，图1B）

方向选择性。许多V1感受野也具有**方向选择性**（direction selectivity）；当处于最佳方位的光条沿垂直于这个方位的一个方向（而不是相反方向）移动时，它们做出反应。V1方向选择性细胞是方位选择性细胞的一个亚群。图10.22显示了方向选择性细胞是如何对运动刺激做出反应的。注意在这个例子中，细胞对向右扫过感受野的狭长刺激产生反应，但对向左的运动的反应则弱得多。对刺激运动方向的敏感性是从LGN大细胞层接受输入的神经元的标志。方向选择性神经元被认为是专门用于**物体运动分析**的。

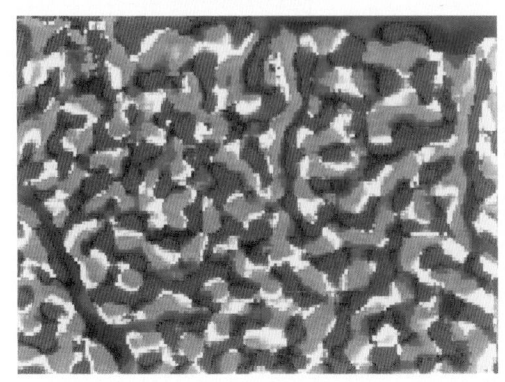

图C
方位偏好的内源性信号成像图（引自：Ts'o 等，1990，图 1C）

4 幅不同的光学成像。图中每个部位的颜色由在脑该部位产生最大反应的方位选定（蓝色 = 水平，红色 = 45°，黄色 = 垂直，绿色 = 135°）。这与以前由电极记录得到的结果相一致（图 10.21），在某些区域方位沿直线方向逐渐变化。但是，光学记录技术显示，方位选择的皮层结构比理想的平行"柱状"形式更为复杂。

另一种技术，在体双光子钙成像（*in vivo* two-photon calcium imaging），让我们以单细胞的分辨率看到数以千计的神经细胞的活动。当神经元发放动作电位时，电压敏感的钙通道打开，胞体内钙浓度增加。这种钙浓度的变化可以通过向神经元内注入钙敏感的荧光染料（calcium-sensitive fluorescent dye）来测量——从神经元内发出的荧光量与胞体内的钙量相关，因而也就与神经元的放电频率相关。因此，双光子显微镜（two-photon microscopy）可以用来在精细的空间和时间尺度上观察神经活动。图 D 的上图示出了

通过内源性光学成像从猫视觉皮层获得的方位偏好成像图。图 D 的下图显示了基于双光子钙成像所获得的单个神经元的方位偏好。具有相同颜色的细胞聚集在一起便显示出了方位柱，这些结果证实光学图像源自高度一致的细胞对方位的偏好。这些细胞渐变的不同方位偏好以一种"风车"样的方式组构，从而在单细胞水平上确认了光学成像的结果。

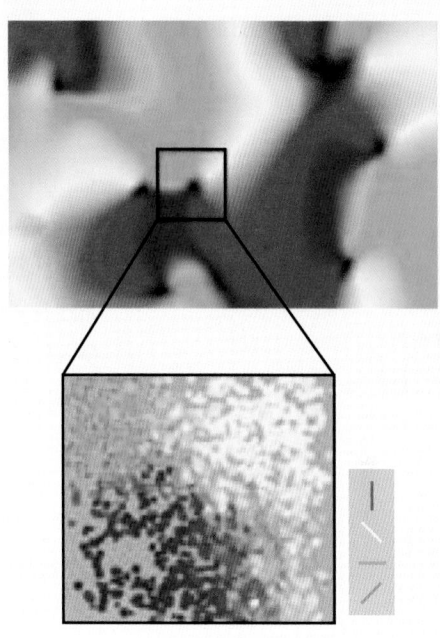

图D
基于内源性信号成像的方位偏好图（上图）。双光子钙成像显示单个细胞的方位偏好（下图）（改绘自：Ohki and Reid，2006，图 1）

简单感受野和复杂感受野。 LGN 神经元具有中心-外周对抗的感受野，如此的组织方式决定了这些神经元对视觉刺激的反应。比如，位于感受野中心的小斑点可以产生比同时覆盖了对抗性周边的大斑点更为强烈的响应。那么，关于决定了 V1 神经元感受野的双眼特性、方位选择性和方向选择性的输入，我们又了解了多少？双眼视觉很容易理解，我们已经看到双眼神经元接受两只眼睛的输入；而要阐明方位选择性和方向选择性的机制，则难度更大。

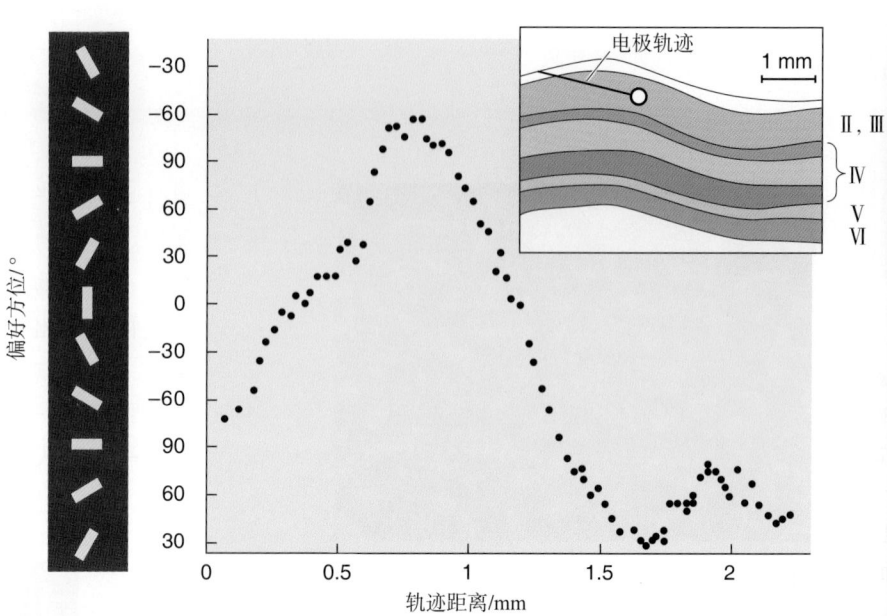

▶ 图 10.21
纹状皮层内方位选择性的系统变化。当一根电极沿切线方向穿过纹状皮层第Ⅱ和第Ⅲ层时，将记录到的神经元的方位选择性作图。在所显示的记录中，首先遇到的神经元的偏好方位接近-70°，而随着电极移动 0.7 mm 的距离，细胞的偏好方位呈顺时针方向旋转。当电极继续移动 1 mm，细胞的偏好方位则沿逆时针方向旋转（改绘自：Hubel and Wiesel, 1968）

　　许多方位选择神经元的感受野沿一个特定的轴向伸展，具有给光中心或撤光中心，并在一侧或两侧形成与其相对抗的周边（图 10.23a）。这种给光和撤光区域的直线状排列，与视网膜和 LGN 感受野同心圆状对抗区域的排列方式类似。人们得到的印象是，皮层神经元接受来自 LGN 细胞的会聚性输入，而这些 LGN 细胞的感受野是沿着一条轴直线排列的（图 10.23b）。Hubel 和 Wiesel 把这种神经元称为**简单细胞**（simple cell）。给光区域和撤光区域的分离决定了简单细胞的特性，并且正是由于这样的感受野结构，它们具有了方位选择性。

　　另一些 V1 方位选择神经元不具有明显的给光和撤光区域，因此不能将它们归类为简单细胞。这些细胞中的大多数被 Hubel 和 Wiesel 称为**复杂细胞**（complex cells），因为它们的感受野比简单细胞的感受野更为复杂。复杂细胞在整个感受野中对给光和撤光刺激都有反应（图 10.24）。Hubel 和 Wiesel 提出，复杂细胞是由几个方位接近的简单细胞的输入所构建的。然而，这仍然是一个有争议的问题。

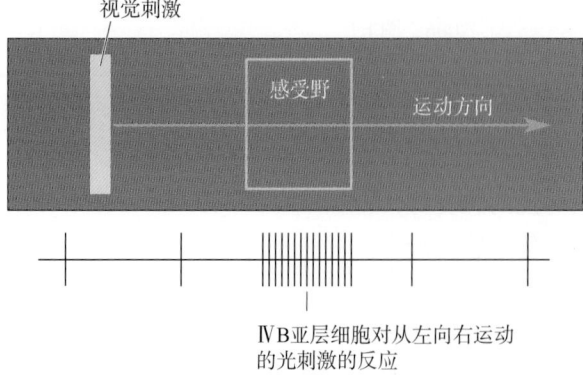
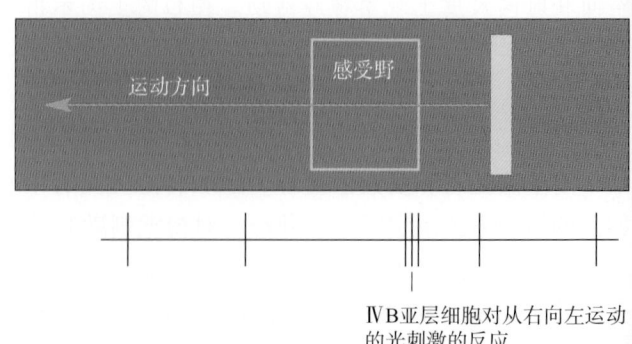

▲ 图 10.22
方向选择性。给予神经元一个最佳方位的光条刺激，当光条向右扫过时，神经元反应强烈；而当光条向左扫过时，神经元反应较弱

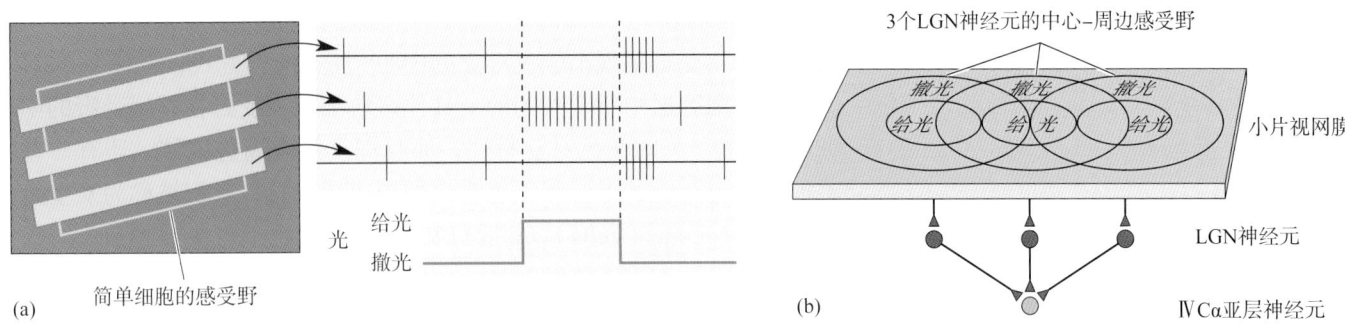

▲ 图 10.23

简单细胞的感受野。（a）一个简单细胞对感受野中不同位置上呈最佳方位光条刺激的反应。注意，反应可以是给光反应或撤光反应，这取决于光条在感受野中的位置。对于这个神经元来说，其对中间位置的光条刺激呈给光反应，而对两侧位置的光条刺激呈撤光反应。（b）一个简单细胞的感受野也许是建立在 3 个 LGN 神经元的会聚性输入基础上的，而这 3 个 LGN 神经元的中心–周边感受野是相互对齐排列的

　　简单细胞和复杂细胞通常都是双眼细胞，并且对刺激的朝向敏感。不同的神经元对颜色和运动方向表现出不同的敏感性。

　　斑块感受野。 在视觉系统中我们已经多次看到，当邻近的两个结构具有不同的解剖学标记时，就有充分的理由怀疑这两个结构中神经元的功能是不同的。例如，我们已经看到在 LGN 的不同细胞层中，不同类型的细胞输入是如何分离的。类似地，纹状皮层的分层结构也与神经元感受野的差异有关。纹状皮层第 Ⅳ 层之外出现明显的细胞色素氧化酶斑块，直接让人想到，斑块内神经元的反应是否与斑块间区神经元的反应有所不同？答案尚有争议。斑块间区神经元具有上文讨论的一些或全部特性：双眼特性、方位选择性和方向选择性。它们包括简单细胞和复杂细胞；有些是波长敏感的，有些则不是。斑块直接从 LGN 的颗粒细胞层，以及 Ⅳ C 亚层的大细胞和小细胞接受输入。早期的研究报道，斑块细胞与斑块间区细胞不同，它们一般具有波长敏感性和单眼特性，并且缺乏方位选择性和方向选择性。换言之，它们综合了

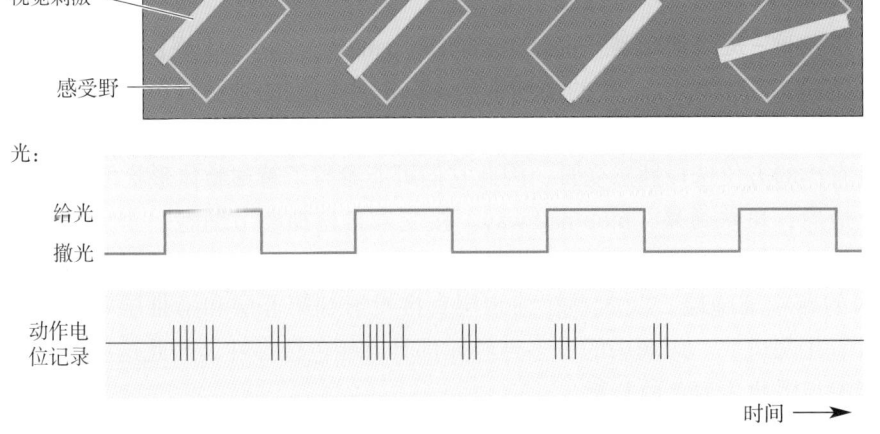

◀ 图 10.24

复杂细胞的感受野。像简单细胞一样，复杂细胞对特定方位的光条呈最佳反应。但是，复杂细胞对给光和撤光都有反应，与光刺激投射到感受野中的位置无关

来自LGN颗粒细胞和小细胞的输入。一些斑块神经元的感受野呈圆形。一些斑块神经元的感受野呈现出颜色对立的中心-周边组织方式，就像在LGN小细胞层和颗粒细胞层中所观察到的。其他斑块细胞感受野在其感受野的中心具有红-绿或蓝-黄的颜色对立特性，而且完全没有周边区域。还有一些细胞同时拥有颜色对立的中心和颜色对立的周边感受野，它们被称为**双重对立细胞**（double-opponent cells）。最近对V1的研究量化了斑块细胞和斑块间区细胞的选择性，令人惊讶的发现是，总体而言，斑块中和斑块间区中的神经元是相似的，它们都显示出对方位和颜色的选择性。

关于斑块神经元的生理特性可以得出什么样的结论？尽管有独特的细胞色素氧化酶标记，但目前还没有一种简单的方法可以区分斑块细胞的和相邻的斑块间区细胞的感受野特性。与斑块神经元较高的细胞色素氧化酶活性相对应的，斑块细胞的放电频率平均也高于斑块间区细胞的放电频率。我们只能推测，未来的研究可能会发现一些与解剖学和放电频率有更好对应关系的感受野差异。一般认为，对波长敏感的神经元对于**物体颜色的分析**很重要，但我们不知道如果没有功能性的细胞色素氧化酶斑块，我们会不会是色盲。

10.5.2 平行通路和皮层模块

我们已经清楚地看到，V1中的神经元并非是完全相同的。解剖学染色显示，不同层甚至同一层内的神经元呈现出各种形状的突起结构。来自LGN的大细胞、小细胞和颗粒细胞层的投射分别进入V1。在V1内，细胞呈现不同的方位、运动方向和颜色选择性。有些细胞是单眼的，有些则是双眼的。一个很大的问题是，这些神经元的组合，在多大程度上被组织成一些可以执行独特功能的功能性通路，或者组织成一些协同工作的模块。

平行通路。由于人们对脑如何理解复杂的视觉世界有着极大的兴趣，那些可能与视觉分析相关的系统于是就受到了相当大的关注。一个有影响力的模型是基于这样一种想法，即V1中有3条平行通路，而这3条通路分别执行不同功能。这些通路分别称为大细胞通路、小细胞-斑块间通路和斑块通路（图10.25）。**大细胞通路**（magnocellular pathway）起源于视网膜M型神经节细胞。这些细胞将轴突送至LGN的大细胞层。LGN的大细胞层再投射到纹状皮层的ⅣCα亚层，该亚层再继而投射到ⅣB亚层。由于这些皮层神经元中的许多是方向选择性的，大细胞通路可能参与了**物体运动的分析和运动行为的引导**。

小细胞-斑块间通路（parvo-interblob pathway）起源于视网膜的P型神经节细胞，它投射到LGN的小细胞层。LGN小细胞的轴突投射到纹状皮层ⅣCα亚层，后者投射到第Ⅱ层和第Ⅲ层的斑块间区域。这个通路中的神经元具有小的方位选择性感受野，因此它们可能参与了**精细物体形状的分析**。

最后，**斑块通路**（blob pathway）接受来自视神经节细胞一个亚群的输入，这些细胞既不是M型的，也不是P型的。这些非M-非P型细胞投射到LGN的颗粒细胞层。LGN颗粒细胞层直接投射到第Ⅱ层和第Ⅲ层中的细胞色素氧化酶斑块。斑块中的许多神经元都具有颜色选择性，因此这些神经元可能参与了**物体颜色的分析**。

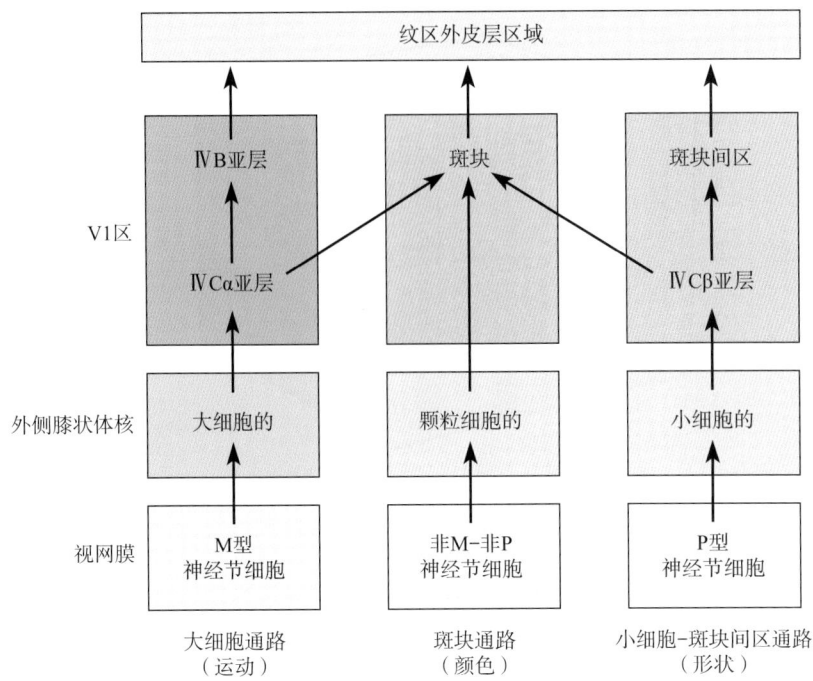

▲ 图 10.25

一个初级视皮层中平行通路的假设模型。根据感受野的特性和 LGN 传入纤维的神经支配模式，提出纹状皮层存在 3 条不同的神经通路。每条通路都被认为具有一种功能作用。进一步的研究证实了 LGN 大细胞、小细胞及颗粒细胞的信号会混合，以及感受野的特性会重叠，这就提出了关于区别的问题，特别是斑块和斑块间通路之间区别的问题

　　以上描述的只是故事的简化版本；实际情况则更为复杂。研究表明，上述 3 种假设通路并不保持大细胞、小细胞和小细胞信号的分离，这些信号是混杂在一起的。此外，诸如方位和颜色等感受野特性，也被发现和这些通路相交混。因此，大细胞、小细胞–斑块间和斑块内神经元并非严格分离并具有完全独特的感受野特性。目前看来，纹状皮层的输入反映了 LGN 中的大细胞、小细胞、颗粒细胞的分离，但纹状皮层的输出则具有不同形式的并行处理。例如，ⅣB 亚层中有许多方向选择神经元，该亚层的输出似乎由 LGN 大细胞的输入所主导，而该亚层投射到被认为与运动感知有关的皮层区域。总之，这些观察结果与这样一个概念相吻合，即这是一条特别涉及导航和运动分析的输出通路。但是，对形状和颜色通路进行区分的情况则不那么令人信服。稍后我们将会看到，在纹状皮层之外有两条主要的通路处理不同类型的视觉信息，一条向顶叶延伸，处理运动；另一条涉及颜色和形状，向颞叶延伸。

　　皮层模块。 初级视觉皮层中的感受野范围在几分之一度到几度之间，而且邻近的细胞具有很大程度上的感受野重叠。由于这些原因，即使是一个小光点也会激活几千个 V1 神经元。Hubel 和 Wiesel 展示了在视野中一个点的图像落在猕猴纹状皮层一个 2 mm × 2 mm 区域内的神经元感受野范围内的情形。这一小块皮层区域也包含了两组完整的眼优势柱、16 个斑块，以及所有

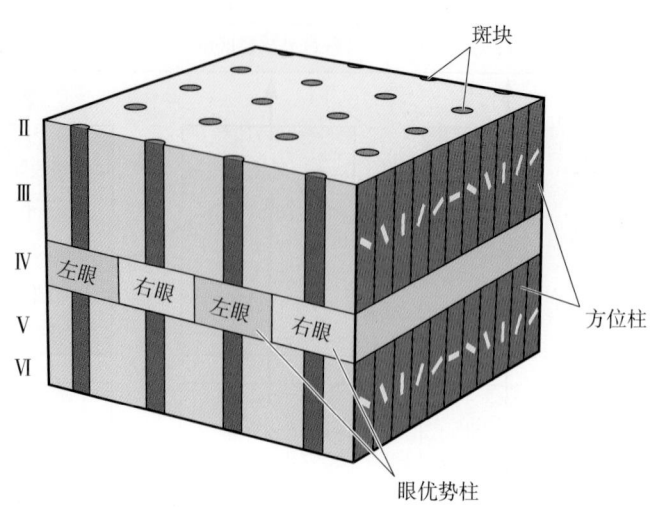

斑块

方位柱

眼优势柱

皮层模块。每个皮层模块包含眼优势柱、方位柱和细胞色素氧化酶斑块，以完全分析视野的一部分。这里所示的理想立方体不同于实际的排列，因为实际的排列并不是规则或有序的

180° 可能方位的完整采样（两次）。据此，Hubel 和 Wiesel 认为，2 mm × 2 mm 的纹状皮层小块对于空间点成像的分析既是必要的，又是充分的：**必要性**体现在它的移除会在视野中形成一个盲点，**充分性**则体现在它包含了对由任一眼睛得到的物体的形状和颜色等分析所需的所有神经机制。这样一个脑组织的单位称为**皮层模块**（cortical module）。由于感受野的有限大小及其在分布位置上的散在性，一个皮层模块处理来自一小块视野的信息。

纹状皮层也许由上千个皮层模块组成，图 10.26 所示的为其中一个。我们可以想象，视觉景象由这些模块同步处理，而其中每一块都"看到"场景的一部分。请记住模块是理想化的。V1 活动的光学成像显示，纹状皮层对不同眼睛和方位做出反应的区域并不像图 10.26 中的"冰块模型"（ice cube model）所显示的那么规则。

10.6   纹区外视皮层

纹状皮层被称为 V1 区，即"视觉区 1"，是因为它是接受 LGN 信息的第一个皮层区域。在 V1 区之外还有 20 多个纹区外（extrastriate）皮层区域，其各自具有独特的感受野特性。对这些纹区外皮层区域对视觉贡献的认识尚不统一。但是，似乎存在两条大规模的皮层视觉信息处理通路，一条自纹状皮层由背侧伸向顶叶，另一条由腹侧投射至颞叶（图 10.27）。

背侧通路（dorsal stream）的作用在于对视觉运动的分析及对运动的视觉控制。**腹侧通路**（ventral stream）则被认为参与对视觉世界的感知及对物体的识别。这些信息处理通路的研究最初是在恒河猴的脑上通过对单个神经元的记录所进行的。然而，功能磁共振成像（fMRI）研究已经在人脑上找到了与恒河猴脑的这些区域功能相仿的区域。部分人脑视觉区域的位置如图 10.28 所示。

背侧通路神经元的特性与 V1 区大细胞神经元的特性最为相似，而腹侧通路神经元的特性更接近于 V1 区小细胞–斑块间区细胞和斑块区域细胞。然而，每个纹区外通路都从初级视觉皮层的所有通路接受一定数量的输入。

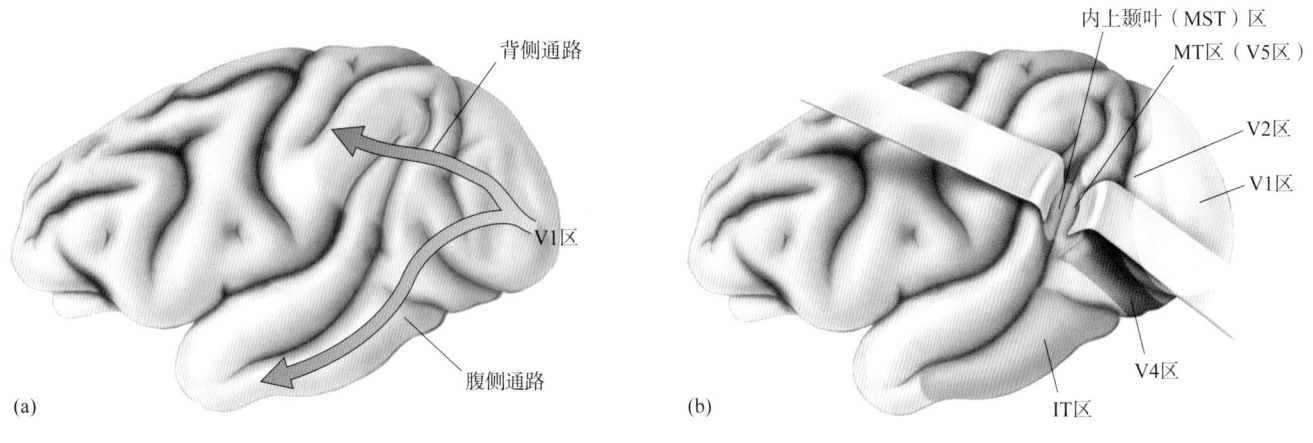

(a)

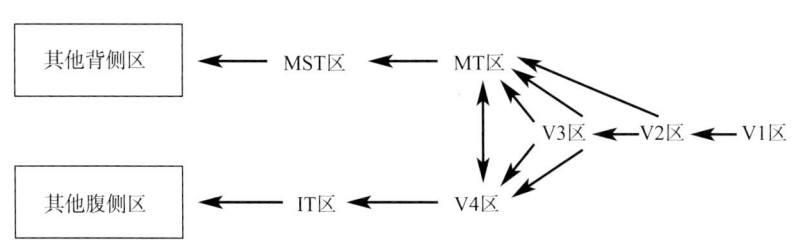

(c)

▲ 图 10.27

恒河猴脑纹区外视皮层。(a)腹侧和背侧视觉信息处理通路。(b)纹区外的视觉区域。(c)腹侧和背侧视觉通路中的信息流

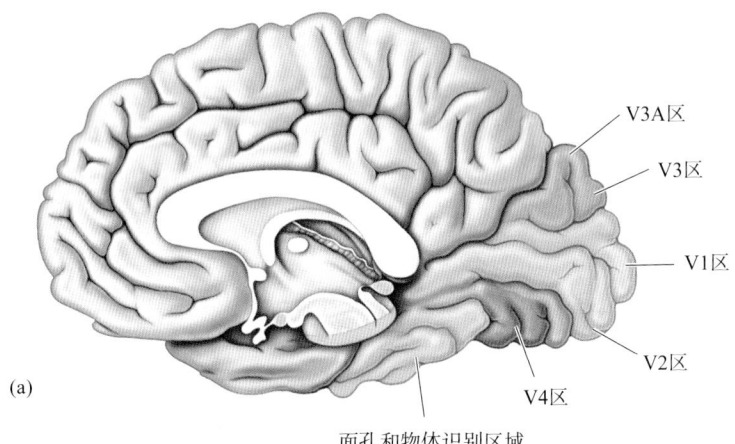

(a)

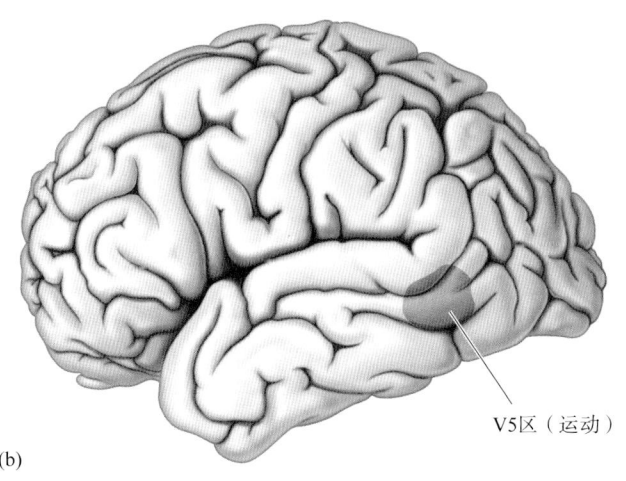

(b)

◀ 图 10.28

人脑的视觉区域。(a)与猴相比,人脑的视觉区域更多地移向枕叶的内侧壁,而且许多部分被埋入脑沟中。早期视觉区域(包括 V1 区、V2 区、V3 区、V3A 区和 V4 区)具有视拓扑组构。参与面孔和物体识别的高级颞叶区域则不具有视拓扑组构。(b)脑的外侧面可见诸多负责视觉运动的区域,其中研究最多的是 V5 区(也称 MT 区)(引自:Zeki,2003,图 2)

10.6.1   背侧通路

构成背侧通路的皮层区域并不严格以连续的等级层次排列，但确实存在区域的逐步升级现象，即这些皮层区域出现更为复杂的或更为特化的视觉表征。自V1区的投射扩展至V2区和V3区，但我们直接讨论背侧通路。

MT区。有充分证据表明，我们所知道的V5区，或称MT区［因为它在一些猴脑中位于颞叶中部（middle temporal lobe）］，特化为对物体运动进行处理。MT区在人脑中的位置如图10.28b所示。**MT区**（area MT）接受来自V2和V3等其他一些皮层区域的有序的视网膜拓扑投射，同时也接受纹状皮层ⅣB亚层神经元的支配。回想一下，ⅣB亚层的细胞具有相对大的感受野、对光的瞬时反应和方向选择性。MT区神经元具有大的感受野，并对在有限范围内运动方向的刺激有反应。MT区最明显的特征在于，几乎所有的细胞都具方向选择性，这与背侧通路的前段几个区域或腹侧通路的所有区域有所不同。

MT区的神经元对各种类型的运动有反应，如对移动光点有反应，而移动光点对于其他区域的细胞来说并非是一种良好的刺激——这一现象似乎表明物体的移动相比物体的结构更为重要。也许你在绘画中看到过*虚幻运动*（illusory motion）或产生过视错觉（optical illusion）（参见图10.1——译者注）；MT区也被此类错觉图像中的一些所激活，表明该区域中的神经元表达了我们所感知到的运动，而不一定是真实存在的运动。有证据表明，MT区域进一步特化为对运动进行处理。这个皮层区域的排列形成运动方向柱（direction-of-motion columns），这与V1区的方位柱相似。由此推测，对空间任意点运动的感知依赖于对整个360°范围内所有方向选择柱活动的比较。

斯坦福大学（Stanford University）的William Newsome和他的同事们认为，对猕猴MT区的微弱电刺激似乎可以改变对小光点运动方向的感知。例如，如果将电刺激施加于对右向运动敏感的方向柱的细胞，猴子会有行为上的判断，提示它对那个方向上的运动有所感知。由电刺激所模拟的运动信号似乎会与视觉运动输入在MT区中相组合。猴子的行为反应报告了基于这种组合来感知运动方向的事实提示，MT区的活动在运动的感知中起着重要作用。

背侧区域和运动处理。除了MT区，在顶叶也有其他类型的特化的运动敏感区域。比如，在我们所知道的**内上颞叶**（medial superior temporal，MST）区，具有对直线移动（就像在MT区一样）、辐射状移动（不管是离心的或是向心的）和环形移动（顺时针或逆时针）等运动敏感的细胞。我们还不知道视觉系统是怎样利用MST区中具有复杂运动敏感特性的神经元，或者怎样利用V1、MT区和其他区域的"简单的"方向选择性神经元的。但是，有3种可能的作用：

1. **导引作用**：当我们在环境中移动时，周围物体在眼中掠过，周边视觉中物体的方向和速度提供了可用作导引的有价值的信息。
2. **指挥眼动**：当我们用眼睛跟踪物体，以及我们将眼睛快速移向周边视觉中引起我们注意的物体时，我们对运动的感觉和分析能力也必须被利用。

3. **运动感知**：我们生活在充满运动的世界里，我们的生存有时候依赖于我们对运动物体的解释。

有惊人的证据表明，MT和MST区附近的皮层区域对人类的运动知觉是至关重要的，而这些证据来自极其罕见的因脑损伤而选择性地破坏了运动知觉的病例。最为明确的一个病例为德国慕尼黑马克斯·普朗克精神病研究所（Max Planck Institute for Psychiatry）的 Josef Zihl 和他的同事们在1983年所报道。Zihl的研究对象为一名在43岁时脑卒中的妇女，她双侧纹外皮层的部分区域都受到损伤（图10.28b），而目前知道这些区域对视觉运动有反应。尽管损伤导致了一些明显的病理反应，如对物体的命名障碍等，神经心理测试显示患者总体上是正常的，而且具有相对正常的视力。但是，该患者有一个严重的视觉障碍：她似乎缺乏视觉运动感知。先不要急着下结论说看不到运动只是一个微不足道的问题，试想象一下，当你看到一张张定格的快照的世界会是什么样子。Zihl的患者抱怨说，当她把咖啡倒入杯中时，咖啡在某一个时刻似乎是凝固在杯底的，而后咖啡会突然从杯中溢出而流到桌面上。更为糟糕的是，她在过马路时有麻烦——前一个时刻她还感觉到车在远处，下一个时刻车就到了她身边。显然，这种运动感知的缺失对这位妇女的生活产生了巨大的影响。这个例子给我们的提示是，运动感知可能与纹状皮层外背侧通路的一些特定机制有关。

10.6.2　腹侧通路

与背侧通路相平行，从V1、V2和V3区沿腹侧走向颞叶一些区域的通路，似乎特化为分析除运动以外的一些视觉信号属性。

V4区。腹侧通路中研究的最多的区域之一为V4区（area V4；参见图10.27b和10.28a中V4在猴脑和人脑中的位置）。V4区通过V2区的一个中继站接受纹状皮层斑块区和斑块间区的输入。与纹状皮层细胞相比，V4区神经元具有大的感受野，而且许多细胞既有方位选择性也有颜色选择性。虽然有大量的关于V4区功能的研究仍在进行，但这个区域看起来对形状和颜色的感知都是重要的。如果猴脑的这个区域被损毁，会导致对形状和颜色感知的缺陷。

人类有一种名为**全色盲**（achromatopsia）的罕见的综合征，其特征为色觉的部分或全部丢失，尽管在视网膜中存在具有正常功能的视锥细胞。这种疾病的患者描述他们的世界是单调的，只有灰色的阴影。想想灰色的香蕉会多么令人没有食欲！由于全色盲与枕叶及颞叶皮层的损伤有关，而不涉及V1区、LGN或视网膜的损伤，这一综合征提示腹侧通路中有一个对颜色信息进行处理的特化过程。与腹侧通路中同时拥有颜色敏感和形状敏感细胞的事实相一致，全色盲往往伴随着形状感知的缺陷。有研究者提出，V4区是感知颜色和形状的关键区域，但是与全色盲相关的皮层损伤通常并不局限于V4区，严重的视觉缺陷似乎也与V4区以外的其他皮层区域的损伤有关。

IT区。在腹侧通路中V4区以外的区域中包含具有复杂空间感受野的神经元。V4区的一个主要输出区域是下颞叶区的一个区域，称为IT区（area

图文框10.3　发现之路

在脑中寻找面孔
Nancy Kanwisher 撰文

在1981年我读研究生的第一年，人类视觉皮层的第一幅功能图像出现在《科学》（*Science*）杂志的封面上。正电子发射体层成像（positron emission tomography，PET）是一项令人瞩目的技术，它使我们第一次能够直接观察正常人脑工作的情况，我被它迷住了。我写了一个应用这种方法来研究人类视觉的研究计划，并把它寄给世界上所有的PET实验室（我想那会儿是5个）。

功能磁共振成像（fMRI）那时才刚开始起步。若干年之后，在1995年，我得到了可以每周一次使用麻省总医院（Massachusetts General Hospital）fMRI扫描设备的令人激动的特殊待遇。我与本科生Josh McDermott和博士后Marvin Chun合作，度过了我一生中最快乐的时光。我躺在扫描仪的孔洞里，咬着咬杆，通过额头上方的镜子看着Marvin和Josh颠倒的面孔，他们则在外面的控制室里操作着扫描仪。能用这台神奇的机器来探索人类视皮层的未知领域是多么令人惊讶的好运气啊！

我们首先试图寻找参与对物体形状感知的脑区。虽然我们发现了一些有趣的效应，但这些效应都很弱。由于我没有经费来支付使用机器的费用，我知道我使用机器的特殊待遇将不会继续，除非我打出一个"本垒打"（home run；棒球术语，作者以此寓意获得激动人心的实验结果——译者注），而且要尽快。

大量关于正常人和脑损伤患者的行为学文献强烈地提示，脑内可能存在一个用于面孔感知的特殊部位。我们决定寻找这个部位。美国国立卫生研究院（National Institutes of Health，NIH）的Leslie Ungerleider和Jim Haxby及其同事已经报道，当人们在看面孔时，颞叶底部有强烈的活动。他们尚未研究这个反应是不是针对面孔的**特定**反应，或者说同一脑区是不是也可能参与了对其他复杂视觉刺激的感知。这个特定的问题直接与认知科学和神经科学历史上持续时间最长和辩论最激烈的争论之一相关：心智（mind）和脑在多大程度上是由具有特定目的的机制组成的，每一种机制都处理一种特定类型的信息吗？

我们认为，如果脑中存在选择性地参与面孔感知的部位，那么这个部位应该在人们看面孔时比在看物体时产生更强烈的反应。为了得到足够多的面孔图像，Marvin、Josh和我去了哈佛大学的"新生面孔采集室"，所有新生都在那里排队拍证件照片；我们问他们是否同意在我们的实验中使用他们的证件照片。随后，我们在受试者看这些面孔照片和一般物体照片的时候对他们的脑部进行扫描。

令我们高兴的是，我们发现在几乎每个受试者的扫描图像中，在梭状回（fusiform gyrus）外侧都有一个清晰的亮斑点，而且主要在右半球。统计数据告诉我们，当受试者看面孔时，这里的反应比他们看物体时的反应更大。但是，就每一个受试者而言，反应并不是发生在同样的部位。为了应对解剖上的变异，以及使我们的统计分析更加可靠，我们将每个受试者的数据分成两半，用其中的一半来找到具有面孔-物体

IT，参见图10.27b及图10.28a中的识别区域）。这个区域特别令人感兴趣的一个原因是，它似乎是视觉处理腹侧通路所涉及的最远的区域。已经发现，很多颜色和抽象形状对IT细胞而言是良好的刺激。正如我们将在第24章看到的，IT区的输出被送至颞叶中涉及学习和记忆的结构；而IT区本身对视觉感知和视觉记忆都是重要的。对物体进行清晰的识别包括将输入的感觉信息与存储的信息进行组合或比较。

关于IT区最有意思的发现之一，正如当时在普林斯顿大学（Princeton

对比差异的区域，而用另一半来量化该区域的反应。这种"感兴趣区域"（region of interest）的方法在当时已经被成功地用于研究较低级的视觉区域，将其扩展性地使用到高级皮层区域并不是一个大的飞跃。

当然，要证明脑的一个区域对面孔存在选择性的反应，不仅仅需要显示该区域对面孔的反应比对物体的反应更强烈。在接下来的几年里，我们（还有其他人，特别是耶鲁大学的 Greg McCarthy 和 Aina Puce）对与其他一些假说相左的面孔特异假说（face specificity hypothesis）进行了测试。梭状回面孔区（fusiform face area，FFA）不负所望——通过了每一次新的测试（图 A）。

其他实验室使用不同的方法也得到了一些惊人的发现，这大大扩展了我们对 FFA 的了解。在通过 fMRI 在猴脑中发现了具有面孔选择性的区域之后，哈佛大学的 Doris Tsao 和她的同事继续报告说这个区域的绝大多数细胞几乎只对面孔做出反应。（甚至连我都没想到面孔区域的选择性是**那么**有选择性！）伦敦大学学院（University College London）的 David Pitcher 和他的同事通过经颅磁刺激（transcranial magnetic stimulation）短暂地扰乱 FFA 背面的面孔选择性区域，研究结果显示出该区域对于面孔感知是必需的（但对于物体或身体的感知并不是必需的）。日本科学技术振兴机构（Japan Science and Technology Agency，JST）的 Yoichi Sugita 报道说，饲养了 2 年但从未见过面孔的猴子在第一次行为学测试中就显示出类似于成年猴那样的面孔辨别能力，这提示对于面孔识别，可能并不需要将面孔识别的经验与面孔处理系统相关联。

我们最初关于开展面孔识别研究的决定是追求实效的（我们需要一个能够快速得到的结果），而这个实验对我们来说做得很好。我同样为我们后来的一些完全意外的发现而感到自豪，比如与 Russell Epstein 合作发现了具有场景选择性（scene-selective）的旁海马回位置区（parahippocampal place area，PPA）和与 Paul Downing 合作发现了具有身体选择性（body-selective）的纹区外躯干区（extrastriate body area，EBA）。最让我吃惊的是 Rebecca Saxe 所发现的一个脑区，这个脑区可以选择性地思考另一个人的想法。（而我唯一的作用就是告诉她这个实验永远不会成功！）

这些发现表明，人类的心智和脑至少包含了一些非常特殊的组件，其中的每一个组件都致力于解决一个非常具体的计算问题。这些发现开辟了关于一些新问题的广阔领域。诸如这些区域是如何进行各自的计算的？这些计算是如何在神经回路中实现的？脑中还存在什么特化的脑区？这些特化的脑区是如何发育的？为什么有些心理过程会在脑中获得它们自己的私有领地，而另一些则没有？解决这些问题既是挑战，也是令人兴奋的事情。

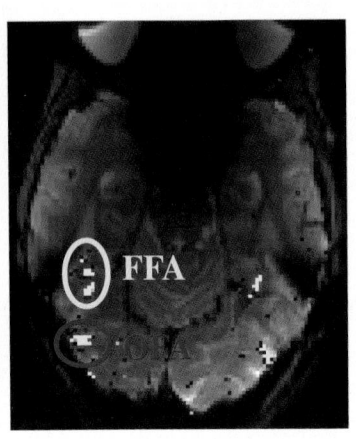

图 A
南希（即此图文框的作者 Nancy Kanwisher——译者注）的梭状回面孔区（FFA）和枕叶面孔区（OFA）（图片由 N. Kanwisher 提供）

University）工作的 Charles Gross 和他的同事们首先注意到的，是猴子的一小部分 IT 神经元对诸如面孔图像那样超复杂的物体有强烈反应。这些细胞也许对其他刺激也有反应，但面孔可引起其特别强烈的反应，而且有些面孔的刺激作用比其他面孔更为有效。

应用 fMRI 对人脑进行的研究得到了似乎与来自猴子的发现相一致的结果。麻省理工学院（MIT）的 Nancy Kanwisher 和她的同事们发现，人脑中有一个小的区域对面孔的反应比对其他刺激更为强烈（图文框 10.3）。这个区域

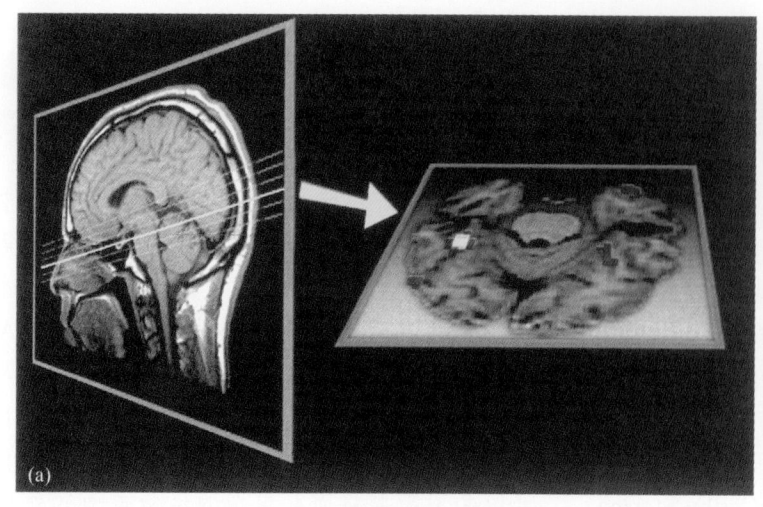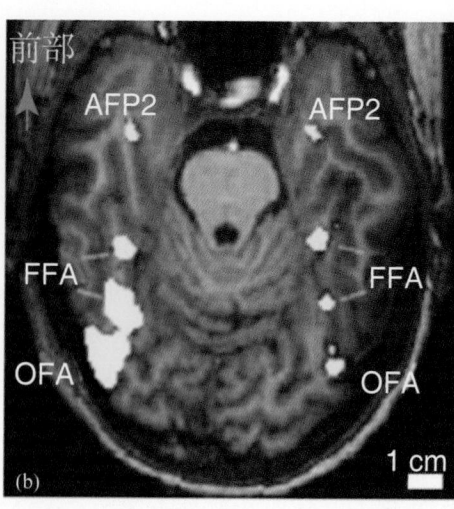

▲ 图 10.29

由面孔图像诱发的人类脑活动。用 fMRI 记录的对面孔刺激及非面孔刺激的脑活动反应。(a) 在此图右侧显示的脑水平切面图中，左侧的红色和黄色区域和右侧对称的红色区域，称为梭状回面孔区，该区对面孔显著地表现出更强的反应。(b) 采用改良技术的新近研究揭示了多个面孔选择区域，包括枕叶面孔区（occipital face area，OFA）、前部局部面孔区 2（anterior face patch 2，AFP2）和梭状回面孔区（fusiform face area，FFA）（图 a 来自 I. Gauthier、J. C. Gore 和 M. Tarr；图 b 由 Weiner and Grill-Spector 惠赠，2012）

位于梭状回，被称为**梭状回面孔区**（fusiform face area；图 10.29a）。如果这个区域在面孔识别能力方面有特殊的作用，它对人类行为的显著意义何在？面孔选择细胞和梭状回面孔区的发现引起了人们极大的兴趣，部分原因是有一种称为**面孔失认症**（prosopagnosia）的综合征——这种病症对面孔的辨认有困难，而视觉的其他方面却是正常的。这种罕见的综合征往往由脑卒中所引起，并与纹区外视皮层损伤有关，可能包括梭状回面孔区。

　　新近的实验显示，实际上在 IT 区内和 IT 区附近大约有 6 个局部皮层区域对面孔特别敏感，每个局部区域中的神经元对面孔个体所属的身份（如 Mary 或 Sue），以及其他属性诸如头面部的方位（左、右、前、后）具有不同程度的敏感性（图 10.29b）。这意味着，包括 IT 部分区域在内的多个视觉区域，可以组成专门用于面孔识别的区域系统。在其他的人脑成像研究中，已经发现一组脑局部区域，据报道它们涉及颜色和生物物体的表征。

10.7　从单个神经元到感知

　　视觉感知（visual perception）——对空间物体进行辨认并赋予其意义的任务显然需要许多皮层神经元的协同活动。但是，哪些皮层区域的哪些神经元决定了我们对什么东西的感知呢？广泛遍布于皮层的神经元同步活动是如何得到整合的？这种整合又是在哪里发生的和如何发生的？神经科学研究才刚刚开始探究这些具有挑战性的问题。但是，有时候关于感受野的基本观察可以为感知是怎样形成的提供更加深入的了解（图文框10.4）。

10.7.1　感受野的等级和感知

　　对视觉系统中各部位神经元感受野特性进行比较，也许可以对感知的基础提供深入的了解。虽然光感受器的感受野只是视网膜上的一个小点，而视神经节细胞的感受野却形成一个中心-周边的结构。视神经节细胞对光强对比度和波长等变化敏感。在纹状皮层，我们遇到具有一些具有新的特性的简单和复杂感受野，包含方位选择性和双眼特性。我们还在纹区外皮层区域里看到细胞选择性地对更为复杂的形状、物体的移动，甚至是面孔具有反应。似乎视觉系统是由一些等级化的区域所组成的，从V1区开始感受野逐步变得更大也更为复杂（图10.30）。也许，我们对特定物体的感知建立在某个终极感知区域为数不多的特化神经元兴奋的基础上，而这个区域尚未被找到。一个人对其祖母的识别是否基于5个或10个感受野特性高度精细的细胞，而这些细胞仅对一个人的面孔有反应？与此最为接近的就是IT区的面孔选择神经元。但是，即使是这些神奇的细胞也并不只对一个面孔有反应。

　　虽然这个问题尚未解决，但关于感知是基于有高度特化感受野的细胞，比如假想的"祖母细胞"（grandmother cell）的看法，尚有争论。首先，人们

视觉系统中感受野的位置　　　　**最佳刺激**

给光中心型视网膜　　　　暗环围绕的光点
神经节细胞

V1区中的简单细胞　　　　狭长的光条

下颞叶视皮层　　　　面孔

?　　　　祖母

▲ 图 10.30

感受野的等级结构。从视网膜到纹区外皮层，感受野会逐渐变得更大，并且对更为复杂的形状有选择性。目前看来，感知似乎不太可能是基于一些尚未被发现的神经元，即对所识别的每个对象（如祖母）都有高度的选择性的细胞

图文框10.4 趣味话题

神奇的3D视觉

也许你从一些书籍或墙报上见过由点阵或彩色斑点组成的图案，这些图案在当你用适当的方法扭曲你的眼睛时，会显示三维（3D）图形。但是为什么可以在一张二维的纸上可以看到三个维度呢？答案基于这样的事实，即落在我们两只眼睛上的外部世界图像总是有些微小差异的，这是由于两只眼睛在头部的距离所造成的。物体离我们的头部越近，两幅图像的差异就越大。你可以轻松地证明这一点，你只要在眼前竖起一根手指头，在不同的距离上，交替地闭上左眼和右眼，用一只眼睛看这根手指头。

远在视皮层双眼神经元被发现之前，立体图就已经成为一种流行的娱乐方式了。两张照片分别由两只镜头拍摄，而两个镜头的间距大致与两只眼睛之间的距离相似。当你用左眼注视左边的照片，用右眼注视右边的照片（这可以通过放松眼肌或佩带立体镜实现）时，你的脑将两个成像合并，并以图像之间的差异作为线索来判断距离，从而提供三维感知（图A）。

在1960年，贝尔电话实验室（Bell Telephone Laboratory）的Bela Julesz发明了一种随机点阵立体图（random-dot stereogram，图B）。在原理上，这些随机点阵组成的成对图像与19世纪的立体图是一样的。一个大的区别在于正常的双眼视觉不能看出隐藏在图像中的物体。你必须将左右两眼分别对准左右两图，才

图A

一幅19世纪的立体照片（引自：Horibuchi，1994，第38页）

能得到一幅3D图像。构成立体图的原理在于建立一个随机点阵的背景，无论一个区域相对于融合的图形而言是远是近，点阵在一只眼睛看出来的位置相对于另一只眼睛看出来的位置发生了水平位移。试想你将一张布满随机黑点的白色索引卡放置于另一张布满相似的黑点的大的白纸前面，并看着它。如果你交替地闭合两只眼睛，那么你会发现，在索引卡上的黑点所发生的水平方向平移距离要大于远处大纸上的平移距离。成对立体图抓住了这个不同视点的差异，而去除了其他提示信号，如前方的一个方框或索引卡的边缘等。随机点阵立体图震惊了许多科学家，因为在1960

已经从猴脑的多数部位得到记录，但并没有证据表明皮层的哪个部位具有各种不同的细胞来应对我们所认识的数以百万计的物体。其次，如此大量的选择性似乎与神经系统普遍存在的广谱反应这一基本原则相悖。光感受器对一定范围内的波长有反应；简单细胞对许多方位有反应；MT区的细胞对一定方向范围的移动有反应；面孔细胞通常对许多面孔有反应。而且，对一种特性（方位、颜色或其他）有选择性的细胞也总是对其他特性具有敏感性。例如，我们可以强调V1区内神经元的方位选择性，而这种选择性可能与神经元对形状的感知有关，而忽略了这些细胞同样也可以对物体的大小和运动方向及其他种种特性有相关性。最后，如果神经系统依赖于选择性高度特化的细胞，这可太"冒险"了。头部所受到的撞击可能会杀死所有5个祖母细胞，使一个人在顷刻之间丧失了其辨认祖母的能力。在第24章和第25章讨论学习和记忆时，我们将对这种辨认的可靠性有更多的介绍。

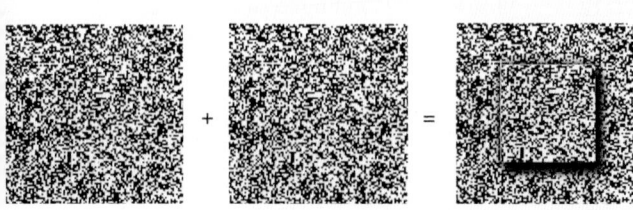

图B

一幅随机点阵立体图和由双眼图像的融合而产生的感知（引自：Julesz，1971，第21页）

年，人们一般认为，只有在物体被每只眼睛单独识别之后才能感知到深度。

史密斯·凯特威尔眼科研究所（Smith-Kettlewell Eye Research Institute）的 Christopher Tyler 在 20 世纪 70 年代创建了自动立体图（autostereogram）。自动立体图是一幅简单的图像，当用适当方式看它时，可以产生 3D 物体的感知（图 C）。你在书中看到的色彩斑斓（有时却是令人沮丧）的自动立体图像，其原理是基于一种称为**墙纸效应**（wallpaper effect）的古老错觉。当你看着含有重复图形的墙纸时，你可以将双眼会聚（或发散），并用一只眼看着图案的一小部分区域，而用另一只眼看着与其相邻的区域。这样做所产生的效应是使得墙纸显得更近（或更远）。在自动立体图中，墙纸效应与随机点阵立体图相结合。为了看到图 C 中的 3D 骷髅，你必须放松眼肌使左眼看着左上方的点而右眼看着右边的点。当你在图形的顶端看到

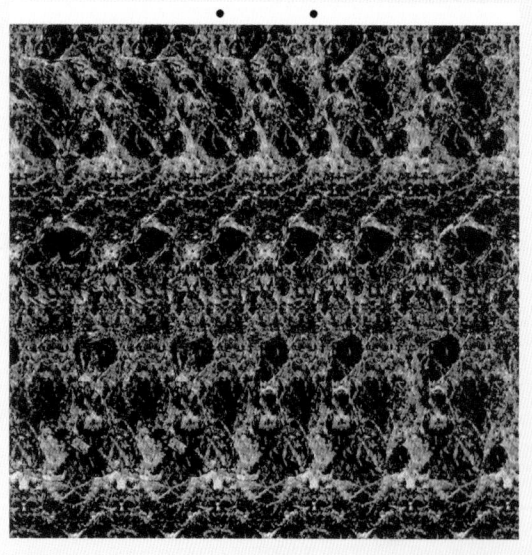

图C

自动立体图（引自：Horibuchi，1994，第54页）

3个点时，你就知道你接近目标了。放松并继续看，就可以看见立体图了。

立体图的一个迷人之处是，你往往需要对着它们看上数十秒甚至几分钟，直到你的视线得到"适当的"扭曲，而且你的视皮层"搞清楚了"左眼和右眼图形之间的关系。我们不知道在这个过程中脑子里到底发生了什么，但这可能涉及视皮层中双眼神经元的激活。

10.7.2　并行处理和感知

如果我们并不依赖于"祖母细胞"，那么感知是怎样实现的？另一种假设是基于这样的观察：即并行处理机制贯穿于视觉系统和其他的脑系统。在第 9 章中，我们讨论 ON 型和 OFF 型，以及 M 型和 P 型神经节细胞时谈到过并行处理。在本章，我们看到 3 个并行通路进入 V1 区。出了 V1 区便是背侧和腹侧信息处理通路，在这两个通路中的不同区域对各种刺激特性赋予了倾向性，或者说被特化了。也许脑使用"分工"原则来实现感知。在特定的皮层区域内，许多具广谱反应的细胞被用来表征物体的特性。在更大的范围内，一组皮层区域可能对感知有贡献，其中一些主要对颜色或形状进行处理，其他一些则对运动进行处理。换句话说，与其说感知是由单个乐师演奏出来的声音，倒不如说它更像是由视觉区域的管弦乐团产生的声音，而每个视觉区域在其中扮演了不同的角色。

10.8   结语

在本章，我们对从眼睛到丘脑再至皮层的感觉通路的组构有了大致的了解。我们看到视觉实际上包含了对物体不同特性的感知，如颜色、形状、运动等，这些特性是由视觉系统的不同细胞并行地进行处理的。这个信息处理过程肯定需要在丘脑有一个对输入严格的区分；在纹状皮层有一些有限的信息会聚，以及最后在信息被输送至其他高级皮层区域之前有广泛的信息发散。当你考虑到上百万个视神经节细胞的输出可以募集枕叶、顶叶及颞叶的上10亿个皮层神经元的活动时，就有必要强调皮层视觉信息处理机制的分布特性！在某种意义上，这个广泛分布的皮层活动被整合，从而形成一个对视觉世界的完整无缺的感知。

注意我们从视觉系统所学到的知识。正如我们在后面章节中也将看到的，视觉系统的一些基本组构原则——并行处理、感觉表面的拓扑投射、在背侧丘脑的突触接替、皮层模块和多个皮层的表征——也是听觉和触觉等感觉系统的基本特征。

关键词

离视网膜投射 The Retinofugal Projection
离视网膜投射 retinofugal projection（p.335）
视神经 optic nerve（p.335）
视交叉 optic chiasm（p.335）
视束 optic tract（p.336）
半视野 visual hemifield（p.336）
双眼视野 binocular visual field（p.336）
外侧膝状体核 lateral geniculate nucleus (LGN)
　（p.337）
视放射 optic radiation（p.337）
上丘 superior colliculus（p.339）
视顶盖 optic tectum（p.340）
视网膜-顶盖投射 retinotectal projection（p.340）

外侧膝状体核 The Lateral Geniculate Nucleus
外侧膝状体核大细胞层 magnocellular LGN layer
　（p.342）
外侧膝状体核小细胞层 parvocellular LGN layer
　（p.342）
外侧膝状体核颗粒细胞层 koniocellular LGN layer
　（p.342）

纹状皮层的解剖 Anatomy of the Striate Cortex
初级视皮层 primary visual cortex（p.343）
17区 area 17（p.343）
V1区 area V1（p.343）
纹状皮层 striate cortex（p.343）
视拓扑 retinotopy（p.344）
眼优势柱 ocular dominance column（p.349）
细胞色素氧化酶 cytochrome oxidase（p.349）
斑块 blob（p.349）

纹状皮层的生理 Physiology of the Striate Cortex
双眼感受野 binocular receptive fields（p.350）
方位选择性 orientation selectivity（p.350）
方位柱 orientation column（p.351）
方向选择性 direction selectivity（p.352）
简单细胞 simple cell（p.354）
复杂细胞 complex cell（p.354）
皮层模块 cortical module（p.358）

纹区外视皮层 Beyond the Striate Cortex
MT区 area MT（p.360）
V4区 area V4（p.361）
IT区 area IT（p.361）

复习题

1. 一次自行车事故使一个人不能看见左侧半视野中的任何物体。请问是视网膜通路中的哪个部位受到了损伤？

2. 左侧外侧膝状体核的主要输入来自何处？

3. 外侧膝状体核的一部分损伤使一个人丧失了右眼右侧视野的运动感知。请问哪个外侧膝状体核的哪个细胞层受到损伤的可能性最大？

4. 列出自视网膜视锥光感受器至纹状皮层斑块细胞之间的连接通路。这样的连接通路是否不止一条？

5. "纹状皮层有一张视觉地图"，这个说法是什么意思？

6. 视觉系统中的并行处理是什么意思？举两个例子。

7. 如果一个婴儿患有先天性内斜，而且在10岁前未进行矫正，那么他的双眼深度感知将永久性地丧失。这可以用视觉系统中回路的调节加以解释。根据你所掌握的关于中枢视觉系统的知识，你认为这种回路的调节发生在视觉系统的哪个部分？

8. 纹状皮层的哪些层向其他视皮层区域提供输出信号？

9. 在纹状皮层和其他皮层区域发现了哪些视网膜或外侧膝状体核不具备的感受野特性？

10. 为了研究视觉感知和视皮层神经活动的关系，你会实施什么样的实验？

拓展阅读

De Haan EHF, Cowey A. 2011. On the usefulness of "what" and "where" pathways in vision. *Trends in Cognitive Science* 15:460-466.

Gegenfurtner KR. 2003. Cortical mechanisms of colour vision. *Nature Reviews Neuroscience* 4: 563-572.

Grill-Spector K, Malach R. 2004. The human visual cortex. *Annual Reviews of Neuroscience* 27: 649-677.

Hendry SHC, Reid RC. 2000. The koniocellular pathway in primate vision. *Annual Reviews of Neuroscience* 23:127-153.

Kreiman G. 2007. Single unit approaches to human vision and memory. *Current Opinion in Neurobiology* 17:471-475.

Milner AD, Goodale MA. 2008. Two visual systems reviewed. *Neuropsychologia* 46: 774-785.

Nasso JJ, Callaway EM. 2009. Parallel processing strategies of the primate visual system. *Nature Reviews Neuroscience* 10:360-372.

Sherman SM. 2012. Thalamocortical interactions. *Current Opinion in Neurobiology* 22: 575-579.

Tsao DY, Moeller S, Freiwald W. 2008. Comparing face patch systems in macaques and humans. *Proceedings of the National Academy of Science* 49:19514-19519.

Zeki S. 2003. Improbable areas in the visual brain. *Trends in Neuroscience* 26:23-26.

（梁培基　译　　王建军　校）

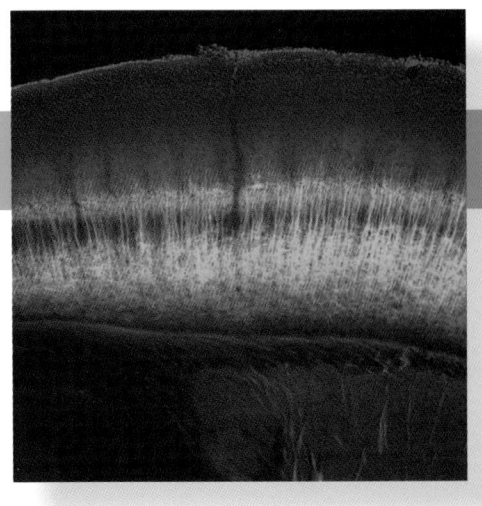

第 11 章

听觉和前庭系统

11.1　引言

在本章，我们将讨论两个感觉系统。这两个系统具有非常不同的功能，但在结构和机制上却有惊人的相似之处：它们就是使我们能够听到声音的**听觉**（audition）系统和调节我们平衡觉的**前庭系统**（vestibular system）。听觉是我们有意识的生活的一个精彩部分，但平衡觉我们虽然每天都在经历，却很少注意到它。

当我们看不到一个物体或一个人时，我们通常可以根据其声音而感觉到其存在，辨别其位置，甚至收到其信息。任何曾经在有熊或蛇出没的森林中穿行过的人都知道，树叶"沙沙"的声响会吸引你的注意力。除具有对声音进行探测和定位的能力之外，我们也能觉察和解读声音的细微差别。我们可以在瞬间辨别狗的叫声、一个朋友的声音，以及海浪的撞击声。由于人类可以发出很多种声音，也可以听见这些声音，因此口语以及通过听觉系统感知口语已经成为人类通信的极为重要的方式。人类的听觉甚至已进化为超越严格意义上的通信和生存的实用功能；例如，音乐家探索由声音触发的感觉和情感。

与听觉相反，平衡觉完全是一种机体的内在过程。前庭系统向我们的神经系统提供有关头和身体的位置及其移动情况的信息。这些信息被用来控制肌肉收缩，从而维持我们身体的位置和将身体置于正确的位置，或者当我们因外力的作用而被推移时重新调整身体的位置，以及当头部晃动时移动眼睛而使视觉世界依然留在我们的视网膜上——以上所有过程都没有意识的参与。

在本章，我们将讨论我们的耳朵和脑如何将环境中的声音转换成有意义的神经信号，以及如何将头部运动转换成我们所在位置的信息的机制。我们将会发现这些转换是分阶段的，而不是一次性完成的。在内耳，神经反应通过听觉感受器因声音的机械能量的作用而产生，或通过前庭感受器因头部的倾斜和旋转的作用而产生。在随后的脑干和丘脑阶段，来自感受器的信号被整合，然后被送往听觉皮层（auditory cortex）和前庭皮层（vestibular cortex）。通过考察系统内不同位置上神经元反应的特征，我们开始理解神经活动与我们对声音及平衡感知之间的关系。

11.2　声音的自然属性

声音是可以听得到的空气压力变化。几乎所有可以使空气分子运动的东西都可以产生声音，包括人体喉部的声带、吉他弦的振动和鞭炮的爆炸。当一个物体移向一片空气时，它便压缩了这片空气，空气分子的紧密度就增加。反之，当一个物体离开一片空气时，这片空气就变得稀疏（密度降低）。这在立体声扬声器中非常容易观察到，连接于一个磁体上的纸盆内外向的往复振动使空气交替地变得稀疏和紧密（图 11.1）。这些空气压力的变化以音速从扬声器中传播出来（声音的速度在室温下约为 343 m/s，即大约 767 mph）。

许多声源，如由振动的琴弦或立体声扬声器所发出的弦乐声音，都会使空气压力产生节律性的变化。声音的**频率**（frequency）是每秒掠过我们耳朵

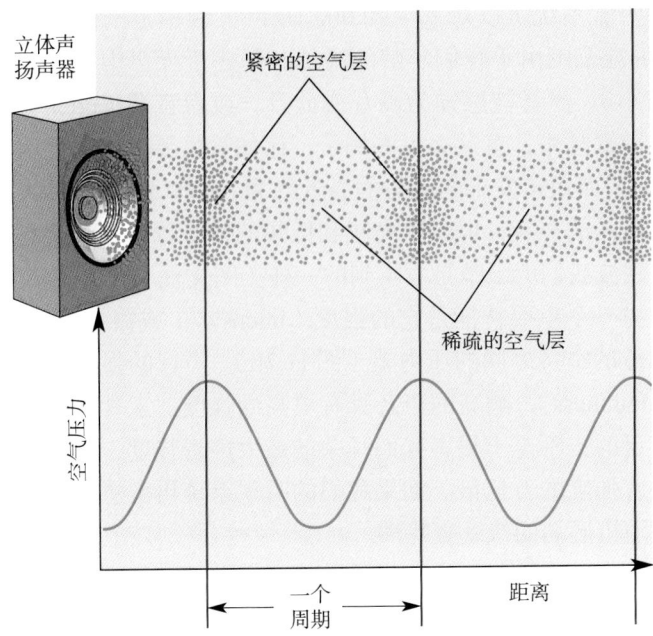

▲ 图 11.1

声音因空气压力的变化而产生。如图所示，当立体声扬声器的纸盆向外运动时，就使空气受到压缩而变得紧密；而当纸盆向内运动时，则使空气变得稀疏。如果纸盆的这种内外向往复运动是节律性的，空气压力也就呈节律性变化。两层被压缩的空气（高压层）之间的距离是声音的一个周期（图中用竖线表示）。声波以音速从立体声扬声器中不断传出。图中蓝线是气压与距离的关系图

的被压缩的或稀薄的空气片的个数。声音的周期是两个相邻被压缩的空气片之间的距离；声音的频率以**赫兹**（hertz，Hz）为单位表示，即声音在每秒内的周期数。由于声波都以同样的速度传播，与低频声波相比，高频声波在相同空间中受压缩或变稀疏的空气层数要更多一些（图 11.2a）。

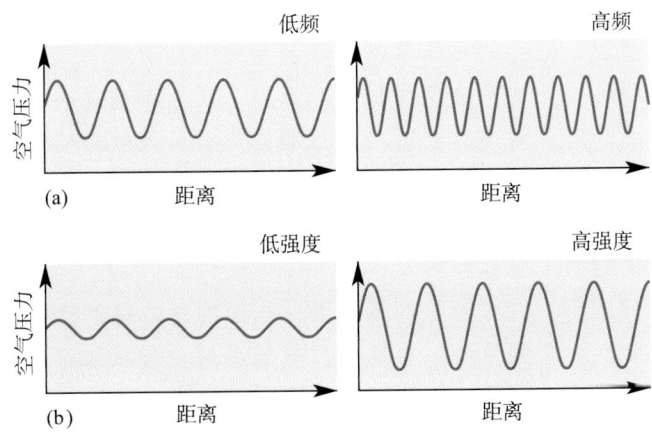

▲ 图 11.2

声波的频率和强度。每张图显示一种恒定频率和强度声音的气压与距离之间的关系。注意，横轴也代表时间，因为声音的速度是恒定的。（a）频率是单位时间或距离的声波数。我们对高频声波的感觉是有较高的音调。（b）强度是声波的峰与谷之间的气压差。我们对高强度声波的感觉是声音比较响

我们的听觉系统可以对20～20,000 Hz巨大频率范围内的压力波有反应（虽然这个听觉范围由于我们年龄的增加和暴露于噪声中，尤其是高频噪声中而明显缩小）。声音被感知为高音或低音，或者**音调**（pitch）取决于它的频率。为了理解频率，有这么一些例子，比如管风琴发出的使房屋振荡的低音约为20 Hz，而短笛发出的尖厉的高音约为10,000 Hz。虽然人能够听到非常广泛频率范围的声音，但有些高频和低频的声音我们的耳朵是听不到的，就像有些电磁波我们的眼睛是看不到的一样（图文框11.1）。

声波的另一个重要特征是它的**强度**（intensity）或振幅（amplitude），即紧密的和稀疏的空气之间的压力差（图11.2b）。声音的强度决定了我们所感知的**响度**（loudness），响亮的声音具有更高的强度。人耳可以感知的强度范围是令人惊讶的：不至于损害我们耳朵的最大声音强度，大约是能被我们听到的最弱声音强度的万亿倍。如果我们的听觉系统再敏感一点，我们就能听到空气分子随机运动的持续轰鸣声。

实际生活中的声音很少由简单的单一频率和强度的节律性声波组成。声音是通过不同频率的声波以不同的强度组合，从而使得各种乐器和人的声音具有各自独一无二的音质。

图文框11.1   趣味话题

超声和次声

很多人对**超声**（ultrasound，超过人听觉极限的20 kHz以上的声音）这个词很熟悉，因为它具有从超声清洗机到医用成像等日常应用价值。许多动物可以听到这些高频的声音。例如，狗的超声口哨声音可以传递信息，因为狗可以听到高达约45 kHz的声音。一些蝙蝠发出的声音频率高达100 kHz，然后蝙蝠听其回声，从而定位物体（图文框11.5）。鲱鱼家族中的一些鱼可以探测到高达180 kHz的声音，使得它们能听到捕食它们的海豚产生的回声定位超声。不必说，海豚可以听到它们自己的超声呼唤。同样，夜间活动的飞蛾通过留神地听饥饿的蝙蝠的超声从而避开这些捕食者。

次声（infrasound）是低于人能够听到的声音，频率低于大约20 Hz。有些动物可以听到次声的频率；其中之一就是大象，它可以听到人类听不到的15 Hz的声音。鲸可发出低频的声音，这些声音被认为是它们超越几千米距离进行通信的手段。地球也产生低频振动，有些动物可能通过听到这样的声音而预感到地震即将来临。

虽然我们的耳朵通常不能听到非常低的频率，但它们确实存在于我们的环境中，我们有时可以通过躯体感觉系统感知到它们的振动（见第12章）。次声可以由空调机、锅炉、飞机和汽车产生，它可能有引起我们不愉快的潜意识作用。虽然这些机器产生的高强度次声不会导致我们听觉的丧失，但这些次声会使我们感到头晕、恶心和头痛。许多汽车在高速行驶时产生低频的声音，使敏感的人发生晕车现象。当低频的声音在强度很高时，也可能在机体的腔室（如胸腔和腹腔）内引起共振，从而损伤内脏器官。

除了机械装置，我们的身体也产生听不见的低频声音。当肌肉改变长度时，每根肌纤维会颤动，产生大约25 Hz的低强度的声音。虽然这些声音一般听不见，但你可以向自己证实这些声音的存在，只要将两个大拇指小心地放入耳朵内，然后握起拳头。当你紧握拳头时，你可以听见由于前臂肌肉的收缩所产生的低沉的"隆隆"声。其他的肌肉，包括你的心脏，也产生接近20 Hz的，但听不见的声音。

11.3　听觉系统的结构

　　在讨论空气压力的变化是如何转换成神经活动之前，让我们先简单地了解一下听觉系统的结构。耳的各组成部分如图 11.3 所示。耳的可见部分主要包括由皮肤覆盖的软骨所形成的漏斗状的**耳廓**［pinna；此词来源拉丁语，意为 wing（翼状物）］，其有助于从一个宽广的范围收集声音。耳廓的形状使得我们对来自前面的声音比来自后面的声音更加敏感。耳廓的皱褶在声音定位中发挥作用，我们将在本章的稍后部分对其加以讨论。对于人类，耳廓的位置差不多是固定的，但是对于动物，如猫和马，可以通过肌肉来控制它们耳廓的位置，并使之向着声音传来的方向转动。

　　通向耳内部的入口称为**耳道**（auditory canal），从颅骨处延伸至**鼓膜**［tympanic membrane；又称**耳膜**（eardrum）］处，其长度约为 2.5 cm（1 英寸）。与鼓膜内表面相连的是一系列骨头，称为**听小骨**［ossicle，此词源于拉丁语，意为 little bone（小小的骨头）；事实上，听小骨是体内最小的骨头］。听小骨位于充满空气的小室内，它们将鼓膜的运动转换为覆盖于颅骨**卵圆窗**（oval window）上的第二个膜的运动。在卵圆窗的后面是充满液体的**耳蜗**（cochlea），它是将卵圆窗膜的物理运动转换成神经反应的器官。因此，基本听觉通路的最初阶段是这样的：

声波使鼓膜运动 →
　　　　鼓膜的运动带动听小骨运动 →
　　　　　　听小骨的运动带动卵圆窗膜运动 →
　　　　　　　　卵圆窗膜的运动带动耳蜗内液体运动 →
　　　　　　　　　耳蜗内液体的运动引起感觉神经元的反应

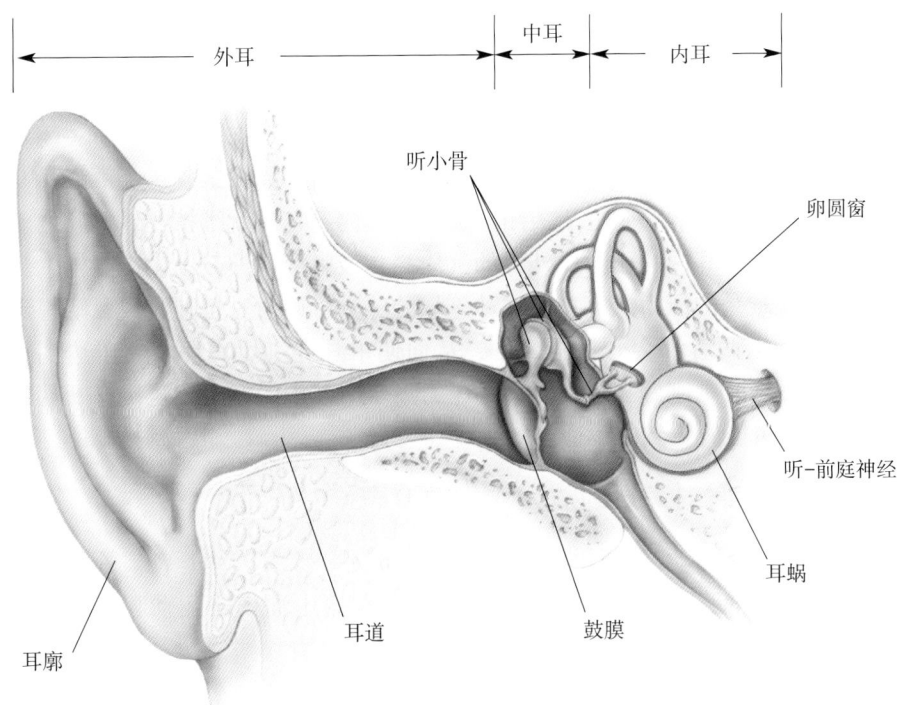

◀ 图 11.3

外耳、中耳和内耳

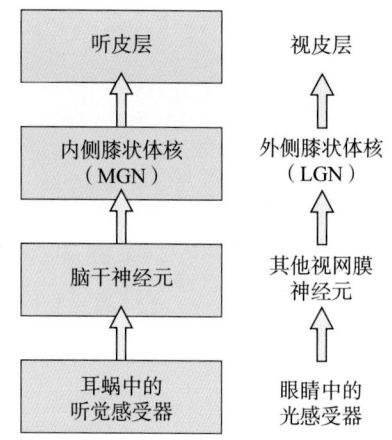

▲ 图 11.4

听觉通路和视觉通路的比较。在感觉感受器之后，两个系统都有早期的整合阶段，丘脑的中继核团，以及向感觉皮层的投射

由耳廓向内的所有结构都是耳的组成部分，传统的概念一般包括 3 个主要部分。自耳廓至鼓膜部分为**外耳**（outer ear）；鼓膜和听小骨构成**中耳**（middle ear）；卵圆窗内侧的部分为**内耳**（inner ear）。

一旦在内耳发生了对声音的神经反应，信号会被传递到脑干的一系列神经核团，并被这些核团处理。这些核团的输出被进一步传递至丘脑的一个中继核团——**内侧膝状体核**（medial geniculate nucleus，MGN）。最后，MGN投射到颞叶的**初级听皮层**（primary auditory cortex，或称A1）。从某种意义上说，听觉通路比视觉通路更为复杂，因为在听觉感受器与皮层之间存在更多的中间环节。但是，这两个系统也具有相似的组成部分，它们都始于感觉感受器，感受器连接至初级整合环节（在视觉系统中为视网膜，而在听觉系统中为脑干），然后至丘脑中继神经元和大脑皮层（图 11.4）。

11.4 中耳

外耳将收集到的声音传递给中耳，中耳是一个充满空气的腔室，其中含有在声音作用下产生运动的第一个构件。在中耳，空气压力的变化被转换成听小骨的运动。在本节中，我们将讨论中耳是怎样完成声音能量转换这一基本功能的。

11.4.1 中耳的组成部分

中耳结构包括鼓膜、听小骨及附着于听小骨上的两块微小的肌肉。鼓膜呈圆锥形，其锥形顶点伸向中耳腔。听小骨有 3 块，每块都根据与它们相似的物体形状以拉丁语命名（图 11.5）。与鼓膜相连的听小骨称为**锤骨**［malleus，此词意为 hammer（锤子）］，其与**砧骨**［incus，此词意为 anvil（铁砧）］形成刚性的连接。砧骨则与**镫骨**［stapes，此词意为 stirrup（马镫）］形成柔性的连接。镫骨平面形的底部，即**底板**（footplate），在卵圆窗处像活塞一样内外向地往复运动。底板的运动将声波的振动传递给内耳耳蜗内的液体。

中耳的气体通过**欧氏管**［Eustachian tube；即咽鼓管（auditory tube）——译者注］与鼻腔内的气体相通，虽然咽鼓管通常情况下被一个瓣膜所关闭。当你坐在一架爬升的飞机上或一辆攀山的汽车上时，周围的气压会下降。但是，只要咽鼓管上的瓣膜处于关闭状态，中耳内的气压就维持在你上升之前的水平。由于中耳内的压力比外界的气压高，鼓膜会向外鼓出，你便会感受到耳内令人难受的压力或疼痛。这种疼痛的感觉可以通过打呵欠或吞咽得到缓解，因为这两者都会开启咽鼓管，从而使中耳内气压和环境气压达到平衡。当你下降时则刚好相反，外面的压力高于中耳内的压力，再次打开咽鼓管可缓解你可能感觉到的不适。

11.4.2 听小骨对声压的放大作用

声波使鼓膜运动，而听小骨使卵圆窗上的另一个膜产生运动。耳朵的结构为什么不是使声波简单地直接作用在卵圆窗膜上而使之运动呢？问题在

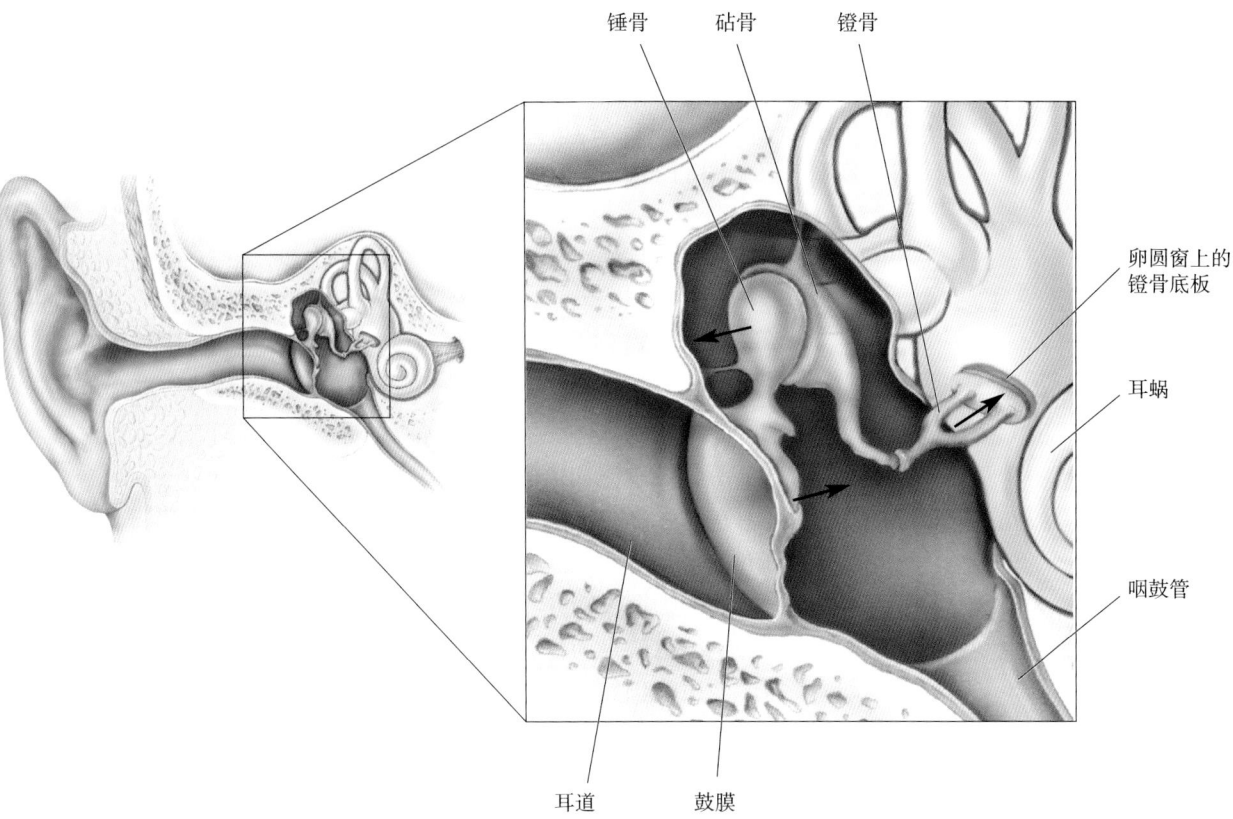

锤骨　砧骨　镫骨

卵圆窗上的
镫骨底板

耳蜗

咽鼓管

耳道　鼓膜

▲ 图 11.5

中耳。如图中箭头所示，当气压推动鼓膜时，锤骨的底部也被往里推，听小骨的杠杆作用使得镫骨底板在卵圆窗处向内推进。推动卵圆窗的压力远大于鼓膜上的压力，部分原因是由于镫骨底板的表面积远小于鼓膜的表面积

于耳蜗内充满液体，而不是空气。如果声波直接撞击卵圆窗，膜则几乎不会动，这是因为耳蜗内的液体在卵圆窗背面形成的压力会把大约99.9%的声能反射掉。如果你曾经注意到水下是多么安静，你就知道水面对声音的反射是多么有效。内耳的液体远不如空气那么容易被推动（也就是说，液体具有更大的惯性），所以，使液体振动远比使气体振动需要更大的压力。听小骨提供了这种必需的对压力的放大作用。

　　为了理解这个过程，考虑一下压强的定义。膜上压强的定义是作用于膜上的压力除以膜的表面积。卵圆窗上压强大于鼓膜压强的条件是：（1）作用于卵圆窗膜上的力大于作用于鼓膜上的力，或者（2）卵圆窗的表面积小于鼓膜的表面积。中耳同时运用了这两种机制，即其通过改变作用力和表面积这两者而增大了卵圆窗上的压力。卵圆窗上的压力增大是因为听小骨的作用就像杠杆一样。声音导致鼓膜的大幅度运动，这种鼓膜的大幅度运动被转换成卵圆窗的小幅度、但更为有力的振动。同时，卵圆窗的表面积比鼓膜面积小得多。这些因素的综合，使得卵圆窗的压力比鼓膜的压力提高了大约20倍，而如此的压力增加足以使内耳的液体运动。

11.4.3　减弱反射

　　附着于听小骨的两块肌肉对声音信号传递至内耳具重要作用。**鼓膜张肌**（tensor tympani muscle）的一端固定在中耳空腔内的骨壁上，另一端则附着于锤骨上（图11.6）。**镫骨肌**（stapedius muscle）的两端也分别固定在骨壁和附着于镫骨上。当这些肌肉收缩时，听骨链（chain of ossicle）会变得更具刚性，而传至内耳的声音则在很大程度上被减弱。一个响亮声音的出现会触发神经反应，导致这些肌肉收缩，这个反应称为**减弱反射**（attenuation reflex）。声音的减弱在低频段较之于高频段更为显著。

　　这个反射可能有数个功能。其中之一可能在于使耳朵适应高强度的连续声音。原来可能导致内耳感受器的反应饱和的高强度声音，能够通过减弱反射将之降低至一个低于饱和值的水平，从而使我们听觉的动态范围增大。同时，减弱反射在高强度声响的情况下保护内耳，使其免受伤害。遗憾的是，这个反射在声音传入耳朵之后有一个50～100 ms的延时。因此，该反射对非常突然出现的高强度声响并不具备有效的保护作用，即在肌肉收缩时，损伤可能已经发生。这就是为什么尽管减弱反射在发挥最有效的保护作用，而一次巨大的爆破声响仍然可能伤及你的耳蜗。由于减弱反射对低频声音的压抑作用大于对高频声音的压抑作用，该反射能使高频声音在充满低频噪声的环境中容易被辨别出来。这个能力使我们在噪声环境中更容易听见别人的讲话。有人认为减弱反射在我们自己说话时也被激活，因而我们自己说话的声音听上去就没有那么强。

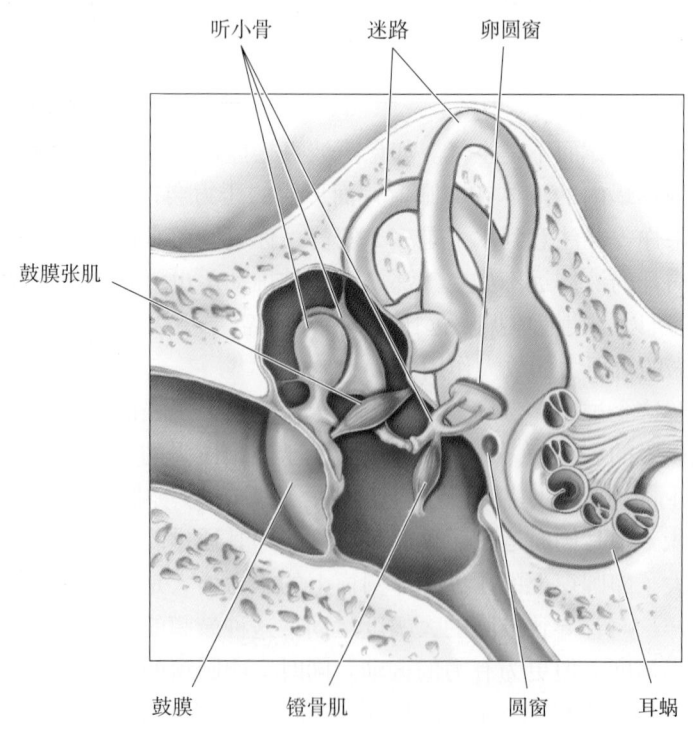

▲ 图 11.6

中耳和内耳。镫骨肌和鼓膜张肌都有一端与中耳壁相连，另一端与听小骨相连

11.5　内耳

虽然内耳是耳的一个部分，但其作用却不完全限于听觉。内耳由耳蜗和迷路组成，前者是听觉系统的一个部分，后者则不属于听觉系统。迷路是**前庭系统**（vestibular system）的重要组成部分，其作用在于协助维持身体的平衡。前庭系统将在本章的稍后部分讨论。这里我们仅讨论耳蜗，以及耳蜗在将声音转换成神经信号方面的作用。

11.5.1　耳蜗的解剖

耳蜗〔cochlea；此词源于拉丁语，意为snail（蜗牛）〕形似一个螺旋状的蜗牛壳。图11.6显示了一个对半切开的耳蜗。它的结构类似于一根吸管围绕着削尖了的铅笔卷曲两圈半到三圈的样子。在耳蜗内，由吸管比喻的空心管具有骨性的外壁。由铅笔比喻的耳蜗中心轴是一个圆锥形的骨性结构。耳蜗的实际尺寸要比吸管-铅笔模型小得多，耳蜗空心管的长度约为32 mm，直径约为2 mm。人体耳蜗卷曲起来的大小与一粒豌豆差不多。在耳蜗的底部有两个被膜所覆盖的小孔：一个是前面已经介绍过的位于镫骨底板之下的卵圆窗；另一个是**圆窗**（round window）。

在耳蜗横切面上，我们可以看到耳蜗管被分成3个充满液体的小室：**前庭阶**（scala vestibuli）、**中间阶**〔scala media；即蜗管（cochlcar duct）——译者注〕和**鼓室阶**（scala tympani）（图11.7）。这3个阶在耳蜗内像螺旋阶梯一样卷曲（阶来源于拉丁语的stairway，意为"阶梯"）。**赖斯纳膜**（Reissner's membrane；即前庭膜，vestibular membrane——译者注）将前庭阶和中间阶分开，而**基底膜**（basilar membrane）将中间阶和鼓室阶分开。位于基底膜上

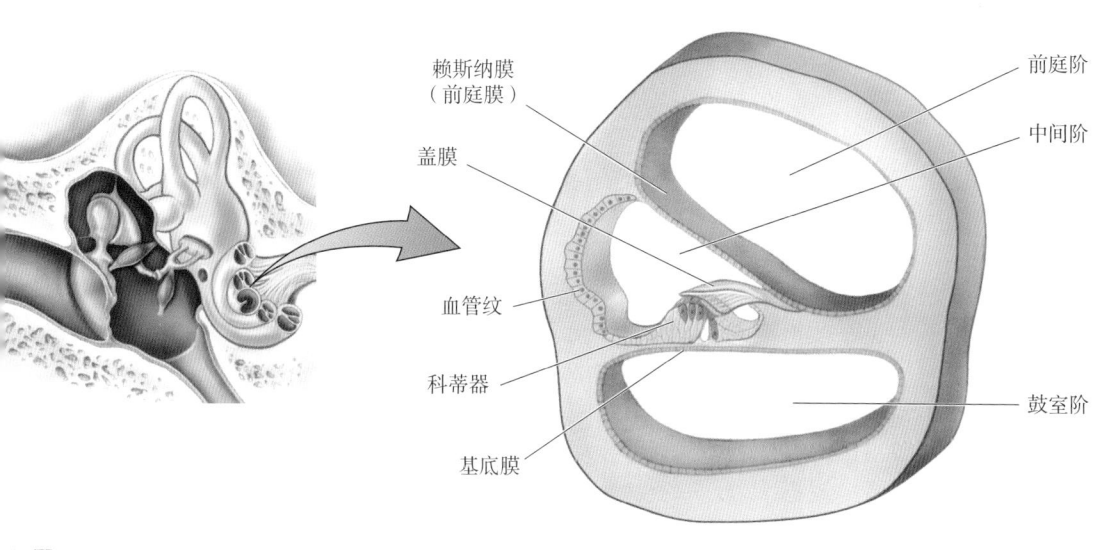

赖斯纳膜（前庭膜）　盖膜　血管纹　科蒂器　基底膜　前庭阶　中间阶　鼓室阶

▲ 图 11.7

耳蜗的3个阶。从横切面看，耳蜗含有3个平行的小腔室。这3个小腔室由赖斯纳膜（前庭膜）和基底膜分隔开。科蒂器含有听觉感受器，位于基底膜上，并为盖膜所覆盖

的是含有听觉感受神经元的**科蒂器**（organ of Corti），悬于科蒂器之上的是**盖膜**（tectorial membrane）。中间阶在蜗顶处关闭，而鼓室阶与前庭阶通过一个称为**蜗孔**（helicotrema）的膜上小孔相连通（图11.8）。在耳蜗基底部，前庭阶被卵圆窗膜所封闭，而鼓室阶被圆窗膜所封闭。

在前庭阶和鼓室阶中的液体称为**外淋巴**（perilymph），其具有与脑脊液相似的离子成分：相对低浓度的K^+（7 mmol/L）和高浓度的Na^+（140 mmol/L）。中间阶内充满**内淋巴**（endolymph），虽然这是细胞外液，但异乎寻常的是其离子浓度与细胞内液相似：高K^+（150 mmol/L）和低Na^+（1 mmol/L）。这种离子成分的差异是由**血管纹**（stria vascularis）的主动转运造成的；血管纹是覆盖在中间阶骨质壁上的内皮，其与内淋巴相接触（图11.7）。血管纹从内淋巴吸收钠，并将钾分泌到内淋巴。由于离子浓度的差异和前庭膜的通透性，内淋巴的电位比外淋巴的电位正80 mV；这个电位差称为**耳蜗内电位**（endocochlear potential）。我们将会看到耳蜗内电位是很重要的，因为它增强听觉转导。

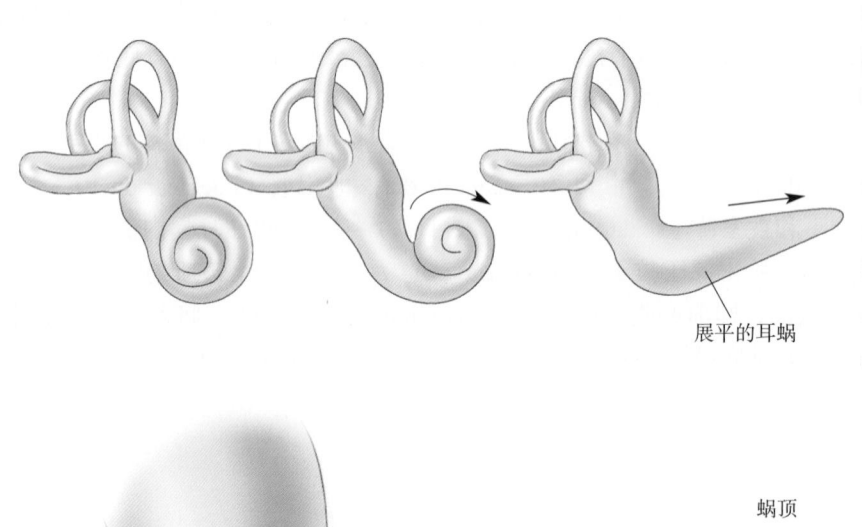

展平的耳蜗

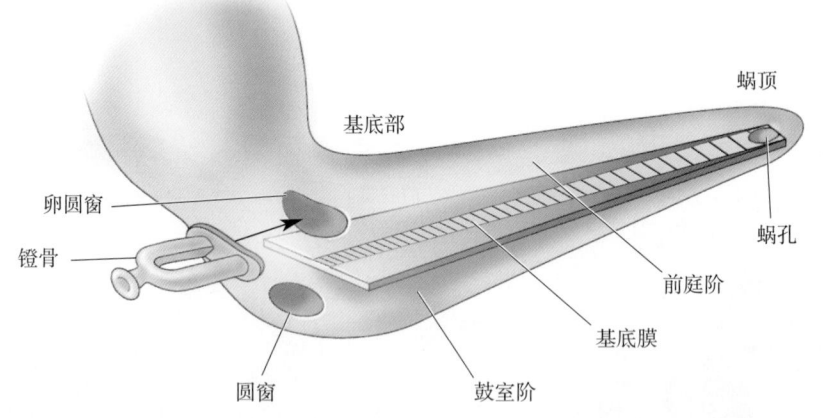

蜗顶

基底部

卵圆窗

蜗孔

镫骨

前庭阶

基底膜

圆窗

鼓室阶

▲ 图 11.8

展平的耳蜗基底膜。尽管耳蜗从基底部到蜗顶逐渐变窄，但基底膜却逐渐变宽。注意，只有狭窄的蓝色条带部分是基底膜。蜗孔是基底膜顶端处的一个孔，该孔使得前庭阶和鼓室阶相连

11.5.2   耳蜗的生理

尽管结构复杂，内耳的基本运作却是相当的简单。看着图11.8想象一下：当听小骨使覆盖于卵圆窗上的膜运动时，会发生什么情况。听小骨就像

一个微型活塞一样工作。卵圆窗向内的运动将外淋巴推向前庭阶。如果耳蜗内所有的膜（前庭膜和基底膜——译者注）都完全是刚性的，卵圆窗上液体压力的增大将会向上传到前庭阶，并通过蜗孔，向下传到鼓室阶，最后回到圆窗。由于液体压力无处逃逸，圆窗处的膜会由于卵圆窗膜的内向运动而鼓出。卵圆窗膜的任何运动必然伴随着圆窗膜的互补运动。这样的运动肯定会发生，因为耳蜗内充满了不可压缩的液体，而这些液体又存在于一个固体的骨性腔室内。在卵圆窗处施压的结果有点像在一个管形水囊的一端施压，另一端必然会鼓出。

由于另一个事实，即耳蜗内的一些结构并非是刚性的，使得上面关于耳蜗内事件的简单描述变得复杂。最为重要的事实是，基底膜是柔性的，可以在声波的作用下弯曲。

基底膜对声音的反应。 基底膜的两个结构特征决定了它对声音反应的方式。首先，顶部的膜比基底部的膜宽5倍左右。其次，膜的刚性自基底部至顶部逐渐减小，基底部的刚性约为顶部的100倍。可以把基底膜想象成潜泳用的脚蹼，其基底部狭窄而刚硬，顶部宽大而柔软。由于前庭膜的柔性很大，声波在卵圆窗处推动镫骨底板，会造成外淋巴在前庭阶内移动，而内淋巴则在中间阶内移动。声波也会逆压力梯度方向推动镫骨底板。声音导致底板的持续推拉运动，再想一下前面的微型活塞的比喻。

我们对基底膜反应的理解在很大程度上要归功于匈牙利裔美国生物物理学家Georg von Békésy（盖欧尔格·冯·贝凯希，1899.6—1972.6，因其对哺乳动物听觉器官中耳蜗所发挥的功能作用的研究，于1961年被授予诺贝尔生理学或医学奖——译者注）的工作。Von Békésy弄清楚了内淋巴的运动使基底膜在基底部发生弯曲，并将开始于基底部的波动向顶部传播。沿基底膜向上传播的波与沿绳子传播的波相似，就好像你用手握住了绳子的一端并迅速地将其抖动一下（图11.9）。声波沿基底膜传播的距离与声音的频率有关。如果声音的频率高，比较刚硬的膜基底部将在较大程度上振动，大部分能量在很大程度上被耗散，波因此不会传得很远（图11.10a）。然而，低频的声音则可以在大部分能量被消耗之前将波动传播至膜顶端（图11.10b）。这样，基底

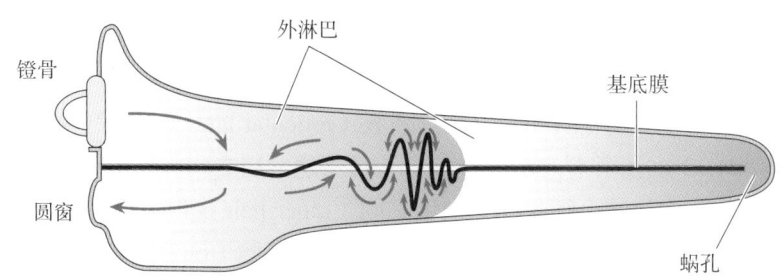

▲ 图 11.9

基底膜上的行波。当镫骨向内和向外移动时，引起外淋巴的流动，如箭头所示。这在基底膜上产生行波（图中行波的尺度被放大了100万倍）。在3000 Hz的频率下，液体的流动和膜的运动止于耳蜗的基底部到蜗顶的中间部位。注意，此图没有显示中间阶（改绘自：Nobili, Mammano 和 Ashmore，1998，图1）

▶ 图 11.10

基底膜对声音的反应。图中显示的仍是展平的耳蜗。(a) 高频声音产生的行波在狭窄而刚硬的基底膜基底部附近耗散掉。(b) 低频声音产生的行波能够一直传播到蜗顶才消失（为了图解的方便，基底膜的弯曲程度被极度夸大）。(c) 基底膜对声音频率的位置编码：不同频率的声音引起基底膜不同部位最大幅度的弯曲

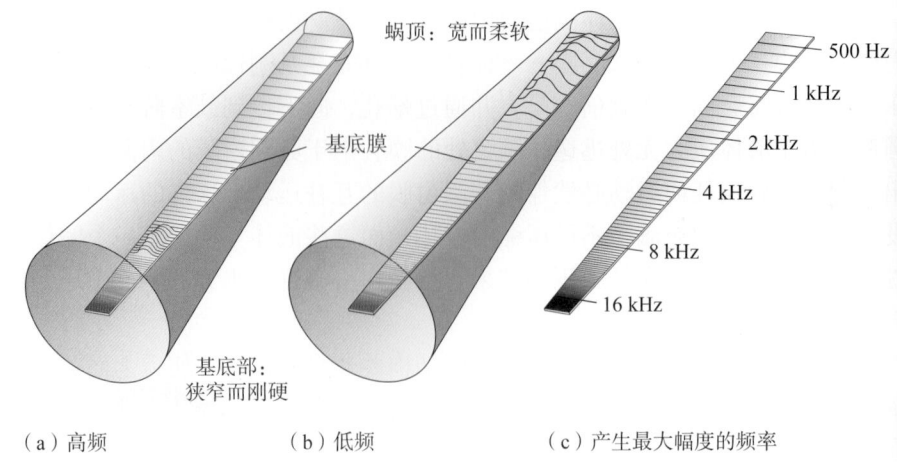

蜗顶：宽而柔软

基底膜

基底部：
狭窄而刚硬

（a）高频　　　　　　（b）低频　　　　　（c）产生最大幅度的频率

500 Hz
1 kHz
2 kHz
4 kHz
8 kHz
16 kHz

膜的反应建立了一种位置编码（place code），即不同频率的声音会导致基底膜的不同部位发生最大幅度的变形（图 11.10c）。声音频率在听觉结构内的系统性组构称为**音调拓扑**（tonotopy），这与视觉系统的视拓扑（retinotopy）类似。音调拓扑图（tonotopic map）在基底膜，以及每个听觉中继核、MGN 和听觉皮层都存在。

正如我们将会看到的，由不同频率的声音引起的不同行波（traveling wave），决定了音调的神经编码。

科蒂器及其相关结构。到目前为止，我们已经讨论过的每一个问题，都与发生在中耳和内耳中的声能机械性转换有关。现在我们面临的问题是，在这个系统的哪个环节上首先有了神经元的参与。将机械能转换成膜电位极性变化的听觉感受器细胞位于科蒂器内（以首先发现它的意大利解剖学家的名字命名）。科蒂器由毛细胞、科蒂杆及各类支持细胞组成。

听觉感受器称为**毛细胞**（hair cell），因为每个毛细胞含有 10～300 根毛发样的**静纤毛**（stereocilium，此词的复数形式为 stereocilia），自细胞顶部伸展开来。毛细胞不是神经元，因为它们没有轴突，而且哺乳动物的毛细胞不产生动作电位。实际上，毛细胞是特化的上皮细胞。扫描电镜下所见的毛细胞和静纤毛如图 11.11 所示。将声音转导成神经信号的关键在于这些纤毛的弯曲。由于这个原因，我们需要更为详尽地考察科蒂器，了解基底膜的形变是如何引起静纤毛的弯曲的。

毛细胞被夹在基底膜和一层称为**网板**（reticular lamina）的纤薄的组织层之间（图 11.12）。**科蒂杆**（rods of Corti）位于这两层之间并提供结构性支撑。蜗轴和科蒂杆之间的毛细胞称为**内毛细胞**（inner hair cell；大约有 4,500 个，排成一排），位于科蒂杆外侧的细胞则称为**外毛细胞**（outer hair cell；人类大约有 12,000～20,000 个，分三排排列）。毛细胞顶部的静纤毛向网板上伸展进入内淋巴，它们的尖端终止于盖膜的凝胶状物质中（外毛细胞）或恰好终止在盖膜下（内毛细胞）。牢牢地记住科蒂器中的膜：**基底膜**位于科蒂器的**基底部**，**盖膜**是一个覆盖在科蒂器顶部的**屋顶样**结构，而**网板**位于**中间**，对毛细胞形成支撑。

网板

外毛细胞

外毛细胞的
静纤毛

(a)

内毛细胞的静纤毛

(b)

▶ 图 11.11
扫描电镜下观察到的毛细胞。(a) 毛细胞
及其静纤毛。(b) 一个外毛细胞上静纤毛
的更高分辨率图像，静纤毛的长度大约
为 5 μm（此图片由加拿大安大略省多伦
多儿童医院 I. Hunter-Duvar 和 R. Harrison
惠赠）

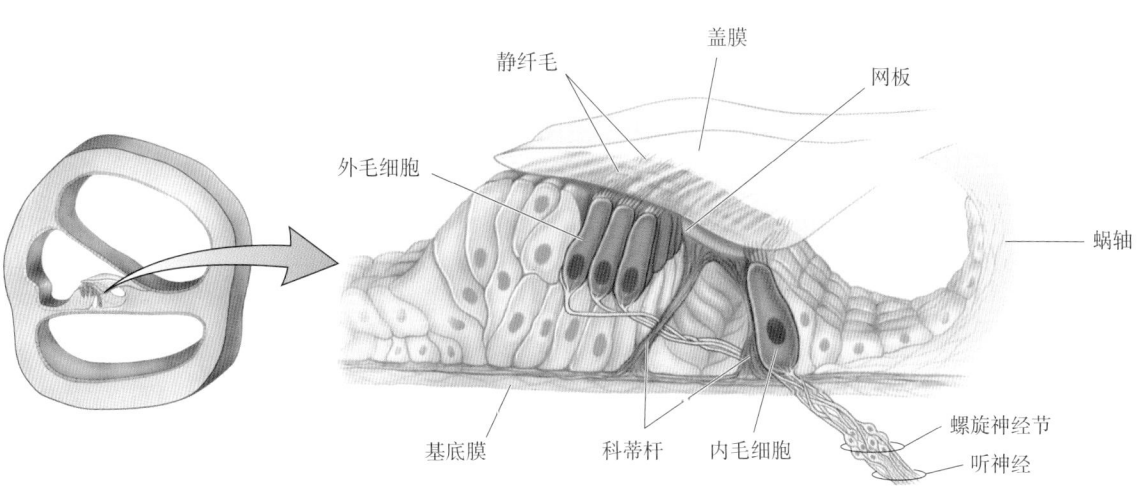

静纤毛　盖膜　网板

外毛细胞

蜗轴

基底膜　科蒂杆　内毛细胞

螺旋神经节
听神经

▲ 图 11.12
科蒂器。基底膜的支持组织包括内、外毛细胞和坚硬的科蒂杆。盖膜从骨性蜗轴上一直
延伸到由毛细胞上伸出的静纤毛上，并将其覆盖住

图文框11.2　趣味话题

耳聋者也可以听到声音：人工耳蜗的植入

毛细胞的损伤或死亡是人类最常见的致聋原因（图文框11.6）。大多数情况下，听神经是保持完整的，这使得用**人工耳蜗**（cochlear implant；主要是人工电子耳蜗）的植入来恢复部分听觉成为可能。这项技术可以追溯到两个世纪前意大利物理学家Alessandro Volta［亚历山德罗·伏特；在他之后，电压的单位被以他的名字命名为**伏特**（volt）］的开创性工作。1800年，在发明了电池后不久，Volta勇敢地（也有人可能会说这是很愚蠢的）将连在一个50 V电池上的两个电极插入自己的两只耳朵中。下面是他描述的事情结果：

　　当电路接通的瞬间，我的头部感到了一次震击，之后不久，我的耳朵开始听到了一个声音，或者更像是噪声，我无法准确地界定它：那是一种随着振动而发出的噼噼啪啪的破裂声，就像糊状物或者黏着力强的东西正在被煮沸……由于脑受到震击，这种不舒服的感觉使我觉得有危险，从而阻止了我重复这样的实验……[1]

我们强烈建议你**不要**在家里尝试这样做。

自Volta这个非凡的实验以来，电刺激耳朵的技术得到了巨大的改进。事实上，最近这些年，人工耳蜗

系统已经彻底地改变了对许多人内耳损伤的治疗。这个系统的大多数部件实际上是置于体外的（图A）。系统起始部是一个头戴式麦克风（受话器），用于接收声音和将声音转换成电信号。电信号被馈送至一个用电池供电的数字处理器。置于头皮上的一个小型无线电发射器将数字编码传输到接收器，该接收器通过外科手术埋置于耳后的乳突骨处的皮下。发射器和接收器用磁体相互吸附在一起，无须用穿透皮肤的电线相连。

接收器将数字编码转换成一系列电脉冲，并将这些电脉冲传输至人工耳蜗，即一束很细、很柔软的电线，而这束电线已经通过一个小孔植入了耳蜗（图B）。人工耳蜗的电极阵列有大约22个独立的刺激位点，可以刺激从耳蜗基底部到蜗顶许多位置上的听神经。人工耳蜗的最巧妙特征是利用了听觉神经纤维音调拓扑排列；刺激耳蜗基底部附近可诱发一个高频声音的感知，靠近蜗顶的刺激则诱发低频声音的感知。

到2012年，世界上有超过340,000个人工耳蜗使用者，而人工耳蜗装置的普及率在不断地升高，仅在美国就大约有38,000名儿童植入了人工耳蜗。遗憾的是，该装置十分昂贵。

人工耳蜗可能为许多先前耳聋的人提供非凡的听

1　引自Zeng F-G. 2004. Trends in cochlear implants. *Trends in Amplification* 8:1-34.

毛细胞与胞体位于蜗轴中的**螺旋神经节**（spiral ganglion）神经元形成突触。螺旋神经节细胞为双极细胞，其突起伸展至毛细胞的基底部和侧部，并在这些部位接受突触输入。螺旋神经节中的神经元轴突进入**听神经**（auditory nerve），听神经是**听-前庭神经**［auditory-vestibular nerve，第Ⅷ对脑神经；该神经又称前庭蜗神经（vestibulocochlear nerve）和位听神经（statoacoustical nerve）——译者注］的一个分支，向延髓的耳蜗神经核（cochlear nucleus）形成投射。利用电子设备可以治疗一些耳聋，这些设备绕过中耳和毛细胞，直接激活听神经轴突（图文框11.2）。

毛细胞的信号转导。当基底膜随着镫骨运动而移动时，整个支撑毛细胞的基础都发生了移动，因为基底膜、科蒂杆、网板和毛细胞都是刚性连

觉能力。通过几个月的训练，患者可以对交谈达到相当好的理解能力，甚至在电话交谈中也是这样。在一个安静的房间里，大多数人可以听懂超过90%的单词。人工耳蜗的植入是否成功差异很大，其原因通常不清楚。研究者正在努力地改善人工耳蜗的技术，缩小装置的尺寸，确定训练患者如何使用装置的最佳途径。

人工耳蜗植入的最佳候选者是年龄小的儿童（最好是小到1岁），以及在已经习得了一定说话能力后才

失聪的年龄大的儿童或成年人。另一方面，对成年人来说，无论在失聪前有怎样的说话经历，人工耳蜗的植入似乎仅能提供对声音的粗略感知。与脑的其他感觉系统一样，听觉系统似乎也需要在年幼阶段经历正常的信息输入，以使其正常地发育。如果在生命的早期阶段被剥夺了声音暴露，即便之后恢复了听力，听觉系统的正常功能也不能得到完全地发育。脑发育关键期的概念将在第23章讨论。

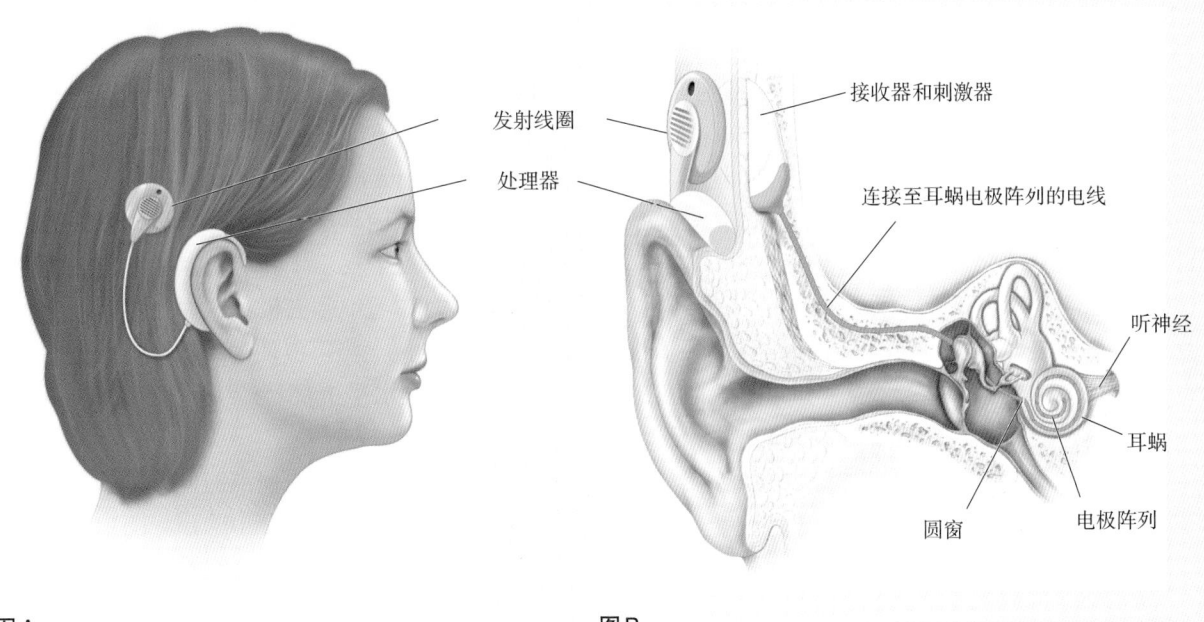

图A
置于耳后的人工耳蜗头戴件

图B
植入耳内的人工耳蜗

接的。这些结构作为一个整体移动，以朝着盖膜或离开盖膜方向的绕蜗轴旋转移动（图11.13）。当基底膜向上移动时，网板也朝着蜗轴向上向内移动；相反，基底膜向下移动则导致网板以离开蜗轴的方向向下移动。当网板相对于蜗轴向内或向外移动时，它也相对于盖膜向内或向外移动。由于外毛细胞静纤毛的尖端是插入盖膜中的，网板相对于盖膜的侧向移动会使外毛细胞的静纤毛向一侧或另一侧弯曲。也许因为受到流动的内淋巴的推动，内毛细胞静纤毛的顶部也会被弯曲。整齐排列的肌动蛋白丝使得静纤毛的毛杆颇具刚性，毛杆的弯曲仅发生其根部，也就是它们附着的毛细胞的头部。交连的细丝将静纤毛粘连在一起，使得毛细胞上所有的纤毛作为一个整体移动。现在想象一下，一个声波使得基底膜在如图11.13a, b所示的两个位置之间振动，你就明白了毛细胞的纤毛是如何被盖膜前后折弯的。

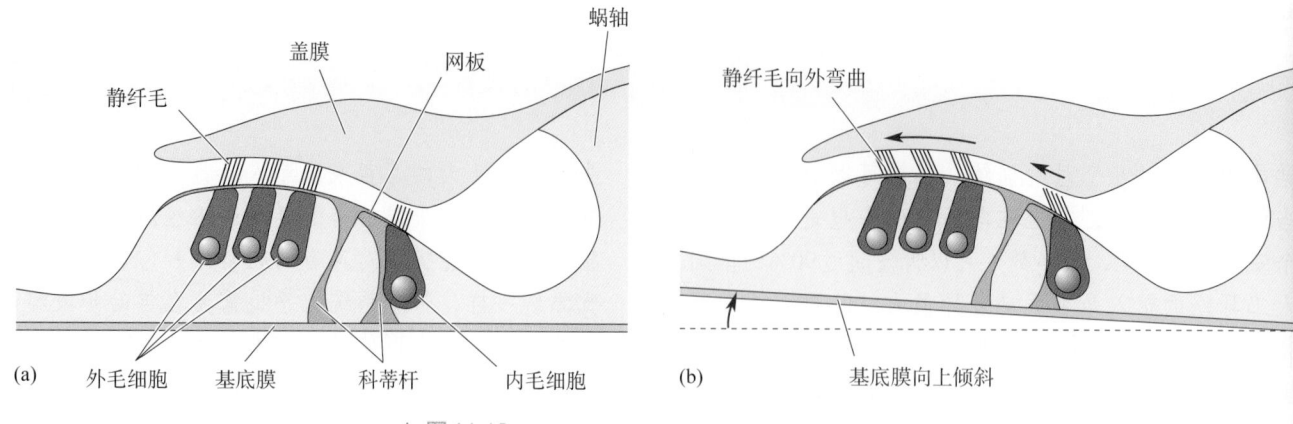

▲ 图 11.13

由基底膜的向上运动所造成的纤毛弯曲。（a）静息时，毛细胞位于网板和基底膜之间，且外毛细胞的静纤毛尖端附着于盖膜上。（b）当声音使得基底膜向上倾斜时，网板向上并朝蜗轴的方向向内移动，导致静纤毛向外弯曲

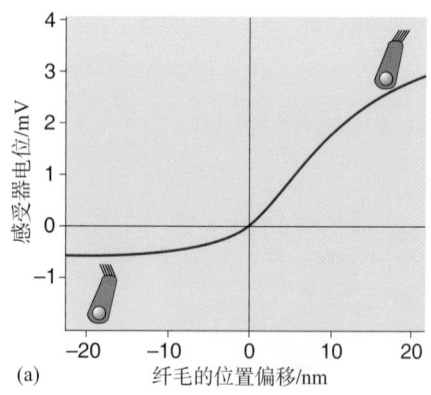

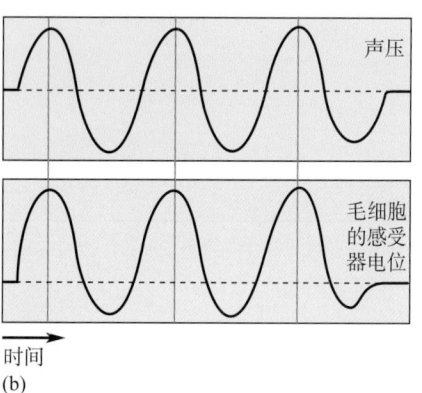

▲ 图 11.14

毛细胞的感受器电位。（a）毛细胞的去极化或超极化依赖于静纤毛倾斜的方向。（b）在低频声音作用时，毛细胞的感受器电位紧随空气压力而变化

毛细胞如何将纤毛的弯曲转换成神经信号的研究是个颇具挑战的问题。由于耳蜗深埋在骨头中，因此很难从毛细胞记录到信号。在20世纪80年代，美国加州理工学院（California Institute of Technology）的 A. J. Hudspeth 和他的同事们率先使用了一种将毛细胞从内耳中分离出来，以对其进行离体研究的新方法。这种离体技术在很大程度上揭示了转导机制。来自毛细胞的记录揭示：当静纤毛向一个方向倾斜时，毛细胞去极化；而当静纤毛向另一个方向倾斜时，毛细胞超极化（图11.14a）。当声波使静纤毛交替地向后和向前倾斜时，毛细胞在 −70 mV 的静息电位水平上交替产生超极化和去极化的感受器电位（图11.14b）。

为了了解耳的工作效率有多高，让我们花一点时间来看看图11.14a中横轴的尺度。它的单位是纳米（nm），而 1 nm 等于 10^{-9} m。图中显示当静纤毛顶端向一侧移动大约20 nm时，毛细胞的感受器电位发生饱和，这就是一个非常响的声音可能产生的效果。然而你所能听见的最为轻柔的声音，仅使纤毛向某一侧移动0.3 nm。这个距离小得令人惊奇，大约只是一个大原子的直径！由于每根静纤毛的直径约为 500 nm（或0.5 μm），为了产生一个可被感知的声音，一个非常轻柔的声音只需要使静纤毛摆动的幅度达到其直径的千分之一就可以了。毛细胞是如何对如此微小的声能进行转换的呢？

每根静纤毛顶部存在一种特殊的离子通道，纤毛的弯曲可打开和关闭该通道。当这些机械敏感的转导通道开放时，会出现一股内向离子电流，并产生毛细胞感受器电位。尽管对其进行了大量的研究，但对通道的分子性质仍不清楚。该通道如此难以鉴定的一个原因是其数量太少，每根静纤毛的顶部仅有一个或两个这样的通道，而整个毛细胞可能仅有100个。最新的一些研究认为，毛细胞转导通道属于**跨膜蛋白样**（transmembrane protein-like，TMC）蛋白质家族。但另一些研究质疑该结论。目前，我们所能知道的是对该问题的研究将积极地持续进行下去。

图11.15显示的是转导通道被认为是如何工作的。一种称为**顶端连接**（tip link）的坚硬的细丝把通道与相邻静纤毛的壁相连。当纤毛直立时，顶端连

机械门控通道

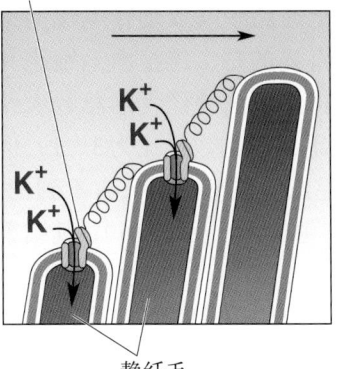

静纤毛

顶端连接

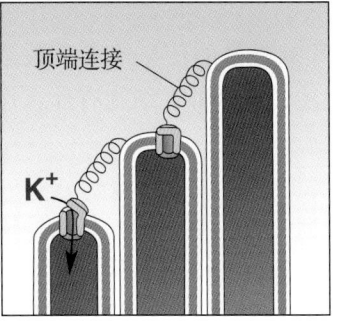

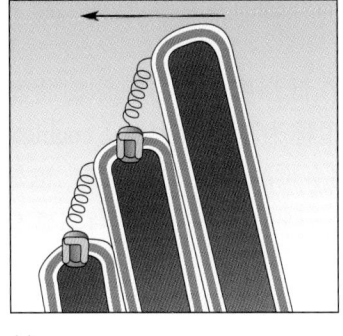

(a)

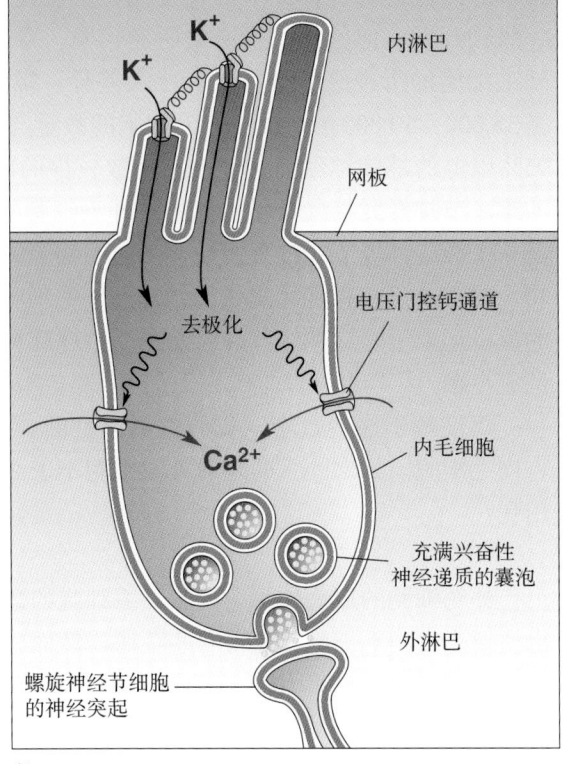

K⁺

内淋巴

网板

去极化

电压门控钙通道

Ca²⁺

内毛细胞

充满兴奋性
神经递质的囊泡

外淋巴

螺旋神经节细胞
的神经突起

(b)

◀ 图 11.15

毛细胞的去极化。(a) 当连接静纤毛的顶端连接被拉
伸时，静纤毛顶部的离子通道开放。(b) K⁺的流入使
毛细胞发生去极化，从而打开电压门控的钙通道。
Ca²⁺的流入导致神经递质从突触囊泡中释放；随后，
递质扩散至突触后螺旋神经节细胞的神经突起

接的张力使通道在部分时间内处于开启状态，允许少量K⁺从内淋巴流入毛细
胞。当纤毛在向一个方向移动时，增加了顶端连接的张力，这样就增加了通
道开放的速率和内向K⁺电流。当纤毛向相反方向移动时，则使顶端连接的张
力得到释放，因而通道关闭的时间加长，从而降低了内向K⁺电流。K⁺流入
毛细胞会导致细胞去极化，转而激活电压门控的钙离子通道（图11.15b）。
Ca²⁺的流入则触发神经递质谷氨酸的释放，进而激活毛细胞的突触后螺旋神
经节纤维。

　　有趣的是，K⁺通道的开放使毛细胞去极化，而K⁺通道的开放使大多数
神经元发生**超极化**。毛细胞的反应与其他神经元不同的原因在于内淋巴的异
乎寻常的高K⁺浓度，这使得毛细胞的K⁺平衡电位为 0 mV，而K⁺的平衡电位
在典型的神经元为 −80 mV。另一个驱动K⁺进入毛细胞的因素是 +80 mV
的耳蜗内电位（endocochlear potential；即内淋巴电位——译者注），这有助
于产生一个 125 mV 的跨静纤毛膜的电压梯度。

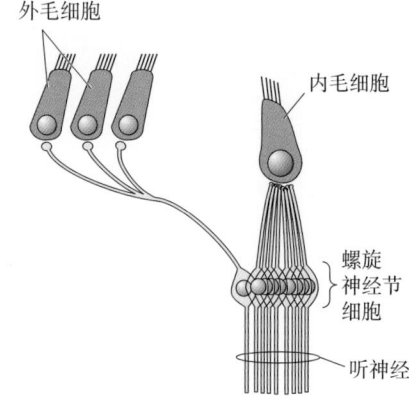

外毛细胞

内毛细胞

螺旋
神经节
细胞

听神经

▲ 图 11.16

毛细胞由螺旋神经节的神经元支配

毛细胞和听神经轴突。听神经由胞体位于螺旋神经节内的神经元的轴突组成。因此，螺旋神经节的神经元，也就是听觉通路中发放动作电位的第一级神经元，向脑提供所有的听觉信息。令人奇怪的是，连接内毛细胞和外毛细胞的听神经纤维数量有巨大差异。螺旋神经节内神经元的总数大约是 35,000 ~ 50,000 个。虽然外毛细胞的数量与内毛细胞的数量比为 3 : 1，但 95% 以上的螺旋神经节神经元与为数较少的内毛细胞连接，而只有不到 5% 的螺旋节神经元接受数量占优势的外毛细胞的突触输入（图 11.16）。其结果是一个螺旋神经节纤维只接受一个内毛细胞的输入，而每个内毛细胞同时向 10 个螺旋神经节神经元提供信号。在外毛细胞，情况则正好相反。由于它们的数量远大于螺旋神经节神经元，一个螺旋神经节神经纤维与许多外毛细胞形成突触。

仅仅基于这些数字，我们就可以推断：由耳蜗提供的信息绝大多数来自内毛细胞。如果脑真的是对外毛细胞不怎么关注，那么外毛细胞有什么作用呢？

外毛细胞的放大作用。既然外毛细胞的数量远大于内毛细胞，耳蜗的输出主要来自内毛细胞就显得有些荒谬。然而，正在进行的研究提示，外毛细胞在声音的转导过程中发挥关键作用。具有讽刺意义的是，对于外毛细胞作用本质的一个线索是发现了耳不仅能传递声音，而且能产生声音（图文框 11.3）。

外毛细胞像一个微型马达那样发挥作用，在低强度的声音刺激时将基底膜的运动放大。外毛细胞对基底膜的这种作用称为**耳蜗放大器**（cochlear amplifier）。有两个分子机制可能对此放大器作用有贡献。第一个机制，也是被人们了解得最深入的，涉及仅在外毛细胞膜上发现的一种特殊的**马达蛋白**（motor protein）（图 11.17a）。马达蛋白可以改变外毛细胞的长度，因而外毛细胞能够以感受器电位和长度变化这两种机制对声音产生反应（图 11.17b）。毛细胞的马达蛋白与任何其他细胞的细胞运动系统（system of cellular movement）都不一样，即它是由感受器电位所驱动的，而不以三磷酸腺苷（ATP）为能源。该马达蛋白的反应速度也出奇地快，因为它必须能跟上由高频声音所引起的振动。毛细胞的主要马达蛋白是一种不常见的蛋白，称为**快蛋白**［prestin；此词来源音乐符号 *presto*（急板），意思是"快速的"］。快蛋白分子紧密地聚集在外毛细胞胞体段的细胞膜中，这对于外毛细胞因声音的作用而发生运动反应来说是必需的。耳蜗放大器的第二种可能的分子机制位于纤毛束中。一种特殊类型的收缩蛋白——**肌球蛋白**（myosin）附着在顶端连接的上端。在对微弱的声音反应时，肌球蛋白和其他的顶端连接蛋白可能以某种方式快速地提高毛细胞的运动速度；但是，对这个观点还存在争议。

由于外毛细胞附着于基底膜和网板，当马达蛋白使毛细胞的长度改变时，基底膜便被拉向或推离网板和盖膜。这就是为什么使用"马达"一词的原因——外毛细胞主动地改变耳蜗的膜与膜之间的物理关系。

外毛细胞的马达效应对沿基底膜传播的行波具有重要的作用。1991年，明尼苏达大学（University of Minnesota）的 Mario Ruggero 和 Nola Rich 通过向实验动物注入化学药物呋塞米（furosemide；一种利尿药，又称速尿——

图文框11.3　趣味话题

用充满噪声的耳朵听

感觉系统往往可以探测环境中的刺激能量，而不能产生能量。你是否能想象眼睛在黑暗中发光，而鼻子散发出玫瑰的芬芳？如果耳朵里嗡嗡作响会怎么样呢？事实上，视网膜不会发光，嗅觉感受器不会产生气味，但有些人的耳朵确实能产生足够响的、能被旁边的人听到的声音。这种声音被称为**耳声发射**（otoacoustic emissions）。在一个早期的报告中描述了这样一个情况：一个男子坐在他的狗旁边，他听到这条狗在发出"嗡嗡"声。在经过一番充满疑虑的追根溯源之后，他发现声音来自狗的一只耳朵。

所有脊椎动物的耳，包括人的，都可以发出响声。给正常人耳一个短暂的声音刺激，如一声"咔哒"声，就能引起耳朵的一次"回声"，该回声可以被置于耳道中的高灵敏度麦克风拾取到。我们通常注意不到这个回声，因为它太微弱了，我们不能在周围环境中的其他声音里听到它。

在没有任何声音输入的情况下，耳会自发地发出比较响的声音，这往往是由于暴露于巨大的声响（如爆炸、机器或摇滚乐队）、药物或疾病而导致的持续性耳蜗损伤。如果自发的耳声发射足够响，它们能导致耳鸣，即耳中不停地嗡嗡作响（图文框11.6）。

导致耳发出自身声音的机制，即耳蜗放大器的作用，与提高其检测**环境中**声音能力的机制是一样的，只是方式相反。当正常的外毛细胞受到"咔哒"声刺激时，会以快速的运动对声响做出反应，从而推动了耳蜗内的液体和膜，这就引起了听小骨的运动，从而带动鼓膜的振动，最终在耳朵外面的空气中产生了声响（即回声）。自发的耳声发射是由于耳蜗放大器的灵敏度非常高。大多数具有正常听觉的人可以在极其安静的环境下听到耳声发射。

耳蜗的受损区域可以某种方式易化一些外毛细胞的自发运动，因此它们总是处于振动状态。说来也奇怪，大多数人并未意识到他们的耳朵能发出声音。显然，他们的中枢听觉神经元将耳蜗的自发活动辨认为噪声，并抑制了对其的感知。其好处是不至于引起令人发疯的耳鸣，但代价则是对相应频段听觉的丧失。

由于耳声发射是耳的一个正常属性，它们可用于对耳功能的快速方便的检测。将一系列声音播放入耳朵，由这些声音诱发的回声被记录下来并进行分析。回声的特征就能告诉我们许多关于中耳和内耳的功能情况。这对那些不能告诉检查者是否听到了测试声音的人来说尤其有用——如新生儿。

译者注）首先证明了这一点。呋塞米可以短暂地减弱由毛细胞静纤毛弯曲所引起的转导，这就显著地降低了基底膜对声音反应时的振动（图11.17c, d）。呋塞米的这个作用被认为是由于外毛细胞马达蛋白的失活和耳蜗放大器的作用丧失所引起的。当外毛细胞放大基底膜的反应时，内毛细胞的静纤毛更为弯曲，内毛细胞增强的转导过程使听觉神经产生更大的反应。因此，通过这个反馈系统，外毛细胞对耳蜗的输出具有显著的贡献。如果没有耳蜗放大器，基底膜的振动峰值将缩小100倍。

外毛细胞对内毛细胞反应的作用可以被耳蜗之外的神经元所调节。除了从耳蜗到脑干螺旋神经节的传入，还有大约1,000根传出纤维从脑干投射到耳蜗。这些传出纤维发散得很广泛，与外毛细胞形成突触并释放乙酰胆碱。刺激这些传出纤维会改变外毛细胞的形状，从而影响内毛细胞的反应。利用这种方式，从脑到耳蜗的下行性输入可以对听觉的敏感性进行调节。

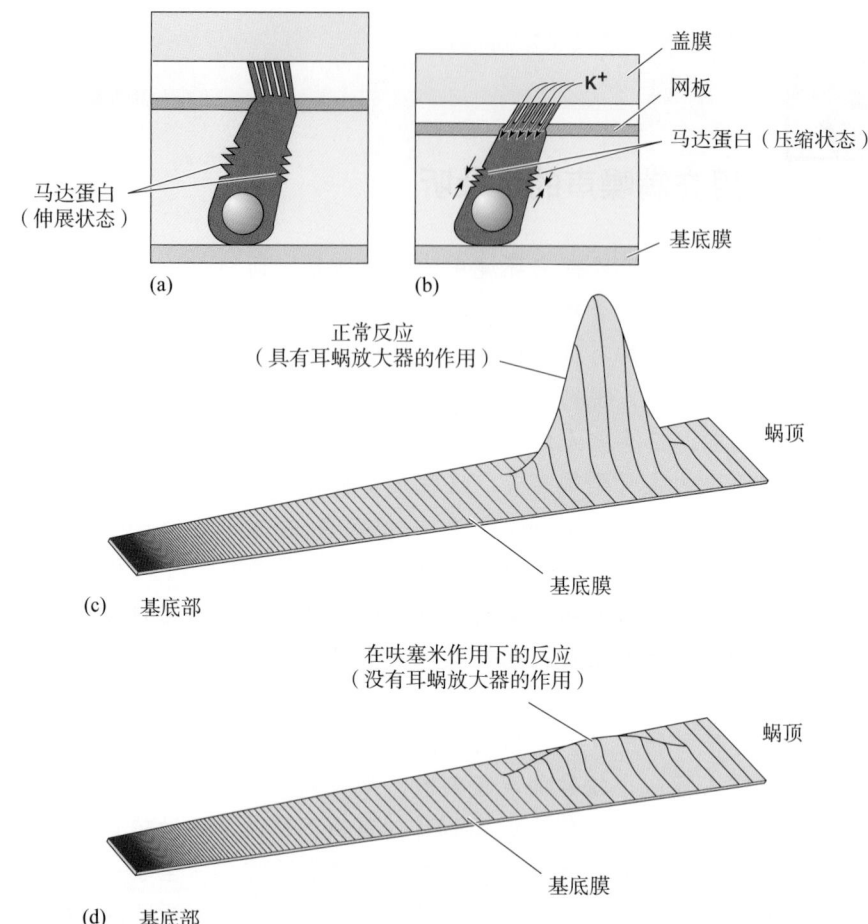

▲ 图 11.17

外毛细胞的放大作用。（a）外毛细胞膜上的马达蛋白。（b）静纤毛的弯曲导致钾离子进入毛细胞，使细胞去极化，并触发马达蛋白的激活，使毛细胞变短。（c）毛细胞的缩短和伸长增加基底膜的弯曲程度。（d）呋塞米降低毛细胞的转导，从而减小基底膜的弯曲程度（改绘自：Ashmore and Kolston，1994，图2和图3）

　　外毛细胞的放大效应可以解释为什么某些对毛细胞有损伤作用的抗生素（如卡那霉素）可以致聋。过度使用抗生素时，许多内毛细胞对声音的敏感性降低。然而，抗生素几乎只损害外毛细胞，而不伤及内毛细胞。由于这个原因，由抗生素导致的失聪可能是耳蜗放大器（即外毛细胞）受损的结果，这恰好也说明了这个放大器所发挥的作用有多重要。

　　快蛋白对外毛细胞的马达来说是必需的，其对耳蜗放大器行使功能也是必需的。如果把小鼠编码快蛋白的基因清除，这些动物几乎就聋了。它们的耳朵对声音的敏感性比正常动物可降低100倍以上。

11.6　中枢的听觉处理

　　听觉通路似乎比视觉通路更为复杂，因为在听觉感觉器官与皮层之间有更多的中继核团。另外，与视觉系统相反的是，听觉系统具有更多的旁路，通过这些旁路，信号可以从一个核团传到另一个核团。但是，如果考虑到脑干中听觉系统的细胞和突触与视网膜各层之间的细胞和突触相互作用相类似的事实，就会发现在这两个系统内的信息处理量是相似的。我们接下来讨论听觉通路，集中讨论在听觉通路中所发生的听觉信息的转换。

11.6.1　听觉通路的解剖

来自螺旋神经节的传入神经通过听-前庭神经进入脑干。在延髓水平，来自两侧耳蜗的听-前庭神经轴突分别支配了各自同侧的**背侧耳蜗神经核**（dorsal cochlear nucleus）和**腹侧耳蜗神经核**（ventral cochlear nucleus）。由于每根轴突都有分支，故每一根轴突都同时与这两个耳蜗神经核的神经元形成突触。从这一点开始，由于有多个平行通路存在，系统变得更加复杂，而且目前对系统内的神经连接方式也了解得不多。因此，我们将只对一条自耳蜗神经核到听觉皮层的特别重要的通路进行描述，而不试图对所有这些连接都进行描述（图 11.18）。腹侧耳蜗神经核细胞的轴突同时投射到脑干两侧的**上橄榄**（superior olive；又称上橄榄核，superior olivary nucleus）。橄榄核神经元的轴突在外侧丘系（lateral lemniscus；一个丘系就是一个许多轴突的集合）上行，止于中脑的**下丘**（inferior colliculus）。背侧耳蜗神经核的很多传出纤维与来自腹侧耳蜗神经核的通路相似，只是背侧通路绕过了上橄榄核。虽然还有通过其他中继站的自耳蜗神经核至下丘的通路，但所有上行听觉通路都会聚于下丘。下丘神经元的轴突投射到丘脑的内侧膝状体核（medial geniculate nucleas，MGN），继而投射到听觉皮层。

在讨论听觉神经元的反应特征之前，我们必须强调几点：

1. 除了已经讨论过的，还有其他投射和脑干核团参与听觉通路。比如，下丘神经元轴突投射到 MGN，而且也投射到上丘（听觉和视觉信息在上丘发生整合）和小脑。
2. 听觉通路有大量的反馈。比如，脑干神经元发出的轴突与外毛细胞接触，听皮层神经元的轴突到达 MGN 和下丘。
3. 每个耳蜗神经核仅接受来自同侧一只耳的输入，而脑干中所有其他听觉核团均接受来自双侧耳的输入。这能够解释临床上的一个重要事实，即由脑干损伤所导致的一侧耳聋，只有在该侧的耳蜗神经核（或听神经）受损的情况下才能发生。

11.6.2　听觉通路神经元的反应特征

为了理解脑干中听觉信号的转换，我们首先必须考虑来自耳蜗螺旋神经节神经元输入的特性。由于大多数螺旋神经节细胞接受来自位于基底膜特定位置的单个内毛细胞的输入，它们仅在对一定频率范围内的声音做出反应时才发放动作电位。毕竟，毛细胞的兴奋由基底膜的形变所致，而基底膜的每个特定部位对某一特定范围的声音频率最为敏感。

图 11.19 显示了一个实验，即在单个听觉神经纤维（即螺旋神经节细胞的轴突）上记录动作电位。曲线图显示了神经元对不同频率的声音做反应时的放电频率。如果一个神经元对一个频率的声音发生了最大的反应，那么这个频率就被称为该神经元的**特征频率**（characteristic frequency）；同时，可见

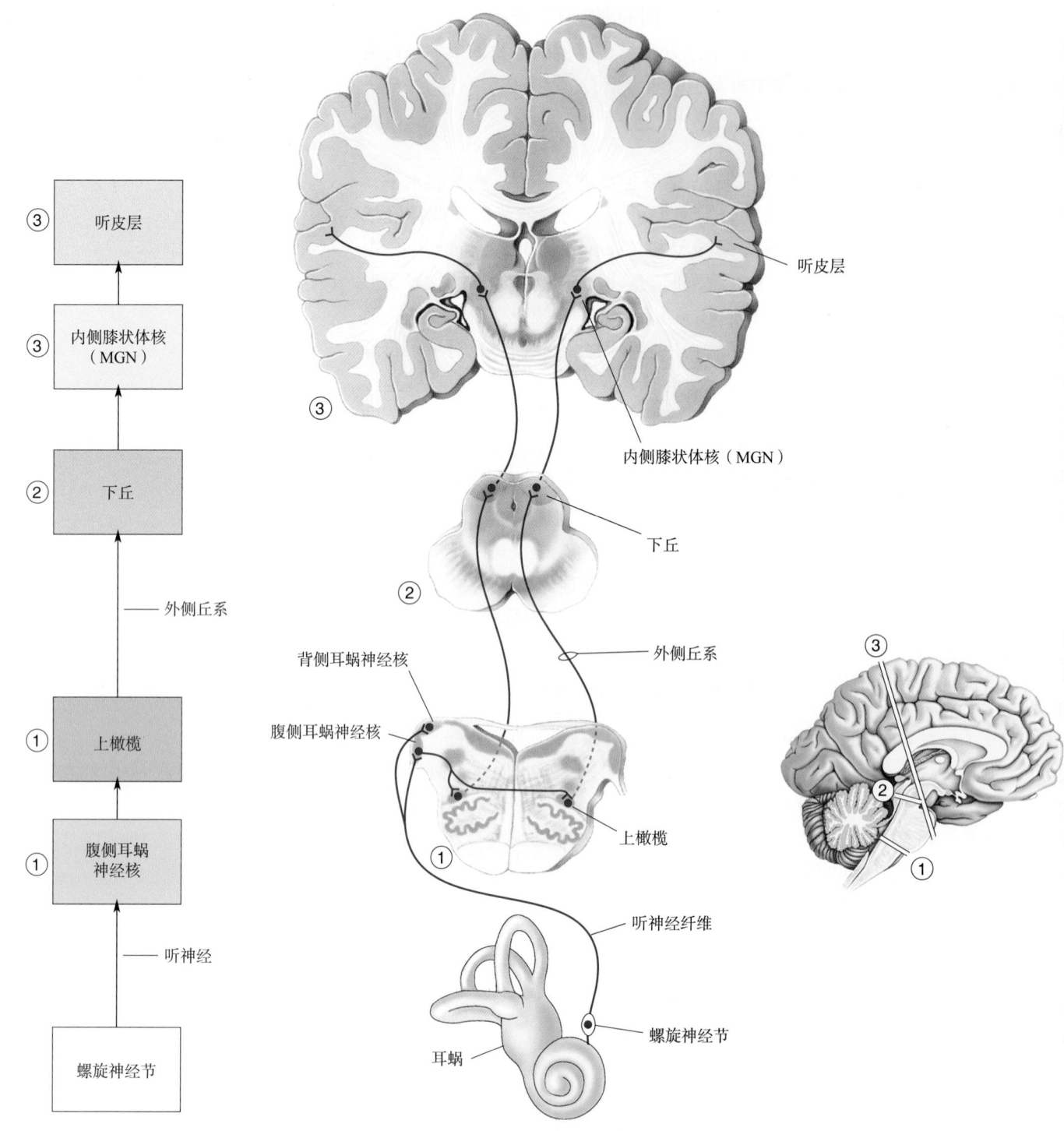

▲ 图 11.18

听觉通路。听觉神经信息可以通过多条通路从螺旋神经节到达听觉皮层。此图给出的是一条主要的神经通路（左侧）和通过脑干的横切面。注意，此图只给出了一侧的连接

这个神经元对邻近频率的反应要小一些。这种频率调谐现象存在于自耳蜗到皮层的各级中继核团的神经元上。

当听觉通路在脑干中上行时，细胞的反应特征变得更为多样化和复杂，这种情况与视觉通路是一样的。比如，耳蜗神经核的一些细胞对频率随时间

而变化的声音特别敏感（试想象长号从低音滑向高音的声音）。在 MGN，有些细胞对一些相当复杂的声音（如说话）有反应；而其他一些细胞却与听神经一样，只具有简单的频率选择性。上橄榄核的一个重要的进化在于，其细胞接受来自双侧脑干耳蜗神经核的输入。正如下面要讨论的，这些双耳神经元（binaural neuron）可能对声音的定位非常重要。

11.7　声音强度和频率的编码

如果你中断阅读本书一小会儿，你会注意到周围的许多声音。你也许可以听到曾经被你忽略的声音，而且你可以有选择地对在同一时间发生的不同声音加以注意。我们经常身处一个令人惊讶的多样化的声音之中——从闲谈的人们发出的声音、汽车和电器产生的噪声，到我们自己身体内部产生的声音——我们的脑必须能够只分析重要的声音，同时忽略掉噪声。我们目前尚不能把对这些声音的感知与脑内特定的神经元一一对应起来。但是，大多数声音具有一些共同的特征，包括强度、频率和声源的位置。这些特征中的每一个在听觉通路中的表征都有所不同。

11.7.1　刺激强度

关于声音强度的信息是通过两种相互关联的方式编码的：神经元放电的频率和激活的神经元数量。当刺激变得更强时，基底膜振动的幅度更大，导致被激活的毛细胞的膜电位出现更高程度的去极化或超极化。结果是，与毛细胞形成突触的神经纤维以更高的频率发放动作电位。在图 11.19 中，听神经纤维对同一频率的声音刺激所产生的发放，在声音强度增大的情况下变得更快。另外，更强的声音刺激会使基底膜产生更大的振动，从而导致更多的毛细胞激活。对于单根听神经纤维，激活的毛细胞数量的增加会导致该听神经纤维频率响应范围变宽。我们所感知的声音响度与听神经中（以及整个听觉通路中）激活的神经元数量有关，同时也与这些神经元的放电频率有关。

11.7.2　刺激频率、音调拓扑和锁相

从耳蜗内的毛细胞开始，通过各种核团，直至听觉皮层，大多数神经元对刺激频率敏感。而且，这些神经元对它们的特征频率最为敏感。那么，在中枢神经系统中频率是如何表征的呢？

音调拓扑。频率敏感性在很大程度上是基底膜力学特性的结果，因为基底膜的不同部位在不同频率的声音作用下会产生最大的变形。从耳蜗的基底部到蜗顶，能使基底膜产生最大形变的频率是逐步降低的。这是一个音调拓扑的例子，与我们前面讨论过的一样。在听神经中也有相应的音调拓扑表征；与基底膜顶部毛细胞相连的听神经纤维具有较低的特征频率，而与基底膜底部毛细胞相连的听神经纤维则具有较高的特征频率（图 11.20）。当听–前庭神经中的听神经轴突在耳蜗神经核内形成突触时，它们也根据特征频率形成一个有序的模式。相邻的神经元具有相似的特征频率，因而神经元在耳蜗神经核中的位置与特征频率之间存在系统性的关系。换言之，在耳蜗神经核内有一张基底膜的定位图。

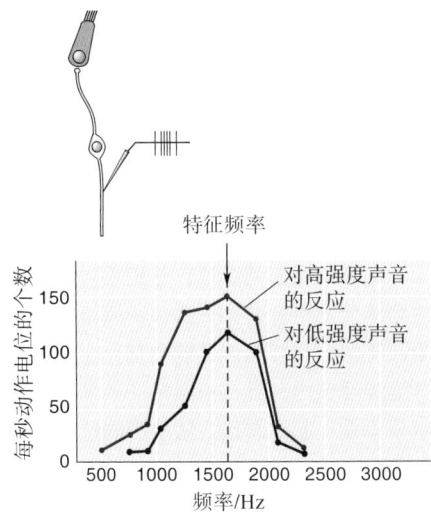

▲ 图 11.19
一根听神经纤维对不同频率声音的反应。该神经元是频率调谐的（frequency-tuned），在其特征频率处有最大反应（改绘自：Rose、Hind、Anderson 和 Brugge，1971，图 2）

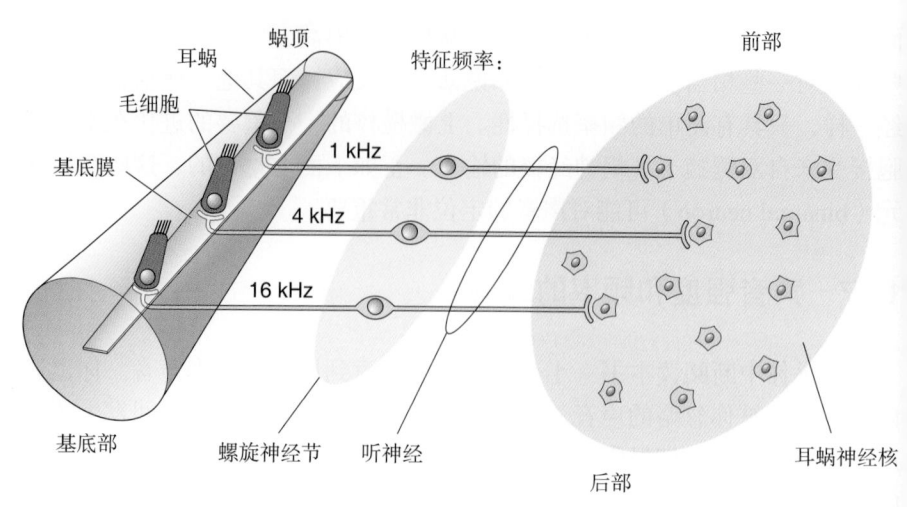

▶ 图 11.20
基底膜和耳蜗神经核的音调定位拓扑图。从耳蜗底部到蜗顶，基底膜与频率逐渐降低的声音共振。这种音调拓扑现象在听神经和耳蜗神经核中都存在。在耳蜗神经核内，具有相同特征频率的细胞聚集在一起；并且，从核团的前部到后部，特征频率逐渐增大

由于音调拓扑贯穿于整个听觉系统，听觉核团中激活的神经元的位置即成为声音频率的一个指标。但是，除了音调拓扑图中最大激活的位点，频率还必须由其他某种方式来编码。这里，有两个原因。第一个原因是，这些定位图并没有包括那些具有非常低的特征频率（大约 200 Hz 以下）的神经元。其结果是：50 Hz 的音调和 200 Hz 的音调的最大激活位点可能是相同的，因此必须通过其他途径来区分它们。第二个原因是，除依赖于声音的频率外，由一种声音引起的基底膜最大幅度位移区域不仅取决于声音的频率，还取决于声音的强度（图 11.19）。在一个固定的频率下，较之于强度较小的声音，强度较大的声音会在基底膜相对靠上的位置引起最大的变形。

锁相。神经元放电的时序为声音的频率提供了另一种形式的信息，从而对来自音调拓扑定位图的信息做出了补充。从听神经的神经元上所做的记录显示**锁相**（phase locking）现象的存在，即细胞总是在声波的同一个相位处放电（图 11.21）。如果你把声波想象成正弦的空气压力变化。那么，一个锁相的神经元就可能在正弦波的波峰或波谷，或者波的某个恒定的相位处发放动作电位。在低频时，每当声音处于某一特定的相位时，一些神经元就会发放动作电位（图 11.21a）。这使得对声音频率的确定变得容易，因为神经元动作电位的频率与声音的频率是一致的。

即便不是在每个周期中都有动作电位的发放，锁相依然可以发生（图 11.21b）。比如，一个神经元可能对 1000 Hz 的声音有反应，也许该神经元仅对 25% 的输入周期有动作电位发放的反应，但这些动作电位总是出现在声波的同一个相位上。如果你有这样一组神经元，其中每个神经元对输入信号的不同周期有反应，那么这个神经元组就可能（通过组内的一些神经元）对每个周期都有反应，从而测量到声音的频率。中间频率的声音有可能是由一组神经元的总体活动来表征的（而这些神经元中的每一个都是以锁相方式放电的），这称为**排放原理**（volley principle）。发生锁相现象的声波频率上限约为 5 kHz。在此频率之上，神经元在声波的随机相位处发放动作电位（图 11.21c），这是因为动作电位时序的内在变异与声波相邻周期之间的间隔时间相当。换言之，声波周期太快了，以至于单个神经元的动作电位不足以精确地表征它们的时序。在 5 kHz 以上，频率仅由音调拓扑来表征。

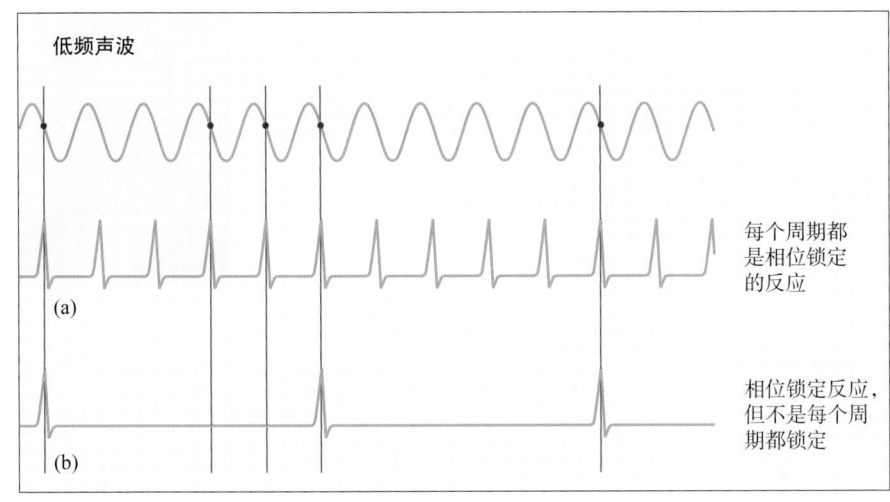

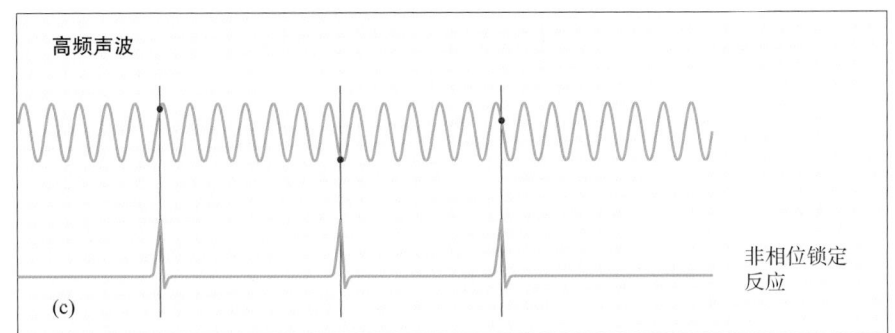

◀ 图 11.21
听神经纤维反应的锁相。低频声音诱发的锁相反应发生在（a）刺激的每个周期或（b）某些周期。（c）在高频声音刺激时，反应与刺激之间不具有锁相关系

　　脑干中许多听觉神经元具有特有的膜特性，使得它们对于具有精准时序的突触输入独特地敏感。耳蜗神经核的神经元对精准时序的适应特别引人注目，这在威斯康星大学（University of Wisconsin）的 Donata Oertel 和她同事们的研究中已经得到了证明（图文框 11.4）。

　　综上所述，下面的这句话总结了脑干神经元是怎样表征不同的声音频率的：声音在非常低频率时，用锁相形式来表征；在中等频率时，用锁相和音调拓扑来共同表征；而在高频率时，只能靠音调拓扑来表征。

11.8　声音定位的机制

　　虽然频率信息的使用对于解释环境中的声音是必要的，但声音的定位对于我们的生存才是至关重要的。当一只食肉动物就要捕食到你的时候，发现声源并迅速逃走比起分析声音的细节更为重要。现在，人类不再经常被野生动物所捕食了，但在另外一些情况下，声音的定位可能是有帮助的。如果你粗心地穿越马路，你对汽车喇叭声的定位可能是拯救你的唯一途径。目前我们对声音定位机制的了解提示，我们采用不同的方法对水平平面（左右）和垂直平面（上下）的声音进行定位。如果你闭上双眼并堵住一只耳朵，你几乎可以像双耳都打开时那样，对一只鸣叫着飞过你头顶的鸟定位。但是，如果你试图对一只嘎嘎叫着游过池塘的鸭子进行水平定位时，你会发现只用一只耳朵是很难做到的。因此，水平定位需要对到达两只耳的声音进行比较，而垂直定位则不需要。

图文框11.4 发现之路

捕捉声音的节拍

Donata Oertel 撰文

尽管脑内各处均以动作电位的发放时间来携带信息，但不同神经元发放的时间尺度却差异巨大。脑干听神经核团中的神经元能以优于200 μs的时间精度发放动作电位。与此相反，皮层神经元对相同刺激的反应精确度仅为前者的1/100。在听觉系统中，动作电位的发放时间传递了声音的音调，以及声音是来自右侧还是左侧的重要感觉信息。

20世纪60年代中期，计算机使得详细地分析声音的波形与神经元发放之间的关系成为可能。这些研究（其中有一些是我的同事在威斯康星大学进行的）揭示，听神经元不仅以它们在音调拓扑图上的位置，而且还以锁相（即与声音的相位同步发放）的方式来对声音的频率进行编码。这种对时间编码的方式在声音频率超过5 kHz时失效，因为神经元发放不足以精确地分辨周期小于约200 μs的声音。

低频锁相对于人类来说是有价值的。首先，我们分辨类似于1,000 Hz和1,002 Hz音调的惊人能力似乎依赖于脑干神经元的锁相。锁相神经元还可以检测声音在每个周期中到达两耳的相对时间，这是在水平平面上定位声音的一个重要机制。

听神经元是如何利用时程在毫秒级的突触电位和动作电位，以200 μs的时间精确度，跨越从毛细胞到螺旋神经节细胞，到耳蜗神经核神经元，再到上橄榄核神经元的多个突触来传递信息的呢？要达到这个目的，突触后神经元的发放必须以恒定的延迟，快速地跟随突触前神经元的发放。

1979年，Bill Rhode、Phil Smith和我开始利用细胞内记录技术在麻醉的猫上研究这些问题，但这些实验极度困难。问题之一是电极难以接近脑干的听觉核团，因为这些核团被小脑、内耳和下颌包围着。另一个问题是血流波动和呼吸运动使得微电极不稳定。1980年，我意识到可以通过在脑片上做记录来排除这些困难，这项技术当时也被用于研究啮齿动物的海马和小鸡的脑干。我开发了一种小鼠耳蜗神经核的脑片制备技术，但仍有很多细节需要解决。我不得不学习如何在不拉扯到听神经的情况下移除脑干，如何优化组织灌流液的性质，以及如何使得灌流液有足够快的流速以促进有效的气体交换，但又不至于由于灌流液

11.8.1 水平平面中声音的定位

对声源定位的一个显而易见的线索是声音到达每只耳朵的时间。如果我们不是直接面对声源，声音到达一侧耳朵所经历的时间要比到达另一侧耳朵的更长。比如，一个声音突然从你的右方传来，它将首先到达你的右耳（图11.22a），稍迟才传到你的左耳，这一时间差称为**双耳时间延迟**（interaural time delay），简称双耳延迟。如果你的双耳之间的距离为20 cm，从右方传来垂直于头部的声音将首先到达你的右耳，0.6 ms之后才到达你的左耳。如果声音从正前方传来，则没有双耳延迟，而介于正面和垂直面之间的任何角度都将产生一个0～0.6 ms的延迟（图11.22b）。从左面传来的声音与从右面传来的声音所产生的延迟相反。因此，声音的位置与双耳延迟之间有一简单关系。被脑干中特化的神经元所检测到的延迟，使得我们能够对来自水平平面上的声音进行定位。我们能够检测到的双耳延迟非常短暂。在水平平面，人可分辨的声源方向的精确度约为2°，这就要求人能够分辨到达双耳只有11 μs时差的一个声音。

太湍急而将电极拽出细胞。我的第一个发现是，一些听神经元的膜电阻极低且时间常数很短，这些特征有助于它们锐化精确的时间信息和传递这些信息。为了确保信息传递的精确性，听神经元还在其他方面进行了特化。它们的突触使用反应速度最快的谷氨酸受体亚型来产生异常大的电流，从而使低电阻的细胞可以快速地去极化。

一些听觉神经元的一个关键功能是**重合检测**（coincidence detection）——检测两个输入是否同时到达（重合检测是指，单个神经元或神经元群通过检测在一个很短的时间窗口内是否有同时来自不同空间部位的输入，从而决定是否发放动作电位的一种神经信息处理方式——译者注）。耳蜗神经核（cochlear nucleus）中的章鱼细胞（octopus cell）和上橄榄核中的主细胞（principal cell）这两类听神经元是真正精巧的重合检测器。Nace Golding、Ramazan Bal 和 Michael Ferragamo 在我实验室工作期间证明了章鱼细胞具有电导极大的、相反类型的电压敏感离子通道（即超极化激活的阳离子通道和去极化激活的低阈值钾通道——译者注）。这些通道赋予了细胞很短的时间常数，使得它们能够在亚毫秒级时间范围内检测到输入是否重合。

使Nace和我感到困惑的是，突触电位总共需时不超过1 ms，但传递给章鱼细胞的听神经输入却是被一个掠过耳蜗的、长达数毫秒的行波所激活的。Matthew McGinley 帮助我们解决了这个困惑。章鱼细胞之所以得到其名，是由于它的树突仅向一个方向延伸；胞体发出树突穿过听神经纤维音调的拓扑阵列，因而最早的突触输入（高频调谐的）作用于章鱼细胞树突的顶部，而最晚的突触输入（低频调谐的）作用于胞体附近。EPSP沿章鱼细胞树突的传播需要时间；不同树突的延时补偿了耳蜗中行波的延时，使得章鱼细胞可以用一个单个的、精确定时的动作电位来表示咔哒声的出现和复杂声音的起始。当Nace建立了他自己的实验室后，他研究了内侧上橄榄核的主细胞，这种细胞能够比较两耳输入的时间。他发现内侧上橄榄核中的主细胞在许多方面与他做研究生时研究的章鱼细胞类似。两种细胞都有专门的离子通道使它们的发放速度更快，都利用它们的树突来检测EPSP是否重合；而且，两种细胞都需要发放动作电位，也需要在不受动作电位干扰的情况下整合输入，并在这两种需要之间择取平衡。然而，在体记录这两类细胞仍然是极其地艰难！

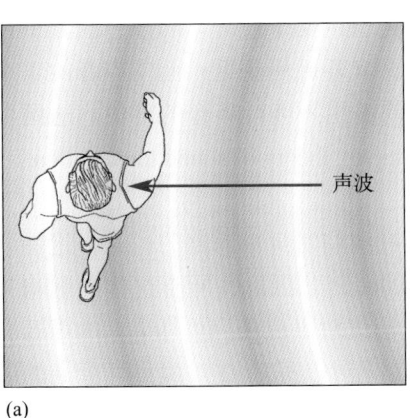
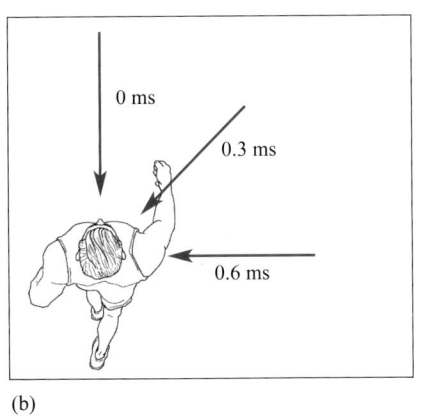

▲ 图 11.22

双耳时间延迟可作为判断声源位置的一个线索。（a）来自右侧的声波，先到达右耳，在声音传到左耳时，有一个显著的双耳延迟。（b）假如声音从正前方传来，那么不存在两耳之间的延迟。图中给出了来自3个不同方向的声音所出现的延迟

如果声音是持续的而不是突然响起的，我们就听不到声音的起始，因而也就不知道声音最初到达两只耳朵的时间。因此，持续声响对声音的定位提出了更多的问题，因为它们持续地出现在两只耳朵上。然而，只要使用与定位突然出现的声音稍微不同的方式，我们仍然可以用到达时间来对持续的声响进行定位。唯一能用来对持续声响进行比较的，是声波的同一个**相位**到达每只耳朵的时间。试想象你暴露于来自右方的 200 Hz 的声音中，在这个频率下，声波的一个周期是 172 cm，远大于你双耳之间 20 cm 的距离。在声波的峰值掠过你的右耳之后，需要等待 0.6 ms（也就是声波传过 20 cm 所需时间），你的左耳才能检测到这个峰值。当然，如果声波由正前方传来，持续声响的每一个峰值将同时到达两只耳朵。由于声波的波长远大于双耳之间的距离，我们可以放心地依赖声波峰值的双耳延迟来确定声音的位置。

对持续的高频声音来说，事情就复杂得多了。假如来自右方的声音的频率为 20,000 Hz，也就是说，一个声波的波长为 1.7 cm。在声波峰值到达右耳之后，它是否依然需要 0.6 ms 的时间才能到达左耳呢？不，它所需要的时间会短得多，因为有许多这样的高频声波的波峰充斥于双耳之间。在声音传来的方向与波峰到达双耳的时间上，不再存在上述的简单关系了。双耳到达时间在对持续高频声音进行定位时不再有用，因为这时（频率大于 2,000 Hz 时）声波的波长小于你双耳之间的距离。

幸运的是，脑对于高频声音的定位还具有另外一种机制。由于你的头颅对声音形成了一个有效的屏障，声音在两只耳朵之间存在**双耳强度差**（interaural intensity difference；图 11.23）。在声源方向和你头部对某一只耳朵所形成的屏障之间存在一个直接的关系。如果声音从正右方传来，左耳所听到的声音的强度会明显低些（图 11.23a）。如果声音从正前方传来，到达两只耳朵的声音强度将是相同的（图 11.23b），而如果声音从介于正右方和正前方之间的方向传来，则声音的强度也将介于这两个方向之间的声音强度（图 11.23c）。对声音的强度差敏感的神经元可以利用这些信息来对声音进行定位。声音强度的信息不能被用于对低频声音进行定位，因为这些频率的声波能够绕过头部，故在两只耳朵上的声音强度大致是一样的。因此，在低频声音的情况下不存在声音屏障。

让我们来总结一下水平平面上对声音定位的两个过程。当声音的频率在 20～2,000 Hz 范围内时，声音的定位主要靠**双耳时间延迟**；而当声音的频率在 2,000～20,000 Hz 范围内时，双耳强度差被用来进行声音的定位。这两种过程的综合构成了**声音定位的双重理论**（duplex theory of sound localization）。

双耳神经元对声音位置的敏感性。 通过我们对听觉通路的讨论，记得耳蜗神经核神经元只接受同侧听-前庭神经的传入。因此，所有这些细胞均为**单耳神经元**（monaural neuron），意思是它们仅对出现在一只耳朵上的声音有反应。但是，在听觉系统所有后面的处理过程中，均存在对两只耳朵上的声音都有反应的**双耳神经元**（binaural neuron）。双耳神经元的反应特征提示，它们在水平平面声音定位方面具重要的作用。

第一个拥有双耳神经元的结构是上橄榄。虽然对这些神经元的活动与动物对声音的行为定位之间的关系还有一些争议，但在这两者的相关性上确实存在一些令人信服的证据。上橄榄神经元接受脑干两侧耳蜗神经核的输入

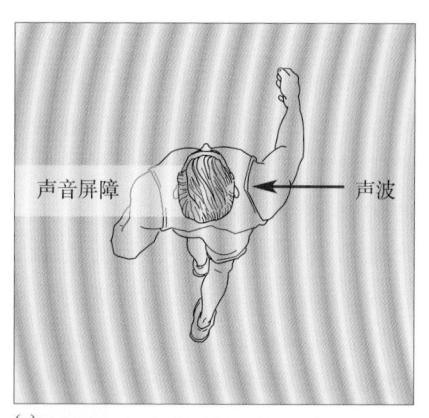

(a)

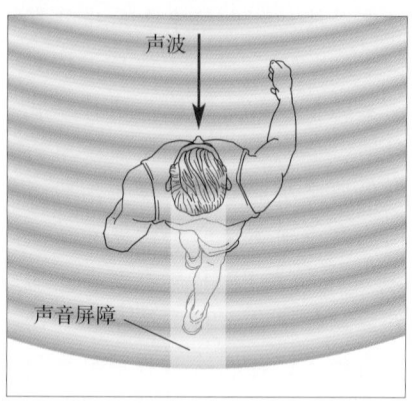

(b)

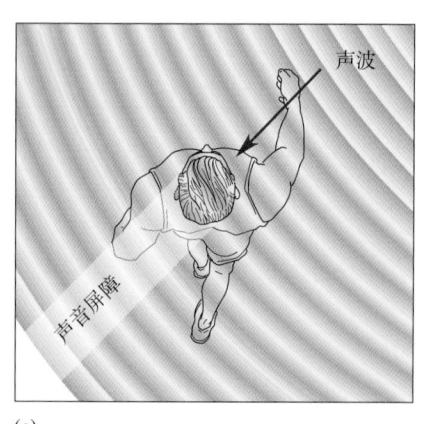

(c)

▲ 图 11.23

两耳强度差作为判定声源位置的依据。（a）对于高频声音，当声音来自右侧时，头部对左耳形成一个声音屏障。左耳的声音强度较低说明声音来自右方。（b）当声音来自正前方时，在头部后方形成声音屏障，但到达两耳的声音强度是相同的。（c）当声音斜向传来时，将在左耳形成部分屏障

图 11.18）。位于耳蜗神经核的向上橄榄投射的细胞对低频声音输入具有典型的锁相反应。其结果是，一个接受来自左侧和右侧耳蜗神经核放电的上橄榄神经元能够计算双耳延迟。在上橄榄所做的记录表明，每个神经元都典型地对某个特定的双耳延迟做出最大反应（图 11.24）。由于双耳延迟随声音的位置而变化，这些神经元中的每一个都可能编码水平平面的一个特定位置。

一个神经回路是怎样使得神经元对双耳延迟产生了敏感性的呢？一种可能性是将轴突用作**延迟线**（delay lines）来精确地测量较短的时间差。刺激左耳的声音在左侧耳蜗神经核触发动作电位，并通过传入轴突传至上橄榄（图 11.25）。在刺激了左耳 0.6 ms 之后，声音到达右耳（假设声音从正左方传来），并在右侧耳蜗神经核轴突触发动作电位。但是，由于上橄榄核中轴突和神经元的排列方式，来自两侧的动作电位到达上橄榄核中各个突触后神经元所耗费的时间不同。例如，在图 11.25 中，较之于右侧耳蜗神经核，来自左侧耳蜗神经核的轴突到神经元 3 有更长的路径；因此，自左侧而来的动作电位的延迟恰到好处，以致它与来自右侧的动作电位重合（见图文框 11.4 中的"重合检测"——译者注）。在完全同时到达的情况下，来自两侧的动作电位所引起的兴奋性突触后电位（EPSP）相加，产生一个更大的 EPSP，而

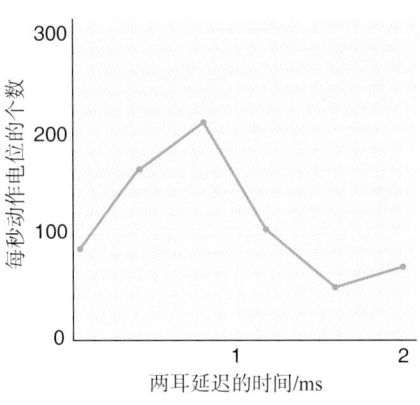

▲ 图 11.24
一个对两耳时间延迟敏感的上橄榄神经元的反应。这个神经元对大约 1 ms 的延迟具有最佳反应

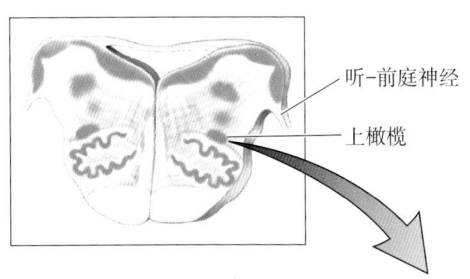

从左侧来的声音诱发左侧耳蜗神经核的活动，活动信息进而被传递至上橄榄

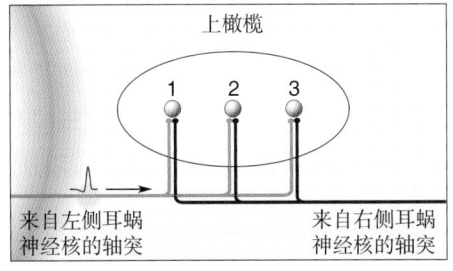

很快，声音到达右耳，诱发右侧耳蜗神经核的活动。同时，第一个脉冲也沿轴突传得更远

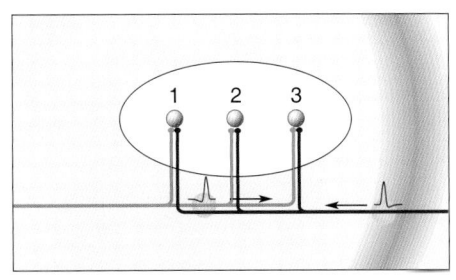

两个脉冲同时到达橄榄核的神经元 3，突触电位的总和引起了一个动作电位

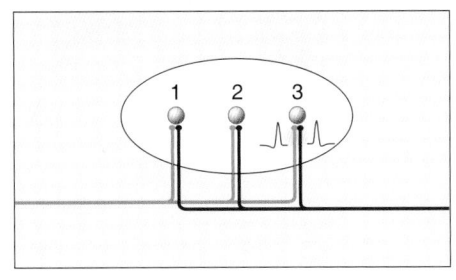

◀ 图 11.25
延迟线和神经元对双耳延迟的敏感性

这个更大的EPSP对上橄榄核神经元3的兴奋作用比由单侧耳EPSP所引起的兴奋作用更加强大。当双耳延迟或多或少地长于或短于0.6 ms时，这些动作电位便不能同时到达，因此它们所诱发的EPSP就得不到多少相加。

由于轴突延迟线安排的系统性差异，上橄榄的另外一些神经元被其他双耳延迟所调谐。为了尽可能精确地测量时间差异，听觉系统的许多神经元和突触已适应于快速反应，它们的动作电位和EPSP比脑中大多数其他神经元的要快许多。但是，听觉时间测量的这种方式依然存在局限性。锁相对输入时间的精确比较是必需的，而且由于锁相只在相对低频时发生，这就好理解双耳延迟只对相对低频声音的定位有用。

图11.25描述的机制在鸟类脑中确实存在，但哺乳类并不一定严格地按照这样方式计算双耳延迟。对沙鼠的研究提示，是突触抑制，而不是轴突延迟线，导致了上橄榄神经元对双耳延迟的敏感性。因此，可能是抑制和轴突延迟线共同实现了这一目标。

除了对双耳延迟的敏感性，上橄榄神经元也对双耳强度等其他声音定位线索敏感。该核团中的一种类型神经元可被呈现在任何一侧耳朵的声音所轻微地兴奋，只有在两只耳朵同时被刺激时才出现最大反应。另一种类型的神经元被一侧耳朵的声音所兴奋，但被另一侧耳朵的声音所抑制。据推测，通过编码双耳的强度差，这两类神经元参与对高频声音的水平定位。

11.8.2   垂直平面中声音的定位

比较两耳的输入对于垂直平面中声音的定位并不很有用，因为当声源上下移动时，双耳延迟和双耳强度都没有变化。这就是为什么如我们先前讨论过的那样，堵住一只耳朵对垂直平面中声音定位的影响远小于对水平平面中声音定位的影响。为了大大削弱垂直声音定位，我们必须在外耳道中插入一根管子，从而对耳廓造成旁路。外耳的大幅度弯曲对于评估声源的高度是必需的。外耳表面的皱褶突起和脊状物显然会对进入耳朵的声音产生反射。当声源沿垂直方向移动时，声音的直接路径和反射路径之间的延迟也会随之改变（图11.26）。这种由直接的和反射的声音组成的复合声在来自上方或下方

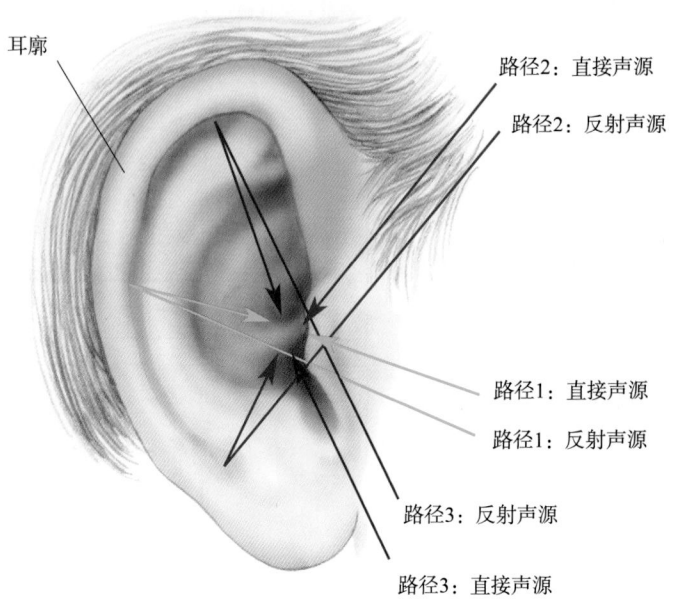

耳廓

路径2：直接声源

路径2：反射声源

路径1：直接声源

路径1：反射声源

路径3：反射声源

路径3：直接声源

▶ 图11.26

垂直声音的定位依赖于耳廓的反射

时，会有微小的不同。另外，当声源位置较高时，外耳可使高频声更有效地进入耳道。当耳廓的轮廓被覆盖后，声音的垂直定位就会受到严重的破坏。

有些动物尽管没有耳廓，但它们对垂直平面声音定位的本领出奇地大。比如仓鸮（barn owl；谷仓猫头鹰——译者注）可以在黑暗中通过声音（而不是视觉）准确地定位，从而在黑暗中俯冲向一只发出"吱吱"叫声的老鼠。虽然猫头鹰没有耳廓，但它们可以利用和人类相同的方法（双耳差异）对水平平面的声音定位，原因是它们的双耳在头部的高度不一样。有些动物具有比人类和猫头鹰更为"有效的"声音定位系统。某些蝙蝠发射的声音被物体反射回来，而蝙蝠在没有视觉的情况下利用这些回声对目标进行定位。许多蝙蝠使用回声来探测和捕捉昆虫，这与轮船使用的声呐是一样的道理。1989 年，布朗大学（Brown University）的 James Simmons 的发现令人惊讶，蝙蝠可以辨别只有 0.00001 ms 的微小时间差异。这个发现对我们的认识提出了挑战，即神经系统怎么能够用持续时间约为 1 ms 的动作电位来进行如此精细的时间甄别。

11.9　听皮层

离开 MGN 的轴突以称为**听放射**（acoustic radiation）的阵列方式通过内囊投射到听觉皮层。初级听皮层（A1）对应于颞叶 Brodmann 分区的第 41 区（见第 7 章——译者注）（图 11.27a）。A1 和次级听觉区的结构在许多方面与视皮层的相应结构类似。第Ⅰ层只有很少一些细胞体，第Ⅱ、Ⅲ层主要含有小型的锥体细胞。第Ⅳ层，也就是内侧膝状体核轴突所终止的细胞层，则由密集的颗粒细胞组成。第Ⅴ、Ⅵ层主要由锥体细胞形成，这些锥体细胞往往比表层的大。下面，让我们来看看这些皮层神经元是如何对声音产生反应的。

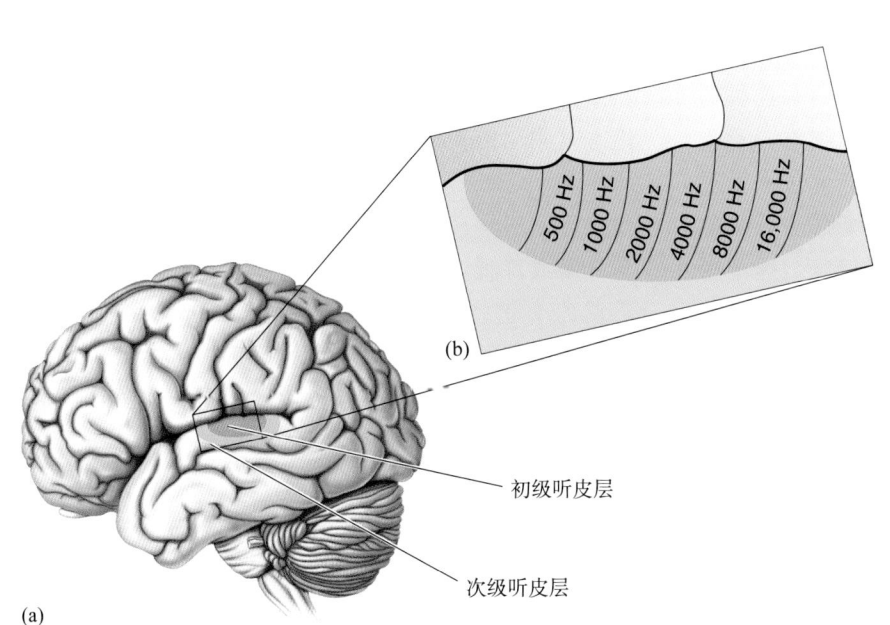

(b)

初级听皮层

次级听皮层

(a)

◀ 图 11.27
初级听皮层。（a）上颞叶的初级听皮层（紫色）和次级听皮层（绿色）。（b）初级听皮层的音调拓扑组构图，数字标注为特征频率

11.9.1 神经元的反应特征

一般说来，猴子（可能人也是这样）的A1区神经元对声音频率非常敏感，它们的特征频率涵盖可听声音的范围。在猴脑垂直于皮层表面用电极穿刺，遇到的细胞似乎具有相似的特征频率，提示存在频率的柱状组构。在A1区的音调拓扑图中，低频分布于头侧和外侧面，而高频分布于尾侧和内侧面（图11.27b）。大致说来，有**等频率带**（isofrequency bands）以内外侧方向穿过A1区。换言之，横贯A1区的神经元条带所含有的神经元具有非常相似的特征频率。

在视觉系统，可以将大量的皮层神经元描述成在一般感受野上有一些变化，即具有简单或复杂的感受野。迄今为止，我们仍不能够将呈多样化的听觉感受野进行类似的简单分类。正如在听觉通路中的较早期阶段一样，皮层神经元具有不同的时间反应模式：有些神经元对短暂的声音具有瞬时反应，而另一些则具有持续反应。

图文框11.5　趣味话题

听皮层是怎样工作的？——向"专才"求教

动物脑的功能在于帮助其生存和繁殖。不同的物种各具迥然不同的习性和需求；而且，有些动物已经进化出特化的感觉系统，以对其所喜好的刺激进行处理。某些感觉方面的"专才"（specialist），如猫头鹰和蝙蝠，逾常的感觉系统可以帮助我们这些感觉方面的"通才"（generalist）了解我们的感觉系统是怎样工作的。

仓鸮通过非常仔细地聆听，可以在黑暗中发现它们的猎物（如一只疾走的老鼠）。它们特别擅长辨别和定位微弱的声音，而有些关于声音定位的神经机制首先就是在猫头鹰上被了解到的。蝙蝠则拥有一种更为独特和活跃的听觉技巧，它们通过回声定位来发现食物（如一只不断拍动翅膀的飞蛾）。蝙蝠发射短暂的叫声，并聆听由目标反射回来的微弱回声。蝙蝠需要皮层来进行准确的回声定位。研究蝙蝠的皮层当然可以使我们了解蝙蝠听皮层是怎样工作的，但这也许会对我们理解人脑皮层的相关功能有所启发。

对通过回声定位的蝙蝠而言，它们最感兴趣的刺激是自己的叫声及其回声。蝙蝠的语言是非常有限的。为了实现回声定位，多数蝙蝠基本上只使用一种20~100 kHz超声频率的声音大声鸣叫。髭

蝠（mustached bat，*Pteronotus parnellii*；又称触须蝙蝠——译者注）的叫声非常短暂，不长于20 ms；并且，这种叫声包含了一个稳定的恒频（constant frequency，CF）部分，以及随后的一段快速的降频，即调频（frequency modulated，FM）部分。图A为蝙蝠的叫声和回声图，该图显示了声音的频率成分与时间之间的关系。当蝙蝠飞行时，它快速且连续地重复鸣叫。通过聆听它自己的叫声和回声，并以多种方式仔细比较叫声和回声，蝙蝠可以对其周围的环境建立起一幅详细的听觉图像。比如，叫声和回声之间的**延迟**与反射目标的距离有关（1 ms的延迟对应于17 cm的距离）。如果目标相对于蝙蝠自己的运动方向逼近或离去，回声频率的**多普勒频移**（Doppler-shifted）将会升高或降低（想想救护车从你身边经过时，它鸣笛声调的变化；1 kHz的频移对应于3 m/s的速度）。飞蛾在扇动翅膀时产生有**节奏**的回声。这有助于蝙蝠知道它前面有一种特定的昆虫，而不是其他不可食的东西。其他一些回声细节的变化，如频率、时间、响度和模式等，可以告诉蝙蝠关于目标的其他特性。

华盛顿大学（Washington University）的Nobuo Suga极为详细地研究了髭蝠听皮层对叫声–回声信息的处

除了发生在大多数细胞上的频率调谐，有些神经元是强度调谐的，即对一个特定的声音强度产生峰值反应。即便是在一个与皮层表面垂直的皮层柱内，神经元也可能存在对声音频率不同程度调谐的差异。有些神经元被频率敏感地调谐，而其他神经元则几乎不被频率所调谐；而且，调谐的程度似乎与皮层亚层并无关联。其他使皮层神经元产生反应的声音包括咔嗒声、爆裂噪声、调频声和动物的叫声。试图理解这些对看似复杂刺激有反应的神经元的作用是研究者面临的挑战之一（图文框 11.5）。

有了神经生理学家在对听觉皮层研究中所遇到的诸多的反应类型，就可以理解为什么人们总是乐见某种形式的组构或统一的原则。一个已经在前面讨论过的组构原则是在许多听觉区上的音调拓扑代表区。第二个组构原则是存在具有相似于双耳相互作用的听觉皮层细胞柱。在听觉系统的较低水平，我们可以区分对双耳刺激的反应比对单耳刺激的反应更大的细胞，也可以区分被双耳刺激所抑制的细胞。正如我们对上橄榄进行的讨论，对双耳延迟和

理。Suga 发现蝙蝠的听皮层是由不同听觉区域组成的一个混合体。许多听觉区域特化为探测那些对回声定位有重要意义的特征，而其他区域则显得更一般化。比如，有一个大的区域特化为处理回声中 60 kHz 左右（即蝙蝠叫声中的 CF 部分）的多普勒频移。因此，这个区域处理关于目标的速度和位置信息。另外，有三个分离的区域检测叫声–回声的延迟并给出目标距离的信息。

蝙蝠叫声的基本特征和人类的语音是相似的，尽管人类说话的话语更慢些、音调更低些。人类语言的音节由 CF 波、FM 波、短暂的停顿和噪声的爆发组成。比如，音节 "ka" 与 "pa" 是不同的，因为它们两者最初的 FM 波偏向不同的方向（图 B）。长音 "a" 和长音 "i" 的不同在于它们每个都利用不同的 CF 组合。因此，在人类听皮层中，处理语音的神经元回路所使用的机制很可能与蝙蝠皮层使用的机制是非常相似的。将这些语音解释为词语，并理解它们所携带的意思，属于语言的范畴。语言的脑机制将在第 20 章中讨论。

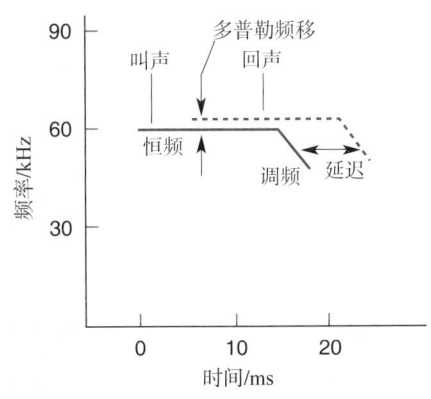

图 A
蝙蝠的叫声和回声（改绘自：Suga，1995，第 302 页）

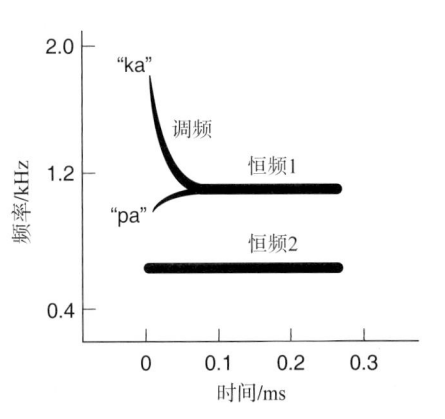

图 B
人类的语音（改绘自：Suga，1995，第 296 页）

双耳强度差敏感的神经元也许对声音的定位起作用。

除了A1区，位于颞叶上表面的其他皮层区域也对声音刺激有反应。这些高级听觉区域中的一些也是音调拓扑性地组构的，而另一些则似乎不是。与视皮层一样，对听觉系统而言，在较高级听觉区域诱发强烈反应的刺激，要比在较低级水平最大程度地兴奋神经元的刺激更为复杂。一个特定的例子是Wernicke区（韦尼克区），我们会在第20章对其进行讨论。这个区域受损并不会影响对声音的感知，但会严重地影响对口头言语的理解。

11.9.2　听皮层损伤和切除的效应

切除双侧听皮层导致耳聋，但耳聋更为常见的原因是由耳的损伤所致（图文框11.6）。在单侧听皮层受损之后，仍然能够保留相当程度的正常听觉

图文框11.6　趣味话题

听觉功能紊乱及其治疗

虽然皮层损伤的后果为我们提供了关于听皮层在感知中作用的重要信息，但与听觉系统相关的感知缺陷（即失聪），却往往是由耳蜗内或附近组织中的问题所引起的。传统上，耳聋分为两种：传导性耳聋和神经性耳聋。

由外耳至耳蜗声音传导的紊乱所导致的听觉丧失称为**传导性耳聋**（conduction deafness）。导致这种感觉缺陷的原因，可以是简单的耳道中有过多的耵聍，也可以是鼓膜破裂或听骨链病理变化等较为严重的问题。一系列疾病可以导致听小骨与中耳骨质的粘连，从而妨害声音的传导。幸运的是，大多数中耳内影响声音传导的机械性问题可以通过手术解决。

神经性耳聋（nerve deafness）与听神经中的神经元或耳蜗中的毛细胞丢失有关。神经性耳聋有时由影响到内耳的肿瘤所引起，也可以由对毛细胞有毒害的药物（如奎宁和某些抗生素），或者由暴露于巨大的声响（如爆炸声和声响很大的音乐）所引起。根据细胞丢失的程度，可能有不同的治疗方法。如果一侧耳蜗或听神经完全损坏了，那么这一侧的耳朵便彻底失聪了。但是，毛细胞的部分丢失往往更为常见。在这些情况下，就可以通过助听器将传至残余毛细胞的声音放大。在更为严重的情况下，如果双侧听力丧失但听觉神经依然完好，人工耳蜗的植入是一种重要的选择（图文框11.2）。

失聪使患者比正常人听到更少的声音；而另一种听觉障碍——**耳鸣**（tinnitus），甚至使人在没有任何声音刺激的情况下感觉到耳内有噪声的存在。耳鸣的主观感觉可以有多种形式，包括蜂鸣声、嗡嗡声和口哨声。在参加了一个伴有非常响的音乐的晚会之后，你也许会感受到轻微且暂时的耳鸣；这就是说，你的脑也许得到了快乐，但你的毛细胞却受到了打击！耳鸣是一种比较常见的听觉障碍，如果耳鸣长期存在，可以对你的注意力和工作造成严重影响。可以想象，如果你一直听到飒飒声、嗡嗡声，或是纸张的沙沙声，这会多么地分散你的注意力。

耳鸣可能是多种神经性疾病的一个症状。虽然耳鸣经常伴随着一些耳蜗或听神经的疾患而发生，它也可能由暴露于强烈的响声、颈部血管的异常所引起，或者仅仅可能是由老龄化所导致。目前看来，耳鸣的虚幻声音多数似乎是由中枢听觉结构（包括听皮层）的变化所引起的。耳蜗或听神经损伤可能会导致脑的改变，例如突触抑制的下调。虽然对耳鸣的临床治疗通常仅部分有效，但使用一种可以给予受耳鸣影响的一只（或两只）耳朵以持续声音的装置，通常可以减少噪声带来的烦恼。目前尚不知道是什么原因，这种持续而真实的声音比起被阻断了的耳鸣声来说，并不那么讨厌。

功能。这与视觉系统完全相反，单侧纹状皮层损伤可以导致半视野范围内的全盲。听皮层损伤后，其功能仍然能够很大程度地保留的原因，在于两只耳朵对两个半球的皮层均有输出。在人类，由单侧A1损伤导致的主要缺陷是对声源定位能力的缺失。患者也许可以判断声音来自头部的哪一侧，但不能对声源做更为精确的定位；同时，患者对诸如声音频率和强度的分辨几乎是正常的。

实验动物研究表明，较小的损伤就可以产生相当特定的定位缺陷。由于A1区的音调拓扑组构，使得我们可能人为地造成一个局限的皮层损毁，从而在一个有限的频率范围内破坏一些具有特征频率的神经元。有趣的是，定位的缺陷仅限于一些声音，这些声音粗略地对应于所丢失神经元的特征频率。这一发现强化了一个概念，即不同频带的信息可能是被不同音调拓扑组构的结构所平行地处理的。

11.10　前庭系统

非常奇怪的是，无论是听音乐还是平稳地骑自行车，都离不开由毛细胞转导的感觉。前庭系统监测头部的位置和运动，给我们以平衡感觉，帮助我们协调头部和眼睛的运动，以及调整身体的姿势。当前庭系统的功能正常时，我们往往感觉不到它的存在。然而，当其功能被扰乱时，其结果可能包括不愉快的、反胃（stomach-turning）的感觉，我们通常会把这些症状与运动病（motion sickness；又称晕动症——译者注）相关联，而运动病的症状包括眩晕和恶心，以及平衡失调的感觉和无法控制的眼球运动。

11.10.1　前庭迷路

前庭系统和听觉系统两者都是利用毛细胞转导运动信息。相同的生物学结构往往具有相同的起源。在这种情况下，哺乳动物的平衡和听觉器官都是由水生脊椎动物（包括鱼类和一些两栖类动物）的**侧线器官**（lateral line organs）进化而来。侧线器官是沿动物体侧分布的小凹陷或小管。每个凹陷内都有毛状感觉细胞簇，这些感觉细胞的纤毛伸入一种凝胶状物质中，而凝胶状物质暴露于动物所游弋的水环境中。在许多动物中，侧线器官的功能在于感受水中的振动或压力的变化。有些情况下，侧线器官也对温度或电场敏感。侧线器官随着爬行类动物的进化而消失了，但其毛细胞精细的机械敏感性却继续被采用，并在由侧线器官进化而来的内耳的一些结构中被应用。

在哺乳动物中，毛细胞存在于称为**前庭迷路**（vestibular labyrinth）的几套相互连通的腔室中（图11.28a）。我们已经讨论了迷路中的听觉部分，即呈螺旋状的耳蜗（图11.6）。前庭迷路包含两种具有不同功能的结构：检测重力和头部倾斜的**耳石器官**（otolith organs），以及对头部旋转敏感的**半规管**（semicircular canals）。每种结构的最终目的都在于将由头部运动所产生的机械能量传送至毛细胞。这两个结构各自对不同的运动敏感的原因，并不是因为它们的毛细胞有所不同，而是因为毛细胞所在部位的特化结构差异。

耳石器官是一对位于迷路中心附近的相对较大的腔室，称为**球囊**（saccule）和**椭圆囊**（utricle）。半规管是迷路内三个弓形的结构，它们处于

▶ 图 11.28
前庭迷路。（a）耳石器官（椭圆囊和球囊）和
半规管所在的位置。（b）头部每一侧均有一个
前庭迷路，其3个半规管分别平行于3个平面

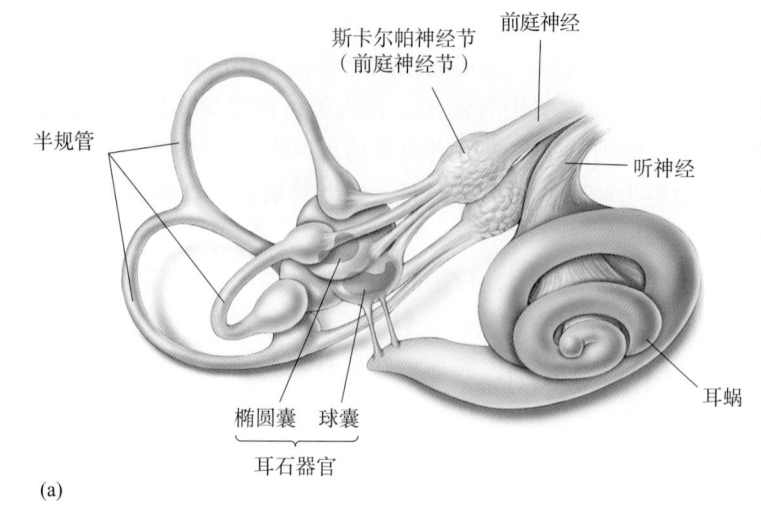

(a)

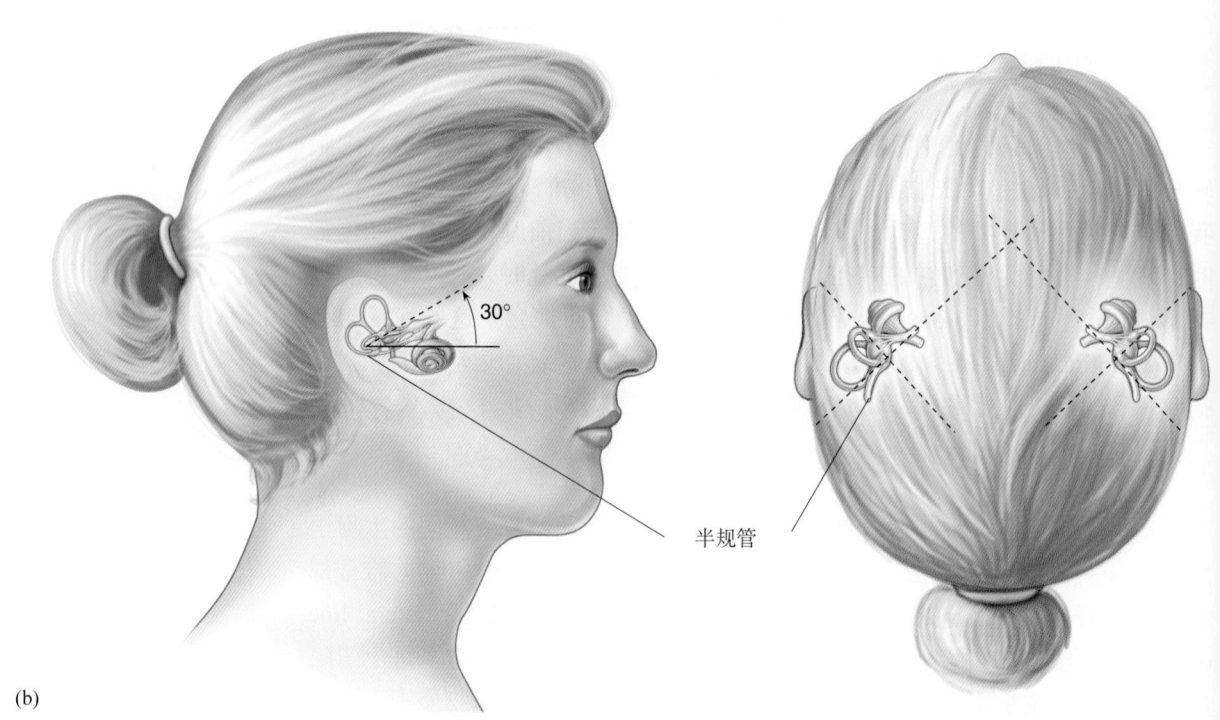

(b)

大致相互垂直的平面上，也就是说，它们中任意一对之间的夹角约为90°
（图11.28b）。头部的每一侧都有一组前庭器官，互为镜像。

前庭器官中的每个毛细胞都与来自**前庭神经**（vestibular nerve），即听-
前庭神经（第Ⅷ对脑神经）的一个分支中的一个感觉轴突终末形成兴奋性突
触。在头部的每一侧都有大约20,000个前庭神经轴突，它们的胞体位于**斯卡
尔帕神经节**（Scarpa's ganglion，即前庭神经节——译者注）中。

11.10.2 耳石器官

球囊和椭圆囊检测头部角度的变化，以及头部的**直线加速度**（linear
acceleration）变化。当你倾斜头部时，耳石器官与重力方向之间的夹角就改
变了。直线加速运动也产生与物体质量成正比的作用力。由直线加速运动产

生的力就像你乘坐电梯或汽车时它们启动或停止时，你所遇到的作用力。与此相反，当汽车或电梯以恒定的速度平稳地运动时，加速度为零，因此没有其他外力（除了重力）。这就是为什么你能够在飞机里以每小时600英里的速度稳定地飞行而感觉不到运动。然而，当遇到气流时，你所经历的突然颠簸则是由直线加速度所引起的，这也是被耳石器检测到的作用力的另一个很好的例子。

　　每个耳石器官都含有一个感觉上皮，称为**囊斑**（macula），当头部直立时，它在球囊中的方向为垂直的，而在椭圆囊中的位置为水平的。前庭囊斑内有毛细胞，毛细胞位于支持细胞床（bed of supporting cells，即由支持细胞构成的支持结构——译者注）中，它们的纤毛则伸入凝胶状的帽中（图11.29）。当纤毛簇被弯曲而倾斜时，囊斑中的毛细胞就转导了运动信息。耳石器官的独特之处在于称为**耳石**（otoconia；该词源于希腊语的 ear stone，意为"耳内的石头"）的，直径为 1 ~ 5 μm 的微小碳酸钙晶体。耳石覆盖在囊斑胶状帽的

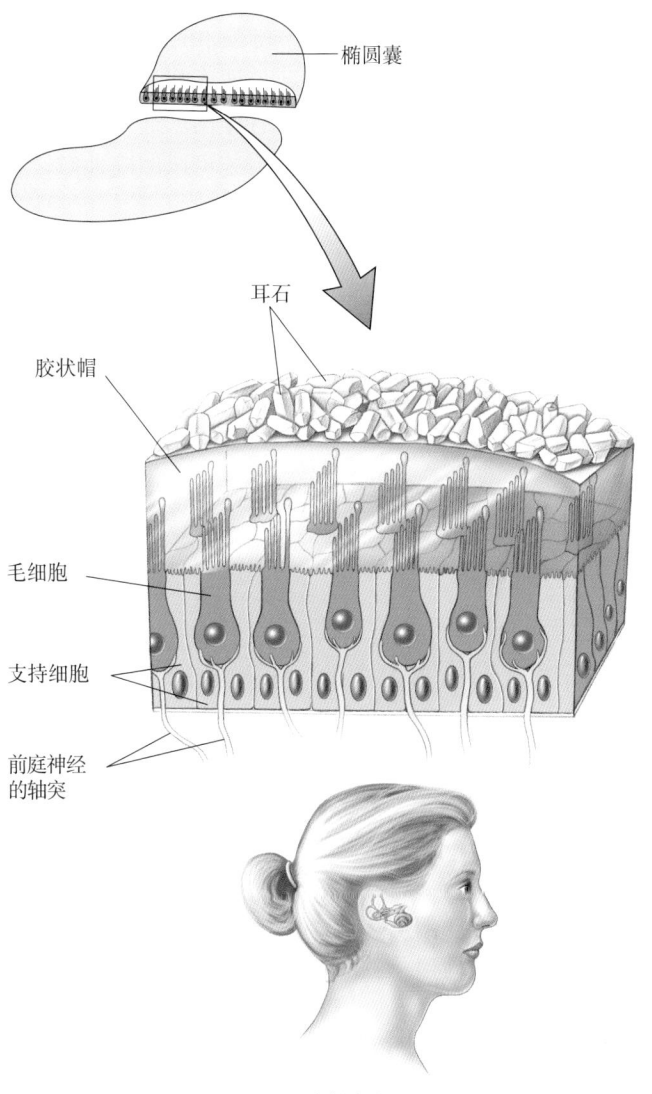

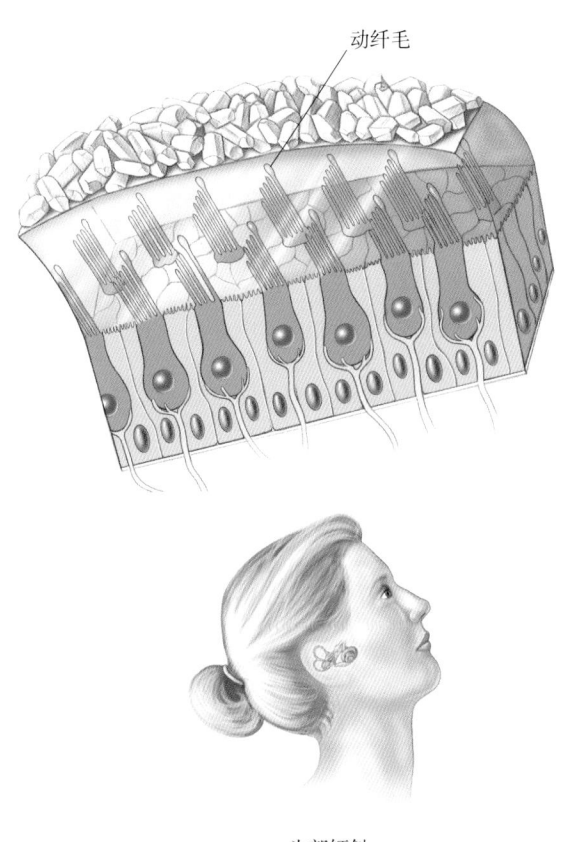

◀ 图 11.29
囊斑毛细胞对倾斜的反应。当椭圆囊囊斑处于水平状态时（头部直立），毛细胞的纤毛也直立着。当头和囊斑倾斜时，耳石受到重力的作用而使胶状帽变形，纤毛弯曲

表面，接近于纤毛簇的顶部，它们是囊斑倾斜敏感性的关键所在。耳石相比其周围的内淋巴，密度要大得多。

当头部的角度改变或加速时，耳石受到力的作用；这就给胶状帽施加了同样方向的力，胶状帽便微微地移动，从而导致毛细胞的纤毛倾斜。但是，并非任何倾斜都会起作用。每个毛细胞都有一根特别高的纤毛，称为**动纤毛**（kinocilium）。纤毛朝动纤毛方向的弯曲导致细胞去极化，即产生兴奋性感受器电位；而纤毛背离动纤毛方向的弯曲则使细胞超极化并抑制细胞。这些细胞具有精确的方向选择性。当纤毛弯曲的方向与它们偏好的方向垂直时，细胞几乎没有反应。前庭毛细胞的转导机制与听毛细胞的基本一致（图11.15）。与听毛细胞一样，只需要细微的纤毛运动就可以了。反应饱和时纤毛的弯曲不到0.5 μm，即只相当于一根纤毛的直径。

头部可以向任意方向倾斜或运动，椭圆囊和球囊中毛细胞的朝向有助于有效地转导这些信息。球囊囊斑或多或少是垂直朝向的，而椭圆囊囊斑很大程度上是水平朝向的（图11.30）。在每个囊斑上，毛细胞的方向偏好以一个有序的方式变化。每个囊斑中都有足够多的毛细胞，这些毛细胞覆盖了所有的方向范围。由于位于头部两侧的球囊和椭圆囊的朝向互为镜像，当一次特定的头部运动兴奋了头一侧的毛细胞时，头另一侧球囊和椭圆囊相对应部位上的毛细胞则会被抑制。因此，头部的任何倾斜或加速度将兴奋部分毛细胞，而抑制另外一些毛细胞，同时对其余的毛细胞没有作用。通过对所有耳石器官毛细胞所编码的信息进行同步分析，中枢神经系统可以明确地解读任何可能的直线运动。

11.10.3 半规管

半规管检测头部的旋转运动，如左右摇头或上下点头。像耳石器官一样，半规管也感受加速度，只是类型不同。**角加速度**（angular acceleration）

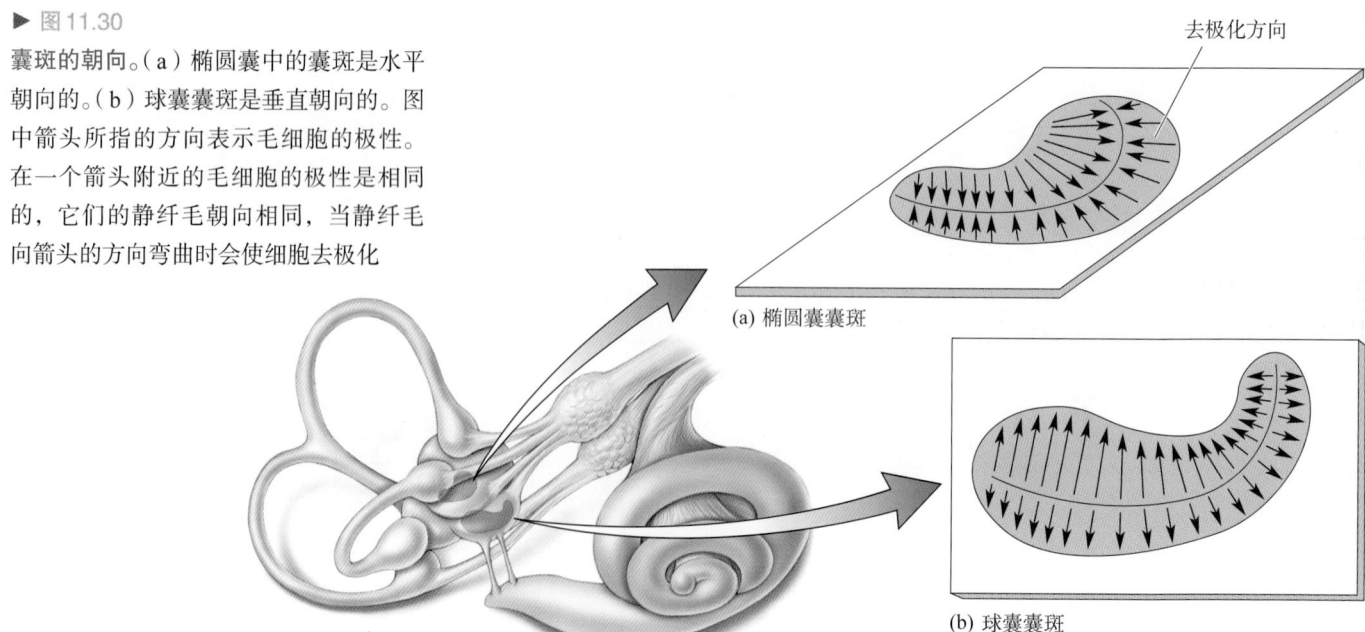

▶ 图11.30
囊斑的朝向。（a）椭圆囊中的囊斑是水平朝向的。（b）球囊囊斑是垂直朝向的。图中箭头所指的方向表示毛细胞的极性。在一个箭头附近的毛细胞的极性是相同的，它们的静纤毛朝向相同，当静纤毛向箭头的方向弯曲时会使细胞去极化

去极化方向

(a) 椭圆囊囊斑

(b) 球囊囊斑

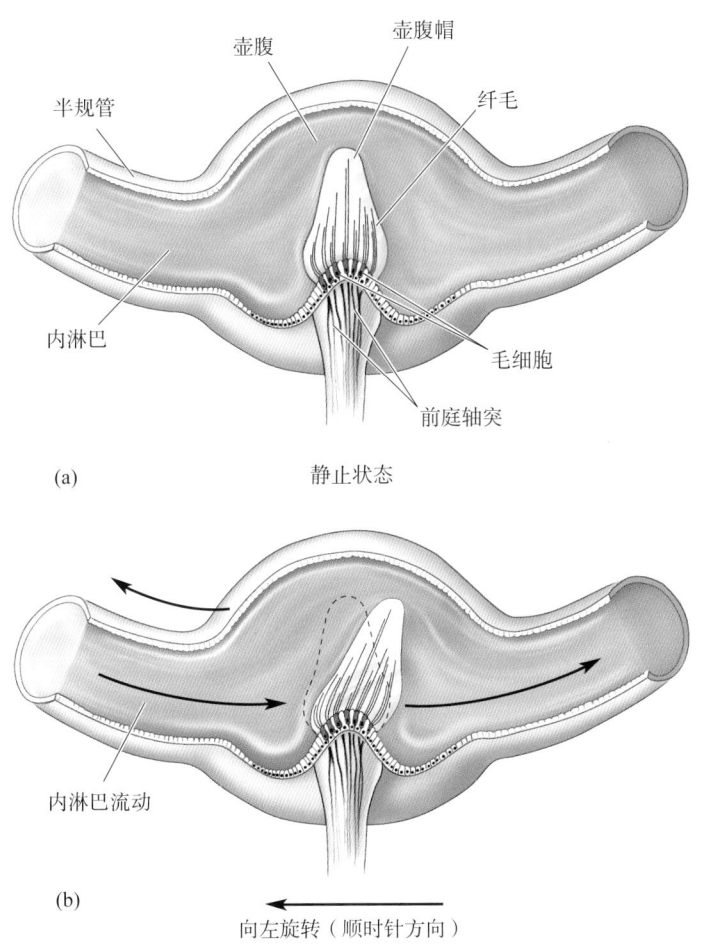

▲ 图 11.31

半规管壶腹部的横切面。（a）毛细胞的纤毛伸入胶状壶腹帽，后者浸浴在充满整个半规管内的内淋巴中。（b）当半规管向左旋转时，内淋巴滞后，在壶腹帽上形成作用力，使里面的纤毛弯曲

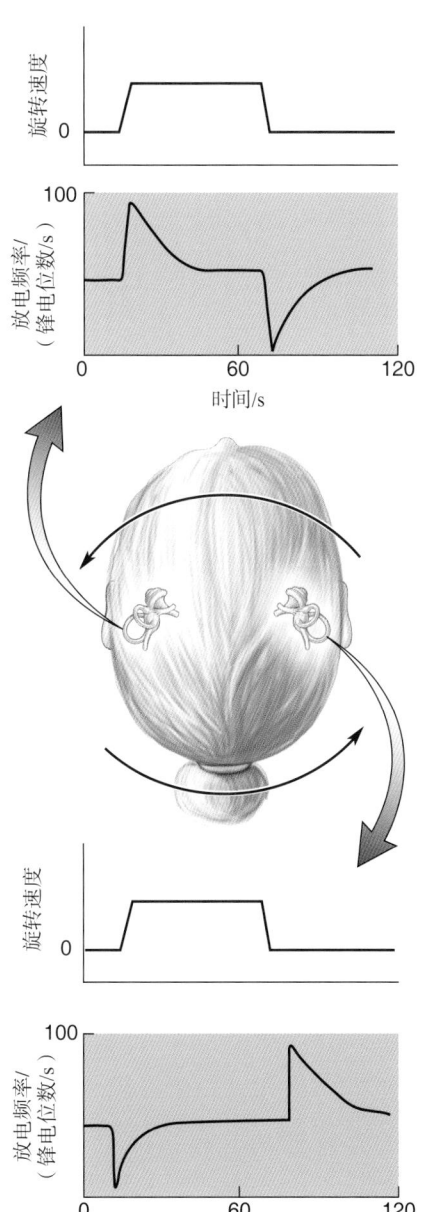

▲ 图 11.32

半规管的推－挽式激活。头部的旋转导致了身体一侧水平半规管内的毛细胞兴奋，而抑制了身体另一侧水平半规管内的毛细胞。图中也给出了由于长时间的头部旋转所导致的前庭神经轴突放电活动的适应。当旋转停止时，两侧前庭神经轴突重新开始放电，但是兴奋和抑制的模式与之前相反

由突然的旋转性运动所引起，这是对半规管的主要刺激。

半规管的毛细胞聚集在一层称为**嵴**（crista）的细胞内，嵴位于沿着管道的称为**壶腹**（ampulla）的隆起内（图 11.31a）。纤毛伸入凝胶状的**壶腹帽**（cupula）中，而壶腹帽则沿壶腹管腔延伸。一个壶腹内的毛细胞均具有同样朝向的动纤毛，这就是说它们会一起兴奋或一起抑制。半规管内充满了内淋巴，即与耳蜗中间阶内的液体是一样的。当半规管突然像一个轮子那样围绕其轴心做旋转运动时，纤毛发生弯曲；当半规管和壶腹帽的壁开始旋转时，内淋巴由于惰性而产生滞后。滞后的内淋巴对壶腹帽产生作用力，就像风对船帆的作用一样（图 11.31b）。该力作用于壶腹帽，使纤毛弯曲，（根据旋转的方向）兴奋或抑制从毛细胞到前庭神经轴突的神经递质释放。

如果头部旋转保持在一个恒定的速度上，内淋巴与半规管壁的摩擦最终会使两者的运动同步，即在 15～30 s 之后使壶腹帽的弯曲降低并最终消失。这种对旋转的适应可以从半规管前庭神经轴突的发放频率变化得到证明（图 11.32）。（这种长时间的头部旋转并不是你经常能遇到的，除非你曾经尝

试过游乐场里的旋转木马。）当头部（和它的半规管）的旋转停止时，内淋巴的惯性会导致壶腹帽向另一方向弯曲，使毛细胞发生相反的反应，从而引起一个短暂的反方向旋转的感觉。该机制解释了为什么你还是孩子的时候，当你的身体像陀螺一样**停止**旋转时，你会感觉到头晕和站不稳；你的半规管短暂地发送信息，提示你的身体还在旋转，但旋转的方向相反。

综上所述，头部两侧的三个半规管有助于感知所有可能的头部旋转角度。由于一侧的半规管与对侧的半规管是配对存在的，这一功能得到了进一步的确保（图11.28b）。两侧半规管中的每一个半规管与对侧的伙伴都处于同样的方位平面中，对同轴的旋转产生同步反应。然而，当旋转使一侧半规管中的毛细胞兴奋时，对侧半规管中的毛细胞则受到抑制。前庭神经的轴突甚至在静息时也高频率发放，因此这些轴突的活动可被旋转方向驱动而增强或减弱。这种"推−挽"式安排（"push−pull" arrangement），即每次旋转使一侧兴奋而使另一侧抑制（图11.32），使得脑对旋转运动的检测能力达到最佳。

11.10.4　中枢前庭通路和前庭反射

中枢前庭通路协调和整合关于头部和身体运动的信息，并利用这些信息控制运动神经元的输出，从而实现对头部、眼睛和身体姿势的调节。来自第Ⅷ对脑神经的初级前庭轴突与同侧脑干的前庭内侧核（medial vestibular nucleus）和前庭外侧核（lateral vestibular nucleus），以及小脑形成直接连接（图11.33）。**前庭核团**（vestibular nuclei）也接受脑的其他部分，包括小脑、视觉和躯体感觉系统的输入，从而将来自前庭的信息与来自运动系统和其他感觉系统的信息进行综合。

前庭核继而向位于它上方的脑干中的和它下方的脊髓中的多个靶点投射（图11.33）。比如，来自耳石器官的轴突投射到前庭外侧核，而前庭外侧核可以通过**前庭脊髓束**（vestibulospinal tract）兴奋控制腿部肌肉的脊髓运

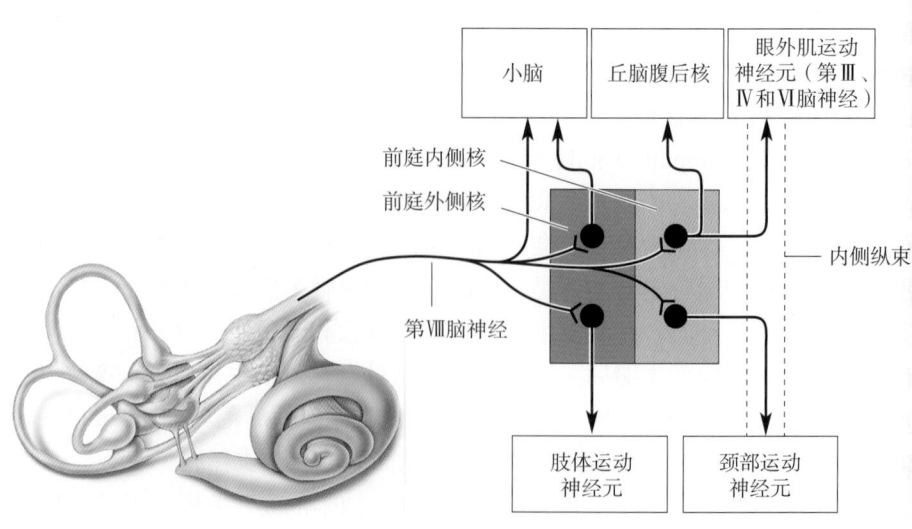

▲ 图11.33
一侧中枢前庭连接的示意图

动神经元，从而有助于维持机体的姿势（见第14章）。因此，这条通路有助于身体保持直立向上，即便是站在颠簸的船甲板上亦是如此。来自半规管的轴突向前庭内侧核投射，前庭内侧核的轴突经**内侧纵束**（medial longitudinal fasciculus）兴奋支配躯干和颈部肌肉的运动神经元，而这些肌肉可决定头部的朝向。因此，这条通路有助于头部保持平直，即便是当位于头部下方的身体处于跳跃状态时也是这样。

与其他感觉系统相似，前庭系统与丘脑形成连接，并进而与新皮层连接。前庭核发送轴突至丘脑**腹后核**［ventral posterior (VP) nucleus］，后者进而投射到与皮层的初级躯体感觉区和初级躯体运动区中的面部代表区相邻的区域（见第12、14章）。在皮层水平，脑对躯体、眼睛和视觉景象运动的信息有相当大程度的整合。皮层很可能持续不断地保持着身体在空间的位置和方位的表达，这对我们的平衡觉，以及对计划和执行复杂与协调的运动来说是必需的。

前庭–眼反射。中枢前庭系统的一个非常重要的功能在于保持眼睛对一个特定方向的注视，即便你在如痴如醉地跳舞时也是如此。这一功能是通过**前庭–眼反射**（vestibulo-ocular reflex，VOR）来完成的。回忆一下：不管头部如何运动，精确的视觉都需要图像在视网膜上保持稳定（见第9章）。每只眼睛可由6块眼外肌的组合来控制其运动。VOR通过感知头部的旋转和指令眼睛即时地向相反的方向做补偿性运动而实现。这个运动有助于你将视线牢牢地固定在视觉目标上。由于VOR是一个由前庭输入，而不是视觉输入触发的反射，这个反射工作得令人惊奇地好，哪怕是在黑暗中或当你闭着眼睛的时候也是这样。

想象一下你驱车行进在颠簸的路上。得益于VOR的持续性调节，你观察到的前方视野相当稳定，这是因为由每次颠簸所引起的头部运动都被眼球的运动所补偿。为了知道你的VOR多么有效，可以在颠簸的车中先用肉眼观察一个路边物体，然后通过一个简单的相机的取景窗对其进行观察，比较两者的稳定性。你会发现相机的视野无望地抖动，这是因为你的手臂不能够快捷或精确地跟随颠簸而移动相机。当今的许多相机都具有一个与VOR等效的机电系统，因而即便是相机或拍照者处于颠簸之中，这些相机也能稳定图像。

VOR的有效性取决于自半规管至前庭核，以及至兴奋眼外肌的脑神经核的复杂连接。图11.34所示的是这个回路水平面调节部分的一侧回路，同时显示了当头部转向左面时发生的情况，以及VOR导致两眼均转向右侧的情况。左侧水平半规管的轴突投射至左侧前庭核，后者发出兴奋性轴突至对侧（右侧）第Ⅵ对脑神经核，即外展神经核（abducens nucleus）。来自外展神经核的运动轴突继而使右眼的外直肌兴奋。外展神经核的另一支兴奋性投射越过中线返回至左侧，向上（通过内侧纵束）兴奋左侧第Ⅲ对脑神经核（动眼神经核，oculomotor nucleus），从而兴奋左眼的内直肌。

任务就是这样完成的，结果可以看到两只眼睛同时转向右边。然而，为了进一步保证快速动作，左侧的内直肌也接受由前庭核至左侧动眼核直接投射而来的兴奋。通过激活与此运动相对抗的肌肉的抑制性连接（在这个例子

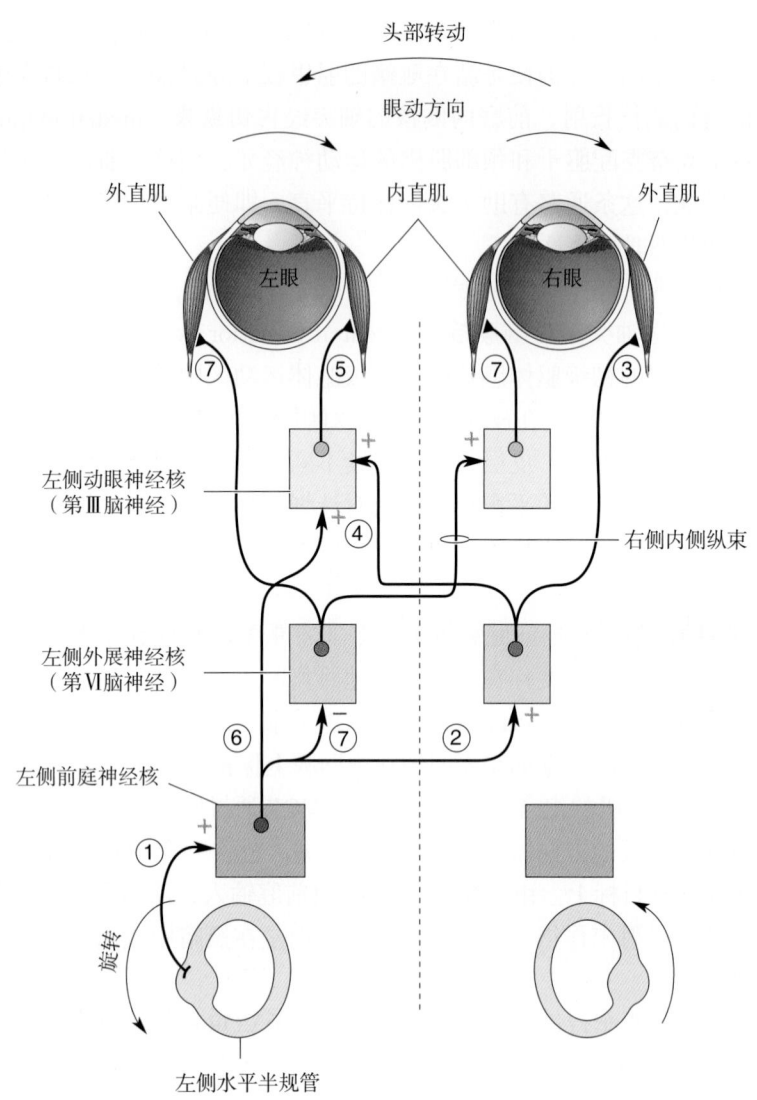

▲ 图 3.34

前庭－眼反射过程中由前庭连接介导的眼球水平方向运动。当头部突然转向左侧时，这些通路就会激活，从而导致眼球转向右侧。绿色加号表示兴奋性连接，红色减号表示抑制性连接

中是左眼的外直肌和右眼的内直肌），运动速度也可以得到最大化。为了应付向任意方向的头部旋转，完整的 VOR 回路包括右侧的水平半规管、其他平面的半规管与其他控制眼球运动的眼外肌之间的相似连接。

11.10.5 前庭的病理学

前庭系统可因多种原因而被破坏，例如高浓度抗生素（如链霉素）对毛细胞有毒性作用。双侧前庭迷路损伤的患者在对移动的视觉目标进行注视时有很大困难。有时，即便是由于心脏跳动造成的血压波动所引起的瞬间头部震动也可使患者烦恼。前庭紊乱的人不能在其移动的视网膜上稳定一个图像，他们也许会同时体验到周围环境物体在不停地移动的难受感觉。这种感

觉可能使得患者行走和站立困难。随着时间的推移，当脑学会用更多的视觉和本体感觉信息来协助指导平滑和精确的运动时，补偿性调节可随之出现。

11.11　结语

听觉和平衡觉都源于几乎完全相同的感受器——毛细胞，这些细胞对它们静纤毛的弯曲非常敏感。这些运动检测器（即毛细胞——译者注）周围有3套内耳结构（即耳蜗、球囊和椭圆囊，以及半规管——译者注），使它们对3种不同类型的机械能具有选择性。这3种不同类型的机械能是：空气压力的周期性波动（声音）、旋转性作用力（头部转动）和直线作用力（头部倾斜或加速）。除了转导的相似性，以及除了两个系统的毛细胞都位于内耳的事实，听觉系统和前庭系统有相当大的差别。由听觉系统感受到的声音主要来自外部环境，而前庭系统仅感受机体自身的运动。或许除了在皮层的最高级水平，听觉通路和前庭通路是完全分离的。听觉信息通常在我们意识的最前线，而前庭感觉则往往以我们不注意的方式来协调和调整我们的每一个运动。

我们已经讨论了从耳朵到大脑皮层的听觉通路，并且了解了关于声音信息的转换方式。空气分子的密度变化被转换成中耳和内耳机械部分的运动，继而被转导成神经反应。为了转导声音，耳和耳蜗的结构高度特化。然而，这一事实不应该使我们忽视听觉系统的组构与其他感觉系统的组构之间相当多的相似性。在听觉和视觉系统之间就可以进行类比。这两个系统的感觉感受器都建立了空间编码机制。在视觉系统，光感受器的编码具有视网膜拓扑特性；一个特定的光感受器的活动意味着一个特定位置上的光照。由于耳蜗独有的特性，听觉系统的感受器建立了一个音调拓扑的空间编码机制。在这两个系统中的每一个，当信号在次级神经元、丘脑和最后的感觉皮层被处理时，视拓扑或音调拓扑都是一直保持着的。

来自低级水平输入的会聚，使得较高级水平的神经元具有更为复杂的反应特性。LGN输入的综合使得视皮层产生简单和复杂的感受野。同样，在听觉系统，对不同音频输入反应的整合，可以产生对复杂的频率组合有反应的更高级的神经元。逐渐增加的视觉复杂性的另一个例子是双眼输入的会聚，由此产生的双眼神经元对深度的感知非常重要。与此相似，在听觉系统，来自双耳的输入被综合起来，从而产生了双耳神经元，这些神经元被用于对水平声音的定位。这些仅仅是视觉和听觉这两个系统许多相似性的几个例子。了解一个系统的控制原理往往有助于我们对其他系统的理解。如果记住了这一点，在阅读第12章关于躯体感觉系统时，你就能够根据感觉感受器的类型来推测皮层组构的一些特征。

关键词

复习题

1. 声音传导到耳蜗是如何被中耳的听小骨所易化的？

2. 为什么圆窗对耳蜗功能是至关重要的？如果圆窗突然不存在了，会给听觉带来什么影响？

3. 为什么不能仅仅通过基底膜的最大变形部位来判断声音的频率？

4. 为什么当静纤毛和毛细胞的胞体被外淋巴所浸浴时，会发生毛细胞的转导过程失败？

5. 如果在听觉反应中主要由内毛细胞起作用，那么外毛细胞的作用是什么？

6. 为什么单侧损伤下丘或内侧膝状体核并不会导致单耳失聪？

7. 对声音进行水平和垂直平面定位的功能机制是什么？

8. 如果一个人近期因脑卒中而影响到单侧的 A1 区，可能会出现一些什么症状？这些症状的严重程度与单侧 V1 损伤相比会怎样？

9. 神经性耳聋与传导性耳聋有何不同？

10. 在每个囊斑内，毛细胞动纤毛的排列朝向所有方向，这种排列方式与所有毛细胞动纤毛都朝同一个方向排列相比有何优越性？

11. 试想象一个半规管以两种方式旋转：围绕着其轴心旋转（像一个滚动的硬币）或翻转（像一个上下翻滚的硬币）。在这两种情况下，半规管内毛细胞各会怎样反应？为什么？

12. 在空间失重的环境下，耳石器官和半规管的功能将会怎样变化？

拓展阅读

Ashida G, Carr CE. 2011. Sound localization: Jeffress and beyond. *Current Opinion in Neurobiology* 21:745-751.

Cullen KE. 2012. The vestibular system: multimodal integration and encoding of self-motion for motor control. *Trends in Neurosciences* 35:185-196.

Guinan JJ Jr, Salt A, Cheatham MA. 2012. Progress in cochlear physiology after Békésy. *Hearing Research* 293:12-20.

Holt JR, Pan B, Koussa MA, Asai Y. 2014. TMC function in hair cell transduction. *Hearing Research* 311:17-24.

Kazmierczak P, Müller U. 2012. Sensing sound: molecules that orchestrate mechanotransduction by hair cells. *Trends in Neurosciences* 35:220-229.

Oertel D, Doupe AJ. 2013. The auditory central nervous system. In *Principles of Neural Science*, 5th ed., ed. Kandel ER, Schwartz JH, Jessell TM, Siegelbaum SA, Hudspeth AJ. New York: McGraw-Hill Companies, Inc., 682-711.

（王中峰　译　王建军　校）

第 12 章

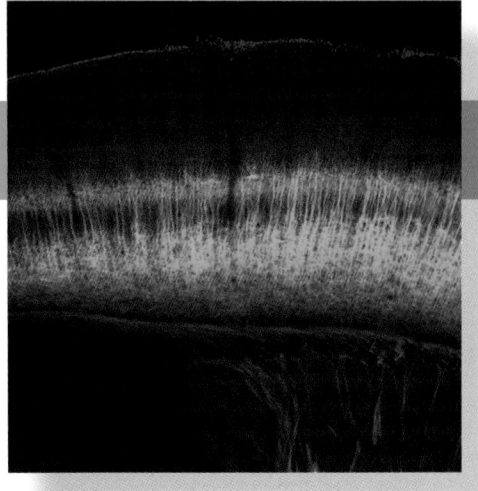

躯体感觉系统

12.1　引言

躯体感觉系统给我们带来生命中一些最快乐及最痛苦的感受。**躯体感觉**（somatic sensation）能使我们的机体有感觉、痛觉、热觉或冷觉，并知道机体的各部分正在做什么。躯体感觉对许多种刺激敏感：物体对皮肤的压力、关节和肌肉的位置、膀胱的膨胀、肢体和脑本身的温度。躯体感觉也是痒觉的来源。当刺激强度过大时，就会造成组织的损伤，而躯体感觉也负责痛觉，尽管这种感觉会令人感到非常不舒服，但又是一种极其重要的感觉。

躯体感觉系统有两个方面不同于其他感觉系统。第一，躯体感觉系统的感受器分布于整个机体而不是集中在某个小范围的特定部位。第二，由于躯体感觉系统对多种不同的刺激做出反应，因此我们认为它至少有 4 种感觉而不只是有单独的一种感觉；这 4 种感觉分别是触觉、温度觉、痛觉和躯体位置觉。事实上，这 4 种感觉可进一步细分为更多种的感觉。躯体感觉系统实际上是一个总称，它包含了除视觉、听觉、味觉、嗅觉和前庭平衡觉以外的所有感觉。因此，一种普遍的概念——认为我们只有 5 种感觉——显然是太简单了。

如果某物触压了你的手指，你能精确地说出其位置、压力、锐利程度、质地和触压了多久。如果那是一根针，你不会把它误认为是锤子。如果触压的物体从你的手掌移动到你的手腕，再沿着你的手臂向上移动到你的肩膀，你能感觉到它移动的速度和移动的位置。假设你闭上眼睛不看，那么这些感觉完全是由你肢体感觉神经的活动告诉你的。一个单独的感受器就能编码刺激的特征，如强度、持续时间、位置，有时还能编码刺激的方向。但一个单独的刺激常常激活很多感受器。中枢神经系统就是分析大量感受器的活动，然后产生连贯有序的感觉。

在本章，我们将躯体感觉所划分成的两个主要部分进行讨论：触觉和痛觉。正如我们将要看到的那样，不同类型的躯体感觉取决于不同的感受器、不同的神经传导通路和不同的脑区。我们还将讨论痒觉以及我们怎样感受温度的变化。躯体的位置觉也称**本体感觉**（proprioception），将在第 13 章讨论。在第 13 章，我们还将讨论这种类型的躯体感觉信息如何调控肌肉的一些反射。

12.2　触觉

触觉从皮肤开始（图 12.1）。两种主要类型的皮肤为**有毛**（hairy）皮肤和**无毛**（glabrous, hairless）皮肤，你的手背和手掌就是很好的例子。皮肤由外层的**表皮**（epidermis）和内层的**真皮**（dermis）组成。皮肤具有重要的保护功能，并能防止体内水分蒸发到我们生活的干燥环境中去。皮肤也给我们提供了与外部世界最直接的接触。想象以下两种情况，你就会明白皮肤的确也是我们最大的感觉器官——你走在沙滩上，却没有你脚趾间挤压沙子的声音，或者看着别人接吻而不是你自己在接吻。皮肤是很敏感的，即使一个凸出表面只有 0.006 mm 高、0.04 mm 宽的点，也能被手指尖感觉到。相比之下，布莱叶盲字的点（Braille dot）要比这个点高出 167 倍［布莱叶盲字为法国盲人 Louis Braille（路易斯·布莱叶）于 1829 年创制的用凸点符号供盲人

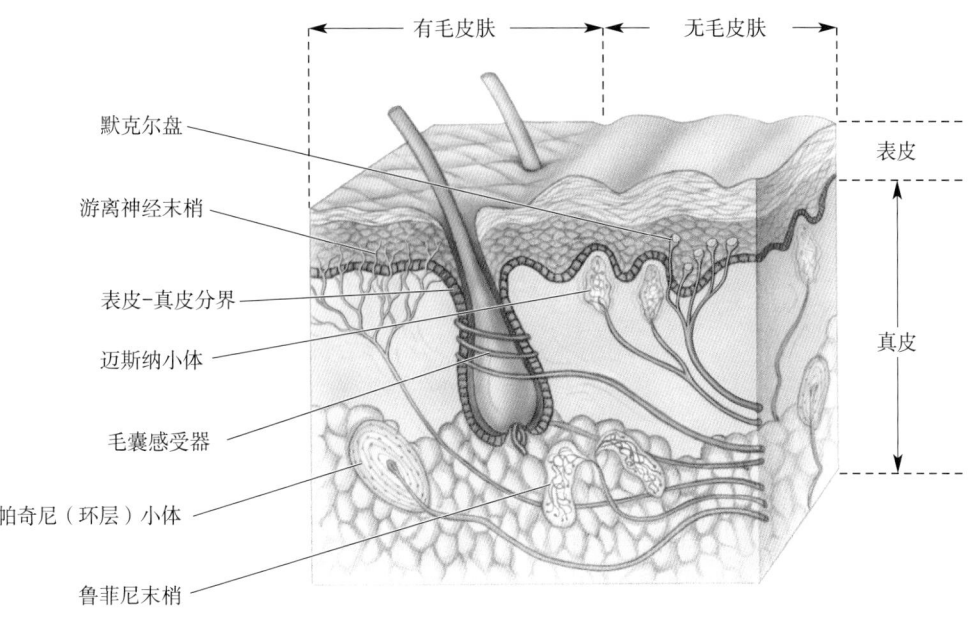

有毛皮肤　　　无毛皮肤

默克尔盘

游离神经末梢

表皮-真皮分界

迈斯纳小体

毛囊感受器

帕奇尼（环层）小体

鲁菲尼末梢

表皮

真皮

◀ 图 12.1
皮肤内的躯体感觉感受器。有毛皮肤和无毛皮肤的真皮和表皮层内有各种感受器。每一感受器都有一根轴突，除了游离的神经末梢，其他感受器都有附属的非神经组织

摸读和书写的文字符号体系——译者注]。

在本节，我们将了解皮肤的触压刺激怎样转换成神经信号，神经信号怎样被传导到脑，以及脑又怎样产生相应的感觉。

12.2.1　皮肤的机械感受器

躯体感觉系统的大多数感受器为**机械感受器**（mechanoreceptor），它们对弯曲或伸展等物理变形较为敏感。机械感受器分布于全身各处，监测皮肤的触压、心脏和血管的压力、消化道和膀胱的牵张、牙齿的敲击等刺激。所有机械感受器的核心都是无髓鞘的轴突分支，这些轴突分支对牵拉、弯曲、压力或振动敏感。

皮肤的机械感受器如图 12.1 所示。它们中的大多数，是以 19 世纪后发现它们的德国和意大利组织学家的名字命名的。最大的且研究得最清楚的感受器是**帕奇尼小体**（Pacinian corpuscle；即环层小体——译者注），它们位于真皮深处，长达 2 mm，直径几乎达 1 mm。人每只手大约有 2,500 个环层小体，其中手指的环层小体密度最高。**鲁菲尼末梢**（Ruffini's ending），存在于有毛和无毛皮肤内，比环层小体稍小一些。**迈斯纳小体**（Meissner's corpuscle）约为环层小体的十分之一大小，位于无毛皮肤的凸起处（如你指印的凸起部分）。**默克尔盘**（Merkel disk）位于表皮内，每个盘由一神经末梢和一扁平上皮细胞（Merkel cell，默克尔细胞）组成。**克劳泽终球**（Krause end bulb），位于干燥的皮肤和黏膜的交界处（如在嘴唇和生殖器的周围），其神经末梢看上去就像由一节节的球串成的线。

皮肤能够被振动、被压、被刺、被敲击，皮肤的毛能够被折弯或被拉直。虽然这些都是不同类型的机械刺激，但我们都能感觉到，并且很容易地将这些刺激区别开来。相应地，我们所具有的机械感受器，在它们适宜刺激的频率、压力和感受野大小上各不相同。瑞典神经科学家 Åke Vallbo 及其同事研发了一种记录人手臂单根感觉神经的方法，从而能够同时检测手部机械感受器的敏感性和评价由各种机械刺激所引起的感觉（图 12.2a）。当刺激探

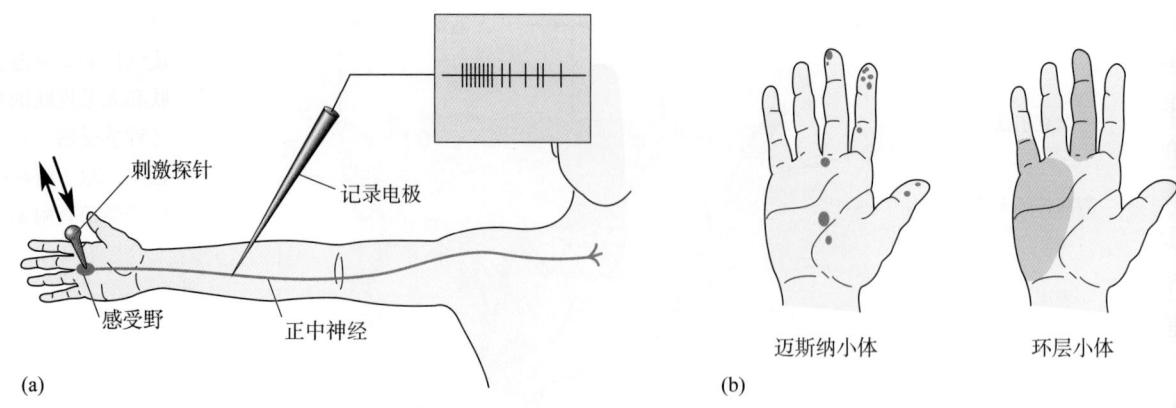

▲ 图12.2
测定人体感受器的感受野。(a) 将微电极插入到手臂的正中神经附近，可记录到单根感觉轴突的动作电位，并可用一根精细的刺激探针绘制出该感觉轴突在手上的感受野。(b) 结果表明，有些感受器的感受野很小，如迈斯纳小体；而有些感受器的感受野较大，如环层小体（改绘自：Vallbo 和 Johansson，1984）

针接触皮肤表面并在表面移动时，就能绘制出单个机械感受器的感受野。迈斯纳小体和默克尔盘的感受野较小，只有数毫米宽，而环层小体和鲁菲尼末梢的感受野较大，能覆盖整个手指或半个手掌（图12.2b）。

　　机械感受器对长久刺激产生反应的持续时间不同。如果刺激探针快速压迫感受野内的皮肤，一些机械感受器（如迈斯纳小体和环层小体）开始迅速做出反应，然后即使刺激持续存在，神经放电也停止，这些感受器称为**快适应感受器**（rapidly-adapting receptor）；而另外一些感受器（如默克尔盘和鲁菲尼末梢）是**慢适应感受器**（slowly-adapting receptor），它们对长时间的刺激产生更持久的反应。图12.3概括了4种皮肤机械感受器的感受野大小和适应速度快慢。

　　毛发不仅可以美化我们的头部，或者在冬天给狗保暖；而且很多毛发是敏感的感受器系统的一部分。为说明这一点，只需用铅笔尖刷一根手臂背面的汗毛，你就会感到像一只讨厌的蚊子。对某些动物来说，毛发是主要的感觉系统。想象一下一只老鼠偷偷地溜过走廊和小巷的时候，它会摆动面部的**触须**〔vibrissae，又称whisker（颊须）〕来感觉周围的环境，获得附近物体的质地、距离和形状的信息。

▶ 图12.3
4种躯体皮肤感受器的感受野大小和适应速度快慢（改绘自：Vallbo 和 Johansson，1984）

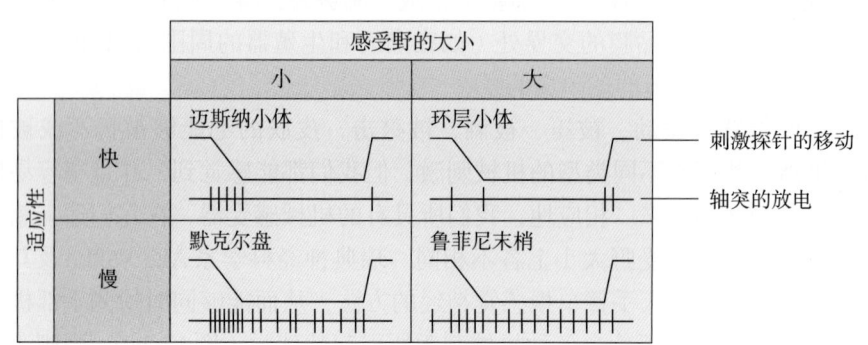

毛发从深埋在皮肤内的**毛囊**（follicles）中长出，每个毛囊都被许多游离神经末梢（轴突末梢）所支配，这些神经末梢或缠绕在毛囊周围，或与毛囊平行行走（图12.1）。有几种类型的毛囊，包括含有竖直肌的毛囊（竖直肌对介导我们称为"鸡皮疙瘩"的奇怪感觉来说是必需的），而这些不同类型毛囊的神经支配情况也不同。不管在什么情况下，毛发弯曲都会引起毛囊和周围皮肤组织的变形。这种变形和随之发生的牵拉、弯曲或拉直附近的神经末梢，使得它们的放电频率会增大或减小。毛囊的机械感受器既可以是慢适应感受器，也可以是快适应感受器。

机械感受器对各种机械刺激的不同敏感性介导了不同的感觉。环层小体对200～300 Hz的振动最敏感，而迈斯纳小体对50 Hz左右的振动最敏感（图12.4）。在高声播放你喜欢的音乐时，如果你把手放在扬声器上，就会通过环层小体"感觉到"音乐。如果你用手指头以激活迈斯纳小体的最适频率大致一致的速度抚摸扬声器上粗糙的覆盖布网时，皮肤上的每一个点将触及扬声器覆盖布网表面的隆起点，你就会感觉到有一种质地粗糙的感觉。大约1～10 Hz频率的刺激也能激活迈斯纳小体，产生一种"颤动"的感觉。

振动觉和环层小体。机械感受性轴突的选择性主要取决于它特殊的末梢结构。例如，环层小体有一足球形状的囊，囊内有20～70层同心圆状的结缔组织片层，而这些结缔组织片层排列得像洋葱的片层一样，中间有一轴突末梢（图12.1）。当囊受压时，能量传递到神经末梢，使神经末梢的膜变形，机械敏感性通道开放。流过通道的电流产生一个感受器电位，而这个感受器电位是去极化的（图12.5a）。如果去极化足够大，轴突就会爆发一个动作电

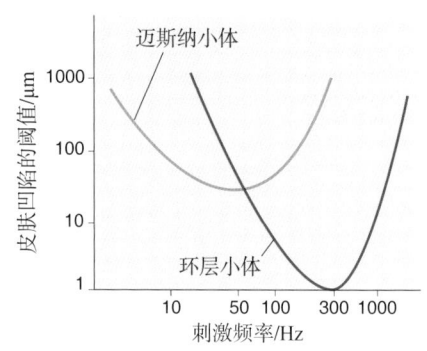

▲ 图 12.4

两种快适应皮肤机械感受器的频率敏感性。环层小体对高频刺激最敏感，而迈斯纳小体对低频刺激最敏感。当在神经上进行记录时，用压力探针以不同频率刺激皮肤而使皮肤出现凹陷，不断加大刺激强度直至神经产生动作电位，其阈值用测微计（micrometer）上测得的皮肤凹陷深度（μm）表示（改绘自：Schmidt, 1978）

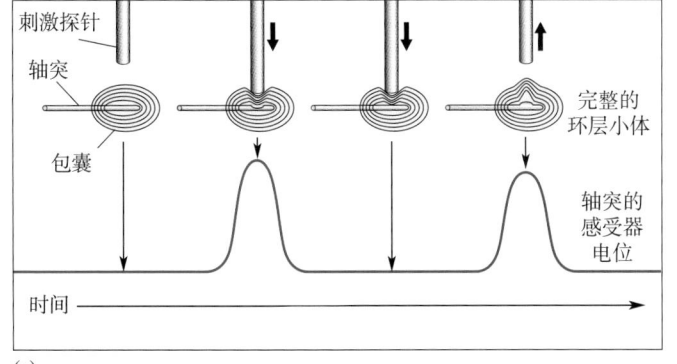

(a)

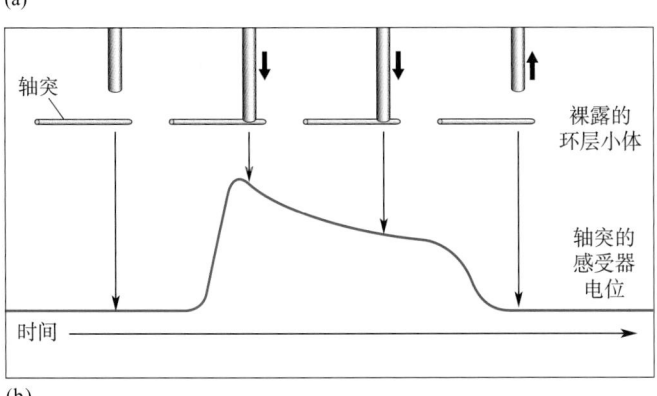

(b)

◀ 图 12.5

环层小体的适应性。分离出单个环层小体，用一根探针刺激它，使它凹陷。在感受器附近的轴突上记录感受器电位。（a）完整的环层小体。在开始刺激和撤除刺激时，它都能产生一个较大的感受器电位；但持续的刺激使环层小体维持在凹陷状态时，感受器电位消失。（b）切除环层小体的洋葱样包囊，剩下裸露的轴突末梢。此时压下探针，感受器电位仍能产生，说明包囊对于机械性感觉不是必需的。但是，正常的环层小体只对长时间凹陷刺激的开始和撤除发生反应，而裸露的轴突末梢可发生很长时间的反应，即它的适应较慢。显然，正是环层小体的包囊使环层小体对低频刺激不敏感

位。但是，囊内各片层是平滑的，层与层之间有黏性液体。因此，如果压力刺激保持不变，各片层之间会相互滑动，这种传递刺激能量的方式就不再使轴突末梢变形，感受器电位也就消失。当压力刺激撤销时，感受器发生相反的变化，轴突末梢再次去极化，并可能爆发另一个动作电位。

在 20 世纪 60 年代，哥伦比亚大学（Columbia University）的 Werner Loewenstein 和他的同事们，将环层小体的囊剥除，发现裸露的神经末梢对振动刺激很不敏感，但对持续的压力刺激更敏感（图 12.5b）。很清楚，正是多层的囊（而不是神经末梢本身的某种特性）使环层小体对振动和高频刺激尤为敏感，而对持续的压力刺激几乎无反应（图 12.4）。为了将快速振动的信息及时地传达到中枢神经系统，环层小体中有一些最粗和传导速度最快的轴突，这些轴突起源于皮肤。

机械敏感性离子通道。皮肤的机械感受器都有无髓鞘的轴突末梢，而在这些轴突的膜上则有**机械敏感性离子通道**（mechanosensitive ion channel），它们将机械力转换为离子电流的变化。施加在这些通道上的力会改变通道的门控活动，即增大或减小这些通道的开放概率。机械力可通过牵拉或弯曲膜本身而作用于离子通道，也可通过离子通道与细胞外蛋白质之间的连接，或者通过离子通道与细胞内骨架成分（如肌动蛋白、微管）之间的连接而作用于离子通道（图 12.6）。或者，机械刺激可能触发第二信使（如 DAG、IP$_3$）的释放，由第二信使继发性地调节离子通道的活动。

多种类型的离子通道参与了机械感觉，但在大多数躯体感受器中，特异性的通道类型仍然未被确定。近来对默克尔盘（它们对触及皮肤的轻压力敏感）的研究提示了某些触觉感受器的复杂性（图 12.1）。上皮样的默克尔细胞与神经末梢形成突触，似乎默克尔细胞和轴突末梢**两者**都是机械敏感的。默克尔细胞上有一种称为 **Piezo2** 的机械敏感通道，当细胞受到压力刺激后，这些通道开放，使细胞去极化。去极化触发细胞释放一种未知的递质，进而兴奋临近的神经末梢。令人惊讶的是，神经末梢也是机械敏感的，因为它的膜上也有另一种（未知的）离子通道。因此，至少两种不同的机械敏感通道和突触的作用协同激活了默克尔盘和与其相连接的轴突。

两点辨别觉。我们的体表各部位对于刺激的详细特征的辨别能力有很大差异。测定空间感觉分辨能力大小的一个简单的方法就是两点辨别觉测试（two-point discrimination test）。你可以将一个回形针弯成一个 U 形针来自我做这一测试。一开始，将 U 形针两端的距离分开到约 1 英寸，让这两端触及你的指尖，这时你应该没有问题地说出有两个分开的点触及了你的手指。然后，你重新弯曲这个回形针，使其两端更靠近，再让它触及你的指尖。重复以上过程，使回形针两端的距离一次比一次靠近，在你感觉到两个点是一个点之前，看看这两点的距离是多少（但这个实验最好由两个人进行，一个人进行测试，另一个人在不看的情况下被测试）。随后，用同样的实验方法测试一下你的手背、嘴唇、大腿和任何你感兴趣的地方，并将你的结果与图 12.7 所示的结果进行比较。

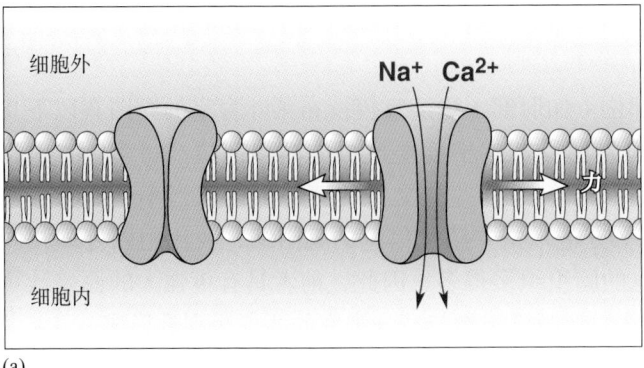

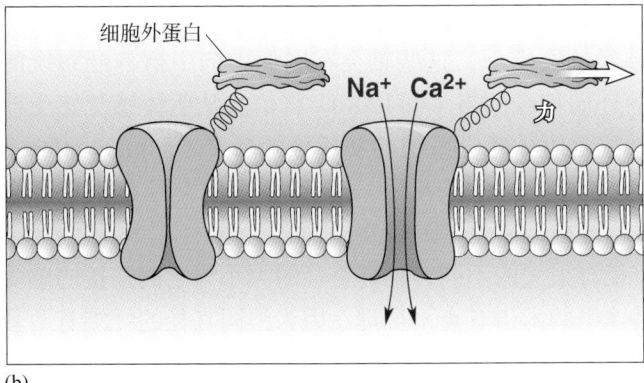

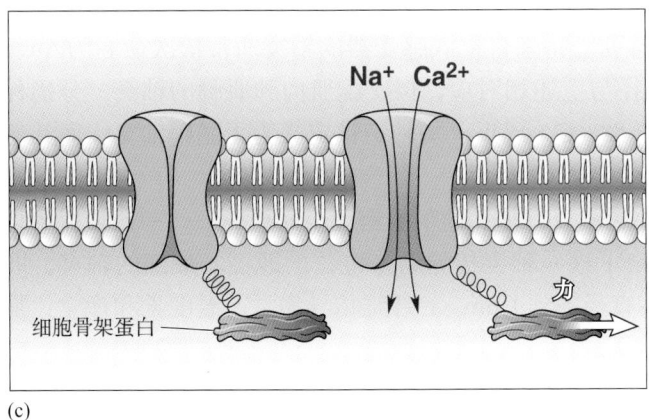

▲ 图12.6

机械敏感性离子通道。(a) 某些膜离子通道对牵拉脂质膜敏感；膜的张力直接引起通道的开放并允许阳离子的流动。(b) 其他离子通道在机械力施加于细胞外结构时开放，这些细胞外结构由肽连接到通道。(c) 机械敏感性通道也可能与细胞内蛋白（尤其是细胞骨架蛋白）相连接；细胞的变形和施加压力到细胞骨架上可以调节通道的门控活动

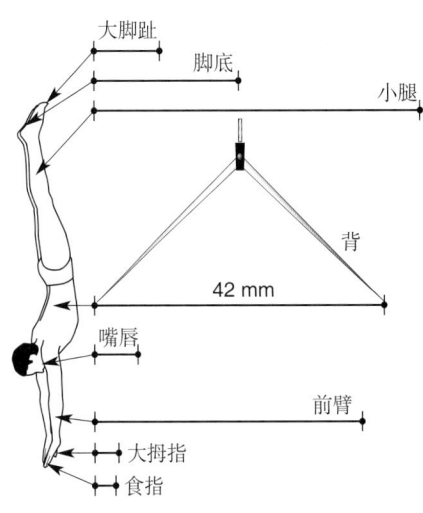

▲ 图12.7

体表的两点辨别觉。图中成对的点表示能够辨别出同时触及身体的是两个点时所需的最小距离。注意指尖与身体其他部位之间的敏感性差异。这些测量值都按实际比例显示

全身体表两点辨别能力的差异至少相差20倍。指尖有最高的两点辨别能力。布莱叶盲字的点是 1 mm 高、2.5 mm 宽，由6个点组成一个字。一个熟练的盲字读者能够用食指在一分钟内浏览完一页纸上所有凸出的点，即每分钟约能读600个字，这大概相当于一个人大声朗读的速度。布莱叶盲字读者用食指摸读是因为相对于点对点触压所引起的压觉而言，手指对由皮肤与刺激物接触并相对地移动所引起的触觉是最敏感的。通过学习和练习也可以提

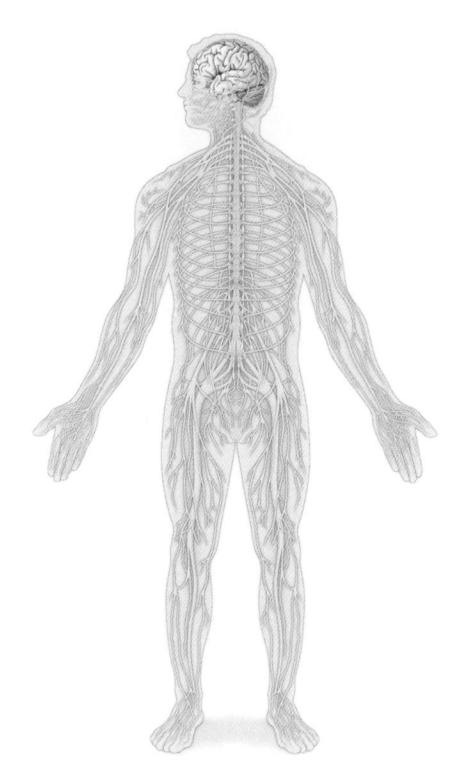

▲ 图 12.8
外周神经

高盲字的阅读能力。熟练的布莱叶盲字读者就特别擅长辨别由若干小凸点组成的点阵。

指尖比身体其他部位（如肘部）更适宜摸读布莱叶盲字的原因有以下几点：（1）指尖皮肤内机械感受器的密度要比机体其他部位高得多；（2）指尖富集了各种类型的感受器，而这些感受器的感受野都相当小（如默克尔盘）；（3）用以处理每平方毫米指尖感觉信息的脑组织，要比用以处理相同面积其他部位感觉信息的脑组织多得多（因此，前者具有更强大的原始计算能力）；（4）可能有特殊的神经机制参与高分辨率的两点辨别觉形成。

12.2.2　初级传入轴突

皮肤具有丰富的神经轴突支配，这些轴突在它们走向中枢神经系统的路途中，要经过巨大的外周神经网络（图 12.8）。将信息从躯体感觉感受器传导到脊髓或脑干的轴突是躯体感觉系统的**初级传入轴突**（primary afferent axons；即第一级感觉传入纤维——译者注）。初级传入轴突经背根进入脊髓，它们的细胞体位于背根神经节内（图 12.9）。

初级传入轴突的直径有很大的不同，轴突直径的大小与它们连接的感受器类型有关。遗憾的是这里的术语有点不合理，因为不同直径的纤维有两套名称表示，即一套是用英文字母（原文误为阿拉伯数字——译者注）和希腊字母的组合来表示；另一套是用罗马数字来表示。如图 12.10 所示，以轴突直径逐渐减小的顺序排列，将来自皮肤感受器的轴突通常依次命名为 Aα、Aβ、Aδ 和 C 纤维；直径与上述相对应，但支配肌肉和肌腱的轴突，分别称为 Ⅰ、Ⅱ、Ⅲ 和 Ⅳ 类纤维。C（或 Ⅳ）类轴突被定义为无髓鞘轴突，而其他所有轴突都是有髓鞘的。

很多轴突的名称中隐藏着有趣和简单的道理。回想一下，一根轴突的直径与它的髓鞘一起确定了这一轴突传导动作电位的速度。最细的轴突，即 C 纤维，它没有髓鞘，直径不到 1 μm。C 纤维传导痛觉、温度觉和痒觉，是

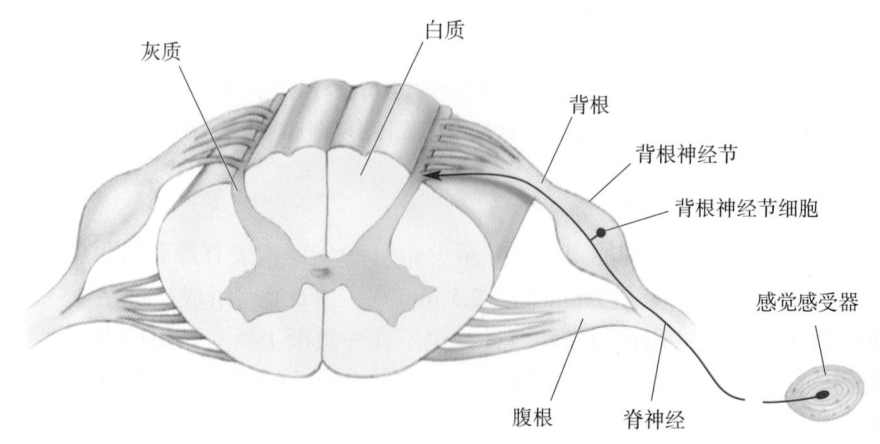

▲ 图 12.9
一个脊髓节段，以及脊髓背根和腹根的结构

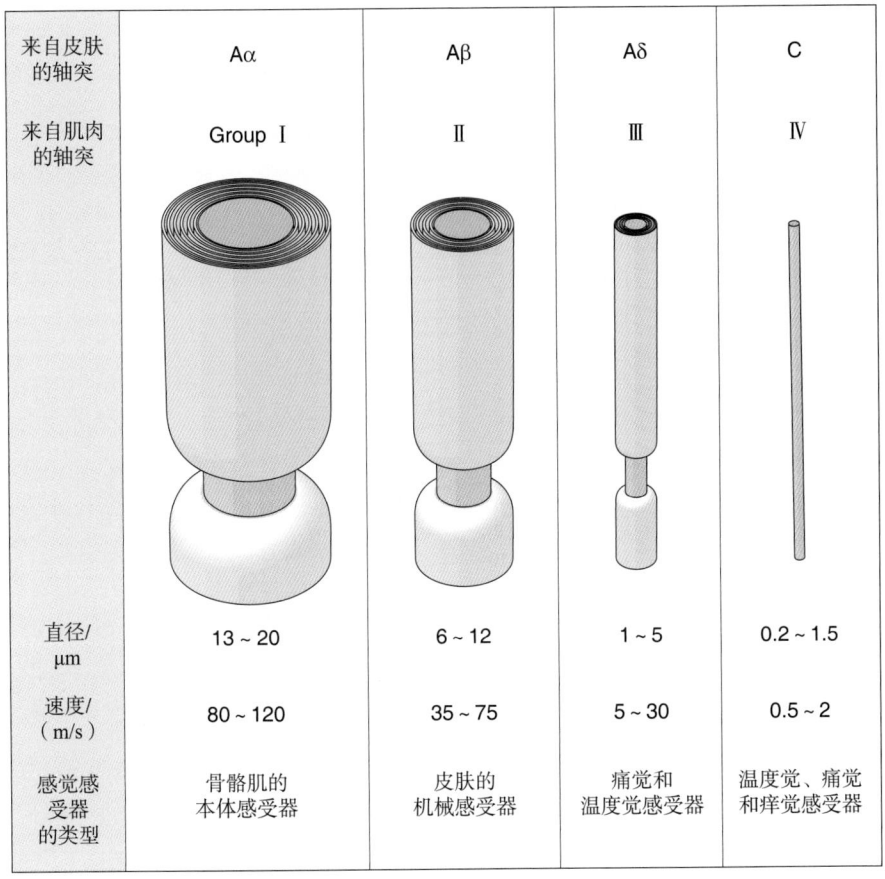

来自皮肤的轴突	Aα	Aβ	Aδ	C
来自肌肉的轴突	Group Ⅰ	Ⅱ	Ⅲ	Ⅳ
直径/μm	13 ~ 20	6 ~ 12	1 ~ 5	0.2 ~ 1.5
速度/（m/s）	80 ~ 120	35 ~ 75	5 ~ 30	0.5 ~ 2
感觉感受器的类型	骨骼肌的本体感受器	皮肤的机械感受器	痛觉和温度觉感受器	温度觉、痛觉和痒觉感受器

▲ 图 12.10

各种直径的初级传入轴突。这些轴突按比例画出，但它们要比实际尺寸放大了2000倍。轴突的直径既与它的传导速度有关，也与它所连接的感受器的类型有关

传导速度最慢的轴突，约为0.5 ~ 1 m/s。为了解它的传导速度有多慢，你跨一大步，数到二，再跨一步，那就是动作电位沿C纤维的传导速度。另一方面，由皮肤机械感受器介导的触觉，是由较粗的Aβ轴突传导的，其传导速度能达到75 m/s。为了比较速度，我们想一下，一个职业棒球联盟赛的优秀投球手能投出高达100 mph的快速球，其速度约为45 m/s。

12.2.3　脊髓

大多数外周神经通过脊髓与中枢神经系统联系，脊髓位于椎管内。

脊髓的节段性组织。图12.9显示了一个脊髓节段成对的背根和腹根，人的脊髓由30个这样的节段组成。每根脊神经由背根和腹根的轴突组成，它经脊柱椎骨［vertebra，又称"背骨"（back bone）］间的椎间孔穿出椎管。脊神经与椎间孔的数目相等。如图12.11所示，30个**脊髓节段**（spinal segment）被分为4组，每一节段由与神经起源相邻的椎骨的名称命名：颈（C）1 ~ 8、胸（T）1 ~ 12、腰（L）1 ~ 5和骶（S）1 ~ 5。

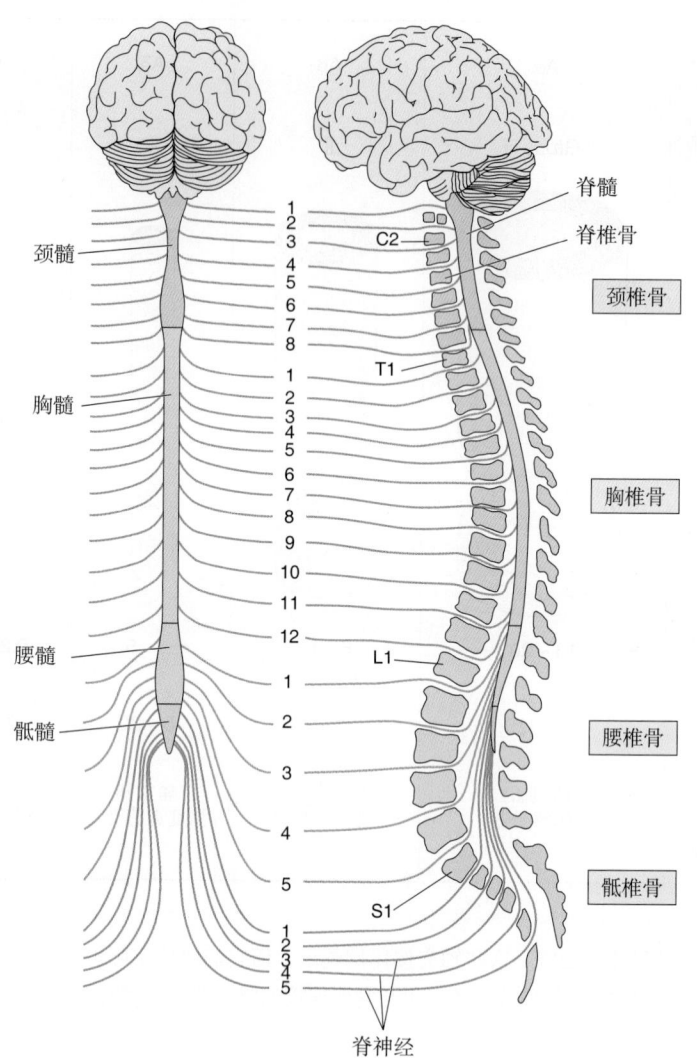

▲ 图 12.11
脊髓节段的组构。脊髓被分成颈、胸、腰和骶四部分（左图）。断面图（右图）显示脊柱内的脊髓。脊神经根据它穿出的脊髓节段命名，并按从头到尾的顺序编号

　　脊神经的节段性组构与皮肤的感觉支配相关联。由一个脊髓节段的左右侧背根支配的皮肤区域称为一个**皮节**（dermatome），因此皮节与脊髓节段之间有一一对应的关系。皮节图就像图 12.12 那样，表现为体表的一条条的条带。人弯腰，手足同时着地时（图 12.13），能最好地揭示皮节的组构，这大概反映了我们远代四足祖先的情况。

　　一侧背根被切断之后，同侧相应皮节的感觉并不全部丧失，这种部分感觉仍然存在的原因，是相邻背根对皮节的神经支配有重叠。因此，要使一个皮节的感觉全部丧失，必须同时切断三个相邻的背根。然而，一个背根的轴突所支配的皮肤区域能够被一种称为**带状疱疹**（shingles）的疾病清楚地揭示出来，因为该病患者的单个背根神经节内的所有神经元都感染了一种病毒（图文框 12.1）。

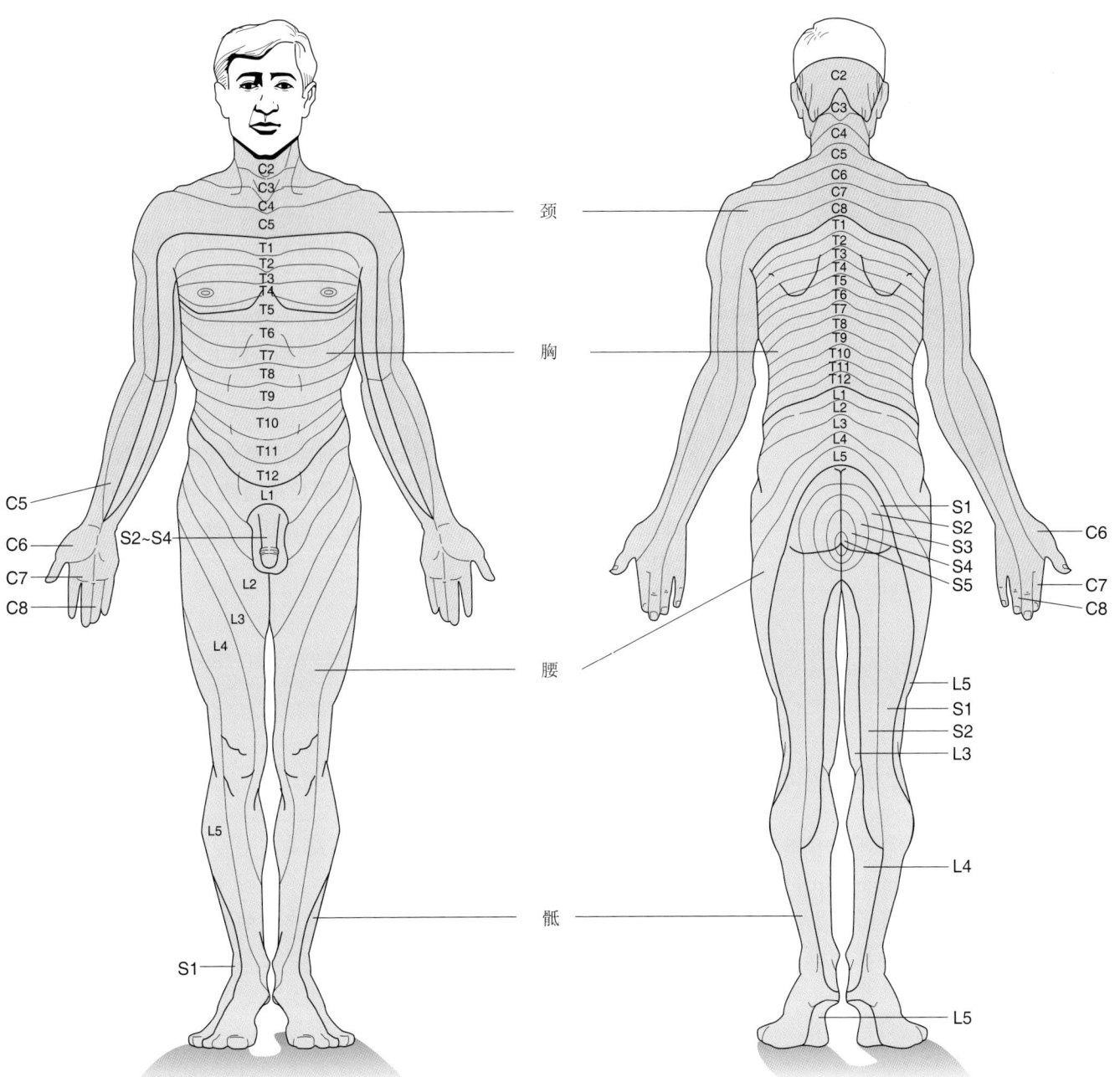

▲ 图 12.12
皮节。图显示了躯体皮节的近似边界

　　注意，在图 12.11 中，成人脊髓大约在第三腰椎水平结束。在腰椎和骶椎内下行的脊神经束称为**马尾**［cauda equina，在拉丁语中意为 horse's tail（马尾）］。马尾在充满脑脊液（cerebrospinal fluid，CSF）的脊柱硬膜腔内下行。在一种称为**腰椎穿刺**（lumbar puncture；也称为 spinal tap，**脊椎穿刺**）的方法中，穿刺针在中线插入充满脑脊液的池内收集脑脊液，以进行医学诊断检查。然而，如果穿刺针稍微偏离中线一点，就会碰到神经。当然，这会引起那根神经所支配的皮节区域的尖锐疼痛。

颈　　胸　　腰　　骶

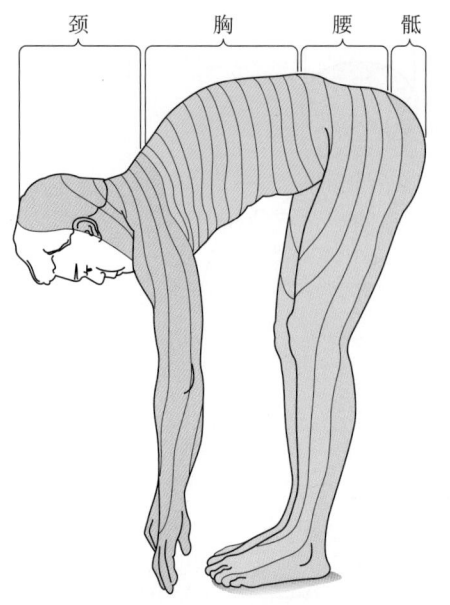

▲ 图 12.13
躯体的 4 个皮节

脊髓的感觉组构。脊髓的基本解剖已在第 7 章中介绍。脊髓由中心部分的灰质和周围部分的白质束组成，这些白质束常称为柱（column）。脊髓灰质的每一半可分为背角（dorsal horn）、中间带（intermediate zone）和腹角（ventral horn）（图 12.14）。接受初级（第一级）传入纤维传入的神经元称为次级（第二级）感觉神经元（second-order sensory neuron）。脊髓的大多数次级感觉神经元位于背角内。

传导皮肤触觉信息的粗且有髓鞘的 Aβ 轴突进入背角并形成分支。一根分支在背角深部与次级感觉神经元形成突触。这些连接能发起或调整多种快速和无意识的反射。Aβ 第一级传入轴突的另一分支直接上行到达脑。这一上行投射负责知觉，使我们能够对触压皮肤的刺激做出复杂的判断。

12.2.4　背柱-内侧丘系通路

将触压或振动皮肤的信息传导到脑的通路与传导疼痛和温度信息的通路完全不同。传导触觉的通路称为背柱-内侧丘系通路（dorsal column-medial lemniscal pathway），这样命名的原因将在下面说明。这一通路的组成概括在图 12.15 中。

图文框 12.1　趣味话题

疱疹、带状疱疹和皮节

我们中有很多人在小时候就感染过水痘-带状疱疹病毒（varicella zoster virus）这是一种疱疹病毒，通常称为水痘。我们的皮肤上出现红而痒的斑点，但大约一个星期后就痊愈了。然而，皮肤外观的痊愈并不等于机体的痊愈。病毒仍然在我们的初级感觉神经元内，它们静息着，但依然活着。大多数人不会再患此病，但在某些情况下，病毒在几十年后又会重新复活，严重地摧残躯体感觉系统，这就是**带状疱疹**，这种疾病能导致患者疼痛几个月甚至几年。重新复活的病毒增强感觉神经元的兴奋性，导致神经放电的阈值降低并产生自发放电。这种疼痛是一种持续的烧灼痛，有时出现刺痛，皮肤对任何刺激都异常敏感。患有带状疱疹的患者因为这种超敏性而常常避开穿衣服。皮肤本身出现炎症和水疱，然后出现鳞屑——因此而得名带状疱疹（图 A）。有几种有用的治疗，它们可以缩短发作期，减轻疼痛，以及预防长期并发症。

幸运的是，带状疱疹病毒通常只在一个背根神经节的神经元内复活。这就意味着症状局限于受病毒感染的背根神经节轴突所支配的皮肤。事实上，这种病毒为我们做了一个解剖学的标记实验，即它可以清楚地标记出一个皮节的皮肤范围。该病虽然常常侵犯胸部和面部，但几乎任何皮节都可受累。观察许多带状疱疹患者及他们受感染的区域对绘制皮节图（图 12.12）很有用处。

神经科学家已经知道如何利用疱疹病毒和其他类型的病毒来获得益处。病毒是很重要的研究工具，因为它们能被用来将新基因导入神经元。

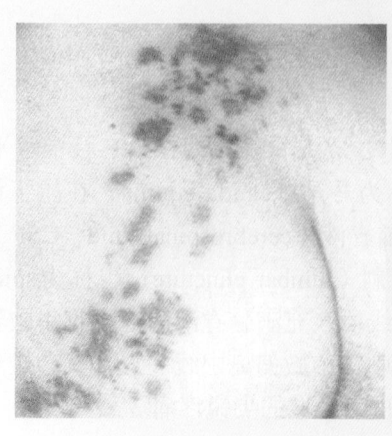

图 A
由带状疱疹引起的皮肤损害，局限于左侧 L4 皮节

背柱
到脑
背角
Aβ轴突
中间带
腹角

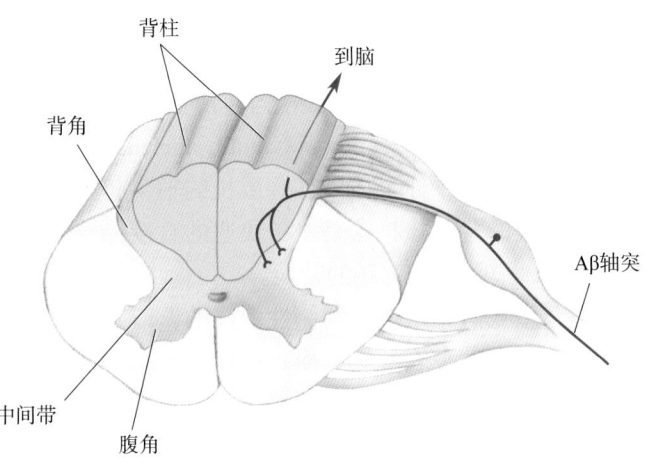

▲ 图 12.14
脊髓内触觉敏感性Aβ轴突的路径

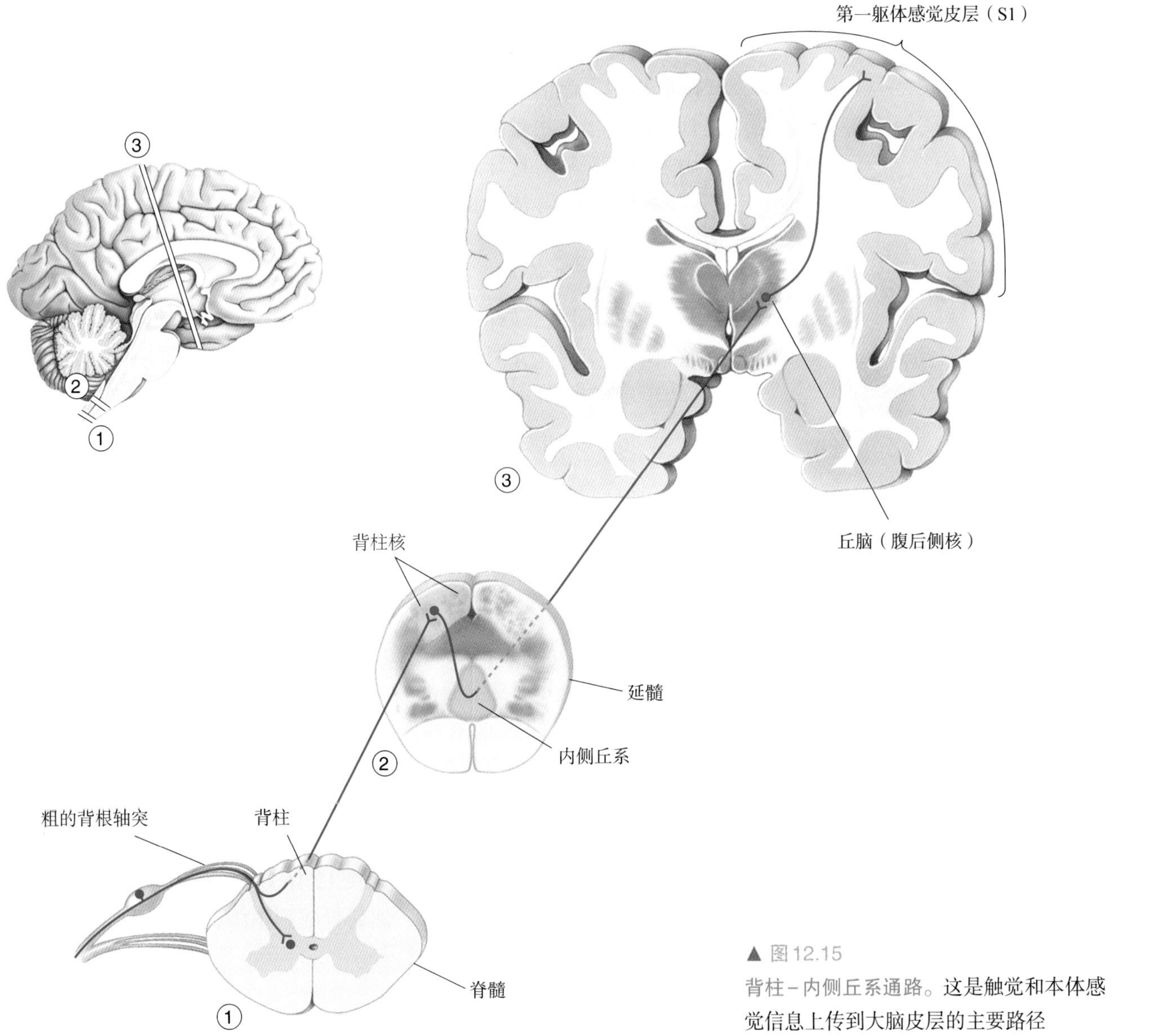

第一躯体感觉皮层（S1）
3
2
1
3
丘脑（腹后侧核）
背柱核
延髓
内侧丘系
2
粗的背根轴突
背柱
脊髓
1

▲ 图 12.15
背柱–内侧丘系通路。这是触觉和本体感觉信息上传到大脑皮层的主要路径

粗的感觉轴突（Aβ）的上行分支进入同侧脊髓的**背柱**（dorsal column）。背柱是位于背角内侧的白质束（图 12.14），它将有关触觉（以及肢体的位置觉）的信息传向脑。背柱由初级感觉轴突和次级感觉轴突（来自脊髓灰质的神经元）组成。背柱的轴突终止于**背柱核**（dorsal column nucleus），而背柱核位于脊髓和延髓的交界处。想一下：你身体中某些最长的轴突起源于你大脚趾的皮肤，然后终止于你颅底的背柱核！这是一条快速的直接传导通路，它将来自皮肤的信息传递到脑，中间没有突触的转换。

在到达背柱核的通路中，感觉信息依然是同侧性表征的，即躯体**右**侧的触觉信息以**右**侧背柱核神经元的活动来表征。然而，背柱核细胞的轴突向腹内侧延髓拱形地投射时却发生左右交叉。从背柱核向上，一侧脑的躯体感觉系统与来自对侧的躯体感觉有关。

背柱核的轴突在称为**内侧丘系**（medial lemniscus）的白质束内上行。内侧丘系向上穿过延髓、脑桥和中脑，与丘脑的**腹后侧核**〔ventral posterior（VP）nucleus〕神经元形成突触。记住，几乎所有感觉信息（嗅觉除外）都是首先在丘脑内形成突触，然后才进入新皮层。丘脑腹后侧核的神经元投射至**第一躯体感觉皮层**（primary somatosensory cortex；或称S1）的特定区域。

人们很容易假设，感觉信息在向皮层传导的通路中，仅仅是通过脑干和丘脑的核团，而信息本身并不发生改变，只有到达皮层后才发生真正的信息处理。事实上，**中继核**（relay nuclei）这一术语证明了这一假设，中继核常被用来描述丘脑的特殊感觉核团，如腹后侧核。然而，生理学的研究提出了不同的观点，在背柱核和丘脑的一些核团中，都发生了大量的信息转换。一般来说，信息每通过突触一次都会发生一次变化。尤其是在背柱-内侧丘系通路中，相邻输入信息之间的相互抑制可增强对触觉刺激的反应（图文框 12.2）。我们将在后面的内容中看到，这些核团内的一些突触也能根据它们最新的活动来改变突触传递的强度。丘脑和背柱核的神经元也受到来自大脑皮层的传入控制。因此，皮层的传出能够影响皮层的传入！

12.2.5　三叉神经触觉通路

到现在为止，我们只谈了进入脊髓的躯体感觉系统部分。如果感觉就是这些的话，那么你的面部和头顶部会是麻木的。面部的躯体感觉主要由**三叉神经**（trigeminal nerve，第 Ⅴ 对脑神经）传导，该神经在脑桥进入脑（见第 7 章）。三叉神经有两根，每侧一根〔trigeminal 一词来自拉丁语的 tria 和 geminus，意思分别为 three（三）和 twin（成对的）〕。每根三叉神经又分成三支外周神经，分别支配面部、口、舌的外 2/3 和覆盖脑组织的硬脑膜。耳、鼻和咽周围皮肤的感觉由其他脑神经传导，即由面神经（Ⅶ）、舌咽神经（Ⅸ）和迷走神经（Ⅹ）传导。

三叉神经的感觉传导与背根相似。三叉神经中较粗的轴突传导来自皮肤机械感受器的触觉信息，然后与同侧三叉神经核内的次级神经元形成突触联系，故三叉神经核类似于背柱核（图 12.16）。三叉神经核的轴突交叉后投射到对侧丘脑腹后侧核的内侧部，然后投射到躯体感觉皮层。

图文框12.2 脑的食粮

侧向抑制

　　在感觉传导通路中，当信息从一个神经元传递到另一个神经元时，信息通常被转换。一种常见的转换就是放大相邻神经元活动之间的差异，也称为**对比增强**（contrast enhancement）。我们已在视网膜神经节细胞感受野的内容中看到这一现象（见第9章）。如果所有光感受器（它们将传入信息提供给视神经节细胞）被同等地照明，那么视神经节细胞就很难辨别出物体。然而，如果在细胞的感受野内有一对比的边界，即照明的差异，细胞的反应就被强烈地调制。对比增强是感觉传导通路（包括躯体感觉系统）中信息处理的一般特征。对比增强的一般机制是**侧向抑制**（lateral inhibition），即相邻细胞之间的彼此相互抑制。下面，我们用一个简单的模型来说明侧向抑制是怎样工作的。

　　考虑图A的情况。背根神经节内被标记为a~g的神经元，经兴奋性突触将信息传递给背柱核神经元A~G。即使没有刺激，所有这些神经元的基础放电频率都是每秒5次。再考虑一下：仅仅一个感觉神经元（图A中的细胞d）的感受野被刺激时发生了什

么。细胞d的放电频率增加到每秒10次。让我们假设背柱核细胞的传出只是突触增益数1与突触前传入的乘积，那么，如果细胞d的传入活动是10，细胞D的传出活动也是10。这就是说，这种简单的突触中继不会增大更为活跃的神经元d与其他神经元之间的差异。但是，神经元D与其邻近的神经元C和E之间的活动差异却是每秒10个锋电位对每秒5个锋电位。

　　现在考虑图B的情况。在该图中，增加了抑制性中间神经元，这些抑制性神经元发出侧支抑制其周围的每个邻近细胞。抑制性突触（黑三角）的突触增益是−1，并且就像图中显示的那样，我们也调整了兴奋性突触的增益。将每个突触的传入乘以突触增益，就可以计算出每个突触的活动，然后将这细胞上所有突触的活动相加。如果你进行了这一计算，你就会看到，当刺激再一次给予细胞d时，显著的对比增强现象出现了：细胞d与其邻近细胞之间的活动差异在细胞D的传出中被明显地放大了，亦即神经元D与它邻近的神经元C和E之间的活动对比现在是每秒20个锋电位对每秒0个锋电位。

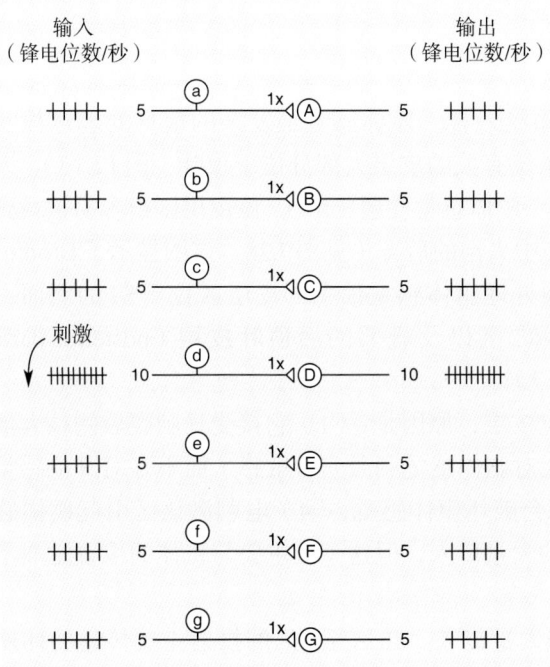

图A

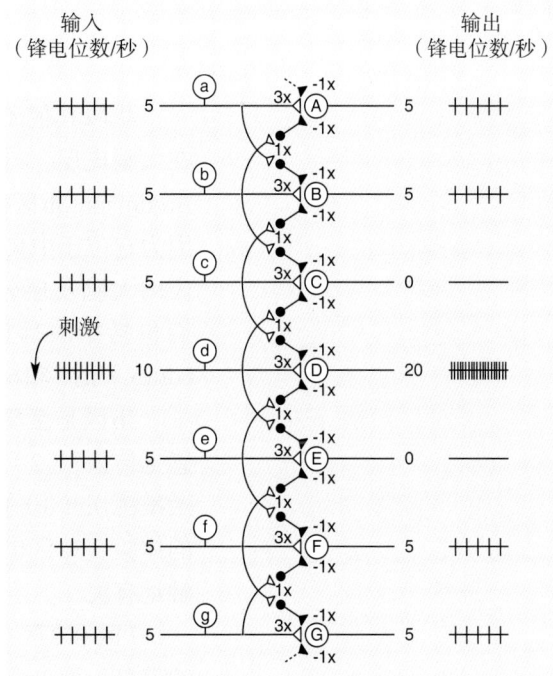

图B

第一躯体感觉皮层（S1）

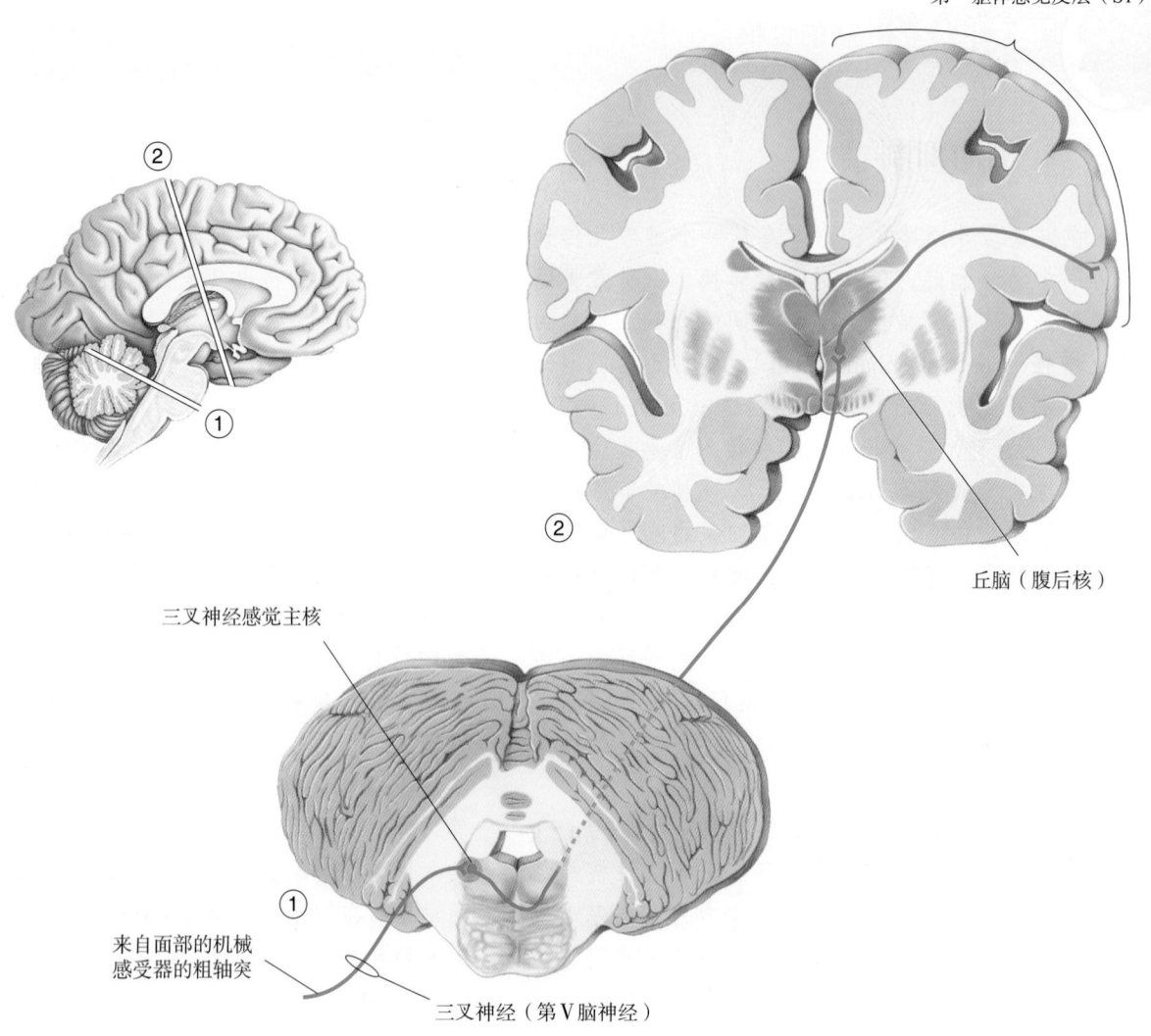

丘脑（腹后核）

三叉神经感觉主核

来自面部的机械
感受器的粗轴突

三叉神经（第Ⅴ脑神经）

▶ 图 12.16
三叉神经通路

12.2.6　躯体感觉皮层

　　就像其他所有的感觉系统一样，躯体感觉最复杂的信息处理过程发生在大脑皮层。与躯体感觉系统有关的皮层大部分位于顶叶（图12.17）。人的Brodmann 3b 区被认为是第一躯体感觉皮层（S1），该皮层区很容易被找到，因为它位于中央后回，就在中央沟的后方（见图7.28，该图显示了Brodmann氏的大脑皮层分区）。其他处理躯体感觉信息的皮层区位于S1的侧面，它们包括中央后回的3a、1 和 2 区以及毗邻的**后顶叶皮层**（posterior parietal cortex）的5 和 6 区（图 12.17）。

　　3b区是**主要的**躯体感觉皮层，原因是：（1）它接受丘脑腹后侧核大量的感觉传入；（2）它的神经元对躯体感觉刺激非常敏感（而不是对其他感觉刺激敏感）；（3）损毁这个区会破坏躯体感觉；（4）电刺激该区引起躯体感觉的体验。3a区也接受丘脑的大量传入，但这个区主要与机体的位置觉而不是触觉有关。

　　1区和2区接受3b区的大量传入。3b区至1区的投射主要传递物体质地的信息，而3b区至2区的投射主要传递物体大小和形状的信息。因此，可以

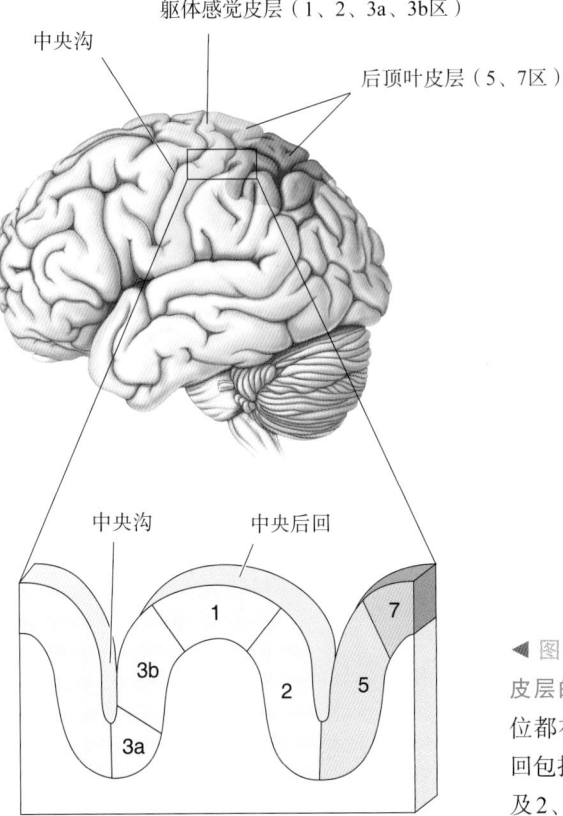

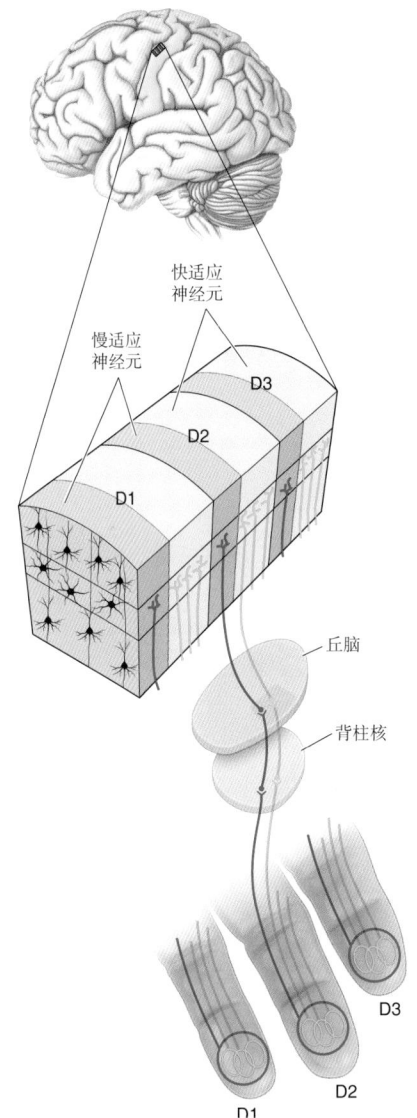

◄ 图 12.17

皮层的躯体感觉区。图中所显示的部位都在顶叶。下方的图显示的中央后回包括了第一躯体感觉皮层（S1），以及 2、3a 和 3b 三个亚区

预料，1 区或 2 区的小部分损毁会导致辨别物体质地、大小和形状的缺陷。

　　躯体感觉皮层就像新皮层的其他区域一样，是多层结构。正如视皮层和听皮层那样，丘脑传入第一躯体感觉皮层的纤维主要终止于第Ⅳ层。第Ⅳ层神经元的纤维又投射到其他层的细胞。第一躯体感觉皮层与皮层其他区域的另一相似之处，是具有相同传入和反应的神经元垂直堆叠成柱，跨越皮层的各个亚层（图 12.18）。事实上，由 Hubel 和 Wiesel 精彩描述的视皮层中的皮层柱（cortical column）的概念，实际上是由约翰斯·霍普金斯大学（Johns Hopkins University）的科学家 Vernon Mountcastle 首先在躯体感觉皮层中描述的。

　　皮层的躯体感觉定位。 电刺激第一躯体感觉皮层的表面能引起机体特定部位的躯体感觉，系统性地移动刺激电极会引起躯体感觉部位的相应移动。美裔加拿大神经外科医生 Wilder Penfield，于 20 世纪 30 至 50 年代期间在麦吉尔大学（McGill University）工作时，确实使用了上述方法来绘制神经外科患者的皮层定位图（有趣的是，这些脑部手术可以在头皮局部麻醉的清醒患者身上进行，因为脑组织本身缺乏躯体感觉感受器）。绘制躯体感觉皮层图的另一种方法是记录单个神经元的活动，并确定神经元的躯体感觉感受野部位。很多第一躯体感觉皮层神经元的躯体感觉感受野在皮层上有规则的躯体感觉图谱。体表的感觉映射到脑结构上的现象称为**躯体感觉定位**（somatotopy；即躯体感觉拓扑——译者注）。我们已经在前面的章中知道脑也有其他的感觉上皮（如眼睛中对光敏感的视网膜和内耳中对声音频率敏感

▲ 图 12.18

第一躯体感觉皮层 3b 区的柱状组织。每一根手指（D1 ~ D3）在皮层感觉代表区的位置相邻。在每一根手指的代表区内，快适应（绿色）和慢适应（红色）细胞柱交替排列（改绘自：Kaas 等，1981，图 8）

▶ 图 12.19
第一躯体感觉皮层上的躯体感觉定位图。该图是经中央后回的一个横断面（显示顶部）。每个部分的神经元对画在其上面的躯体部分的反应最强（改绘自：Penfield 和 Rasmussen，1952；Kell 等，2005，图 3）

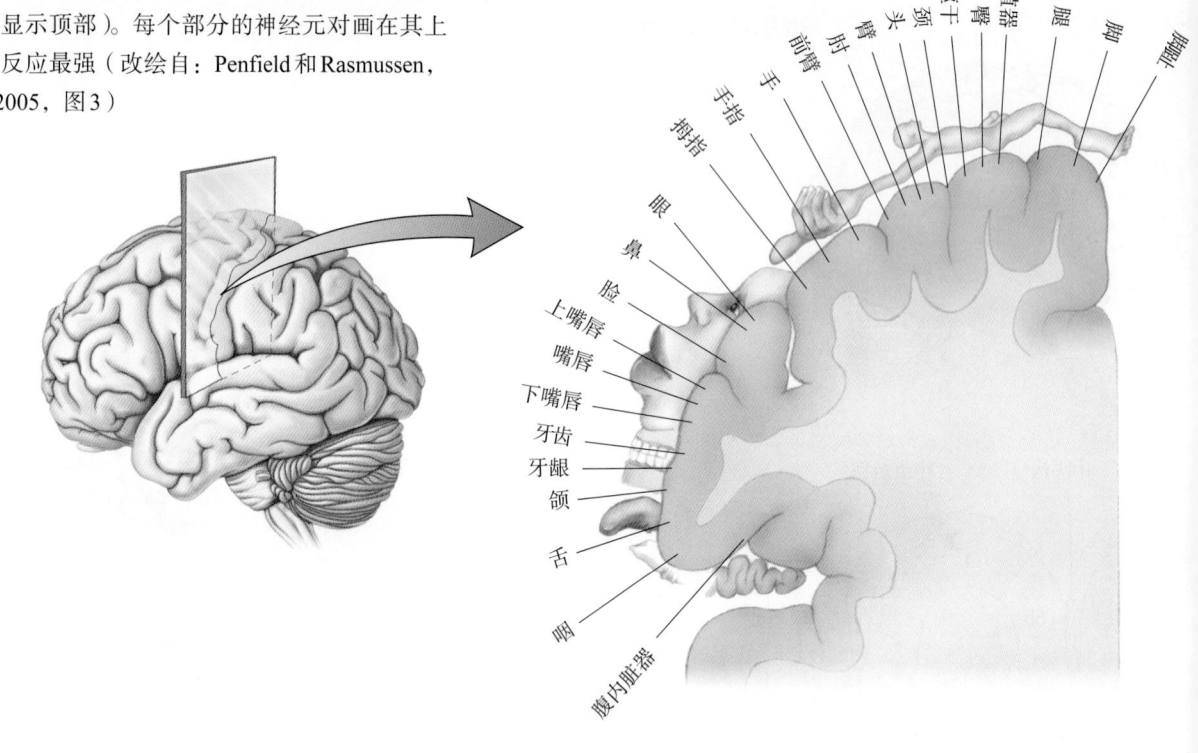

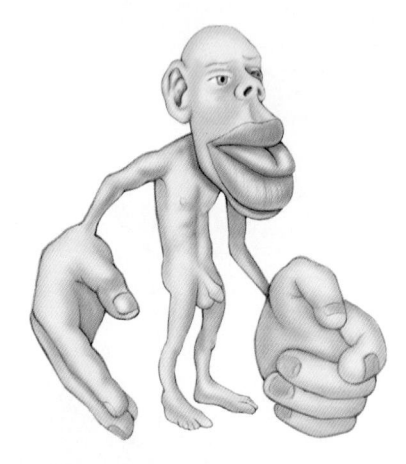

▲ 图 12.20
侏儒

的耳蜗）的感觉定位现象，即**视拓扑**（retinotopy，即视觉定位——译者注）和**音调拓扑**（tonotopy，即音调定位——译者注）。

用电刺激和神经元记录的方法得到的躯体感觉定位图是相似的。这些图粗看起来就像这样一个人：他的腿和脚在中央后回的顶部，而他的头在中央后回的底端（图 12.19）。躯体感觉定位图有时被称为**侏儒**（homunculus，该词来自拉丁语的"身材矮小的人"或"侏儒"，这里意为"脑内矮小的人"）。

S1 区的躯体感觉定位图有两几个明显的特征。第一，图不总是连续的，而是中断的。从图 12.19 中可以看到，手的代表区与脸和头部的代表区是分开的。有趣的是，Penfield 原始的图显示男性外生殖器在 S1 区的最远端和最隐蔽部位，即脚趾的下面。然而，最近利用功能磁共振成像的研究说明，躯体感觉定位图中的阴茎实际上不是在如此奇怪的部位，而是在腹部和腿之间的一个区域。遗憾的是，Penfield 和当代研究者都没有花很多时间来绘制女性躯体的躯体感觉及其特征的定位图［有人将这种图称为**"女侏儒"**（*her*munculus）］。

躯体感觉定位图的另一个明显特征是，图的比例不像真实的人体，而像一幅漫画（图 12.20）：口、舌和手指大而不协调，而躯干、手臂和腿却很小。机体每一部位在脑的代表区的相对大小既与这一部位感觉传入的**密度**（density）有关，也与该部位感觉传入的**重要性**（importance）有关，即来自食指的信息要比来自肘部的信息更为重要。我们手和手指的触觉信息的重要性是显而易见的，那又为什么要投入那么多大脑皮层的计算能力来分析来自口部的信息呢？两个可能的原因是：在讲话时触觉是重要的；而在你判断口

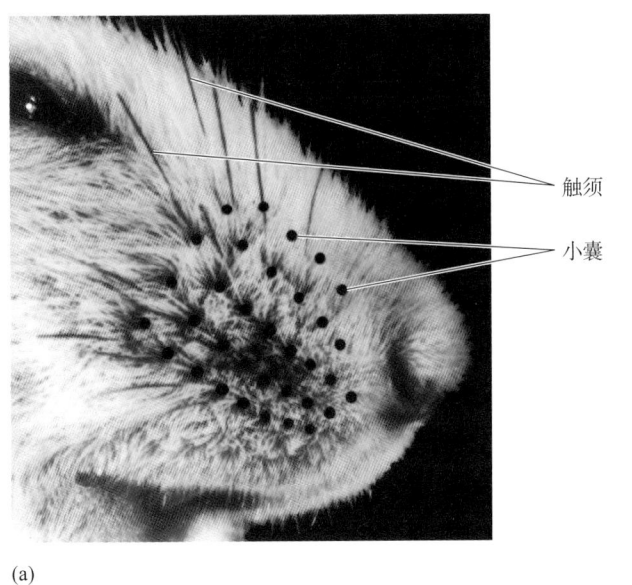

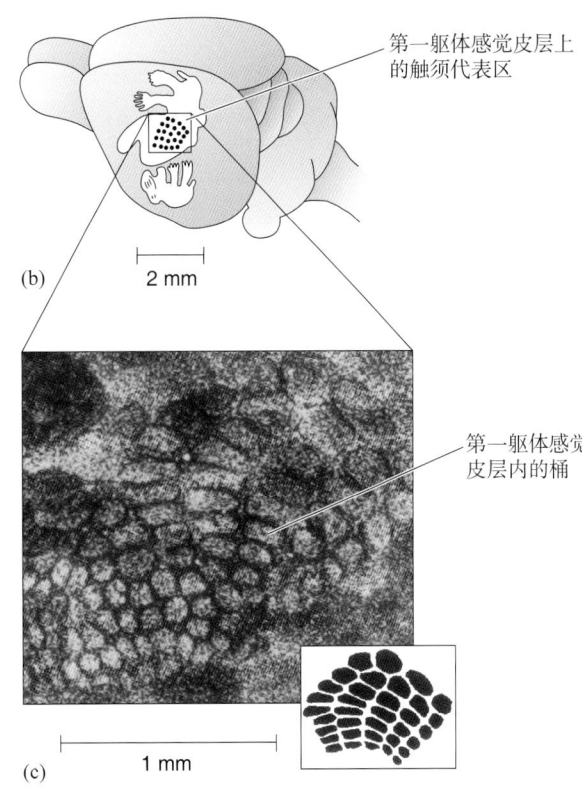

▲ 图 12.21

小鼠面部触须在大脑皮层上的感觉定位图。（a）面部大触须的位置（小圆点）。（b）小鼠第一躯体感觉皮层上的躯体感觉定位图。（c）S1区内的桶状皮层。将皮层以与表面平行的方向切成薄片，进行尼氏染色。小插图显示桶的形状，排列成5排，可与a图中的5排触须比较（改绘自：Woolsey 和 Van der Loos，1970）

腔内的食物是不是美味的、营养的，是不是会噎着你、会折断你牙齿，或者会咬不动时，你的嘴唇和舌头（感觉和味觉）是最后的防线。下面我们还将看到，一种传入信息的重要性及其在皮层上代表区的大小也反映了这种传入信息被利用的频繁程度。

机体各部位感觉的重要性在不同种系的动物上变化很大。例如，啮齿动物面部大的触须（颊须）在第一躯体感觉皮层有很大的代表区，而爪趾的代表区较小（图12.21）。显然，每个触须小囊的感觉信号到达一簇明确定位的第一躯体感觉皮层神经元，这种神经元簇被称为**桶**（barrel）。啮齿动物触须的感觉定位图在第一躯体感觉皮层很容易看到，5排皮层桶（cortical barrel）精确地对应于面部的5排触须（图文框 12.3）。对大鼠和小鼠的"桶状皮层"（barrel cortex）的研究已经揭示了很多关于感觉皮层的功能。

大脑皮层的躯体感觉定位并不限于单独一张图。就像视觉系统具有多种视网膜定位图一样，躯体感觉系统也有几张定位图。图12.22显示了枭猴（owl monkey）第一躯体感觉皮层上详细的躯体感觉定位。仔细比较3b区和1区的定位图，它们反映的是机体的同一个部位，在相邻的皮层条带上平行地排列。这两个躯体感觉定位图并不完全相同，但互为镜像，从放大了的手代表区可看得更清楚（图12.22b）。

图文框12.3 发现之路

皮层桶
Thomas Woolsey 撰文

20世纪60年代中期，我在威斯康星大学（University of Wisconsin）完成了一项大学生研究计划，那是关于小鼠脑内触觉、听觉和视觉组构的生理学研究。在威斯康星大学，组织学被常规地应用于所有脑组织的检测。在我完成了医学院的第一年学习后，我回去再看这些脑切片，发现了奇怪的现象：在我曾经记录的对触须运动产生反应的皮层Ⅳ区中，细胞体的分布不均匀。这不是新的发现，因为在50多年前发表的几乎被遗忘的论文中，几位不同的作者报告过这种模式的神经元，但那是在记录（指记录神经元的电活动——译者注）成为可能之前的实验结果，因此，那时没有人知道这一皮层区的功能。

皮层通常在垂直于脑表面的脑切片中被研究。我突然想到，以与脑表面平行的平面来做切片，这种做法很罕见，但可以给出整个皮层第Ⅳ层的视图。已故的神经解剖学教授H. Van der Loos在我

选修他的课程期间给了我在约翰斯·霍普金斯大学（Johns Hopkins University）工作的机会。我以特定方式制备标本，使我能够精确地定位切片（那通常是刺激面部可获得反应的部位），并且切成比常规更厚的脑片。在暮春的一个阳光明媚的上午，大约10点钟，我努力将第一批切片固定在载玻片上之后，拿着这些切片沿着走廊来到了学生用的黑暗的组织学实验室，在那里我有一台显微镜。我第一眼看到的就是皮层第Ⅳ层中令人吃惊的细胞排列模式，它显然模拟了触须的排列方式。在确认我所看到的现象没有疑问之后，我立即将这些切片展示给Van der Loos教授，他是这个世界上第二个知道触须被标记在小鼠脑内的人。我们把这些细胞群命名为"桶"（barrel）。后来，关于每个桶都与一单根触须相关联的假设，以及每个桶都是一个功能性皮层柱（functional cortical column）一部分的假设都被证实了。

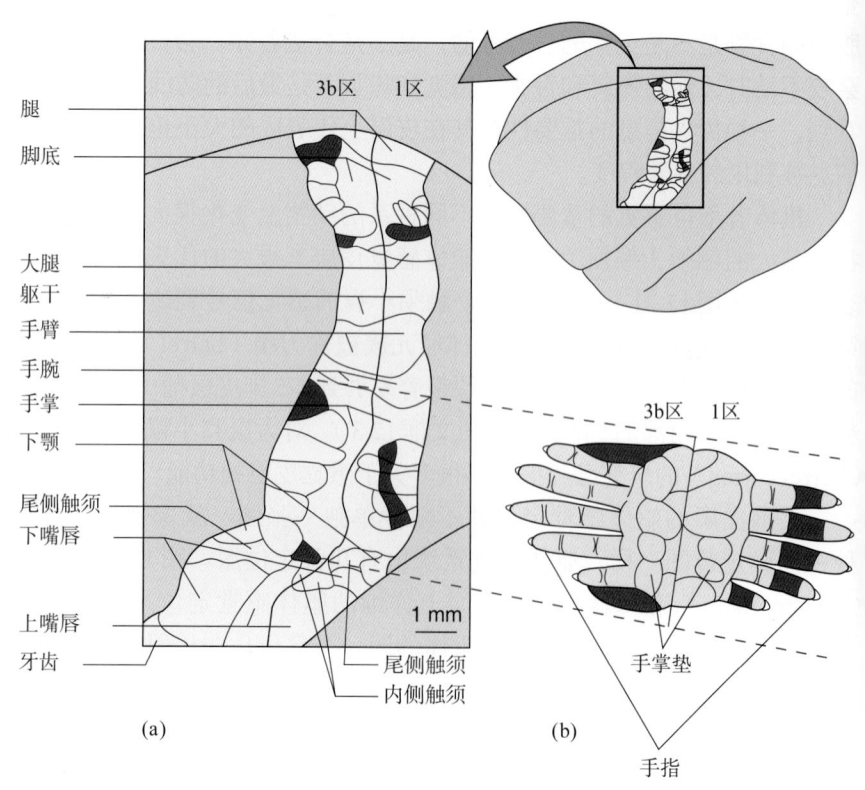

▶ 图12.22

多重的躯体感觉定位图。 从枭猴3b区和1区所做的记录。（a）结果显示每个区都有各自的躯体感觉定位图。（b）手区的详细测试说明，两幅图互为镜像。阴影区代表手和脚的背侧面；非阴影区代表腹侧面（改绘自：Kaas等，1981）

皮层躯体感觉定位图的可塑性。 当感觉传入（如手指的感觉传入）去除后，皮层的躯体感觉定位图会发生什么变化呢？仅仅是皮层的"手指区"被闲置了，还是萎缩了呢？或者是这个区域的脑组织被其他部位的传入信息接管了呢？回答这些问题可能对外周神经损伤后功能的恢复有重要的意义。在20世纪80年代，加利福尼亚大学旧金山分校（University of California at San Francisco）的神经科学家Michael Merzenich和他的同事们开始了一系列的实验来检验这些可能性。

某些关键的实验概括在图12.23中。首先，用微电极仔细绘制出成年枭猴第一躯体感觉皮层上对手部刺激敏感的代表区。然后，手术切除一根手指（第三指）。几个月后，重新绘制手部的皮层感觉定位图。结果怎样呢？原先对被切除的手指有反应的皮层区现在对邻近手指的刺激产生了反应（图12.23c）。这清楚地说明，皮层的躯体感觉定位发生了重新排列。

在这个切除实验中，导致躯体感觉定位图发生了重新排列的原因，是失去了缺失手指的传入信息。那么当一根手指的传入活动**增强**时，又会发生什

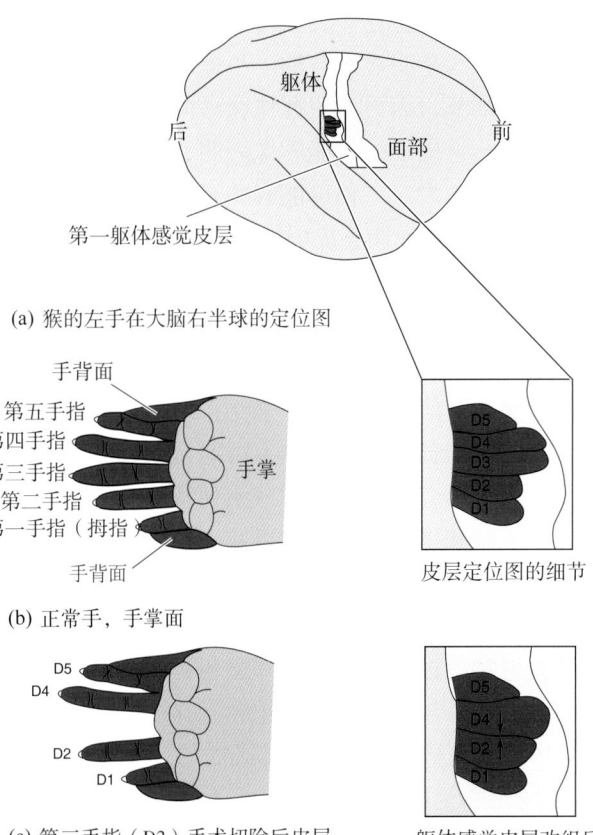

(a) 猴的左手在大脑右半球的定位图

手背面
第五手指
第四手指
第三手指
第二手指
第一手指（拇指）
手背面
手掌

皮层定位图的细节

(b) 正常手，手掌面

(c) 第三手指（D3）手术切除后皮层
定位图的改组

躯体感觉皮层改组后

刺激
转盘

(d) 在选择性地训练两根手指后
皮层定位图的改组

◀ 图12.23
躯体感觉定位图的可塑性。（a, b）枭猴的手指在第一躯体感觉皮层上的感觉定位图。（c）如果第三根手指被切除，一段时间后，皮层的重组使第二和第四根手指的代表区扩大。（d）如果选择性地刺激第二和第三根手指，它们的皮层代表区也扩大

么样的变化呢？为回答这一问题，实验者训练枭猴选用规定的手指去完成任务，然后给予食物奖赏。训练几周后，微电极绘图实验表明，与训练时邻近未被选用的手指在皮层上的代表区相比较，训练时被选用的手指在皮层上的代表区扩大了（图12.23d）。这些实验揭示了皮层的感觉定位图是动态的，可根据感觉传入信息量的多少进行调整。后来在皮层其他区域（视区、听区、运动区）的实验也说明这种定位图的可塑性在脑内广泛存在。

动物感觉定位图可塑性的发现导致人们寻找人脑类似的变化。一个有趣的例子来自对截肢者的研究。截肢者的一个普遍体验就是当机体的其他部位被触碰时，感觉就像是来自对缺失肢体的触碰。这些"幻肢"（phantom limb）感觉常由刺激皮肤某些部位所引起，而这些皮肤部位在皮层的感觉代表区与缺失肢体的感觉代表区相邻。例如，刺激面部能够引起手臂的幻肢感觉。功能性脑成像显示，缺失肢体原来在皮层上的感觉代表区现在可被刺激面部而激活。虽然这种可塑性可能是自适应的，因为皮层不会被闲置，但截肢者的感觉刺激与知觉之间的不匹配表明，这种可塑性可能会导致S1信号应该如何解释的混乱。

虽然对于截肢者而言，更多的皮层感觉代表区可能不一定有用，但对于音乐家来说，更多的皮层感觉代表区是明显有益的。小提琴手和其他弦乐器演奏者必须持续用左手手指触摸琴弦，而另一只握住弦弓的右手，每根手指接受的刺激要少得多。第一躯体感觉皮层的功能影像表明，弦乐器音乐家左手手指在皮层的感觉代表区大大地加大。一种可能有些夸张的说法是：随着人们生活经历的改变，他们的脑也不断地调整皮层感觉定位图。

这种皮层感觉定位图可塑性的机制尚不清楚，但我们将在第25章中了解到，它们可能与学习和记忆的过程有关。

后顶叶皮层。 我们已知不同类型信息的分离是感觉系统的一般规律，躯体感觉系统也不例外。然而，不同感觉类型的信息不可能是永远分离的。当我们在口袋里摸钥匙时，我们通常不会去感觉它的一系列特征：特定的大小和形状、凸凹和光滑的边缘、坚硬和平滑的表面，以及一定的重量。相反，我们仅仅用手指就可以确定它是钥匙，而不是"硬币"或"一块口香糖"。刺激物分离的信息很容易综合在一起成为具体的物体。但是，我们很少知道在感觉系统内是怎样发生这种生物学过程的，更不知道各种感觉系统之间的机制。毕竟很多物体有它们独特的外观、声音、感觉和气味，综合这些感觉对于形成某物（如对你的宠物猫）完整的脑内图像是必需的。

我们确实已经知道，神经元感受野的特征在信息通过皮层时会发生改变，而且感受野会扩大。例如，皮层下的神经元和皮层3a、3b区的神经元对刺激物在皮肤上移动的方向不敏感，而1区和2区的神经元却是敏感的，即1区和2区内的神经元所"偏好"的刺激是更为复杂的。某些皮层区域似乎是将简单的、分离的感觉信息流聚合起来，以生成特定的复杂的神经表征。在讨论视觉系统时，我们已经在IT区的复杂感受野内看到这一现象。后顶叶皮层也是这样一个部位，它的神经元有较大的感受野且对刺激有"偏好性"，因而对这些神经元的特征进行描述也是一种挑战，因为它们是如此精密和复杂。此外，后顶叶皮层不仅与躯体感觉有关，而且也与视觉刺激、运动计划，甚至与一个人的注意力有关。

破坏后顶叶皮层能产生一些匪夷所思的神经紊乱，其中有一种是**失认症**（agnosia）。虽然失认症患者的简单感觉功能似乎正常，但他们不能识别物本。患有**立体觉失认症**（astereognosia）的人不能通过触摸物体（如一把钥匙）来识别它们，尽管他们的触觉是正常的，他们通过视觉或听觉来识别物本可能也没有问题。立体感觉的丧失常常局限制在受损的后顶叶皮层对侧的躯体。

顶叶皮层损伤也可引起**忽视综合征**（neglect syndrome），该疾病的症状是患者机体的一部分或场景的一部分（例如被患者所凝视的那个点左侧的整个视野）被忽视了或被抑制了，而这些部分却是真实存在的（图12.24）。神经学家Oliver Sacks（奥利弗·萨克斯，1933.7—2015.8，是一位居住在美国的英国神经学家和作家，他曾根据自己的临床经历写了许多科普著作——译者注）曾经在他的文章"从床上掉下来的人"（"The Man Who Fell Out of Bed"；此文为萨克斯撰写的 *The Man Who Mistook his Wife for a Hat*《错把太太当帽子的人》一书中的第4章——译者注）当中描述过这样一个患者——此患者遭受了一次脑卒中（可能伤及了他的皮层）之后，他就坚持认为有人和他开了个恐怖性的玩笑，把一条截肢腿藏在了他的毯子下面。当他设法把这条截肢腿从他的床上移开时，他和这条腿都直立在地板上。当然，这条腿是他自己的，仍然与他的身体相连，只是他不能认识到这条腿依然是他身体的一部分而已。患有忽视综合征的患者可能会对自己盘子里的一半食物视而不见，或者只给自己的半边身体穿衣服。忽视综合征最常见于右侧半球损伤后，但幸运的是，该综合征随着时间的推移会逐渐好转或消失。

一般说来，后顶叶皮层对于感知和解释空间关系、准确的身体图像，以及学习涉及机体在空间协调的任务等方面起至关重要的作用。这些功能涉及将躯体的感觉信息与其他感觉系统（尤其是视觉系统）的感觉信息进行复杂的整合。

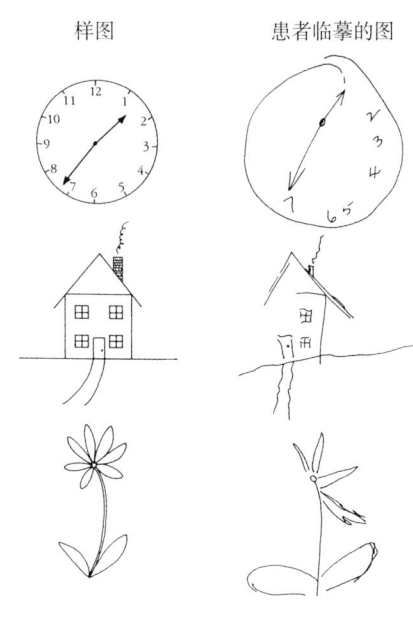

样图　　　患者临摹的图

▲ 图12.24

忽视综合征的一个例子。要求一个右侧后顶叶皮层受过脑卒中损伤的患者临摹左侧的样图，他不能再现出样图左边的很多特征（引自：Springer 和 Deutsch，1989，第193页）

12.3　痛觉

除了我们已经描述的机械敏感性触觉感受器，躯体感觉还强烈地依赖于**伤害性感受器**（nociceptors）——一种游离的、具有分支的、无髓鞘的神经末梢（nociceptor一词来自拉丁语的 *nocere*，即"伤害"的意思）。伤害性感受器发出的信号意味着机体组织正受到伤害或在伤害的危险之中。伤害性感受器的信息传导到脑的通路与机械感受器的传导通路有很大的差异。因此，这两条通路活动时引起的主观感觉不同。选择性地刺激伤害性感受器能导致清晰的疼痛感觉。伤害性感受和痛觉对生命是至关重要的（图文框12.4）。

然而，重要的是，要认识到伤害性感受（nociception）和痛觉（pain）并不总是一回事。**痛觉**是一种令人烦恼的感觉（felling）或知觉（perception），由来自机体某部位的酸、刺、酸痛、搏动，以及难言或难以忍受的感觉所引起。**伤害性感受**是一种感觉过程，它发出信号触发痛觉。尽管伤害性感受器可能拼命地和持续地发放，而疼痛可能一会儿出现一会儿消失。与此相反的情况也可能会发生，即使伤害性感受器没有活动，疼痛也可能是令人极度痛苦的。与其他感觉系统相比，伤害性感受的认知特性（cognitive quality）能从脑内部，即由脑本身控制。

图文框12.4　趣味话题

没有疼痛的痛苦生活

疼痛告诉我们要避开有害的环境。疼痛可引起我们对有害刺激的缩回反射（withdrawal reflex），它劝诫我们让机体受伤部分休息，使伤处得以痊愈。疼痛是至关重要的，关于疼痛的功能性作用的最令人信服的证据来自对**先天性无痛症**（congenital insensitivity to pain）患者的观察。虽然这类患者非常罕见，但他们一直在有可能伤害到自己的危险中度日，因为他们不能意识到自己正在做的事情可能会危害到自身。他们常常在年轻时就去世了。

例如，一位加拿大女性出生时就对疼痛刺激没有反应，但她没有其他的感觉障碍且很聪明。尽管在早期就训练她要避开有害的环境，但她的关节和脊椎还是发生了进行性退变，导致骨骼变形、退化、感染，最后在28岁时就去世了。显然，低水平的伤害性感受活动在日常的工作和生活中起重要作用，因为这种活动可以让我们知道某个特定的动作或持久不变的姿势是否给我们的身体带来了过度的压力。甚至在睡觉时，伤害性感受是一种能导致我们翻身的刺激，从而避免发生褥疮或骨骼肌的扭伤。

对患有先天性无痛症患者的观察揭示，疼痛是一种独立的感觉，不是一种除其他感觉之外的多余感觉。先天性无痛症患者通常具有正常感受其他躯体感觉刺激的能力。导致这种疾病的原因可能包括外周伤害性感受器的发育障碍、中枢神经系统内痛觉传导通路中的突触传递改变，以及基因突变。一项对巴基斯坦几个患此疾病家庭的研究揭示了一种称为 *SCN9A* 基因的突变。该基因编码了一种独特的电压门控钠通道，而这个钠通道仅仅表达在伤害性感受神经元上。这一基因突变导致了非功能性钠通道的表达、伤害性感受器动作电位的选择性缺失，以及对痛觉的严重失敏。患有这种基因突变的家庭成员持续地遭受频繁的割伤、擦伤、嘴唇和舌头的咬伤，以及骨折。

显然，没有疼痛的生活**不是**一种幸福的生活。

12.3.1　伤害性感受器和痛刺激的转导

伤害性感受器能够被有可能引起组织损伤的刺激所激活。强烈的机械刺激、过高的温度、缺氧、暴露于某些化学物质等都能引起组织的损伤。伤害性感受器的细胞膜含有离子通道，它们能被这些刺激所激活。

考虑一下，如果你踩到了一个钉子，会发生什么（回忆第3章）。很简单，这会牵拉或弯曲伤害性感受器的细胞膜，从而激活膜上的机械门控离子通道，导致细胞膜去极化和产生动作电位。此外，受伤处的损伤细胞能够释放大量物质，它们也能够引起伤害性感受器细胞膜上的离子通道开放。这些物质包括蛋白酶（消化蛋白质的酶）、三磷酸腺苷（ATP）和钾离子等。蛋白酶能够分解细胞外含量丰富的称为**激肽原**（kininogen）的肽，形成另一种称为**缓激肽**（bradykinin）的肽。缓激肽结合到伤害性感受器特定的受体分子上之后，可以激活一些感受器的离子电导。同样，ATP通过直接结合到ATP门控离子通道，可以引起伤害性感受器的去极化。我们在第3章中已学到，细胞外钾离子浓度的升高可直接引起神经元膜的去极化。

现在考虑一下靠在火炉旁的情况。43℃以上的热可引起组织烧伤，也可导致伤害性感受器膜上的热敏感离子通道开放。当然，当皮肤温度从37℃升至43℃时，我们也有非疼痛性的温热感觉。这些感觉取决于非伤害性温度感受器，以及它们与中枢神经系统的连接，与这些相关的内容将在后面讨论。但是，我们现在要注意的是，温热与烫的感觉是由不同的神经机制所介导的。

想象你是一个中年长跑者，正处在马拉松比赛的最后一英里。此时，你组织内氧的水平不能满足你对氧的需求，你的细胞利用无氧代谢产生ATP。无氧代谢的一个结果就是乳酸的释放。乳酸导致细胞外液中H^+增加，H^+激活伤害性感受器上的H^+门控离子通道。这一机制引起了与高强度运动有关的剧烈钝痛。

一只蜜蜂叮了你。你的皮肤和结缔组织含有**肥大细胞**（mast cell），该细胞是你免疫系统的一个组成部分。肥大细胞能够被异物（如蜂毒）激活而释放**组胺**（histamine）。组胺能够与伤害性感受器上特异性细胞膜表面的受体结合，引起细胞膜去极化。组胺还能引起毛细血管的通透性增加，导致受伤处肿胀和发红。含有阻断组胺受体药物（抗组胺药）的霜剂有助于缓解疼痛和肿胀。

伤害性感受器的类型。疼痛刺激的转导发生在无髓鞘C纤维的游离神经末梢和细的有髓鞘Aδ纤维上。大多数伤害性感受器对机械、温度和化学刺激发生反应，因此它们被称为**多觉型伤害性感受器**（polymodal nociceptor）。然而，就像触觉的机械感受器一样，许多伤害性感受器在它们对不同刺激的反应上具有选择性。这样，就出现了以下情况：**机械伤害性感受器**（mechanical nociceptor）对重压发生选择性反应；**温度伤害性感受器**（thermal nociceptor）对热或极度的低温发生选择性反应（图文框12.5）；**化学伤害性感受器**（chemical nociceptor）对组胺和其他化学物质发生选择性反应。

伤害性感受器存在于大多数机体组织，包括皮肤、骨骼、肌肉、大多数内脏器官、血管和心脏。除脑脊膜外，脑本身没有伤害性感受器。

痛觉过敏和炎症。伤害性感受器一般在刺激强度大到足以伤害组织时才发生反应。但是我们都知道，已经受伤或有炎症的皮肤、关节或肌肉都特别敏感。母亲在她孩子烧伤的皮肤上轻轻地、爱怜地抚摸一下，可能会引起孩子由于难以忍受的疼痛而发出嚎哭。这种现象称为**痛觉过敏**（hyperalgesia），它是我们机体控制其疼痛能力的最熟悉的例子。产生痛觉过敏的原因可能是痛觉阈值的降低、疼痛刺激强度的增加，或者甚至是自发性疼痛。**原发性痛觉过敏**（primary hyperalgesia）发生在损伤的组织内，但是损伤部位周围的组织也可能由于**继发性痛觉过敏**（secondary hyperalgesia）而变得超敏（supersensitive）。

痛觉过敏似乎有许多不同的机制，一些机制可能发生在外周感受器的内部和感受器的周围，另一些机制可能发生于中枢神经系统内。如前所述，皮肤受损时释放多种化学物质，有时被称为**炎症汤**（inflammatory soup）。炎症汤里包含的物质有某些神经递质（谷氨酸、5-羟色胺、腺苷、ATP）、肽类（P物质、缓激肽）、脂类（前列腺素、内源性大麻素）、蛋白酶、神经营养因子、细胞因子、趋化因子（chemokine）、离子（如K^+和H^+），以及其他物质（图12.25）。这些物质能引发**炎症**（inflammation），这是机体组织的一种自然反应，因为这一反应可以减轻损伤和促进愈合过程。皮肤炎症的主要表现是

图文框12.5　趣味话题

热辣和辛辣

如果你喜欢辛辣的食物，你应该知道，各种尖辣椒中的活性成分是**辣椒素**（capsaicin）（图A）。这些辣椒是"热辣"的，因为辣椒素激活了温度伤害感受器，这种感受器在温度升高（大约43℃以上）时发出疼痛信号。的确，这是一种特殊现象，即伤害性感受神经元被辣椒素选择性地激活，这导致了热辣感觉转导机制的发现。加利福尼亚大学旧金山分校（University of California，San Francisco）的David Julius〔戴维·朱利叶斯，1955.11—，美国生理学家，其与雅顿·帕塔普蒂安（Ardem Patapoutian）因发现温度触觉感受器获2021年诺贝尔生理学或医学奖——译者注〕发现，在一些背根神经节细胞中，辣椒素可激活一种称为TRPV1的特殊离子通道，而该通道在温度超过43℃时也被激活。这种离子通道通过允许Ca^{2+}和Na^+内流而去极化神经元，使神经元发放。TRPV1是TRP通道相关的大家族中的一员，而TRP通道最初是在果蝇（*Drosophila*）的光感受器中被鉴定出来的（TRP为transient receptor potential的缩写，意为"瞬时受体电位"）。不同的TRP通道在从酵母到人类的生物体中许多不同类型的感觉转导过程中起作用。

为什么温度门控离子通道对尖辣椒也敏感？这是因为辣椒素似乎模拟了损伤组织所释放的内源性化学物质的作用。这些化学物质（以及辣椒素）使TRPV1通道在较低温度下开放，这就解释了为什么受伤了的皮肤对温度的增加具有更高的敏感性。的

确，用遗传工程方法敲除了TRPV1通道的小鼠不产生炎症诱导的**热痛觉过敏**（thermal hyperalgesia）。尽管所有哺乳动物都表达TRPV1通道，但鸟类不表达该通道，这就解释了鸟类为什么能够食用最辣的红辣椒的原因。这一事实也说明了加有辣椒素的鸟饵怎么会被鸟儿享用而不会被松鼠偷食。

辣椒素除了用于保护鸟饵和烹饪，还具有貌似矛盾的临床应用。大剂量使用辣椒素可以**镇痛**（analgesia），即可以使得**痛觉缺失**（analgesia亦为"痛觉缺失"的意思——译者注）。辣椒素使痛觉神经脱敏，并使痛觉神经末梢中的P物质耗竭。辣椒素软膏、喷雾剂和贴剂可用于治疗与关节炎、幽门螺旋杆菌、牛皮癣、带状疱疹和其他疾病相关的疼痛（图文框12.1）。

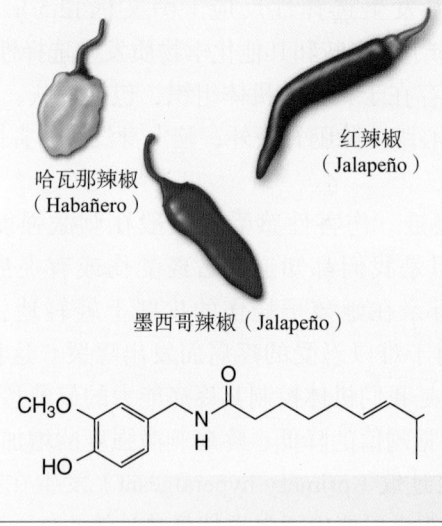

哈瓦那辣椒
（Habañero）

红辣椒
（Jalapeño）

墨西哥辣椒（Jalapeño）

图A
含有辣椒素的辣椒和辣椒素的化学分子结构

患处的痛、热、红和肿。同时，这些化学物质中的一些也能调节伤害性感受器的兴奋性，使它们对温度或机械刺激更为敏感（图文框12.5）。

缓激肽作为直接使伤害性感受器去极化的化学物质之一，我们已经在前面讨论过。除这种作用外，缓激肽还可引起细胞内持久的变化，使热激活的离子通道更加敏感。**前列腺素**（prostaglandins）是脂质细胞膜被酶分解后产生的化学物质。虽然前列腺素不会引起明显的疼痛，但它确实能大大增加伤害性感受器对其他刺激的敏感性。阿司匹林和其他非类固醇抗炎药可治疗痛觉过敏，原因是这些药物能抑制前列腺素合成所需的酶。

P物质（substance P）是由伤害性感受器自己合成的一种肽。伤害性感

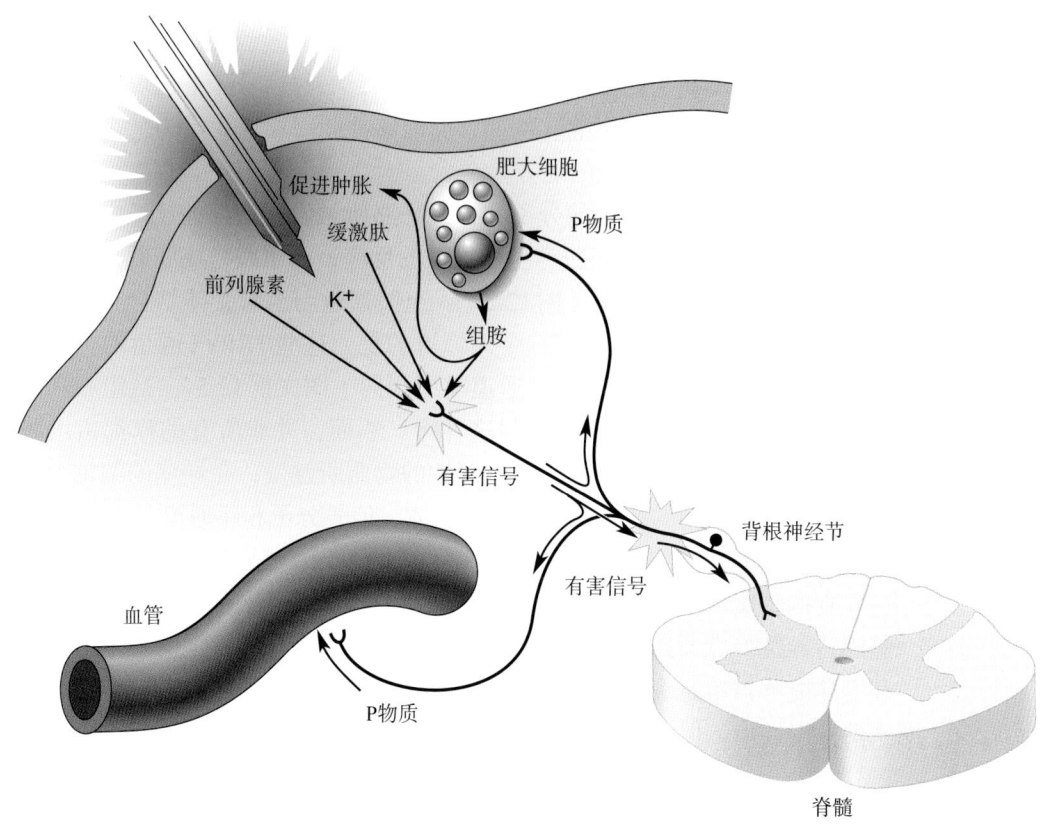

▲ 图 12.25
引起疼痛和痛觉过敏的外周化学物质

受器轴突的一个分支的活动能导致该轴突的其他分支（这些分支支配邻近的皮肤）释放 P 物质。P 物质引起血管扩张（毛细血管肿胀），使肥大细胞释放组胺。由 P 物质引起的，发生在损伤部位周围其他伤害性感受器的敏感化是导致继发性痛觉过敏的一个原因。

中枢神经系统机制也参与了继发性痛觉过敏。组织损伤后，由轻轻触碰损伤组织引起的机械感受器 Aβ 纤维激活就能激发疼痛。因此，痛觉过敏的另一个机制是脊髓内的触觉与痛觉传导通路发生了"串线"（cross-talk）。

12.3.2　痒觉

痒是一种不愉快的感觉，它引起搔抓的欲望或反射。痒和它引起的搔抓可以看作对抗皮肤和头皮上的寄生虫与植物毒素的天然防御。痒通常是短暂的、轻微的不适，但它也能成为慢性的、折磨人的疾病。慢性痒可以由多种皮肤病引起，如过敏反应、传染病、感染和牛皮癣；它也可由非皮肤病引起，如癌症、缺铁、甲状腺功能亢进、肝病、应激和精神疾病。想象一下，最糟糕的痒已经蔓延到你身体的大部分，并在你醒着的每时每刻都持续存在。搔抓的需求是不间断的、无法抗拒的。慢性痒就像慢性痛一样可怕，目前已有的药物和治疗方法还难以将其治愈。

痒常常是一种难以分类的感觉。尽管痛和痒明显不同，但它们也有许多相似之处。痛和痒都由细的感觉轴突所传导，但传导痛信号的轴突似乎与传导痒的轴突不同。这两种感觉都能被各种类型的刺激触发，包括化学物和触摸。某些调节疼痛的药物和化合物能触发痒，一些信号分子也可以转导痛觉和痒觉。痛和痒也相互影响。例如，痛能够抑制痒；这就是为什么我们有时会剧烈地搔抓皮肤上发痒的地方。

某些类型的痒由特定的分子和神经环路所触发。最细的C纤维（传导速度为0.5 m/s或更慢）对组胺产生选择性的反应，而组胺是皮肤肥大细胞在炎症期释放的天然致痒物质（图12.25）。组胺通过与组胺受体结合介导痒，组胺受体随后激活TRPV1通道。令人惊讶的是，这些TRPV1通道的类型与接受辣椒素和高温刺激的TRPV1通道类型相同（图文框12.5）。抗组胺药（有阻断组胺受体的作用）能够抑制这种痒。然而，并非所有的痒都由组胺介导。痒也可以由多种内源性的和外源性的物质所触发，介导痒的细轴突似乎表达大量其他类型的能够引起痒觉的受体、信号分子和膜通道。

关于痒的许多问题仍然是个谜。目前，尚不清楚是否存在不同类型的传递痒觉的轴突。涉及痒觉的中枢环路也知之甚少。一项重要的研究发现，脊髓内特异性痒觉通路中有某些肽类神经递质。如果介导痒觉的特定信号分子和受体能够被鉴定和了解，那么就有可能开发出有效的和具有选择性的药物来治疗慢性痒，但不影响到痛觉和其他躯体感觉的处理过程。

12.3.3 初级传入纤维和脊髓机制

由于Aδ纤维与C纤维的动作电位传导速度有差异，它们以不同的速度将信息传递到中枢神经系统。因此，皮肤伤害性感受器的兴奋可引起两种不同的疼痛感觉：首先快速的、尖锐的**第一痛**（first pain；即快痛——译者注），然后是迟钝的、持久的**第二痛**（second pain；即慢痛——译者注）。第一痛由Aδ纤维的激活所引起，而第二痛由C纤维的激活引起（图12.26）。

传导痛觉的细纤维就像Aβ机械感觉纤维一样，它们的细胞体位于背根神经节内。纤维进入脊髓背角后立即分支，在脊髓（背外侧）的**利绍尔区**（zone of Lissauer）内向上和向下行走一段短距离之后，与**胶状质**（substantia gelatinosa）区内的背角外侧部细胞形成突触（图12.27）。

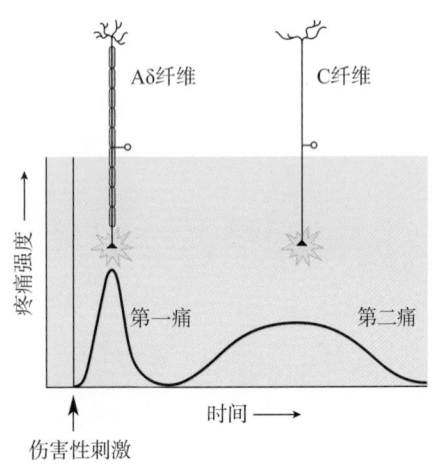

▲ 图12.26

第一痛和第二痛。 伤害性刺激引起的第一痛由传导速度快的Aδ纤维介导；第二痛，即持久痛，由传导速度慢的C纤维介导

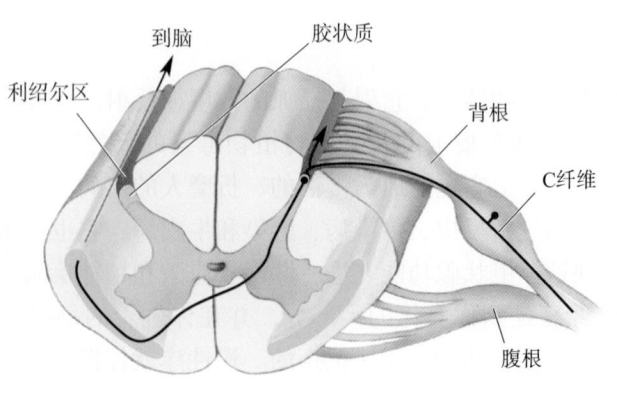

▲ 图12.27

伤害性感觉纤维在脊髓内的联系

疼痛传入纤维的神经递质为谷氨酸，然而，如前所述，这些神经元也含有 P 物质（图 12.28）。P 物质存在于轴突末梢的存储颗粒中（见第 5 章），一连串的高频动作电位能引起它的释放。近期的实验表明，由 P 物质介导的突触传递可引起轻微到剧烈的疼痛。

注意，内脏伤害性感受器的轴突通过与皮肤伤害性感受器相同的路径进入脊髓。因此，这两种传入来源的信息在脊髓内会混合在一起（图 12.29）。这种内脏和皮肤信息的"串话"（cross-talk）导致了**牵涉痛**（referred pain）现象，即内脏伤害性感受器的活动被感知为皮肤痛。牵涉痛的典型例子就是心绞痛，它在心脏缺氧时发生。心绞痛患者常常感觉到胸壁上方和左臂的疼痛。另一常见的例子就是阑尾炎的疼痛，在阑尾炎早期，脐周腹壁有牵涉痛。

12.3.4 痛觉的上行通路

我们首先简单地介绍一下触觉和痛觉通路之间的差异。第一，它们分布于皮肤的神经末梢是不同的。触觉通路的神经末梢具有特殊的结构，而痛觉通路只有游离的神经末梢。第二，它们的轴突直径不同。触觉通路是快速的，使用髓鞘厚的 Aβ 纤维；而痛觉通路是慢速的，使用髓鞘薄的 Aδ 纤维和无髓鞘的 C 纤维。第三，它们在脊髓内的联系也不同。Aβ 纤维的分支终止于背角深部；而 Aδ 和 C 纤维的分支在利绍尔区内行走，终止于胶状质。此外，它们将信息传递到脑的路径也完全不同。

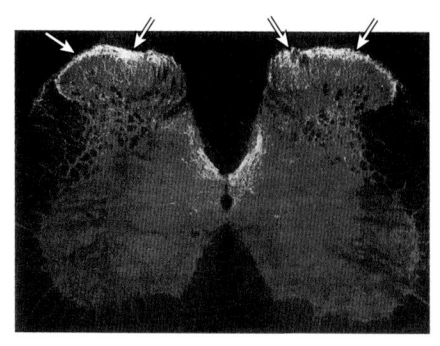

▲ 图 12.28

脊髓内 P 物质的免疫细胞化学定位。箭头所指的是胶状质内具有高浓度 P 物质的部位（引自：Mantyh 等，1997）

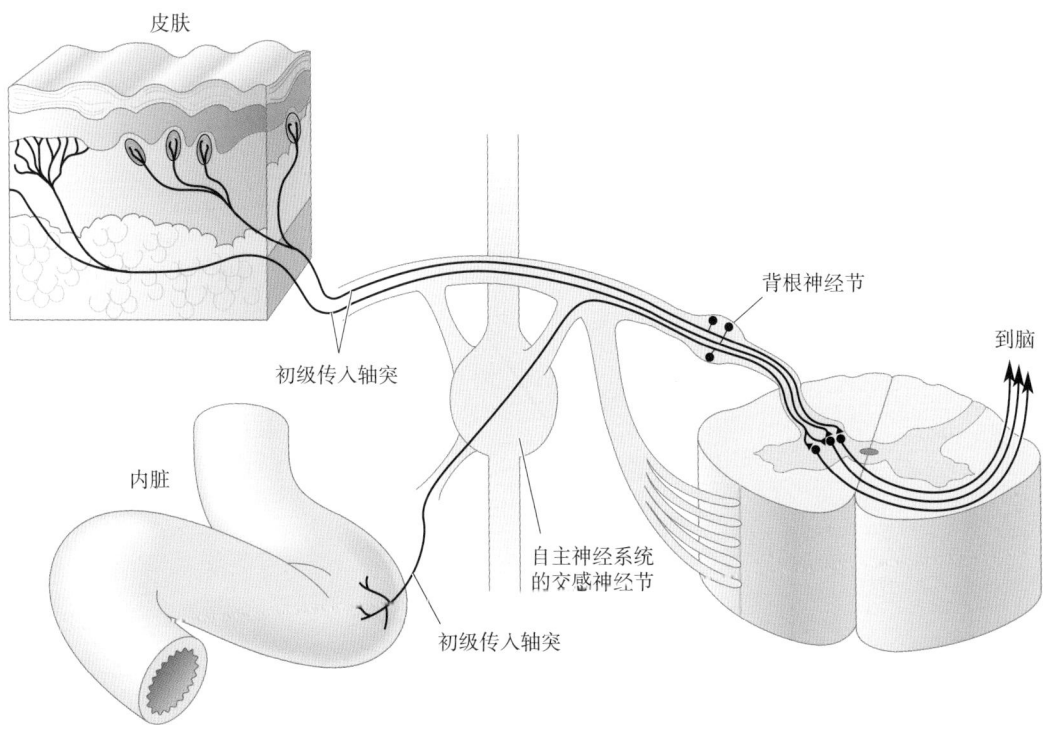

▲ 图 12.29

来自内脏和皮肤的伤害性感受器传入的会聚

脊髓丘脑的痛觉通路。机体有关疼痛（和温度）的信息经**脊髓丘脑通路**（spinothalamic pathway）从脊髓传导到脑。该通路与背柱-内侧丘系不同，它的次级神经元的轴突**立即交叉**，然后在脊髓的腹侧表面经**脊髓丘脑束**（spinothalamic tract）上行（比较图12.14和图12.27）。正如其名，脊髓丘脑束的纤维向上投射，经延髓、脑桥、中脑到达丘脑（图12.30），直至到达丘脑后才有突触联系。脊髓丘脑束通过脑干时，紧靠内侧丘系上行，但这两组神经束仍然是分开的。

图12.31概括了触觉和痛觉信息不同的上行通路。注意，触觉信息在同侧上行，而痛觉（和温度觉）信息在对侧上行。这种组构导致神经系统损伤后出现奇怪、但可预言的感觉障碍。例如，脊髓半侧损伤后，机械性感觉的缺失发生在与脊髓损伤相同的一侧：这些感觉的缺失包括对轻触皮肤、音叉振动皮肤、肢体的位置等都没有感觉。另一方面，疼痛和温度感觉障碍

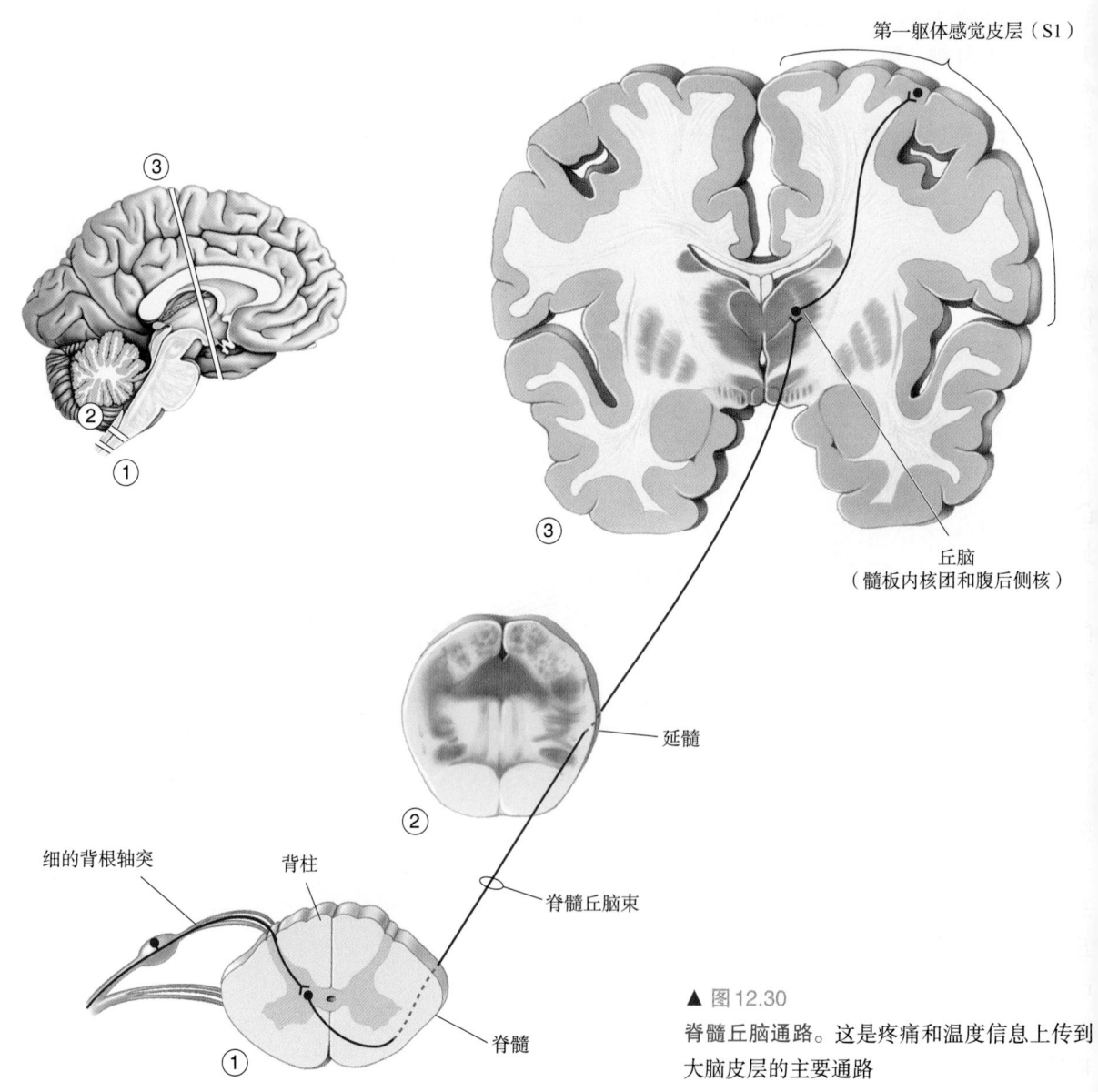

第一躯体感觉皮层（S1）

丘脑
（髓板内核团和腹后侧核）

延髓

脊髓丘脑束

细的背根轴突

背柱

脊髓

▲ 图12.30
脊髓丘脑通路。这是疼痛和温度信息上传到大脑皮层的主要通路

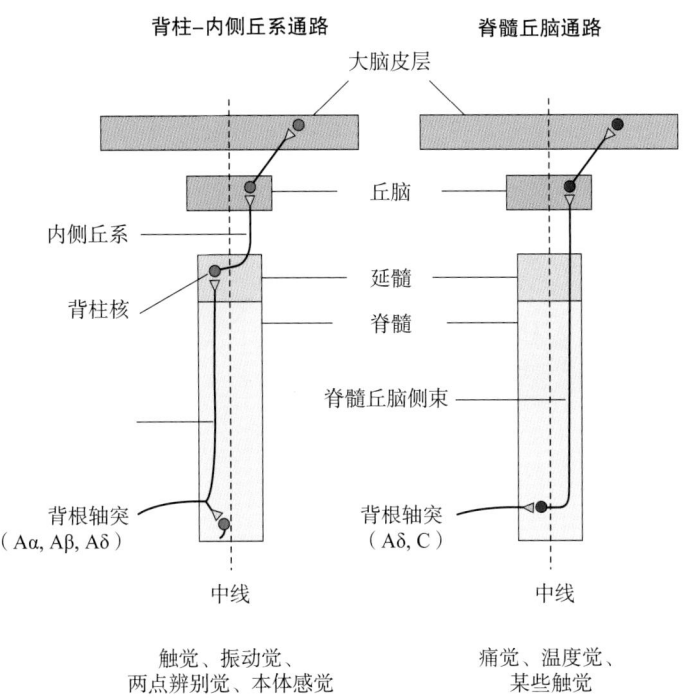

背柱–内侧丘系通路　　　**脊髓丘脑通路**

大脑皮层

丘脑

内侧丘系

背柱核

延髓
脊髓

脊髓丘脑侧束

背根轴突
（Aα, Aβ, Aδ）

背根轴突
（Aδ, C）

中线　　　　　　中线

触觉、振动觉、　　痛觉、温度觉、
两点辨别觉、本体感觉　　某些触觉

▲ 图 12.31
躯体感觉的两条主要上行通路概观

将出现在脊髓损伤的**对侧**。其他症状，如运动障碍和感觉障碍的精确部位和范围也可为脊髓损伤的定位提供线索。例如，运动功能的障碍发生在脊髓损伤的同侧。脊髓一侧损伤后出现的感觉和运动症候群称为**布朗–色夸综合征**（Brown-Séquard syndrome）。

　　三叉神经的痛觉通路。头面部的疼痛（和温度）信息传递到丘脑的通路与脊髓通路相似。三叉神经中的细纤维首先与脑干中**三叉神经脊束核**（spinal trigeminal nucleus）的神经元（第二级感觉神经元）形成突触，然后这些神经元的轴突交叉组成**三叉丘系**（trigeminal lemniscus）上行至丘脑。

　　除了脊髓丘脑和三叉丘脑这两条通路，其他与疼痛（和温度）密切相关的通路在到达丘脑之前，也都发出轴突投射到脑干各级水平的多个结构。这些通路中的一些对产生缓慢、烧灼、难忍的疼痛特别重要，而另一些通路则引起更有普遍意义的行为觉醒和警觉。

　　丘脑和大脑皮层。脊髓丘脑束和三叉丘系的轴突与丘脑的广泛区域形成突触，这要比内侧丘系与丘脑形成的突触多。脊髓丘脑束和三叉丘系中的一些轴突就像内侧丘系的轴突一样，终止于丘脑腹后侧核，但触觉与痛觉系统通过到达丘脑腹后侧核的不同部分而在该核团中**依然**是分开的。脊髓丘脑束的另一些轴突终止于丘脑的一些小核团——**髓板内核团**（intralaminar nuclei，图 12.32）。疼痛和温度信息从丘脑传递到大脑皮层的不同区域。就像它们在丘脑中的情况一样，脊髓丘脑通路占据的大脑皮层区域，要比背柱–内侧丘系通路占据的区域大得多。

► 图12.32
丘脑的躯体感觉核团。除腹后侧核外，髓板内核团也将伤害性信息传递到大脑皮层的广泛区域

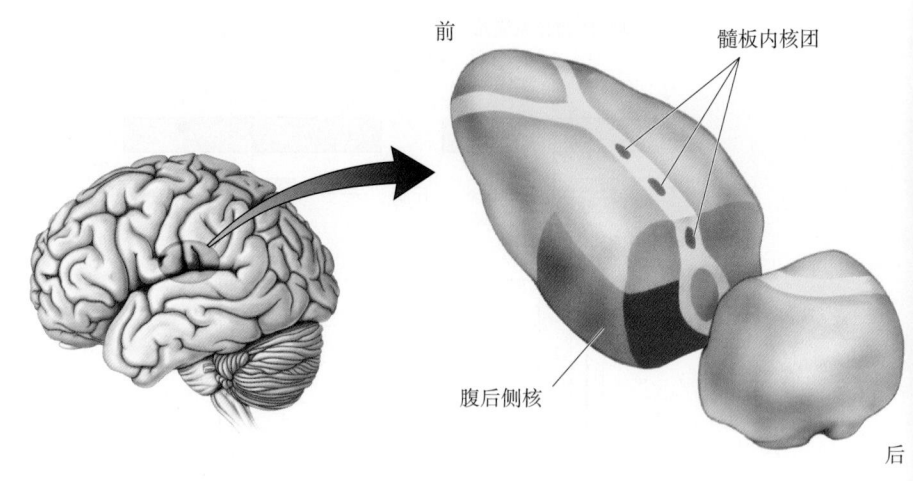

12.3.5   痛觉的调节

疼痛的感知是可以变化的。在非疼痛性感觉传入量和行为状况不同时，即便是伤害性感受器的活动在同样的水平上，也可能导致不同强度的疼痛感觉。理解疼痛的这种调制机制是非常重要的，因为它可能为治疗慢性疼痛（它折磨着20%以上的成年人）提供新的对策。

传入调节。我们已经知道，轻触可通过痛觉过敏机制诱发疼痛。然而，伤害性感受器兴奋引起的疼痛也能被低阈值的机械感受器（Aβ纤维）的同时兴奋所**减弱**。也许，这就是为什么在胫骨损伤时，摩擦胫骨周围的皮肤会感到疼痛减轻的原因。这也可以解释为什么会采用电疗法来治疗某些慢性且顽固的疼痛。将电线缚在皮肤表面，患者只要简单地打开一个电刺激器以激活直径较粗的感觉轴突，疼痛就会被抑制。

在20世纪60年代，Ronald Melzack和Patrick Wall在麻省理工学院（MIT）工作时，提出了一种假设来解释这种现象。他们的**痛觉门控学说**（gate theory of pain）认为，背角的某些神经元发出轴突沿脊髓丘脑束上行，而直径较粗的感觉轴突和无髓鞘的痛觉轴突都可兴奋这些背角神经元。这些背角的投射神经元也被中间神经元抑制，而中间神经元既可被粗的感觉轴突所兴奋，也可被痛觉轴突所**抑制**（图12.33）。通过这种安排，痛觉轴突的单独活动可最大程度地兴奋上述背角投射神经元，使伤害性感觉信号上传到脑。然而，假如机械感受器的粗轴突同时兴奋，那么它可通过激活中间神经元而抑制伤害性感觉信号的传入。

下行调节。经常听说，一些经受了严重创伤的战士、运动员和受到长期虐待的人没有明显的疼痛感觉。强烈的情感、应激或高度的克制力能有效地抑制疼痛。一些脑区已被认为与疼痛的抑制有关（图12.34）。其中之一是位于中脑的一个神经元区域，称为室周的和**导水管周围灰质**（periaqueductal gray matter，PAG）。电刺激导水管周围灰质能够明显地镇痛，因而有时被用于临床。

导水管周围灰质接受几个脑结构的传入信息，这些脑结构中的许多是传

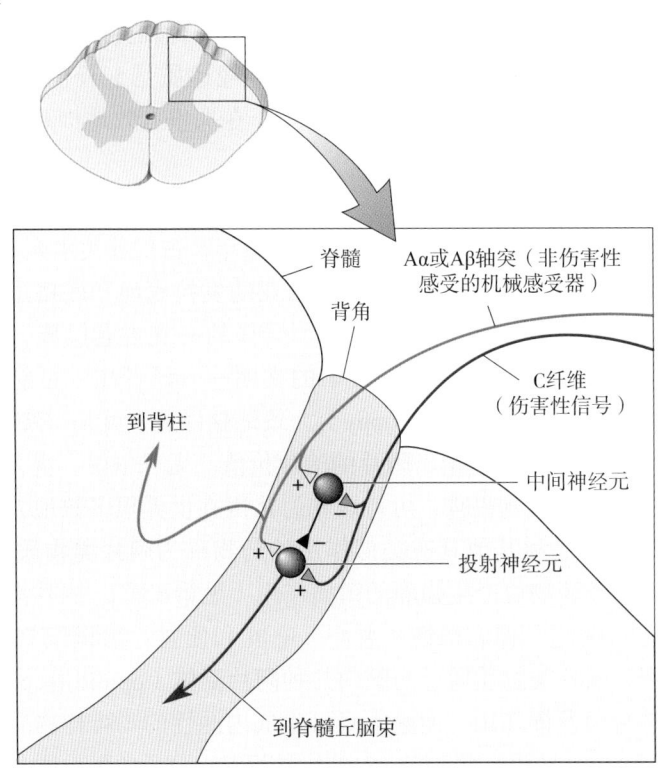

▲ 图 12.33

Melzack 和 Wall 的痛觉门控学说。投射神经元接转的伤害性感受信号被抑制性中间神经元的活动所门控。在伤害性感受信号被传递到脊髓丘脑束前，非伤害性感受的机械感受器的活动能压抑或关闭这个"门"。符号"+"表示兴奋性突触；符号"−"表示抑制性突触

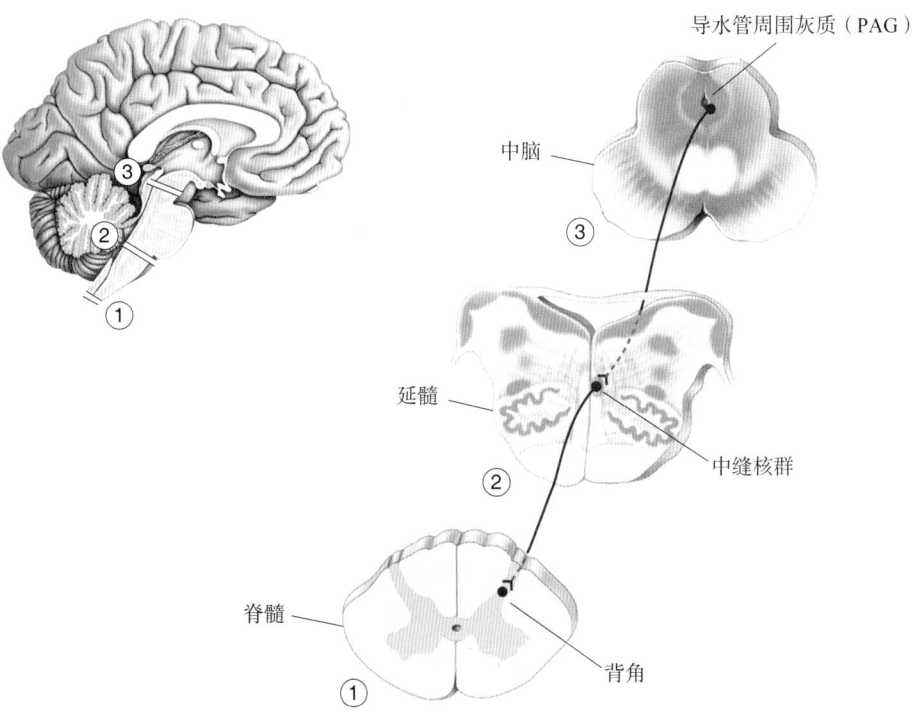

▲ 图 12.34

下行的痛觉控制通路。许多受行为状态影响的脑结构能影响中脑的导水管周围灰质（PAG）的活动。导水管周围灰质能影响延髓中缝核群的活动，中缝核群继而可调制通过脊髓背角的伤害性感觉信息流

递情感信息的。导水管周围灰质的神经元发出下行轴突进入延髓中线区，尤其是进入**中缝核群**（raphe nuclei；它们的神经递质是5-羟色胺）。这些延髓神经元再发出轴突向下投射到脊髓的背角，在那里有效地抑制伤害性感受神经元的活动。

　　内源性阿片类物质。大约在公元前4,000年，古代苏美尔人〔Sumerian；苏美尔人是公元前5,000年左右迁徙到西亚幼发拉底河和底格里斯河两河流域南部地区（即今科威特及邻近地区）居住的一支古老民族，他们建立的苏美尔文明被认为是全世界已知最早的文明——译者注〕可能就知道阿片了。他们的象形文字"罂粟"（poppy）大致地翻译过来就是"快乐植物"（joy plant）的意思。到了17世纪，阿片的治疗价值已无可争议。现在，阿片的活性麻醉成分及其类似物吗啡、可待因和海洛因在世界很多数地方被广泛使用和滥用。这些药品和其他具有类似作用的药物称为**阿片类物质**（opioids），全身使用阿片类药物可产生强烈的镇痛作用（见第6章）。阿片类物质也可引起情绪变化、嗜睡、神志恍惚、恶心、呕吐和便秘。20世纪70年代出现了惊人的发现，阿片类物质通过与脑内几种**阿片受体**（opioid receptor）紧密、特异性地结合而发挥作用，而脑本身可生成内源性的吗啡样物质，统称为**内啡肽**（endorphin；见图文框6.1）。内啡肽是相对小分子的蛋白质或肽类物质。

　　内啡肽及其受体广泛分布于中枢神经系统，但它们尤其集中在处理或调制伤害性信息的部位。在导水管周围灰质、中缝核群或背角内少量注射吗啡或内啡肽，就能产生镇痛效应。由于这一效应可被注射特异性阿片肽受体阻断剂**纳洛酮**（naloxone）所阻断，吗啡或内啡肽肯定是通过与阿片肽受体结合而发挥作用的。纳洛酮也能阻断电刺激这些部位所引起的镇痛效应。在细胞水平，内啡肽有多种效应，包括抑制突触前神经末梢释放谷氨酸、使突触后膜超极化从而抑制神经元。一般说来，在脊髓和脑干中含有内啡肽的神经元系统能阻止伤害性信号经背角传递给产生痛觉的高位脑（图文框12.6）。

图文框12.6 趣味话题

疼痛和安慰剂效应

　　为了检测某种新药的疗效，常常要做临床试验。一组受试者接受药物，而另一组给予无效的对照剂。两组受试者都认为他们被给的是药物。奇怪的是，无效的对照剂常常被报告有疗效，而这一疗效正是患者在受试之前被告知的那种新药可能产生的效应。术语**安慰剂**（placebo）被用来描述无效的对照剂（placebo一词源于拉丁语，意为"我会好起来"），由安慰剂引起的现象称为**安慰剂效应**（placebo effect）。

　　安慰剂可以是一种高效镇痛剂。大部分手术后疼痛的患者在接受无菌生理盐水注射之后报告疼痛减轻！这是否意味着这些患者的疼痛只是他们想象出来的？事情并非如此。阿片肽受体阻断剂纳洛酮能够阻断安慰剂的镇痛效应，就像它阻断真正的镇痛剂吗啡的作用一样。显然，治疗有效的信念足以引起脑的内源性疼痛缓解系统的活动。安慰剂效应是一些其他方法（如针灸、催眠、母亲对孩子的亲吻）可以成功止痛的一种可能解释。

12.4　温度觉

正如触觉和痛觉那样，非痛性的温度感觉也起源于皮肤（及其他部位）的感受器，并有赖于新皮层对这些感觉有意识的认知。在此，我们简要地描述这一系统的组成。

12.4.1　温度感受器

由于化学反应的速度取决于温度，因此所有细胞的功能活动都对温度敏感。然而，**温度感受器**（thermoreceptor）是对温度异常敏感的神经元，因为这些神经元具有特殊的膜机制。例如，我们能察觉到小到仅 0.01 ℃ 的平均皮肤温度变化。虽然聚集于下丘脑和脊髓的温度敏感神经元对维持体温稳定的生理反应是重要的，但是对温度的感受而言，显然是皮肤温度感受器的作用。

身体各处皮肤的温度敏感性是不一样的。用一根小的冷或热探针，就能绘制出你的皮肤对温度变化敏感性的图。会有一些宽约 1 mm 的皮肤对热或对冷特别敏感，但不是对热和冷都敏感。皮肤上对热敏感的点与对冷敏感的点分布不同，这一事实说明热和冷是由不同的感受器编码的。另外，皮肤上热点与冷点之间的小块区域对温度相对不敏感。

感觉神经元对温度变化的敏感性，取决于这一神经元表达的离子通道的类型。对高于 43 ℃ 温度敏感的离子通道的发现（图文框 12.5），使研究者们很想知道其他密切相关的通道是否可能被调制，以用来感受其他范围的温度。就像尖辣椒中的活性成分被用来确定"热"受体蛋白（称为 TRPV1）一样，薄荷中的活性成分被用来确定"冷"受体蛋白。薄荷醇（menthol）引起冷的感觉，是因为它刺激了称为 TRPM8 的受体蛋白（一种冷感应离子通道蛋白——译者注），该受体蛋白也能够被 25 ℃ 以下的非致痛性温度所激活。

我们现在知道，在温度感受器中有 6 种不同的 TRP 通道，它们对不同的温度产生反应（图 12.35）。通常，每一个温度感受神经元似乎仅表达一种类型的通道，这就可以解释不同区域的皮肤怎么会对温度表现出明显不同的敏感性。似乎也有例外，有一些冷感受器也表达 TRPV1，因而这些冷感受器对 43 ℃ 以上的温度也敏感。如果这样高的热作用于皮肤的广泛区域，就会感觉到疼痛；但如果这样的热仅局限于冷感受器分布的较小的皮肤区域，反倒引起冷的感觉。对于这一现象，我们要强调的一点是：中枢神经系统并不知道是什么样的刺激（在这个例子中是热）引起了感受器的放电，但它始终把冷感受器的所有活动都解释为对冷的一种反应。

如同机械感受器，温度感受器的反应在长时间刺激时也产生适应现象。图 12.36 说明，皮肤温度急剧下降引起冷感受器的强烈放电，但热感受器放电停止。然而，当 32 ℃ 持续几秒后，冷感受器减慢了放电频率（但仍比 38 ℃ 时的放电频率快），而热感受器的放电频率略有加快。注意，当皮肤温度回到原来水平时，引起相反的反应——冷感受器短暂的静止和热感受器活动爆发——然后两者恢复到稳定的、合适的放电频率。因此，在温度变化期间，以及在温度变化后的短时间内，热感受器与冷感受器反应频率的差异是最大的。我们对温度的感知常常反映了皮肤感受器的反应。

► 图 12.35

温度感受器 TRP 通道激活以检测不同的温度。(a) 已知的温度敏感性 TRP 通道蛋白分子在神经元膜上的排列。TRPM8 和 TRPV1 分别对薄荷醇和辣椒素敏感。(b) 此图显示了各种 TRP 通道作为不同温度变化的函数的活动（改绘自：Patapoutian 等，2003，图 3）

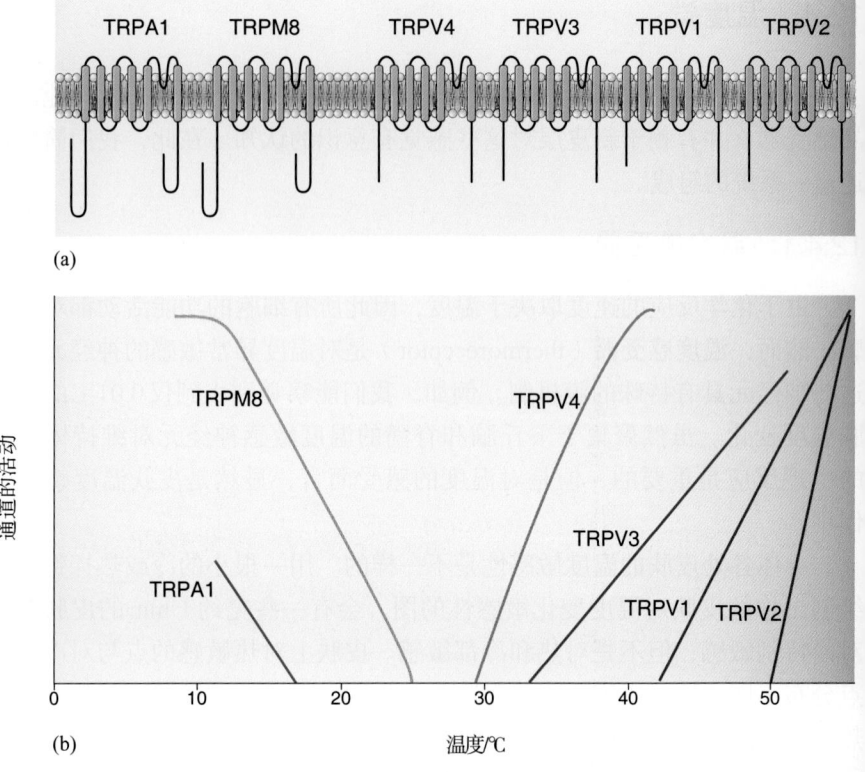

(a)

(b)

做一个简单的实验。往两个桶里装满水，一个桶里装冷水，另一个桶里装热水（但不是引起疼痛的热水）。然后将你的右手先后放入每个桶中一分钟。注意随着每次交换，你会产生明显的热和冷的感觉，但也会发现这两种感觉都是多么的短暂。温度感受就像其他大多数感觉系统一样，在刺激性质突然**改变**时产生最强烈的神经和感觉反应。

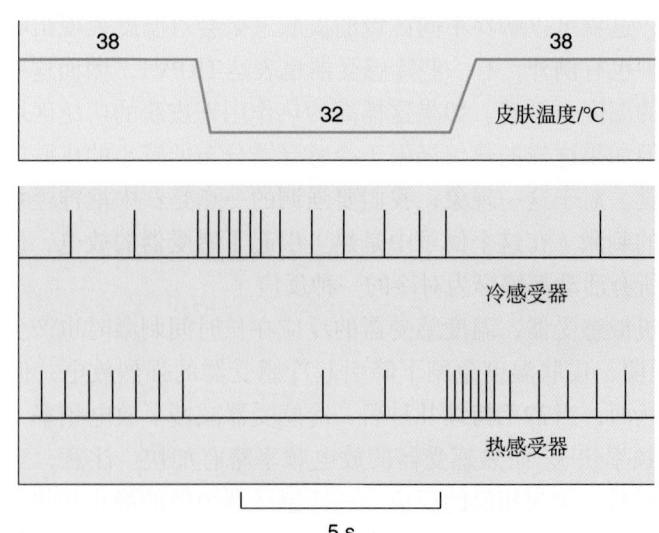

▲ 图 12.36

温度感受器的适应。图显示了冷感受器和热感受器对皮肤温度快速下降的反应。两种感受器对温度的突然变化最敏感，但几秒后就适应了

12.4.2　温度觉通路

在本节，你可以轻松地学习温度觉通路的组构，因为它实际上与前面所学到的痛觉通路的组构相同。冷感受器与 Aδ 和 C 纤维连接，而热感受器只与 C 纤维连接。正如我们前面学到的那样，直径较细的轴突在脊髓背角的胶状质内形成突触。次级神经元的轴突立即交叉，并在对侧的脊髓丘脑束内上行（图 12.30）。因此，如果脊髓一侧被横断，躯体对侧的温度觉（以及痛觉）将丧失，尤其是断面以下的脊髓节段所支配的皮肤区域。

12.5　结语

这里总结我们对感觉系统的讨论。尽管每一感觉系统已经进化为脑与不同形式环境能量之间的接口，但所有感觉系统在结构和功能上是非常相似的。由于每一根轴突只连接到一种类型的感受器，因此不同类型的躯体感觉信息在脊神经内必然会保持分离。感觉类型的分离在脊髓内持续存在，在传导至大脑皮层的整个路径中也大部分如此。以这种方式，躯体感觉系统重复着普遍存在于整个神经系统的一个共同点：几种有关联的但又不同的信息流并行地通过一系列的神经结构。这些信息流在传导路径中可发生混合，但仅仅是审慎地混合，直至到达大脑皮层后才进行高水平的处理。我们在化学感觉、视觉和听觉中也看到其他感觉信息并行处理的例子。

并行的感觉信息流是怎样被整合成感知、图像、观念和记忆的确切机制仍然是神经科学的"圣杯"［the Holy Grail of neuroscience；Holy Grail（圣杯）源于中世纪的基督教故事，寓意为渴望解决的问题——译者注］。因此，对任何一个物体的感觉的形成都涉及躯体感觉信息各个方面天衣无缝的协调。手里的鸟是滚圆、温暖、柔软和轻的，它的心跳颤动着你的指尖，它的爪子挠抓着你的手掌，它的质感粗糙的翅膀刷着你的手掌。你甚至无须看或听，脑就知道这是一只鸟，而绝不会将它错认为是一只蟾蜍。在后面的章节，我们将讨论脑怎样利用感觉信息来计划和协调运动的。

关键词

复习题

1. 想象你的指尖擦过一块光滑的玻璃，然后擦过一块砖头。皮肤的哪种感受器帮助你辨别这两种物体的表面？就你的躯体感觉系统而言，这两种表面有何区别？
2. 皮肤一些感觉神经末梢周围的包囊有什么作用？
3. 如果有人扔给你一个热的马铃薯，你接住了，哪种信息（马铃薯是热的还是较光滑的）将首先到达你的中枢神经系统？为什么？
4. 所有类型的躯体感觉信息在神经系统的哪一个水平才是对侧性地表征的：脊髓、延髓、脑桥、中脑、丘脑、皮层？
5. 皮层的哪一叶包含了主要的躯体感觉区？与视觉和听觉有关的区域在哪里？
6. 痛觉在机体的什么部位被调制？导致痛觉被调制的原因是什么？
7. 触觉、形状感觉、温度觉和痛觉的信息在中枢神经系统的什么部位会聚？
8. 想象这样一个实验：两个桶装有水，一个桶装冷水，另一个桶装热水。第三个桶装不冷不热的，即温水。将你的左手放进热水中，右手放进冷水中，待一分钟。然后，迅速将两手放入温水中。试着说出你两只手分别会有什么样的温度感觉？两只手的感觉是否相同？为什么？

拓展阅读

Abraira VE, Ginty DD. 2013. The sensory neurons of touch. *Neuron* 79:618-639.

Braz J, Solorzano C, Wang X, Basbaum AI. 2014. Transmitting pain and itch messages: a contemporary view of the spinal cord circuits that generate gate control. *Neuron* 82:522-536.

Di Noto PM, Newman L, Wall S, Einstein G. 2013. The hermunculus: what is known about the representation of the female body in the brain? *Cerebral Cortex* 23:1005-1013.

Eijkelkamp N, Quick K, Wood JN. 2013. Transient receptor potential channels and mechanosensation. *Annual Review of Neuroscience* 36:519-546.

Fain GL. 2003. *Sensory Transduction*. Sunderland, MA: Sinauer.

Hsiao S. 2008. Central mechanisms of tactile shape perception. *Current Opinion in Neurobiology* 18:418-424.

McGlone F, Wessberg J, Olausson H. 2014. Discriminative and affective touch: sensing and feeling. *Neuron* 82:737-755.

Vallbo Å. 1995. Single-afferent neurons and somatic sensation in humans. In *The Cognitive Neurosciences*, ed. Gazzaniga M. Cambridge, MA: MIT Press, pp. 237-251.

（彭聿平 译　王建军 校）

第 13 章

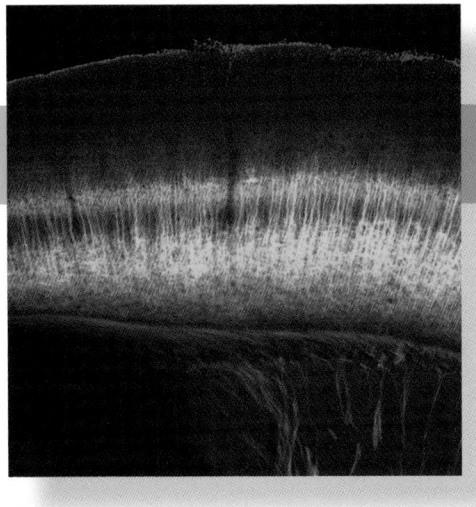

运动的脊髓控制

13.1 引言

现在，让我们把注意力转移到实际引起行为活动的系统上来。**运动系统**（motor system）由机体所有的肌肉和控制它们的神经元组成。英国神经生理学先驱Charles Sherrington［查尔斯·谢灵顿，1857.11—1952.3，英国生理学家，在生理学，特别是神经生理学方面有很多重大贡献，与Edgar Douglas Adrian（埃德加·道格拉斯·阿德里安）一起因"关于神经功能方面的发现"而获得1932年诺贝尔生理学或医学奖——译者注］曾经概括了运动系统的重要性。1924年他在Linacre讲座上说："移动物体是所有人都能做的事……不论是轻声低语，还是砍倒一片丛林，肌肉都是唯一的执行者"（*To move things is all that mankind can do ... for such the sole executant is muscle, whether in whispering a syllable or in felling a forest*）。只要稍加考虑，你就会确信运动系统是惊人的复杂。行为的发生，有赖于全身接近700块肌肉在一个变化着的、常常不可预料的环境中进行各种不同组合形式的协调活动。

你是否听说过这样一句话："像一只无头鸡那样四处乱窜"？这句话是基于这样一种观察而得出的，即一些复杂的行为模式可以在没有脑参与的情况下发生（如被砍掉了头的鸡在打谷场上乱跑，至少是短暂地跑）。在脊髓内部，有相当一部分协调地控制某些运动的神经环路，特别是控制定型运动（stereotyped movement，重复性运动）的环路，如那些与行走（locomotion）有关的环路。这一观点是由Sherrington，以及与Sherrington同时代的英国科学家Thomas Graham Brown在20世纪初所奠定的。他们证明了，把猫和狗的脊髓与中枢神经系统（central nervous system，CNS）的其他部分离断很长一段时间以后，仍然可以激发出它们后肢的节律性运动。现在的观点是，脊髓具有引起某些协调性运动的**运动程序**（motor programs），而这些程序被脑的下行指令所影响、执行和修饰。因此，运动控制可以划分为两部分：（1）脊髓对协调的肌肉收缩的命令和控制；（2）脑对脊髓运动程序的命令和控制。

在本章，我们将讨论外周躯体运动系统中的关节、骨骼肌，以及脊髓中的运动神经元和中间神经元，以及发生在它们之间的信息交流。在第14章，我们将探讨脑是怎样影响脊髓活动的。

13.2 躯体运动系统

根据身体里的肌肉在显微镜下的外观，可将其划分为横纹肌和平滑肌两大类。但它们也具有一些其他的特征。**平滑肌**（smooth muscle）位于消化道、血管及相关结构中，受到自主神经系统的神经纤维支配（将在第15章讨论）。平滑肌参与消化道蠕动（推动肠道内容物的移动）和血压及血流的控制。**横纹肌**（striated muscle）又可分为两类：心肌和骨骼肌。**心肌**（cardiac muscle）即心脏的肌肉，它即使在没有任何神经支配的情况下也可发生节律性收缩。自主神经系统（autonomic nervous system，ANS）对心脏的支配作用可以加快或减慢心率（回顾第5章的Otto Loewi的实验）。

构成躯体肌肉群大部分的**骨骼肌**（skeletal muscle）能够使骨骼围绕着关节运动、使眼睛在眼眶内转动、控制呼吸和面部表情、使人能够讲话。每一

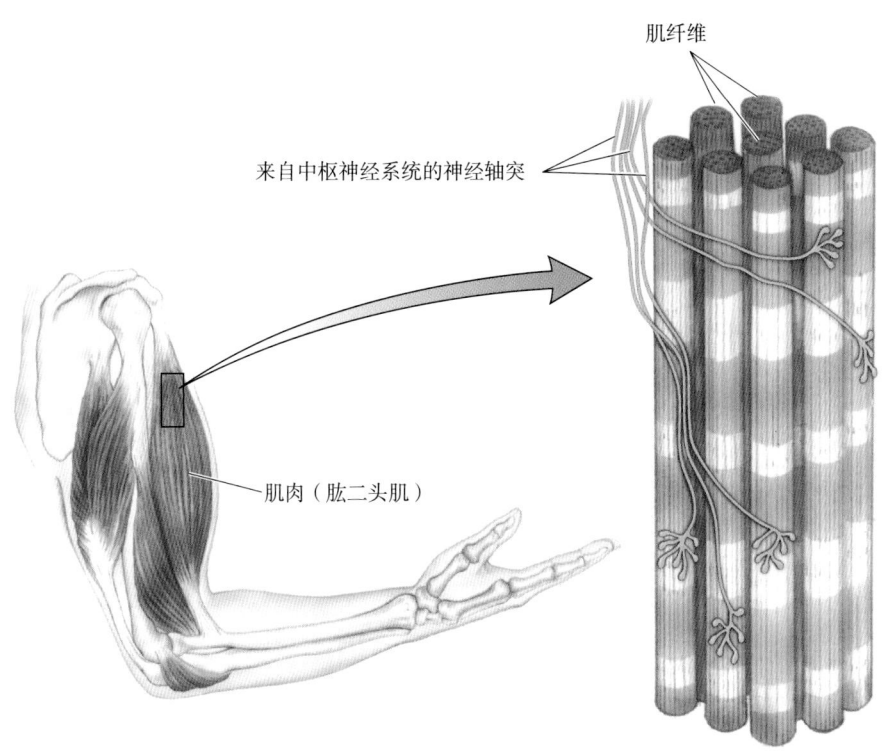

◀ 图 13.1
骨骼肌的结构。每一根肌纤维接受一根
神经轴突支配

肌纤维

来自中枢神经系统的神经轴突

肌肉（肱二头肌）

块骨骼肌都被一层结缔组织鞘所包绕，而这层结缔组织鞘在肌肉的末端形成
肌腱。每块肌肉内有数百根**肌纤维**（muscle fiber），即骨骼肌细胞；而每根
肌纤维仅接受来自中枢神经系统（central nervous system，CNS）的一根运动
神经轴突分支的支配（图 13.1）。因为在胚胎发育上，骨骼肌起源于 33 对体
节（见第 7 章），所以把这些肌肉和控制它们的神经系统合称为**躯体运动系统**
（somatic motor system）。我们这里将注意力放在这一系统上，是因为它是随
意控制的，并且负责产生行为活动（ANS 的内脏运动系统将在第 15 章讨论）。

　　让我们来看一下肘关节（图 13.2），它是由纤维性韧带将上肢上部的肱
骨与下部的桡骨和尺骨捆缚在一起形成的。肘关节像一把小刀的合页那样发

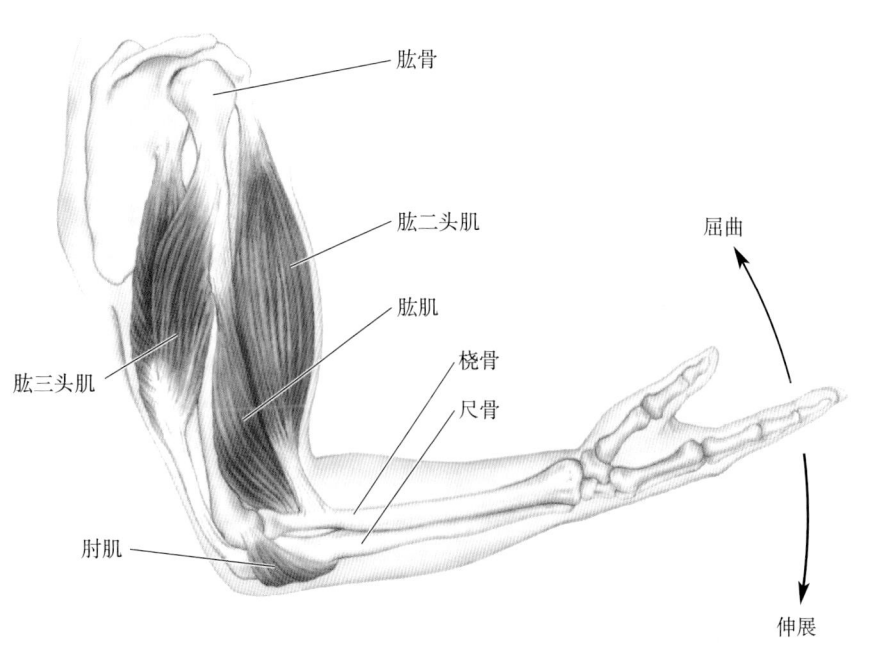

肱骨

肱二头肌

肱肌

桡骨

尺骨

肱三头肌

肘肌

屈曲

伸展

◀ 图 13.2
肘关节的主要肌肉。肱二头肌和肱三头
肌是一对对抗肌。肱二头肌收缩时肘关
节弯曲，而肱三头肌收缩时肘关节伸展

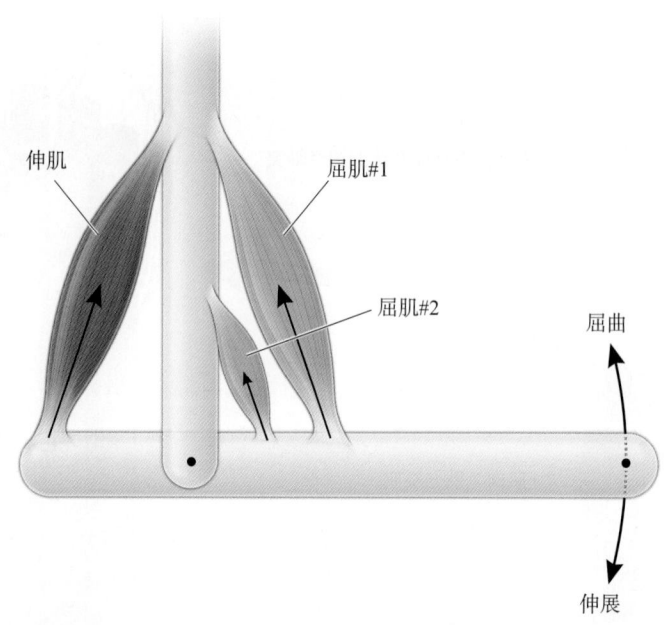

▲ 图 13.3

肌肉收缩如何屈曲或伸展关节。两块屈肌的收缩拉动骨骼的右末端上移（屈曲）。伸肌的收缩拉动骨骼的左末端上移，使得骨骼的右末端相对于支点向下移动（伸展）。屈肌#1 和屈肌#2 是协同肌

挥作用，向合住小刀的方向运动称为**屈曲**（flexion），向打开小刀的方向运动称为**伸展**（extension）。注意，肌肉只能拉动关节，而不能推动它。使肘关节屈曲的主要肌肉是肱肌，其肌腱一端附着于肱骨，另一端肌腱附着于尺骨。另外两块肌肉，即肱二头肌和喙肱肌（位于肱二头肌的下面），也可以引起肘关节的屈曲。因此，这三块肌肉合称为肘关节的**屈肌**（flexor），并且因为这三块肌肉协同作用，所以互为**协同肌**（synergist muscle）。导致肘关节伸展的两块协同肌是肱三头肌和肘后肌，这两块肌肉称为**伸肌**（extensor）。由于屈肌和伸肌把关节拉向相反的方向，因此它们互为**对抗肌**（antagonist muscle）。这些肌肉和骨骼之间的关系以及它们产生的力和动作显示在示意图 13.3 中。即使是一次简单的肘关节屈曲动作，也要求所有协同肌屈肌的协调性收缩和对抗肌伸肌的松弛。对抗肌的舒张使动作更快、更有效，这是因为这些肌肉在工作时不互相对抗。

其他躯体肌肉组织的名称是根据它们各自所发挥作用的关节位置来命名的。负责躯干运动的肌肉称为**体轴肌**（axial muscle）；负责移动肩、肘、骨盆和膝关节的肌肉称为**近端肌**（proximal（or girdle）muscle）；而负责运动手、足、手指和脚趾的肌肉称为**远端肌**或肢带肌（distal muscle）。体轴肌对于维持躯干的姿势来说是非常重要的；近端肌对于行走（locomotion）来说非常关键；而远端肌，尤其是手的肌肉，则专门负责操纵物体。

13.3   下运动神经元

躯体肌肉组织受到脊髓腹角内躯体运动神经元的支配（图 13.4）。这些

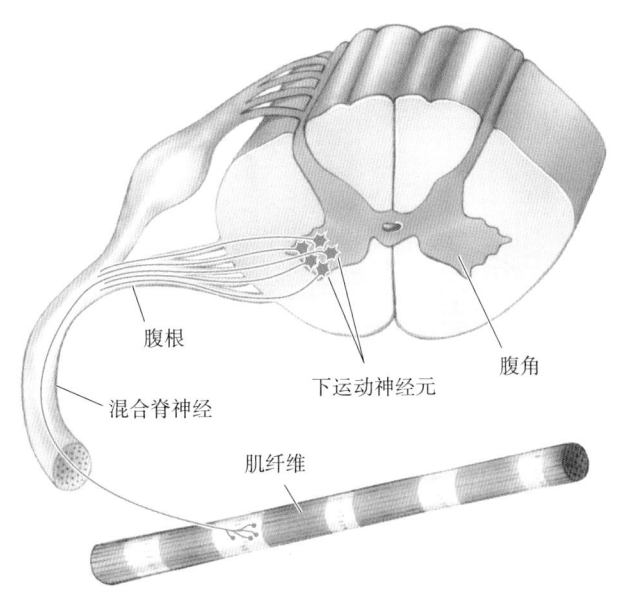

▲ 图 13.4

肌肉的下运动神经元支配。脊髓腹角含有支配骨骼肌纤维的运动神经元

神经元有时也称为**下运动神经元**（lower motor neuron），以区别于那些高位脑中的**上运动神经元**（upper motor neuron），后者向脊髓提供输入。记住，只有下运动神经元能够直接命令肌肉收缩。Sherrington 把这些神经元称为控制行为的**最后公路**（final common pathway）。

13.3.1　下运动神经元的节段性组构

　　下运动神经元的轴突聚集成束而形成腹根，一条腹根与一条背根会合形成一根脊神经，脊神经则穿过椎间孔出脊髓。回顾第 12 章，脊神经的数目与椎间孔数目相同。人的左右两侧脊髓分别有 30 根脊神经。由于脊神经中包含有感觉纤维和运动纤维，因此它们被称为**混合脊神经**（mixed spinal nerves）。脊髓中所有向同一根脊神经发出纤维的运动神经元都属于一个脊髓节段，而脊神经以其起源的椎骨来命名。这些节段是颈（cervical，C）1~8、胸（thoracic，T）1~12、腰（lumber，L）1~5 和骶（sacral，S）1~5（图 12.11）。

　　骨骼肌并不是均匀分布于全身的，下运动神经元也不是均匀分布在整个脊髓内的。例如，支配上肢 50 多块肌肉的神经全部起源于 C3-T1 脊髓节段。因此，这一段脊髓的背角和腹角膨大，以容纳大量控制上肢肌肉的脊髓中间神经元和运动神经元（图 13.5）。同样，脊髓 L1-S3 节段也出现一个膨大的背角和腹角，这是因为这里聚集有控制下肢肌肉的运动神经元。因此，我们可以看到，支配远端和近端肌肉组织的运动神经元主要集中在脊髓的颈段和腰骶段，而那些支配体轴肌肉的运动神经元在脊髓的所有节段中都有。

　　下运动神经元在每一脊髓节段腹角里的分布可以依据它们的功能加以推测：即支配体轴肌肉的细胞位于那些支配远端肌肉的细胞内侧，支配屈肌的细胞位于支配伸肌的细胞背侧（图 13.6）。

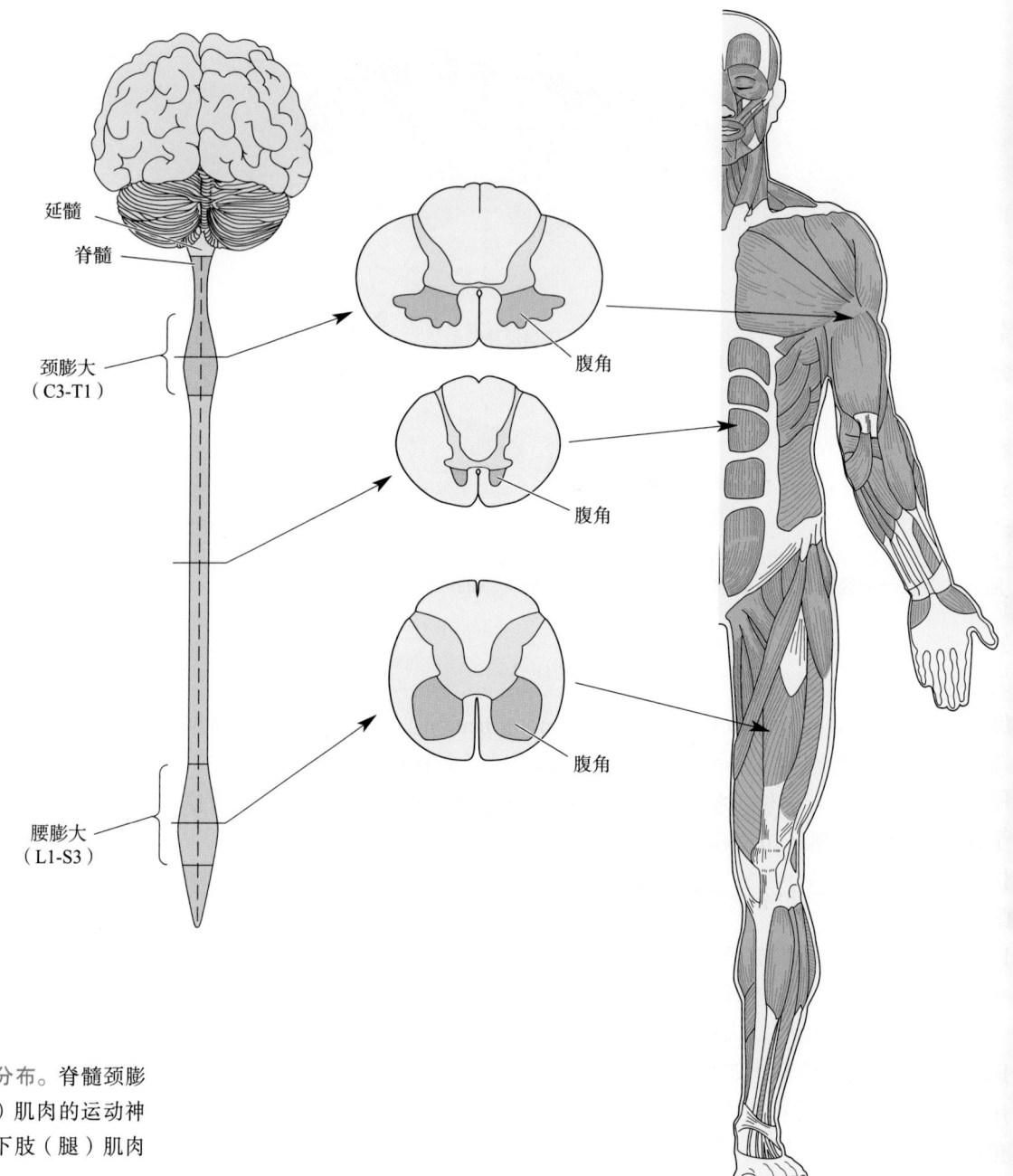

▶ 图 13.5

运动神经元在脊髓中的分布。脊髓颈膨
大包含支配上肢（手臂）肌肉的运动神
经元，腰膨大包含支配下肢（腿）肌肉
的运动神经元

延髓
脊髓
颈膨大
（C3-T1）
腰膨大
（L1-S3）
腹角
腹角
腹角

13.3.2　α运动神经元

　　脊髓内的下运动神经元可分为两类：α运动神经元和γ运动神经元（后
者将在本章稍后讨论）。**α运动神经元**（alpha motor neuron）直接引发肌张力
的产生。一个α运动神经元和它支配的所有肌纤维构成了运动控制的基本构
件，Sherrington将其称为**运动单位**（motor unit）。肌肉收缩就是由一个运动
单位和多个运动单位的共同活动引起的。支配一块肌肉的α运动神经元集合
称为**运动神经元池**（motor neuron pool）（图 13.7）。

α运动神经元对肌肉收缩的等级性控制。运动中能使出适当的力量很重要：力量过大，你会挤碎你刚拿起的鸡蛋，同时也浪费了你的代谢能量；力量过小，你可能输掉游泳比赛。我们所产生的大部分运动，如行走、交谈和书写，都只需要较弱的肌肉收缩；而当我们慢跑、蹦跳或拿起一堆书时，就需要较强的肌肉收缩。最后，我们会把肌肉最强的收缩力留给那些极为少有的情况，例如，比赛时的短跑或者为了逃避一个冲向我们的熊时而爬上一棵对。神经系统利用几种机制来等级性控制肌肉收缩力。

中枢神经系统控制肌肉收缩的第一种方式是改变运动神经元的放电频率。一个α运动神经元通过在神经肌肉接头（神经末梢与骨骼肌之间特化的突触，见第5章）处释放神经递质乙酰胆碱（acetylcholine，ACh）来与一根肌纤维进行通信。由于神经肌肉传递的高度可靠性，由一个突触前动作电位所引起的ACh释放，即可引起肌纤维的一个兴奋性突触后电位（excitatory postsynaptic potential，EPSP；有时也称终板电位，end-plate potential），这个EPSP也足够大，从而触发一个突触后动作电位。一个突触后动作电位能引起一次肌纤维的单收缩（twitch），即肌纤维的一次迅速的收缩和松弛，其机制我们马上就会谈到。肌肉的持续收缩需要动作电位的持续发放。与其他类型的突触传递一样，高频的突触前活动会引起突触后反应的时间总和。单收缩的总和会增加肌纤维的张力并使肌肉收缩变得平滑（图13.8）。因此，运动单位的放电频率是中枢神经系统等级性增强肌肉收缩力量的一种重要方式。

中枢神经系统等级性控制肌肉收缩的第二种方式是募集更多的起协同作用的运动单位。一个被募集的运动单位所能够提供的额外张力的大小，取决于在该运动单位内有多少肌纤维。位于腿部的抗重力肌（即直立时，用以对抗重力的肌肉），每个运动单位都相当大，神经支配率为一个运动神经元支配1000多根肌纤维。相反，对那些控制手指和眼运动的较小的肌肉来说，则以非常小的神经支配率为特征，小至一个α运动神经元仅支配3根肌纤维。一般来说，那些有大量小运动单位的肌肉能够被中枢神经更为精细地控制。

大多数肌肉有大小不等的运动单位，这些运动单位通常被按顺序募集，即最小运动单位最先被募集，而最大的运动单位却最后被募集。这种按顺序募集的现象解释了为什么肌肉在轻负载的情况下比在较大负载的情况下更可能受到精细的控制。小运动单位有小的α运动神经元，大运动单位有大的α运动神经元。因此，发生顺序募集的一种可能性，是由于那些小的运动神经元的胞体和树突所具有的体积特征（较小）和生理特性，因而比较容易被脑的下行信号所兴奋。运动神经元的顺序募集是由于α运动神经元的大小不同所致，这一思想首先是由哈佛大学（Harvard University）的神经生理学家Elwood Henneman在20世纪50年代末提出来的，即所谓的**大小原则**（size principle）。

α运动神经元的输入。α运动神经元兴奋骨骼肌。所以，要理解肌肉控制，我们必须理解是什么调节运动神经元活动的。腹角内的下运动神经元受到它们的突触输入控制。**一个α运动神经元只有3种主要的输入来源**（图13.9）。第一种输入源于背根神经节细胞，该细胞的轴突支配埋在肌肉内

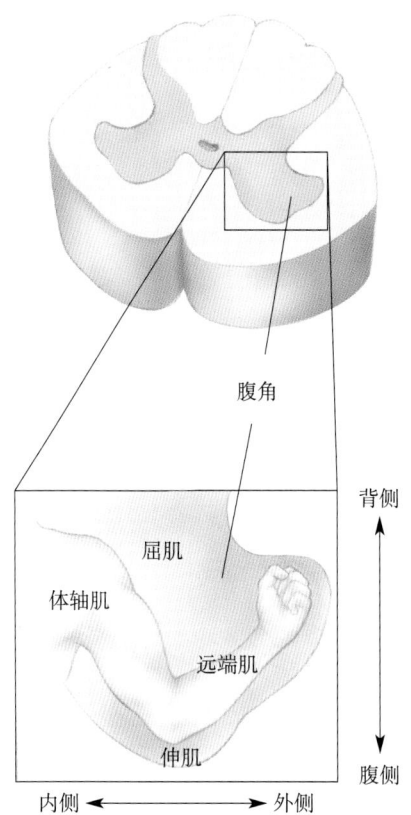

▲ 图13.6

下运动神经元在前角中的分布。控制屈肌的运动神经元位于控制伸肌的运动神经元的背侧。控制体轴肌肉的运动神经元位于控制远端肌肉的运动神经元的内侧

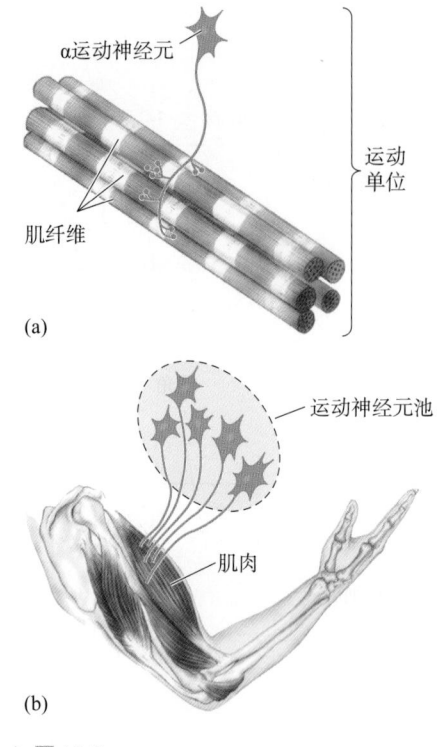

(a)

(b)

▲ 图 13.7

一个运动单位和一个运动神经元池。（a）运动单位指一个 α 运动神经元和它所支配的所有肌纤维。（b）一个运动神经元池指支配同一块肌肉的所有 α 运动神经元

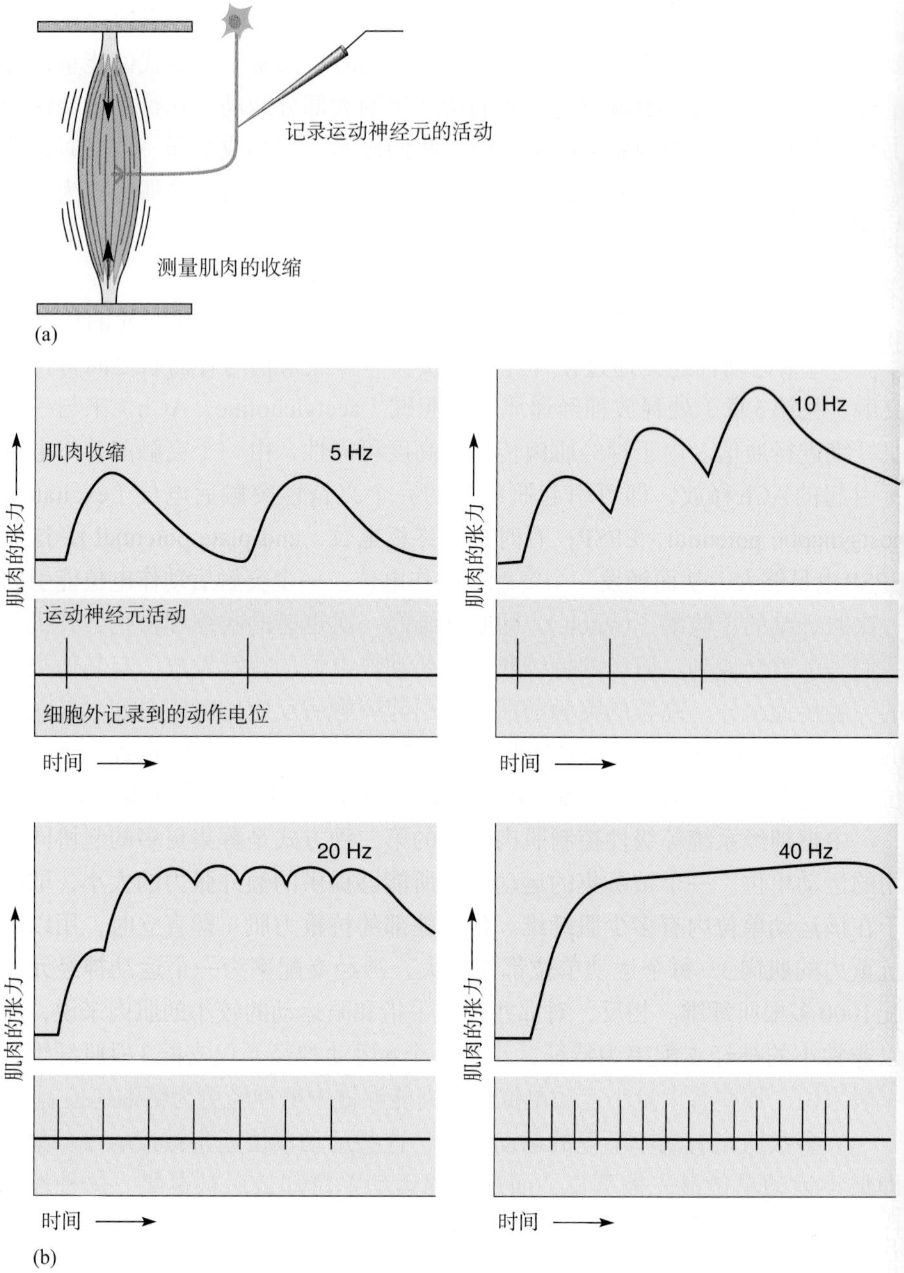

α 运动神经元

肌纤维

运动单位

记录运动神经元的活动

测量肌肉的收缩

(a)

肌肉的张力

肌肉收缩   5 Hz

运动神经元活动

细胞外记录到的动作电位

时间

肌肉的张力   10 Hz

时间

肌肉的张力   20 Hz

时间

肌肉的张力   40 Hz

时间

(b)

▲ 图 13.8

从单收缩到持续收缩。（a）α 运动神经元的单个动作电位引起肌纤维的一次单收缩。（b）随着 α 运动神经元动作电位数目和频率的增加，单收缩的总和引起了肌肉的持续收缩

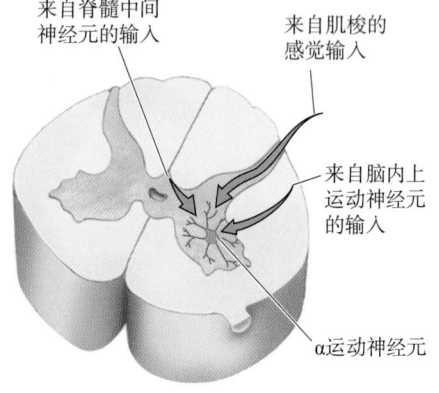

来自脊髓中间神经元的输入

来自肌梭的感觉输入

来自脑内上运动神经元的输入

α 运动神经元

▲ 图 13.9

α 运动神经元和它的 3 种输入来源

的特化的感受装置，即肌梭（muscle spindle）。我们将看到，这种输入提供关于肌肉长度的反馈信息。第二种输入源于运动皮层和脑干的上运动神经元，这种输入对随意运动的发起和控制是很重要的，我们将在第 14 章详细讨论。第三种输入源于脊髓的中间神经元，它们的输入在 3 种对 α 运动神经元的输入中是数量上最多的。中间神经元的输入既可能是兴奋性的，也可能是抑制性的，而且中间神经元是产生脊髓运动程序的神经环路中的一个组成部分。

13.3.3　运动单位的类型

如果吃过鸡肉，你马上就知道，不是所有的肌肉在外观上都相同。鸡腿上的肉是红色的，而胸脯和翅膀上的肉却是白色的。由于构成肌纤维的生物化学性质不同，不同部位肌肉的外观和味道也不同。红色（深色）肌纤维以含有大量的线粒体和酶为特征，这些酶为氧化能量代谢所需。红色肌纤维，有时又称为**慢纤维**[slow (S) fibers]，收缩相对缓慢，但能长期维持收缩而不疲劳。这类肌纤维典型地分布于腿部和躯干的抗重力肌与会飞的鸟类的翅膀里（这与家养鸡的翅膀不同，因为鸡不能飞）。相反，白色的肌肉包含较少的线粒体，主要进行无氧代谢。这类肌纤维，有时又称为**快纤维**[fast (F) fibers]，收缩与慢纤维相比迅速有力，但容易疲劳。它们是参与逃跑反射的典型肌肉，如青蛙和兔子的跳跃肌。人的上肢肌肉包含大量的白色肌纤维。快纤维还可进一步分为两种亚型：**耐疲劳纤维**[fatigue-resistant (FR) fibers]可以产生中等强度和快的收缩，且不容易疲劳；**快疲劳纤维**[fast fatigable (FF) fibers]能产生最强和最快的收缩，但在长时间的高频率刺激下，收缩很快就会衰竭。

尽管3种类型的肌纤维可以并且常常共存于一块肌肉中，但每一个运动单位却仅包含一种类型的肌纤维。因此，只有一种包含耐疲劳的红色肌纤维的**慢运动单位**（slow motor unit），而**快运动单位**（fast motor unit）有两种，每种包含FR或FF白色肌纤维（图13.10）。就像这3种类型运动单位的肌纤维有差异一样，其α运动神经元的许多特性也不同。例如，FF运动单位的运动神经元一般细胞体最大，轴突的直径最粗，传导速度也最快；FR运动单位的运动神经元和轴突中等大小；而慢运动单位的运动神经元轴突最小，传导速度最慢。这三类运动单位的神经元放电性质也不同，FF运动单位的神经元倾向于发生高频的爆发性发放（每秒30~60个脉冲），而慢运动单位的神经元则以相对稳定的低频放电活动为特征（每秒10~20个脉冲）。

神经肌肉的匹配。 特定的运动神经元对特定的肌纤维之间精确的匹配给我们提出了一个有趣的问题。由于我们刚才谈论过鸡，那就让我们这样来提出问题：肌纤维与运动神经元哪个先出现？也许在早期的胚胎发育过程中，适当的轴突与适当的肌纤维匹配就出现了。抑或，我们也可以这样想，肌肉的性质仅仅是由它所接受的神经支配的类型决定的。如果它接受一个来自快运动神经元的突触连接，它就成为一个快肌纤维；反之，如果它接受一个慢运动神经元的突触连接，它则成为慢肌纤维。

当时在澳大利亚国立大学（Australian National University）工作的John Eccles（约翰·埃克尔斯，1903.1—1997.5，澳大利亚神经生理学家，1963年因在突触方面的研究而获得诺贝尔生理学或医学奖——译者注）和他的同事们用以下实验回答了这个问题。在该实验中，他们将支配快肌的神经去除，并用支配慢肌的神经来代替（图13.11）。结果，这块快肌获得了慢肌的特性，即肌肉的新性质不仅表现在其收缩特性（慢速收缩、耐疲劳）上，而且在很大程度上发生了生物化学性质的改变。这种生物化学的变化是肌肉**表型**（phenotype，即肌肉的物质特征）的一种转变——因为肌肉所表达的蛋白质类型被新的神经支配改变了。挪威的Terje Lømo及其同事们的工作还提示，

► 图 13.10
3种运动单位以及它们的收缩特性。(a) 单个动作电位在3种运动单位引发具有不同力量和时程的收缩。(b) 在数十分钟里，一连串重复的动作电位（40 Hz）引起3种运动单位不同程度的疲劳（改绘自Burke等，1973）

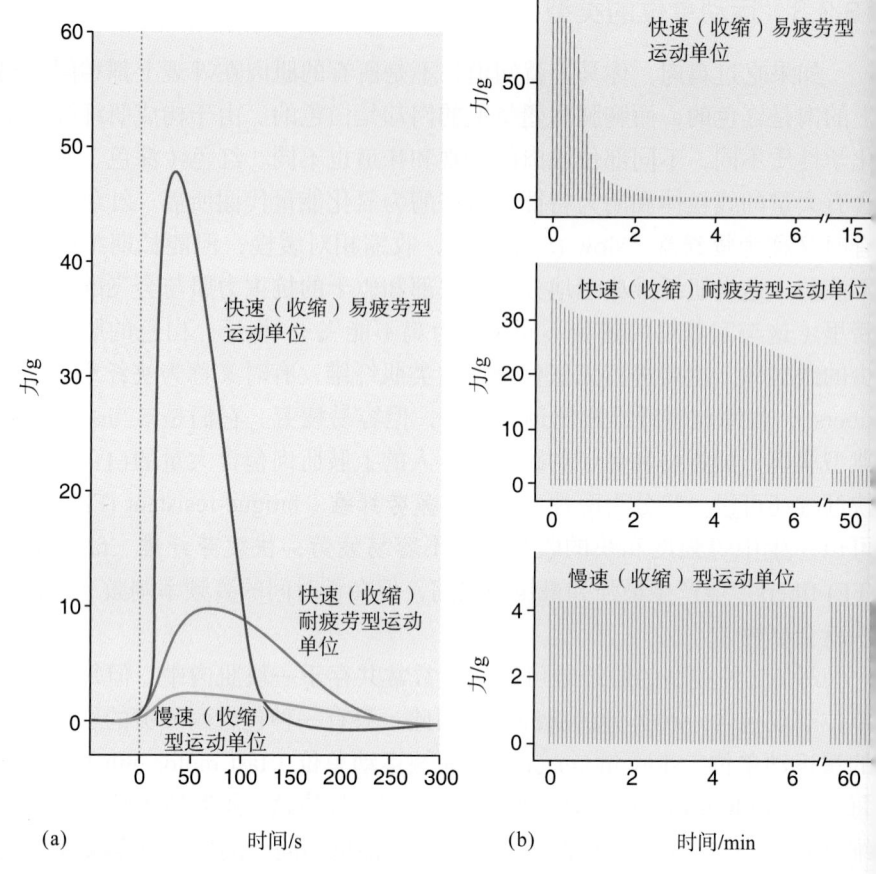

快速（收缩）易疲劳型运动单位

快速（收缩）耐疲劳型运动单位

慢速（收缩）型运动单位

快速（收缩）易疲劳型运动单位

快速（收缩）耐疲劳型运动单位

慢速（收缩）型运动单位

(a)　　　时间/s　　　(b)　　　时间/min

这种肌肉表型的转变，可以简单地通过将运动神经元的活动形式从快速的类型（间或地每秒30～60个脉冲的爆发性放电）变为慢速的类型（每秒10～20个脉冲的稳定放电）而实现。这一发现特别有意义，因为它提示了这样一种可能性：作为突触活动（经验）的一种后果，**神经元**的表型可以发生改变，而且这可能是学习和记忆的一种基础（见第24章和第25章）。

除了受运动神经元活动模式（patterns）的影响而发生改变，肌肉纤维还可以因活动量的变化而发生改变。肌肉活动量（特别是等长收缩）增多的一个远期后果是肌纤维的**肥大**（hypertrophy），或过度生长，这种情况会在健美运动员身上发生。相反，长期不活动会导致肌纤维的**萎缩**（atrophy），或退化，这种情况可发生于创伤后关节被石膏制动时。显而易见，在下运动神经元和它所支配的肌纤维之间有一种十分密切的相互关系（图文框13.1）。

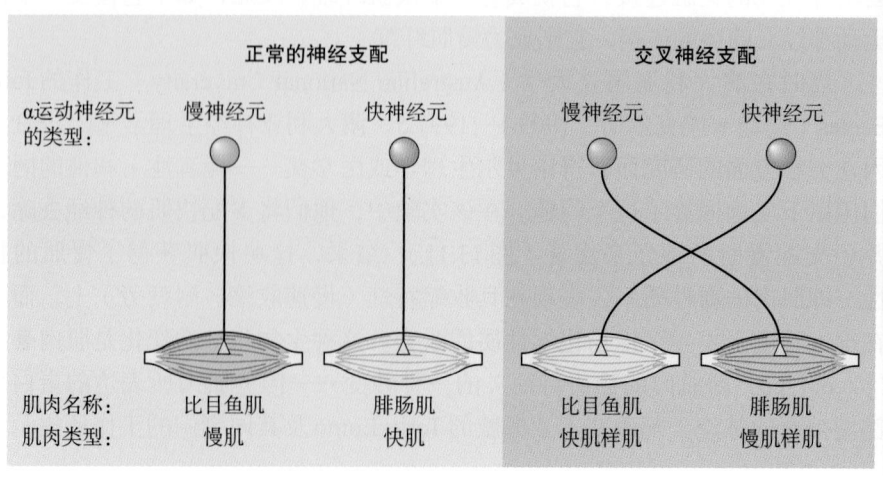

► 图 13.11
交叉神经支配实验。强制慢运动神经元去支配一块快肌，导致这块肌肉向慢肌的性质转变

图文框13.1　趣味话题

肌萎缩侧索硬化：谷氨酸、基因和Gehrig

肌萎缩侧索硬化（amyotrophic lateral sclerosis，ALS）是一种非常残酷的疾病，由法国神经病学家 Jean-Martin Charcot 于 1869 年首次描述。ALS 患者的最初症状表现为肌肉的无力和萎缩。而后，通常在 1～5 年的病程中，患者丧失所有的随意运动能力——行走、说话、吞咽和呼吸能力逐渐地丧失。患者的死亡通常是由呼吸肌功能丧失而导致的。由于这种疾病通常对感觉、智力和认知功能没有影响，患者只能看着自己的身体慢慢地消瘦，敏锐地意识到正在发生的事情。ALS 是一种相对罕见的疾病，发病率大约为 1/20,000。即便如此，当前仍有大约 30,000 名美国人被诊断为 ALS。最著名的受害者是 1936 年死于该病的 Lou Gehrig（卢·格里克）——一个纽约洋基棒球队（New York Yankees）的明星球员。因此，在美国，ALS 常常被称为**卢格里克氏病**（Lou Gehrig's disease）。

肌肉的无力和麻痹（瘫痪）是运动单位受到损害的特征性表现。的确，ALS 的主要病理变化是大 α 运动神经元的退变。运动皮层内支配 α 运动神经元的大神经元也受到损害。但奇怪的是，中枢神经系统中其他的神经元一般不受到伤害。这种运动神经元的选择性损害解释了 ALS 患者的选择性运动功能丧失现象。

ALS 似乎有很多病因，其中大部分还不清楚。对 ALS 病因的一个猜测是兴奋性毒素（excitotoxicity）。如我们在第 6 章学过的，兴奋性神经递质谷氨酸和一些与谷氨酸密切相关的氨基酸的过度刺激能引起神经元的非正常死亡（图文框 6.4）。很多 ALS 患者脑脊液里的谷氨酸水平都有升高。第二次世界大战之前，ALS 在（西太平洋）关岛的发病率异常的高，这种现象被认为与兴奋性毒素有关。据推测，一种可能的环境因素是当地居民食用了一种苏铁树属植物的坚果（cycad nuts），这种坚果含有一种具有兴奋性毒性的氨基酸。此外，研究表明 ALS 患者的谷氨酸转运体有缺陷，从而使活动的神经元暴露于细胞外谷氨酸中的时间加长。因此，美国食品和药品管理局（U.S. Food and Drug Administration）批准的第一个治疗 ALS 的药物是 riluzole（利鲁唑），一种谷氨酸释放的阻断剂。但遗憾的是，这种药物只能使疾病的发展延缓几个月，疾病的远期后果还是一样的。

只有 10% 的 ALS 病例是明显来自基因的遗传。在对缺陷基因的筛查中，发现了几种突变可以引起 ALS。第一种是在 1993 年发现的造成**超氧化物歧化酶**（superoxide dismutase）缺陷的基因突变。细胞代谢的毒副产物中有一种是带负电荷的氧分子 O_2^-，称为**超氧自由基**（superoxide radical）的物质。超氧自由基活性极强，可以造成细胞不可逆的损伤。超氧化物歧化酶是使超氧自由基丢失它们多余电子的一种关键的酶，故其能够把超氧自由基转变回氧分子。因此，超氧化物歧化酶的缺失将导致超氧自由基的堆积和对细胞的损害，尤其是导致那些代谢活跃的细胞损害。运动神经元的死亡似乎取决于它们周围神经胶质细胞的作用。

最近的一些研究鉴别了约 15 种以上可引起遗传型 ALS 的基因。这些基因可影响令人惊叹的各种各样的基本细胞过程。一些突变可导致一些蛋白质的缺陷，而这些蛋白质在正常情况下可以结合 RNA 并调节 RNA 的转录。其他突变则影响那些参与囊泡运输、蛋白分泌、细胞分裂、ATP 生成或细胞骨架动力学变化的蛋白质。全基因组关联分析研究（即通过检测大量的基因变异来揭示哪些变异与疾病有关联性）提示，两种完全不同基因突变的同时出现也能引起 ALS。逐渐浮现的情形表明 ALS 可以有许多不同的病因，这就是说它实际上是具有一组类似临床症状的疾病。

对于 ALS 的运动神经元选择性死亡现象，还有许多尚待研究的问题。我们目前已有的知识已经为可能的治疗措施提供了一些新想法，这些新想法包括用神经干细胞来替代损失了的神经元和神经胶质细胞，以及用基因疗法来抑制突变的效应。把这些想法转化为对 ALS 患者有效的治疗方法是令人兴奋的，但仍然是一种很遥远的可能性。

13.4   兴奋-收缩耦联

如前所述，肌肉的收缩是由α运动神经元轴突末梢释放的ACh引起的。通过激活尼古丁型ACh受体，ACh在突触后膜上引起一个大的EPSP。因为肌细胞膜含有电压门控钠离子通道，这个EPSP足以在肌纤维上诱发一个动作电位（例外情况见图文框13.2）。通过**兴奋-收缩耦联**（excitation-contraction coupling）过程，动作电位（兴奋）触发Ca^{2+}从肌纤维内的细胞器中释放出来，引起肌纤维**收缩**。当细胞器的回摄作用使Ca^{2+}水平降低时，肌肉就松弛。为了理解这个过程，我们必须进一步观察肌纤维。

13.4.1   肌纤维的结构

图13.12显示了肌纤维的结构。肌纤维在胚胎早期由肌肉前体细胞（成肌细胞，起源于中胚层）融合而成（见第7章）。这种融合使每一个肌细胞内有一个以上的细胞核，所以把单个肌细胞称为**多核**细胞。这种融合把细胞拉

图文框13.2   趣味话题

重症肌无力

神经肌肉接头是一种特别可靠的突触。一个突触前动作电位能引起数以百计的突触囊泡向突触间隙释放ACh。正常情况下，释放到突触间隙的ACh分子作用于突触后膜上密集排列的尼古丁受体，产生一个比触发一个动作电位所需幅度大许多倍的EPSP，从而引起肌纤维的一次收缩。

然而，在**重症肌无力**（myasthenia gravis）的临床情况下，神经末梢释放出的ACh远不能奏效，因而神经肌肉传递常常失败。这一病名起源于希腊语的"严重的肌肉无力"。这种疾病的特征是随意肌，特别是面部表情肌的无力和易疲劳，如果病情累及呼吸肌就会危及患者的生命。在10,000人中约有1人发生这种疾病，且不分年龄和种族。重症肌无力的另一个特殊症状是肌无力严重程度的波动性，甚至在一天之内也是这样。

重症肌无力是一种**自身免疫性疾病**（autoimmune disease）。1973年，在美国加利福尼亚州索尔克研究所（Salk Institute）工作的Jim Patrick和Jon Lindstrom发现，给兔子注射纯化的尼古丁型ACh受体之后，兔子产生了对抗其自身ACh受体的抗体，并且兔子也出现了兔表型的重症肌无力症状。但是，我们还不知道人类患者的免疫系统产生抗他们自身尼古丁

型ACh受体抗体的原因。这些抗体结合在尼古丁受体上，干扰ACh在神经肌肉接头处发挥正常作用。此外，抗体与受体的结合，也导致神经肌肉接头结构上的次发性退行性病变，这一变化也使得接头间的信号传递非常难以奏效。

重症肌无力的一个有效治疗措施是给予抑制乙酰胆碱酯酶（acetylcholinesterase，AChE）的药物。回顾第5章和第6章，AChE能分解突触间隙里的ACh。低剂量的AChE抑制剂通过延长释放到突触间隙中的ACh寿命，从而增强神经肌肉之间的传递。但是，这种治疗并不完美，治疗时限是短暂的。正如我们在图文框5.5中看到的那样，如果突触间隙中的ACh过多，就会导致受体脱敏，从而使神经肌肉接头的传递被阻断。还有，不同的肌肉对同一剂量的药物反应也不同。过高的ACh水平也对自主神经系统（ANS）有影响，导致一些副作用，如恶心、呕吐、腹部痛性痉挛、腹泻和支气管分泌增加。重症肌无力的另一种常见疗法，是用药物或切除胸腺的办法来抑制免疫系统的功能。

如果处理得当并保持不断的治疗，得这种神经肌肉接头疾病的患者的长期预后是良好的，其平均寿命也是正常的。

长了，因而得名"纤维"，而且纤维长度范围为 1 ~ 500 mm。肌纤维由一层可兴奋细胞膜所包裹，该膜即为**肌膜**（sarcolemma）。

肌纤维内有大量的称为**肌原纤维**（myofibrils）的圆柱状结构，肌膜上扩散的动作电位能引起肌原纤维的收缩。肌原纤维被**肌质网**（sarcoplasmic reticulum，SR）包围，而肌质网是一种储存有 Ca^{2+} 的细胞内包囊（外观上与神经元的滑面内质网类似，见第 2 章）。沿肌膜扩散的动作电位借助一种称为**T 管**［T tubule，T 表示横向（transverse）］的管道网络得以到达肌质网，深入肌纤维内部。由于每一个 T 管的管腔内部均与细胞外液相通，因此这些管道就像是内侧面向外的神经轴突。

在 T 管与肌质网紧密对合处，两层膜上的蛋白质有一种特殊的耦联。在 T 管膜上的由 4 个电压敏感性钙通道组成的蛋白簇，称为**四联体**（tetrad），与肌质网上的**钙释放通道**（calcium release channel）相互对接。如图 13.13 所示，到达 T 管膜的动作电位导致其膜上电压敏感性通道蛋白四联体的构型变化，从而打开肌质网膜上的钙通道。一些 Ca^{2+} 通过四联体通道流动，而更多的 Ca^{2+} 则通过肌质网钙通道流动，结果细胞质内游离 Ca^{2+} 增加，引起肌原纤维收缩。

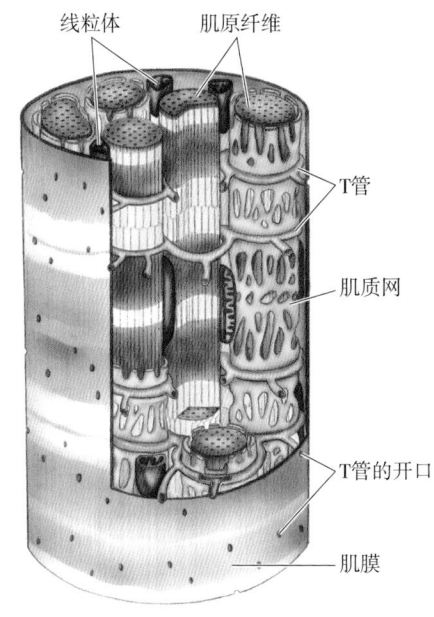

▲ 图 13.12

肌纤维的结构。T 管将电活动从肌膜表面传导到肌纤维深部

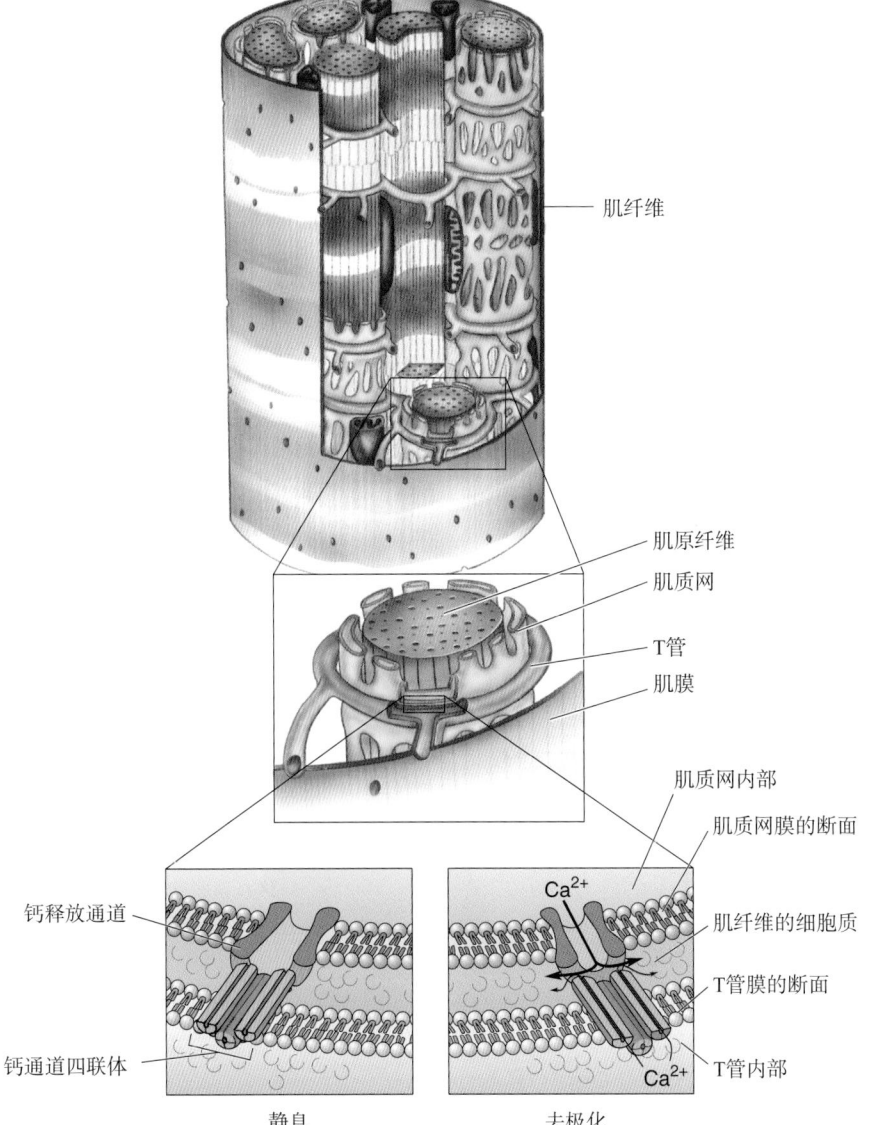

◀ 图 13.13

Ca^{2+} 从肌质网释放。T 管膜的去极化引起膜上与肌质网（SR）的钙通道耦联的那些蛋白质的构型变化，使肌质网内储存的 Ca^{2+} 释放到肌纤维的胞质中

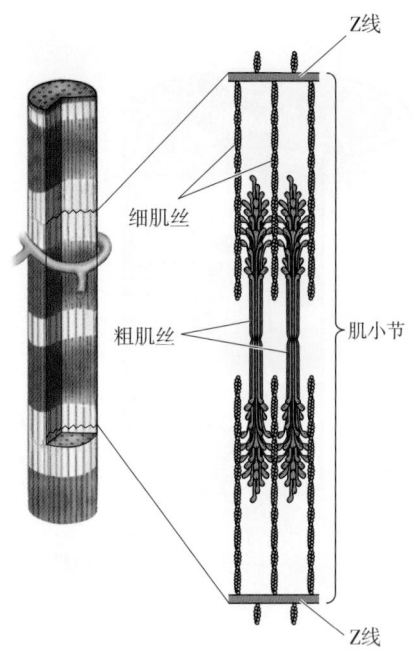

▲ 图 13.14

肌原纤维的微观结构

13.4.2 肌肉收缩的分子基础

对肌原纤维的进一步观察揭示了Ca^{2+}是怎样触发肌肉收缩的（图13.14）。肌原纤维被**Z线**（Z line；因其在侧面观时所显现出来的外观而得名）分为多个节段。由两条Z线和两条Z线之间的肌原纤维组成的节段称为**肌小节**（sarcomere）。锚靠在Z线两端的许多细丝称为**细肌丝**（thin filament）。来自相邻Z线的细肌丝面面相对，但不相互接触。在两条细肌丝之间的一些纤维称为**粗肌丝**（thick filament）。当细肌丝沿粗肌丝滑动时，相邻的Z线相向移动而彼此靠近，使肌小节的长度变短。换言之，这就是肌肉的收缩。图13.15显示了这种肌小节缩短的**肌丝滑行模型**（sliding-filament model）。

粗细肌丝相对滑行之所以发生，是由于粗肌丝和细肌丝中两种主要的蛋白质之间的相互作用，这两种蛋白分别是**肌球蛋白**（myosin）和**肌动蛋白**

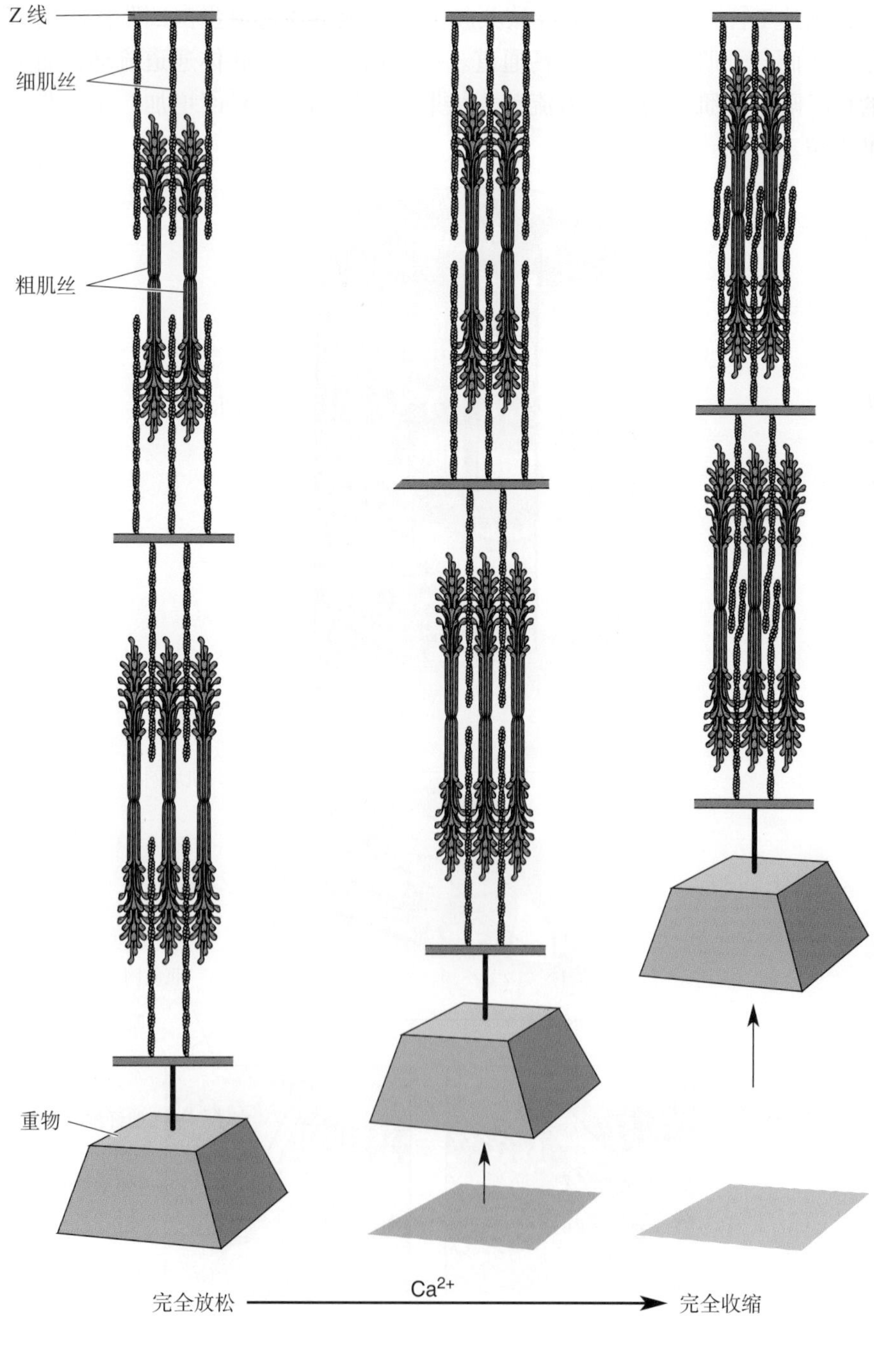

▶ 图 13.15

肌肉收缩的肌丝滑行模型。当两根细肌丝在粗肌丝上相向滑动时，肌小节（原文为肌原纤维——译者注）缩短

完全放松 ——— Ca^{2+} ——→ 完全收缩

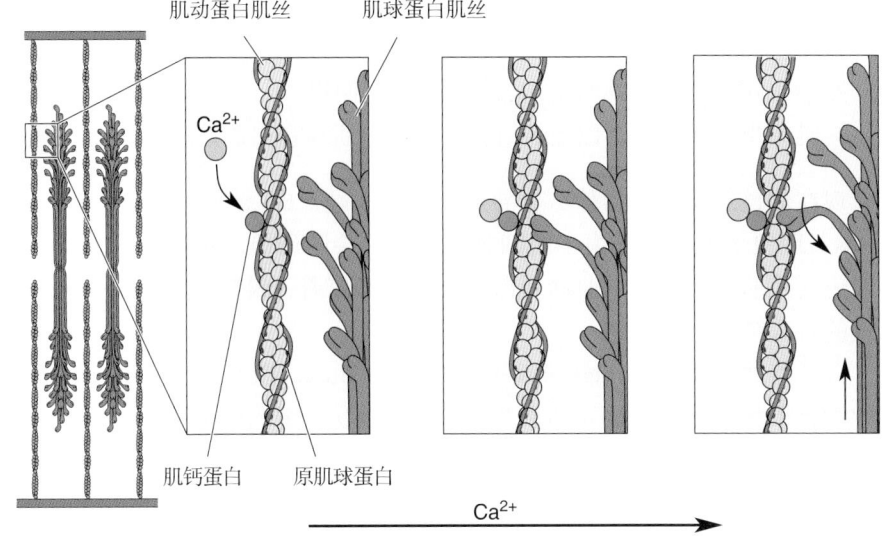

肌动蛋白肌丝　　肌球蛋白肌丝

Ca²⁺

肌钙蛋白　　原肌球蛋白

Ca²⁺

◀ 图 13.16

肌肉收缩的分子机制。Ca²⁺ 和肌钙蛋白的结合移动原肌球蛋白，得以使肌球蛋白的头附着在肌动蛋白上，然后肌球蛋白的头扭动，引起细肌丝相向滑动

（actin）。当肌球蛋白分子暴露的"头部"与肌动蛋白结合后就发生分子构象的变化，这种构象变化使分子发生扭动（图13.16），而分子的扭动将导致粗肌丝相对于细肌丝的滑动。随着三磷酸腺苷（adenosine triphosphate，ATP）与肌球蛋白头部相结合，肌球蛋白的头部解离和"复位"（uncock），因而这一过程可以自我重复。这个过程的重复使得肌球蛋白的头能够沿着肌动蛋白细丝"走行"。

当肌肉静息时，肌球蛋白不能与肌动蛋白相互作用，因为肌球蛋白在肌动蛋白上的结合位点被两个蛋白：**原肌球蛋白**（tropomyosin）和**肌钙蛋白**（troponin）组成的复合体所遮盖着。Ca²⁺ 通过与肌钙蛋白的结合并使原肌球蛋白移动其位置，以启动肌肉的收缩，而这种结合恰恰暴露了肌球蛋白在肌动蛋白上的结合位点。所以，只要有 Ca²⁺ 和 ATP 存在，收缩就持续发生；而肌肉的舒张则是由于肌质网对 Ca²⁺ 的回摄。肌质网对 Ca²⁺ 的回摄依赖于钙泵的作用，因而也需要 ATP。

现在，我们将兴奋-收缩耦联的过程概括如下：

兴奋

1. α运动神经元的轴突产生一个动作电位。
2. α运动神经元轴突末梢向神经肌肉接头处释放 ACh。
3. 肌膜上的尼古丁受体通道开放，突触后肌膜去极化（EPSP）。
4. 肌膜上的电压门控钠离子通道开放，肌纤维产生一个动作电位并沿肌膜扩散到 T 管。
5. T 管去极化引起肌质网内 Ca²⁺ 释放。

收缩

1. Ca²⁺ 与肌钙蛋白结合。
2. 原肌球蛋白移动其位置，而且肌球蛋白在肌动蛋白上的结合位点暴露。
3. 肌球蛋白的头部结合在肌动蛋白上。
4. 肌球蛋白的头部扭动。
5. ATP 与肌球蛋白头部相结合，后者与肌动蛋白解离。
6. 只要有 Ca²⁺ 和 ATP 存在，这个循环就将持续。

舒张

1. 随着EPSP的终止，肌纤维膜和T管膜的电位回到静息电位。
2. 依靠ATP驱动泵的作用，Ca^{2+}被肌质网回摄。
3. 肌球蛋白在肌动蛋白上的结合位点被原肌球蛋白遮盖。

现在你该理解死亡为什么会导致肌肉的僵硬，即众所周知的**尸僵**（rigor mortis）现象了吧？这是由于肌细胞缺乏ATP会阻碍肌球蛋白头部的解离，同时也会使肌动蛋白上的肌球蛋白结合位点暴露着，最终结果是粗肌丝和细肌丝的永久结合。

自从英国生理学家Hugh Huxley、Andrew Huxley及其同事于1954年提出肌丝滑行模型以来，在确定肌肉兴奋-收缩耦联详细的分子机制方面已有巨

图文框13.3 趣味话题

迪谢内肌营养不良

肌萎缩是一组遗传性疾病，它们均以进行性肌肉无力和退化为特征。其中一种最常见的类型，**迪谢内肌营养不良**（Duchenne muscular dystrophy；又称"进行性假肥大性肌营养不良"——译者注）发生于青春期前的男孩，概率为1/3,500。最早被察觉的症状是腿部无力，通常导致患者在12岁之前就坐上了轮椅。疾病会持续恶化，患病的男性通常活不过30岁。

这种疾病的特征，即由母亲遗传且只遗传给男性后代，引导人们在X染色体上寻找有缺陷的基因。20世纪80年代末取得了重大突破，X染色体上的缺陷区域被鉴定出来了。研究者发现：该区域包含编码细胞骨架蛋白——**抗肌萎缩蛋白**（dystrophin）的基因。抗肌萎缩蛋白基因巨大（有260万个碱基对），而基因大就容易突变。患迪谢内肌营养不良的男孩有一个功能完全失调的抗肌萎缩蛋白基因：即他们缺乏编码这种蛋白的mRNA。该病的另一种较轻的类型，称为**贝克肌营养不良**（Becker muscular dystrophy；又称"良性假肌肉萎缩症"——译者注），被发现与编码部分抗肌萎缩蛋白的mRNA的改变有关。

抗肌萎缩蛋白是一种大分子蛋白，有助于将肌细胞骨架（恰位于肌膜下）与细胞外基质连接起来。抗肌萎缩蛋白似乎还可以帮助肌肉应对氧化应激。但是，这种蛋白对于肌肉的收缩不一定是绝对必需的，因为患儿的运动在他们出生后头几年里看起来是正常的。情况可能是，抗肌萎缩蛋白的缺乏导致了肌肉收缩装置的继发性变化，从而最终引起肌肉的退化。有趣的是，抗肌萎缩蛋白也富集在脑内的神经末梢中，它在那里可能参与了兴奋-分泌耦联（excitation-secretion coupling）。

目前正在努力寻找一种治疗策略，即利用某种基因治疗手段，来治疗乃至治愈迪谢内肌营养不良。一种存在已久的思路是给患者导入一种人工基因，从而在根本上修复患者有缺陷的抗肌萎缩蛋白基因，或者模拟正常抗肌萎缩蛋白基因的作用。与绝大多数基因疗法一样，最具挑战性的是如何把人工基因安全、有效地导入营养不良的肌肉细胞中。通常采用的方法是，用专门设计的带有人工基因的病毒来感染肌肉细胞，以让这些细胞可以表达抗肌萎缩蛋白。另一种方法是将干细胞移植到营养不良的肌肉组织中去（干细胞是一些可以生长和分化成为成熟肌细胞的细胞，只有正常的成熟肌细胞才能表达抗肌萎缩蛋白）。在肌营养不良小鼠模型上的实验表明，干细胞疗法非常有望成功。此外，还有一种手段是检测一些小分子药物的作用，看它们是否可以减小肌肉退化、促进肌肉再生、减轻突变了的抗肌萎缩蛋白的编码问题，或者提高其他可替代抗肌萎缩蛋白的肌肉蛋白产量。

目前还没有治愈迪谢内肌营养不良的疗法，但一些新的治疗方案在临床试验中显示出成功的希望。令人兴奋的是，像迪谢内肌营养不良这样毁灭性的遗传性疾病，在不久的将来就可以治疗了。

大的进展。这一进展来自多学科研究方法的应用，特别是电子显微镜、生物化学、生物物理学和遗传学方法的应用。最近，分子基因技术的应用又为我们对健康和疾病状态下肌肉功能的理解增添了重要的新资料（图文框13.3）。

13.5　运动单位的脊髓控制

我们已经探讨了动作电位在α运动神经元轴突上的扩散过程，知道了这怎样引起运动单位里肌纤维的收缩。现在让我们来探讨运动神经元活动的自身控制问题。首先讨论前面提到的α运动神经元突触输入的第一种来源——肌肉本身的感觉反馈。

13.5.1　来自肌梭的本体感觉

前面已经提到，在大多数骨骼肌的深部有一种特化的结构，称为**肌梭**（muscle spindle，图13.17）。肌梭也称为**牵张感受器**（stretch receptor），由几组特化的骨骼肌纤维所组成，这些肌纤维被一个纤维性的包囊所包裹。包囊的中间1/3部分膨大，使得肌梭成梭状并获得肌梭之名称。在这个中间膨大的（类似于地球的赤道）区域，Ia感觉轴突缠绕在肌梭的肌纤维上。肌梭及与肌梭相连的Ia轴突，专门用于检测肌肉长度（牵张）的变化，是**本体感受器**（proprioceptor）的一个例子。这些感受器是躯体感觉系统的一个组成部分，特化为感受"身体的感觉"（body sense）或**本体感觉**（proprioception；该词来自拉丁文，意为"自身的感觉"），以告诉我们身体在空间的位置和躯体的运动状态。

回顾第12章，我们知道Ⅰ类神经轴突是人体中最粗的有髓鞘轴突，这意味着它们能很迅速地传导动作电位。在这类轴突中，Ia轴突是最大的，传导速度最快。Ia轴突通过背根进入脊髓，反复分支，与中间神经元和腹角运动神经元形成兴奋性突触。Ia的输入是很强大的。哈佛大学的神经生理学

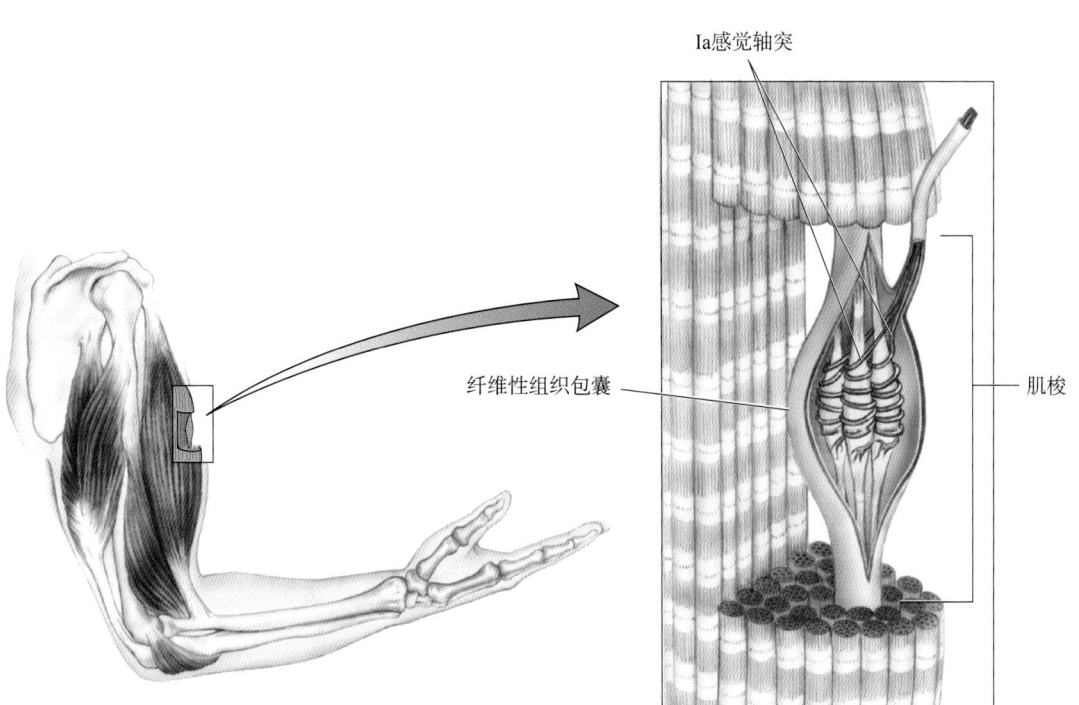

Ia感觉轴突

纤维性组织包囊

肌梭

◀ 图13.17

肌梭和它的感觉神经支配

家Lorne Mendell和Henneman证明，一根Ia轴突事实上与一个运动神经元池（motor neuron poll）中的几乎每一个α运动神经元都形成突触，这个运动神经元池支配了同一块肌肉，而这一块肌肉中则含有肌梭。

牵张反射。Sherrington首先揭示了这种传入脊髓的感觉输入的功能。他注意到，肌肉被拉长时有回缩（收缩）的倾向。通过切断背根，他证实了**牵张反射**（stretch reflex），有时又称为**肌伸张反射**（myotatic reflex；*myo* 和 *tatic* 均源于希腊语，分别为"肌肉"和"拉长"的意思）与肌肉的感觉反馈有关。切断背根之后，尽管α运动神经元是完整的，牵张反射和肌张力也会随之丧失。Sherrington推论α运动神经元肯定接受来自肌肉的持续的突触输入。后来的工作表明，Ia感觉轴突的放电与肌肉的长度密切相关：当肌肉被拉长时，Ia轴突的放电频率增加；而当肌肉缩短和松弛时，其放电频率下降。

Ia轴突和与其发生突触联系的α运动神经元构成了**单突触的牵张反射弧**（monosynaptic stretch reflex arc）——所谓"单突触的"（monosynaptic）是因为从初级感觉传入到运动神经元传出之间，仅经过一个突触。图13.18显示

▼ 图13.18
牵张反射。本图显示了Ia轴突和运动神经元对于一个突然施加在肌肉上，使肌肉被拉长的重力的反应

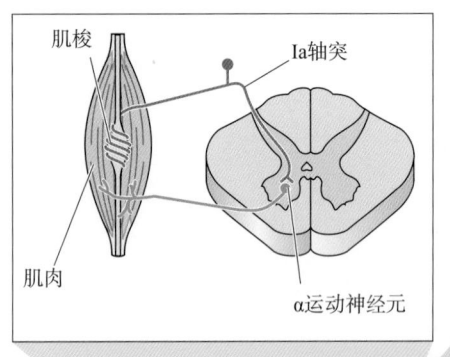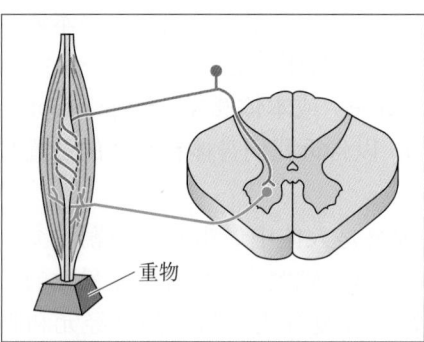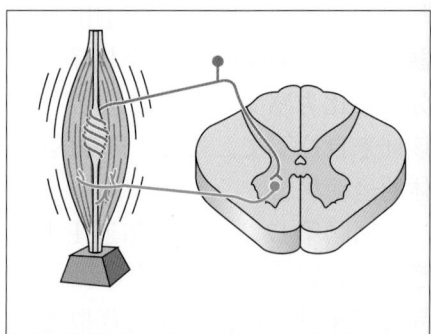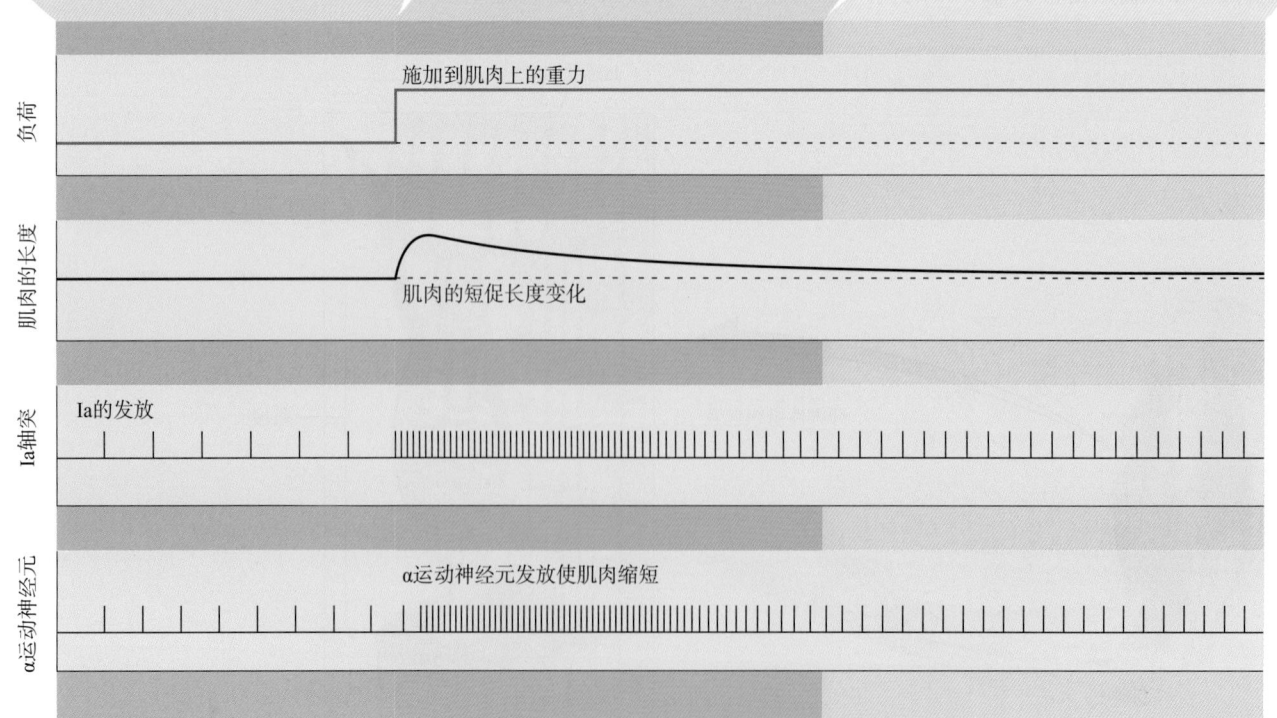

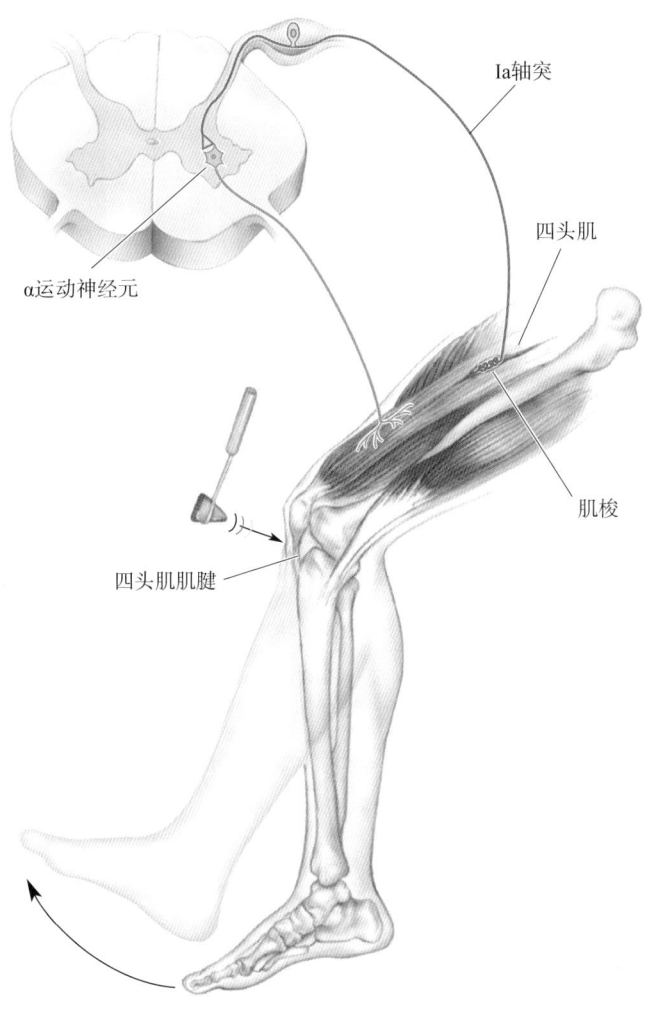

Ia轴突

四头肌

肌梭

α运动神经元

四头肌肌腱

▲ 图 13.19

膝跳反射

了这个反射弧是怎样作为一个抗重力的反馈环路而发挥作用的。当一个重物加在一块肌肉上时，肌肉开始被拉长，肌梭也被拉伸。肌梭中心区的拉伸使机械敏感性离子通道开放（见第 12 章），从而导致 Ia 轴突末梢去极化。Ia轴突的动作电位发放增加，又突触性地使α运动神经元去极化和发放频率增加。这导致肌肉收缩，并使其缩短。

膝跳反射（knee-jerk reflex）是牵张反射的一个范例。当医生敲击你膝盖下的肌腱时，肌腱会很短暂地牵拉你大腿的四头肌，使其反射性地收缩而引起你腿的伸展（图 13.19）。膝跳反射可用以检查这个反射弧中的神经和肌肉是否完整。牵张反射也可通过牵拉手臂、踝关节和下颌肌肉来引发。

外周感觉和运动神经容易受到各种各样的损伤。如我们前面所学到的，切断后的外周神经通常可以再生并重建其与肌肉的连接（图 13.11）。问题是：再生后的轴突和突触是否像正常轴突和突触那样有效？此问题在牵张反射神经回路中得到了细致的研究（图文框 13.4）。

图文框13.4　发现之路

神经再生并不能保证完全康复
Timothy C. Cope 撰文

　　轻击肌腱会使肌肉收缩和产生膝跳反射。这种牵张反射的单突触环路显示在图13.19中。如果听说切断感觉和运动神经会阻断此反射，你应该不会感到惊讶。然而，外周神经通常会再生。那么你预计切断的神经长回到肌肉会怎样呢？令人惊讶的答案是：尽管随意收缩可以恢复相当一部分力量，但牵张反射却不能恢复。这个问题似乎很容易弄清楚：因为牵张反射环路中的每个组成部分都可以被检测，包括编码肌肉长度的Ia轴突放电模式、运动神经元的放电模式、由受到牵拉的肌肉及其协同肌所产生的收缩力，乃至脊髓里Ia轴突与运动神经元之间的突触所产生的兴奋性突触后电位（EPSP）。研究这个问题使我着迷了20多年。这些研究给我提供了一个难得的机会，使我可以理解一个神经环路如何引发一个正常的行为，一个神经环路如何对损伤做出反应，以及什么因素会限制神经系统从损伤中恢复过来的能力。

　　功能恢复的难点最可能位于反射环路的感觉端。不太可能是运动神经元或肌肉的问题，也不太可能是它们之间已经恢复了的突触连接的问题，因为在由牵拉刺激之外的其他感觉刺激所触发的反射中，肌肉是可以正常收缩的。最初，一个最有可能的假设似乎是再生的感觉轴突（即下文的Ia轴突，Ia axons——译者注）最终与错误的外周感觉的感受器结构再连接了。众所周知，被切断了的神经中的感觉轴突，在某种程度上会不加选择地与靶结构再连接，这意味着再生后，数量减少了的Ia轴突依然可用来探测肌肉的牵张和兴奋运动神经元。即便如此，相当一部分Ia轴突

确实重新支配了它们正常的靶结构。Lorne Mendell和他的同事发现近40%再生的Ia轴突会与肌梭再连接。即使在肌肉牵拉时，来自数量较少的Ia轴突的总体兴奋太弱了，以至于不能使运动神经元兴奋而放电，但我们还是期望，再连接的Ia轴突所产生的动作电位可能对正在增长的肌肉收缩力起到促进作用。然而在实验室里，我和Brian Clark发现牵拉自我恢复了神经支配的肌肉时，并不能检测到运动单位的放电受到了调制。我的同事Richard Nichols用不同的方法也证实了我们的发现。这些结果很清楚，但也令人困惑：即在切断的神经恢复后，肌肉的牵张完全不能募集运动神经元。

　　那么，是什么缺陷可以导致（神经）损伤后牵张反射的几乎完全和永久的缺失？一个关键性的实验结果来自我们实验室的研究，我们在肌肉自然牵拉的情况下，记录了运动神经元的EPSP。我们看到Ia突触电位变弱了，部分原因当然是大约有一半的Ia轴突对适当的肌肉牵张不再做出反应。此外，我们实验室的Edyta Bichler和Katie Bullinger做出了预见性的观察：这些减小了的EPSP只在大约一半被记录的运动神经元上才能记录到，另一半则完全没有EPSP（图A）。在正常情况下，Ia轴突可在~~每一个~~支配同一块肌肉的运动神经元上诱发一个EPSP。这些发现突出地揭示了Ia感觉神经元的一个关键性缺陷，它们可以再生受损的外周轴突：虽然一些轴突与肌肉中的肌梭感受器再连接了，但它们同时与脊髓中很多的运动神经元断开了连接。

13.5.2　γ运动神经元

　　肌梭的纤维性包囊中含有特化的骨骼肌肌纤维，这些肌纤维称为**梭内肌纤维**（intrafusal fibers），以区别于那些数量更多的、位于肌梭之外的和构成了肌肉主体的**梭外肌纤维**（extrafusal fibers）。这两类肌纤维的一个重要区别是：只有梭外肌纤维受α运动神经元支配，而梭内肌纤维接受另一种下运动神经元，称为**γ运动神经元**（gamma motor neuron）的运动性支配（图13.20）。

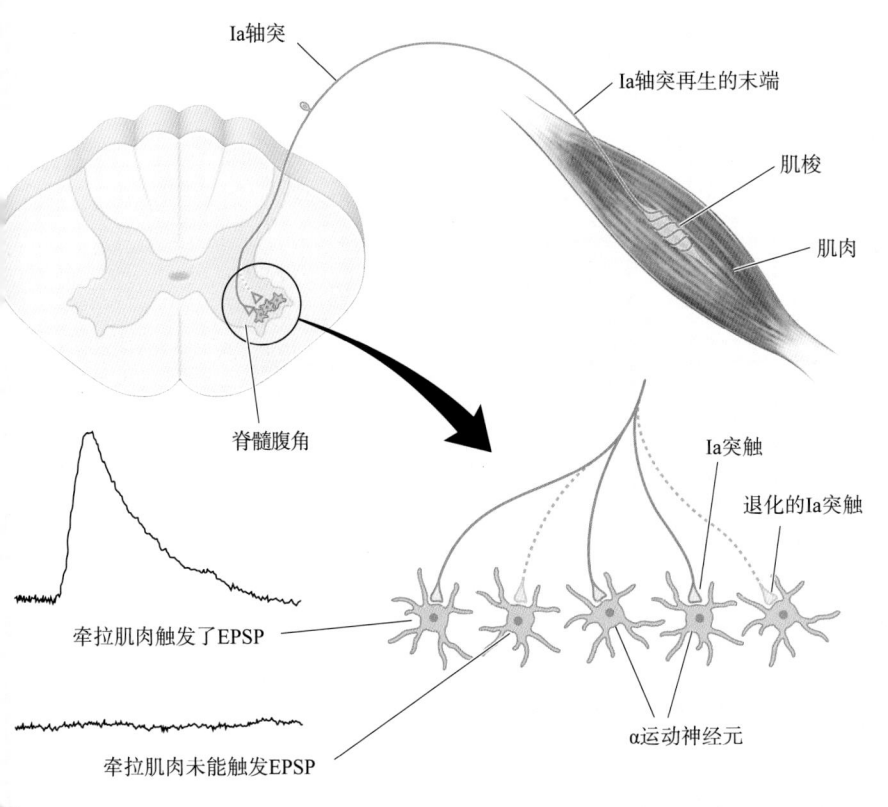

图A

最近，Francisco Alvarez和他的实验室与我们共同对牵张反射的缺失提供了一个结构上的解释。我们用一种可以显微识别Ia突触末端的探针，揭示了在运动神经元树突的近端有大于70%的Ia突触缺失了。我们还发现，再生的Ia轴突实际上从运动神经元胞体和树突的位置缩回了。尽管损伤后的Ia轴突分支在肌肉中成功地再生，但脊髓中的突触丧失和轴突缩回还在发生。

这些发现的价值何在？在正常运动中，牵张反射的重要作用是感受躯干和四肢的状态并调节它们对机械干扰的反应。神经损伤后脊髓环路的重组可以帮助我们理解，为什么尽管轴突再生了，但一些运动失调还持续存在。我们的发现也可能适用于脊髓外的其他神经环路。比如，我们可以考虑在扰乱下行运动传导束后，皮层神经元与脊髓神经元之间的突触是否也有类似的变化；这样的研究会对治疗脊髓损伤的策略提供思路。我们这些到目前为止的发现有力地激励着我们进一步研究神经元退化的生物学过程。

很多研究者，包括本科生、研究生和博士后，都参与了此项研究。我们的进展取决于这些合作者的多种专业知识及辛勤劳动。我相信，团队性的合作在解决中枢神经系统功能及其疾病这样格外复杂的问题中，是绝对必要的。合作可以使我们获得新思路，也可以促进我们作为科学工作者的成长。

参考文献

Bullinger KL, Nardelli P, Pinter MJ, Alvarez FJ, Cope TC. 2011. Permanent central synaptic disconnection of proprioceptors after nerve injury and regeneration. II. Loss of functional connectivity with motoneurons. *Journal of Neurophysiology* 106:2471-2485.

Haftel VK, Bichler EK, Wang QB, Prather JF, Pinter MJ, Cope TC.2005. Central suppression of regenerated proprioceptive afferents. *Journal of Neuroscience* 25:4733-4742.

让我们来想象这样一种情况，即一块肌肉被一个上运动神经元命令收缩的情形：α运动神经元对运动指令做出反应，梭外肌纤维收缩，肌肉缩短。肌梭的反应如图13.21所示。如果肌梭被松弛，则Ia轴突停止发放，亦即肌梭停止工作（off the air），不再向脊髓提供有关肌肉长度的信息。但是，这种情况是不会发生的，这是因为γ运动神经元也同时被激活。γ运动神经元在肌梭两端支配着梭内肌纤维。γ纤维的激活使得肌梭的两极收缩，从而牵拉了肌梭的非收缩性中纬线区（noncontractile equatorial region），使Ia轴突保持于

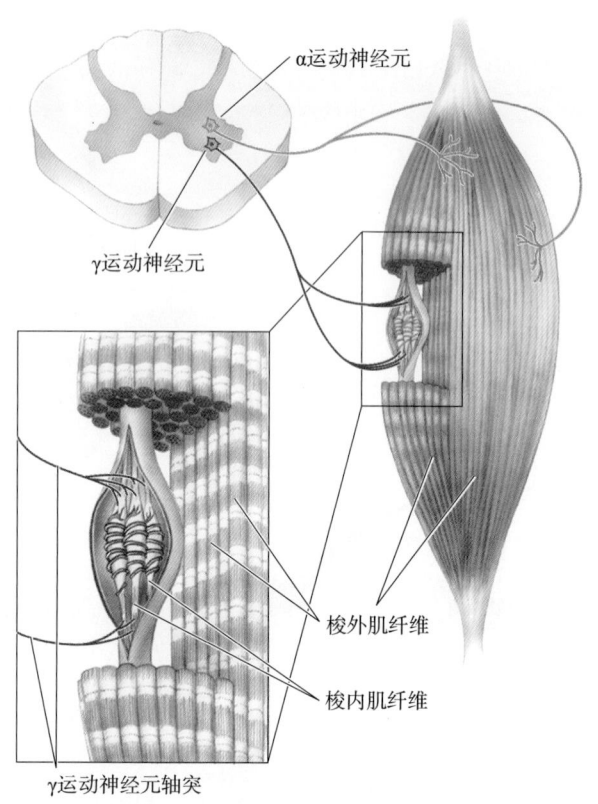

▲ 图 13.20

α运动神经元、γ运动神经元及它们所支配的肌纤维

激活的状态。注意，α和γ运动神经元的激活对Ia轴突的输出产生相反的作用，即α运动神经元的激活减少Ia轴突的活动，而γ运动神经元的激活增加Ia的活动。

回顾我们先前的讨论：单突触的牵张反射弧可视为一个反馈环路。对于一个反馈控制系统来说，其工作原理为：在设定点（set point）被确定后（这里是想得到的肌肉长度），相对于设定点的偏移量由感受器（Ia的轴突末梢）所检测到，偏移量由效应器系统（α运动神经元和梭外肌纤维）加以补偿后，系统便回到初始的设定状态。改变γ运动神经元的活动即改变了肌牵张反馈环路的设定状态，而"γ运动神经元 → 梭内肌纤维 → Ia传入轴突 →

▶ 图 13.21

γ运动神经元的功能。（a）α运动神经元的激活缩短梭外肌纤维的长度。（b）如果肌梭被松弛而停止工作，肌梭不再向脊髓提供肌肉长度的信息。（c）γ运动神经元的激活引起肌梭两极区的收缩，维持肌梭于工作状态（on the air）

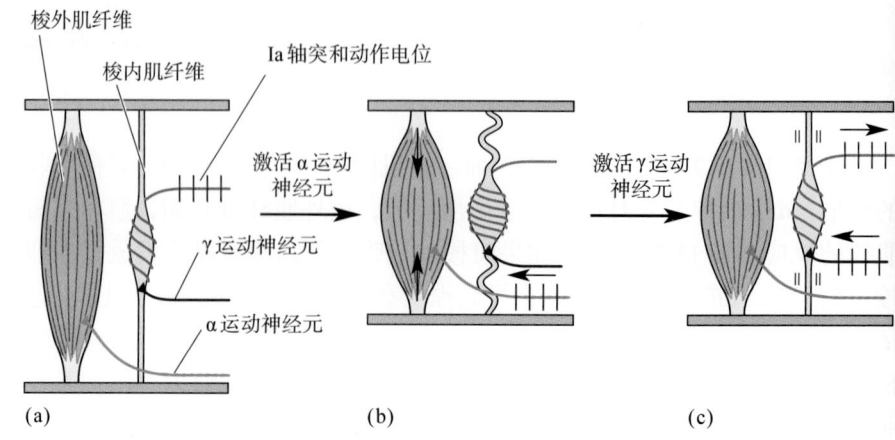

α运动神经元 → 梭外肌纤维"这一环路,有时也被称为γ环(γ-loop)。

在大多数正常运动中,α和γ运动神经元可同时被来自脑的下行指令激活,通过调节牵张反馈环路的设定点,γ环为α运动神经元和肌肉收缩的控制提供了另一种途径。

13.5.3 来自高尔基腱器官的本体感觉

肌梭并非是肌肉本体感受输入的唯一来源。骨骼肌中的另一种感受器是**高尔基腱器官**(Golgi tendon organ),它起到类似于一个张力检测器的作用,而且非常敏感,可以监测肌肉的张力或收缩力。高尔基腱器官约 1 mm 长、0.1 mm 宽,位于肌肉与肌腱的接头处,受到Ib类感觉轴突的支配。Ib轴突与支配肌梭的Ia轴突相比略细一些。在高尔基腱器官里,Ib轴突的精细分支缠绕在胶原纤维形成的盘绕状结构里(图13.22)。肌肉收缩时,胶原纤维的张力增加。随着胶原纤维拉直并挤压Ib轴突,这些轴突的机械敏感性离子通道被激活,进而引发动作电位。

必须指出的是:虽然肌梭与梭外肌纤维以**平行方式**排列,而高尔基腱器官与梭外肌纤维却以**串行方式**排列(图13.23)。这种解剖学安排上的差异决定了这两种感受器向脊髓提供不同类型的信息:来自肌梭的Ia活动编码了**肌肉长度**的信息,而来自高尔基腱器官的Ib活动则编码了**肌肉张力**的信息。

Ib轴突进入脊髓后,反复分支,并与脊髓腹角中的一种特殊的中间神经元,即**Ib抑制性中间神经元**(Ib inhibitory interneuron)形成突触联系。Ib中间神经元还接受其他感受器及下行通路的输入。这些Ib中间神经元中的一些,与支配同一块肌肉的α运动神经元形成抑制性联系(图13.24)。这就构成了另一种脊髓反射的基础:在一些极端情况下,该Ib反射弧可以保护肌肉,使肌肉免受过度负载的伤害;而这一反射环路的正常功能则是在一个最适范围内调节肌肉的张力。随着肌肉张力的增加,α运动神经元的抑制可以

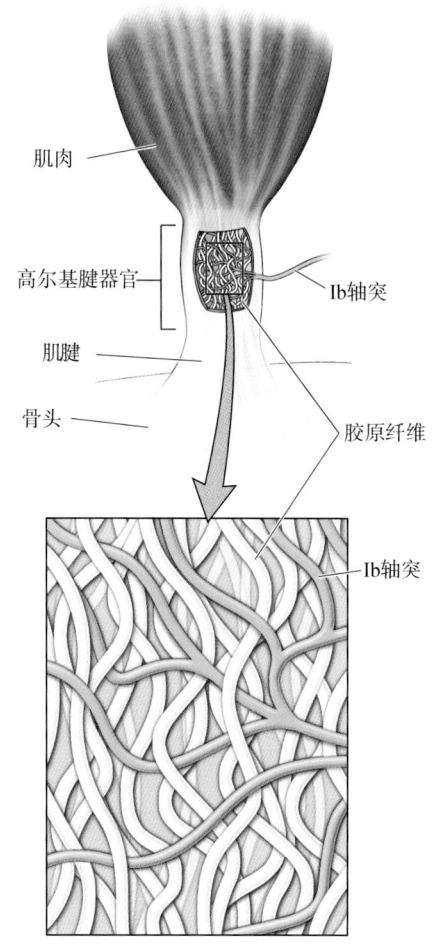

▲ 图 13.22

高尔基腱器官

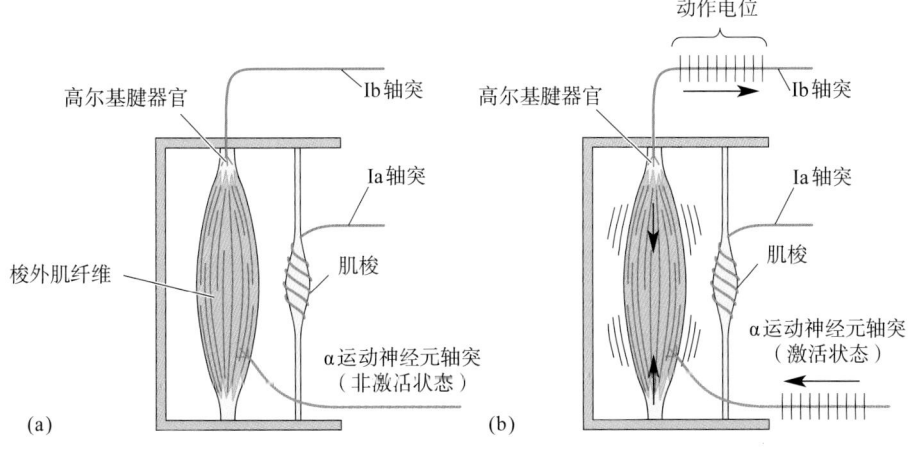

▲ 图 13.23

肌肉本体感受器的组构。(a)肌梭与梭外肌纤维以平行方式排列,而高尔基腱器官在肌纤维与肌腱之间以串行方式排列。(b)高尔基腱器官对肌肉张力增强的变化做出反应,并通过Ib类感觉轴突将信息传递至脊髓。由于本图中处于激活状态的肌肉的长度没有变化,Ia轴突沉默,没有发放

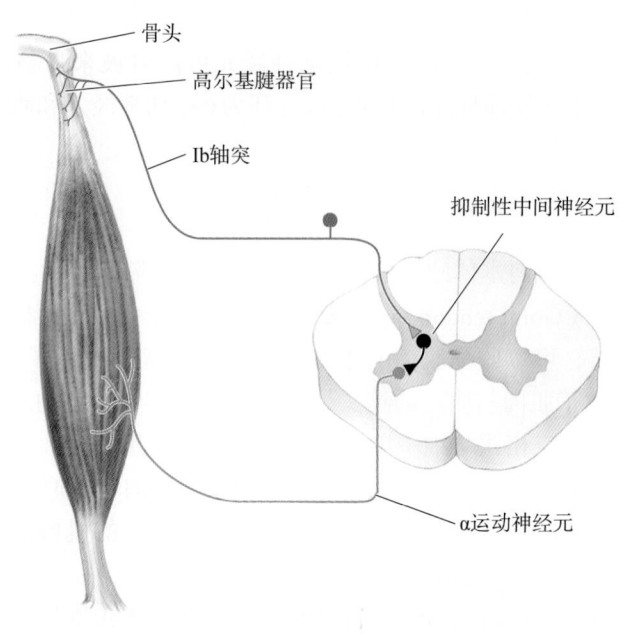

骨头

高尔基腱器官

Ib轴突

抑制性中间神经元

α运动神经元

▲ 图 13.24

高尔基腱器官环路。高尔基腱器官的Ib轴突兴奋抑制性中间神经元，而此中间神经元抑制支配同一块肌肉的α运动神经元

减慢肌肉的收缩；而当肌肉张力下降时，α运动神经元的抑制减弱，使得肌肉的收缩加强。为了确保用力恰当，这种本体感受性反馈在精细的运动活动中显得尤为重要。例如，当用手去抓一个易碎物品时，你既要抓得住，而握力又不能太大。

　　来自关节的本体感觉。 我们已经关注了参与脊髓运动神经元反射控制的本体感受器。但是，除肌梭和高尔基腱器官之外，在关节的结缔组织中，尤其是在围绕着关节（关节囊）和韧带周围的纤维性组织中，还有多种本体感受性轴突。这些机械敏感性轴突可以对关节运动的角度、方向和速度变化做出反应。这些感受轴突中的大多数是快适应性的，这意味着来自一个处于**运动**状态关节的感觉信息是极大量的。但是，编码关节**静止**位置信息的神经末梢却非常少。尽管如此，我们即便闭上了眼睛也能很好地判断一个关节的位置。由此看来，来自关节感受器、肌梭、高尔基腱器官的信息，以及可能来自皮肤感受器的信息，一道在中枢神经系统整合并用于判断关节的角度。因此，当去除某一来源的感觉信息时，其他来源的信息则对这种缺失加以补偿。例如，对于一个因髋关节炎而置换了用钢和塑料材料制成的髋关节之后的患者来说，或许他的髋关节机械感受器事实上已经随同切除下来的髋骨一道，被固定在一瓶甲醛溶液中，但他仍然可以说出他大腿与骨盆之间的角度。

13.5.4　脊髓中间神经元

　　来自高尔基腱器官的Ib输入对于α运动神经元的作用完全是**多突触的**（polysynaptic），即这种作用是经过中介性脊髓中间神经元的介导而实现的。事实上，大多数到达α运动神经元的输入来自脊髓中间神经元。脊髓中间神经元接受初级感觉轴突、脑的下行轴突和下运动神经元轴突侧枝的突触输入。同时，脊髓中间神经元本身也彼此相互连接而形成网络，这种网络能够生成协调的运动程序，以对多种输入做出反应。

抑制性输入。即使是执行最简单的反射，中间神经元也在其中起了关键性的作用。以牵张反射为例，为了补偿一群肌肉（如肘部的屈肌）的拉长，需要通过牵张反射使屈肌收缩，但这一过程也需要其对抗肌（伸肌）的舒张。这种一群肌肉的收缩伴随着它们的对抗肌舒张的过程称为**交互抑制**（reciprocal inhibition）。交互抑制的重要性是显而易见的：想象一下，如果你要通过收缩肱二头肌举起一件东西，但其对抗肌（如肱三头肌）却坚强地对抗你的动作，那将是多么的困难！在牵张反射中产生交互抑制，这是由于Ia轴突的侧枝与抑制性脊髓中间神经元形成突触联系，而这些抑制性中间神经元恰与支配对抗肌的α运动神经元发生抑制性突触联系（图13.25）。

交互抑制也被下行通路用于克服强劲的牵张反射。假定肘部屈肌接受随意运动命令进行收缩，对抗肌伸肌因此受到牵拉而激活牵张反射弧，从而强烈地对抗关节的屈曲。但是，在下行通路激活屈肌α运动神经元的同时，也激活支配对抗肌α运动神经元的中间神经元，这些中间神经元则可抑制对抗肌α运动神经元的活动。

兴奋性输入。并非所有的中间神经元都是抑制性的。由兴奋性中间神经元所介导的反射的一个例子是**屈肌反射**（flexor reflex），有时又称为**屈肌回缩反射**（flexor withdrawal reflex，图13.26）。这是一个复杂的，多突触的反射弧，用来对某些不良刺激做出肢体回缩的反应（如我们在第3章讨论过的那个将脚从无意中踩到的图钉上移开的收足反应）。屈肌反射极为专一，肢体回缩的速度取决于刺激所引起的疼痛程度；而回缩的方向取决于刺激的位置。（例如，施加在手掌或手背上的烫刺激会引发相反方向的回缩——与你希望的方向一致！）

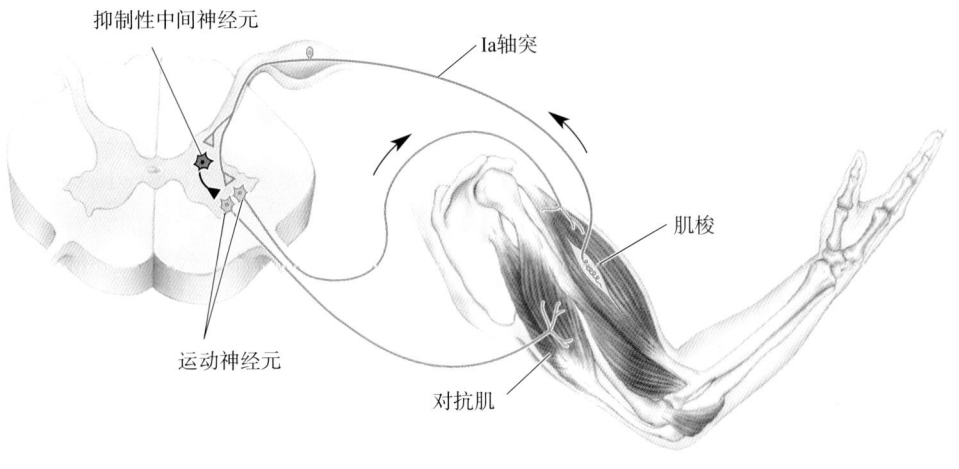

▲ 图 13.25
同一关节屈肌和伸肌之间的交互抑制

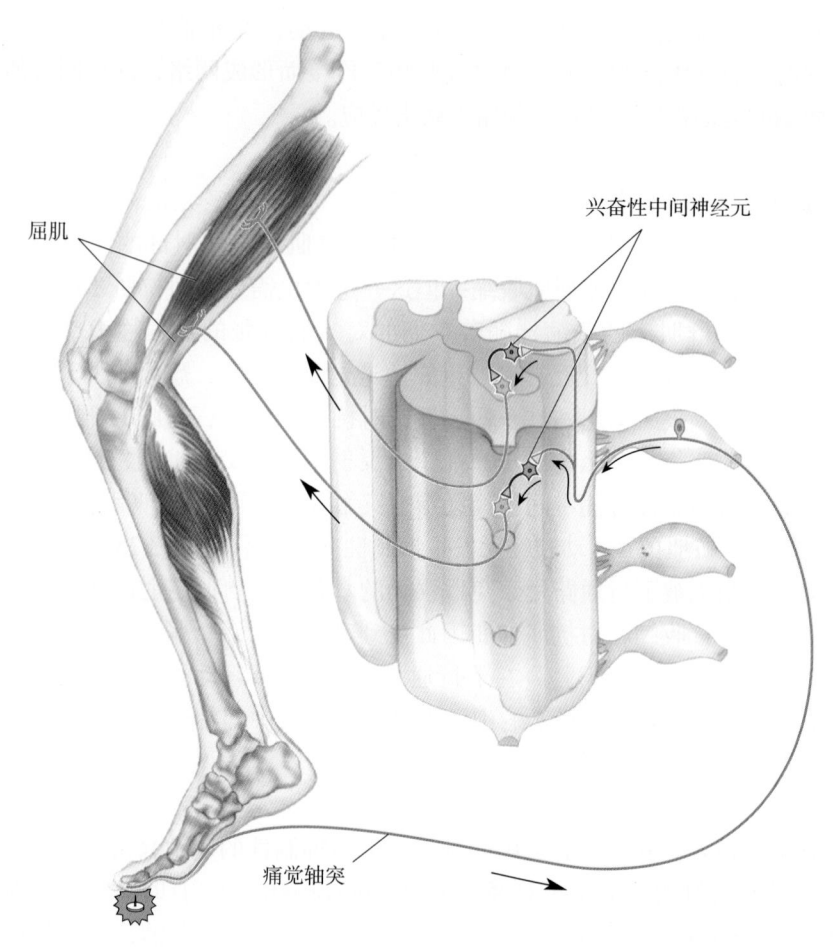

屈肌

兴奋性中间神经元

痛觉轴突

屈肌反射的速度远比牵张反射的慢，表明从感觉刺激到协调的运动动作之间有一些中间神经元的参与。这一反射是由那些引发痛觉的细小而带有髓鞘的 Aδ 痛觉轴突所引起的（见第 12 章）。痛觉轴突进入脊髓后大量分支，激活多个脊髓节段的中间神经元。这些中间神经元最终兴奋 α 运动神经元，而且就是那些控制受刺激侧肢体屈肌的 α 运动神经元（当然，抑制性中间神经元也被调动起来，以抑制控制伸肌的 α 运动神经元）。

因此，当你在光着脚行走中踩上了一枚图钉时，你得感谢屈肌反射，因为这一反射使得你能够反射性地将足迅疾地提起。但进一步的问题是，如果你身体的其他部分不随之发生任何反应，情况将会怎么样？那你多半是要跌倒的。幸运的是，该反射的另一个组成部分也被调动起来：那就是**对侧肢体**的伸肌激活，屈肌抑制。这就是所谓的**交叉伸肌反射**（crossed-extensor reflex），它的作用在于补偿由于受刺激侧下肢的回缩，而额外施加到另一侧下肢抗重力伸肌上的负担（图 13.27）。注意，这是交互抑制的又一个例子，但在这个例子中，脊髓一侧下肢屈肌的激活伴随了脊髓另一侧下肢屈肌的抑制。

13.5.5 行走的脊髓运动程序的发生

一侧肢体伸展，另一侧肢体屈曲的交叉伸肌反射似乎为行走运动（locomotion）提供了一个基本的构件（building block）。当行走时，你交替

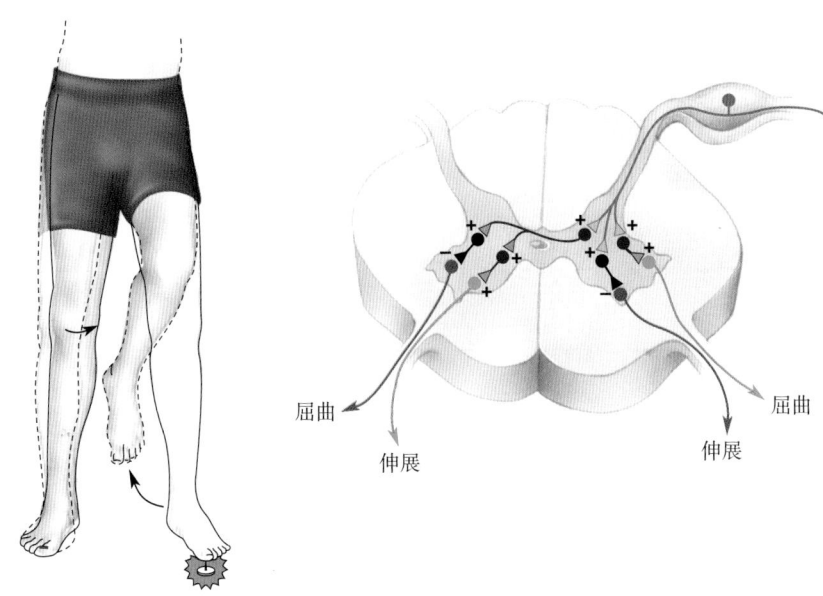

◀ 图 13.27
交叉伸肌反射环路

屈曲

伸展

屈曲

伸展

地伸展和收回你的两腿，而这一过程缺少的只是一个协调机制来为两条腿的交替活动定时。从理论上说，这种协调机制可能是上运动神经元的一系列下行指令。然而，从前文所述无头鸡的行为现象，我们推测这种控制机制更可能位于脊髓。事实上，在胸段脊髓的中部水平横断脊髓，猫的后肢依然具有产生协调行走运动的能力。因此，控制协调行走运动的环路必然在脊髓之中。一般而言，产生节律性运动活动的神经环路被称为**中枢模式发生器**（central pattern generator）。

　　神经环路是如何产生节律性模式的活动的？不同的环路使用了不同的机制。然而，最简单的模式发生器就是单个神经元，它们的膜特性使其本身具备了起步细胞（pacemaker）的特性。一个有趣的例子是 Sten Grillner（瑞典斯德哥尔摩）及其同事们的工作。Grillner 假设，不同物种用于节律性运动的脊髓中枢模式发生器，是建立在共同祖先架构基础上的不同变异形式。基于这一假设，他重点研究了七鳃鳗（lamprey，一种经历了 4.5 亿年缓慢进化过程的无颚鱼类）的游动机制。七鳃鳗通过摆动其细长的身体来游泳。它们没有四肢，甚至没有成对的鳍，但它们游动时身体肌肉的协调性节律收缩与陆生动物行走时的肌肉收缩模式非常相似。

　　七鳃鳗的脊髓被分离后，可在离体状态下存活几天。电刺激脑下行轴突的残存部可以使脊髓产生交替的节律性活动，这种节律性活动模拟了游动行为产生时脊髓的活动。在一系列重要实验中，Grillner 证明了激活脊髓中间神经元上的 NMDA［N-甲基-D-天门冬氨酸（N-methyl-D-aspartate）］受体就足以引起这样的节律活动。

　　在第 6 章，我们曾谈到过 NMDA 受体是谷氨酸门控离子通道，这种通道具有两个独特的特性：（1）当突触后膜去极化时，允许更大的电流流入细胞；（2）允许 Ca^{2+} 和 Na^+ 进入细胞。除 NMDA 受体之外，脊髓中间神经元还具有 Ca^{2+} 激活的钾离子通道。现在，让我们来想象一下由谷氨酸激活 NMDA 受体后的循环过程（图 13.28）：

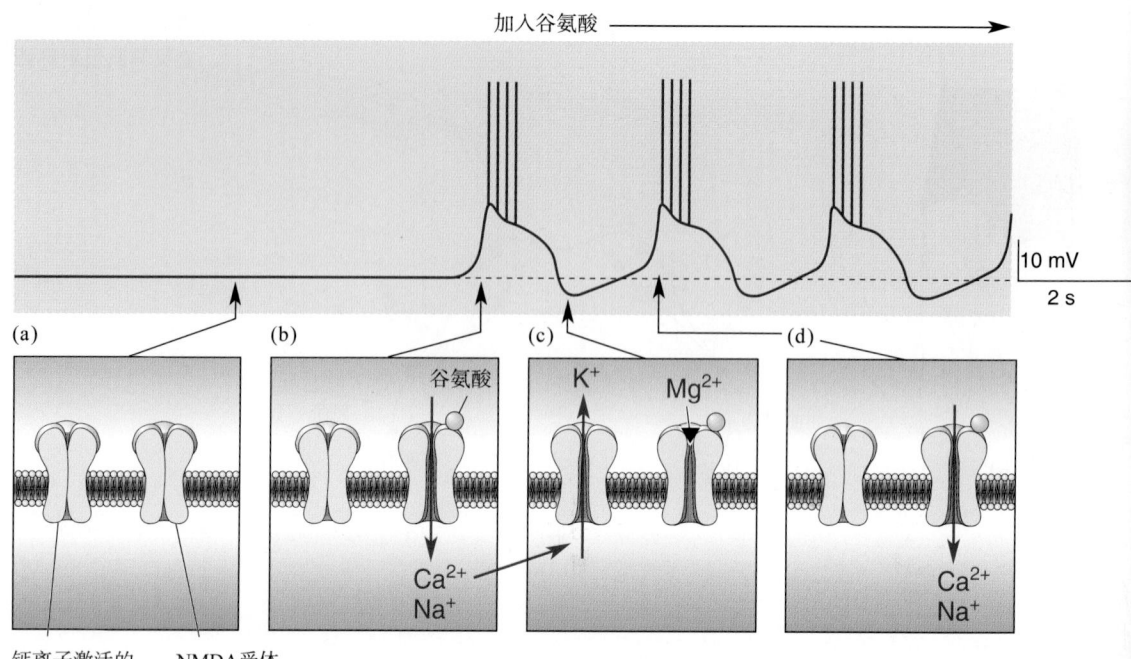

▲ 图 13.28

脊髓中间神经元的节律活动。一些神经元在NMDA受体激活时产生节律性去极化反应。（a）在静息状态，NMDA受体通道和钙离子激活的钾离子通道均关闭。（b）谷氨酸使NMDA受体通道打开，细胞膜去极化，Ca^{2+}进入细胞。（c）细胞内Ca^{2+}浓度升高引起钙离子激活的钾离子通道开放。K^+流出神经元，细胞膜超极化。超极化状态允许Mg^{2+}进入，并将NMDA通道堵塞，停止Ca^{2+}的内流。（d）随着Ca^{2+}浓度下降，钾离子通道关闭，膜电位复位，准备下一次振荡（改绘自：Wallen 和 Grillner，1987）

1. 膜去极化。
2. Na^+ 和 Ca^{2+} 通过NMDA受体流入细胞。
3. Ca^{2+} 激活钾离子通道。
4. K^+ 流出细胞。
5. 膜超极化。
6. Ca^{2+} 停止流入胞内。
7. 钾离子通道关闭。
8. 膜去极化，以上过程重复并循环发生。

不难想象，脊髓中间神经元的内在起步细胞活动，是怎样作为一组运动神经元节律性活动的原始驱动力而发挥作用的，而运动神经元继而指挥行走这种周期性行为。但是，脊椎动物中的起步神经元并非是负责产生节律性活动的唯一元件。它们实际上嵌入在相互连接的神经环路之中，正是它们内在的起步细胞特性，以及这些环路中所有元件相互之间的突触联系这两个因素的结合，才产生了节律性活动。

一种可能用于行走的模式发生环路的例子如图13.29所示。根据此示意图，行走是由一个稳定的输入兴奋两个中间神经元所发起的，这两个中间神

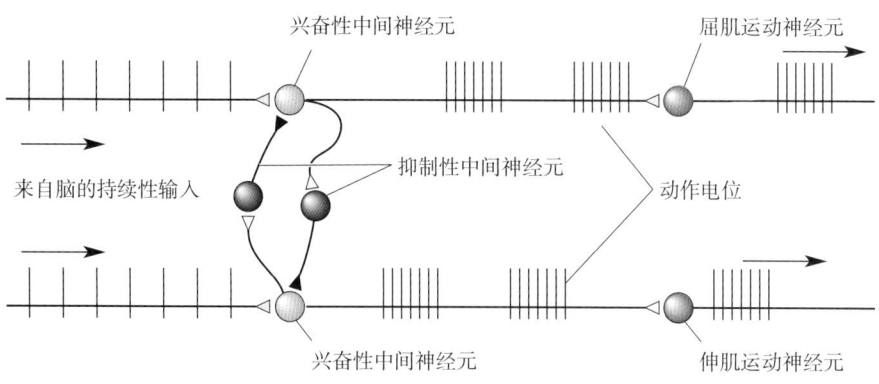

▲ 图 13.29
节律性交替活动的可能环路

经元分别与控制屈肌和伸肌的运动神经元相连接。这两个中间神经元对连续性输入产生爆发式放电的输出反应（图13.28）。而且，这两个中间神经元的活动是交替发生的，这是由于它们都通过另一个抑制性中间神经元的作用，彼此抑制了对方的缘故。因此，一个中间神经元的爆发性放电将强烈地抑制另一个中间神经元的活动，反过来也是一样的。这样，通过脊髓的交叉伸肌反射环路（或一个类似的环路），两侧肢体的运动就可能被协调起来，从而实现一侧肢体的伸出伴随着另一侧肢体的回缩。通过在脊髓腰段和颈段之间添加一些更多的中间神经元环路联系，就可以解释伴随行走所产生的手臂摆动机制，以及四足动物前肢和后肢协调运动的机制。

对从七鳃鳗到人类的许多脊椎动物的研究工作已经表明，脊髓的行走活动及其协调依赖于多种机制。如果考虑到对该系统的一些其他要求，例如行走时脚碰到障碍，向前或向后行走，或者是从行走过渡到疾走、奔跑和跳跃时所必需的系统输出变化，我们就不会对这种复杂性感到惊奇。

13.6 结语

从上面对运动的脊髓控制的讨论中，我们可以得出如下结论。第一，通过从生物化学和遗传学到生物物理学，再到行为学的不同层次的分析，使我们了解到很多关于运动的知识。确实，无论是对兴奋-收缩耦联，还是对中枢模式发生器机制的全面了解，都需要来自方方面面的知识。第二，即便是在最低层次的运动系统中，感觉与运动之间的联系也是不可分割的。α运动神经元的正常功能，依赖来自肌肉本身的直接反馈信息和来自腱器官、关节和皮肤的间接反馈信息。第三，脊髓包含控制运动的极为复杂的环路；因此，它远不仅是一个传导躯体感觉和运动信息的通路。

显然，发生在这些脊髓环路中的协调而复杂的活动模式，可以由相对粗放的下行信号所驱动。这恰恰就留下了一个问题，即上运动神经元对运动控制有什么贡献——这是第14章将要讨论的主题。

关键词

复习题

1. Sherrington将什么称为"最后公路"？为什么？
2. 以一句话来定义运动单位，它与运动神经元池的差别是什么？
3. 快运动单位或慢运动单位，哪一个首先被募集？为什么？
4. 什么时候以及为什么尸僵现象会发生？
5. 当医生敲击你膝盖下的肌腱时，你的小腿弹起。这一反射的名称叫什么，其神经基础是什么？
6. γ运动神经元的功能是什么？
7. 斯坦贝克（Steinbeck）的经典小说《老鼠和人》（*Of Mice and Men*）中的主人翁莱尼（Lenny）爱上了兔子，但当他拥抱兔子们的时候，兔子们却被挤压而死在他的怀抱中。那么，莱尼可能缺乏一种什么样的本体性感觉输入？

拓展阅读

Kernell D. 2006. *The Motoneurone and its Muscle Fibres*. New York: Oxford University Press.

Lieber RL. 2002. *Skeletal Muscle Structure, Function, and Plasticity*, 2nd ed. Baltimore: Lippincott, Williams & Wilkins.

Poppele R, Bosco G. 2003. Sophisticated spinal contributions to motor control. *Trends in Neurosciences* 26:269-276.

Schouenborg J, Kiehn O, eds. 2001. The Segerfalk symposium on principles of spinal cord function, plasticity, and repair. *Brain Research Reviews* 40:1-329.

Stein PSG, Grillner S, Selverston AI, Stuart DG, eds. 1999. *Neurons, Networks, and Motor Behavior*. Cambridge, MA: MIT Press.

Windhorst U. 2007. Muscle proprioceptive feedback and spinal networks. *Brain Research Bulletin* 73:155-202.

（景键　译　　王建军　校）

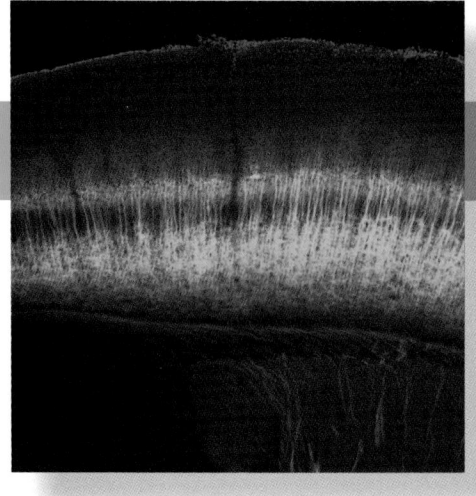

第 14 章

运动的脑控制

14.1 引言

在第13章，我们讨论了外周躯体运动系统的组构：关节、骨骼肌，以及它们的感觉和运动神经支配。我们知道了行为的最后公路是α运动神经元，这种神经元的活动受到感觉反馈和脊髓中间神经元的控制，而反射运动显示出脊髓控制系统的复杂性。在本章中，我们将探讨脑是如何影响脊髓的活动以指挥随意运动的。

中枢运动系统是按照控制层次以等级的方式来组构的，前脑位于顶层，而脊髓位于底层。将运动控制的等级分成3个层次是很有用的（表14.1）。以新皮层联络区和前脑基底神经节为代表的顶层，负责运动的**战略**（strategy），即运动的目标和达到目标的最佳运动策略；以运动皮层和小脑为代表的中层，负责运动的**战术**（tactics），即为了平滑而准确地实现战略目标而编制的肌肉收缩的空间和时间顺序；以脑干和脊髓为代表的底层，负责运动的**执行**（execution），即激活那些产生目标导向运动（goal-directed movement）和进行必要姿势调整的运动神经元和中间神经元池。

为了清楚地认识这3个等级层次对运动控制的不同贡献，我们以棒球投手准备向击球手投球的动作为例来说明（图14.1）。基于视觉、听觉、躯体感觉和本体感觉，大脑新皮层精确地了解身体在空间所处的位置信息。皮层必须设计一些战略，使身体从当前的状态运动到投出球并达到预期结果的状态（击球手挥棒和失误）。有几种投法可供投手选择，如曲球、快球和滑球等，这些投法经基底神经节筛选之后返回皮层，直至做出最终决定，这在很大程度上取决于过去的经验（比如，"上一次我投出快球时，这个击球手却击出一个本垒打"）。于是，皮层运动区和小脑做出战术决定（投一个曲球），并向脑干和脊髓发出指令。脑干和脊髓中的神经元随后被激活，从而导致运动的执行。颈段脊髓运动神经元在适当时间的激活产生肩部、肘部、腕部和手指的协调运动。同时，脑干向胸段和腰段脊髓的输入控制恰当的腿部运动和姿势调整，以防投手在投球时摔倒。此外，脑干运动神经元也被激活，以使投手的眼睛在其头部和身体运动时能始终盯住他的目标——捕手。

根据物理定律，投出的棒球在空中的运动遵循**弹道学**（ballistic）的规律，这指的是被投出的球的运动轨迹是不可能被改变的。投手投球时的手臂运动也可以用弹道学原理来描述，因为该运动一旦发起也是不可能被改变的。这种快速的随意运动与那种调节抗重力的姿势反射的感觉反馈控制不同

表14.1　运动控制的等级

等　　级	功　　能	结　　构
高	运动战略	新皮层联络区、基底神经节
中	运动战术	运动皮层、小脑
低	运动执行	脑干、脊髓

▲ 图 14.1
运动控制等级性组构的贡献。当一位棒球投手计划把球投向击球手，选择一种投法，并随后将球投出时，他调动了运动控制的所有 3 个等级

（见第 13 章）。原因很简单：这种运动太快了，来不及被感觉信息的反馈所调整。但是，没有感觉信息，这种运动也不可能发生。运动发起**之前**的感觉信息对于决定何时开始投球、确定肢体和躯体的起始位置，以及预测投掷过程中的阻力变化都是十分关键的。在运动**过程中**的感觉信息也很重要，虽然对当前的运动不是必需的，但是对改进后续的类似动作十分必要。

运动控制的等级性组构中每一个层次功能的正常运行很大程度上依赖于感觉信息，以至于我们应当将脑的运动系统恰当地称为**感觉运动系统**（sensorimotor system）。在运动控制的顶层，感觉信息使得大脑产生一个身体及其与环境之间关系的心理映像。在中层，运动战术的决策取决于对以前运动的感觉信息记忆。在底层，感觉反馈信息被用来维持每一个随意运动开始前后的躯体姿势、肌肉长度和肌肉张力。

在本章，我们将研究运动控制的等级层次，以及每一个层次是怎样控制外周躯体运动系统的。我们将首先探讨把信息传递到脊髓运动神经元的下行通路，再从那里向上探讨运动控制等级的顶层，然后我们将这块拼图拼齐，将不同层次组合在一起。在此过程中，我们还将描述运动系统中特定部位的病理改变如何导致特定的运动障碍。

14.2 下行脊髓束

脑是如何与脊髓运动神经元进行交流的呢？如图 14.2 所示，来自脑的轴突沿两条主要通路下行至脊髓。一条通路位于脊髓外侧柱内，而另一条位于脊髓腹内侧柱中。记住这条经验法则：**外侧通路**（lateral pathway）参与肢体远端肌肉系统的随意运动，直接受皮层控制；而**腹内侧通路**（ventromedial pathways）参与姿势和行走的控制，受到脑干的控制。

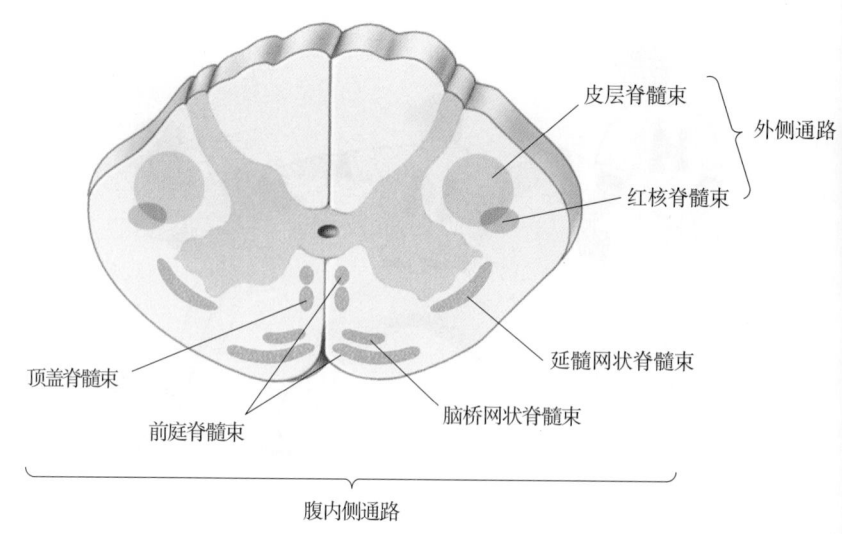

► 图14.2

下行脊髓束。外侧通路由皮质脊髓束和红核脊髓束组成，控制远端肌肉的随意运动。腹内侧通路由延髓网状脊髓束、脑桥网状脊髓束、前庭脊髓束和顶盖脊髓束组成，控制姿势肌

14.2.1　外侧通路

　　外侧通路中最重要的一条是**皮层脊髓束**（corticospinal tract，图14.3a）。它起源于新皮层，是中枢神经系统（central nervous system，CNS）中最长、也是最大的纤维束之一（在人类中有10⁶根轴突）。皮层脊髓束中2/3的轴突起源于额叶的4区和6区，后二者合称为**运动皮层**（moter cortex）。其余1/3轴突中的大部分起源于顶叶的躯体感觉区，其作用是调节传向脑的躯体感觉信息流（见第12章）。这些源自皮层的轴突穿过连接端脑和丘脑的内囊，经**大脑脚**（cerebral peduncle）基底部（即中脑一大群轴突的聚集处）和脑桥，在延髓底部集合成束，并在此形成一个称为**延髓锥体**（medullary pyramid）的隆起，沿延髓腹侧面下行。在此纤维束被切断后，其横切面大致呈三角形，这就是它为何被称为**锥体束**（pyramidal tract）的原因。

　　在延髓与脊髓的连接处，锥体束发生交叉，形成锥体交叉。这意味着**右**侧运动皮层直接支配**左**侧躯体的运动，而**左**侧运动皮层控制**右**侧躯体的运动。当轴突交叉时，它们集中在脊髓外侧柱中，形成外侧皮层脊髓束。皮层脊髓束的轴突终止于脊髓腹角的背外侧区和脊髓灰质的中间内侧区，这两个区域是控制远端肌肉，尤其是屈肌的运动神经元和中间神经元所在的部位（见第13章）。

　　外侧通路中还有很小一部分是**红核脊髓束**（rubrospinal tract），它起源于中脑的**红核**（red nucleus），红核因在新鲜解剖的脑切面上呈现出独特的粉红色而得名［rubro来自拉丁语，意为red（红色的）］。发自红核的轴突几乎立即在脑桥发生交叉，并与穿行在脊髓外侧柱中的皮质脊髓束并行（图14.3b）。红核输入的主要来源正好是发出皮层脊髓束的额叶皮层区域。事实上，在灵长类动物进化的过程中，这一间接的皮层-红核-脊髓通路似乎在很大程度上已被直接的皮层-脊髓通路所取代。因此，红核脊髓束虽然对许多哺乳类动物的运动控制具有重要贡献，但对于人类来说它的重要性似乎明显地削弱了，因为其大部分功能已被皮层脊髓束所囊括。

图中标注：
皮层脊髓束
外侧通路
红核脊髓束
延髓网状脊髓束
顶盖脊髓束
脑桥网状脊髓束
前庭脊髓束
腹内侧通路

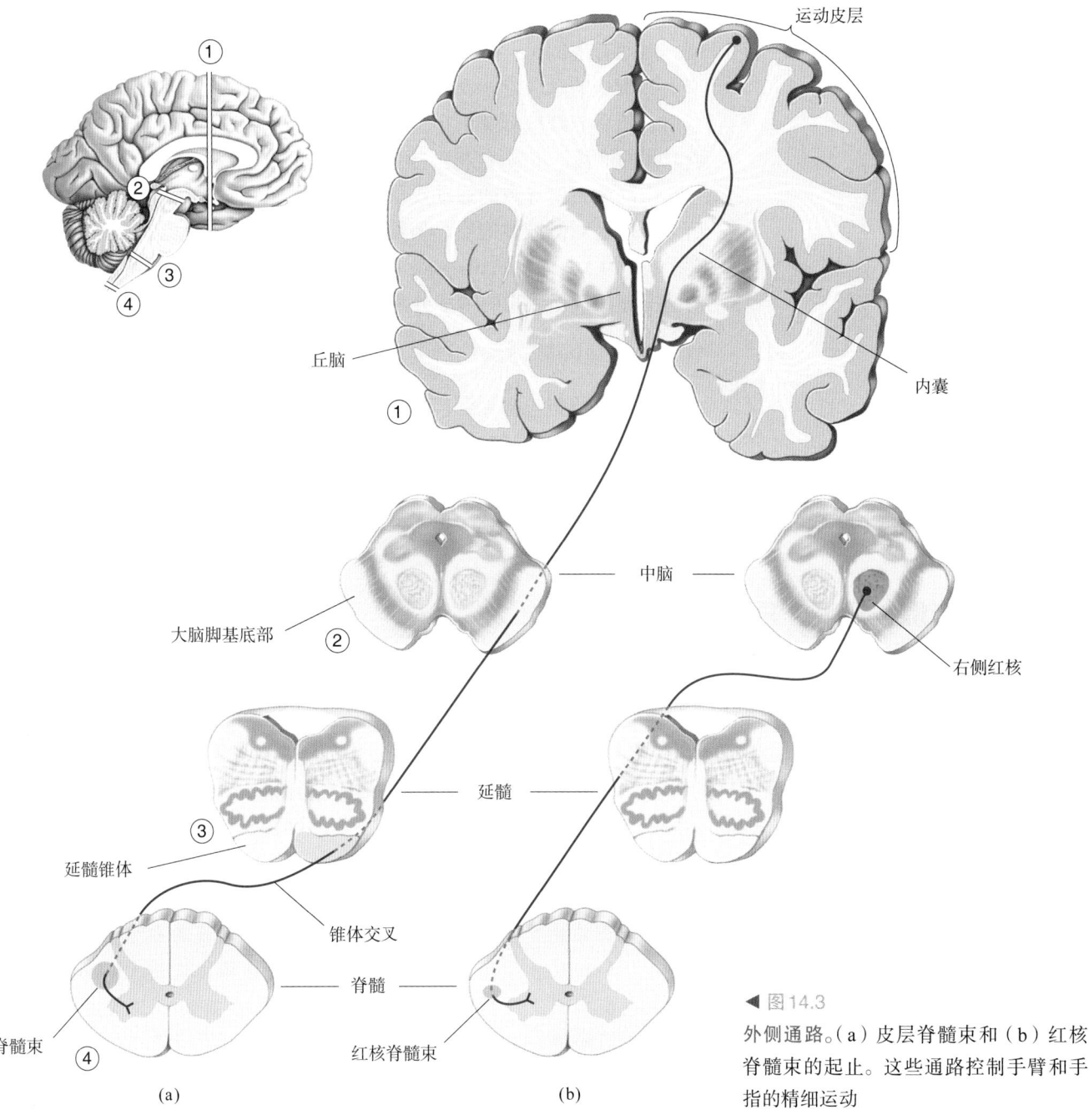

运动皮层

丘脑

内囊

中脑

大脑脚基底部

右侧红核

延髓

延髓锥体

锥体交叉

脊髓

皮层脊髓束

红核脊髓束

(a)　　　　　　　　(b)

◀ 图 14.3

外侧通路。(a) 皮层脊髓束和 (b) 红核脊髓束的起止。这些通路控制手臂和手指的精细运动

　　外侧通路损毁的效应。Donald Lawrence 和 Hans Kuypers 在20世纪60年代末奠定了对外侧通路功能现代认识的基础。实验损毁猴的皮层脊髓束和红核脊髓束，导致它们不能进行手臂和手的分离运动；也就是说，它们不能够独立地进行肩膀、肘部、腕部和手指的运动。例如，它们能用手抓住小物体，但却要用所有的手指一同去抓才行。它们的随意运动也变得迟缓且准确性降低。尽管如此，这些动物仍能坐直，并以正常姿势站立。以此类推，外侧通路损伤的人仍能正常地站在（棒球场的）投手丘上，但却不能很好地抓住球并准确地将其投出。

单独损毁猴的皮层脊髓束，会引起与脊髓外侧柱损伤同样严重的运动障碍。然而有趣的是，许多功能在损毁手术后几个月内就能够逐渐地恢复。事实上，唯一的永久性运动障碍是肢体远端的屈肌无力和手指无法独立运动。然而，随后的红核脊髓束损毁将完全逆转这种功能恢复。这些结果提示，随着时间的推移，皮层−红核−脊髓通路能够部分地代偿皮层脊髓束传入的缺失。

由脑卒中所导致的运动皮层或皮层脊髓束损伤在人类中很常见。其直接后果可能是对侧肢体瘫痪，但慢慢地，随意运动可能会得到相当程度的恢复（图文框14.1）。就像Lawrence和Kuypers在外侧通路受损的猴子身上观察到的情况那样，但手指的精细分离运动是最不可能恢复的。

14.2.2　腹内侧通路

腹内侧通路包含4条下行纤维束，这些纤维束起源于脑干，终止于控制

图文框14.1　趣味话题

麻痹、瘫痪、痉挛和巴宾斯基征

运动系统的神经组构从顶端的大脑皮层一直延伸至最远端的肌肉运动神经轴突终末，其规模之大令运动系统极易受到疾病和创伤的侵袭。运动系统损伤的部位对患者罹患的运动障碍的类型有很大的影响。

运动系统下部（即α运动神经元及其轴突）的损伤所导致的后果很容易预测。局部损伤可能导致**麻痹**（paresis，肌无力）。完全切断运动神经会导致**瘫痪**（paralysis，即受累肌肉丧失运动能力）和**反射消失**（areflexia，即无脊髓反射）。肌肉也没有张力（tone）或静息张力（resting tension）；它们松弛且柔软。损伤的运动神经元对其所支配的肌纤维也不再具有营养作用（见第13章）。随着时间的推移，肌肉会严重**萎缩**（atrophy，体积缩小），最多可失去70%~80%的质量。

上运动系统（upper motor system，即运动皮层或下行至脊髓的各类运动纤维束）的损伤可能导致一系列截然不同的运动问题。这些问题常见于因剥夺血液供应而损伤了皮层或脑干区域的脑卒中，或是诸如刀伤和枪伤的创伤性损伤，甚至是损伤轴突的脱髓鞘病（图文框4.5）。

在严重的上运动系统损伤之后，会立即出现一段时间的**脊休克**（spinal shock）期，表现为肌张力（muscle tone）下降（即**张力减退**，hypotonia），反射

消失和瘫痪。如果瘫痪发生在身体的一侧，称为**偏瘫**（hemiplegia）；如果瘫痪只发生在腿部，称为**截瘫**（paraplegia）；如果瘫痪累及四肢，则称为**四肢瘫痪**（quadriplegia）。随着脑下行影响的消失，脊髓功能似乎被关停了；而在接下来的几天里，一些脊髓的反射功能又神秘地重现，但这未必是一件好事。一种称为**痉挛**（spasticity）的症状开始出现，通常是永久性的。痉挛的特征表现为肌张力和脊髓反射较正常水平急剧增加，即**张力亢进**（hypertonia）和**反射亢进**（hyperreflexia），有时还伴有疼痛。当肢体肌肉被拉伸时，过度激活的牵张反射常引发**阵挛**（clonus），即收缩和舒张的节律性循环。

运动神经束损伤的另一个迹象是**巴宾斯基征**（Babinski sign），法国神经病学家Joseph Babinski于1896年首先对其进行了描述。从脚后跟向脚趾锐利地划脚底会引起大脚趾反射性地向上屈曲，且其余脚趾呈扇形向外张开。对于大约2岁以上的人来说，这一刺激的正常反应是所有脚趾向下弯曲。正常的婴儿也会出现巴宾斯基征，这可能是由于他们的下行运动神经束尚未发育成熟的原因。

通过系统地检测患者全身的反射、肌张力和运动能力，一位熟练的神经科医生通常可以极其精准地推断出运动系统损伤的部位和严重程度。

本轴和近端肌肉的脊髓中间神经元上，即前庭脊髓束、顶盖脊髓束、脑桥网状脊髓束和延髓网状脊髓束。腹内侧通路利用平衡、体位和视觉环境的感觉信息，反射性地维持平衡和躯体姿势。

前庭脊髓束。 当身体在空间中运动时，前庭脊髓束和顶盖脊髓束保持头部在肩膀上的平衡，并转动头部以响应新的感觉刺激。**前庭脊髓束**（vestibulospinal tract）起源于延髓中接转内耳**前庭迷路**（vestibular labyrinth）感觉信息的**前庭核团**（vestibular nuclei，图 14.4a）。前庭迷路由颞骨中与耳蜗紧密相连的充满液体的管和腔组成（见第 11 章）。当头部运动时，迷路内的液体随之流动并激活毛细胞，通过第Ⅷ对脑神经向前庭核团发出信号。

前庭脊髓束中的一部分纤维下行投射至双侧脊髓，通过激活颈髓中控制颈部和背部肌肉的神经环路，从而指挥头部的运动。头部的稳定相当重要，因为头部有我们的眼睛，保持眼睛的稳定，即使我们的身体在运动，也能确保我们的视网膜对外部世界稳定地成像。前庭脊髓束的另一部分纤维向下投射直至同侧腰髓，通过易化腿部伸肌运动神经元来帮助我们保持直立和平衡的姿势。

顶盖脊髓束。 **顶盖脊髓束**（tectospinal tract）起源于中脑的上丘。上丘也称为视顶盖（回忆第 10 章），它接受视网膜的直接输入（图 14.4b）。除了视网膜输入，上丘还接受视皮层的投射，以及携带躯体感觉和听觉信息的传

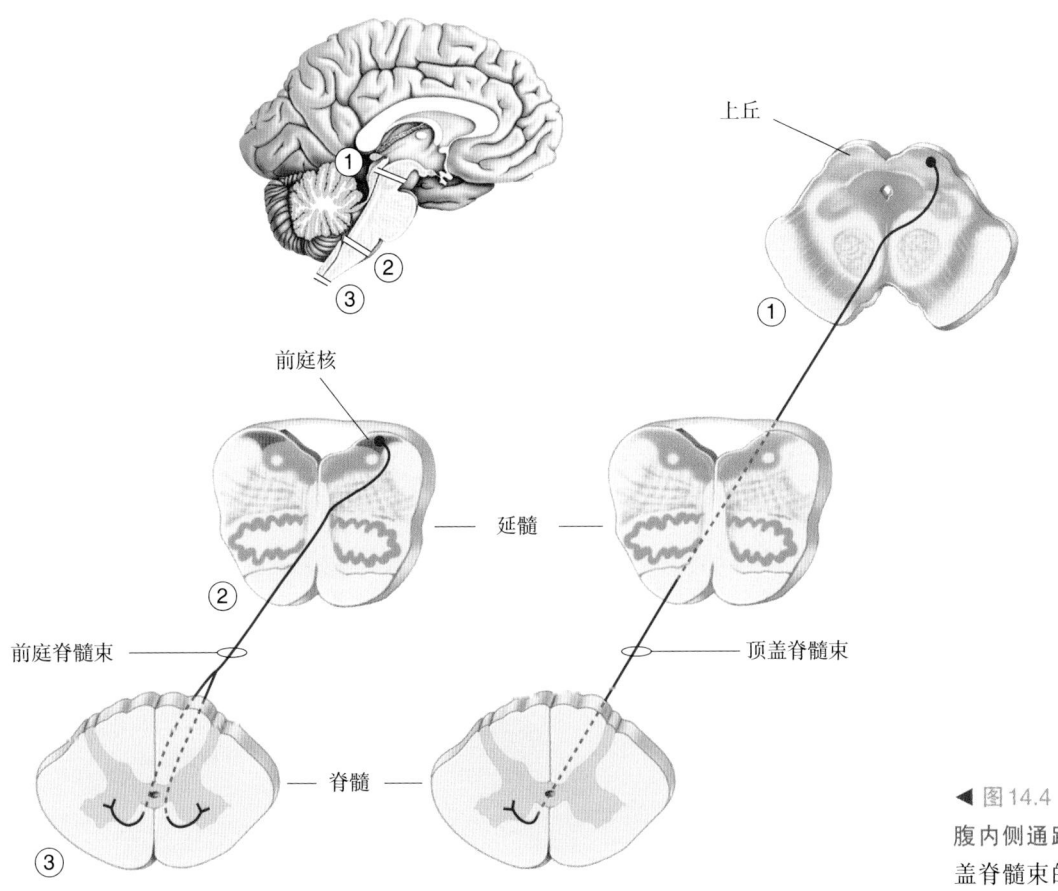

◀ 图 14.4
腹内侧通路。（a）前庭脊髓束和（b）顶盖脊髓束的起止。这些通路控制头和颈的姿势

入纤维的投射。依靠这些躯体感觉和听觉信息的输入，上丘构建了关于我们周围世界的感觉定位图。对该定位图上任一点的刺激会引起一个朝向反应，引导头部和眼睛运动，以使外部空间中适当的点在视网膜中央凹上成像。例如，当投手的上丘被一个跑垒员向二垒冲刺的画面激活时，将使投手的头部和眼睛朝向并盯住这一重要的新刺激。

离开上丘之后，顶盖脊髓束的轴突迅速交叉至对侧并投射至颈髓近中线区，在那里它们将协助控制颈部、上躯干部和肩部的肌肉。

脑桥网状脊髓束和延髓网状脊髓束。网状脊髓束主要起源于脑干的**网状结构**（reticular formation），该结构位于脑干的核心部，几乎占据了脑干的全长，正好在大脑导水管和第四脑室的下方。网状结构是一个由神经元和神经纤维交织形成的复杂网络，接受许多来源的输入，并参与众多不同的功能。从我们讨论运动控制的角度出发，网状结构可被分为两个部分，它们分别发出两条不同的下行通路：位于内侧的脑桥网状脊髓束和位于外侧的延髓网状脊髓束（图14.5）。

脑桥网状脊髓束（pontine reticulospinal tract）增强脊髓的抗重力反射。该通路的活动通过易化下肢伸肌，对抗重力的作用，帮助躯体维持站立姿势。这种调节是运动控制的一个重要组成部分。记住：在大多数时候，脊髓腹角神经元的活动是维持，而不是改变肌肉的长度和张力。然而，**延髓网状脊髓束**（medullary reticulospinal tract）具有相反的作用：它可以将抗重力肌

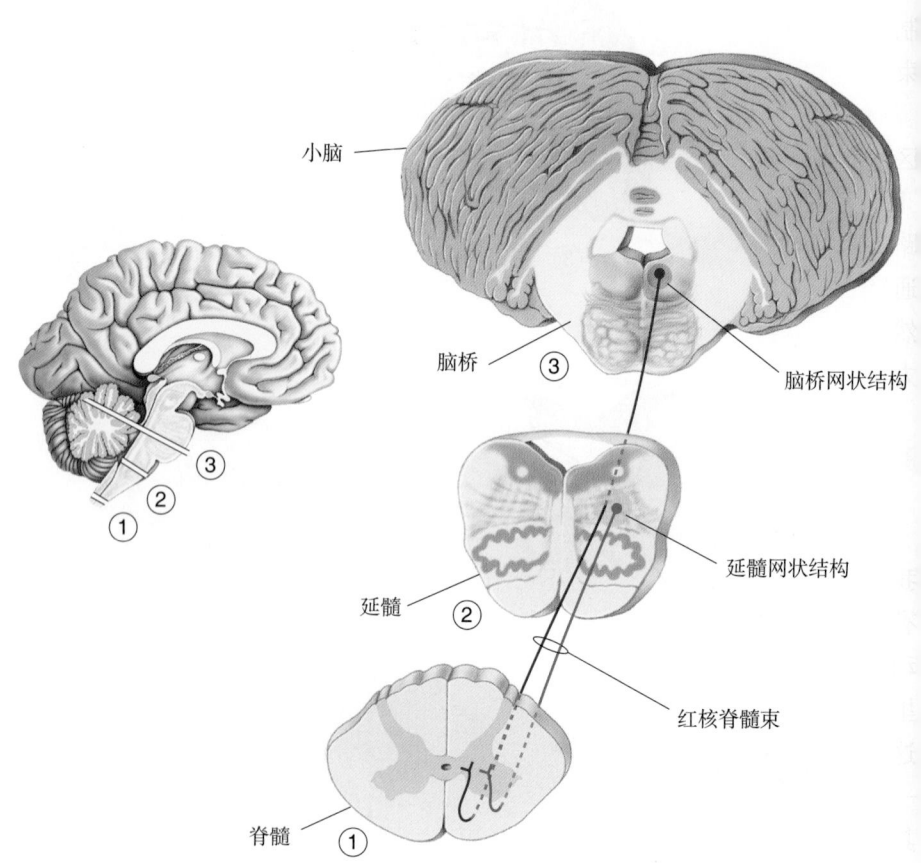

▶ 图 14.5
脑桥网状脊髓束（内侧）和延髓网状脊髓束（外侧）。这两条腹内侧通路控制躯干的姿势和四肢的抗重力肌

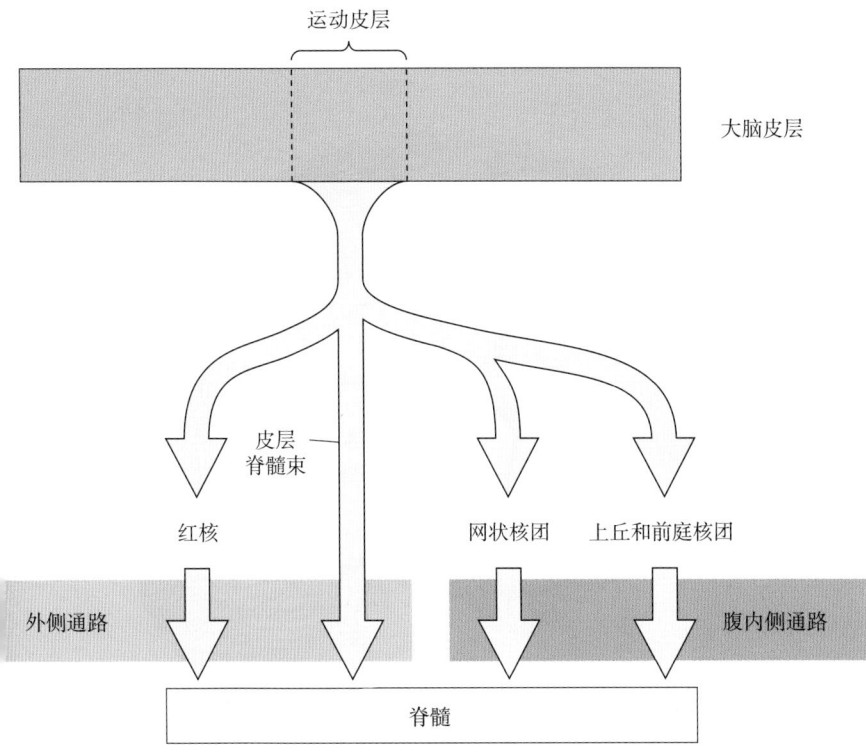

◀ 图 14.6
主要的下行脊髓束和它们的起源

从反射控制中解放出来。这两条网状脊髓束的活动都受到皮层下行信号的控制。从投手站在投手丘上开始，直至挥舞手臂将球投出，都需要这两条传导束之间精细的平衡。

图14.6简要总结了主要的下行脊髓束。腹内侧通路起源于脑干的一些区域，主要参与姿势的维持和某些反射运动。发起一个随意性弹道式运动（ballistic movement），正如投出一个棒球那样，需要从运动皮层通过外侧通路下达运动指令。运动皮层直接激活脊髓运动神经元，也可以通过与腹内侧通路核团之间的信息交流，将脊髓运动神经元从反射控制中解放出来。显然，大脑皮层对于随意运动和行为的发起至关重要，因此我们下面就将注意力集中于这个问题。

14.3　大脑皮层对运动的计划

尽管我们把皮层的4区和6区称为**运动皮层**（motor cortex），但重要的是我们要认识到几乎所有的新皮层都参与了对随意运动的控制。目标定向运动有赖于身体在空间的位置和运动目标位置的信息，以及选择一个什么样的运动计划来达到运动的目标。一旦一个运动计划被选定，它就必须保存在记忆里直到适当的时候。最后，必须发出执行这一计划的指令。在某种程度上，这些运动控制的不同方面由大脑皮层的不同区域负责。在本节，我们将探讨一些参与运动计划的皮层区域。稍后，我们将讨论运动计划是如何被转换成具体的运动的。

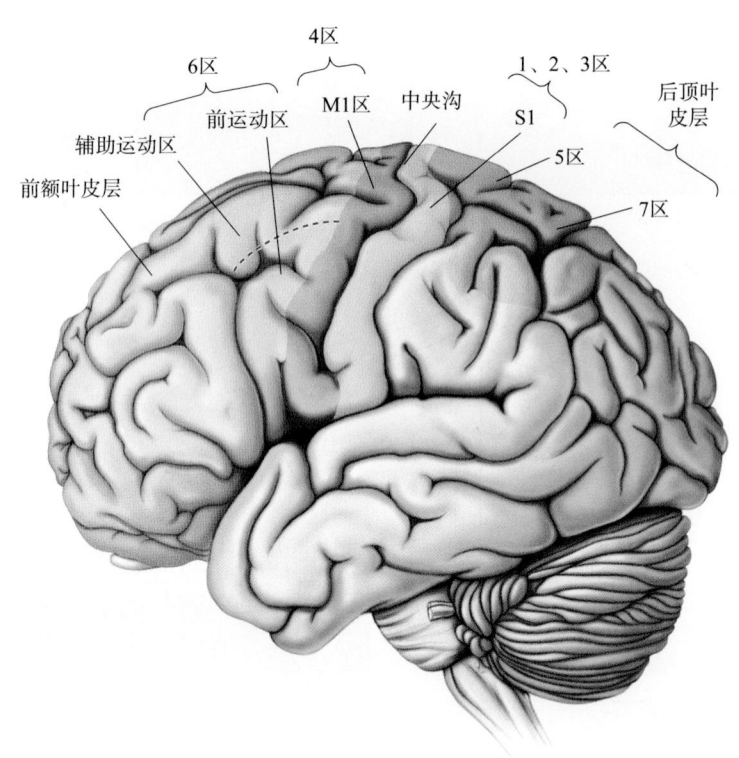

▲ 图 14.7

随意运动的计划和管理。这些新皮层区域参与了随意运动的控制。4 区和 6 区构成运动
皮层

14.3.1　运动皮层

　　运动皮层是额叶中一个界定的区域。4 区恰好位于中央沟前面的中央前回，而 6 区又恰好位于 4 区的前面（图 14.7）。加拿大神经外科医生 Wilder Penfield 的工作明确地证明了人类的这两个脑区构成了运动皮层。回忆一下第 12 章，Penfield 电刺激手术中患者的大脑皮层，而手术目的是切除那些被认为诱发了癫痫发作的脑区。用电刺激来试图确定哪些皮层区域不该被切除是非常关键的。在这些手术过程中，Penfield 发现对中央前回 4 区微弱的电刺激会引起对侧身体某一特定部位肌肉的抽搐。对该脑区的系统探查，发现了人脑中央前回中存在着与中央后回躯体感觉区十分相似的躯体定位组构（图 14.8）。现在，4 区通常被称为**初级运动皮层**（primary motor cortex）或 **M1**。

　　Penfield 这一发现的基础是近一个世纪前由 Gustav Fritsch 和 Eduard Hitzig 奠定的，他们在 1870 年发现刺激麻醉狗的额叶皮层会引起对侧躯体的运动（见第 1 章）。随后，在 19 世纪与 20 世纪之交，David Ferrier 和 Charles Sherrington 发现灵长类动物的运动皮层位于中央前回。澳大利亚神经解剖学家 Alfred Walter Campbell 通过对 Sherrington 研究的猿和人类脑这一区域的组织学比较得出结论：大脑皮层 4 区是运动皮层。

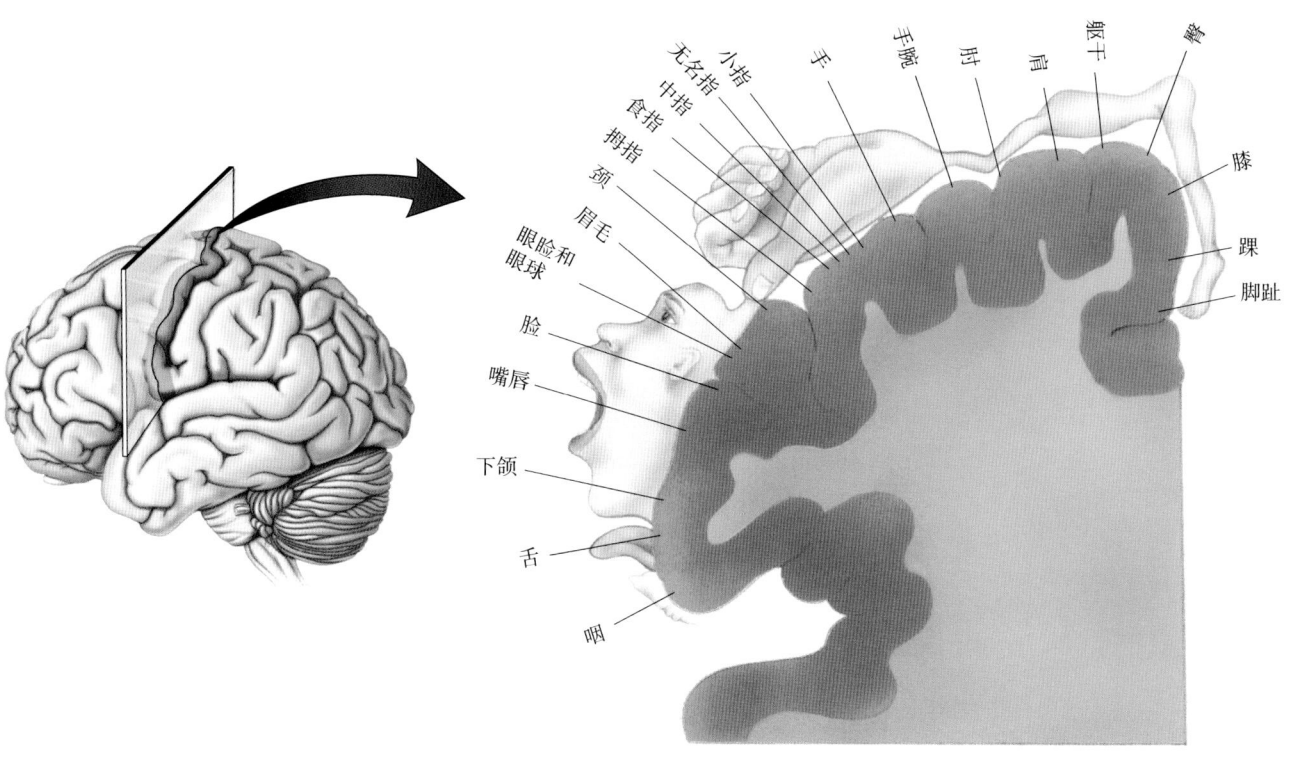

无名指
小指
手
手腕
肘
上臂
躯干
臀
中指
食指
拇指
颈
眉毛
膝
眼睑和
眼球
踝
脚趾
脸
嘴唇
下颌
舌
咽

▲ 图14.8

图14.8

人中央前回的躯体运动定位图。中央前回4区也被称为初级运动皮层（M1）

Campbell推测，与4区头端相邻的皮层6区可能是专门负责技巧性随意运动的区域。50年后，Penfield的研究支持了这一推测：电刺激6区可以引发任一侧身体的复杂运动，这表明，在人类，这是一个"更高级的"运动区。Penfield还在6区发现了两幅躯体运动定位图：一幅位于外侧部，称为**前运动区**（premotor area，PMA）；另一幅位于内侧部，称为**辅助运动区**（supplementary motor area，SMA）（图14.7）。这两个区似乎执行类似的功能，但控制不同的肌群。SMA的轴突直接支配那些远端肌肉的运动单位，而PMA主要与支配近端肌肉运动单位的网状脊髓束神经元发生联系。

14.3.2　后顶叶皮层和前额叶皮层的贡献

回想一下那位站在投手丘上准备投球的棒球运动员。很显然，在计算出实现所期望的投球的肌肉收缩的详细序列之前，投手必须知道他身体目前的空间位置，以及他与击球手和捕手位置之间关系的信息。这种脑海中的身体映像似乎是由到达后顶叶皮层的躯体感觉、本体感觉和视觉传入所产生的。

后顶叶皮层有两个特别值得注意的区域：5区——初级躯体感觉皮层3区、1区和2区的传入靶区（见第12章）；7区——高级视皮层区域（如MT，见第10章）的传入靶区。回想一下，脑卒中后发生上述顶叶区域受损的患者，会出现古怪的身体映像和空间位置关系知觉的异常。最极端的症状是，患者会完全忽视受损顶叶对侧的身体，甚至对侧的所有感觉。

顶叶与额叶前部区域联系广泛，就人类而言，这些区域被认为对抽象思维、决策和行动结果的预测等十分重要。这些"前额叶"区域，与后顶叶皮层一起，代表了运动控制等级性组构的最高层次，它们决定采取什么样的行动以及预测这些行动的可能结果（例如，投出一个很可能击中目标的曲线状好球）。前额叶皮层和顶叶皮层都发出轴突会聚于6区。还记得皮层脊髓束中的大部分轴突是由6区和4区的下行纤维构成的吧？因此，6区位于这样一个交界处，即这个交界处决定将编码了做什么样动作的信息转换成如何具体地执行这些动作的信息。

丹麦神经病学家Per Roland和他的同事在人体上所做的一系列研究极大地支持了这一有关高级运动计划的一般概念。他们应用正电子发射体层成像术（positron emission tomography，PET）监测了执行随意运动时皮层激活模式的变化（图文框7.3）。当受试者被要求凭记忆执行一系列手指运动时，其躯体感觉区、后顶叶区、部分前额叶皮层（8区）、6区和4区等皮层区域的血流量增加。如前所述，正是这些大脑皮层区域被认为在产生运动意念和将运动意念转化为运动计划中发挥重要作用。有趣的是，当受试者被要求仅在内心（即在脑中——译者注）演练（mental rehearsal）运动，而不实际地进行手指运动时，6区仍然被激活，但4区却未被激活。

14.3.3　运动计划相关神经元

在猴子上进行的实验进一步支持了这一观点：6区（SMA和PMA）在运动计划，尤其是在远端肌肉复杂运动序列的计划中发挥重要作用。利用美国国立卫生研究院（National Institutes of Health）的Edward Evarts在20世纪60年代末开发的一种方法，研究人员记录了清醒动物行为状态下皮层运动区神经元的活动（图文框14.2）。SMA细胞的放电频率通常在猴子开始执行手部或腕部运动之前约1 s就显著增加，这与我们所认为的它们在运动计划中的作用是一致的（回忆一下Roland在人类研究中的发现）。该神经活动的一个重要特征是其发生在任一只手的运动之前，这表明两侧半球的辅助运动区通过胼胝体紧密相连。的确，对于猴子和人类，一侧SMA损伤后观察到的运动障碍，在需要两只手协同运动的任务中表现得尤为明显，例如扣衬衫的纽扣。在人类，选择性的复杂（而非简单）运动行为执行不能被称为**失用症**（apraxia）。

你一定听过这句口令："就位，预备，跑（ready, set, go）"。前面的讨论表明，运动的准备就绪（readiness，即ready——"就位"）取决于顶叶和额叶的活动，以及控制注意力和警觉水平的脑中枢的重要贡献。"预备"（set）可能发生在辅助运动区和前运动区，在这两个区域，运动策略被制定并保存直至运动被执行。图14.9给出了一个很好的例子，这个例子基于美国国立卫生研究院的Michael Weinrich和Steven Wise的工作。他们在猴子执行一项需要移动手臂至特定目标的任务时，监视了PMA神经元的放电活动。首先给这只猴子一个**指令刺激**（instruction stimulus），告诉它目标是什么（"Get set, monkey"！——预备，猴子！）。然后，在一个可变的时间延迟之后，给猴子另一个**触发刺激**（trigger stimulus），通知其可以开始移动手臂（"Go, monkey！"——开始，猴子！）。任务成功执行（即等待"开始"信号，然

行为神经生理学

损伤脑损害运动和刺激脑引起运动，这些现象并不能告诉我们脑是如何**控制**运动的。为了阐明这个问题，我们需要在机体整体水平上了解神经元的活动与不同类型的随意运动之间的关系。PET 扫描和 fMRI 在绘制行为发生时脑中活动的分布情况上是非常有用的，但是它们缺乏在毫秒这个时间尺度上跟踪单个神经元活动的分辨率。达到这个目的的最佳方法是用金属微电极进行细胞外记录（见图文框 4.1）。但是，这又如何才能在清醒的、正在执行行为的动物身上实现呢？

美国国立卫生研究院的 Edward Evarts 和他的同事们解决了这一问题。他们训练猴子执行简单的任务；当任务成功完成时，猴子就可以得到一口果汁作为奖励。例如，为了研究脑对手和手臂运动的指挥，猴子可能会被训练用手去指计算机屏幕上几个亮点中那个最亮的点。指向正确的点就会获得果汁奖励。训练成功后，动物被麻醉，并接受一个简单的外科手术。每只猴子的头上都被安装上一个小装置。这样，一根微电极就可以通过开在颅骨上的小孔插入脑中。当这些动物从手术中恢复后，它们对

安装在头上的小装置和插入脑内的微电极都没有任何不适的迹象（回忆第 12 章说到的脑内没有伤害性感受器）。于是，Edward Evarts 和他的同事们记录下了动物做随意运动时运动皮层中单个细胞的放电。在上面的例子中，我们可以看到，当动物指向屏幕上不同的点时，神经元的反应是如何变化的。

这就是现在被称为**行为神经生理学**（behavioral neurophysiology）的一个例子：记录清醒的、正在执行行为的动物脑细胞的活动。通过改变动物执行的任务，这种方法可以用于研究许多各种各样的神经科学问题，包括注意、知觉、学习和运动。某些人类神经外科手术也是在患者清醒的情况下进行的，至少在部分手术过程中是清醒的。通过在知情同意的成年患者身上进行的行为神经生理学研究，我们还了解了一些有关人类特有的技巧性行为的宝贵资料。

近年来，技术的发展使得将大量微电极插入动物脑中相同或不同的部位，并同时记录数十甚至数百个神经元的活动成为可能。通过这种方法，我们获得了大量关于脑活动及其与行为之间关系的信息。理解这种关系是神经科学面临的最大挑战之一。

后运动手臂到达正确的目标）的奖励是一口果汁。如果指令是要求猴子将手臂向左移动，则图中记录的 PMA 神经元开始放电，并持续发放直至触发信号发出和运动发起为止。如果指令是向右移动，则该神经元不放电（很可能另一群 PMA 神经元在这种情况下会变得活跃起来）。因此，这个 PMA 神经元的活动报告了即将发生的运动的方向，并且这种活动一直持续到运动被执行。尽管我们还不清楚在 SMA 和 PMA 中所发生的信息编码的细节，但这两个脑区中的神经元在运动发起之前就选择性激活的事实与二者在运动计划中的功能是相吻合的。

14.3.4 镜像神经元

我们之前曾提到过，一些 6 区皮层神经元不仅在运动执行时有反应，而且在脑仅仅是想象同样的运动——即上文所述的"内心演练"时也会有反应。值得注意的是，皮层运动区中的一些神经元不仅在猴子自己做特定运动时会激活，甚至在猴子观察另一只猴子甚至是一个人做同样的运动时也会激

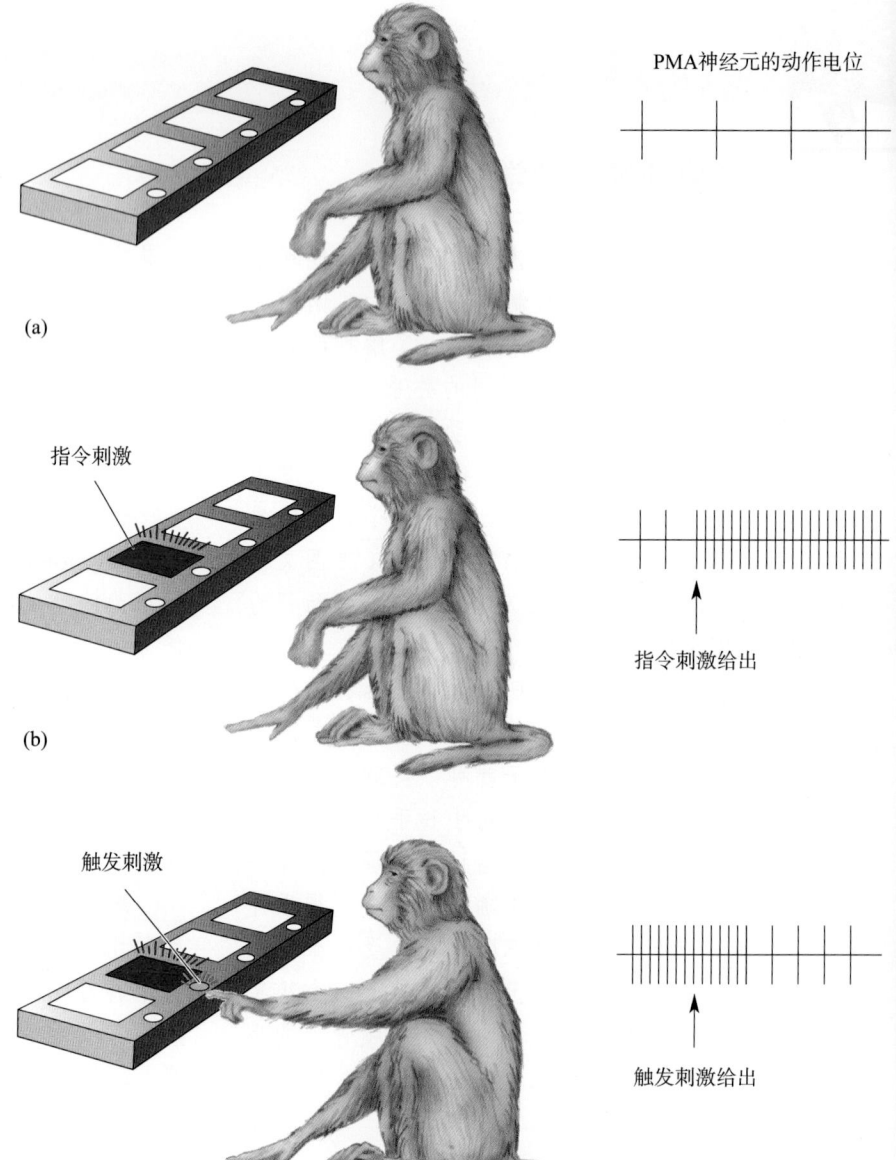

右侧标注：

PMA神经元的动作电位

(a)

指令刺激

(b)

指令刺激给出

触发刺激

(c)

触发刺激给出

▶ 图14.9

前运动区神经元在运动开始之前的放电。(a) **就位**：一只猴子坐在一组灯光面板前。任务是等待一个指令刺激，该刺激将告知其为获得果汁奖赏而所需做的运动，然后当触发刺激给出时，执行这一运动。在任务期间，PMA中一个神经元的活动被记录下来。(b) **预备**：向上箭头指示指令刺激（一盏方形红灯亮起）给出的时间，该刺激引起这个PMA神经元的放电。(c) **开始**：一个触发刺激（一个按钮的蓝灯亮起）告诉猴子何时移动手臂以及移动至何处。运动发起后不久，PMA细胞就停止了放电（改绘自：Weinrich and Wise，1982）

活（图14.10）。这些细胞被 Giacomo Rizzolatti 和他的同事们称为**镜像神经元**（mirror neuron），他们于20世纪90年代初在意大利帕尔马大学（University of Parma）时，在猴子的PMA中发现了这种神经元。镜像神经元似乎代表特定的运动行为，如伸、抓、握或移动物体；而且，不管猴子是真正在做这个动作，还是观察到别的猴子在做这个动作都是这样。每个细胞都有非常特定的运动偏好，即当猴子抓住一块食物时有反应的镜像神经元，对看见另一只猴子用类似动作抓住一块食物时也会有反应；但无论是自己还是别的猴子挥手时，该镜像神经元都不会有反应。许多镜像神经元甚至会对另一只猴子在做某一特定的动作（如敲开花生）过程中发出的独特声音，乃至看到另一只猴子做这一动作时都发生反应。一般来说，镜像神经元似乎编码运动行为的特定目标，而非特定的感觉刺激。

人类很有可能在PMA和其他皮层区域也有镜像神经元，尽管这方面的证

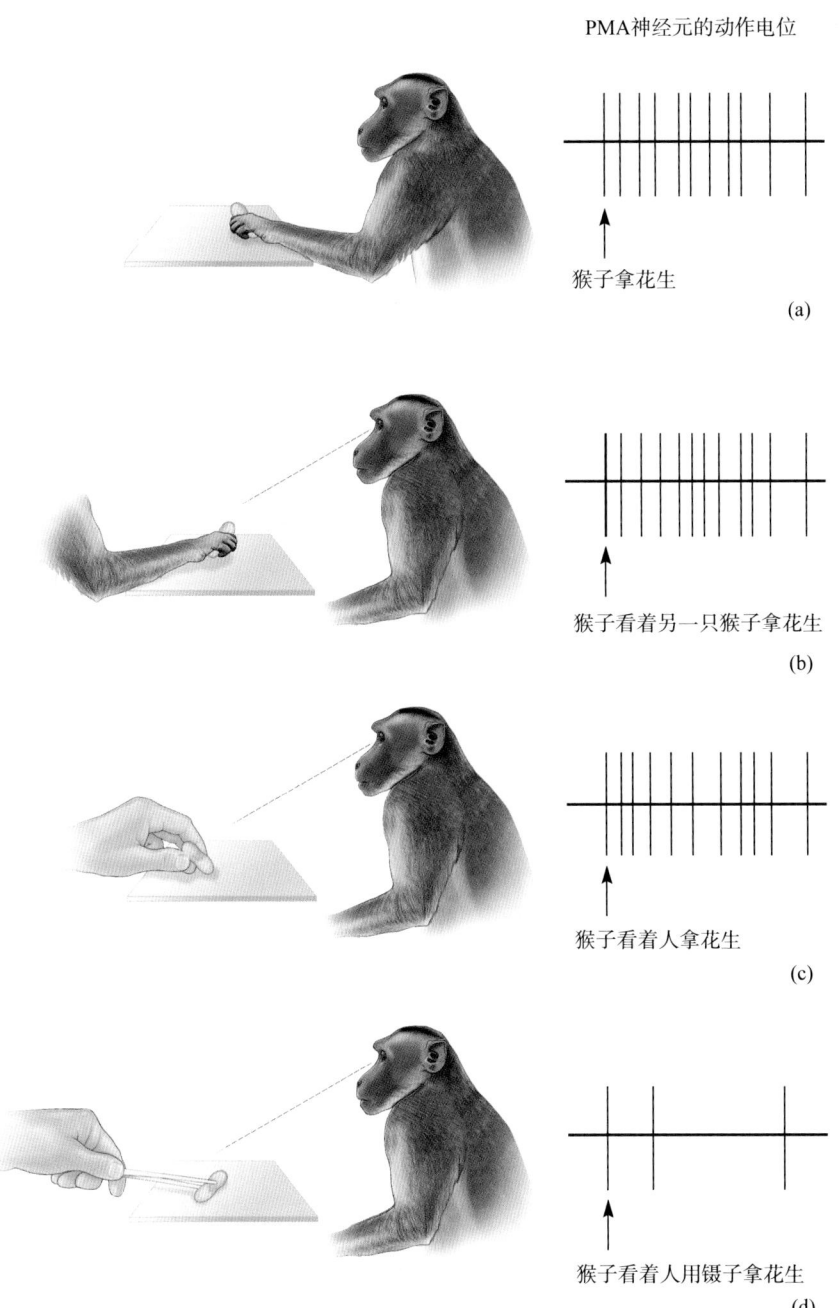

PMA神经元的动作电位

猴子拿花生

(a)

猴子看着另一只猴子拿花生

(b)

猴子看着人拿花生

(c)

猴子看着人用镊子拿花生

(d)

◀ 图 14.10

镜像神经元的放电。(a)当猴子伸手去拿花生时，一个PMA镜像神经元发放动作电位。(b)当这只猴子看见另一只猴子伸手去拿花生时，该镜像神经元同样也发放。(c)当这只猴子看见一个人伸手去拿花生时，该镜像神经元亦发放。(d)当这只猴子看见一个人用镊子夹取花生时，该镜像神经元未激活（改绘自：Rizzolatti等，1996）

据仍然是间接的，因为这些证据目前主要还是来自功能磁共振成像（fMRI）的研究（图文框7.2和图文框7.3）。

　　镜像神经元很可能是脑内用来理解他人行为甚至意图的庞大脑系统的一个部分，这是一个令人兴奋且很有吸引力的假说。这意味着我们使用相同的运动神经环路来计划我们自身的运动并理解他人的行为和目的。当一个投手看见另一个投手投球时，该投手同样可能会激活那些允许他自己投球的相同的运动计划神经元。在某种意义上，他可能通过运行自己用于执行相同动作的神经程序来体验另一个投手的动作。对该假说的进一步扩展提示，镜像神经元还负责我们解读他人的情绪和感觉的能力，并负责产生共情。一些研究者甚至认为，镜像神经元的功能失调导致了自闭症的某些症状，如理解他人思想、意图、感受和想法能力的缺陷（图文框23.4）。尽管这些关于镜像神经元功能的假说令人着迷，但其中任何一个都缺乏证据。随着直接记录人类神经元方法的改进，对这些想法的直接验证将会非常有趣。

现在，让我们再来考虑一下站在投手丘上的棒球投手。他已经决定要投一个曲线球，但击球手却突然离开本垒板去调整他的头盔了。投手在丘上站着一动不动，肌肉绷紧。他知道击球手会回来，所以他在等待。投手此时已经"就位"，前运动皮层和辅助运动皮层中特定的神经元群（即那些正在计划曲线球运动序列的神经元）正在为预期的投球持续地放电。当击球手走回本垒板后，投手脑内生成的"开始"命令被发出。该命令似乎是在一个主要传入6区的**皮层下**（subcortcial）输入的参与下实现的，这一皮层下输入是14.4节的主题。在其之后，我们将讨论"开始"命令的起源地——初级运动皮层。

14.4　基底神经节

6区的主要皮层下输入来自背侧丘脑中的一个核团，该核团称为**腹外侧核**（ventral lateral (VL) nucleus，VL）。这部分VL又称为**VLo**，其输入起源于埋藏在端脑深部的**基底神经节**（basal ganglia）。基底神经节反过来又是大脑皮层投射的靶区，尤其是额叶、前额叶和顶叶皮层投射的靶区。因此，我们就有了一个从大脑皮层经基底神经节和丘脑再回到大脑皮层，特别是辅助运动皮层的信息循环的神经环路（图14.11）。该环路的功能之一似乎是意向性运动的筛选和发起。

14.4.1　基底神经节的解剖

基底神经节由**尾核**（caudate nucleus）、**壳核**（putamen）、**苍白球**（globus pallidus，包括内侧部GPi和外侧部GPe）和**底丘脑核**（subthalamic nucleus）组成。此外，还可以加上**黑质**（substantia nigra），这是一个与前脑基底神经节之间有交互联系的中脑结构（图14.12）。尾核和壳核合称为**纹状体**（striatum），它们是皮层到基底神经节输入的靶区，而苍白球是基底神经节向丘脑输出的源头。其他结构则参与各类侧环，调节直接通路：

$$皮层 \rightarrow 纹状体 \rightarrow GPi \rightarrow VLo \rightarrow 皮层（SMA）$$

在显微镜下，纹状体神经元看起来是随机散布的，不像大脑皮层的分层那样有明显的规律。但是，这一平淡无奇的外观掩盖了基底神经节组构的复杂程度，而我们对这种复杂程度尚未全部理解。基底神经节似乎参与了许多并行的环路，但仅有少数是严格意义上的运动环路。其他环路则涉及记忆和认知功能的某些方面。我们将简化基底神经节这一极其复杂而又知之甚少的脑区，以尝试对其运动功能进行简明扼要的阐述。

14.4.2　经基底神经节的直接通路和间接通路

经基底神经节的运动环路起源于皮层的兴奋性连接。在经基底神经节的**直接通路**（direct pathway）中，来自皮层细胞的突触兴奋壳核细胞，壳核细

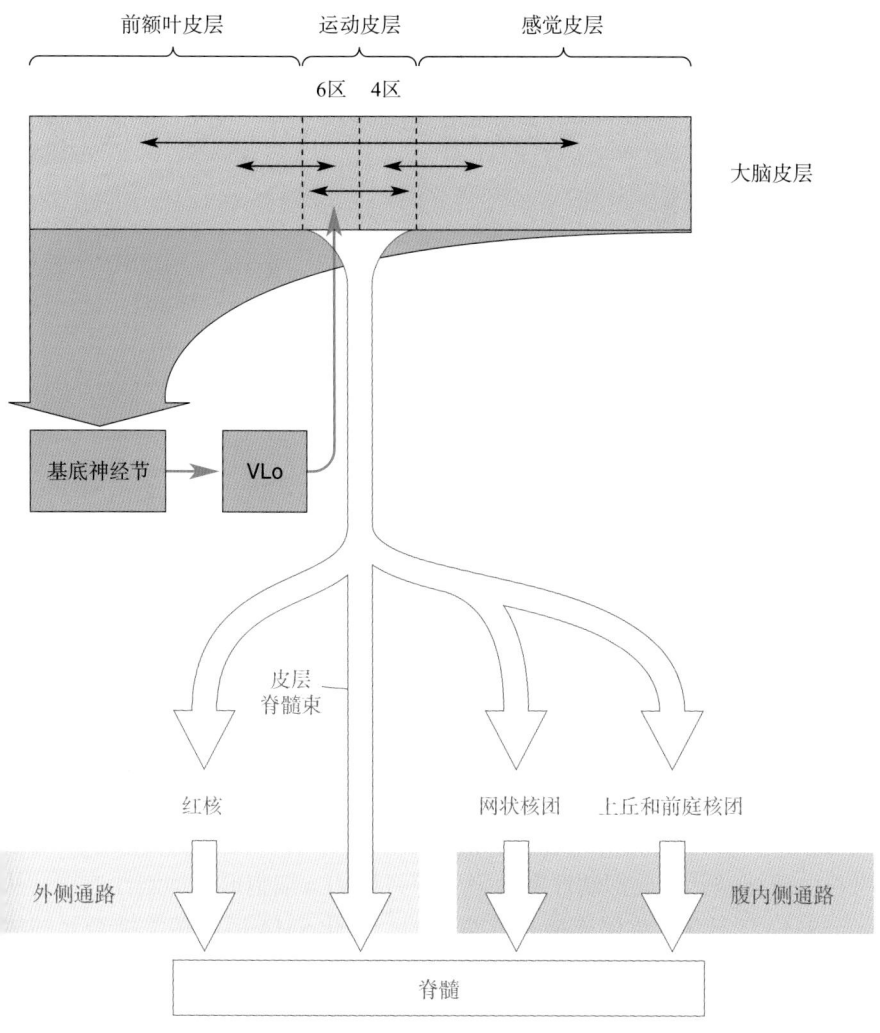

◀ 图 14.11
从皮层到基底神经节,再到丘脑,然后返回皮层6区的运动环路概览

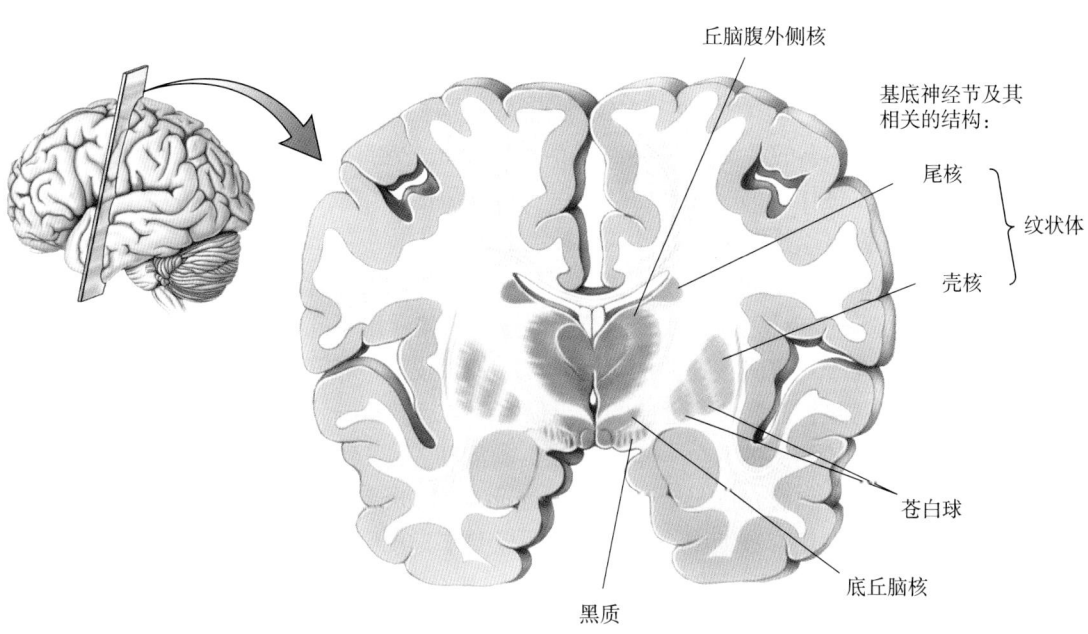

▲ 图 14.12
基底神经节及其相关的结构

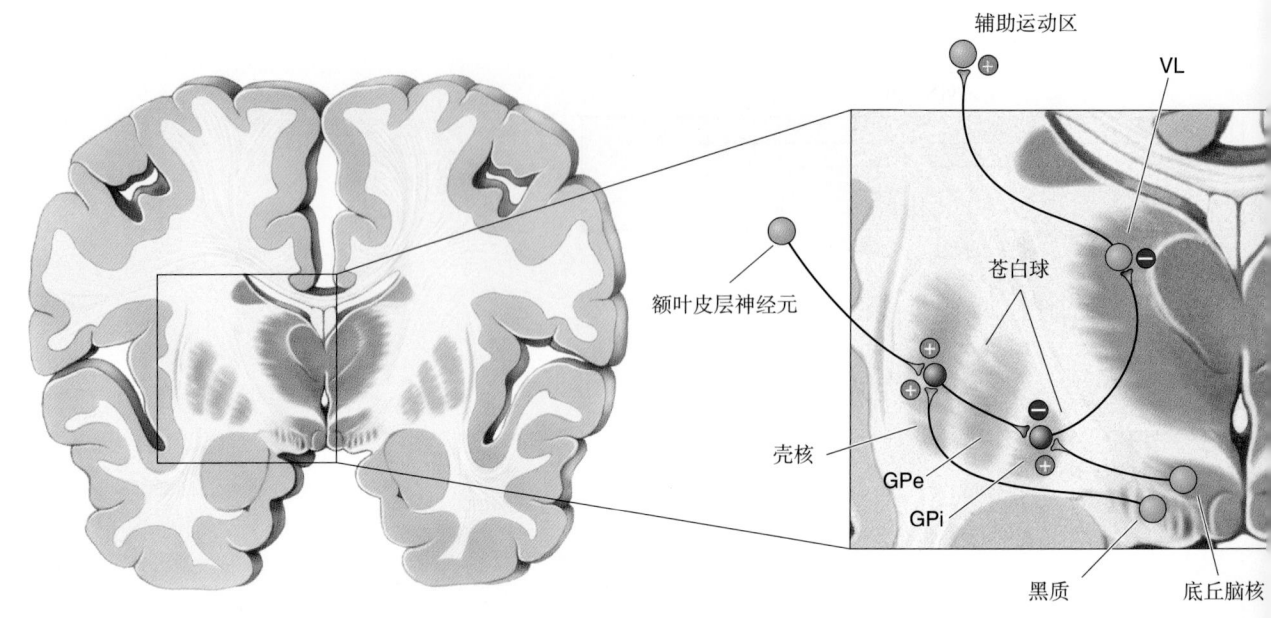

▲ 图 14.13

基底神经节运动环路的连接图。标有（＋）的突触为兴奋性突触，而标有（−）的为抑制性突触

胞与苍白球神经元形成抑制性突触，后者又与VLo细胞形成抑制性连接。从VLo到SMA的丘脑-皮层连接是兴奋性的，易化SMA运动相关神经元的放电。图14.13概括了这一直接运动通路。

一般来说，直接通路使基底神经节增强随意运动的发起。皮层对壳核的激活导致VL兴奋SMA。让我们来弄清楚这是怎么发生的。一个关键点是，静息时，苍白球内侧部神经元是具有自发放电的，因而对VL具有紧张性抑制作用。皮层的激活（1）兴奋壳核神经元，（2）壳核神经元抑制苍白球神经元，从而（3）使得VLo细胞从苍白球神经元的抑制中释放出来而开始激活。VLo的活动促进SMA的活动。因此，这部分环路是作为一个正反馈环路而发挥作用的，它把广泛皮层区域的激活聚集或汇集到皮层的辅助运动区。我们可以推测，当通过基底神经节这一"漏斗"（funnel）到达SMA的活动使SMA的激活超过某个阈值时，脑内发起运动的"开始"（go）信号就会生成。

还有一条经基底神经节的复杂的**间接通路**（indirect pathway），这条通路趋向于对抗直接通路的运动功能。来自皮层的信息流经并行的直接通路和间接通路，而这两条通路的输出最终调节运动丘脑（motor thalamus，即丘脑中与运动相关的部分——译者注）的活动（图14.14）。间接通路最显著的特征是GPe和底丘脑核。纹状体神经元抑制GPe细胞，GPe细胞继而抑制GPi细胞和底丘脑核细胞。底丘脑核还接受来自皮层的兴奋性轴突，并发出投射兴奋GPi神经元，当然，GPi抑制丘脑神经元。

虽然皮层对直接通路的激活趋向于易化丘脑和通过丘脑的信息，而皮层对间接通路的激活则趋向于抑制丘脑。一般而言，直接通路可能有助于选择特定的运动行为，而间接通路则抑制竞争性的和不适当的运动程序。

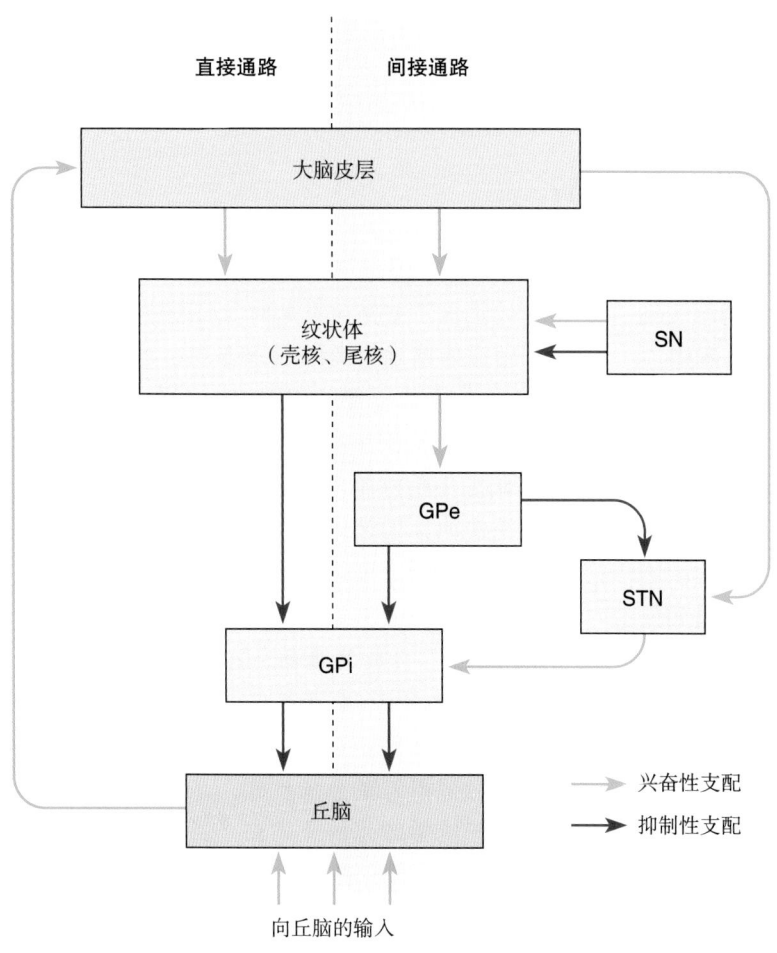

直接通路 间接通路

▲ 图 14.14

经基底神经节的直接通路和间接通路。黑质（SN）多巴胺能神经元调制壳核和尾核。GPe 和底丘脑核（STN）是间接通路的一部分

基底神经节疾病。对几种人类疾病的研究支持这样一种观点，即经基底神经节的直接运动环路发挥促进随意运动发起的功能。根据模型，基底神经节对丘脑抑制的加强将导致**运动减少症**（hypokinesia，即运动过少），而基底神经节输出的减少则导致**运动过度症**（hyperkinesia，即运动过多）。

帕金森病（Parkinson's disease）是第一种情况的典型代表。这种疾病在 60 岁以上人群中的发病率约为 1%，以运动减少为特征。其症状包括运动缓慢（**运动迟缓**，bradykinesia）、意向性运动发起困难（**运动不能**，akinesia）、肌张力增加（**肌肉强直**，rigidity），以及手和下巴的震颤（当患者静止不动时最明显）。随着病情的进展，许多患者还会出现认知障碍。帕金森病的器质性病变基础是某些黑质神经元及其向纹状体传入通路的退变（图文框 14.3）。这些传入通路使用的神经递质是多巴胺（dopamine，DA）。DA 的作用很复杂，因为其可与多种介导截然不同作用的纹状体 DA 受体相结合（图 14.14）。多巴胺能突触终止于纹状体神经元，并紧邻皮层的突触输入，因此 DA 能够增强皮层对直接通路的输入。DA 通过激活壳核细胞来易化直接运动环路（使 VLo 从 GPi 诱导的抑制中释放出来）。从本质上讲，帕金森病中多巴胺的耗竭

图文框14.3 趣味话题

病变基底神经节中的神经元会自杀吗？

一些可怕的神经疾病都涉及神经元缓慢的进行性死亡。帕金森病患者黑质中多巴胺能神经元的损失通常超过80%（图A），而亨廷顿病患者纹状体和其他脑区的神经元缓慢地退变（图B）。这些神经元为什么会死亡？具有讽刺意味的是，这可能涉及一种自然类型的细胞死亡。**程序性细胞死亡**（programmed cell death）是正常脑发育中一个至关重要的过程，作为神经系统形成"程序"的一部分，某些神经元会自杀（见第23章）。所有的细胞都有一些"死亡基因"（death gene），而这些基因会触发一系列破坏细胞蛋白质和DNA的酶。当正常的程序性细胞死亡被阻碍，细胞疯狂地增殖时，一些癌症就会发生。当程序性细胞死亡被非正常地激活时，则可能会引起某些神经系统疾病。

亨廷顿病是由一种显性基因突变引起的，该基因编码一种名为**亨廷顿蛋白**（huntingtin）的大分子脑蛋白。正常的亨廷顿蛋白分子的一端有一条含10～34个谷氨酰胺的链，但谷氨酰胺重复超过40个的人就会罹患亨廷顿病。超长的亨廷顿蛋白会聚集，并一团团地堆积起来，从而触发神经元退变。正常亨廷顿蛋白的功能尚不清楚，但它可能与程序性细胞死亡的触发因

素相抗衡。因此，亨廷顿病可能是由于正常的神经元退变过程出了差错而引起的。

帕金森病通常是一种老年病，绝大多数病例发生于60岁以上的老年人。然而，1976年和1982年，在美国马里兰州和加利福尼亚州发现了几个相对年轻的吸毒者在几天内即出现了严重的帕金森病症状。这是非同寻常的，因为帕金森病的症状通常需要积累多年才会逐渐显现。医学侦探工作解开了这些成瘾者出现帕金森病症状的原因。每一个年轻患者都吸食了一种"地下药厂"合成的毒品，在这种毒品中含有一种叫作MPTP（1-甲基-4-苯基-1, 2, 3, 6-四氢吡啶——译者注）的化学物质。合成这一非法毒品的无资质的地下化学家们试图缩减合成步骤，从而产生了一种能够杀死多巴胺能神经元的化学副产品。但是，从那以后，MPTP却帮助我们更好地了解了帕金森病。我们现在知道，MPTP在脑中被转换为MPP^+（1-甲基-4-苯基吡啶$^+$——译者注），而多巴胺能神经元细胞易受MPP^+的选择性损害。这是因为多巴胺能神经元细胞膜上的多巴胺转运体将MPP^+误认为是多巴胺，并选择性地积累这种"特洛伊木马"式的化学物质，而MPP^+一旦进入细胞，就开始破坏线粒体的能量生产。显而易

关闭了经基底神经节和VLo向SMA输入活动的"漏斗"。同时，DA也抑制纹状体中那些经间接通路向GPe发出抑制性输出的神经元。

大多数帕金森病疗法的中心目标是提高传递至尾核和壳核的多巴胺水平。最简单的方法是施予多巴胺的前体化合物左旋多巴（L-二羟基苯丙氨酸，在第6章中介绍过）。左旋多巴穿过血脑屏障，促进黑质中尚存活的细胞合成DA，从而减轻某些症状。然而，用左旋多巴或DA受体激动剂治疗并不能从根本上改变疾病的进程，也不会改变黑质神经元退变的速率。这些药物还有着明显的副作用（我们将在第15章再回到多巴胺神经元的话题）。一些帕金森病患者的症状还可由脑部手术和刺激得以改善（图文框14.4）。除了上述治疗方法，还有多种实验性治疗策略。其中之一是将能产生DA的细胞移植到基底神经节。一种很有前景的技术是使用人类干细胞，这些干细胞的发育或基因被操控，从而可以产生DA。也许有一天，这些技术会成为治疗乃至治愈帕金森病的有效疗法，但我们尚未实现。

见，这些神经元将因它们的ATP耗竭而死亡。

　　MPTP的作用支持这样一种观点：帕金森病的常见类型可能是由于神经元长期暴露于环境中缓慢作用的有毒化学物质而引起的。不幸的是，还没有人鉴定出这种毒素。研究表明，MPTP能诱发黑质中神经元的某种程序性死亡。帕金森病患者的多巴胺能神经元也可能会因类似的原因而退变。帕金森病约有5%是遗传性的，现在已经知道有几种不同基因的突变会导致这些罕见型综合征。一种假设是，帕金森病致病基因编码的突变蛋白在神经元中被错误地折叠并聚集和积累，从而触发或促进了多巴胺能神经元的死亡。

　　通过了解神经元自杀的方式和原因，我们可能最终能够设计出干预细胞自杀的策略，从而阻止或避免多种可怕的神经系统疾病的发生。

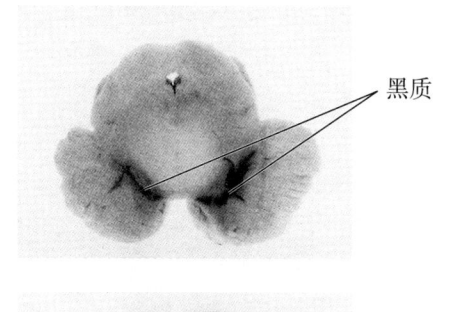
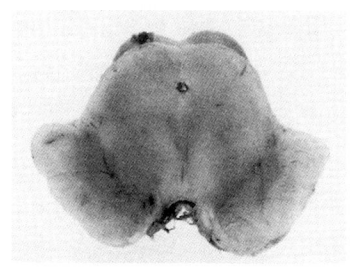

图A

正常人（上）；帕金森病患者（下）（引自：Strange，1992，图10.3）

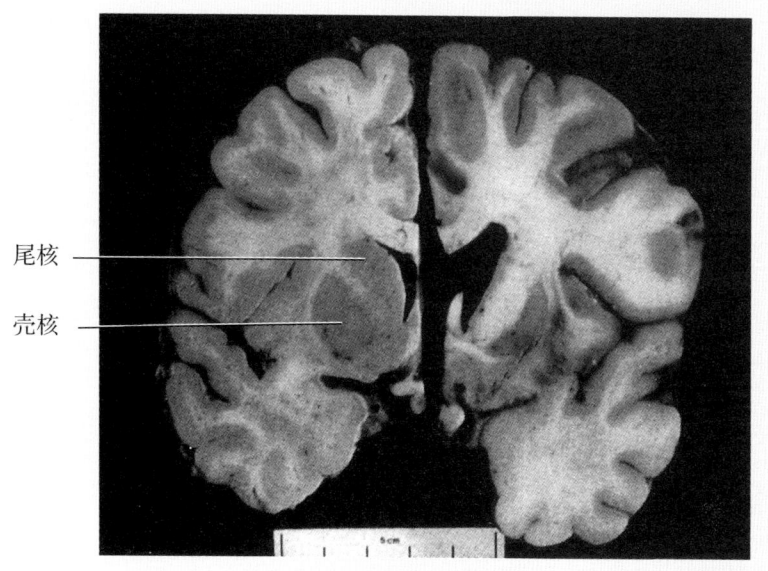

图B

正常人（左）；亨廷顿病患者（右）（引自：Strange，1992，图11.2）

　　如果说帕金森病是基底神经节疾病谱上的一个极端，那么**亨廷顿病**（Huntington's disease）则是另一个极端。亨廷顿病是一种遗传性、进行性和致死性综合征，其特征为运动过度和**异动症**（dyskinesia，异常的运动）、**痴呆**（dementia，认知能力受损），以及人格障碍。幸运的是，这种疾病非常罕见，全世界每十万人中仅有5~10人罹患此病。该病特别隐匿，其症状通常要到成年后才会出现。过去，患者常常在不知自己患有此种疾病的情况下无意地把疾病基因传给下一代。而现在，可以进行一项基因测试，揭示一个人是否携带亨廷顿基因（Huntington gene）。亨廷顿病患者的情绪、性格和记忆均有变化。该病最典型的症状是**舞蹈症**（chorea）——即自发的、控制不住的、无目的的运动，并伴随着身体各部位快速而不规则的舞动和抽动。亨廷顿病患者最明显的脑病变是尾核、壳核和苍白球神经元的大量丢失，以及大脑皮层和其他脑区神经元的死亡（图文框14.3）。基底神经节这些结构的损伤和随之发生的基底神经节对丘脑抑制性输出的丧失，似乎可以解释亨廷顿病

损毁和刺激：治疗脑疾病的有效疗法

脑疾病很难治疗，而有效的疗法常常与直觉相悖。例如，晚期帕金森病有时可以通过对脑部进行微小手术损毁或植入电极施予**深部脑刺激**（deep brain stimulation，DBS）来治疗。损毁和刺激是具有相同治疗目标的两种不同策略，二者的目的都是减轻患者严重的异常运动。

帕金森病早期最常见的疗法左旋多巴可能非常有效。遗憾的是，随着时间的推移，这种药物的疗效通常会减弱，并且患者可能出现新的异常和障碍性运动，即异动症（dyskinesia）。许多其他药物在早期阶段也可能有用，但它们的效用各不相同，且都有各自不同的副作用。

运动疾病的手术治疗始于19世纪80年代，英国神经外科先驱Victor Horsley通过切除患者的部分运动皮层来治疗其无法控制的自发性运动。异常运动停止了，但患者的肢体瘫痪了。在20世纪40年代至70年代间，外科医生们发现，微小地损毁苍白球、丘脑或底丘脑核往往可以改善帕金森病患者的震颤、强直和运动不能，而不会导致瘫痪。随着1968年左旋多巴的推出，以及对不合理类型的神经外科手术的强烈反对（图文框18.4），帕金森病的外科治疗一度失宠。目

前，靶向手术损毁基底神经节和丘脑仍用于某些帕金森病患者的治疗，但DBS已成为一种越来越流行的治疗方式。

古希腊人和古埃及人是电击疗法的早期倡导者。他们的医疗设备是电鳗（electric eel）和电鳐（electric rays），据说直接使用这样具有电刺激能力的鱼类可以帮助缓解疼痛和头痛、痔疮、痛风、抑郁，甚至癫痫。DBS在运动疾病治疗中的现代应用开始于20世纪80年代。外科医生们从他们损毁手术的经验中获得启发，并注意到手术中施予刺激的良好效果，开始系统地测试高频刺激（DBS）是否能够长期减少异常运动。多项临床试验表明它是有效的。2002年，美国食品和药品监督管理局（The U.S. Food and Drug Administration）批准DBS用于帕金森病的治疗。

目前的DBS方法是通过外科手术将电极尖端植入双侧底丘脑核或GPi核（较少采用）中（图A）。手术中应用先进的脑成像方法、神经元电生理学记录和测试刺激，以确保电极被精确地插入靶核团。电极的电力和控制分别来自锁骨下方皮肤下植入的微型电池和计算机。术后，治疗师与患者合作调整刺激参数，以获得最佳的效果和最小的副作用。

患者的运动障碍。而皮层的退变则是患者出现痴呆和人格障碍的主要原因。

运动过度症也可由其他类型的基底神经节病变引起。一个例子是**投掷症**（ballism），其特征为肢体剧烈的抛掷运动（有点像我们的棒球投手坐在休息区时那种无意识地投球一样）。这些症状通常只发生在身体的一侧，因此这种情况被称为**偏侧投掷症**（hemiballismus）。与帕金森病一样，与投掷症有关的细胞机制已经清楚：该病是由于底丘脑核的损伤所致（通常是由于脑卒中引起其血液供应中断而导致）。底丘脑核作为基底神经节内另一侧环的一部分，兴奋那些投射到VLo的苍白球神经元（图14.14）。记住，苍白球的兴奋会抑制VLo（图14.13）。因此，对苍白球的兴奋性驱动力的丧失，将易化VLo，实际上打开了激活SMA的"漏斗"。

总之，基底神经节可以通过把皮层广泛区域的活动聚集到SMA来促进运动。然而重要的是，基底神经节也发挥过滤器的作用，以防止不适当运动的表达。正如我们已经在Roland的PET研究中看到的那样，SMA的活动不

考虑到脑的正常功能和功能障碍的错综复杂，DBS其实是非常粗糙的操控手段。最有效的刺激模式往往是连续的短暂高频（130~180 Hz）刺激。这一刺激模式不像脑中任何自然的神经活动模式，那么DBS是如何发挥效应的呢？对该问题的研究一直备受关注，但答案仍然未知。在某些情况下，高频刺激可以阻断异常放电。刺激也可能"卡住"或抑制异常的放电模式。DBS可能激活抑制性神经元，从而抑制紊乱了的脑活动；也可能触发调节细胞和突触功能的神经递质的释放。DBS的机制也可能因被刺激脑结构的不同而不同。如果所有这些作用甚至更多的效应对DBS的疗效都很重要，那也毫不为奇。

DBS在控制运动过度和运动减少症状，以及改善患者整体生活质量方面非常有效。但它也并非是"万灵丹"（panacea）。DBS不仅不适用于帕金森病的大多数非运动症状，包括认知、情绪、步态和言语障碍，同时也有副作用和常见的手术风险。尽管现在某些DBS系统是可充电的，但每隔几年需要通过外科手术更换电池。

DBS的治疗前景远不止应用于帕金森病。它可以减轻其他几种运动疾病的症状，并可能对一系列其他精神疾病和神经疾病有帮助，包括重性抑郁症（major depression）、强迫症（obsessive-compulsive disorder）、图雷特综合征（Tourette syndrome，一种表现为多发性抽动、不自主发声、言语及行为障碍的神经系统疾病，多发于2~18岁儿童和少年——译者注）、精神分裂症、癫痫、耳鸣、慢性疼痛和阿尔茨海默病。最佳的脑刺激位点因病而异。对于几乎所有这些疾病，DBS仍是一种实验性的治疗方法，只有进一步的研究才能确定其收益是否大于风险和成本。

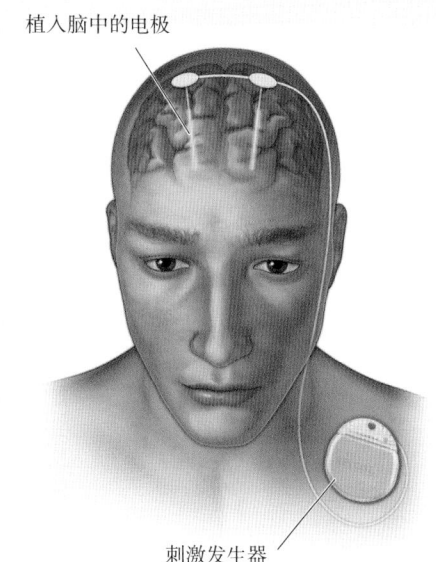

植入脑中的电极

刺激发生器

图A

能自动触发运动。随意运动的发起还需要4区的激活，这是14.5节的主题。

14.5　初级运动皮层对运动的发起

SMA与M1（中央前回的皮层4区）紧密相连（图14.7）。将4区定名为初级运动皮层多少有些武断，因为它并不是构成皮层脊髓束或参与运动的唯一的皮层区域。尽管如此，自从Sherrington时代开始，神经科学家们已经认识到，电刺激该皮层区域诱发运动的阈值是最低的。换言之，将在其他皮层区域不能诱发运动的刺激强度施加到4区时却能有效地激发运动，这意味着4区与运动神经元以及驱动运动神经元的脊髓中间神经元有很强的突触连接。局部电刺激4区可以引起一小群肌肉的收缩，正如我们之前所讨论的，该区域中具有躯体肌肉的系统定位图。这一条蜿蜒延伸至整个中央前回全长的皮层带，有时也称为**运动带**（motor strip）。

14.5.1　M1的输入-输出组构

运动皮层激活下运动神经元的通路起源于皮层的第Ⅴ层。第Ⅴ层有锥体神经元，其中一些椎体神经元相当大（胞体直径接近0.1 mm）。1874年，俄国解剖学家Vladimir Betz首次将最大的细胞描述为单独的一类，因而被称为**Betz细胞**（Betz cell）。在人类，第Ⅴ层中许多大的皮层脊髓束细胞投射至下运动神经元池，并以单突触的方式兴奋这些池中的下运动神经元。相同的皮层脊髓束轴突也可以分支并兴奋局部环路中的一些抑制性中间神经元。通过控制选定的运动神经元群和一些中间神经元群，单个皮层脊髓束神经元可能对对抗肌产生协同作用。例如，图14.15中的运动皮层神经元兴奋伸肌运动神经元池，同时抑制屈肌运动神经元池。这类似于我们在第13章脊髓反射环路中看到的交互抑制（图13.25）。

M1第Ⅴ层锥体细胞主要有两个输入来源：其他皮层区域和丘脑。皮层输入主要起源于与4区相邻的区域：紧邻其前方的6区，以及紧邻其后方的3区、1区和2区（图14.7）。到达M1的丘脑输入主要起源于丘脑腹外侧核的另一部分，称为**VLc**，此处接转来自小脑的信息。除了直接投射至脊髓，

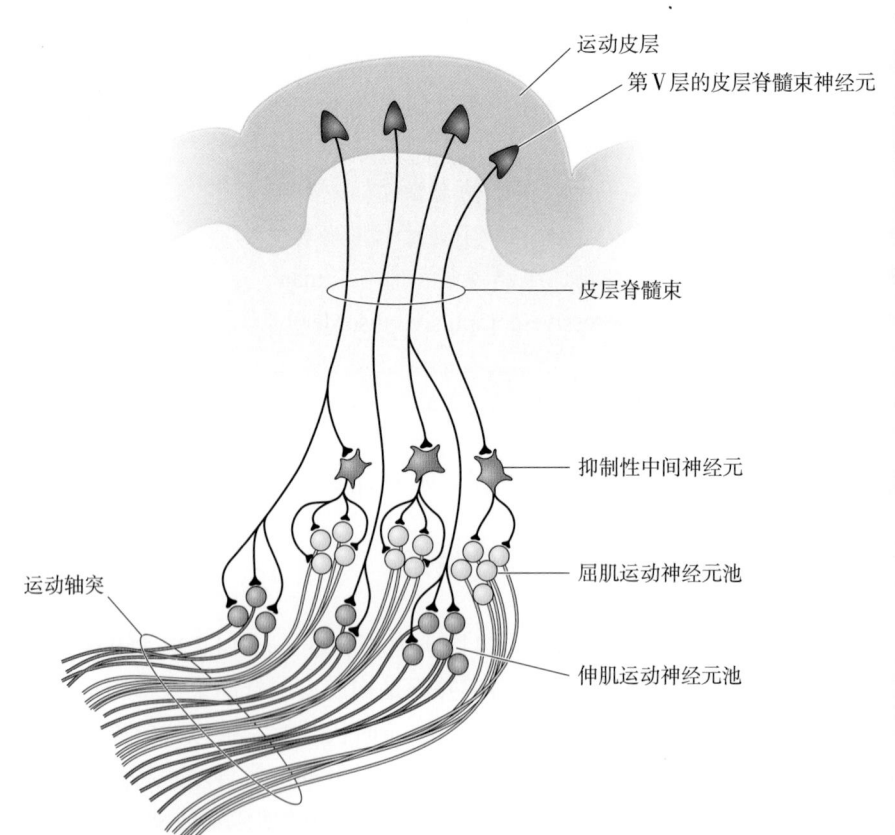

▲ 图14.15

皮层脊髓束轴突控制运动神经元池。运动皮层第Ⅴ层中的大锥体神经元通过皮层脊髓束将轴突投射至脊髓腹角。在这种情况下，轴突直接兴奋伸肌运动神经元池，并间接（通过中间神经元）抑制作为伸肌对抗肌的屈肌运动神经元池（改绘自：Cheney等，1985）

第Ⅴ层锥体细胞还发出轴突侧支到达许多参与感觉运动加工的皮层下脑区，尤其是脑干。

14.5.2　M1 的运动编码

研究人员曾经以为运动皮层具有一个精细的代表单块肌肉的运动定位图，因此单个锥体细胞的活动将导致单个运动神经元池的活动。然而，从最近的研究工作中得出的观点是，单个锥体细胞可以驱动大量的运动神经元池，而这些神经元池来自参与肢体目标定向运动的一群不同的肌肉。对清醒动物自由行为状态下 M1 神经元的记录显示，在随意运动发起前瞬间和运动期间，这些神经元会发生一串爆发式放电，这种放电活动似乎编码了运动的两个参数：力量和方向。

由于皮层微刺激研究提示 M1 中存在精细的运动定位图，因此单个 M1 神经元运动方向的调谐（tuning）范围相当广泛这一发现是令人惊讶的。这种调谐的广度在 Apostolos Georgopoulos 和他当时在约翰斯·霍普金斯大学（Johns Hopkins University）工作的同事所设计的实验中得到了清晰的体现。猴子被训练将一个操纵杆移动至一盏点亮的小灯处，亮灯的位置沿着一个圆圈的圆周随机变化。一些 M1 细胞在猴子将操纵杆移向某个方向（如图 14.16a 中所示的 180°）的运动期间放电最强；但是，这些细胞在运动角度与最适方向偏差很大时也会放电。皮层脊髓神经元在方向调谐上的粗放性显然与猴

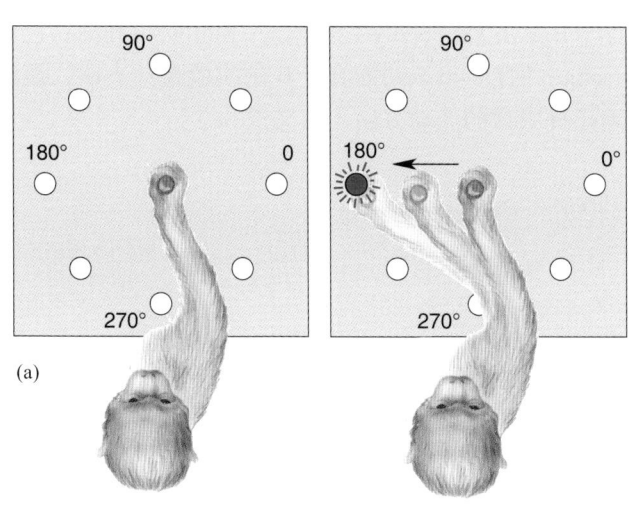

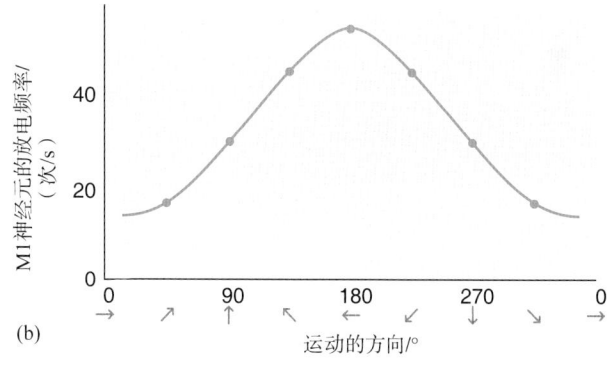

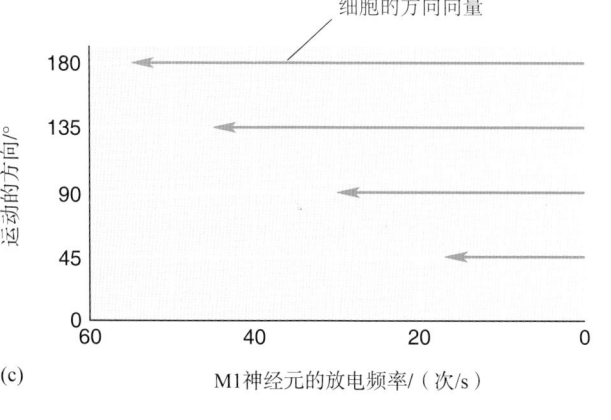

▲ 图 14.16

手臂向不同方向运动时 M1 神经元的反应。（a）当猴子将操纵杆向一盏点亮的小灯移动时，监测 M1 神经元的反应。当猴子沿钟面向任意方向移动手臂时，细胞放电频率和运动方向之间的关系即可被确定。（b）一个 M1 神经元的运动方向调谐曲线。这个细胞在手臂向左运动时放电频率最高。（c）因为图 b 中的细胞在手臂向左运动时反应最强，故用一个指向左的方向向量来表示。向量的长度与该细胞的放电频率成正比。注意，当运动方向改变时，方向向量的长度也随之变化（改绘自：Georgopoulos 等，1882）

子运动的高度精确性不相符，这提示运动的方向不可能由命令运动向某个方向进行的单个皮层细胞的活动所编码。Georgopoulos 假设，运动的方向是由一群神经元的集体活动来编码的。回想一下神经元的**群体编码**（population coding）在感觉系统中的作用，在感觉系统中，许多被粗放调谐的神经元的反应被用来表征特定的刺激属性（例如，参见第8章）。运动系统中的群体编码意味着神经元群被粗放地调谐以编码运动的特性。

为了检验运动方向群体编码这一假设的可能性，Georgopoulos 和他的同事记录了 200 多个不同的 M1 神经元，对于每一个细胞，他们都构建出一条运动方向调谐曲线（tuning curve），如图 14.16b 所示。从这些数据中，研究者们可以了解到神经元群中的每一个细胞在猴子将手向某一方向运动时的反应强度。每个细胞的活动都用一个**方向向量**（direction vector）来表示，而该方向向量指向这个细胞的最适方向，向量的长度则代表该细胞在手向某个特定方向运动时的活动强度（图 14.16c）。对某一个运动方向而言，可将代表每个细胞活动的向量绘制在一起，然后求出这些向量的平均值，从而得出研究人员所谓的**群体向量**（population vector）（图 14.17）。他们发现，这一代表了整个 M1 细胞群活动的平均向量与实际的运动方向之间具有很强的相关性（图 14.18）。

这些研究提出了关于 M1 如何控制随意运动的 3 个重要结论：（1）每一次运动，部分运动皮层都激活；（2）每个皮层细胞的活动只代表投给某一特定运动方向的"一张选票"；（3）实际的运动方向是由神经元群中每个细胞所投选票的计票结果（和平均值）来决定的。尽管 M1 中的群体编码方案仍是一种假说，但布朗大学（Brown University）的 James McIlwain 和阿拉巴马大学（University of Alabama）的 David Sparks 在上丘的实验最终表明，该结构使用群体编码来精确地指挥眼球的运动方向（图文框 14.5）。

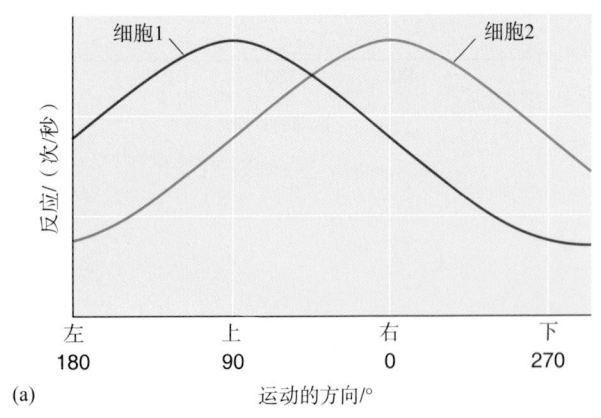

(a)

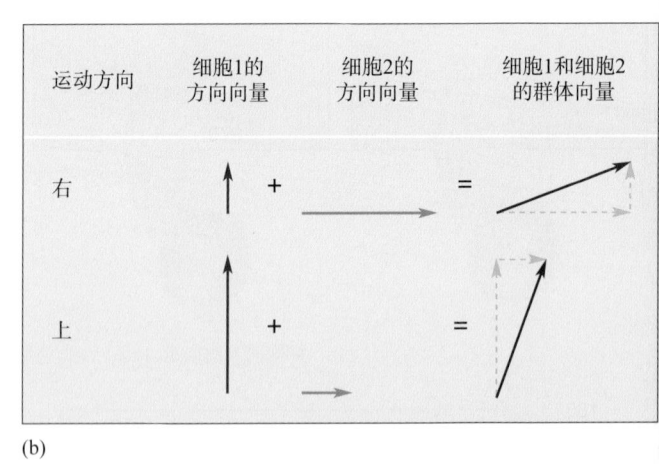

(b)

▲ 图 14.17

方向向量和群体向量。（a）运动皮层两个细胞的调谐曲线（图 14.16）。两个细胞在手臂向多个方向的运动时均有放电，但是细胞 1 在手臂向上运动时放电频率最高，而细胞 2 在手臂由左向右运动时放电频率最高。（b）每个细胞的反应均用一个方向向量来表示。该向量指向神经元的最适方向，其长度取决于细胞在手臂向不同方向运动时发放的动作电位的数量。对于任一运动方向，可通过平均每个细胞的方向向量而得出群体向量，该群体向量反映了这两个细胞在向此方向运动时的反应强度

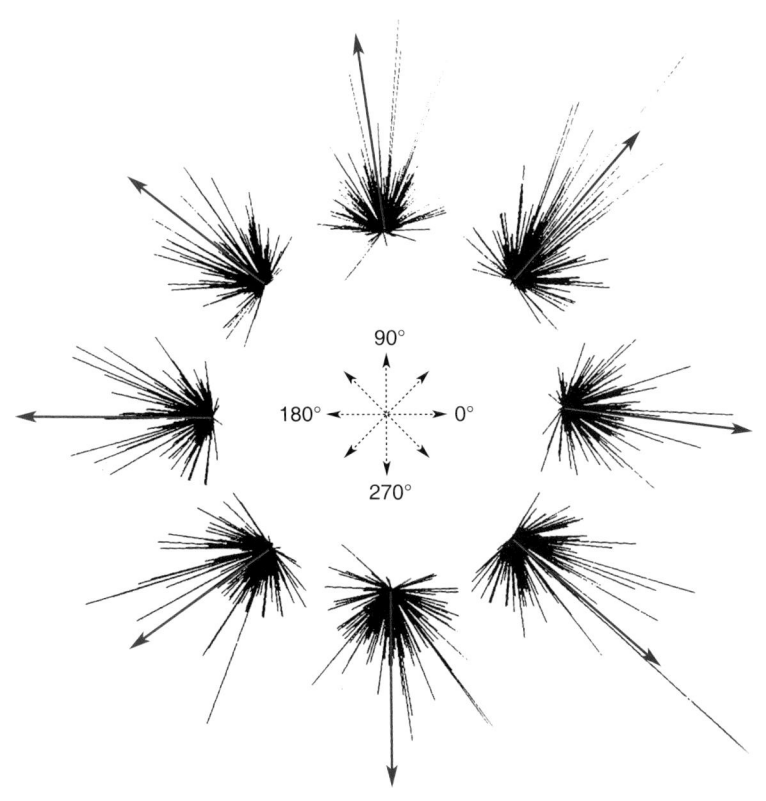

▲ 图 14.18
通过群体向量预测运动的方向。每一簇线反映 M1 中许多细胞的方向向量。线的长度反映了每个细胞在手臂向 8 个不同方向中的某个方向运动时的放电频率。紫色箭头表示平均后的群体向量，该群体向量可预测猴子手臂的运动方向（引自：Georgopoulos 等，1983）

可塑的运动图。这种运动控制的方案导致了一个有趣的预测：代表某种运动的神经元群体越大，对该运动可能的控制就越精细。从图 14.8 所示的躯体运动定位图上，我们可以预测对手和面部表情肌的运动控制应该可能更加精细，而事实正是如此。当然，其他肌肉的精细运动也可以通过经验来学习，考虑一位技艺高超的大提琴手的手指、手腕、肘部和肩膀的运动就可以知道这一点。这是否意味着，随着运动技巧被习得，M1 皮层细胞会从尽心竭力地参与一种类型的运动控制转变为参与另一种类型的运动控制？回答似乎是肯定的。布朗大学（Brown University）的 John Donoghue、Jerome Sanes 和他们的学生收集的证据提示，成年运动皮层的这种可塑性变化是可能发生的。例如，他们在一系列实验中微刺激大鼠的皮层，并绘制了通常可引起前肢、面部触须或眼部周围肌肉运动的 M1 区域的躯体定位图（图 14.19a）。随后他们切断了支配口鼻部肌肉和触须的运动神经，结果发现 M1 中原先引发触须运动的区域现在却引起前肢或眼睛的运动（图 14.19b）。这意味着躯体运动定位图已被重组了。这些神经科学家们推测，类似情形的皮层重组可能为精细运动技巧的学习提供了基础。

从前面的讨论，我们可以想象，当我们的棒球投手到了绕臂投球的时刻，他的运动皮层会在锥体束中产生一股活动的"洪流"（torrent）。尽管对于神经生理学家来说，从单个 M1 神经元上记录到的放电的声音似乎是不和

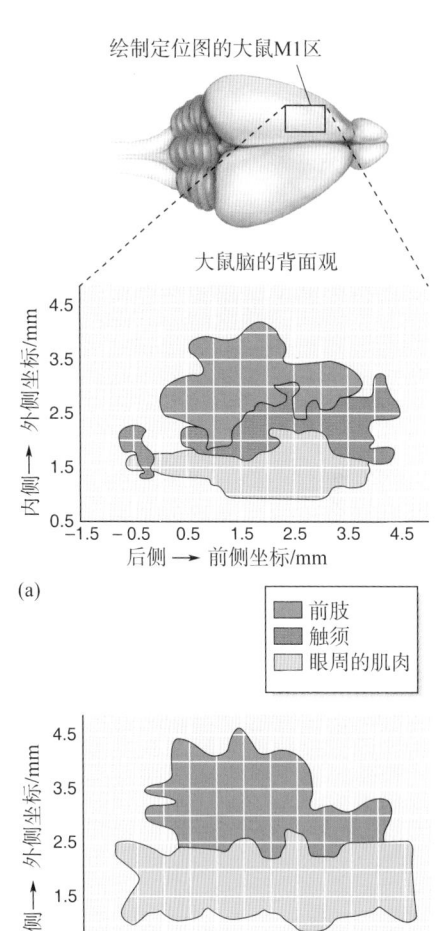

▲ 图 14.19
可塑的运动图。（a）该图代表正常大鼠的运动皮层。（b）该图表示支配触须的运动神经被切断之后的大鼠运动皮层。注意，以前引发触须运动的皮层区域现在引起前肢或眼睛（眼周）肌肉的运动（改绘自：Sanes and Donoghue，1997）

上丘的分布式编码
James T. McIlwain 撰文

在20世纪60年代和70年代，记录脑内单个神经元的电活动变得比以前相对容易了。这种方法的威力和前景催生了"特性检测神经元"（feature-detector neuron）这一概念，这些神经元的放电被认为宣告了它们对其最为敏感的那种刺激特性的存在。然而这种观点很少吸引研究嗅觉和味觉的学者，因为他们已经发现单个化学感受性神经元的放电在甄别不同刺激上表现得非常模棱两可。但在视觉研究中却并非如此，具有最小空间感受野和对特定刺激具有最精细偏好的神经元似乎最令人关注。如果一个神经元对广泛的刺激均有反应，则被认为缺乏选择性，并且不适于处理那些需要高分辨率的信息。

研究脑干视觉区的神经生理学家不久便遇到了一个悖论：上丘细胞的感受野非常大，但这一结构显然对于执行高度精确的眼扫视运动（saccadic eye movement）非常重要，该运动可将眼睛注视（gaze）的方向转向感兴趣的刺激。上丘接受来自视网膜和视皮层的有序输入，损伤此处将会削弱动物将视线朝向新异刺激的能力。局部电刺激上丘可以引起眼球的扫视运动，其方向和幅度与刺激部位细胞的视觉感受野有关。刺激电极位置的微小改变会导致扫视方向和幅度的微小变化。某些上丘神经元的放电与眼扫视运动有关，就好像它们是规定眼扫视运动范围的控制机制

的一部分。这种活动与扫视有关，扫视结束于视觉空间的一个受限区域，称为细胞的**运动野**（movement field），类似于感觉的感受野。如果这些神经元的运动野和视觉感受野都非常大，它们又是如何精确地确定扫视的目标呢？

答案始现于我在布朗大学实验室对猫上丘的实验，以及后来David Sparks在阿拉巴马大学对灵长类动物上丘的研究。我们反向思考传统的感受野和运动野问题。从感觉角度来看，我们不是考虑能够激活一个上丘神经元的那个光点必须位于何处，而是考虑上丘中何处细胞的感受野含有那个光点——即它能"看见"那个光点。同样，从运动的角度来看，关键要考虑的是，眼球扫视向一个给定目标之前就开始放电的那些细胞在上丘中的位置，而不是各个细胞运动野的大小。来自这两个实验室的分析表明，这些活动的区域是广泛的，占据了上丘组织相当大的部分。当刺激或目标在视觉空间中移动时，神经元的活动区域也相应地在上丘内移动。

图A显示了这类神经元系统如何编码眼扫视运动的一般概念。在左侧，上丘视网膜定位图（retinotopic map，视拓扑图）上的每一个箭头都代表了该位置神经元对某一眼扫视方向编码的贡献。箭头越密集，则该区域向形成眼扫视运动指令的脑干环路发出的信

谐的，但它们恰是引起脊髓运动神经元活动清晰合唱的一部分，从而产生了精确驱动棒球所必需的精细运动。

14.6　小脑

仅仅命令肌肉收缩还不够。投出一个球需要肌肉收缩的详细**序列**（sequence），每一次收缩都要恰好在正确的时刻产生恰当的力量。这些极其重要的运动控制功能属于**小脑**（cerebellum，已在第7章中介绍）。小脑损伤清楚地揭示了小脑在运动控制方面的重要性：小脑损伤后，运动变得不协调、不精确，这一疾病即所谓**共济失调**（ataxia）。

号就越强。这些箭头的分布与局部电刺激的效应一致。因此，例如刺激视网膜定位图下半部分连续的低点（代表低视野）导致向下定向的眼扫视幅度增加。如果目标 1 在图右侧的出现兴奋了定位图中较低的那个无阴影椭圆形区域的细胞，则细胞的群体活动将决定眼扫视运动所需的向下和水平方向的分量。目标 2 的出现将激活定位图上部的无阴影区，从而构建了准确、向上的眼扫视运动的分量。在此模型中，目标位置的变化会改变输出信号，从而产生与位于任何位置

上的目标相匹配的眼扫视运动。

上丘神经元的大感受野和大运动野意味着关于视点或眼扫视目标的位置信息分布于许多神经元中。图 A 的模型表明了激活的上丘神经元群是怎样将目标位置表示为运动编码的。这个简单且不完善的模型仅仅是几种关于上丘如何完成其任务的学说之一。然而，似乎可以肯定的是，目标的位置和眼扫视运动的度量是由一群神经元的分布式活动编码的。

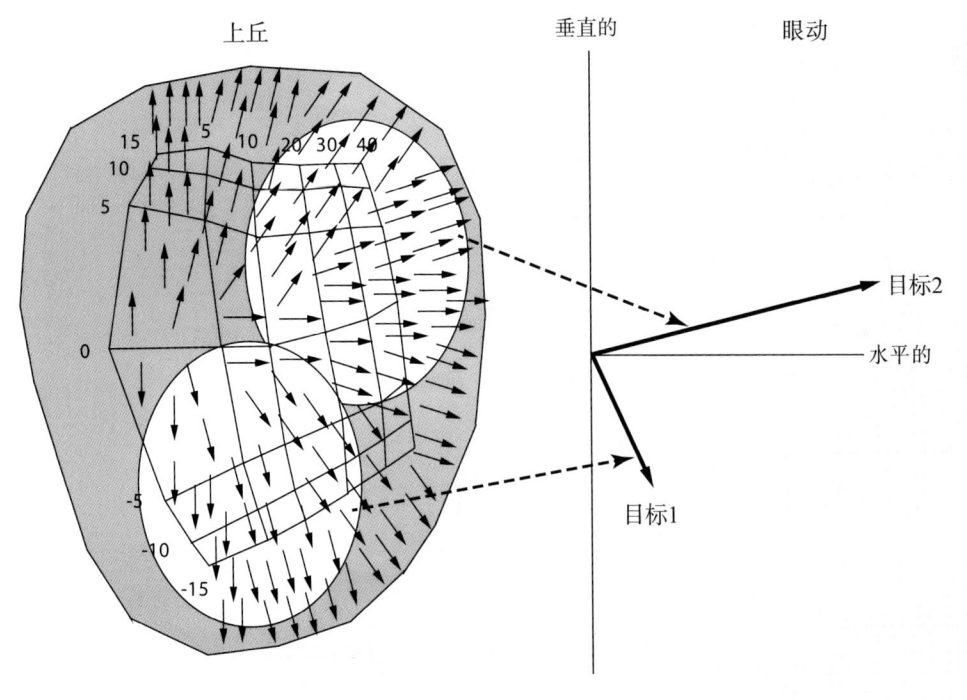

图 A

让我们做一个简单的测试。将你的手臂在大腿上放一会儿，然后用一根手指触摸你的鼻子。闭上眼睛再试一次。没问题，对吧？小脑损伤的患者往往不能完成这项简单的任务。他们不能平滑地同时运动肩膀、肘部和腕部以把手指放在鼻子上，而是依次移动每一个关节，首先是肩膀，然后是肘部，最后是腕部。这就是所谓的**协同失调**（dyssynergia；又称协同动作障碍——译者注），即协同性多关节运动的分解。这些患者表现出的另一个特征性缺陷是他们的手指运动**辨距不良**（dysmetria），即他们用手指指向鼻子时，手指要么触及不到鼻子，要么超过了鼻子而戳到脸上。你或许在喝醉酒的人身上看到过类似的症状。的确，酒精滥用所带来的大部分笨拙动作正是小脑神经环路被压抑的直接后果（图文框 14.6）。

图文框14.6　趣味话题

正常的和异常的非随意运动

把手举到面前，尽量保持不动。你会看到你的手指有轻微的颤动。这称为**生理性震颤**（physiological tremor，图A），一种微小的、频率约为8~12 Hz的节律性震颤。这是完全正常的，你无法阻止这种震颤，除非你把手放在桌子上。日常生活中的多种情况，如紧张、焦虑、饥饿、疲劳、发热、过多的咖啡因等，都会加剧这种震颤。

正如我们在本章中所讨论的，某些神经系统疾病会导致更剧烈的具有显著特征的非随意运动。帕金森病常常伴有3~5 Hz的**静止性震颤**（resting tremor，图A）。当患者不动时，这种震颤最严重，但奇怪的是，随意运动时这种震颤会立即消失。另一方面，小脑损伤患者在静止时没有异常震颤，但当他们试图运动时常常表现出**意向性震颤**（intention tremor，图A）。小脑震颤是共济失调的一种表现，

即运动时肌肉收缩的不协调。例如，当图B所示的患者试图将手指从空间的一个位置移向另一个位置（图B，上），或用手指追踪一条路径时，她会产生很大的偏差；当她手指抖动着不准确地指向目标时，每一次纠偏的尝试都会造成更大的偏差（图B中红色的虚线和实线所示）。

亨廷顿病引起**舞蹈症**（chorea；源于希腊语，意为dance，舞蹈；图A）——快速、不规则、非随意但相对协调的肢体、躯干、头部和脸部运动。其他类型的基底神经节疾病可导致**手足徐动症**（athetosis）——非常缓慢、几乎是扭动的颈部和躯干运动。每一种异常运动的独特特性都有助于诊断神经系统疾病，也可以使我们了解脑损伤部位的正常功能。

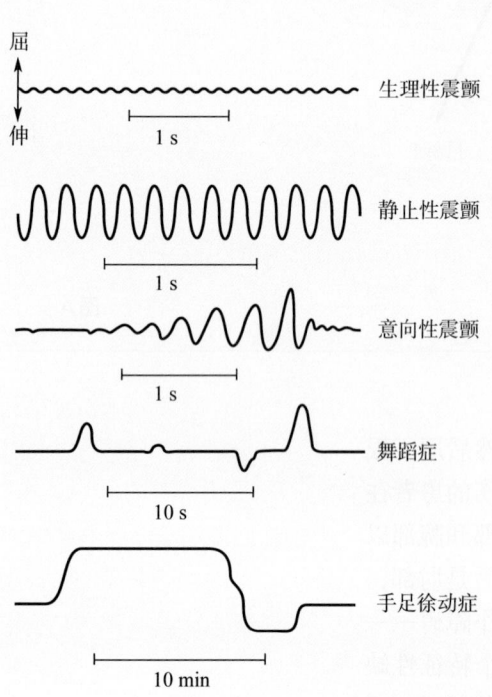

图A

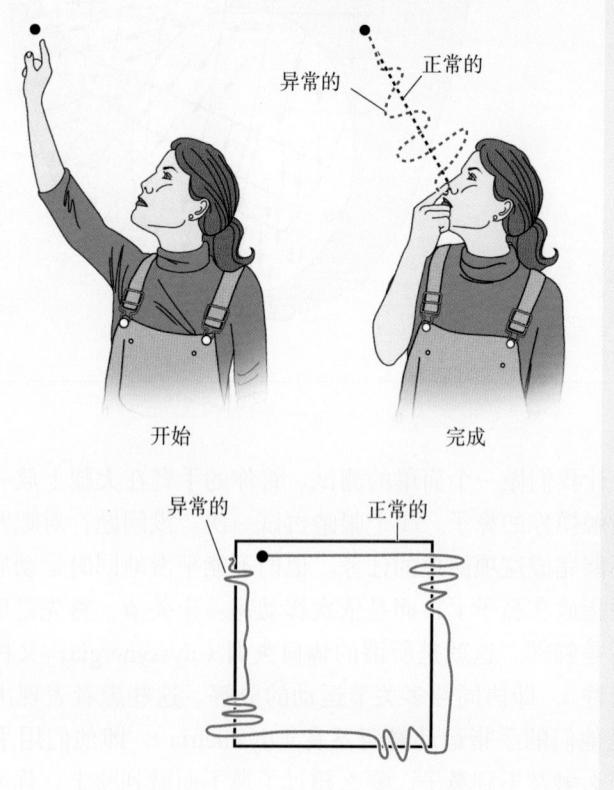

图B

14.6.1　小脑的解剖

图 14.20 显示了小脑的解剖。小脑坐落在从脑桥伸出的称为**脚**（peduncle）的粗壮的轴突茎上，整个结构呈菜花状。小脑的外表面是一层薄薄的反复折叠的皮层。它的背面以一系列横向延伸的（从一侧向另一侧）突起的隆脊为特征，这些隆脊称为**叶片**（folia，单数为 folium）。此外，在小脑矢状切面上还可观察到一些更深的横向裂隙，把小脑分为 10 个小叶（lobule）。这些叶片和小叶大大增加了小脑皮层的表面积，就像大脑的脑回增加了大脑皮层的表面积一样。一些神经元也深埋入小脑白质中，形成**深部小脑核团**（deep cerebellar nuclei），将小脑皮层的大部分输出传递给各类脑干结构。小脑仅占全脑体积的 1/10，但其皮层中的神经元密度高得惊人。其中，绝大多数是微小的兴奋性神经元，称为**颗粒细胞**（granule cell），其胞体位于颗粒细胞层（图 14.21a，b）。小脑中颗粒神经元的数目和整个中枢神经系统中其他神经元数目的总和大致相当。小脑皮层中最大的神经元是抑制性的浦肯野细胞（Purkinje cell），它接受来自分子层中颗粒细胞的兴奋性输入，并发出抑制性轴突支配深部小脑核团（图 14.21c）。

与大脑不同，小脑并没有从中间明显分开。在中线，小脑叶片似乎从一侧不间断地行走至另一侧。中线处唯一的显著特征是隆起，像脊骨一样贯穿小脑全长。这一中线区域称为**蚓部**（vermis，源于拉丁语的"蚯蚓，worm"），它将两侧的**小脑半球**（cerebellar hemisphere）彼此分开。蚓部和半球是小脑的两个重要的功能区。蚓部的输出到达发出腹内侧下行脊髓通路的脑干结构，如前所述，腹内侧下行通路控制体轴的肌肉组织。小脑半球则与发出外侧下行通路的其他脑结构相联系，尤其是与大脑皮层相联系。为了便

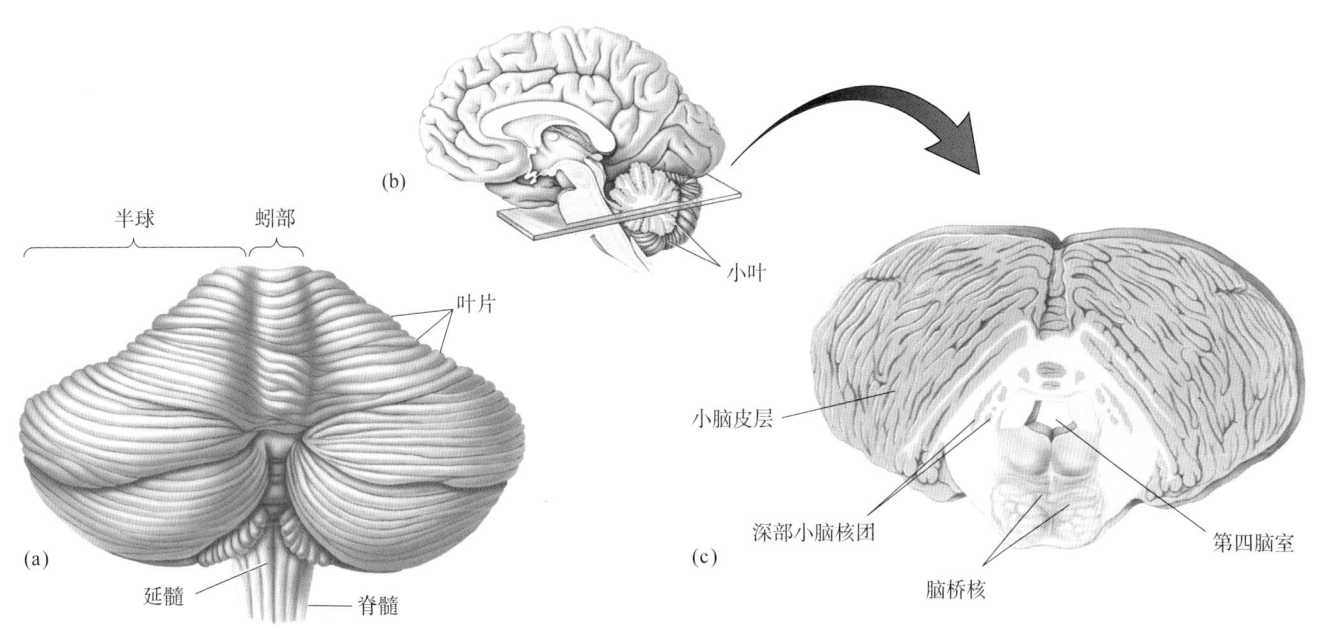

▲ 图 14.20

小脑。（a）人类小脑背面观，显示蚓部和半球。（b）脑的正中矢状面，显示小脑的小叶。（c）小脑横切面，显示皮层和深部核团

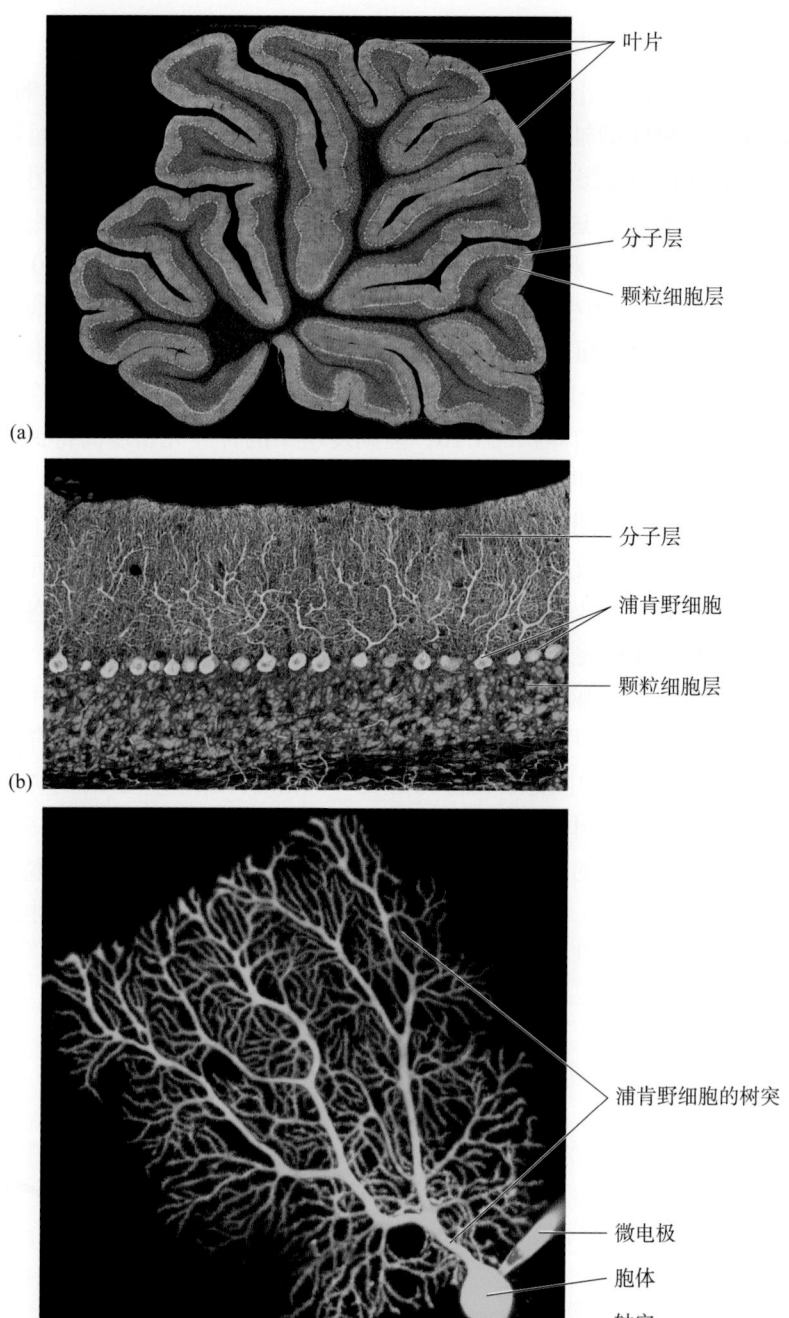

叶片

分子层
颗粒细胞层

(a)

分子层

浦肯野细胞

颗粒细胞层

(b)

浦肯野细胞的树突

微电极
胞体
轴突

(c)

► 图14.21
小脑皮层中的神经元。（a）经小脑皮层叶片的组织学切片。分子层被染成绿色荧光，颗粒细胞层被染成蓝色荧光。（b）小脑皮层各层的特写照。（c）经微电极尖端注入荧光染料后的浦肯野细胞。（a和b改绘自：美国国家显微镜和成像研究中心 Tom Deerinck 和 Mark Ellisman 的图片；c改绘自：日本和光市理化学研究院脑科学研究所 Tetsuya Tatsukawa 的图片）

于说明，我们将重点放在小脑的外侧部，因为这个部分对肢体的运动控制尤其重要。

14.6.2 经小脑外侧部的运动环路

最简单的涉及小脑外侧部的环路构成了另一个如图14.22所示的环路。由感觉运动皮层（包括额叶4区和6区、中央后回的躯体感觉区和后顶叶区皮层）第 V 层的锥体细胞轴突形成的巨大纤维束投射到脑桥中的一群细胞，即**脑桥核**（pontine nuclei）中，然后脑桥核的投射再进入小脑。想要了解这

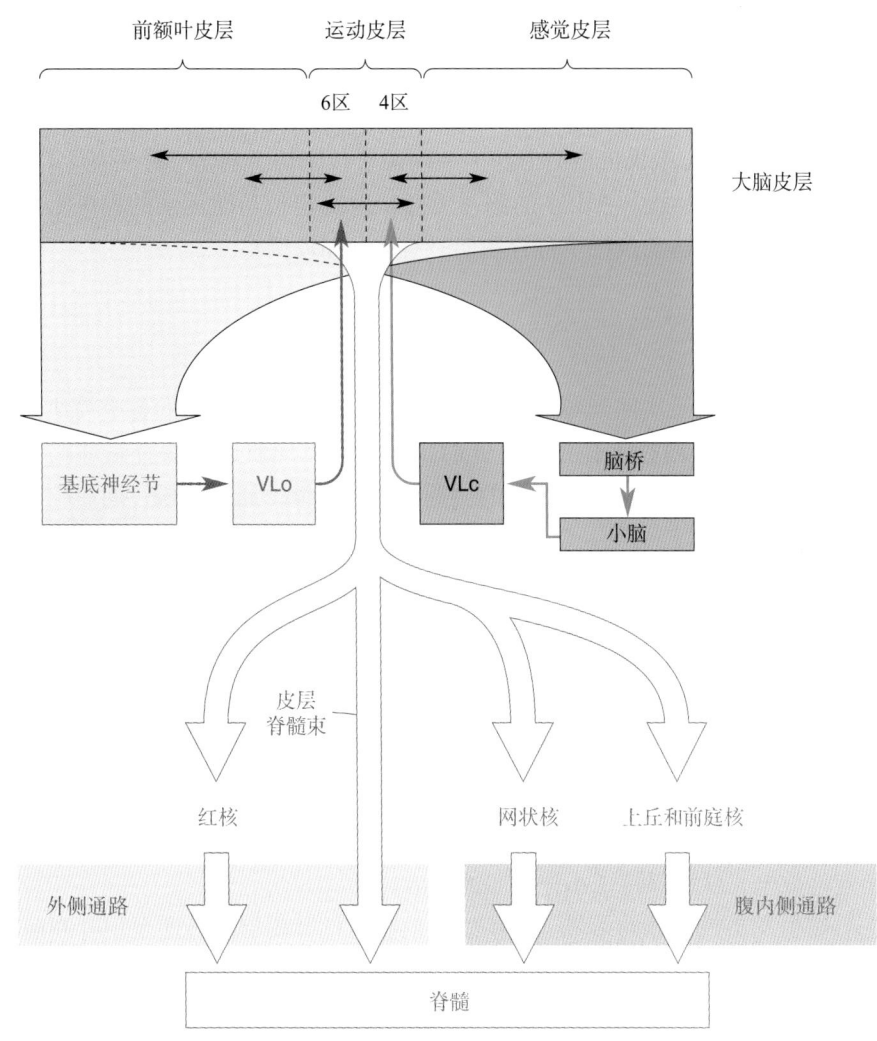

前额叶皮层　运动皮层　感觉皮层

6区　4区

大脑皮层

基底神经节　VLo　VLc　脑桥

小脑

皮层
脊髓束

红核　网状核　上丘和前庭核

外侧通路　腹内侧通路

脊髓

◀ 图 14.22

经小脑的运动环路总结

条通路的大小，只需考虑一下皮层-脑桥-小脑投射包含大约2,000万根轴突，这一数量是锥体束的**20倍**！然后，小脑外侧部通过丘脑腹外侧核（VLc）接转，投射回运动皮层。

从该通路损伤后的影响来看，我们可以推断它对正确执行计划性随意多关节运动至关重要。的确，小脑一旦接收到运动意图的信号，它便把关于运动方向、定时和力量的指令通知给初级运动皮层。对于弹道式运动而言，这些指令完全基于对运动结果的预测（因为这种运动太快，来不及利用感觉反馈信号）。这些预测基于过去的经验，也就是习得的经验。因此，小脑是运动学习的另一个重要部位。这是一个将**运动意图**与**运动结果**进行比较的部位。当这种比较与期望的运动不相符时，某些小脑环路将会对运动进行代偿性修正。

小脑的编程。我们将在第25章回到小脑环路，看它是怎样被经验所修饰的。但是，现在让我们思考一下学习一项新的运动技能的过程（如滑雪、弹钢琴、玩杂技、编织、投一个曲球等）。起初，你必须专注于新的动作，你的动作往往既不连贯，也不协调。然而，熟能生巧——当你掌握了这一技能，你的动作便会变得娴熟起来，最终你几乎可以下意识地完成它们。这一过程代表了一种新的运动程序的创建，而该运动程序可以在无需意识的控制之下按需生成适当的运动序列。

回想一下，cerebellum（小脑）一词源于拉丁语，意为"小的脑"（little brain）。小脑作为脑中一个小的脑，无意识地决定技巧性运动的程序是否被正确执行，并在运动执行不符合预期时对运动加以调整。

14.7　结语

让我们最后一次回到棒球投手的例子，把运动控制拼图的各个模块组合起来。想象投手向投手丘走去。此时，控制交叉伸肌反射的脊髓环路在运行，并受到腹内侧通路下行指令的协调。伸肌收缩，屈肌放松；屈肌收缩，伸肌放松。

一旦站上投手丘，投手便与裁判汇合了。他伸出手去，裁判将一只新棒球放在他的手里。球的重量拉伸了他手臂的屈肌。Ia类轴突变得更加活跃，引起支配屈肌的运动神经元的单突触性兴奋。屈肌收缩使手能够对抗重力从而将球拿稳。

投手现在准备投球。当他看到捕手告诉他投球类型的手势时，他的新皮层被全部激活了。与此同时，他的腹内侧通路也开始工作，以维持他的站姿。尽管他的身体静止不动，但脊髓腹角中的神经元在腹内侧通路的影响下稳定地放电，从而保持了小腿伸肌的激活。

捕手发出投曲球的信号。这一感觉信息从枕叶皮层被传递至顶叶和前额叶皮层。这些皮层区和6区一道开始计划运动的策略。

击球手走向本垒，并准备好击球。这时投手经基底神经节环路的活动增加，触发投球动作的发起。作为对这一大脑皮层输入的反应，SMA的活动加强，紧接着M1被激活。现在，运动指令正沿着外侧通路的轴突下行。被皮层-脑桥-小脑输入激活的小脑，使用这些指令协调下行活动的时间和力度，以保证肌肉以正确的序列进行收缩。到达网状结构的皮层输入，则使抗重力肌从反射控制中解放出来。最后，外侧通路的信号驱动脊髓运动神经元和中间神经元，引起手臂和腿部肌肉的收缩。

投手挥动胳膊，将球投出。击球手挥棒击打，球飞出左野围栏。观众发出一阵嘘声，经理大声咒骂，球队老板皱起眉头。即便是在这样的情况下，投手的小脑还是试图为下一次投球做出调整，但他的机体依然会做出一些其他的反应。他的脸涨红了，开始冒汗，又气又急，但这些都不是躯体运动系统的反应，而是本书第Ⅲ篇"脑和行为"的主题。

关键词

复习题

1. 列出外侧和腹内侧下行脊髓通路的各个组成部分，每条通路各控制哪类运动？
2. 假如你是一名神经科医生，面对一位有下列症状的患者：左脚脚趾不能独立自主地屈动，但其他所有运动（行走、独立自主的手指运动）看起来却没有问题。你怀疑脊髓有损伤，这个损伤的部位在哪里呢？
3. PET 扫描可用于监测大脑皮层的血流量。当受试者被要求想象运动她的右手手指时，皮层的哪些部分会显示出血流量增加？
4. 为何左旋多巴被用于治疗帕金森病？它是如何作用而减轻该病的症状的？
5. 一个单独的 Betz 细胞在相当大范围的运动方向上均有放电，那么众多的 Betz 细胞是如何协同工作来指挥精确的运动的？
6. 绘出小脑的运动环路。小脑损伤会导致什么样的运动障碍？

拓展阅读

Alstermark B, Isa T. 2012. Circuits for skilled reaching and grasping. *Annual Review of Neuroscience* 35:559-578.

Blumenfeld H. 2011. *Neuroanatomy Through Clinical Cases*, 2nd ed. Sunderland, MA: Sinauer.

Donoghue J, Sanes J. 1994. Motor areas of the cerebral cortex. *Journal of Clinical Neurophysiology* 11:382-396.

Foltynie T, Kahan J. 2013. Parkinson's disease: an update on pathogenesis and treatment. *Journal of Neurology* 260:1433-1440.

Glickstein M, Doron K. 2008. Cerebellum: connections and functions. *Cerebellum* 7:589-594.

Graziano M. 2006. The organization of behavioral repertoire in motor cortex. *Annual Review of Neuroscience* 29:105-134.

Lemon RN. 2008. Descending pathways in motor control. *Annual Review of Neuroscience* 31:195-218.

Rizzolatti G, Sinigaglia C. 2008. *Mirrors in the Brain: How Our Minds Share Actions and Emotions*. New York: Oxford University Press.

（朱景宁　译　　王建军　校）

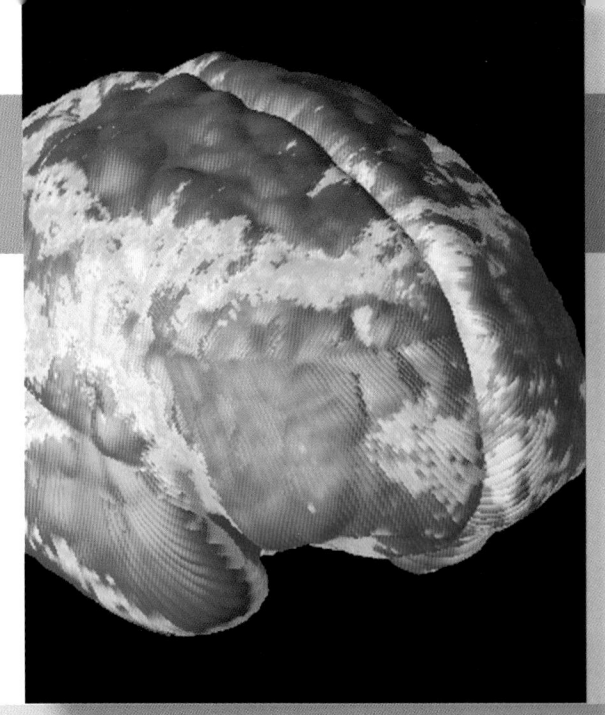

第 III 篇

脑和行为

青少年精神分裂症患者大脑皮层的灰质丢失。精神分裂症是一种严重的精神疾病，其特征是失去与现实的联系，以及思维、感知、情绪和运动的分裂。这种疾病通常在青春期或成年早期发病，并持续一生；其症状可能部分由于特定脑部位（包括大脑皮层）的萎缩而引起。青少年精神分裂症患者脑的高分辨率磁共振成像已被用于追踪脑组织丢失的位置和发展。在这张图片中，灰质丢失的区域是用颜色编码的。严重的组织损失（每年高达5%）以红色和粉色表示。蓝色的脑区在一段时间内相对稳定（图片蒙南加利福尼亚大学医学院的 Arthur Toga 和 Paul Thompson 惠允使用）

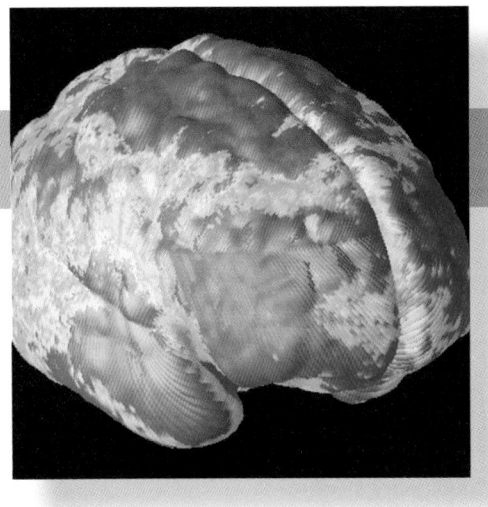

第 15 章

脑和行为的化学调控

15.1 引言

显然，了解突触联系的组成是理解脑如何工作所必需的。我们反复强调神经解剖学并不是出于对希腊语和拉丁语的热爱！我们所描述的大多数突触联系具有精确性和特异性。例如，要想让你能够阅读这些文字，就必须有一幅非常精细的入射光线的神经图像落在你的视网膜上——否则你怎么能看见问号下方的小点呢？当你用眼睛浏览这一页的文字时，获得的信息必须向中枢传送，准确地分散到脑的许多部位进行处理，并与动眼肌运动神经元（这些神经元在眼睛浏览页面时精确地调节6块动眼肌的运动）的控制活动相协调。

除了解剖学上的精确性，感觉系统和运动系统内的点对点联系还需要一些机制，这些机制可以把突触通信局限在轴突末梢与其靶细胞之间的裂隙内。也就是说，躯体感觉皮层释放的谷氨酸不可能激活运动皮层中的神经元！此外，突触传递必须非常短暂，以便机体对新的感觉传入做出迅速的应答。因此，每次神经冲动（impulse）只能使这些突触释放少量的神经递质，而且这些神经递质分子很快就会被酶破坏，或者被邻近的细胞所摄取。递质门控离子通道的突触后作用最多只能持续数毫秒，相当于递质存在于突触间隙内的时间。许多轴突末梢也具有突触前的"自身受体"（autoreceptor），它能检测突触间隙内的递质浓度，当递质浓度太高时会抑制其释放。这些机制可以确保这种类型的突触传递在空间和时间上都受到严格的限制。

这种约束点对点突触传递的精细机制有点像电话通信。电话系统使一个地方与另一个地方间的特定联系成为可能，你远在塔科马（Tacoma）的母亲能与在普罗维登斯（Providence）的你交谈，提醒你上个星期是她的生日。电话线或蜂窝传输（cellular transmission；通信术语，移动通信的一种方式——译者注）就像精确的突触连接。一个神经元（你的母亲）仅靶向地对少数其他神经元发挥影响（在这个例子中，只影响你）。因此，这个令人尴尬的信息只传到你的耳朵里。到目前为止，我们所讨论的感觉系统或运动系统中的一个神经元通常只会影响与它形成突触联系的几十个或几百个细胞——这虽然称得上是电话会议，但仍然是相对特定的。

现在设想你母亲在一个电视访谈节目中接受采访，这个访谈节目通过卫星网络播放。这样，扩散性的卫星传播使她能够告诉数百万人你忘记了她的生日，而且每台电视机的扬声器可以把这个消息告诉所有能够听到这个消息的人。同样，一些神经元也能与成百上千个其他神经元进行通信。这些广泛分布的神经元通信系统的作用速度相对要慢一些，通常需要数秒到数分钟。由于脑内这些系统广泛而持久的作用，它们可以协调从入睡到坠入爱河的所有行为。确实，被统称为精神失常的很多行为紊乱都被认为与某些化学物质的失衡有关。

在本章，我们将了解神经系统的三个组成部分，它们在相对大的空间和时间尺度上发挥作用（图15.1）。其中，第一个组成部分是**具有分泌功能的下丘脑**（secretory hypothalamus），它通过将化学物质直接分泌入血流而影响整个脑和机体的功能。第二个组成部分是由下丘脑调控的**自主神经系统**（autonomic nervous system，ANS），这已经在第7章中介绍过。通过在

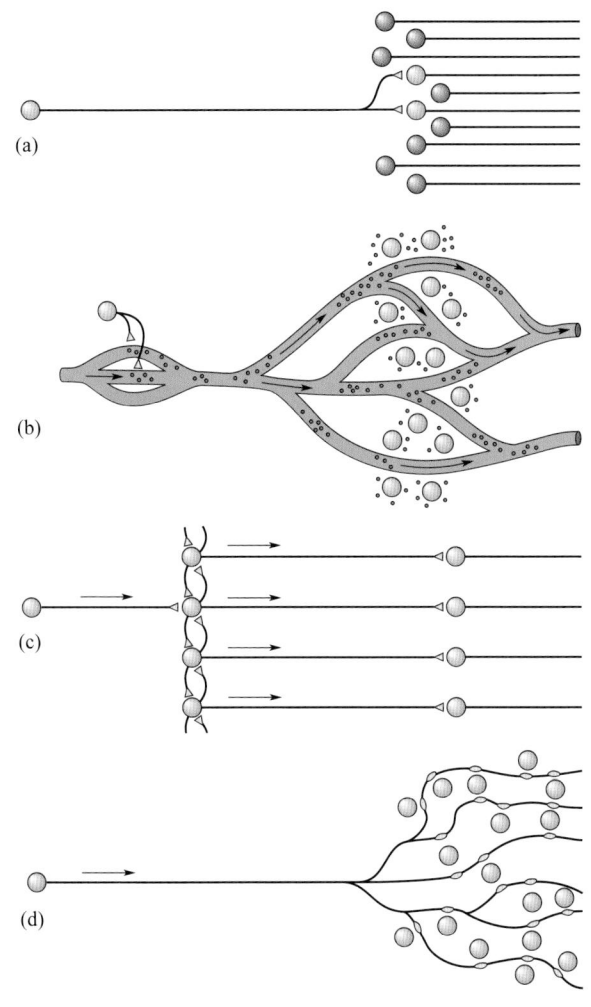

▲ 图 15.1

神经系统的联系方式。(a) 本书中我们讨论的大多数系统采用点对点的联系方式。这些系统的正常功能要求靶细胞上局限的突触激活和信号的短时程作用。相反,神经系统的三个组成部分都是远距离和长时间作用的。(b) 具有分泌功能的下丘脑的神经元通过释放激素直接进入血流而作用于很多靶细胞。(c) 自主神经系统相互连接的神经元网络能共同作用于遍及全身的组织。(d) 脑的弥散性调制系统通过广泛的发散性轴突分支投射来扩大其作用范围

机体内广泛的相互联系,自主神经系统能同时调控许多内脏器官、血管和腺体的反应。第三个组成部分完全存在于中枢神经系统(CNS)内,由一些相关的但释放不同神经递质的细胞群组成。这些细胞群都能通过它们高度发散的轴突分支投射来扩大它们的空间联系范围,并通过促代谢型突触后受体来延长它们的作用时间。神经系统的这一组成部分称为**脑的弥散性调制系统**(diffuse modulatory systems of the brain)。除此之外,该系统还被认为能够调节觉醒和情绪。

在本章,我们对这些系统做一般性的介绍。后面的几章将讨论它们怎样调节一些特定的行为和脑的状态:动机(第16章)、性行为(第17章)、情绪和情感(第18章)、睡眠(第19章),乃至它们在精神疾病中的作用(第22章)。

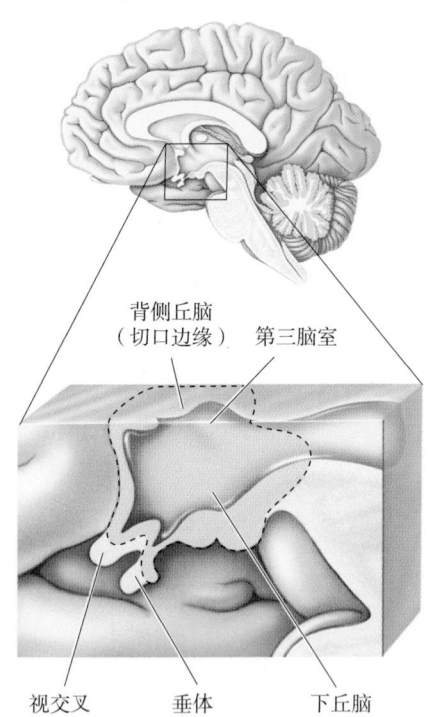

背侧丘脑
（切口边缘）   第三脑室

视交叉   垂体   下丘脑

▲ 图 15.2
下丘脑和垂体的位置。这是正中矢状切面图。注意：下丘脑（用虚线表示它的边界）形成第三脑室的壁，并位于背侧丘脑的下方

15.2   具有分泌功能的下丘脑

如第7章所述，下丘脑位于丘脑下方，紧靠第三脑室壁，通过垂体柄与垂体相连。垂体悬挂于脑基底部的下方，刚好在上颚的上方（图15.2）。虽然下丘脑这一小小的神经核团集群只占脑总量的不到1%，但它对机体生理功能的影响是巨大的。我们首先简单地介绍下丘脑，然后着重讨论下丘脑发挥重要作用的一些途径。

15.2.1   下丘脑概述

下丘脑与背侧丘脑毗邻，但它们的功能有很大的差异。正如我们在第7章中看到的，背侧丘脑位于那些点对点投射到新皮层的通路中。因此，损毁背侧丘脑的一小部分仅导致一种单独的感觉或运动障碍，如一个小的盲区或一部分皮肤的感觉丧失。相反，**下丘脑根据脑的需要整合躯体和内脏反应**。因此，下丘脑的一个微小损伤就会引起严重的，而且常常是致命的机体功能的广泛损害。

稳态。哺乳动物为了维持生命，要求体温和血液成分只能在很小的范围内波动。下丘脑能根据外界环境的变化对体温和血液成分做相应的调节，这种调节过程称为**稳态**（homeostasis），即把机体的内环境维持在一个较小的生理范围内。

就体温调节而言，体内很多细胞的生化反应所需的温度为37℃，即便体温升高或降低几度都是灾难性的。下丘脑内的温度敏感细胞检测脑内温度的变化，并且协调一些相应的反应。例如，假如你赤身在雪地漫步，下丘脑发出指令让你打寒战（肌肉产生热量），产生鸡皮疙瘩（竖起你早已不存在的皮毛以保暖——这是一种从我们多毛祖先那里继承下来的残留性反射活动，一种无效的努力），身体发紫（将血液从冰冷的体表组织中分流出来，以保持身体敏感的核心部位温暖）。相反，当你在热带地区跑步时，下丘脑激活散热机制使你体表变红（血液流到体表组织，热量在体表被辐射性散发）并出汗（通过蒸发而冷却皮肤）。

稳态的其他例子有血量、血压、血盐浓度、血酸碱度、血氧和血糖浓度的精细调节。下丘脑完成这些不同类型调节的机制是显著不同的。

下丘脑的结构和联系。每侧下丘脑有三个功能区：外侧区、内侧区和室周区（图15.3）。外侧区和内侧区与脑干和端脑有广泛的联系，调节某些行为活动，详细内容将在第16章中讨论。这里主要讲述第三个区，它主要接受来自其他两个区的传入冲动。

室周区（periventricular zone）之所以如此命名，是因为除了一群被视束推向外侧并形如一根纤细的手指状的神经元群（该神经元群被称为**视上核**，supraoptic nucleus），该区的细胞都紧挨着第三脑室的壁。在室周区中，存在着具有不同功能的神经元的复杂组合。同时，在室周区中，有一群细胞构成了**视交叉上核**（suprachiasmatic nucleus，SCN），该核团恰好位于视交叉上方。这些细胞接受来自视网膜的直接神经支配，起着将生理性日节

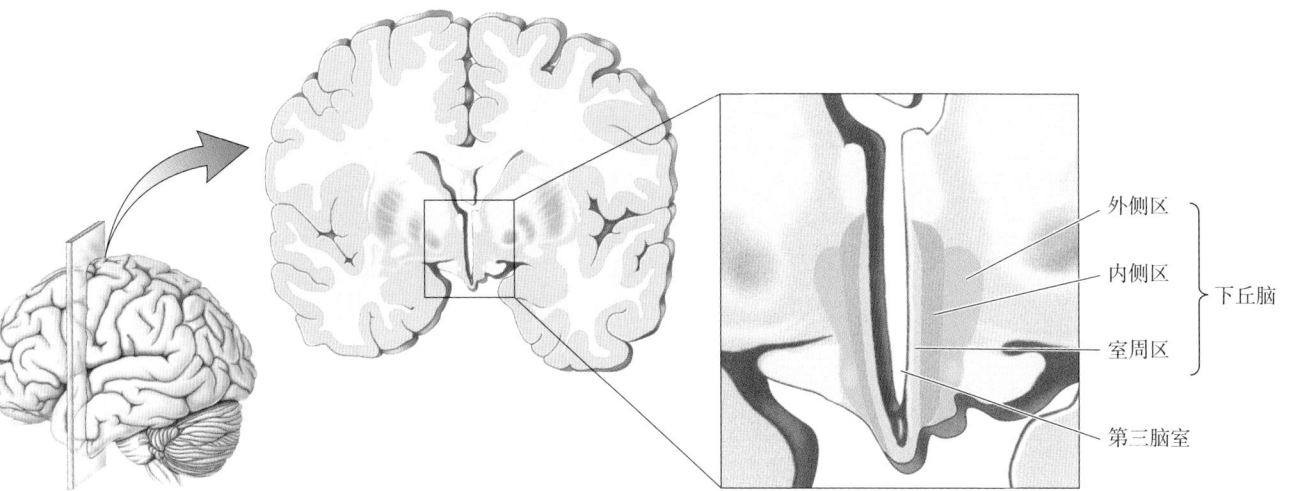

▲ 图 15.3
下丘脑的分区。下丘脑有三个功能区：外侧区、内侧区和室周区。室周区接受来自下丘脑其他两个区、脑干和端脑的传入冲动。室周区的神经分泌细胞分泌激素并进入血流。室周区的其他细胞控制自主神经系统

律（circadian rhythm）与每天的明暗交替同步起来的功能作用（见第 19 章）。另一群位于室周区的细胞控制自主神经系统的活动，对支配内脏器官的交感神经和副交感神经的传出冲动起调节作用。室周区的第三群细胞称为**神经分泌神经元**（neurosecretory neuron），这些细胞的轴突向下延伸，投射到垂体柄。下面，我们先讨论这一群细胞。

15.2.2　到垂体的通路

　　我们在前面已经说过，垂体在脑基底部下摆动——如果把脑从颅腔内取出，情况确实如此。然而，在活体脑内，垂体是被位于颅骨基底部的骨性"吊篮"柔和地握持着的。垂体需要这种特殊的保护，因为它是下丘脑对机体"说话"的"代言人"。垂体有两个叶，即后叶和前叶。下丘脑以不同的途径控制垂体的这两个叶的功能。

　　下丘脑对垂体后叶的控制。下丘脑最大的神经分泌细胞——**大细胞部神经分泌细胞**（magnocellular neurosecretory cell），其轴突沿垂体柄向下延伸，进入垂体后叶（图 15.4）。20 世纪 30 年代后期，在德国法兰克福大学（University of Frankfurt）工作的 Ernst 和 Berta Scharrer（贝尔塔·沙勒，女，1906.12—1995.7；恩斯特·沙勒，男，1905.8—1965.4；他们夫妇二人于 1928 年共同提出了神经分泌的概念，因而被认为是神经分泌学的创始人——译者注）提出，这些神经元释放化学物质直接进入垂体后叶的毛细血管内。在当时，这种观点是相当激进的，因为当时已确认称为**激素**（hormone）的化学物质是由腺体释放进入血流的，而没有人认为神经元也可能具有腺体那样的功能，或者说神经递质也能起到激素的作用。然而，Scharrer 夫妇是正确的。这些由神经元释放进入血液的物质现在被称为**神经激素**（neurohormone）。

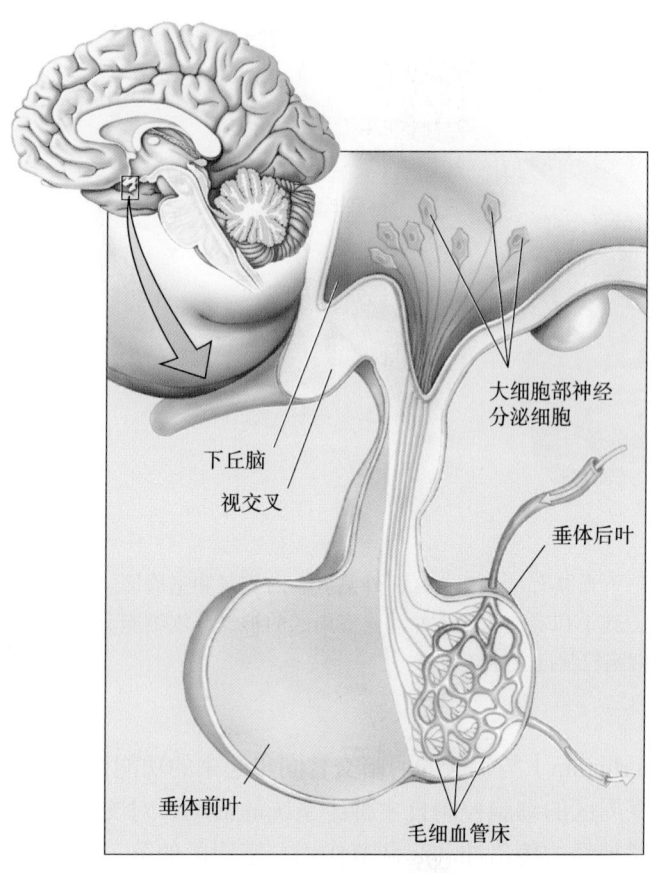

▲ 图 15.4

下丘脑的大细胞部神经分泌细胞。这是下丘脑和垂体的正中矢状切面图。大细胞部神经分泌细胞分泌缩宫素和血管升压素直接进入垂体后叶的毛细血管

　　大细胞部神经分泌细胞释放两种神经激素——缩宫素和血管升压素进入血流。这两种化学物质都是由 9 个氨基酸组成的肽。**缩宫素**（oxytocin；又称催产素——译者注）有时被称为"爱的激素"（love hormone），因为它在发生性行为或亲密行为时水平升高并促进社交凝聚力（将在第 17 章进一步讨论）。对于女性，缩宫素也引起子宫收缩和促进胎儿娩出，因而在女性分娩的最后阶段起重要的作用。缩宫素也刺激乳腺射出乳汁。所有哺乳期的母亲都感受到复杂的"射乳反射"（letdown reflex），此反射与下丘脑的缩宫素神经元有关。婴儿吸吮乳头产生的躯体感觉可以刺激缩宫素的释放。但是，母亲看到婴儿或听到婴儿（甚至是别人的婴儿）的哭声也能不由自主地发生泌乳。无论在哪种情况下，感觉刺激信息——躯体的、视觉的或听觉的——都是通过常规的路径，先到达丘脑然后到达大脑皮层，大脑皮层最终刺激下丘脑引起缩宫素的释放。大脑皮层也能抑制下丘脑的功能，例如焦虑能抑制射乳。

　　血管升压素（vasopressin）也称**抗利尿激素**（antidiuretic hormone，ADH），能调节血容量和血盐浓度。当机体缺水时，血容量减少而血盐浓度升高，这些变化分别被心血管系统内的压力感受器和下丘脑内的盐浓度敏感细胞（salt concentration-sensitive cell）所感受。血管升压素神经元接收到这些变化信息后释放血管升压素，血管升压素直接作用于肾脏，以保留水分和减少尿液生成。

　　在低血容量和低血压的情况下，脑与肾脏之间实际上会发生双向通信（图15.5）。肾脏分泌一种称为**肾素**（renin）的酶进入血液。肾素浓度的升高又引发血液中一系列的生化反应。**血管紧张素原**（angiotensinogen）是一种由肝脏释放的大分子蛋白质，被肾素转化成**血管紧张素Ⅰ**（angiotensin Ⅰ），血管紧张素Ⅰ进一步分解成另一种小分子肽类激素，即**血管紧张素Ⅱ**（angiotensin Ⅱ）。血管紧张素Ⅱ直接作用于肾脏和血管，使血压升高。血液中血管紧张素Ⅱ的浓度可被**穹隆下器**（subfornical organ）检测到，而穹隆下器是端脑的一个部分，它缺乏血-脑屏障。穹隆下器神经元的轴突投射到下丘脑，这些轴突除了发挥其他方面的作用，还可以激活下丘脑的血管升压素神经元。此外，穹隆下器还能激活下丘脑外侧区的细胞，产生强烈的口渴感而引起饮水行为。下面的说法可能难以接受，但它却是真实的：在一定程度上，我们的脑受到我们的肾脏的控制！上面的例子也说明下丘脑维持稳态的

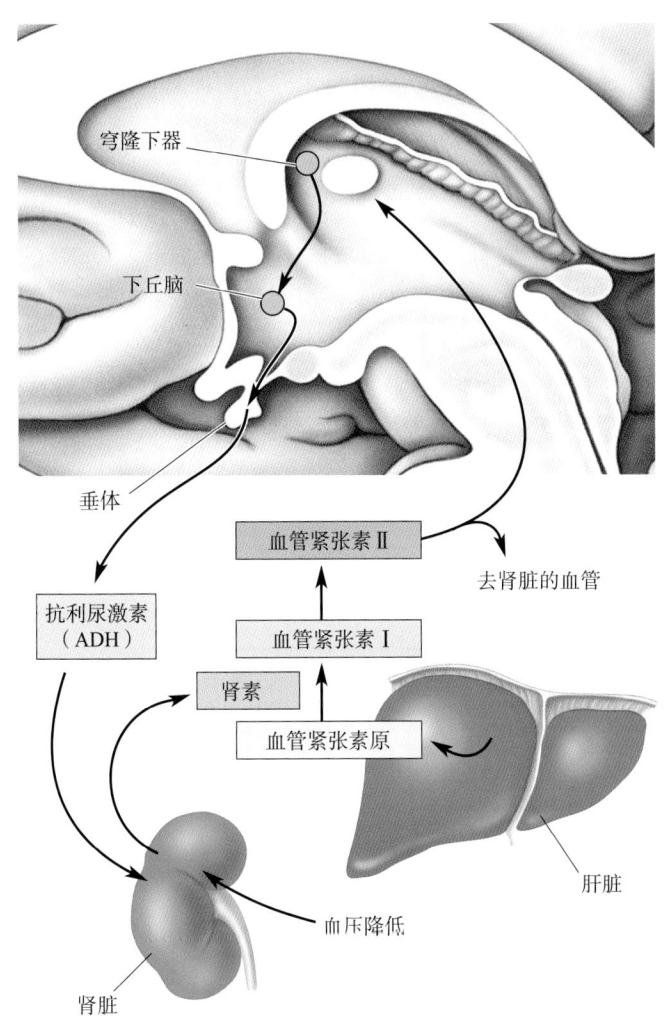

▲ 图 15.5

肾脏与脑之间的通信。在低血容量或低血压的情况下，肾脏分泌肾素进入血流。血液中的肾素促进血管紧张素Ⅱ的合成，后者兴奋穹隆下器神经元。穹隆下器神经元刺激下丘脑，引起血管升压素（抗利尿激素）分泌的增加和口渴的感觉

途径不仅仅限于对内脏器官的控制，还包括对行为反应的控制。在第16章，我们将更详细地探讨下丘脑是怎样激发行为活动的。

下丘脑对垂体前叶的控制。垂体前叶与垂体后叶不同，它不是脑的一个部分而确实是一个腺体。垂体前叶的细胞合成和分泌多种激素，这些激素调节全身其他腺体的分泌（因此，垂体前叶的细胞与其他腺体一起构成了内分泌系统）。垂体激素作用于性腺、甲状腺、肾上腺和乳腺（表15.1）。因此，垂体前叶被传统地描述为机体的"主控腺体"（master gland）。但是，什么部位控制垂体前叶呢？是具有分泌功能的下丘脑。**下丘脑本身就是内分泌系统的真正的主控腺体**。

垂体前叶受下丘脑室周区的神经元控制，这些室周区神经元称为**小细胞部神经分泌细胞**（parvocellular neurosecretory cell）。这些下丘脑室周区神经元的轴突并不延伸到垂体前叶，它们通过血流与垂体前叶联系（图15.6），即这些神经元释放**促垂体激素**（hypophysiotropic hormone）进入位于第三脑室底部的独特且特化的毛细血管床。这些小血管沿垂体柄向下延伸并且在垂体前叶形成分支。这一血管网称为**下丘脑-垂体门脉循环**（hypothalamo-pituitary portal circulation）。下丘脑神经元释放的促垂体激素进入门脉循环，并经血液向下运输，直到与垂体细胞表面的特异性受体结合。这些受体激活后将引起垂体细胞释放或停止释放激素进入体循环。

肾上腺的调节可说明这一系统是怎样工作的。肾上腺位于肾脏的正上方，由两部分组成，外壳称为**肾上腺皮质**（adrenal cortex），中心称为**肾上腺髓质**（adrenal medulla）。肾上腺皮质生成类固醇激素**皮质醇**（cortisol）；当其被释放进入血流后，能作用于整个机体，动员能量储备，抑制免疫系统，准备好面对生活中的各种压力。事实上，促使皮质醇释放的适宜刺激是应激（stress），它包括生理应激（如失血）、正性的情感刺激（如恋爱）和心理应激（如对即将来临的考试的焦虑）。

表15.1 垂体前叶的激素

激 素	靶组织	作 用
卵泡刺激素（follicle-stimulating hormone，FSH）	性腺	促进排卵和精子生成
黄体生成素（luteinizing hormone，LH）	性腺	促进卵巢和精子的成熟
促甲状腺激素（thyroid-stimulating hormone，TSH；或thyrotropin）	甲状腺	促进甲状腺分泌（增加代谢率）
促肾上腺皮质激素（adrenocorticotropic hormone，ACTH；或corticotropin）	肾上腺皮质	促进皮质醇分泌（动员能量储备，抑制免疫系统，以及其他功能）
生长激素（growth hormone，GH）	所有细胞	刺激蛋白质合成
催乳素（prolactin）	乳腺	促进乳腺生长和乳汁分泌

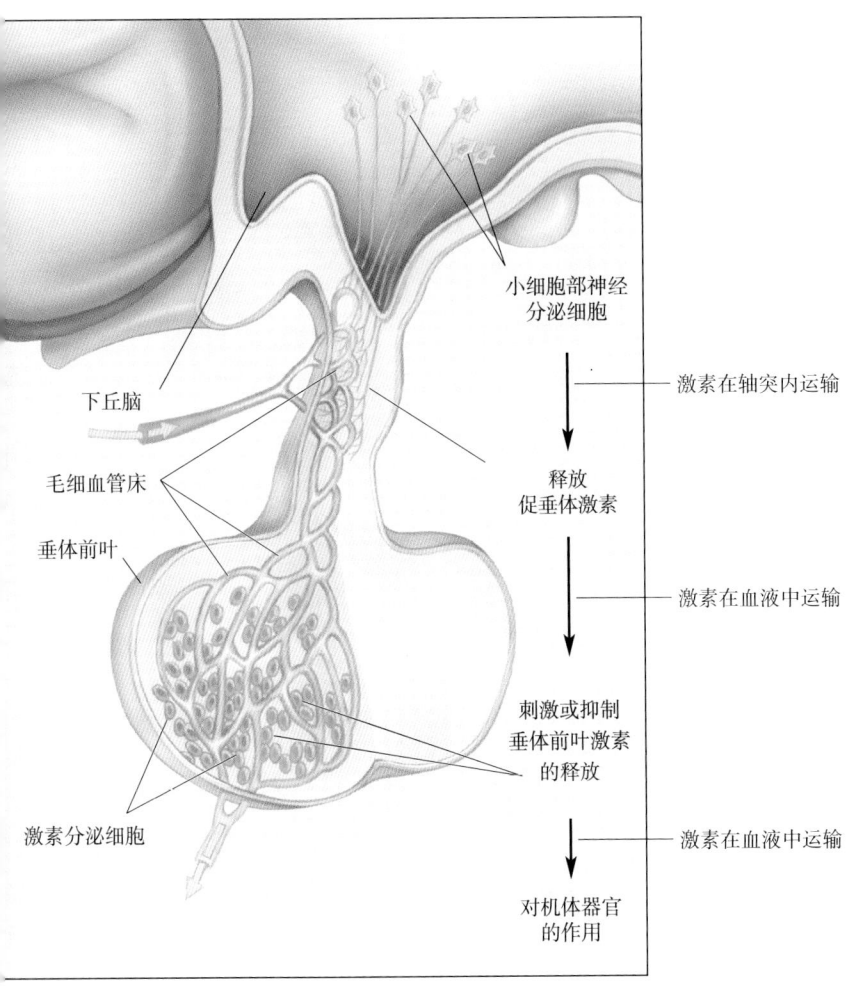

小细胞部神经分泌细胞

激素在轴突内运输

下丘脑

释放
促垂体激素

毛细血管床

激素在血液中运输

垂体前叶

刺激或抑制
垂体前叶激素
的释放

激素分泌细胞

激素在血液中运输

对机体器官
的作用

◀ 图 15.6

下丘脑的小细胞部神经分泌细胞。小细胞部神经分泌细胞分泌促垂体激素进入特殊的下丘脑－垂体门脉循环的毛细血管床。这些激素运输到垂体前叶，促进或抑制分泌细胞释放垂体激素

　　控制肾上腺皮质的小细胞部神经分泌细胞确定一个刺激是否为应激刺激（由皮质醇的释放来定义）。小细胞部神经分泌细胞位于下丘脑室周区，它们释放一种称为**促肾上腺皮质激素释放激素**（corticotropin-releasing hormone，CRH）的肽进入门脉循环。CRH被短距离地运输至垂体前叶，约15秒内即可刺激**促肾上腺皮质激素**（corticotropin 或 adrenocorticotropic hormone，ACTH）的释放。ACTH进入体循环而被运输至肾上腺皮质，它在这里数分钟内即可刺激皮质醇的释放（图15.7）。

　　血液中的皮质醇水平在某种程度上是自身调节的。皮质醇是一种**类固醇**（steroid），而类固醇是一类与胆固醇有关的生化物质。因此，皮质醇是一种亲脂性的分子，它容易溶于脂质细胞膜，也容易通过血脑屏障。在脑内，皮质醇与特异性受体相互作用，抑制CRH的释放，从而确保循环血液中的皮质醇水平不至于过高。当医生开强的松（prednisone，一种人工合成的皮质醇）处方时，需要注意这种反馈调节。强的松是一种强效药物，常用于抑制炎症。然而，当用药数天后，在血液循环中的强的松会使大脑误以为自然释放的皮质醇水平过高，从而抑制CRH的释放和压抑肾上腺皮质的分泌。突然停止强的松治疗而没有给予肾上腺皮质足够的时间来增加皮质醇的生成，会导致**肾上腺皮质功能不全**（adrenal insufficiency）。肾上腺皮质功能不全的症

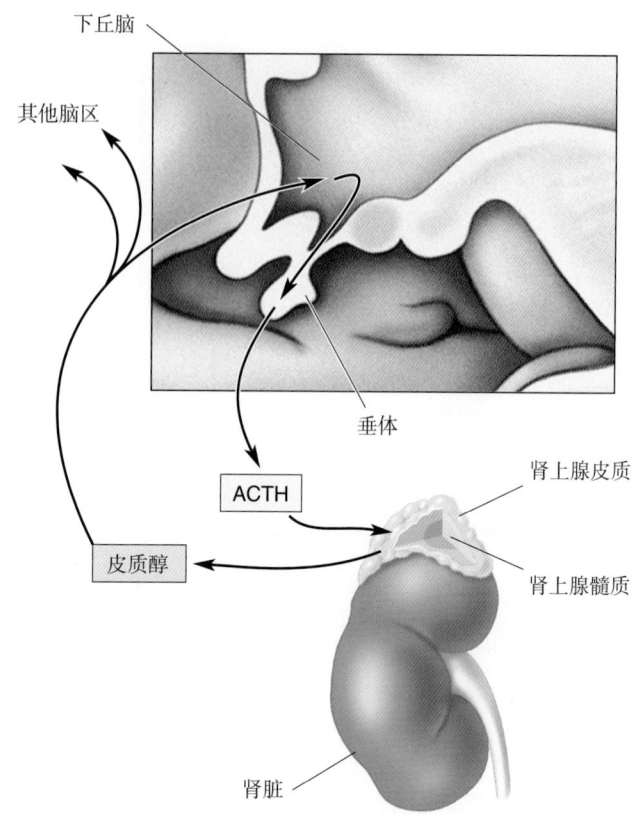

下丘脑

其他脑区

垂体

ACTH

皮质醇

肾上腺皮质

肾上腺髓质

肾脏

▲ 图15.7

应激反应。在受到生理的、情感的、心理的刺激时，或在应激时，下丘脑室周区分泌促肾上腺皮质激素释放激素（CRH）进入下丘脑-垂体门脉循环。CRH刺激促肾上腺皮质激素（ACTH）释放进入体循环。ACTH促进肾上腺皮质释放皮质醇。皮质醇能直接作用于下丘脑的神经元，也可作用于脑其他部位的神经元

状包括严重的腹痛和腹泻、极低的血压，以及情绪和性格的改变。肾上腺皮质功能不全也是**艾迪生病**（Addison's disease，一种罕见的疾病）的一个特征，该病因英国医生Thomas Addison（托马斯·艾迪生）在1849年首次描述而命名。Addison认为导致这种症候群的一个原因是肾上腺的退化。也许，最著名的艾迪生病患者是美国前总统约翰·肯尼迪（John F. Kennedy）。肯尼迪需要每天接受激素替代疗法来弥补皮质醇的减少，这一事实在他担任总统期间被隐瞒，以保护他年轻而充满活力的形象。

与肾上腺皮质功能不全相反的一面是一种被称为**库欣病**（Cushing's disease）的疾病；这种疾病由脑垂体功能障碍引起，因而导致ACTH和皮质醇水平随之升高。库欣病的症状包括体重迅速增加、免疫抑制、失眠、记忆力减退和烦躁。一点都不奇怪，库欣病的症状是强的松治疗的常见副作用。由过多（或过少）的皮质醇所引起的行为改变可能是由于具有皮质醇受体的神经元广泛地分布在脑内，而不仅仅局限地分布在下丘脑。皮质醇对下丘脑以外的其他中枢神经系统部位神经元的活动也有显著的影响。因此，我们可以见到由分泌性下丘脑释放的促垂体激素能够引起机体和脑的生理功能的广泛改变（图文框15.1）。

图文框 15.1　趣味话题

应激和脑

脑对真实的或想象的刺激产生生物学应激反应。很多与应激有关的生理反应有助于在第一时间保护机体和脑免受应激刺激的危害。但是，慢性应激确实有潜在的危害。神经科学家开始着手研究应激、脑与脑损伤之间的关系。

应激导致肾上腺皮质释放类固醇激素——皮质醇。皮质醇经血流运输到脑，与很多神经元的胞浆受体结合。激活的受体由胞浆运输到细胞核，在细胞核内刺激基因转录并最终诱导蛋白质合成。皮质醇作用的结果之一是促进更多的 Ca^{2+} 通过电压门控通道进入神经元。这一作用可能由离子通道的直接变化引起，也可能由细胞能量代谢的变化而间接地引起。不管其机制如何，推测皮质醇的这一作用有助于脑在短时间内对抗应激——这也许是为了帮助脑找到一个办法来避免应激的发生！

但是慢性的、不可避免的应激又有什么影响呢？在第 6 章中，我们已经知道太多的钙也是一件坏事。如果神经元钙超载，那么它就会死亡（兴奋性毒性）。于是，问题也就自然地出现了：皮质醇能杀伤细胞吗？洛克菲勒大学（Rockefeller University）的 Bruce McEwen 和他的同事们，以及斯坦福大学（Stanford University）的 Robert Sapolsky 和他的同事们已经在大鼠脑上对这一问题进行了研究。他们发现，每天注射皮质酮（大鼠皮质醇），连续注射几个

星期，引起许多具有皮质醇受体的神经元的树突萎缩。几个星期后，这些细胞开始死亡。如果每天给大鼠应激刺激而不注射激素，也得到类似的结果。

Sapolsky 在肯尼亚对狒狒（baboon）的研究进一步揭示了慢性应激的危害。野生狒狒保持复杂的社会等级，处于从属地位的雄性狒狒总是尽可能避开处于统治地位的雄性狒狒。有一年，狒狒的数量剧增，当地村民用笼子囚禁了许多狒狒以防止它们破坏庄稼。处于从属地位的雄性狒狒在笼子里不能躲开具有统治地位的雄性狒狒，因而死了很多——它们并不是死于创伤或营养不良，而明显是死于严重和持续的应激反应。它们患有胃溃疡、结肠炎、肾上腺增大和海马神经元的广泛退化。后来的研究表明，这些都是由皮质醇对海马的直接损害作用所引起的。皮质醇和应激的这些损伤作用与脑老化相似。的确，研究已清楚地表明慢性应激可引起脑的过早老化。

当人处于战斗、性虐待和其他类型的极端暴力的恐怖之中时，可导致创伤后应激障碍的发生，表现出高度焦虑、记忆障碍和侵入性思维（intrusive thought）等症状。脑成像研究也发现受害者脑（尤其是海马）的退行性病变。在第 22 章中，我们将看到应激及脑对应激的反应在一些精神紊乱中起到核心的作用。

15.3　自主神经系统

下丘脑室周区除了控制静脉血中的激素成分，还控制我们的**自主神经系统**（autonomic nervous system，ANS）。自主神经系统是广泛分布于体内的，由相互连接的神经元组成的网络。"自主"源于希腊语的 autonomia 一词，大意是"独立的"（independence）。自主性功能通常是自动完成的，并不受到意识（或随意）的控制。自主性功能也是一些高度协调的功能。想象一个突然发生的危机：早晨上课时，你正全神贯注地玩纵横填字游戏（crossword puzzle；流行于使用字母语言的国家或人群中的一种字谜游戏——译者注），出乎意料地，老师把你叫到黑板前去解一道你看上去不会解的方程式。于

是，你面临着一个接受挑战还是放弃解题的两难境地，即典型的逃跑－格斗境地（fight-or-flight situation）。尽管你的脑子在疯狂地思考，是胡乱地解题，还是蒙羞地求饶？但是，你的机体却做出了相应的反应——你的自主神经系统触发了一系列的生理反应，包括心率的加快、血压的升高、消化功能的抑制和葡萄糖储备的动员。这些反应都是由自主神经系统的**交感神经部**（sympathetic division）引发的。下面，来想象一下轻松的情景吧：此时，下课铃突然响了，把你从极度的尴尬和老师的愤怒中解救了出来。你回到了自己的座位上，深深地吸了一口气，你继续根据线索看看下面的第 24 号格子该填什么字母。几分钟内，你的交感性反应降低到低水平，而**副交感神经部**（parasympathetic division）功能重新加强：你的心率变慢，血压降低，消化功能加强以消化你的早餐，而且你停止了出汗。

　　注意：也许你在这整个不愉快的事件中没有离开过你的座位，也许你甚至连铅笔也没有动一下，但你机体内的各种活动发生了急剧的变化。与**躯体运动系统**（somatic motor system）不同，自主神经系统的作用是多方面的、广泛的和相对缓慢的；而躯体运动系统中的 α 运动神经元却能以点对点的精确度，迅速地兴奋骨骼肌。因此，自主神经系统是在相当宽泛的空间和时间范围内发挥作用。此外，躯体运动系统只能兴奋其在外周的靶组织；而自主神经系统与其不同，它平衡突触的兴奋和抑制，从而实现广泛的协调和等级性控制作用。

15.3.1　自主神经系统环路

　　躯体运动系统和自主神经系统一起构成了中枢神经系统的全部神经传出。躯体运动系统的功能单一，它支配和控制骨骼肌纤维。自主神经系统的作用复杂，它控制体内除骨骼肌之外**所有其他**受其支配的组织和器官。这两个系统在脑内都有上运动神经元（upper motor neuron），它们发出指令到下运动神经元（lower motor neuron），再由下运动神经元发出纤维支配神经系统外部的靶结构。然而，这两个系统有一些有趣的差异（图 15.8）。躯

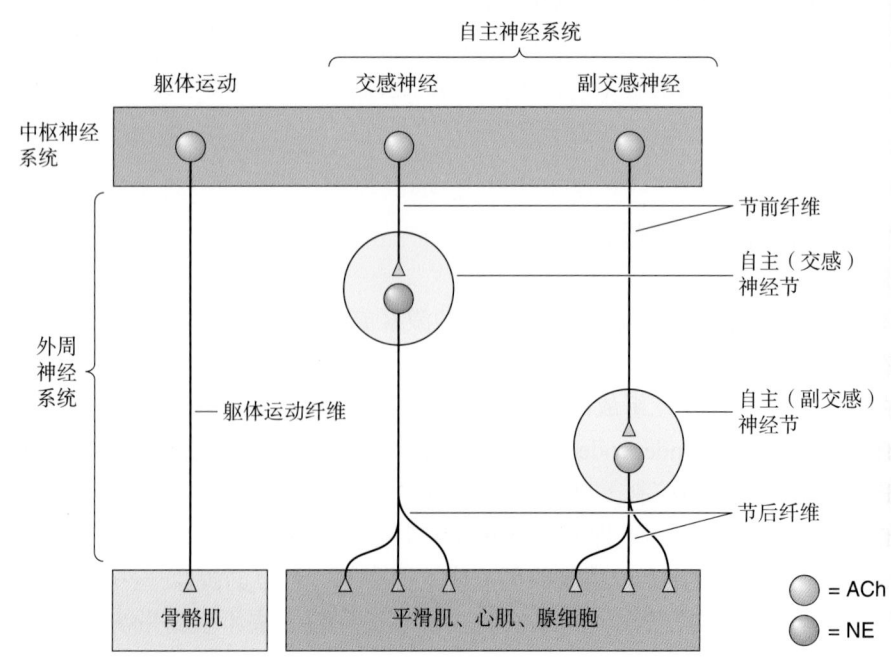

▶ 图 15.8
中枢神经系统三类神经输出的组构。躯体运动系统的唯一输出就是脊髓腹角和脑干内的下运动神经元，它们控制骨骼肌。内脏功能，如唾液分泌、出汗和生殖器兴奋依赖于自主神经系统的交感神经部和副交感神经部的控制，它们的下运动神经元（节后神经元）位于中枢神经系统外的自主神经节内

体神经系统的下运动神经元的胞体都位于中枢神经系统内，即在脊髓的腹角内或在脑干内；而自主神经系统的下运动神经元都位于中枢神经系统外部，即在称为**自主神经节**（autonomic ganglia）的细胞群内。这些神经节内的神经元称为**节后神经元**（postganglionic neuron）。节后神经元由**节前神经元**（preganglionic neuron）所支配，而节前神经元的胞体在脊髓和脑干内。因此，躯体运动系统通过**单突触通路**（monosynaptic pathway）控制它的靶组织（骨骼肌），而自主神经系统通过**双突触通路**（disynaptic pathway）影响其靶组织（平滑肌、心肌和腺体）。

交感神经部和副交感神经部。交感神经与副交感神经平行地发挥作用，但它们的通路在结构上和神经递质系统上有很大的差异。交感神经的节前轴突仅从脊髓的胸腰段发出；反之，副交感神经的节前轴突起源于脑干和脊髓底端的骶段。所以，这两个系统在解剖上是互补的（图15.9）。

交感神经部的节前神经元位于脊髓的**中间外侧灰质**（intermediolateral gray matter）中。这些交感神经节前神经元发出的轴突经脊髓腹根，到达脊柱旁的**交感神经链**（sympathetic chain）神经节（paravertebral ganglion，椎旁神经节——译者注），或者到达腹腔中的侧副神经节（collateral ganglia；又称prevertebral ganglion，椎前神经节——译者注），并与这些神经节中的神经元形成突触联系。另一方面，副交感神经的节前神经元位于脑干核团内和脊髓底部（骶段）内，它们的轴突行走于脑神经和脊髓骶神经内。副交感神经节前神经元的轴突比交感神经节前神经元的轴突长，这是因为副交感神经节位于它们的靶器官附近、靶器官上或靶器官内（图15.8和图15.9）。

自主神经系统支配三种组织：腺体、平滑肌和心肌。因此，几乎机体的每个部位都是自主神经系统的靶组织，如图15.9所示。自主神经系统：

- 支配分泌腺（唾液腺、汗腺、泪腺和各种黏液腺）。
- 支配心脏和血管以调节血压和血流量。
- 支配支气管以满足机体对氧气的需求。
- 调节肝脏、胃肠道和胰腺的消化和代谢功能。
- 调节肾脏、膀胱、大肠和直肠的功能。
- 对外生殖器的性反应和生殖器官具有重要作用。
- 与机体免疫系统相互作用。

交感神经与副交感神经的生理作用一般是相互对立的。交感神经在机体处于危急之中时活动最强；而且，不管是处在实际的危急之中，还是察觉到有危急的时候都是这样。与交感神经系统活动相关的一些行为被医学生们概括成简单（但易记）的口诀，称之为"4个F"（four Fs；即4个以字母f开头的单词所描述的4种行为学过程——译者注）：fight（格斗），flight（逃跑），fright（惊吓）和sex［性；推测作者在这里是以科学词汇sex来代替俚语的F-word（F词）——译者注］。副交感神经系统则促进各种"非4个F（non-four-F）"过程，如消化、生长、免疫反应和能量存储。在大多数情况下，自主神经系统的这两个部分的活动水平是交互的：当交感神经的活动加强时，

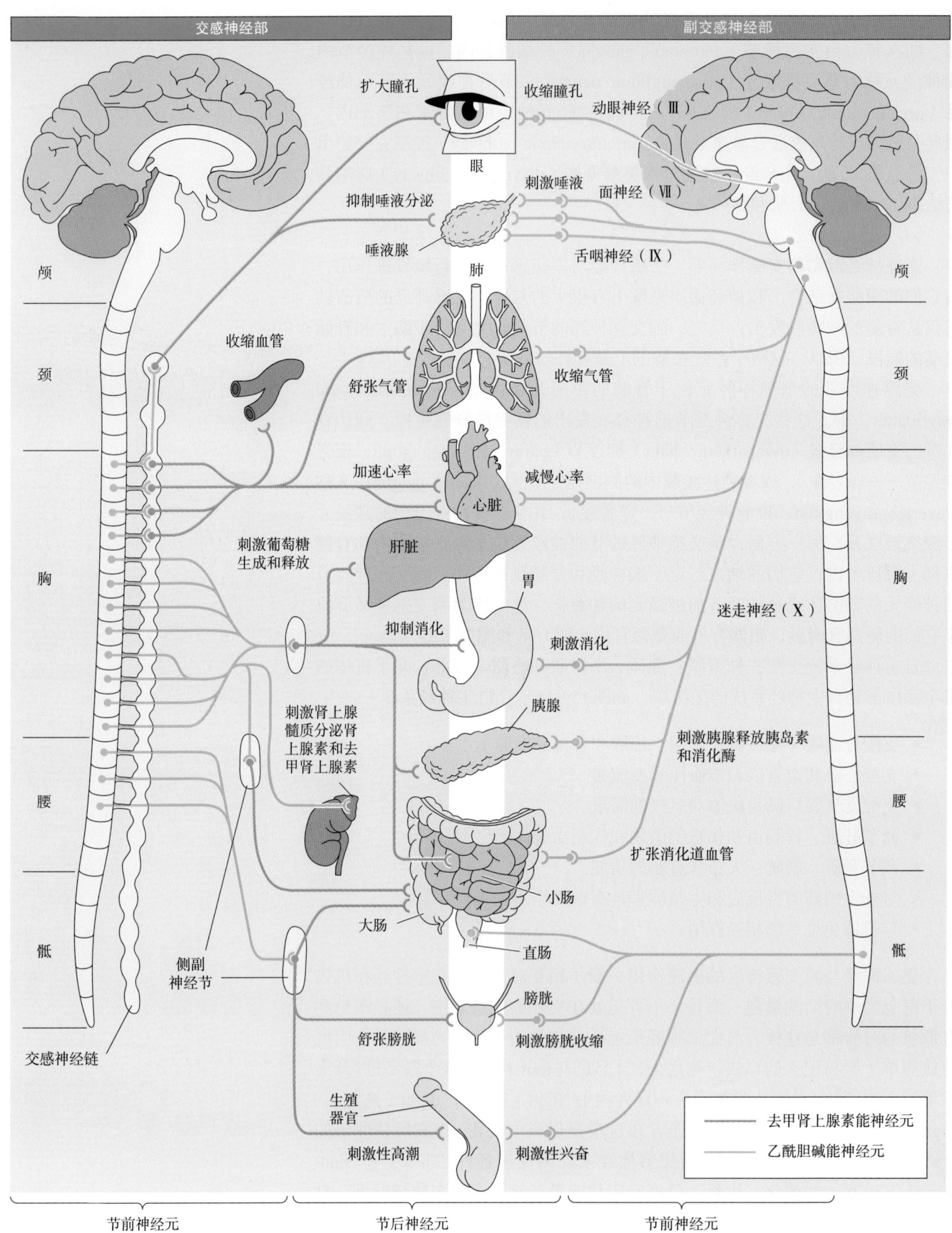

交感神经部

副交感神经部

扩大瞳孔

收缩瞳孔

动眼神经（Ⅲ）

眼

抑制唾液分泌

刺激唾液

面神经（Ⅶ）

唾液腺

舌咽神经（Ⅸ）

颅

收缩血管

肺

舒张气管

收缩气管

颈

加速心率

减慢心率

刺激葡萄糖
生成和释放

心脏

肝脏

胃

迷走神经（Ⅹ）

抑制消化

刺激消化

胸

刺激肾上腺
髓质分泌肾
上腺素和去
甲肾上腺素

胰腺

刺激胰腺释放胰岛素
和消化酶

腰

扩张消化道血管

小肠

侧副
神经节

大肠

直肠

骶

交感神经链

膀胱

舒张膀胱

刺激膀胱收缩

生殖
器官

刺激性高潮

刺激性兴奋

颅

颈

胸

腰

骶

—— 去甲肾上腺素能神经元
—— 乙酰胆碱能神经元

节前神经元

节后神经元

节前神经元

副交感神经的活动就减弱，反之亦然。交感神经强烈地动员机体以对应短时程的紧急情况，而这是以牺牲机体的长时程健康为代价的。副交感神经的活动平和，有利于机体保持长时程的良好状态。交感神经和副交感神经系统不可能同时强烈地兴奋，因为它们的总体目标是相互矛盾的。所幸的是，当它们当中的一个系统活动增强时，中枢神经系统内的神经环路可以抑制另一系统的活动。

一些例子说明了交感和副交感神经的平衡活动控制了机体器官的功能。虽然心脏的起搏区没有神经元的作用也能触发每一次心跳，但自主神经系统的交感神经和副交感神经支配心脏的起搏区并调节起搏区的活动。交感神经的活动导致心率加快，而副交感神经的活动使心率减慢。胃肠道的平滑肌也接受交感神经和副交感神经的双重支配，但交感神经和副交感神经的效应与它们对心脏的效应正好相反。副交感神经增强肠道的运动从而促进消化，而交感神经减弱肠道的运动以抑制消化。然而，不是所有组织都接受交感神经和副交感神经的双重支配，例如，皮肤血管和汗腺只被交感神经支配（被交感神经所兴奋），而泪腺（产生泪液）只被副交感神经支配（被副交感神经所兴奋）。

另一个关于副交感-交感活动平衡的例子是男性性反应的奇妙神经控制。男性的阴茎勃起是一个液压过程（hydraulic process）。当阴茎充血时，它便勃起，而这一反应由副交感神经的活动触发和维持。奇妙的是，性高潮和射精却是由**交感神经**所引起的。你可以想象，神经系统协调整个性行为的过程是多么复杂——副交感神经的活动启动性行为（并维持性行为），而完成一次成功的性行为却必须由副交感神经的兴奋转换为交感神经的兴奋。焦虑和担忧，以及伴随焦虑和担忧而产生的交感神经兴奋往往会抑制阴茎的勃起，并促进射精。不奇怪，阳痿和早泄是男性压力过大的常见症状（我们将在第17章中进一步讨论性行为）。

肠神经部。 自主神经系统的**肠神经部**（enteric division）有时被称为"小型脑"（little brain）。"小型脑"是一个独特的神经系统，它被包埋在一些似乎不太可能的部位：食道、胃、肠、胰腺和胆囊的管腔壁内。它由两个复杂的网络组成，每个网络都有感觉神经元、中间神经元和自主性运动神经元。

◀ 图 15.9

自主神经系统的交感神经部和副交感神经部的化学和解剖学组构。注意，交感神经和副交感神经节前纤维的神经递质都是乙酰胆碱（ACh）。支配内脏器官的副交感神经节后纤维的递质也是乙酰胆碱，但交感神经节后纤维的递质是去甲肾上腺素（支配汗腺、骨骼肌内血管平滑肌上的交感神经节后纤维使用的递质是ACh）。肾上腺髓质接受交感神经节前纤维的支配，并释放肾上腺素进入血流。注意交感神经的神经支配方式：胸腔内的靶器官由起源于交感神经链中的节后神经元支配，腹腔内的靶器官由起源于侧副神经节内的节后神经元支配

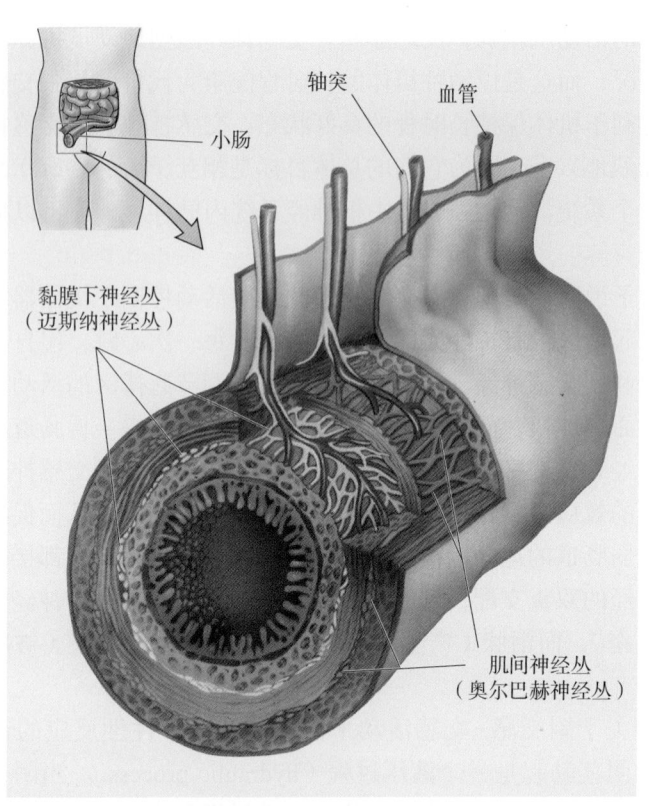

▲ 图 15.10

自主神经系统的肠神经部。 小肠横切面显示肠神经部的两个网络，肌间神经丛和黏膜下神经丛。这两个神经丛都含有内脏感觉和内脏运动神经元，它们控制消化器官的功能

这两个网络分别称为**肌间神经丛**（myenteric plexus；或 Auerbach's plexus，**奥尔巴赫神经丛、奥氏神经丛**）和**黏膜下神经丛**（submucous plexus；或 Meissner's plexus，**迈斯纳神经丛、迈氏神经丛**）（图 15.10）。这两个神经丛控制从口腔到肛门的与运送和消化食物有关的许多生理过程。其实，肠神经系统并不小，它含有约 5 亿个神经元，相当于整个脊髓的神经元数量！

如果把自主神经系统的肠神经部称为"脑"（可能有些夸张），那是因为它们的运行具有很大程度的独立性。肠感觉神经元监测胃肠壁的紧张性和伸展性、胃肠内容物的化学状态和血液中的激素水平。肠中间神经元和肠运动神经元（它们也位于肠内）环路利用这些信息控制平滑肌的运动、黏液的产生、消化液的分泌和局部血管的口径。例如，想象一下已部分消化的比萨饼在小肠内消化的过程。肠神经部确保有润滑作用的黏液和消化酶释放；确保节律性肌肉运动（蠕动）发生，使比萨饼和消化酶得以充分混合；确保肠道血流量增加，从而提供足够的血液来源，将新获得的营养物质输送到身体的其他部分。

肠神经部的活动并不完全是自主的，它通过交感神经和副交感神经轴突间接地接受来自"真正的"脑的输入。这种输入对肠神经系统的调节起补充作用，并且在某些情况下还能替代肠神经系统的作用。例如，在发生急性应

散期间，交感神经系统的强烈活动可抑制肠神经系统和消化系统的功能。

自主神经系统的中枢控制。正如我们已经谈到的那样，下丘脑是自主神经节前神经元的主要调节者。下丘脑这一小小的结构，以某种方式整合它所接收到的关于机体状况的各种信息，预测机体的某些需要，并提供一整套协调的神经和内分泌输出活动。下丘脑室周区与脑干和脊髓核团之间的联系对于自主神经系统的控制是必需的，因为在这些脑干和脊髓的核团内含有交感神经和副交感神经的节前神经元。位于延髓，并与下丘脑连接的**孤束核**（nucleus of the solitary tract）是另一个重要的自主神经系统控制中枢。事实上，即使脑干与它上方所有的脑结构（包括下丘脑）分离，一些自主性神经功能仍能很好地完成。孤束核整合来自内脏器官的感觉信息，并协调传出到脑干自主性神经核团的神经活动。

15.3.2　自主性功能的神经递质和药理学

甚至那些从没有听说过**神经递质**一词的人，也知道"让你的肾上腺素流动起来"（get your adrenaline flowing）这句话是什么意思。（在英国，肾上腺素被称为**adrenaline**，而在美国其被称为**epinephrine**。）在历史上，关于神经递质是怎样发挥功能作用的问题，可能自主神经系统让我们知道的要比机体其他部分告诉我们的多得多。由于自主神经系统比中枢神经系统相对简单些，我们因此对其了解得更多。此外，由于自主神经系统外周部分的神经元位于血脑屏障之外，因而所有进入血流的药物都能直接到达这些神经元。自主神经系统的相对简单性和可及性，使得我们对影响突触传递的药物的作用机制有了能更加深入的了解。

节前神经递质。外周自主性神经元的主要递质是**乙酰胆碱**（acetylcholine，ACh），与骨骼肌神经肌接头所使用的递质相同。**交感神经和副交感神经的节前神经元都释放乙酰胆碱**。乙酰胆碱与烟碱型乙酰胆碱受体（nAChR，该受体是乙酰胆碱门控离子通道）结合之后的即刻效应是引起一个快速的兴奋性突触后电位（EPSP），而兴奋性突触后电位通常触发节后神经元产生一个动作电位。这与乙酰胆碱在骨骼肌神经肌接头处的作用机制很相似，阻断肌细胞上烟碱型乙酰胆碱受体的药物（如箭毒）也阻断自主神经的传出。

然而，神经节中的乙酰胆碱要比神经肌接头处的乙酰胆碱具有更多的作用。神经节中的乙酰胆碱还能激活毒蕈碱型乙酰胆碱受体（mAChR），该受体是促代谢型（G蛋白耦联）受体，这种受体能引起离子通道的开放和关闭，导致缓慢的兴奋性突触后电位和抑制性突触后电位（IPSP）。这些缓慢的毒蕈碱型乙酰胆碱受体事件（mAChR events；即兴奋性和抑制性突触后电位——译者注）通常很不明显，除非节前神经被反复地激活。除乙酰胆碱外，一些节前神经末梢也释放各种小分子的神经活性肽，如**神经肽Y**（neuropeptide Y，NPY）和**血管活性肠肽**（vasoactive intestinal polypeptide，VIP）。它们也能与G蛋白耦联受体相互作用，然后激发小的、可持续数分钟的兴奋性突触后电位。这些肽起调制性作用，通常它们并不使突触后神经元达到放电阈值，但当它们与乙酰胆碱一起作用时，可使突触后神经元更易发生快速的烟碱型效应。由于刺激这些调制性神经递质的释放需要一次以上的动作电位，因此节前神经元的放电型式是确定节后神经元活动类型的一个重要因素。

节后神经递质。节后神经元，即自主性运动神经元，使用自主神经系统的交感和副交感神经的不同神经递质来引起腺体分泌、括约肌收缩或舒张等效应。副交感神经的节后神经元释放乙酰胆碱，而大部分交感神经的节后神经元释放**去甲肾上腺素**（norepinephrine，NE）。副交感神经递质乙酰胆碱对靶组织的作用非常有限，并且完全通过毒蕈碱型乙酰胆碱受体来发挥作用。相反，交感神经递质去甲肾上腺素的作用较为广泛，它甚至能够进入血液，随血液循环而扩散得更为广泛。

一旦掌握了自主神经系统的环路和化学知识（图15.9），你就能够自信地预测那些可以与胆碱能和肾上腺素能系统发生相互作用的各种药物的效应。一般来说，加强去甲肾上腺素作用或抑制乙酰胆碱毒蕈碱样作用的药物是**拟交感神经**（sympathomimetic）类的药物，这些药物可以模拟自主神经系统交感神经部的激活效应。例如，毒蕈碱型乙酰胆碱受体对抗剂**阿托品**（atropine）可导致交感神经兴奋的效应，如瞳孔扩大。这一效应源于副交感神经的作用被阻断，原先平衡的自主神经系统活动偏向了交感神经一侧。另一方面，加强乙酰胆碱毒蕈碱样作用或抑制去甲肾上腺素作用的药物是**拟副交感神经**（parasympathomimetic）类的药物，这些药物的效应可以模拟自主神经系统副交感神经部的激活效应。例如，去甲肾上腺素β受体对抗剂**心得安**（propranolol）可减慢心率和降低血压。因此，心得安有时被用来防止怯场时出现的生理反应。

那么，我们熟悉的"肾上腺素流"（flow of adrenaline）又是怎么回事呢？肾上腺素就是交感神经节前纤维兴奋时，由其所支配的肾上腺髓质释放入血液的化合物。肾上腺素实际上源于去甲肾上腺素（norepinephrine；在英国被称为**noradrenaline**），它对靶组织的作用与交感神经激活时所引起的效应几乎完全相同。因此，肾上腺髓质实际上只不过是一个改良型的交感神经节。你可以想象，当肾上腺素流动起来的时候，一套协调的、全身性的交感神经效应开始发挥作用。

15.4　脑的弥散性调制系统

想想当你睡着的时候会发生什么。内部指令"你昏昏欲睡了"和"你快要睡着了"是必须要被脑的广泛区域所接受的信息。分发这些信息的神经元需要具有分布非常广泛的轴突。脑内有一些这种类型的神经元集合，集合中的每一个神经元都使用一种特定的神经递质，并形成广泛分布的、弥散的、错综复杂的连接。这些神经元不是传递详细的感觉信息，而是实行调节功能，即调节众多的突触后神经元集合（如位于大脑皮层、丘脑和脊髓的突触后神经元），使得这些突触后神经元变得更为兴奋或抑制、更为同步化地或非同步化地活动，等等。总的来说，这些神经元的调节功能有点像收音机的音量控制，以及高频音和低频音的频带控制，这些控制不会改变歌曲的歌词和旋律，但可显著地调节音量和音调。此外，不同的弥散性调制系统对于运动控制、记忆、情绪、动机和代谢状态等方面来说似乎也都是很重要的。很多精神药物影响这些弥散性调制系统，而这些系统在目前关于某些精神紊乱的生物学基础理论中占有显要的地位。

15.4.1　弥散性调制系统的解剖和功能

各个**弥散性调制系统**（diffuse modulatory system）在结构和功能上都有差别，但它们也有一些共同的特点：

- 通常，各个弥散性调制系统的核心都有一小群神经元（几千个）。
- 这些弥散性调制系统的神经元都位于脑的中央核心部位，其中大多数在脑干。
- 每个神经元都能影响很多其他的神经元，这是因为每个神经元都有一根轴突，而这根轴突可能与超过 100,000 个以上广泛分布在脑中的突触后神经元接触。
- 由这些系统的突触所释放的递质分子进入细胞外液，故递质能够扩散到很多神经元周围，而不仅仅局限在突触间隙附近。

下面将主要讨论以去甲肾上腺素（NE）、5-羟色胺（5-HT）、多巴胺（DA）和乙酰胆碱（ACh）为神经递质的脑内调制系统。从第 6 章中我们已经知道这些递质都能激活特异的促代谢型（G蛋白耦联）受体，而这些受体介导了这些递质的大多数效应，例如，脑内促代谢的乙酰胆碱受体的数目要比促离子的烟碱型乙酰胆碱受体多 10~100 倍。

由于神经科学家仍在努力工作，以确定这些弥散性调制系统在行为方面的确切功能，这里所阐述的只是一些一般性概念。然而，有一点是清楚的，即弥散性调制系统的功能依赖于这些系统的单独和综合电活动，以及有多少神经递质可以被它们释放出来（图文框 15.2）。

去甲肾上腺素能的蓝斑核。 去甲肾上腺素除了是外周自主神经系统的神经递质，也被脑桥内小小的**蓝斑核**（locus coeruleus）神经元用作神经递质 [locus coeruleus 来自拉丁语，意为 blue spot（蓝点），由该核团细胞内所具有的色素而得名]。我们有两个蓝斑核，每侧脑桥各有一个，而每个蓝斑核内约有 12,000 个神经元。

这方面研究的一个重大突破发生在 20 世纪 60 年代中期。那时，瑞典卡罗林斯卡研究所（Karolinska Institute）的 Nils-Åke Hillarp 和 Bengt Falck 发明了一种新技术，该技术能选择性地显示脑组织切片上的儿茶酚胺能（去甲肾上腺素能和多巴胺能）神经元（图 15.11）。这一研究揭示了蓝斑核的神经轴突以几种路径离开蓝斑，然后成扇形散开而几乎支配了脑的每一个部位，包括全部大脑皮层、丘脑、下丘脑、嗅球、小脑、中脑和脊髓（图 15.12）。蓝斑核在脑内形成了一些最弥散的连接，考虑到仅仅一个蓝斑核神经元就能形成 250,000 个突触，那么有可能它的一个轴突分支在**大脑皮层**，另一个轴突分支却在**小脑皮层**！这一环路的组构与已知的脑内突触连接方式是如此不

图文框15.2 趣味话题

想吃什么，也许你就缺什么

美国人似乎总想减肥。20世纪90年代风靡一时的低脂肪、高碳水化合物饮食（如面包圈）被低碳水化合物饮食（如煎蛋饼）的热潮所取代。改变饮食可以改变热量的摄入和身体的代谢，也可以改变你的脑功能。

饮食对脑的影响在弥散性调制系统中看得最清楚。以5-羟色胺为例：5-羟色胺源于食物中的一种氨基酸色氨酸，它分两步被合成（图6.14）。第一步，在色氨酸羟化酶的作用下，一个羟基（OH）被加到色氨酸上。色氨酸羟化酶对色氨酸的低亲和力使其催化的步骤成为5-羟色胺合成的**限速**步骤，即色氨酸被色氨酸羟化酶羟化得越快，5-羟色胺合成的速度就越快。此外，5-羟色胺的合成速度也需要有大量的色氨酸来加快。然而，脑中色氨酸的水平远低于饱和色氨酸羟化酶所需的水平。因此，5-羟色胺的合成速度部分取决于脑中色氨酸的水平——色氨酸越多，5-羟色胺的合成就越多；色氨酸越少，5-羟色胺的合成就越少。

脑中色氨酸的水平由血液中色氨酸的量及色氨酸跨血脑屏障的转运效率来控制。血液中的色氨酸源于食物中的蛋白质，因此高蛋白质的饮食将导致血液中的色氨酸水平急剧升高。然而，奇怪的是，在一顿丰盛的高蛋白膳食后的数小时，脑内色氨酸（以及5-羟色胺）的水平却降低。麻省理工学院（Massachusetts Institute of Technology）的Richard Wurtman和他的同事们解决了这个矛盾的问题，他们

观察到其他几种氨基酸（酪氨酸、苯丙氨酸、亮氨酸、异亮氨酸和缬氨酸）与色氨酸竞争透过血脑屏障。高蛋白饮食中也富含这些氨基酸，它们可抑制色氨酸进入脑。这种情况可被含有某种蛋白质的高碳水化合物饮食所逆转。胰岛素（作为胰腺对碳水化合物刺激所发生的反应而被释放出来）可降低血液中那些与色氨酸发生竞争的氨基酸水平。因此，血液中的色氨酸得以被有效地转运到脑中去，5-羟色胺的水平也就随之升高。

脑中色氨酸的增加与情绪的高涨、焦虑的减少和困倦的增强有关，这些现象可能由于5-羟色胺水平的改变所致。色氨酸的不足可以解释患有季节性情感障碍（seasonal affective disorder）的人对碳水化合物渴求的现象，而季节性情感障碍是一种由于冬季日照减少而引起的情绪沮丧。这也可以解释另一种现象——在临床试验上，为什么不得不停止那些用极度剥夺碳水化合物的方法来治疗肥胖症，因为患者抱怨出现了情绪紊乱（抑郁、易怒）和失眠。

基于上述及其他研究结果，Wurtman和他的妻子Judith提出了一个有趣的观点，即我们对食物的偏好可能反映了我们的脑对5-羟色胺的需求。与这个观点一致的是，提高细胞外5-羟色胺浓度的药物在有效地减轻体重的同时，也可以减轻抑郁症状。其中的原因可能是减少了机体对碳水化合物的渴求。我们将在第16章和第22章分别进一步地讨论5-羟色胺在食欲调节和在情感调节中的作用。

▶ 图15.11

蓝斑中含有去甲肾上腺素的神经元。去甲肾上腺素能神经元与甲醛气体发生反应而显示出绿色荧光，这使得对这些神经元的广泛投射的解剖学研究成为可能（图片由Kjell Fuxe博士惠赠）

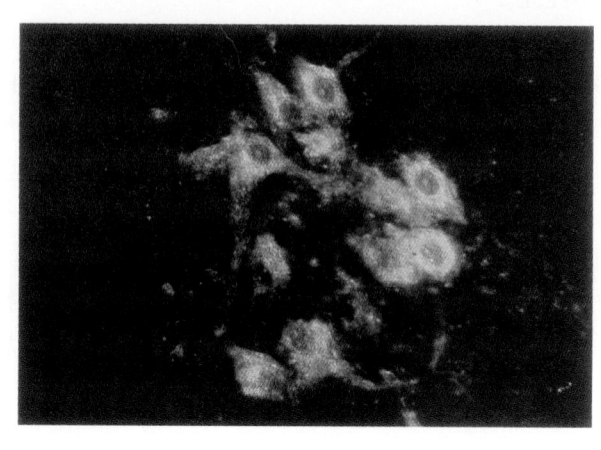

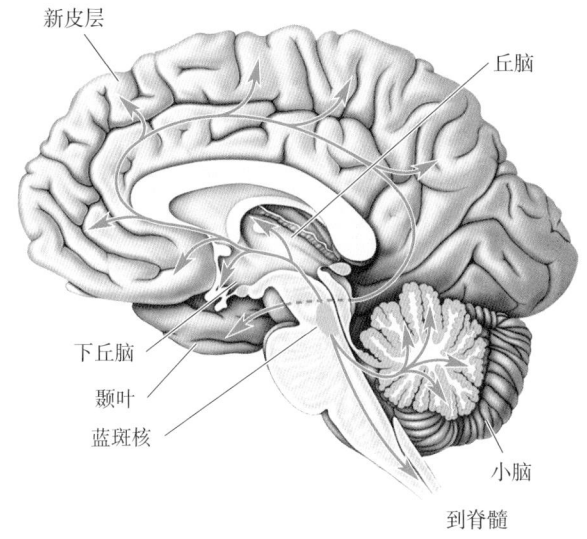

去甲肾上腺素系统

新皮层

丘脑

下丘脑

颞叶

蓝斑核

小脑

到脊髓

◄ 图 15.12
起源于蓝斑核的去甲肾上腺素能弥散性调制系统。蓝斑核神经元发出轴突投射到中枢神经系统的广泛区域，包括脊髓、小脑、丘脑和大脑皮层

同，以至于花了很多年的研究才使主流神经科学家群体接受这样一种观点：去甲肾上腺素是脑内的一种神经递质（图文框 15.3）。

蓝斑细胞似乎涉及调节注意、激起、睡眠–觉醒周期，以及学习和记忆、焦虑和痛觉、情绪和脑代谢等过程。这听起来好像是蓝斑能够包揽一切，但这里的关键词是"涉及"，即意味着该核团几乎与所有的事情都有关。例如，我们的心脏、肝脏、肺脏和肾脏也涉及脑的每个功能，因为没有这些脏器，脑就不可能存活。由于蓝斑核的广泛联系，它事实上能够影响到脑所有部位的活动。但是，为了理解蓝斑核的实际功能，让我们从什么因素可以激活该核团的神经元开始讨论。从对清醒、活动的大鼠和猴的记录中说明，动物环境中新异的、非预期的、非疼痛的感觉刺激可以最强烈地引起蓝斑核神经元的兴奋。当动物处于非警觉、安静地待着、消化食物的状态时，蓝斑核的神经元最不活跃。蓝斑核可能参与动物对外部世界的事件发生兴趣时的一般性脑觉醒。由于去甲肾上腺素可使大脑皮层更容易对显著的感觉刺激发生反应，因此蓝斑核可以增强脑的反应性，加快感觉系统和运动系统对点对点的信息的处理，并提高这两个系统的信息处理效率。

5- 羟色胺能的中缝核。5- 羟色胺神经元主要聚集于 9 个**中缝核**（raphe nuclei）内。**raphe** 在希腊语中是 ridge（山脊）或 seam（缝隙）的意思，而中缝核确实位于脑干中线两侧的脑边缘。中缝核中的每个核团都发出纤维投射到中枢神经系统的不同区域（图 15.13）。位于尾侧部的，即延髓内的中缝核神经元投射到脊髓，在脊髓水平调节与痛觉相关的感觉信号（见第 12 章）；而那些位于尾侧部，即位于脑桥和中脑内的中缝核神经元，以与蓝斑神经元非常相似的弥散性投射方式支配脑的大部分区域。

与蓝斑核神经元相似，中缝核神经元在动物觉醒状态下，以及被激起和活动时放电频率最快；在动物睡眠时放电频率最低。蓝斑核和中缝核都是**上行网状激活系统**（ascending reticular activating system；即脑干网状结构上行激活系统——译者注）的一部分，而上行网状激活系统这一古老的概念意味

图文框15.3   发现之路

探索中枢去甲肾上腺素能神经元

Floyd Bloom 撰文

20世纪30年代,去甲肾上腺素(NE)是外周自主性交感神经系统神经递质的观点被接受;但在接下来的30年里,这种儿茶酚胺类物质在脑内的情况仍然未能被确定。到了20世纪50年代后期,中枢化学神经传递被认为是神经肌肉接头化学传递在脑内的一个延伸,而后者是当时研究得最为透彻的突触。此时,乙酰胆碱已满足了作为一种神经递质的4个鉴定标准:存在的部位、可以模拟神经的作用、完全相同药理学特征和离子渗透性改变。但是,脑内那些不由乙酰胆碱所介导的突触使用的是其他什么化学物质呢? NE在脑内被检测到,并且呈区域性分布(下丘脑中含量丰富,皮层中含量低)。这一现象与NE仅仅为脑血管提供交感神经支配是不相符的,那它又起什么作用呢?

1962年,我去了美国国立卫生研究院(National Institutes of Health,NIH)以避免作为医生而被征召入伍。我花了两年的时间来评估下丘脑、嗅球和纹状体中神经元如何对微电泳的NE产生反应。结果看起来是随机的:三分之一的神经元放电变快,三分之一的放电变慢,剩下的三分之一没有反应。我们缺乏的知识是哪些神经元(如果有的话)确实受到NE纤维的支配。这一关键问题被瑞典科学家Nils-Åke Hillarp和Bengt Falck给出了答案,他们研发了一种名为**甲醛诱发的荧光**(formaldehyde-induced fluorescence)的组织化学方法,当用适当波长的光照射时,单胺

类物质(NE、多巴胺和5-羟色胺)会发出荧光。但是,在华盛顿特区(Washington D.C.)潮湿的气候下,我不能重复他们的结果。于是,我去了耶鲁大学(Yale University),尝试用电子显微镜和放射自显影的方法来观察哪些神经末梢富含放射性的NE,这就是Julius Axelrod(朱利叶斯•阿克塞尔罗德,1912.5—2004.12,美国生物化学家,美国国家科学院院士,因鉴定了一种抑制神经冲动的酶而获得1970年诺贝尔生理学或医学奖——译者注)用来研究松果体的交感神经支配的方法。

当我在1968年回到NIH时,我已经获得了足够的证据来推测小脑浦肯野神经元(Purkinje neuron)是一些利用NE来作为神经递质的突触的靶点。就细胞回路而言,小脑也是脑中被了解得最清楚的一个脑区。我与研究小脑发育的Barry Hoffer及研究交感神经支配外周血管的专家George Siggins一起,开始检测浦肯野神经元如何对NE产生反应。我们发现浦肯野神经元通过减慢自发放电活动而对NE产生持续的反应。NE的作用被去甲肾上腺素β受体对抗剂所阻断,并被NE重摄取抑制剂所延长。当用神经毒素6-羟基多巴胺(6-hydroxydopamine)损毁NE神经元后,这两种作用都消失。

1971年,在我访问卡罗林斯卡研究所(Karolinska Institute)期间(在那一年,Axelrod被授予了诺贝

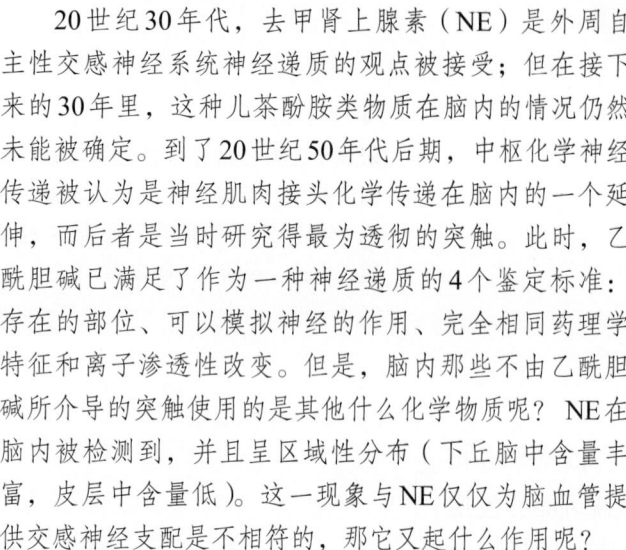

着脑干的"网状核心"(reticular core)参与了激起和唤醒前脑的过程。这一简单的观点自从20世纪50年代提出之后,已经被改进和重新定义了很多次,但其基本概念依然如旧。中缝神经元似乎与睡眠–觉醒周期及睡眠不同阶段的调控密切相关。需要注意的是,其他几种递质系统也以协调的方式参与了这些功能的调节。我们将在第19章讨论弥散性调制系统对睡眠和觉醒的调节。

5-羟色胺能的中缝神经元还可调节情绪和某些类型的情感行为。我们将在第22章讨论临床抑郁症时再论述5-羟色胺与情绪的关系。

多巴胺能的黑质和腹侧被盖区。很多年以来,神经科学家都认为多巴胺

尔奖；原文如此，参见以上对 Julius Axelrod 的译者注），其于 1970 年获得诺贝尔生理学或医学奖——译者注），我从 Lars Olson 和 Kjell Fuxe 处获悉，脑桥中的蓝斑核提供了小脑和整个前脑的 NE 神经支配（图 A）。当 Siggins、Hoffer 和我用电流刺激蓝斑核时，浦肯野细胞放电减慢，模拟了微电泳 NE 的作用。当用酪氨酸羟化酶的抑制剂耗竭 NE 后，或者用 6- 羟基多巴胺消除 NE 神经元后，刺激蓝斑核的效应就消失了。最后，我们确信 NE 满足了作为神经递质的鉴定标准；但很清楚，NE 的中枢神经系统作用与那些"经典的"快速中枢递质系统的作用明显不同。NE 不是一个严格意义上的兴奋性或抑制性的神经递质，而似乎对传入同一突触后靶点的其他传入投射的效应起增强作用。与我一起在 NIH 工作的 Menahem Segal 对 NE 在海马中的作用的研究也得到了类似的结论。

在我去索尔克研究所（Salk Institute；美国加州南部的一个独立非营利性科学研究机构——译者注）后，我与 Steve Foote 和 Gary Aston-Jones 合作，一起记录了清醒行为状态下的大鼠和松鼠猴（squirrel monkey）蓝斑核神经元的放电模式。这些实验揭示，蓝斑核神经元对各种模态的新异感觉信号有短暂的位相性反应；在快速眼球运动睡眠中，神经元的紧张性放电进行性地减慢直到静止。神经元的位相性和紧张性放电模式与 α（高敏感性）和 β（低敏感性）肾上腺素受体的化学阈值相关。

随后，我与 Steve Foote、John Morrison 和 David Lewis 利用多巴胺 -β- 羟化酶（dopamine-β-hydroxylase，该酶仅存在于 NE 神经元中）的抗体做免疫组织化学实验，绘制了非人类灵长类脑的详细 NE 回路图。与啮齿动物皮层弥散性的 NE 神经支配相比，该图说明非人类灵长类大脑皮层中的 NE 神经支配在数量上有差异，尤其是在扣带皮层和眶额叶皮层有差异。该图表明，蓝斑 NE 的传入对空间和视觉运动探测的影响要大于对精细感觉特征察觉的影响。我对中枢儿茶酚胺系统（包括去甲肾上腺素系统、肾上腺素系统和多巴胺系统——译者注）和脑疾病的研究兴趣不仅延续至今，而且我的兴趣也被新近的计算和理论概念所加强，而这些概念是在对中枢儿茶酚胺系统在清醒灵长类动物（包括伴随衰老过程而发生的正常认知减退）中的作用的研究中发展起来的。

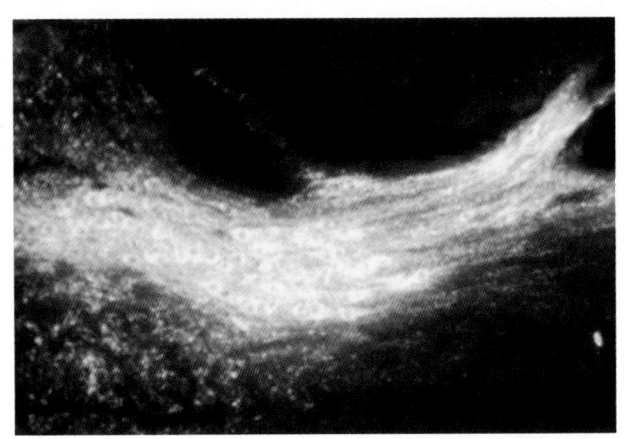

图 A

大鼠蓝斑核（冠状切面）中显示绿色荧光的 NE 神经元（图片由 The Scripps 研究所的 Floyd Bloom 博士惠赠）

仅仅作为去甲肾上腺素的前体物质而存在于脑内。然而，在 20 世纪 60 年代，瑞典哥德堡大学（University of Gothenburg）的 Arvid Carlsson（阿尔维德·卡尔松，1923.1—2018.6，瑞典神经科学家——译者注）所做的研究证明多巴胺确实是一种重要的中枢神经系统神经递质。他因这一发现而获得了 2000 年的诺贝尔生理学或医学奖。

尽管有一些多巴胺神经元散在地分布在整个中枢神经系统，包括视网膜、嗅球和下丘脑室周区，但有两群密切相关的多巴胺能细胞群都具有弥散性调制系统的特征（图 15.14）。其中一群细胞起源于中脑的黑质（substantia nigra）。回忆我们在第 14 章已经谈到的，黑质神经元发出的轴突投射到纹状体（尾状核和壳核），促进随意运动的发起。黑质多巴胺能神经元的退变是

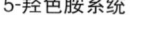

5-羟色胺系统

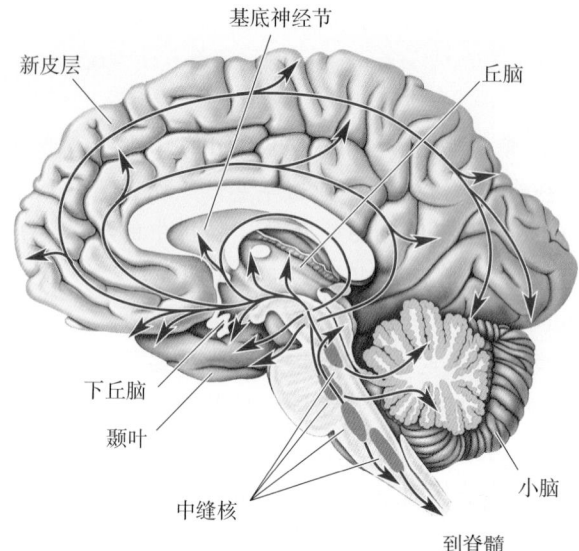

▶ 图 15.13
起源于中缝核的5-羟色胺能弥散性调制系统。中缝核沿着脑干中线集聚，并发出纤维广泛地投射到中枢神经系统的各个水平

导致帕金森病进行性的、可怕的运动紊乱的原因。尽管我们还没有完全了解多巴胺在运动调控中的作用，但一般来说，多巴胺促进由环境刺激所引起的运动反应的发起。

中脑是另一个多巴胺能调制系统的起源部位，有一群多巴胺细胞位于紧邻黑质的中脑**腹侧被盖区**（ventral tegmental area）中。这些神经元的轴突支配端脑的一个局限区域，包括额叶皮层和边缘系统的一些部分（边缘系统将在18章中讨论）。有时将这个起源于中脑的多巴胺能投射系统称为**中脑皮层边缘多巴胺系统**（mesocorticolimbic dopamine system）。很多不同的功能都归因于这一复杂的投射系统。例如，有证据表明该投射系统参与到一个"奖赏"系统之中，而该奖赏系统奖励或**加强**某些适应性行为。我们将在第16章中看到，只要给大鼠（或人）自我电刺激这个多巴胺通路的机会，它（他）

多巴胺系统

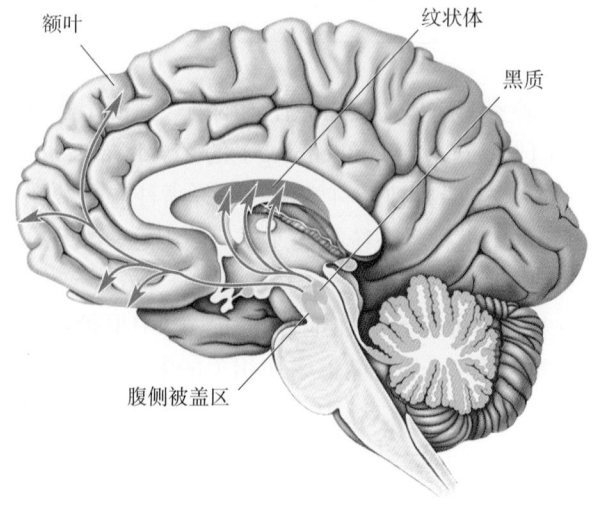

▶ 图 15.14
起源于黑质和腹侧被盖区的多巴胺能弥散性调制系统。黑质和腹侧被盖区都位于中脑，且紧密相邻。黑质发出的纤维投射到纹状体（尾状核和壳核），而腹侧被盖区发出的纤维投射到边缘叶和额叶皮层

门就会这么做。另外，正如我们将在第22章中讨论的那样，该投射系统也与精神紊乱有关。

胆碱能的基底前脑复合体和脑干复合体。乙酰胆碱是一种熟悉的神经递质，存在于神经肌接头、自主神经节的突触和副交感神经节的节后突触。胆碱能的中间神经元也存在于脑内，如存在于纹状体和皮层之中。另外，脑内有两个主要的胆碱能弥散性调制系统，其中一个称为**基底前脑复合体**（basal forebrain complex）。将其称为"复合体"是因为胆碱能神经元散在地分布在端脑核心区的几个相关的核团中，而这几个核团位于基底神经节的内侧和腹侧部。其中，了解得比较清楚的是**内侧隔核**（medial septal nucleus）和**迈内特基底核**（basal nucleus of Meynert），它们分别发出胆碱能纤维投射到海马和新皮层。

对于基底前脑复合体细胞的大部分功能仍然不清楚。但是，对该区的研究兴趣正因为一个发现而增强：在阿尔茨海默病（Alzheimer's disease，AD）的病程中，首先死亡的细胞就包括了基底前脑复合体细胞，而阿尔茨海默病是一种以进行性的、严重丧失认知功能为特征的疾病（然而，在阿尔茨海默病有广泛的神经元死亡，但还没有发现胆碱能神经元与该疾病之间有特定关联的证据）。与去甲肾上腺素能和5-羟色胺能系统一样，胆碱能系统也被认为在激起和睡眠–觉醒周期中调节脑的兴奋性。基底前脑复合体也可能在学习和记忆的形成过程中起特殊的作用。

另一个弥散性胆碱能系统称为**脑桥中脑被盖复合体**（pontomesencephalo-tegmental complex），即位于脑桥和中脑被盖中以乙酰胆碱为递质的一些细胞。这一系统主要作用于背侧丘脑；而在背侧丘脑，该系统与去甲肾上腺素能和5-羟色胺能系统一起，共同调节感觉中继核团的兴奋性。这些胆碱能细胞也发出纤维向上投射到端脑，为脑干与基底前脑复合体之间提供胆碱能的连接。图15.15显示了上述两个胆碱能系统。

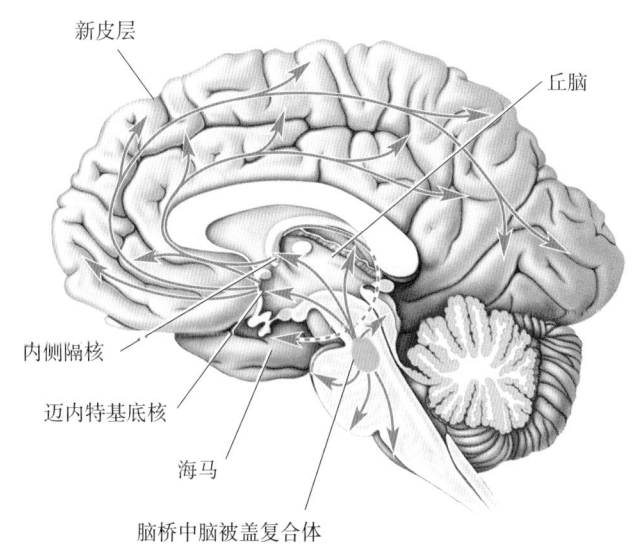

乙酰胆碱系统

新皮层
丘脑
内侧隔核
迈内特基底核
海马
脑桥中脑被盖复合体

◀ 图 15.15
起源于基底前脑和脑干的胆碱能弥散性调制系统。内侧隔核和迈内特基底核的纤维向上广泛地投射到大脑皮层，也投射到海马。脑桥中脑被盖复合体的纤维投射到丘脑和部分前脑。

15.4.2 药物和弥散性调制系统

精神药物（psychoactive drug），即具有"致幻"（mind-altering）效应的化合物。所有的精神药物都作用于中枢神经系统，且大多数通过干扰化学突触的传递过程而实现其效应。很多被滥用的药物都直接作用于调制性系统，尤其是去甲肾上腺素能、多巴胺能和5-羟色胺能系统。

致幻剂。致幻剂（hallucinogen）是引起幻觉（hallucination）的药物，它们的使用要追溯到几千年前。致幻类化合物存在于许多植物中，它们曾经作为宗教仪式的一个组成部分而被使用，例如，裸盖菇（*Psilocybe mushroom*）和皮约特仙人掌（peyote cactus）分别被玛雅人（Maya；中美洲印第安人的一族——译者注）和阿兹特克人（Aztec；墨西哥印第安人——译者注）所使用。致幻剂使用的新时代是因瑞士化学家Albert Hofmann在实验室工作中的无意发现而开启的。1938年，Hofmann合成了一种新的化合物：**麦角酸二乙基酰胺**（lysergic acid diethylamide，LSD）。在其后的5年里，他们所合成的LSD被搁置在那里。1943年的一天，Hofmann食用了一点LSD粉末。他随后报道的该化合物的效应立即引起了医学界的兴趣。于是，精神病医师开始尝试用LSD来治疗精神紊乱患者的意识模糊。后来，这一药物被知识分子、艺术家、学生和美国国防部（U.S. Defense Department）发现，而美国国防部探讨了该药物的"思维膨胀"（mind-expanding）效应（前哈佛大学心理学家Timothy Leary是使用LSD的主要提倡者）。到了20世纪60年代，LSD出现在街头，并被滥用。如今，拥有LSD是非法的。

LSD的药效很强。25 μg的剂量就足以引起全面的致幻效应（该剂量仅为阿司匹林的常规剂量650 mg的1/25,000）。在报道的LSD行为效应中，有一种梦幻般的状态，即对感觉刺激的意识增强，通常出现一种混合的感觉，比如声音能引起图像的感觉、图像能引起气味的感觉等。

LSD（以及裸盖菇和皮约特仙人掌的活性成分）的化学结构与5-羟色胺非常相似，提示它作用于5-羟色胺能系统。确实，LSD是中缝核神经元突触前末梢上5-羟色胺受体的强力激动剂。激活这些受体可显著地抑制中缝核神经元的放电。因此，已知的LSD的中枢效应之一，就是减弱脑的5-羟色胺能弥散性调制系统的输出。有趣的是，中缝核活动的减弱也是"梦眠"（dream-sleep）的一个特征（见第19章）。

我们能下这样一个结论吗？——LSD是通过抑制脑的5-羟色胺系统而引起幻觉的。如果药物对脑的作用如此简单就好了！遗憾的是，这一假设有一些问题。例如，用其他手段来抑制中缝核（如损毁实验动物的中缝核）并不能模拟LSD的效应。又如，中缝核被损毁后，动物依然对LSD有反应。

近年来，研究者主要探讨LSD对大脑皮层5-羟色胺受体的直接作用。目前的研究提示，LSD通过取代一些皮层区域内的5-羟色胺的正常调制性释放而导致幻觉，而这些皮层区是感知正常地形成和解释的区域。

兴奋剂。与致幻剂和5-羟色胺作用机制的不确定性相反，强有力的中枢神经系统兴奋剂可卡因（cocaine）和安非他明（amphetamine）的作用机制是清楚的，它们都作用于多巴胺能和去甲肾上腺素能系统的突触。这两种药物都能给予使用者增强的警觉性和自信心、兴奋和欣快感，以及食欲的降低。它们也都是拟交感神经的物质，可模拟自主神经交感神经交感部兴奋时所出现的外周效应：增加心率和血压，扩大瞳孔，等等。

可卡因是从植物古柯（coca）的叶子中提取出来的，已被安第斯山的原住民使用了几百年。19世纪中叶，可卡因出现在欧洲和北美，成为各种具有药用价值的混合物中的神奇成分（可口可乐就是一个例子，其最初在1886年作为一种治疗药物销售，它含有可卡因和咖啡因两种成分）。在20世纪早期，可卡因受到了冷落，直到20世纪60年代后期，它才作为一种流行的娱乐性药物（recreational drug；指的是一些在娱乐场所使用的药物，但就可卡因而言，它实际上是一种毒品——译者注）又重新出现。具有讽刺意味的是，在这一时期可卡因使用量上升的主要原因之一是对安非他明管制的收紧。安非他明在1887年首次以化学方法合成，但直到第二次世界大战时才被广泛使用。那时，安非他明被士兵（尤其是飞行员）们服用，以维持他们的战斗力。战争结束后，安非他明被用作非处方的减肥药、鼻血管收缩药和"兴奋药丸"（pep pill）。在认识到安非他明像可卡因一样，大剂量使用时会让人成瘾和非常危险之后，对它的监管终于也收紧了。

神经递质多巴胺和去甲肾上腺素是**儿茶酚胺**（catecholamine）类物质，这是根据它们的化学结构来命名的（见第6章）。在正常情况下，释放进入突触间隙的儿茶酚胺的作用被特异的摄取机制所终止。可卡因和安非他明都能阻断儿茶酚胺的摄取（图15.16）。然而，新近的工作提示可卡因主要阻断多巴胺的重摄取；而安非他明**既**阻断去甲肾上腺素和多巴胺的重摄取，**也**刺激多巴胺的释放。因此，这些药物能延长和加强多巴胺或去甲肾上腺素的作用。那么，这就是可卡因和安非他明产生兴奋效应的作用机制吗？是的，有较充分的理由支持这样的看法。例如，用儿茶酚胺的合成抑制剂（如α-甲基酪氨酸）耗竭脑内的儿茶酚胺，可消除可卡因和安非他明的兴奋效应。

除了具有类似于兴奋剂的效应，可卡因和安非他明还具有更大的行为学隐患：心理依赖或成瘾。药物使用者将产生对由药物所引起的快感的长期和

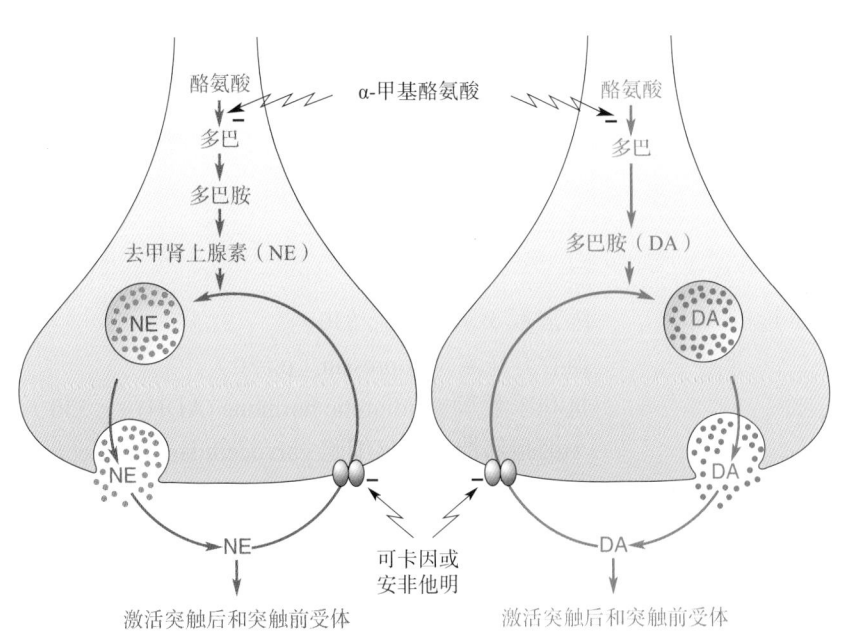

◀ 图 15.16
兴奋剂对儿茶酚胺轴突末梢的作用。左图是去甲肾上腺素能神经末梢，右图是多巴胺能神经末梢。这两种神经递质都是儿茶酚胺，由从食物中吸收的酪氨酸合成。多巴（dopa，3,4-二羟苯丙氨酸）是去甲肾上腺素和多巴胺合成过程中的中间产物。去甲肾上腺素和多巴胺的作用通常通过将它们重摄取回轴突末梢而终止。安非他明和可卡因可阻断这种递质的重摄取过程，使去甲肾上腺素和多巴胺留在突触间隙内的时间得以延长

持续的强烈渴求。药物使用期间中脑皮层边缘多巴胺系统神经传递特异性地增强被认为是导致这些效应的原因。前文提到过，这一系统的正常功能是加强适应性行为。因此，如果阻断中脑皮层边缘多巴胺系统的功能，这些药物反而会加强寻求药物的行为。确实，正如大鼠会自我电刺激中脑皮层边缘投射（mesocorticolimbic projection）那样，它们也会自我注射可卡因。我们将在第16章中进一步讨论多巴胺通路在动机和成瘾中的作用。

15.5 结语

本章讨论了神经系统的三个组成部分（下丘脑、自主神经系统和弥散性调制系统——译者注），它们的一个共同特征是影响广泛——具有分泌功能的下丘脑和自主神经系统与遍布全身的细胞联系，而弥散性调制系统则与脑内许多不同部位的神经元联系；它们的第二个特征是发挥直接效应的时间长，可以持续数分钟到数小时；而第三个特征是它们所使用的化学性神经递质。在很多情况下，我们用递质来定义系统。例如，在外周神经系统，我们可以互换地使用"去甲肾上腺素能的"（noradrenergic）和"交感的"（sympathetic）这两个词。这种情况同样适用于前脑（原文为forebrain——译者注）的"中缝"（raphe）和"5-羟色胺"（serotonin），以及基底神经节的"黑质"（substantia nigra）和"多巴胺"（dopamine）。这些化学特征使我们能够解释药物对行为的影响，而这些影响在大多数其他神经系统中是不可能产生的。这样，我们就可以清楚地知道，安非他明和可卡因在脑的哪个部位发挥兴奋剂的作用，但在中枢神经系统之外的什么部位发挥升高血压和加快心率的作用。

具体地说，本章所讨论的每一个系统都执行不同的功能；但总的来说，**这些系统都维持脑的稳态**：它们在一定的生理范围内调节不同的生理过程。例如，自主神经系统在一个合适的范围内调节血压，使血压在不同的情况下发生最适宜于动物行为状态的变化。以同样的方式，去甲肾上腺素能的蓝斑核和5-羟色胺能的中缝核调节意识水平和情绪状态，使意识和情绪也在与机体相适应的范围内变动。在后面几章谈到一些特定的功能时，我们将再次遇到这些系统。

关键词

具有分泌功能的下丘脑 The Secretory
　　Hypothalamus
稳态 homeostasis（p.528）
室周区 periventricular zone（p.528）
大细胞部神经分泌细胞 magnocellular
　　neurosecretory cell（p.529）
神经激素 neurohormone（p.529）

缩宫素 oxytocin（p.530）
血管升压素 vasopressin（p.530）
抗利尿激素 antidiuretic hormone (ADH)（p.530）
小细胞部神经分泌细胞 parvocellular neurosecretory
　　cell（p.532）
促垂体激素 hypophysiotropic hormone（p.532）

下丘脑-垂体门脉循环 hypothalamo-pituitary portal circulation（p.532）

肾上腺皮质 adrenal cortex（p.532）

肾上腺髓质 adrenal medulla（p.532）

皮质醇 cortisol（p.532）

自主神经系统 The Autonomic Nervous System

自主神经系统 autonomic nervous system (ANS)（p.535）

交感神经部 sympathetic division（p.536）

副交感神经部 parasympathetic division（p.536）

自主神经节 autonomic ganglia（p.537）

节后神经元 postganglionic neuron（p.537）

节前神经元 preganglionic neuron（p.537）

交感神经链 sympathetic chain（p.537）

肠神经部 enteric division（p.539）

孤束核 nucleus of the solitary tract（p.541）

脑的弥散性调制系统 The Diffuse Modulatory Systems of the Brain

弥散性调制系统 diffuse modulatory system（p.543）

蓝斑核 locus coeruleus（p.543）

中缝核 raphe nuclei（p.545）

基底前脑复合体 basal forebrain complex（p.549）

复习题

1. 战场上受伤的战士丧失了大量的血液之后，常渴望喝水，为什么？

2. 你整夜地工作，试图在期限内赶出一篇论文。现在你正在疯狂地打字，一只眼睛盯着论文，另一只眼睛看着时钟。下丘脑室周区怎样协调你的机体对这种应激情境的生理反应？请详细描述。

3. "艾迪生病危象"（Addisonian crisis，即急性肾上腺皮质危象——译者注）描述了一组症状，包括极度虚弱、精神错乱、嗜睡、低血压和腹痛。这些症状是怎样引起的？如何治疗？

4. 为什么肾上腺髓质通常被称为改良型的交感神经节？为什么肾上腺皮质不被这样称呼？

5. 很多著名运动员和演员由于服用大量可卡因而突然死亡，通常死亡的原因是心脏衰竭。你如何解释可卡因的外周作用？

6. 脑内的弥散性调制系统与点对点的突触联系系统之间有什么区别？请列出4点区别。

7. 在哪些行为状态下，蓝斑的去甲肾上腺素能神经元活动？在哪些行为状态下，自主神经系统的去甲肾上腺素能神经元活动？

拓展阅读

Bloom FE. 2010. The catecholamine neuron: historical and future perspectives. *Progress in Neurobiology* 90:75–81.

Carlsson A. 2001. A paradigm shift in brain research. *Science* 294:1021-1024.

McEwen BS. 2002. Sex, stress and the hippocampus: allostasis, allostatic load and the aging process. *Neurobiology of Aging* 23(5):921-939.

Meyer JS, Quenzer LF. 2004. *Psychopharmacology: Drugs, the Brain, and Behavior*. Sunderland, MA: Sinauer.

Wurtman RJ, Wurtman JJ. 1989. Carbohydrates and depression. *Scientific American* 260(1):68-75.

（彭聿平　译　王建军　校）

第 16 章

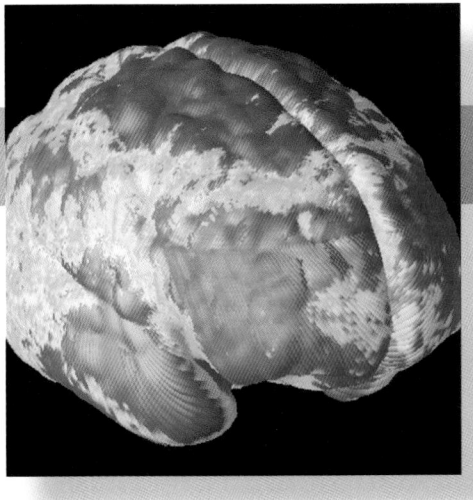

动机

16.1 引言

行为发生了，但又为什么会发生呢？在本书的第Ⅱ篇，我们讨论了各种形式的运动反应。最低水平上的运动反应是由感觉刺激引起的无意识反射，例如，当光线从眼前移去时瞳孔会扩大，踩到一个图钉时脚会突然移动，等等。最高水平上的运动反应是由额叶皮层神经元发起的有意识的运动，比如把这本书的内容敲入计算机的手指运动。随意运动是被激起，或被**激发**（motivated）而产生的行为，目的是为了满足一种需要。激发这种行为的需要可能是非常抽象的（如想在风和日丽的夏日午后去驾驶帆船），也可能是非常具体的（如膀胱充盈时想去卫生间）。

可以认为动机是行为的驱动力，就像推动钠离子跨膜运动的驱动力一样（这或许是一个奇特的类比，但这个比喻出现在神经科学课本中却并不奇怪）。正如我们在第3章和第4章已经学到的那样，离子驱动力的形成取决于诸多因素，包括细胞膜两侧的离子浓度和膜电位。驱动力的变化可以使跨膜离子电流向一个特定的方向或多或少地流动。但是，仅仅是驱动力本身却并不能决定离子电流是否流动，离子的跨膜运动还需要门控离子通道被适当地开放，从而允许离子电流传导。

当然，人类行为永远不可能用像欧姆定律那样简单的定律来描述。但是，有一个因素却是值得考虑的，那就是一个行为发生的可能性，以及行为的发展方向将随着执行该行为的驱动力水平变化而变化。动机可能被某种行为所需要，但动机并不能保证那种行为必然会发生。上文有关细胞膜的比喻也使我们清楚地认识到，行为控制的一个关键，就是对那些与目的相冲突的不同动机性行为的表达给予适当的节制，例如，敲击计算机键盘，而不是去驾驶帆船度过这个下午。

尽管近年来神经科学有了长足的进展，但仍不能对我们为什么乐于放弃帆船探险而来撰写本章这样的问题给予详细的解释。虽然如此，我们已经对是什么激发了某些行为有了许多了解，而这些行为对于我们的生存来说是基本的。

16.2 下丘脑、稳态和动机性行为

第15章介绍了下丘脑和稳态。回想一下，稳态是指机体把内环境维持在一个狭小的生理范围的过程。尽管一些稳态反射（homeostatic reflex）可以在神经系统的多个水平上发生，但下丘脑却在体温调节、体液平衡和能量平衡中发挥了关键的作用。

下丘脑的稳态调节起始于感觉的转导过程。需要调节的参数（如体温）被特殊的感觉神经元所监测，亦即体温从其最佳范围上的偏离可被集中在下丘脑室周区的一些神经元监测到，这些神经元就会发起一种整合反应，从而将体温拉回到它的最佳值。这种反应一般包括以下三个方面：

1. **体液反应**（humoral response）：下丘脑神经元通过刺激或抑制垂体激素释放入血，对感觉信号做出反应。
2. **内脏运动反应**（visceromotor response）：下丘脑神经元通过调节自主

神经系统（autonomic nervous system，ANS）交感和副交感神经输出的平衡，对感觉信号做出反应。

3. 躯体运动反应（somatic motor response）：下丘脑神经元（尤其是下丘脑外侧区的神经元），通过激发适当的躯体运动行为反应，对感觉信号做出反应。

设想你感到冷，你脱水了，你的能量耗竭了，这时体液和内脏运动系统会立刻自动做出适当的反应：你会发抖，体表血流量减少，尿液生成抑制，并且开始动用体脂储备，等等。但是，纠正这些脑稳态紊乱的最快捷和最有效的办法是，通过运动、饮水或进食来积极寻求或产生热量。这些就是躯体运动系统发起的**动机性行为**（motivated behavior）的例子，而且这些动机性行为是由下丘脑外侧区的活动所激发的。本章的目的就是探讨这种类型动机的神经基础。下面将集中讨论一个我们非常关心的问题——摄食。

16.3　摄食行为的长时程调节

众所周知，短暂地中断氧的供应可导致人脑的严重损害甚至死亡。但是，你或许会感到惊讶，脑对食物（以葡萄糖的形式）的依赖丝毫不亚于对氧气的依赖。仅仅几分钟的葡萄糖供应中断就会导致意识丧失，如果不尽快恢复葡萄糖的供给，便会死亡。正常情况下，外部环境能够为我们提供一个稳定的氧气来源，但外部食物的供给却不是那么有保障的。因此，机体复杂的内部调节机制已进化到能在体内储备能量，以便需要时可以动用。促使我们进食的一个最根本原因，就是使这些储备维持在一个适当的水平上，足以保证机体不出现能量的短缺。

16.3.1　能量平衡

身体的能量储备在进餐期间和进餐后立即得到补充，我们把这种血液中充满营养物质的阶段称为**膳食状态**（prandial state，源于拉丁语 breakfast，意为"早餐"）。在这段时期内，能量以两种形式存储：糖原和甘油三酯（图 16.1）。糖原的储备能力是有限的，其主要存储在肝脏和骨骼肌内。甘油三酯存储在脂肪组织内，其储备能力事实上是无限制的。由简单的小分子前体物质合成像糖原和甘油三酯之类大分子的过程称为**合成代谢**（anabolism 或 anabolic metabolism）。

两餐之间不进食的这个阶段，称为**吸收后状态**（postabsorptive state）。在此阶段，体内储备的糖原和甘油三酯被分解，以作为细胞代谢的燃料，持续地为细胞的代谢提供能量分子（葡萄糖供给所有细胞，而脂肪酸和酮体供给除神经元以外的所有细胞）。复杂大分子的分解过程称为**分解代谢**（catabolism 或 catabolic metabolism），这是一个与合成代谢相反的过程。当能量储备的再补充和能量消耗的速率相等时，系统就达到了适当的平衡。如果能量的摄入和储备持续超过能量的利用，体脂量就会增加，或者说脂肪堆积（adiposity），最终导致**肥胖**（obesity，*obese* 源于拉丁语 fat，意为"肥胖"）。如果能量摄入长期不能满足机体的需求，脂肪组织将会被消耗，最终导致**消瘦**（starvation）。图 16.2 概括了能量平衡和体脂状态之间的关系。

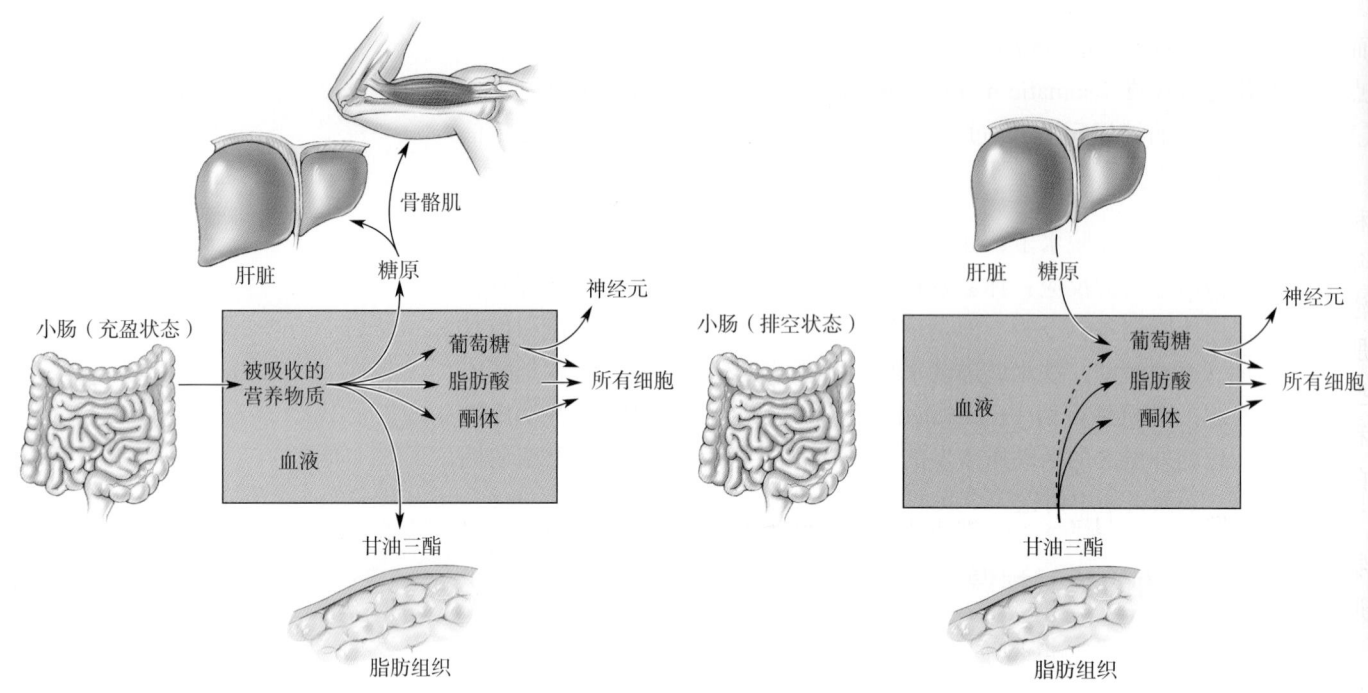

(a) 膳食状态下的合成代谢   (b) 吸收后状态下的分解代谢

▲ 图 16.1

机体能量储备的加载和消耗。（a）饭后，机体处于膳食状态，过多的能量以糖原和甘油三酯的形式存储。（b）两餐之间的这段时间，我们处于吸收后状态，糖原和甘油三酯分解成较小分子，作为燃料被机体细胞利用

对于系统维持代谢平衡来说，一定有一些机制基于能量储备的量和能量补充的速率来调节摄食行为。在过去的几十年中，虽然我们在揭示摄食调节的各种机制问题上已经取得了惊人的进展，但这些进展来得并不算及时，因为摄食障碍和肥胖依然是广泛影响人类健康的问题。目前已清楚有多种调节机制，其中的一些机制在维持体脂存储上发挥长时程调节作用，而另一些在调节摄食量和摄食频率上发挥短时程调节作用。我们首先探讨摄食行为的长时程调节问题。

16.3.2 体脂和摄食的体液调节和下丘脑调节

摄食行为的稳态调节已有很长的研究历史，但这个魔方的各个板块才刚刚开始到位。正如下文将描述的那样，当下丘脑神经元监测到脂肪细胞释放的激素水平下降时，便刺激摄食行为的发生。这些下丘脑监测神经元集中在室周区，而激发摄食行为的神经元则位于下丘脑外侧区。

体脂和食物的消耗。 如果你曾经节过食，你肯定会有这种感觉：机体总是想方设法挫败你减肥的努力。如图 16.3 所示，严格地限制热量的摄入会使大鼠的体脂减少。然而，一旦让大鼠恢复自由摄食，它就会过量进食，直到完全恢复原来的体脂水平。反过来也如此，对那些被强迫进食而体脂增加的动物，一旦它们有了自己调节摄食的机会，它们将会减少进食量，直到恢

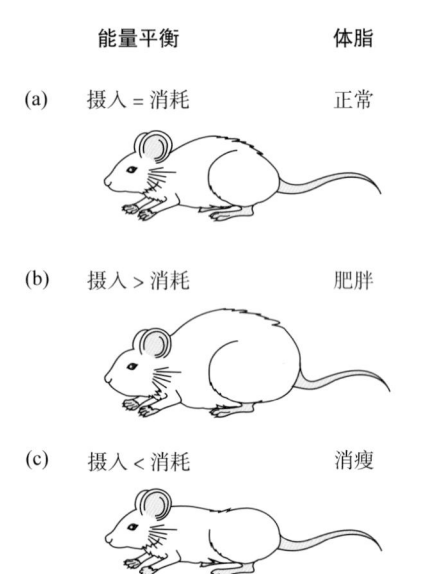

能量平衡	体脂
(a) 摄入 = 消耗	正常
(b) 摄入 > 消耗	肥胖
(c) 摄入 < 消耗	消瘦

▲ 图 16.2

能量平衡和体脂。（a）正常的能量平衡导致正常的体脂。（b）长期正能量平衡导致肥胖。（c）长期负能量平衡导致消瘦

复正常的体脂水平。大鼠这种强烈的行为反应显然不是"虚荣心"的反映，而是一种维持能量稳态的机制。这种脑监测体脂量并对抗能量存储紊乱的观点，首先在1953年被英国科学家Gordon Kennedy提出，并被称为**恒脂假说**（lipostatic hypothesis）。

体脂与摄食行为之间的相互联系提示，在脂肪组织与脑之间一定存在某种信息交流。很快，人们猜测有一种血源性激素信号，这个猜测在20世纪60年代被Douglas Coleman及其同事们所证实，当时他们正在美国缅因州巴尔港的杰克逊实验室（Jackson Laboratories in Bar Harbor，Maine）研究遗传性肥胖小鼠。有一种品系的肥胖小鼠，其DNA缺乏两个称为ob基因的拷贝（这些小鼠因而被命名为ob/ob小鼠）。Coleman推测由ob基因编码的蛋白质是一种激素，该激素能够告诉脑脂肪的储备处于正常状态。因此，缺乏这种激素的ob/ob小鼠的脑误以为脂肪储备不足，动物也就被异常地激发而进食。为了检验这个推测，他们设计了一种联体实验。**联体**（parabiosis）是指两个动物在解剖和生理上长期相连在一起，就像暹罗双胞胎那样［Siamese twins；暹罗（Siam）是中国人对泰国的旧称，Siamese twins一词起源于1811年诞生于泰国的一对男性先天性连体双胞胎Chang和Eng，1811—1874——译者注］。外科缝合也可以制造出共享血液供应的联体动物。Coleman和他的同事们发现，当ob/ob小鼠与正常小鼠联体时，它们的过度摄食行为和肥胖程度都显著减轻，好像它们缺乏的激素恢复正常了一样（图16.4）。

随后的研究集中在由ob基因编码的蛋白质上。1994年，洛克菲勒大学的Jeffrey Friedman领导的科学家小组最终分离出这种蛋白质，并将其命名为**瘦素**（leptin，源于希腊文slender，意为"苗条的"）。用瘦素治疗ob/ob小鼠可以彻底逆转动物的肥胖和进食障碍（图16.5）。这种由脂肪细胞（adipocyte）释放的激素——瘦素，通过直接作用于下丘脑神经元，降低食欲并增加能量消耗从而调节体重。

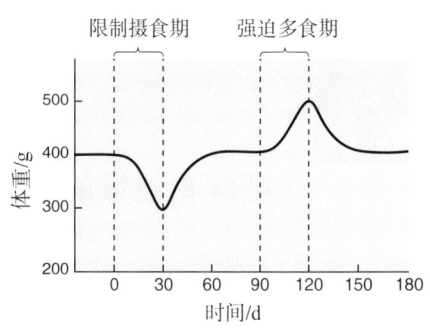

▲ 图16.3

在一个调定值周围的体重维持。正常情况下体重是相当稳定的。动物在饥饿期间减轻了的体重会在其可以自由获得食物时迅速回升。同样地，如果强迫动物多食，它的体重将会增加。然而，一旦动物能够调节自己的摄食量，它的体重又会下降

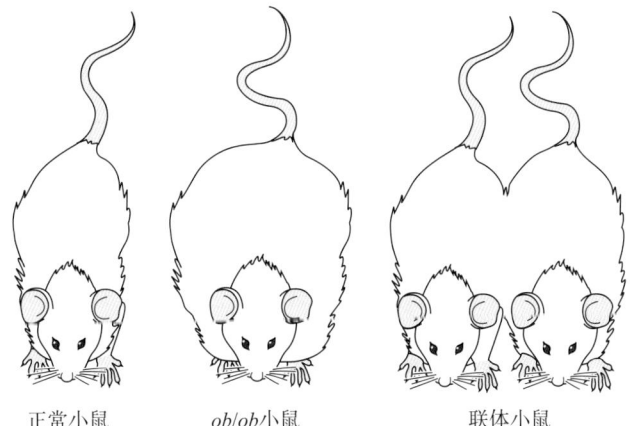

正常小鼠　　ob/ob小鼠　　联体小鼠

▲ 图16.4

血液中激素对体脂的调节。如果将遗传性ob/ob肥胖小鼠通过外科方法与正常小鼠缝合在一起，使两只小鼠共享血液中的激素信号，ob/ob小鼠的肥胖程度将会明显减轻

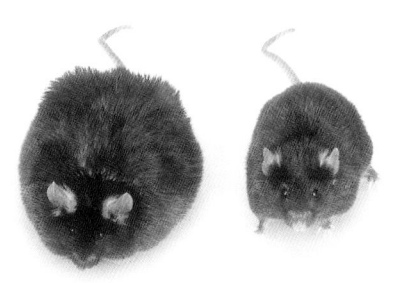

▲ 图16.5

瘦素逆转ob/ob小鼠的肥胖。这两只小鼠都有编码脂肪激素瘦素的ob基因缺陷。右边的小鼠每天接受激素替代治疗，未发生左侧小鼠所表现出来的肥胖（图片由洛克菲勒大学John Sholtis惠赠）

图文框 16.1　趣味话题

肥胖者饥饿的脑

　　像 *ob/ob* 小鼠一样，缺乏瘦素的人食欲旺盛，代谢率减慢，因而会出现病理性肥胖。对这些人而言，瘦素替代治疗可能是一种"神奇的疗法"（图 A）。尽管影响瘦素基因的突变是很少见的，仍有证据表明多种类型的人类肥胖有遗传学基础。肥胖的可遗传性与身高的可遗传性是相同的，而且肥胖的可遗传性超过了其他许多疾病，包括心脏疾病和乳腺癌。许多基因与肥胖有关，人们正在寻找这些基因。

　　肥胖是一个值得重视的人类健康问题。在美国，三分之二的人超重，数百万人属于病理性肥胖。许多肥胖的人对食物有强烈的渴求，而同时却代谢缓慢。一个人在瘦素缺乏的情况下，尽管他已经极度肥胖，但他的脑和机体的反应却好像是处于饥饿状态。

　　瘦素作为一种药物，曾为治疗肥胖提供了巨大的希望。从理论上说，通过补充瘦素，可以使脑误以为应该降低食欲和增加代谢。然而，与少数先天性缺乏瘦素的肥胖者不同，大部分肥胖患者对瘦素治疗并无反应。的确，许多肥胖患者血液中瘦素的水平是升高的。这些患者的问题似乎是脑神经元对循环血液中的瘦素敏感性降低。这一问题可起因于瘦素透过血脑屏障的能力下降，下丘脑室周核神经

元上的瘦素受体表达降低，或者中枢神经系统对下丘脑活动的反应发生了改变。寻找药物靶点的研究工作正在瘦素下游的脑摄食环路上紧锣密鼓地进行。

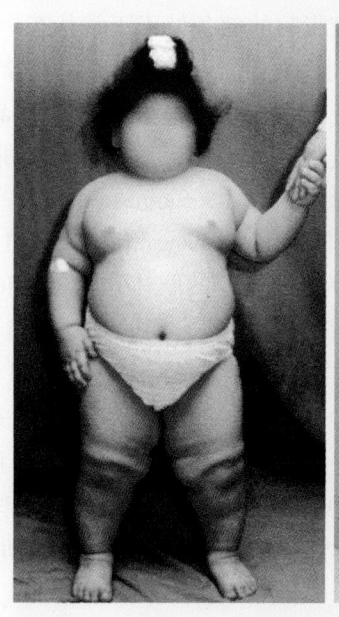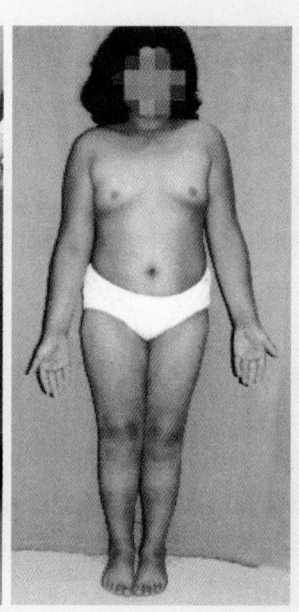

图 A

激素替代治疗对一个瘦素缺乏患者的效果。这个女孩从 5 岁时（左图）开始接受每日瘦素替代治疗，到 9 岁时（右图）她的体重接近于正常水平（引自：Gibson 等，2004，第 4832 页）

　　营养良好的人倾向于关注瘦素增加时机体怎样对抗肥胖（图文框 16.1）。然而，对生存更有意义的问题是瘦素降低时机体怎样对抗饥饿。瘦素缺乏会激发饥饿感和摄食行为，抑制能量消耗，抑制生殖能力——这些都是机体在食物缺乏和能量储备较低时的适应性反应。

　　下丘脑和摄食。美国西北大学（Northwestern University）的 A.W. Hetherington 和 S.W. Ranson 于 1940 年发表了他们具有开创性的研究成果：局部损毁大鼠双侧下丘脑对大鼠随后的摄食行为和体脂有很大的影响。双侧损毁外侧下丘脑会导致动物**厌食**（anorexia），即严重的食欲减低。相反，双侧损毁**腹内侧**下丘脑则会引起动物过度进食从而导致肥胖（图 16.6）。对人类而言也会发生同样的情况。由损毁下丘脑外侧区引起的厌食通常称为**下丘脑外侧区综合征**（lateral hypothalamic syndrome），由损毁下丘脑腹内侧区导致的多食和肥胖称为**下丘脑腹内侧区综合征**（ventromedial hypothalamic syndrome）。

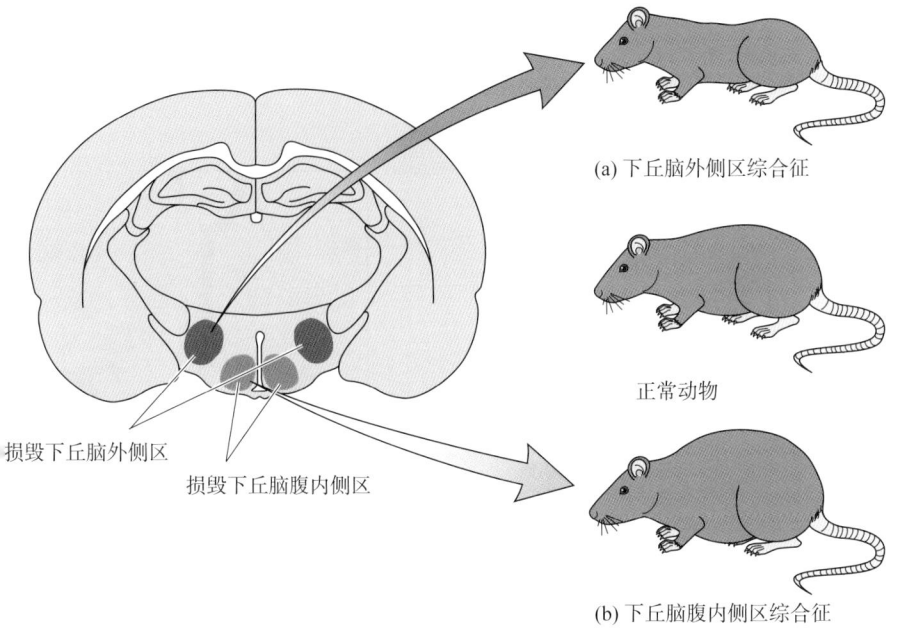

(a) 下丘脑外侧区综合征

正常动物

(b) 下丘脑腹内侧区综合征

损毁下丘脑外侧区

损毁下丘脑腹内侧区

◀ 图16.6
双侧损毁大鼠的下丘脑引起的摄食行为和体重变化。(a) 损毁下丘脑外侧区引起的以厌食为特征的下丘脑外侧区综合征。(b) 损毁下丘脑腹内侧区引起的以肥胖为特征的下丘脑腹内侧区综合征

下丘脑外侧区曾一度被认为是"饥饿中枢"（hunger center），它与"饱中枢"（satiety center）下丘脑腹内侧区起相互对抗的作用。因此，损毁内侧或外侧下丘脑都会使系统失去平衡。损毁下丘脑外侧区会使动物产生不正常的饱感而拒食，而损毁下丘脑腹内侧区则使动物饱感降低而过度进食。然而，这种"双中枢"模型（"dual center" model）已被证实过于简单化。关于下丘脑损毁为什么会影响体脂和摄食行为，现在我们有了一个更好的解释——这与瘦素信号密切相关。

瘦素水平升高对下丘脑的影响。 尽管在有些地方还很粗略，但关于下丘脑是如何参与体脂稳态调节的一幅图像已经开始形成。首先，设想一下瘦素水平升高时的反应，这恰是我们被迫参加节日盛宴几天之后的情况。

由脂肪细胞释放入血的瘦素分子激活瘦素的受体，这些受体存在于第三脑室底部附近的下丘脑**弓状核**（arcuate nucleus）神经元上（图16.7）。被血液中瘦素水平升高所激活的弓状核神经元含有被称为αMSH和CART的肽类神经递质，而这些肽类递质在脑中的水平与血液中瘦素的水平相关。解释一下关于肽类物质名称的迷魂阵：对肽类物质，经常以其首次被发现的功能来命名，但这些命名常常由于它们的其他功能被发现而变得混乱。因此，神经肽通常只用它们的缩写来指代，例如，αMSH代表α-黑色素细胞刺激激素（alpha-melanocyte-stimulating-hormone），CART代表可卡因−苯丙胺调节转录物（cocaine-and amphetamine-regulated transcript）。像其他神经递质一样，这些肽类分子的功能取决于它们所参与的神经环路。

在进一步讨论之前，让我们先来看一下机体对体脂过多、瘦素水平升高，以及弓状核αMSH/CART神经元激活的整合反应。**体液反应**（humoral response）包括促甲状腺激素（thyroid-stimulating hormone，TSH）和促肾上腺皮质激素（adrenocorticotropic hormone，ACTH）（见第15章中的表15.1）分泌的增加。这些垂体激素作用于甲状腺和肾上腺，从而提高全身细胞的

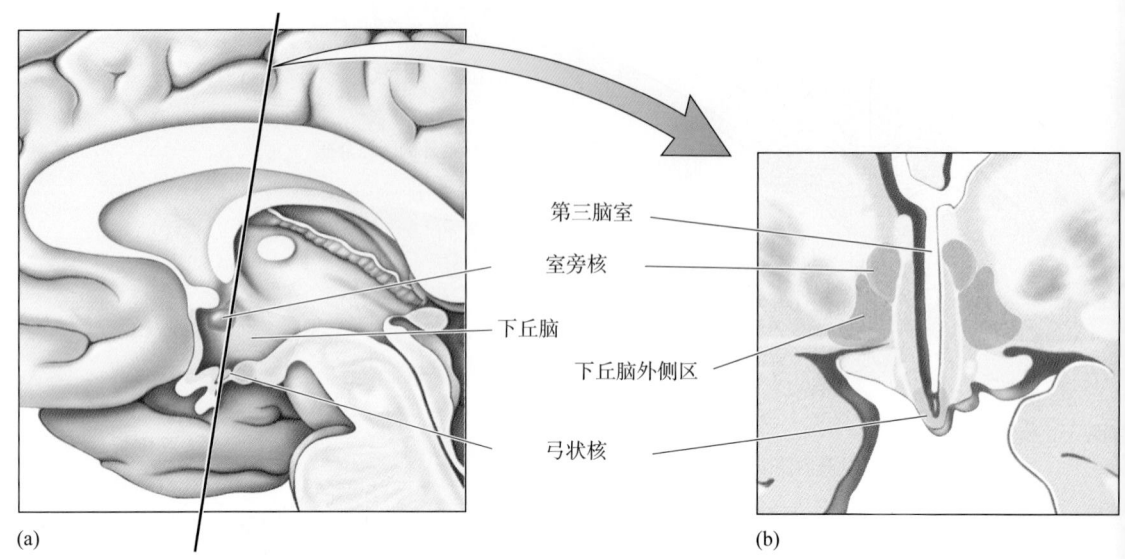

▲ 图16.7

对摄食控制有重要作用的下丘脑核团。(a)人脑的正中矢状观,显示下丘脑的位置。(b)人脑冠状切面(图a中指示的平面),显示控制摄食行为的三对重要核团:弓状核、室旁核和下丘脑外侧区

代谢率。**内脏运动反应**(visceromotor response)增加自主神经系统的交感神经活动,这也将提高代谢率,而这种调节中的一部分是通过升高体温实现的。**躯体运动反应**(somatic motor response)抑制摄食行为。弓状核的αMSH/CART神经元的轴突直接投射到神经系统中组织这种协调反应的区域(图16.8)。

αMSH/CART神经元通过激活下丘脑**室旁核**(paraventricular nucleus)神经元触发体液反应,随之引起促垂体激素的释放,促垂体激素则调节垂体前叶TSH和ACTH的分泌(见第15章)。室旁核也通过直接到达低位脑干神经元和脊髓交感神经节前神经元的轴突投射,控制交感神经活动。另外,还有一条弓状核控制交感神经反应的直接通路,即αMSH和CART神经元轴突直接下行投射到脊髓的中间外侧区灰质(intermediolateral gray matter of the spinal cord)。最后,通过弓状核神经元与下丘脑外侧区神经元之间的联系也可以抑制摄食行为。下面将详细讨论下丘脑外侧区。

脑内注射αMSH或CART能模拟瘦素水平升高的反应。因此,这两种神经肽被称为**厌食肽**(anorectic peptide),即它们能降低食欲。注射能够阻断这两种肽作用的药物可以促进摄食行为。这些发现提示,在正常情况下,αMSH和CART参与能量平衡的调节,而这一调节作用在一定程度上是通过它们作为脑自身的食欲抑制剂来发挥作用的。

瘦素水平降低对下丘脑的影响。瘦素水平降低不仅会关闭αMSH或CART神经元介导的反应,而且会刺激弓状核中另一种类型神经元的活动。这些神经元含有一些肽类物质:**神经肽Y**(neuropeptide Y,NPY)和**刺鼠相关肽**(agouti-related peptide,AgRP)。弓状核NPY和AgRP神经元与室旁核和下丘脑外侧区的神经元也有纤维联系(图16.9),但这些神经肽对能量平

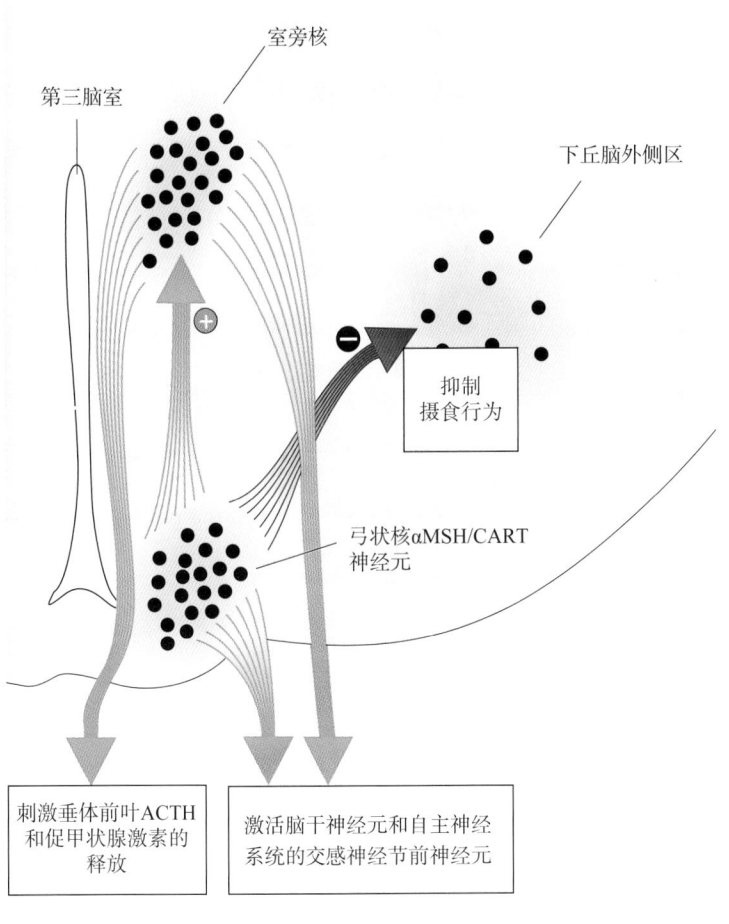

瘦素水平升高时的反应。弓状核中含有 αMSH 和 CART 的神经元可检测到血液中瘦素水平的升高。这些神经元发出轴突到达低位脑干、脊髓、下丘脑室旁核和下丘脑外侧区。这些投射都参与瘦素升高时的体液、内脏运动和躯体运动反应的调节（改绘自：Sawchenko，1998，第437页）

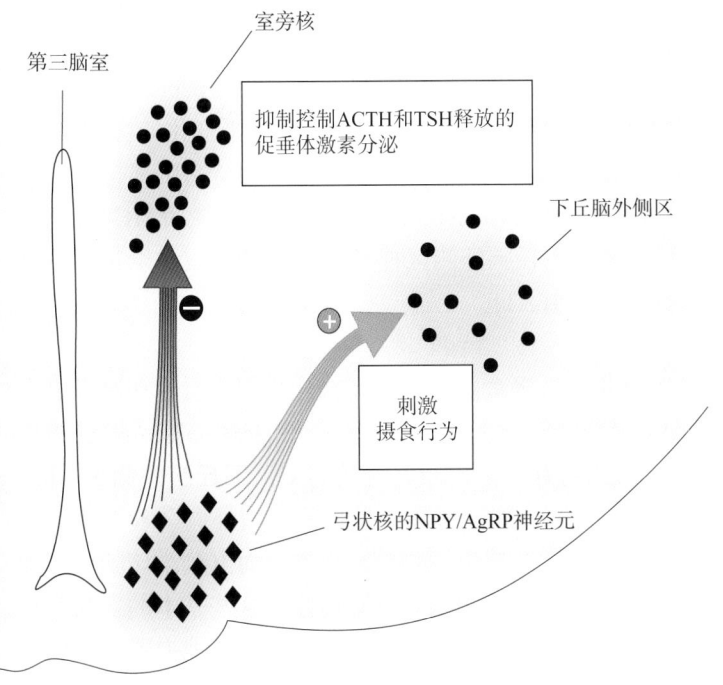

瘦素水平降低时的反应。血中瘦素水平的降低被弓状核中含 NPY 的神经元和含 AgRP 的神经元探测到。这些弓状核神经元抑制室旁核内的控制垂体释放 TSH 和 ACTH 的神经元。此外，这些弓状核神经元还可激活下丘脑外侧区中刺激摄食行为的神经元。一些被激活的下丘脑外侧区神经元中含有肽类物质黑素浓集激素（melanin-concentrating hormone，MCH）

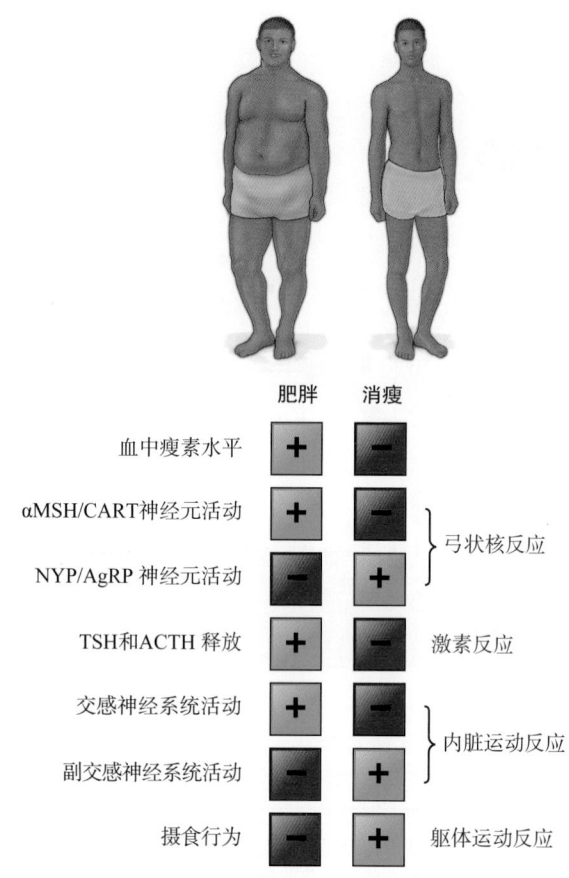

	肥胖	消瘦	
血中瘦素水平	+	−	
αMSH/CART神经元活动	+	−	} 弓状核反应
NYP/AgRP 神经元活动	−	+	
TSH和ACTH 释放	+	−	激素反应
交感神经系统活动	+	−	} 内脏运动反应
副交感神经系统活动	−	+	
摄食行为	−	+	躯体运动反应

▲ 图 16.10

脑对体脂增加和减少的反应。弓状核能感应血中瘦素水平的变化。瘦素水平增高增加αMSH/CART 神经元的活动,而瘦素水平下降则增加 NPY/AgRP 神经元的活动。这两类弓状核神经元协调工作,分别调节激素、内脏运动和躯体运动对体脂增加或降低的反应

衡的影响与 αMSH 和 CART 的影响相反。NPY 和 AgRP 抑制 TSH 和 ACTH 的分泌,激活自主神经系统的**副交感神经部**(parasympathetic division)活动,**刺激**摄食行为。因此,它们被称为**促食欲肽**(orexigenic peptide,源于希腊文 appetite,意为"食欲")。图 16.10 概括了脑对瘦素水平变化的协调反应。

　　AgRP 和 αMSH 是相互对抗的神经递质。这两种神经递质都与下丘脑突触后神经元上的 **MC4 受体**(MC4 receptor)结合,αMSH 激活 MC4 受体,而 AgRP 抑制 MC4 受体。激活下丘脑外侧区神经元上的 MC4 受体会抑制摄食,阻断该受体则刺激摄食(图 16.11)。

　　下丘脑外侧区肽类物质对摄食的控制。现在让我们来看看在激发摄食行为中有特殊作用的神秘脑区——下丘脑外侧区。由于这一脑区没有构成一个界限分明的核团,因此它有一个比较笼统的名字:**下丘脑外侧区**(lateral hypothalamic area,见图16.7)。如前所述,发现下丘脑外侧区参与激发摄食行为的第一个证据是损毁该区会导致动物停止摄食,而电刺激该脑区则触发动物的摄食行为,即便是在饱食的动物上也是这样。这些基本的发现广泛存在于所有被研究的哺乳动物(包括人类)上。然而,粗糙地损毁和电刺激并

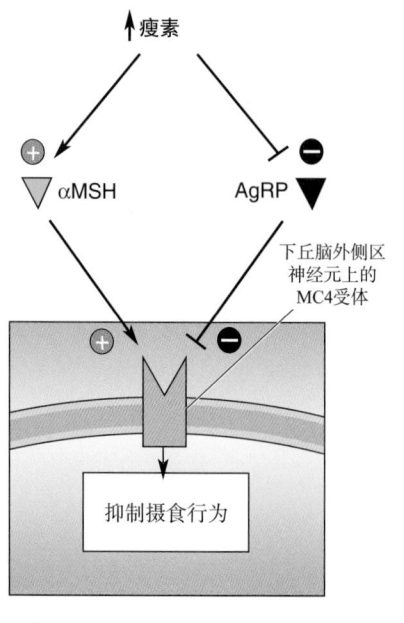

▶ 图 16.11

MC4 受体激活的竞争。αMSH 是一种厌食肽,AgRP 是一种促食欲肽。这两种肽对代谢和摄食行为发挥相反作用的一种途径,是它们在某些下丘脑神经元上通过与 MC4 受体的相互作用而发挥的,即 αMSH 激活 MC4 受体,而 AgRP 抑制该受体

非仅影响下丘脑外侧区神经元的细胞体，同时也影响路过该区的许多神经通路的轴突。使用现代的光遗传学方法刺激或抑制特定类型的神经元（见第4章）揭示，下丘脑外侧区中的神经元和路过此区的纤维束都参与激发摄食行为。让我们首先集中讨论下丘脑外侧区内部神经元的作用。

下丘脑外侧区中的一组神经元，它们接受来自弓状核瘦素敏感神经元的直接输入，并含有另一种名为黑素浓集激素（melanin-concentrating hormone，MCH）的肽类神经递质。这些细胞与全脑有极为广泛的联系，包括对大多数大脑皮层的直接单突触神经支配。大脑皮层参与组织和发起目标定向性行为，如在冰箱里寻找食物。由于MCH系统处于把血液中瘦素水平传达到大脑皮层这样一个战略地位，故该系统可能在觅食行为的发起中起重要作用。脑内注射MCH刺激摄食行为支持了这一观点。而且，事实表明，缺乏这种肽的突变小鼠摄食行为减少，代谢率增高，并且消瘦。

目前，已经鉴定出下丘脑外侧区另一组与皮层有广泛联系的神经元，这些神经元内含有另一种称为促食欲素（orexin）的肽。这些神经元也接受来自弓状核的直接输入。顾名思义，促食欲素是一种促食欲肽。它与MCH一样，能刺激摄食行为。血液中瘦素水平下降时，脑中MCH和促食欲素水平都会升高。这两种肽的作用是互补的，不是重复的。例如，促食欲素发起进食行为，而MCH延长进食过程。另外，促食欲素也称为下丘脑分泌素（hypocretin），在觉醒状态的调节中发挥非常重要的作用。我们将在第19章看到，使促食欲素（下丘脑分泌素）信号转导功能丧失的基因突变不仅导致体重下降，而且导致过多的白天睡眠。很显然，或许是睡眠抑制了摄食行为；毕竟，当你在睡觉的时候是难以进食的。然而，你可能很惊讶，失眠和肥胖也常结伴而行。因此，促食欲素（下丘脑分泌素）为这两种情况提供了一个有趣的链接。

为了给这一部分做出一个结论，让我们简要地概括下丘脑对血液中瘦素水平的反应。记住，当体脂增加时瘦素水平升高，而当体脂减少时瘦素水平降低：

- 瘦素水平的升高刺激弓状核神经元αMSH和CART的释放。这些厌食肽在一定程度上通过激活MC4受体而作用于脑，从而抑制摄食行为并提高代谢率。
- 瘦素水平的降低刺激弓状核神经元NPY和AgRP的释放，以及下丘脑外侧区MCH和促食欲素的释放。这些促食欲肽作用于脑，从而刺激摄食行为并降低代谢率。

16.4 摄食行为的短时程调节

体内瘦素水平对觅食和食物消耗趋向的调节是十分重要的，但这并不是问题的全部。撇开社会和文化因素（例如，来自母亲的命令："吃！"）不说，我们都知道进食动机的产生依赖于与上一次进食的间隔时间，以及上一次进食的食量等因素。而且，一旦开始进餐，继续进餐的动机又依赖于本次进餐已经吃了多少和吃了什么。这些就是摄食行为短期调节的一些例子。

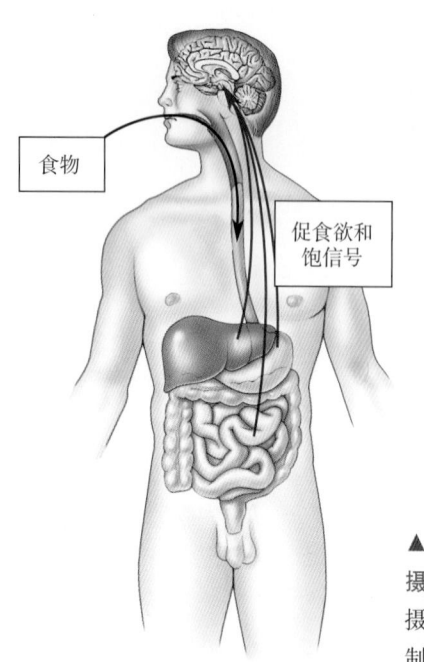

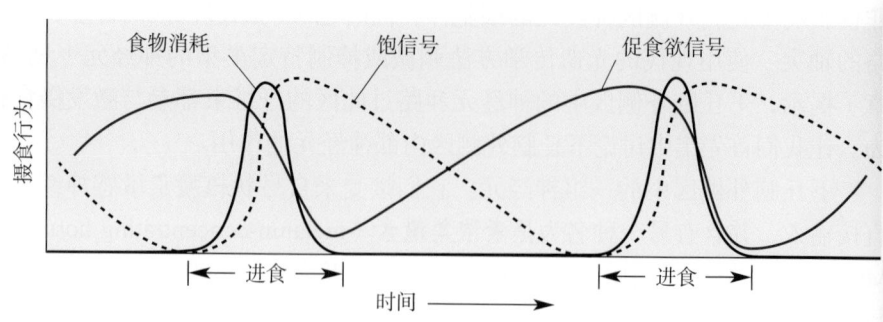

▲ 图16.12

摄食行为短期调节的一个假想模型。该图描述一种由饱信号调节食物消耗的可能方式。摄食时产生饱信号，当饱信号增强时，食物消耗被抑制。当饱信号减弱直至消失时，抑制解除，食物消耗随之发生

　　研究这种调节过程的一个有益的方式是设想一种进食驱动力，这种驱动力可随着瘦素水平的升高和降低而缓慢地变化；同时，它也可以被禁食期间产生的促食欲素信号增强，又被我们进食和开始消化时（即膳食期，prandial period）产生的**饱信号**（satiety signals）所抑制。这些饱信号既终止本次进餐，也抑制餐后一段时间的摄食行为。在吸收后（非膳食）间期，饱信号缓慢消失，同时促食欲信号出现，直到进食驱动力再一次接替（图16.12）。我们将用这个模型来探讨摄食行为短期调节的生物学基础。

16.4.1　食欲、进食、消化和饱

　　早晨，经过一整夜的睡眠之后，你醒了。来到厨房，看到炉子上正烤制着煎饼，煎饼烤好之后，你便狼吞虎咽地吃起来，直到感觉饱了。在这一过程中，机体的反应可以划分为3个时期：头期、胃期和底物期（substrate phase；也称 intestinal phase，**肠期**）。

1. **头期**（cephalic phase）：煎饼的外观和气味触发了一系列生理过程，预告了早餐的到来。自主神经系统的副交感神经部和肠神经部被激活，引起唾液分泌到口腔中和消化液分泌到胃中。
2. **胃期**（gastric phase）：当你开始咀嚼、吞咽，把食物送入胃里的时候，上述反应更为强烈。
3. **底物期**（substrate phase）：当你的胃被充满，特别是部分消化了的煎饼进入小肠时，营养物质开始被吸收入血液。

　　当你经过了这些阶段，刺激消耗煎饼的信号就被终止进食的信号所取代。让我们来看一看在一顿饭期间那些影响进食行为的促食欲信号和饱信号（图文框16.2）。

图文框16.2　趣味话题

大麻和饥饿感

众所周知，大麻（marijuana）的毒副作用之一是刺激食欲，被吸食者称为"开胃点心"（the munchies）。大麻的活性成分是D^9-四氢大麻酚（D^9-tetrahydrocannabinol，THC），它可以通过刺激大麻素受体1（cannabinoid receptor 1，CB1）改变神经元功能。脑内有丰富的CB1受体。如果认为这些受体仅仅用于调节食欲，那就过于简单了。不管怎样，"医用大麻"（medical marijuana）常常被以处方开给慢性病患者（这是合法的），如癌症和艾滋病患者，用来刺激他们的食欲。一种抑制CB1受体的化合物，利莫那班（rimonabant），也被作为食欲抑制剂研发出来了。然而，由于精神方面的副作用不得不中断了该药的临床试验。尽管这一发现突显了一个事实：这些受体的作用比介导饥饿感要多得多，但了解脑内哪些部位的CB1受体刺激食欲仍然是有趣的。一点也不奇怪，CB1受体与控制摄食的多个脑区（如下丘脑）的神经元相关，而THC的某些促食欲作用也与这些神经元活动的变化相关。然而，2014年神经科学家吃惊地发现大部分食欲刺激来自嗅觉的增强，至少小鼠是这样的。由法国和西班牙神经科学家共同主持的研究（顺便提一下，这两个国家也因为喜好美食美味而闻名于世）揭示，嗅球中CB1受体的激活增加了气味检测能力，这是大麻素刺激饥饿小鼠增加摄食量所必需的。

在第8章，我们讨论了气味如何激活嗅球神经元，嗅球神经元然后将信息传递到嗅觉皮层。嗅觉皮层同时发出反馈性神经纤维投射到嗅球，与被称为**颗粒细胞**（granule cells）的抑制性中间神经元形成突触。通过激活抑制性颗粒细胞，这种来自皮层的反馈可抑制嗅球的上行活动。这些离皮层的突触（corticofugal synapse）使用谷氨酸作为神经递质。脑内的内源性大麻素（endocannabinoids）——花生四烯酸乙醇胺（anandamide）和2-花生四烯酰甘油（2-arachidonoylglycerol）都是在饥饿状态下合成的。它们通过作用于离皮层轴突末梢上的CB1受体抑制谷氨酸释放。通过抑制谷氨酸释放而减少嗅球颗粒细胞激活的净效应是嗅觉增强（图A）。大麻吸食者的饥饿感是否因增强的嗅觉而产生，仍有待证明。但是，一个简单的实验，比如在你进餐时捏住鼻子，即可证实食物带来的愉悦感大部分来自嗅觉。

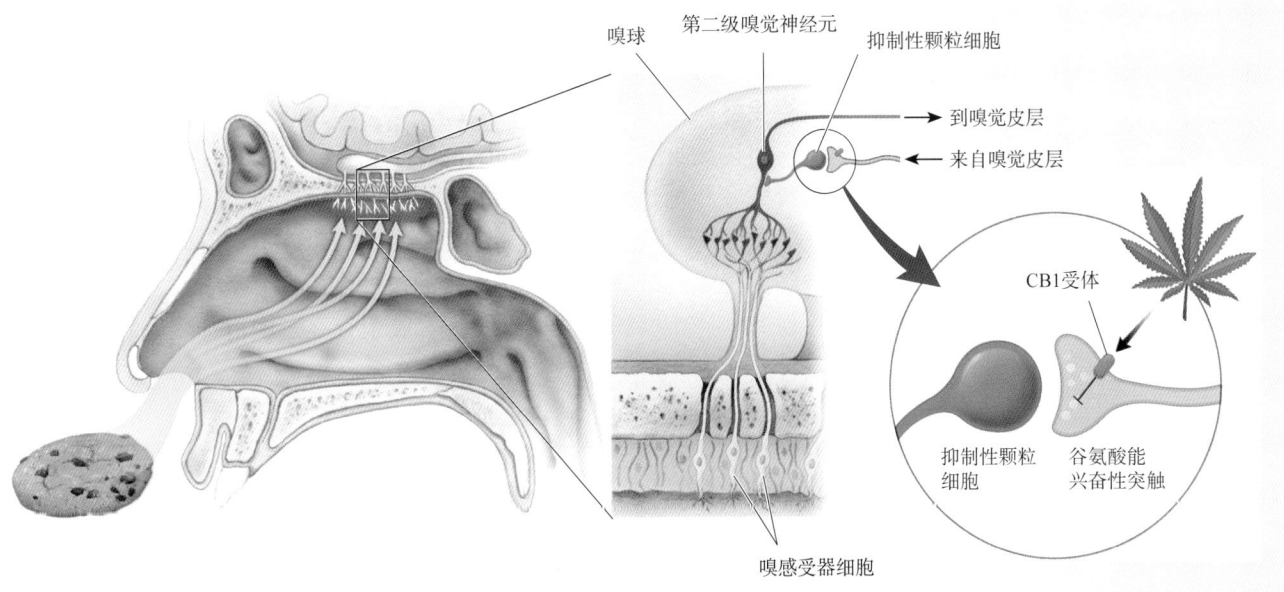

图A
THC是大麻的精神活性成分。由THC引起的CB1受体激活，可通过抑制输入到嗅球抑制性颗粒细胞的离皮层纤维释放谷氨酸而增强嗅觉（改绘自：Soria-Gomez等，2014）

促生长激素释放素。你饿了就会吃饭，并不需要别人告诉你开饭了。直到最近，科学家都认为饥饿仅仅是饱感的缺失。1999年一种被称为**促生长激素释放素**（ghrelin）的肽类物质的发现改变了这一观点。促生长激素释放素最初作为一种刺激生长激素释放的因子被分离出来（1. 促生长激素释放素是从大鼠和人胃黏膜中分离出来的一种肽，因最初发现其具有促进垂体生长激素释放的作用而得此名；2. ghrelin 为 **g**rowth **h**ormone **r**elease-**in**ducing 的缩写名，而缩写名中的 ghre- 又与原始印欧语中意为"生长"的词源 *ghre* 契合——译者注）。然而，研究者很快发现这种肽在胃内的浓度很高，而当胃处于排空状态时，这种肽就被释放入血——你"饿得咕咕叫的"胃释放出"促-生长激素-释放释放释放释放-释-放-素"（"ghrrrrrrrelin"）！静脉内注射促生长激素释放素，可通过激活弓状核内含 NPY/AgRP 的神经元（这正是那些因血液中瘦素浓度下降而被激活的神经元）强烈地刺激食欲和食物消耗。

胃扩张。我们都知道一顿大餐之后的"饱腹感"是一种什么样的感觉。如你所料，胃壁的扩张是一种强有力的饱信号。胃壁有丰富的机械感受纤维支配，其中大多数通过**迷走神经**（vagus nerve）上行到脑。回忆一下第7章的附录，迷走神经（第Ⅹ对脑神经）包含混合的感觉和运动轴突，它起源于延髓，蜿蜒曲折地穿过大部分体腔（迷走一词来自拉丁语 wandering，意为"蜿蜒的"）。迷走神经的感觉纤维激活延髓**孤束核**（nucleus of the solitary tract）神经元。胃壁扩张的信号抑制摄食行为。

你可能注意到了，孤束核已经在不同的情况下被多次提到。直接接受味蕾感觉输入的味觉核（见第8章），实际上是孤束核的一个亚核。孤束核也是自主神经系统控制中的一个重要中枢（见第15章）。目前已经发现，孤束核接受迷走神经的内脏感觉输入。不难想象，这个有着如此广泛联系的核团在摄食和新陈代谢的控制中很可能是一个重要的整合中枢。正如你所知道的那样，如果你正享用的食物足够鲜美，由胃充盈产生的饱腹感便可以延迟相当一段时间。

缩胆囊素。1970年研究者们发现给予肽类物质**缩胆囊素**（cholecystokinin，CCK）可以减少实验动物的进食频率和摄食量。CCK 存在于小肠细胞和肠神经系统的一些神经元中。当这些细胞和神经元受到小肠内某些食物成分，尤其是脂肪成分的刺激时就会释放 CCK。CCK 作为一个饱信号主要作用于迷走神经的感觉纤维。CCK 与胃扩张的协同作用抑制摄食（图16.13）。有趣的是，像其他许多胃肠道肽类一样，CCK 也存在于中枢神经系统（CNS）中的某些神经元内。

胰岛素。胰岛素（insulin）是由胰腺 β 细胞释放入血的一种极其重要的激素（图文框16.3）。尽管葡萄糖很容易被转运到神经元中，但**葡萄糖转运和进入身体其他细胞的过程则需要胰岛素的参与**。这就是说，胰岛素对于合成代谢和分解代谢来说都是非常重要的。在合成代谢中，葡萄糖被转运到肝脏、骨骼肌和脂肪组织中存储起来。在分解代谢中，从存储组织中释放出来的葡萄糖被机体的其他细胞摄取并作为燃料使用。因此，血液中的葡萄糖水

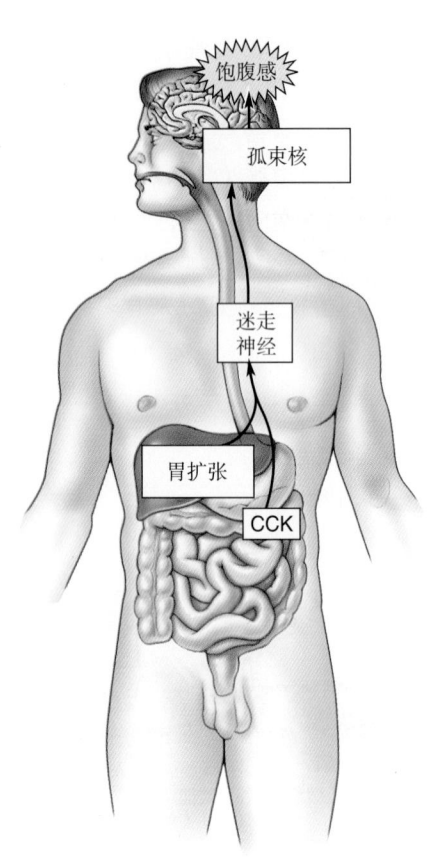

▲ 图16.13

胃扩张与 CCK 对摄食行为的协同作用。两种信号在迷走神经的轴突上会聚，共同触发饱腹感

图文框16.3 趣味话题

糖尿病和胰岛素休克

由胰腺β细胞释放的胰岛素在维持能量平衡方面发挥关键作用。饭后，血液中葡萄糖水平升高。为了被机体细胞利用，葡萄糖必须借助一种称为**葡萄糖转运体**（glucose transporter）的特殊蛋白质来穿过细胞膜。在除神经元以外的其他所有细胞中，当胰岛素与细胞表面的胰岛素受体结合时，葡萄糖转运体才能插入细胞膜。因此，对于这些细胞来说，若要利用或存储葡萄糖，血液中胰岛素水平的升高必须伴随着血糖水平的升高。在临床上称为**糖尿病**（diabetes mellitus）的状态下，胰岛素的产生和释放减少，或细胞对胰岛素的反应降低，阻断了机体对血糖升高的正常反应。结果，由于小肠吸收的葡萄糖不能被机体细胞（除神经元外）摄取，就会导致血糖水平的升高（高血糖症，hyperglycemia）。过多的葡萄糖通过尿液排出，使得尿液变甜。的确，糖尿病一词即源于拉丁语的"吸吮蜂蜜"（siphoning honey）。

对许多种类型的糖尿病来说，有效的治疗方法均是皮下注射胰岛素。但是，这种疗法是有危险的。胰岛素的过量使用会引起血糖水平的骤然降低（低血糖症，hypoglycemia），使脑细胞的葡萄糖供给不足。由此导致的后果是**胰岛素休克**（insulin shock），其特征性症状是出汗、震颤、焦虑、眩晕、复视等。如果不及时纠正，在这些早期症状之后将出现谵妄、惊厥和意识丧失等危险的后果。低血糖的神经性反应如此之迅速，可见能量平衡对正常脑功能是多么重要（图A）。

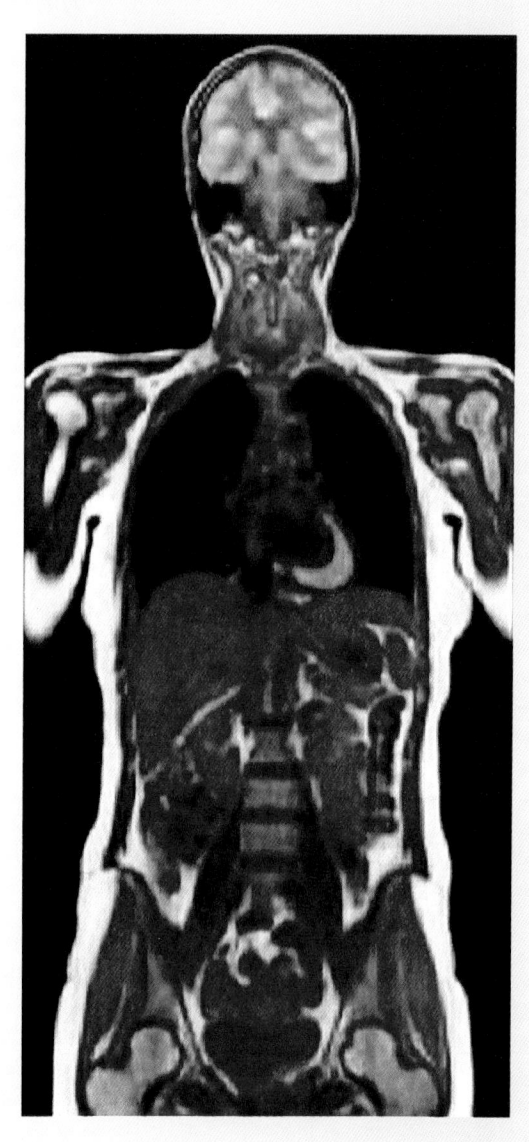

图A

一张重叠在人体MRI图像上的PET图像。暖色（红色到黄色）显示葡萄糖高利用率的区域。注意脑部，即使在休息时对能量物质的需求也很高。当血糖水平下降时，正像胰岛素休克期间的状况那样，脑功能迅速丧失［引自：西门子医疗保健（Siemens Healthcare）和Marcus Raichle教授，华盛顿大学，圣路易斯］

平受到胰岛素水平的严格控制：当胰岛素水平降低时，血糖水平升高；当胰岛素水平上升时，血糖水平降低。

胰腺释放胰岛素受到许多方面的控制（图16.14）。仍然以你的煎饼早餐为例，在头期，当你预感到食物就要到来时，支配胰腺的副交感神经（迷走神经发出的分支）刺激β细胞释放胰岛素。作为机体对胰岛素升高的一种反

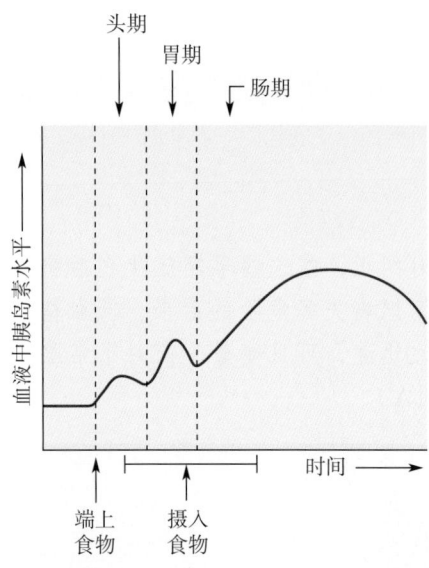

▲ 图16.14

进餐前、进餐期间和进餐后血液中胰岛素水平的变化（改绘自：Woods and Stricker, 1999，第1094页）

应，血糖水平随即轻微下降，该变化被脑内神经元监测到之后，将增加你进餐的驱动力（这一过程的一部分是通过激活弓状核中的NPY/AgRP神经元实现的）。在胃期，当食物进入胃之后，胰岛素的分泌被胃肠激素（如CCK）进一步刺激而释放。在肠期，当食物最终在小肠中被吸收，血糖水平也升高时，胰岛素的释放达到峰值。的确，刺激胰岛素释放的主要因素是血糖水平的升高，而胰岛素水平的升高和血糖水平的升高共同作为一种饱信号，会使你停止进食。

与我们讨论的其他几种主要通过迷走神经与脑发生联系的饱信号相比，血液中胰岛素是通过直接作用于弓状核和下丘脑腹内侧核而发挥抑制摄食行为的作用的。看来胰岛素调节摄食行为的方式在很大程度上与瘦素相似。

16.5　我们为什么要吃饭？

我们已经谈论了发动摄食行为的信号，但我们还没有讨论它们的心理学意义。显然，我们吃是因为我们**喜欢**食物。这种动机是享乐主义的（hedonic）：即既然那样感觉不错，我们就吃。我们从味觉、嗅觉和视觉上产生愉快的感觉，并从进食过程中感受到食物的美妙。然而，我们也因为饥饿和需要而进食。动机的这一方面可以看作**驱动力的降低**（drive reduction）——满足一种渴求。把"喜欢"和"需要"看作同一过程的两个方面是一个合理的假设，毕竟我们总是渴求我们喜欢的食物。然而，对人类和动物的实验研究提示，"喜欢"和"需要"在脑内分别由各自独立的神经环路所介导。

16.5.1　强化和奖励

20世纪50年代早期，在由加拿大麦吉尔大学（McGill University）的James Olds 和 Peter Milner进行的实验中，为了研究电刺激脑对动物行为的影响，他们将电极植入大鼠的脑内。大鼠可以在一个3平方英尺的箱子里自由活动。这些大鼠每次游荡到箱子里的一个角落时，研究者都给予它一次脑刺激。他们发现当电极安插在某些脑区时，电刺激似乎会使大鼠一直待在那个导致电刺激的角落里。在该实验的一种绝妙范式中，Olds 和 Milner制作了一侧有一个控制杠杆的新箱子，当杠杆被按压时，就会引起一次脑刺激（图16.15）。起初，大鼠在箱子里游逛时会偶然踏上杠杆。但没多久，大鼠就开始重复地按压杠杆以接受对脑的电刺激。这种行为被称为**自我电刺激**（electrical self-stimulation）。有时大鼠会非常投入地按压杠杆，宁愿不吃不喝，仅在极度地精疲力竭时才停下来（图文框16.4）。

自我电刺激似乎提供了一种**奖励**（reward），从而**强化**（reinforced）了动物按压杠杆的习惯。通过有系统地将刺激电极插到不同脑区，研究者能够确定具有强化作用的特定位点。显然，最有效的自我刺激位点落在了起源于腹侧被盖区（ventral tegmental area），经过下丘脑外侧区投射到多个前脑区域的多巴胺能轴突的轨迹上（图16.16）。阻断多巴胺受体的药物可减少自我刺激，表明动物按压杠杆是为了刺激脑内多巴胺的释放。当研究者发现动物乐意按压一个杠杆去接受一次苯丙胺（amphetamine，一种可导致脑内释放

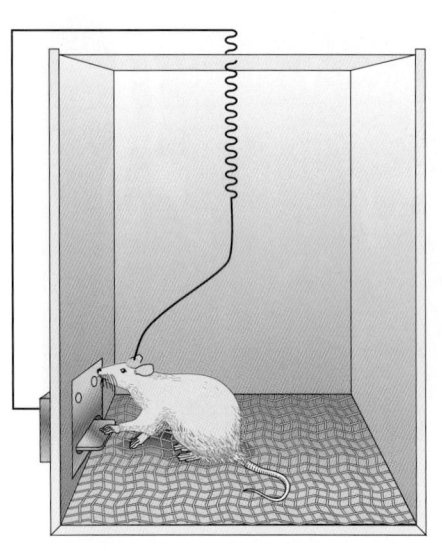

▲ 图16.15

一只大鼠的自我电刺激。当这只大鼠按压杠杆时，它就会通过植入脑内的电极接受一次短暂的电流刺激

图文框16.4　趣味话题

人脑的自我刺激

　　要了解由脑刺激所诱发的感觉，理想的方法是在人的脑内植入电极，在给予电刺激时询问这个人的感觉。很显然，这在一般情况下是不可行的，或者有悖于伦理。然而，在很偶然的情况下，作为最后一个治疗选项，可以为那些被沉疴宿疾折磨的患者安装颅内电极并让他们进行自我刺激。让我们来看看杜兰大学医学院（Tulane University School of Medicine）的Robert Heath在1960年研究的两个病例。

　　第一名患者患有严重的发作性睡病（narcolepsy，又称嗜睡症——译者注），他会突然从清醒状态进入深睡眠（发作性睡病和睡眠将在第19章讨论）。这种状况严重地干扰了他的生活，显然也使他难以保住一份工作。他的脑内被植入了14根电极，这些电极分布在不同的脑区，以期发现一个能够使他保持在清醒状态的自我刺激位点。当该患者自我刺激海马时，他表示有轻微的愉悦感。刺激中脑被盖区可使他清醒但感觉不愉快。他很频繁地选择的自我刺激点是前脑的隔区（septal area，图A）。刺激这个区域使他更加清醒，同时也感觉不错；他描述这种感觉如同即将达到性高潮一样。他说，有时他真想一遍又一遍地去按这个按钮以试图达到性高潮，但总是因挫败而放弃。

　　第二个病例的情况稍微复杂一些。电极被植入这名患者的17个脑区，目的是寻找导致他患严重癫痫的病理部位。当刺激隔区和中脑被盖区时，他报告有愉快的感觉。与前一个病例相同，隔区的刺激与性感觉相关联。中脑刺激给了他一种"快乐的醉

汉"的感觉。其他轻微的正性感觉是由杏仁核和尾核的刺激所引起的。有趣的是，他最频繁刺激的脑区是内侧丘脑，尽管刺激这个脑区能诱发一种烦躁的感觉，即这种感觉比刺激其他脑区所引起的感觉的愉悦感少。但是，这名患者说他最爱刺激这个脑区，原因是刺激给予了他一种即将回忆起一段往事的感觉。他徒劳地重复这种刺激，试图把这段记忆唤醒。然而，这个过程最终仍被证明是令人沮丧的。

　　这两个特殊的病例和许多其他研究表明，自我刺激并不等同于愉悦。某些奖赏或预期的奖赏常常与刺激是相关的，但体验却并不总是愉悦的。

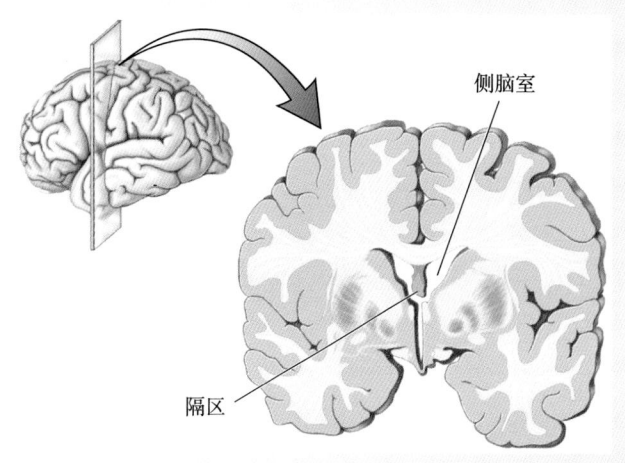

图A
隔区，人脑自我电刺激的一个位点，位于头侧前脑部和侧脑室的下方

多巴胺的药物）注射时，这个观点得到了进一步支持。尽管自我电刺激的作用不仅是引起多巴胺的释放，但脑内多巴胺的释放将会强化其所引起的行为是几乎毫无疑问的。因此，这些实验揭示了一种机制，而自然奖励（食物、水、性）通过这种机制可以强化一些特定的行为。的确，一只饥饿的大鼠将会按压杠杆以获取一小块食物，而这种反应同样会被多巴胺受体阻断剂极大地减弱。

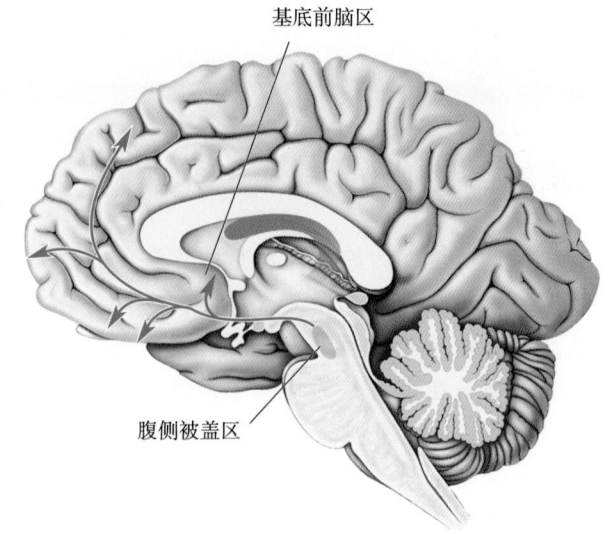

基底前脑区

腹侧被盖区

▶ 图16.16
中脑－皮层－边缘叶的多巴胺系统。以一些方式的刺激引起基底前脑区释放多巴胺，可以激发起动物的行为活动

16.5.2　多巴胺在动机形成中的作用

　　许多年来，科学家们一直认为从腹侧被盖区到前脑的多巴胺投射与快感奖赏（hedonic reward）有关，换言之，与愉快有关。就摄食而言，多巴胺的释放被认为是对可口食物的反应，它的释放会使进食者产生愉快的感觉。动物也可因前脑多巴胺的"喷涌"而被激发，从而寻找可口的食物以获得快感奖赏。

　　然而，这个简单的观点近几年来受到了挑战。损毁下丘脑外侧区的多巴胺能过路纤维不能降低动物对食物所产生的愉快反应（即使动物停止进食）。如果把一小块美味的食物放在接受了下丘脑外侧区多巴胺能路过纤维损毁的大鼠舌头上，动物仍然表现出由食物激发出来的快感行为（它同样咂着嘴巴），并把食物吃光。这种多巴胺耗竭的动物所表现出来的行为好像只是**喜欢**（like）食物，但不是**需要**（want）食物。这种动物明显缺乏觅食动机，尽管看起来它们在有食物可吃时似乎愿意接受。相反，刺激正常大鼠下丘脑外侧区的多巴胺能纤维，使动物产生对食物的渴求，但并不增加食物的快感效应。不必惊奇，最近有关成瘾性渴求（对药物、酒精及巧克力）的研究已将人们的注意力集中到多巴胺能通路的作用上来（图文框16.5）。某些高度成瘾的药物（如可卡因和苯丙胺）直接地作用于脑内的多巴胺突触，这并不是巧合。

　　多巴胺信号如何影响行为的线索来自动物研究。在实验中，动物中脑腹侧被盖区的多巴胺神经元活动被用微电极进行监测。在一个重要的研究中，英国剑桥大学（University of Cambridge）的Wolfram Schultz和他的同事们观察了一次亮灯之后给予猴子一口果汁时多巴胺神经元电活动的变化。Schultz发现，起初当猴子不知道灯光预示果汁的到来时，多巴胺神经元对灯光没有反应，仅在给予果汁时有短暂的活动。正如有人设想的那样：多巴胺神经元只是简单地记录一次愉快体验的发生。然后，当灯光和果汁反复地配对出现之后，多巴胺神经元改变了放电模式：当灯亮时，它们有短暂的反应，而当给予果汁时却没有反应。此外，如果Schultz和他的同事欺骗这只受过训练的猴子，即在灯亮后不给予果汁，他们发现在预期奖赏的时刻，多巴胺神经元

图文框16.5　趣味话题

多巴胺和成瘾

　　海洛因、尼古丁和可卡因这些药物有什么共同点呢？它们不仅在脑中作用于不同的神经递质系统（海洛因作用于阿片系统，尼古丁作用于胆碱能系统，可卡因作用于多巴胺能和去甲肾上腺素能系统）；而且，它们产生不同的精神作用。然而，这三种药物都具有高度的成瘾性。可以用这样的事实来解释这一共同性质，即这些药物都能作用于激发行为（就这三种药物而言是寻药行为，drug-seeking behavior）的脑环路。通过研究药物的成瘾性，可以了解很多动机的脑机制；反之，通过研究动机的脑机制，也可以了解很多药物成瘾的机制。

　　像人类一样，大鼠会自我给药，并产生明显的药物依赖症状。利用直接向脑内微量注入药物的研究方法，科学家们已经绘制出药物导致成瘾的位点。海洛因和尼古丁作用的关键位点在腹侧被盖区（VTA），此处为多巴胺神经元的聚集地，而这些多巴胺神经元的轴突经过下丘脑外侧区投射到前脑。而且，这些多巴胺能神经元有阿片和烟碱型乙酰胆碱受体。可卡因作用的一个关键位置是伏隔核（nucleus accumbens），该核团是上行多巴胺能纤维在前脑的主要靶核团之一（图A）。回忆一下第15章，可卡因可延长多巴胺对其受体的作用。因此，这三种药物或刺激多巴胺的释放（海洛因、尼古丁），或增强多巴胺在伏隔核的作用（可卡因）。

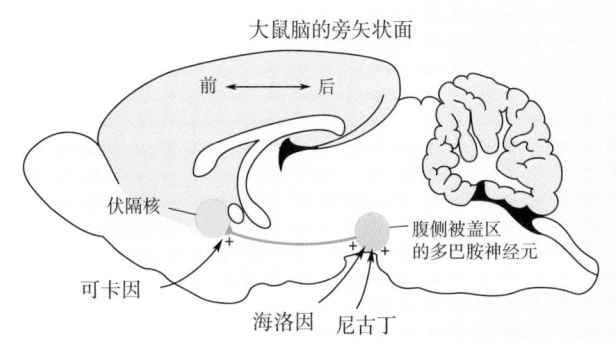

图A

成瘾性药物对腹侧被盖区到伏隔核的多巴胺能通路的作用（改绘自：Wise，1996，第248页，图1）

　　目前，对多巴胺在激发行为中的确切作用仍在研究当中。但是，许多证据提示，当动物被激发而执行一些行为时，这些行为也刺激伏隔核及其相关结构中多巴胺的释放。因此，注射刺激多巴胺释放的药物将使与该药物相关的行为得到加强。然而，对这条通路的慢性过度刺激也会引起一种稳态反应：多巴胺"奖赏"系统的下调。这种适应导致了**药物耐受性**（drug tolerance）现象的出现——需要越来越大剂量的药物来达到希望的（或需求的）效果。的确，成瘾动物的药物中断伴随有显著的伏隔核多巴胺释放的减少和功能的降低。当然，戒断症状之一就是对被所中断药物的极度渴望。

的放电减少（图16.17）。这些发现导致了一个概念的产生：多巴胺神经元的活动在**奖赏预测**（reward prediction）中发出了错误的信号：比预期好的事件使多巴胺神经元激活，比预期糟糕的事件导致多巴胺神经元抑制，而那些预料之中的事件则不引起放电变化，即使这些事件仍然提供快乐奖赏（比如果汁仍然美味，而你一直在期待它）。那些引起预期结果，或好过预期结果的行为被重复，而那些引起比预期坏的结果的行为不被重复。

　　正如猴子知道灯光预告将有果汁流出一样，你也知道煎饼和咖啡的气味和外观预告着早餐的到来。这种类型的学习对于机体消化一顿饭的"头期"准备来说是必需的。多巴胺与这种学习机制密切相关。那些在多巴胺上升期间和上升之前的短暂时间里活跃的突触连接被长时程地改变以存储记忆。虽

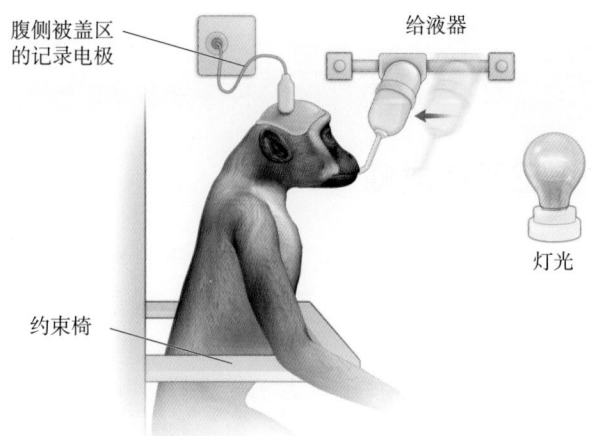

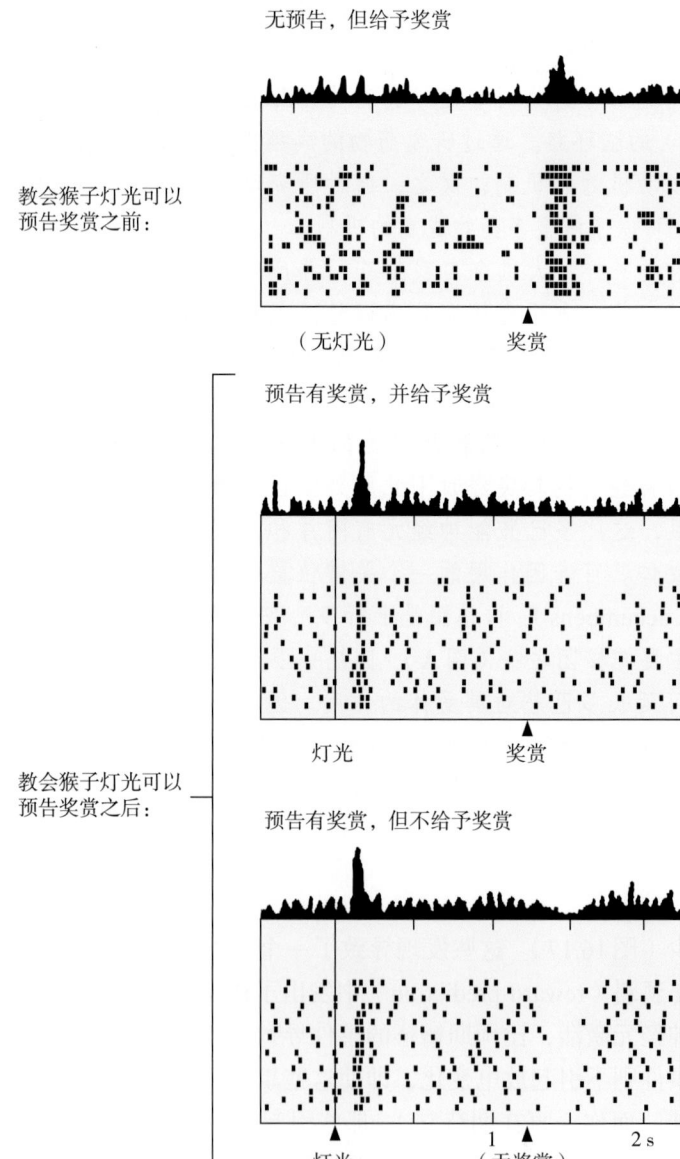

▲ 图 16.17

当奖赏出乎意料时 VTA 多巴胺神经元的放电活动

然在通常情况下，这种类型的学习显然是有益的，但在暴露于成瘾性药物期间，这种类型的学习就被"绑架"（hijacked），并且往往伴随着破坏性的后果。像前面提到的，成瘾性药物的共性是它们作用于脑内的中枢多巴胺能系统。通过研究突触怎样被药物暴露所修改，研究者们不仅已经深入了解了成瘾的神经生物学机制和可能的治疗方法，而且了解到脑是如何产生记忆的（图文框16.6）。本书第25章将更详细地介绍记忆形成的机制。

16.5.3　5-羟色胺、食物和情绪

情绪和食物是相联系的。想象一下，当你正在严格节食时，心情是多么沮丧；而当你闻到新鲜烤制的巧克力饼干的香味并咬上一口时，感觉是多么美好。正如第15章中提到的，脑内有一个参与情绪控制的系统，该系统以5-羟色胺作为神经递质。5-羟色胺在食物和情绪之间提供了一个连接的桥梁。

对下丘脑内5-羟色胺水平的测定揭示：5-羟色胺在吸收后间期（postabsorptive period）降低，在预期食物到达时升高，在进食期间达到高峰，特别是对碳水化合物的摄入发生升高反应（图16.18）。5-羟色胺源于食物中的色氨酸，血液中色氨酸水平随饮食中碳水化合物含量的变化而变化（见第15章的图文框15.2）。血液中色氨酸和脑5-羟色胺水平的升高可能是巧克力饼干引起情绪高涨作用的一个解释。"碳水化合物食品"（carbos）对情绪的影响在精神紧张时尤为明显——这或许能解释大学一年级学生的觅食行为和由此引起的体重增加现象。

有趣的是，提高脑内5-羟色胺水平的药物却是强有力的食欲抑制剂。此类药物之一是右旋芬氟拉明（dexfenfluramine，右旋氟苯丙胺；商品名Redux），它被成功地用于治疗人类肥胖症。遗憾的是，由于其毒副作用，已于1997年退市。

脑内5-羟色胺调节作用异常被认为是导致进食障碍的因素之一。**神经性厌食症**（anorexia nervosa）的明确特征是患者自愿地把体重维持在一个异常低的水平，而**神经性贪食症**（bulimia nervosa）的特征是患者频繁地暴饮暴食，以及采用强迫性呕吐来纠正自己的过度进食。这两种疾病通常伴有**抑郁症**（depression），一种与脑内5-羟色胺水平降低有关的严重情绪紊乱（将在21章讨论情感障碍）。目前5-羟色胺与神经性贪食症之间的关系是了解得最清楚的。除了抑郁的情绪，5-羟色胺水平降低还减轻饱感。的确，一些升高脑内5-羟色胺水平的抗抑郁药，如氟西汀（fluoxetine；商品名Prozac，百忧解），对大多数神经性贪食症患者来说也是有一种有效的治疗药物。

16.6　其他动机性行为

以摄食和能量平衡的调节为例，我们已经描绘了一幅相当详细的激发行为的脑机制画面。目前对其他多种参与激发基本生存行为的系统也有了深入的研究。尽管本章不深入地讨论这些系统，但一个简要的概括将会使我们知道它们的基本原理与发动进食的机制是相同的。下面，我们将看到血液中生理刺激信号是怎样在下丘脑的特定区域发生转导的，看到由下丘脑室周区和下丘脑内侧区的激活而引发的体液和内脏运动反应，还将看到行为反应是依赖于下丘脑外侧区的。

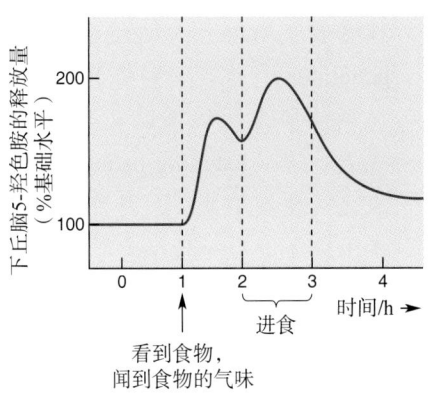

▲ 图16.18

进食前和进食期间5-羟色胺水平的变化。进食的情绪高涨作用可能与脑内5-羟色胺的释放有关（改绘自：Schwartz等，1990）

图文框16.6 发现之路

了解渴求

Julie Kauer 撰文

大学毕业后，我很幸运地成为科罗拉多大学（University of Colorado）Anne Bekoff 实验室的一名技术员。Anne 研究过运动模式发生器（motor pattern generator），这是一些位于脊髓中的简单环路，可以使协调的肌肉运动得以发生。Anne 和我研究了孵化模式发生器（hatching pattern generator）在小鸡孵化出来之后发生了什么，因为它这时已经没有明显的进一步用途。当一只小鸡即将从蛋里孵化出来时，它紧紧地蜷曲着，头在翅膀下，向着蛋壳。大约每 20 s，它就执行两次强劲的腿部运动，轻微地推动着身体在蛋壳内运动。小鸡的喙在蛋壳上逐渐啄出一个圆洞，当这个洞足够大时，强劲的腿部运动就可导致小鸡破壳而出。为了检测孵化模式发生器的命运，我的工作是把记录电极植入小鸡的腿部肌肉，然后把已经孵化出来的小鸡小心地折叠成孵化体位之后放入一个玻璃蛋中。很快，这只小鸡就变得非常安静，并开始进行与正常孵化运动难以区别的腿部运动。更神奇的是，即使 2 个月大的小鸡也能被诱导出"孵化"运动。显然，这种孵化模式发生器即使被闲置数周之后仍然有功能。那时，我一边把数周大的小鸡放回蛋里孵化（不过，这次是玻璃蛋），一边也"孵化"着我自己的科学方法。我开始欣赏 Anne 的工作策略，那就是提出可以得到全面答案的简单问题，以及把复杂的问题分解成可以得到明确答案的若干小问题。从那时起，这个方法就一直是我科学生涯中的驱动要素。

神经系统怎样存储信息？这个问题是从我研究生阶段所开始的工作的焦点。首先，我研究了海兔〔*Aplysia*，一种巨大的海洋蛞蝓（sea slug）；将在第 25 章讨论〕神经系统持久性变化的细胞学基础。我对神经元兴奋性的长时程变化很着迷，导致我从事了突触传递的长时程增强（LTP）的博士后研究。这是当时发现的一个新现象，而且自此永远地把我吸引住了。当兴奋性突触被刺激 1 s 或 2 s 之后，它们的兴奋性突触传递会持续增强数小时。有机会研究一个突触是怎样被持久地修饰，正是我想要做的事情。

为了存储信息，脑需要对环境刺激做出相应的变化。所以不难理解，许多环路具有突触修饰能力。1991 年，当我有了自己的实验室时，这个想法越来越吸引我，并直接导致我们在布朗大学（Brown University）开展关于动机环路的研究工作。Marina Wolf 是我读研究生时最好的朋友，一直在研究成瘾相关的脑改变。她认为药物滥用可能改变动机环路的突触可塑性，这些环路包括腹侧被盖区（VTA）和伏隔核。她的直觉引导了我们实验室及其他实验室开始探索成瘾行为的突触基础。

动物会自我给予那些与人类滥用的相同的药物，它们的寻药行为与人类滥用药物者非常相似。例如，啮齿动物按压杠杆可以获得可卡因，因此它们会为了获得药物而去按压杠杆，甚至不惜忍受疼痛的电击，这在很大程度上和药物滥用者为了获得药物而愿意付

16.6.1 饮水

有两种不同的生理信号刺激饮水行为。如第 15 章中提到的，一种是血容量的降低，或称**血容量不足**（hypovolemia）；另一种是血液中溶解物（溶质）浓度的增高，称为**高渗**（hypertonicity）。这两种刺激通过不同的机制触发渴感。

由血容量不足触发的渴感称为**容量性口渴**（volumetric thirst）。在第 15 章中曾以血容量降低为例，阐述了血管升压素（vasopressin）是何时和怎样被

出巨大的个人牺牲一样。该领域的一个关键观点是，药物滥用绑架了中脑多巴胺神经元（这是动机控制系统的一个部分），因而导致对药物的巨大渴求，这与一个被长期禁水的人对水的渴求一样。有趣的是，我们发现多巴胺能细胞上的抑制性GABA能突触，仅在一次药物暴露之后就丧失了它们产生LTP的正常能力。一段时间以来，人们已经知道，所有药物滥用都会增加VTA神经元的多巴胺释放，这种多巴胺神经元上的抑制性突触的LTP丧失（抑制作用的净丧失）或许是促成VTA神经元多巴胺释放的一个因素。

接下来我们有了两个关键发现。第一，多种不同的药物滥用均擦除了GABA能突触的LTP。第二，一次简短的应激事件（5 min冷水暴露）有完全相同的作用。药物的奖赏作用似乎不同于应激的厌恶效应，这可能意味着什么？以前的工作已经显示，对于从可卡因自我给药中恢复的大鼠（它们已经知道按压杠杆不再能获得药物），一次小剂量的药物或一次应激经历都能使其恢复强大的寻药行为，这个过程称为复发（reinstatement）。人类吸毒者也报告最小剂量的药物暴露或应激都可以触发复吸（relapse）和对药物的渴求。目前认为，药物或应激激活动机环路都会促进寻药行为。

我们研究突触功能详细机制的还原论方法，怎么能够告诉我们关于像药物成瘾一样复杂疾病的任何信息呢？我们做了许多实验，以筛选出哪个分子和通路对于应激阻断抑制性VTA突触的LTP来说是必需的，结果发现了一个明显是必要的分子：κ型阿片受体。

我们发现，如果在应激之前用一种抑制剂阻断κ受体，LTP将不会被应激经历所影响。这样，我们就发现了一种可预防急性应激触发脑改变的药理学工具。那么，κ受体阻断剂也能影响复吸行为吗？我们在宾夕法尼亚大学（University of Pennsylvania）的同事，Chris Pierce和Lisa Briand，先教会大鼠按压杠杆以自我给予可卡因，然后，当杠杆被按压时他们不再给大鼠提供可卡因。几天之后，大鼠按压杠杆的次数越来越少。如预期的那样，此时一个简短的应激经历就可使大鼠强烈的杠杆按压行为复发，即使并不能获得可卡因也是如此。然而，如果在应激刺激之前给予大鼠κ受体抑制剂，我们将不会看到这种复发现象！这些令人兴奋的发现支持这样一个观点：在应激性经历过程中κ型阿片受体通常被激活，并且直接贡献于动物寻药行为的发起，或许也贡献于人类的毒品复吸行为。因此，κ受体抑制剂可能在治疗由应激所引起的药物成瘾复吸中有临床应用前景。尽管脑是复杂的，但了解其组成部分和工作过程的方法已被证明是不可预测和令人惊讶的强大。

多年来与我们这个团队里的杰出科学家们一起工作是我巨大的乐趣。我们一起经历了研究工作起起落落和枯燥乏味的时期，也经历了获得令人兴奋的发现的时期。我们的研究证明，了解一个复杂系统的构成板块不仅能够帮助我们认识脑是如何工作的，而且可以提供控制脑可塑性的方法。就我们的工作而言，以还原论的方法所开展的研究为我们提供了一种可能用于成瘾者的治疗策略。

神经内分泌大细胞释放入垂体后叶的。血管升压素（也称为**抗利尿激素**，antidiuretic hormone，ADH）可直接作用于肾脏，增加水的重吸收和抑制尿液的生成。与容量性口渴有关的血管升压素释放可由两种类型的刺激触发（图16.19）。第一，由肾脏血流量减少所引起的血管紧张素II浓度升高所触发（见第15章的图15.5）。血循环中的血管紧张素II作用于端脑穹隆下器（subfornical organ）的神经元，这些神经元转而直接刺激下丘脑神经分泌大细胞释放血管升压素。第二，存在于大血管壁和心脏壁上的机械感受器，感受并发出血压下降的信号，通过迷走神经和孤束核传递到下丘脑。

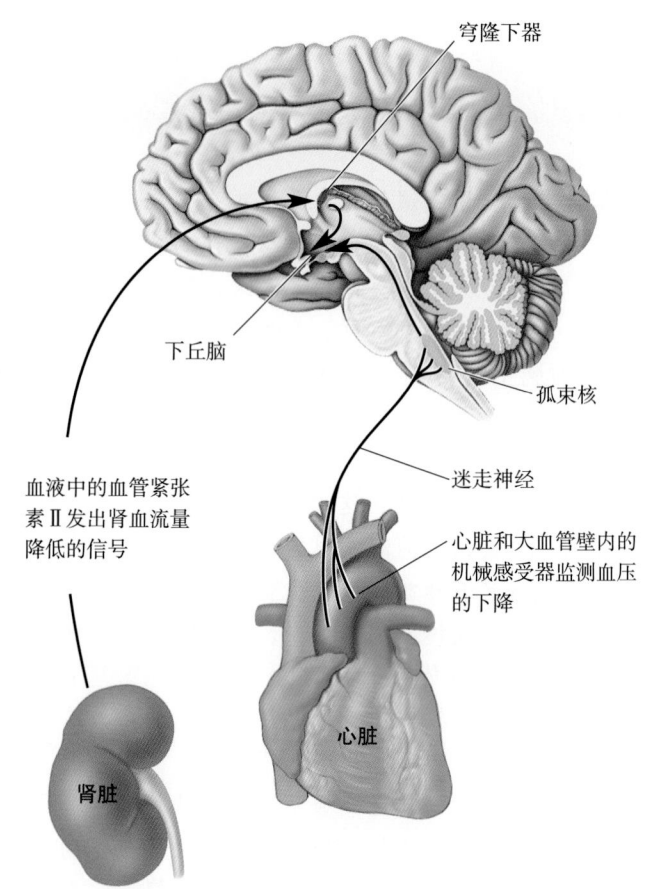

穹隆下器

下丘脑

孤束核

血液中的血管紧张素 II 发出肾血流量降低的信号

迷走神经

心脏和大血管壁内的机械感受器监测血压的下降

肾脏

心脏

▶ 图 16.19

触发容量性口渴的通路。有两条通路可监测到血容量不足。第一，肾脏血流量的降低引起血管紧张素 II 释放入血，后者激活穹隆下器中的神经元。第二，迷走神经末梢上的机械感受器察觉到血压的降低，并经迷走神经传入纤维激活孤束核神经元。穹隆下器和孤束核神经元再将信号传递到下丘脑，由下丘脑组织和发起针对血容量降低的协调性整合反应

除了这一体液性反应，血容量的下降还可以：（1）刺激自主神经系统的交感部，后者通过引起小动脉收缩而纠正血压的下降；（2）强烈地促使动物去觅水和饮水。无疑，下丘脑外侧区与这种行为的激起有关，尽管详细过程仍不十分清楚。

另一种产生渴感的刺激是血液的高渗性，它可被端脑的缺乏血脑屏障的另一特殊区域的神经元感知，这一特殊区域即**终板血管器**（vascular organ of the lamina terminalis，OVLT）。当血液变得高渗时，水分通过渗透作用从细胞内渗出。OVLT 神经元将这种失水信号转变为动作电位的发放频率，从而：（1）直接刺激神经内分泌大细胞分泌血管升压素；（2）刺激**高渗性口渴**（osmometric thirst）的发生，即脱水时的饮水动机（图 16.20）。损毁 OVLT 将彻底地阻断机体对脱水的行为和体液反应（但不阻断对血容量减少的反应）。

饮水动机和下丘脑血管升压素的分泌（以及肾脏对水的重吸收）通常是紧密相关的。然而，下丘脑血管升压素神经元的选择性丧失，会导致一种称为**尿崩症**（diabetes insipidus）的奇怪疾病，此时身体与脑作对。作为血管升压素丧失的一种后果，肾脏将过多的水从血液中输送到尿液中。由此引起的脱水激发起强烈的饮水动机；然而，从小肠吸收的水分又迅速通过肾脏生成尿液排出。因此，尿崩症患者所表现的症状特征是极度的口渴，并伴随大量而频繁地排出淡薄、清水般的尿液。此症可用血管升压素来进行替代治疗。

16.6.2　体温调节

热了，你会去乘凉；冷了，你会去取暖。我们都被促使以这样的方式与

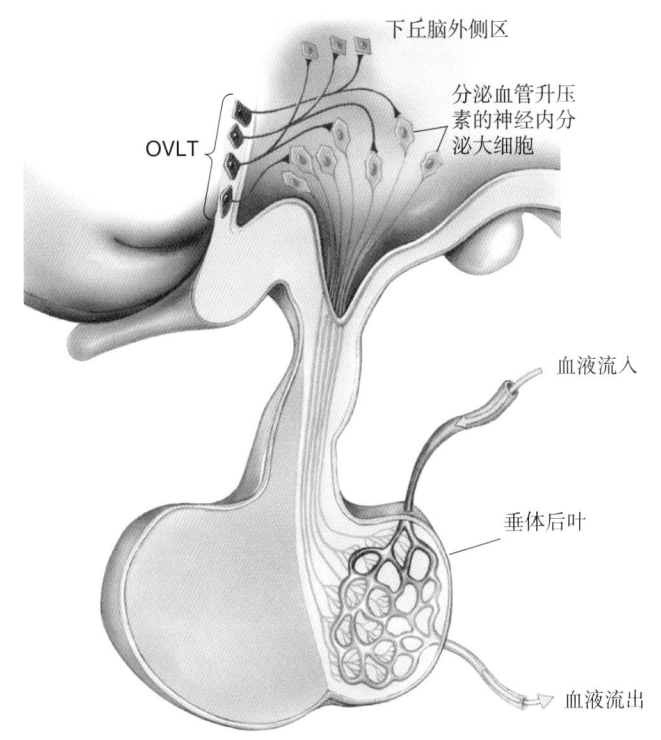

下丘脑外侧区

分泌血管升压素的神经内分泌大细胞

OVLT

血液流入

垂体后叶

血液流出

◀ 图16.20

高渗性口渴：下丘脑对脱水的反应。 水分丢失时，血液渗透压升高。血液的高渗信号由终板血管器（OVLT）神经元所感受，后者激活大细胞部神经内分泌细胞和下丘脑外侧区神经元。神经内分泌细胞将血管升压素分泌入血，下丘脑外侧区神经元触发渗透性口渴

我们所处的环境互动，以保持我们的身体在一个狭小的温度范围内。这种调节的必要性是显而易见的：机体细胞被精细地调节到37℃这一恒定的体温数值上，而体温偏离这一数值将妨害细胞的功能。

一些神经元对温度的微小变化发生放电频率变化的反应，这类神经元遍布全脑和脊髓。但是，对体温稳态最重要的神经元群集中在下丘脑前部，这些神经元将血液温度的微小变化信号转化为它们放电频率的变化。随之发生的体液和内脏运动反应由下丘脑**内侧视前区**（medial preoptic area）的神经元启动，而躯体运动（行为的）反应则由下丘脑外侧区神经元发起。损毁这两个区域的不同部分，将选择性地取消这一整合反应中的不同成分。

下丘脑前部的冷敏神经元（cold-sensitive neuron）监测到体温的降低，从而引起垂体前叶释放促甲状腺激素（TSH）的反应。TSH刺激甲状腺释放甲状腺素，而甲状腺素广泛地提高细胞代谢。内脏运动反应是皮肤血管的收缩和竖毛（鸡皮疙瘩）。一个不自主（即非随意性运动——译者注）的躯体运动反应是打寒战（在肌肉中产生热量）。当然，另一个躯体运动反应是想办法取暖。

下丘脑前部的热敏神经元（warm-sensitive neuron）监测到体温的升高，TSH的释放减少，使代谢降低，血液分流到外周以促进散热，并促使你寻找凉爽的地方。对于某些哺乳动物，一个不自主的运动反应是热喘（如狗在温热时的张嘴伸舌喘气——译者注），而人类则是出汗，从而帮助身体降温。

现在，下丘脑与能量平衡、水平衡和体温控制之间的密切关系已经很清楚了。对每一种控制来说，都是特殊的神经元群监视调节参数的变化。下丘脑组织和发起整合性反应以应对这些挑战，这些反应总是包括一些生理参数的调整和触发一些不同类型的行为。表16.1概括了本章讨论过的下丘脑反应。

表 16.1　下丘脑对触发行为的各种刺激信号的反应

血液中的刺激因素	信号转导位置	体液反应	内脏运动反应	躯体运动反应
进食信号				
↓瘦素	弓状核	↓ACTH ↓TSH	↑副交感神经活动	摄食
↓胰岛素	弓状核	↓ACTH ↓TSH	↑副交感神经活动	摄食
饮水信号				
↑血管紧张素 II	穹隆下器	↑血管升压素	↑交感神经活动	饮水
↑血液渗透压	OVLT	↑血管升压素		饮水
温度信号				
↑体温	内侧视前区	↓TSH	↑副交感神经活动	喘气，寻求凉快
↓体温	内侧视前区	↑TSH	↑交感神经活动	寒战，寻求温暖

16.7　结语

在本书第 II 篇中关于运动系统的几章里，我们强调的是与行为相关的"怎么样"的问题，即肌肉是怎样收缩的？运动怎样被发起？不同肌肉间的作用怎样被协调？然而，本章有关动机的讨论，问的却是一个不同的问题："为什么"？当我们的能量储备耗竭时，我们为什么会去吃饭？当我们脱水时，为什么会去喝水？当我们的血液温度下降时，为什么会去寻求温暖？

神经科学家们已经能够在机体的外周水平上具体地回答行为的"怎么样"和"为什么"这两个问题了。我们**运动**是因为神经肌肉接头处释放了乙酰胆碱；我们**饮水**是因为我们感到渴了，我们感到渴是因为血管紧张素 II 的水平升高，而后者水平的升高是机体对肾脏血流量减少的一种反应。然而，我们仍然在很大程度上不知道"怎么样"和"为什么"是怎样在脑中会聚的。在本章，我们选择摄食行为作为重点来讨论，部分原因是这个主题可以导致最深入的脑机制探讨。在下丘脑外侧区发现了对瘦素水平变化发生反应的促食欲肽神经元是一个重大的突破。现在，我们能勾勒出这一问题的轮廓了：这些神经元是怎样作用于其他脑区，从而激发了摄食行为的。这项研究的进展将对我们如何解释自己的行为和周围人的行为产生显著的影响。

在知道了血液中那些激发我们进食和饮水行为的一些信号之后，你或许会认为我们其实是被激素所支配着的。然而，虽然血液中的一些激素信号对某种特定行为发生的可能性有很大的影响，但我们并不是它们的奴隶。显然，人类进化的伟大胜利之一，就是我们有能力对更为原始的本能发挥认知的和大脑皮层的控制。然而，这并不是说人类仅凭理性的思维来做出决定（图文框 16.7）。除了自我保护和遗传的强大力量，我们的行为还受众多因素的影响，这些因素包括恐惧、雄心、动机和个人经历。在下面的几章里，我们将探讨其他的一些影响，包括过去的经历怎样在脑内留下它们的印记。

图文框16.7　趣味话题

神经经济学

经济学（economics）这个学科是随着 Adam Smith（亚当·斯密，1723.6—1790.7，英国经济学家和哲学家——译者注）于1776年出版的专著 *The Wealth of Nations*（《国富论》）而诞生的［*The Wealth of Nations* 是亚当·斯密的 *An Inquiry into the Nature and Causes of the Wealth of Nations*（《国民财富的性质和原因的研究》）一书书名的简称，该书曾由严复（1854.1—1921.10）于1901年翻译成中文，并以《国富论》为书名出版——译者注］。除了其他方面的努力，经济学家还试图了解资源分配的选择是怎样做出的。经济学在19世纪被称为"沉闷的科学"（dismal science），最初这么说是由于经济学家们可怕的预测，即由于食物的供应无法跟上人口的增长，人类注定要陷入无穷无尽的贫困。然而，这个说法也可能适用于理解和预测人类做出选择是多么困难，无论是在经济问题上还是在其他问题上都是如此（图A）。

我们能否进入脑内，从而发现我们在做出一个决定的时候脑内发生了什么呢？神经科学技术方面的进展，尤其是对清醒的行为动物（包括人类）脑活动进行检测和人为改变脑活动方面的进展，使这一设想成为一个可以实现的目标。十几年来，经济学家越来越关注对脑的研究，并以此来检验他们理论假说的正确性；而神经生理学家和心理学家也乐于接受经济学理论，并根据选择的神经基础来解释他们的数据。这些学科相互吸引并催生了一个新的领域，称为**神经经济学**（neuroeconomics）。神经经济学的中心目标是结合经济学、神经科学和心理学的工具和见解，以阐明个体是如何做出经济学决策的。科学史表明，当一些传统学科结合起来解决一个共同的问题时，往往会取得重大的进展。或许，没有比了解人类行为更为紧迫的科学挑战了。我们个人的和群体的行为，比任何其他因素都更能决定我们这个物种和地球的命运。尽管这种努力能否成功并不确定，但可以确定的是理解行为需要懂得神经科学。

拓展阅读

Glimcher PW, Fehr E. 2014. *Neuroeconomics: Decision Making and the Brain*, 2nd ed. San Diego, CA: Academic Press.

图A
去航行，还是不去航行？

关键词

下丘脑、稳态和动机性行为 The Hypothalamus, Homeostasis, and Motivated Behavior
动机性行为 motivated behavior（p.557）

摄食行为的长时程调节 The Long-Term Regulation of Feeding Behavior
合成代谢 anabolism（p.557）
分解代谢 catabolism（p.557）
肥胖 obesity（p.557）
消瘦 starvation（p.557）
恒脂假说 lipostatic hypothesis（p.559）
瘦素 leptin（p.559）
厌食 anorexia（p.560）
下丘脑外侧区综合征 lateral hypothalamic syndrome（p.560）
下丘脑腹内侧区综合征 ventromedial hypothalamic syndrome（p.560）
弓状核 arcuate nucleus（p.561）
室旁核 paraventricular nucleus（p.562）
厌食肽 anorectic peptide（p.562）
促食欲肽 orexigenic peptide（p.564）

下丘脑外侧区 lateral hypothalamic area（p.564）

摄食行为的短时程调节 The Shot-Term Regulation of Feeding Behavior
饱信号 satiety signal（p.566）
促生长激素释放素 ghrelin（p.568）
迷走神经 vagus nerve（p.568）
孤束核 nucleus of the solitary tract（p.568）
缩胆囊素 cholecystokinin（p.568）
胰岛素 insulin（p.568）

我们为什么要吃饭？ Why Do We Eat?
自我电刺激 electrical self-stimulation（p.570）
神经性厌食症 anorexia nervosa（p.575）
神经性贪食症 bulimia nervosa（p.575）

其他动机性行为 Other Motivated Behaviors
容量性口渴 volumetric thirst（p.576）
终板血管器 vascular organ of the lamina terminalis（p.578）
高渗性口渴 osmometric thirst（p.578）

复习题

1. 减少机体多余脂肪的一种外科方法是吸脂术，即除去过多的脂肪组织，但做过手术不久之后，体脂通常又增加到和术前一样的水平。为什么吸脂术的效果不能持久？对比吸脂手术与胃切手术之间的效果差异。
2. 双侧损毁下丘脑外侧区导致摄食行为的减少。指出与下丘脑外侧区综合征有关的3种神经元的名字和它们使用的递质。
3. 你打算设计哪些神经递质的激动剂和对抗剂来治疗肥胖？要考虑到作用于脑内神经元的药物和作用于外周神经系统的药物。
4. 指出一条刺激摄食行为和一条抑制摄食行为的迷走神经通路。
5. 从神经的角度看，对巧克力成瘾是什么意思？巧克力是怎样兴奋情绪的？
6. 比较和对照下丘脑弓状核、穹隆下器和终板血管器这3个区域的功能。

拓展阅读

Berridge KC. 2009. 'Liking' and 'wanting' food rewards: brain substrates and roles in eating disorders. *Physiology and Behavior* 97:537-550.

Flier JS. 2004. Obesity wars: molecular progress confronts an expanding epidemic. *Cell* 116:337-350.

Friedman JM. 2004. Modern science versus the stigma of obesity. *Nature Medicine* 10:563-569.

Gao Q, Hovath TL. 2007. Neurobiology of feeding and energy expenditure. *Annual Review of Neuroscience* 30:367-398.

Kauer JA, Malenka RC. 2007. Synaptic plasticity and addiction. *Nature Reviews Neuroscience* 8:844-858.

Schultz W. 2002. Getting formal with dopamine and reward. *Neuron* 36:241-263.

Wise RA. 2004. Dopamine, learning, and motivation. *Nature Reviews Neuroscience* 5:483-494.

（张月萍　译　　王建军　校）

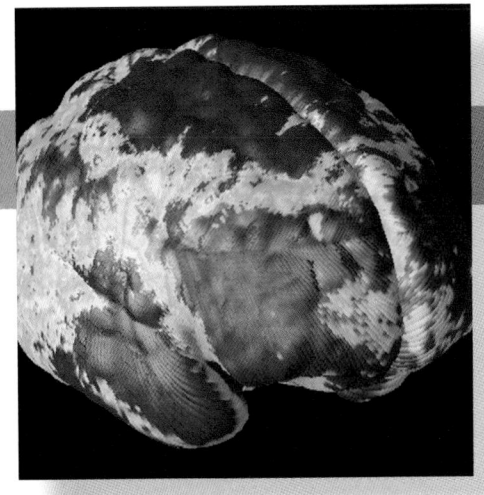

第 17 章

性与脑

17.1　引言

没有性行为就没有人类的繁殖；没有子代，任何物种都不能生存。这些都是生命最简单的事实；而且，千百万年以来，人类的神经系统为了种系的生存而进化。生殖的动力与在第16章已讨论过的摄食和饮水的强烈动机相当。为了生存的缘故，一些生命维持功能，如生殖和摄食行为并不完全取决于有意识的思维念头，它们由皮层下结构所调节，而思维意识由大脑皮层所控制。

本章将探讨有关性与脑的问题。本章的目的并不是要讨论关于性的启蒙知识，我们假设你已经从父母、老师、朋友或互联网获得了有关人类性行为的基本知识。我们要讨论促成生殖的神经结构。在大多数情况下，性器官的神经控制与前面章节所阐述的躯体感觉和运动通路相同。男性与女性的性行为和生殖行为都显著不同，而两种性别的脑究竟有多少差异？我们将探讨这个问题，分析脑的差异仅与生殖行为相关，还是与更广泛的行为和认知相关。

归根结底，大多数雄性和雌性之间差异的根源是来自对双亲基因的继承。在某些基因的指导下，人体产生了少量的性激素，这些激素对身体的性别分化和成人的性生理和性行为发挥强大的作用。分泌性激素的生殖器官（卵巢和睾丸）位于神经系统之外，但它们可被脑激活。如第15章所述，下丘脑控制垂体前叶各种激素的释放。在生殖功能方面，垂体前叶激素释放的激素调节睾丸和卵巢的分泌。性激素除对人体有明显的作用之外，也影响脑。激素似乎不仅可作用于整个脑结构，也可在神经突起水平上作用于单个神经元。性激素甚至可以影响机体对某些神经疾病的抵抗力。

另一个需要思考的问题是雄性和雌性的性别确定。性别取决于遗传、解剖结构还是行为？答案并不简单，有些性别认同的例证显示其与生物和行为因素无关。另外，性取向（sexual orientation）是如何形成的？被异性或同性吸引是由童年的经历还是脑的结构所决定的？这些都是具有挑战性的问题，涉及我们如何认识自己和他人，我们将通过观察神经系统的解剖学和生理学来回答这些问题。

17.2　生物学的性别和行为学的性别

生物学的性别（sex）和**行为学的性别**（gender）这两个词都涉及雄性或雌性的区别，常常作为同义词使用。但是，关于这两个词的含义及其区别存在分歧。为明确起见，我们的出发点是世界卫生组织（World Health Organization，WHO）所接受的定义。因此，sex（生物学的性别）是雄性和雌性的生物学状态，它取决于染色体、激素和人体解剖（图17.1）；而gender（行为学的性别）属行为学的范畴，是指在一种文化中与男性和女性相关的一系列的行为表现和属性（如阳刚的男子气和娇柔的女子气）。当然，要确定男性和女性的预期和行为是生物学（自然因素）还是社会学（环境因素）或两者兼有的结果，并不总是容易的和可能的。而且，正如我们将要讨论的，在一些情形中，生物学性别和行为学性别的评估是相互矛盾的。

▲ 图17.1

生物学和行为学性别的差异。雄鸡（pheasant）仅是众多性别特征差异很大的动物中的一种。雄雉羽毛鲜艳，具有长尾和庞大的体型，颌下有肉垂，它们对幼雏的养育几乎不起作用。雌雉小而呈灰色，是一个尽责的母亲（引自：ChrisO，英文的维基百科）

一个人的性行为和文化的影响始于其出生时。对于新生儿，我们会问其父母："这个宝宝是男孩还是女孩？"对这个问题的回答经常会导致关于这个孩子今后生活经历的无数假设。我们一般不会去询问一个成年人的性别，因为从他（或她）外貌看是显而易见的。然而，确定一个人是女性还是男性仍然需要许多假设，因为我们关于生物学和行为学性别的观念与许多生物学和行为学的特征相关。性别特异性的行为是内省、教养、生活经历、社会期望、遗传和激素之间复杂的相互作用的结果。这些行为与**性别认同**（gender identity），即我们对自身性别的感知相关。本节将讨论有关性别的一些遗传和发育的起源。

17.2.1　性别的遗传

在每一个人类细胞的细胞核内，DNA提供了一个人的遗传蓝本，即构建个体所需的全部信息。DNA组成了46条染色体：23条来自父亲，23条来自母亲。每个人均有1号至22号染色体的两个配套版本，通常根据其大小进行编号（图17.2）。这个配对系统唯一的例外就是性染色体X和Y。因此，通常称为44条常染色体（22对配对染色体）和2条性染色体。女性具两条X染色体，各来自其双亲；男性具有一条来自母亲的X染色体和一条来自父亲的Y染色体。女性的**基因型**（genotype）是XX，男性的基因型是XY。这些基因型决定了一个人**遗传的性别**（genetic sex）。因为母亲提供给每个孩子的X染色体无性别差异，所以孩子的遗传性别是由来自父亲的X或Y染色体决定的。但在一些非人类的动物（如鸟），母亲决定了子代的遗传性别。

构成染色体的DNA分子是一些已知最大的分子，它们含有的基因是遗传信息的最基本单位。含有单个基因的DNA片段提供了合成特定蛋白质所需的专一信息。人类基因组具有约26,000个基因，由于检测技术不同使这一数量存在差异（图文框2.2）。

从图17.2可见，X染色体明显大于Y染色体。与这种大小差别相一致，研究人员估计X染色体包含约800个基因，而Y染色体可能只含有约50个基因。你可能会嘲笑男性在遗传上被故意缩减了，但在某种意义上这是正确的，因为XY基因型可导致严重的医学后果。如果一名女性的一条X染色体上具有缺陷基因，而另一条X染色体上的基因都正常，她可能不会经历任何负面结果。但是，男性的单个X染色体上出现任何缺陷都会导致发育的缺陷。这种缺陷称为**X连锁疾病**（X-linked disease），这类疾病有很多种。例如，红绿色盲在男性中比较常见（图文框9.5）。男性发病率比女性高的其他X连锁疾病是血友病（hemophilia）和迪谢内肌营养不良（Duchenne muscular dystrophy；又称进行性假肥大性肌营养不良，参见图文框13.3——译者注）。

与X染色体相比，较小的Y染色体只有较少的基因并缺少多样性的功能。对于性别决定最重要的是Y染色体含有一个称为**Y染色体的性别决定区**（sex-determining region of the Y chromosome，SRY）的基因，该基因编码被称为**睾丸决定因子**（testis-determining factor，TDF）的蛋白。一个人具有Y染色体和*SRY*基因将会发育成男性，否则将发育成女性。*SRY*基因位于Y染色体的短臂上，于1990年由伦敦医学研究委员会（Medical Research Council in London）的Peter Goodfellow、Robin-Badge及其同事们发现（图17.3）。如

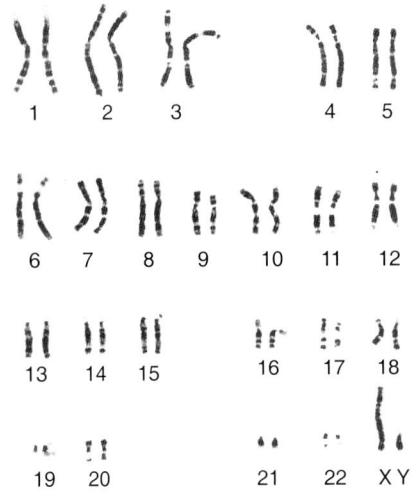

▲ 图17.2

人类的染色体。这23对染色体来自一名男性，注意Y染色体比X染色体要小得多（引自：Yunis and Chandler，1977）

果Y染色体的这个片段被人为地插入胚胎为XX型小鼠的DNA中，这只小鼠会发育成雄性而不是雌性。但是，这并不意味着*SRY*基因就是唯一参与性别决定的基因，因为*SRY*基因被认为可调节其他染色体上的基因。另外，雄性特异的性生理依赖于Y染色体上的其他基因，如精子的产生。尽管如此，下面将会看到*SRY*基因的表达导致睾丸的发育，而睾丸产生的激素在很大程度上是导致雄性胎儿的发育有别于雌性胎儿的原因。

　　性染色体异常。在极少的例子中，一个人会有过少或过多的性染色体，这一情况对健康的影响会从很小到致死。**特纳综合征**（Turner syndrome；又称性腺发育障碍综合征——译者注）是女性的一条X染色体部分或全部缺失（XO基因型），其出现在约两千五百分之一的新生女性中。大多数XO胎儿被认为会发生流产，幸存下来的女孩则出现各种症状，包括身材矮小、下颌后缩、蹼状颈、视觉空间和记忆困难。她们的卵巢异常，一般需要雌激素替代治疗以维持乳腺发育和月经周期。推测男性丢失X染色体是致命的，所以尚未发现YO基因型的个体。

　　一些病例显示有些人生来就具有更多的染色体。当这种情况出现时，性别总是由Y染色体的有无来确定的。约千分之一的男新生儿具有额外一条X染色体，这种缺陷称为**克兰费尔特综合征**（Klinefelter syndrome；又称细精管发育障碍症、**XXY综合征**——译者注）。这些XXY个体是男性，因为其Y染色体上存在*SRY*基因。在某些病例中，XXY基因型无明显表象，但由于

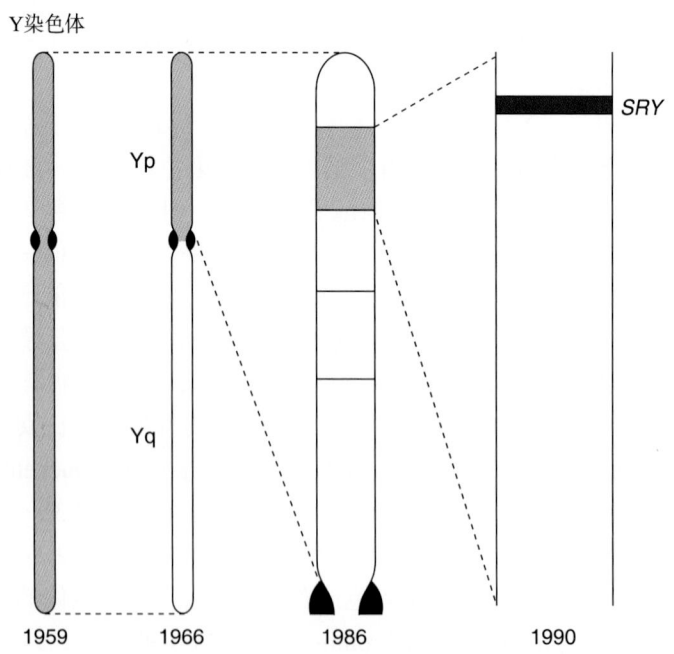

▲ 图 17.3

*SRY*基因在Y染色体的位置。1959年，研究人员发现睾丸决定因子（TDF）依赖于Y染色体；而1966年，TDF相关的重要位置被进一步锁定在短臂（p）上。20世纪80年代的研究确定TDF由*SRY*基因编码，这是在Y染色体短臂顶部的一个小片段（改绘自：McLaren，1990，第216页）

睾酮合成减少，可能会出现诸如肌肉和毛发较少、乳腺组织增生等症状。此外，还存在XYY和XXYY基因型，这些个体为男性，而XXX基因型为女性。

17.2.2　性别的发育和分化

男性和女性的区别表现在许多方面，从平均体型大小和肌肉发育到内分泌功能。我们知道，正常情况下一个孩子的性别最终由其基因决定。但是在发育过程中，胎儿在何时和怎样分化为不同的性别？孩子的基因型如何导致雄性或雌性性腺的发育？

答案涉及性腺在发育过程中的独特性质。与肺和肝等其他器官不同，发育成性腺的原始细胞不只具有单个发育通路。在妊娠的最初6周，性腺处于未分化状态，它们可以发育成卵巢或睾丸。未分化的性腺具有两个关键结构：**米勒管**（Müllerian duct）和**沃尔夫管**（Wolffian duct）（图17.4）。如果胎

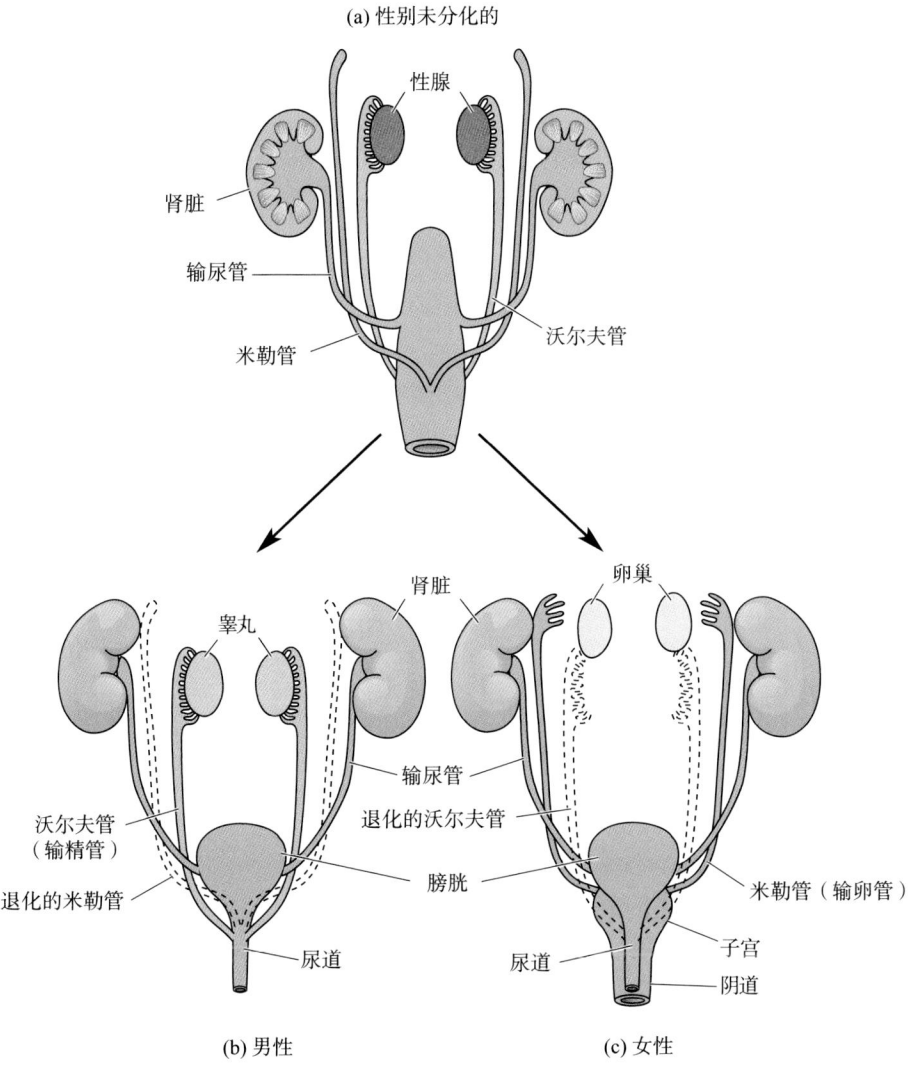

▲ 图 17.4
生殖器官的发育。（a）未分化的泌尿生殖系统同时具有米勒管和沃尔夫管。（b）如果存在*SRY*基因，沃尔夫管发育成雄性生殖器官。（c）如果没有*SRY*基因，米勒管发育成雌性生殖器官（改绘自：Gilbert，1994，第759页）

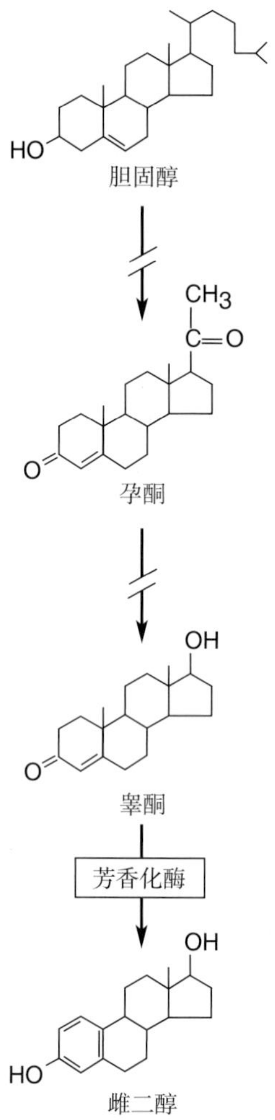

▲ 图 17.5
胆固醇和主要类固醇性激素的合成。断箭头所指为一个或多个中间反应的发生处，芳香化酶将睾酮转变成雌二醇

儿具有含 *SRY* 基因的 Y 染色体，睾酮就会产生，沃尔夫管遂发育成男性内生殖系统。同时，米勒管在**米勒管抑制因子**（Müllerian-inhibiting factor，一种激素）的作用下停止发育。相反，如果没有 Y 染色体和睾酮的激增，米勒管就发育成女性内生殖系统，而沃尔夫管则退化。

男性和女性的外生殖器从相同的泌尿生殖结构发育而来。这就是为什么有人可能在其出生时会出现介于男性和女性的中间状态生殖器，也就是我们所知的**两性畸形**（hermaphroditism）。

17.3　性别的激素控制

激素是释放入血的化学物质，可以调节生理过程。我们主要感兴趣的内分泌腺是卵巢和睾丸，因为它们可释放性激素；另外还有垂体，它可调节这些性激素的释放。性激素对于生殖系统的发育和功能及性行为很重要。性激素都是类固醇（在 15 章中提及），其中一些是大家所熟悉的，如睾酮和雌激素。类固醇是含有 4 个碳环的分子，由胆固醇合成而来。胆固醇基本结构的很小改变都会对激素的作用产生深远的影响。例如，睾酮对于男性的发育是最关键的激素，但它与重要的雌性类固醇雌二醇在分子上仅有几处不同。

17.3.1　主要的雄性和雌性激素

类固醇性激素通常被分成"雄性"和"雌性"的，但是男性也具有"雌性"激素，女性同样具有"雄性"激素。这些名称反映了这样一个事实，即男性具有更高浓度的**雄激素**（androgens），或称雄性激素，而女性则具有更多的**雌激素**（estrogens），或称雌性激素。例如，**睾酮**（testosterone）是一种雄激素，**雌二醇**（estradiol）是一种雌激素。在使胆固醇转换成性激素的一系列化学反应中，主要的雌性激素之一雌二醇实际上是从雄性激素睾酮合成的（图 17.5）。这个反应在**芳香化酶**（aromatase）的参与下发生。

类固醇的作用因其结构而区别于其他激素。一些激素是蛋白质，因而不能穿过细胞膜的脂质双分子层，它们作用于有细胞外结合位点的受体。相比之下，类固醇是脂质，容易穿过细胞膜并与胞浆内受体结合，使之直接进入细胞核并导致基因表达。各种受体在脑各部分的密度差异导致类固醇的作用局限于脑的不同区域（图 17.6）。

虽然肾上腺和其他腺体也分泌少量的雄激素，但睾丸仍是释放雄激素的主要部位。睾酮是含量最丰富的雄激素，发挥导致大多数男性特征的激素作用。出生前睾酮水平的升高对于雄性生殖系统的发育至关重要。在后来的青春期，睾酮的增加调节第二性征的发育，表现为从人类男性肌肉的发育和胡须的增加到狮子鬃毛的增加。奇怪的是，对于那些有遗传倾向的人群，睾酮也可导致男性秃顶。女性体内睾酮的浓度约为男性的 10%。男性的睾酮水平在一天中会因许多影响因素而发生变动，这些因素包括应激、体力消耗和攻击。虽然尚不清楚睾酮的增加是原因还是结果，但这种变动与社会竞争、愤怒和争斗相关。

主要的雌性激素是雌二醇和**孕酮**（progesterone），由卵巢分泌。如前所述，雌二醇是一种雌激素，孕酮是第二类雌性类固醇激素，即**孕激素**

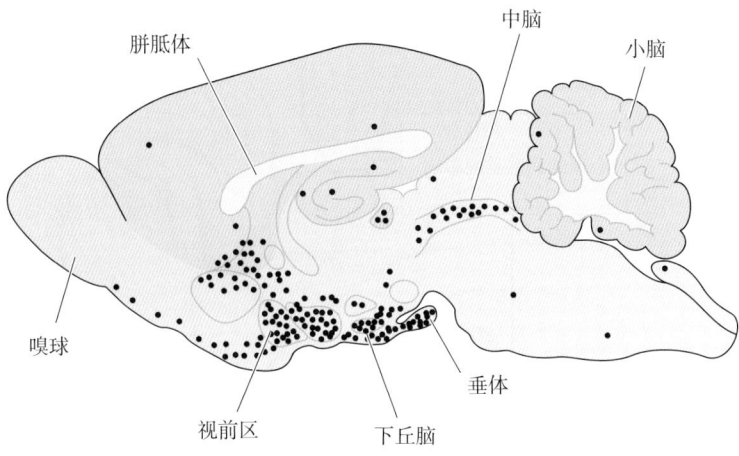

胼胝体　　　　中脑　　　小脑

嗅球

视前区　　下丘脑　　垂体

▲ 图 17.6

雌二醇受体在大鼠脑矢状切片中的分布。雌二醇受体在垂体和下丘脑中有较高的密度，其中包括下丘脑前部的视前区，这些脑区都参与了性行为和生殖行为的调控

（progestin）。在儿童期，雌激素的水平非常低，在青春期雌激素急剧增加，它控制雌性生殖系统的成熟和乳腺的发育。与男性相同，女性血液中的性激素水平也是变动的。但是，男性在一天中快速波动，而女性激素的水平遵循大约 28 天的规律性周期。

17.3.2　垂体和下丘脑对性激素的控制

垂体前叶分泌两种对男性、女性正常的性发育和性功能起特别重要作用的激素：**黄体生成素**（luteinizing hormone，LH）和**卵泡刺激素**（follicle-stimulating hormone，FSH），这些激素也称为**促性腺激素**（gonadotropins）。LH 和 FSH 由分散在整个垂体前叶的特异性细胞分泌，占全部细胞数量的 10%。如第 15 章所述，垂体前叶激素的分泌受下丘脑释放的促垂体激素控制。顾名思义，下丘脑释放的**促性腺激素释放激素**（gonadotropin-releasing hormone，GnRH）引起垂体释放 LH 和 FSH。GnRH 也称为 LHRH，即促黄体激素释放激素（luteinizing hormone-releasing hormone，LHRH），因为它促进的 LH 释放量远多于 FSH。下丘脑神经元的活动受到多种心理和环境因素的影响，这些因素间接影响了垂体前叶促性腺激素的分泌。

图 17.7 显示了从下丘脑的传入到性腺激素释放事件之间的关系链。从视网膜至下丘脑的神经传入信号使 GnRH 的释放随一天中的光照水平而变化。在一些非人类物种中，生殖行为和促性腺激素的分泌会出现很强的季节性变化。光抑制松果体**褪黑素**（melatonin）的合成，而褪黑素又抑制促性腺激素的释放，因此光照会增加促性腺激素的分泌。通过这个环路，生殖活动会受一年中光照长度的影响，而子代也会在存活机会最大的季节中出生。对于人类，促性腺激素的释放和褪黑素的水平也成反比，但尚不知褪黑素是否确实调节生殖行为。

对于男性，LH 刺激睾丸产生睾酮，FSH 参与睾丸精子细胞的成熟，精子

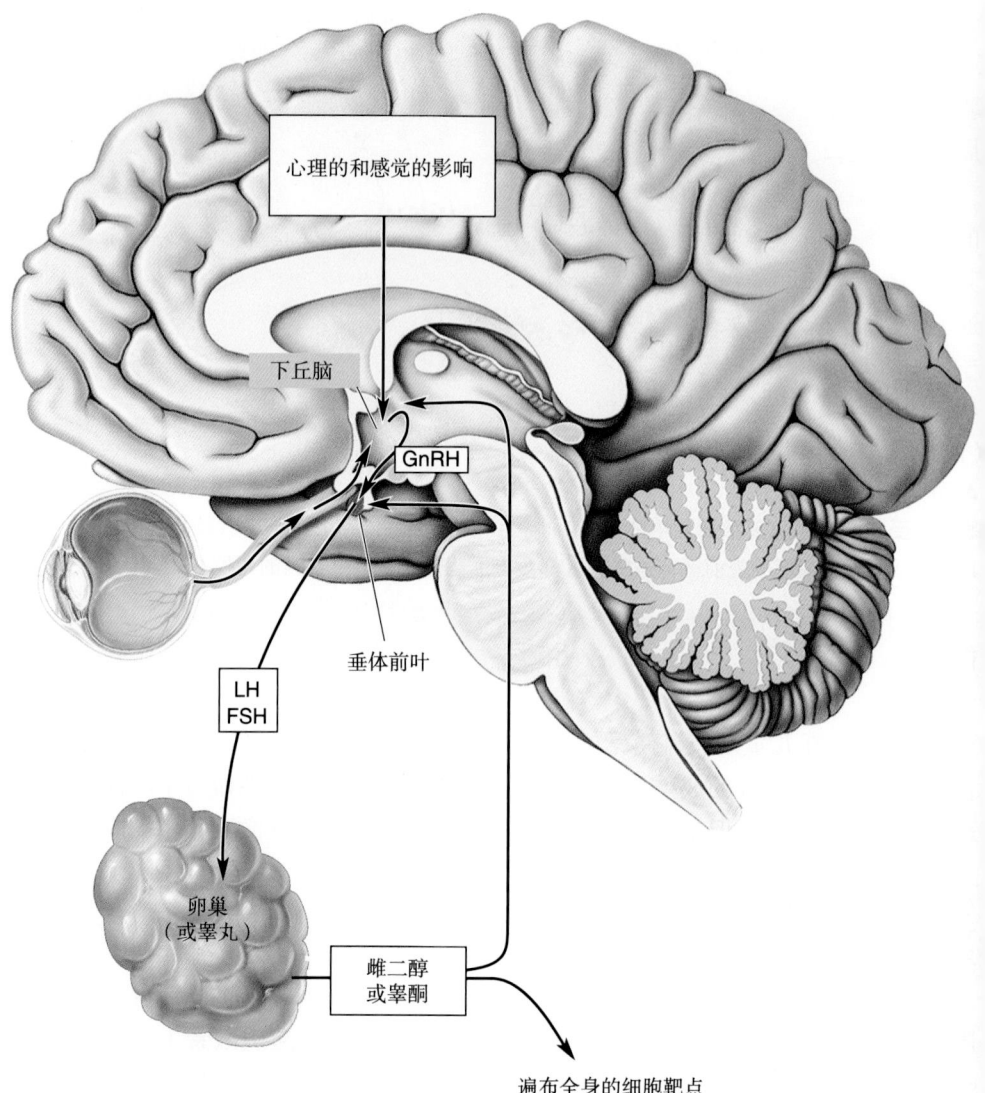

▲ 图 17.7

脑和性腺之间的双向作用。下丘脑受心理因素和感觉信息的影响，如光照视网膜的视觉信息。由下丘脑所释放的 GnRH 调节垂体前叶促性腺激素（LH 和 FSH）的释放。在促性腺激素的调控下，睾丸分泌睾酮，卵巢分泌雌二醇。这些性激素对身体发挥多种作用，并对垂体和下丘脑发挥反馈调节作用

的成熟也需要睾酮的参与，这意味着 LH 和 FSH 在男性生殖能力中起关键作用。由于有皮层至下丘脑的传入，心理因素可能通过抑制促性腺激素的分泌和精子的产生而导致男性生殖能力下降。

对于女性，LH 和 FSH 引起卵巢分泌雌激素。若没有促性腺激素，卵巢就无活性，这种状态贯穿于整个儿童期。成年女性的 LH 和 FSH 水平的周期性变化导致了卵巢的周期性变化，LH 和 FSH 分泌的时间点和时程决定了生殖周期或**月经周期**（menstrual cycle）的特性。在月经周期的卵泡期，这些激素（特别是 FSH）促进少量的卵泡生长，而卵泡就是卵巢中容纳和维持卵

子（卵细胞）的小泡。在排卵后的黄体期，卵子周围的小细胞经历了**黄体化**（luteinization）过程的一些化学变化，这个过程依赖于垂体释放LH。各种哺乳动物生殖周期的卵泡期和黄体期的时程有显著差异。在灵长类动物的月经周期中，这两个阶段的时程大致相等。

非灵长类哺乳动物，如大鼠和小鼠，它们**动情周期**（estrous cycle）中的黄体期要短得多。其他有发情期特征的动物，如狗、猫和家畜类动物，其动情周期的持续时间几乎相同。很多发情的动物每年只有一个动情周期，通常在春天，这可能是由于这段时期的气候和食物供给条件理想，是繁衍子代的好时机。另一个特例是大鼠这样的动物，它们被称为**多次发情动物**（polyestrous），因为这些动物在一年中有多个短动情期或多次"发情"（heat）。

17.4　性行为的神经基础

性行为是一个数量庞大、错综复杂而具刺激性的话题，包括从性交的本能和生物学现象到人类社会大量的文化习俗。我们在这里仅涉及其中的某些部分，先从控制生殖器官的自主神经系统和脊髓的神经元开始，然后讨论各种交配策略，最后总结一些对于单配偶制和育儿很重要的脑机制研究。

17.4.1　生殖器官及它们的控制

尽管雄性和雌性的生殖器官结构明显不同，但它们的神经调节（目前所知）却惊人地相似。成年男女的性冲动可产生于引起性欲的心理刺激和感觉刺激（包括视觉、嗅觉和躯体感觉），以及外部性器官的接触刺激。整个性反应周期由**冲动期**（arousal）、**平台期**（plateau）、**高潮期**（orgasm）和**消退期**（resolution）组成。虽然每个期的持续时间差别很大，但与每个期相关的生理学变化却非常相似。部分性反应的神经控制来自大脑皮层，即产生性欲的部位；而脊髓将脑的这种活动与来自生殖器的感觉信息相协调，从而发出介导生殖结构性反应的关键性传出信息。

主要的内生殖器官和外生殖器官如图17.8所示。对于人类性反应的生理学研究过度倾向于男性，但我们将尽量总结男女两性的知识。性冲动都可以引起男性和女性外生殖器官的某些部分充血而膨胀。女性的这些结构包括**阴唇**（labia）和**阴蒂**（clitoris），而男性主要是**阴茎**（penis）。外生殖器官的机械感受器受到丰富的神经支配，特别是在阴蒂和阴茎头内。这些感觉末梢受到刺激，足以引起该器官的充血和勃起。充血可由简单的脊髓反射引起，证明这一点的最好证据是：大多数男性在脊髓胸腰段完全横断后，其阴茎受到机械刺激时仍会产生勃起。来自生殖器官的机械性感受通路是躯体感觉系统的组成部分（见第12章），符合通常的解剖学模式，即从阴茎或阴蒂机械感受器发出的轴突会聚于骶段脊髓的背根，然后发出分支进入脊髓后角，经后柱投射至脑。

充血和勃起主要由自主神经系统（ANS）中的**副交感神经**的轴突控制（图15.9）。骶髓内的副交感神经元可被两种因素刺激而兴奋，一种是来自生殖器的机械感受性活动（可直接触发反射性勃起），另一种来自脑下行的轴突（引起更大程度上的大脑刺激所介导的反应）（图 17.8）。阴蒂和阴茎的充血依赖于血流的剧烈变化。副交感神经末梢被认为释放包含乙酰胆碱、血管活性肠肽（VIP）和一氧化氮（NO）在内的强效神经递质组合至勃起组织，这些神经递质引起阴蒂和阴茎的动脉和海绵体平滑肌细胞舒张，使通常松弛的血管逐渐充满血液，进而使器官膨胀。西地那非 [Sildenafil；其商品名 Viagra（伟哥）更出名]，可通过增强 NO 的作用治疗勃起功能障碍。随着阴茎的变长和变粗，内部的海绵组织因膨胀而紧贴着两层厚而有弹性的外层结缔组织，从而使勃起的阴茎变得坚挺。为在性交平台期使性器官易于滑动，副交感神经的激活还能刺激女性的阴道和男性的尿道球腺分泌润滑液。

性反应周期的完成需要自主神经系统的**交感神经**参加，当感觉轴突，尤其是阴茎和阴蒂的感觉轴突开始高度活跃时，它们和脑的下行活动一起，共同兴奋脊髓胸腰段的交感神经元（图 17.8）。对于男性，交感传出轴突触发了**射出**（emission）过程：肌肉的收缩使精子从睾丸附近的存储点移动并穿过两条被称为**输精管**（vas deferens）的管道，将精子和不同腺体分泌的液体混合，推动最终的混合物（**精液**，semen）进入**尿道**（urethra）。在**射精**（ejaculation）过程中，一系列协调的肌肉收缩，将精液从尿道射出，并通常伴随着性高潮的强烈感受。对于女性，足以触发性高潮的刺激可能也激活了交感神经系统。交感神经的传出导致阴道外壁增厚，并在性高潮时触发一系列强烈的肌肉收缩。

对性高潮的研究相对较新并具有挑战性。人们可能仅想象将两个人放进磁共振成像（MRI）机器中所遇到的"技术"上的困难，但更具科学性的问题是对感受本身的研究（更多相关的信息参见第 18 章和第 21 章）。例如，研究表明，性高潮与皮层和皮层下广泛结构的神经活动相关，但我们不知道哪些脑区真正参与了这种感受。更通俗地说，神经活动的不同模式如何引起感受完全是个谜——为什么一种神经活动模式会导致愉快的感受，而另一种却引起痛苦。对癫痫发作人群的研究为我们提供了与性高潮发生相关脑区的一些线索。在一些罕见的病例中，癫痫发作的前兆是产生性欲，而这种癫痫发作的部位通常在颞叶。有报道显示，在癫痫的手术治疗中，电刺激内侧颞叶或基底前脑会使一些患者产生性欲。而且，至少在少数患者中，电刺激内侧颞叶还会导致性高潮。颞叶的活动与性高潮之间的相关性还需要在其他癫痫患者和非癫痫人群中进一步证实。

一次性高潮过后，男性必须要经过一段时间后才能产生另一次性高潮。女性的高潮体验在频率和强度上往往更为多变。性反应周期以消退期结尾，包括外生殖器中的血液通过静脉回流、勃起及其他性兴奋标志和感觉的消退。

17.4.2　哺乳动物的交配策略

哺乳动物具有五花八门的交配行为，每一种都最大限度地符合单一的进化目标：最大限度使子代存活并遗传亲代基因。不同种系对交配系统选择的区别似乎取决于雄性和雌性在养育子代中的投入，但也有例外。在哺乳动物中最常见的是**一雄多雌**（polygyny，来自希腊语，意为"众多女性"），在这种系统中，无论对于具有一个还是多个交配季的动物，一个雄性可与多个雌

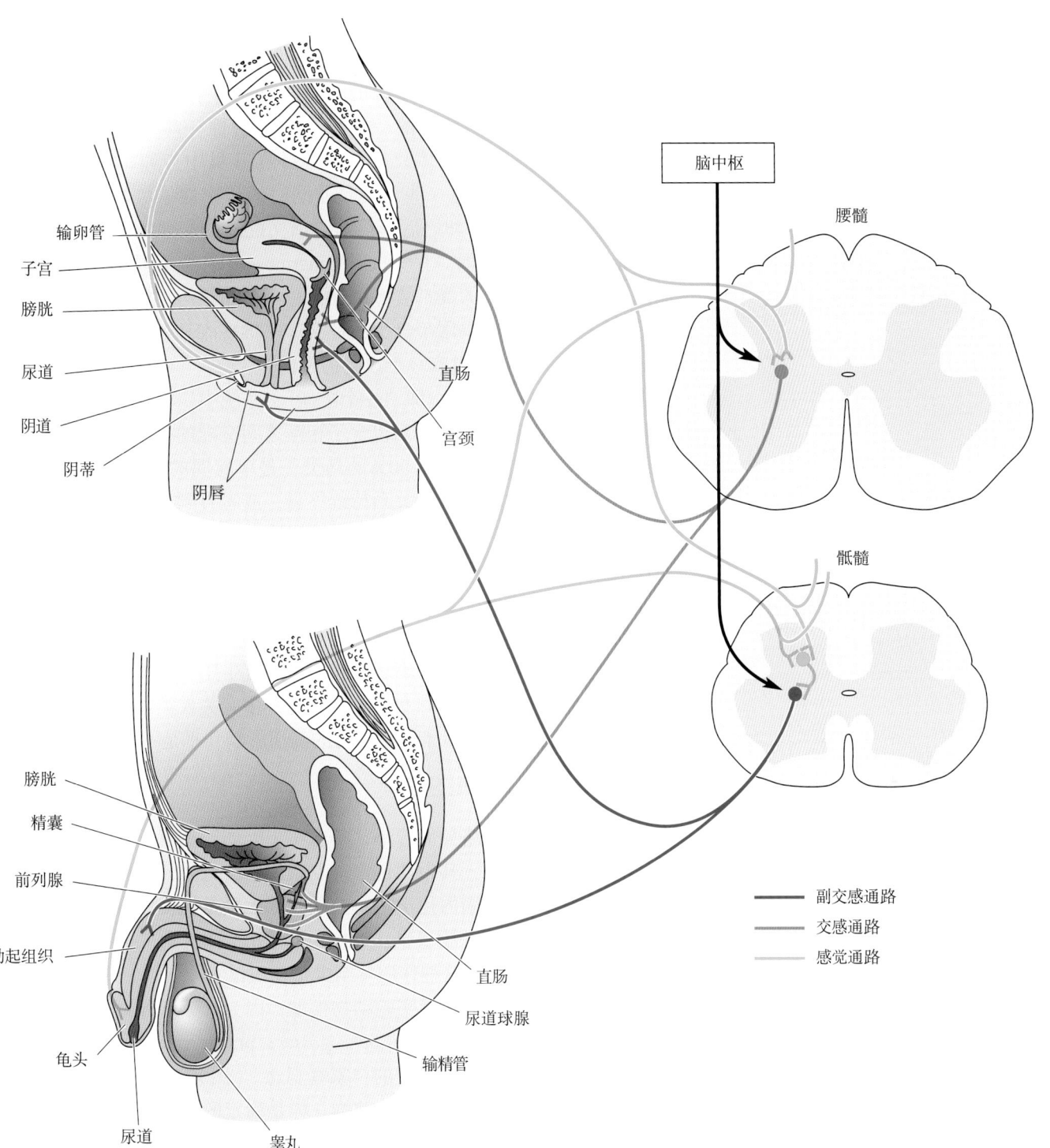

▲ 图 17.8
人类性器官的神经控制。来自性器官的感觉信息从背柱-内侧丘系通路传入脑

性交配，而一个雌性仅与一个雄性交配。一雄多雌的交配（见于长颈鹿、猩猩和大多数其他哺乳动物）通常有"一夜情"的性质，雄性不会回头来检查其给众多交配者或配偶带来的后果。有时一雄多雌构成了一个后宫，即一个雄性和一群雌性组成了稳定而排外的社会，这种现象存在于黑猩猩、海象和极少的人类部落。

一雌多雄（polyandry，来自希腊语，意为"多个男性"）是一个雌性与多个雄性交配，而一个雄性只与一个雌性交配，这在一般的哺乳动物和脊椎动物中非常罕见。瓣蹼鹬（phalarope）是一个例外，这是一种在冻土带繁殖的海岸鸟。这类鸟中的一些种类是同时性一雌多雄（simultaneous polyandry），即一只雌鸟与多只雄鸟交配并在其巢中产卵，这些雄鸟在雌鸟的领地中抚育幼雏；另一些种类是非同时的依次性一雌多雄（sequential polyandry），即雌鸟在产卵之后不再与之前交配过的配偶及其幼雏有任何关系，而转向其他雄鸟配偶。一些狨猴（marmoset）和绢毛猴（tamarin）也是一雌多雄。虽然历史上人类一妻多夫社会曾经分布很广，但如今这种情况已很罕见，一妻多夫制只局限于极少的社会。一雄多雌和一雌多雄都是**多配偶**（polygamy）的例子，即具有一个以上的配偶。

在**单配偶**（monogamy，即"一个配偶"）系统中，一个雄性和一个雌性结成紧密的约束关系，这种关系包含了相互之间交配的排外（或几乎排外）性。虽然约有12%的灵长类（90%的鸟类）是单配偶的，但只有3%的哺乳动物是单配偶的。这种排外的关系持续终身，或者直到选择了一个新的伴侣（连续的单配偶）。

在不同文化和不同时代的人群中几乎出现过所有形式的交配策略。虽然一些文化宽容一夫多妻制，但总的来说，人类还是强烈地倾向于（至少是暂时地倾向于）单配偶制。有趣的是，甚至在可接受一夫多妻制的社会里，大多数婚姻也还是单配偶的。一妻多夫制几乎没有生殖上的意义，大多数文化已惩罚被指控犯有此罪行的妇女。虽然已有许多有关人类婚配形式进化的推测，但要确定遗传和文化对于婚配行为的确切影响几乎是不可能的。

17.4.3   生殖行为的神经化学

不管动物对生殖策略如何选择，是忠实于配偶、贡献于自己的孩子，还是肆意乱交、遗弃后代，其中都包含了复杂的社会行为。如果单配偶和多配偶的倾向由几种简单的脑内化学物质控制，那无疑是值得注意的。然而，最近对与老鼠一样的啮齿动物**田鼠**（vole）的研究工作提示，某些我们熟知的垂体激素确实精确地发挥这种作用（至少是在田鼠）。

田鼠是一种非常好的天然实验动物模型，因为其近亲种类具有完全不同的生殖行为。**草原田鼠**（*Microtus ochrogaster*；prairie vole，北美草原田鼠）生活在美洲的草原，它们有坚定的"家庭观念"（图17.9）。这是一种高度社会化的动物，并与我们已知的哺乳动物一样是稳定的单配偶制。经过最初一段激烈的交配之后，雌鼠和雄鼠形成了紧密的终身伴侣关系，共同住在一个巢穴中。雄鼠会极力保护其配偶，双亲合作长期照料它们的幼仔。相反，**山地田鼠**（*Microtus montanus*）是非社会性的和混交动物。每只山地田鼠居住在单独的巢穴中，雄鼠不参与养育后代，而雌鼠只在后代自食其力之前很短的时间内养育它们。

在实验室中，研究人员通过检测田鼠与配偶或陌生鼠相处的时间，以研究田鼠的配对结合（图17.10）。交配之后，雌性草原田鼠会花更多时间与配偶相处，而自己独处或与陌生鼠相处的时间明显较短。与此相反，雌性山地

▲ 图17.9

对生殖行为的研究。草原田鼠是一种有价值的实验动物模型，它们是单配偶和双亲共同抚育后代的代表（引自：版权2005，Wendy Shattil/Bob Rozinski）

田鼠在交配后却花大部分时间独处于中间的中立小室，很少与才交配过的伙伴或陌生鼠相处。

　　由于这两种田鼠在身体结构和遗传上非常相似，因此能说明生殖行为迥异的生物学因素非常少。Thomas Insel 和他在埃默里大学（Emory University）和国立精神卫生研究所（National Institute of Mental Health，NIMH）的合作者研究了导致两种田鼠交配策略迥异的脑细微差异（图文框 17.1）。基于过去对于母性行为（maternal behavior）和领域行为（territorial behavior）的研究线索，他们的探索集中在**缩宫素**（oxytocin）和**血管升压素**（vasopressin）对田鼠的作用。已知这两种肽类激素在下丘脑合成，由垂体后叶的神经内分泌末梢释放入血（图 15.4）。血液循环中的血管升压素（又称 antidiuretic hormone，ADH；抗利尿激素）主要通过作用于肾脏来调节机体的水盐平衡；缩宫素刺激平滑肌，在分娩时引起子宫的收缩，以及在哺乳期促使乳汁流出。但是，血管升压素和缩宫素也与大多数信号分子一样，被释放至中枢神经系统的神经元周围，与分散在脑中的特异性受体结合。由于血管升压素和缩宫素均为蛋白质类激素（protein hormones，原文在这里将血管升压素和缩宫素表述为蛋白质类激素——译者注），它们与细胞外受体结合。

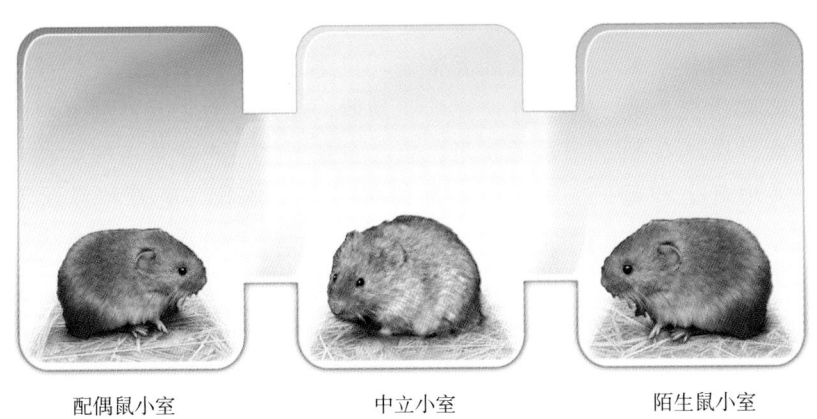

配偶鼠小室　　　　中立小室　　　　陌生鼠小室

(a)

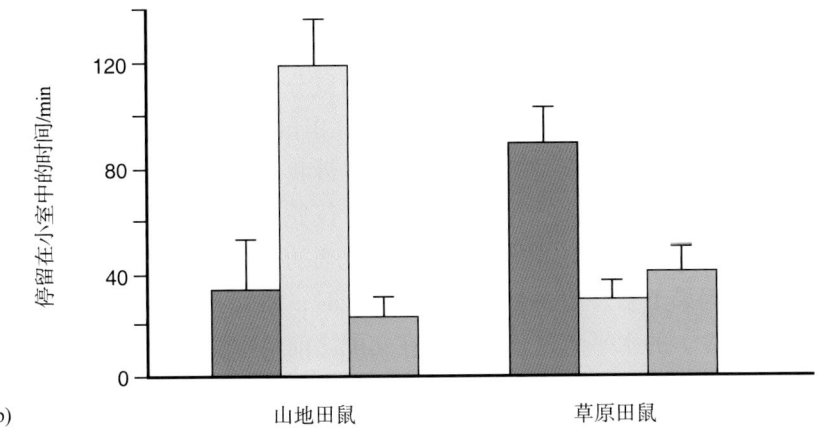

停留在小室中的时间/min

山地田鼠　　　　　草原田鼠

(b)

◀ 图 17.10

草原田鼠和山地田鼠的配对结合实验。（a）为检测择偶倾向，将田鼠置于一个中间的中立小室，使其可以选择是独处或去相邻的小室，这些小室里分别放置配偶和陌生鼠。（b）交配之后，山地田鼠大部分时间选择离开交配伙伴而独处（蓝色小室）；相比之下，草原田鼠则花大部分时间与配偶相处（紫色小室）（改绘自：Insel and Young，2001）

图文框 17.1 发现之路

走近田鼠

Thomas Insel 撰文

我从未听说过田鼠，更不用说见到过一只活田鼠了。我进行过内科和精神病科医生的培训，在临床培训之后，我其实对科研没有任何概念。完全是由于机缘巧合，我在马里兰州贝塞斯达（Bethesda，Maryland）的美国国立卫生研究院（National Institutes of Health，NIH）找到了一份工作。在20世纪80年代早期，NIH的每一层楼似乎都有诺贝尔奖获得者，当时的学术环境对快速崛起的神经科学领域尤其具有感染力。最风靡的是神经肽，几乎每个月都有新的神经肽或其受体被发现。另外，用于研究快、慢神经递质的工具亦在迅速地发展，这使得掌握新技术的年轻研究人员可以很快开始实施实验。

但是，20世纪80年代的NIH对神经科学的研究似乎有些过多了。很多有才干和精通技术的科学家们都在从事应激、忧郁和疼痛的神经机制研究。我的本性是喜欢趋向于不那么热门的领域，在这些领域中我可以专注于某些问题而无须仓促地赶上和超越别人。另外，由于我没有经过正规的科研训练，因此我需要花时间学习一些比较复杂的科学课程。于是，我转去了NIMH的脑进化和行为实验室，该实验室由Paul Maclean创建，位于马里兰州普尔斯维尔（Poolesville，Maryland）的一个农场。

我虽然选择专注于应激方面的研究，但还是打算研究发育，重点在当时最新发现的与母亲分离时大鼠幼仔发出的超声波叫声。我的行为神经科学生涯似乎在稳步前进，直到我第一个博士后研究员在休完产假回来时为止。Marianne Wamboldt有一些产假后的矛盾情绪，认为听幼鼠离开母亲后的叫声并不是理想的研究课题。她指出我们不能仅研究分离给幼鼠带来的痛苦，还可以研究母亲的体验，这是她的贡献，对此我始终心存感激。

当时，很少有人对积极行为（positive behavior）的神经生物学感兴趣，这些行为包括父母养育、亲和性或相互依恋。但是，那时有一个强大的科学家团队正在研究啮齿动物的生殖行为以及性腺类固醇和神经肽的作用，但大多数研究集中在生殖的运动或感觉方面，而不是情绪或情感体验。随着神经肽（如缩宫素）可修饰父母抚育行为的发现，以及有了一位非常关注母性情感的新博士后研究员，我们进入了一个新的前沿领域。利用绘制缩宫素受体在脑中的分布图的技

如图17.11所示，这些受体在草原田鼠和山地田鼠脑内的分布有着惊人的差异，而其他神经递质和激素的受体在这两种田鼠脑内的分布却非常相似。即使在其他种类的田鼠中，受体分布的差异性也与生殖行为密切相关。此外，受体的分布是可塑的：当雌性山地田鼠分娩和承担母亲义务时（尽管时间很短暂），其受体分布会暂时变得与草原田鼠相似。

血管升压素和缩宫素受体的独特分布告诉我们：每种激素激活单配偶和多配偶田鼠脑中不同的神经元网络。然而，仅凭这一点并不足以证明这些激素与性相关行为有关；但若将激素及其对抗剂的作用结合起来考虑，就足以说明其中的因果关系。当一对草原田鼠交配时，血管升压素（在雄性）和缩宫素（在雌性）的水平急速上升。若在交配之前给雄性草原田鼠以血管升压素受体对抗剂，可以阻止其形成配对结合关系。这种配对结合关系的破坏也可由选择性地将对抗剂注入腹侧苍白球（苍白球的前部）而导致，而缩宫素受体对抗剂无此作用。在一只雄田鼠被注入血管升压素并同时面对一只新雌

术，我们能够显示大鼠获得母性的关键性通路，而母性的获得是大鼠在分娩时发生的深刻行为转化。

这些研究帮助我们理解母性养育的神经基础，但成年动物之间相互依恋的神经机制又是什么呢？实验大鼠和小鼠并不是研究相互依恋的理想动物，它们高度社会化地群居且无择偶习性。我们需要一个单配偶的物种，它们形成可选择而永久的配对结合。又一次因机缘巧合，我遇见了才华横溢的行为内分泌学家 Sue Carter，她当时在马里兰大学工作。Sue 教我行为生物学，并向我介绍她喜欢的动物——草原田鼠。

如果大自然准备给社会神经科学进化一种完美的物种，那么这一物种很可能就是草原田鼠。草原田鼠具有很高的亲和性，很容易在实验室饲养，并且是完全的单配偶制。Sue Carter 已在实验室和野外研究了这种小动物，她建立了一套简单而精确的行为学检测方法，用于测定草原田鼠的择偶行为和依恋行为。将我们在普尔斯维尔的实验室的神经科学技术与 Sue 实验室的行为学技术相结合，我们能显示缩宫素和血管升压素对于亲和行为和依恋的明显作用。

1994 年我们实验室搬至埃默里大学后，我们的研究变得更加有趣。Larry Young 和 Zuoxin Wang 的加入使我们能将转基因和病毒载体工具用于研究，以回答关于缩宫素和血管升压素影响社会认知和社会行为的机制问题。有两种见解浮现出来：第一，改变脑中区域性受体的表达能够改变社会的组织结构，诱导或阻止交配诱导的依恋。这一观点相当震撼，因为这意味着在不同物种中释放相同的神经肽可产生完全不同的作用。第二，由于比较了单配偶和非单配偶物种，我们注意到一个令人惊讶的模式。对于单配偶的啮齿类和灵长类动物，缩宫素受体被发现位于与奖赏相关的脑区，似乎这一单种受体将社交行为区域与动机性行为环路相联系。如今人们也在研究缩宫素在孤独症（autism）和精神分裂症中的作用。

当然对田鼠的研究已经提出了关于人类一夫一妻制的一些问题。我一直不愿意从田鼠的结果来推断小鼠，因此从田鼠来推断人类似乎也是徒劳无功的，但这并不意味着草原田鼠是无关紧要的。田鼠这一"大自然给社会神经科学的礼物"提醒我们：神经解剖，特别是受体的分布，对于了解脑的功能十分重要。感谢草原田鼠，依恋的神经基础目前是神经科学的一个令人振奋的领域。而且，无论缩宫素和血管升压素在人类社会行为中发挥何种作用，我们已经获得了理解脑形态和功能关系的一些基本规则。

血管升压素受体　　　　　　　　　缩宫素受体

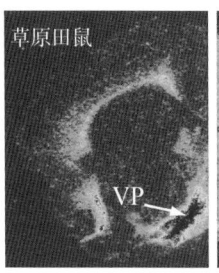
草原田鼠

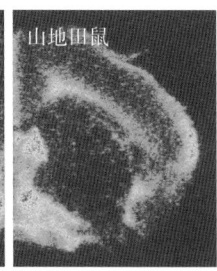
山地田鼠

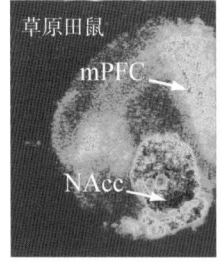
草原田鼠　mPFC　NAcc

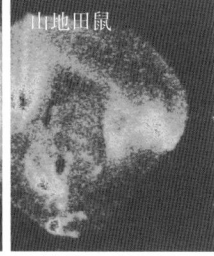
山地田鼠

◀ 图 17.11
缩宫素和血管升压素受体在生殖行为中的作用。脑冠状切片显示缩宫素和血管升压素受体在山地田鼠和草原田鼠脑中的分布。红色区域具有最高密度的受体。与山地田鼠相比，草原田鼠腹侧苍白球（VP）处具有高密度的血管升压素受体，而内侧前额叶皮层（mPFC）和伏隔核（NAcc）具有高密度的缩宫素受体（引自：Young 等，2011）

田鼠时，它立即表现出对雌鼠的强烈喜爱，即使尚无通常导致配对结合的激烈性交。缩宫素在雌性建立对其配偶的喜爱中是必需的，而血管升压素的作用很小。

Lim 等人的一项研究提供了更直接的证据，即血管升压素受体的微小变化可使田鼠的配对结合发生显著改变。利用病毒载体将基因导入雄性山地田鼠的腹侧苍白球，使其过度表达血管升压素受体蛋白。因此，雄性山地田鼠腹侧苍白球处血管升压素受体的量与草原田鼠相当，这种人为改造过的山地田鼠也具有了与草原田鼠相似的配对结合。如果这种因果关系可以被更深入的研究所证实，它将戏剧性地表明，复杂的社会行为可被某个脑区单一蛋白的过度表达所改变。

缩宫素和血管升压素还参与田鼠养育习性的形成。血管升压素增加雄性草原田鼠的父性倾向，使其花费更多的时间在幼仔身上；缩宫素增强雌性鼠的母性行为。对田鼠的研究提示了一个有关复杂社会行为进化的非常有趣的假说：如果遗传突变改变了某种激素受体的解剖学分布，则这种激素可能诱导出一种全新的行为能力。与这个假说相一致，给自然混交的山地田鼠注射血管升压素和缩宫素，并不能引起与草原田鼠相同的配对结合和养育特性，这也许是因为山地田鼠在所需部位并没有相应的受体。

17.4.4　爱、亲密关系的建立与人脑

田鼠的故事是脑内化学物质怎样调节重要行为的极好例证，但这一切对人际关系、忠诚和爱情有什么作用？虽然目前下结论还为时过早，但一些有意义的证据提示，田鼠可以教给我们一些有关人类脑和行为之间关系的知识。例如，有证据表明，授乳时的母亲和在性交中的男女的血浆中的缩宫素水平升高。

伦敦大学学院（University College London）的 Andreas Bartels 和 Semir Zeki 进行了一系列实验，他们用功能磁共振成像（fMRI）研究与母性、爱情和亲密关系建立相关的人脑活动。在一项研究母爱的实验中，当母亲穿插着看自己孩子和其他熟悉的孩子的照片时，对其脑部进行磁共振的成像。在第二项研究爱情的实验中，当男性或女性看自己配偶或朋友照片时，比较其脑活动的变化。图17.12显示了受试者看自己孩子和别人孩子的照片、看配

▶ 图17.12
母爱和情爱的人脑成像。显示脑激活的脑影像，图示矢状面a、水平面b及两个不同的冠状面（c和d）。黄色区域显示母亲们看到自己孩子照片时比看到别人孩子照片时更为活跃的脑区。红色区域显示看到情人的照片时比看到朋友的照片时更为活跃的脑区。被高亮标记的区域：PAG，中脑导水管周围灰质；aC，前扣带皮层；hi，海马；I，岛叶；C，尾核；S，纹状体（引自：Bartels and Zeki, 2004）

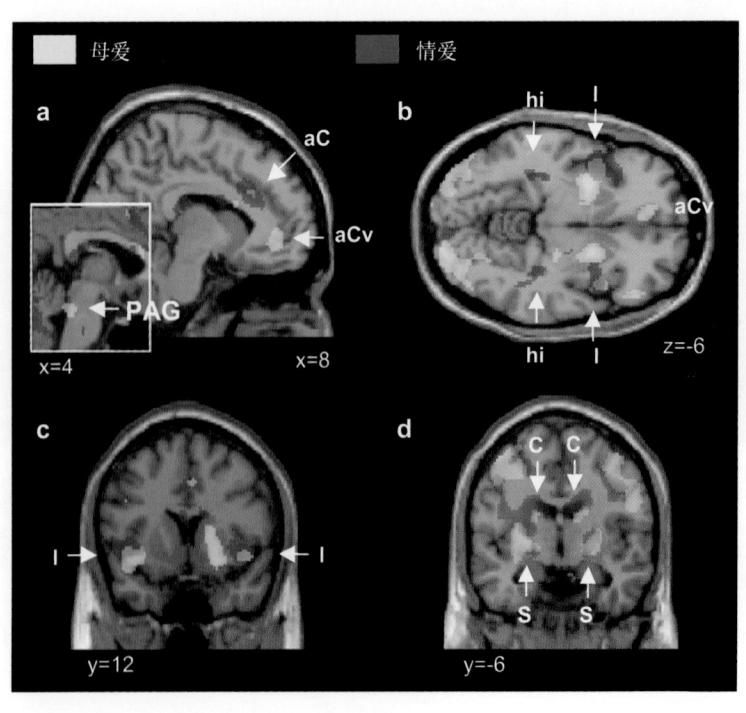

偶和朋友的照片时脑活动的差异。看自己孩子和配偶的照片与看无关人的照片相比，一些脑区更加活跃，这些脑区包括前扣带皮层、尾核及纹状体。对孩子和配偶的反应因重叠而显著加强，而其他脑区的反应与对这两种关系的反应显著不同。与母爱和情爱相关的许多脑区是奖赏回路的一部分（见第16章）。我们推测脑的这种激活表明配偶和亲子关系具有强烈的加强奖赏的特性。同样有趣的是，与田鼠故事相关的是发现被配偶和孩子的照片激活的脑区富含缩宫素和血管升压素受体。

这些fMRI研究提示，缩宫素和血管升压素在人类亲密关系的建立中发挥作用，这可能与我们在田鼠上看到的情况相似，但可以肯定的是，人类是否选择一夫一妻制不会像啮齿动物那么简单。虽然人类的行为毫无疑问地比田鼠的行为涉及更多的因素，但令人惊讶的证据提示血管升压素同样影响人类亲密关系的建立。Hasse Walum 及一组瑞士和美国科学家研究了552对瑞士同性孪生子，他们已婚或有长期的配偶。特别有趣的是编码血管升压素受体和单配偶倾向的基因序列。山地田鼠和草原田鼠具有几乎相同的编码血管升压素受体的DNA序列，但对单配偶的草原田鼠，紧邻着编码V1aR血管升压素受体亚型的基因处却有一段DNA序列（称为**基因变体**，gene variant）。当这一基因变体通过转基因被导入非单配偶的小鼠时，这些小鼠会表现出类似草原田鼠的社会行为。在对人类孪生子的研究中，科学家们分析了血管升压素基因变体是否也能够影响人类的配对结合。多种问卷的调查结果显示，女性的血管升压素基因变体和婚姻质量之间无关联，但在男性中却发现一种非常有趣的关联：具有这个基因变体的男性其婚姻质量评分较低，且在进行问卷调查的一年内发生婚姻危机的是没有该基因的男性的2倍。有该基因变体的男性的妻子与无该基因变体的男性的妻子相比，其婚姻质量也较低。该基因变体的功能尚未知，但这些结果提示，血管升压素受体甚至在人类的配对结合中可能也发挥作用。

17.5　雄性和雌性的脑为何及如何不同

有性生殖依赖于各种各样的个体和社会行为，即寻觅异性、相互吸引，以及保持配偶关系、交配、生子和养育子代。在每种情形下，雄性和雌性的行为通常截然不同。由于所有行为最终都依赖于神经系统的结构和功能，我们可强烈地推测雌性和雄性的脑也有某种程度的不同，也就是说，两性的脑具有**性别的二态性**（sexual dimorphism；来自希腊语 *dimorphos*，意为"有两种形式的"）。另一个预期雌性和雄性脑不同的理由很简单，就是雌雄两性的身体不同，每种性别不同的身体部位需要特异性进化的神经系统去控制它们。例如，雄性大鼠的阴茎基底部有一块特殊的肌肉，其脊髓中有一小群运动神经元支配这块肌肉；雌性大鼠缺乏这块肌肉和相关的运动神经元。不同性别身体的大小和基本形状各不相同，因此大脑皮层的躯体感觉和运动定位图必须进行调整以适应这些不同。

性别的二态性在不同物种间差异很大。脑的二态性时常会被发现，但脑的二态性在某些物种中很明显而在其他物种中却不存在。一种具有较大二态性特征的动物是冰岛棘鱼（Icelandic stickleback fish），其雄性的鱼脑比雌性

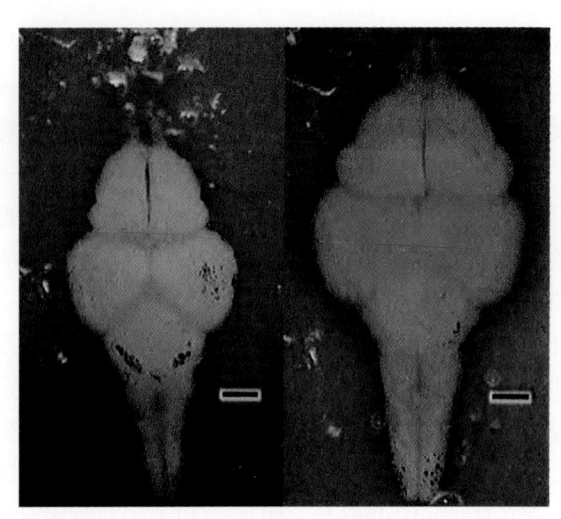

▲ 图 17.13

脑大小的二态性。这些脑来自三棘刺鱼（three-spined stickleback fish）的雌鱼（左）和雄鱼（右），这些鱼的体长和体重都相同。雄鱼的脑比雌鱼的脑大，且比雌鱼的脑重23%。图中标尺为1 mm（引自：Kotrschal等，2012）

的大得多，可能是有筑巢、求偶和抚育小鱼的认知需求（图17.13），因为这些任务是由雄鱼来完成的。对啮齿动物而言，经过训练的人就能准确无误地区分出是雄性动物还是雌性动物的脑，因为雌雄动物的下丘脑有差异。物种之间的脑二态性差异与各物种之间巨大的性行为差异相关。例如，在一些鸣禽类的鸟中只有雄鸟鸣叫，这并不奇怪，因为只有雄鸟才有与鸣叫相关的大型脑核团。到目前为止，人类脑的二态性被证明不明显，或几乎没有，或功能未知。人类男性与女性脑的差异往往是连续变化的，且有很多重叠。例如，虽然女性的某个特定的下丘脑核团大小的**平均值**比男性的大，但该核团的大小差异非常大，以至于很多男性的核团要大于女性的。

本章的剩余部分将叙述人和其他物种神经系统的性别二态性，并基于一些例证来着重阐述脑与行为之间的关系。此外，还将讨论产生这种二态性的神经生物学机制。

17.5.1　中枢神经系统的性别二态性

很少有明显与性功能相关的二态性神经结构。一个相关的结构是支配围绕阴茎基部**球海绵体肌**（bulbocavernosus，BC）的脊髓运动神经元群。这些肌肉在阴茎的勃起中起作用，并帮助排尿。男女都具有BC肌，女性的BC肌围绕着阴道的开口，可使阴道口轻微收缩。人类支配BC肌的运动神经元池称为**奥奴弗核**（Onuf's nucleus；由俄国神经解剖学家Bronislaw Onufrowicz，1863.7—1928.12，于1899年首先鉴定和描述——译者注），位于骶髓。奥奴弗核有一定的二态性（男性的神经元数量比女性的多），因为男性的BC肌比女性的大。

哺乳动物脑最明显的性别二态性集中在第三脑室周围，在**下丘脑前部视前区**（preoptic area of the anterior hypothalamus），这个区域可能在生殖行为中发挥作用。损毁大鼠的视前区可破坏雌鼠的动情周期，降低雄鼠的交配频

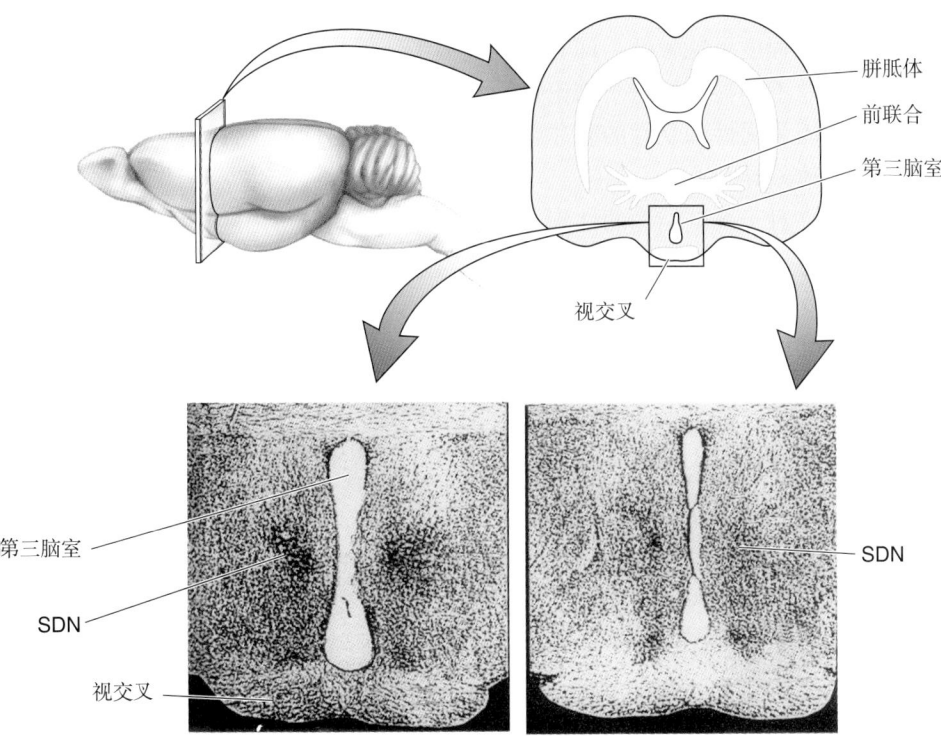

▲ 图 17.14

大鼠的性别二态性。雄性大鼠下丘脑的性别二态性核（SDN）（左侧）比雌性大鼠的（右侧）大得多（改绘自：Rosenzweig 等，2005，图 12.21。照片由 Roger Gorski 惠赠）

率。雌性和雄性大鼠视前区的组织切片显示出明显的差异：雄鼠脑中被称为**性别二态性核**（sexually dimorphic nucleus，SDN）的核团比雌鼠的大 5～8 倍（图 17.14）。

　　人类的视前区可能也有二态性，但差异很小且具有争议。有 4 个被称为**下丘脑前部间质核**（interstitial nuclei of the anterior hypothalamus，INAH）的神经元群。在不同的研究中，男性的 INAH-1、INAH-2 和 INAH-3 核均被报道大于女性的。人类的 INAH-1 核似乎是类似于大鼠 SDN 的核团，但研究人员对 INAH-1 是否具有二态性有分歧。最明确的二态性似乎在 INAH-3 核，加州大学洛杉矶分校（UCLA）的 Laura Allen、Roger Gorski 及其同事首次报道男性的 INAH-3 核是女性的 2 倍大。INAH 核团参与性行为的证据尚不确定，雄性恒河猴内侧视前区的不同神经元在性行为的特定阶段（如在性欲激起和性交阶段）显著地放电。此外，与人类性取向有关的某些下丘脑核团的大小也可能有细微差异。

　　虽然已有很多报道，但人类下丘脑之外的脑二态性尚难以断定。例如，一些研究显示男性的胼胝体较大，但这也许是由于男性的脑（和身体）较大的缘故。其他一些研究显示女性的胼胝体后端（称为**胼胝体压部**，splenium）比男性的大。但是，即使胼胝体的大小和形状存在性别二态性，那又意味着什么呢？对此，我们只能猜测。胼胝体在一些特定的性相关行为中没有明显的调节作用，但它对于涉及大脑两半球协调活动的各种认知功能十分重要。对只有一侧大脑半球受损的脑卒中患者的观察提示，女性脑功能的侧向化程度可能较低，即对一侧大脑半球的依赖程度比对另一侧大脑半球多的现象不明显，但这个结论也受到质疑。通常，脑的性别二态性比较难以证明，因为男性和女性的脑非常相似，而且，男性和女性人群本身就存在较大的个体差异。

也许对于人脑结构的性别二态性问题，我们能得出的最可靠的结论就是这种二态性极少。这或许并不奇怪，因为如果不是无法区分的话，绝大多数男性和女性的行为是非常相似的。脑的大体解剖仅提供了神经系统的概况，要确定性别二态性行为的原因，我们需要深入研究神经连接的方式、脑的神经化学和性相关激素对神经发育和功能的影响。

17.5.2　认知的性别二态性

即使男性和女性的脑在结构上无重大差异，但男性和女性在认知能力上仍然可能存在差异。认知二态性的报道时常会有进化上的解释：男性进化为狩猎者，更多地依赖于搜索方位的能力。女性则进化了在家附近照顾孩子的行为，故她们更具社会性和语言表达性。

许多研究均报道了在完成词语任务方面女性的表现优于男性。大约从11岁开始，女孩在理解和写作测试中的表现比男孩略好，这个效应有时据称贯穿高中及以上阶段，这也许反映了两性脑发育的不同速率。女性擅长的具体任务包括命名相同颜色的物体、列出相同首字母的单词及言语记忆（图17.15a）。

在其他种类的测试任务中，男性的表现似乎好于女性。据报道有利于男性的任务包括查阅地图、迷宫训练和数学推理。研究人员推测，男性的这些优势是从当初在广袤的区域内从事狩猎进化而来的。据称性别之间最大的差异是对物体旋转的想象，这项任务似乎男性具有优势（图17.15b）。

在思考认知的性别二态性的同时，我们需要考虑一些问题。首先，并非所有的研究都得出了相同的结果。在某些情况下，一种性别的表现更好，而在其他情况下两性之间却没有差异。其次，在包含两性的大群体中，受试者的表现存在巨大差异，但这种差异大多数是**个体间**的差异，而不是性别特异性的差异。第三，尚不清楚受试者的表现差异（performance difference，或者说脑的二态性）是先天性的还是生活经历不同的结果。男性和女性通常会经历只属于各自性别的不同生活；但平均而言，他们会发展出略具差别的能力，进而影响神经回路。

对性别的表现差异的常见解释是：男性和女性脑的不同激素环境使他们的表现出现一些差异。也许对每项任务来说都存在着与雌激素和雄激素相关的有利与不利因素。与这一推测一致的是有关女性的空间推理与月经周期相关的报道，当雌激素水平最低时女性的表现较好。还有证据表明，给睾酮水平低下的老年男性补充睾酮可以提高其空间辨别能力。然而，不能如此简单地将认知与激素相关联，因为在词语及空间任务上的表现与激素水平之间没有可靠的相关性。这并不意味着激素对认知功能没有影响，但我们必须注意防止以偏概全。

(a) 列出以字母B开头的单词

big, bag, bug, boy,
banana, bugle, bunny……

(b) 这两个形状相同吗？

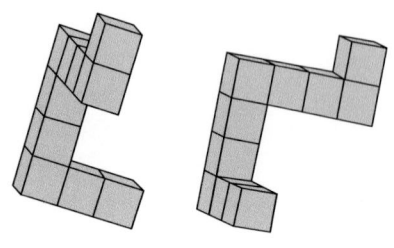

▲ 图 17.15

女性或男性可能具有优势的认知任务。（a）女性在列出相同首字母的单词上优于男性。（b）男性在空间旋转辨别任务中的表现似乎更好，如确定两张三维图是否相同（改绘自：Kimura，1992，第120页）

17.5.3　性激素、脑和行为

从遗传到文化和生活经历的各种不同因素使某种行为在一种性别比另一种中更为常见，但行为最终还是由脑所支配的。即使雌性和雄性的脑没有大体解剖上的二态性，但也应该存在一些脑回路上的差异，从而可以解释一些性别特异性行为，如雄鸟的鸣叫或人类的性行为。回想一下，循环血液中的性激素种类是由性腺决定的，而性腺的二态性通常由基因决定。如前所述，具有 Y 染色体的人表达一种因子（睾丸决定因子，TDF），这种因子使未分化的性腺变为睾丸；缺乏 Y 染色体的人不能产生 TDF，性腺因而分化成卵巢。睾丸和卵巢的分化引起身体中一系列的发育活动。对于脑的性别分化最重要的是睾丸产生雄激素，雄激素通过调节各种性相关的基因表达而触发脑的雄性化。若没有雄激素，则通过另外的基因表达模式导致脑的雌性化。

在本质上，脑对激素的敏感性没有什么独特之处，只是一种身体组织需要等待激素信号来决定其特异性的生长和发育模式。与身体中其他性别二态性组织相同，雄激素提供脑雄性化的单一信号。类固醇可通过两种方式影响神经元（图 17.16）。首先，它们能够迅速（几秒内或更短时间）改变细胞膜的兴奋性、对神经递质的敏感性或神经递质的释放；类固醇一般通过直接结合和调制各种酶、通道和神经递质受体的功能而发挥这种作用。例如，孕酮的某种代谢产物（分解产物）结合抑制性的 $GABA_A$ 受体，增强 GABA 激活的氯离子电流。这些孕酮代谢产物的作用与苯二氮䓬类药物的镇静和抗惊厥作用非常相似（图 6.22）。其次，类固醇可扩散通过细胞膜，与细胞质和细胞核中的特异性受体结合。结合了类固醇的受体可促进或抑制核内特异基因的转录，这一过程需数分钟至数小时。每一种性激素都有其特异性的受体，各种类型的受体在整个脑中的分布差异很大（图 17.6）。

类固醇激素在整个生命过程中均对脑和身体发挥作用，但它们在发育早期的影响与它们在动物成年之后的作用完全不同。例如，睾酮改变极幼小动物生殖器和脑回路的能力被认为是激素的**组织作用**（organizational effect），该作用导致雄性生殖器官的产生和后来的雄性化行为。睾酮这种激素通过不可逆的方式使处于围产期的组织**器官化**，并使其在性成熟后产生雄性功能。但是，为了使成熟的动物充分表现出性功能，在性活动期又需要类固醇激素再释放入血，对神经系统提供**激活作用**（activational effect）。例如，雄性鸣禽的睾酮水平会在春天急剧增高，从而**激活**鸟的某些脑区的变化，这些脑区对维持正常生殖行为必不可少（图文框 17.2），但该激活作用通常是暂时的。

胚胎脑的雄性化。出生前升高的睾酮水平对于雄性生殖系统的发育至关重要，而具有讽刺意味的是，正是"雌性"激素而非睾酮导致雄性脑的雄性化相关基因表达的变化。在神经元的细胞质内，睾酮可在芳香化酶的作用下，经过一步化学反应就可转变成雌二醇（图 17.5）。出生前升高的睾酮实际上引起了雌二醇的增加，后者与雌二醇受体结合触发了正在发育的神经系统的雄性化。目前尚不清楚导致雄性化的激素调节了哪些脑区的哪些基因。雌

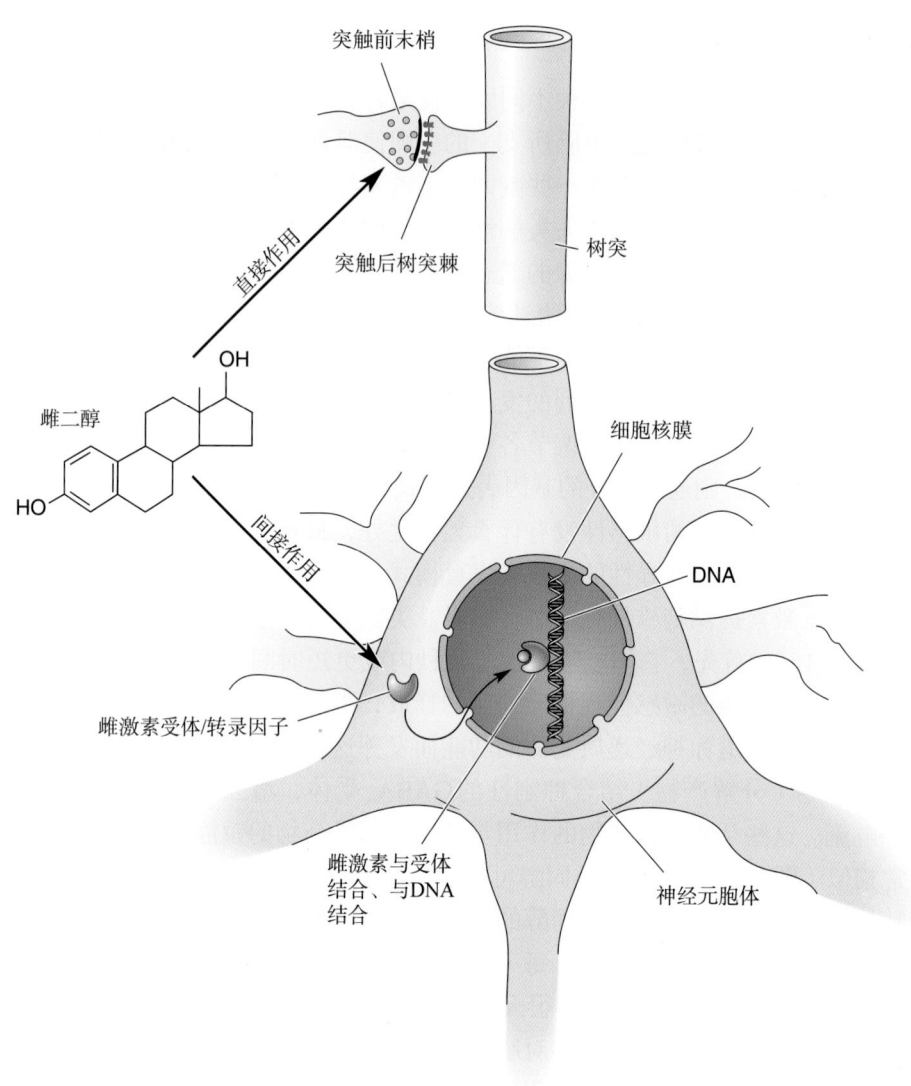

▲ 图 17.16

类固醇激素对神经元的直接和间接作用。类固醇可直接影响递质的合成、释放，以及突触后受体，并能间接影响基因的转录

性性腺不出现早期的睾酮或雌二醇峰值，故雌性动物的脑并不受到雄性脑所受到的性激素的影响。

关于胚胎脑受血液中激素的影响，出现了一个有趣而重要的争议。除了胚胎性腺产生的雌激素和雄激素，还有一些性激素从妊娠母亲的胎盘进入胎儿的血液循环中。人们不禁要问，为什么母体的雌性激素没有影响胎儿性别的发育？如前所述，是雌激素而不是睾酮实际导致了脑的雄性化。因此，为什么雌性胎儿不对来自母亲的雌激素产生反应而变得雄性化？在大鼠和小鼠中，解释这个棘手问题的答案是：胎儿血液中有一种高浓度的蛋白——**甲胎蛋白**（α-fetoprotein），它可与雌激素结合从而保护雌性胎儿不被雄性化。这听起来很奇怪，雌性胎儿需要受到保护，才可不受"雌性激素"的影响，以

图文框17.2　趣味话题

鸟鸣与脑

对于我们的耳朵来说，鸟鸣也许只是春天的快乐前奏，但对于鸟，却是性和生殖行为的一个重要部分。在很多种类的鸟中，鸣叫只是雄鸟才具有的功能，其目的在于吸引异性、维系配偶和警告潜在的竞争对手。人们对两种有不同生殖和鸣叫习性的鸟进行了研究，揭示了一些关于脑的性别二态性控制和多样性的引人关注的线索。

斑胸草雀（zebra finch）是一种为人熟知的宠物鸟，它们生活于澳大利亚的荒漠地区。为了成功地繁殖，这些鸟需要可靠的食物来源，但在荒漠地区，食物仅由偶尔和无法预知的雨水带来。因此，在任何季节，只要有食物和配偶，斑胸草雀就必须随时准备并愿意进行繁殖。另一方面，野生金丝雀生活在亚速尔群岛（the Azores，或许还有其他地方）和加那利群岛（Canary Islands）上，这些地方的环境较可预测。野生金丝雀在春季和夏季繁殖，而在秋季和冬季不繁殖。这两种鸟的雄鸟都是激情的歌唱家，但它们歌唱的曲目数量却大不相同。斑胸草雀在一生中仅会唱一种简单的小曲，而且不会学新曲目。金丝雀学会了各种精巧的歌曲，并在每个春天都能增加新曲目。斑胸草雀和金丝雀不同的行为需要不同的神经控制机制。

鸣叫是鸟类的性别二态性行为，产生于具有显著二态特征的神经结构。鸟利用挤压空气通过**鸣管**（syrinx）这一环绕气道的特殊肌肉化器官进行鸣叫。鸣管的肌肉由第Ⅻ对脑神经核团中的运动神经元支配，这些核团又由来自**发声控制区**（vocal control regions，VCR）中一些更高级的核团控制（图A）。在斑胸草雀和金丝雀中，雄鸟的VCR比雌鸟的大5倍。

VCR的发育和鸣叫行为受类固醇激素的控制。然而，斑胸草雀和金丝雀迥异的季节需求与显著不同的类固醇控制模式相吻合。斑胸草雀在早期明显需要一定浓度的类固醇以**器官化**VCR，然后雄激素可**激活**VCR。如果用睾酮或雌二醇处理一只正在被孵化的雌性斑胸草雀，她成年时的VCR将比正常雌鸟的大。如果这只雄性化的雌鸟在成年后被给予更多的睾酮，其VCR也会长得更大，且该鸟可像雄鸟那样鸣叫。如果雌鸟在幼年时没有被用类固醇处理，则成年后对睾酮没有反应。

相比之下，金丝雀的鸣叫系统似乎不受早期类固醇的影响，但每年春天类固醇都会爆发性地升高并全面地发挥作用。如果雌金丝雀在成年时才第一次给予雄激素，几星期内她们就会开始鸣叫。雄鸟的雄激素在春天时会自然激增，随着神经元长出更大的树突和形成更多的突触，VCR增大1倍，随后他们就开始鸣唱。值得注意的是，神经发生，即脑神经元的生成贯穿鸣禽的整个成年期，进而在交配季节进一步建立VCR回路。到了秋天，雄鸟的雄激素水平下降，金丝雀的鸣叫系统缩小并伴随着鸣唱的减少。在某种意义上，雄性金丝雀在每年求偶开始时重新构建其大部分鸣叫控制系统，这可使其更容易学习新曲目，并随着他保留曲目的扩充，可在吸引配偶上获得优势。

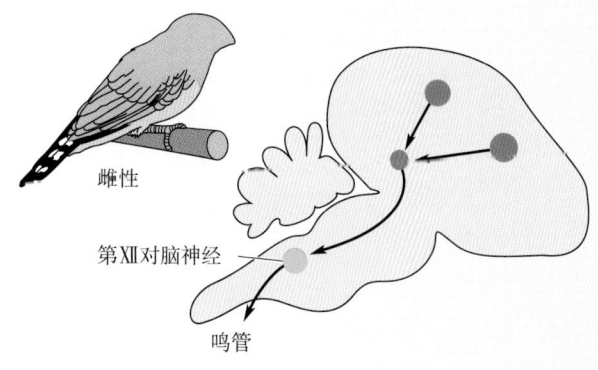

图A

蓝色圆形代表雌性和雄性斑胸草雀的发声控制区（VCR）

使雌性胎儿的脑不会变得雄性化。敲除甲胎蛋白的小鼠表现为不育而且没有正常的性行为。甲胎蛋白对人的作用尚未被澄清，关于人类甲胎蛋白是否像啮齿动物那样与雌激素结合，存在着相互矛盾的报道。值得注意的是，诊断性地检测孕妇血液和羊水中甲胎蛋白的水平，异常高水平的甲胎蛋白可能是神经管缺陷的指标，而异常低水平的甲胎蛋白可见于**唐氏综合征**（Down syndrome）患者。

Amateau 和 McCarthy 的一项研究显示，在脑的雄性化过程中，睾酮和雌二醇的"下游"是**前列腺素**（prostaglandin）的产生。前列腺素是花生四烯酸的衍生物，它们是广泛存在于脑和其他器官中的一类脂肪酸。参与前列腺素合成的酶之一的是环氧合酶（cyclooxygenase，COX）。前列腺素有多种作用，其中最令人关注的是，在组织损伤后前列腺素大量产生，参与诱发疼痛和发热。Amateau 和 McCarthy 发现，若用COX抑制剂处理胚胎或新生雄性大鼠，这些鼠在成年后交配行为减少。相反，若用COX抑制剂处理雌鼠，则使雌鼠出现雄性样的交配行为（male-like copulatory behavior），雌鼠的行为和脑出现部分雄性化，尽管缺乏通常发挥这个作用的激素。这使得我们转而关注引起雄性化级联反应的雌二醇的下游因素。这项研究的一个引人入胜的焦点是，人类疼痛常常用COX抑制剂来进行治疗，如阿司匹林。只有时间才能证明母亲在妊娠时服用止疼药会不会影响孩子将来的性行为。

遗传的性别与激素作用之间的错配。在正常情况下，动物和人的遗传性别决定了激素的功能，从而确定了神经系统的性别特征。但是，在激素功能发生变化的情况下，遗传上的雄性可能具有雌性的脑，而遗传上的雌性可能具有雄性的脑。在已经研究过的所有哺乳动物中，若在发育早期给予睾酮，至少导致成年雌性性行为的一些特征减少。要完全激活雄性化的行为，通常需要在出生前后持续地给予睾酮。如果遗传上的雌鼠（XX）在出生前后的几天被给予睾酮，她们在性成熟时将不会出现**脊椎前屈**（lordosis）这种典型的雌性交配姿势。若通过子宫内（*in utero*）注射法给予雌性豚鼠胎儿足够量的睾酮，以使它们的外生殖器雄性化，那么她们在成年之后的发情期里将会竭力爬跨（mount）并试图与雌性交配。当一头母牛在无人为干预的情况下怀了一雄一雌双胞牛犊时，雌性牛犊在子宫内就暴露于雄性牛犊所产生的睾酮中，这种雌性的小牛（称为雄化牝犊，freemartin）成年后永久不能生育，而且在行为上更像公牛而非母牛。

一些人也经历了染色体和性激素之间的错配。例如，如果遗传型的男性（XY）携带缺陷的性激素受体基因，可导致这些受体表现为严重的**雄激素不敏感**（androgen insensitivity）。雄激素受体基因定位于X染色体上，因此男性只有一个拷贝。携带有缺陷基因的男性不能产生有功能的雄激素受体。这些人的睾丸发育正常，但他们的睾丸未能降入阴囊而存留在腹腔中。这些男性的睾丸可产生足量的睾酮，但他们的组织对雄激素没有反应，因而他们的外表完全是女性，他们有阴道、阴蒂和阴唇，在青春期乳房发育并形成女性体形。但这些人的睾丸还可产生正常水平的米勒管抑制因子，从而使他们的米勒管无法发育成女性的生殖系统，故他们没有月经也不能生殖。雄激素不敏感的遗传型男性不仅外貌像正常的遗传型女性，而且行为也像女性。即使当他们了解到自己的生物学状况时，他们仍然倾向于称自己为女性，他们穿着像女性，而且还会选择男性作为自己的性伴侣。

遗传型女性有一种被称为**先天性肾上腺皮质增生症**（congenital adrenal hyperplasia，CAH）的情况，字面上解释是在出生时肾上腺过度生长。虽然她们在遗传上是女性，但由于肾上腺分泌过多的雄激素，使CAH女性在发育早期受血液循环中异常高水平雄激素的影响。她们在出生时有正常的卵巢而无睾丸，但她们外生殖器的大小介于正常阴蒂和阴茎之间。出生后手术和药物治疗是常规的治疗方法。CAH女孩（及其父母）常常描述她们的行为是好斗和假小子型。大多数成年CAH女性是异性恋，但与其他女性相比，CAH女性同性恋的比例更高。通过与动物实验结果的类比，可推测CAH女性在出生前受到高水平雄激素的影响，这会导致她们的某些脑回路出现男性样的组构。然而，有关人类行为产生的原因，我们在下结论时必须特别谨慎（图文框17.3）。很难确定CAH女性的男性化行为是否完全受早期雄激素的作用和男性样的脑二态性的影响；同时，也很难确定她们的行为是不是由于其他人（特别是父母面对一个有模棱两可生殖器的孩子）对待她们的方式有细微的不同而导致的，或者两个原因兼而有之。

17.5.4 遗传对行为和脑性别分化的直接作用

性别分化的经典观点和本章讨论的观点认为，在决定个体性别的过程中，遗传只是起间接的作用：基因决定性腺的发育，性腺的激素分泌控制性别的分化。毫无疑问，激素在性发育过程中极其重要，但最近的研究提示基因有时更直接地参与了性别的分化，至少有一些物种是这样。最有力的证据来自对鸟类的研究。在一项特别引人注目的研究中，Agate等人研究了一种罕见的自然生长斑胸草雀的躯体和脑，严格地说这种鸟是**雌雄嵌合体**（gynandromorph，意思是它同时具有雄性和雌性的组织），它的左侧躯体和脑是遗传上的雌性，而右侧是遗传上的雄性（图17.17）。由于两侧脑受到相同的循环血液激素的影响，如果性别分化完全依赖于激素，则两侧脑会同时雄性化或雌性化。但是，这种鸟与鸣叫相关的右侧脑区雄性化（图文框17.2），而左侧相应的脑区雌性化，这提示应该是两个脑半球的不同基因表达而不是性激素导致了脑的性别二态性。在对雌雄嵌合体鸡的相关研究中，研究人员发现这些鸡身体雄性一侧的大多数细胞携带雄性性染色体，而另一侧携带雌性性染色体，这是它们在发育早期发生突变的结果。

最近，研究人员试图揭示遗传对哺乳动物性别分化的直接作用。若在一个物种中，雄性和雌性的形状不像斑胸草雀那么明显，则雌雄嵌合体可能不容易识别。加州大学洛杉矶分校（UCLA）的Eric Vilain与其同事发现，在性腺形成之前，雄性小鼠和雌性小鼠的脑中有51个基因的表达水平有差异，但目前还不知道这些基因的功能是什么。

除了影响性别分化，基因也能在极其复杂的性行为中发挥作用。一些最佳的证据来自对黑腹果蝇（*Drosophila melanogaster*）的研究。雄果蝇以一套诱惑的行为向雌性求欢，包括相向和跟随雌性飞行、振翅发声求偶，以及用

图文框17.3   趣味话题

David Reimer和性别认同的基础

David Reimer（戴维·赖默）在1965年出生时是一个健康的男婴。但是，在一次包皮环切手术时，电烙器发生事故而烧坏了他的整个阴茎。David的父母被介绍去了约翰斯·霍普金斯大学（Johns Hopkins University）并见到了John Money医生。因为无法复原David的男性生殖器，Money医生建议对这个男孩进行去势和整形手术，然后在青春期给予雌激素治疗，使其变成一个女孩。Money医生的建议是基于他的假说提出的，而他的假说是婴儿在出生时本质上是性别中立的（gender-neutral），而男女性别的认同取决于他们后来的生活经历和解剖特征。面对这一糟糕的决策，David的父母最终被说服，认为手术结合女性化的养育可给他们的孩子一个正常生活的好机会。

Money医生对David变性后生活的描述听起来好像孩子适应得很好，成为一个正常的快乐女孩。Money医生在其著作中提到"John"（约翰）已经成功地变成了"Joan"（琼）（John和Joan分别为英美男子名和女子名，均为Money医生在其论著中对David Reimer变性手术前后使用的化名——译者注）。这个案例甚至进入了大众媒体，《时代》杂志1973年的一篇文章证明了这一点。这篇文章提道："这个戏剧性的案例……提供了有力的证据……常规的男性和女性化行为模式能够被改变。这也让人产生怀疑，是否性别的主要差异，包括心理上和解剖学上的差异，都是由受孕时的基因决定的"[1]。当时，男女角色正在发生巨大的社会变化，David作为女性的成功似乎坚定了人们的信念，即社会创造的性别认同和生物学一样多，甚至更多。

不幸的是，后续的报道显示，David的性别转换从一开始就是一场灾难。据David和他的孪生兄弟所述，David的行为总是更像其他男孩而不像女孩。David厌恶穿女孩的服装和玩传统的女孩玩具。尽管做了整形手术和进行女性化的教导，但成年之后的David说，早在二年级时他就已怀疑自己是男孩，并且想象着长大后成为肌肉发达的男子。在孩提时代，

David不断地被取笑和排斥。他对包皮环切术和随后的手术一无所知，也不知道自己是一个基因上的男性。然而，随着年龄的增长，他越来越喜欢女孩而不是男孩。他表达了这样的观点，他认为自己是一个被困进女孩身体里的男孩。到了14岁，在用雌激素治疗两年后，他看上去越来越像女孩，但他却不想再像一个女孩那样生活了（图A）。David的父亲终于告诉他小时候所发生的一切，David立即要求进行变性的激素治疗和手术。多年来，David一直要对付由过去经历所带来的巨大的情绪问题。他后来结婚并收养了他妻子的孩子们，还幸运地在屠宰场做了一份清洁工的繁重体力工作。20世纪90年代，David与他人合作写了一本关于他的生活的书。可悲的是，在一生中经历了无数创伤性事件，包括孪生兄弟的死亡和婚姻破裂之后，David在2004年38岁时自杀。

David Reimer的经历表明，他从一开始就有一个"男性的脑"，而不是性别中立的。显然，即使通过变性手术、激素治疗和女性化教养，他由基因决定的性别也无法改变。很明显，性别认同涉及遗传、激素和生活经历的复杂相互作用。

图A

David Reimer（即为人熟知的John/Joan）和他的孪生兄弟Brian在他们被告知David童年的真相前不久（图片由Jane Reimer提供）

---

1 *Time*, Jan. 8, 1973, p. 34

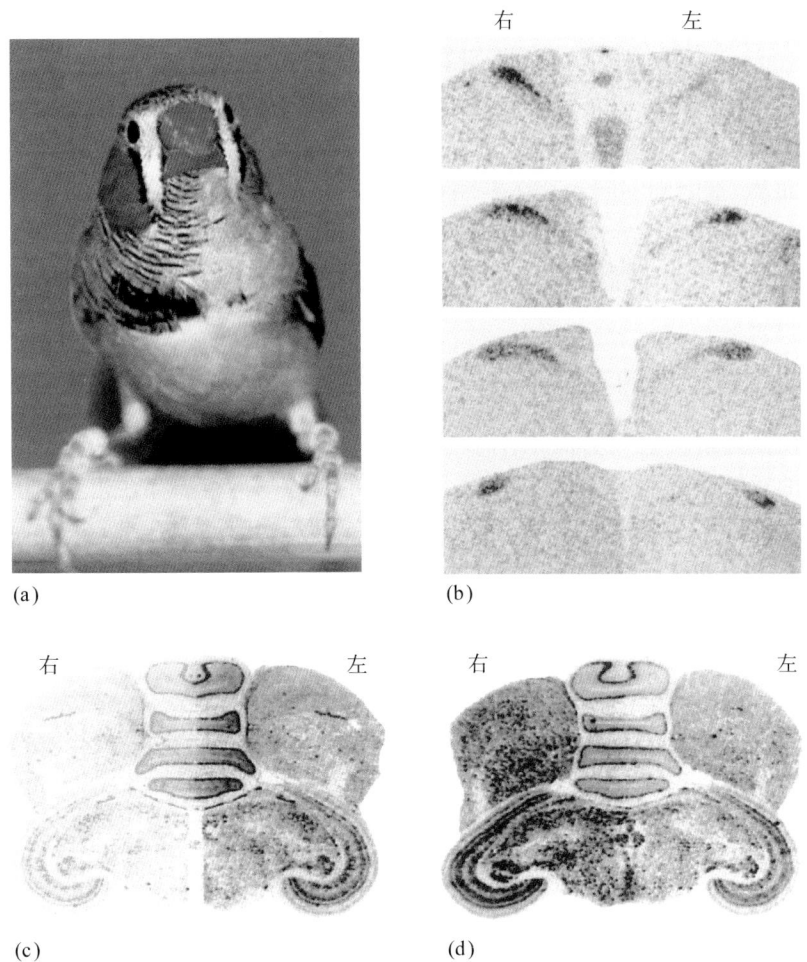

▲ 图 17.17

对一个雌雄嵌合体斑胸草雀脑的分析。（a）这只鸟左侧是雌性羽毛而右侧是雄性羽毛。（b）HVC 核（hyperstriatum ventrale，pars caudalis，上纹状体腹侧核尾侧部）控制鸣叫，该核团在遗传上的雄性右侧较大（黑点标记的神经元）。（c）放射自显影显示仅在雄性正常表达的一个基因在脑的左侧有标记。（d）放射自显影显示一个通常在雄性更高表达的基因在右侧脑的标记比左侧脑更多（引自：Arnold，2004，图4）

前腿轻拍雌性试图交配。雌果蝇选择接受或拒绝雄果蝇的求欢。显然，这些行为是由基因编码的，因为即使雄果蝇从未见过其他果蝇求欢，他们也知道如何做这件事。许多基因可能在求偶行为中发挥一定的作用，但似乎有极少数是关键性的调节基因（调节其他基因表达的基因）。例如，*fru* 基因（fruitless 的缩写，意为"无成果的"）可能对于雄性的交配行为起关键作用。雄果蝇的 *fru* 基因在各种细胞中表达，这可导致雄性中枢神经系统的发育，而雄性中枢神经系统的发育使其求偶行为自动产生。无 *fru* 基因表达的雌果蝇也会有完整的中枢神经系统发育，但其回路略不同于雄性，雌性的行为是"内置的"（built in）。如果雄果蝇缺失 *fru* 基因，则其求偶行为显著减少或没有。相反，若雌果蝇表达 *fru* 基因，则其表现出雄性求偶行为，并抗拒雄性的求欢。

另一个参与性别分化的基因是*dsx*（double sex 的缩写，意为"双性的"）。*dsx*基因在躯体的性别分化中发挥重要作用（雄性和雌性的生殖器官的发育），并与*fru*基因相互作用，共同控制中枢神经系统的性别分化和性别特异性行为。对于*fru*基因而言，其有表达（雄性）或不表达（雌性）的情况；而*dsx*基因则不同，其在雄性和雌性中都表达，但选择性剪接会导致雄性特异性和雌性特异性蛋白的产生。受*fru*和*dsx*影响的中枢神经系统结构如何保证性别特异性行为既是一个具有挑战性的问题，也是一个有待详细解开的谜团。

17.5.5　性激素的激活作用

在性激素决定生殖器官结构之后，它们对脑有激活作用。这些作用从脑组构的短暂微调到神经突起的变化。男性的睾酮与性行为存在相互作用，一方面，睾酮水平在对一种性行为有期盼甚至性幻想时就上升；另一方面，睾酮水平的降低又与性欲减弱相关。据报道，女性在月经周期中雌二醇水平最高时可能更易引发性冲动。总之，两性中的激素水平可通过未知机制影响脑及一个人的性欲。

与母性和父性行为相关的脑变化。性行为的模式随时间而变化，在某些物种中，繁殖只发生在特定的季节，而交配可能只发生在该季节的特定阶段。显然，所有物种的雌性只在子代出生后短暂地哺育其子代。大多数动物（不包括人类）的性吸引和交配只发生在动情周期的某些阶段。脑的性别二态性的变化有时是短暂或周期性的，这与其相关的性行为一致。

在第16章中，我们看到食欲的控制在一定程度上依赖于血液中由脂肪细胞分泌的瘦素的水平，高水平的瘦素调节下丘脑细胞而抑制进食。在妊娠期间，母亲需要更多的食物为其生长的胎儿提供能量。事实上，在妊娠早期食物摄取量增加，因此体内脂肪积累，瘦素水平上升。相矛盾的是，研究人员在大鼠中观察到，即使在怀孕期间瘦素水平升高，食欲和食物摄入量都会增加而不是减少。这是因为与怀孕相关的激素改变导致了下丘脑的瘦素抵抗（leptin resistance）。

母鼠的另一种独特行为是由于哺乳和养育仔鼠而发生的。雌性大鼠躯体感觉皮层包含围绕乳头的腹部皮肤的感觉代表区。在开始喂养的几天内，触觉刺激导致腹部皮肤感觉代表区急剧增大（图17.18），并且感受野缩小到正常大小的一半。这个有趣的躯体感觉图的可塑性变化（见第12章）似乎是暂时的，因为断奶几个月后，感受野的大小便恢复正常。

哺乳（lactation）也可导致脑的改变，从而加强哺乳行为，这对哺乳动物后代的生存至关重要。尽管各种成瘾药物有显著不同的药理学和行为学效应，但它们似乎都能增强从腹侧被盖区（VTA）投射到伏隔核（NA）的神经元释放多巴胺的作用（图文框16.5）。越来越清楚的是，各种各样的强化或成瘾行为也可修饰VTA-NA回路。在一项fMRI研究中，将哺乳期雌性大鼠给幼仔授乳时的影像，与注射可卡因之后的未成年雌性大鼠的影像进行了比较，结果显示这两类大鼠脑的激活非常相似，尤其是NA的激活。在这两种情况下，可假设多巴胺系统的刺激与奖赏和成瘾有关，幼仔吸吮的触觉

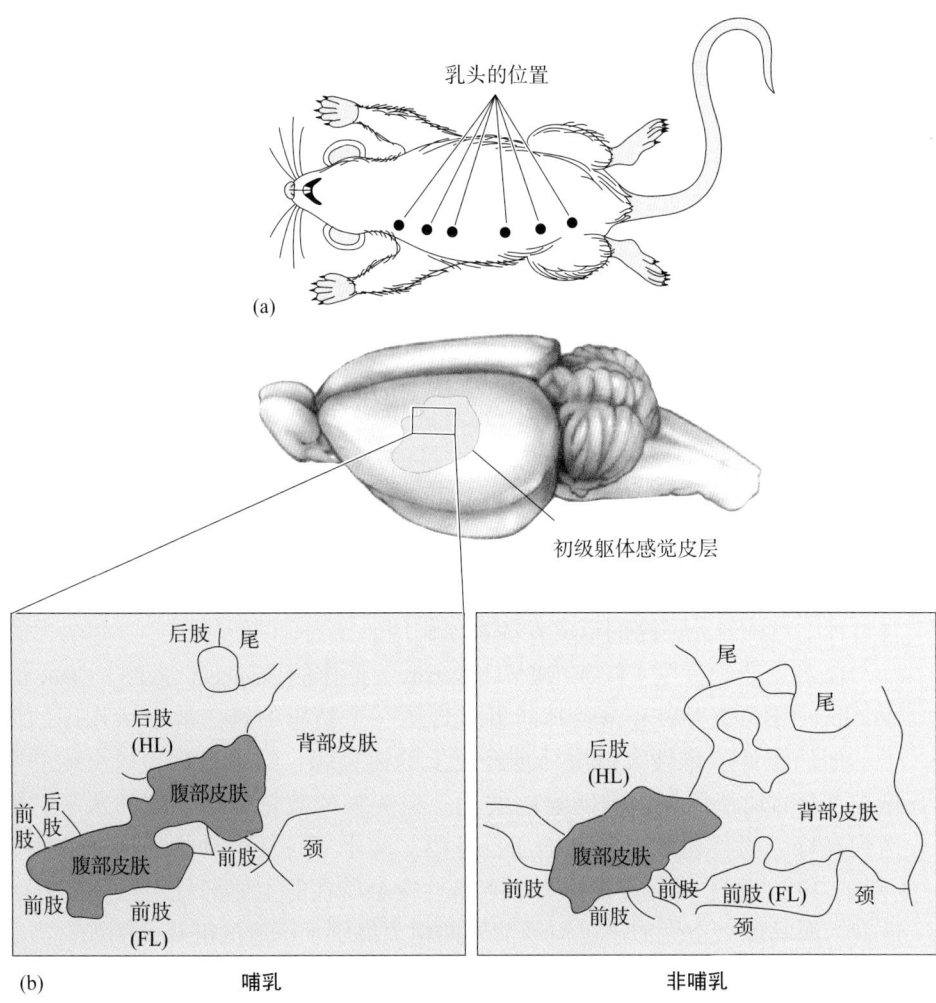

▲ 图 17.18

哺乳对皮层感觉代表区的作用。（a）哺乳期母鼠的腹部皮肤，图中显示右侧乳头排列的部位。（b）大鼠脑和左侧初级躯体感觉皮层，其中包含右侧腹部皮肤的感觉定位图（上方）。下方放大的方框图显示了腹部乳头周围皮肤的皮层代表区，产后哺乳母鼠的代表区（左图）与产后不哺乳母鼠（右图）相比明显扩大。其他体表区域在躯体感觉皮层上的代表区不受哺乳状态的影响（改绘自：Xerri 等，1994）

刺激可使哺乳成为一种强化行为，促进母婴亲密关系的建立，最终使幼仔存活。

　　尽管父亲没有经历与妊娠和哺乳相关的剧烈的身体变化，他们与孩子之间的互动可能从根本上改变他们的脑。这一提示来自普林斯顿大学（Princeton University）Elizabeth Gould 实验室的研究，Gould 检测了狨猴（marmoset）的脑。狨猴父亲非常积极地参与照料幼猴。事实上，他们在幼猴出生之后的最初几个月里总是抱着幼猴四处跑动。众所周知，很多物种的前额叶皮层参与复杂的和目标导向性的行为。另外，也已经证实环境可以改变神经元，例如，当动物被饲养在复杂环境中时，树突分支和树突棘的密度增加。为了观察父性行为是否会改变脑结构，Gould 的研究小组将一些父亲狝猴的前额叶皮层与另一些非父亲狝猴（但这些狝猴也曾有过交配）的前额叶皮层进行了比较。他们发现了两个有趣的差异：父亲狝猴的锥体细胞的树突棘密度明显较高，并且在树突棘上有更多的血管升压素受体。这些变化的功能后果尚不清楚，但提示在除人之外的其他物种，无论是雄性还是雌性，若在育儿上投入大量时间，其脑可因该经历而发生结构的改变。

雌激素对神经元功能、记忆和疾病的影响。雌激素对神经元的结构和功能具有强大的激活作用，在实验性地给予雌二醇后的几分钟内，即可改变脑广泛区域神经元固有的兴奋性。通过调节钾离子流，雌二醇可使一些神经元去极化，并导致这些神经元发放更多的动作电位。图17.19显示了雌激素对细胞结构影响的一个引人注目的例子。哥伦比亚大学（Columbia University）的Dominique Toran-Allerand发现，用雌二醇处理新生小鼠下丘脑组织会导致大量的神经突起生长。其他的研究表明，雌二醇可以提高神经细胞的生存能力和树突棘的密度。综上所述，这些发现提示，雌激素在脑发育过程中对神经元回路的形成发挥重要作用。

在洛克菲勒大学（Rockefeller University）工作的Elizabeth Gould、Catherine Woolley、Bruce McEwen及其同事报告了一个精彩的雌二醇激活作用的例子。他们统计了雌性大鼠海马神经元上的树突棘，结果显示，树突棘的数量在5天的动情周期中有明显的波动。树突棘的数量和雌二醇的水平共同达到高峰，而注射雌二醇可增加自身雌二醇水平较低的动物的树突棘数量（图17.20）。由于树突棘是树突上兴奋性突触所在的主要部位（见第2章），这就为海马的兴奋性似乎也与动情周期相关提供了可能的解释，例如，当雌激素水平升高时，实验动物的海马更容易产生兴奋发作（seizure）（图17.21）。注意，雌二醇和孕酮水平在动情前期达到高峰（图17.21a，b），此时兴奋发作的阈值最低（图17.21c）。Woolley和McEwen指出，雌二醇本身确实可触发树突棘数量的增加，并且随着海马神经元长出更多的树突棘，它们也长出更多的兴奋性突触。

雌二醇是如何增加海马树突棘和兴奋性突触数量的？虽然这一机制的细节尚不完全清楚，但似乎雌二醇以多种方式增加海马突触的可塑性能力。当雌二醇存在时，突触后对谷氨酸的反应比没有雌激素时的反应要大。正如我们将在第25章中看到的，兴奋性突触的这种增强的反应会导致突触强化。雌二醇也可通过减小突触抑制而改变海马功能。雌二醇导致一些抑制性细胞产生的神经递质GABA减少，因此使突触抑制变得不太有效，而抑制作用的减小会导致神经元的活性增加，补充了雌二醇对兴奋性突触的作用。综合多项实验结果，雌激素很可能使海马的抑制性突触效能更弱，并使兴奋性突触效能更强，因而触发锥体细胞树突棘的增加。

对于大鼠，海马在空间记忆和导航技能上发挥非常重要的作用。一些研究表明，雌二醇增强了这类记忆的形成。在这些实验中，大鼠被训练跑迷宫，或者记住一些物体或地点。在训练前或训练后不久给予动物雌二醇，几小时后再进行这些任务以测试记忆力，雌二醇可以提高大鼠完成这些任务的能力。有趣的是，如果在训练后2小时给予雌二醇，该雌激素就没有提高记

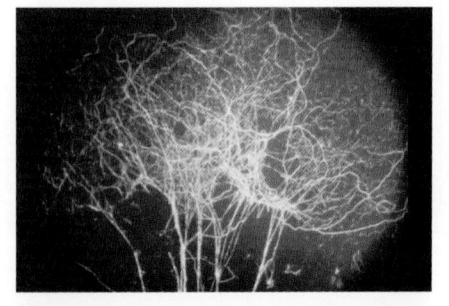

(a)

(b)

▲ 图17.19

雌激素对下丘脑神经突起生长的影响。图显示的两张图片的下方都是一块取自新生小鼠的下丘脑组织（即下丘脑组织块在图片中未显示出来——译者注）。(a)未用雌激素处理，从组织中生长出来的神经突起数量相对较少。(b)用雌激素处理，神经突起的生长旺盛（引自：Toran-Allerand，1980）

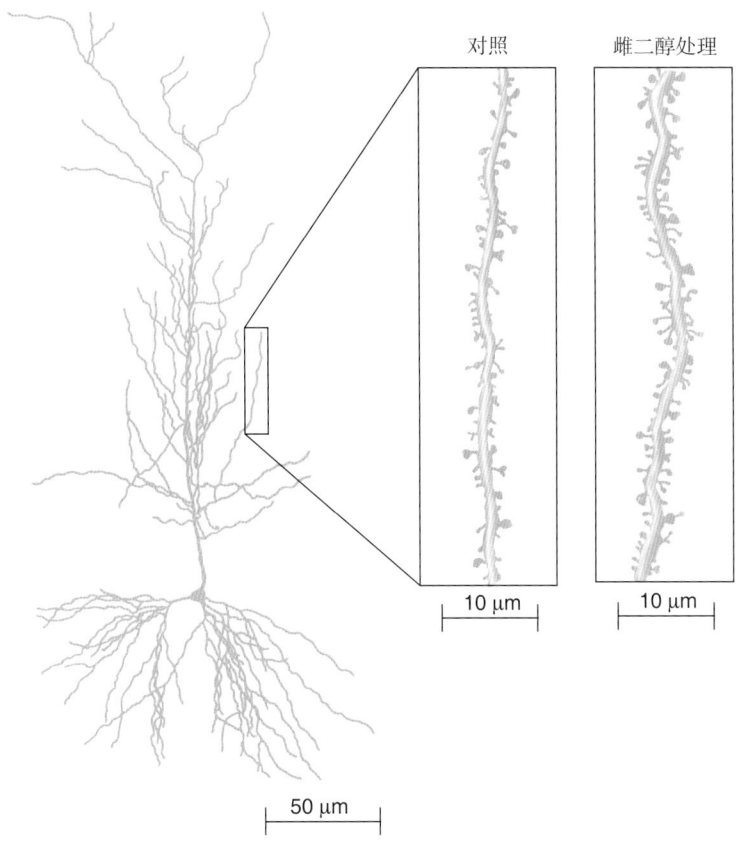

对照　　雌二醇处理

10 μm　　10 μm

50 μm

▲ 图 17.20

类固醇激素的激活作用。雌二醇处理引起海马神经元树突棘数目的增加（改绘自：Woolley 等，1997）

忆的作用。显然，雌激素可以促进记忆，但必须在接近学习过程的时间内给予才能发挥作用。

　　Woolly 指出，大鼠海马树突棘数目的峰值与其生育力的峰值一致。在此期间，雌鼠主动寻找配偶，这就需要较高的空间辨别能力，而这种能力可能伴随着一个兴奋性更强、具有丰富 NMDA 受体的海马区。因此，雌鼠的脑在5 天的动情周期中自我微调以适应不断变化的生殖需求。

　　雌二醇对神经元也有保护作用，这可能有助于抵抗疾病。在神经元培养中，如果细胞用雌二醇处理，则它们更有可能存活于缺氧、氧化应激和各种神经毒剂的暴露中。在临床上，雌激素似乎在各种情况下都可减小或延缓神经损伤，例如，它可以防止人类的脑卒中，虽然机制尚不清楚。这一现象可能与发现他莫昔芬（Tamoxifen，一种常用于治疗乳腺癌的雌激素受体对抗剂；又称"三苯氧胺"——译者注）增加女性脑卒中风险有关。雌激素替代疗法似乎有助于治疗某些神经系统疾病。研究人员观察到，妊娠期间性激素水平的增加与多发性硬化症严重程度的降低相关，并且有一些证据表明雌激素可能对多发性硬化症妇女有益。而且，雌激素替代疗法可能延缓阿尔茨海默病的发病和减少帕金森病的震颤。雌激素在这些疾病中的作用一直难以确

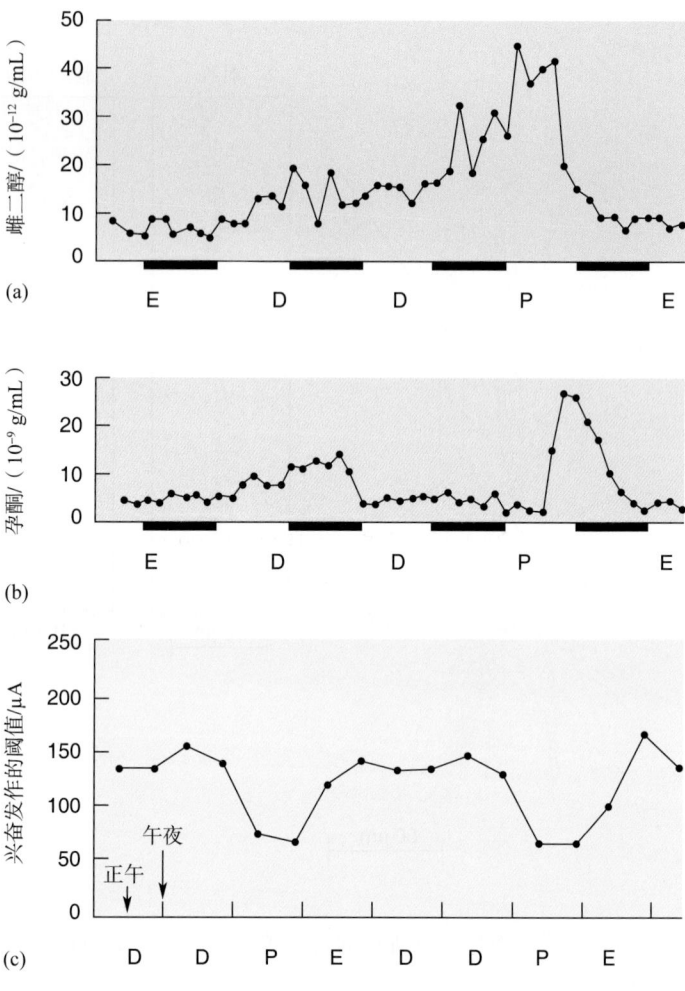

▲ 图17.21

动情周期中激素水平的波动与海马兴奋发作的阈值。循环血液中雌二醇（a）和孕酮（b）水平在动情周期中是变动的，这两种激素在动情前期达到峰值。(c) 触发雌性大鼠海马兴奋发作的阈值（以刺激电流的大小表示）在动情周期中是变化的，并在动情前期最低。动情周期的时相：D—动情间期；P—动情前期；E—动情期（引自：图a和图b，Smith等，1975；图c，Terasawa等，1968）

定，部分原因是多种类型的细胞均表达雌激素受体。事实上，最近的证据表明，雌激素对神经系统的益处可能来自对星形胶质细胞和神经元的影响。

17.5.6 性取向

据估计，约3%～10%的美国人是同性恋者。以男性同性恋者和异性恋者之间的行为差异为例，这种差异是来自脑的解剖或生理学上的不同吗？性取向有生物学基础吗？从某种意义上说，如果我们相信所有的行为都是基于脑的活动，性取向肯定是有生物学基础的。然而，没有证据表明性取向与成人激素的激活作用有关。例如，给成人服用雄激素或雌激素，或去除性腺，对性取向没有影响。还有一种可能，也许同性恋和异性恋的脑因在器官化时所受的影响不同而在结构上有差异。

在前文中已经看到，动物的下丘脑前部存在性别差异。雄性大鼠下丘脑前部视前区的SDN（性别二态性核）比雌性的大得多。对该脑区进行手术损伤后，雄性大鼠与性主动的雄性大鼠共处的时间比性被动的雌性大鼠更多，这与它们在手术前的偏好相反。另一项有启发性的证据来自对落基山大角羊（Rocky Mountain bighorn sheep）的研究，研究人员估计，大约8%的雄性羊更喜欢爬跨其他雄性而不是雌性的羊。与雌性取向的公羊相比，雄性取向的公羊的SDN只有前者的一半大小。因此，一些动物的下丘脑核团的大小可能与其性偏好有关。令人失望的是，SDN大小和性取向之间的因果关系尚不清楚。

人类男性的INAH-3核（下丘脑前部的间质核中的一个亚核）约是女性的2倍大，这种差异可能与性别二态行为相关。对INAH的一些研究表明，该核团在同性恋和异性恋者的脑之间存在差异，这可能与性取向有关。后来，在索尔克研究所（Salk Institute）工作的Simon LeVay发现，同性恋男性的INAH-3核只有异性恋男性的一半大（图17.22）。换言之，同性恋男性的INAH-3核与女性的大小相似。虽然这一发现可能提示了同性恋的生物学基础，但很难用此来解释人类的复杂行为。此外，随后的研究并不总是能够证实INAH-3核的大小和性取向之间的相关性。

其他研究发现男同性恋者的前连合和视交叉上核比男异性恋者的要大。有一项研究报道，男性的终纹床核（bed nucleus of the stria terminalis）比女性的大，而且由男变女的易性者（male-to-female transsexuals）的终纹床核大小与女性的相当。总之，这些研究提供了有意义的前景，即人类性行为的某些复杂方面最终可能与不同的脑组织有关。然而，对脑的比较及脑二态性研究历史中的困难表明，在达成研究共识之前对这个问题应当谨慎。

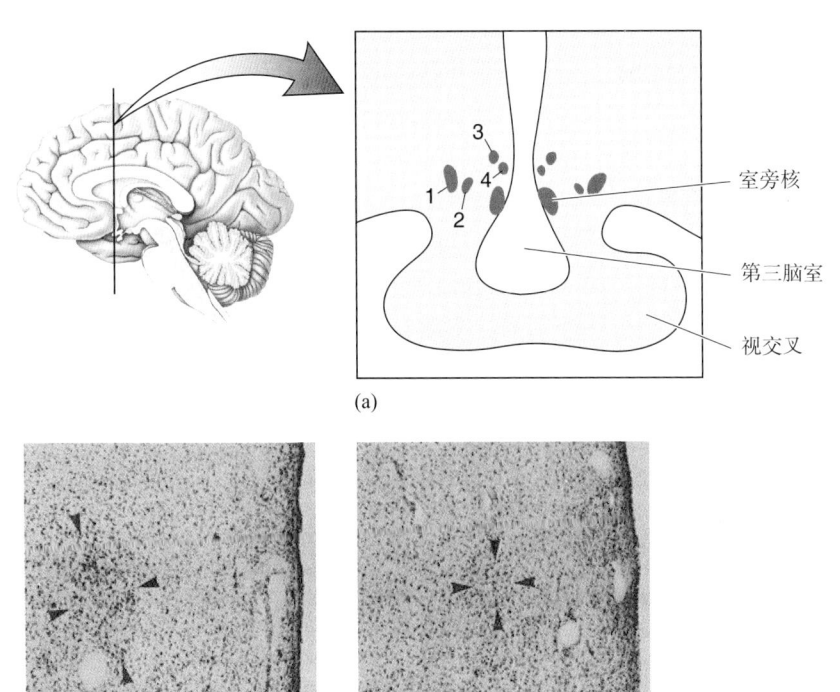

(a)

(b)　(c)

◀ 图 17.22
INAH-3的位置和大小。（a）INAH核的4个亚核在下丘脑中的位置。在显微照片中，箭头指出一个异性恋男性（b）和一个同性恋男性（c）的INAH-3。在同性恋者中，该核团较小，细胞更分散（显微照片引自：LeVay，1991，第1035页）

17.6 结语

性和脑的主题因决定性行为的生物学和文化机制的微妙而变得复杂。尤其对于人类，男性和女性神经系统的解剖学差异不明显，而且实际上大多数的人类行为并不具备明显的男性或女性特征。即使在两性的脑中存在微小差异，但差异可能代表的任何意义均不清楚。并且，这些脑差异肯定也不是认知的性别差异的神经生物学基础。

尽管如此，基本的生物学需求，即生殖，需要性别特异性行为，至少是在交配和生子方面。对于最具体的性结构（如阴茎的肌肉和控制阴茎的运动神经元或支配阴蒂的感觉传入神经）而言，要确定支配它们的外周和脊髓神经系统比较容易。性激素在性发育和性行为中的巨大作用也是显而易见的。但是，性行为更复杂的方面及产生这些行为的脑系统仍然是相当神秘的。

在性和脑的研究中，我们只涉及一小部分问题，大多数基本问题仍未得到解答。对于性的科学研究受到长期束缚，因为社会不愿公开谈论这个问题，并且直到今天性政治（sexual politics）依然试图搅浑科学的净水。但是，性行为是人类的一个关键性特征，理解其神经基础是一个有价值的挑战。

关键词

生物学的性别和行为学的性别 Sex and Gender
性别认同 gender identity（p.587）
基因型 genotype（p.587）
遗传的性别 genetic sex（p.587）
Y染色体的性别决定区 sex-determining region of the Y chromosome (SRY)（p.587）

性别的激素控制 The Hormonal Control of Sex
雄激素 androgens（p.590）
雌激素 estrogens（p.590）
黄体生成素 luteinizing hormone (LH)（p.591）
卵泡刺激素 follicle-stimulating hormone (FSH)（p.591）
促性腺激素 gonadotropins（p.591）
促性腺激素释放激素 gonadotropin-releasing hormone (GnRH)（p.591）
月经周期 menstrual cycle（p.592）

动情周期 estrous cycle（p.593）

性行为的神经基础 The Neural Basis of Sexual Behaviors
一雄多雌 polygyny（p.594）
一雌多雄 polyandry（p.596）
单配偶 monogamy（p.596）

雄性和雌性的脑为何及如何不同 Why and How Male and Female Brains Differ
性别的二态性 sexual dimorphism（p.601）
性别二态性核 sexually dimorphic nucleus (SDN)（p.603）
下丘脑前部间质核 interstitial nuclei of the anterior hypothalamus (INAH)（p.603）
组织作用 organizational effect（p.605）
激活作用 activational effect（p.605）

复习题

1. 假设你刚刚被登陆地球来了解人类的外星人所抓获。外星人是单一性别，他们对人类的两种性别很好奇。要想获得自由，你必须告诉他们如何正确地区分男性和女性。你告诉他们进行哪些生物和/或行为测试了吗？一定要描述清楚任何可能妨碍你测试的例外情况，因为你肯定不希望外星人发怒！

2. 图17.18显示的是一个有趣但尚无法解释的现象：在哺乳期母鼠的脑中，代表乳头周围皮肤的躯体感觉皮层扩大。推测这个现象的可能机制，指出为何这种脑的可塑性可能是有益处的。

3. 雌二醇通常被认为是一种雌性激素，但是它也在雄性脑的早期发育中发挥关键作用。解释这是如何发生的，为什么雌性脑在发育的相同时期却不受雌二醇的影响。

4. 类固醇激素在细胞水平上怎样和在何处影响脑神经元？

5. 有什么证据支持身体和脑的性别分化并不完全依赖性激素的假说？

6. 假设一个研究小组宣称脑干中有一个小而暗的核团X核，这个性别二态性核团对某些"雄性特异性"性行为至关重要。讨论要接受以下观点所需的各种证据：（a）性别的二态性；（b）雄性特异性行为的定义；（c）X核团在这些性行为中的作用。

拓展阅读

Arnold AP. 2004. Sex chromosomes and brain gender. *Nature Reviews Neuroscience* 5:701-708.

Bartels A, Zeki S. 2004. The neural correlates of maternal and romantic love. *Neuroimage* 21:1155-1166.

Colapinto J. 2001. *As Nature Made Him: The Boy Who Was Raised as a Girl*. New York: Harper Collins.

De Boer A, van Buel EM, ter Horst GJ. 2012. Love is more than just a kiss: a neurobiological perspective on love and affection. *Neuroscience* 201:114-124.

Hines M. 2011. Gender development and the human brain. *Annual Review of Neuroscience* 34:69-88.

Pfaus JG. 2009. Pathways of sexual desire. *Journal of Sexual Medicine* 6:1506-1533.

Valente SM, LeVay S. 2003. *Human Sexuality*. Sunderland, MA: Sinauer.

Wooley CS. 2007. Acute effects of estrogen on neuronal physiology. *Annual Review of Pharmacology and Toxicology* 47:657-680.

Wu MV, Shah NM. 2011. Control of masculinization of the brain and behavior. *Current Opinion in Neurobiology* 21:116-123.

Young KA, Gobrogge KL, Liu Y, Wang Z. 2011. The neurobiology of pair bonding: insights from a socially monogamous rodent. *Frontiers in Neuroendocrinology* 32:53-69.

（罗兰　译　　王建军　校）

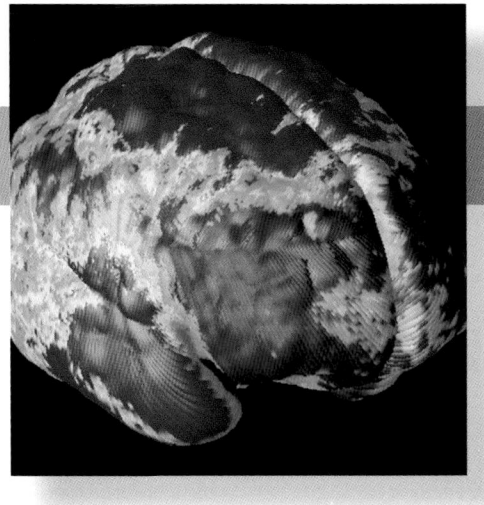

第 18 章

情绪的脑机制

18.1 引言

要了解情绪的意义，只需要想象一下没有情绪的生活。假如没有我们每天经历的潮起潮落，生活将苍白而乏味。情绪体验是人类特征的重要组成部分，在书籍和电影中的外星人和机器人可能看起来很像人，但他们通常看上去却不具人性，这是因为他们没有表现出情感。

情感神经科学（affective neuroscience）研究情绪（emotion）和心境（mood）的神经基础。在本章，我们探讨情绪。情感障碍（affective disorder），也称为心境障碍（mood disorder），将在第22章中讨论。你可能很想知道我们如何去研究像人的感受这种瞬息万变的事情。在研究感觉系统时，你可以实施一个刺激并找出对其反应的神经元，你还可以改变刺激的属性（如适合的光强度、声音频率等）使其最适合诱发神经元的反应。然而相比之下，研究动物的情绪就不那么简单了，因为动物不能直接诉说它们的主观感受，我们观察到的行为被认为只是动物内在情绪的表达。因此，我们必须谨慎区别**情绪体验**（emotional experience；或感受，feeling）和**情绪表达**（emotional expression）。我们所知有关情绪的脑机制主要来自对动物和人类研究的综合。在动物实验中，尽管我们不能确切地知道动物的感受，但我们可以通过观察动物的脑活动及脑损伤对行为的影响来解释各种情绪的产生机制。在对人的研究中，我们已经研究了与情绪体验及对他人情绪的识别相关的脑活动。

虽然对情绪系统的研究尚未达到与感觉系统研究相当的水平，我们还无法描绘出像感觉系统那样的情绪系统图谱；但事实上，我们将会看到，早期关于解释一些特定情绪的单一情绪系统或涉及多个脑区的多重情绪系统的观点，已经被基于脑活动的分布式网络（distributed network）的情绪学说所取代。

18.2 早期的情绪学说

情绪——爱、恨、幸福、悲伤、恐惧、焦虑等，是我们都曾在某个时刻体验过的感受。但是，这些感受的确切定义是什么？它们是来自我们身体的感觉信号，还是大脑皮层活动的扩散形式，或是其他的什么？

19世纪一些备受尊敬的科学家，包括Darwin（Charles Robert Darwin，查尔斯·罗伯特·达尔文，1809.2—1882.4，英国生物学家，进化论的奠基人——译者注）和Freud（Sigmund Freud，西格蒙德·弗洛伊德，1856.5—1939.9，参见图文框4.4对他的译者注和第22章——译者注）都在思考脑在情绪表达中的作用（图18.1）。早期的探讨基于对动物和人的情绪表达，以及对人类情绪体验的详细观察。虽然有些看法对现代许多人来说似乎已是常识，但却是Darwin当时提出的重要观点，即不同文化背景的人具有相同的情绪体验，而且动物似乎可表现出与人类一样的情感。随后在19和20世纪，科学家们建立了有关情绪生理基础和情绪表达与体验之间关系的理论。

◀ 图18.1

动物和人类愤怒的表达。这些出自达尔文的书《人和动物的情绪表达》（*The Expression of the Emotions in Man and Animals*）的图被用于支持他的观点，即人和动物有一些基本的且普遍的情绪。达尔文进行了一项最初大规模的情绪表达的研究（由 John van Wyhe 授权，从《查尔斯·达尔文全集在线》（*The Complete Work of Charles Darwin Online*）2002版复制

18.2.1　詹姆斯–朗厄学说

美国著名心理学家和哲学家 William James 在1884年提出了第一个完整的情绪学说，丹麦心理学家 Carl Lange 也提出了类似的观点。因此，这一学说通常被称为**詹姆斯–朗厄情绪学说**（James-Lange theory of emotion），该学说提出我们体验到的情绪是对身体生理变化的反应。为了理解为什么许多和 James 和 Lange 同时代的人认为这个学说是违反常理的，不妨考虑一个例子。

设想你某天早上醒来，发现一只凶神恶煞的蜘蛛挂在床上方的一张蜘蛛网上，如果你像许多人一样有蜘蛛恐惧症（arachnophobia），就可能会经历一场"格斗/逃跑反应"（fight-or-flight response），这种反应包括心率、肌张力和肺功能的变化（见第15章）。根据詹姆斯–朗厄学说，你的视觉系统将蜘蛛的图像发送至脑，脑的反应是发出指令给躯体和自主神经系统，以改变肌肉和内脏器官的功能。身体的这些反应是对感觉输入的直接回应而没有任何情绪成分，而你经历的情绪是由身体变化引起的感受。换句话说，你不是因为害怕而跳下床，而是因为你感受到心跳加速和肌肉紧张而害怕。像与 James 和 Lange 同时代的许多人一样，当今的很多人也认为这个学说似乎代表了一种落后的思想。在此学说提出之前，人们普遍所持的观点是：情绪由一种处境所引起，而身体的变化是由情绪所诱发的反应：当你看到蜘蛛时感到害怕，然后身体发生了反应。詹姆斯–朗厄学说恰恰相反。

细想 James 提出的一个思维实验，假设你对刚刚发生的事情愤怒不已，若试着除去与情绪有关的所有生理变化，你怦怦剧跳的心平静了，紧张的肌肉松弛了，潮红的脸退了色，如 James 所述，很难想象在没有任何生理反应的情况下仍保持愤怒。

即使情绪是伴随着身体生理状态的变化而产生的，也并不意味着没有明显的生理征象就没有情绪的体验（甚至 James 和 Lange 他们自己都承认这一点）。但是，对于明显与身体变化有关的强烈情绪，詹姆斯–朗厄学说认为身体变化会导致情绪变化，而不是反过来的。

18.2.2　坎农–巴德学说

虽然詹姆斯–朗厄学说在20世纪初开始流行，但很快就遭到了抨击。1927年，美国生理学家 Walter Cannon 发表了一篇论文，对詹姆斯–朗厄学说进行了一些有说服力的批评，并提出了一个新学说。Cannon 的学说被 Philip Bard 改进，于是被称为**坎农–巴德情绪学说**（Cannon-Bard theory of emotion），该学说提出情绪体验能独立于情绪表达而产生。

Cannon反对詹姆斯–朗厄学说的一个论点是：即使生理变化没有被感知，情绪仍可被体验。为了证实这个观点，他提供了一个自己和其他人研究的横断脊髓的动物例证。这个手术消除了横断水平以下的躯体感觉，但并不出现情绪的消失，即在这种情况下，脑对肌肉的控制仅限于上半身或头部，动物仍表现出有情绪体验的迹象。Cannon还提到人类病例，脊髓横断患者的情绪并没有消失。如果像詹姆斯–朗厄学说表述的那样，只有当脑感受到身体的生理变化时情绪体验才会发生，那么消除感觉也应该消除情绪，而事实似乎并非如此。

Cannon的第二个与詹姆斯–朗厄学说不一致的观点是情绪体验与躯体的生理状态之间缺乏必然的联系。例如，恐惧伴随着心率加快、消化抑制和出汗增加，但同样的生理变化也会伴随其他的情绪，如愤怒、甚至是无情绪的生病状态（如发烧等）。当生理变化与恐惧之外的状态相关联时，恐惧怎么会成为这些生理变化的结果呢？

Cannon的新学说着重于丘脑在情绪感觉中的特殊作用。该学说认为，感觉传入被大脑皮层所接受，大脑皮层再触发身体的某种变化。但是，根据Cannon的学说，刺激–反应的神经回路不包含情绪。当信号直接从感受器或从皮层下行到达丘脑时，情绪才会产生。换言之，不管由感觉输入引起的生理反应如何，情绪的特征都是由丘脑的活动形式所决定的。有一个例证可以澄清Cannon和詹姆斯–朗厄学说之间的区别。根据詹姆斯–朗厄学说，你感到伤心是因为你感到你在哭，如果你能制止哭，伤心也就消失。在Cannon的学说中，事情很简单，你不一定非要哭才会感到伤心，而只需要丘脑对这种情形以适当的活动方式来发生反应就行。詹姆斯–朗厄和坎农–巴德情绪学说的比较如图18.2所示。

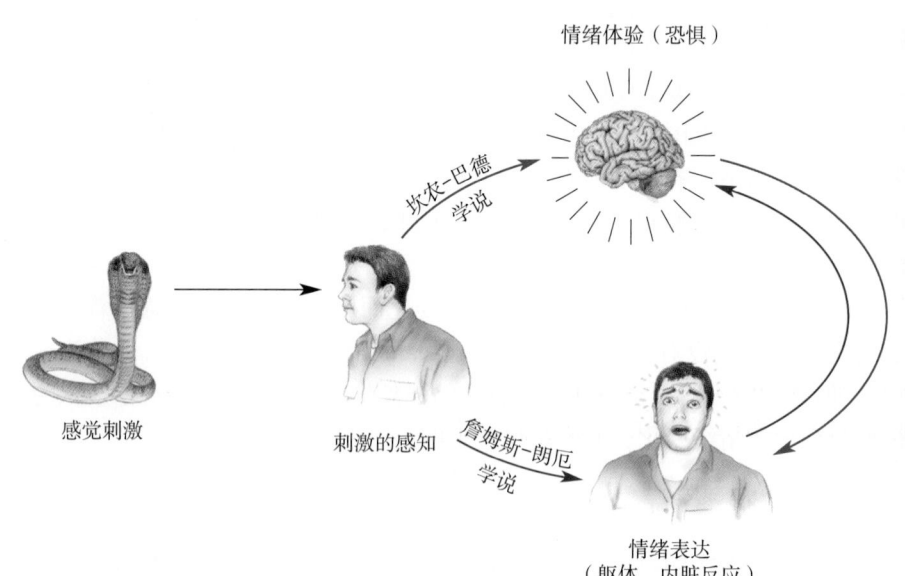

▲ 图18.2

詹姆斯–朗厄和坎农–巴德情绪学说的比较。 在詹姆斯–朗厄学说中（红箭头），人受到动物的恐吓而产生反应，当他感觉到身体的反应时才变得害怕。在坎农–巴德学说中（蓝箭头），威胁性刺激首先导致恐惧的感受，然后才有身体反应

詹姆斯–朗厄学说和坎农–巴德学说提出之后，又有许多情绪学说诞生。随后的工作表明每个旧学说都有其优点和缺陷。例如，与 Cannon 的观点相反，尽管恐惧和愤怒都激活自主神经系统（ANS）的交感神经部，但它们被证明与其他明显不同的生理反应相关。虽然并不能证明这些情绪是不同生理反应的结果，但至少反应是不同的（图文框 18.1）。研究还表明，在某种程度上，我们能意识到自己身体的自主神经功能（称为**内感受性知觉**，interoceptive awareness），这是詹姆斯–朗厄学说的一个关键组成部分。例如，已有实验表明人能够判断自己心跳的时间，当执行这个任务时，某些脑区的活动会增加。

后来的研究显示了另一个对坎农–巴德学说的挑战，即情绪有时受脊髓损毁的影响。在对成年男性脊髓损伤的一项研究中发现，患者感觉缺失的程度与其所报告的情绪体验的减少相关，尽管对其他脊髓损伤患者的研究并不总是能发现类似的相关性。简而言之，我们将结合实验结果来考察近期更多关于情绪的学说，这些实验结果揭示了一些参与情绪体验和情绪表达的脑结构。

18.2.3　无意识情绪的含义

一些研究提示，感觉输入可以在我们没有意识到刺激的情况下对脑产生情绪性影响，尽管这些发现听起来不可思议。Arne Öhman、Ray Dolan 及其同事在瑞典和英国进行了一些相关的实验。他们的研究首先表明，如果一张愤怒的脸被短暂地闪现，紧接着是一张没有表情的脸部照片闪现，受试者报告说只看到没有表情的脸。愤怒的脸据说在感知上被掩盖，而毫无表情的脸则是遮蔽刺激。

在一项实验中，在没有遮蔽刺激的情况下向受试者展示各种各样的脸，每当显示愤怒的脸时，受试者的手指就会受到轻微的电击。在这种厌恶训练之后，当愤怒的脸再次出现时，受试者的自主神经活动发生改变，如皮肤电导增加（手掌出汗）。研究人员希望知道在训练后重新引入遮蔽刺激，愤怒的脸间或出现时受试者会有什么表现。令人惊讶的是，当显示愤怒的脸时，受试者有自主神经系统的反应（皮肤电导增加），即使他们并未感知到愤怒的脸。这些发现表明，受试者对作为厌恶性面容刺激的愤怒表情具有反应，尽管他们根本没有在感知上看到愤怒的脸。**无意识情绪**（unconscious emotion）的概念即基于这种观察。

在第二项实验中，向受试者显示愤怒的脸，并伴随或不伴随令人不快的强声响（图 18.3）。与前面相同，在有随后的掩蔽刺激时，受试者没有察觉到愤怒的脸。然而，皮肤电导显示，受试者对与有强声响配对的愤怒的脸具有反应。此外，在照片呈现时，研究人员用正电子发射体层成像（PET）记录了脑的活动。脑影像显示，若将愤怒的脸伴随不愉快的（声音）刺激，则在脑特定部位杏仁核中诱发更多的活动。在本章的后面我们将更多地讨论杏仁核。现在需要记住的重要一点是：检测自主神经反应和杏仁核活动都与伴随不愉快刺激的愤怒的脸呈现相关，尽管事实上这些脸并没有被察觉到。

图文框18.1　趣味话题

忐忑不安

人类可通过丰富多彩的语言描述情绪体验，如果有人在从高桥上蹦极跳下之前犹豫，我们会说他们"胆怯"（cold feet）；一个容易发怒的人被形容为"暴躁"（hot head）。你在出门与新朋友约会之前感到紧张吗？你也许正"忐忑不安"（butterflies in stomach）呢！这些描述性的术语很精彩，但它们与情绪的生理体验有什么关系？

芬兰阿尔托大学（Aalto University）的科学家进行的一项有趣的研究提示，基本情绪和其他一些情绪可能确实都与遍布全身的感觉变化特异性分布图相关。这一结论是基于在芬兰、瑞典和中国台湾超过700人的在线测试得出的。为详细说明身体哪些部位受到情绪影响，实验人员要求参与者给一张身体图着色——在他们感觉情绪使身体更活跃的部位使用暖色着色，而在身体不那么活跃的部位以冷色着色。情绪图谱（emotion map）是根据各种刺激绘出的，而刺激包括情绪相关性的词汇、情绪面部表情的图片、短篇小说中的情绪体验和电影的情感场景。研究人员的目的是希望通过对具有不同文化和语言背景的参与者的研究，绘制出具有普遍性意义而不受文化定势影响的情绪体验图谱。

这张图显示了根据众多参与者们的报告所推定的身体活动平均分布图。红色和黄色表示比中等活性状态（黑色）升高的活性状态，而蓝色表示降低的活性状态。一些特征，如头和胸部活性升高（心脏和呼吸频率升高？）常见于多种情绪。其他特征更具特异性：快乐是少见的导致全身活性都增加的情绪；悲伤使四肢的活性特异性地降低；厌恶情绪的分布图显示在消化道和喉咙，其周围有一个奇怪的活性升高（呕吐反射？）。这些彩色图谱代表了什么？——我们只能推测，但它们可能与感觉和自主神经系统的激活模式有关。显然，对这些图的解释必须谨慎，但令人感兴趣的是不同情绪的图是可以区分的，这在某种程度上甚至对于那些不被认为是"基本的"情绪来说也是如此。而且，有趣的是情绪图谱在具有不同文化背景的人群中都是相似的。即使我们不能窥探人的内心世界，但这些发现也符合达尔文的观点，即至少有一些情绪是跨文化背景而普遍存在的独特体验。

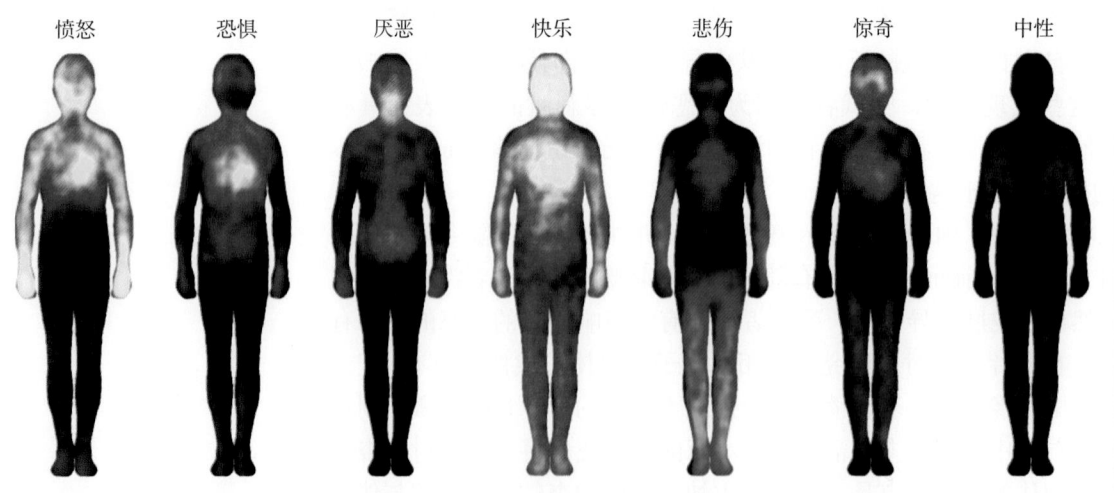

图A

6种基本情绪的彩色图谱。 身体激活程度从低（蓝色）到高（黄色）的评估（改绘自：Nummenmaa L, Glerean E, Hari R, Hietanen JK. 2014. Bodily maps of emotions. *Proceedings of the National Academy of Science* 111:646-651，图1）

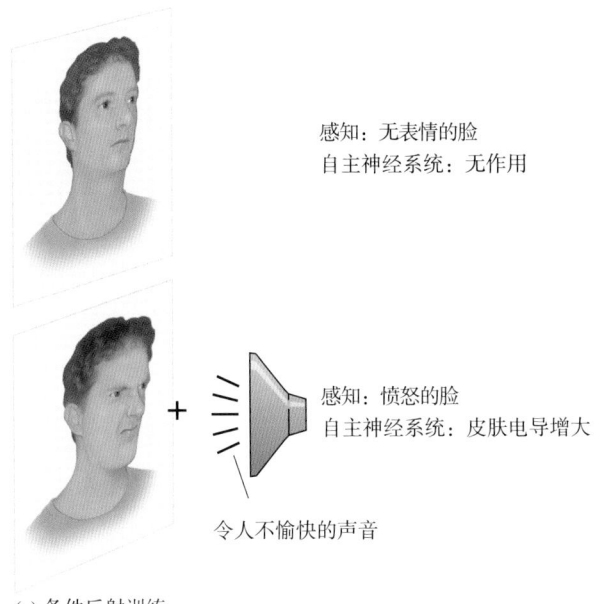

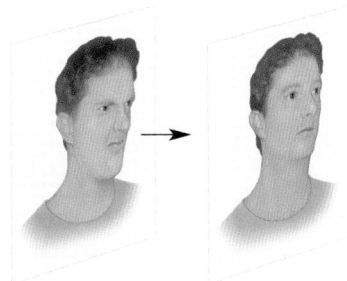

感知：无表情的脸
自主神经系统：无作用

感知：无表情的脸
自主神经系统：皮肤电导增大

(b) 检测

感知：愤怒的脸
自主神经系统：皮肤电导增大

令人不愉快的声音

(a) 条件反射训练

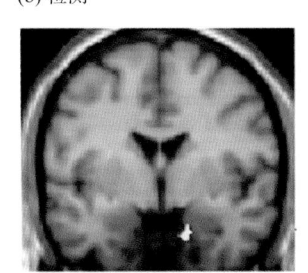

(c) 脑活动

▲ 图 18.3

无意识情绪的脑活动。(a) 在测试之前，受试者先被无表情的和愤怒表情的照片条件反射化。受试者对伴有不愉快的强声响的愤怒脸发生反应，自主神经活动（皮肤电导）增加。(b) 在测试阶段，先短暂地显示一张愤怒的脸，紧接着显示一张毫无表情的脸。受试者报告仅看到无表情的脸，但皮肤电导率仍增加。(c) 尽管受试者在测试阶段实际上没有察觉到愤怒的脸，但只有当愤怒脸在遮蔽刺激之前出现时，才可能记录到杏仁核的激活（红色和黄色）（引自：Morris，Öhman，and Dolan，1998）

　　如果感觉信号可以在我们意识不到的情况下影响脑产生情绪，这似乎排除了情绪学说所宣称的情绪体验是情绪表达先决条件的可能性。但是，即使有了这个结论，脑也可能通过多种方式来处理情绪信息。我们现在转向脑中将感觉（输入）与以情绪体验为特征的行为反应（输出）联系起来的通路。在本章的后续部分，我们将会看到不同的情绪可能取决于不同的神经回路，但脑的某些部分对于多种情绪都是重要的。

18.3　边缘系统

　　前面的章讨论了感觉信息如何从外周感受器沿着明确定义的和解剖学上特定的通路到达新皮层的。通路上的各个组成部分共同构成了一个**系统**。例如，位于视网膜、外侧膝状体核和纹状皮层的神经元共同为视觉工作，因此我们说它们都是视觉系统的一个部分。从这个意义上看，存在一个处理情绪体验的系统吗？大约从1930年开始，一些科学家认为存在这样的一个系统，该系统后来被称为边缘系统（limbic system）。我们很快将讨论试图定义单一情绪系统的困难，但首先我们还是探讨边缘系统概念的来源。

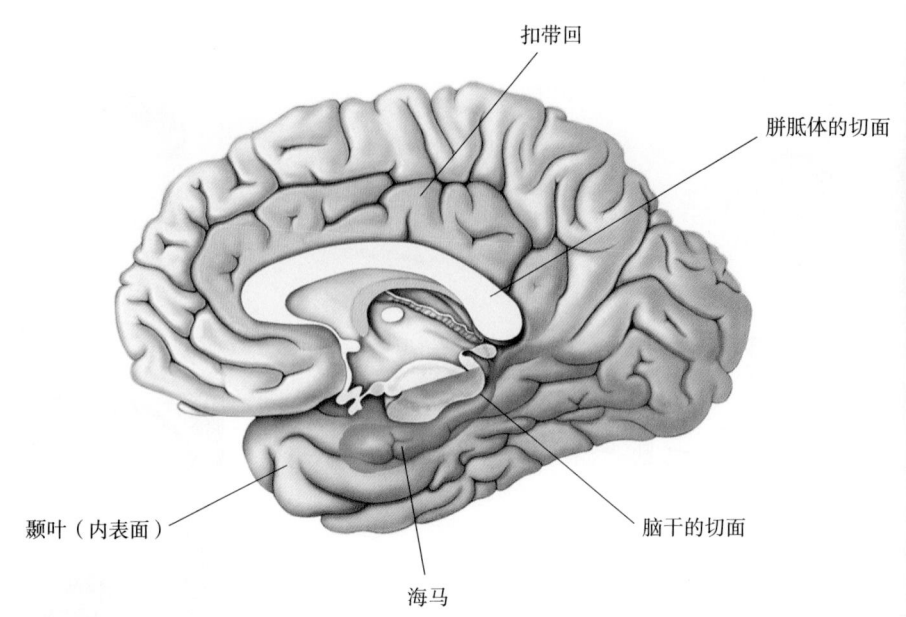

扣带回

胼胝体的切面

脑干的切面

颞叶（内表面）

海马

▲ 图18.4

边缘叶。Broca将边缘叶定义为围绕位于脑内侧壁的脑干和胼胝体的一个环状结构。图中标记的边缘叶的主要结构是扣带回、颞叶内侧皮层和海马。脑干在图中已被移除，因此可以看到颞叶的内表面

18.3.1 Broca边缘叶

在1878年发表的一篇文章中，法国神经学家Paul Broca（保罗·布罗卡）指出，在所有哺乳动物大脑的内表面都有一组明显区别于周围皮层的皮层区域。Broca用拉丁语中表示"边缘"的单词 *limbus* 将这部分皮层区域称为**边缘叶**（limbic lobe），因为它们形成了围绕脑干的一个环或边缘（图18.4）。根据这一定义，边缘叶由胼胝体周围的皮层（主要是扣带回）、颞叶内表面的皮层和海马组成。Broca并没有写明这些结构对情绪的重要性，而且有一段时间，人们认为它们主要与嗅觉有关。但是，**边缘**（limbic）这个词及Broca边缘叶的组成结构随后被认为与情绪密切相关。

18.3.2 Papez环

到20世纪30年代，有证据提示一些边缘结构参与情绪。通过对Cannon、Bard和其他人早期工作进行思考，美国神经学家James Papez（詹姆斯·帕佩兹）提出在脑的内中壁有一个"情绪系统"，它将皮层和下丘脑相联系。图18.5显示了称为**Papez（帕佩兹）环**（Papez circuit）的一组结构，每一个结构都由大纤维束与其他结构相连。

与当今许多科学家相同，Papez相信皮层是参与情绪体验的主要结构。在某些皮层区域受损后，情绪表达有时会发生显著变化，而知觉或智力几乎没有改变（图文框18.2）。此外，扣带回皮层附近的肿瘤与某些情绪障碍有

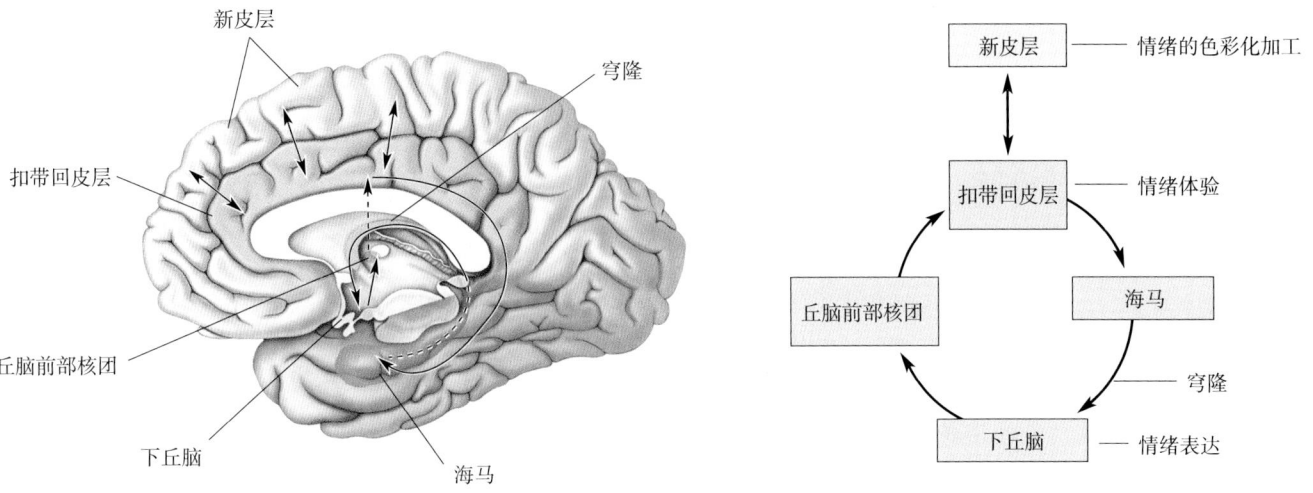

▲ 图 18.5
Papez（帕佩兹）环。Papez 认为情绪体验由扣带回皮层的活动和其他皮层区域的间接活动所决定。情绪表达由下丘脑控制。扣带回皮层投射到海马，海马再通过被称为穹隆的轴突束投射至下丘脑。下丘脑的作用通过丘脑前部核团的中继到达皮层

关，如恐惧、烦躁和抑郁。Papez 指出，由扣带回皮层投射引起的其他新皮层区域的活动会给我们的体验增加"情绪色彩"。

我们在第 15 章中看到了下丘脑整合自主神经系统的功能。在 Papez 环中，下丘脑控制了情绪的行为表达。下丘脑和新皮层可以相互影响，从而将情绪的表达和体验相联系。在此环路中，扣带回皮层通过海马和穹隆（由海马发出的粗大轴突束）影响下丘脑，而下丘脑通过丘脑前部影响扣带回皮层。事实上，皮层和下丘脑之间的交流是双向的，这意味着 Papez 环与詹姆斯-朗厄和坎农-巴德情绪学说并不矛盾。

虽然如 Papez 所指出的那样，解剖学研究表明 Papez 环的组成部分是相互联系的，但仅有现象提示每一个结构都与情绪有关。Papez 认为可以表明海马参与情绪的理由是海马可受狂犬病毒的影响。狂犬病感染和帮助诊断的指标是神经元胞质体（cytoplasmic body）的出现，尤其在海马。因为狂犬病是以情绪亢进为特征的，如过分的恐惧和攻击性，所以 Papez 认为海马肯定参与了正常的情绪体验。虽然那时几乎没有证据提示丘脑前部在情绪中的作用，但有临床报告称这一区域的损伤导致情绪紊乱，如自发的笑和哭。

你可能已注意到组成 Papez 环和 Broca 边缘叶结构之间的相关性。由于它们的相似性，Papez 环中的这组结构通常被称为是**边缘系统**（limbic system），尽管 Broca 最初所提出的边缘叶这一解剖学概念与情绪无关。**边缘系统**这一术语在 1952 年由美国生理学家 Paul MacLean 推广普及。根据 MacLean 的研究，边缘系统的进化使得动物能够体验和表达情绪，并使它们摆脱由脑干所支配的刻板行为（stereotypical behavior）。

图文框18.2 趣味话题

Phineas Gage

脑损伤有时会对一个人的个性产生深远的影响，最著名的例子之一是 Phineas Gage（菲尼亚斯·盖奇）的病例。1848 年 9 月 13 日，Gage 在佛蒙特州（Vermont）一个铁路建设工地填塞炸药准备爆破时走了神，结果犯下了严重的错误，他用捣实炸药的铁棍击中岩石而引爆了炸药。这一失误的后果被 John Harlow（约翰·哈洛）医生于 1848 年在题为《一根铁棍穿过了头颅》（*Passage of an Iron Rod Through the Head*）的文章中进行了描述。当爆炸声响起，一根长 1 米、重 6 千克的铁棍正好从 Gage 的左眼下插进了他的头中，并在穿过他的左额叶后，从其头顶穿出。

令人难以置信的是，Gage 被抬上一辆牛车后，他居然笔直地坐在车上。牛车开往附近的旅馆，车停后，Gage 下车走上长长的楼梯，进入了旅馆。当 Harlow 在旅馆见到 Gage 时，他的第一印象是："眼前的画面对于不习惯军队外科手术的人来说真是非常可怕"（第 390 页）。你可以想象，那根铁棍毁坏了 Gage 的颅骨和左额叶的很大部分，他失血过多，头上的洞直径超过 9 厘米。Harlow 能将整个食指从 Gage 的头顶插入洞里，也能够从脸颊侧的洞口将食指从下往上插

图A
Phineas Gage 和穿过其头颅的铁棍（引自：Wikimedia）

18.3.3 单一情绪系统概念的困境

我们已将一些围绕脑干相互联系的解剖结构定义为边缘系统。Broca 边缘叶和 Papez 环中的一些结构在情绪中起作用这一假设也得到了实验的支持。另一方面，Papez 环的一些组成部分不再被认为对情感表达很重要，如海马。

关键点似乎是关于情绪系统这个概念的定义。鉴于我们情绪体验的多样性，以及对应于各种情绪体验的不同脑区的活动，没有任何令人信服的理由认为只有一个系统而不是几个系统参与情绪体验。相反，有确凿的证据表明，参与情绪的某些脑结构也参与了其他功能。在这种情况下，结构和功能

入洞中。Harlow尽最大努力处理伤口。在接下来的几周内，Gage发生了严重的感染。如果这个男人死了，没有人会感到奇怪。但是，大约在事故的一个月之后，他就能起床了，并在小镇里四处走动！

　　Harlow与Gage的家人通信多年，并在1868年发表了一篇题为《从一根铁棍穿过了头颅中恢复》（*Recovery from the Passage of an Iron Bar Through the Head*）的文章，描述了事故之后Gage的生活。Gage从伤病中恢复过来之后基本表现正常，只有一件事除外：他的个性发生了巨大和永久的改变。当他试图重返建筑工头的老岗位时，公司发现他变得太糟糕，不愿意重新雇佣他。根据Harlow的描述，事故之前，Gage被认

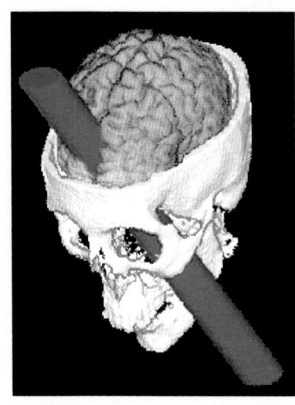

图B
穿过Gage头颅的铁棍的路径（引自：Damasio等，1994，第1104页）

为是"最有效率和最有能力的工头……他具有很好的平衡心态，熟悉他的人都认为他是一个敏锐而精明的经营者，非常坚定地履行他所制订的经营计划"（第339～340页）。事故之后的情况，Harlow描述如下：

　　可以说，他的智力和动物性（animal propensity）之间的平衡似乎已被破坏，他恍惚、无礼、时常放纵于最粗鲁的咒骂（这不是他以前的习惯），他不尊重同伴，当与其愿望相抵触时，没有耐心进行劝告或制止，他常常十分固执，而且反复无常和犹豫不决，他制订了很多未来运营的计划，但这些计划一制订就被他放弃了，而被其他看起来似乎是更可行的计划所替代。然后，又故技重演……他的心灵发生了根本的变化，他的朋友和熟人都明确地说："他不再是Gage了。"（第339～340页）

　　Gage又活了12年，死时没有尸检，但Gage的颅骨和那根铁棍被保存在哈佛大学医学院（Harvard Medical School）的博物馆内。1994年爱荷华大学（University of Iowa）的Hanna和Antonio Damasio及其同事对颅骨进行了重新测量，用现代成像技术评估了事故对Gage脑的损伤。他们重建的铁棍穿过脑的通路如图B所示。铁棍严重地损坏了两个半球的大脑皮层，特别是额叶。大概正是这种损伤导致了Gage的情绪爆发和性格的剧烈变化。

之间没有一一对应的关系。虽然**边缘系统**这个术语在讨论情绪的脑机制时仍常被使用，但越来越清楚的是不存在一个单一和独立的情绪系统。

18.4　情绪学说和神经表征

　　早期的情绪学说及随后对边缘系统的描述，是建立在对脑损伤和脑疾病实例的分析和推理之上的：如果脑结构的损伤改变了情绪的体验或表达，我们推断该结构对于正常的情绪功能很重要。不幸的是，对疾病和损伤后果的研究对于揭示**正常**功能来说并不理想。在进行情绪神经机制的深入实验之前，从一个广阔的角度思考情绪表征可能助于研究。

18.4.1 基本情绪学说

如果边缘系统不是所有情绪的体验和表达的单一系统，那么正如目前所见，已在研究的另一种可能性是，某些情绪至少与脑中不同的活动模式和身体中特异性的生理反应有关（图文框18.1）。在**基本情绪学说**（basic theories of emotion）中，某些情绪被认为是独特而不可分割的，是固有的和跨文化普遍存在的体验，这似乎是达尔文早期对为数不多的普遍性情绪所做观察的逻辑延伸。通常，这些**基本情绪**（basic emotion）被认为是愤怒、厌恶、恐惧、快乐、悲伤和惊奇。从神经的角度看，人们可能假设基本情绪在脑中有不同的表征或回路，即可能类似于感觉体验那样，有不同的表征。例如，有人声称，悲伤和恐惧分别与内侧前额叶皮层和杏仁核的活动最为相关。稍后，我们将深入探讨那些提示杏仁核在恐惧中具有特殊作用的证据，但首先还是让我们来看看与情绪有关的脑活动的基本问题。

获得全面了解情绪表征的一种方法是，比较人们体验不同情绪时脑的功能磁共振成像（fMRI）或PET记录。已经进行了许多这样的实验，在这些实验中，受试者躺在脑成像机器中被诱导体验一些情绪，或向受试者展示一些可唤起他们不同情绪的图片。图18.6显示了以这种方式收集的脑影像。从这些影像中可以获得一些信息。首先，在脑中存在一些不同的"热点"，即与每种情绪相关的特别强的脑活动区域；其次，每种情绪都与一系列或大或小的脑活动程度相关的相对较小的区域；最后，一些激活的脑区与不止一种情绪相关。该图的底部比较了脑在悲伤和恐惧时的激活，这些情绪可以明确地通过脑激活的模式而加以辨别。与不同情绪具不同回路的观点相一致，杏仁核的活动与恐惧的相关性比与悲伤的相关性更强，而内侧前额叶皮层的活动与悲伤的相关性更强。

对图18.6中结果的一种解释是，最高度激活的脑区特异性地表征一种情绪，如内侧前额叶皮层与悲伤相关，这可能类似于颞叶中视觉皮层的面部选择性斑块（face-selective patches）（见第10章）。或者，激活**模式**可以是情绪的基础，而每个激活的脑区类似拼图的一小块。如果一个单一的脑区或神经网络特异性地表征一种情绪，那么在原则上，通过脑成像就可知道人们的感受。这大致与上述基本情绪的概念相似，这一概念认为情绪具有特异而明确的脑表征。但是，在目前我们尚不清楚这些解释中的哪一个是正确的，我们还会看到有其他理论涉及情绪的脑表征本质。

18.4.2 维度情绪学说

我们所经历的每种基本情绪都是基于一个特定脑区中的脑活动，或者一些脑区神经网络的脑活动的观点似乎很有道理。如果是这样，那么对于科学家来说，用这种观点来做研究是多么方便啊！不幸的是，我们对脑已经有了足够的了解，知道它并不总如我们想象的那样在工作。一个有趣的类比是躯体运动的编码，运动皮层中神经元的放电频率可编码一些相当简单的肌肉活动，例如单个肌肉的收缩特性（如长度和张力）。然而，有证据表明，神经活动可能表征了一些更为复杂的东西，例如对构成复杂行为一部分的一系列肌肉的输入（如挥动高尔夫球杆、芭蕾舞中的单脚尖旋转）。

另一种不同于基本情绪学说的是**维度情绪学说**（dimensional theories of

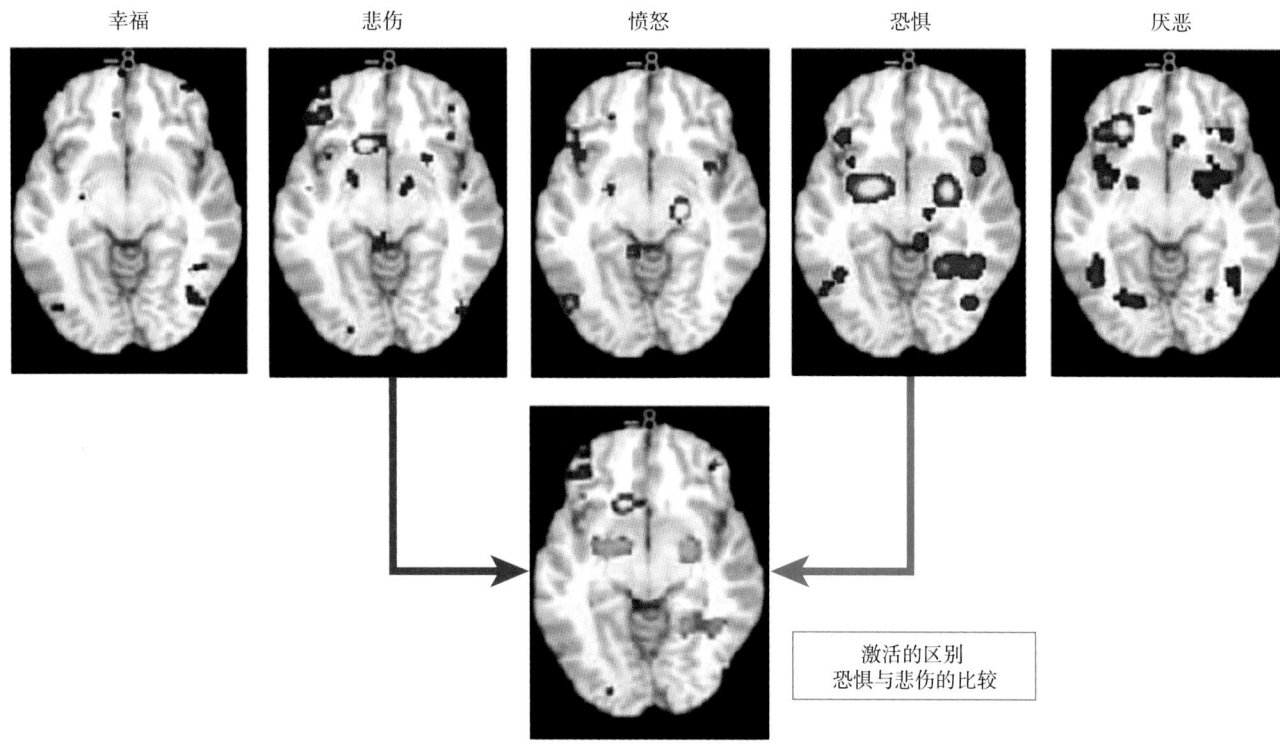

幸福　　　　悲伤　　　　愤怒　　　　恐惧　　　　厌恶

激活的区别
恐惧与悲伤的比较

▲ 图18.6
与5种基本情绪相关的脑激活。对于每种情绪，脑激活的强度用颜色表示（黄色强于红色）。下部的脑影像比较了与悲伤相关的激活（红色和黄色表示更强的悲伤活动）和恐惧相关的激活（蓝色表示更强的恐惧活动）（引自：Hamann，2012，第460页）

emotion）。这些学说的基本思想是，情绪，乃至基本情绪，可以分解成以不同方式和不同数量组合起来的较小的基本元素，就像化学元素周期表中的所有元素都是由质子、中子和电子构成的一样。已提出的情绪维度的例子是效价（valence，"愉快–不愉快"）和激发（arousal，"弱情绪–强情绪"）。想象一个二维的图（图18.7），其中有以图中那些指标所标记的轴，而每种情绪体验位于图的不同部分。当然，对于任何特定的情绪，如幸福，在情绪强度（激发）这样的维度上都会有一定的正常范围。在不同的学说中，有不同数量的维度，有时具有不同的名称。再回过头来看一看图18.6，我们首先将图中每张脑切面图片上的活动小块视为一个组，其可能表征一个基本情绪。但是，这些小块会不会代表了截然不同的子模式？即可能是与愉快程度相关的一种子模式，或与情绪强度相关的另一种子模式，也可能还有与其他维度相关的子模式？这个问题的答案目前还不明确。

　　情绪的心理建构学说（psychological constructionist theories of emotion）是维度学说的一种变体。这些心理构建学说实际上类似于维度学说，即情绪是由更小的模块组成的。但是，二者的一个关键区别是，在建构主义模型中，维度不带有情感权重。情绪状态不是由诸如快乐之类的维度构成的，而是由生理过程构成的，这些生理过程本身并不仅仅涉及情绪。构成情绪的非情绪心理组分的例子有语言、注意力、来自身体的内部感觉和对环境的外部

▶ 图18.7

基本情绪的维度表征。在维度学说中，诸如快乐和悲伤之类的情绪由不同程度的脑激活构成，这些脑激活与情绪维度（如效价和激发）相对应（引自：Hamann，2012，第461页）

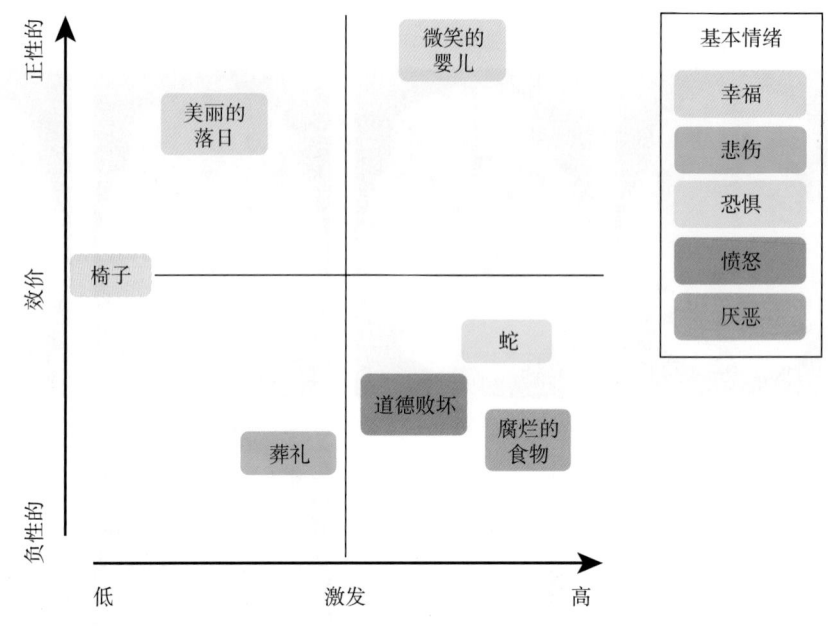

图文框18.3 发现之路

日常科学中的概念和名称
Antonio Damasio 撰文

一个概念或一个科学假说的清晰度似乎是决定一个观点是否被接受和产生影响的最重要特征。不过，先别这么说，因为给某个概念或假说所取的名字，对它们是否成功地被接受也发挥作用。我自己工作的三个例子说明了这一点。

第一，在过去的20年里，我一直坚持从原则上区分情绪（emotion）和感受（feeling）的概念[1]。情绪是一种行动的程序，它迅速改变我们身体一些组成部分对于诸如挑战或机遇等的反应状态。完全不同的是，感受是身体状态的心理体验，当然包括那些由情绪引起的心理体验。很明显，这两种现象是截然不同的。但是，公众甚至一些科学家坚持把它们放在一起，好像它们是一回事似的。糟糕的是当人们区分这两种现象时，经常用错名称（例如，当他们描述情绪时用感受，反之亦然）。为什么会这么混乱？显然，这不可能只是粗心大意。碰巧的是，由于长期的混淆，因而没有明确的词语演化出来，用于描述特定情感状态的情绪或感受。当我使用"恐惧"（fear）这个词时，我可能指的是实际的恐惧情绪或由恐惧情绪而产生的感受。更为糟糕的是，我的一位极具智慧的朋友，

William James，他首先描述了可被接受的情绪生理学（physiology of emotion），以及情绪是如何导致感受体验的。可就在他清楚地阐述了情绪和感受之间区别的段落里，他却错误地混淆了这两者的名称！这个教训是：人们应该用不同且明确的术语来表示不同的现象。

第二，明确的命名只是新观点被接受的必要条件的一部分。越是透明地表达自己的意思，人们就越有可能保留清晰的信息。大约同时，我开始坚持情绪与感受之间的区别。我还提出了一个假设，关于情绪和感受如何有意识或无意识地、或好或坏地干预决策过程。重要的是，在决策过程中需要如何将这些因素与掌握的知识与冷静的推理一起考虑，我称其为"躯体标志假说"（somatic marker hypothesis）[2]。为什么用"躯体"这个词？因为情绪改变了身体（躯体）的状态，而感受起源于同一躯体。为什么用"标志"呢？由于其自然效价，身体的情感状态标志着某种选择的好、坏或中性。于是，我就用了这个名称。后来，人们确实使用了这一名称，并通常从名称中得到这个假说的要点。因此，这个假说也就有了一席之地。

感觉，而情绪是这些组分结合的必然结果，就像蛋糕是由配方中的原料组合做成的。

18.4.3 情绪是什么

在达尔文时代之前，人们就一直在思考人类情绪的本质。一些研究人员认为，一小部分基本情绪已经进化，这些情绪对于全球范围内的人类乃至动物来说都是共有的。另一些情感神经科学家认为，情绪是由一些具有或没有情绪权重的构建模块构成的。目前，关于情绪的本质有很多不同的观点，而这些观点超出了我们所讨论的范围。这一领域的领军人物之一是南加州大学（University of Southern California）的 Antonio Damasio，他研究了情绪的性质、情绪和感受的区别，以及情绪和其他大脑功能（如决策）之间的关系（图文框18.3）。除情绪的本质外，一个相关的问题是情绪的神经基础，即每一种情绪都是由脑的一个特定区域、一个区域网络或一个更广泛的神经元网络的活动来表征的吗？我们尚未得到这些问题的答案。对这些问题的回答有

第三，当我尝试用"会聚"（convergence）和"发散"（divergence）两个术语来准确地描述具有两种不同特征的神经连接结构时，我却没有那么幸运：（a）神经元分级地从初级感觉皮层投射到越来越小的皮层联络野（cortical association field），从而会聚到一个狭小的脑区域；（b）其他神经元则向相反的方向回返，即从"会聚-发散带"（convergence-divergence zone）向起点发散[3]。在人类脑中这种解剖学安排确实存在，如在大脑皮层中就非常明显。这种形态学安排的重要性有助于解释记忆是如何工作的，就学习和回忆（recall）而言，这种结构安排的重要性也很高。虽然"会聚"和"发散"这两个术语无疑是正确的，但这两个术语并未引起关注，反而妨碍了我的观点的传播。然而，与此同时，"轮毂"（hub）和"辐条"（spoke）这两个术语却开始被用于命名同一个基本组构。与其关注神经信息的实际传递方向，或每个方向的投射所发挥的功能，不如用**轮毂**和**辐条**简明地描述其产生的流程图。有趣的是，美国的航空公司在解除航空管制之后，停止了往返于各个地方的航班，取而代之的是经营往返于几个主要枢纽城市（轮毂）的航班，这些枢纽由"辐条"连接至一些较小的枢纽城市，而在小城市与小城市之间，还是通过"辐条"相连！航空公司的广告成功地使用"轮毂"和"辐

条"描述了公司的航线系统。可以想象：**轮毂**和**辐条**也适用于描述神经的组构。尤其是仅由3个字母构成的"hub"（轮毂）这个词，充分体现出了我称为"会聚-发散带和区"（convergence–divergence zones and regions）的含义。

一个名字里有什么？当然有很多内容。玫瑰换个名字虽然仍是玫瑰，但它可能不再芬芳馥郁。我赞赏用通俗的词汇传达镜像神经元（mirror neuron）的科学思想。具有讽刺意味的是，镜像神经元依赖于会聚-发散的神经元组构，并在"轮毂和辐条"的网络中工作！[4]

参考文献

1. Damasio AR. 1994. *Descartes' Error*. New York: Penguin Books.
2. Damasio A, Carvalho GB. 2013. The nature of feelings: evolutionary and neurobiological origins. *Nature Reviews Neuroscience* 14:143–152.
3. Damasio AR. 1996. The somatic marker hypothesis and the possible functions of the prefrontal cortex. *Transactions of the Royal Society* (London) 351:1413–1420.
4. Damasio AR. 1989. Time-locked multiregional retroactivation: a systems level proposal for the neural substrates of recall and recognition. *Cognition* 33:25–62.
5. Meyer K, Damasio A. 2009. Convergence and divergence in a neural architecture for recognition and memory. *Trends in Neurosciences* 32(7):376–382.

赖于各种研究方法的融合，包括行为观察、生理记录，以及对脑损伤和脑疾病效应的研究。下面我们将关注两种情绪，恐惧和愤怒/攻击。我们也可以选择其他情绪来讨论，但关于恐惧和愤怒的研究提供了很好的例子，它很好地将人类和实验动物的研究相结合。

18.5 恐惧和杏仁核

正如我们所看到的，脑对情绪的表征仍然存在相当大的不确定性。人脑成像为我们提供了与不同情绪相关的脑活动影像，但这些影像不能告诉我们实际上是哪些脑区对某种情绪体验或表达发挥了作用，或者这些脑区是如何发挥作用的。即便如此，有一个脑结构被认为比其他任何结构对情绪都更为重要，这就是杏仁核（amygdala）。据称杏仁核在恐惧中发挥特殊的作用。当我们探讨杏仁核和恐惧之间关系的证据时，请记住，其他脑结构似乎也与恐惧有关，而杏仁核在其他情绪状态中也是活跃的。

18.5.1 克吕弗－布西综合征

在 Papez 提出脑情绪回路的概念后不久，芝加哥大学（University of Chicago）的神经科学家 Heinrich Klüver 和 Paul Bucy 就发现，移除恒河猴双侧颞叶（即颞叶切除术，temporal lobectomy）对动物的攻击倾向和对恐惧刺激的反应产生巨大影响。手术造成了许多奇怪的异常行为，统称为**克吕弗－布西综合征**（Klüver-Bucy syndrome）。

颞叶切除后，猴子虽然表现出良好的视觉感受能力，但视觉认知能力却较差。在新环境中，猴子四处探究所看见的物体，但与正常动物不同，这些猴子似乎依靠把物体放进嘴里来识别它们（即下文所说的口识倾向——译者注）。如果将食物混于其他已见过的物品中，并将食物和物品放在一只饥饿的猴子面前，猴子仍然要经过拾取每样东西并加以识别这样一个过程，然后再吃掉食物。而一只正常的饥饿猴面对这种情形时，它会直接拾取食物。手术后的猴子对性的兴趣也明显增加。

克吕弗－布西综合征猴子最显著的情绪变化是恐惧和攻击性减少。例如，野生型猴会躲避人和其他动物。在实验者面前，野生型猴通常会蜷缩在角落里静止不动，若有人接近，它会立刻跳到更安全的角落或做出进攻姿态。双侧颞叶切除的猴子没有这些行为，这些原本是野生的猴子不仅会接近并触摸人类，甚至会让人类抚摸并抱它们。即使在其他猴子通常害怕的动物面前，颞叶切除的猴子也表现出相当平静的态度，甚至在被蛇等天敌接近和攻击后，这些猴子也会转回去再审视天敌一番。而且，通常与恐惧相关的叫声和面部表情也相应减少。这些现象表明，颞叶切除后，猴对恐惧和攻击的正常体验和表达均显著减少。

事实上，猴的克吕弗－布西综合征的症状也在人类颞叶损伤，特别是杏仁核损伤的人群中见到。除了视觉认知问题、口识倾向（oral tendency）和超强的性欲，这些人还出现了"平淡"的情绪。

18.5.2　杏仁核的解剖

杏仁核（amygdala）位于颞极，正好在皮层内侧面的下方，其名字源于希腊语中的 almond（杏仁），因为它的形状像杏仁。

人类的杏仁核是一群核团的复合体，通常分为三组：**基底外侧核群**（basolateral nuclei）、**皮层内侧核群**（corticomedial nuclei）和**中央核**（central nucleus）（图 18.8）。杏仁核的传入来源广泛，包括新皮层的所有叶、海马和扣带回。特别有趣的是，所有感觉系统的信息均传入杏仁核，特别是基底外

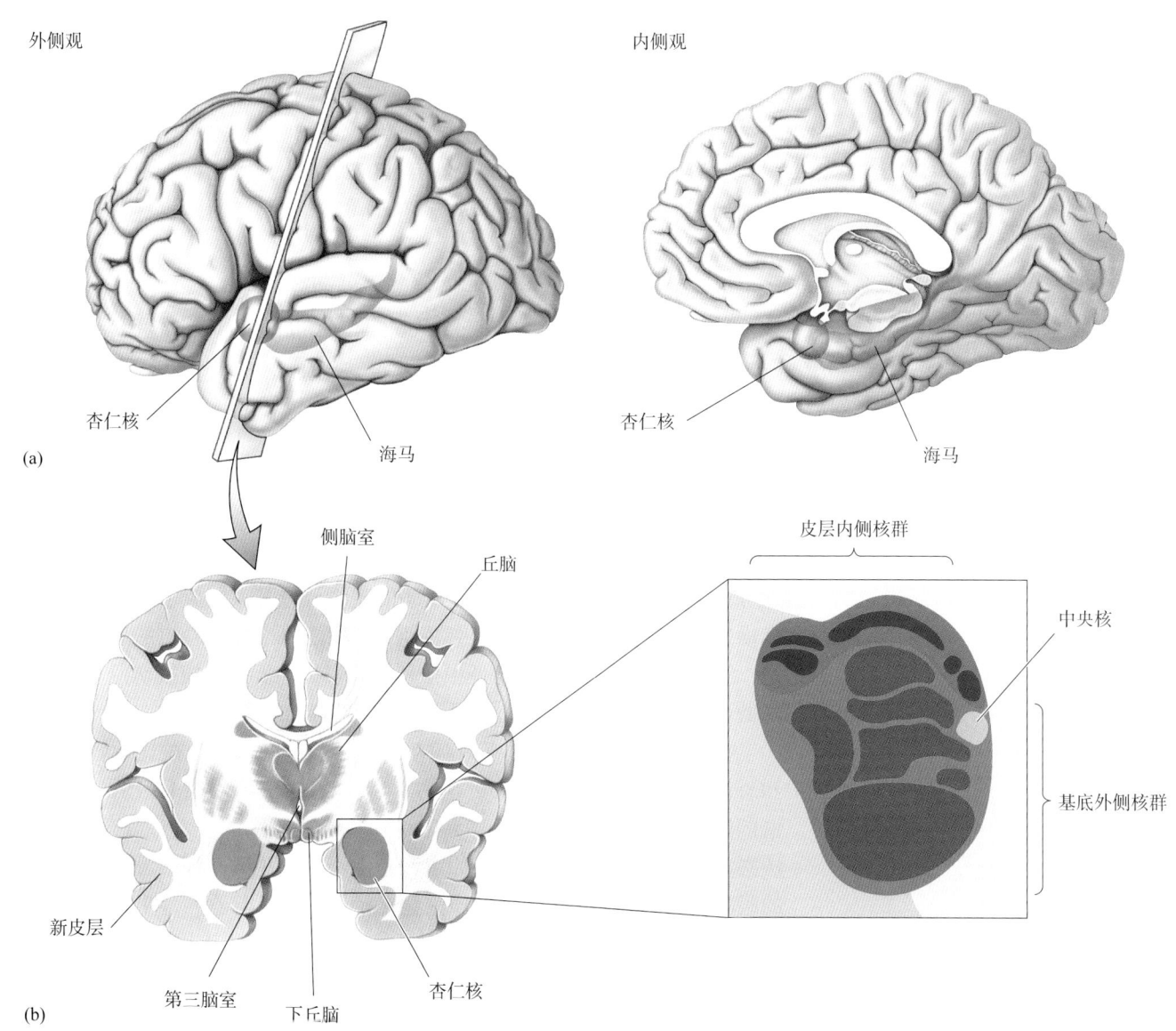

▲ 图 18.8

杏仁核的横切面。（a）颞叶的外侧观和内侧观，显示杏仁核相对于海马的位置。（b）脑的冠状图显示杏仁核的横切面。基底外侧核群（外周由红色所包围的核团）接受视、听、味和触觉传入。皮层内侧核群（外周由紫色所包围的核团）接受嗅觉传入

侧核群。每个感觉系统对杏仁核都具有不同的投射模式，并且杏仁核内部的相互联系使来自不同感觉系统的信息在该核团中得以整合。有两条主要通路连接杏仁核与下丘脑：**腹侧离杏仁核通路**（ventral amygdalofugal pathway）和**终纹**（stria terminalis）。

18.5.3 刺激和损毁杏仁核的效应

研究人员在几个物种中已经证实，杏仁核的损伤具有平复情绪的作用，其表现形式类似于克吕弗-布西综合征。动物双侧杏仁核切除导致恐惧和攻击两种行为均显著减少。据称，双侧杏仁核切除的大鼠会接近一只安静的猫并咬其耳朵，而野山猫（wild lynx，野生猞猁）双侧杏仁核切除后则会像家猫一样温顺。

在对人类的许多研究中，人们检测了包括杏仁核在内的损伤对面部情绪表情识别能力的影响。虽然人们普遍认为这些损伤通常会损害对情绪表达的识别，但研究人员对哪些情绪会受到影响持不同意见。不同的研究已报道了与恐惧、愤怒、悲伤和厌恶有关的缺陷，这种缺陷的多样性可能部分地反映了损伤的差异；很少有两种损伤是相同的情况，而损伤通常会包括除杏仁核以外的其他脑结构的损毁。尽管如此，最普遍报道的涉及杏仁核损毁的症状是无法识别面部表情中的恐惧。

虽然人类双侧杏仁核选择性损毁病例的资料很少，但当时在爱荷华大学（University of Iowa）的Ralph Adolphs、Antonio Damasio及其同事研究了一位名叫S. M.的30岁妇女。S. M.因乌-维氏病［Urbach-Wiethe disease；由Urbach和Wiethe于1929年首次描述的一种疾病，亦即类脂质蛋白沉积症（lipoid proteinosis）——译者注］导致双侧杏仁核受损。乌-维氏病是一种罕见疾病，其特征是皮肤、黏膜及某些内脏增厚。S. M.在某种程度上异于正常人，她不加选择地对人友好和信任，这也许表明她经历的恐惧比别人少，但她智力正常，完全能够从照片中识别人。当要求S. M.对表情进行分类时，她可正确地描述出快乐、悲伤和厌恶的表情。但是，她似乎不会用愤怒来形容愤怒的表情，最不正常的反应是她不会用恐惧来形容恐惧的表情。有趣的是，S. M.可以从一个人的语调中识别出恐惧情绪。杏仁核损伤似乎选择性地降低了她从视觉输入来识别面部恐惧表情的能力。

在对S. M.进行初次检查的10年之后，后续的研究通过比较她识别快乐和恐惧的能力以更详细地分析她的缺陷。经过10年，S. M.识别恐惧面部表情的能力并没有提高。但是，后来的研究带来了引人注目的发现，S. M.无法察觉恐惧和其他一些情绪的原因，是由于她在测试过程中没有看照片中人的眼睛，而她能够识别快乐的原因竟然是她一直盯着看照片中人的嘴。相比之下，对照受试者在探究人脸部时通常花大量时间观察眼睛，而S. M.的探究性眼球运动没有停留在人的眼睛上，这似乎有点异乎寻常。当明确地要求S. M.看一个人的眼睛，而且她也照此做了之后，她即能正确地识别恐惧。可令人惊讶的是，在测试后不久，她又恢复了异常的眼球运动和糟糕的恐惧表情认知。为了解释这组奇怪的结果，科学家们假设恐惧通常通过杏仁核和视觉皮层之间双向的相互作用来识别恐惧。视觉信息传至杏仁核，杏仁核指导视觉系统移动眼球，以检测视觉的传入和确定面部的情绪表达。没有杏仁核，这种相互作用就不会发生，因此 S. M. 异常的眼球运动使她不能识别恐惧。

如果切除杏仁核会减少恐惧的表达和降低对恐惧的认知，那么电刺激完好的杏仁核会发生什么呢？根据刺激部位的不同，杏仁核的刺激可以导致不同的效果，包括提高警惕或注意的状态。刺激猫杏仁核的外侧部会引起恐惧结合暴力攻击。据报道，电刺激人类杏仁核会导致焦虑和恐惧。毫不奇怪，正如我们将在第 22 章中看到的，杏仁核在当前焦虑症理论中占有重要地位。

如图 18.6 所示，脑的功能磁共振成像显示杏仁核的神经活动与其在恐惧中的作用是一致的。例如，在 Breiter 等人进行的实验中，受试者被安置在功能磁共振成像机中，当他们观看中性、快乐和恐惧的面部照片时（图18.9a），实验者检测他们的脑活动。与看中性表情照片相比，受试者看恐惧表情照片时显示出更多的杏仁核活动（图18.9b）。杏仁核的激活特异性地针对恐惧，因为受试者对快乐和中性面部表情反应时，他们杏仁核的活动没有差异（图18.9c）。另有研究报道了探究其他面部表情，包括高兴、悲伤和愤怒时杏仁核的激活。杏仁核在这些不同的情绪中所起的作用尚未明确，但所有的证据都提示杏仁核在检测恐惧和威胁性刺激方面发挥关键作用。

18.5.4　习得性恐惧的神经回路

对动物和人类的实验研究及内省（introspection；心理学的基本研究方法之一，又称"自我观察法"——译者注）研究都表明，对情绪事件的记忆特别生动和持久。这对习得性恐惧（learned fear）来说无疑是正确的。经过社交或痛苦的经历，我们都学会避免某些行为，以免受到伤害。如果你在孩提时将回形针插入电插座而遭受到被电击的痛苦，你可能再也不会做这样的事情。与恐惧有关的记忆可迅速形成并长久保存，正如我们将在第 22 章中看到的，在创伤后应激障碍（post-traumatic stress disorder）中，由创伤经历引起的强烈恐惧感会干扰正常生活很多年。虽然杏仁核并不被认为是存储记忆的主要部位，但杏仁核的突触变化似乎参与了情绪事件的记忆形成。

一些不同的实验都提示，杏仁核神经元能"学习"对痛觉相关刺激产生反应，而且在这种学习之后，这些痛觉相关刺激就能诱发恐惧反应。在佛蒙特大学（University of Vermont）的 Bruce Kapp 及其同事的实验中，兔子被进行条件反射训练，实验者将一个声音刺激与轻微的疼痛刺激相联系。兔子感到恐惧的一个正常指标是心率的变化。在实验中，一只兔子被置于笼子里，在不同的时间它会听到两种声音中的一种。一种声音之后通过金属笼底对兔子的脚进行弱电击，另一种声音则为良性刺激。Kapp 的研究小组发现，训练之后，兔子的心率对与疼痛相关的声音产生了恐惧反应，而对良性声音没有反应。在训练之前，杏仁核的中央核神经元对实验中所使用的声音没有反应；而在训练之后，该核团的神经元对与电击相关的声音（而不是良性声音）起反应。纽约大学（New York University）的 Joseph LeDoux 已经证明，在这种恐惧相关训练之后，损毁杏仁核可消除习得的内脏反应，如心率和血压的变化。杏仁核的条件反应似乎来自该核团中基底外侧核的突触变化。

(a)

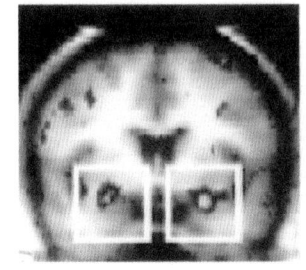

(b)

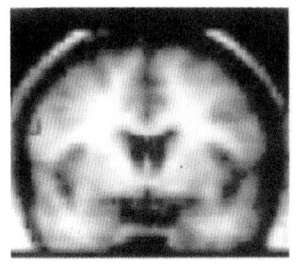

(c)

▲ 图 18.9
人类脑对情绪刺激的反应。（a）使用中性和恐惧的面孔作为视觉刺激。（b）恐惧面孔使杏仁核（白色框内的红色和黄色区域）产生比中性面孔更大的活动。（c）对于快乐面容和中性面容，杏仁核活动没有差异（引自：Breiter 等，1996 年）

图18.10显示了用于解释习得性恐惧的假设回路。感觉信息（如动物所听到的声音和感受到的电击）被传至杏仁核的基底外侧区域，而该区域的细胞轴突投射至中央核。动物经过训练之后，良性声音与疼痛刺激的配对导致突触传递效能的改变，增强杏仁核对声音的反应（第24和25章将讨论训练后出现的神经变化）。杏仁中央核的传出纤维投射至下丘脑，从而改变自主神经系统的状态；这些传出纤维也投射至脑干的导水管周围灰质，从而通过躯体运动系统诱发行为反应。情绪体验被认为是基于大脑皮层的活动。

最近的研究提示，最初在家兔和大鼠中研究的杏仁核在习得性恐惧中的作用，现已扩展到人类。在一项研究中，实验者给受试者呈现一些视觉刺激，并当特定的视觉刺激出现时，受试者会被弱电击。实验者用功能磁共振成像（fMRI）仪检测受试者的脑活动。fMRI像显示，"恐惧的"视觉刺激比与电击无关的视觉刺激可更显著地激活杏仁核。

在另一项由Hamann等人所进行的脑活动PET成像研究中，受试者首先观看一系列图片。其中一些图片是令人愉快的（吸引人的动物、激起性欲的场景、开胃的食物），一些是令人恐惧或厌恶的（可怕的动物、肢解的人体、暴力），还有一些是中性的（家庭场景、植物）。与中性图片相比，愉快和不愉快的刺激都影响机体的生理指标，如心率和皮肤电导，并引起更强的杏仁核活动。正如我们已经讨论过的，这些检测结果证实了杏仁核在情绪处

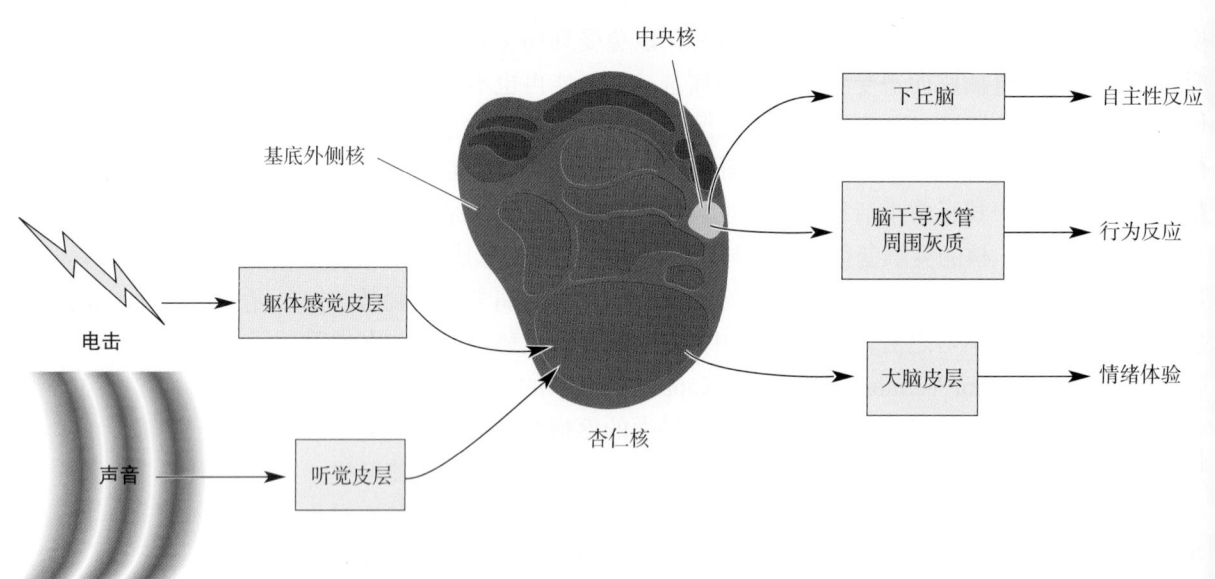

▲ 图18.10

习得性恐惧的神经环路。通过训练，声音音调变得与电击的疼痛相关。恐惧反应是由杏仁核介导的。中性声音和疼痛性电击信号分别通过听觉和躯体感觉皮层到达杏仁核的基底外侧核，而后传递至中央核。这两种刺激的配对可导致杏仁核突触活动的改变和对中性声音的强烈反应。杏仁核投射至脑干导水管周围灰质，从而引起对声音的条件性行为反应；而杏仁核对下丘脑的传出投射，则导致自主性反应。不愉快情绪的体验可能与杏仁核对大脑皮层的传出投射有关

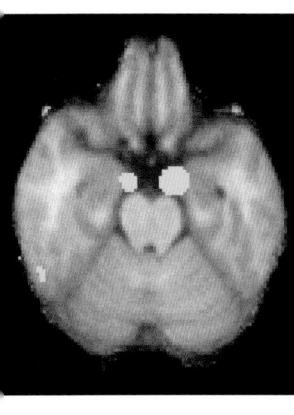

◀ 图18.11

杏仁核的活动与情绪记忆的增强有关。受试者首先观看情绪刺激和中性的图片，用PET成像记录脑活动。然后，又让受试者看原先的图片和新图片。情绪刺激的回忆与杏仁核的反应增强有关（用黄色显示）（引自：Hamann等，1999年）

理中的作用。在实验的第二阶段，受试者重新进入PET成像仪，并观看各种图片。然后，要求受试者回忆并确定在最初的训练阶段看过哪些图片。正如所料，受试者对引起情绪变化的图片的回忆比对中性的好。受试者对情绪图片记忆的增强与杏仁核的活动相关（图18.11），而中性图片没有这种相关性。

18.6　愤怒和攻击

愤怒（anger）是一种基本情绪，很多事情都会让我们愤怒，如挫折、受伤害的感受、精神压力等。攻击（aggression）不是一种情绪，而是愤怒的一种可能的行为结果，如愤怒的酒鬼可能会用拳头击打某人的鼻子。在对人类的研究中，攻击性与我们称为愤怒的感觉可以很容易地区分开来，因为人们可以声明他们愤怒，即使他们没有根据这种感觉采取行动。正如我们已看到的，在动物身上研究情绪更加困难，因为我们不能问动物感觉如何，而只能检测其生理或行为的表现。可以推断，动物只有在表现出攻击性行为时才是愤怒的，如发出可怕的叫声、做出威胁性的面部表情或恐吓性的姿势。由于攻击和愤怒在动物身上经常交织在一起，因此我们在这里将它们放在一起讨论。

18.6.1　杏仁核和攻击

我们可以区分人类不同形式的攻击，从自卫到谋杀。同样，动物也有不同类型的攻击行为。一个动物可能会由于多种原因（如为了猎取食物、保护后代、赢得配偶和吓退潜在的对手等）而向另一个动物发起攻击。有证据表明不同类型的攻击受神经系统的不同调节。

攻击是一种多面性的行为，不是脑中单一孤立系统的产物。影响攻击的一个因素是雄性激素或雄激素水平（见第17章）。动物的季节性雄激素水平和攻击行为相关。与雄激素的作用之一一致，汗射睾酮能使未成熟动物更具攻击性，而去势能减少攻击性。虽然有人声称暴力犯罪者的攻击性行为与睾酮水平有关，但在人类，雄激素水平与攻击行为之间的关系尚未阐明。你也许听说过"类固醇狂怒"（roid rage），即一种不受控制的愤怒和攻击的爆发，有报道说在服用合成类固醇的运动员中时有爆发，这种合成的类固醇物质对身体的影响与睾酮相似。无论如何，有强有力的证据证明，确实存在与攻击行为相关的神经生物学成分，这是我们关注的重点。

一个实用的划分是将攻击分为捕食性攻击和情感性攻击。**捕食性攻击**（predatory aggression）包括为了获得食物而攻击不同物种的成员，如狮子猎捕斑马。这类攻击通常伴随较少的发声，攻击目标是猎物的头和颈。捕食性攻击与自主神经系统（ANS）的交感神经高水平活动无关。**情感性攻击**（affective aggression）是为了炫耀自己而不是为了食物而杀戮，并且涉及高水平的交感活动。表现出情感性攻击的动物通常在做出威胁或防御姿态时发出声音，猫在遇到狗接近时发出嘶嘶声并弓起背就是一个很好的例子。这两类攻击的行为和生理表现必须分别由躯体运动系统和自主神经系统来介导，但由于这两类行为反应的截然不同，介导的通路必定在某一点上分道扬镳。

一些证据表明，杏仁核参与攻击行为。1954年，美国科学家Karl Pribram及其同事在8个雄性恒河猴（rhesus monkey）群体中发现，杏仁核的损伤对它们的社会关系有重要影响。之前，这些动物在一起生活了一段时间，并建立起了它们的社会等级制度。研究人员的第一个干预措施是将占统治地位的猴子的双侧脑杏仁核损毁。当这只猴子回到群体之后，遂跌落至等级制度的底层，而以前仅次于统治地位的另一只猴子占据了统治地位。这也许是位居等级制度第二的猴子发现其"顶头上司"（top banana）已经变得更加温和，不再那么难以挑战了。新晋统治地位的猴子在被切除了杏仁核之后，它也会同样落入等级的底层。这种模式提示，杏仁核对于通常维持社会等级地位的攻击行为很重要，这与电刺激杏仁核可以导致焦躁不安或情感攻击的发现是一致的。

减少人类攻击性的外科手术。在20世纪60年代，首次对暴力人群进行了杏仁核手术，人们希望能够像在动物身上那样减少攻击性。一些人认为，暴力行为常常是由颞叶癫痫发作引起的。在人类杏仁核切除术（amygdalectomy）中，电极经过大脑向下进入颞叶。通过沿电极插入路径进行神经记录，并用X射线对电极成像，可以将电极的尖端定位在杏仁核中。然后给电极通电，或注入药液，以破坏全部或部分杏仁核，产生的损伤在某些患者中具有"驯服效应"（taming effect），即降低了攻击性爆发的频率。将脑手术作为一种治疗精神疾病的方法称为**精神外科手术**（psychosurgery）。在20世纪早期，用包括额叶切断术（frontal lobotomy）在内的精神外科手术来治疗焦虑症、攻击性疾病或神经官能症（neurosis；一类主要表现为焦虑、抑郁、恐惧、强迫、疑心病或神经衰弱症状的精神障碍的总称——译者注）是一种普遍的做法（图文框18.4）。按照今天的标准，精神外科手术是一种极端的方式，只能作为最后的治疗手段。如今，虽然杏仁核切除术仍偶尔用于治疗攻击性行为，但药物治疗是常规的治疗手段。

18.6.2　杏仁核之外的愤怒和攻击的神经结构

除杏仁核外，还有多种脑结构也被报道与愤怒和攻击有关。例如，人脑成像研究显示，当受试者回忆过去让他们生气的经历时，眶额叶皮层和（orbitofrontal cortex）前扣带回皮层（anterior cingulate cortex）活动更强。解

图文框 18.4　趣味话题

额叶切断术

自从 Klüver、Bucy 等人发现脑损伤能改变情绪性行为以来，临床医生就试图用手术来治疗人类严重的行为障碍。如今，很多人都很难想象破坏大块脑组织曾经被认为具有治疗作用；而事实上，1949 年的诺贝尔生理学或医学奖授予了 Egas Moniz 医生（埃加斯·莫尼斯，1874.11—1955.12，葡萄牙医生，曾被誉为现代精神外科的创始人，因"发现额叶白质切断术在某些精神疾病中的治疗价值"而获得 1949 年诺贝尔生理学或医学奖，但由于大部分患者在手术后出现了严重的负效应，科学界开始否定这种手术的科学性，并对此项诺贝尔奖有所指责。1950 年，苏联政府率先禁止了该手术；1970 年以后，美国各州也相继立法禁止了该手术——译者注），以表彰他对额叶切断术（frontal lobotomy）的发展所做的贡献。还有更奇怪的事，Moniz 被一名做过额叶切断术的患者用枪击中脊椎而部分瘫痪。虽然目前额叶切断术不再进行，但在第二次世界大战之后已经实施过数万例这种手术。

几乎没有什么理论支持额叶切断术的发展。20 世纪 30 年代，耶鲁大学（Yale University）的 John Fulton 和 Carlyle Jacobson 报道额叶损毁对黑猩猩（chimpanzee）有镇静作用。有人推测，额叶的损毁之所以有这种作用是因为边缘结构的破坏，特别是与额叶和扣带回皮质之间连接的损毁。Moniz 认为切除额叶皮层可有效地治疗精神疾病。

各种可怕的技术曾被用于损毁额叶，但随着经眼眶额叶切断术（transorbital lobotomy）的发展，手术变得更为司空见惯（图 A）。在这种手术的过程中，用锤子将一根 12 厘米长、逐渐变细的钢棒从上眼眶顶部的薄骨中击入脑内，这个钢棒称为脑白质切断器（leucotome）。然后，将切断器的手柄左右搅动以破坏细胞和相互连接的神经通路。成千上万的人接受了以这种技术进行的额叶切断手术，而这种技术有时被称为"冰锥精神外科手术"（ice pick psychosurgery）。这种手术非常简单，甚至在医生的办公室中就可以进行。注意，虽然这个手术不会留下任何外部疤痕，但医生却无法知道究竟损毁了什么。

据报道，额叶切断术对多种疾病的患者有益处，这些疾病包括精神病、抑郁症和各种神经官能症。手术效果被描述为可以减轻焦虑、从难以忍受的想法中解脱，只是后来确实出现了不如人愿的副作用。额叶切断在导致智商（IQ）轻度下降和记忆丧失的同时，还会引起其他明显的副作用。与边缘系统有关的变化是情绪反应迟钝和思维的情绪成分消失。此外，额叶切断的患者经常出现"不适当的行为"或道德标准的明显下降。而且，与 Phineas Gage 相似（参见图文框 18.2——译者注），患者在计划和努力实现目标方面都有相当大的困难。额叶被切断了的患者注意力不能集中，很容易分心。

仅以我们对情绪和其他脑功能神经回路的不够充分的了解，很难证明破坏脑的一个大的部分是合理的。幸运的是额叶切断术的治疗迅速减少，而如今对一些严重的情绪障碍主要采用药物治疗。

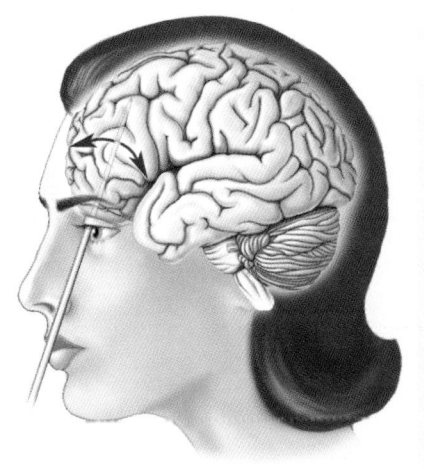

图 A

释这些脑激活的模式包含了我们讨论其他情绪时所遇到的相同挑战。一直以来，研究愤怒和攻击对于理解皮层下结构参与情绪的意义非常重要。现在我们来浏览一下这些重要的研究里程碑。

　　愤怒、攻击和下丘脑。最早发现与愤怒和攻击行为相关的结构是下丘脑。20世纪20年代的实验显示，猫或狗的大脑半球被移除之后会出现明显的行为变化。手术前不易被激怒的动物，在手术后只需要很小的刺激就可进入暴怒状态。例如，一个像轻抓狗背这样温和的行为就可能招致其产生激烈的反应。这种状态称为**假怒**（sham rage），因为动物显示出的这种愤怒行为在通常情况下是不会出现的。在某种意义上这种愤怒也是假的，因为这些接受了切除手术的动物实际上并不会像正常动物那样发起攻击。

　　虽然这种被称为假怒的极端行为状态是由于移除两侧大脑半球（端脑）所导致，但值得注意的是，若将损毁略为扩大至间脑的一部分，特别是下丘脑，这种行为效应就可以被逆转。如果下丘脑前部和皮层一起被损毁可以观察到假怒，但当损毁扩展到下丘脑的后半部时，假怒将不会出现（图18.12）。这意味着下丘脑后部可能对愤怒和攻击的表达特别重要，而这种作用平时被端脑所抑制。但是，我们必须记住，这些损毁区很大，下丘脑后部以外的其他部位可能因较大的损毁也被破坏了。

　　在20世纪20年代开始的一系列开创性的实验中，苏黎世大学（University of Zurich）的 W. R. Hess 研究了由电刺激间脑所引起的行为效应。Hess 在麻醉猫的颅骨上钻了一个小孔，并在脑中埋植了电极。在猫清醒之后，将一小股电流通过电极，记录猫的行为效应。Hess 刺激了各种脑结构，但我们在这里将关注刺激下丘脑不同区域的效应。

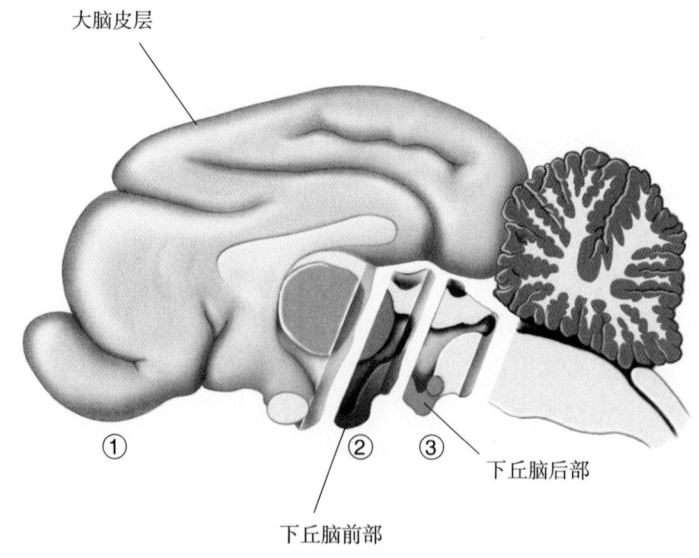

▲ 图18.12
脑横切和假怒。① 如果大脑半球被移除而下丘脑完好，假怒出现。①和② 除大脑皮层之外，再移除下丘脑前部产生相似的结果。①、②和③ 如果再移去下丘脑后部，假怒将不会出现

由于下丘脑只是脑的一小部分，刺激它的部位稍有不同就会出现的各种令人惊奇的复杂反应。基于电极的所在部位的不同，刺激可引起动物嗅闻、喘息、摄食，或具有恐惧和愤怒特征的行为表现。这些反应显示了第 15 和 16 章所讨论的下丘脑的两个主要功能：维持稳态，以及协调内脏和躯体运动反应。举几个例子，与情绪表达有关的反应包括心率变化、瞳孔扩大、胃肠运动等。因为刺激下丘脑的不同部位也可诱发恐惧和愤怒的行为特征，我们可以假设下丘脑是通常参与表达这些情绪的系统的重要组成部分。

Hess 刺激下丘脑诱发的愤怒表现类似于移除大脑半球所产生的假怒。只要稍微加大一点电流就可使猫吐白沫、咆哮、耳朵向后竖起、毛发直立。这一套复杂而高度协调的行为通常在猫受到敌人威胁时才会发生。有时猫会突然飞跑，好像要逃避一个假想的攻击者。当刺激强度增加时，猫会发动实际的攻击，用爪击打或跳到一个假想对手身上。当刺激停止时，愤怒立即消失，猫甚至会蜷缩起来睡觉。

20 世纪 60 年代，在耶鲁大学医学院（Yale University Medical School）进行的一系列研究中，John Flynn 发现情感性攻击和捕食性攻击可由刺激猫下丘脑的不同部位所激发（图 18.13）。刺激下丘脑内侧部的特定位点可观察到情感性攻击，亦称为**威胁性攻击**（threat attack）。情感性攻击的表现类似于 Hess 报道的愤怒反应，动物会弓起背、发出嘶嘶声并吐白沫，但通常不会攻击目标（如附近的大鼠）。被 Flynn 称为**无声撕咬攻击**（silent-biting attack）的捕食性攻击可通过刺激下丘脑外侧部而引起。虽然动物也有可能稍稍地弓起背、毛发轻微地竖立，但捕食性攻击并不伴随着情感性攻击那些夸张的威胁姿态。尽管如此，在这种"安静的攻击"中，猫会迅速接近大鼠，狠狠地咬住它的脖颈。以今天的标准来衡量，早期的这些实验相当粗糙，但这些使用损毁和电刺激下丘脑的研究一致表明，该结构对于动物表达愤怒和攻击性很重要。

中脑和攻击。下丘脑通过两条主要的通路发送信息到脑干，参与自主神经的功能：**内侧前脑束**（medial forebrain bundle）和**背侧纵束**（dorsal longitudinal fasciculus）。从下丘脑外侧部发出的轴突组成了内侧前脑束的一部分，投射至中脑的**腹侧被盖区**（ventral tegmental area）。如同刺激下丘脑外侧部那样，刺激中脑腹侧被盖区的一些位点能诱导出捕食性攻击的特征性行为。相反，损毁腹侧被盖区能破坏进攻性攻击行为。有一项发现提示，下丘脑通过作用于腹侧被盖区而影响攻击行为，即如果切断内侧前脑束，刺激下丘脑不会诱发攻击行为。有趣的是，这项切断手术并不能使攻击行为完全消失，这提示当下丘脑参与攻击行为时，这一通路很重要，但是下丘脑并不总是参与这种行为。

下丘脑内侧部通过背侧纵束发出轴突至中脑的**导水管周围灰质**（periaqueductal gray matter，PAG），电刺激 PAG 产生情感性攻击，损伤这一部位能阻断这种行为。有趣的是，下丘脑和中脑导水管周围灰质对行为的影响似乎在一定程度上基于来自杏仁核的输入。图 18.14 显示了我们已讨论过的参与愤怒和攻击结构的简化回路。

(a)

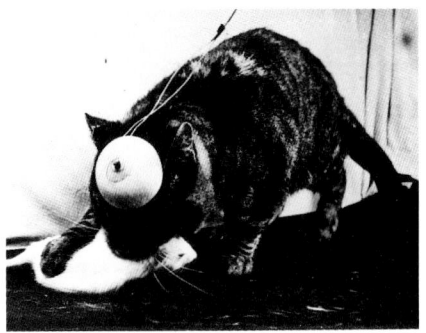

(b)

▲ 图 18.13

刺激猫下丘脑产生的愤怒反应。（a）刺激下丘脑内侧部引起情感性攻击（威胁性攻击）。（b）刺激下丘脑外侧部诱发捕食性攻击（无声撕咬攻击）（引自：Flynn，1967，第 45 页）

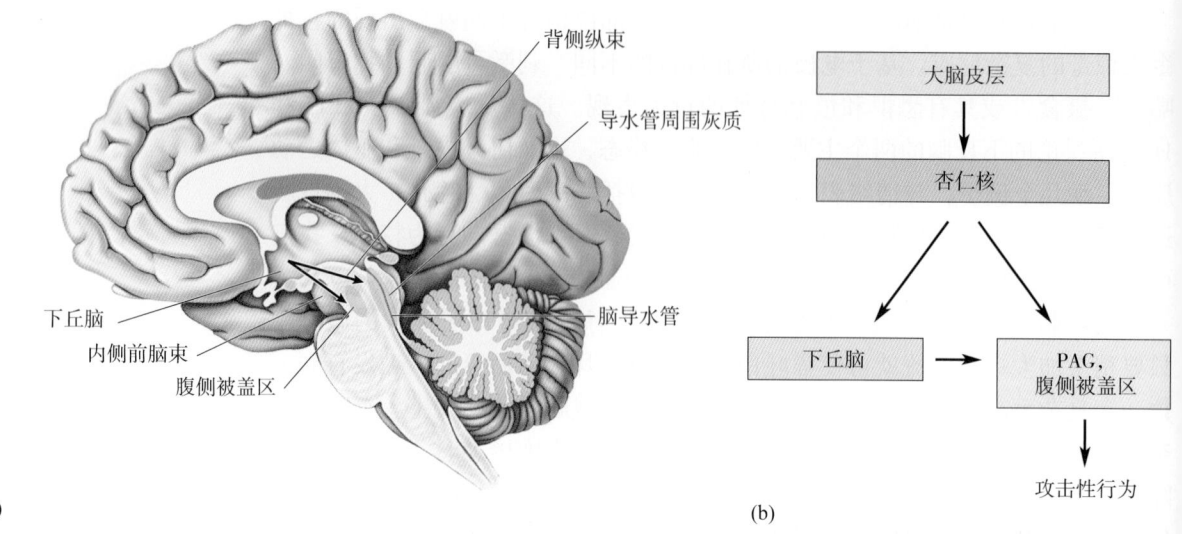

(a)　　　　　　　　　　　　　　　　　　　　　　(b)

▲ 图 18.14

愤怒和攻击的神经回路。（a）下丘脑可以通过对腹侧被盖区和中脑导水管周围灰质的投射影响攻击行为。（b）在这张简图中，愤怒和攻击的表达受到杏仁核通过下丘脑、导水管周围灰质（PAG）和腹侧被盖区的神经通路控制

18.6.3　愤怒和攻击的 5- 羟色胺能神经调节

各种研究表明，神经递质 5- 羟色胺在调节愤怒和攻击性方面发挥重要作用。5- 羟色胺能神经元位于脑干的中缝核群，其纤维在内侧前脑束中上行，投射至涉及情绪的下丘脑和各种边缘结构（图 15.13）。在大多数情况下，实验证据支持 **5- 羟色胺缺乏假说**（serotonin deficiency hypothesis），该假说指出攻击性与 5- 羟色胺能神经元的活动成反比。

5- 羟色胺与攻击之间的联系来自对啮齿动物的诱导攻击（induced aggression）的研究。如果雄性小鼠在小笼子里被隔离几个星期，大约一半的小鼠在随后遇到其他小鼠时会变得多动和具有异常的攻击性。虽然隔离并不能影响脑中 5- 羟色胺水平，但却降低了这种神经递质的**更新率**（turnover rate，即合成、释放和再合成的速率）。此外，这种更新率的降低仅在后来表现出具有异常攻击性的小鼠中被发现，而在那些对隔离不敏感的小鼠中却未被发现。雌性小鼠通常在隔离后没有攻击行为，它们也没有 5- 羟色胺更新率下降的现象。有证据表明，阻断 5- 羟色胺合成和释放的药物增加攻击行为。例如，在一项研究中，当给小鼠注射 5- 羟色胺合成阻断剂对氯苯丙氨酸（parachlorophenylalanine，PCPA）时，被注射的动物对笼中其他小鼠的攻击增加。

至少存在 14 种 5- 羟色胺受体亚型，其中的 $5-HT_{1A}$ 和 $5-HT_{1B}$ 亚型可能参与调节愤怒和攻击。例如，许多实验表明，在小鼠中，$5-HT_{1B}$ 受体的激动剂降低攻击性，而 $5-HT_{1B}$ 受体的对抗剂增加攻击性。根据这些药理学研究的结果可以推测，缺乏 $5-HT_{1B}$ 受体的小鼠比正常小鼠更具攻击性。与此推测相一致，在一些研究中，敲除了 $5-HT_{1B}$ 受体的小鼠被报告表现出更多的攻击行

为。然而，其他实验描绘了一幅略有不同的画面，这些实验表明5-HT$_{1B}$受体敲除的小鼠不是简单地变得更有攻击性，而是更有冲动性。

在已经研究过的灵长类动物中，5-羟色胺与攻击性的关系是相似的。例如，研究人员发现，通过给动物注射增强或降低5-羟色胺能神经活性的药物，可以操纵一群黑长尾猴（vervet monkey）群体的统治等级。这些猴子的行为是一致的：攻击性越强，5-羟色胺能神经的活性越低。然而，存在一种有趣的社会关系的扭曲，即猴子的攻击性与在群体中的支配地位无关。如果猴子群体中的雄性统治者被除去，领头位置则会被实验者人为地提高了5-羟色胺能神经活性的猴子所代替（如被注射了5-羟色胺前体或重摄取抑制剂的猴子，其攻击性较小）。相反，注射降低5-羟色胺功能的药物（5-羟色胺对抗剂）却与动物变为从属地位有关，而位于从属地位上的动物实际上更易发动攻击。有趣的是，攻击性较弱的雄性统治者是通过其招募雌性来支持其地位的能力，从而获得自己的统治地位的。

对于人类，有大量报道表明5-羟色胺活性与攻击性呈负相关。例如，在对被诊断患有人格障碍（personality disorder）的军人的研究中，人们发现攻击性行为与5-羟色胺的代谢物5-羟吲哚乙酸（5-hydroxyindoleacetic acid，5-HIAA）在脑脊液中的水平成反比。然而，当研究不同年龄和无人格障碍的人群时，5-羟色胺和攻击性之间的相关性是否具普遍性的问题被提出。与动物研究一样，人们经常报道这种相关性，但实际情况可能更复杂。

许多科学家都愿意同意5-羟色胺参与调节愤怒和攻击行为。证据提示，攻击与脑5-羟色胺能系统活动之间存在直接的负相关。然而，该领域的一些科学家认为这种关系过于简单，动物表现出攻击行为的原因有多种，而5-羟色胺并非在所有形式的攻击中都发挥相同作用。从机械论的观点来看，这个系统比较复杂。5-羟色胺能神经元在脑中具有广泛的投射，5-HT$_{1A}$和5-HT$_{1B}$受体亦分布广泛，它们和其他5-羟色胺受体一起提供了与其他神经递质系统相互作用的途径。此外，由于许多5-HT$_{1A}$和5-HT$_{1B}$受体是自身受体，系统中就会存在负反馈（见第5章）。一些自身受体在中缝核神经元上是突触前受体，而这些中缝核神经元将5-羟色胺输送到脑的广泛区域，因此这些自身受体的激活会广泛地抑制5-羟色胺的释放。通过这种负反馈，5-羟色胺的释放将会影响中缝核神经元，从而减少5-羟色胺的进一步释放。由于受体位置和功能的多样性，解释药理学和基因敲除实验的结果具有挑战性，我们需要有新的方法来梳理5-羟色胺、愤怒和攻击行为之间关系的细节。

18.7 结语

我们都知道情绪是什么，是那些我们称之为快乐、悲伤等的感受。但是，那些感受究竟又是什么呢？正如我们已经概述的各种学说所证实的，在这个问题上依然存在很大的不确定性。在詹姆斯－朗厄学说提出一百多年之后，到底是情绪引起了身体的变化，还是身体的变化引起了不同的情绪仍然存在很大的争论。从脑成像研究中，我们确实知道各种情绪与脑的广泛激活有关。一些涉及情绪的结构是边缘系统的一部分，而其他一些结构则不是。但是，即使有各种情绪状态下的脑活动影像，要理解情绪体验的神经基础也是困难的。我们不知道哪些活动区域是造成某种感受的原因——是那些最活跃的区域，是所有的区域，还是其他区域？我们应该如何看待这样的观察：一些脑结构在多种情绪状态下被激活，而另一些脑结构则在更为特定的某种情绪状态下被激活？就此而言，把脑活动看成反射性感受，或者说感受可能是基于神经元活动的组合而自然发生的感觉，而这些神经元都不能独立地发出情绪信号，这些都正确吗？

在本章中，我们重点着眼于少数几个脑结构，因为有特别有力的证据表明它们与情绪有关。观察我们目前对情绪理解状态的一个方法是：结合使用损伤、刺激和脑成像的研究已经很好地发现了一些情绪处理结构的候选者，要澄清各种皮层和皮层下区域的作用还需要做更多的工作。

情绪体验是感觉刺激、脑回路、过去经历和神经递质系统活动之间复杂的相互作用的结果。鉴于这种复杂性，我们可能不会对人类表现出广泛的情绪和情感障碍而感到惊讶，正如我们将在第22章中将要看到的那样。

在考虑情绪的神经基础时，请记住，与情绪有关的结构显然还有其他功能。在Broca确定边缘叶之后相当长的时间里，边缘叶被认为主要是嗅觉系统。尽管从Broca时代以来，我们的观点发生了很大变化，但参与嗅觉的部分脑结构仍然包含在边缘系统的定义之中。我们将在第24章中看到，一些边缘结构对于学习和记忆也很重要。情绪是模糊的体验，在很多方面影响着我们的脑和行为，所以情绪处理与其他脑功能交织在一起应该是合乎逻辑的。

关键词

复习题

1. 根据詹姆斯–朗厄和坎农–巴德情绪学说，因为睡过头而耽误了考试你会感到焦虑，这种感觉和相应的生理反应的关系是什么？你是在心率增加之前还是之后会感到焦虑？

2. 自 Broca 时代以来，有关边缘系统的定义和功能的观点发生了怎样的变化？

3. 什么过程可使实验动物产生异常的发怒反应？我们能够知道动物感到愤怒吗？

4. Klüver 和 Bucy 在猴子颞叶切除术后观察到了什么情绪变化？在他们所切除的众多脑结构中，哪一个被认为与性格变化的关系最密切？

5. 为什么对一个群体中的统治猴实施双侧杏仁核切除会导致该猴成为从属猴？

6. 在情绪障碍的外科手术治疗中，关于边缘结构的假设是什么？

7. 氟西汀〔fluoxetine，商品名 Prozac（百忧解）〕是一种 5-羟色胺选择性重摄取抑制剂。这种药物如何影响一个人的焦虑和攻击性水平？

8. 基本情绪学说、维度情绪学说和心理建构学说三者之间的区别是什么？

9. 悲伤和恐惧两者的脑激活模式有什么不同？

拓展阅读

Barrett LF, Satpute AB. 2013. Large-scale networks in affective and social neuroscience: towards an integrative functional architecture of the brain. *Current Opinion in Neurobiology* 23:361-372.

Dagleish T. 2004. The emotional brain. *Nature Reviews* 5:582-589.

Dolan RJ. 2002. Emotion, cognition, and behavior. *Science* 298:1191-1194.

Duke AA, Bell R, Begue L, Eisenlohr-Moul T. 2013. Revisiting the serotonin-aggression relation in humans: a meta-analysis. *Psychological Bulletin* 139:1148-1172.

Gendron M, Barrett LF. 2009. Reconstructing the past: a century of ideas about emotion in psychology. *Emotion Review* 1:316-339.

Gross CT, Canteras NS. 2012. The many paths to fear. *Nature Reviews Neuroscience* 13:651-658.

Hamann S. 2012. Mapping discrete and dimensional emotions onto the brain: controversies and consensus. *Trends in Cognitive Sciences* 16:458-466.

LeDoux J. 2012. Rethinking the emotional brain. *Neuron* 73:653-676.

Lindquist KA, Wager TD, Kober H, Bliss-Moreau E, Barrett LF. 2012. The brain basis of emotion: a meta-analytic review. *Behavioral and Brain Sciences* 35:121-143.

McGaugh JL. 2004 The amygdala modulates the consolidation of memories of emotionally arousing experiences. *Annual Review of Neuroscience* 27:1-28.

（罗兰 译 王建军 校）

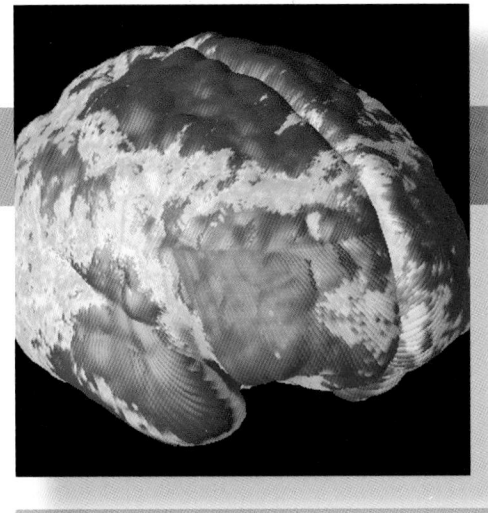

第 19 章

脑的节律和睡眠

19.1　引言

地球是一个富有节奏的环境。气温、降雨和白昼都随着季节的变化而变化，每天昼夜交替，潮涨潮落。为了通过有效的竞争而获得生存，动物的行为必须和环境的节奏相协调。在进化过程中，脑内形成了各种各样的节律控制系统。睡眠和觉醒是最明显的节律性行为。由脑控制的节律周期有些较长，如冬眠动物的一些节律活动；而另一些则较短，如呼吸节律、行走步伐、睡眠周期和大脑皮层的电节律。有些节律的功能很清楚，而另一些则较模糊，有些甚至暗示着某种病理状态。

本章将从快节律到慢节律，选择性地对一些脑节律进行讨论。前脑尤其是大脑皮层可以产生一些很容易测量到的快速电节律，这些电节律与睡眠等一些有趣的行为密切相关。由于脑电图既是记录脑节律的经典方法又是研究睡眠的必要手段，我们将对此进行专门的讨论。又由于睡眠的复杂性和普遍性，以及与我们自身的密切关系，我们还将对睡眠进行详细介绍。最后，我们将对已知的知识，即体内计时系统怎样调节每天激素、体温、警觉和代谢水平的高低起伏进行总结。几乎所有的生理功能都随昼夜循环而发生相应的变化，这种变化称为**昼夜节律**（circadian rhythm）。脑内有一些控制昼夜节律的时钟，由阳光通过视觉系统对其进行校准。这些时钟深刻地影响着我们的健康和快乐。

19.2　脑电图

森林有时比树木更令人感兴趣。同样，我们经常不太关注单个神经元的活动，而更加关注于了解大量神经元的活动。**脑电图**（electroencephalogram，EEG）就是一种能通过测量头皮表面电活动，帮助我们"窥视"大脑皮层活动的测量手段。英国生理学家 Richard Caton 在 1875 年的工作奠定了 EEG 的基础。Caton 利用一种对电压敏感的粗糙装置在狗和兔的脑表面记录到了电活动。奥地利精神病学家 Hans Berger 于 1929 年首次描述了人类 EEG。Berger 观察到，睡眠和觉醒时的 EEG 明显不同。图 19.1 展示了他在自己 15 岁儿子头部记录到的 EEG，这是他最初发表工作的一部分。今天，EEG 最普遍的用途是帮助诊断某些神经系统疾病，特别是癫痫的发作，但也用于研究，特别是针对睡眠的不同阶段及清醒状态下认知过程的研究。

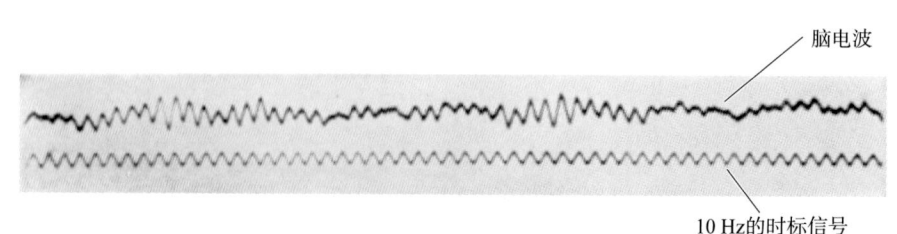

脑电波

10 Hz的时标信号

▲ 图 19.1
首次报道的人类 EEG 节律（引自：Berger，1929）

19.2.1 脑电波的记录

记录EEG相对较为简单。这种方法通常是非侵入性的，并且没有痛苦。无数人曾佩戴着EEG的记录电极在睡眠研究实验室中舒适地睡过整整一夜（图19.2）。电极通过导电膏粘在头皮表面以保证低阻抗连接。图19.3展示的是普通的EEG配置，约20个电极被固定在头部的标准位置，并与一组放大器和记录装置相连接。选定的电极对之间可测量到几十微伏（μV）振幅的微小电压波动。通过选择合适的电极对，就可以测量脑的前、后、左、右等不同区域的活动。典型的EEG是一组同步记录的曲线，这些曲线反映了相应电极对之间的电压变化。

那么，神经系统的哪些部分产生了EEG曲线的波动和振荡？在多数情况下，EEG所测量到的是大脑皮层内众多锥体细胞树突突触兴奋时突触电流所引起的电压变化。大脑皮层位于颅骨下方，是脑实质最大的组成部分。单个皮层神经元对脑电的贡献是微不足道的，并且信号必须穿过脑膜、脑脊液、颅骨和皮肤等多层非神经组织才能到达电极（图19.4）。因此，只有当电极下方成千上万个神经元被同时激活时才能测量到足够大的脑电信号。

这就引出了一个有趣的问题：EEG信号的振幅在很大程度上取决于电极下面神经元活动的**同步**（synchronous）程度。只有当一群细胞同时兴奋时，微小的信号才能被综合起来，从而产生一个较大的皮层表面信号。然而，即便每个细胞都接受同样程度的兴奋，但兴奋在时间上是分散的，综合起来的信号依然是微弱和不规则的（图19.5）。注意，在这种情况下，除了神经元活动的时间有所不同，被激活的细胞**数量**和兴奋程度的**总量**并没有改变。但如果这一群细胞反复出现同步化的兴奋，在EEG中就会显示出较大的节律性波动。因此，我们常用相对振幅来描述节律性的脑电信号，并以此表示电极下

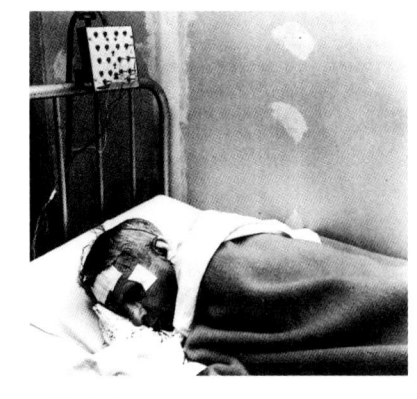

▲ 图 19.2

睡眠研究工作中的受试者。这名受试者名叫Nathaniel Kleitman，是一名美国睡眠研究专家，快速眼球运动睡眠的发现者。覆盖在他头上的一些白色小薄片是用于固定EEG电极的胶带，眼睛旁边的胶带用于固定记录眼睛运动的电极（引自：Carskadon，1993）

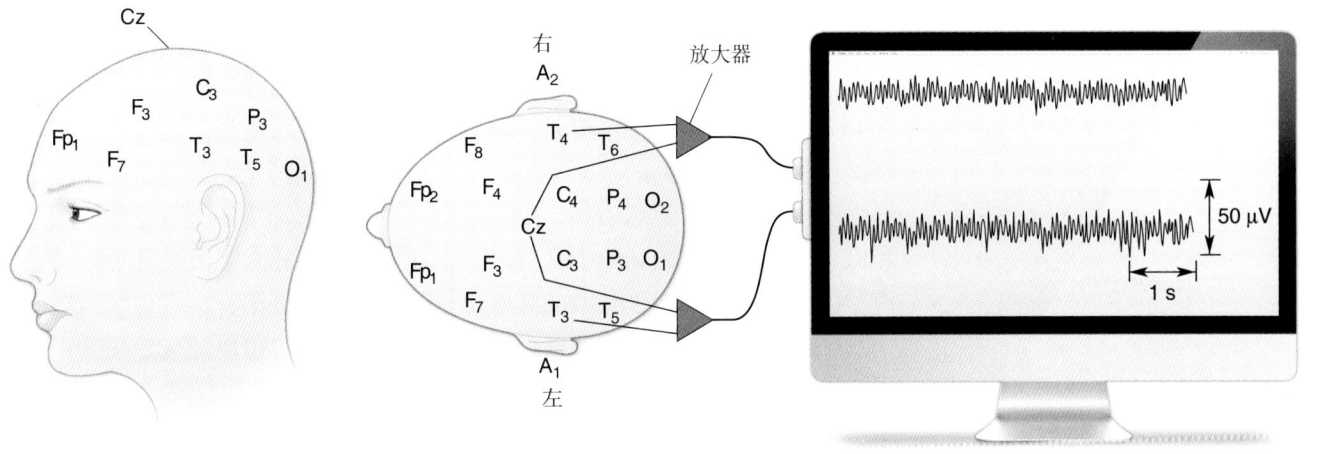

▲ 图 19.3

EEG电极的标准安放位置。A–耳廓（或耳朵）；C–中心；Cz–颅顶；F–额部；Fp–额极；O–枕部；P–顶部；T–颞部。从电极对中引出的导线与放大器相连，每次记录到的是头皮上两个位点之间的电压差。每个放大器的输出信号均存储在计算机中用于数据的分析和显示

▶ 图 19.4
由锥体细胞突触电流产生的微小电场。在图示的例子中，兴奋的突触位于树突的上部。当一根传入性轴突兴奋时，突触前末梢释放的谷氨酸开启了阳离子通道。正电流流入树突内，使细胞外液稍稍变负。电流沿树突向下扩散并在其下端流出，使那里的细胞外液稍稍变正。这个 EEG 电极（以另一个与其相隔一定距离的电极为参考电极）通过几层厚厚的组织记录到上述变化。只有当成千上万个细胞的微小电压被综合起来时，信号才大到足以到达头皮表面（注意，习惯上将 EEG 中的负信号向上显示）

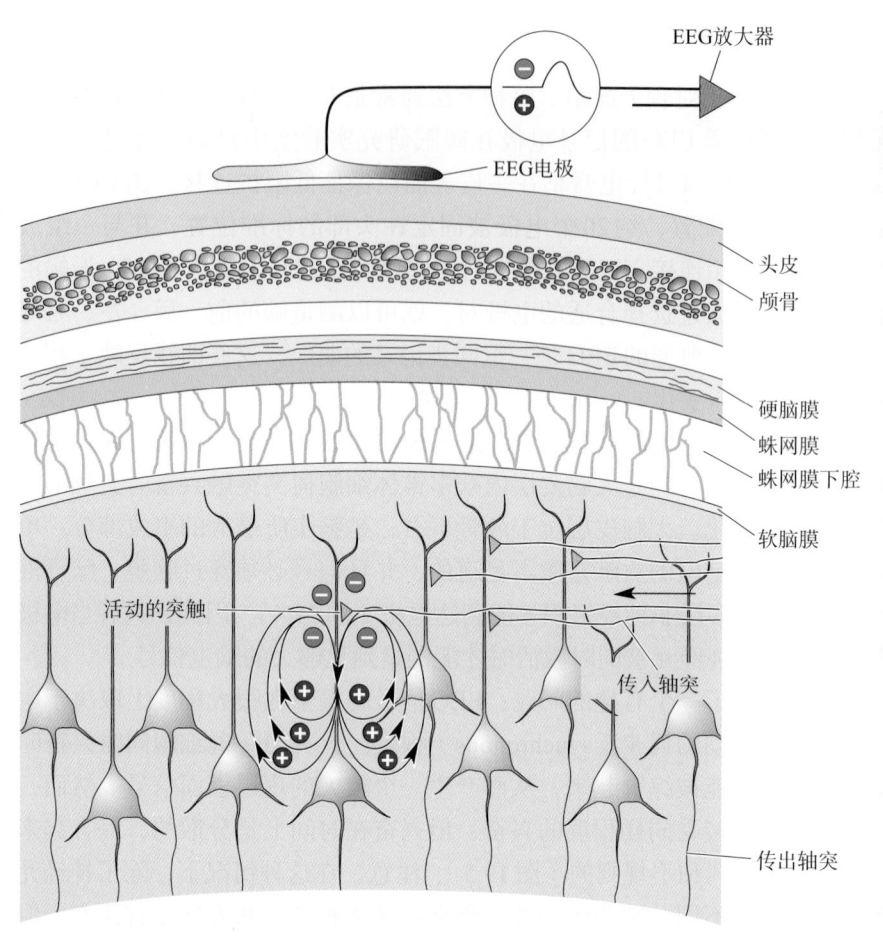

神经元活动的同步化程度（虽然其他因素，尤其是处于兴奋状态的神经元数量对脑电信号的振幅大小也有影响）。

另一种记录大脑皮层节律的方法是**脑磁图**（magnetoencephalography，MEG）。回想一下物理学知识，根据"右手定则"（right hand rule），当有电流流动时，就会产生磁场（攥起你的右手；如果你的大拇指指向电流流动的方向，其余卷曲的手指就指向了磁场的方向）。由此可以推断，当神经元如图 19.4 所示的那样产生电流时，同时也就产生了一个磁场，只是这个磁场相当微弱。即便在最强的脑活动过程中，由大量的神经元同步兴奋而产生的磁场强度也只相当于地球磁场、附近的电线或远处运动中的金属物体（如电梯和汽车）所产生的磁场的十亿分之一。在周围这些相对强大的环境磁场"噪声"中，要监测到微乎其微的脑磁信号就相当于在摇滚音乐会现场试图倾听一只小鼠的脚步声。这需要借由一个经过特殊处理、可以屏蔽磁场噪声的房间，以及一台对磁场具有超强敏感力的大型而又昂贵的仪器（用液氦冷却至 -269℃）来实现（图 19.6）。

MEG 的特性使其成为对其他监测脑功能方法的补充。在定位脑内神经活动的来源时，MEG 的表现要明显优于 EEG，尤其是当脑神经的活动发生在深部脑区时。MEG 和 EEG 一样能记录到神经活动的快速变化，而功能磁共振成像（functional magnetic resonance imaging，fMRI）或正电子发射体层成像（positron emission tomography，PET）都不足以达到这种时间分辨率（图文框 7.3）。然而，MEG 在空间分辨率上却不及 fMRI。另一个重要的区别是，

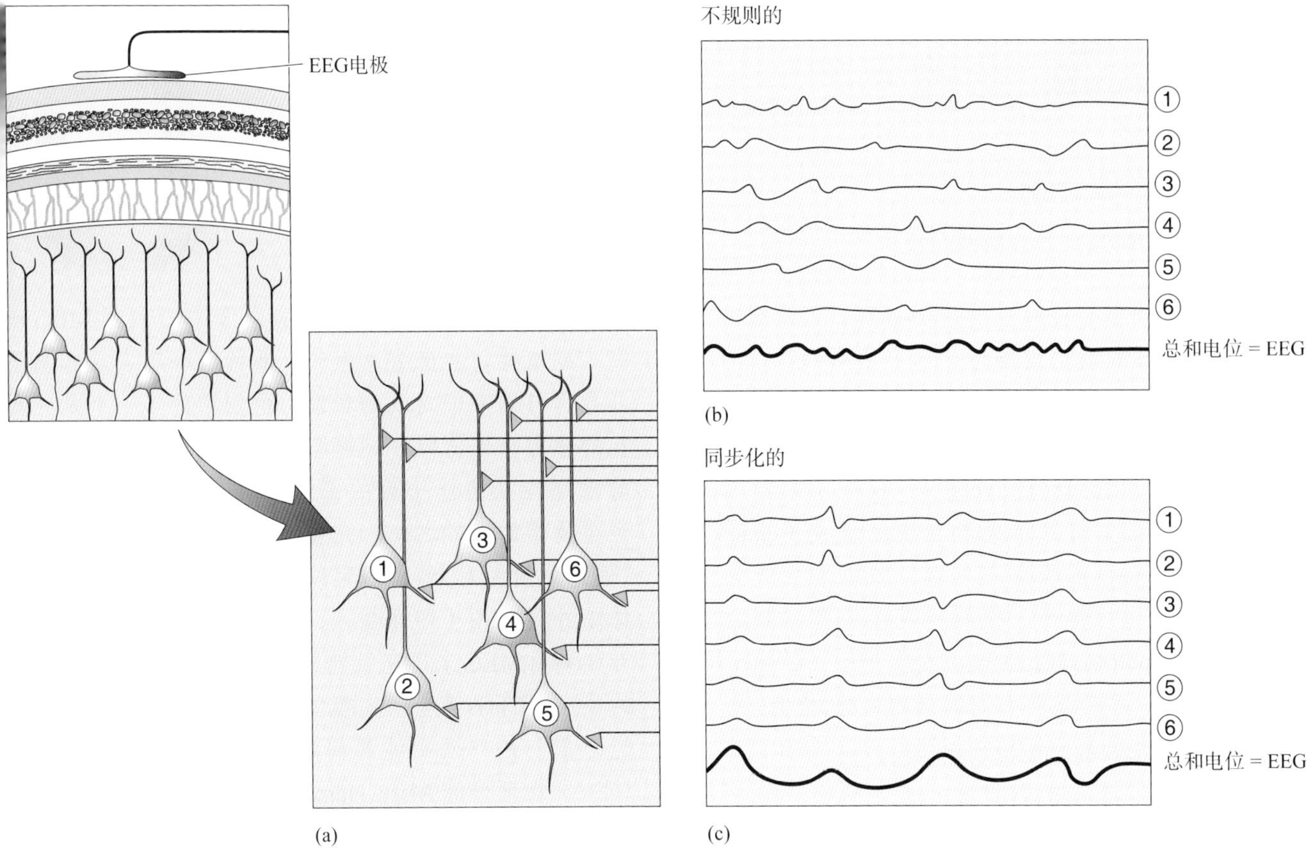

不规则的

① ② ③ ④ ⑤ ⑥

总和电位 = EEG

(b)

同步化的

① ② ③ ④ ⑤ ⑥

总和电位 = EEG

(c)

EEG电极

① ② ③ ④ ⑤ ⑥

(a)

▲ 图 19.5

同步性活动产生的巨大 EEG 信号。(a) 一群位于一个 EEG 电极下方的锥体细胞，每个神经元都接受许多突触输入。(b) 假如各个输入的时间间隔不规则，锥体细胞的反应并不同步，电极记录到的总和活动的振幅很小。(c) 假如在一个很窄的时间窗口内获得相同数量的输入，各个锥体细胞的反应就会变得同步，所记录到的 EEG 就会大得多

◀ 图 19.6

脑磁图（MEG）。(a) 一个正在接受 MEG 扫描的人。(b) 由 150 个灵敏的磁检测器组成的阵列来检测脑内神经元产生的微弱磁信号。(c) 研究者根据记录到的信号计算出神经活动发生的脑内具体位点（在此图中用颜色编码）（引自：图 b 和图 c，Los Alamos National Laboratory）

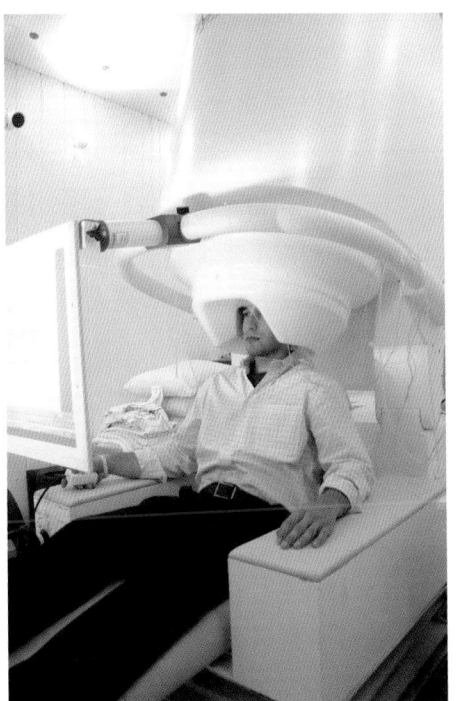

(a)

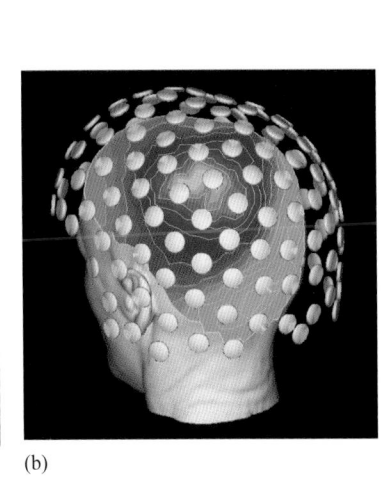

(b)

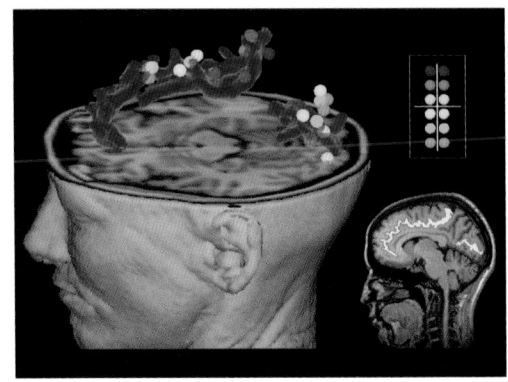

(c)

图文框19.1 发现之路

脑节律之谜

Stephanie R. Jones 撰文

　　我一直喜欢富有挑战性的拼图游戏，但没有哪个拼图游戏能比理解我们的脑是如何产生感知和行为的更具挑战性。在我职业生涯刚起步时，这并不是我计划要解决的难题。我本性中善于分析的一面，帮助我在波士顿大学（Boston University）获得了数学专业的博士学位。我本打算研究数学中的混沌（chaos）问题，但与其他许多职业人一样，我的职业方向发生了未曾预料到的偏离。在我研究生一年级时，数学家Nancy Kopell创建了生物动力学中心（Center for BioDynamics），旨在激发人们的兴趣，将动力系统的理论应用到生物现象（包括神经生物学）的研究中。在听过一些神经生物学的报告之后，我意识到这就是我想要解决的问题。幸运的是，Nancy收我做了学生。我开始用数学方法研究简单神经环路的节律活动，比如控制螯虾（crayfish）行为的中枢模式发生网络（central pattern-generating network）。到完成数学博士学位学业时，我已经对神经生物学产生了浓厚的兴趣。我知道我想做的事情就是运用我所学的知识去研究人脑的动力学。然而，对于这个拼图究竟是由多少块组成的，我还不知道！

　　接下来的十年里，我在麻省总医院（Massachusetts General Hospital，MGH）的脑成像中心利用MEG研究人脑节律。在麻省总医院，我的每一项发现都离不开导师与同事们对我的帮助。他们中的第一个是我现在的亲密合作伙伴——神经生理学家Chris Moore，当时他还在从事博士后的工作。Chris引导我去认识神经生物学的微妙之处，并告诉我躯体感觉系统是一个"理想的研究对象"，因为该系统具有一个拼图样的躯体拓扑定位图（即侏儒人，见图12.19）。于是，我们开始利用MEG来研究触觉感知，比如检测轻叩人指尖的反应。Chris产生研究躯体感觉系统这个"理想的研究对象"的想法也纯属偶然，是受到了MEG中心主任——物理学家Matti Hämäläinen的启发。Matti也教会了我关于MEG数据采集的方方面面，更重要的是，他教会了我那些隐藏在脑信号背后的电磁物理学知识。我认识到那些长长的、排列整齐的锥体细胞树突的细胞内电流是产生磁信号的最初源头。并且，初级体感皮层（S1）锥体细胞排列上的"理想的"朝向，也有助于在轻叩指尖时产生强大的MEG信号，而该信号可靠地局限在S1的手代表区。这为我们精细地研究脑节律的神经起源提供了可能。

　　与所有MEG（和EEG）记录一样，在S1区记录

　　EEG和MEG均能直接监测神经元的活动，而fMRI和PET检测的是血液的流动或代谢状况，而脑血流和脑代谢的变化在一定程度上受神经活动的调控，但也可能同时受其他生理因素的影响。目前，MEG主要用于研究人脑及其认知功能，以及辅助诊断癫痫和语言紊乱（图文框19.1）。

19.2.2　EEG节律

　　EEG节律的变化非常大，并且经常与一些特殊的行为状态（如注意、睡眠或觉醒等）以及某些病理状态（如癫痫发作或昏迷等）相关联。图19.7显示了正常EEG的一个片段。大脑产生的节律低至0.05 Hz，高达500 Hz，甚至更高。主要的EEG节律可以根据频率范围进行分类，每一范围用一个希腊字母来命名。δ节律很慢，小于4 Hz，但其振幅常常很大，是深度睡眠的特征。θ节律为4～7 Hz，在睡眠和觉醒状态都会出现。α节律约为8～13 Hz，在枕叶最大，与安静的觉醒状态有关。μ节律在频率上与α节律相近，但

到的主要脑电活动是低频率、高振幅的节律，包括 15~29 Hz 的 β 节律。我们发现，与注意力在别处时相比，若受试者在指尖被轻叩之前提前将注意力转向这根手指，则在 S1 区的手代表区所记录到的 β 节律会降低。这种注意力和 β 节律的降低与受试者感知轻叩能力的提高相关。我们的研究结果和先前在视皮层中的发现类似，提示 β 节律可能反映了皮层感觉区的抑制过程。但这是为什么？是什么（假如有的话）将这些脑电节律与感知能力的下降相关联？又是为什么在某些状况下（如帕金森病），β 节律在运动皮层中过表达却伴随着运动动作的相应减少？

为了解决这一问题，我转向了我的"老本行"数学，并开始构建一个计算神经模型来研究这些节律的起源。我以前的研究工作使我对神经环路如何产生稳定的节律有强烈的直觉。然而，利用简化的神经环路数学模型进行大量尝试后（比如将一个完整神经元的活动降维成一个点），我认识到这些模型并不能简单地生成与真实记录结果相似的信号。接下来，我借鉴了 Yoshio Okada 的开创性工作，他以实验和数学模型相结合的方法来理解源于锥体神经元的 MEG 信号。在我所获得的 MEG 生物物理学机制新知识的帮助下，我构建了更复杂的模型，这个模型包含了锥体神经元及皮层其他类型神经元的结构和生理的细节特征。这项研究工作跨越了数年，我三个孩子中的老大就是在这段时间出生的。

令我高兴的是，这个细致化的模型对节律有崭新的、非直观的预测。具体而言，它预测了 β 节律产生于两组突触输入的整合，这两组传入几乎是同步的，但激活的是锥体细胞不同部分的树突。这些传入驱动树突产生起伏的电流，由此产生与真实记录结果非常一致的节律。这个模型不仅解释了 S1 区 MEG 节律的许多特征，还揭示了这些节律是如何影响感觉信息处理的。随后，我验证了这些由 MEG 数据得出的间接推论，令我惊讶的是，它们都被证实了！这个发现是多么激动人心，我们现在可以利用这个数学模型来预测新实验的数据。拼图的碎片终于可以拼接起来了！

这个模型的输出结果与在人身上获得的记录结果高度吻合，给了我们足够的信心运用此模型来预测神经元如何产生 β 节律。更重要的是，这个模型还揭示了节律是如何影响脑功能的。通过与 Chris Moore 及其他神经生理学家、神经外科医生的持续合作，我们正在利用电极记录结果来验证模型预测的可信度。我们可能会发现与模型预测并不完全吻合的部分。然而，通过合作和多种跨学科研究方法的综合运用，我确信我们可以在神经活动和脑功能之间架设起解码的桥梁。在这个过程中，破解大脑节律之谜将是重要且令人振奋的一环。

绝大部分分布在运动区和躯体感觉区。**β 节律**约为 15~30 Hz。**γ 节律**相对较快，频率约为 30~90 Hz，源于处于兴奋状态的或注意相关的皮层区域。其他节律还包括**梭形波**（spindles；约为 8~14 Hz，与睡眠相关）和**涟漪波**

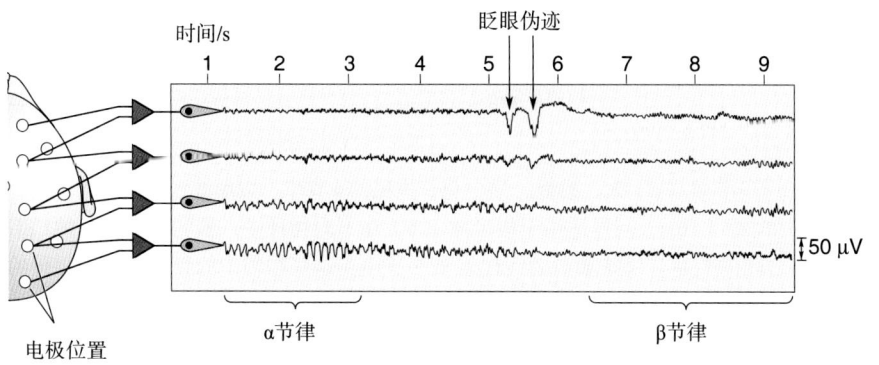

◀ 图 19.7

正常的 EEG。这名受试者处于清醒和安静状态，图左侧注明了记录部位。最初几秒显示正常的 α 节律活动，其频率为 8~13 Hz，在枕区最大。从图片最上方所标记的眨眼伪迹（箭头）可以看出，约进行到记录过程的一半时，受试者睁开了眼睛，此时 α 节律被抑制

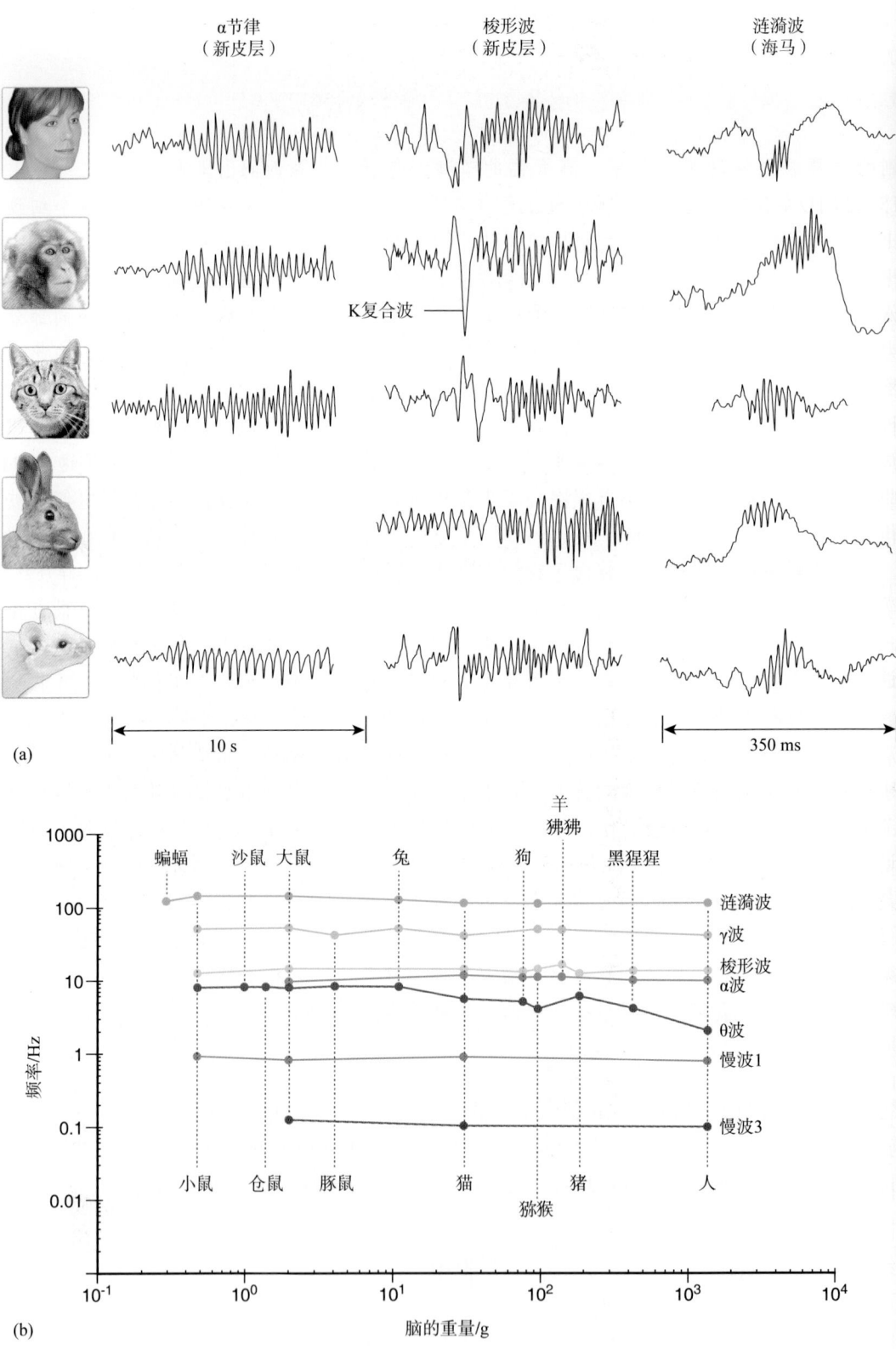

▲ 图19.8

不同物种的EEG节律。(a)人、猕猴、猫、兔、大鼠的α节律、梭形波、涟漪波的示例。注意α节律的时标(10 s)同样适用于梭形波。(b)在不同物种中，脑的重量与每种EEG节律主频率之间的关系。每条颜色的线代表某一节律在这些物种中的频率(某一物种的某一特定节律数据的缺失并不意味着在这个物种中不存在这种节律)。注意，尽管脑的大小存在巨大差异，但EEG节律的特征在不同物种间差别却很小(引自：Buzsáki等，2013)

（ripples；频率约为 80~200 Hz 的振荡）。一个有趣的特征是，尽管从小鼠到人类的脑体积有 17,000 倍的差异，但所有这些哺乳动物的 EEG 节律却惊人地相似（图 19.8）。

尽管 EEG 分析永远不可能告诉我们某个人正在想什么，但却能让我们知道这个人是否正在进行思考。高频低幅的节律通常表示警觉和觉醒，但也可能正在做梦。而低频高幅的节律则与无梦状态下的睡眠、某些药物成瘾状态下及病理状态下的昏迷有关。这是合乎逻辑的，因为不论是由感觉输入还是由内部过程引起的，当大脑皮层非常积极地参与信息处理时，神经元的活动水平就相对较高，但也相对不同步。换句话说，此时每一个神经元或很小的一群神经元正在积极地参与复杂认知任务的各个稍有不同的方面，其发放频率很高，且与多数临近神经元的活动并不同步。这种情况导致了较低的同步性，EEG 的振幅就会较低并且以 γ 和 β 波为主。相反，在深度睡眠状态下，皮层神经元并不参与信息处理过程，大量神经元被共同的、慢节律的输入而阶段性地激活。在这种情况下，神经元活动的同步化程度较高，EEG 的振幅也就相应地较高。

19.2.3　脑节律的机制和意义

大脑皮层充满着电节律。但它们是怎样产生的，又有着什么样的功能？让我们来逐个讨论这些问题。

同步化节律的产生。大群神经元的活动，可以通过以下两种基本方式中的一种产生同步振荡：（1）这些神经元的活动可能都从一个中枢时钟（central clock）或**起搏器**（pacemaker）获得时间信号；或者（2）它们也可通过相互兴奋或抑制来分享或分配定时功能。第一种机制类似于一个乐队与其指挥家，每个演奏家都根据指挥家指挥棒的节拍，严格地按时间进行演奏（图 19.9a）。第二种机制较为微妙，因为定时功能是来自皮层神经元群自身的集体行为。以音乐类比，这更像是爵士乐的即兴演奏会（图 19.9b）。

共享同步节律的概念很容易通过一帮哪怕不是音乐家的朋友们得到证明。只要简单地告诉他们开始拍手，而不需要告诉他们该拍得多快或跟着谁的节拍。经过一次或两次拍手，他们的拍手就会变得同步。他们是如何做到这一点的？只要通过彼此之间的倾听和观察，就可以调整拍手的节奏而达到相互合拍的效果。个体与个体之间的相互作用是一个关键的因素，在神经元网络中，这种相互作用通过突触连接实现。人们倾向于在一个较窄的频率范围内拍手，因此他们不必大幅调整时间就可以同步地拍手。同样地，一些神经元在某一频段的发放远比在另一频段更容易。这种聚集的、有组织的行为可以产生振幅足够大的节律以便在空间和时间上传播。你是否曾是座无虚席的橄榄球场看台上人浪的一部分呢？

许多不同的神经元回路可以产生节律性的活动。图 19.10 表示一个简单的振荡器模型，它仅由单个兴奋性神经元和单个抑制性神经元组成。而真实情况下，多数神经振荡器包含远多于此的神经元数目，但基本特征是相似的：持续的兴奋性输入、反馈连接，以及突触的兴奋和抑制。

在哺乳动物脑内，节律性的同步活动通常由起搏器和集合方式两种形式

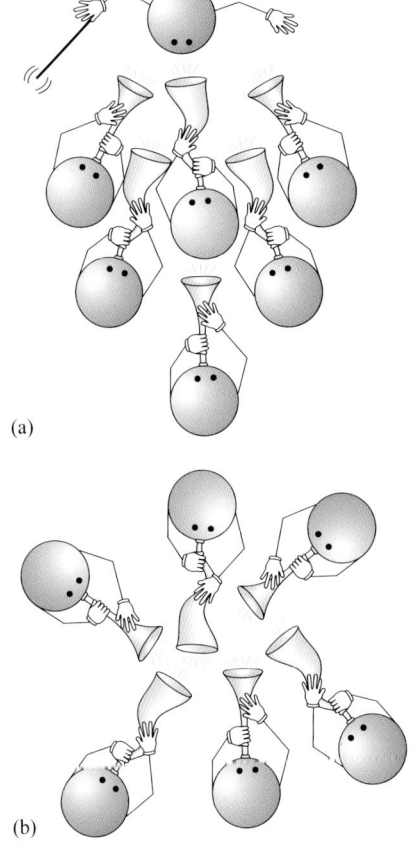

(a)

(b)

▲ 图 19.9

两种同步节律的机制。同步节律可以（a）由一个起搏器引导，或（b）由所有成员的集体行为引起

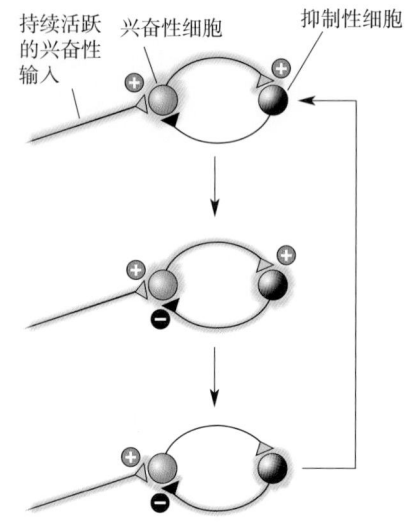

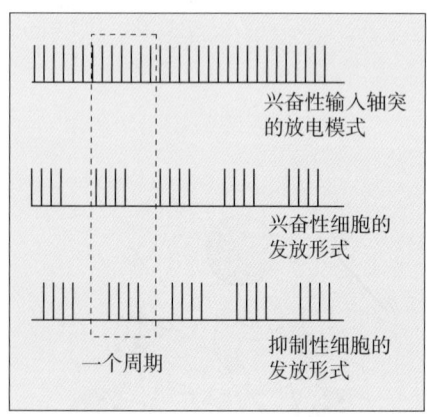

▲ 图 19.10

一个由两个神经元组成的振荡器。一个兴奋性细胞（E细胞）和一个抑制性细胞（I细胞）通过突触彼此相连。只要对E细胞持续保持兴奋性输入，即使这种输入不是节律性的，也会导致这两个神经元来来回回地兴奋。虚线框内表示由该神经网络产生的一个活动周期

共同调控。比如丘脑，由于它对整个皮层有大量而广泛的输入，因此该结构可以成为强有力的起搏器。在某些情况下，丘脑神经元可以产生非常有节律的动作电位发放（图 19.11），但丘脑神经元是怎样产生振荡的？部分丘脑细胞有一组特殊的电压门控离子通道，即使在没有外部输入的情况下，每一个细胞也能产生具有自我维持性（self-sustaining）的强节律性发放模式。每个丘脑起搏器神经元的节律性活动继而通过与上述拍手现象类似的集合作用，与其他丘脑细胞的活动保持同步。丘脑抑制性神经元和兴奋性神经元之间的突触连接促使每个单个神经元的节律与整个神经元群保持一致。这些协调一致的节律随后通过丘脑-皮层轴突传入大脑皮层，引起皮层神经元兴奋。通过这种方式，一个相对较小的但集中在一起的丘脑细胞群（作为乐队指挥）可使数量大得多的皮层细胞（作为乐队）的活动与丘脑的节律合拍起来（图 19.12）。

大脑皮层的某些节律并不依赖于丘脑的起搏器，但却依赖于皮层神经元自身的聚集、协同和相互作用。在这种情况下，神经元之间的兴奋性和抑制性作用导致神经元活动协调一致的同步活动模式，而这种活动既可限于局部，也可向四周扩散，以覆盖更大的皮层区域。

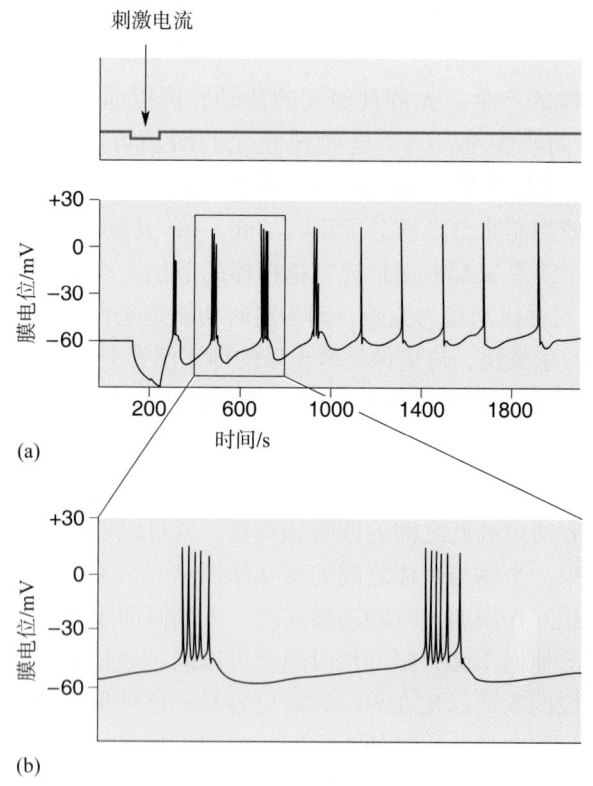

▲ 图 19.11

单个神经元组成的振荡器。在睡眠的某些阶段，丘脑神经元非常有节律地发放，而不受外部输入的影响。本图显示在这种情况下的胞内记录的膜电位。（a）给予一个短暂的脉冲刺激电流（短于 0.1 s），该细胞的节律性发放反应可持续 2 s，开始以 5 Hz 的频率出现阵发性串发放，后来变成单个发放。（b）时间上展宽的两串发放；每串发放都由 5~6 个动作电位组成（改绘自：Bal and McCormick, 1993，图2）

脑节律的功能意义。在EEG里看到的皮层节律是多么的奇妙，而且这些节律与人类的那么多有趣的行为相一致，以至于我们不得不问：为什么会有这么多的节律？更为重要的是，它们的目的是什么？但到目前为止还没有满意的答案。虽然提出了很多观点，但确凿的证据却很少。一种关于脑睡眠节律的假设认为，这些节律是脑把皮层与感觉输入分离的一种方法。觉醒时，丘脑允许感觉信息通过它，并且由它中转进入皮层。当你入睡时，丘脑神经元进入自主产生的节律状态，以阻止感觉信息进入皮层。尽管这一观点在直觉上很有吸引力（大多数人的确愿意在一个黑暗而安静的环境里睡觉），但仍不能解释为什么节律是必需的。为什么不能只稳定地抑制丘脑，而让大脑皮层安安静静地休息呢？

此外，还提出了一种关于觉醒状态下皮层快节律功能的新观点。一种用于解释视觉感知现象的理论框架曾利用了下面的事实：对同一物体有反应的皮层神经元的活动是同步的。加州大学伯克利分校（University of California, Berkeley）的神经生物学家Walter Freeman首先提出，神经节律可以协调神经系统不同区域之间的活动。在觉醒状态下，脑的感觉系统和运动系统经常产生阵发性的同步神经活动，并产生 30 ~ 90 Hz 的 γ 节律振荡。

皮层不同区域所产生的快速振荡经过短暂的同步化，可能促使脑将各种不同的神经成分组合成单个的感知系统。例如，当你试图抓住一个篮球时，同时对形状、颜色、运动、距离甚至篮球的含义发生反应的不同神经元群组趋于同步振荡。事实上，这些分散细胞群〔即那些一起编码"篮球的性质和状态"（basketballness）的细胞群〕的振荡是高度同步的，这在某种程度上可以将它们标记为一个有意义的群体，以有别于附近其他的神经元，从而将"篮球拼图"（basketball puzzle）这个杂乱无章的神经碎片统一起来。支持这一观点的证据是间接的，也远远没有得到证明，而且尚存在一些可以理解的争议。

迄今为止，大脑皮层节律的功能在很大程度上还是一个谜。一种较为合理的理论认为，大多数节律并没有直接的意义。尽管这些节律很有意思，但却只是多种兴奋性反馈回路之间相互连接的一些并不重要的副产品。当某种东西自激起来时，不论它是声音放大器还是体育馆的声波，经常会产生不稳定和振动。反馈回路对于大脑皮层完成各种奇妙的活动是必需的。振荡也许就是如此多反馈回路存在的一个不可避免的产物，也许这个产物是不需要的，但反馈回路存在的必要性使我们不得不接受它。即使EEG节律没有什么功能，但它也为我们了解脑的功能状态提供了一个便利的窗口。

19.2.4　癫痫发作

癫痫发作是同步化脑活动的一种最极端的形式，总是表示某种病理状态。**全面性发作**（generalized seizure）涉及两半球的整个大脑皮层，而**部分性发作**（partial seizure）只涉及皮层上一个有限的区域。在以上两种情况下，疾病累及区域的神经元出现同步性发放，因此发作常常伴随着很大的EEG反应，而这在正常行为状态下是不可能发生的。也许因为大脑皮层具有广泛的反馈回路，它就有可能发生兴奋的失控现象，我们称之为一次发作。孤立的发作并不少见，7% ~ 10%的人在一生中至少有过一次发作。但如果某

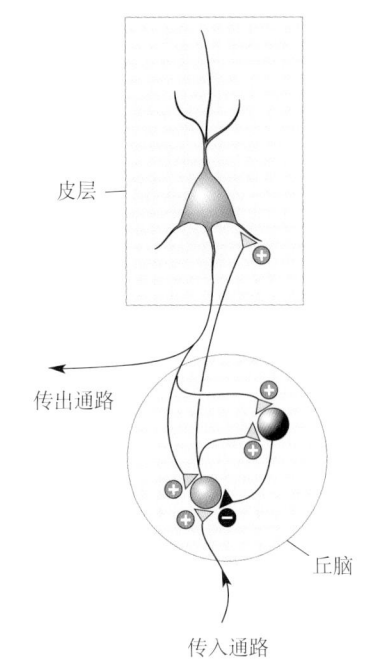

▲ 图 19.12

丘脑的节律驱动大脑皮层的节律。丘脑通过其神经元的内在特征和神经元相互之间的突触联系产生节律性活动。绿色表示一群兴奋性神经元，黑色表示一群抑制性神经元

个人反复出现发作，这种状态则称为**癫痫**（epilepsy）。在世界范围内，大约有0.7%的人（5,000万）罹患癫痫。癫痫在发展中国家，尤其是农村地区更为常见，这可能与更高概率的儿童时期癫痫发作得不到治疗、感染及围产期缺乏妥善照料有关。癫痫的确诊多发生在幼儿及年长的人群中（图19.13）。儿童时期发生的癫痫通常是先天性的，由基因、疾病或出生时的异常状况所诱发；而年长者发生癫痫更倾向于由脑卒中、肿瘤或阿尔兹海默症所导致。

与其说癫痫是疾病，不如说是疾病的一种症状。有时能够确定引起癫痫的原因（如肿瘤、外伤、遗传因素、代谢障碍、感染和血管性疾病），但在很多情况下，引起癫痫的原因并不清楚。不同类型的癫痫有不同的致病机制。某些类型的癫痫有遗传倾向，而且多种癫痫的致病基因已经被确定。这些基因对离子通道、转运体、受体、信号分子等多种蛋白质进行编码。例如，编码钠离子通道蛋白基因的数个位点的突变，已经被证实与一些罕见的家族性癫痫有关。这些突变的钠离子通道开放的时间比正常的钠通道稍长一点，允许更多的钠离子进入神经元内，从而导致神经元过度兴奋。另一类导致癫痫的基因突变体，破坏GABA介导的突触抑制，它们通过影响GABA的受体、GABA合成或转运的关键酶，或影响GABA释放的蛋白质来实现这种破坏作用。

研究显示，某些癫痫发作是由脑内突触兴奋和抑制之间精细平衡的混乱所引起的。另一些发作则可能与过于强烈或密集的兴奋性连结有关。一些GABA受体的阻断剂是作用非常强烈的**致惊厥剂**（convulsant），即这些药物是癫痫发作的促进剂。停止服用酒精类或巴比妥类等慢性镇静类制剂也可能引起癫痫发作。多种不同的药物可以在治疗期间有效地抑制癫痫发作，这些**抗惊厥剂**（anticonvulsant）以各种方式对抗脑的兴奋性。其中一些药物通过延长GABA的抑制效应来起作用，如巴比妥类（barbiturate）和苯二氮䓬类（benzodiazepine）药物（图6.22），而另一些药物可以减弱某一类神经元发放高频动作电位的倾向，如苯妥英（phenytoin）和酰胺咪嗪（carbamazepine）。

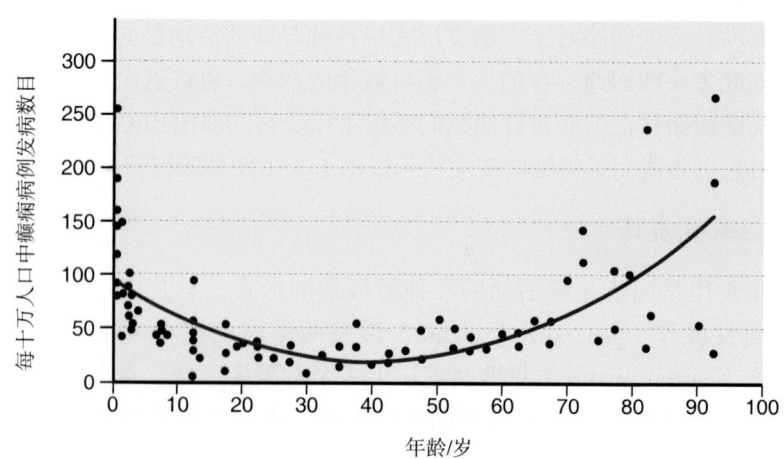

▲ 图19.13

不同年龄段癫痫发作的概率。图中曲线表示在每10万人口中，新增癫痫病例数目与确诊年龄之间的函数关系。数据来自在一些发达国家进行的12项研究

　　发作的行为特征取决于所涉及的神经元及其活动形式。对大多数全面性发作类型而言，几乎所有的皮层神经元都被牵涉进来，因此机体的行为可被完全中断数分钟。此时意识丧失，同时所有的肌肉群都可能出现强直性（持续性的）、阵挛性（节律性的）或两者交替的**强直-阵挛性发作**（tonic-clonic seizure）。**失神发作**（absence seizures）是儿童期发生的一种癫痫，可见短于 30 s 的广泛性的 3 Hz EEG 波形，同时伴有意识丧失。在失神发作时，记录到的 EEG 表现出一些明显的异常（图 19.14）。电压幅度超乎寻常的大、波形规则、有节律性，并在全脑同步发放。尽管上述电活动的异常很显著，但失神发作的运动症状却较轻微——仅表现为眼皮颤动或嘴部抽搐。

　　部分性发作具有一定指示性。如果发作从运动皮层中的一个小区域开始，这些发作可引起肢体一部分的阵挛性运动。19 世纪末期，英国神经学家

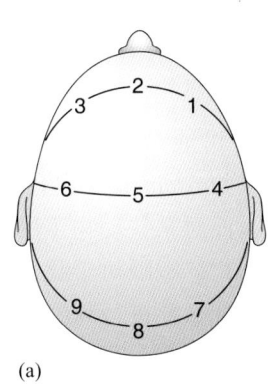

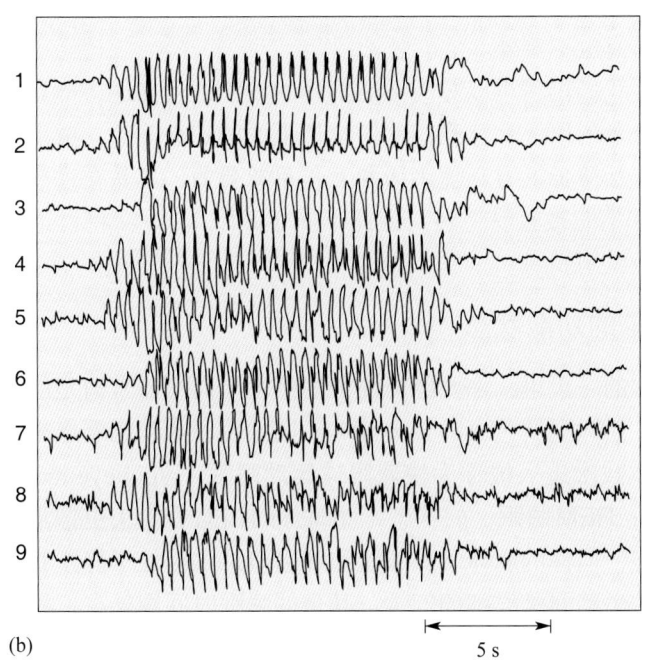

▲ 图 19.14
全面性癫痫发作的 EEG。（a）EEG 电极分布在头皮的多个位点。（b）电极监测到一次短促的失神发作，它的开始很突然，随后扩散至全脑，形成大约 3 Hz 的强有力的节律振荡，然后在 12 s 左右后突然结束（引自：J. F. Lambert and N. Chantrier）

John Hughlings Jackson观察了与发作相关的躯体运动的进程，并在患者死后检查其脑的损伤部位，由此正确地推断出运动皮层基本的躯体定位图（见第14章）。如果发作从感觉皮层开始，则可能引发异常的感觉或**先兆**（aura），如怪异的味道或闪烁的光芒。最稀奇古怪的是，部分性发作可引起更完整的体验，如**记忆错觉**（*déjà vu*，自己似曾有过的感觉；*déjà vu*是一个法语词，意思是似曾相识、记忆错觉、旧事幻现——译者注）或幻觉。部分性发作有时可通过影响颞叶皮层，包括海马和杏仁核，进而损伤记忆、思维和意识。在某些情况下，部分性发作可因其扩散而失去控制，演变为全面性发作。

19.3 睡眠

睡眠和梦是难以理解的，而且对某些人来说简直是神秘的。睡眠也是艺术、文学、哲学和科学所偏爱的主题。睡眠是一个有力的控制者。每天晚上，我们放弃自己的同伴、工作和娱乐而进入安静的睡眠状态。我们对睡眠的控制能力非常有限，尽管我们可以晚睡一会儿，但最终还是被其征服。在我们的一生中，大约有1/3的时间是在睡眠中度过的，而其中1/4还会处于活跃的做梦状态。

睡眠在高等脊椎动物中可能是普遍存在的，而且可能存在于所有动物中。研究显示即便是果蝇（*Drosophila*）也存在睡眠。长时间剥夺睡眠至少可以暂时破坏正常的功能，而对某些动物（尽管可能不适用于人，但比如大鼠和蟑螂）甚至可以引起死亡。睡眠对于我们的生命是必需的，其重要性几乎与吃饭和呼吸一样。但为什么要进行睡眠？睡眠的目的是什么？具有讽刺意义的是，尽管进行了多年的研究，我们目前唯一能确定的是睡眠可以消除困倦。但科学界一个奇妙现象是，不同的观点常常可以激发各种假设的涌现，睡眠研究也不例外。

但是，我们仍然可以对尚不能解释的现象进行描述，毕竟我们已经对睡眠进行了大量的研究。让我们的讨论从下面的定义开始：**睡眠是一种机体对环境的反应性降低及与环境之间相互作用减弱的、容易被逆转的状态**（昏迷和全身麻醉不能被轻易逆转，因此不属于睡眠）。下文将讨论睡眠和梦的表现及其神经机制。

19.3.1 脑的功能状态

在平常的一天里，你要经历两种迥然不同而又非常清楚的行为类型：觉醒和睡眠，而睡眠所包含的各个截然不同的阶段或状态看起来非常不清楚。一夜中，你数次进入被称为**快速眼球运动睡眠**（rapid eye movement sleep，REM sleep；REM睡眠）的状态，此时你的EEG看上去更像觉醒状态，而不像睡眠状态，但你的躯体（除眼肌和呼吸肌外）则处于静止状态，并可出现被称为梦的生动而又详细的幻觉。其余的睡眠时间则处在一种称为**非快速眼球运动睡眠**（non-REM sleep；非REM睡眠）的状态，脑在这种状态下通常不产生复杂的梦。由于在非REM睡眠中，大而慢的EEG节律占主导，因此非REM睡眠有时也称为**慢波睡眠**（slow-wave sleep）。觉醒、非REM睡眠和REM睡眠这三种基本的行为状态由三种不同的脑功能状态产生（表19.1）。每种行为状态还伴随着躯体功能的显著改变。

表19.1　脑的三种功能状态的特点

行　为	清　醒	非REM睡眠	REM睡眠
EEG	低幅，快速的脑电波	高幅，慢速的脑电波	低幅，快速的脑电波
感觉	生动，由外部产生	迟钝或缺乏	生动，由内部产生
思维	有逻辑性，进展性	有逻辑性，重复性	生动，无逻辑性，怪异
运动	连续性，随意控制	偶发性，非随意控制	肌肉麻痹；由脑发出运动指令，但无法执行
快速眼球运动	常见	少见	常见

非REM睡眠似乎是专为休息而设计的。此时，全身肌张力下降，活动减少到最低程度。值得注意的是，在非REM睡眠阶段，身体是能够活动的，但很少是在脑的指挥下进行的，活动通常只是为了短暂地调整体位。机体的体温和能量消耗也都降低。由于自主神经系统的副交感部活动增加，心率、呼吸和肾功能都降低，消化功能则加强。

在非REM睡眠期间，脑似乎也正在休息，其能量消耗和神经元总体发放率均处于一天中的最低点。缓慢而高幅的EEG节律提示皮层神经元振荡的同步化相对较高，一些实验提示大部分感觉输入甚至不能到达皮层。尽管无法确定人们在睡眠状态时所思考的内容，但研究显示，非REM睡眠状态下的心理活动程度也是一天当中最低的。醒来时人们通常什么也回忆不起来，或者仅有简单的、片段式的、貌似合理的想法，而这些想法通常很少有视觉画面。在非REM睡眠阶段，很少有详细的、引人入胜的及不合情理的梦境，虽然不一定没有。斯坦福大学（Stanford University）的William Dement是睡眠研究的先驱者，他把非REM睡眠的特征描述为"一个在可活动的躯体中空转的脑"（an idling brain in a movable body）。

相反，Dement称REM睡眠为"一个在瘫痪的躯体中活跃而又产生幻觉的脑"（an active，hallucinating brain in a paralyzed body）。REM睡眠是一种做梦的睡眠。虽然REM睡眠阶段仅占睡眠时间的一小部分，但可能因为梦是如此的复杂和神秘莫测，这部分睡眠却最令大多数研究人员感到兴奋不已（在这种状态下，脑的兴奋性也最高）。Dement、Eugene Aserinsky和Nathaniel Kleitman在20世纪50年代中期首次发现，如果一个人在REM睡眠时被唤醒，他很可能会报告在梦中看到了清晰、详细和栩栩如生的场景，并且这些场景常常伴随着怪异的故事情节——这样的梦是我们愿意谈论并试图进行解释的。

REM睡眠的生理功能也是奇怪的。在此期间所记录到的快速而低幅的EEG与活跃、觉醒的脑的EEG几乎没有区别。这就是为什么REM睡眠有时被称为**异相睡眠**（paradoxical sleep）的原因。事实上，REM睡眠时脑的耗氧量（一种测量脑消耗能量的指标）比觉醒和解数学难题时更高。在REM睡眠时，身体处于瘫软状态，此时骨骼肌的张力几乎完全丧失，或者称为**肌张力减退**（atonia）。此时，身体的多数部位实际上不能活动！呼吸肌虽然仍继续工作，但仅仅是为了维持呼吸而已。只有控制眼球运动的肌肉和内耳的小肌肉群例外，而且这些肌肉特别地活跃。此时眼睑闭合，眼球却不时快速地来回跳动。这些阵发性的快速眼球运动可以准确地预示着生动的梦境，在REM睡眠之中和之后被唤醒的人中，至少有90%的人报告正在做梦。

在REM睡眠阶段，生理控制系统主要由交感神经的活动支配。令人费解的是，体温控制系统几乎停止，体核温度开始下降，呼吸和心率加快但变得不规则。健康人的阴蒂和阴茎会充血和勃起，但这通常与梦境中是否出现性相关的内容无关。总之，在REM睡眠期，除休息外，脑似乎可以做任何事情。

19.3.2 睡眠循环

甚至一整夜高质量的睡眠也不是踏实的、无间断的旅途。它通常开始于一段非REM睡眠。图19.15展示了典型的一整晚的睡眠，包含非REM睡眠和REM睡眠在眼球运动、生理功能、阴茎勃起等方面的状态切换。显而易见的是，睡眠带着脑一遍遍地经历过山车般的活动过程，有时甚至会很疯狂（图文框19.2）。非REM睡眠约占整个睡眠时间的75%，而REM睡眠约占25%，两种状态在整个晚上周期性地交替进行。非REM睡眠通常划分为4期。在

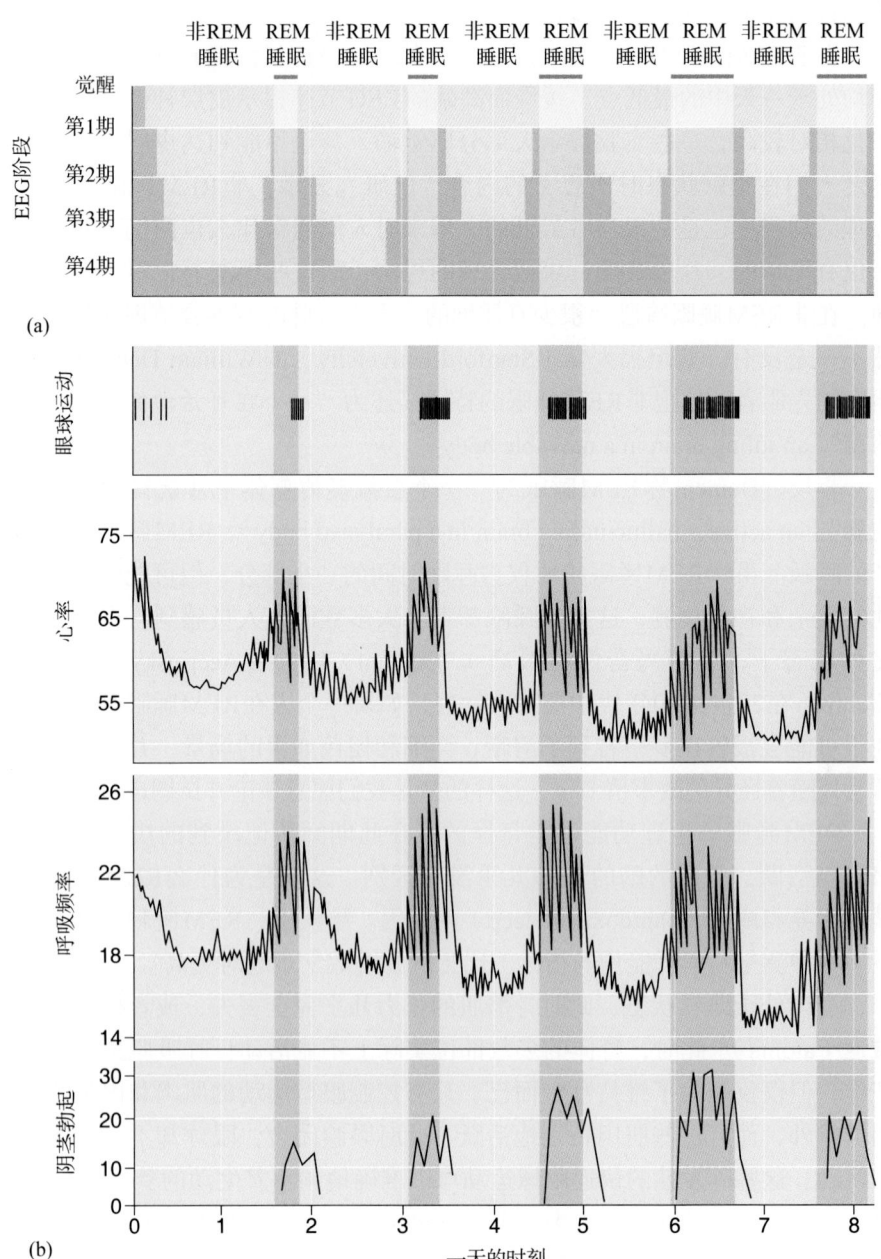

▶ 图19.15

非REM睡眠和REM睡眠的生理变化。（a）此图展示的是一整晚的睡眠，起始于觉醒状态到非REM睡眠第1期的切换。睡眠在经历了非REM睡眠的各个阶段之后进入REM睡眠。这种循环会重复多次。与之前的周期相比，之后的每个周期的非REM睡眠都会变得越来越短和越来越浅，而REM睡眠则变得越来越长。（b）这些图展示了在一个晚上睡眠中的REM睡眠阶段，心率、呼吸频率及阴茎勃起都有规律地增加（改绘自：Purves等，2004，图27.7）

睡眠时的行走、讲话和尖叫

睡觉时我们的内心并不总是平静的，身体也不一定是静止不动的。在睡眠时讲话、行走和尖叫是很常见的，而这些现象通常发生在非 REM 睡眠阶段。出现这些情况似乎是令人惊讶的，要知道在 REM 睡眠阶段整个身体几乎都是瘫软的。也就是说，即使在梦境的"驱使"下，你似乎也不会在 REM 睡眠阶段进行走动或说话。

睡眠时行走，也称**梦游症**（somnambulism），在 11 岁左右最多见。虽然大约有 40% 的人在儿童期曾是梦游者，却很少有人到成年时还有这种现象。梦游通常在夜里非 REM 睡眠的第 4 期发生。一个完整的梦游事件包括睁开双眼、在室内和室外走动，甚至还知道避开物体和攀爬楼梯，但此时的认知功能和判断力严重地削弱。由于梦游者正处在深度慢波睡眠中，他们很难被叫醒。最好的处理方法是牵着他们的手回到床上。第二天早晨醒来时，梦游者通常不记得前一晚所发生的事。

几乎每个人都偶尔有睡眠中的说梦话或**梦呓**（somniloquy）现象。遗憾的是，梦话通常是杂乱无章的，或毫无意义的，好奇的旁听者会对这种空洞的梦话感到失望。

更富有戏剧性的是**睡惊症**（sleep terrors），又称**夜惊症**（night terrors），在 5~7 岁的儿童中最为常见。一个女孩半夜突然尖叫起来，她的父母急忙跑到她的床边想知道是什么东西吓着了她。这个女孩胡乱地叫着，但说不清楚为什么。在痛苦地尖叫和乱蹬了十几分钟后，她终于静静地睡着了，把瑟瑟发抖的、迷惑不解的父母亲留在一边。第二天早上她仍然那么欢快和兴高采烈，不见任何由昨晚不幸事件所带来的阴影。睡惊症的症状与噩梦明显不同，后者是一种逼真而复杂的梦，而且做梦者的外表上是平静的，一般发生在 REM 睡眠阶段。相反，睡惊症出现在非 REM 睡眠的第 3 或第 4 期，其经历与梦不同，是一种难以控制的恐惧感并伴随着心率加快和血压升高。这种症状通常随着青春期的结束而消失，不是精神疾病的一种症状。

每一个寻常的夜晚，我们首先从非 REM 睡眠进入 REM 睡眠，然后返回到非 REM 睡眠，大约 90 min 为一个循环。这种循环是**短昼夜节律**（ultradian rhythm）的一个例子，其周期比昼夜节律快。

图 19.16 显示了各个睡眠阶段的 EEG 节律。一般来说，健康成年人感到困倦后就会进入睡眠，首先开始非 REM 睡眠的第 1 期。第 1 期是一种过渡性的睡眠，这时在放松，觉醒状态下所见到的 α 节律开始变得不规则并逐渐消失，而眼睛缓慢地旋转。这一阶段很短，通常只持续数分钟。第 1 期也是一种最浅的睡眠，最容易被唤醒。第 2 期的睡眠要深一些，可持续 5~15 min，其特征是 EEG 中出现偶发性的 8~14 Hz 振荡，称为**睡眠梭形波**（sleep spindle），该梭形波系由丘脑起搏器引起（图 19.12）。此外，在第 2 期里有时还能观察到被称为 **K 复合波**（K complex）的高幅尖波。此时，眼睛运动几乎停止。随后是第 3 期，此时 EEG 开始出现高幅而缓慢的 δ 节律，眼睛和躯体运动极少。第 4 期是最深的睡眠阶段，出现小于或等于 2 Hz 的宽大的 EEG 节律。在睡眠的第一次循环中，第 4 期可持续 20~40 min。随后睡眠又开始变浅，经由第 3 期上升至第 2 期，并持续 10~15 min 后，突然进入短暂的 REM 睡眠阶段，此时伴随着快速的脑电图 β 节律和 γ 节律，以及明显而频繁的眼球运动。

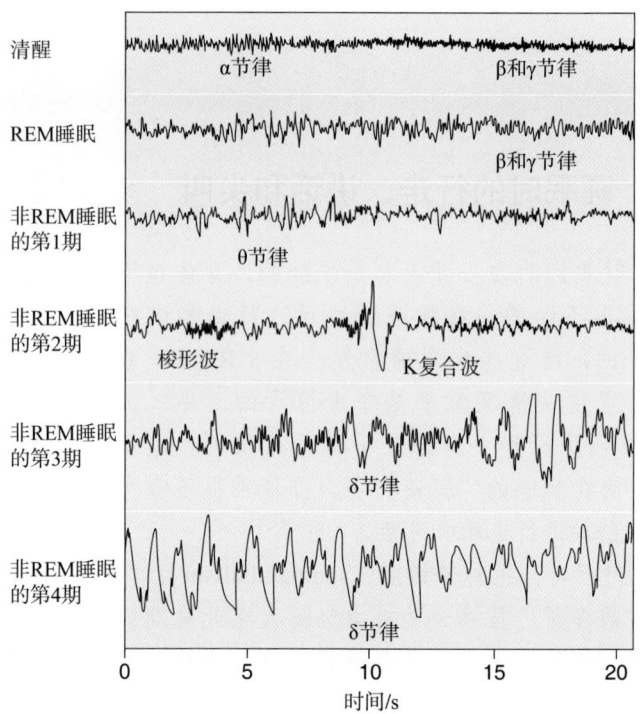

随着睡眠的加深，非 REM 睡眠，特别是第 3 和第 4 期的持续时间逐渐缩短，而 REM 睡眠时间则逐渐延长。有一半的 REM 睡眠发生在最后三次，最长的 REM 睡眠可持续 30～50 min。不过，在两次 REM 睡眠阶段之间似乎必须有大约 30 min 的恢复期。换句话说，在下一次 REM 睡眠阶段开始前至少有 30 min 的非 REM 睡眠。

那么什么才是正常的一晚睡眠呢？你母亲也许坚持认为你每晚"至少要睡 8 个小时的好觉"。但研究显示，成人所需要的正常睡眠时间差异很大，在每晚 5～10 h 之间，平均约为 7.5 h。大约 68% 的年轻人的睡眠时间在 6.5～8.5 h 之间。青少年可能认为，保证充足的睡眠是尤其具有挑战性的一件事。美国布朗大学（Brown University）的 Mary Carskadon 的研究显示，从青春期之前到刚迈入青春期的几年里，机体对睡眠的需求并没有减少，但对昼夜节律感知的变化使青少年早睡变得越发困难。这个过程通常和迈入高中，需要更早起床去学校发生在同一时间。结果就是很多学生正在经历长期的睡眠剥夺，而这是一种不健康的生活状态。过少的睡眠可以损害认知、情绪及身体健康。

那么你所合适的睡眠时间是多少？醒来时的状态是衡量睡眠好坏的最佳指标。为了维持一定的觉醒水平，你需要一定量的睡眠时间。但白天睡得太多反而会带来烦恼，如影响驾车甚至可以产生危险。由于睡眠时间的个体差异很大，因此必须由你自己来决定究竟需要多长的睡眠时间。

19.3.3 我们为什么要睡眠？

所有的哺乳动物、鸟类和爬行动物似乎都需要睡眠，但只有哺乳动物和一些鸟类有 REM 睡眠。不同动物的睡眠时间差异很大，蝙蝠一天需要睡 18 h，而马和长颈鹿一天只需睡 3 h。许多人认为，像睡眠这种普遍的行为必

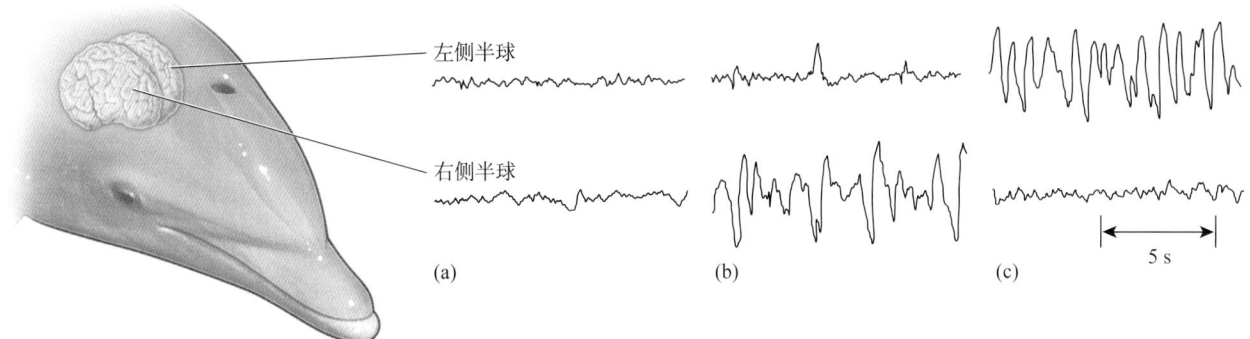

▲ 图 19.17
宽吻海豚的睡眠。图示游动中海豚右半球和左半球的EEG模式。(a)在觉醒状态下，双侧半球都见高频活动。(b)在深度睡眠中，仅右侧半球出现高幅δ节律，而左侧半球出现高频活动。(c)稍后，左右两半球的活动模式都翻转过来（引自：Lyamin 等，2008，图1）

然具有极其重要的功能。否则，一些物种就会在进化过程中失去对睡眠的需求。但不管睡眠的功能是什么，都有理由相信睡眠主要是为脑准备的。睡眠剥夺最立竿见影的结果就是认知的损伤。清醒地躺在床上休息8 h，也许可使你从身体的疲乏状态中恢复过来，但第二天你的精神不会处在最佳状态。

　　显然，一些动物比另一些动物更有理由不睡眠。设想你将在深深的或汹涌的水中度过一生，然而每隔一分钟你必须呼吸一次空气，因此即使短暂的打盹也有很大困难。海豚和鲸的情况正是如此，然而它们的睡眠时间却几乎与人类一样多。不寻常的是，宽吻海豚（bottlenose dolphin）在一段时间内只用一侧脑半球睡觉：一侧半球先进行大约2 h的非REM睡眠，然后两侧半球保持清醒1 h，接着另一侧半球再进行2 h的非REM睡眠，如此循环可使每天晚上睡12 h（这就为"半睡半醒"一词语赋予了新的含义）（图19.17）。没有证据表明海豚和鲸存在REM睡眠。另一个不同寻常的睡眠策略发生在巴基斯坦的印度河盲豚（blind Indus River dolphin of Pakistan）身上。这种淡水海豚利用声呐在浑浊连绵的急流里漫游；在雨季，它们必须一直不停地游泳，不然就会在被洪水淹没的江口的岩石和瓦砾堆前丧命。即便如此，这种印度河盲豚似乎仍可以睡眠，在缓慢的游动中趁机小睡4~6 s。在一天当中，这种小睡加起来约有7 h。

　　在进化过程中海豚产生了一种异乎寻常的睡眠机制以适应环境。连海豚也不能不需要睡眠的事实加重了我们的疑问：为什么睡眠如此重要？

　　迄今还没有一个被普遍接受的关于睡眠功能的理论，但最合理的观点可分为两类：**恢复理论**（restoration theory）和**适应理论**（adaptation theory）。第一种观点是一种常识性的解释：睡眠用来休息和恢复，并为下一次觉醒做好准备。第二种观点不怎么直观：睡眠使机体脱离困境，在最脆弱的时候躲开天敌或环境中其他有害因素，也可能是为了保存能量。

　　如果睡眠是为了恢复，那么恢复什么呢？安静的休息当然不能代替睡眠。睡眠并不仅仅是简单的休息。长时间剥夺睡眠可以导致严重的身体和行为问题（图文框19.3）。遗憾的是，至今仍未确定哪一种特定的生理过程可

最长的不眠之夜

1963年，当还是一个17岁的高中学生时，Randy Gardner就有要在圣地亚哥科学博览会（San Diego Science Fair）上有所作为的雄心。他在12月28日早上6点钟醒来，然后就开始了工作。当11天（264 h）的工作完成后，他打破了持续保持觉醒的世界纪录。在此期间，他的两个朋友一直对其进行连续的检查，而在最后5天，几位狂热的睡眠研究者也加入了进来。在整个实验期间，他没有使用任何药物，甚至连咖啡都没有喝。

这是一段并不愉快的经历。连续2天不睡觉后，Randy变得急躁并感到恶心。他的记忆出现了问题，甚至不能看电视。到了第4天，出现了轻度的错觉并感到极度疲劳，而在第7天开始出现颤抖，言语含糊不清，EEG的α节律开始消失。有时会出现妄想或幻觉。幸运的是，尽管有一些专家预言他会出现精神失常，但结果却没有。相反，在其保持清醒的最后一个晚上，他竟然在棒球电子游戏中赢了其中一位休息得很好的实验者，而且在全国性的新闻发布会上做了合理的解释。

当他最后上床睡觉时，一直睡了近15 h，然后保持清醒23 h并等着夜晚的来临，接着他又睡了10.5 h。经过第一次睡觉，他的那些症状就基本消失了。在随后的一周内，他的睡眠和行为都恢复至正常。

Randy痛苦经历的一件最有趣的事情是没有出现长期的不良反应。但对于某些被剥夺睡眠的动物来说并不是这样。如果大鼠长时间保持清醒，尽管食量增加很多，但它们的体重却进行性地减轻；它们变得虚弱，胃部不断生出溃疡和内出血，最后甚至死亡。它们似乎因调节体温和代谢需求的能力被破坏而痛苦。并不需要完全剥夺睡眠，只要长时间地剥夺REM睡眠就可造成这些伤害。这些结果似乎表明睡眠的确是生理上所必需的。

以通过睡眠而得到恢复，也没有发现一种在睡眠中产生的重要物质或一种在睡眠中被破坏的毒素。睡眠确实有效地使我们为下一次觉醒做好了准备。但是，睡眠是否像吃饭和喝水一样通过更换重要物质，或者像修复受伤的组织一样使我们重新得到恢复？有证据显示，睡眠在很多时候并没有增加机体的组织修复能力。但很有可能的是，一些脑区（如大脑皮层）只有在非REM睡眠阶段才有可能得到某种形式的必需的"休息"。

睡眠的适应理论有许多形式。一些大动物专吃小动物，对于生活在猫头鹰和狐狸领地中的松鼠来说，在月光下漫步实在是太危险了。对松鼠来说，最好的策略也许是整个晚上待在位于地下的安全洞穴里，而睡觉是达到这一目的的好办法。同时，睡觉也许是一种保存能量的适应行为。睡眠时，身体所做的工作仅仅是为了维持生命，此时体核温度下降，温度调节机能被抑制，热量消耗维持在较低水平。

19.3.4 梦和REM睡眠的功能

在许多古老的文化里，人们相信梦是通向更高一级世界的窗口，是获得信息、指引方向、权力或启示的源泉。也许他们是正确的，但是古老的集体智慧在解释梦的含义方面并没有达成共识。今天我们必须回过头去，首先要问一问梦究竟是否真的**有**意义。对梦进行研究很困难。显然，我们不可能直接观察别人的梦，即使做梦的人本人也只有在醒来后才能说出梦境，而此时的他或她也许已经不再记得，或者曲解了梦的体验。由于可以客观地测量REM睡眠，因而现代对于梦的解释很大程度上依赖于对REM睡眠而不是对梦本身的研究。应该记住，这两者实际上并不相同。有一些梦可以不在REM睡眠阶段发生，而且REM睡眠的许多特征也与梦毫不相干。

我们需要梦吗？没有人知道答案，但我们的身体似乎的确渴望REM睡眠。如果在每次进入REM睡眠状态时被唤醒，就可以特异性地剥夺REM睡眠，因为在入睡的最初一两分钟必然是非REM睡眠状态，这样经过积累就可以使整晚都成为相对纯粹的非REM睡眠。Dement首先观察到，在REM睡眠剥夺这种恼人的行为持续几天后，受试者会比正常情况下更频繁地进入REM睡眠状态。当受试者终于能够不受干扰地睡觉时，就会出现**REM反弹**（REM rebound），即他们会按照被剥夺的REM睡眠的比例延长REM睡眠的时间。大多数研究还没有发现剥夺REM睡眠会引起白天的任何心理上的伤害。需要再一次指出，不能把对REM睡眠的剥夺解释成对梦的剥夺，因为即使剥夺REM睡眠，在开始入睡和非REM睡眠期间仍可能做梦。

Sigmund Freud（西格蒙德·弗洛伊德，1856.5—1939.9，参见图文框4.4的译者注和第22章——译者注）曾提出许多梦的功能。在Freud看来，梦是伪装的满足愿望的方式，是一种性和攻击幻想的无意识表达方式，而清醒时这些幻想是不能实现的。噩梦也许能够帮助我们克服那些可以引起焦虑的生活事件。新近关于梦的理论则更多地建立在生物学基础上。哈佛大学（Harvard University）的Allan Hobson和Robert McCarley提出了一种"激活-合成假说"（activation–synthesis hypothesis），明确地排除了弗洛伊德学派的心理学解释。取而代之的解释是，梦或者至少其中一些奇怪的特征，可被看作REM睡眠期间由脑桥随机放电导致的大脑皮层的一些联想和记忆。因此，脑桥神经元通过丘脑**激活**大脑皮层的不同区域并引起我们所熟知的图像和情感，而大脑皮层试图把分散的图像**合成**为一个可以感知的整体。由于这种被"合成"出来的产物（梦）是由脑桥神经元的半随机活动（semirandom activity）所引起的，因此一点也不奇怪，梦可以是稀奇古怪的，甚至没有任何意义。支持和反对"激活-合成假说"的证据都有。这个假说的确可以解释梦的离奇性，以及与REM睡眠的密切关系。但是，这一假说没有解释随机活动怎么能够触发梦里出现的各种复杂而流畅的故事，也没有解释随机活动怎么会夜复一夜地反复地诱发做梦。

许多研究者认为，REM睡眠或梦本身可能对记忆有重要作用。尽管现有的证据中没有一个是非常肯定的，但的确有一些有趣的线索提示，REM睡眠在某种程度上有助于记忆的整合和巩固。剥夺人和大鼠的REM睡眠可以损害多种学习能力。一些研究者发现，高强度学习可使REM睡眠时间延长。在一项研究中，以色列神经科学家Avi Karni及其同事训练受试者在外周视野中辨认一些短小线段的朝向。由于视觉刺激的呈现时间很短，这一任务的难度很大。但经过数天的反复练习后，受试者完成任务的成绩有很大提高。令人惊奇的是，在经过一夜的睡眠后，早上的成绩比前一天晚上的竟然也有提高。Karni发现，如果剥夺受试者的REM睡眠，则在经过一夜睡眠后，其学习成绩却没有提高。另一方面,剥夺非REM睡眠反而可以提高成绩。Karni推测,这种记忆需要一段时间进行强化,而REM睡眠对记忆强化特别有效。

你也许听说过关于睡眠学习(sleep learning)的说法:简单地说,就是你可以一边愉快地打着瞌睡,一边听录音材料来准备你的考试。这听起来是不是像学生们的幻想?遗憾的是,这就是一种不折不扣的幻想。没有任何科学的证据支持睡眠学习。精心设计的研究显示,那些第二天早上能回忆起来的内容,基本上都是在短暂的觉醒阶段听到过的。事实上,睡眠处在一种严重的健忘状态。例如,我们绝大多数的梦似乎永远地被遗忘了。虽然每晚4个或5个REM睡眠中的各个期都会做许多梦,但我们所能回忆的只是醒来前的最后一个,而且常常无法想起半夜短暂醒来时曾经做过的事情。

至此,你可能已经被梦和REM睡眠的功能所迷惑了,我们也是。不幸的是,没有任何证据可以证明或推翻前面讨论过的任何一种理论。此外,还有许多富有创造性的和合情合理的观点,但由于篇幅关系这里不再讨论。

19.3.5 睡眠的神经机制

20世纪40年代以前,人们通常相信睡眠是一个被动过程,只要剥夺脑的感觉输入,脑就会进入睡眠状态。然而,在阻断脑的感觉传入后,动物仍然有觉醒和睡眠周期。我们现在知道,睡眠是一个需要许多脑区参与的主动过程。我们已经在第15章中了解到,广阔的大脑皮层实际上由位于其深部的少数神经元群控制着。这些细胞就像前脑的开关或调谐器,改变着大脑皮层的兴奋性,并控制着感觉信息流入大脑皮层。尽管这些控制系统的全部细节非常复杂且尚未被完全阐明,但可以概括为以下几个基本的原则:

1. 控制睡眠和觉醒的最关键的神经元属于弥散性调制神经递质系统的一部分(见第15章,图15.12 ~ 图15.15)。
2. 脑干去甲肾上腺素和5-羟色胺能调制性神经元在觉醒时发放,以提高觉醒状态。部分胆碱能神经元可以增加关键性的REM事件,而另一些胆碱能神经元则在觉醒状态时变得活跃。
3. 弥散性调制系统控制丘脑的节律行为,丘脑进而控制大脑皮层的各种EEG节律;而丘脑中与睡眠相关联的慢节律可以明显阻断感觉信息流进入大脑皮层。
4. 睡眠还与弥散性调制系统的下行投射纤维的活动有关,比如在做梦时抑制运动神经元。

有3类基本的证据支持睡眠机制可以定位于脑的局部区域。损毁资料显示,切除部分脑组织导致脑功能的改变,刺激实验的结果揭示脑的局部激活引起脑功能的变化,而记录神经元的活动则阐明了神经元活动与不同脑功能状态之间的关系。

觉醒与上行性网状激活系统。人类脑干的损伤可导致睡眠和昏迷的事实提示,脑干某些神经元活动对于保持觉醒状态是至关重要的。20世纪40—50年代,意大利神经生理学家Giuseppe Moruzzi及其同事开始揭示脑干控制觉醒(waking)和唤醒(arousal)的神经生物学基础。他们发现,损伤脑干中

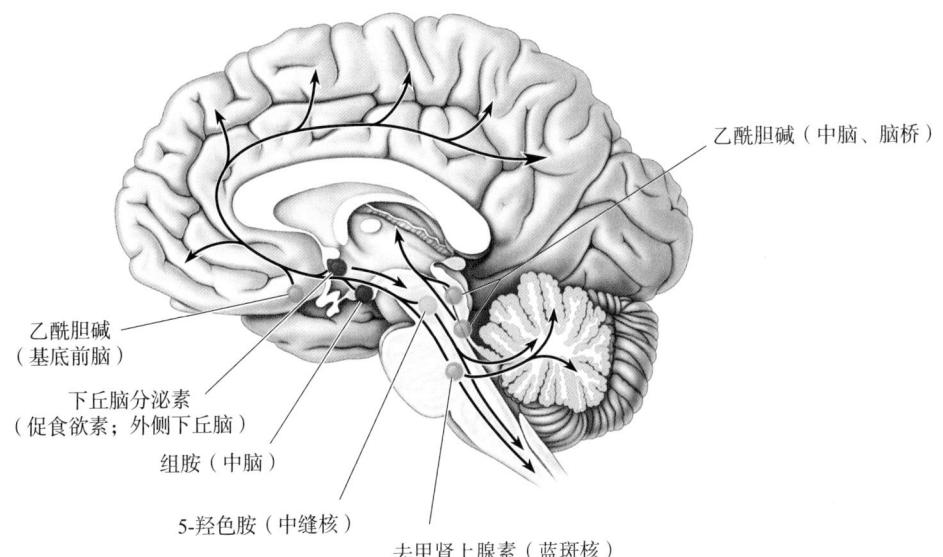

乙酰胆碱（中脑、脑桥）

乙酰胆碱
（基底前脑）

下丘脑分泌素
（促食欲素；外侧下丘脑）

组胺（中脑）

5-羟色胺（中缝核）

去甲肾上腺素（蓝斑核）

◀ 图 19.18
调节觉醒与睡眠的调制系统的重要组成
部分

线结构可以引起一种与非REM睡眠相似的状态，但通过损伤外侧被盖来阻断上行性感觉传入却没有这种作用。相反，电刺激网状结构中的中脑被盖中线区，却可使大脑皮层从非REM睡眠的缓慢EEG节律转换为更为警觉（alert）和唤醒（aroused）的状态，此时EEG节律与觉醒状态相似。Moruzzi把这个边界不清楚的刺激区域称为**上行网状激活系统**（ascending reticular activation system）（在第15章曾提到过）。这一区域现在已在解剖上和生理上都被明确界定。已经清楚，Moruzzi的刺激影响了多组不同的上行调制系统。

在觉醒之前及在不同的唤醒状态，几组神经元的发放频率增加。其中包括蓝斑核的去甲肾上腺素细胞、中缝核的5-羟色胺细胞、脑干和基底前脑的乙酰胆碱细胞、中脑的组胺神经元和下丘脑的**下丘脑分泌素**（hypocretin，又称orexin，**促食欲素**；这是一种小分子神经肽，1998年由美国的两个研究组几乎同时独立发现，并被分别命名为hypocretin和orexin——译者注）神经元（图19.18）。这些神经元一起与整个丘脑、大脑皮层和其他许多脑区形成直接的突触联系。这些细胞的神经递质的一般性效应是使神经元去极化和兴奋性提高，从而对节律性发放产生抑制作用。这些效应在丘脑中继神经元中的表现最为明显（图19.19）。

下丘脑分泌素（促食欲素，见第16章）是一种小分子的肽类神经递质，主要由外侧下丘脑区的神经元表达。下丘脑分泌素（促食欲素）分泌神经元的轴突广泛地投射到脑的众多区域，而这些轴突对胆碱能、去甲肾上腺素能、5-羟色胺能和组胺能调制系统具有强烈的兴奋作用。当下丘脑分泌素（促食欲素）最初被发现时，研究者认为这个肽特异性地参与了摄食行为的调节（见第16章），但其显然也具有更多的作用。它促进觉醒，抑制REM睡眠，通过易化一些神经元的活动而加强某些运动行为，以及参与对神经内分泌系统和自主神经系统活动的调节。下丘脑分泌素能（促食欲素能）神经元的丧失会导致一种称为**发作性睡病**（narcolepsy）的睡眠障碍（图文框19.4）。

► 图19.19

觉醒和睡眠阶段丘脑节律性活动的调制。（a）在静息状态，丘脑神经元倾向于产生具有簇状放电的缓慢δ节律（左图）。在诸如ACh、NE及组胺等神经调质的作用下，丘脑神经元去极化，并转换成兴奋性更高的单个锋电位放电模式（右图）。这种变化可能与从非REM睡眠到觉醒状态的切换类似。此外，（b）和（c）分别是节律性簇状放电和单个锋电位放电的放大图（改绘自：McCormick and Pape，1990，图14）

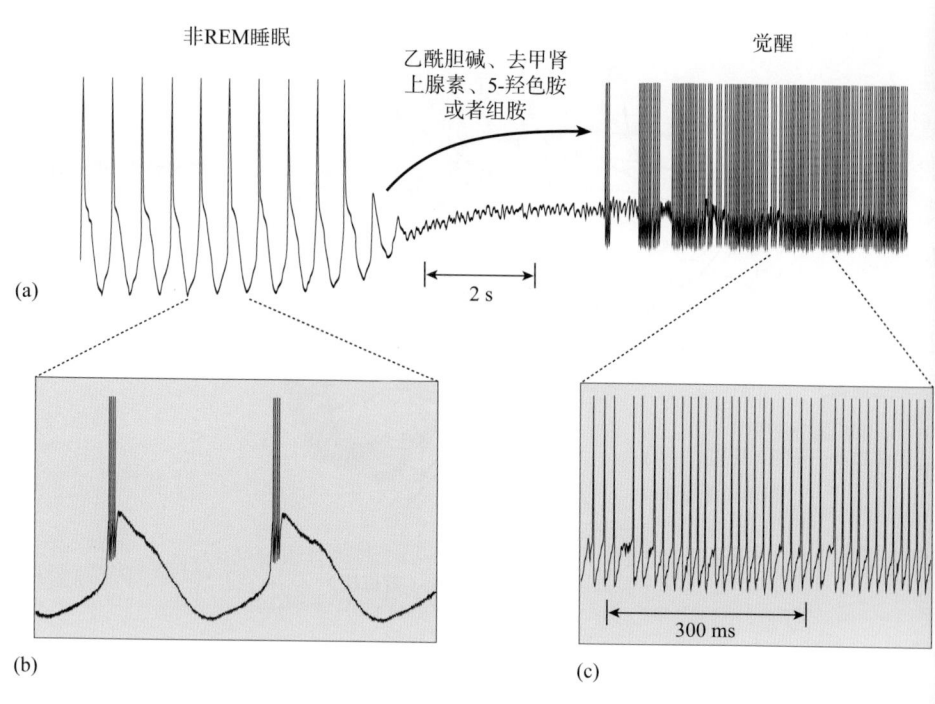

图文框19.4　趣味话题

发作性睡病

发作性睡病（narcolepsy）是一种奇特的难以控制的睡眠和觉醒障碍。尽管采用这样的名称，但它并不是一种癫痫。该疾病可能出现部分或全部的下面这些症状。

患者可以出现严重的**白昼过度嗜睡**（excessive daytime sleepiness），并常常由此引发讨厌的**睡眠发作**（sleep attacks）。**猝倒**（cataplexy）是一种突然出现的肌肉瘫痪现象，但意识并未丧失。患者会在平常一天的某一时刻突然陷入与REM睡眠相似的状态。猝倒通常由大笑、流泪等强烈的情感表达或惊吓、性唤起等引起，持续时间通常不超过一分钟。**睡眠性瘫痪**（sleep paralysis）是一种与猝倒相似的肌肉失控行为，发生在睡眠和觉醒的过渡阶段。这种症状的发作有时可不伴有发作性睡病，但可使患者感到非常惊恐，患者虽然神志清醒，却可持续数分钟不能活动或讲话。**入睡前幻觉**（hypnagogic hallucination）是一些生动的且常常是令人恐惧的梦境，可在睡眠开始时紧接着睡眠性麻痹出现。这种梦有时可与入睡前刚刚发生的真实事件流畅地连接起来。

EEG记录显示了发作性睡病和正常睡眠之间的明显不同。发作性睡病患者从觉醒状态直接进入REM睡眠阶段，而正常成年人总是先进入长时间的非REM睡眠阶段。发作性睡病的多数症状也许可以解释为REM睡眠的特征异常地侵入觉醒状态。

发作性睡病的发病率在各个地区的差异很大。例如在美国，每1,000~2,000人中就有一人患有此病，而在以色列每500,000人中才有一个。典型的发病年龄是12~16岁。这种疾病常常有遗传成分，很大一部分发作性睡病患者的人类白细胞抗原（human leukocyte antigen，HLA）基因的构型很特别。约占总人口25%的个体其HLA基因有发作性睡病的构型，但绝大多数人并没有发展成发作性睡病。环境因素也在发病中起着重要作用。近期一项在中国的研究发现，儿童发作性睡病的发病随季节变化，冬季呼吸道相关的感染往往带来最高的发病率。在2009—2010年H1N1流感大流行时，发作性睡病的发病率急速攀升，而接下来的两年里又逐步回落。当时在欧洲，许多人接种了H1N1的疫苗，而在中国疫苗还未上市，但欧洲和中国的发作性睡病的发病率都升高了。

山羊、驴、矮种马和十几个品种的狗也可出现发作性睡病。1999年，斯坦福大学（Stanford University）的Emmanuel Mignot、Seiji Nishino及其研究小组发

入睡和非REM睡眠状态。入睡过程先出现数分钟的渐进性变化，最终进入非REM睡眠状态。现在还不十分清楚是什么启动了非REM睡眠，但已明确某些促睡眠因子在其中发挥了作用（稍后将讨论），以及多数脑干调制性神经元的总体发放频率下降（这些神经元释放NE、5-HT和ACh）。尽管多数基底前脑区域似乎都可以提高警觉和唤醒水平，但部分胆碱能神经元在非REM睡眠开始阶段的发放频率反而增加，而在觉醒时停止发放。

前面已经提及，在非REM睡眠的早期阶段，EEG出现梭形波，这种波在一定程度上是由丘脑神经元的内在节律产生的（图19.11）。随着非REM睡眠阶段的推进，梭形波逐渐消失，取而代之的是缓慢的δ节律（低于4 Hz）。δ节律似乎也由丘脑细胞产生，该节律在丘脑细胞的膜电位变得比产生梭形波时的电位更负时产生（远负于觉醒状态时这些细胞的膜电位）。梭形波或δ节律的同步化活动由丘脑内部神经元之间，以及丘脑与大脑皮层神经元之间的相互联系产生。由于丘脑和皮层之间存在很强的双向兴奋联系，它们中某一个的节律性活动经常会被另一个的活动显著而广泛地反映出来。

现，狗的发作性睡病是由下丘脑分泌素受体基因的突变引起的。在同一年，得克萨斯大学西南医学中心（University of Texas Southwestern Medical Center）的Masashi Yanagisawa及其研究团队在小鼠基因组中敲除了神经肽下丘脑分泌素的基因，随后发现小鼠出现发作性睡病。上述在动物身上进行的基础研究迅速推动了关于人发作性睡病的研究。

2000年，两个研究团队发现发作性睡病患者脑内只有相当于正常水平10%甚至更少的下丘脑分泌素神经元（图A）。他们脑脊液中下丘脑分泌素的含量微不可测，而在几乎所有其他类型的神经疾病中，下丘脑分泌素的含量都处于正常水平。几乎可以确定的是，多数情况下，发作性睡病都是由下丘脑分泌素神经元选择性死亡引起的。不同于发生在其他动物身上的发作性睡病，人类患者脑内下丘脑分泌素的匮乏很少是由下丘脑分泌基因突变或其受体基因突变引起的。尽管目前已有充足的证据表明某种自免疫反应牵扯在其中，但患者脑内下丘脑分泌素神经元死亡的确切原因仍不清楚。某些病毒蛋白片段可能与下丘脑分泌素相似，在某种程度上触发了免疫细胞攻击下丘脑分泌素释放神经元。

目前还没有一种可以治愈发作性睡病的方法，现有的治疗方法都只能减轻症状。经常性的小睡、使用

苯丙胺和一种称为**莫达非尼**（modafinil）的药物有助于克服白昼嗜睡，而三环抗抑郁剂（具有抑制REM睡眠作用）也许可减轻猝倒和睡眠性瘫痪。关于发作性睡病伴随下丘脑分泌素匮乏的发现指出了一种潜在的治疗方向：服用下丘脑分泌素或其受体的激动剂。到目前为止，在人身上进行的实验结果还不甚理想。其中一个问题是下丘脑分泌素很难通过血脑屏障。在动物实验中，移植下丘脑分泌素神经元让研究者看到了一线希望，但还未在人身上进行此类尝试。

图A

正常人脑（左）和发作性睡病患者脑（右）下丘脑内下丘脑分泌素（促食欲素）神经元的分布情况（改绘自：Thannickal等，2000，图1）

REM睡眠的机制。REM睡眠是一种与非REM睡眠如此不同的状态，因此我们推测其与后者有一些明显不同的神经机制。许多皮层区在REM睡眠阶段的活跃程度至少与在觉醒阶段一样。例如，在REM阶段，运动皮层的神经元快速发放并产生有组织的运动性发放模式，以试图去控制整个躯体，但实际上它们只能对眼睛、内耳和那些呼吸所必需的肌肉进行控制。REM睡眠阶段所产生的内容翔实的梦的确需要大脑皮层的参与，但皮层对产生REM睡眠却并不是必需的。

利用PET和fMRI对觉醒和睡眠状态的人脑进行成像，为我们区分觉醒与睡眠（REM睡眠和非REM睡眠）时的脑活动模式提供了一些极具吸引力的证据。图19.20（a）显示了REM睡眠与觉醒状态之间脑活动的差异。初级视觉皮层和其他一些脑区在这两种状态下的活跃程度大致相同，而纹外皮层区和部分边缘系统在REM睡眠期间明显较为活跃。相反，前额叶一些区域的活动却很低。图19.20（b）对REM睡眠和非REM睡眠过程中脑活动的差异进行了比较。在REM睡眠阶段，初级视觉皮层和许多其他区域的活动明显较低，而纹外皮层却较为活跃。这些结果为睡眠时所发生的情况描绘了一幅有趣的图画。纹外皮层区在REM睡眠阶段非常活跃，可以假设这时正在做梦。然而，初级视觉皮层的活动却没有相应地增加，这提示纹外皮层区的兴奋是脑内部引起的。梦的情感成分可能与边缘系统的兴奋性提高有关。额叶活动较弱这一现象提示，也许并没有对纹外皮层区的视觉信息进行高级整合或加工，这样在梦中就会出现一些杂乱的、难以理解的视觉表象。

对REM睡眠的控制，与其他脑功能状态一样，都源于脑干深部，特别是脑桥的弥散性调制系统。蓝斑核和中缝核是脑干上部的两个主要系统，其

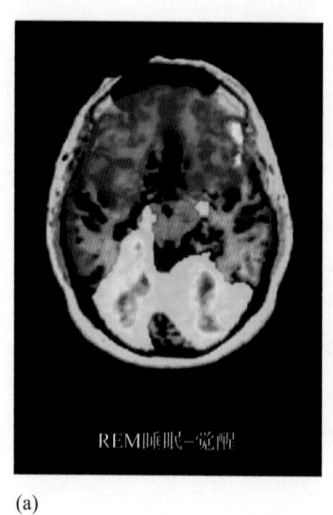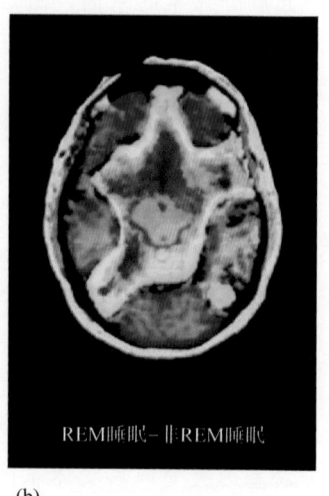

(a)	(b)

▲ 图19.20

人脑处于觉醒和睡眠状态时的PET成像。这些图像显示脑的三个不同水平位切面。（a）颜色表示REM睡眠和觉醒之间脑活动的差异；绿色、黄色和红色表示在REM睡眠时神经活动更加活跃的区域，紫色表示在REM睡眠时神经活动比在觉醒时少的区域。注意，脑切面底部（后部）的黑色楔形区提示纹状皮层在两种状态下的活跃程度相似。（b）REM睡眠与非REM睡眠之间的差异。在REM睡眠期间，纹状皮层的活动较弱（引自：Braun等，1998，图1）

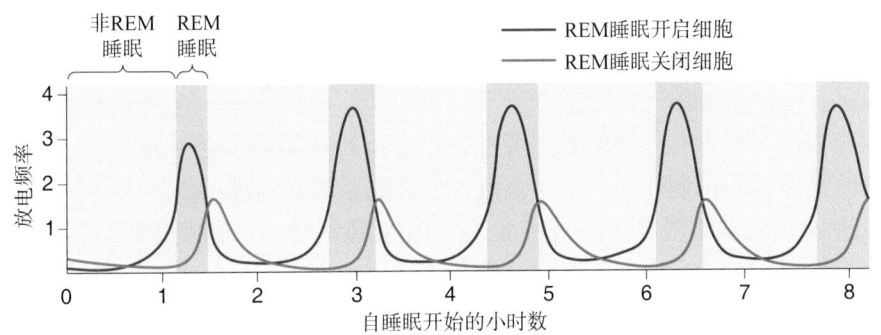

脑干神经元对REM睡眠起始和终止的控制。此图表示REM睡眠相关神经元在一个晚上的相对放电频率。绿色指示REM睡眠时段。REM睡眠开启细胞为脑桥胆碱能神经元，其放电频率恰好在REM睡眠开始前增加（红色曲线）。REM睡眠关闭细胞分别为蓝斑核的去甲肾上腺素能和中缝核群的5-羟色胺能神经元，它们的放电频率恰好在REM睡眠结束前增加（蓝色曲线）（引自：McCarley and Massaquoi，1986，图4B）

神经元的发放频率在开始REM睡眠时几乎降至零（图19.21）。而此时，脑桥中的胆碱能神经元的发放频率却同时急剧增加。一些证据提示，胆碱能神经元可诱发REM睡眠。可能正是由于乙酰胆碱的作用才使丘脑和皮层在REM睡眠阶段的表现变得与觉醒状态非常相似。

为什么我们不能将梦付诸实际的行动？这是因为，控制前脑睡眠过程的深部脑干系统同样也可以有效地抑制脊髓运动神经元的活动，以阻止下行的运动性神经活动变成实际的运动。这显然是一种适应机制，目的是保护我们自己。在极少数情况下，做梦的人，通常是老年人，似乎真的把他们的梦付诸行动了；他们处在一种被称为 **REM睡眠行为障碍**（REM sleep behavior disorder）的危险状态。这些人总是遭受到自我伤害，甚至其配偶也可成为他们半夜里拳打脚踢的受害者。某个人梦见他参加一场橄榄球比赛，却推倒了卧室里的衣柜。另一个人梦见他正在保护其妻子免受攻击，实际上却是在她的床上揍她。这种REM睡眠异常的基础，似乎是在正常情况下使REM睡眠期间肌肉松弛的脑干系统遭到了破坏。实验性损毁猫脑桥的某些部位可以引起相似的症状。这些猫似乎可以在REM睡眠期间追逐空想的老鼠或搜寻无形的入侵者。由下丘脑分泌素（促食欲素）缺乏引起的REM睡眠控制机制的紊乱也许是某些人患发作性睡病的原因之一（图文框19.4）。

促睡眠因子。 睡眠研究者一直设法在血液或脑脊液（CSF）中寻找可以促进甚至可以引起睡眠的化学物质。在剥夺睡眠的动物上已经确认了许多可以促进睡眠的物质。在此，我们将介绍几种重要的物质。其中一种关键的睡眠相关物质是腺苷。所有细胞都利用**腺苷**（adenosine）来合成包括DNA、RNA和ATP在内的最基本的生物大分子。腺苷也可由某些神经元和神经胶质细胞分泌，以神经调质的形式作用于遍布全脑的突触。腺苷这种物质可能会吸引无数喝咖啡、茶和可乐的人。自古以来，咖啡因（caffeine）和茶碱（theophylline）等腺苷受体的对抗剂一直被用来使人们保持清醒。相反，服用腺苷和它的激动剂可促进睡眠。对于自然状态的脑，觉醒状态下的细胞外腺苷浓度高于睡眠状态下的。持续保持觉醒和剥夺睡眠都可以使腺苷浓度逐步升高，而在睡眠过程中，腺苷浓度则逐渐下降。觉醒引起的腺苷水平的变化并不发生在全脑，而只局限在与睡眠相关的特定脑区。腺苷的这两个特点——促进睡眠和随着睡眠的需求而发生浓度的相应变化，都强烈地提示它是一种重要的促睡眠因子。

那么腺苷是怎样促进睡眠的？这是因为它对以ACh、NE和5-HT为神经递质的弥散性调制系统具有抑制作用，而这些系统倾向于促进觉醒。这一现象提示，睡眠可能由一连串的分子反应所引起。觉醒状态下的神经活动可提高腺苷浓度，而腺苷浓度的升高可进一步增强其对调制系统中那些参与觉醒活动的神经元的抑制作用。当"觉醒性"调制系统受到进一步的压抑，脑就可以进入以同步化慢波活动为特征的非REM睡眠状态。睡眠开始后，腺苷浓度开始缓慢下降，调制系统的活动却逐渐增强，直至我们醒来重新开始新一轮的循环。

另一个重要的促睡眠因子是**一氧化氮**（NO）。回顾之前的章节对NO的介绍，这是一种可轻易透过细胞膜、在特定神经元间作为逆行性信使（突触后到突触前）而发挥作用的、自由扩散的气体小分子（见第6章）。脑干中促进觉醒的胆碱能神经元上NO合成酶的表达量尤其高。脑内NO的浓度在觉醒时最高，在睡眠剥夺时会迅速上升。NO是如何促进睡眠的呢？研究已证实NO可以触发腺苷的释放。正如我们已知的，腺苷通过抑制维持觉醒的神经元的活动，促进非REM睡眠。

嗜睡是普通感冒和流行性感冒等感染性疾病的一种最常见的症状。在感染性免疫反应和睡眠调节之间存在着直接的联系。20世纪70年代，哈佛大学（Harvard University）的生理学家John Pappenheimer在睡眠剥夺的山羊的脑脊液里鉴定出一种可以易化非REM睡眠的胞壁酰二肽（muramyl dipeptide）。胞壁酰二肽通常只由细菌的细胞壁（cell wall）产生，而脑细胞并不能产生。这种肽可引起发热，并激活血液中的免疫细胞。现在还不清楚它们是怎样出现在脑脊液中的，但很可能由肠道细菌合成。新近的研究表明免疫系统中的一些**细胞因子**（小分子信号肽）参与了睡眠的调节。其中一种就是**白细胞介素-1**（interleukin-1），其由脑内的神经胶质细胞和巨噬细胞（遍布全身可以吞噬外来物质）合成。类似腺苷和NO，白细胞介素-1的水平也是在觉醒时升高，在人类中，浓度最大值出现在进入睡眠之前。即便免疫系统没有被激活，白细胞介素-1仍能促进非REM睡眠。对人类而言，它可引发疲劳和困倦。此外，白细胞介素-1还能激活免疫系统。

另一种内源性促睡眠因子是**褪黑素**（melatonin），一种由脑内豆粒般大小的松果体（pineal body）分泌的激素（见第7章附录）。褪黑素是色氨酸的一种衍生物。它只有在环境变暗，即通常在夜晚分泌，而光可以抑制它的分泌，所以它又称为"激素中的德古拉"［Dracula of hormones；Dracula源自Bram Stoker（布拉姆·斯托克，1847.11—1912.4，英国小说家）于1897年出版的小说*Dracula*（《吸血鬼德古拉》），这本小说的成功和流行使得Dracula成为吸血鬼的代名词。由于传说中的超自然生物吸血鬼在夜间活动，本书作者用Dracula寓意夜间分泌的褪黑素——译者注］。在人类中，褪黑素的水平在夜晚我们困意袭来时升高，在凌晨达到峰值，在我们睡醒时回落至基线。现有证据表明褪黑素有助于睡眠的起始和维持，但在自然的睡眠-觉醒周期中它具体扮演什么样的角色仍不得而知。近年来，褪黑素作为一种可以促进睡眠的非处方药颇受欢迎。尽管在改善飞行时差反应（jet lag）和治疗影响某些老年人的失眠症中有些效果，但关于褪黑素改善睡眠的整体效应尚存在争议。

睡眠和觉醒状态下的基因表达。对睡眠神经功能的研究得益于睡眠的行为学、脑生理学和弥散性调制系统活动等不同水平的分析。分子生物学技术的应用也贡献了有趣的实验结果。尽管这些研究的各个片段之间还不能完全吻合，但即使在分子水平上，睡眠和觉醒的行为状态也很不相同。例如，在猕猴大脑皮层的许多区域，深度睡眠状态下合成蛋白质的速度快于轻度睡眠状态下的。而且，也已经发现，大鼠多个脑区中 cAMP 在睡眠状态下的浓度低于觉醒状态时的。

研究显示，睡眠和觉醒与不同的基因表达有关。圣地亚哥神经科学研究所（Neurosciences Institute in San Diego）的 Chiara Cirelli 和威斯康星大学（University of Wisconsin）的 Giulio Tononi 检测了大鼠在睡眠和觉醒时上千种基因的表达。绝大多数基因在这两种状态下的表达水平是相同的。然而，0.5% 基因的表达水平有所不同，这也许有助于了解在睡眠过程中脑内发生了些什么。多数在觉醒时高度表达的基因可能属于下面三组中的一组。其中一组包括所谓的**即刻早基因**（immediate early genes），它们编码那些可以影响其他基因表达的转录因子。其中有些基因似乎与突触连接强度的改变有关。睡眠时这些基因的低水平表达可能与睡眠状态下学习和记忆难以巩固这一事实有关。第二组基因来自线粒体。增加这些基因的表达对满足觉醒时较高的代谢需求具有重要的作用。第三组包括与细胞应激反应有关的基因。

另有一组基因在睡眠时表达量最高，它们中的一些可能参与了蛋白质的合成及突触可塑性机制，与觉醒时发挥主要作用的基因互为补充。重要的是，这些与睡眠相关的基因表达变化只特异性地出现在脑，而在其他组织，如肝和骨骼肌却不是这样。这与被普遍接受的假设"睡眠是脑为自身受益而打造的一种过程"是一致的。

19.4　昼夜节律

几乎所有的陆生动物都根据其**昼夜节律**（circadian rhythm；即"日节律"——译者注）调节它们的行为。昼夜节律是一些由地球自转引起的白昼和黑夜的日循环［circadian rhythm 一词源自拉丁语的 *circa* 和 *dies*，分别意为 approximately（近似地）和 day（一天）］。昼夜节律的精确时间在不同种类动物之间都是不一样的。一些动物在白天表现活跃，一些只在夜间活动，还有一些主要在黎明和黄昏的过渡阶段活动。机体的多数生理和生化过程随着昼夜节律的变化而起伏，体温、血流、尿量、激素水平、毛发生长和新陈代谢率都有波动（图 19.22）。在人类中，睡眠的倾向性和体温之间存在近似反比的关系。

当人为地把白昼和黑夜循环从动物所处的环境中去掉后，昼夜节律仍或多或少地保持着与原先相同的规律，这是因为控制昼夜节律的主要时钟不是天文钟（太阳和地球），而是脑内的生物钟。与所有的时钟一样，脑内的生物钟也不是完美的，偶尔需要做些调整。这好比你偶尔需要调整一下自己的手表，以便与周围环境合拍（或者至少与你的计算机的时间合拍）。同样，光照和黑暗或一天中的温度变化等外界刺激也有助于调整脑内的生物钟，使其与日出日落保持同步。现在已经在行为、细胞和分子水平上对昼夜节律进

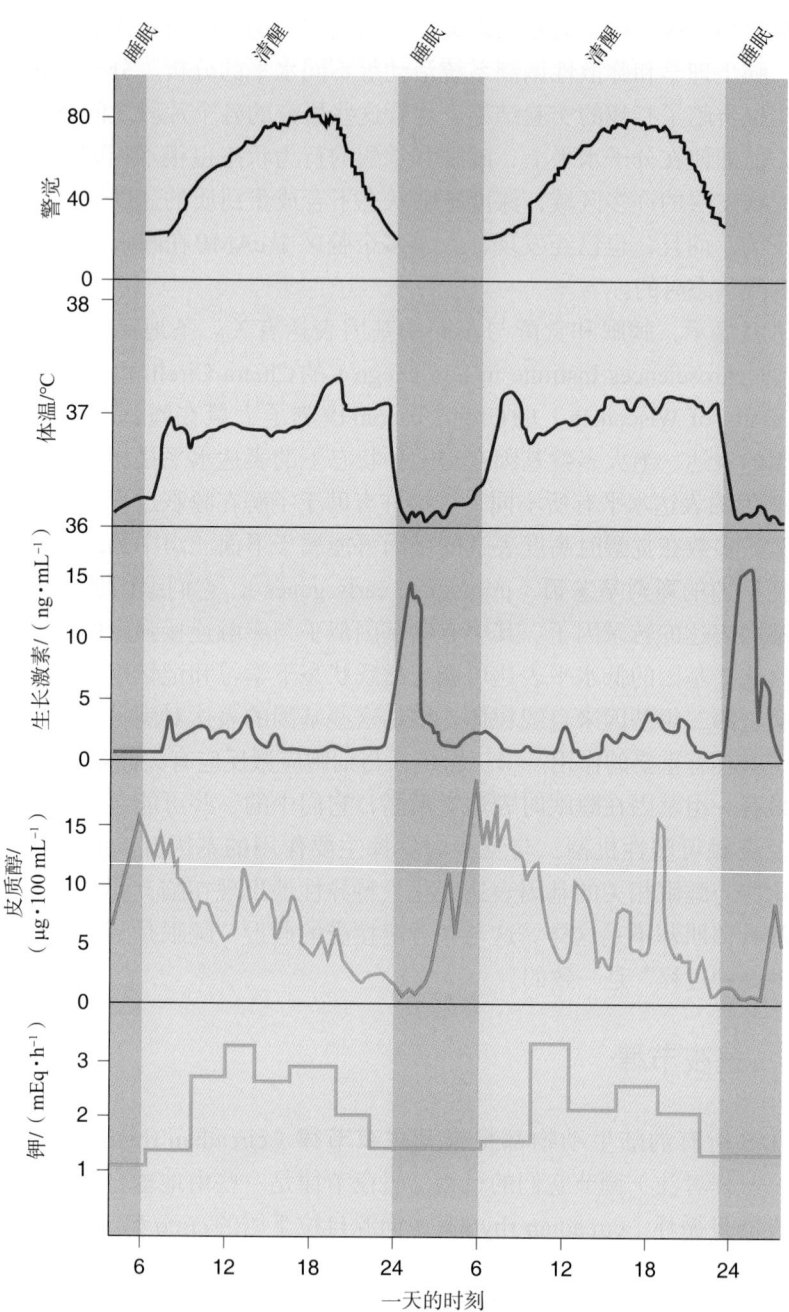

▲ 图 19.22

生理功能的昼夜节律。图显示了连续 2 天中生理功能的波动。警觉水平和深部体温的变化非常相似；而生长激素和皮质醇在血液中的浓度都在睡眠阶段达到最高，但两者的高峰浓度出现在不同时刻。最下方的图显示肾脏分泌钾离子的情况，在白天达到高峰（改绘自：Coleman，1986，图 2.1）

行了充分的研究。脑生物钟对研究特定神经元活动与行为之间的关系具有特别重要的意义。

19.4.1　生物钟

　　存在生物钟的第一个证据来自含羞草（mimosa）这种无脑的植物。含羞草的叶子白天闭合，晚上张开。许多人想当然地认为，这种现象只不过是该植物对阳光的一种反应，是某种形式的反射活动。1729年，法国物理学家 Jean Jacques d'Ortous de Mairan 对这种显而易见的行为进行了研究。他发现，把含羞草放入黑暗的壁橱后，其叶子还是像以前那样会闭合和张开。然而，纵然是一个惊人的新发现也可能引出一个错误的结论。de Mairan 当时就认为，即便在黑暗中，含羞草仍然可以在某种程度上感觉到太阳运动的信息。直到一个多世纪后，瑞士植物学家 Augustin de Candolle 发现，一种与含羞草类似的植物，其叶子在黑暗中以22 h为周期闭合和张开，而不是按照太阳的运动以每24 h为周期闭合和张开。这提示该植物并没有对太阳反应，它很可能拥有一个内在的生物钟。

环境中的各种提示时间的线索（光明和黑暗、温度和湿度的变化等）统称为**环境钟**（zeitgebers；德语词，意为 time givers，授时者）。在存在环境钟的环境里，动物的活动变得与昼夜节律**合拍**并保持精确的24 h循环。很显然，即便是微小的，但是持续的时间差错，也难以长时间地忍受。24.5 h 的昼夜循环可在3周内使动物的白天活动完全转变成黑夜活动。如果哺乳动物被完全剥夺环境钟，它们就会调整其活动和休息节律，这种节律通常长于或短于24 h。这种情况下的节律称为**自由运行**（free-run）节律。小鼠正常的自由运行节律周期约为23 h，仓鼠接近24 h，而人类则为24.5～25.5 h（图19.23）。

让一个人与所有可能的环境钟分开是很困难的。即使在实验室里，周围的环境也可提供不太起眼的时间提示线索，如机器的噪声、人的走动、暖气和空调的定时开或关等。最为隔绝的环境是在很深的洞穴里，已在这种环境中开展了一些隔离研究。让人们在深深的洞穴里待几个月，允许他们安排自

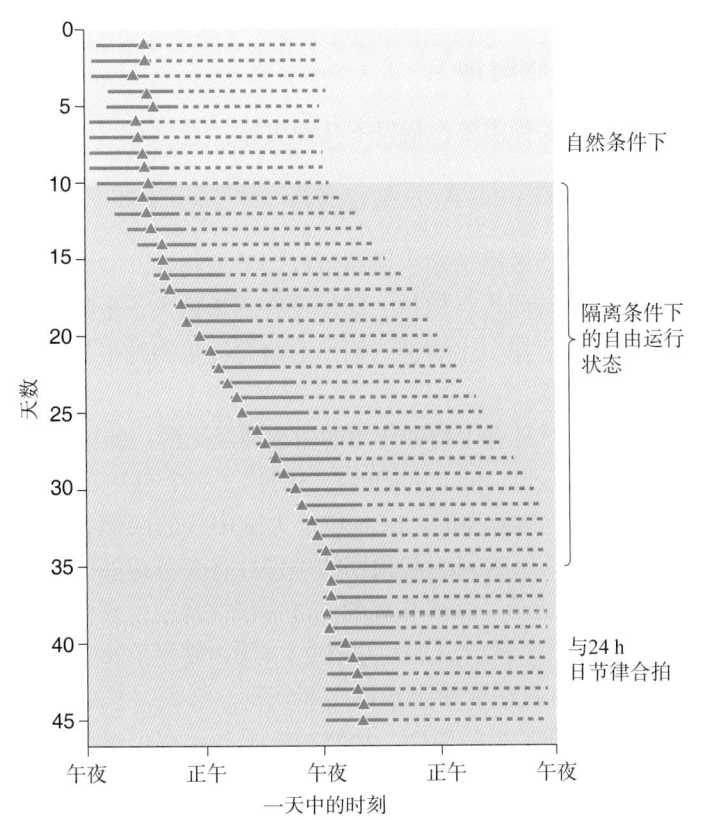

◀ 图 19.23

睡眠和觉醒的生理性昼夜节律。图显示的是在45天里，同一个受试者每天的睡眠-觉醒周期。每天都用一条横线表示，其中的实线为睡眠阶段，虚线为觉醒阶段。三角形表示一天中体温的最低点。在最初的9天，让受试者暴露在自然条件下、24 h的光照-黑暗周期、嘈杂-安静和气温变化的自然环境条件中。在中间的25天，环境所有可以提示时间的信息都被去掉，而让受试者自由安排其作息时间。可以看出，睡眠-觉醒周期仍然被保持，但每个周期都延长至大约25 h。受试者此时正处在自由运行状态。注意，最低体温的出现时间逐渐从睡眠末期移至睡眠初期。在最后的11天，光照和用餐周期又被恢复至24 h。这时，受试者的活动又开始与自然的昼夜节律合拍，其最低体温的出现时间也逐渐恢复至正常的时间点（改绘自：Dement，1976，图2）

己的觉醒和睡眠、开灯和关灯的时间，自己选择吃饭的时间。他们最初会把活动节律调整至每个周期约为25 h。但出乎意料的是，在数天或数周后，他们的自由运行节律会延长至30 ~ 36 h。他们可能20 h一直保持清醒，然后睡上12 h。此时，他们觉得这种活动节律是完全正常的。

在隔离实验中，外部行为和生理活动并不总按相同的节律进行循环。最近的研究发现，即使利用人工光源使人们处于"每天"20 h或28 h的环境中，他们的体温和其他生理指标可能继续按24 h周期变化。这意味着，通常都与24 h保持同步的体温和睡眠－觉醒节律变得不同步了。在上文提到的深洞穴实验中，当允许人们自己安排作息时间时，行为和生理循环周期的差异就会变得更大。在通常情况下，体温的最低点出现在清晨我们将要醒来的那一刻。但是，当行为和生理不能同步时，体温最低点出现的时间就会发生转移，首先转移到睡眠的早期阶段，然后就会出现在觉醒阶段。这种去同步化的循环会对睡眠质量和觉醒时的舒适度产生不良影响。由于在这种去同步情况下，睡眠－觉醒和体温可以按各自的节奏进行循环而不必相互关联，因此可以得出一种推论，即体内有不止一个生物钟。

当我们在旅行过程中不得不突然进入新的睡眠－觉醒周期时，也可发生短暂的去同步化。这是一种大家所熟悉的经历，即飞行时差反应（jet lag），其最好的治疗方式是明亮的光线，它可帮助我们的生物钟恢复同步。

哺乳动物最主要的环境钟是光照－黑暗循环。然而对某些哺乳动物，母亲的激素水平也许是最早的环境钟，这些动物的活动水平在子宫里已经开始与环境钟合拍。在对各种成年动物的研究中发现，有效的环境钟还包括周期性的食物或水的供应、社会交往、环境温度和嘈杂－宁静的循环。尽管这些因素多数没有光照－黑暗循环那样有效，但对生活在特定环境中的某些物种来说却是至关重要的。

19.4.2　视交叉上核：一种脑时钟

一个能产生昼夜节律的生物钟需要包括以下几种成分：

$$光感受器 \rightarrow 时钟 \rightarrow 输出通路$$

一条或更多条对光照和黑暗敏感的输入通路可以调节生物钟，并使生物钟的节律与环境的昼夜节律保持同步。但是，即使没有感觉输入，生物钟本身也能持续运转并保持其基本节律。生物钟的输出通路允许生物钟根据它的计时来控制脑和躯体的某些功能。

在哺乳动物的下丘脑有一对具有生物钟作用的微小神经元群，即第15章曾介绍过的**视交叉上核**（suprachiasmatic nucleus，SCN）。一个SCN的体积不超过0.3 mm³，其神经元是全脑最小的。SCN位于大脑中线的两侧，紧挨着第三脑室（图19.24）。电刺激SCN可引起预期的生理性昼夜节律的改变。切除两侧的SCN可以消除躯体活动、睡眠和觉醒、进食和饮水的生理性昼夜节律（图19.25）。给仓鼠移植一个新的SCN可以在2 ~ 4周内恢复节律（图文框19.5）。如果没有SCN，脑的内在节律则永远不能恢复。然而，损毁SCN并不能消除睡眠，假如存在光照－黑暗周期，动物的睡眠和觉醒仍然可与其保持协调。睡眠似乎受一种昼夜时钟以外的机制调节，这种机制主要依赖于

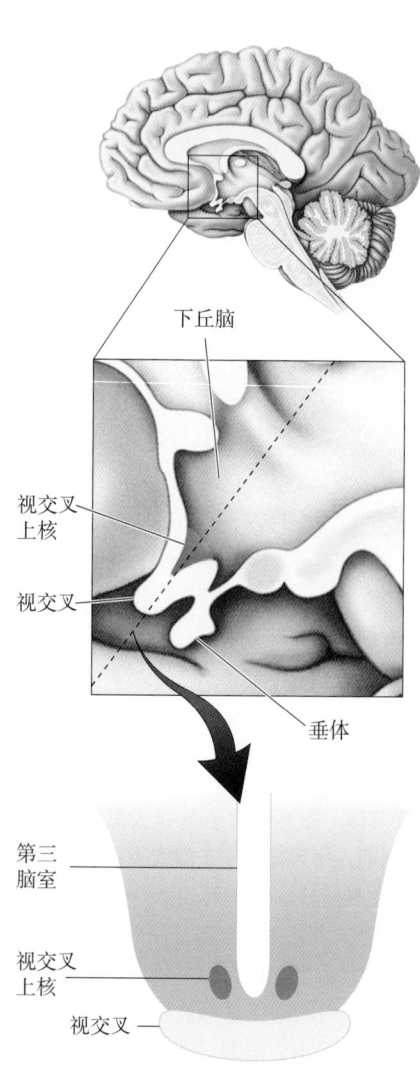

▲ 图19.24

人类的视交叉上核。视交叉上核（SCN）在下丘脑，恰好位于视交叉的上方和第三脑室旁。中图是侧面观，下图是经过中图虚线的正面观

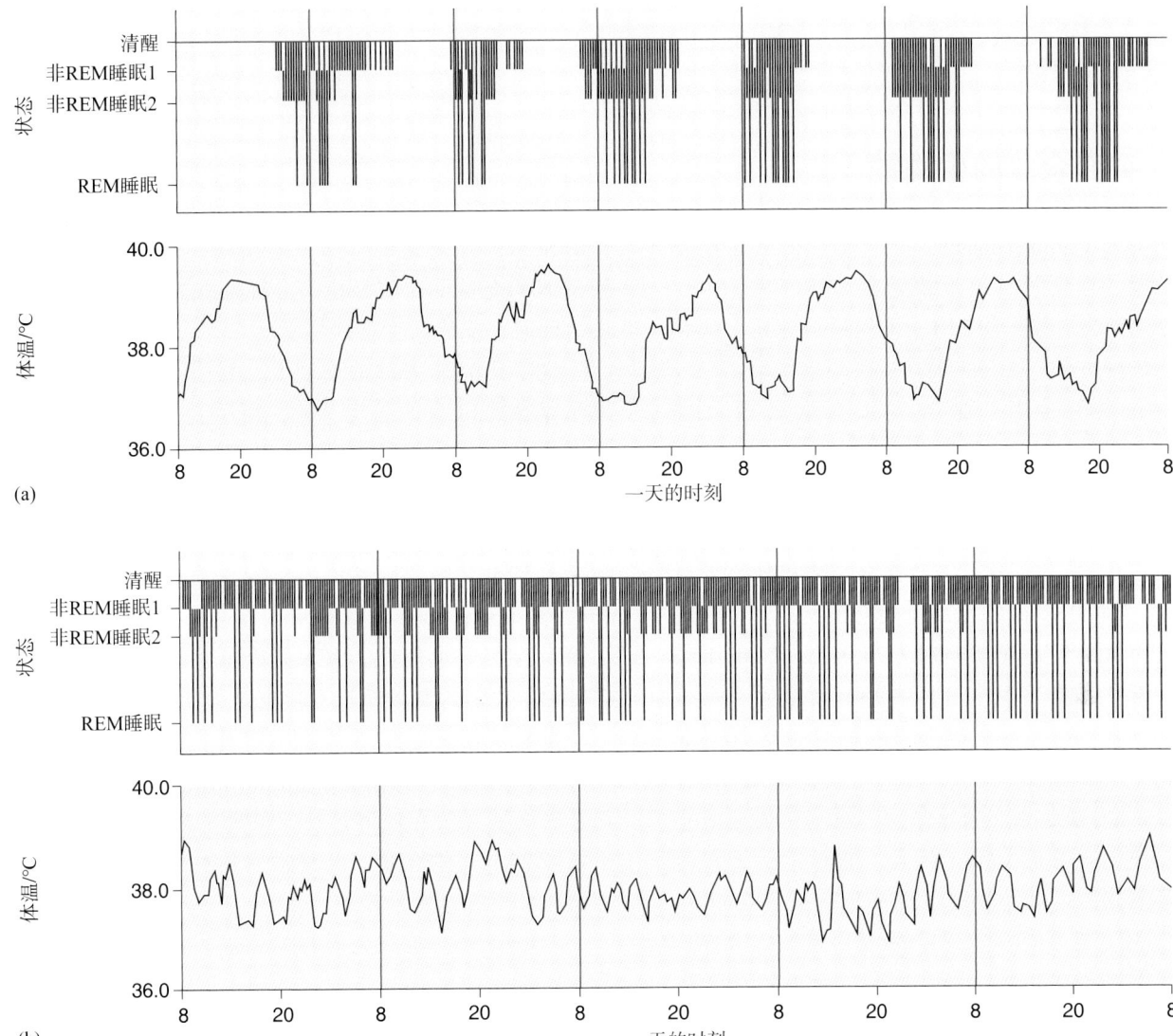

▲ 图 19.25

视交叉上核与昼夜节律。(a) 被安置在持续光照环境中的正常松鼠猴 (squirrel monkey),
表现出大约以 25.5 h 为一个周期的昼夜节律。图示觉醒和睡眠的各个阶段及同时记录的
体温变化。动物的活动状态被区分为觉醒、两个水平的非 REM 睡眠 (非 REM 睡眠 1 和非
REM 睡眠 2) 或 REM 睡眠。(b) 损毁双侧 SCN,依然将动物置于持续光照的环境中,可
破坏昼夜节律。注意,损毁 SCN 使动物的活动和体温变化保持在很快的节奏上 (改绘自:
Edgar 等,1993,图 1 和图 3)

上一次睡眠的数量和时段。

　　由于行为通常与光照–黑暗循环保持同步,因此一定存在一种光敏感的
调节脑生物钟的机制。SCN 通过视网膜–下丘脑通路来完成这种功能:视网
膜的视神经节细胞的轴突直接与 SCN 神经元的树突发生突触联系。这种来
自视网膜的输入对于睡眠–觉醒周期与昼夜变化的合拍既是必要的也是充分
的。如果记录 SCN 神经元的活动,的确可以发现其中一些神经元对光敏感。
与视觉通路神经元 (见第 10 章) 不同的是,SCN 神经元的感受野很大,且缺
乏选择性,它们主要对光刺激的亮度而不是对其朝向和移动发生反应。

突变仓鼠的生物钟

金黄仓鼠（gold hamster）是遵循昼夜节律比较严格的动物。即便被持续地放置在黑暗的环境中，它们仍可连续数周按平均24.1 h的周期按时地入睡和觉醒、进食和饮水，以及在玩具转轮车上跑动。

正是这种可靠性，使当时正在俄勒冈大学（University of Oregon）工作的神经科学家Martin Ralph和Michael Menaker对实验室里的一只仓鼠产生了兴趣，这只仓鼠在黑暗中连续生活3周后仍能保持准时的22.0 h节律。这只与母亲分离的雄性仓鼠由3只具有正常昼夜节律特征的雌性仓鼠抚养（这3只雌性仓鼠的自由运行周期分别为24.01 h、24.03 h和24.04 h，相当正常）。当把3窝共20只幼鼠置于黑暗环境中进行观察时，根据这些动物的自由运行周期把它们平均分成两组。其中一组的周期为24.0 h，另一组为22.3 h。通过杂交繁殖显示，短节律周期的仓鼠含有一种突变基因（tau）拷贝，它相对于正常的等位基因为显性。对动物进行进一步杂交，Ralph和Menaker发现，携带有两个突变tau基因拷贝的动物其自由运行周期只有20 h！最终，tau的突变体被证明是一种与特定时钟基因相互作用的激酶（图19.27）。

昼夜节律突变仓鼠为回答下面这个基本问题提供了一种令人信服的方法：SCN是脑的昼夜节律时钟吗？Ralph、Menaker及其同事发现，切除仓鼠两侧的SCN，可使这种节律完全消失。但只要在被切除SCN的仓鼠下丘脑移植一个新的SCN，经过大约1周的时间，节律又可得到恢复。

这项研究最关键的发现是，接受移植的仓鼠改用了移植的SCN的昼夜节律，而不是它们自己生来俱有的昼夜节律。换句话说，如果损毁一只没有遗传问题的仓鼠的SCN，然后移植一个具有突变tau基因拷贝供给者的SCN，那么这只仓鼠的节律周期就会变为22 h。如果所移植的SCN来自带有两个变异tau的供给者，那么其节律周期就会变成20 h。这些证据令人信服地表明，SCN是仓鼠主导性的昼夜节律时钟。我们人脑的情况可能也是如此。

当仓鼠被置于正常的24 h明暗循环时，短昼夜节律周期对突变仓鼠的生活方式常常是破坏性的。正常的仓鼠喜欢在晚间活动，但大多数tau突变动物不能与24 h节律合拍。相反，它们的活动周期在明暗循环中不断地发生偏移。

人类有时也能产生同样的问题，老年人尤为常见。由于生理性昼夜节律随着年龄增大而缩短，晚上很早就开始犯困，并常常在凌晨三四点钟醒来。就像这些突变仓鼠一样，一些人不能使自己的睡眠-觉醒循环与环境的昼夜节律合拍，他们白天的活动周期经常出现偏移。

近十年的研究给出了出人意料的结果，与SCN活动同步的视网膜细胞既不是视杆细胞也不是视锥细胞。我们早就知道没有眼睛的小鼠不能利用光线重置它们的生物钟，而有完整视网膜但没有视杆和视锥细胞的突变小鼠却可以做到！在哺乳动物中，视杆和视锥细胞是目前已知的两种光感受器，目前还不清楚在没有它们的情况下，光线是如何影响生物钟的。

这个谜团被布朗大学（Brown University）的David Berson及其同事解开了。他们在视网膜上发现了一种新的光感受器，这是一种完全不同于视杆和视锥细胞的、高度分化的视神经节细胞。回顾第9章，视神经节细胞是视网膜神经元，它们的轴突将视觉信息发送到脑的其他部分；而且，视神经节细胞与脑中几乎所有的神经元一样，并不直接对光有反应。但是，对光敏感的视神经节细胞（light-sensitive ganglion cell；即内在光敏感视神经节细胞，参见第9章——译者注）会表达一种特殊的感光色素，**视黑素**（melanopsin），这是视杆和视锥细胞所没有的。这些光敏感的视神经节细胞会十分缓慢地被光激活，它们的轴突则可将信号直接传递到SCN，以校准存在于SCN中的生物钟。

SCN的轴突输出主要支配其临近的下丘脑区域，但也投射到中脑和间脑的其他区域。几乎所有的SCN神经元都以GABA作为主要的神经递质，因此可以设想，SCN神经元对其所支配的神经元有抑制作用。现在还不清楚SCN是怎样对那么多重要的行为进行定时的，但广泛损毁SCN的传出通路的确可以扰乱昼夜节律。除轴突输出通路外，SCN神经元还可以节律性地分泌一种肽类神经调质，即血管升压素（vasopressin）（见第15章）。

19.4.3　视交叉上核的机制

SCN神经元是如何保持时间信息的呢？可以确定的是每个SCN神经元都是一个微小的时钟，它通过自身的分子机械系统滴滴答答地有规律的走动，维持时间的准确。最基本的分离实验是简单地把神经元从动物的SCN中分离出来，每个神经元都单独地在组织培养皿中生长，即与其他脑组织和神经元分开。然而，这些细胞的动作电位发放频率、葡萄糖利用、血管升压素生成和蛋白质合成仍按大约24 h的节律变化，就像它们在完整的脑里一样（图19.26）。尽管培养的SCN细胞再也不能与白昼-黑夜周期合拍（要做到这一点，从眼部的输入是必需的），但其基本节律仍保持完好，就像被剥夺了环境钟的动物仍能保持节律一样。

SCN细胞通过轴突输出，并以常规的方式利用动作电位与脑的其他部位交流它们的节律性信息。尽管SCN的发放频率随昼夜节律而变化，但动作电位对SCN神经元保持其节律并不是必需的。给SCN细胞施加钠离子通道阻断剂河鲀毒素（tetrodotoxin，TTX）可阻断动作电位，但并不影响其代谢和生化功能的节律。洗去TTX，动作电位的发放可恢复至与使用TTX前相同的节奏和频率，这意味着，即使没有动作电位，SCN时钟仍能保持运行。SCN的动作电位就像时钟的指针一样；去除指针并不能阻止时钟内部结构的运行，但再也无法用通常的方式读取时间。

没有动作电位的SCN时钟功能的性质又如何呢？对多个物种的研究认为，这是一种基于基因表达的分子循环。人类使用的分子时钟与在小鼠、果蝇（drosophila）甚至面包霉菌（bread mold）上发现的相似。在果蝇和小鼠中，这个系统包含了一系列的**时钟基因**（clock gene）。其中一些在哺乳动物中发挥更重要作用的时钟基因称为*period*（*per*）、*cryptochrome*和*clock*。虽然不同物种之间的细节有所不同，但这个系统基本上是一个负反馈环路。该系统的许多细节首先由美国西北大学（Northwestern University）的Joseph Takahashi及其同事们完成的实验所揭示，他们还命名了*clock*基因（*circadian locomotor output cycles kaput*的首字母缩写）。时钟基因转录产生mRNA，后者再翻译成蛋白质。经过一段时间的延迟后，这种新合成的蛋白质发出反馈信息，并与转录机制相互作用，引起基因表达的减少。基因转录的减少使蛋白质合成也减少，这样又反过来增加了基因的表达并开始一个新的循环。整个循环大约需要24 h，因此这就是一个昼夜节律（图19.27）。

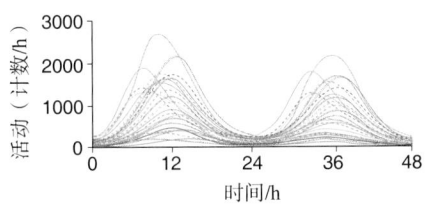

▲ 图19.26

与其他脑组织分离的SCN的昼夜节律。监测100个独立组织培养的SCN神经元时钟基因的活动。每个神经元都能产生一个很强的昼夜节律，且与其他神经元的节律保持很好的同步（改绘自：Yamaguchi等，2003，图1）

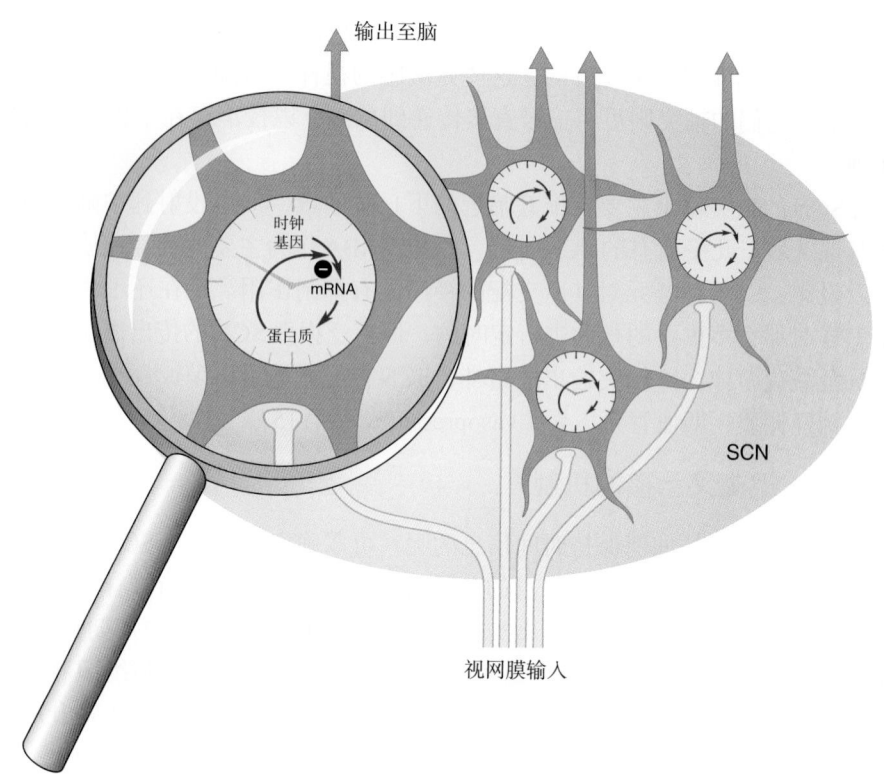

图 19.27

时钟基因。在 SCN 中，时钟基因产生可抑制进一步转录的蛋白质。基因转录和单个 SCN 神经元发放频率按 24 h 循环起伏。许多细胞的循环通过光照（由视网膜输入）及 SCN 神经元的相互作用而获得同步

如果每个 SCN 神经元都是一个时钟，那么一定有某种机制来协调成千上万个细胞时钟，以使 SCN 作为一个整体为脑的其他部分传递统一而明确的时间信息。从视网膜传来的光信息虽然每天都对 SCN 神经元的时钟进行校准，但 SCN 神经元之间也进行直接的交流。出人意料的是，SCN 细胞相互之间节律的协同似乎也不依赖于动作电位和常规的突触传递，因为 TTX 并不能阻断这些功能。而且，幼年大鼠的 SCN 在产生化学性突触之前，就能很好地协同 SCN 神经元的生理性昼夜节律。SCN 内神经元间交流的本质还没有完全阐明，但除了传统的化学性突触，可能还有其他化学信号、电突触（缝隙连接）或神经胶质细胞的参与。

研究已经证实，包括肝、肾和肺，机体几乎所有的细胞都有昼夜节律。与驱动 SCN 生物钟相同的基因转录反馈环路也作用于这些外周组织的生物钟。当来自肝、肾或肺的细胞在体外被单独培养时，每个细胞都展现出自己的昼夜节律。然而，在正常情况下，即在完整的机体中，所有细胞的生物钟都受到 SCN 的控制。SCN 又是怎样控制这些遍布机体各个器官的、数不清的生物钟的？一些信号传递通路似乎发挥了重要作用。SCN 对自主神经系统、体核温度、肾上腺分泌的激素（如皮质醇），以及对控制进食、运动和代谢的神经环路都有强大的节律性影响（图 19.28）。上述每一种影响转而又去调节机体的许多生物钟。例如，体温对外周组织的生物钟有强有力的影响。每晚，在 SCN 的影响下，体温大概会降低 1℃（图 19.22）。这一波体温的降低会帮助调节内脏器官的生物钟，使其与 SCN 日常节律保持一致，因而也就与外环境的昼夜节律一致。有趣的是，SCN 的生物钟极少受温度变化的影响；这也是合情合理的，因为要确保控制体核温度变化的 SCN 不会受到自己发出的控制信号的影响。

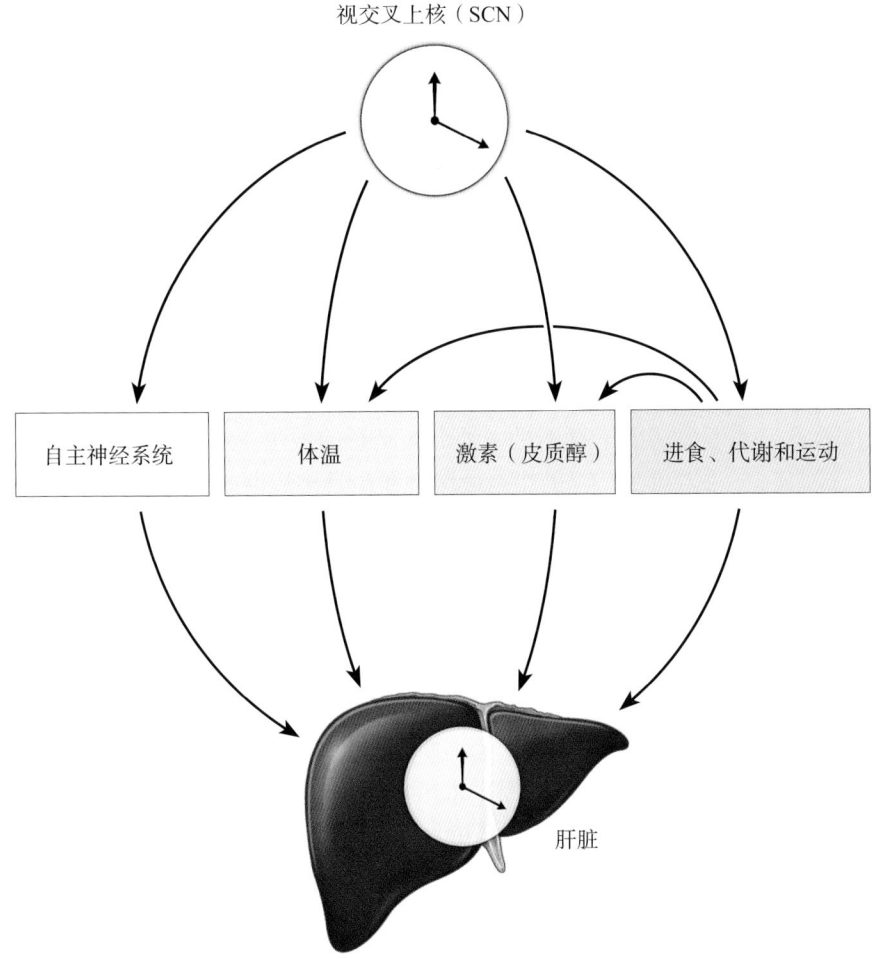

视交叉上核（SCN）

自主神经系统　体温　激素（皮质醇）　进食、代谢和运动

肝脏

◀ 图 19.28
从 SCN 到外周日节律时钟的调控通路。SCN通过控制自主神经系统、体核温度、皮质醇和其他激素的分泌，以及控制进食、运动和代谢，进而调控机体所有的日节律时钟（包括此处提到的肝）（改绘自：Mohawk等，2012，图3）

这个协调机体生物钟的复杂系统并不是完美的。不规律的饮食、长期服用甲基苯丙胺（methamphetamine，即冰毒——译者注），或者如前文提到的在极端环境下生存（长时间在洞穴中生活），都可能引发机体生物钟的去同步化。

19.5　结语

各种节律普遍存在于哺乳动物的中枢神经系统中。这些节律的频率跨度很大，可以从皮层EEG的接近500 Hz到各种每年一次的季节性行为（0.00000003 Hz），后者如鹿每年秋天的交配行为、花栗鼠（chipmunk）的冬眠和燕子的迁徙本能等。燕子的这种迁徙本能可使其在每年3月19日回到加利福尼亚的卡皮斯特拉诺（Capistrano，California）。根据当地的传说，在最近200年里，这些燕子的迁徙只有两次错过了这一天。某些节律具有内在的脑机制，另一些节律由环境因素引起，还有一些则反映了神经过程和环境钟之间的相互作用，SCN时钟便是其中的一个例子。

　　某些节律的作用很清楚，而许多神经节律的功能却不得而知。有些节律本身虽然可能没有什么意义，但却是一种由神经系统相互作用引起的次级反应，而这种相互作用对一些其他的、非节律性功能是至关重要的。

　　睡眠是一种最引人注目却又令人费解的脑节律。睡眠对神经科学提出了一系列有趣的问题。与单离子通道、单个神经元或感知觉、运动的调控系统等许多研究不同的是，睡眠的研究是在对"为什么？"这个最基本的问题一无所知的情况下开始的。我们仍然不知道人类为什么要花费生命1/3的时间来睡眠，而在睡眠中的大部分时间里机体会变得软弱无力并处于植物性状态，其余的时间则四肢瘫痪、充满幻觉。也许睡眠和梦的确没有什么重要的作用，但这并不妨碍我们享受睡眠和梦的乐趣并对其进行研究。不管怎样，从长远看，不考虑功能毕竟不是一种令人满意的做法。对多数神经科学家来说，试图回答"为什么？"仍然是最深奥和最具挑战性的问题。

关键词

脑电图 The Electroencephalogram

脑电图 electroencephalogram (EEG)（p.652）

脑磁图 magnetoencephalography (MEG)（p.654）

全面性发作 generalized seizure（p.661）

部分性发作 partial seizure（p.661）

癫痫 epilepsy（p.662）

睡眠 Sleep

快速眼球运动睡眠 rapid eye movement sleep (REM sleep)（p.664）

非快速眼球运动睡眠 non-REM sleep（p.664）

肌张力减退 atonia（p.665）

短昼夜节律 ultradian rhythm（p.667）

昼夜节律 Circadian Rhythms

昼夜节律、日节律 circadian rhythm（p.679）

环境钟 zeitgebers（p.681）

视交叉上核 suprachiasmatic nucleus (SCN)（p.682）

时钟基因 clock gene（p.685）

复习题

1. 为什么相对高频的EEG波振幅一般比低频的EEG波振幅小？

2. 人类大脑皮层的面积非常大，必须进行广泛的折叠以适应颅腔的大小。这种皮层表面的折叠对头皮EEG电极记录到的脑电信号有何影响？

3. 所有的哺乳动物、鸟类和爬行动物似乎都需要睡眠，这是否意味着睡眠对这些高等脊椎动物来说都是必需的？如果你不同意这种观点，那如何解释睡眠的普遍性？

4. REM睡眠阶段的EEG与觉醒时的EEG非常相似。REM睡眠阶段的脑和躯体功能与觉醒时有何不同？

5. 与觉醒状态相比，REM睡眠阶段的脑对感觉输入相对不敏感，如何对此进行解释？

6. SCN通过视网膜-下丘脑通路直接接受视网膜的输入，这正是为什么昼夜节律可以与光-暗周期合拍的原因。以某种方式破坏视网膜神经元的轴突，可能对睡眠-觉醒的昼夜节律产生什么样的影响？

7. 自由运行节律时钟控制的行为与完全没有时钟控制的行为相比有何不同？

拓展阅读

Brown RE, Basheer R, McKenna JT, Strecker RE, McCarley RW. 2012. Control of sleep and wakefulness. *Physiological Reviews* 92: 1087–1187.

Buzsáki G. 2006. *Rhythms of the Brain*. New York: Oxford University Press.

Carskadon MA, ed. 1993. *Encyclopedia of Sleep and Dreaming*. New York: Macmillan.

Fries P. 2009. Neuronal gamma-band synchronization as a fundamental process in cortical computation. *Annual Review of Neuroscience* 32:209–224.

Goldberg EM, Coulter DA. 2013. Mechanisms of epileptogenesis: a convergence on neural circuit dysfunction. *Nature Reviews Neuroscience* 14:337–349.

Mohawk JA, Green CB, Takahashi JS. 2012. Central and peripheral circadian clocks in mammals. *Annual Review of Neuroscience* 35:445–462.

（罗兰 译　王建军 校）

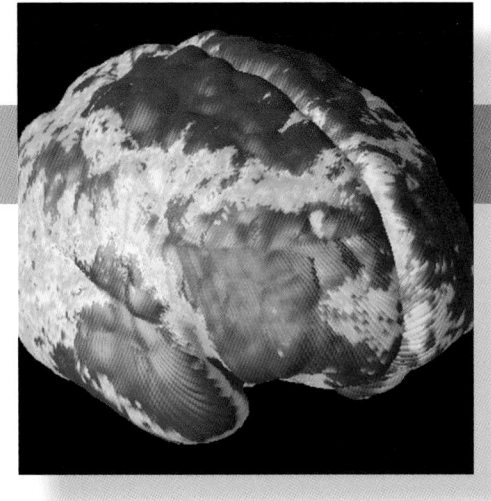

第 20 章

语言

20.1 引言

语言是一个用于交流的非凡系统，对我们的生活有巨大的影响。你可以走进一家咖啡店点一杯带香草味的低脂摩卡和卡布奇诺，并相当确定递给自己的不会是一桶泥浆。你可以与千里之外的人打电话，讨论量子物理的复杂性和上物理课时的情绪状态对你社交生活的影响。尽管人们对动物是否存在语言功能争论不休，但毫无疑问，我们使用的复杂而灵活的语言系统是人类独有的。如果没有语言，我们不可能学会在学校中所学的大部分知识，这将极大地限制我们可能取得的成就。

语言不仅是一串声音，而是由声音、符号和手势组成的一个用于交流的系统。语言通过视觉和听觉系统进入我们的脑，我们通过运动系统产生言语和进行书写。但是，脑在感觉和运动系统之间进行的处理是语言的本质。由于将动物用于研究人类语言的限制，多年来，主要是语言学家和心理学家，而不是神经科学家在进行语言研究。我们已知的语言相关的脑机制，多数源于对脑损伤导致的语言障碍的研究。语言的许多不同方面（包括言语、理解和命名）可以被选择性地破坏。这意味着语言是通过解剖位置上不同的多个阶段进行加工的。最近，通过fMRI和PET对人脑活动成像，使我们对语言加工深层次的复杂回路有了有趣的认识。

语言在人类社会中如此普遍，也许是因为脑的专门化组构。据估计，全世界有5,000多种语言和方言，而且这些语言在诸多方面存在差异，比如不同语言中名词和动词的排列顺序。但是，尽管语法有所不同，从巴塔哥尼亚（Patagonia，南美洲的一个地区——译者注）到加德满都（Katmandu，尼泊尔的首都——译者注），所有语言都能传达人类经验和情感的微妙之处。想想这样一个事实：即使在世界最偏远的角落，人们也从未发现过一个不会说话的部落。许多科学家认为语言的普遍性是因为人脑已经进化出专门的语言加工系统。

20.2 什么是语言？

语言（language）是一种按语法规则组合单词而对信息进行表达和沟通的系统。语言可以用多种方式表达，包括手势、书写和言语。**言语**（speech）是一种建立于人类发音基础之上的听觉交流形式。对人类来说，言语是自然产生的；即使没有正式的训练，在正常语言环境中长大的儿童总是能够学会理解口语和说话。相反，阅读和书写需要经过数年的正式训练，并且现在全球仍有10%以上的人口是文盲。

20.2.1 人类的发音和言语的产生

纵观整个动物王国，动物们有各种各样的系统用来产生声音，但我们集中关注人类声音产生的基础（图20.1）。人类的言语涉及对100多块肌肉的非凡的协调能力。这些肌肉控制着肺部、喉部直到口腔的各个部位。稍后会详细介绍，这些肌肉从根本上看都是由运动皮层控制的。人类的声音开始于从肺部呼出空气。然后，空气通过**喉**（larynx，也称为voice box，语音盒）。在颈部，我们称之为"亚当的苹果"[Adam's apple，即laryngeal prominence（喉

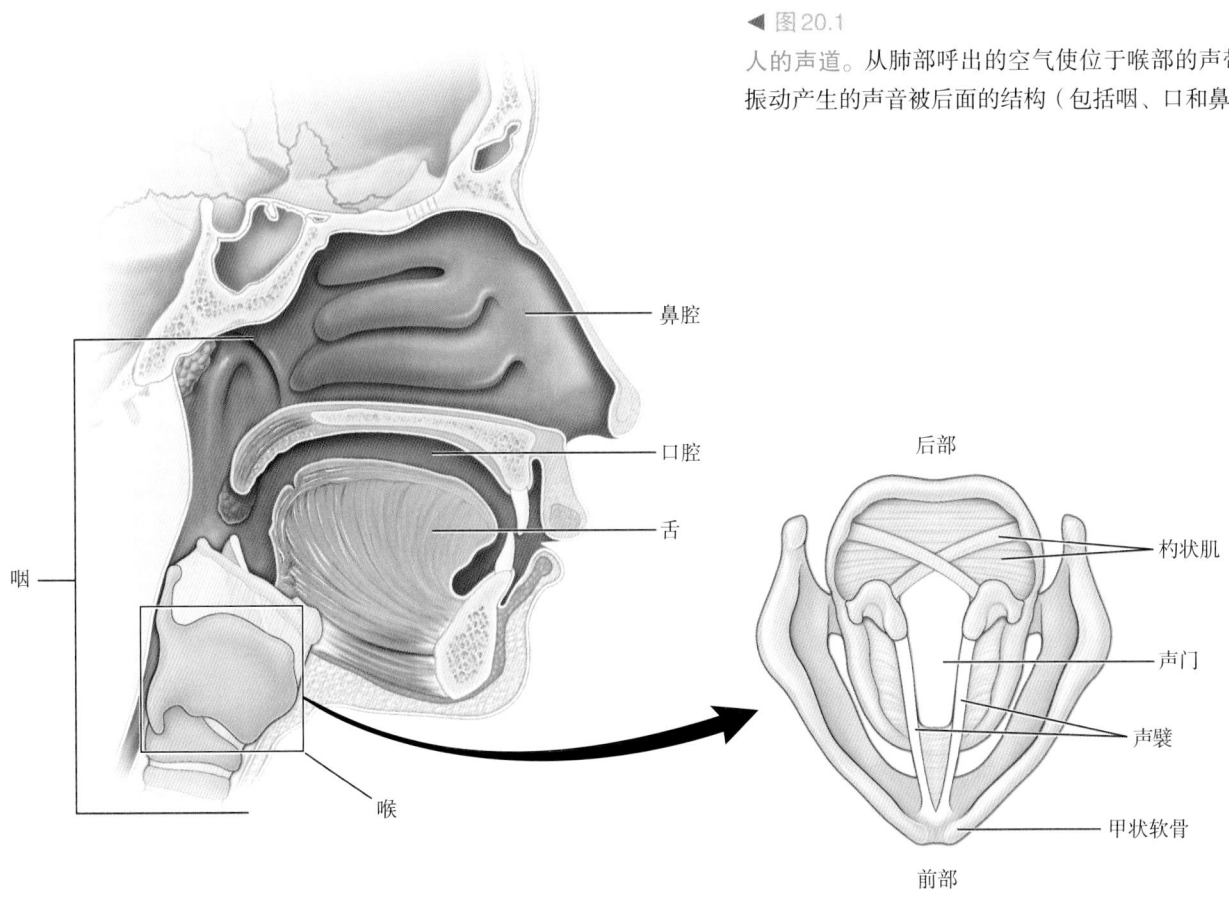

◀ 图20.1

人的声道。从肺部呼出的空气使位于喉部的声带产生振动。
振动产生的声音被后面的结构（包括咽、口和鼻子）改变

鼻腔

口腔

舌

咽

喉

后部

杓状肌

声门

声襞

甲状软骨

前部

结）。Adam's apple源自《圣经》里的一个故事：人类始祖亚当在伊甸园里偷
吃禁果被上帝发现，他在惊慌失措中将一个苹果核卡在喉咙里，留下一个疙
瘩。随着这个故事的广泛流传，人们就用Adam's apple表示男人的喉结——
译者注］的部位是喉软骨的前壁。喉内是**声襞**（vocal fold），它由两条称为
声带（vocal chord）的V型肌肉带组成。声带之间的空隙就是**声门**（glottis）。
声音由紧绷着的声带的振动所产生，有点像对拉紧的草叶吹气而发出的嗡嗡
声。如果声带肌肉处于放松状态则不会发出声音，就像吹松松拉着的草叶不
会发出声音一样；这就是我们只吹气不说话时的情况。声音的音调（pitch）
由声带振动的频率决定：声带的绷紧程度越高，产生的振动频率越高，音调
也就越高。声音在声道后续传导过程中会不断被改变，包括在咽部（特别是
喉部和口腔之间的喉咙）、口部和鼻子等部位。最后，舌头、嘴唇和软腭位
置的快速变化可以调节说话的声音。一种语言用来交流的基本声音称为**音素**
（phoneme）。不同的口语有不同的音素，它们构成了某种语言特有的单词。
有趣的是，研究表明，一种语言中使用的词语可能会对使用该语言的人的思
维方式产生微妙的影响（图文框20.1）

20.2.2　动物的语言

　　动物之间的交流方式多种多样，从蜜蜂的舞蹈到鲸的喷水吼（watery
bellow）。动物和人类也通过许多方式进行相互交流，例如，我们给自己的狗
以口语命令，它会从邮递员身上跳下来（如果我们运气好的话）。但是动物
是否会像人类一样使用语言？人类的语言是一个极为复杂、灵活而强大的交

图文框20.1　趣味话题

用不同的语言思考

世界上有数百种不同的人类文化，每种文化都有自己的风俗、信仰和生活方式。我们已经接受了这样一种观点，即对于什么是美丽的、美味的、适当的，不同地方的人有相当不同的态度。思维可能会受到文化的影响，而不应该受语言的影响，因为语言只是人们表达自己的方式，但这对吗？一个人所使用的语言有可能改变这个人的思维方式吗？在20世纪50年代，Benjamin Lee Whorf曾经提出，人们使用的语言制约了他们的思想、感知和行动。这种极端观点在很大程度上已经被摒弃。然而，语言似乎的确在一些微妙而有趣的情况下影响着人们的思维。考虑一下语言中对于"性"（gender）的使用（这里的"性"指的是某些欧洲语言中阳性名词、阴性名词或中性名词的"性"，而非生物学的"性"或"性别"——译者注）。与英语不同，大多数欧洲语言对非生命物体也赋予了"性别"（gender）。说英语的人可能偶尔才会给一件物品赋予"性别"——"我喜欢那边的那辆车，她（she）很漂亮！"但这种情况比较罕见。与之形成鲜明对比的是，在意大利语中，物体是分"男性"（masculine）或"女性"（feminine）的（在英语中，masculine和feminine亦有语言学中的阳性词和阴性词的意思——译者注）：牙齿、浮雕和大海都是"男性"的（即牙齿、浮雕和大海这三个词在意大利语中都是阳性名词——译者注），谁知道这是为什么！我们再来看看法语，在法语中，这同样的三样东西却都是"女性"的（即这三个词在法语中都是阴性名词——译者注）。有趣的是，在德国的餐桌上，摆放有"男性"的勺子、"女性"的叉子和"中性"的刀（即勺子、叉子和刀这三个词在德语中分别是阳性、阴性和中性名词——译者注）。这些足以让一个学语言的大学生感到晕头转向。

有研究提示，许多语言中对一些单词看似随机的"性别"分配，可能会影响人们对事物的看法。

在一项研究中，研究人员要求讲法语和讲西班牙语的受试者制作一部让物体栩栩如生的电影。研究人员向受试者展示一些人或物的图片，并要求他们给这些人或物配上一个男性或女性的声音。在法语和西班牙语中，这些人或物的名字有些是相同的"性"（如"芭蕾舞女演员"），有些是相反的"性"（如"扫帚"）。使用图片这一设计的目的，是希望避免在给阳性单词或阴性单词配音时会受到这两种语言本身可能产生的影响。实验结果显示，在讲法语和讲西班牙语的受试者中，当人或物的名字在他们的语言中是阴性单词时，他们明显倾向于使用女性的声音来配音。如果这两种语言对同一人或物赋予了同样的"性"，情况确实如此，但当两种语言对同一人或物赋予了不同的"性"时，讲法语和讲西班牙语的受试者则对使用男性的声音还是使用女性的声音来配音产生了分歧。

在另一项实验中，研究人员要求讲西班牙语和讲德语的受试者记住一些"物体–名字"的对子（object-name pairs）。在这些对子中，表达一些非生命物体的词有些是阳性的，有些是阴性的，且分别与一个人类男性或女性的名字相配对。尽管受试者没有被问及任何关于这些非生命物体性质的问题，但对讲这两种语言的受试者来说，当被配对的人名（是男性的还是女性的名字）与该物体在他们语言中的"性"相矛盾时，记住这些配对则更加困难。研究人员推测，与这些物体相关单词的"性"会影响到受试者对物体的记忆及思考。对非生命物体的阳性和阴性特征的感知只是语言对思维产生微妙影响的一个例子。其他影响还可能包括人们对颜色、事件和空间位置的描述。

拓展阅读

Deutscher G. 2010. *Through the Looking Glass: Why the World Looks Different in Other Languages*. New York: Picador.

流**系统**，我们可根据该系统的语法规则创造性地使用单词。其他动物也如此吗？事实上，我们有两个问题需要研究：动物天生会使用语言吗？动物能学会人类的语言吗？这些问题很难研究，但其答案却对理解人类语言的进化有重要启示。

让我们首先考虑一下非人类灵长类动物的发音用于语言的可能性。据报道，黑猩猩在野外会发出数十种不同的声音。它们会发出警报声，用来表达恐惧并警告伙伴有天敌出现；它们也会发出特有的长啸声，告知自身的存在和兴奋。然而，与人类相比，非人类灵长类动物的发声范围看起来非常有限，而且几乎没有证据表明它们像人类那样根据一些规则（语音规则）来对声音进行组织。大多数黑猩猩的发声可能是对行为状态的刻板反应（stereotyped response）。相比之下，人类的语言具有高度的创造性：除了受语法规则的限制，人类对语言的使用实际上是没有限制的。人类不断地创造新的单词组合和句子，并且根据单词的含义及其所遵循的排列规则，使这些组合具有明确的意义。

但是，这样的比较也许是不公平的；也许动物的言语需要有语言导师，就像人类的孩子必须暴露在语言环境中一样。许多种动物，包括宽吻海豚（bottlenose dolphins）和黑猩猩（chimpanzee）都接受过训练，以试图让它们说人类语言。一只由缅因州（Maine）渔民饲养的被称为胡佛（Hoover）的斑海豹（harbor seal），学会了一些听起来像是一个带着新英格兰口音的醉汉说的短句："嘿，你好"（hey hello there）或"离开那里"（get outta there）。20世纪40年代，几位心理学家尝试像人类孩子一样饲养小黑猩猩，包括教它们说话。尽管经过了全面的训练，但黑猩猩和其他动物从未学会说出任何人类声音和单词范围内的东西。20世纪60年代，医生兼发明家John Lily，他后来以开发感觉剥夺箱（sensory deprivation tank）和研究致幻药而闻名，把几英尺（ft，1 ft ≈ 0.3 m）深的水灌进一个小房子里，这样海豚就可以和人类一起日夜生活。训练师每天往返于一张潮湿的床铺和一张漂浮的桌子之间，她试图教海豚说话，比如用数字数数。尽管有正面的报告，但后来的实验并没有证实这一结果。

由于黑猩猩的声道并不是为发出人类声音而构造的，它们缺乏丰富的口语和不会说人类语言就不足为奇了。例如，在黑猩猩和其他非人类灵长类动物中，喉部位置比人类高得多，已靠近嘴部，这导致这些动物不可能发出人类语言所使用的声音范围。替代黑猩猩发声交流的另一种或辅助方式是使用手势和面部表情。有证据表明，黑猩猩会试图通过做出手势而影响其他动物的行为。在最近的一项研究中，圣安德鲁斯大学（University of St. Andrews）的Catherine Hobaiter和Richard Byrne报告了一项结果。他们分析了数千种肢体语言，并将这些肢体语言归纳成66种类型。通过观察其他黑猩猩对这些手势的行为反应来推断每个手势的意义和意图。例如，"给我理毛""跟着我"和"停住"。一些手势似乎有特定的意图，另一些则不那么固定。显然，这是一个比蜜蜂跳舞更为精致和详尽的交流系统。

为了测试和量化动物的能力，一系列的研究试图教给它们使用各种手段来表示词语以进行非语言交流，这些手段包括使用美国手语（American Sign Language，ASL）手势、各种图案和形状的塑料物体，或键盘上以不同颜色和图案标注的按键。著名的例子包括由Allen和Beatrix Gardner夫妇训练的名

动物的语言。(上图:人对狗说:好了,Ginger!我受够了!你离垃圾远点!明白了吗,Ginger?离垃圾远点,不然就对你不客气了!下图:狗听到的是:……,……,GINGER……,……,……,……,……,……,……,……,GINGER……,……,……,……,……——译者注)

为Washoe的黑猩猩(chimpanzee),由Francine Patterson训练的名为Koko的大猩猩(gorilla),以及由Sue Savage-Rumbaugh抚养的名为Kanzi的倭黑猩猩(bonobo)。毫无疑问,这些动物学会了手势或符号的含义。它们展现了理解人类语言中短语含义的能力,并且能够使用这些简易的交流系统向科学家索要东西和动作(如表示赞赏或鼓励的动作——译者注)。

能否从这些研究中得出动物使用或能使用语言的结论还有争议。动物当然会交流,对一些科学家来说,这些动物的交流系统已经足够精致,可以看作最基本的语言。这些相对简单的系统可能暗示了人类语言的起源。其他科学家认为人类语言和动物语言之间的差距实在过于巨大,动物根本不会使用语言。这是因为,语言被定义为能够灵活且依据系统的语法规则对新事物进行描述。但不管结论如何,区分语言、思想和智力也是很重要的。语言不是智力或思想的必要条件。非人类灵长类、海豚和没有经过语言训练而长大的人类个体依然可以做许多需要抽象推理的事情。许多有创造力的人说,他们最棒的思考过程都没有用到语言。阿尔伯特·爱因斯坦(Albert Einstein)声称,他关于相对论的许多想法都来自视觉性思考,他想象自己骑在一束光上同时观察时钟和其他物体。不管怎么说,即使Fido(图20.2中的那条狗——译者注)不像我们这样使用语言,它也会思考(图20.2)。

20.2.3　语言的习得

成人脑中的语言加工依赖于许多精细协调的皮层区域和皮层下结构之间的交互作用,这些稍后将讨论。但脑是如何学会使用语言的?学习一门语言,即**语言习得**(language acquisition),是一个非凡而迷人的过程,在所有的文化中都以相似的方式进行着传承。新生儿的咯咯声到6个月大的时候就

(a) 口语

"There are no silences between words"

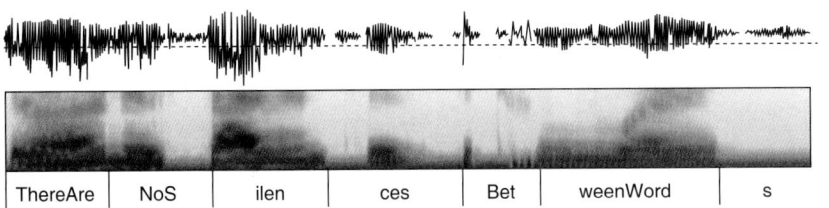

| ThereAre | NoS | ilen | ces | Bet | weenWord | s |

(b) 打印的文本

THEREDONATEAKETTLEOFTENCHIPS

THE RED ON A TEA KETTLE OFTEN CHIPS or THERE, DON ATE A KETTLE OF TEN CHIPS

◀ 图20.3

英语口头语言和书面语言单词的边界。（a）对口语句子的声学分析显示，单词的边界不能够简单地从声音中确定。（b）一个可以类比的情形是阅读单词与单词之间没有空格的文本。的确，一串字母的一些不同组合方式可以生成不止一个句子（引自：Kuhl，2004）（①图（a）中的"There are no silences between words"意为"在单词与单词之间并没有无声音的间歇"；②图（b）中上面的THEREDONATEAKETTLEOFTENCHIPS为字符与字符之间没有空格的字符串，故没有任何语义，而下面的THE RED ON A TEA KETTLE OFTEN CHIPS or THERE, DON ATE A KETTLE OF TEN CHIPS表示在上面无语义的字符串的不同位置上插入一些空格之后，就组成了两个语义完全不同的句子（至于这两个句子是否符合生活常理则另当别论）——译者注）

变成了咿咿呀呀声。到18个月大时，幼儿能听懂大约150个词，还会说大约50个词。有趣的是，就在这么早的年龄段，幼儿就开始对更早期能够辨别的声音失去辨别力。一个例证是日本儿童对英语里的"r"和"l"辨别困难，因为这些声音在日语里不存在。到了1～2岁，儿童的言语就出现了他们所接触到的语言的音调、节奏和口音。一个3岁的孩子能够说出完整的句子，认识大约1,000个单词。到了成年，一个人知道成千上万个词语。另一方面，在青春期之后，学习第二语言变得更加困难。以下两种现象提示存在一个语言习得的关键期：年龄较大的儿童学习第二种语言比学习第一种语言困难；如果青春期之前没有接触任何口语，学习第一种语言也会非常困难。

婴儿学习语言的速度使我们低估了学习语言所面临的挑战。当我们第一次听到一门外语时，它听起来说得很快，很难确定一个词在哪里停止，下一个词在哪里开始。这是婴儿学习其母语时所面临的难题之一。然而，到1岁时，婴儿已经能够识别他们语言和单词的声音，即便他们还不能听懂这些单词。如果口头语言不能可靠地给出单词与单词之间的间隔，那就犹如阅读没有空格的文本（图20.3）。然而，婴儿必须学会理解成千上万个单词，而这些单词是由具有同一种语言特异性的小型声音库材料组建而成的。威斯康星大学（University of Wisconsin）的Jenny Saffran和她的同事发现，婴儿是通过统计学习（statistical learning）来实现这个目标的。换言之，儿童学习某些声音组合的机会远大于其他声音组合。出现一个低概率组合意味着这里可能是一个单词的边界位置。以短语"漂亮的宝贝"（pretty baby）为例，且就一个单词而言，"ty"跟在"pret"后面的概率比"ba"跟在"ty"后面的概率高。婴儿学习中所利用的另一个线索是语言中那些最常使用的重读音节。例如，在英语中，重音通常出现在第一个音节，这有助于确定单词的起始和终止位置。在与婴儿交谈时，成人（无论男女）经常使用"妈妈语"（motherese），说话速度较慢且夸张，并且把元音说得更加清晰。妈妈语可能有助于孩子学习用于说话的语音。

我们尚不知道婴儿学习辨别单词和说出单词的脑机制。然而，Ghislaine Dehaene-Lambertz等人使用功能磁共振成像（fMRI）发现，早在3个月大的时候，婴儿对口语刺激反应的脑区活动分布模式已经与成年人较为相似了（图20.4）。倾听语音激活了颞叶的广泛区域，并且明显偏向左半球。这些发现并不能表明婴儿脑处理语言的方式与成人大脑相同，但的确提示两者在语

▶ 图20.4
3个月大的婴儿听言语时的脑激活图。在婴儿听言语时，水平切面的成像显示颞平面（Planum Temporale）、颞上回（Superior Temporal Gyrus）和颞极（Temporal Pole）等区域都被显著激活。在该fMRI成像中，从红色、橙色到黄色表示脑活动越来越强；L为左侧，R为右侧（引自：Dehaene-Lambertz等，2002）

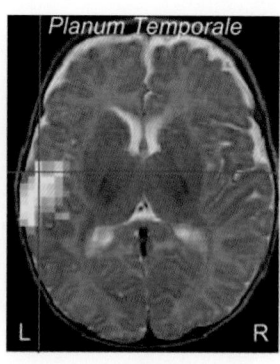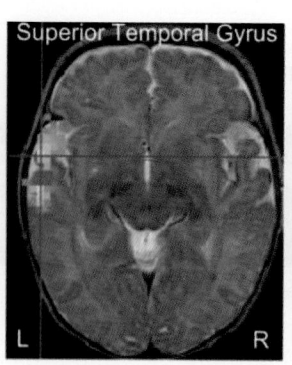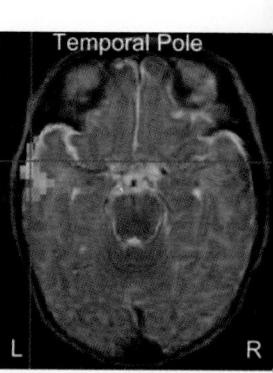

言听觉区域的早期组织方式和语言的偏侧化（lateralization）方面是相似的。

20.2.4　与语言相关的基因

言语和语言障碍可出现在家系中，且同卵双胞胎比异卵双胞胎更容易同时发生。这些观察结果提示遗传因素在语言障碍易感性中起着重要作用。然而，多年来，语言障碍中复杂的遗传模式使确定特定基因遇到了很大的困难。

*FOXP2*和言语运用障碍。在1990年初次发表的一批文章戏剧性地改变了人们对于遗传如何影响语言的看法，这些文章描述了一个只知道化名为KE的英国家族。在KE家族的三代人中，大约一半的人患有**言语运用障碍**（verbal dyspraxia），表现为无法进行言语产生所需的肌肉协调运动（图20.5a）。大众和家庭成员都很难理解他们的讲话，因此他们发展了手势来弥补口语上的缺陷。除了言语运用障碍，受影响的KE家族成员在语法和语言方面也有更广泛的困难，且比未受影响的成员的智商更低。这种缺陷被认为是语言特异性的，而不是更一般的认知障碍，因为即便在智商正常的受影响家庭成员身上也能观察到语言问题。对脑的扫描显示，与KE家族中未受影响的成员相比，受影响的成员在多个运动结构中存在结构异常，包括运动皮层、小脑和纹状体（尾状核和壳核）（图20.5b）。

对这种显著的家族性语言障碍的遗传学基础，我们已经了解了多少呢？首先要注意的是，与先前观察到的似乎涉及多个基因的遗传性语言障碍不同，在KE家族中观察到的遗传模式只与单个基因的突变一致。这个基因似乎影响了运动皮层、小脑和纹状体的发育，尤其在控制面孔的下部肌肉方面的缺陷更加突出。在寻找致病基因的过程中，研究者发现了一个与KE家族没有关联的名叫CS的男孩，他有与KE家族相似的语言障碍。综合已知的CS和KE家族，这个突变基因最终被鉴定为*FOXP2*。该基因编码一个转录因子，负责打开和关闭其他基因。将*FOXP2*称为语言基因或许是不正确的，但它似乎确实是涉及语言的一个关键基因。我们从自己的父母那里获得了两个*FOXP2*基因的拷贝，但其中一个突变就足以造成严重的语言障碍。单个基因的变化可以影响一个像言语那样复杂的行为，这真是一个惊人的发现。然而，我们应该认识到，通过这种转录因子的作用，*FOXP2*能够影响数百个其他可能与语言有关的基因。

在许多动物身上都发现了不同形式的*FOXP2*。有趣的是，在善于鸣叫的鸣禽中，*FOXP2*在参与鸣禽学习歌唱的脑区有很强的表达。一个重要的

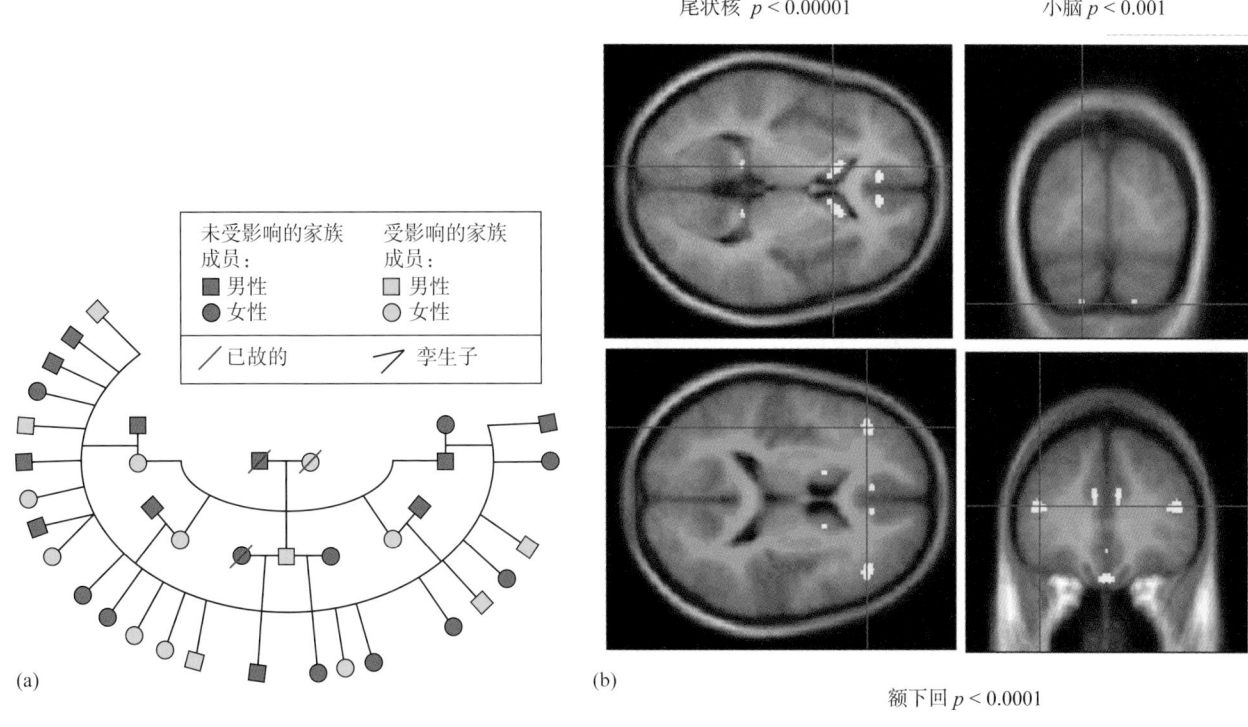

尾状核 *p* < 0.00001　　　　　　　小脑 *p* < 0.001

额下回 *p* < 0.0001

▲ 图 20.5

KE 家族的 *FOXP2* 突变。（a）KE 家族三代语言缺陷的遗传。（b）在受影响的 KE 家族成员中，尾状核（左上）、小脑（右上）和额叶 Broca 区（底部）的灰质减少（图 a 改绘自：Watkins 等，2002；图 b 改绘自：Vargha-Khadem 等，2005）

问题是，人类与非人类灵长类动物相比有什么特殊之处？可想而知，这正是我们具有更广泛语言能力的基础。只有两种氨基酸能区分人类与黑猩猩（chimpanzee）、大猩猩（gorilla）和恒河猴（rhesus）的 *FOXP2* 蛋白形式。尽管人类和黑猩猩的进化道路在 600 万年前就出现了分叉，但估计区分人类和非人类灵长类的 *FOXP2* 基因突变大约发生在 20 万年前。一个令人兴奋的推测是，*FOXP2* 基因的一个微小且相对较晚的突变使人类走上了一条发展语言的道路，而这正是人类更高级的认知功能和人类文化发展所需要的。

　　特定型语言障碍和阅读障碍的遗传因素。 对 KE 家族的研究发现 *FOXP2* 基因与他们的言语运用障碍有关之后，还有一些与 KE 家族无关联的个体也被鉴定出具有不同形式的 *FOXP2* 基因突变。他们的言语障碍证实了仅仅是 *FOXP2* 基因突变就会扰乱言语的正常发育。受影响的个体也表现出其他的语法和认知障碍，但尚不清楚这是特异性缺陷抑或只是在一定程度上与言语运用障碍有关联。

　　在发现 *FOXP2* 的推动下，越来越多与常见语言障碍有关的潜在基因得以确定。例如，在美国约有 7% 的 6 岁儿童患有**特定型语言障碍**（specific language impairment，SLI）。这种障碍包括可能持续到成年的语言掌握能力的发育迟缓。这种发育迟缓与听力障碍没有关联，也不是更一般性的发育迟缓。这些儿童很难学习和使用单词，尤其是动词。因为超过 50% 的 SLI 儿童的父母或兄弟姐妹也患有同样的障碍，所以这种疾病看起来具有很强的遗传因素。

对患有SLI的儿童进行的基因研究已经确定数个可能涉及该障碍的基因。除了 FOXP2，经常报告的还有 CNTNAP2 和 KIAA0319 基因。这些基因的功能比表示它们的长长的首字母缩写词更有意思。CNTNAP2 编码一种叫神经连接蛋白（neurexin）的蛋白质；这些蛋白位于突触的突触前这一侧，其作用是将突触前和突触后成分结合在一起。CNTNAP2 表达的神经连接蛋白在脑发育中起着重要作用，它可能参与钾通道在发育中神经元上的正确定位。KIAA0319 被认为在新皮层发育过程中的神经元迁移，以及维持成年神经元的正常功能起关键作用。尽管我们的认识尚未达到清楚了解导致SLI的特定神经异常机制，但现在已经将这些候选基因的研究聚焦到神经元迁移和发育这两个关键的方面。

另一种常见的与语言有关的障碍是**阅读障碍**（dyslexia），它指的是尽管患者智力正常，也接受了正规训练，但在学习阅读上却依然存在困难。大约有5%~10%的人群有阅读障碍，但不知何故男性比女性更常见。这种障碍似乎有很强的遗传关联，因为如果父母中有一位患有阅读障碍，其孩子大约有30%的可能性也成为阅读障碍患者，且30%~50%阅读障碍患者的兄弟姐妹也有阅读障碍。一个常常与阅读障碍有关的基因是 KIAA0319，它被认为是与SLI有关的基因之一。耐人寻味的是，阅读障碍在患有SLI的人群中很常见。这些障碍的共病率约为40%~50%，提示它们可能有相似的病因，但也可能是同一种缺陷的不同表现。像SLI一样，阅读障碍患者与正常群体的新皮层发育模式似乎存在偏差。

20.3　脑内特异性语言区的发现

就像神经科学的许多其他领域一样，直到20世纪我们才开始对语言和脑的关系有了较清晰的了解。我们对某些脑区的重要性的认识大都来自对失语症的研究。**失语症**（aphasia）是由脑损伤所引起的部分或全部语言功能的丧失，而且常常不伴有其他认知能力或与言语有关的肌肉运动功能的缺陷。

在古希腊和罗马帝国时代，人们普遍认为，言语是由舌头控制的，故言语功能紊乱的根源在舌头而不在脑。如果头部损伤造成了言语功能丧失，就会采用特制的漱口液或对舌头进行按摩来治疗。到了16世纪，人们开始注意到，患者可以在没有舌头瘫痪的情况下出现言语障碍。尽管有了这一进步，但治疗手段仍然包括割破舌头、抽血和用水蛭放血等。

1770年前后，Johann Gesner 发表了相对较为先进的失语症理论。他把失语症描述为表象或抽象思维与语言表达符号之间联系能力的丧失，并把它归因于疾病引起的脑部损伤。Gesner的定义导致了失语症研究的一个重要发现：尽管患者特异性地丧失了一些语言表达能力，而其他认知功能却不受影响。虽然 Franz Joseph Gall 及后继的颅相学家们所建立的颅骨形状和脑功能之间的关系是错误的（见第1章），但他们在失语症方面却获得了一项重要发现。根据一些言语功能丧失而其他思维功能完好的脑损伤病例，他们推测脑内存在一个专门用来讲话的区域。

1825年，法国内科医生 Jean-Baptiste Bouillaud 在许多病例研究的基础上提出，言语功能是由额叶特异性地控制的，但这一观点在40年以后才被普遍接受。1861年，Bouillaud 的女婿 Simon Alexandre Ernest Aubertin 描述了一个男性病例。该患者在一次自杀未遂事件中打碎了自己的额骨。在对其进行治疗的过程中，Aubertin 发现，当用压舌板对暴露的额叶施加压力时，患者会立刻停止说话，而且一直要等到压力解除后方能重新说话。他推测，施加在脑上的压力可以干扰额叶一块皮层区的正常功能。

20.3.1 Broca 区和 Wernicke 区

同样在1861年，法国神经科医生 Paul Broca（保罗·布罗卡——译者注）遇到了一个几乎完全不能说话的患者（因为他只能发出"tan"这个音，所以大家叫他 Tan）。该患者在遇到 Broca 不久后就去世了，Broca 在尸检时发现该患者的额叶有一处损伤。Broca 邀请 Aubertin 对这个患者进行检查，他们的共同结论是该患者的额叶有一处损伤病灶。也许是因为当时科学氛围的变化，Broca 对于这个病例的研究似乎很快使公众相信脑内存在一个语言中枢。在1863年发表的一篇论文中，Broca 描述了8例因左脑额叶损伤而导致语言功能障碍的病例。根据其他几例相似的病例和一些右脑半球损伤不影响言语功能的报道，Broca 于1864年提出，语言表达只由一侧大脑半球控制，而且几乎总是左半球。这种观点得到了**和田程序**（Wada procedure）检验结果的支持——在这个和田程序的检验过程中，大脑的一侧半球被麻醉。在大多数情况下，只有麻醉左半球才能干扰言语功能，而麻醉右半球则没有作用。在20世纪90年代，脑功能成像开始取代和田程序用于评估语言优势半球，其结果是一样的（图文框20.2）。

如果一侧大脑半球被认为更多地参与了一种特定的功能，则该侧半球就可称为**优势半球**（dominant hemisphere）。由 Broca 确定的位于脑左侧额叶皮层的这个关键性的语言功能优势区称为 **Broca 区**（Broca's area，布罗卡区；图20.6）。Broca 的工作是非常有意义的，因为他第一次证明了脑的功能是可以在解剖学上加以定位的。

1874年，德国神经科医生 Karl Wernicke（卡尔·韦尼克——译者注）报道，损伤 Broca 区之外的另一个位于左半球的脑区也可干扰言语功能。该脑区位于听觉皮层和角回之间的颞叶表面的上部，现在常常称其为 **Wernicke 区**（Wernicke's area，韦尼克区；图20.6）。Wernicke 所观察到的失语症的性质不同于 Broca 区受损所导致的失语症。在明确了左半球具有两个语言功能区以后，Wernicke 和其他学者开始着手构建脑的语言加工区模型。他们认为，听觉皮层、Wernicke 区、Broca 区和言语所依赖的肌肉之间彼此相互关联而构成语言加工系统，而损伤这个系统的不同部分可导致各种类型的语言功能障碍。

虽然 **Broca 区**和 **Wernicke 区**这些术语仍在广泛使用，但这些区的边界还没有被清楚地界定，而且个体之间的差异似乎很大。我们还将看到，同一个脑区可能涉及多个语言功能。然而，想要真正理解这些新发现的含义，我们需要先了解一下损伤 Broca 区和 Wernicke 区所引起的失语症。

评估语言优势半球

关于一侧大脑半球对语言起主导作用的首次报道来自对脑损伤患者的研究。其中，由日裔加拿大籍神经学家和田淳（Juhn Wada）所发明的**和田程序**（Wada procedure）是一种用于研究没有脑损伤的个体一侧大脑半球功能的简单方法。这种方法需要将一种像异戊巴比妥那样的快速巴比妥类药物阿米妥钠（sodium amytal）注入一侧颈内动脉（图A）。药物被血流优先带入与注射部位同侧的大脑半球，可使这一侧半球被麻醉10 min左右。这种方法所产生的作用既快速又富有戏剧性。在短短的几秒钟内，注射部位对侧的肢体会被麻痹并伴随着躯体感觉的消失。

这时就可以根据患者回答问题的情况来评估其语言功能了。如果注入药物的一侧是言语优势半球，那么在麻醉效果消失之前患者将完全不能说话。如果该侧不是优势半球，则患者在整个过程中都能说话。

如表A所示，96%的右利手和70%的左利手人群其左半球为语言优势半球。由于总体人群的90%为右利手，因此总体上约有93%的人其左半球是语言优势半球。不管是左利手还是右利手，都有为数

表A　言语控制的优势半球及其与利手之间的关系

利手	例数	言语表征（%）		
		左侧	双侧	右侧
右利	140	96	0	4
左利	122	70	15	15

（引自：Rasmussen and Milner，1977，表1）

不多但有统计学意义的人群其语言优势半球位于右半球；而只有在左利手人群中才能观察到两半球语言功能均衡的病例。采用和田程序将药物注入这部分人的任何半球一侧大脑半球都会对语言产生一定影响，尽管药物对两侧大脑半球的作用特点可有所不同。

最近fMRI被用于评估语言优势半球。与和田程序相比，fMRI具有非侵入性和不受阿米妥钠麻醉时间短的限制等优势。图B显示了在给受试者一个单词后，要求其从4个单词中选择一个同义词的脑成像结果。脑扫描显示，只有左半球的额叶、颞叶和顶叶被激活，因此左半球是该受试者的语言优势半球。（注意，在传统上MRI影像的右侧为左半球。）

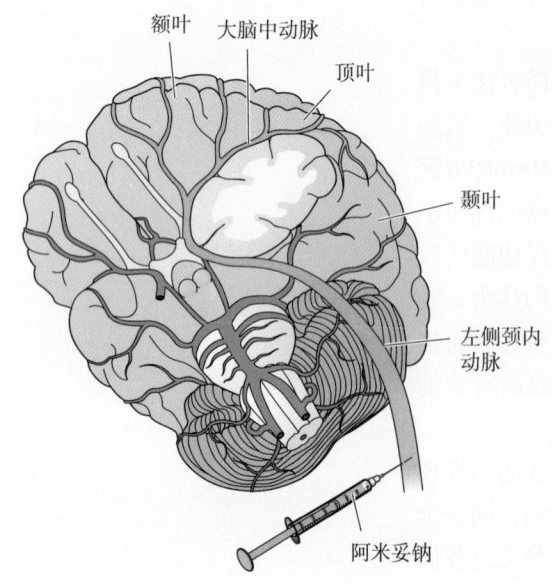

图A

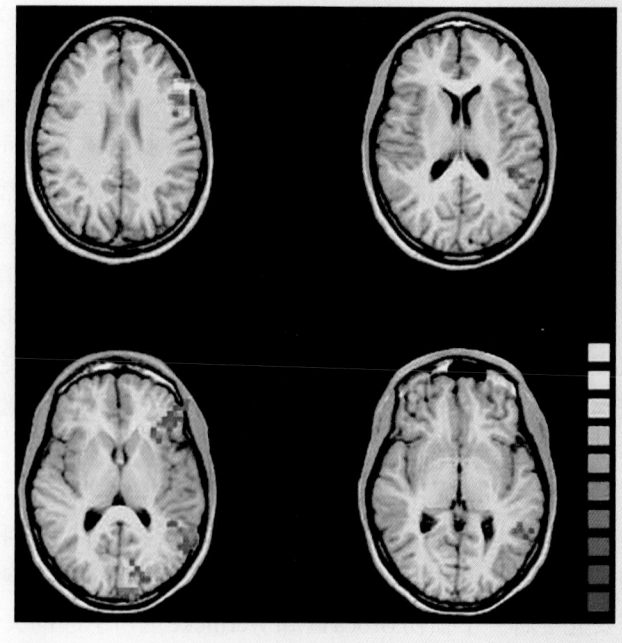

图B

（引自：Spreer等，2002，图4）

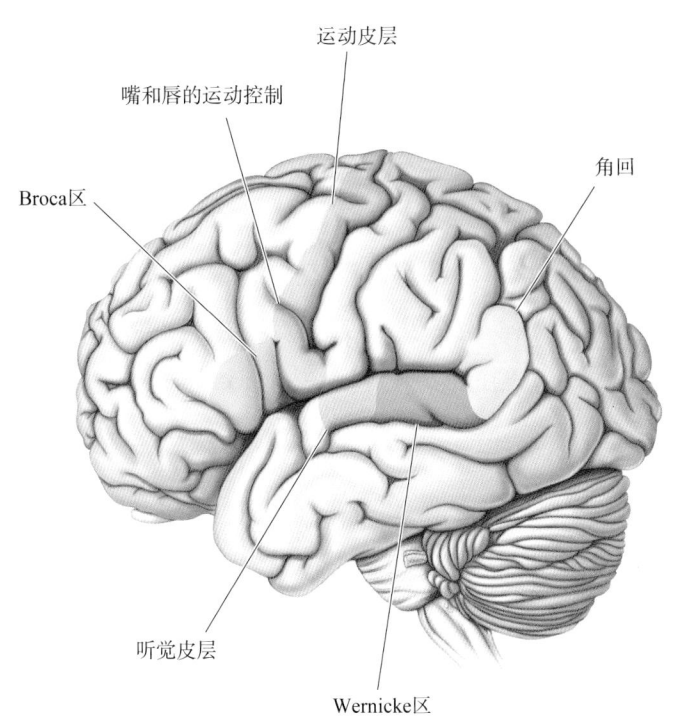

运动皮层

嘴和唇的运动控制

Broca区

角回

听觉皮层

Wernicke区

◀ 图 20.6

左半球语言系统的关键结构。Broca区位于额叶，紧挨着控制嘴和唇的运动皮层。Wernicke区位于听觉皮层和角回之间的颞叶表面的上部

20.4 通过对失语症的研究深入了解语言

正如Broca和Wernicke的研究，研究语言和脑的关系较早的技术是对脑功能缺陷与特定脑区的损伤进行相关研究。如表20.1所示，存在多种不同类型的失语症，这提示语言是在不同脑区分阶段处理的。加州大学戴维斯分校（University of California at Davis）的Nina Dronkers通过研究大脑不同区域受损所导致的语言障碍，在很大程度上厘清了语言的神经构建（图文框20.3）。

20.4.1 Broca 失语症

Broca 失语症（Broca's aphasia，布罗卡失语症）也称为运动性失语症（motor aphasia）或非流畅性失语症（nonfluent aphasia），这是因为该病症的

表20.1 不同类型失语症的特点

失语症类型	脑损伤部位	理解能力	言语表达	复述困难	错语
Broca	额叶运动联络皮层	好	不流畅，有语法错误	是	有
Wernicke	颞叶后部	差	流畅，无语法错误，有无意义表达	是	有
传导性	弓状束	好	流畅，无语法错误	是	有
完全性	部分颞叶和额叶	差	讲话很少	是	—
经运动皮层	额叶 Broca 区前方	好	不流畅，有语法错误	无	有
经感觉皮层	颞、顶、枕叶交界处的皮层区	差	流畅，无语法错误，有无意义表达	无	有
命名性	颞下回	好	流畅，无语法错误	无	

图文框20.3　发现之路

揭示脑的语言区域
Nina Dronkers 撰文

　　我对临床神经科学的热情始于加州大学伯克利分校（University of California at Berkeley）的一节课，当时我正处在"高年级倦怠症"（senioritis）的状态下，并思考着大学毕业后的生活该怎么办。我的教授播放了一段视频，视频里的男子不能阅读手写的信息。看上去挺矛盾的是，这名男子自己却可以写出这些信息！这个脑损伤后的语言障碍病例激发了我对脑如何加工语言的兴趣，并在接下来的30年里始终让我着迷。

　　在与有持续脑损伤患者的共事中，我获得了独特的机会来评估脑损伤区域（如脑扫描成像）与脑损伤导致的言语和语言功能障碍（失语症）之间的关系。在研究失语症的过程中，让我印象深刻的第一件事是，失语症与某些脑区损伤之间的关系并不总是像我所学的那样典型。我发现Broca失语症患者并不一定在Broca区有损伤，而在Broca区有损伤的患者也不一定都有Broca失语症。其他失语综合征也存在这样的矛盾。很快，我和我的同事们意识到，一些语言功能障碍仍然是可以被"定位的"，但这些障碍需要限制到言语和语言系统较小的组成部分，而不是整个综合征。诸如协调复杂的发音运动等障碍可能与脑岛的一小部分损伤有关，逐字复述低频句子出现问题则出现在颞上回后部损伤患者，而颞上回前部损伤可能与识别句子的句法结构的困难有关。我们发现脑的神经纤维通路在语言产生和理解中有着重要作用。例如，弓状束的损伤会导致严重的语言产生障碍。显然，虽然某些单个脑结构在言语或语言功能中发挥着特殊的作用，但是失语综合征是由大面积的脑组织及连接它们的纤维通路的损伤引起的。在正常脑中，所有这些结构在一个复杂的网络中一起工作，从而支持我们都觉得理所当然的非凡的语言功能。

　　在我生命中一个特别激动的时刻发生在法国巴黎，在那里我有一个非同寻常的机会去研究Paul Broca最早的两名患者的脑。这些都是Broca在1861年作为外科医生时研究过的失语症病例，这些患者的语言障碍让Broca相信额叶下部对口语很重要。关于Broca区的报道已经很多，特别是随着认知神经科学领域中PET和fMRI功能成像技术的发展，我们显然有必要再回顾这些病例，看看在这些具有历史意义的脑标本中哪些解剖区域真正地受到了损伤。幸运的是，这些脑标本从没有被切割过或者被丢弃，我和我的同事Odile Plaisant非常幸运地能够更加周密地检查这些脑。我们一下子就观察到，在这两个病例现在被认为是Broca区的脑区中，其实只有一部分受到了损伤。我们很想知道这些损伤距离皮层表面到底有多深，在神经放射学家Marie-Thérèse Iba-Zizen和Emanuel Cabanis非常专业的帮助下，我们用MRI扫描了这两个重要的脑，并且获得了能显示精细细节的高分辨率图像。

　　让我们吃惊的是其他脑区域的损伤程度，特别是脑岛和贯穿脑的纤维束的损伤。Leborgne先生或"Tan"是Broca最早、最著名的病例，他的脑损伤范围已经扩展到脑岛，而在我们现在所称的Broca区却只有一部分受损。此外，包括在额叶和后部脑区间穿行的弓状束和上纵束（superior longitudinal fasciculi）等重要纤维束也被完全破坏。Lelong先生是Broca的第2个病例，他的脑岛萎缩，但是当用MRI观察脑深部结构时，我们再次发现在弓状束和上纵束也存在一些小的损伤区。这是以前从未发现的，因此我们对这个新的发现感到非常激动。所以，我们在这两个病例中所看到的造成失语症的损伤范围要比以前认为的更为广泛。但事实上，这与我们目前在严重Broca失语症的病例中观察到的情况是一致的。

　　作为一名神经科学家，我感到非常幸运能够与失语症患者共事，他们教会了我们很多关于脑——身体的这一非凡部分的知识。在很多方面，脑仍然是一个开放的前沿课题，关于它的功能、机制和恢复潜力仍然有很多东西需要探索。下一代神经科学家将会为我们了解脑的知识做出很多贡献，他们一定会像他们的前辈一样体验到新发现的兴奋。

患者有明显的言语表达困难，尽管他们的听、读理解正常。David Ford 就是一个典型的例子。Ford 在 39 岁时得了脑卒中，当时他是海岸警卫队的无线电操作员。发病后，他的智力仍然正常，但其右侧肢体活动有一定困难（这证明损伤位于左半球）。正如下面他与心理学家 Howard Gardner 的谈话所显示的那样，他的言语功能也出现了障碍：

"我询问 Ford 先生入院前的工作情况。"

"我是一个信……员……嗯啊，好的……再来一次（I'm a sig...no...man... uh, well...again）。"他缓慢而又极为费力地说出这些不完整的单词。这些发音很不清晰，所发出的每一个音节都很刺耳，像是爆破音，又好像是从喉咙底里发出来的。经过练习，我可以慢慢地明白他的意思，但一开始我还是遇到了相当大的困难。

"让我来帮助你，"我插话道。"你是一个信号……"

"一个信号员……对（A signal man...right）"，Ford 很有成就感地补齐了我的话。

"你是在海岸警卫队吗？"

"不，呃，是，是……船……马萨诸……诸塞……海岸警卫队……很多年了。（No, er, yes, yes...ship...Massachu...chusetts...Coastguard...years.）"他两次举起手并指着 "19" 这个数字。

"Ford 先生，你能告诉我你在医院都做了些什么吗？"

"是的，没问题。我去，呃，啊，P.T. 九点钟（P.T. 为太平洋时间——译者注），说话…两次…读……晤……成熟，呃，ripe，呃，rike，呃，写……练习……变－好了。（Yes, sure. Me go, er, uh, P.T. nine o'cot, speech...two times... read...wr...ripe, er, rike, er, write...practice...get-ting better.）"

"你周末都要回家吗？"

"为什么，是的……星期四，呃，呃，呃，不，呃，星期五……芭－芭－拉…妻子……而且，噢，轿车……驾驶……收费高速公路……你知道……休息和…电－视。（Why, yes...Thursday, er, er, er, no, er, Friday...Bar-ba-ra...wife... and, oh, ca...drive...purnpike...you know...rest and...tee-vee.）"

"你能看懂电视上播放的所有内容吗？"

"噢，是的，是的……噢……几乎都能。（Oh, yes, yes...well...almost.）" Ford 咧嘴笑了一下。

（Gardner，1974，第 60~61 页）

Broca 失语症患者无论说什么话都感到很困难，而且常常需要停下来寻找恰当的单词。这种找词能力的丧失称为**命名障碍[症]**（anomia，其字面意思是"没有名称"；又称**"失名症"**——译者注）。有趣的是，Broca 失语症患者可以不太困难地说出经过"过度学习"（overlearned）的东西，如星期几的称谓及《美国效忠誓词》（American Pledge of Allegiance）。电报式言语（telegraphic style of speech）是 Broca 失语症的标志性特征，患者所使用的单词多为**实义词**（content word；表达句子特殊含意的名词、动词和形容词）。例如，当问及 Ford 先生在海岸警卫队的情况时，他的答话中包含了"船""马萨诸塞州""海岸警卫队"和"年份"等单词，而很少使用其他词汇。许多**功能词**（function word；冠词、代词，以及在语法上连接句子不同成分的连接词等）被遗漏（不用"如果""和"与"但是"等单词）。而且，所使用的动词常常缺乏词形变化。在失语症专业术语中，把按语法规则正确造句能力的丧失称为**语法缺失症**（agrammatism）。有趣的是，Broca失语症患者有时表现出一些很特殊且微妙的语法缺失倾向。例如，Ford能阅读和使用"bee"（蜜蜂）和"oar"（船桨）等单词，但对于更常见的"be"（是）和"or"（或）等单词反而感到有困难。因此，这个患者的问题不在于单词的发音，而在于这个单词是否是一个名词。与此相似的是，Broca失语症患者的口语复述能力也常有困难，但复述"书本"（book）和"鼻子"（nose）等熟悉的名词相对较好。患者有时还用错误的发音或单词替代正确的单词，如Ford用"purnpike"来代替"turnpike"（收费高速公路）。这些错误被称为**错语**（paraphasic error）。

与言语表达困难相反的是，Broca失语症的理解能力通常还是不错的。在上面的对话中，Ford似乎能够理解被问到的问题。而且据他自己所说，他能看懂电视上所播放的大部分内容。在上面提到的Gardner的研究中，Ford能回答诸如"石头是否能浮在面水上？"等这一类简单的问题，但对于较为困难的问题，他的理解能力却并非完全正常。比如对他说"如果狮子被老虎杀死了，那么哪只动物死掉了？"或者"把杯子放在叉子上，再把刀子放在杯子里"，他就会感到难以理解。这可能与他通常不能很好地理解功能词有关，就如第一个句子中的"被"（by）和第二个句子中的"在…上面"（on top of）。

由于Broca失语症最明显的问题是言语的产生，因此被认为是语言加工系统终末阶段，即运动功能的障碍。这样，患者尽管能够理解语言却难于表达。的确，Broca失语症患者的语言表达能力远差于其他失语症患者的表达能力。但是，许多特征显示，这种综合征还有其他方面的语言功能障碍。前面已经指出，Broca失语症的理解能力总体较好，但在回答较棘手的问题时可表现出理解能力的缺陷。同样，简单的运动障碍也不能解释为什么患者能够说"bee"（蜜蜂），但不能说出"be"（是）。最后，有时患者也有明显的命名障碍，这提示，除组织合适的发音问题外还存在找词困难。

Wernicke认为，在Broca失语症所损伤的脑区中包含了单词正确发音所需的一系列精细运动命令的记忆存储器。因为Broca区位于控制嘴、唇运动的皮层附近，这一观点还是很符合逻辑的。尽管至今仍有许多人支持Wernicke的观点，但也存在不同的看法。例如，患者运用实义词和功能词的能力有明显差异，这提示，Broca区及其邻近皮层可能特异性地参与了通过词汇组成符合语法规则的句子的过程。这也许可以解释为什么Ford先生能正确地读出"bee"（蜜蜂）和"oar"（船桨）等实义词，却不能正确地读出发音相同的功能词"be"（是）和"or"（或）。

20.4.2　Wernicke失语症

Wernicke发现损伤颞叶上部也可引起失语症，他还注意到，这种综合征与Broca失语症明显不同。实际上，Wernicke认为存在两种主要的失语症类型。Broca失语症的主要问题是语言表达缺陷但理解能力相对正常，而**Wernicke失语症**（Wernicke's aphasia；韦尼克失语症）的语言表达相当流畅但理解却很差。（虽然这些描述过于简化，但对记忆这两种失语症有一定帮助）。

让我们来考察一下Gardner所研究的另一个病例，即Philip Gorgan。

"你为什么来医院？"在他住院后四周，我问这位72岁的退休屠宰工人。

"天哪，我在流汗，我特别紧张，你知道，有时我会忙个不停，我不能提起tarripoi，一个月以前，相当多，我已经做了许多、很好了，我强加了很多，但是，另一方面，您知道我的意思，我必须东奔西跑，还要仔细检查，trebbin和所有这一类的东西。（*Boy, I'm sweating, I'm awful nervous, you know, once in a while I get caught up, I can't mention the tarripoi, a month ago, quite a little, I've done a lot well, I impose a lot, while, on the other hand, you know what I mean, I have to run around, look it over, trebbin and all that sort of stuff.*）"

我几次试图插话都没有成功，因为实在无法让他把这种旁若无人、速度极快的讲话停下来。最后，我只得抬起双手放在他的肩膀上，这才使他稍稍停顿了一会。

"谢谢你，Gorgan先生，我想问你几个——"

"噢，没问题，问吧，不管你有什么老的想法。如果能回答我就回答。噢，我在使用不正确的单词用不正确的方法说话，这里所有的理发师只要能阻止你，它就会不断地跑来跑去，如果你理解我的意思，越来越被困紧是为了*repucer*，*repuceration*（康复），是的，我们当时正尽自己所能，而在另一次，它与那边的几张床同样的东西……（*Oh sure, go ahead, any old think you want. If I could I would. Oh, I'm taking the word the wrong way to say, all of the barbers here whenever they stop you it's going around and around, and if you know what I mean, that is tying and tying for repucer, repuceration, well, we were trying the best that we could while another time it was with the beds over here the same thing....*）"

（Gardner，1974，第67～68页）

显然，Gorgan先生的言语表达全然不同于Ford先生。Gorgan的言语非常流畅，对功能词和实义词的运用也都没有问题。如果你不懂英语，他那流畅的讲话可能会使你觉得他的言语功能很正常；但他所讲的内容却是毫无意义的，好像是一种清晰的言辞和无意义的声音所构成的奇怪的混合体。除语量非常大以外，Wernicke失语症患者的错语也远多于Broca失语症患者。Gorgan先生有时能发出正确的语音，但次序却是错的，如把"*clip*"说成"*plick*"。偶尔，他会在正确的读音或单词周围转圈圈。比如在另一次谈话中，他将"a piece of paper"（一张纸）说成是"a piece of handkerchief（一块手帕），pauper（乞丐），hand（手），pepper（胡椒），a piece of hand paper（一块纸巾）"。有趣的是，有时他会使用同一个类别的另一个单词代替想要说的那个单词，如用"*knee*"（膝盖）代替"*elbow*"（肘部）。

由于很难听懂Wernicke失语症患者的讲话，因而仅仅根据他们的讲话来评估其听、读理解能力是很困难的。的确，Wernicke失语症患者一个很有趣的特点是，他们常常自顾自地讲话而不管别人甚至自己在讲些什么，哪怕他们可能真的听不懂自己或别人的讲话。因此，常常需要通过患者的非言语性反应来评估其理解能力。比如，要求患者把A物体放在B物体上。通过这种提问和指示方式很快就得出结论，Wernicke失语症患者对大部分指导语并不理解。他们完全不能理解那些Broca失语症患者可以理解的问题。假如给Gorgan看一些写在卡片上的命令，如"Wave goodbye"（挥手说再见）或"Pretend to brush your teeth"（做刷牙的动作），他通常能够读出这些单词，但却从来没有表现出明白这些单词意思的样子。

Gorgan这种奇怪的说话方式也反映在其书写和音乐演奏方面。Gardner给他一支铅笔，他马上接过来写道："*Philip Gorgan*。这是非常晴朗 *beautifyl*（美丽）的一天是一个好天气，这种 *wether*（天气）在这次 *campaning*（活动）中已持续很长时间了。后来我们想骑马过去因为这 *culd*（可能）是第一次……（*Philip Gorgan. This is a very good beautifyl day is a good day, when the wether has been for a very long time in this part of the campaning. Then we want on a ride and over to for it culd be first time...* ）"（第71页）同样，当他唱歌或弹钢琴时，一串串正确的演唱和混乱的音乐混杂在一起，而且和他讲话一样，演唱和弹钢琴都很难停下来。

Wernicke区位于紧邻初级听觉皮层的颞上回，我们可以据此对该脑区的功能进行一些推测。Wernicke区可能在建立声音输入与其所表示的意义之间的联系中起着关键的作用。换句话说，Wernicke区可能是一个专门用来存储构成单词的语音信息的脑区。有人认为Wernicke区是一个参与语音认知的高级区域，正如认为下颞叶皮层是图像识别的高级区域一样。语音识别缺陷能够解释为什么Wernicke失语症患者不能很好地理解言语。然而，只有在更多地了解Wernicke区的功能之后，我们才能对上述这些奇怪的言语方式和理解障碍进行解释。Wernicke失语症患者的言语行为提示，这些患者的Broca区和言语产生系统的功能活动并不能很好地控制语言内容。在这种情况下，患者快速的讲话就像一辆由正在打瞌睡的司机所驾驶的汽车，漫无目的地到处乱串。

20.4.3　语言的Wernicke-Geschwind模型和失语症

在发现Wernicke失语症后不久，Wernicke就提出了一个脑的语言加工模型。后来，波士顿大学（Boston University）的Norman Geschwind（诺曼·格施温德——译者注）又对该模型进行了拓展，因此这一模型就称为语言的**Wernicke-Geschwind模型**（Wernicke-Geschwind model，韦尼克-格施温德模型）。构成这一系统的关键解剖基础是Broca区、Wernicke区、**弓状束**（arcuate fasciculus，一束连接这两个皮层区的轴突束）和**角回**（angular gyrus）。除此之外，该模型还包括了参与接受和产生语言的感觉区和运动区。为了理解这一模型的含义，让我们来考虑以下两种任务的完成情况。

第一种任务是复述口语单词（图20.7）。当传入的声音到达耳朵后，先由听觉系统对其进行加工，神经信号最终到达听觉皮层。根据Wernicke-Geschwind模型，这些声音只有在Wernicke区进行处理后才能被理解为有意义的单词。对于能够复述单词的人来说，通过弓状束把单词信号从Wernicke区输送到Broca区。在Broca区，这些单词被转换为讲话所需的肌肉运动的编码。Broca区的输出信号再被输入邻近的运动皮层，以驱动唇、舌、喉等部位的运动。

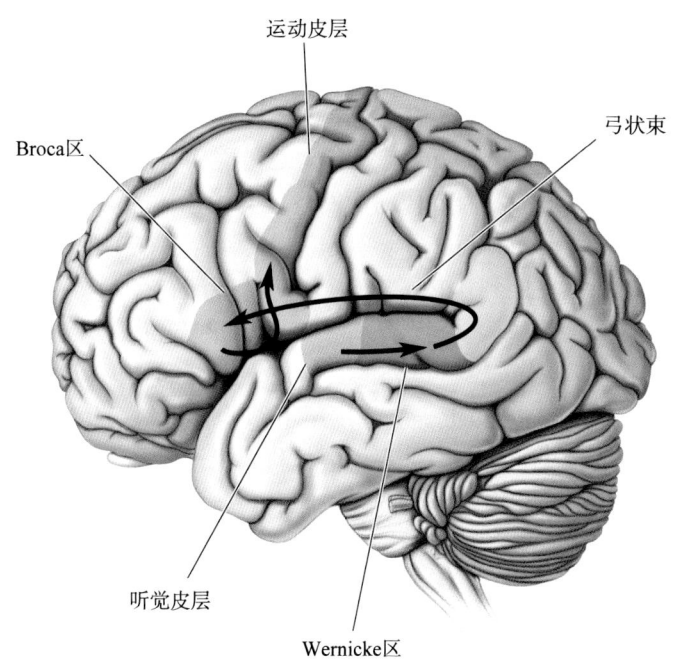

基于Wernicke-Geschwind模型的复述一
个口语单词的通路

　　我们考察的第二种任务是大声朗读书面材料（图20.8）。在这种情况下，输入信息先由视觉系统的纹状皮层和高级视觉皮层区处理。然后，视觉信号被传递到颞叶、顶叶和枕叶交界处的角回。Wernicke-Geschwind 模型假定，信号在角回皮层发生了某种转换，使输出信号在 Wernicke 区诱发了同样的神经活动，就好像这些材料上的单词是说出来的而不是写出来的。在这之后的处理过程与第一种任务完全相同：信号从 Wernicke 区传递到 Broca 区，最后到达运动皮层。

　　这一模型对 Broca 和 Wernicke 失语症的关键部分都做出了简单的解释。Broca 区损伤后，由于正确信号不能被传递到运动皮层，因而严重地妨碍了语言的表达。另一方面，由于 Wernicke 区没有被破坏，理解能力却相对完

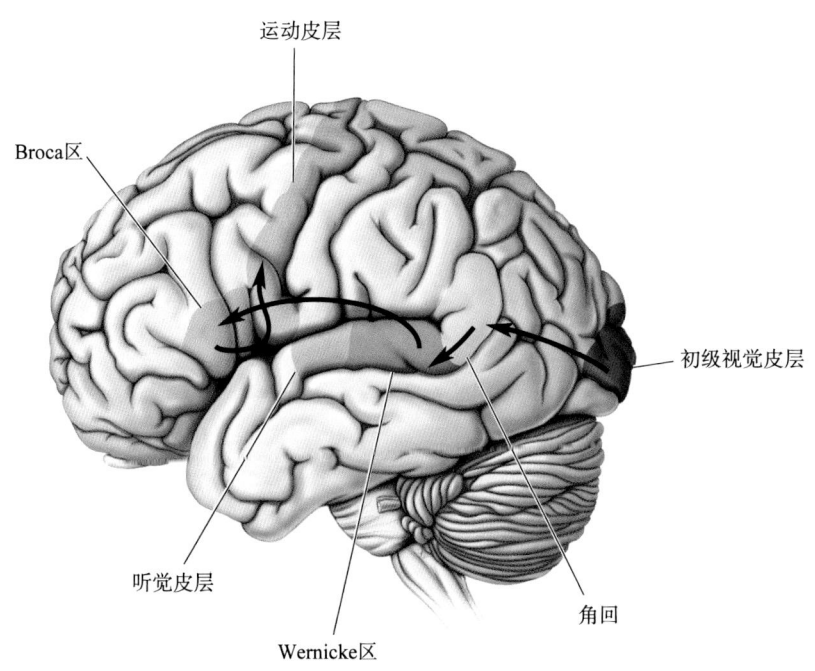

◀ 图20.8
基于Wernicke-Geschwind 模型的大声朗
读一个书面单词的通路

好。由于Wernicke区是把语音转换成有意义单词的重要场所，因此，损伤这一脑区可导致严重的理解障碍。但由于Broca区仍然能够驱动讲话所需要的肌肉，因此言语表达功能不受影响。

然而，Wernicke-Geschwind模型有几处错误而且过于简单化。比如，阅读单词时，单词并不一定需要像前面阅读任务中描述的那样（在角回）被转换成一种伪听觉（pseudo-auditory）反应。实际上，视觉信息也可以不经过角回而直接从视觉皮层到达Broca区。任何模型都有夸大某一皮层区对某种特定功能所起作用的风险。已经发现，Broca和Wernicke失语症的严重程度取决于Broca区和Wernicke区以外的其他皮层区域的受损程度。而且，损伤丘脑和尾状核（caudate nucleus）等皮层下结构也可对失语症产生影响，而上述模型并未将这些结构考虑进去。由外科手术切除部分皮层所引起的语言功能障碍通常轻于脑卒中所导致的功能障碍，这是因为脑卒中会同时累及大脑皮层和皮层下结构。

对上述模型的另一个重要问题是脑卒中所引起的语言障碍常常可以明显地恢复。看起来，其他皮层区域有时似乎可以代偿受损皮层所失去的功能。与许多神经综合征一样，幼儿语言功能的损害一般恢复得非常好，但即使对于成年人，尤其是左利手者，其语言功能也常可以得到良好的恢复。

Wernicke-Geschwind模型的最后一个问题是，大部分失语症患者同时有语言理解和表达的问题。患Broca失语症的Ford先生的理解能力尚可，但常常被复杂问题所困惑。反过来，患Wernicke失语症的Gorgan先生除严重的理解能力缺陷之外，其语言表达方面的问题也非常严重。因此，在皮层进行语言加工时，该模型所描述的脑区之间明确的功能界限并不存在。尽管Wernicke-Geschwind模型存在这些问题，但由于其简单而且基本合理，这一模型仍然具有临床应用价值。在20世纪下半叶，为了解释语言和脑加工过程的复杂性及Wernicke-Geschwind模型的缺陷，人们提出了许多更为精致而详尽的语言模型。与视觉系统中描述的并行通路类似，这些模型包含了多条具有不同功能但相互作用的并行通路（图20.9）。

► 图20.9

并行语言通路。目前语言加工模型强调多条加工通路，很像视觉系统中描述的背侧通路（dorsal stream）和腹侧通路（ventral stream）（参见第10章——译者注）。本模型包括两条背侧通路和一条腹侧通路。注意，与Wernicke-Geschwind模型不同的是，语言不只是基于通过弓状束连接Wernicke区和Broca区的单一通路。其中一条背侧通路（蓝色）连接颞上回（Wernicke区和听觉区）和前运动皮层，该通路参与语言产生和单词重复。另一条背侧通路（绿色）连接颞上回和Broca区，这条通路被认为参与到处理复杂的句法结构，即按照语法体系进行单词排列的分析。腹侧通路（红色）接受言语的声音并提取其含义（改绘自：Berwick等，2013，图2）

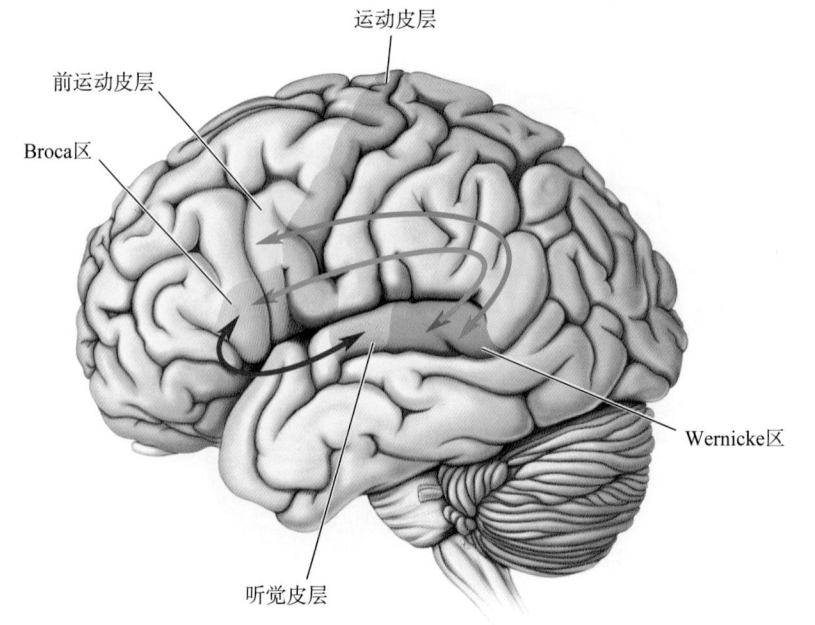

运动皮层

前运动皮层

Broca区

Wernicke区

听觉皮层

20.4.4 传导性失语症

任何模型的价值不仅在于它能解释以往的观察结果，还在于它的预测能力。Wernicke观察到，额叶和颞上回皮层损伤可导致完全不同形式的失语症。他据此预测，上述脑区之间的连接损伤将会导致一种独特的失语症，即便这两个脑区本身完好无损。根据Wernicke-Geschwind模型，损伤弓状束中的神经纤维可引起这种类型的失语症。在实际工作中发现，除弓形束外，这种能切断联系的损伤还常常累及顶叶皮层，而Broca区和Wernicke区并没有受损。

Wernicke的预测被证明是正确的；连接的损伤的确可以导致失语症，现在将其称为**传导性失语症**（conduction aphasia）。就像该模型所预测的那样，由于Broca区和Wernicke区保存完好，这种失语症患者的理解能力正常而且言语流利。患者通常能够毫无困难地通过言语表达自己的思想。传导性失语症的主要特征是复述单词的困难。对于所听到的单词，尽管患者想努力将其复述出来，但复述过程中存在大量的单词替换、省略和错语。复述效果最好的是名词和常用短语，但患者可能完全不能复述功能词、多音节词和无意义的音节。有趣的是，尽管传导性失语症患者在大声朗读句子时有很多错语，但却能够理解这些句子。上述现象与下面这种观点相吻合：由于缺陷发生在参与理解和表达的脑区之间，故患者的理解能力应该正常。

失语症研究中一个令人遗憾但又很有意义的现象是，脑卒中可以引起多种不同类型的语言障碍综合征。尽管这些综合征对各种语言模型都是一种挑战，但每种失语症都为我们理解语言加工过程提供了一条线索。其他几种失语症的特征见表20.1。

20.4.5 双语者和耳聋者的失语症

双语者和耳聋者的失语症病例使我们得以了解脑在加工语言过程的一些有趣的现象。设想一下，如果一个失语症患者在脑卒中之前通晓两种语言，那么他在脑卒中之后只是其中一种语言受损，还是两种语言同等程度地受损呢？对这一问题的回答取决于以下几个因素：学习两种语言的先后、其中一种语言的熟练程度，以及最近的使用频率。尽管脑卒中造成的后果常常难以预料，但较早学习且较熟练的语言更容易被保留下来。如果一个人同时学习两种语言，且达到的熟练程度相当，那么脑损伤可能使两种语言受到同等程度的损害。但是，如果在不同时期学习两种语言，那么脑损伤可能对其中一种语言的影响更大。这意味着第二语言可能使用与第一语言不同但有重叠的神经元群进行加工。

对耳聋者和/或会哑语的非耳聋者的语言缺陷的研究提示，脑的语言加工机制具有一定的共性。美国手语可以用手势来表达非耳聋者用口语表达的各种思想和情感（图20.10）。损伤手语使用者的左半球似乎可以引起与言语性失语症（verbal aphasics）相似的语言功能障碍。在一些类似Broca失语症的病例上看到，这些患者的理解能力正常，但用手语"说话"的能力受到了严重影响。需要注意的是，这些患者的手部运动功能并未受损（即问题不在于运动控制本身），但却特异性地损伤了用手部运动表达语言的能力。

还可见到一些与Wernicke失语症对应的手语失语症病例，这些患者的手语表达很流利但有许多错误，而且患者也很难理解别人的手语。有一个不寻

我——用食指指向并接触前胸

猫——用食指和拇指扯拉胡子

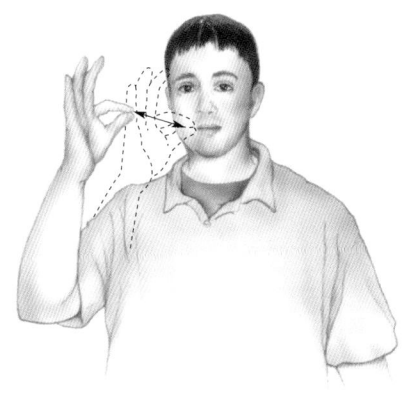

▲ 图20.10
用美国手语"说话"

常的病例，患者本人听力正常，但由于其父母都是耳聋者，因而他同时学会了手语和口语。后来他的左半球发生了脑卒中。在发病初期，他表现为完全性失语，但随着时间推移，失语明显地得到了改善。一个重要的发现是，这个患者的口语和手语一起恢复，好像这两种语言使用了相互重叠的脑区。尽管的确存在与言语失语症相类似的手语失语症，但也有证据表明，两种失语症在一定程度上是分别由左半球不同部位的损伤所引起的。

20.5　大脑两半球语言加工的不对称性

我们已经从前面了解到，损伤脑的一定区域可导致各种各样的失语症。就像Broca的早期工作所显示的那样，两侧半球对语言加工的作用并不相同。两半球语言功能差异方面最有价值和引人入胜的发现大多来自**裂脑研究**（split-brain study）。在裂脑研究中，患者两侧半球之间的联系已被手术切断。两侧半球之间通常通过一些被称为连合（commissure）的轴突束进行联络。我们在第7章中已经讲过，脑内最大的大脑连合是**胼胝体**（corpus callosum）（图20.11）。胼胝体大约包含两亿根穿行于两侧半球之间的轴突。这样巨大的纤维束一定特别重要，但令人惊讶的是，胼胝体的重要作用在1950年以前一直未能被发现。

在施行裂脑手术时，先把颅骨打开，再切断构成胼胝体的轴突（图20.12）。如果脑干或较小的连合未被切断，则两半球之间仍可以通过这些结构保持一定联系，但左右半球之间的大部分联系还是被切断了。20世纪50年代，为了探索胼胝体和被分离的两个大脑半球的功能，Roger Sperry及其同事先后在芝加哥大学（University of Chicago）和加州理工学院（California Institute of Technology）开展了一系列裂脑动物实验。Sperry的研究组证实了早期的报道，即切断猫或猴的胼胝体对动物的行为没有明显的影响。不但动物的脾气没有改变，而且这些动物的动作协调性、对刺激的反应和学习能力似乎也

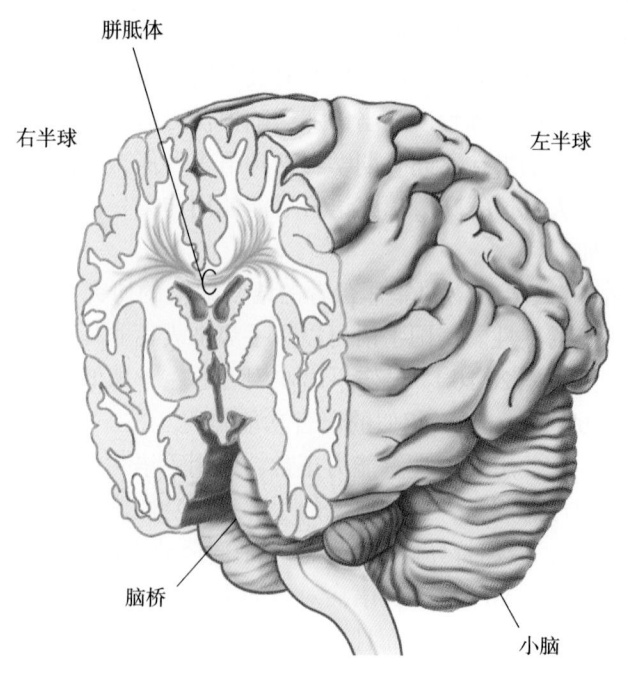

▶ 图20.11
胼胝体是连接两侧大脑半球的最大的轴突束

正常。然而，在一些设计更为精巧的实验中，Sperry 的研究组发现，裂脑动物有时表现得就像有两个独立的脑。例如，在一个实验中，给猴子的左眼呈现圆圈和十字的视觉刺激，然后训练猴子选择十字。在另一些实验中，同样的视觉刺激呈现在右眼，研究人员则训练猴子选择圆圈。当双眼都睁着时，猴子（或人类）不可能知道是哪一只眼睛看到刺激的。所以，看起来大脑两个半球同时学习了相反的辨别——用两个脑思考。你可能在想，如果两只眼睛同时看到刺激会发生什么？答案是，猴子先是犹豫，然后选择圆圈或十字，接着会在随后的一系列实验中坚持这一选择，直至转换到选择相反的刺激。这些科学家们推测，两个大脑半球是相互竞争的，在任何一次给定的实验中，只有一个半球获胜。

20.5.1 裂脑人的语言加工

由于裂脑猴子似乎没有任何重要的功能缺陷，因此外科医生觉得有正当理由可以把切断胼胝体作为治疗人类某些重度癫痫症的最终手段。他们希望能够借此来阻止癫痫活动从一侧半球向另一侧半球扩散。尽管假设两亿根轴突不是那么重要而将它们切断，这一做法是非常值得怀疑的，但外科手术常常能使患者受益于恢复到免受癫痫发作折磨的生活中。当时在纽约大学（New York University）的 Michael Gazzaniga 研究了许多这样的患者。由于 Gazzaniga 开始曾和 Sperry 一起工作，他对人使用的方法在上述动物实验技术的基础上做了改进。

裂脑人（split-brain human）研究方法中的一个关键点是通过细心的控制，从而使视觉刺激仅呈现在一侧半球。Gazzaniga 利用视觉系统的以下特点做到了这一点：只要不能够通过两个眼球的移动而使图像落在视网膜的中央凹上（图20.13），那么右半球只能感受到来自注视点左侧的物体，而左半球

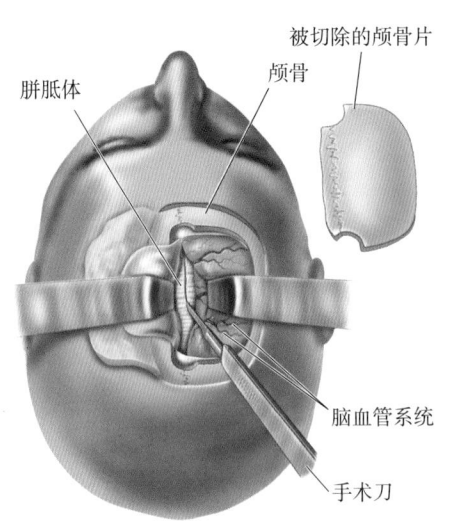

▲ 图 20.12

对患者施行裂脑手术。为了到达和切断胼胝体，部分颅骨被切除，两个大脑半球被推向两边

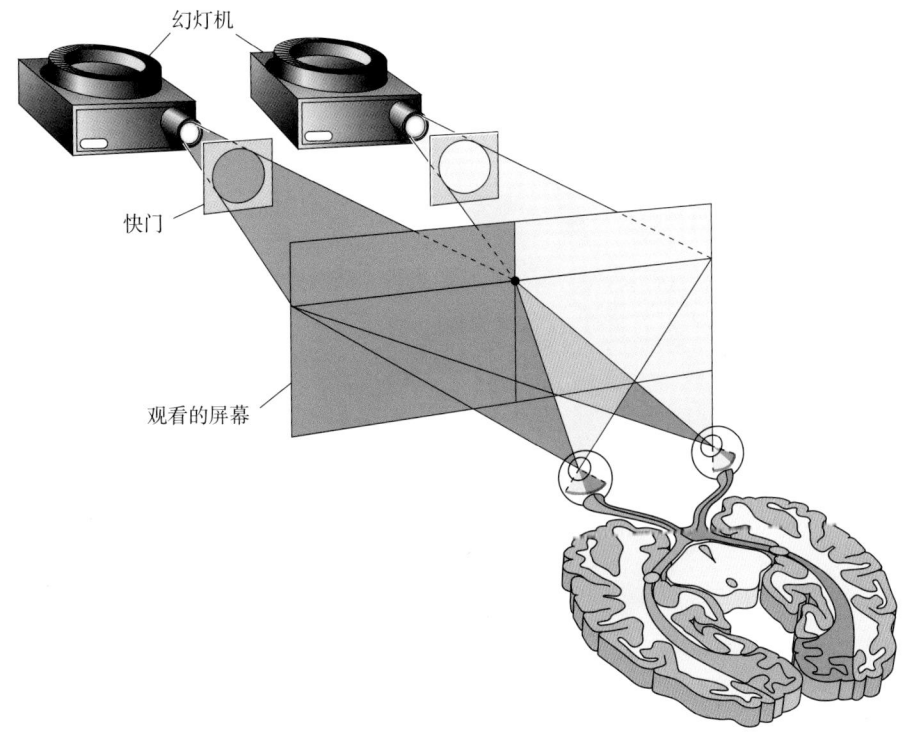

◀ 图 20.13

对人脑一侧半球的视觉刺激。通过控制快门的开和关对左侧或右侧视野给予一个视觉刺激，刺激只是短暂地闪一下。每台幻灯机都以只有单侧大脑半球"看到"图像的方式向双眼呈现图像。由于刺激呈现的时间短于产生眼球扫视运动所需的时间，因而可确保仅有单侧大脑半球看得见该刺激

只能感受到来自注视点右侧的物体（图10.3）。可利用类似于照相机快门的装置使图片或单词只闪现几分之一秒的时间。注意，当快门打开时，刺激不是呈现到一只眼睛或另一只眼睛上；相反，刺激呈现到两只眼睛的同一侧视野上，从而使只有一个大脑半球"看到"刺激。由于呈现图像的时间短于移动眼球所需的时间，故图像只能被一侧大脑半球所感知。

左半球的语言优势。虽然裂脑人在大多数情况下表现正常，但当把一些问题单独呈现给一侧半球时，患者用语言回答问题的能力就会表现出明显的不对称。例如，患者可以毫无困难地复述或描述只呈现在右侧视野的数字、单词和图像，这是因为左半球通常为语言优势半球。同样，患者也可以描述只用右手触摸到的物体（不让两只眼睛看到该物体）。右半球并不具备这种简单地用语言描述感觉输入的能力——如果没有这一事实，上述实验结果就根本不值得一提。

如果一幅图像只呈现在左侧视野，或者一个物体只能被左手触摸到，那么裂脑人就不能对其进行描述，而且还常常表示那里什么也不存在（图20.14）。若悄悄地把一个物体放在患者的左手上，他甚至不会用语言表示他已觉察到了该物体。缺乏这种反应正是多数人的语言控制中枢位于左半球的结果和证明。如果仔细想想裂脑人给出的提示，你就会意识到，他们的生活方式的确有些不同寻常。在裂脑手术后，他们不能描述出现在注视点左侧的任何东西，如一幅图的左侧、一间房间的左半边等。令人惊异的是，患者的生活似乎并没有因此而受到干扰。

右半球的语言功能。尽管右侧半球的言语表达能力出奇地差，但并不意味着它对语言一无所知。可以证明，如果让患者用非语言方式表达，右半球就能读出和理解数字、字母和短词汇。在一项实验中，给裂脑人左侧视野呈现一个名词性单词。如前所述，该患者会说什么也没看见。当然，那是能说

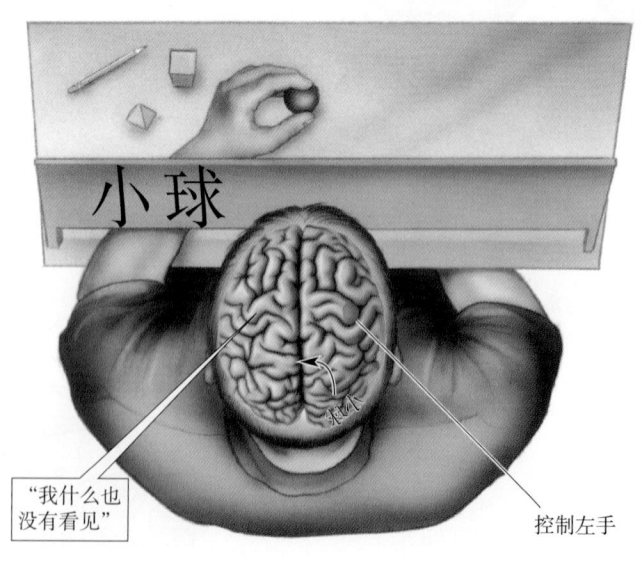

▶ 图20.14

图示右半球对语言的理解。如果给一个裂脑人的左侧视野呈现一个单词，他会说什么也没看见。这是因为通常用来控制言语的左半球并没有看见这个单词，而看到这个单词的右半球又不会说话。如果没有胼胝体，这个词的信息就不能传递到控制言语的左半球。但是，由右半球控制的左手却仅凭触觉就可以挑出与这个单词意思相匹配的物体

小球

"我什么也没有看见"

控制左手

会道的左半球在说话，而它却没有看到任何东西。但是，如果要求该患者用左手挑选出与所看到的名词相匹配的图片或物体时，该患者就可以完成这项任务（图20.14）。尽管右半球不能使用较为复杂的单词或句子来完成上述任务，但这些结果清楚地表明，右半球的确具有语言理解能力。

当时在加州大学戴维斯分校（University of California at Davis）的Kathleen Baynes、Michael Gazzaniga 及其同事的一项研究表明，尽管右半球不能讲话，但有时却会书写。对于大多数人，阅读、讲话和书写都是由左半球控制的。但是，一位名叫V. J.的裂脑妇女的情况却有所不同。在实验过程中，将单词快速地呈现给V. J.的左半球或右半球。呈现在左半球的单词可以被她读出但不能被写出；相反，呈现在右半球的单词可以被她写出却不能读出。尽管这种功能的分离也许有些异常，但V. J.的例子提示，并不一定需要在一侧半球存在一个可以处理所有语言特征的脑系统。

还有证据提示，尽管右半球不能说出一幅复杂图像的含义，但却能够看懂这幅图像。在一项实验中，给受试者的左侧视野呈现一组图片，其中一幅是裸体照。当研究者问她看见了什么的时候，她什么也不说，但却笑了起来。她告诉研究者她不知道什么东西那么好笑，可能是那些实验仪器吧！

在做某些任务时，右半球的表现似乎强于左半球。例如，即使右利手的裂脑患者其左半球在绘画方面曾得到更多的练习，然而在测验中发现，由右半球控制的左手在绘画或临摹三维透视图形时却表现得更为灵活。这些患者用左手解决复杂的智力题的能力也好于右手。还有报告说，右半球在分辨声音的细微差别方面也稍好一些。

一些裂脑研究表明两侧半球可以引起冲突行为，这显然是由于两个半球的想法各不相同的缘故。在一项任务中，研究者要求一位患者按照小卡片上的图样搭建一组积木。他被告知只能用右手（由左半球控制）进行操作，而这只手通常不善于处理这类任务。当右手笨拙地搭建积木时，擅长处理此类任务的左手（由右半球控制）就会伸过来争夺右手的工作。只有在研究者的干预下将左手推开，患者才能用右手完成这项智力任务。Gazzaniga还研究过另一个病例，患者有时一只手想要脱掉裤子而另一只手却想把它穿上。这些奇怪的行为有力地表明，两个彼此独立的大脑半球分别控制着身体的两侧。

这些裂脑研究结果显示，两侧半球可以各自独立地工作并且具有不同的语言能力。尽管通常情况下左半球是语言优势半球，但右半球也有很出色的语言理解能力。但是，重要的是要记住，裂脑研究只是检测两侧半球各自独立运作时的能力。可以推测，对于正常的脑，两侧半球通过胼胝体的相互作用来共同执行语言和脑的其他功能。

20.5.2 解剖的不对称性和语言

早在19世纪，就已经有关于两侧半球解剖结构不同的报道。例如，当时人们已经注意到，左侧大脑西耳维厄斯裂（Sylvian fissure；即lateral sulcus，外侧裂——译者注）比右侧的外侧裂长但略浅（图20.15）。然而，直至20世纪60年代，学界对是否存在显著的皮层不对称性仍存在相当大的怀疑。由于和田程序证实了两侧大脑半球在言语控制方面明显的不对称性，因而了解两

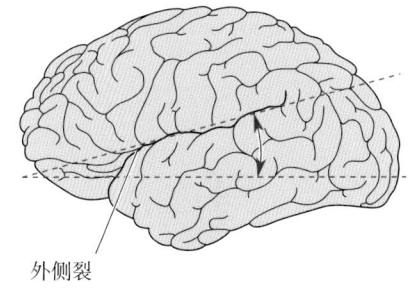

左半球

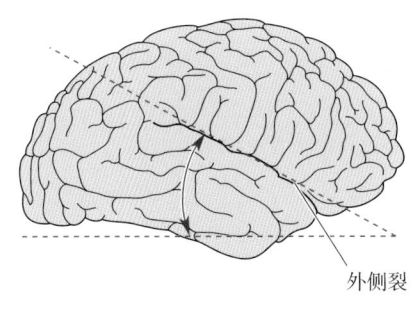

右半球

▲ 图20.15

大脑外侧裂的解剖不对称性。对大部分右利手人来说，位于左半球的外侧裂比右侧外侧裂长而且倾斜的角度较小（改绘自：Geschwind，1979，第192页）

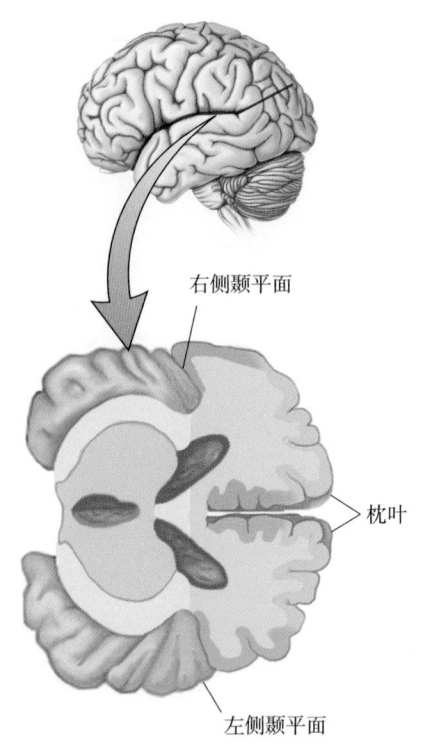

▲ 图 20.16

颞平面的不对称性。左侧这个位于颞叶上部的区域通常显著地大于右侧（改绘自：Geschwind and Levitsky，1968，图1）

侧半球是否存在解剖上的差异就变得有意义了。部分证明两半球差异的第一手的定量数据来自 Geschwind 及其同事 Walter Levitsky 的工作。最初的发现是通过尸检获得的，而这些结果最近得到了磁共振成像（magnetic resonance imaging，MRI；见图文框 7.2）的证实。

大脑两半球最明显的差异见于颞叶上部表面被称为**颞平面**（planum temporale）的脑区，它是 Wernicke 区的一部分（图 20.16）。在对 100 个脑样本进行测量的基础上，Geschwind 和 Levitsky 发现，大约有 65% 的脑其左侧颞平面大于右侧，而大约只有 10% 的右侧颞平面比左侧的大。部分脑的左侧颞平面可比右侧相应区域大 5 倍。有趣的是，在人类胎儿时期就已经能看到这一脑区的不对称性了，这提示这种不对称性并不是由于左半球使用语言而导致的个体发育的结果。事实上，类人猿的左侧颞平面也比右侧的大。这提示，左脑成为语言的优势半球很可能就是因为左颞平面的体积原本就比右侧的大。其他的研究发现，大脑左半球的 Broca 区也往往比右侧大。左半球这些较大的脑区是否与左半球通常为言语优势半球有关呢？

最近，使用 MRI 对活体受试者进行了灰质体积的研究，这使得揭示脑的解剖结构及其不对称性与语言的优势性之间的关系成为可能。这些研究的一个挑战是要找到足够多的右半球为语言优势半球的受试者。在左半球或右半球为语言优势半球的受试者中，包括颞平面、Broca 区和脑岛在内的一些脑区，通常都是左侧大于右侧的。一个很大的科学问题是，是否可以通过左脑结构大于右脑的程度来预测语言优势半球。也许左脑的某些脑区在左半球为优势半球的受试者中要大得多，但在右半球为优势半球的受试者中只大一点点甚至比右脑的相应脑区还要小。

迄今关于左颞平面和右颞平面的大小与语言优势半球之间关系的报告并不一致。也有一些关于语言优势半球与左右 Broca 区相对大小的相关分析的报告。目前看来，Broca 区和颞平面的左右不对称性与语言优势半球之间似乎的确存在一定的相关性，但这种相关性还不够强。因此，仅仅基于解剖学测量的结果还不足以预测语言的优势半球。位于颞叶和顶叶之间外侧裂内的**脑岛**（insula）似乎是最能预测语言优势半球的脑区（图 20.17）。尽管认为脑岛参与人类的语言已有一段时间了，但它的大小与语言功能偏侧化之间的关系还是有些让人吃惊。这是因为对脑岛语言功能的研究还相对较少，且对其语言功能的了解也远不如对脑的其他语言区多。而且，脑岛似乎还参与从味觉到情绪的多种脑功能。因此，还需要进一步的研究来阐明脑岛在语言中的作用，以及它与语言优势半球之间的关系。

也许你会觉得，利手（handedness）现象是一种比语言功能不对称更明显的人类功能不对称现象。90% 以上的人为右利手（right-handed；惯用右手的——译者注），而且常常与左手不够协调。这提示，在某些方面，左侧半球特化为对精细运动的控制。这是否与左侧半球成为语言优势半球有关呢？尽管现在还不知道答案，但有趣的是，无论对语言还是对利手而言，人类与灵长类都有很大差异。很多动物的确也会表现出习惯于使用某一只手的偏好，但左利手者和右利手者的数量一般是均等的。

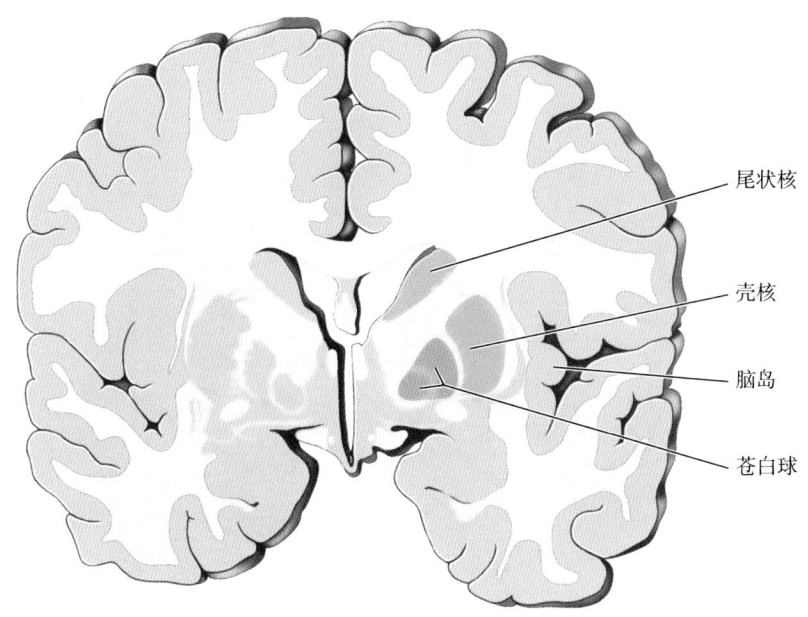

尾状核

壳核

脑岛

苍白球

▲ 图 20.17
脑岛。脑岛也称岛叶皮层（insular cortex），位于颞叶和顶叶之间的外侧裂内

20.6　利用脑刺激和人脑成像研究语言

　　直到20世纪后期，对脑的语言加工的研究主要还是通过对脑损伤患者的尸检结果与患者生前的语言缺陷之间的相关性分析来进行的。但是现在，通过对活体人类受试者进行脑的电刺激、fMRI和PET脑成像研究，已经揭示了语言加工问题的方方面面。

20.6.1　脑刺激对语言的影响

　　在本书的部分章节中，我们已经讨论了 Wilder Penfield 所开展的脑部电刺激研究。在这类研究中，不对患者进行全身麻醉，他就能报告刺激不同皮层区域所产生的效果。Penfield在这些实验过程中发现，刺激一些特定的脑区可以影响语言功能。这些影响主要有3种类型：发声、言语中断和类似于失语症的言语困难。

　　对运动皮层中控制嘴部和唇部运动的区域进行刺激，可立即引起言语中断（图20.18）。出现这种反应是合乎逻辑的，因为被刺激所激活而收缩的肌肉有时可牵拉着嘴巴歪向一边，或者使下巴咬紧。刺激运动皮层偶尔可引起哭泣或节奏性的发声。重要的是，这些效应可因刺激任何一侧大脑半球的运动皮层而发生。Penfield还发现了另外3个施行电刺激后可以干扰言语功能的脑区，它们都位于左侧优势半球，其中一个区域似乎与Broca区相对应。如果当一个人正在讲话时刺激该脑区，则言语可以完全停止（使用强刺激）或变得踌躇（使用弱刺激）。对有些患者进行脑刺激可引起其对一些物体的命名障碍，而在刺激前和刺激后，患者都能命名这些物体；他们偶尔也会用错误的单词替换正确的单词。这些患者显然经历了一次轻微而短暂的命名障碍。刺激某些患者的另外两个脑区也可引起单词混淆和言语中断，其中一个

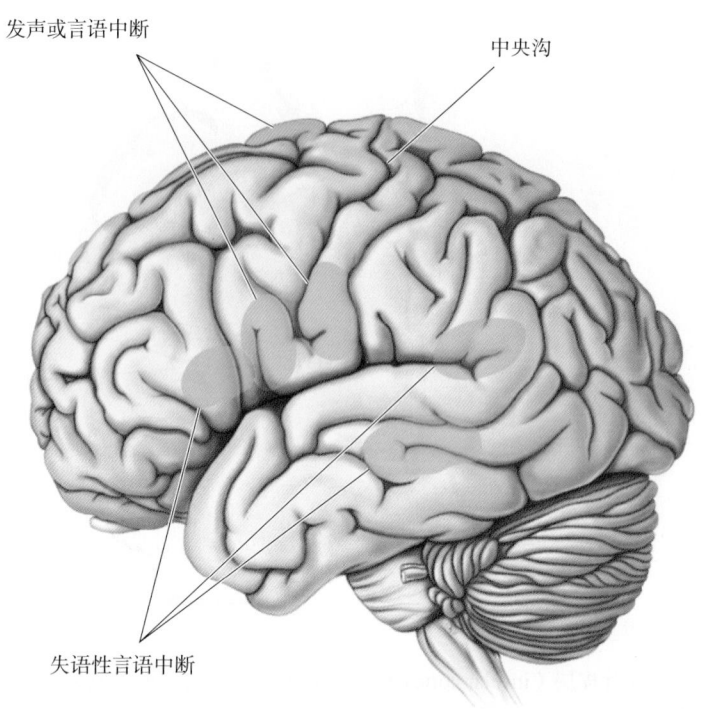

▲ 图 20.18

电刺激影响语言功能的脑区位置。刺激运动皮层可以通过激活面部肌肉引起发声或言语中断。刺激其他部位可以导致失语性言语中断，并伴随语法错误或命名障碍（改绘自：Penfield and Rasmussen，1950，图 56）

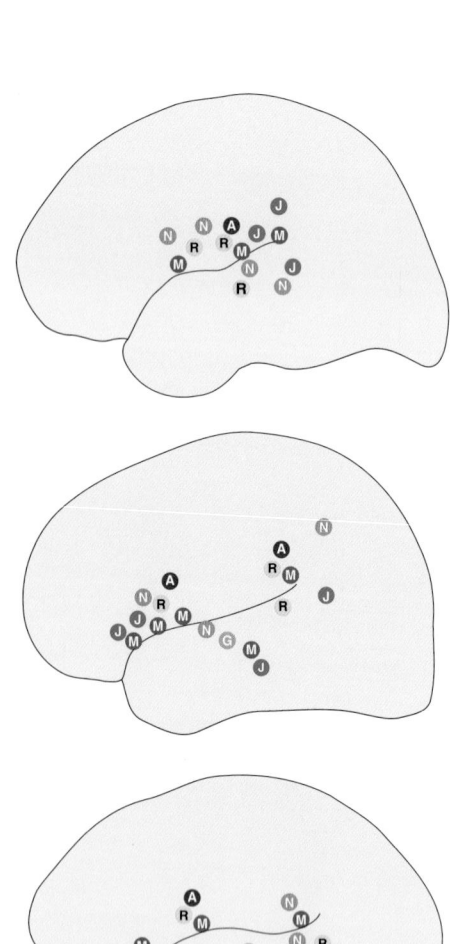

▲ 图 20.19

对 3 名接受癫痫治疗的患者施行脑部刺激的影响。患者处于清醒状态，图中注明了可引起言语和阅读困难的刺激部位。N，言语功能正常但命名有困难（命名障碍）；A，言语中断；G，语法错误；J，杂乱语（言语流畅但频繁出现错误）；R，阅读失败；M，面部运动错误（改绘自：Ojemann and Mateer，1979，图 1）

脑区位于靠近外侧裂的后顶叶，另一个脑区则在颞叶。尽管这两个脑区所在的部位与预定的位置——弓状束和 Wernicke 区并不完全吻合，但的确分别在弓状束和 Wernicke 区附近。

　　一个再次被证实的发现是电刺激某些脑区可选择性地影响语言，而这些脑区恰与导致失语症的那些脑区大致吻合。然而，在相互临近的皮层部位之间和不同个体之间，刺激所产生的结果却有惊人的差异。在与 Penfield 类似的研究中，华盛顿大学（University of Washington）的神经外科医生 George Ojemann 发现，有时刺激作用的特异性很强。例如，对不同部位的小范围皮层进行刺激，可以分别干扰命名、阅读或模仿面部运动的能力（图 20.19）。这些数据支持几个重要的结论。首先，在不同的个体中，电刺激脑区对语言的影响明显存在极大的差异。其次，在涉及语言不同方面的脑皮层区域之间，还有其他不受刺激影响的皮层区域。我们还不知道，进一步的研究能否揭示这些介于受电刺激影响的脑区之间的区域是否具有一些尚未检测到的语言功能，或者这些区域实际上真的不参与语言加工。第三，电刺激相邻的脑区可以产生非常不同的结果，而刺激相隔很远的脑区却可引起相同的结果。这些研究结果提示，脑的语言区可能远比 Wernicke-Geschwind 模型所描述的复杂，而且参与语言加工的脑区也远比 Broca 区和 Wernicke 区更广泛。导致这一认识的原因是现在已经发现，除了许多皮层区，部分丘脑和纹状体结构也参与语言的加工过程；而在 Broca 区和 Wernicke 区内部，也可能存在功能特异化的区域，其大小可能相当于躯体感觉皮层区内的功能柱或视觉皮层区内的眼优势柱。看起来，通过失语症所确认的大面积的语言区内可能还真的包含了大量更精细的结构。

20.6.2 人脑语言加工的脑成像

随着现代脑成像技术的诞生，观察人脑的语言加工过程已经成为可能。借助于正电子发射体层成像（PET）和功能磁共振成像（fMRI），研究者可以通过测量局部血流量来推断不同脑区的神经活动水平（图文框 7.3）。在许多方面，脑成像证实了人们已知的对脑语言区域的认识。例如，不同的语言任务使脑皮层的不同部位被激活，并且被激活的区域总体上与失语症研究提示的脑区一致。

然而，脑成像研究提示语言加工过程更加复杂。在 Lehericy 和他的同事们进行的一项实验中，受试者在执行 3 项不同的语言任务时，他们的脑活动被记录下来（图 20.20）。在第一项任务中，要求受试者尽可能多地产生特定类别（如水果或动物）的单词（图 20.20a）。在第二项任务中，受试者仅简单

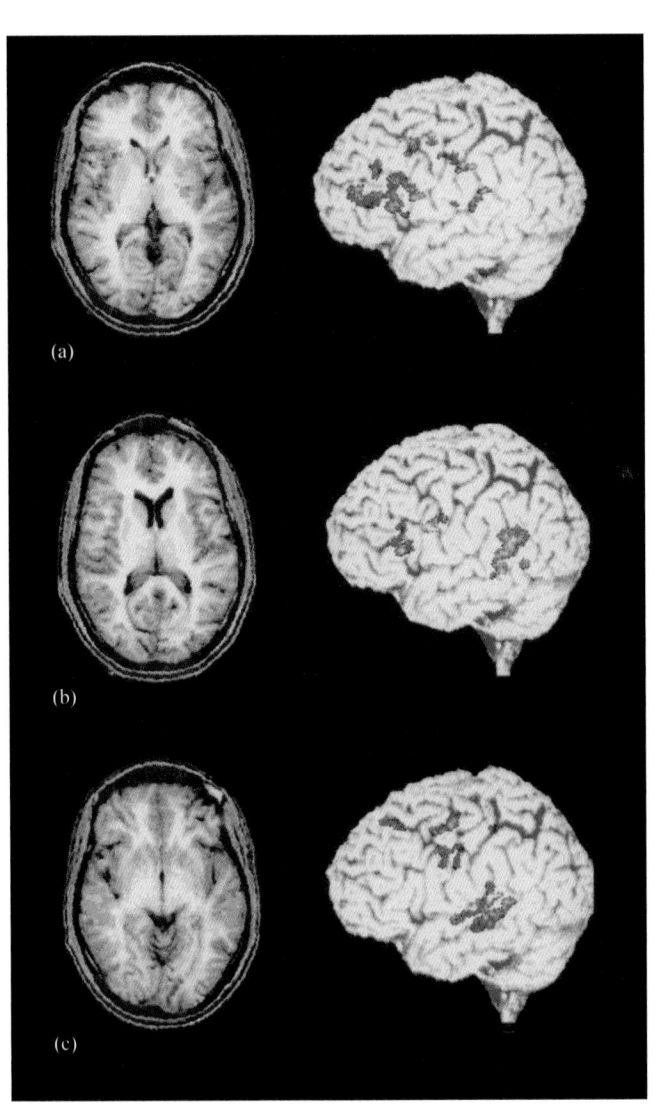

◀ 图 20.20
fMRI 显示的双侧脑激活。基于和田程序的检验结果，这里展示的受试者有明显的左半球语言优势，而 fMRI 却显示了语言区显著的双侧激活。（a）单词产生任务。（b）被动地听故事。（c）默默地复述句子（改绘自：Lehericy，2000，图 1）

用眼听和用手看

　　人脑是一种适应性非常强的器官，一些富有戏剧性的脑重组的例子来自对人类语言加工的研究。图A上方的图片显示的是，听力正常的讲英语的受试者在听到朗读英文句子时的fMRI脑激活图像。红色区域表示激活最强、且被语言特异性地激活的脑区，黄色区域的激活稍弱（与语言无关的视觉活动已被减去）。可以看出，位于左半球的Broca区和Wernicke区等经典语言区有明显激活，而右半球没有激活。

　　图A中间的图片显示了听力正常的讲英语的受试者在观看以美国手语（ASL）表达一些句子时的脑激活图。从图可以看出，在减去脑对无意义手势的反应信号后，这些不懂美国手语的受试者（的脑）并没有特异性的激活。与此不同的是，图A下方的图片显示了以手语为唯一语言的耳聋者（的脑）对美国手语的反应。由于激活的脑区包括位于左半球的Broca区和Wernicke区，这表明美国手语所激活的一些关键语言区与听力正常者讲英语时所激活的关键脑区相同。更令人惊讶的是，这些耳聋受试者的右半球也被明显激活。需要特别注意的是，耳聋者的颞上回也可被美国手语激活，而这一脑区在听力正常的受试者中通常被口语激活。由于这些脑区在通晓美国手语的听力正常受试者中也被激活，这似乎意味着除了常规的左半球语言区外，美国手语的某些方面还依赖于右半球听觉区的参与。

　　脑重组的另一种形式可见于那些懂盲文的盲人受试者。盲文是一种用出现在纸上的小凸起的各种组合来表示字母的书写系统，盲人用指尖触摸这些小凸起进行阅读。阅读盲文激活躯体感觉皮层是可以预见的，而另一些脑区也被激活却的确让人难以置信。图B显示了一个受试者阅读盲文时的PET图像。在枕极可看到显著激活（黄色）——这枕极无疑是视觉皮层的一部分。通过脑重组的过程，这些盲人受试者的脑竟然能够用经典的视觉区来处理盲文，这与聋人受试者采用听觉区来处理美国手语的本质是一致的（本书第Ⅳ篇的一些章节探讨了感觉经验影响脑的组织过程和导致学习记忆的机制）。

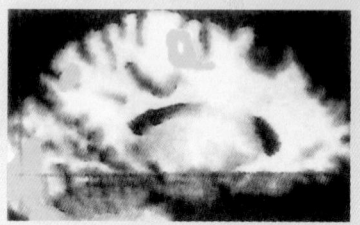

图B
阅读盲文（引自：Sadato等，1996）

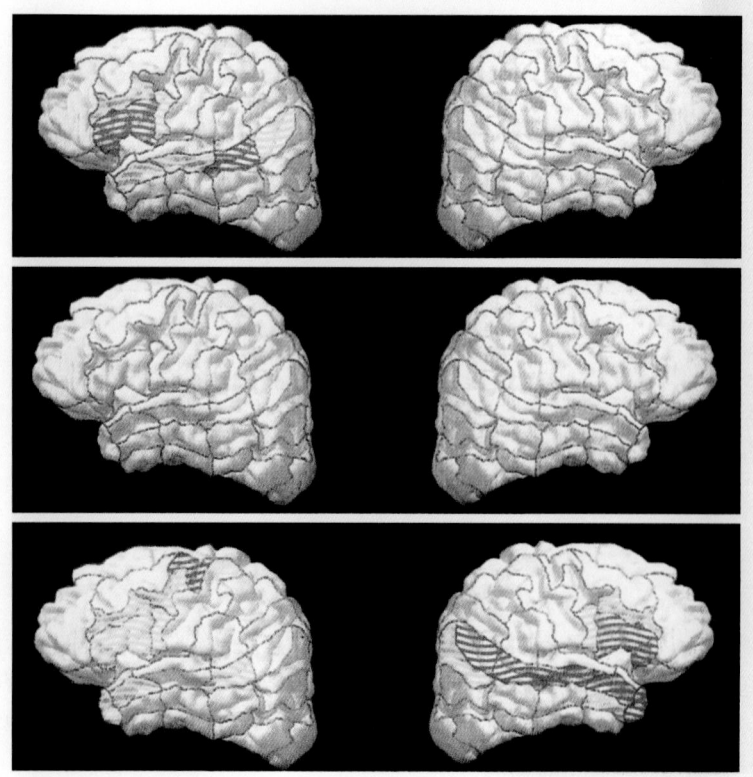

◀ **图A**
上图：听力正常者阅读书面英语。中图：讲英语的听力正常者观看美国手语。下图：耳聋受试者观看美国手语（引自：Neville等，1998）

地听一段大声朗读的故事（图20.20b）。第三项任务要求他们默默地重复自己之前听到的被大声朗读的句子（图20.20c）。值得注意的是，激活的脑区位置与通过检查脑损伤引起的失语症所发现的颞叶和顶叶语言区基本一致。更令人惊讶的是，脑激活区域是双侧的。根据测量语言偏侧化的和田程序检验结果，图20.20所示的受试者具有较强的左半球优势。fMRI结果提示的优势半球趋势不如和田程序检验所提示的明显。在fMRI研究中，显著的双侧激活很常见，但其含义仍在争议中。最近的PET和fMRI研究还表明，口语、手语和盲文的语言加工过程存在着非常有趣的相似性和差异性（图文框20.4）。

在另一项研究中，研究者利用PET成像技术，研究了单词感知和言语产生过程中脑激活的差异。他们首先测量了受试者在静息状态下的脑血流量。然后，让他们观看呈现在屏幕上的单词（"看单词"），或者听大声朗读的单词（"听单词"）。用听或看单词时的脑血流量水平减去静息状态下的脑血流量，就可以算出由感觉输入所引起的特异性脑激活所对应的脑血流量水平。结果显示在图20.21的上半部分。毫不奇怪，视觉刺激引起了纹状皮层和纹外皮层活动的增加，而听觉刺激则导致了初级和次级听觉皮层活动的增加。但需要注意的是，纹外皮层和次级听觉皮层中被单词激活的区域，对不是单词的其他视觉和听觉刺激没有反应。因此，这些脑区可能是编码听觉或视觉输入单词的特异性区域。正如Wernicke-Geschwind模型所预期的那样，视觉刺激并不能引起角回和Wernicke区活动的显著增强。

另一种利用PET成像技术进行研究的任务是复述单词。为了看清楚和听清楚所要复述的单词，受试者必须通过视觉系统或听觉系统对这些单词进行

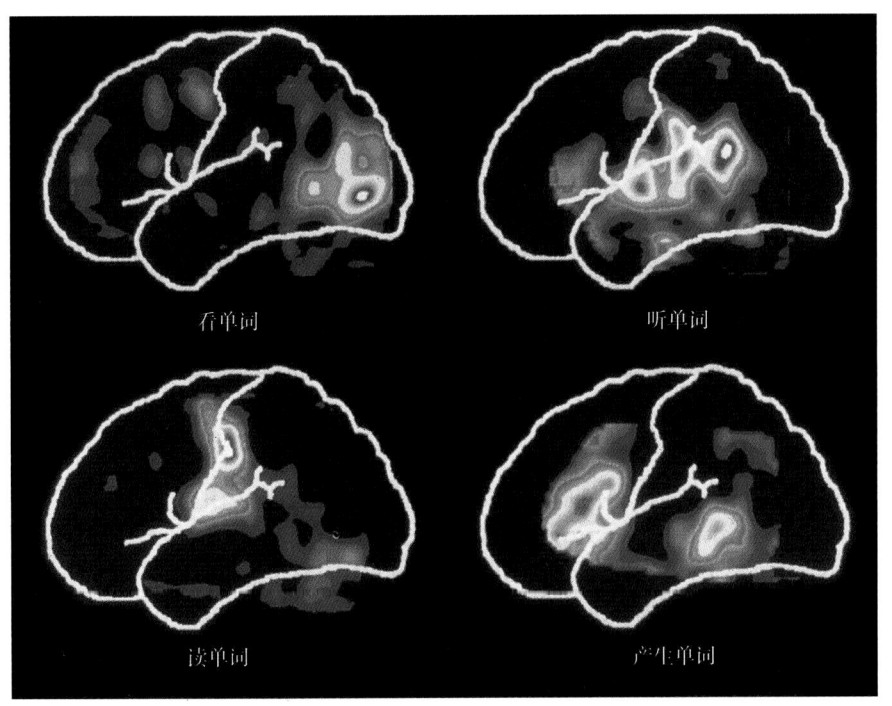

▲ 图20.21
感觉和言语的PET成像。颜色表示相对脑血流量，红色表示血流量最大，橘黄、黄、绿和蓝色分别表示脑血流量从大到小依次递减（引自：Posner and Raichle，1994，第115页）

感知和处理。因此，复述任务中显示的脑激活，除了与言语相关的成分，还应包含与基本感知过程相关的成分。为了分离出言语成分，需要减去前面实验所获得的、对简单感知任务的反应。换句话说，"说单词"显示的激活图像等于"复述单词"的激活减去"听单词"的激活所产生的图像。经过上述减法处理的血流模式显示，初级运动皮层和辅助运动皮层有较高水平的激活（图20.21，左下）。除此之外，在靠近Broca区的外侧裂周围也可见到血流量增加。PET图像显示**双侧**皮层都有这种激活，甚至让受试者不讲话，只进行嘴部和舌头运动时，也可观察到这个脑区的激活。已有充分的证据表明，Broca区只存在于一侧大脑半球，但由于一些未知原因，这些PET图像显示的并不是单侧Broca区激活。

在最后一项任务中，受试者需要进行一点思考。他们必须说出所呈现的每一个单词的其中一种用途（例如，出现"蛋糕"这个单词时，受试者说"吃"）。为了分离与名词–动词联想任务（"生成单词"）相关的特异性激活，需要减去前面单词复述任务所激活的血流模式。联想任务激活的脑区位于左下额叶、扣带回前部和颞叶后部（图20.21，右下）。额叶和颞叶皮层的活动被认为与单词联想任务作业有关，而扣带回的活动可能与注意有关。

大量来自PET和fMRI研究的证据还提示，不同类别物体的信息是由分散的和特定的脑区存储的。这些报告似乎与先前的观察结果一致，即脑损伤有时会导致对特定类别物体命名能力的丧失。例如，有脑损伤的人可能能够命名工具和一些植物（如水果和蔬菜），但命名动物的能力却出现严重的障碍。有这样一个脑损伤患者，他把长颈鹿叫成袋鼠，把山羊叫成鸡。在一项PET成像实验中，当要求一名受试者命名人、动物和工具时，颞叶的不同区域分别出现更强的激活。在其他研究中，具体名词（如"门"）、抽象名词（如"绝望"）、具体动词（如"说"）和抽象动词（如"忍受"）激活的脑活动尽管有重叠，但激活模式不相同。这些实验的发现提出了许多有待进一步研究的问题。脑如何以不同的方式加工不同类别的单词，并将这些结果整合到统一的认识中？脑内负责识别感觉输入的区域与那些负责给感知到的物体命名或赋予其意义的区域之间有什么差别？

20.7　结语

语言是人类进化过程中所迈出的最重要的步伐之一。人与人之间的交流是人之所以为人的一个根本方面，所以很难想象我们的生活中没有语言。据目前的估计，人类语言能力的进化相对较晚，即大约在10万年前。尽管动物利用各种各样的声音和行为进行交流，但这些都远不及人类所使用的精巧而灵活的语言和言语系统。在鸣禽和非人类灵长类动物身上，语言习得和使用方面的研究已经取得了丰硕的成果，但与脑的其他系统不同，对人类语言的研究需要在人类身上进行实验和观察。由于这个原因，实验方法在很大程度上局限在语言习得和功能的行为学研究、脑损伤的后果、脑刺激的影响，以及fMRI和PET脑成像。然而，即使只有这些有限的技术，人们依然已经认识到了很多。与脑感觉区和运动区的位置一样，语言组织的基础也会被我们理解。早期的研究集中在 Broca 区（靠近运动皮层，与言语产生有关）和 Wernicke 区（靠近听觉皮层，与言语理解有关）。这些观察结果至今仍在临床上使用。

最近的研究已经表明，语言加工远比 Wernicke-Geschwind 模型所提示的复杂，涉及的脑区也多得多。脑成像和脑刺激研究揭示了人脑两半球都有广泛的区域参与语言加工，而且在被研究的个体与个体之间有很大的变异性。从我们今天的角度来看，因为语言包含许多不同的组成部分（例如，理解单词的发音基础、单词的意义，将单词组合成有意义语句的语法、命名物体、产生言语等），所以语言的复杂性及其在脑中广泛的表征并不足为奇。正如对感觉、运动输出和情绪等其他脑系统的研究一样，我们现在最感兴趣的是，语言加工在多大程度上整合了涉及用于语言不同技能的子系统之间的交互作用。显然还有很多东西需要了解。进一步的脑成像研究有望澄清语言系统在脑中的组构，这种研究会比研究脑损伤的结果在尺度上更加精细，而且还可能确定负责不同功能的特异性回路。

关键词

什么是语言 What Is Language
语言 language（p.692）
言语 speech（p.692）
声襞 vocal fold（p.693）
音素 phoneme（p.693）
语言习得 language acquisition（p.696）
言语运用障碍 verbal dyspraxia（p.698）
特定型语言障碍 specific language impairment (SLI)（p.699）
阅读障碍 dyslexia（p.700）

脑内特异性语言区的发现 The Discovery of Specialized Language Areas in the Brain
失语症 aphasia（p.700）
和田程序 Wada procedure（p.701）
Broca 区（布罗卡区）Broca's area（p.701）
Wernicke 区（韦尼克区）Wernicke's area（p.701）

通过对失语症的研究深入了解语言 Language Insights from the Study of Aphasia
Broca 失语症（布罗卡失语症）Broca's aphasia（p.703）
命名障碍[症]、失名症 anomia（p.705）
Wernicke 失语症（韦尼克失语症）Wernicke's aphasia（p.706）
Wernicke-Geschwind 模型（韦尼克－格施温德模型）Wernicke-Geschwind model（p.708）
传导性失语症 conduction aphasia（p.711）

大脑两半球语言加工的不对称性 Asymmetrical Language Processing in the Two Cerebral Hemispheres
裂脑研究 split-brain study（p.712）
胼胝体 corpus callosum（p.712）
颞平面 planum temporale（p.716）
脑岛 insula（p.716）

复习题

1. 如果左半球控制言语，那么裂脑人怎么能够清晰地讲话呢？这不是和左半球控制双侧运动皮层以协调嘴部运动这一事实不符吗？

2. Broca失语症患者也常有一定程度的理解障碍，那么你能从Broca区的那些正常功能中得出什么结论？难道Broca区本身也直接参与语言的理解吗？

3. 可以训练鸽子使其在需要食物时按下一个键，而看见一些特殊的视觉刺激时按下另一个键，这意味着鸽子可以进行观察并可以对所看见的东西进行"命名"。你如何确定鸽子是否正在使用一种新的语言——"按键语"（button-ese）？

4. Wernicke-Geschwind模型解释了哪些现象？哪些实验结果与这个模型不符？

5. 左半球通常在哪些方面体现语言优势？右半球起什么作用？

6. 有什么证据可以否定Broca区是言语的前运动区这个简单的认识？

拓展阅读

Berwick RC, Friederici AD, Chomsky N, Bolhuis JJ. 2013. Evolution, brain, and the nature of language. *Trends in Cognitive Sciences* 17:89-98.

Bookeheimer S. 2002. Functional MRI of language: new approaches to understanding the cortical organization of semantic processing. *Annual Review of Neuroscience* 25:51-188.

Friederici, AD. 2012. The cortical language circuit: from auditory perception to sentence comprehension. *Trends in Cognitive Sciences* 16:262-268.

Graham SA, Fisher SE. 2013. Decoding the genetics of speech and language. *Current Opinion in Neurobiology* 23:43-51.

Kuhl PK. 2010. Brain mechanisms in early language acquisition. *Neuron* 67:713-727.

Saffran EM. 2000. Aphasia and the relationship of language and brain. *Seminars in Neurology* 20:409-418.

Scott SK, Johnsrude IS. 2002. The neuroanatomical and functional organization of speech perception. *Trends in Neurosciences* 26:100-107.

Vargha-Khadem F, Gadian DG, Copp A, Mishkin M. 2005. *FOXP2* and the neuroanatomy of speech and language. *Nature Reviews Neuroscience* 6:131-138.

（翁旭初　译　　王建军　校）

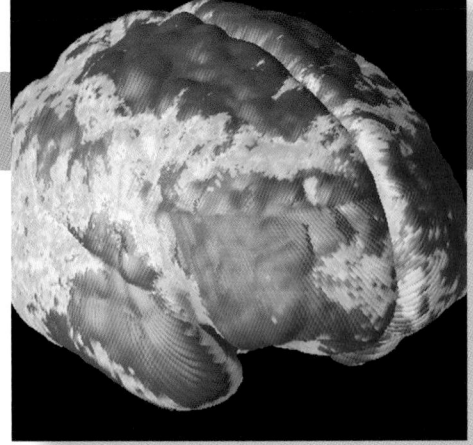

第 21 章

静息态的脑、注意及意识

21.1　引言

设想你正躺在沙滩上，海浪轻轻拍打着你的双脚。你轻呷一口冷饮，仰望天空，做着白日梦。此时平静突然被打破，你的注意力被海水中冒出的鲨鱼背鳍吸引，而那条鲨鱼正朝你的方向游来。你一跃而起，正要撒腿跑的时候突然发现，那所谓的"鲨鱼"不过是一个孩子穿在身上的一件道具。

这个想象中的场景包含了3种我们即将在本章讨论的精神状态。首先是处在休息状态的脑。你可能认为，从逻辑上，在沙滩做白日梦时的脑活动和盯着一张白纸发呆时的脑活动一样无趣。而事实恰恰相反，最近的研究显示，当脑处在休息状态时，由一些脑区组成的网络正忙于广泛地监测周围环境，以及处理我们的白日梦。

当我们处于更活跃的状态时，脑必须要处理感觉系统涌入的大量信息。我们会选择性地关注那些吸引我们注意力的物体，比如水中的鲨鱼鳍或对我们来说重要的物体（如一瓶即将从手中滑落的冷饮），而不会试图去同时处理所有的信息。选择性注意（selective attention），或者简称为**注意**（attention），是一种聚焦在感觉输入某一方面的能力。在视觉系统，注意使我们从视野中众多的物体聚焦到某一个物体上。不同的感觉模态之间也存在相互作用。举例来说，当你正在做一项需要注意的视觉任务时，比如在咖啡馆看一本书，你对周围人的谈话声就不那么敏感。当视觉、听觉、味觉信息都涌入脑时，我们能够优先处理一部分信息而忽略其他信息。我们将会看到注意对感知有显著的影响，许多脑区神经元的敏感性也会发生相应变化。

一种与注意相关的脑功能是意识。通俗地讲，**意识**（consciousness）就是觉察到某个物体（如前面例子中的假鲨鱼鳍）。几个世纪以来，哲学家们一直在争论什么是意识，直到最近，神经科学家通过设计实验才揭示了意识的神经基础。我们通常能够意识到自己关注的是什么，所以注意和意识之间的联系似乎也颇为紧密。尽管如此，我们仍然将注意和意识视为两个截然不同的过程。

21.2　静息态的脑活动

假如你进入一个安静的房间，躺下，闭上眼睛（但要保持清醒），你认为你的脑在做什么？如果你的回答是"没什么"，那么和你有相同答案的人可能不在少数。在讨论过的众多脑系统中，我们已经介绍了感觉信息传入或产生运动时神经元是如何兴奋的。现代脑成像技术的发现也支持这一观点：为了做出行为反应，在正在处理感觉或运动信息的脑区中，神经元会变得更兴奋。有理由相信在不需要进行信息处理时，脑处于安静状态。然而，利用正电子发射体层成像（PET）或功能磁共振成像（fMRI）对全脑进行扫描，结果显示，当脑处于**静息态活动**（resting state activity）时，一些脑区确实很安静，而令人诧异的是，其他一些脑区却处于异常活跃的状态。一个重要的问题是，静息态活动如果有意义的话，那么意义是什么？

21.2.1　脑的默认模式网络

人类的脑成像研究提示我们，静息态的脑活动与完成一项任务时所记录下的脑活动之间的差异，可能为我们揭示静息态脑活动的本质及其行使的功能。静息态脑活动的存在本身并不能给我们更多的答案。可以想到的是，静息态脑活动在不同时刻、不同个体间可能是随机变化的，而与行为任务相关的脑活动是叠加在这样的随机背景之上的。然而，事实并非如此。当一个人进行感觉或行为任务时，部分脑区活动减少；与此同时，与任务相关的脑区活动增加。一个可能的原因是，脑活动的减少和增加都与任务相关。举例来说，当受试者被要求完成一项困难的视觉任务并且忽略无关的声音时，我们可以预测视觉皮层的活动会增加，而听觉皮层的活动会减少。

两方面更加深入的观察显示，静息态脑活动存在一些基本而又显著的特征。首先，当任务性质发生改变时，那些相比于静息态活动减少的脑区，在不同任务中的表现是一致的。看上去，那些执行行为任务时活动减少的脑区在静息状态下总是很活跃，而在执行**任何一种**任务时却活动减少。图21.1综合了包括视觉、语言和记忆在内的9项不同任务的实验数据。图中蓝色和绿色的色块表示相比静息态，当人在执行这9项中的任意一项任务时活动减少的脑区。特定的任务类别并不能解释脑活动的变化。其次，在不同受试者中脑活动的变化模式也是一致的。以上这些观察结果显示，即便在我们称为"休息"的状态下，脑也可能处在"忙碌"中。静息态脑活动具有稳定性，在执行任务的过程中，这种活动会减少。

静息态脑活动多于执行行为任务时脑活动的区域，包括内侧前额叶皮层、后扣带皮层、后顶叶皮层、海马及外侧颞叶皮层。以上这些脑区合称为**默认模式网络**（default mode network）或默认网络（default network），以表明在没有明显任务参与的情况下，这些相互连接的脑区默认处于活跃状态。一些科学家认为这些脑区组成的网络定义了一个系统或一组相互作用的系统，正如我们定义感觉和运动系统一样。已有发现支持这一观点——在构成这个默认网络的脑区间存在脑活动的高度相关性。图21.1b显示了图21.1a中

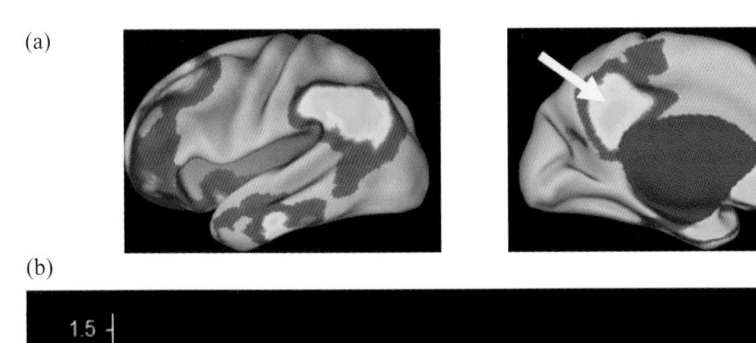

(a)

(b)

血氧水平依赖性变化/%

时间/s

◀ 图21.1

默认模式网络。（a）从9项包含不同行为任务的研究中获得的PET数据，这些数据经平均后得到脑的外侧面和内侧面的活动图。经过计算机的"膨胀化"（inflated）处理，脑沟（sulci）的活动亦清晰可见。蓝色和绿色区域是静息状态下活跃程度高于执行行为任务时的脑区。（b）内侧前额叶皮层和扣带回皮层之间脑活动的缓慢波动存在相关性（如图a箭头所示）。该fMRI数据是在受试者安静地注视着显示屏上一个小十字交叉图案时采集的（引自：Raichle等，2007，图1）

用箭头标出的两个脑区——内侧前额叶皮层和扣带回皮层 5 min 的 fMRI 记录结果。在实验中，受试者躺在 fMRI 仪器中，除了注视显示屏上一个小的十字交叉图案，什么事情也不需要做。因为一些不明的原因，fMRI 信号有持续的波动，但这两个相隔甚远的脑区的活动却存在明显的相关性。虽然还不清楚这些脑活动是否与思维过程有关，但这一现象却提示我们在这两个脑区之间存在协同或相互作用。

鉴于组成默认模式网络的脑区参与了复杂的神经活动，明确这个网络的功能十分具有挑战性。通过静息态的脑活动来窥探脑的内在状态是一件十分吸引人的事情。通常我们处于放松状态时，会做白日梦、回忆或幻想，这些事件称为**自发的认知活动**（spontaneous cognition）。因为在大多数任务中默认模式网络失活，所以很难设计实验来检测它的功能。然而，我们可以通过考虑组成默认网络的脑区，以及利用一些任务相关的实验范式来激活这些脑区，进而推断整个网络的功能。首先，初级感觉皮层和运动皮层不参与这些任务的执行，这正契合了之前的观点：默认网络并非主要用于接受感觉信息或控制运动。

默认网络的功能。一系列关于默认网络功能的假说被提出来。在此，我们只介绍其中的两种：**警戒假说**（sentinel hypothesis）和**内在心理状态假说**（internal mentation hypothesis）。警戒假说所持的观点是，即便在休息时，我们也必须广泛地监视（注意）周围的环境；与之相反，当处于活跃状态，我们会将注意力集中在手头的事情上。联想到我们远古的祖先生活在那样一个充满持续威胁的世界中，就不难理解为什么我们最终进化成了时刻保持警觉的状态。一项研究的发现支持这一观点：当受试者由休息状态切换到外周视觉任务时，其默认网络活动的减少量，要小于由休息状态切换到中央凹视觉任务这个过程的活动减少量。也许，在完成涉及外周视觉的主动性任务时默认网络活动量减少得较少的原因，是我们在休息状态下总是广泛地关注着周围广阔的视野范围（因此，从警戒性活动状态切换到涉及外周视觉的主动性任务时，默认网络活动变化的幅度就较小）。另一项研究发现，当受试者参与一项需要广泛关注外周视野以捕捉在随机位点出现的视觉刺激时（而不是受试者被指示信号引导只关注一个刺激可能出现的位点时），默认网络会被激活。与警戒假说相关的还有一种罕见的视觉失调——**同时性失认症**［simultagnosia；巴林特综合征（Bálint's syndrome）的一个症状］。患者有正常的视野，可以感知每一个物体，但不能将同时输入的信息整合起来从而理解一个复杂的场景。例如，向一个患者展示一幅动物的图片，该患者会这样描述："圆圆的脑袋连接着一个貌似强壮的躯体；看起来还有四条短短的腿；但这些并不能让我知道这是什么动物；嗯，它有一条卷曲的小尾巴，我想这应该是头猪。"换言之，这位患者不能把局部信息在脑内整合起来，他（或她）能识别这是一头猪仅仅是因为那独特的尾巴。已有证据表明后扣带回皮层（默认网络的一个组成部分）可能对在视野中弥散地搜寻视觉刺激有重要作用。由此推断，该脑区在同时性失认症患者中有损伤，且该脑区参与了警戒活动。

内在心理状态假说指出默认模式网络参与思考和回忆的过程，类似我

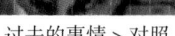
详述过去和未来的事情

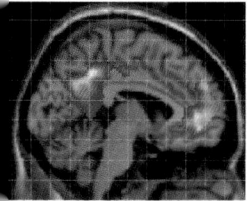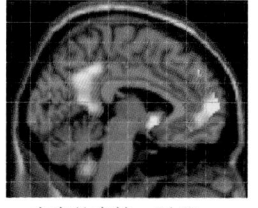

过去的事情 > 对照　　　未来的事情 > 对照

◀ 图21.2
默认模式网络的激活。在实验组，要求受试者在看到线索词（如连衣裙）后，回忆过去发生的一件事或想象将来可能发生的一件事。在对照组，要求受试者在线索词给出后，用该线索词造句或根据线索词给物体命名。fMRI 的记录显示，与对照任务相比，默认网络中的后扣带回皮层和内侧前额叶在自传式记忆任务中会更多地被激活（引自：Addis 等，2007，图 2）

们在静坐状态下做白日梦。在一项支持该假说的研究中，在采集脑活动信号的同时，要求受试者安静地回忆自己过去人生中发生的事，或想象将来可能发生在自己身上的一件事。例如，"回忆上周发生过的一件事"或"设想未来 5～20 年可能要发生的一件事"。将上述自传式回忆任务（autobiographical memory task）中的脑活动与对照任务（包括简单地引用事实，而不包括回忆或思考任何自传式信息）中的脑活动进行对比。在一项对照任务中，要求受试者用线索词造句，而在另一项任务中，要求受试者想象比线索词指代的物体更大或更小的物体。在这些记忆任务中，默认网络中的海马和新皮层变得更活跃；而在对照任务中，这些脑区没有被激活。该假说的思想是，这些记忆任务对脑的激活是以类似于和个人生活相关的幻想模式进行的，这有别于对照任务中对事实的引用。图 21.2 显示回忆过去已发生的事件和想象未来可能发生的事情激活了内侧前额叶和后扣带回皮层。

尽管并非所有科学家都认同上述默认模式网络的定义，但有相当数量的证据表明特定的脑区在我们处于休息状态时更为活跃，并且这些脑区与那些在任务中参与度更高的脑区行使不同的功能。总的来说，该假说的思想是，当现实需要我们更积极地参与到感觉或运动相关的任务中时，脑的活动模式将从警戒状态和内在心理状态（默认网络高度活跃）切换为专注于处理感觉信息输入的状态（默认网络活动减少并且感觉-运动活动增加）。由于在典型的实验任务范式中（"做这个""看那个"），我们拟研究的脑区处在不活跃的状态，因此研究静息态的脑功能十分具有挑战性。可以明确的是，由休息时默认网络的活动状态切换到任务执行过程中的感觉信息处理状态，注意的焦点发生了改变——这正是我们接下来要探讨的话题。

21.3　注意

设想你置身于一个拥挤的聚会，周围是震耳欲聋的音乐声及几百人嘈杂的交谈声。尽管你被来自各个方向的声音所包围，你却依然能够在一定程度上专注于正在进行的交谈，而对各种噪声和别人的谈话声充耳不闻。你正把注意力集中到你正在进行的谈话上。忽然，你听到背后有人提到你的名字，于是你决定偷听一下。用不着回头，你就能开始注意另一个谈话，以便了解人家对你的议论。这种过滤听觉输入的日常经历，被称为鸡尾酒会效应（cocktail party effect），是在某种感觉模态中或不同感觉模态间运用注意力的一个例证。因为它的行为表现及神经功能都已经被详细地研究过，所以接下来我们将重点讨论视觉注意。

在研究中，人们通常将注意描述为脑信息处理的一种有限资源，或将其视为脑信息处理的一个瓶颈。通常会用"选择性注意"（selective attention）来强调注意是针对特定物体的，而不是广泛的，即没有选择性的激活状态。为了表述的简洁，我们直接用"注意"（attention）这个词，但其应该被理解成"选择性注意"。注意对脑信息处理设限可能是一件好事；如果我们可以同时接受来自所处环境每个部分的视觉信息、每一种声音和嗅觉信息，可以想象这些排山倒海而来的感觉输入会让人多么难以对付。有限的注意力可以解释为什么开车时发信息或打电话会导致更多的交通事故。正如我们将要看到的，注意对行为的速度和准确性有显著的影响。虽然注意缺陷多动症（attention-deficit hyperactivity disorder）不仅仅是一个注意的问题，但它仍能证明注意的神经机制是多么重要（图文框21.1）。

图文框21.1   趣味话题

注意缺陷多动症

这是学年的最后一堂课，但因为你正饶有兴致地看着窗外的绿草和树木，你根本无法把注意力集中在老师身上。我们偶尔都会感到难以把注意力集中在工作上，不能静静地坐着，也无法克制玩游戏的欲望。但有数百万的人被一种称为**注意缺陷多动症**（attention-deficit hyperactivity disorder，ADHD）的综合征所困扰，这种综合征严重地干扰着他们的日常生活和工作。

ADHD通常有3个特征，即注意力不集中、过度运动和容易冲动。与成年人相比，儿童更易表现出以上特征，但如果他们的行为显著，则可以被诊断为ADHD。据估计，全世界有5%～10%的学龄儿童患有ADHD。这种疾病对患儿的学业和同学间的交往会产生不良的影响。一些随访研究显示，对许多被诊断为ADHD的儿童，其某些症状可以持续到成年。

我们现在还不清楚ADHD的病因，但已经找到一些线索。例如，有人报道，根据MRI结果，ADHD患儿的前额叶皮层和基底神经节等脑结构的体积小于正常儿童的。现在还不清楚这些差异是否具有行为学意义，况且这些指标也不是很可靠，不能作为ADHD的诊断基础。然而，由于很早就知道上述结构参与行为的调控和计划，因此这些结构与ADHD之间的关系引起了研究者的兴趣。你也许还记得图文框18.2中提到的Phineas Gage，在其前额叶皮层严重受损后，他几乎不能制订和执行任何计划。

一些证据提示，遗传对ADHD的发病具有重要作用。ADHD患者的孩子更容易患上ADHD，而且如果同卵双胞胎中有一人患有ADHD，另一人往往更易得这种病。脑损伤和早产等非遗传因素也可能与ADHD有关。已有报道，在ADHD患者中，一些与多巴胺能神经元功能相关的基因是不正常的。这些基因包括多巴胺D_4受体基因、多巴胺D_2受体基因和多巴胺转运体基因。我们已经在前面几章中了解到，多巴胺能神经传递对一些行为是多么重要，因此阐明多巴胺在ADHD中的作用将是一个挑战。

目前，除了行为治疗，治疗ADHD最常用的方法是服用精神兴奋药，如利他林（Ritalin）。利他林是一种与苯丙胺的作用类似的较温和的中枢神经系统兴奋药物。这种药物可以抑制多巴胺转运体，从而增强多巴胺的突触后效应。尽管对能否长期使用利他林尚有疑问，但这种药物的确已经成功地减轻了很多儿童容易冲动和注意力不集中等ADHD症状。

◀ 图21.3

视觉突出效应。色彩上的显著差异自然而然地吸引你的注意。你或许要花费点时间才能注意到那些穿红衣服的男人的脸（图片由Magnum图片社的摄影师Steve McCurry惠赠）

日常生活告诉我们注意的引导分为两种不同的方式。设想你走过一片草地，在这片绿色的海洋中生长着一株亮黄色的蒲公英。你的注意无意识地就被蒲公英吸引了，这是因为黄色从绿色的背景中"跳出来"（pop out）了。我们说蒲公英抓住了你的注意。某些视觉特征，如与众不同的颜色、运动或闪光，都能在无意识中吸引你的注意（图21.3）。因为是在没有任何认知输入的情况下，视觉刺激引起了你的注意，所以这种注意称为**外源性注意**（exogenous attention）或**自下而上的注意**（bottom-up attention）。推测许多动物正是利用这种机制迅速地察觉并避开捕食者。与之截然不同的是**自上而下的注意**（top-down attention），也称为**内源性注意**（endogenous attention），是为了达成某个行为目标，由脑发出指令将注意引向某个物体或场所。你想翻阅本书查找已知位于某页右上角的一段话，只要将注意集中在页面的右上角，查找起来就会轻松得多。

21.3.1　注意对行为的影响

在多数情况下，如果想仔细观察一样东西，我们会移动眼睛以便使感兴趣的物体的影像落在两眼视网膜的中央凹上。这种行为提示，在大多数情况下，我们会把注意集中在我们注视的物体上。但是，把注意转移到成像在视网膜中央凹以外部分的物体上也是可能的；这种用余光观察的现象称为**隐性注意**（covert attention），因为此时我们的注视点并不是我们的关注点。不论成像在中央凹还是视网膜较边缘的区域，注意都可以通过多种方式增强该位置视觉信息的处理。下面将要讨论的两种方法就可以提高视觉的灵敏度和加快反应的时间。

注意可以提高视觉敏感性。图21.4所示的实验是为了研究视觉注意指向不同位置时所引起的效果。受试者被要求一直注视着位于屏幕中央的一个点，她的任务是说出刺激出现在注视点的左侧还是右侧，或者根本没有出现。由于目标很小，且呈现时间很短，因此实验任务有相当大的难度。用几种特殊的实验程序来测定注意的效应。每次测试开始时，注视点上会出现一个提示信号。提示信号可以是一个加号，也可以是指向左边的箭头或指向右边的箭头。在提示信号消失后，紧接着的是一个长短不一的时间延迟，在延

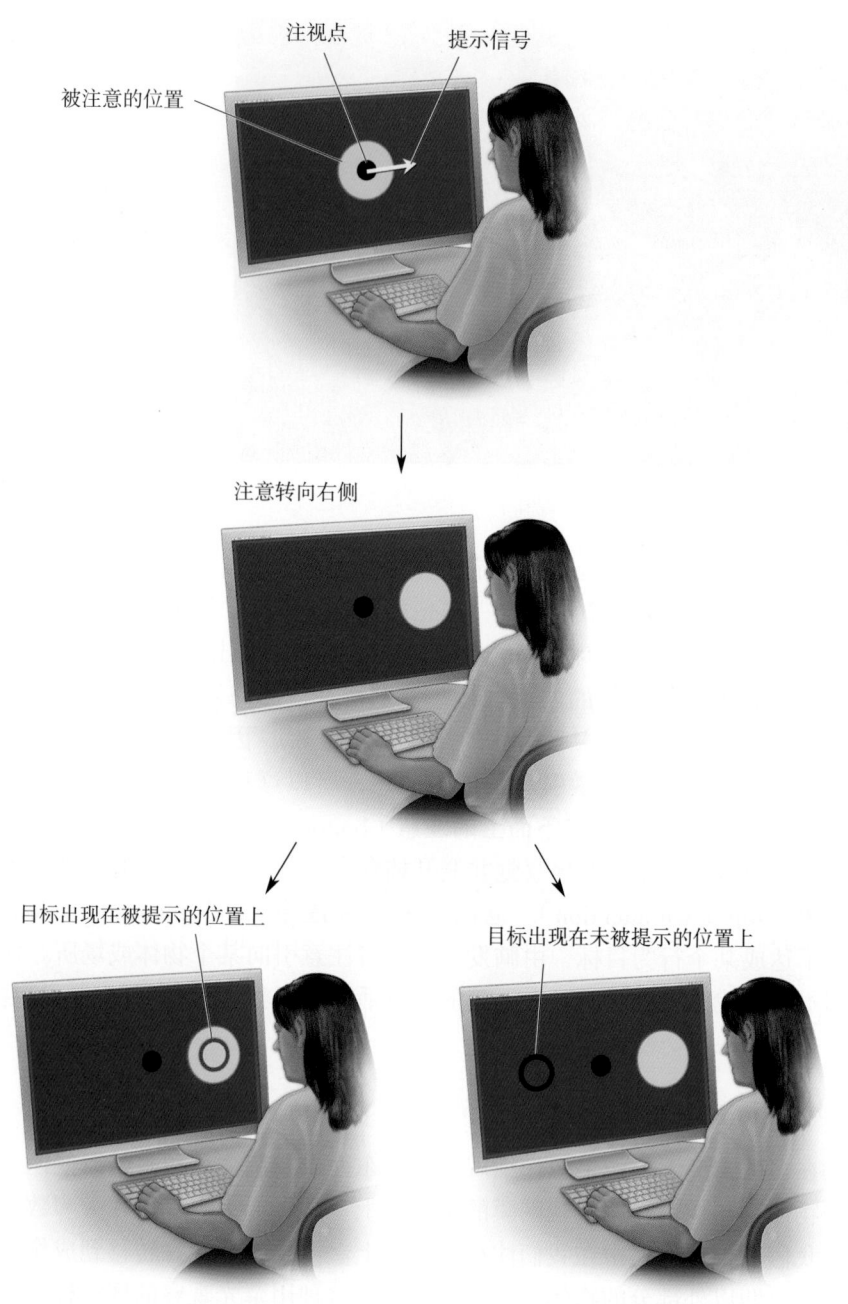

▲ 图 21.4
一个测量注意影响视觉检测能力的实验。当受试者注视屏幕中央的注视点时，一个提示刺激引导她把注意转向计算机屏幕的一侧。每次测试都要求受试者指出是否有一个小圆圈出现在屏幕的一侧

迟期间只有注视点一直存在。有一半测试在延迟后不给刺激；而在另一半测试中，会有一个小圆圈（目标）在注视点的左边或右边闪现 15 ms。

　　该实验的一个关键点是通过提示信号指定注意的方向。如果位于中央的提示信号是一个加号，小圆圈出现在左边或右边的概率大致相等。因此，加号是一个中性提示信号。如果提示信号是一个左箭头，则目标出现在左边

的概率是出现在右边的4倍；如果提示信号是一个右箭头，则目标出现在右边的概率是出现在左边的4倍。如果目标出现在提示信号指向的那一边，则该提示信号是有效的；如果目标出现在相反的一边，那么提示信号就是无效的。受试者被要求保持眼睛注视正前方，且必须对这个检测快速闪现的小圆圈目标的困难任务做出最正确的反应。在这种情况下，提示信号非常有助于任务的执行。比如，如果提示信号是一个指向右侧的箭头，那么将注意暗暗地转向右侧目标可能出现的位置上，对做出正确的判断更有帮助。

通过收集参加该实验的每个受试者的数据，就可以计算出正确检测到小圆圈位置的百分率。由于一半的测试不出现目标圆圈，受试者不可能通过谎报结果（比如每次都报告目标出现在箭头所指向的一侧）而获得较高的正确率。在中央提示信号是加号的测试中，受试者检测到目标刺激的百分率约为出现目标刺激测试次数的60%。当提示信号是右箭头时，受试者检测到右侧目标刺激的百分率约为出现右侧目标刺激测试次数的80%。然而，尽管提示信号仍指向右边，但受试者检测到左侧目标刺激的百分率却大约仅为出现左侧目标刺激测试次数的50%。通过适当的左-右转换，以左箭头作为提示信号的实验得出了基本相同的结果。实验结果汇总于图21.5。

这些数据意味着什么呢？为了回答这个问题，我们必须设想受试者在实验过程中所做的事情。显而易见，提示信号所引起的期待效应影响了受试者对随后出现的目标刺激的检测能力。尽管受试者的眼睛并没有移动，但箭头的提示使受试者把注意转移到了它所指向的那一边。可以推测，与提示信号为加号的情况相比，箭头提示信号所导致的注意暗中转移，可使受试者更容易检测到快速闪现的目标刺激。相反，受试者对与提示信号所指的方向不一致的目标刺激就很不敏感。根据这些结果和许多类似实验得到的结果，我们可以得出关于注意的行为效应的第一个结论：注意可以提高我们的视觉灵敏度，让物体更容易被检测到。这可能就是为什么我们能够在嘈杂的环境中听清楚我们所注意的那个谈话的原因之一吧！

注意可以加快反应速度。利用与之前相似的实验技术，研究者已经证明注意可以提高我们对感觉事件的反应速度。在一个典型的实验里，受试者注视着计算机屏幕中央的一个点，目标刺激可在注视点的左侧或右侧呈现。但在该实验中，受试者被告知必须要等察觉到出现在屏幕一侧的目标刺激时才能按下按键。每个受试者从刺激呈现到按下按键所花的时间都经过测量。在目标刺激出现前预先呈现一个提示信号，它可以是加号，也可以是指向左侧或右侧的箭头。箭头所指的方向表示目标刺激在这一侧出现的概率更大，而加号意味着在每一侧出现的概率大致相等。

这个实验的结果显示，受试者的反应时（reaction time，即反应时间）受到提示信号所引导的注意位置的影响。当位于中央的提示刺激为加号时，受试者需要花250～300 ms来按下按键，而当提示信号的指向与目标刺激所出现的位置一致时（如右箭头和右侧目标），反应时间缩短了20～30 ms。相反，当提示信号所指的方向与目标刺激出现的位置不一致时，从目标刺激出现到按下按键之间的反应时间延长了20～30 ms。在这个实验中，受试者的

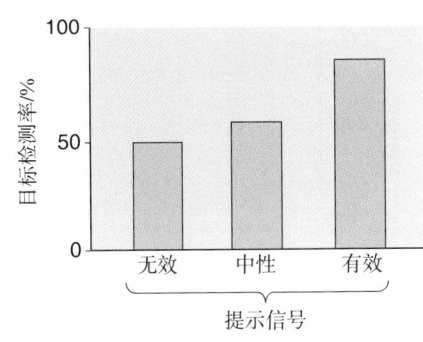

▲ 图21.5
提示信号对目标检测的影响。如果提示信号能有效地指出随后出现目标的位置，那么视觉目标的检测能力会得到改善。相比中性提示信号（对目标出现位置不给提示），无效提示信号会让受试者的表现更差

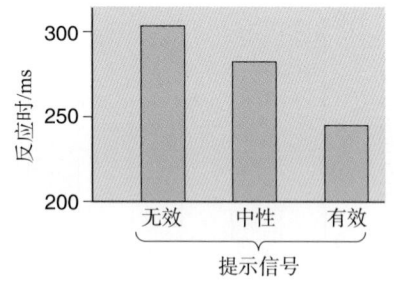

▲ 图 21.6

提示信号对反应时的影响。在使用中性提示信号（即加号）的测试中，信号不提示目标刺激将要出现的位置。在使用有效提示信号的测试中，提示信号的箭头指向目标将要出现的位置，从而加速了受试者对目标的反应。在使用无效提示信号的测试中，提示信号的箭头指向与目标将要出现的位置相反的方向；在这种情况下，反应减慢（改绘自：Posner, Snyder and Davidson，1980，图1）

反应时间包含信号在视觉系统中的传输时间、视觉信号的加工时间、受试者的决策时间、手指运动的编码时间和按键的反应时间。但从图21.6可以看出，提示信号对注意指向的引导作用虽然不大，但却是可靠的。如果假设对视觉物体的注意不会直接影响视觉传输和运动编码，那么我们只能认为，注意的确可以改变视觉加工的速度，或者改变做出按键决定所需的时间。一个来自日常生活的例子凸显出注意相关的反应延时可能带来的行为结果：设想你开着车，以每小时60英里（mi，1 mi ≈ 1.6 km）的速度在行驶，如果你的注意力不在路上，那么你踩刹车的时间会有30 ms的延迟，相当于你的车继续向前行驶25英尺（ft，1 ft ≈ 30.5 cm），这对避免撞上车辆或行人可能太迟了。

21.3.2　注意的生理效应

当我们把注意转向某一事物时，脑内发生了什么呢？例如，在刚刚讨论过的行为研究中，受试者的表现更出色是不是由于特定脑区的神经活动通过某种方式得到了改善？尽管注意完全可以被认为是一种高级认知过程，但有实验显示，注意的影响可在包括外侧膝状体核（lateral geniculate nucleus, LGN）和顶叶、颞叶的视皮层在内的众多与感觉相关的脑区观察到。接下来，我们先通过人类脑成像研究了解与注意分配相关的脑活动变化，再将视线转向动物研究，探讨注意对单个神经元的作用。这些研究将揭示根据空间或特征进行注意分配的结果。

人类空间注意的fMRI成像研究。视觉注意的行为学研究的一个重要发现是，注意对检测能力的提高和反应时的加快具有空间位置的选择性。当我们知道一种重要的刺激很可能在某处出现时，就会把注意转向这个部位，从而提高处理感觉信息的速度和灵敏度。常常把注意的工作过程比作像聚光灯（spotlight）那样不停地照亮那些特别感兴趣的或特别有意义的物体。一些利用fMRI成像研究人脑的实验提示，注意的空间转换可以选择性地引起脑活动的变化。

在一项实验中，让躺在fMRI仪器中的受试者观看由一些彩色线段构成的斑块刺激，这些斑块被排列在如图21.7a底部那幅图所示的24个扇形区中。图21.7a上方的4个图依次展示了受试者被提示去注意的、逐步远离注视点的4个扇形区。被提示注意的扇形区每10 s更换一次。在这10 s内，每隔2 s变化一次所有扇形区内的线段的颜色和朝向。每次线段变化后，受试者所要做的任务是：当线段变成蓝色、水平朝向，或者变成橙色、垂直朝向时按下第一个键；如果线段变成蓝色、垂直朝向，或者变成橙色、水平朝向则按下第二个键。这样的任务可促使受试者把注意集中在某个特定的刺激扇形区，而忽略其他。请记住，受试者一直注视着刺激的中央靶心位置。

这个实验的有趣之处是，当受试者所注意的扇形区位置发生变化时，脑活动会出现什么样的情况。图21.7b显示了当4个被注意的扇形区的位置与中心注视点的距离逐渐增大时所记录到的脑活动。注意当被注意的扇形区逐渐从视网膜中央凹移向外周时，活动增强的脑区（用红色和黄色表示）是如何一步步远离枕极的。尽管只是被注意的扇形区的位置不断变化，而视觉刺激

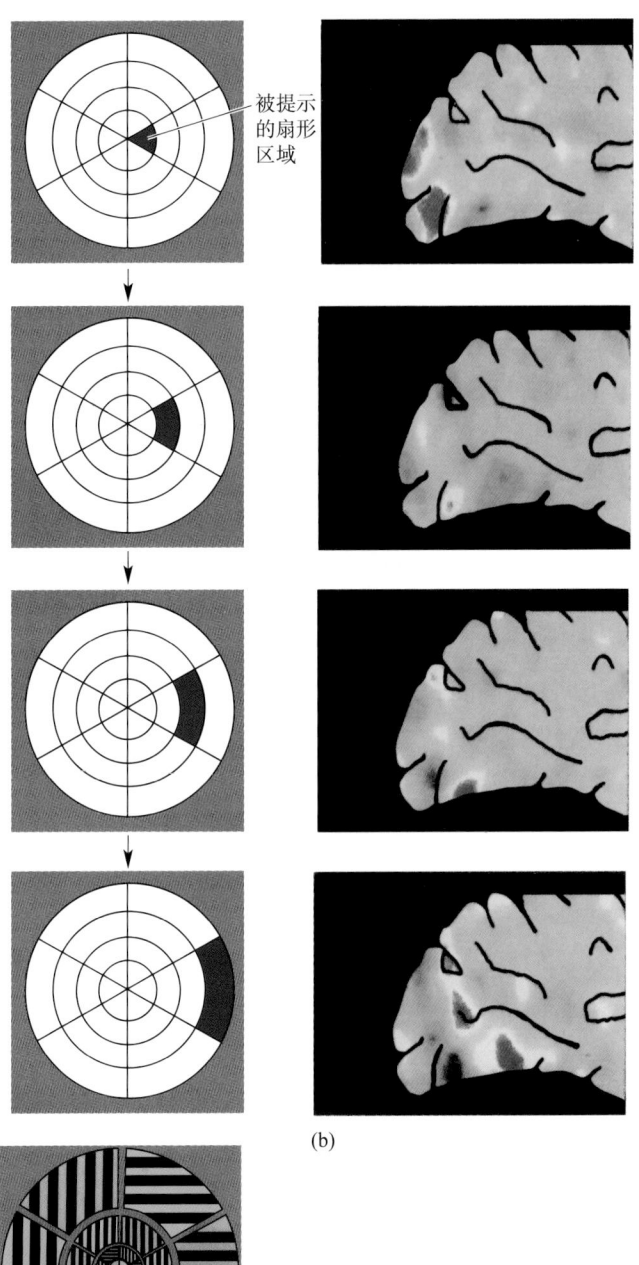

(b)

(a)

◀ 图21.7

注意的聚光灯效应。（a）刺激信号（底部图）由垂直和水平朝向的、蓝色和橙色线段的斑块组成，并且排列成24个扇形区，从中心注视点向外辐射。每个扇形区的朝向和颜色每2 s随机变化一次。从上到下4幅靶状图中的4个红色扇形区表示引导受试者注意的顺序。（b）在脑成像的叠加图上，红色和黄色区域表示的是与图a被提示注意的扇形区相关的、活动增强的脑区。当注意由视野的中央移向外周时，皮层活动增强的区域逐步远离枕极（图片由 J. A. Brefczynski 和 E. A. DeYoe 惠允使用）

一直保持不变，但脑激活的模式却按照视网膜区域定位方式（即视网膜与枕叶皮层之间的空间对应关系——译者注）不断地发生变化。一种观点认为，这些成像结果显示了注意的聚光灯移动到不同位置时的神经效应，即**注意的聚光灯效应**（spotlight of attention）。

　　人类特征注意的PET成像研究。行为学观察发现，视觉注意在空间的转移与眼睛的位置无关，上述fMRI研究结果似乎与此行为学的研究结果相吻

图像1

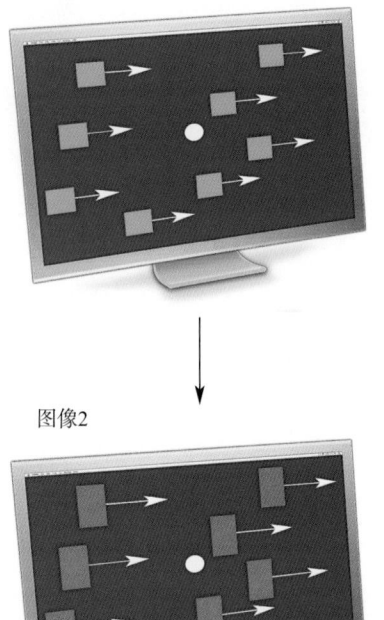

▲ 图 21.8
用于 PET 成像的同-异刺激。受试者依次看图像1和图像2。从图像1到图像2，刺激中运动单元的形状、颜色和速度都可以改变。要求受试者指出两图像中的刺激是否相同

合。但是，注意不仅仅参与空间加工任务。设想在一个冬天，你行走在城市拥挤的街道上并寻找一个人。周围的每一个人都紧裹着大衣，但你知道你的朋友戴着一顶红色的帽子。因此，把注意力集中在红色会使你更容易找到你的朋友。很明显，我们能够对颜色等视觉特征加以特别注意，从而提高我们的工作效率。那么，这种对视觉特征的注意能否在脑活动中有所反映呢？对这个问题的答案来自对人的 PET 成像研究。

美国华盛顿大学（Washington University）的 Steven Petersen 及其同事们对正在执行同-异分辨任务（same-different discrimination task）的受试者进行了 PET 成像（图 21.8）。先在计算机屏幕上快速呈现一幅约持续 0.5 s 的图像；经一段延迟以后，再快速呈现另一幅图像。每一幅图像由许多单元构成，每个单元的形状、颜色和运动速度都是可以变化的。受试者的任务是指出两幅相继呈现的图像是否相同。为了分离出注意的效应，研究者还进行了与上述实验稍有不同的另外两个实验。在**选择性注意**（selective-attention）实验中，预先告诉受试者只注意其中的一种特征（形状、颜色或速度），并要求他们根据这种特征对两幅图像进行同-异判断。在**分心性注意**（divided-attention）实验中，要求受试者同时对所有特征进行监视，并根据任何一种特征的变化对两幅图像做出同-异判断。研究者把对分心性注意的反应从对选择性注意的反应中减去，就得到了与注意某一特征有关的脑活动变化的 PET 成像。

实验结果如图 21.9 所示。当对不同的刺激特征进行辨别时，不同皮层区

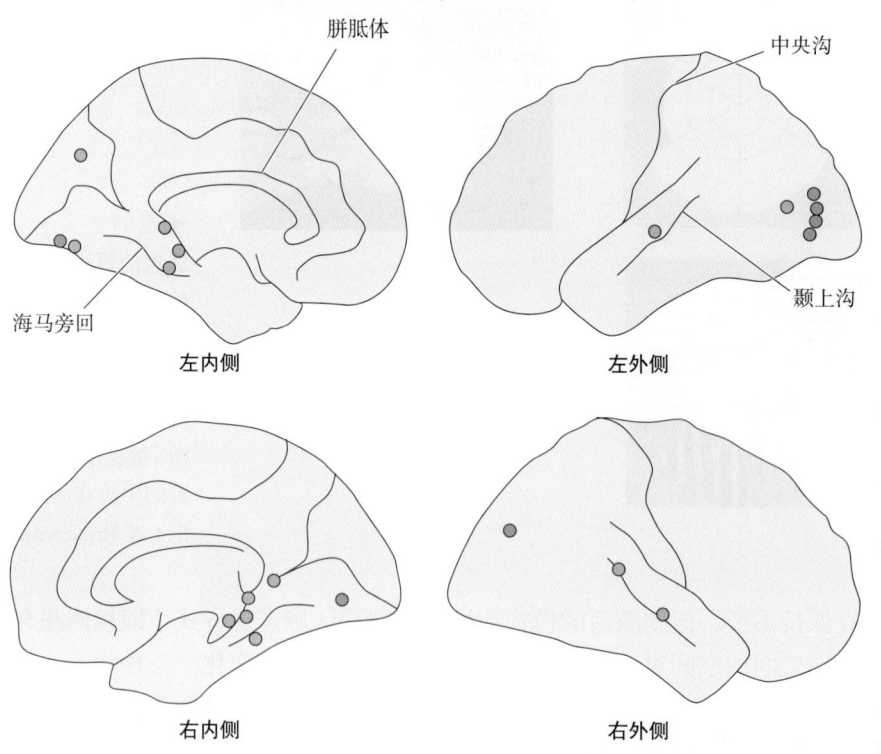

▲ 图 21.9
视觉注意的特征-特异效应。小圆点表示在 PET 成像中选择性注意的激活强于分心性注意的位置。当注意指向速度（绿色）、颜色（蓝色）或形状（橙色）时，与选择性注意相关的不同脑区活动增强（改绘自：Corbetta 等，1990，图 2）

或的活动就会相应地增强。例如，在颜色和形状分辨任务（color and shape discrimination task，颜色和形状分别用蓝色点和橙色点表示）中，注意激活了枕叶皮层的腹内侧部，但速度分辨任务（speed discrimination task，用绿色点表示）对该脑区没有影响。相反，对运动的注意激活了顶叶皮层，而其他任务对该脑区没有影响。尽管无法从这些实验中确切地了解哪些皮层区所受到的影响最为显著，但颜色和形状注意任务所激活的脑区正好与 V4 区、IT 区和其他颞叶视觉皮层相对应。受运动注意任务（motion task）影响最大的脑区位于 MT 附近。这些实验所发现的对不同特征的注意效应与第 10 章所讨论的纹外视觉皮层神经元的调谐特性（tuning property）大致吻合。

从上述和其他脑成像研究所得出的重要结论是，许多脑区似乎都会受到注意的影响，但究竟是哪些特定的脑区受到影响，取决于所执行的行为任务的性质。下面将详细讨论其中两个脑区，看看研究者如何通过对清醒的猴子的研究来阐明注意的神经效应。

注意增强顶叶皮层中神经元的反应。前面讨论过的知觉研究显示，注意的转移可以不受眼睛位置的影响。但是，当你真的转动你的眼睛去探索周围环境时通常又会发生什么呢？比方说，你正在仔细地观察成像在视网膜中央凹上的物体，这时一束明亮的闪光出现在周边视野。在你的眼睛快速转向这一突然出现的闪光之前、之时及之后，你的注意会发生什么变化？行为研究表明，注意转移大约需要 50 ms，而眼睛扫视则需要 200 ms。看起来似乎是注意最初集中在中央凹，再转向外周视网膜，随后发生快速眼球运动。

美国国立卫生研究院（National Institutes of Health）的神经生理学家 Robert Wurtz、Michael Goldberg 和 David Robinson 根据这种注意转移先于眼睛移动的假设进行了下面的实验。为了确定注意的转移是否与神经活动的变化相关，他们记录了猴脑几个脑区的活动。由于注意和眼动存在着密切关系，因此研究从发起快速眼球运动的部分脑区开始。

这些研究者记录了猴子执行简单行为任务时，后顶叶皮层的神经元活动（图 21.10）。这一皮层区被认为参与了对眼球运动的引导，其部分原因是电刺激该脑区可引起眼睛的快速扫视运动。在实验中，让猴子注视计算机屏幕上的一个小点，刺激在其视网膜的外周部（即在被研究的感受野范围内）闪现。猴子在提示信息的引导下要么将目光锁定最初的注视点上，要么快速扫视到刺激闪现的位置上。不论上述哪种情况，顶叶神经元都会被在其感受野内闪现的刺激激活（图 21.11a）。这个实验的最重要发现是，当猴子将目光快速扫视到刺激闪现的位置上时，刺激引发的顶叶神经元反应的增强，要显著高于猴子始终锁定最初注视点时的情况（图 21.11b）。请记住，在这两种情况下，刺激都是相同的。只有当猴子快速扫视呈现在感受野之内的目标刺激，而非感受野之外其他位置的目标刺激时，增强效应才会出现。另外，即便是神经元对感受野之外的目标刺激出现了反应，而且猴子也扫视了这个位于感受野之外的目标刺激，增强效应也不会出现。这表明，在眼动之前注意已经转向了计划的快速扫视终点，并且只有感受野覆盖这一位点的神经元才会在眼动之前的注意转移的影响下反应增强（图 21.11c）。第二种必须要考虑在内的可能性是，这种增强的反应是一种前运动信号（premotor signal），它与随

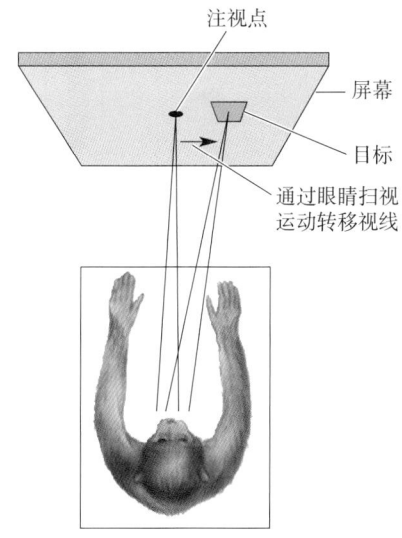

注视点
屏幕
目标
通过眼睛扫视
运动转移视线

▲ 图 21.10

引导猴子注意的行为任务。让猴子注视计算机屏幕上的一个小点，同时记录后顶叶皮层神经元的活动。当一个外周目标刺激出现时（通常在某个神经元的感受野内），猴子的眼睛就会快速转向该目标（改绘自：Wurtz，Goldberg and Robinson，1982，第 128 页）

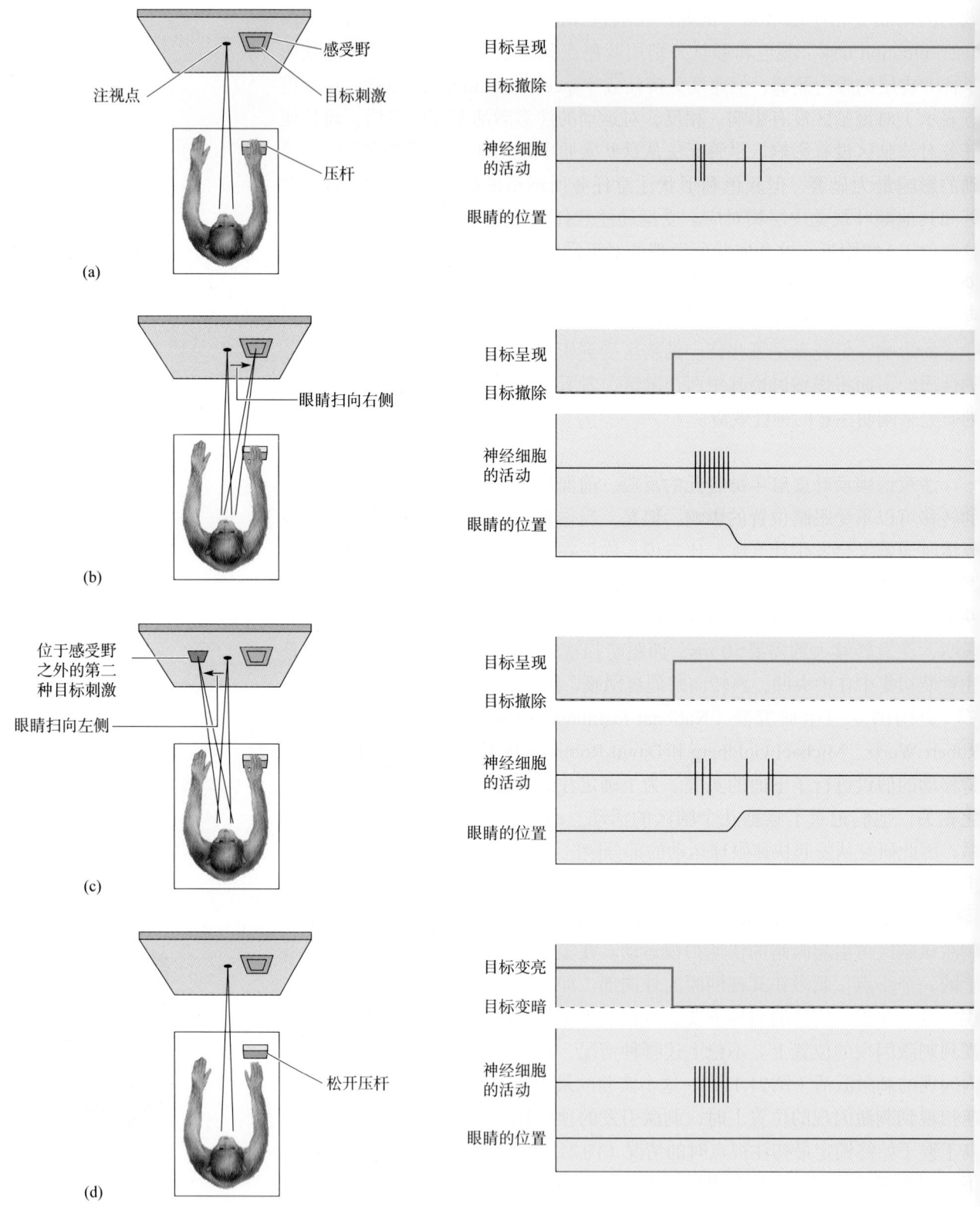

▲ 图 21.11

注意对后顶叶神经元反应的影响。(a) 一个后顶叶皮层神经元对落在其感受野内的目标刺激产生反应。(b) 如果猴子的眼睛在目标刺激出现后快速转向该目标时，神经元反应就会进一步增强。(c) 当眼睛转向落在感受野之外的刺激时，却看不到上述神经元反应的增强效应，因此这种效应具有空间选择性。(d) 如果让猴子在外周刺激光点变暗时松开压杆，这种反应增强效应又开始出现（改绘自：Wurtz, Goldberg and Robinson, 1982，第 128 页）

后的眼球运动的编码有关，就像运动皮层神经元在手指运动前就已经被激活一样。为了检验这种可能性，研究者对实验进行了一些改进，要求猴子用手部运动代替快速眼球运动来指示在视网膜外周部闪现的目标刺激的位置（图21.11d）。即便没有快速眼球运动，依然记录到了神经元对呈现在感受野范围内的目标刺激的增强反应。这一结果显示，这种反应增强效应不是一种快速眼球运动的前运动信号，而是为了准确完成任务进行的注意转移的产物。

很容易理解，这种在后顶叶皮层所观察到的反应增强现象是如何参与前面讨论过的注意的行为学效应的。如果提示刺激将注意引导到视野的某个区域，提高了动物对该区域附近出现的其他刺激的反应能力，那么就可以解释为什么目标检测能力的提高具有空间选择性。同样，神经元反应的增强可以加速视觉处理，并最终使反应时缩短，这正是我们在前面述及的知觉实验中所见到的现象。

注意聚焦于V4感受野。 在一系列有趣的实验中，美国国立精神卫生研究所（National Institute of Mental Health）的 Robert Desimone 及其同事揭示了注意对视觉皮层区V4神经元感受野的高度特异的影响。在其中一项实验中，他们让猴子对呈现在V4神经元感受野中成对的刺激进行同–异（same-different task）判别。举例来说，假定某一个V4细胞对其感受野内垂直的和水平的红色光条有强烈的反应，而对垂直或水平的绿色光条没有反应。在这种情况下，红色光条是"有效"刺激，而绿色光条是"无效"刺激。当猴子注视屏幕上的注视点时，把两种刺激（有效或无效刺激）短暂地呈现在感受野中的不同位置，经过一段时间的延迟，再在相同的位置上呈现另外两个刺激。在实验的某一阶段，让猴子根据相继呈现在感受野中其中一个位置上的刺激做出同–异判断。换句话说，为了完成该项任务，猴子只能注意感受野上的其中一个位置而忽略另一个位置。如果在被注意到的位置上相继呈现的两个刺激是相同的，那么猴子就用手把控制杆推向一个方向；如果不同，则推向相反的方向。

如果在某一次测试中，有效刺激出现在被注意的位置上，而无效刺激出现在另一个位置上，设想一下这时将会发生什么情况（图21.12a）。毫不奇怪，V4神经元在这种情况下出现了强烈的反应，这是由于在该神经元的感受野中有一个"非常有效"的刺激。随后又让猴子对呈现在感受野中另一位置上的刺激进行同–异判断（图21.12b），而在这个位置上所呈现的刺激是绿色无效刺激。由于在感受野内呈现的刺激完全相同，也许你会认为该神经元的反应应该和前一种情况相同。令人意外的是，这并非是实验者所观察到的结果。实际情况是，即使刺激完全相同，但当动物注意神经元感受野中那个呈现无效刺激的位置时，V4神经元的平均反应强度还不及前一种情况的一半。这种情况好像是感受野收缩到了注意区域的周围，从而降低了神经元对呈现在非注意区内的有效刺激的反应。在这个实验中，注意对神经活动位置特异的影响可能与之前讨论过的人类检测实验中的特异性有直接关系。

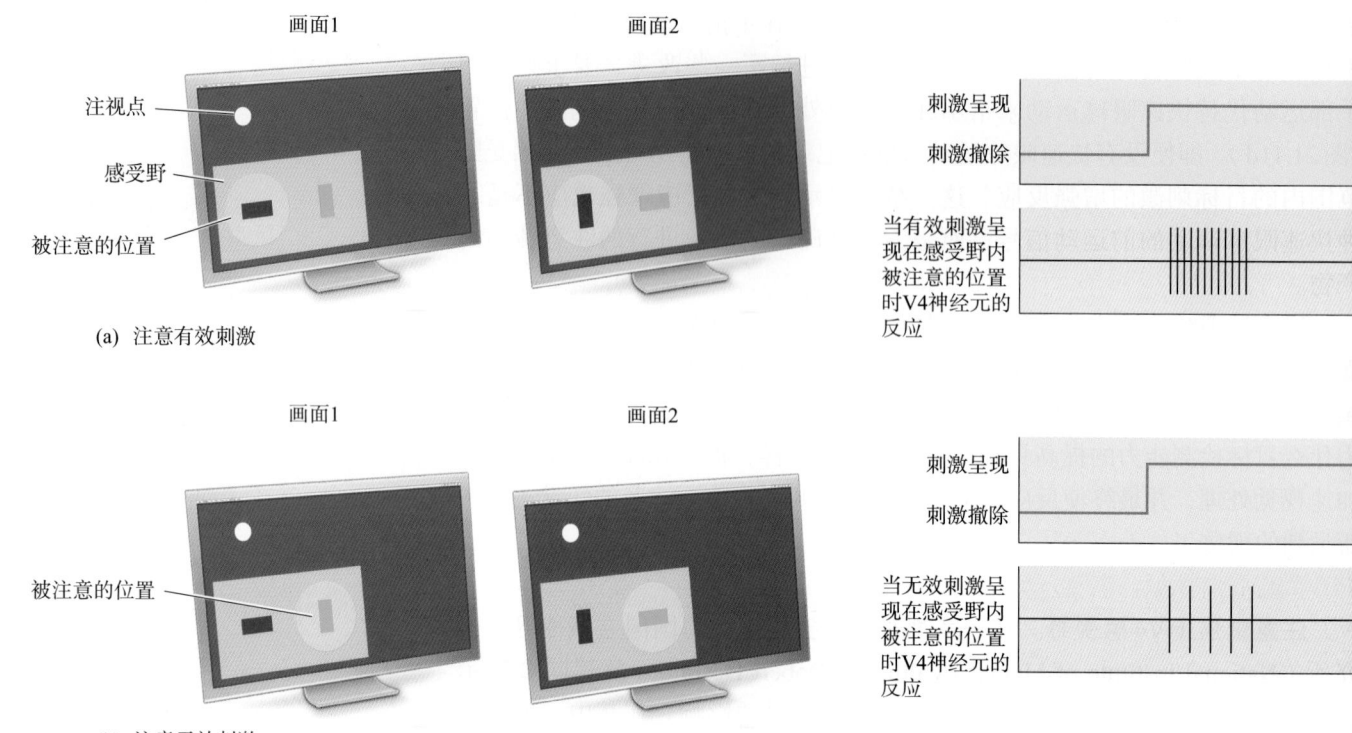

(a) 注意有效刺激

(b) 注意无效刺激

▲ 图21.12

注意对视皮层V4区的影响。黄色圆形区表示猴子的注意将落在感受野的左侧（a）或右侧（b）。对这个神经元而言，红色光条是可引起反应的有效刺激，绿色光条是无效刺激。尽管刺激是相同的，但当注意投向有效刺激时，神经元的反应更大（改绘自：Moran and Desimone，1985，第782页）

21.3.3 调控注意的脑环路

我们已经认识到注意对视觉处理的有益影响，它能改变视觉神经元的敏感性。这些都是注意所导致的**后果**。现在我们要转而探讨**控制**注意的神经机制。这个课题的研究更为复杂，因为与注意相关的皮层和皮层下结构横跨整个脑。大量实验表明，与快速眼球运动相关的脑环路在控制注意中发挥着重要的作用。这种关联与人类行为的表现是一致的，我们快速扫视的物体要么是醒目的，要么是有行为意义的。我们不可能考察每一个被认定参与了注意过程的脑结构，只重点介绍其中几个，并试图揭示注意的控制环路是如何组构的。

丘脑枕，一个皮层下结构。在已经研究过的可能参与引导注意的脑结构中，有一个是丘脑的**枕核**（pulvinar nucleus）。枕核的一些特性引起了人们的兴趣。与我们已经讨论过的其他新皮层区域一样，枕核神经元在猴子将注意投向出现在感受野以内的刺激时（相比投向其他位置）反应更强烈。再者，枕核与枕叶、顶叶和颞叶的大多数视觉皮层区域有双向联系，这使它对广泛的皮层活动具有潜在的调节能力（图21.13）。与上述解剖学观察一致的是，已在猴子中发现，当注意落在枕核神经元的感受野时，枕核、V4区和IT区

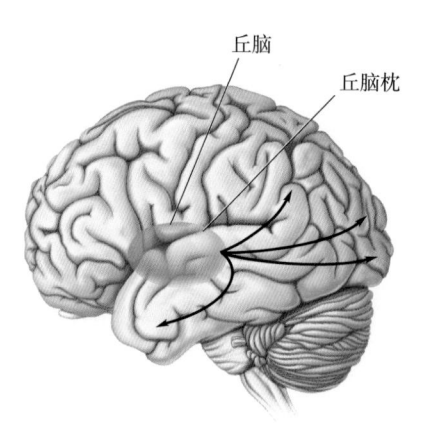

▲ 图21.13

丘脑枕核对大脑皮层的投射。枕核位于丘脑的后部。该核团向一些皮层区域发出广泛的投射，这些皮层区包括V1、V2、MT、顶叶和颞叶下部

神经活动的同步性增强。鉴于枕核有到 V4 和 IT 的投射，现在的假设认为枕核调节视觉皮层各个区域中传输的信息流。

损伤人类枕核可使我们对对侧刺激的反应显著减慢，而当同侧存在竞争性刺激时，这种影响就会表现得更为明显。有人认为，这种缺陷反映了对对侧视野内物体的注意集中能力的下降。在猴子身上也观察到了相似的现象。蝇蕈醇（muscimol）是抑制性神经递质 GABA 的一种激动剂（原文如此，蝇蕈醇为 GABA 受体激动剂——译者注），若将其注入一侧枕核内，可抑制其神经元活动。在行为上，这种处理可使动物难以把注意转向身体对侧的刺激，这似乎与损伤人类枕核的影响相似。有趣的是，注射 GABA 对抗剂荷包牡丹碱（bicuculline）似乎可以促进将注意转移到身体对侧。

额叶眼区、眼球运动和注意。 普林斯顿大学（Princeton University）的 Tirin Moore 及其同事研究了位于额叶的、被称为**额叶眼区**（frontal eye field，FEF）的皮层区域（图 21.14）。在 FEF 与众多已知受注意调控的脑区（包括 V2、V3、V4、MT 及顶叶）之间存在直接的联系。FEF 中的神经元具有它们的**运动野**（motor field），即视野中的一些特定的小区域。当用足够大的电流刺激 FEF 时，眼睛会快速扫视被刺激神经元的运动野。

在一项实验中，Moore 等人训练猴子去看计算机显示屏上的许多小光斑。他们在猴子的 FEF 植入电极，并确定电极尖端记录到的神经元的运动野。猴子的任务是注视显示屏中央，而将注意投向众多光斑中的一个，即由实验者指定的"目标"光斑。在每次实验中，如果目标光斑变暗，猴子需要用手移动控制杆；如果光斑没有变暗，则不需要移动。通过改变光的亮度，实验者测量到猴子能够识别光斑变暗的最小亮度差别或亮度差别阈值。实验者通过设置随机闪现或消失的"干扰"光斑为猴子完成任务增加难度（图 21.15a）。

在一些实验中，猴子不知道有微弱的电流通过电极注入 FEF。重要的是，注入的电流不足以驱动猴子的眼睛扫视运动野，猴子仍然注视着中央的注视点。实验的目的在于验证微小的电流刺激作为一种人为的注意"强化"，是否可以增强猴子辨别目标光斑亮度减弱的能力。结果汇总在图 21.15b 中。左侧柱状图表示的是，当目标刺激位于运动野范围之内、识别目标变暗所需的亮度差别阈值在有电流刺激的情况下比没有电流刺激约低 10%。右侧柱状图显示的是，如果目标位于运动野范围之外，猴子的表现不但不会因电流刺激增强，实际上反而会变差（就像注意落在运动野，但没落在目标刺激上那样）。正如我们所预期的，电刺激 FEF 对行为的改善作用与增加对目标刺激的注意类似。此外，电刺激的作用也和通常情况下的注意调控一样具有位置特异性。

如果 Moore 等人的研究结果意味着 FEF 是注意引导系统的一部分，以位置特异的方式改善视觉执行，那么这个过程是如何运作的呢？一种可能是，FEF 的活动给出了即将发生的快速扫视的潜在位置，这些信息反馈到与 FEF 有直接联系的一些皮层区域，从而改善这些皮层区的活动。为了验证这一假设，Moore 的研究团队记录了电刺激 FEF 时 V4 区的神经活动。他们在这两个脑区都植入电极，并确保 FEF 神经元的运动野与 V4 神经元的视觉感受野是重叠的。在部分实验中，他们用一个视觉刺激来激活 V4 神经元，并在 500 ms

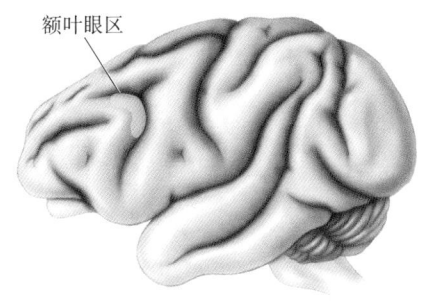

▲ 图 21.14

猕猴脑内的额叶眼区。额叶眼区（FEF）参与了快速眼球运动的产生，并且可能在注意的引导中发挥重要作用

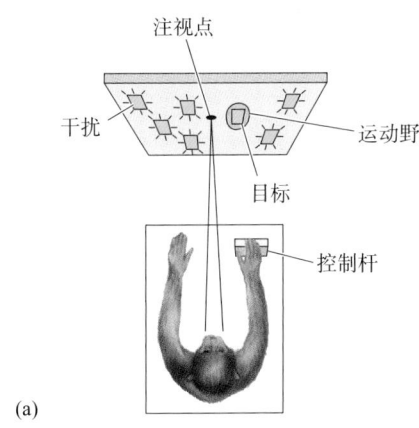

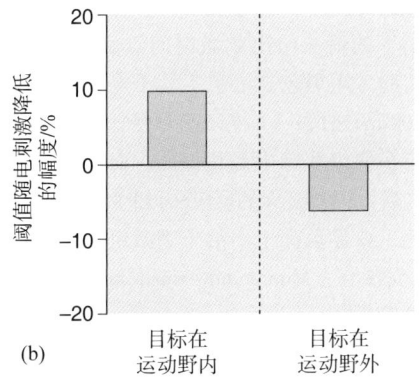

▲ 图 21.15

刺激 FEF 区改变感知阈值。（a）训练猴子看显示屏上的光斑；除了目标光斑，其他所有光斑都会突然闪现或消失。如果目标光斑变暗，猴子需要释放控制杆。（b）如果目标光斑落在当前记录的神经元的运动野以内，电刺激 FEF 将降低识别目标光斑变暗所需的亮度差别阈值。如果目标光斑位于运动野以外，电刺激会小幅度地提高感受阈值（改绘自：Moore and Fallah，2001，图 1）

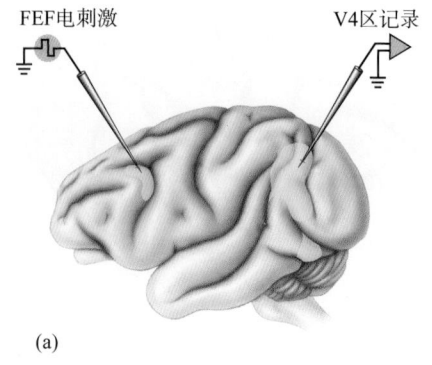

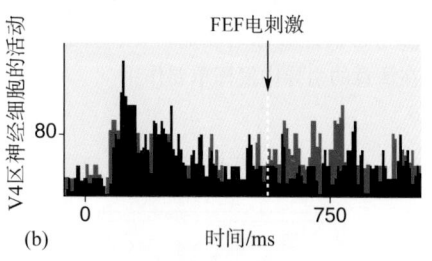

▲ 图21.16

在猴脑中，刺激FEF对V4区神经活动的影响。(a) 用微弱的电流刺激FEF，同时记录V4区神经元的活动。(b) 在时间轴的零点，给予V4神经元的感受野一个视觉刺激。直方图显示在视觉刺激出现后，经短暂延时，神经元反应达到峰值，然后逐渐回落。在部分实验中（用红色表示），500 ms之后，电刺激FEF（用朝下的箭头给出刺激时间点），而其他实验（用黑色表示）不给予电刺激。在500 ms之前，V4神经元对视觉刺激的反应在两组实验中是相似的；而在500 ms之后，V4神经元的反应在FEF刺激组（红色）要显著高于不给予刺激组（黑色）（改绘自：Moore and Armstrong, 2003, 第371页）

之后给予FEF以电刺激。图21.16显示的是当电刺激FEF（但电流强度不足以诱发一次快速眼球运动）时，V4神经元的视觉反应增强（用红色表示），与之对应的是FEF没有电刺激的情况（用黑色表示）。在没有视觉刺激激活V4神经元的前提下，电刺激FEF对V4神经元的反应没有影响，这说明之前增强了的V4神经元活动是视觉反应的改善，而不是电刺激的直接效应。

综上所述，Moore的研究表明，刺激FEF可以在生理和行为两个方面模拟注意的效应。其他科学家在电刺激上丘（superior colliculus）——另一个参与引起快速眼球运动的脑结构时，也得到了相似的实验结果。这些发现构筑了一个令人信服的理论框架：包括FEF和上丘在内的与眼球运动相关的系统参与了注意的引导。

利用显著特征和优先级引导注意。为找到参与注意引导的脑信息处理过程，我们必须同时考虑自下而上、由刺激引发的注意和自上而下、由物体的行为意义左右的注意。一种现在流行的、用于解释特定视觉特征是如何抓住注意力（如绿草丛中的黄色蒲公英）的理论假设是**显著特征图**（salience map）假设，这一假设是由美国加州理工学院（Caltech）的 Laurent Itti 和 Christof Koch 提出的。不同于显示物体位置的脑定位图，显著特征图显示的是醒目特征的位置。这一概念如图21.17所示。在第10章，我们了解到视觉系统存在选择性地编码多种刺激属性的神经元，如朝向、颜色、运动等，而视皮层正是基于对这些特征的编码组构而成的（如方位柱）。在显著特征图模型的第一个阶段，一些单一特征图给出了显著特征图中特征强烈对比所出现的位置（比如，由向右运动转为向左运动，或者由红色变为绿色）。通过发生在一个特征图内部的相互性神经作用，一种竞争机制可能压抑了与低对比度特征相关的反应。单一特征图中高对比度的定位信息汇总形成显著特征图，此时对高对比度的定位已不再局限于单个特征。在高对比度定位信息的角逐中脱颖而出的位置，将成为下一个被注意到的位置。但是，为了防止注意一直停驻在某个最醒目的位置上，"返回抑制"（inhibition of return）机制可以有效地避免连续关注同一个位点。

如上文所述，这个模型只解释了自下而上的注意引导。我们可以在图21.17所示模型的基础上引入自上而下的注意调制，具体做法是，将自上而下的认知输入整合到特征图（"我正在找一位戴红帽子的朋友"）或显著特征图（"我记得，最重要的那幅图在那本书某一页上的右侧"）中。增加了这部分信息后，我们的模型不再简单地表述显著特征（自下而上的刺激属性），同时也体现了注意的优先级。**优先级图**（priority map）是整合了刺激的显著特征和认知输入的图谱，这种图显示的是应该被注意的位置。换句话说，优先级图是整合了自上而下认知信息的显著特征图。

顶叶的优先级图。在视皮层（如V1和V4），以及顶叶和额叶的皮层区域，显著特征图和优先级图都已被研究过。经过一系列研究，美国哥伦比亚大学（Columbia University）的 Michael Goldberg，以及加州大学洛杉矶分校（University of California, Los Angeles）的 James Bisley 及其同事发现**顶内沟外侧皮层**（lateral intraparietal cortex, LIP; area LIP, **LIP区**）可能通过整合

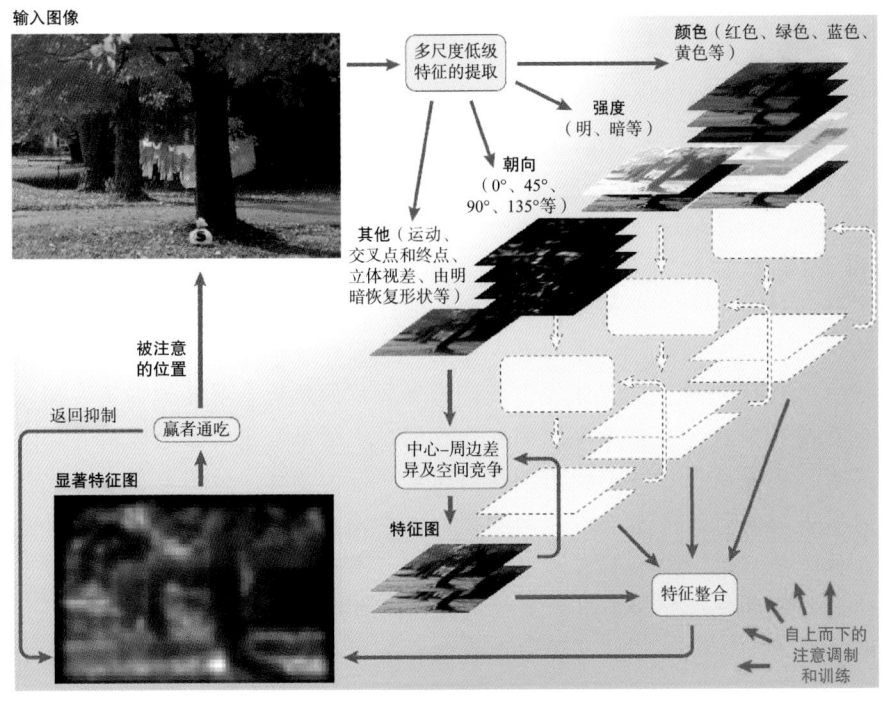

输入图像

多尺度低级特征的提取

颜色（红色、绿色、蓝色、黄色等）

强度（明、暗等）

朝向（0°、45°、90°、135°等）

其他（运动、交叉点和终点、立体视差、由明暗恢复形状等）

被注意的位置

返回抑制

赢者通吃

显著特征图

中心–周边差异及空间竞争

特征图

特征整合

自上而下的注意调制和训练

◀ 图 21.17

由显著特征图引导的注意。一个颇具影响力的、关于注意引导的假说指出，脑根据显著特征图来决定我们应该注意哪里和注意什么。对刺激元素的空间尺度或其他刺激特征，如颜色、强度、朝向、运动等敏感的神经元负责处理和分析视觉输入。每种特征图确定这些特征参数在哪里出现显著变化，比如由一种颜色变为另一种颜色、由明变到暗、外部轮廓的不同朝向。这些特征图整合而形成显著特征图，在这个过程中"优胜者"脱颖而出——最具显著特征的物体将成为下一个被关注的焦点，在这个例子中是一袋钱。为了确保该系统的运行不会卡在某个醒目的物体上，"返回抑制"确保了当前目标不成为下一个目标。如图右下角所示，注意同时还受到自上而下（top-down）因素的影响（引自：Itti and Koch，2001，图 1）

自下而上和自上而下的输入而构筑了优先级图（图 21.18）。LIP 区在引导眼球运动过程中发挥了重要的作用，自然也与注意的引导有密切关系。**忽视综合征**（neglect syndrome）通常伴随着顶叶皮层的损伤，患者无法注意到一半的周围环境（图文框 21.2）。

　　一个用来证明 LIP 区重要作用的实验，其设计类似于你走进你熟悉的房间的体验：你可能不会注意到客厅里的旧沙发和墙上的灯具，但你的注意力会被一只在地板上活蹦乱跳的、陌生的小狗吸引。在这个实验中，训练猴子注视计算机显示屏。LIP 区神经元对出现在其感受野中的一个物体，如一颗闪烁的星星有强烈反应（图 21.19a）。在第二个实验中，8 个物体出现在显示屏上，星星是其中的一个。猴子最初注视位于显示屏下方的一个点，此时显示屏上的 8 个物体都不在 LIP 区神经元的感受野范围内。当注视点转移到显示屏的中央时，猴子快速扫视新的注视点，星星进入了该神经元的感受野。图 21.19b 显示在这种情况下神经元的反应很小。在第三个实验中，猴子同样注视位于屏幕下方的那个点，除了星星，之前所有的刺激都出现在显示屏上（即没有刺激落在感受野内）。然后，在猴子快速扫视中央注视点的 500 ms 之前，星星出现了。当中央注视点出现时，猴子快速扫视该注视点，神经元对星星的反应十分强烈（图 21.19c）。注意在最后一个实验中，星星出现时并不在感受野内。在眼睛运动和星星进入感受野之前，已经出现在显示屏上的 8 个物体与第二个实验中的情况是完全一致的。看起来，第三个实验中的大幅度反应恰好是在星星进入感受野之前出现了。由此提出理论假设：是刺激的出现抓住了动物的注意力，并且增强了 LIP 区神经元的反应。这种效应与 LIP 区的显著特征图是一致的，即 LIP 区神经元的反应可被自下而上的醒目刺激所强烈地调制。

　　这个实验经过改进之后被用以研究自上而下的注意效应。在这一改进的

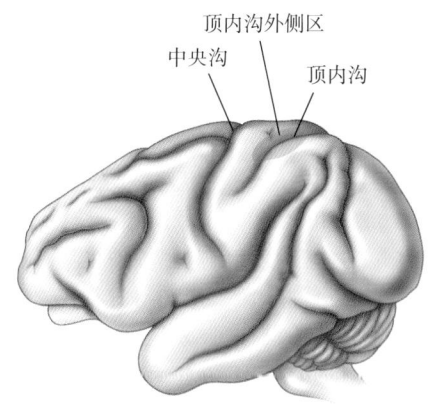

中央沟

顶内沟外侧区

顶内沟

▲ 图 21.18

在猕猴脑内，LIP 区埋在顶内沟深处。LIP 区神经元参与引导眼球运动和注意

图文框21.2 趣味话题

半侧忽视综合征

在第12章，我们简单地讨论了**忽视综合征**（neglect syndrome），这种病的患者似乎全然忽视了他所注视的人和物，有时甚至是自己身体的一侧。有人认为这种综合征是由单侧注意缺陷造成的。忽视综合征的表现是如此的奇怪，以至于如果没有直接看到患者，你会感到很难相信。对症状轻微的患者，不做系统的检查很难被发现。症状严重时，患者所表现的行为会使人觉得好像世界的一半不存在了。他可能只刮一边脸上的胡子、刷一边的牙齿、穿一边的衣服和吃盘子一边的食物。

由于忽视综合征很少见于左半球损伤的患者，故对忽视综合征的研究主要集中在由右半球皮层损伤引起的、对左半侧空间的忽视上。除了忽视身体左侧的物体，一些患者干脆否认身体左侧的存在。例如，他们也许会说自己瘫痪的左手并没有瘫痪。在一些极端的病例中，患者甚至不相信其左侧肢体是自己身体的一部分。第12章的图12.24显示了空间感觉扭曲患者的一个典型例子。如果要求患者画一幅画，他们也许会把物体所有的特征都挤进画纸的右侧，而留下左侧

不用。一个特别富有戏剧性的例子，如图A所示。这些画为一位艺术家在脑卒中恢复过程中所作。

假如要求典型的忽视综合征患者闭上眼睛，并指向身体的中线，患者所指的位置会明显地偏离右侧，好像身体的左侧收缩了。如果给患者蒙上眼睛并要求他们找出放在前面桌子上的物体，他们会很容易找到放在右边的物体，但在探查位于身体左边的物体时就会盲目地乱找一通。所有这些例子都指向一点，即患者与其所处的空间之间的关系出现了问题。

尽管与忽视综合征相关的最常见的损伤部位位于右半球的后顶叶皮层，但也有损伤右半球前额叶皮层、扣带回皮层或其他脑区而导致忽视综合征的报道。一种观点认为，后顶叶皮层参与对周围空间不同位置上的物体的注意过程。如果这种观点是正确的话，那么忽视综合征可能与注意转换功能受损有关。支持这一假设的一项证据是，有时呈现在忽视综合征患者右侧视野中的物体可以特别有效地吸引患者的注意力，但他们的注意力也许很难从这一侧的物体上解脱出来。

星星在感受野内闪现　　快速扫视使得稳定的刺激进入感受野　　快速扫视使得之前闪现的刺激进入感受野

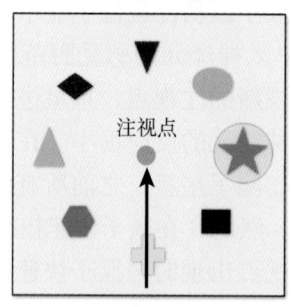
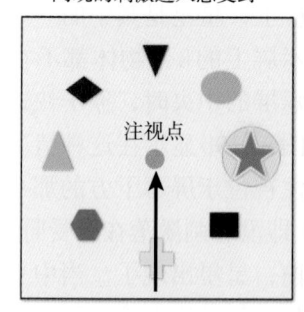
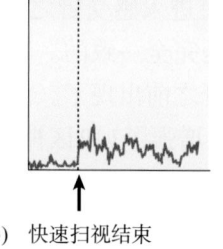
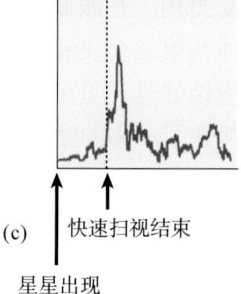

▶ 图21.19
LIP区存在自下而上的优先级图的证据。（a）LIP区神经元对出现在感受野中的一个有效刺激（一颗闪烁的星星）反应强烈。（b）如果在快速扫视将星星带入感受野之前，8个物体（包括星星在内）已出现在显示屏上，那么LIP区神经元的反应很小。（c）如果星星在快速扫视之前500 ms出现，LIP区神经元在快速扫视之后反应强烈（改绘自：Bisley and Goldberg，2010，图2）

(a) 星星出现　星星消失

(b) 快速扫视结束

(c) 快速扫视结束　星星出现

50个单位电位/s

现在还不清楚为什么忽视综合征常见于右脑损伤患者，而由左脑伤引起的病例却很少。右脑半球似乎对理解空间关系有一定优势。在裂脑研究中已经证实，右半球在解决复杂智力问题时有一定优势。这些发现似乎与右半球受损伤可导致较严重的空间感知障碍的事实相吻合。一种假说认为，左半球只注意右侧视野内的物体，而右半球则可注意双侧视野内的物体。尽管这种假说能够解释为什么左、右半球受损可以导致不对称的功能障碍，但目前只有一些提示性的证据支持这一假说。最后一个关于忽视综合征的谜题是，大约数月之后，患者会部分或完全地恢复（请留意，图中的自画像反映了患者的恢复过程）。

图 A

一名因脑卒中导致半侧忽视综合征（hemispatial neglect syndrome）的患者在恢复过程中所作的自画像。左上那幅自画像是这位艺术家在其脑卒中（影响右侧顶叶皮层）2 个月后所作。画中的左侧面孔实际上什么也没有画。在脑卒中后 3 个半月（右上），虽然左侧面孔已被画上几笔但仍不如右侧详细。在脑卒中后 6 个月（左下）和 9 个月（右下），左侧画面逐渐变得丰富起来（引自：Posner and Raichle，1994，第152页）

研究中使用了相同的 8 个刺激，但此时它们是一直呈现的（即没有闪现的刺激）。与之前的实验相同，动物注视计算机显示屏上的一点，所有 8 个刺激都不在感受野之内。这时突然闪现一个小的提示刺激（又很快消失），用以提醒在原有的 8 个刺激中哪个对本次实验更重要。在如图 21.20a 所示的情况下，LIP 区神经元对星星的提示刺激没有反应，因为这一提示刺激并不在感受野之内。之后，注视点转移到显示屏的中央，猴子快速扫视这一位点，此时星星刺激进入感受野，神经元对星星有反应（图 21.20b）。最后，猴子快速扫视星星，LIP 区神经元的反应终止（图 21.20c）。将本次实验的神经元反应模式与用同样的刺激，但提示刺激与进入感受野的目标刺激不匹配情况下的神经元反应模式进行比较。与之前的结果相同的是，神经元对提示刺激也没有反应，不过在这个实验中提示刺激由之前的星形变为三角形（图 21.20d）。当动物完成第一次快速扫视后，星星进入感受野，但此时神经元的反应比之前小得多（图 21.20e）。最后，动物快速扫视三角形刺激（图 21.20f）。

注意，不论是第一次实验还是第二次实验，都共同存在一个环节：动物通过快速扫视将一个稳定呈现的（不同于之前的闪现）星星刺激带入感受野。从图 21.19 我们可以得到结论，在没有像闪光这样的刺激来吸引注意力

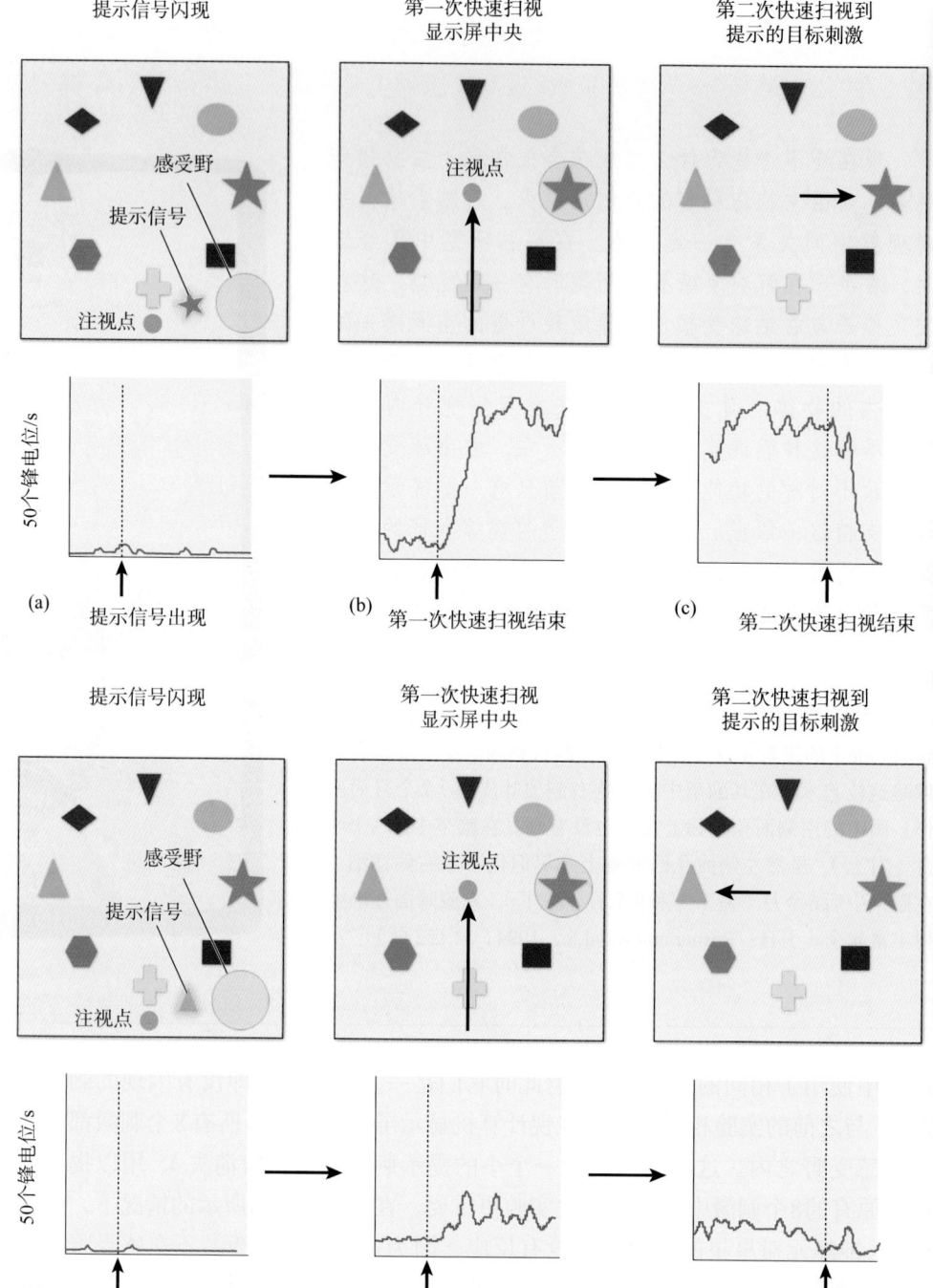

▶ 图21.20

LIP区存在自上而下优先级图的证据。(a)一个小星星提示刺激闪现在显示屏上,告诉猴子哪种刺激是重要的。提示刺激不在感受野内,LIP区神经元对其无反应。(b)第一次快速扫视的目标是计算机显示屏的中央注视点,结果是星星刺激落入感受野。神经元对星星产生反应。(c)猴子第二次快速扫视的目标是星星。(d)在第二个实验中,记录同一个LIP区神经元,但提示刺激换成了三角形。(e)当提示刺激变为三角形,神经元对星星刺激的反应显著降低。(f)猴子快速扫视的目标是三角形刺激(改绘自:Bisley and Goldberg,2010,图4)

的情况下,LIP区神经元对落在感受野内的星星没有多少反应。图21.20b中的反应明显大于图21.20e,推测可能是因为在前一种情况中,自上而下的信号向LIP区神经元预告了星星刺激是重要的(即对于计划第二次扫视是重要的),尽管该刺激也没闪动。一系列类似的实验揭示LIP区神经元携带着参与视觉优先级图的信息。

额顶叶注意网络。随着对受注意影响的脑区,以及可能存在显著特征图或优先级图的脑区的了解更加深入,参与注意的神经环路的大致框架已

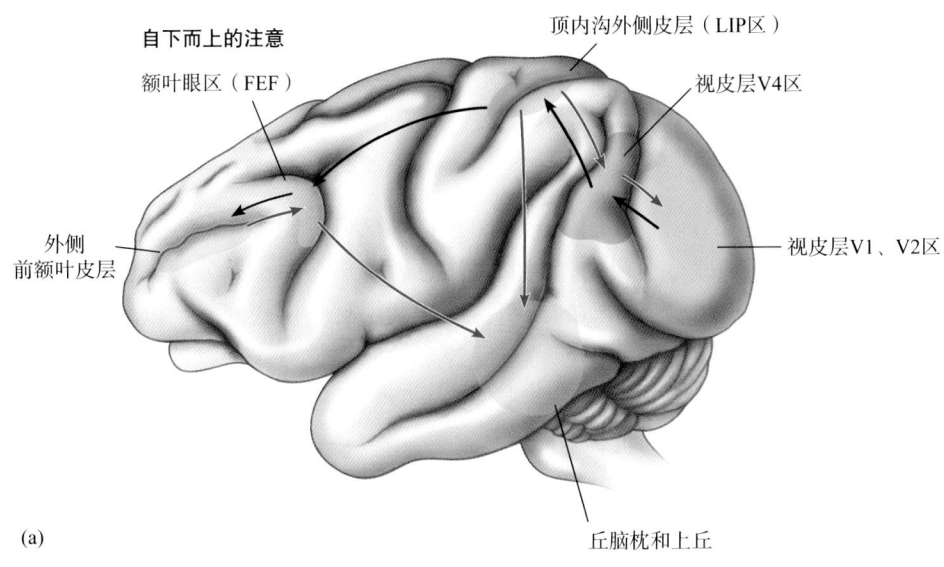

(a)

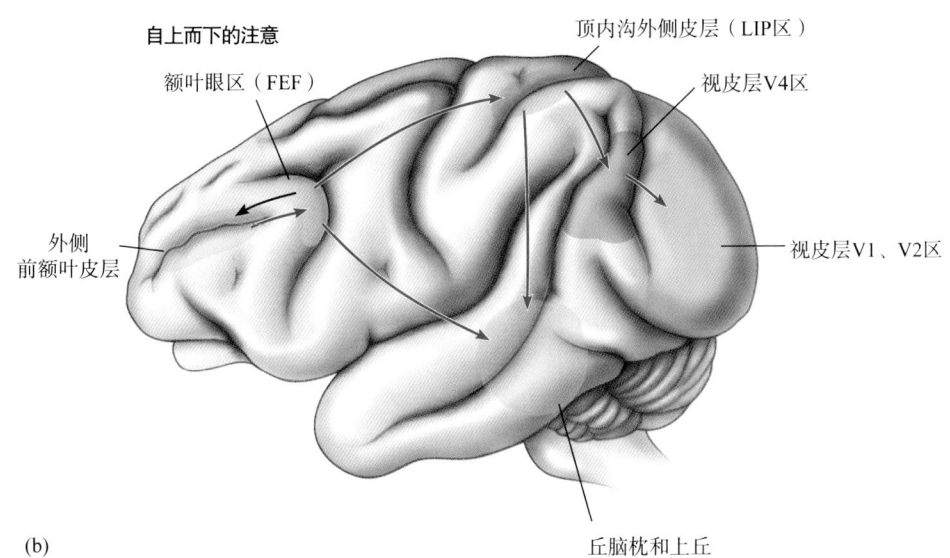

(b)

◀ 图 21.21

猕猴脑内的额顶叶注意网络。(a) 在自下而上的注意中，关于一个具有显著特征的物体的信息由枕叶的视皮层传递到 LIP 区，显著特征图在此形成。在与 LIP 区有相互作用的前额叶皮层和额叶眼动区也可以记录到早期注意信号。由 LIP 区和 FEF 传来的信号可能参与引导眼球的运动，以及改善枕叶视皮层的视觉信息处理。(b) 在自上而下的注意中，最早出现注意调制的脑区是额叶皮层，由此输出到其他脑区的信号将影响眼睛的运动与感知。黑色箭头：自下而上的信号；红色箭头：自上而下的信号

经出现。参与其中的脑区构成了**额顶叶注意网络**（frontoparietal attention network）（图 21.21）。

在自下而上的注意中，来自枕叶视皮层的输入到达 LIP 区，在此完成关键的第一步——根据视野中具有显著特征的物体构筑显著特征图（图 21.21a）。额叶眼区也存在显著特征图，但信号是先经过 LIP 区才传到这里的。通过对视皮层区和与眼动相关脑区的反馈，对于显著特征物体的视觉信息处理得到了增强，眼睛可能扫视这一物体，以便物体成像于视网膜中央凹。

自上而下的注意受到行为目标的驱动，在这个过程中额叶皮层的一些区域似乎发挥了重要的作用。对一些脑区进行记录，结果显示注意的影响有时间先后顺序，最早出现在额叶（前额叶皮层和额叶眼区），随后经 LIP、V4、MT、V2 区，最后达到 V1 区（图 21.21b）。这些脑区之间的因果联系尚在研究中，但我们可以推测，行为目标的确立是在额叶和顶叶，信息经处理而形成优先级图是在 LIP 区和 FEF，对视皮层区的调制可以增强对既定物体的感

知。这些脑区的一部分，包括LIP区、FEF和上丘，同时还参与了引导眼睛快速扫视被注意到的物体。

21.4　意识

在前面的章节里，我们讨论过的感觉系统将我们所在世界的信息传递给脑。为了达到某些行为目的，我们将注意力聚焦在一小部分感觉输入上。推测其他动物应该也会有相似的权衡：可能利用默认模式网络，以较低的分辨率来广泛地监控感觉输入，或者过滤掉多数的感觉输入，以较高的分辨率聚焦当前需要的信息。在一连串脑事件中，我们下一步要考察的是怎样才能清醒地意识到我们周围的世界。

客观地说，神经科学家在讨论意识问题的时候倾向于**唯物主义者**（materialists），也就是认为意识产生于物质过程：与其他的脑功能一样，通过研究神经系统的结构和功能，意识可最终被理解。与唯物论相对的是**二元论**（dualism），主张意识和物质是两种不同的实体，一种不能由另一种完全解释（比如，意识不能用物质过程完全解释）。如果意识真的遵循标准的物质世界的原理，一个符合逻辑的推论是人类终究有一天可以制造出一台意识机器。

21.4.1　什么是意识？

人类意识的本质是一个困扰了哲学家和科学家几个世纪的难题。在刚开始就面临挑战，甚至对意识的定义都存在分歧。单说这么多年来，无数的定义和模型被提出来就足够说明这个问题。我们的初衷并不想卷入这场论战。但是，了解背景知识可以让我们明确，在意识这个问题上，哪种形式的神经科学研究可能会有突破。思考一下我们是如何使用"意识"这个词的。我们描述一个接受全身麻醉或处在睡眠状态的人是无意识的，而当他醒来时，他就变得有意识了。如果某一天，我们的头发看起有点怪异，我们可能会感到不自在。处在迷幻药影响下的人被认为处于扭曲的清醒状态。当长波长的光抵达我们的视网膜时，我们清楚地感受到了红色。但是，在这些例子中，"意识"是否表达了同一个意思？看起来我们将"意识"这个词用在了不同的情境下，从这些不同的角度理解"意识"可能意味着神经科学探索的不同方向。

1995年，加州大学圣克鲁兹分校（University of California，Santa Cruz）的哲学家David Chalmers提出了一种区分意识的方法，这不失为一个有益的开端。他概述了什么是他认为的意识的简单问题和困难问题。Chalmers所说的**意识的简单问题**（easy problems of consciousness）指的是可以被标准的科学方法论回答的现象。举例来说，清醒和睡眠的区别是什么？虽然我们还不能完整地回答这个问题，但正如第19章介绍的，现有的研究已经揭示了不少二者的区别，并终有一天能够完全解答清醒的本质是什么。再举一个来自注意研究中的例子。有时我们会说，我们能意识到我们关注的事物。因此，关于注意的实验可能会帮助我们更多地了解意识。其他的脑功能或许也可以在理解意识的问题上给我们一些启发，比如我们对来自感觉系统信息的整合能力、根据感觉输入做出决断的能力等。

意识的困难问题（hard problem of consciousness）指的是体验本身。我

(a)

们感到幸福、听到萨克斯吹奏、看到蓝色，这些都是体验。这些主观的体验是为何以及如何由物质过程产生的？当婴儿在啼哭，母亲轻柔的抚摸唤起了婴儿脑内某些模式的活动，但为什么这种内在的体验是愉快的而不是痛苦的（比如闻到烤焦的面包味儿或听到汽车的喇叭声）？我们可以探究与这些体验相关的神经活动（问题较为简单的一面），但要理解体验为什么是这样却显然要困难得多。事实上，所有我们提到的问题都不简单。因此，将这些问题说成是意识的困难问题和看起来不可能解决的问题，也许是很合适的！不管怎样，我们在本章的讨论仅限于"简单"问题。

21.4.2 意识的神经关联

几个世纪以来，意识的研究一直由哲学家主导；人们普遍认为意识已超出了实验科学的研究范畴。近些年，这种态度已经发生了转变，陆续有科学家尝试在充满挑战的意识研究领域开辟新的道路。为了取得进展，我们应该问一些有希望能解决的问题，而不是一上来就研究内在体验的奥秘。Christof Koch 和 Francis Crick（曾因 DNA 结构的研究而获得了诺贝尔奖）是携手将神经科学的研究方法引入意识研究领域的先驱（图文框 21.3）。Koch 将**意识的神经关联**（neural correlates of consciousness，NCC）定义为足以触发一次特定意识感知的最少的神经元事件。换句话说，你要感受草莓的味道或体验快乐的感觉，哪些事情必然会发生，哪些神经元会参与？

一种常用的实验方法是，实验开始时为眼睛呈现可用两种方式观察的视觉图片，即所谓的双稳态图像（bistable images）。图 21.22 展示的是为人所熟知的例子。我们感兴趣的问题是当一个人或一个动物由一种感知切换到另一种感知时，脑活动发生了什么变化？举例来说，对于图 21.22c，在某一个瞬间，你看到一只兔子，而随后你又看到一只鸭子（但在同一时间你不可能既看到兔子，又看到鸭子）。既然图片是不变的，那么可以假设，与感知变化相关的神经活动变化可能影响了我们看到的是哪一种东西。顺着这一思路，已经开展了对动物的单个神经细胞记录，以及对人类的 PET 和 fMRI 研究。

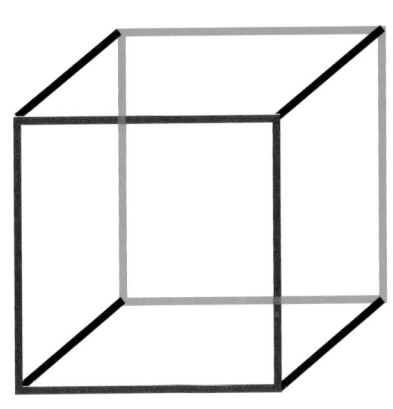

(b)

(c)

▲ 图 21.22
双稳态图像可带来两种不同的感知。
（a）脸或者花瓶的错觉。（b）内克尔方块
（Necker cube），有时看起来是绿色线段围成的面更靠近观察者，有时则是红色线段围成的面更靠近。（c）鸭子还是兔子

双眼竞争中交替感知的神经关联。双眼竞争作为一种视觉效应，常被用于研究意识的神经基础。所谓**双眼竞争**（binocular rivalry），指的是两只眼睛分别看不同的图片，视觉感知在两幅图片间交替切换的现象。举例来说，如果一只眼睛看垂直线条，另一只眼睛看水平线条，那么在随机的时间点看到的将是交替出现的图片，要么只有垂直线条，要么只有水平线条，有时还会出现两种线条的拼接图。两张图片始终保持不变，两只眼睛也一直睁着，那么脑内发生了怎样的切换，以及切换发生在脑的什么部位？

按照上述方法，当时就职于美国贝勒医学院（Baylor College of Medicine）的 David Sheinberg 和 Nikos Logothetis 进行了实验。记录下颞叶皮层（inferotemporal cortex，IT 区，一个在第 10 章介绍过的高级视皮层区）神经元的活动。使用刺激来激活 IT 神经元，但这些刺激不是垂直和水平线条（也不是鸭子和兔子）。在实验前，训练猴子在看到来自"左侧物体组"的物体时拉左侧控制杆，在看到来自"右侧物体组"的物体时拉右侧控制杆。具体实验见图 21.23，左侧物体组是星芒（starburst）图案，而右侧物体组是动物脸和人脸的图片。

一旦动物可以在非竞争模式下可靠地分辨物体来自左侧组还是右侧组，

图文框21.3　发现之路

追寻意识神经元的足迹

Christof Koch 撰文

　　1988年夏天，我在科德角（Cape Cod）的伍兹霍尔（Woods Hole）夏季学校授课期间，一件每天都发生的事情改变了我的人生轨迹。每天，我都要吃一片阿司匹林，但我的牙疼还在继续。我躺在床上，由于下白齿的阵阵抽痛，令我迟迟不能入睡。为了从疼痛中解脱出来，我在思考为什么会这么疼。我知道我的牙髓发炎，通过神经末梢将电信号向上传递到了三叉神经的某个分支。在神经信号经历了几次中继周转后，皮层神经元被激活而发放动作电位。在这部分脑区发生的生物电活动与疼痛的意识（包括令人懊丧和疼痛的感觉）相伴而生。但这种物质的过程是如何触发这些令人费解的、非物质的感受的呢？这就是一大堆离子，包括 Na^+、K^+、Cl^-、Ca^{2+} 等，透过细胞膜运动，在本质上与我肝脏中相似的离子活动，以及与我笔记本电脑中晶体管控制的电子流的开和关没有区别。作为一个物理学家，我知道量子力学和广义相对论（两个任何物质都必须遵循的最强大的科学理论）都没有提及意识的问题。借助于什么自然法则的力量，一个可高度兴奋的、有组织的物质是否能够产生非物质的东西，并产生主观的、瞬间的感受呢？那个遥远夏日的牙痛经历促使我走上了探索意识的道路，而脑为我的探索之路指明了方向。

　　我开始了与位于加州拉霍亚的索尔克研究所（Salk Institute in La Jolla, California）的 Francis Crick 长达16年的合作研究。在共同署名发表了超过20篇论文和专著的章节之后，我们主张采用实证的研究方法，重点分离那些产生意识特定内容的神经元和脑区，比如让受试者看水平的栅格而不是垂直的栅格，看红色的栅格而不是绿色的栅格。我们认为，不论你在涉及身心关系的问题上持何种立场，找到意识的神经基础都是迈向意识终极理论过程中至关重要的一步。

　　回到1990年，在我和 Francis 发表了第一篇关于意识的论文后，德国法兰克福的 Wolf Singer 和 Charlie Gray 在猫的视皮层也发现了40 Hz的同步振荡，我们因此深受鼓舞。我们坚信这种被称为"γ波段"活动（gamma band activity）是意识研究领域里程碑式的发现之一。但是，现实远比我们认为的要复杂。今天，我们已经知道，这种节律性振荡广泛地存在于目前已研究过的所有物种的皮层中。相比意识，γ节律振荡可能与选择性注意的关系更为密切，尽管意识和注意经常是相互转化的。

　　在我们两个之间，以及在我们和一小部分希望公开讨论这个目前被禁止的话题的同事（Nikos Logothetis, Wolf Singer, David Chalmers, Patricia Churchland, Giulio Tononi, and V.S. Ramachandran——我只提及这些人）之间，总在无休止地争论究竟是哪些神经元和神经环路参与了意识的形成，又是哪些神经元和神经环路产生了数不清的无意识的行为——我们称之为"僵尸系统"（zombie systems）——比如快速打字、眼睛运动、在动态环境中调整肢体等。今

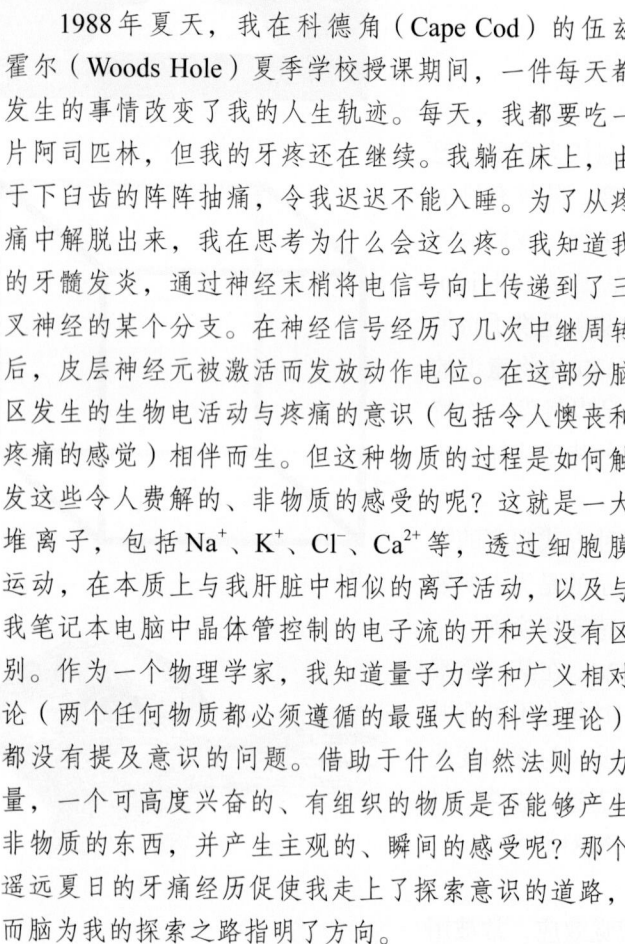

实验就正式进入双眼竞争模式，并同时记录IT神经元的反应。在基线记录中，科学家们发现，某些特定的目标神经元对猴脸有强烈反应（不管在哪侧眼呈现），而对星芒图案反应很小或没有反应。在图中所示的竞争实验中，左眼呈现星芒图案，右眼呈现猴脸图案。根据训练结果，猴子交替地拉动左侧或右侧控制杆，表明猴子交替地感知到星芒和猴脸。神经元记录给出了令人惊讶的结果：尽管刺激固定不变，但IT神经元或低或高的反应和动物拉动左侧或右侧控制杆大致是同步的。

　　这个实验和其他类似实验的结果都表明，IT神经元活动的变化和感知之间存在一定的对应关系。可能的解释是，双眼竞争使猴子交替感知了这两张

天，大量临床的和实验室的工作围绕以上两个问题的神经机制，以及什么是意识的内容展开。但在 1990 年，能够拥有一个曾经获得过诺贝尔奖的著名生物学家作为合作伙伴，对我来说帮助很大（尤其是在我被授予神圣的终身教职之前）。

我们的合作一直持续，直到 2004 年 7 月 28 日 Francis 去世。在他去世两天前，他在去医院的路上给我打电话，平静地告诉我，他晚些时候再给出对我们最后一份手稿的意见，而这份手稿是关于一个之前并不清楚的、位于新皮层以下的薄如纸片的脑结构——**屏状核**（claustrum）在意识中可能发挥的作用。他的妻子 Odile Crick 讲述道，在 Francis 去世前的几小时里，他产生了幻觉，看到了正在快速放电的屏状核神经元——这就是一个科学家生命的最后时刻。今天，

在我写下这些文字的时候，一项最新的关于癫痫患者的临床研究刚刚发表。神经学家通过刺激植入患者脑内不同部位的电极来确定癫痫发作起始的部位。其中一个电极紧挨着左侧的屏状核，只要电刺激该部位，患者便立刻失去意识并凝视某一点，对指令没有任何反应。刺激停止，患者又恢复了意识，但对刚才发生的事情全然没有记忆。同样的情况多次重复出现在实验中。曾经那么渴望得到数据支持的 Francis 如果能看到这一切，该多么欣喜啊！

参考文献：

Koubeissi MZ, et al. 2014. Electrical stimulation of a small brain area reversibly disrupts consciousness. *Epilepsy and Behavior* 37:32-35.

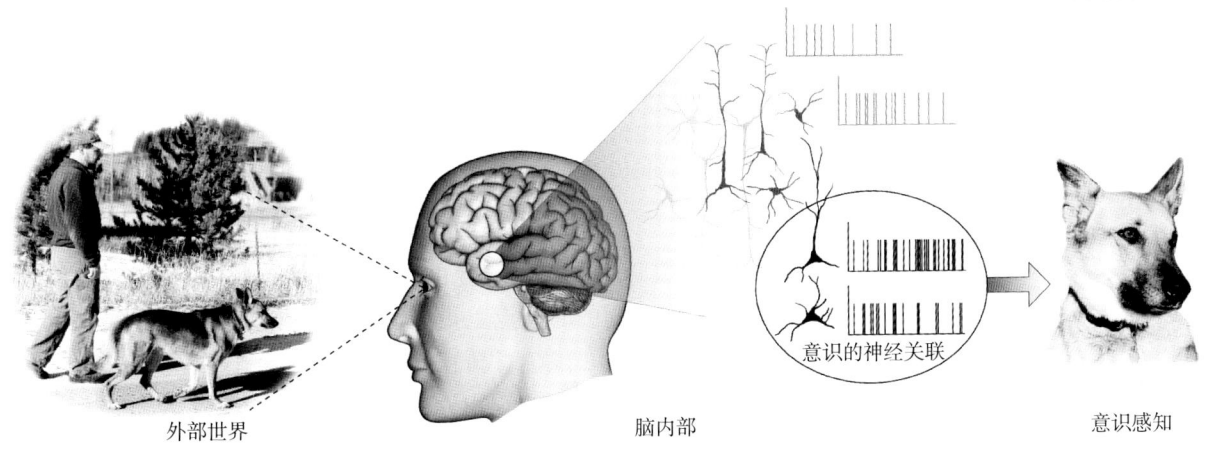

图 A

意识的神经关联（NCC）定义为足以触发一次特定意识感知的最少的神经元事件（此处，看到一只德国牧羊犬）（图由 Christof Koch 惠允使用）

具有竞争性的图片，而 IT 神经元的活动可能正是这种感知切换的神经基础。在猴子其他脑区进行的相似的研究表明，在双眼竞争模式下，神经活动与感知的对应关系在早期视觉区域（如 V1 和 V2 区）相对少见，而在 IT 区却普遍存在。基于这个原因，提出的假设认为：与早期视觉区相比，IT 区更有可能是意识的神经关联（NCC）的一部分。

视觉意识和人脑的活动。在人类受试者中也运用 fMRI 进行了双眼竞争实验。图 21.24 展示了其中的一个例子。给受试者双眼呈现一张复合图片，而不是给左眼和右眼呈现不同的图片；但戴着装有红色和绿色滤光镜片的眼

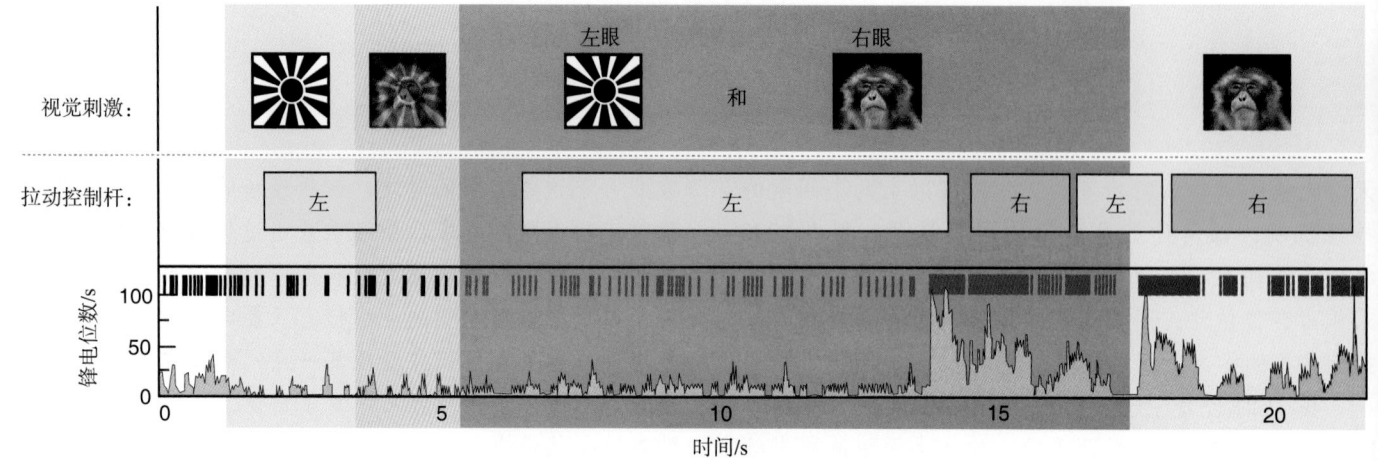

▲ 图21.23

猴子IT神经元在双眼竞争中的反应。预实验显示记录的这个下颞叶皮层神经元可以被猴脸图片激活，但不会被星芒图案激活。最上边一行显示的是猴子看到的视觉刺激。首先，呈现星芒图案（蓝色背景），随后是模糊不清的视觉刺激（粉红色背景）；这两种刺激对所记录的神经元都是无效刺激。接下来是关键的双眼竞争环节——左眼呈现星芒图案，右眼呈现猴脸图片（均为橙色背景）。最后，单独呈现猴脸图片（蓝色背景）。在水平虚线以下的第二行，显示的是哪个控制杆被拉动。当星芒图案和猴脸图片单独呈现时，猴子准确地拉动左侧或右侧的控制杆。在双眼竞争环节，猴子先拉左侧的控制杆，后拉右侧的控制杆，最后又拉左侧的控制杆。在水平实线下的最下边一行，显示的是当给予固定不变的视觉输入时，IT神经元的反应在猴子拉左侧控制杆时明显低于拉右侧控制杆时的反应。在最下边一行中，垂直的短线段显示的是用细胞外记录方法所记录到的单个细胞的动作电位，而动作电位下方是经过平滑处理的细胞反应直方图（改绘自：Sheinberg and Logothetis，1997，图3）

镜可确保一只眼睛只能看到脸孔的图片，而另一只眼睛只能看到房子的图片。受试者要在不同的时间点上指出他们看到的是哪张图片。在颞叶的两个脑区进行记录。在第10章，我们讨论过梭状回面孔区（fusiform face area，FFA），它似乎对面孔图片有反应偏好；旁海马回位置区（parahippocampal place area，PPA）对房子和其他位置图片有反应，而对其他类型的刺激没有反应。当受试者报告看到了面孔或房子，即在视觉感知切换时，FFA 和 PPA 的平均活动都被记录下来。在双眼竞争模式下，从房子到面孔的感知切换伴随着 PPA 活动的减少（红线）和 FFA 活动的增加（蓝线）（图21.24a）；而当从面孔切换到房子时，FFA 活动减少，PPA 活动增加。在非竞争模式下，每次只给一只眼呈现一张面孔或房子图片，也能看到类似的 FFA 和 PPA 活动的变化（图21.24b）。图21.24a 所示的 FFA 和 PPA 活动的交替变化发生在有持续的视觉输入时，提示这两个脑区可能是面孔和房子的意识的神经关联（NCC）。

　　除了双眼竞争，还有大量的研究方法也被应用到意识的神经关联研究中。其中一个有趣的例子是视觉意象（visual imagery），即引导一个人用自己"意识的眼睛"（mind's eye）去想象一幅视觉画面。尝试一下：在心中构筑一幅你居住的房子的画面，想象你在房子周围边走边数窗子的个数。有证据表明，意象同样可以激活一些由外部视觉刺激驱动的相同的视觉过

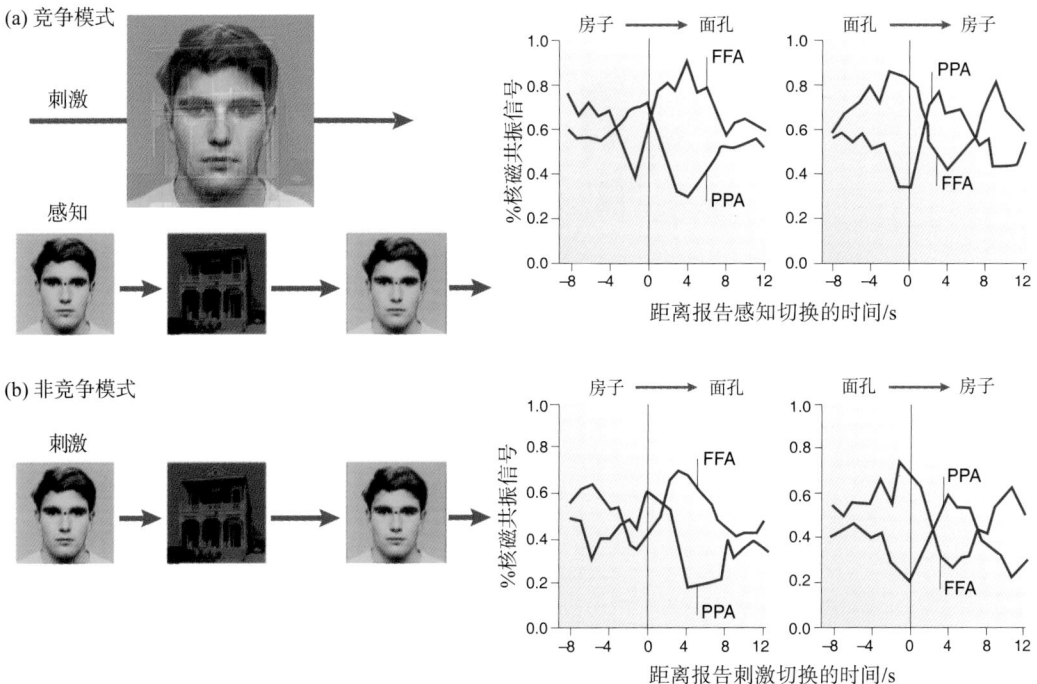

▲ 图 21.24

利用 fMRI 记录人类在双眼竞争中的脑活动。(a) 在双眼竞争模式下,受试者戴着装有红色和绿色滤光镜片的眼镜观察最上方的视觉刺激图片,一只眼睛看到的是一个面孔,而另一只眼睛看到的是一座房子。受试者交替地看到面孔和房子("感知")。利用 fMRI 记录颞叶中两个脑区的活动:梭状回面孔区(fusiform face area,FFA)对面部的反应更强烈;而旁海马回位置区(parahippocampal place area,PPA)只对房子和位置图片有反应,对面孔图片却没有反应。将多次感知交替的数据平均处理,得到两个脑区在房子切换到面孔及面孔切换到房子两种情况下的平均活动强度。尽管刺激是固定不变的,但当看到面部的图片时(蓝线),FFA 更活跃;当看到房子的图片时(红线),PPA 更活跃。(b) 在非竞争模式下,将面孔和房子的图片交替呈现给一只眼。FFA 和 PPA 的反应与呈现面孔或房子刺激时的反应一致(引自:Rees 等,2002,图 4)

程,因此意象似乎可以作为一种探索视觉意识的有效方法。美国加州理工学院(Caltech)的 Gabriel Kreiman 和 Christof Koch 与加州大学洛杉矶分校(University of California,Los Angeles)的 Itzhak Fried 一起开展了一项关于意象的研究,该研究包括记录人类神经元的活动。为了在临床上评估癫痫的病灶,电极被安置在一些脑区。图 21.25 所示的神经元位于内嗅皮层,该皮层区是内侧颞叶的一部分,输出信号至海马。在尝试了大量视觉刺激后,实验者发现该神经元对一张海豚的图片反应强烈,而对小女孩脸部图片几乎没有反应(图 21.25a)。随后,要求受试者闭上眼睛。他的任务是当听到一个高音时,想象海豚的图片,而在听到低音时,想象小女孩脸部的图片。图 21.25b显示了内嗅皮层神经元在意象中的反应。虽然和视觉诱发的反应并不完全一致,但还是能清楚地看到,当受试者想象海豚图片时神经元的反应更强烈。在这个例子中,内嗅皮层是否为意识神经关联的一部分呢?

意识研究领域里的挑战。意识是一个有趣,但又充满争议、难以被证明的研究课题。为了获得确凿的研究证据,我们的讨论集中在意识的神经关联

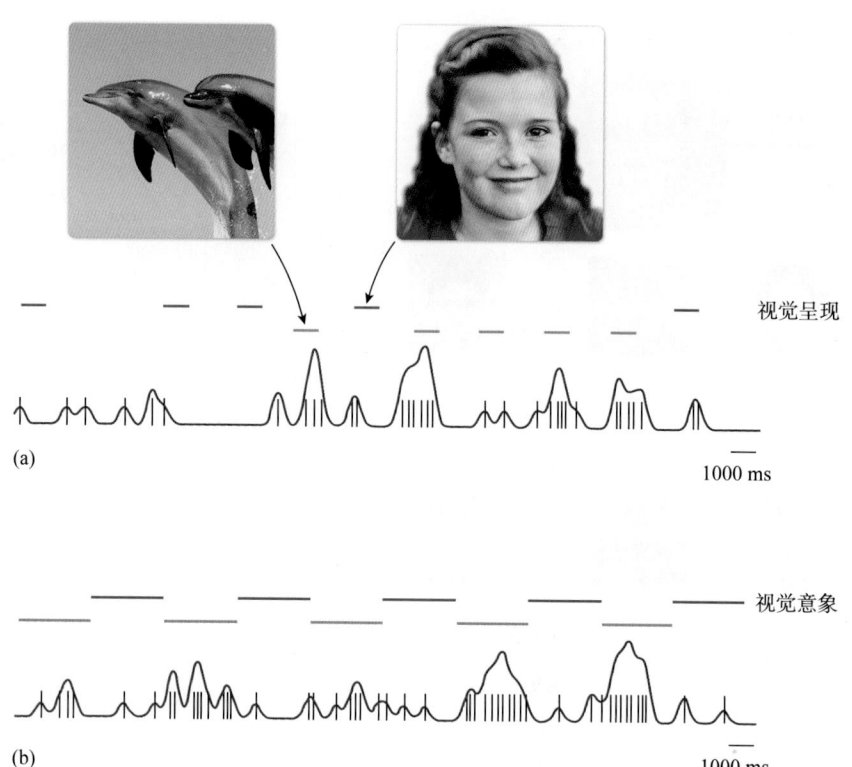

▶ 图 21.25
人类神经元在视觉想象中被激活。(a) 受试者内嗅皮层的一个神经元在呈现海豚图片时（绿色水平线）被激活，但在呈现小女孩脸部图片时（红色水平线）不被激活。(b) 当要求受试者根据声音提示，用"意识的眼睛"去想象画面，在想象海豚画面时神经元反应比想象小女孩时更强烈（改绘自：Crick 等，2004，图 5）

视觉呈现

1000 ms

视觉意象

1000 ms

（即"简单"问题）上。我们已经发现了几个神经活动与意识相关的脑区。这些脑区是 NCC 的候选区，还有更多我们没有讨论的脑区加入 NCC 的行列。除了 fMRI 的研究，在人和动物皮层区域进行的电极记录显示，许多脑区的活动（甚至是单细胞水平的活动）都与意识相关。总的来说，进展是缓慢的，但实验的发现令人振奋，缓慢的进展使我们得以在某种程度上不断地加深对意识的理解。

尽管如此，对意识的解读仍然充满着挑战。寻找意识神经关联的目标就是找到足以引发某种意识体验的最小的脑活动。"最小"这个词为研究增加了不少难度。当我们评估一个脑区是否是有意识的神经关联时，我们必须要考虑"污染"（contamination）的可能性。或许，我们正在研究的这些神经活动是意识体验的先决条件，或者是意识体验的结果，而非体验的神经基础？或许，意识的神经关联实际上是多个脑区神经活动的整合或相互关联，而不是单个脑区神经活动的体现？既然注意通常与意识相关，或许某个潜在的 NCC 脑区的活动混淆了注意和意识？

注意和意识的关系既重要，又充满争议。但多年来，这两个词几乎被认为是同义的。然而，最近的感知实验已证明，你有可能感知不到吸引你注意的物体。这就意味着注意可以独立于意识而存在。当然也有持相反意见的研究，认为意识的产生离不开注意，尽管结论还存在争议。

最后，对于 NCC 存在于哪些脑区还不确定。我们讨论了多个利用双眼竞争方法来定位 NCC 的实验。遗憾的是，各种研究的结果并不吻合。举例来说，fMRI 的结果显示，在进行竞争感知测试中，当人或动物报告感知切换时，从"早期"视觉区（如 LGN 和 V1 区）到"晚期"视觉区（如 IT 区）的脑活动会发生系统性的变化。但是，在动物实验中利用电极进行的单细胞记录却得到了相反的结果——纹外皮层神经元对调节有反应，而那些早期视觉区域的反应要小得多。这种差异可能是由于记录方式不同引起的，也可能受意识调节的空间尺度和量级的影响。最近的fMRI研究还发现，部分NCC的研究不能有效控制注意。换言之，意识可能仅存在于"晚期"区域；在"早期"区域那些看似是意识的联系，可能实际反映的是注意而不是意识的变化。

尽管存在以上疑虑，但意识领域的神经科学研究在过去的20年里还是获得了长足的发展。通过检测单一的感觉输入（视觉或其他）诱发不止一种感知的情况，可以为确定意识的神经关联提供绝佳的机会。但意识的"困难问题"始终没有解决，一切还只是开始。

21.5　结语

在本章，我们宽泛地讨论了脑活动的动态变化。脑在静息状态和活跃状态下的一致变化帮助我们定义了默认模式网络。从静息状态到活跃状态，脑功能经历了由默认模式到满足行为需要的信息处理模式的整体转变。我们并不十分确定什么是静息态的脑活动，但它似乎包含着对环境的监控及幻想。

当我们研究感觉系统和运动系统时，我们是将这两个系统分开来研究的。行为的现实情况是明显不同的：当感觉信息输入进来的时候，我们专注当下重要的那一小部分信息，然后产生运动输出。在这个过程中，注意是重要的一环。一些动物确实可以不依赖注意而生存，它们的神经系统已经形成了针对某些特定类型的感觉输入（如威胁）的固定反应模式。然而，对注意的界定又是灵活的。在某些情境下，注意被"抓住"，而在除此以外的多数情况下，我们将注意当作凝聚我们精神资源的一种工具。我们已经了解到，多个脑区参与了注意的过程，而这些脑区基于思考和行为目标，为注意力的分配构筑了优先级图，以提高后续感觉皮层对信息选择性处理的能力。

究竟我们是如何清醒地意识到自己关注的信息的，这还是一个谜。我们避开了"意识的困难问题"，即为什么意识的体验会是这个样子。对于意识的神经关联的寻找我们已经取得了一些进展。既然意识包括在脑中留存某些信息，那么意识与即将在第24章介绍的记忆系统之间必然也存在一些相互作用。

关键词

复习题

1. 在静息态，哪些脑区处于活跃状态？这些脑区可能在做什么？
2. 注意带来的行为优势体现在哪里？
3. 哪些神经生理学数据支持注意的聚光灯效应？
4. 注意的转移和眼球运动是如何相互关联的？
5. 显著特征图如何引导自下而上的注意？
6. 半侧忽视综合征与半侧视野失明在哪些方面不同？
7. 为什么确定注意的神经关联不能回答"意识的困难问题"？
8. 如何利用双眼竞争来研究意识？

拓展阅读

Bisley JW, Goldberg ME. 2010. Attention, intention, and priority in the parietal lobe. *Annual Review of Neuroscience* 33:1–21.

Buckner RL, Andrews-Hanna JR, Schacter DL. 2008. The brain's default network: anatomy, function, and relevance to disease. *Annals of the New York Academy of Sciences* 1124:1–38.

Cohen MA, Dennett DC. 2011. Consciousness cannot be separated from function. *Trends in Cognitive Science* 15:358–364.

Koch C, Greenfield S. 2007. How does consciousness happen? *Scientific American* 297:76–83.

Miller EK, Buschman TJ. 2013. Cortical circuits for the control of attention. *Current Opinion in Neurobiology* 23:216–222.

Noudoost B, Chang MH, Steimetz NA, Moore T. 2010. Top-down control of visual attention. *Current Opinion in Neurobiology* 20:183–190.

Raichle ME, Snyder AZ. 2007. A default mode of brain function: a brief history of an evolving idea. *Neuroimage* 37:1083–1090.

Shipp S. 2004. The brain circuitry of attention. *Trends in Cognitive Science* 8:223–230.

（林龙年 译 王建军 校）

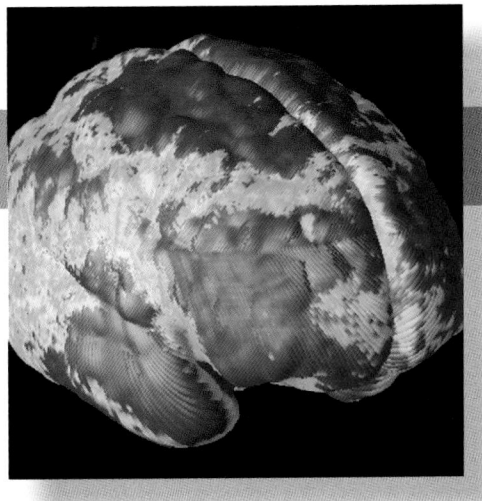

第 22 章

精神疾病

22.1　引言

　　神经病学（neurology）是一门关于神经系统疾病的诊断和治疗的医学分支学科。本书已经讨论了从多发性硬化症到失语症等多种不同的神经系统疾病。这不但对神经系统疾病本身很有意义，而且有助于我们理解脑的正常生理功能，如髓鞘在动作电位传导中的作用和额叶在语言加工中的作用等。

　　而另一方面，**精神病学**（psychiatry）的侧重点有所不同。这个医学分支关注**精神**（mind）或**心理**（psyche）疾病的诊断和治疗［在希腊神话中，年轻且美丽的女子Psyche（普绪客）就是人类灵魂的化身］。恐惧、情绪和思维等受精神疾病影响的脑功能曾被认为不是神经科学的研究内容，但我们已在第Ⅲ篇开始的一些章节中看到，许多脑的高级功能的奥秘已经开始被揭示出来。今天，人们迫切希望神经科学可以揭示精神疾病之谜。

　　在本章，我们将讨论一些最严重和最常见的精神疾病，包括焦虑障碍、情感障碍和精神分裂症。我们将再一次看到，人们可以从神经系统的异常表现中获得大量关于神经系统的知识。

22.2　精神疾病和脑

　　人类的行为是脑活动的产物，而脑是遗传和环境这两个因素相互作用的产物。显然，完整的DNA是决定一个人个性特征的重要因素之一。除非你有一个同卵双生的同胞，否则你的DNA一定是独特的。这意味着，脑在本质上和指纹一样都是独一无二的。造成脑独特性的另一个因素是包括创伤和疾病在内的个人经历。我们在讨论躯体感觉区的可塑性时（见第12章）曾经提到，感觉环境本身可在脑内留下永久的痕迹（我们在第Ⅳ篇讨论发育、学习和记忆时还要回到这一话题）。这样，即使你的脑与你同卵双生同胞的脑大体上相似，但在更精细的水平上你们的行为和脑仍然是不同的。更为复杂的是，经验对脑的作用还受到遗传特征和先前经验的影响。正是这些遗传和经验的差异最终导致了脑的实质性差异，并促成了人类各种各样的行为特征。

　　健康和疾病是机体功能连续体（continuum）的两个方面，精神健康和精神疾病也是如此。尽管我们每个人都有各自独特的个性特征，但只有当一个人的思维、情绪和行为异常所引起的病痛和功能障碍的程度达到某种诊断标准时，这个人才被认为患有"精神性疾病"（mentally ill）。由于我们以前对脑功能了解得很不够，一个令人遗憾的传统习惯是常常把"躯体的"（physical）健康和"精神的"（mental）健康严格地区分开来。这种区分的哲学根源可以追溯到Descartes（勒内·笛卡儿——译者注）提出的身心二元论（见第1章）。由于躯体疾病（在Descartes看来，脑也是躯体的一部分）被认为是器质性的，因此是医生和医学界所关注的对象。相反，精神疾病被认为是精神性的和道德性的，因此是牧师和宗教界所关注的对象。就在不久的过去，人们还拒绝从生物学角度解释和治疗大多数情绪、思维和行为的异常，从而进一步强化了这种身-心两分的观点。

22.2.1　精神疾病的心理社会学探讨

　　精神疾病非宗教化过程的一个重要进步，是出现了精神病学这个针对人类行为异常的医学分支。奥地利神经病学家和精神病学家 Sigmund Freud（西格蒙德·弗洛伊德，1856—1939；参见图文框4.4中对他的译者注——译者注）对这一新的领域产生过巨大的影响，这在美国尤为明显（图22.1）。Freud 的**精神分析**（psychoanalysis）理论基于以下两点主要的假设：（1）大部分心理活动是无意识的（即觉知之外的）；（2）过去的经验特别是儿童时代的经历塑造了人一生的感知和反应。按照 Freud 的理论，导致精神疾病的原因是心理活动中的无意识与意识发生了冲突。因此，解决这种冲突和治疗精神疾病的方法是帮助患者揭示这些隐藏着的无意识的秘密。这些黑色秘密常常与儿童时代所发生的、并被意识所抑制的一些事件（如身体、精神或性的虐待）有关。

　　哈佛大学（Harvard University）的心理学家 B. F. Skinner（1904—1990）曾倡导另一种个性理论。这种理论的基本假设是，许多行为实际上是一些对环境的习得性反应。**行为主义**（behaviorism）摒弃了潜在的冲突和无意识概念，而更注重可观察到的行为及环境对行为的控制。我们曾在第16章讨论过一些驱动行为的力量。如果一种行为能够满足某种需求或能够产生快乐（正性强化），那么出现这种行为的可能性就较大；而当一种行为可能引起不适或不能满足需求时（负性强化），则出现这种行为的可能性就较小。根据这种理论，精神疾病可能是一种不良习得性适应行为的表现。治疗包括积极尝试通过行为修正来"忘却"，即要么通过引入新的行为强化类型，要么通过提供一个机会来观察和认识适当的行为反应。

　　这些针对精神疾病的"心理社会学的"（psychosocial）治疗途径具有坚实的神经生物学基础。学习和早期经验可以改变脑的结构，进而影响行为反应。其治疗方法依赖于所谓的**心理治疗**或称为**心理疗法**（psychotherapy），即通过语言交流去帮助患者。当然，就像没有哪一种特殊的抗生素能够治疗所有的感染性疾病一样，"交谈疗法"（talk therapy）并不适合所有的精神疾病。然而，在生物精神病学（biological psychiatry）革命之前，各种心理疗法一直是精神病医生所使用的唯一方法。另外，尽管已经把精神疾病归因于幼年时的早期经历，而不再归咎于道德问题，但心理疗法还是助长了一种荒唐的观念，即精神疾病（与躯体疾病形成对照）仅通过意志力就可以治愈。连Freud 本人也意识到了心理疗法的不足之处，他写道："如果我们那时已经能够用生理学或化学术语代替心理学术语，那么我们在描述（精神分析法）时所犯的错误也许就不会存在。"今天，近一个世纪过去了，神经科学已经发展到似乎可以实现这个目标的地步了。

22.2.2　精神疾病的生物学探讨

　　其实早在 Freud 时代，精神疾病的生物学诊断和治疗就已经取得了不俗的成绩。**麻痹性痴呆**（general paresis of the insane）是20世纪初期一种主要的精神疾病，占被收治的精神患者的10% ~ 15%。这种疾病是进展性的，开始表现为狂躁-激动、欣快和夸大妄想（grandiose delusion），然后进展到认

▲ 图22.1

Sigmund Freud。Freud 提出了精神疾病的精神分析理论

知功能损伤，最后出现瘫痪直至死亡。最初把这种疾病归咎于心理因素，但最终确定为由梅毒螺旋体（*Treponema pallidum*）引起的脑部感染（梅毒螺旋体是导致梅毒的致病微生物）。一旦搞清楚病因，有效的治疗方法就随之出现了。到了1910年，德国微生物学家Paul Ehrlich确认，胂凡纳明（arsphenamine）可以作为一种"神奇的子弹"杀死血液中的梅毒螺旋体而不损害人类宿主。但后来人们发现，青霉素（由英国微生物学家Alexander Fleming发现）这种抗生素对杀灭梅毒螺旋体更为有效，甚至可以根治已经发生的脑部感染。这样，当第二次世界大战接近尾声，青霉素可以被普遍获得时，这种重要的精神疾病就基本上被消灭了。

其他许多精神疾病也可以直接地找出生物学原因。例如，饮食中缺乏烟酸（niacin，一种维生素B）可以引起躁动、推理能力受损和心情抑郁等；而HIV（人类免疫缺陷病毒，导致艾滋病的病毒）进入脑内可导致进行性的认知和行为的损害；有一种强迫症（obsessive-compulsive disorder，本章后面将进一步讨论）已经被确定为与儿童链球菌性咽炎（strep throat）所触发的自身免疫反应有关。阐明这些疾病的病因可以帮助治疗甚至最终治愈与之关联的精神疾病。

分子精神医学的前景和挑战。 当然，即便是营养良好且没有被感染的个体，仍有可能患严重的精神疾病。尽管在大多数情况下其病因有待进一步确认，但可以肯定的是，导致这些疾病的根本原因是脑的形态、化学和功能发生了改变。人类基因组的知识打开了一条鼓舞人心的理解脑功能障碍的崭新途径。与癌症等其他复杂疾病一样，基因突变可能导致精神疾病或带来患这些疾病的风险。目前正在积极努力来鉴定这些基因。利用遗传信息来开发治疗方法的途径被称为**分子医学**（molecular medicine）。

从基因到治疗的路径如图22.2所示。研究精神疾病患者的DNA，可能会发现导致疾病的基因突变，而这些突变的基因可以在基因工程小鼠身上复制出来。通过将这些动物的神经生物学特性与正常的"野生型"（wild type）小鼠进行比较，研究人员可以确定与这些突变基因相关的脑功能变异。异常生理状态，或者说**病理生理学**（pathophysiology）状态的发现，可能会提示一些生物学过程的异常（如某种神经递质的过多或过少），而这些异常的过程就可以用靶向药物来治疗。如果候选药物在人类临床试验中获得成功，那么就可以作为新的疗法来治疗疾病。

尽管分子医学的前景广阔，但脑疾病仍然面临着一些独特的挑战。首先，精神障碍是由临床医生根据患者的表现或描述（体征和症状）来诊断的，而不是根据其潜在的原因（病因）来诊断的。现在我们知道，相同的诊断结果可能是由多种不同的原因引起的，因此没有一种单一的治疗方法能够在所有患者身上获得成功，这就使得临床试验复杂化。其次，并不是所有的精神疾病都有明确的遗传基础，即便是那些有明确遗传基础的疾病也都与大量的基因相关。在某些情况下，病理生理学表现可能是由许多不同基因的大量的小突变遗传而引起的。在这些情况下，虽然单一突变的影响并不大，但它们加在一起会大大增加精神疾病的风险（打个比方，被一千把小刀子害死）。在其他情况下，一个基因或一些基因片段的重复或被删除（这些情况

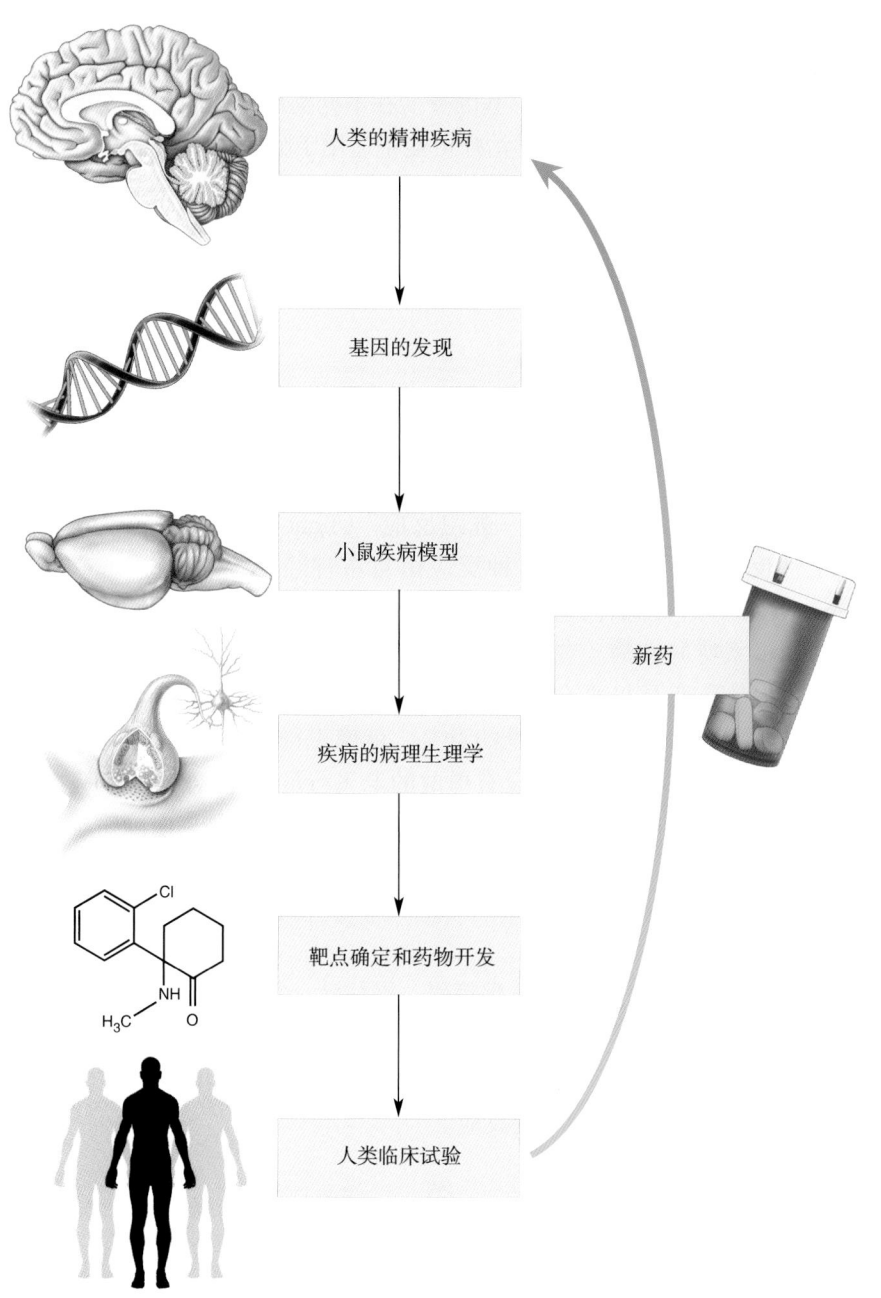

人类的精神疾病

基因的发现

小鼠疾病模型

新药

疾病的病理生理学

靶点确定和药物开发

人类临床试验

◀ 图22.2

分子医学。从基因到精神疾病治疗路径

称为基因拷贝数变异，gene copy number variants），也可能是导致一个诊断结果的单一原因。虽然每一种特异性变异在人类群体中很少发生，但许多不同DNA片段的变异可以导致相同的诊断（类似地，就枪伤致死而言，虽然最终的结果是一样的，但每一个致命的伤口都能对身体的不同部位产生独特的影响）。这种遗传复杂性妨碍了具有普遍应用价值的动物模型的开发。

　　征服这些挑战的一种全新方法是研究单个患者神经元的病理生理学。别担心，这并不需要脑的活组织检查！相反，该方法利用了最近的一项发现，即如果用正确的化学混合物处理从患者身上刮下来的皮肤细胞，它们可以转化为所谓的**诱导性多功能干细胞**（induced pluripotent stem cell，iPSC）。用另一种化学混合物处理后，可以使这些细胞分化成神经元，并且能够在培养皿中保持活性。然后将这些神经元与健康人的神经元进行比较，以确定其病理生理学。然而，这种方法的主要挑战是，脑远比单个神经元复杂。脑由无数相互紧密联系的细胞类型组成，基因突变在不同类型的神经元上表现不同。因此，针对神经元的病理生理学治疗可能不适用于脑的病理生理学。

尽管这些发人深省的事实提醒我们，脑和脑疾病是极其复杂的，但在该领域，人们仍然乐观地认为，这些挑战能够而且很快就会被征服。现在让我们探讨几种重要的精神疾病，看看神经科学是如何为理解这些疾病的致病原因和制定治疗方案做出贡献的。

22.3 焦虑障碍

恐惧（fear）是对威胁性情景的一种适应性反应。我们已经在第18章中学习过，恐惧是一种"格斗–逃跑反应"（fight-or-flight response），即一种自主性反应的表达形式，这种反应由自主神经系统（autonomic nervous system，ANS）的交感神经部（见第15章）所介导。许多类型的恐惧是先天性的和种系特异性的。老鼠天生就怕猫，这种天性不需要学习；但恐惧也可以习得，一匹马只要有过一次接触电网的经历，就总会对电网产生恐惧。对恐惧的适应具有显而易见的意义。就像飞行界的一句老话："有老飞行员，也有勇敢的飞行员，但没有勇敢的老飞行员。"但恐惧并不是在所有情况下都是恰当的适应性反应。对恐惧的不恰当反应正是**焦虑障碍**（anxiety disorder；又称焦虑症——译者注）这种最常见的精神疾病的特点。

22.3.1 焦虑障碍概述

表22.1列举了各种已知的焦虑障碍。据估计，每年超过15%的美国人受到其中一种焦虑障碍的折磨。对于不同的焦虑障碍，尽管其诱因（真实的或假想的刺激）和患者为减轻恐惧而采取的行为反应各不相同，但它们都有一个共同特点，即对恐惧的病理性反应。

惊恐障碍。惊恐发作（panic attacks）是一种在没有预兆的情况下突发性的极度恐惧的体验，其症状包括心悸、出汗、颤抖、气短、胸痛、恶心、头晕、麻刺感、寒战和面部潮红。多数患者诉说有一种无法自制的极度恐惧

表22.1 焦虑障碍

名 称	描 述
惊恐障碍（panic disorder）	反复惊恐发作，可在不同阶段分别出现突发性的重度焦虑、害怕和恐惧，常伴有濒死感
广场恐怖症（agoraphobia）	对一些场所或情景感到焦虑或想逃避这些场合，而患者又无法逃离这些场合，或者对这些场合感到很难堪，或者在这些场合恐惧发作时得不到帮助
广泛性焦虑症（generalized anxiety disorder）	持续而过度的焦虑和担忧，至少持续6个月以上
特殊恐怖症（specific phobias）	由某种特殊物体或情景引起的有显著临床表现的焦虑，常常导致回避行为
社交恐怖症（social phobia）	由某些社交场合或表演性场合引起的有显著临床表现的焦虑，常常导致回避行为

改编自：美国精神病学会（American Psychiatric Association），2013

感，即有一种濒死或"快要发疯"的感觉。他们会逃离发生恐惧的场所，而且常常去医院的急诊室求助，但这种发作持续很短，通常不到半小时。惊恐发作可以由某种特殊的刺激引起。它们可能是某些焦虑障碍的一种症状，但也可以自发地产生。

精神病学家所指的**惊恐障碍**（panic disorder）是一种反复出现的、没有明显诱因的恐惧发作，患者整天为下一次的发作而感到不安。约2%的人群患有惊恐障碍，其中女性是男性的2倍。首发年龄多在青春期至50岁之间。约有一半的患者同时伴有重性抑郁症（major depression，见后面的讨论），而其中的25%会变成酗酒者或成为各种毒品的吸食者。

广场恐怖症。广场恐怖症（agoraphobia）的特点是当患者在身处某些难以逃离或感到难堪的场合时会出现严重的焦虑（*agoraphobia*原希腊语，表示"害怕一个开阔的市场"）。这种焦虑可使患者莫名其妙地对一些场合感到恐惧并试图进行躲避，例如，让患者单独待在自己家以外的地方，在拥挤的人群中或在飞机、汽车、桥梁或电梯上。如图文框22.1所述，广场恐怖症常常是惊恐障碍引起的一种恶果。约有5%的人患有广场恐怖症，并且女性患者比男性患者多1倍。

22.3.2 其他以焦虑增加为特征的障碍

一些疾病已不再被美国精神病学协会（American Psychiatric Association）归类为"焦虑障碍"，尽管它们的特征是焦虑增加。最常见的两种是创伤后应激障碍和强迫症。

创伤后应激障碍。对病理学家来说，创伤是指由突发性暴力造成的创伤。在精神病学领域，这个术语指的是经历或目睹一个或多个令人可怕的事件所造成的心理创伤。这种疾病的一个长期的后果可能是创伤后应激障碍（post-traumatic stress disorder，PTSD）。PTSD的症状包括焦虑增加、侵入性记忆（intrusive memory）、反复梦见或回想起那些创伤经历、易怒和情绪麻木。在美国，约3.5%的成年人受到PTSD的影响。

强迫症。强迫症（obsessive-compulsive disorder，OCD）患者具有**强迫观念**（obsession），这是一些反复出现且具有侵入性的思维、表象、观念或冲动，而患者自己也认为是不合时宜的、丑陋怪异的或忌讳的。常见的观念包括：怀疑被细菌或体液污染、担心无意中伤害别人，以及暴力和性的冲动。患者意识到这些想法是不正常的，因此常常导致严重的焦虑。OCD患者还有**强迫行为**（compulsion），这是一些反复出现的行为或心理活动，患者试图由此能减轻强迫观念造成的焦虑。如不断地洗手、数数或反复检查某样东西是否放在不适当的地方。超过2%的人患有这种疾病，男女比例基本相当。这种病通常在年轻时发生，其症状会因应激水平而出现波动。

22.3.3 焦虑障碍的生物学基础

许多焦虑障碍已被确定具有遗传倾向，而其他一些焦虑障碍可能与应激性生活事件的关系更为密切。

惊恐发作性广场恐怖症

为了更好地理解焦虑障碍所引起的痛苦与混乱，让我们考察下面这个病例的病史，该病例引自Nancy C. Andreasen 的专著——《破碎的脑》（*The Broken Brain*）。

Greg Miller，27岁，是一名未婚的计算机程序员。如果问他有什么主要的问题，他会回答："我怕离开家或驾驶我的小车。"

这名患者的问题是在大约1年前开始产生的。那时他正开车通过一座每天上班必须经过的大桥。当他所驾驶的车辆行驶在六车道奔驰的车流中时，他开始想，如果在大桥上发生事故将会是多么的可怕（他以前也常常这么想）。他那辆小小的、并不结实的大众（VW）敞篷汽车就会像铝制啤酒罐一样被碾得粉碎。他可能会死于血泊中，而且死得很痛苦，或者会终身残疾，他的小车甚至会冲向桥边而掉入河中。

他想着这些可能发生的情况，同时开始感到越来越紧张且越来越焦虑。他来回环顾两侧的车辆，越来越担心自己会不会撞上其中的一辆。接着，他就出现了一阵强烈的恐惧感，心脏开始猛烈地跳动，他感到自己好像快要窒息而死了。他大口地喘着气，但这反而使他的窒息感更强。他还感到胸口很闷，怀疑自己是否将要死于心脏病发作，并很肯定地认为马上就要发生恐怖的事情了。于是，他把车停在最右边的车道上，以便重新控制他的身体和情绪。结果，在他的后面，许多车辆拥堵在一起，一些司机按喇叭，另一些司机在他的周围用脏话乱喊乱叫。除了极度的恐

惧，他还感到了极大的屈辱。但在经过大约3分钟后，他的恐惧感慢慢地消失，并能够驶过这座大桥去工作。在这一天随后的时间里，他一直担心能否不再发生同样严重的恐惧而顺利地通过这座桥回家。

那天他设法开车回到了家，但在随后的几个星期里，每当接近那座大桥时他都会感到焦虑不安，而且还发生了三四次类似的严重的惊恐发作。后来，惊恐发作变得越来越频繁，以至于每天都要发作一次。此时，他完全被恐惧所控制，开始天天称病在家而不去工作。他知道自己的主要症状是对开车经过那座大桥而产生莫名其妙的害怕，但同时也怀疑自己可能患上了某种心脏疾病。他去找自己的家庭医生看病，而医生却查不出他患有任何严重的疾病。医生对他说，他的主要问题是过分焦虑，还为他开了一些镇静剂并劝他回去工作。

在随后的6个月中，Greg一直与开车通过那座大桥而产生的恐惧做斗争。但大多数不能成功，并因此耽误了许多工作。最后，公司医生为他开了几个月不能工作的证明并让他去精神科治疗。但是，Greg感到很难堪而不愿意这么做。相反，他在大部分时间里待在家里，看书、听唱片、在计算机上下棋，并做着各种各样的家务杂事。他只要待在家里，就很少有焦虑问题，也没有令人恐惧的惊恐发作，但有时哪怕只是开车去附近的购物中心，也会出现惊恐发作。于是，他几乎整天待在家里，不久后就完全足不出户了。（引自：Andreasen，1984，第65～66页。）

恐惧通常由威胁性刺激引起。这样的刺激称为**应激源**（stressor）。恐惧可表现为被称为应激的反应。前面已经提到，刺激-反应关系既可以被经验强化（如前面提到过的马与电网），也可以被经验弱化。例如，可以想象一个熟练的滑雪者是不会对快速下降产生恐惧感的。一个健康的人可以通过学习而调整应激反应。焦虑障碍的标志性特征是，对一个并不存在的或当前并

不具威胁的应激源产生不恰当的应激反应。因此，了解脑对应激反应的调节过程对于理解焦虑是至关重要的。

应激反应。**应激反应**（stress response）是对威胁性刺激的一组相互协同的反应。它具有以下特点：

- 回避行为；
- 警觉和觉醒水平的提高；
- 自主神经系统的交感部被激活；
- 肾上腺分泌皮质醇。

毫不奇怪，下丘脑是协调体液分泌、内脏活动和躯体运动反应的中枢结构（见第15章和第16章）。为了更好地理解这些反应是如何被调节的，让我们集中讨论由**下丘脑–垂体–肾上腺轴**［hypothalamic-pituitary-adrenal (HPA) axis］介导的激素反应（图22.3）。

我们已经在第15章了解到，当血液中**促肾上腺皮质激素**（adrenocorticotropic hormone，ACTH）浓度升高时，肾上腺皮质就会释放皮质醇激素（一种糖皮质激素）。ACTH在**促肾上腺皮质激素释放激素**（corticotropin-releasing hormone，CRH）的作用下由垂体前叶释放，而CRH由下丘脑室旁核小细胞部的神经内分泌细胞释放到垂体门脉血流中。因此，这种应激反应可以追溯

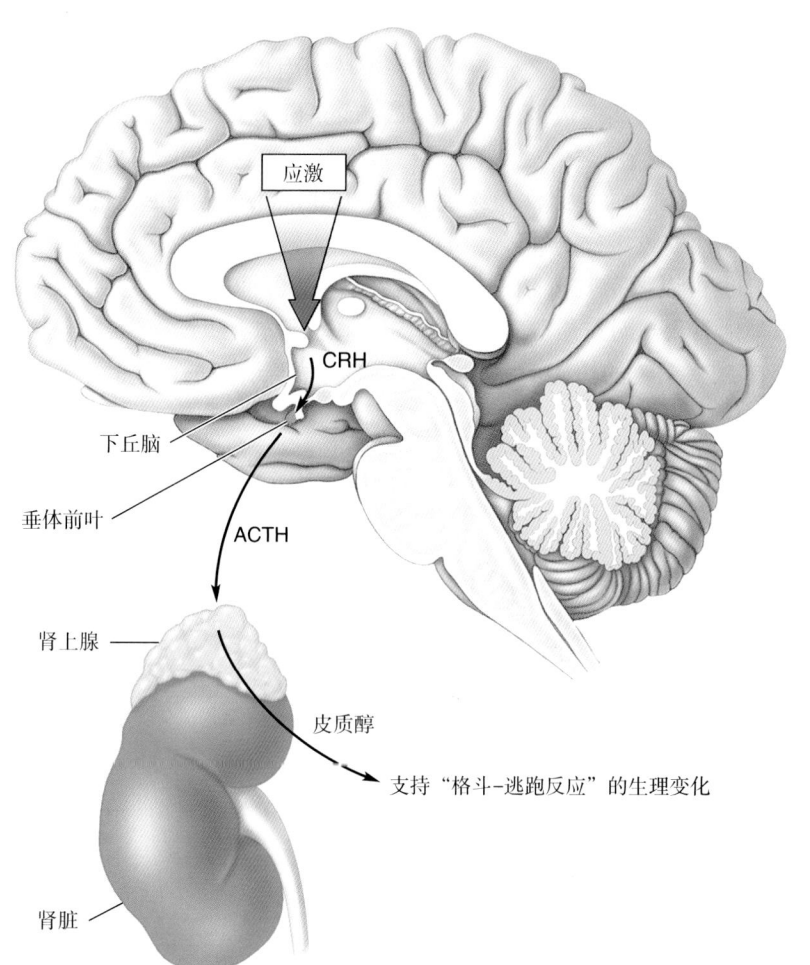

◀ 图22.3

下丘脑–垂体–肾上腺轴。在应激反应中，HPA轴对作为应激反应的肾上腺分泌皮质醇的过程进行调节。CRH是下丘脑室旁核与垂体前叶之间的化学信使。由垂体分泌的ACTH通过血流到达位于肾脏上方的肾上腺后，刺激皮质醇释放。皮质醇参与机体的应激反应

▶ 图22.4
杏仁核和海马的位置

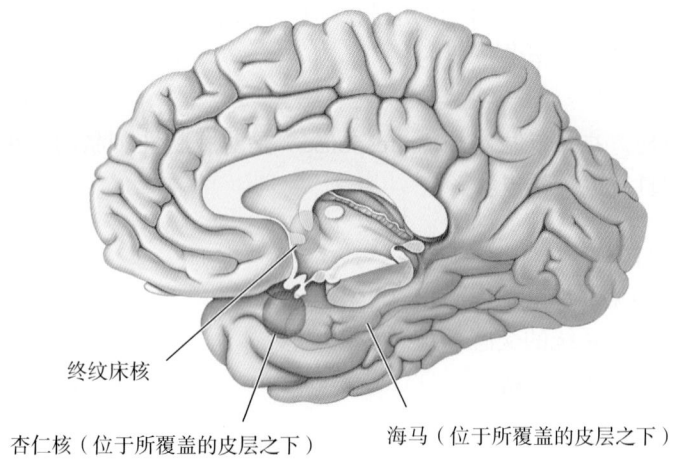

终纹床核

杏仁核（位于所覆盖的皮层之下）   海马（位于所覆盖的皮层之下）

到含CRH的下丘脑神经元的活动。弄清楚这些神经元的调节过程将非常有助于我们对焦虑障碍的理解。例如，通过基因工程导致CRH过度表达的小鼠会表现出焦虑样行为（anxiety-like behavior）的增加。当小鼠的CRH受体通过基因工程被敲除后，它们的焦虑样行为比正常小鼠有所减少。

杏仁核和海马对HPA轴的调节。下丘脑CRH神经元由两个前面介绍过的脑结构进行调节，这两个脑结构就是杏仁核（amygdala）和海马（hippocampus）（图22.4）。我们在第18章中已经了解到，杏仁核对恐惧反应至关重要。感觉信息进入杏仁核的基底外侧部，在那里进行处理和中继后，传送至杏仁核的中央核神经元。激活杏仁核的中央核神经元可引起应激反应（图22.5）。功能磁共振成像（functional magnetic resonance imaging，fMRI；见图文框7.2）显示，一些焦虑障碍与杏仁核不恰当的激活有关。杏仁核的输出汇集于其下游的一组称为终纹床核（bed nucleus of the stria terminalis）的神经元。而终纹床核的神经元可以激活HPA轴并引起应激反应。

海马也可以调节HPA轴。但是，激活海马可抑制而不是刺激CRH的释放。海马内有大量对皮质醇敏感的糖皮质激素受体（glucocorticoid receptor）。皮质醇在HPA系统的作用下由肾上腺释放。这样，海马在正常情况下参与对

▼ 图22.5
杏仁核对应激反应的控制。杏仁核既从丘脑获得上行性感觉信息输入，也从新皮层接受下行性输入。这些信息由杏仁核基底外侧核整合并中继后传送至杏仁核的中央核。激活中央核可引起应激反应

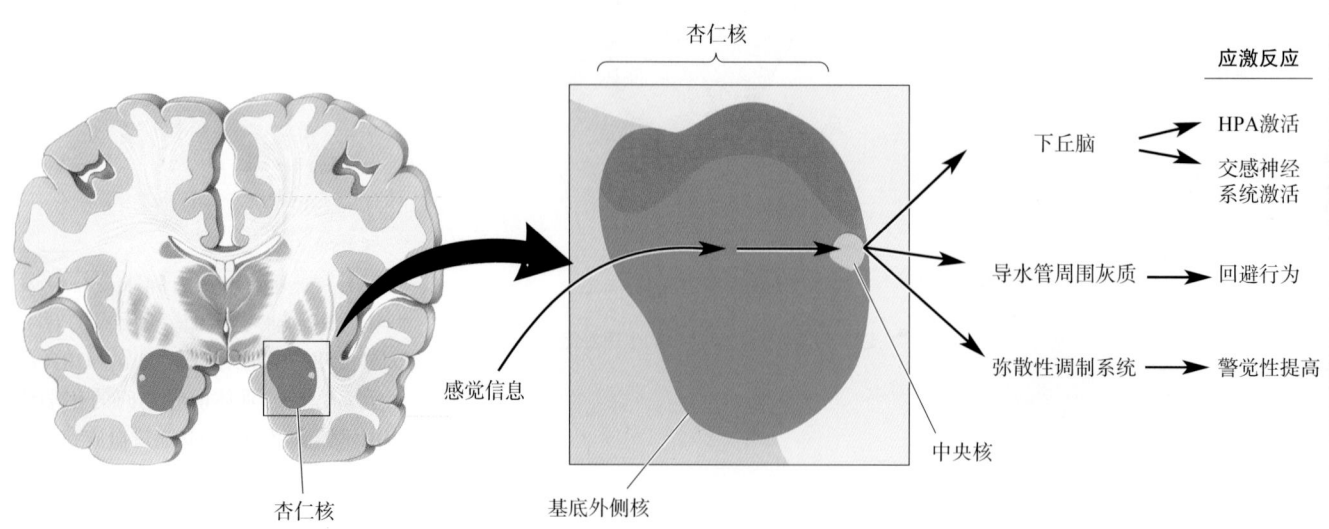

杏仁核

应激反应

下丘脑 → HPA激活
→ 交感神经系统激活

导水管周围灰质 → 回避行为

弥散性调制系统 → 警觉性提高

中央核

感觉信息

杏仁核

基底外侧核

HPA轴的反馈调节：当血液循环中的皮质醇浓度过高时，海马就会抑制CRH的释放，进而使ACTH和皮质醇的释放减少。但是在慢性应激条件下，如果让实验动物持续暴露于皮质醇，海马神经元就会萎缩和死亡（图文框15.1）。海马的这种退行性变化会引起一种恶性循环，使应激反应更加激烈，引起更多的皮质醇释放和更严重的海马损伤。人脑成像研究表明，一些患有创伤后应激障碍的患者其海马的体积缩小。

总之，杏仁核和海马以推挽的方式（push-pull fashion）对HPA轴应激反应进行调节（图22.6）。焦虑障碍已经被归因于杏仁核的过度活动和海马的活动减弱。但重要的一点是，杏仁核和海马都从新皮层接受大量的信息。的确，另一个较为一致的发现是，焦虑障碍患者的前额叶皮层较为活跃。

22.3.4　焦虑障碍的治疗

有许多方法可以治疗焦虑障碍。在很多情况下，心理疗法和心理咨询是相当有效的；但在某些情况下，一些特殊的药物治疗则更为有效。

心理治疗。 在前面已经了解到，恐惧中有很强的习得成分，因此心理治疗对多种焦虑障碍有很好的疗效。治疗师通过逐渐增加可引起患者焦虑的刺激的接触时间，使患者觉得这些刺激其实并没有危险。从神经生物学角度看，心理治疗的目的是通过改变脑内的连接使真实的或假想的刺激不再能够引起应激反应。

抗焦虑药物治疗。 可以减轻焦虑的药物称为**抗焦虑药**（anxiolytic drug）。所有的抗焦虑药都通过改变脑内化学突触的传递而产生作用。用于治疗焦虑障碍的药物主要有两类：苯二氮䓬类药物和选择性的5-羟色胺重摄取抑制剂。

大家应该还记得，GABA是脑内一种非常重要的抑制性神经递质。GABA$_A$受体是一种GABA门控的氯离子通道，介导快抑制性突触后电位（fast inhibitory postsynaptic potentials，见第6章）。恰当的GABA作用是正常脑功能的重要保证：抑制作用太强可能引起昏迷，太弱则可导致癫痫发作。除GABA结合位点外，GABA$_A$受体还有一些可以被某些化合物结合而有效调节通道功能的位点。**苯二氮䓬**（benzodiazepine）类药物可与其中一个这样的位点结合，从而使GABA更有效地打开离子通道而产生抑制作用（图22.7）。一般认为，GABA受体上的苯二氮䓬类药物结合位点在正常情况下被脑内自然产生的化合物所利用，但这种内源性化合物尚未被阐明。

在苯二氮䓬类药物中，安定（Valium；即diazepam，苯甲二氮䓬——译者注）可能是一种最为熟知的、对治疗急性焦虑非常有效的药物。实际上，几乎所有可以加强GABA作用的药物都是抗焦虑剂，其中还包括乙醇这种酒类饮料中的活性成分。乙醇可以减轻焦虑这一事实，至少可以在一定程度上解释为什么酒精在社会上有如此广泛的应用。酒精的抗焦虑作用还可以解释为什么焦虑障碍患者常常伴有酗酒行为。

我们还可以推论，苯二氮䓬类药物的镇静作用可能与其对参与应激反应的神经环路活动的抑制作用有关。苯二氮䓬类药物可能是通过恢复这些环路的正常功能而达到治疗效果的。的确，利用正电子断层成像（PET，见图文

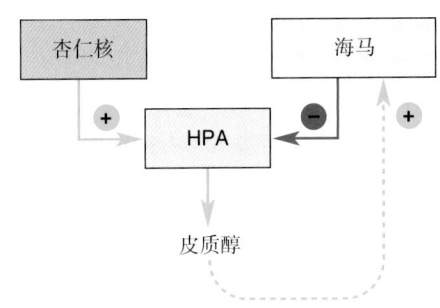

▲ 图22.6

杏仁核和海马对HPA轴的推挽式调节。激活杏仁核可以刺激HPA系统和应激反应（绿线）。激活海马则抑制HPA系统（红线）。海马中存在对循环中的皮质醇敏感的糖皮质激素受体。因此，海马对HPA轴的负反馈调节具有重要作用，这种调节作用可防止皮质醇的过度释放

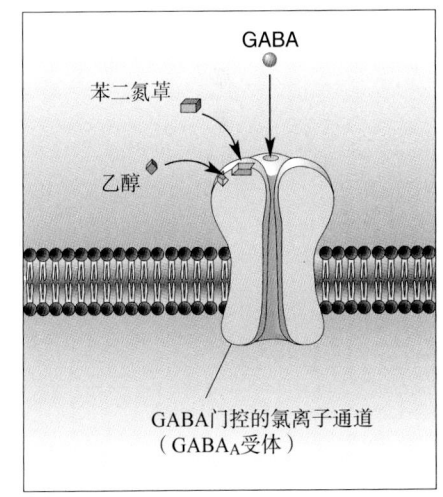

▲ 图22.7

苯二氮䓬的作用。苯二氮䓬类药物与GABA$_A$受体上的一个位点结合，可以增强该受体对GABA的反应，而GABA是前脑中主要的抑制性递质。GABA$_A$受体上还有另外一个位点能够与乙醇结合，该位点与乙醇结合之后也可以增强受体对GABA的反应

▶ 图22.8

一名惊恐障碍患者的苯二氮䓬结合的放射活性下降。图中显示一名正常人（左侧）和一名惊恐障碍患者（右侧）的水平位PET成像。颜色表示脑内苯二氮䓬结合位点数量的大小（暖色表示数量大，冷色表示数量小）。从扫描图的上部观可见，惊恐障碍患者额叶的结合位点明显减少（引自：Malizia等，1998，图1）

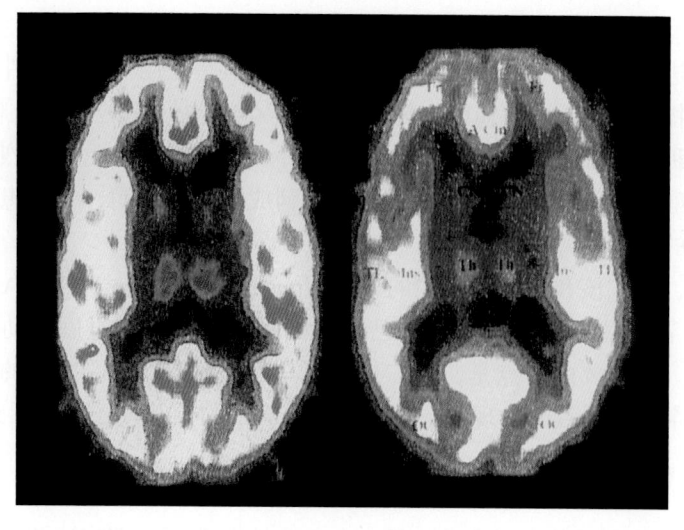

框7.3）发现，恐惧障碍患者额叶的苯二氮䓬结合位点减少，而额叶的反应在焦虑过程中是过度活跃的（图22.8）。这些发现是非常具有潜在意义的，因为该研究不但显示了苯二氮䓬类在脑内的作用部位，而且还提示GABA受体的内源性调节改变是焦虑障碍的病因之一。

选择性5-羟色胺重摄取抑制剂（serotonin-selective reuptake inhibitor，SSRI）被广泛地用于治疗心境障碍（mood disorder），这一点随后将会讨论到。SSRI也可有效地治疗其他的精神疾病，特别是强迫症（OCD）。大家也许还记得，5-羟色胺是通过起源于脑干中缝核的脑内弥散性调制系统释放至全脑的（图5.13）。5-羟色胺的作用是通过G蛋白耦联受体介导的，并利用5-羟色胺转运体蛋白通过轴突末梢的重摄取而终止的。于是，顾名思义，SSRI通过抑制重摄取而延长了已经释放的5-羟色胺对其受体作用的时间。近来的一项研究发现，出现5-羟色胺转运体基因罕见突变的一些家族与OCD高发病率相关，进一步提示5-羟色胺是这种疾病的病因。

但与苯二氮䓬类药物所不同的是，SSRI并不能产生即时性的抗焦虑作用。按每日常规剂量使用，这些药物的作用需要经过数周才慢慢地显示出来。这一现象提示，SSRI的抗焦虑作用并不是由于SSRI引起的细胞外5-羟色胺浓度快速升高的原因，而可能是由于神经系统对脑内5-羟色胺浓度缓慢升高的一种适应性反应。但是，介导这种适应性反应的结构和功能改变机制尚不清楚。在介绍抑郁症时，我们将回到SSRI的作用这个话题上来。但是，一个有趣的现象是，在焦虑障碍状态下对SSRI的适应性反应，可以导致海马内糖皮质激素受体数量的增加。SSRI可能通过增强对下丘脑CRH神经元的反馈调节来减轻焦虑（图22.6）。

尽管苯二氮䓬类药物和SSRI都被证明可以有效地治疗各种焦虑障碍，但随着我们对应激反应认识的提高，现在不断有新的药物被开发出来。一个较有前景的药物作用对象是CRH受体。这不仅因为CRH被下丘脑神经元用来控制垂体ACTH的释放，更重要的，它也是一些与应激反应有关的神经环路的神经递质。例如，杏仁中央核的一些神经元含有CRH，脑内注射CRH可以引发明显的应激反应和焦虑症状。因此，CRH受体对抗剂是一种很有希望被用于治疗某些焦虑障碍的药物。

22.4　情感障碍

情感（affect）是描述情绪状态（emotional state）或心境（mood）的医学术语。因此，**情感障碍**（affective disorder）就是心境的异常。每年有超过9%的人患有一种类型的心境障碍（mood disorder）。

22.4.1　情感障碍概述

人们偶然会因失去了些什么或因某种失望情绪而感到短暂的情绪低落，这在日常生活中是十分普遍的。当然，这种情况不能认为是一种病。然而，精神病学家和心理学家把持续出现的严重的情感障碍称为**抑郁症**（depression），其特点是患者感到自己已经很难控制情绪。抑郁症常常在没有外部诱因的情况下突然发病。若不经治疗，此病可以持续4~12个月。

抑郁症是一种严重的疾病。据说，在美国每年有超过3.8万人自杀，而抑郁症被认为是导致自杀的主要原因。抑郁症又是一种非常普遍的疾病，约有20%的人在一生中曾经因重度抑郁而无法工作。有一些患有双相障碍的人，在其抑郁症发作间隙可出现情绪高涨，这也可能有很大的危害性。

重性抑郁症。重性抑郁症（major depression）是一种最常见的心境障碍，每年约有6%的人遭受此病的折磨。该病的核心症状是情绪低落，而且对所有活动的兴趣或乐趣都减弱。但是，要确诊为重性抑郁症，必须符合如下条件：在不发生特别伤心事件的情况下，每天都出现上述症状并至少持续2周。除此之外，还可能出现下列症状：

- 食欲不振（或食欲增加）；
- 失眠（或嗜睡）；
- 极度疲倦；
- 感到周围的一切都没有价值或有罪恶感；
- 难以集中自己的注意力；
- 反复地想到死。

尽管约有17%的患者经历着慢性且无法缓解的过程，但重性抑郁症发作通常很少能持续2年以上。如果不进行治疗，50%的病例会复发。经过3次以上发作，复发的可能性就会超过90%。抑郁症的另一种表现形式为**心境恶劣**（dysthymia），可影响2%的人群。尽管心境恶劣不如重性抑郁症那样严重，但它持续时间长，就像"文火慢炖"（smoldering）似的，而且很少自愈。重性抑郁症和心境恶劣在女性中的发病率通常比男性高2倍。

双相障碍。像重性抑郁症一样，**双相障碍**（bipolar disorder）也是一种反复发作的心境障碍。其特点是反复发作的躁狂状态或躁狂与抑郁交替发作，因此也称为**躁狂-抑郁症**（manic-depressive disorder）。**躁狂症**（mania，又称**躁狂**，该词源于法语，意为"疯狂"或"狂乱"）是一个非常明确的阶段，表现为持续反常的情绪高涨、夸夸其谈或易被激惹的心境。除此之外，躁狂状态还可伴有以下常见的症状：

- 过分的自我评价或夸大；
- 对睡眠的需求下降；
- 言语增多或强迫持续的言语感；
- 思维跳跃或主观感觉的思维奔逸；
- 易分心；
- 目标导向性活动增加。

另一个症状是判断能力受损。患者可无忧无虑地狂欢、行为唐突或抑制能力下降、滥交及其他不计后果的行为。

根据现行的诊断标准，双相障碍有两种类型。Ⅰ型双相障碍的特点是躁狂发作（伴有或不伴有重性抑郁症），发病率约为人群的1%，且男女基本相

图文框22.2　趣味话题

噩梦中神秘的橘黄色小树林

Winston Churchill（温斯顿·丘吉尔，1874—1965，英国前首相——译者注）把它称为"黑狗（black dog）"[1]（black dog隐喻萦绕于心而无法摆脱的阴影，在英语中将其作为抑郁症的代名词来使用；关于丘吉尔是否患有抑郁症的问题，读者可参阅Anthony M Daniels and J Allister Vale: Did Sir Winston Churchill suffer from the 'black dog'? *Journal of the Royal Society of Medicine*; 2018, 111:394-406——译者注）。作家F. Scott Fitzgerald（弗朗西斯·斯科特·菲茨杰拉德，1896—1940，美国作家——译者注）经常觉得自己"无法入睡时我痛恨黑夜，但我也痛恨白昼，因为它趋向黑夜"[2]。对作曲家Hector Berlioz（艾克托尔·柏辽兹，1803—1869，法国作曲家——译者注）来说，它是"世间最可怕的恶魔"[3]。上面这些名人所描述的都是伴随他们终生的一次次的抑郁状态。从苏格兰诗人Robert Burns（罗伯特·彭斯，1759—1796，苏格兰诗人，其创作的苏格兰民歌"友谊地久天长"为电影"魂断蓝桥"的主题曲——译者注）到美国垃圾摇滚（grunge rock，又称邋遢摇滚，一种起源于美国西雅图的摇滚乐流派——译者注）歌手Kurt Cobain（科特·柯本，1967—1994，美国歌手和词曲创作人——译者注），具有非凡创造力的人患情感障碍的比例远高于正常人。对具有杰出才华的艺术家的传记进行研究，得出了非常一致且令人惊讶的结果：估计这些人的重性抑郁症患病率比普通人高10倍，而双相障碍的

患病率则比普通人高30倍。

许多艺术家都生动地写到了他们的这些不幸。但心境障碍真的能够激发非凡的天才和创造力吗？当然，多数患有心境障碍的人并不具备艺术才能，也很少有非凡的想象力，而且多数艺术家也不是躁狂-抑郁症患者。但是，患有双向障碍的艺术家有时的确可以从疾病中获得活力和激情。Edgar Allan Poe（埃德加·艾伦·坡，1809—1849，美国诗人、小说家和文学评论家——译者注）曾这样描述他自己的抑郁和躁狂循环："我有时感到什么也不想干，有时却有使不完的劲，一阵一阵地"[4]。诗人Michael Drayton（迈克尔·德雷顿，1563—1631，英国诗人——译者注）曾这样冥想："诗人的头脑的确应该保持那种精致的疯狂"[5]。一些研究提示，轻躁狂症可以促进某些认知功能，激发创造性的独特思维，甚至可以提高语言能力。躁狂状态还可以减少对睡眠的需求，使人持续保持高度的注意力，产生极度的自信，并可消除对社会规范的顾虑——而这些也许恰恰是超越艺术创造力极限所需要的。

但是，疯狂带给诗人更多的是灾难而不是灵感。对Robert Lowell（罗伯特·洛厄尔，1917—1977，美国诗人——译者注）来说，躁狂体验是一种"噩梦中神秘的橘黄色小树林"[6]。Virginia Woolf（弗吉尼娅·伍尔夫，1882—1941，英国女作家——译者注）的丈夫这样描述其妻子："她常常连续两三天不停地说话，

等。Ⅱ型双相障碍的发病率约为0.6%，其特点是**轻躁狂**（hypomania，即一种轻度的躁狂），而患者的判断能力或操作能力无明显受损。的确，轻躁狂对于某些人来说甚至可以显著提高工作效率、成就和创造力（图文框22.2）。但Ⅱ型双相障碍也总是伴随着重度抑郁的发作。当轻躁狂与抑郁交替出现，而抑郁达不到所谓的"重症"时（即症状较少且持续时间较短），称为**环性心境**（cyclothymia）。

22.4.2　情感障碍的生物学基础

与许多其他精神疾病一样，情感障碍也是一种由多个脑区的功能同时发生改变所引起的疾病。那么，如何解释可以同时出现从饮食、睡眠障碍到注

而无视房间里的其他人，也不理睬别人说什么"[7]。重性抑郁症伴有严重的意志消沉，而且怎么描述这种症状都不为过。据说，杰出诗人的自杀率比普通人高5~18倍。诗人John Keats（约翰·济慈，1795—1821，英国诗人——译者注）曾绝望地写道："我现在的心情是，如果在水底下，我简直就不想挣扎着浮出水面"[8]。但在1819年，25岁的Keats死于肺结核之前的9个月中，当他的心境朝着另一个方向亢奋时，却写下了其一生中绝大部分最优秀的诗篇。图A显示，Robert Schumann（罗伯特·舒曼，1810—1856，德国作曲家和钢琴家——译者注）在不同时期所创作的音乐作品的数量起伏极大，而这种起伏正好与他躁狂-抑郁发作的波动相吻合。

精神病学家Kay Redfield Jamison指出："抑郁是透过一副黑色眼镜看世界，而躁狂则是通过一个万花筒看世界——尽管绚丽多彩但却支离破碎"[9]。幸运的是，我们现在对这两种精神疾患都能给予有效的治疗，因为无论是黑色眼镜还是万花筒都伴随着沉重的代价。

1. Quoted in Ludwig AM. 1995. *The Price of Greatness: Resolving the Creative and Madness Controversy*. New York: Guilford Press, p. 174.
2. F. Scott Fitzgerald. 1956. "The Crack-Up," in *The Crack-Up and Other Stories*. New York: New Directions, pp. 69-75.
3. Hector Berlioz. 1970. *The Memoirs of Hector Berlioz*, trans. David Cairns. St. Albans, England: Granada, p. 142.
4. Edgar Allan Poe. 1948. Letter to James Russell Lowell, June 2, 1844, in *The Letters of Edgar Allan Poe*, Vol 1, ed. John Wand Ostrom. Cambridge, MA: Harvard University Press, p. 256.
5. Michael Drayton. 1753. "To my dearly beloved Friend, Henry Reynolds, Esq.; of Poets and Poesy," lines 109-110. *The Works of Michael Drayton, Esq.*, vol. 4, London: W. Reeve.
6. Ian Hamilton. 1982. *Robert Lowell: A Biography*. New York: Random House, p. 228.
7. Leonard Woolf. 1964. *Beginning Again: An Autobiography of the Year 1911 to 1918*. New York: Harcourt Brace, pp. 172-173.
8. Quoted by Kay Jamison in a presentation at the Depression and Related Affective Disorders Association/Johns Hopkins Symposium, Baltimore, Maryland, April 1997.
9. Jamison KR. Manic-depressive illness and creativity. *Scientific American* 272:62-67.

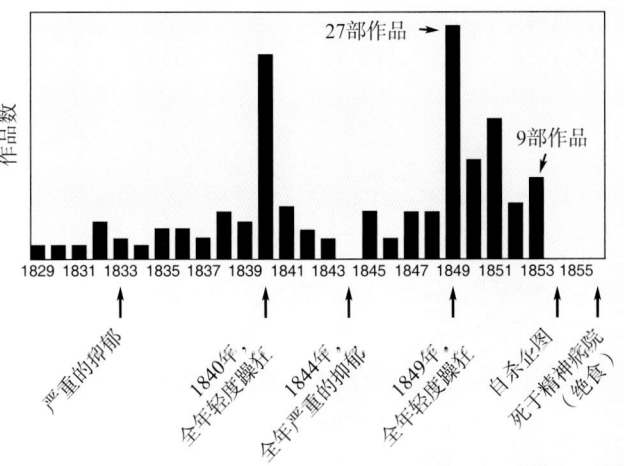

图A

Schumann 的音乐作品（引自：Slater and Meyer，1959）

意力下降这些不同的症状呢？为此，研究者把注意集中在作用广泛而多样的弥散性调制系统上。但最近几年，也有研究者认为HPA系统和相关脑区的异常在抑郁症中起着重要的作用。下面，让我们详细地分析心境障碍的神经生物学。

单胺假说。最早确切地表明抑郁症可能是由中枢弥散性调制系统异常引起的证据出现在20世纪60年代。一种叫利血平（reserpine）的药被开始用来控制高血压，但它却可以使约20%的服用者产生严重的抑郁。利血平通过干扰儿茶酚胺类物质和5-羟色胺摄入突触囊泡而耗竭中枢神经系统的儿茶酚胺和5-羟色胺。随后，又发现另一类本来用于治疗肺结核的药物也可以引起情绪高涨。这些药物对单胺氧化酶（monoamine oxidase，MAO）有抑制作用，而这种酶可以分解儿茶酚胺类物质和5-羟色胺。另一个令人迷惑不解的现象是，神经科学家们发现，丙咪嗪（imipramine）这种先前用于治疗抑郁症的药物，可通过抑制5-羟色胺和去甲肾上腺素的重摄取，从而促进这两种神经递质在突触间隙中的作用。上述这些现象导致了这样一种假说，即心境与脑内单胺类神经递质——去甲肾上腺素和/或5-羟色胺的释放水平密切相关。这种假说称为情感障碍的单胺类假说（monoamine hypothesis of affective disorders）。该假说认为，抑郁症由这两种弥散性调制系统之一的缺陷所致（图22.9）。的确，下面将会看到，现在用于治疗抑郁症的药物大多可以促进中枢5-羟色胺能和/或去甲肾上腺素能突触的传递。

然而，心境与神经调质之间并不是简单的相关关系。最明显的问题来自临床观察，即所有这些药物的抗抑郁作用都在用药后数周才能表现出来，尽管它们对这些调制系统突触传递功能的作用几乎在用药之后立即就出现。另一个问题是，可卡因等一些可以提高突触间隙去甲肾上腺素浓度的药物并没有抗抑郁作用。一种新的假说是，这些药物通过影响脑的长期适应性变化而减轻抑郁症状，而这种适应性变化涉及基因表达的改变。其中一种变化发生于HPA轴，而我们接下来将要谈到，HPA轴也已经被证明与心境障碍有关。

▼ 图22.9
弥散性调制系统与情感障碍有关。如第15章所介绍的，去甲肾上腺素系统和5-羟色胺系统的特征是它们的轴突广泛地投射到众多脑区

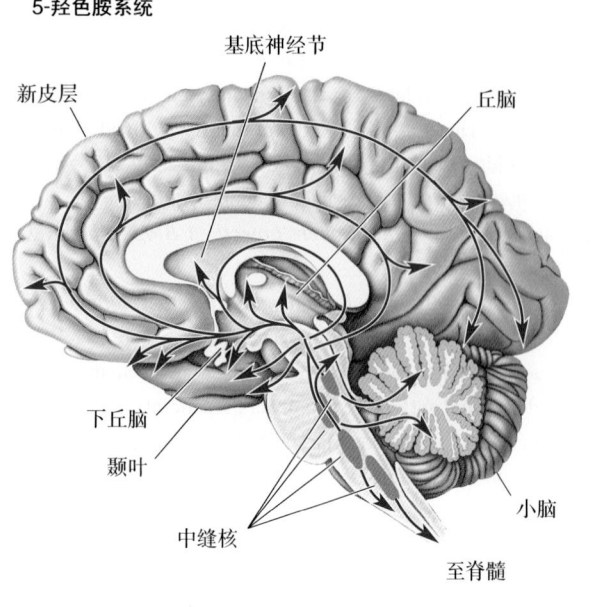

5-羟色胺系统

新皮层　基底神经节　丘脑

下丘脑

颞叶

中缝核

至脊髓

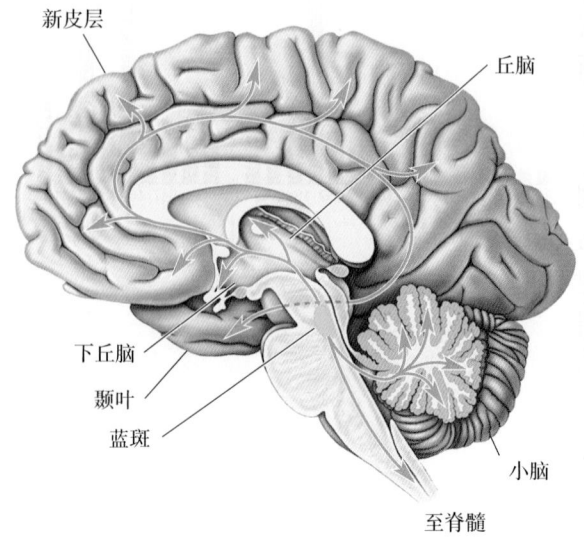

去甲肾上腺素系统

新皮层　丘脑

下丘脑

颞叶

蓝斑

小脑

至脊髓

素质–应激假说。有非常确切的证据表明，心境障碍有家族性，而且某些基因很容易导致这种类型的精神疾病。对某一疾病的易感性在医学上称为**素质**（diathesis）。另一方面，业已阐明，儿童早期的虐待、缺乏关心及其他生活应激也是导致成年后心境障碍的重要危险因素。根据**情感障碍的素质–应激假说**（diathesis-stress hypothesis of affective disorders），HPA轴是遗传和环境共同作用并导致心境障碍的关键部位。

我们已经知道，焦虑障碍与HPA系统的过度活动有关，而焦虑与抑郁常常一起发生［事实上，这种"共病"（comorbidity）现象是一种规律，而不是一种例外］。的确，重性抑郁症患者HPA轴的过度活动是生物精神病学最可靠的发现之一：这些患者血液中的皮质醇浓度和脑脊液中的CRH浓度都很高。那么，HPA轴的过度活动及其对脑的损害是否就是导致抑郁的**原因**？动物研究给了很大的启发。把CRH注入动物的脑内可引起类似于重性抑郁症的行为表现：失眠、食欲低下、性欲下降，当然，焦虑的行为学表现也有增加。

大家应该还记得，在正常情况下，皮质醇可通过激活海马糖皮质激素受体而对HPA轴产生反馈性抑制作用（图22.6）。对于抑郁症患者，这种反馈遭到了破坏，这就可以解释为什么HPA轴的功能是被过度激活的。在分子水平上看，海马对皮质醇反应的减弱是由于糖皮质激素受体数量的减少。那么，是哪些东西对糖皮质激素受体的数量进行调节的？与导致心境障碍的因素正好相对应的，也是基因、单胺类物质的变化，以及早期儿童的经历。

和其他蛋白质一样，糖皮质激素受体也是基因表达的产物。大鼠的实验已经证明，早期的感觉经验可以调节糖皮质激素受体基因表达的数量。接受母爱关怀的大鼠，其幼年期在海马中有较多的糖皮质激素受体表达，而下丘脑的CRH较少。到了成年，这些大鼠较少发生焦虑。这种母爱关怀的影响可以通过对幼鼠的触觉刺激代偿。触觉刺激可以激活投射至海马的上行性5-羟色胺能神经通路，而5-羟色胺可以引起糖皮质激素受体基因表达的持续增加。较多数量的糖皮质激素使动物在成年期更容易应对应激源。但是，这种作用只限于出生早期的所谓关键期。对成年大鼠进行刺激不能达到同样的效果。已经发现，在一些遗传因素的基础上加上儿童期虐待和缺乏关怀，会把人们置于发展成为心境障碍和焦虑障碍的风险中。上述这些动物实验结果揭示了其中的一个病因。脑内CRH的提高和对HPA系统反馈抑制的减弱使得脑特别容易产生抑郁。

前扣带回皮层功能障碍。功能性脑成像研究一致地发现，抑郁症患者的**前扣带回皮层**（anterior cingulate cortex）在静息状态下代谢活动增加（图22.10）。这一脑区被认为是一个广泛且相互连接的结构网络中的"节点"，该网络包括额叶皮层、海马、杏仁核、下丘脑和脑干的其他一些区域。许多研究都支持前扣带皮层功能障碍是导致重性抑郁症症状原因的假设。一些研究表明，对悲伤事件的自传式回忆（autobiographical recall）增强前扣带皮层的活动，而在对抑郁症的治疗成功后，该脑区的活动相应地减弱。基于这些发现，前扣带皮层被认为在内生性情绪状态（internally generated emotional state）和HPA之间有重要的连接。

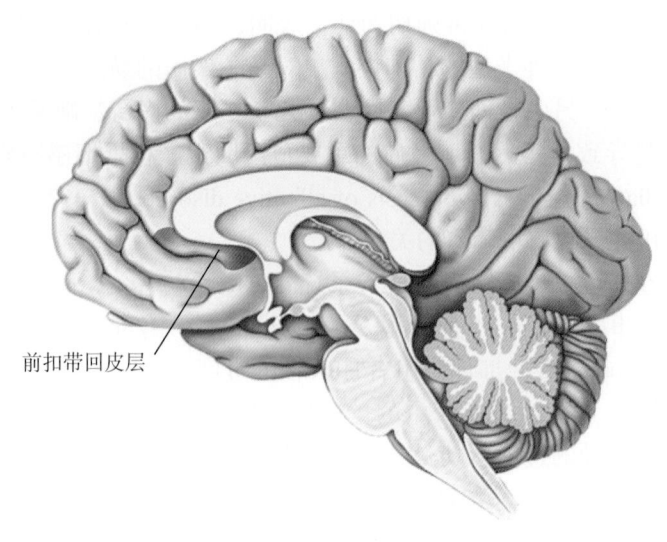

前扣带回皮层

▶ 图 22.10
前扣带回皮层。PET 或 fMRI 脑成像揭示，重性抑郁
症患者的前扣带回皮层活动增强，而患者得到成功
的治疗之后活动减弱

22.4.3　情感障碍的治疗

情感障碍非常常见，它给人类的健康、幸福和生产力带来的负担是巨大的。幸运的是，有许多有用的方法可治疗这些疾病。

电休克治疗。 你也许会感到惊讶，治疗抑郁和躁狂的最有效的方法之一竟然是在颞叶诱发癫痫发作样活动。在**电休克疗法**（electroconvulsive therapy，ECT）中，电流经置于头皮的两根电极通过。这种局部的电刺激会引起脑的发作性放电，但必须对患者施行麻醉和肌肉松弛，以防止治疗过程中肌肉的剧烈活动。ECT 的一个突出优点是起效快，有时在第一个疗程就能见效。对于那些有高自杀风险的患者，ECT 的这一特点特别重要。但 ECT 的副作用是失去记忆。我们在第 24 章将会看到，颞叶的一些结构（包括海马在内）在记忆中起关键的作用。ECT 通常影响治疗前所记忆的事件，甚至可以影响到治疗前半年内发生的记忆事件。此外，ECT 还可暂时影响新信息的存储。

ECT 缓解抑郁的机制尚不清楚。但是，我们在前面已经提到，ECT 所影响的颞叶结构之一是海马，而我们已知该结构参与调节 CRH 和 HPA 轴。

心理治疗。 心理治疗对轻度和中度抑郁症有较好的疗效。心理治疗的主要目的是帮助抑郁症患者克服自卑和对前途的悲观态度。这种疗法的神经生物学基础尚未阐明，但我们可以推测，心理治疗可能与建立认知和新皮层对异常神经环路活动的控制有关。

抗抑郁剂。 已经有许多针对情感障碍有效的药物治疗方法。**抗抑郁药物**（antidepressant drug）包括：（1）一些三环类化合物（tricyclic compounds，根据这些化合物的化学结构命名），如丙咪嗪（imipramine），该制剂可以通过转运体抑制去甲肾上腺素和 5-羟色胺的重摄取；（2）SSRI，如氟西汀（fluoxetine），该制剂只作用于 5-羟色胺神经元的末梢；（3）去甲肾上腺素和 5-羟色胺重摄取抑制剂，如瑞波西汀（reboxetine）；（4）MAO 抑制剂，如苯乙肼（phenelzine），该制剂可减少 5-羟色胺和去甲肾上腺素的酶解（图 22.11）。

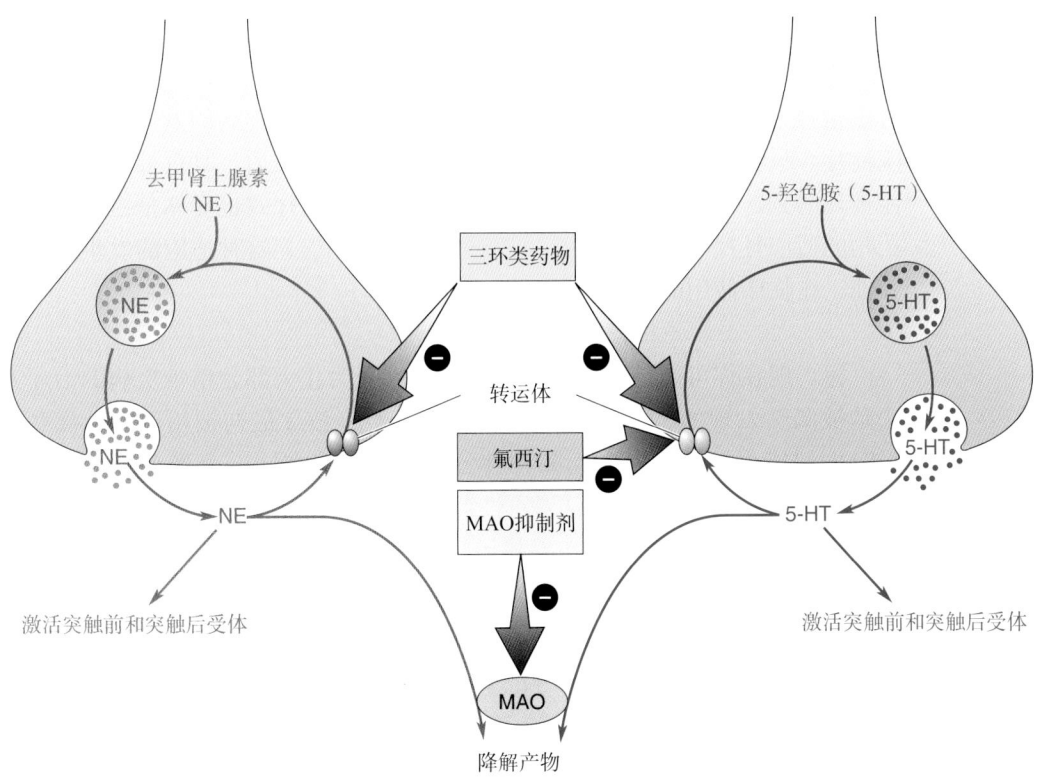

▲ 图 22.11

抗抑郁药物和去甲肾上腺素、5-羟色胺的生化循环。MAO抑制剂、三环类和SSRI类药物都可被作为抗抑郁药使用。MAO抑制剂可以通过阻断酶解而增强NE和5-TH的活动。三环类药物通过阻断重摄取而增强NE和5-TH的活动。SSRI类的作用机制与三环类药物相似，但它们选择性地作用于5-羟色胺

以上所有药物都可提高脑内单胺类神经递质的浓度，但如前面提到的，它们的作用需要数周后才能见效。

对这些药物临床疗效的脑适应性反应机制尚未确定。尽管如此，一个有意义的发现是，临床上有效的抗抑郁药物可以减轻人类HPA系统和前扣带回的过度活动。动物研究表明，产生这些效应的原因可能是海马中糖皮质激素受体表达的增加，而该激素受体表达的增加是对5-羟色胺长期升高的反应。大家一定记得，CRH对HPA系统的应激反应具有重要作用。目前，一些对CRH受体具有对抗作用的新型抗抑郁药正在开发和测试当中。近来的研究还显示，治疗中长期使用SSRI可促进海马的**神经发生**（neurogenesis），即新神经元的增殖（第23章将会继续讨论神经生长）。值得注意的是，这种增殖可能对SSRI的有益行为效应起重要作用，而且认为部分作用与增加海马对HPA轴的控制有关。

这些药物从开始治疗到产生抗抑郁疗效之间的长时程延迟现象，不但是一个未解的科学问题，也是临床实践所面临的挑战。如果不能及时达到患者所期待的病情改善效果，他们可能会感到沮丧，而且可能会暂时地加重抑郁。这是一个严重的问题，特别是对那些具有高自杀风险的病例更是如此。因此，目前正在寻找能短于数周而快速起效的抗抑郁剂。一项新的发现激起了人们实现这一目标的希望。这项发现是单次静脉注射麻醉药**氯胺酮**

（ketamine）可以迅速缓解抑郁症状，且疗效可持续数天。尽管这些发现支持快速起效的抗抑郁剂的概念，但氯胺酮本身尚不具备临床使用价值。在下面讨论精神分裂症时，我们将会看到氯胺酮可能导致精神病的发作，且需要住院治疗。只有当氯胺酮从体内被清除和精神症状消失后，其抗抑郁的效果才能被观察到。因此，正如其他抗抑郁药，氯胺酮的疗效也显然是通过一些对药物的适应性反应而实现的。只不过对氯胺酮而言，这种适应的发生速度比其他正在临床使用的抗抑郁剂要快得多。

锂。现在你可能已经正确地意识到，迄今为止大部分精神疾病的治疗方法是被偶然发现的。例如，在20世纪30年代，ECT最初被用于精神疾病。当时人们错误地认为，癫痫和精神分裂症不可能在同一个患者身上同时发生。直到后来才发现这一方法对重性抑郁症非常有效，而原因至今仍不清楚。

"启发性的意外发现"在寻找治疗双相障碍有效方法的过程中又一次出现。20世纪40年代，澳大利亚精神病学家John Cade在躁狂症患者的尿液中寻找精神活性物质（psychoactive substance）。他给豚鼠注射尿液或尿的主要成分并观察它们对其行为的影响。Cade试图检测尿酸的作用，但发现尿酸很难溶解，他只好采用尿酸锂，因为尿酸锂很容易溶解而且可以从药房获得。结果，他非常意外地发现尿酸锂对豚鼠有镇静作用（他此前预计应出现相反的作用）。由于其他锂盐也具有这一作用，因此他得出结论，具有这一作用的是锂而不是尿液的其他成分。于是，他对锂治疗躁狂症的疗效进行了检验，令人惊喜的是，锂的确非常有效。随后的研究显示，锂对稳定双相障碍患者的情绪非常有效，它不但可以防止躁狂的复发，而且可以避免抑郁的发生（图22.12）。

锂（lithium）对神经元的作用是多方面的。锂以单价阳离子形式存在于溶液中，因此可以自由地通过神经元的钠离子通道。在神经细胞内，锂可以阻止磷脂酰肌醇（PIP_2）的正常更新，而PIP_2是一些第二信使分子的重要前体。第二信使分子在某些G蛋白耦联的神经递质受体激活时产生（见第6章）。锂可以干扰腺苷酸环化酶的活性，这种酶的活性对第二信使cAMP的产生起着

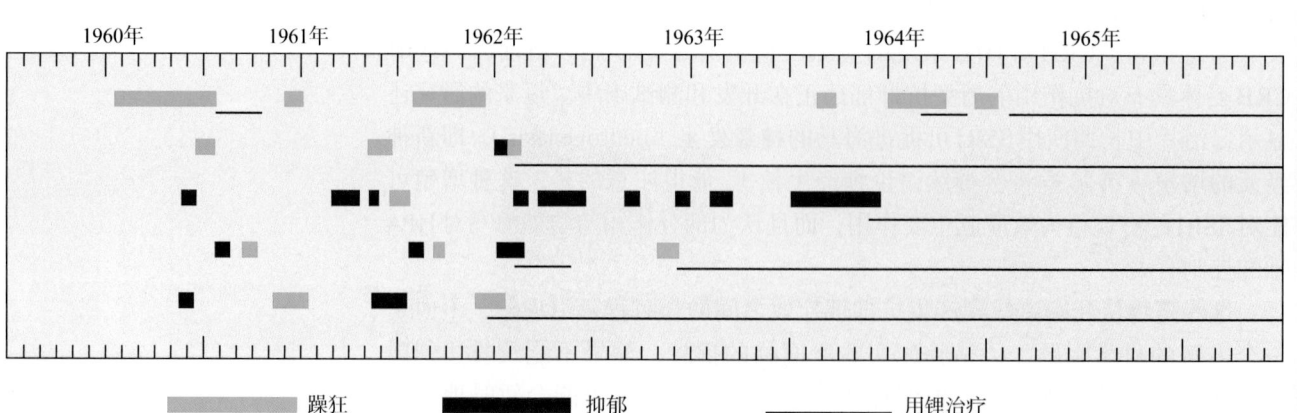

▲ 图22.12

锂对5个患者的心境稳定效应（改绘自：Barondes，1993，第139页）

关键作用。锂还可以干扰在细胞能量代谢中具有重要作用的糖原合成酶激酶的活性。然而，对于为什么锂对双相障碍如此有效迄今仍一无所知。和其他抗抑郁剂一样，锂也需要长期使用才能有效。答案似乎再一次与中枢神经系统（CNS）的适应性改变有关，但这种改变的本质尚有待进一步研究。

深部脑刺激。 在相当一部分患者中，ECT、药物或谈话疗法对治疗严重的抑郁症无效。在这些情况下，就需要采取更激烈的措施，其中之一就是进行外科手术，将电极植入脑深处。这种治疗抑郁症的方法是由埃默里大学（Emory University）的神经学家 Helen Mayberg 首创的（图文框 22.3）。回想一下，悲伤会增加前扣带皮层的活动，而使用规范抗抑郁药物的成功治疗则会降低前扣带皮层的活动。由于观察到这个区域的活动在持久的难治性抑郁症患者身上并没有减少，这促使 Mayberg 考虑使用直接的脑刺激来调节这个区域的活动。尽管这似乎违反直觉，但电刺激的确可以减少长期过度活跃的脑回路的活动（原因尚不清楚，但可能包括了抑制性神经元的募集）。事实上，Mayberg 和多伦多大学（University of Toronto）的一个神经外科医生团队发现，对包括 Brodmann 25 区在内的前扣带皮层的一个局限区域进行电刺激，可以立即缓解抑郁症。

回想一下，在大多数神经外科手术过程中，让患者始终保持清醒是可能的，因为脑内没有痛觉感受器。因此，Mayberg 的研究中的患者可以在手术过程中向医生报告刺激的效果。当刺激器被打开时，他们描述道："突然的平静"或"轻松"和"空虚的消失"。这些患者出院后，植入的电极依然被连接到电池驱动的、可持续施加电脉冲的刺激器上。大多数患者都体验到了抑郁症状的持续缓解。

尽管这些发现在神经外科学界引起了相当大的轰动，但仍然被认为是初步的结果。更多的研究正在确认这些初步结果。显然，脑外科手术一直被认为是万不得已而采用的最后治疗手段。

22.5 精神分裂症

由于心境障碍和焦虑障碍是我们平常所经历的较为极端的脑活动状态，因此尽管很难完全确定它们的严重程度，但我们还是能够在一定程度上知道心境障碍和焦虑障碍怎么回事。精神分裂症的情况则完全不同。这种严重的精神障碍对思维和感知的扭曲是常人难以想象的。精神分裂症是一种影响公众健康的重要疾病，可影响 1% 的成年人群。仅在美国就有超过 200 万人群患有这种疾病。

22.5.1 精神分裂症概述

精神分裂症（schizophrenia）的特征是失去与现实的联系，以及思维、感知、情感和运动的混乱。这种疾病一般在青春期或成年的早期开始发病，常可持续终生。精神分裂症的名称于 1911 年由瑞士精神病学家 Eugen Bleuler 提出，大意是指"分裂的精神"（divided mind），因为他观察到许多患者好像在正常和异常状态之间摆动。但是，精神分裂症有许多不同的表现，其中有

图文框22.3 发现之路

调控抑郁症的环路
Helen Mayberg 撰文

我以前从来没有计划过要研究抑郁症。我是一名神经内科医生，抑郁症通常被认为超出了我的医学学科范围。虽然许多神经障碍患者会发生抑郁症，但它经常被认为是伴随患者令人苦恼的脑疾病（脑卒中、帕金森病、阿尔茨海默病等）的非特异性反应。此外，认为像抑郁症这种综合性变化可能局限于某些特定的脑区域，语言缺陷可以归结于额叶或颞叶特定部分的破坏，而这样的观点并不直观。在很大程度上，之前针对神经系统疾病患者抑郁症的研究和治疗策略，采用的是与没有确诊为患有神经系统疾病的抑郁症患者一样的策略，即重点都是放在脑化学上。这也就是说，直到20世纪90年代早期，神经影像学的进步才改变了这个领域的状况。

到2001年，我们已经获得了很多关于抑郁症的功能神经解剖学知识。采用正电子发射体层成像和功能磁共振成像，我们在依据症候群分型的抑郁症患者上确定了各种类型抑郁症患者的脑活动模式。我们还研究了一些变化，通过这些变化可以将抗抑郁药物的反应与心理治疗的反应区别开来。同时，我们还确定了可能对治疗方案的选择具有指导作用的脑基础活动模式。抑郁症的脑环路图就逐渐地显现出来了。

大约在那个时候，我们有机会直接观察胼胝体下扣带区（subcallosal cingulate region，Brodmann 25 区）在我们当时研究的抑郁症回路中的作用（图A）。我们有足够的证据证明，该区域在各种有效的抗抑郁药物治疗中存在共同的变化。我们也知道了改变这个区域活动的失败与治疗的无效有关。我们假设，如果使用一种已经被成熟地应用于治疗帕金森病的神经外科技术——深部脑刺激（deep brain stimulation，DBS），就有可能通过实施局部脑刺激而达到缓解重性抑郁症症状的目的。神经外科医生说，将电极插入我们预定的目标，胼胝体下扣带区白质，在技术上并不比用于治疗帕金森病的基底神经节电极植术更困难或风险更高。我们开始相信应该尝试一下，但是什么样的患者适合这种手术呢？

难治性抑郁症是一种可怕的疾病，其特征是包括电休克治疗在内的多种抗抑郁治疗都对其无效。在我研究抑郁症的这些年里，我不满意的是对抑郁症的定义和评级量表，因为这些定义和量表未能捕捉到患者所经历的痛苦程度，而这种痛苦只能被描述为一种恶性的疾病状态，一种持续且弥散的精神痛苦和没有"关闭开关"（off switch）的身体静止。

我还记得2003年5月23日上午的第一个病例。我们在技术上做好了准备：在哪里植入电极，观察哪些副作用，除了这些之外，我们没有过多的期望。当你正在做以前从未做过的事情的时候，结果会是怎么样的呢？我们的患者是醒着的（植入 DBS 电极只需要局部麻醉），很容易观察到患者的情况——不舒服、疼痛和一般性不适。我们的第一步是植入一些电极，然后打开与电极相连接的刺激器，并确保不会发生任何

些患者的病情会出现进行性加重。实际上，至今仍不清楚应该把精神分裂症看作一种疾病，还是一组疾病。

精神分裂症的症状可分为阳性和阴性两类。**阳性症状**（positive symptom）反映出患者思维和行为的异常，比如

- 妄想；
- 幻觉；
- 语言紊乱；
- 人格解体或紧张性行为。

不好的事情。下一步是实质性的工作，即测试各种刺激参数以求达到临床效果——我们当时估计疗效可能需要数周时间才可能出现，就像使用其他抗抑郁药物治疗时的情况一样。

我们当时的计划是观察，并保证患者的安全，如果有什么不对劲的地方，就把刺激器关掉。所以，我们并没有预料到，当我们第二次测试左侧那根电极的接触情况好坏的时候，患者的情绪突然好转。当我们加大电流时，患者突然问我们是否做了什么不同的事情。她感到很平静，有一种自己很长时间都没有感觉

到的轻松和平静。我在手术台的非灭菌侧向右边看着她。她的眼睛睁大了，环顾四周；她的声音明显地增大了，也不那么结结巴巴了；她更专注于房间和我。这就好像我们击中了一个位点，真的把她的"消极"感觉给关掉了，释放了她的脑，并使得她的脑可以去做它想做的任何事情。然后我们把电流降低到零，于是她的轻松感消失了，空虚感又回来了。那一刻改变了我对抑郁症的认识，并且知道了我该怎样来研究抑郁症。

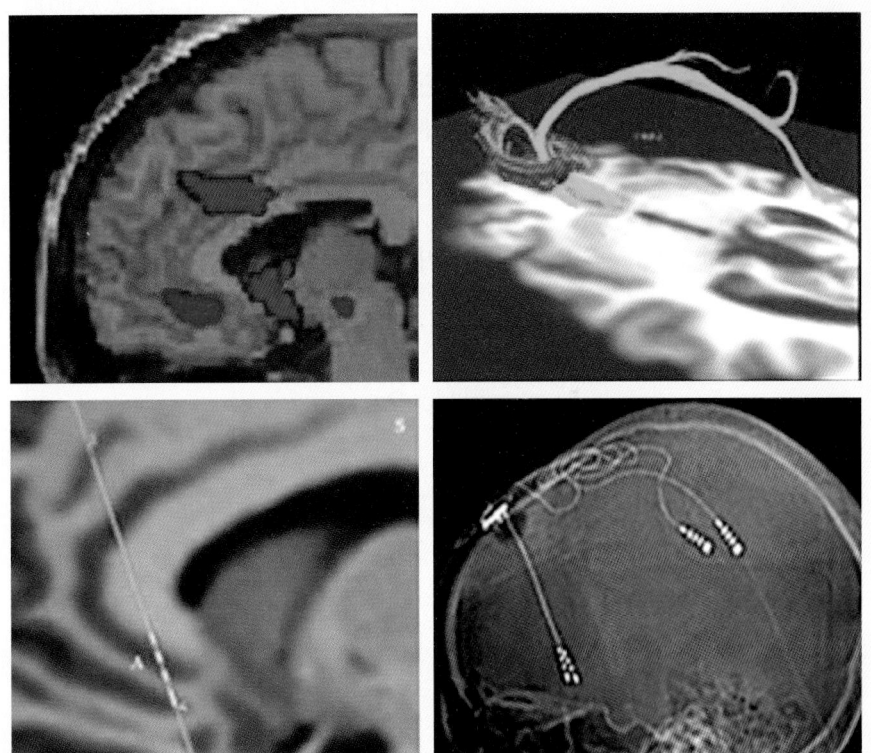

图 A

前扣带皮层的异常活动，以及使用 DBS 来纠正异常活动。左上图：一名抑郁症患者的 PET 扫描显示胼胝体下扣带皮层的血流量增加（红色），表明其活动过度，而 DBS 减弱了这个脑区的活动。右上图：手术前使用 MRI 弥散加权扫描（diffusion-weighted MRI scan）来寻找 3 个白质束通过胼胝体扣带回区域的交点，以确定 DBS 电极的最佳植入位置。左下图：在手术室做的结构 MRI 扫描，用于计划和验证植入 DBS 电极的目标位置。右下图：手术后颅骨 X 射线摄片显示实际植入的 DBS 电极（图片由 Helen Mayberg 博士惠赠）

阴性症状（negative symptom）反映出患者正常反应的缺乏。这些症状包括：

- 情感表达淡漠；
- 言语贫乏；
- 难以发动目标定向性行为；
- 记忆损害。

精神分裂症患者常常会围绕一个主题妄想，比如相信正在被一些强大的

敌手追捕。这些妄想常常伴有幻听（如听到一些虚构的声音），而幻听都与妄想的主题有关。精神分裂症的另一个特点是对情绪表达的缺损（称为"情感淡漠"，flat affect），同时可伴有行为紊乱和言语错乱。他们的言语幼稚、愚蠢，并可伴有似乎与说话内容无关的大笑。在某些情况下，精神分裂症伴有怪异的随意运动，如不动和木僵（肌肉紧张）、怪异的姿势和做鬼脸，以及毫无意义的鹦鹉样词语重复等。

22.5.2 精神分裂症的生物学基础

精神分裂症主要影响思维、知觉和自我意识等许多人类所特有的功能。因此，理解精神分裂症的神经生物学基础是神经科学的最大的挑战之一。尽管已经在这方面取得了重大进展，但仍有许多问题需要进一步探讨。

基因和环境。精神分裂症往往有家族史。如图22.13所示，发生这种疾病的可能性大小与精神病家族所重叠的基因数量有关。如果你的同卵双胞胎患有精神分裂症，那么你患病的概率大约是50%。随着你与患精神病家族成员重叠的基因重叠数减少，你发病的概率也减小。这些发现有力地支持了精神分裂症主要是一种遗传性疾病。最近，研究者已经确定了一些可能增加精神分裂症易感性的基因。几乎所有这些基因都在突触传递、突触可塑性或突触生长中起着重要作用。

记住，同卵双胞胎拥有完全相同的基因。那么，为什么在50%的病例中，一个兄弟姐妹患有精神分裂症，另一个却能幸免？答案只能从环境因素

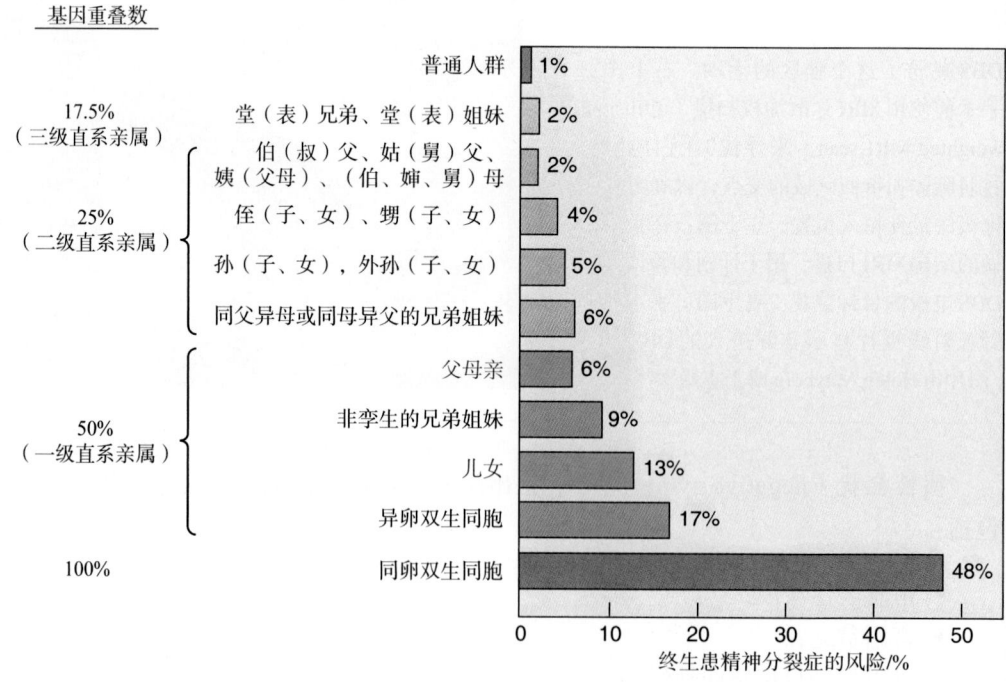

▲ 图22.13

精神分裂症的家族特征。随着重叠基因的增加，患精神分裂症的风险就会增大。这提示了该疾病的遗传学基础（改绘自：Gottesman，1991，第96页）

中来寻找。换句话说，有缺陷的基因只是使个体对可能引起精神分裂症的环境因素的敏感性增大。大量证据表明，尽管症状可能到20多岁才出现，但导致疾病状态的生物学改变却在个体发育的早期阶段，甚至出生前就已经发生。与母体供给的营养不足一样，胎儿或新生儿的病毒感染也被认为是一种导致精神分裂症的原因。另外，一生中的各种环境应激也可加剧这一疾病的进程。许多研究表明，吸食大麻会增加那些遗传学上易感青年发展成为精神分裂症的风险。

精神分裂症可伴有脑的器质性改变。图22.14给出了一个有趣的例子。图中显示了一对同卵双胞胎的脑扫描图像，其中一个患有精神分裂症而另一个没有患病。通常情况下，同卵双胞胎的脑结构应该是基本相同的。但在这个例子中，患病者的侧脑室增大，而侧脑室增大反映了侧脑室周围脑组织的萎缩。这种差异与大样本研究的结果一致：精神分裂症患者的平均侧脑室大小与全脑大小的比例显著大于没患此病的人。

但是，这种显著的结构性改变并非总能在精神分裂症患者身上观察到。精神分裂症重要的器质性改变还发生在脑的细微结构和皮层间的功能联系上。例如，精神分裂症患者的大脑皮层常常有包绕神经轴突的髓鞘损伤，尽管还不清楚这究竟是病因还是疾病导致的结果。对于精神分裂症，另一个常见的发现是皮层的变薄和异常的神经元分层（图22.15），也可见到突触和一些神经递质系统的改变。下面将会看到，现在人们的关注点主要集中在由多巴胺和谷氨酸介导的化学突触传递的改变上。

多巴胺假说。我们知道，多巴胺是另一个弥散性调制系统所使用的神经递质（图22.16）。有两个实验结果提示精神分裂症与**中脑皮层边缘多巴胺系统**（mesocorticolimbic dopamine system）有着密切的关系。第一个结果与未患此病的健康人使用苯丙胺（amphetamine）的效果有关。第15章曾介绍过，苯丙胺可以增强使用儿茶酚胺为递质的突触的神经传递，并导致多巴胺的释放。苯丙胺的正常刺激作用与精神分裂症的症状几乎没有相似之处。然而，由于苯丙胺的成瘾性，使用者常常冒险服用越来越多的苯丙胺来满足他们的渴求。大剂量服用苯丙胺可以引起短暂的精神障碍，所表现出来的一些阳性症状实际上很难与精神分裂症区分开来的。这提示，精神疾病在一定程度上可能与脑内儿茶酚胺过多有关。

第二个认为多巴胺与精神分裂症相关的理由，与那些可以有效减轻该疾病阳性症状的药物的中枢神经系统作用有关。20世纪50年代，研究者发现**氯丙嗪**（chlorpromazine）可以预防精神分裂症的阳性症状，而该药物最初是作为抗组胺药物而开发的。后来发现，氯丙嗪和其他相关的抗精神病药（统称为**精神安定药**，neuroleptic drug）一样，都是一类强效的多巴胺受体阻断剂，可特异性地作用于D_2受体。对大量抗精神病药进行研究后发现，这些药物控制精神分裂症的剂量大小，与它们对D_2受体的结合能力高度相关（图22.17）。的确，这些药物对治疗苯丙胺和可卡因所导致的精神障碍具有相同的效果。根据**精神分裂症的多巴胺假说**（dopamine hypothesis of schizophrenia），精神分裂症的精神症状发作可特异性地被多巴胺受体的激活所触发。

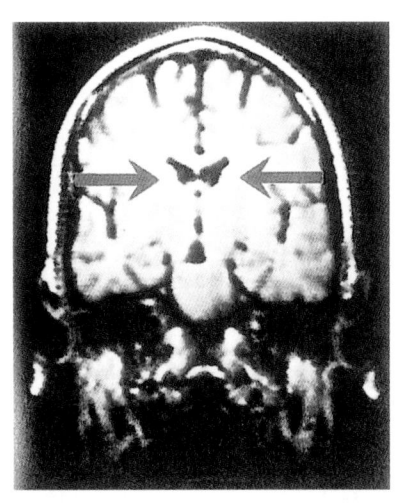
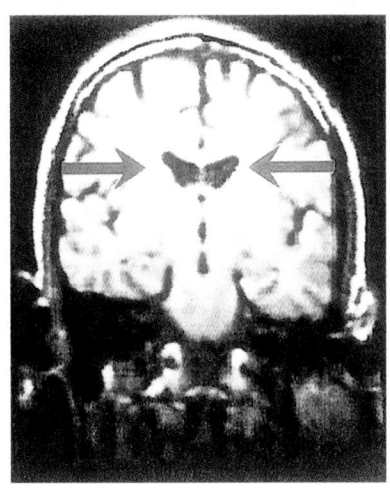

▲ 图22.14

精神分裂症患者的侧脑室增大。这两张磁共振成像图像来自一对同卵双胞胎。上图显示的那一位正常；而下图显示的那一位被诊断为患有精神分裂症。注意，这位精神分裂症患者的侧脑室增大，提示其脑组织有萎缩（引自：Barondes，1993，第153页）

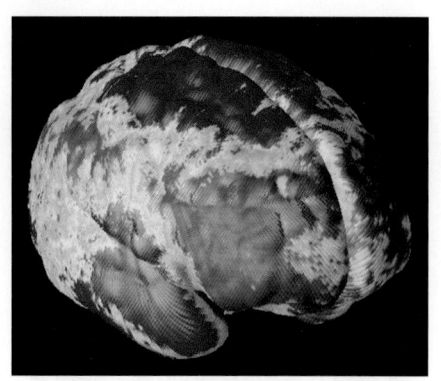

▲ 图22.15

青春期精神病患者的大脑皮层灰质缺失。12个早期精神病患者在13～18岁期间连续5年的脑成像图，显示大脑皮层灰质厚度的年平均变化。图中红色部分为灰质缺失得最严重的脑区，而蓝色部分为没有缺失的脑区。灰质严重缺失（年缺失率为5%）的脑区包括顶叶皮层、运动皮层和前颞叶皮层（引自：Thompson等，2001，图1，征得许可使用）

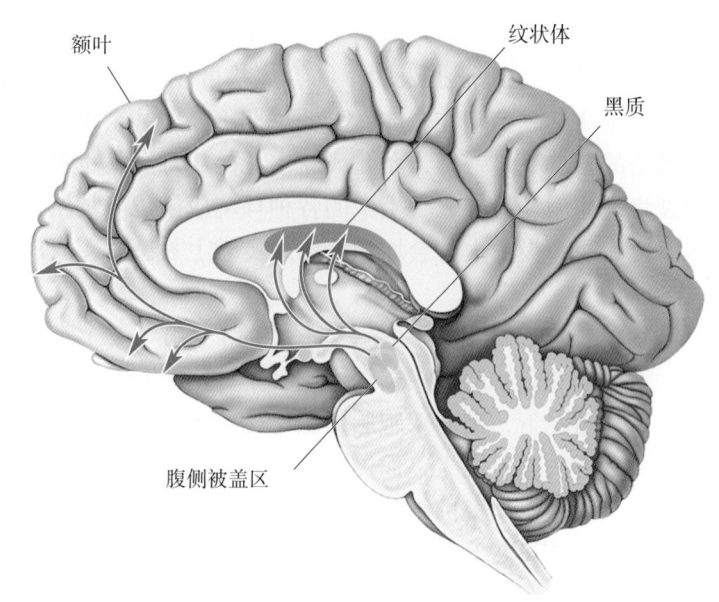

▲ 图22.16

脑的多巴胺能弥散性调制系统。中脑皮层边缘多巴胺系统起源于腹侧被盖区，被认为与精神分裂症有关。另一个多巴胺能系统起源于黑质，被认为与纹状体控制的随意运动有关

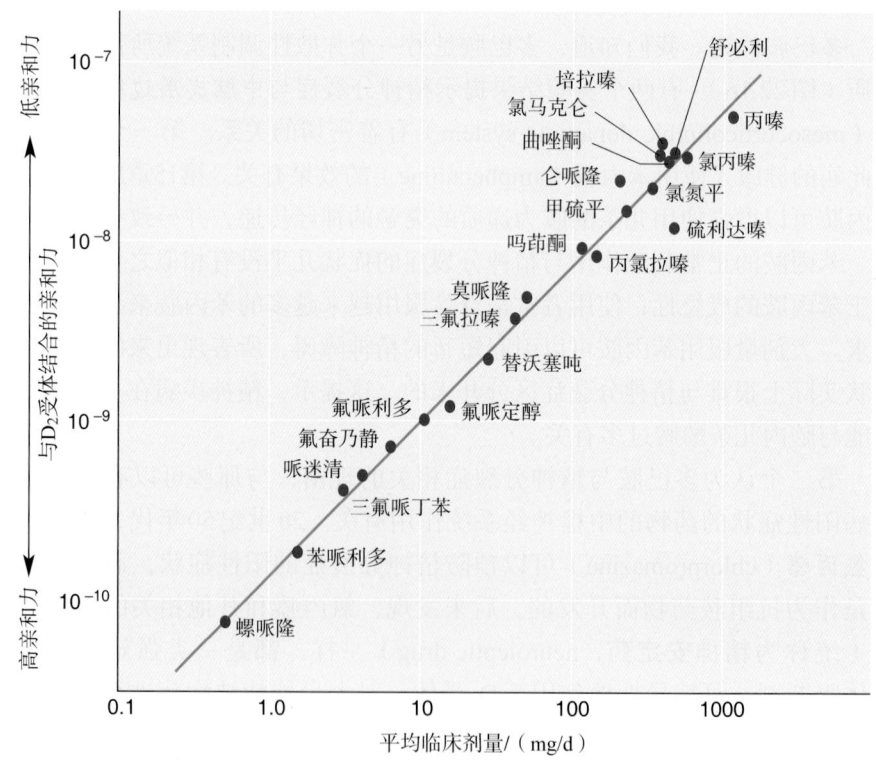

▲ 图22.17

精神安定药与D_2受体。这些精神安定药控制精神分裂症的有效剂量大小，与它们对D_2受体结合的亲和力大小高度相关。纵轴的单位是抑制脑内一半D_2受体的药物摩尔浓度。具有较高亲和力的药物在较低的浓度时就对受体有阻断作用（改绘自：Seeman，1980）

尽管精神分裂症的阳性症状与多巴胺之间的联系非常吸引人，但除了多巴胺系统的过度活动，似乎还有其他原因与该疾病有关。其中一个证据是，像**氯氮平**（clozapine）等一些新开发的抗精神病药对 D_2 受体没有什么作用。这些药物被称为**非典型精神安定药**（atypical neuroleptics），以表示它们的新颖作用方式。这些药物的精神安定作用机制尚不能被完全肯定，但推测与5-羟色胺受体之间的相互作用有关。

谷氨酸假说。另一个关于多巴胺并非精神分裂症的单一机制的证据来自对**苯环利定**（phencyclidine，PCP）和**氯胺酮**（ketamine）的行为学效应。20世纪50年代，这两种药物被作为麻醉剂而开始应用。但许多患者出现幻觉和妄想等严重的副作用，这些症状有时可持续数天。PCP现在不再用于临床，却已成为常见的非法毒品，并被称为"天使粉"（angel dust）或"小猪"（hog）。氯胺酮尽管仍用于兽医临床，但也作为毒品走上了街头，并被称为"老K"（special K）或"维生素K"（vitamin K）。PCP和氯胺酮的毒性导致许多精神分裂症的阳性和阴性症状。然而，这两种药物都不影响多巴胺能神经传递，而是作用于以谷氨酸为神经递质的突触。

我们已经从第6章知道，谷氨酸是脑内主要的快速兴奋性神经递质，而NMDA受体是一种谷氨酸受体的亚型。PCP和氯胺酮的作用是抑制NMDA受体（图21.18）。根据**精神分裂症的谷氨酸假说**（glutamate hypothesis of schizophrenia），这种疾病反映了脑内NMDA受体活动的下降。

为了研究精神分裂症的神经生物学，神经科学家一直试图建立该疾病的动物模型。给大鼠慢性注射小剂量的PCP，可导致与人类精神分裂症患者相似的脑生物化学和行为学改变。通过基因工程使NMDA受体表达减少的小鼠也表现出一些精神分裂症样的行为症状，包括重复运动、躁动不安，以及与

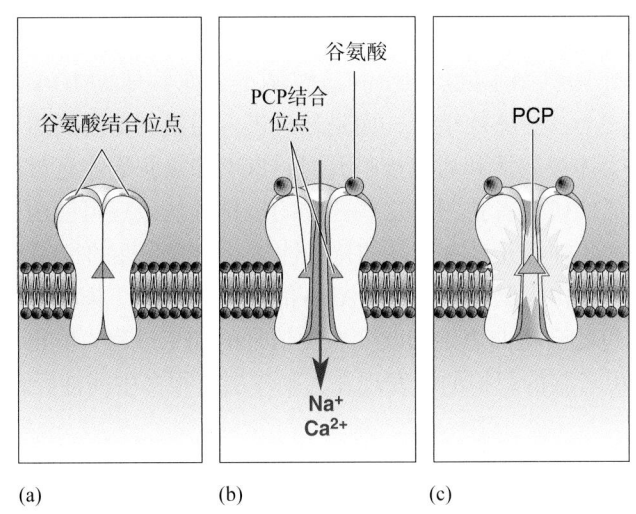

▲ 图 22.18

PCP对NMDA受体的阻断作用。NMDA受体是谷氨酸门控的离子通道。（a）在没有谷氨酸的情况下，离子通道关闭。（b）当有谷氨酸时，离子通道开启，PCP的结合位点暴露。（c）在PCP进入通道并与结合位点结合之后，离子通道被阻断。PCP阻断脑内NMDA受体可引起与精神分裂症相似的行为表现

► 图22.19

NMDA受体数量减少的突变小鼠其社会关系减弱。左侧图中的小鼠拥有正常数量的NMDA受体。每30 min拍摄一张照片，连续拍摄2 h，以观察动物的社会行为。这些小鼠喜欢待在一起。右侧图中的小鼠已经通过遗传学方法使NMDA受体的表达减少。注意这些小鼠往往会避免与其他动物的社交接触（引自：Mohn et l.，1999，第432页）

其他小鼠之间社会关系的变化（图22.19）。当然，我们无法知道突变小鼠是否感到妄想或听到了假想的声音，但有意义的是，给小鼠采用常规的或非典型的精神安定药治疗均可减轻这些行为异常。

尽管所有抑制NMDA受体的药物都会损伤记忆和认知，但并不是所有这些药物都可以在动物上模拟出人类精神分裂症的阳性症状，其关键的差异在于药物的作用机制不同。PCP和氯胺酮不会像其他NMDA受体抑制剂那样干扰谷氨酸与其受体的结合，而是通过进入通道并堵塞通道而起作用。因此，只有当受体被激活和通道被打开时，PCP和氯胺酮才有可能实现堵塞作用。这一特征使研究者猜测，这些药物的抗精神病效应可能由一群特定的神经元介导，这些神经元具有较高的持续性活动和紧张性的NMDA受体激活。其中一群神经元由大脑皮层中的GABA能神经元组成。抑制这些神经元上的NMDA受体可能会扭曲思维和改变感觉信号的加工过程。值得注意的是，对精神分裂症患者脑的尸检的确发现在大脑皮层有很多中间神经元存在缺陷。

22.5.3 精神分裂症的治疗

精神分裂症的治疗常常需要把药物治疗和社会心理支持结合起来。前面已经提到，氯丙嗪和氟哌啶醇等常规精神安定药物主要作用于多巴胺D_2受体。这些药物可以缓解绝大部分患者的阳性症状。遗憾的是，这些药物有很多副作用，而这些副作用与药物对黑质-纹状体多巴胺能输入的作用有关（见第14章）。因此一点也不奇怪，阻断纹状体多巴胺受体可导致与帕金森病相似的症状，包括僵直、震颤和运动发起困难。长期使用常规性精神安定药物还可导致**迟发性运动障碍**（tardive dyskinesia），其特征是不自主的唇、颌运动。采用氯氮平和利培酮（risperidone）等非典型精神安定药可以避免大多数上述的副作用，原因是这些药物并不直接作用于纹状体多巴胺受体。而且，这些药物对于对抗精神分裂症的阴性症状也更为有效。

对精神分裂症药物较新的研究焦点是NMDA受体。研究者希望这些药物既能够提高脑内NMDA受体的反应性，又能够降低D_2受体的活性，从而可以进一步减轻精神分裂症的症状。

22.6　结语

神经科学对精神病学产生了巨大的影响。现在已经认识到，精神疾病是由脑的病理性改变导致的，而今天对精神疾病治疗的重点就是纠正这些变化。同样重要的是，神经科学改变了社会对精神病患者的看法。对精神病患者的猜疑已经逐渐变成对他们的同情。今天，精神疾病已被认为是一类与高血压和糖尿病一样的躯体性疾病。

尽管对精神疾病的治疗已经取得了巨大的进展，但我们对当前这些治疗是怎样神奇地作用于脑的认识得还不够。以药物治疗为例，我们已经很细致地了解到药物对突触的化学传递的影响，但我们仍然不清楚为什么在很多情况下药物的作用要在数周后才能显现出来。我们对社会心理学治疗是怎样作用于脑的更是知之甚少，尽管一般而言，答案可能是由于脑对治疗发生了一些适应性变化。

我们也不知道大多数精神疾病的病因。清楚的是，我们的基因要么把我们置于危险之中，要么保护我们，而环境也起着同样重要作用。出生前的环境应激可导致精神分裂症，而出生后的环境应激可能突然引起抑郁。但是，并非所有环境因素都是不好的。适当的感觉刺激，特别是在儿童早期的感觉刺激可以引起明显的适应性变化，而这些适应性变化可以帮助我们在后来的生活中免受精神疾病的困扰。

精神疾病及其治疗说明我们的脑和行为都受到以往经验的影响，不管是在不可避免的应激下，还是由药物引起的高浓度5-羟色胺。当然，许多细微的感觉经验也会在脑内留下它们的印记。我们将在第Ⅳ篇讨论感觉经验如何在个体发育和学习过程中修饰脑的。

关键词

精神疾病和脑 Mental Illness and the Brain
分子医学 molecular medicine（p.760）
病理生理学 pathophysiology（p.760）
诱导性多功能干细胞 induced pluripotent stem cell
　（iPSC）（p.761）

焦虑障碍 Anxiety Disorders
焦虑障碍、焦虑症 anxiety disorder（p.762）
惊恐障碍 panic disorder（p.763）
广场恐怖症 agoraphobia（p.763）
强迫症 obsessive-compulsive disorder（OCD）（p.763）

复习题

1. 为什么苯二氮䓬类药物能减轻焦虑症，其作用于脑的什么部位？

2. 抑郁症通常伴随着神经性贪食症（bulimia nervosa），其特征是经常性的暴饮暴食和随后的呕吐。那么，脑内什么部位可以同时调节情绪和食欲？

3. 让婴儿舒适地依偎在妈妈的怀里也许可使其在成年时更好地应对应激，为什么？

4. 哪三类药物被用于治疗抑郁症，它们的共同点是什么？

5. 精神病科医生常常提到精神分裂症的多巴胺理论。他们为什么认为多巴胺与精神分裂症有关？为什么我们必须对精神分裂症与过量的多巴胺之间存在简单相关性的观点持谨慎态度？

拓展阅读

American Psychiatric Association. 2013. *Diagnostic and Statistical Manual of Mental Disorders*, 5th ed. Arlington, VA: American Psychiatric Association.

Andreasen NC. 2004. *Brave New Brain: Conquering Mental Illness in the Era of the Genome*. New York: Oxford University Press.

Charney DS, Nestler EJ, eds. 2004. *Neurobiology of Mental Illness*, 2nd ed. New York: Oxford University Press.

Harrison PJ, Weinberger DR. 2005. Schizophrenia genes, gene expression, and neuropathology: on the matter of their convergence. *Molecular Psychiatry* 10:40–68.

Holtzheimer PE, Mayberg HS. 2011. Deep brain stimulation for psychiatric disorders. *Annual Review of Neuroscience* 34:289–307.

Insel TR. 2012. Next generation treatments for psychiatric disorders. *Science Translational Medicine* 4:1–9.

（翁旭初 译   王建军 校）

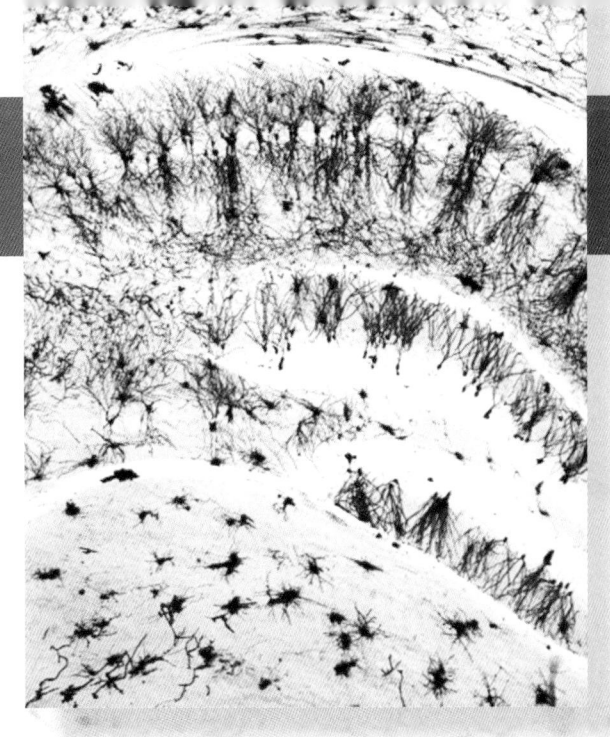

第IV篇

变化的脑

海马的神经元。海马是一个对我们形成记忆的能力至关重要的脑结构。信息存储在脑中的一种方式是通过突触的修饰，而突触是一个神经元的轴突与另一个神经元的树突之间的特殊连接。对海马突触可塑性的研究揭示了记忆形成的分子基础。这张图片显示了一个海马神经元亚群的神经突起，使用的是意大利科学家Camillo Golgi（卡米洛·高尔基，1906年诺贝尔生理学或医学奖获得者之一——译者注）在1873年发明的一种久享盛名的染色方法染色（图片蒙麻省理工学院Picower学习与记忆研究所和脑与认知科学系的Miquel Bosch和Mark Bear惠允使用）

脑连接的形成

23.1　引言

我们已经看到，绝大多数脑功能取决于850亿个神经元之间非凡的精确相互连接。如图23.1所示，在视觉系统中，从视网膜到外侧膝状体核（lateral geniculate nucleus，LGN）再到皮层，整个线路连接的精确性就是一个很好的例子。所有视网膜神经节细胞的轴突都伸入视神经，仅鼻侧视网膜神经节细胞的轴突通过视交叉伸向对侧。在视神经束内，起源于两眼的轴突是混合在一起的，但在LGN中这些轴突以下列3种方式再次进行分类：（1）神经节细胞的类型；（2）起源于眼的同侧或对侧；（3）在视网膜上的拓扑位置。LGN神经元轴突投射到视放射（optic radiation），视放射则穿过内囊到达初级视皮层（即纹状皮层）。在此处，视放射的终端具有3个特点：（1）仅终止于皮层的17区；（2）仅终止于皮层特定的某一层（主要是第Ⅳ层）；（3）再根据细胞类型及视网膜上的拓扑位置来投射。最后，视皮层第Ⅳ层中的神经元与视皮层其他亚层中的神经元产生特定的连接，这些亚层的神经元适于产生双眼视觉，并且它们在特化后使感知轮廓边界成为可能。那么，这种精确的线路又是如何产生的？

在第7章中，通过对胚胎及胎儿神经系统发育的学习，我们了解到神经系统如何从早期胚胎的一个简单的神经管演变成为我们所熟悉的成人的脑及脊髓的结构。在本章中，我们将从另一个角度来观察脑的发育，即学习脑内神经元之间连接的形成，以及这些连接又是如何随着脑的逐渐成熟而被修饰的。我们将会发现脑内绝大部分线路的形成都是由遗传程序指定的，这些程序使轴突能找到正确的路径和靶细胞。然而，最终的脑连接中的一小部分，却是至关重要的组成部分，依赖于我们幼儿时期对周围环境的感觉信息。因此，是"环境因素和遗传特性"共同决定了神经系统的最终结构和功能。只要可能，我们将以中枢视觉系统为例来阐述这一问题，因此在学习本章之前，你也许需要快速地复习一下第10章。

▼ 图23.1

成年哺乳动物视网膜-外侧膝状体-皮层通路的组成。(a) 猫脑的中间矢状剖面图，显示初级视皮层（纹状皮层，17区）的位置。(b) 视觉上行通路的组成部分。注意右眼颞侧视网膜和左眼鼻侧视网膜发出的轴突经视神经和视神经束投射到右侧丘脑背部的LGN。来自双眼的视觉输入在此突触中转水平的不同细胞层中依然是分离的。LGN神经元经视放射投射到纹状皮层。这些轴突主要终止于皮层的第Ⅳ层，在该皮层区域内来自双眼的视觉信息继续保持独立。(c) 源于双眼输入的第一个会聚处是在第Ⅳ层细胞向第Ⅲ层细胞投射时发生的

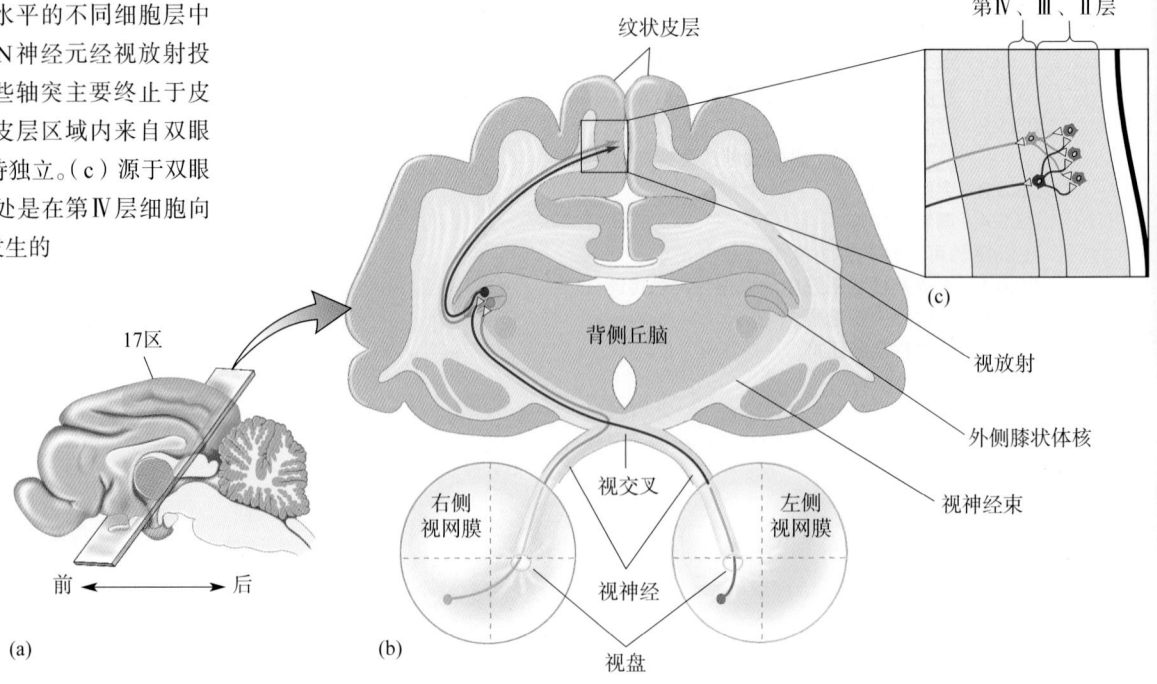

23.2　神经元的发生

把神经系统连接起来的第一步是神经元的发生。以纹状皮层为例，成年人的皮层分为6层，各层中的神经元都分别具有特征性的表型和连接模式，这使得纹状皮层可与其他脑区区分开来。神经元结构的发育主要分为3个阶段：细胞的增殖、迁移和分化。

23.2.1　细胞增殖

回顾第7章的内容我们知道，脑是从5个充满液体的脑泡的壁发育而来的。在成年人的脑中仍然保留着这些充满液体的腔室，由此组成了脑室系统。在发育的最早期，脑泡壁只有2层：**室管膜层**（ventricular zone；又称室管膜带——译者注）和**边缘层**（marginal zone；又称室边缘带——译者注）。室管膜层铺衬在每个脑泡的内侧面，而边缘层则面对着覆盖在其上面的软膜。在端脑泡（telencephalic vesicle）的这些层，通过"细胞的芭蕾舞"（cellular ballet）产生了视皮层的所有神经元和胶质细胞。我们稍后将描述细胞增殖的"舞谱"（choreography），而以下5个"位置"对应于图23.2a中5个画圈的数字：

① **第一位置**：室管膜层中一个细胞的突起向上延伸至软膜。
② **第二位置**：该细胞的细胞核从室管侧向上迁移至软膜侧，同时细胞DNA被复制。
③ **第三位置**：具有复制所得到的两个完整遗传指令拷贝的细胞核，重新回到室管侧。
④ **第四位置**：细胞突起从软膜侧缩回。
⑤ **第五位置**：细胞分裂成两个子细胞。

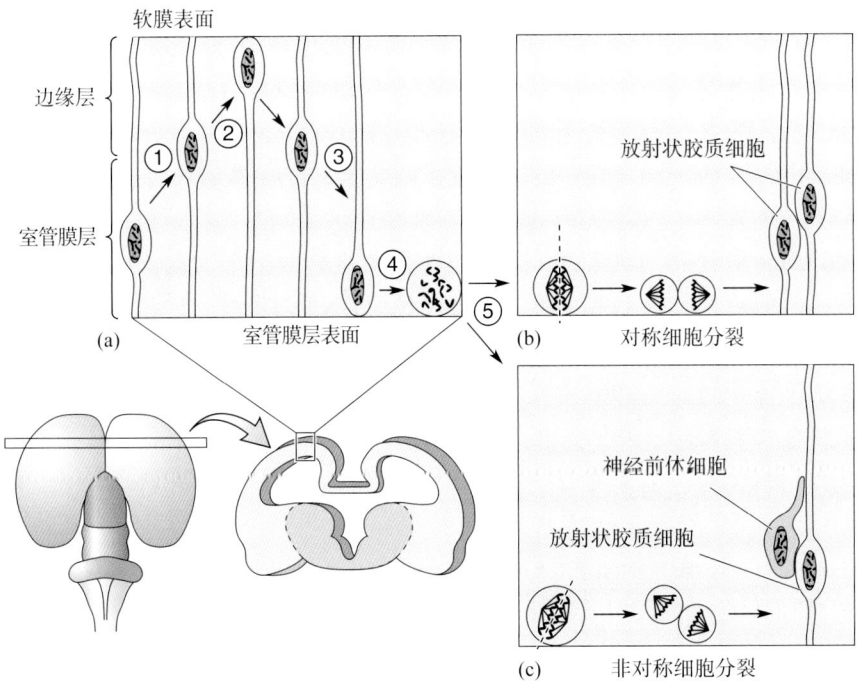

◀图23.2
细胞增殖的"舞谱"。（a）脑泡壁最初只有两层：边缘层和室管膜层。如图从左到右所显示的那样，每个细胞在分裂时都像是在跳一种特定的"舞蹈"。画圈的5个数字对应于正文中所描述的5个位置。子细胞的命运取决于分裂时的分裂平面。（b）细胞对称分裂后，两个子细胞均留在室管膜层继续分裂。（c）非对称细胞分裂后，距离室管膜层最远的子细胞停止进一步分裂，并迁移出去

这些分裂细胞，即产生大脑皮层的所有神经元和星形胶质细胞的**神经祖细胞**（neural progenitor），被称为**放射状胶质细胞**（radial glial cell）。多年来，人们相信这些细胞仅作为临时支架，以将新形成的神经元引导至其最终的目的地。我们现在知道，中枢神经系统的大部分神经元也是由放射状胶质细胞生成的。

在胚胎发育早期，放射状胶质细胞的数量可达数百个。为了在成人大脑中产生数十亿个神经元，这些多能干细胞（multipotent stem cell；此术语意味着它们可以具有不同的命运）会通过**对称细胞分裂**（symmetrical cell division）过程来分裂，以扩展神经祖细胞的数量（图23.2b）。而在发育后期，细胞的分裂则是由**非对称细胞分裂**（asymmetrical cell division）过程所

图文框23.1　趣味话题

成年人的神经发生（或者说：神经科学家是怎么爱上核弹的）*

许多年来，神经科学家一直都认为神经发生，即新神经元的产生，仅局限于脑发育的早期。然而，最新的发现对这一观点提出了挑战。现在看来，成年人的神经祖细胞能不断地生成新的神经元。

细胞分裂需要DNA的合成，而DNA的合成过程可以通过给细胞提供化学标记的DNA前体分子的方法来检测。若细胞分裂时有标记的前体分子存在，化学标记物就可嵌入它们的DNA。在20世纪80年代中期，洛克菲勒大学（Rockefeller University）的Fernando Nottebohm运用该方法证明了成年金丝雀脑中有新的神经元产生，特别是在与鸣叫学习相关的那些脑区。这一发现重新唤起了人们对成年哺乳动物神经发生问题的兴趣，而实际上，早在1965年，麻省理工学院（Massachusetts Institute of Technology）的Joseph Altman和Gopal Das就首次阐述了这一现象。在美国萨尔克研究所（Salk Institute），Fred Gage通过过去几年的研究，确立了成年鼠的海马中有新的神经元产生，而海马是学习记忆中非常重要的脑区（参考第24章）。有趣的是，当动物处于一个有许多玩具和同类伙伴的丰富环境中时，这一脑区新生神经元的数量就会增加。另外，让大鼠每天在练习轮（exercise wheel）上跑动，神经发生也明显增强。以上两个例子都表明，神经元数量的增加与依赖于海马的记忆能力提高是相关的。

然而，直到最近，我们仍然不清楚神经发生是否也在成人脑中持续存在。关于这一问题的明确答案最终来自对一项实验的分析，而这项实验是几个国家的政府（尤其是美国和苏联的政府），于冷战期间无意中在世界人口中实施的。在1955年至1963年间，数百枚核弹在大气核试验中爆炸（图A），导致了放射性尘埃的广泛扩散。环境中的放射性同位素^{14}C（碳14）的水平出现峰值（天然本底中的^{14}C主要由宇宙射线中的中子轰击高层大气中的^{14}N而产生，并以^{14}CO$_2$等形式迁移到大气层底部，进而进入生物圈、水圈和岩石圈；这里讲的^{14}C峰值是由核弹爆炸时的核聚变所导致的结果——译者注）；并且，这些碳的放射性同位素嵌入了所有生物的生物分子中，也包括处于复制过程中的人类神经元的DNA分子中。这种放射性同位素为在"核爆突跃"（bomb pulse）期间（从1949年到1963年美、英、苏三国签署"部分禁止核试验条约"期间，对流层中的^{14}C含量增加了将近一倍，这个非常显著的峰值期被称为^{14}C含量的"核爆突跃期"——译

---

* 此图文框副标题的英文原文or How Neuroscientists Learned to Love the Bomb套用了美国导演斯坦利·库布里克（Stanley Kubrick）的经典黑色幽默喜剧 *Dr. Strangelove or: How I Learned to Stop Worrying and Love the Bomb*（奇爱博士，或者说：我如何学会停止恐惧并爱上核弹）的剧名——译者注。

控制的。在这个过程中，一个子细胞向外迁移，到达大脑皮层并占据一定的位置，从此失去分裂能力。另外的子细胞则留在室管膜层继续分裂（图23.2c）。放射状胶质细胞重复这种分裂方式直至生成所有的皮层神经元和神经胶质细胞。

在人类，绝大部分的新皮层神经元产生于妊娠期（孕期）的第5周至第5个月，高峰时增殖速率惊人，竟达每分钟250,000个。尽管在出生前绝大部分的增殖活动已经完成，但成年人部分有限的脑区仍然保留生成新神经元的一些能力（图文框23.1）。然而，重要的是必须认识到，子细胞一旦走上了成为神经元的这条路，它就再也不会分裂了。此外，在脑的大部分区域，你与生俱来的神经元将是你一生中所拥有的全部神经元。

者注）产生的每个细胞打下了时间标记。受到 Gage 在啮齿动物中的发现的启发，在瑞典斯德哥尔摩卡罗琳斯卡研究所（Karolinska Institute, Stockholm）工作的 Kirsty Spalding、Jonas Frisén 及其同事发明了几种方法来检测人死后大脑神经元中的这种碳时间标记 [carbon dating，亦称"碳14测年法"；这是根据 ^{14}C 的衰变程度来计算样品（如古生物化石）大概年代的一种方法，Spalding 等据此和"核爆突跃"原理建立了测定神经元样品年龄的方法**——译者注]。他们发现大脑新皮层神经元的年龄与死者个体的年龄是一致的，这意味着大脑新皮层在成年后没有产生过新的细胞，这一结果与已有的概念一致。然而，数据显示海

马神经元却在人的整个生命周期中不断生成。据他们计算，在成年人的脑中，海马中每天有700个新的神经元生成。同时，由于有大约同样多的海马神经元会丢失，这就使海马的细胞总数大致保持不变。海马细胞的年更新率近似为2%。也就是说，你现在的海马与一年前的海马已经不一样了。

在成年人的脑中，海马的神经发生似乎是一个特例，并且这种神经发生实在是太有限了，还不足以修复中枢神经系统的损伤。然而，我们希望弄清楚成年脑的神经发生是如何被调控的（例如，通过环境质量的调控）。这样，也许会提供一些方法可用来促进脑损伤后或在疾病情况下的海马神经元再生。

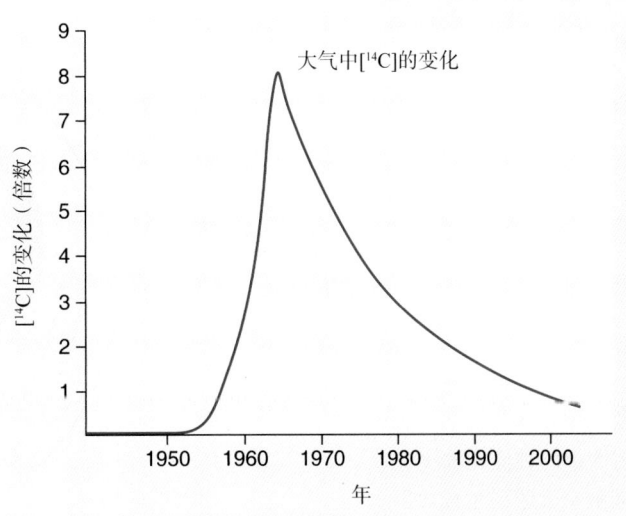

图A

** Spalding KL, Bhardwaj RD, Buchholz BA, Druid H, Frisén J. Retrospective birth dating of cells in humans. *Cell*, 2005, 122(1):133-143——译者注。

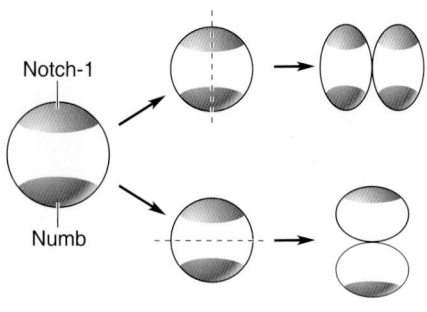

▲ 图23.3
前体细胞中细胞组成蛋白的分布。蛋白质notch-1和numb在正处于发育阶段的新皮层的前体细胞内具有不同的分布方式。对称分裂使得这些蛋白质平均分配到子细胞中，而非对称分裂就不是这样。子细胞中蛋白质分配的这种差异性导致了这些子细胞不同的命运

细胞的命运是如何被决定的？记住，我们所有的细胞都包含从父母亲那里遗传下来的同样的一整套DNA，所以每一个子细胞都有相同的基因。导致一个细胞与另一个细胞产生差异的原因是一些特定的基因，而这些基因可生成特定的信使RNA（mRNA），并最终生成特定的蛋白质。因此，细胞的命运受发育过程中基因表达差异的调控。回顾第2章，基因表达受细胞蛋白质，即**转录因子**（transcription factor）的调控。如果转录因子或调控转录因子的"上游"分子在一个细胞内分布不均匀，那么在非对称细胞分裂期间，分裂平面能决定将哪些因子分配到哪个子细胞中，从而决定这些子细胞的命运（图23.3）。

成熟的皮层细胞可分为神经胶质细胞和神经元，而神经元又可根据其所处的皮层位置、树突的形态、轴突的连接和其使用的神经递质，再进行分类。我们可以想象，神经元的多样性源于室管膜层前体细胞种类的不同。换句话说，一种前体细胞只能产生皮层第VI层的锥体细胞，而另一种前体细胞则只能产生皮层第V层的锥体细胞，依次类推。但事实并非如此，许多不同类型的细胞，包括神经元和神经胶质细胞，都可源于相同的前体细胞。这取决于在早期发育过程中，什么基因发生了转录。

进行迁移的子细胞的最终命运是由许多因素共同决定的，其中包括前体细胞的年龄、在室管膜层的位置和分裂时的环境。皮层锥体神经元和星形胶质细胞来自背侧端脑的室管膜层，而抑制性中间神经元和少突胶质细胞则来自腹侧端脑的室管膜层（图23.4）。从背侧室管膜层迁移走的第一批细胞注定要定位于**下板**（subplate），而随着发育过程的进行，下板最终将完全消失。随后分裂的细胞则依次形成第VI、V、IV、III和II层神经元。

值得一提的是，我们对皮层发育的了解大部分来源于对啮齿动物的研究。一般的原理看起来同样适用于灵长类动物（如人类），但也存在一些不同之处可以解释灵长类动物新皮层的复杂性。一个不同之处就是第二个细胞增殖层——**室管膜下层**（subventricular zone）的形成。来自室管膜下层的神经元注定位于皮层的上层（第II~III层），它们在成人大脑中是皮层-皮层间

▶ 图23.4
皮层细胞的来源。皮层锥体神经元和星形胶质细胞的增殖发生在背侧端脑室管膜层。然而，抑制性中间神经元和少突胶质细胞在腹侧端脑室管膜层生成。因此，这些细胞必须横向迁移一段距离才能到达大脑皮层中它们最终的目的地（改绘自：Rosset等，2003）

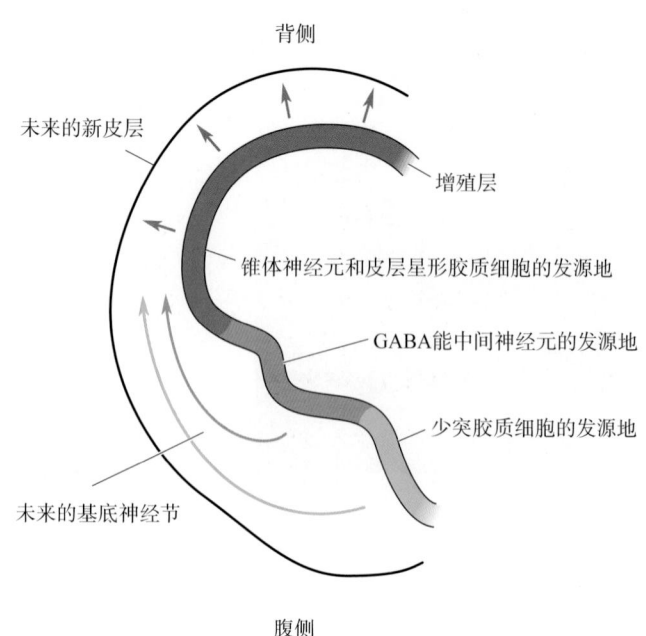

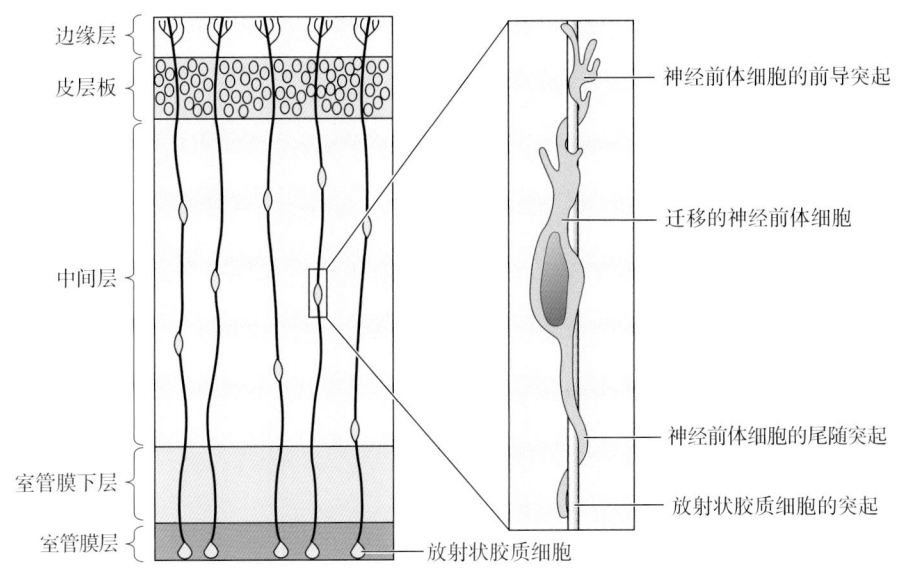

边缘层
皮层板
中间层
室管膜下层
室管膜层

神经前体细胞的前导突起
迁移的神经前体细胞
神经前体细胞的尾随突起
放射状胶质细胞的突起
放射状胶质细胞

�◀ 图 23.5

神经前体细胞向皮层板的迁移。这是一个发育早期的背侧端脑切面的示意图。右侧放大的图显示一个神经前体细胞沿着放射状胶质细胞的细突起爬行至皮层板的过程中，皮层板恰在边缘层正下方形成

连接的来源，而这些连接可在细胞构筑上将不同皮层区域连接起来。我们可以合理地推测，灵长类动物脑计算能力的提高，在一定程度上是这种脑发育差异的产物。

23.2.2 细胞迁移

许多子细胞都是沿着从室管膜层至软膜中的放射状胶质细胞发出的细纤维滑动迁移的。未成熟的神经元，称为**神经前体细胞**（neural precursor cell），沿着这些放射状路径从室管膜层迁移到脑表面（图 23.5）。当皮层组构完成时，放射状胶质细胞即缩回其放射状突起。然而，并非所有的细胞都沿着放射状胶质细胞所提供的路径进行迁移。大约 1/3 的神经前体细胞水平迁移至皮层。

注定分化为下板细胞的神经前体细胞是首批从室管膜层迁移出去的细胞。接着，注定分化为成年动物皮层的神经前体细胞迁移出去。这些细胞穿过下板，并形成另一细胞层，称为**皮层板**（cortical plate）。第一批到达皮层板的细胞将成为皮层第 VI 层的神经元，第二批到达皮层板的细胞将成为皮层第 V 层的神经元，并如此继续。值得注意的是，每一批新的神经前体细胞迁移都要越过那些现存的皮层板。从这一角度来说，皮层的装配是**由内向外**（inside out）的（图 23.6）。这种有序的过程可能会被若干基因突变扰乱。例如，在一种被称为 **reeler**（该词用以描述小鼠行走摇摇晃晃的样子；reeler 意为"蹒跚者"——译者注）的突变小鼠中，皮层板的神经元无法通过下板，而是堆积在下板下方。随后对受影响基因所进行的研究揭示，几个因素中的一个，即称为 **reelin** 的蛋白质可以调节皮层的组装 [对于 reeler 小鼠，除大脑皮层之外，小脑皮层和海马也有神经元的定位错误（错位），而小脑皮层神经元的错位是导致这种小鼠蹒跚步等运动症状的主要原因——译者注]。

23.2.3 细胞分化

细胞呈现出神经元表型和特征的过程即为**细胞分化**（cell differentiation）。分化是一种特定的基因表达时空模式的后果。正如我们已经看到的那样，一旦神经前体细胞发生细胞组分的不均衡分布，它们的分化就开始了。当神经

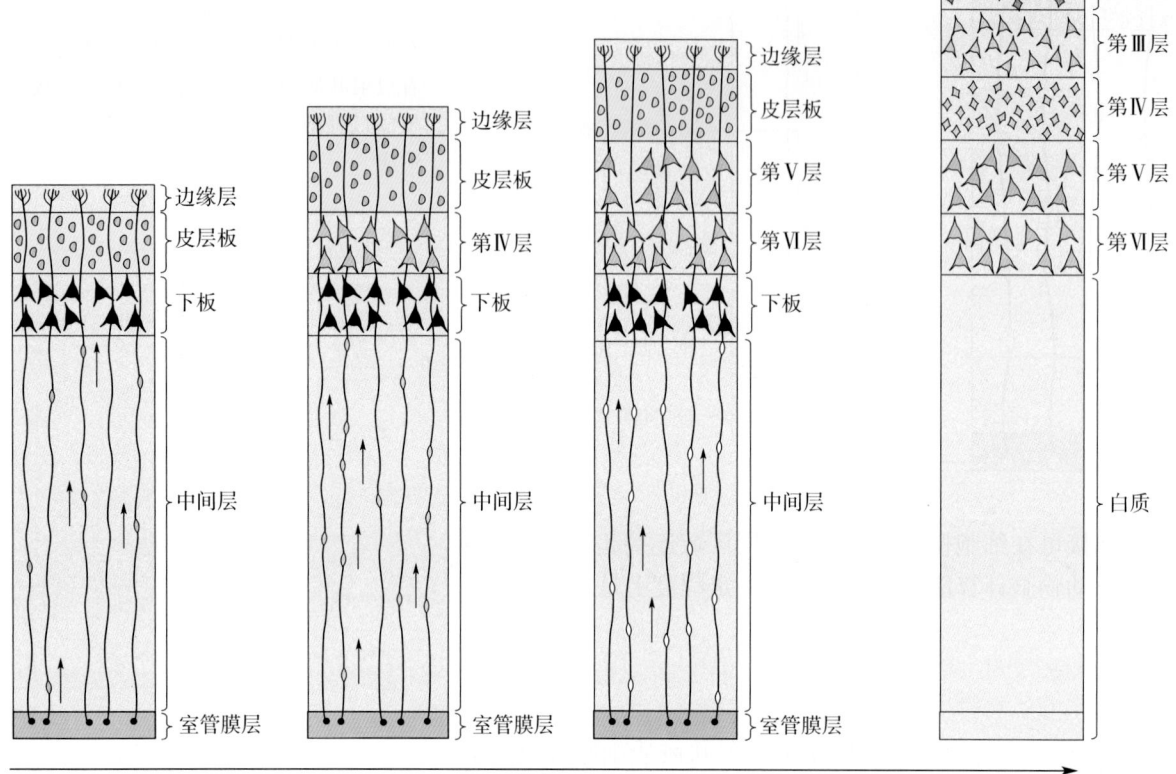

发育

▲ 图23.6

由内向外的皮层发育。第一批迁移至皮层板的细胞形成下板的细胞。当这些细胞分化成为神经元时，那些注定将成为第Ⅵ层细胞的神经前体细胞，迁移越过它们并聚集于皮层板。这一过程重复进行直至皮层的所有层（即第Ⅰ～Ⅵ层）都分化完毕。接着，下板的神经元消失

前体细胞到达皮层板时，进一步的神经元分化就开始了。因此，甚至在第Ⅱ层细胞到达皮层板前，第Ⅴ层和第Ⅵ层神经元已经分化成可识别的锥体细胞了。首先发生的是神经元的分化，随后是星形胶质细胞的分化，而星形胶质细胞的分化大约在动物出生时达到峰值。少突胶质细胞是最后才分化的细胞。

神经前体细胞向神经元分化的过程，开始于细胞体上长出神经突起。起初，这些突起看起来几乎都一样，但很快就可以辨别出它们中的一个是轴突，其他的是树突。即使将神经前体细胞从脑中分离出来进行组织培养，这些前体细胞也能分化。例如，在组织培养中，注定分化成新皮层锥体细胞的细胞，通常将会呈现出与在体锥体细胞相同的特征性树突架构。这意味着，早在神经前体细胞在到达它"最终的栖息地"之前，其分化程序就已经编制好了。然而，皮层树突和轴突的特定架构也取决于细胞间的信号。我们已经学过，锥体神经元的特征是具有一个朝着软膜放射状伸展的大的顶树突（apical dendrite）和一个朝相反方向投射的轴突。研究表明，边缘层的细胞分泌一种称为信号素3A（semaphorin 3A）的蛋白质。这种蛋白质的一个作用是排斥生长中的锥体细胞的轴突，使它们不会走向软膜表面；而该蛋白质的另一个作用是吸引生长中的顶树突，使它们走向脑表面［图23.7；semaphorin（信号素）是1992年在蝗虫中发现的一种蛋白质，可作为轴突生长锥的引导信号发挥作用；现在知道semaphorin家族还在神经系统之外的许多组织中调控细胞的形态和功能——译者注］。我们将会看到，作为对可扩散分子做出反应的神经突起定向生长，是神经发育过程中反复出现的主旋律。

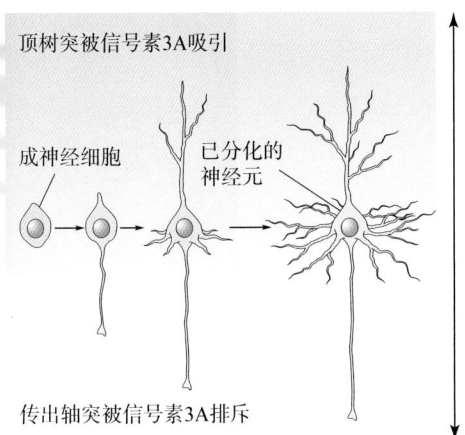

顶树突被信号素3A吸引

成神经细胞

已分化的神经元

传出轴突被信号素3A排斥

高浓度的信号素3A

低浓度的信号素3A

◀ 图 23.7

神经前体细胞分化成锥体神经元的过程。信号素 3A 是边缘层细胞分泌的一种蛋白质，这种蛋白排斥生长中的轴突并吸引生长中的顶树突，使锥体神经元具有其特有的极性

23.2.4　皮层区的分化

新皮层通常被描述为一薄板组织。然而事实上，皮层更像由许多小布块缝缀而成的"百衲被"（patchwork quilt），即由许多结构各异的区域"缝合"而成。人类进化的后果之一就是创造了新的新皮层区域，专用于越来越精细、复杂的分析。于是我们很自然地想知道，在发育过程中，所有这些新皮层区到底是怎样形成的？

正如我们所看到的，大多数皮层神经元产生于室管膜层，然后沿着放射状胶质细胞迁移，并在皮层的某一层中占据自己的最终位置。因此，似乎可以很合理地得出这样的结论：成年脑的皮层区简单地反映了胎儿端脑室管膜层中已呈现的组织。根据这样的观点，室管膜层如同含有未来皮层的"影片记录"（film record），随着脑发育过程的推进，这一记录被投影到端脑壁。

这一皮层"原型图"（protomap）的想法是由耶鲁大学（Yale University）的神经科学家 Pasko Rakic 提出的（图文框 23.2），它基于这样一个假设，即迁移的神经前体细胞会在放射状胶质纤维（radial glial fiber）网络的精确引导下到达皮层板。如果迁移是严格的放射状的，我们可以期望一个神经前体细胞的所有后代都将迁移至皮层同样的邻近区域。确实，这已经被证明是大多数皮层神经元的情况。皮层神经元的整个放射状排列起源于室管膜层的同一出生地的观点称为**放射单元假说**（radial unit hypothesis），这一观点也为人类新皮层在进化过程中的急剧扩张提供了理论基础。人类大脑皮层的表面积比小鼠大 1,000 倍，比猕猴大 10 倍，但厚度仅相差不到 2 倍。皮层表面积这种差异的原因，来自增殖性室管膜层的大小不同；而增殖性室管膜层的大小不同的原因，又可能来自妊娠早期对称细胞分裂周期的持续时间不同。一个有吸引力的假设是：人类进化中一个幸运的意外就是调控细胞增殖动力学的基因的随机突变，这种突变使增殖的放射状胶质细胞的数量增加，从而扩大了新皮层的表面积。

但是，正如前面所提到的，1/3 的神经前体细胞在向皮层板迁移的过程中偏离得相当远。那这些神经前体细胞是如何找到它们最终的安身之处的？大脑皮层不同区域的神经元具有不同的分子特性，这一发现为解决这个谜团提供了一个解决方案。例如，沿着发育中新皮层室管膜层的前后轴，已经发现了两个具有互补梯度的转录因子：*Emx2* 和 *Pax6*（图 23.8）。去往新皮层前

图文框23.2　发现之路

绘制心灵的地图
Pasko Rakic 撰文

　　我对于大脑皮层定位图的发育的兴趣开始于20世纪60年代中期，那时我是贝尔格莱德大学（Belgrade University）神经外科系的住院医生。我的教授不断警告我在切割大脑皮层时一定要极度谨慎，他说"因为与其他器官不同，大脑皮层是一幅由不同的区域精确地连接起来，以产生特定功能的地图，一旦被移除，它将不可被替代或再生。"当我探究这幅"地图"是如何形成的时候，我参考了19世纪的文献，因为自那时之后在这个问题上几乎没有什么进展。就这样，我决定放弃神经外科，直到找到问题的答案为止。我有幸获得了美国福格蒂国际奖学金（U.S. Fogarty International Fellowship），这让我有机会进入哈佛大学，并在那里结识了发育神经病理学界的一位大人物，Paul Yakovlev（保罗·雅科夫列夫）。从他那里我学到了古老的 Wilhelm His（威廉·西斯，1831.7—1904.5，出生于瑞士的德国解剖学家及胚胎学家，开创了组织发生学或动物不同种类组织的胚胎起源研究——译者注）假说，即人体皮层神经元源于脑腔。然而，这个假说缺乏实验证据。

　　在结束了此段在哈佛大学的学习并回到贝尔格莱德后，我制作了胎儿在不同时期前脑胚胎组织的新鲜切片，并把这些切片放入含有构建DNA的组成部分，即胸苷的培养基中，而该胸苷是具有放射性标记的。这一特定的DNA复制标记物是不可能在东欧获得的，但是我成功地在未被察觉的情况下将其从美国携带入境。据我所知，这个实验是首次用制备的切片来研究皮层发育的。由于细胞会在体外的（即在动物死亡后）活体状态下（从刚死亡的动物身体上快速切取的组织可在人工培养条件下保持存活——译者注）不断地分裂并合成DNA，我得以将这些DNA定位到接近脑室腔的位置及其上面的那一层，并分别将它们称为室管膜层（VZ）和室管膜下层（SVZ），这些命名后来被博尔德命名法委员会（Boulder Nomenclature Committee）采纳，并应用于所有脊椎动物神经源性区域的命名。最重要的是，我在皮层板中并没有发现

　　放射性并入细胞，这也为以下说法提供了首次实验证据，即实际，新生成的神经细胞会程序性地向外迁移至位于大脑表层下面的发育中的皮层。这一发现成为我关于人脑发育的博士论文中的一部分，此论文不仅开启了一个科学探究的新领域，还让我收到了来自 Raymond Adams 教授的邀请，并于1969年加入了哈佛大学医学院。

　　在哈佛大学建立起自己的实验室后，我启动了一项综合性研究，以分析大脑皮层中的神经细胞是何时产生、迁移及分化的。研究对象是猕猴，因为它们缓慢发育的脑与人脑类似。我通过研究得知，即便是在巨大且错综复杂的大脑中，神经元也会迁移并定位于皮层柱，而在皮层柱中，每个新一代的神经元都会绕过前一代神经元。此外，由于这一物种在妊娠中期，有丝分裂后的神经元需要2周以上的时间才迁移至它们最终的目的地，这使得我可以探索这些神经元是如何在越来越遥远，且越来越复杂的大脑皮层中找到它们最终位置的机制。例如，通过神经组织连续切片电子显微镜图像的重建，揭示了迁移中的神经细胞是有选择性地依附于放射状胶质细胞的。在灵长类动物中，这些过渡细胞很明显，且比其他哺乳动物的细胞分化度更高，而且它们的细长轴贯穿了整个胎儿脑壁的厚度（图A）。由于这段距离对于微小的迁移中的神经元来说是遥远的，我们对猴子不同年龄段的胎脑壁进行了完全重建，每个年龄段都需要几千幅连续的电子显微图片。在微型计算机时代到来之前，为了进行自动化的三维重建，我们获得了美国国家航空航天局（NASA）用于阿波罗登月计划的计算机的免费使用权。

　　这些发现激励了一个新的研究领域，并引导我提出了**放射单元假说和原图假说**（radial unit and protomap hypotheses），以此来解释大脑皮层复杂的三维结构是如何从位于增值性室管膜层和室管膜下层二维的神经干细胞层建成的（图B）。这两个假说提出了大脑皮层进化的机制是表层的扩张而非厚度的增加。原图假说还解释了基因修饰如何能够诱发不同径向单

元的排列，进而产生不同的皮层区。转基因小鼠实验为这两个模型提供了进一步的支持证据。

　　我们的脑中这一最大的结构是通过有序的、长距离的迁移来接受神经细胞的，意识到这一点令我如此着迷，以至于在1979年转到耶鲁大学后，我决定专注于研究协调这些复杂过程的分子机制。我的策略是对啮齿动物、非人类灵长类动物及人类大脑皮层的发育情况做对比性的研究，为此我做了多种离体和在体实验，包括动物的基因操控及激光显微切割的人胚胎脑片的mRNA表达谱。我从特异性细胞黏附的想法出发，从而寻找到了可以使迁移的神经细胞识别出放射状胶质细胞轴表面的分子，类似于抗原–抗体反应。我们已经鉴定出若干基因和信号分子，这些分子参与

调控皮层神经元的增殖，以及调控这些神经元迁移至它们在皮层适当的层和柱的位置上的过程。通过基因和环境因素来操控神经细胞的迁移，我们发现了一些隐匿的神经元定位的异常，而这些异常是不能通过常规的尸检察觉出来的。这一发现为脑部病变的发病机制开辟了新视角（图文框23.4）。

　　多年来，我形成这样的认识：即皮层的发育是一个复杂的，涉及很多基因、调控因子和信号分子多种要素的过程。因此，纵然经过50年的不懈努力，我仍然在一如既往地致力于探索皮层图是如何形成的，这不仅因为大脑皮层这个器官包含着将我们与其他物种区别开来的秘密，也因为它是一些尚未被完全弄清楚的毁灭性精神障碍疾病的发病部位。

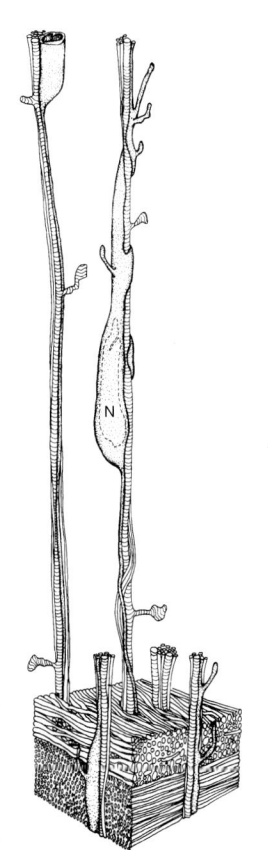

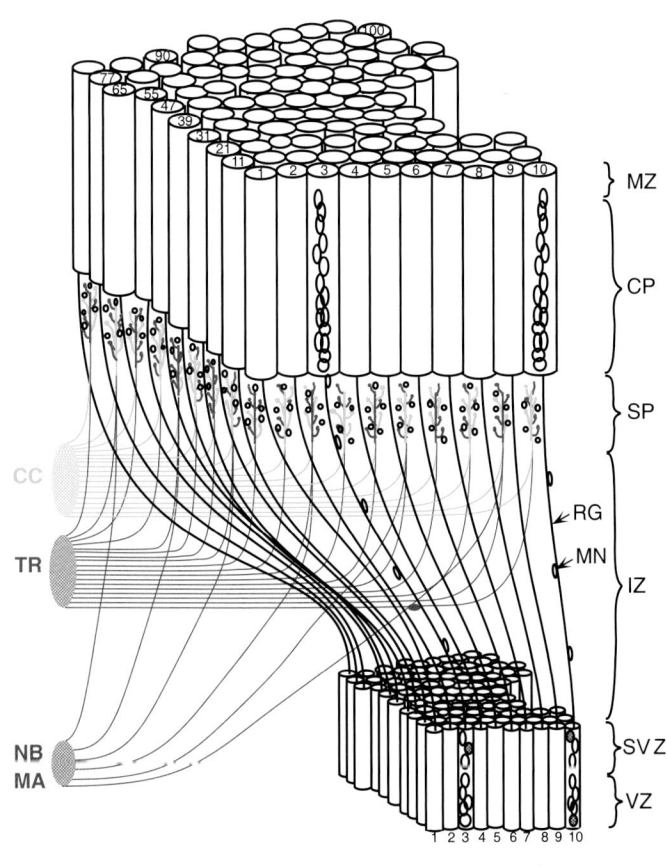

◀图B
这幅图展示了室管膜层（VZ）和室管膜下层（SVZ）的原图是如何与成熟的大脑皮层相关连的（IZ（intermediate zone）：中间层；SP（subplate）：下板；CP（cortical plate）：皮层板；MZ（marginal zone）：边缘带；CC（corpus callosum）：胼胝体；TR（thalamic radiation）：丘脑放射；MA（monoamine input）：单胺输入；NB（nucleus basalis input）：基底核输入；RG（radial glia）：放射状胶质细胞；MN（migrating neural precursor cell）：迁移中的神经前体细胞）（图片由Pasko Rakic博士惠赠）

▲图A
这幅图是基于数千幅电子显微镜图片的三维重建而做成的，展示了一个神经前体细胞（标注为N）沿放射状胶质纤维迁移的过程（图片由Pasko Rakic博士惠赠）

► 图 23.8

转录因子的梯度控制皮层区域的大小。（a）在胎儿的端脑，*Pax6* 和 *Emx2* 是以互补梯度的模式在神经前体细胞中表达的，*Pax6* 在前部皮层表达最高，*Emx2* 在后部皮层表达最高。（b）如果 *Pax6* 和 *Emx2* 的表达梯度改变，不同皮层区域的大小也会随之改变。通过基因工程方法减少小鼠 *Emx2* 的表达，一些前部的皮层会有所扩张。减少小鼠 *Pax6* 的表达，一些后部的皮层会有所扩张［M（motor cortex）：运动皮层；S（somatosensory cortex）：躯体感觉皮层；A（auditory cortex）：听觉皮层；V（visual cortex）：视觉皮层］（改绘自：Hamasaki 等，2004）

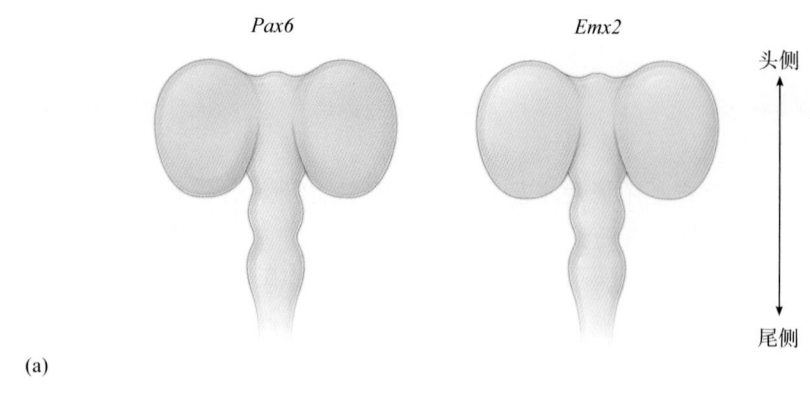

(a)

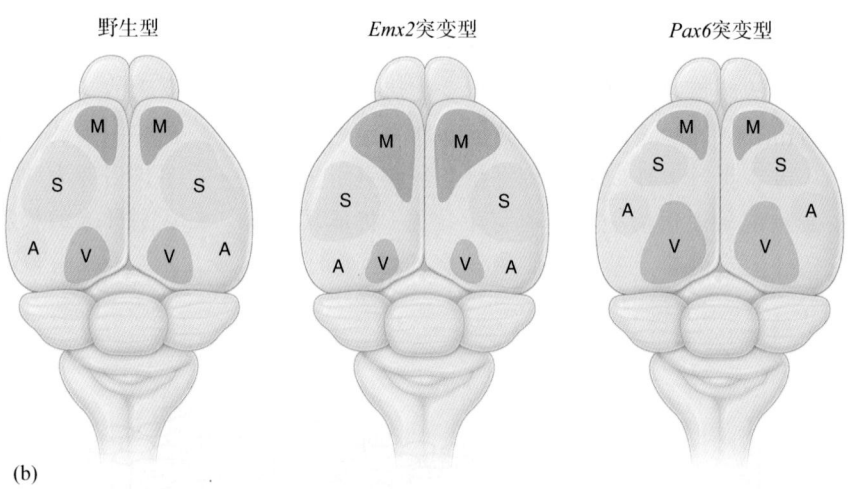

(b)

部的神经元表达更高水平的 *Pax6*，而去往后皮层的神经元则表达更高水平的 *Emx2*。回想一下：转录因子的不同会导致基因表达和蛋白质合成的差异，所以这些转录因子可作为吸引神经前体细胞到达合适目的地的信号。确实，如果通过基因工程方法降低小鼠 *Emx2* 的表达水平，就会导致一些脑前部的皮层区域（如运动皮层）的扩张，以及一些脑后部的皮层区域（如视觉皮层）的缩小。相反，如果敲除 *Pax6*，视觉皮层就会扩张，额叶皮层则会缩小。

皮层各区域的不同不仅体现在细胞的构筑上，而且在细胞间的相互连接上也不同，尤其是其与背侧丘脑的连接。17 区接受来自 LGN 的输入，3 区接受来自丘脑腹后侧核［ventral posterior (VP) nucleus；作者在下文中使用了 VP nucleus，我们相应地将其译成 VP 核——译者注］的输入，等等。丘脑的输入对皮层细胞构筑的分化有何贡献呢？有实验为此问题提供了一个很清楚的答案，即在胎儿发育早期，猴子纹状皮层 17 区的 LGN 输入被去除后，这些动物 17 区的大小明显减小，同时纹外皮层的大小增大（图 23.9）。

显而易见的是，丘脑的输入是必不可少的，但它是否足以诱导皮层区细胞构筑的分化呢？索尔克研究所（Salk Institute）的研究人员 Brad Schlaggar 和 Dennis O'Leary 用一个巧妙的实验回答了这一问题。在大鼠中，丘脑纤维停留于皮层的白质中，直到出生几天后才进入皮层。Brad Schlaggar 和 Dennis O'Leary 剥去了新生大鼠的顶叶皮层（包括体感皮层——译者注），并以枕叶皮层取代。这样就造成了以下情况：源于 VP 核的丘脑纤维正在将成

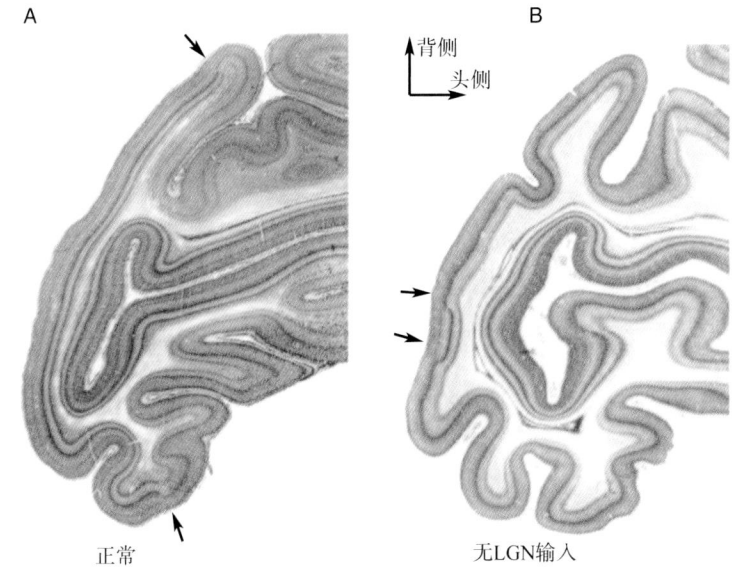

A　　　　　　　　　　　B

背侧
头侧

正常　　　　　　　　无LGN输入

◀ 图 23.9
在猴胎儿发育的过程中，纹状皮层的分化需要LGN输入。箭头指的是17和18区之间的边界。（a）正常猴子。（b）胎儿发育早期LGN输入退化的猴子（引自：Dehay and Kennedy，2007）

为视皮层（即枕叶——译者注）的下面等待。值得注意的是，大量的纤维侵入新取代的皮层中，而这块皮层就会呈现出啮齿动物体感皮层所特有的细胞构筑特征［"桶型"（barrel），见图12.21；即该图中的体感皮层细胞构筑的皮层桶（cortical barrel）组构——译者注］。总之，这些结果表明，丘脑对于指定皮层各区的模式很重要。

　　但是，最初丘脑轴突是如何恰好到达并停留于顶叶皮层下的？显然，答案就在下板。更加严格地遵循放射状迁移模式的下板神经元（相对于皮层板而言——译者注），会将正确的丘脑轴突吸引到发育阶段中的皮层的各个不同部位：LGN轴突到枕叶皮层，VP核轴突到顶叶皮层，等等。具有区域特异性的丘脑轴突最初支配了下板中的不同的细胞群。当上方的皮层板长到足够大时，这些轴突就会侵入皮层。丘脑轴突的到达则引发我们可以认出的成年脑所具有的细胞构筑的分化模式。因此，下板层中最先产生的神经元所形成的细胞层似乎带有指导"皮层被"（cortical quilt）装配的指令（但如图23.6所示，下板在发育后期，即丘脑轴突进入皮层后会消失，不再起作用——译者注）。

23.3　神经元连接的发生

　　随着神经元的分化，它们所伸出的轴突必须找到合适的靶位。可以把中枢神经系统（CNS）的长距离连接的发育（或通路的形成）想象为3个阶段的发生过程：路径的选择、靶位的选择和地址的选择。如图23.10所示，让我们通过了解从视网膜到LGN的视觉传导通路的发育过程来理解这些术语的意义。

　　设想一下，你必须带领一根正在生长的视网膜神经节细胞的轴突到达LGN中的正确位置。首先，你要沿着视柄（optic stalk）旅行至脑。不久，你就会到达脑底部的视交叉，在这里你必须决定朝哪条岔道走。你有3个选择：可以进入同侧的视束、进入对侧的视束或加入另一根视神经。正确的路

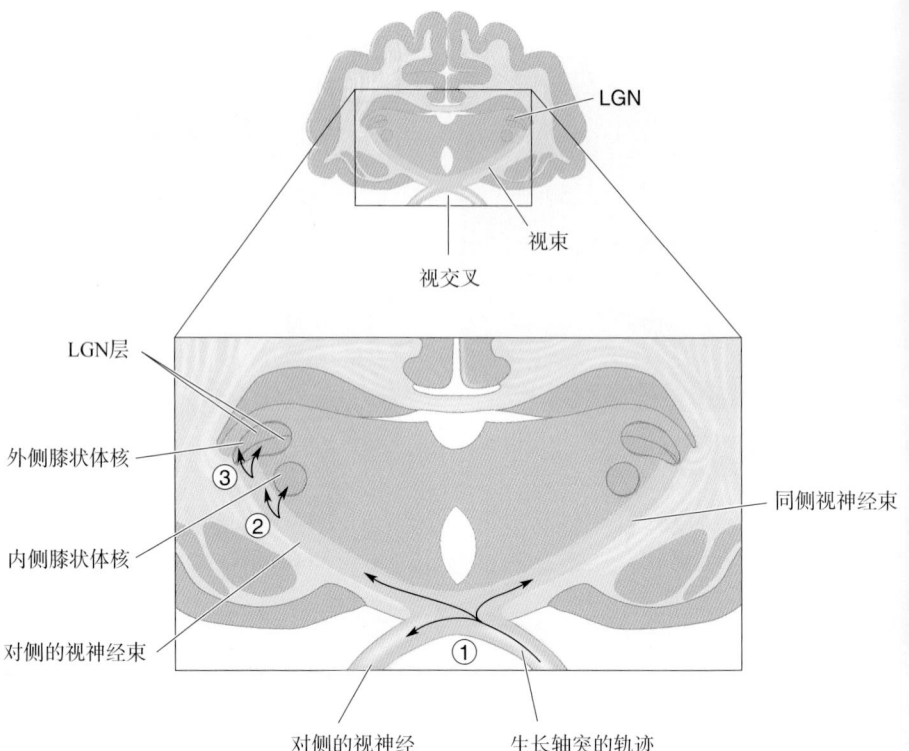

LGN

视束

视交叉

LGN层

外侧膝状体核

内侧膝状体核

对侧的视神经束

③

②

①

同侧视神经束

对侧的视神经

生长轴突的轨迹

► 图 23.10

通路形成的3个阶段。正在生长的视网膜轴突必须做出几个抉择，以找到自己在LGN中的正确靶位。① 在通路选择中，轴突必须选择正确的路径。② 在靶位的选择中，轴突必须选择正确的结构以进行神经支配。③ 在地址的选择中，轴突必须选择靶位结构中正确的细胞，以与该细胞形成突触连接

径取决于你的视神经节细胞在视网膜中的位置及视神经节细胞的类型。如果你来自鼻侧视网膜，那么你就应该穿过视交叉进入对侧的视束；但如果你来自颞侧视网膜，那么你就必须留在同侧的视束中。而且，无论如何，你都不能进入另一根视神经。这些是生长轴突在**路径选择**（pathway selection）中必须做出的选择的例子。

当你稳步前进至背侧丘脑后，你面临的问题是选择哪一个丘脑核作为神经支配的靶位。当然，正确的选择是外侧膝状体核（LGN）。这一选择称为**靶位选择**（target selection）。

但是，找到正确的靶位还不够。你现在必须找到那个正确的LGN层。你还必须确保将自己与其他侵入LGN的视网膜轴突区分开来，从而在LGN中建立起视网膜拓扑图。这些是生长中的轴突在**地址选择**（address selection）过程中必须做出的选择的例子。

我们将看到，通路形成的3个过程中的每一个都严格依赖于细胞间的交流。这种交流的方式有几种：细胞与细胞之间的直接接触、细胞与其他细胞的胞外分泌物之间的接触，以及细胞与细胞之间通过可扩散的化学物质所进行的远距离交流。随着通路的发育，神经元与神经元之间也开始通过动作电位和突触传递进行交流。

23.3.1　生长的轴突

一旦神经前体细胞迁移并在神经系统中占据了适当的位置，该神经元就开始分化，并延伸出一些最终将成为轴突和树突的突起。然而，在这一早期阶段，轴突和树突看起来非常相似，因而统称为**神经突起**（neurite）。神经突起的生长顶端称为**生长锥**（growth cone）（图23.11）。

生长锥专门用来识别神经突起伸长时所应采用的合适路径。生长锥的前

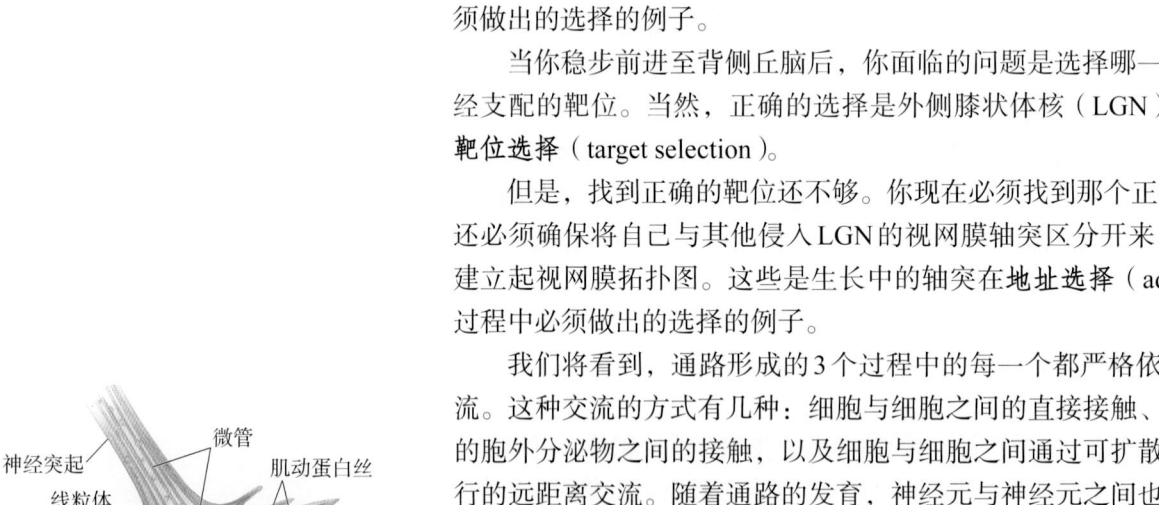

神经突起

微管

线粒体

肌动蛋白丝

板状伪足

丝状伪足

▲ 图 23.11

生长锥。丝状伪足探测环境并将神经突起的生长引向有吸引信号的方向

缘由称为**板状伪足**（lamellipodium）的平板膜构成，板状伪足有节奏地波动起伏，就像沿着海底游动的黄貂鱼（stingray）的鱼鳍。从板状伪足伸出的细细的针状物称为**丝状伪足**（filopodium），该丝状伪足用于不断地出入板状伪足，以探察周围的环境。当丝状伪足不是缩回，而是抓住底物（即丝状伪足的生长表面）并推动生长锥向前时，神经突起就生长了。

　　显然，只有当生长锥能够沿着底物向前移动时，轴突才得以生长。一个重要的底物是由纤维蛋白组成的，此蛋白积淀在细胞与细胞之间的空间，即**细胞外基质**（extracellular matrix）中。只有当细胞外基质中含有合适的蛋白时，生长才能进行。这种适宜于轴突生长的允许底物（permissive substrate）的一个例子是称为**层粘连蛋白**（laminin）的糖蛋白。生长的轴突表达一种特殊的可与层粘连蛋白结合的表面分子，称为**整合素**（integrin），这种蛋白与层粘连蛋白之间的交互作用可促进轴突的延伸。这类允许轴突生长的底物与排斥生长的底物接壤，可以为轴突沿专门的路径生长提供通道。

　　沿着这样的分子高速公路旅行还得益于**成束化**（fasciculation；又称"成束现象"——译者注）作用，这是一种使得轴突黏合起来共同生长的机制（图23.12）。神经纤维成束化现象是由一种特异性表层分子的表达而引起的，这种分子称为**细胞黏合分子**（cell-adhesion molecules，CAM）。相邻轴突膜上的CAMs相互紧密地结合在一起，使轴突一起生长。

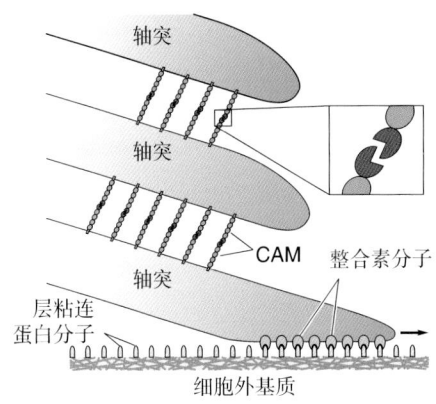

▲ 图23.12

轴突的成束化现象。底部的轴突沿着细胞外基质中的分子"高速公路"（highway）生长。其他的轴突叠在底部轴突的上面，通过它们表层的细胞黏合分子（CAM）相互黏合在一起

23.3.2　轴突引导

　　看起来，将脑连接起来是一个巨大的挑战，特别是考虑到许多轴突在成熟的神经系统中所穿行的漫长距离，情况更是如此。但要记住，在发育早期，轴突并非要穿行这么长的距离，因为那时的整个神经系统只有几厘米长。通路形成的一种通用模式就是最初通过**先导轴突**（pioneer axon）建立连接。当神经系统扩展时，这些轴突"伸展"，并引导后期发育的邻近轴突到达相同的靶位。但是，仍然存在一个问题，先导轴突是如何向正确的方向生长，并沿着正确的道路到达正确的靶位的。答案也许是，轴突的轨迹被分成了很短的片段，每一段可能只有几百微米长。每当轴突到达一个中间靶位时，就形成了一个轴突片段。轴突和中间靶位的相互作用打开了一个分子开关，从而使轴突朝另一个中间靶位继续向前延伸。因此，通过"连接这些点"，轴突就可以到达它的最终目的地。

　　引导信号。生长锥之间的不同在于它们在膜上所表达的分子不同。这些细胞表面的分子与环境中的**引导信号**（guidance cues）间的相互作用决定了轴突生长的方向和数量。引导信号可以是吸引的或排斥的，这取决于轴突上所表达的受体。

　　化学引诱物（chemoattractant）是一种可扩散的分子，能长距离地发挥作用，以吸引轴突朝其靶位生长，就像刚煮好的爪哇咖啡的香味能吸引爱喝咖啡的人一样。虽然早在一个世纪以前，Cajal就已提出这类化学引诱物的存在，而且从那时起，有许多实验研究也推断了它的存在，但直到最近才在哺乳动物中鉴定出这些吸引分子。最早发现的是一种称为**轴突生长导向素**（netrin）的蛋白质，它是由脊髓腹中线部的神经元分泌的（图23.13）。轴突生长导向素的浓度梯度吸引背角神经元的轴突穿过中线形成脊髓丘脑束。这

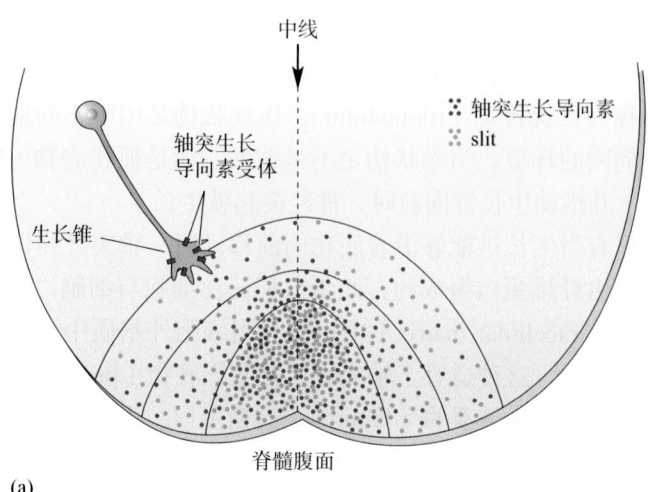

(a)

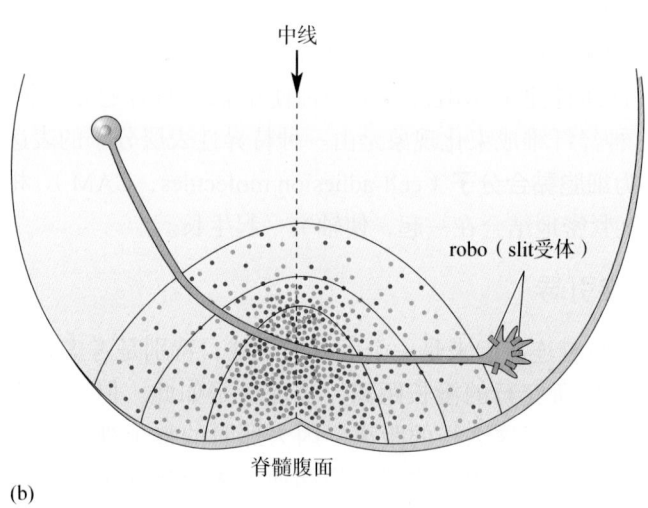

(b)

► 图23.13
化学吸引和化学排斥作用。轴突穿过中线的生长分两个阶段。首先它们被吸引到中线，然后它们又被推离中线。(a)脊髓腹中线处的细胞分泌一种称为轴突生长导向素的蛋白质。具有适当轴突生长导向素受体的轴突被吸引至轴突生长导向素浓度最高的区域。(b)中线处的细胞也分泌一种称为slit的蛋白。表达有称为robo的蛋白（即slit受体）的轴突远离slit浓度最高的区域生长。穿过中线的轴突上的robo表达上调，这确保了这些轴突沿着不断远离中线的方向生长

些轴突上有轴突生长导向素受体，轴突生长导向素与其受体结合可刺激轴突朝轴突生长导向素源的方向生长。

但这只是整个故事的一半。一旦X形交叉的轴突穿过中线，它们就需要逃离轴突生长导向素强有力的"塞壬之歌"[siren song；该词来自希腊神话故事，Siren（塞壬）是荒岛上的一个人面鸟身女妖，她不断地歌唱以引诱水手将航船驶近她，船只因而触礁沉没——译者注]。另一种由中线细胞分泌的蛋白质**slit**的作用使这一逃离成为可能。slit是**化学排斥物**（chemorepellent）的一个例子，它是一种可溶性分子，其作用是将轴突赶走。但是，要使slit发挥作用，轴突表面必须表达slit的受体，即一种称为**robo**的蛋白质。被轴突生长导向素吸引到中线的生长锥几乎不表达robo，因此对slit产生的排斥作用不敏感。然而，一旦这些生长锥穿过中线，它们就碰到了使robo上调的一个信号。此时，slit排斥轴突，使它们离开中线生长。

这一例子说明了轴突是怎样在化学引诱物和化学排斥物的协同作用下被"拉"和"推"的现象。一些允许底物也约束了轴突走向及离开中线的轨迹。在这个例子中，中线上的细胞是横跨中线的分子"高速公路"上的一个中间靶位——即若干中间"靶位"中的一个靶位。当生长中的轴突从中枢神经系统的一侧穿越到另一侧时，这些中线细胞交替地吸引和排斥那些生长中的轴突。

建立拓扑图。让我们回到正在生长的视网膜-外侧膝状体轴突的例子（图23.10）。这些轴突沿着由视柄腹侧壁的细胞外基质所提供的底物生长。一个重要的"选择点"在视交叉发生。来自鼻侧视网膜的轴突穿过视交叉并上行进入对侧视神经束，而来自颞侧视网膜的轴突仍留在同侧视神经束内。仅根据目前的讨论可以推断，鼻侧和颞侧视网膜轴突对于中线分泌的信号会表达不同的受体。

一旦来自视网膜的轴突在中线处被分类，它们将继续延伸以支配其靶细胞，如LGN和上丘（上丘是除了LGN的另一个接受视网膜神经元投射的脑核团，位于脑干——译者注）中的神经元。轴突分类会再次发生，而这次的分类是为了在靶结构中建立视网膜拓扑图。如果我们接受这样的观点，即轴突的差异取决于它们神经元的胞体在视网膜上所处的位置（它们必须这样，这才能解释视交叉中存在着部分交叉投射的现象），那么我们就有了一个确立视拓扑图（retinotopy）的潜在的分子基础。利用生长轴突上的化学标记物和它们投射的靶位上化学标记物的互补的对应关系，可以建立起精确的连接，这种观点称为**化学亲和性假说**（chemoaffinity hypothesis）。

20世纪40年代，加州理工学院（California Institute of Technology）的Roger Sperry采用青蛙视网膜顶盖投射所进行的一系列重要实验，首次检验了上述假说。两栖类动物的顶盖（tectum）是哺乳动物上丘（superior colliculus）的同源脑结构。顶盖按视拓扑图的规律接受对侧眼的有序输入，并利用这些输入信息对视觉刺激做出反应并组织相应的动作。例如，当青蛙看见苍蝇飞过头顶时，它可跃起捕捉。因此，这一系统可用于研究CNS中有序拓扑图的产生机制。

相对于哺乳动物，两栖类动物的另一个优势在于，它的中枢神经系统轴突在被切断后具有再生能力，而哺乳动物则没有（图文框23.3）。Sperry利用这一特性研究了顶盖中视拓扑图是怎样建立的。在其中的一个实验中，Sperry切断了视神经，将眼球在眼眶中旋转180°，并且允许上下颠倒的神经再生。尽管事实上，视觉神经的轴突现在的位置与其自然生长的位置已经被打乱，但它们仍然精确地生长到顶盖中它们原来应该占有的位置上。不过，如果现在有一只苍蝇飞过青蛙的头顶，它们的反应是向下跳，而不是向上跃起，因为它们的眼睛给脑提供的是一个外部世界的镜像。

是什么因素控制视网膜轴突的导向以使它们到达正确的顶盖部位？当轴突到达顶盖后，它们必须沿着顶盖细胞的膜生长。来自鼻侧视网膜的轴突穿过前顶盖部，并支配后顶盖部的神经元。相反，来自颞侧视网膜的轴突进入前顶盖部并终止于此处（图23.14a）。为什么会这样？实验表明：前、后顶盖神经元的细胞膜表达了不同的因子，这些因子可允许鼻侧和颞侧视网膜轴突生长。鼻侧视网膜轴突在前顶盖部和后顶盖部细胞膜所提供的底物上均长势良好（图23.14b）。然而，颞侧视网膜轴突只在前顶盖部细胞的膜上生长，而后顶盖部细胞的膜对它们有排斥作用（图23.14c）。研究已经发现，**ephrin蛋白**（一种由发育中的神经系统神经元分泌的蛋白，有人将其译为肝配蛋白。参见以下对eph一词的译者注和术语表中的译者注——译者注）是一种作用于颞侧视网膜轴突的排斥信号。特异性ephrin分子在顶盖表面的分泌呈现出浓度梯度，且以后顶盖部的细胞浓度最高。ephrin可与一种存在

图文框23.3   趣味话题

为什么我们中枢神经系统中的轴突不能再生?

　　与其他脊椎动物相比,哺乳动物在很多方面都是很幸运的。我们所具有的计算能力和行为灵活性,在那些水生远亲(如鱼、两栖类动物)中是完全缺乏的。然而,一个有趣的方面是,鱼和青蛙具有一个明显的优势——它们成年之后的中枢神经系统(CNS)受损后,轴突依然具有再生能力。把青蛙的视神经切断,它能重新长回来。对人的视神经做同样的事情,那人将会永远失明。当然,在发育早期,我们的CNS轴突也可以长距离地生长。但是,在出生后不久发生的一些事情,使CNS(特别是白质)变成了一个不利于轴突生长的环境。

　　当轴突被切断后,其远端部分由于与胞体分离而退化。然而,近端部分切割断面最初以发出生长锥来做出反应。可惜的是,在成年哺乳动物的CNS中,这种生长会中止。但是,情况在哺乳动物外周神经系统(PNS)中并不是如此。如果你曾经遭受过外周神经被切断的深度割伤,你应该知道失去神经支配的皮肤最终会恢复感觉。这种现象的发生是因为PNS轴突具有远距离再生的能力。

　　令人惊奇的是,哺乳动物PNS和CNS之间的关键差异并不在于神经元本身。PNS背根神经节细胞的轴突(即背根神经节细胞的外周支——译者注)在外周神经中可以再生,但若其遇到了CNS环境,比如脊髓的背角,它的生长就会停止。相反,如果CNS的α-运动神经元轴突在外周部被切断,它能重新生长至其靶细胞(即骨骼肌细胞——译者注)。反之,如果该轴突在CNS中被切断,则再生无法发生。因此,CNS和PNS之间的关键差异似乎在于两者的环境不同。从20世纪80年代初开始,蒙特利尔总医院(Montreal General Hospital)的Albert Aguayo和他的同事,在成年啮齿动物上通过一系列非常重要的实验检验了这一想法的正确性。他们的实验表明,如果给被压伤的视神经轴突提供一段外周神经移植物,以让其沿着移植的外周神经生长的话,则该视神经轴突可以长距离地生长(图A)。然而,一旦该视神经轴突到达外周神经移植物的中枢神经系统靶位时,生长就停止了。

　　外周神经有什么不同?其中一点差异就在于形成髓鞘的胶质细胞的类型不同,即CNS中的胶质细胞为

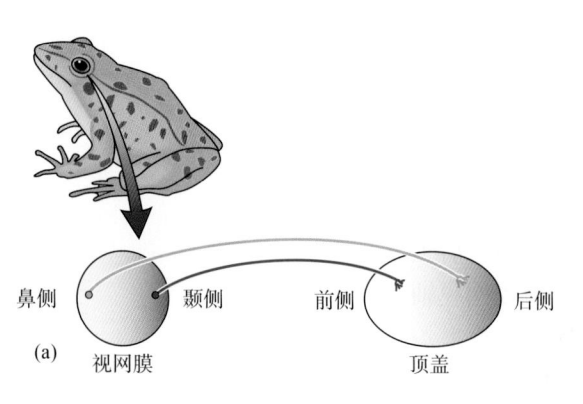

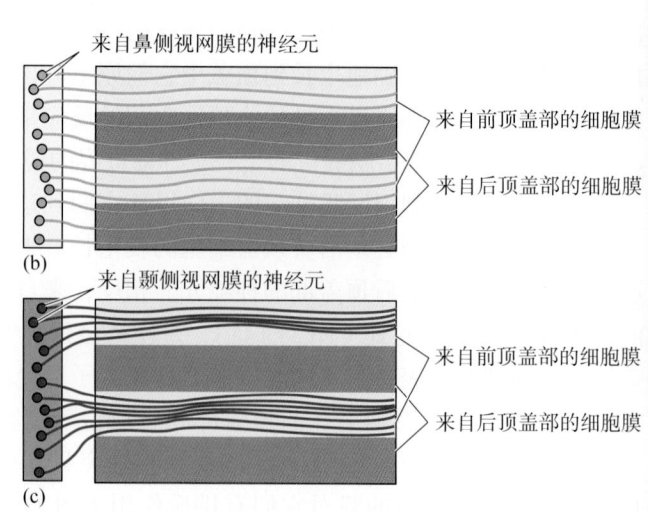

▲ 图23.14

在青蛙视网膜顶盖投射中建立视拓扑图。(a)当鼻侧视网膜投射到后顶盖部、颞侧视网膜投射到前顶盖部时,视拓扑图就建立了。(b)为了揭示这一拓扑图是如何建立的,取下蛙脑前、后顶盖的细胞膜,然后将它们以条带状的模式放在培养皿底部。实验表明,离体的鼻侧视网膜轴突在前、后顶盖部的细胞膜中都一样地良好生长。(c)相反,颞侧视网膜受到后顶盖部的细胞膜的排斥,只在前顶盖部的细胞膜中生长

少突胶质细胞，而PNS中的胶质细胞则为施万细胞（见第2章）。苏黎世大学（University of Zurich）的Martin Schwab 所做的实验表明，组织培养的CNS神经元将沿着由施万细胞组成的底物延伸出轴突，而不能沿着由CNS的少突胶质细胞和髓鞘组成的底物延伸出轴突。这一发现导致了大家去寻求抑制轴突生长的神经胶质因子，并且终于在2000年初鉴定出了一种称为 **nogo** 的分子。当少突胶质细胞受损时，nogo明显释放。

针对nogo而产生的抗体可以中和nogo分子压抑轴突生长的作用。Schwab和他的同事将抗nogo的抗体（称为 **IN-1**）注射到脊髓受损后的成年大鼠体内。这一治疗方法使得大约5%被切断的轴突得以再生——或许，这一疗效并不太显著，但却足以使动物表现出显著的功能恢复。相同的抗体也已经在神经系统中被用于nogo的定位。这一蛋白由哺乳动物而非鱼类的少突胶质细胞产生，而且没有在施万细胞中被发现。

哺乳动物脑连接形成的最后一步，是将新生轴突包裹入髓鞘。这对于提高动作电位的传导速度非常有利，但也带来了沉重的代价——轴突受损之后的生长被抑制。在过去的一个世纪里，神经科学家都接受了成年CNS缺乏轴突再生能力这一令人沮丧的生命现象。

然而，我们最近对具有刺激或抑制CNS轴突生长能力的分子的了解，为21世纪提供了希望，那就是我们能够设计出促进受损人脑和脊髓轴突再生的治疗方法。

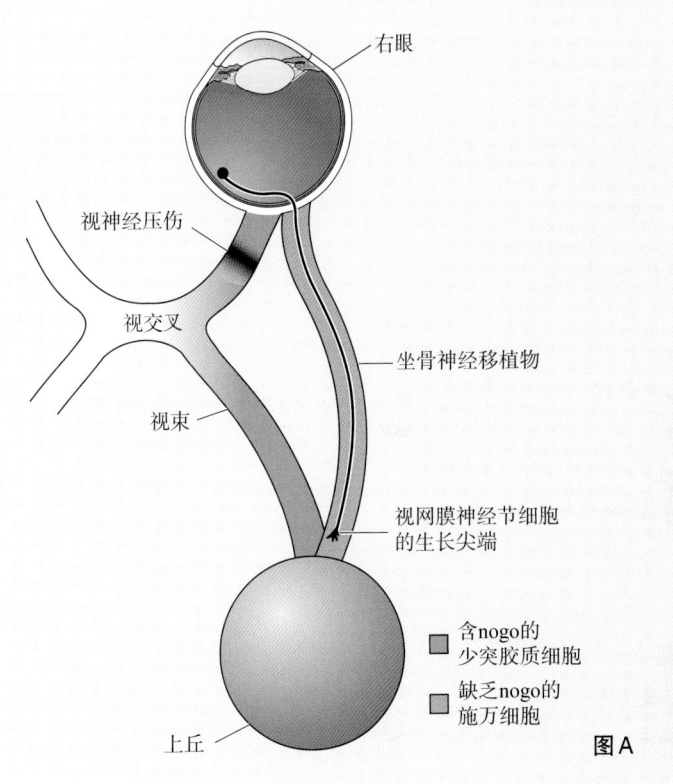

图A

于生长中的轴突上称为 **eph** 的受体相互作用［eph 为 erythropoietin-producing hepatomocellular（产生促红细胞生成素的肝细胞的）的缩写，ephrin蛋白可作为配体与其结合——译者注］。这种相互作用抑制了轴突的进一步生长，这与前面所谈到的轴突与slit-robo之间的相互作用类似。

引导信号的浓度梯度及它们位于轴突上受体的表达梯度，可以对视网膜到其在脑中目标的线路连接上的拓扑秩序产生相当大的影响。然而，我们很快将会看到，连接的最终细化通常需要神经活动。

23.3.3　突触的形成

当生长锥与其靶位接触时，突触就形成了。关于这一过程的大部分现有知识来自对神经肌肉接头的研究。第一步似乎是在神经-肌肉接触位点的诱导下产生一簇突触后受体。生长锥分泌的蛋白质和其靶细胞膜的相互作用触发了这一集聚反应。在神经肌肉接头，有一种称为 **集聚素**（agrin；又称突触蛋白聚糖——译者注）的分泌蛋白沉积于接触位点的胞外间隙中（图23.15）。这种蛋白所形成的蛋白质层称为 **基底层**（basal lamina）。基底层中的集聚素与肌细胞膜中的一种称为 **肌肉特异性激酶**（muscle-specific kinase，**MuSK**；一种受体酪氨酸激酶——译者注）的受体结合。肌肉特异性激酶则与另一种

▶ 图 23.15
神经肌肉突触形成的步骤。① 生长的运动神经元分泌蛋白质集聚素进入基底层。② 集聚素与肌细胞膜中的肌肉特异性激酶相互作用。这一相互作用导致了③ 突触后膜内乙酰胆碱受体通过突触受体结合蛋白的作用的集聚

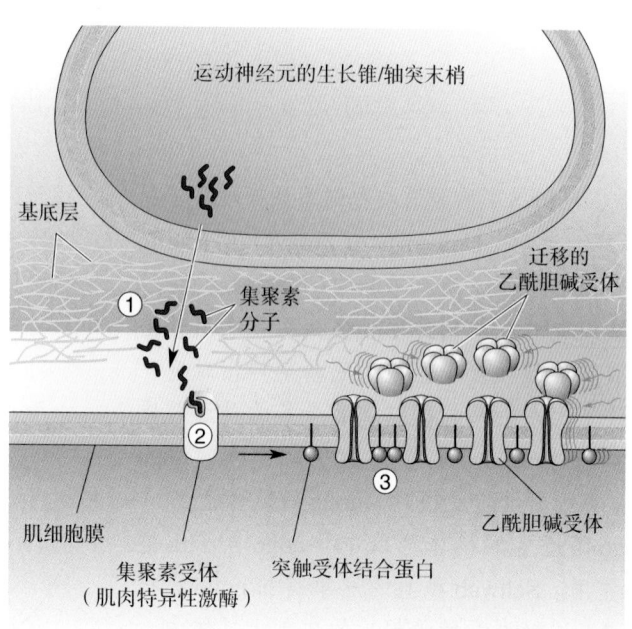

称为**突触受体结合蛋白**（rapsyn；receptor associated protein of the synapse，又称缔合蛋白——译者注）的分子相互交流，这一分子像牧羊人一样将突触后乙酰胆碱受体（AChR）集聚于突触。而受体"羊群"的大小则受到另一种轴突释放的分子，称为**神经调节蛋白**（neuregulin）的调控，该分子能刺激肌细胞中受体基因的表达。

轴突和靶位间的相互作用是双向发生的，而且突触前末梢的诱发似乎涉及基底层中的蛋白质。靶细胞所提供的基底层因子（basal lamina factor）显然能刺激 Ca^{2+} 进入生长锥，这可以触发神经递质的释放。因此，尽管突触结构的最终成熟需要好几周，但未成熟的突触传递在轴突和靶细胞接触后很快就出现了。Ca^{2+} 进入轴突除了能调动神经递质，也能引起细胞骨架的变化，使之呈现出突触前末梢样，并与其突触后"搭档"紧密相连。

在中枢神经系统中，突触的形成也涉及类似的步骤，但这些步骤可能以不同的顺序发生，而且它们肯定使用不同的分子（图 23.16）。在组织培养中的神经元的显微成像揭示，寻找神经支配的树突的丝状伪足会不断地伸出和缩回。当一个树突的突起伸出并触及可能经过的轴突时，突触的形成就开始了。这种相互作用似乎导致了一个将预先组装好的突触前活性区置放在接触点的过程，以及随之而来的神经递质受体在突触后膜的募集。另外，突触前和突触后膜都能表达一些特异的黏合分子，以用于将突触前和突触后的"搭档"粘在一起。

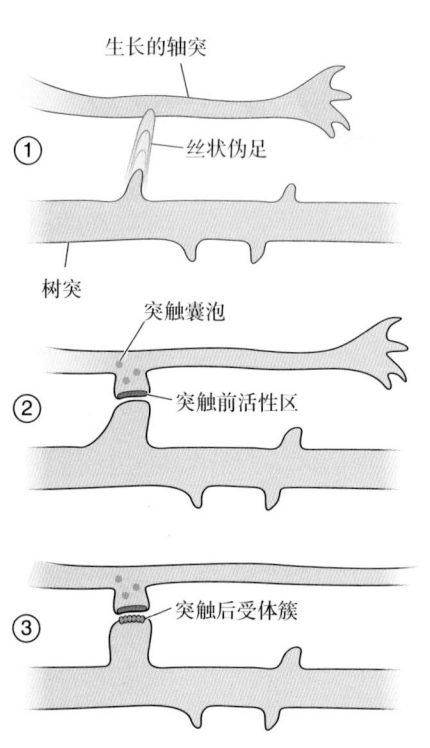

▲ 图 23.16
中枢神经系统突触形成的步骤。① 树突的丝状伪足与轴突接触。② 接触导致突触囊泡和活性区的蛋白募集到突触前膜。③ 神经递质受体在突触后膜上积聚

23.4   细胞和突触的消除

我们已经讨论过的通路形成机制足以在胎儿脑中建立起相当有序的神经连接。例如，在视觉系统中，这些机制确保了：（1）视网膜轴突到达 LGN，（2）膝状体轴突到达纹状皮层第Ⅳ层，（3）这两类轴突都在其靶结构中按照正确的视网膜拓扑顺序形成突触。但是，把神经系统连接起来的任务尚未完成。接下来是长期的发育过程，从出生前开始一直到青春期，这些连接逐渐

孤独症之谜

孤独症（autism）是人类的一种发育障碍，其特征在于重复或刻板的行为模式以及交流和社交互动的障碍。尽管患孤独症的孩子在出生时看上去是正常的，但该病的症状会在出生后的前3年里逐渐出现。孤独症儿童的父母最先会注意到的迹象有：孩子到16个月大还不会讲话，缺少与人的眼神交流，不会玩玩具，对一个玩具或物体的过度依恋，不会笑。尽管所有被诊断患有孤独症的人都会表现出这些特征，但严重程度因人而异，就像与其他可诊断疾病（如智力障碍和癫痫等）的关联或"共病"（comorbidity）一样。正是因为认识到这种差异，临床医生通常使用术语"孤独症谱系障碍"（autism spectrum disorder，ASD）或其英文词的缩写ASD来描述这种情况。位于此谱系一端的患者可能永远没有语言的发育并表现出严重的认知障碍。位于谱系另一端的患者，长大后可能不善社交，但有智力天赋。

ASD是一种高度的遗传性疾病，但其遗传学是复杂的。在一些情况下，导致孤独症风险的基因突变是从头发生的，这意味着这些基因突变会偶尔发生在患者父母的精子或卵细胞中。高龄父母是发生这种基因突变的一个危险因素，尤其是父亲的高龄。在另一些情况下，孤独症的发病原因则似乎是由于子代从父母那里因遗传得到了许多小的基因突变，但这只有在遭受"双重打击"的子代中表现为ASD。DNA测序技术的进步使得发现ASD中许多遗传性和偶发性基因突变成为可能。被影响的基因达数百种，这提示在脑发育期间，许多不同的细胞过程的扰乱会表现出ASD。因此，与第22章讨论的其他精神疾病一样，单靠ASD的诊断并不能确定该病的病因或病原学。遗传学病因的多样性部分地解释了为什么患者与患者之间的症状有如此之大的差异。

虽然异常行为是在出生后逐渐出现的，但有证据表明，有时候在胎儿发育过程中ASD发病步骤就已经确定了。例如，研究人员最近在对孤独症儿童脑的尸检中发现，一些额叶皮层的小块存在紊乱的皮层分层组织，而正如我们在本章所学到的，皮层结构的分层是在发育早期形成的。而且，已知许多与ASD有关的基因对于妊娠中期的皮层发育也很重要。

影像学研究表明，孤独症儿童在出生后，脑的生长（包括白质和灰质）也会加速。这一发现提示孤独症婴儿脑内有过多的神经元和过多的轴突，尽管神经胶质细胞的变化也可能存在。脑的生长是通过平衡细胞、轴突、突触和构成它们的蛋白质的生成和摧毁机制来控制的。那些打破这种平衡的基因突变，通过造成过度生成或减少破坏，都可能导致脑的异常生长，最终表现为患者的行为、交流和社交障碍，而这些都是自闭症的特征。

神经科学家们希望了解正常情况下脑是怎样连接在一起的，从而为纠正有孤独症风险的儿童的脑生长轨迹提出一些治疗建议。对**脆性X染色体综合征**（fragile X syndrome，FXS）的研究为此提供了一个很好的例子。FXS以智力障碍和ASD为特征，是由编码**FMRP蛋白**（在第2章中介绍过）的*FMR1*基因的破裂导致的。通过敲除小鼠和果蝇的这个基因，研究人员已经能够鉴定出这种基因突变所导致的脑功能的不同。这些研究表明，在正常情况下，FMRP可以作为神经元中蛋白质合成的制动器而发挥作用。在没有FMRP的情况下，就会合成太多的蛋白质。值得注意的是，所设计的一些抑制这种蛋白质过度合成的治疗方法，已经在动物模型中表现出能够纠正许多由于FMRP基因缺失所引起的缺陷。这些研究提出了一种诱人的可能性，即有时候恰当的药物治疗也可能会揭开孤独症和智力障碍的面纱。

完善。也许我们会感到惊讶，最显著的完善之一是那些新形成的神经元和突触会大规模地减少。正常脑功能的发育需要在细胞和突触的生成与消除之间有一个精细的平衡（图文框23.4）。

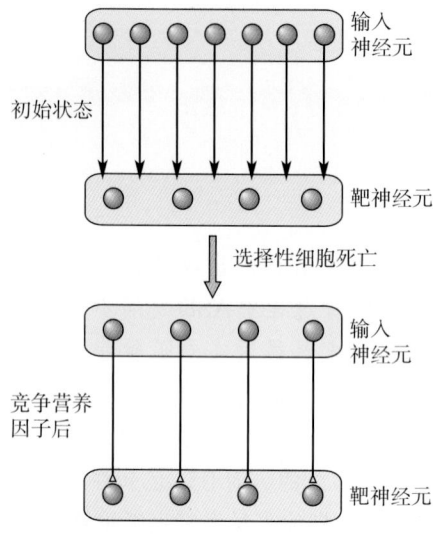

▲ 图 23.17

通过选择性细胞死亡使输入与其靶神经元相匹配。据信输入神经元会对由靶神经元产生的数量有限的营养因子进行相互竞争

23.4.1   细胞死亡

在通路形成过程中神经元的整个群体会被消除，这一过程即为**程序性细胞死亡**（programmed cell death）。当轴突到达靶位和突触开始形成之时，突触前的轴突及神经元的数量就会逐步减少。细胞死亡反映了对**营养因子**（trophic factor）的竞争，而营养因子是由靶细胞提供的，有限的维持生命的物质。细胞死亡过程据信可使突触前和突触后神经元的数量相匹配（图 23.17）。

意大利生物学家 Rita Levi-Montalcini（丽塔·莱维-蒙塔尔奇尼，1909.4—2012.12——译者注）于 20 世纪 40 年代鉴定了第一个营养因子，一种称为**神经生长因子**（nerve growth factor，NGF）的肽。NGF 是由自主神经系统（ANS）中交感神经轴突的靶组织生成的。Levi-Montalcini 和 Stanley Cohen（斯坦利·科恩，1922.11—2020.2，美国生物化学家——译者注）发现，将 NGF 的抗体注射入新生小鼠体内，会导致交感神经节的完全退化。由靶组织产生和释放的 NGF 被交感神经元轴突摄取，并逆向转运至神经元胞体，在这里发挥促进神经元存活的作用。的确，若轴浆转运被破坏，即便靶组织依然释放 NGF，神经元也将死亡。Levi-Montalcini 和 Cohen 的开拓性工作使他们获得了 1986 年的诺贝尔奖。

所有与营养相关的蛋白质统称为**神经营养因子**（neurotrophin），NGF 就是这个家族中的一员。神经营养因子家族的成员包括蛋白质 **NT-3**、**NT-4**（NT-3 和 NT-4 分别为 neurotrophin 3 和 neurotrophin 4 的缩写——译者注）和**脑源性神经营养因子**（brain-derived neurotrophic factor，BDNF），而 BDNF 对于视皮层神经元的存活很重要。神经营养因子作用于细胞表面的特异性受体。大部分受体是神经营养因子激活的蛋白激酶，称为 **trk 受体**（trk receptor；tropomyosin-related kinase receptor，原肌球蛋白相关蛋白激酶受体——译者注）。这些受体在其蛋白质底物上将酪氨酸残基磷酸化（参考第 6 章所述的磷酸化作用）。这一磷酸化反应可激发第二信使的级联反应，最终将改变细胞核内的基因表达。

把发育过程中的细胞死亡描述为"程序性"死亡反映了这样一个事实，即它实际上是一种基因指令的细胞自我毁灭的结果。麻省理工学院（Massachusetts Institute of Technology）的 Robert Horvitz（罗伯特·霍维茨，1947.3—，美国生物学家——译者注）因其对细胞死亡基因的重要发现而获得了 2002 年（原书为 2004 年——译者注）诺贝尔生理学或医学奖。现在大家认识到，神经营养因子通过关闭这一遗传程序来挽救神经元。细胞死亡基因的表达引起细胞死亡的过程称为**细胞凋亡**（apoptosis），即神经元的系统性解体。凋亡不同于**坏死**（necrosis），后者是由于细胞受损而导致的细胞意外死亡。在可能挽救一些神经退变性疾病（如阿尔茨海默病和肌萎缩性脊髓侧索硬化症，见图文框 2.4 和图文框 13.1）中濒死的神经元这一愿望的激励下，对神经细胞死亡的研究目前正在快速进展之中。

23.4.2   突触容量的改变

每一神经元能在树突和胞体上接受有限数量的突触。这一数量为该神经元的**突触容量**（synaptic capacity）。在神经系统的整个发育过程中，突触容量在发育早期达到高峰，但随着神经元的成熟不断减小。例如，就所有

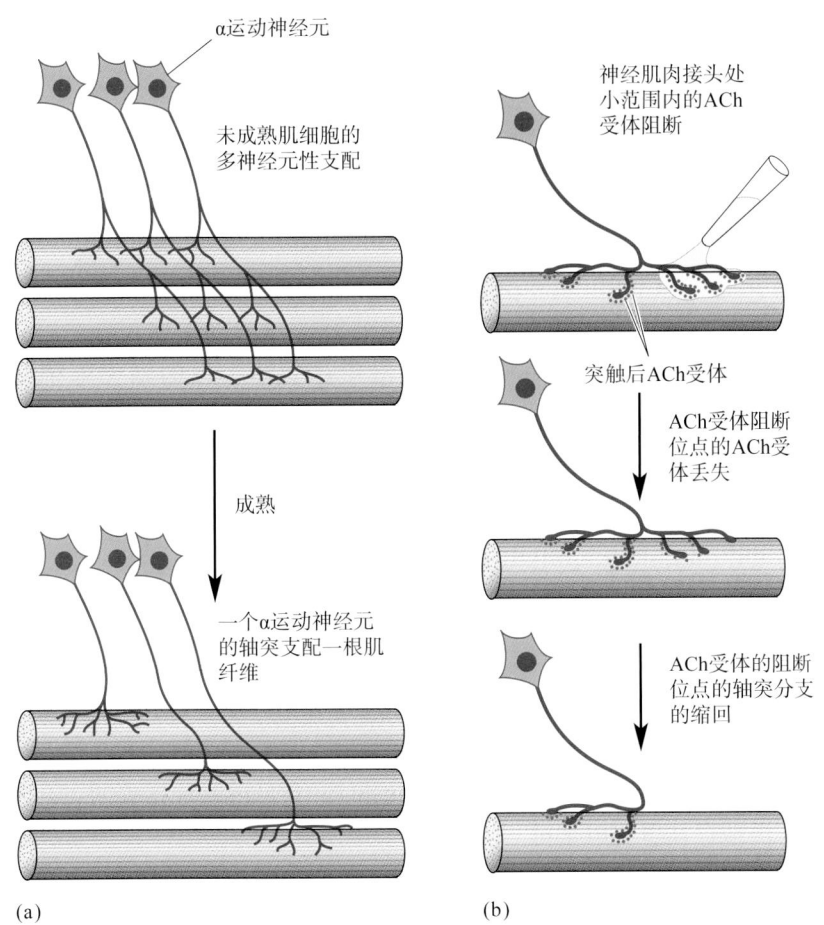

α运动神经元

未成熟肌细胞的
多神经元性支配

成熟

一个α运动神经元
的轴突支配一根肌
纤维

(a)

神经肌肉接头处
小范围内的ACh
受体阻断

突触后ACh受体

ACh受体阻断
位点的ACh受
体丢失

ACh受体的阻断
位点的轴突分支
的缩回

(b)

◀ 图23.18
突触消除。(a)最初，每一根肌纤维都接
受来自几个α运动神经元的输入。发育过
程结束后，只剩下了其中的一个，其余
的全部消失。(b)通常，突触后ACh受体
的消失先于轴突分支的缩回。用α-银环
蛇毒素将一部分受体阻断，也能激发突
触消除

被检测过的物种的纹状皮层来看，未成熟神经元的突触容量超过成熟细胞的
50%。换句话说，婴幼儿的视皮层神经元接受的突触是成年人神经元突触的
1.5倍。

皮层神经元是何时失去那些突触的？耶鲁大学（Yale University）的科学
家 Jean-Pierre Bourgeois 和 Pasko Rakic 在猕猴的纹状皮层做了深入细致的研
究，从而解答了这一问题。他们发现，从婴幼儿到青春期的开始，纹状皮层
中的突触容量非常恒定。但在随后的青春期里，突触容量急剧下降——2 年
内几乎下降了 50%。快速计算揭示了一个更令人惊讶的事实：在青春期，初
级视皮层中的突触以平均每秒 **5,000** 个的速率减少（怪不得青春期是那么一
个难熬的阶段！）。

神经肌肉接头再次为研究突触消除提供了一个有用的模型。最初，一根
肌纤维能接受来自几个不同运动神经元的输入。然而到了最后，这种多神经
元性的神经支配（polyneuronal innervation）消失了，每一根肌纤维只接受来
自一个α运动神经元的突触输入（图 23.18a）。这一过程受肌肉电活动的调
控。沉默肌纤维的活动能导致多神经元性的神经支配保留，而刺激肌肉则可
加速多神经支配的消除，直至剩下单个输入。

仔细的观察揭示，发生突触消除时的第一个变化是突触后 ACh 受体的
消失，然后是突触前末梢的解体和轴突分支的缩回。是什么引起了受体的消
失？答案也许是由于该肌肉的受体激活不足，尽管肌细胞本身是有活性的。
如果这些受体被α-银环蛇毒素（α-bungarotoxin，见图文框 5.5）部分阻断，

► 图 23.19
突触重排。在图示的两种情况下，靶细胞接受的突触数目相同，但神经支配的方式有所变化

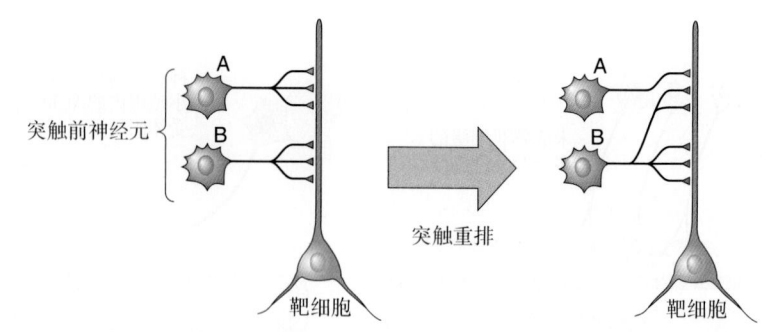

则它们会被内化（internization），且覆盖在受体上面的轴突末梢会缩回（图23.18b）。然而，如果所有的ACh受体都被阻断，突触的数量则维持不变，这是因为肌细胞也处于静息状态。正如我们稍后将看到的，类似的过程似乎也发生在中枢神经系统连接的细化过程中。

23.5　活动依赖性的突触重排

设想一个突触容量为6的神经元接受A和B两个突触前神经元的输入（图23.19）。一种安排是每个突触前神经元各提供3个突触；另一种安排是A神经元提供1个突触，B神经元提供5个突触。从一种突触模式改变为另一种模式称为**突触重排**（synaptic rearrangement）。有足够的证据表明，在未成熟脑中广泛地存在着突触重排。

突触重排是地址选择过程中的最后一步。与通路形成中大部分早期步骤不同，**突触重排是神经活动和突触传递的后果**。在视觉系统中，作为对神经元自发放电做出的反应，一些活动依赖性的神经连接塑形在出生前就已经发生了。然而，显著的活动依赖性发育则在出生后才发生，并且受到幼儿时期感觉经验的深刻影响。因此，我们会发现，最终成年视觉系统的表现在很大程度上是由出生后早期视觉环境的质量所决定的。从真正意义上讲，**我们是在出生后的发育关键期学会如何去看的**。

活动依赖性的视觉系统发育这一领域的先行者（可以从第10章所学到的内容中回想到），正是神经科学家David Hubel（戴维·休伯尔，1926.2—2013.9，加拿大神经科学家——译者注）和Torsten Wiesel（托斯登·威塞尔，1924.6—，美国神经科学家，美国科学院和工程院院士，美国艺术和科学院院士，瑞典皇家科学院和中国科学院外籍院士，曾任国际脑研究组织主席——译者注），他们也为我们现在对成年脑中枢视觉系统的理解奠定了基础。他们和Roger Sperry（罗杰·斯佩里1913.8—1994.4，美国神经科学家——译者注）分享了1981年的诺贝尔奖。Hubel和Wiesel使用猕猴和猫作为研究活动依赖性视觉系统发育的模型，因为这两个物种和人类一样都具有良好的双眼视觉。最近的研究使用了啮齿动物，因为它们更适合研究潜在的分子机制。

23.5.1　突触分离

通过化学引诱物和化学排斥物所达到的连接的精细程度令人印象深刻。然而，在某些环路中，突触连接的最终细化似乎需要神经活动的参与。一个典型的例子是猫LGN中眼睛特异性输入的分离。

LGN中视网膜输入的分离。最先到达LGN的轴突通常来自对侧视网膜，而且这些轴突会展开并占据整个核团。稍后，同侧的轴突也会到达并与来自对侧眼的轴突混合。接着，来自双眼的轴突相互分离并进入特定的眼-特异性区域，这是成年LGN的特征。用TTX（tetrodotoxin，河鲀毒素）使视网膜保持静息状态可阻止这一分离过程（回顾一下，TTX可阻断动作电位）。那么，神经活动的来源是什么，它是如何协调这一分离过程的？

既然在光感受器发育之前分离现象就在子宫内发生了，那么神经活动就不可能是由光刺激来驱动的。相反，看起来在胎儿发育期间视神经节细胞是有自发活动的，但这种自发活动并不是随机的。斯坦福大学（Stanford University）的Carla Shatz和她的同事所做的研究表明，神经节细胞的放电以准同步（quasisynchronous）"波"的形式在视网膜上传播。波源及其传播方向可能是随机的，但在每一个波中，神经节细胞的活动与其最临近的细胞的活动是高度相关的。而且，由于两个视网膜中这些波的产生是彼此独立的，故两只眼的活动模式之间并不是相关的。

轴突分离被认为是一个依赖于突触稳定的过程，只有那些与突触后LGN靶神经元同时活动的视网膜轴突末梢才能够被保留下来。这一突触可塑性的假说性机制是由加拿大心理学家Donald Hebb于20世纪40年代首次明确地提出来的。因此，以这种方式进行修饰的突触称为**赫布突触**（Hebb synapse），而这种类型的突触重排称为**赫布修饰作用**（Hebbian modification）。根据这一假说，每当视网膜兴奋波驱动突触后LGN神经元产生动作电位，两者之间的突触就稳定了（图23.20）。由于来自两只眼的活动不会同时发生，输入将以

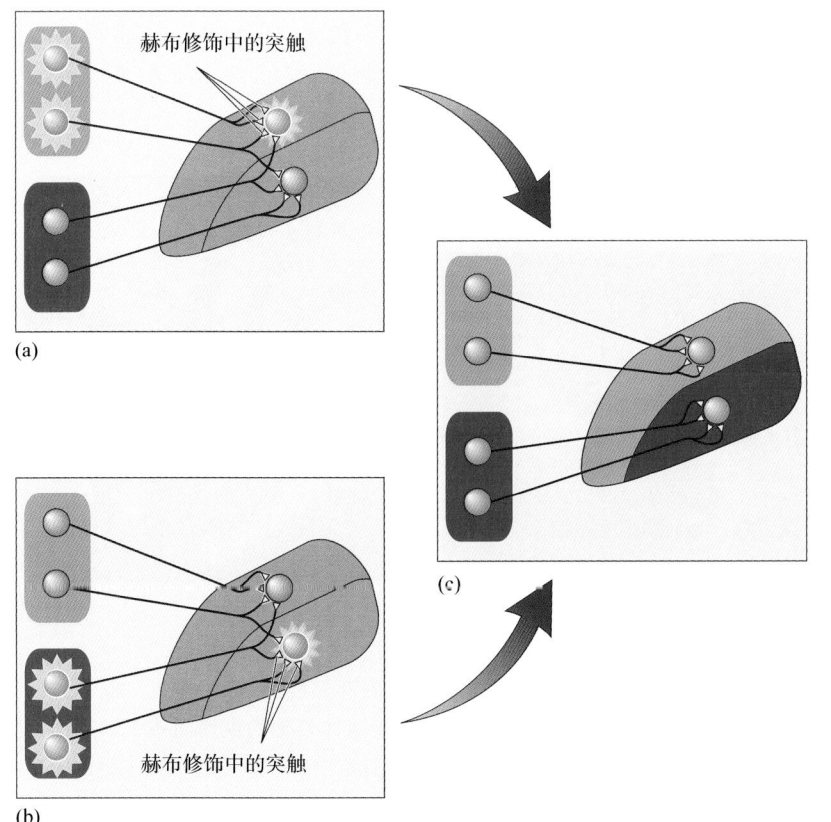

(a)

(b)

(c)

◀ 图 23.20

赫布突触的可塑性。LGN中的两个靶神经元分别有来自不同眼睛的输入。来自双眼的输入最初会重叠，接着会在活动的影响下分离。(a) 一只眼（图上方）的两个输入神经元同时放电。这足以导致上方的LGN靶神经元放电，但无法使下方的靶神经元放电。激活的输入到达激活的靶细胞后，会进行赫布修饰，从而使这两个细胞的激活更有效。(b) 与 (a) 中的情况一样，只是现在另一只眼（图下方）的两个输入神经元也同时激活，导致下方靶神经元放电。(c) 随着时间的推移，一起放电的神经元会连接在一起。值得注意的是，与靶细胞非同步放电的那些输入细胞最终将失去它们的连接

"胜者为王"（winner-takes-all）的原则进行竞争，直至其中一个输入被保留下来，而另一个输入被消除。在不恰当的LGN层中杂散分布的视网膜输入是失败者，因为它们的活动并不与最强的突触后反应（即由另一只眼睛所诱发的活动）恒定地相关。接下来，我们将进一步探讨这种以相关性为基础的突触修饰的一些潜在机制。

纹状皮层中LGN输入的分离。 在猴子和猫的视觉皮层中，服务于两只眼的LGN神经元的输入被分离成眼优势柱（但对绝大多数其他物种而言不是这样）。这种分离发生在出生前，而且似乎是由分子引导信号和视网膜活动差异的共同作用所引起的（图文框23.5）。

图文框23.5 脑的食粮

三眼青蛙、眼优势柱和其他奇特现象

眼优势柱（取决于它们是如何被观察到的，故又称为条纹或条带）是一些灵长类动物（最明显的是人类和猕猴）和一些食肉动物（特别是猫和雪貂）的一个奇特特征。多年来，研究人员认为，这些物种两只眼睛的视觉输入最初在视觉皮层的第IV层是重叠的。后来，基于对两眼视网膜产生的不同活动的比较，这些输入分离成交替的柱。但是，这个观点被下述观察所挑战：即便是雪貂在发育进程中没有任何视网膜活动，也能观察到从眼到视皮层的特异性输入。这一发现提示，是分子导向机制，而不是活动模式引起了眼优势柱。

然而，重要的是要认识到，发育中的一些问题可以有不止一个解决方案。在进化史上，导致哺乳动物家族分化，出现代食肉动物和灵长类动物分支的分化过程发生得很早，大约在9,500万年前。由于大多数其他哺乳动物缺乏眼优势柱，进化生物学家相信食肉动物和灵长类动物的眼优势柱是独立进化出来的。因此，我们在概括眼优势柱形成的机制时必须谨慎。

20世纪80年代，当时在普林斯顿大学（Princeton University）的Martha Constantine-Paton和她的学生通过对三眼青蛙的研究很好地说明了这一观点。青蛙当然没有三只眼睛。正常情况下青蛙只有两只眼睛，每只眼睛视网膜的轴突只投射到对侧视顶盖。然而，研究人员通过将一只青蛙胚胎的眼芽（eye bud）移植到另一只青蛙的前脑区，迫使两个视网膜的投射长到同一视顶盖（图A，a）。令人惊讶的是，输入被分离成条纹模式，而这些条纹看起来非常像猴子纹状皮层中的眼优势模式（图A，b）。然而，如果视网膜的活动被阻断，则来自这两只眼睛的轴突迅速混合在一起。这个实验证明，正如发育的赫布模型所提议的，活动的差异确实可以用来分离轴突的输入。

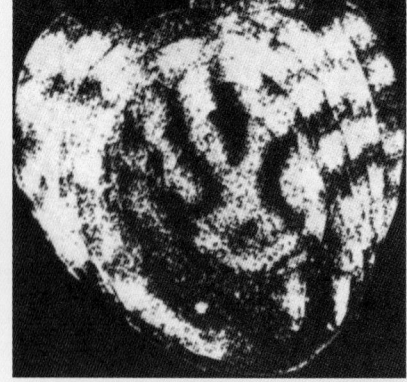

(a)   (b)

图A

（a）这只青蛙的第三只眼睛是由移植的胚胎眼芽形成的。（b）通过三眼青蛙的顶盖弦切面切片（tangential section；即平行于身体长轴的纵切面或矢状切面切片——译者注），光亮带显示来自一只眼睛的具有放射性标记的轴突末梢的分布（图片由Martha Constantine-Paton博士惠赠）

然而，无论眼优势柱是如何形成的，分离现象并不意味着轴突失去了生长和回缩的能力。Wiesel 和 Hubel 通过一个实验操作，能戏剧性地证明猕猴出生后眼优势柱的"可塑性"，这一实验称为**单眼剥夺**（monocular deprivation），即将幼猴的一只眼的眼睑缝合起来。若出生后不久开始单眼剥夺实验，结果令人惊讶，"未剥夺眼"的眼优势柱的宽度会扩展，而"剥夺眼"的眼优势柱会萎缩（图 23.21）。而且，这一单眼剥夺的效应能简单地通过闭合先前"未剥夺眼"、打开先前"剥夺眼"来反转。这一"反转的闭合"操作的结果就是，先前剥夺眼的萎缩的眼优势柱会扩展，而先前未剥夺眼的扩展的眼优势柱会萎缩。因此，LGN 轴突及其他们在纹状体第 IV 层中的突触是高度动态的，即使在出生后也是这样。注意，这种类型的突触重排不仅是活动依赖性（activity dependent）的，还是**经验依赖性**（experience dependent）的，因为它依赖于感觉环境的性质。

然而，眼优势柱的可塑性并不会在整个生命过程中都发生。Hubel 和 Wiesel 发现，如果单眼剥夺开始得晚一点，则在第 IV 层观察不到这些解剖结构的变化。因此，对于这种类型的结构修饰来说存在一个**关键期**（critical period）。在猕猴中，皮层第 IV 层解剖结构的可塑性的关键期可持续至出生后 6 周龄。在这个关键期后，LGN 的传入明显失去了生长和回缩的能力，从某种意义上说，它们被粘固在适当的位置上。

重要的是，应该意识到发育过程中存在着许多关键期——即发育命运受环境影响的一个特定时期（图文框 23.6）。在视觉皮层中，第 IV 层解剖结构可塑性的关键期结束并不意味着视觉经验对皮层发育影响的结束。正如我们现在将要看到的，纹状皮层中的突触在视觉经验的影响下可不断地被修饰，直至并超过青春期。

23.5.2 突触会聚

尽管来自双眼的信息流最初会分离，但最终必须合并起来以使双眼视觉成为可能。具有眼优势柱的物种双眼视觉的解剖学基础，是分别接受右眼和左眼传入的第 VI 层细胞的视觉信号输入在第 III 层细胞上的会聚。这些连接是在视网膜–膝状体–皮层通路发育过程中最后被指定的连接。经验依赖性的突触重排在这一过程中再次发挥了重要的作用。

双眼视觉的连接形成和修饰受到婴幼儿期及儿童早期视觉环境的影响。与眼特异区域的分离不同（这明显依赖于两眼自发活动的非同时性模式），而**双眼感受野的建立则依赖于双眼视觉所引起的相关活动模式**。这已经通过实验使两眼产生的活动模式不一致而得到了清楚的证明。例如，单眼剥夺，即以随机活动取代一只眼的模式化活动，可明显打乱纹状皮层中的双眼视觉连接。在正常情况下具有双眼感受野的神经元，反而只对未被剥夺眼的刺激做出反应。这种在皮层双眼视觉组构的变化称为**眼优势转移**（ocular dominance shift）（图 23.22）。

这些单眼剥夺的效应并不仅仅是前面所讨论的第 IV 层皮层解剖结构变化的一种被动反映。首先，眼优势的转移可以在单眼剥夺后的几小时内非常迅速地发生，这时还检测不到轴突轴（axonal arbor）发生的任何明显的变化（图 23.23）。如此迅速的变化反映了突触的结构和分子组成的变化，而没有轴突的实质性重塑。其次，眼优势转移可能发生在远超过 LGN 轴突轴变化的关

(a)

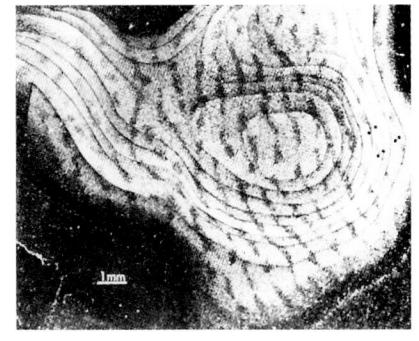
(b)

▲ 图 23.21

眼优势柱条纹在单眼剥夺后的修饰。猕猴纹状皮层第 IV 层纵切面切片显示具有放射性标记的 LGN 末梢的分布情况，这些末梢是服务于一只眼的。（a）正常猴的切片。（b）一只从出生后第 2 周开始被单眼剥夺了 22 个月的猴的切片。未剥夺眼被注入了放射性标记物，从而揭示了该眼在第 IV 层中扩展了的眼优势柱（引自：Wiesel，1982，第 585 页）

图文框23.6   脑的食粮

关键期的概念

可以这样来定义发育过程中的关键期：细胞间通信能改变细胞命运的一段时间。这一概念归功于实验胚胎学家 Hans Spemann（汉斯·施佩曼，1869.6—1941.9，德国生物学家，实验胚胎学家，其因胚胎发育过程的研究成果而获得1935年诺贝尔生理学或医学奖——译者注）。20世纪初，Spemann 的工作表明，将一块早期胚胎从一个地方移植到另一个地方，通常会导致"供体"组织呈现出"宿主"组织的特征，但前提是移植要在某一确定的时期内进行。移植的组织一旦被诱导而改变了发育命运，就无法逆转。改变被移植细胞物理特性（表型）的细胞间通信被证明是由接触和化学信号共同介导的。

因 Konrad Lorenz（康拉德·劳伦兹，1903.11—1989.2，奥地利动物学家，动物行为学家，曾获1973年诺贝尔生理学或医学奖——译者注）在20世纪30年代中期的工作，关键期这一术语在脑发育方面有了新的意义。Lorenz 对灰色雁鹅（graylag geese）以一种社会性行为的方式依恋于它们的母亲的过程感兴趣。他发现：如果它们的母亲不在，这些小鹅会与任何一个移动的物体，包括与 Lorenz 自己形成社会性依恋（图A）。这些小鹅一旦对某一物体留下了印记，它们就会将该物体当作自己的母亲紧紧地跟随并产生相应的行为。Lorenz 用"印记"（imprinting）这个词来表示第一个视觉图像以某种机制永久地蚀刻在了幼鸟的神经系统中。同时，印记也被发现只局限于一个有限的时间窗口内（孵化后的头2天），Lorenz 将这段时间称为社会性依恋行为的"关键期"（critical period）。Lorenz 认为，这种将外界环境蚀刻于神经系统的过程，可与胚胎发育关键期诱导组织改变其发育命运的过程相类比。

这一工作在发育心理学领域产生了巨大的影响。正是"印记"（imprinting）和"关键期"（critical period）这两个最合适的术语表明了由早期感觉经验导致的行为表型的改变是永久的，且在以后的生命过程中是不可逆转的，这与胚胎发育过程中组织表型的确定很相似。大量的研究使关键期这个概念延伸至哺乳动物社会心理发育的各个方面。这其中隐含的道理令人着迷：脑中神经元及神经环路的命运依赖于动物在出生后早期所获得的生活经验。不难理解，为什么这一领域的研究既具有社会意义，也具有科学意义。

生活经验对神经元命运的影响，必须通过感觉上皮诱发的神经元活动来实现，并通过化学突触传递来传达。从 Hubel 和 Wiesel 的实验开始，在 CNS 发育过程中，突触活动能够改变神经元连接命运的观点首先得到了神经生物学研究的强大支持。实验结果来自对哺乳动物视觉系统发育的研究。利用解剖学和神经生理学的研究方法，Hubel 和 Wiesel 发现视觉经验的有或无对于中枢视觉通路的连接状态起到重要的决定性作用，而且这一环境因素的影响局限于出生后早期的一段有限的时间内。已经有大量的研究工作致力于分析视觉系统中神经元连接的经验依赖性的可塑性（experience-dependent plasticity）。因此，视觉系统对于阐明神经系统发育过程中的关键期的原理是一个极好的模型。

图A
Konrad Lorenz 与灰色雁鹅（引自：Nina Leen/Time Pix）

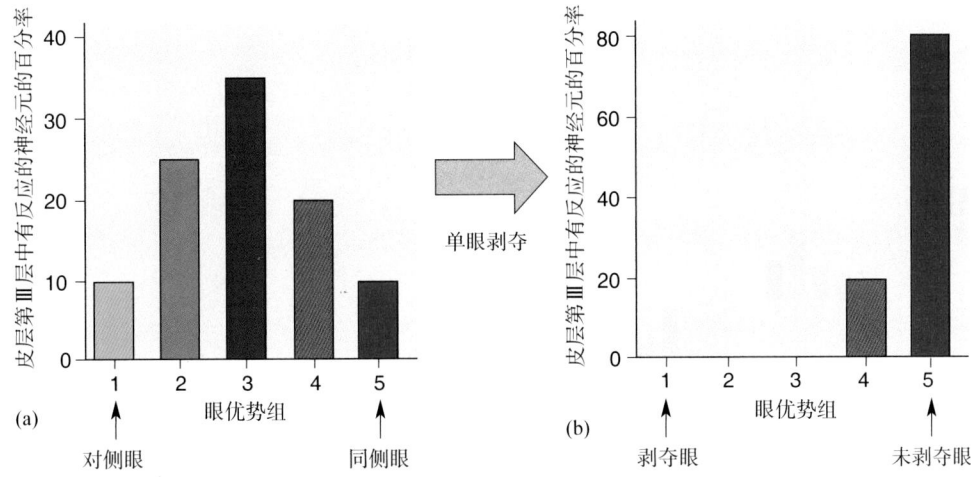

▲ 图 23.22

眼优势转移。用电生理学方法记录纹状皮层中神经元的活动，得到了如图所示的眼优势直方图。（a）正常猫。（b）在生命早期进行单眼剥夺后一段时间的猫。图中的条形柱显示了五种眼优势类型中每一种的神经元比例。第1组和第5组中的细胞可分别被对侧眼或者同侧眼的刺激所激活，但不能被双侧眼的刺激激活。第3组的细胞可被两只眼睛的刺激同样地激活。第2组和第4组的细胞为双眼激活的，但分别表现出对对侧或同侧眼的刺激具有选择性。图a的直方图显示正常动物视皮层中的大部分神经元为双眼视觉激活的。图b的直方图显示在单眼剥夺后，几乎没有神经元对剥夺眼做出反应

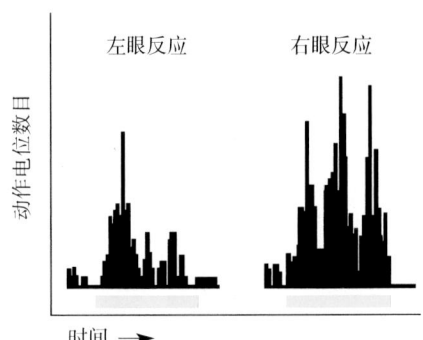

(a) 初始状态

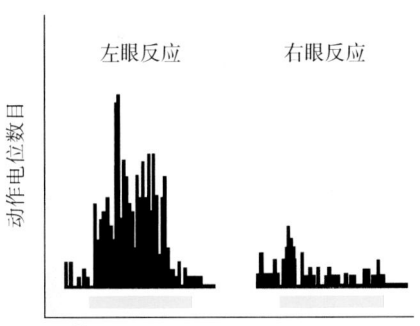

(b) 经过17 h的右眼视觉剥夺之后

▲ 图 23.23

眼优势的快速转移。直方图显示一个幼猫视皮层神经元的动作电位数目随时间的变化。黄色条带指出给予视觉刺激的时间，先刺激左眼，然后刺激右眼。（a）在单眼剥夺之前的初始反应。值得注意的是，虽然右眼稍有眼优势，但两只眼睛都有强烈反应。（b）在右眼经过17 h的单眼剥夺之后，重新打开右眼时记录同一个神经元的动作电位。经过单眼剥夺的右眼已经不能再诱发神经元的反应（改绘自：Mioche and Singer，1989年）

键时期的时间里。最后，所有具有双眼视觉的哺乳动物都会出现眼优势柱的转移，而不仅是那些少数具有眼优势柱的物种。然而，对许多物种来说，这种眼优势的可塑性会随着年龄的增长而减弱，然后在青春期发生时消失（图23.24）。

最大眼优势可塑性的关键期与头和眼的最快生长期相吻合。由此，我们相信，在正常情况下，双眼连接的可塑性对于在快速生长期维持良好的双眼视觉是必需的。与这种活动依赖性的微调相关的风险是，这些连接也是非常容易被剥夺的。

23.5.3　突触竞争

正如你所熟知的，不经常使用的肌肉会发生萎缩和失去张力，因此有人说："使用它，否则将失去它。"活动-剥夺的突触断开仅仅是由于突触废用的后果吗？在纹状皮层中似乎并非如此，因为剥夺眼输入的断开需要非剥夺眼输入的激活。相反，**双眼竞争**（binocular competition）过程很显然会发生，在这一过程中，来自两只眼睛的输入激烈竞争，以获得对突触后神经元的突触控制。如果两只眼睛的活动相关且强度相等，这两个输入将被保留在同一个皮层细胞上。但是，如果由于单眼剥夺使得这一平衡被打破，那么更为兴奋的输入将以某种不明原因取代被剥夺的突触，或使这些突触不那么有效。

视皮层中的竞争现象通过**斜视**（strabismus）效应得到了证明，斜视是一种两只眼睛不能很好地对称排列的现象（即"内斜视"或"外斜视"）。这种在人类中常见的视觉障碍会导致立体视觉的永久性丧失。通过外科或光学的方法将两眼错位可导致实验性斜视，从而引起从双眼传到皮层的视觉诱发活

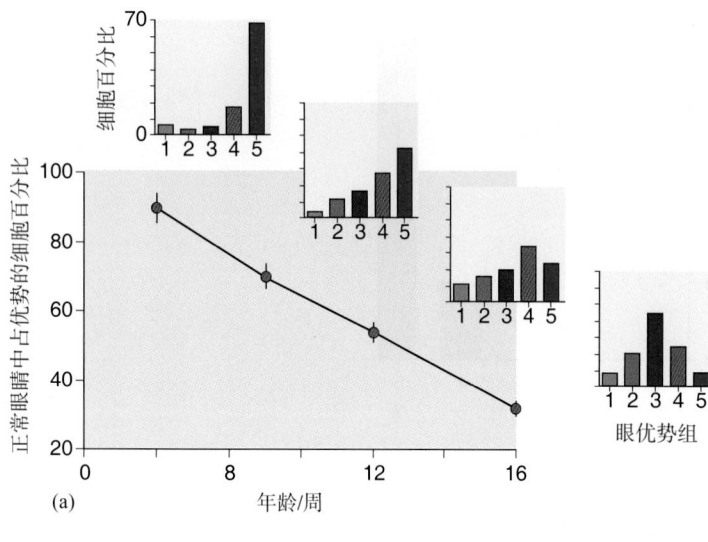

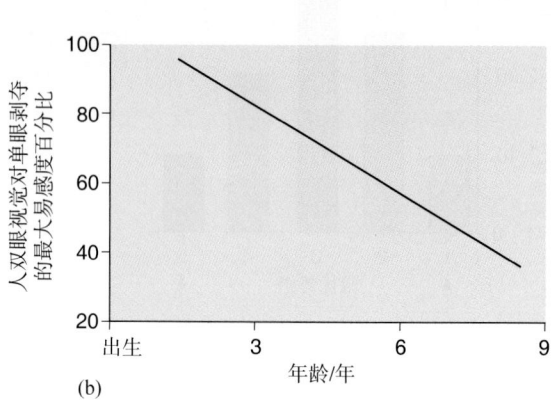

▲ 图 23.24

双眼视觉连接可塑性的关键期。这些图显示在不同出生后年龄的小猫的双眼视觉连接对单眼剥夺（对侧眼）的敏感性。(a) 记录到的小猫在单眼剥夺 2 天后的眼优势转移。折线图显示可塑性随着年龄的增长而下降，直方图显示对应的眼优势转移。(b) 人类双眼视觉连接可塑性在发育过程中的下降幅度的估算（改绘自：Mower，1991 年）

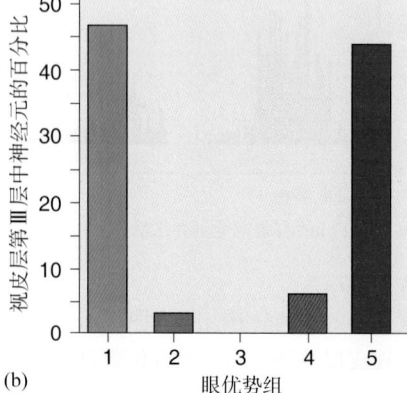

▲ 图 23.25

斜视对皮层双眼视觉的影响。(a) 与图 23.22a 类似的正常动物的眼优势直方图。(b) 在本图的例子中，通过切断一只眼睛的眼部肌肉，使两眼无法成一直线地排列。经过短时间的斜视，双眼视觉细胞几乎完全丧失。视皮层中的细胞就只能由单眼，而不是双眼驱动了

动模式不同步。如果你用手指轻轻地按压一只眼睛，你就会看到双眼错位的后果。斜视发生一段时间后，尽管两只眼睛在皮层中依然保留有相同的代表区，但双眼感受野却可能彻底丧失（图 23.25）。这清楚地证明，来自某一只眼睛输入的断开是竞争的结果，而非由于该眼的废用（两只眼睛保持相同的兴奋状态，但对于每一个细胞来说，遵循着"胜者为王"的原则）。如果斜视发生得足够早，也可能使纹状皮层第Ⅳ层中眼优势柱的分离更加明显。

视觉剥夺实验造成的眼优势及双眼视觉变化有明显的行为学后果。单眼剥夺之后产生的眼优势转换，在动物被剥夺的眼中可留下视觉损伤。而且，伴随着斜视而发生的双眼视觉丧失可导致立体视觉的深度感觉丧失。然而，如果在关键期及早进行纠正，这些效应都不是不可逆转的。临床案例非常清楚，先天性白内障或眼球错位的治疗都必须在幼儿时期，即在患儿可以接受外科手术的时候就尽早进行，以避免永久性的视觉缺陷。

23.5.4 调制性影响

随着年龄的增长，引起皮层环路修饰的活动形式似乎有了额外的限制。在出生以前，视网膜的自发放电足以协调 LGN 和皮层中地址选择的各个方面。出生以后，与视觉环境之间的相互作用至关重要。然而，即使是由视觉驱动所产生的视网膜活动，在关键期可能并不足以引起双眼视觉的修饰。越来越多的实验证据表明，这样的修饰还需要动物注意视觉刺激，并使用视觉来指导行为。例如，当动物处于麻醉状态时进行单眼刺激，并不能引起双眼视觉的修饰，尽管我们知道，在这种情况下皮层神经元对视觉刺激会快速地做出反应。这些实验证据及相关的观察导致了一种假设的提出，即皮层中的突触可塑性需要与行为状态（如警觉程度）相关联的"促成因子"（enabling factor）的释放。

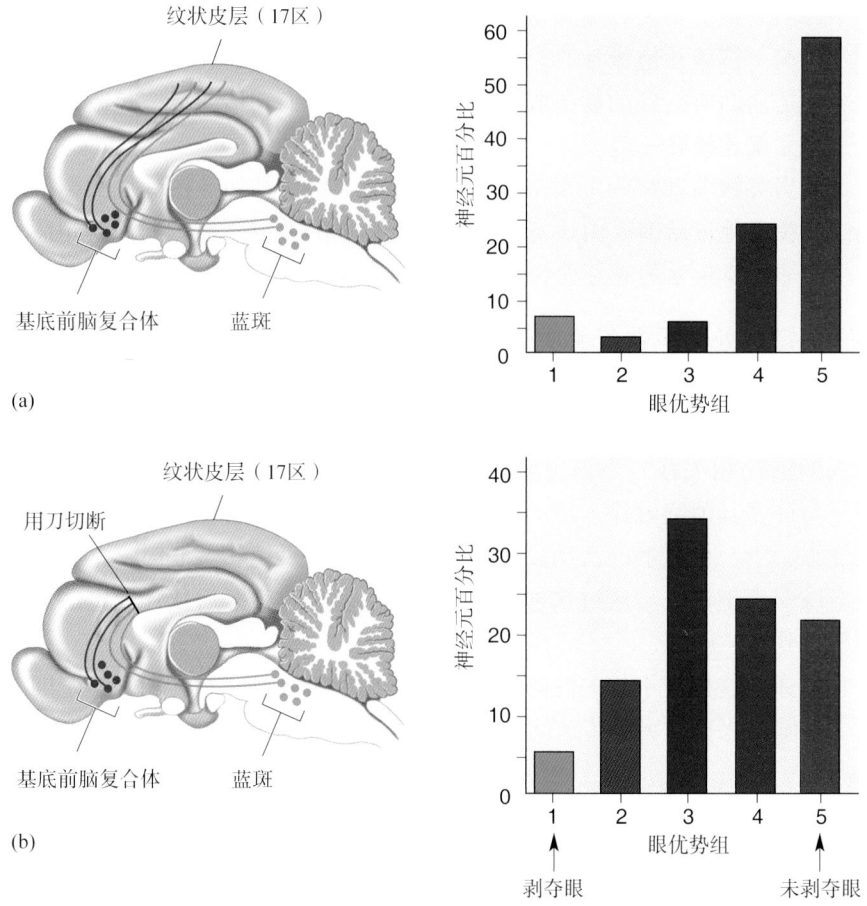

▲ 图23.26
双眼视觉连接可塑性对调制性输入的依赖。(a)猫脑的正中矢状面显示到达纹状皮层的两条调制性输入通路。一条通路（绿色）起源于蓝斑，以去甲肾上腺素为神经递质，另一条（红色）起源于基底前脑复合体，以ACh为神经递质。这两条通路的输入活动都与注意和警觉程度相关。如果这两个系统保持完好，单眼剥夺将产生预期的眼优势转移，如右侧的直方图所示。(b)去除皮层中这两个调制性输入的结果。单眼剥夺对纹状皮层中的双眼连接几乎不产生任何影响（改绘自：Bear and Singer，1986）

　　在鉴定这些促成因子的物质基础方面已经取得了一些进展。回顾一下，脑中存在几个弥散性调制系统支配皮层（见第15章）。这些系统包括来自蓝斑的去甲肾上腺素能输入和来自基底前脑的胆碱能输入。有人在损毁了纹状皮层调制性输入的动物上研究了单眼剥夺的效应。这些研究揭示，尽管视网膜–膝状体–皮层通路的突触传递并没被这种损毁所影响，但调制性输入的缺乏却导致眼优势可塑性的大大减弱（图23.26）。

23.6　皮层突触可塑性的基本机制

　　突触可以在没有任何电活动的情况下形成。然而，正如我们所看到的，发育过程中突触传递的唤起对连接的最后细化起了至关重要的作用。根据对视皮层和其他脑区经验依赖性可塑性的分析，我们可以为突触修饰总结出两条简单的"规律"：

1. 当突触前轴突产生兴奋，与此同时突触后神经元在其他突触输入的影响下被**强烈地激活**时，由该突触前轴突所形成的突触就得到加强。这是前面所提到的赫布假说的另一种表述。换句话说，**一起激活的神经元就连接在一起**。

2. 当突触前轴突产生兴奋，而与此同时突触后神经元被其他的突触输入**微弱地激活**时，由该突触前轴突所形成的突触则被减弱。换句话说，**非同步激活的神经元将失去它们的连接**。

关键之处似乎在于**关联性**（correlation）。记住，在 CNS 的绝大多数区域，包括视皮层，一个突触对突触后神经元的放电频率几乎没有影响。要被"听到"，该突触的活动必须与会聚于同一个突触后神经元上的许多其他突触输入的活动相关联。当该突触的活动始终与强烈的突触后反应相关联（因而，与许多其他突触输入活动一起活动）时，这个突触就会被继续保留并得到加强。当一个突触的活动没有与强烈的突触后反应相关联时，这一突触将逐渐减弱直至消失。通过这种方式，基于它们参与突触后伙伴放电的能力，突触得到了"验证"。

那么，这种基于相关性的突触修饰作用的机制是什么？回答这个问题需要了解脑内兴奋性突触传递的机制。

23.6.1 未成熟视觉系统中的兴奋性突触传递

谷氨酸是我们所讨论过的所有可修饰突触（视网膜-膝状体、膝状体-皮层及皮层-皮层）的神经递质，而且它可以激活几种突触后受体的亚型。回顾第6章的内容：神经递质受体可分为两大类：G蛋白耦联（或促代谢型）受体和递质门控离子通道（图23.27）。突触后谷氨酸门控离子通道允许带正电荷的离子进入突触后细胞，并能进一步被分类为 AMPA 受体或 NMDA 受体。AMPA 和 NMDA 受体共定位于很多突触上。

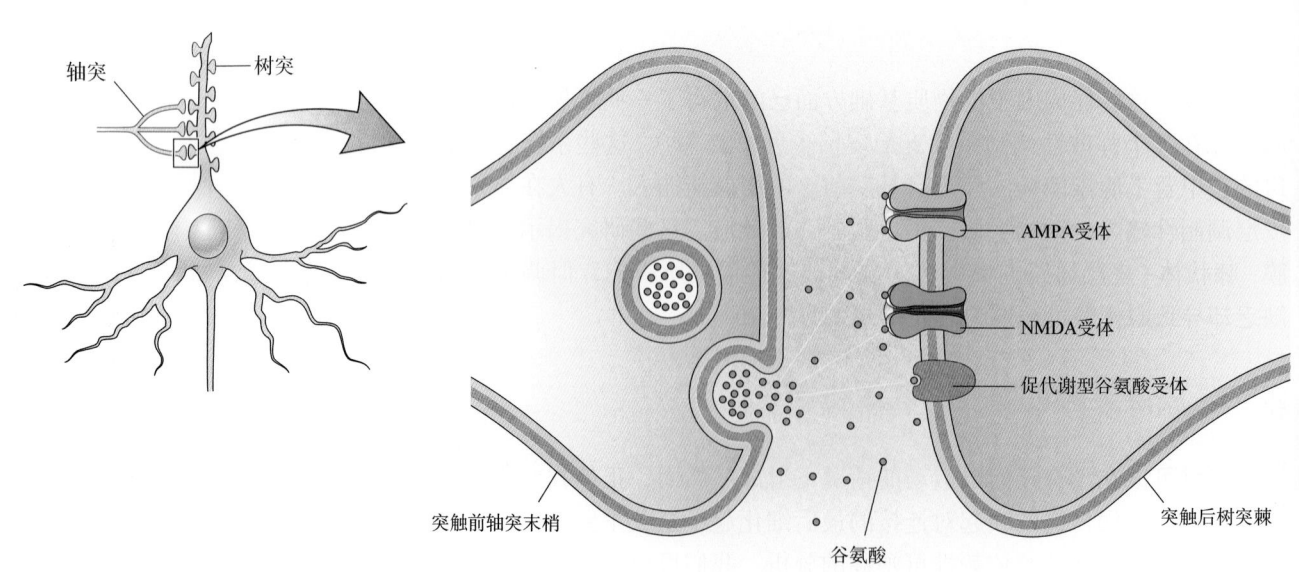

轴突　树突

AMPA受体

NMDA受体

促代谢型谷氨酸受体

突触前轴突末梢

谷氨酸

突触后树突棘

▲ 图23.27

兴奋性突触上的谷氨酸受体

NMDA受体具有两个不同寻常的特征，使其与AMPA受体相区别（图23.28）。首先，通道处Mg^{2+}的作用使NMDA受体的电导受电压门控。在静息膜电位状态时，Mg^{2+}移入通道会阻塞通道，从而阻断流过NMDA受体的内向电流。然而，随着膜电位的去极化，Mg^{2+}被从通道处移开，使电流可自由地进入细胞。因此，要有大量的电流通过NMDA通道，就需要突触前末梢谷氨酸的释放与突触后膜的去极化同时发生。NMDA受体的另一个显著的特征就是该通道允许Ca^{2+}流动。因此，**通过NMDA受体通道的Ca^{2+}流动幅度为突触前和突触后的共激活水平提供了特异性的信号。**

令人好奇的是，当一个谷氨酸能突触刚形成时，突触后膜上只有NMDA受体的出现。因此，当突触后膜处于静息电位时，单一突触释放的谷氨酸几乎不能诱发什么反应。只有当这类突触被同时激活，并产生足够大的突触后去极化反应以解除NMDA受体通道的Mg^{2+}阻断作用时，"沉默的"突触才能显示出它们的存在。换句话说，只有产生高度相关的活动时，"沉默的"突触才会"开口说话"——这是发育过程中突触增强的必要条件。

23.6.2 长时程突触增强

或许，NMDA受体的作用就像突触前和突触后同时激活的赫布检测器（Hebbian detector），而经由NMDA受体通道的Ca^{2+}内流则触发了修饰突触传递效能的生化机制。这一假说已经通过以下实验进行了验证：分别在NMDA受体强烈激活的前后一段时间，电刺激轴突以监测突触传递的强度（图23.29a，b）。结果始终一致地表明，NMDA受体强烈激活的一个后果是增强了的突触传递，这一现象称为**长时程增强**（long-term potentiation，LTP）。

什么可以解释突触的LTP？NMDA受体强烈兴奋，以及随之产生的Ca^{2+}大量内流进入突触后树突，这件事情的后果之一就是使新的AMPA受体嵌入突触膜（图23.29c）。正是这样的突触"AMPA化作用"（AMPAfication）使得突触传递增强。除了这一增补谷氨酸受体的变化，新的证据提示，LTP诱导后的突触实际上还能一分为二，形成两个不同的突触连接位点。

在组织培养中生长的皮层神经元可彼此形成突触，并可由电刺激激活。未成熟的突触含有大量的NMDA受体，但几乎无AMPA受体。LTP是突触成熟的机制，与该观点相一致的是，细胞培养中电激活的突触在发育过程中获得了AMPA受体。然而，如果NMDA受体被其对抗剂所阻断，这一变化则不会发生。因此，当突触前和突触后神经元同时放电时，NMDA受体的高度激活即可发生，这至少部分地解释了为什么在视觉系统发育过程中，它们得以连接在一起了。（我们将在第25章进一步讨论LTP及其分子基础。）

23.6.3 长时程突触压抑

非同步放电的神经元会失去它们彼此间的联系。例如，在斜视实验中，那些自身的活动与突触后细胞的活动没有关联的突触将削弱，然后被消除。同样，在单眼剥夺期间，被剥夺眼视网膜的残余活动没有与未被剥夺眼诱发的皮层神经元反应相关联，而且被剥夺眼的突触被削弱。什么机制可以解释这种突触可塑性呢？

原则上，较低的NMDA受体激活水平和较少的Ca^{2+}内流可能是神经元活动弱相关的信号。事实上，实验表明，在这些条件下所接纳的低水平Ca^{2+}会

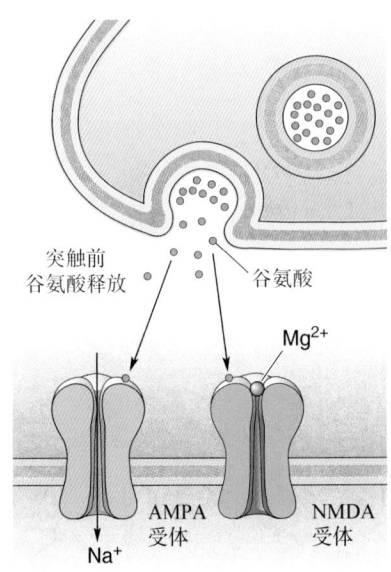

(a) 处于静息电位时的突触后膜

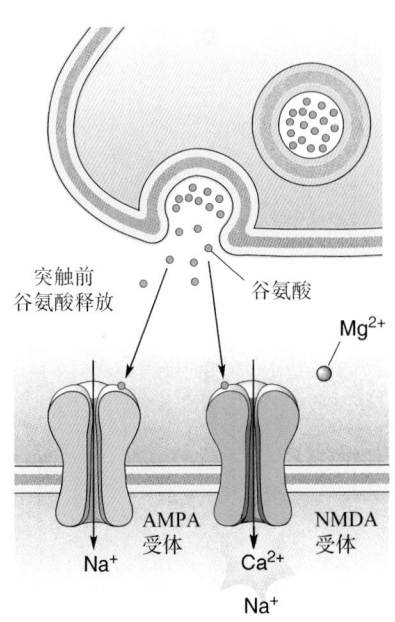

(b) 处于去极化电位时的突触后膜

▲ 图23.28

由突触前和突触后的同时活动所激活的NMDA受体。（a）突触前兴奋导致谷氨酸的释放，谷氨酸则作用于突触后的AMPA受体和NMDA受体。在负性的静息膜电位时，由于Mg^{2+}对NMDA通道的阻塞作用，几乎没有离子流过该受体。（b）如果谷氨酸的释放伴随有突触后的去极化，而且该去极化足以移走Mg^{2+}，那么，Ca^{2+}将通过NMDA受体进入突触后神经元。如果NMDA受体介导的Ca^{2+}的流入能触发突触效能的提高，就可以以此解释赫布修饰作用

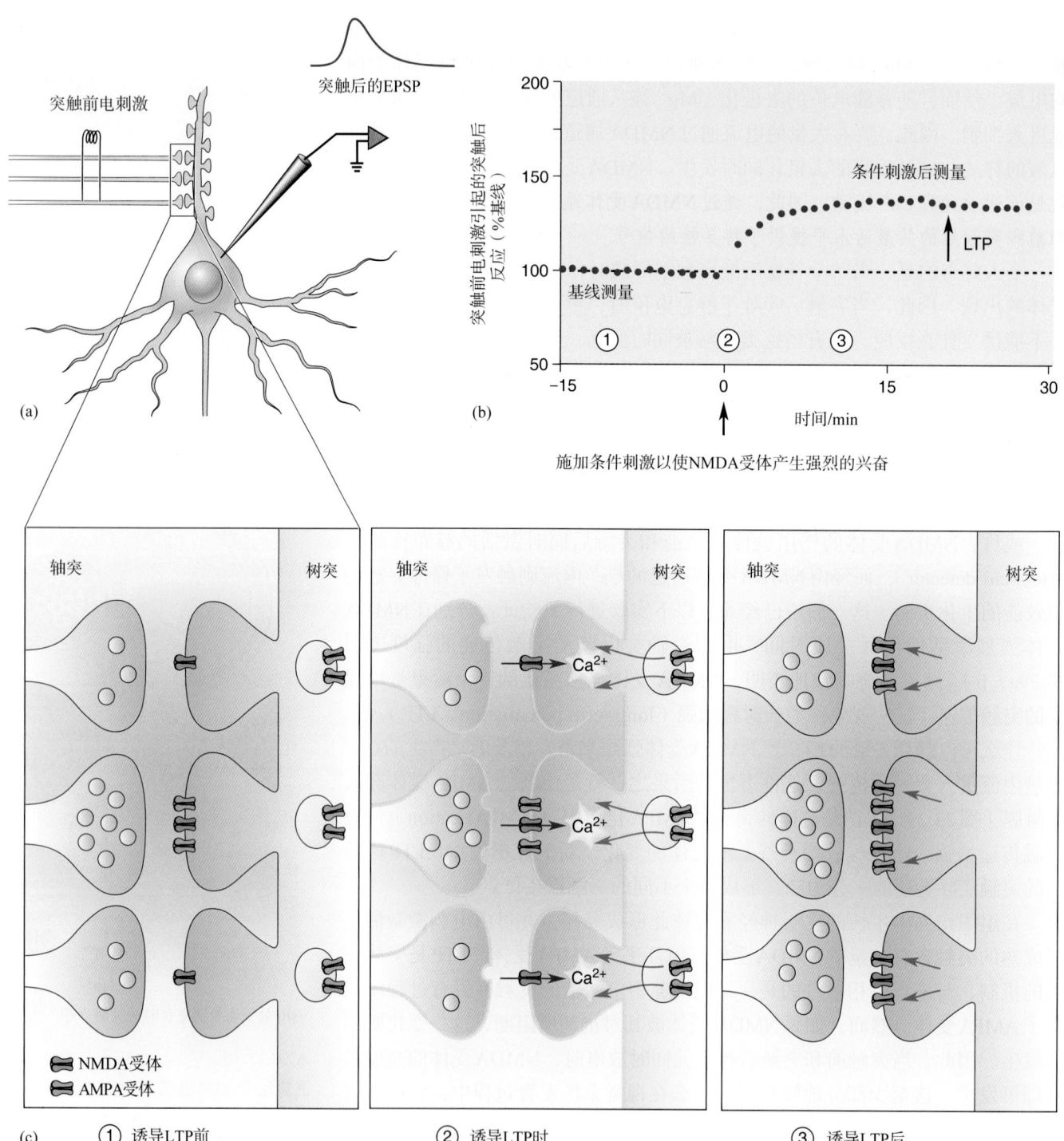

突触前电刺激

突触后的EPSP

(a)

(b)

突触前电电刺激引起的突触后反应（%基线）

200

150

100

50

基线测量

① ② ③

条件刺激后测量

LTP

-15 0 15 30

时间/min

施加条件刺激以使NMDA受体产生强烈的兴奋

(c)

轴突 树突

轴突 树突

轴突 树突

NMDA受体
AMPA受体

① 诱导LTP前

② 诱导LTP时

Ca²⁺

③ 诱导LTP后

▲ 图23.29

NMDA受体的高度激活所产生的持久性突触效应。（a）实验设置：通过电刺激突触前轴突诱发一个动作电位，并用微电极在突触后神经元中记录由此刺激引发的EPSP。（b）此图显示NMDA受体的高度激活是如何改变突触传递强度的。条件刺激是通过微电极向突触后神经元胞内注入去极化电流来实现的，与此同时重复地刺激突触。LTP即是突触传递增强的结果。（c）在许多突触中，LTP的产生与AMPA受体嵌入突触有关，而这些突触之前是没有AMPA受体的。带圆圈的数字对应于图b中LTP产生前后的时间点

触发相反的突触可塑性形式，即**长时程压抑**（long-term depression，LTD），突触传递效能会因此而降低。LTD诱导的后果之一是突触上AMPA受体的丢失，而LTD的长期后果是突触的消除。回想前面讨论过的，在神经肌接头，突触后受体的丢失也刺激了突触前轴突的回缩。

对大鼠和小鼠视皮层的研究证实，在单眼剥夺期间，AMPA受体从视皮层神经元表面丢失。这种变化，像视觉反应性的丧失一样，需要视觉剥夺眼视网膜中的残余活动和皮层中NMDA受体的激活。此外，选择性地抑制NMDA受体依赖的AMPA受体的内化，可以阻止单眼剥夺后的眼优势转移。因此，这至少可以在粗犷的轮廓上重建连接；那么，因动物闭上一只眼睛而导致单眼剥夺时会发生什么（图23.30）？眼睑的闭合可以阻止在视网膜上形成恰当的图像；因此，相关性较低的活动取代了相关性较高的视网膜神经节细胞活动，而这些相关性较低的活动可被视为静态的活动或噪声。这种对视皮层神经元的突触前输入活动很少能与强烈的突触后反应相关联，因此只能微弱地激活NMDA受体。不太多的Ca^{2+}内流通过NMDA受体启动一系列分

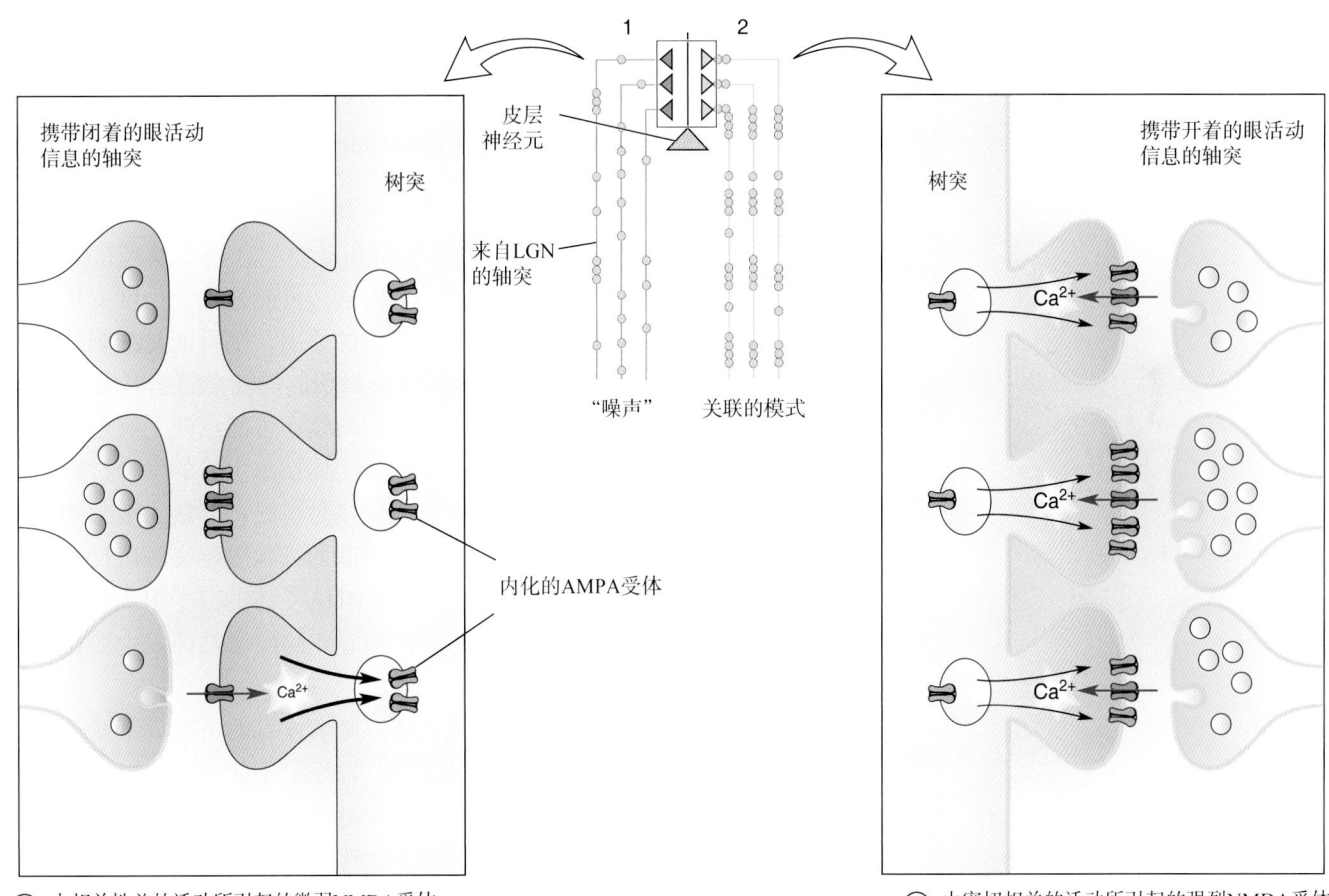

① 由相关性差的活动所引起的微弱NMDA受体　　　　　② 由密切相关的活动所引起的强烈NMDA受体
　　激活导致AMPA受体的丢失　　　　　　　　　　　　　激活维持AMPA受体的存在

▲ 图23.30

短暂的单眼剥夺怎样导致视觉反应性的降低。闭上一只眼睛会使相关性较低的"噪声"取代密切相关的突触前动作电位（黄点所示）。如本图所示，在视觉皮层中，这种噪音微弱地激活NMDA受体，而由此导致的细胞内微弱Ca^{2+}浓度增加，会引起AMPA受体的内化（左侧放大的图）。另一方面，密切相关的活动使突触后神经元强烈去极化，并引起细胞内Ca^{2+}的大量增加，这使得AMPA受体转移到突触上（右侧放大的图）

子事件，导致视觉剥夺的突触的AMPA受体被去除。由于只有较少的AMPA受体，这些突触就失去了对皮层神经元反应的影响。

……

在视觉系统中，突触前与突触后的关联是如何被用于细化突触连接的？到目前为止所积累的数据提示，发育过程中形成的一些连接的维持，依赖于它们成功地诱发NMDA受体介导的反应超过了某个阈值水平。如果反应达不到这一阈值，则会导致突触连接的丧失。上述两个过程都依赖于来自视网膜的活动、NMDA受体的激活及突触后的Ca^{2+}内流。

23.7　关键期为何会结束?

虽然视觉连接的可塑性在成年人脑中持续存在，但随着年龄的增长，这种可塑性所能发生的范围会随着年龄的增长而缩小。在发育早期，轴突轴柄能进行大体的重排，然而进入成年，可塑性似乎被局限在突触效能的局部变化上。另外，随着大脑的成熟，引起变化的适宜刺激（adequate stimulus）似乎也日益受到限制。一个明显的例子是，在婴幼儿期简单地将一只眼缝合就能使皮层浅表层中的双眼视觉连接发生重大的改变，而到了青春期，这种经历往往无法使皮层环路产生持久的改变。

关键期为何会结束？这里介绍目前流行的3个假说：

1. **当轴突生长停止时可塑性下降。**我们看到，在视觉经验的影响下，视皮层第IV层中的膝状体轴突能够收缩和延伸，这一现象可持续数星期。因此，限制第IV层关键期的一个因素，可能是轴突长度变化能力的丧失，而导致轴突长度变化能力丧失的原因，则可能是细胞外基质中的一些变化，或者是由少突胶质细胞所引起的轴突髓鞘形成。

2. **当突触传递成熟时可塑性下降。**关键期的结束可能反映了突触可塑性基本机制的变化。有证据证明，谷氨酸受体在出生后的发育过程中会发生改变。例如，已经证明，在双眼连接对单眼剥夺最为敏感的关键期内，促代谢型谷氨酸受体的激活所引起的纹状皮层突触后反应非常不同。另外，在关键期的不同阶段，NMDA受体的分子组成和特性也会变化。相应地，LTP和LTD的特性随着年龄的增长而发生变化，而且在某些突触上它们似乎一起消失了。

3. **当皮层的激活受到限制时可塑性下降。**随着发育的进行，某些类型的活动可能会被相继的突触接替过滤掉，以至于不能达到足以触发可塑性的程度，即这些活动不再能够激活NMDA受体或其他的可塑性基本机制。正如前面所提到的，ACh和NE或许仅仅是通过提高皮层内多突触传递的效能，即可促进皮层浅表层中的突触可塑性。这些神经递质效能的降低，或者影响它们释放条件的变化，也可能对可塑性的下降做出了贡献。的确，已有证据提示，给成年动物皮层补充NE可使其修饰能力得到一定程度的恢复。

也有证据显示，纹状皮层中内在的抑制性环路成熟较晚。因此，在出生后发育的早期，那些本来可以接触到皮层浅表层中可修饰突触的活动模式，到了成年期可能会被抑制作用所减弱。与抑制作用会调控关键期的时程的观点一致的是，新近的小鼠研究结果表明，通过基因操控以加速视皮层中GABA能抑制作用的成熟，也能缩短眼优势可塑性关键期的持续时间。相反，减缓抑制作用发育的基因操控则能够延长关键期。

关键期为什么会结束这个问题很重要。突触的修饰和环路的重新连接为中枢神经系统受损后某些功能的恢复提供了可能性。然而，令人感到失望的是，成年脑中的这种恢复是极为有限的。另一方面，在未成熟神经系统中，当突触重排还广泛存在时，这种脑损伤后的功能恢复能达到接近100%。因此，了解可塑性在正常发育过程中是如何被调节的，或许能为我们找到促进发育期之后的脑损伤修复提供一些方法。

23.8　结语

我们已经看到，脑发育过程中环路的形成主要发生在出生前，并且受到两个方面因素的引导，一个是由细胞与细胞间的物理接触而产生的交流所引导的；另一个是由弥散性化学信号所引导的。尽管如此，虽然绝大部分的"线路"都在出生前找到了自己合适的位置，但突触连接的最后细化（特别是在皮层中的突触连接的细化）还是发生在婴幼儿时期，并且受到感觉环境的影响。虽然我们在本章的讨论集中在视觉系统，但其他的感觉系统和运动系统在幼儿早期的关键期内也易于受到环境的修饰。以这种方式，我们的脑既是我们基因的产物，也是我们赖以成长的世界的产物。

关键期的结束并不意味着脑的经验依赖性突触可塑性的结束。确实，在整个生命过程中，环境必须修饰我们的脑，否则记忆的形成就没有了基础。在接下来的两章里，我们将探讨学习和记忆的神经生物学。我们将会看到，被提议用来解释学习的突触可塑性机制，与被认为在发育过程中的突触重排发挥作用的机制是非常相似的。

关键词

神经元的发生 The Genesis of Neurons
　放射状胶质细胞 radial glial cell（p.792）
　下板 subplate（p.794）
　神经前体细胞 neural precursor cell（p.795）
　皮层板 cortical plate（p.795）

神经元连接的发生 The Genesis of Connections
　生长锥 growth cone（p.802）
　细胞外基质 extracellular matrix（p.803）
　成束化、成束现象 fasciculation（p.803）
　细胞黏合分子 cell-adhesion molecule (CAM)（p.803）
　化学引诱物 chemoattractant（p.803）

轴突生长导向素 netrin（p.803）
化学排斥物 chemorepellent（p.804）
化学亲和性假说 chemoaffinity hypothesis（p.805）
ephrin蛋白 ephrin（p.805）

细胞和突触的消除 The Elimination of Cells and
　　Synapses
营养因子 trophic factor（p.810）
神经生长因子 nerve growth factor (NGF)（p.810）
神经营养因子 neurotrophin（p.810）
细胞凋亡 apoptosis（p.810）

活动依赖性的突触重排 Activity-Dependent
   Synaptic Rearrangement
赫布突触 Hebb synapse（p.813）
赫布修饰作用 Hebbian modification（p.813）
单眼剥夺 monocular deprivation（p.815）
关键期 critical period（p.815）
眼优势转移 ocular dominance shift（p.815）

双眼竞争 binocular competition（p.817）
斜视 strabismus（p.817）

皮层突触可塑性的基本机制 Elementary
   Mechanisms of Cortical Synaptic Plasticity
长时程增强 long-term potentiation（LTP）（p.821）
长时程压抑 long-term depression（LTD）（p.823）

复习题

1. 我们说皮层是"由内向外"发育的，这是什么意思？

2. 叙述通路形成的3个阶段。在哪一个（或哪些）阶段中神经的活动发挥了作用？

3. Ca^{2+}通过哪3种方式参与了突触形成和重排过程？

4. 单根肌纤维多神经支配的消除与LGN中视网膜末梢的分离相似吗？这两个过程有何不同？

5. 不久以前，当一个孩子在出生时患有先天性斜视，通常要到青春期之后这一缺陷才能被纠正；而今天，外科矫正总是试图在儿童早期就进行。为什么？斜视是怎样影响脑内连接和视觉功能的？

6. 儿童通常能毫不费力地学习几种语言，而大部分成年人为掌握一门第二语言就得付出极大的努力。从你所了解的脑发育的角度，谈谈为何上述说法是正确的。

7. 不同步激活的神经元会失去它们的连接，这是如何发生的？

拓展阅读

Cooke SF, Bear MF. 2014. How the mechanisms of long-term synaptic potentiation and depression serve experience-dependent plasticity in primary visual cortex. *Philosophical Transactions of the Royal Society of London*. Series B, Biological sciences 369, 20130284.

Dehay C, Kennedy H. 2007. Cell-cycle control and cortical development. *Nature Reviews Neuroscience* 8(6):438-450.

Goda Y, Davis GW. 2003. Mechanisms of synapse assembly and disassembly. *Neuron* 40:243-264.

Katz LC, Crowley JC. 2002. Development of cortical circuits: lessons from ocular dominance columns. *Nature Reviews Neuroscience* 3(1):34-42.

McLaughlin T, O'Leary DDM. 2005. Molecular gradients and development of retinotopic maps. *Annual Reviews of Neuroscience* 28:327-355.

Price DJ, Jarman AP, Mason JO, Kind PC. 2011. *Building Brains: An Introduction to Neural Development*. Boston: Wiley-Blackwell.

Wiesel T. 1982. Postnatal development of the visual cortex and the influence of the environment. *Nature* 299:583-592.

（高静 景键 译 王建军 校）

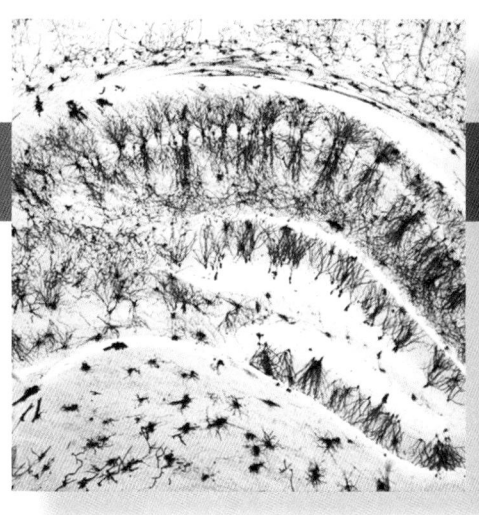

第 24 章

记忆系统

24.1　引言

　　脑由很多执行感觉、行为、情绪等功能的系统构成，每个系统包含数十亿个神经元，神经元间又互相形成大量的连接。在第23章，我们探讨了脑发育过程中指引这些系统构建的一些机制。尽管出生前发育是如此令人印象深刻且并然有序，但没有人会把一个新生儿与一个诺贝尔奖获得者混淆起来。他们之间的区别，在很大程度上可归结于这两个个体所学到的和记住的东西。从我们第一次呼吸的那一刻起，甚至可能在这之前，我们所经历的感觉刺激就会改变我们的脑，并影响我们的行为。我们学习不计其数的知识，有些是直接而具体的（如雪是冷的），另一些则是比较抽象的（如等腰三角形有两条等长的边）。我们学到的一些东西是很容易陈述的事实，而另一些东西（如开车或踢足球）则涉及习久成性的运动模式。我们将会看到，损伤脑的不同部位会对不同类型的记忆信息有不同的影响，这表明脑内存在不止一个记忆系统。

　　第23章提到的经验依赖性脑发育和本章所讲的学习密切相关。婴儿时期的视觉经历对视皮层的正常发育至关重要，使我们得以认出自己母亲的脸。视觉发育和学习可能具有相似的机制，但这发生在不同的时间和不同的皮层区域。从这个角度来理解，学习和记忆是脑环路对环境的终身适应过程，而这些适应过程使我们在碰到以前经历过的情况时能做出恰当的反应。

　　在本章，我们讨论记忆的解剖学结构，即存储特定类型信息的不同脑区。在第25章，我们将重点讨论脑内信息存储的基本分子机制。

24.2　记忆和遗忘的类型

　　学习（learning）是获得新知识或新技能的过程。**记忆**（memory）是对习得信息的保存过程。我们学会并记住许多不同的事情，但重要的是，这些不同的信息可能并非由相同神经结构来处理和存储。没有任何一个单独的脑结构或细胞机制能解释所有的学习过程。此外，特定类型信息的存储方式也可能会随时间而改变。

24.2.1　陈述性和非陈述性记忆

　　心理学家对学习和记忆进行了广泛的研究，并对看似不同类型的学习和记忆进行了区分。对我们有用的是陈述性记忆和非陈述性记忆之间的区别。

　　在一生中，我们学到许多事实，比如泰国的首都是曼谷；Darth Vader（达斯·维德）是卢克·天行者（Luke Skywalker）的父亲（二者均为《星球大战》系列电影中的角色——译者注）。我们也会记住生活中的一些事件，例如，"昨天的神经科学测验真是太有趣了！""我五岁的时候，曾经带着我家那条叫'阿克森'（Axon；作者在这里一语双关地隐喻'轴突'——译者注）的狗一起去游泳。"对事实和事件的记忆称为**陈述性记忆**（declarative memory）（图24.1）。我们在后面将会探讨陈述性记忆的一个区别，即对自传式生活经历（autobiographical life experience）的**情景记忆**（episodic memory）和对事实的**语义记忆**（semantic memory）之间的区别。我们平常生活中所说的"记忆"一般指的是陈述性记忆，但实际上我们还记住了许多其他的东

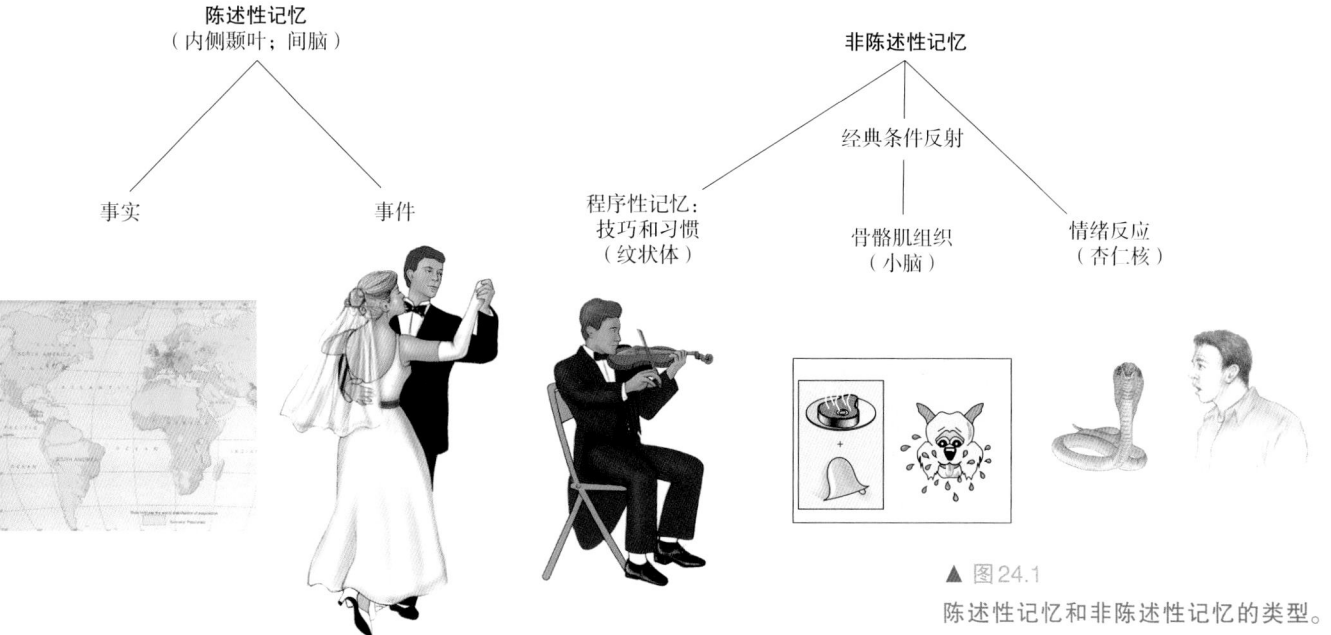

陈述性记忆
（内侧颞叶；间脑）

事实　　　　　事件

非陈述性记忆

经典条件反射

程序性记忆：
技巧和习惯
（纹状体）

骨骼肌组织
（小脑）

情绪反应
（杏仁核）

▲ 图24.1
陈述性记忆和非陈述性记忆的类型。参
与各种类型记忆的大脑结构（注意本图
未包含所有记忆类型）（此图右侧经典条
件反射类下的狗的食物性条件反射图有
误，请参阅图24.3图注中的译者注——译
者注）

西，即**非陈述性记忆**（nondeclarative memory）。非陈述性记忆分为几类，这
里我们最关注的是**程序性记忆**（procedural memory），即对技巧、习惯和行为
的记忆。我们学会弹钢琴、掷飞盘、系鞋带，而这些都存储在我们脑中的某
个地方。

通常，陈述性记忆要有意识地回忆才能被提取，但我们学会的技巧，以
及已经形成的条件反射和情绪联系则无须有意识地回忆即可被顺利提取。正
如老话说的那样，你永远不可能忘记怎样骑自行车。你可能已经不能清晰地
记得自己第一次骑上两轮自行车的那一天（记忆的陈述性部分），但一旦你
骑上自行车，你的脑子就记得怎么去骑（记忆的程序性部分）。非陈述性记
忆通常也被称为**内隐记忆**（implicit memory），因为它源于直接的经历。而陈
述性记忆则常常被称为**外显记忆**（explicit memory），因为它是更有意识地努
力回忆的结果。

陈述性记忆与非陈述性记忆的另一区别是，陈述性记忆通常容易形成，
也容易被遗忘。相比之下，非陈述性记忆的形成则需要更长时间的重复和
练习，但不太容易被遗忘。想想记住你在聚会上碰到的人的名字（陈述性记
忆）和学习滑雪（非陈述性记忆）之间的区别。虽然脑能存储多少陈述性记
忆并没有明确的上限，但在获取这类新信息的难度和速度方面却有很大的差
异。对记忆力特别好的人的研究表明，脑存储陈述性信息的上限非常之高
（图文框24.1）。

24.2.2　程序性记忆的类型

我们将关注的非陈述性记忆的类型是程序性记忆，这种记忆涉及学习对
一种感觉输入做出特定的运动反应（即"程序"）。程序性记忆主要通过两种
类型的学习而形成：非联合型学习和联合型学习。

非联合型学习。非联合型学习（nonassociative learning）描述的是对单一

图文框24.1 趣味话题

超常记忆

有些人拥有惊人的记忆力，这提示，一般而言人类可能拥有非常大的记忆容量。例如，英国画家Stephen Wiltshire（斯蒂芬·威尔特希尔，1974—，英国著名记忆画家，一位孤独症患者，但具有惊人的记忆力和绘画天赋，被称为"人肉照相机"——译者注）可以仅凭记忆画出巨幅的城市景观图；他最为精美的作品是一幅十米宽的东京精准复原图，这是他乘坐直升机在城市上空飞行仅仅30 min后，在7天之内绘制的。在罕见的超忆（hyperthymesia），又称超常自传式记忆（superior autobiographical memory）病例中，患者几乎对其生活中的每一天都有外显记忆。美国女演员Marylu Henner就有这种能力。

对于超常记忆，最早也最详尽的记载之一来自俄罗斯心理学家Aleksandr Luria（亚历山大·鲁利亚，1902.7—1977.8，苏联神经心理学家，被誉为现代神经心理学之父——译者注）。20世纪20年代，有个名叫Solomon Shereshevsky的人去见Luria，从此开始了一项长达30年的研究，对这个被Luria简称为S的人的非同寻常的记忆进行研究。Luria在他的书《记忆大师的心灵》（*The Mind of a Mnemonist*）中，对这项研究做了非常精彩的描述。起初，Luria给S做一些传统的测试，如记忆一大堆单词、一串数字或无意义的音节。他朗读一遍之后，让S重复。令Luria大为吃惊的是，没有哪项测试能难倒S。即使他连续念出70个单词，不管是从前往后、从后往前，还是以其他任何顺序，S都能重复出来。在Luria和S共事的许多年间，Luria从未达到S的记忆力的上限。在测试S的记忆力时，他甚至能记得15年前看过的清单！

S是如何做到这些的？他自己描述了几个可能有助于他产生强大记忆力的因素。一个因素是他对刺激有不寻常的感觉反应，他所见过的一切都在他脑中留有清晰生动的画面。如果给他看一个写在黑板上的含有50个数字的表格，他声称能很容易地逐行或者以对角线方向念出，因为他只需要回忆起整个表格的画面就行了。有趣的是，他偶尔犯的错误大多是念错而非记错。例如，当这些数字书写得潦草时，他会把3错当成8，把4错当成9。他回忆这些信息时，仿佛又看见了黑板和黑板上的数字。

S对刺激的感觉反应还有另一个有趣的特点，就是拥有一种强大的联觉。**联觉**（synesthesia）是指这样一种现象：一种感觉的刺激引起多种感觉，而这些感觉通常是与另一种感觉的刺激，或者是与同一种

类型刺激做出的行为反应随时间推移的变化。非联合型学习分为两种类型：习惯化和敏感化。

假设你住在一所只有一部电话的住宅里。电话一响，你就跑去接，但每次来电都是找别人的。时间一长，你就不再对电话铃声做出反应，最终甚至不再注意铃声是否响起。这类学习就是**习惯化**（habituation），即学习忽略无意义的刺激（图24.2a）。你已经习惯了很多刺激。也许就在你读到这句话的时候，外面有汽车和卡车开过，有狗在叫，你的室友在弹同一首已经弹了上百遍的曲子——而你几乎完全没有注意到这一切。换言之，你已经习惯这些刺激了。

现在，我们再假设一下，当你夜间漫步于灯火通明的城市街道上，突然停电了。你听到脚步声在你身后响起——这在平时并不会打扰到你，但此时你却可能被吓得魂不附体。汽车前灯的强光出现，你快速反应，侧身避开车行道。这就是由强烈的感觉刺激（如停电引起的灯光熄灭）引起的**敏感化**（sensitization），这类形式的学习可以加强你对所有刺激的反应，即使是那些

感觉的不同刺激相关联的。例如，当 S 听到一个声音时，除了听觉，他还会看到五色斑斓的光，可能他的嘴里还会尝到某种味道。这种对感觉输入的多模态反应可能会促使脑形成特别强的记忆痕迹。

当意识到自己的记忆力不同寻常之后，S 辞去了记者一职，成为一名职业舞台表演者——一名记忆术演员。为了记住试图难倒他的观众给出的庞大的数字或单词表，S 运用记忆"技巧"来补充他对刺激的持久感觉反应和他的联觉。为了记住一长串数字或单词，他利用了每个数字或单词都能唤起某种视觉形象的事实。当观众读出或写出一长串数字或单词时，S 就想象着他正徜徉在自己的家乡；观众每给出一个数字或单词，他就把由这个数字或单词在脑中所激发出来的视觉形象沿途摆放——比如，把第一个数字或单词唤起的形象摆放在信箱旁边，把第二个数字或单词唤起的形象摆放在灌木丛边，以此类推。为了稍后回忆这些数字或单词，他只要想象自己走在同样一条路上，沿途捡起他放下的东西就行了。尽管我们可能不具有 S 那样复杂的联觉，但这种将要记忆的内容与熟知的事物联系起来的古老技巧是我们都可以运用的。

S 的超常记忆能力对他来说并非总会带来好处。虽然外界刺激诱发的复杂感觉能帮助他记住一串串数字和单词，但这些复杂感觉对于整合和记忆更复杂的

事物来说，却是一种干扰。他很难辨认面孔，因为每当一个人的表情发生变化时，他会因为联觉"看到"不断变化的光和影，这会把他弄糊涂。另外，S 也很难听懂别人讲的故事，因为他无法忽略具体用词而将注意力集中在重要的主题思想上——这种感觉体验的爆炸使他不知所措。想象一下，要不断受到由每一个单词所引发的持续视觉图像，加上由朗读故事的人的语调所引发的声音和视觉图像的轰炸，将会是多么令人困惑和无所适从。

S 也存在无法遗忘的问题。当他作为一名职业记忆术演员进行表演并被要求记住写在黑板上的内容时，不能遗忘更加成为他的一个大问题。这是因为他会看到许多不同场合写在黑板上面的东西。尽管他想尽各种办法试图将过去的信息忘掉，例如，在脑海中想象将黑板擦干净，但无一奏效。只有集中注意力，并主动地告诉自己忘掉那些信息，他才能忘记。对我们绝大多数人来说的记住困难忘容易在 S 身上似乎正好相反。

我们不知道 S 超常记忆的神经基础。也许他缺乏我们大多数人所拥有的分离不同感觉系统产生的感觉的能力，这可能促成了一种异常强大的记忆多模态编码；也许他的突触比正常人的更具可塑性。遗憾的是，我们永远不会知道这里面的原因究竟是什么。

之前很少或不会引起你任何反应的刺激（图24.2b）。

联合型学习。 在**联合型学习**（associative learning）中，行为随着事件之间形成关联而发生改变，但这种改变与非联合型学习中由同一种刺激所引起的反应改变不同。联合型学习通常分为两种类型：经典条件反射和工具式条件反射。

经典条件反射（classical conditioning）是19世纪与20世纪之交，由著名的俄国生理学家 Ivan Pavlov（伊万·巴甫洛夫，1849.9—1936.2，条件反射学说和两个信号系统学说的创立者，于1904年获得诺贝尔生理学或医学奖——译者注）在狗身上发现并描述的。经典条件反射涉及将一种会引起可测定反应的刺激与另一种通常并不会引起这种反应的刺激关联起来。第一种刺激，即通常引起可测定反应的那种刺激，称为**非条件刺激**（unconditional stimulus，US），这是因为对这个刺激而言，不需要进行任何训练（即条件化，conditioning），它就可以引起一个反应。在 Pavlov 的实验中，US 是狗看

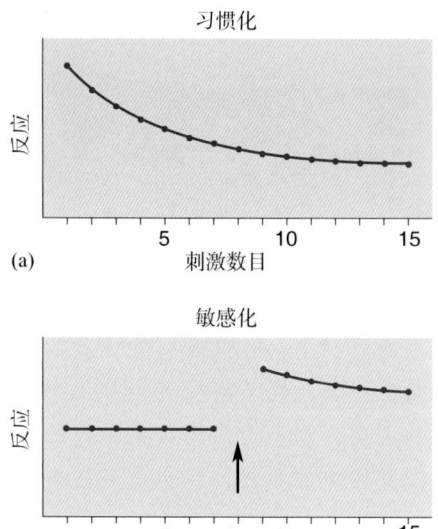

▲ 图24.2

非联合型学习的类型。（a）习惯化时，反复呈现的相同刺激导致反应逐步减小。（b）敏感化时，一个强烈的刺激（由箭头标示）会导致对此后所有刺激的反应过度

到了一块肉，而它对此的反应是分泌唾液。第二种刺激通常不会引起同样的反应，称为**条件刺激**（conditioned stimulus，CS），因为动物需要经过训练（条件化）才能产生这种反应。在Pavlov的实验中，CS是一种听觉刺激，如铃声。训练是反复将肉的出现和铃声进行**配对**（pairing）（图24.3a）。经过多次这样的配对后，没有看到肉而仅仅是听到铃声，这只狗就会分泌唾液了。这说明狗已经学会将铃声（CS）与肉的出现（US）关联起来了（图24.3b）。这种对条件刺激的习得性反应称为**条件反应**（conditioned response，CR）。

工具式条件反射（instrumental conditioning；又称operant conditioning，操作式条件反射——译者注）是由哥伦比亚大学（Columbia University）心理学家Edward Thorndike（爱德华·桑代克，1874.8—1949.8，美国心理学家，心理学行为主义的代表人物之一，被认为是教育心理学的奠基人——译者注）在20世纪初发现并进行研究的。在工具式条件反射中，受试对象学习将一个反应（即一个动作）与一个有意义的刺激（通常是食物等奖励）关联起来。举例来说，设想将一只饥饿的大鼠放在一个盒子里，盒中有可以发放食物的控制杆。在探索盒内环境时，大鼠偶然触碰到控制杆，一块食物因而弹了出来。在这种愉快的意外发生过几次后，大鼠知道了只要触压控制杆就能得到食物奖励。于是，大鼠会不断地触压控制杆（并吃掉弹出的食物）直到它不再饥饿。与经典条件反射一样，工具式条件反射的建立是学习一种预测关系。在经典条件反射中，受试对象通过学习得知一个刺激（CS）可以预测另一个刺激（US）的到来。在工具式条件反射中，受试对象通过学习可以得知一个特定的行为会导致一个特定的结果。由于动机在工具式条件反射中发挥着如此重要的作用（毕竟，只有饥饿的大鼠才会为了获得食物奖励而去触压控制杆），介导工具式条件反射的神经环路要比简单的经典条件反射所涉及的神经环路复杂得多。

▶ 图24.3

经典条件反射。（a）在条件反射建立前，铃声（条件刺激，CS）不会引起反应，这与看到一块肉（非条件刺激，US）引起的反应形成鲜明对比。（b）条件反射的建立必须要将铃声与看到肉进行配对。在狗学会将铃声与肉关联起来之后（即条件反射建立后），当铃声响起但不给出肉时，狗也会分泌唾液（注意：在图b的上图中，铃铛和肉的位置有误，应该是铃铛在上方，肉在下方，即在训练狗建立条件反射的过程中，铃声与肉的配对应该是先给出铃声，后给出肉——译者注）

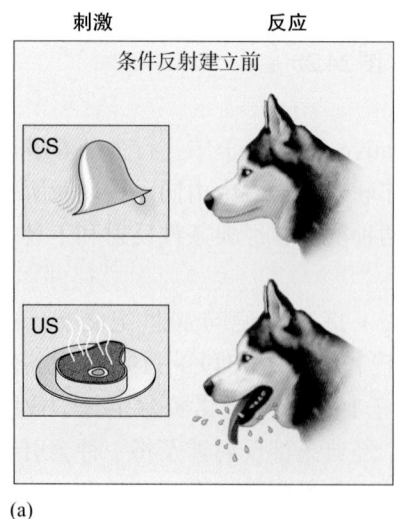

(a)

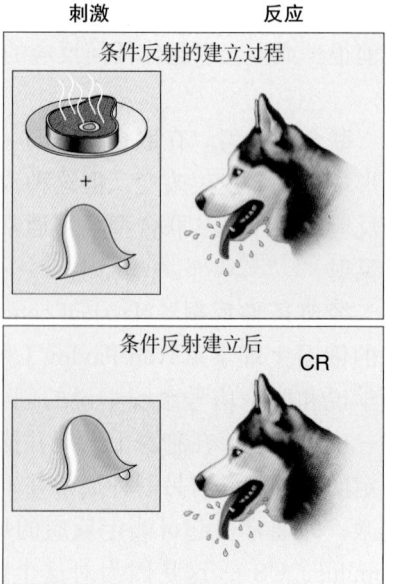

(b)

24.2.3 陈述性记忆的类型

根据日常经验，我们知道有些记忆比其他记忆更持久。**长时程记忆**（long-term memory）是那些你在最初存储之后，经过几天、几个月或几年还能回忆起来的记忆。当然，那些形成长时程记忆的信息只占我们每天经历的一小部分。大部分信息只会在我们脑中短暂地存留数小时。这些**短时程记忆**（short-term memory）有一个共同的特点，就是它们很容易被破坏。例如，短时程记忆能够被头部创伤或用于治疗精神疾病的电休克疗法（electroconvulsive therapy，ECT）所消除。但同样的创伤和ECT不会影响很久以前存储于脑中的长时程记忆（如童年记忆）。这些观察导致了这样一种观点：事实和事件存储在短时程记忆中，而其中的一部分可以通过一个被称为**记忆巩固**（memory consolidation）的过程转变为长时程记忆（图24.4）。

第二种全然不同的信息短暂存储形式是**工作记忆**（working memory），这种记忆的持续时间仅数秒钟。与上面一段描述的短时程记忆不同，工作记忆的容量非常有限，而且需要反复地复习（rehearsal）。因此，人们常说工作记忆是被"保持在脑海中的信息"（information held "in mind"）。当有人告诉你他（她）的电话号码时，你可以通过反复默念该号码来将其记住一段时间。通过重复信息来给记忆"保鲜"是工作记忆的一个特点。如果一个电话号码太长（比如加上了代表某个国家区号的几位数字），你可能根本就记不住这个号码。数字信息有可能通过记忆巩固最终转化为长时程记忆。一个人的工作记忆能力可以通过测量他的**数字广度**（digit span）来了解，数字广度是指一个人听到一串随机数字后能重复念出的数字的个数。一般人的数字广度是7±2个数字。工作记忆与短时程记忆的区别在于：容量非常有限、需要重复、保持的时间很短。

有趣的是，有报道说，有些人在皮层损伤之后，对来自一种感觉系统的信息有正常的记忆（例如，他们能够记住看到的数字，并且所记住的数字个数与其他人一样多），但这些人对来自另一种感觉系统的信息却有严重的记忆缺陷（例如，他们记不住别人对他们说的超过1个的数字）。这种在不同感觉模态中具有不同数字广度的现象，与脑中存在多个信息短暂存储区域的概念是一致的。

24.2.4 遗忘

众所周知，在日常生活中，遗忘几乎和学习一样经常发生。不太常见的是，某些脑疾病和脑损伤会引起记忆和/或学习能力的严重丧失，这些现象称为**遗忘[症]**（amnesia）。脑震荡、慢性酒精中毒、脑炎、脑肿瘤和脑卒中都可能破坏记忆。你很可能看过这样的电影或电视节目，一个人在经历了某些创伤后，第二天醒来不知道他（她）自己是谁，也不记得过去的事情了。

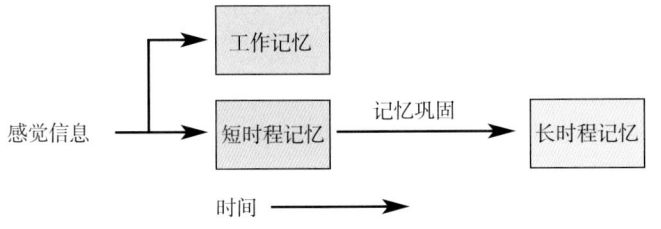

◀ 图24.4
记忆巩固。感觉信息可以被短暂地存储于容易被破坏的短时程记忆中。稳定的长时程记忆通过记忆巩固而形成。另一种类型的记忆，即工作记忆，被用来把信息"保持在脑海中"

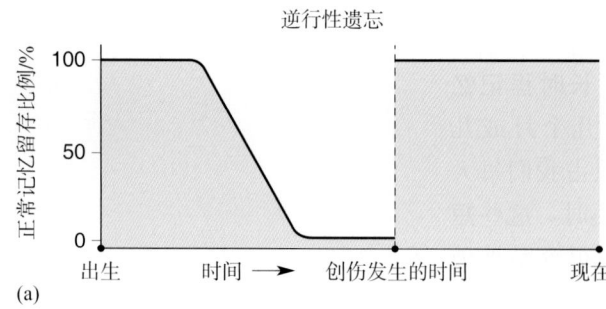

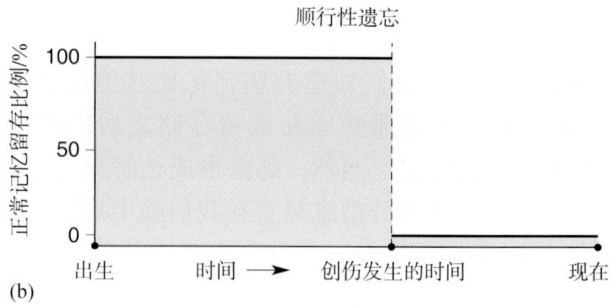

▲ 图24.5

脑创伤导致的遗忘症。(a) 在逆行性遗忘中，创伤前一段时间内的事情会被遗忘，但创伤前更加久远的记忆和创伤后的记忆依然完整。(b) 在顺行性遗忘中，创伤前的事情依然可被记住，但对创伤后发生的事情却不能记忆

那种对过去事情和信息的绝对遗忘其实是极其罕见的。更常见的是，创伤引起一定程度的记忆缺陷，并伴随其他非记忆性缺陷。如果遗忘症不伴有任何其他认知缺陷，则称为**分离性遗忘症**（dissociated amnesia）（即记忆缺陷与其他脑功能缺陷是分开的）。我们将着重讨论分离性遗忘症的例子，因为从中可以比较清楚地看出记忆缺陷与脑损伤之间的关系。

脑损伤后，可能发生两种不同类型的记忆丧失：逆行性遗忘和顺行性遗忘（图24.5）。**逆行性遗忘[症]**（retrograde amnesia）以对脑创伤之前发生事情的记忆丧失为特征；换言之，你会忘记自己已经知道的事情。对于重症患者，创伤前学习到的所有陈述性信息可能会被彻底遗忘。更常见的情况是，逆行性遗忘的症状表现为，脑创伤之前数月或数年内发生的事情被遗忘了，但更早以前的记忆却越来越鲜明。这种旧的记忆随着时间的推移而逐渐消失的现象明显地反映了记忆存储的变化性，我们将在第25章进一步讨论这个问题。**顺行性遗忘[症]**（anterograde amnesia）则是指脑创伤后不能形成新的记忆。如果顺行性遗忘很严重，患者则可能完全不能学习并记住任何新事物。病情较轻的患者，学习可能会比较慢，而且需要比正常人更多的学习次数。在临床上，不同严重程度的逆行性遗忘和顺行性遗忘往往同时发生。

举一个可以帮助你区分逆行性和顺行性遗忘的例子：假设在你大学一年级的最后一天，你从一个朋友的宿舍前经过。在学期结束的兴奋中，你的朋友把她的书扔出窗外，正好砸在你的头上。如果这一创伤导致你出现逆行性遗忘，你可能会想不起来前一天参加的期末考试，或者更严重的话，你可能会忘掉大学一年级时所修过的所有课程。而如果这一创伤导致你患上顺行性遗忘，你可能会记得事故前考过的试，但当你大学毕业的时候，你可能想不起来事故后曾被救护车送去医院，也想不起来你的朋友当时曾不停地向你道歉，或者甚至想不起来大学一年级之后你曾养伤的那个夏天。

有一种涉及更短时程的遗忘称为**短暂性全面遗忘**（transient global amnesia）。这是一种突然发作的顺行性遗忘，仅仅持续数分钟至数天，通常伴有对发作前短时间内所发生事件的逆行性遗忘。在发病期间，患者可能会有些许恍惚，反复询问同样的问题，但他（她）的神志是清醒的，并且工作记忆（如数字广度）也是正常的。在数小时内，这种症状通常会消退，但患者会留下一段永久性的记忆空白。

短暂性全面遗忘对于患者和目击者来说都是很可怕的。虽然它的致病原因尚不明确，但短暂的脑缺血（即脑部供血的暂时减少）或脑创伤（如车祸或打橄榄球时头部受到重击）导致的脑震荡可能会引起这种遗忘。也有报

道称癫痫发作、躯体应激、药物、冷水淋浴，甚至性行为都可能会引起这种短暂性全面遗忘，可能是由于这些因素都会影响大脑的血流量。有很多病例与使用止泻药克清诺（clioquinol，即氯碘羟喹，市场上已禁售——译者注）有关。虽然我们目前还不清楚短暂性全面遗忘究竟是由什么原因引起的，但它可能是那些对学习记忆至关重要的脑结构短暂性血液供应不足的结果。另外，某些疾病、脑创伤和环境毒素也能引起其他形式的短暂性遗忘。

24.3　工作记忆

　　我们的脑通过感觉系统获取各种信息，但是，就像在第21章讨论的那样，我们只会注意到其中的一部分。为了满足眼前的行为上的需求，这些感觉信息中的一部分被以工作记忆的形式"保持在脑海中"，就像我们为了打电话而必须记住一个号码那样。与长时程记忆不同，工作记忆的容量很小，这个特征从我们在前文中所提到的数字广度上就可以看出来。然而，对工作记忆容量的量化有些微妙之处。例如，工作记忆可以保存更多简短的常用词。此外，如果能将单词或数字拆分成一段段有具体意义的内容（例如，将一个12位数字拆分成3个年份就很容易记住，如1945 1969 2001），则可以将更多的单词和数字保存在工作记忆中。工作记忆可被看作一种能以多种方式使用的有限资源；因此，工作记忆在信息的存储量和精确度上存在某些权衡，而这些权衡会受到信息的行为学意义的影响。

　　存储在工作记忆中的信息可以被转化为长时程记忆，但其中大部分信息在不再需要时就会被丢弃。那么，信息是如何通过工作记忆在脑中被保持足够长的时间从而发挥作用的？对动物和人类的研究提示，工作记忆并非只是一个单一的系统，而是脑中多个位置的新皮层都具有的一种能力。为了进一步阐明这一点，我们来看几个额叶和顶叶皮层工作记忆的例子。

24.3.1　前额叶皮层和工作记忆

　　灵长类动物（特别是人类）与其他哺乳动物之间一个最明显的解剖学区别，就是灵长类动物有很大的额叶。额叶头端的**前额叶皮层**（prefrontal cortex）高度发达（图24.6）。与皮层的感觉区和运动区相比，目前我们对前额叶皮层的功能知之甚少。但是，由于人类的前额叶皮层发育得非常完善，我们通常认为它与那些人类有别于其他动物的特征相关，如自我意识、对复杂事件的规划能力和解决问题的能力等。

　　最早的一些提示额叶在学习与记忆中有重要作用的证据，来自20世纪30年代开展的**延迟反应任务**（delayed-response task）实验。在这个实验中，桌上放着两个相同的盖子，先让猴子看见食物被放入其中一个盖子下方的食物槽中。接下来是一段延迟期，在此期间不让猴子看见桌子。最后，再次让猴子看见桌子，如果它选择了正确的食物槽，就可以获得食物作为奖励。大面积的前额叶损毁会严重地破坏猴子在延迟反应任务中的表现，也会破坏猴子在其他含有延迟期的任务中的表现。此外，延迟期越长，猴子的表现越差。这些结果提示，前额叶皮层可能通常参与了信息在工作记忆中的保持。

　　最近进行的实验提示，前额叶皮层与解决问题和策划行为的工作记忆

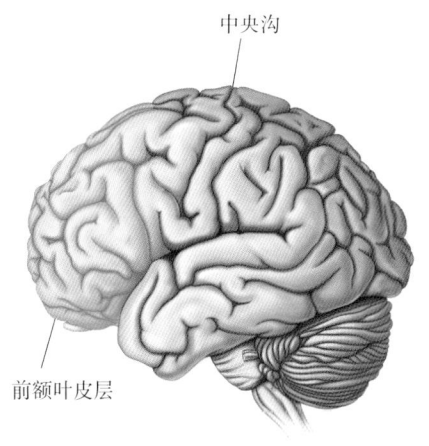

▲ 图24.6

前额叶皮层。中央沟头侧的大脑结构是额叶。前额叶皮层处于额叶前部，接受丘脑背内侧核的传入

首先按颜色分类

然后按形状分类

▲ 图24.7

威斯康星卡片分类测验。卡片上印有不同数量的彩色符号，首先按符号的颜色分类。在做出一系列正确的分类后，规则变为按符号的形状分类

有关。证据之一来自前额叶损伤患者的行为。回想一下第18章讨论过的Phineas Gage的例子。一根铁棍穿过了Gage的头，对他的额叶造成了永久性的严重损伤，此后Gage很难完成一系列的行为。尽管他能在不同的情况下做出恰当的行为，但可能由于额叶受损，他很难对这些行为进行计划和组织。

威斯康星卡片分类测验（Wisconsin card-sorting test）可以检验出与前额叶皮层损伤有关的问题。受试者被要求对一摞印有不同数量的彩色几何形状的卡片进行分类（图24.7）。这些卡片可以按颜色、形状或图形数量来进行分类，但在测试开始时，受试者不会被提前告知分类的规则。受试者开始把卡片分为几摞，在其出现分类错误时会得到提示，通过这一过程受试者可以知道要使用的分类规则。在正确分完10张卡片后，分类规则会被改变，受试者再从头开始。为了在这个测试中表现优秀，受试者必须记住前面的卡片是如何放置的和所犯的错误，从而计划好下一张卡片该放到哪一类里去。分类规则改变后，前额叶损伤的受试者在执行该任务时会陷入极大的困难，他们会继续按照已不再适用的规则来进行分类。似乎他们工作记忆的缺陷限制了他们利用最新获取的信息来改变行为的能力。

在其他任务中也可以观察到同样的工作记忆缺陷。例如，让一个前额叶损伤的患者走出画在纸上的迷宫。尽管患者理解该任务，但他（她）会重复犯相同的错误，回到死胡同。换言之，这些患者无法像正常人那样从最近的经历中学习，这提示他们存在工作记忆缺陷。

前额叶皮层神经元有多种反应类型，其中一些反应类型可能反映了这些神经元在工作记忆中的作用。图24.8展示了在一只猴子进行延迟反应任务时记录到的两种神经元反应模式。上图中的神经元在猴子第一次看到两个食物槽时放电，在延迟期内无反应，而在猴子再次看到食物槽时又会放电（图24.8a）。也就是说，该神经元的反应仅与猴子受到的视觉刺激有关。更有趣的是另一个神经元的反应模式，它只在延迟期内放电（图24.8b）。这个细胞在猴子第一次和第二次看到食物槽时，都没有被直接激活。而其在延迟期内的放电增加，可能与猴子在延迟期后做出正确选择（即获取食物——译者注）所需信息的保持（retention，即工作记忆）有关。

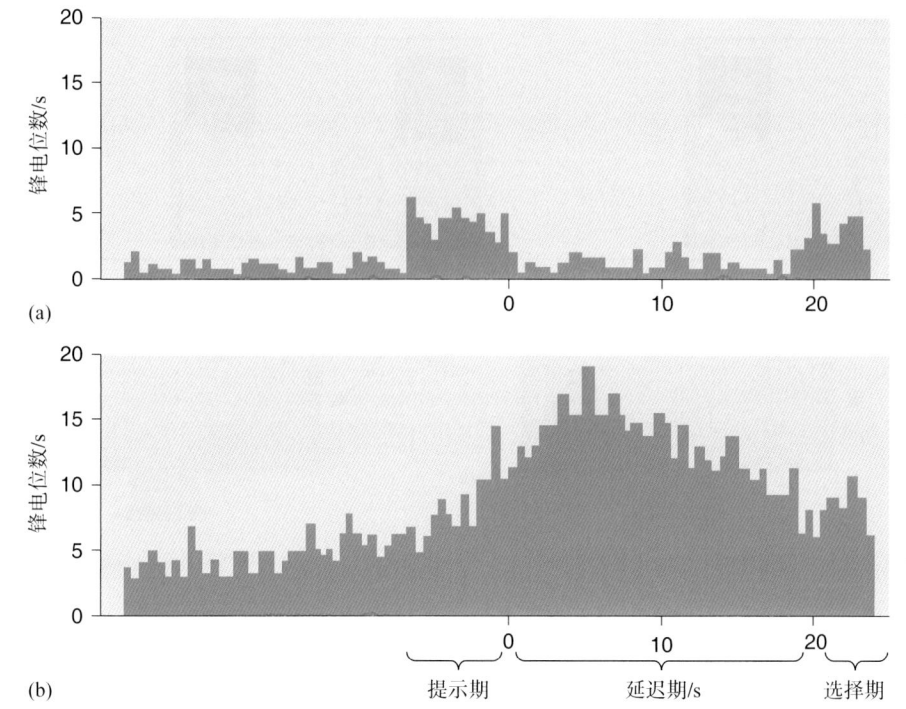

(a)

(b)

提示期　　　延迟期/s　　　选择期

◀ 图 24.8

猴子前额叶皮层中的工作记忆活动。图中两幅直方图展示了一只猴子在执行延迟反应任务时记录到的两个前额叶皮层神经元的活动。在时长为 7 s 的提示期内，食物在猴子的视野范围内被放进两个食物槽中的一个。在延迟期，猴子看不到食物槽；延迟期结束后，猴子可以选择其中一个食物槽以获得食物奖励（即选择期）。（a）该细胞在猴子第一次看到两个食物槽和延迟期后再次看到两个食物槽时均有反应。（b）该细胞在延迟期（此期内无视觉刺激）的反应最强（改绘自：Fuster，1973，图 2）

人脑工作记忆的成像。人脑成像实验表明，前额叶皮层中的多个脑区都与工作记忆有关。在 Courtney 等人的一项研究中，当受试者执行两项工作记忆任务时，用正电子发射体层成像（PET）记录他们的脑活动。在面孔识别任务中，连续短暂地展示 3 张面孔照片，每张照片出现在不同的位置，受试者需要观察并记住每张面孔。在测试阶段，在一个新位置上展示一张面孔照片，受试者需要指出这张面孔是否和他之前记住的 3 张面孔中的一张相同（图 24.9a）。在位置识别任务中，使用相似的范式，但受试者的任务变为要记住延迟期之前所展示的 3 张面孔的位置，而对面孔的识别则无关紧要。在该测试阶段，会展示第 4 张面孔，受试者需要答出这张新面孔是否与之前记住的 3 张面孔中的一张出现在相同的位置上（图 24.9b）。这两个实验的目的都是要发现在识记（memorization）阶段与测试阶段之间的延迟期里的脑活动，因为在延迟期里，受试者必须将信息保持在"脑海"中。在第一个实验中，需要保持的信息是 3 张不同的面孔；而在第二个实验中，需要保持的信息是 3 个不同的空间位置。

图 24.9c 和图 24.9d 显示了在上述两个实验中有显著工作记忆活动的脑区。额叶中的 6 个脑区在延迟期有显著的持续活动，提示它们在工作记忆中发挥作用。其中，3 个脑区对面孔识别比对空间位置表现出更强的持续反应，1 个脑区对空间记忆有更强的反应，2 个脑区在面孔记忆与空间记忆任务中的活动相当。一个有趣但尚未被回答的问题是，其他类型信息的工作记忆是被保持在相同的脑区还是在不同的脑区。

24.3.2　LIP 区和工作记忆

在额叶以外的皮层区域中，也发现了可能参与保持工作记忆信息的神经元。在第 14 章，我们介绍过一个 6 区的例子（图 14.9）。另一个例子来自**顶内**

面孔识别任务

位置识别任务

识记

延迟

测试

(a)

(b)

识记

延迟

测试

测试面孔与之前记住的某张面孔是否相同？

测试面孔的位置与之前那些面孔的位置是否相同？

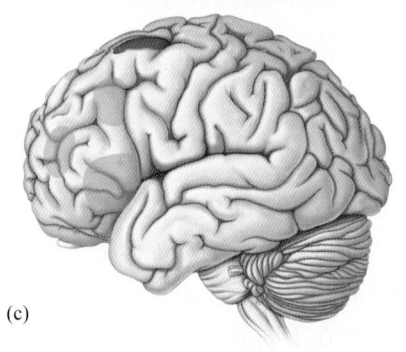
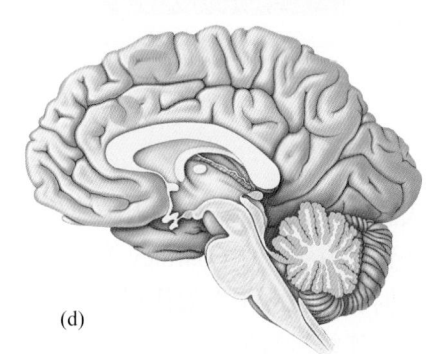

(c)

(d)

▲ 图24.9

人脑在两项工作记忆任务中的活动。（a）在面孔识别任务中，让受试者依次看3张面孔照片（在此图中一并呈现）。受试者要记住这3张面孔，并在一段延迟期之后，看一个新位置上呈现的一张测试的面孔照片。受试者需要指出这张测试的面孔是否与之前记住的某张面孔相同。（b）在位置识别任务中，依次呈现3张面孔照片，受试者要记住这3张面孔在显示器上的位置。在测试阶段会呈现第4张测试的面孔，受试者需要指出测试面孔的位置是否与之前识记阶段某张面孔的位置相同。（c）和（d）分别为上述两项任务中脑活动成像的外侧面视图和内侧面视图。额叶中的6个脑区显示出与工作记忆相关的持续活动。图中3个蓝色脑区在面孔识别任务中有更强的活动，两个绿色脑区在面孔识别测试和空间位置识别任务中的活跃程度相当，而红色脑区则在位置任务中更加活跃（改绘自：Haxby等，2000，图5）

沟外侧皮层（lateral intraparietal cortex，area LIP；简称LIP区），这是一个埋藏于顶内沟中的皮层区域（图21.18）。由于电刺激LIP区能引起猴子眼睛的扫视运动（saccade），该区被认为参与指导眼球的运动。猴子的LIP区中许多神经元的反应提示它们也参与了某种工作记忆。这种神经元的反应模式在**延迟扫视任务**（delayed-saccade task）中很明显。在该任务中，动物需要盯着计算机屏幕上的一个固定光点，然后有一个目标光点会在这个固定光点的某个外围位置上短暂地闪烁（图24.10a）。在目标光点消失后，会有一段不同时长的延迟期。延迟期结束时，固定光点消失，动物需要将眼睛向先前记住的目标光点位置做扫视运动。图24.10b展示了猴子完成上述延迟扫视任务时一

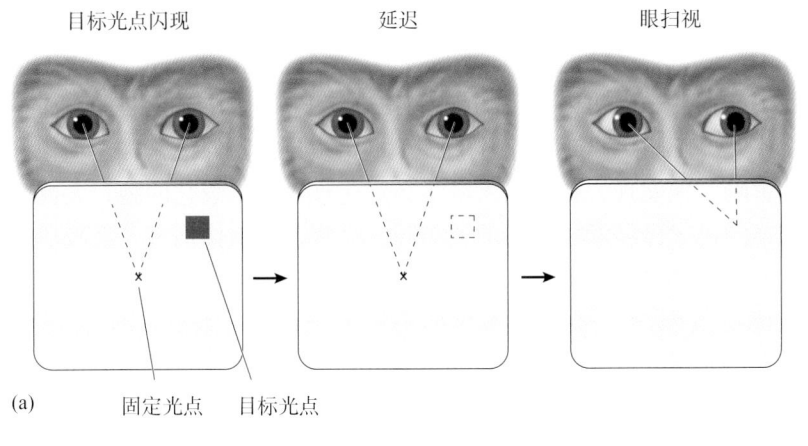

目标光点闪现　　　　　延迟　　　　　眼扫视

(a)　　　固定光点　　目标光点

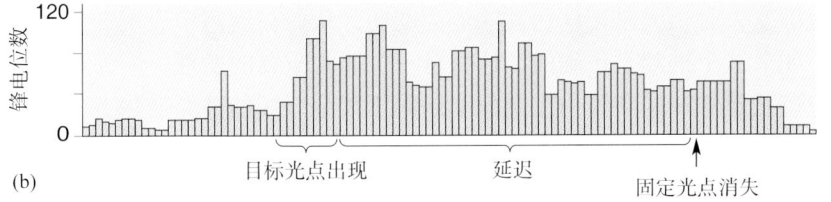

(b)　　目标光点出现　　　延迟　　　　固定光点消失

▲ 图 24.10

延迟扫视任务。（a）为了获得果汁奖励，猴子经过训练学会以下行为：首先，猴子盯着显示屏中央的一个光点，此时一个目标光点在外围闪烁。在目标光点消失后的延迟期里，猴子继续盯住中央的固定光点（虚线方块表示的是猴子记住的目标光点出现过的位置）。在延迟期结束时，固定光点消失，动物将目光扫视到先前记住的目标光点的位置。（b）直方图显示了一个 LIP 神经元的反应。该神经元在目标光点出现后开始放电，并在延迟期内持续放电，直至固定光点消失且眼扫视运动开始时才结束放电（改绘自：Goldman-Rakic，1992，第 113 页的图和 Gnadt and Andersen，1988，图 2）

个 LIP 神经元的反应。该神经元在周围目标光点出现后不久就开始发放，这看起来很像一个正常的由刺激所诱发的反应。但是，这个细胞在整个延迟期内都持续地放电，而在延迟期内并无任何刺激。只有当眼扫视运动开始后，这个神经元才停止放电。采用同样的延迟扫视任务的进一步实验表明，LIP 神经元的反应暂时保持了产生眼扫视运动所需的信息。

顶叶和颞叶皮层的其他区域也有类似的工作记忆反应。这些区域似乎是模态特异性的，就像 LIP 区的反应是对视觉特异的。这和临床观察是一致的，即人类皮层损伤后所引起的听觉和视觉的工作记忆缺陷是独立的。

24.4　陈述性记忆

我们已经知道了感觉信息可以通过工作记忆被暂时保持在脑海中，但脑怎样把信息保持得更久一些呢？早在人类进化到能通过画脑的卡通图来突击应付神经科学考试以前，我们就需要记住很多的事情——可以饮水的河流的位置，去哪儿能找到食物，哪个洞穴才是自己的家。要想理解陈述性记忆存储的神经机制，我们首先需要了解它在脑中存储在哪里。换句话说，我们必须先探讨记忆的部位，即**记忆痕迹**（engram 或 memory trace）的位置。举例来说，当你学习了某个外语单词的意思时，这个信息保存在你脑中的什么地方——记忆痕迹在何处？

24.4.1　新皮层和陈述性记忆

在 20 世纪 20 年代，美国心理学家 Karl Lashley（卡尔·拉什利，1890.6—1958.8，美国心理学家，生理心理学的先驱——译者注）通过实验研究了脑损毁对大鼠学习的影响。由于 Lashley 对新皮层的细胞构筑相当熟悉，他着手验证记忆痕迹是否存在于特定的大脑皮层联络区（见第 7 章），这在当时是被普遍认为的。

在一个典型的实验中，他训练一只大鼠跑迷宫以获取食物奖励。在第一次训练中，大鼠很久才能找到食物，因为它经常进入死胡同而不得不掉头重新寻找。在同一个迷宫内跑了几次之后，大鼠学会了避开死胡同，而径直跑到食物那里。Lashley 当时研究了损毁不同的皮层区域对大鼠在这项任务中的表现的影响。他发现，在一只大鼠学会跑迷宫后再损毁它的脑，大鼠就会经常出错，跑进它已经学会避开的死胡同。显然，脑损伤伤害乃至破坏了大鼠关于如何获取食物的记忆。

脑损伤范围的大小和位置是如何影响学习和记忆的呢？有趣的是，Lashley 发现学习和记忆缺陷的严重程度与脑损伤的大小有关，但显然与损伤在皮层中的**位置**无关。他基于这些发现推测，皮层的所有区域对学习和记忆的贡献是相等的（即**等势的**，equipotential）。因此，这仅仅是一个当皮层损伤范围变大时，大鼠记住迷宫的能力变弱，从而在迷宫中表现变差的简单问题。如果这个推测是正确的，这将是一个非常重要的发现，因为这意味着记忆痕迹是建立在遍布整个皮层而非局限于某个区域的神经变化上的。这种解释的问题在于，Lashley 实验中的脑损伤范围都很大，以至于每次损毁都会破坏参与学习或记忆迷宫任务的多个脑区。另一个问题是，大鼠可能会通过几种不同的方式——视觉、触觉和嗅觉——来破解迷宫，而一种感觉的记忆缺失可能会被另一种感觉的记忆所弥补。

后来的研究证明，Lashley 的结论是错误的。并非所有皮层区域对所有的记忆的贡献都是相同的。尽管如此，他有两点结论是正确和重要的，即所有皮层都参与了记忆的存储，且记忆痕迹可以广泛地分布在脑中。Lashley 对学习和记忆的研究产生了重大的影响，因为他启发了其他科学家去思考记忆的分布方式，即记忆很可能是存储在大脑皮层的大量神经元中的。

Hebb 和细胞集群。Lashley 最著名的学生是在第 23 章介绍过的 Donald Hebb（唐纳德·赫布）。Hebb 认为，在人们希望能够了解外部事件在脑内的表征是如何被存储及存储在哪里之前，至关重要的是先知道外部事件是如何在脑的活动中被表征的。在他 1949 年出版的非凡著作《行为的组织》（*The Organization of Behavior*）中，Hebb 提出，外部事物在脑内的表征是由所有被该外部事物激活的皮层细胞组成的（在图 24.11 中以圆圈表示）。Hebb 把这群同时激活的神经元称为一个**细胞集群**（cell assembly）（图 24.11a）。Hebb 设想这些细胞之间都是相互连接的。只要神经活动通过细胞集群内的相互连接持续地回荡（reverberation），这种外部事物的脑内表征就会一直保持在工作记忆中。Hebb 进一步假设，如果细胞集群的激活持续足够长的时间，就会通过"生长过程"（growth process）使这些细胞间的相互连接更加有效（Hebb 曾写道：如果一个神经元持续激活另一个神经元，前者的轴突将会生长出突触小体，如果已经存在突触小体，则该突触小体会继续长大，并与后者的胞体相连接——译者注），从而对记忆进行巩固；也就是说，"一同发放的神经元会连接在一起"（neurons that fired together would wire together）（图 24.11b）。随后，如果这个细胞集群中只有一小部分细胞被后来的刺激激活（在图 24.11 中以圆圈的 4 段圆弧表示），此时已经增强了的相互连接就会引起整个细胞集群的再次激活，从而回忆起与外部刺激相对应的整个脑内表

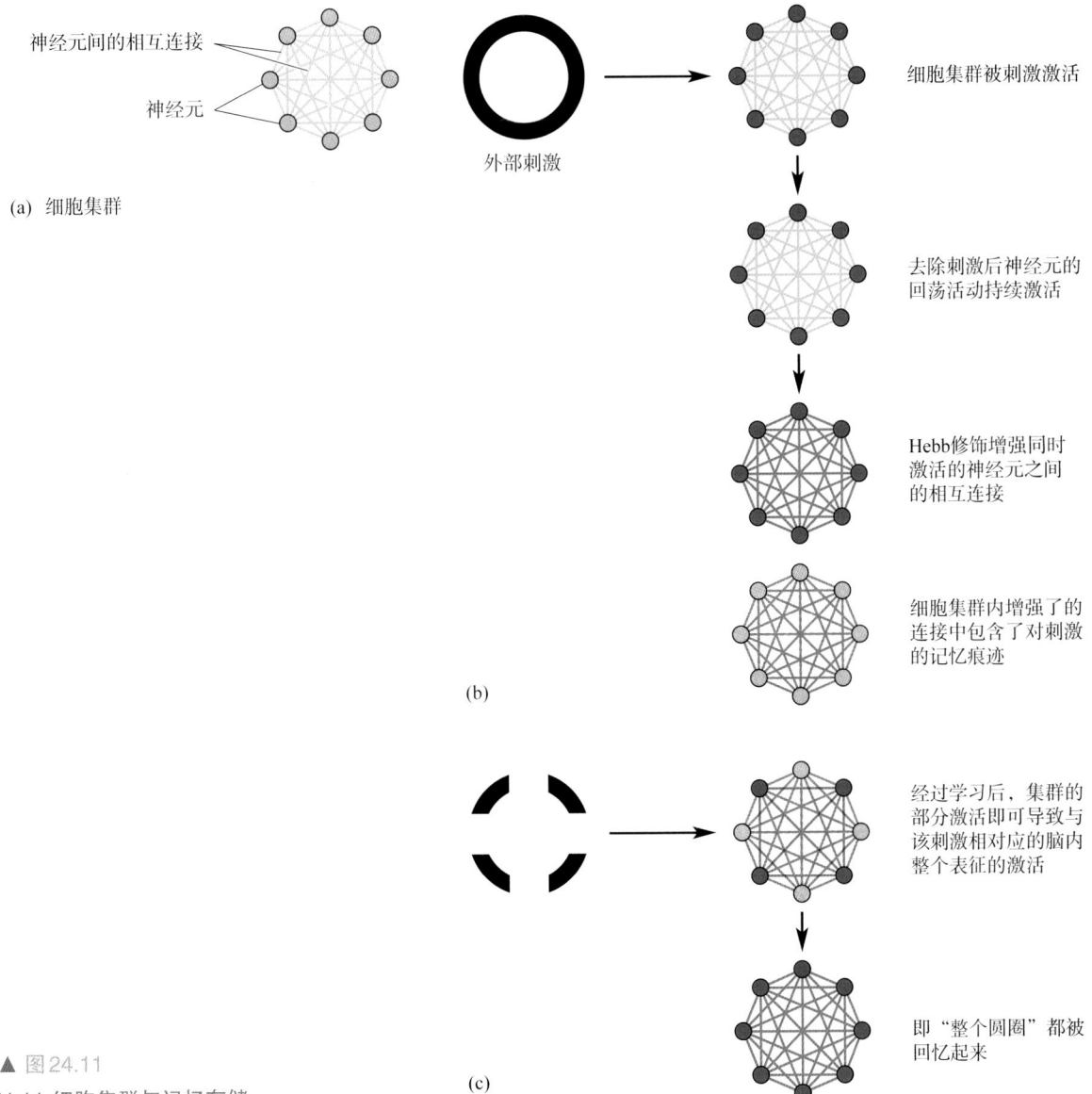

(a) 细胞集群

神经元间的相互连接
神经元

外部刺激

细胞集群被刺激激活

去除刺激后神经元的
回荡活动持续激活

Hebb修饰增强同时
激活的神经元之间
的相互连接

细胞集群内增强了的
连接中包含了对刺激
的记忆痕迹

(b)

经过学习后，集群的
部分激活即可导致与
刺激相对应的脑内
整个表征的激活

即"整个圆圈"都被
回忆起来

(c)

▲ 图 24.11
Hebb 细胞集群与记忆存储

征，在本例中即整个圆圈（图 24.11c）。

　　Hebb 关于记忆痕迹的重要假设有两层内涵：（1）记忆痕迹可能广泛地分布于细胞集群的细胞连接中；（2）记忆痕迹可能涉及与感觉和知觉有关的同一群神经元。仅仅破坏集群内的一小部分细胞不会消除记忆，这可能解释了 Lashley 的实验结果。Hebb 的理论启发了神经网络计算机模型的发展。尽管需要对 Hebb 最初的假设稍做修改，但在第 25 章，我们会看到这些模型已成功地模拟了人类记忆的许多特征。

　　那么，一门外语的记忆痕迹存于何处呢？让我们来看看大脑颞叶和顶叶中那些通常处理语言的脑区。这些脑区的损伤会破坏你对一个外语词汇的记忆，但你仍能完整地记得你出生于国外的祖母的脸。不过，虽然陈述性记忆可能最终留存于新皮层的许多区域之中，但数十年来的研究表明，在这一步发生之前，它们必须先经过内侧颞叶中的一些结构。下面，就让我们来看看相关的证据。

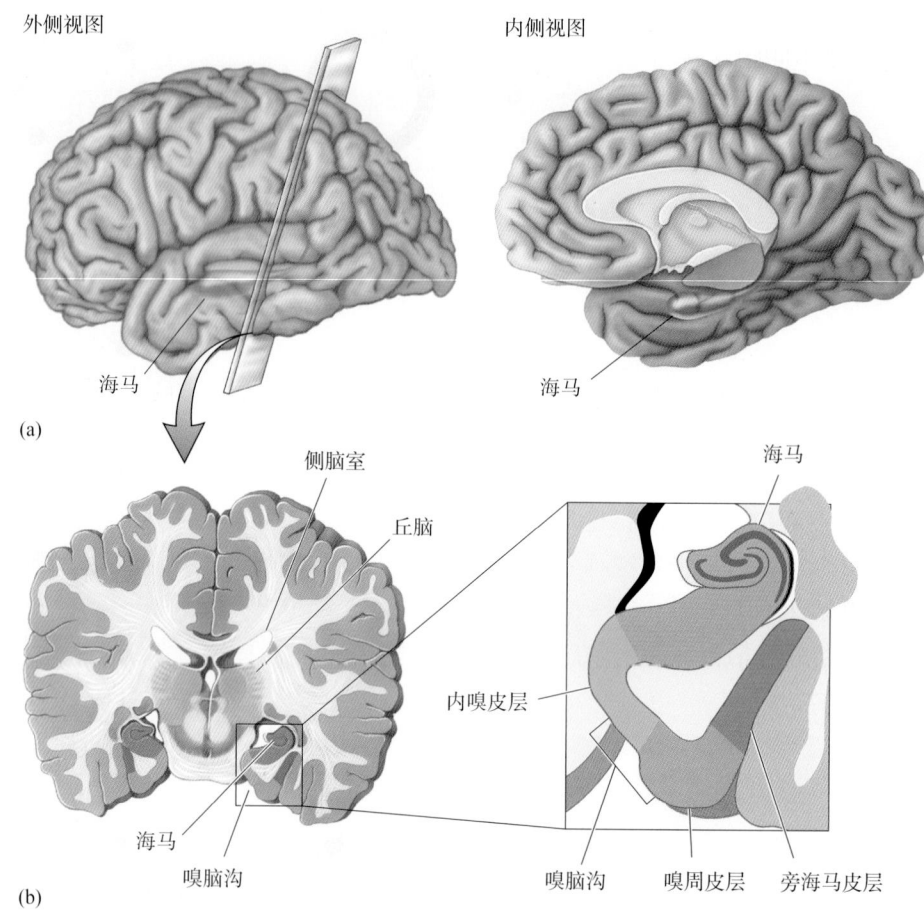

外侧视图　　　　　　内侧视图

海马　　　海马

(a)

侧脑室
丘脑
海马
嗅脑沟
内嗅皮层
嗅脑沟　嗅周皮层　旁海马皮层

(b)

▶ 图24.12

参与陈述性记忆形成的内侧颞叶结构。（a）脑的外侧视图和内侧视图，显示颞叶中海马的位置。（b）脑的冠状切面显示内侧颞叶中的海马和皮层

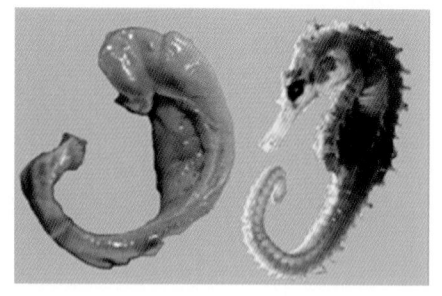

▲ 图24.13

海马。在希腊神话中，海马（hippocampus）是一种长着马的头和海豚或鱼的尾巴的神兽。这张图片的左边显示了一个从脑中解剖出来的海马，右边则显示了一只海洋中的海马（图片来自：Laszlo Seress/Wikimedia Commons）

24.4.2　涉及内侧颞叶的研究

许多不同的实验表明，内侧颞叶中的一些结构在陈述性记忆的巩固和存储中尤为重要。例如，在颞叶中进行电刺激或神经记录的实验。更进一步的证据则来自颞叶受损所导致的遗忘症的病例。在进一步探讨那些提示记忆存储涉及内侧颞叶的研究之前，让我们先来看看这个脑区的解剖结构。

内侧颞叶的解剖结构。颞叶（temporal lobe）位于颞骨下方，之所以得此名，是因为随着时间的推移，颞颥部的毛发往往最先变白（*tempus* 在拉丁语中意为"时间"）。虽然颞叶在命名上和时间相关联是偶然的，但脑的这个区域的确对于记住过去的事情特别重要。颞叶的内侧部包括了颞叶新皮层及一组与新皮层相互连接的结构，前者可能是长时程记忆的存储部位，而后者对于陈述性记忆的形成至关重要。

上述结构中最为关键的是海马及其附近的皮层区域，以及将这些结构与大脑其他部分连接起来的通路（图24.12）。正如我们在第7章看到的，**海马**（hippocampus）是位于侧脑室内侧的一个折叠结构。Hippocampus的意思是seahorse（海马），在图24.13中可以看到这两者的相似之处［Hippocampus来自希腊语的 *hippos*（马）和 *kampos*（海怪），由于海马这一脑结构酷似海马，故得其名——译者注］。海马的腹侧是三个围绕着嗅脑沟（rhinal sulcus）的重要皮层区：**内嗅皮层**（entorhinal cortex），它构成了嗅脑沟内侧部的沟壁；

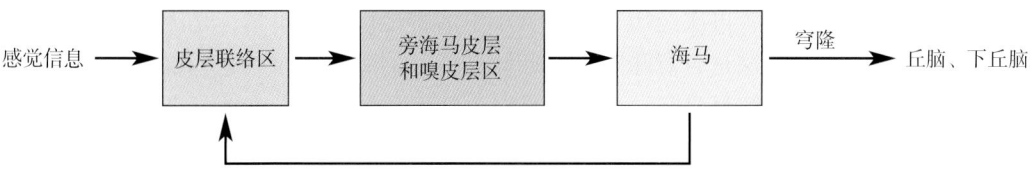

▲ 图24.14
通过内侧颞叶的信息流

嗅周皮层（perirhinal cortex），它构成了嗅脑沟外侧部的沟壁；而旁海马皮层（parahippocampal cortex）则位于嗅脑沟的外侧。（下面，我们将把内嗅皮层和嗅周皮层统称为嗅皮层。）

　　内侧颞叶的输入信息来自大脑皮层联络区，包含有来自所有感觉模态的高度加工后的信息（图24.14）。例如，下颞叶视皮层（inferotemporal visual cortex，IT区）投射至内侧颞叶，但纹状皮层等低级视觉区则不投射至内侧颞叶。这意味着内侧颞叶的输入包含了复杂的表征，可能是具有重要行为学意义的感觉信息，而不是只对明暗边界等简单特征的反应信息。输入信息首先进入嗅皮层和旁海马皮层，然后再传递到海马。海马的一条主要输出通路是穹隆（fornix），它绕过丘脑，终止于下丘脑。

　　人脑颞叶的电刺激。提示颞叶新皮层存储陈述性记忆痕迹的最耐人寻味且最受争议的研究之一涉及对人脑进行电刺激。在第12章和第14章中，我们讨论了 Wilder Penfield 的工作。作为严重癫痫手术治疗的一部分，在切除癫痫易发区之前，他们要对患者脑的许多部位进行电刺激。刺激躯体感觉皮层引起患者皮肤某些区域的刺痛感，而刺激运动皮层则可导致某一块特定肌肉的抽搐。

　　电刺激颞叶有时会引起比刺激其他脑区更复杂的感觉。在许多情况下，Penfield 的患者所报告的感觉，听起来像是幻觉，或者是对往事的回忆。这与颞叶癫痫发作能引起复杂感觉、行为和记忆的报道一致。以下是 Penfield 对一次手术的部分描述：

　　　　手术时，刺激患者右侧第一颞回前部的一个点时，导致他（患者）说，"我感觉好像我在学校的洗手间里。"五分钟后，即在其他部位进行阴性刺激之后，电极又重新插回同一刺激点附近。患者随后说到了一些关于"街拐角"的事。外科医生问他"在哪儿？"，他回答道："印第安纳州的南本德市（South Bend），雅各布（Jacob）街和华盛顿（Washington）街的拐角。"当请他解释一下时，他说他仿佛正看着自己——一个年轻时的自己。（Penfield，1958，第25页）

　　另一位患者报告了相似的闪回感。当她的颞叶皮层被刺激时，她说，"我想我听到一位母亲正在什么地方喊她的小男孩，这好像是多年前发生的事情。"当刺激另一个位点时，她又说："是的，我听到了声音。这是一个深夜，在嘉年华附近的什么地方——像是某个巡回的马戏团……我刚看到许多他们用来拖运动物的大篷车。"

这些患者再次经历了他们早年生活曾经历过的事情，是因为电刺激唤起了记忆吗？这是否意味着记忆存储在颞叶的新皮层中？这些都是很难回答的问题！一种解释是，这些感觉是对过往经历的回忆。如此复杂的感觉只有在刺激颞叶时才会产生，这一事实提示，颞叶可能在记忆存储中起着特殊的作用。然而，颞叶刺激实验的其他一些结果并不能明确地支持记忆痕迹被电刺激激活了的假说。例如，有些接受脑部刺激的患者说他们看到了自己，而这并非是我们平常会有的经历。并且重要的是，只有少部分患者报告他们产生了复杂的感觉，而这些患者的皮层均有与癫痫相关的异常。

目前，尚无法证明颞叶刺激引起的复杂感觉是否是被唤起的记忆。但有一点是明确的，颞叶刺激和颞叶癫痫发作的结果与刺激新皮层其他区域的结果有本质上的区别。

人脑内侧颞叶的神经电活动记录。电刺激颞叶有时会产生类似回忆的体验，并且正如我们即将看到的，颞叶的损伤会破坏记忆。然而，在正常情况下，内侧颞叶的神经元通常在做些什么呢？通过用微电极记录活体人脑的研究，我们得以窥见这些神经元的正常功能，而被记录的对象是患有癫痫但药物无法缓解的患者。在 Penfield 的研究中，他们计划先用电极记录来定位脑的异常活动区域，然后通过手术切除该区域。由于颞叶癫痫很常见，电极常被插入海马及其周围的结构中。在某些方面，这样的记录让人想起了对猴子颞下皮层中视觉神经元的研究。正如在猴子身上所观察到的，Penfield 他们发现此处的神经元优先对物体类别（如人脸、家用物品和室外场景等）做出反应（回忆我们在第 10 章中讨论过的面孔选择性神经元）。这些神经元被认为是固定不变的，因为它们对结构或概念上相关的各种视觉图像都有反应。

进一步的研究发现有一小部分神经元具有更强的选择性。例如，在一名患者中发现了会对女演员 Jennifer Aniston（詹妮弗·安妮斯顿——译者注）或篮球运动员 Michael Jordan（迈克尔·乔丹——译者注）有选择性反应的海马神经元。图 24.15 显示了一个海马神经元，该神经元对与女演员 Halle Berry（哈莉·贝瑞——译者注）相关的各种刺激都有反应。有效刺激的多样性是令人吃惊的，包括 Berry 女士的照片、脸部素描，甚至是打印出来的她的名字。这个神经元还会被 Berry 女士在电影"猫女"（Catwoman）中的扮相激活，但对其他穿着类似装束的女人没有响应。其他神经元会对埃菲尔铁塔（Eiffel Tower）和比萨斜塔（Leaning Tower of Pisa）等地标性建筑有选择性。

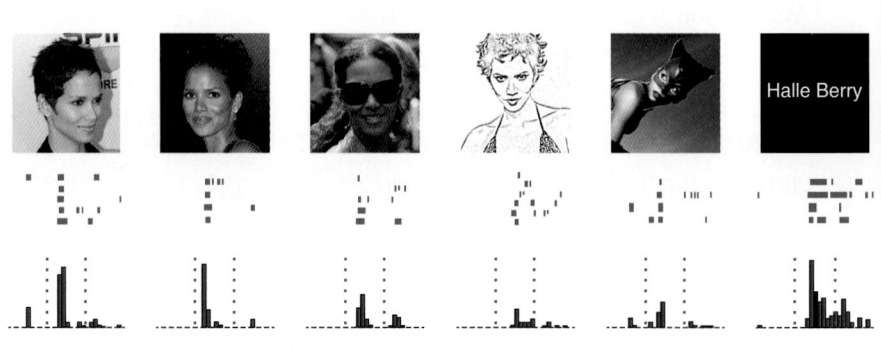

▶ 图 24.15
一名患者的海马神经元对女演员 Halle Berry 有选择性反应。这个神经元对 Halle Berry 的照片和素描，以及她名字的文字均有反应，而对其他人的照片、素描和名字的文字反应较小或完全没有反应（改绘自：Quiroga 等，2005，图 2）

我们该如何理解这些神经元呢？一种理解是，它们位于某个介于外侧颞叶的单纯视觉编码与内侧颞叶的记忆编码之间的连续体（continuum）上。这一点我们无法确定，但这类神经元可能并非识别所必需的，因为就算海马损伤后，常见物体和名人的面孔也依然可以被识别出来。甚至 H. M. 都能识别出他在手术前认识的人和物。识别可能依赖于颞叶更外侧和更后侧的部分。海马中那些具有高度选择性的神经元，可能在形成我们已经认识的人和物的新记忆中发挥作用，就像我们在前面提到的那名患者对 Halle Berry 的记忆那样。关于这一点，还有许多问题依然存在。比如，如果在这些实验中使用了更多不同类型的刺激，是否可能会发现这些神经元对刺激反应的特异性不是那么强，即某个细胞对 Justin Timberlake（贾斯汀·汀布莱克，美国男歌手——译者注）、豌豆罐头和门把手都有反应？是否存在能够被每一个我们认识的物体选择性地激活的神经元，或者说我们前面讨论过的例子其实是非常罕见的，神经元的反应只不过是因为与反复接触这些有名的人或物有关？甚至说这些发现是否真的适用于正常的脑？因为可以想象，易癫痫发作的脑的组织模式和反应模式都是异常的。

24.4.3 颞叶遗忘症

如果颞叶对学习和记忆特别重要，那么切除双侧颞叶一定会对这些功能有很大影响。在人类和动物中的研究均表明事实的确如此。

病例 H. M.：颞叶切除术和遗忘症。在颞叶损伤引起的遗忘症中，有一个著名的病例为颞叶在记忆中的重要性提供了进一步的证据。这个病例涉及患者 Henry Molaison（亨利·莫莱森，1926.2—2008.12，著名的遗忘症患者；在他逝世一周年后，他的脑被制成 2,401 张切片，整个过程历时 53 h，并在网络上实时直播——译者注）的记忆，他的名字在其 2008 年逝世之后才被公开（图 24.16）。在此前的半个世纪里，他在各项研究中都被称为 H. M.，这可能是神经科学历史上最著名的姓名缩写了。H. M. 在他 10 岁左右就开始有轻微的癫痫发作，随着年龄的增长，癫痫渐渐发展成更为严重的全面性发作（generalized seizure），包括惊厥、咬舌及意识丧失。尽管引起 H. M. 癫痫发作的病因还不清楚，但可能与他 9 岁时从自行车上摔下造成的脑损伤有关，那次事故导致他昏迷了 5 min。高中毕业后，H. M. 找到了一份工作，尽管服用了大量含抗惊厥成分的药物，但他的癫痫发作还是越来越频繁，程度也越来越严重，以至于他无法工作。1953 年，27 岁的 H. M. 接受了一次手术，他的双侧 8 cm 长的内侧颞叶被切除，这其中包括了皮层、皮层下的杏仁核和海马的前三分之二部分。这是为了缓解他癫痫发作的最后一次尝试。在减轻癫痫发作方面，手术是成功的。

切除大部分颞叶对 H. M. 的知觉、智力或性格几乎没什么影响。但是，手术使他得了严重的、令人衰弱的顺行性遗忘。曾经在蒙特利尔神经病学研究所（Montreal Neurological Institute）的 Brenda Milner 博士和 Suzanne Corkin 博士与 H. M. 合作开展了 50 多年的工作，但令人难以置信的是，她们每次和 H. M. 见面时都要再自我介绍一下。她们发现 H. M. 忘事的速度几乎与事情发生的速度一样快。通过重复，他可以短暂地记住一个数字，但是如果他的注意

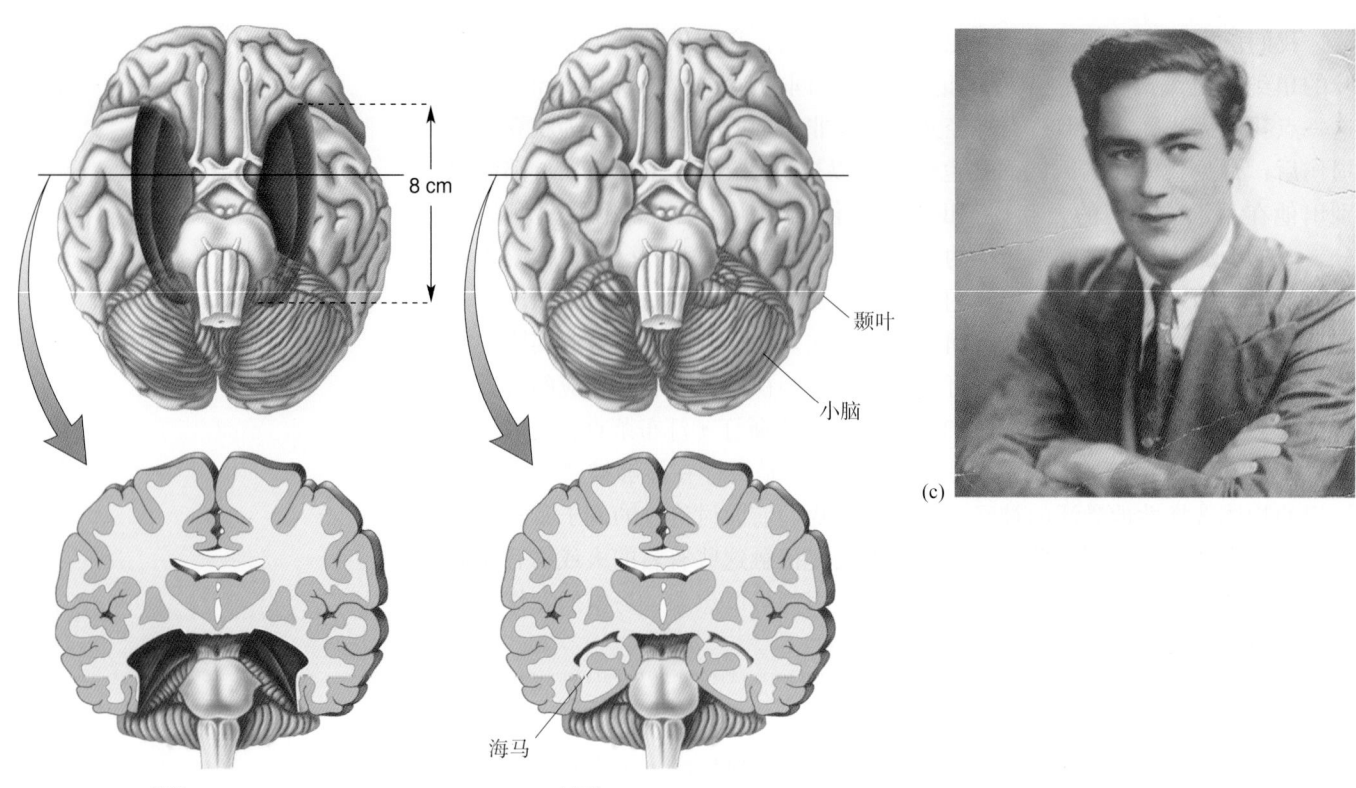

(a) H. M.的脑   (b) 正常脑

▲ 图24.16

引起患者H. M.严重顺行性遗忘的脑损伤。（a）为了减轻H. M.的癫痫发作，其两侧大脑半球的内侧颞叶均被切除。（b）一个正常的人脑，显示H. M.被切除的海马和皮层在脑中的位置（改绘自：Scoville and Milner，1957，图2）。（c）手术前，Henry Molaison高中生时的照片（照片蒙Suzanne Corkin惠赠。版权所有 © Suzanne Corkin，经 The Wylie Agency LLC许可使用）

力不集中，他不仅会忘记那个数字，还会忘记他曾被要求记住那个数字的事。

为了弄清H. M.遗忘症的本质，我们必须将H. M.失去的记忆和保留的记忆进行对比。除了顺行性遗忘，他还有一定程度的逆行性遗忘。他保留了一些童年的记忆，但对在手术前发生的事几乎没有记忆。手术后不久的测试表明，H. M.对手术前几年发生的事情有逆行性遗忘。后来的研究表明，他的逆行性遗忘可能往前追溯数十年。H. M.的工作记忆基本正常。例如，通过不断地重复，他能记住一串6个数字，尽管任何干扰都会使他忘掉。H. M.在手术后其实可以学会非常少量的陈述性知识。例如，他可以认出一些在他手术后才成名的人，并叫出这些人的名字，如美国总统John Kennedy（约翰·肯尼迪，1917.5—1963.11，美国第35任总统——译者注）。他还记住了他手术后搬进的家的平面图。他能记住的这些极少量的新知识很可能是每天大量重复的结果。H. M.还能学会新的技能（即形成新的**程序性**记忆）。例如，他学会了通过看着镜子中自己的手来画画，这对任何人来说都需要大量的练习。奇怪的是，他学会了运用新技能，但却不记得教他学习这些技能的具体过程了（学习的陈述性部分）。

为了真正理解H. M.病例的意义，我们需要认识到，在他的手术前，人们对海马及其周围结构的功能几乎一无所知。将 H. M. 的遗忘症放到早期的研究背景下来看，我们可以得出这样一个结论，即内侧颞叶对于记忆的巩固至关重要，而对记忆的提取并不重要。尽管对于 H. M. 的逆行性遗忘的时间范围存在一些争议，但他显然保留了对手术前许多事情的陈述性记忆，比如对一些名人的面孔和一些词语的意思的记忆。这意味着内侧颞叶中的结构不会存储所有的记忆，尽管某些事情的记忆痕迹可能就在那里。H. M. 的工作记忆基本完好这一事实说明，工作记忆并不依赖于内侧颞叶。最后，H. M. 的遗忘症表明，程序性记忆的形成和保持所使用的脑结构，不同于那些陈述性记忆巩固（也许还有存储）所涉及的脑结构。

人类遗忘症的一个动物模型。H. M. 的遗忘症强有力地证明了内侧颞叶中的一个或多个结构对陈述性记忆的形成是必需的。如果这些结构受到损伤，就会引起严重的顺行性遗忘。大多数研究用实验性切除术来评估切除颞叶的不同部分是否会影响记忆。

由于猕猴（macaque monkey）的脑和人脑在许多方面都很相似，故猕猴经常被用作研究对象，以进一步了解人类的遗忘症。猴子通常被训练完成两项任务：延迟型匹配样本任务（delayed match-to-sample task）和**延迟型非匹配样本任务**［delayed non-match to sample (DNMS) task］（图 24.17）。在这类实验中，猴子面前放有一张桌子，桌面上有几个小凹槽。猴子首先看到桌子上有一个遮盖物盖在一个凹槽上，这个遮盖物可能是一个木块或一个黑板擦（即样本刺激物）。训练猴子掀开遮盖物以抓取到凹槽里的食物奖励。当猴子获得食物后，放下猴子面前的一块幕帘，让它在一段时间内看不到桌子（即延迟期）。最后，让猴子再看到桌子，但此时桌上有两个遮盖物分别盖着两个凹槽，一个遮盖物和之前放的一样，另一个是新出现的。如果正在进行的是延迟型匹配样本任务，猴子必须掀开它认出的遮盖物以获得食物奖励。在DNMS任务中，猴子的任务是掀开新的遮盖物（即非匹配遮盖物）以拿到对应凹槽里的食物奖励。正常的猴子学习DNMS任务比学习延迟型匹配样本任务相对更容易，并且可以做得非常好，这可能是因为该任务利用了它们对新事物天生的好奇心。虽然两个刺激呈现之间的延迟从几秒钟到十分钟不等，但猴子在约90%的实验中都能正确掀开非匹配刺激物。DNMS任务所需的记

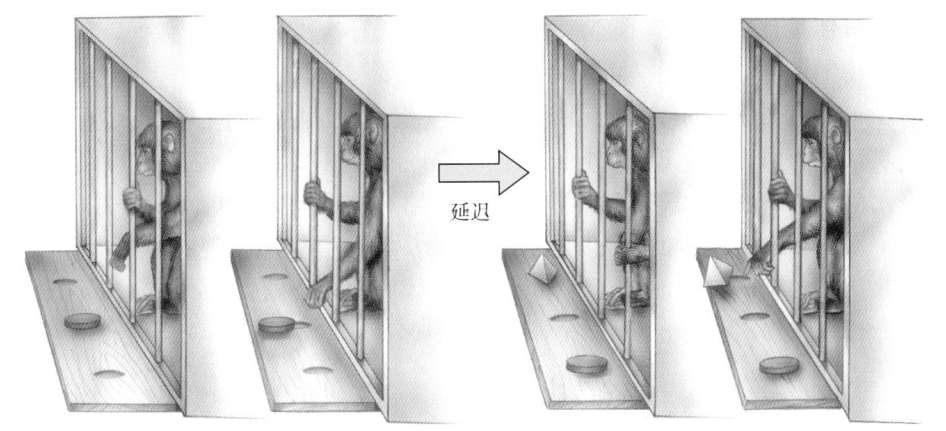

◀ 图 24.17

延迟型非匹配样本（DNMS）任务。猴子首先掀开一个样本遮盖物以获取食物奖励。经过一段延迟后，呈现两个遮盖物，通过让猴子选择与样本不匹配的遮盖物来测试识别记忆（改绘自：Mishkin and Appenzeller，1987，第6页）

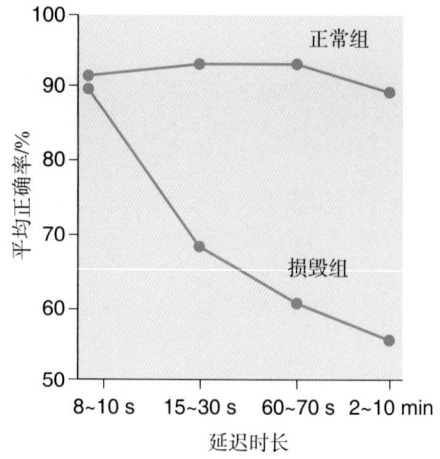

▲ 图24.18
内侧颞叶损毁对 DNMS 任务执行的影
响。*Y*轴是猴子做出正确选择的百分率，
作为延迟时长的函数。比较正常猴子与
双侧内侧颞叶大范围损毁猴子的行为表
现（改绘自：Squire，1987，图49）

忆称为**识别记忆**（recognition memory），因为它涉及对以前是否见过某个刺激物的判断。

在20世纪80年代初期，美国国立精神卫生研究所（National Institute of Mental Health）的 Mortimer Mishkin 及其同事们和加州大学圣迭戈分校（University of California，San Diego）的 Larry Squire 及其同事们进行了一系列实验。实验表明，损毁猕猴两侧的内侧颞叶，对猴子执行 DNMS 任务造成严重的损害。但若样本刺激物与两个测试刺激物之间的延迟时间很短（几秒钟），猴子几乎仍能正常执行这个任务。这一点很重要，因为它表明损毁术后猴子的知觉仍是完好的，并且它能记住 DNMS 任务的流程。但当延迟时间从几秒钟延长到几分钟后，猴子在选择非匹配刺激物时犯的错误越来越多（图24.18）。而且，损毁两侧内侧颞叶之后，猴子不再能够很好地记住样本刺激物是什么，从而不能准确地选出另一个非匹配遮盖物。猴子的这一行为表现提示，如果延迟时间太长，它就会忘记样本刺激物。这种由损毁所导致的识别记忆缺陷并非视觉模态特异性的，因为如果在实验中允许猴子触摸而不是看遮盖物，依然可以观察到这一缺陷。

内侧颞叶损毁的猴子似乎为人类遗忘症提供了很好的模型。与 H. M. 一样，猴子的遗忘症是顺行性的，它涉及的是陈述性记忆而不是程序性记忆，工作记忆依然完好，但记忆巩固严重受损。值得注意的是，造成这些猴子识别记忆缺陷的手术损毁范围都相当大。被损毁的区域包括海马、杏仁核和嗅皮层。人们一度认为，这种损毁手术中受损的关键结构是海马和杏仁核。回顾我们在第18章所述的，杏仁核在情绪体验的记忆中起到独特的作用。然而，现在的研究表明，选择性损毁杏仁核对识别记忆没有影响，而仅仅损毁海马只能引起程度相对较轻的遗忘症。例如，Squire 研究一位被称为 R. B. 的男性患者，他在手术期间因缺氧而导致双侧海马受损。尽管 R. B. 在形成新的记忆上有明显的障碍，但他的顺行性遗忘远没有 H. M. 那么严重。最严重的记忆缺陷是由嗅周皮层损伤造成的。由嗅周皮层损伤引起的顺行性遗忘并非仅限于来自某一特定感觉模态的信息，这反映了来自多个感觉系统的联合皮层的输入是会聚性的。

显然，嗅脑沟内及其周围的皮层和海马一起对来自联络皮层的信息进行了重要的转换。一些研究提示，海马和嗅皮层可能参与记忆的不同方面：海马可能会发出信号表明曾见过某个特定的物体（"我记得那个东西"），而嗅周皮层可能更多地参与示意熟悉感（"那个东西看起来很眼熟，但我记不起来具体是什么了"）。不过，对于这种区别仍存有争议。无论如何，总的来说，内侧颞叶结构似乎对记忆的巩固至关重要。而且，这些结构还可能具有重要的中间处理作用，该作用涉及的不仅仅是记忆的巩固。H. M. 还有一定程度的逆行性遗忘（R. B. 可能也有）。或许除了巩固记忆，内侧颞叶结构还在记忆的长时程或短时程存储中发挥作用（这取决于你所问的专家）。我们上面对顺行性遗忘所涉及的脑区的讨论主要集中在内侧颞叶中的结构，但需要指出的是，脑内其他一些有相互联系的区域的损伤也会导致遗忘症（图文框24.2）。

图文框24.2　趣味话题

科尔萨科夫综合征和病例N. A.

在第18章中，我们学到过帕佩兹环路（Papez circuit），这是一系列环绕着间脑的相互紧密联系的结构。该环路的一个主要组成部分是一大束轴突，称为穹隆。它将海马与下丘脑中的乳头体（mammillary body）连接起来（图A）。乳头体继而向丘脑前核发出强大的投射。丘脑背内侧核也接受颞叶结构的输入，这些结构包括了杏仁核和下颞叶新皮层，而丘脑背内侧核实际上几乎投射到整个额叶皮层。

考虑到颞叶在记忆处理过程中的核心作用，这些相互连接的间脑结构的损伤也会导致遗忘症，或许就不足为奇了。

关于人类间脑损伤导致的失忆效应，一个特别戏剧化的例子是一位被称为N. A.的男性病例。1959年，时年29岁的N. A.是美国空军的一名雷达技师。一天，他正坐在自己的兵营内组装一个模型，而他身后的室友在玩一把微型花剑。N. A.在错误的时刻转身并不幸被剑刺伤。花剑穿过了他的右鼻孔，向左进入了他的脑。许多年后的一次CT扫描显示，尽管可能有其他损伤，但唯一一处明显的损伤是他的左侧丘脑背内侧核。

N. A.康复后，他的认知能力还正常，但记忆受损。他有相对严重的顺行性遗忘和对事故发生之前一段约两年的逆行性遗忘。尽管他能记住事故后的一些人和事，但这些记忆都是很粗略的。他看电视也有困难，因为播放广告时他就会忘记前面放映的内容。在某种意义上，他活在过去，喜欢穿自己熟悉的旧衣服，留自己旧时的老发型。

虽然N. A.的遗忘症没有H. M.的严重，但他遗忘症的性质却与H. M.的惊人地相似。N. A.保留了短时程记忆，能回忆起往事，一般智力正常。除了很难形成新的陈述性记忆，他还有导致他遗忘症事故发生之前两年的逆行性遗忘。内侧颞叶和间脑损伤效应的相似性提示，这些相互联系的脑区是一个系统的一部分，该系统服务于记忆巩固的共同功能。

进一步支持间脑在记忆中作用的证据来自对**科尔萨科夫综合征**（Korsakoff's syndrome）的研究。科尔萨科夫综合征通常由慢性酒精中毒所致，其特征为意识混乱、虚构症（confabulation）、严重记忆损伤和情感淡漠。由于营养不良，酗酒者可能会出现硫胺素缺乏症（thiamin deficiency，硫胺素即维生素B1——译者注），从而可能导致诸如异常眼球运动、运动失调和震颤等症状。该疾病可用补充硫胺素的办法来治疗。然而，若不及时治疗，硫胺素缺乏会导致结构性脑损伤，从而引起科尔萨科夫综合征。尽管不是所有的科尔萨科夫综合征病例都与相同脑部位的损伤有关，但患者通常都有背内侧丘脑和乳头体的损伤。

除了顺行性遗忘，科尔萨科夫综合征还可能会有比在N. A.和H. M.身上都观察到的更严重的逆行性遗忘。科尔萨科夫综合征中的逆行性遗忘和顺行性遗忘的严重程度之间不存在很强的相关性。这与我们已经讨论过的其他遗忘症的研究结果是一致的，这提示记忆巩固（在顺行性遗忘症中被破坏）与记忆提取（在逆行性遗忘症被破坏）的机制有很大的不同。基于N. A.等少数病例，研究者们怀疑与间脑损伤相关的顺行性遗忘是由于丘脑和乳头体的损伤所导致的。虽然尚不清楚哪里的损伤会导致逆行性遗忘，但已知的是，除了间脑的损伤，科尔萨科夫综合征患者有时还有小脑、脑干和新皮层的损伤。

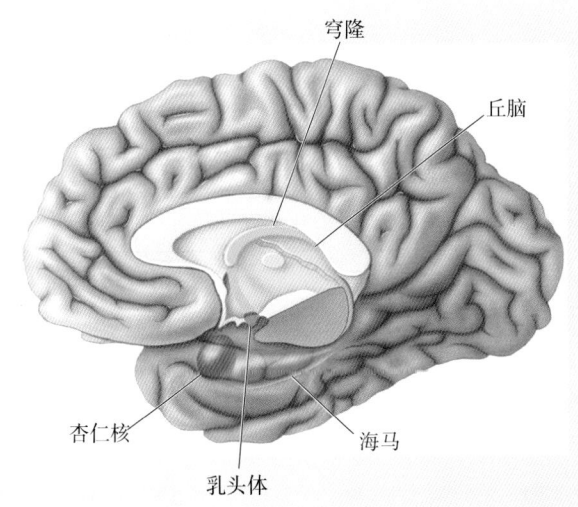

图A
参与记忆的中线脑结构。包括海马、杏仁核和下颞叶皮层的颞叶结构投射到间脑中的丘脑和下丘脑（包括乳头体）

24.4.4 海马系统的记忆功能

记忆的形成、保持和提取需涉及一个包含多个互相连接的脑区的系统。有相当多的证据表明内侧颞叶在陈述性记忆中的重要性，而在该脑区中，海马是最受关注的。然而，要确定海马的作用并不那么简单，因为它在多个时间尺度上参与各种记忆功能。为了避免被这些复杂的关系搞得晕头转向，记住以下几个基本点：首先，海马似乎在绑定感觉信息以实现记忆的巩固中起关键作用；其次，许多研究，尤其是在啮齿动物中的研究，都表明海马支持对具有重要行为学意义的物体位置的空间记忆。这可能是海马的一个专门的功能，也可能是将感觉信息绑定的一个例子；最后，海马参与一定时间内的记忆存储，尽管在持续时间的长短上还存有争议。

大鼠海马损伤后的效应。 啮齿动物在阐明海马记忆功能的研究中起到了重要的作用。在一类实验中，训练大鼠在**辐射臂迷宫**（radial arm maze）中找到食物。这个实验装置是由约翰斯·霍普金斯大学（Johns Hopkins University）的 David Olton 及其同事们设计的。实验装置由一个位于中央的平台及从平台辐射出来的臂（或通道）组成（图 24.19a）。若把一只正常的大鼠放入这样一个迷宫，它就会探索迷宫，直到找到放在每条臂末端的食物。经过练习，大鼠只沿着迷宫的每条臂走一次，就可以高效地找到所有食物（图 24.19b）。为了避免在走迷宫时进入任何一条臂两次，大鼠利用视觉或迷宫周围的其他线索来记住它已经去过的臂。工作记忆可能被用来保存哪些臂已经去过了的信息。

若大鼠在被放入迷宫之前，海马已经被破坏，它就会表现出一种不同于正常行为的有趣的行为方式。从某种意义上说，这些被损毁了海马的大鼠看起来似乎是正常的，它们能学会走进迷宫的各条臂，并吃到放在每条臂末端的食物。但与正常大鼠不同的是，它们永远无法学会高效地完成这项任务。海马损毁的大鼠会不止一次地进入同一条臂，尽管它们在第一次进入（吃掉了食物）以后再进入就发现臂中空空如也，但它们依然会在很长一段时间内都不转而去探索其他有食物的臂。就进入臂中寻找食物（程序性记忆）而

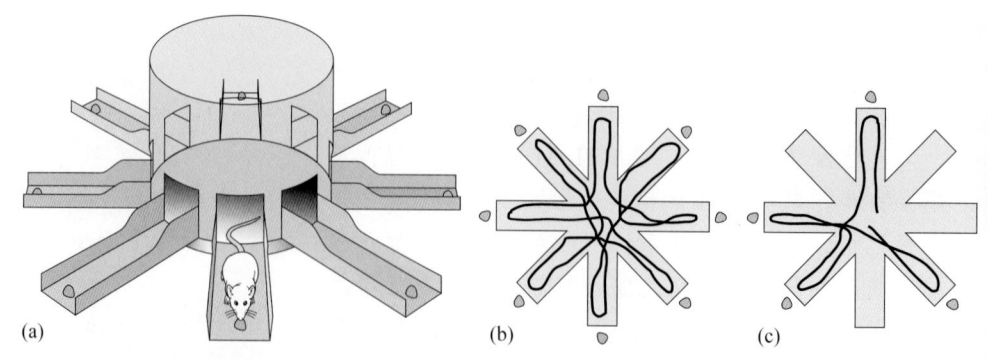

(a) (b) (c)

▲ 图 24.19

跟着大鼠走辐射臂迷宫。（a）八臂辐射迷宫。（b）大鼠走一个八臂辐射迷宫的路线，迷宫的每条臂中都有食物。（c）如果大鼠通过学习得知 8 条臂中有 4 条从来都没有食物，它就会无视这些臂，而只走那些有食物的臂（图 b 和图 c 改绘自：Cohen and Eichenbaum，1993，图 7.4）

言，这些大鼠似乎能学习这项任务。但它们似乎不能记住哪条臂它们已经去过了。

对辐射迷宫实验稍做改变，就会发现海马损伤产生的缺陷有一个重要的微妙之处。在该实验中，不在迷宫所有臂的末端都放置食物，而是仅在某些臂的末端放置食物，但其他臂中从不放置食物。经过几次练习之后，正常大鼠可以学会避开那些从没有放过食物的臂（图24.19c）。与此同时，大鼠能够学会有效地进入有食物的臂中取食，而且只去一次这些有食物的臂。海马损伤的大鼠在这个任务中表现如何呢？有趣的是，它们和正常大鼠一样能够学会避开从未放过食物的臂。但是，海马损伤的大鼠会浪费很多时间从那些有食物的臂中取食，因为它们会不止一次地进入同一条臂。既然这些大鼠能够学会避开从没有食物的臂，那我们怎么能说，海马损伤破坏了它们记住已经进入过的辐射臂的位置的能力呢？显然，理解这些发现的关键在于，大鼠每次进入迷宫，关于无食物臂的信息总是相同的（也就是说，关于无食物臂的信息是作为"程序性记忆"的一部分被记住的），而关于大鼠已经进过哪些臂的信息需要工作记忆，并且这一信息在每次实验中都是不同的。

空间记忆、位置细胞和网格细胞。一些证据提示，海马对于空间记忆特别重要。由英国爱丁堡大学（University of Edinburgh）的 Richard Morris 设计的**莫里斯水迷宫**（Morris water maze）常被用于测试大鼠的空间记忆。在这个测试中，大鼠被放入一个充满了浑浊水的池中（图24.20）。在池子的某个位置有一个刚好浸没在水面下的小平台，可以让大鼠站到这个平台上而逃离池水。第一次被放进水里的大鼠会在池子里游来游去，直到偶然撞上隐藏的平台，然后它会爬到平台上。正常的大鼠会很快记住隐藏在水面下的平台的空间位置，并在后续实验中不再浪费时间游来游去，而直接游到平台那里去。此外，一旦大鼠认清需要搜寻的是什么，就算把它们放进一个平台位置不同的水迷宫里，它们学习任务的速度也会大大加快。但是，双侧海马损毁的大鼠似乎永远也搞不清楚这个游戏，或总是记不住平台的位置。

究竟是海马神经元的哪些特性赋予了它们空间导航和记忆的能力？在始于20世纪70年代早期的一系列精彩的实验中，伦敦大学学院（University

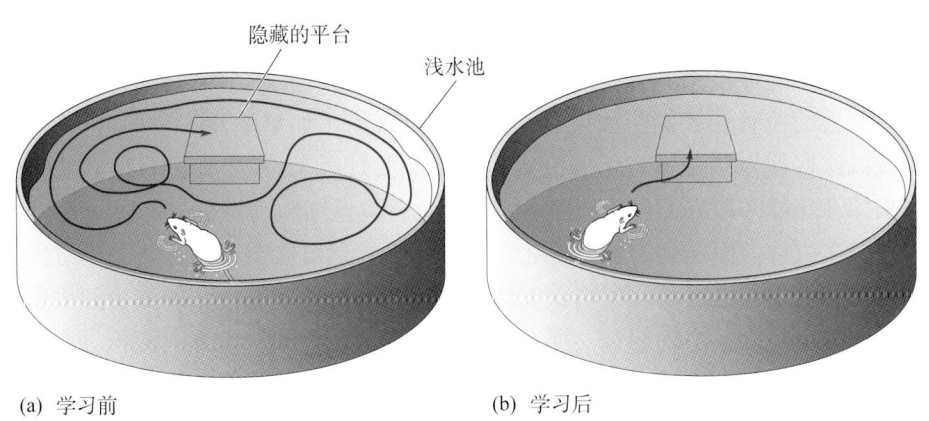

▲ 图24.20

莫里斯水迷宫。（a）大鼠第一次被放进水池时，其寻找隐藏平台的可能运动轨迹。（b）经过多次训练，大鼠知道了隐藏平台的位置，并直接游过去

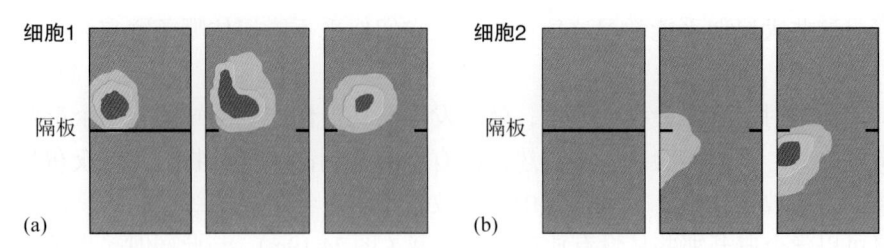

► 图24.21

海马中的位置细胞。先让一只大鼠在一个小盒子里探索10 min（图a、b中的左图）。然后，将盒子中间的隔板移除，这样大鼠可以探索更大的区域（图a、b中的中图和右图）。（a）彩色编码表示海马中一个位置细胞做出反应的盒子区域：红色，强烈反应；黄色，中等反应；蓝色，无反应。该细胞在上面那个较小的盒子中有一个位置野；当隔板移除后，该细胞的位置野仍在原来的位置上。（b）在这个例子中，当大鼠在上面那个较小的盒子里时，电极记录到的一个海马细胞无反应（左图）。在隔板移除后的10 min内，这个细胞仍无反应（中图）。但是，又过了10 min之后，该细胞在新的较大的盒子里形成了一个位置野（右图）（改绘自：Wilson and McNaughton, 1993，图2）

College London）的John O'Keefe及其同事们发现，当大鼠在其所处环境的某个特定位置时，海马内许多神经元会有选择性的反应。假设我们在大鼠海马内植入一根微电极，让它在一个大盒子里跑来跑去。开始时，记录的细胞是安静的，但当大鼠跑到盒子的西北角时，这个细胞开始放电。当大鼠跑出这个角落时，这个细胞的放电就停止；而等它回到这个角落时，细胞又开始放电。也就是说，只有当大鼠在盒子的那个部位时，这个细胞才有反应（图24.21a）。这个引起细胞产生最大反应的位置称为该神经元的**位置野**（place field）。我们又试着记录另一个海马神经元，它也有一个位置野，但这个神经元只在大鼠进入盒子中央时才放电。这些神经元被称为**位置细胞**（place cell）。

在某种程度上，位置野和感觉系统中神经元的感受野类似。例如，位置野的位置与感觉输入（如环境中的视觉刺激）有关。在我们把大鼠放进盒子的实验中，我们可以在四个角落的上方画上图像，比如在西北角的上方画颗星星，东南角的上方画个三角形，诸如此类。设想某个细胞只有当大鼠在盒子的西北角画的星星附近时才有反应。假设我们将这只大鼠从盒子里抓出来，并蒙住它的眼睛。然后我们偷偷地将这个盒子转180°，于是现在变成西北角画有三角形，而东南角画有星星。此时，我们先前研究的那个细胞是当大鼠在西北角时会有反应，还是当大鼠跑到星星现在所在的角落（东南角）时才会有反应？我们将大鼠放回盒子并掀掉眼罩。大鼠开始探索，当它跑到有星星的角落时，神经元开始变得活跃。这表明至少在某些情况下，该位置反应是基于视觉输入的。

尽管位置细胞（原文如此，应为"位置野"——译者注）在某些方面与感受野相似，但二者也有很大区别。例如，当大鼠已经对每个角落都画有图像的盒子熟悉后，即使我们关掉灯不让它看到位置标记，但当它跑到西北角时，相应的神经元仍会继续放电。显然，位置细胞的反应是与动物认为的自己所处的位置相关的。如果有明显的视觉线索（如星星和三角形），位置野就以这些线索为依据。但若没有线索（如关灯后），只要大鼠有足够的时间来探索环境并形成了自己身在何处的感觉，位置细胞仍将是位置特异性的。

在执行前面提到的辐射臂迷宫任务时，大鼠可能会利用这些编码位置的位置细胞。在这方面，特别重要的发现是位置野的动态性。例如，如果大鼠所在的盒子沿某个轴伸长，那么位置野也会随之沿同一个方向伸长。在另一种操作中，我们先让一只大鼠探索一个小盒子，并确定几个细胞的位置野。然后，我们在盒子一侧开一个洞让大鼠能探索一个更大的区域。一开始，这些细胞在小盒子外面并没有位置野。但当大鼠探索过新的、扩大了的环境后，一些细胞会在原来的小盒子外形成位置野（图24.21b）。这些细胞似乎在进行某种意义上的**学习**，即它们可以通过改变感受野以适应在新的、更大的环境中的行为需求。很容易想象这类细胞如何参与记忆在辐射臂迷宫中已经走过的臂，就像你可以沿着你第一次走过树林时留下的标记从一次远足中再走回来一样。如果海马位置细胞参与了迷宫学习，那破坏海马使大鼠在迷宫中的表现变差便是顺理成章的事情。

目前，还不知道人脑中是否有位置细胞。但是，PET 成像的研究表明，当人们在虚拟或想象的环境中导航时，海马会被激活。在一项实验中，受试者被置于 PET 仪器内玩电子游戏。他们能通过控制向前移动、向后移动和转弯的按钮，在游戏机显示屏上的虚拟小镇中穿行（图 24.22a）。等受试者对虚拟小镇的道路熟悉了之后，让他们从任一起点走到一个指定的终点，在此期间记录他们的脑活动。在对照组中，受试者在虚拟环境中从相同的起点走到终点，但小镇里的箭头总是给他们指出正确的方向。在这种情况下，他们不必思考该如何导航。

图 24.22b 显示了导航组和有方向箭头指路的对照组的脑活动差异。当受试者需要在环境中导航时，右侧海马和左侧尾核的尾部的激活增强。尽管在实验中常常观察到一个有趣的现象，左右两侧大脑半球的激活是不对称的，但我们这里要表达的主要观点是，海马在人执行这种空间导航任务时特别活跃，就像在大鼠中一样。尾核的激活则被认为反映了运动的计划。

还有一些关于海马的研究是以伦敦出租车司机为研究对象的，因为他们要记住不计其数的城市地标和大约 25,000 条街道的位置，才可能通过严格的考试而获得执照。一项研究表明，与对照组相比，出租车司机海马的后部更大，前部更小。海马后部的大小似乎还与他们做了多久的出租车司机相关。

如果人类的海马的确被用于空间导航，那么，海马损伤是否会影响导航能力？一个有趣的病例是一名被称为 T. T. 的男子，他在伦敦做了近 40 年的出租车司机后，因脑炎导致双侧海马受损。在他的海马受损之后，T. T. 仍然非常擅长识别城市地标及其地形布局。研究者们用一个伦敦城的虚拟现实模拟驾驶系统来测试他的导航能力。他们发现，T. T. 有时可以高效地从伦敦的一个地方"开车"到另一个地方，但其他时候他会偏离理想的路线。他们还发现，T. T. 在可以沿着主干道走的时候表现得非常好，但是一旦必须走小路，他就会迷路，仿佛他失去了曾经掌握的伦敦城市地形的精细知识。这些利用电子游戏和伦敦街道虚拟现实系统对人类空间导航能力的研究提示，人类海马对于空间记忆非常重要，这一发现让人很容易想起此前提及的大鼠海马损毁实验。

除了海马中的位置细胞，记录啮齿动物神经活动进行时，还在内嗅皮层中找到了一类被称为**网格细胞**（grid cell）的神经元。这类细胞也有空间选择性，是由挪威科技大学（Norwegian University of Science and Technology）的 Edvard Moser（爱德华·莫泽，1962.4—）和 May Britt Moser［梅－布莱特·莫泽，1963.1—；她和 Edvard Moser 均为挪威神经科学家，因发现构成脑定位系统的细胞，与英国神经科学家 John O'Keefe（约翰·奥基夫，1939.11—）共同获得 2014 年诺贝尔生理学或医学奖——译者注］及他们的同事们共同发现的（图文框 24.3）。然而，与位置细胞不同的是，网格细胞在动物处于多个位置上时均有反应，而这些位置点可以形成一个正六边形的网格

(a)

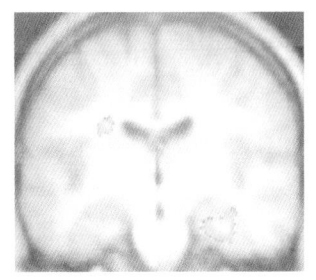

(b)

▲ 图 24.22

与空间导航相关的人类脑活动。（a）在计算机显示器上显示的一个虚拟小镇，受试者在 PET 成像仪中，通过按钮探索这个虚拟环境。（b）在右侧海马和左侧尾核的尾部（黄色），均可观察到与空间导航相关的脑活动增多（引自：Maguire 等，1998，图 1）

图文框24.3 发现之路

脑是怎样绘制地图的

Edvard Moser 和 May-Britt Moser 撰文

我们两人都在挪威西海岸外的偏远岛屿上长大，位于卑尔根市（Bergen，挪威西海岸最大的港都——译者注）以北几百英里之外。这里并不是一个学术激荡、思想争鸣的中心。尽管如此，我们对科学的兴趣还是由父母培养了出来，而他们自己却没有机会接受教育。我们上同一所高中，但直到20世纪80年代在奥斯陆大学（University of Oslo）再次相遇时，才真正认识彼此。

我们在一门心理学本科生课程上相识，当时我们都还没有清晰的职业规划，两个人的学科背景也不同。心理学点燃并加强了我们对脑的迷恋，于是我们一同决定学习更多有关行为的神经基础的知识。在那时，奥斯陆大学还没有开设神经科学的课程，但是教授行为分析本科课程的 Carl-Erik Grenness 提醒我们关注当时正在开展的脑和行为关系的开创性工作。他还给了我们一本1979年出版的关于脑的特刊《科学美国人》（Scientific American）。当我们在旷野中游荡之时，这如同从天上掉下来的"吗哪"（manna，基督教圣经中古以色列人出埃及经过旷野时获得的神赐食物——译者注）。这期特刊传达出这个领域的激情，并强烈地吸引着我们走进这个发展中的学科。在特刊介绍的最新进展中，有 Kandel（即 Eric R. Kandel，埃里克·坎德尔，1929.11—，犹太裔美国神经科学家；他一生致力于神经科学领域的前沿研究，因在记忆存储的神经机制研究中所做出的重大贡献，于2000年获得诺贝尔生理学或医学奖——译者注）对加利福尼亚海兔（Aplysia californica）记忆突触机制的阐释，以及 Hubel（即 David Hubel，戴维·休伯尔，1926.2—2013.9，加拿大神经科学家，1981年诺贝尔生理学或医学奖获得者，参见第10和第23章译者注——译者注）和 Wiesel（即 Torsten Wiesel，托斯登·威塞尔，1924.6—，瑞典神经科学家，1981年诺贝尔生理学或医学奖获得者，参见第10和第23章译者注——译者

注）对视皮层特征分析机制的描述。

Grenness 还推荐我们到 Terje Sagvolden 那里去，后者是当时我们大学里唯一一位有神经科学研究项目的心理学家。我们做了两年关于注意缺陷障碍神经化学机制的研究，同时还做了些心理学研究，并学习了一些动物行为和实验设计的基础知识。这激发了我们对于动物学习功能的兴趣，进而促使我们拜访了 Per Andersen，一位挪威顶级的神经生理学家。我们在他那里坐了好几个小时，试图说服他接收我们做他的研究生。他实在没法把我们赶出他的办公室，而我们也绝不接受拒绝的答复。最终，他让步于我们强烈的求知欲和坚定的决心，接收了我们。

就这样，Per Andersen 成为我们的博士生导师，引导我们探索脑的奥秘。我们逐渐学会关注那些具有广泛意义的基础问题。通过 Per 的介绍，我们联系上了英国爱丁堡大学的 Richard Morris 和伦敦大学学院的 John O'Keefe。Richard 和 John 是我们最好的导师，他们引领我们去探索行为学和神经科学交叉学科的奥秘。在读博期间，我们多次拜访 Richard，并参与到海马的功能及海马的长时程增强在记忆形成中作用的工作中。在1995年年底的博士毕业答辩之后，我们用了几个月的时间向 John 学习海马中位置细胞的神经活动记录，收获颇丰。这可能是我们一生中最紧张的一次学习经历。但在那之后，在1996年，我们几乎被一份去特隆赫姆（Trondheim，挪威科技大学所在地——译者注）工作的机会搞得措手不及。如果我们两人中仅一人在特隆赫姆有工作的话，我们就不能搬去那儿。于是，我们通过磋商争取到了两份工作和启动一个新实验室所需的设备。我们当时真的是在大学地下室的防空洞里建立了实验室。尽管几个月的博士后经历非常短暂，但有了这样一个相当不错的一揽子入职启动合约，使我们有机会结合我们学到的动物行为学和神经生理学方面的知识，实现我们自20世纪80年代初

就开始的梦想。于是，我们开始通过向大鼠脑内植入电极，记录其在一个方形黑盒子内四处走动时海马中单个细胞的活动。

我们在特隆赫姆的起步虽然艰难但令人愉快。那时没有动物饲养设施，没有车间（指实验室附属的，可以自行制作加工一些实验所需的仪器或装置的工作间——译者注），也没有技术员。我们自己做了所有的工作；我们自己洗鼠笼、换垫料、切脑片、修电缆。从零开始，使我们有机会把实验室打造成我们想要的样子。

刚开始的时候，我们获得了一笔欧盟委员会（European Commission）的基金资助，以协调一个由 7 个团队组成的联盟，共同致力于进行首批关于海马记忆的整合神经网络的研究。在 20 世纪 90 年代末，这还是一块未被开垦过的领域。这项合作研究的目标之一是确定海马的位置编码是怎样计算的。自 1971 年 John O'Keefe 的研究以来，人们已经知道海马中有位置细胞，这些位置细胞，当且仅当动物处于某个特定位置时才会放电。但当时还不清楚这些位置信号究竟是来自海马本身还是来自海马之外。为了回答这个问题，我们做了海马内的损毁，即切断海马的输出 CA1 区与其之前区域之间的环路联系。令我们惊讶的是，这并没有消除 CA1 区中的位置编码。于是，我们不得不开始考虑空间信号来自其他地方的可能性，其中最有可能的是海马周围的皮层，它们可以通过绕过海马内环路的连接将信号送达 CA1 区。内嗅皮层是最有可能的候选皮层，这是一个与海马 CA1 区有主要直接联系的皮层区域。

于是，我们在神经解剖学家 Menno Witter 的宝贵帮助下，开始在这个脑区进行记录。Witter 当时在阿姆斯特丹自由大学（Free University of Amsterdam）工作，但后来转到了特隆赫姆的卡夫利研究所（Kavli Institute in Trondheim）。在那时，Witter 已经搞清楚了内嗅皮层与海马之间的大部分连接，并帮助我们完成了将电极插到正确位置的精妙操作。到 2002 年时，我们的研究小组已经壮大起来，我们有了一支优秀的学生团队与我们一道在实验室里和计算机上并肩工作。

有时，科学发现被描绘成"尤里卡时刻"（Eureka moments，即恍然大悟的时刻，这里指研究者突然明白了他或她的发现的意义；英语词 eureka 源于希腊语，意思是"找到了"，人们常用这个词来表达因灵感迸发而获得重大发现时刻的兴奋之情——译者注）。但是，我们的经历却并非如此：我们当时并没有立即意识到我们所记录到的细胞是网格细胞。起初我们注意到，每当大鼠到达某个特定位置时，许多内嗅皮层的细胞就会放电，就像海马中的位置细胞一样。然而，每个细胞都有多个放电位置。在观察了足够大的环境中的放电位置之后，我们确信这些位置形成了一种特有的规则模式——一个六边形网格，很像中国跳棋棋盘上弹珠的排列。虽然各个细胞的实际放电位置各不相同，但每个细胞放电位置的分布都具有六边形网格的特征。这些细胞呈拓扑组构，因为网格野（grid field）的大小和彼此间的距离从背侧到腹侧是逐渐增大的。此外，网格细胞在不同环境中均保持着这种六边形网格的放电特征，这提示我们找到的是一种通用型的脑的空间地图，这种地图对应的神经活动模式在很多方面忽略了环境的细微细节。由于它们呈现出严格的规律性，这类细胞具有在海马中还没有被发现过的空间地图的度量指标。

这些发现发表于自 2004 年开始的一系列论文中，就在我们发表了海马内离断研究的两年之后。其中，关于网格模式本身的论文发表于 2005 年。从那时起，我们继续探索网格细胞是如何工作、如何生成的，以及它如何与其他类型的空间细胞相互作用。仍有很多东西有待发现。网格细胞帮助我们更好地理解神经系统对空间的表征，但它们同时还为我们提供了一扇得以探索脑最深层工作原理的窗口。也许最令人着迷的是，这种六边形的模式是由皮层自身产生的。外部世界并没有任何网格模式，这种模式完全是由脑自己产生的。因为这种网格模式是如此的可靠和规律，它可能会引导我们走上理解皮层基本计算原理的道路。

▶ 图24.23

大鼠的一个位置细胞和一个网格细胞。黑线显示了大鼠穿过一个方形围场的路径。红点表示与神经活动相关的大鼠的位置。(a)当大鼠位于该围场中的某一区域时,海马中的一个位置细胞会有放电。这个区域便是该细胞的位置野。(b)当大鼠处于呈网格状排列的多个位点时,内嗅皮层中的一个网格细胞会有放电(引自:Moser等,2008,图1)

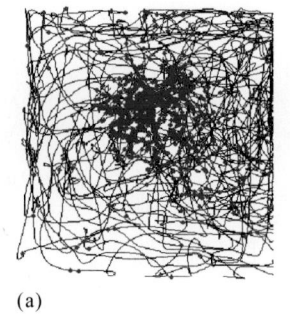
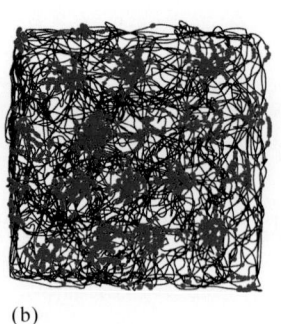

(a)   (b)

(图24.23)。啮齿动物内嗅皮层中不同部位细胞的网格"热点"间距各异,但每个细胞的敏感性网格都覆盖了动物所处的整个环境。

最近,有实验表明人类内嗅皮层中可能也存在网格细胞。想象一下,如果画出贯穿图24.23中网格细胞热点中心的连线,你会注意到,沿着一些轴线(如从左下到右上的对角线)可以连接许多热点。如果顺时针旋转这些画的线,那么每条线连接的热点数量会呈周期性变化。这一现象提示,如果大鼠或人朝不同的方向走,网格细胞在某些方向上会比其他方向被更频繁地激活,内嗅皮层在这些方向上的整体激活也会更多。伦敦大学学院(University College London)的Christian Doeller、Caswell Barry和Neil Burgess对这一设想进行了验证,他们让人类受试者在一个虚拟现实游戏中探索,同时用fMRI成像来记录他们的脑活动。这个巧妙实验的记录显示,在受试者沿着不同时针方向探索时,他们内嗅皮层的fMRI信号大小呈正弦变化。这意味着人类网格细胞的存在,而这些细胞的热点在空间中的排列是相似的。

回想一下,内嗅皮层向海马提供输入。一些模型研究提示,海马中的位置野可能是网格细胞输入的总和。一个海马神经元的单个位置野可能是多个网格细胞的网格位置对齐的结果。与位置细胞一样,只要动物在同一网格位置上,即使灯关着,网格细胞也会持续放电。这提示,网格细胞的反应基于动物认为它在哪里,而不是简单地基于感觉的感受野。综上所述,位置细胞、网格细胞和其他海马系统中具有头部朝向敏感性的神经元共同提出了一个令人信服的事实,即海马是一个高度特异化的负责空间导航的脑区。

除空间记忆之外的海马功能。从到目前为止我们对海马的讨论来看,海马的功能似乎很容易确定。第一,海马损伤会破坏动物在辐射臂迷宫中的表现,而在此实验中,动物需要记住已经探索过的辐射臂的位置。第二,海马中的位置细胞和内嗅皮层中的网格细胞的反应提示,这些神经元专门负责位置记忆。这与O'Keefe和他的同事Lynn Nadel提出的**认知地图理论**(cognitive map theory)是相符的,该理论认为,海马专门用于"绘制"环境的空间地图。不可否认,在某种意义上,至少在大鼠身上,海马似乎对空间记忆起着重要作用。

然而,有人认为这并不是关于海马功能的唯一或最佳描述。在Olton应用辐射臂迷宫的最初研究中,他将海马损伤的结果描述为一种工作记忆的缺陷。大鼠记不住最近获得的有关已经探索过的辐射臂的信息。因此,工作记忆可能是海马功能的一个方面。这能解释为什么海马受损的大鼠能避开始终没有食物的臂，但却记不住它们最近走过哪条臂。可以推测，训练后，关于没有食物的臂的信息已被存储于长时程记忆中，但仍然需要工作记忆来避开那些已经被取过食物的臂。

其他的理论是建立在观察到海马整合或关联具有行为重要性的感觉输入的基础上的。例如，当你阅读本书时，你可能会形成与多种事物相关的记忆，比如具体的事实、吸引你眼球的插图、有趣的段落、页面内容的编排，以及在你读书时周围的声音或发生的事情等。也许你曾尝试过通过翻书去找看起来具有某一特征的页面来找到某本书中的某一段话。另一个常见的例子是，当你回忆起一件往事，比如一部老电视剧的主题曲时，会使你连带着想起一大堆相关的事情——电视剧中的角色、你家的客厅、当时跟你一起看电视的朋友等。互联性（interconnectedness）是陈述性记忆存储的一个关键特征。

海马也会参与不完全基于空间记忆的任务，在这方面的一个例子就是气味辨别。在一个气味辨别任务中，一只大鼠的笼子有两个端口，动物会在这两个端口闻到两种不同的气味（图24.24）。对于每一对气味，训练大鼠跑到释放一种气味的端口，并避开另一个端口。研究人员发现，海马中的一些神经元会对某对气味产生选择性反应。此外，这些神经元会对哪种气味出现在哪个端口特别敏感：它们会对端口A释放的气味1和端口B释放的气味2做出强烈反应，但对切换到相反端口释放的气味则没有反应。这表明海马神经元的反应与特定的气味、气味的空间位置，以及它们是单独出现还是一起出现的相关。该研究还表明，海马的损伤会导致该辨别任务的缺陷。

总结一下我们讨论过的关于海马的各种研究。首先，自 H. M. 时代以来的研究表明，海马对事实和事件的记忆巩固至关重要。强有力的证据表明，对于啮齿动物和人类，海马对空间记忆尤为重要。在对人类海马神经元的记录中，被记录的神经元有时会对受试者熟悉的人或物表现出令人惊讶的选择性。最后，海马细胞似乎也会在感觉刺激之间形成关联，即便这些信息与空间无关。贯穿这些不同研究的一条脉络是，海马可以将不同的经历联系在一起。它接受很多不同类型的感觉输入，并可以通过整合与某一事件相关的各种感觉体验来构建新的记忆（比如一个电视剧的主题曲与对人物和地点的记忆整合）。海马对于通过将新的感觉输入与现有知识联系起来，以建立或增强记忆可能也是必不可少的。有人认为，来自内嗅皮层网格细胞的输入为海马提供"在哪里"的信息，而其他输入则包含"是什么"的信息。在海马中构建并巩固的神经关联可能会有效地建立起"在哪里发生了什么事"的记忆。

24.4.5 记忆的巩固和记忆痕迹的保留

有令人信服的证据表明，陈述性记忆的形成涉及一个由相互连接的脑结构组成的系统，该系统接受感觉信息，在相关信息之间建立关联，巩固学到的信息，并存储记忆痕迹以供以后提取。该系统的组成部分包括海马、海马周围的皮层区域、间脑和新皮层等。我们现在关注的问题是这些事情的发生时间：记忆在何时何处以永久的形式存储？记忆需要多长时间才能变成"永久的"？记忆痕迹会随着时间的推移改变存储位置吗？随后的经历会改变、增强或削弱记忆吗？

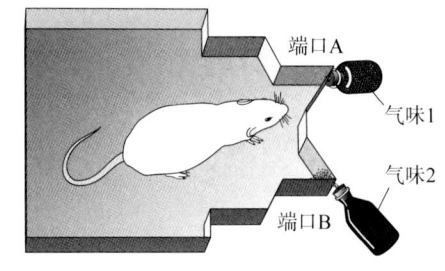

▲ 图 24.24
一项用于研究关联性记忆（relational memory）的气味辨别实验。对于各种不同气味的组合，训练大鼠跑到一个释放某种气味的端口，并避开另一个端口（改绘自：Eichenbaum 等，1988，图 1）

记忆巩固的标准模型和多重痕迹模型。自 H. M. 时代开始，一种关于记忆巩固和存储的观点已逐渐发展起来，现在被称为**记忆巩固的标准模型**（standard model of memory consolidation）。在该模型中，信息经过与感觉系统相联系的新皮层区域，然后被传输到内侧颞叶进行处理（特别是海马系统）。正如我们将在第25章中更详细讨论的那样，突触的变化通过一个被称为**突触巩固**（synaptic consolidation）的过程创建一段记忆痕迹（图 24.25a）。在突触巩固之后，或者可能在突触巩固过程中，会发生**系统巩固**（systems consolidation）。在系统巩固这一过程中，记忆痕迹会随着时间的推移逐渐转移到新皮层中的分散区域里（图 24.25b）。因此，多个新皮层区域才是永久性记忆痕迹被存储的地方。在系统巩固发生之前，记忆提取需要海马的参与，但在系统巩固完成之后就不再需要海马了。

关于记忆形成的许多观察结果符合标准模型，但在这个模型是否对记忆巩固做出了最准确解释的问题上，已经有人提出了质疑。其中一个关键点在于逆行性遗忘期有多长。例如，对 H. M. 遗忘症的早期病历记录显示，他的逆行性遗忘可追溯至事故发生之前的数年之久。对这一现象的一种解释是，突触巩固可以很快完成，但系统巩固需要数年时间才能完成，而 H. M. 失去的是那些还没有"完全成熟"的逆行性记忆（即仍依赖于海马的记忆痕迹）。后来的研究更加详细地检查了 H. M. 的情况，发现他的逆行性遗忘可追溯到事故发生之前的数十年。所以，也许系统巩固是一个非常缓慢的，需要数十年才能完成的过程。然而，一些科学家不久之前对此提出了疑问：系统巩固对于一个个体寿命只有短短几十年的物种来说是否说得通？更令人困惑的是，后来对 H. M. 的研究表明，他对一些情景记忆的逆行性遗忘几乎可追溯至他的整个人生。这意味着，海马或许与其他内侧颞叶结构一起协同工作，可能与一生的记忆都有关系。

已经有人提出了一些替代标准模型的其他记忆巩固模型，其中最值得注意的是亚利桑那大学（University of Arizona）的 Lynn Nadel 和多伦多大学（University of Toronto）的 Morris Moscovitch 提出的**记忆巩固的多重痕迹模型**（multiple trace model of consolidation）。多重痕迹模型的提出，是为了避免标准模型需要用长达数十年的系统巩固过程来解释逆行遗忘期很长的问题。如果海马损伤会破坏损伤之前几十年乃至一生的情景记忆，那么也许海马一直参与记忆存储。换言之，系统巩固不会将记忆痕迹完全转移到新皮层去。

根据这一理论，记忆痕迹的形成需要新皮层的参与，但即使是旧的记忆，也还需要海马的参与（图 24.25c）。"多重痕迹"这个术语指的是，该模型允许由海马损伤引起的逆行性遗忘有时呈时间梯度。该假说认为，每当提取一段情景记忆时，都发生在一个与初始经历不同的情境下，于是回忆起来的信息会与新的感觉输入结合起来，形成一段需要海马和新皮层共同参与的新的记忆痕迹。这种多重记忆痕迹的形成可能会为记忆提供更坚实的基础，并使其更容易被回忆起来。因为记忆的提取需要海马，完全破坏海马会导致对所有情景记忆的逆行性遗忘，无论这些记忆已经存储了多久。如果对海马的损伤是局部的，那么损伤后保持完整的记忆应该是那些有多重记忆痕迹的记忆。在某种程度上，较早的记忆比近期的记忆被回忆的次数更多，它们更

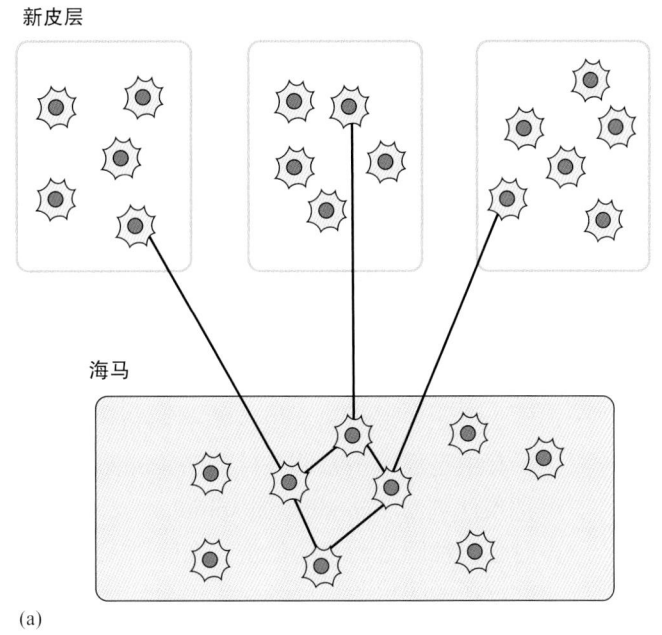

(a)

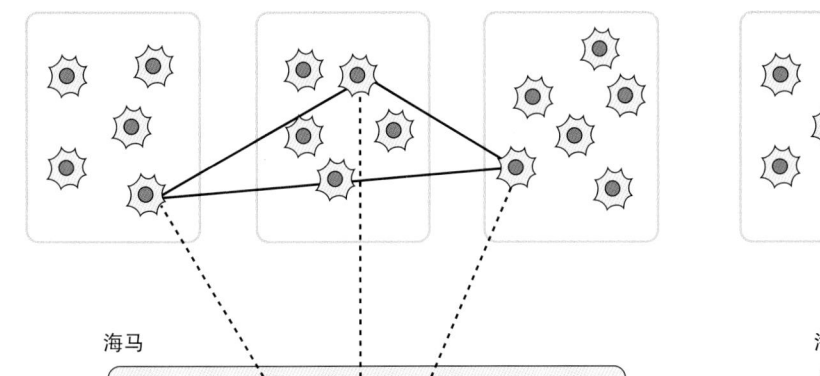

(b)

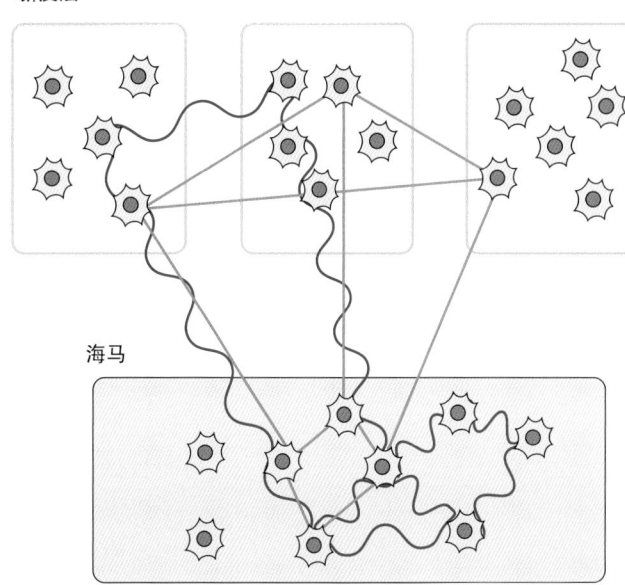

(c)

▲ 图 24.25

两种记忆巩固模型。(a)在标准模型和多重痕迹模型中,记忆的形成由海马中的突触变化引发。在此示意图中,海马神经元与新皮层的三个分散区域中的神经元发生相互作用。(b)在标准模型中,临时性记忆痕迹通过突触巩固在海马中形成,随后记忆痕迹通过系统巩固在新皮层中形成。随着时间的推移,记忆更多地依赖于新皮层中的连接(实线),而对海马中的连接(虚线)的依赖减弱。(c)在多重痕迹模型中,情景记忆的记忆痕迹总是需要海马和新皮层的共同参与(所有的线条都是实线)。红线和绿线分别表示两种不同的感觉情境下产生的相同记忆所对应的两条记忆痕迹有可能在海马损伤后留存下来，这就可能形成逆行性遗忘的时间梯度。一言蔽之，目前专家们对逆行性遗忘时间梯度的评估和各种记忆巩固模型的有效性仍然存在分歧。

记忆的**再巩固**。1968年，美国罗格斯大学（Rutgers University）的James Misanin、Ralph Miller和Donald Lewis发表的一份报告令人惊讶地宣称，记忆即使在被巩固后，也可以被改变或选择性地抹去。从标准模型的角度来看，这是出乎意料的，因为记忆应该只对巩固前的破坏［如电休克（electrical convulsive shock，ECS）］敏感。巩固之后，记忆应该是稳定不变的。事实上，改变经历与ECS之间的间隔时间已被用于测量记忆巩固所需的时间。在Misanin及其同事的一项实验中，他们通过在响亮的噪声后进行足底电击来训练大鼠（不要将足底电击与头部ECS混淆）。这是经典条件反射的一个例子，其中足底电击是非条件刺激（unconditional stimulus，US），而响亮的噪声是条件刺激（conditional stimulus，CS）。随后，受过训练的大鼠在听到噪声时会害怕随之而来的电击。在噪声发出后，未被条件化的大鼠（即未建立条件反射的大鼠——译者注）仍会从饮水管迅速地舔水，而已被条件化的大鼠（即已建立了条件反射的大鼠——译者注）舔水的速度会慢很多，这是它们害怕遭受足底电击的表现。如果在动物被条件化之后立刻施予电休克，那么它在第二天会迅速地舔水，就好像它从未被条件化一样。这是条件反射逆行性遗忘的证据。如果在条件反射的建立与电休克之间有24 h的延迟，恐惧就不会被减弱。显然，恐惧记忆在24 h之后已经被巩固，而且ECS不再会引起条件反射的遗忘。

在实验的第二天，大概恐惧记忆已经巩固了，先给一些已被条件化的大鼠一声响亮的噪声刺激，然后立即对它们施予ECS。接着，在实验的第三天，再次对大鼠进行测试。令人惊讶的是，在第二天接受噪声–足底电击（原文有误，应为噪声–头部电击；头部的电击即为电休克刺激——译者注）组合刺激的大鼠与那些第一天训练完立即接受ECS的大鼠（即那些有遗忘症，不害怕响亮噪声的大鼠）舔水一样多。它们也比那些第二天没有给噪声而直接进行ECS的大鼠舔得更多。这些结果提示，第二天给的噪声重新激活了恐惧记忆，而这一记忆一旦被重新激活，就能够被ECS抹去。如果这一记忆没有被重新激活（那些第二天没有给噪声，而直接进行ECS的大鼠），则ECS没有效果。这项研究的意义非常重要，因为它表明重新激活记忆会使其像刚刚形成时（即记忆巩固前）那样敏感。出于这个原因，这一重新激活的效果被称为（记忆的）**再巩固**（reconsolidation）。

近年来，学术界对记忆再巩固越来越感兴趣，而记忆再巩固看来在人类记忆中也会发生。最初关于记忆再巩固的大鼠实验涉及的是程序性学习（经典条件反射），但现在看来，在人类的情景记忆中也可以观察到记忆的再巩固现象。在一项实验中，受试的大学生被要求记住20件物品（如气球、蜡笔、勺子），这些物品被依次展示，每展示完一件就将其放到一个篮子里。每个学生都要练习说出所有物品的名字，直到他们能记住第一天列表中这20件物品中的至少17件。第二天，大概是在记忆已经巩固之后，向其中一些学生展示空篮子作为提示，让他们描述前一天发生的事，但不能说出那些物品的名字。这样做的目的是巧妙地重新激活前一天的记忆，因为这可能会使这些记忆得到再巩固。对照组的学生则没有这个提示，希望这样可以避免重新激活他们前一天的记忆。也是在第二天，被提示组和未被提示组的受试者都被要求记住第二组20件物品。最后，在实验的第三天，所有受试者都被要求回忆第一天第一组中的物品。

平均而言，不管受试者在第二天是否收到了提示，他们都能回忆起第一天所有物品中的8件左右。有趣的发现是，那些第二天得到提示的受试者会"意外地"在他们的回忆中混入许多第二天所见的物品（平均5件物品），而这种混入在那些第二天未得到提示的受试者中极少出现。基于这个实验和其他一些变化，空篮子提示似乎可以重新激活第一天已经巩固了的记忆，从而使这些记忆再次变得不稳定。然后，这些记忆在第二天被再巩固，并被错误地混入与第二天所见物品相关联的新感觉信息。现在已经开展了多种研究人类记忆再巩固的实验，甚至发现在记忆重新激活时有海马的活动。显然，当我们回忆起一段记忆时，它会变得易于被改变和被再巩固。这一令人着迷的发现对于治疗与不愉快记忆相关的创伤后应激，乃至对我们正常回忆的可靠性都具有深远的意义（图文框24.4）。

24.5 程序性记忆

到目前为止，我们一直关注的是参与陈述性记忆形成和保持的脑系统，部分原因是当我们说我们记住某件事的时候，我们通常指的是陈述性信息。此外，非陈述性记忆的神经基础很复杂，这是因为不同类型的非陈述性记忆涉及不同的脑结构。正如图24.1所示的，不同类型的非陈述性记忆被认为涉及脑的不同部位。作为非陈述性记忆的一个例子，我们来看一下支持纹状体参与习惯学习（habit learning）和程序性记忆的证据。

回忆我们在第14章提到过，基底神经节在随意运动的控制中起重要作用。基底神经节的两个主要部分是尾核和壳核，合称为**纹状体**（striatum）。纹状体位于运动环路的关键位点，接受来自额叶和顶叶皮层的信息输入，并将信息输出到参与运动的丘脑核团和皮层区域。对啮齿动物和人类研究的一些证据提示，纹状体对于参与形成行为习惯的程序性记忆至关重要。

24.5.1 啮齿动物的纹状体和程序性记忆

H. M.所经历的遗忘症令人惊讶，部分原因是，尽管他已经完全不能够形成新的陈述性记忆，但他依然能学会新的习惯。事实上，H. M.的例子是支持程序性记忆采用了不同环路的假说最有力的理由之一。在遗忘症的猴子模型中，我们看到在内侧颞叶的嗅皮层进行小范围的损毁会破坏新的陈述性记忆的形成。相对而言，这样的损毁对程序性记忆的影响微乎其微，这就提出了一个显而易见的问题：有没有哪种类似的损毁会破坏程序性记忆，而不影响陈述性记忆？对于啮齿动物来说，纹状体的损毁就会有这样的效应。

在一项研究中，大鼠需要学习两种辐射臂迷宫任务。第一种是之前描述过的标准版实验，在这个实验中，大鼠必须学会尽可能高效地从迷宫中每一条摆放有食物诱饵的辐射臂中取得食物。在第二个实验中，摆放有食物的那

图文框24.4 趣味话题

虚假记忆的引入和负性记忆的抹除

如果记忆再巩固可以改变现有的记忆，我们怎样才能确定我们记住的事情是正确的？这可能听起来像科幻小说，但已有研究报道，已经巩固的记忆可以被改变，而对从未发生过的事情的记忆也可以被引入脑中。

测试修改记忆能力的实验主要在小鼠身上进行。在惊恐的情况下，小鼠会"僵立"在原地，这种反应可能是一种形式的"装死"，以避免被捕食者发现或吃掉。在实验室中进行实验时，小鼠会被放置在一个盒子中，它能够通过视觉外观和嗅觉来辨别自己周围的环境。当小鼠进入盒子时，它会受到一次足底电击。如果将小鼠从盒子中取出，并在第二天再把它放回那个盒子里；当小鼠识别出那就是昨天那个盒子的时候，即使没有被足底电击，它也会因为预感将要遭受足底电击而僵立。而当把小鼠放入一个明显不同的盒子中时，它不会僵立，这表明小鼠已经形成了一种记忆，这一记忆将电击与它受到过电击的盒子关联起来了。

最近，麻省理工学院（Massachusetts Institute of Technology）的一个科学家团队利用转基因小鼠并对该条件性恐惧实验进行了一个巧妙的变化，以研究记忆的可塑性。小鼠在一个盒子中自由探索，与盒子相关的视觉和嗅觉经历会激活一小部分海马神经元。这个实验的关键之处在于，这个研究团队的科学家们能够在这些转基因动物上，通过化学方法来打开或关闭一个开关，从而使激活的神经元表达或不表达第4章中所述的通道型视紫红质-2（channelrhodopsin-2，ChR2）。表达了ChR2的神经元随后暴露在蓝光下就可

以被激活。具备了这些条件之后，实验按照如下的程序进行（图A）：

1. 第一天，将小鼠置于盒子A中，开启活动标记细胞的开关，使被盒子A相关的感觉刺激激活的神经元表达ChR2。这天不给予足底电击，因而小鼠不会在盒子A中发生僵立。

2. 第二天，将小鼠置于另一个感觉环境不同的盒子B中。在这一天，细胞的标记开关是关闭的，所以被盒子B环境所激活的海马神经元不会表达ChR2。当小鼠处于盒子B中时，蓝光通过一根细光纤传输到海马，重新激活前一天那些编码了盒子A关联感觉信息的神经元。与此同时，对小鼠进行足底电击。需要记住的是，所有这些过程都是当小鼠处于盒子B中时发生的。实验者的假设是，被重新激活的对盒子A的记忆，会在第二天以一种与痛苦的足底电击相关联的方式被再巩固。

3. 揭开真相的时候到了！第三天，小鼠被放回到盒子A中。正如所预测的那样，它僵立了，尽管它从未真的在盒子A中经历过足底电击。而当小鼠被放置在一个不熟悉的环境（盒子C）中时，它不会僵立。

由此，似乎已经创建了一段虚假的记忆，即虽然电击只发生在盒子B中，但小鼠依然会害怕盒子A。而

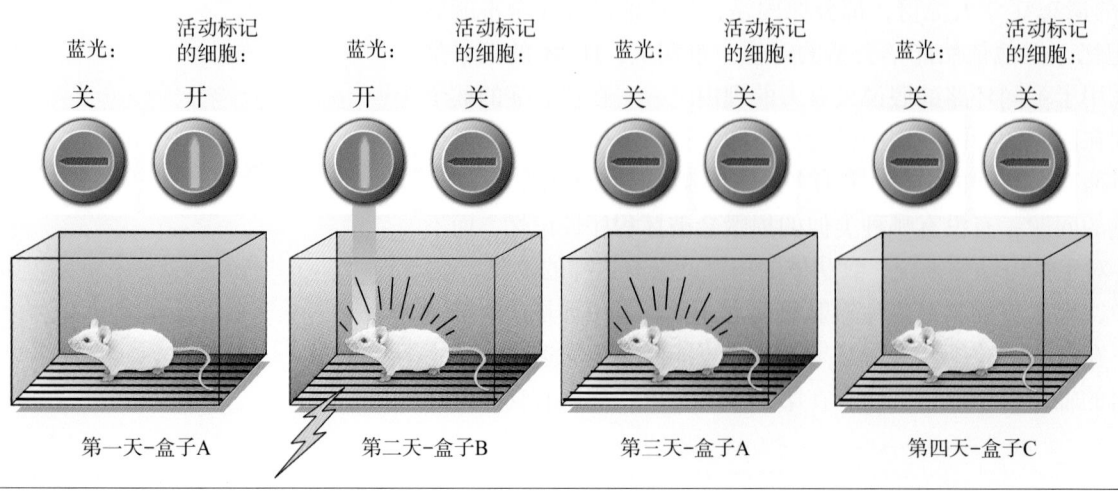

图A

小鼠在盒子C中没有出现僵立行为，表明这段虚假记忆是对盒子A特异性的，也许是因为当动物在盒子B中接受足底电击时，编码盒子A相关信息的神经元被蓝光重激活了。你可能听说过，一些根据目击证人的证词而被判有罪的人，后来因为DNA检测证据证明了他们的清白而被释放。显然，这些目击者的记忆是错误的。这是否可能发生在某些情况下：由于目击者受到了引导，而引导信息与其回忆起来的犯罪事件相互作用并一起被再巩固了？有研究正在检测再巩固可能发生的条件；这些研究成果将对司法系统有重大意义，也对我们能在多大程度上相信自己的记忆有深远影响。

如果我们能够改变已经被巩固的记忆，那或许我们可以设计出一种方法来治疗那些被某些记忆困扰的人。我们都有一些想要忘记的尴尬时刻，但有些人的记忆是如此令人不安，以至于干扰了他们的日常生活。在创伤后应激障碍（post-traumatic stress disorder，PTSD）中，早期的创伤性事件对后来的行为、情绪和社会交往都有严重的有害性影响，即使在没有威胁的情况下也是如此。一个例子是，打过仗的退伍老兵在战争结束很久之后，在日常生活中还会时常感到压力和恐惧。有没有一种方法可以抹去或至少削弱这种不愉快的记忆呢？对这个问题的研究表明，这是可能的。

一种削弱不愉快记忆的方法利用了这么一个观察结果：在创伤事件后不久施予β-肾上腺素受体对抗剂普萘洛尔（propranolol，心得安——译者注），可以降低患者事后回忆这一事件时的生理反应（如心率的反应）。人们认为，普萘洛尔可能会抵消应激激素的作用，而后者通常由恐惧经历激活。遗憾的是，患者在经历创伤后，通常不太可能立即与人进行调解。对于潜在的PTSD疗法来说，一个重要的问题是，是否有可能在创伤事件发生后，利用记忆再巩固来削弱创伤记忆。在一项针对此问题的研究中，患有慢性PTSD的人被要求描述他们所经历的创伤。与此同时，给他们施用普萘洛尔或安慰剂。一周后，再让他们回忆自己的创伤事件时，之前施用普萘洛尔的人的生理反应要低于安慰剂组人的反应。这也许是由于在记忆重激活时施药，导致了再巩固的记忆仅伴有减弱的情绪影响。需要注意的是，在这种情况下，普萘洛尔治疗影响了记忆的情绪权重，但并不影响陈述性记忆本身。

我们不知道小鼠是否会有PTSD，但麻省理工学院Tsai（Li-Huei Tsai——译者注）和她的同事们最近的一项研究，尝试靶向神经可塑性来减弱小鼠的不愉快记忆，而不是像施用普萘洛尔那样影响全身的生理活动。正如我们已经讨论过的实验，通过将声音与足底电击配对，使小鼠对一个响亮声音感到恐惧。这样，当小鼠再听到这个声音时，即使不给足底电击，它们也会因恐惧而僵立。通常用来减少恐惧反应强度的方法是，反复给小鼠声音刺激但不给电击（类似于对PTSD患者的治疗是当他们在一个安全的环境中回忆创伤性记忆时进行的）。如果在创伤经历发生1天后（而不是30天后）开始使用这种消退疗法（extinction therapy），则可以减弱或消除小鼠与盒子关联的恐惧。考虑到对PTSD患者的治疗有延迟性，Tsai等人希望在电击发生一个月之后仍能削弱小鼠的恐惧记忆，而此时单纯的消退疗法是无效的。这可以通过将诱发恐惧的声音与施予一种抑制HDAC2（histone deacetylase 2，组蛋白脱乙酰酶2）的药物结合起来来实现。HDAC2可以关闭神经元细胞核中的神经可塑性基因（neuroplasticity gene，详见第25章），这种酶在电击后的第二天是失活的，而一个月后却是有活性的。通过抑制HDAC2，可塑性基因能在更晚的时间被激活。在这些基因被激活的同时，通过响亮的声音诱发创伤性记忆重现，就可能使记忆以一种不那么恐惧的形式得以再巩固。仅仅在一次给药之后，小鼠在听到声音时就不会再僵立了。我们还不知道这种方法或相关方法是否可以治疗PTSD患者，但至少有望利用记忆再巩固来缓解这种疾病。

拓展阅读：

Brunet A, Orr, SP, Tremblay J, Robertson K, Nader K, Pitman RK. 2008. Effect of post-retrieval propranolol on psychophysiologic responding during subsequent script-driven traumatic imagery in post traumatic stress disorder. *Journal of Psychiatric Research* 42:503–506.

Graff J, Joseph NF, Horn, ME, Samiei A, Meng J, Seo J, et al. 2014. Epigenetic priming of memory updating during reconsolidation to attenuate remote fear memories. *Cell* 156:261–276.

Ramirez S, Liu X, Lin P, Suh J, Pignatelli M, Redondo RL, et al. 2013. Creating a false memory in the hippocampus. *Science* 341:387–391.

只辐射臂，或者所有摆放有食物的辐射臂上方会亮一盏小灯，而没有亮灯的臂中则没有食物。灯可被随时打开或关闭。在这种情况下，最佳表现意味着只要这些臂上方的灯还亮着，大鼠就会不断地回到亮灯的臂中去取食，并且避开那些从来都不亮灯的臂。设计标准版迷宫任务旨在要求动物使用陈述性记忆。而"亮灯"版实验的目的则要求动物使用程序性记忆，因为在这个实验中，食物的存在和亮灯这两件事一直是相互关联的。大鼠不必记住它已经探索过哪条臂，只需简单地根据亮灯与食物之间的关联，形成看到灯光就知道有食物的习惯就行。大鼠在"亮灯"任务中的表现类似于H. M.能够形成的习惯，比如他可以通过看着镜子中自己的手来画画。

两种类型的脑损伤以明显不同的方式影响动物执行这两种不同版本辐射臂迷宫任务时的表现。如果海马系统被破坏（在这一实验中，指的是损毁对海马有输出的穹隆），大鼠在标准版迷宫实验中的表现会变差，但在"亮灯"版迷宫实验中的表现相对来说不受影响。相反，损毁纹状体会使大鼠在"亮灯"版迷宫实验中的表现变差，但对标准版迷宫实验的表现几乎没有影响。这种损伤部位和行为缺陷的"双重分离"现象提示，纹状体是程序性记忆系统的一部分，但对陈述性记忆的形成来说并不是至关重要的。

在其他实验中对大鼠纹状体的记录表明，在大鼠学习一个与食物奖励相关联的任务中，神经反应会发生变化。在一个简单的T形迷宫实验中，大鼠被放在T形迷宫长臂的末端，当它离开此末端时就给予它声音刺激（图24.26a）。用一个低音调的声音来训练大鼠左转进入T形迷宫的一条短臂中，以取得一块巧克力点心，而一个高音调的声音则用来训练大鼠向右转到另一条短臂中才能获得这样的奖励。图24.26b给出了在大鼠执行这一迷宫任

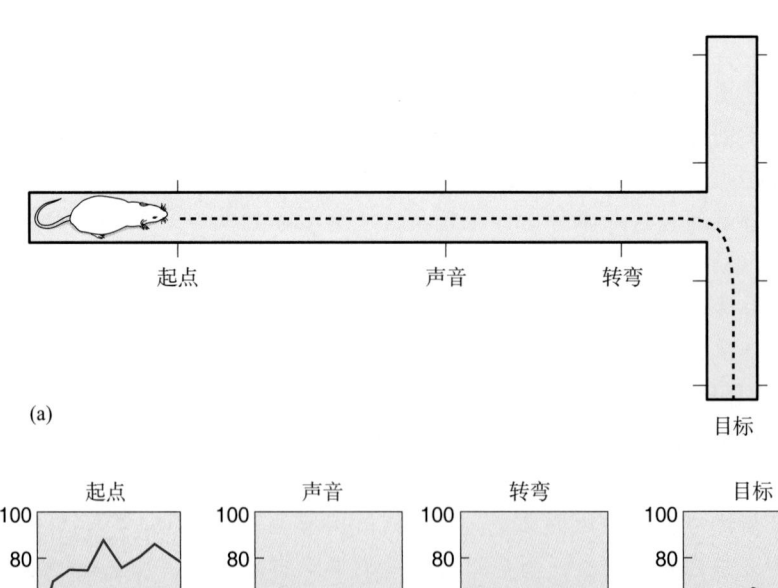

► 图 24.26
大鼠习惯学习过程中纹状体反应的变化。（a）大鼠从T形迷宫长臂的末端出发，根据听到的声音音调的高低向左或向右转弯。（b）在起点、声音响起、转入有奖励的臂、获得奖励（目标）4个执行任务的时期，有反应神经元所占的百分比。训练和测试的每个阶段均需要大鼠跑40次迷宫。在大鼠学习和掌握跑迷宫的过程中，对起点和目标这两个时期有反应的神经元个数较多，而对转弯做出反应的神经元个数较少（改绘自：Jog等，1999，图1和图2）

务的 4 个时期（起点、声音响起、转入有奖励的臂、获得奖励），有反应神经元所占的百分比。

当大鼠第一次执行该任务时（即阶段 1），在它转入有食物奖励的臂时，有反应的神经元比例最高。但在实验之后的阶段里，随着训练和测试的进行，这一比例大大降低。当大鼠掌握了这个任务后，在任务开始和结束这两个时期有反应的神经元逐渐增多。而且，在任务的多个阶段中，有反应的神经元也越来越多。对于这些反应模式变化的一种可能解释是，它们反映了一种习惯的形成，即纹状体编码了由 T 形迷宫的环境所引发的一系列行为。目前这只是一个假说，但这个假说非常有趣，因为纹状体的连接特性正是接受高度加工的感觉信息并发出参与运动反应的信号。

24.5.2　人类和非人灵长类的习惯学习

在猴子身上的研究表明，啮齿动物和灵长类动物的选择性脑损伤对记忆的影响是相似的。就像啮齿动物那样，在灵长类动物中，海马系统的损伤和纹状体的损伤造成的影响是分离的。正如我们已经在猴子身上看到的那样，内侧颞叶的损伤严重地影响其延迟型非匹配样本任务的执行，而这一任务的执行需要陈述性记忆。然而，让我们考虑另一个任务，让动物在这个任务中反复地看两种视觉刺激，如一个正方形和一个十字形，并且必须学会只将食物奖励与十字形相关联（即工具式条件反射）。这种类型的习惯学习相对不受内侧颞叶损伤的影响。猴子在内侧颞叶损伤后仍然保留有这种习惯学习，类似于即便是穹隆损伤后的大鼠，其依然能够将亮灯的迷宫臂与取食始终关联起来。

对于猴子，涉及纹状体或到纹状体连接的损伤的效应与内侧颞叶损伤的效应截然不同。纹状体的损伤对延迟型非匹配样本任务的执行没有影响，这表明猴子仍可能形成陈述性记忆，且能够辨别视觉刺激。但是，在纹状体损伤之后，猴子就无法形成习惯，不能总是将一种视觉刺激（而不是将另一种视觉刺激）与获取食物关联起来。而且，即便反复地对动物进行这种固定的刺激–奖励关联训练也无济于事。因此，负责陈述性记忆和程序性记忆的解剖系统似乎多少有些不同，而习得习惯等行为需要使用纹状体系统。

人类有多种疾病会导致基底神经节病变，而这些病变对记忆的某些影响似乎与纹状体在程序性记忆中的作用一致。例如，亨廷顿病会引起遍及全脑的神经元死亡，但受累的主要部位是纹状体。亨廷顿病患者在学习将一种运动反应与一种刺激关联起来的任务时很困难。尽管这些患者通常有运动障碍，但他们在学习刺激–反应相关联的习惯时的困难与运动缺陷的严重程度无关，这提示前者是该疾病的一个独立症状。

纹状体参与习惯学习的进一步证据来自对帕金森病患者与遗忘症患者的比较。正如我们在第 14 章中所看到的，帕金森病的特征是黑质向纹状体输入的退化。在一项研究中，实验人员对帕金森病患者进行了两项记忆任务的测试。在第一项任务中，患者可以看到 4 张可能呈现的提示卡中的 1 张、2 张或 3 张，即提示卡 14 种组合方式中的一种（原文有误，应为 13 种组合——译者注）。然后，他们必须推测这种组合是否与晴天或雨天的任意一种预测相关（图 24.27a）。对于每一位患者，实验者给各张提示卡分配的与晴天或雨天相关联的概率不同。通过告诉受试患者所预测的天气正确与否，他们可以慢慢

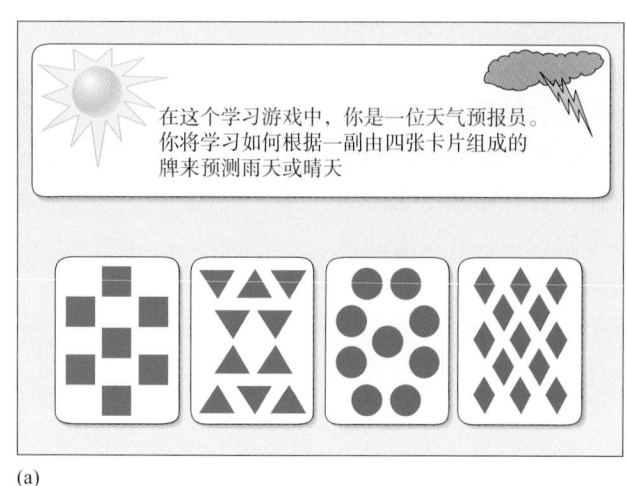

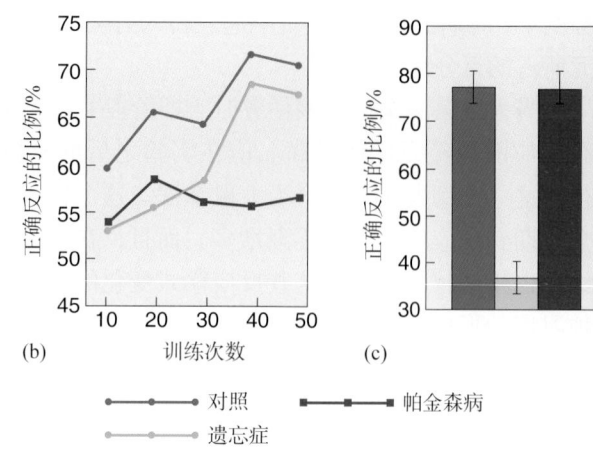

(a)

▲ 图24.27

遗忘症患者和帕金森病患者在两项记忆任务中的表现。(a) 4张提示卡以不同的组合方式呈现，而卡上的图标与晴天或雨天相关联。通过反复观察呈现的组合，患者必须学会通过推断提示卡与天气之间的关联性，来预测晴天或雨天。(b) 经过连续训练，对照组正常受试者和遗忘症患者在这项关联性任务中的表现有所提高，而帕金森病患者的表现几乎没有改善。(c) 在一项检验陈述性记忆形成的测试（问卷调查）中，帕金森病患者的表现与对照组受试者相似，而遗忘症患者严重受损（改绘自：Knowlton等，1996，图1和图2）

地建立起提示卡与天气之间的关联性。这一任务设计背后的想法是其利用了刺激-反应习惯的形成。在第二项任务中，研究人员通过要求患者回答与提示线索和计算机屏幕显示有关的多项选择题，来测试他们的陈述性记忆。

帕金森病患者在学习天气预测的任务上有很大的困难（图24.27b），但在陈述性记忆的问卷调查上却表现正常（图24.27c）。与此相反，遗忘症患者在学习天气分型上没有困难，但在问卷调查上的表现却明显低于帕金森病患者和对照组正常受试者。这些结果表明，人类的纹状体可能构成了负责程序性记忆的系统的一个部分，而这个系统不同于用于陈述性记忆的内侧颞叶系统。

24.6 结语

人类的脑远不是一台有着固定连接的计算机，而是随着经验不断变化的。我们使用工作记忆来暂时保持信息，而来自我们某些经验的感觉输入模式被组装成永久性的记忆痕迹。在孩童时期，你学会了翻筋斗，而这个动作的运动序列会被无意识地存储起来，以供你在经历过的头晕目眩的初学阶段之后调用。你了解了脑的结构，并能画出一张显示延髓位置的草图，从而让蒂莉姑妈（Aunt Tilly，迪士尼出品的系列动画片"小公主苏菲亚"中的角色——译者注）留下深刻的印象。我们现在还不能确定参与存储非陈述性记忆或陈述性记忆的确切神经元和突触，但研究进展使我们正接近对它们的认识。我们知道了学习和记忆涉及整个脑的广泛变化。内侧颞叶和间脑中的结构对于记忆巩固至关重要，而新皮层则通过它与海马和其他结构之间的相互作用，将记忆痕迹存储其中。精确地阐明每个脑结构对学习和记忆的贡献依然是研究人员面临的挑战。

我们看到记忆可以根据持续时间、存储信息的类型和所涉及的脑结构来进行分类。早期的脑研究依赖于解释脑损伤对遗忘症的影响。仅从H. M.的例子中，我们就对人脑的记忆有了大量的了解。记忆的不同类型，以及遗忘症可以破坏一种类型的记忆而不影响其他类型的记忆的事实，都说明脑中的多个系统被用于记忆存储。最近的研究运用人脑成像和分子遗传学技术来检查记忆的形成，并对时间过程和涉及的多个系统进行分类。甚至有人希望，在将来的某一天会有一种治疗方法可以显著减小创伤性记忆的有害后果。

在本章中，我们主要讨论了记忆存储在哪里，以及不同的脑结构之间是如何相互作用的等问题。但是，记忆存储的生理基础是什么？当我们试图记住一个电话号码时，一个干扰就可能会使我们忘记这个号码，这提示记忆最初是以一种特别脆弱的形式保留的。长时程记忆则牢固得多，即便是经历了干扰、麻醉，以及生活中的挫折和创伤，长时程记忆依然能够保存下来。由于记忆的这种牢固性，人们认为其最终存储于结构性的脑变化之中。脑中这些结构性变化的本质是第25章的主题。

关键词

复习题

1. 当你想象自己从一个房间走到另一个房间，回忆你的屋子里共有多少扇窗户时，你用了陈述性记忆还是程序性记忆，抑或两者都有？

2. 你会做什么实验来找出人们将一个电话号码保持在脑海中的脑区？

3. 在哪些脑区已经观察到了与工作记忆相关的神经基础？

4. 内侧颞叶的哪些结构被认为参与了记忆？

5. 为什么Lashley认为所有的皮层区域对学习和记忆的贡献程度相同？为什么这个结论后来受到了质疑？

6. 你可以想到用哪些理由来支持或反对Wilder Penfield的脑电刺激唤起记忆的观点？

7. 有哪些证据表明陈述性记忆和非陈述性记忆使用完全不同的环路？

8. 在著名的遗忘症患者H. M.的病例中，他在经历了颞叶手术后，丧失了哪些类型的记忆？保留了哪些类型的记忆？

9. 什么是位置细胞和网格细胞？它们分别在哪些脑区被观察到？

10. 有什么证据表明长时程记忆存储于新皮层？

11. 提出记忆巩固的多重痕迹模型是为了解决记忆巩固的标准模型所存在的哪些问题？

12. 程序性记忆被认为存储在哪个脑区？

拓展阅读

Corkin S. 2013. *Permanent Present Tense: The Unforgettable Life of the Amnesic Patient H.M.* New York: Basic Books.

Kandel ER, Dudai Y, Mayford MR. 2014. The molecular and systems biology of memory. *Cell* 157:163-186.

Ma WJ, Husain M, Bays PM. 2014. Changing concepts of working memory. *Nature Neuroscience* 17:347-356.

McKenzie S, Eichenbaum H. 2011. Consolidation and reconsolidation: two lives of memories? *Neuron* 71:224-233.

Moser EI, Kropff E, Moser M. 2008. Place cells, grid cells, and the brain's spatial representation system. *Annual Review of Neuroscience* 31:69-89.

Nadel L, Hardt O. 2011. Update on memory systems and processes. *Neuropsychopharmacology* 36:251-273.

Quiroga RQ, Kreiman G, Koch C, Fried I. 2008. Sparse but not "grandmother-cell" coding in the medial temporal lobe. *Trends in Cognitive Sciences* 12:87-91.

Squire LR, Wixted JT. 2011. The cognitive neuroscience of human memory since H.M. *Annual Review of Neuroscience* 34:259-288.

Wang S, Morris RGM. 2010. Hippocampal-neocortical interactions in memory formation, consolidation, and reconsolidation. *Annual Review of Psychology* 61:49-79.

（张嘉漪　朱景宁　译　王建军　校）

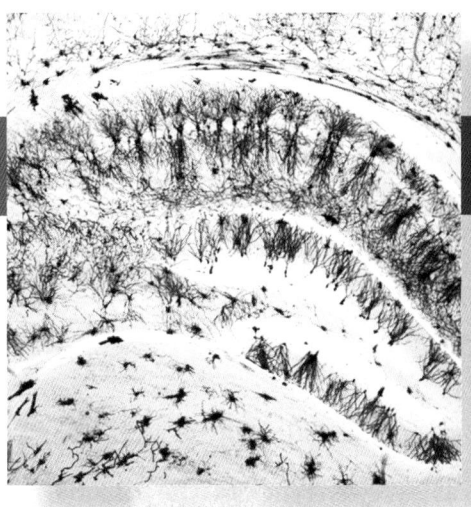

第 25 章

学习和记忆的分子机制

25.1 引言

要理解记忆的神经生物学，重要的第一步就是要了解不同类型的信息存储在何处。正如我们在第24章所述的，神经科学的基础研究正开始回答这个问题。然而，一个同样重要的问题是，信息是如何存储的。正如Hebb（Donald Hebb，唐纳德·赫布；参见第24章——译者注）所指出的那样，记忆可以源于突触的微小变化，且这些变化可以遍布全脑。这一见解有助于缩小对记忆、突触修饰的物理基础的搜索范围，但它也提出了一个两难的问题：作为记忆基础的突触修饰可能尺度太小且分布太广，从而难以被观察和进行实验研究。

这些考虑因素启发了一些研究者，他们在哥伦比亚大学（Columbia University）Eric Kandel（埃里克·坎德尔，1929.11—，犹太裔美国神经科学家，2000年诺贝尔生理学或医学奖获得者之一；参见下文——译者注）的领导下，从研究简单的无脊椎动物的神经系统入手，探索了记忆的分子机制。纵观神经科学的历史，研究者使用过多种无脊椎动物进行神经生物学实验。大家耳熟能详的是枪乌贼及其巨大的轴突和巨大的突触对我们理解细胞神经生理学的贡献（见第4章和第5章）。其他被用来进行实验的无脊椎动物包括龙虾、鳌虾、蟑螂、苍蝇、蜜蜂、水蛭和线虫。用无脊椎动物来作为模式动物，是因为它们在实验上具有一些重要的优势，比如它们拥有小的神经系统和大的神经元、已知的且可重复见到的神经连接，以及简单的遗传学特征。

无脊椎动物对于分析行为的神经基础特别有用。虽然一般无脊椎动物的行为类别相当有限，但许多无脊椎动物都具有第24章介绍过的一些简单的学习方式。尤其是其中的一个物种，加州海兔（*Aplysia californica*），常被用于研究学习的神经生物学机制。Kandel因其在了解加州海兔的记忆机制方面做出的开创性贡献而分享了2000年诺贝尔生理学或医学奖。对无脊椎动物的研究表明Hebb是正确的：记忆可以存在于突触的改变中。而且，现在也许能阐明导致这种突触可塑性的某些分子机制。虽然一些非突触性的改变也被证实可以解释某些类型的记忆，但对无脊椎动物的研究已经可以肯定突触是信息存储的一个重要位点。

在过去的几十年中，我们在理解脑如何形成记忆方面取得了飞速的进展。这一进展来自对哺乳动物脑中与不同类型记忆相关的脑区的神经活动的研究。对神经网络的理论分析有助于我们将重点集中在最有可能存储信息的那些变化上，而一些新的技术也使得寻找记忆的候选机制成为可能。一种富有成效的方法是通过电刺激脑产生可被测量的突触变化，并研究其机制。然后，研究者可以检验这些机制是否也参与了自然状态下的记忆形成。其中一个有趣的结论是，成人脑内活动依赖性的突触可塑性和记忆形成的机制，都与大脑在发育过程中建立连接的机制有许多共同之处。

神经科学家越来越乐观地认为，我们可能很快就会了解学习和记忆的物质基础。这项研究得益于从心理学到分子生物学等多学科的研究者的共同努力。在本章，我们将看到他们的一些发现。

25.2 记忆的获得

我们可以将学习和记忆分为两个阶段来看：（1）短时程记忆的获得；（2）长时程记忆的巩固（图25.1）。就此而论，记忆的获得（学习）是由输入的感觉信息所引起的**脑的物理变化**而发生的。这与第24章介绍的工作记忆不同，后者容易因为干扰而被抹除，并且容量非常有限（比如要记住一个电话号码）。工作记忆可以通过不断地默念（rehearsal）以保持神经活动来实现，而不需要在脑中发生任何长久的物理变化。与之不同的是，短时程记忆不会被干扰抹除，具有较大的容量，并且不需要有意识的努力就可以持续数分钟至数小时之久。还记得你今天早餐或昨天晚餐吃的是什么吗？这些记忆在没有默念的情况下可以持续一段时间，但仍被认为是"短时程的"，因为除非这些记忆被巩固到长时程记忆中，不然它们还是会被忘记。因此，你可能不会很容易记住两周前的周二晚餐吃了什么，因为编码这些信息的脑变化已经消失了。

在第24章介绍的**记忆巩固**（memory consolidation）是一种过程。在这一过程中，以神经元短暂的变化形式所暂时存储的某些经历被选中，并被永久地存储于长时程记忆之中。也许，上周二的晚餐期间恰好也发生了一件充满情感的事情（比如和你此生的挚爱第一次约会）。在这个例子中，那天晚上的每一个细节就都铭刻在你的长期记忆中也就不足为奇了。这个例子也表明，并非所有的事情都可以形成记忆。脑有一些机制可以确保一些经历被保留下来，而其他一些经历不会被保留。

我们会把记忆的机制分成两类来讨论：负责短时程记忆最初获取的机制，以及将短暂变化转为永久性变化的机制。我们将会看到，记忆的获得是通过改变神经元之间的突触传递来实现的，而突触巩固还需要新的基因表达和蛋白质合成。

25.2.1 记忆形成的细胞表现

"虽然看起来我好像什么都没做，但在细胞层面上我真的很忙。"我们不知道这句话是谁说的，但它显然适用于记忆。在第24章中，我们讨论了不同类型的记忆及它们存储在哪里。例如，我们了解到陈述性记忆（事实、事件、地点、面孔）最终存在于大脑皮层中。然而，当涉及信息存储时，没有哪个神经元不参与在其中。事实上，神经系统中的每一个神经元都能够对最近的活动模式形成记忆。同样，不计其数的分子机制参与了各种不同信息的存储，因此我们在这里的讨论只能是有选择性的。作为一个普遍的例子，让我们思考一下，当一种新的体验变得熟悉时，大脑皮层内会发生些什么（图25.2）。

▲ 图25.1
感觉信息存入长时程记忆的流程。第一步是记忆的获得，在这一过程中经历被编码成突触修饰。第二步是记忆的巩固，在这一过程中短暂的突触变化被固定下来

▶ 图25.2
你可能熟悉的名人。当你第一次看到这些人的照片或视频，并形成记忆时，在你的脑中发生了什么

我们和其他灵长类动物都非常擅长用视觉来辨认和区分熟悉的物体和人。这些信息存储在哪里呢？根据Hebb的观点，如果一段记忆痕迹只基于来自一种感觉模态的信息，那么应该可以在负责处理该感觉模态信息的相应皮层代表区中找到它（见第24章）。举例来说，如果这段记忆痕迹仅依赖于视觉信息，那么它应该存储在视觉皮层中。对猴子视觉分辨力的研究与这一观点相符。

我们可以训练猕猴分辨物体的图像，并将图像与食物奖励相关联。然而，在损毁下颞叶皮层（inferotemporal cortex）后，猕猴就失去了这种能力。该区域包含IT区（图25.3a）；我们在第10章已经了解到IT区是"腹侧通路"（ventral stream）的一部分，后者是一系列与视觉感知有关的高级视觉脑区。在损毁下颞叶皮层后，虽然猴子的基本视觉能力依然完好，但它们似乎无法识别熟悉的物体。因此，IT区似乎既是视觉区域，又参与了记忆的存

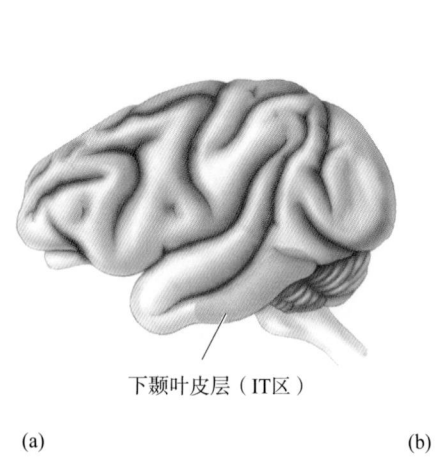

(a)

下颞叶皮层（IT区）

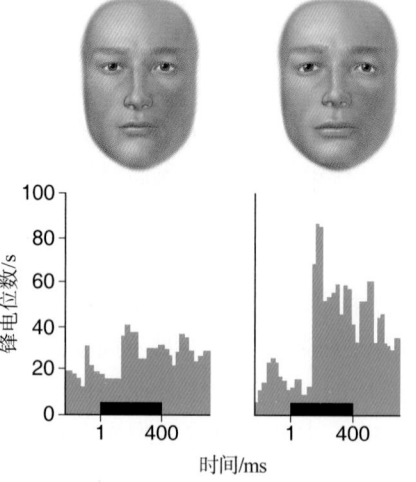

锋电位数/s

时间/ms

(b)

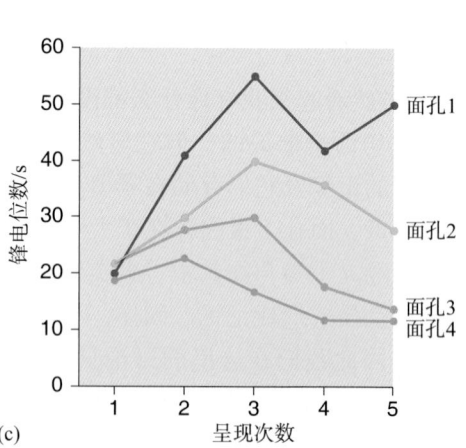

锋电位数/s

呈现次数

面孔1
面孔2
面孔3
面孔4

(c)

▲ 图25.3
下颞叶皮层对面孔的反应。(a) 猕猴IT区在下颞叶皮层中的位置。(b) IT区神经元对面孔有反应；这些反应可以是高度选择性的。直方图显示IT区中一个神经元对略微不同的人脸图像的反应。每个直方图下方的黑色条块指示刺激呈现的时间。(c) 细胞在新面孔变得熟悉的过程中的反应变化。当第一次呈现4张面孔时，细胞对每张面孔都有微弱的反应。随着呈现次数的增加，细胞对面孔1和2的反应变得更为敏感，对面孔3和4的反应变小。面孔选择性的获得与猴子识别和区分这些面孔的能力相关（图b改绘自：Leopold等，2006，图6；图c改绘自：Rolls等，1989，图1）

储。一种被称为**面孔失认症**（prosopagnosia）的令人惊奇的临床症状进一步支持了这个观点，而面孔失认症是一种人类对熟悉的（包括自己的）面孔失去记忆的选择性遗忘症，可由下颞叶皮层的受损引起。

像大多数皮层神经元一样，IT区的神经元通常表现出**刺激选择性**（stimulus selectivity）的特点；也就是说，它们会对某些刺激，但不是所有刺激做出发放一串动作电位的反应。正如我们在第10章所学到的，IT区的神经元对复杂的图像和形状（包括熟悉的脸）有特定的反应。在一个典型的实验中，用电极记录清醒的猴子IT区的神经元反应。当呈现一系列熟悉的面孔（族群中其他猴子或实验者的脸）的图像时，神经元对某些但不是所有图像有强烈的反应，即神经元表现出对刺激（特定的面孔）的选择性（图25.3b）。

现在，当一组新的面孔变得熟悉而形成视觉识别记忆时，IT区的神经元会有什么变化？第一次看到新面孔时，神经元对所有面孔都有程度大致相同的微弱反应，但没有选择性（图25.3c，呈现次数 = 1）。然而，随着刺激的反复呈现，反应发生了变化，并且出现了选择性。神经元对某些面孔的反应增强，对其他面孔的反应减弱。随着同一组面孔的反复呈现，神经元的反应变得更稳定且更具选择性（图25.3c，呈现次数 = 4或5）。IT区中与这个神经元邻近的其他神经元表现出类似的变化，但它们反应的增强和减弱却对应于其他不同的面孔。这里观察到的是一段记忆痕迹的产生吗？我们有充分的理由认为确实如此。皮层神经元的选择性变化在其他模态（听觉、躯体感觉等）的记忆形成中也是一种非常常见的细胞层面的表现。

记忆的分布式存储。对简单"神经网络"模型的分析将有助于说明在神经元选择性的经验依赖性转变的背后是什么。考虑一下图25.4中所描绘的相互连接的神经元网络。3个刺激，如Mark（马克）、Barry（巴里）和Mike（迈克）的面孔，通过独立的输入分别传递给3个突触后皮层神经元（分别称为A、B和C）。最初，在这3位先生的面孔首次出现时，我们发现神经元A、B和C对Mark、Barry和Mike有一定程度的反应，但神经元的反应不存在选择性，也无法通过神经元的反应将一张面孔与另一张面孔区分开来。但是，在反复接受Mark、Barry和Mike面孔的刺激之后，这个网络中的神经元获得了选择性：虽然所有神经元都对所有面孔有反应，但神经元A对Mark的反应最强，神经元B对Barry的反应最强，而神经元C对Mike的反应最强。这种对（现在已经）熟悉了的面孔的反应转变，是通过调整会聚到皮层神经元上的3个突触输入的强度或"权重"来完成的。

这个网络中的"记忆"在哪里？换句话说，上述3个皮层神经元的输出如何特异性地对应着表征Mark、Barry或Mike的面孔？答案是，在学习之后，对应于每张面孔，3个神经元分别有一个独特的**放电模式**或比例。例如，对应Mark的，是由神经元A的强烈反应、神经元B的中度反应和神经元C的弱反应来表征的。我们将这一现象称为**分布式记忆**（distributed memory）。借用一个类比，颜色在视觉系统中的表征不是仅依赖于单独一类视锥细胞的输出，而是通过比较所有3种类型视锥细胞的反应而得到的（见第9章）。

为了理解这种记忆存储方式的优越性，让我们设想一种替代方案，即上述的面孔记忆仅由神经元A来编码：当它激活时，Mark的面孔将被回想起来。在学习之后，神经元A就变成了一个"Mark检测器"，这无疑可以存储与

▶ 图25.4

分布式记忆的一种模型。(a) 在这个简单的神经网络中，3 个输入将 3 张面孔，即 Mark、Barry 和 Mike 的外貌信息通过突触分别传递给 3 个皮层神经元（细胞 A、B 和 C）。(b) 在学习识别这些面孔之前，网络中的每个神经元都对每张面孔有一定程度的反应，但对不同的面孔没有选择性。(c) 学习后，神经元表现出对特定面孔的偏好。细胞 A 偏好 Mark，细胞 B 偏好 Barry，而细胞 C 偏好 Mike。需要注意的是，通过比较这 3 个神经元的相对反应强度，可以确定正在被观看的是哪张面孔。例如，Mark 引起神经元 A 的强烈反应、神经元 B 的中度反应，以及神经元 C 的微弱反应。即便是神经元 A 死亡了，Mark 的面孔依然可以由神经元 B 和神经元 C 的特定放电模式来表征

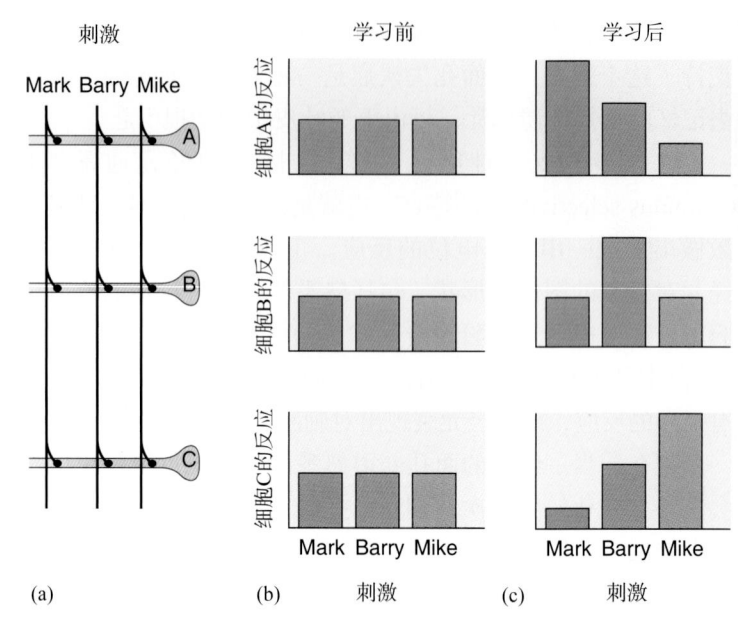

Mark 相关的记忆，但如果不小心撞到了头，或者由于生活中的其他意外而导致神经元 A 死亡，那么可能会发生什么？——Mark 就"嗖"地一下子从记忆中消失了。分布式记忆存储避免了这个问题的发生，因为 Mark 不是由单个神经元表征的，他是通过这个皮层网络中所有神经元的放电活动模式来表征的。如果神经元 A 死亡，那么神经元 B 和神经元 C 中仍然存在对应于 Mark 的独特放电模式或比例，因而这两个神经元依然可以表征 Mark。网络中的神经元越多，所能存储的独特记忆就越多，记忆对神经元个体损伤的抵抗力就越强。这是一件好事，因为尽管脑中的神经元很多，但每天都会有神经元死亡。

利用实验室里计算机生成的人工神经网络模型，研究者可以推测当网络中的神经元被渐次地移除时会发生什么。答案是记忆表现出所谓的**优雅降级**（graceful degradation；在工程领域中，优雅降级是指计算机、电子系统或网络等，在其本身大部分已经毁坏或无效的情况下，还能保持有限功能的能力，故优雅降级可阻止灾难性失败的发生——译者注）。失去神经元后，任何一段记忆都不会有灾难性的损失，而是倾向于混合在一起，即一段记忆与另一段混淆。这种类型的记忆丧失类似于由于衰老或疾病导致脑中大量神经元死亡后常发生的记忆丧失。

神经网络模型可以重现实验中观察到的神经元选择性随经验的变化，从而揭示记忆可能的存储方式。正如前文所述，其中的一个发现就是记忆呈分布式存储，并对于神经元的丧失表现出优雅降级的性质。另一个关键发现是，**导致记忆的物理变化可以是突触权重的修改**，从而改变神经元的输入-输出关系。突触存储了记忆。

关于记忆的突触基础的观点，得到了 Eric Kandel 的海兔（*Aplysia*）研究强有力的实验证据支持。Kandel 及其同事发现，简单的学习形式（如习惯化和敏感化）是伴随着感觉神经元和运动神经元之间突触传递强度的变化而发生的。更进一步，他们剖析了导致这些变化的许多分子机制。这些研究为之后分析哺乳动物脑中的突触修饰奠定了坚实的基础（图文框 25.1）。

是什么引起了我对海兔学习和记忆的研究兴趣

Eric Kandel 撰文

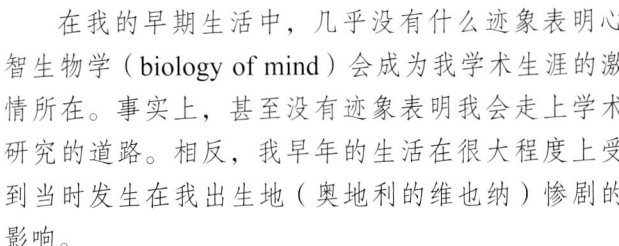

在我的早期生活中，几乎没有什么迹象表明心智生物学（biology of mind）会成为我学术生涯的激情所在。事实上，甚至没有迹象表明我会走上学术研究的道路。相反，我早年的生活在很大程度上受到当时发生在我出生地（奥地利的维也纳）惨剧的影响。

我出生于 1929 年 11 月。在 1938 年 3 月，我 8 岁时，希特勒进入奥地利，受到了维也纳人的热烈欢迎。但是，仅在几小时之内，这种热情就变成了几乎难以形容的反犹太人暴力事件的爆发。在经历了令人耻辱和恐怖的一年之后，我哥哥 Ludwig（路德维希）和我于 1939 年 4 月离开了维也纳。我们两个人自己横渡大西洋，去和我们住在纽约的祖父母一起生活。我们的父母在 6 个月之后也来到了纽约。

在纳粹统治下的维也纳的景象让我第一次看到了人类行为的阴暗面。一个人怎样才能理解，这么多人为什么会在突然间变得如此邪恶？一个高度文明的社会怎么会头一天还在听海顿、莫扎特和贝多芬，第二天却迎来了残酷的"水晶之夜"（Kristallnacht）？（Kristallnacht 为德文词，译成英文为 Crystal Night；"水晶之夜"是指 1938 年 11 月 9 日夜间至 10 日凌晨，希特勒青年团、盖世太保和党卫军袭击德国和奥地利的犹太人的事件，该事件标志着纳粹对犹太人有组织屠杀的开始——译者注）在我就读哈佛大学主修 20 世纪的历史和文学期间，这个问题依然困扰着我，并强烈地吸引着我。我的毕业论文写的是三个德国作家对国家社会主义（National Socialism）的态度，而且我还打算在研究生阶段做现代欧洲思想史的相关研究。但在我大学三年级结束时，我意识到要想深入了解人类的思想及其善和恶的根源，更好的选择是成为一名精神分析师（psychoanalyst）而非思想史学家。

我于 1952 年秋天进入医学院，致力成为一名精神分析师。在医学院，我很喜欢临床工作，对基础科学没有什么特别的兴趣。然而，在医学院的最后

一年里，我意识到可能连纽约的精神分析师都应该对脑有所了解，于是我在哥伦比亚大学选修了神经生理学家 Harry Grundfest 的课程。

在 Grundfest 的实验室里，我惊讶地发现实验室里的科学与课堂上的和书本中的有很大的不同。

在了解到我对行为的兴趣之后，Grundfest 建议我搭建一个电生理实验系统来记录螯虾（crayfish）的大轴突，这个大轴突控制螯虾的尾巴以逃离捕食者。我学会了如何制作玻璃微电极以插入螯虾的单个神经细胞，以及如何记录并理解这些细胞的电信号。正是在那些实验室实习（因为我没有在科学上或概念上探索新的领域）的实验过程中，我开始感受到自己独立工作的兴奋。每当我把电极插进细胞时，我也能听到动作电位的砰砰声。我不喜欢枪声，但我发现动作电位的"砰！砰！砰！"声却令人陶醉。想到我已经成功地插入了一个细胞，并且实际上是在螯虾的脑传递信息时倾听它，这真是不可思议的亲密。我正在成为一名真正的精神分析师，因为我正在聆听我的螯虾深深隐藏在脑中的想法！

如果我没有体会到科学研究及通过做实验得到新发现而带来的兴奋，我可能会有一个非常不同的职业生涯。我想，那会是一种非常不同的生活。

我开始意识到，使科学如此与众不同的原因，不仅仅是实验本身，还有学术界的社会环境、学生与教师之间的平等感，以及可以开诚布公、持续不断和直言不讳地交流思想和开展批评的氛围。

基于我在实验室的六个月的表现，Grundfest 提名我在美国国立卫生研究院（National Institutes of Health，NIH）担任研究职务。我于 1957 年 7 月到达 NIH，这恰好在 Brenda Milner 发表她了的经典研究之后。她的研究表明复杂的记忆（如对人、地方和物体的记忆）都位于海马内。我意识到，记忆存储这个曾经专属于心理学家和精神分析学家研究的问题，现在可以通过细胞生物学的方法来研究。我想知道，记忆存储的细胞机制是什么？当时谁也不了

图文框25.1

解海马里的神经细胞。我想，也许参与记忆存储的神经细胞会有一些新的特性，而这些特性可能会告诉我记忆的奥秘！

我和NIH的一位年轻同事Alden Spencer一起开始研究海马神经细胞的特性。我们是世界上第一批记录这些细胞信号的科学家。令人惊讶的是，我们的工作表明，编码我们最宝贵记忆的海马细胞，在功能上与脑中的其他神经细胞几乎完全相同。此时我意识到，这些细胞并没有告诉我们记忆的奥秘。这就是说，我们登上了珠穆朗玛峰（Mt. Everest），却未能一览群山。

我进一步意识到，为了探索记忆，我需要研究的不是神经细胞本身，而是学习过程中的神经细胞，因为学习过程最终会导致记忆的形成。这在像海马这样的复杂结构中难以做到，虽然在20世纪50年代后期，我们甚至已经知道有哪些感觉输入会影响海马细胞。Alden和我尝试了视觉、触觉和听觉输入，但都没有效果。我开始确信，要成功地将细胞生物学的优势运用到学习和记忆的研究上，我首先必须采取一种非常不同的方法，即还原论（reductionist）的方法。我要迈出的第一步，必须是研究**最简单**的，而不是最复杂的记忆存储实例——这就是说，要在我们可以得到的实验动物中，选择最简单，最容易控制的实验动物来研究记忆的存储。

尽管还原论的策略属于传统生物学的范畴，但大多数研究者并不愿意将其应用于心理过程（如学习和记忆）的研究之中；而我从一开始就觉得，记忆存储的机制对于生存是如此的重要，以至于它们在进化过程中一定是保守的。进一步讲，无论使用的动物或任务多么简单，对学习过程中所涉及的分子进行分析，都可能揭示出记忆存储的机制。

我需要开发一个实验系统，在这个系统中存在一种由一小群体积较大、容易被检测的神经细胞控制的简单反射行为，这一行为可以被一种简单的学习方式（如经典的条件反射）所改变。只有这样，我才能将这种动物显现出来的学习行为，与控制该行为的神经元中发生的细胞和分子事件联系起来。

在考虑过鳌虾、龙虾、线虫和果蝇之后，我选择了海洋动物海兔（*Aplysia*）作为实验动物，因为它的神经细胞非常大，易于记录。当时，世界上研究海兔

的两个人之一是Ladislav Tauc，我因此于1962—1963年期间在巴黎和他一起工作，并且从那以后一直用海兔进行研究。

在20世纪60年代早期，我们还没有研究记忆形成和存储生物学基础的参考框架。当时流行着两种相互矛盾的学说。一种是聚合场学说（aggregate field theory），该学说假设信息存储在由许多神经元集聚性活动所产生的生物电场中。另一种是细胞连接学说（cellular connectionist theory），这一学说源于Santiago Ramón y Cajal的观点，即记忆是以神经细胞之间突触连接强度的解剖学变化来存储的（Cajal，1894）。1948年，Jerzy Konorski将Cajal的概念重新命名为"突触可塑性"（synaptic plasticity，Konorski，1948）。

在对海兔的研究中，我的工作主要集中在缩鳃反射（gill-withdrawal reflex）的细胞基础上，这一反射会因海兔的喷水管（siphon）被触碰时而发生（图A）。当对海兔的尾部施加一次伤害性刺激时，这种反射会经历敏感化（sensitization）过程（一种简单的学习形式）。我发现，短时程记忆是由对已有突触连接的短暂强化导致的，而这种强化是通过对已有蛋白质的修饰实现的；而长时程记忆是由对突触连接的持续强化导致的，即该强化是通过基因表达的变化、新蛋白质的合成，以及新突触连接的生长过程实现的。我发现，短暂强化会导致感觉神经元向控制鳃部肌肉的运动神经元的递质释放增多。这种递质释放增多的

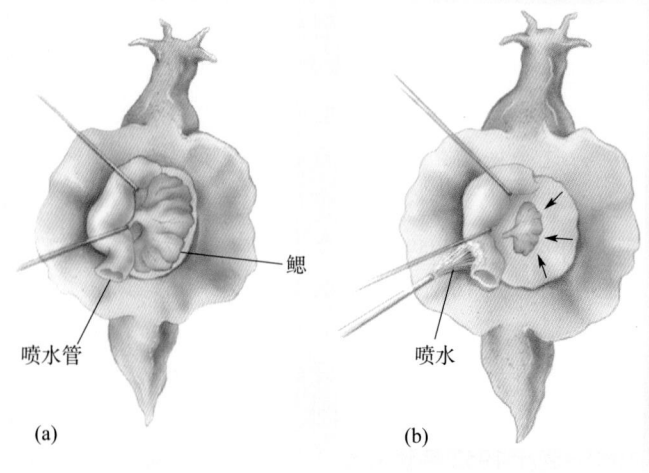

图A
海兔的缩鳃反射。（a）外套膜被拨开，以展示鳃在正常情况下所处的位置。（b）向喷水管喷水时，鳃会收缩

原因是尾部刺激激活了 5- 羟色胺能调制性神经元（图 B，a）。5- 羟色胺通过增加 cAMP 的浓度来强化感觉神经元和运动神经元之间的突触；而 cAMP 是一种胞内信号分子，在感觉神经元中激活蛋白激酶 A（PKA）。类似地，当我们简单地直接将 cAMP 注射到感觉神经元中时，会导致释放到突触间隙的递质（谷氨酸）增多，从而短暂地强化感觉神经元与运动神经元之间的连接（图 B，b）。

从 1980 年开始，分子生物学的理念和方法使得我们可以发现不同动物短时程记忆的共同机制，也使得我们可以探索短时程记忆是怎样转化为长时程记忆的。我们发现，经过长时程的敏感化之后，PKA 进入细胞核并启动基因表达，从而导致新蛋白质的合成和海兔感觉神经元突触连接数量的翻倍（图 B，c）。此外，接受来自感觉神经元的信号的运动神经元的树突会生长并重塑，以适应额外的感觉输入。

总体来讲，这些基于简单行为的早期细胞水平研究为 Cajal 的猜测提供了直接证据，即神经元之间的突触连接不是不可变的；它们可以在学习过程中被修改，而这些解剖学上的变化很可能会有助于记忆的存储。在海兔的缩腮反射中，突触强度的变化不仅发生在感觉神经元与运动神经元之间的连接中，也发生在感觉神经元与中间神经元之间的连接中。因此，即使在一个简单的反射中，记忆似乎也分布在多个部位。进一步的研究表明，一个单一的突触连接能够被不同的学习形式，在不同的时间段（也就是不同的记忆阶段），以相反的方式修饰。

到了 1980 年，我在海兔研究上的进展非常振奋人心，我因此鼓起勇气重回海马的研究。在关于海马的研究中，就像 Charles Darwin（查尔斯·达尔文——译者注）预测的那样，一旦大自然找到了一种有效的解决方案，它往往会一直用下去。换句话说，决定了简单动物短时程和长时程记忆存储的一般原理，也同样适用于复杂动物。

参考文献：

Cajal SR. 1894. The Croonian Lecture: la fine structure des centres nerveux. *Proceedings of the Royal Society*, London 55:344–468.

Konorski J. 1948. *Conditioned Reflexes and Neuron Organization*. Cambridge, MA: University Press.

图 B

缩腮反射敏感化的一种机制。（a）连接图显示的是缩腮反射敏感化的最简化环路。向尾部施加一个伤害刺激，可以激活可影响感觉-运动突触传递的 5- 羟色胺能调制性神经元。（b）5- 羟色胺使感觉神经末梢中 cAMP 增加和 PKA 活化，这会使得喷水管被触碰时，感觉神经末梢释放谷氨酸的量增多。（c）5- 羟色胺能调制性神经元的反复激活引起长时程敏感化，这一过程需要新的核基因表达和蛋白质合成

25.2.2 突触的强化

考虑到如图 25.4 所示的神经网络模型，突触权重的增大和减小都可以改变神经元的选择性，并存储信息。我们首先通过**长时程增强**（long-term potentiation，LTP）来讨论这种突触可塑性是怎样产生的。LTP 最初在海马被发现，而海马是一个对记忆形成至关重要的脑区域。（在第 23 章讲到大脑发育时，也讨论过 LTP）。

海马的解剖。 海马由两层薄薄的，互相交叠的神经元层组成。一层称为**齿状回**（dentate gyrus），另一层称为**阿蒙角**（Ammon's horn）。阿蒙角有 4 个部分，我们将关注其中的两个部分：**CA3 区**和 **CA1 区**（CA 为拉丁语 *Cornu Ammonis* 的缩写，对应的英文词为 Ammon's horn）。（在下文中，我们根据具体情况将 CA1 区和 CA3 区分别简称为 CA1 和 CA3——译者注。）

我们在第 24 章讲到过，到达海马的主要输入是**内嗅皮层**（entorhinal cortex）。内嗅皮层通过一束称为**前穿质通路**（perforant path）的轴突将信息传至海马。前穿质通路的轴突与齿状回的神经元形成突触，而齿状回神经元发出轴突（称为苔状纤维，mossy fiber）与 CA3 区的细胞形成突触。CA3 细胞的轴突发出分支，一支经穹隆离开海马，另一支称为**谢弗侧支**（Schaffer collateral），与 CA1 区的神经元形成突触。这些连接总结在图 25.5 中，它们有时被称为**三突触环路**（trisynaptic circuit），因为涉及如下 3 套突触连接：

1. 内嗅皮层 → 齿状回（前穿质通路）突触；
2. 齿状回 → CA3 区（苔状纤维）突触；
3. CA3 区 → CA1 区（谢弗侧支）突触。

因为海马的构筑（architecture）和组构（organization）非常简单，它是

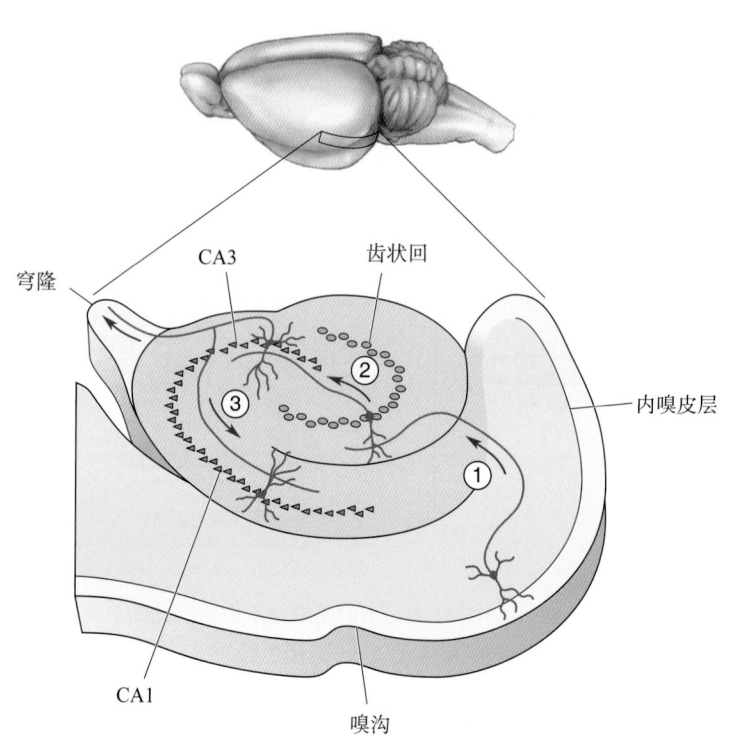

▶ 图 25.5

海马的一些微环路。① 信息从内嗅皮层通过前穿质通路流向齿状回。② 齿状回颗粒细胞发出称为苔状纤维的轴突，通过突触连接到 CA3 区的锥体神经元。③ 来自 CA3 区神经元的轴突（称为谢弗侧支），通过突触连接到 CA1 区的锥体神经元

一个研究哺乳动物脑突触传递的理想部位。20世纪60年代末期，人们发现可以先将海马从脑中取出来（通常在实验动物上进行），再将其像切面包那样切成脑片，而切得的海马脑片可在体外存活数小时。在这样的**脑片制备**（brain slice preparation）上，可用电流刺激纤维束，并记录突触反应。由于能够观察到脑片中的细胞，刺激电极和记录电极都可以被精确地定位，而这种精确定位在之前只能在无脊椎动物的研究中做到。脑片制备因而极大地促进了LTP的研究。

CA1区LTP的特性。1973年，在挪威一起工作的Timothy Bliss和Terje Lømo在海马中获得了一个重要的发现：对前穿质通路到齿状回神经元的突触进行短暂、高频的电刺激，会导致LTP的产生。后续的研究显示，大多数兴奋性（和许多抑制性）突触都可以产生LTP，并且LTP的发生机制在不同类型的突触上可能不同。但是，对LTP最深入的理解来自脑片实验中对谢弗侧支与CA1锥体神经元之间突触的研究。这将是我们讨论的重点。

在一个典型实验中，用一个短暂的电流刺激一束突触前轴突（即以一个单脉冲电流刺激谢弗侧枝，这一刺激称为测试刺激——译者注），然后测定由该刺激所引起的突触后CA1神经元EPSP的大小，以检测谢弗侧支突触传递的效率（图25.6）。通常，在15～30 min内，大约每分钟给予一次这样的测试刺激（test stimulation），以确保基线反应（baseline response）的稳定。然后，为了诱发LTP，给予同一束轴突一次**强直刺激**（tetanus），即一串短暂的高频刺激（典型的参数是：每次刺激包含50～100个频率为100次/s的脉冲）。

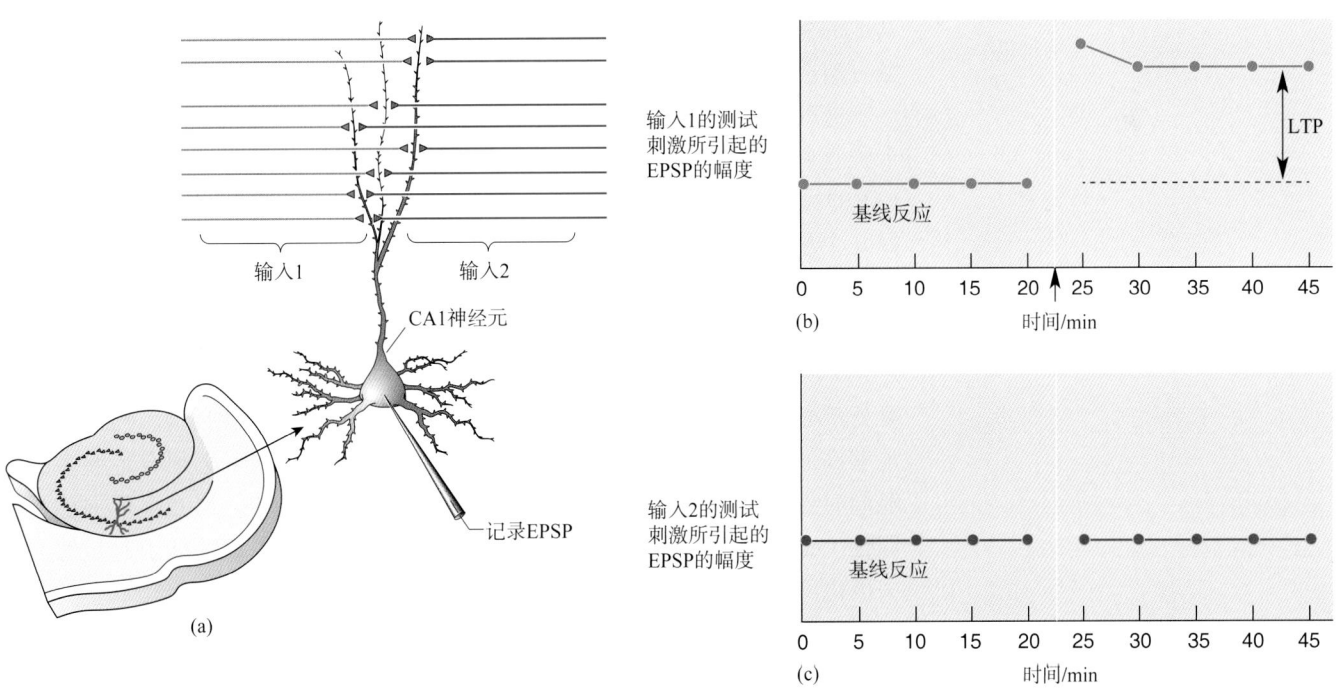

▲ 图25.6
CA1区中的长时程增强。（a）当交替刺激两个输入时监测一个CA1神经元的反应。给予输入1一个强直刺激，可诱导出LTP。（b）一次实验的记录图。给输入1强直刺激（箭头）后，CA1神经元产生了对这个输入刺激的增强反应。（c）LTP是输入特异性的，因此给输入1一个强直刺激后，神经元对输入2的反应没有变化

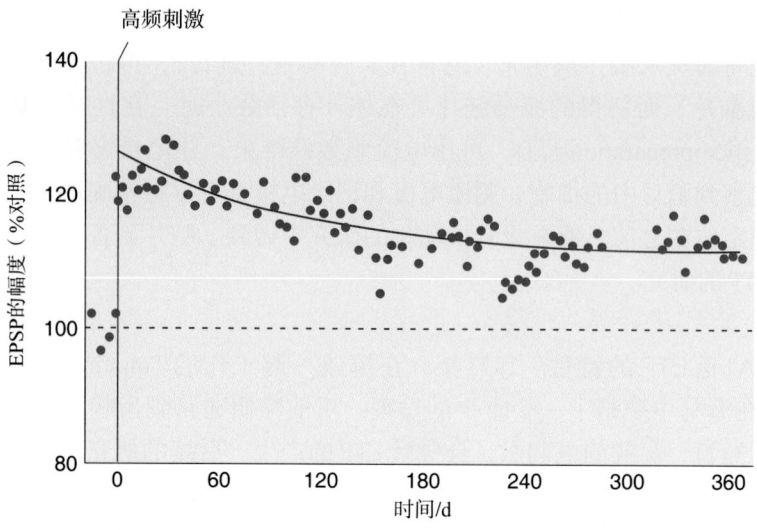

▲ 图25.7

LTP可以持续很长很长的时间。在这个实验中，事先在大鼠海马中植入电极，然后通过植入的电极施加强直刺激，从而在清醒大鼠的海马中诱导出LTP。每个数据点表示经受过强直刺激的突触被电刺激诱发出来的EPSP的幅度。一年后，LTP仍然很明显（改绘自：Abraham等，2002）

这种强直刺激通常可诱发LTP，即紧随在强直刺激之后的测试刺激可诱发一个比最初基线时期大得多的EPSP。换句话说，强直刺激使受刺激的突触发生了改变，令它们更加有效。在之前没有受到强直性刺激的同一神经元上，其他的突触输入并不显示出LTP。这一性质，即只有活跃的输入才表现出突触可塑性，被称为**输入特异性**（input specificity）。

这种可塑性的一个显著特征就是它可由一个短暂的强直刺激诱发，而这个强直刺激是一种持续不到1 s，频率在正常轴突放电频率范围内的刺激。LTP的另一个显著特征是它的持久性。在清醒动物CA1中诱导的LTP可持续好几个星期，甚至可能持续终生（图25.7）。难怪这种突触可塑性作为陈述性记忆的一种候选机制吸引了人们的兴趣。

其后的研究表明，高频刺激并不是诱发LTP的必要条件。确切地说，诱发LTP所需的条件是，**在突触后CA1神经元被强烈地去极化的同时，突触要处于激活状态**。为了使强直刺激能够引起必要的去极化反应，（1）必须以足够高的频率刺激突触，以使EPSP发生时间总和；（2）必须有足够多的突触同时处于激活状态，以使EPSP发生显著的空间总和。第二个要求称为**协同性**（cooperativity），因为同时激活的突触必须协同作用才能引起足够大的去极化反应来诱发LTP。

让我们来考虑一下，海马LTP的协同性是怎样被用以形成联系的。假设一个海马神经元接受3个来源的输入：Ⅰ、Ⅱ和Ⅲ的突触输入。起初，没有一个输入的强度大到足以引发突触后神经元的动作电位。现在，假设输入Ⅰ和Ⅱ多次同时发放。由于空间总和的原因，现在输入Ⅰ和Ⅱ就可以使突触后神经元发放，从而引起LTP。只有活跃的突触才可以被增强，显然，这些被增强的突触都是输入Ⅰ和Ⅱ的突触。因为输入Ⅰ和Ⅱ突触的增强，输入Ⅰ或Ⅱ均能使突触后神经元发放（但输入Ⅲ不行）。这样，LTP导致了输入Ⅰ和Ⅱ

的联系。通过这种方式，当我们看见一只鸭子时，可能会将其与鸭子的嘎嘎叫声联系起来（因为鸭子的叫声常常是与鸭子同时出现的），而从来不会将鸭子与犬吠声联系起来。

谈到联系，还记得第 23 章中为了说明视觉发育的情况而引入的 Hebb 突触的概念吗？ CA1 中 LTP 就符合 Hebb 理论：同步发放的输入会在结构上联系起来。

　　CA1 区 LTP 的机制。海马中的兴奋性突触传递是由谷氨酸受体介导的。Na^+ 通过 AMPA 亚型的谷氨酸受体，在谢弗侧支–CA1 锥体细胞突触上引起 EPSP。然而，CA1 神经元上还有突触后 **NMDA 受体**。回想一下，这种谷氨酸受体有一个特别之处：它们可以介导 Ca^{2+} 离子流，但前提是它们结合了谷氨酸，并且突触后膜去极化至足以移开阻塞离子通道的 Mg^{2+}（图 25.8）。因此，只有当突触前和突触后成分同时激活时，Ca^{2+} 才能通过 NMDA 受体内流，从而发出特异性的信号（图文框 25.2）。

　　现在有相当多的证据把这种突触后 $[Ca^{2+}]_i$ 的升高与 LTP 的诱导联系起来。例如，如果用药物阻断 NMDA 受体，或者向突触后神经元中注入 Ca^{2+} 螯合剂以抑制突触后神经元 $[Ca^{2+}]_i$ 升高，则诱导不出 LTP。$[Ca^{2+}]_i$ 的升高可激活两种蛋白激酶：**蛋白激酶 C**（protein kinase C）和**钙/钙调蛋白依赖性蛋白激酶 II**（calcium-calmodulin-dependent protein kinase II），后者又称为 CaMK II（读音为 "cam-K-two"）。回忆一下在第 5 章和第 6 章提到的，蛋白激酶通过磷酸化其他蛋白（给它们加磷酸基团）来调控它们。

　　然而，在突触后 $[Ca^{2+}]_i$ 升高和激酶激活后，引起突触增强的分子通路就变得难以追踪了。目前的研究表明这条通路实际上可能分叉了（图 25.9）。一条通路似乎是通过磷酸化过程来增强现有的突触后 AMPA 受体的效力。无论是通过蛋白激酶 C，还是通过 CaMK II 的作用来磷酸化 AMPA 受体，都会使

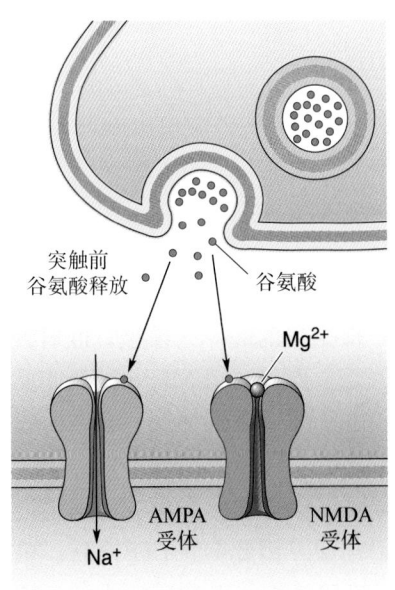

(a) 突触后膜处于静息电位状态时

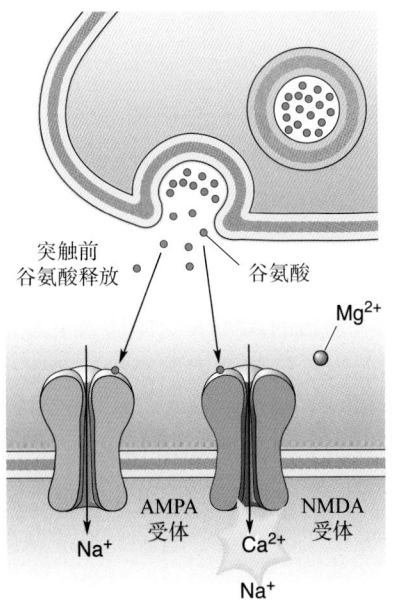

(b) 突触后膜处于去极化电位状态时

◀ 图 25.8

突触前和突触后的同步活动激活 NMDA 受体。（a）突触前的激活引起谷氨酸的释放，谷氨酸作用于突触后的 AMPA 受体和 NMDA 受体。在负的静息膜电位下，通过 NMDA 受体的离子电流极小，因为通道被 Mg^{2+} 堵塞。（b）当谷氨酸释放与足以移开 Mg^{2+} 的去极化同步发生时，Ca^{2+} 通过 NMDA 受体进入突触后神经元

图文框25.2　脑的食粮

突触可塑性：时间就是一切

当有足够多的突触同时激活时，突触后神经元就会充分地去极化而发生动作电位。Donald Hebb（唐纳德·赫布）提出，成功地参与到引起突触后神经元发放的每个突触，都会在这个过程中得到强化。LTP现象与Hebb的想法相符。当突触前末梢释放的谷氨酸与突触后NMDA受体结合，并且突触后膜发生强烈的去极化，足以将Mg^{2+}从NMDA受体通道中移开时，突触会因此被加强。

突触后动作电位会在这个"强烈的"去极化过程中发挥作用吗？在20世纪80年代早期，美国弗吉尼亚大学（University of Virginia）的William Levy和Oswald Steward获得的第一个证据表明，发生在适当时间点上的突触后动作电位可能对LTP很重要。他们发现，如果突触后动作电位在突触前谷氨酸释放的同时，或者在谷氨酸释放稍后发生，就会发生LTP。然而，动作电位是作为对细胞膜去极化超过阈值的反应而在胞体上产生的。由于动作电位发生在远离那些位于树突树上的突触的地方，人们曾一度认为锋电位的发生对于突触增强机制来说并不重要。重要的事情是，由总和起来的突触电流所引起的树突强烈去极化，通常恰好大到足以引发突触后动作电位。

虽然目前仍然公认强烈的突触后去极化是LTP的关键，科学家们还是重新审视了突触后动作电位在LTP中的作用。导致人们再次关注这个问题的原因是有一个新的发现，即胞体上产生的动作电位实际上可以"逆向传播"（back-propagate）至某些细胞的树突。因此，德国马克斯·普朗克研究所（Max Planck Institute）的Henry Markram、Bert Sakmann（贝尔特·萨克曼，1942.6—，1991年诺贝尔生理学或医学奖获得者，参见图文框4.3——译者注）和他们的同事研究了突触后锋电位（通过微电极刺激引起）在不同时间间隔产生时会发生什么。值得注意的是，他们发现，如果一个突触后动作电位在EPSP后50 ms内产生，突触会增强。单独的锋电位或EPSP不会引起任何反应；LTP是特异性地在EPSP与锋电位之间一个精确的时间段内发生的——正如Hebb提出的那样！另外，这些研究中发现的结果，即对于发生LTP的时间要求，与Levy和Steward最初的报道非常相符。这就是现在被称为**锋电位时间依赖的可塑性**（spike-timing dependent plasticity）的一个例子。

如何解释逆向传播的动作电位对LTP的促进效应呢？当然，答案就是强烈的去极化。NMDA受体对谷氨酸有非常高的亲和力，因此递质在几十毫秒内仍然结合于受体上。但是，如果突触后膜不发生强烈的去极化，结合在受体上的谷氨酸就不能发挥任何作用，因为受体通道被Mg^{2+}堵住了。适时发生的动作电位足以通过逐出通道内的Mg^{2+}来唤醒那些休眠的通道。然后，只要谷氨酸仍然结合在这些受体上，Ca^{2+}就会进入细胞并触发LTP。

受体蛋白发生某种变化，从而导致通道的离子电导增大。另一条通路则可导致一些全新的AMPA受体插入突触后膜。根据目前的一个模型，嵌有AMPA受体的囊状细胞器就在突触后膜附近等待着。作为对CaMK II激活的反应，囊泡膜与突触后膜融合，从而将新的AMPA受体运送到突触。新增的膜会使树突棘膨大起来（图25.10）。

也有证据表明，在发生LTP之后，突触结构会发生变化。特别是突触后树突棘似乎会出芽并与轴突形成新的突触连接。因此，在LTP之后，单个轴突可与同一个突触后神经元建立多个突触连接（这并不是CA1中的正常连接模式）。这种突触出芽不仅增加了突触后反应膜的表面积，而且增加了轴突动作电位触发突触前谷氨酸释放的可能性。

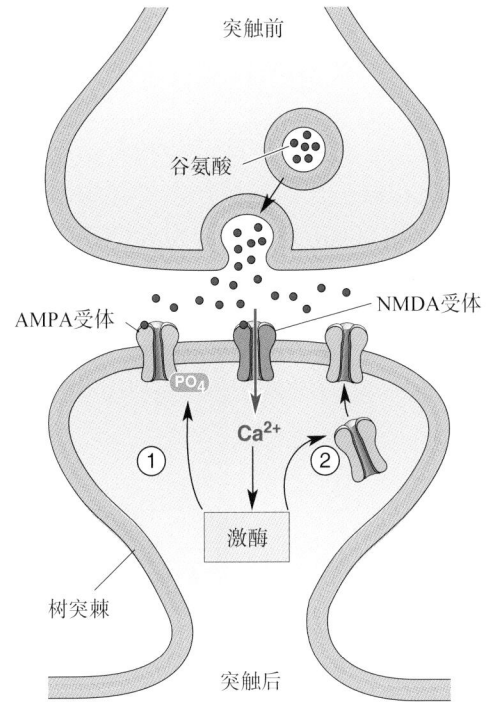

◀ 图 25.9
CA1 中实现 LTP 的路径。Ca^{2+} 通过 NMDA 受体进入细胞，激活蛋白激酶。这可以通过以下两点引发 LTP：①改变现存突触后 AMPA 受体的效力；②刺激新 AMPA 受体的插入

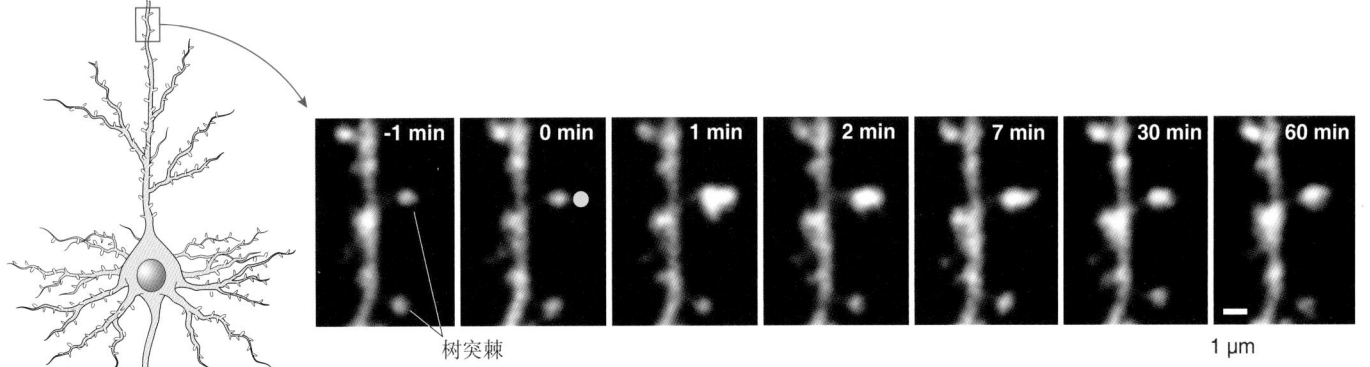

▲ 图 25.10
发生 LTP 之后的树突棘生长。用荧光染料充填一段树突，并使用一种特殊的显微镜做活体组织成像。在 LTP 之后，树突棘会生长，并且有时会出芽以容纳新的突触。每一帧活体成像图都是树突在不同时间点上的截图，右上角标记时间为截图的时间点（以 min 为单位）。在时间点 0 min 时的截图中，黄点指出的是用谷氨酸反复激活以诱导 LTP 的树突棘。在发生 LTP 之后，这个树突棘生长以容纳更多的 AMPA 受体（图片由麻省理工学院的 Miquel Bosch 博士惠赠）

25.2.3 突触的弱化

我们在图 25.4 的简单神经网络模型中已经看到，突触效率的降低和升高都能存储信息。回忆一下 Hebb 的理论，当一个突触的活动与突触后神经元的强烈激活（由其他的会聚性输入所引起）相关时，这个突触就会变得更强，或增强。**BCM 理论**（BCM theory）是赫布理论（Hebb's theory）的扩展，是为了解释突触强度的双向（向上和向下）调节而提出的；该理论以当时在布

朗大学（Brown University）工作的 Elie Bienestock、Leon Cooper（利昂·库珀，1972年诺贝尔物理学奖获得者，见下文——译者注）和 Paul Munro 的姓氏命名的。

在 Cooper 因发展了一个超导理论而与他人共同获得了1972年诺贝尔物理学奖之后，他开始对大型神经元网络存储记忆的问题产生了兴趣（图文框25.3）。Cooper 和他的学生 Bienenstock 和 Munro 意识到，在神经元的刺激选择性中所反映出来的经验依赖性变化，反映了神经网络中存储记忆的突触

图文框25.3 发现之路

记忆的记忆
Leon Cooper 撰文

我被问到过很多次："是什么让你从物理学转到了神经科学？"我可以想到的最好的答案，是引用电影"卡萨布兰卡"（Casablanca）里 Humphrey Bogart（汉弗莱·鲍嘉，1899.12—1957.1，美国电影演员，1952年获得第24届奥斯卡最佳男主角奖——译者注）对 Claude Rains（克劳德·雷恩斯，1889.11—1967.5，英国电影演员——译者注）的回答："我被误导了。"在我们关于超导的理论发表后，我研究过其他"多电子问题"（many-electron problems，固体物质都是多电子系统，当电子间的相互作用可以被忽略时，可对该系统做单电子近似，但当电子间的相互作用必须考虑时，则为多电子问题——译者注）。我开始相信，在那些问题里用到的数学方法也可以应用于解决"多神经元问题"（many-neuron problems）。虽然这些数学方法中的一些确实是有用的，但在大多数情况下它们是不相关的。但是，最有用的也许是我的信念，即在物理科学中必需的理论，在神经科学中也是必不可少的。

因此，当我从理论物理的莫测高深境界误入脑的现实问题时，我的第一个努力是尝试构建神经元网络，并使其展现出某些与我称之为动物记忆的东西相关联的一些定性特征。最初的成功是吸引我进一步进入这个奇异领域的诱因。这就是我接下来要讲述的历程。

我们在20世纪70年代早期意识到，神经元网络可以形成对外部世界的分布式表征，而这些表征是"关联性的"（即回忆起一段记忆时，可以导致回忆起与该记忆相关联的另一段经历的记忆），也是"内容可寻址的"（content addressable，即记忆的提取是通过内容

而非网络中的一个物理地址而寻访的）。这些表征对单个神经元和突触的丧失是有抵抗力的，因此为动物脑内的记忆存储提供了一种可能的物质基础。但是，这些表征是怎样在神经元网络中被构建起来的呢？也就是说，如何调整构成神经网络的大量突触的强度，以获得与某段记忆相对应的表征的？

如果突触修饰（或学习）遵循著名的 Hebb 规则（Hebbian rule，赫布规则），就可能导致这样的情况。但是，Hebb 突触修饰（Hebbian synaptic modification，赫布突触修饰）需要有稳定性。Elie Bienenstock、Paul Munro 和我在1982年提出了一种形式的双向突触修饰假设，这一假设结合了 Hebb 修饰（即当突触前和突触后神经元都被强烈激活时，发生突触增强）和"反 Hebb 修饰"的突触弱化（"anti-Hebbian" synaptic weakening，在突触前激活但缺乏强烈的突触后反应时发生）。我们进一步提出，使突触修饰的极性从弱化变为增强的决定性突触后反应强度（modification threshold，称为"修饰阈值"），是会根据突触后细胞此前的活动情况而发生改变的。综合上述，这些假设导致了突触修饰的稳定性和其他各种理想的性质。由此产生的理论后来被称为 BCM 突触修饰（BCM synaptic modification）理论。

在20世纪80年代后期，我开始了与 Mark Bear 的长期而富有成效的合作，他当时也在布朗大学工作。Mark 和他的学生进行了一些实验，以在大脑皮层中的兴奋性谷氨酸能突触上验证 BCM 假设的有效性。BCM 突触的修饰函数（BCM synaptic modification function）首先由 Dudek 和 Bear（1992）在海马中确

变化。于是，他们设计了一个突触的"学习规则"（learning rule），以解释在感觉环境改变时，突触是如何增强和抑制的。发表于1982年的BCM理论的一个关键性假设是，当突触激活的同时，如果突触后细胞只被其他输入很微弱地去极化，那么这个突触会发生突触弱化而非LTP。这个假设激发了人们在海马CA1区寻找长时程突触压抑的研究，而在这些研究中所使用的刺激被设置在只能引起较弱的突触后反应的强度上。1992年，布朗大学的Serena Dudek和Mark Bear发现，对谢弗侧支进行低频（1～5Hz）强直刺激的确引

定；随后，Kirkwood和Bear（1994）在视觉皮层中也获得了相同的结果。从那时起，类似的发现相继在许多不同种类年轻和老年动物新皮层的许多不同区域中得到了证实。其中，格外有趣的是，有数据显示，这个关于突触可塑性的原理同样适用于人的下颞皮层（inferotemporal cortex），而这个脑区被认为是一个视觉记忆的存储库。总之，这些数据支持这样的观点：非常相似的原理在许多不同种属动物脑内的众多不同区域操控了突触的可塑性。

根据BCM理论，修饰阈值（modification threshold）θ_m 必须根据突触后皮层活动的历史而变化。Kirkwood、Marc Rioult和Bear（1996）首次报道了对这一假设的实验性检验。他们比较了正常动物与在完全黑暗的环境中喂养大的动物视皮层中的突触修饰函数，发现这一函数如理论假设的那样发生了偏移。Elizabeth Quinlan、Ben Philpot和Bear通过与约翰斯·霍普金斯大学医学院（Johns Hopkins School of Medicine）的Richard Huganir合作，又在1999年进一步发现，皮层NMDA受体的两个不同亚基的比例是由皮层活动的历史决定的，为修饰阈值的滑动提供了一种潜在的机制。

我的学生Nathan Intrator、Harel Shouval、Brian Blais和其他许多人通过分析和模拟，证明了以视觉皮层为模型的神经网络中BCM突触修饰的后果；这些后果与在不同视觉环境中饲养的动物身上所观察到的神经元选择性偏移的实验结果一致。因此，BCM理论在突触修饰的分子机制与分布式信息存储的系统层面性质两者之间搭建了一座桥梁。

鉴于40年前讨论突触修饰相关概念时受到怀疑的程度，我认为我们有理由说，我们已经取得了相当大的进展。我们最初的目标是建立一个与脑的基本过程相关的理论结构，这个理论结构又足够具体，以便可以通过实验来检验。特别令人欣慰的是，理论启发了实验，而这些实验除了验证了我们的理论做出的各种假设和预测，还导致了一些新现象的发现，如同突触的长时程压抑和超可塑性（metaplasticity）现象。也许最重要的是，我们为理论与神经科学实验之间富有成效的互动提供了一个极好的例子。

参考文献：

Bienenstock EL, Cooper LN, Munro PW. 1982. Theory for the development of neuron selectivity: orientation specificity and binocular interaction in visual cortex. *Journal of Neuroscience* 2:32–48.

Blais B, Cooper LN, Shouval H. 2000. Formation of direction selectivity in natural scene environments. *Neural Computation* 12:1057–1066.

Blais BS, Intrator N, Shouval HZ, Cooper LN. 1998. Receptive field formation in natural scene environments: comparison of single-cell learning rules. *Neural Computation* 10:1797–1813.

Dudek SM, Bear MF. 1992. Homosynaptic long-term depression in area CA1 of hippocampus and effects of N-methyl-D-aspartate receptor blockade. *Proceedings of the National Academy of Sciences USA* 89:4363–4367.

Kirkwood A, Bear MF. 1994. Homosynaptic long-term depression in the visual cortex. *Journal of Neuroscience* 14:3404–3412.

Kirkwood A, Rioult MC, Bear MF. 1996. Experience-dependent modification of synaptic plasticity in visual cortex. *Nature* 381:526–528.

Quinlan EM, Philpot BD, Huganir RL, Bear MF. 1999. Rapid, experience-dependent expression of synaptic NMDA receptors in visual cortex in vivo. *Nature Neuroscience* 2:352–357.

Shouval H, Intrator N, Cooper LN. 1997. BCM network develops orientation selectivity and ocular dominance in natural scene environment. *Vision Research* 37:3339–3342.

起了突触弱化（图25.11）。因为这一变化只在受到刺激的突触上发生，所以它常被称为同突触的（homosynaptic）**长时程压抑**（long-term depression，LTD）。

▶ 图25.11
海马中的同突触的LTD。（a）两个输入被交替刺激时，一个CA1神经元的反应。给输入1一个1 Hz的强直刺激，以在该输入上诱导出LTD。（b）图为一次实验的记录。给输入1以低频强直刺激（箭头）之后，引起了对这个输入测试刺激的抑制反应。（c）LTD是输入特异性的，在给输入1以强直刺激之后，细胞对输入2的测试刺激的反应没有变化

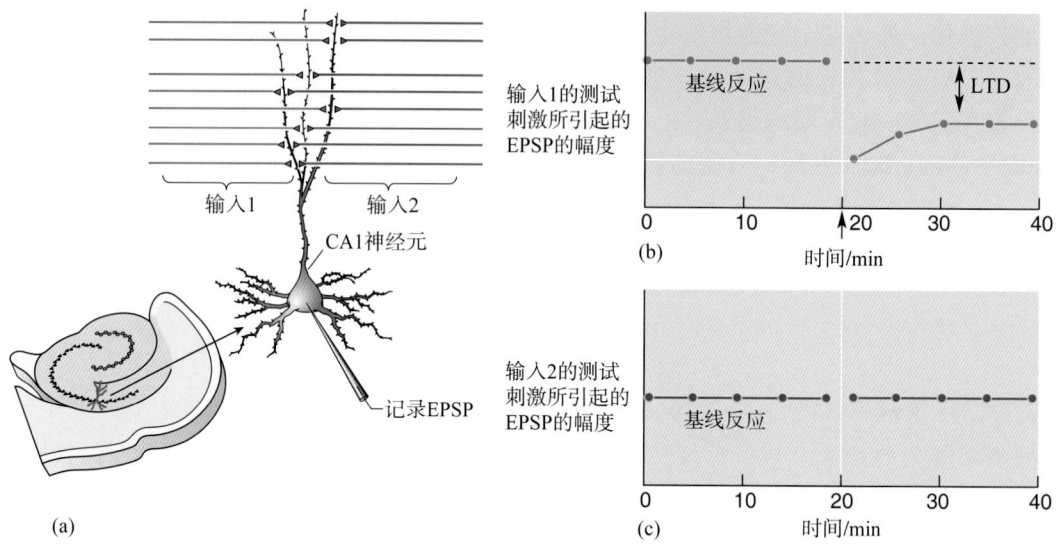

图文框25.4　脑的食粮

长时程突触压抑的大千世界

我们在第14章中看到，小脑对于学习和记忆运动技巧很重要。小脑皮层不寻常的环路使剑桥大学（University of Cambridge）的David Marr（戴维·马尔，1945.1—1980.11，英国神经科学家，被认为是计算神经科学的创始人——译者注）想到了这种学习是怎样发生的。小脑皮层的输出来自一种体积较大的、被称为**浦肯野细胞**（Purkinje cell）的神经元，而这些细胞接受两个输入的会聚。每个浦肯野细胞都接受来自延髓下橄榄核（inferior olive）的**爬行纤维**（climbing fiber）的输入。爬行纤维的突触输入强度非常大，总是能使浦肯野细胞发放动作电位。由小脑颗粒细胞发出的**平行纤维**（parallel fiber）为浦肯野细胞提供了第二个输入，该输入的组构与爬行纤维输入的组构非常不同。每个浦肯野细胞接受来自多达100,000个不同颗粒细胞的弱强度的平行纤维突触输入。David Marr提出，平行纤维和爬行纤维到浦肯野细胞树突上的这种不寻常的会聚性输入可用于运动学习（motor learning）。他提出，（1）爬行纤维的输入携带误差信号（error signal），提示一个动作没能达到预期的目的，并且（2）校正是通过调整平行纤维

到浦肯野细胞输入的效力来实现的。该理论由James Albus［詹姆斯·阿尔布斯，1935.5—2011.4，美国工程师，智能系统专家，他和David Marr分别提出的小脑运动学习模型被合称为"马尔-阿尔布斯运动学习理论"（Marr-Albus theory of motor learning）——译者注］进行了修改，他当时就职于位于马里兰州格林贝尔特（Greenbelt，Maryland）的戈达德空间飞行中心（Goddard Space Flight Center）。修改后的理论明确地预测：**如果平行纤维的突触在爬行纤维的输入到达突触后浦肯野细胞的同时激活，则平行纤维的突触就会产生LTD。**

东京大学的Masao Ito［伊藤正男，1928.12—2018.12，著名的日本神经科学家，小脑神经生物学家，曾任国际脑研究组织（International Brain Research Organization，IBRO）主席——译者注］和他的同事们通过将对爬行纤维的电刺激与对平行纤维的电刺激配对，验证了这个预测。引人注目的是，他们发现，在这种配对操作之后，单独激活平行纤维使浦肯野细胞产生了一个小一些的突触后反应（图A）。现在已经清楚，诱导这种形式的LTD的必要条件是，爬行纤

现在已经在实验上证实，皮层突触的双向可塑性确实是由两条简单的规则控制的：

1. 与突触后神经元的强烈去极化同时发生的突触传递，会导致活动的突触发生 LTP。
2. 与突触后神经元微弱的去极化同时发生的突触传递，会导致活动的突触发生 LTD。

虽然这些规则适用于许多皮层突触，但重要的是要认识到 LTD 也是一种广泛存在的突触可塑性形式。LTD 的性质和机制因突触类型的不同而不同（图文框 25.4）。对于某些突触，突触前和突触后动作电位的发生时间是一个关键变量。如在图文框 25.2 中所讨论的那样，当由突触释放的谷氨酸所引起的 EPSP 在突触后神经元的动作电位**之前**发生时，LTP 就有可能发生；这是**锋电位时间依赖的可塑性**（spike timing-dependent plasticity）的一个例子。在许多这样的突触上，当由谷氨酸释放所导致的 EPSP 跟随在突触后动作电位**之后**时，则可能发生 LTD（图 25.12）。

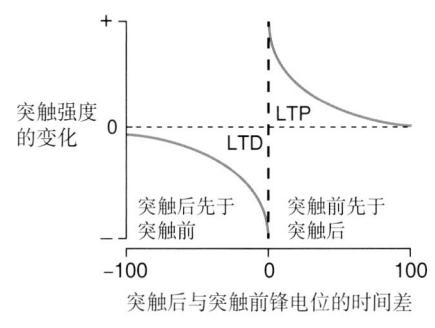

▲ 图 25.12

锋电位时间依赖的可塑性。如果突触后锋电位总是在突触前锋电位引发的 EPSP 后发生，突触的强度会加强。然而，如果突触后锋电位总是先于 EPSP 发生，突触的强度则会减弱。本图显示突触强度的变化与相对时间差之间的关系

维激活引起的突触后 Ca^{2+} 浓度的激增，要与平行纤维引起的促代谢型谷氨酸受体 1（mGluR1）的激活同时发生。这两个事件的同时发生，触发了 AMPA 受体的内化（internalization）和平行纤维突触的突触传递压抑。后来，在海马中发现了一种机制类似的 mGluR 依赖性 LTD，不过这种 LTD 不需要 Ca^{2+} 的激增。

在脑的其他一些突触中，mGluR 的激活通过完全不同的机制触发 LTD。例如，在伏隔核（nucleus accumbens）中，突触后 mGluR5 的激活促进内源性大麻素（endocannabinoid）的合成，后者逆行进入突触前末梢，并引起谷氨酸释放的持续抑制。（内源性大麻

素在第 6 章介绍过；见图文框 6.2。）

在新皮层中还观察到另一种类型的 LTD。一些新皮层锥体神经元的树突动作电位会导致内源性大麻素的释放。如果这些内源性大麻素到达谷氨酸能轴突末梢时正好碰上这些末梢释放谷氨酸，那么这些突触就会被压抑。这种机制对 LTD 的产生有时间要求，即突触后锋电位（导致内源性大麻素的释放）要先于突触前锋电位数十毫秒发生。

LTD 的每种机制都对引起突触可塑性的模式有不同的要求。我们可以推测，这些机制的演化优化了突触可塑性对不同脑环路功能的贡献。

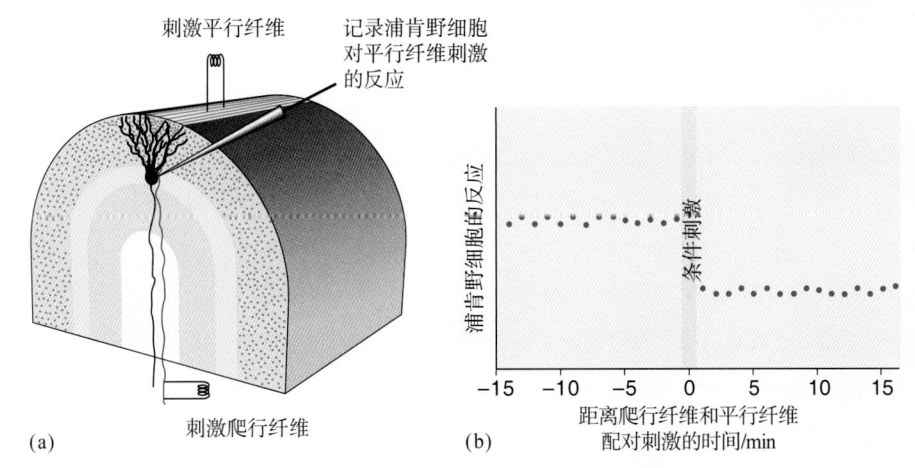

(a) 刺激平行纤维　记录浦肯野细胞对平行纤维刺激的反应　刺激爬行纤维

(b) 浦肯野细胞的反应　条件刺激　距离爬行纤维和平行纤维配对刺激的时间/min

图 A

小脑的 LTD。（a）证明 LTD 的实验设置。记录由刺激一束平行纤维所引起的浦肯野细胞反应的幅度。条件刺激涉及平行纤维刺激与爬行纤维刺激的配对。（b）在这样的实验设置情况下所获得的实验结果图。配对刺激后，对平行纤维的刺激产生了 LTD

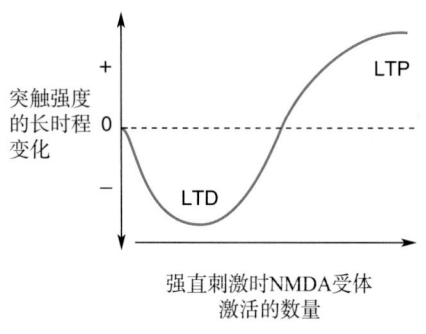

▲ 图25.13

NMDA受体的激活和双向突触可塑性。将突触传递的长时程变化作为条件刺激时NMDA受体激活水平的函数作图。突触修饰的极性从LTD转变为LTP时NMDA受体的激活水平被称为修饰阈值

与LTP的情况一样，我们了解最多的是海马CA1区的同突触LTD的机制，因此这将是我们讨论的重点。

　　CA1区LTD的机制。已经在谢弗侧支–CA1突触上发现了两种不同形式的同突触LTD。第一种形式依赖于NMDA受体的激活。几年后发现的第二种形式依赖于G蛋白耦联的促代谢型谷氨酸受体（mGluRs）的激活。在这里，我们将重点讨论NMDA受体依赖的LTD。

　　由于NMDA受体允许Ca^{2+}进入突触后神经元，突触后Ca^{2+}浓度的升高是引发LTD的必要条件就在意料之中了。但是，同样的信号，即Ca^{2+}通过NMDA受体内流，是如何既触发LTP又触发LTD的？关键的不同之处在于NMDA受体激活的水平（图25.13）。当突触后神经元仅仅微弱去极化时，Mg^{2+}对NMDA受体通道的部分阻断作用阻挡了绝大部分的Ca^{2+}内流，因而只有极少量的Ca^{2+}流入突触后神经元。另一方面，当突触后神经元强烈地去极化时，Mg^{2+}的阻断作用被完全消除，Ca^{2+}大量地涌入突触后神经元。这两种不同类型的Ca^{2+}反应选择性地激活了不同类型的酶。高浓度$[Ca^{2+}]_i$激活的是激酶，而持续较久但较弱的$[Ca^{2+}]_i$升高激活的是**蛋白磷酸酶**，这是一种从蛋白质上脱去磷酸基团的酶。因此，如果LTP是给蛋白质加上磷酸基团的话，那么LTD显然就是脱去蛋白质上的磷酸基团了。事实上，现在的生化证据表明，诱导LTD的刺激可使AMPA受体脱去磷酸基团（图25.14）。此外，海马LTD的诱导也与突触上的AMPA受体内化有关。因此，LTP和LTD似乎反映了突触后AMPA受体磷酸化和该受体数量的双向调节情况。

　　谷氨酸受体的运输。除了揭示了很多学习和记忆可能的突触基础，对LTP和LTD的研究还导致了对突触传递是如何在大脑中维持的这一问题的更深入的了解。目前的研究表明，即使在没有突触活动的情况下，突触后膜上的AMPA受体也在不断地被添加和移除。据研究人员估计，每15 min就要更

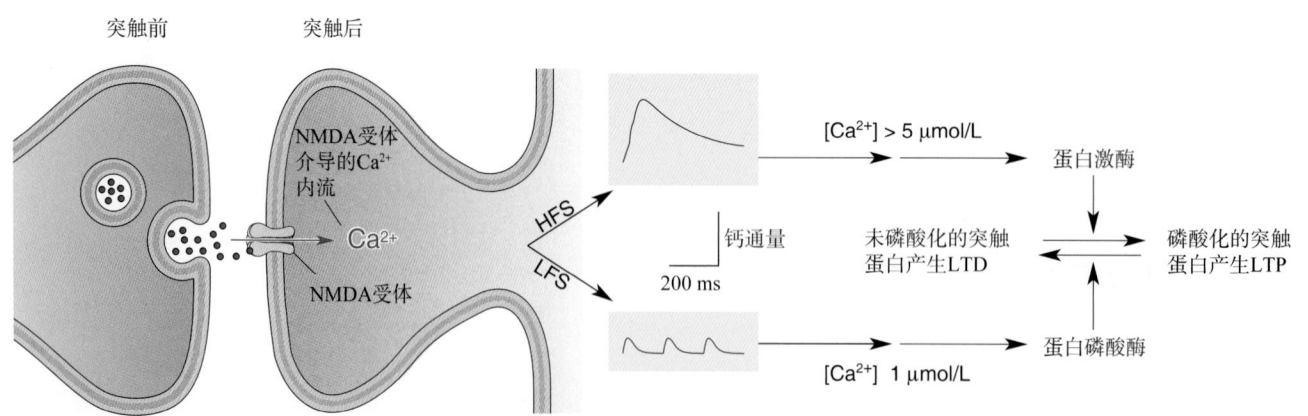

▲ 图25.14

Ca^{2+}在海马中既可触发LTP，也可触发LTD的一种模型。高频刺激（HFS）引起的$[Ca^{2+}]$大幅度升高导致LTP。低频刺激（LFS）引起的$[Ca^{2+}]$小幅度升高导致LTD（改绘自：Bear and Malenka，1994，图1）

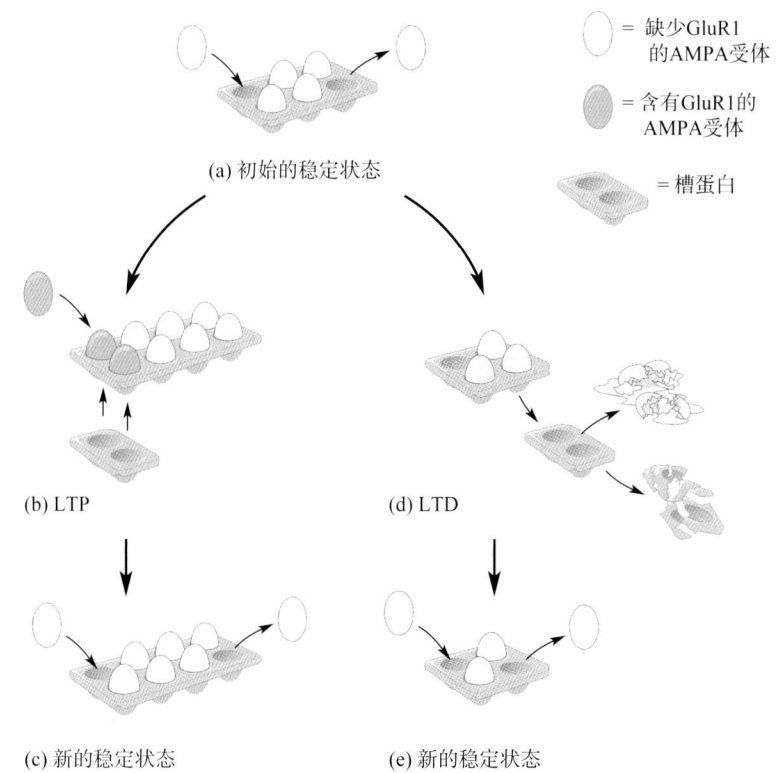

突触 AMPA 受体运输的鸡蛋盒模型。每个鸡蛋代表一个 AMPA 受体，鸡蛋盒代表突触容纳受体的容量，这由 PSD-95 的数量决定。(a) 初始的稳定状态。每个被移除的 AMPA 受体都有一个新的受体来替代。(b) LTP。更多的 PSD-95 被加入，这提高了突触对 AMPA 受体的容量。新的受体（蓝色）含有 GluR1 亚基。(c) 新的稳定状态。随着时间的推移，进行中的受体周转替代了那些含有 GluR1 的受体。(d) LTD。一些 PSD-95 被破坏，这降低了突触对 AMPA 受体的容量。(e) LTD 之后的新的稳定状态

换半数的突触 AMPA 受体！然而，尽管有这样显著的周转率，但只要在每移除一个受体时都相应地添加一个受体，突触传递就会保持稳定。LTP 和 LTD 会破坏这种平衡，从而导致突触膜对 AMPA 受体的容量发生净增加或净减少。

突触后膜的容量由被称为**槽蛋白**（slot protein）的支架的大小决定。想象一下，这种支架就像一个装鸡蛋用的包装盒，而槽蛋白就像其中的每个蛋杯。AMPA 受体是放入盒子里的蛋。只要纸盒的大小没有变化，即使不断地更换鸡蛋，突触传递也是稳定的（图 25.15）。

稳定的 LTP 需要增大盒子的尺寸并提供新的鸡蛋。关于这件事，具体在分子水平上是如何发生的，目前仍然是一个活跃的研究领域，也就是说，今天的结论可能会被明天的实验推翻。然而，有证据表明，一种被称为 PSD-95 的蛋白（一种分子量为 95 千道尔顿的突触后密度蛋白）可能构成了鸡蛋盒。增大 PSD-95 在神经元中的表达量会使 AMPA 受体的突触容量增大。此外，有证据表明新的鸡蛋可能是含有一类被称为 **GluR1** 特殊亚基的 AMPA 受体。LTP 可以选择性地增加膜中含 GluR1 的 AMPA 受体的数量。随着时间的推移，这些受体会被那些缺乏 GluR1 的受体取代。打个比方，想象一下神经元中含有一堆蓝色的复活节彩蛋，这些彩蛋可以作为对诱导 LTP 的刺激的反应而被输送到盒子里。随着时间的推移，这些蓝色的彩蛋被没有上色的鸡蛋所取代。但是，由于盒子的尺寸增大了，鸡蛋数量的净增加仍会继续下去。

相反，稳定的 LTD 需要减小鸡蛋盒的尺寸，这也就降低了对鸡蛋的容量。实际上，研究已表明诱导 LTD 的刺激既会导致 PSD-95 的破坏，又会导致突触后膜 AMPA 受体的净减少。

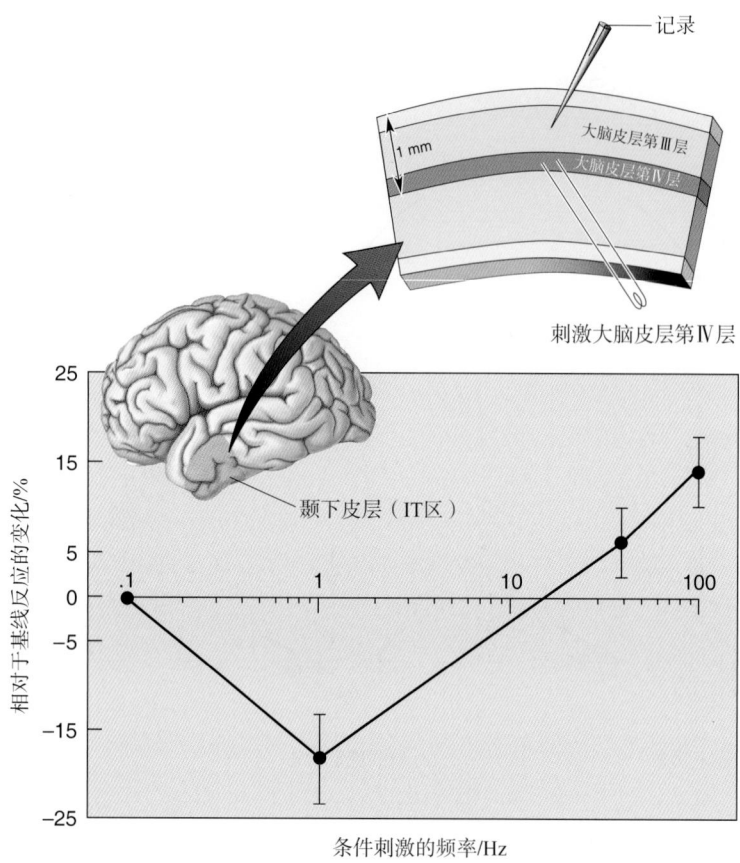

▲ 图 25.16

人类 IT 区的双向突触修饰。在手术中，为了能够进入到更深的脑结构而切除了患者的颞叶皮层，将切除下来的颞叶皮层切成脑片并在离体环境下维持其活性。记录不同类型强直刺激所引起的突触反应。与在大鼠 CA1 区所观察到的一样，1 Hz 的刺激引起 LTD，而 100 Hz 的刺激引起 LTP（改绘自：Chen 等，1996）

25.2.4　LTP、LTD 与记忆

　　理论研究表明，突触可塑性的 LTP 和 LTD 机制可能参与了陈述性记忆的形成，故它们引起了许多人的兴趣。最近的研究表明，在海马中发现的 NMDA 受体依赖的突触可塑性也发生在新皮层（包括创建熟悉面孔记忆的 IT 区）中（图 25.16）。看起来，大脑皮层中的许多突触的可塑性可能都遵循相似的规则，且使用相似的机制。（但需要记住的是，这些"规则"有许多例外，并且哪怕在同一个脑结构里，它们也不一定适用于所有的突触。）

　　LTP 和 LTD 显然都是很有用的模型，但是有什么证据将 LTP 和 LTD 与记忆联系起来呢？到目前为止，我们所描述的只是记忆的一种可能的神经基础，而所谓的记忆都是由电流刺激脑所引起的！一种方法是同时在海马中插入刺激和记录电极，并通过记录电极来监测学习过程中的突触传递状态。由于记忆的分布式特性，成功地使用这种方法需要用到一种格外牢固的学习类型，即被称为**抑制性回避**（inhibitory avoidance）的学习。在这个实验中，大鼠学习将一个地方（盒子的暗侧）与一次厌恶的经历（足部电击）联系起来（图 25.17a）。所有种类的动物（从苍蝇到人类）都能在仅仅经历过一次电

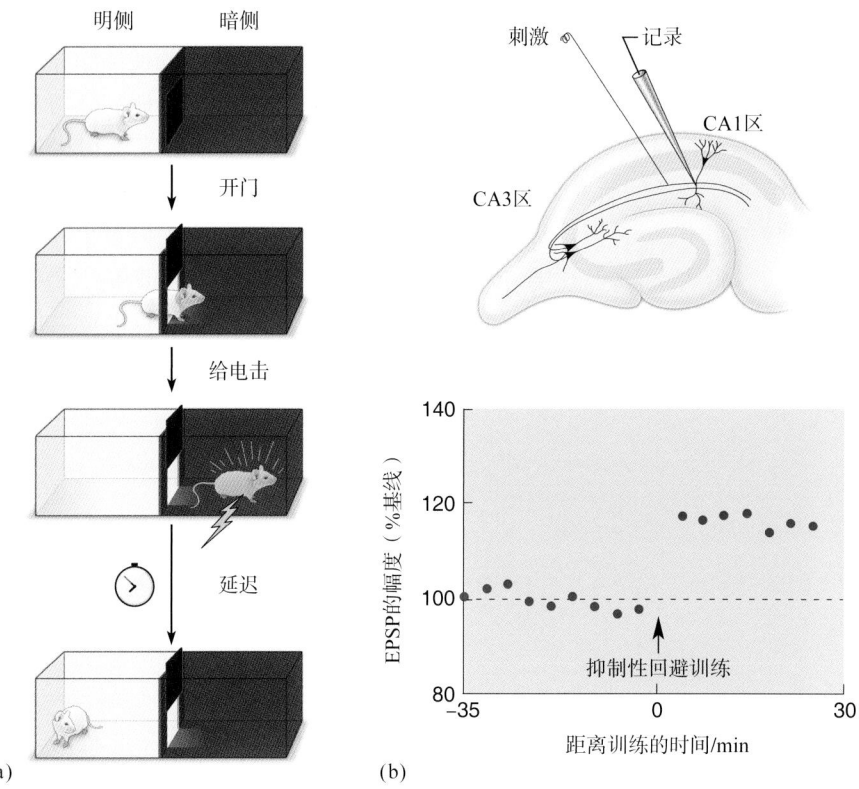

▲ 图25.17

由学习所引起的CA1区LTP。在这个实验中，将电极植入大鼠的海马中，以监测抑制性回避训练前后的突触传递强度。（a）将大鼠放入一个盒子中，盒中一扇关闭的门隔开了盒子的明侧与暗侧。当门被打开时，大鼠匆匆地进入暗侧以避光。在暗侧，大鼠会被给予一次足部电击。为了检验记忆痕迹的建立，可以在大鼠初次体验之后的不同时间点，测量其再次进入暗侧所经过的时间。（b）在CA1区中记录到的突触传递表明，在形成这种类型的记忆时会产生LTP（改绘自：Whitlock等，2006）

击之后就学会回避它（他）们受到过电击的地方（当然，这取决于电击的强度）。这种类型的学习和其所引起的海马激活模式都不是很微妙的。抑制性回避训练后海马产生的广泛激活，使研究人员有机会检测到谢弗侧支–CA1突触的突触传递变化，并且——啊哈！你瞧，也观察到了LTP！（图25.17b）。在其他实验中，将动物置于新环境中而不给予足部电击也导致了LTD。这些实验告诉我们，学习的确在海马突触中引起了LTP和LTD。

　　另一种方法已被用于观察LTP和LTD中涉及的分子是否也参与了学习和记忆。例如，两种形式的突触可塑性都需要激活NMDA受体。为了评估海马的NMDA受体在学习中可能起到的作用，研究人员向进行抑制性回避训练的大鼠的海马中注射了一种NMDA受体阻断剂。这种处理可以阻止动物对于厌恶体验的记忆形成。这些实验是建立在Richard Morris于20世纪80年代后期在爱丁堡大学（University of Edinburgh）进行的开创性研究（图24.20）的基础上的，即实验者在大鼠进行水迷宫（water maze）训练时，将NMDA受体阻断剂注入这些大鼠的海马内。与正常动物不同，这些大鼠没能学会游戏规则或找到逃生平台的位置。这一发现为NMDA受体依赖性过程在记忆中发挥作用提供了第一个证据。

麻省理工学院（Massachusetts Institute of Technology）的Susumu Tonegawa（利根川进，1939.9—，日本科学家，因发现"抗体多样性的遗传学原理"而获得1987年诺贝尔生理学或医学奖——译者注）引入了一种研究学习和记忆分子基础的革命性新方法。Tonegawa在1987年因免疫学研究获得诺贝尔奖后转向了神经科学的研究，他意识到可以通过对实验动物的基因操纵将分子和行为联系起来。当时，这种方法已经在果蝇等简单生物上做过，并获得了成功（图文框25.5），但在哺乳动物上还未尝试过。在他们的第一个小鼠实验中，Tonegawa、Alcino Silva和他们的同事们"敲除"（knocked out，删除）了CaMK II的一个亚基（α）的基因，发现海马LTP和记忆同时发生了缺陷。

图文框25.5　趣味话题

记忆突变体

在一个神经元产生的几十万种蛋白中，就学习而言，一些蛋白可能比另一些更重要。某些蛋白甚至可能只参与学习和记忆。不用说，如果可以找到这些猜想中的"记忆分子"，我们就能更加深入地了解学习和学习障碍的分子基础。

回想一下，每个蛋白分子都是一段基因的读出。一种鉴定"记忆蛋白"的方法是一次删除一个基因，再观察这是否会导致某种特定的学习缺陷。这就是加州理工学院（California Institute of Technology）的Seymour Benzer、Yadin Dudai和他们的同事们尝试用于黑腹果蝇（*Drosophila melanogaster*）的策略。果蝇长久以来都是遗传学家们喜爱的物种之一，但有人也许会提出合乎情理的质疑：果蝇到底能学习到多少知识？幸运的是，果蝇可以掌握其他诸如海兔等无脊椎物种所掌握的一些技巧。例如，果蝇能够学会某种特殊气味预示的电击。经过训练后，当这种气味出现时，它们就会以飞走的方式表现出记忆。因此，实验的策略是将果蝇暴露在化学物质中或X射线下以引起它们的突变；然后，让突变了的果蝇繁殖，并将它们有行为缺陷的后代筛选出来。第一只展现出相当特定的学习缺陷的突变体在1976年被发现，其被称为Dunce（笨蛋——译者注）。随后，其他记忆缺陷的突变体也相继被发现，并以一些蔬菜的名字来命名，诸如Rutabaga（芜菁甘蓝——译者注）和Cabbage（甘蓝——译者注）。下一个挑战是确定哪些蛋白被删除了。结果表明，所有这三种记忆突变体都缺少了细胞内信号通路中某些特定的酶。

在这些早期的果蝇研究中，被诱导而产生的突变体是随机发生的。在此之后，要经过大规模的筛选，首先找出一种学习缺陷，然后才能确定到底是哪个基因缺失了。然而，新近的基因工程技术已经可以特异性地删除已知的基因，而且这样的技术不仅适用于果蝇，也能用于哺乳动物。因此，例如在1992年，麻省理工学院（Massachusetts Institute of Technology）的Susumu Tonegawa、Alcino Silva和他们的同事们能够分离并删除小鼠的钙/钙调蛋白依赖的蛋白激酶II（calcium-calmodulin-dependent protein kinase II）的一个亚基（α亚基）。实验已经表明，这个酶在长时程增强的诱导中是至关重要的。果然，这些小鼠的海马和新皮层中的LTP有明显的缺陷。并且，在莫里斯水迷宫（Morris water maze）实验中，确实也发现这些小鼠有严重的记忆缺陷。因此，像它们的远房表亲Dunce、Rutabaga和Cabbage一样，这些小鼠也是记忆突变体。

我们能下结论说这些突变体中缺失的蛋白就是难以捉摸的"记忆分子"吗？不能，因为所有这些突变体也都表现出除记忆外的其他行为缺陷。目前，我们只能下结论说，在成长过程中缺少这些蛋白的动物，它们的学习能力通常是超乎寻常的差。然而，这些研究确实强调了一些特定的第二信使通路在将短暂的经历转变为长久记忆中的关键作用。

从那时起，为了评估 LTP 和 LTD 机制在学习中的作用，人们在小鼠中操纵了许多基因。LTP、LTD 和学习显然有许多共同的前提。

尽管这种遗传学方法很有效，但它还是有一些严重的局限性的。一种功能（如 LTP 或学习）的丧失，也可能是由于动物在成长过程中缺少了某一特定的蛋白而导致的继发性发育异常。进一步讲，由于某一蛋白在所有细胞中均缺失，而在正常情况下这些细胞都表达该蛋白，因而要精确地找出一个分子在何处，以及以何种方式影响学习是困难的。基于这些原因，研究人员们尝试设计一些途径，以将基因操纵限制在特定的时间和特定的位点上。这种方法的一个有趣的例子是，Tonegawa 和他的同事们找到了一种方法，可以从 3 周龄左右开始删除小鼠 CA1 区的 NMDA 受体基因。这些动物在 LTP、LTD 和水迷宫实验中均表现出明显缺陷，因此揭示出 CA1 区的 NMDA 受体在这种类型学习中所起的重要作用。

如果海马 NMDA 受体激活得太少是不利于学习和记忆的，那么增加 NMDA 受体的数量，会发生什么呢？神奇的是，在通过基因工程方法而产生超过正常数量的 NMDA 受体的动物上观察到，动物在某些任务的学习能力上得到**增强**。综合上述，药理学和遗传学研究表明，海马 NMDA 受体不但在突触修饰（如 LTP 和 LTD）上，而且在学习记忆上都起到了关键的作用。

25.2.5　突触的稳态

突触可塑性在脑中广泛地存在，理论神经科学家的分析表明，这可能会带来一个问题。为了说明这一点，让我们考虑一下 Hebb 突触增强。当突触与突触后靶神经元同时激活时，突触会增强。当这些突触经历 LTP 时，它们对突触后细胞有更大的影响，使后者发生反应的可能性增大，从而导致所有同时激活的突触被进一步强化。计算机模拟显示，最终神经元上的所有突触都会增强，而刺激选择性（和记忆）将会丧失。突触弱化也会出现类似的问题：通过减少突触后活动，LTD 使突触更容易被弱化，直到它们最终完全消失。因此，不受约束的突触可塑性可能会导致不稳定的神经元反应。正如我们在第 15 章中所学到的，**稳态**（homeostasis）是被用于描述将机体的内环境维持在一个较窄生理范围内的调节过程的术语。因此，机体必须有一些稳态机制，这些机制可提供突触的稳定性，并将突触权重保持在一个有用的动态范围内。我们在这里将讨论两种这样的机制。

超可塑性。再看一下图 25.13，该图表明 NMDA 受体的弱激活导致 LTD，而 NMDA 受体的强激活导致 LTP。当 NMDA 受体的激活介于 LTD 和 LTP 所需的激活水平之间的某个值的时候，没有净变化。该值被称为**突触修饰阈值**（synaptic modification threshold）。BCM 理论提出，修饰阈值会根据整合的突触后活动历史发生调整。因此，当活动水平升高时，可能由于太多的 LTP，修饰阈值会上升，使 LTP 相对难以产生。相反，如果活动水平降低，可能由于太多的 LTD，修饰阈值会下降，使 LTD 产生的可能性降低，使 LTP 更容易产生。这一基本概念，即突触可塑性的规律根据突触或细胞活动的历史而变化，被称为**超可塑性**（metaplasticity）。计算机模拟显示，对修饰阈值的持续调整可以确保突触修饰受到约束，从而维持神经元的刺激选择性和记忆。

受BCM理论启发的研究证实了超可塑性的存在。许多不同的机制都对滑动的修饰阈值有贡献，其中一种是对NMDA受体本身的分子构成的调整。NMDA受体由4个亚基构成：2个NR1亚基和2个NR2亚基。在大脑皮层的许多突触中，使用2种类型的NR2亚基来构建受体：NR2A和NR2B。NR2A与NR2B亚基的比例决定了受体的性质，包括有多少Ca^{2+}能够通过受体和哪些细胞内酶可以被激活。当在突触表达更多含NR2B的受体时，倾向于发生LTP，而当突触表达更多含NR2A的受体时，倾向于发生LTD。含NR2A与含NR2B受体的比例，在一定程度上取决于这些蛋白在神经元中的相对丰度。研究表明，经过一段时间的高水平皮层活动后，NR2A水平升高，而NR2B水平降低，这导致对LTD的促进作用高于LTP。另一方面，在一段时间的低水平皮层活动后，NR2B水平升高，NR2A水平降低，则对LTP的促进作用高于LTD（图25.18）。NMDA受体亚基组分的这些变化发生得相对缓慢，需

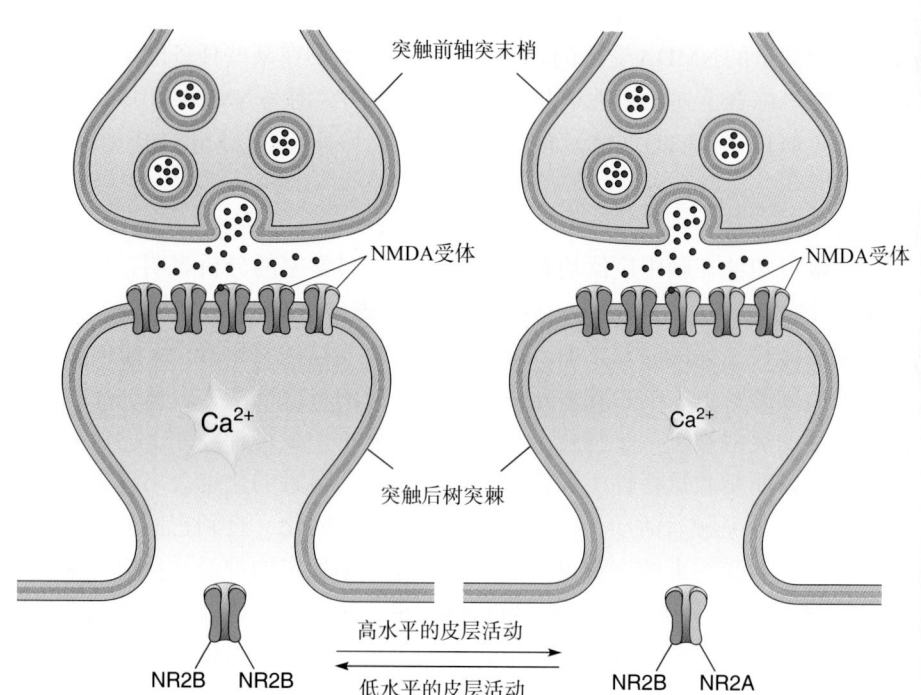

▶ 图25.18

滑动的修饰阈值。实验中降低皮层的活动水平数天后显示，刺激频率与LTD和LTP之间关系的曲线发生偏移。神经活动水平的降低有利于LTP高于LTD，而活动水平的升高有利于LTD高于LTP。这种偏移部分归因于NMDA受体亚基组分的变化。具有更多NR2B亚基的NMDA受体允许更多的Ca^{2+}通过（改绘自：Bear，2003）

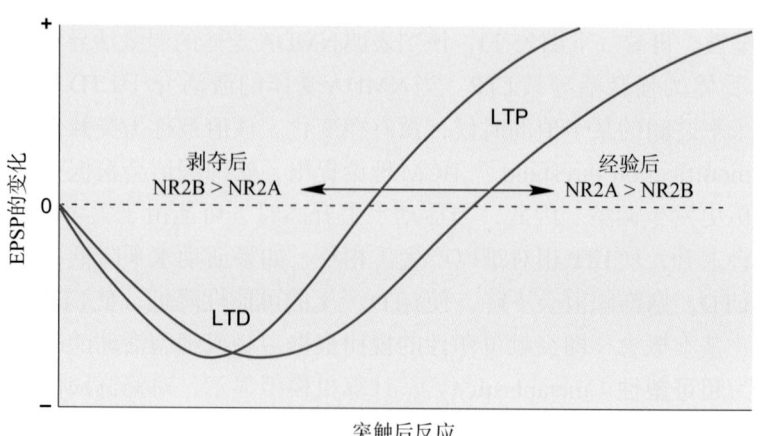

要数小时，可能是因为这一过程依赖于新的蛋白亚基的合成。

突触缩放。在一系列可追溯到20世纪30年代的经典实验中，著名的生理学家Walter Cannon（在第18章介绍过）发现，切断连接肌肉的神经会导致肌肉的电兴奋性和对ACh（神经肌肉接头的神经递质）的敏感性增大。这种现象被称为**去神经超敏感性**（denervation supersensitivity），后来证明这是一种神经元对丧失突触输入的普遍反应。然而，去神经不是导致超敏感性的必要条件。如果神经递质受体被用药理学的手段所阻断，或者如果肌肉或神经元的电活动被河鲀毒素（tetrodotoxin，TTX）所抑制，则都会发生类似的反应。Cannon认为这可能反映了可兴奋细胞对输入丧失的稳态反应。

在对突触输入进行整体性操纵后，皮层神经元中会出现类似现象。当皮层神经元被TTX沉默时，它们的电兴奋性增大，影响这些神经元的兴奋性突触的强度也增大。但是，这种对整体突触强度的粗放性调整，对于那些已经存储了记忆的突触权重的精细性调整模式有什么影响呢？布兰迪斯大学（Brandeis University）的Gina Turrigiano和她的同事们发现，即使一个神经元突触强度的绝对水平上升或下降，但突触强度的**相对差异**没有变化；也就是说，神经元通过将所有突触权重的值乘以（或除以）一个相同的数来进行调整。这种保持了突触权重相对分配的绝对突触有效性调整被称为**突触缩放**（synaptic scaling）。

与超可塑性一样，多种机制都对突触缩放有所贡献。其中一种机制似乎借助Ca^{2+}通过电压门控Ca^{2+}通道进入胞体，以及钙/钙调蛋白依赖性激酶Ⅳ（CaMK Ⅳ，CaMK Ⅱ的近亲）的激活来调节基因表达。一段时间的神经活动水平升高增加了CaMK Ⅳ依赖性基因的表达，而一段时间的神经活动静止则减少了基因的表达。基因表达的这些变化的最终结果是在全细胞范围的突触中移除或插入谷氨酸受体（包括NMDA受体和AMPA受体）。与超可塑性一样，相对于LTP或LTD的诱导时间（数秒钟至数分钟）而言，突触缩放的发生时间更长（数小时至数天）。这段时间对于蛋白质的合成（或降解）是必需的，而蛋白质的合成或降解对于调节冲击神经元的数千个突触的强度来说是必要的。

通过超可塑性和突触缩放，神经元可以掌控不断变化的突触可塑性。当活动水平在很长一段时间都过高时，这些机制就会促进LTD并缩小突触权重。当活动水平过弱时，它们则会促进LTP并放大突触权重。正常的神经元功能、由经验引起的选择性的改变及学习和记忆，都需要突触的可变性和稳定性之间的适度平衡。

25.3　记忆的巩固

我们已经看到，记忆可以因突触传递的经验依赖性改变而产生。在大多数突触可塑性的例子中，突触传递的修饰最初是通过与突触膜蛋白相连的磷酸基团数量改变来实现的。就LTD和LTP而言，这一过程发生在突触后AMPA受体上和调节突触AMPA受体数量的蛋白上。

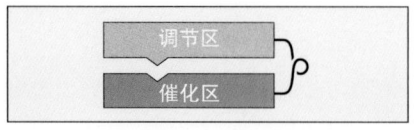

(a)

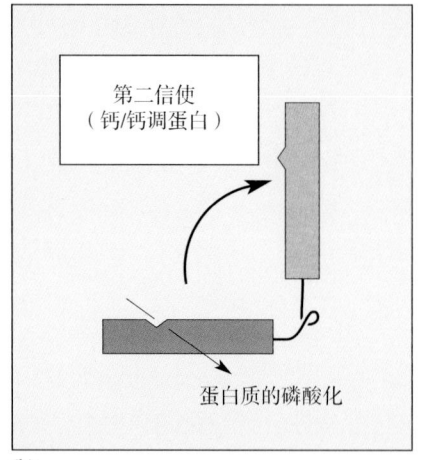

(b)

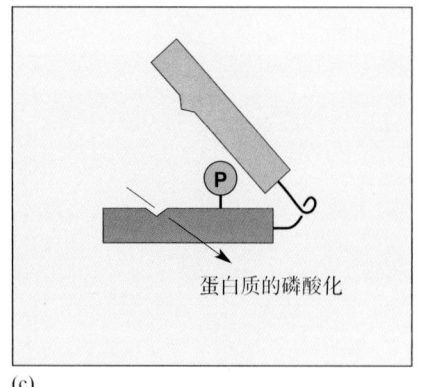

(c)

▲ 图 25.19

CaMKII 的调节。（a）当催化区被调节区覆盖时，CaMKII 铰链样的亚基通常是"关闭"的。（b）当结合了 Ca^{2+} 的钙调蛋白（Ca^{2+}-bound calmodulin）激活酶分子时，铰链打开，催化区暴露，从而使其得以为其他的蛋白加上磷酸基团。（c）钙离子浓度的大幅升高可导致一个亚基被另一个亚基磷酸化（P，即自我磷酸化作用），从而使催化区永久处于"开启"状态

给蛋白加磷酸基团可以改变突触的有效性，从而形成记忆，但这只有在磷酸基团持续结合在蛋白上时才会发生。由于以下两个问题，磷酸化作用作为长时程记忆巩固的机制还是有问题的：

1. 蛋白质的磷酸化不是永久的。时间久了，磷酸基团被移除，记忆也就被消除了。
2. 蛋白质分子本身不能永存。脑内大多数蛋白质的寿命小于 2 周，并且会不断被更新。由于这个原因，依赖于单个蛋白质分子变化而产生的记忆，是不可能在这样的分子更新速率下保持下去的。

因此，我们必须考虑另一些机制，而这些机制可以将最初发生的突触蛋白质磷酸化的变化转变为一种可以持续一生的形式。

25.3.1　蛋白激酶的持续激活

如果蛋白激酶——给蛋白质加上磷酸基团的酶——持续处于"开启"状态，突触蛋白就可以维持磷酸化，记忆也得以保持。正常情况下，蛋白激酶被严格调控，只有第二信使存在时激酶才会"开启"。但如果学习改变这些酶的特性，使它们不再依赖于第二信使，那情况又会怎样呢？在这种情况下，相关的突触蛋白就可能一直保持在磷酸化状态。

最近的证据提示，某些激酶可独立于它们的第二信使。下面让我们以海马发生 LTP 时两个蛋白激酶发生的变化为例来说明这个问题。

CaMKII。回想一下，在诱导 CA1 的 LTP 时需要 Ca^{2+} 流入突触后细胞和 CaMKII 的激活。研究表明，在 $[Ca^{2+}]_i$ 已经回到低水平后的很长一段时间里，CaMKII 仍处于"开启"状态。

CaMKII 由 10 个亚基以玫瑰花的形状排列组成。每个亚基都在钙/钙调蛋白含量上升时催化蛋白底物的磷酸化。那么，CaMKII 怎样才能转换成永久激活的状态呢？回答这个问题需要先知道，这个酶在正常情况下是如何被调控的（图 25.19）。酶的每个亚基呈小折刀状，分为两个部分，由一个绞合部连接。其中一个部分是**催化区**（catalytic region），催化磷酸化反应；另一个部分是**调节区**（regulatory region）。在没有合适的第二信使的正常情况下，折刀是关着的，催化区被调节区覆盖着。这使得酶处于"关闭"状态。第二信使（钙/钙调蛋白）的正常作用就是使折刀打开，但只有在第二信使持续存在时，折刀才能持续地打开。第二信使一离开，分子通常就迅速合上，激酶即转变为失活状态。但 LTP 产生后，在 CaMKII 的 α 亚基中，这把折刀似乎就不能完全合上了。于是暴露的催化区可以继续磷酸化 CaMKII 的底物。

蛋白激酶分子折刀的绞合部是怎么保持开启状态的呢？事实上，答案是这样的：CaMKII 是一种可以**自我磷酸化的蛋白激酶**（autophosphorylating protein kinase），也就是说，CaMKII 分子中的每个亚基都可以被它相邻的亚基磷酸化。亚基磷酸化的结果就是绞合部的持续开启。如果最初钙/钙调蛋白激活 CaMKII 作用足够强，自我磷酸化作用的速度就会比去磷酸化（dephosphorylation）作用快，于是分子折刀就会被"打开"。CaMKII 的持续

激活对于突触增强的维持可能有贡献，比如通过保持突触后AMPA受体的磷酸化状态来实现。自我磷酸化的激酶可以在突触部位存储信息，这一基本想法最初是由布兰迪斯大学（Brandeis University）的John Lisman提出的，被称为**分子开关假说**（molecular switch hypothesis）。

蛋白激酶Mζ。最近的研究发现，可能有另一种分子也参与了维持LTP和某些形式的记忆，这种分子就是**蛋白激酶Mζ**（PKMζ）。关于这种蛋白激酶作用的研究起源于纽约州立大学州南部医学中心（State University of New York Downstate Medical Center）的Todd Sacktor的工作。Sacktor和他的同事们的研究表明，脑内注射一种叫作ZIP的小肽（专门用于抑制PKMζ），可以消除注射以前很多天所建立起来的LTP和记忆。简言之，ZIP消除记忆。这一有趣的发现提示，持续的蛋白激酶Mζ活动通过持续地磷酸化其底物来保持突触强度的变化。ZIP通过暂时地抑制蛋白激酶Mζ，使其底物变为去磷酸化状态，从而消除记忆痕迹。

PKMζ如何在突触活动中保持持续的激活状态？目前的一种模型提示，该激酶的mRNA存在于突触中，但通常不会被翻译成蛋白。强烈的突触激活，以及Ca^{2+}浓度的相应升高，触发突触蛋白合成的爆发和新的PKMζ分子的生成。PKMζ磷酸化那些参与调节AMPA受体数量的突触蛋白；此外，它还磷酸化参与调节突触中mRNA翻译的蛋白。通过在Ca^{2+}浓度没有升高时开启翻译，PKMζ的水平可以在激酶分子持续降解的情况下得到补充。

多个实验室已经重复出了ZIP的记忆消除效果，但目前尚不清楚它是否特异性地通过抑制PKMζ而发挥作用。然而，可以肯定的是，揭开ZIP工作原理的神秘面纱将使我们在理解记忆机制方面获得极大的收益。

25.3.2　蛋白质的合成与记忆的巩固

蛋白质合成在记忆巩固中有重要作用并不是一个新概念。自从20世纪60年代引入可以选择性地抑制信使RNA组装为蛋白质的药物之后，人们就对这个问题进行了深入的研究。在实验动物接受执行一种任务的训练期间，将蛋白质合成的抑制剂注射到它们的脑中，然后检测动物学习和记忆的缺陷。这些研究表明，如果脑内蛋白质的合成在训练期间受到抑制，动物仍能正常学习，但数天后的测试揭示它们无法记住习得的内容。如果在训练后短时内注入抑制剂，通常也可观察到长时程记忆的缺陷。随着训练与注射抑制剂之间的时间间隔延长，记忆的形成对蛋白质合成抑制剂的抵抗能力会变得越来越强。这些发现提示，在记忆巩固期间，也就是当短时程记忆转化成长时程记忆期间，需要新蛋白质的合成。

回顾一下抑制性回避记忆的例子（图25.17a）。正如我们所讨论的，记忆是在单次实验中建立的，并且可以通过大鼠回避它受到足部电击的位置（通常是盒子中两个被门隔开的房间中的暗侧）的程度来检测。正常情况下，这种记忆非常牢固，并且可以持续很长时间（数天到数周，取决于电击的强度）。如果在训练前不久给动物注射蛋白质合成的抑制剂，从检测到的动物对暗侧即时的回避行为来看，学习仍能正常进行。然而，由于没有新的蛋白质合成，这种记忆会在一天内消失。类似地，在强直刺激时抑制蛋白质的合成对海马LTP的诱导没有影响，但突触增强作用会在数小时内逐渐消失，而不能持续数天乃至数月了。

突触的标记与捕获。基于我们到目前为止所学的内容，记忆形成最初似乎涉及对现存的突触蛋白的快速修饰。这种修饰很可能是在持续激活的激酶帮助下完成的，从而得以对抗消除记忆的因素（如分子的周转）。除非一种新的蛋白到达修饰后的突触，并将突触的暂时性变化转化为一种更为持久的变化形式，否则这将是一场注定失败的战斗。但是，巩固突触变化和记忆所需的蛋白质是如何找到修饰过的突触的呢？ 20世纪90年代末由德国马格德堡（Magdeburg）的Julietta Frey和苏格兰爱丁堡（Edinburgh，Scotland）的Richard Morris合作所进行的一系列巧妙实验，对这个问题给出了一个答案。

Frey在先前就已经发现，由"弱的"强直刺激（仅可短暂地激活少量的突触）所引起的LTP会在一小时或两小时内衰退到基线，这是因为这种刺激不能触发蛋白质的合成。另一方面，反复施加的"强的"强直刺激（可招募到大量的突触），由于可以刺激新蛋白质的合成，故可以引起持久的LTP（图25.20a）。Frey和Morris想知道，新合成的蛋白质是否仅作用于某些突触，即由它们的活动而触发了新蛋白质合成的那些突触。他们发现，由对海马神经元一个突触输入的强烈刺激所引发的一波蛋白质合成，也会巩固对另一个输入的弱刺激引起的LTP（图25.20b）。似乎弱刺激会赋予突触某种**标记**（tag），从而使得突触能够**捕获**那些新合成的、能够巩固LTP的蛋白质。通过改变弱刺激和强刺激之间的时间间隔，Frey和Morris发现这种标记可以持续约2 h。这样，原本会被遗忘的一件小事（如上周二的晚餐），如果其发生在一件足以触发一波新蛋白质合成的大事（比如与你此生的挚爱初吻）前后两小时之内，就可能会被烙印在长时程记忆之中。突触标记的分子机制尚未被完全阐明，但不难想象它会涉及各种激酶（包括CaMKII和PKMζ）对突触蛋白的磷酸化。

CREB与记忆。是什么东西在调控记忆巩固所需要的蛋白质的合成呢？回忆一下，蛋白质合成的第一步是基因转录成mRNA（图2.9）。基因表达的这一过程是由细胞核内的**转录因子**（transcription factor）调控的。其中一个转录因子被称为**环磷酸腺苷反应元件结合蛋白**（cyclic AMP response element binding protein，CREB）。CREB这种蛋白可结合在DNA的一些特定的片段上，这些片段称为**环磷酸腺苷反应元件**（cyclic AMP response element，CRE），而CREB的作用在于调控相邻基因的表达（图25.21）。CREB有两种形式：CREB-2和CREB-1。当CREB-2结合到CRE上时，它可抑制基因的表达；而CREB-1可激活转录，但这只有当其被蛋白激酶A磷酸化时才行。在1994年发表的一项开创性研究中，冷泉港实验室（Cold Spring Harbor Laboratory）的Tim Tully和Jerry Yin揭示了CREB调控黑腹果蝇（*Drosophila melaogaster*）记忆巩固所需的基因表达（图文框25.5）。

在他们最早的一系列的实验中，Tully和Yin培养了一种果蝇，这种果蝇在被加热时可以制造出额外的果蝇版本的CREB-2（称为dCREBb）基因拷贝（这是果蝇遗传工程的一个奇迹，在哺乳动物中是不可能的）。这种处理可以

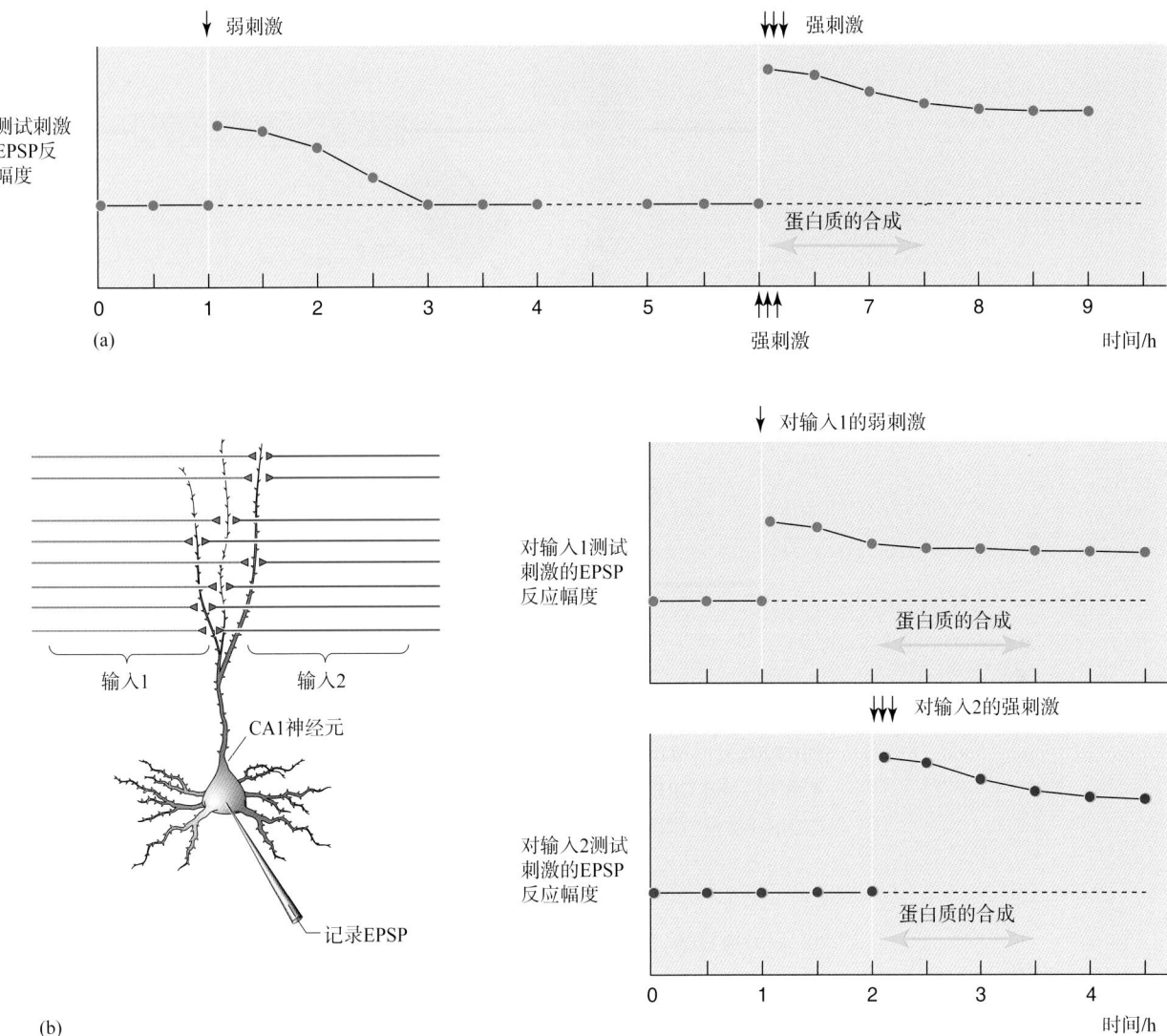

▲ 图25.20

突触的标记与捕获。(a) LTP的维持取决于突触刺激是否强到足以触发突触后神经元中的蛋白质合成。弱的突触刺激诱导快速衰减的兴奋性突触后电位(EPSP)的长时程增强(LTP)。强的突触刺激诱导LTP并刺激蛋白质的合成，而蛋白质的合成可将短暂的突触变化转化成持久的突触变化。(b) 对同一个神经元的两个输入交替施加刺激。输入1的弱刺激诱导通常会逐渐消失的LTP，但如果在一小时后对输入2施加强刺激，则一波新蛋白可以被输入1的弱刺激标记过的突触捕获。及时到达的新蛋白质可将短暂的LTP转化为持久的LTP

阻遏所有由CRE调控的基因表达，并且可以阻断一种简单记忆任务的记忆巩固。因此，CREB调控的基因表达在果蝇的记忆巩固中很关键。然而，在他们培养出可额外复制果蝇CREB-1基因（称为dCREBa）的果蝇时，发现了更有趣的现象。普通果蝇要学好多遍才能记住的任务，这些果蝇只经过一次训练就记住了。这些突变的果蝇有"过目不忘"(photographic)的本领！而且，这些结果并不是果蝇所特有的；CREB也调控海兔的敏感化巩固过程，以及小鼠的长时程增强和空间记忆。

　　正如我们已经讨论过的，不是所有的记忆都被同等程度地记住了。有一

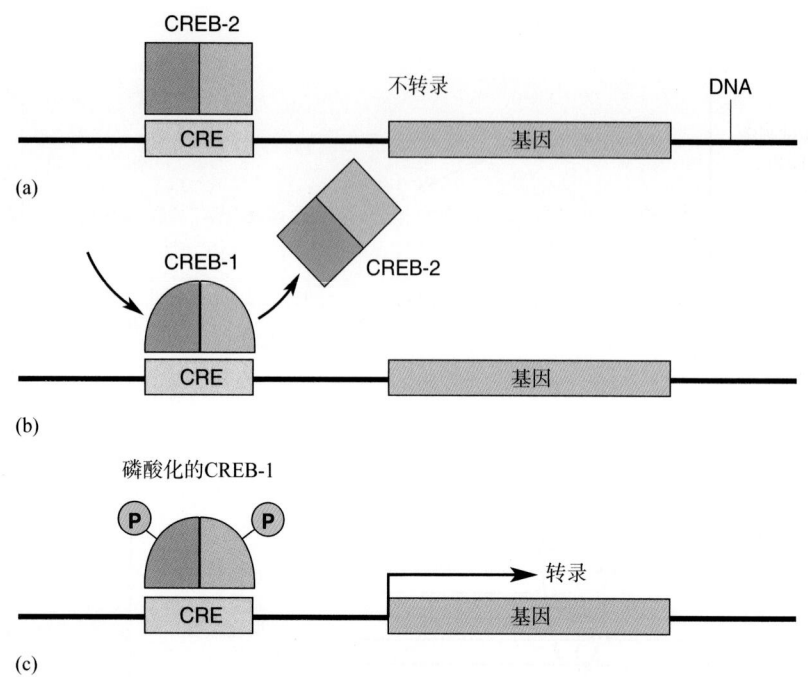

▲ 图 25.21

CREB对基因表达的调控。图中显示的是包含一个基因的DNA片段，该基因的表达受到CREB蛋白和DNA上的CRE的相互作用调控。（a）CREB-2作为基因表达的阻遏物发挥作用。（b）CREB-1是基因表达的激活物，可以取代CREB-2，激活基因表达。（c）当CREB-1被蛋白激酶A（和其他的激酶）磷酸化时，转录随之发生

些永久地印在我们的记忆中，而其他的只在我们脑中短暂停留便逐渐消失了。CREB对基因表达的调控为记忆强度的控制提供了一种可能的分子机制。

记忆无法巩固是许多脑疾病及衰老过程的特征。最近对于记忆巩固是怎样被调控的认识，催生了一个专注于开发记忆增强药物的新产业。这些药物可以极大地改善患有神经系统疾病（如阿尔茨海默病）的人的生活质量。然而，这些药物增强记忆的效应对于健康的人而言也有很大的诱惑力。因此，以Viagra（枸橼酸西地那非的商品名，中译名"万艾可"，俗称"伟哥"——译者注）等药物被引入和广泛地用于治疗男性勃起功能障碍的例子类推，一些记忆增强剂已被戏称为"脑的伟哥"（Viagra for the brain），而人们对它们的寻求也在继续。虽然已经发现有些化合物可以促进记忆的巩固，但这些化合物的副作用迄今仍然阻止着它们被发展成为药物。就像提高运动成绩的药物一样，在缺乏明确医学依据的情况下使用记忆增强剂，肯定会引起伦理学方面的激烈争论。

结构可塑性与记忆。突触是怎样利用适时出现的基因表达和适时到达的新蛋白的？一种可能性是新合成的蛋白质（如PKMζ）引发了局部突触的蛋白质合成，从而维持了突触的变化。然而，考虑到阻断蛋白质的合成并不能破坏已经巩固了的记忆这一事实，我们可能不得不进一步假定这些新合成的蛋白质具有足够长的寿命，可以在蛋白质的合成被短暂地抑制期间存活下来。

另一种可能性是新蛋白质合成的持久印迹是突触的构建（或拆除）。对

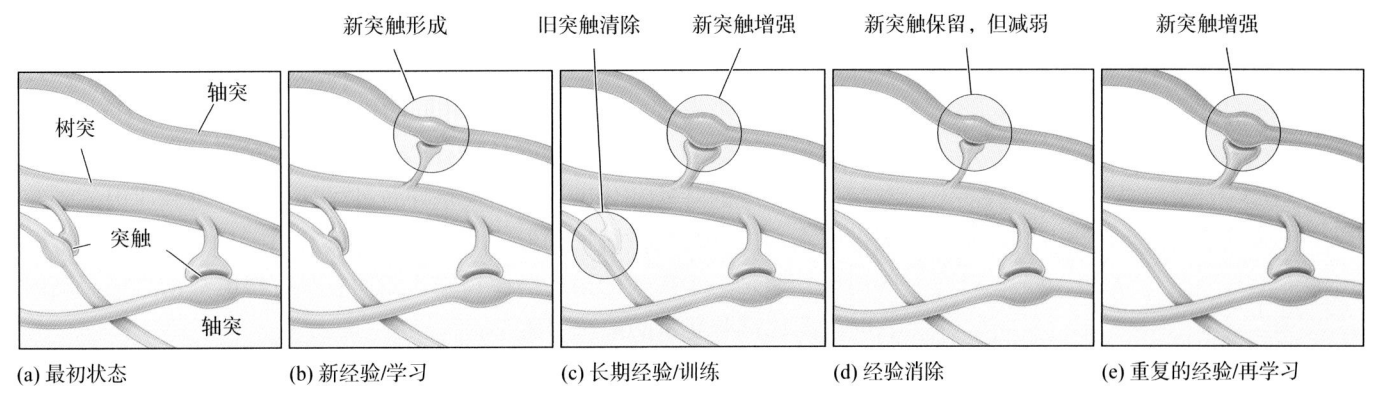

(a) 最初状态　　(b) 新经验/学习　　(c) 长期经验/训练　　(d) 经验消除　　(e) 重复的经验/再学习

▲ 图25.22
在学习和记忆过程中，大脑皮层的突触重构。这幅图总结了当小鼠暴露在被编码为记忆的新感觉环境中时，在新皮层中观察到的一些结构变化（改绘自：Hofer and Bonhoeffer, 2010，图1）

无脊椎动物海兔的研究表明，某些类型的长时程记忆（而非短时程记忆）可以导致一些神经元产生的突触数量**翻倍**！

　　哺乳动物在学习后神经系统也发生类似的结构改变吗？由于哺乳动物脑结构的复杂性和记忆的分布式特性，这个问题难以通过实验解决。一种方法是比较学习机会很多与学习机会很少的动物的脑结构。例如，将一只实验大鼠放入一个充满大量的玩具和同伴（其他的大鼠）的"复杂"环境中，结果显示其枕叶皮层平均每个神经元的突触数量增加了25%。最近，由于显微镜和细胞标记方法的进步（图文框2.1），使得研究人员可以连续许多天地对活体小鼠的同一个神经元进行成像。改变视觉或触觉环境可以分别刺激视觉皮层和躯体感觉皮层中新树突棘的形成，而树突棘正是兴奋性突触传递的重要部位（图25.22）。随着待在这种新环境中的时间变长，这些新的突触变得更大，而相同树突上的其他突触会被清除；如果LTP和LTD的机制能够编码记忆，那么这个现象符合预期。如果动物回到原来的环境，新的树突棘可能会缩小，但不会消失。这一现象与持续存在的树突棘与动物对新环境的长时程记忆有关联的解释相符。

　　很重要的一点是，成年脑的结构可塑性是有限的。正如我们在第23章讨论过的，脑环路的巨大改变一般局限于生命早期的关键期。成年人中枢神经系统中大多数轴突的生长和回缩不会超过几十微米。但是，现在很明确的是，关键期的结束并不一定意味着是轴突末梢的结构或其突触有效性变化的终结。

25.4　结语

　　学习和记忆能够在突触水平上发生。不论动物的种类、发生在脑的哪个部位，以及记忆的类型是什么，学习和记忆的内在机制似乎都是相通的。学习和记忆事件首先表现为脑内电活动的改变，然后是细胞内第二信使分子的改变，再接下来是已有突触蛋白的修饰。这些暂时的变化，通过改变突触的结构而转变成永久的变化和长时程记忆。在很多类型的记忆中，这都涉及合成新的蛋白质和组成新的神经微环路。在其他一些类型的记忆中，现存的神经环路可能会被拆除。无论是这两种情况中的哪一种，学习都需要用到许多在发育过程中用来完善脑环路的那些相同的机制。

学习和记忆的一个共同特点是都有 Ca^{2+} 的参与。显然，钙的作用远不止参与构建坚硬的骨骼和牙齿。钙不仅是导致神经递质的分泌和肌肉的收缩的关键因素，还参与几乎每一种形式的突触可塑性。由于 Ca^{2+} 既是一个带电荷的离子，又是一个强大的第二信使物质，因而它具有将电活动直接与脑内的长时程变化耦联起来的独特功能。

基础神经科学的研究能将我们从对离子的理解带入到对智力的理解吗？从钙到认知？如果你还记得在这本书里所学到的内容，而且如果突触可塑性确实是陈述性记忆的基础，那么回答似乎就是肯定的。

关键词

记忆的获得 Memory Acquisition

记忆巩固 memory consolidation（p.871）

分布式记忆 distributed memory（p.873）

长时程增强 long-term potentiation (LTP)（p.878）

齿状回 dentate gyrus（p.878）

阿蒙角 Ammon's horn（p.878）

CA3区 CA3 area（p.878）

CA1区 CA1 area（p.878）

前穿质通路 perforant path（p.878）

谢弗侧支 Schaffer collateral（p.878）

强直刺激 tetanus（p.879）

输入特异性 input specificity（p.880）

协同性 cooperativity（p.880）

BCM理论 BCM theory（p.883）

长时程压抑 long-term depression (LTD)（p.886）

锋电位时间依赖的可塑性 spike timing-dependent plasticity（p.887）

超可塑性 metaplasticity（p.893）

突触缩放 synaptic scaling（p.895）

记忆的巩固 Memory Consolidation

分子开关假说 molecular switch hypothesis（p.897）

环磷酸腺苷反应元件结合蛋白 cyclic AMP response element binding protein (CREB)（p.898）

复习题

1. 与大脑皮层记忆形成最常见的细胞关联是什么？如何说明记忆是怎样被存储的？

2. 如何解释神经元在整个生命周期中死亡时的记忆优雅降级？

3. LTD如何为记忆做出贡献？

4. 简单地画出海马的三突触环路。

5. LTP的机制如何服务于关联性记忆？

6. NMDA受体有哪些特性使得它适合于检测同时发生的突触前和突触后的活动？ Ca^{2+} 通过NMDA受体的内流怎么会引起CA1和新皮层中的LTP和LTD？

7. 比较和对比超可塑性和突触缩放的相同点和不同点。

8. 在 H. M. 和 R. B. 的例子（见第24章）中，海马的破坏似乎损伤新记忆在新皮层中的"固定"。提出一个有CREB参与的可解释这一现象的机制。

拓展阅读

Abraham WC, Robins A. 2005. Memory retention: the synaptic stability versus plasticity dilemma. *Trends in Neuroscience* 28:73-78.

Bear MF. 1996. A synaptic basis for memory storage in the neocortex. *Proceedings of the National Academy of Sciences USA* 93:13453-13459.

Cooper LN, Bear MF. 2012. The BCM theory of synapse modification at 30: interaction of theory and experiment. *Nature Reviews Neuroscience* 13:798-810.

Kandel ER. 2006. *In Search of Memory: The Emergence of a New Science of Mind*. New York: Norton.

Kessels HW, Malinow R. 2009. Synaptic AMPA receptor plasticity and behavior. *Neuron* 61:340-350.

Malenka RC, Bear MF. 2004. LTP and LTD: an embarrassment of riches. *Neuron* 44:5-21.

（张嘉漪　译　　王建军　校）

5-HT 见 serotonin（血清素）。

A1 见 primary auditory cortex（初级听皮层）。

absolute refractory period 绝对不应期 从一个动作电位起始点开始的一段时间，在这段时间内另一个动作电位不能被再次触发。

accommodation 眼调焦 通过改变晶状体的形状而使光线聚焦。

acetylcholine (ACh) 乙酰胆碱 起神经递质作用的一种胺，存在于外周和中枢神经系统的许多突触中，包括神经肌接头之中。

ACh 见 acetylcholine（乙酰胆碱）。

ACTH 见 adrenocorticotropic hormone（促肾上腺皮质激素）。

actin 肌动蛋白 一种存在于所有细胞中的细胞骨架蛋白（又称"肌纤蛋白"——译者注），也是肌纤维中主要的细肌丝蛋白；它通过与肌球蛋白（又称肌凝蛋白——译者注）之间的特殊化学作用而引起肌肉的收缩。

action potential 动作电位 由电压门控离子通道快速开放和关闭引起的膜电位一次短促波动，也称为锋电位（spike）、神经冲动（nerve impulse）或放电（discharge）。动作电位以类似于波的形式沿轴突传导，从而将信息从神经系统内的一个部位传导到另一个部位。

activational effect 激活作用 一种激素在成熟器官内激活生殖过程或行为的能力。

active zone 活性带 突触前膜的膜分化物，神经递质释放的位点。

adenosine triphosphate (ATP) 三磷酸腺苷 细胞的能量分子。ATP 水解产生二磷酸腺苷（adenosine diphosphate, ADP），由此释放出来的能量为神经元内大部分生化反应所使用。ADP 在线粒体内被重新转化成 ATP。

adenylyl cyclase 腺苷酸环化酶 催化三磷酸腺苷转变成为环化—磷酸腺苷（cyclic adenosine monophosphate, cAMP）的酶。cAMP 是一种第二信使。

adrenal cortex 肾上腺皮质 肾上腺的皮质部，在垂体促肾上腺皮质激素（pituitary adrenocorticotropic hormone）的刺激下释放皮质醇。

adrenal medulla 肾上腺髓质 肾上腺的中央部，受交感神经节前纤维的支配，释放肾上腺素（adrenaline 或 epinephrine）。

adrenalin 肾上腺素 儿茶酚胺类神经递质，由去甲肾上腺素合成，也称 epinephrine。

adrenocorticotropic hormone (ACTH) 促肾上腺皮质激素 当垂体前叶受到促肾上腺皮质激素释放激素的作用时释放的一种激素，可刺激肾上腺释放皮质醇。

affective aggression 情感性攻击 一种威胁或防御形式的攻击，伴有叫声和自主神经系统活动的增强。

affective disorder 情感障碍 一种以情绪障碍为特征的精神性情绪障碍，也称为心境障碍（mood disorder），例如重性抑郁症（major depression）和双相障碍（bipolar disorder）。

affective neuroscience 情感神经科学 研究心境（mood）和情绪（emotion）神经基础的科学。

afferent 传入 向受支配的特定结构走向的神经轴突。参见 efferent（传出）。

after-hyperpolarization 后超级化 动作电位的最后部分，即出现在细胞膜强烈去极化之后的超极化过程，也称为回射（undershoot）。

agnosia 失认症 不能识别物体，但简单的感觉技巧可表现正常；通常由大脑后顶叶区的损伤所引起。

agoraphobia 广场恐怖症 一种精神疾病，以患者身处难以逃离或者感到尴尬的场合时而出现严重的焦虑为特征。

alpha motor neuron α运动神经元 支配骨骼肌梭外纤维的神经元。

amacrine cell 无长突细胞 眼视网膜内网状层的一种神经元，其神经突起侧向地投射。

amino acid 氨基酸 蛋白质分子的化学构成单位，由一个核心碳原子、一个氨基基团、一个羧基基团和一个可变的 R 基团组成。

Ammon's horn 阿蒙角 海马中的一个神经元薄层，发出轴突至穹隆。

amnesia 遗忘[症] 严重的记忆或学习能力丧失。参见 anterograde amnesia（逆行性遗忘）和 reterograde amnesia（顺行性遗忘）。

AMPA receptor AMPA受体 谷氨酸受体中的一种亚型，是一种允许 Na^+ 和 K^+ 通透的谷氨酸门控离子通道。

ampulla 壶腹 半规管的膨大部，内含具有转导旋转刺激能量的毛细胞。

amygdala 杏仁核 前颞叶皮层中的一个呈杏仁状的核团，被认为参与情绪以及某些类型的学习和记忆活动。

anabolism 合成代谢 从营养性前体物质合成生物有机分子，也称为 anabolic metabolism。参见 catabolism（分解代谢）。

analgesia 镇痛、痛觉缺失 正常痛感觉的缺乏。

androgens 雄激素 雄性类固醇激素的总称，其中以睾酮最为重要。

anion　阴离子　带负电荷的离子。参见 cation（阳离子）。

anomia　命名障碍[症]、失名症　找词能力的丧失。

anorectic peptide　厌食肽　起抑制进食行为作用的神经活性肽，例如缩胆囊素（cholecystokinin，CCK）、α-黑色素细胞刺激激素（alpha-melanocyte-stimulating hormone，αMSH）和可卡因－苯丙胺调节的转录物（cocaine- and amphetamine regulated transcript peptide，CART）。

anorexia　厌食　能量消耗高于能量摄入的一种负平衡状态。

anorexia nervosa　神经性厌食　一种厌恶食物和畏惧体重增加的精神障碍，自愿地将自己的体重维持于正常水平以下。

ANS　见 autonomic nervous system（自主神经系统）。

antagonist muscle　对抗肌　对抗同一关节上主动肌作用的肌肉。

anterior　前侧的　解剖学上的方位参考面，朝向鼻子或嘴的方向。

anterior cingulate cortex　前扣带回皮层　大脑皮层的一个区域，恰位于胼胝体下降部的前方，被认为与心境障碍的病理生理学有关。

anterograde amnesia　顺行性遗忘[症]　丧失形成新记忆的能力。

anterograde transport　顺向转运　从细胞体至轴突末梢的轴浆转运。

antidepressant drug　抗抑郁药物　通过升高脑内单胺类神经递质来治疗抑郁症的药物，如三环类药剂（tricyclics）、单胺氧化酶抑制剂［monoamine oxidase (MAO) inhibitor］和选择性 5-羟色胺重摄取抑制剂（serotonin-selective reuptake inhibitor，SSRI）等药物。

antidiuretic hormone (ADH)　抗利尿激素，参见 vasopressin（血管升压素）。

anxiety disorder　焦虑障碍、焦虑症　一组以不合理的或者不恰当的恐惧情绪表达为特征的精神障碍，包括惊恐障碍（panic disorder）、广场恐怖症（agoraphobia）和强迫症（obsessive-compulsive disorder，OCD）。

anxiolytic drug　抗焦虑药　降低焦虑的药物，例如苯二氮䓬类药物和 5-羟色胺重摄取抑制剂类药物（SSRI）。

aphasia　失语症　脑损伤引起的全部或部分语言能力丧失的病症。参见"Broca 失语症（Broca's aphasia）""传导性失语症（conduction aphasia）"和"Wernicke 失语症（Wernicke's aphasia）"。

apoptosis　细胞凋亡　细胞的有序性、遗传性和程序化死亡机制。

aqueous humor　房水　眼角膜与晶状体之间的液体。

arachnoid membrane　蛛网膜　覆盖在中枢神经系统表面的三层膜中的中间一层膜。

arcuate nucleus　弓状核　位于下丘脑室周区的一个核团，含大量对瘦素水平变化敏感的神经元，参与能量平衡的调节。

area 17　17区　初级视觉皮层。

area IT　IT区　位于颞叶下表面的一个新皮层区，是腹侧视觉信号处理通路的一个部分，含有对复杂物体（包括脸）起反应的神经元，并可能参与视觉记忆。

area LIP　LIP区　见 lateral intraparietal cortex（顶内沟外侧皮层）。

area MT　MT区　位于顶叶和颞叶接合处的一个新皮层区，接受来自初级视皮层的输入，可能是处理运动刺激的特定部位，也称为 V5 区。

area V4　V4区　位于纹状皮层前部的一个新皮层区，是腹侧视觉信号处理通路的一个部分，对形状和颜色的感知非常重要。

aspinous neuron　无棘神经元　无树突棘的神经元。

associative learning　联合型学习　对不同事件间相关性的学习，通常分为经典条件反射（classical conditioning）和工具式条件反射（instrumental conditioning）两类。

astrocyte　星形胶质细胞　脑中的胶质细胞，起支持神经元作用，同时调节细胞外离子和化学环境。

ataxia　共济失调　异常的、不协调的和不准确的运动，一般与小脑的功能失调有关。

atonia　肌张力减退　肌张力的缺乏。

ATP　见 adenosine trisphosphate（三磷酸腺苷）。

attention　注意　选择性地将脑力分配给感觉刺激的状态。

attention-deficit hyperactivity disorder (ADHD)　注意缺陷多动症　一种以注意力不集中、多动和易冲动为特征的行为状态。

attenuation reflex　减弱反射　由中耳肌肉的收缩所引起的听觉敏感度下降。

audition　听觉　听感觉。

auditory canal　耳道　从耳廓到鼓膜的管道；内耳的入口。

auditory-vestibular nerve　听－前庭神经　第Ⅷ对脑神经，由螺旋神经节投射至耳蜗神经核的轴突构成。

autonomic ganglia　自主神经节　自主神经系统的交感部和副交感部的外周神经节。

autonomic nervous system (ANS)　自主神经系统　支配内脏器官、心血管系统和腺体的中枢和外周神经系统，也被称为外周内脏神经系统。自主神经系统由交感神经部、副交感神经部和肠神经部构成。

autoradiography　放射自显影　一种显示组织切片中放射活性发射位点的方法。

autoreceptor　自身受体　一种存在于突触前轴突末梢膜上的受体，该受体对轴突末梢本身释放的神经递质敏感。

axial muscle　体轴肌　控制机体躯干运动的肌肉。

axon　轴突　传导神经冲动或动作电位的特化神经突起，一般是以离开细胞体的方向走行。

axon collateral　轴突侧支　轴突的分支。

axon hillock　轴丘　轴突与胞体相接处的隆起。

axon terminal　轴突终末　轴突的末梢区域，通常是与另一个细胞发生突触连接的部位，也被称为末梢终扣或突触前末梢。

axoplasmic transport　轴浆转运　神经细胞沿轴突转运物质的过程。

ballism　投掷症　底丘脑损伤引起的运动失调，以剧烈的肢体末端投掷样运动为特征。

barbiturate　巴比妥　一种具有镇静、一般性麻醉和抗惊厥效应的药物；巴比妥类药物能够通过与GABA$_A$受体相结合，延长该受体的抑制效应而发挥其作用。

basal forebrain complex　基底前脑复合体　端脑几个胆碱能核团的总称，包括内侧隔核和迈内特基底核（basal nucleus of Meynert）。

basal ganglia　基底神经节　基底前脑的几个彼此相互联系细胞群的总称，包括尾核、壳核、苍白球和底丘脑核。

basal telencephalon　基底端脑　位于大脑半球深部的端脑区。

basic emotion　基本情绪　一小组情绪现象，这组情绪被认为是独特且不可分割的，固有的和跨文化普遍存在的体验。

basic theories of emotion　基本情绪学说　基于有一小组情绪是天生的和跨文化存在的原则，从而对这一组情绪做出的解释。

basilar membrane　基底膜　内耳耳蜗中分隔鼓阶和中间阶的一个膜结构。

BCM theory　BCM理论　一种认为突触传递是双向修饰的理论。当突触前活动与一个强的突触后反应相关联时，突触传递增强；而突触前活动与一个微弱的突触后反应相关联时，突触传递压抑。该理论是Hebb（赫布）突触理论的一个扩展，由布朗大学（Brown University）的Bienenstock、Cooper和Munro共同提出。参见Hebb synapse（赫布突触）和Hebbian modification（赫布修饰）。

benzodiazepine　苯二氮䓬　具有抗焦虑、镇静、松弛肌肉和抗惊厥效应的一类药物；通过与GABAA受体结合而发挥作用，具有延长该受体抑制效应的作用。

binocular competition　双眼竞争　被认为在视觉系统发育期间存在的一个过程，在此过程中来自两个眼球的输入对同一细胞发生竞争性支配。

binocular receptive fields　双眼感受野　对任一眼睛刺激都起反应的神经元的感受野。

binocular rivalry　双眼竞争　当一只眼睛看到的图像和另一只眼睛看到的不同图像交替切换时的视觉感知。

binocular visual field　双眼视野　能够被双眼都看到的视野范围。

bipolar cell　双极细胞　视网膜中连接光感受器和神经节细胞的细胞。

bipolar disorder　双相障碍　一种精神性情绪障碍，表现为间歇性躁狂和抑郁的交替发作，也被称为躁狂-抑郁症（manic-depressive disorder）。

bipolar neuron　双极神经元　具有两个神经突起的神经元。

blob　斑块　主要分布在初级视皮层第Ⅱ和第Ⅲ层的一群细胞，这些细胞含有高水平的细胞色素氧化酶。

blob channel　斑块通路　经由外侧膝状体小细胞层和颗粒状细胞层，并汇聚到纹状皮层第Ⅲ层斑块的视觉信息加工通道；被认为与颜色信息的处理有关。

blood–brain barrier　血-脑屏障　特化的脑毛细血管壁，可以限制血源性的物质进入脑的细胞外液。

bottom-up attention　自下而上的注意　注意力反射性地指向一个显著的外部刺激；又称外源性注意（exogenous attention）。

brain　脑　中枢神经系统的一个部分，位于颅骨内，由大脑、小脑、脑干和视网膜组成。

brain stem　脑干　间脑、中脑、脑桥和延髓（有些解剖学家将间脑排除在外）。

Broca's aphasia　Broca失语症（布罗卡失语症）　一种语言障碍，表现为谈吐困难或无法重复语词，但患者的语言理解能力正常；也称为运动性失语（motor aphasia）或非流畅性失语（nonfluent aphasia）。

Broca's area　Broca区（布罗卡区）　额叶的一个区域，损伤后出现Broca失语症（运动性失语症）。

bulimia nervosa　神经性贪食症　一种精神性疾患，表现为大量和无节制的狂饮暴食，并跟随补偿性行为，如强迫性呕吐。

bundle　束　并行的一束神经轴突，但可以有不同的起源和投射靶区。

CA1　CA1区　海马阿蒙角（Ammon horn）的一个区域，该区域接受海马CA3区神经元的输入。

CA3　CA3区　海马阿蒙角（Ammon horn）的一个区域，该区域接受齿状回神经元的输入。

calcium-calmodulin-dependent protein kinase (CaMK)　钙/钙调素依赖性蛋白激酶　一种由细胞内钙离子浓度升高所激活的蛋白激酶。

calcium pump　钙泵　能够移除细胞浆中Ca^{2+}的离子泵。

CAM　见cell-adhesion molecule（细胞黏合分子）。

cAMP　见cyclic adenosine monophosphate（环磷酸腺苷）。

Cannon-Bard theory of emotuion　坎农-巴德情绪学说　关于情绪的一种理论，认为情绪体验独立于情绪表达，并由丘脑的激活模式决定。

capsule　内囊　联系大脑和脑干的一组轴突。

cardiac muscle　心肌　一种类型的横纹肌，仅存在于心脏中；即便在没有神经支配的情况下，它也节律性地收缩。

catabolism　分解代谢　复杂的营养物质分子被分解为简单的小分子过程，也被称为catabolic metabolism。参见anabolism（合成代谢）。

catecholamines　儿茶酚胺类物质　神经递质多巴胺、去甲肾上腺素和肾上腺素。

cation　阳离子　带正电的离子。参见anion（阴离子）。

caudal　尾侧的　解剖学上的方位参考面，朝向尾巴或后面的方向。

caudate nucleus　尾核　基底前脑中基底神经节的一个组成部分，参与运动控制。

CCK　见cholecystokinin（缩胆囊素）。

cell–adhesion molecule (CAM)　**细胞黏合分子**　一种存在于细胞表面的，可以导致细胞与细胞相互粘连在一起的分子。

cell assembly　**细胞集群**　同时被激活的一组神经元，这些神经元将外部事物的表征存储于记忆之中。

cell body　**细胞体**　神经元的中央部分，包含了细胞核；也称为神经细胞的胞体（soma）或核周体（perikaryon）。

center-surround receptive fields　**中心–周边感受野**　由一个圆形的中心区和一个围绕着中心区的环形外周区构成的视觉感受野；刺激中心区所引起的反应与刺激外周区所引起的反应相反。

central nervous system (CNS)　**中枢神经系统**　脑（包括视网膜）和脊椎。参见 peripgeral nervous system（外周神经系统）。

central pattern generator　**中枢模式发生器**　引起节律性运动活动的神经环路。

central sulcus　**中央沟**　将大脑额叶和顶叶区分开的沟。

cerebellar cortex　**小脑皮层**　紧挨小脑表面软脑脊膜下的一层灰质。

cerebellar granule cell　**小脑颗粒细胞**　小脑皮层中的一种神经元，它接受苔状纤维的输入，并发出平行纤维支配浦肯野细胞。颗粒细胞与浦肯野细胞之间突触的可塑性被认为对运动学习是重要的。

cerebellar hemispheres　**小脑半球**　小脑的外侧部。

cerebellum　**小脑**　分化自后脑的一个结构，在脑桥处贴附于脑干，是一个重要的运动控制中枢。

cerebral aqueduct　**脑导水管**　位于中脑的一个充满了脑脊液的导管。

cerebral cortex　**大脑皮层**　位于大脑表面下方的灰质层。

cerebral hemispheres　**大脑半球**　大脑的两个部分，分化自一对端脑脑泡。

cerebrospinal fluid (CSF)　**脑脊液**　存在于中枢神经系统中的液体，由脉络丛产生，从脑室系统流向蛛网膜下腔。

cerebrum　**大脑**　前脑最大的部分，也称为端脑（telencephalon）。

cGMP　见 cyclic guanosine monophosphate（环磷酸鸟苷）。

channelopathy　**离子通道病**　一种人类的遗传疾病，由离子通道的结构和功能变化所引起。

channelrhodopsin-2 (ChR2)　**通道型视紫红质 -2**　一种光敏感的阳离子通道，最初从绿藻中分离出来，可以在神经元上表达，并可通过对其的光照来控制神经元的活动。

characteristic frequency　**特征频率**　能够引起听觉系统一个神经元产生最大反应的声音频率。

chemical synapse　**化学突触**　一种突触形式。在这种突触，突触前活动可引起神经递质的释放，而释放的神经递质可激活突触后膜上的受体。

chemoaffinity hypothesis　**化学亲合性假说**　在发育轴突上的化学标记物与其靶区的化学标记互补匹配的假说。

chemoattractant　**化学引诱物**　一种可扩散分子，可在一定的距离里发挥吸引轴突定向生长的作用。

chemoreceptor　**化学感受器**　选择化学物质为激活物的感觉感受器。

chemorepellent　**化学排斥物**　一种可扩散分子，可在一定的距离里发挥抵制轴突定向生长的作用。

cholecystokinin (CCK)　**缩胆囊素**　在中枢和外周神经系统某些神经元中，以及上消化道内皮细胞中发现的一种肽；是一种抑制进食行为的饱信号，其作用机制部分是通过对胃扩张起反应的迷走神经轴突实现。

cholinergic　**胆碱能的**　用于描述产生和释放乙酰胆碱的神经元或突触。

chromosome　**染色体**　细胞核中的一个结构，包含一条脱氧核糖核酸（DNA）。

ciliary muscle　**睫状肌**　控制眼球晶状体形状的肌肉。

circadian rhythm　**昼夜节律、日节律**　任何一种以天为周期的节律。

classical conditioning　**经典条件反射**　一种将两个刺激联系起来的学习过程。在这两个刺激中，一个刺激能够引起一个可测量的反应，而另一个刺激在正常情况下不能引起可测量反应。

climbing fiber　**爬行纤维**　下橄榄神经元的轴突，支配小脑的浦肯野细胞。爬行纤维的活动是长时程压抑（LTD）的重要触发因子，而 LTD 是一种突触可塑性形式，被认为对于运动学习过程是重要的。

clock gene　**时钟基因**　一种与昼夜节律的分子机制密切相关的基因；该基因被翻译成调节它自身转录的蛋白质，它的表达在大约 24 小时的昼夜周期中的升高和降低。

CNS　见 central nervous system（中枢神经系统）。

cochlea　**耳蜗**　内耳中呈螺旋状的骨质结构，其中含有转导声音刺激的毛细胞。

cochlear amplifier　**耳蜗放大器**　外毛细胞，包括外毛细胞上的马达蛋白（motor protein），负责放大耳蜗基底膜的位移信号。

cochlear nucleus　**耳蜗神经核**　参见 dorsal cochlear nucleus（背侧耳蜗神经核）和 ventral cochlear nucleus（腹侧耳蜗神经核）。

cognitive map theory　**认知地图理论**　一种认为海马被特化成用来形成周围环境的空间图像的理论。

color–opponent cell　**颜色对立细胞**　视觉系统中的一种细胞，其对某一波长的色光产生兴奋性反应，而对另一波长的色光产生抑制性反应；如红-绿和蓝-黄是可以相互抵消的颜色对。

commissure　**连合**　联系左右两侧大脑的轴突束。

complex cell　**复杂细胞**　一种视皮层神经元，这种神经元的感受野具有方向选择性，但没有明确的"开"和"关"亚区。

concentration gradient　**浓度梯度**　两个不同区域之间的浓度差异。跨神经元膜的离子浓度梯度有助于决定神经元的膜电位。

conduction　见 electrical conductance（电导）。

conduction aphasia　**传导性失语**　一种与弓状束损伤有关的失

语症，患者表现出良好的语言理解能力和表达能力，但复述语词困难。

cone photoreceptor　视锥光感受器　视网膜中的一种光感受器，含有三种感光色素中的一种，从而对某一波长的光具有最大的敏感性。视锥细胞集中于视网膜的中央凹，特化为昼视觉，负责色觉感受。参见 photoreceptor（视杆光感受器）。

conjunctiva　结膜　从眼睑折叠回来并附着在眼睛巩膜上的膜。

connectome　连接组　神经元与神经元之间如何通过突触相互连接在一起的详细线路图。

consciousness　意识　对外部刺激，以及内部思想和感觉的察觉。

contralateral　对侧的　解剖学上的方位参考面，在中线的另一侧方向。

cooperativity　协同性　长时程增强的一种特性，即需要许多输入在同一时间内激活才能诱发一个长时程增强。参见 long-term potentiation（长时程增强）。

cornea　角膜　眼球的透明外表面。

coronal plane　冠状面　将神经系统分为前、后两个部分的解剖平面。

corpus callosum　胼胝体　由许多轴突构成的，联系两侧大脑半球皮层的巨大脑联合纤维。

cortex　皮层　位于大脑表面的神经元层。

cortical module　皮层模块　位于大脑皮层上的一种功能单元，这种单元对于分析感觉表面中的一个点是必要的和充分的。

cortical plate　皮层板　一层尚不成熟的大脑皮层细胞层，含有尚未分化的神经元。

cortical white matter　皮层白质　位于大脑皮层下的轴突集合。

corticospinal tract　皮层脊髓束　起自新皮层，终止于脊髓的纤维束，参与随意运动的控制。

corticotropin–releasing hormone (CRH)　促肾上腺皮质激素释放激素　下丘脑室旁核神经元释放的一种激素，刺激垂体前叶释放促肾上腺皮质激素。

cortisol　皮质醇　肾上腺皮质释放的一种类固醇激素，可以动员能源储备、抑制免疫系统并可直接作用于某些中枢系统神经元。

co-transmitters　共存递质　从同一突触前神经末梢释放出来的一种或多种不同神经递质中的一种。

cranial nerves　脑神经　起自脑干两侧的十二对神经，由前到后编号。脑神经 I 实际上是嗅束，脑神经 II 为视神经；二者均属于中枢神经系统。脑神经 III…XII 属于外周神经系统，行使多种功能。

CRH　见 corticotropin-releasing hormone（促肾上腺皮质激素释放激素）。

critical period　关键期　脑的某一个部位在其发育过程中对外环境变化特别敏感的一段时期。

CSF　见 cerebrospinal fluid（脑脊液）。

cyclic adenosine monophosphate (cAMP)　环磷酸腺苷　一种第二信使物质，由三磷酸腺苷在腺苷酸环化酶的作用下形成。

cyclic AMP response element binding protein (CREB)　环磷酸腺苷反应元件结合蛋白　一种蛋白质，结合在 DNA（cAMP 反应元件）的特定部位，从而具有调节基因转录的功能；是一种蛋白质合成依赖性的记忆巩固的关键调节因子。

cyclic guanosine monophosphate (cGMP)　环磷酸鸟苷　一种第二信使物质，由三磷酸鸟苷在鸟苷酸环化酶的作用下生成。

cytoarchitectural map　细胞构筑图　基于细胞构筑差异所绘制的图，通常指的是大脑皮层的细胞构筑图。

cytoarchitecture　细胞构筑　脑内不同部分神经元胞体的排列分布。

cytochrome oxidase　细胞色素氧化酶　集中在初级视皮层中形成斑块的细胞内的线粒体酶。

cytoplasm　细胞质　被细胞膜包裹的内涵物，包括所有的细胞器，但不包括细胞核。

cytoskeleton　细胞骨架　细胞内部的支架结构，由微管、神经丝和微丝等构成，从而赋予细胞以特定的形状。

cytosol　细胞质溶胶　细胞内的水样液体。

DA　见 dopamine（多巴胺）。

DAG　见 diacylglycerol（二酰甘油；又称甘油二酯，diglyceride）。

Dale's principle　戴尔原则　一个神经元只含有一种神经递质的观点。

dark adaptation　暗适应　视网膜在暗光条件下对微弱光线逐渐变得敏感的过程。

dark current　暗电流　暗光条件下出现在光感受器上的内向钠电流。

declarative memory　陈述性记忆　有关事实和事件的记忆。

default mode network　默认模式网络　一组相互连接的脑区，这些脑区在脑处于静息状态时比它们在执行主动行为任务时始终更为活跃。

delayed non-match to sample (DNMS) task　延迟型非匹配样本任务　一种行为任务，要求动物置换两个物体中一个，而这个物体与其先前看到的样本物体不相匹配。

dendrite　树突　专门接受来自其他神经元输入的神经突起。

dendritic spine　树突棘　神经元树突上突起的一些小膜囊，接受突触输入。

dendritic tree　树突树　一个神经元上所有的树突。

dense-core vesicle　见 secretory granule（分泌颗粒）。

dentate gyrus　齿状回　海马区的一层神经元层，接受内嗅皮层的输入。

deoxyribonucleic acid　见 DNA（脱氧核糖核酸）。

depolarization　去极化　膜电位的变化，即膜电位从静息状态时的值（如 -65 mV）变化到一个负值比较小的电位水平上（如 0 mV）。

dermatome　皮节　由同一个脊髓节段两侧发出的一对背根所支配一段皮肤区域。

diacylglycerol (DAG)　二酰甘油　一种第二信使分子，由磷脂酶C作用于膜磷脂上的磷脂酰肌醇-4,5-二磷酸生成。DAG可激活蛋白激酶C。

diathesis-stress hypothesis of affective disorders　情感障碍的素质－应激假说　认为抑郁是由遗传性素质和环境压力的共同作用所引起的假说。

diencephalons　间脑　发育自前脑（prosencephalon或forebrain）的一个脑干区域，包括丘脑和下丘脑。

differentiation　分化　胚胎发育的一个阶段，在该阶段中各个脑结构变得更加复杂和功能特化。

diffuse modulatory system　弥散性调制系统　中枢神经系统神经元的几个系统之一，这些系统中的神经元弥散性地投射到脑的广泛区域，并且使用调制性的神经递质（包括多巴胺、去甲肾上腺素、5-羟色胺和乙酰胆碱）。

diffusion　扩散　物质分子温度依赖性地由高浓度区向低浓度区的移动，从而实现一个均衡分布的状态。

dimensional theories of emotion　维度情绪学说　解释情绪的一种学说，认为每一种情绪都是在一些情绪成分的基础上建立的，例如情绪的激起和强度。

diopter　屈光度　眼折光能力的度量单位，为焦距的倒数。

direction selectivity　方向选择性　视觉系统中一些细胞的一种特性，即这些细胞仅对在有限范围内的方向移动刺激做出反应。

distal muscle　远端肌　控制手、足、手指和足趾运动的肌肉。

distributed memory　分布式记忆　关于记忆的一种观点，认为记忆是由许多神经元的广泛性突触修饰所编码的，而不是由单个突触或细胞编码的。

DNA (deoxyribonucleic acid)　脱氧核糖核酸　由四种核酸构成的双链分子，包含着对一个细胞的遗传指令。

DNMS task　见delayed non-match to sample (DNMS) task（延迟型非匹配样本任务）。

dopa　多巴　多巴胺及其他儿茶酚胺类物质的化学前体。

dopamine (DA)　多巴胺　一种儿茶酚胺类神经递质，由多巴合成。

dopamine hypothesis of schizophrenia　精神分裂症的多巴胺假说　一种假说，认为精神分裂症是由中脑-皮层-边缘多巴胺系统D_2受体的过度激活所引起的。

dorsal　背侧的　解剖学上的方位参考面，朝向背面的方向。

dorsal cochlear nucleus　背侧耳蜗神经核　延髓中的一个核团，接受来自内耳耳蜗螺旋神经节的传入。

dorsal column　背柱　脊髓背侧的白质纤维束，含有传递触觉和本体感觉信息至脑干的轴突。

dorsal column-medial lemniscal pathway　背柱-内侧丘系通路　一条介导触觉、压觉、振动觉和肢体本体感觉的上行躯体感觉通路。

dorsal column nucleus　背柱核　位于延髓后部的一对核团，是背柱轴突的靶核团，介导来自肢体和躯干的触觉和本体感觉的输入。

dorsal horn　背角　含神经元胞体的脊髓背侧区。

dorsal longitudinal fasciculus　背侧纵束　双向交互连接下丘脑和中脑导水管周围灰质的轴突束。

dorsal root　背根　汇合了脊神经中感觉神经元轴突的纤维束，位于脊髓的背侧，将信息传导进入脊髓。参见腹根（ventral root）。

dorsal root ganglion　背根神经节　感觉神经元胞体的集合，属于躯体外周神经系统的一个部分。每一个背根神经节对应于一根脊神经。

duplex theory of sound localization　声音定位的双重理论　关于声音定位有两套机制的一种理论，即声音的定位在低频时是由双耳时间延迟所决定的，而在高频时则由双耳间的强度差异所决定的。

dura mater　硬脑脊膜　包裹中枢神经系统外表面三层膜中的最外面一层膜。

dyslexia　阅读障碍　尽管患者智力正常，也接受了正规训练，但在学习阅读上却依然存在困难。

easy problems of consciousness　意识的简单问题　指的是可以用科学方法所研究的一些与意识有关的现象，而不是指意识经验的神经基础这类困难的问题。

EEG　见electrocephalogram（脑电图）。

efferent　传出　起源于某一结构，并离开该结构的神经轴突。参见afferent（传入）。

electrical conductance　电导　电荷从一个点向另一个点移动的相对能力，符号为g，单位为西门子（S）。电导是电阻的倒数，与欧姆定律中的电流和电压相关。

electrical current　电流　电荷移动的速率，符号为I，单位为安培（A）。

electrical potential　电位　作用于带电粒子的驱动力，符号为V，单位为伏特（V）；也称为电压或电位差。

electrical resistance　电阻　阻遏电荷移动的能力，符号为R，单位为欧姆（Ω）。电阻是电导的倒数，与欧姆定律中的电流和电压相关。

electrical self-stimulation　自我电刺激　动物主动地对自己的某一脑区施加电刺激。

electrical synapse　电突触　一种突触，在这种突触上电流可以通过缝隙连接直接地从一个细胞流向另一个细胞。

electroconvulsive therapy (ECT)　电休克疗法　一种治疗重性抑郁症的方法，但这种治疗方法可能会引起脑的发作性放电。

electroencephalogram (EEG)　脑电图　一种从头皮上记录脑活动的测量方法。

endocannabinoid　内源性大麻素　一种天然的（内源性的）化

学物质，可与大麻素受体结合，并激活该受体。

endocochlear potential　耳蜗内电位　存在于内淋巴和外淋巴之间的电位差，大约80 mV。

endocytosis　入胞作用、胞吞作用　一小片细胞膜陷裂、内化、转化为细胞内囊泡的过程。参见exocytosis（出胞作用、胞吐作用）。

endogenous attention　内源性注意　为了达到某个行为目标，由脑发起的以自主意志为指向的注意；也称为top-down attention（自上而下的注意）。

endolymph　内淋巴　充盈在内耳耳蜗蜗管内的液体，含高浓度的K^+和低浓度的Na^+。

endorphin　内啡肽　一种内源性阿片肽，作用类似于吗啡，存在于许多脑结构中，特别是那些与痛觉相关的脑结构中。

engram　记忆痕迹　记忆的物理表征或记忆所在的部位，也称为memory trace。

enteric division　肠神经部　自主神经系统支配消化器官的部分，由肌间神经丛和黏膜下神经丛组成。

entorhinal cortex　内嗅皮层　位于嗅脑沟内侧壁的内侧颞叶皮层区，向海马提供输入信息。

ependymal cell　室管膜细胞　构成脑室系统内壁的一类神经胶质细胞。

ephrin　ephrin蛋白　一种由发育中的神经系统神经元分泌的蛋白，可以帮助轴突建立起拓扑性连接。（有人将ephrin译为"肝配蛋白"，该蛋白可与生长中的轴突上的eph受体结合而发挥抑制轴突生长的作用；而eph为erythropoietin-producing hepatomocellular（产生促红细胞生成素的肝细胞的）的缩写——译者注）

epilepsy　癫痫　具反复发作的一种慢性脑疾病。

epinephrine　肾上腺素　一种儿茶酚胺类神经递质，由去甲肾上腺素合成；也称为adrenaline。

EPSP　见excitatory postsynaptic potential（兴奋性突触后电位）。

EPSP summation　EPSP的总和　突触整合的一种简单形式，多个兴奋性突触后电位总和形成一个比较大的突触后去极化。

equilibrium potential　平衡电位　见ionic equilibrium potential（离子的平衡电位）。

estrogens　雌激素　雌性类固醇激素的总称，其中最重要的是雌二醇和孕酮。

estrous cycle　动情周期　大多数非灵长类雌性哺乳动物所具有的生殖周期，表现为周期性的动情或者发情（estrus或者heat）。

Eustachian tube　欧氏管（咽鼓管）　连接中耳和鼻腔的充满空气的管腔。

excitable membrane　可兴奋膜　任何可以产生动作电位的细胞膜。神经细胞轴突的膜和肌细胞的膜均属可兴奋膜。

excitation-contraction coupling　兴奋－收缩耦联　一个肌肉细胞的兴奋导致了其自身收缩的生理过程。

excitatory postsynaptic potential (EPSP)　兴奋性突触后电位　由一次突触性释放的神经递质作用而引起的突触后膜电位的去极化。

exocytosis　出胞作用、胞吐作用　通过细胞内囊泡膜与细胞膜的融合，引起囊泡内物质释放到细胞外空间的过程。参见endocytosis（入胞作用、胞吞作用）。

exogenous attention　外源性注意　注意力由于一个外源性刺激的显著性而反射性地指向于它；又称bottom-up attention（自下而上的注意）。

extension　伸展　沿关节展开方向的运动。

extensor　伸肌　收缩时导致伸展运动的肌肉。

extracellular matrix　细胞外基质　存在于细胞与细胞之间的纤维蛋白网络。

extrafusal fiber　梭外肌纤维　受α运动神经元支配的肌梭外骨骼肌纤维。

extraocular muscle　眼外肌　眼眶内控制眼球运动的肌肉。

falling phase　下降相　动作电位的一部分，即膜电位由正向负的方向迅速下降的一个过程。

fasciculation　成束化、成束现象　轴突发育过程中彼此相黏合，从而一起生长的过程。

fast motor unit　快运动单位　由大α运动神经元支配的运动单位，其肌纤维由收缩速度快和易疲劳的白肌纤维组成。

flexion　屈曲　沿关节收拢方向的运动。

flexor　屈肌　收缩时引起屈曲运动的肌肉。

follicle-stimulating hormone (FSH)　卵泡刺激素　垂体前叶分泌的一种激素，具有促进卵巢内卵泡生长和睾丸内精子成熟等多种作用。

forebrain　前脑　由胚胎期嘴端初级脑泡分化出来的脑区，包括端脑和间脑；也被称为prosencephalon（意亦为"前脑"，是发育生物学和胚胎学的术语——译者注）。

fornix　穹隆　起自海马区的一束轴突，环绕丘脑并终止于间脑。

fourth ventricle　第四脑室　后脑中充盈有脑脊液的一个腔隙。

fovea　中央凹　视网膜黄斑区中央的一个凹陷；在人类，中央凹只含视锥感受器，具有很高的视觉敏感度。

frequency　频率　每秒钟内声波的个数或其他不连续事件的次数，用赫兹（Hz）表示。

frontal eye field (FEF)　额叶眼区　额叶的一个皮层区，参与快速眼球运动的产生。

frontal lobe　额叶　大脑的一个区域，位于额骨下方，中央沟前面。

frontoparietal attention network　额顶叶注意网络　一组相互连接的脑区域，参与引导视觉注意。

FSH　见follicle-stimulating hormone（卵泡刺激素）。

GABA　见gamma-aminobutyric acid（γ-氨基丁酸）。

GABAergic　γ-氨基丁酸能的　用以描述能够产生和释放γ-氨基丁酸的神经元或者突触的一个术语。

gamma-aminobutyric acid (GABA)　γ-氨基丁酸　由谷氨酸合成的一种氨基酸，是中枢神经系统内主要的抑制性神经递质。

gamma motor neuron　γ运动神经元　支配梭内肌纤维的运动神经元。

ganglion　神经节　外周神经系统神经元的集合。

ganglion cell　（视）神经节细胞　视网膜中的一种细胞，接受双极细胞的输入并发出轴突进入视神经。（即retinal ganglion cell（视神经节细胞），本书在论及该细胞时将其称为ganglion cell——译者注）

ganglion cell layer　（视）神经节细胞层　视网膜的一层，紧邻眼球中央部，其中含有视神经节细胞。（参见ganglion cell的译者注——译者注）

gap junction　缝隙连接　一种特化的细胞连接，细胞间狭窄的间隙由一些跨越两个细胞的蛋白质孔道（connexons，连接子）所连接，离子可以通过这些孔道直接地从一个细胞到另一个细胞。

gating　门控　许多离子通道对某一特定信号做出"开"或"关"反应的性质，特定信号如膜电压或神经递质。

gender identity　性别认同　一个人对自己性别（男或女）的感知。

gene　基因　遗传的基本单位；一段DNA序列，该序列可编码一个多肽或者蛋白质。

gene expression　基因表达　将遗传信息转录为信使RNA的过程；基因是一个DNA片断，该片断承载了合成一个特定蛋白的指令。

generalized seizure　全面性发作　遍布整个大脑半球的病理性强烈的、同步化的神经活动。参见partial seizure（部分发作）。

genetic engineering　基因工程　通过插入或者删除DNA来操纵有机体基因组的方法。

genetic sex　遗传的性别　完全基于基因型决定的动物或者人的性别。

genome　基因组　一种有机体的遗传物质总含量。

genotype　基因型　动物或者人的基因组成。

ghrelin　促生长激素释放素　一种由胃细胞分泌的肽，可通过激活下丘脑中的促食欲能神经元刺激食欲。

glial cell　神经胶质细胞　神经系统中的支持细胞，有四种类型：星形胶质细胞、少突胶质细胞、施万细胞和小胶质细胞。星形胶质细胞调节脑的细胞外环境，少突胶质细胞和施万细胞提供髓鞘，小胶质细胞清除碎片。

globus pallidus　苍白球　基底前脑中基底神经节的一个部分，由外侧部（external segments，GPe）和内侧部（internal segment，GPi）组成，参与运动控制。

glomeruli　小球　嗅球中的一簇神经元，接受来自嗅觉感受器神经元的传入。

glucocorticoid receptor　糖皮质激素受体　可被肾上腺释放的皮质醇激活的一种受体。

glutamate (Glu)　谷氨酸　一种氨基酸，是中枢神经系统主要的兴奋性神经递质。

glutamate hypothesis of schizophrenia　精神分裂症的谷氨酸假说　认为精神分裂症是由于脑内NMDA（N-methyl-D-asparate）受体激活程度降低所致的一种假说。

glutamatergic　谷氨酸能的　描述可以合成和释放谷氨酸的神经元或突触的术语。

glycine (Gly)　甘氨酸　一种氨基酸，是中枢神经系统某些部位的抑制性神经递质。

GnRH　见gonadotropin-releasing hormone（促性腺激素释放激素）。

Goldman equation　戈德曼方程　根据细胞膜两侧的离子浓度及膜对离子的通透性推算膜电位的一个数学公式。

Golgi apparatus　高尔基体　对蛋白质进行分类和化学修饰的细胞器，而蛋白质最终将被运送至细胞的不同部位。

Golgi stain　高尔基染色　一种脑组织染色方法，可以显示神经元及其所有的突起；以该染色法的发现者意大利组织学家Camillo Golgi（卡米洛·高尔基，1843.7—1926.1；参见译者在第2章中对其的注释——译者注）的姓氏命名。

Golgi tendon organ　高尔基腱器官　骨骼肌肌腱内的一种感受肌肉张力的特化结构。

gonadotropin-releasing hormone (GnRH)　促性腺激素释放激素　由下丘脑释放的一种促垂体激素，具有调节垂体前部黄体生成素和卵泡刺激素释放的作用。

gonadotropins　促性腺激素　垂体前叶分泌的激素，具有调节睾丸和卵巢释放雄激素和雌激素的作用。

G-protein　G蛋白　一种被细胞膜包裹的蛋白，被细胞膜受体激活之后可以与三磷酸鸟苷（GTP）结合。激活的G蛋白可以激活或抑制其他的被细胞膜包裹的蛋白。

G-protein-coupled receptor　G蛋白耦联受体　一种膜蛋白，当其与神经递质结合后可激活G蛋白。

gray matter　灰质　描述中枢神经系统中神经元胞体集中部位的一个通用术语。当刚取出来的脑被切开的时候，神经元为灰颜色。参见white matter（白质）。

green fluorescent protein (GFP)　绿色荧光蛋白　一种水母蛋白。通过遗传工程的方法可以使其表达在哺乳动物的神经元上，导致这些神经元在适当波长的光线照射下发出明亮的绿色荧光。

grid cell　网格细胞　内嗅皮层中的一些神经元具有多个位置野，而这些位置野排列成一个六边形的网格。

growth cone　生长锥　一个处于生长中神经突起的特化顶端。

gustation　味觉　对味道的感觉。

gustatory nucleus　味觉核　脑干中接受初级味觉输入的核团。

gyrus　脑回　大脑沟与沟之间的隆起或者膨胀出来的部分。

gyrus的复数形式为gyri。

habituation　习惯化　一种非联合型学习，这种学习的结果将导致动物对重复刺激的行为反应降低。

hair cell　毛细胞　可以将声波转导成膜电位变化的一种听觉细胞，或者是可以将头部运动转导成膜电位变化的一种前庭细胞。

hard problem of consciousness　意识的困难问题　主观意识体验是为何，又如何由一些物质过程而产生的问题。

Hebb synapse　赫布突触　显示出赫布修饰作用（Hebbian modification）的突触。

Hebbian modification　赫布修饰作用　因突触前和突触后神经元的同时激活而引起的突触传递效率增强现象。

helicotrema　蜗孔　内耳耳蜗顶的小孔，连接鼓阶和前庭阶。

hertz (Hz)　赫兹　声音频率的单位，等于每秒钟的周期数。

hindbrain　后脑　由胚胎期初级脑泡后侧发育出来的一个脑区，也称为rhombencephalon（菱脑，发育生物学和胚胎学的术语——译者注），包括小脑、脑桥和延髓。

hippocampus　海马　大脑皮层内侧紧邻嗅皮层的一个区域。人类海马位于颞叶，在学习记忆和下丘脑垂体轴的调节中发挥重要的作用。

histology　组织学　组织结构的微观研究。

homeostasis　稳态　生理过程的平衡功能，可使机体内环境稳定地维持在一狭小的范围内。

horizontal cell　水平细胞　眼视网膜中的一种细胞，它侧向地向外网状层投射神经突起。

horizontal plane　水平面　将神经系统分为背侧和腹侧两个部分的解剖平面。

HPA axis　见hypothalamic-pituitary-adrenal axis（下丘脑-垂体-肾上腺轴）。

Huntington's disease　亨廷顿病　一种渐进的、致命的遗传性疾病，表现为异动症、痴呆和人格障碍，与基底神经节和大脑皮层神经元的严重退化有关。

hyperalgesia　痛觉过敏　痛觉域值降低，对痛刺激的反应增强，或者是由局部损伤引起的自发性疼痛。

hypophysiotropic hormone　促垂体激素　下丘脑小细胞部神经内分泌细胞释放入血中的一些肽类激素（例如：促肾上腺皮质激素释放激素、促性腺激素释放激素），可刺激或抑制垂体前叶激素的分泌。

hypothalamic-pituitary-adrenal (HPA) axis　下丘脑-垂体-肾上腺轴　一个由中枢神经细胞和内分泌细胞构成的系统，可调节肾上腺皮质醇激素的释放，该系统的功能紊乱被认为与焦虑障碍和情感障碍有关。

hypothalamo-pituitary portal circulation　下丘脑-垂体门脉循环　将促垂体激素由下丘脑转运至垂体前叶的血管系统。

hypothalamus　下丘脑　间脑的腹侧部分，参与对自主神经系统和垂体腺的控制。

immunocytochemistry　免疫细胞化学　利用抗体研究细胞内分子定位的解剖学方法。

incus　砧骨　位于中耳，形状像铁砧的听小骨。

induced pluripotent stem cell (iPSC)　诱导性多功能干细胞　具有分化成任何一种类型细胞（包括神经元）潜能的干细胞，这些干细胞是由人体上获得的成熟细胞经化学转化而成的。

inferior colliculus　下丘　中脑的一个核团，所有上行听觉信号经其中转而到达内侧膝状核。

inferior olive　下橄榄[核]　延髓的一个核团，发出爬行纤维输入至小脑皮层。爬行纤维的活动是触发长时程压抑（LTD）的一个重要因素，而LTD是一种突触可塑性现象，被认为对于运动学习是重要的。

inflammation　炎症　组织对有害刺激的自然保护性反应。皮肤炎症的主要症状包括发热、发红、肿胀和疼痛。

inhibitor　抑制剂　阻断正常蛋白质或生化作用过程的药物或毒物。

inhibitory postsynaptic potential (IPSP)　抑制性突触后电位　突触性释放的神经递质作用于突触后膜所引起的膜电位变化，该膜电位变化可以使突触后神经元动作电位发放的可能性减小。

inner ear　内耳　耳蜗和迷路；耳蜗属于听觉系统，迷路属于前庭系统。

inner hair cell　内毛细胞　位于耳蜗轴与柯蒂器之间的听细胞，是将声波转换为电化学信号的初级换能器。

inner nuclear layer　内核层　眼球视网膜多层结构的一层，含有双极细胞、水平细胞和无长突细胞的细胞体。

inner plexiform layer　内网状层　眼球视网膜多层结构的一层，位于神经节细胞层与内核层之间，含有双极细胞、无长突细胞和神经节细胞的神经突起和彼此之间的突触。

innervation　神经支配　为一个细胞或一群细胞提供的突触输入。

inositol-1,4,5-triphosphate (IP3)　肌醇-1,4,5-三磷酸（三磷酸肌醇）　一种第二信使分子，由磷脂酶C作用于磷脂酰肌醇-4,5-二磷酸（一种膜磷脂）而形成。IP_3可促使细胞内钙库释放钙离子。

input specificity　输入特异性　突触可塑性的一种特性。该特性可以确保对一个神经元的一条传入通路进行的刺激所引起的修饰，不会扩散到这个神经元的其他未受到刺激的传入通路上去。

in situ hybridization　原位杂交　在细胞上定位mRNA链的一种方法。

instrumental conditioning　工具式条件反射　将某种反应（如动作）与刺激奖励（如食物）建立起关联的学习过程。

insula　脑岛　存在于颞叶和顶叶之间的外侧裂内的一块大脑皮层，也称为岛叶皮层（insular cortex）。

insulin 胰岛素 由胰腺β细胞释放的一种激素，可通过控制非神经元细胞膜上葡萄糖转运体的表达而调节血糖水平。

intensity 强度 声波的振幅。声音的强度指声波压力差的幅度，它决定了声音响度大小的感知。

internal capsule 内囊 联系端脑和间脑的一大束轴突。

internal resistance 内电阻 电流在电缆或神经突起中沿纵轴方向流动所受到的阻力，符号为r_i。

interneuron 中间神经元 除感觉和运动神经元以外的其他神经元；也可用于描述中枢神经系统中那些轴突不离开它们所属结构的短轴突神经元。

interstitial nuclei of the anterior hypothalamus (INAH) 下丘脑前部间质核 人类下丘脑前部视前区的4个神经元群，其中的几个可能具有性别差异。

intrafusal fiber 梭内肌 肌梭内的一种特化肌纤维，它接受γ运动神经元的运动性神经支配。

intrinsically photosensitive retinal ganglion cell 内在光敏感视神经节细胞 视网膜神经节细胞层中的一种光敏感神经元，可通过视色素中的视黑素（melanopsin）进行光转导。

ion 离子 由于电子和质子数目不等而带有净电荷的原子或分子。

ion channel 离子通道 由跨膜蛋白质组成的孔洞，这种孔洞允许离子从细胞膜的一侧向另一侧跨膜流动。

ion pump 离子泵 一种消耗代谢能而跨膜转运离子的蛋白质。

ion selectivity 离子选择性 离子通道的一种特性，即离子通道选择性地对某些离子具有通透性，而对其他一些离子没有通透性。

ionic driving force 离子驱动力 实际膜电位（V_m）与离子平衡电位（E_{ion}）之间的差值。

ionic equilibrium potential 离子平衡电位 恰好维持离子浓度梯度平衡的电位差，用E_{ion}表示；也称为平衡电位。

IP$_3$ 见 inositol-1,4,5-triphosphate（肌醇-1,4,5-三磷酸，三磷酸肌醇）。

ipsilateral 同侧的 解剖学的参考平面，在中线的同一侧方向。

IPSP 见 inhibitory postsynaptic potential（抑制性突触后电位）。

iris 虹膜 环形含色素的肌肉，可控制眼球瞳孔的大小。

James-Lange theory 詹姆斯-朗厄情绪学说 认为主观情绪经验是机体生理变化结果的一种理论。

kainate receptor 海人藻酸受体 谷氨酸受体的一种亚型，是一种对Na$^+$和K$^+$有通透性的谷氨酸门控离子通道。

Klüver-Bucy syndrome 克吕弗-布西综合征 一组在人类和猴子颞叶切除后表现出来的症候群，包括恐惧和攻击性的降低（垂头丧气的情绪）、用口识而非以目视来鉴别物体的倾向，以及性行为的改变。

knock-in mice （基因）敲入小鼠 一个基因被另一个人工设计成具有不同功能的基因所置换了的小鼠。

knockout mice （基因）敲除小鼠 使用基因工程方法将一个感兴趣的基因沉默或者删除的小鼠。

koniocellular LGN layer 外侧膝状体核颗粒细胞层 外侧膝状体核的一层，恰位于大细胞和小细胞层下方，含有一些非常小的细胞。

Korsakoff's syndrome 科尔萨科夫综合征 慢性酒精中毒引起的神经综合征，以混乱、虚构、冷漠、遗忘等为特征性症状。

language 语言 根据语法规则，利用单词或者手势的组合进行信息交流的系统。

language acquisition 语言习得 人类学习理解语言和学习说话的过程。

lateral 外侧的 解剖学的参考平面，即离开中线的方向。

lateral geniculate nucleus (LGN) 外侧膝状体核 将视网膜信息接转至初级视皮层的一个丘脑核团。

lateral hypothalamic area 下丘脑外侧区 下丘脑中一个边界模糊的区域，被认为参与行为的激起。

lateral hypothalamic syndrome 下丘脑外侧区综合征 与下丘脑外侧区损伤相关联的厌食症。

lateral intraparietal cortex (area LIP) 顶内沟外侧皮层（LIP区） 一个埋藏于顶内沟的皮层区，参与引导眼球的运动；LIP神经元的反应提示该皮层区域参与了工作记忆。

lateral pathway 外侧通路 脊髓外侧柱中参与控制远端肌群随意运动的轴突，这些轴突受皮层的直接控制。

lateral ventricle 侧脑室 两侧大脑半球中充满脑脊液的腔隙。

layer of photoreceptor outer segment 光感受器外段层 远离眼球中央部的视网膜最外层，含光感受器中的光敏色素成分。

learning 学习 获得新知识或新技巧的过程。

lemniscus 丘系 类似一条缎带蜿蜒曲折地通过脑的束路。

length constant 长度常数 用于描述膜电位变化沿具有电缆性质的轴突或树突被动扩散距离的参数，标识符号为λ。长度常数λ为膜去极化水平衰减至最初发生去极化的那个位点膜电位初始值37%时的距离；λ的大小取决于膜阻抗（r_m）与细胞内的内电阻（r_i）之间的比值。

lens 晶状体 眼内位于房水和玻璃体之间的透明结构，它使得眼球可以随景物距离的变化而调整焦距。

leptin 瘦素 脂肪细胞释放的一种蛋白质类激素，该激素向下丘脑弓状核神经元传递信息。

LGN 见 lateral geniculate nucleus（外侧膝状核）。

ligand-binding method 配体结合法 利用受体的放射性配体（激动剂或对抗剂）定位神经递质受体的方法。

light adaptation 明适应 在明亮的光照条件下，视网膜对光的敏感性逐渐降低的过程。

limbic lobe 边缘叶 哺乳动物脑中与脑干毗邻的海马和一些皮层区，Broca（布罗卡）认为是脑的一个独特区域。

limbic system　边缘系统　包括边缘叶和Papez circuit（帕佩兹环）中的一组结构，这些结构在解剖上相互联系，可能参与了情绪、学习和记忆活动。

lipostatic hypothesis　恒脂假说　认为机体脂肪稳态地维持在某一特定水平的假说。

lithium　锂　一种在溶液中呈单价的阳离子，是治疗双相障碍的有效物质。

locus　斑　一群界限分明的细胞群。复数形式为loci。

locus coeruleus　蓝斑核　位于脑桥两侧的一个小核团，其神经元以去甲肾上腺素为神经递质，并广泛地投射到中枢神经系统的各个层次。

long-term depression (LTD)　长时程压抑　由于某种条件刺激引起的突触传递效率长时间降低。

long-term memory　长时程记忆　存储时间持久，且不需要频繁复述的信息。

long-term potentiation (LTP)　长时程增强　由于某种条件刺激引起的突触传递效率长时间增强。

LTD　见long-term depression（长时程压抑）。

LTP　见long-term potentiation（长时程增强）。

luteinizing hormone (LH)　黄体生成素　垂体前叶分泌的激素，其广泛的作用包括：刺激雄性生成睾酮，促进雌性卵泡发育和排卵。

M1　M1　初级运动皮层，即大脑皮层4区。

macula　黄斑、囊斑　（1）对眼睛而言，指视网膜中央的淡黄色斑点，大血管分布较少，含中央凹区。（2）对耳朵而言，指内耳耳石器官的感觉上皮（sensory epithelium），其中的毛细胞感受头部的倾斜和加速运动。（就眼视网膜中心部产生中央视觉的黯淡黄色区域而言，macula的中译为"黄斑"；而就内耳前庭器官的感觉上皮而言，macula的中译为"囊斑"——译者注）

magnetoencephalography (MEG)　脑磁图　脑的电活动的一种测量方法，通过围绕着头皮的一些传感器来检测伴随脑电活动的磁场波动。

magnocellular LGN layer　外侧膝状体核大细胞层　接受来自视网膜M-型神经节细胞突触输入的外侧膝状体核细胞层。

magnocellular neurosecretory cell　大细胞部神经分泌细胞　下丘脑室周核和视上核中的一种大神经元，投射到垂体后叶并分泌缩宫素或者血管加压素入血。

major depression　重性抑郁症　一种长期和严重情绪恶化的情感障碍，包括焦虑、睡眠障碍以及其他生理紊乱等症状。

malleus　锤骨　中耳内与鼓膜相连的听小骨，外形有点像锤子。

mania　躁狂症、躁狂　双极紊乱的一种特征性症状，表现为高涨、扩张和烦躁易怒的情绪。

Marr-Albus theory of motor learning　Marr-Albus运动学习理论　一种小脑运动学习的理论，当平行纤维与爬行纤维的活动重合的时候，平行纤维与浦肯野细胞的突触联系会受到爬行纤维活动的修饰。

mechanoreceptor　机械感受器　选择性地对机械刺激有反应的感受器，例如：内耳毛细胞、各种皮肤感受器，以及骨骼肌的牵张感受器。

medial　内侧的　朝向中线方向的解剖参考面。

medial forebrain bundle　内侧前脑束　通过下丘脑的一个大的纤维传导束，含有来自脑干的多巴胺能、去甲肾上腺素能和5-羟色胺能传出纤维，这些纤维将下丘脑、边缘结构和中脑顶盖区等脑区相互联系起来。

medial geniculate nucleus (MGN)　内侧膝状体核　将所有听觉信息从下丘传递至听皮层的丘脑中继核团。

medial lemniscus　内侧丘系　躯体感觉系统的一条白质束路，由从背柱核到丘脑的轴突组成。

medulla oblongata　延髓　后脑的一个部分，位于脑桥和小脑尾侧；也称medulla。

medullary reticulospinal tract　延髓网状脊髓束　源自延髓网状结构，止于脊髓的束路；参与运动控制。

membrane differentiation　膜分化物　突触间隙两侧的膜内及其邻近区域蛋白质聚集的致密层。

membrane potential　膜电位　跨细胞膜的电压，符号为V_m。

membrane resistance　膜电阻　电流跨细胞膜流动时所受到的阻力，符号为r_m。

memory　记忆　对习得信息的保存。

memory consolidation　记忆巩固　将短时程记忆（持续数小时到数天）转换成长时程记忆（持续数周到数年）的过程。

memory trace　记忆痕迹　记忆的物质表征或者定位；也称engram。

meninges　脑脊膜　包裹在中枢神经系统表面的三层膜：硬脑脊膜、蛛网膜和软脑脊膜。meninges的单数形式为meninx。

menstrual cycle　月经周期　雌性灵长类动物的生育周期。

messenger RNA (mRNA)　信使核糖核酸　四种核酸组成的分子，携带了合成蛋白质的遗传指令，并由细胞核转移至细胞质中。

metabotropic receptor　促代谢型受体　G蛋白耦联受体，主要起刺激细胞内生化反应的作用。

metaplasticity　超可塑性　对突触可塑性规律的活动依赖性修饰。

MGN　见medial geniculate nucleus（内侧膝状体核）。

microelectrode　微电极　用于记录细胞电活动的探针。微电极具有极细的尖端，有金属微电极和玻璃管微电极两种，后者的管腔内需要充灌导电液。

microfilament　微丝　肌动蛋白绞合形成的直径为5 nm的链状多聚体，是细胞骨架的一个组成部分。

microglial cell　小胶质细胞　神经系统中起吞噬作用的一类细胞，清除死亡或濒临死亡的神经元及胶质细胞的残存碎片。

microiontophoresis　微量离子电泳　将极少量药物或神经递质

注射给细胞的一种方法。

microtubule 微管 微管蛋白的聚合体，形成一直径20 nm的直形中空管，是细胞骨架的一个组成部分，在轴浆转运中发挥重要作用。

midbrain 中脑 发育自胚胎期初级中脑泡的脑区，包括顶盖和被盖；也称mesencephalon。

middle ear 中耳 由鼓膜和听小骨共同构成。

midline 中线 将神经系统分成左右两个部分的假想线。

midsagittal plane 正中矢状面 沿中线，并与地面垂直的解剖平面，该平面将神经系统分为左和右两个部分。

miniature postsynaptic potential 小突触后电位 由单个突触囊泡释放的神经递质发挥作用而引起的突触后膜电位变化。

mirror neuron 镜像神经元 大脑皮层的一种神经元，这种神经元在动物执行运动任务时发放动作电位，或者在其看到另一动物执行同样的运动任务时也会发放。

mitochondrion 线粒体 负责细胞呼吸的细胞器。线粒体利用食物氧化所释放的能量合成三磷酸腺苷。

modulation 调制 用于描述神经递质作用方式的一个术语。调制作用不直接诱发突触后电位，而是改变神经元对其他突触引起的兴奋性突触后电位和抑制性突触后电位的反应。

molecular medicine 分子医学 利用遗传信息来开发治疗疾病途径的一种方法。

molecular switch hypothesis 分子开关假说 该假说认为，蛋白激酶可通过自我磷酸化作用而处于被"打开"的状态。在打开状态下，蛋白激酶的激活不再需要特定的第二信使的存在。持续激活的蛋白激酶可以对一段时间强烈的突触激活保持记忆。这一假说最初是由布兰迪斯大学（Brandeis University）的John Lisman提出的。

monoamine hypothesis of affective disorders 情感障碍的单胺类假说 认为抑郁症是由于脑内单胺类神经递质，尤其是5-羟色胺和去甲肾上腺素这两种递质水平的降低所引起的学说。

monocular deprivation 单眼剥夺 剥夺动物正常视觉中一只眼睛视觉的一种实验手段。

monogamy 单配偶 两个体之间形成牢固亲密关系的交配行为，包括排他性的交配或者几乎是排他性的交配。

Morris water maze 莫里斯水迷宫 用于评价空间记忆能力的一种任务。在该任务中，受试的啮齿动物被要求游到水池中一个隐藏在水面下的一个小平台上去。

mossy fiber 苔状纤维 脑桥核神经元发出的支配小脑颗粒细胞的轴突。该术语也用于描述从海马齿状回颗粒细胞发出，并支配CA3区的轴突。

motivated behavior 动机性行为 被激发起来去做一个欲达到特定目的的行为。

motor cortex 运动皮层 直接参与随意运动控制的大脑皮层4区和6区。

motor end-plate 运动终板 神经肌肉接头处的突触后膜。

motor neuron 运动神经元 与肌肉细胞形成突触联系，并引起肌肉收缩的神经元。

motor neuron pool 运动神经元池 支配同一块骨骼肌肌纤维的所有α运动神经元。

motor strip 运动带 描述中央前回4区的一个名称，也称初级运动皮层。

motor system 运动系统 所有骨骼肌和控制骨骼肌的中枢神经系统部分的总称。

motor unit 运动单位 一个α运动神经元及其支配的所有骨骼肌纤维。

mRNA 见messenger RNA（信使RNA）。

M-type ganglion cell M型神经节细胞 视网膜中的一种神经节细胞，具有大的细胞体和大的树突丛，对光产生一过性反应，但对不同波长的光缺乏敏感性；也被称为M细胞。

multiple trace model of consolidation 记忆巩固的多重痕迹模型 一个替代标准记忆巩固模型的模型。该模型认为海马与新皮层一起无限期地参与了记忆的存储，每当一个情景记忆在一个新的环境中被唤起时，就会形成一个额外的记忆痕迹。

multipolar neuron 多极神经元 具有3个或3个以上突起的神经元。

muscarinic ACh receptor 毒蕈碱型ACh受体 一种与G蛋白耦联的乙酰胆碱受体亚型。

muscle fiber 肌纤维 多核的骨骼肌细胞。

muscle spindle 肌梭 骨骼肌内感受肌肉长度的特化结构，通过Ia类轴突向脊髓神经元提供感觉信息；也称为牵张感受器。

myelin 髓鞘 由中枢神经系统中的少突胶质细胞和外周神经系统中的施万细胞（Schwann cell）围绕轴突所提供的膜性包绕或者鞘。

myofibril 肌原纤维 肌纤维内对动作电位起收缩反应的圆柱状结构。

myosin 肌球蛋白 一种存在于所有细胞内的骨架蛋白，也是肌纤维中粗肌丝的主要构成蛋白，它能够通过与肌动蛋白的化学作用而引起肌肉的收缩。

myotatic reflex 肌伸张反射 参见stretch reflex（牵张反射）。

NE 见norepinephrine（去甲肾上腺素）。

neglect syndrome 忽视综合征 一种表现为对部分躯体或部分视野内物体的忽视或者无反应的神经性疾病，通常与大脑后顶叶区的损伤有关。

neocortex 新皮层 仅哺乳动物才有的大脑皮层结构，由六层或六层以上的神经元构成。

Nernst equation 能斯特方程 用于计算离子平衡电位的数学公式。

nerve 神经 外周神经系统中的神经轴突束。

nerve growth factor (NGF) 神经生长因子 一种为自主神经系统交感神经细胞生存必需的神经营养因子（neurotrophin），对中枢神经系统的发育也起重要作用。

netrin　轴突生长导向素　一种轴突生长的导向分子；由发育中的中枢神经系统某些特定部位的细胞所分泌的一种蛋白质，该蛋白质可以作为轴突生长的吸引物或者排斥物而发挥作用，但具体起哪种作用则取决于生长中轴突上所表达的轴突生长导向素受体的类型。

neural correlates of consciousness　意识的神经关联　足以引起一次特定意识感觉的最少的神经元事件。

neural crest　神经嵴　由神经外胚层构成的原始胚胎外周神经系统，当神经管形成时，神经外胚层向外侧挤压。

neural precursor cell　神经前体细胞　在细胞分化之前的一种未成熟的神经元。

neural tube　神经管　由神经外胚层管构成的原始胚胎的中枢神经系统。

neurite　神经突起　由神经元胞体伸出的细管，分为轴突和树突。

neurofilament　神经丝　神经元中发现的一种直径为 10 nm 的中间丝，是神经元细胞骨架的重要组成部分。

neurohormone　神经激素　由神经元释放进入血流的激素。

neuroleptic drug　精神安定药　用于治疗精神分裂症的抗精神病药物（如氯丙嗪和氯氮平），通过阻断多巴胺受体而发挥作用。

neuromuscular junction　神经肌肉接头　脊髓运动神经元轴突与骨骼肌纤维之间的化学突触。

neuron　神经元　神经系统的信息处理细胞，也称为"神经细胞"。大多数神经元利用动作电位远距离地发送信号，而所有的神经元都是通过突触传递相互交流信息。

neuron doctrine　神经元学说　认为神经元是脑的基本功能单位的学说，而神经元之间的信息交流是通过相互之间的接触，而不是彼此的个体连续而实现的。

neuronal membrane　神经元膜　将神经细胞内、外环境分开的约 5 nm 厚的细胞膜，由磷脂双分子层和镶嵌在磷脂双分子层中的蛋白质所构成。神经元膜将各种细胞器和囊泡包围在细胞内部。

neuropharmacology　神经药理学　研究药物对中枢神经系统组织作用的科学。

neurotransmitter　神经递质　突触前成份受到刺激时释放的，并可激活突触后受体的化学物质。

neurotrophin　神经营养因子　神经营养因子相关家族的成员，包括神经生长因子和脑源性神经营养因子。

neurulation　神经胚形成　从神经外胚层到神经管形成的胚胎发育阶段。

NGF　见 nerve growth factor（神经生长因子）。

nicotinic ACh receptor　烟碱型乙酰胆碱受体　分布广泛，尤其是定位在神经肌肉接头处的一类乙酰胆碱门控离子通道。

Nissl stain　尼氏染色　使神经元胞体着色的一种基本染色方法。根据其发现者，德国组织学家 Franz Nissl（1860—1919；弗朗茨·尼斯尔——译者注）的姓氏命名。

nitric oxide (NO)　一氧化氮　由精氨酸产生的气体分子，可作为细胞间信使发挥作用。

NMDA receptor　NMDA受体　谷氨酸受体的一种亚型，是一种允许 Na^+、K^+ 和 Ca^{2+} 通透的谷氨酸门控离子通道。由于在膜电位为负值时 Mg^{2+} 阻塞通道，所以流过 NMDA 受体的内向离子流会表现出电压依赖性。

nociceptors　伤害性感受器　对潜在的伤害性刺激做出选择性反应的感受器，可以诱发痛觉感受。

node of Ranvier　朗飞节　出现在两段相邻髓鞘之间的空隙，轴突在该处与细胞外液相接触。

nonassociative learning　非联合型学习　个体对单一类型刺激重复作用后的行为反应变化；这种类型的学习可以分成习惯化和敏感化两种。

nondeclarative memory　非陈述性记忆　对技巧、习惯、情绪反应以及一些反射的记忆。

nonM-nonP ganglion cell　非M-非P型神经节细胞　依据形状和反应性质分类的一种非 M 型和非 P 型的视神经节细胞。这类细胞有多种类型，其中的一些对光的波长敏感。

non-REM sleep　非快速眼球运动睡眠　睡眠的一个阶段，表现出大而慢的脑电波、少梦和肌张力微弱等特征。参见 rapid eye movement sleep（快速眼球运动睡眠）。

noradrenergic　去甲肾上腺素能的　描述产生和释放去甲肾上腺素的神经元或突触的术语。

norepinephrine (NE)　去甲肾上腺素　一种儿茶酚胺类神经递质、由多巴胺合成；也写做 noradrenaline。

nucleus　细胞核；核团，核　（1）细胞体中大致呈球形的细胞器，内含染色体，被称为细胞核；（2）可明确分辨界限的神经元集群，通常位于大脑深部，被称为核团或简称核。

nucleus of the solitary tract　孤束核　一个接受感觉输入的脑干核团；该核团利用这些感觉信息，并通过到达脑干其他核团、前脑核团和下丘脑的输出而发挥协调自主功能的作用。

obesity　肥胖　一种能量吸收和存储超过能量消耗的正能量平衡状态，这种状态将导致体脂的增加。参见 starvation（消瘦）。

obsessive-compulsive disorder (OCD)　强迫症　一种精神疾病，包括强迫性观念（反复出现的被认为是不适当的、怪诞的或忌讳的侵入性思维、想象、概念或者冲动）和强迫性行为（为减轻与强迫观念相关的焦虑而反复执行的行为或者精神活动）。

occipital lobe　枕叶　位于枕骨下方的大脑区域。

OCD　见 obsessive-compulsive disorder（强迫症）。

ocular dominance column　眼优势柱　优先从一只眼睛接受信息的纹状皮层区。

ocular dominance shift　眼优势转移　视皮层神经元之间相互之间联系的变化，这种变化可使这些神经元对来自一侧眼睛或者对侧眼睛的信息发生更大的反应。

OFF bipolar cells 撤光双极细胞 视网膜中的一种双极细胞，其感受野的中央部对暗刺激（撤光）出现去极化反应。

Ohm's law 欧姆定律 描述电流（I）、电压（V）和电导（g）三者之间关系的公式，即 $I = gV$。由于电导是电阻（R）的倒数，欧姆定律也可以表示为 $V = IR$。

olfaction 嗅觉 对气味的感觉。

olfactory bulb 嗅球 起源于端脑的一个球形脑结构，接受嗅感受器神经元的输入。

olfactory cortex 嗅皮层 与嗅球相联系的大脑皮层区域，由嗅裂将其与新皮层分开。

olfactory epithelium 嗅上皮 排列在部分鼻腔表面的一些单层细胞，包含嗅感受器神经元。

oligodendroglial cell 少突胶质细胞 中枢神经系统中起髓鞘作用的胶质细胞。

ON bipolar cells 给光双极细胞 视网膜中的一种双极细胞，其感受野的中央部对光刺激（给光）出现去极化反应。

opioid receptor 阿片受体 一种膜蛋白，能选择性地与天然的（例如内啡肽）和合成的（例如吗啡）阿片样物质结合。

opioids 阿片类物质 一类药物，包括吗啡、可待因和海洛因，可产生镇痛效应，也可引起心境改变、困倦、精神朦胧、恶心、呕吐和便秘等症状。

optic chiasm 视交叉 左右视神经的交汇处，在该处视神经交汇并部分地呈X形地交叉形成两侧的视束。

optic disk 视盘 视网膜中视神经轴突离开眼的部位。

optic nerve 视神经 离开眼球进入视交叉的视神经节细胞轴突。

optic radiation 视放射 离开外侧膝状核到视皮层的轴突束。

optic tectum 视顶盖 一个主要用于描述非哺乳类脊椎动物上丘的术语。

optic tract 视束 从视交叉延伸至脑干的视网膜神经节细胞轴突，而外侧膝状核和上丘是视束的重要靶核团。

optogenetics 光遗传学 一种控制神经元活动的方法，包括将可表达膜离子通道的外源性基因导入神经元中，而这种离子通道在对光刺激作出反应时会开放。

orexigenic peptide 促食欲肽 刺激进食行为的神经活性肽；例如，神经肽Y（NPY）、刺鼠相关肽（AgRP）、黑素浓集激素（MCH）和促食欲素（orexin）。

organ of Corti 柯蒂器 听觉感受器官，含毛细胞、柯蒂杆和支持细胞。

organelle 细胞器 细胞内由膜包裹的一些结构，例如细胞核、线粒体、内质网和高尔基器。

organizational effect 组织作用 激素对性器官和脑出生前发育的影响能力。

orientation column 方位柱 延伸在视皮层第Ⅱ到Ⅵ层的视皮层神经元柱，对同一方向的刺激有最大反应。

orientation selectivity 方位选择性 视觉系统细胞对有限的方位刺激做出反应的特性。

osmometric thirst 高渗性口渴 由血液的张力增加而引起的饮水动机。

ossicle 听小骨 中耳的三个小骨。

otolith organs 耳石器官 内耳前庭迷路器官的椭圆囊或球囊，感受头部的倾斜和加速运动。

outer ear 外耳 耳廓和外耳道。

outer hair cell 外毛细胞 听觉感受器细胞，比柯蒂杆更远离耳蜗轴。

outer nuclear layer 外核层 含有光感受器细胞体的眼视网膜层。

outer plexiform layer 外网状层 内核层与外核层之间的眼视网膜层，含有光感受器、水平细胞和双极细胞的神经突起和突触。

oval window 卵圆窗 内耳骨性耳蜗的一个孔洞，在此处听小骨的运动被转换成耳蜗内液体的运动。

overshoot 超射 动作电位中膜电位为正电位（超过0 mV）的部分。

oxytocin 缩宫素（催产素） 垂体后叶神经分泌性大细胞释放的一种小肽激素，可刺激子宫收缩和促进乳腺分泌乳汁。

Pacinian corpuscle 帕奇尼小体 皮肤深部的一种机械感受器（即环层小体——译者注），选择性地对高频振动发生反应。

PAG 见 periaqueductal gray matter（导水管周围灰质）。

panic disorder 惊恐障碍 一种精神障碍，其特征是患者反复出现、似乎是无诱因的惊恐发作，并且持续地担心下一次发作。

Papez circuit 帕佩兹环 Papez（帕佩兹）氏提出的一个联系下丘脑和皮层的解剖学环路，其认为该环路是一个情绪系统的环路。

papillae 乳突 舌头表面的小突起，内含味蕾。

parahippocampal cortex 旁海马皮层 位于嗅裂外侧的内侧颞叶皮层区。

parallel fiber 平行纤维 小脑颗粒细胞发出的轴突，支配浦肯野细胞。平行纤维与浦肯野细胞之间突触的可塑性对于运动学习是重要的。

parallel processing 并行处理 认为不同属性的刺激被脑用不同的通路以并行的方式处理的观点。

parasympathetic division 副交感神经部 自主神经系统的一个部分，负责维持正常条件下的心率、呼吸、代谢和消化功能，其外周轴突由脑干和骶髓发出。参见 sympathetic division（交感神经部）。

paraventricular nucleus 室旁核 下丘脑的一个核团，参与自主神经系统的调节，控制垂体前叶促甲状腺激素和促肾上腺皮质激素的分泌。

parietal lobe 顶叶 位于头颅顶骨下方的大脑区域。

Parkinson's disease 帕金森病 黑质损伤引起的一种运动疾病，表现为运动减少、随意运动发起困难和静止性震颤。

partial seizure 部分性发作 存在于脑内相对狭小而局限区域内的、大量神经元的病理性同步化活动。参见 generalized seizure（泛化发作）。

parvocellular LGN layer 外侧膝状体核小细胞层 接受来自视网膜 P- 型神经节细胞突触输入的外侧膝状核细胞层。

parvocellular neurosecretory cell 小细胞部神经分泌细胞 下丘脑室周区和内侧区的小神经元；这些神经元分泌促垂体肽类激素进入下丘脑 - 垂体门脉循环，从而刺激或抑制垂体前叶激素的释放。

patch clamp 膜片钳 可以使研究者在测量膜通道电流的同时，也持续地维持膜片的膜电位恒定的一种实验方法。

pathophysiology 病理生理学 引起一些疾病症状的非正常生理状态。

PDE 见 phosphodiesterase（磷酸二酯酶）。

peptide bond 肽腱 一个氨基酸的氨基与另一个氨基酸的羧基结合形成的共价键。

peptidergic 肽能的 描述合成和释放肽类神经递质的神经元或突触的术语。

perforant path 前穿质通路 内嗅皮层到海马齿状回的轴突通路。该通路的突触可表现出 LTP 和 LTD，而这两种突触可塑性对于记忆的形成是重要的。

periaqueductal gray matter (PAG) 导水管周围灰质 位于中脑中央部，环绕脑导水管周围的区域，其下行通路可抑制致痛信号的传递。

perikaryon 核周体 神经元内含有细胞核的中心部分，也称为胞体（soma）或细胞体（cell body）。

perilymph 外淋巴 充盈在内耳耳蜗前庭阶和鼓阶中的液体，含低浓度的 K^+ 和高浓度的 Na^+。

peripheral nervous system (PNS) 外周神经系统 神经系统除脑和脊髓以外的其他部分，包括所有的脊神经节和脊神经、第 III 到第 XII 对脑神经和自主神经系统。参见 central nervous system（中枢神经系统）。

perirhinal cortex 嗅周皮层 位于嗅沟外侧壁的内侧颞叶皮层区，人类此区的损伤导致严重的顺行性遗忘症。

periventricular zone 室周区 下丘脑最内侧，毗邻第三脑室的区域。

phase locking 锁相 听觉神经元固定地对声波的一个相位产生放电反应的现象。

pheromone 外激素 用于不同个体之间进行化学通信的嗅觉刺激物质。

phoneme 音素 在一种语言中使用的一套不同的声音。

phosphodiesterase (PDE) 磷酸二酯酶 一种分解环核苷酸类第二信使环化一磷酸腺苷（cAMP）和环化一磷酸鸟苷（cGMP）的酶。

phospholipase C (PLC) 磷脂酶C 一种使膜上磷脂类物质磷脂酰肌醇 -4,5- 二磷酸裂解成第二信使二酰甘油（DAG）和三磷酸肌醇（IP_3）的酶。

phospholipid bilayer 磷脂双层 构成细胞膜基本结构的磷脂分子排列。作为膜双层结构核心的脂质构成了对水、水溶性离子和水溶性分子的一个屏障。

phosphorylation 磷酸化 将三磷酸腺苷的磷酸基团（PO_4^{2-}）转移至其他分子的一种生物化学反应。由蛋白激酶引起的磷酸化作用可以改变蛋白质的生物活性。

photoreceptor 光感受器 视网膜中特化的细胞，可以将光能转换成为膜电位的变化。

pia mater 软脑脊膜 包裹在中枢神经系统表面的三层脑膜中最内的一层。

pinna 耳廓 漏斗形的外耳部，由覆盖有皮肤的软骨构成。

pitch 音调 由声音频率决定的声音感知性质。

PKA 见 protein kinase A（蛋白激酶 A）。

PKC 见 protein kinase C（蛋白激酶 C）。

place cell 位置细胞 大鼠海马中的一种神经元，它仅仅在动物处于某一特定的空间位置时才有反应。

planum temporale 颞平面 颞叶上表面的一个区域，左半球颞平面的面积通常大于右半球颞平面的面积。

PLC 见 phospholipase C（磷脂酶 C）。

PNS 见 peripheral nervous system（外周神经系统）。

polyandry 一雌多雄 一个雌性个体与多个雄性个体交配的交配行为。

polygyny 一雄多雌 一个雄性个体与多个雌性个体交配的交配行为。

polypeptide 多肽 以肽腱形式连接在一起的一串氨基酸。

polyribosome 多聚核糖体 胞浆中自由流动的多个核糖体的集合。

pons 脑桥 后脑头端的一个部分，位于小脑和第四脑室的腹侧。

pontine nuclei 脑桥核 将大脑皮层信息接转至小脑皮层的一个神经元群。

pontine reticulospinal tract 脑桥网状脊髓束 起自脑桥网状结构，终止于脊髓的束路，参与运动控制。

population coding 群体编码 通过分布在一大群神经元上的活动来表征感觉、运动或者认知信息的现象。例如，颜色就是以不同类型视锥细胞的相对活动来编码的。

posterior 后侧的 朝向尾部或尾端的解剖方向。

posterior parietal cortex 后顶叶皮层 顶叶的后区，主要包括 Brodmann 氏大脑皮层分区的第 5 区和第 7 区，参与视觉和躯体感觉的整合，以及注意反应。

postganglionic neuron 节后神经元 自主神经系统中的交感部和副交感部的外周神经元，它们的胞体位于自主神经节，轴突终止于外周组织和器官。

postsynaptic density 突触后致密带 突触后膜的特化区域，该区有神经递质的受体。

postsynaptic potential (PSP)　突触后电位　由电突触的突触前作用或者突触性释放的神经递质作用而引起的突触后膜电位变化。

predatory aggression　捕食性攻击　一种通常以获取食物为目的的攻击性行为，动物吼叫少，自主神经系统活动水平低。

prefrontal cortex　前额叶皮层　额叶头端末的皮层区，接受丘脑背内侧核的输入。

preganglionic neuron　节前神经元　自主神经系统中的交感部和副交感部的神经元，它们的胞体位于中枢神经系统（脊髓和脑干），轴突终止于自主神经节的节后神经元，并与节后神经元形成突触联系。

premotor area (PMA)　前运动区　皮层6区的外侧部，参与随意运动的控制。

primary auditory cortex (A1)　初级听皮层　大脑皮层Brodmann氏分区的第41区，位于额叶上表面，也被称为A1区。

primary gustatory cortex　初级味觉皮层　接受腹后内侧核味觉信息输入的新皮层区。

primary motor cortex　初级运动皮层　大脑皮层中央前回Brodmann氏分区的第4区，对这一区域皮层的微弱刺激可以引起某一特定肌肉的收缩，也被称为M1区。

primary sensory neuron　初级感觉神经元　位于体表感受环境信号的特化神经元。

primary somatosensory cortex (S1)　第一躯体感觉皮层　大脑皮层Brodmann氏分区的第3b区，位于中央后回，也被称为S1区。

primary visual cortex　初级视觉皮层　Brodmann氏分区的第17区，位于枕极；也被称为纹状皮层和V1。

priority map　优先级图　一种视觉空间图，显示由刺激的显著特征或认知输入所引导的应该被注意的位置。

procedural memory　程序性记忆　对技巧和行为的记忆。

promoter　启动子　DNA的一个区域，其与RNA聚合酶结合之后可启动基因的转录。

proprioception　本体感觉　利用肌肉、关节和皮肤的感觉信号所形成的躯体位置和运动的感觉。

proprioceptor　本体感受器　位于肌肉、关节和皮肤上的感觉感受器，参与本体感觉的形成。

protein　蛋白质　通过肽键结合在一起的氨基酸聚合物。

protein kinase　蛋白激酶　使蛋白质磷酸化的一类酶，磷酸化反应可以改变蛋白质的构象和生物活性。

protein kinase A (PKA)　蛋白激酶A　由第二信使环化一磷酸腺苷激活的一种蛋白激酶。

protein kinase C (PKC)　蛋白激酶C　由第二信使二酰甘油激活的一种蛋白激酶。

protein phosphatase　蛋白磷酸酶　能够去除蛋白质上磷酸基团的酶。

protein synthesis　蛋白质合成　根据遗传指令在细胞的胞浆中完成的蛋白质分子组装。

proximal (girdle) muscle　近端肌　控制肩或骨盆的肌肉。

psychological constructionist theories of emotion　情绪的心理建构学说　解释情绪的学说，认为每一种情绪都是结合了非情绪性心理成分（诸如机体的感觉和注意）而自然发生的结果。

psychosurgery　精神外科手术　用以治疗精神或者行为疾病的脑外科手术。

P-type ganglion cell　P型神经节细胞　视网膜中一类细胞体小，具有树突分支的神经节细胞，对光有持续的反应，且对不同波长光都敏感；也被称为P cell（P细胞）。

pulvinar nucleus　枕核　丘脑后侧部的一群神经元，这些神经元与大脑皮层各区域有广泛的交互联系。

pupil　瞳孔　可使光线进入眼内而照射到视网膜的孔。

pupillary light reflex　瞳孔对光反射　由视网膜到脑干神经元的输入所引起的一种反射，该反射可以调节虹膜的收缩活动，使瞳孔在强光照射下变小，在微弱光条件下变大。

Purkinje cell　浦肯野细胞　小脑皮层中的一种神经元，它发出轴突投射到小脑深部核团。

putamen　壳核　基底前脑中基底神经节的一个组成部分，参与运动控制。

pyramidal cell　锥体细胞　大脑皮层中的一种神经元，其细胞体呈锥形，并有伸展的树突树。

pyramidal tract　锥体束　沿着腹侧延髓走行的束路，包含皮层脊髓束的轴突。

quantal analysis　量子分析　一种确定正常突触传递过程中有多少囊泡释放神经递质的方法。

radial glial cell　放射状胶质细胞　胚胎期大脑中的一种胶质细胞，从室管膜层向脑表面伸展出突起，不成熟的神经元和胶质细胞则沿着该突起迁移。

raphe nuclei　中缝核　位于中脑至延髓的脑干中线的一群5-羟色胺能神经元，这些神经元弥散地投射到中枢神经系统的各个水平。

rapid eye movement sleep (REM sleep)　快速眼球运动睡眠　睡眠的一个时相，伴有低幅、高频的脑电活动，清晰地做梦，快速眼球运动和肌肉张力松弛等现象。参见non-REM sleep（非快速眼球运动睡眠）。

rate-limiting step　限速步骤　在一系列导致一个化合物产生的生化反应中起到限制化学产物合成速率的步骤。

receptive field　感受野　受到刺激时可以引起神经元膜电位变化的感觉表面（如视网膜，皮肤）某一区域。

receptor　受体，感受器　（1）受体：探测化学信号（如神经递质）并启动细胞反应的特化蛋白质；（2）感受器：探测环境刺激并引起神经反应的特化细胞。

receptor agonist　受体激动剂　能够与受体结合并激活受体的药物。

receptor antagonist　**受体对抗剂**　能够与受体结合并抑制受体功能的药物。

receptor potential　**感受器电位**　由刺激所引起的感受器膜电位变化。

receptor subtype　**受体亚型**　与某一神经递质结合的多种受体中的一种。

reciprocal inhibition　**交互抑制**　某一肌群的收缩，同时伴随有其对抗肌群舒张的一个过程。

recognition memory　**识别记忆**　执行延迟型非匹配样本任务（delayed non-match to sample task）时需要的记忆。

reconsolidation　**（记忆的）再巩固**　取回、修改和存储先前已经巩固了的记忆的过程。

red nucleus　**红核**　中脑中参与运动控制的一群细胞。

referred pain　**牵涉痛**　感知为来自某一个点（但该点却不是痛的真正起源点）的痛。典型的例子是，内脏器官中的伤害性感受器被激活时，感觉到的痛却是来自皮肤或者骨骼肌。

refraction　**折射**　光线在两个不同透明介质间穿行时产生的弯曲。

Reissner's membrane　**赖斯纳膜**　内耳中将前庭阶与中间阶（蜗管）分开的耳蜗膜（即前庭膜，vestibular membrane——译者注）。

relative refractory period　**相对不应期**　动作电位发生后的一个时期，在这个时期里需要更大的去极化电流才能达到阈值。

REM sleep　见 rapid eye movement sleep（快速眼球运动睡眠）。

resistance　见 electrical resistance（电阻）。

resting membrane potential　**静息膜电位**　细胞没有产生动作电位时所保持的膜电位或膜电压，也称为静息电位。神经元的静息膜电位通常为 -65 mV。

resting state activity　**静息态活动**　在安静和平静的清醒状态下的脑活动。

reticular formation　**网状结构**　脑干的一个区域，位于脑导水管和第四脑室腹侧；具有许多功能，其中包括对姿势和节律性行走运动的控制。

retina　**视网膜**　位于眼球后部的一薄层细胞，起到将光能转换为神经活动的作用。

retinofugal projection　**离视网膜投射**　将视觉信息从眼睛传出的神经通路。

retinotectal projection　**视网膜–顶盖投射**　将视觉信息从视网膜传送至上丘的神经通路。

retinotopy　**视拓扑**　视觉通路拓扑定位的一种组构方式，即相邻的视网膜细胞向它们目标结构中相邻的细胞传送视觉信息的一种组构方式（即视觉定位——译者注）。

retrograde amnesia　**逆行性遗忘[症]**　对脑疾病或脑损伤发生之前一些事件记忆的遗忘。

retrograde messenger　**逆行信使**　将信息由突触后侧传递至突触前侧的化学信使物质。

retrograde transport　**逆向转运**　从轴突末梢向胞体的轴浆转运。

rhodopsin　**视紫红质**　视杆光感受器中的感光色素。

ribosome　**核糖体**　根据信使RNA携带的指令，将氨基酸装配成新蛋白质的细胞器。

rising phase　**上升相**　动作电位的第一个部分，表现为细胞膜的快速去极化。

RNA splicing　**RNA剪接**　将内含子（即最初RNA转录本中不用于编码蛋白质的区域）移除的过程。

rod photoreceptor　**视杆光感受器**　视网膜中含视紫红质的光感受器，特化为对弱光敏感。参见 cone photoreceptor（视锥光感受器）。

rostral　**头侧的**　朝向鼻端或前部的解剖学参考方向。

rough endoplasmic reticulum (rough ER)　**粗面内质网（粗面ER）**　外表面吸附有核糖体的膜包被细胞器，能合成嵌入细胞膜中或包裹到细胞里的蛋白质。

round window　**圆窗**　内耳骨质耳蜗上连通耳蜗鼓阶的膜性小孔。

rubrospinal tract　**红核脊髓束**　起自红核止于脊髓的束路，参与运动控制。

S1　见 primary somatosensory cortex（初级躯体感觉皮层）。

sagittal plane　**矢状面**　与正中矢状切面平行的解剖平面。

salience map　**显著特征图**　一种突出显示显眼物体位置的视觉空间图。

saltatory conduction　**跳跃式传导**　动作电位沿有髓鞘神经轴突传播的方式。

sarcolemma　**肌膜**　骨骼肌纤维的外层细胞膜。

sarcomere　**肌小节**　肌原纤维Z线与Z线之间的收缩单元，包含粗肌丝和细肌丝，两种肌丝之间的相对移动引起肌肉收缩。

sarcoplasmic reticulum (SR)　**肌质网**　肌纤维内贮存钙离子的一种细胞器，当T管受到动作电位刺激时，它将 Ca^{2+} 释放到肌浆中。

satiety signal　**饱信号**　不引起疾病的减弱进食驱动力的因素，例如胃的扩张和由进食引起的消化道细胞释放的缩胆囊素。

Schaffer collateral　**谢弗侧支**　海马CA3区神经元发出的支配CA1区神经元的轴突。谢弗侧支突触可表现出LTP和LTD两种形式的突触可塑性，而这两种突触可塑性对于记忆的形成是重要的。

schizophrenia　**精神分裂症**　一种以脱离现实为特征的精神疾病，患者表现出思维、感知、情绪和运动的破碎和分裂，以及妄想、幻觉和记忆紊乱等症状。

Schwann cell　**施万细胞**　外周神经系统中构成髓鞘的胶质细胞。

sclera　**巩膜**　眼球的粗糙外壁，即眼白。

SCN　见 suprachiasmatic nucleus（视交叉上核）。

second messenger　**第二信使**　细胞质中可以触发一个生化反应的短期化学信号，通常由于第一信使（神经递质或激素）对细胞膜表面的G蛋白耦联受体的刺激而生成。例如，环磷酸腺苷（cAMP）、环磷酸鸟苷（cGMP）和肌醇-1,4,5-三磷酸

（三磷酸肌醇）都是第二信使物质。

second messenger cascade　第二信使级联反应　将神经递质受体激活与细胞内酶激活耦联起来的多步骤过程。

secretory granule　分泌颗粒　一种直径为100 nm的膜包裹球形囊泡，内含将由出胞作用而被分泌出来的肽类物质；也称为致密核囊泡（dense-core vesicle）。

semicircular canals　半规管　内耳前庭迷路的一个部分，转导头部旋转运动的信息。

sensitization　敏感化　导致对所有刺激都出现强烈反应的一种非联合型学习。

sensory map　感觉定位图　感觉信息在一个神经结构中的表征，这种表征保留有感觉信息建立在感觉器官上的空间组构关系。例如：上丘、外侧膝状核和视皮层上的视拓扑图，在这些结构中某一具体位点的神经元选择性地对视网膜某一特定部位的刺激做出反应。

serotonergic　5-羟色胺能的　描述能够合成和释放5-羟色胺的神经元或突触的一个术语。

serotonin（5-hydroxytryptamine，5-HT）　血清素（5-羟色胺）　单胺类神经递质5-羟色胺。

serotonin deficiency hypothesis　5-羟色胺缺乏假说　认为攻击行为与5-羟色胺能神经元的活动负相关的一种观点。

serotonin-selective reuptake inhibitor（SSRI）　选择性5-羟色胺重摄取抑制剂　通过防止5-羟色胺的重摄取，从而延长突触性释放的5-羟色胺突触作用的一类药物，例如Prozac（百忧解；氟西汀（uoxetine）的商品名——译者注），用于治疗抑郁症和强迫症。

sex-determining region of the Y chromosome（SRY）　Y染色体的性别决定区　Y染色体上负责睾丸决定因子合成的基因，对正常雄性的发育起重要作用。

sexual dimorphism　性别的二态性　与同性别相关的结构或行为差异。

sexually dimorphic nucleus（SDN）　性别二态性核　位于下丘脑前部视前区的一群神经元；雄性大鼠的这个神经元群比雌性的大许多。

sham rage　假怒　脑损毁所导致的一种行为，表现为不能引起正常动物发怒的刺激却可使脑损毁大鼠表现出极大的愤怒。

short-term memory　短时程记忆　对尚未巩固为长时程记忆的新事件或新事实信息的保持。

shunting inhibition　分流抑制　突触抑制一种形式，其主要的效应是减小膜阻抗，从而将兴奋性突触上产生的去极化电流分流掉。

simple cell　简单细胞　视皮层上的一种细胞，这种细胞具有长条形的方向选择性感受野，而且感受野可明确地分为给光区和撤光区。

skeletal muscle　骨骼肌　一种可随意控制的横纹肌，发挥移动关节周围骨骼的功能；在发育上来自中胚层体节。

slow motor unit　慢运动单位　由小α运动神经元所支配的运动单位，其肌纤维为收缩缓慢且不易疲劳的红肌纤维。

SMA　见supplementary motor area（辅助运动区）。

smooth endoplasmic reticulum（smooth ER）　滑面内质网（滑面ER）　一种膜包被的细胞器，具有不同的类型，在不同的部位行使不同的功能。

smooth muscle　平滑肌　位于消化道、动脉和相关结构中的一种肌肉，受自主神经系统的支配，不能被意识所控制。

sodium-potassium pump　钠-钾泵　利用三磷酸腺苷作为能量，将Na^+移出胞外，向胞内蓄积K^+的离子泵。

soma　胞体　神经元含有细胞核的中心区域，也称为细胞体或核周体。

somatic motor system　躯体运动系统　骨骼肌和控制骨骼肌的躯体神经系统部分；该系统产生行为。

somatic PNS　外周躯体神经系统　外周神经系统中支配皮肤、关节和骨骼肌的部分。

somatic sensation　躯体感觉　对于触、温度、躯体姿势和痛的感觉。

somatotopy　躯体感觉定位　躯体感觉通路的拓扑组构，表现为皮肤上相邻的感受器向靶结构上相邻的细胞提供信息。

spatial summation　空间总和　多个突触来源的兴奋性突触后电位在同一个细胞上的加和。参见temporal summation（时间总和）。

specific language impairment（SLI）　特定型语言障碍　在没有听力丧失或更普遍的发育迟缓情况下的语言掌握迟缓。

speech　言语　言语。

spike-initiation zone　锋电位起始区　正常情况下动作电位起始的神经元膜区域，该区域具有高密度的电压门控性钠通道。

spike timing-dependent plasticity　锋电位时间依赖的可塑性　由突触前与突触后锋电位之间的相对时间变化所引起的突触强度双向修饰。

spinal canal　脊髓中央管　脊髓内充满脑脊液的管腔。

spinal cord　脊髓　位于脊柱内的中枢神经系统部分。

spinal nerve　脊神经　脊髓发出的支配躯体的神经。

spinal segment　脊髓节段　一组背根、腹根及其相关的脊髓部分。

spinothalamic pathway　脊髓丘脑通路　一条上行的躯体感觉通路，经脊髓丘脑侧束由脊髓上行到丘脑，传递痛觉、温度觉和某些形式的触觉信息。

spiny neuron　多棘神经元　具有众多树突棘的神经元。

spiral ganglion　螺旋神经节　耳蜗蜗轴中的细胞集合，接受毛细胞的传入，并发出听神经到达延髓耳蜗核。

split-brain study　裂脑研究　通过切断胼胝体以断裂动物或人大脑两半球的联系所进行的行为学研究。

spotlight of attention　注意的聚光灯效应　视觉注意力转移到不同物体上的能力，就像通过移动聚光灯以探索黑暗的房间。

SRY　见 sex-determining region of the Y chromosome（Y 染色体性别决定区）。

SSRI　见 serotonin-selective reuptake inhibitor（选择性 5- 羟色胺重摄取抑制剂）。

standard model of memory consolidation　记忆巩固的标准模型　记忆形成的一种解释，感觉信息先被海马处理，然后转移到新皮层而被永久地存储。

stapes　镫骨　中耳内与卵圆窗相连的听小骨，形似马镫。

starvation　消瘦　一种负能量平衡状态。在这种状态下，能量的摄入不能满足机体的需求，从而导致脂肪组织的丧失。参见 obesity（肥胖）。

stellate cell　星形细胞　一种树突为放射状，呈星状分布的神经元。

stereocilium　静纤毛　内耳毛细胞顶端的发丝样纤毛。

strabismus　斜视　两只眼球完全地排列不对称。

stretch reflex　牵张反射　由牵拉肌肉引起肌肉收缩的一种反射（也称 myotatic reflex）。该反射是由来自肌梭的 Ia 类传入纤维与支配同一块肌肉的 α 运动神经元之间的单突触联系所介导的。参见 myotatic reflex（肌伸张反射）。

striate cortex　纹状皮层　初级视皮层，Brodmann 氏皮层分区的第 17 区；也称为 V1。

striated muscle　横纹肌　具条纹状或者斑纹外观的一类肌肉，包括骨骼肌和心肌。

striatum　纹状体　尾核和壳核的总称，其参与躯体随意运动发起，并在程序性记忆的形成中发挥作用。

stria vascularis　血管纹　覆盖在内耳中间阶骨质壁上的内皮，分泌内淋巴。

subplate　下板　发育早期位于皮层板下的一层皮层神经元，当皮层板分化成六层的新皮层之后，下板消失。

substantia　质　脑深部的一些彼此相关的神经元构成的神经元群，与构成核团的神经元群相比，这些神经元群通常不具有明显的边界。

substantia gelatinosa　胶状质　脊髓背角上的一个薄层，接受来自无髓鞘 C 类纤维的输入，在伤害性信号的传递中具有重要作用。

substantia nigra　黑质　中脑的一个细胞群，这群细胞以多巴胺为神经递质，支配纹状体。

subthalamic nucleus　底丘脑核　基底前脑基底神经节的一个部分，参与运动控制。

sulcus　沟　大脑表面贯行于相邻回之间的凹陷。复数形式为 sulci。

superior colliculus　上丘　中脑顶盖的一个结构，接受来自视网膜的直接输入，控制眼球的扫视运动。

superior olive　上橄榄　桥核尾部的一个核团，接受耳蜗核的传入，并输出至下丘；也称为上橄榄核（superior olivary nucleus）。

supplementary motor area (SMA)　辅助运动区　皮层 6 区的内侧部，参与随意运动的控制。

suprachiasmatic nucleus (SCN)　视交叉上核　下丘脑中恰位于视交叉之上的一个小核团，接受来自视网膜的神经支配，具有将机体的日节律活动与昼夜循环同步起来的作用。

sympathetic chain　交感神经链　靠近脊柱的一串相互连接的自主神经系统交感神经节，接受交感神经节前纤维的输入，并发出节后纤维投射到靶器官和靶组织。

sympathetic division　交感神经部　自主神经系统的一个部分，在发生格斗 - 逃跑反应时可激活许多生理反应，包括心率增加、呼吸加快、血压升高和能量动员加强，消化和生殖功能减退等；它的外周轴突集中于胸段和腰段脊髓。参见 parasympathetic division（副交感神经部）。

synapse　突触　一个神经元与另一个细胞的接触部位，神经元在这个部位将信息传递给另一个细胞。

synaptic cleft　突触间隙　将突触前膜和突触后膜分隔开的区域。

synaptic consolidation　突触巩固　发生在海马中的，将感觉信息转换成短暂记忆痕迹的过程。

synaptic integration　突触整合　多个 EPSP 和 / 或 IPSP 在一个突触后神经元上叠加的过程，在某些情况下可触发一个或多个动作电位。

synaptic scaling　突触缩放　作为对突触后神经元平均放电频率变化的反应，而出现的整个细胞的突触强度调整。

synaptic transmission　突触传递　信息经突触从一个神经细胞传递至另一个神经细胞的过程。

synaptic vesicle　突触囊泡　位于突触连接处的一个膜包裹性结构，直径约 50 nm，内含神经递质。

synergist muscle　协同肌　与其他肌肉一起收缩以引起向同个一方向运动的肌肉。

systems consolidation　系统巩固　海马中暂时性记忆痕迹转换成新皮层持久性记忆痕迹的过程。

T tubule　T 管　横贯于骨骼肌纤维中的一种膜包裹的管状结构，能将肌膜的兴奋与肌质网的 Ca^{2+} 释放耦联起来。

taste bud　味蕾　舌头乳头体内的细胞簇，包含味觉感受器细胞。

taste receptor cell　味觉感受器细胞　一种可以转导味刺激的特化上皮细胞。

tectorial membrane　盖膜　悬覆于耳蜗柯蒂器上的一层组织。

tectospinal tract　顶盖脊髓束　源自上丘止于脊髓的束路，参与头部和颈部运动的控制。

tectum　顶盖　脑导水管背部的中脑部分。

tegmentum　被盖　脑导水管腹部的中脑部分。

telencephalon　端脑　发育自前脑（forebrain）的一个脑部，包括两个大脑半球（大脑皮层）和基底端脑。

temporal coding　时间编码　以动作电位的时间，而非动作电位的速率来表征信息。

temporal lobe　颞叶　颞骨下的大脑区域。

temporal summation　时间总和　多个快速连续产生的兴奋性突触后电位在同一突触上的加和。参见 spatial summation（空间总和）。

terminal arbor　终末树　终止于神经系统同一区域的轴突末梢分枝。

terminal bouton　终末扣　轴突的终末区，通常为与其他细胞发生突触连接的位点；也称为轴突末梢（axon terminal）。

tetanus　强直刺激　一种重复的刺激。

Tetrodotoxin (TTX)　河鲀毒素　能够阻断 Na$^+$ 通过电压门控性钠通道，从而阻断动作电位产生的一种毒素。

thalamus　丘脑　与大脑新皮层有紧密联系的间脑背侧部分。

thermoreceptor　温度感受器　对温度变化有选择性感受的感受器。

thick filament　粗肌丝　肌细胞细胞骨架的构成部分，含肌球蛋白，位于细肌丝与细肌丝之间，与细肌丝的相对滑动引起肌肉收缩。

thin filament　细肌丝　肌细胞细胞骨架的构成部分，含肌动蛋白，锚靠在 Z 线上，与粗肌丝的相对滑动引起肌肉收缩。

third ventricle　第三脑室　间脑内充满脑脊液的腔室。

threshold　阈值　足以触发一次动作电位的去极化水平。

tonotopy　音调拓扑　听觉结构中基于特征频率的系统组构。

top-down attention　自上而下的注意　为了达到某个行为目标，由脑发起的以自主意志为指向的注意；也称为内源性注意（endogenous attention）。

tract　束　有共同起点和终点的中枢神经系统轴突集合。

transcription　转录　依据 DNA 编码的遗传指令合成信使 RNA 的过程。

transcription factor　转录因子　调节 RNA 聚合酶与基因启动子结合的蛋白质。

transducin　转导蛋白　视杆细胞光感受器中将视紫红质与磷酸二酯酶耦联在一起的 G 蛋白。

transduction　转导　将感觉刺激的能量转换为一个细胞信号（例如感受器电位）的过程。

transgenic mice　转基因小鼠　通过基因工程导入了外源性基因的小鼠。

translation　翻译　根据信使 RNA 分子所携带的遗传指令合成蛋白质的过程。

transmitter-gated ion channel　递质门控离子通道　具有一个孔洞，允许离子通透并受神经递质门控调节的膜蛋白。

transporter　转运体　将神经递质或神经递质的前体跨膜转运至突触前细胞质内或突触囊泡内而浓缩起来的膜蛋白质。

trigeminal nerve　三叉神经　附着于脑桥的第 V 对脑神经，含有来自头、嘴和硬脑膜的初级感觉轴突和参与咀嚼活动的运动轴突。

trophic factor　营养因子　任何能够促进细胞存活的分子。

troponin　肌钙蛋白　骨骼肌细胞中能够与钙离子结合的一种蛋白质，能够调节肌球蛋白与肌动蛋白的之间的相互作用。

TTX　见 tetrodotoxin（河鲀毒素）。

tympanic membrane　鼓膜　听道内末端对气压变化作出移动反应的膜；也称为耳膜（eardrum）。

ultradian rhythm　短昼夜节律　明显短于 1 天的节律；参见 circadian rhythm（昼夜节律）。

unconscious emotion　无意识情绪　在没有意识到引起情绪的刺激的情况下而出现的情绪体验或者情绪表达。

undershoot　回射　动作电位中膜电位的数值比静息水平更负的那个部分；也称为后超级化（after-hyperpolarization）。

unipolar neuron　单极神经元　只有一个突起的神经元。

V1　V1　初级视皮层（primary visual cortex），或纹状皮层。

vagus nerve　迷走神经　第 X 对脑神经，起自延髓，支配胸腔和腹腔的内脏，是副交感内脏运动轴突节前纤维的主要来源。

vascular organ of the lamina terminalis (OVLT)　终板血管器　下丘脑中一个含有对血液张力敏感的神经元的特化区域，该区域中的血液张力敏感神经元可以激活神经分泌大细胞释放血管升压素入血，并触发高渗性口渴。

vasopressin　血管升压素　垂体后叶神经分泌大细胞释放的小片段肽类激素，具有保水和减少肾脏生成尿液的作用，也称为抗利尿激素（antidiuretic hormone，ADH）。

ventral　腹侧的　解剖学上的方位参考面，指朝向腹部的方向。

ventral cochlear nucleus　腹侧耳蜗神经核　延髓中接受来自内耳耳蜗螺旋神经节传入的一个核团。

ventral horn　腹角　含有许多神经元胞体的脊髓腹侧区域。

ventral lateral (VL) nucleus　腹外侧核　丘脑的一个核团，接受来自基底神经节和小脑的信息到运动皮层。

ventral posterior medial (VPM) nucleus　腹后内侧核　丘脑腹后侧核的一部分，接受来自面部（包括舌头）的躯体感觉输入信息。

ventral posterior (VP) nucleus　腹后侧核　丘脑的一个核团，是躯体感觉系统主要的中继性核团。

ventral root　腹根　出脊髓腹侧部的运动神经元轴突，会同感觉纤维而形成脊神经。腹根轴突传导离开脊髓的信息。参见 dorsal root（背根）。

ventricular system　脑室系统　脑内充满脑脊液的腔室，包含两个侧脑室、第三脑室、大脑导水管和第四脑室。

ventromedial hypothalamic syndrome　下丘脑腹内侧区综合征　与下丘脑腹内侧区损伤相关的肥胖。

ventromedial pathway　腹内侧通路　脊髓腹内侧柱中的轴突束，参与姿势和行走的调节并受到脑干的控制。

verbal dyspraxia　言语运用障碍　在没有神经或者肌肉损伤的情况下出现的，不能产生言语活动所需的协调的肌肉运动。

vermis　蚓部　小脑的中线区域。

vestibular labyrinth　前庭迷路　内耳中感受头部运动的特化部分，包括耳石器官和半规管。

vestibular nucleus　前庭核　延髓中的一个核团，接受来自内耳前庭迷路的输入。

vestibular system　前庭系统　监测和调节平衡感觉和平衡的神经系统。

vestibulo-ocular reflex (VOR)　前庭–眼反射　由头部旋转运动刺激所引起的反射性眼球运动，起到稳定视网膜像的作用。

vestibulospinal tract　前庭脊髓束　起自延髓前庭核止于脊髓的束路，参与运动和姿势的控制。

visceral PNS　外周内脏神经系统　外周神经系统中支配内脏器官、血管和腺体的部分，也称为自主神经系统（autonomic nervous system）。

vision　视觉　视觉。

visual acuity　视锐度　视觉系统区分两相邻点的能力。

visual angle　视角　用以描述物像横跨视网膜距离的一个参数，对应于3.5°视角的一个物体在视网膜上形成一个占据1 mm距离的物像。

visual field　视野　当眼睛固定注视前方某一点时，双眼可看到的空间范围。

visual hemifield　半视野　当眼睛固定注视前方某一点时，被注视点一侧的视野范围。

vitreous humor　玻璃体　充盈在晶状体与视网膜之间的眼球腔室里的胶状质物体。

VL nucleus　见 ventral lateral nucleus（腹外侧核）。

vocal fold　声襞　喉内的两条肌肉带，也被称为声带（vocal chord），其的振动可导致人类发出声音。

volley principle　排放原理　一种认为高频声音是由若干神经元的共同活动（而这些神经元中的每一个则是以锁相方式放电的）来表征的观点。

voltage　电压　作用于带电粒子上的力，以符号 V 表示，单位为伏特；也称为电势或电位差。

voltage clamp　电压钳　可以使实验者在测量跨膜电流的同时维持膜电位恒定的一种仪器。

voltage-gated calcium channel　电压门控钙通道　一种由膜蛋白形成的孔洞，对 Ca^{2+} 有通透性，并受膜去极化门控。

voltage-gated potassium channel　电压门控钾通道　一种由膜蛋白形成的孔洞，对 K^+ 有通透性，并受膜去极化门控。

voltage-gated sodium channel　电压门控钠通道　一种由膜蛋白形成的孔洞，对 Na^+ 有通透性，并受膜去极化门控。

volumetric thirst　容量性口渴　由血容量降低引起的饮水动机。

VOR　见 vestibulo-ocular reflex（前庭–眼反射）。

VPM nucleus　见 ventral posterior medial nucleus（腹后内侧核）。

VP nucleus　见 ventral posterior nucleus（腹后侧核）。

Wada procedure　和田程序　一种实验程序，即麻醉受试者的一侧大脑半球，从而使得测试其另一侧大脑半球的功能成为可能。

Wernicke-Geschwind model　Wernicke-Geschwind模型（韦尼克–格施温德模型）　一种关于布罗卡区（Broca's area）和韦尼克区（Wernicke's area）与感觉区和运动区相互作用的语言加工模型。

Wernicke's aphasia　Wernicke失语症（韦尼克失语症）　一种言语流畅但理解能力低下的语言障碍。

Wernicke's area　Wernicke区（韦尼克区）　颞叶上表面的听皮层和角回之间的区域，Wernicke失语症与该区的受损有关。

white matter　白质　中枢神经系统轴突的总称。在新鲜解剖开的脑，轴突呈白色。参见 gray matter（灰质）。

working memory　工作记忆　信息的存储是暂时性的、容量小，并需要不断地重复或复述。

Young-Helmholtz trichromacy theory　杨–亥姆霍兹三色理论　脑根据比较三种视锥细胞的输出而判别颜色的理论。

zeitgebers　环境钟　任何能够标志时间流逝过程的环境信号，例如昼夜周期。

Z line　Z线　肌纤维中将肌原纤维分隔成肌小节的条带。

（王建军　译）

参考文献

第 1 章

Allman JM. 1999. *Evolving Brains*. New York: Scientific American Library.

Alt KW, Jeunesse C, Buitrago-Téllez CH, Wächter R, Boës E, Pichler SL. 1997. Evidence for stone age cranial surgery. *Nature* 387:360.

Alzheimer's Association.

American Stroke Association.

Centers for Disease Control and Prevention, National Center for Injury Prevention and Control.

Clarke E, O'Malley C. 1968. *The Human Brain and Spinal Cord*, 2nd ed. Los Angeles: University of California Press.

Corsi P, ed. 1991. *The Enchanted Loom*. New York: Oxford University Press.

Crick F. 1994. *The Astonishing Hypothesis: The Scientific Search for the Soul*. New York: Macmillan.

Finger S. 1994. *Origins of Neuroscience.* New York: Oxford University Press.

Glickstein M. 2014. *Neuroscience: A Historical Introduction*. Cambridge: MIT Press.

Hall MJ, DeFrances CJ. 2003. *National Hospital Discharge Survey. Advance Data from Vital and Health Statistics No. 332*. Hyattsville, MD: National Center for Health Statistics.

Kessler RC, Berglund P, Demler O, Jin R, Koretz D, Merikangas KR, Rush AJ, Walters EE, Wang PS. 2003. The epidemiology of major depressive disorder: results from the National Comorbidity Survey Replication (NCS-R). *Journal of the American Medical Association* 289(23):3095–3105.

Mościcki EK. 1997. Identification of suicide risk factors using epidemiologic studies. *Psychiatric Clinics of North America* 20(3):499–517.

National Academy of Sciences Institute of Medicine. 1991. *Science, Medicine, and Animals.* Washington, DC: National Academy Press.

National Institute of Mental

National Institute on Drug Abuse.

National Parkinson Foundation.

National Stroke Association.

Shepherd GM, Erulkar SD. 1997. Centenary of the synapse: from Sherrington to the molecular biology of the synapse and beyond. *Trends in Neurosciences* 20:385–392.

U.S. Department of Health and Human Services. 2004. *Mental Health: A Report of the Surgeon General*. Rockville, MD: U.S. Department of Health and Human Services, Substance Abuse and Mental Health Services Administration, Center for Mental Health Services, National Institutes of Health, National Institute of Mental Health.

U.S. Office of Science and Technology Policy. 1991. Decade of the Brain 1990–2000: *Maximizing Human Potential*. Washington, DC: Subcommittee on Brain and Behavioral Sciences.

第 2 章

Alberts B, Johnson A, Lewis J, Raff M, Roberts K, Walter P. 2008. *Molecular Biology of the Cell*, 5th ed. New York: Garland.

Bick K, Amaducci L, Pepeu G. 1987. *The Early Story of Alzheimer's Disease.* New York: Raven Press.

Capecchi MR. 1980. High efficiency transformation by direct microinjection of DNA into cultured mammalian cells. *Cell* 22:479–488.

Chen SC, Tvrdik P, Peden E, Cho S, Wu S, Spangrude G, Capecchi MR. 2010. Hematopoietic origin of pathological grooming in Hoxb8 mutant mice. *Cell* 141(5):775–785.

DeFelipe J, Jones EG. 1998. *Cajal on the Cerebral Cortex*. New York: Oxford University Press.

De Vos KJ, Grierson AJ, Ackerley S, Miller CCJ. 2008. Role of axoplasmic transport in neurodegenerative diseases. *Annual Review of Neuroscience* 31:151–173.

Eroglu C, Barres BA. 2010. Regulation of synaptic connectivity by glia. *Nature* 468: 223–231.

Finger S. 1994. *Origins of Neuroscience*. New York: Oxford University Press.

Folger KR, Wong EA, Wahl G, Capecchi MR. 1982. Patterns of integration of DNA microinjected into cultured mammalian cells: evidence for homologous recombination between injected plasmid DNA molecules. *Molecular and Cellular Biology* 2:1372–1387.

Goedert M, Spillantini MG, Hasegawa M, Jakes R, Crowther RA, Krug A. 1996. Molecular dissection of the neurofibrillary lesions of Alzheimer's disease. *Cold Spring Harbor Symposia on Quantitative Biology,* Vol. LXI. Cold Spring Harbor, NY: Cold Spring Harbor Laboratory Press.

Grafstein B, Forman DS. 1980. Intracellular transport in neurons. *Physiological Reviews* 60:1167–1283.

Hammersen F. 1980. *Histology.* Baltimore: Urban & Schwarzenberg.

Harris KM, Stevens JK. 1989. Dendritic spines of CA1 pyramidal cells in the rat hippocampus: serial electron microscopy with reference to their biophysical characteristics. *Journal of Neuroscience* 9:2982–2997.

Hubel DH. 1988. *Eye, Brain and Vision.* New York: Scientific American Library.

Jones EG. 1999. Golgi, Cajal and the neuron doctrine. *Journal of the History of Neuroscience* 8:170–178.

Lent R, Azevedo FAC, Andrade-Moraes CH, Pinto AVO. 2012. How many neurons do you have? Some dogmas of quantitative neuroscience under revision. *European Journal of Neuroscience* 35: 1–9.

Levitan I, Kaczmarek L. 2002. *The Neuron: Cell and Molecular Biology,* 3rd ed. New York: Oxford University Press.

Nelson SB, Hempel C, Sugino K. 2006. Probing the transcriptome of neuronal cell types. *Current Opinion in Neurobiology* 16:571–576.

Peters A, Palay SL, Webster H deF. 1991. *The Fine Structure of the Nervous System*, 3rd ed. New York: Oxford University Press.

Purpura D. 1974. Dendritic spine "dysgenesis" and mental retardation. *Science* 20:1126–1128.

Sadava D, Hills DM, Heller HC, Berenbaum MR. 2011. *Life: The Science of Biology*, 9th ed. Sunderland, MA: Sinauer.

Shepherd GM, Erulkar SD. 1997. Centenary of the synapse: from Sherrington to the molecular biology of the synapse and beyond. *Trends in Neurosciences* 20:385–392.

Steward O, Schuman EM. 2001. Protein synthesis at synaptic sites on dendrites. *Annual Review of Neuroscience* 24:299–325.

Thomas KR, Capecchi MR. 1987. Site-directed mutagenesis by gene targeting in mouse embryo-derived stem cells. *Cell* 51:503–512.

Vickers JC, Riederer BM, Marugg RA, Buee-Scherrer V, Buee L, Delacourte A, Morrison JH. 1994. Alterations in neurofilament protein immunoreactivity in human hippocampal neurons related to normal aging and Alzheimer's disease. *Neuroscience* 62:1–13.

Wilt BA, Burns LD, Ho ETW, Ghosh KK, Mukamel EA, Schnitzer MJ. 2009. Advances in light microscopy for neuroscience. *Annual Review of Neuroscience* 32: 435–506.

第 3 章
Doyle DA, Cabral JM, Pfuetzner RA, Kuo A, Gulbis JM, Cohen SL, Chait BT, MacKinnon R. 1998. The structure of the potassium channel: molecular basis of K^+ conduction and selectivity. *Science* 280:69–77.

Goldstein SA, Pheasant DJ, Miller C. 1994. The charybdotoxin receptor of a Shaker K^+ channel: peptide and channel residues mediating molecular recognition. *Neuron* 12:1377–1388.

Hille B. 2001. *Ionic Channels of Excitable Membranes,* 3rd ed. Sunderland, MA: Sinauer.

Jan L, Jan YN. 1997. Cloned potassium channels from eukaryotes and prokaryotes. *Annual Review of Neuroscience* 20:91–123.

Levitan I, Kaczmarek L. 2002. *The Neuron: Cell and Molecular Biology,* 3rd ed. New York: Oxford University Press.

Li M, Unwin N, Staufer KA, Jan YN, Jan L. 1994. Images of purified *Shaker* potassium channels. *Current Biology* 4:110–115.

MacKinnon R. 1995. Pore loops: an emerging theme in ion channel structure. *Neuron* 14:889–892.

MacKinnon R. 2003. Potassium channels. *Federation of European Biochemical Societies Letters* 555:62–65.

Miller C. 1988. *Shaker* shakes out potassium channels. *Trends in Neurosciences* 11:185–186.

Nicholls J, Martin AR, Fuchs PA, Brown DA, Diamond ME, Weisblat D. 2011. *From Neuron to Brain*, 5th ed. Sunderland, MA: Sinauer.

Ransom BR, Goldring S. 1973. Slow depolarization in cells presumed to be glia in cerebral cortex of cat. *Journal of Neurophysiology* 36:869–878.

Sanguinetti MC, Spector PS. 1997. Potassium channelopathies. *Neuropharmacology* 36:755–762.

Shepherd G. 1994. *Neurobiology,* 3rd ed. New York: Oxford University Press.

Somjen GG. 2004. *Ions in the Brain: Normal Function, Seizures, and Stroke.* New York: Oxford University Press.

Stoffel M, Jan LY. 1998. Epilepsy genes: excitement traced to potassium channels. *Nature Genetics* 18:6–8.

第 4 章
Agmon A, Connors BW. 1992. Correlation between intrinsic firing patterns and thalamocortical synaptic responses of neurons in mouse barrel cortex. *Journal of Neuroscience* 12:19–329.

Armstrong CM, Hille B. 1998. Voltage-gated ion channels and electrical excitability. *Neuron* 20:371–380.

Boyden ES, Zhang F, Bamberg E, Nagel G, Deisseroth K. 2005. Millisecond-timescale, genetically targeted optical control of neural activity. *Nature Neuroscience* 8:1263–1268.

Brunton L, Chabner B, Knollman B. 2011. *Goodman and Gilman's the Pharmacological Basis of Therapeutics*, 12th ed. New York: McGraw-Hill.

Cole KS. 1949. Dynamic electrical characteristics of the squid axon membrane. *Archives of Scientific Physiology* 3:253–258.

Connors B, Gutnick M. 1990. Intrinsic firing patterns of diverse neocortical neurons. *Trends in Neurosciences* 13:99–104.

Hille B. 2001. *Ionic Channels of Excitable Membranes*, 3rd ed. Sunderland, MA: Sinauer.

Hodgkin A. 1976. Chance and design in electrophysiology: an informal account of certain experiments on nerves carried out between 1942 and 1952. *Journal of Physiology (London)* 263:1–21.

Hodgkin AL, Huxley AF, Katz B. 1952. Measurement of current voltage relations in the membrane of the giant axon of Loligo. *Journal of Physiology (London)* 116:424–448.

Huguenard J, McCormick D. 1994. *Electrophysiology of the Neuron*. New York: Oxford University Press.

Kullmann DM, Waxman SG. 2010. Neurological channelopathies: new insights into disease mechanisms and ion channel function. *Journal of Physiology (London)* 588:1823–1827.

Levitan I, Kaczmarek L. 2002. *The Neuron: Cell and Molecular Biology*, 3rd ed. New York: Oxford University Press.

Llinás R. 1988. The intrinsic electrophysiological properties of mammalian neurons: insights into central nervous system function. *Science* 242:1654–1664.

Nagel G, Szellas T, Huhn W, Kateriya S, Adeishvili N, Berthold P, Ollig D, Hegemann P, Bamberg E. 2003. Channelrhodopsin-2, a directly light-gated cation-selective membrane channel. *Proceedings of the National Academy of Sciences of the United States of America* 100:13940–13945.

Narahashi T. 1974. Chemicals as tools in the study of excitable membranes. *Physiology Reviews* 54:813–889.

Narahashi T, Deguchi T, Urakawa N, Ohkubo Y. 1960. Stabilization and rectification of muscle fiber membrane by tetrodotoxin. *American Journal of Physiology* 198:934–938.

Narahashi T, Moore JW, Scott WR. 1964. Tetrodotoxin blockage of sodium conductance increase in lobster giant axons. *Journal of General Physiology* 47:965–974.

Neher E. 1992. Nobel lecture: ion channels or communication between and within cells. *Neuron* 8:605–612.

Neher E, Sakmann B. 1992. The patch clamp technique. *Scientific American* 266:28–35.

Nicholls J, Martin AR, Fuchs PA, Brown DA, Diamond ME, Weisblat D. 2011. *From Neuron to Brain*, 5th ed. Sunderland, MA: Sinauer.

Noda M, Shimizu S, Tanabe T, Takai T, Kayano T, Ikeda T, Takahashi H, Nakayama H, Kanaoka Y, Minamino N, et al. 1984. Primary structure of *Electrophorus electricus* sodium channel deduced from cDNA sequence. *Nature* 312:121–127.

Shepherd G. 1994. *Neurobiology*, 3rd ed. New York: Oxford University Press.

Sigworth FJ, Neher E. 1980. Single Na$^+$ channel currents observed in cultured rat muscle cells. *Nature* 287:447–449.

Unwin N. 1989. The structure of ion channels in membranes of excitable cells. *Neuron* 3:665–676.

Watanabe A. 1958. The interaction of electrical activity among neurons of lobster cardiac ganglion. *Japanese Journal of Physiology* 8:305–318.

第 5 章

Bloedel JR, Gage PW, Llinás R, Quastel DM. 1966. Transmitter release at the squid giant synapse in the presence of tetrodotoxin. *Nature* 212:49–50.

Chouquet D, Triller A. 2013. The dynamic synapse. *Neuron* 80:691–703.

Colquhoun D, Sakmann B. 1998. From muscle endplate to brain synapses: a short history of synapses and agonist-activated ion channels. *Neuron* 20:381–387.

Connors BW, Long MA. 2004. Electrical synapses in the mammalian brain. *Annual Review of Neuroscience* 27:393–418.

Cowan WM, Südhof TC, Stevens CF. 2001. *Synapses*. Baltimore: Johns Hopkins University Press.

Fatt P, Katz B. 1951. An analysis of the end-plate potential recorded with an intracellular electrode. *Journal of Physiology (London)* 115:320–370.

Furshpan E, Potter D. 1959. Transmission at the giant motor synapses of the crayfish. *Journal of Physiology (London)* 145:289–325.

Harris KM, Weinberg RJ. 2012. Ultrastructure of synapses in the mammalian brain. *Cold Spring Harbor Perspectives in Biology* 4:a005587.

Heuser J, Reese T. 1973. Evidence for recycling of synaptic vesicle membrane during transmitter release at the frog neuromuscular junction. *Journal of Cell Biology* 57:315–344.

Heuser J, Reese T. 1977. Structure of the synapse. In *Handbook of Physiology—Section 1. The Nervous System, Vol. I. Cellular Biology of Neurons,* eds. Brookhart JM, Mountcastle VB. Bethesda, MD: American Physiological Society, pp. 261–294.

Johnston D, Wu SM-S. 1994. *Foundations of Cellular Neurophysiology.* Cambridge, MA: MIT Press.

Kandel ER, Schwartz JH, Jessell TM, Siegelbaum SA, Hudspeth AJ. 2012. *Principles of Neural Science,* 5th ed. New York: McGraw-Hill Professional.

Koch C. 2004. *Biophysics of Computation: Information Processing in Single Neurons.* New York: Oxford University Press.

Llinás R, Sugimori M, Silver RB. 1992. Microdomains of high calcium concentration in a presynaptic terminal. *Science* 256:677–679.

Loewi O. 1953. *From the Workshop of Discoveries.* Lawrence: University of Kansas Press.

Long MA, Deans MR, Paul DL, Connors BW. 2002. Rhythmicity without synchrony in the electrically uncoupled inferior olive. *Journal of Neuroscience* 22:10898-10905.

Matthews R. 1995. *Nightmares of Nature.* London: Harper Collins.

Neher E. 1998. Vesicle pools and Ca^{2+} microdomains: new tools for understanding their roles in neurotransmitter release. *Neuron* 20:389–399.

Neher E, Sakmann B. 1992. The patch clamp technique. *Scientific American* 266:44–51.

Nicholls JG, Martin AR, Fuchs PA, Brown DA, Diamond ME, Weisblat D. 2011. *From Neuron to Brain,* 5th ed. Sunderland, MA: Sinauer.

Rajendra S, Schofield PR. 1995. Molecular mechanisms of inherited startle syndromes. *Trends in Neurosciences* 18:80–82.

Rothman JE. 2002. Lasker Basic Medical Research Award. The machinery and principles of vesicle transport in the cell. *Nature Medicine* 8:1059–1062.

Sheng M, Sabatini BL, Südhof TC. 2012. *The Synapse.* New York: Cold Spring Harbor Laboratory Press.

Shepherd GM. 2003. *The Synaptic Organization of the Brain.* New York: Oxford University Press.

Sherrington C. 1906. *Integrative Action of the Nervous System.* New Haven: Yale University Press.

Siksou L, Triller A, Marty S. 2011. Ultrastructural organization of presynaptic terminals. *Current Opinion in Neurobiology* 21:261–268.

Sloper JJ, Powell TP. 1978. Gap junctions between dendrites and somata of neurons in the primate sensori-motor cortex. *Proceedings of the Royal Society, Series B* 203:39–47.

Stuart G, Spruston N, Hausser M. 2007. *Dendrites,* 2nd ed. New York: Oxford University Press.

Südhof TC. 2013. Neurotransmitter release: the last millisecond in the life of a synaptic vesicle. *Neuron* 80:675–690.

Unwin N. 1993. Neurotransmitter action: opening of ligand-gated ion channels. *Cell* 72:31–41.

Watanabe A. 1958. The interaction of electrical activity among neurons of lobster cardiac ganglion. *Japanese Journal of Physiology* 8:305-318.

第 6 章

Attwell D, Mobbs P. 1994. Neurotransmitter transporters. *Current Opinion in Neurobiology* 4:353–359.

Brezina V, Weiss KR. 1997. Analyzing the functional consequences of transmitter complexity. *Trends in Neurosciences* 20:538–543.

Burnstock G, Krügel U, Abbracchio MP, Illes P. 2011. Purinergic signalling: from normal behaviour to pathological brain function. *Progress in Neurobiology* 95:229–274.

Castillo PE, Younts TJ, Chávez AE, Hashimotodani Y. 2012. Endocannabinoid signaling and synaptic function. *Neuron* 76:70–81.

Changeux J-P. 1993. Chemical signaling in the brain. *Scientific American* 269:58–62.

Colquhoun D, Sakmann B. 1998. From muscle endplate to brain synapses: a short history of synapse and agonist-activated ion channels. *Neuron* 20:381–387.

Cowan WM, Südhof TC, Stevens CF. 2001. *Synapses.* Baltimore: Johns Hopkins University Press.

Gilman AG. 1995. Nobel lecture: G proteins and regulation of adenylyl cyclase. *Bioscience Report* 15:65–97.

Gudermann T, Schöneberg T, Schultz G. 1997. Functional and structural complexity of signal transduction via G-protein-couple receptors. *Annual Review of Neuroscience* 20:399–427.

Hille B. 2001. *Ionic Channels of Excitable Membranes,* 3rd ed. Sunderland, MA: Sinauer.

Iversen LL, Iversen SD, Bloom FE, Roth RH. 2008. *Introduction to Neuropsychopharmacology.* New York: Oxford University Press.

Jiang J, Amara SG. 2011. New views of glutamate transporter structure and function: advances and challenges. *Neuropharmacology* 60:172–181.

Katritch V, Cherezov V, Stevens RC. 2012. Diversity and modularity of G protein-coupled receptor structures. *Trends in Pharmacological Sciences* 33:17–27.

Krnjević K. 2010. When and why amino acids? *Journal of Physiology (London)* 588:33–44.

Kumar J, Mayer ML. 2013. Functional insights from glutamate receptor ion channel structures. *Annual Review of Physiology* 75:313–337.

Matsuda LA. 1997. Molecular aspects of cannabinoid receptors. *Critical Reviews in Neurobiology* 11:143–166.

Mayer ML, Armstrong N. 2004. Structure and function of glutamate receptor ion channels. *Annual Review of Physiology* 66:161–181.

Meyer JS, Quenzer LF. 2013. *Psychopharmacology: Drugs, the Brain, and Behavior*, 2nd ed. Sunderland, MA: Sinauer.

Mustafa AK, Gadalla MM, Snyder SH. 2009. Signaling by gasotransmitters. *Science Signaling* 2(68):re2.

Nestler EJ, Hyman SE, Malenka RC. 2008. *Molecular Neuropharmacology: A Foundation for Clinical Neuroscience,* 2nd ed. McGraw-Hill Professional.

Nicholls JG, Martin AR, Fuchs PA, Brown DA, Diamond ME, Weisblat D. 2011. *From Neuron to Brain*, 5th ed. Sunderland, MA: Sinauer.

Nicoll R, Malenka R, Kauer J. 1990. Functional comparison of neurotransmitter receptor subtypes in the mammalian nervous system. *Physiological Reviews* 70:513–565.

Palczewski K, Orban T. 2013. From atomic structures to neuronal functions of G protein–coupled receptors. *Annual Review of Neuroscience* 36:139–164.

Pierce KL, Premont RT, Lefkowitz RJ. 2002. Seven-transmembrane receptors. *Nature Reviews Molecular and Cell Biology* 3:639–650.

Piomelli D. 2003. The molecular logic of endocannabinoid signalling. *Nature Reviews Neuroscience* 4:873–884.

Regehr WG, Carey MR, Best AR. 2009. Activity-dependent regulation of synapses by retrograde messengers. *Neuron* 63:154–170.

Siegel GJ, Agranoff BW, Albers RW, Fisher SK, Uhler MD, eds. 1998. *Basic Neurochemistry: Molecular, Cellular and Medical Aspects*, 6th ed. Baltimore: Lippincott Williams & Wilkins.

Snyder S. 1986. *Drugs and the Brain*. New York: W.H. Freeman.

Squire LR, Berg D, Bloom FE, du Lac S, Ghosh A, Spitzer NC. 2012. *Fundamental Neuroscience*, 4th ed. San Diego: Academic Press.

Wilson RI, Nicoll RA. 2002. Endocannabinoid signaling in the brain. *Science* 296:678–682.

Wollmuth LP, Sobolevsky AI. 2004. Structure and gating of the glutamate receptor ion channel. *Trends in Neurosciences* 27:321–328.

第 7 章

Butterworth CE, Bendich A. 1996. Folic acid and the prevention of birth defects. *Annual Review of Nutrition* 16:73–97.

Cajal SR. 1899. *Clark University, 1889–1899: Decennial Celebration,* ed. Story WE. Worcester: Clark University Press, pp. 311–382.

Chung K, Deisseroth K. 2013. CLARITY for mapping the nervous system. *Nature Methods* 10:508–513.

Creslin E. 1974. Development of the nervous system: a logical approach to neuroanatomy. *CIBA Clinical Symposium* 26:1–32.

Frackowick RSJ. 1998. The functional architecture of the brain. *Daedalus* 127:105–130.

Gilbert SF. 2003. *Developmental Biology,* 7th ed. Sunderland, MA: Sinauer.

Gluhbegoric N, Williams TH. 1980. *The Human Brain: A Photographic Guide*. Philadelphia: Lippincott.

Johnson KA, Becker JA. The whole brain atlas.

Kaas JH. 1995. The evolution of neocortex. *Brain, Behavior and Evolution* 46:187–196.

Kaas JH. 2013. The evolution of brains from early mammals to humans. *Wiley Interdisciplinary Reviews. Cognitive Science* 4:33–45.

Posner MI, Raichle M. 1994. *Images of Mind*. New York: Scientific American Library.

Povinelli DJ, Preuss TM. 1995. Theory of mind: evolutionary history of a cognitive specialization. *Trends in Neurosciences* 18:414–424.

Seung S. 2012. *Connectome: How the Brain's Wiring Makes Us Who We Are*. Boston: Joughton Mifflin Harcourt.

Smith JL, Schoenwolf GC. 1997. Neurulation: coming to closure. *Trends in Neurosciences* 20:510–517.

Watson C. 1995. *Basic Human Neuroanatomy: An Introductory Atlas*, 5th ed. Baltimore: Lippincott Williams & Wilkins.

第 8 章

Belluscio L, Gold GH, Nemes A, Axel R. 1998. Mice deficient in G(olf) are anosmic. *Neuron* 20:69–81.

Blauvelt DG, Sato TF, Wienisch M, Knöpfel T, Murthy VN. 2013. Distinct spatiotemporal activity in principal neurons of the mouse olfactory bulb in anesthetized and awake states. *Frontiers in Neural Circuits* 7:46.

Brennan PA, Keverne EB. 2004. Something in the air? New insights into mammalian pheromones. *Current Biology* 14:R81–R89.

Buck LB. 1996. Information coding in the vertebrate olfactory system. *Annual Review of Neurosciences* 19:517–554.

Buck LB, Axel R. 1991. A novel multigene family may encode odorant receptors: a molecular basis for odor recognition. *Cell* 65:175–187.

Bushdid C, Magnasco MO, Vosshall LB, Keller A. 2014. Humans can discriminate more than 1 trillion olfactory stimuli. *Science* 343:1370–1372.

Dhawale AK, Hagiwara A, Bhalla US, Murthy VN, Albeanu DF. 2010. Non-redundant odor coding by sister mitral cells revealed by light addressable glomeruli in the mouse. *Nature Neuroscience* 13:1404–1412.

Dorries KM. 1998. Olfactory coding: time in a model. *Neuron* 20:7–10.

Engen T. 1991. *Odor Sensation and Memory*. New York: Praeger.

Fain GL. 2003. *Sensory Transduction*. Sunderland, MA: Sinauer.

Getchell TV, Doty RL, Bartoshuk LM, Snow JB. 1991. *Smell and Taste in Health and Disease*. New York: Raven Press.

Jones G, Teeling EC, Rossiter SJ. 2013. From the ultrasonic to the infrared: molecular evolution and the sensory biology of bats. *Frontiers in Physiology* 4:117.

Kauer JS. 1991. Contributions of topography and parallel processing to odor coding in the vertebrate olfactory pathway. *Trends in Neurosciences* 14:79–85.

Kinnamon SC. 2013. Neurosensory transmission without a synapse: new perspectives on taste signaling. *BMC Biology* 11:42.

Laurent G. 2002. Olfactory network dynamics and the coding of multidimensional signals. *Nature Reviews Neuroscience* 3:884–895.

Laurent G, Wehr M, Davidowitz H. 1996. Temporal representations of odors in an olfactory network. *Journal of Neuroscience* 16:3837–3847.

Liberles SD. 2014. Mammalian pheromones. *Annual Review of Physiology* 76:151–175.

Liman ER, Zhang YV, Montell C. 2014. Peripheral coding of taste. *Neuron* 81:984–1000.

Luo M, Katz LC. 2004. Encoding pheromonal signals in the mammalian vomeronasal system. *Current Opinion in Neurobiology* 14:429–434.

Mattes RD. 2009. Is there a fatty acid taste? *Annual Review of Nutrition* 29:305–27.

McClintock MK. 1971. Menstrual synchrony and suppression. *Nature* 229:244–245.

Meredith M. 2001. Human vomeronasal organ function: a critical review of best and worst cases. *Chemical Senses*. 26:433–445.

Mombaerts P. 2004. Genes and ligands for odorant, vomeronasal and taste receptors. *Nature Reviews Neuroscience* 5:263–278.

Murthy VN. 2011. Olfactory maps in the brain. *Annual Review of Neuroscience* 34:233–258.

Nakamura T, Gold GH. 1987. A cyclic nucleotide-gated conductance in olfactory receptor cilia. *Nature* 325:442–444.

Nelson G, Hoon MA, Chandrashekar J, Zhang Y, Ryba NJ, Zuker CS. 2001. Mammalian sweet taste receptors. *Cell* 106:381–390.

Ressler J, Sullivan SL, Buck LB. 1993. A zonal organization of odorant receptor gene expression in the olfactory epithelium. *Cell* 73:597–609.

Sato T. 1980. Recent advances in the physiology of taste cells. *Progress in Neurobiology* 14:25–67.

Stern K, McClintock MK. 1998. Regulation of ovulation by human pheromones. *Nature* 392:177–179.

Stettler DD, Axel R. 2009. Representations of odor in the piriform cortex. *Neuron* 63:854–864.

Stewart RE, DeSimone JA, Hill DL. 1997. New perspectives in gustatory physiology: transduction, development, and plasticity. *American Journal of Physiology* 272:C1–C26.

Stopfer M, Bhagavan S, Smith BH, Laurent G. 1997. Impaired odour discrimination on desynchronization of odour-encoding neural assemblies. *Nature* 390:70–74.

Strausfeld NJ, Hildebrand JG. 1999. Olfactory systems: common design, uncommon origins? *Current Opinion in Neurobiology* 9:634–639.

Wysocki CJ, Preti G. 2004. Facts, fallacies, fears, and frustrations with human pheromones. *Anatomical Record* 281A:1201–1211.

Zhang X, Firestein S. 2002. The olfactory receptor gene superfamily of the mouse. *Nature Neuroscience* 5:124–133.

Zhao GQ, Zhang Y, Hoon MA, Chandrashekar J, Erlenbach I, Ryba NJ, Zuker CS. 2003. The receptors for mammalian sweet and umami taste. *Cell* 115:255–266.

第 9 章

Arshavsky VY, Lamb TD, Pugh EN. 2002. G proteins and phototransduction. *Annual Review of Physiology* 64:153–187.

Barlow H. 1953. Summation and inhibition in the frog's retina. *Journal of Physiology (London)* 119:69–78.

Baylor DA. 1987. Photoreceptor signals and vision. *Investigative Ophthalmology and Visual Science* 28:34–49.

Berson DM. 2003. Strange vision: ganglion cells as circadian photoreceptors. *Trends in Neurosciences* 26:314–320.

Burns ME, Baylor DA. 2001. Activation, deactivation, and adaptation in vertebrate photoreceptor cells. *Annual Review of Neuroscience* 24:779–805.

Curcio CA, Sloan KR, Kalina RE, Hendrickson AE. 1990. Human photoreceptor topography. *Journal of Comparative Neurology* 292:497–523.

Dacey DM, Packer OS. 2003. Colour coding in the primate retina: diverse cell types and cone-specific circuitry. *Current Opinion in Neurobiology* 13:421–427.

Dowling JE. 2012. *The Retina: An Approachable Part of the Brain*. Revised ed. Cambridge, MA: Harvard University Press.

Dowling JE, Werblin FS. 1971. Synaptic organization of the vertebrate retina. *Vision Research Suppl* 3:1–15.

Fesenko EE, Kolesnikov SS, Lyubarsky AL. 1985. Induction by cyclic GMP of cationic conductance in plasma membrane of retinal rod outer segment. *Nature* 313:310–313.

Field GD, Chichilinsky EJ. 2007. Information processing in the primate retina: circuitry and coding. *Annual Review of Neuroscience* 30:1–30.

Gegenfurtner KR, Kiper DC. 2003. Color vision. *Annual Review of Neuroscience* 26:181–206.

Hofer H, Carroll J, Neitz J, Neitz M, Williams DR. 2005. Organization of the human trichromatic cone mosaic. *Journal of Neuroscience* 25:9669–9679.

Kuffler S. 1953. Discharge patterns and functional organization of the mammalian retina. *Journal of Neurophysiology* 16:37–68.

Masland RH. 2001. The fundamental plan of the retina. *Nature Neuroscience* 4:877–886.

Nassi JJ, Callaway EM. 2009. Parallel processing strategies of the primate visual system. *Nature Reviews Neuroscience* 10:360–372.

Nathans J. 1999. The evolution and physiology of human color vision: insights from molecular genetic studies of visual pigments. *Neuron* 24:299–312.

Neitz J, Jacobs GH. 1986. Polymorphism of the long-wavelength cone in normal human colour vision. *Nature* 323:623–625.

Newell FW. 1996. *Ophthalmology*, 8th ed. St. Louis: Mosby.

Rodieck RW. 1998. *The First Steps in Seeing*. Sunderland, MA: Sinauer.

Roorda A, Williams DR. 1999. The arrangement of the three cone classes in the living human eye. *Nature* 397:520–522.

Schmidt TM, Chen S, Hattar S. 2011. Intrinsically photosensitive retinal ganglion cells: many subtypes, diverse functions. *Trends in Neurosciences* 34:572–580.

Schnapf JL, Baylor DA. 1987. How photoreceptor cells respond to light. *Scientific American* 256:40–47.

Schwab L. 1987. *Primary Eye Care in Developing Nations*. New York: Oxford University Press.

Smith SO. 2010. Structure and activation of the visual pigment rhodopsin. *Annual Review of Neuroscience* 39:309–328.

Solomon SG, Lennie P. 2007. The machinery of colour vision. *Nature Reviews Neuroscience* 8:276–286.

Wade NJ. 2007. Image, eye, and retina. *Journal of the Optical Society of America* 24:1229–1249.

Wässle H. 2004. Parallel processing in the mammalian retina. *Nature Reviews Neuroscience* 5:747–757.

Wässle H, Boycott B. 1991. Functional architecture of the mammalian retina. *Physiological Reviews* 71:447–480.

Watanabe M, Rodieck RW. 1989. Parasol and midget ganglion cells of the primate retina. *Journal of Comparative Neurology* 289:434–454.

Weiland JD, Liu W, Humayun MS. 2005. Retinal prosthesis. *Annual Review of Biomedical Engineering* 7:361–401.

第 10 章

Alonso JM. 2002. Neural connections and receptive field properties in the primary visual cortex. *Neuroscientist* 8:443–456.

Barlow H. 1972. Single units and sensation: a neuron doctrine for perceptual psychology? *Perception* 1:371–394.

Callaway EM. 1998. Local circuits in primary visual cortex of the macaque monkey. *Annual Review of Neuroscience* 21:47–74

Casagrande VA, Xu X. 2004. Parallel visual pathways: a comparative perspective. In *The Visual Neurosciences*, eds. Chalupa L, Werner JS. Cambridge, MA: MIT Press, pp. 494–506.

Courtney SM, Ungerleider LG. 1997. What fMRI has taught us about human vision. *Current Opinion in Neurobiology* 7:554–561.

De Haan EHF, Cowey A. 2011. On the usefulness of "what" and "where" pathways in vision. *Trends in Cognitive Sciences* 15:460–466.

Desimone R, Albright TD, Gross CG, Bruce C. 1984. Stimulus-selective properties of inferior temporal neurons in the macaque. *Journal of Neuroscience* 4:2051–2062.

Fraser J. 1908. A new visual illusion of direction. *British Journal of Psychology* 2:307–320.

Gauthier I, Tarr MJ, Anderson AW, Skudlarski P, Gore JC. 1999. Activation of the middle fusiform "face area" increases with expertise in recognizing novel objects. *Nature Neuroscience* 2:568–573.

Gegenfurtner KR. 2003. Cortical mechanisms of colour vision. *Nature Reviews Neuroscience* 4:563–572.

Goodale MA, Westwood DA. 2004. An evolving view of duplex vision: separate but interacting cortical pathways for perception and action. *Current Opinion in Neurobiology* 14:203–211.

Grill-Spector K, Malach R. 2004. The human visual cortex. *Annual Reviews of Neuroscience* 27:649–677.

Gross CG, Rocha-Miranda CE, Bender DB. 1972. Visual properties of neurons in inferotemporal cortex of the macaque. *Journal of Neurophysiology* 35:96–111.

Hendry SHC, Reid RC. 2000. The koniocellular pathway in primate vision. *Annual Reviews of Neuroscience* 23:127–153.

Horibuchi S, ed. 1994. *Stereogram*. Tokyo: Shogakukan.

Hubel D. 1982. Explorations of the primary visual cortex, 1955–78 (Nobel lecture). *Nature* 299:515–524.

Hubel D. 1988. *Eye, Brain, and Vision*. New York: W.H. Freeman.

Hubel D, Wiesel T. 1962. Receptive fields, binocular interaction and functional architecture in the cat's visual cortex. *Journal of Physiology (London)* 160:106–154.

Hubel D, Wiesel T. 1968. Receptive fields and functional architecture of monkey striate cortex. *Journal of Physiology (London)* 195:215–243.

Hubel D, Wiesel T. 1977. Functional architecture of the macaque monkey visual cortex (Ferrier lecture). *Proceedings of the Royal Society of London Series B* 198:1–59.

Julesz B. 1971. *Foundations of Cyclopean Perception.* Chicago: University of Chicago Press.

Kenichi O, Reid RC. 2007. Specificity and randomness in the visual cortex. *Current Opinion in Neurobiology* 17:401–407.

Kourtzi Z, Connor CE. 2011. Neural representations for object perception: structure, category, and adaptive coding. *Annual Review of Neuroscience* 34:45–67.

Kravitz DJ, Kadharbatcha SS, Baker CI, Ungerleider LG, Mishkin M. 2013. The ventral visual pathway: an expanded neural framework for the processing of object quality. *Trends in Cognitive Sciences* 17:26–49.

Kreiman G. 2007. Single unit approaches to human vision and memory. *Current Opinion in Neurobiology* 17:471–475.

Kuffler SW. 1953. Discharge patterns and functional organization of mammalian retina. *Journal of Neurophysiology* 16:37–68.

Leopold DA. 2012. Primary visual cortex: awareness and blindsight. *Annual Review of Neuroscience* 35:91–109.

LeVay S, Wiesel TN, Hubel DH. 1980. The development of ocular dominance columns in normal and visually deprived monkeys. *Journal of Comparative Neurology* 191:1–51.

Livingstone M, Hubel D. 1984. Anatomy and physiology of a color system in the primate visual cortex. *Journal of Neuroscience* 4:309–356.

Martin K. 1994. A brief history of the "feature detector." *Cerebral Cortex* 4:1–7.

Milner AD, Goodale MA. 2008. Two visual systems re-viewed. *Neuropsychologia* 46:774–785.

Nassi JJ, Callaway EM. 2009. Parallel processing strategies of the primate visual system. *Nature Reviews Neuroscience* 10:360–372.

Ohki K, Chung S, Ch'ng YH, Kara P, Reid RC. 2005. Functional imaging with cellular resolution reveals precise microarchitecture in visual cortex. *Nature* 433:597–603.

Ohki K, Chung S, Kara P, Hubener M, Bonhoeffer T, Reid C. 2006. Highly ordered arrangement of single neurons in orientation pinwheels. *Nature* 442:925–928.

Ohki K, Reid RC. 2007. Specificity and randomness in the visual cortex. *Current Opinion in Neurobiology* 17:401–407.

Orban B. 2011. The extraction of 3D shape in the visual system of human and nonhuman primates. *Annual Review of Neuroscience* 34:361–388.

Palmer SE. 1999. *Vision Science: Photons to Phenomenology.* Cambridge, MA: MIT Press.

Paradiso MA. 2002. Perceptual and neuronal correspondence in primary visual cortex. *Current Opinion in Neurobiology* 12:155–161.

Salzman C, Britten K, Newsome W. 1990. Cortical microstimulation influences perceptual judgments of motion detection. *Nature* 346:174–177.

Sereno MI, Dale AM, Reppas JB, Kwong KK, Belliveau JW, Brady TJ, Rosen BR, Tootell RB. 1995. Borders of multiple visual areas in humans revealed by functional magnetic resonance imaging. *Science* 268:889–893.

Sharpee TO. 2013. Computational identification of receptive fields. *Annual Review of Neuroscience* 36:103–120.

Shepard RN. 1990. *Mind Sights: Original Visual Illusions, Ambiguities, and other Anomalies.* New York: W.H. Freeman.

Sherman SM. 2012. Thalamocortical interactions. *Current Opinion in Neurobiology* 22:575–579.

Sherman SM, Guillery RW. 2002. The role of the thalamus in the flow of information to the cortex. *Philosophical Transactions of the Royal Society of London B* 357:1695–1708.

Sincich LC, Horton JC. 2005. The circuitry of V1 and V2: integration of color, form, and motion. *Annual Review of Neuroscience* 28:303–326.

Singer W, Gray CM. 1995. Visual feature integration and the temporal correlation hypothesis. *Annual Review of Neuroscience* 18:555–586.

Tsao DY, Moeller S, Freiwald W. 2008. Comparing face patch systems in macaques and humans. *Proceedings of the National Academy of Science* 49:19514–19519.

Ts'o DY, Frostig RD, Lieke EE, Grinivald A. 1990. Functional organization of primate visual cortex revealed by high resolution optical imaging. *Science* 249:417–420.

Tyler C, Clarke MB. 1990. The autostereogram. *Proceedings of the International Society for Optical Engineering* 1256:182–197.

Weiner KS, Grill-Spector K. 2012. The improbable simplicity of the fusiform face area. *Trends in Cognitive Sciences* 16:251–254.

Zeki S. 1993. *A Vision of the Brain.* London: Blackwell Scientific.

Zeki S. 2003. Improbable areas in the visual brain. *Trends in Neuroscience* 26:23–26.

Zihl J, von Cramon D, Mai N. 1983. Selective disturbance of movement vision after bilateral brain damage. *Brain* 106:313–340.

第 11 章

Ashida G, Carr CE. 2011. Sound localization: Jeffress and beyond. *Current Opinion in Neurobiology* 21:745–751.

Baloh RW, Honrubia V. 2001. *Clinical Neurophysiology of the Vestibular System*, 3rd ed. New York: Oxford University Press.

Brandt T. 1991. Man in motion: historical and clinical aspects of vestibular function. A review. *Brain* 114:2159–2174.

Copeland BJ, Pillsbury HC 3rd. 2004. Cochlear implantation for the treatment of deafness. *Annual Review Medicine* 55:157–167.

Cullen KE. 2012. The vestibular system: multimodal integration and encoding of self-motion for motor control. *Trends in Neurosciences* 35:185–196.

Eatock RA, Songer JE. 2011. Vestibular hair cells and afferents: two channels for head motion signals. *Annual Review of Neuroscience* 34:501–534.

Goldberg JM. 1991. The vestibular end organs: morphological and physiological diversity of afferents. *Current Opinion in Neurobiology* 1:229–235.

Guinan JJ Jr, Salt A, Cheatham MA. 2012. Progress in cochlear physiology after Békésy. *Hearing Research* 293:12–20.

Holt JR, Pan B, Koussa MA, Asai Y. 2014. TMC function in hair cell transduction. *Hearing Research* 311:17–24..

Hudspeth AJ. 1997. How hearing happens. *Neuron* 19:947–950.

Joris PX, Schreiner CE, Rees A. 2004. Neural processing of amplitude-modulated sounds. *Physiological Reviews* 84:541–577.

Kazmierczak P, Müller U. 2012. Sensing sound: molecules that orchestrate mechanotransduction by hair cells. *Trends in Neurosciences* 35:220–229.

Kemp DT. 2002. Otoacoustic emissions, their origin in cochlear function, and use. *British Medical Bulletin* 63:223–241.

Knipper M, Van Dijk P, Nunes I, Rüttiger L, Zimmermann U. 2013. Advances in the neurobiology of hearing disorders: recent developments regarding the basis of tinnitus and hyperacusis. *Progress in Neurobiology* 111:17–33.

Konishi M. 2003. Coding of auditory space. *Annual Review of Neuroscience* 26:31–55.

Liberman MC, Gao J, He DZ, Wu X, Jia S, Zuo J. 2002. Prestin is required for electromotility of the outer hair cell and for the cochlear amplifier. *Nature* 419:300–304.

McAlpine D, Grothe B. 2003. Sound localization and delay lines—do mammals fit the model? *Trends in Neurosciences* 26:347–350.

Middlebrooks JC, Green DM. 1991. Sound localization by human listeners. *Annual Review of Psychology* 42:135–159.

Oertel D. 1997. Encoding of timing in the brain stem auditory nuclei of vertebrates. *Neuron* 19:959–962.

Oertel D, Doupe AJ. 2013. The auditory central nervous system. In *Principles of Neural Science,* 5th ed., eds. Kandel ER, Schwartz JH, Jessell TM, Siegelbaum SA, Hudspeth AJ. New York: McGraw-Hill Companies, Inc., pp. 682–711.

Palmer AR. 2004. Reassessing mechanisms of low-frequency sound localisation. *Current Opinion in Neurobiology* 14:457–460.

Rose JE, Hind JE, Anderson DJ, Brugge JF. 1971. Some effects of stimulus intensity on response of auditory nerve fibers in the squirrel monkey. *Journal of Neurophysiology* 24:685–699.

Ruggero MA, Rich NC. 1996. Furosemide alters organ of Corti mechanics: evidence for feedback of outer hair cells upon the basilar membrane. *Journal of Neuroscience* 11:1057–1067.

Santos-Sacchi J. 2003. New tunes from Corti's organ: the outer hair cell boogie rules. *Current Opinion in Neurobiology* 13:459–468.

Shamma SA, Micheyl C. 2010. Behind the scenes of auditory perception. *Current Opinion in Neurobiology* 20:361–366.

Simmons JA. 1989. A view of the world through the bat's ear: the formation of acoustic images in echolocation. *Cognition* 33:155–199.

Suga N. 1995. Processing of auditory information carried by species-specific complex sounds. In *The Cognitive Neurosciences,* ed. Gazzaniga MS. Cambridge, MA: MIT Press, pp. 295–314.

Trussell LO. 1999. Synaptic mechanisms for coding timing in auditory neurons. *Annual Review of Physiology* 61:477-496.

Volta A. 1800. On the electricity excited by mere contact of conducting substances of different kinds. *Philosophical Transactions of the Royal Society of London* 90:403–431.

von Békésy G. 1960. *Experiments in Hearing,* ed. and trans. Wever EG. New York: McGraw-Hill.

Zeng F-G. 2004. Trends in cochlear implants. *Trends in Amplification* 8:1–34.

Zenner H-P, Gummer AW. 1996. The vestibular system. In *Comprehensive Mammalian Physiology. From Cellular Mechanisms to Integration, Vol. 1,* eds. Greger R, Windhorst U. Berlin: Springer-Verlag, pp. 697–710.

第 12 章

Abraira VE, Ginty DD. 2013. The sensory neurons of touch. *Neuron* 79:618–639.

Bautista DM, Wilson SR, Hoon MA. 2014. Why we scratch an itch: the molecules, cells and circuits of itch. *Nature Neuroscience* 17:175–182.

Braz J, Solorzano C, Wang X, Basbaum AI. 2014. Transmitting pain and itch messages: a contemporary view of the spinal cord circuits that generate gate control. *Neuron* 82:522–536.

Chen R, Corwell B, Yaseen Z, Hallett M, Cohen L. 1998. Mechanisms of cortical reorganization in lower-limb amputees. *Journal of Neuroscience* 18(9):3443–3450.

Coste B, Mathur J, Schmidt M, Earley TJ, Ranade S, Petrus MJ, Dubin AE, Patapoutian A. 2010. Piezo1 and Piezo2 are essential components of distinct mechanically activated cation channels. *Science* 330:55–60.

Costigan M, Scholz J, Woolf CJ. 2009. Neuropathic pain: a maladaptive response of the nervous system to damage. *Annual Review of Neuroscience* 32:1–32.

Cox JJ, Reimann F, Nicholas AK, Thornton G, Roberts E, Springell K, Karbani G, Jafri H, Mannan J, Raashid Y, Al-Gazali L, Hamamy H, Valente EM, Gorman S, Williams R, McHale DP, Wood JN, Gribble FM, Woods CG. 2006. An SCN9A channelopathy causes congenital inability to experience pain. *Nature* 444:894–898.

DeFelipe C, Huerrero J, O'Brien J, Palmer J, Doyle C. 1998. Altered nociception, analgesia and aggression in mice lacking the receptor for substance P. *Nature* 392:394–397.

Diamond ME. 2010. Texture sensation through the fingertips and the whiskers. *Current Opinion in Neurobiology* 20:319–327.

Di Noto PM, Newman L, Wall S, Einstein G. 2013. The hermunculus: what is known about the representation of the female body in the brain? *Cerebral Cortex* 23:1005–1013.

Eijkelkamp N, Linley JE, Torres JM, Bee L, Dickenson AH, Gringhuis M, Minett MS, Hong GS, Lee E, Oh U, Ishikawa Y, Zwartkuis FJ, Cox JJ, Wood JN. 2013. A role for Piezo2 in EPAC1-dependent mechanical allodynia. *Nature Communications* 4:1682.

Eijkelkamp N, Quick K, Wood JN. 2013. Transient receptor potential channels and mechanosensation. *Annual Review of Neuroscience* 36:519–546.

Elbert T, Pantev C, Wienbruch C, Rockstroh B, Taub E. 1995. Increased cortical representation of the fingers of the left hand in string players. *Science* 270:305–306.

Fain GL. 2003. *Sensory Transduction*. Sunderland, MA: Sinauer.

Fields H. 2004. State-dependent opioid control of pain. *Nature Reviews Neuroscience* 5:565–575.

Gawande A. 2008, June 30. The itch. *The New Yorker*. 58–65.

Hsiao S. 2008. Central mechanisms of tactile shape perception. *Current Opinion in Neurobiology* 18:418–424.

Jenkins WM, Merzenich MM, Ochs MT, Allard T, Guic-Robles E. 1990. Functional reorganization of primary somatosensory cortex in adult owl monkeys after behaviorally controlled tactile stimulation. *Journal of Neurophysiology* 63:82–104.

Johnson KO, Hsiao SS. 1992. Neural mechanisms of tactile form and texture perception. *Annual Review of Neuroscience* 15:227–250.

Julius D, Basbaum AL. 2001. Molecular mechanisms of nociception. *Nature* 413:203–210.

Kaas SH, Nelson RH, Sur M, Merzenich MM. 1981. Organization of somatosensory cortex in primates. In *The Organization of the Cerebral Cortex*, eds. Schmitt FO, Worden FG, Adelman G, Dennis SG. Cambridge, MA: MIT Press, pp. 237–262.

Kass J. 1998. Phantoms of the brain. *Nature* 391:331–333.

Kell CA, von Kriegstein K, Rösler A, Kleinschmidt A, Laufs H. 2005. The sensory cortical representation of the human penis: revisiting somatotopy in the male homunculus. *Journal of Neuroscience* 25:5984–5987.

Loewenstein WR, Mendelson M. 1965. Components of receptor adaptation in a Pacinian corpuscle. *Journal of Physiology* 177:377–397.

Maksimovic S, Nakatani M, Baba Y, Nelson AM, Marshall KL, Wellnitz SA, Firozi P, Woo SH, Ranade S, Patapoutian A, Lumpkin EA. 2014. Epidermal Merkel cells are mechanosensory cells that tune mammalian touch receptors. *Nature* 509:617–621.

Mantyh PW, Rogers SD, Honore P, Allen BJ, Ghilardi JR, Li J, et al. 1997. Inhibition of hyperalgesia by ablation of lamina I spinal neurons expressing the substance P receptor. *Science* 278:275–279.

McGlone F, Wessberg J, Olausson H. 2014. Discriminative and affective touch: sensing and feeling. *Neuron* 82:737–755.

Melzack R, Wall P. 1983. *The Challenge of Pain*. New York: Basic Books.

Mendelson M, Loewenstein WR. 1964. Mechanisms of receptor adaptation. *Science* 144:554–555.

Merzenich MM, Nelson RJ, Stryker MP, Cynader MS, Schoppman A. 1984. Somatosensory cortical map changes following digit amputation in adult monkeys. *Journal of Comparative Neurology* 224:591–605.

Mountcastle VB. 1997. The columnar organization of the neocortex. *Brain* 120:701–722.

Patapoutian A, Peier AM, Story GM, Viswanath V. 2003. ThermoTrp channels and beyond: mechanisms of temperature sensation. *Nature Reviews Neuroscience* 4:529–539.

Penfield W, Rasmussen T. 1952. *The Cerebral Cortex of Man*. New York: Macmillan.

Ramachandran VS. 1998. Consciousness and body image: lessons from phantom limbs, Capgras syndrome and pain asymbolia. *Philosophical Transactions of the Royal Society of London. Series B, Biological Sciences* 353(1377):1851–1859.

Sacks O. 1985. *The Man Who Mistook His Wife for a Hat and Other Clinical Tales*. New York: Summit.

Sadato N, Pascual-Leone A, Grafman J, Ibanez V, Delber M-P. 1996. Activation of the primary visual cortex by Braille reading in blind subjects. *Nature* 380:526–527.

Schmidt RF. 1978. *Fundamentals of Sensory Physiology*. New York: Springer-Verlag.

Springer SP, Deutsch G. 1989. *Left Brain, Right Brain*. New York: W.H. Freeman.

Taddese A, Nah S-Y, McCleskey E. 1995. Selective opioid inhibition of small nociceptive neurons. *Science* 270:1366–1369.

Tsunozaki M, Bautista DM. 2009. Mammalian somatosensory mechanotransduction. *Current Opinion in Neurobiology* 19:1–8.

Vallbo Å. 1995. Single-afferent neurons and somatic sensation in humans. In *The Cognitive Neurosciences*, ed. Gazzaniga M. Cambridge, MA: MIT Press, pp. 237–251.

Vallbo Å, Johansson R. 1984. Properties of cutaneous mechanoreceptors in the human hand related to touch sensation. *Human Neurobiology* 3:3–14.

Wall P. 1994. The placebo and the placebo response. In *Textbook of Pain*, eds. Wall P, Melzack R. Edinburgh: Churchill Livingstone, pp. 1297–1308.

Woo SH, Ranade S, Weyer AD, Dubin AE, Baba Y, Qiu Z, Petrus M, Miyamoto T, Reddy K, Lumpkin EA, Stucky CL, Patapoutian A. 2014. Piezo2 is required for Merkel-cell mechanotransduction. *Nature* 509:622–626.

Woolsey TA, Van Der Loos H. 1970. The structural organization of layer IV in the somatosensory region (S1) of mouse cerebral cortex: the description of a cortical field composed of discrete cytoarchitectonic units. *Brain Research* 17:205–242.

第 13 章

Brown T. 1911. The intrinsic factors in the act of progression in the mammal. *Proceedings of the Royal Society of London Series B* 84:308–319.

Buller A, Eccles J, Eccles R. 1960. Interactions between motoneurons and muscles in respect to the characteristic speeds of their responses. *Journal of Physiology (London)* 150:417–439.

Bullinger KL, Nardelli P, Pinter MJ, Alvarez FJ, Cope TC. 2011. Permanent central synaptic disconnection of proprioceptors after nerve injury and regeneration. II. Loss of functional connectivity with motoneurons. *Journal of Neurophysiology* 106:2471–2485.

Burke RE, Levine DN, Tsairis P, Zajac FE 3rd. 1973. Physiological types and histochemical profiles in motor units of the cat gastrocnemius. *Journal of Physiology (London)* 234:723–748.

Dalkilic I, Kunkel LM. 2003. Muscular dystrophies: genes to pathogenesis. *Current Opinion in Genetics and Development* 13:231–238.

Eccles JC. 1974. Trophic interactions in the mammalian central nervous system. *Annals of the New York Academy of Sciences* 228:406–423.

Enoka RM, Pearson KG. 2013. The motor unit and muscle action. In *Principles of Neural Science*, 5th ed., eds. Kandel ER, Schwartz JH, Jessell TM, Siegelbaum SA, Hudspeth AJ. New York: McGraw-Hill.

Grillner S, Ekeberg Ö, El Manira A, Lansner A, Parker D, Tegnér J, Wallén P. 1998. Intrinsic function of a neuronal network: a vertebrate central pattern generator. *Brain Research Reviews* 26:184–197.

Haftel VK, Bichler EK, Wang QB, Prather JF, Pinter MJ, Cope TC. 2005. Central suppression of regenerated proprioceptive afferents. *Journal of Neuroscience* 25:4733–4742.

Henneman E, Somjen G, Carpenter D. 1965. Functional significance of cell size in spinal motoneurons. *Journal of Neurophysiology* 28:560–580.

Huxley A, Niedergerke R. 1954. Structural changes in muscle during contraction. Interference microscopy of living muscle fibres. *Nature* 173:971–973.

Huxley H, Hanson J. 1954. Changes in cross-striations of muscle during contraction and stretch and their structural interpretation. *Nature* 173:973–976.

Kernell D. 2006. *The Motoneurone and its Muscle Fibres*. New York: Oxford University Press.

Leung DG, Wagner KR. 2013. Therapeutic advances in muscular dystrophy. *Annals of Neurology* 74:404–411.

Lieber RL. 2002. *Skeletal Muscle Structure, Function, and Plasticity*, 2nd ed. Baltimore: Lippincott Williams & Wilkins.

Lømo T, Westgaard R, Dahl H. 1974. Contractile properties of muscle: control by pattern of muscle activity in the rat. *Proceedings of the Royal Society of London Series B* 187:99–103.

Mendell L, Henneman E. 1968. Terminals of single Ia fibers: distribution within a pool of 300 homonymous motor neurons. *Science* 160:96–98.

Nicolle MW. 2002. Myasthenia gravis. *The Neurologist* 8:2–21.

Patrick J, Lindstrom J. 1973. Autoimmune response to acetylcholine receptor. *Science* 180:871–872

Pette D. 2001. Historical perspectives: plasticity of mammalian skeletal muscle. *Journal of Applied Physiology* 90:1119–1124.

Poppele R, Bosco G. 2003. Sophisticated spinal contributions to motor control. *Trends in Neurosciences* 26:269–276.

Renton AE, Chiò A, Traynor BJ. 2014. State of play in amyotrophic lateral sclerosis genetics. *Nature Neuroscience* 17:17–23.

Rotterman TM, Nardelli P, Cope TC, Alvarez FJ. 2014. Normal distribution of VGLUT1 synapses on spinal motoneuron dendrites and their reorganization after nerve injury. *Journal of Neuroscience* 34:3475–3492.

Schouenborg J, Kiehn O, eds. 2001. The Segerfalk symposium on principles of spinal cord function, plasticity, and repair. *Brain Research Reviews* 40:1–329.

Sherrington C. 1947. *The Integrative Action of the Nervous System,* 2nd ed. New Haven: Yale University Press.

Sherrington C. 1979. 1924 Linacre lecture. In *Sherrington: His Life and Thought*, eds. Eccles JC, Gibson WC. New York: Springer-Verlag, p. 59.

Silvestri NJ, Wolfe GI. 2012. Myasthenia gravis. *Seminars in Neurology* 32:215–226.

Stein PSG, Grillner S, Selverston AI, Stuart DG, eds. 1999. *Neurons, Networks, and Motor Behavior*. Cambridge, MA: MIT Press.

Vucic S, Rothstein JD, Kiernan MC. 2014. Advances in treating amyotrophic lateral sclerosis: insights from pathophysiological studies. *Trends in Neuroscience* 37:433–442.

Wallen P, Grillner S. 1987. N-methyl-D-aspartate receptor-induced, inherent oscillatory activity in neurons active during fictive locomotion in the lamprey. *Journal of Neuroscience* 7:2745–2755.

Windhorst U. 2007. Muscle proprioceptive feedback and spinal networks. *Brain Research Bulletin* 73:155–202.

第 14 章

Alstermark B, Isa T. 2012. Circuits for skilled reaching and grasping. *Annual Review of Neuroscience* 35:559–578.

Andersen RA, Musallam S, Pesaran B. 2004. Selecting the signals for a brain-machine interface. *Current Opinion in Neurobiology* 14:720–726.

Betz W. 1874. Anatomischer Nachweis zweier Gehirncentra. *Centralblatt für die medizinischen Wissenschaften* 12:578–580, 595–599.

Blumenfeld H. 2011. *Neuroanatomy through Clinical Cases,* 2nd ed. Sunderland, MA: Sinauer.

Campbell A. 1905. *Histological Studies on the Localization of Cerebral Function*. Cambridge, England: Cambridge University Press.

The Cerebellum: Development, Physiology, and Plasticity. 1998. *Trends in Neurosciences* 21:367–419 (special issue).

Cheney PD, Fetz EE, Palmer SS. 1985. Patterns of facilitation and suppression of antagonist forelimb muscles from motor cortex sites in the awake monkey. *Journal of Neurophysiology* 53:805–820.

Dauer W, Przedborski S. 2003. Parkinson's disease: mechanisms and models. *Neuron* 39:889–909.

Donoghue JP. 2002. Connecting cortex to machines: recent advances in brain interfaces. *Nature Neuroscience* 5(Suppl):1085–1088.

Evarts EV. 1973. Brain mechanisms in movement. *Scientific American* 229:96–103.

Feigin A. 1998. Advances in Huntington's disease: implications for experimental therapeutics. *Current Opinion in Neurology* 11:357–362.

Ferrier D. 1890. The Croonian lectures on cerebral localisation. Delivered before the Royal College of Physicians, June 1890. London: Smith Elder, 61:152.

Foltynie T, Kahan J. 2013. Parkinson's disease: an update on pathogenesis and treatment. *Journal of Neurology* 260:1433–1440.

Fritsch G, Hitzig E. 1870/1960. On the electrical excitability of the cerebrum, trans. von Bonin G. In *Some Papers on the Cerebral Cortex*, Springfield: Thomas, 1960:73–96. Originally published in 1870.

Georgopoulos A, Caminiti R, Kalaska J, Massey J. 1983. Spatial coding of movement: a hypothesis concerning the coding of movement direction by motor control populations. *Experimental Brain Research* Suppl 7:327–336.

Georgopoulos A, Kalaska J, Caminiti R, Massey J. 1982. On the relations between the direction of two-dimensional arm movements and cell discharge in primate motor cortex. *Journal of Neuroscience* 2:1527–1537.

Glickstein M, Doron K. 2008. Cerebellum: connections and functions. *Cerebellum* 7:589–594.

Graziano M. 2006. The organization of behavioral repertoire in motor cortex. *Annual Review of Neuroscience* 29:105–134.

Kilner JM, Lemon RN. 2013. What we know currently about mirror neurons. *Current Biology* 23:R1057–R1062.

Langston JW, Palfreman J. 1995. *The Case of the Frozen Addicts*. New York: Pantheon.

Lawrence D, Kuypers H. 1968. The functional organization of the motor system in the monkey: I. The effects of bilateral pyramidal lesions. *Brain* 91:1–14.

Lawrence D, Kuypers H. 1968. The functional organization of the motor system in the monkey: II. The effects of lesions of the descending brain-stem pathways. *Brain* 91:15–36.

Lemon RN. 2008. Descending pathways in motor control. *Annual Review of Neuroscience* 31:195–218.

Lozano AM, Lipsman N. 2013. Probing and regulating dysfunctional circuits using deep brain stimulation. *Neuron* 77:406–424.

Porter R, Lemon R. 1993. *Corticospinal Function and Voluntary Movement*. Oxford, England: Clarendon Press.

Rizzolatti G, Fadiga L, Gallese V, Fogassi L. 1996. Premotor cortex and the recognition of motor actions. *Brain Research: Cognitive Brain Research* 3:131–141.

Rizzolatti G, Sinigaglia C. 2008. *Mirrors in the Brain: How Our Minds Share Actions and Emotions*. New York: Oxford University Press.

Roland PE, Zilles K. 1996. Functions and structures of the motor cortices in humans. *Current Opinion in Neurobiology* 6:773–781.

Roland P, Larsen B, Lassen N, Skinhøf E. 1980. Supplementary motor area and other cortical areas in organization of voluntary movements in man. *Journal of Neurophysiology* 43:118–136.

Sanes JN, Donoghue JP. 1997. Static and dynamic organization of motor cortex. *Advances in Neurology* 73:277–296.

Sanes JN, Donoghue JP. 2000. Plasticity and primary motor cortex. *Annual Review of Neuroscience* 23:393–415.

Schwalb JM, Hamani C. The history and future of deep brain stimulation. *Neurotherapeutics* 5:3–13.

Shadmehr R, Smith MA, Krakauer JW. 2010. Error correction, sensory prediction, and adaptation in motor control. *Annual Review of Neuroscience* 33:89–108.

Strange PG. 1992. *Brain Biochemistry and Brain Disorders*. New York: Oxford University Press.

Weinrich M, Wise S. 1982. The premotor cortex of the monkey. *Journal of Neuroscience* 2:1329–1345.

Wichmann T, DeLong MR. 2003. Functional neuroanatomy of the basal ganglia in Parkinson's disease. *Advances in Neurology* 91:9–18.

第 15 章

Aghananian GK, Marek GJ. 1999. Serotonin and hallucinogens. *Neuropsychopharmacology* 2(Suppl):16S–23S.

Appenzeller O. 1990. *The Autonomic Nervous System: An Introduction to Basic and Clinical Concepts*, 4th ed. New York: Elsevier.

Aston-Jones G, Bloom FE. 1981. Norepinephrine-containing locus coeruleus neurons in behaving rats exhibit pronounced responses to non-noxious environmental stimuli. *Journal of Neuroscience* 1:887–900.

Bloom FE. 2010. The catecholamine neuron: historical and future perspectives. *Progress in Neurobiology* 90:75–81.

Bloom FE, Hoffer BJ, Siggins GR. 1972. Norepinephrine mediated cerebellar synapses: a model system for neuropsychopharmacology. *Biological Psychiatry* 4:157–177.

Carlsson A. 2001. A paradigm shift in brain research. *Science* 294:1021–1024.

Cooper JR, Bloom FE, Roth RH. 2002. *The Biochemical Basis of Neuropharmacology*. New York: Oxford University Press.

Dahlstroem A, Fuxe K. 1964. A method for the demonstration of monoamine-containing nerve fibers in the central nervous system. *Acta Physiologica Scandinavica* 60:293–294.

Falck B, Hillarp NA. 1959. On the cellular localization of catechol amines in the brain. *Acta Anatomica* 38:277–279.

Foote SL, Bloom FE, Aston-Jones G. 1983. Nucleus locus ceruleus: new evidence of anatomical and physiological specificity. *Physiological Reviews* 63:844–914.

Furness, JB. 2012. The enteric nervous system and neurogastroenterology. *National Review of Gastroenterological Hepatology* 9:286–294.

Hofmann A. 1979. How LSD originated. *Journal of Psychedelic Drugs* 11:1–2.

Jänig W, McLachlan EM. 1992. Characteristics of function-specific pathways in the sympathetic nervous system. *Trends in Neurosciences* 15:475–481.

Kerr DS, Campbell LW, Applegate MD, Brodish A, Landsfield PW. 1991. Chronic stress-induced acceleration of electrophysiologic and morphometric biomarkers of hippocampal aging. *Journal of Neuroscience* 11:1316–1324.

Kerr DS, Campbell LW, Hao S-Y, Landsfield PW. 1989. Corticosteroid modulation of hippocampal potentials: increased effect with aging. *Science* 245:1505–1509.

Koob GF. 1992. Drugs of abuse: anatomy, pharmacology and function of reward pathways. *Trends in Pharmacological Sciences* 13:177–184.

McEwen BS. 2002. Sex, stress and the hippocampus: allostasis, allostatic load and the aging process. *Neurobiological Aging* 23(5):921–939.

McEwen BS, Schmeck HM. 1994. *The Hostage Brain*. New York: Rockefeller University Press.

Meyer JS, Quenzer LF. 2013. *Psychopharmacology: Drugs, the Brain, and Behavior*, 2nd ed. Sunderland, MA: Sinauer.

Moore RY, Bloom FE. 1979. Central catecholamine neuron systems: anatomy and physiology of the norepinephrine and epinephrine systems. *Annual Review of Neuroscience* 2:113–168.

Morrison JH, Foote SL, O'Connor D, Bloom FE. 1982. Laminar, tangential and regional organization of the noradrenergic innervation of monkey cortex: dopamine-beta-hydroxylase immunohistochemistry. *Brain Research Bulletin* 9:309–319.

Sapolsky RM. 1994. *Why Zebras Don't Get Ulcers: A Guide to Stress, Stress-Related Diseases, and Coping*. New York: W.H. Freeman.

Sapolsky RM, Krey LC, McEwen BS. 1986. The neuroendocrinology of stress and aging: the glucocorticoid cascade hypothesis. *Endocrine Reviews* 7:284–301.

Scharrer E, Scharrer B. 1939. Secretory cells within the hypothalamus. *Research Publications—Association for Research in Nervous and Mental Disease* 20:179–197.

Snyder SH. 1986. *Drugs and the Brain*. New York: Scientific American Books.

Watanabe Y, Gould E, McEwen BS. 1992. Stress induces atrophy of apical dendrites of hippocampal CA3 pyramidal neurons. *Brain Research* 588:341–345.

Wurtman RJ, Wurtman JJ. 1989. Carbohydrates and depression. *Scientific American* 260:68–75.

第 16 章

Berridge KC. 2004. Motivation concepts in behavioral neuroscience. *Physiology & Behavior* 81:179–209.

Berridge KC. 2009. "Liking" and "wanting" food rewards: brain substrates and roles in eating disorders. *Physiology & Behavior* 97:537–550.

Berridge KC, Robinson TE. 1998. What is the role of dopamine in reward: hedonic impact, reward learning, or incentive salience? *Brain Research Review* 28:308–367.

Di Marzo V, Ligresti A, Cristino L. 2009. The endocannabinoid system as a link between homoeostatic and hedonic pathways involved in energy balance regulation. *International Journal of Obesity (London)* 33(Suppl 2):S18–S24.

Flier JS. 2004. Obesity wars: molecular progress confronts an expanding epidemic. *Cell* 116:337–350.

Friedman JM. 2004. Modern science versus the stigma of obesity. *Nature Medicine* 10:563–569.

Friedman JM. 2009. Leptin at 14 y of age: an ongoing story. *The American Journal of Clinical Nutrition* 89:973S–979S.

Gao Q, Hovath TL. 2007. Neurobiology of feeding and energy expenditure. *Annual Review of Neuroscience* 30:367–398.

Gibson WT, Farooqui IS, Moreau M, DePaoli AM, Lawrence E, O'Rahilly S, Trussell RA. 2004. Congenital leptin deficiency due to homozygosity for the delta 133 mutation: report of another case and evaluation response to four years of leptin therapy. *Journal of Clinical Endocrinology and Metabolism* 89:4821–4826.

Glimcher PW, Fehr E. 2014. *Neuroeconomics: Decision Making and the Brain*, 2nd ed. San Diego, CA: Academic Press.

Heath RG. 1963. Electrical self-stimulation of the brain in man. *American Journal of Psychiatry* 120:571–577.

Hoebel BG. 1997. Neuroscience and appetitive behavior research: 25 years. *Appetite* 29:119–133.

Kauer JA, Malenka RC. 2007. Synaptic plasticity and addiction. *Nature Reviews Neuroscience* 8:844–858.

Koob GF, Sanna PP, Bloom FE. 1998. Neuroscience of addiction. *Neuron* 21:467–476.

Navakkode S, Korte M. 2014. Pharmacological activation of cb1 receptor modulates long term potentiation by interfering with protein synthesis. *Neuropharmacology* 79:525–533.

Olds J, Milner P. 1954. Positive reinforcement produced by electrical stimulation of the septal area and other regions of the rat brain. *Journal of Comparative Physiological Psychology* 47:419–427.

Saper CB, Chou TC, Elmquist JK. 2002. The need to feed: homeostatic and hedonic control of eating. *Neuron* 36:199–211.

Sawchenko PE. 1998. Toward a new neurobiology of energy balance, appetite, and obesity: the anatomists weigh in. *Journal of Comparative Neurology* 402:435–441.

Schultz W. 2002. Getting formal with dopamine and reward. *Neuron* 36:241–263.

Schultz W. 2013. Updating dopamine reward signals. *Current Opinion in Neurobiology* 23:229–238.

Schwartz DH, Hernandez L, Hoebel BG. 1990. Serotonin release in lateral and medial hypothalamus during feeding and its anticipation. *Brain Research Bulletin* 25:797–802.

Soria-Gomez E, Bellocchio L, Reguero L, Lepousez G, Martin C, Bendahmane M, Ruehle S, Remmers F, Desprez T, Matias I, Wiesner T, Cannich A, Nissant A, Wadleigh A, Pape HC, Chiarlone AP, Quarta C, Verrier D, Vincent P, Massa F, Lutz B, Guzmán M, Gurden H, Ferreira G, Lledo PM, Grandes P, Marsicano G. 2014. The endocannabinoid system controls food intake via olfactory processes. *Nature Neuroscience* 17:407–415.

Squire LR, Berg D, Bloom FE, du Lac S, Ghosh A, Spitzer NC. 2012. *Fundamental Neuroscience*, 4th ed. San Diego: Academic Press.

Wise RA. 2004. Dopamine, learning, and motivation. *Nature Reviews Neuroscience* 5:483–494.

Woods SC, Seeley RJ, Porte D, Schwartz MW. 1998. Signals that regulate food intake and energy homeostasis. *Science* 280:1378–1382.

Woods SC, Stricker EM. 1999. Food intake and metabolism. In *Fundamental Neuroscience*, eds. Zigmond MJ, Bloom FE, Landis SC, Roberts JL, Squire LR. New York: Academic Press, pp. 1091–1109.

第 17 章
Agate RJ, Grisham W, Wade J, Mann S, Wingfield J, Schanen C, Palotie A, Arnold AP. 2003. Neural, not gonadal, origin of brain sex differences in a gyn-andromorphic finch. *Proceedings of the National Academy of Sciences USA* 100:4873–4878.

Allen LS, Richey MF, Chai YM, Gorski RA. 1991. Sex differences in the corpus callosum of the living human being. *Journal of Neuroscience* 11:933–942.

Alvarez-Buylla A, Kirn JR. 1997. Birth, migration, incorporation, and death of vocal control neurons in adult songbirds. *Journal of Neurobiology* 33:585–601.

Amateau SK, McCarthy MM. 2004. Induction of PGE2 by estradiol mediates developmental masculinization of sex behavior. *Nature Neuroscience* 7:643–650.

Arnold AP. 2004. Sex chromosomes and brain gender. *Nature Reviews Neuroscience* 50:701–708.

Bakker J, Baum MJ. 2008. Role for estradiol in female-typical brain and behavioral sexual differentiation. *Frontiers in Neuroendocrinology* 29:1–16.

Bakker J, de Mees C, Douhard Q, Balthazart J, Gabant P, Szpirer J, Szpirer C. 2006. Alpha-fetoprotein protects the developing female mouse brain from masculinization and defeminization by estrogens. *Nature Neuroscience* 9:220–226.

Bartels A, Zeki S. 2004. The neural correlates of maternal and romantic love. *Neuroimage* 21:1155–1166.

Berne RM, Levy MN. 2009. *Physiology* 6th ed. St. Louis: Mosby.

Blum D. 1997. *Sex on the Brain: The Biological Differences Between Men and Women*. New York: Viking.

Breedlove SM. 1994. Sexual differentiation in the human nervous system. *Annual Review of Psychology* 45:389–418.

Colapinto J. 2001. *As Nature Made Him: The Boy Who Was Raised as a Girl*. New York: Harper Collins.

De Boer A, van Buel EM, ter Horst GJ. 2012. Love is more than just a kiss: a neurobiological perspective on love and affection. *Neuroscience* 201:114–124.

Dewing P, Shi T, Horvath S, Vilain E. 2003. Sexually dimorphic gene expression in mouse brain precedes gonadal differentiation. *Molecular Brain Research* 118:82–90.

Diamond J. 1997. *Why Is Sex Fun? The Evolution of Human Sexuality*. New York: Basic Books.

Fausto-Sterling A. 1992. *Myths of Gender: Biological Theories About Women and Men*. New York: Basic Books.

Fausto-Sterling A. 2000. *Sexing the Body*. New York: Basic Books.

Ferris CF, Kulkarni P, Sullivan JM Jr, Harder JA, Messenger TL, Febo M. 2005. Pup suckling is more rewarding than cocaine: evidence from functional magnetic resonance imaging and three-dimensional computational analysis. *Journal of Neuroscience* 25:149–156.

Garcia-Segura LM, Azcoitia I, DonCarlos LL. 2001. Neuroprotection by estradiol. *Progress in Neurobiology* 63:29–60.

Gilbert SF. 2013. *Developmental Biology*, 10th ed. Sunderland, MA: Sinauer.

Gould E, Woolley CS, Frankfurt M, McEwen BS. 1990. Gonadal steroids regulate spine density on hippocampal pyramidal cells in adulthood. *Journal of Neuroscience* 10:1286–1291.

Hamer DH, Hu S, Magnuson VL, Hu N, Pattatucci AM. 1993. A linkage between DNA markers on the X chromosome and male sexual orientation. *Science* 261:321–327.

Hines M. 2011. Gender development and the human brain. *Annual Review of Neuroscience* 34:69–88.

Insel TR, Young LJ. 2001. The neurobiology of attachment. *Nature Reviews Neuroscience* 2:129–136.

Kimura D. 1992. Sex differences in the brain. *Scientific American* 267:119–125.

Kimura D. 1996. Sex, sexual orientation and sex hormones influence human cognitive function. *Current Opinion in Neurobiology* 6:259–263.

Koopman P, Gubbay J, Vivian N, Goodfellow P, Lovell-Badge R. 1991. Male development of chromosomally female mice transgenic for Sry. *Nature* 351:117–121.

Kotrschal A, Rasanen K, Kristjansson BK, Senn M, Kolm N. 2012. Extreme sexual brain size dimorphism in sticklebacks: a consequence of the cognitive challenges of sex and parenting? *PLoS ONE* 7:1–4.

Kozorovitsky Y, Hughes M, Lee K, Gould E. 2006. Fatherhood affects dendritic spines and vasopressin V1a receptors in the primate prefrontal cortex. *Nature Neuroscience* 9:1094–1095.

LeVay S. 1991. A difference in hypothalamic structure between heterosexual and homosexual men. *Science* 253:1034–1037.

LeVay S. 1993. *The Sexual Brain.* Cambridge, MA: MIT Press.

LeVay S, Baldwin J. 2011. *Human Sexuality*, 4th ed. Sunderland, MA: Sinauer.

Lim MM, Wang Z, Olazabal DE, Ren X, Terwilliger EF, Young LJ. 2004. Enhanced partner preference in a promiscuous species by manipulating the expression of a single gene. *Nature* 429:754–757.

Maggi A, Ciana P, Belcredito S, Vegeto E. 2004. Estrogens in the nervous system: mechanisms and nonreproductive functions. *Annual Review of Physiology* 66:291–313.

McEwen BS. 1976. Interactions between hormones and nerve tissue. *Scientific American* 235:48–58.

McEwen BS. 1999. Permanence of brain sex differences and structural plasticity of the adult brain. *Proceedings of the National Academy of Sciences USA* 96:7128–7130.

McEwen BS, Akama KT, Spencer-Segal JL, Milner TA, Waters EM. 2012. Estrogen effects on the brain: actions beyond the hypothalamus via novel mechanisms. *Behavioral Neuroscience* 126:4–16.

McEwen BS, Davis PG, Parsons BS, Pfaff DW. 1979. The brain as a target for steroid hormone action. *Annual Review of Neuroscience* 2:65–112.

McLaren A. 1990. What makes a man a man? *Nature* 346:216–217.

Morris JA, Jordan CL, Breedlove SM. 2004. Sexual differentiation of the vertebrate nervous system. *Nature Neuroscience* 7:1034–1039.

Murphy DD, Cole NB, Greenberger V, Segal M. 1998. Estradiol increases dendritic spine density by reducing GABA neurotransmission in hippocampal neurons. *Journal of Neuroscience* 18:2550–2559.

Nottebohm F, Arnold AP. 1976. Sexual dimorphism in vocal control areas of the songbird brain. *Science* 194:211–213.

Pfaus JG. 1999. Neurobiology of sexual behavior. *Current Opinion in Neurobiology* 9:751–758.

Pfaus JG. 2009. Pathways of sexual desire. *Journal of Sexual Medicine* 6:1506–1533.

Rinn JL, Snyder M. 2005. Sexual dimorphism in mammalian gene expression. *Trends in Genetics* 21:298–305.

Roselli CE, Reddy RC, Kaufman KR. 2011. The development of male-oriented behavior in rams. *Frontiers in Neuroendocrinology* 32:164–169.

Rosenzweig MR, Breedlove SM, Watson NV. 2013. *Biological Psychology,* 7th ed. Sunderland, MA: Sinauer.

Sinclair AH, Berta P, Palmer MS, Hawkins JR, Griffiths BL, Smith MJ, Foster JW, Frischauf AM, Lovell-Badge R, Goodfellow PN. 1990. A gene from the human sex-determining region encodes a protein with homology to a conserved DNA-binding motif. *Nature* 346:240–242.

Smith MS, Freeman ME, Neill JD. 1975. The control of progesterone secretion during the estrous cycle and early pseudopregnancy in the rat: prolactin, gonadotropin and steroid levels associated with rescue of the corpus luteum of pseudopregnancy. *Endocrinology* 96:219–226.

Terasawa E, Timiras PS. 1968. Electrical activity during the estrous cycle of the rat: cyclical changes in limbic structures. *Endocrinology* 83:207–216.

Toran-Allerand CD. 1980. Sex steroids and the development of the newborn mouse hypothalamus and preoptic area in vitro. II. Morphological correlates and hormonal specificity. *Brain Research* 189:413–427.

Walum H, Westberg L, Henningsson S, Neiderhiser JM, Reiss D, Igl W, Ganiban JM, Spotts EL, Pedersen NL, Eriksson E, Lichtenstein P. 2008. Genetic variation in the vasopressin receptor 1a gene (AVPR1A) associates with pair-bonding behavior in humans. *Proceedings of the National Academy of Sciences* 105:14153–14156.

Woolley CS. 1999. Effects of estrogen in the CNS. *Current Opinion in Neurobiology* 9:349–354.

Woolley CS. 2007. Acute effects of estrogen on neuronal physiology. *Annual Review of Pharmacology and Toxicology* 47:657–680.

Woolley CS, Schwartzkroin PA. 1998. Hormonal effects on the brain. *Epilepsia* 39(Suppl):S2–S8.

Woolley CS, Weiland N, McEwen BS, Schwartzkroin PA. 1997. Estradiol increases the sensitivity of hippocampal CA1 pyramidal cells to NMDA receptor-mediated synaptic input: correlation with dendritic spine density. *Journal of Neuroscience* 17:1848–1859.

Wu MV, Shah NM. 2011. Control of masculinization of the brain and behavior. *Current Opinion in Neurobiology* 21:116–123.

Xerri C, Stern JM, Merzenich MM. 1994. Alterations of the cortical representation of the rat ventrum induced by nursing behavior. *Journal of Neuroscience* 14:1710–1721.

Young KA, Gobrogge KL, Liu Y, Wang Z. 2011. The neurobiology of pair bonding: insights from a socially monogamous rodent. *Frontiers in Neuroendocrinology* 32:53–69.

Young LJ, Wang Z, Insel TR. 1998. Neuroendocrine bases of monogamy. *Trends in Neurosciences* 21:71–75.

Yunis JJ, Chandler ME. 1977. The chromosomes of man—clinical and biologic significance: a review. *American Journal of Pathology* 88:466–495.

Zhao D, McBride D, Nandi S, McQueen HA, McGrew MJ, Hocking PM, Lewis PD, Sang HM, Clinton M. 2010. Somatic sex identity is cell autonomous in the chicken. *Nature* 464:237–243.

第18章

Adolphs R. 2002. Neural systems for recognizing emotion. *Current Opinion in Neurobiology* 12:169–177.

Adolphs R, Tranel D, Damasio H, Damasio A. 1994. Impaired recognition of emotion in facial expressions following bilateral damage to the human amygdala. *Nature* 372:669–672.

Aggleton JP. 1993. The contribution of the amygdala to normal and abnormal emotional states. *Trends in Neurosciences* 16:328–333.

Bard P. 1934. On emotional expression after decortication with some remarks on certain theoretical views. *Psychological Reviews* 41:309–329.

Barrett LF, Satpute AB. 2013. Large-scale networks in affective and social neuroscience: towards an integrative functional architecture of the brain. *Current Opinion in Neurobiology* 23:361–372.

Breiter HC, Etcoff NL, Whalen PJ, Kennedy WA, Rauch SL, Buckner RL, Strauss MM, Hyman SE, Rosen BR. 1996. Response and habituation of the human amygdala during visual processing of facial expression. *Neuron* 17:875–887.

Broca P. 1878. Anatomie compare de circonvolutions cérébrales. Le grand lobe limbique et la scissure limbique dans la série des mammifères. *Revue d'Anthropologie* 1:385–498.

Büchel C, Morris J, Dolan RJ, Friston KJ. 1998. Brain systems mediating aversive conditioning: an event-related fMRI study. *Neuron* 20:947–957.

Cannon WB. 1927. The James-Lange theory of emotion. *American Journal of Psychology* 39:106–124.

Dagleish T. 2004. The emotional brain. *Nature Reviews* 5:582–589.

Damasio A, Carvalho GB. 2013. The nature of feelings: evolutionary and neurobiological origins. *Nature Reviews Neuroscience* 14:143–152.

Damasio AR. 1989. Time-locked multiregional retroactivation: a systems level proposal for the neural substrates of recall and recognition. *Cognition* 33:25–62.

Damasio AR. 1994. *Descartes' Error*, 1st ed. New York: Penguin Books.

Damasio AR. 1996. The somatic marker hypothesis and the possible functions of the prefrontal cortex. *Transactions of the Royal Society (London)* 351:1413–1420.

Damasio H, Grabowski T, Frank R, Galaburda AM, Damasio AR. 1994. The return of Phineas Gage: clues about the brain from the skull of a famous patient. *Science* 264:1102–1105.

Darwin C. 1872/1955. *The Expression of the Emotions in Man and Animals*. New York: The Philosophical Library, 1955. Originally published in 1872.

Davis M. 1992. The role of the amygdala in fear and anxiety. *Annual Review of Neuroscience* 15:353–375.

Dolan RJ. 2002. Emotion, cognition, and behavior. *Science* 298:1191–1194.

Duke AA, Bell R, Begue L, Eisenlohr-Moul T. 2013. Revisiting the serotonin-aggression relation in humans: a meta-analysis. *Psychological Bulletin* 139:1148–1172.

Edwards DH, Kravitz EA. 1997. Serotonin, social status and aggression. *Current Opinion in Neurobiology* 7:812–819.

Flynn JP. 1967. The neural basis of aggression in cats. In *Neurophysiology and Emotion*, ed. Glass DC. New York: Rockefeller University Press.

Fulton JF. 1951. *Frontal Lobotomy and Affective Behavior. A Neurophysiological Analysis*. New York: Norton.

Gallagher M, Chiba AA. 1996. The amygdala and emotion. *Current Opinion in Neurobiology* 6:221–227.

Gendron M, Barrett LF. 2009. Reconstructing the past: a century of ideas about emotion in psychology. *Emotion Review* 1:316–339.

Gross CT, Canteras NS. 2012. The many paths to fear. *Nature Reviews Neuroscience* 13:651–658.

Hamann S. 2012. Mapping discrete and dimensional emotions onto the brain: controversies and consensus. *Trends in Cognitive Sciences* 16:458–466.

Hamann SB, Ely TD, Grafton ST, Kilts CD. 1999. Amygdala activity related to enhanced memory for pleasant and aversive stimuli. *Nature Neuroscience* 2:289–293.

Harlow JM. 1848. Passage of an iron rod through the head. *Boston Medical and Surgical Journal* 39:389–393.

Harlow JM. 1868. Recovery from the passage of an iron bar through the head. *Publication of the Massachusetts Medical Society* 2:329–347.

Heisler LK, Chu HM, Brennan TJ, Danao JA, Bajwa P, Parsons LH, Tecott LH. 1998. Elevated anxiety and antidepressant-like responses in serotonin 5-HT1A receptor mutant mice. *Proceedings of the National Academy of Sciences USA* 95:15049–15054.

Hess WR. 1954. *Diencephalon: Autonomic and Extrapyramidal Functions*. New York: Grune & Stratton.

Jacobsen CF, Wolf JB, Jackson TA. 1935. An experimental analysis of the functions of the frontal association areas in primates. *Journal of Nervous and Mental Disease* 82:1–14.

James W. 1884. What is an emotion? *Mind* 9:188–205.

Julius D. 1998. Serotonin receptor knockouts: a moody subject. *Proceedings of the National Academy of Sciences USA* 95:15153–15154.

Kalin NH. 1993. The neurobiology of fear. *Scientific American* 268:94–101.

Kapp BS, Pascoe JP, Bixler MA. 1984. The amygdala: a neuroanatomical systems approach to its contributions to aversive conditioning. In *Neuropsychology of Memory*, eds. Butler N, Squire LR. New York: Guilford.

Klüver H, Bucy PC. 1939. Preliminary analysis of functions of the temporal lobes in monkeys. *Archives of Neurology and Psychiatry* 42:979–1000.

LaBar KS, Gatenby JC, Gore JC, LeDoux JE, Phelps EA. 1998. Human amygdala activation during conditioned fear acquisition and extinction: a mixed-trial fMRI study. *Neuron* 20:937–945.

Lange CG. 1887. *Uber Gemuthsbewegungen*. Liepzig: T. Thomas.

LeDoux JE. 1994. Emotion, memory and the brain. *Scientific American* 270:50–57.

LeDoux JE. 2012. Rethinking the emotional brain. *Neuron* 73:653–676.

Lindquist KA, Wager TD, Kober H, Bliss-Moreau E, Barrett LF. 2012. The brain basis of emotion: a meta-analytic review. *Behavioral and Brain Sciences* 35:121–143.

MacLean PD. 1955. The limbic system ("visceral brain") and emotional behavior. *Archives of Neurology and Psychiatry* 73:130–134.

McGaugh JL. 2004. The amygdala modulates the consolidation of memories of emotionally arousing experiences. *Annual Review of Neuroscience* 27:1–28.

Meyer K, Damasio A. 2009. Convergence and divergence in a neural architecture for recognition and memory. *Trends in Neurosciences* 32(7):376–382.

Morris JS, Öhman A, Dolan RJ. 1998. Conscious and unconscious emotional learning in the human amygdala. *Nature* 393:467–470.

Nummenmaa L, Glerean E, Hari R, Hietanen JK. 2014. Bodily maps of emotions. *Proceedings of the National Academy of Sciences USA* 111:646–651.

Olivier B, van Oorschot R. 2005. 5-HT$_{1B}$ receptors and aggression: a review. *European Journal of Pharmacology* 526:207–217.

Papez JW. 1937. A proposed mechanism of emotion. *Archives of Neurology and Psychiatry* 38:725–743.

Pare D, Quirk GJ, LeDoux JE. 2004. New vistas on amygdala networks in conditioned fear. *Journal of Neurophysiology* 92:1–9.

Pessoa L, Ungerleider LG. 2005. Neuroimaging studies of attention and the processing of emotion-laden stimuli. *Progress in Brain Research* 144:171–182.

Pribram KH. 1954. Towards a science of neuropsychology (method and data). In *Current Trends in Psychology and the Behavioral Sciences*, ed. Patton RA. Pittsburgh: University of Pittsburgh Press.

Raleigh MJ, McGuire MT, Brammer GL, Pollack DB, Yuwiler A. 1991. Serotonergic mechanisms promote dominance acquisition in adult vervet monkeys. *Brain Research* 559:181–190.

Saudou F, Amara DA, Dierich A, LeMeur M, Ramboz S, Segu L, Buhot MC, Hen R. 1994. Enhanced aggressive behavior in mice lacking 5-HT1B receptor. *Science* 265:1875–1878.

van Wyhe J, ed. 2002. *The Complete Work of Charles Darwin Online.*

第 19 章

Albrecht U. 2012. Timing to perfection: the biology of central and peripheral circadian clocks. *Neuron* 74:246–260.

Bal T, McCormick DA. 1993. Mechanisms of oscillatory activity in guinea-pig nucleus reticularis thalami *in vitro*: a mammalian pacemaker. *Journal of Physiology (London)* 468:669–691.

Basheer R, Strecker RE, Thakkar MM, McCarley RW. 2004. Adenosine and sleep-wake regulation. *Progress in Neurobiology* 73:379–396.

Berger H. 1929. Über das elektroenkephalogramm des menschen. *Archiv für Psychiatrie und Nervenkrankheiten* 87:527–570. Translated and republished as: Berger H. 1969. On the electroencephalogram of man. *Electroencephalography Clinical Neurophysiology* Suppl 28:37–73.

Berson DM. 2003. Strange vision: ganglion cells as circadian photoreceptors. *Trends in Neurosciences* 26:314–320.

Braun AR, Balkin TJ, Wesensten NJ, Gwadry F, Carson RE, Varga M, Baldwin P, Belenky G, Herscovitch P. 1998. Dissociated pattern of activity in visual cortices and their projections during human rapid eye movement sleep. *Science* 279:91–95.

Brown RE, Basheer R, McKenna JT, Strecker RE, McCarley RW. 2012. Control of sleep and wakefulness. *Physiological Reviews* 92:1087–1187.

Brzezinski A, Vangel MG, Wurtman RJ, Norrie G, Zhdanova I, Ben-Shushan A, Ford I. 2005. Effects of exogenous melatonin on sleep: a meta-analysis. *Sleep Medicine Reviews* 9:41–50.

Buzsáki G. 2006. *Rhythms of the Brain.* New York: Oxford University Press.

Buzsáki G, Anastassiou CA, Koch C. 2012. The origin of extracellular fields and currents—EEG, ECoG, LFP and spikes. *Nature Reviews Neuroscience* 13:407–420.

Buzsáki G, Logothetis N, Singer W. 2013. Scaling brain size, keeping timing: evolutionary preservation of brain rhythms. *Neuron* 80:751–764.

Carskadon MA, ed. 1993. *Encyclopedia of Sleep and Dreaming.* New York: Macmillan.

Carskadon MA, Acebo C, Jenni OG. 2004. Regulation of adolescent sleep: implications for behavior. *Annals of the New York Academy of Sciences* 1021:276–291.

Caton R. 1875. The electric currents of the brain. *British Medical Journal* 2:278.

Chemelli RM, Willie JT, Sinton CM, Elmquist JK, Scammell T, Lee C, Richardson JA, Williams SC, Xiong Y, Kisanuki Y, Fitch TE, Nakazato M, Hammer RE, Saper CB, Yanagisawa M. 1999. Narcolepsy in orexin knockout mice: molecular genetics of sleep regulation. *Cell* 98:437–451.

Cirelli C, Gutierrez CM, Tononi G. 2004. Extensive and divergent effects of sleep and wakefulness on brain gene expression. *Neuron* 41:35–43.

Cirelli C, Tononi G. 2008. Is sleep essential? *PLoS Biology* 6:e216.

Coleman RM. 1986. *Wide Awake at 3:00 A.M. by Choice or by Chance?* New York: W.H. Freeman.

Czeisler CA, Duffy JF, Shanahan TL, Brown EN, Mitchell JF, Rimmer DW, Ronda JM, Silva EJ, Allan JS, Emens JS, Dijk DJ, Kronauer RE. 1999. Stability, precision, and near-24-hour period of the human circadian pacemaker. *Science* 284:2177–2181.

Dement WC. 1976. *Some Must Watch While Some Must Sleep.* San Francisco: San Francisco Book Company.

Do MT, Yau KW. 2010. Intrinsically photosensitive retinal ganglion cells. *Physiological Reviews* 90:1547–1581.

Edgar DM, Dement WC, Fuller CA. 1993. Effect of SCN lesions on sleep in squirrel monkeys: evidence for opponent processes in sleep-wake regulation. *Journal of Neuroscience* 13:1065–1079.

Engel AK, Fries P. 2010. Beta-band oscillations—signaling the status quo? *Current Opinion in Neurobiology* 20:156–165.

Engel AK, Fries P, Singer W. 2001. Dynamic predictions: oscillations and synchrony in top-down processing. *Nature Reviews Neuroscience* 2:704–716.

Freeman W. 1991. The physiology of perception. *Scientific American* 264:78–85.

Fries P. 2009. Neuronal gamma-band synchronization as a fundamental process in cortical computation. *Annual Review of Neuroscience* 32:209–224.

Gekakis N, Staknis D, Nguyen HB, Davis FC, Wilsbacher LD, King DP, Takahashi JS, Weitz CJ. 1998. Role of the CLOCK protein in the mammalian circadian mechanism. *Science* 280:1564–1568.

Goldberg EM, Coulter DA. 2013. Mechanisms of epileptogenesis: a convergence on neural circuit dysfunction. *Nature Reviews Neuroscience* 14:337–349.

Greene R, Siegel J. 2004. Sleep: a functional enigma. *NeuroMolecular Medicine* 5:59–68.

Hobson JA. 1993. Sleep and dreaming. *Current Opinion in Neurobiology* 10:371–382.

Horne JA. 1988. *Why We Sleep: The Functions of Sleep in Humans and Other Mammals.* New York: Oxford University Press.

Jackson JH. 1932. *Selected Writings of John Hughlings Jackson,* ed. Taylor J. London: Hodder and Stoughton.

Jacobs MP, Leblanc GG, Brooks-Kayal A, Jensen FE, Lowenstein DH, Noebels JL, Spencer DD, Swann JW. 2009. Curing epilepsy: progress and future directions. *Epilepsy and Behavior* 14:438–445.

Karni A, Tanne D, Rubenstein BS, Akenasy JJM, Sagi D. 1994. Dependence on REM sleep of overnight performance of a perceptual skill. *Science* 265:679–682.

Kisanuki Y, Fitch TE, Nakazato M, Hammer RE, Saper CB, Yanagisawa M. 1999. Narcolepsy in orexin knockout mice: molecular genetics of sleep regulation. *Cell* 98:437–451.

Lamberg L. 1994. *Bodyrhythms: Chronobiology and Peak Performance.* New York: Morrow.

Lin L, Faraco J, Li R, Kadotani H, Rogers W, Lin X, Qiu X, de Jong PJ, Nishino S, Mignot E. 1999. The sleep disorder canine narcolepsy is caused by a mutation in the hypocretin (orexin) receptor 2 gene. *Cell* 98:365–376.

Lowrey PL, Takahashi JS. 2004. Mammalian circadian biology: elucidating genome-wide levels of temporal organization. *Annual Review of Genomics and Human Genetics* 5:407–441.

Lyamin OI, Manger PR, Ridgway SH, Mukhametov LM, Siegel JM. 2008. Cetacean sleep: an unusual form of mammalian sleep. *Neuroscience Biobehavioral Reviews* 32:1451–1484.

McCarley RW, Massaquoi SG. 1986. A limit cycle reciprocal interaction model of the REM sleep oscillator system. *American Journal of Physiology* 251:R1011.

McCormick DA, Bal T. 1997. Sleep and arousal: thalamocortical mechanisms. *Annual Review of Neuroscience* 20:185–216.

McCormick DA, Pape H-C. 1990. Properties of a hyperpolarization-activated cation current and its role in rhythmic oscillation in thalamic relay neurones. *Journal of Physiology (London)* 431:291–318.

Mohawk JA, Green CB, Takahashi JS. 2012. Central and peripheral circadian clocks in mammals. *Annual Review of Neuroscience* 35:445–462.

Moruzzi G. 1964. Reticular influences on the EEG. *Electroencephalography and Clinical Neurophysiology* 16:2–17.

Mukhametov LM. 1984. Sleep in marine mammals. In *Sleep Mechanisms*, eds. Borbély AA, Valatx JL. Munich: Springer-Verlag, pp. 227–238.

Noebels JL. 2003. The biology of epilepsy genes. *Annual Review of Neuroscience* 26:599–625.

Novarino G, Baek ST, Gleeson JG. 2013. The sacred disease: the puzzling genetics of epileptic disorders. *Neuron* 80:9–11.

Obal F Jr, Krueger JM. 2003. Biochemical regulation of non-rapid eye-movement sleep. *Frontiers in Bioscience* 8:520–550.

Pappenheimer JR, Koski G, Fencl V, Karnovsky ML, Krueger J. 1975. Extraction of sleep-promoting factor S from cerebrospinal fluid and from brains of sleep-deprived animals. *Journal of Neurophysiology* 38:1299–1311.

Partinen M, Kornum BR, Plazzi G, Jennum P, Julkunen I, Vaarala O. 2014. Narcolepsy as an autoimmune disease: the role of H1N1 infection and vaccination. *Lancet Neurology* 13:600–613.

Porkka-Heiskanen T, Strecker RE, Thakkar M, Bjorkum AA, Greene RW, McCarley RW. 1997. Adenosine: a mediator of the sleep inducing effects of prolonged wakefulness. *Science* 276:1265–1268.

Purves D, Augustine GJ, Fitzpatrick D, Hall WC, LaMantia AS, McNamara JO, Williams SM. 2004. *Neuroscience*, 3rd ed. Sunderland MA: Sinauer.

Ralph MR, Foster RG, Davis FC, Menaker M. 1990. Transplanted suprachiasmatic nucleus determines circadian period. *Science* 247:975–978.

Ralph MR, Menaker M. 1988. A mutation of the circadian system in golden hamsters. *Science* 241:1225–1227.

Savage N. 2014. The complexities of epilepsy. *Nature* 511:S2–S3.

Shaw PJ, Cirelli C, Greenspan RJ, Tononi G. 2000. Correlates of sleep and waking in *Drosophila melanogaster*. *Science* 287:1834–1837.

Siegel JM. 2004. Hypocretin (orexin): role in normal behavior and neuropathology. *Annual Review of Psychology* 55:125–148.

Steriade M, McCormick DA, Sejnowski TJ. 1993. Thalamocortical oscillations in the sleeping and aroused brain. *Science* 262:679–685.

Thannickal TC, Moore RY, Nienhuis R, Ramanathan L, Gulyani S, Aldrich M, Cornford M, Siegel JM. 2000. Reduced number of hypocretin neurons in human narcolepsy. *Neuron* 27:469–474.

Wheless JW, Castillo E, Maggio V, Kim HL, Breier JI, Simos PG, Papanicolaou AC. 2004. Magnetoencephalography (MEG) and magnetic source imaging (MSI). *The Neurologist* 10:138–153.

Winson J. 1993. The biology and function of rapid eye movement sleep. *Current Opinion in Neurobiology* 3:243–248.

Yamaguchi S, Isejima H, Matsuo T, Okura R, Yagita K, Kobayashi M, Okamura H. 2003. Synchronization of cellular clocks in the suprachiasmatic nucleus. *Science* 302:1408–1412.

第 20 章

Baynes K, Eliassen JC, Lutsep HL, Gazzaniga MS. 1988. Modular organization of cognitive systems masked by interhemispheric integration. *Science* 280:902–905.

Berwick RC, Friederici AD, Chomsky N, Bolhuis JJ. 2013. Evolution, brain, and the nature of language. *Trends in Cognitive Sciences* 17:89–98.

Binder JR, Frost JA, Hammeke TA, Cox RW, Rao SM, Prieto T. 1997. Human brain language areas identified by functional magnetic resonance imaging. *Journal of Neuroscience* 17:353–362.

Bookeheimer S. 2002. Functional MRI of language: new approaches to understanding the cortical organization of semantic processing. *Annual Review of Neuroscience* 25:51–188.

Broca P. 1861. Perte de la parole, ramollissement chronique et destruction partielle du lobe anterieur gauche du cerveau. *Bulletins de la Societe d'Anthropologie* 2:235–238.

Damasio AR, Damasio H. 1992. Brain and language. *Scientific American* 267:88–95.

Dehaene-Lambertz G, Dehaene S, Hertz-Pannier L. 2002. Functional neuroimaging of speech perception in infants. *Science* 298:2013–2015.

Deutscher G. 2010. *Through the Looking Glass: Why the World Looks Different in Other Languages*. New York: Picador.

Dronkers NF, Plaisant O, Iba-Zizen MT, Cabanis EA. 2007. Paul Broca's historic cases high resolution MR imaging of the brains of Leborgne and Lelong. *Brain* 130:1432–1441.

Friederici, AD. 2012. The cortical language circuit: from auditory perception to sentence comprehension. *Trends in Cognitive Sciences* 16:262–268.

Fromkin V, Rodman R. 2013. *An Introduction to Language*, 10th ed. New York: Wadsworth Publishing Company.

Gardner H. 1974. *The Shattered Mind*. New York: Vintage Books.

Gardner RA, Gardner B. 1969. Teaching sign language to a chimpanzee. *Science* 165:664–672.

Gazzaniga MS. 1970. *The Bisected Brain*. New York: Appleton-Century-Crofts.

Geschwind N. 1979. Specializations of the human brain. *Scientific American* 241:180–199.

Geschwind N, Levitsky W. 1968. Human-brain: left-right asymmetries in temporal speech region. *Science* 161:186–187.

Graham SA, Fisher SE. 2013. Decoding the genetics of speech and language. *Current Opinion in Neurobiology* 23:43–51.

Hobaiter C, Byrne RW. 2014. The meanings of chimpanzee gestures. *Current Biology* 24:1596–1600.

Kuhl PK. 2004. Early language acquisition: cracking the speech code. *Nature Reviews Neuroscience* 5:831–843.

Kuhl PK. 2010. Brain mechanisms in early language acquisition. *Neuron* 67:713–727.

Lehericy S, Cohen L, Bazin B, Samson S, Giacomini E, Rougetet R, Hertz-Pannier L, Le Bihan D, Marsault C, Baulac M. 2000. Functional MR evaluation of temporal and frontal language dominance compared with the Wada test. *Neurology* 54:1625–1633.

Neville HJ, Bavelier D, Corina D, Rauschecker J, Karni A, Lalwani A, Braun A, Clark V, Jezzard P, Turner R. 1998. Cerebral organization for language in deaf and hearing subjects: biological constraints and effects of experience. *Proceedings of the National Academy of Sciences USA* 95:922–929.

Ojemann G, Mateer C. 1979. Human language cortex: localization of memory, syntax, and sequential motor-phoneme identification systems. *Science* 205:1401–1403.

Patterson FG. 1978. The gestures of a gorilla: language acquisition in another pongid. *Brain and Language* 5:56–71.

Penfield W, Rasmussen T. 1950. *The Cerebral Cortex of Man*. New York: Macmillan.

Petersen SE, Fox PT, Posner MI, Mintum M, Raichle ME. 1988. Positron emission tomographic studies of the cortical anatomy of single-word processing. *Nature* 331:585–589.

Pinker S. 1994. *The Language Instinct*. New York: Morrow.

Posner MI, Raichle M. 1994. *Images of Mind*. New York: Scientific American Library.

Rasmussen T, Milner B. 1977. The role of early left-brain injury in determining lateralization of cerebral speech functions. *Annals of New York Academy of Sciences* 299:355–369.

Sadato N, Pascual-Leone A, Grafman J, Ibanez V, Deiber M, Dold G, Hallett M. 1996. Activation of the primary visual cortex by Braille reading in blind subjects. *Nature* 380:526–528.

Saffran EM. 2000. Aphasia and the relationship of language and brain. *Seminars in Neurology* 20:409–418.

Saffran JR, Aslin RN, Newport EL. 1996. Statistical learning by 8-month-old infants. *Science* 274:1926–1928.

Saygin AP, Dick F, Wilson SW, Dronkers NF. Bates E. 2003. Neural resources for processing language and environmental sounds: evidence from aphasia. *Brain* 126:928–945.

Scott SK, Johnsrude IS. 2002. The neuroanatomical and functional organization of speech perception. *Trends in Neurosciences* 26:100–107.

Sperry RW. 1964. The great cerebral commissure. *Scientific American* 210:42–52.

Spreer J, Arnold S, Quiske A, Wohlfarth R, Ziyeh S, Altenmuller D, Herpers M,

Kassubek J, Klisch J, Steinhoff BJ, Honegger J, Schulze-Bonhage A, Schumacher M. 2002. Determination of hemisphere dominance for language: comparison of frontal and temporal fMRI activation with intracarotid amytal testing. *Neuroradiology* 44:467–474.

Vargha-Khadem F, Gadian DG, Copp A, Mishkin M. 2005. *FOXP2* and the neuroanatomy of speech and language. *Nature Reviews Neuroscience* 6:131–138.

Wada JA, Clarke R, Hamm A. 1975. Cerebral hemispheric asymmetry in humans. Cortical speech zones in 100 adults and 100 infant brains. *Archaeological Neurology* 32:239–246.

Watkins KE, Dronkers NF, Vargha-Khadem F. 2002. Behavioural analysis of an inherited speech and language disorder: comparison with acquired aphasia. *Brain* 125:452–464.

Wernicke C. 1874/1977. Der aphasische symptomenkomplex: eine psychologische studie auf anatomischer basis, trans. Eggert GH. In *Wernicke's Works on Aphasia: A Sourcebook and Review*. The Hague: Mouton, 1977. Originally published in 1874.

第 21 章

Addis DR, Wong AT, Schacter DL. 2007. Remembering the past and imagining the future: common and distinct neural substrates during event construction and elaboration. *Neuropsychologia* 45:1363–1377.

Behrmann M, Geng JJ, Shomstein S. 2004. Parietal cortex and attention. *Current Opinion in Neurobiology* 14:212–217.

Bisley JW, Goldberg ME. 2010. Attention, intention, and priority in the parietal lobe. *Annual Review of Neuroscience* 33:1–21.

Borji A, Itti L. 2013. State-of-the-art in visual attention modeling. *IEEE Transactions on Pattern Analysis and Machine Intelligence* 35:185–207.

Brefczynski JA, DeYoe EA. 1999. A physiological correlate of the "spotlight" of visual attention. *Nature Neuroscience* 2:370–374.

Buckner RL, Andrews-Hanna JR, Schacter DL. 2008. The brain's default network: anatomy, function, and relevance to disease. *Annals of the New York Academy of Sciences* 1124:1–38.

Chalmers DJ. 1995. Facing up to the problem of consciousness. *Journal of Consciousness Studies* 2:200–219.

Cohen MA, Dennett DC. 2011. Consciousness cannot be separated from function. *Trends in Cognitive Science* 15:358–364.

Corbetta M, Miezin FM, Dobmeyer S, Shulman GL, Petersen SE. 1990. Attentional modulation of neural processing of shape, color, and velocity in humans. *Science* 248:1556–1559.

Courtney SM, Ungerleider LG, Keil K, Haxby JV. 1997. Transient and sustained activity in a distributed neural system for human working memory. *Nature* 386:608–611.

Crick R. 1994. *The Astonishing Hypothesis: The Scientific Search for the Soul*. New York: Scribner's.

Crick F, Koch C, Kreiman G, Fried I. 2004. Consciousness and neurosurgery. *Neurosurgery* 55:273–282.

Fried F, MacDonald KA, Wilson CL. 1997. Single neuron activity in human hippocampus and amygdala during recognition of faces and objects. *Neuron* 18:753–765.

Itti L, Koch C. 2001. Computational modeling of visual attention. *Nature Reviews Neuroscience* 2:194–203.

Koch C, Greenfield S. 2007. How does consciousness happen? *Scientific American* 297:76–83.

Koubeissi MZ, Bartolomei F, Beltagy A, Picard F. 2014. Electrical stimulation of a small brain area reversibly disrupts consciousness. *Epilepsy & Behavior* 37:32–35.

Kreiman G, Koch C, Fried I. 2000. Imagery neurons in the human brain. *Nature* 408:357–361.

Mesulam MM. 1999. Spatial attention and neglect: parietal, frontal and cingulate contributions to the mental representation and attentional targeting of salient extrapersonal events. *Philosophical Transactions of the Royal Society of London. Series B, Biological Sciences* 1387:1325–1346.

Miller EK, Buschman TJ. 2013. Cortical circuits for the control of attention. *Current Opinion in Neurobiology* 23:216–222.

Moore T, Armstrong KM. 2003. Selective gating of visual signals by microstimulation of frontal cortex. *Nature* 421:370–373.

Moore T, Fallah M. 2001. Control of eye movements and spatial attention. *Proceedings of the National Academy of Sciences USA* 98:1273–1276.

Moran J, Desimone R. 1985. Selective attention gates visual processing in the extrastriate cortex. *Science* 229:782–784.

Noudoost B, Chang MH, Steimetz NA, Moore T. 2010. Top-down control of visual attention. *Current Opinion in Neurobiology* 20:183–190.

Olfson M. 2004. New options in the pharmacological management of attention-deficit/hyperactivity disorder. *American Journal of Managed Care* 10(4)(Suppl):S117–S124.

Pessoa L, Ungerleider LG. 2004. Neuroimaging studies of attention and the processing of emotion-laden stimuli. *Progress in Brain Research* 144:171–182.

Petersen SE, Fox PT, Posner MI, Mintum M, Raichle ME. 1988. Positron emission tomographic studies of the cortical anatomy of single-word processing. *Nature* 331:585–589.

Posner MI, Petersen SE. 1990. The attention system of the human brain. *Annual Review of Neuroscience* 13:25–42.

Posner MI, Raichle M. 1994. *Images of Mind*. New York: Scientific American Library.

Posner MI, Snyder CRR, Davidson BJ. 1980. Attention and the detection of signals. *Journal of Experimental Psychology General* 109:160–174.

Ptak R. 2012. The frontoparietal attention network of the brain: action, saliency, and a priority map of the environment. *Neuroscientist* 18:502–515.

Raichle ME, Snyder AZ. 2007. A default mode of brain function: a brief history of an evolving idea. *Neuroimage* 37:1083–1090.

Rees G, Kreiman G, Koch C. 2002. Neural correlates of consciousness in humans. 2002. *Nature Reviews Neuroscience* 3:261–270.

Sheinberg DL, Logothetis NK. 1997. The role of temporal cortical areas in perceptual organization. *Proceedings of the National Academy of Sciences* 94:3408–3413.

Shipp S. 2004. The brain circuitry of attention. *Trends in Cognitive Science* 8:223–230.

Tong F, Nakayama K, Vaughn JT, Kanwisher N. 1998. Binocular rivalry and visual awareness in human extrastriate cortex. *Neuron* 21:753–759.

Treue S. 2003. Visual attention: the where, what, how and why of saliency. *Current Opinion in Neurobiology* 13:428–432.

Wurtz RH, Goldberg ME, Robinson DL. 1982. Brain mechanisms of visual attention. *Scientific American* 246:124–135.

第 22 章

American Psychiatric Association. 2013. *Diagnostic and Statistical Manual of Mental Disorders*, 5th ed. Arlington, VA: American Psychiatric Association.

Andreasen NC. 1984. *The Broken Brain*. New York: Harper Collins.

Andreasen NC. 2004. *Brave New Brain: Conquering Mental Illness in the Era of the Genome*. New York: Oxford University Press.

Barondes SH. 1993. *Molecules and Mental Illness*. New York: W.H. Freeman.

Cade JFJ. 1949. Lithium salts in the treatment of psychotic excitement. *Medical Journal of Australia* 36:349–352.

Callicott JH. 2003. An expanded role for functional neuroimaging in schizophrenia. *Current Opinion in Neurobiology* 13:256–260.

Charney DS, Nestler EJ, eds. 2009. *Neurobiology of Mental Illness*, 3rd ed. New York: Oxford University Press.

Corfas G, Roy K, Buxbaum JD. 2004. Neuregulin 1-erbB signaling and the molecular/cellular basis of schizophrenia. *Nature Neuroscience* 7:575–580.

Davidson RJ, Abercrombie H, Nitschke JB, Putnam K. 1999. Regional brain function, emotion and disorders of emotion. *Current Opinion in Neurobiology* 9:228–234.

Fogel BS, Schiffer RB, Rao SM, Fogel BS. 2003. *Neuropsychiatry: A Comprehensive Textbook* 2nd ed. Baltimore: Lippincott Williams & Wilkins.

Freud S. 1920/1990. *Beyond the Pleasure Principle*. New York: Norton, 1990. Originally published in 1920.

Gordon JA, Hen R. 2004. Genetic approaches to the study of anxiety. *Annual Review of Neuroscience* 27:193–222.

Gottesman II. 1991. *Schizophrenia Genesis*. New York: W.H. Freeman.

Harrison PJ, Weinberger DR. 2005. Schizophrenia genes, gene expression, and neuropathology: on the matter of their convergence. *Molecular Psychiatry* 10:40–68.

Heuser I. 1998. The hypothalamic-pituitary-adrenal system in depression. Anna-Monika-Prize paper. *Pharmacopsychiatry* 31:10–13.

Holtzheimer PE, Mayberg HS. 2011. Deep brain stimulation for psychiatric disorders. *Annual Review of Neuroscience* 34:289–307.

Insel TR. 2012. Next generation treatments for psychiatric disorders. *Science Translational Medicine* 4:1–9.

Lewis DA, Levitt P. 2002. Schizophrenia as a disorder of neurodevelopment. *Annual Review of Neuroscience* 25:409–432.

Liu D, Diorio J, Tannenbaum B, Caldji C, Francis D, Freedman A, Sharma S, Pearson D, Plotsky PM, Meaney MJ. 1997. Maternal care, hippocampal glucocorticoid receptors, and hypothalamic-pituitary-adrenal responses to stress. *Science* 277:1659–1662.

Malberg JE, Eisch AJ, Nestler EJ, Duman RS. 2000. Chronic antidepressant treatment increases neurogenesis in adult rat hippocampus. *Journal of Neuroscience* 20:9104–9110.

Malizia AL, Cunningham VJ, Bell CJ, Liddle PF, Jones T, Nutt DJ. 1998. Decreased brain GABA(A)-benzodiazepine receptor binding in panic disorder: preliminary results from a quantitative PET study. *Archives General Psychiatry* 55:715–720.

Mayberg HS. 2009. Targeted electrode-based modulation of neural circuits for depression. *The Journal of Clinical Investigation.* 119:717–725.

Mayberg HS, Lozano AM, Voon V, McNeely HE, Seminowicz D, Hamani C, Schwalb JM, Kennedy SH. 2005. Deep brain stimulation for treatment-resistant depression. *Neuron.* 45:651–660.

McCarthy SE, McCombie WR, Corvin A. 2014. Unlocking the treasure trove: from genes to schizophrenia biology. *Schizophrenia Bulletin* 40:492–496.

Moghaddam B, Wolf ME, eds. 2003. Glutamate and disorders of cognition and motivation. *Annals of the New York Academy of Sciences* 1003:1–484.

Mohn AR, Gainetdinov RR, Caron MG, Koller BH. 1999. Mice with reduced NMDA receptor expression display behaviors related to schizophrenia. *Cell* 98:427–436.

Morris BJ, Cochran SM, Pratt JA. 2005. PCP: from pharmacology to modelling schizophrenia. *Current Opinion in Pharmacology* 5:101–106.

Nemeroff CB. 1998. The neurobiology of depression. *Scientific American* 278(6):42–49.

Santarelli L, Saxe M, Gross C, Surget A, Battaglia F, Dulawa S, Weisstaub N, Lee J, Duman R, Arancio O, Belzung C, Hen R. 2003. Requirement of hippocampal neurogenesis for the behavioral effects of antidepressants. *Science* 301:805–809.

Satcher D. 1999. *Mental Health: A Report of the Surgeon General*. Washington, DC: US Government Printing Office.

Seeman P. 1980. Brain dopamine receptors. *Pharmacological Reviews* 32:229–313.

Slater E, Meyer A. 1959. Contributions to a pathology of the musicians. *Confinia Psychiatrica* 2:65–94.

Thompson PM, Vidal C, Giedd JN, Gochman P, Blumenthal J, Nicolson R, Toga AW, Rapoport JL. 2001. Mapping adolescent brain change reveals dynamic wave of accelerated gray matter loss in very early-onset schizophrenia. *Proceedings of the National Academy of Sciences USA* 98:11650–11655.

Winterer G, Weinberger DR. 2004. Genes, dopamine and cortical signal-to-noise ratio in schizophrenia. *Trends in Neurosciences* 27:683–690.

Wong ML, Licinio J. 2001. Research and treatment approaches to depression. *Nature Reviews Neuroscience* 2:343–351.

Zhang X, Gainetdinov RR, Beaulieu JM, Sotnikova TD, Burch LH, Williams RB, Schwartz DA, Krishnan KR, Caron MG. 2005. Loss-of-function mutation in tryptophan hydroxylase-2 identified in unipolar major depression. *Neuron* 45:11–16.

第 23 章

Altman J, Das GD. 1965. Autoradiographic and histological evidence of postnatal hippocampal neurogenesis in rats. *Journal of Comparative Neurology* 124:319–335.

Balice-Gordon RJ, Lichtman JW. 1994. Long-term synapse loss induced by focal blockade of postsynaptic receptors. *Nature* 372:519–524.

Bear MF. 2003. Bidirectional synaptic plasticity: from theory to reality. *Philosophical Transactions of the Royal Society of London. Series B, Biological Sciences* 358:649–655.

Bear MF, Huber KM, Warren ST. 2004. The mGluR theory of fragile X mental retardation. *Trends in Neurosciences* 27:370–377.

Bear MF, Kleinschmidt A, Gu Q, Singer W. 1990. Disruption of experience-dependent synaptic modifications in striate cortex by infusion of an NMDA receptor antagonist. *Journal of Neuroscience* 10:909–925.

Bear MF, Singer W. 1986. Modulation of visual cortical plasticity by acetylcholine and noradrenaline. *Nature* 320:172–176.

Bourgeois J, Rakic P. 1993. Changes of synaptic density in the primary visual cortex of the macaque monkey from fetal to adult stage. *Journal of Neuroscience* 13:2801–2820.

Cooke SF, Bear MF. 2014. How the mechanisms of long-term synaptic potentiation and depression serve experience-dependent plasticity in primary visual cortex. *Philosophical Transactions of the Royal Society of London. Series B, Biological Sciences* 369:20130284.

Dehay C, Kennedy H. 2007. Cell-cycle control and cortical development. *National Review of Neuroscience* 8(6):438–450.

Dudek SM, Bear MF. 1989. A biochemical correlate of the critical period for synaptic modification in the visual cortex. *Science* 246:673–675.

Espinosa JS, Styker MP. 2012. Development and plasticity of the primary visual cortex. *Neuron* 75:230-249.

Fish JL, Dehay C, Kennedy H, Huttner WB. 2008. Making bigger brains-the evolution of neural-progenitor-cell division. *Journal of Cell Science* 121(Pt 17):2783–2793.

Fixsen W, Sternberg P, Ellis H, Horvitz R. 1985. Genes that affect cell fates during the development of *Caenorhabditis elegans*. *Cold Spring Harbor Symposium on Quantitative Biology* 50:99–104.

Ghosh A, Carnahan J, Greenberg M. 1994. Requirement for BDNF in activity-dependent survival of cortical neurons. *Science* 263:1618–1623.

Goda Y, Davis GW. 2003. Mechanisms of synapse assembly and disassembly. *Neuron* 40:243–264.

Goldberg JL, Barres BA. 2000. Nogo in nerve regeneration. *Nature* 403:369–370.

Hamasaki T, Leingartner A, Ringstedt T, O'Leary DD. 2004. EMX2 regulates sizes and positioning of the primary sensory and motor areas in neocortex by direct specification of cortical progenitors. *Neuron* 43(3):359–372.

Harris WC, Holt CE. 1999. Slit, the midline repellent. *Nature* 398:462–463.

Hebb DO. 1949. *Organization of Behavior*. New York: Wiley.

Heynen AJ, Yoon BJ, Liu CH, Chung HJ, Huganir RL, Bear MF. 2003. Molecular mechanism for loss of visual responsiveness following brief monocular deprivation. *Nature Neuroscience* 6:854–862.

Honda T, Tabata H, Nakajima K. 2003. Cellular and molecular mechanisms of neuronal migration in neocortical development. *Seminars in Cellular and Developmental Biology* 14:169–174.

Huang ZJ, Kirkwood A, Pizzorusso T, Porciatti V, Morales B, Bear MF, Maffei L, Tonegawa S. 1999. BDNF regulates the maturation of inhibition and the critical period of plasticity in mouse visual cortex. *Cell* 98:39–55.

Katz LC, Crowley JC. 2002. Development of cortical circuits: lessons from ocular dominance columns. *Nature Reviews Neuroscience* 3(1):34–42.

Kempermann G, Wiskott L, Gage FH. 2004. Functional significance of adult neurogenesis. *Current Opinion in Neurobiology* 14:186–191.

Kennedy T, Serafini T, Torre JDL, Tessier-Lavigne M. 1994. Netrins are diffusible chemotropic factors for commissural axons in the embryonic spinal cord. *Cell* 78:425–435.

Law MI, Constantine-Paton M. 1981. Anatomy and physiology of experimentally produced striped tecta. *Journal of Neuroscience* 1:741–759.

LeVay S, Stryker MP, Shatz CJ. 1978. Ocular dominance columns and their development in layer IV of the cat's visual cortex: a quantitative study. *Journal of Comparative Neurology* 179:223–244.

Levi-Montalcini R, Cohen S. 1960. Effects of the extract of the mouse submaxillary salivary glands on the sympathetic system of mammals. *Annals of the New York Academy of Sciences* 85:324–341.

Liao D, Zhang X, O'Brien R, Ehlers MD, Huganir RL. 1999. Regulation of morphological postsynaptic silent synapses in developing hippocampal neurons. *Nature Neuroscience* 2:37–43.

McConnel SK. 1995. Constructing the cerebral cortex: neurogenesis and fate determination. *Neuron* 15:761–768.

McLaughlin T, O'Leary DDM. 2005. Molecular gradients and development of retinotopic maps. *Annual Review of Neuroscience* 28:327–355.

Meister M, Wong R, Baylor D, Shatz C. 1991. Synchronous bursts of action potentials in ganglion cells of the developing mammalian retina. *Science* 252:939–943.

Mioche L, Singer W. 1989. Chronic recordings from single sites of kitten striate cortex during experience-dependent modifications of receptive-field properties. *Journal of Neurophysiology* 62:185–197.

Mower GD. 1991. The effect of dark rearing on the time course of the critical period in cat visual cortex. *Developmental Brain Research* 58:151–158.

Paton JA, Nottebohm FN. 1984. Neurons generated in the adult brain are recruited into functional circuits. *Science* 225:1046–1048.

Price DJ, Jarman AP, Mason JO, Kind PC. 2011. *Building Brains: An Introduction to Neural Development*. Boston: Wiley-Blackwell.

Richardson PM, McGuinness UM, Aguayo AJ. 1980. Axons from CNS neurons regenerate into PNS grafts. *Nature* 284:264–265.

Ross SE, Greenberg ME, Stiles CD. 2003. Basic helix-loop-helix factors in cortical development. *Neuron* 39:13–25.

Schlagger BL, O'Leary DD. 1991. Potential of visual cortex to develop an array of functional units unique to somatosensory cortex. *Science* 252:1556–1560.

Spalding KL, Bergmann O, Alkass K, Bernard S, Salehpour M, Huttner HB, Boström E, Westerlund I, Vial C, Buchholz BA, Possnert G, Mash DC, Druid H, Frisén J. 2013. Dynamics of hippocampal neurogenesis in adult humans. *Cell* 153:1219–1227.

Sperry R. 1963. Chemoaffinity in the orderly growth of nerve fiber patterns and connections. *Proceedings of the National Academy of Sciences USA* 4:703–710.

Stoner R, Chow ML, Boyle MP, Sunkin SM, Mouton PR, Roy S, Wynshaw-Boris A, Colamarino SA, Lein ES, Courchesne E. 2014. Patches of disorganization in the neocortex of children with autism. *The New England Journal of Medicine* 370:1209–1219.

Tessier-Lavigne M, Goodman CS. 1996. The molecular biology of axon guidance. *Science* 274:1123–1133.

Walsh C, Cepko C. 1992. Widespread dispersion of neuronal clones across functional regions of the cerebral cortex. *Science* 255:434.

Whitford KL, Pijkhuizen P, Polleux F, Ghosh A. 2002. Molecular control of cortical dendrite development. *Annual Review of Neuroscience* 25:127–149.

Wiesel T. 1982. Postnatal development of the visual cortex and the influence of the environment. *Nature* 299:583–592.

Wiesel TN, Hubel DH. 1963. Single cell responses in striate cortex of kittens deprived of vision in one eye. *Journal of Neurophysiology* 26:1003–1017.

第 24 章

Baddeley A. 2003. Working memory: looking back and looking forward. *Nature Reviews Neuroscience* 4:829–839.

Brunet A, Orr, SP, Tremblay J, Robertson K, Nader K, Pitman RK. 2008. Effect of post-retrieval propranolol on psychophysiologic responding during subsequent script-driven traumatic imagery in post-traumatic stress disorder. *Journal of Psychiatric Research* 42:503–506.

Cohen NJ, Eichenbaum H. 1993. *Memory, Amnesia, and the Hippocampal System*. Cambridge, MA: MIT Press.

Corkin S. 2002. What's new with the amnesic patient H.M.? *Nature Reviews Neuroscience* 3:153–160.

Corkin S. 2013. *Permanent Present Tense: The Unforgettable Life of the Amnesic Patient H.M*. New York: Basic Books.

Courtney SM, Ungerleider LG, Keil K, Haxby JV. 1996. Object and spatial visual working memory activate separate neural systems in human cortex. *Cerebral Cortex* 6:39–49.

Courtney SM, Ungerleider LG, Keil K, Haxby JV. 1997. Transient and sustained activity in a distributed neural system for human working memory. Nature 386:608–611.

Desimone R, Albright TD, Gross CG, Bruce C. 1984. Stimulus selective properties of inferior temporal neurons in the macaque. *Journal of Neuroscience* 4:2051–2062.

Doeller CF, Barry C, Burgess N. 2010. Evidence for grid cells in a human memory network. *Nature* 463:657–661.

Eichenbaum H. 2000. A cortical hippocampal system for declarative memory. *Nature Reviews Neuroscience* 1:41–50.

Eichenbaum H. 2011. *The Cognitive Neuroscience of Memory*. New York: Oxford University Press.

Eichenbaum H, Dudchenko P, Wood E, Shapiro M, Tanila H. 1999. The hippocampus, memory, and place cells: is it spatial memory or a memory space? *Neuron* 23:209–226.

Eichenbaum H, Fagan H, Mathews P, Cohen NJ. 1988. Hippocampal system dysfunction and odor discrimination learning in rats: impairment or facilitation depending on representational demands. *Behavioral Neuroscience* 102:331–339.

Fried F, MacDonald KA, Wilson CL. 1997. Single neuron activity in human hippocampus and amygdala during recognition of faces and objects. *Neuron* 18:753–765.

Fuster JM. 1973. Unit activity in prefrontal cortex during delayed response performance: neuronal correlates of transient memory. *Journal of Neurophysiology* 36:61–78.

Fuster JM. 1995. *Memory in the Cerebral Cortex*. Cambridge, MA: MIT Press.

Gauthier I, Skularski P, Gore JC, Anderson AW. 2000. Expertise for cars and birds recruits brain areas involved in face recognition. *Nature Neuroscience* 3:191–197.

Gnadt JW, Andersen RA. 1988. Memory related motor planning activity in posterior parietal cortex of macaque. *Experimental Brain Research* 70:216–220.

Goldman-Rakic P. 1992. Working memory and the mind. *Scientific American* 267:111–117.

Graff J, Joseph NF, Horn ME, Samiei A, Meng J, Seo J, Rei D, Bero AW, Phan TX, Wagner F, Holson E, Xu J, Sun J, Neve RL, Mach RH, Haggarty SJ, Tsai LH. 2014. Epigenetic priming of memory updating during reconsolidation to attenuate remote fear memories. *Cell* 156:261–276.

Haxby JV, Petit L, Ungerleider LG, Courtney SM. 2000. Distinguishing the functional roles of multiple regions in distributed neural systems for visual working memory. *Neuroimage* 11:380–391.

Hebb DO. 1949. *The Organization of Behavior: A Neuropsychological Theory*. New York: Wiley.

Jog MS, Kubota Y, Connolly CI, Hillegaart V, Graybiel AM. 1999. Building neural representations of habits. *Science* 286:1745–1749.

Kandel ER, Dudai Y, Mayford MR. 2014. The molecular and systems biology of memory. *Cell* 157:163–186.

Knowlton BJ, Mangels JA, Squire LR. 1996. A neostriatal habit learning system in humans. *Science* 273:1399–1402.

Lashley KS. 1929. *Brain Mechanisms and Intelligence*. Chicago: University of Chicago Press.

Luria A. 1968. *The Mind of a Mnemonist*. Cambridge, MA: Harvard University Press.

Ma WJ, Husain M, Bays PM. 2014. Changing concepts of working memory. *Nature Neuroscience* 17:347–356.

Maguire EA, Burgess N, Donnett JG, Frackowiak RS, Frith CD, O'Keefe J. 1998. Knowing where and getting there: a human navigation network. *Science* 280:921–924.

McKenzie S, Eichenbaum H. 2011. Consolidation and reconsolidation: two lives of memories? *Neuron* 71:224–233.

Mishkin M, Appenzeller T. 1987. The anatomy of memory. *Scientific American* 256:80–89.

Morris RGM. 1984. Developments of a water-maze procedure for studying spatial learning in the rat. *Journal of Neuroscience Methods* 11:47–60.

Moser EI, Kropff E, Moser M. 2008. Place cells, grid cells, and the brain's spatial representation system. *Annual Review of Neuroscience* 31:69–89.

Nadel L, Hardt O. 2011. Update on memory systems and processes. *Neuropsychopharmacology* 36:251–273.

O'Keefe JA. 1979. Place units in the hippocampus of the freely moving rat. *Experimental Neurology* 51:78–109.

O'Keefe JA, Nadel L. 1978. *The Hippocampus as a Cognitive Map*. London: Oxford University Press.

Olton DS, Samuelson RJ. 1976. Remembrance of places passed: spatial memory in rats. *Journal of Experimental Psychology* 2:97–116.

Passingham D, Sakai K. 2004. The prefrontal cortex and working memory: physiology and brain imaging. *Current Opinion in Neurobiology* 14:163–168.

Penfield W. 1958. *The Excitable Cortex in Conscious Man*. Liverpool: Liverpool University Press.

Quiroga RQ, Kreiman G, Koch C, Fried I. 2008. Sparse but not "grandmother-cell" coding in the medial temporal lobe. *Trends in Cognitive Sciences* 12:87–91.

Quiroga RQ, Reddy L, Kreiman G, Koch C, Fried I. 2005. Invariant visual representation by single neurons in the human brain. *Nature* 435:1102–1107.

Ramirez S, Liu X, Lin P, Suh J, Pignatelli M, Redondo RL, Ryan TJ, Tonegawa S. 2013. Creating a false memory in the hippocampus. *Science* 341:387–391.

Scoville WB, Milner B. 1957. Loss of recent memory after bilateral hippocampal lesions. *Journal of Neurology, Neurosurgery, and Psychiatry* 20:11–21.

Squire LR, Stark CEL, Clark RE. 2004. The medial temporal lobe. *Annual Review of Neuroscience* 27:279–306.

Squire LR, Wixted JT. 2011. The cognitive neuroscience of human memory since H.M. *Annual Review of Neuroscience* 34:259–288.

Wang S, Morris RGM. 2010. Hippocampal-neocortical interactions in memory formation, consolidation, and reconsolidation. *Annual Review of Psychology* 61:49–79.

Wilson MA, McNaughton BL. 1993. Dynamics of the hippocampal ensemble code for space. *Science* 261:1055–1058.

Zola-Morgan S, Squire LR, Amaral DG, Suzuki WA. 1989. Lesions of perirhinal and parahippocampal cortex that spare the amygdala and hippocampal formation produce severe memory impairment. *Journal of Neuroscience* 9:4355–4370.

第 25 章

Abraham WC, Logan B, Greenwood JM, Dragunow M. 2002. Induction and experience-dependent consolidation of stable long-term potentiation lasting months in the hippocampus. *Journal of Neuroscience* 22:9626–9634.

Abraham WC, Robins A. 2005. Memory retention: the synaptic stability versus plasticity dilemma. *Trends in Neuroscience* 28:73–78.

Bailey CH, Kandel ER. 1993. Structural changes accompanying memory storage. *Annual Review of Neuroscience* 55:397–426.

Bear MF. 1996. A synaptic basis for memory storage in the cerebral cortex. *Proceedings of the National Academy of Sciences USA* 93:13453–13459.

Bear MF. 2003. Bidirectional synaptic plasticity: from theory to reality. *Philosophical Transactions of the Royal Society of London. Series B, Biological Sciences* 358:649–655.

Bienenstock EL, Cooper LN, Munro PW. 1982. Theory for the development of neuron selectivity: orientation specificity and binocular interaction in visual cortex. *Journal of Neuroscience* 2:32–48.

Blais BA, Cooper LN, Shouval H. 2000. Formation of direction selectivity in natural scene environments. *Neural Computation* 12:1057–1066.

Blais BS, Intrator N, Shouval HZ, Cooper LN. 1998. Receptive field formation in natural scene environments: comparison of single-cell learning rules. *Neural Computation* 10:1797–1813.

Bliss TVP, Collingridge GL. 1993. A synaptic model of memory: long-term potentiation in the hippocampus. *Nature* 361:31–39.

Bredt DS, Nicoll RA. 2003. AMPA receptor trafficking at excitatory synapses. *Neuron* 40:361–379.

Cajal SR. 1894. The Croonian Lecture: la fine structure des centres nerveux. *Philosophical Transactions of the Royal Society of London. Series B, Biological Sciences* 55:344–468.

Carew TJ, Sahley CL. 1986. Invertebrate learning and memory: from behavior to molecules. *Annual Review of Neuroscience* 9:435–487.

Castellucci VF, Kandel ER. 1974. A quantal analysis of the synaptic depression underlying habituation of the gill-withdrawal reflex in *Aplysia*. *Proceedings of the National Academy of Sciences USA* 77:7492–7496.

Chen WR, Lee S, Kato K, Spencer DD, Shepherd GM, Williamson A. 1996. Long-term modifications of synaptic efficacy in the human inferior and middle temporal cortex. *Proceedings of the National Academy of Sciences USA* 93:8011–8015.

Colledge M, Snyder EM, Crozier RA, Soderling JA, Jin Y, Langeberg LK, Lu H, Bear MF, Scott JD. 2003. Ubiquitination regulates PSD-95 degradation and AMPA receptor surface expression. *Neuron* 40:595–607.

Cooper LN, Bear MF. 2012. The BCM theory of synapse modification at 30: interaction of theory and experiment. *Nature Reviews Neuroscience* 13:798–810.

Davis HP, Squire LR. Protein synthesis and memory. 1984. *Psychological Bulletin* 96:518–559.

Dudai Y, Jan YN, Byers D, Quinn WG, Benzer S. 1976. Dunce, a mutant of *Drosophila* deficient in learning. *Proceedings of the National Academy of Sciences USA* 73:1684–1688.

Dudek SM, Bear MF. 1992. Homosynaptic long-term depression in area CA1 of hippocampus and effects of N-methyl-D-aspartate receptor blockade. *Proceedings of the National Academy of Sciences USA* 89:4363–4367.

Hofer SB, Bonhoeffer T. 2010. Dendritic spines: the stuff that memories are made of? *Current Biology* 20:R157–R159.

Ito M. 1982. Experimental verification of Marr-Albus' plasticity assumption for the cerebellum. *Acta Biology* 33:189–199.

Kandel ER. 1970. Nerve cells and behavior. *Scientific American* 223:57–67.

Kandel ER. 2001. The molecular biology of memory storage: a dialogue between genes and synapses. *Science* 294:1030–1038.

Kandel ER. 2006. *In Search of Memory: The Emergence of a New Science of Mind.* New York: Norton.

Kessels HW, Malinow R. 2009. Synaptic AMPA receptor plasticity and behavior. *Neuron* 61:340–350.

Kirkwood A, Bear MF. 1994. Homosynaptic long-term depression in the visual cortex. *Journal of Neuroscience* 14:3404–3412.

Kirkwood A, Rioult MC, Bear MF. Experience-dependent modification of synaptic plasticity in visual cortex. *Nature* 1996;381:526–528.

Konorski J. 1948. *Conditioned Reflexes and Neuron Organization.* Cambridge, MA: University Press.

Leopold DA, Bondar IV, Giese MA. 2006. Norm-based face encoding by single neurons in the monkey inferotemporal cortex. *Nature* 442:572–575.

Levy WB, Steward O. 1983. Temporal contiguity requirements for long-term associative potentiation/depression in the hippocampus. *Neuroscience* 8:791–797.

Linden DJ, Connor JA. 1993. Cellular mechanisms of long-term depression in the cerebellum. *Current Opinion in Neurobiology* 3:401–406.

Lisman JE, Fallon JR. 1999. What maintains memories? *Science* 283:339–340.

Lisman J, Schulman H, Cline H. 2002. The molecular basis of CaMKII function in synaptic and behavioural memory. *Nature Reviews Neuroscience* 3:175–190.

Lynch G, Baudry M. 1984. The biochemistry of memory: a new and specific hypothesis. *Science* 224(4653):1057–1063.

Malenka RC, Bear MF. 2004. LTP and LTD: an embarrassment of riches. *Neuron* 44:5–21.

Malinow R. 2003. AMPA receptor trafficking and long-term potentiation. *Philosophical Transactions of the Royal Society of London. Series B, Biological Sciences* 358:707–714.

Markram H, Lubke J, Frotscher M, Sakmann B. 1997. Regulation of synaptic efficacy by coincidence of postsynaptic APs and EPSPs. *Science* 275:213–215.

Marr D. 1969. A theory of cerebellar cortex. *Journal of Physiology* 202:437–470.

Morris RGM, Anderson E, Lynch GS, Baudry M. 1986. Selective impairment of learning and blockade of long-term potentiation by an *N*-methyl-D-aspartate receptor antagonist, AP5. *Nature* 319:774–776.

Quinlan EM, Olstein DH, Bear MF. 1999. Bidirectional, experience-dependent regulation of N-methyl-D-aspartate receptor subunit composition in the rat visual cortex during postnatal development. *Proceedings of the National Academy of Sciences USA* 96:12876–12880.

Quinlan EM, Philpot BD, Huganir RL, Bear MF. 1999. Rapid, experience-dependent expression of synaptic NMDA receptors in visual cortex in vivo. *Nature Neuroscience* 2:352–357.

Roberts AC, Glanzman DL. 2003. Learning in *Aplysia*: looking at synaptic plasticity from both sides. *Trends in Neurosciences* 26:662–670.

Rolls ET, Baylis GC, Hasselmo ME, Nalwa V. 1989. The effect of learning on the face selective responses of neurons in the cortex in the superior temporal sulcus of the monkey. *Experimental Brain Research* 76:153–164.

Schwartz JH. 1993. Cognitive kinases. *Proceedings of the National Academy of Sciences USA* 90:8310–8313.

Shouval H, Intrator N, Cooper LN. 1997. BCM network develops orientation selectivity and ocular dominance in natural scene environment. *Vision Research* 37:3339–3342.

Silva AJ, Paylor R, Wehner JM, Tonegawa S. 1992. Impaired spatial learning in alpha-calcium-calmodulin kinase II mutant mice. *Science* 257:206–211.

Silva AJ, Stevens CF, Tonegawa S, Wang Y. 1992. Deficient hippocampal long-term potentiation in alpha-calcium-calmodulin kinase II mutant mice. *Science* 257:201–206.

Tang YP, Shimizu E, Dube GR, Rampon C, Kerchner GA, Zhuo M, Liu G, Tsien JZ. 1999. Genetic enhancement of learning and memory in mice. *Nature* 401:63–69.

Thorndike EL. 1911. *Animal Intelligence: Experimental Studies*. New York: Macmillan.

Tsien JZ, Huerta PT, Tonegawa S. 1996. The essential role of hippocampal CA1 NMDA receptor dependent synaptic plasticity in spatial memory. *Cell* 87:1327–1338.

Whitlock JR, Heynen AJ, Shuler MG, Bear MF. 2006. Learning induces long-term potentiation in the hippocampus. *Science* 313:1093–1097.

Yin JC, Tully T. 1996. CREB and the formation of long-term memory. *Current Opinion in Neurobiology* 6:264–268.